中国银杏大辞典

梁立兴 ◎ 编著

束怀瑞 ◎ 校订

天津出版传媒集团

天津科学技术出版社

图书在版编目(CIP)数据

中国银杏大辞典/梁立兴编著. —天津：天津科学技术出版社,2015.12

ISBN 978-7-5576-0558-2

Ⅰ.①中… Ⅱ.①梁… Ⅲ.①银杏—中国—词典 Ⅳ.①S792.95-61

中国版本图书馆 CIP 数据核字(2015)第 293390 号

责任编辑：石　崑　曹　阳　吴文博　陈震维　布亚楠　王朝闻
责任印制：兰　毅

天津出版传媒集团
天津科学技术出版社 出版

出版人：蔡　颢
天津市西康路 35 号　邮编 300051
电话（022）23332369（编辑室）　23332392（发行部）
网址：www.tjkjcbs.com.cn
新华书店经销
雄县鑫鸿源印业有限公司印刷

开本 889×1194　1/16　印张 75　彩插 32　字数 2 800 000
2015 年 12 月第 1 版第 1 次印刷
印数：1—1 500
定价：558.00 元

中国银杏品种图

洞庭皇

苏农佛手

鸭屁股

家佛指

新宇

马铃 5 号

郯艳

华口大白果

港西 2 号

铁马 1 号

郯新 1 号

郯新 2 号

郯城 107 号

郯城 300 号

郯城 231 号

郯城 202 号

郯城 9 号

郯城 306 号

郯城 111 号

庆春1号

老和尚头

团峰

宇香

新村 16 号

小圆子

延安

马铃 9 号

正安 5 号

桂林 6 号

桂林 8 号

桂林 9 号

亚甜

梅核王

晚梅

安陆大梅核

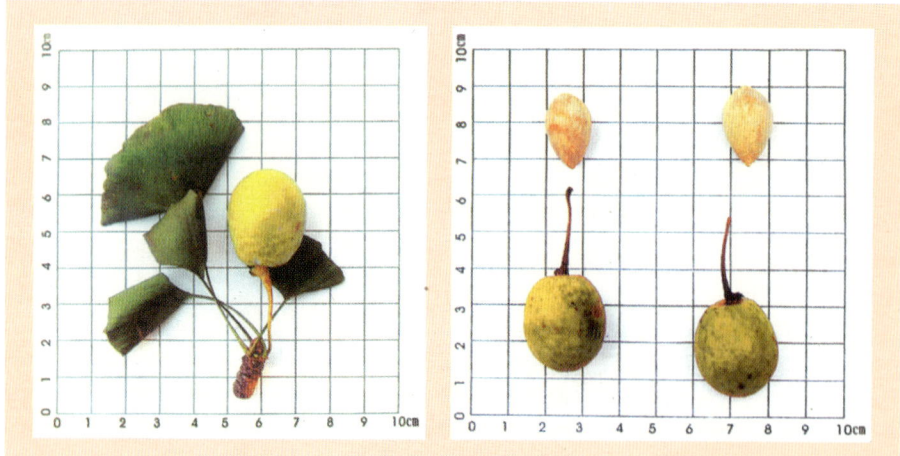

安陆观音果

早梅

黄金果

甜梅

庙湾药白果

太平果

灵眼

义贞大马铃

两头圆

仁和白

苦杏

李子果

九月响

家佛指

长柄佛手

安陆长佛手

野佛指

小佛手

大佛手

算盘子

小龙眼

米白果

糯圆子

安陆大白果(安陆1号)

三冲甜(安陆31号)

观音皇(安陆64号)

钱冲梅

日本银杏优良品种图

黄金丸

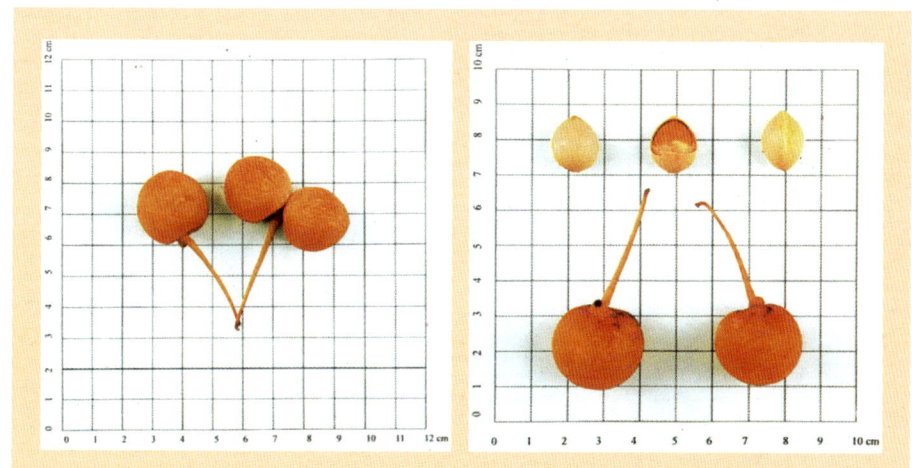

岭南

藤九郎

金兵卫

海洋皇

喜平

金兵卫 　　　　久寿 　　　　藤九郎

银杏叶形图

截形叶

扇形叶

如意形叶

花形叶

二裂形叶

三角形叶

卷叶银杏

金条银杏

斑叶银杏

金条银杏

金叶银杏

银杏扦插与嫁接

双砧嫁接苗

扦插苗

银杏叶丛扦插

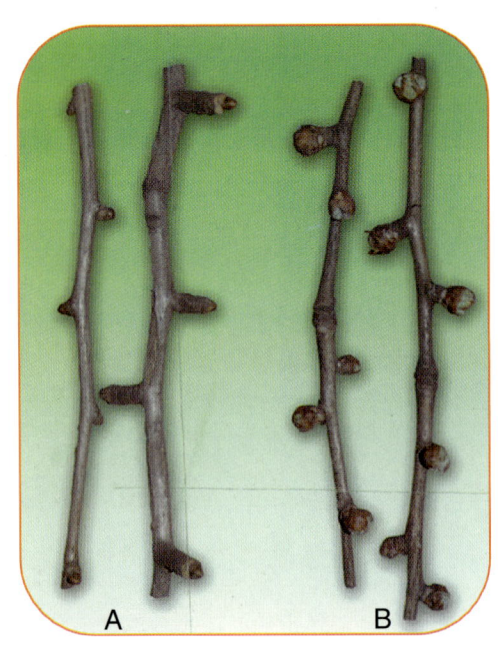

银杏枝条(A 雌树枝条,B 雄树枝条)

银杏雄树枝条（从左至右依次是 1 年生短枝,5 年生短枝,15 年生短枝和 35 年生短枝）

6年生砧木双穗劈接　　　　10年生砧木多穗皮接

银杏短枝　　银杏长枝

"高接换种"树发芽生长

展叶的银杏长枝

高接后的银杏园

银杏的花

银杏雄花序

银杏雄花序

银杏胚珠顶端分泌的"性水"

银杏雌花

银杏雌花

化石银杏

现生银杏叶片（透明法制成）

义马银杏

西伯利亚似银杏叶化石

长拜拉

奇丽楔拜拉

楔扇叶

多裂掌叶

狭叶拟刺葵

银杏种实

成串的银杏种实

单粒银杏种实

黄色银杏种实

银杏种实

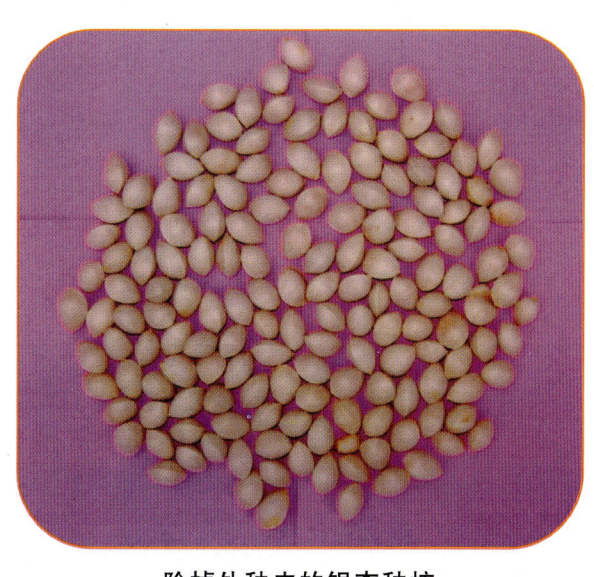

除掉外种皮的银杏种核

保留内种皮的银杏种仁

去掉内种皮的银杏种仁

银杏种核生物多样性

银杏双胎果

各种银杏树皮

平行状树皮

树瘤

深裂状树皮

鳞片状树皮

银杏种植过程

银杏播种

银杏种核发芽过程

刚出土的银杏幼苗

刚发芽的种核

银杏遮阳育苗

银杏二次育苗(小苗移栽)

叶籽银杏

叶籽银杏种实

叶籽银杏古树（山西太谷）

叶籽银杏古树（安徽滁州）

叶籽银杏叶形和叶色的子代变异

叶籽银杏叶形和叶色的子代变异

叶籽银杏叶形和叶色的子代变异

叶籽银杏的枝条

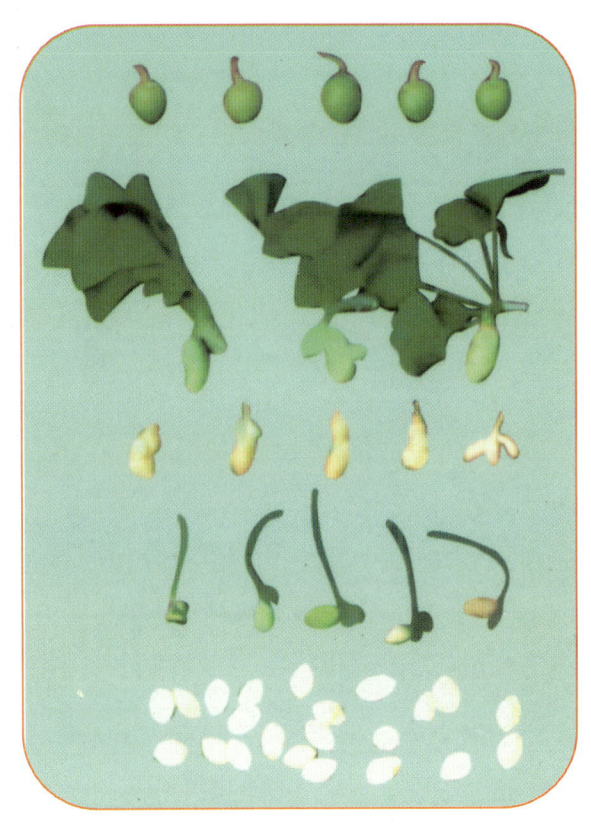

叶籽银杏种实(核)形态

叶籽银杏种实

胚珠着生在叶片边缘

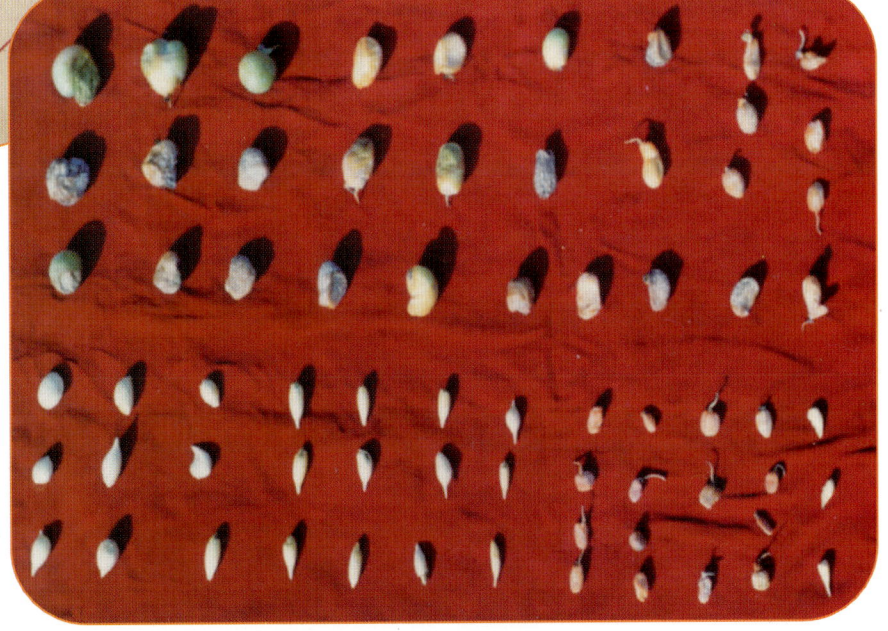

叶籽银杏种实和种核多样性

不同用途银杏林

银杏用材林

银杏乔干稀植园

银杏采粉园

采叶银杏园

银杏叶中药材 GAP 基地

银杏与金水梨复合经营

银杏种质资源圃

银杏与花生等矮秆作物复合经营

银苗间作园(冬态)

银苗间作园

银粮间作田

银杏树根

银杏钟乳根盆景

银杏裸露根

银杏钟乳根盆景

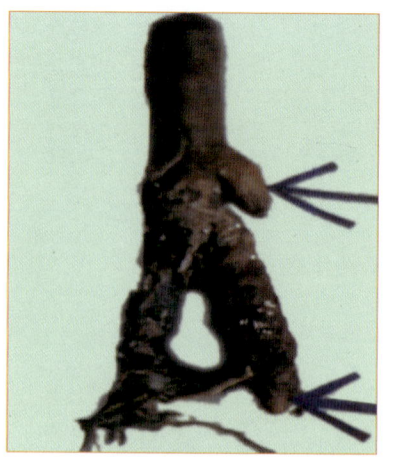
银杏幼树钟乳根

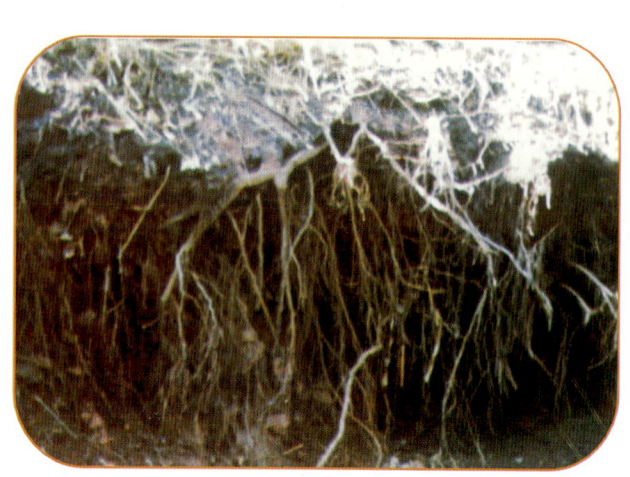
发达的银杏根系

银杏幼树钟乳根

原生银杏树蔸上萌生的小银杏树

古银杏茎干上萌发的隐芽

银杏根蘖苗

钟乳银杏

湖南洞口钟乳银杏

日本宅城野钟乳银杏

贵州盘县特区钟乳银杏

浙江普陀岛钟乳银杏

湖北安陆钟乳银杏

湖南桑植钟乳银杏

浙江普陀岛钟乳银杏　　四川青城山钟乳银杏

陕西白河钟乳银杏

福建武夷山钟乳银杏

中国古农书中的银杏记述

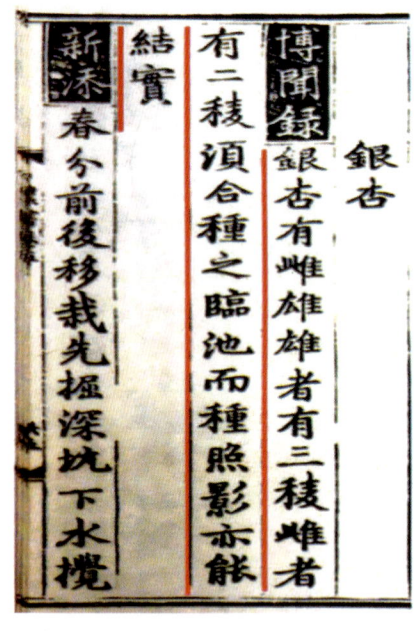

《农桑辑要》　　　　《诗话总龟》　　　　《王祯农书》

《广群芳谱》　　　　《本草纲目》　　　　《上林赋》

中国著名银杏古树

山东莒县定林寺古银杏

山东郯城官竹寺古银杏

泰山玉泉寺古银杏

山东济宁白果树村的"夫妻古银杏"

山东泰山岱庙古银杏

山东新泰白马寺古银杏

山东济南灵岩寺古银杏

泰山斗母宫古银杏
（目前中国第一株叶生小孢子叶球古银杏）

山东五峰山古银杏

山东泰安华岩寺古银杏

山东莒县刘勰故里古银杏

山东青岛上清宫古银杏

山西太远晋祠古银杏

山东文登岛集村古银杏

山东济南灵岩寺金碧秋色

山东日照大花崖古银杏

山东嘉祥郭庄村古银杏

山东莒县浮来山定林寺古银杏秋色

山东泰山华岩寺古银杏

山东日照卧佛寺古银杏

山东临沂孔庙古银杏

山东临沂娘娘庙古银杏

山东沂源古银杏

河南少林寺古银杏

湖北安陆柳林村古银杏

湖北巴东古银杏

湖北巴东十二寡妇古银杏

湖北宣恩九子抱母古银杏

湖北安陆周家祠古银杏

湖北安陆白兆山古银杏

湖北安陆钱冲村古银杏

江苏如皋古银杏

江苏泰州古银杏

江苏邳州姊妹古银杏

江苏无锡锡惠公园古银杏

江苏连云港九龙桥古银杏

江苏邳州白马寺古银杏

江苏连云港云台山五干连体古银杏

重庆巫山古银杏

四川青城山古银杏

四川青城山古银杏

四川都江堰导江村古银杏

重庆南川金佛山古银杏

浙江淳安古银杏

浙江长兴古银杏

浙江西天目山银杏群落

浙江永嘉古银杏

浙江普陀岛古银杏

浙江西天目山禅林寺古银杏

陕西周至楼观台火烧不死的古银杏

陕西长安观音堂母子古银杏

陕西长安白塔寺古银杏

陕西甘泉白螺寺古银杏

陕西芮城古银杏

陕西长安古银杏

陕西周至老子祠古银杏

陕西王维手植古银杏

陕西长安观音堂古银杏

陕西紫阳铁佛寺古银杏

陕西长安天子峪口古银杏

安徽徽州古银杏

安徽肖县天门寺古银杏

安徽肖县瑞云寺古银杏

安徽蒙城古银杏

湖北安陆唐僧村古银杏

河南桐柏清泉寺古银杏

河南鲁山夫妻古银杏

河南信阳古银杏

福建上杭古银杏

河北遵化禅林寺古银杏

北京密云香岩寺古银杏

北京潭柘寺古银杏

北京四桥子古银杏

上海嘉定金家庙古银杏

上海嘉定金家庙古银杏

广西灵川海洋乡古银杏

广东南雄丛生古银杏

辽宁鞍山大孤山庙古银杏

贵州惠水古银杏

贵州福泉古银杏

贵州惠水古银杏

贵州福泉古银杏

甘肃徽县古银杏

江西庐山古银杏

云南腾冲姐妹古银杏

前 言

银杏,在地球上已生存了 2.9~3.6 亿年,是裸子植物中与恐龙同时代的最古老的孑遗植物,被科学家们公认为"活化石""活历史""活文物""活标本""活字典",成为中国、日本、韩国和朝鲜独存的树种,现已被直接或间接引种到世界 60 多个国家和地区。我国银杏资源占世界银杏资源总量的 90% 以上。银杏全身都是宝,被我国人民称为极珍贵的"宝树"。银杏特有的生态价值、经济价值、药用价值、观赏价值和科研价值无可比拟,深受中国人民的喜爱。目前,银杏树已成为我国部分省、市、县的省树、市树、县树。全国民意调查表明,国树投票活动中,银杏得票率为 98.97%,远远超过其他树种,银杏成为我国的"国树"指日可待。

近 30 年来,我国银杏事业在中央和地方各级人民政府的关心和支持下,得到了蓬勃发展,银杏栽培面积日益扩大,栽培类型也向多元化发展,栽培技术水平不断提高,银杏产业已成为我国部分地区农业的支柱产业,对于农村脱贫致富奔小康发挥着越来越重要的作用。银杏科研工作也取得了较大进展,科研人员在国家级、省部级及横向科研课题的大力支持下,开展了多方面的研究工作,取得了大量的研究成果。因此,编撰一部在科研、生产和教学上能被广大群众所接受的银杏大辞典非常必要。

《中国银杏大辞典》是一部全方位荟萃银杏知识的工具书,具有鲜明的科学、实用、精练、通俗的特点,成为中国银杏多学科研究的知识库。在编撰上以面向生产、面向科研、面向社会、面向实践为编撰宗旨。银杏各学科的名词术语力求收集全面、完整,释文力求简明扼要、概念准确,部分还举例阐明,尽力做到内容规范和相对稳定。主要介绍各词目的基本概念,主要内容和在科研、实践方面的价值和作用,并注意联系生产实际,对行之有效的技术方法和最新科研成果做到系统全面反映,同时附有必要的插图,以满足我国银杏事业蓬勃发展和广大银杏研究者、银杏爱好者和银杏同仁们学习银杏知识的需要。

《中国银杏大辞典》将不同的学术观点放在不同的词目中去反映,也加入编撰者认为较为科学的概念诠释,但对不同的学术观点仍保留。本辞典每条词目是一个独立的主题,力求释疑解惑,可以方便读者快速简便地查阅有关银杏及相关学科的基础知识,也可为读者深入了解相关知识提供线索。

本辞典力求图文并茂、深入浅出,希望它的出版能为中国银杏事业的发展做一点贡献。但由于银杏学科涉及面广,发展迅速,本辞典缺点、谬误和疏漏之处在所难免,祈盼广大银杏爱好者及银杏研究同仁批评指正,以便再版时修正。

笔者研究银杏 30 余年,足迹遍及全国 20 余个省、直辖市、自治区,行程 90 余万千米,获得了丰富的研究成果和实践经验,著成多部银杏专著,并在国内外发表了 360 余篇银杏文章。《中国银杏大辞典》是在通读了现已出版的国内外 100 余部银杏专著和 1 000 余篇中外文文献,查阅了笔者积累的 500 余张银杏方面的读书卡片的基础上完成的。本辞典 6 000 余辞条是从 7 800 余词条中遴选出的,另有彩色照片380余幅,统计资料52项,臻于完善。从动笔撰写到初稿形成,笔者焚膏继晷,历时6年整,旨在通过本辞典进一步为中国银杏事业的持续健康发展尽微薄之力,以示对敦促笔者前进的人们的答谢。

笔者在编撰过程中参阅了国内外大量相关资料和成果,在此,向被引用资料的著作权人谨致最诚挚的谢意。

束怀瑞院士是我上大学时的任课老师,又是20世纪70年代末笔者研究银杏的启蒙老师。在30余年的银杏研究中,笔者始终得到束怀瑞院士的指教、帮助,在笔者所获得的成果中当然也有束院士的一片心血,笔者终生不会忘记恩师的栽培。在《中国银杏大辞典》编撰过程中,束院士给予了指导和帮助,并提供了十分有价值的资料和文献,初稿写成后还对全书进行了审阅,对词目进行了校对和订正,使本辞典更加完善。书稿全部完成后,束院士积极联系出版社,与出版社协商出版事宜,才使《中国银杏大辞典》得以顺利出版,与广大读者见面。这是笔者的荣幸,也是广大读者的荣幸。束院士对中国银杏事业发展的贡献功不可没。在此,笔者对恩师表示最衷心的谢意!

梁立兴谨志

2013年初春 于山东农业大学

序(一)

银杏,是全世界人民的宝树,是原产于东亚——中国、日本和朝鲜半岛古老的孑遗树种,世界公认的"活化石""活文物""活历史""活标本",植物界的"大熊猫"。银杏的社会效益、经济效益、生态效益、文化内涵,是任何一个树种均无可比拟的。银杏是东方世界的一颗璀璨明珠,千百年来,多少文人墨客为之挥毫泼墨,佳作无数;多少文人雅士为之驻足观赏,流连忘返;多少莘莘学子为之孜孜以求,废寝忘食。银杏迁徙世界60多个国家和地区,在他乡绽芽展叶、开花结实,寄托了中华儿女的无限情思。银杏曲折的演化史,是可歌可泣的动人篇章,展示了中华儿女不畏强暴、百折不挠的铮铮铁骨。

银杏全身是宝,果、叶、根、皮、材和花粉集食用、保健、医药、装饰于一身,是农村广大农民的"摇钱树"。银杏美化环境,净化空气,令人赏心悦目、身心健康,是平安吉祥之树。银杏是城市、乡村森林的主要树种,银杏产业是建设社会主义新农村的支柱产业。

近20多年来,随着银杏资源多领域开发,银杏生产栽培和利用的快速发展,关于银杏的学术研究也得到了全面和深入的发展,取得了丰硕的成果。而这些研究成果,又极大地推动了银杏的栽培和利用向产业化方向发展。众多的林果业和企业科研人员,围绕着银杏资源的开发利用,结合传统和现代的研究方法和技术,对银杏进行了全面、系统的研究,在科研和生产两个方面都取得了可喜的成绩。

为了适应银杏栽培、产品加工和市场经济的发展,银杏产业和学术研讨正由数量型向质量型转变,这就更需要进一步扩展银杏产业和科技知识。为了方便读者学习、查阅银杏统一的名词术语和基础知识,并为读者深入了解银杏提供线索,编撰《中国银杏大辞典》非常必要。

《中国银杏大辞典》是一本科学、实用的工具书,做到了"全""新""准""简"。其内容反映了学科的最新基本理论和基本技术知识,词目涵盖全面,释文内容规范、准确和相对稳定。

梁立兴先生集30多年心血编著的《中国银杏大辞典》一书,所依据的国内外资料十分丰富、全面,词目概念科学规范,图文并茂,阐述精练,给人一目了然之感,在科研、教学和生产上非常实用,有重要的学术价值和科普价值。

亘古孑遗的银杏将继续巍然耸立在世界东方,为华夏儿女撑起浩渺苍穹,为中华民族的伟大复兴再立新功。

中国工程院院士
中国园艺学会常务理事
国家苹果工程技术研究中心主任
山东农业大学果树学博士生导师

2013年12月12日

序(二)

  银杏,又名白果树,中国国宝,寿命极长,世界公认的"活化石",植物界的"大熊猫"。我国是银杏的发源地,银杏资源居世界首位。银杏最早出现于3.45亿年前的石炭纪,曾广泛分布于北半球的欧、亚、美洲,在中生代侏罗纪,银杏曾广泛分布于北半球,白垩纪晚期开始衰退。至50万年前,发生了第四纪冰川运动,地球突然变冷,绝大多数银杏类植物濒于绝种。目前,银杏在欧洲、北美洲和亚洲的绝大部分地区已灭绝,只有在中国、日本和朝鲜半岛,由于自然条件优越,才奇迹般地保存下来。

  银杏历经乾坤翻转而生生不息,她既是地球沧桑巨变的见证人,也是中国古代文明的象征。郭沫若先生尊银杏为"东方圣者",并在《银杏》诗中以极高的评价来歌颂银杏:"梧桐虽有你的端直,而没有你的坚牢;白杨虽有你的葱茏,而没有你的庄重。熏风会媚妩你,群鸟时来为你欢歌,上帝百神,假如是有上帝百神,我相信每当皓月流空,他们也会在你脚下来聚会。"欧阳修诗曰:"绛囊因入贡,银杏贵中州。"可想而知,银杏在当时是怎样的一番风景了。银杏树体曼妙多姿,生机盎然。有的伟岸挺拔,倚天而立,气势磅礴;有的盘枝虬曲,状如蛟龙,势若腾云;有的悬根露爪,根盘相叠,形似山峦;有的树皮斑驳,虽老态龙钟,却残而弥坚。

  近年来,众多的林业科技研究者从生态学、形态学、遗传学、细胞学、分子生物学、营养学、分类学、植物病理学和昆虫学等多学科方向,对银杏做了深入研究。新的知识和技术手段不断丰富,推动了银杏资源利用的快速发展,在科研和生产两个方面都取得了可喜的成绩。银杏产业的快速发展催生了大量的专业名词和生产加工方面的名词,这些名词需要一部专门的书籍来规范和传播。《中国银杏大辞典》图文并茂、深入浅出,是一部以银杏为主题,全方位介绍银杏知识的工具书,具有科学、实用、精练、通俗易懂等特点。全书遴选了银杏科研、生产、教学等领域的词条6 000余条,另有表格600余个,书末附有专业统计资料52项。名词术语全面、完整,释文简明扼要、概念准确,对难点还举例阐述。另外,还收集了大量有关银杏的照片和插图,为深入了解学习相关术语提供了有力的支撑。该书全面汇集国内外银杏资料,内容论证科学、结构严谨、表述清楚,是广大银杏工作者不可多得的一本权威著作。该书的出版,将有力推动银杏生产、科研、教学的进一步发展。

  是为序。

中国林业学会银杏分会副主任委员
黄冈师范学院博士生导师
湖北恩施土家族苗族自治州州长

2013年11月19日于古城黄州

目 录

凡例

索引 ………………………………………… 1-44

辞典正文 ……………………………………… 1-1014

附录 …………………………………………… 1015-1115

参考文献 ……………………………………… 1117

凡 例

1. 本辞典词目名称以各银杏专著及各银杏学术论文为基础,以林业、果树等植物系统通用的和国内常用的名称为正名,简名、别名、从名酌收作为副名。

2. 当出现一词多义时,在释文中分别做出解释。

3. 释文中配有必要的插图,部分词目用图表作为释文。书后附有重要知识点的彩色附图。

4. 词目按标题第一个字的汉语拼音字母顺序排列,第一个字相同的,按第二个字的汉语拼音字母顺序排列,以此类推。

5. 以外文字母开头和以阿拉伯数字开头的词目分别排在正文的末尾。

6. 释文开始一般不重复词目标题。

7. 除不可省略"银杏"两字的词目外,以"银杏"两字开头的词目,"银杏"两字省略。

8. 释文中出现的物种名称,一般不附拉丁文学名,除非确有必要。

9. 外文缩写词目,一般不附外文全称,除非确有必要。

10. 正文之前附有词目汉语拼音索引。

索 引

A a

阿里山　1
矮干密植园的密度及配置　1
矮秆作物套种　1
矮化、密植、早期丰产型　1
矮生型　1
矮壮素　1
安定银杏　1
安徽黄山潜口唐模银杏　1
安徽来安银杏古树资源　2
安徽银杏优树资源　2
安徽银杏优株主要形态特征及经济
　性状　2
安徽岳集曹楼银杏　3
安徽主要古银杏群落分布　3
安陆 1 号　3
安陆大安山天然银杏群落　3
安陆大白果　4
安陆柳林佛手　4
安陆梅核王　4
安陆太平山天然银杏群落　4
安陆天然银杏群落分布图　4
安陆雄优　5
安陆药白果　5
安陆银杏产业　5
安陆银杏优质名品经济性状　5
安陆银杏种质资源分类　5
安陆银杏资源　5
安陆云雾山天然银杏群落　6
安全间隔期　6
安全使用农药　6
安银 1 号　6
氨基酸　6
氨基酸及其他含 N 化合物　6
氨基酸与世界卫生组织建议氨基酸标准
　比较　6
庵观寺庙中的古银杏　6
暗呼吸　7
奥勃鲁契夫银杏　7

B b

八宝葵花　8
八大菜系中的银杏　8
八棱古银杏　8
八里庄古银杏　8
八月黄　8
巴东十大古银杏　8
巴东银杏资源　8
拔丝银杏　9
拔株　9
白果　9
白果八宝饭　9
白果保鲜　9
白果表面银白光亮的方法　9
白果冰箱贮藏　9
白果采收　9
白果催熟　10
白果脆片的 WAI(water-abstract-index)
　测定　10
白果脆片的溶解性测定　10
白果脆片制作的操作要点　10
白果脆片制作的工艺流程　10
白果袋装贮藏　10
白果蛋白质的提取方法　10
白果蛋白质含量　11
白果蛋白质提取工艺　11
白果蛋白质样品制备　11
白果的药用成分　11
白果定喘汤　11
白果冬瓜盅　12
白果冬瓜子饮　12
白果炖鸡　12
白果炖猪肠　12
白果炖猪肚　12
白果分级　12
白果酚化学结构　13
白果腐竹粥　13
白果覆盆子煲猪小肚　13
白果干酪　13
白果赶走青春痘　13

白果姑娘　13
白果罐头　14
白果红莲羹　14
白果鸡蛋　14
白果鸡丁　14
白果精　14
白果酒　14
白果酒的保健功能　15
白果酒酿制　15
白果腊八粥　15
白果冷库贮藏　15
白果里脊肉　15
白果莲肉粥　15
白果露工艺流程　15
白果米饭　15
白果名的起源　15
白果奶奶　15
白果奶汁工艺流程　16
白果内酯　16
白果内酯化学结构　16
白果内酯胶囊　16
白果内酯口服液　16
白果内酯片　16
白果内酯软膏　16
白果内酯针剂　16
白果配伍　16
白果片的压片工艺及其性能　17
白果氰化物的普鲁士蓝测定法　17
白果氰化物硝酸银滴定法　17
白果全鱼　17
白果仁蒸饼　17
白果仁烤蛋　17
白果筛子　17
白果烧鸡　18
白果烧鸡制作　18
白果收购等级　18
白果收敛疗效奇　18
白果寺古银杏　19
白果酥泥　19
白果酸　19
白果酸 HPLC 测定装置示意图　19
白果汤　19

白果汤圆 19
白果田鸡腿 19
白果脱皮 19
白果脱皮机 19
白果西米羹 20
白果药膳 20
白果药用方法 20
白果药用炮制 20
白果薏米饮 20
白果薏苡粥 20
白果饮料工艺操作要点 20
白果油的提取工艺及其化学成分 20
白果油含量测定 21
白果鱼脯 21
白果月饼 21
白果蒸蛋 21
白果蒸鸭 21
白果质量标准 21
白果中毒的预防和治疗 22
白果中毒体检 22
白果中毒症状 22
白果中氰化物的测定 22
白果肘子 22
白果贮藏 22
白果贮藏法 23
白果粽子 23
白化 23
白化现象 23
白鹭 23
白鹿寺与银杏树 23
白囊小袋蛾的综合防治 23
白水江自然保护区 23
白头偕老雌雄两银杏 24
白涂剂 24
白星花金龟的防治技术 24
白星花金龟对银杏树的为害 24
白蚁 24
百草枯 25
百咳宁片 25
百路达——银杏叶制剂 25
拜拉属 26
拜拉银杏属 26
斑喙丽金龟 26
斑叶 26
斑叶银杏 26
半知菌 26
伴生生物 26
瓣 26

绑扶枝条 27
包装前苗木处理 27
苞片 27
孢粉 27
孢子 27
孢子囊 27
孢子胚体 27
孢子体 27
孢子形成 27
雹害 27
饱和差 27
饱和含水量 27
宝积庵银杏 27
保肥性 27
保护地扦插苗 27
保护地扦插配套技术流程 28
保护古银杏的综合措施 28
保护和研究古树名木的意义 29
保护生态环境 29
保护行 29
保花保种 29
保健茶 29
保健醋的配置 29
保健美容原理 30
保健面条 30
保健食品与银杏 30
保健药枕 30
保健药枕保健功能 30
保健药枕保健原理 31
保健药枕适用范围 31
保健液对果蝇平均寿命的影响 31
保健液对小鼠肝脏组织中 Lpo 的
　　影响 31
保健液对小鼠心肌组织中 Lpo 的
　　影响 31
保健作用 31
保留外种皮贮藏法 31
保种水 31
"抱娘树"繁殖法 31
抱头银杏 32
杯状形 32
北大孙各庄银杏 32
北极拜拉属 32
北京地区银杏古树资源 32
北京帝王树古银杏 33
北京关沟银杏 33
北京银杏王 33
北美银杏观赏品种 33

北泉寺倒扎根白果树 33
贝享 33
《本草从新》 33
《本草纲目》 33
《本草汇笺》 34
《本草汇言》 34
《本草蒙筌》 34
《本草品汇精要》 34
《本草求真》 34
《本草拾遗》 34
《本草详节》 34
《本草易读》 34
《本经逢原》 34
苯丙氨酸解氨酶基因的表达调控 34
苯酚萃取回收过程图 34
苯甲酸 35
鼻面酒糟 35
比叶重 35
必要元素 35
边材 35
鞭毛 35
扁佛指 35
扁鹊手植银杏 35
《便民图纂》 35
变型 35
变异 35
变种 35
变种含义 36
变种银杏(var.) 36
标记多态性 36
标准木 36
标准叶油胞类型图 36
标准银杏叶提取物技术参数 36
表皮 37
表现型 37
表型测定 37
别墅庭园中的建造功能 37
冰激凌 37
冰箱贮藏 37
丙酮水溶液—氢氧化铅沉淀法 37
丙酮提取法 37
丙酮提取——溶剂萃取法 38
丙酮提取——正丁醇萃取法 38
病虫防治的基本原理 38
病毒 38
病毒病 38
病害 38
病害病菌与提取液浓度的互作效应的

多重比较 38
病原物 38
病征 38
波尔多液 38
波氏楔拜拉 39
剥去内种皮 39
播前整地 39
播前种子处理 39
播种地管理 39
播种方法 39
播种季节 39
播种框 39
播种量的计算 39
播种苗 39
播种苗的播种量 39
播种苗的二次培育 39
播种苗的苗期管理 40
播种苗的年生长规律 40
播种苗与插条苗根系比较 41
播种苗种核的选择标准 41
播种苗壮苗标准 41
播种期对银杏苗木生长的影响 41
播种时期 41
播种压沟器 41
播种用种核室内堆藏法 41
播种用种质量检验 41
播种与出苗 42
播种育苗 42
播种种子摆放方式 42
播种壮苗的四大要素 42
《博闻录》 42
薄壁细胞组织跨细胞运输超微结构 43
薄膜包衣液的配制 43
薄膜覆盖对1年生银杏苗生长的影响 43
薄膜衣操作及注意事项 43
薄膜衣片质量检查 43
补偿点 44
补肝益肾 44
补苗 44
补脑除衰 44
补气养心 44
补植 44
不定根 44
不定根的解剖特征 44
不定芽 44
不平凡的身世 45
不适宜银杏授粉的条件 45

不适宜种植银杏的立地条件 45
不通过低温阶段就能开花结种 45
不同播种量对苗木生长的影响 46
不同采收方式对银杏产叶量的影响 46
不同产地和品种白果油脂含量比较 46
不同虫态银杏超小卷叶蛾药剂防治效果 46
不同处理对各类杂草的灭除效果 47
不同处理对银杏雄株扦插生根的影响 47
不同处理对银杏种核贮藏中胚芽SOD活性的影响 47
不同代数愈伤组织中黄酮含量 47
不同的栽培方式 47
不同地点银杏分离的内生真菌菌落特征 48
不同地区和品种白果油脂含量及差异显著性 48
不同地区银杏花粉黄酮内酯的含量 48
不同地质年代银杏类叶的演化 49
不同发育期种实水分与干物质含量 49
不同光照和土壤对银杏叶黄酮含量和产量的影响 50
不同光照和土壤银杏产量的方差分析 51
不同光照和土壤银杏叶黄酮总重方差分析 51
不同国家银杏叶内酯含量 51
不同激素和浓度的插穗生根率 52
不同技术措施对银杏促花的效果 52
不同季节的银杏叶黄酮含量的变化 52
不同季节插皮接成活率的差异 52
不同嫁接方法对成活率的影响 53
不同剪切方式对苗木生长的影响 53
不同建园方式的产叶量 53
不同龄银杏实生苗各时期黄酮总含量 54
不同龄银杏实生苗各时期内酯总含量 54
不同模式园银杏叶的采收 54
不同母质形成的土壤对银杏种实的影响 54
不同年龄砧木秋季嫁接成活及生长 54
不同农药对银杏茶黄蓟马的杀虫效果 55
不同浓度乙烯利对银杏种实催落效果 55
不同培养基对银杏茎段生根率的影响 55

不同培养基对银杏胚培效果的影响 55
不同培养时间愈伤组织中的黄酮含量 56
不同品种的种仁营养成分 56
不同品种气孔密度及大小 56
不同品种叶片横切解剖结构 56
不同品种银杏结实量相对比较 57
不同器官中还原糖浓度(%)的差异 57
不同溶剂对黄酮提取的影响 57
不同生长调节剂对银杏嫁接树发育的影响 57
不同生长发育期雄株叶类黄酮含量 57
不同时间各嫁接方法对银杏成活率的影响 58
不同授粉方法对结种率的影响 58
不同授粉量的银杏接种量和单核重 58
不同树龄叶片的总黄酮含量 58
不同提取法白果油的化学组成 59
不同提取方法的总黄酮提取率 59
不同提取方式对白果油提取率的影响 59
不同提取方式对白果油提取率的影响及差异显著性 59
不同提取工艺银杏叶粗提取物总黄酮提取率 60
不同无性系叶子脱落期 60
不同形式叶在自然分类单元中的分布 60
不同芽接和贴枝接嫁接成活率和保苗率 61
不同样品银杏萜内酯的含量分析 61
不同药剂浓度防治茶黄蓟马效果 62
不同叶龄叶片中黄酮含量 62
不同银杏产区适宜的嫁接时期和方法 62
不同银杏产区适宜的嫁接时期和方法 63
不同银杏古树花粉的形态特征 63
不同银杏品种各采叶期黄酮总含量 63
不同银杏品种和采收期内酯总含量 63
不同银杏品种叶内总黄酮含量 64
不同幼虫期银杏超小卷叶蛾药剂防治效果 64
不同栽植密度的苗木生长量 64
不同栽植密度的银杏产叶量 64
不同遮阴方式对银杏移栽苗成活率的影响 65

不同枝位嫁接成活率 65
不同贮藏条件种胚的长度变化 65
不透风林带 65
部分国家和地区银杏药剂中重金属和农药残留的限量规定 65
部位效应 65

C c

材积平均/连年生长量曲线 66
材积生长曲线图 66
材用价值 66
材用林经营型 66
材用林型 66
材用银杏良种标准 66
材用育种 67
材用豫宛9#优良单株 67
材用园的修剪 67
材用杂种的选择 67
材用直干银杏S-31号 67
采粉园 68
采集接穗 68
采收 68
采穗圃 68
采穗圃应具备的条件 68
采穗圃优株性状 69
采叶的最佳时期 69
采叶量 69
采叶培苗相结合 69
采叶圃 69
采叶时间 70
采叶树的整形修剪 70
采叶树应具备的条件 70
采叶银杏园 70
采叶园的修剪 70
采叶园丰产栽培措施 70
采叶园平茬技术 71
采叶园施肥 71
采叶园树形及整形过程示意图 71
采叶园叶子的采集和处理 71
采叶园叶子年产量 72
采叶园址选择 72
采叶专用林型 72
采种 72
采种的安全措施 72
采种基地建设标准 73
采种基地选择依据 73
采种母树选择标准 73
采种树良种单株选择标准 73

采种摇晃法 73
曹福亮 73
曹家村的古银杏 73
草甘膦 73
草甘膦水剂除草效果 74
草履蚧壳虫 74
草木灰 74
草木樨 74
侧根 75
侧芽 75
侧枝 75
侧枝振动落种 75
层积 75
层间距 75
层内距 75
层性 75
叉尖白果 75
叉状楔拜拉 75
插床 75
插皮接 75
插皮接、荞麦壳式接、插皮舌接和袋接比较 76
插皮舌接 76
插皮舌接示意图 76
插穗 76
插穗的处理 77
插穗的选择 77
插穗的组织解剖 77
插穗繁殖常用的塑料拱棚 77
插穗规格 77
插穗和剪口部位对插穗生根的影响 77
插穗截制 78
插穗截制技术对生根的影响 78
插穗生根 78
插穗生根成活的原理 78
插穗生根机理的概念 78
插穗种类及规格 79
插条繁殖分类 79
插条育苗法 79
插叶 79
插叶繁殖法 79
茶果 79
茶黄蓟马不同时间的虫量变化 80
茶黄蓟马的防治技术 80
茶黄蓟马对空间颜色的趋性 80
茶树+银杏 80
茶叶切条机传动示意图 80
茶叶中的黄酮含量 80

茶饮料的测定 80
茶饮料各感官指标评分结果 81
茶饮料工艺流程 81
禅林寺 81
禅林寺的银杏树龄 82
禅林寺银杏科普馆 82
产地 82
产粉量 82
产量的形成 82
产量形成示意图 82
产品包装和贮藏规则 83
产品成本 83
产品检测规则 83
产品系列开发 83
产业化基本原则 83
产业现状 83
昌平古银杏 83
长白果 83
长柄大同叶（新属、新种） 83
长柄佛手 84
长城沿线自然分布区 84
长醇 84
长醇的制备 84
长醇对造血功能的作用 84
长短枝发生和转换 84
长方形配置 84
长放 84
长花期雄株 84
长江下游地区银杏地理生态型 84
长江中下游自然分布区 85
长块贴芽接法 85
长濑（秋江） 85
长糯白果 85
长期假植 85
长期预测 85
长寿奥秘 85
长寿文化学 86
长效肥料 86
长兴CY4 86
长兴CY5 86
长兴CY8 86
长兴CY10 86
长兴百年以上古银杏分布 87
长兴多胚大佛手 87
长兴银杏产业发展存在的主要问题 87
长兴银杏发展的措施 87
长兴银杏历史与分布 87
长兴银杏优株 87

长叶楔拜拉 88
长枝 88
长枝不同叶位叶黄酮含量 88
长枝的叶形分类 89
长枝分布特点 89
长枝和短枝上的叶与黄酮含量 89
长枝和短枝叶叶形(A)及优选系号叶形比较(B) 89
长枝上标准叶叶形 89
长枝上的叶子构成及特征 89
长子类 89
长子品种群优良无性系 90
长子银杏类 90
常见绿肥作物及其特点 90
常量元素 90
常用丰产树形 90
常用化学肥料性状 90
常用土壤消毒药剂与施用方法 91
常用有机肥的营养含量 91
超低量喷雾 91
超临界 CO_2 萃取法 91
超临界 CO_2 萃取流程图 91
超临界 CO_2 流体萃取白果油 91
超临界 CO_2 流体萃取正交试验结果 92
超临界 CO_2 流体提取分离银杏叶提取物的装置示意图 92
超临界流体提取法 92
超声波法提取白果油 92
超微食用银杏叶蛋白粉 92
炒干 92
陈家银杏 92
陈鹏 92
撑枝 93
成虫 93
成龄树叶中银杏内酯含量的季节变化 93
成年发育期 93
成年期 93
成年树雌雄区别 93
成品苗的质量标准 93
成熟 93
成熟花粉形态 93
成熟胚培养的细胞组织学 94
成熟叶片的 POD 电泳谱带分布 94
成土母质 94
成枝力 94
城市绿地系统 94
城市绿化 94

城市绿化树种 95
城市热岛效应 95
城市森林的格局 95
城市园林 95
尺蠖(尺蛾、步行虫) 95
赤霉素(CA) 96
冲积平原 96
虫害种类 96
虫口密度 96
重叠枝 96
重庆金佛山银杏种群 96
重庆市的古银杏 96
崇化寺古银杏 96
出苗期 97
出圃苗 97
出仁率 97
出仁率计算方法 97
初次侵染 97
初次样品 97
初级采穗圃 97
初结实树的培养 97
初生生长 97
初选 97
初种期 97
除草 97
除草醚 97
除萌 97
除萌和疏枝 98
除萌蘖 98
除萌芽 98
处暑红 98
触杀剂 98
川丰 98
川银-03 号 98
川银-21 号 98
川银-26 号 98
川银-28 号 99
川优 99
传病媒介 99
传粉对过氧化物酶同工酶的影响 99
传粉过程及传粉效率 99
传粉受精的原始性状 99
船形花粉 100
串白果 100
床作 100
创建巴东银杏大县的主要措施 100
吹水树 100
垂乳 100

垂叶银杏 100
垂枝连理银杏 100
垂枝银杏 100
垂直分布 101
垂直优势 101
春化处理对银杏枝条开花的影响 101
春化条件对开花的影响 101
春季嫁接 102
春季嫁接苗木的萌动、展叶及成活 102
春季施肥 102
春季修剪 102
春林 102
淳安银杏古树资源 102
醇或酮提取—萃取—吸附—重结晶法 103
醇提取—萃取—反相色谱分离法 103
醇提取—萃取—色谱分离法 103
醇提取—活性炭吸附法 103
雌、雄球花及种实说明图 103
雌孢子发生 104
雌花成熟期调查 104
雌花的形态建成 104
雌花类型多样性 104
雌花芽的萌发过程 104
雌花芽的形态分化 104
雌配子体 104
雌配子体的光合作用 105
雌配子体的细胞阶段 105
雌配子体的形成 105
雌配子体发育过程中养分的形成与积累 106
雌配子体及胚 106
雌配子体继代增殖培养基 106
雌配子体培养 106
雌配子体同工酶变异的遗传 107
雌配子体游离核阶段 107
雌配子体纵切面 107
雌球花 107
雌树成熟叶 cDNA 文库的构建 107
雌性生殖器官发育过程的显微观察 107
雌雄大树的过氧化氢酶活性 108
雌雄花识别 108
雌雄花形态结构特征 108
雌雄球花发育及传粉受精进程 108
雌雄同株 109
雌雄同株的种核 109
雌雄同株形成的原因 109
雌雄同株银杏的实例 109

雌雄同株银杏发现的意义　109
雌雄同株种实、种核性状　110
雌雄性比　111
雌雄异株　111
雌雄株成龄树区别法　111
雌雄株分子标记鉴别法　111
雌雄株化学鉴别法　111
雌雄株鉴别　111
雌雄株镜检叶柄法　112
雌雄株开花物候学特征　112
雌雄株苗期鉴别　112
雌雄株苗期形态鉴别　112
雌雄株配置比倒　112
雌雄株染色体核型分析鉴定法　112
雌雄株同工酶谱鉴别法　112
雌雄株形态鉴别法　113
雌雄株性别鉴定中 DNA 分子标记的
　应用　113
雌雄株中不同器官还原糖含量的
　差异　113
雌株同株银杏种核播种成苗统计　113
次级样品　114
次生产物　114
次生木质部　114
刺红银复方胶囊　114
丛林式盆景　114
丛生干　114
丛植　114
丛状形　114
粗佛子　114
粗脉似银杏　115
粗脉楔拜拉　115
粗枝中间砧嫁接法　115
促花技术　115
促花灵　115
"促花灵"的使用技术　115
"促花灵"对银杏控梢促花的效应　115
"促花灵"控梢促花的作用机理　115
促进银杏插穗生根的方法　115
促进早实丰产的根本途径　116
促控技术的综合应用　116
催熟激素　116
催芽　116
催种和促花肥　116
脆果浸渍入味工艺　116
脆片生产工艺流程　116
痤疮用乳液　117

D d

搭接　118
达纳康(坦纳康)　118
打顶对促进分枝的效果　118
打顶对苗木生长的影响　118
大白果　119
大孢子　119
大孢子母细胞的发生　119
大孢子囊　119
大孢子叶　119
大便下血　119
大别山、桐柏山银杏地理生态型　119
大别山区红军树　119
大茶果　119
大袋蛾　119
大耳朵　120
大佛手　120
大佛指　121
大谷寺银杏　121
大金果　121
大金果(大马铃铁富4号)的测定　121
大金果的选育　121
大金坠　121
大觉寺内古银杏　122
大孔吸附树脂提取银杏叶黄酮糖苷　122
大粒品种经济性状　122
大粒、早实、丰产选育标准　123
大量元素　123
大龙眼　123
大陆性气候　124
大马铃　124
大马铃铁富2号　124
大马铃铁富3号　124
大梅核　124
大苗　125
大苗根系保留长度　125
大苗栽植　125
大抹头　125
大气 SO_2 对银杏生长的影响　125
大树反季节栽植　125
大树移栽　125
大树移栽工程　126
大树移栽技术要求　126
大树移栽涂抹伤口　126
大树枝条氨基酸的含量　126
大同叶(未定种)　127
大桐子　127

大贤山古庙的叶籽银杏　127
大小年的调整　127
大小年现象　128
大叶佛手　128
大叶梅核　128
大叶似银杏　128
大圆铃　128
大圆子　128
大圆籽　128
大早铃　128
大自然纪念碑　129
甙　129
岱下银杏　129
带病体　129
带播　129
带木质部芽接　129
带土苗　129
带土坨栽植　129
带土栽植　129
带芽叶扦插　129
带叶绿枝温床扦插　129
带叶嫩枝全光雾插　130
带状似银杏　130
带状栽植　130
带状整地　130
袋藏　130
袋接　131
袋泡茶　131
袋泡茶的优点　131
丹东市的银杏雌雄比　131
丹霞寺"夫妻白果树"　131
单倍体育种　131
单黄酮类母核及单黄酮类化合物结
　构图　131
单木的生长模型　131
单胚与多胚种的统计　132
单位面积用药量　132
单位土地面积上的产量或产值　132
单性结实　132
单芽　132
单芽扦插　132
单叶　132
单叶发育期　132
单元化肥　132
单枝接　132
单株灌水　132
单株区组　132
单株小区　132

蛋白露 132
蛋白水解 133
蛋白质 133
蛋白质贮藏的积累过程 133
氮 133
氮、磷、钾对银杏生长指标的影响 133
氮、磷、钾对银杏生理特性的影响 133
氮、磷、钾对银杏叶片黄酮含量的
　　影响 134
氮、磷、钾对银杏叶片养分浓度的
　　影响 134
氮、磷、钾配施效应 134
氮的生理功能 134
氮肥 134
氮磷钾三要素对银杏光合性能的
　　影响 134
氮素 135
当代鉴定试验 135
当年生枝条的营养贮藏蛋白质 135
导管 135
倒贴皮 135
倒贴皮促花结种状况 135
倒贴皮幼树当年的生长 135
德国的银杏叶制剂生产 135
灯火诱杀 136
低产区 136
低产树改造 136
低产银杏树的改造 136
低床 137
低干密植园 137
低糖羊羹工艺流程 137
低温处理种子可提高发芽率 137
低温干旱区引种 137
低温区引种 137
滴灌 137
滴剂 138
敌百虫 138
地方品种 138
地径与接口高度比例结种调查表 138
地理分布 138
地理生态型 138
地理信息系统模型 138
地面分株压条法 139
地膜覆盖 139
地球上最古老的生命 139
地球上最神奇的生命 139
地温 139
地下害虫 139

地下水 139
地形 139
地震摧不死 140
地质年代 140
地质时代表 140
地质时期的银杏类 140
地质时期的银杏属种 140
地质史上的银杏记载 140
"帝王树"与"配王树" 141
第四纪 141
点播 141
电子显微技术 141
电子叶自动间歇喷雾装置 141
淀粉 141
淀粉的分离和纯化 141
雕刻美 141
吊枝 142
蝶形似银杏 142
丁家银杏 142
"丁"字形芽接示意图 142
顶侧枝 142
顶端优势 142
顶芽 142
鼎盛时期的银杏类 142
定喘汤 142
定喘止咳散 143
定干 143
定干高度 143
定林寺的古银杏 143
定苗 143
定期生长量 143
定向培育 143
定植 143
定植沟 143
定植过程 143
定植穴 144
定植银杏的合理密度 144
东方似银杏 144
东海佛国古银杏 144
东李庄银杏 144
东岳庙银杏树 144
冬季施肥 144
冬季修剪 144
冬芽 144
冻害及防治 144
洞庭皇 145
洞穴施肥法 145
豆荚螟 145

豆科作物套种 145
都江堰张松银杏 145
都市银杏的树形 146
毒饵诱杀 146
独树成林 146
短剪 146
短枝 146
短枝粗度与小孢子叶球数 147
短枝结种力 147
短枝展叶生长规律 147
短种枝 147
断胚根 147
断胚根对1年生幼苗生长的作用 147
断胚根对银杏幼苗生长的影响 148
断胚根育苗法 148
堆肥 148
堆沤脱皮法 148
对口枝处理 148
对照 148
对植 148
多倍体育种 148
多功能银杏盘A面示意图 149
多功能银杏盘B面示意图 149
多功能银杏园栽培模式图 149
多菌灵 149
多裂银杏 149
多裂银杏（化石） 149
多年生鳞枝叶片性状 149
多胚珠图示 150
多胚珠银杏 150
多胚珠银杏丰产优株 150
多树共生的古银杏 150
多态性引物筛选及RAPD扩增 150
多枝头侧枝嫁接 150
多枝银杏 151
多种用途银杏叶 151
多珠佛手 151
多主枝卵圆形 151
多主枝自然形 151
多主枝自然圆头形 151

E e

峨嵋山 152
萼片 152
恩施银杏主要物候期 152
恩银11号 152
恩银12号 152
恩银15号 153

恩银1号 153
恩银23号 153
恩银2号 153
恩银5号 153
耳状突起 153
二叉脉 154
二次长叶 154
二东早生 154
二级育苗的意义 154
二级育苗技术措施 154
二级育苗主要方式 154
二郎山风水树 155
二裂的 155
二歧叶属化石 155
二氧化碳饱和点 155
二氧化碳补偿点 155
二氧化碳的固定途径 155
二氧化碳施肥 155

F f

发根的鉴定 156
发根的转化、克隆及基培养技术 156
发根克隆的筛选 156
发根培养 156
发根悬浮培养无性系的建立 156
发根中内酯的提取 156
发乳 156
发现银杏精子的学者 156
发芽检验法 157
发芽力 157
发芽率 157
发芽率测定方法 157
发芽势 157
发芽水 157
发育 157
发育枝 157
伐倒木树干生长过程 158
伐倒木树干直径、树高及材积生长过程 159
伐倒木纵剖面图 160
《法古录》 160
法国的银杏叶种植 160
法王寺银杏 160
翻耕深度 160
翻土方法 160
翻土深度 161
翻土时期 161
繁殖体系建设 161

返祖遗传 161
饭白果 161
泛滥平原栽培区 161
方差 161
方差分析 161
方块贴芽接 161
方腊与唐银杏 162
芳春平仲绿 162
防风网 162
防护范围 162
防护林设置 162
防护林树种选择 162
防火木 162
防火树 162
仿生 163
仿生农药 163
仿生学 163
纺锤形 163
放任生长树的修剪 163
放任树的改造修剪 164
放射沟施肥 164
放射性污染 164
飞蛾树 164
飞蛾叶 164
非碳酸饮料 164
肥料 164
肥料对叶产量的影响 165
肥料对黄酮浓度和产量的影响 165
肥料混用查对表 166
肥料利用率 166
肥料三要素 166
肥料污染 166
肥料性质 166
肺结核 167
废叶的利用 167
费尔干银杏 167
费尔蒙特 167
分层高接 167
分层嫁接法 167
分光光度法测定总黄酮含量 167
分化 168
分类方法 168
分类上存在的问题 168
分类位置不明之银杏纲 168
分类位置未定之银杏目植物 168
分类学的地位 168
分泌腔的发生、发育及分泌方式 169
分泌腔的分布 169

分泌腔的显微结构 169
分蘖育苗 169
分区灌溉 169
分区开沟灌水 169
分生孢子 169
分形理论 169
分枝角 170
分株(根蘖)繁殖图解 170
分子标记 170
分子标记的特点 171
分子标记辅助育种 171
分子技术 171
分子遗传图谱 171
分子遗传学 171
分子育种 171
分子蒸馏纯化法 171
酚类化合物 171
酚类物质 172
丰产Y-3号 172
丰产Y-6号 172
丰产Y-7号 172
丰产Y-8号 173
丰产口诀 173
丰产树形 173
丰产树形的整形要点 173
丰产树形指标 173
丰产园保花保种 173
丰产园的道路设置 174
丰产园的扩大和修整树盘 174
丰产园的品种选择 174
丰产园的土壤改良 174
丰产园的土壤熟化 175
丰产园的栽植 175
丰产园丰产的理论基础 175
丰产园间作物选择 176
丰产园排灌系统的设置 176
丰产园施肥法 176
丰产园栽植密度 176
丰产园栽植小区的划分 176
丰产园中除草剂除草效果 177
丰产原因 177
丰产栽培作业时间表 177
风倒 177
风干贮藏 177
风害及防治 177
风景林 178
风景名胜区 178
风景园林型 178

风景园林中的地位 178
风景园林作用 178
风媒 178
风速 179
风土条件 179
风与银杏 179
风折 179
蜂蜜白果 179
凤翅山银杏 179
"凤姑"与"农夫" 179
凤果 179
凤河营银杏 179
凤眼饼 180
佛教教义保护银杏的作用 180
佛教文化对西天目山森林资源保护的
　作用 180
佛手银杏类 180
佛香 180
佛岩寺银杏 180
佛眼白果 180
佛指甲 180
佛指类 181
佛指类品系 181
佛指品种群优良无性系 181
佛珠银杏 181
夫妻银杏树 181
芙蓉银杏 181
伏牛山雌雄同株银杏 181
伏牛山区的银杏古树群 182
氟乐灵 182
辐射处理 182
辐射对银杏种核生活力的影响 182
辐射诱变 182
辐射育种 182
福建武夷山银杏种群 183
福建叶籽银杏 183
福建银杏优良品种资源 183
抚宁银杏 183
抚育管理 183
辅养枝 183
腐烂 183
腐殖酸类肥料 183
腐殖质 184
腐殖质层 184
复方茶理化指标 184
复方制剂的研制 184
复合肥 184
复合经营 184

复合经营对土壤中有效氮、磷、钾含量的
　影响 184
复合经营对银杏单株叶面积的影响 185
复合经营对银杏光合速率的影响 185
复合经营对银杏生长的影响 185
复合经营对银杏生物量的影响 185
复合经营对银杏叶比重的影响 185
复合经营模式 185
复合经营系统中各因子共生关系图 186
复合经营系统中银杏氮利用率的变化
　规律 186
复合农林型 186
复揉 186
副林带 186
富粉雄株 187
富阳阔基佛手 187
腹接 187
腹接示意图 187
缚梢 187

G g

改良纺锤形 188
改良壕沟法 188
改土 188
钙素 188
盖草能(氯禾草灵) 188
概率 188
干粉的提取工艺 188
干高与苗木生长 189
干旱对银杏生长及生物量分配的
　影响 189
干旱风 189
干旱胁迫对银杏生理指标的影响 189
干基打孔施药 189
干热风害 189
干石灰硫黄剂 189
干物质测定方法 189
干性 189
干(枝)和叶银杏树冠 190
甘氟毒饵灭田鼠 190
甘肃的银杏 190
甘肃三大河流及甘肃南部银杏种群 190
甘肃省的古银杏 190
甘肃银杏古树资源 191
甘孜州银杏王 191
感恩树 191
橄榄果 191
刚毛 192

刚毛银杏(新种) 192
高 Gb 无性系的经济指标 192
高产稳产银杏树应具备的条件 192
高产系的筛选 192
高产叶用良种选择标准 192
高产叶用银杏类 193
高床 193
高干嫁接 193
高干疏层形的修剪 193
高干疏层形 193
高黄酮苷品种叶片形态指标 194
高接后的管理 194
高接换种 194
高接换种的原则 195
高接换种的注意事项 195
高接换种方法 195
高接换种树的管理 195
高接时期 195
高径比法 196
高空压条 196
高垄整地 196
高内酯和高黄酮良种选育 196
高内酯良种选育 196
高平浩庄银杏 196
高平三甲南村银杏 197
高升果 197
高升果——种材兼用型 197
高萜内酯良种叶片形态指标 197
高温催芽 197
高温胁迫对不同银杏品种(系)MDA 含量
　的影响 198
高温胁迫对银杏 6 个品种(系)光化学效率
　的影响 198
高效林果宝对银杏当年生苗木的
　作用 198
高效林果宝在银杏苗木培育上的
　应用 198
高压法培育银杏大苗图解 198
高压苗 198
高压液相色谱法测定总黄酮含量 198
高盐地区的引种 199
高优 Y-2 号 199
羔烧白果 199
歌德树 199
革质银杏 199
格雷纳果属 200
个体发育 200
各国命名 200

各类型种实性状 200
各时期种实中内源激素含量 200
各树龄环剥的促花效果 200
根 200
根腐病 201
根冠 201
根化学成分 201
根尖 201
根接 201
根接方法 202
根接示意图 202
根茎土痕 202
根、茎、叶中总黄酮含量 202
根颈 202
根颈灼伤 202
根毛 202
根毛区 202
根蘖分株 202
根蘖苗 202
根蘖苗人工培育 203
根蘖育苗 203
根盘 203
根外施肥 203
根外施肥的方法和注意事项 203
根外施肥的条件 204
根外追肥常用的肥液浓度 204
根系 204
根系垂直分布 204
根系的分布 204
根系的年生长规律 204
根系生长动态曲线 205
根系生长物候期 205
根系水平分布 205
根系水平分布曲线图 205
根系图 205
根系形态 205
根系修剪 206
根系中营养贮藏蛋白质的分布规律 206
根箱法 206
根压 206
根源根系 206
根中营养元素含量的季节动态变化 206
根钟乳的形成 207
根组 207
更新修剪 207
更新枝 207
工程具体规划 207
公孙树 207

公孙树的得名 207
公孙树史孝 208
公冶长书院 208
公园和风景名胜区栽植 208
功能食品 208
功能性食品添加剂 209
宫廷白果粥 209
沟灌 209
沟金针虫 209
沟崖银杏 210
构件生物学 210
孤植 210
古树 210
古树保护 211
古树保护技术 211
古树保护技术措施 211
古树保护学 212
古树概念及其健康 212
古树和名木 212
古树健康的等级标准和评价技术 212
古树健康等级标准划分 212
古树健康评价指标体系 213
古树名木的分布特点 213
古树命名的实例 213
古树年龄测定方法 213
古树树龄确定 213
古树衰弱的原因 214
古树养护与复壮 214
古树养护原则 214
古银杏的有害生物 214
古银杏树势衰弱的主要原因 214
古银杏衰弱现象 215
古银杏雄株的ISSR遗传多样性 215
古银杏与避雷针俯视图 215
古银杏与避雷针位置图 215
古银杏之最 215
古桩盆景 215
固氮作用 215
固地性 215
固体培养 216
刮皮 216
关沟大神树 216
关中平原区 216
观赏价值 216
观赏品种 216
观赏品种的选育 216
观赏品种的叶片形态特征 217
观赏品种的引种 217

观赏品种选优标准 217
观赏品种选育 217
观赏品种选育标准 217
观赏品种遗传多样性的AFLP分析 217
观赏银杏的配置功能 218
观赏银杏的配置原则 218
观赏园艺 218
"观世音"白果树 218
观叶品种叶片解剖结构 218
观音果 218
观音皇 218
观音树 218
观音堂子母银杏树 219
官湖孙家银杏树的传说 219
冠幅 219
冠心病汤剂 219
管胞 219
管胞长度的径向生长曲线 219
管胞长度和宽度相关曲线 219
管胞宽度的径向生长曲线 219
管孔 219
管叶银杏 219
灌丛化采叶圃经营方式 219
灌溉 220
灌溉水质量 220
灌浆水 220
灌木间作 220
灌水 220
灌水量 221
灌水时期 221
灌水系统 221
罐头保温检验 221
罐头食品 221
光饱和点 221
光饱和现象 221
光补偿点 221
光合、蒸腾特性与叶片形态、解剖性状的关系 221
光合产量 222
光合产物的供求关系 222
光合产物及其利用 222
光合电子传递和光合磷酸化活力 222
光合对叶绿素和荧光特性的影响 222
光合色素的光学特性 222
光合色素的种类和分子式 222
光合生产率 223
光合生理 223
光合速率 223

光合特性　223
光合微肥　223
光合细菌(PSB)在栽培上的应用　223
光合作用　223
光合作用　223
光合作用细胞　223
光呼吸　223
光能的吸收、传递和转化　223
光能利用率　224
光抑制　224
光照　224
光照、水分对叶片产量和黄酮含量的影响　224
光照、土壤养分和土壤水分对银杏地径相对生长率的影响　224
光照、土壤养分和土壤水分对银杏树高相对生长率的影响　224
光照对银杏分布的影响　225
光照对银杏生理特性的影响　225
光照和土壤养分对叶片黄酮含量的影响　225
光照强度和气温对光合作用的影响　225
光照与萜内酯　225
光照与银杏　226
光周期　226
广东北部银杏种群　226
广东的银杏　226
广东顺德——中国银杏分布的最南端　226
广东顺德银杏主要物候期　226
广东银杏的品种分布　227
广化寺古银杏　227
《广群芳谱·泰山记》　227
《广群芳谱》　227
广西桂林古银杏资源　227
广西桂林银杏面积、株数、产量、产值　227
广西桂林银杏之乡　228
广西灵川核用品种性状　229
广西灵川雄株物候期　229
广西灵川银杏雌雄株的年发育　230
广西兴安银杏　230
广西叶籽银杏　230
广西银杏生态适应性区划　231
硅化木　231
贵GY-8号　231
贵GY-9号　231
贵T-20号　231

贵州长白果　231
贵州东北部银杏种群　231
贵州李家湾银杏　231
贵州务川山区银杏原生种群　232
贵州西南部银杏种群　232
贵州胸径大于2 m的银杏古树　232
贵州银杏的垂直分布　232
贵州银杏的水平分布　232
贵州银杏的种质资源　232
贵州银杏种核的性状　233
贵州银杏种核营养成分含量　233
贵州银杏种核中氨基酸的浓度　234
贵州优良单株特性　234
桂028号　234
桂047号　235
桂048号　235
桂049号　235
桂G86—1种实发育中营养成分的变化　235
桂花白果(1)　235
桂花白果(2)　236
桂林古银杏分布统计表　236
桂皮酸酯黄酮类化合物　236
滚筒式杀青机　236
《郭弘农集》　236
郭老手植"妈妈树"　236
国际市场银杏叶制剂主要产品　237
国际通用EGb 761的质量要求　237
国际银杏协分(IGFTS)　237
国际银杏学术研讨会　238
国家银杏博览园——中国邳州　238
国内市场银杏叶制剂主要产品　238
国内外银杏化妆主要产品　239
国内外银杏良种种核生理品质　240
国树　240
国树评选　240
国树评选标准　241
国树是民族的象征　241
国树与国旗　241
国外银杏浸膏及保健品　242
国外银杏名称　242
国外银杏叶补充剂的研究　242
国外引种　242
果部名词对照表　243
果材兼用型　243
果材兼用园的整形　243
果茶保健功能　243
果大多　243

果尔除草剂不同处理苗高、地径和叶片数　244
果脯加工工艺流程　244
果胶的开发利用　244
果奶和茶的生产工艺　244
果仁茶　244
果实膨大水　245
果树　245
果树间作　245
果园间作银杏苗　245
果子狸　245
过磷酸钙　245
过密枝　245
过氧化物酶测定法　245

H h

海拔高度　246
海带银杏保健鱼丸　246
海南的银杏　246
海洋皇　246
害虫猖獗周期　246
害虫防治　246
害虫抗药性　247
害虫死亡率　247
害虫天敌　247
含长醇的毛发促进剂配方　247
含长醇的生发液配方　247
含醇口服液　247
含漱片　247
含水量　247
含银杏叶提取物的咖啡饮料　247
韩国的银杏产业　247
韩国的银杏加工利用　248
韩国的银杏科学研究　248
韩国的银杏市场销售　248
韩国的银杏栽培　248
韩国流行风尚吸品　248
寒潮　249
罕见的银杏树　249
汉阳树与绣花姑娘　249
汉银杏墓碑石图案　249
旱害　249
旱害及防治　249
航标树　250
好气性微生物　250
郝家村银杏　250
浩庄银杏　250
合点　250

合法春药 250
合接 250
合理结构 250
合理使用农药 250
合子 250
何凤仁（1917—2001年） 251
和平寺雌雄银杏树 251
河北古银杏资源 251
河北省的银杏 251
河北省银杏古树资源的研究和开发 252
河南伏牛山区银杏种群 252
河南济源紫微宫古银杏 252
河南南部和安徽西部大别山银杏种群 252
河南省嵩县雌雄同株古银杏 252
河南新县各品种种核形态特征 252
河南药白果 252
河南银杏群 252
核爆考验 252
核果饮料的开发工艺 253
核粮兼顾型 253
核形指数 253
核形指数测定方法 253
核用丰产园的修剪 253
核用良种选择及评价 253
核用林经营型 253
核用品种的综合分类法 254
核用品种叶脱落期 254
核用品种优良单株的性状指标 255
核用品种种仁的淀粉形态与结构 255
核用银杏 255
核用银杏的良种标准 255
核用银杏品种的标准及内容 256
核用银杏品种选育程序 256
核用银杏品种种实产量性状 257
核用银杏选择方法 257
核用育种 257
核用园标准 258
核用园施肥效应 258
核用园栽培技术 258
核杂种的选择 258
赫勒义马果复原图 258
褐斑病 258
鹤峰"将军树" 258
黑白果 259
黑龙江省的银杏 259
黑皮银杏 259
黑色遮阳网在银杏播种育苗上的应用 259
黑银杏 259
黑银杏选育过程 259
黑银杏优良无性系 259
恒温库贮藏法 260
横生枝 260
烘干温度对黄酮提取率的影响 260
烘干轧壳 260
烘烤食品 260
红安皇 260
红安县银杏优株种实和种核性状 260
红参银杏叶复方胶囊 261
红茶的制作要点 261
红螺寺雌雄银杏 261
红枣银杏茶制作工艺流程 261
洪洞南官庄银杏 261
猴子眼 261
后黄卷叶蛾 261
后期胚的发育 262
后熟 262
后熟过程中白果蛋白质的动态变化 262
后熟期白果蛋白质的含量 262
后熟作用 262
呼吸速率 262
呼吸作用 263
胡顿银杏 263
胡先骕（1894—1968） 263
湖北安陆16个优良单株经济性状 263
湖北安陆古银杏树的开发利用 264
湖北安陆古银杏资源保护 264
湖北安陆银杏之乡 264
湖北大洪山地区银杏分布图 265
湖北大洪山银杏品种 265
湖北大洪山银杏种群 266
湖北京山银杏优株 266
湖北神农架银杏种群 266
湖北西南山区银杏种群 266
湖北银杏优良品种（品系）鉴评 266
湖北银杏优良原株种核经济性状 267
湖北优株叶片性状指标 267
湖景 267
湖南"白果树王" 267
湖南大橄榄 267
湖南桑植古银杏 267
湖南西部武陵山区银杏种群 267
湖南银杏群 267
湖南银杏优良株系经济性状分析表 268
蝴蝶树 268

琥珀银杏 268
互生叶 268
护发生发剂药液成分表 268
护发生发效果 268
护发液成分表 269
护肤化妆品 269
护肤香皂 269
花 269
花部名词对照表 269
花分生组织特异基因 270
花粉 270
花粉孢粉素的红外光谱图 270
花粉壁层化现象 270
花粉壁形状 271
花粉采集 271
花粉采集无序 271
花粉采集与处理 271
花粉产量 271
花粉冲服剂 271
花粉传播的系列特征 271
花粉传播距离 271
花粉粗多糖的制备工艺流程 272
花粉粗多糖脱色工艺 272
花粉的发育及形态 272
花粉的加工 272
花粉的抗衰老功能 273
花粉的抗肿瘤功效 273
花粉的萌发 273
花粉的萌发生长 273
花粉的系统学地位 274
花粉灯光照晒法 274
花粉对动脉粥样硬化和高脂血症引起的冠心病的作用 274
花粉对糖尿病患者的治疗功能 274
花粉多糖含量的测定方法 274
花粉发育过程 275
花粉膏体 275
花粉管 275
花粉和花药中氨基酸的含量 275
花粉和胚珠生物学特性 275
花粉烘干法 275
花粉烘箱粉烤法 275
花粉、花药和茎尖组织中氨基酸的定量分析 275
花粉化学成分 276
花粉黄酮含量 276
花粉黄酮和内酯含量 276
花粉活力测定方法 276

花粉活性成分 276
花粉加工工艺流程 277
花粉加工利用 277
花粉开发 277
花粉开发利用的前景 277
花粉口服液 277
花粉矿物质元素含量表 277
花粉矿质元素含量 278
花粉粒的表面纹饰 278
花粉粒的大小 278
花粉粒的形状与特性 278
花粉量 278
花粉晾晒干燥法 278
花粉萌发沟 279
花粉母细胞 279
花粉培养 279
花粉培养 Rohr 培养基 279
花粉培养 Tulecke 培养基 279
花粉培养中形成的两个未成熟的精子细胞 279
花粉破壁 280
花粉破壁工艺 280
花粉生活力 280
花粉生命力测定 280
花粉石灰干燥法 280
花粉食品的加工工艺流程 280
花粉水洗法 281
花粉四分体 281
花粉特性 281
花粉提取物的紫外光谱 281
花粉图示 281
花粉维生素 E 含量 281
花粉囊 281
花粉形态对加工工艺的影响 281
花粉形态指标一览表 282
花粉性状 282
花粉悬液喷雾人工授粉法 282
花粉营养成分 282
花粉用银杏 283
花粉用银杏选择方法 283
花粉用育种 283
花粉园 283
花粉园的栽后管理 283
花粉园的栽植方法 283
花粉园地址选择 283
花粉园品种选择 283
花粉在离体条件下的发育图解 284
花粉灶墙烘烤法 284

花粉灶墙贮藏 284
花粉脂肪酸含量 284
花粉制品的开发条件 284
花粉中 5 种脂肪酸含量 284
花粉中蛋白质和氨基酸含量 284
花粉中的矿质元素浓度(10^{-6}) 284
花粉中各种氨基酸浓度 285
花粉中黄酮苷元的 HPLC 图 285
花粉中维生素 E 含量 285
花粉中营养元素的含量 285
花粉贮藏 285
花粉贮藏与生活力的关系 285
花粉组织提取液对愈伤组织诱导 286
花梗 286
花和种实 286
花后水 286
花(卉)—银(杏)型模式 286
《花镜》 286
花面狸 286
花期 286
花期不遇 286
花期调整 287
花期控制 287
花期相遇 287
花器种实描述 287
花青素多酚 287
花色素合成酶基因的克隆 287
花生银杏乳的测定方法 287
花生银杏乳制备的操作要点 287
花生银杏乳制备的工艺流程 288
花穗的采摘与保管 288
花穗质量对比(3 年生枝) 288
花序 288
花序出花药率、花药出粉率及花序出粉率 288
花芽 288
花芽分化 288
花芽分化临界期 289
花芽分化期 289
花芽生理分化 289
花芽形成 289
花芽形态分化 289
花药 289
花药柄 289
花药及其形态与大小 289
花药培养 290
花叶病毒病诊断法 290
花用银杏的良种标准 290

花原基 290
华北山地银杏地理生态型 290
华北银杏王 290
华口大白果 290
华南自然分布区 290
化石 290
化石拜拉属 291
化石分类 291
化石似银杏属 291
化石楔拜拉属 291
化石银杏属 291
化学保护 291
化学采种 291
化学除草 292
化学除草剂使用技术 292
化学防治 292
化学肥料 292
化学药剂的促枝效果 292
怀柔古银杏 293
怀中抱子的古银杏 293
坏死 293
环保价值 293
环剥 293
环剥促花的作用 293
环剥促结种的作用 294
环剥对银杏幼树的促花作用 294
环剥时间对银杏幼树促花效果 294
环割 294
环割促花 294
环境 294
环境保护 294
环境科学 294
环境条件 294
环境污染 295
环境因素对授粉的影响 295
环植 295
环状剥皮逆接的顺序 295
环状倒贴皮 295
环状沟施肥 295
环状施肥 295
缓放 296
"皇榜树"的传说 296
皇后 296
黄茶的制作要点 296
黄刺蛾 296
黄腐酸施用浓度和时期的效果 297
黄腐酸叶面肥对白果品质的影响 297
黄腐酸叶面肥对银杏生长和结实的

影响　297
黄化病诱因　297
黄化现象　298
黄淮海自然分布区　298
黄金果　298
黄金丸　298
黄金叶　298
黄皮果　298
黄氏楔拜拉　299
黄酮 F-1 号　299
黄酮 F-2 号　299
黄酮 F-3 号　299
黄酮的年变化规律　299
黄酮干浸膏　300
黄酮苷化合物　300
黄酮苷检测 HPLC 色谱图　300
黄酮苷生产工艺流程　300
黄酮苷、萜内酯、儿茶素、多酚活性成分的含量　300
黄酮苷元注射液和片剂制作　300
黄酮含量季节变化　301
黄酮类　301
黄酮类超临界 CO_2 萃取色谱法测定　301
黄酮类分光光度测定法　301
黄酮类高效液相色谱测定法　301
黄酮类含量测定　301
黄酮类化合物的测定方法　301
黄酮类化合物的化学性质　301
黄酮类化合物的提取　302
黄酮类化合物的物理性质　302
黄酮类化合物生物合成　302
黄酮类化合物药用机制　302
黄酮类衍生化—气相色谱测定法　302
黄土高原区　302
黄土丘陵沟壑区　302
黄叶和鼻祖　303
黄叶银杏　303
灰分元素　303
灰指甲　303
徽州银杏古树资源　303
回缩　303
惠济寺里的三株银杏　303
"惠满丰"活性液肥　303
混合芽　303
混合样品　303
混交和纯林生长调查表　304
混交林根系分布　304
混农林业模式　304

混植　304
活动积温　305
活化石　305
火神庙银杏　305

Jj

机械采叶　306
机械调制脱皮法　306
鸡眼　306
积温　306
基肥　306
基肥量对苗木生长的影响　306
基极　306
基因　306
基因工程　307
基因库　307
基因排序　307
基因收集　307
基因图　307
基因型　307
基因转移　307
基质　307
基质对插穗生根的影响　308
激素对切芽生根率的影响　308
吉林的银杏　308
吉林似银杏　308
吉姆斯里姆　308
极性　308
集约栽培　308
技术措施增产率　308
继代培养基成分对银杏成熟胚愈伤组织生长和分化的影响　309
寄主　309
夹带剂对白果油萃取率的影响　309
家白蚁　309
家庭自制银杏茶　310
家系　310
家系间银杏生长指标的变异　310
家系生长性状和生理指标的相关系数　311
家系选择　311
家畜粪尿　311
甲草胺(拉索)　311
甲草胺(拉索)施用方法　311
甲霜灵　311
钾　311
钾的生理功能　312
槲如酸类似物　312

假死现象　312
假托勒利叶属　312
假植　312
嫁接　312
嫁接不亲和　313
嫁接成活　313
嫁接成活原理　313
嫁接刀　313
嫁接的目的　313
嫁接的作用　313
嫁接法——古桩盆景制作　314
嫁接繁殖　314
嫁接方法分类　315
嫁接方法与成活率的关系　315
嫁接高度　315
嫁接工具　316
嫁接后的管理　316
嫁接苗　317
嫁接苗的管理　317
嫁接苗等级标准　317
嫁接苗干高与苗木生长　317
嫁接苗和实生苗黄酮变化规律　318
嫁接苗和实生苗叶形垂直变化　318
嫁接苗培育　318
嫁接苗与实生苗的鉴别　318
嫁接苗质量标准　318
嫁接亲和力　318
嫁接时期　318
嫁接时期与方法　318
嫁接箱　319
嫁接育苗　319
嫁接愈合的特点　319
尖顶佛手　319
尖果佛手　319
奸臣谗言株连银杏树　320
坚果　320
坚果类果树　320
间伐　320
间接酶标免疫光镜定位　320
间种作物对土壤养分的影响　320
间作　320
间作对土壤极端温度和水分的影响　321
间作项目的单阶段决策与选择　321
间作育苗　321
检索表　321
检疫　321
剪砧　321
减肥敷贴剂　321

简单随机取样法 322
碱性肥料 322
碱性土壤 322
江矶寺古银杏 322
江苏、山东银杏群 322
江苏邳州银杏之乡 322
江苏泰兴银杏之乡 324
江苏银杏产业化良性发展模式 325
江苏银杏核用优良单株性状 325
江苏银杏优良单株 326
江苏银杏优选单株品质鉴评 326
江西银杏多奇树 327
江西银杏古树群资源 327
浆汁的制取 327
桨叶属 327
降水 327
降水变率 327
降水量 327
降水强度 327
降水日数 327
降血压和降血脂 327
交叉枝 327
胶体金免疫电镜定位 327
椒盐白果 328
绞缢 328
窖藏法 328
阶段发育 328
接口高度新梢当年生长长度 328
接蜡 328
接穗 329
接穗保存 329
接穗采集 329
接穗对成活率的影响 329
接穗规格及处理与苗木生长 330
接穗和砧木切面图 330
接穗和砧木准备 330
接穗活化和生活力检验 330
接穗年龄对早实的影响 330
接穗形状与插穗 330
接穗只发芽不抽枝 331
接种 331
孑遗原理与南雄地貌 331
孑遗植物 331
节 331
节间 331
结实呈葡萄穗状的古银杏 331
结实大小年产生原因 331
结实大小年现象 332

结实年龄 332
结实树不能采叶 332
结实树的管理 332
结实习性 332
结种（花）枝 332
结种基枝 333
结种期 333
结种枝持续结种系数 333
捷卡藉夫斯基属 333
截干对长短枝条数的影响 333
截干对当年新梢生长总量的影响 333
截干对净光合速率及蒸腾速率的
　影响 334
截干对叶产量和黄酮含量的影响 334
截干对叶片总黄酮含量的影响 334
截干对叶用银杏萌芽的影响 334
截干对叶用银杏生长及树形的影响 334
截干对银杏叶产量和黄酮含量的
　影响 335
截干对银杏叶生理生化的影响 335
截干高度对冠幅、树高、单株叶产量、单叶
　干重和黄酮含量的影响 335
截干日期对叶片总黄酮含量的影响 335
截穗技术对生根的影响 335
截形叶 336
解剖学 336
解吸法提取银杏苦内酯 336
解析木 336
介壳虫类 336
介壳虫类防治方法 336
金02号 337
金04号 337
金06号 337
金07号 337
金兵 337
金兵普伦斯顿 337
金兵卫 337
金带 337
金带银杏 338
金佛山银杏濒死木的形态学特征及形成
　过程 338
金佛山银杏天然资源 338
金佛山自然保护区 338
金龟子类 338
金龟子类防治方法 338
金龟子生活习性 339
金果佛手（1） 339
金果佛手（2） 339

金蝴蝶 339
金华垂枝 339
金华佛手-06号 339
金华佛手大果 340
金华马铃 340
金绿叶银杏 340
金普顿 340
金秋-1 340
金秋 340
金球 340
金桑杰斯 340
金色化石树 340
金丝银杏 340
金桃 340
金条叶银杏 340
金仙庵古银杏 340
金纳多 340
金坠13号 341
金坠1号 341
进化地位 341
近代银杏品种分类历 341
近现代——银杏造景光大期 342
近圆似银杏 342
近缘植物 342
晋城东岳庙银杏王 342
晋城南街银杏 342
晋城青莲寺银杏 342
晋祠王群祠堂银杏（两株） 343
浸出液防治植物病虫害 343
浸泡脱皮法 343
浸种 343
茎 343
茎的解剖构造 343
茎段培养 344
茎腐病 344
茎腐病化学防治效果 344
茎根比 344
茎尖细胞组织分区 344
京山大白果 345
京山叶籽银杏-1 345
京山叶籽银杏-2 345
京山银杏品种经济性状 345
京山银杏优株及其性状指标 346
京银2号 346
京银3号 346
经济产量 346
经济规律 346
经济价值 346

经济结构　346
经济树种　347
经济效益　347
经纬度分布　347
经营模式　347
精原细胞　348
精子　348
精子器　348
井冈山千年古银杏　348
颈卵器　348
颈细胞雌配子体发育过程　348
颈细胞的分化形成　348
景观美　348
净光合速率的日变化　348
净光合速率与叶绿素荧光特性　349
净居寺　349
净种　349
竞争枝　349
靖安古银杏群　349
境界树　349
九甫长子　349
九月响　349
九子抱母　349
久寿（久治久次）　350
酒刺　350
厩肥　350
局部灌溉　350
局部整地　350
具有多种叶型的中生代银杏植物　350
聚戊烯醇　351
聚异戊烯醇　351
聚异戊烯醇^{13}C-NMR 信号排布　351
聚异戊烯醇^{1}H-NMR 信号的相对
　强度　351
聚异戊烯醇及其乙酸酯的 HPLC 测定
　装置　352
聚异戊烯醇类　352
卷叶银杏　352
绝对发芽率　352
绝对湿度　352
绝对最低气温　352
绝对最高气温　352
军响乡桑峪小学古银杏　352
均质　352
菌肥　352
菌根　353
菌根菌　353
菌根菌肥料　353

菌根显微结构　353

K k

卡肯果科　354
卡肯果属　354
开发银杏产业的基本原则　354
开发银杏产业的指导思想　354
开发银杏叶产品的对策　354
开罐检验　354
开罐浓度　355
开花　355
开花结种物候期　355
开花结种习性　355
开花期　355
开心果　355
开心形　355
刊载银杏文献期刊的集中与离散　356
糠片蚧　356
抗病毒性能　356
抗病性　356
抗虫性能　356
抗大古银杏　357
抗放射性银杏树　357
抗风性　357
抗菌素　357
抗空气污染　357
抗逆耐淹性　357
抗日树　357
抗衰老饮料　358
抗弯强度　358
抗污染能力　358
抗污树种　358
抗细菌性能　358
抗性　358
抗性品种育种　358
抗压强度　359
抗药性　359
抗真菌性能　359
考氏白盾蚧药剂防治效果　359
科技园的建档　359
科学饮用银杏茶　360
科研价值　360
蝌蚪果　360
咳喘　360
咳嗽痰喘　360
克服结种大小年　360
克利夫兰　360
刻伤　360

客土　361
空气相对湿度对种核贮藏的影响　361
孔雀树　361
孔雀仙子银杏　361
孔膳堂饭庄的第一道菜——诗礼
　银杏　361
恐龙　362
控释肥料　362
口服保健品功能　362
口服液　362
口服液感官指标　362
口服液生产操作要点　362
口服液生产工艺　362
口服液卫生指标　362
口腔卫生产品的安全性　362
口腔卫生制品　362
口腔炎和牙齿虫蛀　362
口香糖　362
扣芽修剪　363
枯木逢春　363
枯叶蛾　363
枯叶夜蛾　363
苦白果　363
苦杏　363
库区千年古银杏　364
宽基佛手　364
宽基楔拜拉　364
矿物　364
矿质营养　364
矿质营养元素含量　364
矿质元素　364
魁金　364
魁铃　365
扩穴　365
扩穴深翻　365
阔叶树　365

L l

拉丁学名　366
拉丁学名轶名　366
拉枝　366
腊月三十怪祖先　366
蜡封接穗　366
来安县银杏古树名录　367
莱顿　367
蓝宝石　367
劳动生产率　367
老和尚头　367

老龄树的修剪 368
老年发育期 368
老年眩晕 368
老树更新 368
涝害 368
涝害及防治 368
乐安千年"情侣银杏树" 368
乐果 368
雷击火烧不死的古银杏 369
类黄酮化合物的检测 369
类黄酮生物体内合成代谢途径 369
类萜 369
类型 369
冷藏法 369
冷冻保藏法 369
冷库 370
冷热胁迫对银杏光系统的光抑制 370
离层 370
离体培养技术 370
离子束生物技术和"银杏西瓜" 370
李白手扦菩提树 370
李白手植银杏树(1) 371
李白手植银杏树(2) 371
李调元(清) 371
李觐光(清) 371
李清照(宋) 371
李群 371
李世民与救驾树 371
李正理(1918—2009年) 372
李子果 374
理想的抗氧化剂 374
历史老人的诉说 374
历史演变 374
立枯病 375
利白脑 375
利用银杏枝丫材生产刨花板工艺 375
病疮 376
联姻树的传说 376
良种 376
良种采穗圃 376
良种单系 376
良种单株标本采集、绘图及照相 376
良种单株的调查 376
良种单株基本情况调查 376
良种单株立地情况调查 377
良种单株生物学特性调查 377
良种单株选择标准 377
良种单株植物学特征调查 378

良种的采集与贮藏 378
良种繁育 378
良种桂G86-1的种实生长发育
　动态 378
良种化 378
良种鉴评 378
良种秋接展叶及萌动 379
良种筛选 379
良种审定 379
良种审定程序 379
良种审定范围 379
良种审定结果 379
良种试验指标 380
良种选育指标 380
良种选择 380
良种选择步骤 380
良种与位置效应 381
良种壮苗 381
凉瓜白果 381
梁立兴 381
两歧叶属 381
两头圆 382
辽东半岛与胶东半岛银杏地理生
　态型 382
辽宁省的银杏 382
列植 382
裂刻 382
裂叶银杏 382
林场 382
林带防风效能 382
林带防风作用 383
林带防护距离 383
林带间小气候 383
林带结构 383
林带宽度 383
林带配置 383
林带缺口 383
林带透风系数 383
林带胁地 383
林带增产作用 383
林带占地比率 383
林分结构 383
林分密度 383
林分生长进程 384
林分组成 384
林粮间作对黄酮含量和产量的影响 384
林木检疫 384
林木培育原理 384

林木施肥 384
林奈 384
林网 385
林网单纯式栽植图 385
林网混合式栽植图 385
林网体系 385
林学特性 385
林药间作 385
林业 385
林业专家系统发展方向 385
林业专家系统开发平台 385
林植 386
林种 386
临汾"陈家银杏" 386
临界养分浓度营养诊断法 386
临时植株 386
磷 386
磷的生理功能 386
磷肥 386
磷化锌 387
磷素 387
鳞片 387
灵川历年银杏产量 387
灵川雄树花期类型 388
灵川银杏品种资源 388
灵川银杏资源统计 389
灵山寺古银杏 389
岭南 389
岭南古银杏种群保护措施 389
岭南银杏王 389
岭南银杏种群 390
陵川郝家村银杏 390
刘勰故里银杏 390
刘秀拴马白果树 390
刘原父(宋) 390
刘张银杏 390
留床法 390
留床苗 390
留床培育 391
流胶病 391
琉璃果 391
硫素 391
硫酸铵 391
硫酸钾 391
硫酸锌对银杏苗木生长的影响 392
硫酸亚铁 392
柳乌木蠹蛾 392
六月落种 392

楼观台古银杏 392
蝼蛄 392
庐山莲花刘家垅古银杏 393
鲁班巧取银杏中心板 393
鲁山夫妻白果树 393
鹿邑汉朝古银杏 393
露地插床 393
露天坑藏 393
吕四人为啥很少得癌症 394
绿茶保健饮料 394
绿肥 394
绿肥与常用肥料的营养成分 394
绿肥作物的营养元素含量（占鲜草重量%） 395
绿红茶的制作工艺流程 395
绿化 395
绿化大苗分级标准 395
绿化大苗适生地 395
绿化观赏银杏的良种标准 395
绿化观赏用品种 396
绿色组织 396
绿枝单芽扦插苗木的生长 396
绿枝嫁接 396
绿枝接穗贮藏时间对嫁接成活生长的影响 396
绿枝扦插（嫩枝插扦） 396
氯气熏不死 396
滦平似管状叶（新种） 397
卵 397
卵果大佛手 397
卵果佛手 397
轮尺 397
轮伐期 397
轮流局部深耕扩穴 397
轮枝银杏 397
捋枝 397
罗宾 397
罗成系马银杏树 397
裸根苗 398
裸根栽植 398
裸子植物 398
裸子植物的地质史 398
裸子植物门 398
《洛神赋图》 398
落花落种原因 398
落叶果树 399
落种的防治措施 399

M m

麻杏石果汤 400
马咳嗽 400
马雷肯 400
马铃1号夏季嫁接后的萌动和展叶 400
马铃3号 400
马铃5号 400
马铃9号 401
马铃多年生鳞枝叶片性状 401
马铃类 401
马铃类品系 401
马、骡劳伤吊鼻 402
马骡慢性肺气胀 402
玛瑙银杏（中华美食） 402
迈菲尔德 402
迈哥亚尔 402
脉序 402
脉序的二叉分歧 402
慢性淋浊而无涩痛 402
慢性脑血管疾病的治疗 402
慢生树种 402
慢性胃炎 403
慢性心血管疾病 403
慢性支气管炎 403
慢性中耳炎 403
漫话银杏树叶 403
芒砀山古银杏 403
猫头银杏 403
毛叶茗子 403
毛状叶科 404
毛状叶属 404
茅草枯 404
茅盾故乡的银杏 404
梅核果 404
梅核类 404
梅核银杏类 404
梅花桩形 404
煤污病 405
酶 405
每个劳动力创造出的净产值 405
每亩播种量查对表 405
每千克银杏种核出苗量查对表 406
美国UC药物公司银杏提取物标准 406
美国阿诺德树木园 406
美国的基生树瘤 406
美国的银杏产品销售 406
美国的银杏雄株品种 407

美国的银杏之乡 407
美国的银杏种植 407
美国的钟乳银杏 408
美国环球营养公司银杏提取物标准 408
美国药典中银杏叶专题论文 408
美国银杏的雄性品种 408
美国、中国、日本银杏生长比较 408
美丽槲寄生穗（比较种） 408
美尼尔氏综合征 408
美娘子白果树 408
美女花 409
美容保健产品 409
美学 409
镁素 409
门头沟古银杏 409
萌蘖育苗 409
萌芽肥 409
萌芽期 409
锰素 409
梦遗 409
米径 409
密度对银杏氮利用效率的影响 409
密度对银杏光合产物分配的影响 409
密度对银杏光合速率的影响 410
密度对银杏苗高和地径生长量的影响 410
密度试验 410
密度水平对银杏单株生物量的影响 410
密度水平对银杏新生根生物量的影响 410
密封贮藏 410
密植树的后期修剪 410
蜜饯白果 411
蜜饯类 411
蜜饯银杏 411
蜜蜡银杏 411
蜜三果 411
蜜汁白果 411
棉花果 411
棉铃虫 412
免耕 412
免耕育苗 412
免疫印迹 413
面白果 413
苗床 413
苗床东西方向好 413
苗床苗 413
苗高 413

苗根长　413
苗茎日灼　413
苗龄　413
苗龄型　413
苗龄与保留密度　413
苗龄与保留密度的关系　414
苗木　414
苗木包装　414
苗木保护　414
苗木标准地调查法　414
苗木标准化　414
苗木标准行调查法　414
苗木成活期　414
苗木出圃　415
苗木出圃规格　415
苗木猝倒病　415
苗木调拨　416
苗木调查　416
苗木冬态　416
苗木冬态特征　416
苗木冻害　417
苗木对角线调查法　417
苗木垛藏越冬法　417
苗木分级　417
苗木分级标准及规格释注　417
苗木封顶　417
苗木高径比　417
苗木高生长　417
苗木根系生长规律　417
苗木基地设计方案　418
苗木假死　418
苗木假植　418
苗木检测抽样方法　418
苗木检测方法　418
苗木检测规则　418
苗木检疫　419
苗木截干苗对生长的影响　419
苗木径根比　419
苗木露天沙埋法　419
苗木密度　419
苗木年生长类型　419
苗木培育过程　419
苗木培育混作法　420
苗木培育间作法　420
苗木培育疏苗法　420
苗木起运　420
苗木切断胚根比较图　420
苗木缺素症的判断　420

苗木速生期　420
苗木贪青　420
苗木统计　421
苗木徒长　421
苗木萎凋　421
苗木物候谱　421
苗木修根　421
苗木移栽土球规格　421
苗木移植　421
苗木营养特性　421
苗木营养诊断　421
苗木运输　421
苗木早期黄化病的防治　421
苗木直径生长规律　422
苗木质量　422
苗木质量等级表　422
苗木质量检测证书　422
苗木质量要求　422
苗木种类　422
苗木种类及繁殖方法　422
苗木贮藏　423
苗木追肥　423
苗圃地的选择　423
苗圃地选择图解　423
苗圃轮作　423
苗圃生产用地区划　423
苗圃施肥　424
苗圃学　424
苗圃整地　424
苗期雌雄形态区别　424
苗期管理　424
苗期黄化现象的表现　424
苗期生理生化指标的变异　424
苗一叶型　424
苗一(银杏)种一(银杏)材兼用型　424
庙湾药白果　424
灭生性除草　425
民间传说及民谣谚语　425
民俗学　425
民谣谚语　425
民族精神　425
闵子骞手植"闵公孙"　425
闽屏1号　426
闽沙1号　426
闽水铃　426
闽顺1号　426
闽顺2号　426
闽永1号　427

闽尤1号　427
闽尤2号　427
敏氏拜拉银杏(比较种)　427
名木　427
名医扁鹊手植银杏树　427
鸣果　427
鸣杏　427
命名的权力　427
命名的时间　427
抹芽　428
末梢循环障碍性疾病的治疗　428
母树　428
母树及枝条年龄对插穗生根的影响　428
母树年龄对扦插成活率及生长量的
　　影响　428
母树年龄与嫁接苗的位置效应　428
母畜白带　428
母畜赤白带下　428
木板浸渍剂　428
木材的化学性质　428
木材化学成分　429
木材化学特性　429
木材加工性质和用途　429
木材解剖特性的研究　430
木材开发利用　430
木材力学性质　430
木材目视构造　430
木材年轮宽度和密度变异规律　430
木材容重　431
木材三切面图示　431
木材市场　431
木材炭化图装置　431
木材微观构造　431
木材微纤丝角　432
木材物理力学性质　432
木材蓄积增长率　432
木材用途　432
木材质量标准　433
木橼尺蠖　433
木射线　433
木质部　433
钼素　433
穆桂英与银杏树　433

N n

纳纳　434
耐旱抗逆性　434
耐盐抗逆性　434

耐荫时期　434
耐荫性　434
萘乙酸　434
南川区各乡镇银杏资源量　435
南川区杨家沟银杏天然群落的种群
　　结构　435
南川区银杏天然资源总量　435
南瓜果　435
南官银杏　436
南林－B1　436
南林－B2　436
南林－B3　436
南林－C1　436
南林－C2　436
南林－D1　436
南林花1　436
南林花2　436
南岭山地银杏地理生态型　436
南天门楔拜拉(新种)　436
南雄古银杏种质资源　437
南雄坪田白果　437
南雄银杏的栽培历史和现状　437
南雄银杏物候期(日/月)　437
南漳5号　438
脑恩　438
内生真菌的分离和纯化　438
内生真菌对苹果腐烂病病原菌的拮抗
　　作用　438
内生真菌菌落形态及鉴定　438
内维兹黛果　438
内吸剂　438
内乡赤眉"火箭树"　438
内酯GB－5号　438
内酯T－5号　439
内酯T－6号　439
内酯测定法的回收率　439
内酯含量季节变化　439
内酯化学结构　439
内酯类化合物的化学性质　440
内酯类化合物的物理性质　440
内酯类化合物的组成　440
内酯类化合物理化常数　440
内酯取代基　440
内酯提取物的工艺流程　441
内种皮　441
嫩芽茶制作工艺流程　441
嫩枝嫁接成活率　442
嫩枝类型插穗生根统计　442

嫩枝(绿枝)嫁接　442
嫩枝扦插　442
嫩枝扦插播后管理　443
嫩枝扦插技术　443
嫩枝扦插注意事项　443
嫩枝摘心　443
能量投入与产出比　443
拟刺葵属　443
年绝对最低气温　443
年轮　443
年轮宽度　444
年平均气温　444
年周期高径生长进程　444
黏浆果　444
黏土　444
尿路感染　444
尿素　444
宁化县银杏古树种核特征　444
宁化县银杏古树种仁特征　445
宁夏区的银杏　445
牛肺热　445
牛肺炎　445
牛咳嗽　445
牛、马肺虐咳嗽　445
牛、马肺热咳喘　445
牛、马结膜炎　445
牛、马尿淋尿血　445
扭枝　445
农家品种　445
农家品种选育　445
《农桑辑要》　446
《农桑经》　446
《农桑衣食撮要》　446
农事节气定期授粉　446
农田防护林带的配置　446
农田防护林的规划设计　446
农田林网中银杏的管理　446
农药　446
农药保质期　446
农药残留量　447
农药持效期　447
农药稀释倍数　447
《农政全书》　447
糯米白果　447
糯圆子　447
汝濠－2　448

O o

欧美的银杏研究　449

P p

膀胱虚弱,小便频数　450
帕洛阿尔托　450
排涝　450
排水　450
排水系统　450
盘灌　450
盘县特区银杏大树和古树分布　451
盘状撒施法　451
泡囊—丛枝菌根(VAM)　451
泡腾饮料　451
胚　451
胚柄　451
胚根　451
胚根长短对苗木生长的影响　451
胚培养　451
胚培养及不定芽的产生　452
胚培养小植株的再生途径　452
胚乳　452
胚乳DNA的提取　452
胚乳的显微结构　453
胚乳淀粉粒　453
胚乳发育　453
胚胎发生　453
胚胎发育　453
胚胎发育进程　454
胚芽　454
胚愈伤组织的分化和胚状体发生　454
胚愈伤组织的诱导　454
胚轴　454
胚珠　455
胚珠的形成过程　455
胚珠发育　455
胚珠器官的异时发育　455
胚珠器官起源　456
胚珠授粉前后的解剖结构　456
培肥土壤　456
培树兜　456
培养过程中的可溶性蛋白变化　457
培养基　457
培养基对银杏花粉愈伤组织形成的
　　影响　457
培养皿　457
培养室　457
培养箱　457
培育速生苗的技术　458
培育银杏播种壮苗四大要素　458

配子　458
配子体　458
喷氮　458
喷灌　458
喷钾　458
喷磷　458
"喷施宝"促进银杏苗木生长　459
喷施黄腐酸叶面肥的效果　459
喷施黄腐酸叶面肥对银杏枝条生长增量
　　的影响　459
喷雾法　459
盆景　459
盆景半悬崖式　459
盆景苍老的鉴赏　460
盆景产业开发　460
盆景锤击　460
盆景的管理技术　460
盆景的软与刚　460
盆景的制作与管理　460
盆景动与静的鉴赏与评价　460
盆景多干式　460
盆景分类　460
盆景附木式　461
盆景附石式　461
盆景管理　461
盆景环割与环剥　461
盆景换盆方法　461
盆景换土　461
盆景嫁接　461
盆景浇水与排水　461
盆景接头　461
盆景快速培桩法　461
盆景命名　462
盆景目伤　462
盆景难和易的评价　462
盆景蟠扎　462
盆景上盆　462
盆景审材　462
盆景疏密的鉴赏与评价　462
盆景撕皮　462
盆景掏洞　462
盆景提根　463
盆景修剪　463
盆景选材　463
盆景选根　463
盆景选桩　463
盆景养护　463
盆景叶丛的分布　463

盆景栽植　463
盆景造材　463
盆景造型　463
盆景造型鉴赏与评价　463
盆景直干式　464
盆景重心　464
盆景追肥　464
盆栽试验　464
盆栽银杏　464
硼　464
硼素　464
膨压　464
邳锡雄株1号　464
邳选01号　464
邳选02号　465
邳选05号　465
邳选06号　465
邳选10号　465
邳选11号　465
邳州1971—1984年白果各年产量统
　　计表　465
邳州大佛手　465
邳州银杏博览园　465
邳州银杏博览园园区自然概况　465
邳州银杏产业获奖项目　466
邳州银杏产业链　466
邳州银杏科研成果及获奖　466
邳州银杏品种鉴评表　467
邳州银杏树之王　467
邳州银杏栽培技术推广体系　467
劈接　468
皮层　468
皮孔　468
皮下接　468
偏分离　468
漂白粉处理种核　468
品系　468
品种　469
品种保护　469
品种纯度测定　469
品种纯度确认　469
品种纯度指标　469
品种代表植株的调查　469
品种的概念　469
品种登录的程序　469
品种登录的作用　469
品种调查　469
品种对插穗生根的影响　470

品种分级指标　470
品种分类　471
品种化(良种化)栽培　472
品种划分　472
品种划类　472
品种间标准叶差异　472
品种间杂交　472
品种命名的依据　472
品种内杂交　473
品种(品系)的发展概要　473
品种权保护　473
品种权的申请与批准程序　473
品种群　473
品种审定结果　473
品种审定指标　474
品种五大类　474
品种(系)耐热性　474
品种选优及其结构调整的依据和
　　条件　474
品种选育程序　475
品种选择　475
品种选择和授粉树配置　475
品种遗传多态性的RAPD分析　475
品种与位置效应　475
品种真实性　475
品种真实性确认　475
品种资源　475
品种资源的重要性　476
品种资源调查程序　476
品字形配置　476
平床　476
平腹接　476
平谷县的古银杏　476
平衡施肥　476
平衡树势　477
平均最低气温　477
平均最高气温　477
平濑作五郎　477
平整土地　477
平仲　477
评选国树条件　477
苹白小卷蛾　477
苹果红蜘蛛　478
枰　478
瓶尔小草状楔拜拉　478
坡位　478
坡向　478
破壳后不同温度条件下的种核发芽

率　478
菩提寺古银杏　479
葡萄果　479
蒲扇　479
圃地喷药灭草　479
圃地施足基肥　479
普拉米达　479
普拉米达利斯　479
普雷金斯　479
普林斯顿卫兵　479
普通干藏　479

Q q

七搂八拃一媳妇　480
"七星白果树"的传说　480
七星果　480
七星梅核　480
奇丽楔拜拉　481
奇异的"树奶"　481
蛴螬　481
气调贮藏　481
气候　481
气候对银杏木材性质的影响　481
气候区内银杏种核个体间性状表现和
　变异系数　482
气孔　482
气孔运动　482
气孔蒸腾　482
气孔阻力　482
气孔阻力对银杏净光合速率的影响　483
气温　483
气温与银杏生长　483
气压亦称大气压强　483
企业产业标准化　483
起苗　483
起苗方法　483
起苗深度与幅度　484
起苗时间　484
起源、演化及盛衰　484
器官　484
器官发生　484
器官培养　484
器官图　485
千粒重　485
千粒重对 1 年生苗生长的影响　485
千年长寿之谜　485
千年夫妻树　486
千年古银杏　486

千年人代惊弹指　486
千年银杏被原材料　486
千扇树　486
千岁银杏女王　486
扦插材料处理　486
扦插的技术措施　487
扦插的生理生化　487
扦插法——古桩盆景制作　487
扦插繁殖　488
扦插繁殖图解　488
扦插后的管理　488
扦插环境条件　488
扦插基质　489
扦插基质对插穗生根的影响　489
扦插季节　489
扦插密度　489
扦插苗　489
扦插苗的年生长周期　489
扦插苗的生长发育规律　489
扦插苗的生长发育特点　490
扦插苗培育　490
扦插时期和基质温度对插穗生根的
　影响　490
迁安银杏　490
铅和镉离子的抗逆性　491
前景诱人的深加工　491
乾隆皇帝爱银杏　491
潜伏期　491
潜所诱杀　491
浅田拜拉　491
嵌芽接　491
强寄生物　492
乔化采叶圃经营方式（篱状经营
　方式）　492
乔木　492
乔木果树　492
荞麦壳式嫁接　492
桥接　493
巧克力　493
切接　493
切接与劈接的异同　493
禽粪　494
青城山　494
青城山上的古银杏　494
青岛崂山古银杏　494
青莲寺银杏　494
青皮果　494
清晖园　494

清晖园里的古银杏　495
清凉浓缩口服液　495
清泉寺银杏　495
清水白果罐头工艺流程　495
清太 5 号　495
清晰银杏　495
清园　495
清煮白果仁　495
秋后整地　495
秋季播种　495
秋季灌浆水　496
秋季嫁接　496
秋季嫁接的叶片生长　496
秋季施肥　496
秋接和修剪对当年银杏叶黄酮含量的
　影响　496
秋末冬初的园地管理　496
球果　497
区域性试验　497
曲阜孔庙内的银杏　497
曲干式盆景　497
曲沃"尧银"　497
驱虫剂　497
驱虫片　498
驱虫气雾剂　498
驱虫乳剂　498
驱虫涂布剂　498
驱虫油剂　498
去壳和去衣方法对银杏渗糖的影响　498
圈枝　498
《全芳备祖》　498
全光喷雾扦插设备　498
全光照旋转式自动喷雾装置　498
全国各白果收购点分级标准　498
《全国首届银杏学术研讨会论文集》　498
全国银杏内酯种源、性别 Q 型聚类结果及
　性状指标　499
全国银杏市(县)树
　499
全国银杏种质资源基因库品种来源　499
全垦撒肥　499
全面整地　499
全天然银杏汁原料　499
全园撒施法　500
缺素病　500
缺素症　500
缺素症的防治　500
缺素症的预防和治疗方法　500

缺素症发生的原因 501
缺素症状的表现 501
确定银杏施肥量的依据 501
《群芳谱》及《广群芳谱》 502
群体品种 502
群植 502

R r

染色体 503
染色体带 503
染色体的研究 503
染色体核型 503
染色体核型变化及性染色体 503
染色体核型与其他裸子植物的比较 504
染色体数目 504
壤土 504
热源试验 504
人粪尿 504
人工辅助授粉 504
人工辅助授粉最佳期的确定 505
人工林生长过程 505
人工授粉方法图解 505
人工授粉高接雄枝法 505
人工授粉挂花枝法 506
人工授粉挂雄枝法 506
人工授粉花粉量的确定 506
人工授粉混水喷雾法 506
人工授粉时期 506
人工授粉震花粉法 506
人工授粉注意事项 506
人工授粉最佳期的活动积温、日照时数和降水量 507
人工授粉最佳期预测值与实测值的差异比较 508
人工选择 508
人工摘叶 508
人类历史上的奇迹 508
仁和白 508
韧皮薄壁细胞内主要贮藏物质 508
韧皮部 509
韧皮部、形成层和木质部 509
日本4个银杏优良品种性状指标 509
日本雌雄同株银杏 509
日本的垂乳银杏 509
日本的叶籽银杏 509
日本的银杏化石 510
日本的银杏种核贮藏 510
日本的银杏资源 510

日本龟蜡蚧 510
日本坚果树 511
日本推崇银杏吸品 511
日本银杏不同树龄的施肥标准 511
日本银杏采收 511
日本银杏产品销售现状 511
日本银杏的引种 512
日本银杏的栽培 512
日本银杏丰产园年管理措施 513
日本银杏丰产园年施肥时期和施肥量 513
日本银杏核用品种生物学性状 513
日本银杏环状剥皮对坐种的影响 513
日本银杏科研成就 514
日本银杏年生长周期和栽培措施 514
日本银杏品种特性 514
日本银杏人工授粉对坐种的影响 515
日本银杏树枝生长特性 515
日本银杏也有原生种 515
日本银杏叶片药物成分 515
日本银杏叶子生长特性 515
日本银杏优良品种种实经济指标 515
日本银杏种核产量指标 516
日本银杏种核分级标准 516
日本银杏种核销售 516
日本银杏种实性状 517
日本银杏种实药物成分 517
日韩对银杏情有独钟 517
日平均气温 517
《日用本草》 517
日灼病 517
日最低气温 517
日最高气温 517
荣神 518
容器育苗 518
葇荑花序 518
葇荑状花序 518
揉捻 518
揉捻对叶片浸出物及外形的影响 518
肉毒素的配制和使用 518
肉毒素灭鼠 518
肉质根 519
如意形叶 519
乳房树 519
乳银杏 519
乳饮料的加工工艺 519
乳痈溃烂 519
乳汁树 519

芮城玉皇庙银杏 519
瑞士的微繁 519
《瑞鹧鸪·双银杏》 519
若虫 519
弱寄生物 519

S s

撒施 520
萨拉托格 520
"三宝树"银杏 520
三叉果 520
三个观赏品种特征图 520
三甲银杏 521
三角形叶 521
三连理银杏 521
《三农经》 521
三仁五子汤 521
三天门古银杏 521
三挺身树形 521
《三元延寿书》 521
三种根接法的比较 521
伞状银杏 522
散生幼树的修剪 522
桑间作 522
桑天牛 522
杀虫剂 522
杀虫剂的分类 522
杀虫双 523
杀菌剂 523
杀菌剂灌根对银杏黄化的抑制 523
杀螨剂 523
杀螟丹 523
杀扑磷 523
杀青 523
杀青处理对银杏茶成品品质的影响 524
杀鼠剂 524
杀鼠灵 524
杀线虫剂 524
沙藏 524
砂壤土 524
晒干叶 524
山地全光育苗 524
山地栽培 524
山东定林寺古银杏 525
山东省银杏病虫害种类 525
山东省优良雄株生物学指标 526
山东郯城举办首届银杏节 526
山东郯城银杏之乡 526

山东沂源叶籽银杏种实指标　527
山西太谷叶籽银杏　528
山楂改接银杏是误导　528
山楂红蜘蛛　528
山楂黄卷蛾　528
陕西的银杏文化　528
陕西的银杏引种　529
陕西观音堂银杏　529
陕西楼观台宗圣宫银杏　529
陕西宁强白果树村双银杏　529
陕西舌叶　529
陕西洋县叶籽银杏　529
陕西银杏的栽培历史　530
陕西银杏分布图　530
陕西银杏古树名木的数量　530
陕西银杏生长结实状况　531
陕西银杏优良单株生长调查　531
陕西银杏优良单株种核性状　531
陕西银杏优良单株种实定量指标　532
陕西银杏优良单株种实定性指标　532
陕西银杏种实类型的数量指标　532
陕西与白果有关的地名　532
扇形叶　533
伤枝　533
墒情　533
上海银杏古树资源　533
上海"银杏王"的传说　534
《上林赋》　534
上、下表皮的细胞形态　534
稍美楔拜拉　534
少白头变黑发　534
少林寺僧侣树　534
少女长发树　534
邵武1号　534
舌接　535
舌叶科　535
社会效益分析　535
射线　535
摄氏　535
深翻改土　535
深翻时期　535
深翻与扒穴　535
深根性树种　536
"神果树"　536
神农1号　536
神农1号结种习性　536
神农1号生态学特性　536
神农4号　536

神农5号　537
神农6号　537
神农架自然保护区　537
神树自身难保　537
肾虚遗精　537
渗透　537
渗透势　537
渗透压　537
生产和开发利用项目决策树　538
生长　538
生长必需营养元素的吸收形态　538
生长大周期　539
生长调节剂对银杏矮化早实的作用　539
生长调节剂及其浓度对插穗生根的影响　539
生长调节物质　539
生长调节物质与银杏的抗逆性　539
生长根　539
生长季　539
生长量　539
生长率　539
生长势　539
生长素　540
生长抑制剂　540
生长因子对产叶量的影响　540
生长与营养供应关系　540
生根剂处理　540
生根剂对插穗生根的影响　540
生根条件　540
生化剂灭鼠　541
生活力　541
生活力测定　541
生活力测定数据　541
生活史　541
生活史图解　541
生境　541
生理干旱　542
生理灌水　542
生理后熟　542
生理碱性肥料　542
生理酸性肥料　542
生理性病害　542
生理性病害发生的主要原因　542
生命学　542
生命周期中的发育阶段　543
生态地理型　543
生态防护林　543
生态防护型　543

生态环境　543
生态价值　543
生态林　543
生态条件　544
生态文化　544
生态系统　544
生态效益分析　544
生态学特性　544
生态因子　544
生物多样性　544
生物防治　545
生物防治法　545
生物技术　545
生物量　545
生物群落　545
生物学积温　545
生物学零度　545
生物学特性　546
生物学性状　546
生物学有效积温　546
生物源农药　546
生殖生长　546
生殖生长物候期　546
生殖周期　546
胜泉庵古银杏　547
圣光老祖手植银杏树　547
圣克鲁斯　547
圣树（圣果）　547
圣云　547
盛秋　547
盛种期　547
盛种期树的修剪　547
盛种树的培肥　547
盛种树的生长　548
失水苗栽培的技术措施　548
诗词歌赋中的银杏　548
《诗话总龟》　549
施肥　549
施肥对叶片产量的影响　549
施肥对银杏1年生苗木生长的影响　549
施肥对银杏苗高及叶产量的影响　549
施肥灌溉　550
施肥技术　551
施肥量　551
施肥时期　551
施肥原则　551
施肥注意事项　551
施鸡粪防蛴螬　552

施迈斯内果属 552
湿藏法 552
湿沙贮藏前后种核形态变化 552
"十八半"银杏 552
石城"母子连体"千年银杏树 552
石家庄市古银杏树资源 553
石硫合剂 553
石炭纪 553
实生根系 553
实生林 553
实生苗 553
实生苗等级标准 553
实生苗分级标准 553
实生苗各生长期特点及管理技术 554
实生苗过氧化氢酶活性性别鉴定 554
实生苗及其移植苗分级标准 555
实生苗优质壮苗标准 555
实生苗质量标准 555
实生树与嫁接树光合特征的比较 555
实生叶用银杏类 555
实生银杏树的年龄时期 555
实生优良单株种实定量指标 556
食疗文化学 556
食疗吸品 556
食疗吸品的保健功能 556
食疗吸品的开发前景 556
食疗吸品的生产工艺 556
食品和菜肴 556
《食物本草》 556
食馐志感 557
食用采收期 557
食用价值 557
食用种核贮藏 557
史朴(清) 557
史前树 557
矢尖蚧 557
始花始种期 558
世代同堂的银杏家族 558
世界首株银杏"太空苗"培育成活 558
世界四大园林树木 559
世界银杏"巨人" 559
世上罕见的古银杏树群落 559
市场集约化经营 559
试管苗 560
试管苗移栽 560
试验区 560
试验小区 560
试验样品 560

适地适树 560
适量授粉 560
适时授粉 561
噬菌体 561
收集圃 561
寿杏 561
受精 561
受精作用 561
授粉 561
授粉对银杏雌花坐果率的影响 562
授粉方法 562
授粉量 562
授粉时间对结种的影响 562
授粉受精 562
授粉树的配置 563
授粉树的配置比例与方式 563
授粉雄树良种标准 563
授粉注意事项 563
《授时通考》 564
兽医临床应用 564
舒血宁 564
舒血宁片制作工艺流程 564
舒血宁注射液(6911注射液)工艺流程 564
疏花疏种 564
疏花疏种与保花保种 565
疏剪 565
疏密度 565
疏散分层形 565
疏散分层形图示 565
疏透结构林带 565
疏枝 565
疏种 565
输导组织 566
蔬菜间作 566
束缢和纵伤 566
树池 566
树干 566
树干解析 566
树高 567
树高生长和胸径生长调查表 567
树根及根皮测定值 567
树冠 567
树冠不同部位叶片黄酮含量的差异 567
树冠不同部位枝条花序数和花粉量 568
树冠层性 568
树冠上的短枝分布 568
树冠上的短种枝分布 568

树冠上的胚珠分布 568
树冠体积 568
树龄对花粉中可溶性糖和蛋白质含量的影响 569
树龄与位置效应 569
树瘤 569
树木 569
树木三维可视化生长模型 569
树木生理学 569
"树奶" 569
树奶诱导 570
树盘 570
树皮 570
树皮的医疗功效 570
树皮和树根的化学成分 570
树上长树的古银杏 571
树势 571
树体结构 571
树体流胶的原因 571
树体内苯内烷合成代谢途径 572
树体上的长枝分布 572
树体形态要点 572
树体营养转换期 572
树相指标 572
树形 572
树形美 573
树芽发育特点 573
树叶氨基酸 573
树叶不宜煮水饮 573
树叶采收 573
树叶的毒副作用 574
树叶调节中枢神经系统的药理作用 574
树叶多糖类 574
树叶改善心脑血管血液循环的药理作用 574
树叶和树皮的抵抗力 575
树叶黄酮类 575
树叶解痉抗过敏的药理作用 575
树叶聚异戊烯醇类 575
树叶酸类 576
树叶萜内酯类 576
树叶叶蜡 577
树叶甾类 577
树脂的静态饱和吸附量 577
树脂吸附法提取工艺流程 577
树脂吸附提取法 577
树株的配置方式 577
树桩盆景 577

树姿 577
数量成熟龄 578
衰老 578
衰老期 578
衰老期修剪特点 578
衰老树的抚育 578
衰老树的更新修剪 578
衰老树的生长 579
衰老树的修剪 579
双9105 579
双黄酮 579
双黄酮含量的季节变化 579
双黄酮类化合物 579
双色叶银杏 580
双砧嫁接（桥接） 580
双砧苗 580
霜 580
霜冻 580
霜期 580
水藏 581
水分 581
水分平衡 581
水分条件对插穗生根的影响 581
水分胁迫 581
水分与银杏 581
水浸提——乙醇回流（树脂吸附）法 581
水平分布 582
水平距离 582
水平梯田 582
水土保持林 582
水胁迫对银杏叶绿素含量的影响 582
水银杏 582
顺德大佛手 582
顺纹抗压强度 582
斯普林德 582
四川冷碛银杏 582
四川盆地银杏地理生态型 582
四川西部邛崃山区银杏种群 583
四川叶籽银杏 583
四个日本银杏引种品种表现 583
"四旁"栽植银杏注意事项 583
"四旁"植树 583
四十英国硬币树 583
四种农药对链格孢菌孢子发芽的抑制表现 584
四种农药对围小丛壳菌分生孢子发芽的抑制 584
四子捧寿 584

寺庙树 584
似管状叶属 584
似银杏属 585
松绑 585
松壳银杏 585
松土除草 585
松炸银杏 585
松针 586
嵩县银杏种实和种核经济性状 586
嵩银优18号 586
嵩银优2号 586
嵩银优4号 586
嵩优1号雄株 587
耸景 587
宋代——银杏造景盛期 587
送检样品 587
苏东坡与古银杏 587
苏铁 587
苏铁和银杏类植物的生殖特征比较 588
苏铁和银杏类植物生殖系统演化关系比较 589
苏铁和银杏生殖特征的相似性和差异性 589
苏铁和银杏生殖特征的演化关系 589
苏铁和银杏雄配子体 589
速生丰产播种苗 590
速生丰产林 590
速生品种的选择 590
速生期 590
速生树种 591
速效性肥料 591
塑料大棚催芽 591
塑料大棚育苗 591
塑料拱罩育苗 591
塑料小拱棚温床催芽 591
酸性土壤 591
算盘子 591
随州大梅核 592
随州的怪银杏 592
随州龙眼 592
髓 592
髓心 592
髓心形成层对接法 592
碎末型银杏茶 592
穗龄和粗度与成活、抽枝的关系 592
穗龄及嫁接方法与苗木生长 592
缩剪 593
索氏法提取白果油 593

婺源丛生银杏 593
婺源牛郎织女银杏 593
属的演化规律 593
属早熟特大梅核 593

T t

塔形银杏 594
塔状银杏 594
台、闽、粤低山丘岭银杏地理生态型 594
台风 594
台头村银杏 594
台湾的银杏 594
台州TC3号 594
台州TD1号 594
台州TG2号 594
台州TP4号 594
台州TQ5号 595
台州TS6号 595
太极银杏 595
太空苗 595
太平村的银杏古树 595
太平果 595
太阳辐射 595
泰山灵岩寺的古银杏 595
泰山银杏实生优良单株 595
泰山银杏优良单株种实定性指标 596
泰山银杏优良单株经济性状 596
泰山银杏优良单株种实指标 596
泰山银杏种实类型及特征 596
泰山银杏种实指标 597
泰山玉帝 597
泰兴古银杏 597
泰兴银杏雄株资源 597
泰兴育成太空银杏苗 598
泰州市的银杏资源 598
郯107号 598
郯111号 599
郯306号 599
郯城13号 599
郯城16号 599
郯城402 599
郯城5号 599
郯城白果年产量统计 600
郯城紧凑型品种 600
郯城粒大和优质品种 600
郯城庭院银杏生长与结果状况 600
郯城王桥村银杏树调查 601
郯城银杏庭院栽植状况 601

郯城银杏叶黄酮和内酯含量的季节性
　　变化　601
郯城银杏历史　601
郯城银杏有害生物种类　602
郯城早实品种　602
郯丰　602
郯魁　602
郯新　602
郯艳　602
郯叶110号　603
郯叶202号　603
郯叶211号　603
郯叶300号　603
郯早　603
炭化工艺流程及工艺条件　603
炭疽病　604
碳氮比　604
碳酸氢铵　604
唐白果树　604
唐代——银杏造景发展期　604
唐代古银杏　604
唐代银杏八子抱母　604
《唐诗鉴赏辞典》　604
糖和糖醇类　604
糖果系列　605
糖浆剂　605
糖尿病患者的益友　605
糖水白果罐头制作　605
糖衣片　605
桃川似银杏　606
桃蛀螟　606
陶都子母银杏　606
套细胞和帐篷柱结构在雌配子体发育过
　　程中的功能　606
特雷尼亚　607
特罗尔　607
特异种质染色体相对长度组成　607
特有植物　607
腾冲银杏品种分类、主要特征及经济
　　性状　608
腾冲银杏优良品种与国内其他优良品种
　　比较　608
藤九郎　608
藤九郎、金兵卫的叶位、叶龄与叶的生长
　　及黄酮含量　609
藤九郎和金兵卫的生理和形态指标　609
藤九郎枝叶形态指标　609
藤系银杏　609

梯波宁针剂配伍　610
提高嫁接成活率的措施　610
提高银杏叶黄酮含量的途径　610
提前播种育苗　610
提取黄酮苷工艺流程　611
提取聚异戊烯醇工艺流程　611
提取物的HPLC检测　611
提取物的毒副反应　611
提取物的分光光度检测　612
提取物的近红外光谱检测　612
提取物的性质　612
提取物的原子吸收光谱检测　612
提取物毒性　612
提取物对供试菌的抑菌率　612
提取物化学溶剂萃取法　613
提取物药理作用　613
提取物制剂的开发　613
提取物中银杏酚酸的RP-HPLC
　　分析　613
提取液对苹果轮纹病病菌菌落直径的抑
　　制作用　613
提取液对玉米小叶斑病菌菌落直径的抑
　　制作用　613
提取液浓度与各病原菌的互作效应　614
提取银杏黄酮苷的工艺流程　614
提取银杏内酯B和C工艺流程　614
提取银杏萜内酯工艺流程　615
体细胞胚发生培养　615
体细胞胚培养的应用　615
天保宁　615
天宫童子银杏　615
天目长籽　616
天目山的植被类型　616
天目山糯佛手　616
天目山银杏种群调查及特点　616
天目山自然保护区　616
天牛类　617
天气状况对嫁接成活率的影响　617
天然国药　617
天然基因库　618
天然下种　618
天师洞碑文　618
天师洞古银杏　618
天下银杏第一树的由来　618
天下银杏第一树探密　619
天下银杏第一乡　619
天下银杏第一园　619
天子峪口古银杏树　620

添加EGb对啤酒质量的影响　620
田间大区试验　620
田间单因子试验　621
田间复因子实验　621
田间化学除草　621
田间试验　621
田间试验长、短枝的年生长量　621
田间试验的产量和质量　621
田间试验的处理　621
田间试验的计划　621
田间试验的叶面积　622
田间试验的实施　622
田间试验的试验地　622
田间试验的试验树　622
田间试验的坐种率　622
田间试验对比排列　622
田间试验对照区　622
田间试验互比排列　622
田间试验结果的整理　622
田间试验结果分析　623
田间试验裂区排列　623
田间试验设计的保护剂和隔离剂　623
田间试验物候期的记载　623
田间试验物候期观察记载的方法和
　　要求　623
田间试验物候期记载的项目和标准　623
田间试验项目　623
田间试验小区　624
田间试验小区排列　624
田间试验要求　624
田间试验银杏单株黄酮含量　624
田间试验银杏苗木高生长　625
田间试验银杏平均叶面积　625
田间试验银杏叶黄酮含量　625
田间试验银杏叶生物量　626
田间试验银杏总叶面积　626
田间试验总结　626
田间小区试验　626
田间最大持水量　626
田菁　627
田鼠的农田生态防治　627
田鼠人工捕杀　627
甜白果　627
甜梅　627
填补树洞防止鸟兽　627
条索型银杏茶　627
条状沟施肥　628
贴枝接　628

萜类 628
萜类内酯核磁共振测定法 628
萜类物质 628
萜内酯HPLC测定装置 629
萜内酯标样HPLC图谱 629
萜内酯测定方法 629
萜内酯的物理化学性质 629
萜内酯各组分浓度与峰高值 629
萜内酯含量测定 629
萜内酯含量的影响因子 629
萜内酯合成 630
萜内酯检测HPLC图谱 630
萜内酯提取分离制备 630
萜内酯提取流程图 631
铁 631
铁富古银杏的传说 631
铁线蕨叶银杏 631
听雪为客置荼果 631
庭院绿化 631
庭院四旁型 631
庭院栽植 632
庭院栽植模式 632
庭院中的障景 632
通气条件对银杏种核贮藏的影响 632
同根三异树 632
同工酶 632
同工酶分子标记 632
桐子果 633
铜绿金龟子 633
铜素 634
童期 634
酮或醇提取—溶剂萃取（树脂吸附）法 634
酮类提取—氮水沉淀法 634
酮类提取—硅藻土过滤法 634
酮类提取—氢氧化铅沉淀法 635
筒叶银杏 635
筒状叶银杏 635
头风眩晕 635
跳蚤卫生驱虫剂 635
头面癣疮 635
透风林带 635
突变育种 635
图腾 635
徒长 635
徒长枝 635
涂白 636

涂白剂防治银杏超小卷叶蛾 636
土壤 636
土壤pH值 636
土壤保肥力 636
土壤冻结 636
土壤对银杏分布的影响 636
土壤肥力 637
土壤封闭除草 637
土壤改良剂 637
土壤耕翻 637
土壤含水量 637
土壤结构 637
土壤喷药灭草 637
土壤普查 638
土壤容重 638
土壤溶液 638
土壤施肥 638
土壤湿度 638
土壤水分 638
土壤水分对银杏生长及生物量分配 638
土壤水分含量对银杏光合特性的影响 639
土壤通气性 639
土壤温度 639
土壤吸水力 639
土壤消毒 639
土壤学 639
土壤有机质 639
土壤有机质 639
土壤与银杏 639
土壤元素与银杏种实品质相关系数 640
土壤增温剂 640
土壤诊断 640
土壤蒸发 640
土壤质地 640
土壤质地对银杏苗木黄化病的影响 640
团峰 640
推理机和解释器 641
托布津 641
托勒里亚属 641
托勒叶属 641
托勒兹果属 641
托物言志，借物抒情 642
脱苦银杏叶及其功能粉体 642
脱落酸 642
脱皮方法与效果 642
陀螺效应与银杏开发 642

W w

外界环境对银杏单株叶面积的影响 643

外界环境对银杏高径生长的影响 643
外界环境对银杏根冠比的影响 643
外界环境对银杏黄酮含量及黄酮产量的影响 643
外界环境对银杏生物量的影响 643
外界环境对银杏相对生长速率的影响 643
外界环境对银杏叶重比的影响 643
外热回转式活化炉 643
外植体的选取、消毒、接种和培养 644
外种皮 644
外种皮GCMS质谱分析 644
外种皮的化学成分 644
外种皮的挥发性成分及相对含量 645
外种皮的开发利用 646
外种皮的开发利用前景 646
外种皮的抗病毒和抗癌作用 646
外种皮的抗过敏作用 646
外种皮的抗菌作用 646
外种皮的抗衰老作用 646
外种皮的抗炎作用 646
外种皮的抗肿瘤作用 647
外种皮的杀虫作用 647
外种皮的提取工艺 647
外种皮的药理作用 647
外种皮的药用 647
外种皮的药用价值 648
外种皮的抑菌和杀菌作用 648
外种皮对免疫功能的影响 648
外种皮对心血管的作用 648
外种皮化学成分的分离与鉴定 649
外种皮挥发性成分 649
外种皮开发新型产品 649
外种皮类胡萝卜素的提取方法 649
外种皮内含物 650
外种皮清除自由基和抗衰老作用 650
外种皮提取物对酪氨酸酶的抑制 650
外种皮提取液对各种病菌孢子萌发率的影响 650
外种皮提取液对果树病原菌萌发率的影响 650
外种皮提取液浓度抑制各病害孢子萌发率的新复极差测验 651
外种皮药用成分 651
外种皮在农业上的应用 651
外种皮植物源农药防治棉蚜田间试验 651
外种皮中的多糖 652

外种皮中的酚酸类化合物 652
外种皮中的内酯类化合物 652
外种皮中的酸性成分 652
外种皮中的银杏黄酮 652
外种皮中的甾醇和甾酮类 652
外种皮总黄酮的提取条件 652
外种皮总黄酮提取的工艺流程 652
完全肥料 653
烷基酚及烷基酚酸分子结构图 653
烷基酚酸类 653
晚梅 653
晚霜 653
万年金 653
万寿白果树 653
汪槎银杏 653
王群祠堂银杏 654
王维（唐） 654
王维手植银杏树 654
王义贞叶籽银杏 654
《王祯农书》 654
《辋川二十咏·文杏馆》 654
"望乡树"——白果王 654
微量必要元素 654
微量元素 655
微量元素肥料 655
微生物肥料 655
微生物农药 655
微体快速繁殖 655
微小银杏 655
微型盆景播种 655
微型盆景嫁接 655
微型盆景快速制作 655
微型盆景整形 655
微型银杏盆景 656
为银杏立碑 656
围尺 656
围绕西天目山的银杏争论 656
维管束 656
卫生驱虫剂 656
未必鸡头如鸭脚 656
位置效应 657
胃毒剂 657
萎蔫 657
尉迟恭拴马银杏树 657
魏安村银杏 657
魏国公红颜酒 657
魏晋南北朝——银杏造景初始期 657
温床 658

温床催根 658
温带气候 658
温德华狄属 658
温度 658
温度表 658
温度对种核贮藏的影响 658
温度对种萌发和幼苗生长的影响 659
温度与银杏 659
温室 659
温室插床 659
温室加温催芽 659
温室效应 659
文化价值 659
文化学的定义 660
文化学的内涵 660
文殊银杏 660
文天祥手植银杏树 660
文物价值 660
文献的年限分布 661
文献在各学科中的分布 661
文献在核心期刊中的分布 661
文学艺术 661
窝根 662
我国 12 个主栽品种 662
我国的银杏树奶 662
我国各地银杏采收时间 662
我国各地银杏物候期 663
我国西部银杏产业规划产区 663
我国银杏产品与国际接轨存在的
　问题 663
我国银杏古树年株产白果 663
我国银杏古树资源 663
我国银杏速生丰产区 664
我国银杏优良品种 664
我国银杏种核分级标准 664
我国银杏重点产区白果产量 664
我国银杏主要品种（品系）及其产地 664
我国银杏主要栽培地区 665
我国银杏主要栽培方式及技术参数 665
我国植物药有害物质限量指标 665
我国最早赞颂银杏的诗人 666
乌马托鳞片科 666
乌马托鳞片属 666
无柄银杏 666
无层形 666
无层形的修剪 666
无醇口服液 666
无干密植采叶园 667

无机肥料 667
无机农药 667
无机营养 667
无霜期 667
无心糖白果 667
无芯银杏 667
无性繁殖 667
无性繁殖法 667
无性繁殖林 667
无性系 667
无性系测定 667
无性系多代同株 668
无性系选育 668
无性系选育的方法与程序 668
无性系选育注意事项 668
无性系选择 668
《吴都赋》 669
吴宽（明） 669
五大类群种实和种核特征 669
五木同堂 669
五塔寺的古银杏 669
五月田野 669
五指银杏树 669
午休现象 670
武冈双银杏 670
武夷 1 号马铃 670
武夷 2 号早马铃 670
武夷 3 号早马铃 670
舞毒蛾 670
物候 671
物候观测 671
物候谱 671
物候期 671
物候特征与气候因子 671
物候相 671
物候学 671
物理机械防治 671
物种 672
《物种起源》 672

X x

西伯利亚似银杏 673
西部地区发展银杏产业的六结合 673
西部地区发展银杏产业的六项原则 673
西部地区发展银杏产业的战略措施 673
西埠头古银杏 673
西峰寺古银杏 673
西观音堂的古银杏 673

西汉张骞植白果树　673
西玛津　673
西南高原山区自然分布区　674
西天目山167株银杏最大径和平均胸径　674
西天目山雌雄同株银杏　674
西天目山的银杏天然林及种群　674
西天目山古银杏雌株种核指标　675
西天目山古银杏种实主要性状　675
西天目山十株银杏树高和胸径值　675
西天目山无银杏野生种群　675
西天目山野生银杏　676
西天目山银杏雌株类型划分　676
西天目山银杏分布与生长　676
西天目山银杏古树自然分布　676
西天目山银杏群体的遗传变异性与其野生性　676
西天目山银杏树的古老性　676
西天目山银杏树的群生性　676
西天目山银杏树的野生性　676
西天目山银杏向外传播契机　677
西天目山有银杏野生种群　677
西天目山自然保护区　677
西天目山自然保护区的银杏　678
西天目山自然保护区野生银杏种质资源　678
西天目山自然概况　678
吸品　678
吸品的诞生　678
吸品的作用　679
吸品功能特点　679
吸品是利百加　679
吸品与香烟的比较　679
吸收根　680
吸胀作用　680
稀土　680
稀土对银杏生长的影响　680
稀土在组织及细胞培养上的应用　680
稀有濒危植物　680
稀植树的修剪　680
喜平——日本银杏优良品种　680
戏剧专题　681
系列茶的感官品评结果　681
系列产品的技术质量标准　681
系列化妆品　681
系列饮品生产工艺　681
细胞　681
细胞壁　681

细胞和组织培养合成叶片提取法　681
细胞核　682
细胞核DNA含量　682
细胞提取物的药理作用　682
细胞提取物对LDL氧化修饰的抑制　682
细胞提取物对自由基的清除作用　682
细胞质　682
细长纺锤形　682
细菌　683
细马铃　683
细脉楔拜拉　683
细弱枝　683
细叶楔拜拉　683
细枝　683
细致整地　683
狭叶拟刺葵　683
狭叶银杏　683
下部疳疮　683
下花园银杏（新种）　683
夏季嫁接　684
夏季施肥　684
夏季修剪　684
夏金　684
夏秋季嫁接苗越冬后成活率的变化　684
仙女银杏树　684
先导化合物　685
先导化合物B的抑菌作用　685
先导化合物B对苹果腐烂病抑制作用　685
先导化合物B对苹果干腐病菌抑菌作用　686
先秦遗风　686
纤细拜拉　686
纤枝银杏　686
鲜果汁生产工艺流程　686
鲜叶产量　687
鲜叶分级　687
鲜叶管理　687
鲜叶片醇溶性蛋白质的HPLC分析　687
鲜叶贮运　687
嫌气性微生物　687
现代银杏的祖先　687
现生和化石银杏胚珠器官的比较　687
线形小叶（新种）　687
献陵村银杏树　688
乡土树种　688
乡镇绿化　688
相对含水量　688

相对湿度　688
相关现象银杏树　688
相同树龄和立地条件下的授粉　689
香格里拉雄株　689
香菇白果　689
香烟与吸品对人体的功效　689
湘、鄂、赣、浙山地丘陵银杏地理生态型　689
湘桐子　689
向量分析营养诊断法　689
项目决策程序的制定及其相互间的关系　690
项目决策分析方法比较与选择　690
象山树　691
消毒　691
硝酸铵　691
小白果　691
小孢子　691
小孢子母细胞　691
小孢子囊　691
小孢子球形态的花粉量　691
小孢子形态特征　692
小孢子叶球　692
小孢子叶球长度对小孢子囊数的影响　692
小袋蛾　692
小儿肠炎　692
小儿湿疹诊和皮炎　692
小儿消化不良性腹泻　692
小佛手（小长头）　692
小拱棚　693
小冠疏层形　693
小黄白果　693
小老头树　693
小龙眼　693
小梅核（细梅核）　693
小苗绿枝嫁接　693
小年　694
小气候　694
小球藻片　694
小生境　694
小说　694
小楔叶属　694
小叶　695
小银杏弯曲造型　695
小圆子　695
小砧嫁接　695
小枝嵌接　695

小植株诱导 695
哮喘 695
哮喘病 695
啸云剑——古银杏作证 696
楔拜拉科 696
楔拜拉枝属（新属） 696
楔拜拉属 696
楔叶似银杏 696
斜腹接 696
斜干式盆景 696
斜纹夜蛾 697
泻痢 697
心材 697
心脑血管的呵护因子 697
辛克莱 698
辛硫磷 698
辛硫磷灌根防治蛴螬危害 698
锌 698
锌素 698
新孢粉学 698
新陈代谢 698
新疆木垒县发现银杏化石 698
新疆伊宁银杏引种 698
新疆银杏 698
新农药研究开发程序 698
新农药研究开发程序图 699
新品种报审材料 699
新梢 699
新梢生长期 699
新梢中营养元素的季节变化 699
新生代 700
新西兰的银杏种实生长图 700
新西兰的银杏种质资源 700
新西兰各主要城市的银杏 700
新西兰银杏雌雄株比例 700
新西兰银杏的发展史及分布 700
新西兰银杏的发展现状及前景 701
新西兰银杏物候期 701
新西兰银杏种核类型及性状 701
新鲜陈旧白果鉴别 701
新银8号 702
新宇 702
新宇大马铃 702
信丰大叶雄株银杏 702
行道树 702
行道树育种 703
行道树栽植 703
行道树整形修剪 703

行列植 703
形成层 703
形态变异 703
形态特征 703
形态特征口诀 704
形象美 704
性孢子 704
性比 704
性成熟 704
性染色体 704
性水（传粉滴） 704
"性水"预测预报人工授粉 704
性状 705
胸高直径 705
胸围 705
雄花 705
雄花的形态与大小 705
雄花发育 705
雄花花粉粒数、大小及其淀粉含量 706
雄花穗不同采摘期的出粉量 706
雄花芽的形态分化 706
雄配子体的形态发育 706
雄配子体离体条件的发育过程图示 706
雄配子体培养 707
雄配子体体细胞和精细胞最大直径 707
雄配子体在离体和自然条件下生长发育
　过程 707
雄球花 707
雄蕊 707
雄性品种选择条件 707
雄株孢粉学 707
雄株纯繁途径 708
雄株分类 708
雄株过氧化物酶同工酶酶谱和孢粉学
　分析 708
雄株花粉形态比较 709
雄株花粉形态指标 709
雄株花序出粉率 710
雄株品种的标准及内容 710
雄株选优 710
雄株选优标准 710
雄株叶片类黄酮O-甲基转移酶的活
　性 710
雄株叶片面积、厚度、单叶重及黄酮与
　内酯含量 711
雄株叶子产量 712
雄株银杏的开发 712
雄株优良单株生物学指标 712

雄株优树选择标准 712
雄株优株 712
雄株资源的合理利用 713
休眠 713
休眠孢子 713
休眠期修剪 713
休眠芽 713
休闲地 713
修剪 713
修剪的作用 713
修剪反应 714
修剪方法 714
修剪后的伤口处理 714
修剪时间 714
修枝 714
须根 714
需水量 714
徐州市银杏品种鉴评结果 715
絮凝 715
絮凝对黄酮含量和过渡速度的影响 715
悬崖式盆景 715
选优 716
选择强度和遗传增益 716
选种 716
穴灌 716
学名 716
熏蒸法 716
熏蒸剂 716
熏蒸灭鼠 716

Y y

压条繁殖 717
压条繁殖育苗 717
鸭脚名称的由来 717
鸭脚通冲剂 717
鸭尾银杏 717
鸭嘴子 717
牙齿虫 718
牙膏 718
牙龈按摩霜 718
芽 718
芽变 718
芽变初选 718
芽变的特点 718
芽变复选 719
芽变决选 719
芽变选育 719
芽变选育程序 719

芽变选育的时期　719
芽变选育目标　719
芽和叶　719
芽和叶银杏茶品评结果　719
芽接　720
芽接法比较　720
芽苗移栽　720
芽苗移栽电热温床培养法　720
芽苗移栽温箱沙培法　720
芽苗移栽育苗　720
芽苗砧嫁接　721
芽苗砧嫁接亲和力强　721
芽砧苗　721
蚜虫　722
雅安市古银杏　722
亚丰产区　722
亚热带气候　722
亚甜　722
亚洲银杏观赏品种　722
咽喉炎　722
烟草及银杏叶中有关成分对人体的作用对比　723
淹水对银杏生长及其生理的影响　723
淹水胁迫对高生长的影响　723
延长枝　723
延伸枝　723
岩石　723
研制叶片烘干设备的意义　723
盐碱地种子育苗　723
盐碱土　724
盐土　724
盐胁迫对银杏 Na^+、K^+ 含量及 Na^+/K^+ 值的影响　724
盐胁迫对银杏苗木保存率(％)的影响　724
盐胁迫对银杏苗木生长的影响　724
盐胁迫对银杏苗木叶片中 K^+、Na^+ 浓度和 Na^+/K^+ 比的影响　725
盐胁迫对银杏生理和生长的影响　725
眼珠子　725
扬州古银杏　725
羊羹感官指标　725
羊羹理化指标　725
羊羹生产操作要点　725
羊羹卫生指标　725
阳性树种　725
杨氏扦插棚　725
杨万里(宋)　726

养生保健食银杏　726
养树肥　726
养体肥　726
《养余月令》　726
样品　726
尧银　726
摇钱树　726
药白果　726
药害　727
药剂防治银杏大蚕蛾的效果　727
药剂品种和浓度对防治银杏超小卷叶蛾的效果　727
药食价值　727
药物在临床上的应用　727
药效　728
野佛指　728
野生银杏　728
野生银杏的不同观点　728
野生银杏资源群体遗传多样性的ISSR分析　728
野生种　728
野生种群——两种截然相反的意见　728
野银杏树王国　729
叶　729
叶表角质层显微结构　730
叶表皮结构　730
叶表皮气孔显微结构　730
叶表皮质中的羟酸类　730
叶柄　730
叶材兼用园　730
叶插法　730
叶插生根状况　731
叶茶　731
叶茶保健机制　731
叶茶鉴评结果　731
叶茶矿质元素的含量　731
叶茶水浸黄酮的含量　731
叶茶汤色鉴评　731
叶茶研制　731
叶茶游离氨基酸的含量　731
叶茶与普通红茶矿质元素含量的比较　732
叶茶治疗冠心病实例　732
叶丛扦插育苗　732
叶的特征　733
叶的显微结构　733
叶的形态　733
叶肥及生长调节剂对银杏叶片生长的影响　733

叶分析　733
叶粉的提取　734
叶粉干制护绿及银杏叶粉的制备　734
叶粉挂面的感官评定　734
叶粉挂面正交实验　735
叶粉添加量对挂面理化品质的影响　735
叶和根的营养元素含量　735
叶和芽数对插穗生根的影响　735
叶痕　735
叶花银杏　735
叶黄酮的形成规律　736
叶迹　736
叶枯病防治技术　736
叶蜡　736
叶量、总叶面积、叶面积系数理论值与实测值的差异　737
叶龄、叶位与生长的关系　737
叶绿素　737
叶绿体　737
叶绿体的结构和成分　738
叶脉　738
叶面肥　738
叶面积的仪器测量　738
叶面积调查的代表叶　738
叶面积系数　738
叶面喷肥的种类和浓度　738
叶面喷肥对黄酮含量的影响　738
叶面施肥及生长调节剂对叶片生长指标引起的变化　739
叶模法　739
叶幕　739
叶幕出现期　739
叶片　739
叶片DNA的提取　739
叶片氨基酸　739
叶片白果内酯提取物　739
叶片保健饮料　739
叶片表皮气孔的分布　739
叶片表皮气孔的结构　740
叶片表皮气孔的位置　740
叶片不同提取液的黄酮和蛋白质含量　740
叶片采收方法　740
叶片采收技艺　741
叶片采收期　741
叶片采收期与提取物总含量变化曲线图　741

叶片长链酚类 741
叶片超临界流体萃取工艺 741
叶片超声波提取法 741
叶片冲剂 741
叶片处理 742
叶片醇溶性蛋白质分析 742
叶片萃取率 742
叶片袋泡茶 742
叶片蛋白质的 HPLC 分析 742
叶片蛋白质的利用 742
叶片蛋白质含量测定 742
叶片蛋白质样品制备 742
叶片的奥秘 742
叶片的单叶重量及出干率 743
叶片的干燥 743
叶片的活性成分 743
叶片的质量标准 743
叶片的主要成分 744
叶片的贮藏 744
叶片等级标准 744
叶片多糖 744
叶片发酵饮料工艺流程 744
叶片发育过程中气孔的特征与变化 744
叶片发育过程中维管束的特征与变化 745
叶片发育过程中叶绿体超微结构的变化 745
叶片发育过程中,叶肉组织的特征与变化 745
叶片法取物质量标准 745
叶片分级 745
叶片干浸膏制备工艺 746
叶片干燥机的干燥特性 746
叶片高速逆流色谱技术提取法 746
叶片光合强度与栅栏组织厚度的关系 746
叶片光响应中的气孔运动 746
叶片过氧化氢酶活性差异显著性计算 747
叶片化石的演化规律 747
叶片化学成分 747
叶片化学成分 747
叶片化妆品 747
叶片黄化 747
叶片黄化的原因及预防对策 748
叶片黄酮苷元提取 748
叶片黄酮含量调控 748
叶片黄酮类成分 748
叶片挥发油成分 748
叶片机械烘干法 748

叶片及其提取物银杏萜内酯含量 749
叶片及其提取物中白果酸的含量 749
叶片及提取物中总黄酮的含量 749
叶片剂的溶出度 749
叶片剂对 30 例慢性肝炎的疗效 749
叶片剂治疗心绞痛 33 例疗效观察 749
叶片剂治疗阳痿的疗效观察 750
叶片减肥制品 750
叶片角质层成分对孢子发芽及芽管生长的影响 750
叶片聚戊烯醇 750
叶片开发利用 750
叶片可溶性蛋白质的含量 751
叶片口服液 751
叶片口服液治疗脑梗死 40 例疗效观察 751
叶片矿质元素 751
叶片蜡质成分 752
叶片类型 752
叶片酶抓取法 752
叶片内含物 752
叶片内酯种源、性别及无性系主成分方程 752
叶片年周期黄酮含量的变化 752
叶片秋采 752
叶片上结籽的古银杏 752
叶片生长发育中显微结构的变化 753
叶片生长进程 753
叶片食品 753
叶片收购标准 753
叶片树脂提取法 753
叶片水蒸气蒸馏提取法 753
叶片水蒸气蒸馏提取工艺 754
叶片四种化合物的含量测定(mg/g 干提取物) 754
叶片饲料添加剂 754
叶片提取物 754
叶片提取物(EGb)的毒副反应 754
叶片提取物(EGb)制剂的化学成分 754
叶片提取物长醇的制备 755
叶片提取物成分 755
叶片提取物的 SF-CO_2 提取及 HPLC-MS 测定 755
叶片提取物的定量测定 755
叶片提取物的防癌抗癌作用 755
叶片提取物的抗菌特性 756
叶片提取物的提取方法 756
叶片提取物的提取工艺 756

叶片提取物对大脑的保护作用 756
叶片提取物对血管的作用 757
叶片提取物对血液灌注的作用 757
叶片提取物对血液流变学的作用 757
叶片提取物防治肝炎的作用 757
叶片提取物含量 758
叶片提取物黄酮类化合物色谱图 758
叶片提取物及激素对哮喘患儿的临床比较 758
叶片提取物新制剂 758
叶片提取物抑菌成分耐热性 758
叶片提取物制品 759
叶片提取物中的黄酮苷 759
叶片提取物中银杏内酯和白果内酯的浓度 759
叶片提取新工艺 759
叶片提取液中蛋白质的含量 759
叶片萜内酯化合物药用机制 759
叶片萜内酯类 759
叶片微波提取法 759
叶片系列 760
叶片药物成分数量遗传 760
叶片药物成分研究年鉴 760
叶片药效成分含量 761
叶片药用 761
叶片一般营养成分 761
叶片医疗保健的神奇功效 761
叶片饮料 761
叶片饮料降低人体血液黏稠度 761
叶片营养成分 762
叶片油胞种类、特点及分布规律 762
叶片有机溶剂提取法 762
叶片有机溶解萃取工艺 762
叶片有效成分分类及代表化学物 763
叶片制剂对心脑血管疾病的疗效 763
叶片制剂对治疗肥胖的功效 763
叶片制剂改善糖尿病症状的功效 763
叶片制剂解除酒精中毒的功效 763
叶片制剂治疗肾脏疾病的功效 763
叶片制剂治疗听力减弱的功效 763
叶片制剂治疗眼睛疾病的功效 763
叶片制剂中内酯化合物的浓度 764
叶片质量释注 764
叶片中氨基酸的含量 764
叶片中必需氨基酸、优质蛋白和 WHO 模式比较 764
叶片中的谷氨酸脱氢酶(GDH) 764
叶片中的过氧化物酶(PRX) 764

叶片中的莽草酸脱氢酶(SDH)　764
叶片中的葡萄糖-6-磷酸脱氢酶
　　(G-6PDH)　765
叶片中的有机酸类　765
叶片中各种氨基酸含量　765
叶片中过氧化氢酶的活性　765
叶片中化学成分的遗传变异　766
叶片中黄酮苷和萜内酯各组分含量　766
叶片中黄酮苷元的提取和分离　766
叶片中双黄酮的含量　767
叶片中微量元素　767
叶片中已分离鉴定的黄酮醇苷类化合
　　物　767
叶片中有效成分及毒性　768
叶片中有效成分周年变化规律　768
叶片中总黄酮含量　768
叶片中总银杏酸测定　768
叶片种类与黄酮含量　769
叶片总银杏酸、白果新酸和样品(C)的
　　HPLC图　769
叶肉　769
叶色　769
叶色美　769
叶生小孢子囊的发现及系统意义　769
叶位、叶龄与叶的生长及黄酮含量　770
叶形　770
叶形变异　770
叶形分类(长枝)　771
叶形美　771
叶序　771
叶芽　771
叶芽皮插育苗　771
叶芽扦插和单叶扦插　771
叶腋　771
叶用良种选优标准　771
叶用良种选育程序　772
叶用良种选择及评价　772
叶用良种优程序　772
叶用良种主要形状　773
叶用品系　773
叶用品种标准及内容　773
叶用品种鉴定评比的内含物质　773
叶用品种鉴定评比指标　773
叶用品种选择条件　773
叶用无性系遗传参数与苗龄的关系　774
叶用银杏的测定　774
叶用银杏的高径生长　775
叶用银杏的良种标准　775

叶用银杏二次发叶技术　775
叶用银杏品种指标　775
叶用银杏生长及抽枝　775
叶用银杏新品种综合评定表　776
叶用银杏选育标准　776
叶用银杏选择方法　776
叶用银杏园群体结构的变化规律　777
叶用银杏园叶片数量及产量的垂直变化　777
叶用银杏枝叶生长调控　777
叶用优良单株生长特性　778
叶用优系优株　778
叶用优株　778
叶用育种　778
叶用园标准　778
叶用园灌溉与排水　778
叶用园建园材料的选择　778
叶用园萌芽肥　779
叶用园配方施肥　779
叶用园施肥管理　779
叶用园施肥效应　779
叶用园施肥效应　779
叶用园养体肥　779
叶用园园址选择　779
叶用园栽培　779
叶用园枝叶肥　780
叶用园壮叶肥　780
叶原基　780
叶原基(叶脉)发育　780
叶缘　780
叶源根系　780
叶质　780
叶中酚酸、烷基酚及烷基酚酸类　780
叶种比　780
叶籽银杏　780
叶籽银杏 trnS-G 序列测定　781
叶籽银杏 trnS-G 序列长度及核苷酸含
　　量　781
叶籽银杏不同单株 DNA 甲基化　781
叶籽银杏的定名　781
叶籽银杏的发现　781
叶籽银杏的分布　782
叶籽银杏的分类地位　782
叶籽银杏的亲缘关系　782
叶籽银杏的形态发生与生物学特性　782
叶籽银杏发生途径　783
叶籽银杏核型指标　784
叶籽银杏盆景　784
叶籽银杏染色体核型　784

叶籽银杏是银杏的变种　785
叶籽银杏形态学　785
叶籽银杏叶柄横切面结构　785
叶籽银杏叶解剖　785
叶籽银杏叶片横切面结构　785
叶籽银杏叶生种子形态　785
《夜宿七盘岭》　786
腋芽　786
腋芽扦插育苗　786
一般配合力　786
一号美发液(%)　786
一级侧根　786
一科一属一种的植物　786
一年结二次种的古银杏　786
一年生长枝叶片性状　786
一年生鳞枝叶片性状　786
一年生银杏苗打顶效果　786
一批苗木　787
一批种子　787
一树生八"子"　787
一条鞭嫁接扦插育苗　787
"一优两高"配套技术　787
一砧多头嫁接　787
医药学　787
沂源古银杏资源　788
沂源叶籽银杏1号　788
沂源叶籽银杏2号　788
沂源叶籽银杏3号　789
宜春唐代银杏　789
宜黄连理古银杏　789
移栽大树的整形修剪　789
移植　789
移植苗　789
移植培育　789
遗传　789
遗传变异规律　790
遗传的变异　790
遗传多样性　790
遗传防治　790
遗传力　790
遗传连锁图谱潜在应用　790
遗传密码　791
遗传图谱　791
遗传图谱构建　791
遗传图谱形成　791
遗传物质　791
遗传信息　791
遗传学　791

遗传因子与环境因子对银杏种实发育的
　　影响　791
遗尿　792
乙醇浸提树脂吸附法　792
乙醇提取法　792
乙烯利　792
乙烯利催落银杏种实　792
乙烯利疏花疏果的效应　792
以鸟治虫　792
椅子根　792
义马果科　792
义马果属　793
义马银杏　793
异常落花落种　793
异花传粉　793
异形毛状叶　793
易州大白果　793
益鸟治虫　794
意大利的银杏减肥产品　794
翼城丁家银杏　794
阴虱　794
银大复合物胶囊　794
银蛋　794
银耳银杏汁　794
银肥间作　795
银果（a）和银泰（b）对构巢曲霉素的抑菌
　　作用　795
银果（a）和银泰（b）对苹果腐烂病的抑菌
　　作用　796
银果（a）和银泰（b）对苹果干腐病的抑菌
　　作用　797
银果对菠菜产量的影响　797
银果对菠菜经济产量、生物产量和根冠比
　　的影响　797
银果对菠菜叶面积和茎面积的影响　798
银果对草莓叶面积增长的作用　798
银果乳油气相色谱图　798
银果与银泰的抑菌作用测定结果　798
银果原药气相色谱图　799
银果原药指标要求　799
银果原药主要组分含量指标要求　800
银果在番茄中的消解动态　800
银果中试生产工艺流程　800
银可络　800
银粮间作　801
银泰的标志、包装、运输和贮存　801
银泰对各种病原菌的室内生测结果　801
银泰和银果田间小区防治苹果腐烂病效
　　果　802
银泰理化指标　802
银泰摄食量和染毒量　803
银泰原药气相色谱图（熔融原药）　803
银泰原药指标要求　803
银泰中试生产工艺流程　803
银条叶银杏　803
银杏　803
银杏 ITS 序列及进化地位　804
银杏 SSR 标记　804
银杏保护学　804
银杏不同雄株花粉外观形态　805
银杏采收季节　805
银杏草茶产品质量标准　805
银杏草茶加工操作要点　805
银杏草茶加工工艺　805
银杏草茶加工工艺流程　805
银杏草茶总黄酮含量的测定　805
银杏茶　805
银杏茶保鲜措施　806
银杏茶保鲜的注意事项　806
银杏茶厂的规划设计的原则　806
银杏茶除氧剂法　806
银杏茶的三大保健功能　806
银杏茶的卫生指标　807
银杏茶定义　807
银杏茶感官指标　807
银杏茶硅胶干燥剂贮藏法　807
银杏茶含水量的测定　807
银杏茶黄蓟马　807
银杏茶灰贮法　808
银杏茶妙用　808
银杏茶内服　808
银杏茶品质测定　808
银杏茶热水瓶贮藏法　808
银杏茶市场竞争力指标体系　809
银杏茶外用　809
银杏茶叶套作园　809
银杏茶饮料　810
银杏茶饮料　810
银杏茶质量标准　810
银杏茶中微量元素的含量　810
银杏产品系列开发　810
银杏产业管理学　810
银杏超小卷叶蛾　810
银杏超小卷叶蛾的蛹壳测报法　810
银杏超小卷叶蛾发生规律　811
银杏超小卷叶蛾发育与积温、物候期的关
　　系　811
银杏成龄树雌雄株区别　811
银杏纯林　811
银杏雌、雄株开花过程中的生理代
　　谢　812
银杏雌雄株苗期区别　812
银杏大蚕蛾　812
银杏大树夏季移栽　813
银杏袋泡茶产品质量标准　813
银杏袋泡茶饮用优点　813
银杏单株小孢子叶球形态和花粉量的
　　差异　814
银杏蛋白露　814
银杏的 c-带染色体模式图　814
银杏的核染色体　814
银杏的化石属　814
银杏的气质美　815
银杏的演化　815
银杏豆浆　815
银杏对应的花部名称　815
银杏对重金属 Pb、Cd 的富集特性　815
银杏二棱种核与三棱种核胚的比较　816
银杏饭　816
银杏防治肝炎的作用　816
银杏酚酸 HPLC 图谱　816
银杏粉的提取方法　816
银杏粉食用　816
银杏脯　816
银杏脯真空渗糖工艺流程　816
银杏干枯病　816
银杏纲　817
银杏葛根茶　817
银杏各优株的黄酮、内酯及其组成成分浓
　　度　818
银杏根系调查　818
银杏古树群　818
银杏光合、蒸腾特性、叶片形态与解剖性
　　状的关系　818
银杏果冻　818
银杏果脯　818
银杏果酒　819
银杏果米　819
银杏果汁　819
银杏核用品种分类　819
银杏红枣汁　819
银杏花粉胶囊　820
银杏花粉食品的最佳工艺流程　820
银杏花粉中营养元素的含量　820

银杏化石科　820
银杏化石目　820
银杏化石属　821
银杏皇后　821
银杏—黄草型模式　821
银杏黄化病　821
银杏黄酮苷元注射液、片剂工艺流程　821
银杏黄叶病病因诊断和防治方法　822
银杏活性炭制备工艺　822
银杏茎腐病　822
银杏精的感官指标　823
银杏精的理化指标：　823
银杏精的生产工艺流程　823
银杏精的卫生指标　823
银杏酒　823
银杏开心果　824
银杏开心果感官指标　824
银杏科　824
银杏口服液　824
银杏口香糖　824
银杏类群　824
银杏类最简约的分支系统　824
银杏良种认定　824
银杏良种审定过程　824
银杏良种早实技术　825
银杏良种指标(核用)　825
银杏毛状叶辐射演化图　825
银杏美学　825
银杏门植物的起源　826
银杏门植物起源、分类及演化种系　826
银杏门植物在地质时代上的范围及其相互关系　826
银杏萌蘖　826
银杏名称的由来　826
银杏木材生长不缓慢　826
银杏木材物理学特性　827
银杏奶露　827
银杏内生真菌的分离和纯化　827
银杏内酯　828
银杏内酯A和银杏内酯B工艺流程　828
银杏内酯B及白果内酯工艺流程　828
银杏片林　828
银杏品种光合、蒸腾特性、叶片形态与解剖特征　828
银杏品种耐盐能力　828
银杏品种选育　828
银杏葡萄酒的香气成分　829

银杏葡萄酒香气成分GC—MS结果　829
银杏葡萄酒香气物质的提取　830
银杏起源　830
银杏巧克力　831
银杏全鸭　831
银杏人工授粉存在的问题　831
银杏肉脯产品质量评价　832
银杏肉脯的理化指标　832
银杏肉脯感官质量评分标准　832
银杏肉脯加工操作要点　832
银杏肉脯加工工艺流程　832
银杏肉脯加工技术　833
银杏三姊妹　833
银杏桑盾蚧防治措施　833
银杏食疗吸品　833
《银杏食疗与药用》　833
银杏—食用百合型模式　833
银杏—食用菌　833
银杏—食用菌经营模式　833
银杏事业　833
银杏(手擀、机制)面条　834
银杏—蔬菜型模式　834
银杏树根的医疗功效　834
银杏树奶　834
银杏树在实际栽植中存在的问题　834
银杏双黄酮　834
银杏水鱼　835
银杏、松树性状与特点的比较　835
银杏酥泥　835
银杏酸的含量测定　835
银杏笋倒栽　835
银杏肽的抗氧化性　835
银杏肽对弧油酸氧化的影响　836
银杏肽对邻苯三酚自氧化的抑制　836
银杏肽对羟自由基的清除　836
银杏肽分子量分布的确定　836
银杏肽葡萄糖凝胶G-15柱层析洗脱图谱　836
银杏肽质谱图　836
银杏碳酸饮料　836
银杏汤圆　836
银杏添加量对银杏肉脯品质的影响　837
银杏田鸡腿　837
银杏萜内酯提取工艺流程　837
银杏文化学　837
《银杏文献题录总汇》(中、英、俄、日)　837
银杏文学　837

银杏喜光时期　838
银杏香枕　838
银杏新梢生长规律　838
银杏行道树的十大优点　838
银杏性别　838
银杏雄株叶特征变异　839
银杏雄株遗传多样性的ISSR分析　839
银杏谚语　839
银杏羊羹　839
银杏羊羹生产工艺　839
银杏叶ZX-4型配位吸附树脂提取法　840
银杏叶保健饮料　840
银杏叶不能当茶　840
银杏叶采收时间　840
银杏叶超临界流体萃取法　840
银杏叶超声波提取法　840
银杏叶大孔树脂提取法　840
银杏叶的采叶方法　841
银杏叶的存放和贮藏　841
银杏叶分子烙印技术提取法　841
银杏叶粉　841
银杏叶粉的制取　841
银杏叶高速逆流色谱提取法　841
银杏叶海米鸡蛋汤　841
银杏叶后交联均孔树脂提取法　841
银杏叶黄酮　842
银杏叶黄酮苷元　842
银杏叶机械干燥的工艺流程　843
银杏叶精　843
银杏叶酒　843
银杏叶聚酰胺柱层析提取法　843
银杏叶枯病　843
银杏叶枯病化学防治效果　844
银杏叶啤酒　844
银杏叶片　844
银杏叶水浸提法　844
银杏叶提取物饮料系列　844
银杏叶微波提取法　844
银杏叶吸品　845
银杏叶药用成分的毒副作用　845
银杏叶有机溶剂提取法　845
银杏叶针剂　845
银杏叶制剂改善阿尔茨海默病的功效　845
银杏叶制剂中内酯化合物的浓度　845
银杏叶子年产量　846
银杏叶总黄酮水浸提方法　846

银杏遗传图谱的构建　846
银杏艺术美　846
银杏银耳汤　846
银杏—银杏型模式　846
银杏营养液　847
银杏油　847
银杏油粉　847
银杏鱼脯　847
银杏与癌症　847
银杏与道家　847
银杏与风　848
银杏与辐射　848
银杏与光照　848
银杏与民俗　848
银杏与墨家　849
银杏与青梅根系垂直分布图　849
银杏与青梅根系水平分布图　849
银杏与儒家　849
银杏与食疗　849
银杏与书法　850
银杏与蔬菜间作套种　850
银杏与水分　850
银杏与土壤　850
银杏与温度　850
银杏与药膳　850
银杏杂交育种存在的问题　851
银杏栽培品种指纹图谱　851
银杏栽植八要点　851
《银杏赞歌》　851
银杏早期黄化病　852
银杏枣汁　852
银杏蒸南瓜（台北家常菜）　852
银杏蒸腾速率和蒸腾效率日变化　852
银杏蒸鸭　852
银杏之最　852
银杏汁工艺流程　853
银杏枝属　853
银杏直径年平均生长量　853
银杏稚鳖　853
银杏种核（白果）霉烂　853
银杏种核贮藏性能指标　854
银杏种核贮藏中的品质变化　854
银杏种实　854
银杏种质冷冻保存法图解　855
银杏种质资源离体保存　855
银杏猪肘　855
银杏主要栽培品种遗传多样性　856
银杏专家系统主要功能　856

银杏资源开发学　856
银杏装饰图案　857
银杏—作物经营模式　857
银杏—作物型　857
银药间作　857
银油间作　857
引进品种　857
引起缺素症的原因　857
引起银杏叶斑病的三种真菌　858
引物筛选　858
引种　858
引种程序及标准　858
引种的驯化措施　858
引种区域　858
引种栽培区地理坐标及气象因子　859
饮料　859
饮料配方　859
饮料生产工艺　859
饮料质量标准　860
隐芽　860
应用类型　860
应用类型的分类表　860
应用理论公式计算授粉最佳期　861
婴幼儿秋季腹泻　861
营建采穗圃的意义　861
营建采穗圃的作用　861
《营田辑要》　861
营养钵　861
营养钵育苗　861
营养餐　862
营养成分　862
营养繁殖　862
营养繁殖苗　862
营养器官　862
营养器官化石的基本类型　862
营养生长　862
营养生长物候期　862
营养生长物候期　862
营养素　863
营养细胞　863
营养叶　863
营养元素的需求　863
营养元素对银杏生理功能的影响　863
营养元素缺乏症　863
营养元素吸收量的季节变化　863
营养元素在银杏吸收根表皮的分布规律　864
营养元素之间的相互关系　864

营养杂交　864
营养诊断　864
营养枝　864
营养贮藏蛋白质　864
营养贮藏蛋白质的分布规律　865
营养贮藏蛋白质的免疫标记　865
营养贮藏蛋白质的糖蛋白　865
营养贮藏蛋白质细胞的动态变化　865
影响银杏茶保鲜的主要因子　865
影响银杏古树健康的内部因素　865
影响银杏古树健康的人为因素　865
影响银杏古树健康的自然因素　866
影响银杏光合作用的因素　866
影响银杏花粉中营养成分含量的因素　866
影响银杏花芽分化的因素　867
影响银杏嫁接成活的因子　867
影响银杏嫁接成活诸因子之间的相互关系　867
影响银杏结种的主要因素　867
影响银杏人工授粉的气象因子　868
影响银杏生长发育的环境因子　868
影响银杏施肥量的因素　868
影响银杏叶提取物质量的十大因素　868
影响银杏叶有效成分含量的因素　868
影响银杏叶中黄酮类化合物含量的因素　868
影响银杏叶中内酯类化合物含量的因素　869
影响银杏引种的因子　869
影响银杏幼树进入始种期的因素　870
影响银杏种仁中化学成分的因素　870
硬枝插穗不同处理的扦插生根状况　870
硬枝扦插　870
硬枝扦插ABT生根粉的作用　871
硬枝扦插基质和插床准备　871
硬枝扦插技术　871
硬枝扦插时期　872
硬枝扦插穗条采集　872
硬枝扦插穗条处理　872
硬质扦插插后管理　872
永久萎蔫　872
永久植株　873
蛹　873
用材高　873
用材经营型　873
用材林　873
用材树良种单株选择标准　873

优良单株技术指标　873
优良单株生长状况　873
优良单株叶片有效经济产量、黄酮和内酯含量　874
优良单株种实解剖特征　874
优良单株种实指标　874
优良核用品种主要性状　874
优良品种的选育标准　874
优良品种早实丰产性　875
优良品种种子碳氮比淀粉、蛋白质和脂肪含量　875
优良品种种子有机酸、维生素及单宁含量　875
优良雄株　875
优树　875
优树选择标准　875
优雅拜拉　875
优质叶用银杏类　875
优质杂种苗的选择　876
优质壮苗的培育机理　876
优质壮苗培育技术　877
优株山柰粉、槲皮素、异鼠李素所占总黄酮比例　877
油胞　877
油葫芦　877
疣症（鸡眼）　877
蚰蜒卫生驱虫剂　877
游动的精子　877
游离核　878
游离基　878
游园　878
友谊树——银杏　878
有机肥　878
有机肥料　878
有机农药　878
有效根深度　878
有效积温　878
有性繁殖　878
有性生殖　878
有性生殖过程　879
有主干无层形　879
酉阳银杏王　879
莠去津（阿特拉津）　879
幼虫　880
幼林抚育　880
幼林抚育管理　880
幼龄期雌雄株的鉴别　880
幼龄树的整形修剪　880

幼苗　881
幼苗的发育　881
幼苗的纤维结构　881
幼苗茎腐病的防治　881
幼苗期　881
幼苗期适度遮阴　882
幼苗生长进程图解　882
幼苗移植　882
幼年发育期　882
幼年期（童期）　882
幼树　882
幼树环剥倒贴皮　882
幼树黄化病防治效果　883
幼树期　883
幼树期修剪特点　883
诱导因子　883
诱发萌蘖的方法　883
与古塔共存的古银杏　883
与瓜类间作套种　884
与花卉间作套种　884
与经济林树种间作套种　884
与菌菇类间作套种　884
与油料作物间作套种　884
与中药材间作套种　884
宇香　884
玉果　884
玉蝴蝶　884
玉皇庙银杏　884
玉米螟防治措施　884
玉米银杏酒　885
玉泉寺唐银杏　885
育苗方法　885
育苗方式　885
育苗用种选择　885
育种　885
育种策略　886
育种方法　886
育种基本程序　887
育种目标　887
育种周期　887
预防阿尔茨海默病　887
遇仙树　888
御赐白果树　888
愈合　888
愈伤组织　888
愈伤组织的生长　888
愈伤组织培养　888
愈伤组织生根原理　889

豫东唐银杏　889
豫南银杏王　889
豫皖9号　889
豫西伏牛山银杏种群　889
豫选"9003"号　889
豫选"9010"号　890
豫选"9018"号　890
豫选"9020"号　890
"豫银1号"优良性状　890
"豫银杏1号"　890
鸳鸯银杏树　890
园地的灌水与排水　890
园地的土地规划　890
园地的选择　890
园地覆草技术　891
园地规划与设计　891
园地基本情况调查　891
园块放样　891
园林　891
园林丛植　891
园林对植　891
园林构建原则　891
园林孤植　892
园林混植　892
园林价值　892
园林列植　892
园林苗圃　892
园林群植（片植）　892
园林设计　892
园林史考　892
园林植物　893
园林植物配置　893
园林中银杏的整形和修剪　893
垣曲刘张村银杏　893
原产亚洲东部　893
原花色素的提取　894
原胚　894
原生质　894
原始性状　894
原种　894
圆白果　894
圆底佛手　894
圆底果　894
圆铃6号　895
圆铃9号　895
圆头形　895
圆枣佛手　895
圆珠（圆头）　895

圆柱形 895
圆锥佛手 896
圆锥形 896
圆子类 896
圆子类品系 896
圆子品种群 896
圆子品种群优良无性系 896
圆子银杏类 897
源自古生代上石炭纪之说 897
院士银杏株 897
越冬水 897
越国公汪俊手植银杏树 897
越来越多的国家认识银杏吸品 897
越秀庵银杏 897
云贵高原银杏地理生态型 897
云贵银杏群 897
云南保山4个银杏优良单株种核性状 898
云南东北部银杏种群 898
云南省的古银杏 898
云南省澜沧拉祜族自治县银杏引种栽培 898
云南省澜沧拉祜族自治县引种银杏生长状况 898

Z z

杂草的综合灭除 899
杂交方式的选择 899
杂交计划 899
杂交亲本的选择 899
杂交用品准备 899
杂交育种 900
杂交育种操作 900
杂交育种成果 900
杂交育种程序 901
杂酸 901
甾醇及其苷类 901
栽后管理示意图 901
栽培模式 901
栽培品种 901
栽培学的主要内容 902
栽培植物命名 902
栽植大苗的选择 902
栽植方法 902
栽植技术 902
栽植密度对银杏苗木高径比的影响 902
栽植密度对银杏苗木生物量的影响 903
栽植密度对银杏生长的影响 903

栽植密度对银杏叶黄酮含量及黄酮产量的影响 903
栽植密度对银杏叶片产量的影响 903
栽种绿肥 903
载入《吉尼斯世界纪录大全》的银杏树 903
早春整地 903
早马铃 903
早梅 903
早期落果的原因 904
早期胚胎发育 904
早实梅核 904
早实密植丰产树的早期发育 904
早霜 905
枣子果 905
造林密度 905
曾勉 905
增施微量元素的效果 906
增施微量元素对银杏枝叶生长的影响 906
摘心 906
摘心对银杏苗木生长的影响 906
摘心对枝梢和叶片生长的影响 906
摘芽 906
窄冠银杏 906
展冠银杏 906
樟蚕 907
张道陵手植银杏 907
张飞手植银杏树 907
张飞拴马古银杏 907
张松银杏与人参果 907
长叶肥 907
长有气根的银杏 908
长种肥 908
掌状银杏 908
《昭明文选》 908
赵匡胤系马树 908
遮阴 908
遮阴对光合速率的影响 908
遮阴对叶片产量的影响 908
遮阴对银杏净光合速率的影响 908
遮阴对银杏苗木生长的影响 909
遮阴和密植对1年生银杏苗木生长的影响 909
浙江长兴银杏优良单株 909
浙江地史时期的银杏类植物 910
浙江地质时期的银杏类植物分布 910
浙江金华垂枝佛手 910

浙江临安银杏古树资源 910
浙江普陀山——中国大陆银杏分布的最东端 910
浙江省银杏实生优良单株种实定量指标 911
浙江西天目山无银杏野生种群 911
浙江西天目山银杏种群 911
浙江西天目山有无银杏野生树种群的讨论 911
浙江西天目山有银杏野生种群 912
浙江银杏群 912
浙江银杏优良单株定性指标 912
针刺 912
针剂配伍制品 913
珍稀树种 913
珍珠子 913
真假白果 913
真假银杏嫁接苗的鉴别 913
真空渗糖和常压渗糖的银杏果脯质量 914
真如寺的古银杏 914
砧龄及生长状态与苗木生长 914
砧木 914
砧木年龄及生理状态与苗木生长(马铃1号) 914
砧木选择标准 914
诊断 914
诊断施肥 914
镇泉树 915
蒸发量 915
蒸腾强度 915
蒸腾速率和蒸腾效率日变化 915
蒸腾系数 915
蒸腾效率 915
蒸腾抑制剂 915
蒸腾作用 915
整地与做床 915
整形 915
整形修剪 915
整形修剪的目的 916
整形修剪的时间 916
整形修剪的原则 916
整形修剪和土、肥、水管理 916
整形修剪与病虫害的防治 916
整形修剪与花种管理 916
整形依据 917
整枝高度 917
整枝强度 917

正常种实和叶生种实　917
正方形配置　917
正方形栽植　917
正三角形配置　917
症状　917
支气管哮喘治疗　917
支柱的捆绑方法　917
枝　918
枝的二型现象　918
枝干上长出气根的古银杏　918
枝和干化学成分　918
枝和叶的物候　918
枝级　919
枝角在母树上的位置与位置效应　919
枝接　919
枝接分类　919
枝类组成　919
枝生树瘤——树奶　919
枝生树瘤的利用　919
枝条长放　919
枝条加长生长　919
枝条加粗生长　920
枝条率　920
枝条木质化　920
枝条硬度　920
枝条在母树上的位置与位置效应表解　920
枝条中蛋白的分子量　920
枝条中营养贮藏蛋白质的分布规律　920
枝下高　920
枝叶肥　920
枝组　921
枝组更新　921
知识库数据的收集　921
脂肪　921
直干式盆景　921
直干银杏 S-31 号　922
直干窄冠银杏　922
直观白果鉴别　922
直接辐射与直射光　922
植苗　922
《植品》　922
植生组　922
植树带　923
植树节　923
植物病虫害防治上的应用　923
植物光能利用率　923
植物激素　923

植物检疫　923
《植物名实图考》　924
植物杀菌素　924
植物四宝　924
植物性农药　924
植物学名词和银杏对照称谓　924
植物园　924
植物组织　924
指状银杏(1)　924
指状银杏(2)　924
质壁分离　925
制药原料外种皮　925
中草药　925
中干密植园的修剪　925
中耕　925
中耕除草　925
《中国当代银杏大全》　925
《中国果树志·银杏卷》及《中国银杏志》　925
中国林学会银杏分会　925
中国林学会银杏分会会徽　926
中国林学会银杏分会会刊　926
中国西部的古银杏　926
《中国银杏》　926
《中国银杏茶》　926
中国银杏产业现状　926
中国银杏的进化历史　927
中国银杏优良单株　927
中国银杏栽培简史　927
中国银杏栽培区区划　928
中国银杏之乡　928
中国银杏种核分级标准　928
中国银杏种质基因库　929
中国银杏主产区　929
中国银杏资源　929
中国银杏资源特点　929
《中国植物志》记载的银杏品种　930
中国最北端的银杏　930
中华银杏王　930
《中秋既望观园》　930
中生代白垩纪至新生代第四纪银杏的变化　931
中生代格雷纳果属　931
中生代卡肯果属　931
中生代施迈斯内果属　931
中生代托勒兹果属　931
中生代乌马托鳞片属　931
中生代银杏类的基本叶型　931

中生代银杏类植物　931
中生代侏罗纪银杏的变化　932
中心植　932
中央领导干　932
中央木　932
中央细胞的形成与结构特征　932
中央直径　932
中银黑 1 号　932
中银黑 2 号　932
中银黑生物学特性　933
中原古银杏资源　933
中原银杏王　933
中种皮　933
中种皮的发育　933
中州奇观——河南鹿邑古银杏　934
中子品种群　934
中子品种群优良无性系　934
忠贞的"相思树"　934
钟乳根盆景制作　934
钟乳根形成的原因　934
钟乳银杏　935
钟乳枝　935
钟乳枝的木材解剖　935
种　935
种柄结合力及单种重　935
种材兼用园的修剪　936
种肥　936
种阜　936
种核　936
种核 X 射线检验　936
种核安全含水量　936
种核饱满度　936
种核测定样品　936
种核产量测定　936
种核常温干藏　937
种核成熟度对其贮藏的影响　937
种核虫害检验　937
种核臭氧处理常温贮藏法　937
种核出仁率　937
种核初次样品　937
种核储藏中形态特征的变化　937
种核纯度　937
种核催芽　937
种核催芽注意事项　938
种核大小测定方法　938
种核袋装贮藏　938
种核蛋白质含量　938
种核低温湿藏法　938

种核对外交流 938
种核发芽测定 938
种核发芽过程 938
种核发芽进程 938
种核发芽率 938
种核发芽率测定 939
种核发芽能力 939
种核发芽势 939
种核发芽条件 939
种核放置方法 939
种核分级 939
种核浮籽率 939
种核辐射处理密封贮藏法 939
种核干燥 939
种核感官鉴定法 939
种核工艺品 939
种核含水量测定法 939
种核含水量的显著性 939
种核含水量对其贮藏的影响 940
种核和叶片产量及各个相关作用因子的
　测定 940
种核和叶片产量形成的通径 940
种核恒温库贮藏 940
种核后熟过程中蛋白质变化 940
种核后熟过程中胚的增重 941
种核呼吸作用 941
种核健籽率 941
种核健籽率的测定方法 941
种核健籽率指标 941
种核鉴定 941
种核浸水贮藏法 941
种核净度 941
种核净度和损伤对其贮藏的影响 941
种核净度指标 941
种核具胚率 941
种核具胚率测定方法 941
种核库存法 941
种核冷藏 941
种核霉变率 942
种核美 942
种核密闭干藏 942
种核品质检验的样品提取 942
种核普通干藏 942
种核气干含水量 942
种核千粒重 942
种核切开检验法 942
种核热激处理和冷冲击处理常温贮藏
　法 942

种核商品等级标准 943
种核商品分级释注 943
种核生活力 943
种核生活力测定 943
种核生理成熟 943
种核生理后熟 943
种核生物多样性 943
种核失重率 943
种核湿藏 944
种核湿藏法 944
种核湿藏图解 944
种核食用出仁率指标 944
种核室内干藏法 944
种核室外埋藏法 944
种核寿命 945
种核送检样品 945
种核涂膜处理贮藏法 945
种核形态 945
种核形状和大小相关成分的测定 945
种核性状 945
种核性状和变异程度 946
种核药理作用 946
种核优良度 946
种核有效成分 946
种核质量等级 946
种核质量等级标准 947
种核质量分级 947
种核质量指标 947
种核种胚增长 947
种核重量测定 947
种核贮藏 947
种核贮藏的呼吸代谢 947
种核贮藏原理 948
种脊 948
种间竞争的研究方法 948
种间竞争基本概念 948
种——景型模式 948
种壳厚度标准 948
种壳厚度测定方法 948
种壳结构 948
种壳结构测定方法 948
种壳色泽 948
种粒大小对播种苗生长量的影响 948
种粒大小对苗木生长的影响 949
种——苗型模式 949
种内嫁接 949
种内杂交 949
种皮 949

种皮发育 949
种脐 949
种群 949
种仁 950
种仁氨基酸含量 950
种仁成分含量和变异系数 950
种仁的加工利用 950
种仁的开发利用 950
种仁的药用价值 950
种仁粉加工方法 950
种仁光泽率 951
种仁和叶片氨基酸的含量 951
种仁黄酮测定 951
种仁检测规则 951
种仁口感 951
种仁绿色率 951
种仁内含物 951
种仁色泽 951
种仁食疗价值 951
种仁萜内酯测定 951
种仁烷基酚及烷基酚酸类成分 951
种仁萎缩率 952
种仁营养成分 952
种仁营养成分含量 952
种仁甾体化合物 953
种仁脂肪酸的化学成分 953
种仁质地 953
种仁中的矿物质营养元素 953
种仁中各元素的含量 953
种仁中微量元素含量 953
种仁贮藏期间种胚 SOD 的活性变化 953
种实 954
种实、种核和种仁生长指标 954
种实采收期 955
种实的发育 955
种实的生长发育过程图示 955
种实调制 955
种实堆藏法 955
种实发育过程中内含物的变化 956
种实发育期 956
种实钩落采收 956
种实和种核结构简图 956
种实和种核生长的单相关分析 956
种实和种核生长的多元回归和偏相关
　分析 956
种实后熟的形态特征 956
种实化学采收法 956
种实活力 957

种实结构图 957
种实浸泡脱皮 957
种实霉烂病 957
种实膨大水 957
种实品质 958
种实人工击落采收法 958
种实生长发育过程中内源激素含量的
　变化 958
种实生长曲线图 958
种实生理成熟 958
种实脱落期 958
种实脱皮 958
种实形态 958
种实形态生长发育规律 958
种实形态生长过程 959
种实性状变异 959
种实休眠 959
种实养分含量动态变化 960
种实摇晃采收 960
种实摇落采收法 960
种实乙醇提取液对苹果干腐病菌菌落直
径的抑制作用 960
种实直接摘取法 960
种实重量增长动态回归分析 961
种实撞打冲洗脱皮 961
种实自然脱落采收法 961
种条 961
种以下的分类 961
种——叶型模式 961
种用品种选择条件 961
种用质量标准 962
种植点的配置 962
种植绿肥 962
种质 962
种质保存的范围 962
种质保存的方式 962
种质鉴别 962
种质来源分类 962
种质冷冻保存法 963
种质在资源收集时应注意事项 963
种质资源的保存 963
种质资源的保存方法 964
种质资源的差别 964
种质资源的就地保存 964
种质资源的利用 965
种质资源的描述 965
种质资源的收集 965
种质资源的易地保存 965

种质资源冷冻保存 965
种质资源圃建立的意义 966
种质资源收集的原则 966
种子(实)园 966
种子病害检验 966
种子播种品质 966
种子成熟与成熟期 966
种子抽样 966
种子处理 966
种子催芽常用方法 967
种子登记与登记证 967
种子登记证 967
种子地理起源 967
种子堆沤脱皮 967
种子发芽率及无胚率统计 967
种子发育进程 967
种子干藏 967
种子含水量测定 967
种子含水率 968
种子后熟 968
种子后熟期前后的形态解剖特征 968
种子检验 968
种子结构 968
种子库 968
种子批 968
种子品质 968
种子品质检验测定项目 968
种子容重 969
种子生产 969
种子生活力 969
种子生理成熟期 969
种子形态成熟期 969
种子样品 969
种子遗传品质 969
种子用途 969
种子优良度测定 969
种子植物 969
周口银杏 969
周年内采叶次数 970
周氏似银杏 970
洲头大马铃 970
皱白果 970
皱皮果 970
朱老汉哭树 970
朱元璋与银杏树 970
侏罗纪 971
侏罗系 971
珠被 971

珠柄 971
株行距 971
珠孔 971
珠孔受精 971
珠托 971
珠托发育 971
珠心 971
诸暨大梅核 971
诸暨古银杏资源 971
诸暨马铃 972
诸暨银杏优株生长和性状指标 972
诸暨银杏种实经济性状 972
猪、沼、果、鱼种植模式 972
猪母杏 972
猪心白果 973
主从关系 973
主干 973
主干分层形 973
主干疏层形 973
主干无层形 973
主根 974
主林带 974
主要采种工具 974
主要树形 974
主要效应 974
主要营养元素的年周期变化 974
主要元素 974
主栽品种 974
主枝 974
主枝方位角 974
主枝分枝角度 974
主枝延长枝增长率 975
贮藏物质的分布 975
贮藏与萌动白果蛋白质的含量 975
注入施肥法 975
专家系统 975
专家系统的优点 975
专家系统的主要结构 976
专家系统基础结构图 976
专家系统开发过程 976
专家系统开发过程图 976
专家系统主要技术特点 976
专性寄生物 976
专用肥 977
《砖印壁画》 977
转基因育种 977
装罐 977
装罐浓度 977

壮苗包装 977
壮苗丰产的主要环节 977
壮苗假植 977
壮苗培育 978
壮苗起运 978
壮叶肥 978
壮枝(叶)肥 978
撞打脱皮法 978
追肥 978
锥子把 978
准银杏属 978
资源开发利用 978
资源评估和操作 979
资源收集应注意的事项 979
子代测定 979
子叶 979
紫穗槐 979
紫微宫吉银杏 979
自根苗 980
自花结实 980
自控间歇喷雾插床 980
自然保护区 980
自然变异率 980
自然干燥 980
自然开心形 980
自然区划 980
自然史书 980
自然式银杏盆景 980
自然式园林 981
自然形示意图 981
自然选择 981
自然圆头形 981
自然圆锥形 981
"自然主干形" 981
自由基 982
自孕结籽的古银杏 982
综合防治 982
总黄酮的分布 982
总生长量 982
总体规划 982
纵伤 982
组培育苗 982
组织培养 983
组织培养的历史和现状 983
组织培养过程示意图 983
组织培养条件筛选 984
组织培养再生小植株的途径 984
组织培养中的防褐变 984

祖树 984
钻孔施肥 984
最低气温 984
最高气温 984
最高施肥量 984
最古老的银杏属植物化石 985
最佳环剥时间 985
最佳施肥量 985
最小拜拉银杏(比较种) 985
遵化银杏 985
作物-银杏经营模式 985
坐种 985

外文

ABA 986
ABT 生根粉对成活率的影响 986
ABT 生根粉对新梢生长量和叶片数量的影响 986
ABT 生根粉对叶绿素、叶面积和叶重的影响 986
ABT 生根粉慢浸法 986
ABT 生根粉在银杏扦插育苗上的应用 986
ABT 生根粉沾浆法 986
AFLP 986
AFLP 标记 986
AFLP 程序的优化 986
Amentoflavone 987
BA 6 - Benzyladenine 987
Bilobatin 987
Bioparyl 987
CV. 987
CCC 987
Cd、Pb 处理对银杏种子萌发的影响 987
CGBA 987
CH 987
CHS 987
CM 987
Condensed tannins 987
DNA 987
DNA 的提取 987
DNA 分子标记 987
E1 987
E2 987
E4 987
E5 987
E6 987
Edulan 1 的驱虫效果 988

EGb 988
EGb761 的提取 988
EGb761 的药用成分 988
EGb761 与基因表达 988
EGBC 的清除自由基作用 988
EGBC 对乙醇诱发的肝损伤的影响 988
EGb 萃取流程图 989
EGb 得率和黄酮苷浓度 989
EGb 对肝脏的药理作用 989
EGb 对小鼠血液凝固过程的影响 989
EGb 对血液黏弹性的影响 989
EGb 和 EGb 技术标准 990
EGb 和茶多酚对啤酒前酵的影响 * * 991
EGb 抗运动疲劳 991
EGb 提取流程图 991
EGb 脱银杏酸工艺流程 991
EGb 在不同 pH 值下对金黄色葡萄球菌的抑菌率 992
EGb 制剂的功效 992
EGb 中银杏酚酸 HPLC 图谱 992
ELSD 的雾化室示意图 992
ELSD 工作原理方框图 992
EMF 992
EST 992
EMF 基因调控表达 993
F1 993
FD1 993
FDA 993
FDA(Fluorescein Diacetate) 993
GA,GA_3 993
GAP 993
GAP 银杏采叶园的五关 993
GC-MS 分析白果油化学组成 993
Ginkgo biloba 994
Ginkgo flavonglycosides 994
Ginkgolide A. B. C. M. J 994
Ginkgolides 994
Ginkgology 994
Ginkgotin 994
GOT 994
Guercetin 994
GY-8 号 994
GY-9 号 994
GYX 系列滚筒干燥成套设备示意图 994
GZYY-1 995
GZYY-2 995
HPLC 995

HPLC 法　995
HSCCC　995
HYG - Ⅰ型银杏叶干燥设备　995
HYG - B 型银杏叶片烘干设备工艺流程
　　图　995
IAA　995
IBA　995
IGFTS　995
IPAs　996
Isoginkgotin　996
Isorhamnetin　996
IspF 基因的克隆与功能　996
ITS 区测序方法　996
ITS 序列及进化地位　996
Knempferol　996
KT　996
LH　996
MAS　996
MES　996
NaCl - 1　996
NaCl - 2　997
NAA　997
NAA 对嫩枝扦插插穗生根的影响　997
NAA 对银杏疏花疏果效应　997
N、P、K 对银杏光合作用的影响　997
O1 - F　997
OO - F　998
PA　998
PAF　998
PCR　998
PCR 扩增　998
PG　998
pH 值　998
PLA　998
PM　998
POD　998
POX　998
PPO　998
Proanthocyanidins　998
Procyanidin Polyphenols　998
Prodelphinidin　998
PSB　998
PVP　998
RAPD 标记　998
RAPD 分子遗传图谱的构建　998
Richards 生长方程对银杏高径生长的拟合
　　参数及效果　998

RNA　999
Sciadopitytin　999
SDS 聚丙烯酰胺凝胶电泳　999
SFE　999
SFE 技术脱除 EGb 中的酚酸　999
SFE 简工艺流程图　999
SFE 银杏叶中的黄酮类化合物第二轮正
　　交表及结果　999
SOD　999
SOD 富硒银杏产品　999
TC3　1000
T - 20 号　1000
TE3　1000
Tebonir（梯波宁、天波宁）　1000
TG2　1000
TP4　1000
Tq5　1000
TS6　1000
"T"字形芽接　1000
T 字形腹接　1000
UPGAM　1001
UPOV　1001
VAM 丛枝菌根　1001
Var.　1001
VA 菌根　1001
YE　1001
ZT　1001

阿拉伯数字

10% 银果 EC 防治苹果腐烂病疤重犯田间
　　药效统计（辽宁兴城）　1002
10% 银果乳油对供试病菌的室内生测结
　　果　1002
107 号　1002
10 个叶籽银杏种质核型比较　1003
10 月份不同树龄银杏叶黄酮浓度　1003
12.5% 盖草能乳油除草效果　1003
12 个银杏优株种核性状　1003
15 年生树不同月份银杏叶黄酮浓
　　度　1004
1994—2004 年银杏文献的主要分布和数
　　据　1004
1994—2004 年银杏专业的 11 种核心期
　　刊　1004
1994—2004 年银杏专业论文的核心作者
　　群　1005

1994—2004 年银杏专业论文离散状
　　况　1005
1994—2004 年银杏专业论文统计　1005
1~4 年生实生银杏芽体发育状况及抽枝
　　特征　1006
1 年生长枝上的叶皮种类及形态特征　1006
1 年生茎的皮层　1006
1 年生茎的维管束　1006
1 年生实生苗的出苗期　1006
1 年生实生苗木质化期　1007
1 年生实生苗生长初期　1007
1 年生实生苗速生期　1007
1 年生银杏幼苗发育过程图示　1008
2,4 - D　1008
20% 银果可湿性粉剂防治草莓白粉病
　　结果　1008
20% 银果防治番茄灰霉病原始数据　1008
20% 银泰对小麦纹枯病的防治效果　1009
20% 银泰对玉米大斑病的田间防治效
　　果　1009
20% 银泰乳油配方及质量检验　1009
20% 银泰乳油气相色谱图　1009
20% 银泰乳油指标要求　1010
20% 银泰微乳剂对草莓白粉病的药效试
　　验　1010
20% 银泰微乳剂指标要求　1010
29 个品种定型叶形态特征　1010
2 年生及多年生苗的管理　1011
2 年生实生苗长枝上的叶片排序　1011
306 号、207 号、106 号　1011
36 kDa 和 32 kDa 蛋白质的分离纯化及抗
　　体制备　1011
3 年生嫁接苗生长状况　1012
3 年生银杏冬季修剪效果　1012
3 种袋蛾的主要区别　1012
48% 甲草胺乳油除草效果　1012
4' - 甲基吡哆酸类　1012
4 种农药对茶黄蓟马的杀虫效果　1013
5 个类群主要特征　1013
5 年生绿枝单芽扦插苗与实生苗对比
　　1013
6 - HKA　1013
6 - HKA 分子结构图　1013
6911（舒血宁）片剂工艺流程　1013
6911（舒血宁）注射液制剂操作　1013
6911 注射液　1014
6 个品种（系）银杏的热害指数　1014

A a

阿里山

我国名山之一。在台湾省嘉义市,地理坐标位于北纬23°26′7.68″,东经120°46′51.48″。主峰大塔山,有森林铁道相通。山间气候凉爽,风景秀丽,为避暑胜地。自然风景以大塔山断崖、塔山云海和祝山观日出为最佳。山区也是著名林区。主要树种有红桧,在山间常组成纯林。有一株老红桧,直径达10 m,树龄3 000多年,被称为"神木"。银杏树也是阿里山重要的树种。阿里山还有许多特有树种,是中国银杏分布的最东端。

矮干密植园的密度及配置

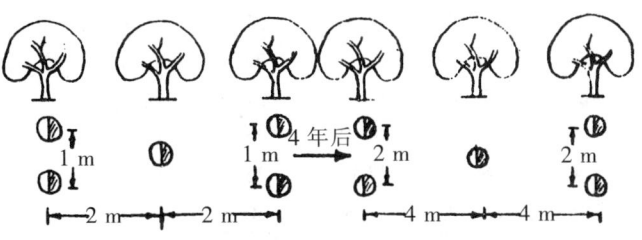

矮干密植园的密度及配置

矮秆作物套种

不能与玉米、高粱等高秆作物间作,更不能搭棚架,种植丝瓜、豇豆等藤蔓作物,以防与银杏争光争肥和田间过度荫蔽,致使田间通透性下降。园地内可套种地瓜、花生、小豆等矮秆作物。

矮化、密植、早期丰产型

矮化密植早期丰产型银杏林的栽培目的是早期获得白果的经济效益。目前对早期密植丰产型银杏园的栽植密度尚无统一规定,采用的株行距有多种:1 m×2 m,每公顷4 995株;1.5 m×2 m,每公顷3 330株;2 m×3 m,每公顷1 665株;4 m×4 m,每公顷630株;3.5 m×5 m,每公顷608株等。高度密植是丰产的基础,因此初植密度应大,但根据已有的实践证明,初植的高密度不能持久,随着树龄的增大,必须随时调整株行距离,即大量地疏移,才能保证良好的风光条件。但疏移调整株行距离具有许多困难,如苗木生长状况的差异,不一定符合所留苗木的规格要求,疏移时对相邻植株根系的损伤等,反而影响后期的稳定产量。因此,有的地方初植采用每公顷1 665株或每公顷栽植600株的密度。

用于营建矮化密植早期丰产型银杏园的银杏苗,一般留干低矮(40~50 cm),甚至自地面处(10~20 cm)嫁接。从调查结果看,要使银杏树早结果,除选用结果早的品种类型外,可用大砧木接老接穗,即选用粗壮的实生苗,一般地径粗2 cm以上,接穗用3~4年生老枝,接活后接穗上发出的枝,较水平开张,短枝粗壮,如管理得当,第2~3年即形成花芽,第3~4年开始结果。

早期密植丰产型的银杏园,要求条件高,农业技术措施必须及时跟上,特别是要做到土、肥、水的密切配合,以及正确的整形修剪,方能达到预期的目的。

矮生型

是指银杏人工矮化的类型。它是经过人为嫁接的措施,在干高60 cm、80 cm、100 cm等处进行人工嫁接,使树冠低矮下来。到目前为止,还未发现银杏的矮化砧木。一般矮化砧木部分是从芽变、电离辐射诱变或杂交育种变异而来的。银杏矮干嫁接后,在主干上培养5~7个主枝,使树冠紧凑,增强抗风力,便于修剪,采种。目前,矮生型在采种银杏园普遍使用。

矮壮素

矮壮素是一种与赤霉素发生拮抗作用的生长调节剂,能够抑制古巴焦磷酸合酶(CPS),即抑制GGPP朝内根-贝壳杉烯类物质的转化,在抑制效果上与GA的反馈抑制相似,能增加GGPP的含量。矮壮素对银杏萜内酯含量影响较大,研究发现矮壮素能显著提高银杏萜内酯含量,且各种萜内酯含量的增加比例较为接近,同时也能大幅度增加白果内酯的含量。

安定银杏

该树生长在北京市安定镇前安定村南双塔寺遗址处,树高15 m,胸径173 cm,树冠东西南北各15 m,树龄约为500年,主干大部分无皮,老枝枯死,现已不结果,生长在四周空旷高出地面1.5 m的沙丘上,多年干旱,总体长势处于衰弱期。1991年,县林业局投资万元,为古树修建了围栏,在古树周围种上了花草灌木,并为古树施肥浇水。县政府还在此立了一块护树石碑。

安徽黄山潜口唐模银杏

古银杏树高22 m,胸径2.5 m,枝下高4 m的老干斑驳突兀,中间一部分木质朽空,可穿越人畜。6根粗硕的主枝集生于老干上端,侧枝斜展,略有下弯,树冠投影面积1 000 m²。据考证,该银杏树龄1 300多年。

安徽来安银杏古树资源

安徽省来安县地处皖东,与南京市紧邻。有山有水,古木参天。全县现有百年以上古银杏树18棵,其中树龄千年以上的4株;500～1 000年的8株;300～500年的3株;100～300年的3株。古银杏树的分布:来安县南部渔区最多,占现有银杏古树的55%;中部丘陵区第二,占34%;北部山区较少,占11%。按银杏栽培目的和保护地域分,一是栽植于寺庙、庵堂两旁约占60%;二是栽植于山水休闲胜地的约占30%;三是野生状况的约占10%。按保护级别分,属国家一级保护的(树龄500年以上)12株,属国家二级保护的(树龄300～500年)2株,属国家三级保护的(树龄在100～300年)4株。

安徽银杏优树资源

安徽银杏优树资源

优树编号	品种名称	树龄(年)	冠形	树冠(m^2)	产核量(kg/m^2)	核数(粒/kg)	出核率(%)	出仁率(%)	产量变幅(%)	抗逆性
金1	大茶果	80	球形	141.2	0.85	354	25.18	78.31	25.1	抗风
金2	茶果	120	椭圆	168.4	0.81	378	25.82	77.26	35.3	抗风、无虫害
金3	大茶果	90	圆形	153.7	0.80	361	26.31	77.89	31.2	抗风、无虫
金4	大茶果	150	圆头	166.5	0.73	356	25.28	77.62	28.2	抗风、无病虫
金5	米果	70	椭圆	78.4	0.78	389	26.01	77.36	32.4	抗风、无病
金6	大茶果	170	圆头	184.3	0.74	351	25.32	76.67	27.5	抗风
金7	大茶果	110	球形	163.9	0.86	347	25.41	77.65	26.3	抗风
金8	茶果	100	宽椭圆	154.8	0.76	382	26.09	78.16	27.3	抗风
金9	大核果	90	椭圆	146.1	0.87	347	25.93	78.21	29.8	抗风
金10	大茶果	130	圆头	181.3	0.69	362	25.88	76.38	31.9	抗风
金11	大核果	160	长椭圆	154.2	0.85	341	26.08	79.18	25.4	抗风
金12	梅核果	180	圆形	201.8	0.77	394	26.84	77.61	23.1	抗风
金13	茶果	160	椭圆	196.4	0.81	359	25.13	78.86	30.8	抗风
金14	梅核果	120	圆头	158.6	0.75	407	26.83	76.86	20.2	抗风
六1	梅核籽	110	球形	181.9	0.69	380	27.72	76.93	20.9	抗风
合1	佛手籽	80	圆头	113.4	0.71	346	25.47	79.95	28.7	抗风
歙1	佛指果	130	椭圆	146.2	0.81	352	26.14	76.21	31.8	抗风
歙2	大鸭脚	80	圆锥	86.8	0.79	349	26.51	78.31	25.1	抗风
歙3	佛指果	110	圆头	203.1	0.59	369	25.13	75.82	29.6	抗风
歙4	马铃籽	70	椭圆	142.5	0.61	372	24.18	74.92	26.7	抗风

安徽银杏优株主要形态特征及经济性状

安徽银杏优株主要形态特征及经济性状

优株	原产地	主要特征及性状	主要分布区
大梅核	安徽广德	果大,圆形或近圆形,先端圆钝,基部稍大,近果柄处微凹。核圆形稍扁,先端圆钝或微尖,基部渐狭	新杭、独山等
卵果佛手	安徽广德	先端微窄小,中部以下则渐宽,基部平不凹陷,果柄粗稍弯曲。核椭圆形或菱形,两端微尖,稍对称,棱呈不明显翼状,每千克252粒	梨山、同溪等
长柄佛手	安徽广德	果实倒卵形或圆形,先端钝圆,顶点微凹,基部稍凹,果柄常弯曲。核长倒卵形,先端圆钝,基部狭长,底窄不平	下寺、山北等
大马铃	安徽广德	果实中等长,长圆形,先端圆钝,基部平宽,果柄直立,粗而扁。核倒卵形,先端圆钝,有尖,棱线明显,翼不明显	下寺、山北等
糯米白果	安徽广德	果实椭圆形,稍扁,先端突起,基部较平,棱中等大,纺锤形,先端渐钝,基部有狭肩。边缘有翼,种仁黄绿色,每千克约420粒	下寺、砖桥等
佛指	安徽广德	果实大,倒卵形或长椭圆形,两端小,先端微凹,果柄短,弯曲状。核肥大,纺锤形或长卵形,先端圆钝。每千克300～340粒,糯性差,味甜,丰产	四合、梨山等

安徽岳集曹楼银杏

古银杏位于安徽濉溪县岳集乡曹楼村西小学校内,树高 32 m,胸围 5.92 m,枝下高 2 m。7 大支柱撑托起 30 m×26 m 的伞状树冠,年年青果挂枝累累,是淮北市最为雄伟的一株古树。据曹氏大型墓碑载:"公祖居河南,惠王之裔,明初时迁于涣北白果树左,由来九世矣……"推算树龄当为 800 年左右。

安徽主要古银杏群落分布

安徽主要古银杏群落分布

群落位置	面积(km²)	古银杏株数(株)	其中 1 000 年以上(株)	其中 500~1 000 年(株)
下石嘴	0.8	22	1	4
腊树垮	0.9	61	5	13
王家垮	0.5	43	1	8
柳树垮	1.2	53	3	15
小陈家垮	0.6	29	3	5
周家大垮	1.0	38	4	14
卢家垮	0.2	7	1	2
白果树垮	0.3	15	2	10
东横冲	0.7	39	1	9
老洼	0.7	12	1	6

安陆 1 号

又名安陆大白果。核形系数 1.30。树势强健,层性明显。多为扇形叶,少数为三角形叶。叶色较深,叶缘缺刻较浅,中裂不明显。种实近圆球形,熟时橙黄色,具白粉。先端具小尖或微凹入,基部蒂盘小,表面凹凸不平,周边不整,稍下陷。种柄较短,稍弯曲,粗壮。种实平均单粒重 13.2 g,每千克粒数 76。种核长圆形且饱满,壳乳白色,光滑,先端圆秃,具小尖,维管束迹点宽平,两侧棱线(有的有翼)至基部 4/5 消失,背腹相等。种核千粒重 3 700 g,出核率 28%,出仁率 78%,产于湖北安陆。

安陆大安山天然银杏群落

西接云雾山、太平山,东至白兆山麓。"古木参天,浓荫蔽日","两岭抱东壑,一嶂横西天。树杂日易隐,崖倾月难圆","绕黄金寨而南地僻人迹罕至,更北有白果寺,则林樾愈深,直入月落岭下"。涵盖雷公镇的大安、九峰、万福、云岭、望河、许棚、白兆、曹程、杜棚、王祠、新桥、横冲、彭桥、祖寺、庙岗、柏桥、长冲、魏桥,烟店镇的双岭、柏树、尖山、碧山、袁畈、邓河、双庙、横路等 26 个行政村,总面积 83 km²,是安陆天然银杏的密集区。分布海拔 100~380 m。着生土壤以紫沙泥土、次生石灰土、灰麻骨土为主。伴生植被及野生动物有马尾松、柏、三角枫、铜钱树、青冈栎、麻栎、乌桕、山核桃、柿子、杜鹃花及花面狸、獾类、鼬、豹、野猪、松鼠、乌鸦等。此群落人为破坏惨重。特别是日军侵华攻占安陆后,雷公是日军重要据点之一,据当地老年人回忆,日军烧毁松柏森林数十公顷,砍伐古银杏树 60 多株。新中国成立后,因兴修水库及其他原因砍伐古银杏树 42 株。现仅存 100 年以上古银杏树 21 株,其中,1 000 年以上的 2 株。新中国成立后,培植的 30 年以上的银杏结果大树 2 200 多株,10 年以上的银杏小树 21.5 万多株。

松鼠

花面狸(当地人称白果狸)

安陆大白果

位于湖北省王义贞镇花园村云雾山腰沈家垮,管护人周建平。树龄300年,实生树,梅核类。株高18 m,胸径0.83 m,树冠面积70 m²,呈塔形,层形明显,树势强健。多为扇形叶,少数为三角形叶,叶帘6.5 cm,长4.3 cm,叶柄长5.3 cm。叶色较深,叶缘缺刻较浅,中裂不明显。种实近圆球形,熟时橙黄色,具白粉。先端具小尖或微微凹入。基部蒂盘小,表面凹凸不平,周边不整,稍下陷。果柄较短,稍弯曲,粗壮。球果大,单粒平均重13.2 g,每千克粒数76,出核率28%。种核长圆形且腰部丰厚,壳乳白色,光滑。核形指数1.30。先端圆突具小尖,维管束迹迹点宽平,两侧棱线(有的有翼)至基部4/5消失,背腹相等。种仁黄绿色。经检测,水分58.01%,淀粉24.76%,总糖10.20%,蛋白质4.51%,脂肪1.52%,维生素C 108 mg/kg,维生素B 16.8 mg/kg。单粒种核重3.7 g,每千克粒数268,整齐度高,可达95%以上。出仁率78%。本品种的特点是籽粒大,产量高而稳,年株产100~200 kg,每平方米冠幅产量可达2 kg,大小年不明显。种仁甜糯,是食用的好品种,曾先后参加过全国、省、市评比,均被评为优质品种,现为安陆大白果的代表种、当家种,已推广到省内外。

安陆柳林佛手

位于柳林四组,树龄400年,其特点是叶子大;另一特点是根蘖苗多,且叶子特别肥大,叶片长大于宽,中缺深刻,是繁育叶用品种的好材料。

安陆梅核王

位于湖北省王义贞镇钱冲村杨家冲周家祠,管护人周存厚。树龄3 000年,树高37.8 m,干高2.6 m,主枝11个,胸径2.42 m,树冠塔形,冠幅24.8 m×21.9 m,被火烧过3次,现树干基部有一大空洞。叶为扇形,淡绿色,叶长4.2 cm,宽6.1 cm,叶柄长7.1 cm,中裂明显。球果长圆形,黄绿色,具少量白粉,周缘不整,稍见凹入,基部稍平。球果柄长3.6 cm,较粗壮,略弯曲。单粒球果重8.8 g,每千克粒数115,出核率28%。种核长圆形,核形指数1.22,核壳白色,光滑,先端小尖不明显,束迹点小,两侧棱线在4/5处消失,背腹相等。单粒种核平均重2.4 g,每千克粒数417,出仁率76%。种仁微苦。该品种中熟偏早。产量较高,一般年株产400 kg,最高达500 kg。

安陆太平山天然银杏群落

西接随州市洛阳镇三里岗、西狗脊岭,南与云雾山相依,北与随州市相邻的清水河水库为界。"崇山如屏","林锁四时雾,渠流万古烟",入则"烟霏雾结,杳然无路,游者迷离不知所往"。涵盖孛畈镇的柳林、三里、月岭、板金、杨堰、陈洞、孛畈、杜庙、长松、横山等10个行政村,总面积77 km²,是安陆天然银杏的密集区。分布海拔110~450 m。着生土壤以黄棕壤土、灰麻骨土、次生石灰土为主。伴生植被及野生动物有马尾松、柏、三角枫、铜钱树、青冈栎、麻栎、乌柏、山核桃、柿子、杜鹃花及花面狸、松鼠、獾类、鼬、野猪、豹、乌鸦等。日军侵华至新中国成立前砍伐古银杏树30多株,新中国成立后,因兴修水库及其他原因砍伐古银杏树60多株。现存100年以上古银杏树1 190株,其中1 000年以上的7株。新中国成立后培育的30年以上的银杏结果大树6 500多株,10年以上的银杏小树16.6万多株。

安陆天然银杏群落分布图

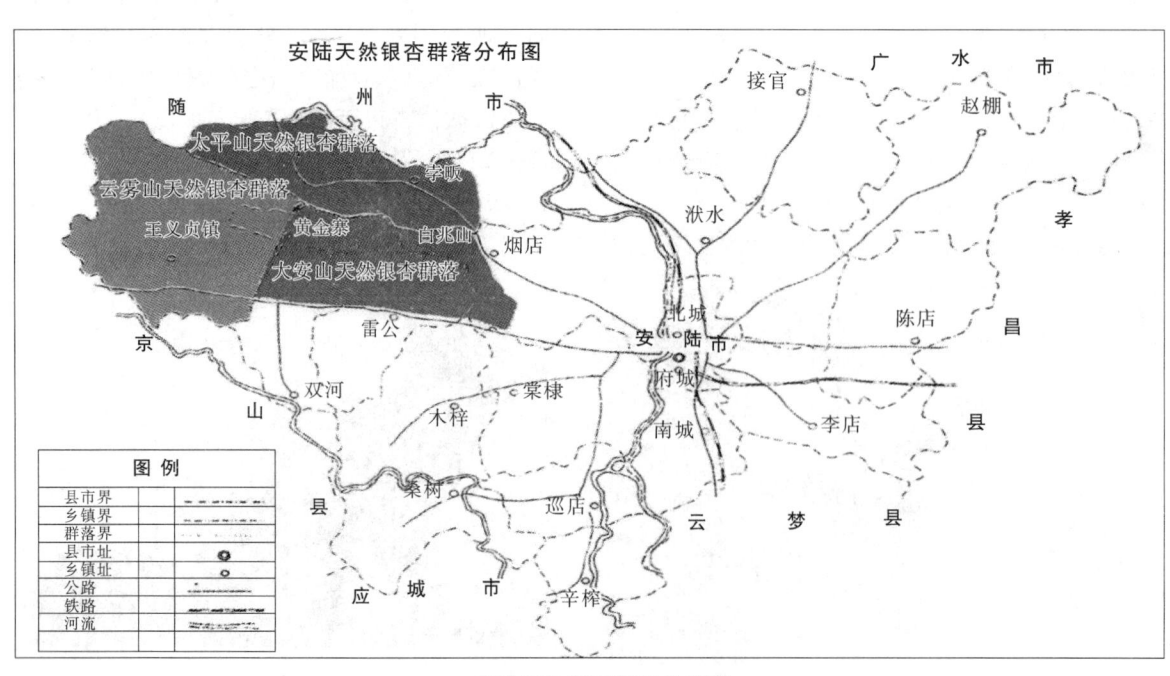

安陆天然银杏群落分布图

安陆雄优

在湖北安陆雷公镇万福村，有一处三株雄树相邻，其中有一大一小相邻很近，大的树龄约千年，小树树龄数百年，明显感觉小树是大树的根蘖树。大树高大挺拔，树高35.00 m，胸径1.65 m。这株雄树每年要产百余千克花穗，花穗长达3.4 cm，花粉量也多。远近果农每年都来采集这株雄树的花穗，这株雄树已成为安陆当家雄树。

安陆药白果

佛手类品种。位于湖北安陆王义贞镇三冲村，母树地处红石山山脚，从露根情况看，根蟠在石头上，有的冲刷露根长达1 m，但仍生长旺盛，株高28 m，胸径1.8 m，树冠塔形，中心干明显，是一千年实生树，一般年株产白果300 kg，早熟品种，于9月中旬成熟。叶扇形，叶缘缺刻浅，中裂明显。种实长圆形，成熟时绿黄色，布满白粉。种核形似佛手，核形指数1.5，出核率25.7%，平均单核重2.6g。出仁率79%，壳白较薄，先端有小尖，小圆底，种仁黄绿，苦味重，群众专门选为配药用，故称其为药白果。药白果在许多银杏产区均有。

安陆银杏产业

经济效益分析，正常年份产苗木3 300万株，产鲜叶3.2万t，白果4.5万t，干叶2万t，黄酮100t，银杏羊羹2000 t，银杏饮料2000万罐，银杏保健茶300 t。产值23亿元，其中：种植业产值10亿元，加工业产值13亿元。第一期工程总产值15亿元；第二期工程新增银杏成药1 000万盒，产值5亿元，银杏苦内酯2 t，产值1.5亿元，化妆品2 000 t，产值1.2亿元，生物农药1 000 t，产值0.1亿元，累计新增产值8.1亿元。第一期工程正常年份总产值15亿元，实现利税8.3亿元，基地内部收益率25.5%，加工企业内部收益率37.8%，综合内部收益率26.48%。当成本上升20%时，综合内部收益率20.23%；当价格下降20%时，综合内部收益率19.86%；当两者同时发生时，综合内部收益率15.43%，仍然大于基准收益率10.08%和12.42%。投资回收期6年，贷款偿还期8年。第二期工程在2000年以后建设，科技含量高，产品附加值高，经济效益将更为显著。

安陆银杏优质名品经济性状

安陆银杏优质名品经济性状

品名	类型	粒(kg)	出核率(%)	出仁率(%)	树龄(年)	熟性	树形	最高产量(kg)	品质
安陆大白果	梅核	268	28	78	300	中	塔	200	甜糯
三冲甜	梅核	286	28.4	80.2	150	中	开心	100	甜糯
观音皇	马铃	307	24.4	74.1	40	早	松散	30	甘甜
钱冲梅	梅核	333	25.1	77.5	1 400	中	塔	300	甜糯
义贞大马铃	马铃	357	25	79	200	中	直筒	200	甜糯
庙湾药白果	梅核	476	25.7	79.3	1 600	早	塔	300	苦

安陆银杏种质资源分类

按品种类型分占主导地位的为梅核类和马铃类，分别占42.86%和30.6%；其次为圆子类，占12.86%；佛手类占12.28%。按种核熟性分，以中熟品种为主，大都在9月25日至9月底成熟，占60%；早熟品种一般在9月20日左右成熟，占21.4%；迟熟品种一般在10月上旬成熟，占18.6%。按种核大小级别分，三级（小于440粒/kg）占45.7%，二级（360~440粒/kg）占34.3%，一级（大于360粒/kg）占20%。以梅核、马铃为主的大粒型（每千克400粒以下）占50%以上，还有少量每千克700~800粒。特小种核的品种（当地群众称之为"米白果"）。按种仁肉质分，还有当地群众称为"黏白果""糯白果""甜白果""苦白果"的不同类型。

安陆银杏资源

①数量。经过实地调查，安陆境内有千年以上古银杏树59株，其平均树高25.4 m，平均胸径1.57 m，平均冠幅468.5 m^2；500年以上古银杏树210株，其平均树高18.1 m，平均胸径1.12 m，平均冠幅315.2 m^2；百年以上古银杏树4 673株，其平均树高13.9 m，平均胸径0.83 m，平均冠幅243.5 m^2。

②分布。安陆古银杏树主要分布于王义贞镇钱冲、仁和、三冲、观音、花园，李畈镇的柳林、侯冲、月岭、三里。天然、半天然的古银杏群落15个，25株以上古银杏连片分布的有36处，主要生长在土层深厚肥沃、湿润而排水良好的半山腰、山脚、沟边、溪旁、农舍前后。

③品种。安陆古银杏树有梅核、马铃、圆子、佛手

等4个大类,20多个品种。其中梅核类占42.86%,马铃类占30.6%,圆子类占12.86%,佛手类占12.28%。

安陆云雾山天然银杏群落

西北接随州市洛阳镇玉皇顶、马孔坳,西南与京山县交界。"层峦叠嶂,削翠摩青,春行如秋,晴行若雨"。涵盖王义贞镇的钱冲、花园、唐僧、梅花、同兴、桃元、星火、团山、柏杨、太平、石塘、铜门、大桥、刘岗、石门、汝南、杨港、朱桥、罗垅、彭畈、三合共21个行政村,总面积125 km^2,是安陆天然银杏的核心区。分布海拔110~450 m。着生土壤以黄棕壤土、紫色土为主。伴生植被及野生动物:马尾松、杉、柏、三尖杉、青冈栎、麻栎、三角枫、乌桕、山核桃、板栗、杜鹃花及花面狸、獾类、鼬、松鼠、豹、野猪、乌鸦等。日军侵华至新中国成立前砍伐古银杏树20多株,新中国成立后因兴修水库及其他原因砍伐古银杏树58株。现存100年以上古银杏树2 995株,其中,1 000年以上的50株。新中国成立后培植的30年以上的银杏结果大树18 900多株,10年以上的银杏小树158.6万多株。

安全间隔期

是指最后一次施药与银杏收获的间隔时间,一般为1~2个月。安全间隔期与农药品种、性质、剂型、持效期有关,还受到施药次数、浓度和施药方式的影响,不同地区、不同季节,差异很大。制订安全间隔期的目的,是使银杏种、叶中农药的残留不致超过规定的残留极限,以确保种、叶制药和食用的安全。

安全使用农药

为了严格控制农药的使用,保证人民健康,应当遵守安全使用农药的注意事项。对有毒、剧毒农药一要加强管理,积极宣传,组织培训,专人保管,认真检查,防止中毒;二要控制农药使用范围,做好安全保护工作。

安银1号

原产湖北省大洪山区。母树生长在安陆市河水区周守富家门口,50年前,在一株高约16 m、胸径约50 cm的雌树上嫁接当地的大圆籽而成。目前树高16 m,胸径80 cm,最大单果重20 g,单核重大于4 g,出核率29%~30%。中熟型,株产白果100 kg以上。现已大量繁殖推广。据实测,安银1号核型为圆子类,种核长2.4~2.5 cm,宽2.1~2.2 cm,厚约2.3 cm,核形指数1.14,厚率近1.00。单核重4.2~6.0 g,每千克种核数200粒左右。这是我国目前种核最大的银杏品种之一。大果、丰产、出核率高是其最突出的特点。该品种嫁接后3~5年就能结实,早实性强也是其突出的优点。

氨基酸

组成蛋白质的基本单位。其分子中同时含有氨基——NH$_2$和羧基——COOH,是含有氨基的有机酸。溶于水成两性离子。蛋白质经酸或酶水解可得二十余种氨基酸。各种不同植物蛋白质氨基酸成分,由下列氨基酸全部或大部组成,即甘氨酸、丙氨酸、缬氨酸、亮氨酸、异亮氨酸、丝氨酸、苏氨酸、苯丙氨酸、酪氨酸、色氨酸、胱氨酸、半胱氨酸、甲硫氨酸、脯氨酸、羟脯氨酸、天门冬氨酸、谷氨酸、组氨酸、精氨酸、赖氨酸。

氨基酸及其他含N化合物

氨基酸类包括天门冬氨酸、苏氨酸、丝氨酸、谷氨酸、甘氨酸、丙氨酸、胱氨酸、缬氨酸、蛋氨酸、异亮氨酸、亮氨酸、酪氨酸、苯丙氨酸、赖氨酸、组氨酸、精氨酸、脯氨酸。银杏绿叶中氨基酸总量高达10.8%,黄叶中约为3.5%。其他含N化合物:6-羟基犬尿喹啉酸(6-hydrox-kynurenic acid,6-HKA)、2-羟基-6-烷基苯甲酰胺。

氨基酸与世界卫生组织建议氨基酸标准比较

氨基酸	每克蛋白质中氨基酸的含量(mg)	
	世界卫生组织建议标准模式(mg)	银杏(mg)
色氨酸	10	11.5
赖氨酸	55	42.8
苏氨酸	40	40.8
缬氨酸	50	50.2
亮氨酸	70	73.1
异亮氨酸	40	41.8
蛋氨酸+胱氨酸	38.7	—
苯丙氨酸+酪氨酸	6 071.1	—

庵观寺庙中的古银杏

我国是银杏的故乡,银杏在我国分布于二十余个省区,千余年生的古银杏屡见不鲜,据目前不完全的调查统计,全国千年生以上的古银杏有500余株。这些古银杏大多生长在庵观寺庙中,或生长在庵观寺庙的遗址上,如河北遵化禅林寺遗址的汉代银杏,河南嵩山少林寺的汉代银杏,山东莒县定林寺的商代银杏,安徽九华山天台寺的商代银杏,陕西长安百塔寺遗址的隋代银杏,周至楼观台的周代银杏,江西庐山黄龙寺遗址的晋代银杏,湖南衡山福严寺的汉代银杏,四川青城山天师洞的汉代银杏……至于唐宋以来的古银杏就更多了。我国的古银杏为何多生长在庵观寺庙中呢?①相传佛祖释迦牟尼是在古印度摩揭陀国伽耶山的菩提树下大彻大悟成佛的,信徒们为了纪念佛祖,并表示对佛教信仰的忠坚和虔诚,佛门弟子都在庵观寺庙中栽植菩提树,并视其为"圣树"。菩提树是热带、亚热带树种,在南亚一带的寺庙中都广植菩提树。但菩提树在温带、暖温带和北方的寒冷地区却不能生长。我国古代的教徒们独具慧眼,选取银杏代替菩提树,在银杏的非适生地选用无患子树、椴树或丁香代替银杏,所以我国的古银杏多生长在庵观寺庙中。②自古以来,无论大人或小孩,受封建迷信的影响,对庵观寺庙都存有一种敬畏心理,因此人们对庵观寺庙中的银杏树破坏较少,得以保留的也就较多。③古代的僧侣教徒选择庙址时,大多选在地形条件优越,背风向阳,土壤深厚肥沃,水源条件好的地段,这就给银杏的生长发育创造了极为有利的生长条件。④银杏根系发达,能耐长期的干旱,加之萌芽力极强,在遭受自然或人为破坏后,隐芽就会大量萌发,长出新枝。⑤银杏的抗逆性极强,能耐短期-35℃的低温和40℃的高温,树体内分泌的醛和酸又具有较强的抑菌杀虫作用,所以银杏不会因遭受病虫危害而死亡。由此看来,银杏也是一个长寿树种。

暗呼吸

暗呼吸是相对于光呼吸而言。一般银杏生活细胞的呼吸在光照或黑暗中都可以进行,对光照并没有特殊要求,这种呼吸称为暗呼吸,通常所说的呼吸就是指暗呼吸。暗呼吸包括有氧呼吸和无氧呼吸两大类。有氧呼吸指银杏生活细胞在氧气的参与下,把某些有机物质彻底氧化分解,放出二氧化碳并形成水,同时释放出能量的过程。有氧呼吸是银杏进行呼吸的主要形式。通常所说的呼吸作用就是指有氧呼吸,甚至把呼吸看成有氧呼吸的同义语。

奥勃鲁契夫银杏

叶具细柄;叶片深裂为两半,每一半还可同样再分一次。裂片呈长的倒卵形,基部慢慢狭缩,顶端钝圆;叶脉除基部附近外,很少分叉,间距约为1 mm,并有不规则的细纹横贯于叶脉之间。同时,还可以看到一些和现代银杏叶片上的分泌道非常相似的纵向短线。上、下表皮的脉络细胞都为伸长的细胞,普通表皮细胞一般较短,为等径或略伸长的多边形,细胞壁平直。气孔器只见于下表皮,副卫细胞5~6个,宽三角形,具乳突,内壁加厚。产地与层位:新疆准噶尔盆地,下、中侏罗纪。

奥勃鲁契夫银杏

B b

八宝葵花

主料：白果、糯米、鲜梨、桃仁、蜂蜜、鲜藕、蜜枣、淮山药。

辅料：荷叶、鲜橘瓣、熟猪油、白糖、精盐。

制法：

①取白果净料焯水至熟，三分之一切成米粒状，三分之二片成两瓣备用。

②糯米洗净，冷水中浸泡 10 min，蒸熟，加银杏粒、糖及 8 g 熟猪油拌匀待用。

③扣碗一只，内壁抹熟猪油、贴白果瓣，将银杏糯米饭倒入，盖上荷叶，上笼锅蒸 20 min。

④荷叶一张修剪成葵花形状，带水浸烫后铺盘内。将蒸好的白果糯米饭扣上，四周贴一圈鲜橘瓣，浇上糖汁即可。

特点：形似葵花，鲜香甜糯。

八大菜系中的银杏

金瓜银杏　诗礼银杏　银杏芦荟　银杏雪蛤
银杏白菜　白果鸭煲　银果炖甲鱼　银果炒鸡片
白果炖鸡　拔丝银果　糖粘银果　双银汤
白果薏米汤　银杏全鸭　莲子银杏汤　银杏八宝粥
白果炖肚　玛瑙银杏　拔丝银杏　白果梨柿膏
银杏芋泥　银杏酥泥　银杏汤圆　佛手肘子
白果鸡球　银杏蒸鸭　蒸烧白果　鸡蓉银杏

八棱古银杏

甘肃省康县朱家庄，有一株神奇的千年生八棱古银杏，主干早年被雷击断，现时高度只有 20 多米。它的树干上有 8 条界限十分分明的纵向条纹，树干形成明显的 8 面体。这一奇特现象，给科学家们带来了一个不解之谜。

八里庄古银杏

位于北京市玉渊潭乡八里庄永安万寿塔前。东边 1 株树高 20 m，干周长 603 cm，胸径 192 cm，因十几年前生产队失火，古树被烤，故南半部树皮已干枯，树枝死亡，北半部生长较好。近年又萌生不少新枝，有的粗已达十余厘米。西边 1 株树号为 1291，树高 25 m，干周长 480 cm，胸径 153 cm，树冠高大，生机盎然，遮阴面积达 400 m²。两树相距 10 m。据查，此处原为万历年间明神宗朱翊钧为其生母慈圣皇太后所建。庙始建于癸酉年，竣于戊寅年。2 株古树位于庙门左右，至今有 400 余年了。如今庙已无存，只有碑、古塔尚在。

八月黄

产于豫西伏牛山区及豫南大别山区。树冠卵圆形，大枝开张，树势生长旺盛。种子大小中等，扁圆形，纵径 2.41 cm，横径 2.48 cm，外种皮橘黄色，密被白粉，种柄长 3.1~3.9 cm，多两果并生，平均单种重 9.17 g；种核圆形，长 1.95 cm，宽 1.66 cm，厚 1.3 cm，先端圆钝，平均单核重 2.13 g，每千克种核 470 粒左右，出核率 23.2%，出仁率 76.0%。该品种丰产稳产性能好，品质优良，为河南省主要栽培品种之一。

巴东十大古银杏

①巴东清太坪镇桥河村七组白果树坪的省级优良母树"清太 5 号"，胸径 3.1 m，树高 35 m，树龄近 3 000 年，被定为"巴东银杏王"；②清太坪镇竹园坪村二组田书菊一株树胸径 2.9 m，树高 30 m，树龄近 3 000 年；③茶店子镇三溪口村三组一株树胸径 2.73 m，树高 30 m，树龄 2 730 年；④税家乡下坪村三组向世界一株树，胸径 2.73 m，树高 22 m，树龄 2 730 年；⑤清太坪镇十里街一组冉孟琼一株树胸径 2.61 m，树高 28 m，树龄 2 610 年；⑥清太坪镇竹园坪村五组田书菊一株树胸径 2.5 m，树高 31 m，树龄 2 500 年；⑦清太坪镇白沙坪村三组邓正来一株树胸径 2.5 m，树高 26 m，树龄 2 500 年；⑧野三关镇支井河村七组上坪一株树胸径 2.42 m，树高 33 m，树龄 2 420 年；⑨清太坪镇竹园坪村七组周世平一株树胸径 2.4 m，树高 28 m，树龄 2 400 年；⑩杨柳池镇蛇口山村七组王维太一株树胸径 2.35 m，树高 25 m，树龄 2 350 年。

巴东银杏资源

通过对 17 个乡（镇）、3 个国有林场清查核实，全县现有银杏 222.609 9 万株，其中胸径 20 cm 以下有

222.267 2万株,20 cm以上有3 427株,胸径100 cm以上有249株。年均结实量15.1万kg。清太坪镇桥河村白果树坪的省级优良母树"清太5号"被定为"巴东银杏王"。

拔丝银杏

主料:银杏仁300 g。

配料:糖桂花5 g,熟芝麻仁5 g,白糖150 g,熟猪油2 000 g,面粉40 g,湿淀粉100 g,鸡蛋半个。

做法:银杏仁煮熟,去内种皮,稍沾上一层面粉,用湿淀粉、干面粉、鸡蛋调糊,放入银杏仁后抓匀。炒锅上火,放猪油,烧至六成熟,将挂糊的银杏下入油锅,炸至浅黄色,再复炸至金黄色捞出。复炸同时,另用炒锅上火,放入油10 g、水1 g、白糖,中火熬化转小火,能出糖丝时,将复炸的银杏入糖汁中颠翻,撒上熟芝麻仁、糖桂花,出锅装在抹有一层油的盘中。上桌时带一碗凉开水。

特点:色泽金黄,金丝缕缕,酥脆香甜,趁热食用,津津有味。

拔株

拔除银杏苗圃中的病株和其他劣株。

白果

亦称种核。银杏种实除掉外种皮后剩余部分。白果具有白色、骨质的核壳,核壳不可食。白果俗称银杏种子,可用于直接播种。

白果八宝饭

主料:糯米250 g。

配料:青梅10 g,白果仁10 g,桂圆肉10 g,葡萄干10 g,莲子10 g,红枣10 g,金橘饼10 g,青红丝10 g,绵白糖250 g,熟猪油125 g,桂花卤少许。

做法:将白果仁煮10 min,去除内种皮,捞出备用。糯米蒸熟取出,入盆内和125 g白糖、50 g熟猪油拌匀成甜饭。用碗一只,抹上熟猪油25 g,将八宝配料分别改刀,在碗底摆成图案,再将甜饭放入填平,上笼屉蒸透取下,翻身入盘。炒锅上旺火,放清水300 g、糖125 g和桂花卤,烧沸,用淀粉勾芡,浇于八宝饭上,即成。

功能:酥烂香甜,汤汁味美,且有健脾益气、强筋养胃之功效。

此饭不用馅料,配料可酌情增减,做法简便,芳馥可口,为嫁娶喜事的宴席中常用。

白果保鲜

原材料条件:银杏品种为安陆糯甜梅核类、马铃类。同一批次大小均匀无破籽、浮籽。

感观指标:①色泽黄亮;②颗粒圆润不干瘪,无破碎核仁;③口感微甜,略有银杏固有的苦味;④气味清香。

工艺流程:精选优质银杏果→缩水→蒸煮→冷却→脱壳→浸泡→去皮→去杂→分拣→滤干→计量→真空保鲜→包装。

白果表面银白光亮的方法

脱除外种皮的银杏种核,必须用清水漂洗干净。清洗时,务必彻底洗净骨质中种皮上的任何外种皮碎屑。因为任何残留的外种皮碎屑都会使其黏着的部分产生黑色斑点和条纹而影响白果品质。清洗好的种粒要立即摊晒,并经常翻动,使其尽快蒸发掉表面附着的水分。一般而言,刚清洗的种核,只要在阳光下摊晒2 h,就能达到表面基本干燥的目的。种壳表面的水分散失得越快,种壳表面的反光就越白亮,果品的外观品质就越高。如果遇有阴雨天气处理银杏种实,则已经处理出来的种核,也必须立即洗净,并采用人工吹风等措施,使其表面尽快干燥泛白。为了增加种核表面的白净程度,还可以将刚脱皮的白果洗净后用1%的漂白粉液漂洗5~6 min。漂白粉的用量标准是,每100 kg白果,用漂白粉1 kg。漂白时,应当充分搅拌,并及时捞出。捞出的白果还要用清水重新冲洗干净。盛放漂白粉的容器应当是陶瓷器皿,切忌使用铁器,以免损坏容器并降低药效。经过漂白处理的白果,仍然应当尽快摊晾干燥。增加种核白净程度的另一个做法是采用硫黄熏蒸。具体做法是,将洗净的种核摊晒,使其表面干燥,之后再将其放入缸内。白果装到容器的三分之二左右,再在白果中间点燃一酒盅硫黄,点燃后立即封住缸口,30~40 min后打开缸的口。亦可将白果放入多菌灵800~1 000倍溶液中浸泡10 min,反复搅拌捞出,用清水冲洗后阴干。经过这样熏蒸处理的白果,表面洁白,富有光泽,只要稍加摊晾就可出售。

白果冰箱贮藏

银杏经发汗后,装入塑料袋中,扎紧口后置于冰箱或冰柜之中,温度控制在4℃左右,每隔1~2个月需换气检查。保鲜时间可达1年以上。此法只适用于少量种子的贮藏。

白果采收

采收是银杏生产田间工作的最后环节,同时又是以下几个工作环节的开始,它是产品转变为商品的重要步骤。适时的精采细收,不仅是提高白果数量和品质的重要保证,而且是做好以后几个环节的基础工作。采收以前必须做好准备工作,以保证采收工作的顺利进行。各银杏生产单位应事前准备好采种钩镰、搭钩、箩筐、手套、运输工具,以及脱皮、晾晒场地和水源等。银杏的适宜采收期以自然落种为主要指标,因为自此以后采收是最经济的。适宜采收的银杏,从多年积累的经验看,已达到了一定的成熟度,外种皮表面覆盖着一薄层白色的"果粉"。同时,外种皮已由青绿色变为橙褐色或青黄色,用手捏之较松软。中种皮已完全骨质化,这时已达到采收时期。这样成熟的白果,种仁致密香糯,重量亦增,洗出的白果色泽洁白美观,商品品质亦高。我国银杏自然分布区域较广,气候条件差异较大。因此,白果采收期极不一致。黄河以北白果采收期大约是在9月上旬;黄河以南至长江流域一带大约是在9月下旬;广东、广西、川南一带大约是在9月中下旬。树体高大的树,采种困难,可采用升降机震落法采种。如条件达不到,则可上树用竹竿震落或用采种钩镰钩住侧枝摇落,地面拾取。银杏矮干、密植丰产园,树冠低矮,采收方便。一般采用树上采摘或用竹竿打落后地面拾取。

白果催熟

在银杏采收前的 10 ~ 20 d,可用 800×10^{-6} ~ $1\,000 \times 10^{-6}$ 的乙烯利喷洒树冠,喷药后,5 ~ 6 d 进入落果高峰。这样一方面可使银杏成熟期更加一致,对树枝稍加震动或不震动,种子即会脱落;另一方面,外种皮与中种皮更易脱离。药效可维持 20 d 左右。在银杏采收前 10 d,也可喷洒 891 植物促长素,使用浓度为 1∶1 000 倍液。催熟效果也很好。银杏化学采收是银杏采收的发展方向,用这一方法势在必行,因为它具有重要的生产意义和实用价值。

白果脆片的 WAI(water-abstract-index)测定

WAI 是每克固体样品所得到的胶体重量。取 2.5 g 磨碎白果片样品在 30℃时与 30 mL 蒸馏水一起倒入恒重的 50 mL 离心管中,搅拌 30 min,然后以 4 000 r/min 离心 10 min,将上清液小心放入恒重的蒸发皿中,称量留下的胶体重量,计算 WAI。

白果脆片的溶解性测定

取 0.7 g 的白果片放入 100 mL 水溶液中,搅拌 30 min,取出未溶解的白果片沉淀,烘干至恒重,根据公式,溶解率(%)为[(1 - 烘干后残渣质量)/放入溶液原料的质量]×100%。

白果脆片制作的操作要点

①白果挑选。用水选法拣去上浮的霉烂粒、空粒和杂物,选出表面纯白光滑、颗粒饱满、大小一致的白果。②煮沸。将白果煮沸约 15 min。③脱壳、去衣。将白果轻轻敲裂去壳,去内衣,得到外表光亮、黄白色的白果仁。④切块、去芯。白果芯不但含有氢氰酸,还是苦味的来源,所以要将其去除。⑤干燥。热风干燥 4 h。⑥粉碎。采用机械粉碎的方法。⑦过筛。将粉碎后的白果粉过 60 目筛。⑧配辅料。将 β - 环糊精和麦芽糊精按一定的比例混合均匀。⑨白果粉和辅料均质混匀。将辅料和白果粉按一定比例混匀,另外添加适量的元贞糖、脱脂奶粉和硬脂酸镁。⑩压片。用手动式压片机直接压片,制成白果片。

白果脆片制作的工艺流程

白果挑选→煮沸→脱壳、去衣→去芯→加水打浆→干燥→过筛→配辅料→白果粉和辅料均质混匀→压片。

白果袋装贮藏

经脱皮处理并充分晾干的银杏种核,可先装入布袋之中,在常温条件下置室内继续阴干,俗称"发汗",时间约为一周。然后装入塑料袋中,每袋可装 10 kg,最多不得超过 20 kg,扎紧袋口放置室内,每月需将种子全部倒出进行短时间的摊晾,俗称"换气",然后再装入袋中。也可将塑料袋上打几个小孔,以便于种子有微弱的气体交换而不致形成无氧呼吸。在贮藏过程中,如发现核壳表面出现霉点,则应及时将种核倒出用净水重新冲洗、晾干后再放入袋中。此法贮藏的银杏种核,翌年 5 月依然十分新鲜。

白果蛋白质的提取方法

①Tris - HCl 法。参照谷瑞升等的方法。取脱脂后 3 种样品各 1 g,加入 10 mL 的 0.2 mol/L Tris - HCl 缓冲液(pH 值 8.0),4℃浸提 6 h 后于 4 000 r/min 离心 15 min,取上清液测定蛋白质含量。②盐溶法。参照黄文等的方法。取脱脂后 3 种样品各 1 g,加入 10 mL 的 0.14 mol/L NaCl 溶液,4℃浸提 6 h 后,在 4℃、4 000 r/min 离心 15 min,取上清液测定蛋白质含量。③磷酸缓冲液提取法。取脱脂后 3 种样品各 1 g,加入 10 mL 0.05 mol/L pH 值 8.0 的磷酸缓冲液(含 0.1 mol/L KCl、2 mmol/L EDTA),4℃浸提 6 h 后在 4℃、4 000 r/min 离心 15 min,取上清液测定

蛋白质含量。④三氯乙酸(TCA)-丙酮提取法。取脱脂后3种样品各1 g,加入预冷的2 mL三氯乙酸(TCA)-丙酮溶液(含体积分数10% TCA、0.07% β-巯基乙醇),充分混匀后,在-20 ℃静置1 h,在4 ℃、15 000 r/min条件下离心15 min。离心后去掉上清液,保留的沉淀用预冷的丙酮(-20 ℃,含0.07% β-巯基乙醇)悬浮,在-20 ℃冰箱内浸提过夜。次日,在4 ℃、15 000 r/min条件下离心10 min,去上提液,留沉淀,再加入经预冷的丙酮进行浸提,1 h后以相同条件离心,弃上清液,收集沉淀。沉淀在30 ℃恒温烘箱中烘干。取干粉,按1:10(g:mL)加入蒸馏水溶解,溶解后以4 000 r/min离心15 min,取上清液测定蛋白质含量。

白果蛋白质含量

采用来自广东南雄市的"圆子"白果,进行蛋白质含量测定。贮藏白果的蛋白质含量为4.63%,其中上清1组分含3.00%(占64.79%),上清2组分含0.85%(占18.36%),上清3组分为0.06%(占1.30%),上清4组分含0.72%(占15.60%)。白果萌动时蛋白质含量为4.56%,其中上清1组分为1.94%(占42.54%),上清2组分为1.28%(占28.07%),上清3组分为0.23%(占5.04%),上清4组分为1.11%(占24.34%)。

白果蛋白质提取工艺

以白果为原料,采用不同的原料处理和不同的蛋白质提取方法,运用单因素和正交设计的方法,以料液比、提取时间、提取液浓度、提取液pH值为考察因素,研究白果蛋白质提取的最佳工艺条件,并对提取的白果蛋白进行SDS-PAGE凝胶电泳分析。经过冷冻干燥处理的白果采用Tris-HCl提取法获得的白果蛋白含量较高;Tris-HCl法提取白果蛋白的最佳工艺为:pH值8.5,0.15 mol/L Tris-HCl溶液,料液比1:20,提取时间4 h,白果蛋白质的提取率达到75.01%。白果蛋白SDS-PAGE表明,蛋白中约含13条亚基,主要为21 ku和32 ku的两种亚基,白果蛋白的亚基主要集中在31～100 ku,占亚基总数的77%。

白果蛋白质样品制备

将白果去壳,以白果仁为材料,并预先将白果仁、研钵和提取液冷冻,按以下流程,制备上清1、上清2、上清3和上清4并分别测定各组分中的蛋白质含量(3次重复),并按壳与仁比例换算成白果的蛋白质含量。

```
白果仁   5 g   研磨   4 000 r/min ─┬─ 上清1(除去浮于上面的油脂)
蒸馏水 50 mL ─匀浆─ 离心 20 min ──┴─ 沉淀 ─加 10% NaCl 悬浮 5 min

                              ┌─ 上清2
─离心 20 min ─┬─ 加 70%乙醇 50 min 悬浮 5 min ─离心 20 min
4 000 r/min                                    ├─ 上清3
                                              └─ 沉淀

             4 000 r/min                             ┌─ 上清4
 ─加 0.2% NaOH 50 mL 悬浮 50 min ─离心 20 min ──┴─ 沉淀(弃去)
```

白果的药用成分

根据医药科学家们对白果的化学测定表明,干燥白果仁中含淀粉62.4%,粗蛋白11.3%,粗脂肪2.6%,蔗糖5.2%,还原糖1.1%,核蛋白0.26%,矿物质3.0%,粗纤维1.2%。另外,还含有17种氨基酸和磷(P)、钾(K)、钙(Ca)、镁(Mg)、铁(Fe)等25种微量元素。白果仁中还含有氢化白果酸、氢化白果亚酸、白果醇、白果酚、银杏酚、赤霉素、类细胞激动素。另外还含有两种核糖核酸酶、胡萝卜素、核黄素等。根据目前的化学测定,白果仁中含有毒害神经的氢氰酸和4′-甲氧基吡哆醇。

白果定喘汤

验方组成:白果21粒(杵),姜半夏、生桑皮、款冬花、光杏仁各9 g,苏子6 g,橘红、片芩各4.5 g,麻黄3 g,生甘草1.5 g。

功效:宣肺清热,豁痰定喘。用于治疗痰喘,寒痰遏热,壅塞气管,咳逆气粗,咯痰稠黏,目突如脱,喉间辘辘有声。

服法：水煎，去渣，温服。

白果冬瓜盅

主料：小冬瓜1 000 g，清汤500 g，冬菇100 g，白果100 g。

配料：味精1 g，冬笋100 g，精盐15 g，山药100 g，熟豆油25 g，香菜段10 g，莲子100 g。

做法：小冬瓜洗净后，刮去外层薄皮。将冬瓜上端切下1/3留做盖用，然后挖去瓜瓤，放入开水锅中烫至六成熟，再放入凉水中浸泡冷透。取冬菇、冬笋、山药洗净切成1 cm见方的小丁，白果、莲子，用大火烧开，再小火煨约5 min，然后倒入冬瓜盅内。另加入清汤、味精、精盐各15 g和少许熟豆油，盖上盖，上屉蒸15 min，取出放在大碗里，撒上香菜段即成。注意冬瓜形整完好，不可漏汤。蒸的时间不可过长，15 min即可。

功能：冬瓜性味甘淡偏凉，有清热利尿化痰之功能，是减肥妙品。《食疗本草》指出："欲得体瘦轻健者，则可和食之；若要肥，则勿食也。"现代研究认为，冬瓜不含脂肪，含钠量低，不但可以减肥，对肾脏病、糖尿病、不明原因的浮肿也大有益处。冬瓜仁性甘平，有清肺化痰，去毒排脓之功能。炒熟久吃，令人悦泽好颜色，久服轻身抗衰老。

白果冬瓜子饮

原料：白果10枚，冬瓜子30 g，莲实15 g，胡椒粉1.5 g，白糖少许。

制法：将白果去皮、去心，冬瓜子洗净。莲实用温水泡后，用竹帚刷去皮，择去心。把白果、冬瓜子、莲实放入锅内，加适量清水，用武火烧沸后，转用文火煮30～40 min，去渣留汁，再加入胡椒粉和适量白糖搅匀即成。每日3次，每次1小杯。

功效：通淋利浊。

应用：尿频、尿急、白浊、尿后余沥不净等症。

白果炖鸡

主料：肥鸡一只，白果500 g。

配料：精猪肉500 g，盐、糖、味精适量。

做法：首先，将白果去壳，去内种皮（薄膜），去胚芽（芯），洗净煮去涩水。另将肥鸡加精猪肉，放进砂锅炖熟。然后，将白果同鸡连汤倾入锅内，用文火慢煨。至汤稠，果肉酥脆，香味四溢时，再加盐、糖、味精便成。

功能：此菜具有汤浓、味鲜、不腻而滋补养人之特点，不论下饭还是佐酒都是妙品。游览历史文化名城杭州，借机品尝一下这道美味佳肴，可谓"有福"。

白果炖猪肠

主料：猪小肠500 g，白果250 g。

配料：上汤750 g，香菜15 g，葱、姜各10 g，精盐6 g，味精2.5 g，胡椒粉1 g，香油10 g。

做法：将猪小肠用适量醋揉搓，洗掉黏液，然后将其用清水漂洗干净，用开水氽一下，去掉腥臭味捞出，待凉后切成5 cm长的条。白果剥去外壳，用开水浸泡一下，去掉内种皮，沥干水分等用。取砂锅放入猪小肠和白果，倒入上汤，加入精盐和葱段、姜块，上旺火烧开后撇去浮沫，转为小火炖3 h左右。然后拣出葱、姜块，用味精、胡椒粉调好口味，起锅装盘即成。

功能：色彩美观，白果香糯，甜润爽滑。止咳定喘，去带清浊。增进食欲，是难得的美味佳肴。

白果炖猪肚

主料：猪小肚800 g，白果100 g。

配料：胡椒粉3 g，姜10 g，精盐3 g，香菜2 g，芝麻油3 g。

做法：猪小肚用清水漂洗干净，放入70 ℃的热水中烫透，用小刀刮去黑皮、黏膜，撕去油筋，放入沸水中氽透，再入清水洗净。白果去壳，用开水烫透，去皮，去心。炖锅上旺火，注入水，放入小肚、白果、姜，沸后去浮沫，改用小火炖熟，下盐、胡椒粉，淋上芝麻油，撒上香菜，即可上桌。洗猪肚时加少许盐和醋轻轻揉搓，然后再用清水冲洗，可去净腥味。猪肚必须改刀，切成长5 cm、宽1.5 cm的条，旺火烧开，小火炖熟，需两小时左右。

功能：对尿急尿频有明显作用。此菜味道鲜美，汤色乳白，老幼咸宜。

白果分级

白果为我国传统出口商品之一。主销日本、东南亚各国以及欧美等国。由于我国银杏自然分布区域广泛，栽培品种繁多，白果单粒重量和大小极不一致。例如：江苏省的猴子眼、北京植物园的小型果单粒重仅1.3 g；浙江诸暨的卵果佛手单粒重3.9 g。因此，我国目前对白果规格等级尚未给出统一规定，各地都正在试行。

白果商品分级标准

级别	单核重(g)	每千克粒数
Ⅰ	>2.5	<400
Ⅱ	2.4～2.2	401～450
Ⅲ	2.1～2.0	451～500
Ⅳ	<2.0	>500

白果酚化学结构

$CH_2(CH_2)_6CH=CH(CH_2)_5CH_3$

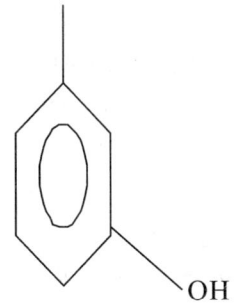

白果腐竹粥

主料：精大米500 g。

配料：白果100~120 g，腐竹200~250 g，白糖适量。

做法：白果去壳，放入开水锅中余5~8 min，除掉膜质的内种皮。腐竹泡发后，切成寸段。精大米淘净，将主料和配料一同倒入烧开的砂锅中，然后用文火烧30 min，同煮成粥。盛碗后加入适量白糖调味。

功能：腐竹是豆制品，其味甘平，含丰富的蛋白质和钙、磷等营养元素。具有清肺、养胃之功效。配之以白果润肺益气，止咳平喘，效果更佳。对肺虚喘嗽、肾虚遗尿、小便频数、妇女体虚、白带过多之患者，是有效的辅助治疗药膳。白果腐竹粥是广东地区居民常食的粥品之一。为适应人们生活节奏的加快，广州市调味食品研究所等单位研制、生产的白果腐竹粥，销售量不断增加。

白果覆盆子煲猪小肚

原料：白果5枚，覆盆子10 g，猪小肚1个。

制法：白果炒熟去壳，覆盆子洗净，猪膀胱洗净切成小块，放入锅内，再加清水适量煮熟，饮汤食肉。

功效：补肝肾、缩小便。

应用：治疗小儿夜间多尿或遗尿等症。

白果干酪

白果干酪是一种新兴的食品。近年来，投放市场后风靡一时，深受顾客的青睐。做法：先将白果除去硬壳，放入沸水中浸泡10 min除掉涩皮。之后在80℃1%的重苏打和2%的二代磷酸盐的混合液中，浸泡30 min。把从这种溶液（pH值7.2~7.6）中取出的白果，充分除去水分，切成5~10网孔大小的粒状或0.5~1.0 mm左右的片状。按干酪原料重量3%的比例，在干酪溶解时和原料干酪一块混合，放入溶解锅内，做成溶解干酪。溶解后按正常加工干酪的工序，加入填充剂，便成了风味独特的白果干酪。

特点：用白果制作的干酪，呈鲜绿色，具有白果的独特风味，口感良好，把干酪的刺激味变得柔和，使不喜欢干酪的人也爱吃。

白果赶走青春痘

症状：痤疮红肿、发炎、脓疮。

功效：①准备一两颗白果，去壳切开，晚上睡前用切面频搓温水清洗过的患部，一边搓一边削去用过的部分，换新鲜的切面继续搓；②将白果压碎，在70%的酒精里浸泡一周，然后过滤取其药液擦患部，每日2~3次。

注意事项：白果有微毒，可在耳后皮肤先试用，无异常再用于脸部和其他痤疮患部。痤疮又称青春痘，多发于脸部、前胸、后背等皮脂腺丰富、出油比较多的地方，表现为黑头、丘疹、脓疮、结节、囊肿等症状。中医认为痤疮是因青春之体，血气方刚，阳热上升，与风邪相搏，瘀阻于肌肤而致。西医则认为油脂分泌旺盛，毛囊及皮脂腺阻塞，细菌感染发炎是痤疮产生的原因。

白果姑娘

乘车由山东郯城西行，约半个小时，便能到达一个恬谧的村庄。它西依武河流水，东连沃野平川，在村中的白果林中，那两株古老高大挺拔的白果树，格外引人注目。这就是传说中白果姑娘的故乡——白果树村。明朝正德、嘉靖年间，郯城县的北涝沟村，出了个二品大员，左都御史张景华。有一年初秋，他的母亲身染疾病，请遍了北京城的名医，医治无效。古人云："病树有凋叶，残蝉无壮声"。老太太脸色渐渐苍白，说话气喘吁吁，危在旦夕。常言道：春燕恋旧巢，叶落要归根。老太太心想，在此喝苦水，还不如回故土早安身。老太太主意拿定，便告诉儿子要回老家。张景华初不愿意，后见母亲病也不治，药更不吃，又怕落个不孝罪名，无奈只好将她送回故里。老太太回到涝沟村，家里人找了个叫白果的姑娘，给她端茶送饭，洗脏晒湿。姑娘长得出挑，秉性聪明，手脚勤快，时间不长，就讨得老太太的喜爱。有这么一天，老太太突然茶不思，饭不想，什么山珍海味，她眼也不看，口也不尝。两三天过去了，急得全家人心神不安，只等油尽灯灭，可巧，白果的母亲来看女儿，顺便捎来自家的一些白果。有心的姑娘，便煮了些捧到老太太面前，说："老太太，人是铁，饭是钢，你不吃不喝怎能行呢？今天我煮了点东西，要老太太尝尝，也算俺对你的心意。"停了一会，老太太微微将头一点，姑娘忙把白果轻轻送入她的嘴里。过了一夜，天刚放亮，老太太居然要白果吃，姑娘又给她煮了一些，一连吃了好几天，她觉着身子有些爽快，慢慢地还能下床走走，有时还多少吃些饭食，过了半个来月，她的脸上露出了红润，说话也响了许多，不知不觉恢复如初。老太太病愈，全家人欢喜，忙将喜讯报给京中的张御史。

不久,京里捎来回书,还附着小诗一首:小小白果一片心,巧用白果医母亲。村姑去我心中忧,堂前不可轻待人。老太太阅罢儿子回书,对白果姑娘视如亲生女儿,倍加疼爱。光阴荏苒,几年过去。张御史不满祸国奸逆严嵩的行径,辞官回归故里,不久,他便依白果姑娘的心意,给她择配了丈夫,在这武河边上给她置了些土地定居。自此,白果夫妻二人就在这里耕种土地,培育白果,天长日久,附近人们便管这儿叫白果村,人户一多,白果树待绿而起,自然成为村名了。

白果罐头

江苏苏州、扬州,安徽蚌埠和山东郯城,近年来,先后有清水或糖水白果罐头投放市场,颇为畅销。糖水白果罐头工艺流程:白果→烘烤→去外壳→预煮→冲洗→去内衣→装罐→浇糖水→真空封口→冷却。白果可用木板轻轻敲击或去壳机去壳,在 70~75 ℃ 温度下,经 18 h 烘干。将白果仁放入 95~100 ℃ 的水中预煮 10~15 min,除掉膜状内种皮。预煮后在 40~45 ℃ 的热水中反复冲洗几次,待内种皮全部脱掉,即得到外表光亮,黄白色的白果仁。空罐先在 90~100 ℃ 的热水或蒸汽中消毒 3~5 min,即可装罐。在夹层锅内配制 27%~30% 的糖水(折光仪),其中含有柠檬酸 0.5%,将糖水浇入罐中,使糖水温度不低于 70 ℃。采用真空封口机封口,要求真空度达到 59.99~66.66 kPa。最后在 100 ℃ 下杀菌 5 min。糖水白果罐头不仅保持了白果的固有营养成分,而且降低了对人有害的氢化白果酸的含量。成为款待贵宾的佐餐佳品。或炖或炒,清汤、浓汤、粥食、汤汁、甜食、淡食均宜,对肺结核、气管炎、骨蒸痨热、白带白浊等多种疾病都有较好的疗效。患者食之,可使病状有所减轻。

白果红莲羹

原料:白果仁 200 g,莲藕粉 150 g,冰糖 300 g。

做法:白果去壳用沸水略煮,搓去膜皮,洗净切片。用瓦锅盛适量的水,煮沸,下冰糖煮溶,再加白果片滚沸,藕粉用水拌匀徐徐倾入,成稀酱即成。

功能:味美,清心,活血,爽口。

白果鸡蛋

主料:白果仁 4 粒。

配料:鸡蛋 1 个。

做法:将白果去皮心,将鸡蛋小头打一洞口,白果填入蛋内,将纸打湿,糊好洞口,将蛋煮熟或蒸熟即可。

功能:每天晨起吃一个,连服 5~10 d。具有健脾益气、收敛固摄之功用,可用于治疗阴道炎。

白果鸡丁

主料:嫩鸡肉(无骨)500 g,白果 200 g。

配料:鸡蛋清两个,食盐 6 g,白砂糖 3 g,淀粉 10 g,黄酒 9 g,猪油 50 g,味精、葱、香油适量。

做法:先将白果除净硬壳,淘洗。再将嫩鸡肉(无骨)切成 1.2 cm 见方的丁,放于碗内,加入鸡蛋清、食盐、淀粉拌合上浆。将炒锅烧热,放入猪油,待油烧至六成热时,将鸡丁下锅用勺划散,放入白果炒匀,至热后连油倒入漏勺沥去油。原锅加入猪油,投入葱段煸炒,随即烹入黄酒、食盐和味精。倒入鸡丁和白果,颠翻几下,用湿淀粉着薄芡,推匀后淋入香油,再颠翻几下,起锅装盘即成。

功能:白果敛肺定喘,收涩止带且能益气健脾,配以营养丰富的鸡肉作膳,共凑补气养血、平喘、止带之功。用于老年体弱湿重之久咳、痰多、气喘、小便频数及妇女脾肾亏虚、浊湿下注之带量多、质稀等确有效。一般身体虚弱或无病食之,亦可营养健身。白果鸡丁是我国民间古来已久的菜肴。

另外,白果莲子鸡,用白果仁、莲子肉、糖各 15 g,为细末。乌鸡一只,去内脏装药,炖烂熟,空腹调味食之,对上述诸疾有同样疗效。

白果精

主料:白果种仁。

配料:白砂糖,糊精,蛋白糖,多糖。

设备:砂轮磨,胶体磨,分离机,夹层锅,搅拌器,脱气机,真空干燥箱,粉碎机。

工艺流程:银杏种仁粗磨→细磨→浆渣分离→银杏浆→白砂糖→溶糖→过滤→糊精→糖混合液→混合→糊精蛋白糖 + 多糖→加热杀菌→高压均质→脱气→真空浓缩→冷却→粉碎→包装→检验→入库。

保健功能:属于营养型保健固体饮料,冲溶后具有浓郁的白果香味,蛋白质和脂肪含量较高,具有良好的冲溶性、分散性和稳定性。大部分保留了白果中的营养成分和保健成分,有增加热量和滋补身体的功效,对支气管炎、哮喘、慢性气管炎及肺结核有一定的抑制作用,具有滋肾补虚、消炎去痰之功能。

白果酒

白果仁中含有大量淀粉。淀粉可转化为葡萄糖,经酒精发酵,分解成酒精和二氧化碳。$C_6H_{12}O_6 \xrightarrow{酵母} 2C_2H_5OH + 2CO_2 \uparrow$ 采用固体发酵方法。将白果洗净、脱壳、粉碎,按重量适当加入谷糠,混合均匀后装入甑内蒸熟,取出散冷,待温度下降后加入 4% 酒曲,再装入发酵池,密封发酵,温度保持 30 ℃ 以下,便可蒸馏。再除掉杂质与混浊,即可勾兑,装瓶出售。此外,还可采用萃出法,即将白果仁除去膜质内种皮与杂质,每千克 50° 白酒放入白果仁 30~40 g,密封一年。然后除去沉淀物,勾兑装瓶,即为市售的白果酒。

白果酒的保健功能

以银杏种仁为原料,经过酿制白酒的工艺过程或利用白酒或酒精为有机溶剂,萃取出银杏种仁有效成分及其营养物质,可制成白果酒,如银杏酒、银杏啤酒等。白果酒味甜而醇,具有种仁特有的清香味,经常饮用有利于治疗痰喘咳嗽,对肺结核、老年哮喘患者尤为适宜,对动脉硬化、心脑血管疾病有较好的疗效,常饮银杏酒还可预防老年痴呆。

白果酒酿制

主料:银杏果、谷糠。

配料:酒曲。

工艺流程:白果洗净→脱气→破碎→加入填充剂谷糠→均匀混合并入甑蒸熟→散热凉凉→加入4%酒曲→装入地窖发酵池→蒸馏→贮存→调配勾兑→装瓶→贴标。

白果腊八粥

农历腊月初八我国人民吃的腊八粥,是千百年来民间盛行的一种食品。南方人喜欢用白果及大米、黄豆、花生仁、荸荠、蚕豆、栗子、青菜、肉丁等煮成咸味的腊八粥。有的还在粥里放入少许桂皮、茴香等调味品,以增加腊八粥的风味。

制法:煮腊八粥时,先将煮粥的用料洗净,放锅内加水旺火煮熟,然后再根据需要在粥里加入适量的调味品,最后用文火煨烂,至粥稀稠适中。若在粥面上再放些青红丝、桂花等,则更是粥中之上品。

功能:粥中各种配料的营养价值都相当高。含白果成分的腊八粥有润肺止咳之功能。因此对祛病延年、强身壮体大有裨益。

白果冷库贮藏

待种核"发汗"后,将种核装入麻袋,每袋25～50 kg,单层摆放于空格木架上。温度保持4℃左右,冷库湿度在50%～80%,但以较低湿度为好。这种贮藏方法,种核保鲜可达1年以上。贮藏期间,应每月抽样检查,发现问题及时处理。凡冷藏的白果仅供食用,不宜做种用。

白果里脊肉

主料:猪里脊肉250 g,白果仁100 g,水发香菇25 g。

配料:料酒、精盐、味精、酱油、白糖、醋、葱段、湿淀粉、麻油、猪油。

做法:将里脊肉切成块,加精盐、湿淀粉调稀搅成浆待用。将白果仁下入四成热的油锅炸熟,倒入漏勺沥油,去衣待用。碗中放料酒、酱油、白糖、醋、味精、湿淀粉调成芡汁备用。锅烧热,放入猪油,至五成热时,放入里脊肉,用筷划散,用漏勺捞起,待油温升至七成热时,再入锅一滑,即倒漏勺。锅中留余油,放入葱段煸香,下里脊肉、白果和香菇,将调成的芡汁搅匀倒入,迅速颠炒均匀,淋上麻油,出锅装盘即成。

功能:此肴具有滋阴润燥、补中益气之功效。适用于哮喘、痰咳、白带、遗精、小便频数、体倦乏力等病症。熟白果多食无妨。

白果莲肉粥

主料:白果6 g,莲肉15 g。

配料:江米50 g,乌骨鸡1只。

做法:先将乌骨鸡去毛及内脏,白果、莲肉研末,纳入鸡膛内,再入米、水,慢火煮熟,加入调味品即成。食肉喝粥,日服2次。

功能:补肝肾,止带浊。适用于下元虚惫,赤白带下。

白果露工艺流程

白糖、奶粉分别溶解→与白果浆汁混合→加热至沸→均质→过滤→加热至沸→装罐→封口→杀菌→冷却→包装。白果露营养丰富,风味独特,清凉爽口,具有多种营养保健成分,长期饮用能增强体质,抗衰老,并对高血压、冠心病和动脉硬化有一定的防治作用。

白果米饭

主料:精大米500 g,白果200 g。

配料:茶叶5 g,海带少许。

做法:米在煮前1 h先洗好。白果去壳加盐,开水中煮5 min,不断搅拌,使膜皮浮起,捞出,将白果切成半备用。米置锅中,加三杯半水,一小匙盐。海带切成花刀,腌10 min备用。茶叶置布袋中,放在米锅里大火煮,锅开后捞出海带,再煮2 min,取出茶叶,倒入切好的白果仁,改文火略煮即成。

功能:味道鲜美,百食不厌。对止咳、定喘、润肺有特效,对老年人小便频数亦有疗效,对女性赤白带下亦有治疗功能。

白果名的起源

元代,由于中医药科学的不断发展,银杏的中医药价值不断被认识,银杏入药的机会也逐渐增多,为了增加药用实感,这时银杏又增加了"白果"一名。从元代开始,白果名称一直沿用至今。

白果奶奶

河南省宜阳县城西8 km处,有一座灵山寺,为灵山的文化古迹胜地。寺院内有银杏树多株。其中大悲阁前的一棵古银杏树,树高27.5 m,胸围4.35 m,冠幅21.5 m²。据宜阳县志记载:"灵山寺在城西7.5 km,即报忠寺,又名凤凰寺……相传为周灵王葬处。寺乃金大定三年(1163年)建。诗文碑记载:"楼台环翠幛,云树接花城"。云树泛指银杏等古老大树。古银杏相传为建寺时所植。目前仍枝繁叶茂,经历800多年而不衰。尤为罕见的是,树干侧枝上长出许多奶穗、奶头。如同牛奶穗下垂,奶穗又比牛奶头大许多,当地群众称呼"白果奶奶"。当地有"吃了白果仁,丰乳多奶汁"的说法。因此,当地群众多用白果仁作为妇女下奶药用。银杏大树处在多雨环境里,多数能生出气根,又名"倒扎根",树奶子就是初生的气根。在日本国内也多见有丰满的乳房银杏树。据专家讲:白果仁作药引子,确有滋阴、润肺、摧乳汁、止白带、治阴湿等功效。

南召县乔端镇竹园村白果坪有一株被群众称为"白果奶奶"的古银杏,是南召县最古老的一株雌性银杏树。在海拔500多米的山谷里、在郁郁葱葱的各种林木中,唯有这株银杏直立挺拔、鹤立鸡群、巍峨壮观,巨大的树冠如同一把巨伞,将大半个小村庄笼罩在银杏树荫下,此树高29.3 m、胸围9.2 m,树旁40 cm远处又生一小树,小树胸围4.04 m,整个地围14.3 m,冠幅东西34 m,南北32 m,占地860 m²。

白果奶汁工艺流程

银杏→发酵→浸洗→蒸煮→破壳→护色→打浆→细磨→配料→匀质→脱气→灭菌→罐装→封盖→成品。

产品检验:

①感官指标

色泽:组织形态呈黄色均匀一致乳状液,无分层现象。

滋味及气味:淡淡清香,无异味。

杂质:不允许存在。

②理化指标

可溶性固形物:8%~12%(折光计)。

重金属指标:砷(以As^{3+}计)小于0.5 mg/L,铜(以Cu^{2+}计)小于1.0 mg/L,铅(以Pb^{2+}计)小于1.0 mg/L。

③生物指标

细菌总数小于1 000个/mL,大肠菌群<3个/100 mL,致病菌不得检出。

④氢氰酸指标

快速鉴定氰化物方法:取5 g成品,研细后装入100 mL锥形瓶中,加约20 mL水,加一些苦味酸使呈酸性,在瓶塞下面的小钩上悬挂硫酸亚铁-氢氧化钠试纸、苦味酸试纸和对硝基苯甲醛试纸各一条,微火加热5 min后,停止加热,稍冷却,取出滤纸条,在硫酸亚铁-氢氧化钠滤纸上滴加2滴6 mL/L盐酸。如有氰化物存在,则试纸显黄色。

白果内酯

1967年,R. T. Major发现在银杏叶片中具有白果内酯,又经K. Winges和W. Bohr等人研究,认为白果内酯在结构上与银杏内酯相似,但在银杏叶中含量很少,而对神经痛、脊髓炎和阿尔茨海默病有显效。

白果内酯化学结构

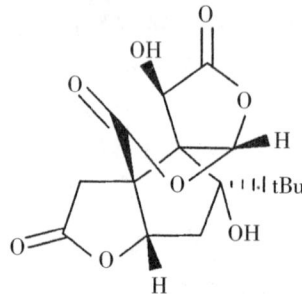

1.Ginkgolide A:$R_1=R_2=H,R_3=OH$
2.Ginkgolide B:$R_1=R_3=OH,R_2=H$
3.Ginkgolide C:$R_1=R_2=R_3=OH$
4.Ginkgolide J:$R_1=H,R_2=R_3=OH$
5.Ginkgolide M:$R_1=R_2=OH,R_3=H$
6.Ginkgolide K:$R=OH$
7.Ginkgolide L:$R=OH$
8.Bilobalide

白果内酯化学结构

白果内酯胶囊

每粒内容物100 mg:白果内酯5 mg、乳糖75 mg、玉米淀粉20 mg。

白果内酯口服液

白果内酯5 g、香精油10 g、糖精油5 g、乙醇400 g、蒸馏水(或去离子水)580 g。将前三种成分溶解在乙醇和水的混合液中,然后灌装到100 mL瓶中,一次剂量为1 mL。

白果内酯片

白果内酯5 g,乳糖58.5 g,微晶纤维素18 g,玉米淀粉18 g,硬脂酸镁0.5 g。将前四种成分混合,在造粒机中造粒,在制片机中加入硬脂酸镁压片。100 g原料压制1 000片,每片重0.1 g,内含白果内酯5 mg。白果内酯可治疗神经系统疾病,如脊髓病、脑水肿、脑病等。

白果内酯软膏

白果内酯0.5 g、十六烷基硬脂醇30 g、液状石蜡35 g、白凡士林34.5 g。将后三种成分混合,加热使其溶化,加入白果内酯,搅匀,灌装。

白果内酯针剂

白果内酯0.25 g、NaCl 9 g、蒸馏水100 g。在稍稍加热和搅拌下将白果内酯和NaCl溶解在蒸馏水中,将溶液灭菌,灌装到2 mL安瓿中,内含白果内酯0.5 mg。

白果配伍

白果配麻黄、甘草治哮喘痰嗽;配黄芩、桑皮治肺热,痰多无气喘;配莲子、胡椒治下元虚衰,白带清稀;配益智仁、萆薢治白浊;配芡实、金樱子治肾虚遗精;配白毛夏枯草治肺结核;配诃子,治夜间咳嗽或肺虚久咳,动则气促,肺气不敛;配麻黄一宣一敛,使肺气宣肃有节,相互制约,有较强的平喘作用;配川芎、红花可加强活血化瘀之功,扩大冠状动脉,改善冠状动脉血流量;配何首乌、钩藤或配杜仲、何首乌治疗冠心病、心绞痛、高血压、高血脂等疾病。

白果片的压片工艺及其性能

白果片压片最佳工艺参数为:混合辅料与白果粉,配比1:1,元贞糖含量1%,脱脂奶粉含量30%,硬脂酸镁浓度1.2%,水分含量5%。白果片的烘干温度30℃。制得的白果片具有银杏香味和良好的咀嚼感,硬度适中,并具有较好溶解性和分散性,能量低。

白果氰化物的普鲁士蓝测定法

称取苦杏仁5 g,白果全果、白果胚及白果胚乳均为8 g,置于冰浴中研磨成粉末状或浆状,置于三角锥瓶中,依次加入蒸馏水20 mL混合均匀。取定性滤纸一张,在其中心部位滴加新配制的20% $FeSO_4$ 溶液2滴和10% NaOH溶液1滴,接着往三角瓶滴加5滴10% H_2SO_4,立即将滴有$FeSO_4$溶液和NaOH溶液的滤纸覆盖在三角瓶上,并使滤纸上湿痕对正瓶口,然后将三角瓶在酒精灯下缓缓加热,使瓶内蒸汽与滤纸上湿痕充分接触,加热30 min。观察滤纸的颜色变化。

白果氰化物硝酸银滴定法

参考中华人民共和国国家标准豆类配糖氢氰酸含量的测定(GB/T 15665-1995)。称取20 g试样,精确至0.1 g,置于1 000 mL凯氏瓶中,加入50 mL水和10 mL 2%(W/V)的磷酸二氢钾溶液,塞紧瓶口,充分混匀,将其放在38℃培养箱中水解12 h。将水解后的试样,置冰浴上冷却20 min,加入80 mL水和一滴硝酸银消泡,立刻将凯氏瓶连接到蒸馏装置,使冷凝管下端浸入盛有20 mL氢氧化钠溶液的锥形瓶液面下,通入蒸汽进行蒸馏,收集100~150 mL馏出液。取下锥形瓶时,冲洗冷凝管末端,将馏出液转移到250 mL容量瓶中,定容。移取两份100 mL馏出液分别置于2个锥形瓶中,加2 mL 5%(W/V)的碘化钾溶液和1 mL 6mol/L的氨溶液,混匀,在黑色背景衬托下,用0.004 mol/L的硝酸银标准溶液滴定,直至出现持续浑浊沉淀为终点。用蒸馏水代替馏出液作为空白试验。

氰化物含量的计算按以下公式:

$$X = C \times (V - V_0) \times 54 \times \frac{250}{100} \times \frac{1\,000}{m}$$

式中:X——样品中氢氰酸的含量($\mu g/g$);
C——$AgNO_3$,标准滴定液浓度(mol/L);
V——滴定样品所用$AgNO_3$的体积(mL);
V_0——滴定空白所用$AgNO_3$的体积(mL);
54——1 mol $AgNO_3$滴定液 1 mL 相当于氢氰酸的量(mg);
m——样品质量(g)。

白果全鱼

主料:黑鱼一尾,约重1 000 g,白果100 g。

配料:鲜青、红辣椒75 g,食用油2 000 g(实耗75 g),豆瓣酱75 g,鸡蛋1个,糖、醋、料酒、味精、盐、水淀粉、葱、姜各少许。

做法:将整鱼去腮、去鳞洗净,鱼头鱼尾切下,并将鱼头下颌处剖开。鱼身沿脊骨处剖成两片,剔去胸骨、鱼刺,去鱼皮,切成长8 cm、宽3 cm的菱形块,将其放入碗内用盐、料酒、葱、姜腌制入味后上浆,将鲜青、红辣椒切成菱角块。锅上火烧热,放入食用油,待油温至七成热,下入鱼头、尾炸至脆,另将腌好的鱼块下入七成热的油锅中炸至金黄色,捞出待用。锅留底油上火,加入豆瓣酱,煸至"酥"出油后,将鱼块、鱼头、鱼尾放入锅中,加醋、糖、盐、料酒,用温水烧至入味后码入盘中。锅上火,放少许油,入葱、姜、蒜煸出香味后加入豆瓣酱,煸至出红油后,将其捞出,再放入白果和鲜青、红辣椒炒几下,放入味精后,出锅将麻油淋在盘中码好的鱼块上即可。

功能:经过精心烹制,具有色泽红亮、香脆可口、食用方便、营养丰富等特色。

白果仁蒸饼

天津的白果仁蒸饼,具有浓厚的北方风味。

原料:精粉450 g,面肥100 g,白果仁80 g,澄沙馅250 g,白糖少许。

制法:将精粉450 g与面肥、清水调制成酵面。面发好后,兑碱,揉入白糖,揉出松软性,略饧。将白果仁煮熟,用凉水拔凉,从当腰破为两瓣,泡在水里备用。将面团揉搓成长条,每25 g为一个剂子,逐个摁成圆片,包入澄沙馅,封好口后,略饧一下,翻过来,在正面用白果仁摆成梅花形状,再用梳子在"梅花"四周压几道纹,上屉用旺火蒸12 min即成。

特点:松暄沙甜。

白果仁烤蛋

主料:干白果仁两枚。

配料:鸡蛋1枚。

做法:将干白果仁研成细粉,装入1个鸡蛋内。再把鸡蛋竖在烤架上烤熟即可。

功能:补虚收敛,小儿消化不良性腹泻较宜食用。

白果筛子

江苏邳州银杏产区的果农,常常使用一种白果筛子筛选种核(如下图)。筛子形状为长方形,比一般筛粮食用的筛子大,筛底用8号铁丝纵向编织,密度以不漏掉等外级种核为准。筛底中部两边各镶嵌一凹槽,将筛子架设在支架上。把去掉外种皮的种核倒入筛中,然后上下运动筛子。即可将杂质筛掉,留下种核。这种白果筛子 1 h 可筛取种核 300～500 kg,省工省时,各银杏产区可试用。

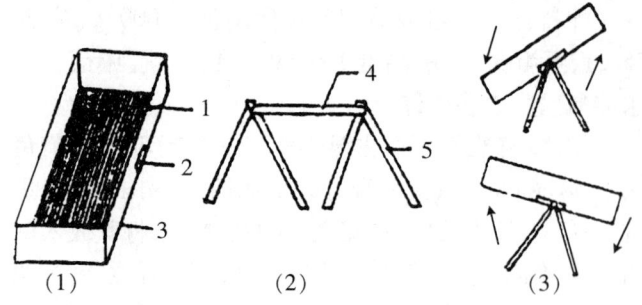

白果筛子
(1)筛子　(2)筛架　(3)筛子运行
1.铁栅　2.凹槽　3.筛框　4.圆形横棍　5.架脚

白果烧鸡

主料:雏母鸡一只,白果 200 g。

配料:鸡汤,食盐,酱油,料酒,味精,白糖,八角,葱段,姜片,湿淀粉,猪油,植物油。

做法:雏母鸡宰杀后去净毛及内脏,冲洗干净,然后剁去嘴尖和脚爪尖,鸡肉剁成长方块。白果仁用刀拍碎。油锅放旺火上,倒入植物油。把剁好的鸡肉块用酱油腌渍入味,待油热后,下入炸至金黄色时捞出控净油。再将拍碎的白果仁也入油锅中炸透,捞出控净油备用。另取炒锅放旺火烧热,倒入猪油。油热后下入葱姜略炸,烹入鸡汤,加料酒、味精、白糖、酱油、八角调好口味,用湿淀粉将芡汁收浓,翻炒均匀即可装盘上桌。

功能:白果烧鸡既是佳肴又是药膳,与鸡肉同烧,食之可滋阴补阳,实为菜中之上品。

白果烧鸡制作

白果又叫银杏,富含各种营养素,如含淀粉 62.4%,粗蛋白 11.3%,粗脂肪 2.6%,蔗糖 5.2%,此外还含钾、钙、磷等无机成分。白果与鸡同烧,不仅营养丰富,酥烂醇香,而且还具有补气养血,平喘止带的食疗功效。特别适用于老年体虚湿重的久咳、痰多、气喘,小便频数,以及妇女脾肾亏虚,浊湿下注,带下量多、质稀等症。对于老年性慢性气管炎、肺心病、肺气肿及带下症患者,也具有治疗作用。此菜的主要原料有雏母鸡、白果仁、鸡汤、食盐、酱油、料酒、味精、白糖、八角、葱段、姜片、湿淀粉、猪油、植物油等。

制作方法:①雏母鸡宰杀后去净毛及内脏,冲洗干净,然后剁去嘴尖和脚爪尖,鸡肉剁成长方块。白果仁用刀拍碎。②油锅放旺火上,倒入植物油。把剁好的鸡肉块用将油腌渍入味,待油热后,下入炸至金黄色时捞出控净油。再将拍碎的白果仁也入油锅中炸透,捞出控净油备用。③另取炒勺放旺火上烧热,倒入猪油。油热后下入葱姜略炸,烹入鸡汤,加料酒、味精、白糖(少许)、酱油、八角调好口味,用湿淀粉将芡汁收浓,翻炒均匀即可装盘上桌。

白果收购等级

白果收购等级　　　　　　　　　　　　　　　　　　　单位:kg

地点	等级 品种	一级	二级	三级	四级	五级	等外级
杭州	佛手果 圆果	340 粒以下	341～420 粒	421～520 粒	—	—	521 粒以上 501 粒以上
上海	佛手果	320 粒以下	321～400 粒	401～500 粒	—	—	521 粒以上
嘉兴地区	佛手果 圆果	440 粒以下	441～520 粒	501 粒以上	—	—	—
江苏邳州	不分	320～360 粒	361～440 粒	441～520 粒	521～600 粒	601～700 粒	700 粒以上

白果收敛疗效奇

人过半百,由于机体的衰老,往往尿频;儿童尿床也是常有的事。可用下列食疗方。将白果去壳,取种仁煨熟,每次吃 10 粒,每日吃两次,连续吃半个月,对老年人尿频有显效。儿童吃时,用量减半,也会起到收敛奇效。如果老年人患有气管炎、肺气肿、哮喘痰嗽,或妇女白带过多,食煨白果也会起到兼治的作用。白果,又名银杏,有极强的收敛药效。我国最早记述白果具有收敛药效的古医书是明朝刘文泰等编撰的《本草品汇精要》一书,成书于 1505 年。书中记述"去壳火煨,煨熟食之止小便频数。"同时代的李时珍在其《本草纲目》中记述为"益肺气,定喘嗽,缩小便,止白浊。"清朝陈扶瑶在《花镜》一书,成书于 1688 年。书中记述为"唯举子廷试煮食,能截小水。"说的是古代进京科举者,因为在考场内时间较长,又不能去厕所,只能食熟白果,以延迟小便。古代老臣上朝,议事较多,站立时间较长,也往往先食煨白果,以延迟小便。要提请患者注意的是,白果种仁内含有氢氰酸,生食容易引起中毒,因此不能过量生食,只要煨熟,氢氰酸即会挥发掉。

白果寺古银杏

该树生长在北京市巨各庄乡塘子村小学内,树高25.0 m,胸径230 cm。根茎萌生4株小树,胸径依次为80 cm、76 cm、67 cm和45 cm,总树冠东西21.0 m,南北36.0 m。雄株。根据生长推断树龄约为1 200年。历史文化背景:1341~1368年在树下建香严寺,群众称白果寺。1951年将香严寺改建成塘子小学。据传,自唐朝以来,每更朝换代,在大银杏树下便萌生一株小银杏树。现在已长出4株大小不同的银杏树,像4个小孩子围在母亲周围打转转。这株银杏(雄株)向西偏冠生长,而穆家峪乡西穆家峪村的银杏(雌株)向东偏冠生长,两棵银杏面对潮河,遥遥相望。相互倾爱,像在演《天河配》。雄株树大根深,枝叶茂盛;雌株则硕果累累,子孙满堂。养护管理:1983年县人民政府将此树确定为县级一级文物保护单位后,为它安装了铁栏杆,由塘子小学组织学生年年浇水。1989年以后拆除了铁栏杆,用砖垒了周长56.0 m、高1.0 m的树盘,回填黄土,仍由小学校组织学生坚持施肥、浇水。

白果酥泥

主料:白果仁150 g。

配料:芝麻10 g,核桃仁5 g,白糖120 g,猪油125 g。

做法:白果仁入水煮,脱去内种皮,捞出入碗中,加水,上笼屉蒸至烂,取出滤干水,捣成泥状。将芝麻炒香,研细。热锅烧红后,离火口,揩干净,再置火上,放入猪油,待油沸时,即倒入白果仁泥翻炒,至水分将尽,放入白糖搅匀,再放入猪油、芝麻、白糖、核桃仁即可。

功能:此酥泥是精美糕点,香甜爽口,回味无穷,脾虚久泻、大便燥结、肾虚者服此酥泥则病愈神安。

白果酸

白果酸(ginkgolic acid)是银杏叶中长链苯酚类化合物,为银杏叶中的毒副作用成分,国际上对银杏叶提取物及其制剂中其含量有严格要求,必须控制在5 mg/kg以下,因此对银杏叶及其提取物的白果酸检测显得尤为重要。但至今无任何文献、专利介绍这一检测技术。目前,专家们创建了一种准确可行的HPLC法测定白果酸含量。

白果酸HPLC测定装置示意图

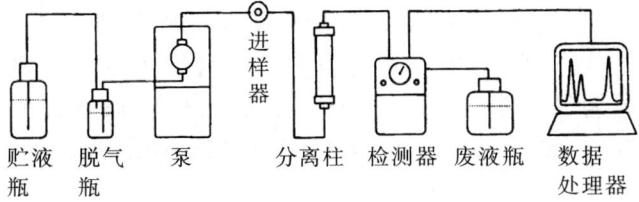

白果酸HPLC测定装置示意图

白果汤

组成:半夏、麻黄、款冬花、桑皮、甘草各9 g,白果21粒,黄芩、杏仁各4.5 g,苏子6 g,御米壳3 g。

功效:哮喘、痰盛。

服法:水煎,分两次服。

白果汤圆

主料:白果25 g。

配料:蜂蜜15 g,白糖150 g,黑芝麻30 g,鸡油30 g,面粉15 g,糯米粉500 g。

做法:将白果仁烘脆,研粉,鸡油熬熟,面粉炒黄,黑芝麻炒香捣烂。将蜂蜜、白糖、黑芝麻、白果粉、鸡油和炒面揉成馅子。糯米粉和匀,分成小团,包上馅子,做成汤圆。锅内放水,烧开,汤圆下锅,文火煮至汤圆上浮在水面上3~5 min即成。

特点:软糯清香,爽口不腻。

白果田鸡腿

主料:人工养殖青蛙(田鸡)750 g,净白果仁110 g。

配料:红番茄两片,生姜片10 g,高级奶汤、川盐、味精各适量。

做法:白果仁适量,加入高级奶汤,上笼蒸至软待用。田鸡去皮,切下田鸡腿,剁去脚尖,将田鸡腿放入沸水锅中焯水后,捞起洗净,沥干水待用。取净砂锅置中火上,加入高级奶汤,放蒸好的白果和汁烧沸后,下川盐、田鸡、生姜片煮至熟而入味时,端锅,放上味精、番茄片即成。

功能:将白果配上具有清热解毒、补虚、利水、消肿之功效的田鸡合用,含有丰富的人体必需氨基酸及锌、硒等抗癌物质,高蛋白、低脂肪。食之可补肺清热,解毒消肿,补虚利水。

白果脱皮

银杏适期采收后,应堆放在有水源条件的宽广场地。厚度以不超过50 cm为宜,上覆湿草。在采后的4~5 d内,外种皮即会软化、腐烂,这时用脚轻轻踏,使外种皮剥离。工作时应穿隔离鞋袜,避免皮肤与外种皮接触。或用木棒轻击,除掉外种皮。或带上橡皮手套直接搓去外种皮。因银杏外种皮含有醇、酚、酸等多种化学物质,不但有恶臭味,而且对人的皮肤会产生强烈的刺激作用,引起瘙痒,出现皮炎、水疱,严重的导致痉挛和皮肤灼伤,因此在银杏采收和脱皮中不可直接触及已破裂的外种皮。

白果脱皮机

1981年,广西灵川县研制出白果脱皮机,其劳动效率比手工提高20倍。该机每小时可脱皮50 kg,白果的破损率也从当地手工脱皮的5%~10%下降到了

0.5%。在大规模生产中,可以考虑推广应用白果脱皮机脱皮。特别是在水浸、堆沤或化学催熟的基础上,再采用白果脱皮机,既能提高劳动效率,又能确保白果品质,还可以防止人们的手足因大量接触银杏外种皮而诱发皮炎。

白果西米羹

主料:鲜白果250 g,西米75 g。

配料:白砂糖150 g,桂花糖10 g,湿淀粉25 g,开水适量。

做法:将鲜白果去皮,剥去硬壳,用清水洗净。然后将其放入烧至五成热的油锅中,搓去白果上面的一层细皮后捞出,沥净油,择去剩下的细皮,再将白果用刀拍扁,令其出现裂纹易于进味。西米淘洗干净后,用清水将其泡软。然后将其放入开水锅中,上旺火烧开后,再转小火煮5 min,待西米呈半透明状,中间只有一小白点时,捞出放入凉水中过凉。取锅上火,倒入开水,随后放入西米、白果和白砂糖,用旺火烧开后撇去上层浮沫,加入桂花糖,用湿淀粉勾芡后起锅装盘即成。

特点:色彩美观,白果香糯,甜润爽滑。

白果药膳

白果又称银杏,是品味甘美,营养丰富,含有多种药物成分,医、食俱佳的上等干果。白果通过加工,可制成色泽鲜艳、气味浓郁、香甜可口、老幼皆宜的祛病健身药膳。

白果药用方法

白果作为药用有生用和熟用两种。生白果可内用和外用,熟白果均为内用。其药用方法如下:

(1)净制。取白果,除去杂质。

(2)炮制。①炒制。取净白果仁置锅内,用文火炒至有香气,取出放凉,用时捣碎。②蒸制。取净白果用文火炒至表面呈黄色取出,放凉,去壳,或取白果捣碎去壳,蒸透,取出干燥。③煨制。取净白果,放暗炭火中,煨至外壳爆裂,即取出,去壳取出种仁。④蜜制。将蜂蜜置锅内,加热煮沸,倒入捣碎的白果仁,用文火炒至表面呈黄色不粘手为度,取出放凉,每白果仁500 g,用炼熟蜂蜜60 g。

白果药用炮制

白果药用炮制有以下几种方法。①炒制:取净白果仁置锅内,用文火炒至有香气,取出晾凉,用时捣碎。②蒸制:取净白果用文火炒至表面呈黄色取出,晾凉,去壳,或取白果捣碎去壳,蒸透,取出干燥,备用。③煨制:取净白果,放暗炭火中,煨至外壳爆裂,即取出,去壳取出种仁,备用。④蜜制:将蜂蜜置锅内,加热煮沸,倒入捣碎的白果仁,用文火烧至表面呈黄色不粘手为度,取出晾凉,每500 g白果仁,用炼熟蜂蜜60 g。无论哪种药用方法,都要注意控制用量,特别是生食白果,一定要掌握好用量。这是因为白果仁中含有微毒氰氢酸,白果生食和多食易中毒,这在古医药书中早有记载。

白果薏米饮

原料:去皮白果10粒,薏米60 g。

做法:将两种中药放入锅内,加水煮汁,即可。服用时加入冰糖或白糖。

功效:健脾利湿、祛风湿、消痈、清热排毒。

应用:治疗青年扁平疣、脾虚泄泻、痰喘咳嗽、小便淋痛、水肿、糖尿病及肿瘤等症。

白果薏苡粥

主料:白果12粒,薏苡仁60 g。

配料:冰糖。

做法:将白果去壳和内种皮,洗净,薏苡仁去杂洗净。二者放入砂锅内,加入适量水烧至熟,再加入冰糖煮一小会儿即可出锅。

功能:白果薏苡粥是广东民间喜用粥之一,具有健脾利湿、补肺清势、祛风湿的功效。适用于脾虚泄泻、轻喘咳嗽、小便淋痛、水肿等病症。薏苡仁对肿瘤有一定抑制作用。此粥还具有抗肿瘤作用。

白果饮料工艺操作要点

①采果。于9—10月份采集成熟的果实,平摊于阴湿处。堆厚30 cm左右,上盖稻草及草帘或浸泡于缸内,让其发酵腐烂,经5 d左右,取出置流水中淘洗去腐肉,搓洗出种子。晒干贮藏备用,可供一年之内使用。②剥壳。采用蒸、炒、煨等方法加工,再利用对辊破机破壳。③去除氢氰酸。破壳后的白果再进一步预煮去掉水解后产生的氢氰酸。④护色。用浓度为0.6% ~0.8%精盐水循环漂洗(水温为40 ~50℃)。⑤打浆过滤。实验室可用飞利浦打浆机。生产时用双道卧式打浆机。通过20目筛孔即可。⑥细磨。利用胶体磨进一步研磨。⑦调配。可根据客户不同的需求,调配出口感各异,风味独特的系列饮料。如果汁型银杏饮料,蛋白型银杏饮料,依据中国古老的中医配伍理论,配制出疗效饮料。再添加适当的乳化剂、稳定剂。⑧均质。调配后的饮料再经过低压20 MPa高压40 MPa的压力可使粒度达到120目。⑨脱气。脱气的真空度为90.64 ~93.31 kPa(680 ~700 mmHg)。⑩杀菌、装瓶、冷却。杀菌用高温瞬时灭菌法,120 ℃,3 min。

白果油的提取工艺及其化学成分

采用正交实验对超临界CO_2萃取白果油的工艺

条件进行优化,比较超声波提取、索氏提取、超临界CO_2萃取3种方式对白果油提取率的大小,用最佳提取方式分析不同品种白果中油脂的含量,并用GC-MS分析其成分。结果表明:①3种提取方式对白果油提取率的大小顺序为,超临界CO_2萃取(添加夹带剂)＞索氏提取＞超声波提取。②超临界CO_2萃取白果油的最佳工艺条件为,温度40 ℃、压力20 MPa、流速15 L/h、时间3 h并添加石油醚夹带剂,不同品种白果干粉中油脂得率为3.6%~7.11%。③GC-MS分析表明,从超临界萃取白果油中鉴定出17种化学成分,其中不饱和脂肪酸占85.4%;超声波和索氏提取相似,分别从提取的白果油中鉴定出10种和9种化学成分,其中不饱和脂肪酸含量分别为90.3%和90.1%;不饱和脂肪酸以十六、十八碳的为主。

白果油含量测定

称取不同地区、不同品种(龙眼、大佛指、扁佛指、七星果、梅型白果、长柄型白果、马铃型白果)的白果干粉各50 g,放入超临界萃取罐中,选取温度40 ℃、压力20 MPa、流速15 L/h、时间3 h,添加10 mL石油醚于夹带剂罐中作为夹带剂,进行超临界CO_2萃取白果油,收集样品并用石油醚溶解,抽滤除去采样时夹带的原料粉末,真空浓缩回收石油醚即得白果油,称量并计算白果油含量。

白果鱼脯

主料:花石鲫一尾,约重500 g,净白果仁100 g。

配料:净鲜草莓8粒,泡红辣椒短节6段,葱白25 g,生姜汁10 g,蛋清、豆粉、猪油、净芹菜叶、川盐、味精、高汤、色拉油各适量。

做法:净锅内放色拉油,置中小火上,烧热,下白果仁炸至酥脆,捞起,冷却待用。花石鲫去鳞,去内脏,洗干净,切下鱼头,片去鱼骨和鱼皮,将净鱼肉用刀背轻轻捶松,改刀成丁块,拌上川盐、生姜汁、蛋清、豆粉待用。将净菜叶放入大圆盘周围的适当位置,再将净鲜草莓点缀在芹菜叶上备用。将川椒、水豆粉、少量高汤、味精调成滋汁待用。炒锅置中火上,放猪油烧热,下鱼脯肉丁滑散,放葱白炒几下推匀,烹入滋汁水推匀,待收汁后,再放泡红辣椒短节、酥白果推匀,端锅铲入备好草莓围边的盘中央即成。

功能:此菜将白果仁配上具有安胃和中、利尿、解热毒之功的花石鲫。主要适用于水肿胀满、小便频数、黄疸、淋病、疮毒、白带、白浊、哮喘、痰嗽等症。

白果月饼

用白果做月饼始于宋朝,山东省淄博市、郯城县等地的白果月饼制作工艺流传至今。

原料(50 kg用量):面粉24 kg,花生油7 kg,冰糖9 kg,白糖3 kg,白果仁(除去内种皮)3 kg,芝麻、胡桃仁、花生米各1 kg,青红丝2 kg,碱面适量。

做法:将面粉12.5 kg,加花生油2.5 kg及碱面少许,和成面皮。按每个月饼100 g的剂量,擀成饼状,取面粉11.5 kg,加花生油4.5 kg,和成内面。再将白果仁、白糖、冰糖、芝麻、胡桃仁、花生米、青红丝各原料充分搅拌均匀,揉入内面中去。按一定剂量切成小块,包入皮面中。最后,置烘烤机烘烤即成。

特色:具有独特的白果清香和浓郁的乡土风味,为老年人和哮喘病患者的辅助食品。

白果蒸蛋

主料:鸡蛋12个,白果24粒。

配料:食盐,味精,清汤,料酒,湿淀粉。

做法:选大鸡蛋12个。将白果硬皮去掉,在开水锅中煮5 min,然后用手搓去内皮,洗净。将鸡蛋先磕个小孔,撒点盐,将两粒白果塞进去。依次做12个。将鸡蛋竖在米饭上,上笼蒸熟,取出剥掉皮,装盘中(也可一切四瓣)。另起锅,加清汤、食盐、味精、料酒等烧沸,匀入湿淀粉,稠浓后浇在鸡蛋上即可。

功能:此菜敛肺气,止带浊。主治妇女白带过多,小儿虚寒腹泻。

白果蒸鸭

白果蒸鸭是浙江银杏产区宴飨嘉宾的一道名菜。

主料:肥鸭一只,白果200 g。

配料:猪油1 000 g,食盐、胡椒面、花椒、老酒、姜、葱、淀粉适量。

做法:取白果去外壳,放开水内煮熟,除掉薄皮,去两头和芯(胚芽),用开水浸出苦水,沥干。烧开猪油炸一下,捞出待用。将鸭洗净,除去头足,用盐、胡椒面、老酒涂抹鸭内外后放入盆中,加入姜、葱、花椒等,用力将鸭从脊背处剖开,除掉全身骨头,将肉铺在碗内。多余的鸭肉切成小丁,同白果混合,放于碗内鸭肉上。将原汁浇入并加汤适量,再蒸30 min,将肉翻入盘。然后锅内加清汤,加入老酒、盐、味精、胡椒面、淀粉等少许,调芡放猪油,调成汁,蘸于鸭肉上即成。

这既是一道美味佳肴,又具有滋阴养胃、利水消肿、敛肺水肿、定喘嗽的作用,适用于骨蒸痨热、咳嗽水肿、白带、哮喘、痰咳等症。

白果质量标准

出仁率≥76%,种仁干物质≥85%,净度≥98%,含水量≥55%,蛋白质≥4%,总糖≥1.6%,淀粉30%,脂肪≥3.5%,直链淀粉≥10%。生食稍有苦味。

白果中毒的预防和治疗

白果,亦称银杏。一般是指除掉银杏种子外种皮的种核,可食部分为种核内的种仁。白果炒食或煮食后芳香沁人,甜糯可口,且营养丰富。据测定,白果种仁中含有丰富的蛋白质、脂肪、糖,以及钙、磷、铁等多种营养成分。白果列为中药,最早见于元代吴瑞的《日用本草》一书。白果通过加工,可制成具有各种风味的数十种食品和饮料,其加工品色泽鲜艳,气味浓郁,香甜可口,成为老幼皆宜的保健食品和保健饮料,在国内外市场十分畅销,供不应求。目前白果是日本人每餐必备的食品佳肴。因此,白果是名副其实医食俱佳的保健食品。白果种仁浆质状,未成熟前呈青绿色,熟后淡黄色,无异味,略有微苦,唯优良品种"七星果"具甘甜味。白果虽然营养丰富,医食俱佳,但毕竟含有对人体有毒害作用的氢氰酸,多食或食用方法不当可导致中毒,但也不必对此产生恐惧。首先白果不可生食,因种仁内含有大量的氢氰酸。只要经过煮熟或炸熟处理,氢氰酸大部分都会分解后挥发掉,通常都不会发生中毒。另外也不可饱食、过食和连续多食。食白果中毒在我国古医书中早有记载,近年来也屡有报告。《三元延寿书》云:"白果食满千个者死。"又云:"昔有饥者,因以白果代饭食饱,次日皆死也。"《随息居饮食谱》云:"食或太多,甚至不救。"由上足见,食白果中毒并不是耸人听闻的事。我国各地食白果中毒,特别是小儿食白果中毒病例时有发生。1994年夏季,笔者在福建做银杏考察时,上杭县有一株千余年生的古银杏,每年结果500余千克,秋季白果成熟时,顽童们经常偷食白果中毒,由于交通不便,距县城又远,救治困难,平均每年都有一名儿童死于白果中毒。引起中毒的食量数,各地报道均不一致,有的报道食5~40粒可引起中毒,有的报道食200~300粒可引起中毒,有的报道小儿食7~150粒,成人食40~300粒可引起中毒。总之,食应适量,方法要得当。多数中毒者,经抢救可恢复正常,但也有少数因中毒过重或抢救不及时而死亡。一般认为引起中毒及中毒的轻重,与年龄大小、体质强弱及食量多少有密切关系。年龄愈小中毒可能性愈大,中毒程度也愈重;食量愈多,体质愈差,则死亡率也愈高。中毒潜伏期为食白果后的1~12 h,主要症状为高热、昏迷、呕吐、腹痛、腹泻、抽搐、惊厥、精神呆滞、恐惧、牙关紧闭、大小便失禁、呼吸急促、对光的反射能力消失等。目前,白果中毒还无特效解毒法。发现中毒后应立即送医院,入院后首先注射利尿剂和强心剂,然后输入5%葡萄糖生理盐水,以促进毒物排泄。另外,中毒病人亦可服5%硫酸镁或适量蓖麻油,以助其轻泻。如食后已超过6 h,再进行催吐则无效。如有抽搐、不安、惊厥等症状,可服用镇静药。中药可用生甘草100 g、白果壳50 g、白鳖头2个,煎汤内服,服大量绿豆汤亦有一定解毒效果。

白果中毒体检

神经系统可引出病理性反射,Babinski征阳性,Kernig征阳性,腱反射亢进。白细胞总数及嗜中性粒细胞增高。颅压升高,脑脊液细胞数增多,蛋白(+),糖(+),斑菌培养(-),尿蛋白(+)。

白果中毒症状

多出现在食后1~12 h,症状以中枢神经为主。①神经系统。高热、昏迷、呕吐、抽搐、惊厥、精神呆滞、恐惧、牙关紧闭、大小便失禁、瞳孔缩小或散大,对光反射消失。少数病例有末梢神经功能障碍,双下肢弛缓性瘫痪或轻瘫,触痛觉均消失。②消化系统。腹痛、腹泻、呕吐。③呼吸循环系统。呼吸急促、面色、口唇、指甲青紫,痰鸣声,脉细弱。

白果中氰化物的测定

食用白果可引起中毒或过敏反应,有观点认为是其中氰化物所致。为了测定白果中的氰化物含量,以苦杏仁为对照,采用普鲁士蓝法、苦味酸试纸法、硝酸银滴定法,通过定性和定量方法测定白果果肉及其胚、胚乳中的氰化物含量。3种方法均未能检测到供试白果样品中氰化物的存在。可为白果的安全性及其食用提供理论依据。

白果肘子

主料:猪肘肉750 g,白果200 g。

配料:冬笋60 g,葱段20 g,姜片10 g,盐5 g,料酒15 g,胡椒面1 g,熟鸡油30 g,淀粉20 g。

做法:白果去外壳,用开水稍烫,去内种皮、芯,用开水氽去苦味。笋切长片,用开水一氽捞出。猪肘子刮净毛,开水一氽,再煮至七成熟取出。在肉面上打上2.5 cm的十字方块,刀深入肉2/3,皮朝上装入碗内。白果放入七成热油内炸至断生,放入肘肉上面。肘子碗内加入葱、姜、鲜汤、盐、味精、料酒、胡椒粉上笼蒸透。去掉葱、姜,肘子翻扣在大盘内,皮朝上。原汁倒入锅中加入白果、笋片烧开,打去浮沫,旺火勾芡,淋上香油,浇在肘子上即成。

特色:肉烂,果香,肥而不腻,营养丰富,定喘止带。适用于肺气不敛之喘嗽及白带过多等症。

白果贮藏

贮藏白果必须以保持一定的低温和环境温度为主要条件。试验表明,从10月下旬到第二年5月上旬,做低温低湿密闭贮藏和低温密闭贮藏,白果硬化率不超过10%,未硬化的白果壳仍保持洁净光泽;做自然温湿密闭贮藏和室温密闭贮藏,白果硬化率达80%以上,从这些硬化变质的白果分析值中发现水分大幅度减少,总脂质和粗纤维部分减少。这些成分的变化表明,白果在贮藏中的劣化与蛋白质的变化、脱水和脂质的硬化等有关。对白果劣化速度影响最大的是贮藏时的温度。而相对湿度及与空气的接触对白果的劣化影响较小。因此,低温贮藏白果是最理想的条件。按贮藏时间的长短,采取相应的措施是非常必要的。供贮藏的白果必须充分成熟,种仁含水量不得超过40%,同时剔除嫩果破壳。银杏采收后,胚尚在发育中,剖开后绝大部分还看不到明显的胚。在室温条件下,到第二年4月中旬,胚的长与宽可分别达到9.606 mm和1.844 mm,平均每天以0.048 mm的速度伸长,以0.009 mm的速度加宽。银杏如果作为食品加工用,有条件时,可用剂量3.1 C/kg的 ^{60}Co 将胚杀死,这样可减少白果苦涩味和氢氰酸的含量。

白果贮藏法

种子采回后,铺在地上,厚度以不超过30 cm为宜,上覆稻草,防止阳光暴晒,经5～6 d,种皮腐烂后,淘洗干净。将种子阴晾数天,使种子的含水量从50%降至20%～25%,再以1份种子和3份河沙的比例混合均匀后放置地窖贮藏。窖底先铺5 cm河沙,上面堆40 cm高混有河沙的种子,再盖上10 cm厚的河沙,每隔1m的距离,插入一小捆秸秆以便通气。地窖周围要开沟排水。贮藏后要随时检查鼠害,及时处理干燥和霉烂等情况。种子数量多,可以在室外地势较高和背阴的地方挖窖进行贮藏。深度应在冻土层以下。

白果粽子

我国民间端午节食粽子成俗。如今,以白果为馅的粽子越来越普遍。白果粽子不仅仅是端午节的名餐美食,且早已成为独具风格的方便食品了。

主料:上好糯米1 000 g,白果200 g。

配料:板栗、赤豆、大枣、柿饼丁适量。

做法:将糯米淘净,把荽叶和箬叶用温水浸泡,使之柔软有韧性。白果除去硬壳和内皮,抠去芯(胚芽)。取荽叶或箬叶3～4片,卷成圆锥状,加入糯米、白果及其他馅物,如板栗、赤豆、大枣、柿饼丁等。后封上口,呈三角状,以细绳扎牢。放入锅内,加足水,大火煮熟,约1 h即可出锅,蘸糖食之。

功能:雪白的糯米,配以五颜六色的粽馅,香气横溢,令人馋涎欲滴。此食品是年老体弱和哮喘病患者的辅助食品。

白化

银杏地上部分叶片器官缺乏叶绿素的现象。一般是由遗传上的缺陷所导致的。

白化现象

在正常的环境条件下,银杏由于某些内在因素不能形成叶绿素的现象。银杏苗期常有此现象。全部白化的苗木,因不能制造有机物质会迅速死亡。

白鹭

亦称鹭鸶、白鸟。鸟纲,鹳形目,鹭科。全身乳白色。枕部着生两条长羽,背、胸均披蓑羽。嘴、胫与跗黑色,趾呈黄绿色。常生活在稻田、沼泽、池塘间。站立在银杏树上时,头缩成驼背状,常呆立不动。白天觅食水生动物。繁殖时成群营巢在高大银杏树上,卵一窝4枚。它的蓑羽和矛状羽可做装饰用,远销国外。

白鹿寺与银杏树

在延安市甘泉县高哨乡寺沟村白鹿寺遗址,有一株闻名遐迩的古银杏。该树为雌株,高23 m,胸径2 m,树龄1 000多年。虽然当地降水稀少、风沙频繁,但这株银杏却长得枝繁叶茂,浓荫蔽日,吸引着八方游客及专家学者前往参观考察。相传,唐朝长安城里的一位得道老僧,为了给白云山献点厚礼,特地从南方买了一株银杏树苗,从洛阳买了牡丹花种。然后他又买了筐担,一头放银杏苗,一头放牡丹种。老僧挑着筐担一连走了好多天,一日来到甘泉县白鹿原下,一时不明去向,只好歇息片刻。此时,从森林里跑出一对可爱的白鹿,老僧想逮住白鹿一同敬献白云山,于是挑起筐担直追,但没能追上白鹿。由于行程劳累,追赶疲倦,老僧就地而卧,未料醒来时,那株银杏树已拔地而起,牡丹花种也已破土而出。老僧长叹一声:"就地建寺罢了。"传说虽不足信,但银杏完全可以在陕北甘泉县生长,并长成参天大树,这却是不争的事实。

白囊小袋蛾的综合防治

银杏白囊小袋蛾近年来对银杏树的危害日益严重,并有不断加重和扩大的势头。它取食植株上叶片,使树体生长受到很大影响,给果农造成了巨大的经济损失,特别是近年来各地大力栽植银杏,砍去了其他杂树,使原来的生态平衡被打破,生态环境进一步变化,再加上栽培管理上的相对粗放,造成虫害危害银杏。加强对病虫害的综合防治,保证银杏的正常生长发育,生产优质果、叶,帮助农民脱贫致富,促进农村经济的发展,是任重而道远的。

白水江自然保护区

白水江自然保护区是国家重点保护区之一,位于甘肃省文县、武都两县境内的白水江流域,占地面积有2 000 km²。保护区内山峦起伏,河谷纵深海拔在1 000～3 000 m以上。这里气候湿润,属于亚热带和暖温带过渡类型,年平均气温在15 ℃左右,年降雨量500～1 000 mm,无霜期一般为260 d。白水江自然保护区因地势、海拔相对高差悬殊,自然植被垂直分布十分明显,形成了六个垂直分布带。海拔1 000 m以下为常绿阔叶林带;1 000～1 600 m为常绿阔叶林和落叶阔叶林带;1 600～2 300 m为落叶阔叶林带;2 300～2 900 m为针、阔叶混交林带;2 900～3 300 m为针叶林带;3 300 m以上为高山灌丛草甸,或为高山裸岩。白水江自然保护区地处古北界和东洋界交汇过渡地带,野生动物区系组成比较复杂,两界的代表种类在这里都可以见到,动物资源非常丰富。据不完全统计,有脊椎动物265种,堪称得上是一个天然动物园。保护区除为我国大熊猫的主要产地外,尚分布有国家一、二、三类保护珍稀动物近二十种,如金丝猴、羚牛、林麝、猕猴、水獭等。保护动物占全国保护动物种类的18.2%,占全省保护种类的37.5%。保护区的野生植物资源也极为丰富。在不同的景观被垂直分带中,都分布有种类繁多的野生植物。其中列为国家二、三级珍贵树种有十数种。如香果树、红杉、银杏、楠木等,列为省级保护的珍贵树种有马尾松、铁坚杉、红豆杉、紫玉兰等。

白头偕老雌雄两银杏

在湖南石门县洛浦寺林场,有两株古老苍劲的银杏树。据《石门文物志》记载,为唐朝建寺时所植,有"千年银杏"之称。古树高分别为34 m、35 m;胸围分别是9 m、9.5 m;树冠直径均为20 m。这两株饱经沧桑的银杏,犹如一对老夫老妻。更有奇者,其中左侧离地面2.5 m分枝处,竟然长出一株黄连木,至今有300多年树龄了。这株树完全在老银杏的庇护之下,恰似慈母怀抱中的婴儿,形成了"树中树""母子树"的奇观。

白涂剂

用石灰掺上其他原料,刷到树干上防治病虫、防冻或防日灼的药剂叫白涂剂。白涂剂的配料方法可以根据用途加以改变,但其中生石灰质量要好,消化要彻底。一般用不纯的消石灰时,要先用水泡数小时,使其变成膏状无硬粒最好。如果把消化不完全的硬粒石灰刷上到树干上,就会在树干上继续吸收水分放热,以致烧伤树皮,特别是光皮、薄皮的果本更应注意。白涂剂的浓度,以涂在树上不往下流,不粘成疙瘩,能薄薄粘上一层为宜,并要求涂刷得一致均匀。在庭院中的银杏或行道树常使用白涂剂。常用几种白涂剂配方:①生石灰5 kg,加硫黄0.5 kg,加水20 kg,或生石灰5 kg,加石硫合剂残渣5 kg,加水20 kg,可以防治干部的病虫害;②生石灰5 kg,加石硫合剂原液0.5 kg,加食盐0.5 kg,加动物油0.1 kg,加水20 kg;③用生石灰5 kg,加食盐2 kg,加豆油0.1 kg,加水20 kg,于6月和9月各涂一次,防日灼和冻害。

白星花金龟的防治技术

(1)利用成虫的假死性,在成虫发生盛期,于清晨或傍晚温度较低时震落捕杀。利用成虫的趋化性进行果醋或糖醋诱杀,其方法是用普通毛竹,锯成40～50 cm的筒子,一端有节,放入腐烂水果并加少许糖蜜,置于筒底,悬挂在被害株上,挂时筒口要与树干相贴,成虫因诱饵顺筒爬入,入后不能再出,可于傍晚时收集杀死。(2)幼虫大多集中在腐熟的粪土堆中,可在5～6月份成虫羽化前,将粪堆加以翻倒,捡拾其中幼虫或蛹,集中杀死。(3)在虫害发生期于上午9时或下午5时,用80%敌敌畏乳油和2.5%溴氰菊酯乳油各500倍液按1:1的比例混合后用喷雾器喷洒,重点是树干被害部位及树冠,害虫杀死率达95%以上。(4)于6月初发现害虫为害时,对被害株的为害部位涂80%敌敌畏乳油5倍液,然后用塑料薄膜或胶带绑严,效果好。

白星花金龟对银杏树的为害

白星花金龟是郯城原有农、林业害虫,2009年6月,首次在郯城县新村乡发现白星花金龟为害银杏树,造成被害树株死亡。白星花金龟具有趋化性和假死性,其为害银杏树株表现出为受害树株零星分散性,为害的选择性和集体性的特点,主要集中在胸径10 cm左右的幼龄银杏树主干的中上部为害。除采用诱杀、捕杀等措施外,可用敌敌畏涂抹被害部位并用塑料薄膜或胶带绑严法,或用敌敌畏加溴氰菊酯喷药防治成虫法,防治效果理想。

白蚁

为害银杏的家白蚁,在各地均有分布,筑巢营社会性生活,通常筑巢于胸径30～90 cm的银杏树干基部。每年5月中旬至6月初,在雨后闷热的傍晚,当大气中的湿度达到95%左右时,发育成熟的有翅繁殖蚁从分飞孔向外飞翔,另立新巢,分群繁殖。家白蚁的初建群体发展非常缓慢,3～4年后群体发展迅速。有的群体相当庞大,有白蚁几十万只,除大型主巢外,还有许多副巢。1个巢群体中通常只有1对蚁王、蚁后,但能见到许多补充繁殖蚁。家白蚁长期过着隐蔽的生活,怕光,身上沾有异物时就彼此舔吸。最适活动气温为25～30 ℃。家白蚁的蚁巢有主、副之分,主巢体积较大,为蚁王、蚁后所栖居。一般情况下,栖居在银杏干内蚁巢的白蚁,在树体外常见多种外露迹象,如泥路和排积物等。用小刀挑开泥路和排积物,可见白蚁爬出。由于1巢白蚁可同时为害多株银杏树,因此,发现有白蚁活动的树内不一定有蚁巢。蚁巢识别有以下3个特征:一是泥路(即蚁路),白蚁用泥土、排泄物和分泌物沿树干筑起的泥路,兵、工蚁外出活动和取食均在泥路内进行;二是排积物,树干上的短枝口覆满颗粒状的泥团即为排积物;三是分飞孔,又称羽化孔,是白蚁有翅蚁成熟、分群飞出时的出口,呈半圆形,分飞孔常见于树干表皮孔洞及枝节处,由细小的土粒黏结而成。家白蚁群体发展到一定阶段,就会产生有翅蚁,蚁巢中的有翅蚁基本上是当年羽化当年分飞。有翅蚁具有强趋光性。防治方法:①灯光诱杀。利用家白蚁有翅成虫有强烈趋光性的特点,在白蚁分飞时期,在有巢银杏树附近设置灯光,灯光下放置一盆清水,诱其落水而死。清水中加入敌敌畏等杀虫剂或柴油等诱杀效果更佳。②喷药杀灭。采用打洞喷药的方法,能有效地杀灭蚁巢白蚁。具体办法是:在树干基部(离地面40~60 cm)用木工钻在不同方位打2~3个洞,洞深至蚁巢,然后用胶球喷粉器向洞内喷0.5%毒死蜱粉,并用泥封好口。也可以利用白蚁相互舔吮和工蚁饲喂兵蚁、蚁王、蚁后及幼蚁的习性,在蚁路、排积物小孔或分飞孔喷药,使有毒粉剂传递扩散到整个蚁群,达到杀灭的目的。

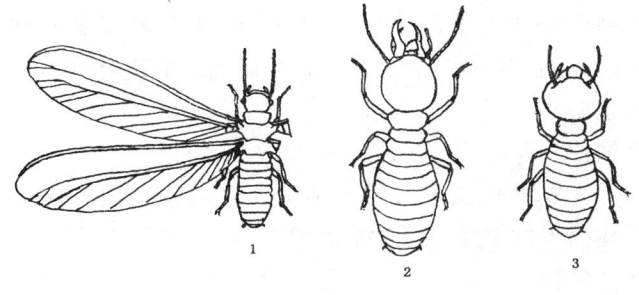

家白蚁
1. 有翅成虫　2. 兵蚁　3. 工蚁

百草枯

百草枯是一种有机杂环类触杀型无选择性除草剂,兼有一定的内吸作用,能迅速被绿色植物所吸收,主要用于叶面喷洒,作用迅速,施药2~3 h后即可使杂草植株萎蔫,叶片失绿干枯,2~3 d内杂草完全死亡。可防除银杏圃、银杏园及非耕地的单、双子叶各种杂草,但对多年生具有地下根茎的杂草,只能杀死地上的绿色茎叶,不能毒杀地下根茎。百草枯纯品为无色结晶,不挥发,有吸湿性,易溶于水。对酸性溶液稳定,在碱性溶液中易分解。对人、畜有中等毒性,其溶液对人眼睛有刺激,对指甲有损害,吸入后可能导致鼻流血。因此施药时要带胶皮手套、口罩等保护物品,防止药液触及皮肤和吸入药雾,以免发生中毒为害,并且要避免药液飘移,以防其他植物受害。每亩用20%或24%水剂0.2~0.4 kg兑水向杂草植株枯叶上喷雾,对一二年生杂草防除效果特别好。百草枯可在不同时期使用,常与莠去津或西玛津等苗前除草剂混用于免耕法。莠去津对控制未出土的前期和后期杂草有效,百草枯对消灭生育期的杂草有效。百草枯是灭生性除草剂,施药时应采取定向喷雾,以防银杏受害。

百咳宁片

制剂组成:白果,川贝母,青黛。

药用功效:清热解毒,定咳化痰,用于百日咳,痉咳,痰多黏稠,面赤唇红,亦可用于支气管炎,支气管哮喘。

制剂服法:片剂,每片0.1 g。口服,1岁以内,1次半片;1~3岁,1次1片;3~5岁,1次2片;5岁以上,1次2.5~3片,温开水送服,1日3次。忌食辛辣、油腻食品。

百路达——银杏叶制剂

20世纪80年代以来,银杏叶制剂在欧洲市场风靡不衰,如德国1992年处方药中,银杏叶药品梯波宁(Tebonin)的销售额高居第二位,法国则位居榜首,而其银杏叶原料则主要从我国进口。我国每年出口银杏叶1 000 t左右,国外厂商用1 000美元购进1 t银杏叶,制成中间体,在国际市场上售价高达2万美元,制成的药品,售价则更高。按照GMP标准建立了银杏叶制剂生产基地——上海信谊药厂长征分厂。在银杏叶药品开发中,立足高起点和高科技,瞄准国际水平和国际市场,先后引进了德国、法国、日本的药品样品,通过反复检测和专家论证,制定了药品标准;同时采用高效液相法,使主要成分黄酮醇—苷的测定方法与国外检测方法相统一,是目前国内最佳标准的检测方法。研制成功的银杏叶胶囊——百路达,获卫生部四类新药药证。1993年7月,国家科委科技开发中心领导和专家考察了银杏叶制剂——百路达的生产情况后认为,百路达在国内同类银杏叶制剂中,其质量处于领先水平。同年10月,又获林业部颁发的银质奖。专家认为,百路达制剂在生产工艺、质量标准、检验方法等方面达到国际同类产品水准!验证结果表明,百路达治疗心脑血管疾病,疗效确切,效用温和,总有效率为90.2%,未见不良反应,是心脑血管疾病患者安全有效的防治药物。正式投放市场后得到了医生的肯定和患者的好评。

拜拉属

发现于晚三叠纪、侏罗纪和白垩纪格陵兰和西伯利亚东北部的化石。有与银杏相当近似的种类存在。此属原来包括许多不同形态的叶,1936年经傅洛林细致地修正后,此属仅限于具有明显的叶柄和叶片的那些叶子,叶片裂成很多小裂片,小裂片要比银杏属更窄些。雄蕊上小孢子数和大孢子叶中胚珠数也比银杏属多。此属最常见的有8种。

① *B. muensteriana* 敏斯特拜拉(瑞替-里阿斯期)。
② *B. gracilis* 纤细拜拉(中侏罗纪)。
③ *B. lidleyana* 林德莱拜拉(中侏罗纪)。
④ *B. ahnerfii* 阿纳特拜拉(远东早白垩纪)。
⑤ *B. furcata* 叉状拜拉。
⑥ *B. cf. hallei* 赫氏拜拉。
⑦ *B. cf. minima* 最小拜拉。
⑧ *B. cf. muensterinan* 敏氏拜拉。

拜拉属的化石印迹
1. 具花药的雄花 2. 胚珠 3. 片叶 4. 未开放的花药
5. 已开放的花药

拜拉银杏属

此属与具狭形裂片的一些 Ginkgo 种的区别在于每裂片中的叶脉数目限于2~4条。模式种:*B. muensteriana*(Presl,1838)Heer。分布时代:全球分布,北半球为主;晚二叠纪至白垩纪。

斑喙丽金龟

斑喙丽金龟(*Adoretus tenuimaculatus* Waterhouse)亦称茶色金龟,俗称"硬壳虫",属鞘翅目金龟甲科。西北、华北及长江以南各地普遍发生。由于它的食性很杂,可为害核桃、板栗、油茶、油桐、刺槐、梧桐、枫杨等多种树木,也能为害银杏。其成虫取食叶片与嫩枝,幼虫(蛴螬)则能为害根系。虫口密度大的地方,可以连年将银杏的叶片、嫩梢吃光。由于银杏每年的生长量有限,所以,受害植株的生长结实都会受到严重影响。1年1代,以老熟幼虫在土中越冬。越冬幼虫于翌年4月下旬化蛹并羽化,羽化后即外出为害各种植物的叶片与嫩枝,一般白天潜伏在土中,傍晚前后成群外出取食。6月初开始产卵,卵期10~15 d。幼虫取食植物根部,越冬前,先筑土室,幼虫在土室中越冬。成虫具假死性及强趋光性。防治方法:①捕捉成虫。利用成虫的假死性,在成虫羽化盛期,于傍晚群集危害时,震落成虫,搜集并浸杀之。②灯光诱杀。在成虫盛发期,应用黑光灯诱杀成虫。③杀灭幼虫。结合中耕除草,破坏越冬土室,并及时杀灭。④药剂防治。成虫为害盛期,于下午4:00起,喷施90%敌百虫1 000倍液等杀灭成虫,也可以在傍晚施放烟雾剂来毒杀成虫。

斑叶

叶子的某些部分,由于缺乏叶绿素之故呈现白色、黄色甚至其他颜色的色斑,这种叶子就叫斑叶。银杏的斑叶是遗传现象,在银杏生长正常时就有斑叶。

斑叶银杏

雌株。小灌木状,叶呈斑块状,非常奇特优美。一些叶一半为金黄色,一半为绿色,有一些呈条带状黄绿相间。树高3 m。本品种类似国内的斑叶和黄条纹银杏。

半知菌

未发现有性阶段的真菌。大多数表现出相当于子囊菌无性繁殖阶段的形态类型。

伴生生物

银杏与其周围的生物相互作用、相互制约。例如,狸猫对银杏的天然更新起着一定的作用。它喜食银杏种实,消化银杏的外种皮,但不能消化中种皮,种核就通过它传播到另一个地方,从而完成天然更新。老鼠、鸟类等动物有时也能起到类似的作用。在植物群落中,银杏常与柳杉、杉木、金钱松等高大乔木伴生,在这些高大乔木的庇护下,银杏干形通直,尖削度小,能生产出优良的木材。但是,当上层林木郁闭度过大时,不仅抑制银杏的结实量,还抑制银杏幼苗的生长,不利于天然更新。

瓣

在孢子赤道光切面角上的膨胀部分,比赤道的其他部分更为明显。这种膨胀部分称为瓣。

绑扶枝条

新梢摘心后,将不同方向的新梢用扎篾绑扶到主干上,或将竹竿绑在主干上,将枝条扶直防风折断。

包装前苗木处理

常用苗木沾根剂、保水剂处理根系,来保持苗木水分的平衡。也可通过喷施蒸腾抑制剂处理苗木以减少水分丧失。①泥浆沾根:俗称打浆、浆根。将苗木根系沾上泥浆,使根系形成湿润的保护层,能有效地保持苗木水分。②苗木沾根剂沾根:苗木沾根剂是一种新型高分子材料。高吸水树脂有多种型号,用于苗木沾根的类型为白色颗粒,无毒无味,具有很高的保水性,拌入土壤还有改良土壤结构的作用。常用1:(400~600)的比例配制保水剂溶液,搅拌成胶冻状,即可用于苗木沾根。这是一种既理想又经济的苗木保水处理方法,值得推广。③HRC 苗木根系保护剂:苗木根系保护剂由黑龙江省林业科学研究所研制而成,呈浅灰色粉末状,主要成分是在吸水剂的基础上加入营养元素和植物生长激素等。HRC 加适量水后用于苗木沾根,对提高造林成活率具有显著效果。

苞片

位于花、花序或花部之下一种变形的叶子。

孢粉

指花粉及(或)孢子。

孢子

真菌的繁殖体。包括从营养体直接产生的无性孢子和经过性结合和核相变化后产生的有性孢子,单细胞至多细胞以及多种多样的形态,成为真菌分类的主要依据。

孢子囊

藻状菌的无性繁殖结构,是在膨大的细胞中,原生质被网状的液泡分割成数目不定的较薄的内层。

孢子胚体

指胚直接从孢子体细胞发育而成。

孢子体

在苔藓和蕨类植物的世代交替循环中,与配子体相交替的无性阶段,其双倍核相的植物营养体。

孢子形成

通常指从营养生长转入孢子形成阶段的时间。在病原体侵入之前保护银杏防治病害的方法,如喷撒保护性药剂。

雹害

是银杏经过冰雹袭击后所造成的灾害。冰雹对银杏的危害主要是雹块对银杏树体冲击所造成的机械损伤,加上短时间的风的破坏作用,轻者撕破叶片、砸伤枝干树皮,打断枝条和击落幼果,重者折断大枝、打烂树皮,打掉全部叶片和种实。阵性大风还可刮倒树体,甚至连根拔起。冰雹危害的程度取决于雹块的大小,降雹强度和雹块降下的速度,也与银杏所处物候期有关。特别是在种实膨大和成熟前,遇到严重冰雹袭击,使当年产量甚至全银杏园毁于一旦,且又容易引起病虫害发生,影响第二年生长和结实。危害较轻的雹害,也可使叶片受损,种子大量减产。雹灾后应加强对银杏园的精细管理。

饱和差

一定温度下饱和水汽压与实际水汽压的差值。其大小可说明空气中实际水汽含量距离饱和的绝对数字。饱和差愈小,表示空气愈接近饱和。饱和差等于零时,表示空气已达饱和状态。在研究银杏蒸腾作用、土壤水分蒸发和森林火险预警时,需要考虑饱和差的影响。

饱和含水量

亦称可蓄水量。土壤水分常数的一种。指土壤为重力水所饱和时的含水量分数。以烘干土重为基数来计算。亦即所有毛管孔隙和非毛管孔隙都充满水分时的含水量。

宝积庵银杏

庐山宝积庵银杏栽于宋代,大十围,清朝咸丰三年遭火灾,仅存枯干,数年后萌芽复生,至今叶附枝连,华盖如云,树龄约千年。

保肥性

亦称土壤保肥性能。指土壤吸收分子态、离子态、气态、液态和固态养分物质保持的能力。致使土壤养分得到积累和提高,不致被淋失。是土壤肥力的一个重要特性,也是鉴别土壤好坏的一个重要指标。

保护地扦插苗

利用20年生母树插条(插条苗I)和一年生苗干(插条苗II)扦插证明,8月5日嫩枝生根苗移栽后,每株苗木仅发叶1~4片,并无新梢抽生。当年生嫩枝扦插苗的新梢生长量明显低于播种苗。尽管银杏插条繁殖具有较高的生根率,但插穗生根后,尤其在移栽的情况下,第一个生长季节生长较慢,只产生莲座状叶片,很少有延长生长,直到第二个生长季节之后才有新梢萌发。正由于这个原因,在美国大多数专业化苗圃是采用嫁接法繁殖银杏雄株良种。单芽扦插苗移栽后当年发新叶百分率低于10%,且无一抽生新梢。保种水8月至采收前是种核硬化、成熟期,需水量不是很大,灌水量可适当减少,但仍需要一定的水分以保证种核生长发育,有利形成充实饱满的种子。叶用银杏园则需要较多的水分,以提高叶片的质量与产量。

保护地扦插配套技术流程

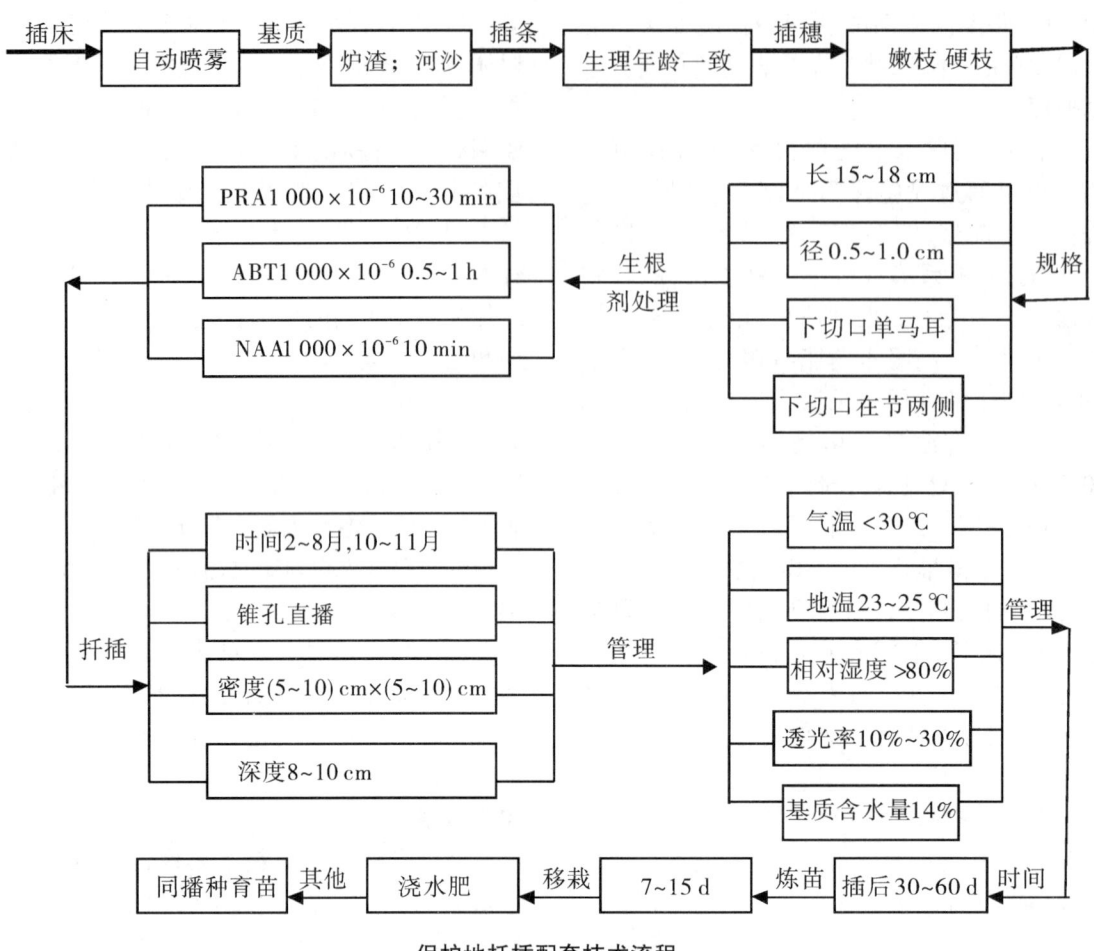

保护地扦插配套技术流程

保护古银杏的综合措施

(1) 工程措施。①砌围填土,保护根群。对根部外露的银杏树在树的周围填用石片砌矮墙,填沃土、防止人畜直接践踏树根,避免根部损伤。②建护栏围墙,防止人畜为害。对具有重要文化价值的古树采取用筑围墙或护栏的措施来防止人畜破坏。如对白兆山祖师顶的唐代古银杏就是这样做的,有效地制止了善男信女们在古树近旁烧香烧纸;阻止了久病求药者剥皮入药,防止了不拘小节的游客在树身上刻字。③堵塞树洞,防止雨水渗入。控制干腐朽霉烂,通常用水泥填入空洞,但要注意不留裂缝,防止雨水从缝隙渗入。④做支架,预防断枝折干。人们称之为"给拐棍。"一些老树树干和主枝木质部疏松,易裂易折;一些空洞较大的古树头重脚轻,经受不了风吹雨压,一般都用木料支撑,顶托树枝,减少主干的压力。

(2) 农业措施。①增施肥料,促进古树复壮。对立地条件较差的古银杏采取秋冬施肥的措施,一可促发新枝;二可促发根蘖苗;三可稳定和提高银杏产量。施肥一般以农家肥为主,在秋末冬初休眠期进行。在树冠外沿挖沟或打穴、深施肥料。对土层较浅易受旱的古树还要及时抗旱保墒。②营造防风林,降低风速。人们称之为"加屏障。"俗话说:"树大招风。"山巅路旁的孤树、易遭风折。为防患于未然,在古树外围风头上栽植柳树、白杨等速生树种,形成防护林。对降低风速、保护古树有一定作用。③稳定古银杏产量。开展人工授粉,采取嫁接和环刻等措施,提高产量。对树干完好,而枝条稀稀落落的古树,选择适当部位嫁接新枝可使老树复壮,对抽生徒长枝的古树施行环刻以控制营养生长,促使早结果、多结果。不过古树不宜采取环剥方法,更不可用斧砍伤。④防腐防蛀、除虫治病。古银杏树干形成空洞以后,常有白蚁和其他蚁类从中筑巢,蛀蚀加速古树枯死。

(3) 法治政策措施。①建立保护区,禁伐防火。在保护区内,禁止砍伐,禁止狩猎,禁止放山火,禁止在树下烧香烧纸,对现有的古银杏逐株编号、建档、挂牌并明确保护责任人,对千年以上的古银杏实行特殊保护。②落实政策,明确树权。新栽银杏实行谁种植、谁管理、谁受益。古银杏依历史沿革,明确树权,发给树权证。有的村前几年为了保护古树,向农户收取少量服务费,树主没有异议。近年来,少数村提高了收费比例,有的实际达到"四六"开,农户所得减少,降低了农户投资和管理的积极性,需要合理解决。③加强法制宣传,制止破坏古树。大力宣传保护古银杏的意义,使之家喻户晓。着力收集古银杏的传说,丰富其文化内涵,增强人们的自觉保护意识,反对迷信,提倡科学,反对由于迷信带来的人为损害。

保护和研究古树名木的意义

许多古树历尽沧桑,可以作为历史的佐证。北京景山上崇祯皇帝上吊的古槐,是记载农民起义军伟大作用的丰碑。北京颐和园仁寿殿前有两排古柏,八国联军火烧颐和园时曾被烧烤,背靠建筑物处从此没有树皮,不再增粗生长,它是帝国主义侵华罪行的证据。古树曾为我国的文化艺术增添光彩。我国有不少古树曾使历代文人学士为之倾倒,为之吟咏感怀,在文化史上有其独特的地位。例如"扬州八怪"中的李鱓曾有名画《五大夫松》。此类为古树而作的诗、画为数极多,有不少是我国文化艺术宝库中的珍品。古树是历代陵园、名胜古迹的佳景之一。它们苍劲古老、姿态奇特,使万千中外游客流连忘返。如北京天坛公园有"九龙柏",团城上有"遮阴侯",香山公园有"白松堂",潭柘寺有"千年松"……它们把祖国的山河装点得更加美丽,更加矫健。陕西黄陵"轩辕庙"内有两棵古柏:一棵是"黄帝手植柏",柏高近20 m,胸围10 m,是目前我国最大的巨柏,相传为数千年前轩辕黄帝亲手所植;另一棵叫"挂甲柏",相传曾为汉武帝挂甲之处。这两棵古柏虽然年代久远,却至今枝叶繁茂,郁郁葱葱。古树对于研究树木生理具有特殊意义。树木的生长周期很长,相比之下人的寿命却短多,因此人们对于树木生长、发育、衰老、死亡的规律往往无法用跟踪的方法加以研究。古树的存在则把树木生长、发育在时间上的顺序展现为空间上的排列,使我们能以处于不同发展阶段的树木作为研究对象,从中掌握该树种从生到死的规律。古树对于树种规划有很大的参考价值。古树多为乡土树种,对当地气候和土壤条件有很高的适应性,是树种规划的依据之一。

保护生态环境

生态环境是指生物生长发育的具体地段,对生物起作用的环境,如沙丘、海底、河滩、农田、森林、银杏园、银杏林等。保护生态环境就是采取有利于人类生存、保护生态平衡或建立新平衡的环境改善措施,实现自然资源的合理开发利用,促进社会、经济的可持续发展。保护生态环境的主要措施有:①建立保护机构,制定法律和制度;②综合防治,采取强有力的措施治理工业污染;③植树造林,包括银杏林和银杏园,保护水土;④建立自然保护区。

保护行

在试验地和小区的边际,安置非处理的植株或地段,用以减少人畜和边际效应对实验的影响,一般设在整个实验地的四周,但在区组分散时,区组的四周也设置保护行。密植银杏园的施肥、灌水试验小区间也应有保护行,品种、砧木试验,小区与小区之间,不同品种、砧木间树冠大小不同,每小区两边的植株,不作观察株,起到保护行作用。

保花保种

银杏授粉后,由于多方面的原因,在5月上旬至6月上旬,以及7月上旬会出现落种现象,出现这种现象主要有以下3个方面的原因:①养分不足,即叶片光合作用所产生的有机物质和土壤中的养分不能满足种实生长的需要;②授粉不当,花粉活力差,造成受精不良;③病虫危害。为了减少落花落实,应采取以下保花保种措施:①及时追肥,以氮肥为主,氮、磷、钾肥合理搭配,适当时期可采用叶面追肥;②改善立地条件,如挖沟排水,合理灌溉,深挖松土,增加土壤肥力;③合理授粉,花粉量要适宜,保证授粉用花粉具有一定活力;④及时防治病虫害。

保健茶

茶叶2 g、银杏叶提取液(吸附在冲泡纸上)1～3 mL。将银杏叶加水浸泡1.5～2.5 h,煮沸10～20 min,浓缩滤液,冷却,过滤,清液用1～3倍量95%乙醇萃取,回收溶液后得提取液。用冲泡纸吸附提取液,于35～37℃烘干,剪碎,与茶叶混合,制成袋泡茶。

保健醋的配置

银杏保健醋是以银杏叶提取物和优质食用醋为主要原料,经科学方法加工而成的天然保健饮品。①原料选择:选择无公害的银杏采叶园,于8月下旬至9月上旬,采集3～4年生银杏幼树上无病虫害、无污染的鲜绿叶,晾干、晒干或烘干备用。②工艺流程:银杏叶→提取液→二次提取液→三次加热提取液→滤去沉淀→银杏叶提取液→冷藏。③制取方法:将粉碎后干燥的银杏粉,浸泡在水中,用沸水提取3次,第一次加水量为原料的8～10倍,后两次为5～6倍,每次温和煮沸2～3 h,间歇式搅拌,合并三次滤液,将滤液在0～4℃低温冷藏一天一夜,滤去沉淀,得到银杏叶提取液。这种含黄酮类和内酯类的提取液,用作银杏醋的原料和保健食品的添加剂。

保健美容原理

银杏叶提取物也广泛应用于美容化妆品中,经美容化妆后,人的皮肤更加靓丽、细腻、白嫩,人的头发更加飘柔、顺直。美容不但有利于人们的身心健康,振奋精神,而且更有利于社会交往和形成和谐的人际关系。银杏叶提取物含有丰富的人体所必需的各种营养成分和微量元素,而且极易被人体吸收。对滋润皮肤、减缓细胞老化、去除皮肤粗糙、促进皮肤血液循环、改善头皮毛发营养、防止皱皮、消除面部黑痣、粉刺、水泡、疥癣有明显的效果。银杏叶提取物是化妆品最好的添加剂。银杏叶提取物能有效地清除人体内的自由基。两种非酶体系产生的超氧化物阴离子 O_2^-。电子自旋共振测量表明,当体系中存在银杏叶提取物 500 $\mu g/mL$ 时,超氧化物阴离子的信号强度大大减弱,这意味着提取物能直接清除自由基。现在已经查明,银杏叶提取物中的黄酮类化合物,是清除自由基的活性物质。光谱测量表明,银杏叶提取物也具有超氧化物歧化酶(SOD)的活性,这种活性与牛血 SOD 的活性相似,只不过前者是含铁 SOD,后者是含铜-锌 SOD。据测定,75 $\mu g/mL$ 银杏叶提取物给出的酶活性相当于 0.22 单位牛血 Cu-Zn SOD 的活性。SOD 催化歧化活性氧自由基到 H_2O_2 和三重态氧。在蛋白质与磷脂的复合物中加入维生素 E 或银杏叶提取物,能明显减少过氧化脂质的形成,有显著的抗氧化效果。采用 6 种试样,用紫外线试验过氧化作用。先将试样分别放在培养皿中,在搅拌下用紫外线照射 1 h,用 TBA 法测定生成的过氧化物,即取 5 mL 样品,置于带塞试管中,然后加入 0.9 mL 乙醇,2 mL TBA 试剂(TBA 试剂的配制方法是:混合 10 g 三氯乙酸,0.375 g 硫代巴比土酸和 25 mL 1 mol/L HCl,然后用水稀释 100 mL),90℃加热 30 min,离心,在 532 nm 处测定上清液的吸光度,得到各试样中的过氧化物浓度。

保健面条

以面粉、银杏叶提取物、精制盐、食用碱、自来水为成分,反复试验,经对面条品质的观察、食用比较后,拟定如下配方。面粉 100 kg,银杏叶提取物 0.16 kg(每 50 g 面条中含黄酮苷 19.2 mg,萜内酯 4.8 mg),精制盐 2 kg,自来水 31 kg,食用碱少许。

银杏手擀面条的工艺流程:银杏叶提取物 + 面粉及其他辅料→分别计量→和面→饧面→擀面→切条(→烘干→称量→包装)。

银杏机制面条的工艺流程:银杏叶提取物 + 面粉及其他辅料→分别计量→和面→饧面→压面→切条→烘干→称量→包装。

手擀面条的操作要点:将称好的精制盐倒入 30℃的少量温水中搅拌溶解,然后再将称好的银杏叶提取物与溶解的盐水倒入一定量的面粉中搅拌和面。和面时间为 10~15 min。将和好的面团盖好笼被,在常温下饧置 30 min。将饧好的面团掺入少量干面反复用劲揉搓,使其光亮均匀,筋道,然后用擀面杖将面团擀成面片。当厚度达 1.5 mm 左右时,折叠后用刀切成宽度为 2~3 mm 的面条,即可下锅煮熟食用。干面条的制作:如有条件可将湿面条置入电热鼓风箱内烘干,箱内温度为 50~55℃,烘至恒重后称量、包装。如无条件可将湿面条置入宽敞的大房间内,打开门窗,使面条风干至含水量达 12% 以下时称量、包装。

机制面条的操作要点。将称好的精制盐倒入 25℃的少量温水中搅拌溶解,然后将称好的银杏叶提取物与溶解的盐水一同倒入一定量的面粉中搅拌和面。和面时间为 12~15 min,和面机转速为 70~110 r/min。将和好的面团静置饧面,或放入熟化机中熟化。熟化机转速为 5~10 r/min,时间为 30 min,以充分舒展面筋。将熟化好的面团经多级辊压成符合厚度要求的面带。面带用切条机切成粗细约 2 mm 的面条。干面条的制作:同手擀面条的干燥方法。计量包装:将干燥后的面条下架,按长短要求切断,计量包装即成成品,上市销售。

银杏保健面条在沸水中煮 5 min 成熟后,面条光滑不黏,细腻汤清,咀嚼筋道有弹性,有清淡的银杏清香味。另外,从煮熟实验的断条率看,手擀湿面条以煮 3 min 为好,机制湿面条以煮 4~5 min 为好。银杏保健面条色泽略微暗,若不仔细观察,与对照面条的自然白色无差异。银杏保健面条除有银杏清香味外,仍有小麦味,无其他异味。面条结构紧密形态无差异,表面平整、光滑。无任何杂质,不牙碜。煮熟后银杏手擀面条断条率不超过 5%;机制面条断条率不超过 3%。二者均成形好。

保健食品与银杏

保健食品由于银杏叶中的药用和营养成分,现有以银杏叶为原料制成的各种保健食品和饮料问世,如保健面、巧克力、口香糖、银杏叶酒、银杏叶茶、银杏叶口服液等,自投入市场以来备受欢迎。

保健药枕

将药枕放入鼻孔一侧,以闻到药香味的最佳睡眠方式为宜。应保持每天不低于 6 h 的使用时间。洗涤时抽出药垫,然后对外套进行洗涤。

保健药枕保健功能

高血压患者使用半年后,有效率达 95%。同时又能改善脑部供氧供血,加深睡眠,提高睡眠质量,加快血液流速,排出脑细胞代谢废物,改善微循环,消除大脑疲劳,缓解头昏头痛,活血祛风,镇静安神,调节血压,降血脂等。

保健药枕保健原理

根据传统中医"闻香治病"的理论,取菊花、牡丹皮、川芎、细辛、菖蒲、冰片、银杏叶等二十几味中药组方,加工成外用药枕,气味经呼吸道吸入体内,有平肝潜阳、清热凉血、养心安神、开窍通脉、活血化瘀、通痹止痛等作用。

保健药枕适用范围

心烦不安、睡眠不佳、头痛神疲、失眠、精神不振、神经衰弱者。高血压、颈椎病、脑动脉硬化、高脂血症、冠心病等慢性疾病引起头痛、头晕、颈项强痛、健忘、多梦、耳鸣、易怒等症者。因衰老引起的其他综合征患者及需提高睡眠质量的养生保健者。

保健液对果蝇平均寿命的影响

保健液对果蝇平均寿命的影响

组别	总例数(只)	平均寿命(X±SD)	P值
对照组	40	50.34±3.40	P<0.01
实验组	40	62.72±4.35	

保健液对小鼠肝脏组织中 Lpo 的影响

保健液对小鼠肝脏组织中 Lpo 的影响

组别	剂量/体重	例数(只)	Lpo(X±SD)(mg/g)	P值
Ⅰ	—	10	326.68±21.61	—
Ⅱ	0.2 g/kg	10	169.72±14.49	P<0.01
Ⅲ	0.8 g/kg	10	137.62±15.22	P<0.01
Ⅳ	0.4 g/kg	10	176.09±24.09	P<0.01
Ⅴ	0.2 g/kg	10	316.42±29.01	P<0.01

均与正常对照组(Ⅰ组)比较。

保健液对小鼠心肌组织中 Lpo 的影响

保健液对小鼠心肌组织中 Lpo 的影响

组别	剂量/体重	例数(只)	Lpo(X±SD)(mg/g)	P值
Ⅰ	—	10	263.43±21.48	—
Ⅱ	0.2 g/kg	10	128.10±13.68	P<0.01
Ⅲ	0.8 g/kg	10	108.39±14.02	P<0.01
Ⅳ	0.4 g/kg	10	138.53±16.75	P<0.01
Ⅴ	0.2 g/kg	10	261.57±32.48	—

均与正常对照组(Ⅰ组)比较。

保健作用

银杏叶中含有多种营养成分和人体所必需的各种微量元素,这些成分极易被人体吸收。以银杏叶提取物为原料制成的各种保健食品和保健饮料已大量上市,如银杏保健面条、银杏面包、银杏巧克力、银杏口香糖、银杏酒、银杏茶、银杏口服液、银杏冲剂、银杏保健胶囊、银杏保健滴丸、银杏保健片、银杏吸品等。银杏叶提取物在美容化妆品和减肥敷料上也得到广泛应用。这些银杏保健品投放市场后,备受消费者的青睐。

保留外种皮贮藏法

将采收后外种皮完好无损的种实,摊放在通风向阳的场地,每晚各翻动一次,经3~5 d晾晒后,外种皮水分大部失去而呈皱缩时,装入麻袋放在通风冷室内,翌春播种。也可用1体积种实与2体积河沙混匀,湿度以手握成团,触之即散为适,堆放在冷室内,高约20 cm。每20 d左右翻动一次,以利通风,调节河沙湿度和降温;如河沙过干时,应适当洒水增湿。贮藏过程中应经常检查,发现霉烂种子及时剔除,以防蔓延。

保种水

8月至采收前是种核硬化、成熟期。需水量不是很大,灌水量可适当减少,但仍需要一定的水分以保证种核生长发育,有利形成充实饱满的种子。叶用银杏园则需要较多的水分,以提高叶片的质量与产量。

"抱娘树"繁殖法

银杏从2年生实生苗开始,便在根茎交界的上部从干上萌生大量的"复干",这些复干直立生长,常常超过母干。在许多古银杏树干基部生长着老、壮、青、少、幼不同年龄的多代银杏树,因此被人们称为五代同堂、一龙九子树、八子抱母树,等等。山东郯城农民称这些复干为"抱娘树"。"抱娘树"繁殖法属于分株育苗的一种。通常"抱娘树"分株于2月上旬至4月上旬进行,先掘开母树周围70~100 cm范围内的土壤,用快刀或锋利铁锹逐株沿母干纵向切下子苗。注意保护须根,并带一块"椅子根",即母树基部膨大部分。银杏复干在银杏产区遍地都有,实生苗、幼树、成龄大树,尤其是分株树、插条苗和嫁接树下特别多,应集中分株、统一培育。可将分株的"抱娘树"栽于苗圃进行二级育苗,株行距30 cm×50 cm,每亩4 440株。分株的复干高度以30~400 cm为宜。对于成丛状生长的复干要分离成单株,每株基部带一块"椅子根"。大多数幼龄复干并不具有侧根,多年生复干在离地表处长1~2条细根。从起源及解剖上看,"抱娘树"繁殖法类似银杏长条扦插,即所谓的"抱娘树"仅是基部含有干(根)皮的一个枝条。因此生产上为了加速"抱娘树"生根,常常采用下列处理:①基部用刀刻伤露白以促发新根;②用PRA或ABT速蘸后栽植,以促发不定根;③将"抱娘树"栽植到含水量较高的沟渠两侧,力争深栽,深度在 20～50 cm 不等,当年成活率可达 95%～100%,抽条 30～80 cm 以上。但仍有少部分"抱娘树"的椅子根当年仅产生大量愈伤组织,使苗木基部呈圆球形,根系不良或没有根,上部叶子深绿、较小,长势差,一般第 2 年才能成活生长。如果分株的"抱娘树"带有少量母根,即使高度 5～6 m 的"树",栽后仍能成活,但当年生长量不大。如果母干为雌性,则"抱娘树"仍能结果。如果母干上已嫁接,"抱娘树"的性别不宜判断,应在栽活后马上嫁接育苗。在许多情况下银杏由基生树瘤上萌生数以千计的嫩芽,许多枝条因养分不足并不能长成复干,为此,江苏银杏产区常在壮龄雌株母树基部有目的选留 4～5 株"抱娘树"定向培育,其他嫩枝和嫩芽均及时去除,当复干高度达 2～3 m 时,于春天疏移培育。

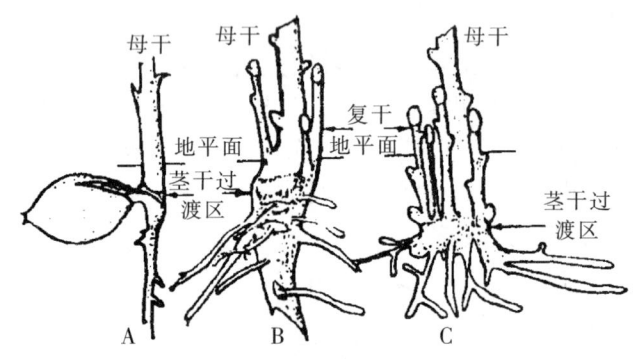

银杏抱娘树(复干)的起源图
A.出苗期播种苗　B.二年生播种苗　C.二年生扦插苗

抱头银杏

典型株树龄 18 年。树干通直、圆满、灰白色,长势健壮。高 6.6 m,枝下高 2.2 m,胸径 19 cm。树冠圆满紧凑,呈圆锥形。主干与主枝夹角多为 45°,侧枝长势弱。叶片开裂较深。实生尚未结果,雄雌不详。

北京地区银杏古树资源

杯状形

杯状形主要适用于银杏矮干密植园和良种采穗圃。这种树形树体较矮,干高低于 60 cm,主干 2～4 个,较开张,通风透光,易成形,结果早。通常选用 2～3 年生实生苗,用劈接或插皮接法接 1～2 个接穗,以后轻剪重拉枝,加大开张角度,使主枝、侧枝组成杯状树冠。

北大孙各庄银杏

一级古树,俗称白果树、公孙树、鸭掌树。该树生长于牛栏山镇大孙各庄村大觉寺的遗址上,今为村幼儿园内,是顺义最古老的树。东西并排 2 株,一株树高 15 m,胸径为 1.86 m,冠幅 7 m×6 m;另一株树高 13 m,胸径 1.74 m,冠幅 6 m×5 m。树皮全部为灰白色,枝有长枝、短枝、叶型奇特(鸭掌形),新叶嫩绿,秋叶金黄,每年 4～5 月开花,9～10 月份种子基本成熟,果实外表白色。这两株树因年代久远,树干、枝梢已基本干枯,只有萌发出的更新枝生长,长势较弱,树势处于衰弱时期。根据当地村民看到过的碑文和古庙遗址及粗度推断此树植于辽金年代,树龄近千年。传说在缺医少药的旧社会,村民们把此树视为"神树"。每到夏季,炎热、潮湿、疫病流行之际,人们常打下此树叶或白果煎熬治病,而且一吃就好。有的人为了求神灵保佑,还让孩子拜此树为"干妈"。1990 年,经检查,北大孙各庄银杏树,周围堆有垃圾、货物和缠绕绳索等,树势长势衰弱。县林业局责令清理拆除,留出空地。1991 年树下垫起 30 cm 高的土台,上面设置八角形的铁围栏,采取浇水、松土、除草等管护措施,长势衰弱有所缓解。

北极拜拉属

叶顶端变圆,偶见二歧分裂,叶宽处的叶脉少于 6～8 条。发现于下白垩纪法兰士－约瑟夫岛。此属最常见的有以下 1 种。弗莱特北极拜拉。

北京地区银杏古树资源

地点	树龄(年)	树高(m)	胸径(cm)	冠幅(m×m)	备注
昌平区南口镇居庸关四桥子村	1 200	25	250	20×25	雌株,每年可结白果 50 kg
昌平区十三陵林场沟崖风景区上庙前	1 000	20 30	178	15×17	(唐代)关沟大神树(唐代),北方道教圣地之一
昌平区十三陵林场沟崖风景区大盘道上	1 000		230	20×20	(唐代),有北五当山之称
怀柔区红螺寺	1 100	25	120	10×10	雄株
怀柔区红螺寺	1 100	15	80	10×4	雄株
怀柔区怀北镇政府源金灯寺院内	600	24	202	28.5×15.2	雌株(又名孔雀仙子)
石景山区秀府村村西越秀庵中	500	30	200	18×18	雌株
昌平区献陵村	500	16	242	10×16	枝条被烧,还有 2 株较小

续表

地点	树龄（年）	树高（m）	胸径（cm）	冠幅（m×m）	备注
海淀区北安河垒大觉寺内	900	30	250	15×17	雌株，又称银杏王
门头沟区潭柘寺内	1 000	40	400	25×28	雄株
门头沟区潭柘寺内	600	30	200	20×20	雄株
门头沟区永定镇苟罗村西峰寺	1 100	32	232	24×23.5	雄株
门头沟区妙峰山乡斜河涧村广化寺内	800	25	204	28×24	雄株
海淀区聂各庄乡台头村小学	500	15	205	18×18	原为寺庙

北京帝王树古银杏

该树位于京西古刹潭柘寺，树高超过30 m，胸径2.9 m，距今已1 000多年。清朝乾隆年间，被御封为"帝王树"，现为该寺的参观旅游增添了不少光彩。

北京关沟银杏

该树生长在北京昌平区南口镇居庸关四桥子村中，雌株，树高25 m，胸径2.5 m，冠幅东西20 m，南北25 m，树龄约1 200年。现树体完整，枝叶繁茂，占地近670 m^2，每年可收种核近50 kg。该树被称为"关沟大神树"，为著名的关沟七十二景之一。

北京银杏王

北京市密云县巨各庄镇久远庄村塘子小学院内，有一株古银杏树，这株银杏雄株向西偏冠生长，而穆家峪乡西穆家峪村的一株银杏雌株向东偏冠生长，两株大树隔河相望。塘子小学原是元代香岩寺遗址，遗址碑文中记载"此树植于唐代以前"，由此推断，银杏树龄当在1 300年以上。该树高25 m，主干胸径2.3 m，周围萌生出4株小银杏树，据说唐代以后，宋、元、明、清每朝萌生一株。1983年古银杏树被密云县人民政府确定为一级保护文物；1987年专门为银杏树修建了围栏；1995年镇政府筹资迁出了小学，使古银杏树得到了更好的保护。

北美银杏观赏品种

美国银杏观赏品种良种选育走在世界前列，20世纪30年代大量栽培的实生树结果，由于银杏外种皮被行人及车辆碾碎发出一种令人厌恶的臭味，因此园艺家Downing（1841）是最早提倡把银杏作为观赏品种栽培的人。在美国许多品种是经美国园艺学会调查后确认下来的，并在加利福尼亚的萨拉托格园艺场保存并繁殖。美国国家植物园，作为临时国际未定名木本植物注册的权威机构，根据国际栽培植物命名法规的规定，负有对重要的风景绿化树种提供具有绝对权威性名录的责任。美国银杏观赏品种被分为"认可栽培品种"（Valid cultivar）和"非认可栽培品种"（Invalid cultivar）两大类。认可的有18种，非认可32种，共计50种。

北泉寺倒扎根白果树

河南省确山县秀山西北有一座北泉寺，寺内有4棵古银杏树，这4棵树干胸围均在四搂粗以上，其中在寺院东北角处一株为最大，胸围8.4 m，树高25 m，冠幅19.5 m，树干空腐，人能从空洞间穿越而过。据寺院管理人员介绍，每逢夏季暑日，常有人在树空洞间歇凉，还能放进一张小桌，四人在空洞间打牌。最为引人注目的是在树权主干上生有数条粗大的气根，群众叫"倒扎根"，气根长者有50 cm，短者有20~30 cm。故方圆群众称为"倒扎根白果"。殿前另一株古银杏旁，立有清嘉庆十四年碑碣，上书："颜鲁公殉节处"。县志记载："北泉寺始建于北齐，名树佛寺，唐名资福寺，宋改名万福寿禅寺、北泉寺，寺外蟠山回绕，群峦积翠；寺内隋白果、唐柏挺拔苍劲。唐建中四年（公元783年）淮西镇节度使李希烈叛唐，德宗命太师颜真卿赴蔡州宣谕，被拘，送资福寺幽禁。兴元元年（公元784年）八月，被缢死于寺内白果树下"。明嘉靖二十六年（公元1547年）知府潘于正在此创建颜鲁公祠。目前古银杏树老态龙钟，仍生长繁茂，枝叶蔽天，年年开花结实。这4棵古银杏树均为隋朝时期栽植，故又称"隋白果"。为确山县重点保护文物。

贝享

贝享为荷兰地名。小乔木状，直立向上生长，树高4 m；叶黑绿色，小而稀，是公园、庭院理想品种，树高1.5 m。

《本草从新》

清·吴仪洛撰，成书于公元1757年，全书共18卷，银杏在第10卷果部。此书未超出前人的记述内容。

《本草纲目》

明·李时珍撰，成书于公元1573年，是我国著名的一部药用大典。李时珍除继承了前人的一些成果外，也提出了自己的见解，书中也有不足之处。李时珍将银杏描述为："二月开花成簇，青白色，二更开花，随即谢落，人罕见之。"此处二月开花指的是农历，这里也没有说明是雌花还是雄花。银杏雌雄花期大约一周左右。稍加注意，人人可以看到。李时珍仍将银杏种核定为"三棱为雄,二棱为雌。"至今,这一说法仍缺乏科学根据。李时珍首先提出:"或凿一孔,内雄木一块泥之亦结。阴阳相感之妙如此。"这一论断亦是错误的。李时珍对文选《吴都赋》上说的"平仲果,其实如银",平仲果即是银杏的说法持怀疑态度。《本草纲目》书中记述银杏主治"生食引疳解酒,熟食益人。熟食温肺益气,定喘嗽,缩小便,止白浊。生食降痰,消毒杀虫"。文后李时珍用大量篇幅提出了银杏治疗诸病的18种医方,此为前所未有。

《本草汇笺》

明末清初顾元交撰,成书于公元1660年,全书共10卷,银杏在第7卷果部。本书没有超出前人记述银杏的范围。

《本草汇言》

明·倪朱谟撰,成书于公元1573年。全书共30卷,书中记述银杏"入手太阳、太阴经"。

《本草蒙筌》

明·陈嘉谟撰,成书于公元1565年。全书共12卷,银杏在第7卷果部。书中错误地将银杏记述为"二更开花,三更结实",并曰银杏是"阴毒之果,不可不防"。书中补充了新内容,"生食戟人喉,炒食味甘苦,少食堪茶压酒,多食则动风作痰,食满一千,令人少死,阴毒之果,不可不防,取其所能,仅治白浊获效,儿勿食,极易发惊。"此书又补充了银杏果可堪茶压酒及治疗妇女白浊之功效。

《本草品汇精要》

明太医院集体编撰,成书于公元1505年。全书共42卷,银杏载于第34卷果部。书中记述"银杏炒食煮食皆可,生食发病。树高五六丈,径三四尺,叶似鸭脚,五、六月结实如李,八、九月熟则青黄色,采之浸烂去皮取核为果,亦名鸭脚。宣城郡及江南皆有之。八月、九月采收取实,核壳白,肉青黄,味甘苦,气味厚于气阴中之阳,有腥臭味,火煨去壳,煨熟食之止小便频数。"书中对银杏果、叶药用有详细记述:"银杏炒食煮食皆可,生食发病。性甘苦,缓泄,味厚于气阴中之阳,有腥味,火煨去壳,煨熟食之止小便频数。叶为末和面作饼,煨熟食之止泻痢。生食有小毒发病。"在中药发展史上,此书首次提出银杏果"煨熟食之止小便频数";银杏叶"为末和面作饼,煨熟食之止泻痢"。与今日银杏果、叶的医药作用基本相同。银杏叶在中医临床上的应用始于明朝。

《本草求真》

清·黄宫绣撰,成书于公元1805年。全书共8卷,银杏在第5卷果部。记述银杏为"白果虽属一物,而生熟攸分,不可不辨,如生食则能降痰解酒,消毒杀虫,及同汞浣衣,则死虫虱,何其力锐竟不相同,如稍食则可,再食则令人气窒,昔已有服此过多,而竟胀闷欲死者,然究其实,则生苦未经火革,而性得肆才而不窒,然则经大锻制,而气因而不坤,要皆各有至理,并非空为妄谈已也。"此书主要是记述了银杏的食疗作用。

《本草拾遗》

唐·陈藏器撰,成书于公元739年左右。原书已逸。本书记述林果树30余种,其中有"木则平仲,其实如银"之句,进一步证明平仲即银杏之古名。

《本草详节》

清·闵钺撰,成书于公元1681年。全书共12卷,银杏在第8卷果部。本书未超出前人记述银杏的范围。

《本草易读》

清初汪切撰,成书于公元1615年。全书共8卷,第6卷有银杏疗病之记述。书中文字浅显明了,大为后世业医者称颂,对当时医学普及起了积极的推动作用。文中简述了银杏的疗效,列出了9种疗病医方。

《本经逢原》

清·张璐撰,成书于公元1695年。全书共4卷,银杏在第3卷果部。本书没有超出前人记述银杏的范围。

苯丙氨酸解氨酶基因的表达调控

苯丙氨酸解氨酶(phenylalanine ammonia lyase, PAL)是催化苯丙烷代谢途径第一步反应的酶,也是这个途径的关键酶,对植物有非常重要的生理意义。莽草酸途径产生的L-苯丙氨酸经PAL解氨作用生成反式肉桂酸,从而进入苯丙烷代谢途径,生成香豆酸、阿魏酸、芥子酸等中间产物,这些酸可以进一步转化为香豆素、绿原酸,再进一步转化为类黄酮、木质素等次生代谢产物。一切含苯丙烷骨架的物质都由该代谢途径直接或间接生成。

苯酚萃取回收过程图

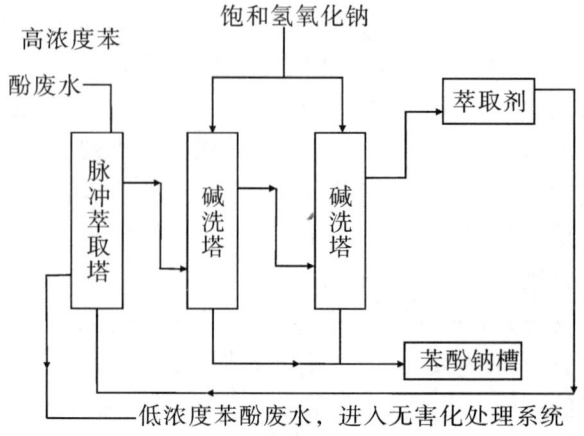

苯酚萃取回收过程图

苯甲酸

亦称安息香酸,是一种除草剂。苯甲酸的衍生物敌草威,杀死深根多年生植物很有效。

鼻面酒糟

白果仁,酒酻糟,同嚼烂,夜涂旦洗,至愈止。

比叶重

指一定部位的叶片在特定时期内的单位面积的干重或者鲜重,单位为 mg/cm^2。比叶重与光合速率存在着明显的正相关,比较好地反映了树体的生长动态和生理功能,是研究果树的光照环境和叶片的光合速率的动态变化的良好指标。比叶重与叶片结构密切相关。光照对比叶重有较大的影响。在强光下形成的叶片比叶重大,栅栏组织的层数较多,保护组织发达。光饱和点低,光合能力强。在遮阴状态下形成的叶片,比叶重较小,叶片较薄,光合能力差。比叶重的变化过程基本上与叶片的光合能力的变化过程相同。

必要元素

这些元素无论银杏体中含量多或含量少,都是银杏生长发育所必需的。其衡量标准是:①缺乏这些元素会引起银杏发育障碍,不能完成其生活史;②缺少这些元素就出现特有的症状,唯有这些元素能消除或克服此症;③这些元素直接参加银杏的营养,而不是间接地从影响土壤或环境的理论性质而影响银杏。这些必要元素有碳、氢、氧、氮、鳞、钾、钙、镁、硫、铁、锰、硼、铜、锌、钼、氯 16 种。有人也把钠看作是影响银杏的必要元素。

边材

在活着的银杏中,具生活细胞和储藏物质的那部分木材。

鞭毛

一种线性伸长物,具运动的细胞器,在银杏的配子中存在。

扁佛指

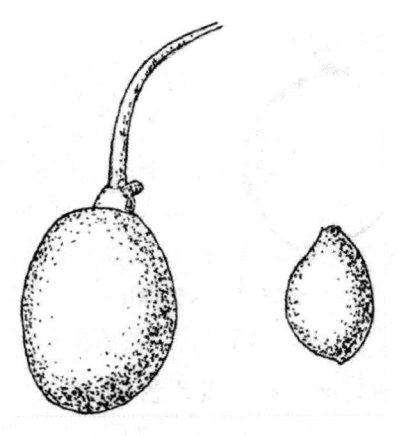

扁佛指

该品种在江苏的泰兴、姜堰、江都、邳州等地有少量分布,多数为嫁接树,少数为根蘖树。树势强健,枝叶茂盛,芽子饱满,发枝力强,成枝率高,树冠形成较早。随着树龄的增长,幼树树冠由广卵圆形变为圆头形。枝条上多着生扇形叶和截形叶,叶片较佛指大而厚,颜色更深,均具明显中裂,缘具波状缺刻。种实椭圆形,成熟时橙黄色,厚被白粉;与佛指相比,先端稍尖,基部略圆。种核卵圆形,背厚腹薄。呈扁平状,先端秃圆,具小尖,侧棱明显,种仁发育不够饱满,每千克 320~340 粒。该品种生长与结实力强,适应性与抗逆性高,具明显大小年。

扁鹊手植银杏

在陕西省城固县老庄镇徐家河村,有一株古银杏树,相传为春秋战国时名医扁鹊手植。这株古银杏高 16.8 m,胸围 7.5 m,树势苍老,树干中心出现空腐,西北面树皮剥落,有一个高 2 m、宽 0.6 m 的树洞。该树冠西 5 根主枝已逐渐枯死;虽东北两大主枝枝叶繁茂,但整个树形仍呈老态龙钟之相。每逢农历三月,崇奉名医扁鹊和仰慕古树神姿的人们来此观瞻,络绎不绝。

《便民图纂》

明·邝璠撰,成书于公元 1502 年。全书共 11 卷,第 5 卷树艺类(上)共记述林果树 30 余种,其中记述银杏"以生子树枝接之,则实茂"。此书首次提出采用已结种的优良母树枝条做接穗,嫁接后则结实早而多。这与今日采用的银杏早实、丰产栽培技术措施完全相同。

变型

在植物分类中位于变种以下的分类等级。变型一般无明显分布区,仅由少数或单个相关性状(如花的颜色)而显出的偶发变异体。与典型代表的各种变异相比,不如变种所表现的大和重要。不特别指明种以下的适当级别时,"变型"习惯上可作为一个不受约束的泛用词。如形态型、生态型、物候型等。我国许多书上已习惯将"变型"称为"类型"。

变异

生物个体间由于遗传组成的不同和(或)生长环境的不同而产生的差异。即生物亲代与子代之间、子代个体之间性状存在差异的现象。

变种

变种是种以下的分类单位。植物学家们在银杏种以下,根据银杏树冠、枝、叶和种实的形态,叶的大小和颜色等的变异,形成有别于原种的一个群体,按植物命名法规将银杏分为 8 个变种。同一个变种内品种类型间在形态、生理、起源间等方面有更多的相似性,因此可为资源研究利用和分类等提供依据。

变种含义

分类学上位于种(或亚种)与变型中间的等级单位。根据它的相关性状数目比用以区分种或亚种者为少,其地理分布区域也较窄。拉丁学名规定在种名后用"*varietae*"表示,通常缩写为 *var.*。就银杏来说,是种以下的分类单位。是某些遗传特性有别于原来的种,但其基本特性仍未超脱原种范围的一群个体。种内某一个体可能由于突变而发生变异,在自然选择或人工选择下,这种变异会在种内不断扩散,最后形成某些遗传性不同于原种的一群个体,即是变种。变种也有一定的地理分布,但仍能和原种进行基因交流。变种和亚种没有本质区别,有时常混用,可能在分类学上变种更不稳定些。变种多用于植物分类。

变种银杏(var.)

变种银杏

变种	学名	特点
垂枝银杏	Ginkgo biloba var. *pendula* Carr	枝多弯曲,有些下垂。形状独特,较少见
塔形银杏	Ginkgo biloba var. *fasfigiata* Mast	主枝从主干直耸向上,形成狭长的尖塔形树冠;1948年在美国又选出圆柱类型
黄叶银杏	Ginkgo biloba var. *aurea* Beiss	叶金黄色、黄色,有光泽
斑叶银杏	Ginkgo biloba var. *rariegata* Carr	叶鲜绿色而具黄斑,有较高的观叶效果
裂叶银杏	Ginkgo biloba var. *lacinlata* Carr	叶较大,叶形有二裂、三裂、多裂、扇形、三角形、筒形和全缘
叶籽银杏	Ginkgo biloba var. *epiphy* Ha Mak	部分种子生在叶上,种子小,变异大,两者的柄合而为一
鸭脚银杏	Ginkgo biloba var. *stenonuxa* Hu	果核为狭长卵圆形,稍扁
三裂叶银杏	Ginkgo biloba var. *triloba* Henry	叶上缘呈三裂,一般呈二裂

标记多态性

在1 220对RAPD引物中筛选出引物131对,在110对ISSR引物中共筛出引物7对,总计138对。这一多态引物选中的概率较针叶树种低。引物选中的概率高低,取决于树种本身的杂合度、扩增条件及引物选择标准等因素。引物筛选严格,可减少无效的扩增,但同时也能漏过一些有用的引物。在随后的扩增中,获得分离位点196。其中RAPD扩增出的分离位点有181个,平均每对引物扩增分离位点数为1.38个。7对ISSR扩增出的分离位点数为15个,平均每对引物扩增出2.14个。相对于其他材料及分子标记,在银杏的图谱构建中,RAPD和ISSR的效率是比较高的。RAPD引物的多态性检出频率,在不同的针叶树种的同类研究报道中都是比较一致的,平均为1.5~2.0位点/引物。因此,今后在银杏的图谱研究中易采用高效率的AFLP标记。同时,为提高图谱的通用性,还可根据条件进行SSR和SNP引物的开发研究。

标准木

银杏林分布中具有较高的代表性的树木,能用来推算全林蓄积量或林分产量的林木。在银杏林的调查研究中,运用统计学抽样理论所抽取的林木叫标准木,又常称为样木。

标准叶油胞类型图

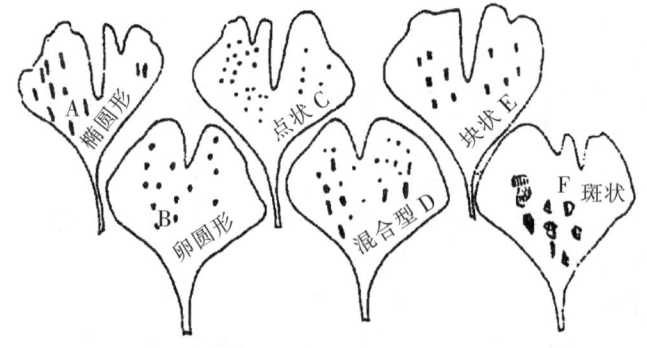

标准叶油胞类型图
A. 椭圆形 B. 卵圆形 C. 点状 D. 混合型 E. 块状 F. 斑状

标准银杏叶提取物技术参数

一般性状:产品为有特殊气味的褐色粉末。

鉴定方法:加入0.1%的氯化铁乙醇液(50%)后呈绿褐色;重金属≤20 μg/g;砷≤2 μg/g;银杏酚酸≤10 μg/g;干燥丢失≤5.0%(80℃,真空);燃烧后残留物≤1.0%;总黄酮类浓度≥24.0%(HPLC-UV);总萜类内酯浓度≥6.0%(HPLC-RI)。有些厂商还对产品进行如下几方面的检测和试验:前花色素含量,有机酸含量,鸡覆果酸含量,银杏萜内酯A、B、C、J的含量,白果内酯含量,可溶性物含量的检测;萜类内酯、黄酮糖苷及有机酸定性指纹试验;硫酸酯灰分试验;总残留有机溶剂含量、乙醇和氯溶剂含量、磷酸和氯杀虫剂含量的检测;其他显色试验;pH 值和颗粒大小检测等。

表皮

银杏初生组织表面的细胞层。一般由单层、无色而扁平的活细胞构成,也有由几层细胞构成的复表皮。是植物体和外界环境接触的最外层细胞,其结构上的特征与其功能密切相关。银杏表皮细胞有防止水分失散、微生物侵染和机械或化学损伤的作用。又有气孔的分化,尤以叶为最多,为体内外气体交换的孔道,调节水分蒸腾的结构;具分泌、保护等功能。幼根的表皮细胞细胞壁薄,有管状延伸部分,形成根毛,特化为吸水组织。

表现型

亦称表型。在特定的环境条件下,具有一定基因型的个体所表现的性状总和。表现型是基因型和内外环境条件互相作用下,最终可以观察到的具体性状。由于基因对内外条件有不同的反应,因此相同的基因型有不同的表现型。不同的基因型有不同的表现型。在育种工作中,除表现型选择外,必须对生物的基因型进行分析研究,以提高育种工作的效果。

表型测定

亦称表现型测定。通过有性或无性繁殖方式,用田间试验方法,对优树的遗传特性及其对地域环境的适应性做出判断和鉴定。表型测定是选择育种的中心环节。其目的是测知选育材料的性状相关及有关遗传参数,为提高选择育种效果提供科学依据。表型测定的主要内容包括木材生长量、种核品质和产量、形质指标及抗性特点等。

别墅庭园中的建造功能

银杏是落叶大乔木,在别墅庭园环境的总体布局和庭园空间的组织中能起到限制空间、障景以及形成空间序列和视线序列的作用。在所调查的几个别墅庭园中都运用银杏来组成空间,运用最为广泛的是平面空间,银杏被植于庭园边界线上,给人们以地平面空间范围的暗示。在垂直面的应用也比较广泛,且方式效果多样,如有的别墅庭园,把银杏和金钱松、二球悬铃木一起密植于庭园三边(另一边为毛竹林),在生长季节庭园四周有很强的围合感,呈垂直空间。由于别墅庭园很大,这个垂直空间只是其中离别墅较远的一部分,与其他部分分隔成单独一个空间。有的别墅庭园,银杏和二球悬铃木、柳杉、鸡爪槭等被一起植于别墅前面,形成半开敞式空间。这样一方面可起到遮阴作用,另一方面也不妨碍观景的视线,运用十分巧妙。

冰激凌

银杏中含有黄酮类物质和品质较好的蛋白质。银杏冰激凌的研制增添了冰淇淋的花色品种。随着人们营养意识的增强和消费观念的转变,冰激凌由单纯的消暑解渴功能向营养、保健功能发展。银杏果仁中含有多种有益于人体健康的特效成分和若干种人体必需的氨基酸,特别是含有能清除使人衰老的自由基的特殊成分,内有多种生物活性营养物质,含脂肪酸、淀粉、蛋白质、还原糖、组氨酸、核黄素、硫胺素、维生素 B_1、B_2、C、D 以及钙、钾、磷等多种元素。因此银杏冰激凌的研制成功不仅增添了冰激凌的花色品种,而且是健康人同时也是心脑血管病患者等食用的保健食品。

冰箱贮藏

将白果袋装后置入冰箱或冰柜之中。温度保持 $1\sim4$ ℃,保鲜时间可长达 1 年以上。但此法只适用于少量种核。

丙酮水溶液—氢氧化铅沉淀法

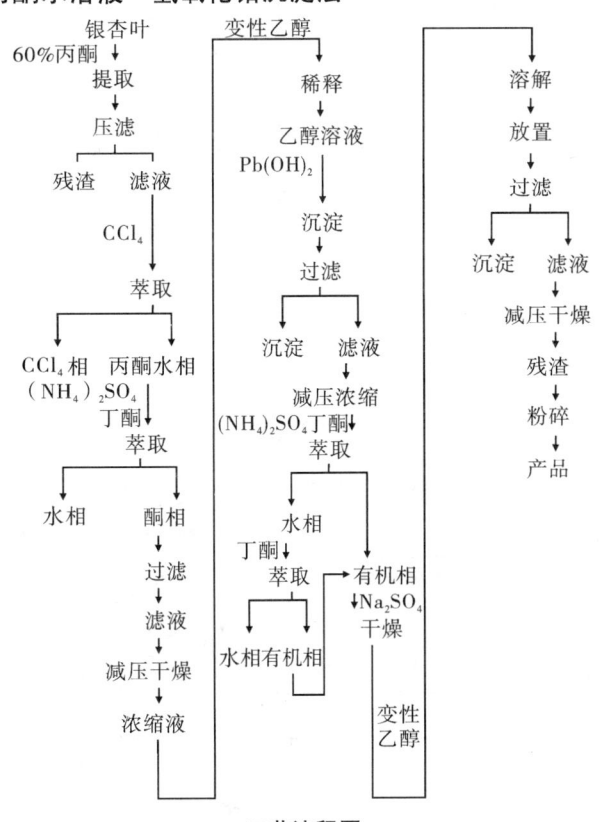

工艺流程图

丙酮提取法

工艺流程:银杏叶→提取→过滤→滤液→萃取(3次)→丙酮相→减压蒸馏→减压干燥→残渣→粉碎→制品。

实例:将干燥并粗碎过的绿银杏叶 50 kg 放入提取机中,用 250 L 60% 丙酮水溶液在约 55 ℃处理 5 h 左右,然后冷却混合物,压滤,滤液用 CCl_4 萃取 3 次,每次用 CCl_4 30 L,在减压下馏出丙酮相溶剂,再在约 50 ℃减压干燥,粉碎所得残渣,可得制品 $7\sim8$ kg。

丙酮提取——溶剂萃取法

工艺流程：

银杏叶 $\xrightarrow{60\%丙酮}$ 提取物 → 浓缩 $\xrightarrow{水}$ 稀释 → 冷却 → 离心 → 上清液 $\xrightarrow{丁酮—丙酮}$ 萃取 → 有机相 → 浓缩 → 稀释液 $\xrightarrow{正丁醇饱和水溶液}$ 搅拌 → 丁醇相 → 浓缩 → 蒸馏 → 浓缩物 $\xrightarrow{水,乙醇}$ 稀释液 $\xrightarrow{正庚烷}$ 搅拌 → 水相 → 浓缩 → 提取物。

丙酮提取——正丁醇萃取法

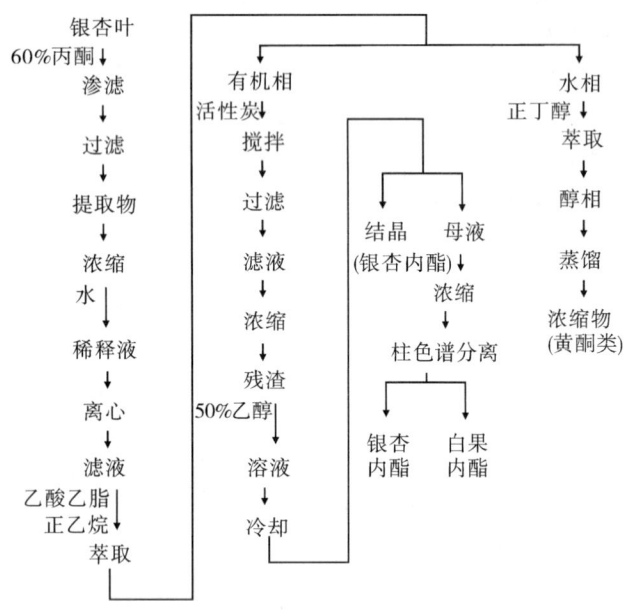

工艺流程图

病害病菌与提取液浓度的互作效应的多重比较

病害病菌与提取液浓度的互作效应的多重比较

提取浓稠度	苹果炭疽病			梨黑星病			梨轮纹病			桃褐腐病			桃霉斑性穿孔病		
	平均数	差异显著性		平均数	差异显著性		平均数	差异显著性		平均数	差异显著性		平均数	差异显著性	
		5%	1%		5%	1%		5%	1%		5%	1%		5%	1%
CK	77.48	a	A	40.4	a	A	77.48	a	A	60.67	a	A	67.21	a	A
5%	76.69	a	A	18.44	b	B	77.80	a	A	50.77	b	B	45.00	b	B
10%	39.23	b	B	9.98	c	C	77.08	a	A	50.77	b	B	34.33	c	C
20%	0	c	C	0	d	D	67.21	a	A	33.21	c	C	5.74	d	D
40%	0	c	C	0	d	D	67.45	a	A	9.46	d	D	0	e	E
50%	0	c	C	0	d	D	67.45	a	A	0	e	E	0	e	E

病原物

具有致病性的生物。侵染植物的包括病毒、类菌体生物、细菌、真菌、寄生的种子植物和线虫。

病征

病害症状中带有的病原菌体。

病虫防治的基本原理

银杏生产在我国正掀起高潮。随着银杏的大力发展，病虫害也相应增多，为了确保银杏生产的发展，必须做好防治病虫害工作，这是植保工作的重要任务。防治银杏病虫害，必须了解病虫害发生发展的规律和生活习性，才能抓住最有利时机，采取各种防治病虫害的有效措施，达到保护银杏正常生长发育、获得高产稳产和品质优良的目的。防治银杏病虫害方法很多，从性质上来看，概括起来，不外乎以下五个方面：农业防治、生物防治、物理防治、植物检疫、化学防治。各地根据当地的具体情况，本着经济、简便、有效安全的原则，正确地运用这些方法，真正发挥综合防治的作用。

病毒

专性寄生的核酸蛋白质大分子，只能在寄主体内依靠寄主的代谢系统进行繁殖。植物病毒核蛋白中的核酸部分是核糖核酸（RNA），而细菌病毒（噬菌体）的核酸部分则是去氧核糖核酸（DNA）。

病毒病

病毒的侵染引起的病害。

病害

受致病生物侵染或不良环境条件影响，银杏在生理、组织和形态上发生一系列病理变化，使产量降低，质量变劣，甚至引起局部或整株死亡，造成经济损失的现象。

波尔多液

19世纪末，密拉得（Millardet）在法国波尔多城发现硫酸铜和石灰水配合成的胶体液，有防止葡萄霜毒病菌侵染的作用。后来被广泛应用于防治许多其他真菌性病害，成为一种重要的保护性杀菌药剂。

波氏楔拜拉

叶片至少7 cm长,楔形,顶端可能分叉一次。叶脉清楚,分叉多次,每厘米宽度内约含脉12条,脉间具细脉。气孔器不特化,因此在表皮上不明显。下面气孔型。上表皮较薄,以伸长细胞为主,偶尔出现个别气孔器;下表皮气孔器成单行夹伸长的表皮细胞之间,气孔器之间的普通表皮细胞形状不规则,因此下表皮脉络不明显。上下表皮细胞表面光,除副卫细胞外,乳突仅局部出现,但有不多的毛基。所有的细胞壁均呈波状弯曲。气孔器圆形至多边形。副卫细胞较少,4~5枚,与气孔腔比较相对较大,仅临气孔腔一侧才突出成不大的乳突,掩盖于气孔腔口之上。当前标本较格陵兰晚三叠纪的模式标本叶片大;上表皮细胞较长;表皮细胞乳突稀少,以资区别。不过格陵兰标本的乳突在不同标本上变化也比较大,也有的很不发育,因此不足以作为分种的依据。

剥去内种皮

内种皮膜质细薄,在沸水锅中煮沸6~8 min,煮时不断搅拌,内种皮即会除掉。

播前整地

播种前平整土地、碎土和保墒等作业过程。主要内容有平地、碎土做床、做垄、修整床面、浇灌底水等。播前整地作业,对种子发芽率、苗木产量和质量影响很大,应认真进行。

播前种子处理

在播种前对银杏种核进行的一系列处理。包括精选、种核消毒、浸种、催芽和接种等工作。

播种地管理

亦称苗圃地管理。银杏播种后到幼苗出土为止的圃地管理工作。主要是保温、保湿,使银杏幼苗出土快且整齐。管理内容主要有掩阴、覆盖、喷洒增温剂、灌溉、松土、除草、防止鸟兽和地下害虫危害等。

播种方法

催芽过程中陆续发芽的种核要随拣随播,播时切除根尖2~3 mm。试验证明,切断胚根的银杏苗其侧根数比对照植株的多1.39倍,侧根总长增加1.56倍,根幅扩大1.33倍,根系干重增加1.3倍。播种方法常采用点播。播种前浇水1次,待土稍干后再开沟播种。开沟深度以2~3 cm为宜。点播时,种核应南北放置,方向要一致,胚根向下,种尖横向,这样出苗率高,出苗快,幼苗粗壮。由于银杏幼芽顶土能力弱,因此覆土不能过厚,一般为2~3 cm。北方如播种较早,可以覆盖地膜或塑料拱棚,但要及时在地膜上打孔或去掉拱棚,以免烧苗。

播种季节

播种育苗的时期。适时播种可以提高发芽率,使幼苗出土迅速整齐,增强幼苗抵抗恶劣气候的能力;延长苗木生长期,缩短出圃年限而达到壮苗丰产的目的。具体的时间随育苗区的环境条件和树种特性等因素而异。银杏一般以春播为主,也有少数秋播的。

播种框

用于苗床平播(不开沟播种)的手工工具。一般宽与苗床相同,长1~1.5 cm。按照播幅与行距的要求钉上三角形木条,以控制行距。使种子按要求的播幅均匀地播在苗床上,适用于小粒种子。

播种量的计算

播种量取决于计划成苗数,同时又受到种子大小、发芽率及种子纯度的影响,每亩播种量常采用以下公式计算:

$$播种量 = \frac{计划成苗数}{每千克种核数 \times 种核发芽率 \times 种核存活率}$$

用于播种的银杏种核每千克有400~600粒,通常种核发芽率为70%左右,发芽种核一般只有80%成苗。为此每亩播种量需要种核50~60 kg,可产标准实生苗1.1万~1.4万株。

播种苗

以人为的方法用银杏种核播种培育的苗木。播种苗的质量一般比较好,如根系发达、苗干粗壮、抗性较强,能充分表现出良种壮苗的优点。

播种苗的播种量

播种苗的播种量

产苗量(万株/亩)	2.0	3.0	4.0	5.0	千粒重2 000 g
播种量(kg/亩)	54.42	81.63	108.84	136.05	发芽势75%
千粒重(g)	1 500	2 000	2 500	3 600	每亩2万株
播种量(kg/亩)	40.82	54.42	68.03	81.63	发芽势75%
发芽势(%)	65	75	80	85	每亩2万株
播种量(kg/亩)	62.79	54.42	51.02	48.02	千粒重2 000 g

播种苗的二次培育

1~3年生的播种苗,不能适应"四旁"植树、林网建设、造林的要求,必须培育优质苗木,要求苗高2~3 m、胸径3 cm的苗木。为此必须移植,二次培育。①移植密度。其密度大小可根据培养苗木的规格及培养年限而定。如培育高1.5 m、粗2 cm适应一般造林用的苗木时,移植后两年即可达到标准,其密度每亩3 000~4 000株(株行距30 cm×60 cm)。如果培育高3~4 m、胸径3~4 cm的苗木时,必须培养4~6年,其密度每亩800~1 000株,株行距为0.8 m×1.0 m、0.6 m×1.0 m,或0.5 m×1.2 m均匀分布。

这样前两年还可间作,不间作降低了土地利用率。果农们创造了加大行距缩小株距种蔬菜的方法,这样培养银杏大苗,土地利用率较高,经济效益大,是个很好的办法,可以推广。有时行距也可自由确定,但株距不得小于 50 cm。②整地。每亩要求 3 000~4 000 株,苗高 1.5 m 的苗木移植地要全面整地,做成垄沟,结合整地施足基肥。每亩施土杂肥 2 万 kg。整地深度 25~30 cm。每亩要求 800~1 000 株,培养大苗的移植地,可采用条带整地、集中施肥的方法。整地深度不得少于 50 cm,土杂肥与土掺均匀后回填,整平,准备移栽。③移植。移植时间 10 月下旬至 11 月上旬。起苗时注意随起、随运、随栽,保证根系完整,不断根,不劈裂,保护好顶芽,损坏顶芽会影响生长和干形,栽植前对生长过长的根应进行修剪,促进侧根和须根的增多,但修剪不得过重,过重会影响成活和当年生长。栽植时要求根系舒展,不得卷曲。苗根卷曲,造成窝根,苗木会生长不旺,甚至死亡。栽后踏实,栽植深度要求原根迹与地面平,或稍高为好,过深苗木生长不旺。栽完后立即整平地面,打好垄沟,浇透水,及时将倒斜的苗木扶正栽好,待水渗下后再浇一次水。然后及时松土保墒。④移植后管理。苗木缺肥、严重干旱或长期过于潮湿,都会导致苗木早期落叶,严重影响生长。因此,必须加强肥水管理,防旱排涝,全年应及时追肥。根据银杏的生长特性和一般追肥规律,5 月上旬追肥一次(第一次速生期为 5—7 月),施在速生期之前。数量尽可能多一些,多施有机肥,特别是腐熟的人粪尿,效果更好。化肥可作为补充。第二次追肥 6 月中旬,以化肥为主,数量不宜过大。尿素每亩 10 kg,或碳酸氢铵每亩 20~30 kg。第三次 10 月底结合挖苗床,翻入土层,以大量土杂肥为主。浇水可根据苗圃地干湿情况灵活掌握。⑤间作。以间作矮秆豆科作物或蔬菜为好。间作物与苗木保持一定距离,保证苗木的营养空间,株间呈条带。为不使土壤裸露,水分蒸发量过大,土壤温度过高,可间种绿肥。冬间苕子,夏间绿豆,适时翻入压青,切不可间作藤蔓作物和高秆作物。⑥整形修剪。应适时剪除双顶枝、苗木下部萌芽条和根蘖条等。

播种苗的苗期管理

①抗旱排涝。幼苗大部出土后,应及时灌一遍透地水。因银杏幼苗生长缓慢,一年生苗高只有 20 cm 左右,幼苗根系发育较差,既不抗旱也不耐涝,所以以后灌水视天气干旱情况而定。如遇暴雨或阴雨连绵,要及时排水。②追肥。银杏幼苗出土晚(4 月上、中旬),停止生长早(8 月下旬),幼苗生长期短。第一次追肥应在 5 月上旬,可结合灌水进行,每亩用尿素 5 kg 或碳酸氢铵 15~20 kg,追施草木灰或腐熟的稀薄人粪尿效果更佳,也更安全。第二次追肥 7 月上旬,第三次追肥 7 月下旬,第四次追肥 8 月上旬,用量可依次增加 2~3 kg,以确保幼苗对营养的需要。最后三次可适量增加磷肥、钾肥或复合肥料。③防治病虫害。银杏幼苗根茎十分幼嫩,易遇蛴螬、蝼蛄、金针虫和地老虎等地下害虫的为害,若遇大面积发生,可用 1 000 倍辛硫磷喷洒地面;若系局部发生可有针对性地喷洒。6—8 月份高温多雨季节,幼苗易发生茎腐病,该病的发病率与土壤透性差和高温多雨有关。纯沙质土壤因地温易增高发病率亦高,易造成幼苗大量死亡。砂壤土发病率就低得多或基本不发病。防治措施是,选择土壤质地良好的砂壤土做苗圃地;夏季及时中耕除草,中耕除草时不要碰伤苗茎;在雨季来临之前的高温干旱季节,还应注意灌水,保持土壤湿润,降低地表温度。及时检查,发现病株后立即拔出烧掉。幼苗生长期每隔半月喷洒一次 2%~3% 的硫酸亚铁溶液,效果较佳。

播种苗的年生长规律

根据在山东泰安的观察,经过催芽处理的种子于 3 月中旬播种,播种后约需 10 d 胚根伸出中种皮,然后再过 20 d 上胚轴和真叶分别全部出土,子叶宿存于胚乳中。4 月下旬至 5 月中旬为真叶长大期。随着气温的升高和降雨量的加大,从 5 月下旬至 8 月中旬为高生长速生期。高生长高峰一般是一年一次,部分长势旺盛的苗木,有时也会出现两次。此时期高生长量约占全年高生长量的 90% 以上,叶片数迅速增加。然后随着气温的降低和降雨量的减少,从 6 月下旬至 8 月中旬,苗木形成圆满充实的顶芽和侧芽,此时根径生长也加快,侧根和须根数量明显增加,形成完整的根系。9 月下旬以后,气温和降雨量显著减少,苗木叶柄和茎干连接处逐渐开始形成离层,苗木开始落叶。10 月下旬霜降来临,苗木叶片全部落光,生长期约 180 d,11 月初苗木进入休眠期。根据在广西的观察,1 年生苗木上部生长缓慢,以根系发育为主,一般年高生长量 15~20 cm,根径生长量 0.4~0.6 cm。根量鲜重占总鲜重的 50%~65%,主根长为苗高的 2.0~2.5 倍,一般根长 25~30 cm,最长达 43 cm,叶片 8~10 枚。总之,苗木粗壮、叶片多、顶芽饱满、根系发达是 1 年生苗木的特征。2 年生苗,高生长速度加快,当年高生长量相当于第 1 年高生长量的 2.3~3.6 倍,最高达 5.5 倍。一般苗高达 60~80 cm,最大苗高达 120 cm,根径增长缓慢,叶片明显增大,相当于 1 年生苗叶片面积的 2.0~2.5 倍,开始形成侧枝。3 年生苗,高生长持续加速,一般苗高 110~130 cm,最大苗高 285 cm,

根径3.7 cm，胸径2.2 cm，冠幅150 cm×130 cm，侧枝增加，开始形成树冠。

播种苗与插条苗根系比较

播种苗与插条苗根系比较

苗木种类	一级(主根)根数	一级(主根)长度(cm)	一级(主根)粗(cm)	二级根数	二级根长(cm)	三级根数	三级根长(cm)
播种苗	1.58	31.75	0.55	75.08	16.13	506.08	0.52
插条苗Ⅰ	4.30	8.03	0.20	15.20	2.13	4.50	0.33
插条苗Ⅱ	10.10	7.43	0.17	27.60	1.50	2.70	0.13

播种苗种核的选择标准

为了培育优质壮苗，用作播种育苗的种核，一般应满足以下规格和标准。①种核要饱满、充实，放入水中无浮果。浮上来的白果多为空果、秕果或霉烂果。②种核无破损，无霉变。③在10月中旬以后检查，种核内有胚率应在70%以上，否则不能作为种子使用。④种核大小以每千克500～700粒为宜，其中以600～700粒最为适宜。种核过小会直接影响苗木当年生长量，难以培养成壮苗；种核太大时，因需增加播种量而提高苗木生产成本。⑤种核的品种应为适宜当地发展的优良品种。

播种苗壮苗标准

目前，我国对银杏苗木标准还无统一规定，各地标准相差较大，但基本要求应包括：①主干粗壮而端直，色泽正常；②根系完整，主侧根发育良好；③无检疫性（即传染性）病虫害；④品种纯正，嫁接接口愈合良好，砧木发育正常，苗木健壮。实生苗（包括播种苗、扦插苗、根蘖苗）出圃时，可参照下表的标准。

银杏播种苗壮苗标准

苗龄(年)	苗高(cm)	地径(cm)	高径比	主根长(cm)	侧根数	叶片数
1	20	1.0	20:1	25	30	—
2	70	1.5	45:1	30	35	20
3	120	2.2	50:1	50	144	70
4	250	>2.5	100:1	50	285	—

注：3年生和4年生苗的粗度为离地1 m处的直径。

播种期对银杏苗木生长的影响

播种期对银杏苗木生长的影响

播种期	株行距(cm)	平均高(cm)	平均地径(cm)	产苗量(万株/亩)	间作物	备注
3月下旬	8×25	10.94	0.52	1.87	玉米	立地条件相同，管理措施一致，采用每千克500粒左右，催芽后点水，株行距相同
4月上旬	8×25	8.3	0.43	1.39	玉米	
4月中旬	8×25	6.9	0.37	1.79	玉米	
4月下旬	8×25	6.8	0.4	1.19	玉米	

播种时期

根据各地试验，银杏除夏季外，其余各季均可播种。但由于秋播、冬播的管理时间长，因此大部分地区采用春播。播种时间，南方为3月中下旬，北方为4月上中旬；未经长时间催芽的，则需提前1周以上。江苏省一般在3月中旬播种；干藏后水浸催芽或催芽不彻底的，则提前到2月底3月初播种。

播种压沟器

压播种沟用的工具，有纵沟压沟器和横沟压沟器两种，沟宽通常3～5 cm，沟深根据银杏种子大小而定，通常为10～15 cm，适用于疏松的砂壤土苗床。

播种用种核室内堆藏法

选择干燥、通风的房间，在地上先铺上1层湿沙（通常10 cm以上），然后铺上1层银杏种核，在种核上再铺上1层湿沙，如此反复，湿沙和银杏种核交替铺放。堆放总高度一般以100 cm左右为宜，单堆面积也要适宜，过大容易影响通气条件，从而降低发芽率。砂土的湿度也要适宜，过高容易引起无氧呼吸和酒精中毒，过低容易导致胚乳硬化，降低播种品质。通常以手捏成团但挤不出水为宜。当然，也可以将种核和4～5倍于其体积的湿沙混合后直接进行堆藏，但在底部和顶部需要铺一定厚度的湿沙。在贮藏期间要经常注意查看种沙混合物的温度和湿度，以做及时调整。

播种用种质量检验

播种用的银杏种，最好是自采种自育苗，对不能自采种非购买不可时，要严格检查种子质量，通常可采用以下几种简便易行的方法进行检查。①眼看。看种核是否洁白光亮，如一时难以分辨，可把这些种子放在清水里浸泡1～2 min，捞起稍晾干，如种壳发暗，则有可能是堆放时发热变质的种子,即人们常说的"观音果"。②水漂。随机抽取少量种核放在清水中进行搅拌,边搅拌边捞出漂浮的种子及杂质,计算出种子纯度,一般要求漂浮率不超3%~5%。③刀切。用小刀切开种仁,检查银杏种子的内在质量,质量好的胚乳为鲜亮浅绿色或米黄色,种胚为乳白色。胚乳为淡灰色,种胚发暗的即为变质种子。一般要求有效含胚率在75%以上。④嘴尝。剥去内种皮,把种仁放在嘴内尝一尝。感觉嫩脆、清香爽口或稍带苦味的,则为质量好的种子;如带有沤味、怪味、臭味的,即为变质种。为了培育壮苗需要,最好选用每千克400~600粒的种子育苗。

播种与出苗

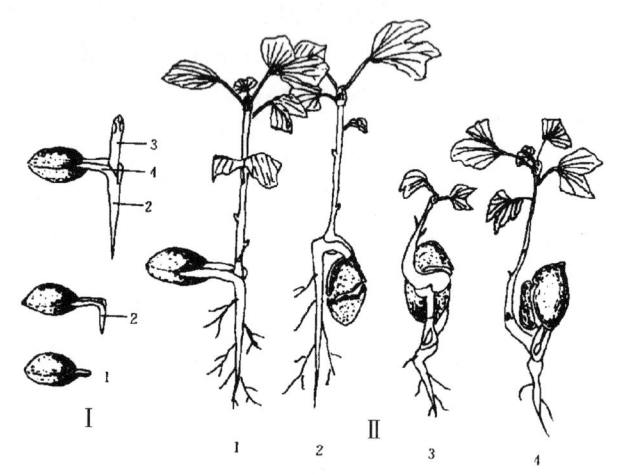

播种与出苗
Ⅰ 银杏种子萌发
1. 发芽 2. 胚根 3. 胚芽 4. 胚轴
Ⅱ 播种方法与出苗
1. 种子平放 2. 胚根向上 3. 胚芽从种壳中钻出 4. 胚根向下

播种育苗

①选择苗圃地。选择良好的苗圃地,是培育优质壮苗和降低育苗成本的前提,也是下一步作业实施的关键。因此,应引起足够重视。苗圃地应选择交通方便、地势高、干燥、开阔、向阳背风、排灌水条件良好的中性或微酸性(pH值6.5~7.5)砂壤土为宜,土壤含盐量不得超过0.3%。前茬为马铃薯、黄瓜等蔬菜作物的地块不宜做苗圃地。土壤过于黏重或含沙量过大,或土层厚度未超过60 cm的均不宜做苗圃地。低湿地、积水地均不宜做银杏育苗地。②整地。欲立春播种,圃地应于秋末全面深翻整平,翻前应施足基肥,深度以30~40 cm为宜,最低不得少于25 cm。经冬季冻垡,土壤进一步风化,病虫害会明显大量减少,有利于播种苗的生长。③播种。春季播种要在开春后施足基肥,每亩施5 kg土杂肥或既肥。我国南方雨水较多,灌水方便,可采用高出地面10 cm的高床。北方有灌溉条件的苗圃地,可采用平畦做床,苗床东西走向,畦宽1.0~1.5 m,做畦后灌足底水。采用宽窄行点播法。宽行40 cm,窄行20 cm,株距8 cm。播种沟深2~3 cm,要求开沟深度均匀且直。覆土不可过深,以2~3 cm为宜,过深幼苗不易出土,或出土后生长不旺。为了消灭地下害虫和灭菌,开沟后可在沟内撒入敌百虫和硫酸亚铁,敌百虫每亩用量3 kg,硫酸亚铁每亩用量20 kg。银杏种子无胚率为10%~25%,每千克种核一般为540~600粒,每亩播种量为50~75 kg,按80%出苗率计算,每亩可产标准苗2.0万~2.4万株。春季播种以后,为了提高场圃发芽率,保蓄土壤水分,提高地表温度,使幼苗早出土以便延长生长期,可采用地膜覆盖或喷洒地面增温剂。地面增温剂的使用方法是,先把地面增温原制剂稀释成6~8倍的水溶液,然后用喷雾器把稀释液均匀地喷洒到育苗地上。晴天时喷洒后经1~2 h即能凝固成薄膜。在一般情况下,喷洒后可维持2~3周不需要进行圃地土壤管理,这时银杏幼苗已可大部分出土。

播种种子摆放方式

银杏种子发芽时先长出胚根,胚芽向上长出茎,而胚根与种壳垂直,所以,播种时应将种子平放。南北放置,方向一致,胚根向下,种棱(背腹面缝合线)应与地面平行,背腹面与地面平行或垂直均可,这样则出苗率高,根系正常,幼苗生长粗壮。相反,种子竖放,顶端(胚根)朝上或朝下,影响出苗时间,而且苗木生长不正常。

播种壮苗的四大要素

播种壮苗有以下四个要素:①选用好土地是基础。土壤pH值微酸、中性为好。②提前适时早播是关键。由于播种早,提高了苗木木质化程度,在6月上中旬高温来临时,苗茎达到木质化,增强了抗逆立枯病的能力。③密植遮阴是前提。保证苗壮、质优、量大。④水肥管理是保证。当年生银杏播种苗对水肥要求特别敏感。1997年泰安市银杏育苗碰到了百年不遇的大旱,高温久旱,长达四个月无透雨,在整个生长季节,银杏幼苗从播种到苗木落叶共浇水16次,基本上满足了苗木生长的需水量。

《博闻录》

此书记载银杏有雌雄之分。雄者种核有三棱,雌者种核有二棱,须合种之。临池而种照影亦能结实。春分前后移栽。先掘深坑,下水搅成稀泥,然后下土栽子。掘取时,土封用草或麻绳缚束,则不致碎破土封。

薄壁细胞组织跨细胞运输超微结构

对银杏幼苗营养组织薄壁跨细胞运输透射电镜观测,表明:①跨细胞运输在形态特征上存在两条可能途径。纹孔场运输和吞排,所有银杏营养组织薄壁中均未见胞间连丝存在。②薄壁细胞壁上纹孔场为对列型单纹孔,常3~5孔成对相连呈念珠状,相邻细胞壁厚度在1 μm左右,而纹孔场最窄处直径仅0.2~0.3 μm,纹孔场口处细胞器相对密集。③薄壁细胞吞排非常活跃,至少存在两种方式。受体介导内吞(receptor-mediate endocytosis)和液相内吞(fluid phase endocytosis),分别内吞直径0.05~0.01 μm大小的椭圆形或圆形微囊和溶于细胞基质的大分子液相物质。④吞排开始,靠近细胞壁的部分质膜内陷,形成配体有被小窝(coated pits),随后,包裹细胞质膜微囊受体(caveolae),近胞壁处的质膜粘连并与质膜脱离形成有被小泡(coated vesicles),进入细胞,最后,在溶酶体作用下,配体部分或全部分解,受体微囊被内吞进入细胞。⑤在叶肉细胞中,质膜内陷后出芽,局部延伸形成子芽体并与母芽体分离进入原生质。内吞的子芽体小囊泡有两种类型:电子密度接近透明的"液相"小囊泡、具有丰富纤维状条纹结构的小囊泡。

薄膜包衣液的配制

①按处方量称取Ⅳ号树脂,置于干燥的容器中,加入95%乙醇17.0 kg,浸泡24 h以上,并不断搅拌,使树脂完全溶解成澄清溶液。②称取处方量的氧化铁粉和滑石粉,加入1 500~2 000 mL已溶解的树脂液中,搅拌并用胶体磨研磨2~3遍,手感细腻即可。③称取处方量聚乙二醇,用200 mL蒸馏水溶解。④将上述三种溶液混合在一起,拌匀备用。

薄膜覆盖对1年生银杏苗生长的影响

薄膜覆盖对1年生银杏苗生长的影响

		平均高度(cm)						平均地径(mm)						催芽播种下地时间
		3.20	4.20	5.20	6.20	7.20	8.20	3.20	4.20	5.20	6.20	7.20	8.20	
CK$_1$	1	0	0	6	11	14	16	0	0	2.5	3.1	3.9	5.1	4月下旬
	2	0	0	4	9	13	14	0	0	2.1	2.8	3.4	4.2	
	3	0	0	6	10	14	16	0	0	2.4	2.9	3.6	4.7	
X$_1$	1	0	0	5	10	15	17	0	0	2.3	3.0	4.1	5.4	4月下旬
	2	0	0	5	9	14	16	0	0	2.4	2.9	3.9	5.0	
	3	0	0	4	8	13	15	0	0	2.2	2.7	3.5	4.4	
X$_2$	1	0	8	14	20	23	25	0	2.8	3.4	4.9	5.8	7.2	3月下旬
	2	0	7	12	18	22	23	0	2.7	3.2	4.4	5.3	6.5	
	3	0	5	9	14	17	20	22	0	2.4	2.9	4.1	5.0	6.3	
X$_3$	1	0	6	13	18	22	23	0	2.5	3.1	4.2	5.4	6.6	3月下旬
	2	0	6	14	19	23	24	0	2.4	3.0	4.1	5.3	6.6	
	3	0	7	14	18	21	22	0	2.6	2.8	3.8	4.9	6.1	
X$_4$	1	4	9	17	26	34	35	2.1	2.6	3.8	4.8	5.9	8.2	2月下旬至3月初
	2	5	9	15	24	32	33	2.3	2.7	3.6	4.4	5.8	7.8	
	3	4	8	15	22	29	30	2.1	2.5	3.5	4.1	5.6	7.6	

薄膜衣操作及注意事项

①将符合包衣要求的片芯,筛去细粉倒入糖衣锅里(必要时可在锅底贴上一块20~30 cm^{2}的胶布,以防打滑)。开始预热,间歇翻动糖衣锅,使受热均匀。②装好喷枪,接上空气和树脂液,调节喷枪使树脂液喷出呈雾状。③当手感片面有一定温度后(30~35 ℃),打开吸尘装置,启动糖衣锅正常运转,同时打开喷枪,对着糖衣锅内的片芯(约片床1/3处)进行喷雾,并不断视锅内的片子温度而调节喷速,以片芯不互相粘连,片面有湿润感,翻动正常为宜。一般2~3 h结束。④为了防止色素和滑石粉沉淀而堵塞喷枪,在喷雾时,树脂液要不断地搅拌。⑤在喷树脂液时,要随时观察片面温度及片子外观,并保持一定的空气压力,不得低于0.25 MPa。⑥喷液结束后,取出置于干燥间内,启动去湿机干燥8 h以上即可包装。

薄膜衣片质量检查

薄膜衣片质量尚无特别规定,按《中国药典》1995年版片剂项下规定和皖Q/ws-17-95标准,片重差异、外观、含量和卫生学均符合规定,崩解时限在人工胃液中,30 min已全部崩解溶散或成碎粒,完全符合规定。

补偿点

降低光照,使银杏光合作用吸收的二氧化碳量与呼吸作用释放的二氧化碳量达到动态平衡时,环境中的光强度称光补偿点;给予充分光照,二者达到动态平衡时,环境中的二氧化碳浓度称二氧化碳补偿点。只有当光强度或二氧化碳浓度高于补偿点时,银杏才积累干物质,维持生长。光补偿点可用来测定和比较树种的耐阴性。

补肝益肾

取白果 15~20 枚,莲子 20 g,山药 15 g,大枣 15 枚,加少许米煮粥食,每日一次,其效甚佳。

取白果 5 枚砸碎,白僵蚕 9 g,白茅根 30 g,桑白皮 9 g,地肤子 15 g,黄芪 30 g,当归 15 g,熟地 12 g,阿胶 9 g,肉桂 5 g,水煎服,日一剂。

补苗

在银杏圃地缺苗处补栽苗木的作业。将间出的小苗移栽到缺苗、断垄和生长不均匀的圃地上,其目的是保证单位面积的产苗量。为了不伤苗根,起苗前要充分灌水,然后用锋利小铲掘苗,带土移栽,也可用小棒钻孔补栽,栽后将土压实,浇水。阴雨天进行,成活率高。

补脑除衰

取白果 15~20 枚,百合 30 g,黑芝麻 15 g,大枣 15 枚同煮,药渣药汁一并食之。健脑醒神,效果甚佳。

补气养心

取银杏 12 枚,百合 29 g,太子参 15 g,麦冬 10 g,五味子 5 g,水煎服,日一剂,连服 10~15 d。

补植

在银杏造林成活率较低的造林地进行的补充造林。据 1982 年林业部颁发的《造林技术规程(试行)》的规定,凡是成活率在 40%~84%,或虽达到 85% 以上,但是局部有成片死亡的,都应在造林的第二年抓紧补植。补植的银杏、株行距要与原计划相同,并要用植苗造林法进行补植。苗木的规格不能小于已造林的苗木规格。

不定根

应用枝条进行扦插繁殖时,在茎段上产生的根,亦称茎原根系。首先在形成层或木栓形成层与髓射线的交会处的薄壁细胞重新恢复分裂能力,形成带有细胞核的幼小、不规则的细胞团,这就是根原始体。然后在接近髓射线处形成吸水细胞,向外延伸,形成吸水细胞束,逐渐发育为导管,在其内侧逐渐形成筛管,最后突破皮孔形成新根。

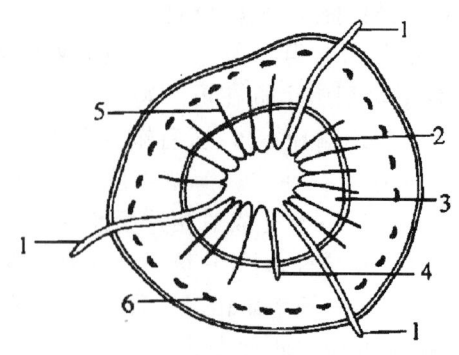

银杏不定根发生示意图
1. 不定根 2. 形成层 3. 木质部 4. 根原基 5. 射线
6. 韧皮纤维

不定根的解剖特征

银杏根原基属于诱生根原基。根原基的起始部位为插穗下切口形成层细胞先分化出一部分愈伤组织,然后在愈伤细胞的内侧由形成层细胞分化出根原基。银杏不定根分化过程为:薄壁细胞恢复分裂能力—根原基发端细胞—根原基发端—根原基—愈伤根。最初阶段是愈伤组织的内侧,薄壁细胞的细胞质变浓、细胞核增大,这些细胞称根原基发端细胞。银杏根原基发端细胞不是一个,而是一团薄壁细胞。很多根原基发端细胞构成根原基发端。根源基发端细胞经过一系列分裂和生长,形成根原基。初期的根原基为卵形,随后中心部分发生不规则分裂,外围细胞分裂速度加快,故使细胞群体积开始伸长和扩大。中心和外围细胞的进一步分裂,逐步形成根原基形成层、基本分生组织、原表皮等,最后形成一个外形似指状突起,组成一个完整的根原基。根原基经过细胞分裂和伸长,突破愈伤组织,钻出体外,形成愈伤根。从不定根分化时间进程来看,银杏嫩枝在适宜的插穗、生根剂处理及扦插环境条件下,一般扦插后,10 d 为愈伤组织形成期,即首先下切口细胞恢复分裂能力,沿切口形成一周薄壁组织;并逐渐包围切口;10~15 d 为根原基形成期,即在愈伤组织内侧形成一个个乳白色突起;15~20 d 为不定根形成期,即随根原基的分裂和生长,不定根便从愈伤组织与皮层交界处伸出,形成肉眼可见的不定根。硬枝保护地扦插 30 d 后即可见根;而大田直接扦插,开始生根在 40 d 以上,插后约 120 d,即 7 月中旬为大量生根期。

不定芽

在正常情况下,芽均产生于枝条顶端或叶腋,凡是不在这些部位产生的芽都称为不定芽。根系受伤或脱离母体后易产生不定芽,这是植物适应环境,传宗接代的一种生物学特性,我们可以利用这种特性进行根插繁殖。未脱离母体根的不定芽常常在中柱鞘靠近维管束的薄壁细胞形成,也可以在木栓形成层与髓射线交会处的薄壁细胞产生。脱离母体的不定芽多在根的上部伤口愈伤组织中形成,不定芽茎截断或受伤,也可能形成不定芽。在组织培养条件下,叶片也会产生不定芽。

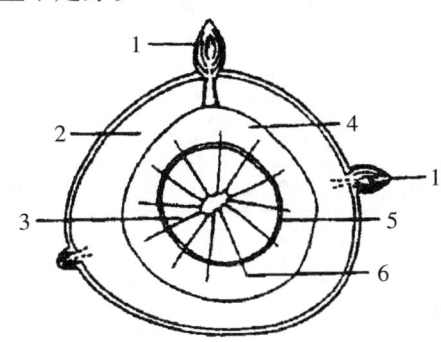

银杏不定芽发生示意图
1. 不定芽 2. 皮层 3. 木质部 4. 韧皮 5. 形成层 6. 射线

不平凡的身世

银杏,是裸子植物门松柏纲银杏目银杏属银杏科中独一无二的树种,也是地球上残存的最古老的植物"活化石"。当今世界虽然只有我国和日本是银杏的故乡,但在两亿年前,银杏的祖先却分布在地球上的大部分地区。只是后来由于地壳和气候的变迁,特别是第四纪冰川以后,它才在世界各地先后绝迹,而唯独在我国和日本幸免罹难,成为有名的古老孑遗树种。银杏在我国的栽培历史悠久。早在汉末三国时,江南一带就开始人工种植,宋代以后扩展到黄河流域。今天,在我国北自辽南,南至粤北,东起台湾,西到甘肃,银杏的足迹遍布二十多个省区。主产区在山东、江苏和广西。广西灵川县海洋乡方圆百里,种有两万多株银杏,好年景可产果一百多万千克,是我国有名的"白果之乡"。北京有不少街道还以银杏为行道树,使这一历史名城显得更加古老美丽。银杏不仅身世不凡,而且生物学特性也与众不同。它雌雄异株,这给它们传粉受精、"生儿育女"带来困难。但是,银杏有一种很强的"求偶"能力,即使处于"牛郎织女"的境地,单凭风力"搭桥",那异常细小的雄株花粉,也可以飞出 5 km 之遥,繁殖出健康的后代。

不适宜银杏授粉的条件

①雌树附近无雄树或与雄树相距甚远,没有花粉或花粉量很少;②雌株在雄株的上风方向,或刮大风;③遇雨或遇浓重晨雾时间较长;④高温、低温或干旱的反常气候。

不适宜种植银杏的立地条件

①盐碱地;②瘠薄、干燥、多石的山坡地;③通气性差的黏重僵地;④积水低洼地。

不通过低温阶段就能开花结种

此问题在闽西、闽南有较大程度的普遍性。落叶果树银杏要不要通过一定的低温阶段才能开花结果。①银杏是裸子植物,是古老的孑遗树种,历经 1 亿 5 千多万年。在这一漫长的历史时期中,它已适应了它所处的环境条件,为了繁衍后代,银杏生长至现在,它就不可能要求有一个"低温阶段"的环境条件才能开花结果。②银杏是温带、暖温带和亚热带的落叶果树,在我国的自然分布区南达广州、南宁、贵阳、昆明一带。凡在冬季能正常落叶的地区,银杏都能正常开花结果。漳平市地处北纬 24°54′~25°47′,与广西灵川县、兴安县几乎在同一纬度线上。灵川县、兴安县是全国银杏重点产区,年产量在 100 万 kg 以上,漳平以南的广东连州、南雄也有一部分古老的银杏大树,这些大树也连年结果累累。由此看来,银杏结果并不需要有一个"低温阶段"。③漳平以北的邻县——上杭县,有一株 1 000 多年生古老的银杏大树,几年来年产白果均在 750 kg 以上,而且白果的商品价值还相当高,从这点上来看,银杏结果也就不需要通过一定的低温阶段。漳平市现有银杏大树 36 株,除雄株外,也均是年年结果累累,由此也可证明,银杏结果不需要低温阶段。④从年平均气温和年降水量来看,银杏最适宜的年平均气温是 16~18 ℃,而漳平是 16.9~20.7 ℃;银杏最适宜的年降水量是 800~2 000 mm,而漳平是 1 500~2 100 mm。从气候条件来看,漳平仍是银杏适生地。银杏是雌雄异株的树种,如果当地雄株较少,授粉期遇到阴雨连绵,春季冷害,风向传粉受阻,由于小地形的影响,雌雄株所处的地段气候条件差异较大,造成雌雄株花期不同步,雌株授粉量减少,等等,这一年银杏产量也会下降。银杏大小年现象特别明显,如遇小年银杏产量降低,也属正常现象。⑤"低温阶段"与银杏花芽的形成无关,也就是说银杏的花芽不是在低温阶段条件下形成的,而恰恰相反,多年的观察表明,长江以南银杏的花芽是在 6 月中旬 20 ℃ 以上的气温下形成的;长江以北是在 7 月上旬 25 ℃ 以上的气温下形成的。长江以南是在下一年的 3 月下旬开花展叶,长江以北是在下一年的 4 月中旬开花展叶。由此看出,落叶果树银杏不需要通过一定的低温阶段就能开花结果。

不同播种量对苗木生长的影响

不同播种量对苗木生长的影响

密度			地面覆盖度（%）	保存苗木		高生长量		平均高以上株（%）	地径生长量		发病率（%）				合格苗（万株）	合格百分比（%）
每亩播种量（kg）	每亩粒数	株行距（cm）		每亩保存株数	保存率（%）	平均高（cm）	最高（cm）		平均地径（cm）	最粗（cm）	总发病率	立枯病	茎腐病	黄化病		
50	20 100	25×10	40	16 700	83	15.4	27.2	48	0.62	0.87	3.6	0.3	3.3	—	1.61	96
100	40 200	20×6	60	33 400	83	14.8	25.4	42	0.63	0.90	2.4	0.3	2.1	—	3.22	96
200	80 400	10×6	95	69 100	86	13.1	23.2	38	0.54	0.81	0.56	0.26	0.3	—	6.5	94

不同采收方式对银杏产叶量的影响

不同采收方式对银杏产叶量的影响

采收方式		夏季叶片		秋季叶片		全年产叶量
		数量（片）	颜色	数量（片）	颜色	
两次采收	未分枝	41	深绿	42	黄绿	83
	已分枝	53	深绿	61	黄绿	114
						197
一次采收	未分枝	44	深绿	48	绿	48
	已分枝	50	深绿	56	绿	56
						104

不同产地和品种白果油脂含量比较

白果油脂的含量受其地域、品种影响，选取几种白果分析其油脂含量，对其结果进行方差分析，得到不同地区、不同品种白果油脂含量及其差异显著性。筛选的品种除了泰兴的品种外，还选择了广西地区的马铃、梅型、长柄型品种，更有代表性。白果油的含量在3.6%～7.11%，不同品种之间的差异较大，大小顺序如下：大佛指＞马铃型＞梅型＞长柄型＞扁佛指＞龙眼＞七星果，其中大佛指品种白果油脂含量达到7.11%，具有很高的利用价值。由差异显著性分析可知，大佛指的含油率显著高于其他品种，马铃型、梅型、长柄型及扁佛指间的含油率没有显著差异，但是都显著高于龙眼和七星果，而龙眼的含油率显著高于七星果品种，但是没有表现出差异的显著性。

不同虫态银杏超小卷叶蛾药剂防治效果

不同虫态银杏超小卷叶蛾药剂防治效果

虫态	防治时间（日/年·月）	防治部位及方法	药剂名称	浓度（倍）	调查株数	调查奶枝（个）	被害奶枝（个）	被害率（%）
成虫	20/1989.4	在大枝基部和主干喷药后用塑料薄膜包扎7～10 d	敌杀死+乐果1:1	1 000	4	3 338	491	14.7
幼虫	5/1989.5	用高压喷雾器喷树冠	敌杀死	2 000	4	8 276	158	1.9
老熟	6/1989.6	在主干涂3～5条毒环，宽5 cm	敌杀死+杀虫双1:5	500+100	4	9 256	2 832	30.6
幼虫	6/1989.6	在大枝基部和主干涂药至树皮全湿透	敌杀死+杀虫双1:5	500+100	4	4 290	768	17.9

不同处理对各类杂草的灭除效果

不同处理对各类杂草的灭除效果

处理号	单子叶杂草(%)			莎草(%)	阔叶杂草(%)					喷后杂草盖度(%)	综合除草率(%)
	马唐	狗尾草	蟋蟀草		铁苋菜	马齿苋	苋菜	小蓟	打碗花		
1	98.4	97.3	96.8	54.8	0	36.7	42.9	0	0	0.12	47.4
2	97.9	98.6	98.1	54.3	12.0	35.8	43.7	0	0	0.10	48.6
3	18.1	23.5	20.2	40.1	98.0	97.4	99.3	96.5	98.3	0.28	65.7
4	98.7	99.0	98.2	97.5	96.5	94.8	98.4	95.5	93.6	0.06	96.9
5	98.6	99.0	98.5	98.9	96.7	95.4	97.3	94.8	93.7	0.03	96.7
6	99.5	99.0	98.8	98.9	98.6	99.1	98.8	94.9	95.8	0.02	98.2

不同处理对银杏雄株扦插生根的影响

以带叶嫩枝为扦插材料,蛭石为基质,采用全光照喷雾法,研究了不同激素处理、不同单株、有无顶芽等因子对银杏雄株插穗生根的影响。以木质素酸钠(ASL)处理100年左右树龄的银杏单株制成的带顶芽插穗,扦插效果最好,生根率达91.95%。

不同处理对银杏种核贮藏中胚芽 SOD 活性的影响

不同处理对银杏种核贮藏中胚芽 SOD 活性的影响

品种与处理		SOD 活性	
		处理后 90 d	处理后 210 d
品种	佛指	287.98 ± 82.11	817.98 ± 1 040.93
	马铃	236.91 ± 41.12	443.64 ± 465.53
	龙眼	410.1 ± 327.00	638.50 ± 737.47
处理	^{60}Co 辐射 + 5 ℃	562.92 ± 0.00	1 697.54 ± 1 615.30
	浸泡 + 5 ℃	249.11 ± 18.23	335.53 ± 120.38
	室温(CK)	245.73 ± 41.93	313.06 ± 123.51

不同代数愈伤组织中黄酮含量

不同代数愈伤组织中黄酮含量(取样量为 1 g 重)

愈伤组织代数	培养时间(d)	A	黄酮含量(mg)	黄酮浓度(%)
5	40	0.140	34.01	3.401
	60	0.148	35.97	3.597
6	40	0.132	32.06	3.206
	60	0.134	34.15	3.745
8	60	0.157	38.16	3.816

不同的栽培方式

不同的栽培方式

栽培方式	对立地条件的要求	栽培技术	栽培特点	适合栽培区域
矮干密植丰产园	土层较厚,土壤肥沃,地形平坦,交通方便,人财力和技术力量雄厚,无内涝积水	栽植密度(2~3) m×(3~4) m,主干0.8~1.0 m,春季或冬前栽植,雌雄比8:1(或嫁接雄枝)	直接定植嫁接苗,初植密度适当加大,深挖定植穴且施肥	Ⅰ最适宜栽培区 Ⅱ正常栽培区 Ⅲ正常生长区
乔干稀植园	土地广阔,土壤肥沃,交通方便,技术力量较强	定植密度(4~5) m×(5~6) m,主干高1.0~3.0 m,冬前或春季栽植,雌雄比8:1(或嫁接雄枝)	先定砧分层嫁接或直接栽嫁接苗穴规格1 m×1 m×1 m施足农家肥	Ⅰ最适宜栽培区 Ⅱ正常栽培区 Ⅲ正常生长区
采叶园	土壤肥沃,技术力量较强,有灌溉条件	密度0.5 m×1.0 m,冬前或春季栽植,定植实生苗,2~3年生	定植壮苗,开沟宽0.5 m,深0.8 m,施足农家肥	Ⅰ最适宜栽培区 Ⅱ正常栽培区 Ⅲ正常生长区
银粮间作	地形平坦,土壤肥沃,无内涝积水	密度(8~10) m×(20~40) m,冬前或春季栽植,实生苗龄5~10年	定植实生大苗,分层嫁接,穴规格1 m×1 m×1 m	Ⅰ最适宜栽培区 Ⅱ正常栽培区 Ⅲ正常生长区
银果间作	现有果园内,有一定的技术力量	密度(3~4) m×(4~5) m,冬春栽植。苗龄3~6年	先定砧后分层嫁接,或直接定植嫁接苗,穴规格1 m×1 m×1 m	Ⅰ最适宜栽培区 Ⅱ正常栽培区 Ⅲ正常生长区

续表

栽培方式	对立地条件的要求	栽培技术	栽培特点	适合栽培区域
农田防护林	立地条件中等,无积水内涝	株距5~8 m,苗龄5~10年,冬季栽植	可与其他树种搭配栽植,穴规格1.2 m×1.2 m×1 m	Ⅰ最适宜栽培区 Ⅱ正常栽培区 Ⅲ正常生长区
速生丰产林	气候湿润,无内涝积水,土层较厚,土壤肥沃	密度(2~3) m×(3~4) m,冬前或春季栽植,苗龄2~4年	以雄株栽培为好定植实生苗,穴规格0.6 m×0.6 m×0.6 m	Ⅰ最适宜栽培区 Ⅱ正常栽培区 Ⅲ正常生长区
"四旁"绿化	灌溉排水条件好,需要有效保护措施	株距5~8 m,苗龄大于5年,春冬季栽植	以实生壮苗雄株为好,穴规格1 m×1 m×1 m,适当施肥	Ⅰ最适宜栽培区 Ⅱ正常栽培区 Ⅲ正常生长区 Ⅳ生长边缘区
城乡、庭院绿化	良好的灌溉排水条件和其他保护措施	株距4~10 m,苗龄大于5年,春冬季栽植	以实生壮苗为好可分层嫁接,穴规格1 m×1 m×1 m	Ⅰ最适宜栽培区 Ⅱ正常栽培区 Ⅲ正常生长区 Ⅳ生长边缘区

不同地点银杏分离的内生真菌菌落特征

不同地点银杏分离的内生真菌菌落特征

采集地点	菌株编号	菌落特征
延安卷烟厂	Y-R	无同心环纹,菌落小,纯白色,菌丝长速慢而致密
汉中	Y-S	无同心环纹,与半板接触紧密,边缘有黑色点状物
	Y-M	菌落铺展,分层生长,纯白色,菌丝致密,与平板接触紧密,同心环纹极明显
	Y-P	气生菌丝疏松,灰褐色、菌落边缘呈锯齿状,无同心环纹
	Y-Q	有同心环纹,菌落小而致密,隆起,浅黄色,中央有黑色点状物,边缘呈花边状
	Y-V	无同心环纹,中央的气生菌丝疏松、棕灰色,边缘呈花边状、灰色,中央有黑色点状物
延安大学	Y-A	菌落中央的同心环纹密集,棕绿色
	Y-B	同心环纹明显,中央气生菌丝灰白色,边缘褐色
	Y-C	菌落铺展,紧贴平板,白色,同心环纹极不明显
	Y-D	无同心环纹,菌落铺展,纯白色,气生菌丝疏松,长速快
	Y-E	菌落中心有明显的同心环纹,棕色,菌落铺展,紧贴平板,边缘整齐
	Y-F	菌落铺展,紧贴平板,皿中央气生菌丝棕色,边缘灰白色,同心环纹密集
	Y-H	菌落乳黄色,中央的同心环纹明显
	Y-J	皿中央气生菌丝灰白色,边缘黄灰色,仅边缘有同心环纹
	Y-K	菌落铺展,紧贴平板,皿中央气生菌丝灰白色,边缘灰褐色,同心环纹不明显
	Y-L	气生菌丝直而明显,纯白色,菌落从中央向边缘分层状生长

不同地区和品种白果油脂含量及差异显著性

不同地区和品种白果油脂含量及差异显著性

品种	平均油脂浓度(%)
大佛指	7.11 a A
马铃型	5.68 b B
梅型	5.58 b B
长柄型	5.34 b B
扁佛指	5.20 b B
龙眼	4.10 c C
七星果	3.60 d C

注:不同大写字母表示在0.01水平差异极显著。

不同地区银杏花粉黄酮内酯的含量

以15个不同地区的百年左右的银杏雄树花粉为材料,用高效液相色谱法(HPLC)检测了银杏花粉中黄酮和内酯的含量。银杏花粉主要含有以山奈素为母核的黄酮醇苷,以槲皮素和异鼠李素为母核的黄酮苷的含量相对较少,银杏花粉总黄酮含量平均为20.44 mg/g;首次发现银杏花粉中的内酯成分为银杏内酯A,其含量平均在2.22 mg/g;不同地区间银杏花粉之间的黄酮内酯含量差异显著;相关分析表明,不同地区的花粉之间的黄酮和内酯含量的差异和气候地理因子的相关性不显著;初步筛选出黄酮和内酯含量较高的重庆01、广德01、北京01、康县01等4个单株作为备选的优良单株。

不同地质年代银杏类叶的演化

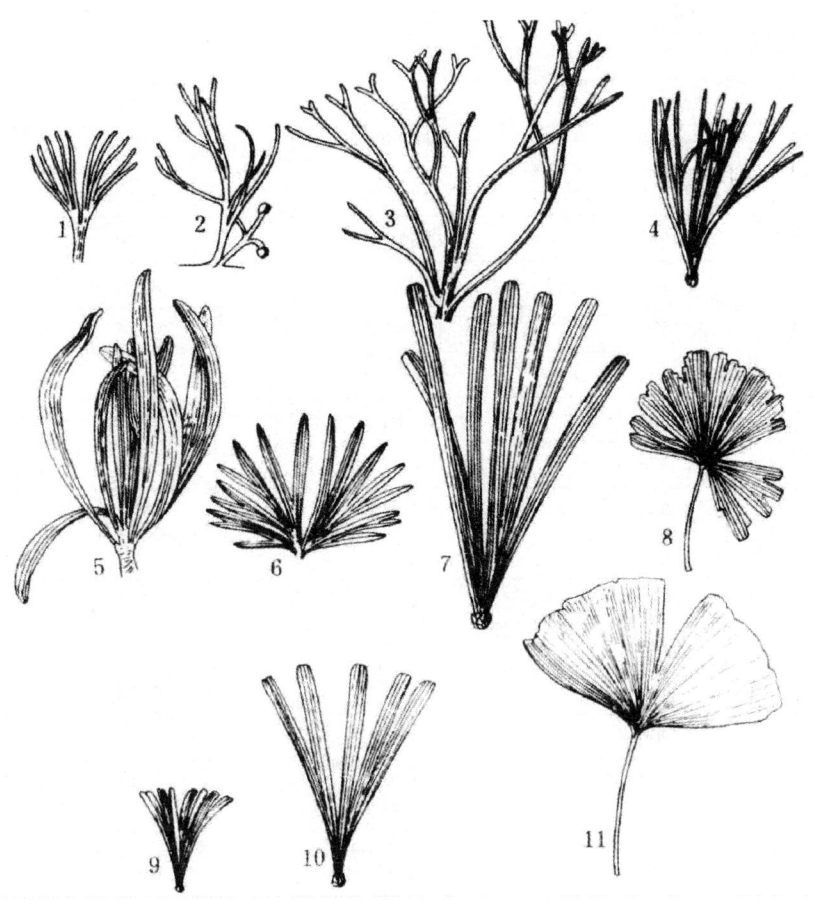

化石银杏类各属叶的演化

1.两歧叶 2.毛状叶 3.叉状楔拜拉 4.捷卡诺斯基娅 5.舌叶属 6.拜拉 7.华丽拟刺葵 8.似银杏 9.北极拜拉 10.温德华狄 11.现代银杏

不同发育期种实水分与干物质含量

不同发育期种实水分与干物质含量　　　　单位:%

观测项目	盛花后天数(d)													
	10	20	30	40	50	60	70	80	90	100	110	120	130	140
种实水分	85.25	85.00	86.14	86.94	86.88	88.14	86.64	81.32	95.91	75.74	75.08	73.67	71.83	71.30
种实干物质	14.75	15.00	13.86	13.06	13.12	11.86	13.36	18.68	24.09	24.68	24.92	26.33	28.16	28.70
种柄水分	85.03	84.33	81.84	78.92	78.44	80.96	78.69	75.52	75.12	75.32	76.03	77.07	75.02	73.37
种柄干物质	14.70	15.67	18.16	21.08	21.56	19.04	21.31	22.48	24.88	24.68	23.97	22.93	24.98	36.63
种皮水分	—	—	—	87.40	86.80	88.32	87.91	80.02	66.85	66.37	63.54	56.32	53.09	50.5
种皮干物质	—	—	—	12.60	13.20	11.68	12.09	19.98	33.15	33.63	36.46	43.68	46.91	49.4
种仁水分	—	—	—	94.24	97.84	90.15	87.66	76.73	71.32	67.16	63.21	62.56	62.07	62.22
种仁干物质	—	—	—	5.76	8.16	9.85	12.34	23.27	28.68	32.84	36.79	37.44	37.93	37.78

不同光照和土壤对银杏叶黄酮含量和产量的影响

不同光照和土壤对银杏叶黄酮含量和产量的影响

光照	水分	养分	黄酮浓度(%)	干重(g/叶)	叶总干重(g/盆)	黄酮产量(g/盆)
88%	低	低	2.062	0.0893	6.14	0.1266
		中	2.473	0.0826	6.62	0.1637
		高	2.501	0.0911	6.70	0.676
	中	低	2.416	0.1055	6.58	0.1590
		中	2.662	0.1108	7.70	0.2050
		高	2.707	0.0738	8.39	0.2271
	高	低	2.597	0.1506	9.86	0.2561
		中	2.864	0.1479	10.03	0.2873
		高	3.161	0.1460	10.75	0.3398
63%	低	低	1.374	0.0658	5.10	0.0701
		中	1.680	0.1054	6.02	0.1011
		高	1.810	0.0752	6.09	0.1102
	中	低	1.909	0.1136	6.47	0.1235
		中	2.130	0.0871	6.61	0.1410
		高	2.080	0.0917	6.78	0.1410
	高	低	1.909	0.1981	8.01	0.1529
		中	2.148	0.1356	9.22	0.1980
		高	2.310	0.1069	9.46	0.2185
41%	低	低	0.743	0.0679	5.00	0.0458
		中	0.609	0.0728	4.80	0.0543
		高	0.915	0.0633	4.75	0.0489
	中	低	0.915	0.0987	5.18	0.0786
		中	1.131	0.0879	6.54	0.1096
		高	1.030	0.0902	6.16	0.1047
	高	低	1.518	0.0932	6.59	0.1000
		中	1.676	0.1431	7.59	0.1272
		高	1.699	0.0808	6.09	0.1035
17%	低	低	0.418	0.0807	3.71	0.0155
		中	0.514	0.0656	3.95	0.0203
		高	0.399	0.0599	4.69	0.0187
	中	低	0.701	0.1171	5.58	0.0391
		中	0.609	0.0978	5.11	0.0311
		高	0.716	0.0825	5.12	0.0367
	高	低	0.667	0.0986	4.94	0.0329
		中	0.801	0.0905	4.79	0.0384
		高	0.820	0.0568	3.62	0.0297

不同光照和土壤银杏产量的方差分析

不同光照和土壤银杏产量的方差分析

误差来源	f	L	MS	F	Pr > F
重复	2	3.260 0	1.630 0	2.07	0.133 3
土壤水分(W)	2	91.682 9	45.841 5	58.08	0.000 1 **
光照强度(L)	3	180.081 2	60.027 1	76.06	0.000 1 **
土壤肥力(F)	2	5.600 5	2.800 2	3.55	0.033 3 *
L×W	6	44.367 3	7.394 5	9.37	0.000 1 **
W×F	4	1.969 4	0.492 3	0.62	0.646 8
L×F	6	6.979 3	1.163 2	1.47	0.197 4
试验误差	82	64.716 1	0.789 2	—	—
总变异	107	98.656 8	—	—	—

注：**——达1%显著水平，*——达到5%显著水平。

不同光照和土壤银杏叶黄酮总重方差分析

不同光照和土壤银杏叶黄酮总重方差分析

误差来源	f	L	MS	F	Pr > F
重复	2	0.000 988	0.000 494 0	1.29	0.280 4
土壤水分(W)	2	0.124 7	0.062 37	163.10	0.000 1 **
光照强度(L)	3	0.544 1	0.181 4	474.28	0.000 1 **
土壤肥力(F)	2	0.019 15	0.009 576	25.04	0.000 1 **
L×W	6	0.040 82	0.006 803	17.79	0.000 1 **
W×F	4	0.001 425	0.006 803	0.93	0.450 1
L×F	6	0.015 45	0.002 575	6.73	0.000 1 **
试验误差	82	0.031 36	0.000 382 4	—	—
总变异	107	0.778 1	—	—	—

注：**——达1%显著水平。

不同国家银杏叶内酯含量

不同国家银杏叶内酯含量

叶子产地	采叶日期	含量(μg/g 干叶)					总内酯浓度(%)
		白果内酯	银杏内酯 J	银杏内酯 C	银杏内酯 A	银杏内酯 B	
中国	不详	758*	—	162	265	155	0.134
荷兰	1987.10	318	7	9	17	21	0.037
荷兰	1989.9	1 100	42	260	380	220	0.196
荷兰	1990.5	65	<2	<2	<3	<3	0.006
德国	不详	1 250	190	424	646	348	0.266
法国	1982.8	964	74	638	450	396	0.252
德国	1989.9	290	<4	<4	<4	29	0.032

注：*银杏内酯J与白果内酯含量之和。

不同激素和浓度的插穗生根率

不同激素和浓度的插穗生根率

母树年龄	激素	浓度($\times 10^{-6}$)	扦插日期	基质	调查日期	生根率
20 年生	ABTl	500 100 50 500	5月11日	红沙	6月15日	78% 84% 71% 75%
20 年生	LAA	100 50 500	5月11日	红沙	6月16日	78% 72% 75%
20 年生	LAB	100 50	5月11日	红沙	6月16日	85.5% 78%
20 年生	清水(CK)		5月11日	红沙	6月16日	62.5%

不同技术措施对银杏促花的效果

不同技术措施对银杏促花的效果

处理措施	调查株数	成花株数	百分比(%)
摘心	150	12	8
短截	150	12	8
环剥	150	27	18
倒贴皮	150	138	92
对照	150	9	6

不同季节的银杏叶黄酮含量的变化

不同季节的银杏叶黄酮含量的变化

采样时间	外观颜色	浓度(%)
5月中旬	绿黄色	1.71
6月中旬	黄绿偏绿	0.86
7月中旬	黄绿色	0.92
8月中旬	黄绿偏绿	0.76
9月中旬	绿色	0.70
10月中旬	黄色	0.68
11月中旬	黄色	0.64

不同季节插皮接成活率的差异

不同季节插皮接成活率的差异

季节	嫁接时间	试验地点	嫁接数量(株)	成活数(株)	成活率(%)	备注(接穗情况)
春季	1995.3.16—1995.3.28	林湖林场	21 000	19 200	92.3	一般
春季	1996.3.8—1996.4.2	新垛林场	35 000	32 300	99.2	一般
春季	1997.3.20	兴化市经济林苗木场	500	496	91.4	2~3年生粗壮枝
生长季节	1997.4.8	兴化市经济林苗木场	50	46	92	已放大叶,较粗壮
生长季节	1997.6.6	兴化市花卉苗繁中心	44 48	14 4	31.8 8.3	2~3年生枝 当年生半木质化枝
生长季节	1996.8.22—1996.8.23	兴化市花卉苗繁中心	2 300	2 180	94.8	1~3年生枝
生长季节	1996.8.27	新垛林场	64	64	100	2~3年生粗壮枝
生长季节	1996.8.27	同上	64	64	100*	同上
生长季节	1996.8.29	戴窑镇韩东村	150	147	98	1~3年生枝
生长季节	1996.8.29	同上	150	148	98.7*	同上

*注:插皮接与劈接成活率比较。

不同嫁接方法对成活率的影响

不同嫁接方法对成活率的影响

方法	数量	成活数	成活率(%)	备注
劈接	4	4	100	
切接	18	16	88.8	
合接	8	7	87.5	量少,有待再试验
插皮接	10	1	10.0	量少,有待再试验
腹接	2	0	0	

不同剪切方式对苗木生长的影响

不同剪切方式对苗木生长的影响　　　　　　　　　　　　　　单位:cm

项目	处理 重复	3月 切芽	3月 剪截	6月 切芽	6月 剪截	切芽	剪截	总平均	F值
高度 (cm)	重复1	48.2	41.4	69.7	45.0	58.5	47.6	53.1	$F_{月份}=2.12$
	重复2	42.5	48.8	55.5	51.6				$F_{方式}=6.88$
	重复3	50.5	51.7	58.6	43.4				$F_{交互}=6.69$
	重复4	59.0	57.7	83.7	40.8				$F_{0.05,1.12}=4.75$
	平均	50.1	49.9	66.9	45.2				
	月平均	50.0		56.1					
粗度 (cm)	重复1	0.68	0.60	0.84	0.70	0.77	0.66	0.72	$F_{月份}=5.61$
	重复2	0.60	0.63	0.72	0.69				$F_{方式}=7.50$
	重复3	0.69	0.66	0.89	0.59				$F_{交互}=6.21$
	重复4	0.72	0.76	1.03	0.65				
	平均	0.67	0.66	0.87	0.66				
	月平均	0.67		0.77					
芽数 (个)	重复1	13.6	11.6	19.1	11.9	16.1	13.4	14.8	$F_{月份}=0.05$
	重复2	9.8	13.0	12.5	15.6				$F_{方式}=2.39$
	重复3	15.5	16.3	16.2	10.1				$F_{交互}=2.85$
	重复4	18.7	17.7	23.0	10.9				
	平均	14.4	14.7	17.7	12.1				
	月平均	14.6		14.9					

不同建园方式的产叶量

不同建园方式的产叶量　　　　　　　　　　　　　　单位:kg/小区

建园方式		园地式 单行种植	园地式 双行种植	圃地式当年 年底调整	圃地式次年 年底调整	F值
建园 第1年	重复1	2.50	5.74	7.73	8.75	60.90
	重复2	2.65	5.09	9.98	9.45	
	重复3	2.69	5.96	8.28	9.81	
	平均	2.61	5.60	8.64	9.34	
建园 第2年	重复1	19.34	20.82	6.38	18.19	13.97
	重复2	16.40	16.50	4.74	17.48	
	重复3	10.80	24.31	3.10	22.64	
	平均	15.51	20.54	4.74	19.44	

不同龄银杏实生苗各时期黄酮总含量

苗龄	不同龄银杏实生苗各时期黄酮总含量						单位:%
	采叶期/月.日						平均
	7.15	8.15	8.25	9.6	9.16	9.25	
2年生苗	47	52	50	36	44.2	50	46.5
4年生苗	37.5	39.6	36	40.3	44.4	48	41.1
总平均	42.25	45.8	43	38.4	44.3	49	43.8

不同龄银杏实生苗各时期内酯总含量

苗龄	不同龄银杏实生苗各时期内酯总含量						单位:%
	采叶期/月.日						平均
	7.14	8.15	8.25	9.6	9.16	9.25	
2年生苗	13.4	14.0	13.0	12.0	10.2	12.0	12.43
4年生苗	10.5	14.4	12.6	11.5	12.0	14.0	12.50
总平均	11.95	14.2	12.8	11.75	11.1	13.0	12.47

不同模式园银杏叶的采收

专门性的银杏采叶园和苗圃中的银杏苗木，可一年采收两次银杏叶片。第一次在夏季的7月底至8月初，除顶梢保留8～10片叶外，其余全部采下，并及时晒干。第二次则应在深秋采收，以保证叶片的充分发育，但最迟不应超过10月下旬，以防叶片变黄质量下降。山东泰安对3年生银杏苗在秋季采叶时分4次采收取得了良好的效果。第1次9月18日，采苗高1/3以下处的叶片；第2次10月8日采苗高2/3以下处的叶片；第3次10月18日除保留梢端4～8片叶外其余全部采光；第4次10月28日将梢端叶片摘除。在第1～2次叶片采收之后，应及时浇肥水，以利增强树势，保证尚未采收的叶片充分发育。几次所采叶片均为一级优质叶片，亩产鲜叶1 034 kg，折合干叶344.7 kg。以生产种子为主的嫁接植株，每年只能采叶一次，采叶时间可与种子同时或稍后，且只能少采，最多不应超过全株叶片总量的1/2，梢端叶片必须保留，内膛少采，外围多采，并应于采后多施有机肥料，以保证来年的种子产量不受影响。采收银杏叶片应选择天气晴朗阳光充足的日子。

不同母质形成的土壤对银杏种实的影响

土壤母质	淀粉(%)	蛋白质(%)	总糖(%)	还原糖(%)	含水率(%)	单核重(g)
花岗岩	39.25	8.45	8.40	2.91	46.21	2.98
石灰岩	43.54	4.23	9.88	3.67	59.24	3.30
页岩	48.65	3.42	6.42	1.81	54.59	2.92
砂岩	38.50	4.96	9.60	1.66	59.06	2.94
紫页岩	38.61	3.15	6.15	1.70	59.11	3.10
红色黏土	33.14	3.11	7.14	2.23	60.31	2.12

不同年龄砧木秋季嫁接成活及生长

试验地点	砧木情况	嫁接时间(年/月/日)	嫁接株数(株)	嫁接成活率	绑扎方法	1年生枝梢长度(cm)
银杏苗圃	2年生实生苗	1998/9/6	600	98%	露芽	41.39
银杏苗圃	2年生实生苗	1998/9/6	600	98%	露芽	41.39
龙马青堡	1年生实生苗	1999/9/10—1999/9/20	50 000	96%	包芽	30
七里柳州城	2年生实生苗	1999/9/10	2 000	98%	露芽	56
七里柳州城	4～5年生实生苗	1999/9/10—1999/9/25	14 000	95%	露芽	51.8
银杏所院内	8年生大树上	2000/9/10	20	96%	露芽	31.5

不同农药对银杏茶黄蓟马的杀虫效果

不同农药对银杏茶黄蓟马的杀虫效果

药剂种类	稀释倍数	施药前虫数/头·百叶$^{-1}$	施药后存活虫数/头·百叶$^{-1}$		虫口减退率(%)
			第3天	第5天	
40%氧化乐果	1∶1 000	145	13	8	94.5
80%敌敌畏	1∶1 000	125	11	8.5	93.2
速灭杀丁	1∶2 000	122.5	12	7.5	93.9
40%氧化乐果1 000倍液+1 500倍液速灭杀丁	混合液	166	8	4	97.6
对照	清水	160	157.5	156.5	2.2

不同浓度乙烯利对银杏种实催落效果

不同浓度乙烯利对银杏种实催落效果

日期	400×10^{-6}			500×10^{-6}			600×10^{-6}			700×10^{-6}			对照		
	1	2	平均	1	2	平均	1	2	平均	1	2	平均	1	2	平均
9月15日	0.81	0.77	0.79	0.92	0.66	0.79	—	—	—	—	—	—	—	—	—
9月17日	8.20	127.39	117.795	6.16	13.70	9.93	8.95	7.14	8.045	7.56	18.93	13.245	—	—	—
9月19日	4.94	153.35	51.145	62.07	77.42	89.745	74.10	11.62	42.86	5.59	42.60	44.095	—	—	—
9月21日	9.61	3.16	6.385	9.67	5.46	7.815	7.92	49.70	28.81	22.9	15.98	19.44	0.23	0.32	0.275
9月23日	5.19	2.39	3.79	3.77	0.40	2.085	3.07	16.67	9.87	9.6	3.56	6.585	1.64	0.24	0.94
9月25日	4.24	1.26	2.75	2.34	0.29	1.314	2.04	2.37	2.205	1.15	189	11.54	3.50	0.47	1.965
9月27日	3.34	0.38	1.86	0.41	0.18	0.295	0.68	0.89	0.785	2.58	—	1.29	1.64	0.47	1.655
9月29日	0.49	0.19	0.32	0.20	0.11	0.155	0.06	1.19	0.625	2.46	—	1.23	1.97	0.31	1.09
脱落小计	80.78	88.89	84.84	85.54	98.72	92.13	96.82	89.58	93.2	94.85	100	97.43	8.88	1.99	5.35

不同培养基对银杏茎段生根率的影响

不同培养基对银杏茎段生根率的影响

培 养 基	接种茎段数	生根茎段数	生根率(%)
White + IBA 0.1 + 活性炭 0.1%	35	9	25.71
White + IAA 0.1 + 活性炭 0.1%	42	1	2.38
White + NAA 0.1 + 活性炭 0.1%	41	13	31.79
White + NAA 0.5 + 活性炭 0.1%	40	3	7.5
White + NAA 0.1	40	5	12.5
1/2MS + NAA 0.1 + 活性炭 0.1%	40	12	30.0

不同培养基对银杏胚培效果的影响

不同培养基对银杏胚培效果的影响

培 养 基	接种胚数	胚根萌发数	胚根萌发率(%)	抽梢数	抽梢率(%)
White + BA 0.2 + 活性炭 0.1%	41	40	97.56	39	95.52
White + BA 0.2	38	30	78.95	29	76.63
White + 活性炭 0.1%	40	34	85.0	12	30.0
White	37	22	59.46	8	21.62

不同培养时间愈伤组织中的黄酮含量

不同培养时间愈伤组织中的黄酮含量

培养时间(d)	取样干重(mg)	吸光度	黄酮含量(mg)	平均每克干样中黄酮浓度(%)
10	0.46	0.048	11.55	2.511
20	1.20	0.172	41.83	3.485
30	2.21	0.485	118.24	5.350
40	1.25	0.202	49.15	3.932
50	1.83	0.184	44.76	2.446

不同品种的种仁营养成分

不同品种的种仁营养成分　　　　　　　　　　　　　　　　　　　　　　　　　单位:%

品种	直链淀粉含量	支链淀粉含量	支链淀粉/直链淀粉	可溶性糖含量	蛋白质含量	脂肪含量
佛指	18.66±0.54	63.40±2.55	3.40±0.25	3.80±0.25	7.2±0.72	3.25±0.70
洞庭皇	18.58±0.48	56.37±2.21	3.03±0.19	2.87±0.27	8.3±0.35	3.35±0.45
龙眼	18.94±0.33	64.94±1.86	3.29±0.20	3.41±0.31	8.7±0.17	2.95±0.18

不同品种气孔密度及大小

不同品种气孔密度及大小

观测内容		银杏原种	筒状叶银杏	金条叶银杏	黄叶银杏	F
气孔密度(个·mm^2)		75.26	132.65	102.04	103.32	29.18
气孔器大小	长(μm)	44.66	44.59	36.96	52.64	5.901
	宽(μm)	35.00	35.56	29.40	34.30	1.592
	面积(μm^2)	1 065.26	1 235.78	849.17	1 285.76	2.566
气孔口长度(μm)		23.87	20.65	16.73	22.82	4.496

不同品种叶片横切解剖结构

不同品种叶片横切解剖结构

内容	银杏原种	筒状叶银杏	金条叶银杏	黄叶银杏	F
叶片厚(μm)	311.92	322.84	290.36	277.2	1.445
上表皮厚(μm)	27.44	22.33	22.26	21.98	3.390
下表皮厚(μm)	18.06	17.92	15.89	16.10	1.694
栅栏细胞层数	1	1	1	1	
栅栏组织厚(μm)	64.0	42.63	56.21	46.48	6.890
栅栏细胞粗(μm)	29.69	33.08	34.77	38.03	2.887
栅栏细胞密度(个·400 μm^{-1})	13.49	12.08	11.49	10.69	9.647
栅栏组织厚:叶片厚	0.21	0.13	0.19	0.17	—
栅栏组织厚:栅栏细胞粗	2.16	1.29	1.62	1.22	—
海绵组织厚(μm)	202.44	239.96	196.00	192.64	2.049
栅栏组织厚:海绵组织厚	0.32	0.18	0.29	0.24	—
维管束粗(μm)	203.70	294.70	225.17	184.57	32.558

不同品种银杏结实量相对比较

不同品种银杏结实量相对比较

品种	长枝长(m)	短枝数(个)	结果数(个)	相对结实能力	
				短枝数/米长枝	结果数/米长枝
富阳4号	1.64	93	45	57	27
临安3号	0.35	10	31	29	89
长兴3号	0.49	16	29	33	80
诸暨3号	0.28	13	52	34	185
青山3号	1.23	36	121	29	98
建德1号	0.79	18	96	23	122

不同器官中还原糖浓度(%)的差异

不同器官中还原糖浓度(%)的差异

性别	器官	月份					
		5	6	7	8	9	10
雄株	叶片	2.75Bb	6.49a	4.39aA	5.32a	7.74aA	3.64a
	一年生长枝	11.21aA	4.31a	3.67Bb	5.06a	4.18Bb	0.46b
	一年生中短枝	9.81aA	4.97a	3.37bB	4.41a	3.21Bb	1.46b
雌株	叶片	9.38a	4.18a	4.46aA	4.24a	7.46aA	3.49Aa
	一年生长枝	10.58a	6.79a	3.23bB	4.16a	4.16bB	0.63bB
	一年生中短枝	8.16a	5.17a	3.26bB	3.69a	3.60bB	0.77bB

不同溶剂对黄酮提取的影响

不同溶剂对黄酮提取的影响

浸提剂	提取率(%)	相对提取率(%)	浸提剂	提取率(%)	相对提取率(%)
水	19.7	23.4	40%乙醇 pH值4	66.2	78.8
20%乙醇	41.6	49.5	40%乙醇 pH值9	55.4	66.0
40%乙醇	76.5	91.1	40%乙醇+硫酸	63.9	76.1
60%乙醇	84	100	水 pH值4	23.4	27.9
80%乙醇	77.8	92.6	水 pH值9	22.0	26.2
无水乙醇	53.7	63.9	水+硫酸	37.9	45.1

不同生长调节剂对银杏嫁接树发育的影响

不同生长调节剂对银杏嫁接树发育的影响

生长调节剂种类	试验株数	浓度(×10⁻⁶)	单株延伸枝平均长度(cm)	单株平均短枝数量(条)	四年生嫁接树结果株数
复合比久50%	30	2 000	48.2	8.4	3
青鲜素40%	30	20 000	34.7	10.9	7
乙烯利	30	2 000	20.5	16.1	16
清水对照	30		74.0	4.4	0

不同生长发育期雄株叶类黄酮含量

不同生长发育期雄株叶类黄酮含量

测定时间(月份)	叶片类黄酮浓度(%)	叶片干物质浓度(%)	比叶鲜重(mg/cm²)	比叶干重(mg/cm²)
7	5.51Bc	36.04Bb	29.54Aa	10.66Bb
9	5.61Bbc	45.69Aa	19.44Bb	8.73Cc
10	6.61Aa	33.25Bb	30.63Aa	10.21Bb
11	6.31ABab	42.42Aa	28.25Aa	12.19Aa

不同时间各嫁接方法对银杏成活率的影响

不同时间各嫁接方法对银杏成活率的影响

嫁接时间	劈接			插皮舌接			插皮接		
	株数	成活株数	成活率(%)	株数	成活株数	成活率(%)	株数	成活株数	成活率(%)
3月25日	300	246	82.1	—	—	—	300	244	81.3
4月5日	300	295	98.3	320	315	98.4	300	289	96.3
4月15日	290	280	96.6	340	330	97.1	290	283	97.5
4月25日	300	278	92.0	300	282	94.0	300	279	93.0
7月5日	200	227	81.1	—	—	—	300	212	70.7
7月15日	290	239	82.4	—	—	—	280	242	86.4
7月25日	300	269	89.7	—	—	—	300	253	84.3
8月5日	300	284	94.7	—	—	—	300	246	82.0
8月15日	300	20.5	95.0	—	—	—	300	272	90.7
8月26日	290	208	71.7	—	—	—	280	197	70.4
9月5日	200	175	62.5	—	—	—	280	121	43.2
9月15日	270	74	27.4	—	—	—	260	47	18.1
9月27日	270	8	3.0	—	—	—	260	6	2.3
10月5日	250	0	0	250	—	—	250	0	0

不同授粉方法对结种率的影响

不同授粉方法对结种率的影响

	结种率(%)					比对照高(%)
	Ⅰ	Ⅱ	Ⅲ	Ⅳ	平均	
挂花	41.90	55.37	54.78	52.35	51.10	94.59
撒粉	83.62	82.14	80.80	63.09	77.41	194.78
水粉	61.59	55.93	56.16	53.14	56.71	115.96
水粉加糖	60.00	60.81	68.15	55.04	61.09	132.64
对照	24.53	28.99	31.06	20.45	26.26	

不同授粉量的银杏接种量和单核重

不同授粉量的银杏接种量和单核重

授粉量(g)	结种量(kg)	单核重(g)	坐果率(%)	结种量(kg)	单核重(g)	坐果率(%)	结种量(kg)	单核重(g)	坐果率(%)
1	13.03	3.00	48	13.5	3.12	51	14.5	2.94	55
2	19.5	2.81	76	18	2.98	69	24	2.78	68
3	21.5	2.70	85	20	2.65	82	23.5	2.56	89
4	23.0	2.19	90	19.5	2.28	90	21.5	2.28	92

不同树龄叶片的总黄酮含量

采用 RP-HPLC 法，测定了广西兴安县高尚乡境内不同树龄银杏叶总黄酮含量。1 年生、2 年生银杏叶总黄酮含量远高于树龄长的。同是 2 年树龄的银杏叶，嫁接苗总黄酮的含量高于实生苗总黄酮的含量。

不同提取法白果油的化学组成

不同提取法白果油的化学组成

成 分	提取方式及含量		
	超声(%)	索氏(%)	超临界CO_2(%)
9-十六烯酸	2.884	2.895	3.258
9-十六烯酸(反)	—	—	0.280
十六烷酸(棕榈酸)	11.078	7.476	9.469
15-甲基-十六酸	—	—	1.002
6,9-十八碳二烯酸	2.638	3.217	3.704
9,12-十八碳二烯酸	24.304	27.499	29.876
9-十八碳烯酸(油酸)	15.320	14.343	17.360
11-十八碳烯酸	13.457	15.472	18.345
十八烷酸(硬脂酸)	15.708	17.706	1.934
9-十八碳烯酸(反)	10.761	6.968	1.673
11,13-十六碳二烯酸	3.849	4.427	6.226
8,11-二十碳二烯酸	—	—	0.887
11-二十碳烯酸	—	—	2.488
二十烷酸(花生酸)	—	—	0.767
二十二烷酸	—	—	1.165
二十四烷酸	—	—	0.469
二十六烷酸	—	—	0.289
非脂肪酸类物质	—	—	0.809

不同提取方法的总黄酮提取率

不同提取方法的总黄酮提取率

提取方法	提取温度(℃)	提取次数	提取时间(h)	粗提物中总黄酮浓度(%)	总黄酮提取率(%)
水浸提	回流	3	3;3;2	10.5	1.21
70%乙醇浸提	50~55	1	6	17.1	1.78
95%乙醇浸提	50~55	3	6;6;6	24.4	2.51

不同提取方式对白果油提取率的影响

根据不同原理,选择超临界CO_2流体萃取(SFE)、超声波提取和传统的索氏提取3种不同的提取方式,以泰兴"大佛指"干粉为原料,分别提取白果油,对不同提取方式对白果油提取率的影响及差异显著性做了分析。通过平均得油率即可判断,超临界萃取率(添加夹带剂)>索氏提取率>超声波提取率。超声波提取用时较短,但提取率不高;索氏提取用时长;超临界CO_2提取率达到7.11%。由差异显著性分析可知,超临界(添加夹带剂)法提取率显著高于其他方法的提取率,索式提取率显著高于超声波法及超临界(添加夹带剂),而超声波法与超临界在没有添加剂的情况下没有表现出显著性的差异。不同的提取方法提取白果油都没有表现出极显著的差异性。

不同提取方式对白果油提取率的影响及差异显著性

不同提取方式对白果油提取率的影响及差异显著性

提取方式	平均提取率(%)
超临界(添加夹带剂)	7.11
索式	6.3
超声波	5.4
超临界(无夹带剂)	5.2

不同提取工艺银杏叶粗提取物总黄酮提取率

不同提取工艺银杏叶粗提取物总黄酮提取率

序号	叶重(g)	提取工艺	粗提物(g)	总黄酮浓度(%)	总黄酮提取率(%)
1	10	甲醇索氏提取	—	—	2.41
2	10	烘干—甲醇索氏提取	—	—	2.54
3	10	烘干—石油醚脱蜡—甲醇提取	—	—	2.73
4	100	水浸提	11.5	10.5	1.21
5	100	70%乙醇浸提	10.4	17.1	1.78
6	100	95%乙醇浸提(第1次)	7.68	24.6	1.89
7	—	95%乙醇浸提(第2次)	1.74	24.2	0.42
8	—	95%乙醇浸提(第3次)	0.82	24.3	0.20
9	100	3批用95%乙醇交替3次提取	29.5	24.3	2.39

不同无性系叶子脱落期

不同无性系叶子脱落期

系号	性别	来源	叶片初黄期	盛黄期	脱落期
M45	♂	中国山东	11.5	11.7	11.17
M911	♂	中国山东	11.5	11.7	11.17
M56	♂	中国山东	11.10	11.16	11.18
实生苗	?	中国山东	10.29	11.7	11.18
F554	♀	中国四川	10.28	11.8	11.16
I733	♀	中国湖北	10.27	11.7	11.16
M079	♀	中国山东	10.28	11.8	11.15
M057	♀	中国山东	11.5	11.12	11.15
B416	♀	中国陕西	10.28	11.7	11.18
J0214	♀	中国江苏	11.2	11.9	11.16
C0132	♀	中国浙江	11.7	11.15	11.19
J0276	♀	中国江苏	11.5	11.7	11.16
G581	♀	中国广西	11.5	11.15	11.18
N101	♀	日本	11.5	11.13	11.16
D421	♀	中国福建	11.5	11.13	11.16

不同形式叶在自然分类单元中的分布

不同形式叶在自然分类单元中的分布

叶形或形态属	自然单元(或基于繁殖器官的单元)	
	属	科
拜拉	义马果,格雷纳果?	义马果科,银杏科?
桨叶	卡肯果,银杏	卡肯果科,银杏科
准银杏	银杏,卡肯果?	卡肯果科?,银杏科
似银杏	银杏,卡肯果,义马果	卡肯果科,银杏科,义马果科
舌叶	?	?
假托勒利叶	乌马托鳞片,?	乌马托鳞片科,?
楔拜拉	银杏?,卡肯果,格雷纳果?	卡肯果科,银杏科?
银杏枝		已知中生代银杏类各科

注:"?"为科属未定名。

不同芽接和贴枝接嫁接成活率和保苗率

不同芽接和贴枝接嫁接成活率和保苗率

嫁接方法	嫁接时间	嫁接株数	成活率(%)	保苗率(%)
"T"字形芽法	1987.4.5	50	50.0	92.0
	1987.5.26	50	62.0	83.9
	1987.6.15	50	56.0	89.3
	1987.7.20	127	80.3	47.1
	1987.8.23	250	79.2	88.9
	1988.3.29	73	42.5	90.3
	1988.8.18	40	77.5	93.5
贴枝接法	1987.4.5	50	94.0	87.2
	1987.5.26	50	92.0	89.1
	1987.6.15	50	86.0	93.0
	1987.7.20	50	90.0	91.1
	1987.8.23	100	96.0	91.7
	1988.4.6	100	93.0	92.5
	1988.8.18	150	95.3	94.2
长块贴芽接法	1987.4.6	210	91.4	93.75
	1987.5.24	85	94.1	87.5
	1987.6.17	50	88.0	91.1
	1987.7.20	111	85.6	71.6
	1987.8.23	155	94.8	95.9
	1988.4.6	65	90.8	91.5
	1988.5.30	50	92.0	93.5
	1988.6.18	50	90.0	88.9
	1988.7.26	75	88.0	72.7
	1988.8.18	250	97.7	91.0

不同样品银杏萜内酯的含量分析

不同样品银杏萜内酯的含量分析

组分含量	银杏叶提取物			广西产银杏绿叶（采收期1997.7)	广西产银杏黄叶（采收期1997.11)	云南产银杏绿叶（采收期1996.7)
	Ⅰ号	Ⅱ号	Ⅲ号			
白果内酯(%)	1.60	0.31	4.28	0.041	未检出	0.100
银杏内酯A(%)	2.67	0.68	3.09	0.067	0.043	0.071
银杏内酯B(%)	0.91	1.35	1.54	0.031	0.035	0.045
银杏内酯C(%)	1.10	0.45	1.98	0.023	0.011	0.028
总萜内酯(%)	6.28	4.79	10.89	0.162	0.089	0.254

不同药剂浓度防治茶黄蓟马效果

不同药剂浓度防治茶黄蓟马效果

药剂名称	处理浓度	施药前情况(头)		施药后4天			施药后8天			施药后12天		
		虫数	叶均	虫数(头)	叶均(头)	虫口减退率(%)	虫数(头)	叶均(头)	虫口减退率(%)	虫数(头)	叶均(头)	虫口减退率(%)
阿维菌素	2 000倍	234	9.36	86	3.44	63.25	26	1.04	88.89	15	0.6	93.59
阿维菌素	3 000倍	256	10.24	92	3.68	64.06	32	1.28	87.50	20	0.8	92.19
阿维菌素	4 000倍	228	9.12	96	3.84	57.89	38	1.52	83.33	27	1.08	88.16
氧化乐果	1 000倍	238	9.52	106	4.24	55.46	68	2.72	71.43	62	2.48	73.95
清水	—	204	8.16	210	8.4	—	202	8.08	—	196	7.84	9.8

不同叶龄叶片中黄酮含量

不同叶龄叶片中黄酮含量

取样时间	吸光度	黄酮提取量(mg)	黄酮浓度(%)
9月14日	0.051	12.28	1.228
9月17日	0.064	15.46	1.546
9月21日	0.049	11.80	1.180
10月6日	0.057	13.75	1.375
10月 日	0.078	18.88	1.888
10月27日	0.102	24.74	2.474
11月4日	0.128	31.08	3.108
11月9日	0.177	43.00	4.305

不同银杏产区适宜的嫁接时期和方法

不同银杏产区适宜的嫁接时期和方法

地 区	嫁接时期	嫁接方法	成活率
广西桂林	2月下旬至3月上旬	切接	90%
	9月中旬至10月中旬	腹切接	95%
浙江临安	3月、8月、9月	劈接、贴枝接	93%~100%
浙江长兴	4月上旬	抱腹接	94%
江苏泰兴	3月中旬至4月中旬	插皮接、荞麦壳式接	95%以上
	8月、9月上旬	劈接(嫩枝接)	98%
江苏宜兴	3月上旬	封顶插皮接	92%~100%
江苏邳州	9月下旬	带木质芽接	94.5%
山东郯城	4月、8月	劈接、插皮接	98%

不同银杏产区适宜的嫁接时期和方法

不同银杏产区适宜的嫁接时期和方法

地区	嫁接时期	嫁接方法	嫁接成活率(%)
美国西海岸	1月	劈接	效果很好
日本神奈川县	3月—4月	切接	95
日本爱知县	4月上、中旬	劈接	很高
日本歧阜、大分县	4月上、中旬	腹接	很高
中国广西桂林	2月下—3月上旬	切接	90
	9月中—10月中旬	腹切接	95
中国浙江临安	3月、8月、9月	劈接、贴枝接	93~100
中国浙江富阳	9月上旬	方块芽接	80
中国浙江长兴	4月4日	抱腹接	94
中国江苏泰兴	3月中、下旬	插皮接	95
中国江苏宜兴	3月上旬	封顶插皮按	92~100
中国江苏江宁	8月—9月	方块芽接	94
中国江苏邳县	9月下旬	带木质芽接	94.5
中国江苏新沂	7月5日	劈接	97
中国山东郯城	4月、8月	劈接、插皮接	98
中国山东泰安	4月上旬	劈接、双舌接	95
	8月—9月	方块芽接	95

不同银杏古树花粉的形态特征

借助扫描电镜对33个银杏古树雄株的花粉外壁形态特征进行观察,发现银杏花粉外部形态基本一致,赤道面观为橄榄形或梭形,侧面观为长椭圆形,萌发沟与花粉近等长。但在光滑程度、纹饰特征、微孔情况等方面存在比较明显差别。根据形态特征的差异对33个单株的花粉进行聚类和划分,银杏花粉形态具有多样性和复杂性。

不同银杏品种各采叶期黄酮总含量

不同银杏品种各采叶期黄酮总含量　　　　　　　　　　　　　单位:%

品种与类型	采叶期(月.日)									平均
	7.15	7.25	8.5	8.15	8.25	9.5	9.25	10.5	10.25	
家佛指	21	24	26	25.5	26	31.2	32	46.3	48	31.10
亚甜	29.2	31.9	33.6	34.6	36	33.1	41	50	40.5	36.66
雄树	31.5	36.7	37.2	39.5	41.9	42.2	43.7	44.4	45.1	40.24
总平均	27.23	30.87	32.27	33.20	34.63	35.50	38.9	46.9	44.53	—

不同银杏品种和采收期内酯总含量

不同银杏品种和采收期内酯总含量　　　　　　　　　　　　　单位:%

品种与类型	采叶期(月.日)									平均
	7.15	7.25	8.5	8.15	8.25	9.5	9.25	10.5	10.25	
家佛指	5.3	6.6	7.6	8.3	7.8	8.4	9.6	12.5	10.0	7.33
亚甜	8.1	8.7	9.1	9.0	10.5	10.4	12.5	14.0	9.0	10.14
大穗雄树	10.0	10.0	10.1	11.1	12.4	12.3	12.7	13.0	13.2	11.64
总平均	7.803	8.43	9.00	9.47	10.23	10.37	11.6	13.17	10.73	—

不同银杏品种叶内总黄酮含量

不同银杏品种叶内总黄酮含量

品种名称	采样地区	采样时间	总黄酮含量(总黄酮/干叶重,%)	总黄酮浓度平均值(%)
佛手	广东南雄市	1998年6月	3.06	3.06
	广西植物园	1998年8月	4.04	—
梅核	广东南雄市	1998年6月	2.68	2.15
	广西植物园	1998年8月	1.62	—
圆子	广东南雄市	1998年6月	2.01	1.85
	广东和平县	1998年6月	1.97	—
马铃	广西植物园	1998年8月	1.56	—
	广西植物园	1998年8月	1.78	1.78

不同幼虫期银杏超小卷叶蛾药剂防治效果

不同幼虫期银杏超小卷叶蛾药剂防治效果

幼虫期	时间	地点	药物浓度	调查株数	调查奶枝(个)	被查奶枝(个)	危害率(%)
初期	90年 4个月 26～30年	老叶双陶 汪群合朋 北新宋利	敌杀死3 300倍液 敌杀死3 300倍液 敌杀死3 300倍液	10 10 10	11 195 10 675 18 420	80 85 45	0.71 0.79 0.24
中期	90年 5个月 1～5年	北 新 南 新 北 新	敌杀死3 300倍液 敌杀死3 300倍液 敌杀死3 300倍液	10 10 10	13 100 16 000 1 846	170 445 49	1.29 2.78 2.65
后期	90年 5个月 5～10年	老叶双陶 汪群合朋 北新蒋利	敌杀死3 300倍液 敌杀死3 300倍液 敌杀死3 300倍液	10 10 10	11 590 2 129 3 480	358 105 225	3.09 4.9 6.47

不同栽植密度的苗木生长量

不同栽植密度的苗木生长量

密度	高度(cm)	地径(cm)	分枝数(个)	芽数(个)
10 cm×20 cm	97.3	1.21	1.5	25.4
10 cm×40 cm	113.4	1.56	1.82	31.7
20 cm×40 cm	122.1	2.42	2.06	40.2
50 cm×40 cm	128.7	3.39	2.4	49

不同栽植密度的银杏产叶量

不同栽植密度的银杏产叶量

密度	叶数	单叶鲜重(g)	株叶产量(g/株)	面积产量(kg/亩)
10 cm×20 cm	58.7	0.84	49.2	1 216.2
10 cm×40 cm	91.6	1.03	93.9	1 171.9
20 cm×40 cm	113.7	1.05	119.7	746.9
33 cm×40 cm	123.5	1.18	145.1	543.3

不同遮阴方式对银杏移栽苗成活率的影响

不同遮阴方式对银杏移栽苗成活率的影响　　　　　　　　　　　　　　　　　　　　　单位:%

处 理	重 复				处理均值
	Ⅰ	Ⅱ	Ⅲ	Ⅳ	
遮阳网	97.5	91.1	93.7	94.9	91.3
遮阳网—玉米枝叶	73.2	78.0	76.8	84.1	78.0
玉米枝	66.2	52.7	70.3	56.8	61.5
对照	32.4	29.7	35.1	36.5	33.4

不同枝位嫁接成活率

不同枝位嫁接成活率

枝位	调查数	新梢基部平均粗度(cm)	最大生长量	嫁接数(株)	成活株数(株)	成活率(%)
顶芽	50	0.80	1.14	50	49	98.0
中间段	46	0.62	1.24	46	30	65.2
基部二三段	50	0.65	1.12	50	30	60.0
基部	48	0.62	1.21	48	33	68.8

不同贮藏条件种胚的长度变化

不同贮藏条件种胚的长度变化　　　　　　　　　　　　　　　　　　　　　　　　　　　单位:cm

单株号	贮藏条件	测定时间(月.日)								
		9.26	10.23	11.11	11.26	12.14	12.23	1.11	2.8	3.11
1	自然存放	0.33	0.80	1.01	1.12	1.03	1.09	1.06	1.11	1.16
	水存		0.28	0.36	0.39	0.33	0.40	0.36	0.16	0.62
	真空包装		0.32	0.27	0.24	0.23	0.26	0.23	0.28	0.21
2	自然存放	0.36	0.97	1.12	1.26	1.25	1.24	1.15	1.26	1.20
	水存		0.25	0.36	0.33	0.31	0.37	0.36	0.36	0.39
	真空包装		0.29	0.27	0.3l1	0.3l1	0.22	0.24	0.25	0.21

不透风林带

是由多行高大乔木、中等乔木与灌木树种组成的从上到下结构紧密的树墙。由于气流不易从林带内通过,从而使迎风面形成高压,迫使气流上升,越过林带后,气流迅速下降,恢复原有风速。不透风林带防护范围较小,为林带高度的5～10倍,但在调节空气温度、提高湿度等方面的防护效益较好。由于透风度低,空气易在林网内沉积形成辐射霜冻。

部分国家和地区银杏药剂中重金属和农药残留的限量规定

部分国家和地区银杏药剂中重金属和农药残留的限量规定　　　　　　　　　　　　　单位:mg·kg^{-1}

国家及地区	重金属限度	农药残留限度
美国	铅(Pb)<10,汞(Hg)<3,砷(As)<3	
德国	铅(Pb)<5.0,汞(Hg)<0.1,镉(Cd)<0.2	药残留量<0.1～1.0,有机氯农药<0.5,六六六<0.5,有机磷农药<0.5
日本	重金属总量<50	
韩国	重金属总量<100	
东南亚	汞(Hg)<1,砷(As)<5	

部位效应

亦称位置效应。在银杏树种的无性繁殖中,插穗或接穗因在树上所处的不同部位,在繁殖后的几年内对银杏所产生的非遗传性质的影响。如用银杏不带顶芽的接穗嫁接,比用带顶芽的易产生偏冠现象。

C c

材积平均/连年生长量曲线

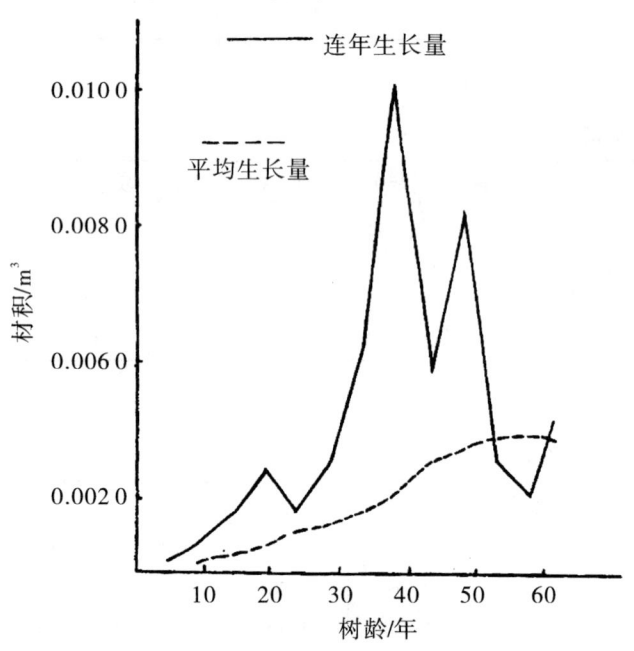

材积平均/连年生长量曲线

材积生长曲线图

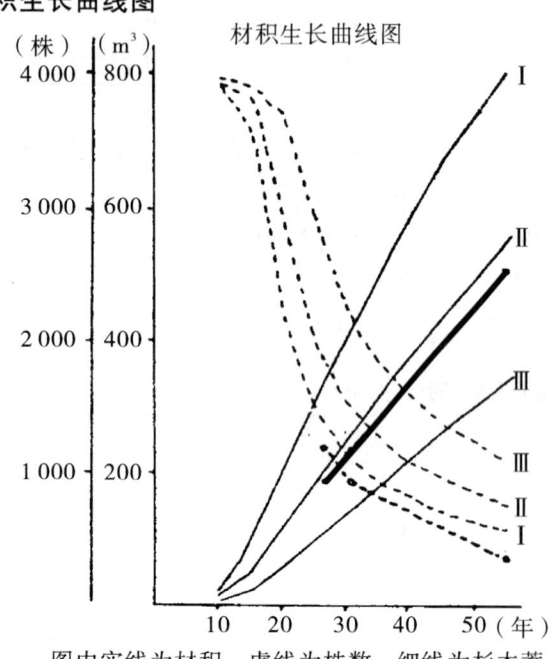

图内实线为材积,虚线为株数,细线为杉木蓄积(Ⅰ~Ⅲ等地),粗线为银杏生长过程

材积生长曲线图

材用价值

银杏木材纹理细密、白腻质轻、光洁柔润、不翘不裂、耐腐蚀、无虫蛀、易着漆,其共鸣性、导音性、弹性良好,自古属珍稀上等木材,价格昂贵,因其具有特殊药香味,又称"银香木",是制造高级工艺品、高档家具和文体用品等的珍品材料。河南开封相国寺"千手千眼佛"、南宋岳飞为江苏泰兴"延佑观"题字的匾额系选用银杏木;饮誉中外的浙江东阳木雕所用材料即为银杏;据《邳县银杏志》载:北京故宫金銮殿中皇帝龙椅乃银杏木所制;东南亚一些国家常用银杏木制作神龛等佛器;银杏木也可用来制作风琴等琴键、琴盘和生产测绘器具、网球拍柄等。

材用林经营型

这种类型以生产银杏木材为主要经营目的。株行距一般为4 m×4 m或3 m×3 m等,每公顷600~1 100株。这种经营方式间作年限较短,常选择干形通直、速生、冠窄的银杏品种,以延长时间的年限。

材用林型

银杏在林业界被视为不可多得的珍贵用材树种,其纹理直、质地细软、干缩性小、不变形、不反翘、不开裂、易加工、具光泽、耐腐性强,用途广泛,当前木材市场价每立方米高达人民币3 000元以上。材用林银杏,主要是以生产木材为主,收取白果便是从属地位。如利用河滩隙地、村落周围、水库四周、防护林网、山脚坡埂等处进行片林栽植,不仅能起到护堤护坡改善生态环境的作用,而且材果叶兼收。山东平度市有5个乡镇正在实现银杏林网。凡用于营建材用林的银杏,应选择生长快、主干明显、圆满通直、侧枝少的银杏品种类型。株行距(3~5)m×(4~6)m,每公顷330~825株,后期若想采种,株行距可适当加大至6 m×8 m,每公顷210株左右。银杏材用林以自然生长为主,整形修剪以促进其高生长和加快增粗为目的。

材用银杏良种标准

①生长快。平均胸径年生长量1~1.5 cm,树高生长1~1.5 m。②主干圆满通直。③材用品种。材用品种要求速生、丰产、优质、中央直径与胸高直径的比值(即形数)在0.65以上。④侧枝细。最低两层主干处直径之比值为0.50以上,基角不大于50°,冠枝细。④长势旺盛,抗逆性强。⑤植株顶端优势明显。
材用品种:材用品种要求速生、丰产、优质。10年生树

高大于5 m、胸径大于5 cm；材积每公顷300 m³。木材应具光泽、纹理直、结构细、易加工、不翘裂、耐腐蚀、易着漆、握钉力小、有特殊之香味等。经济用材出材率达80%以上，枝材、梢材占20%。要求干形圆满通直、分枝细、自然整枝好、生长健壮、病虫害少、抗性强。从早实、丰产、稳产、质优、增殖和抗逆性等方面提出了银杏核用良种的选育标准，并编制了核用银杏良种的选育程序。

材用育种

银杏木材不翘不裂不变形，木纹美丽，容易加工，胶着力大，握钉力强，是木刻、高级文具、高档家具等的优质用材。但由于银杏寿命很长，木材的旺盛生长期可以维持60多年，轮伐期漫长，因此到目前为止，我国还极少有真正以材用为目的而经营的银杏林。银杏的数量成熟龄为60年，当前，急需培育出速生、丰产、优质的银杏材用品种。因银杏雄株较雌株生长快，干形好，育种要以雄株为主，并应具有以下性状。①生长快，平均胸径年生长量1.0～1.5 cm，树高生长1.0～1.5 m。②主干圆满通直，中央直径与胸高直径的比值（即形数）在0.65以上。③侧枝细，最低两层的侧枝基径与着生的主干处直径之比值在0.50以上，基角不大于50°，冠窄枝细。④长势旺盛，抗逆性强。⑤植株顶端优势明显。

材用豫宛9#优良单株

原株产于河南省南阳，为速生用材型优树，雌株，胸径年生长量1.6 cm，材积年均生长量0.063 1 m³。其性状有待进一步观察。

材用园的修剪

树体总高度8.0～12.0 m。选择干高2.5 m以上、根径粗3.0 cm的实生苗定植，以雄株为宜，主枝呈50°角，斜向上开张，自然分布的主枝间距在60 cm以下。材用树修剪宜早，修剪量不应过大，避免徒长，保持各枝的均衡势力。8～10年渐成树干挺直、粗细均匀，具有工艺价值的材用银杏树。百年生以下的壮树，年直径生长量要求达到1 cm以上。种子数量要求不高，每年产量15～20 kg。修剪材用树要注意疏剪、轻剪，保持光照充分，树势均衡，必要时雄株也可改接优良雌性品种。

材用杂种的选择

银杏材用育种的主要目标是以速生为主，兼顾材质和抗性。可采用下面的选择鉴定程序来进行选择。播种育苗的第1年生长季节中，观察记载每一株杂种苗的抗病虫害能力，发现抗性强的标记出来。秋季停止生长后进行第1次评比，根据当年高生长、抗病虫害能力、分枝特性，将全部苗木分为3级：生长最高，分枝细、均匀，枝角较小，主干端直，无病虫害者为一级；上述各性状中有1～2项不够理想，其余性状均达一级标准的为二级苗；剩下的为三级苗。一般以（10～15）∶1的比例选一级苗。第2年春采集一级苗的侧梢或主梢进行株行嫁接（或扦插）试验，并以当地生产用种同样繁殖做对照，进行苗期无性系对比观察。原二级苗同时定植造林，作为将来评选优良无性系的依据之一。二级苗定植后如发现有好的单株，仍可选出利用。第2年秋，根据嫁接（扦插）对比试验中各无性系苗木生长情况，进行第2次选择。将中选的无性系，于第3年春进行观察性造林试验。观察性造林试验之后，隔2～3年进行一次阶段性调查总结，选出一批有希望的无性系初步繁殖，再建正规的无性系对比试验林。又过2～3年再选一批更优良的无性系建第3批对比试验林。当第3批试验林3～4年生时，第2批已5～6年生，第1批已8～9年生。至此，各无性系的速生、抗性已基本稳定下来，材质也可以测定。3批试验林中均表现优良，显著优于对照的无性系即可鉴定为优良无性系，在生产中逐步推广。如有可能，第2～3批试验林尽可能在不同的土地条件下多设几处，这样实际上同时进行了区域化栽培试验，因而能加速优良无性系的推广速度。

材用直干银杏S-31号

通过叶用良种选育发现有6个系号枝角<30°，呈垂直向上生长，值得重视。这些系号接后有明显的中央领导干，且直立向上生长。现将S-31特点概括如下。①母树性状。母树为实生，树龄400～500年，高16 m，胸径1 m左右。枝条粗壮，生长旺盛。②植物学性状。叶子三角形，波状边缘，基部截形，大多一个裂刻。油胞极密，长方形，放射状分布于叶子、中上部。叶子绿色，发育正常。长枝上叶长6.63 cm、叶宽10.52 cm、叶柄长6.23 cm、叶面积43.97 cm、鲜重2.09 g、叶重0.70 g、含水量66.7%、叶基线夹角119°。③生物学性状。嫁接成活率88.9%，当年抽梢率70%。每米长枝上短枝数30.65个，二次枝数11.3个，每短枝叶数8.8个，枝角较小25.5°，成枝率大于37%。接后3年单株新梢数18个以上，叶数670个，冠幅128 cm×100 cm，单梢长47 cm，粗1.1 cm，叶数每梢56片。④经济性状。直立生长，主干明显，枝角25.5°，接后1～3年单株鲜叶产量分别为0.084 kg、0.465 kg和0.565 kg以上。黄酮浓度2.16%，内酯总量0.284 4%。属直立生长、高黄酮、中等内酯品种，适于材用。

采粉园

为了挂果银杏树稳产高产,有必要建立一定规模的雄性优良品种采粉园。①建园方式。选择土层深厚、土质疏松、土壤肥沃、酸碱度中性的砂壤土,水源充足,能排能灌的地方建园。园地规模视建园单位根据市场需求的粉量而定。供应粉量小,园地面积三五百平方米足矣;供应粉量大,三五公顷不为多。按株行距 3 m×3 m 定植,每亩 74 株。②要求整地标准。采取全垦的方式整地,深度为 20~30 cm。结合整地,施足底肥。每亩施 4 000~5 000 kg 农家肥,然后翻耕,翻耕深度 20~30 cm。苗木规格。苗木既可是雄性嫁接苗,也可是先实生苗再嫁接雄枝(芽),所栽的苗都应根系发达,苗干粗壮。栽植时间。11 月到春节前栽完。③栽后管理。每年生长季节除草松土 6~7 次。每次下雨或灌水之后,及时松土,保持园地土壤疏松。新栽的前两年,在行间可以种植黄豆、花生等矮秆经济作物,给新栽的银杏创造一个良好的小环境,以利其成活和生长。同时豆科作物还可以给土壤留下一些根瘤菌,增加土壤中的氮元素。要获得大量优质花粉,必须肥当家。3 至 6 月份,每月追施 1 次尿素,每亩 30~40 kg。7 月追施 1 次复合肥,每亩 60 kg。10 月施基肥翻耕,每亩施农家肥 3 000~4 000 kg。灌水与排水。旱季要灌水,雨季要排水。④整形修剪。定植时是嫁接苗的,栽后应定干修剪,定干高度 30~40 cm,采用细圆柱或扁形树形。

采集接穗

以生产白果为主的银杏园和以采收白果的其他植树,必须配置 1/20 的雄树,以利授粉。因此,在苗圃中应培植一部分银杏雄树嫁接苗。雄树嫁接苗的接穗应在树龄 30~40 年生长苗壮的树上采集。雌树嫁接苗的接穗应选择早实、丰产、优质、抗逆性强、白果粒大的 30~40 年生的结种大树,剪取发育充实、芽子饱满 1~3 年生的枝条。实践表明,一年生枝条的成活率最高;二年生枝条次之;三年生枝条最差。在其他方面相同的情况下,随着枝条年龄的增加,嫁接成活率逐渐降低。无论采集雄树接穗,还是雌树接穗,从树冠中、上部或树冠向阳面采集为宜。根据当地接穗资源多少和距接穗—采集地点的远近以及嫁接任务的大小,来确定接穗采集时间,最好发芽前 10~20 d 将接穗采回。如果当地无接穗源或嫁接任务大,也可在嫁接前 1 个月将接穗采回。采回后绑成捆,蜡封后挂好标签,标签上填好接穗采集日期、采集地点、采集人、品种等项内容,然后进行低温贮藏。贮藏室温度以 3~5 ℃为宜。接穗可放入阴凉的地下室,或在背阴、干燥、避光的屋后沟内沙藏,沙藏沟的深度以 0.5 cm 左右为宜,长、宽可根据接穗多少而定。沙的湿度以用手紧握成团,抛之即散为宜。沙藏沟的大小根据接穗数量而定。

采收

银杏的采收期可分为食用采收期和种用采收期。银杏外种皮色泽由青变黄(褐黄或橙色)、硬度由硬变软、白粉由暗变明、皱折由少变多、少量种实自然下落等,表示种子已接近成熟的状态,可以采收,这是种用采收期。在实际生产中,并非如此,因为要提早上市,而提早采收,只要中种皮(白壳)硬质,种仁饱满,增重基本结束就可以采收,这是食用采收期。目前各大产区,尤其是南方的产区都采用食用采收期。而江苏邳州市和山东郯城县的银杏产区的实生银杏,大都做种子用,所以均延期采收,达到种用采收期,提高种子的质量。同时有大量的嫁接树,都在 9 月底至 10 月初成熟,如看护比较方便,为了与秋收秋种错开,都延迟采收。延迟采收,脱粒漂洗都较方便。

采穗圃

用银杏优树或优良无性系做材料,生产遗传品质优良的枝条,接穗和根而建立的银杏良种繁育场。其目的是提供建立银杏种子园及生产性苗圃的无性繁殖材料。按建圃材料和担负的任务不同,可分为初级采穗圃和高级采穗圃;按其提供繁殖材料的不同,又分为接穗采穗圃和根条采穗圃。

采穗圃应具备的条件

①6 年以下的银杏幼树,产生长枝的能力很强,随着树体年龄的增加,顶芽发育成长枝的能力减弱。因此,采穗树力争在 6 年之内成形,通过各种措施,促进长枝的生长发育。②当顶芽具长枝生长习性时,前一个季节形成的侧芽发育成长枝的可能性很高,即整个植株生长越旺盛,侧枝发育成长枝的百分率越高。因此应加强采穗树的土壤管理,促进树体的发育,使更多的侧芽或短枝发育成长枝。③长枝发育的数量与时间有关。在春天生长期间,保持短枝特性的腋芽在以后的生长季节也很难变成长枝。因此,一切修剪、肥水措施等应尽力提早进行,为长枝的尽早发育提供良好的物质基础。④银杏枝条或树干上极易产生不定芽,并抽生成侧枝,侧芽的生长明显受顶端优势控制,通过外界刺激或控制顶端生长,可以促使下部 2~3 个侧芽发育成长枝。生产上可以利用打顶、刻伤、短截等措施,促进侧芽萌发,以形成良好的树形。除上述措施外,采穗树要做好抹芽、病虫害防治工作,另外银杏丰产栽培措施也可以结合采穗圃的经营特点灵活应用。

采穗圃优株性状

采穗圃优株性状

优株名称	所在地点	树龄（年）	树高（m）	胸径（m）	冠幅（m²）	主要经济性状					当地发展与利用情况
						年平均产量（kg）	大小年变幅（%）	种实出核率（%）	每千克核粒数	与一般品种比较	
邳州龙眼	江苏邳州	—	—	—	—	—	—	24.64	326	+30.77%	原产地开始繁殖苗木，并用于生产
海10号	广西灵川	350	26.0	86.2	188.76	192.17	29.20	23.90	342	+30.77%	为本地区生产可应用品种
海洋皇	广西灵川	150	19.0	89.7	148.75	216.00	56.25	24.10	278	+30.77%	为本地区重点发展品种，已繁殖苗木300余株
泰兴佛手	江苏泰兴	65	—	—	—	—	—	—	330	+30.77%	为原产地农家品种，生产上已大面积应用
海8号	广西灵川	90	14.7	55.7	143.8	88.87	61.82	19.69	404	+15.38%	为本地区生产可应用品种
海3号	广西灵川	90	15.0	62.1	140.8	80.67	62.41	18.04	380	+15.38%	同上
安徽大茶果	安徽金寨	—	—	—	—	—	—	—	320	+30.77%	原产地开始繁殖苗木，并用于生产
漠3号	广西兴安	130	21.0	76.7	189.8	190	29.41	23.60	350	+30.77%	为本地区生产可应用品种
潮田大白果	广西灵川	80	—	—	—	—	—	23.9	274	+30.77%	为本地区重点发展品种，已繁殖苗木200余株

采叶的最佳时期

7月份以后正是银杏苗木粗生长的加速阶段。叶片是银杏苗木进行光合作用、制造养分的主要器官，如果把叶片采光或仅保留几枚叶片，势必会造成银杏苗木生长减弱，芽子不饱满，影响明年苗木生长和减少叶子产量。科学实验已经表明，采收银杏树叶的最佳时间是国庆节以后至霜降来临前10天，这时采叶既不会影响苗木生长，叶片中药效成分的含量也最高。

采叶量

采叶量的多少与种核来源、苗龄、栽植密度、土地条件以及栽培管理水平等因素有关，尤其是栽植密度和栽培管理水平。据资料介绍，美国每亩栽植1 667株的3年生采叶园，可产干叶200~266 kg，山东泰安黄映山苗圃3年生苗，每亩干叶344.7 kg。按理论计算，每亩苗圃1年实生苗，平均株高15 cm，有效叶13片，育2万苗，可产干叶33 kg；2年生实生苗，株产28 g，1万株可产干叶280 kg。一般来说，集约化的专用采叶园，第一年不采叶；第二年每亩可采干叶150 kg，第3年200 kg，第4年250 kg，第5年300 kg。

采叶培苗相结合

由于银杏叶药用价值较高，可采取培苗和采叶相合的形式。用苗高15 cm、地径0.8 cm以上的1年生优质壮苗栽植，栽植密度采取30 cm×60 cm或30 cm×50 cm的株行距，每亩可栽植3 700~4 400株，实行集约管理，促使苗木旺盛生长，提高银杏叶的质量和产量，从而提高经济收入。待苗木长高时，采取隔株去行抽取银杏苗木成片园栽植等。通过疏移，每亩保留920~1 100株银杏苗继续培植。由于疏移增加苗木营养面积，改善了通风透光条件，在此基础上，再采取大肥、大水、松土除草、合理修剪、病虫害防治等措施，培养成主干光滑、干形直立、分枝均匀、苗高3.5 m、胸径4 cm以上的粗壮优质大苗。

采叶圃

①建园。银杏采叶园，目的是获得品质优、产量高的叶子，建园时要选择背风向阳、土地肥沃、灌溉方便的地块，深翻改土，施足有机肥。忌土壤质地黏重的砂姜黑土和排水不良、土层浅、土壤薄、干旱少雨的山岭地。
②选苗。营建银杏采叶圃，应选3~7年生，地径2.5~3.5 cm银杏苗，其树冠低，分枝多，枝条节间短，叶色深，

叶片厚大,发叶量多,银杏双黄酮类、苦内酯等药效成分含量高的银杏栽培品种(如宇香、亚甜种苗),适宜密植,银杏叶商品价值高,能达到增产、增收的建园目的。③定干。利用双因素随机区组试验,研究了种植密度与4种定干高度对叶用银杏枝梢生长量、叶片产量及叶片主要有效药用成分黄酮和内酯含量影响,结果表明,合理密度与定干能明显改善林冠光照条件,促进枝条萌发和枝条生长,增加单株叶片数、叶面积和叶产量,在采叶园的经营初期,较大密度(行株距40 cm×20 cm)仍能获得较高的叶片产量;叶片黄酮和内酯含量随定干高度的降低而增加;在不影响产叶量的前提下,定干高度适当降低,可采用离地30~50 cm处截干。④定植。叶用银杏采叶园址选定后,精耕细作,按南北走向成行定植,有利于采光、通风,定植采用穴植或沟植,株行距40 cm×80 cm。银杏定植成活率以"清明"前后叶芽露白时栽植为最高,栽后灌足底水,高培土(培土高度20~30 cm)保墒促苗成活;也可采用就地平茬,即在3~7年生银杏园按40 cm×80 cm株行距留苗截干,不足部分补植,补植苗粗度略大于留床苗。

采叶时间

采叶时间的确定对银杏生长、银杏叶产量及质量影响较大。过早则产量低、质量差,且对银杏翌年生长影响很大。具体的采叶时间应根据银杏的生长规律,力求在产量最高、质量最好且对银杏本身的生长影响最小的时期。依据银杏叶黄酮和内酯的年变化规律,银杏叶中黄酮和内酯的含量在9至10月间较高。因此,采叶时间在9至10月间是合理的,因为在这期间采叶,对银杏树体本身伤害较小,而且是银杏叶产量和质量最高的时期。

采叶树的整形修剪

采叶银杏园的单株树形为丛状伞形,于定植后的春季,在干高25 cm处剪断,通常在剪口下发出3~5个枝条,第二年初春再在干高40 cm处剪断,通常发出3~4个枝条,这样经过3~4年的培养,基本形成一伞形树冠,单株总高度不超过2 m,每年冬季对主干枝实行重短截,剪截后的总高度不超过1.5 m,同时疏除细弱枝、枯死枝,以促发侧枝。枝多叶就多,增加采叶量。据测定,叶片中药效成分的含量是随着树木年龄的增长而递减。因此,每隔5年需要距地面25 cm处平茬一次,这样会保持叶片内药效成分含量。

采叶树应具备的条件

①雄株品种。雄株的生长期长、树体发育旺盛、枝叶量大,而且落叶期晚。②枝干生长速度快、节间短,短枝多而密。③叶片数量多而大,叶色浓绿,叶片深裂肥厚。④叶片生理化指标,如黄酮、银杏苦内酯有效成分含量高。目前美国银杏叶园的叶片宽度大多在10 cm左右,每张叶片有时多达6个裂片,好似几张叶片拼凑在一起。由于叶片质量高,从而大大提高了采叶园的产量。从长远的发展来看,积极开展银杏采叶良种的选育研究,并采用矮干接穗培育,对于提高银杏采叶园的效益具有重要意义。

采叶银杏园

营建采叶银杏园的目的就是为了采叶,因此深入研究银杏叶子的高产、优质,即叶子大、叶子厚、黄酮类含量高等,就成为银杏研究者的重要任务之一。从植物生理学观点来看,叶子是光合作用制造营养物质的主要器官。一枚叶子,就是一个绿色小工厂。植物体内90%以上的干物质是由叶子的光合作用形成的,因此银杏叶也就成为银杏生长发育和形成产量的主要器官。在果树科学研究中,常用叶面积系数来衡量果树叶片的厚薄。叶面积系数系指单位土地上的植株总叶面积与单位土地面积之比。叶面积系数大,则表明叶子多,反之则少。据调查,10年生的幼树每米长枝上的叶片数最多达46枚,平均39枚,因此银杏的叶面积系数5年生以后应以5~7为宜,这样才能保证叶子丰产、丰收和优质。当地面上的光线减弱到全光量的20%时,不会影响树体生长,也不会使叶子产量降低,同时地面杂草很少,便于土壤管理。

采叶园的修剪

通过修剪构成一个优质高产的树冠。这是叶用银杏园必不可少的技术措施。栽植后3年内是整形阶段,要剪去部分主枝和高位侧枝,控制树高,培养健壮的骨干枝,促进分枝的合理布局和扩大树冠。对过密枝、病虫枝、细弱枝应予疏除。修剪强度根据长势确定,确保生长期内枝叶充分伸展,防止相互重叠遮阴,影响通风透光。通过修剪,还可将其他树形改变为另一种树形,如低干形可诱发主干上的隐芽促发新枝,改变成中干形,中干形可直接截干成低干形。

采叶园丰产栽培措施

①每年秋季采叶后至土壤封冻前,可结合土壤翻耕每亩施肥10 000 kg,在此基础上,每年还应追施3次化肥,即"3、6、9"的追肥方法。追肥应以氮肥为主,磷、钾肥可少施,每年每亩施尿素30~60 kg。果树生产中常常出现由于大量追施氮肥,促进了树体营养生长(或者叫"疯长""徒长")的现象,采叶银杏园正是利用了这一特性来提高叶子产量。在银杏生长期间,还要进行3~4次叶面施肥,浓度为0.3%的尿素,叶面施肥除具有用量少、见效快、效益高的特点外,还是

提高叶子产量和改善叶子品质的一项重要技术措施。②灌水和排水在土壤含水量80%时,每生产1 kg干叶,要耗水800～1 000 kg,这些水分绝大部分用于蒸腾,用于合成碳水化合物的水分仅占根部吸收量的2%～3%。采叶银杏园,叶子多,蒸腾量必然更大,尤其旺盛生长的6、7月份,气温高,空气干燥,土壤蒸发量和叶面蒸腾量均高,这时应根据当地的气候和银杏对水分的需求适时灌溉,应使土壤含水量达到80%,采叶银杏园每年至少应灌水6～8次,这对提高银杏叶子产量起着重要的作用。银杏喜湿怕涝,北方的雨季和南方的梅雨季节应注意及时排涝。③整形与修剪。采叶银杏园的产量一是靠栽植密度;二是靠发枝量。当1～2年生的小苗栽植后,均在离地面20 cm处截干,促发萌生新枝,当新枝长到10～15 cm时,按不同方位选留5个主枝,其余枝条均剪掉。当5个主枝长到30 cm时,再次摘心,又会萌生出侧枝,这样经过3～5次的培养,即会形成一个丛状形的树冠。为了便于机械化采叶和园地管理,总高度应控制在1.8 m左右,即实行矮林作业。为了促发更多的侧枝,冬季对树体应进行重度修剪,在冬季进行重度修剪的同时,还要剪除一些过密枝、病虫枝、细弱枝。

采叶园平茬技术

建园5年以上的银杏采叶园,银杏叶产量低,质量差。采取适当的平茬技术(调整密度,平茬时间,平茬高度,疏芽,剪梢,整枝,平茬后的管理技术等),可以使老园复壮,在短期内重新达到优质丰产的目的。

采叶园施肥

银杏采叶园是为满足叶加工厂需求大量叶源而设计的新的栽培模式,目前,对叶、肥比还没有提出一个确切的施肥标准。因此,广大群众对银杏采叶园施肥存在盲目性。一是不掌握时间,有肥就施。二是超量施肥,不但造成浪费,而且造成肥害。三是偏重氮、磷、钾三大元素,尤其偏重施氮肥,轻视微量元素和有机肥料;四是施肥后没有及时灌水,不能发挥肥效。因此,通过对采叶量与施肥品种、数量调查,并根据叶片成分测定,其施肥量按叶片营养元素的4倍量供给。并以有机肥为主,适当辅以化学肥料。以每亩产叶量250 kg(干青叶)为标准,采取多产多施,少产少施。施肥要采取四季施肥,勤施薄施,即少量多次的原则,这样,一方面能及时满足银杏生长的需要,还可减少肥料的流失浪费。①养体肥。是采叶园施肥的关键性肥料,在采叶后即施。一般在9月底至10月施入,最晚不得迟至10月中下旬。以有机肥为主,适当配合银杏专用肥,主要补充各种微量元素。每亩施腐熟的厩肥或堆肥3 000 kg,加银杏专用肥50 kg。或施腐熟的鸡粪、羊粪、大粪等优质有机肥每亩1 300 kg,加银杏专用肥25 kg。②萌芽肥。一般在3月份施,以氮肥为主,每亩施人粪1 600 kg,或施碳酸氢铵每亩60 kg,或尿素每亩25 kg。③枝叶肥。在银杏高速生长前期施,一般在5月中旬施,每亩施人粪尿1 000 kg,或银杏专用肥每亩40 kg。④壮叶肥。目的是使叶长大、长厚,延迟叶片老化,提高后期光合作用,提高药用有效成分的含量。一般在7月下旬至8月上旬施,每亩施银杏专用肥40～60 kg。

采叶园树形及整形过程示意图

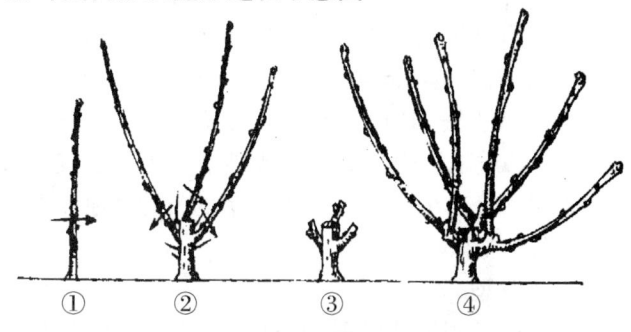

采叶园树形及整形过程示意图
①定干 ②定干后第二年发芽前剪修
③修剪后的树形 ④第三年树形生长情况

采叶园叶子的采集和处理

经广西植物所测定,银杏秋季黄叶双黄酮的含量为春季绿叶的3.6倍;为夏季绿叶的4.3倍;为秋季绿叶的1.1倍。因此,在长江以北银杏叶采集的准确时间应为10月上、中旬。如果是用机械采收应在10月上旬叶子未落前;如果是人工采收应在10月中旬,降霜前的10天内,这时的叶子未脱落。银杏叶一年只能秋末采收一次,因此不存在"强采""多采""分期分批采"等。根据目前的测算,5年生的树,单株产量可达1.2 kg,亩产可达1 500～2 000 kg。银杏叶采集后,立即摊在场上或水泥地面上晒干,以防生热发霉,同时清除杂草、树枝、泥土、石块及霉烂叶。晾晒厚度3～5 cm,每天翻动2～3次,3～4 d后即达到气干状态,保持叶片干燥、鲜绿、柔软,然后打成捆运至加工厂贮存。美国和法国是在秋后用采棉花桃的配套机械采集银杏树叶,采后通过一个长15 m的圆筒形干燥机进行风干,使叶片含水量达到12%,然后用聚乙烯网袋打捆包装,每捆180 kg,再运到加工厂去提炼。通常每100 kg银杏叶可制得1 kg提取物,每千克提取物国际市场上的售价为3万美元。每千克银杏叶国际市场上的收购价为2.5～3.0美元。目前,银杏叶提取物的纯度还达不到《美国食品和药品条例》规定的标准。

采叶园叶子年产量

根据5年的试验,在每公顷栽植5万株的条件下,第1年干青叶的产量为1 500~1 800 kg;第2年干青叶的产量为2 000~2 400 kg;第3年干青叶的产量为2 800~3 200 kg;第4年干青叶产量为3 400~3 800 kg;第5年干青叶的产量为4 200~5 000 kg。

采叶园址选择

园址的选择对银杏叶的质量和产量起着重要的作用。银杏喜温暖湿润的气候,在银杏天然分布区范围内,年平均气温14~18℃,年降水量600~1 500 mm为银杏的经济栽培区。银杏为阳性树种,喜湿润耐干旱,不耐荫蔽。因此,采叶银杏园的园址应选在交通方便,地形开阔,阳光充足,土层厚度达1.5 m以上,地下水位1.5 m以下,土壤pH值7.5以下,土壤含盐量不得超过0.3%,土壤质地以肥沃的壤土或砂壤土为最适宜。采叶银杏园不得建在涝洼地、土壤贫瘠的山岭薄地和无排灌水条件的地段。

采叶专用林型

银杏叶的提取物除医药应用外,还可做成保健食品、保健饮料等。近年来,国内外对银杏叶的需求量越来越大。据资料,日本、法国等国家和地区要求供货迫切;韩国每年需银杏叶4 000 t,用于制药。我国用银杏叶提取药物的企业也日益兴起。为了满足国内外市场对银杏叶日益增长的需要,营建银杏采叶专用林在生产上有着十分重要的意义。自20世纪80年代以来,美国大力营建采叶用银杏林(园),如1982年以来在南卡罗来纳州,建立采叶园6 000 hm²,在萨姆特地区建立采叶用银杏林400 hm²。法国在20世纪80年代初亦开始大面积栽种银杏采叶林。银杏采叶林(园)的目的是获得产量高、质量优的叶子。因此,用于营建银杏采叶园的银杏苗,应当是树冠紧凑、枝条粗短、发叶多、叶大而厚、叶色深、含药效成分(银杏双黄酮类、苦内酯等)高的银杏品种类型。栽植密度视土壤肥力、银杏品种的发枝习性和管理(作业)方式而定。若地力差、发枝力低的品种,宜栽密些;相反,株行距可大些。一般丘陵山地、瘠薄的沙地株行距可0.61 m×0.61 m,每公顷栽植27 000株;肥沃的平原地区一般栽植密度为株行距0.75 m×0.75 m,每公顷栽植18 000株。为便于间种,也可以采用大小行栽植,大行距1 m,小行行距0.8 m,株距0.7~4 m,每公顷栽15 000株。不论采取何种密度,都要以不影响银杏的营养面积和便于采叶及田间管理为原则。采叶专用林(园)通常依主干高度的不同,分为低干型(干高小于20 cm),或称无干型,中干(干高20~50 cm)和50 cm以上的高干型。低干型多采用1~2年生小苗嫁接。栽活后,以矮林作业法,每年剪截主枝,让其均匀地向四旁促发侧枝,形成丛状,适宜高度密植。中干形采用2~3年生苗嫁接,最初1~2年与低干形的培养方法相同,第3年起,每年冬对主枝短截,其余枝条不动,以期不断扩大树冠和采叶量。高干者要用3年生以上的苗嫁接。栽活后,多以农林作业法培养树形。低、中干树形容易培养,便于采叶和农艺管理,可以夺取早期丰产;高干型早期丰产虽难,但后期丰产潜力大。不论采取何种树型,都要根据生产的需要、品种特性、管理水平及土地条件,获得叶子的高产、质优为目的。银杏专用采叶园产高、质优,关键是管理水平,特别是土、肥、水的管理,供给大量的氮肥是获得高产的先决条件。

采种

选择生长快、结种早、种子品质优良、丰产性和抗逆性强、20~200年生的嫁接树作为采种母树。如实生树种子品质优良,也可作为采种母树。当银杏外种皮出现白霜和软化以及外种皮由青绿色变为橙黄色或青褐色时,即表示银杏种子已达形态成熟(还需经过生理成熟),这时,可用竹竿击落拾取或自行脱落拾取,但需注意勿伤折树枝。自然成熟脱落的种子饱满、发芽率高,作为育苗用种最好。

采种的安全措施

银杏树体高大,特别是实生树,长势旺,结实面往往集中于树冠的中上部,采收时经常发生由树上摔落的伤亡事故。为了防止事故发生,除了推广使用乙烯利催熟并逐步实现机械化采收外,还可通过培育矮化丰产树形的办法以降低采收时的难度。银杏重点产区江苏省洞庭东山,几十年来,从未听说过有人因采收银杏而严重摔伤甚至摔死的事件。最重要的是当地98.0%以上都是大佛手嫁接树,树冠开阔,植株和分枝都低,采收时人们在银杏树上,可以依附骨干枝。而且当地银杏树多数植于房前屋后及山脚,山凹的平坦地段,所以,采收较为安全。但是,随着银杏树龄老化,木材内的部分细胞壁的果胶质会自行融化而形成离层,其抗折断力的强度不够,所以,即使相当粗的枝条也会折断,枯死枝条或者由天牛、木蠹蛾幼虫蛀食后形成了孔道的银杏木材,强度更低,受力时更易折断。所以,无论是现在还是将来,即使树冠已适当矮化,采收银杏时仍然必须采取适当的保护措施,如系安全带等,采收人员的穿戴也务必适当。衣服要紧凑,鞋袜质地应软,牢度要大。采收前就要反复进行安全教育,切忌粗心大意而导致事故发生。

采种基地建设标准

①根据已有的银杏资源资料,实地调查银杏林分的起源、郁闭度、树高、胸径、干形、土地条件、林龄、长势、病虫害等情况,并预估其产量,按照生产计划需种量确定基地建设规模和地点。②确标定界,设立明显的标桩和警示牌,严禁人畜随意进入。③确定采种母树,编号挂牌。

采种基地选择依据

①有利于银杏正常生长、开花结实和环境质量符合国家标准的地区。基地应选择建在土地条件较好,地势平缓,光照充足,周边无工业污染,土层深厚、肥沃、疏松,地下水位2 m以上的水源充足、排灌条件良好的土地。②有利于尽快生产高品质种子的壮龄林分。选择林龄40~100年生,林分郁闭度0.6左右,枝下高较低,无病虫危害、无人为破坏,已大量结实的壮龄林分。③银杏种实有胚率高。林分起源最好是实生繁殖,有适量雄株或雄树分层嫁接繁殖的林分,有一定授粉条件。④社会经济条件优越。交通便利,劳力充足,林分相对集中连片,面积集中,权属清楚,便于集约经营管理。

采种母树选择标准

①生长良好,结实正常,大小年现象不明显,产量稳定。②叶大而厚,单叶叶面积30 cm^2、鲜重2.0 g以上,叶片密集,单株叶产量较高。③抗性强,受病虫危害轻或不受危害。

采种树良种单株选择标准

①丰产和稳产。在欲选良种单株环境条件和树龄一致,至少包括100株树的范围内,先选出印象产量最高的5株树,然后再连续实测5年的实际产量,其5年的总产量最高者即为良种单株。同时连续5年的产量变幅又不得超过30%。②坐种率高。凡有结种能力的短枝平均结种数不得小于1.2粒,或每平方米树冠投影面积种核产量不得小于1 kg。③种子品质优良。种子大小均称,每千克种核不多于280粒,1、2级种核占80%以上,出核率26%以上,出仁率76%以上,种仁淀粉含量65%以上,糖分含量6%以上,蛋白质含量12%以上,脂肪含量9%以上,粗纤维含量0.5%以下。④早实性强。在一般栽培条件下,嫁接后4年,60%~80%开始结种,10~15年;株产种核0.5~1 kg。嫁接4年幼树平均产种核0.7 kg以上。2~3年生短枝有良好的结种能力。短枝连续结种15~25年不衰。⑤树势健壮。长枝年平均生长量不少于30 cm。每个短枝上有5枚以上正常叶片。⑥树冠开张。主干与主枝夹角不小于45°。冠高与冠径之比近于1∶1。⑦抗逆性强。如抗旱、抗涝、抗病虫害等。

采种摇晃法

成熟的银杏种子,果柄离层同时产生,只要人爬树上用手抓住枝条轻轻摇晃,种子即可下落。不能下落的种子,说明尚未充分成熟。可隔3~5 d后再摇晃一次,即可采净。切忌用石块或重物撞击树干或大枝,造成树体皮部受伤。

曹福亮

江苏姜堰人,1957年11月生,英文名Sam。先后获南京林业大学学士(林学专业)学位,南京林业大学农学硕士(森林培育学专业)学位,加拿大不列颠哥伦比亚大学哲学博士(森林生态学专业)学位。现任南京林业大学校长,中国林学会银杏分会(原中国银杏研究会)主任委员,中国银杏产业联谊会会长,中国林学会经济林分会副主任委员,中国林学会森林培育学分会副主任委员,中国园艺学会干果分会副主任委员,国家级林学实验教学中心主任,江苏省"333"中青年首席科学家,江苏省特种经济树种培育与利用工程技术研究中心主任。长期以来,主要从事经济林栽培及经济植物资源开发利用等方面的教学和科研工作。近年来,以银杏研究为特色,在银杏分子生物学、遗传和进化、良种选育、抗性、种间和种内竞争、培育机理和综合开发利用等方面开展了全面和系统的研究,主持20多项国家和省部级攻关课题,获得国家级和省部级科技奖励8项,其中,"银杏、杨树、落羽杉等三个树种抗性机理研究"和"银杏等四个树种良种选育及培育技术研究与推广",分别于2003年和2007年获国家科技进步二等奖,"银杏资源综合加工利用"获2007年度梁希科技进步一等奖。先后在国内外学术刊物上发表论文160余篇,出版《中国银杏》、《中国银杏志》、《银杏》(画册)、《银杏资源培育与高效利用》和《Forest Ecology》等著作。

曹家村的古银杏

树龄:约1 000年(由年轮推算)。树别:雄株。树高:22.8 m。树冠直径:30.5 m×30.4 m。干高:4.8 m。干周:6.05 m。

草甘膦

是一种新型有机磷除草剂。纯品为无嗅白色结晶,商品是10%或41%液剂。易溶于水,挥发性很差,在土壤中由于微生物与化学降解而迅速钝化,进行土壤处理无效。它只能通过杂草茎叶吸收,再向上或向下输导,使茎叶和根系中毒死亡。因此,草甘膦主要用于果树、苗圃、林地和各种不种植作物的公共场所空地上消灭已长出来的各种杂草,也用于农田消灭作物播种前已长出来的杂草，但一般不用它在作物生育期来防除农田杂草，以防作物受害。在杂草长出后至旺盛期，均可向茎叶喷药灭草。每亩用 10% 液剂 0.5～1.0 kg，加水 40～50 kg 进行叶面喷雾，如果防除深根性多年生芦苇、白茅、狗牙根等禾本科杂草，每亩用药量可增至 1.5～2.5 kg。施药后 4～7 d，杂草茎叶变黄，根系受害，杂草植株逐渐干枯死亡。草甘膦防除果园、银杏园、空地上的杂草效果很好，杀草效果达 90% 以上，而且无土壤残留。草甘膦对眼睛有轻微刺激，施药时要在风向上方，施药时风速不能超过 2.2 m/s，防止药液飘散，为害银杏和附近其他农作物，施药后 6 h 以内遇雨应补喷，为提高药效可在药液中添加 0.1% 洗衣粉，不能在钢或锌容器中兑药，以免产生易燃氢气，遇火引起爆炸。

草甘膦水剂除草效果

草甘膦水剂除草效果

地点	施药时间（年.月.日）	面积（m²）	选择药剂（%）	剂量（g）	防除草对象	防除草率（%）
银杏科研所品种园	1995.5.17	533	10	960	多年生杂草	90
	1995.5.17	667	41	400	多年生杂草	91
	1995.7.20	667	10	1 200	多年生杂草	73
	1995.7.20	667	41	450	多年生杂草	75

草履蚧壳虫

草履蚧壳虫危害苹果、梨及柳、杨等多种树木，近年来，局部地区在银杏上发生，有时危害较重。早春若虫上树，群集树皮裂缝、枝条和嫩芽上刺吸汁液，使芽不能正常萌发，或使发芽后的幼叶干枯死亡。发生规律与习性：1 年发生 1 代，以卵在卵囊中于地下越冬，在江苏邳州，1 月下旬开始孵化，若虫孵化后，暂时停在卵囊内，随温度升高开始出土上树，沿树干成群爬到嫩芽幼枝上，吸食汁液，若天气寒冷，傍晚下树，钻入土缝等处潜伏，次日再上树活动。也有不上树在地表下根茎部为害的，4 月上中旬，3 龄雄若虫开始下树，潜入土中化蛹，蛹期 7～10 d。5 月上旬前后羽化为雄成虫。雌若虫蜕第 3 次皮变为雌成虫。雄成虫飞或爬上树干，寻找雌成虫交尾，雄成虫交尾后死去，雌成虫继续取食危害。5 月中下旬雌成虫下树潜入树冠下深 5 m 以上土壤中，或在土石块和杂草下，分泌灰白色毛状卵囊，产卵其中。每个雌成虫平均产卵 40～60 粒，最多 120 粒。如果表土极度干燥，受精卵可全部干死。防治方法。①人工防治。秋冬结合刨树盘、施基肥、修筑梯田等，挖出卵囊，集中烧毁。雌成虫下树前，在树干周围挖坑，放入树叶、杂草等诱集雌成虫潜伏产卵，然后集中处理。或在雄成虫下树前，诱集化蛹，然后及时处理。早春小若虫出土上树前，用粘虫胶涂在树在部，粘住若虫，阻止上树。粘虫胶可用废柴油、废黄油、蓖麻油 0.5 kg，充分加热后，加入 0.5 kg 松香细粉，待熔化后即可使用。或在树干基部捆绑塑料薄膜（宽 20～35 cm），膜下端用土压实，也能阻止若虫上树。②化学防治。在初孵若虫全部上树，尚未发芽时，可喷布波美 3°～5° 石硫合剂，或 5% 柴油乳剂。发芽后可喷布 50% 敌敌畏 1 000 倍液或溴氰菊酯 2 000 倍液。4 月上旬刮去主干粗皮，涂 10 倍蚧蚜死或涂 10 倍的 405 氧化乐果，毒杀树上若虫，药效较好而持久。

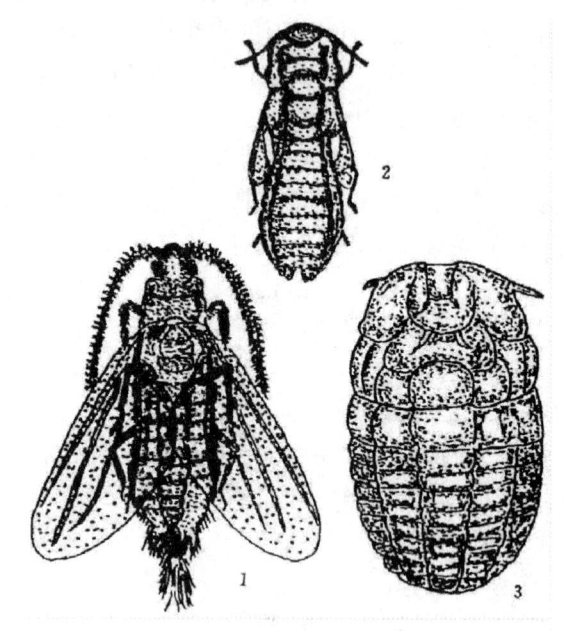

草履蚧壳虫
1. 雄成虫　2. 雄蛹　3. 雌成虫

草木灰

植物残体燃烧后的灰分。速效性钾肥。钾、磷含量因植物种类而异。一般含氯化钾 5%～10%，磷酸 0.6%～3%，还含有一定量的钙及少量微量元素。所含的钾素易溶于水，贮存期间忌风吹雨淋，流失养分。水溶液呈碱性反应。除盐碱地，各种土壤都能施用。以施于酸性土和喜钾的林木、果树等苗木效果最好。用作基肥、种肥或追肥。与人粪尿、硫酸铵、碳酸氢铵等氮肥混施会引起氮素损失。

草木樨

是二年生豆科绿肥作物，有黄花草木樨和白花草木樨两种。草木樨耐寒性强，并具有耐干旱、耐瘠薄、耐盐碱的生态学特性，但不耐水涝。对土壤酸碱度要求不严。草木樨能吸收土层深处的养分和水分。据测定一亩草木樨可固氮 8 kg。草木樨枝叶含磷素较多，可提高种子品质。草木樨春播夏秋播均可。播前应将种子用40℃温水浸泡2～3 h,然后用一份种子,一份粗砂混合催芽,或浸泡后碾破种皮播种。冬播,行距:30～35 cm 每亩播种量3～4 kg。草木樨可在春夏刈割1～3次。4月中下旬,茎高50～60 m时,可留茬10 cm刈割,把茎叶翻入土内,作为银杏园的前期施肥。草木樨还可防风、固沙、保持水土,是银杏园较好的绿肥。

侧根

由主根上所产生的根。侧根能继续产生出新的侧根共同组成根系。

侧芽

位于一年生枝条侧面叶腋间的芽,亦称腋芽。

侧枝

亦称副主枝。从主枝上分生出来的较大枝条,是构成树冠的永久性骨干组织。主枝在中心主干上的排列有分层和不分层的区别,随树体结构而异。主干疏层形,一层主枝每主枝上选留3～4个侧枝,各侧枝间保持一定距离,交互着生,避免交叉。纺锤形树形则不留侧枝,侧枝选留多少,依树形和栽植密度而异,有中心主干的树形,上层主枝上的侧枝数目,依次减少,以免冠顶枝条郁密,妨碍通风透光。

侧枝振动落种

对银杏树种实的果柄结合力进行了测试,对果枝进行了激振试验和振动落果试验,还在室外对立木侧枝进行了振动测试,银杏侧枝振动落果最佳的激振频率、振动加速度和振动时间,为果树侧枝振动采种机具的设计提供了科学的技术参数和设计依据。

层积

银杏种核在适宜的外界条件下完成种胚的后熟过程和解除休眠促进萌发的一项措施。因处理时常以河沙为基质与种核分层放置。故又称沙藏处理。层积处理多在秋、冬季节进行,银杏需要在2～5℃的低温,基质湿润和氧气充足的条件下,经过一定时间完成其后熟阶段。层积期间,银杏有效最低温度为-5℃,有效最高温度为5℃,超过上限或下限,种子不能发芽。种子层积需要良好的通气条件,降低氧气浓度也会导致二次休眠。基质湿度对层积效果有重要作用,通常沙的湿度以手握成团而不滴水(约为最大持水量的80%)为宜。层积处理时间的长短,取决于种子贮藏条件。

层间距

上下两层间相近两主枝间的距离。层间距大小影响树冠内光照,进而影响产量及种实品质。层间距与树形、树龄、品种、土地条件等关系密切。平原果园层间距应适当加大,对光照要求严格的银杏,层间距可大些,反之可小些。

层内距

分层树形同一层两端主枝间距离。层内距大小与树体生长密切相关。基部三主枝自然半圆形树形,层内距较小时,会使中心干生长势受抑制,从而形成上细下粗现象,甚至掐脖;层内距过大,不利于分层,对于疏散分层形适宜的层内距为30～40 cm,整形时同一层主枝避免轮生。

层性

主枝在树干上成层分布的特性。顶端优势强,成枝力弱的品种层性明显,顶端优势强弱,成枝力强的层性不明显,一般幼树较成年树层性明显。

叉尖白果

主产河南嵩县,种实卵圆形,纵横径2.85 cm×2.77 cm,平均重13.11 g,外种皮黄色,被白粉、微皱,疣点多,种柄长3.83 cm。种核椭圆形,长×宽×厚为2.35 cm×1.77 cm×1.32 cm,先端圆钝,核尖两侧具凹形叉尖,基部狭长,尾突大而显著,出核率17.88%,出仁率83.76%,每千克427粒。

叉状楔拜拉

生长地域:山西、江西;地质年代:晚三叠纪。

插床

在南方用高畦,北方用平畦做插床,土壤以砂土、黄壤或砂壤均可。土壤最好用甲醛(福尔马林)或五氯硝基苯溶液消毒后,再用不透气材料覆盖24 h以上,并用清水淋洗,经数天通气,无药味时再使用。也可用加盖塑料薄膜的阳畦做扦插床,上面搭设荫棚。阳畦底部铺设2～3 cm厚的卵石,10 cm碎砖,上面铺粗沙4～5 cm,再铺基质,厚30～40 cm。扦插前一周,用0.2%～0.5%的高锰酸钾液消毒,每平方米用药液5～10 kg,最好与0.2%～0.5%的甲醛液交替使用。喷药后,用灭过菌的塑料薄膜封盖起来,48 h后,用清水冲洗2～3次,即可扦插。如在营养袋中扦插,基质按上述方法消毒后装入袋。根据需要,在插床上可架设塑料架和荫棚架。

插皮接

可用于大小砧木,不限粗度。但一般砧木粗度在2 cm以上者均用插皮接。自春季树液流动至砧木萌芽后一周之内均可采用。由于应用时间较长故很受欢迎。①削接穗。在底芽下部的背面0.5 cm处向下削一个长3.0～4.0 cm的斜面,在另一面下端削一个长0.5 cm的斜面,在短斜面两侧再各轻削一刀,形成尖顶状,然后在长斜面两侧也各轻轻削上一刀,但仅削去皮层,露出形成层部分。②削砧木和嫁接。选砧木适当部位剪断或锯断,削平剪口,选皮层较为光滑的一面,在剪口处轻轻横削一刀,随之纵割一刀,深达木质部。同时从刀缝处将皮向两侧挑开,把接穗的长削面对向砧木的木质部轻轻向下插入,接穗上部可稍"露白"。根据砧木粗细,可嫁接 1~4 个接穗。③绑扎。由于此嫁接法适合于较粗砧木,因此,要保证伤口的良好愈合。根据江苏省邳州市银杏研究所的经验,插皮接的包扎方法可分为一个接穗包扎法和多穗包扎法。一个接穗包扎法的具体做法是:先准备两块吸水软纸和一块塑料薄膜,其边长需等于砧木的直径再加 10.0~12.0 cm。包扎时先将软纸和塑料薄膜从一侧用刀向中间划开至全长 2/5 处,用时先将纸的开口处套向接穗,紧紧包在嫁接部位,再套上方块塑料薄膜,包好后扎紧。为防接穗松动可加绑固定拉线。多穗包扎法的具体做法是:根据接穗的个数和方位,事先将吸水软纸和塑料薄膜用刀划开,插上接穗后即行套入、包紧,然后从上至下扎紧,最后绑上固定拉线,将几个接穗相互拉紧即可。

插皮接、荞麦壳式接、插皮舌接和袋接比较

这四种方法均属于接穗插入砧木韧皮部木质部嫁接法,成活率高。

插皮接、荞麦壳式接、插皮舌接和袋接比较

项目	插皮接	荞麦壳式接	插皮舌接	袋接
砧木大小	较大砧木	较大砧木	大小均可	1~2 年生小砧木
削砧木	断口为平面;有纵切口;不去树皮	断口为平面;有纵切口;不去树皮	断口为平面;有或无纵切口;插口处去树皮	断面为 45°斜面;无纵切口;插口处去树皮
削接穗	正背面长短削面;韧皮部与木质部不分离	用三刀,即正面、两侧面,呈三角形,似荞麦壳	一长单马耳形削面;韧皮部与木质部不分离	用四刀,正面为弧形斜面(两刀),两侧削去一部分;韧皮部与木质部分离
包扎	用卫生纸、塑料薄膜、麻绳等	用麻绳扎后倒扣斗笠,填土	同插皮接	用麻绳扎后培土成馒头状
嫁接时间	砧木离皮而接穗未离皮(约 3 月中旬至 4 月上旬)	同插皮接	砧、穗均离皮(约 3 月中旬至 4 月上旬)	砧木离皮,接穗未离皮,早于插皮接

插皮舌接

砧木和接穗离皮后即可进行嫁接,但以芽子开始膨大至展叶前较好,生产实践表明,以清明前后五天嫁接成活率最高。①砧木处理。根据所需要的嫁接高度,在砧木平直处将砧木锯断,削平锯面,选择砧木皮光滑平直的一侧,用刀削去老皮,长约 5 cm,深达嫩皮见白。②削接。穗及插接穗接穗上端保留 2 个芽,下端削一个 4~5 cm 长的马耳形斜面,入刀口处要陡直深些,达髓部再向下平直,马耳形的下端向上将皮层轻轻捏开,将接穗的木质部从砧木削去老皮处的上方插入皮层内,接穗插至马耳形上端 0.2~0.3 cm 的空白处为止,以便使砧木和接穗的愈伤组织在此愈合连接,再将一接穗削面背部耷拉着的皮层覆盖到砧木的绿色皮层上,就是果农所说的"皮贴皮,骨接骨"。如果砧木较粗,也可以错开方位,选择皮层厚实而又平滑的部位,分别接上 2~4 个接穗,即一个粗大的砧木接上 2~4 个接穗。③包扎。将接穗上捏开的皮层包在砧木的皮层上,包两层软纸,用塑料薄膜带将砧木面封严,然后自上至下连同接穗和接穗上口绑紧封严。

插皮舌接示意图

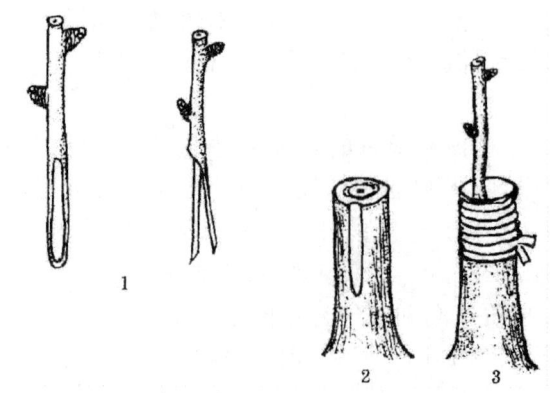

插皮舌接示意图
1. 削接穗 2. 砧木处理 3. 绑缚

插穗

用于银杏插条育苗或分殖造林的扦插材料。一般用 1~2 年生萌芽条、小树干、苗干、树枝截成段。每个插穗上要保留 2~3 个健壮的芽。插穗长度一般为 10~20 cm。若水、肥条件好,则可短些,反之则长些。插穗质量好坏,对苗木的产量、质量成活率等影响很

大,最好用采穗圃的枝条截制插穗。

插穗的处理

秋末冬初采的穗条,剪截成捆后,下端在1 000 mg/kg浓度的ABT-1,PRA、PRB生根粉或萘乙酸(NAA)溶液中浸泡10 s,深度2 cm;或在100 mg/kg浓度的溶液中浸蘸30 min取出,置于地窖内或拱棚阳畦温床中,促生愈伤组织,春季插时取出。春季采条剪截后,按上述要求捆扎成捆,下端浸蘸在500 mg/kg的萘乙酸滑石粉浆或生根粉液中10 min,或1 000 mg/kg的萘乙酸或生根粉液中10 s,取出扦插。有的地方剪成只有1个或2个芽的短插穗进行扦插,也能获得较高的成活率,但是苗木生长很慢,长期不能出圃,除了繁殖极优良的品种外,一般生产单位不宜采用此法。

插穗的选择

不同类型的枝条生根能力不同,直接影响到扦插的成功率。在选择插穗时要注意以下方面。①枝条年龄越大,生根能力越低,故生产上多选用1~2年生的枝条做插穗,其中又以1年生枝条生根能力最好。②枝条所在树株年龄越大,生根能力越低,故生产上一般从20年生以下小树上采集插条。③实生树比嫁接树上的枝条发根能力强。④饱满、粗壮的枝条比细弱的枝条生根能力强。⑤带顶芽的比不带顶芽的枝条扦插成活率高。⑥同一长枝上,基段比梢段的枝条生根率高(带顶芽段除外)。生产上插穗的采集多结合银杏幼树冬季修剪进行,以免影响树株的生长发育。

插穗的组织解剖

虽然插条生根的难易,不定根分化形成过程时间长短大多数归因于生物化学因素,但也不可忽视茎的解剖结构与生根的关系。一般而言,在茎上有潜伏根原细胞的植物生根容易些。但很多没有潜伏根原细胞的种生根也一样容易。另外,有些果树在茎的皮层与韧皮部之间有一连续的厚壁组织环,它阻止不定根的形成,油橄榄就属这一类型。而易生根类型的厚壁组织环具有不连续的特点,厚壁组织的机械限制是影响不定根形成的重要原因。虽然有些种具有这种厚壁组织环,但生长素处理可以破坏此环,使插条生根一样容易。关于不定根的起源,众多学者经过广泛深入地研究后认为,不定根的发生部位依植物种类不同而异。即使是同一枝条,发育年龄不同,不定根原基的发生部位也可能不同,梅嫩枝的不定根由韧皮部发生,硬枝的不定根却发生在形成层,而葡萄的不定根是从初生射线发源的,所以能在插条的整个节间沿初生射线成纵向长出不定根。目前较为一致的看法是:不定根的起源是内生源的,发生在十分靠近维管组织的地方,当插条上形成不定根时,往往发生在插条基部形成的愈伤组织上。

插穗繁殖常用的塑料拱棚

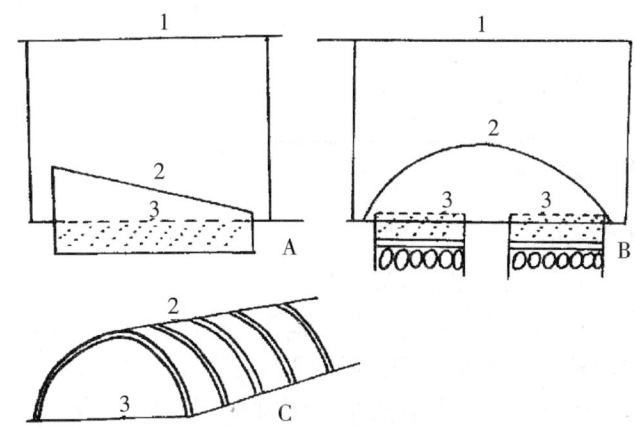

插穗繁殖常用的塑料拱棚类型
A.单斜面临时插床 B.供圆覆盖永久苗床 C.供圆覆盖临时苗床
1.荫棚 2.塑料薄膜 3.插池

插穗规格

插穗规格 单位:cm

规格	单芽扦插	长枝扦插	嫩枝扦插	硬枝扦插	露地扦插	保护地扦插
长度	1.2~2.5	40~100	8~10	15~18	25~30	10~15
基径	0.5~0.8	1.0~2.0	0.3~0.8	0.5~1.0	0.5~1.0	0.5~1.0

插穗和剪口部位对插穗生根的影响

扦插成活率与插穗部位及插穗年龄有关。不同部位插穗生活力的强弱不同。一般根部萌条和主干上枝条的再生能力强,插穗生根率高;相反,侧枝的插穗生根率低。树龄为5~15年的银杏上的枝条,其基部与中部的生根率高于梢部,但老龄母树与幼龄树则相反,其梢部高于基部与中部。另外,有人用7年生母树顶梢枝与侧芽枝进行扦插试验,其平均生根率分别为82%和75%,所以认为顶梢枝的生根效果较好。下剪口的部位与形状会直接影响插穗的生根效果。有试验发现,下剪口在节间的,生根率为78%;下剪口在芽眼的,生根率为10%。剪口形状,生产上多采取单马耳切口为主,纵切口虽然愈伤面加大,发根数较多,但由于插条剪制麻烦,所以较少采用。

插穗截制

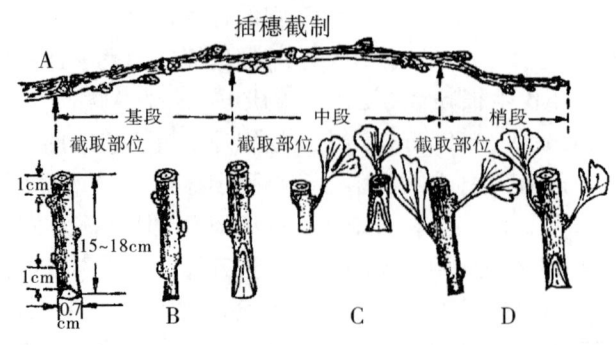

插穗截制
A. 插条 B. 硬枝规格及切口 C. 单芽嫩枝插穗规格及切口
D. 普通嫩枝插穗规格及切口

插穗截制技术对生根的影响

插穗截制技术对生根的影响

制穗技术		扦插株数	生根株数	生根率(%)	侧根数	最大根长(cm)
保留叶片数	2～4片叶	900	832	92.44	14	7.4
	不留叶	900	314	34.89	5	4.3
切口形状	马耳形	900	845	93.89	13	6.8
	平面	900	745	82.78	9	6.2
下切口位置	节处	900	870	96.67	16	7.7
	节间	900	727	80.78	11	7.2

注：7月5日扦插

插穗生根

银杏扦插苗的根原始体是由次生木质部和形成层的薄壁细胞分裂产生的。银杏插穗的下切口，受到愈伤激素的刺激，引起薄壁细胞的分裂，形成初生愈伤组织——一种半透明状不规则的瘤状突起物。初生愈伤组织具有保护伤口不受病菌感染、吸收水分和养分的功能。初生愈伤组织继续分裂产生次生愈伤组织，并逐步产生与插穗组织联系的形成层、木质部和韧皮部等组织，最后形成不定根。在果树理生化研究中，许多人把C/N值作为判断生根难易的生理指标。程水源研究结果证实：银杏嫩枝插条不定根的形成和发育过程中，插条含水量增加，干重减少，碳水化合物（淀粉＋可溶性糖）含量降低；银杏插条内C/N与生根率之间达到较显著水平，C/N比值越大，生根率越高。银杏属于难插生根的树种。银杏插穗在愈伤组织和韧皮部都能产生不定根，但愈伤组织生根时间较长。

插穗生根成活的原理

全光雾插是通过喷雾的方法使带叶的插穗叶面经常保持有一层水膜，喷雾不仅提高叶片周围的空气相对湿度，而且通过蒸发，使叶面温度降低5.5～8.5℃。因叶面温度较低，会降低叶片内部的水汽压；可以保证插条在生根前有相当长的时间不至于失水而干死，在很大程度上增加了生根的可能性，即使在夏季强光照的情况下，插条也不会灼伤。相反，强光照还可以使插条叶片进行充分的光合作用，促进插条迅速生根。另外，在生长季节采带叶枝条扦插，因插条比较幼嫩，促进类物质较多，抑制类物质较少，叶子的存在又可以刺激插条生根，并能进行光合作用，为生根提供物质来源。而且，生长季节温度较高，也有利于插条生根。所以嫩枝带叶全光雾插较硬枝大田扦插生根速度快，成苗率高。带叶嫩枝全光雾插必须保证插条在生根前叶片不失水而发生萎蔫，这就需要保证对插条创造一个高湿环境，使叶片周围空气中的水气压和叶内细胞间隙的水汽压相等，把叶片的蒸腾降至最低限度。

插穗生根机理的概念

根据植物细胞全能性（totipotent）理论，植物体内每个细胞含有发育成一个完整个体的全部遗传信息。已分化的器官，在适宜的外界环境条件下，薄壁细胞可以重新恢复分裂能力，即所谓的脱分化。由脱分化形成的愈伤组织具有再分化器官的能力。不定根的分化从解剖角度可以分成两类:一是直接从外植体(explant)的组织上形成根原基,再发育成不定根,即先成根原基;另一类是从外植体上先形成愈伤组织,再由愈伤组织中产生根原基,再形成不定根,即诱生根原基。银杏属于后者。与嫁接繁殖一样,插条繁殖仍与植物的"再生机理"有关,即是将离体的茎段培养成一完整植株的过程。

插穗种类及规格

插穗以半木质化的生根率最高;全木质化的其次;微木质化的对外界条件的抗性较弱,生根率最低。长枝和短枝均可以扦插,但生根率差异较大,1年生长枝和短枝生根率分别为93%和16%,平均株生根数分别为14条和1.5条,长枝插条生根率明显高于短枝。在研究插穗的长度和粗度对银杏扦插成活率的影响时发现,长或粗的插穗其生根能力较短或细的插穗要强。

插条繁殖分类

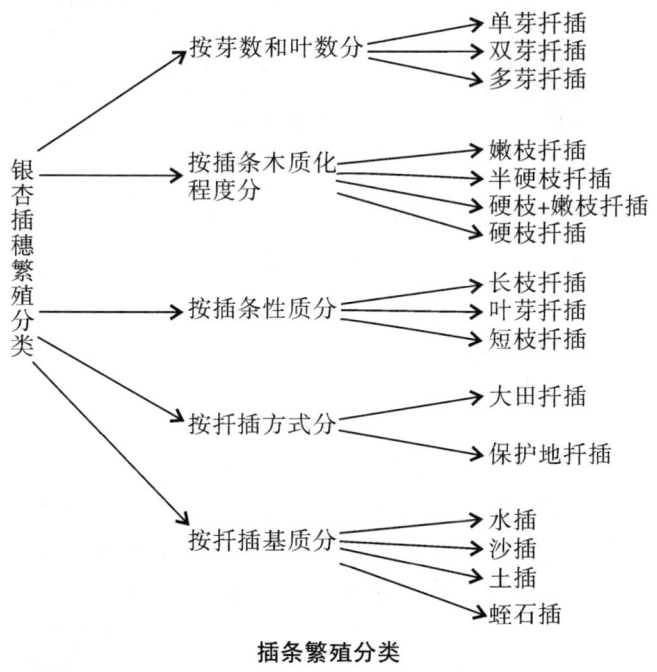

插条繁殖分类

插条育苗法

亦称扦插育苗法。利用银杏的枝条和苗干进行插条育苗的方法。用这种方法培育的苗木叫插条苗,也叫扦插苗。插条育苗法与其他营养繁殖法相比:苗木单位面积的产量高,质量也较好,比较省工,是生产上应用最广泛的方法。

插叶

插叶适宜时间为5月下旬至8月上旬。扦插材料一是结合剪绿枝插条或夏季修剪所剪枝条上的叶片;二是当年生嫩枝插穗下部摘掉的单叶;三是带叶木质化绿枝插穗下部摘除的叶丛。单叶需带全叶柄。叶丛由4~6片较小的叶片组成,叶丛中间一般无芽点,仅有潜芽的位置,或有微小黄绿色芽点。将单叶或叶丛用催根剂HL(自制药液)或ABT生根粉1号原液速蘸叶柄,扦插于窖棚内经过消毒的插床上,扦插深1.5~2 cm,单叶叶面方向一致。扦插密度是单叶1 000株/m²,叶丛555株/m²。

插叶繁殖法

为使插叶成活,首先必须保存银杏叶的生活力,并创造成活生长发育的优良环境条件。夏季光照强度大,温度高,蒸腾量大,病原菌繁殖快,此时,银杏叶插后易枯或腐烂。因此,宜选择地势平坦、土层深厚、土质为砂壤土、pH值6.5~7,靠近水源,有遮阴树木的地段。修建半地下式拱棚,并以苇帘遮阴。拱棚内铺细河沙20 cm,作为苗床。设置喷水设施,扦插前苗床需消毒。6月上旬至8月中旬,采集银杏叶片,用自制催根剂处理后,扦插入床深1.5~2 cm,每平方米1 000片叶左右。插后喷透水,平常加强管理,最高温度不宜超过32 ℃,保持25~30 ℃为宜,光照强度平均为7 000 lx,相对湿度应达90%以上。为保持苗床的透气性应提供银杏插叶足够的水分,土壤含水量应在20%~30%。若发现病叶及时清除,并需喷药消毒灭菌。经处理扦插的叶片,20~30 d后,在叶柄伤口处形成一个直径0.5~0.9 cm似小蒜头状的愈伤组织,并生出数条白色的小根,生根率达100%。扦插的银杏叶虽已生根,但生芽、抽茎、长叶再造各种器官健全的银杏苗,难度较大,首先要求在适宜的生态环境下,经过3~5个月时间的培育,其叶片光合作用制造的营养在愈伤组织和根系中蓄积充足,经过一段较长时间休眠后,在愈伤组织的上侧方,细胞再度经过分生分化,形成一个乳白色竹笋状的小幼芽,逐渐抽茎长出数枚绿色新的叶片,构成器官健全完整的银杏幼苗,成苗率平均21%,虽然成苗率不高,但由于可以密插,在单位面积内产苗量仍属较高。插叶苗新茎幼嫩柔软,与嫩枝或硬枝扦插苗的茎干硬脆易折现象完全不同,与根蘖苗相似,但根系较根蘖苗健全,生命力强,移栽容易成活。银杏插叶繁殖苗,可以保持母树的优良品质,可以充分利用绿枝插条的叶片,扩大银杏优良品种的繁殖。在种子、插穗缺少地区发展银杏,可以缓解种源、条源的不足,投资少,经济效益高。

茶果

属马铃类。树冠圆锤形,枝密集,树势强旺。种实心形,大小为2.83 cm×2.43 cm,顶端具突尖;外种皮黄色,被白粉,种柄长3.5 cm,单果重9 g左右。种核长椭圆形或阔椭圆形,种核大小为2.38 cm×1.65 cm×1.33 cm,核形指数1.44,核先端圆而小。单核重

2.5~2.6 g,9月底成熟,高产稳产,栽培广泛,品质一般。主产于安徽金寨县。

茶黄蓟马不同时间的虫量变化

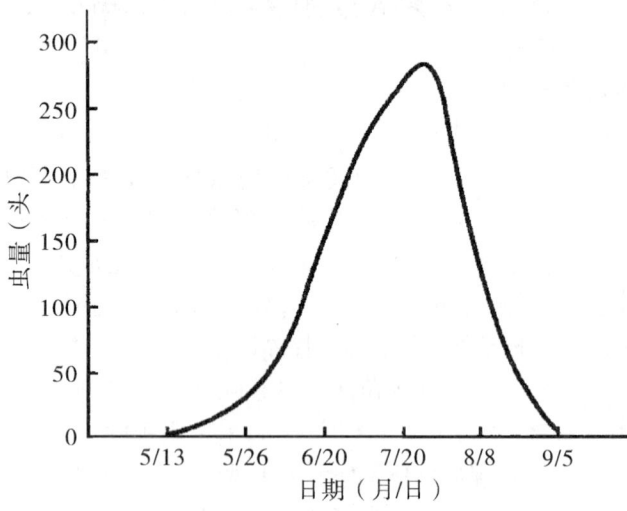

茶黄蓟马不同时间的虫量变化
注：为20株5~6年生实生苗

茶黄蓟马的防治技术

银杏茶黄蓟马在山东、江苏、浙江、湖北、广西等省(区)的银杏主产区均有不同程度的发生,1989年首次在山东郯城银杏产区发现为害银杏。受为害的大树每年要减产20%~30%,受为害的苗木生长量也受到严重影响。银杏茶黄蓟马在山东郯城每年发生4代,雌虫羽化后3~5 d即在叶背叶脉处或叶肉内产卵,每头雌虫产卵可达10~100粒,孵化后的若虫在嫩芽、嫩叶或嫩枝上吮吸汁液,使其失绿变白。由于茶黄蓟马进行着有性生殖和无性生殖(孤雌生殖)的世代重叠繁殖,在银杏生长期的4月下旬至10月下旬受到其为害。10月下旬,四龄若虫通常在地表或在潮湿的枯枝落叶层中化蛹越冬。成虫具有取食嫩叶并在其上产卵的习性,成虫和若虫还有避光趋湿的习性。防治方法:①初冬扫除枯枝落叶烧掉,并浅锄地表;②建园时适当密植,形成不利于茶黄蓟马生息的环境,抑制虫口密度;③银杏树发芽前,用1 kg甲胺磷拌10 kg细土,撒施在树盘下,并覆一层薄土;④银杏茶黄蓟马发生期,可用40%氧化乐果1 000倍,或80%敌敌畏1 000倍,或80%马拉松1 000倍,或50%杀螟松1 000倍,或西维因可湿性粉剂1 000倍,或速灭杀丁3 000倍,喷雾防治。喷药时间可在6月中旬、7月中旬、8月中旬,经3次喷药后,银杏茶黄蓟马可基本被消灭。

茶黄蓟马对空间颜色的趋性

茶黄蓟马对不同颜色色板趋性各有差别,其趋性强弱程度依次表现为:蓝色>白色>绿色>黄色>灰色>红色。蓝板不同悬挂方式对该蓟马的诱集效果也有差异,其中以蓝板的底部距离银杏树冠顶端15 cm的悬挂方式最佳,诱集到的数量最多。银杏采叶园悬挂蓝板对茶黄蓟马能起到很好的防治效果,最高达75%,最低为44%。尤其在早期使用诱集效果最好。

茶树+银杏

这种复合方式近几年出现在江苏南部一些主要的茶叶产区,主要模仿橡胶—茶、湿地松—茶、泡桐—茶等间作模式。已开展了银杏—茶树复合经营试验,在茶园行间栽植核用、花粉用或材用银杏,取得较好效果。

茶叶切条机传动示意图

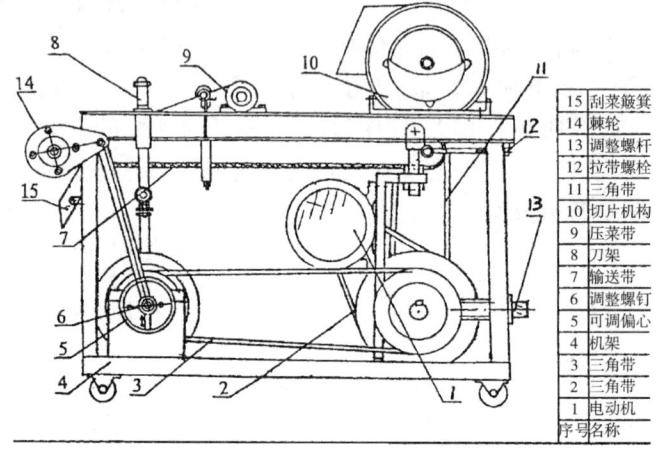

茶叶切条机传动示意图

茶叶中的黄酮含量

黄酮是银杏叶茶的主要有效成分。绿茶、黄茶、红茶、对照(叶)中的水浸黄酮含量分别为12.1、14.6、11.8、11.6 mg/g,其中黄茶的黄酮含量最高、对照黄酮含量最低。经方差分析,黄茶与绿茶、红茶、对照之间差异显著,而绿茶、红茶、对照之间无显著差异。这说明不同的加工工艺影响水浸黄酮的含量,其中黄茶的工艺效果最好,绿茶次之。现国内以银杏叶为原料生产的药品如广西的舒血宁、浙江的天保宁、深圳的银可络等,每片药含黄酮为9.6 mg,用量为每天3~6片,按每天4.5片的用量计算,病人每天摄入的黄酮为43.2 mg。如果病人每天喝4杯银杏叶绿茶,每杯按0.8 g计算,则每天摄入的黄酮为38.7 mg,其摄入量与药品相当,从此角度来说,饮用银杏叶茶具有吃药的同等作用。

茶饮料的测定

(1)总黄酮含量测定采用硝酸铝分光光度法(以芦丁为标准)。

样品中总黄酮浓度按下式计算:

$$X(\%) = M_1 V_2 / M V_1 \times 100\%$$

式中：X——样品中总黄酮含量,mg/100 mL;

M_1——依据标准曲线计算出被测液中黄酮含量,mg。

M——试样的质量或体积,g 或 mL。

V_1——待测液分取的体积,mL。

V_2——待测液的总体积,mL。

(2) 澄清度测定采用分光光度法。以蒸馏水做参比,1 cm 比色杯,在 500 nm 波长下,测酶解液的透光率,用透光率 T(%) 表示酶解液的澄清度。

(3) 果胶物质定性检测采用酒精法,用 95% 的乙醇与澄清酶解液按 1:1 比例混合,装入 30 mL 的试管。用手四指紧握试管,大拇指按紧试管口,翻转轻摇,静置 15 min 后观察。若没有凝胶状物质出现,则表明酶解液中的果胶物质已基本被分解,说明酶解液中无果胶物质存在,用"-"表示;若有凝胶状物质出现,则表明酶解液中的果胶物质还没有被分解彻底,说明酶解液中有果胶物质存在,用"+"表示。酶解液中凝胶状物质愈多,其"+"也愈多。

茶饮料各感官指标评分结果

试验号	色泽	香气和滋味						外观	
	具有原茶类应有的色泽	具有原茶类和银杏应有的香气和滋味						透明,允许稍有少量沉淀	
		茶味	茶香	银杏香	银杏味	甜味	酸味	透明性	杂质
1	4.4a	2.6a	2.4a	3.8a	4.6a	4.4a	3b	4.2a	5a
2	4.4a	2.6a	2.4a	3.8a	4.4a	3.2b	1.8c	4.2a	5a
3	4.4a	2b	2.2a	3.8a	3.2c	2.2c	4.2a	4.2a	5a
4	4.6a	2b	2.6a	4a	4.4a	3.4b	1.2d	4.2a	5a
5	4.4a	2.4ab	2.2a	4a	2.6a	3.4b		4.2a	5a
6	4.4a	2.6a	2.4a	4ab	4ab	4.2a	2.2c	4a	5a
7	4.2a	2.2ab	2.6a	3.6a	3.6bc	2.6c	2.8b	4.2a	5a
8	4.2a	2.2ab	2.4a	3.6a	4.2a	4.4a	1.8c	4.2a	5a
9	4.2a	2.4ab	2.2a	4a	4a	3.2b	1.2d	4.2a	5a

注:表中各指标下对应数字为 6 名评价员对每项指标评分的平均值,表中同列数值右边字母相同表示无显著差异($a=0.05$)。

茶饮料工艺流程

PET 聚酯瓶装去离子水→填料(按配比)→加热→UHT 杀菌→冷却→无菌灌装(杀过菌的 PET 聚酯瓶)→封盖(杀过菌的盖)→冷却→贴标→检验→装箱→成品易拉罐装去离子水→调配→加热→灌装→密封→杀菌→冷却→装箱→成品。银杏茶饮料的主要原料是银杏叶提取物,但银杏叶提取物的水溶液有较强的苦味。在 1 000 mL 去离子水中应加入银杏叶提取物 320 mg(使 250 mL 银杏茶饮料中含银杏总黄酮 19.6 mL,银杏萜内酯 4.8 mg)后,再适当加入蜂蜜、维生素 C、食用香料,用柠檬酸将 pH 值调至 4 左右。如苦味还较浓,再用脱苦剂除去苦味,使口感达到最佳状态。这是与以往银杏茶饮料生产上的最大不同点,大量生产时可用此比例进行调配。

禅林寺

绵延起伏的燕山山脉,横卧着古老的万里长城。长城脚下残存着一座古寺废址。废址的四周挺立着十三株蔽天遮日的古银杏树。古寺名曰禅林寺,坐落在遵化市城东 12.5 km 的候家寨,乡禅林寺村的沟尽头,掩隐在五峰山的环抱中,是遵化最古老的寺庙之一。寺院周围松柏参天,浓荫铺地。院后奇嶂突起,怪石嶙峋。风啸雉鸣,曲径通幽。沟间溪水潺潺,别有一番情趣。历代墨客骚人涉足寺院留下了许多诗文辞赋,镌碑以书风景之美妙,文载功德以自傲。面对古寺旧址,但见千年古寺瓦砾层叠;十三株古树岁吐新绿、老当益壮,它们傲雪凌霜,历尽沧桑,遥溯古今,给人以神秘莫测之感。相传,当年有个占卜的盲人游历禅林寺,来到山门下一株最粗壮的银杏树前。以马杆为记,围着大树手量了三十抱,才碰到马杆,盲人惊叹不已,到处传播此银杏是株神树。原来在盲人抱量树时,一个牧童偷拿了做标记的马竿,待他量到三十抱时,牧童方悄然放回。实际上树主干胸围只有三抱,周长 15 m 余,高 38 m 左右。那十三株银杏究竟有多少年了? 在当地传说,过去寺庙曾有碑文:"先有禅林后有边,银杏还在禅林前"(边:指长城)的字样。清代遵化州的进士史朴到禅林寺考察时亦留下这样的诗句:

五峰高峙瑞云深,秦寺云昌历宋金。

代出名僧存梵塔,名殊常寺号祥林。

岩称度啸驯何迹,石出鸡鸣叩有音。

古柏高枝银杏实,几千年物到而今。

传说和诗文只有旁考,但据清代《遵化州志》记载:禅林寺,州寺二十五华里,五峰山瑞云峰下,适在东晋时期(公元 399 年)即已重修,由此往前推 100 年至 150 年不足为过。即公元 249 年至 299 年建寺。据《中国林业技术》一书介绍:我国许多名胜古迹都有银杏生存,皆为僧侣们栽植。禅林银杏无疑是建寺同时移栽,距今已有 1680 余年。另就史朴的诗句"秦寺云昌历宋""几千年物到而今"而言,可再立一说:《遵化州志》是史朴等人撰写,志书只管记载现私古遗资料,并不细考前代,只载了重修云昌寺的年代,可断史朴在此考察时曾见到秦代遗迹。传说中的"先有禅林后有边"的禅林并不是仅指禅林寺本址而泛指前历代复修之寺。"银杏还在禅林前"则是实指,正因银杏的存在,历代僧侣,官府才屡屡争修寺庙,抢占"风水宝地"。这样,银杏该为两千多年了。

禅林寺的银杏树龄

河北遵化侯家寨禅林寺有一个 7 雌 1 雄组成的古银杏群,据《遵化县志》载:"先有禅林后有边(指长城),银杏还在禅林前。"这些树为何人手植已难以查考,但可以确定其树龄均在 2 000 年以上。

禅林寺银杏科普馆

该馆坐落在河北省遵化市侯家寨乡禅林寺古银杏风景园内。由山东农业大学教授、中国银杏研究会创始人梁立兴先生亲手设计,由侯家寨乡人大常委会张志广主任亲自操办,侯家寨乡青年农民黄继伟个人出资兴建。2012 年 5 月建成,接待全国各地参观者。遵化市禅林寺银杏科普馆是目前我国北方唯一的银杏主题科普馆。该馆为"汉唐式"仿古建筑,建筑风格与周围环境相协调,建筑面积 120 m²。展馆装潢考究、内容全面、图片清新、文字精准、展品珍贵,其中展有一尊挖掘于燕山深处重达 600 kg 的银杏硅化木化石。第一展室:银杏起源。第二展室:银杏功用。第三展室:银杏文化。

产地

银杏种实或种条的采集地。对已知采集地收集的种子或苗木称种源。即从同一银杏分布区中不同地域收集的种子和苗木。产地和种源常常混称。

产粉量

1995 年 4 月 13 日 17 时,在雄 1 树采花序 1 607 个,平摊于干燥的室内(楼房 3 层)地面白纸上,至 14 日 10 时许,绝大部分花药破裂散粉后,经测算,每千克花序(4 292 个)可收集 18.26 g 花粉。另外,经对 1 700 g 的雄花枝(带枝干及幼叶)调查,一般每 248 g 雄花枝可收集 1 g 花粉。银杏花粉在干燥、常温环境下,至少可维持有效授粉能力 15 d 以上。在干燥及 0℃左右环境下,其生活力可保持较长时间。

产量的形成

植物光合产物中一部分作为能源被植物以呼吸作用的方式消耗掉,但不同的植物组织呼吸速率(P_r)有差异,因此,呼吸作用消耗量还依赖于光合产物分配到各个组织的比例。粗第一性生产量减去呼吸消耗量就是净第一性生产量。净第一性生产量分配到各个组织和器官中,部分组织和器官由于死亡,分配到其中的光合产物也随之损耗。另外,部分个体由于竞争力弱或别的原因也被淘汰。一般来说,对光照的竞争力弱是个体死亡的重要原因,但在干旱的土地或干旱的气候下,对水分的竞争则是一个主要的原因。还有一些光合产物由于被动物取食而消耗。净第一性生产量减去动物取食、枯枝落叶、个体死亡,剩下的就为净生物量积累。由于市场的需求,我们不能利用林地上的全部净生物量积累,其中那些可以为人类利用的成分,有的是种实,有的是叶,有的是花,有的是木材等,这些成分被收获并被带出生态系统,其余的部分保留在生态系统中,进入食物链,增加土壤的有机质。被人类利用部分的多少,很大程度上与净第一性生产量分配方式有关。综上所述,碳分配相当重要,同时碳分配的方式又依赖于光照、水分、养分等资源的有效性。林业工作者有能力去控制养分的有效性,去调节光照的有效性及树木个体之间在光照和养分等方面的竞争。由于水分在很大程度上依赖于气候、土壤、水文等条件,林业工作者对这方面的影响相对较少。然而,土壤有机物质的减少能降低土壤含水量,经营者能够通过经营去影响个体之间在水分方面的竞争。因此,从产量生态学的角度来看,森林经营者对产量的影响是一个决定性的因素。

产量形成示意图

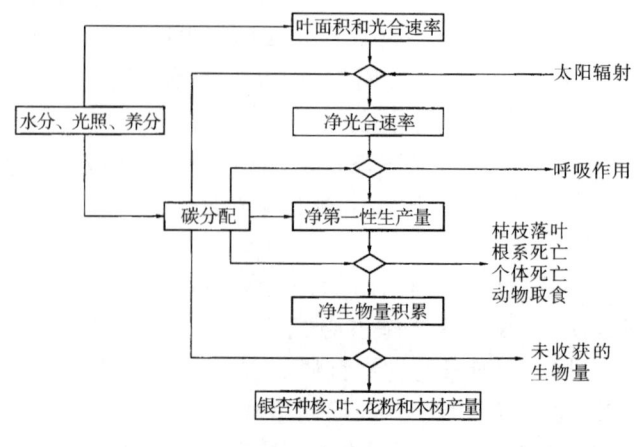

产量形成示意图

产品包装和贮藏规则

产品包装上应标明品种名称、等级、净重、产地、生产年份、生产单位名称和通信地址。产品标明贮藏条件和方法及其在规定贮藏条件下的保质期。

产品成本

产品成本是反映经济效益的重要指标,通常用下列通式计算。

$$产生成本 = \frac{生产成本总额}{产品的总产量}$$

可反映银杏生产过程中劳动报酬、土地报酬和生产资料投入的经济效益主要指标。

产品检测规则

①核验批次按件数20%抽样;②抽样必须有代表性,每件抽样分上中下抽取250 g左右;③多样点求取平均值。

产品系列开发

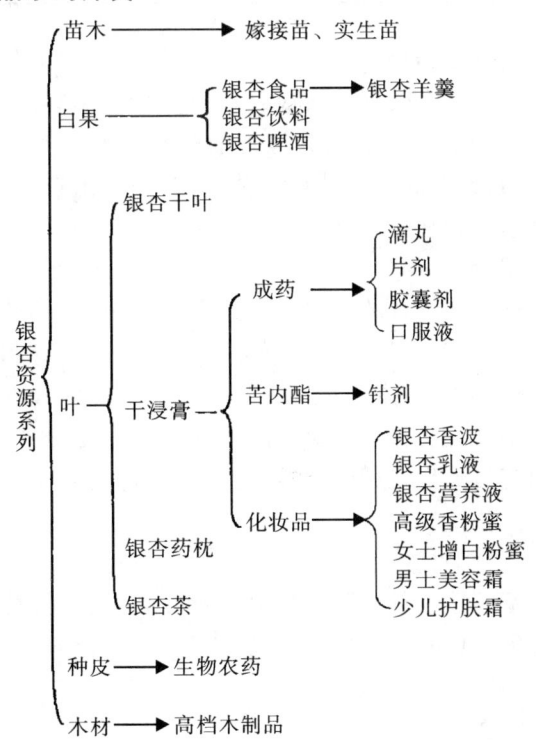

产品系列开发

产业化基本原则

①整体布局,综合开发,突出重点,充分发挥银杏资源优势,挖掘银杏系列开发潜力,坚持建设大产业,开拓大市场原则。②因地制宜,提高土地资源综合利用水平,使银杏基地建设实现规模经营,集约经营。③面向市场,立足科技,加速科技成果转化,追求高科技含量、高附加值、高效益。④打破行政、区域及所有制界限,鼓励跨部门、跨行业多形式的联合开发经营,多渠道筹集资金,坚持谁投入、谁受益原则。⑤发展"高产、优质、高效、持续林业",积极引导银杏产业发展上档次、上水平,实现经济、社会、生态综合效益。

产业现状

目前,我国银杏栽培区已扩展到全国25个省、市、自治区,银杏栽培面积达12.5万 hm^2,栽植株数达14亿~15亿株,全国银杏盆景达100余万盆,银杏结果株数达100余万株,白果年产量达8 000~9 000 t,其中70%~80%出口到国外,年产量占世界白果总产量的90%。银杏干青叶年总产量达2.5万 t,占世界总产量的70%。银杏叶提取物(EGb)年产量约为100 t,银杏外种皮的年产量为2万 t。银杏茶年总产量达200 t。全国银杏产品加工企业有200余家,分别生产出银杏食品、银杏药品、银杏饮品、银杏保健品、银杏化妆品和银杏生物农药等。

昌平古银杏

银杏树种在北京市昌平辖区内,共有17株,其中一级11株,二级6株。这些古树分布在桃洼乡花塔村和平寺内一级2株;南口镇居庸关四矫子村中一级1株;羊台子村佛岩寺遗址一级2株,二级5株;流村乡西峰山小学一级1株;十三陵风景区内一级6株,二级1株;十三陵林场沟崖分区一级2株。

长白果

产于贵州盘县特区和正安、务川、道真等地。树冠呈塔形或长圆头形,高的可达30 m。长枝上部叶片呈窄扇形,中下部叶为扇形,有浅裂至中裂。短枝叶扇形,有浅裂。叶宽4.5~7 cm,以7 cm居多。叶柄长6~7 cm。果实卵圆形,略偏斜,成熟时黄橙色,被白粉,表面粗糙,先端圆,顶尖凹下。珠托近圆形,中大,向一面歪斜,表面不平,边缘略凹下。果实纵横径为3.1 cm×2.5 cm,单果重10.7 g,每千克93粒。果柄长4 cm。出核率18.7%。种核长卵圆形,形状近似佛指。先端突尖,中部以下较窄,两束迹迹点小,两侧有棱线,中上部较明显。种核大小为2.4 cm×1.49 cm×1.2 cm,单粒核重2.0 g,每千克500粒,出仁率78.6%。本品种结实力强,高产,200年生树可产白果100 kg以上,在贵州常见种植。

长柄大同叶(新属、新种)

枝细,1.5 mm粗,有纵细纹。叶片三枚聚生枝顶。叶片圆形、椭圆形或卵形,最大叶长2 cm。叶顶端圆或微凹。叶脉细,除中央叶脉直伸达顶外,其余叶脉,在叶基分叉后,多少呈弧曲形伸向前方,并会聚于叶片顶端。叶片中部每厘米宽度内含脉10~12条。于叶片基部近柄端,每两条叶脉之间有一条更细的间细脉,断续延伸。浆果近球形,基部稍伸长,顶端凹入或裂开为两瓣,表面具细纹。浆果具长柄,并着生于枝顶端。比较所有标本,凡有枝出现时,其顶端均有三枚叶片着生。在已知文献中只有北美科罗拉多州三叠纪的 Sanmiguelia（Tidwell etc.,1977）,为三枚小叶聚生枝顶端,颇似本种,但 Sanmiguelia 的叶顶端尖锐;叶片系直接着生于短而粗的地下茎顶端,与本种有区别。从叶片形态看,本种与银杏目植物的叶片颇不相同。列入银杏目的理由如下。①共生化石中有十分接近现代银杏属的浆果的化石印痕出现。②叶片与浆果均聚生于枝顶的着生方式也近似于现代的银杏属。③叶片基部叶脉两条以及出现间细脉特征也是银杏目的常见特征。

长柄佛手

本种主栽于浙江诸暨。种子倒卵形或长圆形,顶端钝圆,顶点浅凹陷,基部微凹入。平均纵径 3.18 cm,横径 2.60 cm。种柄常弯曲,且特别细长,种柄长达 5 cm 左右,故有长柄佛手之名。种核长倒卵形,顶部圆钝,基部狭长,底狭而平。平均纵径 2.61 cm,横径 1.78 cm,厚 1.45 cm。每千克 270 粒。

长城沿线自然分布区

该区西自嘉峪关,沿长城向东,包括甘肃、宁夏、陕西、山西、河北、北京六省（市、区）的北部及辽宁省南部。全区大部分为丘陵和低平山地,其间分布着大小不等的山间盆地和河谷平原。全区气候由西向东从半干旱向半湿润过渡,由北向南从温带向暖带过渡。无霜期 125～150 d,≥10℃ 活动积温 2 500～3 200℃,年降水量 350～600 mm。季节分布极不均匀,变率特大,加之干旱、低温,对银杏威胁较重,成为发展银杏生产的重要障碍因素,除庭院、公园、名胜风景区绿化外,不宜大面积营造银杏林。

长醇

主要治疗贫血病。过去都是从猪肝中提取,50 kg 猪肝只能提取 1～2 g,而银杏叶中含量是猪肝中的 100 多倍。目前邳州建立的银杏叶加工厂,只提取双黄酮化合物和银杏内酯,其他几种还未能提取,亟待开发利用。

长醇的制备

聚戊烯醇类化合物广泛存在于银杏叶中,且含量较高。该化合物与长醇的结构十分相近。现代医学表明,长醇对维持机体生命、提高机体的免疫功能、促进机体造血功能、改善肝脏机能有作用,特别是在生物膜糖腙的合成过程中起非常重要的作用。长醇对再生障碍性贫血、各种肝病和糖尿病等有明显疗效。长醇目前还难以人工直接合成,因此,从银杏叶中大量提取聚戊烯醇类化合物转化为长醇,具有广阔的应用前景和重要的现实意义。长醇的制备方法是:先用溶剂从叶中提取出聚戊烯化合物的提取液,然后进行皂化,分离出聚戊烯醇,再将聚戊烯醇转化成聚戊烯酯,以酯的形式进行精制,精制后再将酯转化成醇。目前,利用银杏叶制备长醇已经生产出各种各样的药品,如注射剂、片剂、粉剂、胶囊、核蛋白体等,疗效显著,产品供不应求。

长醇对造血功能的作用

长醇对造血功能的作用

长醇			^{59}Fe 摄取率（%）		造血促进率（%）
种类	剂量	注射次数	试验组	对照组	
长醇	250 mg/kg	2	50.2	48.2	4.2
长醇磷酸酯	250 mg/kg	1	23.1	21.4	7.9

长短枝发生和转换

这方面虽有较多的报道,但对有效的控制方法尚无成熟的经验。一般认为银杏的雄花或雌花均出自短枝叶腋,银杏的花与叶相互独立,花并不出自叶腋,仅与叶呈螺旋状排列。

长方形配置

一种行状配置的方式。行距大于株距,相邻株连成长方形。有利于行内提前郁闭、行间进行抚育和间作,特别是适于机械化抚育;但这种配置法树冠发育的空间不如正方形配置均匀。配置时,丘陵山区,行的方向应与等高线相一致。风沙地区,行的方向应与害风方向垂直。

长放

保留原枝条不动称作长放。对枝条不剪,长枝的顶端芽也发育成短枝,能缓和其长势,促进营养积累,提早结种,特别适于幼旺树。

长花期雄株

开花初期到末期的时间 10 d 以上,传粉始期到盛期 4～6 d,花粉量大,传粉距离 1 km 以上者。

长江下游地区银杏地理生态型

分布范围北纬 29°～33°,东经 115°～120°;包括苏南、浙西、皖南、赣北的天目山、黄山、庐山山地及苏南太湖地区,气候为北亚热带的北区。年平均气温 15～17 ℃,1 月份平均气温 2.5～5.5 ℃,7 月份平均气温 27～28 ℃,年降水量 1 100～1 802 mm,全年月降水量均大于 40 mm,雨量充沛,湿度大。土壤为黄壤、黄棕壤。植被为常绿阔叶林。垂直分布在海拔 300～900 m 的中低山地。西天目山有野生银杏。千年生大树不少。栽培品种甚多,如"佛手""洞庭皇""梅核""马铃""大佛手""大梅核""鸭尾""佛指""大马铃"等。这些品种具有早实、丰产、质优等特点。这一地区为我国银杏分布的中心区,产量约占全国总产量的40%。

长江中下游自然分布区

该区位于淮河—伏牛山以南,福州—梧州一线以北,鄂西山地—雪峰山一线以东,包括豫南、苏南、湖北、湖南、安徽大部、上海、浙江、江西及闽北。全区属北亚热带和中亚热带,气候温暖湿润,≥10 ℃活动积温4 500~6 500 ℃,无霜期210~300 d。全区地形1/4为平原,3/4为丘陵山地。此区为我国银杏天然分布区,为我国银杏的最适分布区之一。许多银杏生产的重点县(市)都在该区,如江苏泰兴,浙江长兴、富阳、诸暨,安徽太平、宣城,河南新县、西峡,甘肃康县,湖北孝感、随州、安陆、应城等。应该利用本区银杏生产的良好条件,进一步挖掘生产潜力,因地制宜地建立高标准的银杏生产基地。

长块贴芽接法

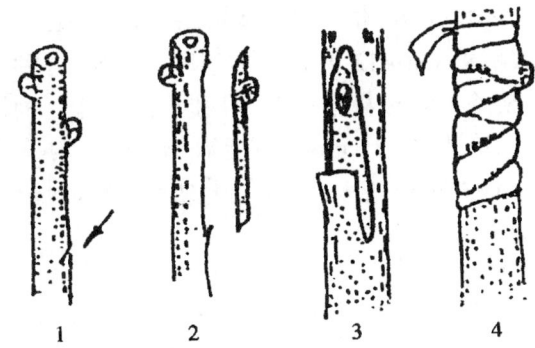

长块贴芽接法

1. 削芽第一刀　2. 削芽第二刀　3. 切砧木及插入芽片
4. 包扎

长濑(秋江)

是日本岐阜县普遍栽植的优良品种。原株栽植在岐阜县海津郡觉琳寺院内,树龄约300年,喜深厚肥沃的土壤,属中粒型晚熟品种。树势强旺,树冠开张。1~2年生的枝条表皮呈纤维化,易剥离。出核率21%,平均单核重3.0 g,每千克330粒。果核纵径23.7 mm,横径20.7 mm,厚度16.7 mm,核壳厚度0.5 mm。是日本国核壳最薄的银杏品种,易破壁,因此上市时应特别注意。硬核期8月中旬,成熟期10月中旬。

长糯白果

产于贵州盘县特区。当地多用大枝扦插繁殖。干性强,树冠一般呈塔形或圆头形,树皮灰褐色,有纵裂。短枝的叶多为三角形,亦有扇形,长枝下部的叶较大,为扇形或三角形,长枝上部叶为中部深裂的三角形。叶色深绿,宽3~7.7 cm,多为4~7 cm。叶柄长3~7.7 cm,多数7 cm。果实长卵形,纵径3.6 cm,横径2.6 cm,果柄长4.9 cm,单果重13.0~16.9 g,每千克61~77粒,出核率较低,为18.2%。果顶略钝,基部平阔,稍歪向一边。珠托中大,不规则,向一边倾斜,表面隆起,边缘不整齐。果面黄橙色,有果粉。种核长卵形,先端宽圆,顶尖凹陷,两维管束迹迹点小而明显,两束迹相距较宽的可达0.41 cm,但亦见二迹点合为一体者。种实下半部粗糙并有窄棱边,上半部略宽于下半部。种核较大,壳白色,平均单粒重2.73 g,每千克422粒,大小为2.24 cm×1.42 cm×1.2 cm。本品种种核粒大饱满,糯性强,品质优。对肥水条件要求较高。

长期假植

亦称越冬假植。为苗木越冬的一种方法。具体做法是选择地势高燥、背风、阴凉处,与主风方向相垂直挖沟,迎风侧沟壁倾斜成45°,将苗木单株排列于斜壁上,苗木舒展,地径略低于地面。再用湿土将苗根及部分苗茎埋住、踩实,以防透风。寒冷干旱风大地区可用秸秆或草帘将苗稍盖上。落叶树种可将苗木全部埋在沟中。假植场要设道路,划分小区,分树种、定数量,并绘出假植平面图,以便调拨苗木及运输。假植期间应经常检查苗木,以防干梢、发霉,侧根较少的落叶树种,也可成束排列。

长期预测

在病虫发生以前半年左右即发生预报。对害虫来说,亦可是预测相隔两个世代以上或跨年度的消长动态。

长寿奥秘

银杏,是中华民族古老文明的象征,在学术界一向称为"活化石",它已成为世界上的孑遗植物。湖南省洞口县,有3 500年生的古银杏。那么银杏为什么能长寿呢?从银杏的生物学特性来分析,主要有以下几点。

(1)银杏根系发达,是典型的深根性树种。只有根深,才能叶茂;只有根深,才能抵抗各种不良的外界环境条件,才能从干旱瘠薄的土壤深层吸收供生长需要的养分和水分。山东省郯城县官竹寺一株1 300余年生的古银杏,枝繁叶茂,生机盎然,露出地面的侧根长达18 m远,土壤深层根系延伸至五六十米以外的坡角。山东莒县浮来山定林寺,1 600年生的古银杏,年年萌发新枝,结果累累,根系延伸至100多米以外的河床。

(2)银杏萌芽(蘖)力极强。据观察,银杏枝干上隐芽的寿命较长。在银杏生长的漫长时期,一旦遭受各种自然的和人为的破坏之后,隐芽就会大量萌发。因此,各地常有雷击、火烧之后古银杏又萌发出新枝,亭亭玉立。同时,银杏的萌蘖力也极强。河南省桐柏县有一株1 300余年生的古银杏,在其周围又萌蘖出高矮、粗细各不相同的60多株小银杏,形成最大的银杏家族。另外,山东胶县、湖南宣恩分别都有"八子抱母"和"九子抱母"的古银杏。

(3)银杏是典型的慢生树种。换句话说,银杏形成层的细胞生长和分裂较慢。这样,树体在一定时间内需要的养分相应地比较少。另外,银杏属于始种迟的树种,实生苗需20年以上的时间才能结种,在这漫长的时间里,树体内积累了大量的养分供银杏生长。又由于银杏是裸子植物,按一般的规律说,裸子植物生长中需要的养分通常较少。这就给银杏在土地上生长几百年甚至上千年创造了条件。

(4)银杏属抗逆性强、喜湿的抗旱树种。银杏在我国分布于20余个省区,因为它能耐短期-35℃的低温和140℃的高温。银杏的病虫害屈指可数,而这些病虫害又不会对银杏造成毁灭性的灾害,因为银杏叶片内含有α-乙烯醛和多种有机酸,这些有机物质具有较强的抑菌杀虫作用,即使一些致病微生物侵入银杏的机体内,也不能使其致病。银杏叶片受到机械损伤后,叶片细胞壁很快增厚,使致病微生物很难侵入。

(5)银杏古树全部是用种子繁殖的,用种子繁殖的实生苗通常根系发达,适应性广,可塑性大,这也是银杏长寿的前提。

以上诸点只是银杏长寿的内在条件,如果不能满足银杏生长的生态条件,它还是不能长寿的。从银杏古树生长的环境来看,条件都比较好,这些古树大多生长在庵观、寺庙、宅院、农田和一些风景游览区,这些地带土壤一般比较深厚、肥沃,土质疏松,排水良好,小气候适宜。因此,加强银杏古树的养护管理是防止其衰弱死亡的重要措施。不过,在银杏的系统发育过程中,是怎样形成长寿遗传性的,以及从分子生物学的角度如何揭示其长寿的奥秘,是今后应深入探讨的重要课题。

长寿文化学

银杏长寿是自然界的一个奇迹,从恐龙的全盛时代生息、繁衍,延续了1亿多年,具有超群的生存能力,自然树龄均在数千年。解开银杏长寿之谜,研究银杏长寿文化,对促进人民群众的身心健康,延年益寿,无疑具有十分重要的意义。

长效肥料

亦称缓效肥料。能较长时间保持肥效的一种新型化肥。其中主要是长效氮肥。一次施用,肥效可持续数月至一年。用于林木及牧草施肥,效果良好。种类多,主要有合成有机氮肥(脲甲醛、脲乙醛、聚异丁醛)、包膜肥料等。

长兴CY4

属梅核类,当地称之为大圆头。位于小浦镇方一村。树龄50余年,树高14 m,胸径48 cm,枝下高3.7 m,冠幅10.2 m×10.8 m,结实层厚度9 m。种实圆球形,纵径3 cm,横径2.9 cm,平均每千克78粒;种核圆形,略扁,纵径2.7 cm,横径2 cm,核型指数1.35,应为梅核向马铃的过渡型。平均单粒重3.43 g,最大单粒重4.52 g,每千克292粒。是长兴县连续两年定株观察评比,决选出种核最大的银杏优株。

长兴CY5

属佛手类。当地称之为大佛手。位于小浦镇方一村。树龄约160年,树高13 m,胸径55 cm,枝下高4 m,冠幅8.8 m×12.1 m,结实层厚度8.5 m。种实卵圆形,纵径3.8 cm 横径2.9 cm,每千克78个。种核纵径3.1 cm,横径2 cm,核型指数1.55,平均单粒重3.17 g,最大单粒重4.21 g,每千克316粒,为白果中的一级品。

长兴CY8

属大佛手。位于煤山镇大安村。树龄70年左右。树高13 m,胸径86 cm,枝下高2.3 m,冠幅10 m×11 m,结实层厚度10.3 m。种实顶端微凹,熟时橙黄色,被白粉,纵径4 cm,横径2.8 cm,每千克82个。种核垂纺锤形,略扁,纵径3.2 cm,横径1.8 cm,核型指数1.77,实为佛手向长子过渡型,平均单核重3.99 g,最大单核重4.18 g。每千克334粒。是10个决选优株中最大单核重超过4 g的5个单株之一。

长兴CY10

属大佛手。位于二界岭之峰村。树龄25年,树高7 m,胸径21 cm,枝下高2.5 m,冠幅3 m×4 m,结实层厚度4 m;种实纵径4.1 cm,横径3.1 cm,每千克80个;种核纵径3.2 cm,横径1.8 cm,核型指数1.77,实为佛手向长子的过渡型。平均单粒重3.01 g,最大单粒重4.21 g,是10个决选优株中最大单粒重超过4 g的5个单株的第2名。

长兴百年以上古银杏分布

长兴百年以上古银杏分布

乡(镇)	总株数	1 000 年以上	300～1 000 年	100～300 年	胸径 1～2 m
合计	2 607	5	420	2 182	53
小浦镇	2 358	1	391	1 966	6
太傅乡	87	—	1	86	—
长桥乡	8	—	—	8	—
煤山镇	61	2	9	50	22
槐坎乡	44	—	1	43	3
白岘乡	20	—	13	7	12
水口乡	5	2	1	2	5
二界岭乡	4	—	—	4	1
洪桥镇	4	—	—	4	—
虹星桥镇	3	—	—	3	—
和平镇	2	—	1	1	1
新塘乡	2	—	—	2	—
长潮乡	1	—	—	1	1
吕山乡	1	—	—	1	2
雉城镇	4	—	—	4	—
长兴中学	3	—	3	—	—

长兴多胚大佛手

主产浙江长兴。丰产性、稳产性均优于其他大佛手。种核平均单粒重 3.5 g 以上，最大单粒重 4.1 g，是浙江全省佛手类中选出的最优单株，极有推广应用价值。

长兴银杏产业发展存在的主要问题

①产业技术水平较低，效益不高。银杏基地灌、排水等现代设施配套较落后，标准化生产水平较低，用材林基地建设较滞后。现有加工企业新产品开发深度不够，中低水平重复生产现象严重，粗加工产品多，附加值较低，竞争能力不强。②组织化程度较低，企业带动能力不强。银杏基地生产的组织化程度偏弱，利益共享、风险共担的经济共同体不够健全，难以形成合力主动应对激烈的市场竞争。加工企业生产规模偏小，加工模式大部分为家庭作坊。③品牌意识较薄弱，宣传力度不够。被誉为"原质原味野生状态"的"银梅牌"银杏尽管多次荣获国家级无公害食品、绿色食品、浙江省名牌产品和浙江省农业博览会金奖等，但是在上海、江苏和浙江等地市场的知名度仍然较低。

长兴银杏发展的措施

①政府在银杏发展战略中要发挥主导作用，支持和鼓励地方、企业对银杏的开发，要制订规划，落实政策。②加大科技投入，不断提高科技水平，依靠科技推进银杏产业。③瞄准市场，抓住机遇，适时开发新产品，抢占制高点。

长兴银杏历史与分布

长兴银杏，栽培史可追溯到公元 557—559 年，南朝武帝陈霸先在故宅广惠寺（现长兴下箬寺）手植银杏一株，距今已有 1 400 多年。由于长兴地处太湖之滨，雨量丰沛，土壤肥沃，砂质通气，适宜银杏生长。目前尚有 300 年以上的古银杏 420 株，1 000 年以上的古银杏 5 株，其中八都芥许家村一株树龄已达 1 200 年，尚能开花结籽，煤山西川村与和平石泉村的 2 株雄株的胸径超过 2 m。在分布范围上，处于东经 119°33'—120°06'，北纬 30°43'—31°11'的县域内共 20 个乡镇均有分布，涉及 93 个行政村。其中以小浦镇、煤山镇、槐坎乡、太傅乡、白岘乡分布最多，尤其是小浦镇 10 个行政村，全长 12.5 km，占地 374.5 hm^2，分布结果大银杏树 4 990 株，面积之大，株数之多，属全国罕见。

长兴银杏优株

长兴银杏优株

编号	产地	品种	树龄(年)	冠形	胸径(cm)	树高(m)	枝下高(m)	冠幅东西×南北(m)	结实层厚度(m)	每米短枝个数	种实纵径(cm)	种实横径(cm)	种实千克粒数	种核纵径(cm)	种核横径(cm)	种核千克粒数	平均单核重(g)	最大单核重(g)	单株年产量 平均(kg)	1999年	1997年	1996年
CY1	小浦南周村	大佛手	15	开心	21	5	1.3	5.3×6.2	13.6	48	4.1	3.1	79	3.2	1.8	344	2.91	4.06	26.7	40	20	20
CY2	小浦南周村	大佛手	10	疏散	58	9	2.0	11.9×8.3	6.5	110	4	3.1	82	2.9	1.9	350	2.86	3.40	136.7	150	130	130
CY3	小浦南周村	梅核	150	疏散	74	14	1.3	10.0×12.8	11.5	85	3	2.9	81	2.8	1.8	338	2.96	3.51	150.0	160	110	180

续表

编号	产地	品种	树龄(年)	冠形	胸径(cm)	树高(m)	枝下高(m)	冠幅 东西×南北(m)	结实层厚度(m)	每米短枝个数	种实		千克粒数	种核		千克粒数	平均单核重(g)	最大单核重(g)	单株年产量(kg)			
											纵径(cm)	横径(cm)		纵径(cm)	横径(cm)				平均	1999年	1997年	1996年
CY4	小浦方一村	大圆头	52	疏层	48	13	3.7	10.2×10.8	9.0	78	3	2.9	78	2.7	2.0	292	3.43	4.52	90.0	80.0	100	90
CY5	小浦方一村	大佛手	160	疏层	55	13	4.0	8.8×12.1	8.5	46	3.8	2.9	78	3.1	2.0	316	3.17	4.21	173.3	150	270	100
CY6	煤山新升村	大佛手	50	疏层	62	16	5.0	8.5×8.0	9.8	42	3.5	2.8	85	2.8	1.8	352	2.84	3.62	93.3	110	90	80
CY7	煤山新升村	大佛手	30	疏散	46	12	2.0	8.0×8.0	9.5	42	3.8	2.6	86	2.7	1.7	360	2.80	3.43	53.3	68	42	50
CY8	煤山大安村	大佛手	70	疏散	86	13	2.3	10.0×11.0	10.3	48	4.0	2.8	82	3.2	1.8	334	2.99	4.18	110.0	110	120	100
CY9	长桥张家桥村	大圆头	50	疏层	38	12	6.0	10.0×10.0	5	45	2.9	2.6	—	—	1.9	353	2.84	3.53	89.3	103	95	70
CY10	二界岭云峰村	大佛手	25	疏散	21	7	2.5	3.0×4.0	4.0	40	4.1	3.1	80	3.2	1.8	333	3.01	4.21	100.0	120	100	80

长叶楔拜拉

生长地域：青海、河北、陕西、江西

地质年代：早中侏罗纪。

长枝

指从主干上生长出来的骨干枝、各级骨干枝上长出来的下挂母枝，下挂母枝上长出来的下挂枝。隐芽受刺激后萌发的枝条，多数是直立的，长枝的生长量大，一年的生长量可达50～100 cm，但是一般来讲，一年只生长一次，无春秋梢之分。每个叶腋都有芽，形成明显的节间。长枝的顶芽和粗壮的侧芽萌发后可继续延伸和抽生下挂枝，基部的芽不萌发，呈休眠状态。长枝中部的芽萌发后成为下挂枝和短枝。随着树龄的增大，树冠中某些长枝营养不足，延伸量逐年减小，最后连顶芽也只能形成短枝而停止生长。1年生枝黄褐色，光滑；2年生枝灰褐色，有纵裂细条纹。长枝髓小，皮层薄，木质部厚。

长枝不同叶位叶黄酮含量

长枝不同叶位叶黄酮含量

日期	不同叶位叶黄酮含量							
	G	M	T	G(%)	M(%)	T(%)	M"(%)	T"(%)
06.13	0.864 5	0.712 5	0.502 5	100.00	100.00	100.00	82.42	58.13
07.04	1.214 9	0.934 2	0.870 5	140.53	140.53	173.23	76.90	71.65
07.18	1.139 8	0.806 1	0.598 7	131.84	131.14	119.14	70.72	52.53
07.27	1.142 5	1.102 2	0.780 2	132.16	154.69	155.26	96.47	68.29
08.13	0.916 3	1.077 3	0.771 6	105.99	151.20	153.55	117.57	84.21
08.30	0.904 5	1.127 0	0.925 1	104.63	158.18	184.10	124.60	102.28
09.11	1.430 2	1.246 5	0.836 6	165.44	174.95	166.49	87.16	58.50
09.29	1.323 0	1.408 0	1.309 1	153.04	197.61	260.52	106.42	98.95
10.17	1.999 6	1.758 3	1.016 3	231.30	246.78	202.25	87.93	50.83
11.01	1.950 8	2.126 7	1.484 5	225.66	298.48	295.42	109.02	76.10
11.14	1.876 5	2.087 5	1.546 8	217.06	292.98	307.82	111.24	82.43
11.29	1.800 3	1.989 8	1.342 1	208.25	279.27	267.08	110.53	74.55

长枝的叶形分类

长枝的叶形分类

种类	特征	比例(%)
扇形叶	叶基线夹角 0<α<180°,呈扇形	42.4
半圆形	叶基线夹角 α=180°(±),呈半圆形	25.3
菱形	叶基线夹角 α<180°,呈菱形	12.7
心形	叶基线夹角 α>180°,呈心形	11.4
三角形	叶基线夹角 α=180°(±),呈三角形	8.2

长枝分布特点

银杏枝条组成简单,仅有长枝和短枝之分,其中长枝是构成树冠的基础。研究表明,银杏长枝在树冠上的分布具有明显的规律性。在垂直于主干方向上,长枝主要集中在树冠中部和中下部距地面100~240cm处,层内长枝数占植株长枝总数的57.3%,单层数量最多的为180~200 cm层,占长枝总数的14%,在平行于主干方向上,距主干80~160 cm处是长枝集中分布区,其长枝数占植株长枝总数的58.4%,其中80~100 cm处是单层长枝分布最集中的区域,层内长枝数量占植株长枝总数的22.2%,其次是120~160 cm,占36.2%,然后是40~80 cm,占长枝总量的26.8%。由此可以看出,无论在垂直方向还是在水平方向,除中部各有一层长枝数量较多外,其他各层数量相似。这种情况一方面反映了树冠中的长枝从内到外、从上到下分布比较均匀;另一方面也表明,在现有密度和管理条件下,树冠的生长发育状况良好,并没有发生明显的树冠外移。

长枝和短枝上的叶与黄酮含量

长枝和短枝上的叶与黄酮含量

树龄(年)	雌雄性	黄酮(%)			$\overline{X}$	cv,%
		长枝	短枝	长比短增加(%)		
1 000	♀	1.23	1.15	6.5	1.19	4.8
400	♂	1.20	1.14	5.0	1.17	3.6
100	♂	1.18	0.98	16.9	1.08	13.1
25	—	2.04	1.75	14.2	1.90	10.8
10	—	2.09	1.09	47.8	1.59	44.5
3	♀	2.90	1.59	45.17	2.24	41.26

长枝和短枝叶叶形(A)及优选系号叶形比较(B)

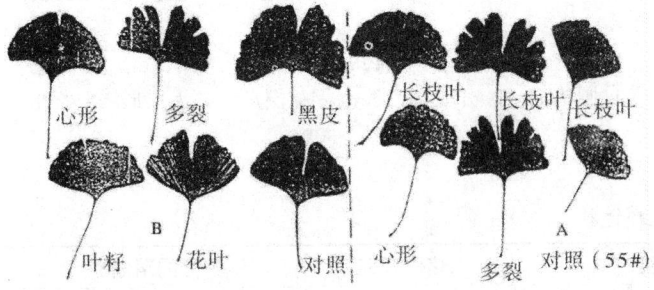

长枝和短枝叶叶形(A)及优选系号叶形比较(B)

长枝上标准叶叶形

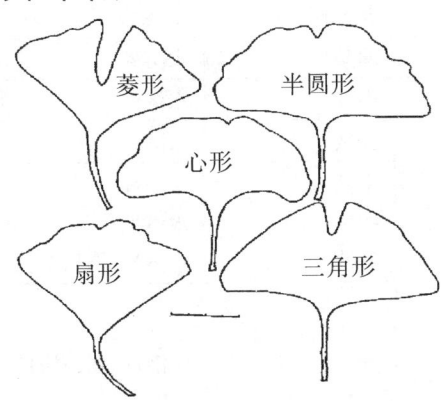

长枝上标准叶叶形

长枝上的叶子构成及特征

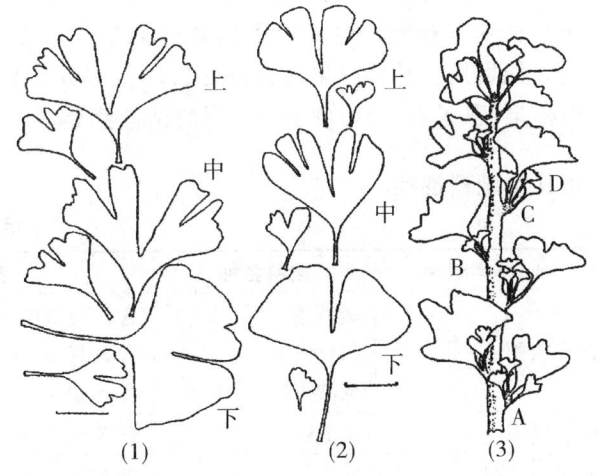

长枝上的叶子构成及特征

(1)马铃3#1年生枝条上、中、下部大小及小叶 (2)2年实生苗枝条上、中、下部大叶和小叶 (3)当年生长枝
A.长枝 B.长枝上单叶(大叶) C.侧生短叶 D.当年短枝上的叶(小叶)

长子类

种核纺锤状、卵圆形,一般无腹背之分。上端圆钝,下端长楔形。基部束迹迹点相距较近,几相靠合。

两侧棱线上部明显,下部仅见痕迹。种核长宽比例约2∶1,纵横轴线之交点位于种核之中心位置。

长子品种群优良无性系

长子品种群优良无性系

编号	名称	核形系数	产地
1	长兴1号	1.76	浙江长形
2	泰兴4号	1.77	扬州大学
3	长兴3号	1.78	浙江长形
4	长兴4号	1.78	浙江长形
5	安陆A11	1.79	湖北安陆
6	新村231号	1.82	山东郯城新村
7	胜利102号	1.83	山东郯城胜利
8	灵川F9	1.85	广西灵川
9	长兴F13	1.85	浙江长形
10	新村402号	1.86	山东郯城新村
11	新村222号	1.86	山东郯城新村
12	安吉F4	1.86	浙江安吉
13	东山F15	1.91	江苏东山
14	重坊176号	2.00	山东郯城重坊
15	新村203号	2.21	山东郯城新村

长子银杏类

种子长形似橄榄或长枣,顶端秃尖而无突起孔迹,并略凹陷。珠托正托,但珠托为不正圆形。种核似橄榄核形,两端均秃尖。种核长宽比为2∶1,长与宽两线均于中点处正交,两侧有明显棱脊,但不成羽状,背腹厚度基本相同。这类银杏的各种类型大小变化很大。如贵州盘县长白果、长糯白果,广西兴安、灵川的橄榄果、枣子果、金果佛手和苏州的钻鞋针等。

常用化学肥料性状

常用化学肥料性状

肥料类型	肥料名称	养分浓度	化学反应	养分的溶解性
铵态氮肥	硫酸铵	含N量20%~21%	弱酸性	水溶性
	氯化铵	含N量24%~25%	弱酸性	水溶性
	碳酸氢铵	含N量17%	弱碱性	水溶性
硝态氮肥	硝酸铵	含N量34%~35%	弱酸性	水溶性
尿素态氮肥	尿素	含N量42%~46%	中性	水溶性
水溶性磷肥	过磷酸钙	含P_2O_5量16%~18%	酸性	水溶性
钾肥	硫酸钾	含K_2O量48%~52%	中性	水溶性
	氯化钾	含K_2O量50%~60%	中性	水溶性
	窑灰钾肥	含K_2O量8%~25%	碱性	水溶性、弱酸溶性
氮、磷、钾复(混)合肥	氮磷钾复合肥	含N量13%左右 含P_2O_5量10%左右 含K_2O量9%左右 总含量25%以上	—	水溶性、弱酸溶性

常见绿肥作物及其特点

常见绿肥作物及其特点

绿肥种类	简要特性
紫穗槐	多年生豆科落叶灌木,适应性强,可生长于砂土至黏土,适应pH值5.0~9.0,耐湿、耐旱、耐瘠薄中等。鲜茎叶中含氮素丰富
草木樨	一、二年生豆科绿肥作物,适应性强,耐瘠薄,抗旱,耐寒,较耐盐碱,可生长在砂壤土至黏土,适应pH值5.0~8.5
田菁	一年生豆科绿肥作物,适应性较强,可生长在砂壤土至黏土,适应pH值5.5~9.0,耐盐碱,耐湿性强
毛叶苕子	一、二年生豆科绿肥作物,土壤适应性广,从砂土至黏土,适应pH值5.0~8.5,较耐瘠薄,耐寒性较强,耐涝性较差
紫云英	一、二年生豆科绿肥作物,喜肥沃疏松土壤,根瘤菌转化性强,播前接菌并拌磷肥

常量元素

银杏树体需要量较多的元素,有来自水分和空气中的碳、氢、氧和来自土壤或施肥补充的氮、磷、钾、钙、镁、硫等元素。这些元素统称为常量元素。

常用丰产树形

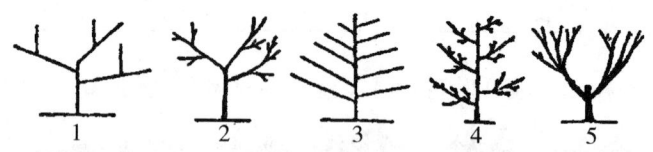

常用丰产树形

1.圆头形　2.开心形　3.高干疏层形　4.无层形　5.杯形

常用土壤消毒药剂与施用方法

常用土壤消毒药剂与施用方法

药品名称	施用期	每平方米施用量	施用方法
福尔马林(甲醛)	播种前 10~20 d	50 mL 加水 6~12 mL	40% 水溶液浇洒并用塑料薄膜覆盖,播前 7~10 d 揭膜
五氯硝基苯混合剂	与播种同时进行	4~6 g	加 1/4 其他药剂与细土混合,撒于播种沟底
苏化 911	与播种同时进行	2 g	30% 的粉剂与细土混合,撒于播种沟内
敌克松	与播种同时进行	同五氯硝基苯混合剂	同苏化 911
硫酸亚铁(黑矾)	播种前 5~10 d 进行	9 L	1%~3% 的水溶液浇洒或捣成粉末撒开

常用有机肥的营养含量

常用有机肥的营养含量 单位:%

种类	有机质	氮(N)	磷(P_2O_5)	钾(K_2O)
人类尿	5~10	0.5~0.8	0.2~0.4	0.2~0.3
土粪	—	0.12~0.58	0.12~0.68	0.12~0.53
猪圈肥	2.08~5.0	0.10~0.86	0.18~1.71	0.26~1.62
羊圈肥	31.8	0.83	0.23	0.67
马厩肥	25.4	0.58	0.28	0.53
牛栏肥	20.3	0.34	0.16	0.40
一般堆肥	15~25	0.4~0.5	0.18~0.26	0.45~0.70
河泥	5.28	0.29	0.36	1.82
炉灰垃圾	—	0.2	0.23	0.30~0.48
鸡粪	25.5	1.63	1.54	0.85
鸭粪	26.2	1.10	1.40	0.62
鹅粪	23.9	0.55	0.50	0.95
鸽粪	30.8	1.76	1.78	1.00
草木灰	—	—	0.6~3.0	5~10
大豆饼	—	7.00	1.32	2.13
菜豆饼	—	4.60	2.48	1.40
棉籽饼	—	3.41	1.63	0.97
花生饼	—	6.32	1.17	1.34

超低量喷雾

超低量或超低剂量喷雾是 20 世纪 60 年代初期才发展起来的一项先进的新技术,目前主要用于防治虫害,用一个特别高效的喷雾器将极少量的药液(每亩 80~300 mL)分散成直径为 50~100 μm 的细小雾点,使之均匀地密布在茎叶的表面上,有效地防治病虫害。超低量喷雾的特点是不需要水,用药量少,雾点细,操作方便,工效高,节省劳力,防治效果好,防治费用低等。但它的缺点是对农药剂型有一定要求,剧毒农药不能使用,技术要求比较严格,受风速、风向影响较大。超低量喷雾优点突出,是很有发展前途的一项新技术。

超临界 CO_2 萃取法

超临界(supercrilical fluid extraction,SFE)二氧化碳萃取工艺,是 20 世纪 70 年代初发展起来的一种新型物质分离精制技术。其工艺条件是,压力:32 MPa,温度:31 ℃,时间:30 min,流量 3 L/min,夹带剂:9% 乙醇。是在临界点以上的温度和压力条件下,利用不同成分的不同升华条件,分别进行提取。提取物纯度高,不残留任何溶剂。但是这种提取法,由于设备昂贵,溶剂和能源的消耗量大,以及 EGb 成分十分复杂、工艺烦琐等原因,目前国内外尚无将其用于银杏叶提取物工业化生产的厂家。

超临界 CO_2 萃取流程图

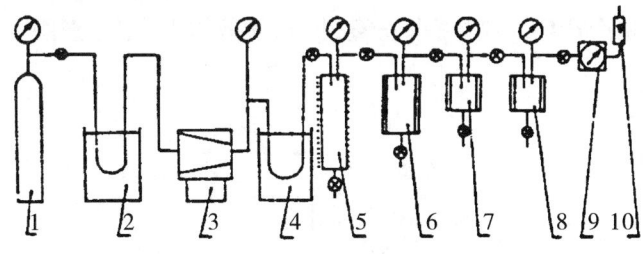

超临界 CO_2 萃取流程图

1.气瓶 2.冷柜 3.压缩机 4.加热槽 5.萃取罐 6、7、8.分离罐 9.质量流量计 10.转子流量计

超临界 CO_2 流体萃取白果油

采用超临界 CO_2 的方法萃取油脂,已有文献对其单因素影响条件进行了实验分析,指出影响萃取率的主要因素是温度、压力、流速和时间,单因素中温度范围一般在 40~50℃,压力在 20~30 MPa,流速在 15~25 L/h,时间在 2~4 h,CO_2 流体对油脂类化合物有较好的萃取效果。因此本研究在此基础上采用正交实验分析法确定其萃取最优条件并考察各因素对实验结果的影响,设计 4 因素 3 水平的正交试验,以泰兴"大佛指"品种为原料,得油率为考察指标,对正交试验结果进行极差分析。准确称量白果粉 100 g,放入超临界萃取罐中,萃取过程中每隔 30 min 取一次样,经过 6 次取样后,收集样品并用石油醚溶解,抽滤除去采样时夹带的原料粉末,真空浓缩回收石油醚即得白果油,称量并计算油含量,取样甲酯化后进行 GC-MS 分析,在得到的最佳萃取条件下,于仪器背部的夹带

剂罐中添加 10 mL 石油醚作为夹带剂,进行同比实验,考察夹带剂对实验结果的影响。

超临界 CO_2 流体萃取正交试验结果

超临界 CO_2 流体萃取正交试验结果

实验号	因素				得率(%)
	A 温度	B 压力	C 流速	D 时间	
1	40(1)	20(1)	15(1)	2(1)	4.50
2	40(1)	25(2)	20(2)	3(2)	4.76
3	40(1)	30(3)	25(3)	4(3)	3.65
4	45(2)	20(1)	20(2)	4(3)	3.67
5	45(2)	25(2)	25(3)	2(1)	3.06
6	45(2)	30(3)	15(1)	3(2)	4.60
7	50(3)	20(1)	25(3)	3(2)	4.26
8	50(3)	25(2)	15(1)	4(3)	4.30
9	50(3)	30(3)	20(2)	2(1)	1.94
k_1	4.30	4.14	4.47	3.17	—
k_2	3.78	4.04	3.46	4.54	—
k_3	3.50	3.40	3.66	3.87	—
R	0.80	0.74	1.01	1.37	—

超临界 CO_2 流体提取分离银杏叶提取物的装置示意图

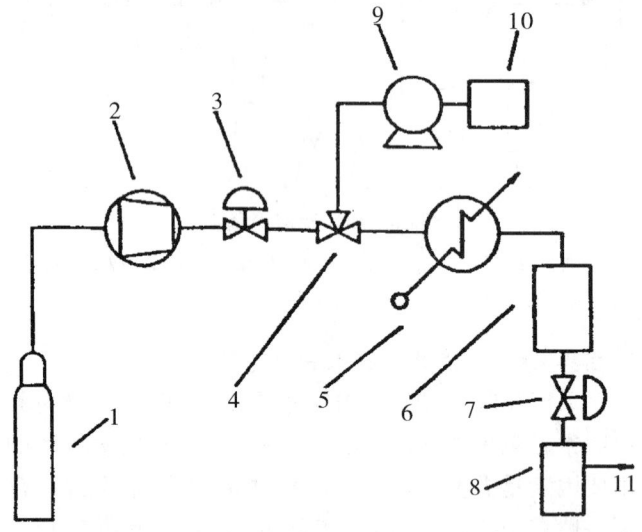

超临界 CO_2 流体提取分离银杏叶提取物的装置示意图
1. CO_2 高压气体贮罐　2. 压缩机　3. 调压阀　4. 三通阀　5. 热交换器　6. 提取槽　7. 减压阀　8. 分离槽　9. 高压注入泵　10. 夹带剂贮槽　11. 分离槽出口

超临界流体提取法

超临界 CO_2 提取是一种高新技术。由于 CO_2 无毒无臭无味,提取不使用化学溶剂,因此产品中没有溶剂残留。银杏叶可直接放入提取罐提取,操作简便,得率高,易实现自动化。在 35MPa,50℃ 条件下提取 3 h,超临界 CO_2 提取比化学溶剂提取的得率提高 10% ~45%。

超声波法提取白果油

选用"大佛指"品种,准确称量 5 g 白果粉放入锥形瓶中,加入石油醚 50 mL,超声波提取,每次 30 min,提取液抽滤除杂质,提取 3 次,合并提取液,真空浓缩,回收石油醚后即得白果油,称量并计算白果油含量,取样甲酯化后进行 GC—MS 分析。

超微食用银杏叶蛋白粉

超微食用银杏叶蛋白粉的制备方法:把银杏进行水洗、水浸,然后进行风干,风干至含水量 3% ~15%,经风干处理后的银杏叶用粉碎机粉碎至平均粒度小于 100 μm,之后用粉碎至平均粒度小于 100 μm 的银杏叶 35% ~65%、大豆蛋白粉 15% ~25%、支链淀粉 2% ~10%、麦芽糊精 3% ~8%、蜂蜜 5% ~20%、净水 5% ~30%,按质量百分比比例混合,搅拌均匀,取 20 mg。还可以根据需要,添加酸味剂、维生素等。饮用这种饮料后,使血流障碍引起的长年耳鸣患者的症状得到了缓解,使末梢血管血液灌注不足引起的手脚疼痛、麻木和冰凉感得到了缓解。

炒干

将复揉后的银杏茶叶投入到锅温在 80 ℃ 左右的锅中,进行炒干,方法与复炒相同,但用力须轻,且均匀。为保证干茶出锅条索紧实、卷曲,在炒干时要不断揉团、解块、抖散、翻炒,同时随着叶子水分蒸发逐渐降低锅温,最后稳定在 40 ℃ 左右。通过反复操作,直到茶叶有刺手感,条索一折就断,用手指能捻成碎末为止。

陈家银杏

位于山西省临汾市金殿镇桑湾村,树高 22.8 m,干高 4.6 m,胸径 1.45 m,立木材积 13.9 m^3。冠幅东西 22.1 m,南北 22 m,树冠投影面积为 381.67 m^2,树干以上共分 6 大枝,冠呈圆形。树为家族所有,故称"陈家银杏"。

陈鹏

男,1950 年 7 月出生,江苏泰州人,中共党员,研究生毕业,硕士,教授,博士生导师,全国优秀农业科技工作者,曾任扬州大学农学院党委副书记、副院长,现任扬州大学第一层次重点学科果树学科带头人、扬州大学经济林研究所所长、扬州大学园艺与植物保护学院银杏综合研究开发中心主任,《扬州大学学报(农业与生命科学版)》编委、扬州大学科技查新站咨询专家、扬州市园艺学会副理事长,连续两届兼任中国林学会银杏分会(中国银杏研究会)理事长(会长)、《中国银杏》编辑委员会主任、中国银杏研究会与地方共建银杏科技研究与示范园区专家组组长、《推荐银杏为国树》工作委员会主任,并担任国家自然科学资金通讯评审专家,为《园艺学报》优秀审稿专家。1980年以来,研究制定了我国第一部银杏国家标准《银杏种核质量等级》,并编著出版《园艺学各论·银杏》《银杏药理学研究与开发技术》《弘扬银杏文化,发展银杏产业》《银杏产业的提升和可持续发展》《银杏产业的机遇与挑战》《银杏标准化生产与集约化经营》《银杏产品开发与市场拓展》《银杏资源优化配置及高效利用》等教材和专著。

撑枝

用硬度大的支撑物,选择适当支撑点,将骨干枝或大型辅养枝支撑开,以增大开张角度的措施。撑枝既可用于1年生枝,也可用于角度不开张的多年生枝。撑枝在冬季及生长季均可进行。但在生长后期撑枝,角度不易固定,支撑物需要较长时间留在树上。生长前期撑枝,经过生长季其开张角度基本固定,到休眠期即可撤除支撑物。对于角度小的多年生大枝,撑枝时选择支撑点非常关键,为防止劈裂,可在需要开张角度的大枝背后近主干处连锯2~3锯,锯口深度为枝横断面的1/5~1/2。撑枝时支撑物易损坏银杏枝干皮层,诱发枝干病害,同时支撑物本身就是病原物的主要来源,因此近年来撑枝已逐渐被拉枝所取代。

成虫

昆虫发育的最后阶段。性成熟,进行交配,产卵,有些成虫须进行补充营养。

成龄树叶中银杏内酯含量的季节变化

成龄树叶中银杏内酯含量的季节变化

采叶日期	银杏内酯A(%)	银杏内酯B(%)	银杏内酯C(%)	总含量(%)
5月30日	0.0010	0.0009	0.0006	0.0025
6月15日	0.0026	0.0013	0.0010	0.0049
7月19日	0.0028	0.0014	0.0014	0.0056
8月30日	0.0049	0.0033	0.0024	0.0105
9月12日	0.0053	0.0036	0.0024	0.0114
9月30日	0.0036	0.0019	0.0014	0.0069
10月10日	0.0024	0.0013	0.0013	0.0050

成年发育期

从第1次开花结实起,到银杏开始大量结实为止为青年期。这一时期的主要特点是银杏开始具备性细胞和生殖器官的形成能力,并开始少量开花结实,但仍然是以营养生长为主,树冠和根幅迅速扩大。树冠表面积是银杏种实丰产的空间基础,发达的根系有利于银杏种实发育所需的大量养分的运输,因此,这一阶段充足的水肥供应非常重要。从银杏开始大量结实起,到结实开始衰退为止为壮年期,也称为盛实期。这一阶段的显著特点是银杏大量结实,种粒大而饱满,养分含量高,种核发芽率高,是采种的最佳时期。母树的冠幅和根系生长速度达到最大,因此,对光、水、肥等的需求量也达到最高。与许多其他树种相比,银杏的盛实期较长,通常条件下可以达到50年以上。如果立地条件好,管理措施得当,则可以维持更长的盛实期。

成年期

从开始结实起,到植株衰老为止,是植株的成年期。银杏的成年期很长,一般可延续150~200年,甚至更长。该时期的主要特点是,生长和结实都很旺盛。

成年树雌雄区别

部位	雌株	雄株
植株	较同龄雄株矮小,树冠多卵形或圆头形,形成树冠时间早	植株较大,树冠多塔形,形成树冠时间晚
枝	主枝和主干夹角大,向四周横向生长,有时下垂,分布较乱,稀疏,短枝长约12 cm	主枝和主干夹角小,挺直向上,分布均匀,层次清楚,较密生,短枝长约14 cm
叶	较小,裂刻浅而较少且不达叶中部,脱落早	稍肥大,裂刻较深并经过叶的中部,脱落晚
芽	花芽瘦,顶部稍尖,着生花梗顶端	花芽大,饱满,顶部较平
花	花多为2朵	花多朵,花蕊有短柄

成品苗的质量标准

成品苗的质量标准

项目	等级规格	一级	二级	备注
根系	侧根数量	30条以上	20条以上	①砧龄3年生以上 ②品种优良、纯正 ③苗木正直、光滑 ④皮色正常 ⑤砧桩剪除干净 ⑥无检疫病、虫
	侧根长度	20 cm以上,粗壮	15 cm以上,较粗壮	
	须根状况	发达	较多	
	根系伤害	无机械伤	无严重破伤	
植株	苗木状况	无伤害	无较大伤害	
	抽枝数量	2条以上	1条以上	
	抽枝长度	20 cm以上	10 cm以上	
	接口状况	完全愈合	基本愈合	
	地径粗度	1.5 cm以上	1 cm以上	

成熟

达到分化发育完全的程度。

成熟花粉形态

银杏类花粉化石或生活银杏花粉形态上基本一致,为对称的船形,中部较宽,两端极尖,萌发沟与花粉近等长,但也有少量的纺锤形、橄榄形、梭形、长椭圆形或椭圆形。这些结果的取得是建立在花粉已经适应性地失水,并且巨大萌发区已内陷的基础上,刚刚散出的银杏成熟花粉少数为船形,大部分为近圆球形。花粉形态上的差异可能是由失水的不同程度所致,当花粉在空中或 -20℃ 的贮藏条件下停留一段时间后即变为两侧对称的船形,船形花粉遇水或足够多的培养液时,在不到 1 min 的时间内即变为圆球形。银杏花粉外壁为具覆盖层外壁和薄壁萌发区域,基粒棒之间有空隙,与微孔相连,吸水后覆盖层部分的厚壁组织伸展,暴露萌发区,失水收缩时覆盖层覆盖萌发区,对薄壁萌发区有保护作用;同时还能看到一个肥大的生殖细胞,长 10.32~11.28 μm,为 2-细胞型花粉,银杏花粉萌发器具多环孔,属于内萌发器。银杏花粉表面纹饰比较一致,花粉粒外壁纹饰除萌发区外,其他部分都有比较均一的纹饰,这些纹饰主要是条纹。银杏花粉的厚壁组织部分的表面纹饰为瘤状纹饰,并且把这些瘤状纹饰分为光滑型、粗糙型和中间型 3 种。分别对 33 株银杏古树雄株的花粉进行描述,发现大多数花粉都只是仅有脊形突起和凹坑,但不同单株的纹饰特征有细微的差异,有些没有纹饰特征,有些仅有些脊形突起和凹坑,有些有点状纹饰有些有条纹形纹饰,有些是长条纹,有些条纹短,有些条纹分布有规律,有些则杂乱无章。有些清晰易辨,有些轻微模糊不易分别。银杏花粉的演化规律为:表面光滑、不具明显纹饰→表面粗糙、有穴状或脊状突起→兼有条纹状纹饰和点状纹饰、多有穴状或脊状突起→仅有条纹状纹饰、从不规则分布到 2~3 条近平行分布。银杏花粉形态既具有一致性,又具有多样性和复杂性。花粉形态多样性的特征说明银杏这个树种在不断地进行演化和发展,且进化程度不一。

成熟胚培养的细胞组织学

由银杏成熟胚诱导的淡绿色、疏松愈伤组织经过继代培养后在部分疏松愈伤组织上又形成致密愈伤组织,并在 MS + BA 2 mg/L + NAA 0.5 mg/L 的培养基上,从致密愈伤组织中诱导胚状体发生并达到心形胚阶段。细胞组织学的观察表明,胚状体起源于愈伤组织表面的胚性细胞。植物胚状体的发生是一种普遍的现象。对于银杏而言,近期已通过雌配子体的原生质体培养诱导了胚状体发生。从银杏成熟胚的愈伤组织中诱导胚状体发生并对其过程进行了细胞组织学观察,以期为银杏快速繁殖和细胞工程提供一些理论基础。

成熟叶片的 POD 电泳谱带分布

成熟叶片的 POD 电泳谱带分布

	迁移	0.18	0.23	0.28	0.33	0.38	0.40	0.44	0.47
品种	大佛手		+	+ +	+ +	+ + +	+ +	+ +	
	小佛手		+	+	+	+ +	+		
	泰兴 1 号		+	+	+	+ +	+		
	大圆子		+	+	+	+ +			
	海洋马铃		+	+	+	+ +			+
	大海核		+ +	+	+	+	+		
	南维银杏	+		+ +	+	+			
	顺德银杏	+		+ +	+ +	+ + +		+ +	

注:+ 为显色浅淡的酶带;+ + 为中等显色的酶带;+ + + 为显色深的酶带。

成土母质

陆地表面的岩石经过风化作用之后所生成的能够透水、通气的大小不同的碎屑,即疏松的风化物。由于成土作用没有很好地进行,生物学过程差,缺乏肥力。这些风化产物,经过重力、水和风的搬运重新堆积,成为形态和性质均有很大差异的不同成土母质,如冲积物、残积物、坡积物及风积物等。在成土母质上形成肥力性状各异的土壤。

成枝力

一年生银杏枝条,春天萌发的芽抽生长梢的能力,常以长梢总数表示或用萌发长枝占总萌芽数百分率表示。成枝力的强弱,主要依树龄、栽培技术、砧木等因素的影响。成枝力一般随银杏树龄的增长而逐渐减弱,随短截程度加重而增加,生长在土层深厚、肥沃,水分充足,通气良好的条件下,可以提高成枝力。成枝力强的品种,在整形中容易选留骨干枝,幼树生长快,成形早。对骨干枝以外的生长枝及时改造利用,容易获得早期丰产。

城市绿地系统

城市中各种类型的园林绿地经科学地安排所构成的体系。是城市规划中的重要组成部分之一。根据城市规划所确定的绿地,其类型、面积和分布等,都应与其他专业规划互相协调,密切联系,构成一个统一完整的系统,使之能更好地发挥其美化环境、保护环境、游戏娱乐等方面的作用。

城市绿化

在城市中有计划的种树、栽种花草,以改善和提高城市环境质量的工作,是城市建设的一个重要组成部分。它不仅能美化城市,而且能改善城市小气候,净化空气,保障城市居民健康,增加生产,提高城市人民工作、生活、学习的环境质量。城市绿化的程度高是现代化城市的重要标志之一。

城市绿化树种

银杏又名公孙树，系东亚的一种古老裸子植物，是城市绿化、美化环境的一种独特风景树种。银杏在中生代的侏罗纪至新生代的第三纪广泛分布，后来各地的都灭绝了。只有生长在我国的银杏被保存下来，所以银杏又被称为活化石。宋朝时由我国传入日本，然后由日本传入欧洲，再由欧洲传入美洲。目前在温带地区已大量栽培，特别是在很多国家的首都和有名的大城市及古老的寺院用作观赏树种。如日本岩手县长泉寺内生长着一棵胸径4.46 m的大银杏。我国人民历来不仅喜爱银杏，用银杏美化环境，作为古老寺院的象征；而且有食用银杏的习惯，所以银杏在我国被列为果树，其果实为干果类，俗称白果，有很高的营养价值和药理作用；其木材为黄白色，细密没有树脂细胞，是用作雕刻、棋子、棋盘和建筑的优良木材。银杏是雌雄异株植物，因其果实在成熟时具有一种特殊的刺鼻臭味，所以作为城市绿化树时，需要栽培雄树，而不需要雌树。但是银杏一般要长至25~30年树龄时，才能区别出雌雄，这样就要砍掉大约50%左右30年树龄的雌树，这无疑是很大的损失，给城市绿化带来了麻烦。正因为这个原因，银杏不能被广泛推广作为城市绿化树种，特别是在银杏的故土中国北京，被称为中国国树的银杏不能作为北京市树广泛栽培，这不能不说是件很遗憾的事。近年来，南开大学生物系的科研人员为了解决银杏性别的早期鉴别，做了大量研究工作，现已查明银杏有性染色体，通过性染色体的检查，可以在种子或幼苗期鉴定出银杏的性别，准确地将雌雄株分开，将雄株用于城市绿化，雌株发展果树。关于银杏的性染色体，早在40年前就有人进行研究，但由于当时方法所限，未能正确指出银杏性染色体的存在，将银杏的性染色体错误地订为xY型，即雌株为xx型，雄株为xY型。

城市热岛效应

城市气温高于周围农村的一种特殊气象现象。由于城市工业和生活废热的大量排放，城市建筑物、街道路面对太阳辐射的大量吸收反射，而城市上空大量烟雾、尘埃又阻止了热量向外散发，因而使城市气温升高，湿度减小，而且越近工商业和人口集中的市中心区气温越高，农村犹如低温海洋，而城市就好似是低温海洋上的"热岛"。热岛效应的强弱，随城市大小、人口多少、工业布局而不同，也与城市建筑物面积、街道分布、绿地、水面的多少及分布有关。

城市森林的格局

京津冀城周的绿色屏障与三北（华北、东北、西北）防护林体系，结合构成一个整体。河北省的燕山山脉、太行山脉的水源涵养林、水土保持林，起着减免旱涝灾害、改善水质、保障城市供水的作用。采取风口重点设防与普遍严密设防相结合的方针，防治沙漠化（荒漠化），结合农田防护林、护岸林、护路林、围城林带、四旁绿化，实行线、带、网结合，构成京津冀绿色屏障。城市本身园林建设，小区绿地、公共绿地、公园，星罗棋布，乔灌草藤结合，加上行道树、屋顶花园、阳台养花，多姿多彩，高低错落，疏密有致，美化并改善城市环境，使空气清新，防尘降噪，减少热岛效应。在完善市政设施基础上，使城市环境宜居化。宜居的环境也是投资环境的重要组成部分。

城市园林

自然式构建银杏树是园林中构建山林境界和绿荫空间的重要题材，是园林构建中最为宝贵、最难得的树种。明清江南私家园林就用银杏树为主景，自然式配置构建园林景点，在庭院草坪中常可看到高大挺拔的银杏树立在中央，与江南山石、亭、廊相互映衬，烘托江南私家庭院的古朴，那浓密的枝叶更加体现家族的兴旺。现代林园景点可也利用银杏树的自然粗犷、奇姿异态特征作为景区的主景，配以楼台亭榭、山石小品，巧妙构成空间层次，充分显示其高大挺拔特殊风貌，给人以向上的精神，它那光滑的树干不用修剪便可形成伞形树身，既像人工雕琢又似自然创造，与周围景观融合一体，达到天人合一的效果。

尺蠖（尺蛾、步行虫）

（1）种类。尺蛾种类很多，全世界有上万种，我国现有上千种。杂食性，为害农林作物。在银杏上发现有3种尺蛾，其形态特征正在进一步观察。害虫共同特点如下。①以蛹在地下植物茎叶、树干基部贴树皮或表土层做茧越冬。②以幼虫为害叶片为主。③有趋光性，大都有扑光习性。④大部分日伏叶丛，晚间活动，交配产卵。

（2）防治方法。①在采叶园内，虫害发生较重，可以在秋末中耕消灭越冬虫蛹。②利用微生物防治，以菌治虫，如苏云杆菌或青虫菌5 000万菌/mL喷洒。同时保护天敌。③加强检查，防止带虫植株扩散。④秋末早春人工防治，用人工挖蛹喂家禽、家畜，在树干基部培土培砂，绑塑料薄膜带，防止尺蛾上树，或在树干上涂久效磷杀虫剂。⑤利用趋光性，用黑光灯诱杀。⑥化学防治。用80%敌敌畏800~1 000倍液，50%杀螟松1 000倍液，50%辛硫磷2 000倍液或2.5%溴氰菊酯乳油3 000倍液防治。

赤霉素(CA)

赤霉素类化合物是由甲羟戊酸途径合成,并且也是以 GGPP 为前体物合成的。甲羟戊酸途径中的许多酶受其前体物质的反馈抑制,Frances 等人通过施加外源 GA1 和 GA3 分别对黄化豌豆苗和马铃薯突变体进行处理,发现 GA 合成途径中的 GA20-氧化酶和 3β-羟化酶 mRNA 的积累受产物 GA 反馈抑制。通过施加外源 GA3 来研究外源生长调节剂对紫杉醇合成的影响,发现施加外源的 GA,能反馈抑制内源 GA 的合成,造成胞内 GGPP 的积累,以此来增加紫杉醇的含量。因此,银杏萜内酯与 GA 同属二萜类化合物,具有相同的前体合成途径,通过施加外源的 GA 来抑制内源 GA 的合成,可能使 GGPP 积累朝银杏萜内酯的合成方向转化,以达到增加银杏萜内酯的含量的目的。

冲积平原

地势平坦、地面平整、土层深厚、土壤含有机质较多、灌溉水源比较充足、交通便利。在冲积平原地区建立商品性银杏园,生长结果好,产量较高,交通顺畅,销售方便,经济效益较高,是调整农村产业结构,发展三高农业的一项重要内容。但要注意:地下水位过高的地区,应该选择地势较高、排水良好、地下水位在 1 m 以下的地区建园。与冲积平原相近似而又有所区别的平地是洪积平原。洪积平原是由于山洪冲积形成的冲积区延伸而来,与冲积平原相比,面积较小,并含有大量石砾。距山越近,含石砾越多越大。并且在近山处常有山洪危害,不宜建立银杏园。可在距山较远、土壤较细、石砾较少的洪积地带建园。

虫害种类

银杏被认为是对各种病虫害抗最强的树种,随着种植面积的不断扩大、品种单一、管理的相对粗放及不适宜的环境条件,常导致某些昆虫为害。据不完全统计,从苗木到大树约有 30 种虫害,其中根部害虫(即苗圃害虫)有金针虫、蝼蛄、蛴螬(金龟子)、小地老虎、蟋蟀等;食叶害虫有尺蠖、大袋蛾、小袋蛾、黄刺蛾、舞毒蛾、樟蚕、银杏大蚕蛾、银杏茶黄蓟马等;为害新梢和枝条的有银杏超小卷叶蛾、棉铃虫、银杏草履蚧等;蛀干害虫有柳乌木蠹蛾、桑天牛、白蚁等;食果害虫有桃蛀螟、豆荚螟等。小树的害虫以食叶害虫危害性大;大树以蛀干、为害枝条、食叶害虫危害性大,结果雌树以银杏超小卷叶蛾的危害性最大。

虫口密度

单位面积或单株银杏树上某种昆虫的数量。飞翔中的昆虫,采用网捕法推算。也可用灯光、药物引诱进行统计。虫口密度与为害严重程度密切相关。

重叠枝

是指在一个垂直面上发生上下两个或上中下三个相距很近,而形成的密闭状态的枝。重叠枝处理常出现的问题和解决的办法,即各剪一刀,一个向上长,一个向下长,几年后重叠枝又可能变成交叉枝,即与上交叉,与下也交叉。所以处理重叠枝时要顺其自然,带头枝都应斜生向外,把一个特别有发展前途的保留下来,另一个疏除或回缩。如三个重叠枝,正常情况下疏其中间,保留上下两枝。当中间一枝在着生位置、生长方向、生长势上均超过其他两枝,从光照条件来讲,则应保留中枝,疏除下枝,回缩上枝。也可反过来行之,即疏除上枝,回缩下枝。

重庆金佛山银杏种群

以金佛山顶峰为核心的金佛山北部、东北部、东南部和西南部,保存着弧形的银杏天然种群分布区,是一个物候型、年龄级比较齐全的银杏种群,是古银杏天然种群的直接后裔。

重庆市的古银杏

境内百年生以上银杏树有 87 棵。重庆市南川区金佛山风景区金佛山北坡和西麓的原始森林中,发现了世界唯一幸存的大片罕见银杏野生植株。至今存在着一个弧形的银杏天然资源分布区,共有银杏天然资源 2 000 多株。这一发现填补了银杏未发现原产地的空白,经植物群落学调查统计表明,该群落应为古银杏天然森林群落的直接后裔。杨家沟银杏天然群落的发现,再次证明在我国南方的若干偏僻山区仍有原始银杏群落存在。这对进一步探讨我国银杏野生群的分布、演化具有重要的科学研究价值。酉阳县毛坝乡,在天仓村,有一株号称"银杏王"的古银杏,生长海拔 1 000 m 高的山坳中,经实际调查,树龄为 600 年生,树高 28 m,胸径 1.43 m,冠幅东西 28 m,南北径 24 m,硕大的树冠遮天蔽日,挺拔的树干和虬枝显示老树饱经岁月的沧桑。酉阳县泔溪乡在大板村,有一棵古银杏树,生长在海拔 550 m 山区坡地,树龄 500 年,树高 30 m,胸径为 2.86 m,当地村民自称为"银杏王"。酉阳县全县百年以上的古银杏共有 39 株,300 年生以上的有 7 棵,均生长良好。

崇化寺古银杏

一级古树,胸径 132 cm,树高 17 m,冠幅 12 m×17 m 和胸径 134 cm,树高 18 m,冠幅 18 m×15 m,2 株树龄均在 650 年左右。长势良好,崇化寺在九龙山北坡脚下,原是古刹。据明《宛署杂记》记载:"元至正中建,明清水禅寺。本朝宣德年间太监吴亮重修,正统二年敕赐今名,户部尚书杨溥记。"据《北京名胜古迹词典》记载:"遗址存碑6方,碑皆为云首云纹,须弥形碑座:《龙门山清水禅寺记》元至正四年(1344年);《敕赐崇化寺记》,明正统二年(1437年);《敕赐崇化禅寺藏殿记》,明成化八年(1472年);《救谕碑》,明成化十六年(1480年);《买地帖碑》,明成化十年(1474年)。"据此推算,2株古银杏树龄至少在650余年。现该庙遗址尚存,几方古碑还在,有的已破损,20世纪60年代,在2株古树前挖了个大蓄水池,深3 m,长10 m,宽4 m,至今尚存。

出苗期

银杏播种育苗幼苗出土的前后,是播种育苗在播种当年的生长期中的第一个阶段。自播种开始,到幼苗出土,出现初生叶,地下部分出现侧根时止。这一时期,播种地的土壤、水分、温度和覆土厚度及催芽程度是决定出苗多少和整齐的重要条件。

出圃苗

银杏苗木的质量指示已达到栽植要求的标准,能出圃用于栽植的苗木。银杏出圃苗的标准,也因地区条件而异,通常以苗龄、苗高和根际直径为主要依据。

出仁率

银杏种仁重占种核重的比率。

出仁率计算方法

在一批种核中,随机抽取若干初次样品组成混合样品后,随机抽取100粒种核,分别去壳取出种仁,用天平(精确度为0.000 2 g)称量种核总重和种仁总重,重复两次,取测定结果的平均值,按下式计算出仁率:

出仁率=100粒仁重/100粒核重×100%

初次侵染

植物在生长期中初次受到病原的侵染。

初次样品

从种子样品随机抽取的一小部分种子。又称小样。

初级采穗圃

建圃材料是未经定型测定的优树,它只提供建立初级无性系种条园、进行无性系鉴定和资源保存所需要的种条。

初结实树的培养

从第一次结实到大量结实时为止,树龄16~30年(实生树),或嫁接后5~10年(嫁接树)。骨干枝的生长势仍保持旺盛趋势,中、下部枝开始逐渐减小。根系仍迅速向外扩展,以吸收更多的水分和养分,树冠也逐年加大,直立枝条增多,特别是光照不足的情况下。此时期是培养树体、提高结实潜力的关键时期,除加强施用基肥外,还要按树体生长特征,施用配方肥,使林木吸收到足够的氮、磷、钾和有关的微量元素,以保证根系和树冠的继续扩展;注意培养骨干枝和短枝,使长枝的年生长量达到50 cm以上,营养长枝与结实长枝的数量之比为1:1。还要注意培养内膛结实枝,增加内膛透光量,防止内膛枝早衰,结实部位外移。不能过度追求结实数量,要控制人工授粉量。

初生生长

亦称伸长生长。指银杏树木茎尖和根尖由初生分生组织组成的生长锥所分生出来的细胞,经过延长和分化,使茎和根的长度增加,银杏树体通过每年的初生生长,根可向土壤深处发展,扩大吸收面积;茎则可伸长长高,增加枝叶,扩大树冠,占据较大的空间。

初选

单株选择法的第一步。

初种期

从第一次结种至开始大量结种为初种期。此期虽已经开始结种,但仍保持着较强的生长势,骨干架及根系仍在继续生长及发展中。有了大量的结种短枝,产量不断增加,新梢生长量由于结种量的增大而逐渐减少。针对上述情况,此期既要使产量逐步稳定增长,又要保持地上、地下有相当大的生长量,以便夺取近期的高产,并为后来的高产、稳产打下坚实的基础。在栽培上主要是保证良好的生长,如增施氮、磷、钾肥及其他微量元素,合理修剪,培养大量粗壮的结种基枝,达到立体结种,注意培养内膛结种枝,防止内膛小枝的早衰,以增强结种后劲。

除草剂

防治杂草和有害植物的药剂。按杀草性质分为灭生性除草剂和选择性除草剂。灭生性除草剂是对所有植物都有杀伤作用的除草剂,施用后杂草和作物全部杀灭,如草甘膦、百草枯等,可用于银杏园、银杏林中的除草。选择性除草剂,能杀死杂草不杀伤作物,或杀死某些杂草而对另一些杂草无效,或是对某些作物安全,对另一些作物有伤害,可在作物与杂草共存时使用。

除草醚

地面喷雾可防治单、双子叶杂草,例如马唐、稗、藜、苋、蓼及马齿苋等。每亩用量以有效成分150~250 g为宜。气温低于20 ℃时,药量加大;气温高于20 ℃时,药量略减。

除萌

嫁接后的砧木,由于生长受到抑制,因此容易在砧干上发生大量萌蘖,应视不同情况采取不同的疏除方法。如嫁接高度在砧木的1 m以下,当接芽抽生的新梢达 10 cm 以上时,可以疏除砧木上萌发的全部枝叶。如嫁接部位在砧木高度 1.5 m 以上,接芽新梢达到上述长度时,可疏除接口下 20~30 cm 范围内的枝叶。其下 10~20 cm 处的枝条可行摘心或将枝条扭曲。但主干上直接发生的叶片应全部保留。在接后 2~3 年内,再将萌条逐步疏除。在砧木根际发生的萌蘖可作为根蘖苗移出或疏除。

除萌和疏枝

银杏的萌芽力极强,即使千年老树也常在基部或主干、主枝上萌生枝条,形成过密枝、徒长枝、竞争枝。除冬季修剪时疏除外,还应作为夏季修剪的主要内容。抹芽、除萌蘖要在新梢萌发后,未木质化以前进行。愈早进行伤口愈小,消耗的养分愈少;反之,消耗养分愈多。对徒长枝、过密枝、重叠枝、交叉枝等,均可于生长季节、枝条尚未木质化以前及时剪除,不但控制了不必要的生长,减少养分消耗,同时改善了光照条件,增加了坐种率,促进种子发育,提高当年的产量和质量。但是,留作补空的徒长枝,不宜疏除。大枝回缩的锯口附近所萌发的枝条,也不必全部疏除,可留 1~2 个,以营养新的有效枝条。

除萌蘖

将不打算做育苗的萌蘖苗及时挖除,以减少养分无谓的消耗。

除萌芽

嫁接树除接芽外,需连续持芽 3~4 次。挖开土面用锋利的铁锄将树下的根蘖苗铲除,涂 5% 的食盐水风干后覆土,可抑制根蘖苗的再度发生。

处暑红

主产河南南部大别山区的新县,其他地区也有分布。树冠卵圆形,大枝斜上,分枝角度 45°~60°,小枝平展稍下垂。种子较大,长圆形或卵圆形,纵径 2.8 cm,横径 2.3 cm,平均单种重 10.1 g,果柄长 3.9 cm,外种皮成熟时橘红色,被白粉,疣点稀疏;种核卵圆形,边缘棱线明显成窄翅,先端具小突尖,长 2.29 cm,宽 1.98 cm,厚 1.4 cm,平均单核重 2.76 g,每千克种核 360 粒左右,出核率 27.3%;出仁率 76.5%。该品种丰产稳产性能好,大小年不明显,成熟较早,外种皮秋季橘红色,犹如累累奶橘悬挂,为河南省主要栽培品系之一。

触杀剂

是通过与害虫虫体接触后,渗入体内而使害虫死亡的药剂。目前这类药剂应用广泛。触杀剂可以通过害虫的头、胸、腹及任何一部分的表皮和触角、气门、足(特别是跗节)、口器和翅等附器进入虫体。害虫表皮构造和性质与杀虫剂侵入虫体内有密切关系。这些杀虫剂有马拉硫磷、松脂合剂、除虫菊等。

川丰

亦称川银-07 号,树龄 130 年,树高 23.0 m,胸径 77.0 cm,冠幅 12.6 m×17.5 m,树干通直,生长茂盛,分枝力强,树冠圆头形,年均产核量 150 kg 以上。球果圆形,熟时橙红色,被薄白粉,油胞明显。果柄长约 3.28 cm,较直立。蒂盘圆形或椭圆形,周缘整齐,较规则。种实大小为 2.71 cm×2.61 cm,单果重 12.02 g,每千克粒数 83 粒,出种率 25.7%。种核为圆子类,圆形,顶具突疣,先端圆钝,下部圆阔。基部两束迹迹点小,间距约 2.0 mm。两侧棱线从上至下均呈翼状边缘。种核大小为 2.30 cm×1.96 cm×1.48 cm,单核种核平均重 2.90 g,每千克 345 粒,出仁率 76.5%。该树已进入盛果期,丰产稳产性好,单位树冠投影面积产核量达 958 g/m²,唯种核大小不匀是其缺点。

川银-03 号

树龄 65 年,树高 21.0 m,胸径 41.0 cm,冠幅 6.5 m×10.2 m,主干通直,树冠圆锥形,株产白果 50 kg。球果卵圆形,熟时浅黄色,顶具小尖,外种皮梭状油胞明显,被极薄白粉。果柄长约 3.2 cm,斜向直立。蒂盘明显突出(约 2 mm),圆形或椭圆形。种实大小为 2.79 cm×2.55 cm,单果重 11.17 g,每千克 90 粒,出核率 23.5%。种核为马铃类,卵圆形,顶具突尖,中部最宽处似有不明显之环痕。基部两束迹迹点较小,间距约 2.2 mm。两侧棱线明显,偶呈翼状边缘。种核大小为 2.39 cm×1.68 cm×1.33 cm,单粒种核平均重 2.62 g,每千克 382 粒,出仁率 75.0%。该树结实性能优良,单位树冠投影面积产核量为 913 g/m²。种核大小均匀,外形美观,种仁味甜,性糯,口感佳,唯种核略小。

川银-21 号

树龄 50 年,树高 22.5 m,胸径 50.9 cm,冠幅 13.0 m,树形完整,树冠圆锥形,生长旺盛,株产白果 55 kg。球果宽卵形,熟时橙黄色,被薄白粉,先端圆钝,略具小尖。基部蒂盘近圆形,周缘较整齐,表面平或微凹。果柄中粗较直立,长约 4.11 cm。单果重 12.05 kg,每千克 83 粒,出核率达 28.0%。种核马铃类,宽卵形,顶具小尖,中部鼓起,较丰满,表面色白光洁,大小均匀。基部两束迹迹点明显,间距约 2.8 mm。两侧棱线中上部明显,均不呈翼状边缘。单核种核平均重 3.38 g,每千克 290 粒,出仁率 78.11%。该树生长旺盛,较早实,种核粒大饱满,色白光洁,外表美观,种核味甜、糯,品质上乘,具有很好的发展前途和推广价值。

川银-26 号

亦称川梅籽,树高 23.0 m,圆顶形,株产白果 125

kg，球果椭圆形，熟时呈黄色，单果重 13.65 g，每千克 73 粒，出核率 24.9%。种核为梅核类，宽卵形，先端圆阔，顶具小尖。基部两束迹迹点小，间距 3.0 mm。两侧棱线明显，中上部呈翼状边缘。种核大小为 2.50 cm×1.72 cm×1.46 cm，单粒种核平均重 2.72 g，每千克 368 粒，出仁率 77.2%。该树生长旺盛，丰产性好，单位冠影面积产核量达 942 g/m²。种核为梅核类中的大粒者，种仁味清香、微苦、糯性极好。

川银-28号

树龄 150 年，树高 20.0 m，胸径 110.0 cm，冠幅 12.0 m，生长旺盛，树形完整，树冠圆锥形，株产白果 100 kg。种核为马铃类，宽卵形，略扁，顶具小尖，下部宽平。基部两束迹迹点小，间距 1.8 mm。两侧棱线明显，略呈翼状边缘。种核大小为 2.52 cm×1.79 cm×1.39 cm，单粒种核平均重 2.70 g，每千克 370 粒，骨质中种皮薄，出仁率达 80.3%。该树已进入盛果期，丰产稳产性好，单位树冠投影面积产核量为 884 g/m²，核壳薄，出仁率高，种仁质地细腻，味甜，性糯，品质上乘。

川优

亦称川银-17号，种核马铃类，宽卵形，先端圆钝，顶尖不明显，核壳两面均具不规则针孔状凹点。基部两束迹迹点明显突出，间距 2.0~3.5 mm。两侧棱线明显，多不呈翼状。种核大小为 2.45 cm×1.68 cm×1.35 cm，单粒种核平均重 2.64 g，每千克 379 粒，出仁率 75.1%。种核色白，大小均匀，外形美观，种仁质地细腻，味香甜，糯性强，风味佳。

传病媒介

对侵染性病害的病原物起携带转移作用并创造侵入条件的生物。

传粉对过氧化物酶同工酶的影响

银杏雌花在"吐水"后 5 d 生长量达到高峰；在"吐水"时用花粉植物激素粗提液涂抹胚珠可使雌花在处理后 5 d 继续生长，但在第 10 d 亦达到峰值，花粉携带的植物激素不足以促进雌花的生长与坐果。应用聚丙烯酰胺凝胶电泳分析表明，雌花在授粉前后过氧化物酶同工酶谱带没有增减，但是授粉处理较不授粉处理能维持胚珠过氧化物酶较低活性和促进花柄过氧化物酶活性迅速提高。

传粉过程及传粉效率

传粉是银杏雄球花成熟的象征。此时雄球花呈黄绿色，随着中轴迅速伸长，囊壁破裂，黄色花粉裸露。此时，银杏胚珠在珠孔处会产生传粉滴，这一时期为授粉的最佳时期，由于胚珠直立，很容易捕捉到空气中飘浮的花粉粒，当花粉粒黏附在传粉滴上后，随着授粉滴的收缩作用而进入胚珠体内。有关银杏传粉过程的研究仅见以上报道，但在其他裸子植物传粉过程的研究中形成了一些观点，如有些研究认为，风媒植物种群进行有效的繁殖，传粉效率至关重要，花粉从花粉囊中释放到被雌球花接受，其中绝大部分因为环境的选择而损失在传粉过程中，因此这些植物为了能增加有效传粉，其植株的形态结构呈现出许多特性。如在苏铁的传粉机制研究中就发现，风传花粉直接落在珠孔处的可能性较小，大部分花粉沉积在大孢子叶的叶片上，着生胚珠的大孢子叶的叶片密布绒毛，对俘获花粉有很大作用，因为刚散出不久的花粉表面具有黏性，可以更牢固地黏附在绒毛上，附着在叶片上花粉沿有毛的不湿性的叶片中央带至叶片边缘，并从这里滴到着生于大孢子叶两侧的直立胚珠的珠孔上，从而起到传粉的作用。许多裸子植物的胚珠在授粉期会产生传粉滴，红豆杉的传粉滴通常在夜间产生，中午前消失，产生的传粉滴在珠孔端可保持 4~5 d，传粉不能引起传粉滴的明显收缩，传粉滴的收缩可能是一种简单的蒸发过程，而非代谢过程。侧柏和北美香柏在授粉期也会产生传粉滴，而且当花粉落到传粉滴上后，会引起传粉滴表面的形状发生改变或减弱胚珠的继续分泌，使得该传粉滴蒸腾加快，导致其比未授粉的传粉滴明显收缩。不同植物的花粉导致侧柏传粉滴的收缩速率不同，其中亲缘关系较近的植物花粉引起传粉滴收缩速率和侧柏自身花粉引起的收缩速率相似，反之则慢，侧柏传粉滴的收缩可能主要是由于花粉减弱胚珠分泌的结果。而华北落叶松在授粉期并不产生传粉滴，其最佳可授期在 2 d 左右，这样短的可授期是否影响花粉的接受，胚珠平均接受的花粉数 3~4 粒，中部未接受花粉的胚珠平均为 3%，表明当花粉量充足时，2 d 可授期内多数胚珠能接收到足够的花粉。胚珠对花粉粒的捕捉能力、珠孔处传粉滴产生、持续消失的机理及对花粉是否具有识别能力等方面的研究却未见报道。而对银杏有效传粉的进一步探讨将对研究银杏种实形成、减少无胚率、抑制落花落果具有重要意义。

传粉受精的原始性状

银杏作为最古老的裸子植物，其在传粉受精方面也表现出许多原始的特征。①银杏成熟花粉为 4 细胞花粉，且花粉在未失水情况下具有巨大的萌发区。②银杏胚珠中具有特殊的贮粉室结构。③银杏花粉管从萌发到产生精细胞共需近 120 d 的时间。④银杏花粉萌发后会产生大量的分支及吸器状结构。⑤成熟的银杏精子中有呈带状分布的 3~4 圈鞭毛结构。

船形花粉

　　花粉形状像船,具短的极轴,赤道轴长于极轴的花粉。

串白果

　　产于豫南大别山区及豫西伏牛山区。树冠塔形;侧枝分枝角度60°左右,小枝微下垂。种子长椭圆形,顶端圆而丰满,纵径2.82 cm,横径2.21 cm,成熟后外种皮淡黄色,表面疣点明显,种托微圆,种柄稍变曲,平均单种重8.07 g;种核卵状长圆形,上半部具棱线,顶端阔圆,尖头不明显,基部狭少,无棱线,长2.5 cm,宽1.6 cm,厚1.25 cm,平均单核重1.92 g,每千克种核520粒左右,出核率23.8%。出仁率75.1%。该品种丰产性能好,一柄双果、三果较多,每短枝坐果多为6~8个或更多,串状着生,类似葡萄,百年大树的主干上,粗大的侧枝上均有成串的种子着生,俗称"串白果",为河南省主要栽培品种之一。

床作

　　用苗床培育银杏苗。苗床分高床、低床和平床三种。

创建巴东银杏大县的主要措施

　　①广泛发动宣传,统一思想认识。切实转变观念,加大产业结构调整,向山进军,开发资源,大力发展银杏,形成国家、集体、个人一起上,基地开发与庭院种植一起抓的强劲态势,形成银杏生产的大气候。②加强组织领导,明确目标责任。实行"一个主导产业、一个领导挂帅、一个责任工程师、一个专班运作、一笔配套资金、一套奖惩办法"的"六个一"的运作机制。层层建立样板点,典型示范,推动全盘。③强化行政管理,依法保护资源。坚持谁有能力谁牵头,积极扶持和培植银杏生产加工龙头企业。按照"山上建基地,山下建工厂,山外找市场,科技创高效"的思路和"市场+基地+农户"的模式,搞好开发,制定一套完整的管理措施,依法保护银杏所有者的合法利益。④抓种苗基础,供良种壮苗。组建银杏科研所,选育优良品种,加速繁殖。推广银杏育苗、嫁接、人工授粉、栽培建园。⑤抓任务落实,保目标实现。根据规划要求,县政府每年将银杏发展的具体指标落实到各乡镇、各部门,并严格与工资、政绩挂钩,工作调动、提拔晋升实行一票否决制。⑥加大科技含量,搞好跟踪服务。从育苗到管理,县林业部门已制定了一整套技术规程,严格按技术要求办事,增加科技含量,缩短效益周期,提高经济效益。

吹水树

　　银杏是抗击森林火灾最强的树种,当大火袭来时,树干会分泌出大量水分以抗击大火的燃烧,因而人们称银杏为"吹水树"。

垂乳

　　在一二百年生以上古老的银杏大树上,于较大的主侧枝下面常悬挂着钟乳石状的"树瘤"(burls),日本人称之为"Chi Chi"(垂乳)。这些独特的"树瘤"或者单个出现,或者成丛的出现。根据Fujii(1895)的报道,有的其长度可达2.2 m,直径可达30 cm,一株银杏树上最多的达23个。如果这些奇怪生长的"树瘤"长得着地,就可生根长叶。在潮湿、温暖的天气,这些"树瘤"还可生出不定根。这充分显示出高大乔木银杏在进化上古老而原始的繁衍性状。Fujii的解剖研究指出,一个"树瘤"在靠近亲本枝上着生处,含有一条中央深埋而与芽结合的短枝。这些芽的生长可与"树瘤"的次生生长同时进行,在厚的木质部柱表面上显示出小突起。解剖学的研究表明,"树瘤"内部组织较松软而含淀粉较多。因此,"树瘤"易于生根,保持着裸子植物的原始性状。然而,Fujii又认为,银杏的"树瘤"是一种病理,但他并没有说明"树瘤"的起源和不正常发育模式的致"瘤"因素。显然Fujii的看法是难以令人认同的。

垂叶银杏

　　新梢直立生长,叶片扇形、楔形或呈三角形,有明显深裂,边缘多缺刻,叶片自然下垂。

垂枝连理银杏

　　此类银杏枝条柔软,明显下垂,姿态婆娑,十分珍稀,是优良的园林观赏树种。北京市朝阳区朝阳公园西路的银杏行道树中有一株出类拔萃的垂枝银杏,其垂枝长得像柳树的纤枝,常常吸引过往行人驻足观赏。广东南雄市坪田镇迳洞村有一株远近闻名的垂枝银杏,受到林业、园林部门的重视与呵护。江西宁风县凹里小学旁有一株垂枝银杏,在距地面60 cm处,树干一分为二,一干为雌,一干为雄,均为垂枝,当地群众称之为"垂枝连理银杏"。宜都国家森林公园景区法泉寺内有一株雌性垂枝银杏,佛门弟子和香客游人甚为爱慕。湖北枝城、江苏邳州、浙江金华均发现有垂枝银杏。

垂枝银杏

　　母树位于广西灵川县海洋乡,又名垂枝白果,树龄150年,树高16 m,胸径86 cm,冠幅10 m×10.4 m,年株产种核78 kg。为圆子银杏类,是广西产区地方品种之一,为根蘖或实生苗种植,主干通直尖削,树冠呈圆锥形或塔形,侧枝分布匀称,所有小枝明显下垂,枝条纤细绵长,下垂最长者约2 m,随风飘飘,极其美丽,故称"垂枝银杏"。产量一般,大小年变幅在30%左右。种实扁圆形,成熟时淡黄色,表皮有一层白粉,外种皮较硬,难腐烂。先端圆钝,顶点下凹基部平,蒂盘较圆而大,果柄弯曲,长2.8~3.2 cm。种实纵径2.4 cm,横径2.9 cm,单果重10.4 g,每千克96粒,种实出核率12%。种核微圆形、丰满、先端圆钝,顶点略有小尖,基部平,两维管束迹明显,间距约3.3 mm,两侧棱线明显。纵径2 cm,横径1.8 cm。单核重2.2 g,每千克454粒,出仁率为65%。该品种长势旺,发枝力强,侧枝分布均衡,小枝下垂多而长,树姿优美,有着较高的观赏价值,是公园、道路、江河绿化及美化环境的优良树种。为核用和观赏兼用品种。本品种在广西产区主要分布于灵川、兴安、全州3县。

垂直分布

华东地区分布于海拔1 000 m以下,浙江西天目山分布于海拔400~1 000 m;贵州、云南分布于海拔2 000 m以下;甘肃南部分布于海拔2 500 m以下,四川西部分布于海拔3 500 m以下,在其他省区,垂直分布上大体都未超过1 000 m。

垂直优势

指由于着生方位不同,枝条与芽的生长势表现出很大差异的现象。直立生长的枝条生长势旺。接近水平或下垂的枝条,则生长短而弱。枝条弯曲部位的芽其生长势往往超过顶端。垂直优势实际为顶端优势的一种特殊表现形式。生产上可以通过改变枝芽生长方向来调节枝条的生长势,例如对银杏徒长枝的处理,可采用拉平或基部环割措施,削弱垂直优势,抑制旺盛生长。

春化处理对银杏枝条开花的影响

不同处理温度和处理时间对枝条的开花日期和开花率影响较大。用2 ℃、5 ℃、8 ℃经过5天以上处理的银杏枝条扦插后均可开花。处理时间短、处理温度较高的银杏枝条的开花率较低,在同一温度处理下,处理时间愈长,枝条的花期愈早,开花率也较高。随处理温度的降低,银杏枝条扦插至开花所需的天数减少,开花率有升高的趋势。和平和阳山银杏枝条在2 ℃处理下比8 ℃处理下枝条扦插至开花的天数缩短4~8 d,开花率高5%~25%。当处理温度在5 ℃以下,处理天数在20 d以上时,枝条开花率较为稳定,在30%左右。在相同的条件下,和平银杏枝条比阳山银杏枝条开花早1~5 d。同一产地,雄树枝条花期比雌树枝条花期早1~3 d。顺德银杏枝条的开花率在各种处理下变化不大,但开花日期受处理温度的影响,温度愈低开花日期愈早。

春化条件对开花的影响

春化条件对开花的影响

地点	性型	处理天数	2 ℃处理			5 ℃处理			8 ℃处理		
			开花数(枝)	开花率(%)	时长(d)	开花数(枝)	开花率(%)	时长(d)	开花数(枝)	开花率(%)	时长(d)
和平	♂	5	5	25	20±6	2	10	25±6	1	5	25
		10	5	25	20±7	3	15	24±5	2	10	25±10
		20	7	35	16±7	6	30	17±6	2	10	23±10
		30	8	40	15±8	5	25	15±6	3	15	22±7
		40	7	35	15±6	6	30	16±5	4	20	22±8
	♀	5	4	20	22±7	2	10	28±7	1	5	28
		10	5	25	19±8	3	15	26±7	1	5	28
		20	6	30	17±9	5	25	19±6	2	10	26±7
		30	7	35	17±8	5	25	19±8	2	10	23±7
		40	7	35	18±7	6	30	18±6	2	10	22±6
阳山	♂	5	5	25	21±8	3	15	27±7	2	10	28±7
		10	6	30	20±6	3	15	28±6	2	10	28±8
		20	5	25	18±5	5	25	20±5	2	10	26±5
		30	7	35	18±8	7	35	19±10	3	15	25±6
		40	7	35	16±6	6	30	18±6	4	20	24±7
	♀	5	5	25	23±7	2	10	29±9	1	5	29
		10	6	30	22±6	2	10	29±7	2	10	28±6
		20	5	25	20±6	4	20	24±7	3	15	27±6
		30	7	35	20±6	6	30	20±6	2	10	27±5
		40	6	30	19±6	6	30	20±8	3	15	25±8

春季嫁接

自早春解冻至砧木发芽的这一段时间内均可进行嫁接。如果接穗在树液流动以前剪取，并采取蜡封，在低温（2～5 ℃）处贮藏，则可延长嫁接时间。但需根据砧木离皮的状态而选用不同的嫁接方法。一般来说，在砧木离皮之前可用劈接、切接、腹接、舌接、嵌芽接。在砧木离皮之后，可增加插皮接、荞麦壳式接、带木质部的"丁"字形芽接。在砧木和接穗均已离皮后，还可增加方块套芽接、插皮舌接。

春季嫁接苗木的萌动、展叶及成活

春季嫁接苗木的萌动、展叶及成活

品种	接穗年龄	接穗长度（cm）	处理	4.15（19 d）			4.25（29 d）	5.4（38 d）	5.13（47 d）
				萌动率（%）	展叶率（%）	叶数	展叶率（%）	成活率（%）	成活率（%）
马铃1#	1	5～8	蜡封	75.76	—	—	96.61	93.85	93.85
马铃2#	1	30	冬藏蜡封	80.95	46.67	6.4	—	86.76	96.48
	1	30	冬藏不封	78.41	23.53	3.73	—	86.36	87.0
	1	30	春采蜡封	63.64	38.89	4.29	94.05	93.67	97.63
	2	5～8	冬藏蜡封	73.86	53.16	3.60	92.13	—	97.67
	3	5～8	冬藏蜡封	77.78	44.44	3.25	88.89	—	100

春季施肥

此时期在长江以北，是指2月下旬至3月上旬，正值新生根的生长初期，吸收根发生较少，且由于土壤温度较低，根系生长和吸收能力较差，萌芽和开花所需养分较多。所以，树体处于营养消耗阶段。此时期施肥主要是为了解决树体内贮存养分的不足。春季发芽抽梢前施肥，以速效氮肥为主，适量地配合磷肥，以促进营养生长，使叶片迅速变绿，以及促进碳水化合物及蛋白质的形成，增强光合作用，提高坐种率。

春季修剪

春季萌芽后至开花前进行的修剪，又称春季复剪，包括延迟修剪、花前复剪和除萌扶芽等。可补助休眠期修剪之不足，并有削弱树势、促进芽的萌发，调整结种枝和花芽数量分布，培养结种枝组等作用。

春林

矮化型品种，树体美观紧凑，小型化，树高约3 m。

淳安银杏古树资源

淳安银杏古树资源

编号	起源	高度（m）	胸径（cm）	冠幅（m²）	树龄（年）	生长环境和现状	所在地			备注
							乡	村	地名	
01	实生、野生	35	96	195	450	山脚白石岩海拔978 m，旺盛	富文	六联	大毛脚岭	根旁露岩多、二根蘖苗径粗49 cm
03	实生、野生	33	222	192	800	山坡中部、沟边，有8株根蘖苗	文昌	浪岭	浪岭	雄、根蘖苗径粗16～62.4 cm
04	实生、野生	25	114	400	400	山脚海拔3 000 m，干一边焦	夏中	朱塔	—	雄、树瘤长35 cm
06	实生、野生	19	96	72	300	山脚沟边，古树丛生，旺盛	夏中	先丰	—	伴生古树有小叶樟、枫点三尖杉、美丽红豆杉
07	实生、人工	21	147	285	500	村里屋边，干少量腐	齐坑	齐坑	—	
08	实生、人工	17	270	506	1330	海拔800 cm，风大，干烧一半	妙石	上棚里	灵岩	灵岩庵前，唐朝汪公老佛手植
10	实生、人工	25	147	285	600	村边，溪旁桥头，旺盛	叶家	洪沂	麻光桥头	
17	实生、野生	29	80	180	230	山坡中部小凹，海拔500 m	朱峰	百罗	—	雄性
22	实生、人工	23	132	165	500	村中央	汪宅	东汉		
27	实生、人工	32	264	—	1 330	海拔380 m	郭村	庄源	花果庵	

醇或酮提取—萃取—吸附—重结晶法

叶子用醇或酮水溶液提取后,用四氯化碳萃取除去脂溶性物质,萃余相用低级烷基乙酸酯(或低级酮、苯)萃取,将有机相脱水干燥,水相酸化后用乙醚(或氯仿、二氯甲烷)萃取,脱水干燥有机相,所得干燥物与前面有机相干燥得到的粉末合并。用低级醇溶解粉末,在溶液中加入乙酸铅,除去沉淀后浓缩滤液,得到银杏内酯粗品。将粗品银杏内酯溶解在有机溶剂中后,通过活性炭、硅胶吸附柱,浓缩流出液,用醇或酮溶解后进行低温重结晶,得到纯品银杏内酯。实例在 50 L 70% 丙酮水溶液中加入 10 kg 干燥银杏叶粉,在 80 ℃ 回流下提取 5 h,重复提取一次后过滤。浓缩滤液至 7 L 后用四氯化碳萃取 3 次,每次 2 L,以除去残留的叶绿素等物质。在水相中加入 NaOH 水溶液,调节溶液的 pH 值至为 7.5,接着用乙酸乙酯萃取 5 次,每次 3 L。合并的有机相用硫酸钠脱水后,浓缩干燥。在水相中加入 HCl 水溶液,调节 pH 值为 3.5,用乙醚萃取 5 次,每次 3 L。将合并的有机相脱水,减压干燥,与前面干燥得到的粉末合并,可获得 120 g 黄色粉末。

醇提取—萃取—反相色谱分离法

工艺流程:银杏叶 $\xrightarrow{\text{甲醇}}$ 回流 → 过滤 → 滤液 → 浓缩 $\xrightarrow{\text{水}}$ 悬浮液 $\xrightarrow{\text{CHCl}_3}$ 萃取 → 水相 $\xrightarrow{\text{乙酸乙酯}}$ 萃取 → 有机相 → 反相色谱分离 $\xrightarrow{\text{甲醇—水}}$ 洗脱 → 浓缩 → 单一黄酮化合物

实例:在 20 L 甲醇中于回流下加热 3 kg 干银杏叶 3 h,然后滤出叶子,浓缩所得的甲醇溶液。接着将浓缩液悬浮在 2 L 水中,用 3 L 氯仿萃取,萃余相用 4 L 乙酸乙酯萃取。取 42 g 乙酸乙酯提取液在硅胶柱上进行反相色谱分离,用甲醇—水溶液(2:3)洗脱,浓缩洗脱液,得到 1.2 g 分子式 $C_{36}H_{36}O_{17}$ 的黄酮化合物,其名称为坎菲醇,它的熔点为 195 ℃。

醇提取—萃取—色谱分离法

工艺流程:银杏叶 $\xrightarrow{\text{甲醇}}$ 回流 → 提取液 → 浓缩 $\xrightarrow{\text{水}}$ 稀释 $\xrightarrow{\text{CCl}_4}$ 萃取 → 醇相 → 蒸馏 → 水相 $\xrightarrow{\text{丁酮}}$ 萃取 → 酮相 → 浓缩 → 粗黄酮 → 液液分配色谱 → 反相洗脱 → 液液分配色谱 → 正相洗脱 → 液液分配色谱 → 反相洗脱 → 液液分配色谱 → 黄酮苷 A 和 B。

实例:将 60 kg 干银杏叶在 345 L 甲醇中加热回流 3 h,滤除叶子,浓缩所得的甲醇溶液至 39 L,然后加入 24 L 水,用 21 L、8 L、2 L 氯仿萃取 3 次,以除去脂溶性化合物。馏出水相中的甲醇后,用 36 L、24 L、12 L 丁酮萃取 3 次,浓缩干燥所得的丁酮溶液,得到 1.7 kg 粗黄酮。用离心液液分配色谱法连续萃取 450 g 粗黄酮,以丁酮为流动相,水为固定相,将反相洗脱所得洗脱液同样用离心液液分配色谱处理,得到正相洗脱馏分,后者再用离心液液分配色谱法处理,所用的溶剂体系为氯仿—甲醇—水(7.9:7.9:4.32),反相洗脱馏分用液滴反相分配色谱仪处理,用上行法洗脱(溶剂为 7:13:8 的氯仿—甲醇—水),于 315 nm 波长处紫外检测线,可得到黄酮苷 A 9.8 g 及黄酮苷 B 24.5 g。

醇提取—活性炭吸附法

采用活性炭吸附方法可以分离含黄酮类的提取物,也可以分离含双黄酮的提取物。

工艺流程:

(1) 银杏叶 $\xrightarrow{60\%\text{乙醇}}$ 提取 → 提取物 $\xrightarrow{20\%\text{乙醇}}$ 过滤 → 滤液 $\xrightarrow{\text{活性炭}}$ 吸附 $\xrightarrow{2\%\text{氨水}+40\%\text{乙醇}}$ 解吸 → 解吸液 → 浓缩 → 粗黄酮提取物

(2) 银杏叶 $\xrightarrow{\text{甲醇}}$ 提取 → 提取物 $\xrightarrow{\text{乙烷}}$ 萃取 → 酮相 $\xrightarrow{\text{氯仿}}$ 萃取 → 氯仿相 $\xrightarrow{80\%\text{甲醇}}$ 反萃 → 溶液 $\xrightarrow{\text{活性炭}}$ 吸附 $\xrightarrow{1\%\text{氢氧化钠}+80\%\text{乙醇}}$ 解吸 → 解吸液 → 浓缩 $\xrightarrow{\text{稀硫酸}}$ 中和 → 双黄酮提取物

雌、雄球花及种实说明图

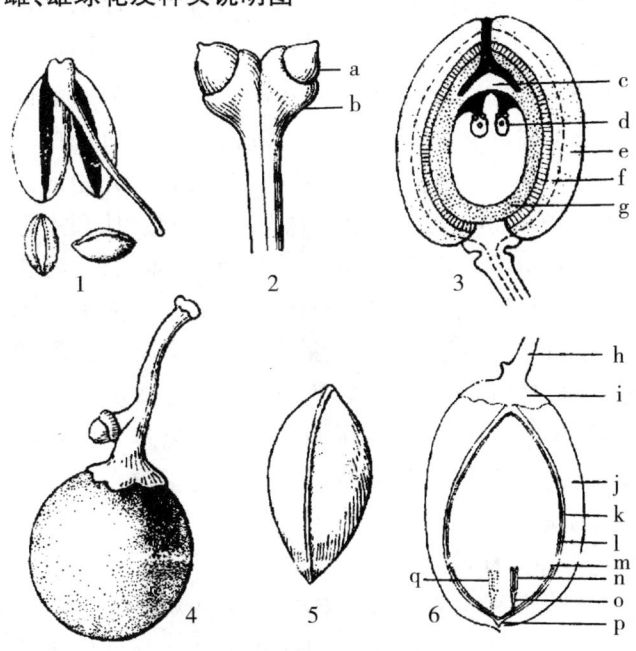

雌、雄球花及种实构造图

1. 雄蕊及花粉粒 2. 雌球花 3. 胚珠纵剖面 4. 种子
5. 种核 6. 种子纵剖面

a. 胚珠;b. 珠托;c. 珠心;d. 颈卵器;e. 外珠被;f. 中珠被;g. 内珠被;h. 种柄;i. 种托;j. 肉质外种皮;k. 骨质中种皮;l. 膜质内种皮;m. 胚乳;n. 已发育胚的子叶;o. 已发育的胚轴;p. 珠孔迹;q. 未发育的胚

雌孢子发生

是指大孢子发生。

雌花成熟期调查

雌花成熟期调查

调查地点	树龄（年）	4月15日			4月16日		
		雌花总数	吐性水数	成熟比例（%）	雌花总数	吐性水数	成熟比例（%）
燕头七里林场	15	100	31	31	100	40	40
宜堡镇梅西村	40	24	8	33	24	9	38
胡庄乡政府	20	71	25	35	71	29	41
胡庄乡李园村	50	32	10	32	32	12	38
根思乡根思村	50	62	18	29	62	20	32
孔桥乡西明村	50	—	—	—	50	18	36
平均	—	—	—	32	—	—	37.5

雌花的形态建成

利用半薄切片技术，并通过数码相机、扫描电镜和光镜对银杏雌花芽形态建成过程进行观察。结果如下。①银杏雌花芽自每年6月底分化开始至翌年3月下旬萌动前都有较厚的芽鳞包被；芽鳞片开张后，随叶片迅速生长，珠柄不断伸长；至授粉期叶片完全展开呈扇形，螺旋状着生于短枝顶端，胚珠位于叶片中央，直立向上。②银杏大孢子各部分的发生顺序依次为主柄、珠被、珠心、珠托。每年12月底主柄原基首先形成，翌年1月珠被分化形成，珠被分化期持续时间长，约为50 d；3月中旬珠心组织和珠托分化形成，其持续时间约为10 d；珠心组织形成的同时，由于周围珠被组织细胞分裂较快，逐渐包围珠心组织，在珠心上方围合形成珠孔道，珠心内分化形成孢原细胞。③3月下旬胚珠珠孔开始开张，珠孔道形成，珠心组织靠近珠孔端的几层细胞解体死亡，贮粉室逐渐形成，孢原细胞逐渐伸长转变为大孢子母细胞；授粉期，珠孔开张达到最大，并形成向外翻卷的漏斗状，珠孔处产生传粉滴，珠孔道的长度达到最长，贮粉室形成，其开口向上，正对珠孔道。传粉结束后，花粉粒进入贮粉室内，此时雌配子体发育至游离核阶段。

雌花类型多样性

银杏树的雌花类型很丰富，有单柄双胚珠、单柄3胚珠、单总柄二歧分出3胚珠、单总柄二歧分出4胚珠、单总柄二歧分出5胚珠和单总柄多歧分出多胚珠6种类型。以214朵雌花为样本进行统计，结果按类顺序分别占总数的29.4%、5.14%、3.74%、31.31%、17.80%、12.61%。以单总柄二歧分出4胚珠的比例最高，达31.31%。因为取样时花已凋落，是在地上捡的，可以看成是随机样本，仅在各类型出现的比例上有出入，但类型的多样性是客观的。这与周志炎在《银杏型胚珠器官的异时发育起源》一文中描述的义马银杏的胚珠器官有很多近似之处，只是总柄要短得多。对这株树雌花进行深入研究，可为银杏胚珠系统发育进化提供重要信息。

雌花芽的萌发过程

银杏雌花芽着生在短枝顶部，自6月底分化开始至春季萌动前外部都有较厚的芽鳞片紧紧包被，鳞片一般为7~9枚，顶端较尖。3月下旬银杏雌花芽芽鳞开始逐渐开张，露出幼嫩叶片与黄色胚珠，此时叶片向内叠卷，叶柄与总柄较短；之后叶片逐渐开张，叶柄不断伸长，随叶片的迅速生长胚珠的总柄逐渐伸长；临近授粉期叶片展开呈扇形，螺旋状簇生在短枝的顶端，此时胚珠仍呈黄色，直立向上，总柄细长。4月10日左右授粉时的胚珠为黄绿色，珠孔处有传粉滴出现，叶片平展；授粉后胚珠迅速变为绿色。

雌花芽的形态分化

银杏雌花芽的形态分化在贵州于6月初开始。它是裸子植物，没有被子植物那样的花萼、花冠、雌蕊、雄蕊的分化。它的花芽分化，实际上是一个个胚珠原基以及胚珠原基上的珠托、珠被、珠心的分化。自6月上旬，银杏就开始胚珠原基的分化，这一阶段一直要持续到12月。1月才开始珠托、珠被和珠心的分化。后面的这一分化过程进行得很快，到3月就已完成。

雌配子体

银杏对雌配子体的发育也和苏铁的一样，开始有很多游离核分裂的多核阶段，随后是细胞阶段，其间多核的由于壁的形成，转变成具细胞的配子体，在它的珠孔端着生颈卵器。现雌配子体发育的这两个阶段将予以较详细的讨论。多核阶段这个时期的发育，是具功能大孢子的增大和随着游离核的不断分裂。

游离核的分裂在大孢子膜和大的中央液泡之间的周围细胞质。Favre-Duchartre(1958)报道,13 次连续有丝分裂的结果,大约产生了 8 000 个游离核。他发现,游离核分裂并不是同步的,而是从多核细胞的合点端向珠孔端推进的。在多核期中,大孢子膜逐渐加厚,它的外表面可被分解成一系列短而垂直的"线丝",这些线丝彼此挤压在一起,形成表面层。细胞阶段。在游离核分裂时期结束时,开始由多核细胞的周围向中央液泡发生。所产生的小泡成长管状的单核细胞,有时候这种细胞是"开口"的,就是没有内端壁通过平周分裂形成一个大的颈细胞。后者立即垂周分裂形成一对颈细胞。白颈卵器的颈中,长时间地保留着这两个细胞,这时中央细胞增大。在中央细胞核分裂产生腹沟细胞核和卵核的同时,两个颈细胞分别分裂,从而形成了一般成熟银杏颈卵器的四细胞颈。颈卵器完成发育之后,一个独特的配子体组织柱(所谓"帐篷柱")突起在它们之间。这个柱首先延向贮粉室下面的珠心组织。8 月末珠心组织和大孢子膜的相邻区域开始毁坏。这样产生一个颈卵器腔,围绕着中央帐篷柱形成了圆形的缝隙。一些向心发育的小泡,汇集到配子的中央,而且,穿过它们的开口端形成了膜,转变成了细胞。最初的角锥形细胞形成之后,由于形成一系列细胞壁,结束了小泡分裂,这些细胞对着配子体膜成放射状排列。当幼小具细胞的配子体增大时,也有垂周分裂,而原先细胞排列成行的规律性消失了。虽然颈卵器的数目可有 1 个到 5 个不等,但是一般是 2 个。每个颈卵器原始细胞都是在配子体珠孔端的一个表面细胞。

雌配子体的光合作用

银杏雌配子体是已知的唯一含有叶绿素的种子植物配子体。光合有效辐射(PAR)测定显示,胚珠中生长的配子体能接受到足够的光照,在幼胚发育细胞的形成同时,雌配子体呈现淡绿色,绿色来自叶绿素,银杏雌配子体中叶绿体电镜片显示,在靠近银杏雌配子体表面的细胞中含有叶绿基粒。雌配子体在珠心及 3 层构造的覆盖物内发育,尽管这些组织严重阻碍着光的穿透,但在光照条件下,光能穿过胚珠外层进入胚珠,从而诱导了雌配子体内叶绿素的合成。CO_2 交换测定表明,银杏雌配子体能进行总光合作用,如以干重为基础,7 月中旬在接近光饱和点的光照强度下配子体固碳速率最大,光合作用随季节而降低。银杏雌配子体的这种可产生叶绿素的特殊性能来自两个方面:一是接受足够的光照,刺激合成叶绿素;二是对光照作用的生理反应。

雌配子体的细胞阶段

游离核末期的雌配子体细胞核由微管连接。第 14 次分裂时细胞核间开始形成垂周细胞壁,形成六边形管状细胞,标志雌配子体进入细胞阶段。开始一段时间细胞壁并不完整,这种细胞壁不完整的细胞为肺泡,其细胞核位于内侧没有细胞壁的那端。各细胞是连续向心分隔产生的,因此形成的细胞成列排列。细胞壁形成一直持续到 6 月中旬,新形成的纤维素——果胶壁是独立于大孢子壁的。有时细胞板的形成滞后,导致 1 个细胞内有 2~3 个细胞核。细胞壁是按向心方向逐步形成的,所形成每列细胞的最内 1 个细胞的细胞壁彼此没有融合,这样在雌配子体中间部分相对的两列细胞之间就形成了两个明显可见的相邻细胞壁,此时雌配子体能很容易地分成两个部分。雌配子体内含有一种类似赤霉酸的物质,其含量 5 倍于珠被内含量。细胞阶段的雌配子体代谢活动旺盛,可观察到正在分裂的线粒体、质体及附有大量核糖体的内质网,细胞壁形成之后雌配子体变绿,几周之后成为胚珠内最绿的区域,并可进行光合作用。雌配子体内充满了淀粉粒,但这些淀粉粒并非其自身光合作用的产物。在所有种子植物中,只在银杏中才观察到这种现象。雌配子体之外只有珠被含有如此多的淀粉粒。雌配子体中所有的细胞都应是单倍体。也有学者发现大部分细胞为二倍体甚至多倍体,6 月底所采集的雌配子体内发现有大量的二倍体有丝分裂。

雌配子体的形成

据观察,银杏雌配子体发育可分为游离核期和细胞分化期,其中游离核期时间较长,约为授粉后第 5 d ~30 d,细胞化期为授粉后第 30~45 d。游离核期:银杏的功能大孢子形成后不久就进行游离核的分裂。授粉后 6 d 在珠心组织深处有游离核的分布,但游离核的数量很少。授粉后 10 d 游离核数目逐步增多,均匀分布在细胞质中,游离核较大且核仁明显。随着中央液泡的扩大,细胞质连同游离核逐渐被挤向四周。授粉后 25 d,游离核均匀分布在周围的细胞质中。授粉后 30 d,游离核的分裂基本完成,并形成约 5 000 个游离核。在游离核期,雌配子体周围的海绵组织结构发生了显著变化。授粉后 6 d 海绵组织由 5~6 层细胞紧密排列而成,靠近游离核的内层细胞染色较浅,细胞体积较大,细胞内液泡数量多,且出现了细胞质凝聚现象,外层细胞中细胞质浓,染色深。随着游离核的分裂,内层海绵组织细胞液泡化明显,进而细胞伸长并解体退化,细胞层数也由原来的 5~6 层退化为 2 层细胞化期:雌配子体由游离核期向细胞化期转变时,首先在外围形成1层细胞,这层细胞为开放细胞即靠近中央大液泡一侧无细胞壁。随着外围细胞的不断分裂和生长,雌配子体细胞的数量逐渐增加,位于内层的细胞没有内端壁,中央大液泡逐渐变小,直至所占空腔完全被细胞填满。授粉后45 d左右,在雌配子体靠近珠孔端两侧各产生1个体积大、核大且细胞内充满液泡的颈卵器母细胞。

雌配子体发育过程中养分的形成与积累

银杏雌配子体发育过程中养分的形成与积累表明:①雌配子体颈卵器发育过程中,套细胞、帐篷柱组织、颈细胞和周围的胚乳组织中的营养积累呈现出各自的规律。②胚乳细胞内的营养物质积累可分为4个时期,即授粉后30～45 d为胚乳薄壁细胞增殖期;授粉后45～60 d为淀粉粒的形成期,此时在薄壁细胞中充斥着体积较小的淀粉颗粒;授粉后60～90 d为营养物质快速积累期,此时期淀粉体不断增加,并以芽孢或中间缢断的方式进行增殖,蛋白质体开始形成。授粉后90 d,淀粉体的数量和体积明显增加,蛋白体以P1和P2两种形式存在;授粉后120～150 d为营养物质缓慢积累期,此时期淀粉体和蛋白质体发育成熟,体积和数量基本保持稳定,不再增加。③受精作用发生时套细胞、帐篷柱以及周围的胚乳细胞充满了大量的淀粉体和蛋白质体等营养物质,并具有较多的线粒体、内质网和小泡等细胞器。表现活跃。

雌配子体及胚

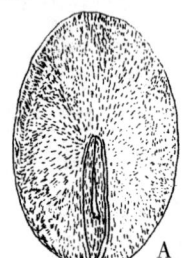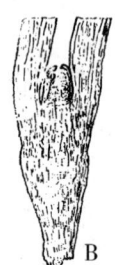

雌配子体及胚

A. 去掉外种皮、中种皮和内种皮的雌配子体,胚紧紧地被胚乳包围在中间;B. 从胚乳中心取出的胚纵切面

雌配子体继代增殖培养基

雌配子体继代增殖培养基

化合物	mg/L	化合物	mg/L
NaNO$_3$	1 800	柠檬酸铁	5.0
KCl	900	泛酸钙	1.0
MgSO$_4$·7H$_2$O	760	吡哆醇-HCl	0.5
NaH$_2$PO$_4$·H$_2$O	300	硫酸素-HCl	0.5
Na$_2$SO$_4$	200	烟酸	1.0
KNO$_3$	80	山梨醇	100
Ca(NO$_3$)$_2$	280	腺嘌呤	10

续表

化合物	mg/L	化合物	mg/L
KI	0.5	L-谷氨酰胺	200
H$_3$BO$_3$	0.2	m-肌醇	100
MnSO$_4$·H$_2$O	0.8	胞苷酸	100
ZnSO$_4$·7H$_2$O	0.5	鸟苷酸	100
CuSO$_4$·H$_2$O	0.02	蔗糖	20 000
MoO$_2$	0.01	琼脂	10 000
CoCl$_2$·6H$_2$O	0.01	KT	0.5
PH	5.5	NAA	1.0

雌配子体培养

在离体雄配子体培养的同时,Tulecke(1953)也发现,银杏雌配子体也可以在离体条件下生长。通过周缘分生组织,雌配子体体积可以增加6倍。在光照条件下,雌配子体组织可以产生叶绿素,而且色素含量不断增加。1964年Tulecke在美国纽约Thompson植物研究所工作期间,首次报道了利用银杏雌配子体可诱导出单倍体植株,并使银杏配子体培养发展到一个崭新的阶段。①培养基。用于银杏雌配子体培养的培养基比较复杂,并分初代培养基和继代培养基二种。初代培养为White培养基,增殖继代培养为Tulecke培养基。②培养技术。取材银杏雌配子体位于内部,它的发育全过程需4个月的时间,其中要经过游离核阶段、细胞生长阶段、颈卵器形成阶段等。银杏雌配子体最适宜离体培养的发育阶段是在授粉之后的11～13周,即在颈卵器生长和形成期间,但以在受精和成熟之间取材为宜。灭菌和预处理将完整的种核在1%的次氯酸钠溶液中灭菌,再用无菌水冲洗3次,然后用无菌滤纸吸干。将种子沿缝线中部一切为二,这样雌配子体平均分成两部分,顶端(颈卵器)和基端(无颈卵器)各一半。种皮和珠心要移去,配子体顶端和基端要分别培养在不同的试管内。因为颈卵器并不总是发生在顶端,分别培养的目的是为了减少颈卵器组织。培养和诱导通常受精是在授粉后的17～19周,即在4～4.5个月内发生。将雌配子体上下两部分分别培养在初代6.0 mg/kg+18%椰子乳汁培养基上后,组织与培养基接触处很快膨大,顶端组织在围绕颈卵器区域可产生活跃的分生组织。当初代外植体在这种培养基上几次继代培养之后,分生组织要转移到增殖继代培养基上。试验中发现,培养基内加入2,4-D和椰子乳汁有利于诱导愈伤组织。培养2～3个月,即可形成具有旺盛生长的愈伤组织。这些愈伤组织在幼龄阶段松散且脆,随着年龄的增加密度逐渐加大。显微镜观察表明,在这些组织内部有大量

类似管胞产生,叶绿体在这些细胞内非常明显。染色体计数表明,n=12,说明其起源为单倍体。

雌配子体同工酶变异的遗传

为研究银杏种群的遗传基础,用标记基因进行了探索。1985年从9株母树上采取了雌配子体,通过聚丙烯酰胺凝胶垂直电泳法调查了12种同工酶的变异。结果如下:在山梨糖醇脱氢酶(soDH)、莽草酸脱氢酶(shDH)、谷氨酸、草酰乙酸转氨酶(GOT)、磷酸葡萄糖变位酶(PGM)、酸性磷酸酶(Aep)5种酶系中看到了3遗传变异。这5种酶中有9个位点和19个基因。9个位点中sod、shd-1、Pgm-1、Pgm-2、Acp-1、Acp-26个位点分别检出了2个等位基因。在GOT-1和Acp-4位点中各确定有3个等位基因。各家系分离中,除Acp-4位点一个家系外,都符合孟德尔遗传的期望检值(1:1)。此外在乙醇脱氢酶(ADH)、甘油酸脱氢酶(G2DH)、6-磷酸葡糖酸脱氢酶(G6PD)、谷氨酸脱氢酶(GDH)和磷酸葡糖异构酶(PGI)几种酶系的同工酶没有变异。

雌配子体游离核阶段

雌配子体的发育开始于大孢子的第一次分裂。大孢子的第一次分裂通常垂直于胚珠的长轴,第2次分裂平行于胚珠的长轴,以后的分裂方向各异。这些均是游离核分裂,2周之后,1个雌配子体内有16~64个游离核。游离核阶段可从5月中旬持续到7月上旬。细胞核可持续分裂13次,可产生8 000多个游离核。雌配子体中央有1个大液泡,所形成的游离核位于液泡外周的细胞质内。由于连续快速分裂,后期形成的核较早期形成的小。胚珠的体积随之增大。随着雌配子体体积的增大,其周围的海绵组织不断降解。降解时,海绵组织最内层细胞增大,靠内的细胞壁部分破裂,核周围出现液泡。海绵组织中间部位细胞内有大的细胞核,细胞质染色浅,内有小液泡。外层由小的、细胞质浓的细胞组成。游离核阶段末期,在海绵组织内可见到核细胞。

雌配子体纵切面

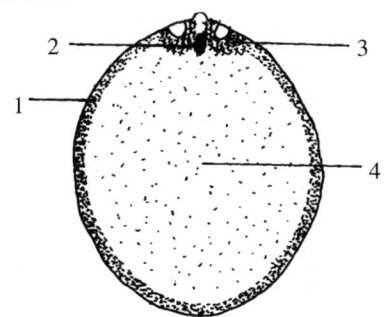

银杏雌配子体纵切面(示4个细胞区域)
1.第1区域 2.第2区域 3.第3区域 4.第4区域

雌球花

雌花序亦生于短枝上,每一短枝上着生1~8朵雌花。每一雌花有一珠柄,柄长1.2~4.8 cm,珠柄下端细而圆,向上逐渐扁宽,呈中凹形。顶端通常有两个胎座,每一胎座上着生一个胚珠。叶籽银杏的胎座为叶状,而种子着生其上,这说明胎座为大孢子叶子形成。通常每对胚珠其中有一个成熟,形成种实,间或也有两个都成熟为种实的。胚珠的珠孔下面有一空隙,充满液体,名为花粉房。花粉粒到达后,萌发出花粉管,成熟时破裂,释放出两个螺旋状满生纤毛能游动的精子,游动于花粉房中,花粉房内的液体蒸发,逐渐将精子吸向下方,而与两个藏卵器的卵子结合。

雌树成熟叶cDNA文库的构建

银杏是第四纪冰川时期孑遗的现存地球最古老的植物,银杏cDNA文库的构建有助于其分子生物学研究。以湖南银杏梅核品种优良单株成熟叶为材料,经变性裂解液分解细胞,提取总RNA,Oligotex mRNA midikit分离纯化出mRNA,用SuperSciptTM II RnaseH2 Reverse Transcriptase将其反转录成cDNA,与EcoRI接头连接后插入pBluescript II SK(+)XR载体,电转化感受态细胞DH10B中,进行菌落PCR文库质量检测。克隆子,重组率为90%,文库插入片段长度为500~2 000 bp。由此可见,构建的银杏雌树成熟叶cDNA文库符合标准,该文库为进一步构建银杏EST文库、筛选目的基因及为基因芯片制备等提供了资源基础和有效工具。

雌性生殖器官发育过程的显微观察

对银杏雌性生殖器官的发育过程进行了连续显微观察。功能大孢子经过大约1个月的分裂形成5 000个游离核后开始细胞化。授粉后约45 d近珠孔端两侧各产生1个颈卵器母细胞。授粉后约50 d,颈卵器母细胞平周分裂形成初生颈细胞和中央细胞。授粉后约55 d,初生颈细胞垂周分裂形成2个扁平状次生颈细胞,之后次生颈细胞体积逐渐增大并突入颈卵器腔。授粉后约130 d,2个次生颈细胞斜向分裂形成4个颈细胞,中央细胞不均等分裂形成腹沟细胞和卵细胞。套细胞起源于颈卵器母细胞的周围细胞,授粉后70 d至受精作用发生前,套细胞内不断积累营养物质,且套细胞与中央细胞间的细胞壁以及套细胞之间角隅处的细胞壁均出现明显增厚现象。在受精及胚胎早期发育过程中,套细胞内营养物质逐渐消失,细胞逐渐解体。授粉后55 d,2个颈卵器之间的一些细胞向上突起形成帐篷柱,之后帐篷柱体积逐渐增加,并突入颈卵器腔。自授粉后120 d至受精前帐篷柱细胞内开始积累大量营养物质,随后这些营养物质在受精过程中被逐渐消耗。到了原胚游离核后期,帐篷柱的顶端细胞发生变形并解体。

雌雄大树的过氧化氢酶活性

过氧化氢酶活性　　　　单位:mmol/g×min^{-1}

型号与株号	长枝上的叶片	短枝上的叶片
♂$_1$*	356.1	319.2
♂$_2$*	329.6	270.9
♂$_3$*	325.4	289.1
♂$_4$*	320.0	287.1
♂$_5$*	301.7	283.0
♂$_6$	399.3	374.1
♂$_7$	341.3	317.8
♀$_1$*	156.2	145.8
♀$_2$*	135.1	116.1
♀$_3$	146.9	138.6
♀$_4$	147.2	131.5
♀$_5$	110.7	96.5
♀$_6$	119.3	108.9
♀$_7$	142.1	128.0

注:*表示该材料取自丽水县城关镇,其余分析材料取自遂昌县之川乡渡船头村。

雌雄花识别

①雌花。银杏雌花上年6月初形成,次年4月初连同叶片开放,雌花着生在2年以上的短枝上,每一短枝簇生3~6对胚珠,多则8~10对,成熟的胚珠顶部吐露晶莹发光的性水。②雄花。银杏雄花在3月中旬至4月上旬开放,雄花为着生在2年生以上的短枝上为呈柔荑状,每一短枝簇生6~8穗,成熟的花穗由青绿色转化为淡黄色,花序微下垂,个别花粉串有金黄色的花粉飞出,花萼长2.5~3.0cm。

雌雄花形态结构特征

银杏有长短枝之分,长枝上的腋芽均可转化成短枝,银杏雄花着生在雄株短枝的顶端,每个短枝上有5~8个雄花。雄花的形态呈柔荑状花序,长为2.42~3.47cm,宽为0.58~0.75cm,由位于中间的主轴和螺旋状排列的小孢子叶组成,其中主轴的长度为0.60~1.16cm,小孢子叶的数量为60个左右。通常每个小孢子叶上着生2个小孢子囊,但有的可着生3个或4个小孢子囊,小孢子囊形态呈长椭圆状或船形,长为2.55~2.77mm,宽为1.71~1.99mm。小孢子囊内发育形成大量花粉。当雄花成熟时,小孢子囊颜色变为金黄色,并沿纵轴方向形成开裂沟,花粉从开裂沟处散出。银杏雌花为裸露的胚珠,不具备被子植物的花萼、花瓣、雌蕊等结构。胚珠着生在雌株可育短枝上鳞状叶的叶腋内,有人认为从短枝上胚珠的着生地位上看,银杏的雌花是真正的一种原始球果。银杏胚珠呈绿色,含有叶绿体,可进行光合作用,有研究表明在所有的种子植物中仅银杏的胚珠具有叶绿体结构。银杏胚珠的结构包括有总柄、珠托、珠被、珠心和珠孔5个部分,通常总柄的顶端着生2个胚珠,胚珠直立,珠孔端向上,传粉期珠孔处分泌出传粉滴。发育后期常只有一个胚珠发育成种实,而另一个胚珠萎缩退化。

雌雄球花发育及传粉受精进程

雌雄球花发育及传粉受精进程

日期	授粉后天数	雌球花发育	雄球花及雄配子体发育
1月	授粉前	珠被组织基本分化完成	造孢细胞基本分化完成
3月中旬		珠心组织基本分化完成	囊壁逐渐发育形成
3月下旬		珠托组织形成	小孢子母细胞产生
3月底		孢原细胞产生	小孢子母细胞进入减数分裂期
4月上旬		珠孔、珠孔道形成,大孢子母细胞产生	形成四分体
		贮粉室形成子细胞减数分裂	形成4细胞花粉,开始散粉
	授粉期	四分体形成,珠孔处产生传粉滴	花粉与传粉滴水合并进入贮粉室
4月中旬	授粉后		花粉粒在贮粉室内停留
	授粉后一周左右		花粉萌发并产生花粉管
5月中下旬	授粉后45 d左右	雌配子体发育阶段	花粉管吸器状分支式结构大量产生
6月初	授粉后55 d左右		精原细胞产生
7月中旬	授粉后100 d左右		精细胞形成生毛体及液泡
	授粉后130 d左右		精原细胞分裂产生2个精细胞
8月中下旬	授粉后135~140 d		受精作用

雌雄同株

生长在自然界中植物，并没有它的绝对稳定性。目前世界上有高等植物25万余种，有极其多种多样的形态特征和生物学特性，这些都是由于植物体与外界环境条件长期适应的结果。从地质史上看，银杏是一种非常古老的植物，而又是一种非常原始的植物，它可以长成几人合抱的参天大树，但在系统发育上还是处在较低等的位置。由于银杏经历了漫长的外界环境条件的影响，才逐渐形成目前的状态。银杏如同其他植物一样，仍进行着各种性能的自我调节。一般来说，银杏是雌雄异株的植物，然而在某种条件下，也可能会产生雌雄同株的现象。关于雌雄性别的转变，在有些植物中并不十分稳定，由雌性转变成雄性，或由雄性转变成雌雄，均属可能。目前的实验表明，植物雌雄性的转变，主要是由矿质营养、光线、温度、损伤、辐射，以及化学物质等的刺激而引起的。如陕西省镇安县庙沟乡龙凤村那株雌雄同株的银杏，距树干4 m处是一个猪圈，终年臭水浸泡着银杏树。江西省遂川县巾石乡汤村的那株雌雄同株的银杏，距树干5 m的三面是终年流淌的臭水沟，臭水沟的另一侧又是一个猪圈，只有一面是坡角地。日本的吉冈金市曾对岩手县产生雌雄同株银杏的原因也做了分析："从实地观察看，雌枝一般是着生在枝干稀疏、阳光充足的树冠南侧。在历史上，此处曾是墓地，土壤本身又比较湿润肥沃。战时又曾在此处驻扎过军队，在其树周围又筑起厕所。由此可知，显然增加了树体的有机营养和保证了充足的水分供应。以上两种情况都属引起植物或植物体的一部分雌雄性转化的刺激因素。"雌雄同株银杏的种核，保持着一种最原始的形态，与出土的银杏化石种子很相似，种子细长，在所有的银杏种子中是比较小的一种，种核单粒重仅有0.7 g。雌雄同株银杏的种核，播种后仍能发芽成苗。银杏雌雄同株这种最原始的状态，说明银杏在分化为雌雄异株以前的过程，至今在银杏进化史上还在继续进行着微弱的重复，在许多方面都足以说明银杏一直保持着进化上的原始性。

雌雄同株的种核

银杏的现存种雌雄异株，然而在日本目前却发现了雌雄同株的银杏，这种银杏结的种子狭长，种型很小，每粒仅0.7 g，但播种后仍能发芽出土。

雌雄同株形成的原因

有关银杏雌雄同株形成的机理和本质，是摆在植物学家、遗传学家面前的一个研究课题。虽然彻底揭示雌雄同株的奥秘尚待时日，但学术界初步认为形成雌雄同株的原因有以下几种。①机械损伤刺激所致。②芽变而成。③雌雄激素转化和比例失调所致。④光照、温度、矿物质营养和化学物质刺激形成。⑤辐射诱变形成。⑥自然嫁接（嵌合）或人工嫁接形成。

雌雄同株银杏的实例

银杏树有雌雄之别。然而，人们也陆续发现银杏雌树少数枝条上开出了雄花的现象。由于受粉充分，这种树秋季总是结果累累。也有银杏雄树上某一枝段开出少量雌花的情况，秋来多少有些收获。浙江富阳市受降镇大树下村有一株雄性银杏树，树干3 m处长出雌枝，连年结果。江苏通州市闸港区幸福多祖望村有一株高20多米、胸径超过1 m的大银杏树，当地人称航标树。该树不仅古，而且怪。一是从西南向东北方向望去，树枝向一个方向倾斜，像秀女头发飘向天穹；而从东南向西北方向望去，似一阳刚之气的将军，披甲戴盔，腰挂无数利剑，剑鞘历历在目。二是树干1.5～3.5 m处周围垂悬许多树乳，而且形态各异，令人叹为观止。三是此树原是一株雌树，曾连年结果，可是近30年来不但不结果，还开出雄花，成了雄树。这种变异树在通州市古树中仅此一例。20世纪50年代以来，据不完全统计，我国已陆续发现雌雄同株银杏树近10株。美国和日本也有雌雄同株银杏。

雌雄同株银杏发现的意义

在西天目山"五代同堂"古银杏上发现了雌雄同株现象，开阔了认识西天目山银杏的视野。①天目山银杏雌雄同株现象是银杏自身繁衍过程中的一种特殊现象。以往人们认为天目山银杏以无性繁殖为主，萌蘖更新为主，现在，银杏自身也在创造条件，使自己通过有性繁殖拓展生存空间，从而得到了更好地发展。②雌雄同株银杏的发现，为天目山银杏野生性提供了一个新的证据，天目山野生银杏由无性而有性，由有性而无性，不断循环发展繁衍下去，是西天目山野生银杏存在和发展的多样性表现形式，使其生命得以永远延续，是适应环境的需要。③雌雄同株银杏的发现，不仅证明西天目山银杏繁衍和发展形式是多样化的，而且在森林组成中，已经形成了一种种群发展的内稳定机制，是长期适应外界环境的产物。

雌雄同株种实、种核性状

雌雄同株种实、种核性状

序号		柄长（cm）	柄粗（cm）	种实						种核				备注
				纵径（cm）	横径（cm）	种径（cm）	重量（g）	胚珠数	成种数	纵径（cm）	横径（cm）	厚度（cm）	重量（g）	
1	(1)	4.0	1.5×1.7~3.9×4.3	2.09	1.77	9.3×9.3	8.8	2	2	1.95	1.36	1.17	1.30	
	(2)			2.05	1.84	9.2×9.2				1.85	1.28	1.10	1.20	
2	(3)	4.0	1.9×1.9~2.9×4.6	2.02	2.02	8.8×9.2	9.5	3	2	1.95	1.32	1.15	1.4	
	(4)			2.13	1.86	8.9×8.4				1.88	1.42	1.14	1.3	
	(5)			1.85	1.94	7.9×8.4				1.83	1.33	1.09	1.1	
3	(6)	3.5	1.3×1.5~3.1×5.0	1.79	1.87	8.6×9.8	7.8	2	2	1.75	1.31	1.09	1.1	
	(7)			2.10	1.73	7.9×9.2				1.54	1.20	1.03	0.8	
4	(8)	3.4	1.3×1.5~2.9×4.0	1.68	1.68	7.4×8.5	7.2	2	2	1.84	1.32	1.07	1.2	
	(9)			2.01	1.77	9.7×9.7				1.82	1.34	1.13	1.3	
5	(10)	3.8	1.6×2.1~3.4×4.7	1.98	1.74	9.6×9.2	8.5	3	2	1.81	1.32	1.09	1.2	
	(11)			2.07	1.92	9.2×8.2				1.88	1.36	1.13	1.2	
6	(12)	3.7	1.4×1.8~3.0×4.4	2.07	2.02	9.4×9.6	9.2	2	2	1.92	1.37	1.17	1.2	
	(13)			1.86	1.66	8.8×8.8				1.77	1.36	1.15	1.0	
7	(14)	3.9	1.4×1.8~3.1×4.4	1.74	1.69	9.1×8.1	7.4	3	2	1.75	1.27	1.18	1.0	
	(15)			1.86	1.84	10.0×8.1				1.66	1.27	1.07	1.1	
8	(16)	3.6	1.5×1.9~2.4×5.1	1.93	1.76	8.8×8.7	6.7	2	2	1.64	1.23	1.06	1.0	
	(17)			1.96	1.98	9.6×9.5				1.80	1.33	1.11	1.2	
9	(18)	3.6	1.6×1.9~3.2×4.2	2.08	2.01	8.4×9.1	8.4	2	2	1.81	1.40	1.14	1.3	
	(19)			1.85	1.86	8.7×9.0				1.81	1.38	1.09	1.2	
10	(20)	3.3	1.4×2.1~3.5×4.8	1.81	1.86	8.8×10.4	6.9	2	2	1.81	1.36	1.14	1.2	
	(21)			1.81	1.77	9.3×10.5				1.58	1.18	1.00	0.8	
11	(22)	3.2	1.6×1.9~3.6×7.5	2.11	2.00	9.6×10.3	7.9	2	2	1.89	1.38	1.15	1.4	
12	(23)	3.4	1.6×1.9~2.6×3.5	1.91	1.86	8.2×8.8	3.8	2	1	1.77	1.25	0.92	0.5	空粒除外
13	(24)	3.6	1.5×2.4~2.7×3.1	2.16	2.05	9.5×9.4	5.1	2	1	1.96	1.44	1.20	1.5	
14	(25)	3.2	1.2×1.6~2.8×4.1	1.85	1.71	7.0×9.1	3.4	2	1	1.71	1.29	1.04	1.0	
15	(26)	3.2	1.3×2.8~3.7×5.2	1.82	1.84	7.2×10.1	4.1	2	1	1.78	1.32	1.12	1.2	
16	(27)	3.4	1.4×1.8~3.3×3.9	2.04	1.99	7.4×9.9	4.8	2	1	1.91	1.41	1.18	1.4	
17	(28)	2.8	1.4×2.2~2.4×4.5	2.00	2.03	9.3×10.9	5.2	2	1	1.88	1.44	1.21	1.3	
18	(29)	2.9	1.3×1.7~2.6×3.8	1.83	1.84	7.7×9.2	3.8	2	1	1.62	1.28	1.09	1.1	
平均		3.47	1.46×1.92~3.06×4.51	1.947	1.859	8.7×9.3	4.096			1.798	1.328	1.11	1.179	

雌雄性比

吉冈金市经过调查，确定了银杏雌株占13%，雄株占87%的自然比率。这一多年来未解开的谜，得到了较明确的解答。

雌雄异株

银杏为雌雄异株。过去诸多材料表明，实生起源的银杏树，幼年期长达18~20年，30年之后才能大量结种，但雄株也有5年即可开花的报道。利用"抱娘树"进行营养繁殖的苗木，结种时间大苗可以提早到8年，小苗15年。通过新技术的应用，可使矮干密植栽培的银杏树提前10~15年结实。美国的材料证明，银杏不结实并不一定是雄株，也许待许多年后这些树仍具有结实能力，但也可能是雌雄同株。银杏在美国结实情况的年周期变化，可能与其特定的环境条件有关。与美国情况不同，在日本，自然状态下，银杏雌株仅占12%~13%。从日本和美国报道来看，银杏在自然状态下实生母树的雌雄比例差异甚大，因此关于银杏雌雄性别的表达有待进一步研究。

雌雄株成龄树区别法

雌雄株成龄树区别法

部位	雌株	雄株
植株	较同龄雄株矮小，树冠多广卵形或圆头形，形成树冠时间早	植株较大，树冠多塔形，形成树冠时间晚
枝	主枝和主干夹角大，向四周横向生长，有时下垂，分布较乱，稀疏，短枝长约12 cm	主枝和主干夹角小，挺直向上，分布均匀，层次清楚，较密生，短枝长约14 cm
叶	较小，裂刻浅而较少且不达叶中部，脱落早	稍肥大，裂刻较深并经过叶的中部，脱落晚
芽	花芽瘦，顶部稍尖，着生花梗顶端	花芽大，饱满，顶部较平
花	花多为2朵	柔荑花序状，花多朵，花蕊有短柄

雌雄株分子标记鉴别法

随着现代分子生物学技术的发展，目前还可以通过对特异蛋白质研究和分子标记技术对银杏进行性别鉴定。通过双向电泳和毛细管电泳技术，对雌雄异株的植物进行分析，发现在植物雌雄花发育过程中，伴随一些特异蛋白质的出现与消失。目前在银杏中尚未见有关特异蛋白质的研究报道。寻找与银杏性别分化相关的特异性蛋白质，也将成为鉴别银杏性别的重要依据之一。分子标记技术是一组可以检测出大量DNA位点差异性的分子生物学技术，它是在遗传信息的载体——DNA水平上研究生物个体间的差异，不受环境条件、发育阶段、不同器官和组织的影响，而且基因组DNA的变异非常丰富，分子标记的数目几乎是无限的，因此，利用分子标记技术来鉴定植物性别也是现代研究的一个热点。目前，应用于银杏性别鉴定的分子标记技术主要有：限制性片段长度多态性分析（RFLP）、随机扩增多态性DNA（RAPD）和扩增片段长度多态性（AFLP）等。

雌雄株化学鉴别法

银杏不同性别对各类化学药剂均有不同的反应。在银杏生长旺季采集健壮新鲜叶片，将叶柄分别浸泡在0.4%、0.5%和1%重铬酸钾，1%、3%和5%硫酸铜，5%硫酸锌，3%、5%和7%的氯化钾，5%和8%的2,2-二氯丙酸，1%的2,4-D等溶液中，分别处理6 h、8 h、10 h和24 h，进行观察，结果是雌性银杏叶片对各类化学药剂的反应均比雄性显著。当用长约20 cm带有15~20片叶的银杏枝条在自来水中浸泡两天，然后，换置在0.03%氯酸钾溶液中，置于暗室两天，再换置清水并放在不很强烈的阳光下经过一个星期的观察，结果是雌性叶片已凋落，雄性叶片仍很青绿，数天后才逐渐枯凋，说明雌性的耐药力差。

雌雄株鉴别

银杏为典型的雌雄异株植物，其实生树定植后需18~20年才能开花结实，从而早期很难确定植株的雌雄性别。因此，银杏实生苗的雌雄性别早期鉴定，不仅具有理论意义，同时具有实用价值。前人通过形态学、生理生化指标、同工酶谱、染色体核型及化学药剂处理等方面来鉴别银杏雌雄性别。对银杏雌雄株的染色体进行了核型分析，提出雌株的染色体核型公式为 $K(2n) = 24(2b) = 2t + 2Bsm + 8Dst + 1tEst + 8Fst$；雄株的染色体核型公式为 $K(2n) = 24(2b) = 2tAsm + 2Bst + 2Csm + 8Dst + 2tEst + 8Fst$。即雌株只有3个染色体含有随体。银杏雌雄株染色体数目及核型一致，雌株4条染色体上有随体，而雄株仅有3条染色体上有随体，并认为第10对亚中部着丝粒染色体可能为性染色体。这些为雌雄鉴别提供了最直接的遗传学证据。分子标记是目前探寻银杏雌雄性特性基因研究的热点，分别利用RAPD和AFI。该技术用来检测雌雄异株银杏基因组 DNA 的多态性，筛选与银杏性别相关的分子标记，结果获得 1 个与银杏雄性基因组相关的 RAPD 序列 TGATCCCT—GG。后又应用 48 个 AFIP 引物组合，其中 3 个引物组合各提供了 1 个与雌性相关的分子标记，经 Soutgern 点杂交证实有两个标记为银杏雄性基因组所特有。利用 RAPD 技术寻找银杏中与性别相关的分子标记，得出一条大小为 682bp、雄性特异的分子标记。这些都是银杏雌雄株鉴别最可靠的手段。为进一步了解银杏的雌雄差别，克隆银杏雄株全长 LEAFY 基因（一个花分化组织特征基因，并调控植物开花的时间），该基因序列与基因银行中银杏雌株 LEAFY 基因核苷酸和蛋白质序列同源性都高达 99%。该全长基因含 2 个内含子，3 个外显子。与雌株 LEAFY 基因相比较，雄株 LEAFY 基因少 3 个碱基，突变均在植物 LEAFY 基因的非保守区内。

雌雄株镜检叶柄法

此法是日本阪本荣作先生发现的，他对雌雄株的叶柄做了大量镜检，发现雌株叶柄下方维管束周围有油状空隙；雄株叶柄下方维管束周围没有油状空隙。

雌雄株开花物候学特征

银杏属雌雄异株，是典型的风媒传粉植物。雄株的小孢子叶球即雄花，由于海拔高度不同和每年温度的变化，其起始花期最早从 3 月下旬到最晚 4 月下旬，二者相差近一个月。但大部分地区银杏雄花芽经过冬天的低温休眠，于翌年 3 月上旬开始萌动，表现为雄花芽明显增大，芽鳞逐渐开张。4 月初芽鳞完全开张，雄花开始开放。约一周左右时间进入盛花期，大量的雄花开始散粉，这一时期也称为散粉期，是银杏传粉的最佳时期，但盛花期持续的时间很短，仅几天就进入末花期。雄花从始花到末花持续 10 d 左右。雌株的大孢子叶球即雌花，雌花开放时间一般要晚于雄花 2～3 d，其盛花期表现为珠孔处分泌传粉滴，持续时间为 10 d 左右，这一时期为授粉的最佳时期。

雌雄株苗期鉴别

雌雄株苗期鉴

部位	雌株	雄株
植株	矮小粗壮	较高，较细
枝	小苗横生枝较多，大苗枝条一般直立，也有的展开角度较大，平展，无乳状突起	小苗横生枝较少，大苗枝条下垂，有无乳状突起
叶	叶基分叉，叶裂较深，叶柄维管束四周有油状空隙	叶基不分叉，叶裂较浅，叶柄维管束无油状空隙
根	苗高 60 cm 左右时，根部有乳状突起	无乳状突起

雌雄株苗期形态鉴别

雌株：株体矮小，粗壮；横生枝条较多，枝条一般直立，有的展开角度较大，平展，无乳状突起；叶基分叉，叶裂较深，叶柄维管束四周有油状空隙；苗高 60 cm 左右时，根部有乳状突起。雄株：株体较高，较细；横生枝条较少，大苗枝条下垂，有乳状突起，叶基不分叉，叶裂较浅，叶柄维管束无油状空隙；根无乳状突起。

雌雄株配置比倒

通过对不同树龄、不同地点的开花雄银杏 1997 至 1999 年产量的调查结果显示，不论嫁接与否、树龄大小、雄树开花占 81.3%，存在大小年现象，自然条件下，实生雄树 15～20 年才能开花，通过嫁接，可以提前到 10 年左右，但前期产量低，实生树 30 年树龄后产量明显提高。根据雄树产量和相应雌树需花量，推算雌雄株比例，不同树龄所需的雄树存在一定差异，树龄 19 年以下的需要多，主要是前期雄花产量低。树龄在 20 年以上，特别是达 30 年以上，雄树进入盛果期，需花量波动较小。此时雄树也大量开花，所以比例相对稳定，变幅为 100:（1.5～4.1）。对 19 年以下幼林阶段，可通过购买雄花或营建成片采花圃，解决雄花短缺问题，或者幼龄阶段让其以营养生长为主，少结果综合考虑既经济又最大限度地利用雄花，提出雌雄株配置比例为 100:（2～4）。

雌雄株染色体核型分析鉴定法

染色体形态特征是进行银杏雌雄性别鉴定的重要方法之一，也是最直接的遗传学证据。通过对银杏染色体组成及性染色体的研究发现，银杏雌雄株染色体数目及核型一致，唯一区别是雌株 4 条染色体上有随体，而雄株仅有 3 条染色体上有随体；雌株第 10 对亚中部着丝粒染色体的长臂上各有 1 个随体，而雄株第 10 对亚中部着丝粒染色体的长臂上仅有 1 个随体，属异型染色体，这 1 对染色即为性染色体。因此，银杏的性别决定机制可能属 xY 型，即雌株为 xx 型，雄株为 xY 型。

雌雄株同工酶谱鉴别法

同工酶谱鉴别法来鉴定银杏性别虽然简单易行，但形态指标差别甚大，每种因往往都是相对而言的，因而可靠性较差。同时，形态学方法也仅适用于成 1 年大树，对形态尚未发生分化的幼苗、幼树就无从谈起了。酶在植物中是普遍存在的，发现性别分化与过氧化物同工酶的数目和活性有关。因此，利用过氧化物同工酶的图谱进行鉴别银杏性别，准确而不受树体发育限制。取树冠中部叶片，冷藏带回实验室，除去叶片灰尘后，剪碎叶片。称取 1 g 碎叶，加4 mL蒸馏水,立即置于冰盘上研磨成匀浆,4℃、3 500 r/min离心20 min。取上清液做同工酶分析。将所取的同工酶粗液,采用不连续的聚丙烯酰胺凝胶电泳分析。结果表明,雌株酶带有5条,雄株只有2条。雌雄株的酶谱差异雌株酶带的迁移距离比较均匀。第1和第5酶带显色需5 min,着色较浅,说明同工酶组分活性比较弱,第2、3、4条酶带着色和显色时间均趋于中等。雄株第1条酶带着色深、显色快,是1条特异酶带,活性较强,Rf值相当于雌株的第3、第4条酶带之间。

雌雄株形态鉴别法

在我国银杏自然分布区,银杏在形态上有着明显不同的特征,可作为区分银杏雌雄依据。①同龄苗木雌株比雄株矮小,但茎干较粗壮,雌株横枝比雄株多。雌株比雄株发芽晚,而落叶又比雄株早。②雌株比雄株叶小而锯齿缺刻浅,叶先端多为浅裂。叶柄横切面,雌株维管束周围存有间隙,而雄株则无。③雌株主枝与主干的夹角大,向四方横展,有时下垂,生长势较弱;雄株主枝与主干夹角小,挺直上纵,雄壮有力,生长势强。④雌株形成树冠时间早,枝条分布较乱,下部大枝较多,树冠多呈广卵圆形;雄株形成树冠的时间晚,枝条分布均匀,层次清楚,树冠多数呈塔形。⑤相同龄的树,雌株短枝因连续结种年数较多,枝条延伸较长,最长可达7~8 cm;雄株短枝较短,一般为1~2 cm,最长达3~4 cm。⑥雌花芽瘦而稍尖;雄花芽大而饱满,顶部稍平。⑦雌花长在花梗顶端,上边托着两朵花,外形如火柴梗;雄花序为柔荑花序状,外形似桑葚。雄花蕊有短柄,在柄端生有两个花粉囊。

雌雄株性别鉴定中DNA分子标记的应用

DNA分子标记是以个体间遗传物质内核苷酸序列变异为基础的遗传标记,是DNA水平遗传多态性的直接反应。DNA分子标记是植株性别鉴定研究的重要支柱。在对形态学、生理生化、细胞学水平上的银杏性别鉴定方法进行比较的基础上,总结DNA分子标记在银杏雌雄株性别鉴定领域的研究,目前应用主要有RAPD标记、AFLP标记、SCAR标记、ARPA标记等,同时对DNA分子标记银杏性别鉴定的发展前景进行展望。

雌雄株中不同器官还原糖含量的差异

雌雄株中不同器官还原糖含量的差异

株性	器官	月份						株性间差异显著性测验
		5	6	7	8	9	10	
雄株(%)	叶片	2.75^B_b	6.49a	4.39^A_a	5.32a	7.74^A_a	3.64a	
	一年生长枝	11.21^A_a	4.31a	3.67^B_b	5.06a	4.18^B_a	0.46b	
	一年生中短枝	9.81^A_a	4.97a	3.37^A_a	4.41a	3.21^B_b	1.46b	
	花	6.91						$|t| < 0.05$
雌株(%)	叶片	9.38a	4.18a	4.46^A_a	4.24a	7.46^A_a	3.49^A_a	
	一年生长枝	10.58a	6.79a	3.23^B_b	4.16a	4.16^B_b	0.63b	
	一年生中短枝	8.16a	5.17a	3.26^B_b	3.69a	3.60^B_b	0.77^B_b	
	花	6.87						$|t| < 0.05$

雌株同株银杏种核播种成苗统计

雌株同株银杏种核播种成苗统计   单位:cm、片数

编号	3月27日始催芽	5月3日检查	5月3日播种		5月6日始出土	8月6日调查保苗
	胚根长	胚芽长	苗高	地径	叶下高	总叶片数
1	5.5	2.7	14	0.25	7	5
2	5.3	2	12.5	0.25	5	6
3	4.5	2	8	0.2	2	10
4	3.7	1.4	12	0.3	5	7
5	3.5	0.5	9.5	0.27	2.5	7
6	3.3	0.2	3	0.18	2	4
7	3	0.1	3.5	0.24	3	4
8	0.8	0	—			
9	0.3	0	—			

次级样品

采用一定分样方法分取的一部分样品,如由混合样品分取的送检样品,或由送检样品分取的试验样品,甚至从上一级试验样品到下一级试验样品,均称为次级样品。

次生产物

指银杏体内由糖类、脂肪和氨基酸等有机物代谢衍生出来的萜类、酚类及生物碱等物质。这些物质贮存液泡或细胞壁中,是代谢的最终产物,除极少数外,大部分不再参加代谢活动。某些次生产物可作药物,如黄酮类、萜类等,其在生产上备受关注。目前,利用银杏细胞培养生产有利于人类生活、生命的有益物质有了很大发展,成为生物技术的一个重要组成部分。

次生木质部

维管植物银杏在次生生长中,由维管形成层所产生的木质部组织,称为次生木质部。

刺红银复方胶囊

刺五加根提取物 125 mg、红参提取物 125 mg、银杏叶提取物 200 mg、维生素 C 50 mg。

丛林式盆景

3 棵以上银杏合栽在一起,称之为丛林式银杏盆景。制作丛林式银杏盆景常以奇数组成。如果数量较多,则可以分为两组。丛林式盆景比其他形式的盆景较容易制作。它不以单棵形式塑造,而是点植与整体布局为主。如果布局合理,便能显示出山林之幽趣。丛林式盆景可以一次成功。它的用材通常是那些不能单独造型的小银杏树苗合。丛林式让人观后富有山林野趣的感觉。所以,在制作过程中,主要吸取了画法中的远近法,以"咫尺之图,写千里之景"。以 8 棵组合栽的丛林式为例,把银杏桩苗按照从大到小一字摆开并编号。将 1~5 号栽在长方形盆的右前角,6~8 号栽在盆中的左后角。栽时自由疏散不强求对称,也不可栽成直线。如呈不等边三角形,将 1 号主树栽在前面,2 号为副树栽植在 1 号树的右后方,3 号树栽于 1 号树的左前方,4 号树栽于 2 号树的后面,5 号树栽于 3 号树的左后方。第 2 组 6 号树作为二组的主树,植于前面,7 号树植于 6 号树的右后边,8 号树植于 6 号树的左后边。几棵小银杏树合栽上盆时,它们之间的距离不能等长,要根据用盆的长短、宽窄、形状、大小留出适当空间。一般高与高之间的距离较近,高与矮之间较远,也有时把矮树和高树栽植相近,以衬托高者之大。一组中的大者和沿边者也需要露根。两组树之处的土面不能平坦,应高低不平。还应在第一组前面的土上,或栽或放几块小石头。借用画法中的远近法。近者可见露根与山坡之石,远者可见轮廓。两组组成一个共体,遥相呼应。各组的树与树之间,也要呈现出左顾右盼之式,方能显现林海幽深茂密的景象。

丛生干

也包括"四世同堂"树、"五世同堂"树、"怀中抱子树"等。银杏树体、枝干及根际均分布着大量隐芽。银杏隐芽萌发力极强,当树干受到刺激后,隐芽会迅速萌发,形成新的树干或新枝,因此上千年生的银杏大树长久不衰与隐芽萌发力强这一生物学特性有关,广东南雄银杏丛生干较多。

丛植

丛植不仅要考虑个体美,不要构成群体美。一个树丛由二三株或八九株银杏树,或混交其他树种,自然组合在一起。丛植时以银杏形成主体,配以若干陪衬树种,显示错落有致、层次多变的自然美。现代化城市多以高楼大厦、宽广的广场和中心绿地构成。如能在高楼大厦周围配置高大的银杏树,不但可烘托楼房的宏伟,也可调节建筑的单调。城市现代建筑多以立体的几何造型,光滑明亮色彩鲜艳的新型建材组合而成,从整体看去有人工雕琢感,如周围配植一些银杏,可利用其树龄长、树形独特,给人以古朴感,补充缺乏自然美的不足。

丛状形

①秋季起苗(落叶后至封冻前),在 20~30 cm 处平茬,然后进行嫁接(多用舌接、劈接或插皮舌接)。接穗要求 3 个芽。接后蜡封,沙藏越冬,早春栽植。②栽植当年秋季每枝保留 2 个饱满芽回剪,可保证第二年春季发出旺枝。③管理中及时抹去下部实生萌条。④第二年春每株可发出 4~6 个新枝,管理中要使各枝均匀分布,角度大时,可用绳拦或者绑杆定方向,使其矗立生长,秋季每枝保留 2 个壮芽,再度进行回剪更新。⑤第三四年,根据方位、强弱,每株保留 8~12 个丛状枝条进行采叶实验。以后每年回剪更新,每年保留 8~12 个枝条。对于其他所发侧枝进行短截仅保留基部叶片。

粗佛子

亦称粗佛手,为长子银杏类,是广西产区栽培品种,占本产区产量的 2% 左右,为根蘖苗种植,树势生长旺,主干明显,树冠为长卵圆形,产量大小年明显,产量变幅在 35% 左右。种实为椭圆形,成熟时橙黄色,有白粉和油胞,先端圆钝,顶点下凹,基部宽,蒂盘平呈圆形。果柄长 2.8~3.1 cm,略弯曲。种实纵径 3.07 cm,横径 2.79 cm,单果重 11.7 g,每千克 85 粒,种实出核率为 22%。种核长圆形,表面显粗糙,具有明显纵沟纹,先端略扁,具不明显的小尖,中下部肥大,略圆形,基部两维管束迹明显,间距约 2.5 mm,两侧棱线中上部明显,纵径 2.6 cm,横径 2.2 cm,单核重 2.2 cm,每千克 370 粒,出仁率为 76%。母树位于广西灵川县海洋乡,树龄 60 年,树高 19 m,冠幅为 10 m ×12 m,年株产种核 50 kg。本品种在广西主要分布于灵川、兴安、全州三县。

粗脉似银杏

生长地域:吉林。地质年代:中晚侏罗纪。

粗脉楔拜拉

生长地域:陕西、内蒙古。地质年代:晚三叠纪。

粗枝中间砧嫁接法

把大树换头时锯下来的粗壮枝条锯成 2～3 m 的树段作为中间砧木(也可视培育苗木的高度而定),去除小枝及疖疤,然后在中间砧的下端嫁接 2～4 根 2～3 年生银杏小苗的根,作为砧木。在中间砧上端嫁接 2～4 根优良品种的接穗;在中间砧的下部用 3 根 70 cm 长的小方棍钉在四周,起支撑及稳固作用。其栽植深度以中间砧埋入土中 20 cm 左右为宜。最后在四周栽植 2～3 株高 1 m 左右的银杏实生苗,做嫁接用砧木,嫁接到中间砧的中部和下部,帮助输送营养。上、中、下嫁接均采用插皮接。对接穗、砧木一面削成 3 cm 左右的梯形斜面,背面削成 1 cm 左右的小斜面。两侧各削一刀,上浅下深,中部和下部削至形成层。在中间砧上纵切一刀(深达木质部),用竹签撬开切口处的皮层,将接穗包扎好即可。桥接时在纵切口下横切一刀,呈"上"形。嫁接时间以 3 月中下旬为宜。

促花技术

对部分生长旺盛的嫁接幼树,品种来源清楚,已达到挂果年限的(主干直径在 5 cm 以上),至今仍不开花的植株,可在 5 月底 6 月初用 12 号铁丝在主干(距地面 25 cm 处)或每一分枝(距主干 15 cm 处)环扎一周,铁丝必须扎紧,环扎后直接在扎环上方 1.5～2.0 cm 处用利刀环刻一周,深至木质部,环扎两个月左右,如出现铁丝已深陷入树皮内,影响植株生长,应及时将铁丝解除。或在此期间在主干 20～30 cm 处用利刀环割一周,深至木质部,环割宽度为 0.4 cm 左右,环割后 50～60 d 可愈合,这种环割方法既不造成植株死亡,又能达到提早挂果的目的。采用以上技术后,两年左右可开花结果。环割技术必须慎重,宜轻不宜重,如环割切口过宽,而造成植株切口当年不能愈合,使植株生长衰弱,严重的则死亡,这样下去则影响了银杏生产的发展。

促花灵

银杏促花常采用环剥倒贴皮的方法,有一定的效果,但易影响植株寿命。化学调控在其他果树栽培上已取得明显效果,针对影响花芽分化的成花因子,而促花灵的主要药剂成分为 PP_{3333}、B、K_2O、P_2O_5、Zn 等植物营养元素,经多年在果树生产上使用,具有明显的控梢促花作用,而且对作物十分安全,无副作用。

"促花灵"的使用技术

"促花灵"使用方便,安全无副作用,"促花灵"每包用水 12.5 kg,使用时将整包药物先用少量水化开,调匀后加足水量。喷施时期,银杏于 6 月上中旬,新梢停止纵向生长时使用 1～2 次。注意事项如下。①树势过于衰弱的树不宜使用,且效果不佳。②喷用时应整包一次用,不能分多次使用,同时应边喷边搅动药水。③"促花灵"药液受温度、水量、水肥管理因素的影响,使用时应注意控制水肥,尤其是氮的施用。④"促花灵"不宜与赤毒素混合使用,但可与农药混用。

"促花灵"对银杏控梢促花的效应

对银杏控梢促花的效应。①"促花灵"对银杏枝梢生长有明显的抑制作用。喷用"促花灵"的幼树枝梢抽生时期推迟,而枝梢长度比对照缩短 16.2%,叶片变厚、宽、叶面积相对减少,树冠比对照紧凑,这对银杏的矮化密植是十分有利的。②"促花灵"提高了银杏的成花率。银杏于新梢由纵向生长转入横向生长时期(6 月中旬)喷施 1 次"促花灵",成花率比对照显著提高,效果显著,促花灵可代替环剥倒贴皮。③"促花灵"促使银杏短枝的形成。喷"促花灵"的银杏新梢纵向生长得到控制,短枝的发育明显增强,短果枝的形成较易。④"促花灵"对银杏花期的影响。"促花灵"对银杏的开花期影响不大,据江西省油山镇坪林村的观察,喷"促花灵"的植株,雌花成熟期 12/4 产 18/4,对照的 12/4—19/4,喷"促芘灵"的雌花,开放时间 6 d,对照区 5～7 d。⑤"促花灵"提高了银杏叶片的养分含量。喷用"促花灵"的植株新梢叶片变厚、深绿,叶片干鲜重增加,叶绿素含量提高,N、P、K 含量多,糖、淀粉积累多,一些主要氨基酸含量提高,这些均有利于银杏花芽分化及花质的提高。

"促花灵"控梢促花的作用机理

"促花灵"的主要成分 PP_{3333},是一种新型植物生长延缓剂,具有阻碍植物体内赤霉素合成的作用,"促花灵"正是通过 PP_{3333} 这种作用,抑制新梢生长,促进花芽分化。"促花灵"处理的植株叶片光合作用增强,树体的有机、无机营养含量提高,有利于花芽分化及花质的提高。

促进银杏插穗生根的方法

扦插育苗中,除了创造良好的生长环境外,使用药剂处理插穗是一种很有效的措施,促进生根,提高成活率。①化学药剂处理。药剂有高锰酸钾、二氧化锰、硫酸镁等,常用的高锰酸钾,用 0.05% ~ 0.1% 的溶液浸泡插穗 12 h,除能增强新陈代谢,促进生根外,还能起消毒作用,抑制病菌的生长。另外,用 1% ~ 10% 的蔗糖溶液浸泡插穗 12 ~ 24 h,也能补充插穗的营养物质,促进生根。②生长激素处理。常用的生长激素有萘乙酸(NAA)、吲哚乙酸(IAA)、吲哚丁酸(IBA)、2,4 - D 等,处理方法是将插穗的下端 3 ~ 5 cm 浸入浓度为 50 ~ 100 mg/L 溶液中一定时间,浓度低时间长,浓度高则浸泡时间短。③ABT 生根粉。它是一种复合型的植物生长调节剂,既有外源激素的直接作用,施用后又能刺激植物本身产生内源激素。20 世纪 80 年代后期在国内多种植物上推广应用,并出口许多国家。它有多种型号,均为 1 g 包装(10 小袋),常用浓度为 50 ~ 100 mg/L,全枝浸泡或仅浸泡插穗下端 3 ~ 5 cm,每克可处理插条 3 000 ~ 6 000 条。

促进早实丰产的根本途径

嫁接苗较之实生苗结种早,所以营建矮、密、早、丰园,可定植嫁接苗或随定植随嫁接。这是因为嫁接后通过接穗继承了采穗母树的发育阶段,使年龄小的银杏苗发育阶段升华,达到发育的成熟阶段。这样从根本上促进了早实。浙江富阳市采取小苗嫁接建园,即用 2 ~ 3 年生实生壮苗做砧木,高度 0.8 m 以上,根径 1.5 cm 左右,在干高 20 ~ 50 cm 处进行嫁接。接穗采自结种树上芽体饱满、生长健壮的 1 ~ 2 年生枝条。当年定植当年嫁接:较之不嫁接树提前 1.5 年结种。同样,广西植物研究所用 2 年生苗做砧木,1 ~ 2 年生的枝条做接穗,树株发育较好者嫁接后第 3 年(即砧龄 4 ~ 5 年)株产 2.5 ~ 3 kg,第 4 年(即砧龄 5 ~ 6 年)株产 3 ~ 4 kg。需要着重指出的是必须选用高径比 70∶1 以上的粗壮砧木,接穗亦必须采自早实、丰产、性状良好、发育阶段成熟的枝条。选用弱苗、弱枝、弱芽难以奏效。

促控技术的综合应用

为使银杏早结果丰产,在各项措施综合应用的基础上,根据银杏树体生长发育情况,及时采取相应的促控措施,以保证银杏正常生长发育,向着有利于花芽分化、提早结果的方向发展。如果投产前银杏树体衰弱,长枝数少,短枝上的芽发育不充实,每个短枝头着生和叶片数少,则不利于营养积累和花芽分化,会推迟挂果。可采用回缩促长的办法使树势转强。如树势过旺,长枝量多,短枝数少,短枝台上着生的叶片数也少,质量较差,偏重于营养生长,同样会推迟结果。对这类旺树,则采用控制长枝的办法,如运用长枝摘心、枝端扭梢、折梢及大枝环状剥皮(尤其以环状剥皮倒贴皮效果好)、拉枝撑枝加大主枝分枝角度,削弱其极性生长势头等。

催熟激素

即乙烯利。因其基本功能是催熟,亦称催熟激素。银杏树体本身也能合成乙烯利。

催芽

以人为的方法促使种子提早发芽的处理,并使其露出胚根。催芽是提高苗木产量和质量不可缺少的环节,在生产上应用较广。方法很多,可归纳为低温层积催芽和高温催芽两类。

催种和促花肥

从 5 月上旬到 7 月上旬,银杏叶片增大、增厚,种子膨大,是新梢生长和花芽分化的关键时期,需要补充大量的养分。此期缺肥会造成银杏树叶发黄,长势减弱,落种严重。核用银杏园主要是追施腐熟的有机肥,如鸡粪、人粪、垃圾及其他堆肥。同时,要增施复合肥料。施有机肥时间以不超过 5 月中旬为宜,复合肥可根据银杏树长势施 2 ~ 3 次。叶用银杏园则分别于 5 月、6 月、7 月各施一次肥,因为此期叶片生长最快。

脆果浸渍入味工艺

银杏破口→置糖液中微波处理 4 ~ 5 min。此方法所得产品酥脆度好。

脆片生产工艺流程

操作要点。①白果挑选。用水选法拣去上浮的霉烂粒、空粒和杂物,选出表面纯白光滑、颗粒饱满、大小一致的白果。②去壳、去内衣。将白果用锤子轻敲去壳,去内衣,若仍未完全去内衣,则煮沸搅拌 5 min,去掉沸水,迅速冲入冷水,反复冲洗,直到内衣全部脱净为止,即可得到外表光亮、黄白色的白果仁。③盐浸。将白果沥干称重,配制 20% 盐溶液于大烧杯中,并放入白果浸泡。④加水打浆。把盐浸过的白果取出稍沥干称重,再将白果与水以 1∶1 的比例置于打浆机中,按从低功率到高功率的顺序将白果打成浆状。⑤调浆。按 1∶1 比例加入糯米粉与白果浆混合均匀。⑥调味。加入一定量的盐、糖、油、胡椒粉进行调味。⑦定型。把一定量的白果浆置于水平的玻璃盘中,左右倾斜控制好玻璃盘,使白果浆自然流动成一层均匀的、约 1 mm 厚的薄层。⑧微波膨化。定好型的白果浆放入微波炉中膨化。检测方法。①微波膨化。样品的膨化率,测定膨化后样品的体积与膨化前的体积之比为膨化率。②水分测定。参照 GB5497—85 进行。③感官评价。采用目测和品尝法。

痤疮用乳液

6-烷基和6-链烯基水杨酸混合物0.1份、液状石蜡10.0份、凡士林4.0份、鲸蜡醇1.0份、甘油—硬脂酸酯2.0份、丙二醇7.0份、氢氧化钠0.4份、硬脂酸2.0份、蒸馏水100份。制法：将6-烷基和6-链烯基水杨酸混合物、液状石蜡、凡士林、鲸蜡醇、硬脂酸和甘油—硬脂酸酯混合，加热溶解后保持在70℃，得到油相。将丙二醇、氢氧化钠、硬脂酸混合，加热，维持在70%得到水相。在水相中加入油相，于均质机中均匀乳化后，在充分搅拌下冷却到30℃，即成治疗痤疮乳液。用时，将乳液涂在患处，早晚各一次。本剂对皮肤无刺激性，疗效明显。处方中的6-烷基和6-链烯基水杨酸是银杏叶中的活性成分，可驱虫、杀菌、抑制痤疮病原菌痤疮丙酸杆菌的繁殖，外用于痤疮治疗。

D d

搭接

将砧木和接穗斜切成同样长短及角度相同的切面,把切面对在一起包扎起来的嫁接方法,这个方法与舌接相似,只是省略了在砧木和接穗上切成舌头状的第二刀,搭接法简单易行。嫁接时要尽量使砧木与接穗粗度一致,包扎要紧,否则,接穗易松动。嫁接愈合后捆扎物必须去掉,以免影响枝条生长。

达纳康(坦纳康)

主要成分:每片含银杏叶提取物 40 mg,含黄酮糖苷 24%,萜类 6%,其中银杏苦内酯 3.1%,白果内酯 2.9%。药理作用:作为对动脉、静脉、毛细血管都有调节作用的血管调节剂,能有效地改善缺血组织的血液循环,增加血流量;增加红细胞的变形性,特异性地对抗血小板活化因子(PAF),从而降低血黏度,减少血栓形成;增加缺血组织对氧和葡萄糖的作用,改善缺血组织的能量代谢;强大的自由基清除作用和对抗兴奋性氨基酸的特性,从而保护细胞结构和功能的完整;对中枢神经递质 NE、ACH、5-HT、DA 等有调节作用,从而提高大脑警觉性和记忆力;白果内酯可增加神经元细胞对缺血、缺氧有害因子的抵抗力。适应证:缺血性脑血管疾病的治疗和预防,头晕、头痛、记忆力下降、智力减退、运动障碍、情感障碍及人格改变;脑出血及颅脑创伤的恢复期治疗。

打顶对促进分枝的效果

打顶对促进分枝的效果 单位:%

重复	行距 30 cm			行距 15 cm			总平均	F 值 最小显著差
	3月打顶	6月打顶	不打顶	3月打顶	6月打顶	不打顶		
重复1	86.8 (68.70)	53.3 (46.89)	24.2 (29.47)	52.4 (46.36)	41.5 (40.11)	21.7 (27.76)	47.4	$F_{打顶}$=62.78
重复2	76.5 (61.00)	60.9 (51.30)	24.2 (29.47)	67.6 (55.37)	37.8 (37.94)	21.1 (27.35)		$F_{行距}$=16.37
平均	81.7	57.6	24.2	60.1	39.7	21.4		
反正弦 平均值	64.85 a	49.10 bc	29.47 cd	50.87 b	39.03 c	27.56 d		最小显著差=10.30
畦平均	54.5			40.4				

注:经反正弦推算后作方差分析。括弧内为反正弦换算值。

打顶对苗木生长的影响

打顶对苗木生长的影响 单位:%

项目	处理 重复	行距 30 cm			行距 15 cm			总平均	F 值 最小显著差
		3月打顶	6月打顶	不打顶	3月打顶	6月打顶	不打顶		
高度 (cm)	重复1	56.9	56.7	69.5	44.9	55.6	58.6	56.3	$F_{打顶}$=0.18
	重复2	55.3	55.0	60.2	55.3	50.2	56.3		$F_{行距}$=2.24
	平均	56.1	55.9	65.4	50.1	52.9	57.5		最小显著差 =11.7
	畦平均	59.1			53.5				
粗度 (cm)	重复1	0.92	0.83	1.03	0.63	0.74	0.87	0.82	$F_{打顶}$=0.41
	重复2	0.85	0.90	0.87	0.70	0.71	0.74		$F_{行距}$=33.23
	平均	0.89ab	0.87ab	0.95a	0.67d	0.73cd	0.81bc		最小显著差 =0.12
	畦平均	0.90			0.74				
芽数 (个)	重复1	23.5	16.2	20.0	11.9	14.9	14.7	17.2	$F_{打顶}$=5.86
	重复2	24.4	18.8	19.1	16.1	13.0	13.4		$F_{行距}$=25.30
	平均	24.0a	17.5bc	19.6ab	14.0c	14.0c	14.1c		最小显著差 =5.3
	畦平均	20.4			14.0				

大白果

河南全省分布范围较广,主产豫南大别山区及豫西伏牛山区。树冠塔形,大枝斜上,小枝平展,树势旺盛,丰产稳产性能好。种子较大,近圆形,纵径2.63 cm,横径2.67 cm,外种皮成熟时黄色,密被白粉,表面疣点明显,先端微凹,平均单种重10.56 g;种核近圆形,黄白色,长2.29 cm,宽1.89 cm,厚1.43 cm,先端圆钝,尾突大而显著,平均单核重2.89 g,每千克种子345粒左右,出核率27.4%,出仁率83.1%。该品种种核大而饱满,出仁率较高,丰产性能较好,种仁味美甘甜,为河南省主要栽培和推广品种之一。

另:主产湖北孝感。种果很大,倒卵形,顶端微凹入,基部平展,橙黄色,熟时有白粉,果梗长4 cm;核肥大,倒卵形、略扁,色洁白。顶端圆钝,基部渐窄,边缘有翼;种仁黄绿,饱满,味美,品质好。大梧乡上余田湾的一棵大白果树,树高36 m,冠径15 m,主干4.5 m,胸围4 m,平均果核重4 g。

大孢子

即指雌性孢子。

大孢子母细胞的发生

江苏扬州地区3月下旬(3月20日左右)在珠心组织内分化形成孢原细胞,孢原细胞的细胞体积较大,形态为规则的等径形,细胞质染色浅。之后孢原细胞不进行分裂,其体积沿胚珠的纵轴方向伸长,逐渐形成了长椭圆的细胞,细胞核位于细胞的中央,仅细胞核周围的细胞质较浓。3月28日,随着孢原细胞的进一步伸长,体积的进一步增大,逐渐变为大孢子母细胞,此时大孢子母细胞的细胞核增大且位于细胞中央,细胞质变浓。4月10日,大孢子母细胞进入减数分裂期,并形成直列的四分体,靠近珠孔端的3个细胞逐渐退化消失,而合点端的细胞发育成为功能大孢子,之后功能大孢子分裂形成游离核,即进入雌配子体的游离核阶段。

大孢子囊

产生大孢子的孢子囊。

大孢子叶

具大孢子囊的叶状器官。

大便下血

白果仁50 g,藕节25 g,共研末。分三次,开水冲服,一日服完。

大别山、桐柏山银杏地理生态型

分布范围:北纬31°~33°,东经112°~117°;包括河南及淮河以南,湖北长江以北和安徽北部大别山区及中部丘陵区。年平均气温14.5~16℃,1月份平均气温0.9~3.5℃,7月份平均气温27~29℃,年降水量1 000~1 200 mm;土壤为黄棕壤和黄褐壤。植被属北亚热带,常绿落叶阔叶混交林,银杏有少量栽培,垂直分布在100~700 m山地丘陵地带。栽培历史较久,千年生以上的大树有上百株,优良品种多,梅核、马铃、佛手均有,如湖北随州的"大龙眼"、随州1号,安陆的大梅核、安陆1号、京山14号等。是银杏产区之一。

大别山区红军树

河南省罗山县铁铺乡何家冲村前有一棵古银杏树,号称"红军树"。树旁立有碑文:"红二十五军长征出发处——白果树",树高30 m,直径1.5 m,距今已有800年以上的历史。1934年11月16日,红二十五军全体将士在此树下集合,高举"中国工农红军北上抗日第二先遣队"的旗帜,发布《中国工农红军北上抗日第二先遣队出发宣言》,整队出发,开始长征。此树由此被叫作"红军白果树",备受当地保护。

大茶果

属佛指类。树冠圆形,干皮灰黑色,呈纵裂块状剥落;树形开张,树势旺。高产稳产,株产白果350~500 kg。种实大小为3.4 cm×2.5 cm,呈矩圆形。外种皮橙黄色,密被白粉,先端微凹,种柄长5 cm左右,每短枝着果6~8个;单果重11.52 g。种核大,呈倒卵形,为2.96 cm×1.93 cm×1.61 cm,核形指数1.5。先端圆钝,尾突大而显著,平均单核重2.87 g,壳白且薄,核仁饱满,出仁率高达81%~85%。味糯香。9月上旬成熟。

大袋蛾

属鳞翅目,蓑蛾科。大袋蛾又叫避债蛾、蓑蛾、皮虫等。分布于华东、中南、西南等省区,属亚热带和热带性昆虫。杂食性、繁殖量大、暴发性强是此虫的重要特点。除为害银杏、梨、杏、枇杷、油茶、茶等果树和经济树种外,还为害法桐、枫杨、杨、柳、榆、槐等多种林木。亦为害玉米、棉花等多种农作物。大发生时,幼虫将全部树叶吃光,还可啃食小枝皮层和幼果,是园林绿化、城市行道树、防护林、经济林和果园的重要害虫之一。华东地区每年发生1代,以老熟幼虫在护囊内越冬。次年5月上旬化蛹,5月下旬成虫盛发并交配产卵,6月上旬孵出幼虫,至10月上旬开始越冬。卵期11~21 d,幼虫期310~340 d,雌13~26 d,雄24~33 d;成虫期,雌12~19 d,雄2~3 d。雌虫羽化后,留在护囊内,雄蛾飞至护囊上将腹部伸入护囊进行交配。雌虫产卵于囊内,产完卵从护囊末端落至地面死亡。每雌虫平均产卵量1 000粒以上,最高可产

5 000余粒。幼虫孵出后在护囊内滞留3~5 d蜂拥爬出,靠风力和吐丝扩散蔓延。在适宜的寄主上,以丝缀碎叶片或少量枝营囊护身,幼虫隐匿于囊内,取食及迁移时均负囊活动。具有明显的向光性,多聚集于树被梢头。3龄后食叶穿孔或仅留叶脉,7~9月间幼虫老熟,食量增大,为害最烈。10月后越冬前,多爬至树冠上部枝条末端,以丝束缠住树枝固定护囊,当来年的枝条生长增粗时,丝束处呈明显的缢缩,成虫羽化一般在傍晚前后。雄蛾在黄昏时刻比较活跃。以20~21时诱到的雄蛾最多。防治方法如下。①人工摘除越冬虫囊。秋、冬季树木落叶后,虫囊很易寻找,人工摘除虫囊,收集烧毁,效果显著。对银杏矮干密植丰产园和茶园作用最大。②药剂防治。幼虫孵化不久,用2.5%敌百虫粉剂喷洒树木,每亩用量4~5 kg,48 h后杀虫率可达96%以上。对银杏城市行道树或庭院绿化树,可用90%敌百虫1 000倍溶液喷洒,杀虫效果均好。③生物防治。幼虫孵化后,用每毫升1亿孢子浓度的苏云金杆菌溶液喷洒树木,效果显著。在幼虫和蛹期利用鸟类、寄生蜂等捕食性和寄生性天敌,也可获得良好效果。

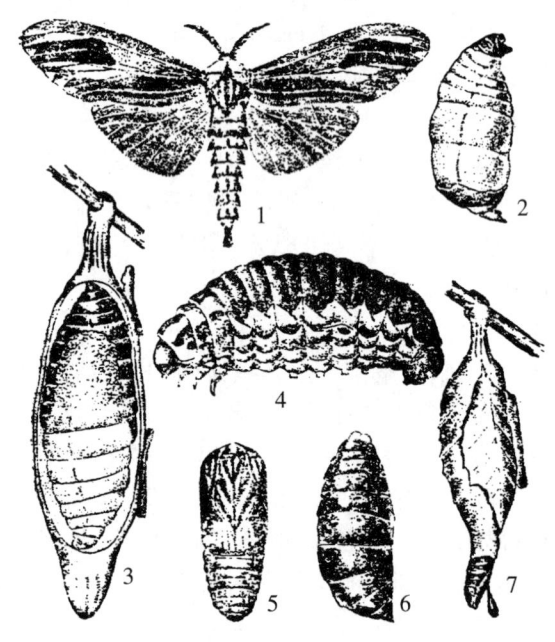

大袋蛾
1.雄成虫 2.雌成虫 3.雌成虫产卵状 4.幼虫 5.雄蛹
6.雌蛹 7.袋囊及羽化后留在囊内的蛹皮

大耳朵

雄株。树龄约50年,树高15.7 m,胸径0.56 m。实生树选出,生长旺盛。定型叶心形,全缘,1个裂刻将叶子平分为两部分。裂刻长×宽为3.8 cm×0.5 cm。油胞稀而小,放射状分布在叶子中下部。叶色浓绿,有别于其他品种,叶形较独特,同时可以作为观赏品种。1年生长枝叶明显大,且长短枝叶差异较小,短枝上的叶比一般品种大而均匀,叶柄较粗。接后当年长枝上标准叶:叶长6.86 cm,叶宽9.87 cm,叶柄长5.46 cm,叶面积41.73 cm^2,鲜重2.24 g,干重0.57 g,含水量74.98%,五叶厚0.284 cm,基线夹角>180°。接后3年短枝上的叶上述指标分别为5.72 cm、9.68 cm、6.98 cm、42.49 cm^2、1.47 g、0.42 g、71.34%和187°。长枝叶分别为7.62 cm、12.23 cm、6.8 cm、63.3 cm^2、2.7 g、0.74 g、72.78%和163.33°。嫁接成活率较高,达98.77%,亲和力较高,当年抽梢率100%。接后3年,小部分单株见花。短枝数每米长枝34.39个,二次枝数每米长枝17.84个,二次枝长33.28 cm,每短枝5.44个叶,枝角55°,成枝力51.9%(2年枝段)。位置效应明显,斜向生长。接后2年,接口上粗2.74 cm、3年为3.1 cm。冠幅分别为110.8 cm×128.8 cm和127 cm×130 cm。当年新梢长43.5 cm,粗1.09 cm,叶数29.2枚。接后3年,新梢数每株24.2个,叶数每株595个,枝总长10.21 m。叶面积指数1.88。无黄边,在山东莱州4月5日发芽,4月21日展叶,11月上旬落叶。接后当年,株产鲜叶0.165kg,2年0.431kg,3年0.783kg。短枝叶占37.73%,长枝占62.27%,差异较其他品种小。当年生叶黄酮总量达1.786%,内酯总量0.077%,其中q 0.0094%、Gc 0.019%、Ga 0.0218%、Gb 0.0117%、Bb 0.0149%。该无性系垂枝、叶基线夹角>180°,属高产观赏兼优品种。

大佛手

本品种广泛分布在山东、江苏、广西、浙江、贵州等地,也是江苏苏州洞庭山主要栽培品种之一。由于其果柄长而柔软,不易脱落,加以果大,故有大长头之称。母树在苏州东山中学,树主为杨家驷。树龄30年生,树高7 m,冠幅9.3 m×9.8 m,冠形指数0.71。干高1.1 m,周粗1.05 m,主干截面积877.3 cm^2。佛手叶片稍大,一般叶长×宽为(4.0~5.0)cm×(6.4~7)cm,叶柄稍大,长3.8~8.5 cm。大佛手果实丰满,形状整齐,果形指数通常为1.27。果长×宽为3.46 cm×2.8 cm。单果重16.1 g。果面黄色,被白粉;色泽较深,呈橙黄色。果柄着生处有一隆起小阜,果柄长3.9 cm。核卵状长椭圆形,长×宽×厚为2.88 cm×1.73 cm×1.45 cm。核形指数为1.63。单核重3.3 g。平均株产24.8 kg,树干截面积负载量0.028 28 kg/cm^2,株产量变异系数为40.86%。一二级种核率高达100%,种粒大而均匀,丰产稳产。出核率2.12%,出仁率75.76%。就种仁内含物来看,支链淀粉43.87%,

直链淀粉4.94%,淀粉总量48.81%,粗蛋白5.51%,可溶性糖8.78%,干物质43.02%,是值得重视的优良品种之一。

大佛指

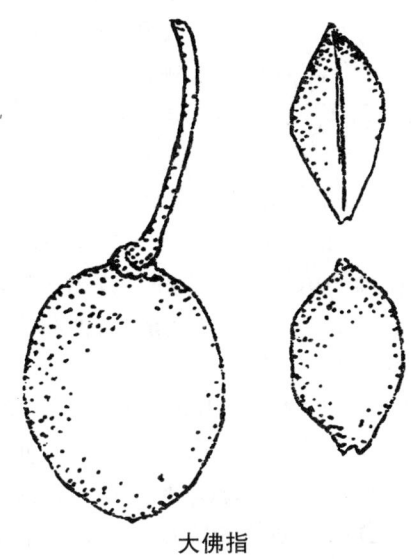

大佛指

多为嫁接树,树冠多为圆头形或半圆头形。因发枝力较弱,树冠外围长枝1年生长量仅为25 cm左右。叶片较少,叶色较淡,中裂较浅或不甚明显,叶片形状多为三角形、扇形、截形和如意形。扇形叶长3.4～4.6 cm,宽7.6～7.9 cm,叶柄长3.9～6.2 cm。种子长卵圆形,熟时深橙黄色,被薄白粉,多单种。先端圆钝,珠孔迹小,平或少下凹,少数具小尖。基部蒂盘近正圆表面高低不平,周缘不整。种实基部略现偏斜。种实纵径3.1 cm,横径1.4 cm,种柄长4.5～5.3 cm。每千克74～121粒,出核率为26.0%。种核长卵形,色白,形似手指。先端尖削,具秃尖,中间略有凹陷,基部束迹点甚小,并略向基部凹入,种核两侧具棱,棱线明显,无翼状边缘。种核单粒重3.1 g,每千克粒数323粒。大佛指的缺点是大小年明显,落果现象严重,由于长期嫁接繁殖,因此明显出现品种退化。是江苏泰兴的主栽品种,种子产量占全县总产量的98%以上。

大谷寺银杏

河南省长葛市大墙周乡大谷寺村原兴国寺旧址,有1雌株古银杏,胸围3.5 m,树高25 m,冠幅21 m,主干高4.5 m。该树栽培历史不详,但树形奇特,树干顶端有数十主枝,成丛生圆头形树冠。枝叶茂密,蔚然壮观。为一特殊形态的古老银杏。"即古之丹丘珠林,无以过之。"可见明代此银杏已是覆荫寺院的大树。又据报道:"庵窟沱寺银杏,栽于西晋太康年间,距今有1 700年的历史……"

大金果

大金果,原大马铃铁富4号,亲本位于江苏省邳州市铁富镇宋庄村,树龄400年。邳州市1984年进行银杏良种普查时发现的优良单株,系嫁接树,属马铃类,2007年通过江苏省林木品种审定委员会良种审定。亲本生长势强,4月中下旬开花,9月底10月初果实成熟,丰产性好,大小年幅度小。品种嫁接后5年普遍结果,6年最高株产可达5.5 kg。果每千克300～350粒,属大果型品种,果壳光滑洁白,种仁无苦味,外形美,品质上等,出核率26.1%,出仁率78.5%,抗逆性强,大小年不明显。产量高,13年后丰产园亩产持续超过500 kg。标准叶厚0.036 cm,叶长5.36 cm,叶宽7.95 cm,叶出干率高达40.1%,可果、叶兼营。

大金果(大马铃铁富4号)的测定

编号	果实					出核率(%)	种核				出仁率(%)
	平均单果重(g)	纵径(cm)	横径(cm)	果柄长(cm)	果托宽(cm)		平均单粒核重(g)	长(cm)	宽(cm)	厚(cm)	
1	13	2.55	2.23	3.26	0.863	26.1	3.305	2.68	1.7	1.41	78.5
2	11.23	2.839	2.181	3.304	0.867	26.3	3.235	2.706	1.592	1.32	78.79
3	11.00	3.14	2.43	2.88	0.840	28.59	3.08	2.256	1.486	1.298	73.49

大金果的选育

银杏新品种大金果在全国历次银杏果品评比中表现出叶片大、结果早、丰产、稳产、出核率、出仁率高,苦味轻等优点,是较好的果叶兼用型银杏良种,于2007年11月通过江苏省林木品种审定委员会认定。

大金坠

其特点是种子与种核均似妇女之耳坠。树冠多圆锥形或扁球形,发枝力强,生长旺盛,树冠外围当年生枝条可达30 cm。发育快速,20年生即可进入开花结果盛期。叶片较小,叶色翠绿,多扇形叶,叶具明显中裂,叶长4.0～5.0 cm,叶宽5.0～7.0 cm,叶柄长

5.0 cm左右。种子倒卵圆形或长椭圆形。种柄粗壮、直立、不弯曲。种子单粒重12.7~18.2 g,每千克55~79粒。种核长卵形,两端窄,最宽处位于中部以下。种核单粒重1.91~3.44 g,每千克为290~504粒。出核率约26%,出仁率约80%。种核皮薄,质细,性糯,味香,略带甜味。盛产于山东郯城塔上、新村、重坊、胜利、马头、花园等沿沂武河两岸的乡镇,是山东郯城著名的银杏优良品种,如下图。

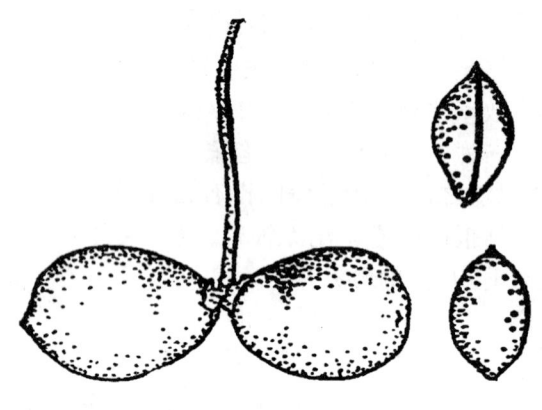

大金坠

大觉寺内古银杏

北京大觉寺内的古银杏很多,但最著名的当数无量寿佛殿前北侧的一棵。它高达30 m,干周长达7.78 m,是辽代所植,树龄900多年。过去人们一直认为它是北京的"银杏之最"所以叫它银杏王。其实,密云县久远庄村的一棵巨大古银杏才是北京的"银杏之最"。其高达25 m,干周长达9.1 m,是唐代以前栽植的,距今已有1 300多年,"银杏王"巨冠参天,荫布满院。清乾隆曾为其雄姿题诗曰:"古柯不计数人围,叶茂枝孙绿荫肥;世外沧桑阅如幻,开山大定记依稀。"

大孔吸附树脂提取银杏叶黄酮糖苷

工艺流程。银杏叶→脱蜡→过滤→乙醇提取→过滤,合并滤液→浓缩回收乙醇→黄酮粗提液→上树脂柱→水洗→乙醇洗脱→真空浓缩,回收酒精→黄酮精制液→冷冻干燥→成品。

生产要点。①脱蜡。用5倍叶重的乙醚,回流提取30分钟。②乙醇回流提取。用5倍叶重的70%乙醇,95℃回流提取4次,每次30 min。③树脂的预处理。在装柱之前,吸附树脂需用稀氯化钠和碳酸钠溶液处理,水洗,以除去防腐剂和残留的单体化合物。④吸附和洗脱。黄酮粗提液上柱至接近饱和,分别用7倍树脂体积的水和3倍15%乙醇洗脱,接着用60%乙醇洗脱黄酮,真空浓缩,冷冻干燥即可获得较纯的银杏叶黄酮糖苷提取物。

大粒品种经济性状

大粒品种经济性状

品种	单核重(g)	单果重(g)	果形指数	核形指数	单仁重(g)	出核率(%)	出仁率(%)
江苏大佛指	3.29	10.89	18.30	7.85	2.53	30.21	76.90
广西华口大果	3.17	11.27	18.51	7.03	2.45	28.13	77.29
山东大金果	3.66	12.43	19.81	8.29	2.79	29.64	80.01
马铃3#	3.67	14.16	23.50	7.61	2.80	25.92	79.61
金坠1#	3.29	12.00	18.90	5.80	2.61	28.14	80.34
大龙眼	3.55	13.89	21.60	7.76	2.65	25.63	74.51
郯306	2.89	11.45	20.38	6.89	2.33	25.24	80.62
日本黄金丸	3.18	13.90	21.68	6.46	2.34	22.87	73.76
岭南	3.54	13.75	22.95	7.44	2.78	25.77	79.03

大粒、早实、丰产选育标准

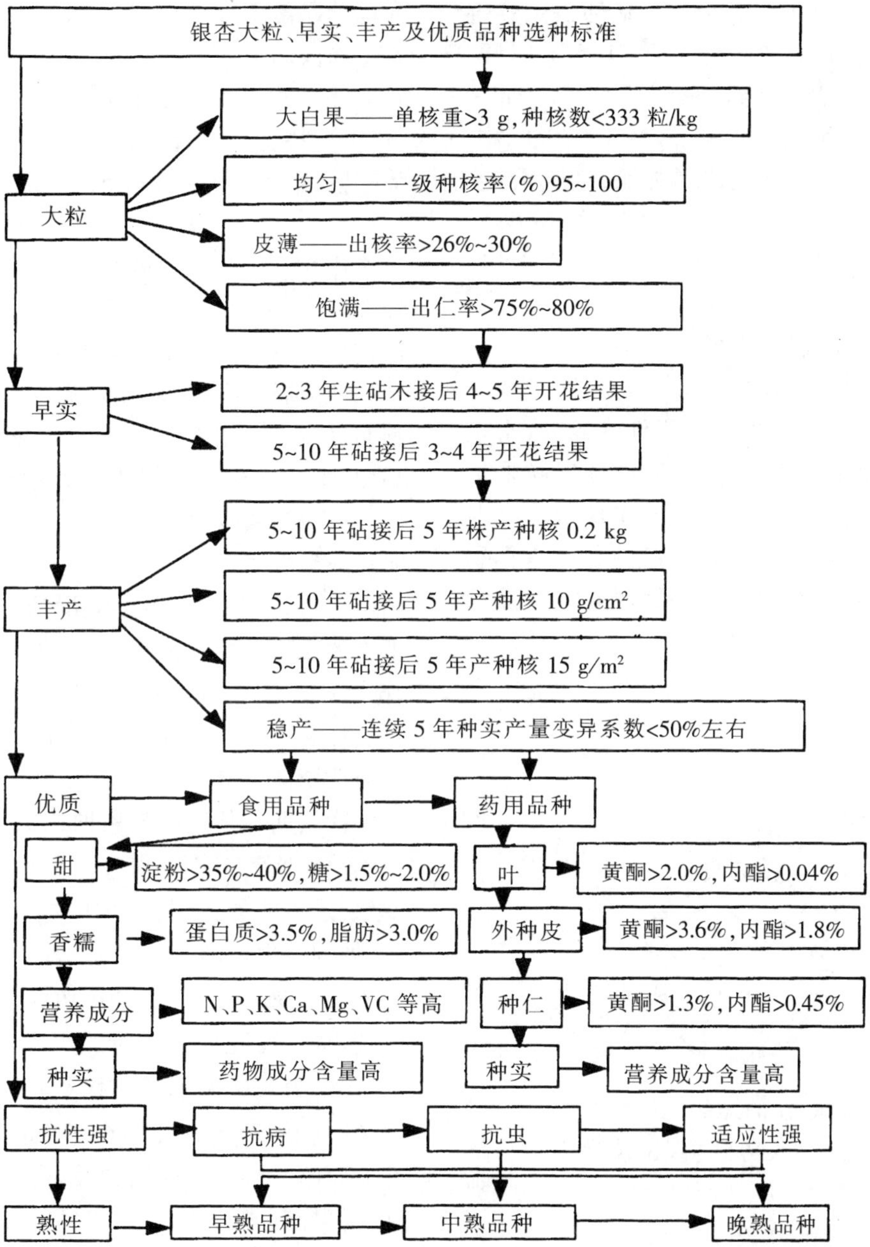

```
银杏大粒、早实、丰产及优质品种选种标准
```

大粒
- 大白果——单核重>3 g,种核数<333 粒/kg
- 均匀——一级种核率(%)95~100
- 皮薄——出核率>26%~30%
- 饱满——出仁率>75%~80%

早实
- 2~3 年生砧木接后 4~5 年开花结果
- 5~10 年砧接后 3~4 年开花结果

丰产
- 5~10 年砧接后 5 年株产种核 0.2 kg
- 5~10 年砧接后 5 年产种核 10 g/cm²
- 5~10 年砧接后 5 年产种核 15 g/m²
- 稳产——连续 5 年种实产量变异系数<50%左右

优质 → 食用品种 / 药用品种
- 甜——淀粉>35%~40%,糖>1.5%~2.0%
- 香糯——蛋白质>3.5%,脂肪>3.0%
- 营养成分——N、P、K、Ca、Mg、VC 等高
- 种实——药物成分含量高
- 叶——黄酮>2.0%,内酯>0.04%
- 外种皮——黄酮>3.6%,内酯>1.8%
- 种仁——黄酮>1.3%,内酯>0.45%
- 种实——营养成分含量高

抗性强 → 抗病 → 抗虫 → 适应性强

熟性 → 早熟品种 → 中熟品种 → 晚熟品种

大粒、早实、丰产选育标准

大量元素

植物生活不能缺少而需要量又比较多的一些元素。如碳、氢、氧、氮、磷、钾、硫、钙、镁等。这些元素各占植物干重的十分之一至千分之一。

大龙眼

树势强健,发枝力强,成枝率高,多具明显的中心主干,层性十分明显。树冠多呈塔形或半圆形,侧枝开展,适应力强,抗逆性高。叶片多扇形,少数三角形,具中裂,有的叶片裂深可达基部。叶色深,叶片厚,叶脉粗壮,叶长9.4 cm,叶宽6.2 cm,叶柄长2.4~4.5 cm。种子正圆形,熟时橙黄色,具厚白粉。多双种。种柄长1.0~4.5 cm。种子直径可达3.1cm,种

大龙眼

子单粒重14.95 g,每千克67粒。种核正圆形,略扁,中间鼓起。先端钝圆,具不明显小尖。基部二束迹迹点较小,但明显突出。两基点点距1.0~1.5 mm。两侧棱线明显,且可见宽翼状边缘。种实体积为2.3 cm×2.0 cm×1.45 cm。单粒核重2.87 g,每千克348粒。大龙眼种核洁白,有光泽,种仁味糯香甜,细腻柔韧。略有苦味。山东莒县浮来山定林寺的"天下银杏第一树"为典型的大龙眼(如图)。

大陆性气候

离海洋远或受海洋影响小的地方的气候。情况相反的地方的气候叫作海洋性气候。大陆性气候主要特点是:温度日较差、年较差比海洋性气候大;雨量多集中于夏季,各年雨量变化大;而海洋性气候雨量四季较均匀,各年雨量变化小。春季气温比秋季高温带大陆性气候地区,在银杏生长发育期内获得森林和农作物分布北边界限的纬度较高。我国的大陆性气候显著,水稻界限是世界上最北的国家。

大马铃

种子下宽上窄,呈倒卵形,中有缢痕,酷似马铃。种子顶端突起且具小尖头,为大马铃的主要特征。种核单粒重2.55 g,种柄短扁,长3.0 cm。树冠多呈圆头形,发枝力强,生长势旺盛,长枝当年生长量可达22 cm。多扇形叶,叶片大而厚,叶色深绿,中裂较浅,叶宽7.0~7.5 cm,叶长4.5~5.0 cm,叶柄长7.0 cm。种子倒卵圆形,熟时橙黄色,满布白粉,皮薄,外种皮具透明梭状油胞。近珠孔部较宽,近柄处窄缩。蒂盘近圆形,表面凹凸不平,周缘向种皮内凹陷,种柄直立,长2.3~4.8 cm,基部宽扁。种子纵径3.33 cm,横径2.79 cm,种实单粒重12.6~13.9 g,每千克为72~79粒,出核率21.5%~25.2%。种核宽卵形或宽倒卵形,先端圆钝,基部狭窄,顶具钝尖。基部两维管束迹迹点小,相距仅约1.0 mm。形似一具有中间凹缺之短横线。两侧棱明显,中部以上尤显。种核最宽处具明显隆起之横脊,种核为2.85 cm×1.52 cm,单粒重3.2 g,出仁率74.68%~78.36%。大马铃种仁饱满,性糯味香,胚芽稍具苦味。大马铃丰产性能良好,抗逆力强,适宜栽培地区广泛,具有广阔的发展前途和推广价值。

大马铃铁富2号

物候期与银杏本地品种相似,只是成熟期偏晚,9月底外种皮变软,摇晃才能落果。母株生长在大树下,生长势弱,外围枝当年生长量24.1 cm。小树生长势旺盛,1年生枝生长量55.0 cm。新梢棕灰色,多年生枝灰色,枝条皮较光滑,皮孔不明显。标准叶(短枝第4片叶)为扇形,角度在115°左右,叶片较大、较厚,叶色深绿,中裂较浅。叶宽9.04 cm,叶长5.83 cm,叶柄较短,只有4.51 cm。因叶较大、较厚,可做果、叶兼用品种发展。果倒卵圆形,橙黄色,果面白粉较厚,油胞明显,果长:宽为1.17:1。出核率特高,5年平均为29.37%(最高达30.51%),种核宽卵形,长:宽为1:1.35两侧棱线明显,中部以上尤显。种核最宽处具明显隆起之横脊,单粒核重3.1 g,出仁率78.94%,总利用率为23.18%。种核光滑洁白,外形较美观,种仁生食无苦味或稍有苦味,回味少有甜味,熟食糯性好,香味浓,品质上乘。抗逆性较强。因叶较厚,叶脉粗,夏秋叶缘不易枯黄,蓟马等虫害较轻。

大马铃铁富3号

物候期与其他银杏品种相似,只是花期约晚1 d,成熟采收期晚10 d左右,即9月底至10月初外种皮变软,摇晃才能落果。母株生长在大沟边,生长势较弱,外围枝生长量23.3 cm。小树生长旺盛,1年生枝条生长量56.5 cm。新梢褐黄色,多年生枝灰色,枝条皮较粗糙,皮孔明显。标准叶(短枝第4片叶)为扇形,角度为130°左右,叶片大而厚,叶色深绿,中裂较浅,叶宽10.22 cm、叶长6.03 cm,叶柄长4.80 cm,因叶大而厚,是果、叶兼用的较好品种。果倒卵圆形,色绿黄,果面白粉较厚,油胞明显。长:宽为1.19:1。出核率28.7%。种核宽卵形,长:宽比为1.82:1,两侧棱线明显,中部以上尤显,种核最宽处具明显隆起之横脊,单粒重3.45 g,中种皮较薄,出仁率80.20%,总利用率为23.02%。该品种种核光滑洁白,外形美观。种仁生食无苦味,回味少有甜味,熟食糯性好,有香味,品质极上。抗逆性较强,进入结果期早,丰产。因叶片较厚,叶脉粗,夏秋叶缘不易枯黄,蓟马等虫害较轻。

大梅核

该品种广泛分布于山东、江苏、浙江、广西、湖北等地。原株800多年生,实生树,树高20.7 m,胸径1.2 m,冠幅15.5 m×14.8 m,枝下高2.7 m。树冠圆球形,枝角70°,树干截面积11 309.7 cm²。树冠投影面积180 m²。母树每米长枝上有短枝32个,节间长3.32 cm,当年新梢长24.4 cm。芽基宽0.3 cm,芽肥大钝圆。双果率低,大小年不明显。叶全缘,先端波状。嫁接苗当年新梢长50～80 cm。叶长×宽为5.03 cm×8.39 cm,

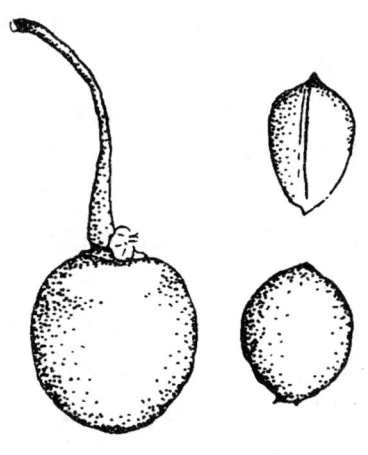

叶柄长5.71 cm。单叶面积26.22 cm²。1年生枝每米叶数88枚,叶面积2 376 cm²。鲜重68.4 g。2年生枝每米叶数143枚,叶面积3 738 cm²。鲜重10 g,每个短枝上有叶8～14枚,叶面积117 cm²。鲜重3.3 g。幼树长势旺,成枝力强。母树株产200 kg以上,主干截面积负载量0.017 7 kg/cm²。树冠投影面积负载量1.11 kg/cm²。大树高接后3年见果,5年生苗木嫁接后3～4年结果,5年开花株率50%,结种株率43%。幼龄枝条插穗生根率95%,舌接成活率达95%以上。种子9月上旬成熟,属早熟品种。本品种早果丰产性良好,短枝连续结种能力强。苗木接后5年每公顷年产500 kg。种实圆形,基部种蒂圆形、正托。成熟时橙黄色、易脱皮。种核圆形,顶端微尖。基部两束迹连生,侧棱上下均明显,背腹不等。种核大而洁白。单果重14.4 g。果长×宽×厚为2.72 cm×2.88 cm×2.87 cm,果柄长4.33 cm。单核重3～3.3 g。核长×核宽×核厚为2.33 cm×2.0 cm×1.4 cm。单仁重2.5 g,仁长×仁宽×仁厚为1.96 cm×1.65 cm×1.25 cm。出核率22%,出仁率76.5%,是值得推广的大粒、早实、丰产品种。

大苗

在一定时期内,通过移植、整形、抚育等措施培育出来的苗木。多用于防护林、行道树、庭院绿化、园林绿化。大苗定植成活率高,防护及绿化效益显著,立竿见影。

大苗根系保留长度

大苗根系保留长度

直径(cm)	根幅(cm)	垂直根长度(cm)
3～4	40～50	30～40
5～6	60～70	45～50

大苗栽植

栽植前要选择优质壮苗、大苗。一壮苗、大苗根系发达,抗逆性强,缓苗期短,苗木体内贮存的养分多,再生能力强,扎根快,成活率高,恢复生机期短。壮苗、大苗的苗龄标准应为6～8年生,胸径应为4～5 cm,苗高应为3.0～3.6 m,胸径与苗高之比为1:(70～80)。苗木主、侧根长应为30～40 cm,胸径与主、侧根长度之比应为1:(8.0～8.5)。侧根齐全,不劈不裂。苗木起出后对过长的主、侧根可适当进行修剪,一是便于运输;二是促生更多的侧根和须根。但修剪不得过重,过重则影响苗木成活和当年的高、径生长。由于起苗时苗木根群受到破坏,影响了苗木对养分、水分的吸收。为了减少苗木对养分、水分的消耗,使吸收和消耗达到平衡,以便促使成活和苗壮生长,苗木起出后,应将苗木干高2～3 m以下的全部侧枝剪除。为了使栽培后林相整齐、观赏价值高,苗木修剪后,严格按苗木高矮进行分级,然后每10株为一捆,运往造林地。苗木顶芽不得有损伤。俗话说:"栽树要想活,带个大土坨。"营造银杏生态林的苗木,移栽时应是带土坨的苗木。这不仅是为了苗木成活,更是为了恢复生机,苗壮生长。苗木胸径与土坨直径之比应为1:(16～17),土坨直径应为65～75 cm。

大抹头

此法多用于主干直径在10 cm以内的银杏壮年树。方法是根据要求先将主干1.5 m处截断,在截面上嫁接2～4个优良品种的接穗。

大气SO₂对银杏生长的影响

大气中SO_2对银杏生长造成明显伤害,叶片中SO_2含量明显提高,受伤害程度与叶片SO_2含量成正比,受害叶片边缘出现黄色及红棕色坏死斑;受害银杏叶片细胞液pH值下降,细胞膜透性增大;受害叶片大量失水,叶、果脱落,部分须根腐烂。

大树反季节栽植

银杏系珍贵的绿化、美化树种。深受世人喜爱,成为各大、中城市街道、庭院的首选树种。打破冬春栽植的常规,采取挖好定植穴、带大土球、速挖快栽、科学浇水、精细管理等诸项技术环节,实施生长季节栽植,取得了较好的效果。

大树移栽

因生产和绿化需要,如家前屋后密度大、成片园的改造等,往往要移栽大银杏树。大树移栽时伤根较多,伤根越多,缓苗期越长。如何提高成活率,缩短缓苗期,其技术要点和步骤如下。①"记取南枝"。在自然条件下,树体各个方向所受的光、热、水等条件是不同的,导致树干、树冠有阴阳面之分,根系分布也不一。大树比小苗更明显。移栽时如改变原来的生长方位，则栽后需有一个转变过程，生长会受到影响。所以，起树前要选择明显的标记或在树干上、向南枝做记号，以便按原方位移植。②根系处理。第二年春季移栽明，当年分两次进行根系处理。第一次在5、6月根系第一个生长高峰期内，在胸径5~8倍的范围内挖宽20 cm以上的沟，切断大侧根（如树过大，可保留1~2个），促进其他细根的生长；第二次在9月根系第二个生长高峰期内，在胸径3~5倍处挖沟，切断所有的主侧根。两次挖沟后均及时还土，并搭好支架防倒。③适当重剪。以不破坏骨干枝为原则，移植前，冬、春应对树冠进行合理重剪（树冠小的可以不剪，但在生长期内一定要重剪），减少水分过分蒸发。剪（锯）大枝后，应将断面修平成中间高，四周低，防止积水，并用敌杀死、多菌灵等涂抹，或刷一层油漆，或用石膏敷贴，预防虫害和腐烂。④科学起树。冬、春季节，土壤不封冻时均可挖树。根据实际情况，以最大限度保持根系完整为原则，在树冠投影向内适当部位（包括主要根群在内）起树，挖的深度不超过80 cm，并由外向内斜向挖土，使沟底呈锅底形。操作时，尽量避免伤小根，并要带土球。长途运输时，还要用草绳捆扎紧。⑤春季栽植，要注意防冻和保湿。栽植塘要和树坑相似，至少80~100 cm深，底部适当施点充分腐熟的有机肥，然后填大量地表土，把树移来，按原方位扶好或用三脚支架把树支撑扶正，边填土边灌水，注意掌握栽植深度与原树印持平或略深2~5 cm。第一次灌水要足，待水渗下后，再填土封好树盘，并在四周筑起小土垄，供以后灌水，待成活后第二年将土垄铲平，防止雨季积水。栽后，根据天气情况进行浇水，宁旱勿涝，浇水量不宜过大。浇水后及时松土保墒。⑥药剂处理。用ABT 3号生根粉配制成25~50 mg/L的溶液处理，能有效地促进生根，在树木下塘前喷洒在根系上，或将根系直接浸泡1~2 h，也可在定植后，用10 mg/L的溶液结合第一次灌水进行。另外，生长期内已开花、结果的树，要人工摘除雌、雄花，减少不必要的养分消耗、水分消耗，最好移栽3年内不要让其开花、结种。

大树移栽工程

城市绿化及城乡建设中根据实际需要，常常进行银杏大树移栽工程。通过挖掘前的围根缩坨、挖掘、包装、装卸、运输、栽植一系列技术措施，确保银杏大树移栽成活。

大树移栽技术要求

①土球标准。土球规格一般按胸径的8~10倍确定，夏季移栽土球必须为胸径的10倍，秋季移栽土球达到胸径的8倍即可。②打包。打包时绳要收紧，随绕随敲打，用双股草绳以树干为起点，稍倾斜，从上往下绕到土球底沿沟内，再由另一面返到土球上面，再沿树干顺时针方向缠绕，应先成双股草绳，第二层与第一层交叉压花，草绳间隔一般为8~10 cm。注意绕草绳时双股绳应排好理顺。③避免伤根。挖树打包时都要注意，遇到粗根时不得硬挖，尽量保留根系，所以采取挖土坨时尽量多保留多的中小根，包裹土坨时单用泥浆或草绳包裹这些根，以免造成散坨和伤树根。④包装材料。银杏大树移植的包装材料一般是草绳+草苫。优点：可降解，种植时可以不解开包装，土坨易和原土结合。缺点：工人操作费力，包扎不密实，土球容易松散出现露土，成本高。现在有的地方采用草绳+无纺布的包装材料。优点：土球结实致密，保土较好，成本较前者低2~3形株。缺点：透气透水性低差，土坨不易和原土结合。移植后1~2年后，移植树木的保存率低于前者。所以，在定植回填土前一定要把无纺布撕破，种植后的管理中应注意观察，一旦移植树木出现黄叶，就应挖开树盘，观察树木根系的生长情况，如果是因为无纺布的原因，造成根系生长的异常，就应该尽快把无纺布撕破。而且不能使用厚的无纺布。

大树移栽涂抹伤口

大树枝、根剪口、锯口，都要削平，涂以油漆或沥青，防止细菌感染。栽后并用三脚架支牢，防止树体摇动。

大树枝条氨基酸的含量

银杏大树当年生枝条顶端部分茎尖组织中，氨基酸纸层析的结果表明，缬氨酸游离部分为2.8 μmol/g鲜重，结合部分为6.07 μmol/g鲜重；亮氨酸游离部分为1.13 μmol/g鲜重；γ-氨基丁酸结合部分为1.2 μmol/g鲜重；脯氨酸游离部分为0.79 μmol/g鲜重；色氨酸游离部分为1.17 μmol/g鲜重；苏氨酸结合部分为4.6 μmol/g鲜重；酪氨酸结合部分为2.8 μmol/g鲜重；轻脯氨酸游离部分为3.14 μmol/g鲜重，结合部分为3.7 μmol/g鲜重；谷氨酸游离部分为3.2 μmol/g鲜重；胱氨酸游离部分为1.23 μmol/g鲜重；甲硫氨酸游离部分，为1.82 μmol/g鲜重；组氨酸游离部分为1.0 μmol/g鲜重；精氯酸结合部分为1.3 μmol/g鲜重；赖酸酸游离部分为4.52 μmol/g鲜重，结合部分为0.8 μmol/g鲜重；苯丙氨酸 μmol/g鲜重。游离氨基酸的总含量为21.59 μmol/g鲜重。结合氨基酸的总含量为32.7 μmol/g鲜重。

大同叶（未定种）

标本为3枚近披针形叶片，聚生，具长柄，并与长柄大同叶标本共生。但叶片伸长形，叶脉平行且直伸至顶，不呈弧曲状，叶脉细密，无间细脉，又与长柄大同叶显著不同。由于标本太少暂未定种。产地层位：山西怀仁；下侏罗纪。

大桐子

属梅核类品种。球果圆形，熟时青黄色，微凹，呈"一"字形。基部平，果柄长约4.1 cm，纵径2.69 cm，横径2.5 cm，单粒球果平均重11.6 g，每千克球果86粒，出核率22%。种核圆形或近圆形，先端圆，顶具小尖，基部稍见平阔，维管束痕迹点大而明显，两侧棱线明显，种核大小平均为2.2 cm×1.9 cm×1.2 cm，单粒种核平均重2.55 g，每千克种核392粒。

大贤山古庙的叶籽银杏

1962年，在沂源县大贤山古庙旧址处，发现了全树有1/4的种子着生在叶片上的"叶籽银杏"，该树高25.3 m，胸围3.2 m，树龄400余年。"叶籽银杏"是银杏的一个变种，生产上虽无价值，但在植物学的研究上却有重大意义，是一个具有重要观赏价值和发展前途的树种。

大小年的调整

银杏是多花树种，它的花芽产生子叶原基，因而形成花芽较易。分化的花芽和开放的雌花大大超过坐种能力。花芽的形成对环境条件的要求较一般果树低，应该说白果产量不会有大小年之别。然而由于管理粗放，肥水不足，通风透光条件差，没有形成良好的营养生长基础，枝、叶、根的生长发育衰弱，往往会出现大小年现象。结种多的年份，树体所吸收和制造的养分，被大量用于种子的生长和发育，收不敷支。既没有多余的养分留作"储备"，又要提取往年的仓库"储备"。这样，春季便不可能长好叶芽；相应地夏季也不能形成花芽。因而翌年就难以结种，甚至造成第二年抽不出新枝，长出的叶片瘦小单薄。要等到树体恢复，既补充用去的储备养分，又要有多余的养分积累时，方可长好枝、叶、芽，再行结种。倘若在"自身难保"的状态下勉强结种，必然会招致第二个小年。如此周而复始，小年持续期越来越长。由此看来，营养不足是银杏出现大小年现象的主要内在原因。当然，旱、涝、病、虫等自然灾害，也都会引起银杏的大小年。不过，自然灾害是人们难以预料和不易抗拒的。克服白果产量的大小年，要从以下几个方面抓起。

①加强肥水管理。结种树营养消耗量大，即使根深叶茂，树体健壮，也要相应地加强肥水管理措施，才能避免大小年现象的发生。树势中庸、偏旺，合乎理想。从枝条上看，结种基枝粗壮，预备枝接连不断，延长枝抽生新梢2~3根，长度不少于30 cm，年年有新枝更新树冠。从叶片上看，每一短枝上要有5~6枚浓绿厚实的正常叶片，叶面积大，落叶迟，发芽早。为此，就要严格按照丰产园的技术要求，实施各项措施，特别要在花前追一次促花肥，麦收后追一次长种肥。若结种量过大，则应在采收后再追一次补种肥。逢旱浇水，遇涝排水。确保树株健壮生长，乃是克服大小年的根本措施。

②修剪银杏种实结。在短枝上，因此短枝强弱，枝龄大小，都是结种健壮，粗度应在0.5 cm以上。一般3~25年生的短枝都能结种，但以5~15年生的短枝结种能力最强。一个短枝只能结1~3粒种子。一株中年银杏，往往有上万个短枝。正常情况下，只能有1/5~1/3的短枝结种。为此，就要从修剪上加以调整。大年结种时，结种枝多，营养枝少，冬剪一般以轻剪为主，只剪去干枯、密弱、衰老及病虫枝，多留营养枝，使来年有一定的花量。在花量特多、树势显弱的情况下，辅以夏季修剪。疏去一些密弱的无效枝，促发新梢；小年结种时，营养生长旺盛，冬剪适当加重，有疏有缩，以控制次年的花量，平衡树势，使之有一批短枝当年结种，有一批短枝形成花芽来年结种。从修剪上着手促使树株每年既长树又结种，必然会避免大小年现象。

③疏种定产。虽然通过修剪做了花芽数量的调整，但由于银杏自然坐种率高，开花坐种的数量还是常常超过树体营养所能担负的能力。开花坐种过多，必然消耗大量营养，新梢生长短，自然落种多，白果产量不高，质量下降。应本着"满树花，半树果，半树花，满树果"的原则，严格控制结种量。根据各种综合因素实行疏种定产，就能把一年高产与长期高产、优质统一起来。这样，银杏在力所能及的前提下丰产、稳产，保持树势，增强结种后劲，有效克服大小年现象。

④适量授粉。人工辅助授粉是提高白果产量的一项重要措施，甚至可以说是当前挖掘成龄大树增产潜力的一项重要措施。授粉过量，树体超负荷结种，常常造成下年减产或绝产，乃至一连数年不能恢复高产水平。所以，严格按照技术要求，做到适量授粉，才能使白果产量稳定上升，避免忽高忽低。此外，防治病虫害，抵御自然灾害，选栽优良丰产品种施用某些植物激素及微量元素等，都是提高坐种率，减少生理落种，促进生长发育，确保白果稳产、高产的有效措施。所以，从建园到管理各个环节，全面而

综合地运用各项技术措施,银杏的大小年现象必将彻底克服。

大小年现象

亦称"隔年结果""周年性结果""交替结果",是指银杏上一年结种多,下一年结种少的现象。"大小年"的原因是营养不足、环境条件不良,破坏了树体生长和花芽分化间的协调关系。大年时,消耗大量养分,影响当年新梢的生长和花芽分化,使下一年成为小年。小年时,结种较少,有利花芽分化,使下一年成为大年。形成大小年后,应加强管理,满足营养要求,防止自然灾害,使营养生长与生殖生长协调。也有人认为银杏大小年现象是银杏的特征。

大叶佛手

产于湖南邵阳县,叶片宽大肥厚,故名大叶佛手,种核较大,单核重3.29 g,但产量较低,宜用叶用优良单株。

大叶梅核

产于湖南省新宁县三渡水。原树为实生繁殖。树龄约80年,树高19.0 m,胸径57 cm,冠幅99.5 m²,圆头形,叶子特别大。种实近球形,单果重14.49 g,出核率为22.8%。种核广卵形,两侧棱线明显,顶点微小凸尖,2束迹,核形指数为1.28,长宽厚为2.29 cm×1.79 cm×1.50 cm。单核重3.38g,成熟期8月下旬,短枝结果丛生性强,多4~6个,且分布均匀。并具有叶大、果大、产量高、成熟早的特点,为优良的地方品种。并可作核、叶兼用品种。

大叶似银杏

生长地域:陕西、湖北。地质年代:晚三叠纪到早侏罗纪。

大圆铃

树冠圆头形或半圆形,无中心主干。枝条年生长量为31.0 cm,节间长大3.0 cm以上。叶片具明显中裂,扇形叶长5.0~6.0 cm,叶宽7.2~11.0 cm。短枝上一般叶片可达5~8枚,多者可达12枚。种子圆球

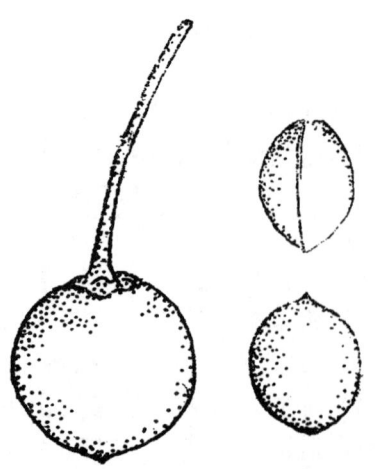

形或近圆球形,熟时青黄色,被薄白粉。种柄长3.1 cm,种子纵径3.1 cm,横径2.96 cm,单粒重11.8~15.7 g,每千克65~85粒,出核率23.9%~28.6%。种核卵圆形,先端突出具小点。基部束迹迹点明显,迹点甚小。两侧棱明显,中部以上可见窄翼状边缘。种核体积为2.1 cm×1.9 cm×1.7 cm,单核重2.97~3.75 g,每千克266~366粒。出仁率78%。大圆铃树势强壮,生长旺盛,短枝第三年即可结种。30~40年生树即可进入盛种期。大小年不明显,具有稳产高产性能。种核大,质细、性糯,味香清甜,群众称之谓"甜白果",是食用白果中的上品。

大圆子

又称"大圆珠""大圆头"。核形系数1.12。树冠直立,大枝平展,老枝下垂,与主干夹角大。叶多三角状扇形,叶基夹角约70°,叶面稍向上纵卷,具浅中裂或不明显。缘具波状浅缺刻,大小约5.3 cm×4.3 cm。种实圆球形,先端圆钝,基部平广,珠托圆形或椭圆形,平或稍凹,具细浅皱纹。种柄长1.87~3.44 cm,上细下粗,近珠托处粗约0.29 cm。种实纵径3.03 cm,横径3.17 cm,单粒种实平均重约17.3 g,每千克粒数58粒。熟时淡黄色,稍带红晕,被薄白粉。种核圆形,腹背面不显。先端圆钝,具不明显之细小顶尖,基部稍宽,近束迹处明显变狭,迹点细小,间距特宽,平均宽5.25 mm,与"龙眼"种核显然不同。两侧棱线明显,呈翼状,但基部其宽而顶部翼狭。种核大小为2.47 cm×2.19 cm×1.74 cm,种核千粒重4 080 g。出核率23.3%,出仁率77.4%。

大圆籽

又名川银-01,树龄55年,树高16.2 m,胸径42.0 cm,冠幅8.2 m×9.5 m,树形完整,树冠圆锥形,生长旺盛,分枝力强,株产白果50 kg。球果近圆形,熟时橙黄色,顶具小尖,外种皮皱缩,被薄白粉。蒂盘呈长椭圆形,明显下凹。果柄长约5 cm,粗壮略弯曲。种实大小为2.87 cm×2.76 cm,单果重14.2 g,每千克粒数70粒。外种皮薄,出核率为26.6%。种核为圆子类,近圆形,顶具不明显之小尖,中部鼓起,具丰满状。基部圆阔,两束迹迹点小,间距约1.0 mm。两侧棱线明显,多呈窄翼边缘。种类大小为2.37 cm×2.00 cm×1.61 cm,单粒种核平均重3.79 g,最重可达4.0 g,每千克264粒,出仁率为75.5%。该树龄较幼,结实能力强,每平方米树冠投影面积产核量达813 g。种核粒大饱满,色白光洁,外形美观。种仁味甜性糯,品质上乘,具有极好的商品价值。当地利用该树穗条,已培育嫁接苗约5万株用于造林。

大早铃

又名大果早熟马铃、邵武1号,位于福建顺昌卫闽乡与顺昌大干乡交界的童阳际村,树高9 m。树冠

广卵圆形,顶端突起有小尖头,纵横径 2.61 cm × 2.32 cm,果梗中长 3.2 cm。种核广椭圆形,先端微尖,基部圆钝,纵横径为 2.10 cm × 1.60 cm,厚 1.21 cm,每千克 320 粒,出核率 21%,4 月上旬开花,8 月中旬成熟。

大自然纪念碑

银杏树在朝鲜被称为"大自然纪念碑"。

甙

即糖苷(配糖体),糖通过其还原性基团同某些有机化合物的缩合产物,或由两个或两个以上分子单糖结合成的双糖、多糖等。

岱下银杏

泰山岱庙天贶殿后院的两株古银杏,俗称"岱下银杏",根如磐石,枝若虬龙,夏日郁郁苍苍,冬日亭亭凛凛,雄伟壮观。据岱庙碑文记载,系清康熙十七年(1678 年)所植,距今已有 300 余年。

带病体

带有病原物的寄生体,一般指本身由于高度耐性或抗性并不发病,而可以成为传播病原体的媒介。

带播

条播的一种特殊形式。将数条播种行组成一个带进行播种。有二行式(二行组成一个带)、四行式(四行组成一个带)和四行两组式、六行三组式之分。一般带间距离大于行间距离。适用于大田式平作育苗。优点是便于机械化作业和提高单位面积产苗量。

带木质部芽接

芽接方法较多,常用的有"T"形芽接、方块芽接、长方块贴芽接和带木质部芽接。后两种方法优于前两种,嫁接期限长(春、夏、秋季均可),成活率高。基本操作步骤如下。①削芽片。左手倒握接穗,选好接芽,食指抵住芽的背面,右手持单面刀片,先在芽的基部下方 1~3 cm 处横切一刀,深达木质部,再在芽顶端上方 1~2 cm 横切一刀,然后斜向下纵切一刀,削成带木质部或不带木质部的盾形、方形或长方块接芽(方形需再左右各切一刀),注意不要损伤芽眼。②削砧木。在砧木光滑树皮的嫁接部位,先横切一刀,深达木质部("T"形不需要),再从上向下纵切,切口大小与接芽相等。春季嫁接的在接口上端 2 cm 处剪断砧木,夏、秋季嫁接则翌年春剪砧。③嫁接。将接芽紧贴在砧木接口上。接芽应小于砧木切口,否则将不利于接芽与砧木的嵌合,影响成活。两边对齐,砧木上的树皮压在接芽上,然后直接用塑料条自下而上绕芽扎紧。

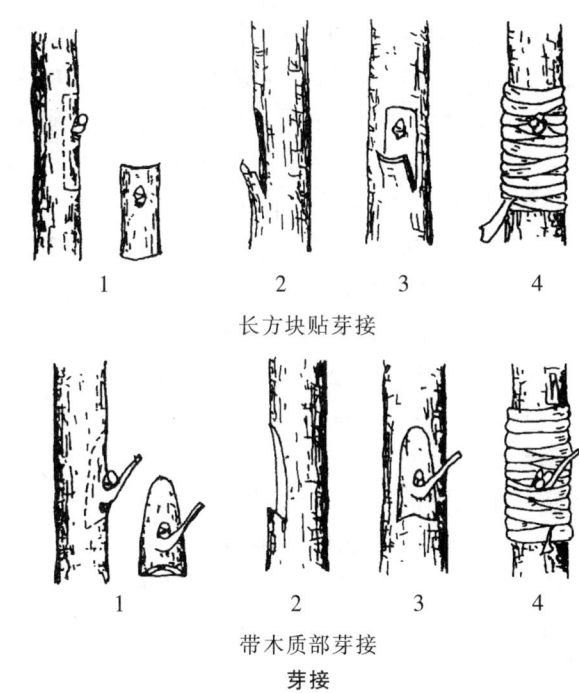

长方块贴芽接

带木质部芽接

芽接

1.削取接芽 2.削砧木接口 3.贴接芽 4.绑扎

带土苗

带宿土的苗木。带土苗起苗时根系不受损伤,保持原来的分布状态;栽植时根系不变形,栽后缓苗期短,成活率高。一般容器苗、绿化用大苗及引种珍贵树种的苗木多带土出圃栽植。由于苗根带有宿土,运输及栽植较费工,除造林困难地段和城镇园林绿化外,大面积造林很少用。

带土坨栽植

用带土坨苗或容器苗植苗造林。栽植技术较简单,要保持土团不散并掌握好深度。由于根系保持完整且不易干燥和变形,栽后容易成活、缓苗期短、生长快。但起苗费工,苗木的重量大,运输较不便。目前,在城市绿化中,多用带土坨银杏大苗栽植。

带土栽植

用带土坨(团)苗造林。栽植时要保持土团不散并掌握好深度。由于根系保持完整且不易干燥和变形,栽后容易成活,缓苗期短,生长快。但起苗费工,苗木的重量大,运输较不方便。

带芽叶扦插

应用带叶片的芽作为插穗进行扦插繁殖的一种方法。银杏也常有应用,这样可以提高繁殖系数。

带叶绿枝温床扦插

发展银杏苗木向来都是以种子播种为主,但种子播种成本大,且播后第一年常因茎腐病的发生而成苗率低,此法利用银杏带叶绿枝进行温床扦插,技术要点:平削插条下部剪口,保留插条上部 1/3 叶片,用 APT 溶液 $(100 \sim 200) \times 10^{-6}$ 浸泡 1~2 h,直插土中

10 cm,株行距 10 cm×20 cm,扦插苗当年 11 月份移栽大田,转入正常管理,第三年春季嫁接,秋季能达到高 1.5 m 的嫁接苗出圃,缩短了育苗周期,大大降低了成本。当年秋季用剪刀剪取实生树上当年生带叶绿枝,要求插条长度 15~25 cm,保留上部 1/3 叶片,下部叶片用剪刀剪断叶柄,扦插 1 260 株,其中 81% 成活。插条下部用利刀削平,采用 L8(4×24)正交设计分为三因素,其中 A 因素为扦插深度,为 $A_1A_2A_3$ 三水平;B 因素为浸泡时间,为 B_1B_2 两水平;C 因素为 ABT 浓度,为 C_1C_2 两水平,重复三次,随机排列;优化组合扩大繁殖。

带叶嫩枝全光雾插

自 1940 年 Gardner E. J. 报道了用弥雾法培养扦插苗以来,这一带叶插条生根技术不断得到发展。生产实践表明,带叶嫩枝全光雾插育苗不仅生根迅速,成活率高,苗床调转快,产苗量高,插穗来源丰富,而且还可以实行育苗自动化管理,节省大量人工,降低工人的劳动强度,减少育苗成本,经济效益显著提高。这一育苗方法目前在我国各地已普遍推广应用,对于难以生根的银杏,用此法扦插生根率均在 90% 以上。①插床制作。苗圃地要选择阳光充足、水源条件好、背风、便于管理的地块。圃地整平后用砖砌成高 20 cm、宽 1 m 的长槽,然后用小卵石或 2~3 cm 大的建材小石块垫 10 cm 左右作为排水层,再在上面铺一塑料网隔层,防止蚯蚓、蛴螬等地下害虫的为害,其上铺 8~10 cm 厚的细沙、砻糠灰、人工土等做扦插基质。生产实践表明,以蛭石做基质,扦插效果为最好。最后在基质上面覆盖上一层报纸,以减少雨水飞溅起的泥土污染叶片,扦插时在报纸上打洞扦插。②扦插。选择 20~40 年生无病虫害虫且生长健壮的雌株作采条母树,剪取树冠中、上部当年生嫩枝插穗,插穗上端截成直面,下端用利刀削成马耳形,插穗上部保留一叶一芽,插穗长 15 cm 左右。削好后立即插入插床中。以 5 cm×10 cm 的株行距扦插为好。用较插穗稍粗的木棒打孔后,将插穗的 2/3 插入基质中,并用手将插穗四周的基质压实,使基质与插穗基部密接,然后喷一次透水,一般要求基质含水量 30%~40%。从 5 月中、下旬开始,全年至少可扦插三批。③雾插设备。动力设备采用 2.2 kW 高压潜水泵、电线、闸刀开关。输送喷雾设备采用 1 寸粗塑料管、塑料束节、农用杀虫喷头。根据上述动力和输送设备,在无风时,每只喷头水雾射程为 2 m,垂直高达 1.5 m 左右,受雾面积达 16 m^2。为防止风力、风向等因素的干扰造成死角,每只喷头以 6 m^2 计算为宜。每隔一个插床设一根水管。为节省水管支架材料,水管可安放在砖面上。每只喷头间距 3 m 左右,排列要匀称,喷口朝上,使雾化面积增大。目前,在一些有条件的苗圃,也采用了湿度自控仪、电磁阀、电子叶等设备。放置在插床中的电子叶,由于水分蒸发,电子叶两极短路,湿度自控仪自动接通电源,电磁阀开启,通水喷雾。当电子叶上布满一层水雾时,又使二极接通,这时电子叶则中断向湿度仪输送信号,使电源截断,电磁阀关闭停水。等水分蒸发后再度工作,如此循环往复,使叶面的湿度处于饱和状态,从而降低温度,减少蒸腾,保持插穗的正常生理活动。

带状似银杏

叶扇形至宽楔形,具柄,柄长 35 mm。叶中部深裂一次,但不达柄端,将叶分成约略对称的两部分。每部分再浅裂或深裂 1~3 次,形成 4~8 枚倒披针形裂片。较小的幼叶,裂片长约 10 mm;较大幼叶长 30~50 mm,宽 3~6 mm。较大的叶,外侧裂片常在不川部位深裂或浅裂。最里侧的裂片,顶端往往浅裂或不分裂。外侧裂片夹角一般为 60°~90°,不超过 90°。裂片最宽处位于中部,向顶端缓缓收缩,顶端钝尖至钝圆。叶脉平行,一般仅在基部分叉。每枚裂片有脉 4~8 条,较宽者可达 10 条。角质层未保存。标本叶片分裂为二枚裂片,各裂片再分裂一次。然后,叶片的分裂在最外侧裂片上表现较明显,连续分裂 1~2 次;里侧的裂片顶端浅裂。

带状栽植

是银杏的栽植方式之一。特点是以 1 至多个较小的行间距,间隔 1 个较大的行间距配置,近似于宽窄配置,邻近的 2 至多个行成为 1 个带,带间保留 1 个较宽的作业道。在银杏密植园生产中多用这种栽植方式。带状栽植的优点是可以增加单位面积的株数,相应加快成园期限,提早进入丰产期。缺点是带内修剪、采种、病虫害防治等作业困难,也易造成通风透光条件的恶化,影响种实的产量和质量。这种栽植方式在银杏丰产园中常用。

带状整地

局部整地的一种形式。因破土面呈带状故名。在平原地区,适用于水分条件较好的荒地、风蚀危害较轻的沙地。方法有带状整地、犁沟整地及高垄整地等。方法有水平带状整地、水平阶整地、水平沟整地及反坡梯田整地带。

袋藏

即将分级的白果装入薄膜袋中,每袋不超过 20 kg,袋口不封严。在气温不超过 5℃ 的房间里,贮藏期可达6个月。
袋接
袋接类似于插皮舌接,适用于1~2年生小苗嫁接,包扎简单,成活率高。

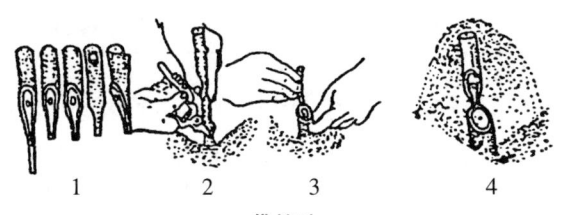

袋接法
1.削接穗 2.扒土剪砧 3.插入接穗 4.培土

①剪砧。扒开砧木根部泥土,从根茎处用剪刀将砧木剪成45°左右马耳形斜面,要求斜面朝南,光滑。②削接穗。用四刀削成,第一刀在最下端芽下1 cm处下刀,削成3 cm略呈弧形的斜面,第二刀将削面尖端过长的部分削去,第三、四刀分别在削面两侧约1/2处向下修削一刀。接穗保留1~2个芽。③插接穗。将砧木剪口顶部一侧的皮层捏开,使之与木质部分离成袋状,接穗削面紧贴砧木木质部插入,至露白0.3 cm为止。然后用麻绳扎一下,填上湿润的土,高出接穗顶端的1~2 cm,培成馒头状。待接穗发芽萌动后扒土。

袋泡茶
配方:绿茶粉2 g,银杏叶提取物5~50 mg。配方中的绿茶粉可用麦茶粉、乌龙茶粉代替,制成袋泡茶。饮用时浸泡在150 mL、90℃热水即可。此茶可预防脑卒中和阿尔茨海默病。

袋泡茶的优点
①冲饮快速方便,迎合消费者快节奏的需要,节省时间。袋泡茶几乎保留了传统冲泡茶的所有特点,因而受到人们的欢迎。②清洁卫生,处理茶渣方便。袋泡茶饮用时不用手抓取茶叶,可把小包直接投入杯中,使得茶叶不受污染。冲泡完毕,茶渣可随袋一起处理,方便省事,不污染环境。③节省用茶量。由于每袋茶量是经过精确计量的,避免了用散装茶时用量不准而造成的浪费,起到节约用茶的效果。对个人或国家来说,这种积少成多的效益也是很可观的。④便于携带。适用于家庭、办公室、饭店、宾馆等。

丹东市的银杏雌雄比
在丹东市行道栽植的银杏,新中国成立前栽植的是1 008株,其中雌株为287株,雄树为721株,雌雄比为3:7。

丹霞寺"夫妻白果树"
丹霞寺大门外东侧50 m处,有两株古老银杏树,恰是一雄一雌,两株相距仅一米余,雄株在西,雌株位东,雄株树高22 m,胸围4.35 m,雌株树高19 m,胸围2.75 m,树冠呈圆形。两树合起树冠径达28 m;基部盘根错节,相依相偎;顶端枝杈交错,枝皮相擦,如同夫妻拥抱;微风吹过发出"吱吱"摩擦响声,酷似佳偶窃窃私语,故被人们称为"夫妻树"。该树为唐代初期遗物,约有1 500年。历经沧桑,相互扶持,挺拔并立,每年花期授粉充足,使得雌株年年结果累累。游人观其二树恩爱相伴,引为相思而感慨万分,有情侣相伴者,便到树下合影留念,仿古树誓盟恩爱。如今,岁月的腐蚀已使该银杏树躯干空洞,但它依旧枝青叶茂。

单倍体育种
通过花药离体培养产生单倍体植株,然后用秋水仙素处理,使其染色体加倍而培育成纯种二倍体的育种方法。单倍体植株遗传基础单纯,不产生分离,可加快育种速度,简化育种手续,是育种工作中一个重大的技术革新。

单黄酮类母核及单黄酮类化合物结构图
单黄酮类化合物。这类化合物是由槲皮素、山奈酚、异鼠李素、杨梅皮素、木樨草素、群芹素及其单、双、三糖苷组成,计28种,其3种主要组成结构如下图所示。

单黄酮类母核及单黄酮类化合物结构图

单木的生长模型
此模型是一个存在于空间的,有外形可见的,个体树的立地水平和生态系统管理模型。以非空间的林分生态管理系统的预测为模型研究发展的基础,以模拟生长中的树和下层植物生长中光合作用、营养循环、营养的控制以及对光合营养的竞争为基础。这个模拟系统的管理法则是以描述过去在不同营养条件和某过程的比率下树和植物的输入数据为基础的。根据这些,通过主要进程的比率估算得到一个反推的进程:这个比率必须出现评价植物和树木生长、土壤群层和土壤特性层的生物三维变量。分垂直和水平的结构、林龄和种类结构、诱变的森林地层和土壤特性层的生物三维变量。

单胚与多胚种的统计

单胚与多胚种的统计

有胚种	单胚种	双胚种	三胚种	四胚种	双胚根种
粒数	129	90	14	7	2
百分率(%)	100.00	69.77	10.85	5.43	1.55

单位面积用药量

单位面积上每次喷施农药稀释液的用量。使用背负式或手动高压喷雾器用药量会相对较多。

单位土地面积上的产量或产值

$$单位面积的产量或产值 = \frac{产品总量或总产值}{土地面积}$$

单性结实

即指银杏不经过传粉、受精既可结出种实的现象。孤立的银杏雌树,半径5km范围内并没有雄树,仍可结出种实,种实产量非常低,种实也往往是无胚的,虽有胚也不能发芽出土,因为种实并不是由合子发育而成。

单芽

银杏一个叶腋间只着生一个芽,即为单芽。

单芽扦插

银杏也能利用单芽扦插成苗,其好处是能提高繁殖系数。保证单芽扦插成苗的关键,除插穗必须粗壮外,插后的管理也应加强。因为单芽扦插插穗长度一般只有3 cm左右,扦插入土的部位一般只有1~2 cm。所以,一定要适当遮阴,并注意及时喷水。

单叶

一个叶柄上只着生一枚叶片的叶称为单叶,银杏的树叶即为典型的扇形单叶。

单叶发育期

系指银杏幼叶从芽伸出,体积逐步增大最终形成完整叶片的过程。银杏叶芽在休眠期中不断缓慢分化,在冬季基本完成带有叶原基和节的雏梢分化,进入萌芽前,幼叶加速分化体积增大,外观表现为芽体膨大,鳞片松动。随后转入萌芽,此时幼叶的顶端分生组织细胞分裂和细胞体积扩大,增加叶的大小,幼叶的边缘分生组织细胞分裂、分化和体积扩大。叶面积扩展,厚度增加,雏叶的原表皮分生组织细胞发育形成叶表皮并逐渐分化产生表皮气孔。内皮基本分生组织细胞分裂分化产生不同的叶肉组织,原形成层组织分生的细胞发育成叶脉。

单元化肥

又叫单质化肥。肥料中含有一种营养元素的化学肥料。如硫酸铵是氮素化学肥料,过磷酸钙是磷素化学肥料,氯化钾是钾素化学肥料等。

单枝接

此法多用于主干直径10 cm以上、树龄较大的银杏壮年树苗。由于树上的骨干大枝已经形成,因此可利用这些骨干大枝进行断枝嫁接。优点是伤口小,易愈合,接后很短时间即可形成树冠并能及早进入开花结果阶段。

单株灌水

在银杏树基部,以树干为中心,逐株逐树盘进行灌水。这种方法省水,尤其适用于山丘地区的园片和"四旁"零植的树。

单株区组

在同一株银杏树上,选择条件相似的几个主枝或大枝组设置处理和对照。1株树作为1个重复的试验设计。可以减少区组内小区的基础差异。适用于株间差异较大或零量栽植的银杏,常用于地上部的试验,如修剪、激素对比、病虫防治、花种管理等。设计上要注意同一处理在各单株区组上避免排列在同一枝位、同一枝上,处理项目不宜过多,重复至少4次以上。

单株小区

以单株为处理单位,可将银杏树按直径大小等不同分成若干组,同一重复内各处理单株和对照株间生长势差异要小,均选同一组的树,每一处理单株小区在试验地宜集中排列,也可分散排列,但要注意同一重复各单株小区所处的试验条件力求均匀一致,以方便比较,要求重复至少4次,最好8~10次。

蛋白露

以银杏、花生为主要原料配制而成。

①工艺流程。

　　　　　　　　　　　　　　　银杏浆汁
花生→分拣→浸泡→去衣→磨浆→分离→蛋白浆
　　　　　　　　　　　　　　　乳化剂、糖
→混合→均质→脱气→罐装→杀菌

②操作要点。选用品质上好的花生,拣出霉烂果仁及杂物。清洗,浸泡1 h,煮沸3 min,外皮软化,揉擦漂洗,去掉外皮。去掉外皮的花生仁加10~15倍蒸馏水,用粗砂轮磨粗磨,再用胶体磨细磨。然后用离心

机进行浆渣分离,得到花生蛋白浆。加热花生蛋白浆至 70～90℃,加入水包油型乳化剂,边加热边搅拌。加热可钝化花生浆中的脂肪氧化酶和胰蛋白酶活性,促进产品的乳化。然后再加入银杏浆汁和糖浆,搅拌均匀后,通过均质机在压力不低于 70 kg/cm² 条件均质。最好均质两次后,泵入真空脱气机脱气、罐装、封口,放入高压杀菌锅高温瞬时杀菌,冷却,得到成品。

蛋白水解

称取银杏蛋白粉末 5 g 与 50 mL 水混合,用 0.5 mol/L 的 NaOH 调至 pH 值 8.0,加入 0.1 g 的碱性蛋白酶,于 50℃ 的振荡水浴中进行酶解。在反应过程中,通过滴加 0.5 mol/L 的 NaOH,使反应混合物的 pH 值保持 8.0 不变。银杏蛋白的水解度(DH)可以根据所消耗的碱量进行控制。控制 DH 为 25%。酶水解溶液用 1 mol/L 的盐酸调 pH 值到 7.0,95℃ 保温 15 min 使酶失活,冷却后,离心(7 000 r/min,20 min),保留上清。将上述水解液进行超滤,截止分子量为 1 000。冻干待用。

蛋白质

旧称"朊",由多种氨基酸结合而成的高分子化合物,是生物体的主要组成物质之一。如具有催化作用的酶、生物膜的结构蛋白,某些激素等都是蛋白质。植物的种子和根等器官含蛋白质较多,尤其是豆科植物和油料植物的种子含量更多。蛋白质可分为很多种,其氨基酸的组成,排列顺序和肽链的立体结构都不同。1965 年我国首先人工合成具有生物活力的蛋白质——胰岛素。此后,另有一些蛋白质的人工合成亦获得了初步结果。蛋白质是重要的营养成分,同时在工业、农业、医药方面有广泛作用。

蛋白质贮藏的积累过程

银杏营养贮藏蛋白质主要存在于韧皮薄壁细胞的液泡内,在细胞质内合成。贮藏蛋白质的液泡由内质网膨大的槽库、质膜内折或高尔基体小泡发育形成。液泡内蛋白质主要以不定形块状、絮状或颗粒状形态存在。

氮

氮是树体中组成蛋白质和氨基酸的主要成分,是细胞进行生命活动的基本物质,在树体的新陈代谢过程中,起催化作用的酶,在光合作用中起重要作用的叶绿素,以及构成细胞核的核酸都是由含氮物质所组成的。因此,施入氮肥能促进叶片内叶绿素的形成,增强光合作用的能力,促进蛋白质形成,加速银杏的生长发育。据研究,银杏进入结种期间后对氮素比对磷、钾素更为敏感。进入大量结种期后,氮、磷需要量大量增加,成为影响产量的直接因子。当氮素不足时,树体营养不良,银杏叶色变黄,叶小而薄,甚至落叶或加重生理落种。长期缺氮,则会使银杏树体内的碳水化合物和氮素间失去平衡或与其他元素间的比例失调,造成营养生长过强,生殖、生长相应减弱,不利于花芽分化和形成,落花落种严重,也降低了种子产量和品质。

氮、磷、钾对银杏生长指标的影响

在每盆供应氮 0～3.0 g、磷 0～3.0 g、钾 0～2.4 g 的范围内,银杏苗木新梢长度、叶片生物量、新梢生物量、总生物量、平均单叶质量、平均单叶面积和平均单株叶面积均随氮、磷、钾供应量的增加而增加;当氮、磷、钾供应量分别在每盆 3.0～6.0 g、2.0～4.0 g、2.4～4.8 g 的范围时,以上各项指标则随氮、磷、钾供应量的增加而下降;氮、磷、钾供应量分别为每盆 3.0 g、2.0 g、2.4 g 时,上述各项指标的生长最为有利。通过建立肥料效应函数可知,当氮、磷、钾施肥量分别为每盆 2.81～3.05 g、2.11～2.38 g、2.20～2.57 g 的范围时,最能促进银杏苗木的健壮生长,并能获得单位面积上最高的叶片生物量。

氮、磷、钾对银杏生理特性的影响

施用氮素对银杏叶片叶绿素含量、净光合速率(Pn)及苗木根冠比均有显著的影响。试验表明,施氮量从每盆 0～4.5 g,叶片叶绿素含量也逐渐提高,但进一步提高施氮量(达每盆 6.0 g)时,叶绿素含量反而有所下降,每盆 4.5 g 处理的叶片叶绿素含量最高。叶片 Pn 随施氮量从 0～3.0 g 增加而提高,在 3.0～6.0 g 范围内,又随施氮量的增加而逐渐降低,每盆 3.0 g 处理的叶片 Pn 最大。磷对银杏叶片 Pn 有显著影响,而对叶片叶绿素含量和苗木根冠比则无显著影响。试验表明,磷对 Pn 的影响与氮类似,在每盆 0～2.0 g 范围内随施磷量增加,叶片 Pn 也逐渐增加,在每盆 2.0～4.0 g 范围内随施磷量的增加,叶片 Pn 逐渐下降,每盆 2.0 g 处理时叶片 Pn 最大。钾对银杏叶片的 Pn 和叶绿素含量均有显著的影响,但对苗木根冠比则不存在显著影响。试验表明,钾对 Pn 和叶绿素含量影响与氮相似,在每盆 0～3.6 g 范围内,叶片叶绿素含量随施钾量的增加而增加,在每盆 3.6～4.8 g 范围内,则随施钾量的增加而下降。在每盆 0～2.4 g 范围内,苗木根冠比随施钾量的增加而逐渐降低,在每盆 2.4～4.8 g 范围内,随施钾量的增加而增加。通过建立叶片 Pn 依氮、磷、钾变化的肥料效应函数,银杏叶片 Pn 最大时,氮、磷、钾理论施用量分别为每盆 2.56 g、2.19 g、2.36 g。

氮、磷、钾对银杏叶片黄酮含量的影响

氮、磷、钾的施用能提高银杏叶片黄酮含量及单株叶片黄酮的产量。对叶片黄酮而言，氮、磷、钾对其均有显著影响。在不同因子的试验中，氮以每盆1.5 g处理最好，磷以每盆4.0 g处理最好，钾以每盆4.8 g处理最好，对应的叶片黄酮浓度分别为1.88%、1.94%、1.78%。对单株叶片黄酮产量而言，氮和磷有显著的影响效应，钾则没有显著的效应。在不同因子的试验中，氮以每盆1.5 g处理为最好，磷以每盆2.0 g和3.0 g处理为最好（经肥料效应函数求解，最适施磷量为每盆2.71 g），钾以每盆2.4 g处理为最好，对应单株叶片黄酮产量分别为0.156 g、0.166 g、0.138 g。

氮、磷、钾对银杏叶片养分浓度的影响

氮、磷、钾施用量对银杏叶片氮、磷、钾元素的浓度及含量有显著的影响，且有较相似的影响规律。试验表明，氮、磷、钾施用量分别为每盆3.0 g、2.0 g、2.4 g时银杏叶片生物量最大，每盆3.0 g处理的叶片氮浓度可认为是最适宜的氮浓度，每盆2.0 g处理的叶片磷浓度可认为是最适宜的磷浓度，每盆2.4 g处理的叶片钾浓度可认为是最适宜的钾浓度。叶片最适宜的氮、磷、钾浓度分别为1.670%、0.108%和1.226%。氮、磷、钾之间的吸收有明显的促进效应，即施氮有利于磷和钾的吸收，施磷有利于氮和钾的吸收，施钾有利于磷和氮的吸收。但这种促进效应只有在适量的范围内才得以表现，当氮、磷、钾施肥量超过上述最适量时，3元素之间吸收上没有任何促进作用。

氮、磷、钾配施效应

①对银杏生长和叶片形态的影响。不同的配施处理对银杏生长和叶片形态有着显著的影响。研究表明，配比施肥试验中，氮、磷、钾的影响效应大小依次为氮＞磷＞钾，氮、磷、钾施用量分别为每盆2.85～3.01 g、2.06～2.09 g、2.67～2.81 g范围时，最有利于银杏苗木的生长，并获得单位面积上最大的叶片产出量。②配施对银杏生理特性的影响。不同的配施处理对银杏苗木的叶片叶绿素含量、光合速率和苗木根冠比均有显著影响。研究表明，当氮、磷、钾施用量分别为每盆2.59 g、2.17 g、2.33 g时，银杏叶片可获得最大的光合速率。③配施对银杏叶片黄酮含量及单株叶片黄酮产量的影响。研究表明，氮和磷对叶片黄酮含量及单株叶片黄酮产量均有显著影响，而钾则无显著影响，其影响效应大小依次为氮＞磷＞钾。当氮、磷、钾施用量分别为每盆1.97 g、2.37 g、1.95 g时，可获得单位面积上最高的叶片黄酮产量。

氮的生理功能

银杏生长所需各营养元素的生理功能各异，其对各营养元素的需求量也不一。其中氮、磷、钾3种元素生理功能多样，在银杏生长过程中需求量大，容易缺乏，被称为"营养三要素"氮是银杏进行营养生长和生殖生长的主要元素，是合成氨基酸、蛋白质、核酸、磷脂、叶绿素、酶、生物碱、多种苷和维生素等的主要成分之一，在银杏代谢作用中占有重要地位。银杏叶片中氮的浓度一般为其干重的2.3%～2.9%。氮对银杏各种生理过程与生长发育都有影响，可促进银杏生长，促进蛋白质合成，使叶色浓绿，并提高光合效能。氮缺乏时，银杏首先表现出叶色变黄，新叶变小，老叶呈黄绿色或红紫色，落叶早，枝梢细弱，花芽少，种实小而着色浓，抗逆性下降，甚至造成早衰和死亡。氮过多时，则表现为枝叶徒长，花芽分化不良，落花落实严重，病虫害增多，抗逆性减弱，种实品质下降，耐贮性降低等。

氮肥

是给银杏提供以氮素为主的肥料。由于银杏需氮较多，因此氮肥是重要的肥料之一。氮肥品种很多，其使用效果常受气候、土壤、栽培措施以及肥料施用方法等因素的影响。氮肥可大致分为铵态、硝态和酰胺态三种类型。常见的铵态氮肥有碳酸氢铵、硫酸铵、氯化铵；硝态氮肥有硝酸铵、硝酸钠、硝酸钙；酰胺态氮肥有尿素。其中，尿素含氮量最高，稳定性较好，既可土施，也可叶面喷施，为应用最广的氮肥。铵态氮肥的肥效快，但此类肥料稳定性较差，如碳酸氢铵很容易挥发结块。硝态氮肥的肥效也快，但硝态氮肥易随水淋失，因此不宜在多雨地区使用。银杏施用氮肥，应当深施，以减少氮肥损失。氮肥对提高银杏产量效果明显，但施用过多也会对树体和结种不利，因此合理施用氮肥对银杏优质高产意义重大。

氮磷钾三要素对银杏光合性能的影响

以标准霍格兰（Hoagland）营养液为基础，设计10种不同氮、磷、钾配比的培养液，经过6个多月沙培盆栽培养后，对不同处理条件下银杏的光合作用有关参数进行了测定和分析。在一定范围内，随着施氮、磷、钾量的增加，银杏净光合速率、气孔导度、水分利用效率、羧化效率、表观量子效率、光合能力和最大电子传递速率都随之增加，超过一定阈值以后不增反降；氮、磷、钾三要素缺乏或过量，增加了银杏光呼吸占总光合速率的比例。

氮素

如若氮素供应充足、及时，则银杏的生理活动加强，营养生长旺盛。氮素不足时，树势衰弱，叶色枯黄无光泽，叶片小，枝条纤细。在瘠薄的山地、河滩、海滩的砂质土以及管理粗放、肥水不足、杂草丛生的园片，强酸、强碱性土壤，常出现缺氮症状。一般施用尿素、硫酸铵和硝酸铵等氮素肥料，缺氮症状便可消失。改良土壤，增加有机肥是其根本措施。

当代鉴定试验

决选优株只有通过当代鉴定试验，确定其遗传力和生态适应性后才能成为无性系株系品种，并在生产中推广应用。银杏嫁接苗在3年后才开花结种，10年以上才进入丰产期，为此生产力试验应采用大砧或大树做砧木，用决选优株枝做接穗，设置3个组合，每组合设置2个对照，以保证取得遗传力和遗传增益数据。结种后每年必须实测各株产量和考种。生态试验宜用优株嫁接苗，布点5个以上，且每年都应观测其生长发育状况，并实测株产。

当年生枝条的营养贮藏蛋白质

树木的新梢是研究营养贮藏蛋白质积累的理想部位。传统观点认为树木的新梢不是贮藏器官，以往有关树木营养贮藏蛋白质的研究从未用新梢做研究材料，以当年生枝条为研究材料，其中，当年生枝条木质化之前即称为新梢。

导管

阔叶材的重要组织之一。由许多筒状的开口细胞相互串联的导管分子所组成。导管是由管胞演化而来的一种进化组织，起输导作用。可输送水分和营养物质。

倒贴皮

每年6月上旬至7月中旬将环剥时剥下的树皮上下位置颠倒，再贴在环剥口上，然后用涂有杀菌液的塑料薄膜包好，再扎紧。时间与环剥同时，要求切口整齐，愈合快。倒贴皮的促花效果较显著，据山东郯城试验结果知，成花株数高达92%。

倒贴皮促花结种状况

倒贴皮促花结种状况

品种	编号	株行距2 m×3 m		株行距1 m×3 m	
		生叶情况	结种情况	生叶情况	结种情况
圆铃9号	1	出叶晚,叶小	结种少	出叶晚,叶小	未结种
	2	出叶晚,叶小	未结种	叶片中	未结种
	3	正常	未结种	叶片中	未结种
大圆铃	1	出叶晚,叶小	结种多	出叶晚,叶中	未结种
	2	出叶晚,叶中	未结种	出叶晚,叶中	未结种
	3	出叶晚,叶中	未结种	出叶晚,叶中	未结种
马铃5号	1	出叶晚,叶小	结种多	出叶晚,叶中	结种少
	2	出叶晚,叶中	未结种	出叶晚,叶中	未结种
	3	叶片中等	结种多	出叶晚,叶中	未结种

倒贴皮幼树当年的生长

倒贴皮幼树当年的生长

8月6日观测(15株)			10月14日观测(15株)			备注
剥环上平均径(cm)	剥环下平均径(cm)	叶色表现	剥环上平均径(cm)	剥环下平均径(cm)	叶色表现	
3.5 相差0.78	2.7	8株黄绿色 6株枝梢叶黄有褐色斑点 1株正常深绿色	3.84 相差1.06	2.78	叶色全部变黄,开始脱落、少数植株叶落光	未倒贴皮株叶色浓绿不见脱落

德国的银杏叶制剂生产

1966年，德国医药科学家首先发现了银杏叶中含有通血脉和降低胆固醇的药用成分，随后科学家们先后在银杏叶中发现了近百种药用成分，从此，银杏叶的综合开发利用便开始了。德国 Schwabe 制药公司出品的银杏叶制剂专用名称为"强力梯波宁"（Tebonin force），是 20 世纪 60 年代即已行销甚广的"梯波宁"（Tebonin）的更新换代新制剂。有针剂、液剂、静脉注射用针剂、糖衣片及长效缓释片等 5 种制剂。这些制剂主要用于改善脑血管循环、控制周围血管失调以及脑功能障碍，同时治疗智力功能衰退、失眠及其伴随的症状，如眩晕、耳鸣、头痛、记忆力减退、带有恐怖心理的情绪不稳定等，且长期使用无毒、副作用。这些制剂在欧洲市场上颇受用户欢迎。特别值得指出的是，德国生产的银杏叶提取物 EGb761 是制作针片剂的主要原料，40 mg EGb761 相当于 2 g 生药，内含黄酮苷 9.6 mg，银杏内酯（ginkgolide）1.24 mg，白果内酯（bilobalide）1.16 mg。自 20 世纪 70 年代中期起，德国每年从韩国进口价值达 1 000 万美元的银杏叶提取物，用于生产降低胆固醇的药物。前述 5 种制剂，在德国年销售额达 600 万美元。彼得·史瓦伯（Peter Schwabe）博士的父亲和他的儿子都是德国研究银杏的专家。父亲魏玛·史瓦伯（Willmar Schwabe）是世界上第一位应用银杏叶提取物治病的医生。从 1960 年起，银杏叶提取物 EGb761 不断得到发展。50 多年来，银杏叶提取物 EGb761 走过一段漫长的路程，但这种药物自问世以来，无论是在德国还是在法国，始终畅销。1996 年，德国史瓦伯制药集团和法国博福—益普生制药集团，联合在中国山东郯城新村乡营建了 11 000 亩采叶银杏园，在江苏邳州港上镇营建了 27 000 亩采叶银杏园。使用的农艺技术与韩国的相同。1996 年，两个制药集团又联合在中国的山东和江苏各建起一座银杏叶烘干厂，为使采收的鲜银杏叶迅速烘干。

以生药为基础制造"德国秘方"的传统医学家们，对具有强大生命力的银杏深感兴趣。1965 年德国开始着手银杏叶的药效研究。由于德国银杏树很少，采购不到足够的叶子供试验用，所以每年从日本进口 2 ~ 5 t 银杏叶。德国史瓦伯制药厂（Schwabe）科技人员经 3 年的刻苦研究，终于发现了银杏叶提取物具有令人惊讶的医疗效果。德国医学博士 G. Mubgnug 先生和 Alenlany 先生对患有血液循环疾病的 122 名患者，服用银杏叶制剂的临床试验结果表明，全部患者的疾病都得到了缓解或治愈。1977 年底，德国在爱尔兰的科克市建起了一座年产银杏叶提取物 50 t 的加工厂，该厂于 1980 年初建成投产，1992 年，年产量翻了一番，银杏叶提取物年产量达到 100 t。这是一座单一性的生产厂，因此它可以避免与其他提取物交叉污染。这既符合欧洲生产质量管理规范（Bonnes Pratgues de Fabricarion Europeennes）也符合美国食品和药品管理局（Food and Dug Administration）的规范。德国史瓦伯制药集团进行了分析方面的研究，并运用最先进的提取技术和药理学技术进行银杏叶提取物组成成分的研究，以解释提取物在人体内引起的所有活性反应。银杏叶提取物是一个"整体"，也就是说，它含有的各种成分是不可分割的，而正是这样一种混合物保证了其所有的医疗作用。临床实践已经证明，银杏叶提取物具有多介性的药理学作用，目前在德国和法国，银杏叶的提取工艺采用的是丙酮加水溶剂法，整个过程要经过 17 道工序，每道工序必须严格控制，否则会生产出劣质产品。

灯火诱杀

利用灯火来诱杀具有趋光习性的夜出性害虫。由于不同虫种对光源的强度、高度和照明时间有不同的选择，因此采用诱虫灯诱杀时，须根据具体对象的情况应用。诱虫灯有黑光灯（紫外线灯）、普通电灯、煤油灯等，灯下要设置水盘（盘中滴少许煤油等），使害虫扑灯落水触油而死。如若收集标本使虫体保持完整，则可在灯下悬挂毒瓶。

低产区

该区包括甘肃省的康县、文县和武都，陕西省的延安、洛川、铜川和子长，山西省的寿阳县、方山和静乐，河北省的沧县、曲阳、蔚县和怀安，北京市，天津市，辽宁省的丹东、抚顺、义县、锦州、建平和建昌，广东省的广州和连州，福建省的明溪和古田，广西壮族自治区的蒙山、武宣、合山和隆安，台湾的台中和台北。该区在地域上跨度较大，发展银杏受气候等因子的制约，不宜大面积营造银杏人工林。

低产树改造

灵川县现有结种银杏树 2.3 万株，由于科学技术水平的提高，管理不断完善，年产量由 20 世纪 80 年代 300 ~ 500 t 提高到 20 世纪 90 年代 700 ~ 900 t。但仍有一些立地条件差、管理粗放的低产或不稳产的树。近 5 年对 3 株低产树连年采用综合改造措施，产量成倍增加，千粒重也提高了，效果显著，潜力巨大。改造措施是：①做好培土工作；②加强水肥管理；③搞好修剪；④及时人工辅助授粉；⑤适时防治病虫害；⑥少量采叶，及时采收果实。

低产银杏树的改造

银杏树低产的原因，或是树冠凌乱郁闭，或是肥水管理不周，或是缺乏授粉雄树，或是以上三种情况兼而有之。据其原因，对症下药。①树形改造。银杏树多为有中心干的自然分层形，树体高，层次多，枝条密,冠内通风透光不良,这是低产的重要原因之一。应有计划地逐步回缩和疏除部分大枝,隔一层疏一层,留3~4层后,逐步落头(锯掉中心干头),以改善树冠内通风透光条件。同时,还要注意结种枝组的配备和修剪。下部多配备大型枝组,上部多配备小型枝组。修剪上,要坚持上稀下密、外稀里密的原则进行疏或截。②加强土、肥、水管理。低产树光靠修剪不行,必须配以土、肥、水管理。一定要抓住秋季重施深施基肥这一关键措施,并结合施肥进行根际培土。一年应松土除草5~6次,保持土壤疏松。农家肥为主,每株施400~600 kg,施肥的深度40~50 cm。施肥的方法因立地条件而异。平地,采用放射状沟施,坡地采用穴施。生长季节还要进行两次根际追肥和多次追肥。追肥的时间、肥料种类、施肥方法参照银杏追肥进行。干旱季节施肥,施后必须灌水才能充分发挥肥效,雨季要注意排水。

低床

床面低于步道的苗床。床面一般低于步道15~25 cm,床宽1.0~1.2 m,床长10~20 m,步道宽40 cm,低床在银杏育苗中使用较少。

低干密植园

定植当年不整形。第二年早春在离地面20 cm剪干,当芽萌发后,枝条要及时疏除方向不正的芽。第三年春,在枝条基部短截,保留2~3个壮芽,也是只疏芽,不剪枝培养侧枝。第4年如法修剪培养2级侧枝,全树限留10~12根壮条,供采叶用,每隔2~3年轮换更新枝条。

低糖羊羹工艺流程

```
赤豆→浸洗→煮制→洗沙→离心甩干→豆沙─┐
琼脂→浸洗→化解→过滤→琼脂混合糖液──┤
       ↑                          ├→混合→熬羹→注羹→冷却→封口→杀菌、冷却→包装
   砂糖、糊精                      │
银杏→去壳→去内衣→预煮→研磨→果泥──┘
```

低糖羊羹工艺流程

低温处理种子可提高发芽率

采用未经处理的种子在试验田里播80粒,分两组进行试验,一组选大粒带果肉和大粒不带果肉的种子;另一组选小粒带果肉和小粒不带果肉的种子,各为20粒进行播种繁殖。其结果为:大粒种子带果肉者出苗率为40%,不带果肉者为45%;而小粒种子,无论带果肉或不带果肉,均未出一苗。由此看出,播种银杏需用大粒种子。带果肉或不带果肉,对种子出苗率影响不大。在土棚内播种,选择较均匀的种子,其中秋播,出苗率为78%,春播,出苗率为52%。秋播比春播出苗率高16%。为了提高春播出苗率,又进行了低温处理试验,即将种子放在冰箱内,存放90 d后再用来播种。低温分两组处理:一组为0~1℃,另一组为-0.5~0℃,试验结果,前者出苗率为93%,后者为67%,前者高于后者26%。另据调查,秋播苗平均高16.3 cm,未经低温处理的春播苗,平均高只确13.8 cm。但经低温0~1℃处理种子后的春播苗,平均高可达16.4 cm,与秋播苗长势基本一致。综上所述,银杏种子繁殖以秋播为宜。若进行春播,必须要经过一定的低温处理,以提高出苗率。其中以0~1℃低温处理的种子,出苗率高,且长势旺盛。

低温干旱区引种

典型的例子是黄土高原区的引种。引种结果表明,南部暖温带半湿润区适宜银杏引种,可发展经济林;北部北温带干旱区不适宜银杏引种;中部中温带半干旱区银杏引种效果介于两者之间,以小规模引种为主,常以四旁绿化或公益林为主。此区引种主要受低温、干旱的威胁,即使是南部地区也受到一定的影响。

低温区引种

吉林省长春市、吉林市、白山市、延吉市等地曾从大连引种过银杏,这是南树北移的例子。结果表明环境条件好的地区,如,背风、向阳、低海拔的地方,银杏生长较好,而在靖宇、长白、敦化等环境较差的地方,引种失败。

滴灌

滴水灌溉。通过管道把水滴到土壤表层和深层的灌溉方法。由滴头、毛管、支管、干管和首部枢纽组成管道网。通过管道网把水输送到每一株银杏。管道网通常安设在地上或地下。控制滴灌系统的操作,有从手工操作到完全自动化操作。自动化的控制系统:控制时间,按预定时间放水和关水;控制水量,按配水量放水和关水;根据设在灌区内的湿度感受器的反应放水和关水。优点:①能使土壤水分保持接近恒定的低压状态,利于植物生长;②能大大减少因地面蒸发而减少的水量;③能保持土壤的通气良好;滴灌因水通过地面管道能提高水温,可避免因用地下水灌溉而降低土温,不利于春季种子发芽和根系生长;

④灌溉和施肥可同时进行;⑤减少病虫害的发生率。但造价高,投资较大,滴头和管道容易淤塞。

滴剂

银杏叶提取液 50 mL,胶态金 12 mL,乙醇 100 mL。由德国 Sobemheim 制药公司生产,商品名 Hevert,与银杏叶针剂配伍制品 Hevert 为同名不同剂型系列。用于预防和治疗动脉硬化,大脑血流障碍等疾患。

敌百虫

是一种对人畜毒性低的有机磷农药,在碱性溶中生成敌敌畏。主要剂型有 90% 晶体、50% 乳油、50% 可湿性粉剂、80% 可深性粉剂、2.5% 粉剂、25% 油剂。如果在银杏园周围或行间种植有玉米、豆类、瓜类等农作物,应避免用药。该药剂易吸潮、受热熔融,要密封保存。中毒者用阿托品或解磷定解毒。

地方品种

亦称农家品种。在一定地区内,经过群众长期选择和培育而形成的品种。期特点是对当地的自然条件和生产条件有很强的适应性。银杏群体中地方品种很多,可以细分。

山东省:高升果、键子把、圆底金坠、黑白果。河南省:突梗银杏、长果银杏、双果银杏、皱皮银杏、大果银杏、小果银杏、无粉银杏、金豆银杏、黑白果、叉尖白果、琉璃果、八月黄、真假白果、长白果。安徽省:大茶果、茶果、大核果、米果、中果、大药果、小药果。湖北省:糯米白果、小白果、大白果、葡萄银杏、安陆大白果、随州大白果。福建省:短柄圆果银杏、小果银杏、早马铃。甘肃省:猫头银杏、佛眼银杏。广西壮族自治区:李子果、算盘珠、圆底果、橄榄佛手、皱皮银杏。贵州省:圆白果、长白果、猪心白果、小黄白果、苦白果。就全国范围来说,由于各地遵循定名的依据不同,难免出现同名异种或异名同种的情况。这是今后鉴别、整理银杏品种资源时应十分注意的问题。

地径与接口高度比例结种调查表

地径与接口高度比例结种调查表

标准木编号	1991 年 4 月插皮接			1995 年挂果粒数	1996 年 7 月实测成果		
	砧木地径(cm)	口高度(cm)	地径与接口高度比例		挂果粒数	树高(cm)	冠幅(cm)
1	10	80	1:8	0	17	216	560×310
2	8	120	1:15	74	114	360	430×410
3	10	150	1:15	17	41	360	460×300
4	9	140	1:15.6	37	45	316	500×300
5	14	180	1:12.9	740	1 097	420	590×700
6	6	190	1:31.7	0	11	350	300×250
7	5	180	1:36	2	91	320	200×210
8	4	200	1:50	0	1	310	162×150
9	5	200	1:40	0	0	320	220×170
10	2	210	1:70	0	0	270	100×80
11	3	220	1:73	0	2	320	90×80
12	2	210	1:105	0	5	300	110×90

地理分布

银杏在全世界或一个国家范围内按地理条件表现的分布状况。银杏的表现也是一种地理现象:它在水平分布和垂直分布方面有规律性,在理论上和实践上都具有重要意义。在同一地区,银杏的垂直分布从属于水平分布的规律性。

地理生态型

系指银杏所处地理位置所产生的变化和所适应的结果。根据对银杏生理学、银杏生态学、银杏分布区地理气候状况及其对银杏生长的影响、各地理生态型内的重要实生类群的同异,我国应划分 10 个银杏地理生态型。①华北山地银杏地理生态型。②秦巴银杏地理生态型。③辽东半岛与山东半岛银杏地理生态型。④大别山、桐柏山银杏地理生态型。⑤四川盆地银杏地理生态型。⑥长江下游地区银杏地理生态型。⑦湘、鄂、赣、浙山地丘陵银杏地理生态型。⑧云贵高原银杏地理生态型。⑨南岭山地银杏地理生态型。⑩台、闽、粤低山丘陵银杏地理生态型。

地理信息系统模型

是一个林分生态管理系统的空间地形应用,是以具有空间分析能力的地理信息系统为支持,以管理为目的的信息系统模型,它通过地理信息系统的各种功能实现对具体空间特征的要素进行处理分析以达到区域管理的目的。在林业地理信息系统模型中,通过使用森林生态系统模拟进程。

地面分株压条法

首先将低压嫁接的成品苗,栽在低于地平面 20 cm 的深穴中,幼苗嫁接部位处在穴下层,再将嫁接主干平茬,略高于地平面,促使平茬干多发侧枝条。经嫁接主干再平茬,一般能萌发出 3~6 个侧枝,待各枝条长 20 cm 以上时,可进行填穴封堆,将侧枝封埋压弯,浇水保持土壤湿润。约经 2 个月时间,被埋的各枝条上会生出新根。到翌年春天可扒开封堆,将生根侧枝从贴主干处剪掉,可单独移栽培植再生苗。

地膜覆盖

是早春银杏播种后,必须采取的一项技术管理措施,地膜覆盖具有下列作用:①提高地温,透明膜可提高地温 2~10℃;②保持土壤墒情,可节省灌溉水 30%;③改良土壤结构,预防土壤板结,防止盐类上升;④防止杂草生长,减少除草剂用量或人工除草的费用;⑤促进根系早期生长。由于地膜覆盖具有以上诸多作用,又加之银杏早期提前播种,延长了银杏幼苗生长期,1 年生银杏幼苗高度可达 25 cm 以上,粗度可达 0.8 cm 以上,幼苗根系发达且苗壮。

地球上最古老的生命

银杏曾被达尔文称为"活化石"。化石是指埋藏在地下的古代生物的遗骸变成的石块,或带着古代生物遗迹的石块。迄今为止,科学家所发现的银杏类化石可以追溯到古生代的石炭纪和早二叠纪。之所以称它为活的化石,是因为银杏不像菊石、鹦鹉螺等化石是"死化石",也不是存留的太古绝种种族,而是在太古时代就以现在的姿态留存至今的"活化石"。

地球上最神奇的生命

银杏不仅生命顽强,而且充满神奇色彩。它具有的许许多多奇特现象,为人们研究这一神奇生物,揭示其中奥秘,提出了不少新的课题。银杏和地球上其他纷繁的物种一样,均是过去生存物种的后代,是亿万年发展演化的产物。在漫长的历史演变中,都要随着自然环境的改变而产生变异,并通过自然选择向在生物进化的行列中,却始终保留着许多远古时代的特征和形态,有些特征和形态几乎是亿年如一日,变化甚微。银杏在遗传上的保守性,反映了它对多变环境的强大适应性,这一点不能不让人叹为观止。

地温

地面和地中的温度。地面温度指地面与空气交界处的温度。地中温度指地面以下不同深度处的土壤温度。地温对近地面空气温度和湿度的分布、种子的发芽、根系的生长、土壤中微生物的繁殖、有机物质的腐熟和分解以及地下害虫的发生和发展等都有很大影响。

地下害虫

危害银杏的地下虫主要有金针虫、蝼蛄、蛴螬和小地老虎等。地下害虫的综合防治措施有以下几种。①防治。原则是地上防治与地下防治相结合,防治幼虫与防治成虫相结合,播种期与全生育期相结合。②精耕细作,减少虫量。③合理施用肥、水,施用有机肥要沤熟,减少蛴螬危害。据危害不同时期,合理浇水,水少可防蝼蛄,水多可防金针虫,因地适时灌水可防治蛴螬等害虫。④耕前采用辛硫磷处理土壤,耕后播种,药效可保持 30 d。⑤蛴螬的成虫是金龟子,也咬食银杏的叶片,主要是集中在早上及傍晚,在傍晚用敌百虫或敌敌畏喷叶面,可防金龟子成虫。⑥根据各种地下害虫的嗜食性,拌药饵诱杀。炒香的谷子、谷糠拌药诱杀蝼蛄;嫩草拌药诱杀小地老虎;甘薯、马铃薯碎片拌敌百虫诱杀金针虫。

地下水

亦称潜水。一般的井水就是地下水。是因地层中有不透水层,使下渗的重力水积聚起来而形成的水。这种地下水可沿不透水层的斜面流动,也叫支持重力水。如不透水层呈洼状,地下水停滞不能流动则叫停滞重力水。如不透水层形成盆地,而盆地中的含水层上又覆盖有不透水层,盆地中央的地下水低于盆地四周或盆地以外的同一含水层的水位而产生压力水头,这种情况下的地下水称为承压水,当挖井达到这种水层时,水可以自动喷出,所以也叫自流水。

地形

地球表面的形态特征。有大陆和海洋之分。在陆地上又分平原、山地、丘陵、高原与盆地。地形分五个等级:巨地形、大地形、中地形、小地形和微地形。水平距离在数十至数百千米,垂直高度在数百米至数千米的广大范围地形为巨地形,如蒙新高原等。水平距离数百米至数十千米,垂直高度在数十米至数百米范围内的地形为大地形,如山系支脉等。宽度数十米至数百米,垂直高度数米至数十米范围内的地形为中地形,如平原中的洼地、孤山等。宽度 2~50 m,高差 2 至数米范围内的地表为小地形如小洼地等。宽度在 1~2 m,高差 1~2 m 左右的地形变化为微地形,如蚁类、鼠类活动所造成的微小地形。地貌和地形的概念常是通用的。但地形是形态学上的概念,地貌则是发生学上的概念。

地震摧不死

日本东京1924年惨遭地震浩劫,街上大量行道树毁于一旦,唯有银杏树仍然冠绿耸翠。日本人从震后的这一事实中悟出了一个非常重要的道理,即银杏具有极强的抗震性,以后在城市行道树中大量栽种银杏,从而使它在日本东京及附近城市的行道树中晋升为首位。

地质年代

地壳上不同时期的岩石、地层在形成过程中的时间(年龄)和顺序。地质年代有相对年代和绝对年龄之分。相对地质年代是指岩石、地层之间的相对新老关系,它们的时代顺序。主要是依据地层学和古生物学方法划分为大小不同的单位——宙、代、纪等。如显生宙包括古生代、中生代和新生代,古生代又分为寒武纪等六个纪。在各个不同时期的地层中有各自的标准化石。绝对年龄是根据岩石中放射性元素蜕变产物的含量的测定,计算出岩石生成后距今的实际年数。由于用"绝对"一词不甚恰当,故现在称为"同位素年龄"。越老的岩石、地层距今的年数越大。每一个地质年代单位应为开始于距今多少年前,结束于距今多少年前,延续多少年。

地质时代表

地质时代表

地质分期	代	新生代						中生代			古生代						元古代	太古代
	纪	第四纪	第三纪					白垩纪	侏罗纪	三叠纪	二叠纪	石炭纪	泥盆纪	志留纪	奥陶纪	寒武纪		
	世	全新世	更新世	上新世	中新世	渐新世	始新世	古新世											
离今年数		一百万年						七千万年	一亿二千万年	一亿七千万年	二亿年		三亿年			五亿五千万年	十亿年	
时代		人类时代	哺乳动物时代					恐龙的时代			两栖类时代	鱼类时代		三叶虫时代			低等无脊椎动物时代	

地质时期的银杏类

银杏类植物的起源可以追溯到晚古生代。目前,公认的、可靠的银杏类植物化石出现于距今约2.7亿年前的早二叠纪。二叠纪末的地球环境剧变使银杏类濒临灭绝,早、中三叠世逐渐恢复,到中、晚三叠世开始急剧发展,至侏罗世和早白垩世一直是银杏类植物的鼎盛时期。当时银杏类种类繁多,形态上有了很大的分异。到晚白垩世以后,银杏类急剧衰落,只剩银杏科少数代表。

地质时期的银杏属种

(1)扇形叶属(*Psygmophyllum*)。(2)楔拜拉属(*Sphenobaiera*)。①长叶楔拜拉:*S. longifolia*。②捷卡诺夫斯基楔拜拉:*S. Czekanow skianu*。③稍美楔拜拉:*S. pulchlla*。④叉状楔拜拉:*S. uninervis*。(3)准银杏属(*Ginkgodium*)。(4)拜拉属(*Baiera*)。①敏斯特拜拉:*B. muensferiana*。②阿纳特拜拉:*B. hnertii*。③纤细拜拉 *B. gracilis*。④林德莱拜拉 *B. lindleyana*。⑤普莱莫法拜拉 *B. polymorpna*。(5)北极拜拉属(*Arctobaiera*)。弗莱特北极拜拉 *A. Fletii*。(6)拟刺葵属(*Phoeeicopsis*)。①狭叶拟刺葵 *P. angustifolia*。②华丽拟刺葵 *P. speciosa*。(7)温德华德属(*Windwardia*)。(8)桨叶属(*Erethmophyllum*)。(9)托勒叶属(*Torellia*)。(10)捷卡诺夫斯基属(*Czekanowshia*)。(11)薄球果属(*Leptostrobus*)。(12)银杏属(*Ginkgo*)。①银杏 *G. ginkgo*。②宝莱 *G. pelaris*。(13)克拉属(*Clarkia*)。(14)似银杏属(*Ginkgoides*)。(15)二歧叶属(*Dichophyllum*)。(16)毛状叶属(*Trichopitys*)。

地质史上的银杏记载

银杏的祖先究竟在地质年代上什么时候开始存在,现在还不能有确定的验证。这里主要的困难是如何从形态上来划分古代银杏化石与其他近似的化石种的界限。一般认为银杏的祖先可以远溯到几亿年以前。在地质上的古生代二叠纪后期中，已有它生长的痕迹。其中有几种比较接近的古生代化石，现在都归入到银杏的这一植物中，不过要说明究竟哪一种是它的真正祖先，还是相当的困难。尤其所有近似银杏的古代化石，片断十分零碎，很多只能从几片叶子的印痕化石上加以描述。这些古生代的似银杏类化石中，Trichopitys似乎能够最好地代表一种原始的银杏祖先，而目前亦了解得比较详细。这种已经绝灭了的植物十分近似目前仍旧生活着的银杏。尤其在雌性的生殖部分，这与现代的银杏在植物体上的位置与一般的情况都很相似。现在生活的银杏，其成熟叶子的化石，即可以最早在中生代的下三叠纪地层中见到，到上三叠纪及侏罗纪时银杏这一植物分布在地球上各处，但是到了侏罗纪的末期逐渐衰落，最后只在东亚遗留下来，因为这个缘故，银杏被称为"活化石"。

"帝王树"与"配王树"

北京市头沟区潭柘寺毗卢阁前，有一株高40 m、胸径3 m的古银杏树，雄性，因当年曾得到乾隆皇帝的封号，故称"帝王树"。相传此树植于唐贞观年间，树龄有1 000年。传说只要一个帝王去世，这棵银杏树就会有一个树杈断掉；当一个皇帝继位后，树上又会长出新的枝条。据《西山名胜记》一书记述：帝王树……言在清代，每一皇帝继位，即自根间生一新干，久之与老干渐合。北方高僧皆以此树代表菩树，视为佛门圣树。与"帝王树"相对的一棵银杏树，高30 m，胸径近2 m，是后来补种的。"帝王树"是树中的皇帝，只要是皇帝，就要有娘娘，因此补种的这棵银杏树就有了"配王树"的名号。可惜配错了鸳鸯，两棵银杏树都是雄性，因而不会结果。

第四纪

地质历史的最后一个纪，新生代的第二个纪。从距今200万～300万年前至现今。可分为更新世和全新世两个世。更新世也称洪积世，从距今200万～300万年前延续至12 000年前。全新世也称冲积世，约从距今12 000年前至今。人类的出现是这个时期的最大特点之一，故也称"灵生纪"。这一时期的另一特点是气候发生剧烈变化，高纬度地区广泛地发生了多次冰川作用，中、低纬度地区也受到很大的影响。代表符号为"Q"。

点播

把种子每隔8 cm距离，一粒一粒或一穴一穴地播于育苗地的方法。适用于大粒种子银杏，点播苗木产量略低。

电子显微技术

样品用含0.5%戊二醛和4%多聚甲醛的0.1 mL磷酸盐缓冲液(pH值7.2)4℃下固定24 h，相同缓冲液冲洗3次，每次30 min，然后在含1%锇酸的相同缓冲液中固定4～5 h。缓冲液冲洗，乙醇系列脱水，环氧丙烷过渡后，60℃聚合包埋于Epon812树脂中，用LKB-V超薄切片机切片，切片厚度50 nm。切片经醋酸铀和柠檬酸铅染色后用H-600型透射电镜观察拍照。

电子叶自动间歇喷雾装置

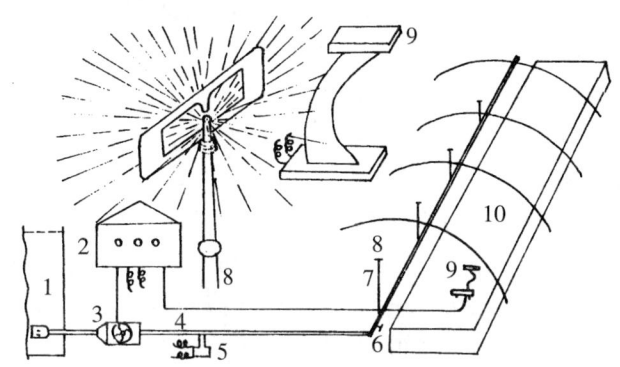

电子叶自动间歇喷雾装置
1.水箱　2.叶面水分控制仪　3.电机水泵　4.输水管道　5.电磁阀
6.手闸阀　7.输水立杆　8.喷头　9.电子叶　10.苗床

淀粉

由许多葡萄糖分子结合而成的多糖。有直链和支链两种不同结构。直链淀粉遇碘呈蓝色，支链淀粉遇碘呈紫至红色。淀粉呈粒状，经酸或酶水解时，逐渐转为溶解性淀粉、糊精、麦芽糖、葡萄糖。淀粉是植物的主要能量储存形式，广泛存在于植物的块根、块茎、果实种子中，除主要粮食作物以外，还有木本粮食植物如板栗、枣、柿等含淀粉量都很丰富。

淀粉的分离和纯化

用重强晶法可以得到纯度较高的银杏直链淀粉和支链淀粉。凝胶过滤色谱表明：银杏直链淀粉的分子量比玉米直链淀粉的小，而支链淀粉的分子量则具有较宽的分布，银杏直、支链淀粉的碘亲和力分别为19.19%和0.13%，蓝值分别是0.85和0.12，λ_{max} 626 cm和564 cm；银杏淀粉中直链淀粉含量为33%。

雕刻美

银杏雕刻作为一种造型艺术，是指以银杏木为原料，塑造可视而且可触的艺术形象，借以反映现实生活、表现艺术家的审美感受和审美理想。银杏木材坚实细密，不翘不裂，兼有特殊的药香味，是雕刻的上好材料。银杏木价格昂贵，美观耐用，其木雕工艺品历经数百年完好如新，素受人们喜爱。以银杏木作为雕刻材料,可以较好地反映作者的意愿,给观者以感官上的愉悦和心灵上的撞击。浙江省东阳市的木雕已有数百年历史,艺人们常常选用银杏木为原材料,雕梁画栋,制作古董玩器、桌椅家具,其工艺之精湛名扬中外。

吊枝

是提高枝条角度、避免大枝下垂或劈裂的一种技术措施,用绳或铅丝将角度扩大,或将下垂的大枝吊起,使大枝保持适当的开张角度,保证大枝的生长势。有的大枝结种较多,被压平、下垂,为防止折断,也需吊枝。可在银杏树干中间立竿,将绳的一端固定在竿上,另一端固定在大枝上,将枝吊起。

蝶形似银杏

生长地域:辽宁。地质年代:晚三叠纪。

丁家银杏

山西省翼城市南梁镇下涧峡村,雄树:高28 m,干高4 m,胸径1.44 m,立木材积16.9 m³。冠幅东西14.2 m,南北20.4 m,树冠投影面积为234.9 m²。主干共分12大枝,树叶茂盛。雌树:高24.3 m,干高6.3 m,胸径0.85 m,立木材积9.4 m³,冠幅东西10.4 m,南北12.4 m,投影面积102 m²。植于明代丁家花园,南有鱼池,东有竹园。丁应科为明代万历年大夫官,其子丁流芳任宁夏河东兵部道台。此二树系丁流芳居官时外地移入。现在丁家花园已荡然无存,两棵雌雄银杏大树像两个巨人般依然挺立在空地上,雄伟壮观。

"丁"字形芽接示意图

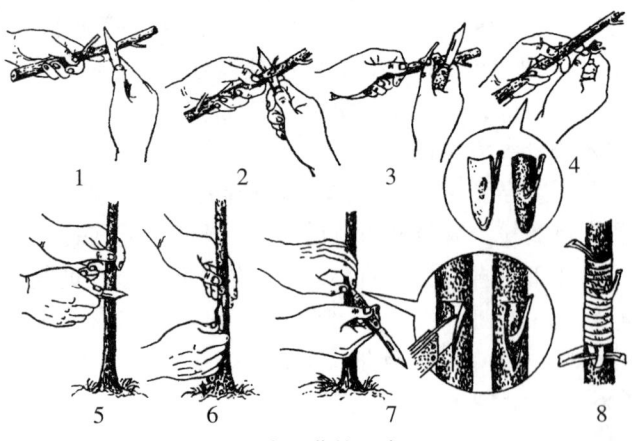

"丁"字形芽接示意图
1、2、3、4.取接芽片　5、6.砧木切口　7.撬开皮层嵌入芽片
8.用塑料条绑扎

可用于春季砧木离皮之后或8~9月间的秋季。在接芽下方1.0 m处,向上纵削一刀深达木质部,再于接芽顶端上方1.0 cm处横切一刀,将接芽切下,稍带木质部。选砧木适当部位,先横切一刀再纵切一刀,深达木质部。从切口缝中用刀轻轻挑开树皮,将芽插入,上部形成层对齐,用塑料带扎紧,露出芽眼即可。

顶侧枝

为枝条顶端附近侧芽抽生的枝条,发生数量为2~4条,亦为长枝类型,有增加侧枝和分枝级数的作用。

顶端优势

是指银杏枝条顶芽和上部侧芽的生长抑制枝条下部侧芽的萌发生长的现象,这一现象也叫"极性生长"。这主要是由于银杏枝条顶芽与其下侧芽生长素呈梯度差异所致。顶芽最早获得来自根的细胞分裂素,随后其生长素水平提高,并抑制侧芽萌发。去除顶芽或侧芽涂以外源细胞分裂素,顶芽优势就随之解除;若在顶芽涂以生长素,则可重建顶端优势。顶端优势这种特性,一方面使顶部的强壮枝梢向外延伸生长,扩大树冠,枝叶茂盛,开花结种,另一方面使中部的衰弱枝条逐渐郁蔽,衰弱死亡而使枝条光秃,造成内膛空旷,使无效体积增加。在生产实践中,常用摘心、扭梢或在侧芽上涂抹细胞分裂素等生长调节剂促进侧芽萌发,或向顶芽喷布乙烯利等,均可削弱顶端优势。

顶芽

由银杏叶芽纵切面上可以看到节间很短的中轴,各节上生有幼叶。在芽的先端圆锥形部分称为生长锥,由原分生组织构成。生长锥基部两侧的突起称为叶原基,以后发育成幼叶。在幼叶的腋间有腋芽的原始体突起,称为腋芽原基,以后发育成侧枝。愈靠近基部的幼叶愈大,腋芽原基也大。不论是顶芽和腋芽,均有类似的结构和生长发育过程。银杏的长枝和短枝的顶端分生组织并无本质上的区别。在最幼的一个叶原基着生处苗端的宽度,长枝和短枝均为400 μm。

鼎盛时期的银杏类

银杏类植物自晚二叠纪开始出现后经历了一个缓慢的发展过程,大约自晚三叠纪(2.3亿年前)开始进入繁盛时期,这一时期持续了10亿多年至早白垩世末结束。当时不仅有银杏科、银杏属,还生存着至少3~5个已灭绝的科级演化支系。

定喘汤

组成:白果9 g,麻黄9 g,苏子6 g,甘草3 g,款冬花9 g,杏仁5 g,黄芩5 g,半夏9 g。

用法:水煎服(原方水三盅,煎二盅,作二服,每服一盅,不用姜,徐徐服)。

功效:宣降肺气,定喘化痰。

主治:风寒外束,痰热内蕴所致的哮喘。

定喘止咳散

桔梗、麻黄、前胡、葶苈子、半夏、白果、紫菀、苏子、天仙子、杏仁、桑白皮、黄芩、甘草等药。

主治:感冒、咳嗽、喉炎、支气管炎等。

定干

1~2年生苗木定植后按规定高度剪截。定干高度决定于主干高度和整形带长度。主干的高低主要根据银杏品种特性,整形方式,立地条件和管理水平决定。整形带一般长25~30 cm,带内应有6~10个饱满芽。

定干高度

银杏的接芽实际上一短枝,除顶芽以外,接芽抽生的枝条都是斜向生长的。在没有采取把枝条抹直时,银杏嫁接部位的高度也就是定干高度。其他果树定干以后,在剪口以下30 cm左右是整形带,而银杏是靠接芽抽生大枝的,所以银杏的定干高度也就是主干高度。银杏树的主干高度因实生树和嫁接树而异。银杏嫁接树的嫁接高度就是主干高度,而银杏实生树是以最下部一个大枝以下的高度为主干高度。银杏树的嫁接高度随着栽植形式而异,可分为矮干、中干、高干三个类型。根据调查,我国银杏产区30年生以上大树,甚至已达数百年的大树绝大多数以高干为主,主干高度多在2 m左右,也有在2.5 m以上的。嫁接方法多为抹头劈接,群众称为劈头接或拦头接。确定这一定干高度的主要依据是为了经营管理和采果时的方便。而在山东省郯城县港上乡王乔村,习惯于用层接法,随着树的高生长,把大枝一层一层向上嫁接,这既培养了高干用材,又能生产一定数量的种子,达到果材两收,多方兼顾。根据调查,这两种定干高度,从种子产量上看,中干胜于高干,而从充分利用空间和兼顾生产用材来看,则高干优于中干。为早果丰产,20世纪80年代提倡以果为主的矮干密植园,定干高度只有20~40 cm。

定林寺的古银杏

树龄:3 000年以上。干周(最大周粗):15.7 m。树别:雌株。据燕碑文推算,此树是商代所植的。干高:1.75 m。树冠面积约占地700 m²。树高:24.7 m。现在此树生育繁茂,年年结果,已作为重点文物保护。此树在定林寺大佛殿前,重修的《莒志》记载:春秋鲁隐公八年鲁公与莒子曾会盟于浮来。清顺治甲午年(1654年)莒陈全国刻石立碑,碑文曰:浮来山银杏树一株,相传鲁公莒子会盟处,盖至今三千余年。

定苗

最后一次间苗。原则是按规定苗木密度和株行距选留健壮的苗木。定苗的时期要适当,过早因灾害会减产,过晚会降低苗木质量。定苗数量高于规定产苗量的10%~15%。对生长快、抗性强的阔叶树苗,可在幼苗长时,一次定苗。

定期生长量

在一规定期间,树木或林分测树因子的增长数量,即在规定时期的始末,两次测定值的差值。通常规定以5年或10年为一定期,速生树种采用较短的定期。树木有树高、直径、断面积及材积的定期生长量。林分主要调查其蓄积定期生长量。

定向培育

银杏是一种多用途的经济树种,按其用途可以分为核用、叶用、花粉用、材用和观赏用等。不同用途的银杏林最终收获产品不同,所要求的栽培管理措施也不一致。因此,银杏林定向培育就是指按其最终用途所确定的对种核、叶、花粉、材质的要求,以最大限度提高产量和质量为目标,所采取的集约经营等科学管理措施。

定植

将银杏苗木栽于长期培育的地点,不再移植。例如,在种子园中栽植的母树苗、银杏园中栽植的银杏树苗都是定植;四旁植树,一般虽不称定植,但都属定植性质。

定植沟

营建矮干密植丰产园时,沿树行方向用机械或人工开挖深沟,长度与树行一致,沟宽80 cm,沟深100 cm。挖出表土放在沟的一侧,心土放在另一侧,栽植时结合施基肥,有时需换沙(石)换土。与植穴相比,挖定植沟较为省时省力,便于使用机械,改土面积较大,长方形定植或密植丰产园多采用定植沟。

定植过程

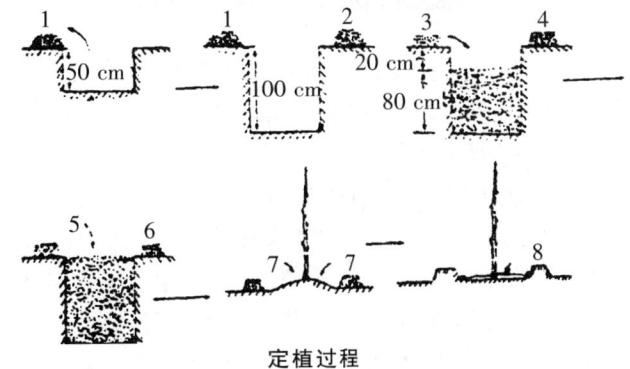

定植过程

1.表土 2.底土 3.农家肥+表土混匀 4.底土用于修树盘埂
5.灌水 6.树盘埂 7.踩实 8.覆膜

定植穴

营建矮干密植丰产园时,以定植点为中心,开挖的用于定植银杏苗木的穴状坑。定植穴多为正方形或圆形,穴径、穴深各为100 cm。挖出的表土放在一侧;挖出的心土放在另一侧,栽植时先填表土,后填心土,栽植时结合施基肥,有时需客土。

定植银杏的合理密度

定植银杏的合理密度

树龄(年)	调查株数	密度(株/亩)	株距×行距(m)
20以下	77	19~20	5×6或4×8
21~30	85	8~10	8×8或8×10
31~50	49	7~8	不少于8×10
50以上	54	5~6	不少于10×10
合计	265	—	—

东方似银杏

生长地域:吉林。地质年代:中晚侏罗纪。

东海佛国古银杏

普陀山位于浙江省杭州湾外的东海之中,是舟山群岛中的一个小岛,历史上被尊为中国四大佛教名山之一,素有"海天佛国"之称。岛上寺庙林立,在普陀名刹之一法雨禅寺中,有两株400多年生的银杏古树,一雄、一雌相对而立,被称为"夫妻银杏"。其中,雄树高28 m,胸径1.7 m,在干高3.5 m处生长着一株约2.5 m高的常绿树种——女贞。冬季银杏落叶后,女贞仍绿叶扶疏,为古银杏添彩。在这株银杏树干高4 m处有一长度为45 cm的钟乳枝垂下,如象鼻微伸,引人注目。雌树高24 m,胸径0.7 m,年年果实累累。但因其三面的主枝被锯掉,长势显得十分衰弱。另在普陀山南部的普济禅寺墙外,有一株高18 m、胸径1.2 m的雄银杏树。

东李庄银杏

北京市通州区范围现仅有两株古银杏树,生长在觅子店乡东寺庄内一座古庙遗址上。胸径分别为107 cm和82 cm,树高均为10 m,分别定为一级和二级保护树,现枝繁叶茂,长势良好。传说此庙是个大土龙,银杏树是两个龙角。据说国民党统治时期,有个当兵的砍一根树枝,但刚砍一下,树就流出了鲜红的液体,吓得他再也不敢砍了。1989年,林业局给两株古银杏树建了砖盘。

东岳庙银杏树

山西省晋城市郊区南村镇治底村东岳庙西南角,树高25.4 m,干高5 m,胸径3.05 m。树冠东西13.1 m,南北12.4 m,主干以上共8大枝,其中6大枝被锯掉,顶端已枯,树皮上生长一些侧枝,根盘14.6 m,被称为山西古"银杏王"。

冬季施肥

种子采收后,于10月结合深翻施入迟效性有机肥。在整个年周期生长中,以生长前期中的展叶、抽枝、开花等对速效肥料的需要量为最大。后期,尤其是采种前,要控制速效肥料的施用,否则会降低种子品质,并使树体的抗寒力减弱。迟效性的有机肥有堆肥、厩肥、树叶、绿肥等,常在秋季结合深翻施入土壤。这种有机肥,在微生物的影响下分解缓慢,有利于土壤封冻前,根系逐渐地吸收和利用,使树体内积累更多的营养,供来年春季萌芽开花的需要。同时,有机肥能改善土壤的理化性质,增强土壤的通气性、透水性,尤其对黏重土壤更为重要。由于提高了土壤的保肥、保水能力,因此有利于根系生长,微生物分解有机质的同时又放出大量热量。这对防止银杏冻害将起到良好效果。

冬季修剪

冬季修剪也称休眠期修剪。从落叶后至次年发芽前,即在银杏休眠期,都可进行。冬季修剪的方法有短截、疏枝、缩剪、刻伤等。

冬芽

当年形成后不能萌发,在越冬期间满足一定低温后才能萌发的芽称冬芽。冬芽耐低温,具有鳞片。

冻害及防治

银杏虽然能耐短时期-30℃的低温,但在-15℃条件下持续10~15 d,也会造成冻害。受害对象主要是幼苗、一年生枝和二次生长枝。1996年,山东昌邑县某村秋季嫁接抽生的新枝,受冻率达70%以上。据资料介绍,黄河流域及其以北地区,个别年份有冻害现象发生。淮河流域及以南地区就少见。冻害防治措施主要有以下几项。①选择抗冻品种。引种苗木不要跨远纬度,尽量就近选购苗木。②晚秋少施氮肥,控制浇水,促使芽子健壮,枝条充分木质化,令其按期停长、休眠,以提高抗寒性。③营造防护林,阻止寒潮侵袭。采用覆草、包草、包塑料薄膜、涂白等措施,都能不同程度的防止冻害。④熏烟、灌水。根据天气预报有寒流来潮,于前一天在园内燃草熏烟或浇水灌溉,能增温1~2℃,帮助银杏抵抗冻害。

洞庭皇

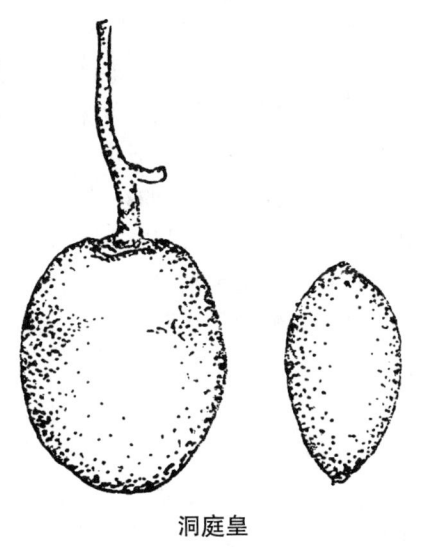

洞庭皇

亦称洞庭佛手、大佛子、大长头、凤尾佛手、家佛手。树冠多圆形,树势强,侧枝少,主枝旺盛。叶片大且平展,叶长5.5~6.2 cm,叶宽7.9~10.0 cm,叶柄细长6.6 cm,雌花胚珠半圆形,珠孔小而长,鱼嘴状,缘有浅缺裂,高低不等,边缘有浅底红色,线状条纹。种子长圆形或广卵圆形,熟时为深橘黄色,被较厚白粉,有深褐色油胞。珠孔迹小而明显。种实纵径3.37 cm,横径2.63 cm,纵横径比为1:0.75。种实单粒重13.5~17.2 g,每千克58~74粒。种实柄长4.69 cm。种核长卵圆形,无腹背之分。种核两侧棱线宽窄不一,无翼状边缘,长短也不相等。种核宽卵形者占总量的68.66%~73.79%。种核体积为3.1 cm×2.0 cm×1.5 cm,单核重3.34~3.84 g,每千克260~299粒。种子出核率20.79%~29.16%,通常为22%~25%。出仁率为78.0%。种核较大,性糯味甜,品质优良。树体发枝量大,始果期早,丰产性能好,抗病虫能力强。洞庭皇是江苏省洞庭山的主栽品种,占总栽植株数的99%,是大有发展前途的优良品种。

洞穴施肥法

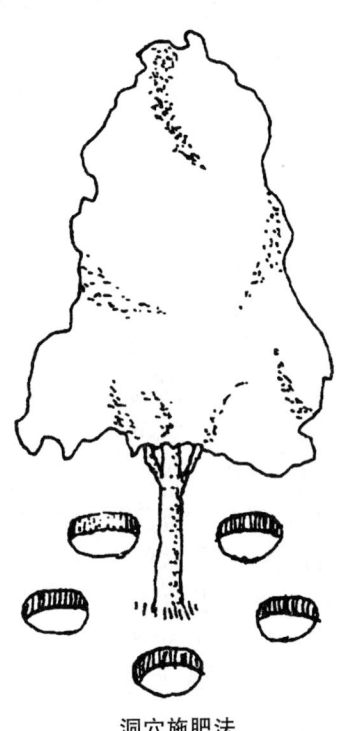

洞穴施肥法

在树冠投影外围挖数个深20~40 cm的洞穴,肥料施入洞穴内。这种方法适用于干旱地区。

豆荚螟

豆荚螟属鳞翅目螟蛾科。分布于河北、山东、河南、山西、陕西、江西、湖北、云南、广西等地。危害刺槐、大豆、豌豆及多种豆科作物,在山东发现,被危害的银杏种实核仁全部被吃光,种核内只留下虫粪,严重影响银杏种实的产量和质量。防治方法:①在银杏园周围不栽植刺槐,树下不种植豆科作物,以减少豆荚螟转移繁殖危害;②在成虫盛发期和孵化期,用50%敌敌畏或90%敌百虫800倍液,每隔10 d喷1次,连续2次;用50%杀螟松1 000倍液喷施,防治效果都很好;③成虫有趋光性,可用黑光灯诱杀。

豆科作物套种

豆科作物是农业生产中重要的养地作物,一般每亩大豆可固氮3~3.5 kg,相当于17.5 kg硫酸铵。豆类植物根系的根瘤菌还可向根际分泌氨基酸和其他有机酸,可促进土壤养分的分解和植物的吸收。因此,银杏较适宜与大豆、花生、蚕豆、绿肥间作。

都江堰张松银杏

进入四川省都江堰景区市内入口处的离堆古园。首先看到的是著名的"张松银杏"。这株高6.3 m、胸围5 m的银杏,传说为三国名士张松手植,至今已有1700多年的历史。树干基部如鹤足插地,民间传说此千年古树能化仙鹤飞翔,有"白鹤仙"之称。特别令人喷喷称奇的是，张松银杏本为雄株，千年来未接一果，但自2000年起，每年都硕果累累。此树虽不是高耸入云的参天大树，但因其独特的造型和厚重的历史文化，在2004年角逐"天府树王"时，获得"十大名桩"之一的殊荣。

都市银杏的树形

我国很多城市，如北京、上海、大连、扬州、厦门、成都、重庆、济南等，种植了不少的银杏树作为行道树或绿化树。在这些银杏树里，有极少部分是前人种植被保留下来的古银杏树。据调查，成都市有古银杏树9 000多株，市区有1 593株，它们大多分布在公园、公共绿地、单位、住宅小区等地方，具有绿化、美化环境的功能。这些银杏树是种子苗长成的大树，大都具有直立主干，树姿挺拔，树形自然美丽，加上形态独特的叶片，及其在枝干上着生的特点，让人们在很远的地方就能看出这是银杏树。作为行道树的银杏树大多是在我国银杏种植热之后，从密植的采叶园里稀植出来的实生树，也有嫁接过的雌银杏树。

毒饵诱杀

利用昆虫的趋化性，在其所嗜好的食物中掺入适当毒剂，做成各种毒饵来诱杀害虫。如防治根部害虫，毒饵的配合一般为饵料（麦麸、油渣等）100份，毒剂1~2份，加水适量。若用青草作饵料时，用50%敌百虫和1605粉剂1份，切碎青草50~70份，每亩地撒5 kg。至于放置的时间、数量及饵料选择等，应根据不同害虫的生活习性及发生时期与数量来决定。诱杀地老虎成虫时，常用糖醋液诱杀，配制方法如下：红糖6份、醋3份、酒1份、水10份，加入0.25份敌百虫混合均匀即可使用。

独树成林

四川省叙永县观兴乡普兴村，生长着一株独树成林的千年古银杏树，成为当地的奇特景观。该树荫地600多平方米，胸径5米余，约要12人手拉手才能合抱。据四川省林科院专家在普兴村实地考察证实，该村已有2 200多年的历史。1958年"大跃进"时，村民在上级的督导下，把古树拦腰砍断，用树神做成风箱用于大炼钢铁，但该古银杏树却劫后重生，第二年又开始发新芽张新枝。目前已有大小银杏树40余株，其中，最粗的银杏胸径已超过60 cm，最高的达20 m。游人站在大树下，完全就像站在树林中一样。该银杏古树还有一个"千岁状元"的美名。据传，明朝时有一位名叫白秀君的英俊后生，进京赶考中了状元，报喜人在该生登记的观兴乡连续数日查找，始终未找到这名考生，报喜人将喜帖挂在了这株古银杏树上，第二天一早，人们发现，状元帽居然戴在了古银杏树的树顶上。"古银杏化身考取状元"的故事流传至今，古银杏也就有了"千岁状元"的美名。自明朝以来，十里八乡的乡民在年头岁尾都要前来朝拜，当地乡民也为祈福在树上挂满了红丝带，乡民称为"挂红"。

短剪

将1年生枝条剪除一部分的修剪方法。短剪可以分为轻剪、中剪和重剪3种。轻剪，即剪去枝条的1/5，主要用于辅养枝的修剪；中剪，即剪去枝条的1/3，主要用于骨干枝和延长枝的修剪；重剪，即剪去枝条的1/2，主要用于个别强枝的修剪。银杏枝条通过短剪后，抽枝反应不同于其他果树。银杏枝条的轻剪优于中剪，更优于重剪。在主枝或侧枝的延长枝上，如果只剪掉顶端3~5芽（留外芽），则可比不短剪多抽生1/3的长枝；如果剪掉枝长的1/2或1/3，则抽生枝条不但不会增加，反而影响树冠的扩大。因此，在整形修剪中，如果不是为了平衡树势，则对主枝和侧枝不宜采取中剪，更不宜采用重剪；空间较大，需要抽枝弥补空间时，可以利用轻剪，促发枝条。如无空间则不进行短剪。

短枝

着生在长枝和下挂枝上，只有一个顶芽，外被鳞片，呈覆瓦状，发芽后，鳞片脱落，每年如此，因而可根据每年脱落的痕迹，清楚地数出短枝的年龄。叶片呈螺旋状排列，因为短枝很短，叶挤在一起，形似簇生，不少被误认为是簇生的。叶片4~14片，多数为5~7片。花着生在短枝上，与叶混生，螺旋状排列，并非生于叶腋。6片叶以上的短枝，叶大质厚，才能有花。中庸枝下部的短枝，第一年成花，第二年结实。二、三年生枝上发育充实的芽都可形成短枝。叶、花和种实脱落后，叶痕为肾状，有两个突起点，通称维管束痕。花柄和种实柄痕，略呈圆形，种实柄痕大。短枝生长很慢，年生长量0.2~0.3 cm，短枝寿命长，一般为十余年，长的到30年，但是以第3年到第16年期间成花力最强，衰弱的短枝，花小易落，花数量少。短枝前端被折断或枯死后，隔一定年数，下部休眠芽能萌发侧生短枝，但结实力低。短枝的年龄越大，或是着生的部位越低，由下部休眠芽萌生侧生短枝的可能性越小，重新萌发的年数越长。短枝髓大，中空，有絮状膜，中有红色结晶，木质部薄，皮厚。短枝受刺激，芽萌发后，能抽生长枝。所以，在芽萌发前，对年龄较大的母树采用打头、绞缢或重剪，可以使短枝的芽萌发，抽生长枝。很多的试验表明，6年生以下的幼树，新梢顶芽有很强的顶端优势,要促其不断地延伸生长,并促使其侧芽萌发,长成长枝,以形成树冠。随着树龄的增大,顶生芽发育成长枝的能力减弱,侧芽发育成长枝的能力则更小。营养条件越好,树体越健壮,顶芽和侧芽都能发育成长枝;如果营养状况不良,树体衰弱,抑制侧芽生长的顶端优势不存在,侧芽不能发育成长枝,而成为短枝。

短枝粗度与小孢子叶球数

短枝粗度与小孢子叶球数

株号	母枝直径（cm）	小孢子叶球数	短枝直径（cm）	相关系数 r
1	1.01～1.50 0.50～1.00 0.20～0.50	4.95±0.76A 3.85±0.06B 2.08±1.24C	0.86±0.07A 0.69±0.04B 0.53±0.04C	0.98
2	1.01～1.50 0.51～1.00 0.20～0.50	4.37±0.50A 3.83±0.54B 3.22±0.84B	0.87±0.03A 0.63±0.03B 0.50±0.02C	0.79
3	1.01～1.50 0.51～1.00 0.20～0.50	4.53±0.84a 4.25±0.82a 3.93±0.99a	0.84±0.02A 0.71±0.03B 0.54±0.04C	0.64
4	1.01～1.50 0.51～1.00 0.20～0.50	3.24±0.80A 2.99±0.52B 2.86±0.93C	0.79±0.02A 0.69±0.02B 0.48±0.05C	0.80
5	1.01～1.50 0.51～1.00 0.20～0.50	4.47±1.23a 4.00±1.33a 3.30±1.30b	0.77±0.05A 0.62±0.04B 0.48±0.06C	0.90
6	1.01～1.50 0.51～1.00 0.20～0.50	4.63±1.23a 3.87±0.89b 3.33±0.82c	0.71±0.04A 0.58±0.03B 0.51±0.05C	0.80
7	1.01～1.50 0.51～1.00	5.33±1.22A 5.13±0.98A	0.80±0.08A 0.74±0.06B	0.74
8	1.01～1.50 0.51～1.00 0.20～0.50	4.20±1.08a 3.87±0.97a 3.33±0.95b	0.79±0.05A 0.70±0.03B 0.50±0.04C	0.82

表中大写字母 A、B、C 和小写字母 a、b、c 分别表示 1% 和 5% 差异显著水平,按新复极差测验。

短枝结种力

这是判断树体是否连续结种的指标。一般短枝结种能力能达 25～30 年。①结种枝指数。即已结种短枝占适龄短枝的比例,一般要求达到 60% 以上。②单位面积投影结种量。即平均每平方米树冠结种量,这是判断树体是否丰产的重要指标,一般要求每平方米树冠投影结种在 2 kg 以上。③树枝开张度。第 2、3 层主枝与主干夹角(分枝角)大于 50°,而且主枝分布均匀。主、侧枝从属关系分明。④短枝结种能力。2 年生长枝条即能形成短枝,次年结种,3～4 年生的短枝开始大量结种,为结种能力强。

短枝展叶生长规律

短枝具有春季展叶生长和夏季展叶生长两种情况。春季展叶生长从 3 月中旬至 5 月上旬,夏季展叶生长从 5 月下旬至 7 月上旬。春季展叶生长发生于所有的春季未抽梢的短枝顶芽,夏季展叶生长仅发生于顶生短枝顶芽,偶尔亦发生在顶侧 1、顶侧 2 或受到严重刺激的其他短枝顶芽,一般情况下,绝大多数顶芽虽已形成但不会萌发。顶生短枝顶芽夏季展叶生长的叶片,其叶柄长而宽,其长度为春季叶片的 1.3 倍、其宽度为春季叶片的 1.5 倍。

短种枝

由延伸枝、顶侧枝或细枝的中、下部侧芽发生。枝条寿命很短,每年延伸结种,短枝最短的有 0.5 cm,最长的可达 8.0 cm,短种枝一般可维持结种 7～10 年,有的可达几十年,最长的可达 32 年。一个短种枝上下抽生 5～14 枚叶片,结种可达 2～14 粒。

断胚根

银杏实生苗根系发达,主根直而深,侧须根相应较少。在催芽过程中,将长约 1.0 cm 的胚根自根顶以下 0.2～0.3 cm 处剪断(即剪断约 0.7 cm 长),立即播种或继续催根后再播。银杏胚根再生能力强,根系可塑性也强,采用断胚根方法,促进形成发达的侧须根系,可充分利用耕作层内较优越的水、肥、气、热条件,一般使幼苗生物量增加至原来的 1.5 倍。由于侧须根多,提高了根系质量,对苗木以后的生长有深远的影响。

断胚根对 1 年生幼苗生长的作用

断胚根对 1 年生幼苗生长的作用

处理	苗高(cm)	地径(cm)	叶片数(枚)	主根长(cm)	≥0.1 cm 侧根数(条)	侧根总长(cm)	根幅(cm²)	地上部鲜重(g)	地下部鲜重(g)	地上部干重(g)	地下部干重(g)	备注
断胚根	21.39	0.95	13.60	无主根	8.20	162.30	396.48	17.60	22.72	6.34	5.66	每样地调查标准株 6 株
对照	17.23	0.82	8.60	28.40	5.90	103.85	296.28	8.99	15.58	3.43	4.37	

断胚根对银杏幼苗生长的影响

由于银杏种子无胚率高(10%~25%),直播造成缺苗现象,且在鼠害较严重情况下,种子在土壤中停留时间过长,也易造成苗不整齐,催芽点播克服了以上弊端,同时又可延长苗木生育期,起到早播的作用。在催芽过程中,为促使银杏播种苗根系发达,从而成为壮苗,利用银杏根系可塑性大、再生能力强的特点,采用切断胚根的方法,促使根系发达。断胚根结合湿沙催芽进行,当胚根长约自根颈以下 1 cm 时,自根颈以下 0.2~0.3 cm 处剪断胚根,随即播种或在室内催根再播。银杏实生苗的主根发达,一旦根部受伤,能在愈伤部位形成发达的侧根系。开始时,自愈伤部位长出 3~4 条较粗壮的侧根,构成骨干根,随着侧根的生长,吸收逐渐分生,形成发达的侧根系。断胚根的实生苗与不断胚根的实生苗相比,在根系发育上显然差异很大。与对照苗相比,断胚根苗侧根数增至 1.39 倍,侧根总长增至 1.56 倍,地下部干重增到 1.30 倍,根幅平方增至 1.33 倍。由于根系发达,在一定程度上增加了苗木根系吸收水分和矿质营养元素的能力,扩大了吸收面积,因此促进了苗木地上部的生长,并为翌年的生长奠定良好基础。

断胚根育苗法

俗话说:"根深才能叶茂。"为了促使银杏播种苗速生、丰产,可利用银杏根系可塑性大的生物学特性,采取切断胚根的方法,促进根系发育和扩展,使苗木生长加速。上述种子胚损发出后,当胚根长到约 2 cm,胚芽长到约 1 cm 时,自胚根下端 0.2~0.3 cm 处切断,随切随播,工序并不复杂。经观察,在愈伤组织部位会生出 3~4 条较粗壮的侧根,构成骨干根架,随着侧根的生长,吸收根逐渐分生,形成发达的侧根系生产实践表明,切断胚根 1 年生苗的侧根总长度比对照增加 58.3%,根量增加 29.5%,叶片数增加 58.1%,苗木生物量为对照的 1.54 倍。这在一定程度上,增加了苗木根系吸收营养的面积,促进了苗木的生长,也为翌年苗木的生长奠定了良好的基础。用切断胚根的方法培育砧用苗或造林用苗,出圃前苗木不用移植。因此可免去缓苗过程,缩短苗木出圃年限,且节省大量劳动力和投资。此方法简便易行、易操作、效果好,值得生产上推广应用。

堆肥

秸秆、杂草、枯枝落叶、垃圾等植物残体,混合适量泥土和少量人畜粪尿堆沤腐熟制成的肥料。性质、养分含量与厩肥基本相似。肥源广,制作简便,可因地制宜,就地取材。需充分发酵腐熟后施用,以防止将有生活力的杂草种子、病菌和虫卵带进苗圃。多用作基肥。

堆沤脱皮法

堆沤法进行银杏种实调制的基本工序是:堆沤软化外种皮—搓揉等外力去除外种皮—清水漂洗去杂—阴干种核。几个注意事项:①避免使用金属器具,以免影响种核色泽;②外种皮去除要彻底,以免影响种核外观和导致有害菌滋生;③及时进行浮果分离,以利于后期种核分级;④不要徒手操作,以避免外种皮引起腐蚀伤害和过敏反应。该方法的优点是操作简单,种核破损率较低。在我国山东郯城、江苏邳州等地区,习惯采用此法进行银杏种实调制。

对口枝处理

在同一部位,对口两芽抽生的枝条为对口枝。对口枝过大,会产生掐脖现象,影响主侧枝的生长。对口枝有与侧枝对生,也有两个大枝对生。为保证主枝正常生长,需保留一枝,处理另一枝。与侧枝对生,毫无疑问是保留侧枝,处理另一枝。如两大枝对生,需考虑与上下两侧枝的距离,应该疏除或回缩与侧枝同一侧或与侧枝距近的一个大枝,另一枝保留。

对照

用以作为各个处理的共同比较和控制试验误差的一个处理,一般试验都必须设置对照,常用 CK 表示。对照的设置因试验而异,例如品种比较试验用当地推广的优良品种;施肥量试验用不施肥或常用量;生长调节剂试验用清水为对照。在小区排列中,对照与其他处理一样,参加排列。

对植

用两株或两丛银杏分别按一定的轴线对称栽植。主要用于大型建筑物的附近或出入口、石阶旁等处,起烘托主景的作用。如北京潭柘寺毗卢阁前乾隆皇帝钦封的"帝王树"和"配王树"。如此,使寺庙显得十分雄伟庄严。

多倍体育种

利用秋水仙碱等化学药剂处理植物,使其染色体数目加倍,产生多倍体植株,并从这些植株中选择亲本进行杂交,或者直接用以培育新品种的方法。多倍体植物在育种上有重要意义。

多功能银杏盘 A 面示意图

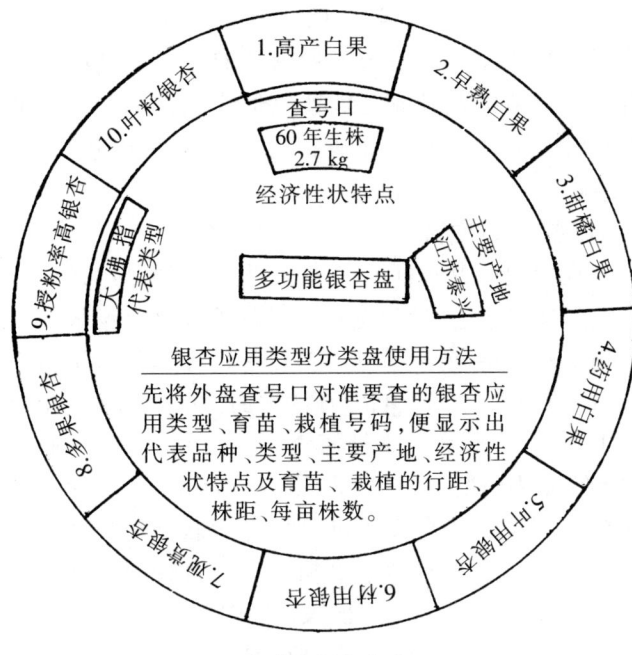

多功能银杏盘 A

多功能银杏盘 B 面示意图

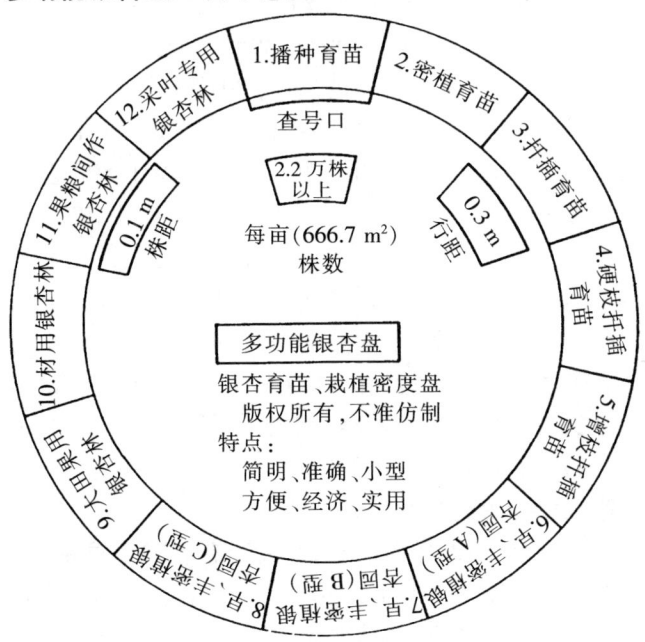

多功能银杏盘 B 面示意图

多功能银杏园栽培模式图

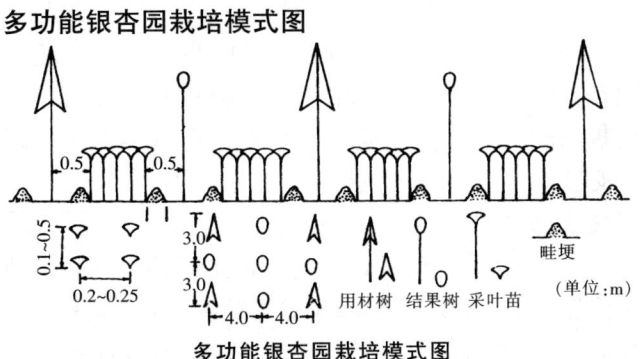

多功能银杏园栽培模式图

多菌灵

亦称苯并咪唑 44 号，属苯并咪唑类，是一种高效低毒内吸性杀菌剂。对酸、碱不稳定，由于它有明显的向顶输导性能，因此除叶部喷雾外，也可供拌种和浇土使用，具有保护和治疗作用，防病谱广，对多种真菌引起病害具有较好的防治效果，但对细菌无效。其主要作用机制是干扰菌的有丝分裂中纺锤体的形成，从而影响菌的细胞分裂过程。主要剂型有 25%、50% 可湿性粉剂，40% 悬浮剂，40% 可湿性（超微）粉剂。本药与杀虫剂、杀螨剂混用时要随混随用，但不能与铜制剂混用。经静置后的药液需摇匀后使用。收获前 1 个月禁止使用。

多裂银杏

多裂银杏又名掌叶银杏。其最大特点是叶大、多裂刻，叶形呈掌状。叶长×宽为 6.4 cm×10.4 cm，叶柄长 7.7 cm，叶面积 47.2 cm^2。单叶重 1.432 g。裂刻数 5～7 个，裂刻长 5.4 cm，宽 2.4 cm。从形态上看，叶面非裂部位宽仅 2～3 cm，已失去银杏扇形叶特征。多裂银杏是值得重视的一个观叶银杏品种。

多裂银杏（化石）

叶片大，扇形，柄宽 1.5 mm，深裂成 9～10 枚楔形裂片，裂片长者达 7 cm，最宽约 1 cm，含脉 10～12 条。顶端平截或钝圆。表皮较薄。上表皮较厚，脉路狭而明显，由伸长细胞组成，细胞壁直。脉间区细胞由方至长方形或多边形细胞组成，排列整齐。细胞中央有空心乳突出现。通常无气孔器，但有局部细胞增厚区，区内细胞壁厚，偶尔出现一枚败育的气孔器；下表皮薄而易皱，脉路细胞纵壁清楚，脉间区细胞壁不明显，空心乳突常出现。气孔器分散，不规则散布于脉间区，副卫细胞不明显，它们的乳突均聚集于气孔腔上。毛基少量出现。当前标本与德国模式标本很接近，只是后者的毛基出现较多，有所区别。这个种无论形态还是表皮特征也接近中侏罗纪的 *G. huttoni*，区别是后者裂片数目多，表皮特征为两面气孔型，下表皮普通细胞上的乳突与副卫细胞上的乳突与副卫细胞上的乳突同样发育，不像本种下表皮副卫细胞乳突比较普通细胞上的要强得多。历宝贤（1981）描述阜新煤田早白垩纪的 *G. truncatus*，也十分接近本种，区别是：阜新种叶片较小，分裂浅；叶脉密度稍大；上表皮脉路不明显，细胞壁为波形弯曲；毛基发育等。产地层位：河北张家口，下白垩纪统青石砬组。

多年生鳞枝叶片性状

多年生鳞枝一般着生 6～9 片叶，叶序不同叶片的性状也有变化。多年生鳞枝上叶片的各项性状随叶序的变化类似于一年生鳞枝,第1叶的叶面积、叶宽、叶长、叶干重均较小,随着叶序的增加而增加,到第5~6叶达最大,第7叶以后逐渐减小,叶形指数、叶柄长均随叶序增加而增加,叶基角大小随叶序增加而减小,有缺刻叶比例在各叶序间的变化不大。

多胚珠图示

多胚珠银杏

①胚珠银杏优株具有星状3胚珠雌花、星状4胚珠雌花和十字歧型6胚珠雌花。花期早,双果、三果结果率高,8月下旬成熟的中早熟佛手类型。②短种枝上能正常发育结实的胚珠数量是银杏形成产量的重要基础。③优株雌花期早,珠孔吐水时间长,达3~4 d,与雄花散粉期相遇,雄花得到充分授粉,胚珠能更好发育,是优株达到丰产的重要因素。④多胚珠银杏的栽培管理,如能改善树体营养,协调营养生长与生殖生长之间的关系,能增加多胚珠雌花胚珠的发育结实,从而提高产量。⑤银杏雌花特异性多胚珠是一种返祖现象,对银杏系统发育的研究有重要意义,也是培育新品种重要的种质资源。

多胚珠银杏丰产优株

多胚珠银杏优株雌花近半数为通常典型的双胚珠雌花,花柄较短粗,胚珠发育饱满。另有30%的雌花花柄顶端着生星状3胚珠和4胚珠。3胚珠雌花,丰产年份结实率高,近50%雌花3胚珠都能发育结实,群众称为三叉果,其余的3胚珠雌花,仅有1~2胚珠发育结实,其余萎缩,或在胚珠开始膨大始期整朵花带花柄自基部分离脱落。星状4胚珠雌花仅有少数花顶端两胚珠发育结实形成双果,基部两胚珠萎缩不育,多数花自花柄基部分离脱落。十字分歧多胚珠雌花仅有少数花序先端胚珠发育结实,左右两侧分生的胚珠萎缩,粗看为双胚珠的双种。大多数十字分歧多胚珠雌花在4月底5月初自花序基部分离脱落。优株物候偏早:萌芽期3月7日至15日,展叶期3月15日至4月3日,开花期4月3日至11日,新梢生长期3月15日至6月15日,硬核期6月10日至15日,成熟期8月18日至23日,落叶期12月5日至17日。每个短种枝结实5~14个,平均9.6个,种实倒卵形,平均重12.45 g,出核率24%。种核长倒卵形,每千克335粒,出仁率70%。平均单核重3.0 g,属中早熟佛手类型。由短种枝顶端双胚珠或多胚珠发育结实形成的双种或三种聚集形成如葡萄状一样的果穗,串串挂满枝头,布满树冠。年产种可达200~250 kg。

多树共生的古银杏

在我国银杏分布区,多树共生的古银杏给人们带来许多新奇之感,最为奇特的是江苏省泰县南大街一株树龄800年,树高30 m的古银杏,在这株古银杏树上寄生着18棵5种植物,在距地面5 m处的第一个枝杈上,长着1棵桑树,1棵柘树,再向上长着5棵楝树,1棵冬青,10棵枸杞。目前桑树已有6 m多高,桑树和柘树如同罐头瓶那么粗;楝树、冬青和枸杞高度均在2 m以上,也有墨水瓶那么粗。这一奇特现象常使过往行人驻足观赏。一到秋天,枸杞挂满串串红果,古银杏枝上结满橙黄色果实,色彩艳丽,相映成趣。河南省光山县净居寺,是苏东坡筑台读书的地方,寺内有一株树龄1 270年、树高24 m、围径6.8 m的古银杏,在距地面4.8 m的分枝处,生长着黄连木、桑树和桧柏三种树种,黄连木树龄已达300余年,桑树和桧柏也达百余年。当地群众称这株古银杏为"同根三异树"。江苏省镇江市焦山公园,有一株植于800多年前宋淳熙年间的古银杏,树干参天,老枝横生,在三人合抱不过来的粗大树干上缠绕着一根龙飞凤舞的古藤。陕西省华阴市玉泉寺内,有一株唐朝的古银杏,上绕两株百年古藤,成为壮丽可观的"二龙戏珠"。四川省彭水县白果园村,有一株600余年生的古银杏,树旁生长着几株巨大的古藤,在树干和枝丫之间上缠下绕,如龙蛇窜滕,似铁索飞悬。

多态性引物筛选及RAPD扩增

用全部DNA样品混合成一个混合DNA样品,用于初步的引物4对双引物对32个品种(或类型)进行RAPD扩增,根据所选引物的扩增结果,32个品种(或类型)之间的RAPD图谱均表现出不同程度的差异,但用不同引物的扩增产物之间的差异程度是不同的。在引物HI的扩增中,"广西大龙眼"与"顺德清晖园"银杏的电泳谱带最为相同,但在引物S160的扩增中却表现出较大的差异。说明多个引物进行多态性分析的必要性。

多枝头侧枝嫁接

对5~8年生幼树的各侧枝距主干约10 cm处用利刃割断,采用芽接法嫁接优良结实芽穗,留下主梢任其生长成材;对20年和30年生的大树及品种不良的母树,先自顶端锯其主梢,再将各侧枝从第1分叉外约10 cm处锯断,采用芽接或枝接法按20:1的雌雄比例在各分叉枝锯断处进行嫁接;对于成片的雄树,留其主梢,锯断所有侧枝,在各侧枝第1分叉处外10 cm左右嫁接优良品种。以上方法均产生了良好的效果。用浓度为50~100 mg/kg的ABT1生根粉处理接穗和砧木,可提高高龄枝条的嫁接成活率。

多枝银杏

枝条成层性差,枝序紊乱丛生。

多种用途银杏叶

银杏叶活性物质,是较好的制药原料。银杏叶内存在着两类重要的活性物质,即黄酮类化合物和内酯类化合物,可用于治疗冠心病、心血管病、心绞痛,增强记忆功能,治疗阿尔茨海默病和防治皮肤病、脱发等。银杏叶可制银杏茶和饲料添加剂,银杏叶提取物还可研制成营养口服液、保健品和化妆品等。20世纪70年代以前,银杏叶当作废物任其飘落。而今科学家发现银杏叶提取物中含有170多种成分,主要是黄酮苷及银杏内酯等,其中黄酮类化合物就有44种,由此银杏成为生产药品、美容化妆品及保健饮料的重要原料。

多珠佛手

由中国林科院亚热带林业科学研究所选育。种实大,呈卵圆形,先端平或微凹,珠托微偏,少被白粉,纵径3.6 cm,横径2.6 cm,平均重14.3 g。种柄长3.3 cm,常见多胚现象,最多可达6个。种核长3.0 cm,宽1.5 cm,每千克约315粒,顶端微凹,维管束迹明显,点距宽阔,大于0.25 cm,两侧棱不明显。外种皮较厚,出核率22.3%,出仁率大于70.4%。在浙江一般9月中旬成熟,为中熟品种。该品种高产稳产、结实早、种核品质优良。

多主枝卵圆形

在实生大苗断顶高砧嫁接以后,在接芽上直接留4~5个强旺主枝平衡生长,形成多主枝的卵圆形树冠,再在各主枝上适当培养3~4个侧枝。这种树形成形快,冠幅扩张快,上下左右分配均匀,光照良好,前期产量上升快。缺点是往往由于负载量过大而使主枝下垂,造成主枝折断,削弱树体生长势能。因主侧枝数量较多,容易产生交叉枝、重叠枝和直立枝,需及时处理,否则容易使内膛枝条枯死,结果外移。

多主枝自然形

干高1.5~2.0 cm,有明显中干,主枝自然分层。层间距一般0.8~1.2 m。第1层主枝3~4个,第2层主枝1~2个,个别树还可以培养3层,留主枝1个。各层主枝自然分布,上下互不重叠。各主枝上再分生2~3个侧枝,形成圆头形树冠。多主枝自然形成形快,结种早,是各地常见的一种树形。这种树形最适宜于雄树嫁接雌枝或直立性强的雌树"棚接"。不过,这种树形枝条比较密集,特别是老龄树,冠内光线条件差,不利于结种。为解决通风透光问题,可以从第3层起,把中干去除,形成类似开心形的树冠。

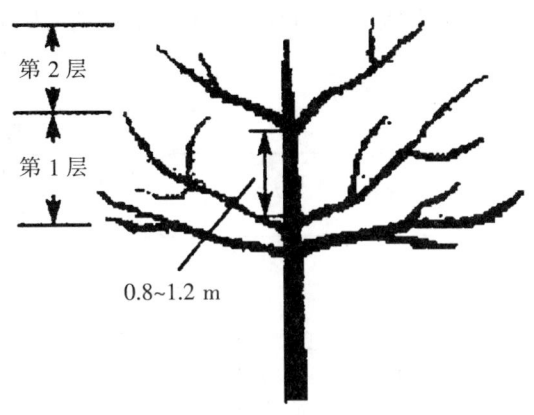

多主枝自然形

多主枝自然圆头形

先栽砧木,后在树干上端嫁接多个接穗的树,常采用这种树形。其树体结构是:有主干(干高因栽培模式而异),有主枝2~4个,主枝开张角度小,每个主枝上配2~3个侧枝,侧枝自然分层,树高6~10 m,呈自然圆头形。这种树形也符合自然生长规律,修剪量小,树形形成快,结果早。但由于主枝角度不够张开,因此容易形成上强下弱,结果部位上移。在整形过程中应注意张开其主枝角度。

多主枝自然圆头形

E e

峨嵋山

又称峨眉山。是我国佛教四大名山之一。在四川峨眉县,山势逶迤细长如峨眉,故名。重岩叠翠,清幽透雅,素有峨眉天下秀之誉。主峰万佛顶,平地拔起,陡高2500 m。山路至峰顶,林木蓊郁,景色秀丽。全山寺庙盛时近百座,主要有报国寺、万年寺、伏虎寺等。山中各类名贵植物极多,如珙桐、冷杉、峨眉含笑等。同时,山中有相传道教始祖张道陵手植的银杏,伟蔚壮观。峨眉山被称为是一座天然植物园。

萼片

花萼的一个裂片。

恩施银杏主要物候期

恩施银杏主要物候期

海拔	年份	品种	萌芽(日/月)	展叶(日/月)	初花(日/月)	盛花(日/月)	末花(日/月)	种实成熟(日/月)	落叶完(日/月)
800 m	1998	梅核	15/3	28/3	23/4	27/4	30/4	10/10	20/11
	1999	梅核	18/3	30/3	25/4	29/4	2/5	12/10	18/11
	2000	梅核	12/3	22/3	20/4	25/4	28/4	7/10	22/11
	1998	佛手	9/3	25/3	18/4	21/4	25/4	4/10	20/11
	1999	佛手	12/3	28/3	22/4	25/4	29/4	8/10	22/11
	2000	佛手	7/3	20/3	15/4	19/4	23/4	6/10	15/11
	1998	马铃	12/3	25/3	21/4	25/4	29/4	8/10	22/11
	1999	马铃	15/3	28/3	25/4	28/4	1/5	10/10	24/11
	2000	马铃	10/3	20/3	19/4	23/4	27/4	12/10	20/11
1 200 m	1998	梅核	18/3	31/3	27/4	30/4	2/5	20/10	18/11
	1999	梅核	21/3	2/4	28/4	2/5	5/5	18/10	15/11
	2000	梅核	15/3	25/3	25/4	28/4	1/5	18/10	20/11
	1998	佛手	12/3	25/3	21/4	25/4	28/4	15/10	18/11
	1999	佛手	15/3	1/4	25/4	28/4	2/5	19/10	20/11
	2000	佛手	10/3	23/3	20/4	23/4	27/4	12/10	15/11
	1998	马铃	15/3	28/3	25/4	28/4	3/5	18/10	20/11
	1999	马铃	18/3	1/4	28/4	28/4	1/5	20/10	20/11
	2000	马铃	13/3	24/3	23/4	23/4	1/5	16/10	18/11

恩银11号

主要产于湖北建始县,属梅核类。原株生长在建始县海拔850 m处,阳坡,黄壤。系嫁接树。每平方米树冠投影面积产种核1 kg以上。该品种适宜矮干密植栽培。种实硕大,圆形。种实平均重14.9 g,出核率24%。种核光滑洁白饱满,近圆形稍扁,先端圆钝,侧棱明显,呈翼状延伸至基部。种核纵径2.14~2.24 cm,横径1.75~1.82 cm,厚1.42~1.54 cm,每千克种核280粒,种核平均单粒重3.75 g,大小均匀。

恩银12号

主要产于湖北恩施市,属马铃类。原株生长在恩施市海拔740 m处,阳坡,砂壤土。树高25 m,胸径40 cm,冠幅8 m×10 m,树龄100年。每短枝叶片4~9片,结种1~4枚。较为稳产。目前,已被恩施州内部分县市引种,表现良好。种实硕大,长圆形,种实平均重13.8 g,出核率25%。种核光滑洁白饱满,倒卵形,上宽下窄,先端圆钝,中隐线明显,侧棱不明显。种核纵径2.47~2.56 cm,横径1.86~2.09 cm,厚1.48~1.63 cm。每千克种核290粒,种核平均单粒重

3.45 g,大小均匀,出仁率81%。

恩银15号

主要产于湖北咸丰县,属马铃类。原株生长在咸丰县海拔950 m处,阳坡,黄棕壤。树高30 m,胸径110 cm,冠幅14 m×14 m,树龄300年左右。每短枝叶片4~9片,结种1~4枚。自然授粉年产种核150 kg以上,产量变幅较小。种实长圆形,平均重11.4 g,出核率25%。种核光滑洁白饱满,先端圆钝,具小尖头。中隐线明显,上部侧棱明显,下部不明显,基结束迹间有硬壳相连,偶有三棱者,种核纵径2.31~2.32 cm,横径1.37~1.53 cm,厚1.16~1.22 cm。每千克种核352粒,种核平均单粒重2.84 g,大小均匀。

恩银1号

主要产于宣恩县,属佛手型。种实椭圆形,未成熟时绿色,成熟时为橙黄色,薄被白粉。种实平均重10.9 g,出核率30%。种核肥大,纺锤型,略扁,色暗。种核纵径2.06~2.34 cm,横径1.12~1.14 cm,厚0.92~1.18 cm。每千克种核320粒,种核平均单粒重3.13 g。出仁率78%。食用种仁,香糯,味甜,食后有余味。原株生长在宣恩县海拔1 000 m处,阳坡,砂壤土。树高39 m,胸径250 cm,冠幅10 m×16 m,冠长30 m,树冠投影面220 m²,树龄300年。每短枝平均结种1~2枚。丰产、稳产。该品种较当地一般品种早熟20天,种实成熟期在8月20日左右,属早熟品种。

恩银23号

主要产于湖北宣恩县。原株生长在宣恩县海拔920 m处,阳坡,黄棕壤。树高22 m,胸径50 cm,冠幅5 m×6 m,冠长15 m,主干高3 m,树龄80年。每短枝叶片4~8片,结种1~4枚。每平方米树冠投影面积产种核1 kg左右。目前,已被恩施州内部分县市引种,表现良好。种实硕大,长圆形,先端平,种实平均重11.1 g,出核率31.2%。种核光滑洁白饱满,倒卵形,长宽下窄,先端圆,具小尖头。中隐线明显,侧棱先端明显而下部渐平;基部束迹相距较远,束迹间有硬壳相连。种核纵径2.27~2.31 cm,横径1.56~1.77 cm,厚1.21~1.43 cm。每千克种核300粒左右,种核平均单粒重3.36 g,最大单核重3.56 g。出仁率78%。

恩银2号

主要产于湖北咸丰县,属梅核类。原株生长在咸丰县海拔870 m处,阳坡,黄棕壤。树高30 m,胸径95 cm,冠幅8 m×8 m,树龄150年。每短枝叶片4~8片,结种1~6枚。年自然结实量为190 kg,较稳定。目前,已被恩施州内部分县市引种,表现良好。种实圆形,未成熟时绿色,成熟时为橙黄色,薄被白粉。种实平均重12.3 g,出核率27%。种核光滑洁白饱满,近圆形稍扁,先端圆钝,侧棱明显,呈翼状延伸至基部,基部束迹相距较远。种核纵径1.18~2.05 cm,横径1.15~1.16 cm,厚1.22~1.46 cm。每千克种核300粒左右,种核平均单粒重3.33 g,大小均匀。出仁率79%。种仁香糯,苦味轻。

恩银5号

主要产于湖北咸丰县,属佛手类。原株生长在咸丰县海拔720 m处,阳坡,黄棕壤。树高28 m,胸径50 cm,冠幅9 m×9 m,树龄90年。每短枝叶片4~10片,结种1~5枚。年均产种核160 kg,每平方米树冠投影面积产种核1.9 kg,产量变幅在20%左右。目前,已被恩施州内部分县市引种,表现良好。种实硕大,椭圆形,先端圆钝;未成熟时绿色,成熟时橙黄色,薄被白粉;种托略偏斜。种实平均重12.2 g,出核率27%。种核光滑洁白饱满,狭长而尖,纺锤形稍扁,先端侧棱较窄,下部渐平,偶有三棱者;基部束迹相距较远。种核纵径2.53~2.62 cm,横径1.27~1.42 cm,厚1.11~1.27 cm。每千克种核303粒,种核平均单粒重3.3 g,大小均匀,出仁率78%。种仁香甜,糯性好。

耳状突起

银杏花粉在位于花粉沟缘或赤道附近有耳状突起或小的翅状突起,不过这一特征一直没引起人们注意。银杏和铁树的花粉上都有耳状突起,这可能是进化过程中的残迹。经醋酸水解后的花粉沟缘附近偶尔可看到2个小突起,其表面有类似于周壁层一样的结构,这种结构在现存的蕨类植物中很普遍,但没有经过化学处理的花粉则没有观察到这种结构。在四分体阶段也可观察到这种小的突起。从远极端用扫描电镜观察展开的花粉沟缘,就像一个赤道的突缘,且展开的萌发沟呈一个巨大的锥形。在沟缘的外壁内层上,有强烈的孢壁层化现象。

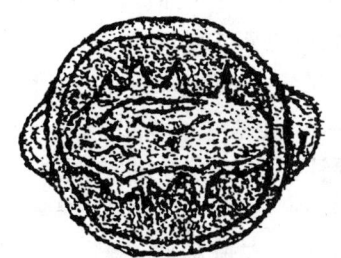

银杏花粉耳状突起
(远极面观)

二叉脉

指银杏的叶脉由一条分为两条。

二次长叶

在采叶后,树木重新萌发出新叶,时间多在秋季。其主要原因是过早采叶,在生长期内芽受到刺激,如秋季(特别是秋末)气温较高,肥水条件适宜,就可诱发二次长叶。二次长叶也许能提高采叶量,但对树体本身来说是有害的。即使采叶后加大肥水管理力度,但它仍将消耗树体内贮存的养分,影响来年生长,而且长出的新叶,如果在霜冻来临前,不能长成成熟叶,这种叶子的内含物也肯定不高。一旦出现霜冻,嫩叶、嫩芽必定会被打蔫,第二年也不能再长出新叶了。因此,更加要掌握正确的采叶时间,严防过早采叶,避免二次长叶。

二东早生

原株栽植在日本爱知县中岛郡佐藤善男院内。硬核期比早熟品种金兵卫还早一个月,具有极明显的早熟性状。果核中等大小,椭圆形、外观光滑洁白,棱线不突出,外果皮容易剥离。出核率23%,平均单核重2.9 g,每千克340粒。收获期6月下旬至7月上旬,是一种早上市的品种。

二级育苗的意义

二级育苗就是将1~2年生的小苗进行一次移栽,扩大营养面积,按市场对树苗的不同需求,培育出用于嫁接的2~3年生的砧木,3年以上乔干稀植园的砧木,城市绿化或庭院栽植5年生以上的实生大苗。随着银杏多用途的发展,对银杏大苗的需求在增加,对苗木的规格要求也逐步多样化,因而大苗的培育已成为银杏育苗的重要组成部分。大苗的培育,可在原来苗圃上进行,按培育大苗的密度要求进行抽行抽株,将多余的小苗移走;也可另建新的苗圃,按大苗密度,将小苗定行定株移植好,并加强管理。①移栽时间。以深秋时节为好,即在11月中旬落叶后进行;也可在3月底银杏苗未萌动以前进行。②移栽密度。4年生的每亩3 000~4 000株,行株距(50~60)cm×30 cm,要求达到苗高2 m,地茎2.5 cm;5年生的每亩2 000株左右,行株距120 cm×30 cm,株高3 m,地茎3 cm;6年生每亩1 000株左右,行株距120 cm×60 cm,株高4 m,地茎4 cm。③移栽注意事项。在移苗定植时,要注意保护根群,尽量减少根系损伤。大苗移栽要有计划,做到一次定植,不要多次移栽。运输过程最好用稻草包扎根部,移栽时先用泥浆水浸泡根部,栽后浇足水。一般移栽的苗,当年生长低于留圃苗,以后则转入正常生长。大苗移栽时,伤根过多,缓苗期有的长达2~3年,应引起注意。④移栽后的管理。二级育苗对肥料和水分的要求比一级育苗要求更高,所以要增加施肥量和抗旱次数。还应在生长早期有计划地抹芽和整枝,以促进高生长。培育大苗行间较宽,为充足利用土地,行间可套种小苗或其他作物。

二级育苗技术措施

①大肥大水。二级育苗培育时间较长,一般需3~5年的时间,肥、水不足难以培育出优质大苗,特别是与农作物间作,争肥、水的矛盾在所难免,应根据苗木的高、径生长规律和地力状况适时追肥、浇水。4~5月份追施2~3次氮肥是促进银杏苗木高生长的重要措施,7~8月份追施1~2次复合肥是促进苗木径生长的关键,当然苗木的高、径生长是相辅相成的,互相促进的。②精细管护。培育大苗期间除剪除双干枝、竞争枝外,其余枝需全部保留,以扩大树冠,增加枝叶量,增强光合作用,从而多制造有机物质,以促进苗木生长。同时要保持树干光滑、直立,避免人畜损伤,及时防治病虫害,保护好叶片与顶芽。③合理间作。培植地要以银杏为主,间作物为副,间作物要为银杏苗让路,保留一定的树盘。间作物要合理,不宜种小麦、玉米、高粱、棉花等高秆作物,以间作蔬菜、花生等为宜。及时中耕除草,所有管护措施均要有利于银杏苗木生长,切不可只顾眼前利益,损害其银杏生长,否则难以达到培养优质大苗的目的。④保全根系。起苗时主根长不得小于30 cm,侧根不得小于25 cm,起苗后将根系加以修剪,剪口要求平滑无劈裂,以利于栽植后的生长。

二级育苗主要方式

①留圃再育。为了经济利用土地,避免伤根过多,保持一定的群体结构,促进苗木高、径生长,将2年生的银杏苗分三次抽行移栽。第1年每亩保留6 000~8 000株;第2年每亩保留3 000~4 000株;第3年每亩保留1 000株。这样经过3~4年的培育,可获得高3 m以上、径2.5~3.0 cm的优质大苗。②移植再育。将2~3年生的银杏苗按0.8 m×1.0 m的株行距移植于新的苗圃地,每亩栽800株,为提高土地利用率,二三年内仍可间作花生、豆类、瓜类等矮秆作物。③间作培育。将2~3年生的银杏苗按0.6 m×4.0 m的株行距栽植,每亩栽300株,与农作物、蔬菜间作,在间作的前一二年,间作物可获得一定产量,这是合理利用土地,增加经济收入的好方式。④片林培植。在立地条件较好,管护比较精细的"四旁",可利用3年生的银杏苗加大初植密度,株行距可采用1.0 m×1.0 m,

待苗木生长达到所需高、径后,逐年抽株定植。这样做既充分利用了土地,培育出了优质大苗,又提前发挥了防护效能。

二郎山风水树

四川省二郎山南麓,海拔1200 m处的泸定县冷碛乡,有一株银杏树,树高 30 m,胸径 3.98 m,荫地面积 800 多平方米。树干基部原嵌有一座小巧的观音庙,现存残迹。主干 2 m 处,有个可行人的孔洞,洞口可观大渡河两岸的风景。相传此树植于三国时诸葛亮南征的年代,树龄在 1 600 年以上,古老奇特,被当地人民奉为风水树。

二裂的

分裂稍过半,或分裂成一定数目的裂片。二裂的指分裂成两个裂片;三裂的指分裂成三个裂片。

二歧叶属化石

从美国堪萨斯州发现的上石炭纪化石记载的二歧叶属(*Dichophyllum*)是银杏类最古老的代表。它的营养枝及木质部与银杏目极相似。它的叶也呈扇形,但无叶片,形状就像经过多次深裂的银杏叶,但目前科学家们还不能完全肯定。

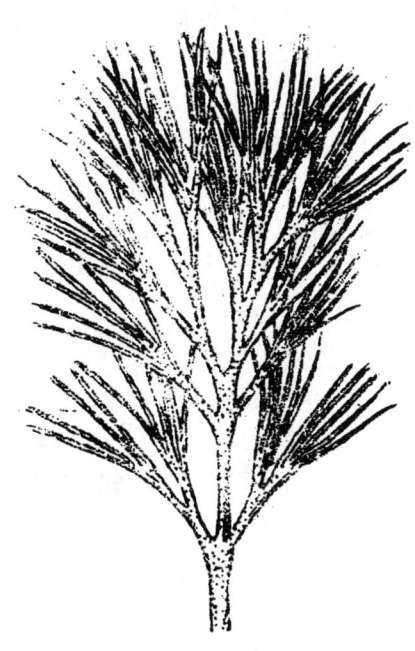

二歧叶属的枝叶化石印迹

二氧化碳饱和点

当周围空气中的 CO_2 浓度低时,银杏的光合速率随 CO_2 浓度的增高而增高。但当空气中 CO_2 的浓度高到一定程度之后,光合速率就不再随 CO_2 浓度的升高而升高。这时环境中的 CO_2 浓度称为 CO_2 饱和点。

二氧化碳补偿点

CO_2 是光合作用的原料,只有当环境中的 CO_2 含量达到一定的浓度时,光合作用才能进行。CO_2 补偿点就是在光照下,银杏光合作用中同化 CO_2 的速率与呼吸作用中释放的 CO_2 的速率恰好相等,周围空气中的 CO_2 浓度。

二氧化碳的固定途径

由于二氧化碳(CO_2)的固定途径不同,不同类型植物的光合能力也不同,C_4 植物 > C_3 植物 > CAM 植物,这与 3 类植物的不同植物特征有关。C_4 植物通过 C_4 途径,使维管束细胞内的 CO_2 浓度可高达 1 000 $\mu L/L$,有效促进 Rubisco 羧化反应,抑制加氧反应,使光合能力位于 3 类植物之首。而 CAM 植物在夜间固定 CO_2,白天光合多少主要取决于夜间固定 CO_2 的量,光合速率常常十分低下。银杏对 CO_2 的固定可能是通过融 Rubisco 的作用来实现的,这不同于 C_4 植物,C_4 植物是通过 PEP 羧化酶的催化来完成的。尽管 Rubisco 和 PEP 羧化酶都可以使 CO_2 固定,但是它们对 CO_2 的亲和力差异很大。PEP 羧化酶对 CO_2 的 Km 值(米氏常数)是 7 $\mu mol/L$,而 Rubisco 的 Km 值为 450 $\mu mol/L$。显然 C_4 植物的 PEP 羧化酶对 CO_2 的亲和力远大于 C_3 植物的 Rubisco,这就使得 C_4 植物的 Pn 比 C_3 植物大得多,尤其是在低 CO_2 的环境下相差更为悬殊(翟志席,1997)。银杏叶片在大多数情况下的 Pn 小于 8 $\mu mol/L^2$,远低于 C_4 植物,而 CO_2 的补偿点在 80 $\mu L/L$ 以上,光呼吸速率(photorespiration rate,Pr)约为 3 $\mu mol/L^2$,占总光合速率(mass photosyntheric rate,Pm)的 1/3 左右,在强光胁迫下甚至更高,这比 C_4 植物要高得多。

二氧化碳施肥

向银杏周围空气中补充 CO_2,增加它的浓度以促进银杏光合作用的一种措施。

F f

发根的鉴定

参考 Tanaka 方法,采用硅胶薄层层析法对银杏发根冠瘿碱进行鉴定。Ri 质粒的 T-DNA 片段已整合到银杏细胞核 DNA 上,并得到表达。因为当发根农杆菌 Ri 质粒的 T-DNA 部分整合到宿主植物细胞 DNA 中后,在转化的细胞中就能合成特异的冠瘿碱。因此,冠瘿碱的有无可作为转化的指标之一。如果银杏发根和胡萝卜发根为 Ri 质粒所转化,那么它们细胞中就会有冠瘿碱的合成,硅胶层析显色结果应呈阳性。而银杏细胞未经发根农杆菌的转化,其中不含冠瘿碱,在硅胶层析板上不会有斑点出现。发根农杆菌本身虽含有冠瘿碱合成酶基因,但该基因只在真核生物中表达,其自身不能合成冠瘿碱,因此,在硅胶层析板上,也应无斑点出现。结果与理论预期完全符合。

发根的转化

取健康银杏叶片、幼芽、幼茎等外植体,按常规消毒灭菌,将银杏外植体浸入经活化的发根农杆菌液中感染,然后转入加有氨苄青霉素的 MS 琼脂培养基上,于 $(26±1)$ ℃黑暗或散射光照下培养,诱导发根的产生。被发根农杆菌菌株感染的银杏外植体,在培养的 25~60 d 后,陆续从切口边缘长出发根。

发根的转化、克隆及基培养技术

运用发根农杆菌 Ri 质粒转化银杏幼叶。幼芽和幼茎,并获得银杏发根,建立了银杏发根悬浮培养无性系。在此基础上,完成了银杏发根生物学特性、培养基的筛选以及银杏发根克隆筛选的研究。此外,还对银杏发根进行了放大培养(2.5~5 L):证明银杏发根仍具有合成银杏内酯和银杏黄酮的功能以及对有益元素的富集能力。

发根克隆的筛选

已得到多个银杏发根的克隆,它们在生长速度、抗菌能力、次生代谢产物分泌等方面各有千秋。

发根培养

同位素示踪发现,根是积累银杏内酯的器官,研究不定根培养以及通过遗传工程培养大量毛状根,是目前研究热点。根培养生长速度远小于愈伤,但合成银杏内酯能力强于愈伤组织。利用发根农杆菌的农杆碱型菌株 CFBP2409 侵染胚进行发根培养获得成功。发根培养系总内酯含量为干重的 0.087%,银杏内酯含量为 200 μg/g,由雌株子叶建立的细胞培养系二者含量分别为 0.065% 和 160 μg/g,前者分别高出 33.8% 和 25%。3 株利用发根农杆菌对银杏幼叶、幼茎和幼芽外植体进行转化,除 1 株外均获得毛状根,通过检测,证实 Ri 质粒的 T-DNA 已整合到银杏细胞基因组中。目前武汉已成功应用 2~3 L 的发酵罐对毛状根进行培养。

发根悬浮培养无性系的建立

银杏发根在 1/2 MS 琼脂培养基上经过 3~5 次继代培养后,选取生长速度快,分枝多的银杏转化发根在 1/2 MS 液体培养基中进行悬浮培养。通过多次继代悬浮培养,不断选择特征典型生长正常的发根,逐步建立起银杏发根悬浮培养无性系。

发根中内酯的提取

对四个银杏发根克隆中银杏内酯的提取方法和测定。提取方法主要经乙醇抽提—ADS 树脂吸附过柱—乙酸乙酯萃取—酸性氧化铝除杂步骤。内酯分析为 HPLC 方法。测定结果,4 个发根样品中总内酯百分含量在 0.065%~0.13%。

发乳

蜂蜡 1.0%、液状石蜡 50.0%、硬脂酸 3.0%、脱水山梨醇倍半油酸酯 2.0%、聚氧乙烯脱水山梨醇-月桂酸酯 1.5%、银杏叶提取物(50%水溶液)1.0%、泛酸钙 0.2%、香料 0.2%、对羟基苯甲酸甲酯 0.1%、精制水余量。制法:将银杏叶提取物、对羟基苯甲酸甲酯和精制水混合,搅拌,得混合液(A)。将蜂蜡、液状石蜡、硬脂酸、脱水山梨醇倍半油酸酯、聚氧乙烯脱水山梨醇-月桂酸酯和泛酸钙混合,加热溶解,得混合物(B)。在 A 中加入 B,乳化,冷却后加入香料,混匀,得到发乳。也可除去泛酸钙,改用乙炔雌二醇,含量 0.000 5%,其他同。

发现银杏精子的学者

1896 年,日本植物学家平濑作五郎(Sakugoro Hirase)首次发现银杏花粉管先端具有纤毛且能游动的精子(X)这一发现在植物学上具有划时代的意义,成为轰动国际植物学界的一大珍闻,它揭示了银杏在系统演化进程中的原始性,亦为确定银杏分类地位及亲缘关系提供了重要依据。为纪念平濑作五郎的科研功绩,1996年9月8日—9日,由东京大学主持召开了银杏游动精子发现100周年纪念专题学术讨论会。

发芽检验法

又叫发芽鉴定法。用发芽的方法来检验种子的发芽能力。在发芽过程中,注意保持种子发芽所要求的温度,银杏种子的适宜温度为20~25 ℃。当种子发芽结束后,计算出种子的发芽势、发芽率和平均发芽速度。用发芽鉴定法检验种子的发芽力是最精确的方法,但需时较长。

发芽力

种子的发芽能力。通常用发芽率和发芽势的乘积来表示。此指标之高低可说明种子发芽能力的强弱。发芽力高的种子,质量好,场圃发芽率也高。

发芽率

银杏种核在一定条件下发芽的籽粒数占送检总粒数的百分率。

发芽率测定方法

播种前,随机抽取完成低温砂藏层积的种核置于培养箱中控制温度在25~26 ℃、湿度在80%~85%进行催芽,计算露出胚芽的种核占处理种核总粒数的百分率,85.0%以上为达标。

$$发芽率 = \frac{全部发芽的种子数}{供发芽试验的种子总粒数} \times 100\%$$

发芽势

种子播种品质检验内容之一。表示种子发芽快慢和整齐度的指标。以发芽试验时最初几天内,种子发芽的粒数占试验种子总粒数的百分率表示。

$$发芽势 = \frac{规定天数内种子发芽的粒数}{供发芽试验的种子总粒数} \times 100\%$$

发芽水

发芽前后至开花前进行。目的是确保发芽、开花和坐果的需要,对新梢生长也有促进作用。谓之"春灌"。

发育

在整个银杏生活史中,银杏体的构造和机能从简单到复杂的变化过程。发育过程中有部分细胞逐渐丧失了分裂和伸长的能力,向不同的方向分化,形成各种特殊构造和机能的细胞、组织、器官。常见的有银杏的根、茎、叶、花和种实等。

发育枝

由叶芽萌发成长为具有螺旋状排列的叶片的长枝,其职能主要是合成有机营养物质和扩大树冠等。

伐倒木树干生长过程

龄阶	胸径(cm)				树高(m)				材积(m^3)				断面积(m^2)		形数		两倍直径生长率加树高生长率成形数生长率 2Pd+Pn+Pf (%)	两倍直径生长率加0.7倍树高生长率 2P+0.7Pn (%)	实验形数
	总生长量	平均生长量	连年生长量	连年生长率%	总生长量	平均生长量	连年生长量	连年生长率%	总生长量	平均生长量	连年生长量	连年生长率%	总生长量	生长率	总生长量	生长率%			
1	2	3	4	5	6	7	8	9	10	11	12	13	14	15	16	17	18	19	20
5	0.6	0.12	0.12	—	2.0	0.40	0.40	—	0.000 3	0.000 1	0.000 1	—	—	—	—	—	—	—	—
10	3.5	0.35	0.58	28.00	3.8	0.38	0.38	12.41	0.003 1	0.000 3	0.000 9	35.20	0.001 0	20.90	0.316	−5.94	25.87	29.85	0.48
15	6.9	0.46	0.68	13.08	5.0	0.33	0.24	5.45	0.011 2	0.000 7	0.001 6	22.38	0.003 7	20.00	0.605	−5.15	22.80	25.95	0.38
20	11.9	0.60	1.00	10.64	7.0	0.35	0.40	6.67	0.036 3	0.001 8	0.005 0	21.05	0.011 1	15.13	0.467	−1.74	19.37	19.48	0.33
25	17.7	0.71	0.18	7.84	9.2	0.37	0.44	5.43	0.096 9	0.003 9	0.012 1	18.17	0.024 6	9.44	0.428	0.23	13.71	13.30	0.32
30	22.5	0.75	0.96	4.78	11.2	0.37	0.40	3.02	0.193 0	0.006 4	0.019 2	13.25	0.039 8	7.61	0.433	−2.68	10.33	11.41	0.34
35	27.3	0.78	0.96	3.88	14.8	0.42	0.68	5.27	0.324 1	0.009 3	0.026 2	10.13	0.058 5	5.60	0.379	0.05	3.92	7.83	0.54
40	31.5	0.79	0.84	2.36	17.1	0.43	0.50	3.15	0.506 1	0.012 7	0.036 4	8.77	0.077 9	4.87	0.380	0.62	7.77	5.79	0.32
45	35.6	0.79	0.32	2.44	18.1	0.42	0.40	2.21	0.745 7	0.016 6	0.047 9	7.65	0.099 5	3.13	0.392	0.35	4.65	3.95	0.34
48	37.3	0.78	0.57	1.56	19.8	0.41	0.23	1.18	0.864 4	0.018 0	0.039 6	4.92	0.109 3	—	0.399	—	—	—	0.34
(48)	41	—	—	—	19.8	—	—	—	1.041 2	—	—	—	—	—	0.398	—	—	—	0.38

伐倒木树干直径、树高及材积生长过程

盘号	断面高(m)/达断面高的年龄(年)/年轮数	43 带皮 D	43 带皮 V	43 去皮 D	43 去皮 V	45 D	45 V	40 D	40 V	35 D	35 V	30 D	30 V	25 D	25 V	20 D	20 V	15 D	15 V	10 D	10 V	5 D	5 V	心材直径
0	0.0/43	50.0	—	46.3	—	44.0	—	39.0	—	34.7	—	31.9	—	24.4	—	18.1	—	11.2	—	6.3	—	2.5	—	—
1	1.3/45	41.0	0.3432	37.3	0.2842	35.6	0.2587	31.5	0.2025	27.3	0.1521	22.5	0.1035	17.7	0.0340	11.0	0.0289	6.9	0.0096	3.5	0.0026	(0.6)	—	—
2	3.6/39	35.5	0.1980	32.5	0.1660	30.5	0.1462	25.0	0.1030	21.6	0.0732	16.7	0.0438	11.8	0.0218	6.7	0.0070	3.1	0.0016	—	—	—	—	—
3	5.6/30	31.5	0.1558	23.7	0.1294	26.3	0.1086	21.1	0.0700	16.6	0.0432	12.9	0.0262	6.9	0.0074	1.7	0.0004	—	—	—	—	—	—	—
4	7.6/27	30.1	0.1424	27.7	0.1226	25.0	0.0982	19.3	0.0586	14.3	0.0344	9.9	0.0154	4.6	0.0034	—	—	—	—	—	—	—	—	—
5	9.6/22	24.4	0.0936	22.0	0.0760	23.0	0.0648	16.7	0.0438	0.7	0.0180	4.0	0.0038	—	—	—	—	—	—	—	—	—	—	—
6	11.6/17	19.2	0.0580	17.8	0.0498	16.5	0.0428	11.2	0.0198	4.2	0.0028	—	—	—	—	—	—	—	—	—	—	—	—	—
7	13.6/15	15.0	0.0354	12.8	0.0256	110	0.0190	8.8	0.0072	1.5	0.0004	—	—	—	—	—	—	—	—	—	—	—	—	—
8	15.6/11	8.0	0.0100	6.8	0.0072	5.7	0.0052	2.5	0.0010	—	—	—	—	—	—	—	—	—	—	—	—	—	—	—
9	17.6/9	5.4	0.0046	4.7	0.0034	3.7	0.0022	(1.2)	—	—	—	—	—	—	—	—	—	—	—	—	—	—	—	—
10	18.6/5	(2.7)	—	(2.3)	—	(1.0)	—	—	—	—	—	—	—	—	—	—	—	—	—	—	—	—	—	—
各龄阶树高(m)		—	19.8	—	19.8	—	19.1	—	17.1	—	14.6	—	11.2	—	9.2	—	7.0	—	5.0	—	3.8	—	2.0	—
梢底直径(m)	材积	2.7	0.0002	2.3	0.0002	2.0	0.0000	2.0	0.0001	0	0.0000	4	0.0003	4	0.0003	1	0.0000	1	0.0000	4	0.0005	2.5	0.0003	—
梢头长度(m)		1.2	—	1.2	—	0.5	—	0.5	—	0	—	0.5	—	0.6	—	0.4	—	0.4	—	1.2	—	2.0	—	—
树干材积		—	1.0412	—	0.8644	—	0.7457	—	0.5061	—	0.3241	—	0.1930	—	0.0969	—	0.0363	—	0.0112	—	0.0031	—	0.0003	—

注：内直径不计算2 m材积。

伐倒木纵剖面图

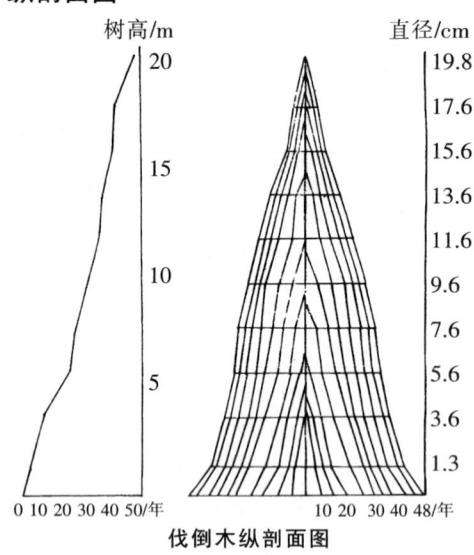

伐倒木纵剖面图

《法古录》

清朝岳永斌撰,成书于1780年。全书分天、地、人三卷,果部共有33味,其中包括银杏。此书未超出前人记述银杏的内容。

法国的银杏叶种植

20世纪80年代,法国开始大面积栽植银杏,经营目的是为了采收银杏树叶。他们栽植的株行距为0.4~1 m,每公倾栽植25 000株。1778年,法国人Antoine Gouan在Montpe Lier植物园中栽植了第一棵银杏树,现在那株银杏树仍然活着,银杏树目前在法国的各个公园和公共场所随处可见。目前法国人已将银杏树作为一种商品大规模地经营。他们在Bordeaux营建了162 hm^{2}采叶银杏林,约有450万株银杏树。他们除用这些银杏叶外,每年从韩国、日本、中国购进约1.2万t干银杏树叶,用于提取药物。为了获得高质量的银杏叶提取物,保持银杏树的旺盛生长和每年长出更多的新枝、新叶,以增加叶子产量,每隔5~6年平茬一次,同时每年要进行重度修剪,使其高度保持在80~120 cm。每年还要进行土壤翻耕、施肥和浇水。除草是采叶银杏园中的一项重要农艺措施,通常是采用行间机耕,用丙烷火烧杂草,人工除草,化学除草等。法国博福—益普生制药集团需要大量的银杏树叶,在法国普罗旺斯省、法国的西南地区进行了大量试种,最后在法国西南的Saint Jean Dillac、Captieux栽植了500 hm^{2}银杏树,年产干青叶3 000~4 000 t。法国已制订了严格的银杏叶进口质量标准:叶子是绿色的,一定要在叶子变黄前采摘,叶子采下后一定要在8 h内进入烘干机,否则叶子要变黄发霉,严格控制叶子进出烘干机的温度,烘干后叶子的含水量达8%,最大不得超过10%。这些标准均由法国国立农学院毕业生Peter de Crevecoeur先生负责监督执行。连年遭受森林大火的法国蓝色海岸地区,已开始引种中国的银杏,取代当地传统的林木——五针松,以防止森林大火的连年发生。在法国种植银杏完全是采用机械化生产技术。根据在法国的试验,老树银杏叶的提取物比幼树银杏叶的提取物低20.9%,黄酮异糖苷低40.2%,银杏内酯低63.7%,白果内酯低68.0%,为了早期控制杂草,播种前要用溴甲烷喷洒苗床。播种后第二年的11—12月用机械移栽幼苗。其株行距为0.4 m×1.0 m,每公顷栽植25 000株苗木。栽植后的第二年开始采叶,每年只采一次叶。栽植后的第四年每公顷可采鲜叶12~16 t。

法王寺银杏

登封法王寺内的两株雌银杏古树。大的一株胸围5.25 m,高29.6 m,冠幅20.2 m。据新中国成立前河南大学林学系李达才、栗耀岐等教授编著的《嵩山勘察报告书》记载:"法王寺内有雌本,据传系六朝时所栽植,迄今有千余年云……"县志记载:"法王寺是我国最早的佛寺,汉明帝永平十四年(公元71年)建立,位于登封城西北十二里嵩山玉峰下,最早名为大法王寺,以后又改名为护国寺、舍利寺、功德寺、御容寺、法王寺。院中有古银杏两株,高约七丈,五六围粗,传为建寺时所植。"又记载:"银杏,法王少林,卢岩诸寺有之。树高数围,大竟数十围,皆数百年物也"。

翻耕深度

实行林农间作的园地,可用机械或畜力翻耕,深度20~25 cm为好。具全深度应按原土层厚加10~20 cm为标准掌握。黄土高原地区深翻时要视土壤下层的母质可否挖动而定,如下层是半风化岩石也可适当加深,以便根系有充分生长发育的空间,在更大的范围内吸收水分和养分。深翻一次的增产效果可以持续数年,甚至10年以上。

翻土方法

因栽植方式、树龄而定。幼树采用扩穴引根的方法,即在离树干0.5 m以外的地面,用钉耙翻深、宽各0.3 m左右的环状沟,并逐年向外扩大。成年散生树开环状沟或放射状沟,交替进行,沟的位置距树干1 m以外至树冠,宽0.3 m以上,深0.6 m左右。成片园则全园翻土或隔行翻土,东西、南北方向轮换开沟,全园分2~3年完成。受到涝渍的林地,可结合翻土,用钉耙翻去表层土至见根为止,晒根2~3 d后再填土。沙性大、砾石过多的园地及长在路边、场边的银杏需补充客土,即将表层板结土及土质太差的,结合施肥,换成良土或河泥、旧墙土、草塘泥等。翻土时要注意伤根要小、要少,不要伤及粗根,并将表土、底土分开堆放,填沟时先填表土,后填底土。翻后及时碎土,以利于蓄水保墒、疏松土壤、增强土壤的通透性。

翻土深度

因地制宜,一般为 60~80 cm,肥土宜浅,瘠土宜深,拣出石砾,填充表层土和有机肥加以改良。一般深翻效果可保持数年,无须年年翻土。

翻土时期

银杏园一年四季都可进行,以秋季为佳。种实采收后至封冻前结合施肥进行翻土。此期地温尚高,根系还处于第二次生长高峰期,断根后伤口愈合快,容易发出新根。春夏季深翻可结合间作、绿肥埋青进行。冬季农闲,劳力充足,根系处于休眠状态,翻土时根系受到影响,还可冻死地下害虫。

繁殖体系建设

经过当代鉴定试验和性状评价形成的无性系品种,只有通过建立采穗圃、无性繁殖苗圃,繁育株系苗木和接穗,才能更好地用于生产。

返祖遗传

已经消失的祖先性状又在后代中重新出现的现象。返祖遗传常由于环境条件或经过生物技术手段使某些基因恢复到祖先的组合所引起。有学者认为叶籽银杏是银杏的返祖遗传。

饭白果

又名巴东清太 5 号。产于湖北巴东县,为梅核银杏类当地称为"饭白果"。果实呈圆球形,核呈广椭圆形,略扁,色微黄,每千克 432 粒,种仁淡苦味,出仁率 73.7%。种仁内含有粗蛋白 4.97%,淀粉 35.8%,可溶性糖 0.52%,总糖 4.75%,水分 53.52%。清太 5 号花期在 3 月中下旬,10 月中旬成熟,果实成熟前后约相差 10 d,较丰产稳产,与对照树相比产量约高出 51%。

泛滥平原栽培区

泛滥平原是指河流故道及沿河两岸的沙滩地带。例如我国的黄河故道地区是典型的泛滥平原。黄河故道地区的土壤质地差异较大。中游多为黄土,肥力较高。下游多为砂壤或纯沙或与淤泥相间,形成沙荒地区。砂土深度达数米至数十米不等。由于土壤质地主要是砂粒,氮、磷、钾等矿质养分严重缺失,腐殖质的含量较低(为 0.1%~0.2%),土壤贫瘠。其蒸发量大,土壤极易干旱。另易使盐碱随地下水上升,造成土壤盐碱化,银杏容易发生缺素症。沙地导热系数高,白天地温升高快,夜间散热也快,昼夜温差大。有些沙荒地土壤中分布有黏土层或白干土层,容易形成地下水较高的假水位,因此银杏易受涝害。由于沙荒地土壤理化性状不良,田间最大持水量很低。极易造成养分缺乏和水分不足。加上风沙移动,造成植株露根、埋干和偏冠现象,导致果树生长发育不良。在沙荒地建园,应首先营建防风固沙林,改良土壤,解决灌溉问题。

方差

反映随机变量取值的分散程度或变动程度的指标。方差的数值大,说明随机变量取值的变动程度大。反之,方差的数值小,表明随机变量取值的变动程度小。在数理统计中,方差是反映估计值与所估计的总体值之间误差大小的特征数。估计值的方差大,则估计值与所占计的总体值间可能出现较大的差。反之,方差小,则估计值与所估计的总体值之间的差较小。所以估计值的方差是决定估计值的精度的一个重要数据。抽样估计中常用样本方差代替总体方差。样本方差用 S^2 表示。

方差分析

是差异显著性检验的一种引申,它可以用来判断多个样本平均数之间有无显著差异。方差是表示试验数据变动程度的重要指标。试验结果所得到数据通常总是存在着变动的,这种变动可用总离差平方和表示。将总离差平方和分解为各因素的离差平方和与误差平方和,将总体自由度分解为各因素的自由度与误差自由度,分别求出各因素的方差与误差的方差,这种用比较方差的大小来判断统计假设是否成立的方法就是方差分析。方差分析还可以应用于回归关系显著性检验等其他一些统计假设检验工作中。

方块贴芽接

此法适用于在 1~3 年生枝上嫁接。春季嫁接和插皮嫁接时间相同,接穗和砧木都必须离皮。成活率可达 90% 以上,夏季 7、8 月份也可嫁接,成活率达 80% 左右。取芽片从 1~3 年生枝条上选芽,如果是夏、秋季嫁接,接穗采下后,立即剪掉叶片,以减少接穗中水分的蒸发,仅留 1 cm 长的叶柄。在接芽的上、下 1 cm 分别横切一刀,深达木质部,然后在芽子的两侧 0.5 cm 处分别纵切一刀,深达木质部。切好后先不要把芽取下。砧木处理及贴芽:在砧木的欲接部位,选和接芽大小相同的芽子,按照取接穗芽片的方法和大小将砧木上的芽取下。取芽时要保护好芽轴,不要损伤形成层,然后将接芽取下,贴在砧木的芽轴上,贴芽时一定要使芽片的凹面对准砧木的芽轴,同时使切口对齐。包扎及剪贴:把接芽贴好后再用麻片或塑料条带包扎,留出芽子,将芽片扎紧。嫁接 10 d 后,芽仍新鲜淡绿,叶柄一触即落,这说明已成活。如芽子皱缩变枯,叶柄萎缩而牢固,说明未接活,对于未接活的应马上补接。剪砧分2次完成,第1次:成活后的10~15 d,在嫁接部位以上10~15 cm处剪砧,以促进接芽抽枝。第2次在抽枝或展叶后的20 d,在嫁接部位以上2 cm处剪掉砧木。

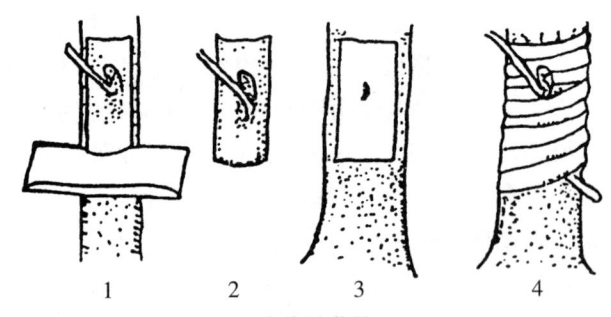

方块贴芽接
1.取芽 2.芽片 3.切砧木 4.包扎

方腊与唐银杏

北宋著名农民起义领袖方腊的故里——浙江淳安县叶家镇莲里村灵岩庵遗址,耸立着一株古老而粗大的银杏树,相传为隋代末年农民起义地方首领"吴王"汪华的第八个儿子"越国公"汪俊手植,距今1 350多年。据民间传说,北宋末年农民起义领袖方腊年轻时为割漆匠,一天经过灵岩庵,银杏树上的喜鹊朝他鸣叫声似"方癞痢",方腊恼怒地将割漆刀掷向喜鹊窝,不料割漆刀取回时已成宝刀。宣和二年(1 120年)方腊聚众数万,在银杏树下宣誓起义,一直随身带宝刀南征北战,威震东南半壁江山。北宋王朝对方腊的痛恨也株连到了这株银杏树,于是派人放火烧树,后虽被当地村民扑灭,但树干大半已被烧空,内可容纳一张方桌。此树后来又遭一次强台风袭击,上半部折断,幸因银杏树再生能力强,在折断处萌发许多新枝,形成次生树干,在粗大的侧枝上还长出两个形如钟乳石的"树奶",奇特而壮观。

芳春平仲绿

这是我国最早以银杏为题材,咏景抒怀的两句五言律诗。作者是唐初的沈佺期。《全唐诗》收有他的《夜宿七盘岭》诗云:"独游千里外,高卧七盘西。山月临窗近,天河入户低。芳春平仲绿,清夜子规啼。浮客空留听,褒城闻曙鸡。"沈佺期,字云卿(约公元656—714),相州内黄(今河南)人。

防风网

利用维纶、聚乙烯或化纤维织成的网,设置在银杏园强风来向的一侧,以防止强风造成落种、落叶或低温的危害。一次建网可使用6~7年,虽然投资增加,但不需要建防护林,因此提高了土地利用率,减少防护林的遮阴损失。

防护范围

防护林可降低风害的有效距离。一般主林带向风面防护范围为林带高的4~5倍,背面为林带高的10~15倍为最佳防护范围,可降低风速50%左右。

防护林设置

风大会折断枝干,影响光合作用,造成落果,降低种核品质和产量,严重者会连根拔起树体,造成很大损失。为防止风害侵袭,改善园地条件,常常在果园的北面和西面营造防护林,以保证银杏正常生长发育。防护林应选用生长快、寿命长、树冠紧密、根系分布较深、病虫害较少的乔木和灌木树种。银杏园常用的乔木树种有黑松、赤松、毛白杨、泡桐、旱柳、桉树等,灌木有紫穗槐、花椒、披针叶、白蜡等。防护林宜在种植银杏之前或同时种植。大面积银杏园,每隔150~300 m设一条主林带,方向与主风向垂直,林带宽10~20 m。与主林带垂直方向每隔450~500 m设副林带,带宽5~10 m。防护林的行株距为2.0 m×1.5 m。根据树种特性,可栽3~5行。生产小区边界一般种植2~3行。林带与银杏之间相距6~8 m,并需开深沟,防止防风树的根系穿入园地。也可与排灌水沟结合进行种植(如下图)。

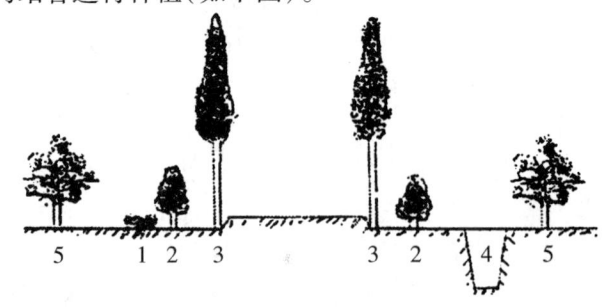

防护林的设计
1.灌木渠 2.小乔木或灌木 3.乔木树种
4.排水渠 5.银杏

防护林树种选择

银杏园选择防护林树种的原则:①适应当地环境条件,尽可能采用乡土树种;②生长迅速,枝叶繁茂,乔木要求高大直立,灌木要求枝多叶密;③根系发达,固地性强;④具有较高的经济价值;⑤与栽培作物无共同病虫害或中间寄主;⑥防护林种类不要过分单一。我国适宜银杏园防护林的树种较多,可以根据以上原则选择适用。

防火木

银杏树皮坚韧发达,而且有很强的保水力,即使遭受火灾,树皮烧焦,仍能抽枝发芽,表明其防火能力极强,因而被人们称为防火木。

防火树

银杏靠它顽强的生命力和优秀的品质特征,来适应环境的严酷变化,千方百计地生存下来。银杏树皮的软木质非常发达,它可抵御来自外界的强烈冲击并具有十分突出的防火功能,日本人称它为"防火树"。连年遭受森林大火的法国蓝色海岸地区,也广植银杏,以防森林大火的再次发生。一般树木的表皮被烧掉则无生还的可能,但是银杏却可以重新生出新枝。发达的软木质有效地保护了树木的中心部及形成层,使其具有无与伦比的再生能力。安徽蒙城县有一隋朝的古银杏,树高23 m,1978年因一次偶然意外被烧。当地出动消防车灭火仍未将火扑灭,大树熊熊燃烧5 d后才倒下,扑灭余火清理残枝后仍有19 m^3 的心材。

仿生

是一门年轻而又古老的科学,从古代的鲁班造锯,到现代的电子扫描,从宏观的飞机上天,到微观的分子结构模拟,无不与仿生密切相关。科学家通过对大自然和动物界仔细观察、研究,于1960年正式诞生了一门综合的边缘学科——仿生学。简单来说,仿生学是一门模仿生物的科学。如,飞机的出现来自人们对鸟类的模仿,船和潜水艇来自人们对鱼和海豚的模仿;高级丝线来自人们对蜘蛛吐丝的模仿;响尾蛇导弹来自人们对蛇"热眼"功能的模仿;军用迷彩服装来自人们对动物变色术的模仿;雷达来自人们对蝙蝠模仿;传感器和测量仪来自人们对昆虫触角的模仿;振动螺旋仪来自人们对苍蝇翅膀后的楫翅的模仿;沙蚕毒素类杀虫剂来自人们对海生物沙蚕毒素化学结构的模仿;拟除虫菊酯杀虫剂来自人们对除虫菊素化学结构的模仿,银果和银泰杀菌剂来自人们对银杏中白果酚化学结构的模仿等。仿生学是一门综合性的学科,在仿生工作中需要生物学、生理学、心理学、电子学、物理学、生物化学、化学、数学、空气动力学、计算技术、工程学等领域的研究人员密切合作。总之,仿生学的研究范围相当广泛,其内容也已涉及各种类型的科学领域。无论是宏观的还是微观的,是整体的还是局部的,是结构的还是功能的,只要生物有优异的地方,就都是仿生学所涉猎的目标,仿生学是一门方兴未艾的科学技术,其前景是十分光辉夺目的。仿生学的发展,反过来又推动了各个学科的发展。

仿生农药

是在分子水平上进行的结构模拟,也就是说以自然界存在的生物活性物质的化学结构为先导化合物(模板),保留其一部分结构,试图保留对人畜的低毒性,改造其另一部分结构试图吸收化学农药的高效性及速效性,在可能的条件下简化其结构,力争缩短工艺降低成本。仿生农药的主要特点在于:①具有生物农药的低毒性,也具有化学农药的高效性;②仿生农药的原料不从植物、动物和微生物直接获得,减少了自然资源的浪费,同时也有利于生态平衡;③与生物农药相比,可以更方便更快捷地生产大量人们所需要的高效、低毒、低残留或无残留的农药新品种,从而保证农业生产需要,尤其是满足高附加值农业生产的需要。仿生农药的研究与开发是获得新农药品种的重要途径之一。但是,目前仿生农药品种很少,据报有以除虫菊素为先导化合物的拟除虫菊酯类杀虫剂,以沙蚕毒素为先导化合物的拟沙蚕毒素类杀虫剂,以白果酚为先导化合物的拟白果酚类杀菌剂,以担子菌为先导化合物的腈嘧菌酯杀菌剂。上述仿生农药已在国内外推广应用,取得了良好的经济、生态和社会效益。

仿生学

研究生物系统的结构和性质,为工程技术提供新的设计思想和工作原理的科学。其研究领域非常广泛。仿生农药是仿生学与农药学之间的一门交叉边缘学科,是用银杏的生物性物质为先导化合物,采用仿生手段而合成农药。当发现自然界中银杏叶、种皮、根等含有的特质对另一种植物或动物的病、虫等具有毒杀或抑制作用时,人们便研究这些物质的农用生物活性、有效成分、化学结构,以此结构为先导化合物,再运用分析和合成的方法,人工模拟合成它的类似物用作杀虫、杀菌或除草剂。简单来说,仿生学是一门模仿生物的科学。

纺锤形

该树形适应于亩植42~74株的密植园。由基部或低干嫁接苗培育而成。树高4 m左右,主枝10个以上,均匀分布于各个方向。操作技术是定植后用竿扶正嫁接苗,顺其生长,在树干离地面60 cm以上,每隔25~30 cm选一壮枝或刻芽发枝,交互排列,分布于各个方向。中、下部备主枝垂直角60°~70°,上部45°~50°。主枝的培养方法是第1年选壮枝。留剪

纺锤形

口下芽短截,促使主枝粗壮、牢固。主枝粗度控制在主干粗度的1/2以内。每年整形修剪应控制备主枝,保持平衡。此树形也可利用定植的实生大苗按主枝位置逐年嫁接而成。

放任生长树的修剪

对从未整形修剪的银杏树,本着因树定枝、随枝

修剪的原则,不强求机械造形,仅适当改造。首先,去除重叠枝、过密枝、病虫枝、细弱枝、干枯枝等;其次,有计划地慎重疏除一部分骨干枝,改善通风透光条件。枝条密集时要分几年完成。对树冠偏移或主干过高,可回缩落头,促发新枝,如有条件,也可进行高接换头。如果树体枝条稀少,则应用短截、摘心等方法刺激萌生新枝条,扩大树冠。

放任树的改造修剪

我国各银杏产区,从历史上就放任管理,任其自然生长,绝少整形修剪。应该指出,200年生以下的大树仍处于盛种期,为连年稳产、高产,延长其经济寿命,亟须加强整形修剪。这类树往往大枝过多,外围枝条密集,树冠内膛光秃,树形紊乱,通风透光不良,结种部位外移,产量不高,大小年现象严重。在一个相当长的时间内,我国银杏产区仍主要靠它们来获取产量。这类树除加强水、土、肥管理外,适当加以改造修剪,产量将会成倍增长。改造修剪的方法,要强调因树定枝,因枝修剪,不强求树形。首先要看清大枝的分布情况,从基部疏去冗长、密集、交叉的大枝,改善大枝布局,调整好树形,使成圆头形或开心形,然后再精心修剪各部位的中小枝、结种枝、病虫枝、枯死枝等。一般第1层保留2~3个主枝,2层以上保留1~2个主枝。不超过4层,第1层主枝层内距调整到0.6~0.8 m;第1、2层层间距调整到2~2.5 m,各层层间距要在1.5~2.0 m范围内,层内距在0.5~0.6 m范围内。原有层次多时可隔一层疏一层或留一层疏两层。但不宜操之过急,造成大杀大砍。否则一次疏枝过多,会妨碍树体平衡,影响近期产量。应分3~4年完成。这样长树、结种二者兼顾,生产上多采用之。

放射沟施肥

在树盘内或树盘外围,根据主干粗度,离开树干一定距离,开挖放射沟进行施肥的方法。这种施肥方法较环状施肥伤根少,但挖根时也要伤及大根,故应隔次更换放射沟位置,以扩大施肥面积促进根系吸收。放射状施肥对于稀植银杏园比较适用,比较而言,这一施肥方法的适宜部位有一定的局限性。根据树冠与根系的相关性,放射沟的开沟方向最好与主枝方向交错开,这样一可避免伤主根,二可以使肥料施在吸收根密集区,有利于肥效的发展。这种施肥方法多见于孤植或稀植的银杏园。

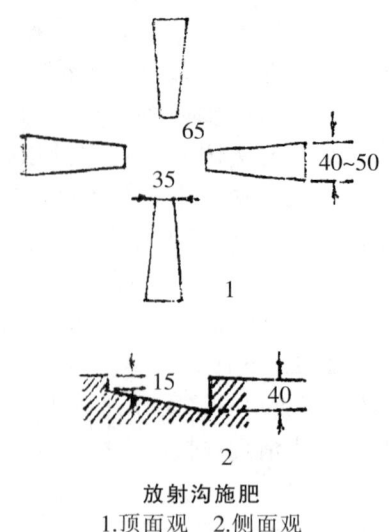

放射沟施肥
1.顶面观 2.侧面观

放射性污染

人类活动排放出的放射性污染物,使环境的放射性水平高于天然本底辐射,或超过国家规定标准所造成的环境污染。放射性物质诱发癌症,破坏机体免疫能力乃至缩短寿命,引起遗传基因有害的突变等。为预防放射性污染,要认真处理废液、废渣,对有放射性影响的工作场所等环境,采取相应的卫生防护措施。

飞蛾树

江西部分地区的农村里,人们因为银杏扇形叶片颇似飞翔的蛾子,所以给它取了一个雅号——飞蛾树。

飞蛾叶

银杏的叶片形如纸扇,而叶片的中央常有一缺刻,在微风的吹拂下,叶片随风起舞,如同一群飞翔的蛾子,因而银杏又称"飞蛾叶"。

非碳酸饮料

切碎干燥的银杏叶,用水煮汁2次,合并滤液,将滤液在0~4 ℃的低温冷藏4 h,滤去沉淀,得到银杏叶提出取物。将熬炼过的约为39~40 mL的优质洋槐蜜与提取液混合,加入柠檬酸,调pH值约为4,然后加入适量防腐剂,灌装、杀菌、冷却后即成。这种饮料为红褐色半透明均匀混浊液,内含总糖35.7%、总黄酮30 μg/100 mL。

肥料

直接或间接供给银杏生长发育所需的养分,改善土壤性状并提高其产量和品质的物质。肥料是一种重要的农林、果树生产资料。主要施入土壤,也可喷于银杏的地上部分(即根外追肥)。按其所含养分、形态、肥效、制作方法的不同,可分有机肥料、化学肥料、微生物肥料三大类。

肥料对叶产量的影响

肥料对叶产量的影响

N(氮)	叶产量(g)	P(磷)	叶产量(g)	K(钾)	叶产量(g)	NPK(氮、磷、钾配方)	叶产量(g)
N_1	7.76	P_1	7.38	K_1	4.01	$N_1P_1K_1$	6.75
N_2	9.86	P_2	8.60	K_2	4.33	$N_1P_2K_2$	7.93
N_3	10.86	P_3	9.27	K_3	4.63	$N_1P_3K_3$	8.78
N_4	9.29	P_4	8.93	K_4	4.25	$N_1P_4K_4$	8.19
N_5	8.27	P_5	7.96	K_5	4.16	$N_1P_5K_5$	6.94
NPK(氮、磷、钾配方)	叶产量(g)	NPK(氮、磷、钾配方)	叶产量(g)	NPK(氮、磷、钾配方)	叶产量(g)	NPK(氮、磷、钾配方)	叶产量(g)
$N_2P_1K_2$	8.85	$N_3P_1K_3$	10.36	$N_4P_1K_4$	7.58	$N_5P_1K_5$	7.08
$N_2P_2K_3$	10.34	$N_3P_2K_4$	11.47	$N_4P_2K_5$	8.70	$N_5P_2K_1$	8.35
$N_2P_3K_4$	10.87	$N_3P_3K_5$	12.37	$N_4P_3K_1$	9.59	$N_5P_3K_2$	9.01
$N_2P_4K_5$	10.19	$N_3P_4K_1$	9.94	$N_4P_4K_2$	9.85	$N_5P_4K_3$	9.81
$N_2P_5K_1$	8.80	$N_3P_5K_2$	9.37	$N_4P_5K_3$	10.75	$N_5P_5K_4$	6.31

注:N_1 施氮肥量为 0 g,作为对照,N_2 每盆施入氮肥的含氮量为 1.5 g,N_3 为 3.0 g,N_4 为 4.5 g,N_5 为 6.0 g;
P_1 施磷肥量为 0 g,作为对照,P_2 每盆施入磷肥 P_2O_5 的含量为 1.0 g,P_3 为 2.0 g,P_4 为 3.0 g,P_5 为 4.0 g;
K_1 施钾肥量为 0 g,作为对照,K_2 每盆施入钾肥 K_2O 的含量为 1.2 g,K_3 为 2.4 g,K_4 为 3.6 g,K_5 为 4.8 g。

肥料对黄酮浓度和产量的影响

肥料和水平对黄酮浓度和产量的影响

N(氮)	浓度(%)	产量(g)	P(磷)	浓度(%)	产量(g)	K(钾)	浓度(%)	产量(g)	NPK(氮、磷、钾配方)	浓度(%)	产量(g)
N_1	1.19	0.092	P_1	1.57	0.116	K_1	1.61	0.124	$N_1P_1K_1$	1.61	0.109
N_2	1.58	0.156	P_2	1.66	0.143	K_2	1.52	0.134	$N_1P_2K_2$	1.78	0.141
N_3	1.19	0.125	P_3	1.77	0.166	K_2	1.48	0.138	$N_1P_3K_3$	2.25	0.198
N_4	1.23	0.117	P_4	1.89	0.166	K_4	1.58	0.135	$N_1P_4K_4$	1.31	0.107
N_5	1.54	0.127	P_5	1.97	0.154	K_5	1.78	0.138	$N_1P_5K_5$	1.71	0.119
NPK(氮、磷、钾配方)	浓度(%)	产量(g)	NPK(氮、磷、钾配方)	浓度(%)	产量(g)	NPK(氮、磷、钾配方)	浓度(%)	产量(g)	NPK(氮、磷、钾配方)	浓度(%)	产量(g)
$N_2P_1K_2$	1.74	0.154	$N_3P_1K_3$	0.83	0.086	$N_4P_1K_4$	1.07	0.081	$N_5P_1K_5$	1.79	0.127
$N_2P_2K_3$	1.41	0.146	$N_3P_2K_4$	0.88	0.101	$N_4P_2K_5$	1.36	0.118	$N_5P_2K_1$	1.36	0.114
$N_2P_3K_4$	2.43	0.264	$N_3P_3K_5$	1.52	0.188	$N_4P_3K_1$	1.60	0.153	$N_5P_3K_2$	0.86	0.077
$N_2P_4K_5$	1.94	0.198	$N_3P_4K_1$	1.57	0.155	$N_4P_4K_2$	1.71	0.169	$N_5P_4K_3$	1.32	0.130
$N_2P_5K_1$	1.70	0.150	$N_3P_5K_2$	1.45	0.136	$N_4P_5K_3$	1.63	0.176	$N_5P_5K_4$	1.65	0.104

注:N_1 施氮肥量为 0 g,作为对照,N_2 每盆施入氮肥的含氮量为 1.5 g,N_3 为 3.0 g,N_4 为 4.5 g,N_5 为 6.0 g;
P_1 施磷肥量为 0 g,作为对照,P_2 每盆施入磷肥 P_2O_5 的含量为 1.0 g,P_3 为 2.0 g,P_4 为 3.0 g,P_5 为 4.0 g;
K_1 施钾肥量为 0 g,作为对照,K_2 每盆施入钾肥的 K_2O 含量为 1.2 g,K_3 为 2.4 g,K_4 为 3.6 g,K_5 为 4.8 g。

肥料混用查对表

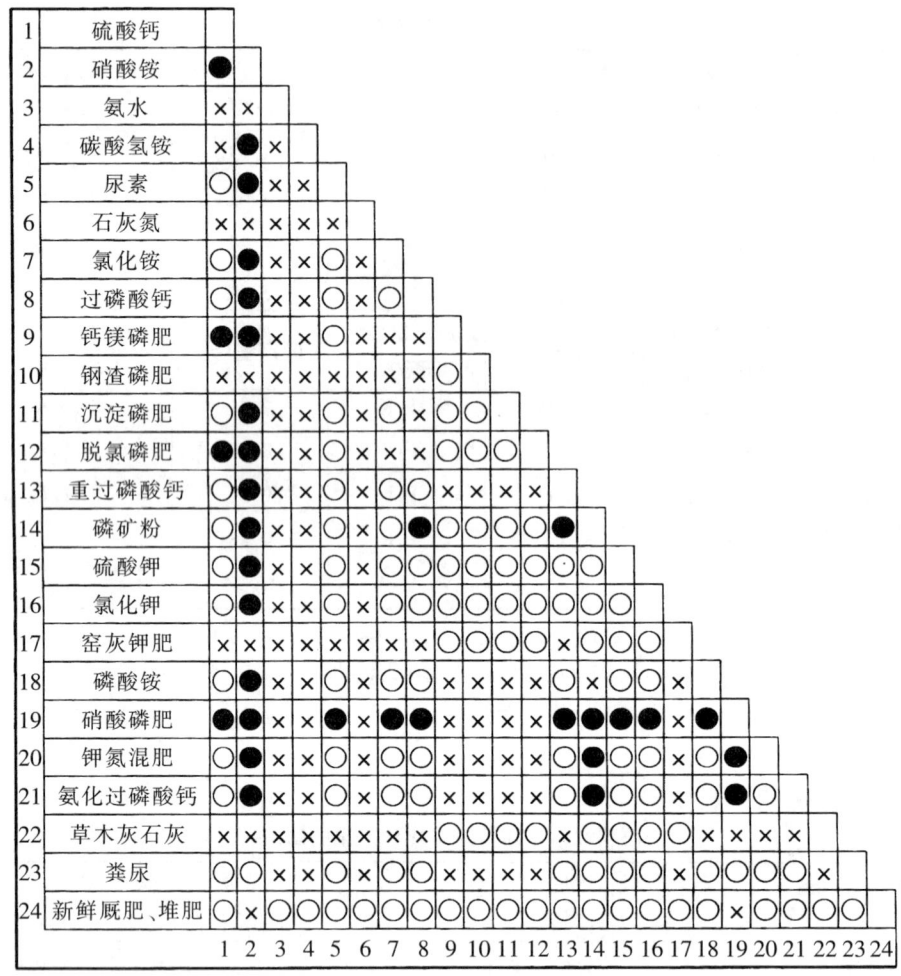

注：○表示可以混合施用；●表示混合不宜久放；×表示不可混合施用。

肥料利用率

银杏对施入肥料利用的程度，通常以百分率表示。施入土壤中的肥料，一部分从地面流失，一部分随渗透水而流失，另一部分则分解挥发掉，因而不能被银杏全部地吸收利用。银杏对肥料的利用率，常因土壤管理方式而不同。根据推算，银杏对主要肥料利用率大体是：氮约为50%；磷约为30%；钾约为40%。改进灌溉方式可提高肥料利用率。如灌溉式施肥，氮的利用率为50%～70%；磷的利用率为45%；钾的利用率为40%～50%。而喷灌式施肥，氮的利用率可达95%；磷的利用率可达54%；钾的利用率可达80%。不同土壤条件，对肥料利用率的影响也很大，保肥性好的土壤，其肥料利用率一般较高。

肥料三要素

指氮、磷、钾三种化学元素。这是银杏生长发育不可缺的、需要较多的化学元素。它们在土壤中的贮存量较少，所以在栽培和育苗等作业中，一般都要通过施肥来补充。

肥料污染

由于不合理施肥造成的土壤污染。特别是长期单一性施用化学肥料，破坏土壤的组成、结构，影响土壤微生物活动，使土壤中有害物质增加，从而影响农作物生长和人、畜健康。如长期施用硝酸盐肥料，大量硝酸盐就积累在作物体内，人、畜食后在体内还原为亚硝酸盐，干扰血液中氧的输送。

肥料性质

肥料的特性，包括物理和化学性质以及银杏的反应特性。掌握肥料性质是银杏科学施肥的前提，必须对肥料的如下特性有所了解。

①肥效期。一些肥料对银杏为速效性，常见的化肥均为速效性，但经过包衣处理的化肥也可能为缓效性，肥效持续期较长，大多数的有机肥为缓效性。②稳定性。不同肥料的稳定性不同，氮肥中的碳酸氢铵，当温度高于30℃时就发生分解，释放氨

气,尿素就比较稳定。③成分。不同肥料的不同营养成分和含量差别很大,有机肥营养成分全面,但相对含量较低;化肥营养成分单一,但其含量较高;复合化肥的营养成分较多,且含量较高。④酸碱性。一些肥料属于酸性肥料,如硫酸铵、硝酸铵等;而一些肥料却为碱性,如硝酸钠;一些肥料为中性,如尿素。⑤冷热性。根据家畜粪对地温的影响可分为热性肥料,如马、羊粪;冷性肥料,如牛粪。

肺结核

方剂1:白果12 g捣碎,白毛夏枯草30 g同煎服,每日1剂,2次分服。服药期间,如皮肤出现红点,则表明有毒副反应,应停止服用。中秋节前夕,将半青带黄的新鲜白果(选取外表丝毫无损的大颗粒)摘下,不用水洗,亦不去柄,随即浸入生菜油中,浸100 d以后即可服用。每日早、中、晚各服1粒(小儿酌减),于饭前服。一般连服1~3个月有效。方剂2:鱼肝油1瓶,白果仁56粒,将鱼肝油倒入罐内,放入白果仁浸泡100 d以上。每日吃2次,每次吃4粒,7 d为一个疗程。可连续服用4个疗程。此方润肺、定喘、止嗽,用于治疗肺结核之咳嗽、乏力等。

废叶的利用

银杏废叶,一是指叶受污染,不能作为加工厂原料;二是指落地黄叶,已无利用价值;三是指有效成分偏低,加工厂不愿意接受的银杏叶片。银杏叶中含有较多的杀菌和杀虫成分,对多种农作物、果树、林木有杀菌和杀虫作用。将银杏废叶20~25 kg加水30~40 kg,经浸泡捣烂成汁,并经过滤再加水1~2倍,可杀棉蚜,杀灭率为80%以上,银杏废叶浸出液与波美及石硫合剂混合,可防治红蜘蛛和各类蚜虫,效果达96%以上。将银杏废叶浸泡捣烂,施于田中,能有效地防治稻螟和桑蟥。将银杏废叶投入粪缸中,能有效地杀灭蛆虫。近年来,各地都建立银杏叶加工厂,对其废料备感头痛,无法处理。把银杏叶废料撒在银杏园树行间,厚度5 cm,得到可喜的结果。①没有虫害,尤其是平时危害较重的蓟马也没有发生;②不长杂草;③覆盖地面,保水性能好,大大地减轻了银杏园的管理工作,而且增加有机质,提高土壤的肥力。

费尔干银杏

G. ferganensis Brick。生长地域:甘肃。地质年代:上侏罗纪。

费尔蒙特

是从一株嫁接的雄株上取材繁殖而成的。原株于1876年定植在美国宾夕法尼亚费城的费尔蒙特公园内。在自然状态下,枝叶浓密,直立尖塔形树冠,幼树枝条平展,叶大,树高15 m。

分层高接

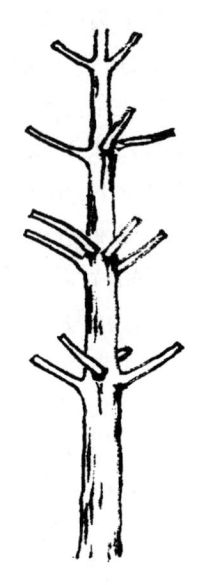

分层高接前的整枝

亦称大抹头高接。为目前常用的高接改换良种的方式。对树冠大抹头后,在骨干枝基部进行嫁接。这种方式适合树冠不整齐或骨干枝残缺、损伤、树势偏弱的成龄树。优点是所需接穗少,用工少;不过枝粗伤口大,难愈合,树冠恢复慢,影响产量。为此,不少地方采用了一种变通办法,即抹头时留长枝桩,把所有的主、侧枝和大型辅养枝全部嫁接,故又称多头高接。这种方式适合生长健壮、树冠较为完整的成龄树。其优点是可以充分利用原有的骨干枝,抹头轻,伤口小,易愈合,树冠恢复快,早收益。不过所需接穗多,费工。

分层嫁接法

是保留中央领导干,分层分年度嫁接。随树龄的增长,长出新的主枝逐年嫁接,一般成龄树3~5层,每层3~4个主枝,底部层间距大于上层。这种方法树干通直,并形成纺锤形树冠,便于通风透光,干材生长快,但果实产量低,主要适于"四旁"、间作等栽培的银杏树。分层嫁接法要根据树势、树形,因地、因时、因品种灵活掌握。每层主枝要保留30~50 cm枝桩,从平直部位锯去上部,将锯口削平以利愈合。每年改接一层,顶端嫁接雄枝。具体嫁接方法可根据具体情况灵活运用。树冠结构中各种不同类型的枝条,可以采用不同的方法。主要采用劈接、插皮接、切腹接和双舌接等。春季清明前后以枝接为主,较粗的主侧枝应选用粗壮接穗,采用插皮接、劈接或切腹接;对1~2年生小枝,采用双舌接效果较好。试验证明,如果用带顶芽的枝条做接穗,直立性强,利于主侧枝安排。根据树冠骨架改造合理结构,安排好层次和枝头,原枝条生长方位、方向不同,截留长度有长有短、有粗有细,视枝桩粗细程度分别嫁接2~4个接穗。春季未接活者,秋季补接。幼树或初结果树由于树冠较小,可以春季一次接完。在日本爱知县,高接换头通常是在10年生实生树或低劣雌株上进行的。嫁接部位1.5 m、干粗在10 cm以上,嫁接方法采用切接或劈接。按接口大小插入2~5个接穗,一般5~6年后即可达到更换品种的目的。

分光光度法测定总黄酮含量

用分光光度法测定银杏叶及其提取物中黄酮类

化合物的含量是目前国内普遍采用的方法,该法的基本原理是黄酮类化合物与铝盐反应生成红色络合物,以芦丁为标准品,在510 nm处进行测定,具体步骤如下:取适量银杏叶提取液置10 mL容量瓶中,用30%乙醇补充至5 mL,加入0.3 mL 5% $NaNO_2$,放置6 min后加入0.3 mL 10% $Al(NO_3)_3$,6 min后再加入4 mL 4% NaOH,用30%乙醇稀释至刻度,15 min后于波长510 nm处进行比色测定,空白试剂为参比,以芦丁为标准品,计算其含量。该法已用于银杏叶不同生长期黄酮含量测定、比较及银杏叶制剂的质量控制。但由于原花色素、叶绿素等干扰成分存在,该法测定结果重复性差、准确度低,与高压液相色谱法相差很大,有时甚至超过15%,所以测定的结果只能是估计值。庄向平等报道了银杏叶提取物中叶绿素等杂质对黄酮含量测定的影响,并对杂质去除前后黄酮含量变化进行了比较,除去叶绿素等溶于氯仿的成分,所得黄酮含量平均下降11%。在国外也有文献报道,将黄酮苷水解后跟铝盐形成络合物,再进行光度测定。

分化

植物体的细胞、组织和器官,在其发育过程中,各自在结构和功能上由一般变为特殊的现象。营养生长期分化出根、茎、叶,进入生殖期则分化出花芽;器官中有组织分化,而组织中又有不同类型的细胞分化。植物体分化的机制尚不很清楚,但从大量愈伤组织的分化试验表明,生长激素诱导细胞的不均等分裂,可能是主要原因。在组织培养中,愈伤组织是长根或是长芽,决定于培养基中的激素成分及其比例。吲哚乙酸、萘乙酸有利于生根,而激动素则有利于长芽。

分类方法

银杏为单科属种植物,在植物分类中仅为很小的一群。但由于长时间的栽培,通过天然杂交和人工选择,银杏种子和叶片等发生了变异,加之地区之间的隔离,因此在分类上没有统一的标准,有待于进一步规范。以生产银杏种实为目的的品种分类,多以种核大小、种核形状、出核率、出仁率、种仁品质等指标作为品种之间的划分标准。如曾勉(1935)根据银杏的种实和种核,把银杏分为梅核、佛手、马铃这3大类,在此基础上又划分了若干品种。何凤仁(1989)根据银杏种核的长宽比例和两中轴线交会点的位置,将银杏品种划分为长子类、佛指类、马铃类、梅核类和圆子类5大类。

分类上存在的问题

①分类上存在着极度的混乱;②不具备品种条件;③分类标准不一致;④雄性品种在分类上存在着分类空白。

分类位置不明之银杏纲

乌马果鳞属(*Umaltolepis Krassilov*)1969年Krassilov建立此属作为*Pserdotorellia*属的雌球果名称,其特征是:果鳞顶生于柄上,长圆至长倒卵圆,全缘或深裂成两瓣,向轴的方面凹入,可能包着一枚种子。与*Pserdotorellia*属联系的理由是:两者经常共生一处,表皮特征相同,以及柄的基部具相同的鳞片。模式种不明。分布:中国与俄罗斯西伯利亚;时期:侏罗纪至早白垩纪。

分类位置未定之银杏目植物

大同叶属(新属)*Datongophyllum* Wang(gen. nov.),枝细,叶三枚聚生枝顶。叶片圆形,椭圆形至卵圆形、顶端圆,基部强烈伸长,收缩成细柄。叶脉细,平行延伸,两侧的叶脉为弧曲型。分叉处多位于叶片基部,会聚于顶端。叶脉之间有一条细而清楚的间细脉,断续延伸。近柄端为两条叶脉。果实浆果状,具长柄,着生三枝顶。浆果球形,顶端稍凹入,具裂口,基部楔形。模式种:*D. longipetiolatum* Wang。分布时代:中国,早侏罗纪。

分类学的地位

银杏这一中生代孑遗植物在植物分类学上属于裸子植物,而且是一个单科单属植物,即银杏科银杏属。银杏之所以划入裸子植物的范畴,是因为植物学家根据银杏的花果结构而加以确定的。但是,银杏和一般裸子植物又有所不同,其最大的不同之处在于:它有宽大的叶片和带有浆汁外种皮的种子。因此,林业界把银杏划入阔叶树种,而果树界则把银杏种子称为果实(浆果或核果)。解剖学观察证明,银杏的花果和木材结构以及形成层活动的情况均近似于典型的松柏类植物。严格说来,把银杏视为普通被子植物中的阔叶树种或称银杏种子为果实都不够确切。另外,在植物分类学方面的教科书中对银杏的花果结构曾使用过两套完全不同的名词。一套名词是按照蕨类植物的称谓,如小孢子、大孢子等,一套名词则是按被子植物的称谓,如雄花、雌花等。这是由于在过去相当长的一段时间内,研究手段落后,植物学家们对蕨类植物、裸子植物和被子植物之间的花果结构及其系统发育上的联系认识不清所致。直到1851年以后,才逐步明确了裸子植物是介于蕨类植物和被子植物之间的一群过渡性植物,而且具有明显的过渡性状。但在此之前由于认识上不够一致,因此在植物分类学的教科书中对银杏的花果结构就出现了两套名词交互应用的情况。

分泌腔的发生、发育及分泌方式

人们对银杏各器官内分泌腔的发生发育方式一直存有争议，利用电子显微技术得到的结果也都不一致。银杏茎、叶器官内的分泌腔均以同一方式发生发育。首先，原始细胞团中央的中央分泌细胞彼此分离，产生一个裂隙，在裂隙沿细胞壁各向延伸扩大的同时，有的中央分泌细胞结构发生变化，呈现出即将溶解的状态，以后这些细胞逐渐解体，释放物质于腔内。银杏不同器官的分泌腔发生方式可能不同。银杏分泌腔分泌物在分泌细胞中的合成与细胞内质体、内质网有密切关系。分泌物在分泌细胞合成后，向分泌腔内转移，具体的分泌方式为：分泌物在质体或内质网上合成后，通过质体膜转移到周围内质网上或内质网膨大的槽库形成小泡，然后以小泡形式靠近高尔基体或直接到达质膜，与质膜融合将嗜锇物质释放到质膜与细胞壁之间，可能大部分嗜锇物质首先解聚，分解为小颗粒状。同时，靠近分泌腔一侧的细胞壁形成疏松的纤丝结构，成为更易于嗜锇小颗粒运输的通道，接着这些小颗粒不断以扩散形式通过细胞壁向腔内转运。

分泌腔的分布

银杏的各种器官中（除根外）均有分泌腔，如叶、茎、芽、胚珠等，其分布特点各不相同。从成熟的叶片横切面观察，分泌腔的分布没有规律，在栅栏组织内、海绵组织内及其之间均有分泌腔分布。正在生长的幼茎和已完全分化的成熟茎内，分泌腔主要分布于皮层内，髓部也有少量分布，维管束中未发现分泌腔。

分泌腔的显微结构

从叶的横切面看，成熟分泌腔是由1~2层分泌细胞围绕1个近圆形的腔和2~3层鞘细胞构成。分泌细胞圆形或长圆形，细胞核圆形；外层鞘细胞切向扁平，分泌细胞径向窄，细胞核长条形，有的细胞液内充满单宁物质，细胞壁染色浅。在衰老的分泌腔中，分泌细胞与鞘细胞区别不明显，均为切向扁平的长形细胞，分泌细胞液泡化明显，原生质稀薄，偶尔在靠腔的一侧看到细胞核。外围鞘细胞细胞壁显著加厚，几乎所有的鞘细胞都充满单宁。从叶的纵切面看，分泌腔呈长梭形管道，中间宽，两头渐尖。分泌道纵向伸展的方向与器官的长轴方向平行或近乎平行，未发现分泌道有分枝或联合现象。银杏组织能产生各种丰富的有药用价值的次生代谢物质，各器官中分布有长短不同的分泌腔，这些次生代谢物质与分泌腔的关系还没有完全弄清楚。人们可通过观察分泌腔并与化学分析结合起来进行研究。

分蘖育苗

利用银杏根蘖繁育苗木的方法是中国民间长期以来应用的一种最简便、最节约的方法。它不仅可以确定栽植苗木的性别，而且可以保证品种的纯正。根据调查，中国各地寺院中的雌雄双株古老银杏，大部分是利用这一方法繁殖栽培起来的。银杏具有强大的分生能力，当银杏植株的正常生长受到抑制时，如树体受伤，整形修剪，嫁接换头，间伐留桩等，均可在根际发出大量根蘖。如将这些根蘖适当疏苗，并加以造型，就可形成有价值的银杏景观，如"怀中抱子""五世同堂"等。

分区灌溉

把银杏园划分成许多长方形或正方形的小区，纵横做成土埂，将各区分开，通常每一株树单独成为一个小区进行灌溉。该法缺点是，易使土壤表面土壤板结，破坏土壤结构，做许多纵横土埂，既费劳力又妨碍机械操作。果园土地不太平整的往往采用这种方法。

分区开沟灌水

在银杏园内将一行或数行划分一个小区，行与行之间开沟相连，将水灌进小区内。对地势平坦且面积不大的园地可全园漫灌，它适用于水源充足、地势较平坦的地区。

分生孢子

真菌的一种无性孢子。常形成于产孢细胞（分生孢子）梗的顶端或侧面。单细胞或多细胞。形状各异，大小不一。成熟时脱落。

分形理论

近年国内发展较快，特别在材料方面；林业领域的具体应用还不多见。分形理论在木材方面的应用研究始于20世纪90年代，主要是对木材表面和水进入木材过程的分析。在我国，关于分形理论在木材科学中的应用，费本华曾发表综述，并摸索分形理论在木材科学中的具体应用。在国内外首次运用盒维数的分形方法，对X射线银杏木材密度曲线进行分形分析。表明，银杏木材密度的分形维数约在1.4430。分形维数直观地反映了木材密度年轮内和年轮间的变化规律，与年轮宽度有一定的联系，与木材密度本身关系不大。木材密度的分形维数一般由遗传因素控制，不同树种木材分形维数是相对固定的，木质材料的分形研究，是揭示其内在规律的有效方法。通过木材干缩实验，展示了木材多孔性的分形特征。结果证明,可以通过木材干缩过程,用分形维数来描述木材孔隙空间的特征,这在木材科学方面国际上尚属首次。随着温度的增加,木材的分形维数也呈增加趋势,描述了木材水分自内部空间逸出的过程和规律性,分形维数逼近于3,反映出木材结构的复杂性。分形理论还可以在其他方面进行扩大应用,如木材的微观结构、细胞的生长、复合材料内部空间的分析,木材表面花纹,木材表面的粗糙度等。该理论的应用,有可能在木材科学的应用研究中有新的突破。

分枝角

根据果树栽培学理论,分枝角度小的枝条营养生长旺盛,生殖生长较弱,不易结实,而生长中庸、分枝角度大的枝条有利于花芽分化和开花结果。银杏的情况符合这一规律。总的来看,分枝角在50°~90°的长枝数量最多,占总枝量的80.3%,其中70°~90°的枝条占总枝量的47.7%,而小于50°或大于100°的枝条仅占19.7%,可见嫁接母树在达到结果年龄后,作为结果母枝的长枝多具有较大的分枝角度。从不同冠层看,位于树冠上层的长枝分枝角较小,而下层长枝的分枝角较大,从上到下分枝角呈逐渐升高的趋势。此外,分枝角还与枝条的年龄有关。不同冠层中长枝的平均年龄和平均分枝角度之间具有明显的规律性。从树冠的基部到顶部,冠层内枝条的平均年龄逐渐降低,平均分枝角度也相应减小。

分株(根蘖)繁殖图解

①选择生长良好、枝叶浓绿、无病虫害、20~50年生的优良母树

②翻土促苗

③环剥

④促苗、环剥后,在环剥部位四周培土,并保持土壤湿润

⑤移栽

分株(根蘖)繁殖图解

分子标记

传统的银杏品种划分主要依据其形态学特征和经济性状,即以种子形状、大小、长宽比等来确定。但是,银杏结实周期长,品种早期鉴定仅根据营养器官的形态特征难以准确地进行。另外,由于银杏品种化程度不高,存在着同名异物和同物异名现象。在苗木品种引进过程中,存在着以次充好的现象,而这些现象在结实前不易区分,结实以后将会造成巨大损失。因此,一方面需要通过立法规范品种的审定、注册、保护和管理程序,另一方面需要建立准确可靠的品种特异性检测方法,这种方法必须是不受环境因子及植物发育阶段的影响,使得早期准确鉴定品种成为可能。关于银杏的起源也有许多不解之谜。例如,现代银杏的祖先到底是谁?目前中国是否还有野生银杏?中国银杏的遗传多样性如何?显然,要解决这些难题,依靠传统的生物学手段已无能为力,而最新发展起来的分子标记对此却大有用武之地。分子标记作为一种理想的分析生物遗传信息的手段,具有以下优点:一是它直接检测遗传物质DNA,不受植物组织器官、发育时期、季节、环境的影响;二是表现为中性,不影响目标性状的表达,与不良性状无必然的连锁;三是标记数量多,几乎可以覆盖整个基因组;四是灵敏、准确、简便、快速,易于标准化,分离出样品的DNA可长期保存。因此,采用分子标记可对银杏种质资源进行鉴定,构建出其特征的DNA指纹图谱,为银杏育种提供理论依据,并为银杏品种鉴别提供准确、可靠的标准方法。同时,可进行银杏的遗传多样性分析,探讨银杏起源及演化关系。目前DNA分子标记的主要方

法有：限制性片段长度多态性（restriction fragment length polymorphism，RFLP）、随机扩增多态性 DNA（random amplified polymorphic DNA，RAPD）、扩增片段长度多态性（amplified fragment length polymorphism，AFLP）、简单序列重复（simple sequence repeats，SSR，又称微卫星标记）及基因转录间隔区（internal transcribed spacer，ITS）序列分析等。目前，RAPD 标记在银杏研究中的应用较多。

分子标记的特点

遗传标记是生物分类学、育种学、遗传学等研究的主要技术指标之一。遗传标记的发展经历了形态标记、染色体标记、同工酶标记，直到目前的分子标记。分子标记是基于 DNA 分子的标记，一个分子标记实际上是 DNA 分子上的一个片段。分子标记具有显著的优越性。①大多数分子标记为共显性，对隐性农艺性状选择十分便利；②由于基因组的变异极其丰富，分子标记的数量几乎是无限的；③在不同的发育阶段，不同组织的 DNA 都可以用于分子标记分析，使得对银杏的早期选择成为可能。正是由于这些原因，分子标记越来越广泛地应用于银杏育种中。

分子标记辅助育种

是指利用 DNA 分子标记分析不同品种间的多态性或者构建遗传图谱，借助于目标基因紧密连锁的遗传标记的基因分析，鉴定分离群体中含有目标基因的个体，实现标记辅助选择或分子标记辅助育种。在分子标记辅助育种中，DNA 标记提供了一个提高育种效率的有力工具，这是因为：①标记可以区分供体和轮回亲本；②标记提供了一个用最少的供体基因组去选择植株的标准；③世代携带的供体基因组的比例在植株间存在变异；④连锁的标记可以用来选择目的基因，取代费时又代价高昂的田间试验。

分子技术

植物育种的目的是不断地创造新的种质、培育新品种，以不断满足人类生产和生活的需要。目前培育新品种的方法仍然靠常规育种如引种、选择育种和杂交育种等，然而常规育种存在一定的缺陷，如育种周期长、远缘杂交不亲和、种间生殖隔离、选择时间长等。以现代生物技术为基础发展起来的分子育种技术弥补了常规育种的不足，尤其是对基因复杂、生育期长的育种带来了希望。银杏是一种多用途的重要经济树种，由于周期长，严重制约银杏育种的发展，银杏育种仍停留在选择育种阶段。分子克隆技术和分子标记技术在农作物如水稻、玉米、棉花育种及部分林木中开始应用，并取得了显著成绩。银杏分子技术及其在银杏遗传育种中的应用前景广阔。

分子遗传图谱

林木遗传图的构建是当今林学研究的前沿课题，也是基础课题。高密度分子遗传图谱是基因定位、克隆、分离及分子标记辅助选择育种的基础。1998 年，用 RAPD 分子标记首次构建了第一张银杏分子遗传图谱。该图谱共有 62 个 RAPD 标记，19 个连锁群，总长度为 829.1 cm，覆盖了银杏基因组的 1/3。由此可见，银杏遗传图谱的构建尚属起步，还不完善，为构建高密度银杏分子遗传图谱，应进一步开展 AFLP、RFLP、SRR 等分子标记的研究。

分子遗传学

从分子水平上研究生物遗传变异规律的一门学科。目的在于阐明脱氧核糖核酸复制机理，脱氧核糖核酸与蛋白质合成之间的关系，基因的结构、组成，遗传信息的传递、突变和作用，以及细胞核质、遗传物质之间的关系。

分子育种

传统育种方法主要依靠植物的形态标记进行选择，不但需要大量的人力和物力，而且需要很长时间。随着生物技术的发展，育种方式有了很大的变化，人们的研究的领域也大大拓宽。分子育种是一全新的育种方法，较之传统的育种方法，它有以下特点：①因为所有生物共享相同的遗传密码（仅别的生物及细胞器例外），因此，所有生物之间均可进行基因交流，为创造新品种提供了广阔的天地；②遗传物质的改变是在计划控制之下，可定向地改造银杏品种特征，创造出全新的银杏品种；③由于直接对遗传物质进行操作，在短时间内可稳定形成新品种，大大加快了育种速度。按手段的不同，银杏分子育种可在以下两方面开展研究，即分子标记辅助育种及转基因育种。

分子蒸馏纯化法

分子蒸馏是一种新技术，它是以银杏水解产物为原料，先在 1~10 Pa 和 80~160 ℃条件下进行第一次分子蒸馏，然后在 0.1~0.5 Pa 和 160~300 ℃条件下进行第二次分子蒸馏，便可获得95%以上纯度的精制产品。

酚类化合物

羟基（又称酚基）直接连接在芳香环（苯环或稠苯环）上的一类化合物。大多数是无色晶体，难溶于水，易溶于乙醇、乙醚、苯等有机溶剂，具酸性，能和碱作用形成酚盐，并易氧化成粉红至暗褐色的醌。植物中含的酚类化合物很多，并有多种功能，有的有杀菌作用，可保护植物免受病菌侵害；有的有生长抑制作用，能抑制细胞分裂和生长。植物体受伤时,伤口处积累酚类化合物,可氧化呈褐色。有些重要物质,如单宁、胡椒酚、愈创木酚、厚朴酚、花椒素、漆酚等都是植物产生的酚类化合物。

酚类物质

羟基-OH(又称酚基)与芳烃核(苯环或稠苯环)直接连接的化合物及衍生物。酚类大多数是无色晶体,难溶于水,易溶于乙醇和乙醚,和醇相比,酚类有显著酸性,能和碱直接作用形成酚盐,大多能与三氯化铁溶液作用而发生特殊颜色,可资鉴别。植物中含有酚类物质种类很多,如胡椒酚、愈创木酚、丁香油酚、厚朴树皮中的厚朴酚、漆树干中的漆酚、银杏叶中的烷基酚等。

丰产 Y-3 号

原产山东,雄株。树龄约 100 年,树高 21.2 m,胸径 0.65 m。实生树,主干明显。冠幅 7.5 m×10.4 m,枝下高 5.4 m,海拔 200 m 左右。生长旺盛。定型叶宽扇形,浅波状,基部为楔形,大多具 1 个裂刻,长×宽为 8.2 cm×3.3 cm,叶子烘干后油胞明显而密,油胞为圆点状,较小,分布在叶的中上部呈星状,叶子浓绿。短枝上叶:叶长 6.9 cm,宽 10.18 cm,叶柄长 4.65 cm、叶面积 39.98 cm^2;鲜重 1.18 g,干重 0.37 g,含水量 68.94%,叶基线夹角 141°。而长枝上叶分别为 7.93 cm、10.55 cm、7.45 cm、57.49 cm^2、2.10 g、0.65 g、69.09% 和 127.25°。嫁接成活率 80.84%,当年抽梢率 75%。接后 3 年开花株率 15.8%,短枝开花率 36.4%。每个花上有小孢子叶球 3.3 个。短枝数每米长枝 45.56 个,二次枝数每米长枝 17.22 个,二次枝长 52.25 cm,叶数每短枝为 6.0 个,枝角 33.33°。成枝力 40%(2 年枝段)。接后 2 年接口上粗 2.49 cm,3 年 2.95 cm。冠幅分别为 101 cm×80 cm 和 149 cm×143 cm。当年新梢长 91.36 cm,粗 1.14 cm,叶数 85.5 个,接后 3 年新梢数每株 36.5 个,叶数 1 385 个,枝总长 13.49 m,叶面积指数 5.07。接后当年株产鲜叶 0.095 kg,2 年 0.54 kg,3 年 0.848 kg。短枝叶重占 36.4%,长枝占 63.61%。大叶、高产。黄酮含量 1.835%,内酯含量 0.085%,其中 GJ 0.01%、GC 0.030%、GA 0.024%、GB 0.002%、BB 0.013%。本系号属于高产无性系(黄酮苷采用 754 分光光度法测定,苦内酯采用 HPLC 法测定)。

丰产 Y-6 号

原产广西,雄株。树龄约 50 年,树高 15.7 m,胸径 0.56 m。实生树选出,生长旺盛。定型叶心形,全缘,1 个裂刻将叶子平分为两部分。裂刻长×宽为 3.8 cm×0.5 cm。油胞稀而小,放射状分布在叶子中下部。叶色浓绿,有别于其他品种,叶形较独特,同时可以作为观赏品种。1 年生长枝叶明显大,且长短枝叶差异较小,短枝上的叶比一般品种大而均匀,叶柄较粗。接后当年长枝上标准叶:叶长 6.86 cm,叶宽 9.87 cm,叶柄长 5.46 cm,叶面积 41.73 cm^2,鲜重 2.24 g,干重 0.57 g,含水量 74.98%,基线夹角 >180°。接后 3 年短枝上的叶分别为 5.72 cm、9.68 cm、6.98 cm、42.49 cm^2、1.47 g、0.42 g、71.34% 和 187°,长枝叶分别为 7.62 cm、12.23 cm、6.8 cm、63.30 cm^2、2.70 g、0.74 g、72.78% 和 163.33°。

嫁接成活率较高,达 98.77%,亲和力较高,当年抽梢率 100%。接后 3 年小部分单株见花。短枝数每米长枝 34.39 个,二次枝数每米长枝 17.84 个,二次枝长 33.28 cm、每短枝 5.44 个叶,枝角 55°,成枝力 51.9%(2 年枝段)。位置效应明显,斜向生长。接后 2 年接口上粗 2.74 cm,3 年为 3.10 cm;冠幅分别为 110.8 cm×128.8 cm 和 127 cm×130 cm。当年新梢长 43.5 cm,粗 1.09 cm,叶数 29.2 个。接后 3 年新梢数每株 24.2 个,叶数每株 595 个,枝总长 10.21 m。叶面积指数 1.88。无黄边,在莱州 4 月 5 日发芽,4 月 21 日展叶,11 月上旬蓝吐。接后当年株产鲜叶 0.165 kg,第 2 年 0.431 kg,第 3 年 0.783 kg。短枝叶占 37.73%,长枝占 62.27%,差异较其他品种小。当年生叶黄酮含量达 1.786%,内酯总量 0.077%,其中 GJ 0.009 4%、GC 0.019%、GA 0.0218%、GB 0.0117%、BB 0.0149%。该无性系属高产观赏兼优品种(黄酮苷采用 754 分光光度法测定,苦内酯采用 HPLC 法测定)。

丰产 Y-7 号

原产福建,雄株。60 年生,树高 14 m,胸径 0.40 m,生长旺盛,花粉量较大。属优良雄株。标准叶扇形,全缘,基部楔形,油胞极稀,呈斑点状分布在叶的中下部,叶浅绿色。短枝上的叶:叶长 4.8 cm,宽 8.2 cm,叶柄长 4.5 cm,叶面积 24.14 cm^2,鲜重 0.99 g,干重 0.32 g,含水量 67.73%,基线夹角 142.5°。长枝上叶分别为 6.2 cm、10.2 cm、6.2 cm、41.09 cm^2、1.856 g、0.58 g、68.73% 和 157.5°。嫁接成活率 87.12%,当年抽梢率 100%。短枝数每米长枝 37.67 个,二次枝数每米长枝 16.25 个,二次枝长 43.45 cm,叶数每短枝 6.25 个,枝角 44.2°。成枝力 43.3%。接后第 3 年砧木中径 3 cm,接口上粗 3.17 cm,新梢数每株 18 个,叶数每株 1 193 个,枝总长每株 10.92 m,冠幅 161.7 cm×143 cm。当年新梢长

62.5 cm，粗 1.08 cm，叶数每梢 40 个。叶面积系数 3.43。接后当年株产鲜叶 0.116 kg，第 2 年 0.565 kg，第 3 年 0.925 kg。短枝叶重占 68.11%，长枝叶重占 31.89%。总黄酮含量较高，达 2.06%（1 年），2 年生达 1.0%，3 年生达 0.76%。内酯总量 0.18%，其中 GJ 0.006%、GC 0.036%、GA 0.136%、GB 0.034 7%、BB 0.051 1%。该品种产量高，黄酮含量也较高（黄酮苷采用 754 分光光度法测定，苦内酯采用 HPLC 法测定）。

丰产 Y-8 号

原株产于江苏，泰兴佛手，具体资料不详。条采自复壮的幼树，生长旺盛，发枝力强。标准叶半圆形，叶缘波状，基部截形，具一个裂刻，长×宽为 3.8 cm×2.0 cm。油胞稀，圆点状，较小，分布在叶基，叶绿色。接后 3 年短枝上的叶：叶长 6.2 cm，叶宽 9.9 cm，叶柄长 6.5 cm，叶面积 33.24 cm^2，鲜重 1.06 g，干重 0.33 g，含水量 68.66%，基线夹角 138°；长枝上的叶分别为叶长 7.2 cm，叶宽 11.9 cm，叶柄长 7.2 cm，叶面积 58.68 cm^2，鲜重 2.31 g，干重 0.79 g，含水率 65.78%，夹角 153°。嫁接成活率 96.67%（CV，2.98%），当年抽梢率 81.05%（CV，16.28%）。短枝数每米长枝 34.20 个，二次枝数每米长枝 17.58 个，二次枝长 23.47 cm，叶数每短枝 7.33 个。成枝力为 51.4%。接后 3 年砧木中径达 2.54 cm，接口上粗 2.19 cm。冠幅 126 cm×113 cm。单株新梢数 33.66 个，叶数 1 000 个/株，枝条总长 9.61 m。单梢长 48.83 cm，粗 1.100 m，叶数每梢 34.66 个。叶面积指数 4.91。接后当年株产鲜叶 0.035 kg，2 年生株产鲜叶 0.269 kg，其中短枝占 16.52%，长枝占 83.48%；接后 3 年株产鲜叶 0.499 kg，其中短枝占 35.38%，长枝占 64.62%。总黄酮苷 1 年生苗 2.65%，2 年生苗 1.56%，3 年生苗 1.28%。总内酯 0.114 5%，其中 BB 0.007 2%、GJ 0.008 7%、GC 0.024 2%、GA 0.060 9%、GB 0.013 5（黄酮苷采用 754 分光光度法测定，苦内酯采用 HPLC 法测定）。

丰产口诀

精细的土壤管理，合理的密植和施肥，及时的排水和灌水，科学的整形和修剪，适量的人工授粉，经常的病虫害防治。

丰产树形

银杏的树形要根据栽培目的来确定，栽培目的不同，定干高度和嫁接方法亦不同，最后形成的树形有较大的差异。一般来说，以结实为目的的银杏大多采用矮干、无中心主干的开心形；以核材两用为目的的银杏大多采用主干分层形、自然圆锥形和有主干无层形等高干树形。

丰产树形的整形要点

①低干高冠。主干较矮，相对缩短了树冠与根部的距离，便于养分和水分的运输，树本生长健壮，树冠扩展，生产上有低干（干高 50～70 cm）和中干（干高 1.0～1.5 m）的银杏。树冠高大，呈自然开心型、圆柱型。②少主多侧、骨架牢固。嫁接的银杏，主干低矮，大主枝和侧枝多，粗壮发达。大枝是骨架，结果靠小枝，故大枝要少，小枝要多，且分布均匀，才能丰产。③枝要满冠，通风透光要好。树冠上下、内外、四周枝条要多、均匀，树冠受光面要大，光线又能从层间、窗洞射入树冠内外各部，这样的枝满冠，风光好；才能使树体有较大的结果空间。④结果枝组的配备合理。结果枝组是结果的小枝组成的枝丛。营养枝与结果枝比例适当，才能较持久地保持一定的结果数量。⑤适当的叶幕厚度。各层侧枝、小枝的叶幕厚度，如厚，则结果枝多，结果空间大。但过厚则上层叶多，对下层遮光影响大，易增加无效叶，浪费养分，影响产量。如叶幕面凹凸不平，配备得好，可适当厚一些，以内膛没有枯死小枝为宜。

丰产树形指标

银杏园是否能高产、稳产，树势是否健旺，经营管理措施是否正确，都是经营管理者经常想知道的问题。这就必须建立一套评价的指标体系，否则就不可能做出正确的判断。根据各地经验可以采用以下指标进行衡量。①长枝生长量。它可以说明营养生长的强弱，是树势强弱的指标，生长量大者树势壮，反之树势弱。具体标准是：初种期，长枝平均生长量在 50 cm 以上，为树势强；盛种期，在 35 cm 以上，为树势强，低于该指标者为树势弱。②枝类比例。它是衡量树体营养生长与生殖生长平稳状态的指标。初种期营养生长枝与结种枝的比例为 1∶1 左右，盛种中期为 2∶3，盛种末期为 2∶1 均较合理。③发枝指数。即 2 年生枝上抽生的新梢长度在 30 cm 以上的条数。一般初种期的枝平均 3～4 条，盛种期 4～5 条为丰产树。这就是说，种植园不能缺株，而且每株树冠要丰满。④短枝坐种数。即结种短枝上着生种子的能力，平均值一般 2～3 粒，内膛与外围结种均匀。⑤短枝着生叶片数。这是判断树势是否健旺的指标，一般每个短枝上要着生 6～8 枚叶片。叶片数少于该数，说树势较弱。⑥短枝连续结种能力。短枝连续结种能力不能少于 10 年。

丰产园保花保种

嫁接后的银杏与实生树一样年速生期短，营养生长与生殖生长,叶面积生长量与花、种生长量处于不平衡状态。因此,幼树就难以成花结种。倒贴皮是幼树促花的一项有效措施,于枝条速生期末,选主干光滑处,按干粗的 1/10 或 1/8 的宽度,环割深达木质部,将皮揭下,倒贴于原处,然后用塑料布严密绑扎。这样可控制营养生长,使短枝积累较多的养分,进而为花芽分化创造有利的条件。山东省郯城县 4 年生幼树倒贴皮后,成花株率高达 80%,为对照 10 倍之多。嫁接后的第 4 年,对已始花结种的植株,于银杏枝条生长高峰期的 5 月上中旬,实行扭梢、摘心和短截处理,使其迅速扩大树冠对未始花结种的植株,在银杏花芽分化期的 6 月下旬至 7 月下旬进行环剥。环割可分期进行,分别于 5 月底、6 月底、7 月底各环割一次,每次环割一道,用力适度,不可伤及木质部。主枝基部环割的距离应保持 1 cm。环割对促花保种也有显著效果。另外,花期喷洒 3% 硼砂,也会减少银杏生理落种,增加坐种率。

丰产园的道路设置

银杏园的道路设计应统一规划,合理布局,与整个园地的规划结合起来。道路的规格应依据银杏园的规模、运输量、运输工具、交通干道等条件而定。大型银杏园的道路分为主干路、支路与小路三级。主干路贯穿全园并与园外道路相接。支路为连接主干路与小路的通道。小路是各小区内生产作业的便道。主干路一般宽 6~8 m,支路宽 3~6 m 小路宽 1.5~2 m,道路的设置常与渠道、防护林以及栽植区相结合。

丰产园的扩大和修整树盘

银杏占有足够的营养面积才能生长健壮。湖南省洞口县大屋乡的古银杏,粗细根繁多错节,伸延到 500 m 远的溪边。可见,银杏根系分布范围之广。因此,欲给银杏根系创造一个良好的土壤条件,就需要留足树盘。第一年树盘与栽植穴同样大小,以后每年施肥扩穴,树盘不断加大。树盘内不间种作物,以利银杏根系伸长。树盘管理主要包括松土、除草两项内容。树盘内经常进行中耕,可以疏松土壤,避免杂草滋生,减少地表径流,防止土壤板结,增强土壤的透水和通气性能,便于根系吸收。在下雨灌水后,都要及时松土。早春松土既能保墒又能提高地温。但早春松土不宜超过 5 cm;反过来,雨季松土既可散失土壤水分,又可降低地表温度,可加深到 10 cm。晚秋至封冻前深挖树盘,可加速土壤风化和消灭土壤中的越冬害虫以及宿根性杂草。沙地银杏园铲除杂草不利于水土保持,可喷洒灭草剂或春季于树冠下铺草、压土,效果很显著。山丘地的银杏园,应结合水土保持工程,如修复地埂、整修梯田等,冬春进行修整树盘,以防止水土流失。在坡地修成外高内低的鱼鳞坑,有条件的外沿可用石块砌成;里沿修排水沟和贮水坑,这对保肥、保水、保土更为有利。

丰产园的品种选择

银杏的经济寿命很长。栽植前选择优良品种,合理搭配好品种布局,是银杏优质、高产的根本,是关系到银杏园未来经济效益的大事,必须十分重视。银杏在数千年的广泛栽培中,经过不断选择,演化出许多品种。选择品种应根据栽培目的、地区条件和气候条件而定。如以产木材为主,就应选择干形通直圆满、速生、冠窄的品种,特别是雄性品种。如以产种子(白果)为主,就应选大种型。种核洁白、糯性强、香味浓、出核率和出仁率高的品种。南方应选择耐高温潮湿的品种。北方应选择耐寒、耐旱能力强的品种。山丘和沙地应选择耐瘠薄、耐干旱的品种;肥水条件好,则适合大种型丰产品种。大面积栽培还要注意早、中、晚熟品种适当搭配。若品种单一,势必在采收、运输、上市和加工时过于集中,造成劳力紧张。各地从种子优质、丰产的角度出发,选择了许多优良栽培品种。如江苏苏州和广西灵川、兴安的洞庭皇,江苏泰兴、邳州的大佛指、家佛手,浙江诸暨、长兴和广西兴安、灵川的圆底佛手,广西兴安的橄榄佛手、棉花果,江苏苏州、镇江和上海南汇区以及山东临朐县、乳山市的无芯银杏,江苏邳州的大马铃,山东郯城的大金坠、大圆铃以及卵果佛手、桐子果、青皮果、黄皮果、大梅核、高升果、七星果等。这些均系地方栽培品种,分别具有个头大、香味浓、糯性强、营养成分高的特点,表现出了一定抗逆性、适应性和丰产性,各地可因地制宜地扩大栽植。在建园时选择雄株,也是一个不可忽视的重要方面。银杏虽然传粉距离远,雄花花粉量大,一般能授上粉。但为提高产量和增进品质,应选择优良的雄株。优良的雄株应能产生大量的可育花粉,花粉亲和力强,应与主栽品种花期同步。在栽培布局上,应有利于花粉传播。目前,各地选择的优良雄株不多,此乃建园中的失误,应该引起高度重视。

丰产园的土壤改良

银杏对土壤虽有很强的适应性,但若要树体发育健壮和连年高产、稳产,仍需要有良好的土壤条件。这是因为土壤是银杏生长的基础,是水肥供应的仓库。土壤条件的好坏,直接影响根系的生长。土壤条件优越,才能"根深、叶茂、种多",这是银杏能获得丰产、稳产的前提。我国银杏园大部分在丘陵坡地和河滩沙地,土层瘠薄的园地占有较大比重。致使抵御涝、旱灾害能力差,树体营养不良,树势衰弱,产量低而不稳。因此，改良土壤、培肥地力，是银杏丰产栽培的重要技术措施。丘陵地区土壤瘠薄，结构不良，致使银杏根系生长受到抑制，进而又使地上部生长衰弱。进行深翻改土，可以加厚土层，改善土壤通气状况，使土壤持水力和保肥力增强，微生物活动旺盛，有机质分解加快。下层土壤的熟化，对银杏的地上、地下生长都有促进作用。深翻应结合施肥、捡石和换土。一般应最浅不少于 60 cm。有条件的银杏园，最好深翻 1 m。春夏秋冬四季都可深翻，其中以秋季深翻最好。可于落叶前一到一个半月内进行。这一时期地温尚高，根系还在旺盛生长，断根伤口愈合快，容易发出新根；使树体内营养积累增加。对翌年开花结种和新梢生长都有促进作用。深翻效果可保持数年，不需每年都搞。河滩地常因风蚀而地势高低不平，旱涝不均。对这种园地必须先进行整平、改良，方法是通过深翻，使土、沙混合，深度达 1 m 以上。土壤改良工作可在建园前结合整地进行，也可在建园后分数年进行。无论丘陵或河滩地的银杏园，为了进一步提高土壤肥力，都可根据具体情况种植棉槐、沙打旺、毛叶苕子、草木樨等绿肥作物，既能保土固沙，又能改良土壤。种植绿作物是土壤改良的一项重要措施。

丰产园的土壤熟化

　　银杏是深根性果树，它喜欢深厚、肥沃而疏松的土壤。为了给根系创造良好的生长条件，扩大吸收水分、养分的范围，园地深翻熟化土壤十分必要。概括起来，深翻熟化改良土壤有以下两方面的好处：一是疏松土壤，改良土壤的结构、通气和水分状况。深翻结合施有机肥，不但疏松了耕作层的土壤，而且使板结的心土和底土层也得到了改善，土壤孔隙度增加，容重显著下降。二是改善土壤的营养条件。深翻以后，土壤的空气和水分状况得到了改善，促进了土壤微生物的活动，特别是好气性微生物活动增强，这样就能加速土壤有机质和矿物质肥料的分解和转化，形成银杏根系可吸收的营养物质，因而增加土壤的有效养分。银杏园一年四季都可深翻，但以秋季最好。一般于落叶前一到一个半月，结合施肥进行。这时虽属晚秋，土温尚高，根系还在生长，断根伤口愈合快，容易发出新根，使树体内营养积累增加。对下年开花结种和春梢生长十分有利。夏季深翻可在根系生长高峰前结合压绿肥进行。这有利于种子膨大和花芽形成。冬春结合追施氮肥也可深翻，不过要在春季发芽前半个月内完成。幼树在树冠外侧 0.5 m 处开环形沟。第一年东西沟，第二年南北沟，轮换开沟。沟深 0.6~0.8 m，沟宽不限。全园分 2~3 年翻完。挖沟时不要伤及粗根，并将表土与底土分开放，埋沟时，结合施肥，将表土掺和枯枝落叶、杂草、绿肥、厩肥等有机物，放在底层，底土放在上层。沙性大，砾石多的园地，还要客土，逐渐改良土壤。为了合理搭配工作量和避免一次伤根过多，深翻改土可逐年完成。此外，断根伤口应剪平滑，使愈合良好，以利新根发生，根系不要在外暴晒过久，以防根系枯萎死亡。排水不良的园地，灌水或雨后土壤下沉，要及时填平和排水，以免沟内积水引起根系腐烂。

丰产园的栽植

　　①带大土坨。俗话说"栽树要想活，带个大土坨"。挖掘时，从树冠下沿开始，挖宽 0.5 m、深 0.8~1.0 m 的土圈。力争少伤根，把粗 0.5 cm 以上的根挖出，然后用稻草绳捆扎，再用人力或机械吊起装车，尽量不散失土坨。也可在土壤解冻后，先用锹铲去树干四周的表土，再挖圆圈沟，当挖至 1 m 深时，再在一侧继续深挖，同时切断主根，顺着主根将土挖散敲下，切记伤害细根，以保证根系的完整，有利于树势的恢复。②重修剪。移栽时由于根系受到损伤，树体内水分、养分供应失去平衡，为降低蒸腾，可于移栽前在安排好主、侧枝及主枝层次的前提下，实行重截，除对中干、主枝、侧枝等各级枝的延长枝短截外，其余细弱枝，交叉枝、重叠枝、枯死枝全部疏除。也可大抹头，将主、侧枝只留枝桩促发新枝。③保持土壤湿润。树穴的大小应根据移栽大树根系的长短而定。树穴挖好后先在底部铺一层土杂肥，然后再填入一层细土。把大树放入树穴后，扶正，在根系上浇上泥浆，再填入细土，边填土边捣实，直至填满树穴。栽后立即灌一次透地水，使根系与土壤密切结合。由于大树伤根后水分供应受阻，可本着次多量少的原则，及时浇水。但土壤湿度也不能太大。太湿了土壤通透性差。受伤的根，易罹病腐烂。保持土壤田间持水量 70% 左右为宜。④涂抹伤口。移栽的大树枝、根剪口、锯口，都要削平，涂以油漆或沥青，防止细菌感染。栽后并用三脚架支牢，防止树体摇动。⑤控制施肥。移栽的大树新根未生长前，吸收能力差。因此要少施肥料，或不施肥料，否则容易"烧死"树株。待第二年根系健全后，再适当加大肥料。

丰产园丰产的理论基础

　　栽培、经营银杏园也同栽培、经营其他果树一样，目的在于获取较高的经济收益。以较少的投入，换来更大的产出。矮干密植早实丰产园管理方便，适宜于机械化操作，喷药、授粉、修剪、采收等均可采用机械作业，使之作业成本降低，工效提高。据各地试验，仅喷洒农药、人工授粉就比高干树提高工效 3～5 倍。20 世纪 80 年代中期以后，山东、江苏、浙江、广西、河南、湖北等省、区都相继建立了一批矮干密植丰产园，目前已取得了显著成效。据山东省郯城县十余年的试验，基本是嫁接后第 3 年 20% 树株结种，5 年亩产种核 50 kg，7～8 年亩产种核 100 kg，10 年亩产种核 200 kg，10 年生单株最高产量达 35 kg。广西植物研究所的试验研究表明，5 年生单株产量平均达 0.7 kg，定植后第 6 年有 53.4% 的植株开花结种，每亩产种核 84.9 kg，最高单株产量 4.72 kg。江苏农学院的试验结果表明，嫁接后第 5 年亩产种核 33.68 kg。

丰产园间作物选择

选择适宜的间作物是获得种、粮（菜）双丰收的重要措施。银杏冠小、根浅，冠下和近旁忌种根深、秸秆高、耗肥、耗水大的麦类、谷子、玉米、高粱等农作物。比较理想的是豆类、花生等有回氮能力的矮秆作物；其次，所间种作物比较耐荫、生育期短，尽量在银杏成熟前收获，如早熟性绿豆、珍珠型花生等。除粮食作物外其他经济作物，如金针（黄花菜）、黄草和中药如黄连、砂仁、天麻，都比较耐荫耐瘠薄，用工少，易管理，且经济效益相当高，可以推广试种。银杏春季枝叶稀疏，透光率可达 50%～60%，种植越冬蔬菜中的菠菜、韭菜、大葱、蒜苗等均不受光照的影响。例如，韭菜对日照长短的反应不敏感，对光照强度要求适中，光过强则叶组织粗硬纤维增多，植株生长受抑制。据调查，间作韭菜比一般菜园可增产 15% 以上。夏季七八月份银杏园内夜间气温不高，有利于番茄从营养生长转向生殖生长。再如黄瓜能耐弱光，即使间作园内的光照降到自然光照的一半时，其同化作用基本不下降，也可取得较好收成。但是，对光照、温度要求高的某些蔬菜，例如洋葱则减产。以上充分说明，银杏、粮食（蔬菜）间作，选择适当作物，可以科学地利用光照，较好地挖掘光能与土地资源的潜力，是银杏产区农业生态良性循环的有效途径。

丰产园排灌系统的设置

有水源条件的园地，在建园规划时，应把排灌渠道的规划和修建搞好。暂时无水源条件的，也要考虑将来园地的水利化建设。灌溉系统要干渠、支渠、斗渠和毛渠配套。各级灌渠的比降要在 1%～3% 的范围内，以便渠水流速适度。银杏不耐涝，特别要在栽植前计划好排水系统。排水沟间距、大小和坡降，必须依地下水位的高低以及涝雨季节雨量大小而定。一般每隔 3～5 行挖一条排水沟。各级排水沟的大小视集水面的大小而定。一般上宽 0.8～1.5 m，底宽 0.3～0.5 m，深 0.5～1.0 m。总的原则是要做到旱能灌，涝能排。

丰产园施肥法

银杏园合理施肥方法。环状沟施，在树冠投影范围外 20～30 cm 处，开宽 30～40 cm、深 30～60 cm 的环形沟，施肥入沟而后覆土。可结合银杏树扩穴进行，多用于幼园。放射状沟施，距树干 1 m 左右，向外挖放射状沟 4～6 条，内浅外深，沟长达树冠外缘，沟宽、深与环状沟相同，每年更换开沟位置。适于成年果园。条状沟施，在银杏树行间开沟施肥，可结合深耕进行。多用于行距较大的银杏园。全园撒施，将肥料均匀撒于地面后翻耕入土，深约 20 cm。多用于树冠密集、根系布满全园的成年银杏树。

丰产园栽植密度

合理的密度才能充分利用土地资源和光能，对银杏速产、优质有重大作用。栽植密度通常要依据树种的生物学和生态学特性、经营目的、地形地势、土壤肥沃程度、管理水平等因素综合分析确定。银杏属喜光高大乔木，寿命很长，一般以稀植为好。但不能过稀，过稀则难以达到一定的产量，特别是不利于早期丰产，延长了投资回收期，经济效益不高。同样也不可过密，高密度栽植，建园产量上升快，可以早期达到很高的产量，取得较高的经济效益，但在树木长大之后，枝叶茂密交接，高度郁闭，透光通风条件变差，产量又会很快下降。此时树内膛枝条枯死较多，上部枝条直立徒长，树势迅速早衰。针对这种情况应及时采伐，移去部分树木以维持合理的密度。土壤肥沃的地区要比瘠薄地区栽植密度更稀一些，因为越是肥沃的土壤，树木生长越快。但如果要实行林粮间作，还必须再稀一些。采用机械化经营的种植园也需要稀植，特别是行间要宽，以利机具作业时方便通过。总之，确定密度时要全面考虑，应以生态学特性为考虑的主要依据，再结合园址的特殊条件、经营目的和集约化程度的要求，来确定出合理的密度。当前在生产中常用的栽植密度，有每亩 10～30 株、30～80 株、80～100 株等多种，这些可在确定合理密度时参考。

丰产园栽植小区的划分

为了便于管理，应将园地划分成若干栽植小区。栽植小区是最基本的作业单位。栽植小区的形状和大小可因地形、地势及土壤情况而决定。每个小区的地形、地势、土壤、小气候应尽可能一致。一般 30～40 亩为一个栽植小区。为便于管理、采收，每个小区内栽植的品种不要太多，以 3～4 个品种为宜。

丰产园中除草剂除草效果

丰产园中除草剂除草效果

除草剂名称	剂量（mL/亩）	活草数量 重复1	活草数量 重复2	活草数量 重复3	合计	除草率（%）
盖草能	20	265	357	289	911	30.9
盖草能	35	81	49	182	312	76.3
盖草能	50	15	0	1	31	97.6
拿捕净	70	291	320	304	915	30.6
拿捕净	0	29	6	9	44	96.6
拿捕净	130	12	4	6	22	98.3
精稳杀得	30	205	208	164	577	56.2
精稳杀得	50	97	132	97	326	75.2
精稳杀得	80	28	22	14	64	95.1
威霸	40	79	180	165	424	67.8
威霸	55	15	47	92	154	88.3
威霸	70	1	24	35	80	93.9
CK		448	386	484	1 318	

丰产原因

银杏结种不应该有大小年产生的原因。①银杏花是由叶原基形成的,成花容易,对营养的要求亦比芽原基形成的花芽要求低;②雌银杏短枝多,可供结种周转率大;③雌银杏短枝结种年限长,可以从形成花芽的第1年起,一直到30年以上的短枝都能结种,所以只要不是营养过差、枝干衰弱和保叶不好的树,都可年年结种。但有一个不可忽略的事实,银杏形成产量消耗养分特别多,因为银杏种子是个强烈的营养吸收库。银杏种子的外种皮所占部分较大,一般情况下4 kg种子才能出1 kg种核,因此要有3/4的养分消耗在外种皮,用于非生产。因此银杏结种不能太多,过多则营养消耗太大,甚至有死亡的危险,这种情况在银杏产区时有发生。这也说明银杏要丰产,必须追施大量的肥料。

丰产栽培作业时间表

丰产栽培作业时间表

休眠期（落叶后至萌芽前）	1. 定植幼树 2. 整形修剪 3. 采集接穗和插条 4. 深翻改土
萌芽期（芽萌动至花序出现）	1. 嫁接幼树、高接换优 2. 浇萌芽水 3. 防治银杏超小卷叶蛾 4. 中耕除草
开花期（花序出现至落花）	1. 嫁接后管理、除萌、摘心、绑防风柱 2. 追肥,中耕除草 3. 采集花粉,人工辅助授粉 4. 花期喷硼 5. 防治金龟子类及其他食叶害虫
种实膨大期（落花至采收）	1. 浇水、追肥 2. 中耕除草2~3次 3. 适时解除接穗绑扎物 4. 防治银杏茎腐病、叶枯病 5. 防治鼠类、蟋蟀啃食幼树根茎皮层 6. 适时采收、脱皮、贮藏
落叶期（采种后至叶片落）	1. 冬季抚育管理,扩穴施肥 2. 定植、补植幼树 3. 清理枯枝落叶 4. 浇冬眠水

风倒

指因强风吹袭使整株树木连根拔起倒伏地上的现象。多发生在雨水多,土壤松软的季节和地区;浅根性树种和生长过熟的树木都容易发生风倒。预防方法是营造防风林,确定合理采伐方式,沼泽化林地要开沟排水,促进树木深根生长,提高林木抗风能力。

风干贮藏

种子采回后,经过脱皮和精选,放置在气温18~20 ℃下风干,使种子含水量降到30%左右,然后把泥煤(泥炭土)弄碎和种子混合,比例为1∶1,再一同放入容器内。容器中心装一个有许多小孔的塑料管,作为通气孔。容器盖子下面垫一层0.75 mm厚的纸,盖得不要太紧,以便通气。容器内湿度要求为40%,贮藏室湿度要求为25%~30%,温度要求为2~4 ℃。种子经过1个月贮藏以后,就要从贮藏室中取出检查。如果这时种子含水量在40%以上,那么就要将种子含水量风干到30%,然后再重新放入贮藏室密封。贮藏室的室温应控制在10 ℃左右,封存两个月后,再将温度逐渐上升到20 ℃,再存1个月,即可播种。采用这种方法贮藏种子,贮藏期可达2~3年,且不变质,发芽率保持在70%以上。

风害及防治

风速大于10 m/s,就会对银杏造成机械损伤,引起大量落果,导致偏冠、枝梢折断,甚至整株拔起。1997年11号台风风力达到10级,沿我国大陆福建、浙江一带登陆,所到之处,银杏树株无不受其危害,眼看丰收到手的白果落下一地。面对如此强大的台风,果农苦不堪言。不但沿海地区要加强风害防治,内陆地区也应重视风害防治工作。风害防治措施主要有以下几项：①在园地选择方面，避免在严重风害经常发生的风道或风口处建园，在山地更应注意园地的选择；②营建防护林，防护林是防止或减轻风害的一项行之有效的措施，在园地周围，特别是迎风面营建防护林尤为必要；③加强综合管理，科学施肥、浇水，促进树体生长健壮，能提高其抗风害能力，减少大小年，合理负载量和及时采收能减轻损失。结种量多的年份，适时进行绑枝、吊枝，可有效地防止落种、折断。

风景林

以绿化风景为主要目的的森林。根据森林美学的原理、自然环境条件和不同树种的特征，注意树种的组成及其色彩和形态的配合，并适当配备道路和建筑等设施，构成幽美环境，供人们休息和游览。

风景名胜区

亦称风景区。若干具有游览和观光价值，并经人工修饰的自然景色和名胜古迹相互联系成片的地区。一般指距城市较远，需一日以上的旅程者。风景区是在普通绿化的基础上，充分利用植物材料组合园林空间，提高造园艺术效果，以构成优美的环境；同时配备道路和建筑物等设施，使各个风景点相互有机地联系起来，并有利于人们游览和休息。银杏是风景名胜区园林绿化上必不可少的树种。

风景园林型

银杏叶色秀雅，花色清淡，树体高大，树干光洁，夏天的降温效果优于其他树种，根际萌蘖旺盛，可形成"五代同堂""怀中抱孙"等自然风景，抗烟尘，抗火灾，抗有毒气体(如二氧化硫、氨气、臭氧)，抗辐射，病虫害绝少，是风景和绿化的首选优良树种，在风景游览的各种场所均甚适宜。用于城镇公路和通衢大道不仅美观且避免频繁更新，树龄愈高，生态效益和社会效益愈加明显。世界各地广为栽植，已成为一种时代潮流。在日本有300个城市银杏树占城市绿化树总数的30%，在韩国银杏占城市绿化树的70%~80%。我国已有很多城市开始用银杏作绿化用树。凡植于风景园林、城镇公路的银杏树，应选用生长快、冠形美的银杏品种类型，或不结籽的雄株。栽植的苗木高度多在3 m以上，粗度达5 cm左右的实生苗。孤植、对植、丛植、混植、片植(群植)和行列栽植均可。若行单行列植，初植密度以5~10 m为宜。栽活后，一般任其自然生长，很少行整形修剪，随着树体的生长发育，树冠的不断扩大，视其需要，可做必要的调整。

风景园林中的地位

银杏作为观赏树种，出现在风景园林中，特别在寺庙园林中，至少有三千多年的历史，现存最古老的是山东浮来山定林寺一株银杏。三国时，银杏已遍布于长江中下流。中国画中留下画迹较早的东晋顾恺之《洛神赋图》中有大小银杏树株若干。这一根据三国时曹植名著《洛神赋》而创作的同名巨幅绢本着色画卷，描绘了曹子建与洛神相遇时的情景。在皇家园林中以银杏为主的布置，实属罕见。1962年5月，南京西善桥宫山北麓挖掘一座东晋古墓，发现墓室里，南北两壁中部有二幅《竹林七贤与荣启期》模印，七贤中的阮咸"任达不拘"地坐在一株银杏树下"抱阮"轻弹，情态十分生动(《艺苑掇英》1979年第五期)。这幅砖画反映了两晋时期士大夫们对银杏树的审美观。同时出现在东晋的这两幅画，表明银杏在古代园林中的利用和地位。银杏在园林中的使用历史的确悠久。银杏集叶形美、叶彩美、内在美、"人格美"于一体，融自然景观与人文景观于一身，在风景园林中的作用已远远超过一般色叶树种所具有的功能和作用。银杏分布又广至华北、华中、华东、华南及西北、西南，在风景园林中地位突出，20世纪80年代，银杏被许多知名人士推荐为"国树"候选树种，是当之无愧的。

风景园林作用

我国园林应用银杏历史虽然悠久，但是由于各种历史原因，如"五行始终说"的影响和绞杀，使银杏利用和普及受到了影响。银杏在园林中的利用有以下几方面。①绿化、美化环境。用于自然风景区大色块景观的布置，特别像千岛湖风景区这种在游船上观赏湖光山色的游览形式，在绿色为基调的大面积范围内，在适当的地段种植几片面积大小适中的银杏林，在湖面上欣赏银杏秋色是非常精彩的。点缀风景点的环境，以混变方式或单株或三五成群种植，均可达到点缀环境，增添环境美的效果。用于行道树，遮阴效果尚好。②保护银杏古树，可起到单独成为景点或景观的作用。③银杏产品，可增加旅游商品种类，增加风景园林部门的收入。银杏旅游产品类型有：制作盆景；制作银杏叶片脱水蜡叶标签；以银杏叶制木材加工制作印章、小盒等工艺品；种子硬壳制作可发生优美声音的儿童玩具(两边磨出两个小孔即可，淳安县唐村一带小孩自己会做，因此，这一带百姓又称银杏为"鸣杏")。④古银杏是活的文物，历史的见证者，是进行爱国主义教育的材料。银杏在风景园林中的利用价值确实很高，其作用前景是十分广阔的。

风媒

依靠风媒介传播花粉进行授粉，这类花称为风媒花，这类植物称风媒植物。风媒花，花较小，常为单性花，花被简单，不美丽，有很长的花丝，花粉粒轻而多，无香味或蜜腺,有的有气囊使花粉粒有更大的浮力。银杏是典型的风媒传粉树种。

风速

空气做水平运动时所经过的距离与经过的距离所需时间的比值。单位用 m/s 或 km/h 表示。风速的平均值称为平均风速,一定空间或一定时间内风速的最大值称为最大风速。

风土条件

土壤上层的铺垫状况和水分状况的总称为风土条件。风土条件和变化主要受太阳辐射强度的年、日周期变动和大气降水、人工灌溉、水汽凝结、地下水位的升降以及土壤的结构、颜色和含水量等条件的影响,从而影响银杏的热平衡、水分平衡及银杏的生长状况。

风与银杏

银杏系风媒传粉,因而银杏授粉期间的微风天气对银杏授粉十分有利,同时微风能促进银杏园中空气流动,可调节气温和湿度,增强蒸腾作用,提高光合速率,对促进银杏生长,提高种实产量和品质均带来益处。但强风或暴风会对银杏生长、结实、护种带来害处。当展叶不久,新梢未木质化以前,如遇强风,新梢常被吹焦;嫁接苗接口处未长牢之前如遇强风,接口处容易被风吹断。8~9 级的大风会把百余年生以上的大树也吹得连根拔起。在我国银杏自然分布区,常常可以看到百余年生大树的第一、第二主侧枝被风吹折的痕迹,造成不可弥补的损失,使雄伟、高大、挺拔的尖塔形树冠残缺不全,又使产量大幅度降低。常年的主风能使银杏树冠变为"偏冠"。因此,银杏种植园的园址应选在向阳避风口处。银杏生长发育的好坏,结实量和品质,与温度、水分、光照和土壤条件好坏的生态条件有着密切的关系,一些灾害性的天气虽然对银杏的生长发育和结实不利,但多系个别情况。在银杏的实际生产中,根据银杏的生态特性,为银杏积极创造适合于银杏生长和结实的生态条件,却是银杏生产者的首要任务。

风折

指因强风吹袭引起树干断折的现象。多发生于树冠较大和材质脆弱或腐朽的树木。树干的直径越大,折断处的高度越高。银杏大树、古树常有折断发生。

蜂蜜白果

主料:白果 250 g。配料:蜂蜜、粗盐适量。做法:锅内放适量粗盐,起旺火将盐烧热,投入白果炒至爆裂,筛去粗盐装瓶备用,每次取炒白果 10~12 g,去壳去心,加水煮烂,加蜂蜜 1 匙调服。保健功能:香糯甜润,敛肺补气,治肺虚喘咳、遗精、尿频。

凤翅山银杏

在河南省郏县城北与禹县交界处的凤翅山下灵泉寺遗址内,有 1 棵高大挺拔的银杏树。胸围 5.13 m,树高 34.6 m,冠幅 22.8 m^2。树侧立有《灵泉寺简介》木牌,文中提到:"灵泉寺建于东汉时期,因有寺泉而得名……今仅存寺泉和银杏树。该树植于东晋时期,距今已有 1 500 多年的历史"但据清同治三年《郏县志》记载:"灵泉寺在凤翅山,唐时建。"故一般认为古银杏系建寺时所植,树龄已有 1 100 余年。目前为镇政府重点保护的珍贵树种。

"凤姑"与"农夫"

相传湘西苗族流传着"凤姑观花"的民间故事。说的是有一个热爱银杏的苗族姑娘名叫凤姑,因为对银杏只见结果不见开花疑惑不解,便去请教寨子里的一位智者。智者告诉她,银杏花夜晚开放,这位姑娘便一连数夜守在树下观察。糊涂的爹娘以为女儿芳心不正,就狠狠打了她一顿。凤姑又羞又气,一头撞死在银杏树上。苗族人民为了纪念她,因此在苗族又把银杏叫"凤姑"。上海黄浦江边春申庙前有两株宋代栽植的古银杏,现高十多米,两人合围,树虽空心,而枝叶繁茂。相传元代有一年盛夏,上海大旱,黄浦江水位剧落,田土裂。有一位远地来春申庙烧香求水的农夫,因忍耐不住干渴的煎熬,想上树摘几片树叶润喉。可他刚靠近大树,就听得树干内水声潺潺。这个农夫欣喜若狂,马上从树干上凿了一个洞口,一股泉水顿时喷流出来。第二天,庙前就出现一口碧波荡漾的池塘,即今天的春申塘。

凤果

我国云南苗族居住区,把银杏看作如同尊贵的少女一样,因而称银杏为"凤果。"

凤河营银杏

一级古树,该树生长在北京凤河营乡政府院内,树高 19 m,胸径 73 cm,树冠东西南北均为 10 m,据乡志记载树龄为 300 年,树皮上部灰白,下渐至灰褐色。下部深纵裂,皮厚,软而富弹性,主枝斜展,总体长势为旺盛期。凤河营乡政府所在地原为显应寺遗址,据说这里 300 年前是一姓张的人家的土地,在耕种时发现地下有许多蛇,自此,这户人家不敢再种这块土地。日久天长,这里的蛇越来越多,荒芜的土地成了蛇的乐园,以后被姓郭的一户富裕人家得知后,认为是自己的祖宗在此显灵,于是就在这块蛇地上修建了一座寺庙——显应寺,并在寺内建了一处戏楼,在寺的周围种了许多树,以示对祖宗的虔诚。新中国成立前,每逢农历正月十五、六月初六、九月初九的庙会,赶庙会的人熙熙攘攘,络绎不绝。他们有的烧香上供以求平安,五谷丰登,有的上戏楼看戏。可以想象当时显应寺的场景。新中国成立后,显应寺被拆除,只留下目睹显应寺兴衰的银杏树。该树被列为北京市一级保护古树,县、乡两级为古树修筑了一个长16 m的树盘,乡政府每年都为它施肥浇水,精心地管护着它。

凤眼饼

主料:白果仁200 g,面粉250 g。配料:猪瘦肉100 g,葱、姜、盐、油适量。做法:将白果仁入沸水中煮10 min,捞出,去内皮,用刀切碎白果仁,炒至五成熟备用。瘦肉剁细,加入佐料,与细碎白果仁调和成馅子。面粉加水揉成面团,软硬程度如饺子皮,分成几个小团。将馅子放入面团,煮成夹心饼,放入油锅,烙熟即成。保健功能色泽金黄,外酥内嫩。亦有人将馅子包成水饺,下锅煮食,亦别有风味,食用这种馅子做成的面食,健胃、理气、消食、化痰,因而有人称它为"保健饼"。

佛教教义保护银杏的作用

中国佛教理念把银杏作为圣树——菩提树的替代树种,称银杏是"中国的菩提树"。银杏因此受到僧人的膜拜、朝圣。因此,各地寺院周边大都分布着众多的古银杏树。如北京西山阳台山大觉寺无量寿佛殿前北侧,巍然屹立一棵巨大的古银杏,驰名京城;贵州省息烽原"三教寺"前有一棵1628年由僧侣心贵栽下的银杏树;北京怀柔红螺寺内有著名"三绝"之一的两株千年银杏,植于唐代,等等。天目山各寺庙附近也保存有银杏,如胸径50 cm以上的银杏,天目山禅源寺周边有16株,其中最大者达118 cm;开山老殿附近有25株,其中最大者达111 cm;地藏殿周边5株,另在莲花峰大觉正等禅寺前一株地径达300 cm的古银杏,可惜在20多年前被当地农民砍伐。综上所述,天目山银杏在冰川时期孑遗下来后,在历史发展中仍得到积极保护,特别是佛教文化在其保存与传播中所起的作用,促使银杏向外传播,天目山成为银杏发源地之一,毋庸置疑。

佛教文化对西天目山森林资源保护的作用

西天目山丰富的自然资源,茂盛的古柳杉群落与悠久的佛教文化密切相关。佛教的发展与自然保护相互协调。佛教的理念认为万物生灵皆有灵气,主张普度众生,这有助于维护大自然的平衡。天目山历代寺院都有专职"巡山和尚",少则几人,多则数人,常年巡护山林。凡偷盗树木,一经抓获,必罚缴大米或白银。寺院对巡山和尚管束甚严,若徇私犯规,轻则杖责,重则赶出山门。清康熙十九年(1680年)战乱,林木一度遭受较大破坏,玉琳国师大力制止,玉琳国师塔铭有载:"山乃武林发源,古木阴森,最为幽胜。兵燹后不规徒妄加砍伐。师举古德,千株竹,万株松,动着无非触祖翁之语以禁之。不数年而丛林顿还旧观矣。"民国初期,社会动荡,寺院衰落。当地政府又发动砍伐树木做电杆木,寺僧群起反对。禅源寺住僧妙朗于民国二十三年(1934年)致函浙江省政府语:"禅源寺地处西天目山,为浙西有名古刹,四周森林茂密,风景清幽,皆由历代僧侣勤于栽培与设施,始有今日之现象。"此事才被平息。山僧护林不遗余力,为天目山植被完整保存立下不可磨灭的功绩。

佛手银杏类

种子长圆形或椭圆形,上方或尖或钝,顶点平或微凹。种柄自种托基部变转,倾向一边。种核多狭长而尖,虽有棱线而没有明显之翼。种核饱满,种仁味美,品质佳,最受市场欢迎。本类型较好的品种如家佛子(又称佛指,江苏泰兴)、洞庭皇(江苏洞庭山)、卵果佛手、圆底佛手(浙江诸暨)、橄榄佛手(广西兴安)。

佛香

佛香,原大佛手港中1号,亲本位于江苏省邳州市港上镇港中村,树龄100年,系邳州市1984年进行银杏良种普查时发现的优良单株,系嫁接树,属佛手类,2007年通过江苏省林木品种审定委员会良种审定。亲本生长势较强,4月中下旬开花,9月底10月初果成熟,丰产性好。嫁接后5年普遍结果,6年最高株产可达5.5 kg,果壳光滑洁白,种仁稍有苦味,品质上等,每千克300~360粒,出核率26.3%,出仁率78.79%,抗逆性强,产量高,12年后丰产园亩产持续超过500 kg,标准叶厚0.034 8 cm,叶长5.2 cm,叶宽6.7 cm,叶出干率高达40.20%,可果、叶兼营。

佛岩寺银杏

两树生长在北京市南口镇羊台子沟佛岩寺遗址上,树高18 m,胸径106 cm,冠幅东西12 m,南北7 m;另一株树高18 m,胸径83 cm,冠幅东西、南北各13 m。据佛岩寺推断,其树龄约800年。这两株树原生长在下庙山门的两旁,庙毁后变为耕地。现树木长势较好。

佛眼白果

种实卵形,顶端微尖,基部较宽,核眼形,多具三棱,底部鱼尾状。甘肃省康县所产银杏种子,品质极佳,但只有零星商品出售。其他各县虽有栽培,一般也不注意品种和类型的选择。

佛指甲

盛产银杏的浙江省的农民,认为去掉外种皮的银杏种核洁白如银，又形似老佛爷的手指甲，因而称银杏为"佛指甲"。

佛指类

种核卵形，腹背面多不明显。种核上窄下宽，个别品种（如尖顶佛手）基部呈锥形。顶秃尖，基部两束迹迹点小，距离近或相连成鸭尾状，靠合为一。两侧棱线明显，但不具翼状边缘。种核长宽比为1.6:1，纵横轴线之交点位于纵轴上端处。

佛指类品系

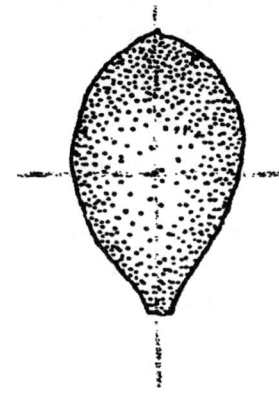

佛指类种核形状

种核长度2.59 cm，种核宽度1.60 cm，长宽之比1.62，长宽比值通常为1.45～1.75，纵横轴线交叉点为长线上端1/3处（如图）。其中包括大佛指、七星果、扁佛指、野佛指、尖顶佛手、洞庭佛手、早熟大佛指、鸭尾银杏、小黄白果、青皮果、黄皮果、贵州长白果、长糯白果。

佛指品种群优良无性系

佛指品种群优良无性系

编号	名称	核形系数	产地
1	桂林9号	1.50	广西桂林
2	叶籽银杏	1.51	山东沂源
3	京山A25号	1.52	湖北京山
4	郯新	1.52	山东郯城新村
5	曹2号	1.55	山东港上曹楼
6	曹1号	1.56	山东港上曹楼
7	新村202号	1.56	山东郯城新村
8	重坊106号	1.56	山东郯城重坊
9	港西2号	1.561	山东港上曹楼
10	泰兴3号	1.60	扬州大学
11	长兴5号	1.61	浙江长兴
12	泰兴1号	1.61	扬州大学
13	新村9号	1.616	山东郯城新村
14	重坊111号	1.638	山东郯城重坊
15	郯城231号	1.64	山东郯城县
16	港上303号	1.65	山东郯城港上
17	新村210号	1.65	山东郯城新村
18	洞庭佛手1号	1.66	扬州大学
19	苏农佛手	1.66	扬州大学
20	新村401号	1.66	山东郯城新村
21	正安1号	1.66	贵州正安
22	长兴2号	1.67	浙江长兴
23	港上501号	1.69	山东郯城港上
24	泰兴2号	1.694	江苏泰兴
25	古银杏	1.699	山东莒县定灵寺

佛珠银杏

特点：造型美观、咸甜相宜。原料主料：净白果、豆腐。调辅料：药芹、蛋清、冬笋、香菇、红绿樱桃、精盐、味精、糖、色拉油、淀粉、麻油。制法：①制佛柱：豆腐成泥，加淀粉、精盐、味精、蛋清搅匀，三分之一白果及冬笋、香菇切成粒状，搅和上劲，制成小圆柱形，上蒸锅小火蒸熟，取出，略修成形，置盘，用白果泥在表面裱"佛"字。②制佛珠：白果用糖水煮熟，药芹梗焯水。用药芹梗将白果、红绿樱桃串成佛珠形，略浸糖卤，取出围在佛珠上即可。功效：温肺益气，定咳喘，降痰浊，延年益寿。

夫妻银杏树

江西婺源县段莘乡庆源村和西安村有一雌一雄两株银杏树。据庆源村宗谱记载和推算，两树年龄均在1 200年以上。两树虽相距5 km，但仍正常传粉受精，繁衍后代。传说西天御花园里的挑水力士与种花仙子有私情，被玉皇大帝贬入人间，化为一雌一雄银杏树，分居庆源和西安两个村，永远不得见面。太上老君偷命风婆在开花季节为雄树传送花粉，使永不见面的夫妻遥相结合，生儿育女。

在浙江舟山法雨寺九龙殿前院有两株银杏，树龄都是400多年，东侧一株高大雄伟，树高25 m，胸径1.3 m；西侧一株矮小苗条，树高18 m，胸径仅0.58 m。人们惊异为什么树龄相同，树体差异却如此之大。因为这是一雌一雄，东边一株为雄株，西侧一株为雌株，雌银杏树年年结果，消耗养分较多，加上采种时折枝损叶，影响其生长，故长得矮小苗条；而雄银杏树只开花不结果，消耗养分少，故长得高大挺拔。由于这两株古树以对植形式栽培，它们近在咫尺，结伴度日，犹如一对恩恩爱爱、永不分离的夫妻，故被人们称为"夫妻银杏树"。

芙蓉银杏

特点：色泽鲜艳、口感滑腻、清香扑鼻、营养丰富。原料主料：净白果、鸡蛋清。调辅料：精盐、味精、淀粉、色拉油、高汤、麻油。制法：①制芙蓉。蛋清加高汤、淀粉、精盐、味精搅拌均匀。炒锅上火，放色拉油，烧至二成熟，倒进蛋清，小火加温，用手勺轻搅成片状，待浮起，下漏勺沥油即成。②炒锅上火。放油，倒进白果略炒，下芙蓉，放精盐、味精、高汤、淀粉，淋麻油，起锅装盘。功效：益气补虚，清痤，尤其对治疗头面癣疮、乳痈溃烂等疾病有功效。

伏牛山雌雄同株银杏

在河南省嵩县有一株自然生长的雌雄同株银杏树。该树位于伏牛山深山区的白河乡白果坪村民组,海拔700 m,树龄约800年,原是一株孤立的银杏雄树,雄花为柔荑花序状,每一短枝上有6~8朵雄花穗。树高25.2 m,主干高8.5 m,胸径1.09 m,由主干分出的一个侧枝上有两个结籽母枝,1995年结种子35粒。通过实地调查,这里是金泉寺遗址。据村民王振舟介绍,此地从前十分荒凉,他家于1940年最早迁入本地时,就发现树上结有种子,几十年来从未间断过。

伏牛山区的银杏古树群

地处伏牛山腹地的河南省嵩县,全县百年以上的银杏古树共325株,其中雌树297株,雄树28株。按树龄分,100~200年的25株,200~500年的75株,500~1000年的158株,千年以上的67株,而且种质资源丰富,计有11个品种类型,为全国罕见。该县白河乡马路魁白果树组村民王华民的一株古银杏,胸径2.44 m,1993年产白果(种核)540 kg,当年售价每千克30元,收入1.62万元,成为远近闻名的"摇钱树""致富树"。白河乡八山半水分半地,山峦起伏,交通闭塞,古银杏分布最为集中,占全县古银杏总株数的58.1%。由白果坪至上寺村海拔250~1000 m的沟谷两旁,片状分布的银杏古树群,都是由实生树根基萌蘖更新而成的。"多代同堂"树,古老苍劲,相互偎依,冠盖浓郁,蔚为壮观,给深山里的自然景观赋予几分神奇的色彩。白河乡下寺村有一座当地村民称之为大佛殿的云岩寺,据碑文记载,始建于明代成化年间(1465—1487年),寺的梁、柱、椽、门、窗及佛像,都是用当地的银杏木材修建雕刻而成的,虽经500多年,仍保存完好。当地村民反映,下寺村本来无人居住,因这里幽雅的自然环境和美丽的森林景观,吸引僧人最先来此建寺,随后才有少数村民迁居于此。伏牛山区银杏古树群是我国一笔珍贵的自然遗产。它对探索银杏起源、地质变迁、植被演替,以及生物多样性保护与利用均具有重要意义,已引起国内植物、林业、地理、生态、环保等部门的专家学者的关注。

氟乐灵

选择性除草剂,防除对象为1年生、多年生杂草,如马唐、马齿苋、繁缕等,一般每亩用有效成分64~130 g,以禾本科杂草为主的地块用药量宜低些,反之则高。

辐射处理

经过充分成熟和层积的种核,用不同剂量的^{60}Co对银杏种核辐射处理。表明随剂量的增加发芽率降低,胚生长受阻。说明^{60}Co具有明显降低银杏种核生活力的作用,从另一个角度来说,如果所取银杏种核是作为食品加工用,可用剂量0.31C/kg的^{60}Co将胚杀死,这样可减少白果苦涩味和氢氰酸的含量。

辐射对银杏种核生活力的影响

^{60}Co辐射经过充分成熟和层积的种子,于4月18日用不同剂量的^{60}Co对银杏种子进行辐射。随剂量的增加发芽率降低,胚生长受阻。即^{60}Co辐射具有明显降低银杏种核生活力的作用。银杏幼苗经电离辐射后,可以使叶片发生一系列变化。银杏休眠顶芽承受β射线的剂量当量约为2Gy时,即可导致^{60}Co辐射对银杏种核生活力的影响叶片卷曲、增厚。同时幼苗经X和γ射线处理后,叶片变厚,形状多变而且栅栏组织排列不规则。

^{60}Co辐射剂量(Cm/kg)	胚长(cm) 辐射后天数				辐射后182天测	
	30	53	81	146	发芽率(%)	胚芽长度(cm)
3.1	0.538	0.451	0.524	0.569	10.0	0.76
1.55	0.544	0.675	0.670	0.634	18.8	0.96
1	0.593	0.778	0.638	0.685	15.0	0.88
0.17	0.506	0.721	0.746	0.769	31.3	33.9

注:预备试验中对照得理论发芽率68%。

辐射诱变

是利用各种辐射诱发银杏基因和染色体发生变异的方法,常用的射线有X射线、γ射线、β射线、中子、激光等高能射线。其诱变机理除了通过高能射线对染色体的轰击使染色体发生断裂等物理变化外,更重要的是通过电离作用使细胞内产生不稳定的自由基,这些自由基由于带有非配对子,常常攻击DNA分子,从而使之发生碱基改变,或发生单链成双链断裂,引起基因突变或染色体的缺失、重复、倒位、易位等畸变。辐射诱变是进行银杏品种修缮的重要途径。辐射往往能诱发以下突变:①株型突变;②叶的突变;③花的突变;④种子突变;⑤抗性突变。银杏种子或枝条经辐射处理后,可诱发种子在大小、形状、成熟期、色泽、品质及其他性状方面的突变。叶片的叶形和叶色也可发生突变。

辐射育种

一种诱变育种方法。利用电离辐射源如X射线、γ射线、β射线、中子流等或非电离辐射,如紫外线作为诱变因素。电离辐射的能量一般都很高,致使被处理的生物发生染色体畸变和基因突变等形成遗传物质结构的变化。故辐射处理后代的变异类型多,突变频率也高,为天然突变率的100~1 000倍。可为以后的选择提供大量的原始材料。辐射育种中普遍采用半致死剂量或临界剂量作为辐射处理剂量。

福建武夷山银杏种群

武夷山蜿蜒于福建、江西边境,由于地势起伏,谷地和山地区气候垂直变化明显。在浦城庆桥、圩坞、永安洪田、大田广坪等地海拔1 000 m的山地常绿阔叶林中有散生银杏和片林,最大的胸径在2 m以上,颇似天然生长。武夷山市厅下村、南平市迪口乡以及尤溪县均有银杏片林。

福建叶籽银杏

位于三明市沙县城关孔庙旧址的一所学校内。该树结果为马铃状,亦称马铃叶籽银杏。这株马铃叶籽银杏北面邻近教室大楼,南面为开阔的广场,故树冠偏向南方。树高17.59 m,干高4.8 m,南向第1分枝5.57 m,有4层分枝,第1、2层分枝平展,末端下垂。第3、4层分枝斜张,开张角度小,树形似尖塔形。第1、2层分枝上的结种基枝(母枝)多下垂,平均长度为1.26 m,最长达2.15 m。基枝上每节都抽生2~3 cm长的短枝。短枝和长枝上的叶片均为比较宽短的扇形叶,平均叶片宽为6.24 cm,长为3.74 cm,比一般的马铃类型的叶片偏小。着生叶子的叶片更小,叶片平均宽为4.14 cm,长为2.60 cm,为该树正常叶片的46.4%。正常的种子为卵圆形,先端圆钝,基部稍平,种蒂微突,不规则圆形,纵径3.0 cm,横径2.3 cm,平均单种重9.86 g,出核率25%;种核椭圆形,先端钝尖,基部维管束成一突尖。纵径2.40 cm,横径1.7 cm,厚1.5 cm,单核重2.47 g。着生在叶子上的种子发育不良,为长椭圆形,先端呈尾尖,成熟时橙黄色,被白粉,纵径2.1 cm,横径1.5 cm,为该树正常种子的41.8%。这株银杏历来结果很少,着生部位多在树冠内部第2层、主枝中部和基部、下垂结种基枝的弯曲部位或基部的短枝上。1993—1995年有5个形成叶籽银杏的短枝,但仅有一个连续出现叶籽银杏。

福建银杏优良品种资源

福建地理位置特殊,处于南亚热带向中亚热带过渡区,地形复杂,南北气候差异大,加之银杏栽培历史悠久,长期的自然选择和人工选择的结果,福建银杏品种类型资源丰富,通过群众推荐及花期、种熟期考察鉴定,初选出3个优良品种,7个优良单株。

抚宁银杏

在河北省抚宁县上庄坨乡淡水营村,存有一株2 500余年的古银杏树,雌株,品种为马铃,树高26 m,胸径2.29 m,冠幅26 m×26 m。该树生长在路旁,树势雄伟壮观,生长状况良好。村民为其修建了蓄水池,培好的树根,因无雄株,缺少授粉,种子发育不良。幼树树冠圆形,发枝力强,长势旺盛,扇形叶,有缺刻,叶色翠绿。种子长圆形或椭圆形,顶部圆钝,顶端突起而成小圆尖,基部平宽,成熟后橙黄色,被白粉。种梗较直立,宽扁。种子平均纵径长2.45 cm,横径2.17 cm,种子平均粒重5.65 g。种核卵形或椭圆形,上下两端宽度形状近似,顶端圆钝具钝尖,基部凸形尖端窄平,核两侧棱线明显,腹背相等,种核平均纵径长2.21 cm,横径1.47 cm,核粒重2.13 g。出核率37.5%,核千粒重2 130 g,469粒/kg。种仁饱满,出仁率70%。种仁黄色,切开内部略有黄绿色,质地细,浆水足,糯性强,味略苦,有胚率80%。

抚育管理

银杏幼林抚育管理的任务包括3方面的内容:①通过土壤管理创造较为优越的环境;②进行林木控制,使之生长旺盛、迅速,并形成良好的树形;③保护幼林,使其免遭恶劣自然环境条件的危害和人为因素的破坏。

辅养枝

着生在骨干枝上的非永久性枝条。辅养枝能增加叶面积,制造营养,辅助树木生长,也是银杏幼树长期结种的主要部分。辅养枝在不妨碍骨干枝生长的前提下保留,否则应及时回缩环剥,以保证骨干枝的生长优势。随着银杏树龄增长和树冠内空间的变化,最后将其疏除或改造成结种枝组。

腐烂

以银杏器官的大面积组织崩溃为主要特点的坏死性症状。

腐殖酸类肥料

用腐殖质为主要原料配入氮、磷、钾等元素制成的肥料。因腐殖质含有腐殖酸,故称腐殖酸肥料。一般用森林腐殖土、草煤、褐煤、塘泥等做原料。因加入的化肥不同,有腐殖酸铵、腐殖酸磷、腐殖酸钾、腐殖酸钙、腐殖酸钠等若干种。有的加入两种以上的化肥,制成复合腐殖酸肥料。腐殖质除了本身含有少量的氮和硫之外,还能吸附和活化土壤中的许多元素,如磷、钾、钙、镁、硫、铁和其他微量元素,故能给银杏提供多种营养元素。它对改良土壤有良好效果,对土壤的化学反应起缓冲作用;还有活化土壤中磷素的作用;对银杏有刺激生长的作用。此类肥料是酸性肥料,兼具速效性和迟效性,一般基肥,也可做种肥或追肥。

腐殖质

土壤有机质的一种。动植物残体经微生物分解转化又重新合成的复杂的有机胶体。主要有胡敏酸、富啡酸等，其含量比例随土壤而异。整体黑色或褐色，无定形。具有适度的黏结性，能使黏土疏松，砂土黏结，是形成团粒结构的良好胶结剂。本身含有多种养料，又有较强的吸收性，能提高土壤保肥、保水性能，也能缓冲土壤酸碱度变化，有利于微生物活动和作物生长。通过合理轮作和施用有机肥料等，可增加土壤中的腐殖质，是提高产量的一项重要措施。

腐殖质层

自然土壤剖面中富含腐殖质的表层土壤。草原土壤的腐殖质层称为 A 层。其中黑土、黑钙土 A 层厚可达 50~100 cm，腐殖质含量可达 5%~10% 以上，微酸性至中性。森林土壤的腐殖质层，即 A1 层，是土壤表层 A 层的亚层，其中针叶林下灰化土的 A1 亚层厚仅数厘米，腐殖质含量约 3%~4%，强酸性。阔叶林下棕壤的 A1 亚层厚可达 20~50 cm，腐殖质含量可达 5% 以上，中性至微酸性，一般较松，团粒结构。黑土、黑钙土、棕壤的团粒结构较稳固，开垦种植时应防止土壤冲刷，有效地利用富含养分的腐殖质层。银杏喜欢腐殖质层厚的土壤。

复方茶理化指标

复方茶理化指标

项目名称	指标
水分,%(m/m)	≤9.0
总灰分,%(m/m)	7.5
水浸出物,%(m/m)	≥25.0
粗纤维,%(m/m)	≤20.0
水溶性灰分(占总灰分),%(m/m)	≥40.0
水溶性灰分碱度,(以 KOH 计)	1.0~3.0
总黄酮,%(m/m)	≥0.5
六六六,(mg/kg)	≤0.2
滴滴涕(DDT),(mg/kg)	≤0.2
铅(Pb),(mg/kg)	≤2
铜(Cu),(mg/kg)	≤60
酸不溶性灰分,%(m/m)	≤1.0
银杏菊花茶中菊花,%(m/m)	≥30

复方制剂的研制

目前，国内外市场上的银杏叶产品单一，大都是用银杏叶提取物(EGb)制成的银杏胶囊、银杏片、银杏茶和口服液等保健品。近年来不少人反映：较长时间服用这类保健品，对预防心脑血管疾病确有作用，而对治疗这种疾病的疗效不甚明显，其原因是多方面的，不过有一点也是明确的，那就是保健品对治疗疾病的药效慢、功效差。我国的中医药有着千年的悠久历史，中药的"君、臣、佐、使"的理论指导和多种药物成分的协同作用，使得我国传统的中药复方与西药相比，在治疗许多疑难病症方面，其功效好、毒副作用少，这已为国内外的医药工作者，包括美国食品药品监督管理局(FDA)所公认。但是，银杏复方目前正处在起步阶段，建议一些银杏企业、集团或投资者，能抓住这个机遇，加速银杏复方的研究和试验，实现科工贸大联合，早日研制出药效快、功效高的名牌银杏复方产品，占领国内外银杏市场，既能获取良好的经济效益和社会效益，又能为我银杏产业的持续发展闯出一条新路子。

复合肥

同时含有氮、磷、钾三要素或含其中任何两种元素的化学肥料。含三要素中任何两种要素的复合肥料称二元复合肥料；同时含有氮、磷、钾三要素的肥料称为三元复合肥料。除此之外，还可在复合肥料中加微量元素。复合肥料按其制作方法可分为化合物和混合物两种类型。经过化学反应而制成的复合肥料，叫作合成复合肥料；通过几种单元肥料机械地简单混合而制成的复合肥料，为混合复合肥料。复合肥料的有效成分，一般用 $N-P_2O_5-K_2O$ 的相应百分含量来表示。含 N 20%，P_2O_5 10%，K_2O 10% 的三元复合肥料，其有效成分可顺序表示 20-10-10。如果某种复合肥含 N20%、P_2O_5 15%，而不含钾，则其有效成分为 20-15-0。复合肥料中几种营养元素含量百分数的总和称为复合肥料的养分总量。复合肥料具有养分高、副成分少、便于贮运、理化性状优良等诸多优点，其不足之处在于养分比例固定，难以满足银杏不同地区、不同树龄和不同物候期施肥的变化需求。

复合经营

银杏复合经营是根据生态经济学原理和方法，探索以银杏生产为主体，银杏、农、牧、渔等多种产业结合，多生物种群共存，空间上多层次，时间上多序列，物质多级循环利用的多维、高效、持续稳定的复合生产系统。

复合经营对土壤中有效氮、磷、钾含量的影响

银杏间作农作物后，土壤中有效氮、磷、钾的含量明显降低。随着复合经营系统中银杏株数的增加，土壤中有效氮、有效磷和有效钾的含量也逐渐降低。3 种复合经营系统中，银杏与蚕豆、银杏与小麦两种模式的土壤中有效氮含量相近，而银杏与油菜模式中的有效氮最低。3 种间作模式中的土壤有效磷含量明显降低，其含量仅为对照纯银杏栽培模式的 1/2 左右。3 种复合经营系统中，土壤有效钾含量差异也较小，与对照相比 3 种模式中土壤有效钾含量下降 1/3 左右。

复合经营对银杏单株叶面积的影响

复合经营系统中银杏密度和农作物密度对银杏单株叶面积有显著的影响。复合系统中的银杏单株叶面积显著小于纯银杏栽培系统中的单株叶面积。随着银杏密度和农作物密度的增加，复合系统中银杏的单株叶面积显著减小。由于复合系统中银杏和农作物密度存在着交互作用，低密度银杏条件下，间作不同密度的农作物后，其复合系统间银杏的单株叶面积差异明显大于高密度银杏每平方米 70 株银杏条件下间作不同密度农作物的单株叶面积。

复合经营对银杏光合速率的影响

银杏林农复合经营系统中，无论是以银杏为主还是以农作物栽培为主的复合经营模式，银杏和作物之间在水分、营养、光照和生长空间各个方面都产生竞争。这种竞争主要可以分为两个方面：银杏和作物地上部分为争夺光照和生长空间而彼此之间产生的竞争。复合经营系统中银杏密度对其光合速率的影响较小，而同一银杏密度条件下，农作物密度的变化对光合速率的影响显著。复合体系中银杏密度和农作物密度变化对银杏净光合速率（Pn）影响的结果，随着农作物密度的增加，银杏的 Pn 明显降低，如在银杏和小麦的复合经营模式中，在每平方米栽种 24 株银杏的条件下，每平方米农作物株数由 20 株增加到 60 株时，银杏的 Pn 降低了 6.1%。

复合经营对银杏生长的影响

复合经营试验的第 2 年，测定了 3 年生银杏苗木的高生长和直径（地径）生长。测定结果发现，复合经营系统对银杏的高生长没有显著影响（$P = 0.0671$），但是复合经营系统对银杏的直径生长有明显的影响（$P = 0.00021$）随着复合体系中银杏和农作物密度的增加，银杏地径明显降低。如在银杏与油菜的复合经营模式中，在油菜密度为每平方米 12 株的条件下，随着银杏密度从每平方米 8 株增加到每平方米 24 株，银杏的地径减少了 6.9%。试验还发现，银杏密度和农作物密度对银杏直径生长没有产生交互影响。

复合经营对银杏生物量的影响

银杏密度和农作物密度的不同组合对银杏根、茎、叶及单株生物量的影响较大。3 种农作物（油菜、大麦和蚕豆）和银杏密度的增加使得银杏的各种生物量明显降低，因此，高密度的农作物与高密度银杏的组合模式中，银杏的各类生物量最低。另外 3 种模式中，银杏与蚕豆复合经营模式的银杏生物量显著高于银杏与小麦及银杏与油菜的复合经营模式中的生物量。

复合经营对银杏叶比重的影响

叶比重（单位叶面积的叶重量）受复合经营系统中银杏密度的影响较大。增加银杏密度使得银杏的叶比重明显降低。如在银杏与油菜复合系统中，每平方米间作 8 株油菜后，其叶比重比对照（纯银杏林）下降 7.2%。3 种复合经营模式中，银杏与蚕豆复合模式的银杏叶比重最大，银杏与小麦复合模式次之，而银杏与油菜复合模式的银杏叶比重最低。

复合经营模式

在银杏复合经营系统中，银杏和农作物存在着明显的相互竞争和多种共生或利他现象。银杏复合群体中，除物种间对光、水、肥资源产生相互竞争外，由于物种间存在一定的生态位差异，物种在时空序列等方面产生资源补充及高效利用，这为复合经营系统的生产力提供了重要保障。

（1）提高土地的生产力。生产力的提高主要通过下述途径实现：一是提高产品的质量；二是减少洪涝灾害；三是降低极端气温；四是减少病虫害；五是降低风速；六是提高土壤的渗透率；七是减少蒸腾，减少土壤侵蚀；八是促进养分循环和固氮作用；九是提高资源利用率；十是控制物候期（如开花结实期）。

（2）减少资金投入。资金投入减少主要通过抑制杂草生长，减少化学品的投入（如肥料、杀虫剂等）及减少劳力的投入等来实现。

（3）能不同程度降低风险。复合经营系统能生产多种产品，即通过多种途径获得经济作物、粮食和饲料等产品，还可减少极端气温对作物的危害等。综上所述，复合经营系统在充分利用光、水、肥等资源因子时有明显的优势和潜力。银杏抗性强，经济价值高，银杏复合经营系统能显著提高土壤肥力，改善其立地条件，因而可以提高银杏复合经营系统的生产力，达到速生、丰产、优质的目的。因此，银杏复合经营栽培模式应大力推广。

复合经营系统中各因子共生关系图

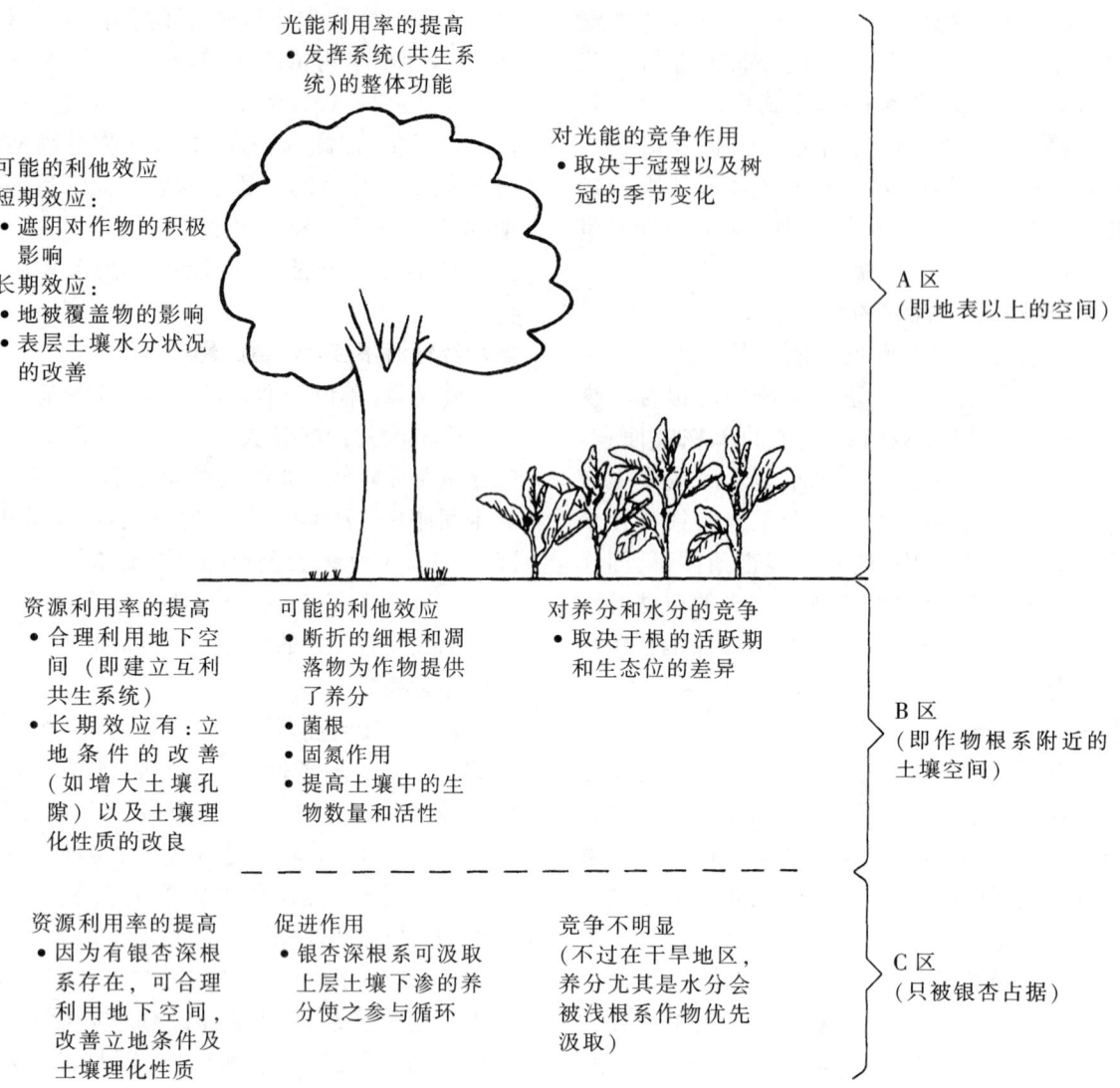

复合经营系统中种间资源利用效率、相互竞争和互利共生关系图

复合经营系统中银杏氮利用率的变化规律

替换试验发现,随着银杏株数的增加,银杏的氮利用率逐渐增加,其最大值出现在银杏与农作物比例为3:3和4:2两种配比中,随后,当银杏株数增加时,银杏的氮利用率逐步降低。3种模式中,银杏与蚕豆复合经营模式中银杏的氮利用率最高,银杏与小麦复合经营模式中的银杏氮利用率最低,而银杏与油菜复合经营模式中银杏的氮利用率居中。

复合农林型

复合农林型或称银粮间作或称混农林业,既可充分利用光照,又能充分利用土壤中的养分、水分。使银粮(间作)双丰收。银杏用于复合农林型较之泡桐具有更多的优越性。银杏树前期生长慢,对间种作物影响不大,后期树冠大,则已进入结果期,经济效益优于作物减产部分的经济效益。目前各地出现了各种经营组合,如银杏—粮、棉、油间作;银杏—经济作物间作;银杏—药材间作等等。这种栽培模式能使银杏树生长旺盛,树冠大、产量高。银杏的复合农林型宜在生产中发展,特别是淮北地区前景广阔。栽植应采用大行距、小株距、扁树冠整形栽培的成套方法,即定植密度为20 m×5 m或30 m×4 m,每公顷75~90株,初期每株留营养面积4 m^2,到达盛果期,每株留营养面积8~10 m^2。

复揉

将摊凉的复炒叶进一步揉捻造型。复揉时要增加一道揉块解块的工序,即要将叶子用双手顺时针揉捻成团,然后再将其解散,直至复揉叶茶汁外溢,手握成团后,有黏性,不易松散。复揉后的叶子条索紧实、卷曲。

副林带

与主林带垂直的防护林带。主林带与副林带组成方形林网,能有效地降低风速,调节温度,提高湿度,保持水土,防止风蚀等。

富粉雄株

节间短、短枝多。每个短枝上有花(小孢子叶球)数5~6个,每个小孢子叶球上有花药数50个以上,每个花药有花粉粒1.8万个以上。花粉量大,出粉率在5%以上。

富阳阔基佛手

出核率26.4%,出仁率74.6%,平均单核重3.6 g。另在富阳洞桥镇石羊村有一优良单株,具有壳薄、食感好的特点,出核率28.1%,出仁率71.8%,平均单核重3.9 g,已推广应用于生产。

腹接

亦称腰接或切腹接。是在砧木的腹部切斜口进行嫁接。即先从砧木腹部成30°的角度切入,深度以接穗的长削面为准。接穗的削法同劈接,但削面应削成一面较长,一面较短,然后把接穗插入砧木的切口,长削面向里,短削面向外,接后缚紧接口即成。砧木的上部可以在接后剪去,也可以在嫁接成活后再剪去。此法适用于茎粗1.5~2.0 cm的砧木,由于方法简便,容易成活,应用较多。

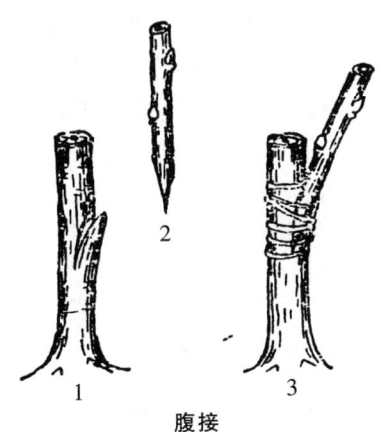

腹接

腹接示意图

腹接系不截砧冠的枝接法。又可分为不剪砧和(嫁接成活后)剪砧两种方法。前者称"腰接",后者称"切腹接"。腰接多用于银杏大树上嫁接授粉雄枝或填补树冠残缺部位。切腹接多用于苗木嫁接。腹接可采用单芽或双芽。为防发生位置效应,腹接用于苗木时,上芽必须朝向砧木。填补树冠空缺时,上芽则应朝向砧木之外。腹接中因削穗方法不同,又分为平腹接、斜腹接、"T"字形腹接等。

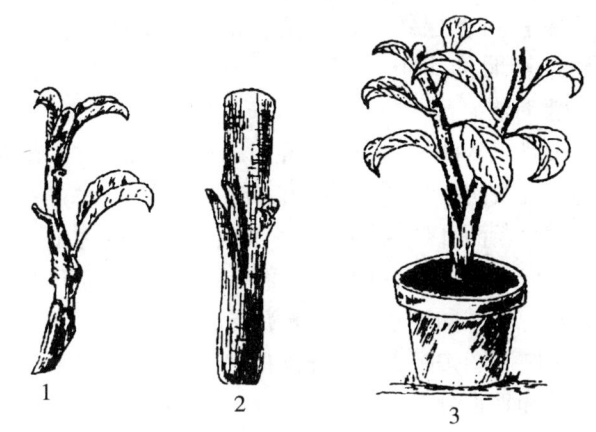

腹接示意图
1.接穗 2.砧木切口 3.插入接穗

缚梢

银杏树的大砧嫁接,尤其是高接换头,由于新梢生长很快,枝条嫩,极易被风折断。因此,在新梢长达10~20 cm时,结合松绑可立支柱。为使支柱牢固,可将支柱绑于大枝上或用小铁钉钉于大枝上,用软绳或塑料带以"8"字形把新梢松松地绑在支柱上,待新梢坚实后再将支柱除去。

G g

改良纺锤形

改良纺锤形是在主干疏层形基础上改造而成的树形。基部有 3~4 个主枝,每个主枝可有 1 个侧枝,上层主枝不分层,无侧枝,单轴延伸,形成基部三主枝与上层纺锤形相结合的树形,适合于银杏密植丰产园的应用。

改良壕沟法

改良壕沟法是银杏根系静态调查的一种方法,是对壕沟法的改进。以树干为中心,沿放射方向,每隔 1 m 挖一垂直断面,以挖到冠外水平根分布最外处为限。挖时由外向内,可记载每 60 cm 宽断面的根系分布图,其观察标记符号同壕法,并将土壤层次和质地标在图上。将观察断面图按距离次序连续排列,从中分析根系的水平分布和垂直分布,并了解与土壤的关系。

改土

改土即培肥土壤,提高土壤肥力的各种措施和方法都称为改土。一般从改造土壤环境条件和土壤属性两方面着手。银杏园改土的基本途径包括:农田基本建设、生物改土、增肥改土、耕作改土及客土改土。生物改土主要是指通过自然植被与栽培作物及其相应的微生物及其相应的微生物区系培肥土壤,其中,森林对于保持水土、涵养水源、调节雨量、减免水旱灾害有着重要的作用;种植绿肥是用地养地、降低农业生产成本、改良土壤理化性状的有效措施。增肥改土主要是指通过以有机肥为主,有机无机肥料相结合的施肥体系,对于增加土壤有机质,改善土壤理化性状的有效措施。增肥改土主要是指通过以有机肥为主,有机无机肥料相结合的施肥体系,对于增加土壤有机质,改善土壤的化学性状,丰富植物营养元素,促进土壤有益微生物的活动,全面改善土壤的理化生物性质,对提高土壤肥力有特殊作用。耕作改土主要包括深翻、耕、耙、磨、压等耕作措施,是加速生土熟化,定向培肥土壤的重要措施。

钙素

钙是银杏细胞壁的重要组成元素,有促进细胞分裂与形成等功能。轻度缺钙,新根过早停长,根系短而膨大;严重缺钙不但根系会枯死,而且叶片的边缘会褪绿或呈现褐色坏死斑点。在土壤酸度过大、钾素少的园地,以及在干旱条件下,易发生缺钙症。防治方法是施用氯化钙、磷酸钙等含钙性的肥料。在酸性的土壤中适当施石灰,调整土壤 pH 值在 6.5~7.5 的范围内。

盖草能(氯禾草灵)

盖草能是一种低毒选择性除草剂,具有内吸传导性,抑制茎和根的分生组织而导致杂草死亡。对马唐、稗草、看麦娘、牛筋草、狗尾草、千金子、臂形草等 1 年生杂草和多年生芦苇、白茅草、狗牙根等特别有效。盖草能分为 12.5% 和 24% 两种剂型。12.5% 剂型砂壤土每亩 40~60 mL,兑水 30 kg 喷雾。施用期以 4 月 15 日至 4 月 22 日为好。在杂草三叶期效果最好,防治率可达 96%~98%,盖草能对双子叶杂草无效。

概率

用数字描述一个事件在试验结果中出现的可能性,其数量叫作该事件的概率。一个随机事件发生的可能性大小,是随机事件本身固有的,并可根据人们的实践加以认识。随着试验次数的增加,一种试验结果发生的频率渐趋稳定,此频率的稳定值即该事件的概率。概率有以下性质:①不小于 0,也不大于 1;②必然事件的概率等于 1;③不可能事件的概率等于 0。当某一事件的概率很接近 0 时,这个事件在多次试验中出现的频率非常小,这样的事件称为小概率事件。银杏在栽培试验和产品加工中,也常用概率这一概念。

干粉的提取工艺

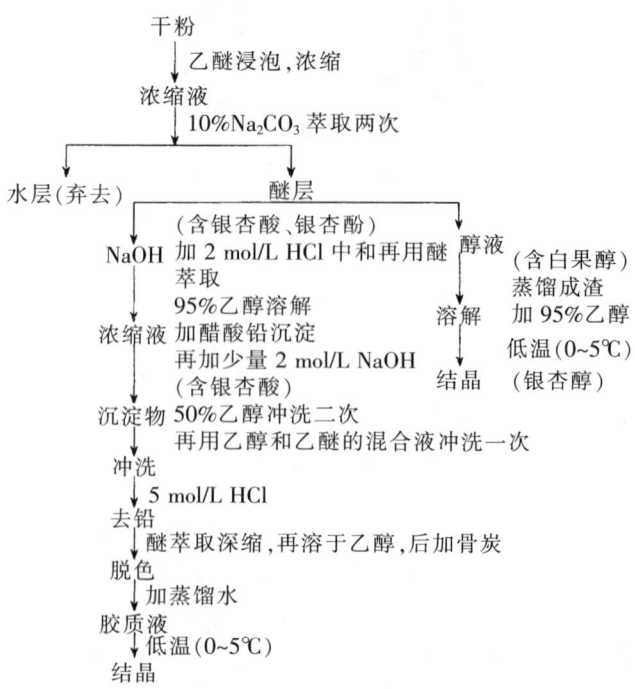

干粉的提取工艺

干高与苗木生长

1年生苗木双舌接证明,在根颈处低接不仅抽梢率下降,而且生长量低。高接和低接抽梢率分别达90.63%和87.5%;当年新梢长分别为28.15 cm和17.7 cm;新梢粗分别为0.62 cm和0.49 cm;新梢上的叶片数分别达22.7片和17.8片。为了促进新梢生长,干高应在30 cm以上,矮干密集丰产园干高以40~60 cm为宜。

干旱对银杏生长及生物量分配的影响

应用温室盆栽试验方法,采用完全随机试验设计,研究了1年生银杏实生苗在不同土壤水分条件下的生长和生物量分配。试验共有16处理,即4个银杏半同胞家系(44号、11号、55号、32号)、4种水分水平(土壤含水量为土壤田间持水量的80%、60%、40%和20%),处理时间为100 d。①银杏4家系相对高生长、相对地径生长、生物量增量、单株叶面积、单株根系体积等均随着土壤水分含量的减少而减少。②55号和44号家系随着土壤水分含量的减少,根冠比逐渐增大,而32号和11号家系在前3种水分条件下随着土壤水分含量的减少,根冠比逐渐增大,但在20%水分条件下,根冠比均减少。③随着土壤水分含量的减少,银杏4家系根、茎和叶生物量增量均随着减少,但不同的家系减少程度不同,4个银杏家系在不同土壤水分条件下根、茎和叶生物量增量均是根>茎>叶。④各银杏家系生物量增量分配到根系的比例随着土壤水分含量的减少而增大,而分配到茎和叶中的比例则随着土壤水分含量的减少而减少,各种土壤水分条件下,各银杏家系生物量增量分配到根系的比例最大,其次为茎,而分配到叶中的比例最少。

干旱风

干旱风亦称干热风。一种范围较大又干又热能使农作物受害的风。它的标准各地不一致,有些地方以气温≥30 ℃、相对湿度≤30%、风速≥3 m/s作为干旱风的标准。它大致反映了造成农作物受害的临界气象状况。

干旱胁迫对银杏生理指标的影响

干旱胁迫对银杏生理指标的影响

指标	对照	处理时间(h)			
		24	48	96	168
水势(-MPa)	0.47	0.90	1.00	—	—
相对水分亏缺(RWD)(%)	3.81	15.77	20.47	22.11	—
叶片质膜透性(%)	12.58	19.22	—	—	—
叶保水力(Wk)(%)	0.00	21.92	38.10	64.51	93.95
根系活力(与对照比较)(%)	100.00	—	63.75	98.75	—

注:Wk = 散失水量÷总水量×100%

干基打孔施药

在树干基部扒去表土后,在露出的大根基部用粗钉(或用打孔机更好)打孔2~3个,深至木质部2~3 mm,注入50%久效磷原液。胸径10 cm以下注入3 mL左右,10~20 cm注入5 mL左右,20 cm以上注入7 mL以上。注入药液后用泥团封口,可杀死幼龄幼虫,效果达95%以上。

干热风害

干热风害是热害的一种。干热风是高温干燥的空气流。由于干热风温度高达30~35 ℃或更高,空气相对湿度低于60%~50%或更低,故受此侵袭的银杏蒸腾作用迅速增强,特别是嫩梢、嫩叶、花、幼种等幼嫩器官,急速失水而萎蔫、干枯,甚至脱落。即使在土壤含水量正常的条件下,也常因银杏地上部蒸腾失水过强,水分运输供应补偿不了蒸腾损失,导致银杏树体水势骤降,代谢失调,生长减缓,直至严重减产。银杏园喷灌是降低银杏园气温提高银杏园空气湿度、防止干热风害的有效措施。

干石灰硫黄合剂

消解干石灰与硫黄细粉混合的喷粉杀虫剂。一般在有露水的条件下施用,用以代替石硫合剂。

干物质测定方法

在一批种核中,随机抽取若干初次样品组成混合样品后,随机抽取100粒种核,去壳,称重(精确到0.000 2 g),在105 ℃±2 ℃下烘干15 min,然后在80 ℃±1 ℃下烘干至恒重后称量(精确到0.000 2 g),按下面的公式计算种仁干物质含量。

$$干物质(\%) = \frac{烘干后重量(g)}{烘干前重量(g)} \times 100\%$$

干性

干性是指银杏中心主干形成能力的强弱及其能够维持时间的长短。银杏顶端优势明显,其中心主干生长势很强。不断向上延伸,并迅速加粗,形成粗壮的中心领导干,多用于主干形或变形主干形整形。

干(枝)和叶银杏树冠

由主枝、侧枝和细枝组成,第一主枝以下的部分称为主干。银杏树冠多为圆头形、圆锥形或塔形,蔚为壮观。嫁接后的银杏树冠,由于主、侧枝开张角度大,所以树冠多为开心形、椭圆形或纺锤形等。银杏树的枝条又分为长枝和短枝两种类型。长枝仅形成树冠,短枝着生于长枝上,直接开花结种。结种期之前的幼树几乎全是长枝,短枝在长枝上处于初期形成阶段。随着树龄的增加短枝逐渐形成,并不断增多。银杏大量结种以后,长枝发枝量和生长量逐渐减少。短枝除可生长在长枝上,也可生长在主干上或主枝上。银杏主干、主枝以及枝龄较大的侧枝外皮为灰褐色,有裂纹;而幼嫩的枝条则为黄褐色、绿色,比较光滑。

银杏的叶形表现出多型性。同一株树上很难找到大小、长宽、开裂深度完全一样的叶片。银杏叶片的开裂深度常与品种、树龄、种源、立地条件和管理措施有关。一般来说,实生幼苗或幼树开裂较深,多呈弧形、箭形、截形等;嫁接树上的叶片多呈三角形、鸭脚形、如意形、扇形。银杏的典型叶形为扇形,极像一把打开的纸折扇。秋末霜降来临之前,全树叶片变成金黄色,宛如黄金缀满树冠,异常美观,所以有人称它为"金色千扇树"。银杏叶片有正反面之分,并有二叉分歧近平行的叶脉。叶片正面颜色深绿,有光泽;而背面则呈淡绿色,有绒毛着生。长枝上的叶片呈螺旋状排列,在短枝上则呈簇状着生,短枝上的叶片每年生长一轮,从叶轮痕迹的多少可判断短枝枝龄的大小。

甘氟毒饵灭田鼠

甘氟毒饵的配制:药:饵料:水 = 1:30:1.5 的比例配制,即将75%甘氟钠盐50 g(一瓶)先用75 g温水溶解,再倒入1.5 kg饵料(小麦或大米)中,并反复搅拌均匀而成(配制时,要注意操作安全,严防人、畜、禽误食中毒)。施放时,毒饵应投放在棕色田鼠经常活动的有效洞口。每亩苗圃地投饵料堆数根据鼠穴数定,每堆投毒饵 1 g(30粒)左右,一般防治效果可达95%以上。

甘肃的银杏

甘肃的银杏主要分布于小陇山南部林区和白龙江,西汉水流域一带。甘南徽县、伏镇、西和县尚有保护完好的银杏群落。位于北纬38°34′,东经102°58′海拔1 340 m,年平均气温7.4 ℃,年降水量110 mm 的民勤沙生植物园,严坪林区有60多株100年以上的天然生大树,最大的一株树龄在1 000年以上,树高35~40 m。康县、成县、武都和文县均有零星栽植的银杏大树,并形成一定的产量。位于北纬38°20′的民勤沙生植物园,曾从南京引入少量银杏种子育苗,每年高生长仅3~5 cm。

甘肃三大河流及甘肃南部银杏种群

康县、成县、西和县大桥一带以及徽县的榆树乡、银杏树乡、李家寺、谈家庄、田家河等地,至今保存着较为集中、树龄古老的银杏种群。在严坪林区的天然林中,有六十多株100年以上的银杏大树,颇似天然生长,最大的一株树龄在1 000年以上,高40 m,极宜开展深入调查研究。

甘肃省的古银杏

甘肃省千余年以上的古银杏共有10株,500年以上的古银杏共有27株。甘肃的徽县、两当县是甘肃境内银杏树的集中分布地区,仅徽县境内就有229株百年以上的银杏树。

①在徽县银杏树乡银杏村,有一株巨大的雌性古银杏,位于北纬33°50′,东经106°15′,海拔850 m;树高25 m,胸围13.4 m(胸径4.27 m),冠幅22.0 m^2。观其树干原为四大主干同根并列丛生一起,树龄约为2 500年以上,此树原在一座"九天娘娘庙"院内,庙宇早已不存,唯这一千年古树健在,至今仍枝叶繁茂,生长旺盛,年年结实累累。此株为甘肃省最大的古银杏树,当地群众敬之为神树。

②在徽县田河村至鱼儿崖一带,有一庞大的古银杏树群落,整个山坡和沿沟岸边分布着百年至千年以上的银杏大树,此处还建了一座"银杏博物馆"和"银杏广场"。其中一株千年银杏因主干腐朽,失火焚毁。现还有一株雌性古银杏,高有23 m,胸围3.85 m,村民们十分珍爱这株树,周围修起了围墙保护。县政府和林业局在树下立碑石,并定为重点文物保护。标牌注明为"3 000年古银杏"。

当地政府在田家河大山沟中建立起古银杏生态旅游区。其中有两株千年以上一雄一雌银杏,相离很近,雌株每年结果累累,当地人称为"千年合欢树",朝夕相伴,成为此地生态旅游一景。

③在康县东南贾安乡贾坝村,有一雌性古银杏,当地给古树标牌称为"中国银杏王"。量其胸围7.89 m(直径2.51 m),树龄应为1 300多年。

甘肃银杏古树资源

甘肃银杏古树资源

县名	地名	性别	树高(m)	胸径(m)	冠幅(m)	备 注
徽县	田河上坝村	雌	22.00	1.46	14×20.4	田河上坝村集中连片约四十三株大树,仅存一成年雄株
	田河上坝村	雌	25.00	1.20	12×12.5	
	银杏树乡路边	雌	27.50	1.37	23×25	
成县	陈院乡白马寺	雌	18.00	1.02	10×14	1992年风倒
两当	显龙乡	雌	18.00	1.43	18×20	
	云坪乡	雌	21.20	1.37	14×18	
	云坪乡	雄	20.50	1.32	12×16	
文县	范坝李家山	雄	20.00	1.50	15×16	年产种实7.5 kg,多为畸形果
	刘家坪七信沟	雌	25.00	1.80	10×12	
	刘家坪七信沟	雄	18.00	1.50	10×11	
康县	白杨白果树坝	雌	33.00	1.50	14×18	贾安村千年大树年均产量300 kg。胸径1.0 m以上者12株,0.5 m以上者50余株
	贾安乡贾安村	雌	31.50	2.38	18×28	
	岸门口乡闫家坝	雌	30.00	2.06	18×18	
	王坝良种场	雌	34.00	2.74	12×12	
	大堡缚大成村	雌	30.00	2.42	14.5×17	
	云台乡高家庄	雌	32.00	1.52	15×15	

甘孜州银杏王

四川甘孜藏族自治州泸定县冷碛镇(泸定县在康定东130 km处,冷碛镇在泸定县南),紧临大渡河中下游,有一株树龄2 800年的古银杏树,位于北纬29°83′,东经102°18′,海拔1 730 m;处于大山沟东坡部,下部土埋树干2 m深。关于树龄是由重庆市植物研究所两位专家测定的,又经2009年7月中旬实考,此银杏古树至少为3 800年树龄,树心腐烂,用生长素无法实测,在树干4 m处干围为13.2 m,合直径为4.2 m,冠径18.3 m,树高35 m,为雌株,仍年年结果。此地土壤为花岗岩和砂页岩风化偏黏壤土,立地条件尚优。据民间传说,此树为三国时期诸葛亮南征北战时亲手栽植的。此树已经列入国家古树名录。古树树冠冲天,枝叶繁盛。此树位于山坡下部,当地群众介绍说,树干下部被冲积土掩埋有2 m多深,故实际比测量的更粗,不愧四川西部"银杏王"之称,位于四川境内银杏古树分布最西边缘地带。

感恩树

在辽宁葫芦岛市的龙湾公园立着四株枝繁叶茂、郁郁葱葱,象征中日人民友谊的银杏树,当地人称之为感恩树。究其来历,还真有一段感人的故事。1946年7月,在位于葫芦岛市的日侨集中营里,有一位眉清目秀、楚楚动人的青年女子,名叫佐佐木宗春,她于1943年只身前往中国的黑龙江省,寻找从军多年的丈夫,可是由于战乱,夫妻二人只住了一夜就不得不匆匆离别。直到日本无条件投降以后,她才得知自己的丈夫被苏联军队俘获,病死在押往苏联的途中。随着大批将被遣送的日侨,佐佐木宗春来到了葫芦岛的集中营,等候上船回国。由于思夫心切,佐佐木宗春终日以泪洗面,精神异常抑郁。某日,她偷偷跑出营外,来到海边,纵身跳入汹涌湍急的海水之中,以求了断,却被一位在海边织渔网的中国大嫂救起,并把她带回家中,好生招待。大嫂亲切地劝慰,耐心地开导,使万念俱灰的佐佐木宗春重新鼓起了生活的勇气。回国以后,她重新建立起了幸福美满的家庭,还把自己的经历写成了一本名为《熄不灭的火焰》的自传。2001年和2002年,80多岁的佐佐木宗春曾两次来葫芦岛市寻访当年救助过自己的恩人。但由于年深日久,物是人非,老人的愿望终未实现。为了表达她对中国人民的深情厚谊,特栽下银杏树。

橄榄果

橄榄果又称橄榄佛手、大钻头、中钻头、小钻头、钻鞋针。该品种的种实与种核均似橄榄,主要分布于广西桂林地区的灵川和兴安,江苏苏州市吴中区和浙江长兴亦有少量分布。树冠圆锥形,主干通直,分枝呈明显的层性。长枝上着生三角形叶、扇形叶、截形叶3种叶形,其叶数各占1/3;短枝上极少着生三角形叶。种实为长卵圆形,成熟时为青黄色。外种皮油胞和白粉较多,先端微圆秃,顶凹陷,具小尖,珠孔迹明显,中部以下稍狭。种核长卵圆形,先端突尖,珠孔迹明显。该品种生长势中等,成枝力较弱,大小年明显。

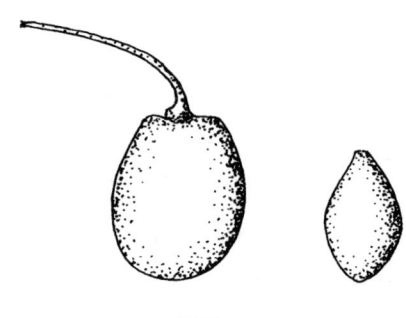

橄榄果

刚毛

一般是厚壁、暗色、坚硬的毛状体,最常出现于担子菌子实体的子实层中,及炭疽病半知菌的分生孢子盘上。

刚毛银杏(新种)

Ginkgo setacea Wang(sp. nov.) 叶片基部不明,中央分裂一次,叶脉清楚,每厘米 18 条左右。裘皮特征清楚:上表皮较厚,无气孔器,脉路细胞呈长方形;脉间细胞为方形或多边形。细胞壁波形弯曲并中断,每个细胞中央均有一枚实心乳突。毛基少。下表皮较薄易皱,脉路细胞纵壁显著增厚成肋条状。脉间区宽,气孔器分散不成行,间隔大。气孔器之间常有表皮皱纹联系,因此细胞壁不清楚,乳突少而不明显,脉路细胞壁伸出小而尖锐的刺。气孔器圆或椭圆形,副卫细胞不明显,但它的乳突发育,伸向气孔腔,其顶端常延伸为尖刺。有时乳突互结,形成包围气孔腔的增厚环,保卫细胞下陷,孔缝方向不定,大部分纵向。其很少分裂的宽扇形叶片与侏罗纪的 *G. huttoni* 和同时代的 *G. plkuripartita* 可以区别。它们的表皮也与新种不同:*G. huttoni* 为两面气孔型;*G. plkuripartita* 的上表皮布满空心乳突;而本种为下面气孔型并且上表皮具实心突起。另外,本种的尖刺状突起也是前两者所不具备的特征。与新种外形最接近的是 *G. adiantoides* (Ung)Heer,但后者的模式标本尚缺乏表皮研究,如果以 Florin(1936)所描述的材料来比较,后者上下表皮无乳突,更无刺状突起,上表皮脉路细胞纵壁不增厚,容易与本种区别。产地层位:河北张家口,下白垩纪青石砬组。

高 Gb 无性系的经济指标

高 Gb 无性系的经济指标

位次	产地	性别	Gb	其他组分				
				Te	Bb	Gj	Gc	Ga
1	山东	♀	0.089 2	0.265 4	0.024 7	0.019 0	0.027 1	0.105 4
2	山东	♂	0.079 2	0.211 9	0.040 0	0.009 0	0.045 9	0.037 8
3	山东	♂	0.074 1	0.377 1	0.053 0	0.055 0	0.109 3	0.085 7
4	山东	♀	0.067 7	0.358 4	0.053 3	0.054 7	0.109 7	0.073 0
5	浙江		0.062 9	0.260 6	0.051 3	0.027 7	0.058 9	0.059 8
6	云南	♀	0.060 0	0.242 3	0.040 8	0.026 3	0.058 7	0.040 3
7	江苏	♀	0.058 8	0.189 9	0.023 7	0.011 8	0.031 3	0.063 5
8	山东	♀	0.051 3	0.420 0	0.079 0	0.069 0	0.135 0	0.084 0
CK0	山东	♂♀	0.035 9	0.133 6	0.023 2	0.004 8	0.018 6	0.051 1

高产稳产银杏树应具备的条件

①枝条:后发枝(接班枝)要多,下垂枝发达,枝龄轻,年年能抽出新枝,更新树冠,要求每根枝抽生新梢 2~3 根,每根长度在 30 cm 以上。②叶片:树体叶片要多,一个奶枝上要有 5~6 片叶,而且叶要大而厚,叶色浓绿,落叶迟。③奶枝:奶枝要粗壮,据调查,银杏树奶枝一般在 2~26 年生的范围内均可结果,以 5~15 年生的奶枝结果能力最强,一个奶枝适宜结 2~3 个种,着种过多,种型就小,甚至不能同时形成花芽。而且在同一株大树上往往有数万个奶枝,一般要求只能有 20%~30% 的奶枝结种,因此,在一株树上的奶枝每年要有一批形成花芽,一批衰老,一批长叶片,一批结种。即一批今年结种,一批今年形成花芽。

高产系的筛选

筛选生长快、次生代谢物合成能力强的组织系是植物组织培养工业化的前提。培养系的筛选多限于外植体,缺氧胁迫法从诱导的愈伤组织中选育出 6 条高产银杏黄酮悬浮细胞系和 7 条高产银杏内酯 B 的悬浮细胞系,结果黄酮的内酯含量比选育前分别提高了 257.1% 和 172.7%,且继代过程代谢稳定。

高产叶用良种选择标准

高产叶用良种选择标准

成龄大树			复壮幼树		
	项目	标准(3 年枝)		项目	标准(据莱州研究结果)
主指标	单叶鲜重	≥0.8 g	主指标	接后 1 年株产鲜叶	≥0.15 kg
	单叶干重	≥0.25 g		接后 2 年株产鲜叶	≥0.50 kg

续表

成龄大树			复壮幼树		
项目		标准 (3年枝)	项目		标准 (据莱州研究结果)
主指标	单叶面积	≥25 cm²	主指标	接后3年株产鲜叶	≥0.70 kg
	叶鲜重/m·长枝	≥200 g		3年平均株产鲜叶	≥0.4~0.5 kg
	叶干重/m·长枝	≥60 g		短枝上单叶鲜重	≥1.0 g
	叶鲜重/短枝	≥7 g		干重	≥0.35 g
	叶干重/短枝	≥1.5 g		长枝上单叶鲜重	≥2.5 g
				干重	≥0.5 g
副指标	短枝数/m·长枝	≥40	副指标	短枝数/m·长枝	≥35
	叶数/m·长枝	≥200		成枝力(2年枝段)	≥50%
	叶面积 m·长枝	≥7 000 cm²		长枝上单叶面积	≥50 cm²
	叶面积/短枝	≥200 cm²		黄酮苷	≥1.5%~2.0%
	黄酮苷	≥1%		萜内酯	≥0.1%~0.2%
	萜内酯	≥0.05%		抗性适应性	强
	抗性适应性	强			

高产叶用银杏类

这类品种大多从核用品种或实生成龄单株内选出,这类品种树冠紧凑、节间短、叶片大、叶色浓绿肥厚。这类品种的定型叶多为半圆形或三角形,萌条上的叶多为扇形,顶端全缘、微波状或不规则缺刻,个别有2裂,叶长5~9 cm,叶宽6~10 cm,叶柄长4~7 cm,单叶面积30~50 cm²。单叶鲜重均在2.0 g以上。通常嫁接后3年株产鲜叶300 g以上,每公顷产鲜叶7 500 kg以上。其产量高于实生叶用银杏类。

高床

床面高于步道的苗床。床面一般比步道高出15~30 cm,宽度一般不超过1 m,床长10~20 m,步道宽40~50 cm²。高床适用于排水良好,不耐水湿的南方多雨地区的银杏育苗。

高干嫁接

银杏属于大乔木,从长远的观点来看,培育高干嫁接大苗具有广阔的应用前景。据调查,山东郯城沂河两岸100~300年生的银杏大树,嫁接部位大多在2.5~3.0 m。江苏苏州市吴中区东山栽植银杏的年龄越老,留干越高,平均高度2.25 m;年龄越幼,0~50年生树,干高都不超过1 m。从树体发育的低干嫁接苗初期长势弱,不利于树冠扩大,压抑了树体营养生长,结果期早,但盛种期短;而高干嫁接苗,树体高大、茎枝粗壮,寿命长,盛种期长,单株产量高。据江苏调查,如果采用劈头接,干高在60~100 cm的嫁接树,枝干的粗度增加较快,开始结果也相对早。而目前日本乔干丰产园的干高大都在70~130 cm,嫁接部位的粗度5.0 cm。另外,对于乔干的种植来说,大都可采用分层嫁接并形成纺锤形树冠,既有一定的结实量,又便于主干的生长。

高干疏层形的修剪

适合于果材兼用、银粮间作及农田林网栽植,有直立主干的实生树或仅对侧枝嫁接的树,全树有主枝7~9个,稀疏分层排列在主干上,均匀地向四周伸展。一般分为4层,从下向上依次有3、2、1、1个主枝,层间距一米左右,上小下大,每个主枝有侧枝2~3个,侧枝间距不足1 m。该树形生长发育良好、层次分明、内膛通风透光较好、成形较快、修剪量小、产量高,但结种稍迟,生长后期要注意控制上层枝条,勿使生长过旺,必要时可去除中干,形成开心形树冠。

高干疏层形

干高2.0~2.5 m,有明显的中干,全树有主枝5~7个,稀疏分层排列在中干上,匀称地向四周伸展,一般分为4层,从下到上依次有3、2、1、1个主枝,层间距一米左右。每个主枝有侧枝2~3个,侧枝间距20~100 cm。该树形符合银杏的生长特性,树体强健,能充分发育。主枝分层稀疏相间排列,膛内光照较好,枝多而不紊乱,空膛很小,因而较易丰产,而且修剪量较轻,成形较快,结果较早,产量较高,适用于大多数品种,适于乔干稀植丰产园、银粮间作及"四旁"栽植。缺点是层次太多、下层易受上层遮蔽而衰弱,形成上强下弱的状况。因此,后期特别要注意控制上层枝条,勿使生长过旺,必要时可以去除中干,形成开心形树冠。

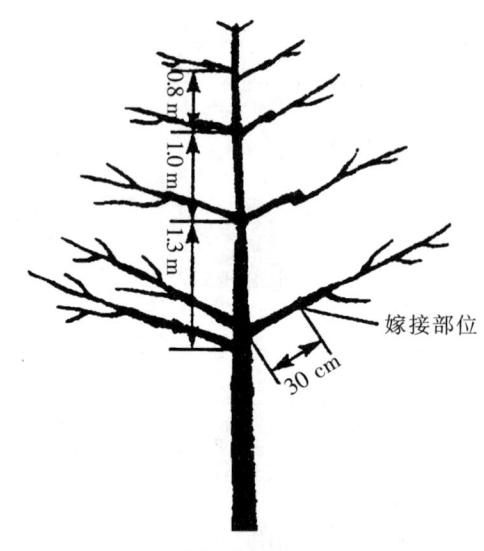

高干疏层形

高黄酮苷品种叶片形态指标

高黄酮苷品种叶片形态指标

系号	短枝叶								长枝叶							
	叶长(cm)	叶宽(cm)	叶柄长(cm)	叶面积(cm^2)	鲜重(g)	干重(g)	含水量(%)	夹角(°)	叶长(cm)	叶宽(cm)	叶柄长(cm)	叶面积(cm^2)	鲜重(g)	干重(g)	含水量(%)	夹角(°)
F-1	5.2	7.2	4.3	22.5	0.69	0.22	68.8	110	6.6	8.8	4.8	33.2	1.34	0.43	67.7	106
F-2	4.8	8.0	5.4	25.9	0.97	0.32	66.9	148	7.0	10.7	6.3	48.4	2.20	0.64	70.1	137
F-3	4.5	7.1	5.6	18.8	0.68	0.25	63.8	111	5.6	8.0	5.2	26.1	1.10	0.40	63.3	111

高接后的管理

①解包扎：解除包扎物要适时。根据嫁接方法及愈合情况而定。劈接、切接、插皮舌接等方法，切口大，愈合期长，可在两个月后解除；采用芽接方法，切口小，愈合快，可在一个月后解除。也可以新梢长出5～10cm时，作为解除包扎物的时间依据。过早解除包扎物常因接穗长势较旺，造成从接口处断裂。但解除包扎物也不能太迟，否则接口处往往会因包扎物的束缚，出现缢束现象，同时也影响新梢生长发育和愈合的牢固性。秋季芽接的或北方寒冷地区嫁接的可于翌春修剪时解除绑缚物。为了保护接口，在解除包扎物之前要进行一次松绑，待到愈合组织木质化后再解除包扎物。凡接口用稻草、马蔺、报纸等易烂材料捆绑的，包扎物可不必解除，让其自然脱落或到冬剪时解除。这样既有利于伤口愈合，又可防止害虫蛀食为害。②除萌蘖：高接换种的银杏，由于剪口、锯口的刺激，招致大量隐芽萌发。这些萌蘖既浪费养分和水分，严重影响主干生长发育，又会紊乱树形，使树重结构遭到破坏。所以必须掌握"除小、除早、除了"的原则。③绑支柱：当年高接成活后抽生的新梢幼嫩，接口愈合组织还不十分牢固，极易被风吹折或遭机械损伤，必须在解除包扎物的同时，顺着新梢生长方向，在老枝上牢固地绑扎支柱，把新梢与支柱绑扎在一起。一般经过一个生长季，翌春方可除去支柱。④补接：接后半个月即可检查成活，如发现接穗皮部皱缩、干枯，就需要在下一个嫁接时间进行补接。补接时将枝桩截去一段，从皮层新鲜处再接。有时为保证一次嫁接成活，可按枝条粗细分别嫁接3～5个接穗。⑤整形修剪：高接后抽生的新梢多，当年生长势旺盛，往往角度、方位不太理想，需要通过修剪进行合理调整。总的原则是按照树形结构和布局要求，保持各级骨干枝的生长势。目的在于使树冠迅速扩大，各主枝之间趋向平衡和主、侧枝之间达到从属分明，形成一个圆满、紧凑、均衡发展的树冠。当接穗新梢长到40cm左右时，可进行第一次摘心，当二次新梢长到20cm左右时，可进行第二次摘心。为保证高接树的健壮生长，接后要加大肥水管理和及时防治病虫害等。只有采取全面综合措施，才能达到预期效果。

高接换种

银杏多头高接改换良种后，当年即可发枝，有的当年结果，3年普遍结果，5年丰产，7年后产量成倍增长。嫁接前的准备如下。①嫁接树龄：10年生以上的幼树和30～50年生产量低、品质劣、个头小的实生大树均可采用多头高接改换良种技术。②接穗选择：选择40～50

年生、产量高、种子品质优良的母树，剪取树冠中上部外围充实粗壮且已形成短种枝的枝条作接穗。母树萌芽前20 d 采集 2~3 年的枝条，将枝条剪成每段带有 2~3 个短种枝，然后将这些接穗蜡封后贮藏在 1~3 ℃潮湿的冷室中，随用随取。技术要点如下。①高接时期：实践证明，长江以北地区 4 月 5 日至 12 日为高接的最佳时期，长江以南地区则为 3 月 12 日至 20 日为高接的最佳时期。从物候上看，以萌芽后至展叶前为最佳高接时期。此时气温开始升高，树液流动旺盛，芽已萌动，嫁接成活率最高。②高接方法：选择晴朗无风的天气，采用分层插皮嫁接法，即多枝多头插皮嫁接法，因树制宜，随枝嫁接，固定骨干，分清主从，清除病虫枯枝为主要原则。主枝一般在 60~80 cm 处嫁接，侧枝一般在 40~60 cm 处嫁接。根据各级骨干枝的粗细，每枝可嫁接 3~5 个接穗。当年生枝条平均长可达 35 cm，最长 65 cm。抽枝缓和，成形快，投产早。嫁接当年树冠面积即能恢复到同龄实生树的 20%，伤口可全部愈合；第 2 年恢复到 50%；第 3 年恢复到 90%。长江以北春旱地区，在嫁接前 2~3 d 对嫁接树应浇一次透地水。接后管理如下。①多头高接后即会生出大量萌芽，影响接穗生长。因此，应及时除萌，除萌时切忌撕伤树皮。②高接成活后接穗新梢生长较旺，容易被风折断。因此，当接穗新梢长到 30 cm 左右时，应在接穗基部设立支柱进行固定。③进入雨季之后，应及时解绑，以防接口处存水，造成嫁接部位霉烂和缢伤。④为了促进嫁接树多分枝，保持树冠矮小紧凑，多结果，当接穗新梢长到 40 cm 左右时可进行第 1 次摘心，当二次新梢长到 20 cm 左右时进行第 2 次摘心。

高接换种的原则

①银杏园中栽植实生苗的，必须高接换头。因实生树是雄株，只开花，不结种。不足 20% 的雌株，也需 20 年左右才能结种，而且结的种大小不一，品质参差不齐，卖不出好价钱，因此需要在栽后 2~3 年进行高接，换成优良品种。②已经结种，但核小、质劣、产量低的树，需要高接，换成核大、质优、丰产、稳产的优良品种。③雄株比例太大时，用高接的办法减少雄株的比例，增加雌株比例。④雄株花期与雌株花期不一致时，应将雄株高接换种，换成花期与雌株花期相遇的雄株。⑤缺少雄株的，可按雌雄(30~50)：1 的比例，将部分雌株换成雄株。⑥从外地引回优良品种的接穗，为了使它早结种和多繁殖接穗，可以进行高接。

高接换种的注意事项

①春季嫁接未成活者，可利用砧木桩上发出的新梢，于夏、秋季再接，争取一年改换成功。②大抹头嫁接者为防曝晒危害，可留部分枝条，以遮阴防晒。③根据树体、树势、树龄，立地条件决定接眼数量。原则上不宜过多或过少。一般 10 年生以下幼树，可嫁接 5~10 眼，10~30 年生树可嫁接 15~20 眼，30 年生以上大树可嫁接 20~30 眼。④为了使树冠按照既定计划发展，迅速扩大树冠，以期达到早结种、多结种的目的，需对高接后新枝的长势、角度、方位进行及时、合理的调整和修剪。例如，对强旺直立枝用撑拉的方法以减缓生长势，衰弱树借助修剪抬高角度，以平衡树势，最终达到各类骨干枝从属分明，树冠圆满紧凑，均衡发展，以期尽快形成产量。

高接换种方法

高接换种并不是具体的嫁接方法，而是对银杏大树改接优良品种或雄枝条的一种措施，在生产中经常应用。目前银杏高接换种主要有 3 种方式，即大抹头、分枝杂接和分层枝接。①大抹头。此方法多用于主干直径在 10 cm 以内的壮年树。方法是根据要求先将主干截断，在截面上嫁接 2~4 个良种接穗，一般采用插皮接。②分枝接。此法有的地方也叫单枝接。一般用于主干直径 10 cm 以上的壮年树，由于骨干枝已经形成，利用这些骨干大枝进行断枝嫁接。优点是伤口容易愈合，成形快，早期产量较高。③分层嫁接。此法多用于高大的成年银杏树或果、材兼用的银杏树，以及雄树上嫁接雌枝条等。此法原则上保留原有树冠不动，只是在每层大枝上进行改接。换新枝是在大枝根部 20~30 cm 处截断，每个大枝上接 2~4 个接穗，并且要逐年分层嫁接，以利树木旺盛生长。为保前期产量，可以先把所有大枝全部嫁接，以后根据冠形和透光条件的需要，再行去留。如冠形不整齐，可以采取腹接法来补缺调整。

高接换种树的管理

高接换种树管理的原则是，掌握各类骨干枝的生长优势，树冠圆满紧凑，均衡发展，以尽快形成产量。另外，还需注意以下几点原则：①对长势强旺直立的主、侧枝，一般采用支撑或牵拉等方法，使其开张角度；对长势较弱、姿态平缓的枝条可适当抬高角度，以增强长势。②防止内膛空秃，充分利用萌条以培养结种枝；冠内无枝条者可以通过刻伤，以促隐芽萌生。③生长季节可以进行摘心，促进长枝发育。④当年冬季对骨干枝在饱满芽处短截，其余枝条缓放修剪，翌年夏季进行种枝的培养。

高接时期

生产实践表明，长江以北地区以 4 月 5 日至 4 月 12 日为高接的最佳时期；长江以南地区以 3 月 12 日至3月20日为高接的最佳时期。从物候上来看,以萌芽后至展叶前为高接的最佳时期。此时气温开始升高,树液流动旺盛,芽已萌发,高接成活率最高。

高径比法

测定树木生长率的一种方法。即高径比 K 等于树高 h 与去皮胸径 d 的比值 $\left(K=\dfrac{h}{d}\right)$。可利用胸径定期生长量 Z_d,计算树木材积生率 Pv,其公式如下:

$$Pv = \frac{200Z_d}{n}\left(1 - \frac{1}{1-\dfrac{Z_d}{2d}}\right)$$

高空压条

早春树液开始流动后,选40~60年生优良母树上2~3年生的营养枝,在距顶梢30~40 cm处,上、下错开5 cm,用利刀进行0.5 cm宽的大半环状剥皮,然后在伤口上、下各10 cm处用塑料薄膜套住,里面装入含水达饱和状态的青苔和新鲜黄土。要经常进行检查,发现干旱时要适当注入清水。当年秋季伤口处长出3~4条2~3 cm的细根,落叶前在塑料薄膜下方剪下,但应注意不要伤害母树,移植到苗圃中。高空压条苗一般比实生苗会提前8~10年结种。

高垄整地

高垄整地是造林地整地的一种方法,用沟土筑成高出地面的垄。适用于无排水出路而低湿的涝洼盐碱地整地。主要目的是抬高栽植面,相对降低地下水位,增强排盐防涝能力。具体做法是:按照一定的行距挖沟,将土放在两沟中间,筑成土垄,一般垄顶宽1.5~2 m,底宽2.5~3 m,垄顶高出地面0.5 m。垄沟底宽0.2 m,由垄顶到沟底为1.4 m。造林时在垄上栽植苗木,如在垄上分段围堰,蓄水洗盐,效果更好。

高内酯和高黄酮良种选育

高内脂和高黄酮良种选育

类别	系号	特点	内酯(%)			黄酮(%)		
			X	S	CV	X	S	CV
Ⅰ	5,6	高酯高酮	0.377	0.04	10.96	2.49	0.11	4.53
Ⅱ	8,10,11,12,18	中酯中酮	0.299	0.05	18.32	2.15	0.04	1.89
Ⅲ	2,3,4,7,9,13,16,17,20	低酯低酮	0.269	0.05	18.07	1.89	0.09	4.91
Ⅳ	1,14,15,19	中酯低酮	0.294	0.09	30.71	1.58	0.04	2.90
CK_0	对照 CK_0		0.134	0.08	59.7	1.54	0.03	1.95

高内酯良种选育

高内酯良种选育

聚类	系号	Te	Bb	Gj	Gc	Ga	Gb
Ⅰ	5,6	0.376 6	0.033 2	0.031 1	0.049 6	0.234 1	0.028 6
Ⅱ	15,16,18	0.384 2	0.061 7	0.059 5	0.117 9	0.080 7	0.064 4
Ⅲ	2,7,8,9,14,20	0.290 3	0.043 3	0.019 3	0.042 4	0.145 1	0.039 0
Ⅳ	1,3,4,10,11,12,13,17,19	0.243 6	0.053 8	0.025 6	0.059 1	0.047 4	0.038 7
均值	—	0.292 0	0.049 8	0.027 9	0.062 0	0.100 4	0.041 7
标准差	—	0.063 4	0.023 3	0.015 0	0.028 6	0.064 2	0.024 1
变异系数	—	21.71	46.78	53.76	46.13	63.94	57.79
最大值	—	0.417 1	0.089 3	0.055 0	0.134 8	0.240 4	0.089 2
最小值	—	0.202 2	0.019 2	0.001 7	0.027 1	0.024 0	0.011 8
CK_0(对照)	—	0.133 6	0.023 2	0.004 8	0.018 6	0.051 1	0.035 9

高平浩庄银杏

2株银杏树生长在高平市浩庄,一雌一雄,相距3 m。雄株树高23 m,干高8.6 m,胸径0.95 m。冠幅东西10.75 m,南北13.7 m。主干分3大枝,枝叶茂盛。雌株树高14.4 m,干高7 m,胸径0.75 m。冠幅东西10.3 m,南北11.5 m。主干上分3大枝,枝叶茂盛,果实累累。雌株因结果种消耗营养多,致使树体不及雄株大。

高平三甲南村银杏

此株杏生长在高平市三甲镇三甲南村学校院内,树高27.4 m,干高8.6 m,胸径1.28 m,立木材积13.12 m³。冠幅东西21.8 m,南北17 m,枝叶生长茂盛,树冠呈伞状。

高升果

典型株为实生树,树龄90年,干通直,生长势强,枝轮生,主枝开张角度80°~90°。高15.5 m,胸径38 cm,冠幅8 m×9 m,芽基宽大较圆。叶片深绿色,长4.9 cm,宽6.3 cm,叶柄长4.3 cm。种子椭圆形,中间大、两头小,长1.43 cm、宽2.21 cm。成熟后密被白粉,油胞稀。种尖稍下陷。单种重6.58 g,152粒/kg,出核率29.6%。核长椭圆形,上下几乎等大,平均长1.97 cm、宽1.57 cm、厚1.29 cm,上部1/3无棱线,核尖扁、突,束迹不明显。单核生1.95 g,513粒/kg。平均单仁重1.61 g,出仁率82.6%。该株较丰产。7年生短枝结果颇多,常见每短枝结种8~9粒,每种柄双粒者占83%,连续4年均产核果75 kg。9月上旬成熟,系早熟品种,有胚率高达9%以上。

高升果——种材兼用型

银杏在其漫长的历史栽培中,产生了许多变异。近年山东省郯城港上乡,发现了一个果材兼用型栽培品种——高升果(Ginkgo biloba cv. Gaoshengguo)雌树高11.8 m,胸径34 cm,枝下高2.36 m。树冠圆锥形,冠幅9 m×6.5 m。树干通直圆满,主干上枝条层次轮痕明显,树皮灰白色,呈明显结节状突起。主干与主枝粗度比例小,主枝不明显,主枝上的侧枝少而不明显,枝条基角30°~40°,枝条年生长量30~50 cm。一年生枝条生长期绿褐色,冬季灰黄色。每一短枝着生叶片6~8枚。3月下旬芽萌动。芽基宽大较圆。叶片深绿色,叶长4.9 cm,叶宽6.3 cm,叶柄长4.3 cm。种子椭圆形,中间大、两头小,种尖微突,种托小、扁平。种子横长2.1 cm,纵长2.55 cm,种柄长3.1 cm,种子纵横指数为1.21。单种重6.58 g,外种皮4.77 g,出核率为27.5%。9月下旬种子成熟。种子成熟后黄色,外种皮被有白粉。种核长椭圆形,上下几乎等大,上部1/3无棱线,核尖扁突出。种核横长1.43 cm,纵长2.21 cm,种核纵横指数为1.54。单核重1.81 g。经3年观察,为优良的种材兼用型栽培品种。

高萜内酯良种叶片形态指标

高萜内酯良种叶片形态指标

系号	短枝叶								长枝叶							
	叶长(cm)	叶宽(cm)	叶柄长(cm)	叶面积(cm²)	鲜重(g)	干重(g)	含水量(%)	夹角(°)	叶长(cm)	叶宽(cm)	叶柄长(cm)	叶面积(cm²)	鲜重(g)	干重(g)	含水量(%)	夹角(°)
T-5	4.7	9.1	3.8	32.0	1.004	0.282	71.9	165	6.7	10.7	6.2	67.2	3.23	0.89	72.5	133
T-6	5.4	7.7	3.6	23.6	0.749	0.244	67.4	136	7.5	20.4	6.4	43.6	1.89	0.62	67.4	121
T-7	5.0	8.7	4.4	31.4	0.913	0.277	69.7	179	6.2	10.8	5.2	49.52	2.20	0.73	66.86	191

高温催芽

我国北方地区每年2月上旬,即春节过后,南方可于传统播种期前的30~40 d采取此项技术措施。将带外种皮的干藏种子,用40℃左右的清水浸泡5~7 d,每两天换一次水,待种子吸足水后,即可进行高温催芽。如系砂藏的种子,可直接高温催芽。必须建立加温温室,各地区可根据不同条件建立土温室、发酵温床、双垄火道,可以利用已有的试验温室、孵鸡暖房等。在加温温室内搭起分层架,每层架上铺上稻草帘或温麻袋片,上面再遮土席子。将吸足水的种子均匀摊在席上,厚约5 cm,上面再盖上湿麻袋片。为了保持种子湿润,促进种子呼吸和冲洗掉种子的呼吸分泌物,每天早晚揭开麻袋片,用温水喷洒一次,加温温室内温度应控制在30~35℃。只要累计温度保持在100℃以上,48 h,种子即可全部发芽。如无上述条件也可采用浮床催芽法。选背风向阳的墙壁下,挖深50 cm,宽100 cm,常视种子多少而定的温床。将挖出的土培在温床后边缘和两侧,与地面呈45°角,床底铺15 cm厚牛马粪或草屑,上盖草帘或芦席,浇足水,使牛马粪或草屑吸水受潮,以便发酵增温。将混砂贮藏的种子铺在席面,25 cm厚。床面用塑料薄膜封闭。为使受热均匀,每5~7 d翻动一次。在催芽过程中,每晚应加盖草帘保温,白天揭开草帘透光增温,这样床内温度可保持在20~25℃,20 d后种子便可发芽,此法操作简便,效果好,省工省料,适于农村应用。高温催芽比大田播种幼苗早出土50 d左右。高温催芽,延长了苗木生育期,提高了发芽率。

高温胁迫对不同银杏品种(系)MDA含量的影响

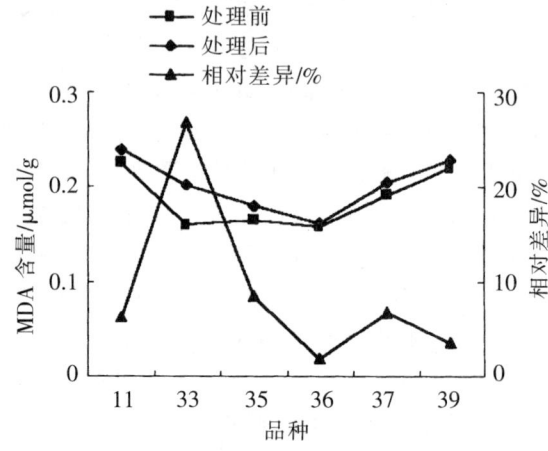

高温胁迫对不同银杏品种(系)MDA含量的影响

高温胁迫对银杏6个品种(系)光化学效率的影响

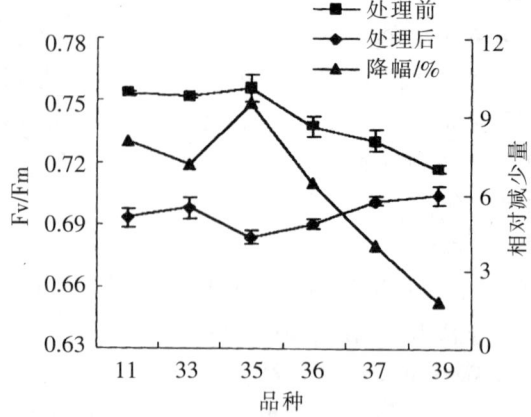

高温胁迫对银杏6个品种(系)光化学效率的影响

高效林果宝对银杏当年生苗木的作用

高效林果宝对银杏当年生苗木的作用

项目 处理	公顷产苗数(万株)	平均苗高(cm)	平均地径(cm)	平均叶片数(片)	平均单叶鲜重(g)	平均单株产叶量(g)
喷2次	27	13.7	0.89	29	0.87	25.23
喷1次	27	12.5	0.73	27	0.61	16.47
对照	27	12.3	0.67	21	0.57	11.97

高效林果宝在银杏苗木培育上的应用

高效林果宝是含有增加叶绿素,抑制光呼吸,活化酶系统的物质及多元矿质元素的复合液体叶面肥。在银杏苗木生长期对当年生苗和1年生春季移栽苗两种类型的苗木进行不同喷施次数应用试验,结果表明银杏苗木通过喷施高效林果宝,对苗木高生长、粗生长以及产叶量,都有较大的增产增长效果,还对缩短银杏育苗周期,培育粗壮苗木,满足银杏发展的需要,具有重大社会效益和经济效益。

高压法培育银杏大苗图解

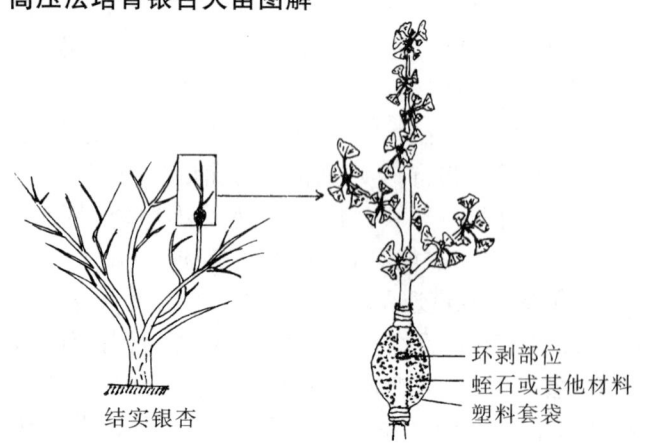

高压法培育银杏大苗图解

高压苗

高压育苗是将未脱离母体的枝条用青苔与泥土包裹,使其生根后,再从母体上切断,成为独立的苗木。高压苗在生根前所需的水分、养分都由母体供给,所以生根比较可靠,且成苗快。高压苗的培育方法是在早春树液开始流动时,选40~60年生优良母树上的2~3年生的长枝,在距顶端30~40 cm处,上、下错开5 cm,用利刀进行0.5 cm宽的大环状切割表皮,并在伤口上、下各10 cm处,用湿青苔和肥土混匀敷于枝条上,外面再用塑料薄膜等包扎好。此后经常保持湿润,适时浇水。待生根后,即可从发根下端剪下,移植于圃中,等苗木生长健壮时再进行定植。压条苗比实生苗可提前8~10年结果。但此法费工费时,目前已基本停止使用。

高压液相色谱法测定总黄酮含量

A. Hasler、O. Sticher 提出了黄酮含量的反相高压液相色谱测定法,基本原理为:银杏叶中的黄酮苷经水解后产生的苷元主要有槲皮素(quercetin)、山奈酚(kaempferol)和异鼠李素(isorhamnetin)三类,在一定的色谱条件下,以这三种化合物为对照品,用反相高压液相色谱法可以测得这三种苷元的含量,最后通过转化系数求得黄酮含量,转化系数平均为

2.51。具体步骤:银杏叶或提取物在 70 mL 甲醇和 10 mL HCL 中回流提取 60 min,然后通过 ^{18}C 固相萃取柱以纯化样品,最后注入 HPLC 系统,以含有 0.5%(V/V)磷酸的甲醇—水为流动相进行洗脱,在 370 nm 处检测。

高盐地区的引种

在胜利油田矿区的引种就是一个成功的例子。胜利油田地处黄河三角洲,土质主要是滨海潮土和滨海潮盐土,表土含盐量高(0.2%~0.3%),地下水位高,矿化度高,不利于银杏生长。土壤经改良,含盐量降低后于 1991 年引种银杏,4 年后成活率达到 97.1%,目前部分植株已开花结种。

高优 Y-2 号

原株在山东,雄株,树龄 100 年,树高 18.1 m,胸径 0.69 m,冠幅 9.7 m×8.8 m,枝下高 4.0 m,主枝数 10 个,海拔 440 m,生长旺盛,主干明显,实生树。叶子半圆形,边缘浅波状或全缘。雄花散粉期 4 月 17 日,盛期 4 月 20 日,末期 4 月 24 日,共计 9 d 时间。1~4 年生枝开花率 6.4%、91%、96.7% 和 89.2%。短枝粗 0.57 cm,长 0.37 cm,每个短枝上有小孢子叶球 3.1~4.5 个,出粉率 3.91%。叶柄长 6.57 cm(cV,17.2%),叶长 5.18 cm(cV,7%),叶宽 8.24 cm(cV,4.7%),单叶面积 28.73 cm^2(cV,10.2%),单叶鲜重 0.940 1 g(cV,12.1%),单叶干重 0.231 0 g(cV,10.3%),含水量 89.3%(cV,3.3%),叶基线夹角 135.3°(cV,7.7%)。叶数每短枝 4.7,节间长 2.19 cm,短枝数每米长枝 42.63 个,叶数每米长枝 200 片,叶面积每米长枝 7 806 cm^2,叶鲜重每米长枝 255.7 g,叶干重每米长枝 60.36 g。每个短枝上的叶面积 202.16 cm^2、叶鲜重 7.24 g、叶干重 1.71 g。嫁接 3 年生苗株产鲜叶 0.59 kg,总黄酮含量 1.96%,内酯 0.212%,其中 GJ 0.009%、GC 0.046%、GA 0.038%、GB 0.079% 和 BB 0.04%(黄酮苷采用 754 分光光度法测定,萜内酯采用 HPLC 法测定)。

羔烧白果

用料:白果 600 g,砂糖 600 g,膘肉 50 g,橘饼 1 块,猪油 25 g。制法:①将白果用开水泡过,去壳,把白果肉片片,下锅加入清水,烧开泡去膜,捞起,用冷清水反复漂,漂至白果膜和心去净。②将漂净的白果肉,下锅用滚水煮约 20 min,去其涩汁,捞起,用清水冲漂,再下滚水锅泡过,捞起,用冷清水浸后待用,膘肉下锅泡熟后取起,用刀切成粒,腌上砂糖 100 g,并将橘饼切粒。③用砂锅 1 个,垫下竹箅,放入白果、砂糖 300 g,清水 150 g,用小火熬约 30 min,加入膘肉粒、橘饼粒、猪油 25 g、砂糖 200 g,再熬 10 min 即成。特色:味道软润甘香、清甜。

歌德树

德国著名诗人歌德以爱情诗《二裂叶银杏》而闻名于世,在他家乡魏马市图书馆亲手栽下一株银杏树,随后德国其他城市相继引种,故在德国银杏有"歌德树"之美名。

革质银杏

革质银杏

叶片半圆形、扇形,叶柄长约 1~2.2 cm、宽约 1~2.2 mm;叶最外侧两裂片左右展开角度大多在 150°~180°,少数 100°~130°。叶片长 2.0~4.4 cm,宽 3.8~8.0 cm,或深或浅裂成 4 片,每一裂片向基部略收缩并再分裂 1~2 次,顶端圆形、截形或有缺裂。叶脉纤细不明显,通常每厘米内有 15~20 条,少数叶片为每厘米内 12~15 条。叶脉之间分布有 99~132 μm 宽,1.0~1.1 mm 长的纺锤形、卵形的树脂体。上表皮的普通细胞为等径的或多边形,大小 30~40 μm,被脉路细胞隔开。脉路细胞 3~4 行,多角形,65 m×15 m。平周壁角质化,每一细胞外有一圆形的、20 μm×(20~25) μm 大小的乳突,少数细胞外无乳突。垂周壁除少数是弯曲的,大多是平直的。下表皮分为气孔带和非气孔带。气孔带宽 410~443 μm,有 2~3 行不规则排列的气孔行。气孔器椭圆形,单唇式,单环或不完全双环。副卫细胞乳突化,这些乳突往往伸向气孔甚至覆盖了气孔。气孔带内的普通细胞多边形,平周壁上有乳突。非气孔带由 3~5 列长方形细胞组成。气孔密度为 24 个/mm^2。产地与层位:内蒙古、黑龙江,下白垩统。

格雷纳果属

其模式种安格仁格雷纳果（Grenana angrenica Samylina）发现在中亚侏罗系。叶不具柄，两歧分叉；裂片细狭。胚珠着生在成对的珠托中。

个体发育

个体发育指多细胞银杏生物体从受精卵开始，经过细胞分裂、组织分化、器官形成，直到性成熟等过程。个体发育除了包括胚胎期的发育以外，还包括胚后发育。在个体发育过程中，个体的生理功能、组织结构、器官形态发生一系列的变化。

各国命名

银杏英名　Gingko（银杏树）maidenhair tree。
银杏法名　Ginkgo bilobe。
银杏俄名　Гиняго двулопастное。
银杏德名　Ginkgo（银杏树），Ginkgbaum。
银杏日名　ィチョウ（ギンナン）。

各类型种实性状

各类型种实性状　　　　　　　　　　　　　　　　　　　　　　　单位：cm

类别	品种	种实									种核								出核率(%)
		果形	纵径	横径	果面	果顶	果基	果蒂	果柄长	单果重	核形	纵径	棱横径	面横径	核顶	核基	核棱	平均核重	
梅核银杏类	大梅核	圆形	2.9	2.9	白粉少	凹	微尖	较小近圆	3.1	14.9	短卵圆形	2.2	1.9	1.5	微尖	有二小突	不明显	2.9	19.4
	棉花果	近圆	3.0	2.8	果点稍隆	有浅沟	微凹歪肩	卵圆	3.8	12.9	卵圆三棱	2.2	1.7	1.4	广圆无突	二个小突	明显	2.7	21.0
佛手银杏类	家佛手	长广椭圆	2.8	2.5	白粉多	微凹	平或微凹	近圆	4.0	9.2	卵圆	2.2	1.6	1.4	圆钝微尖	微突	微具翼棱	2.5	27.5
	洞庭王	椭圆倒卵	3.4	2.7	白粉多	微凹	平歪肩	近圆	2.9	13.4	长倒卵形	2.7	1.6	1.4	尖有小突	鱼尾状突	下部不显	2.8	20.5
	卵果佛手	卵圆	2.6	2.3	白粉厚	微尖	平或微凹	近椭圆	2.4	8.2	椭圆三棱	2.1	1.5	1.3	钝尖	钝尖	中上明显	1.9	23.8
	长柄佛手	椭圆倒卵	3.1	2.6	蜡粉较厚	浅陷	微凹	近圆	5.6	11.8	长倒卵形	2.5	1.5	1.3	有小尖	狭长	不明显	2.3	19.4
	圆底佛手	椭圆	2.7	2.1	有白粉	微尖	凹入	近圆	3.6	7.6	纺缍形	2.3	1.3	1.2	有小尖	有短钝突	不明显	1.8	23.8
马铃银杏类	青皮果	近圆	2.5	2.2	白粉多	微凹	稍歪	近圆	3.4	7.1	椭圆	1.9	1.4	1.2	有小尖	有小尖	不明显	1.5	21.8
	黄皮果	心脏形	2.6	2.3	有白粉	微尖	微凹	近椭圆	3.2	8.8	卵圆	2.2	1.6	1.3	小尖略突	乳头状突	下部不显	2.1	23.8

各时期种实中内源激素含量

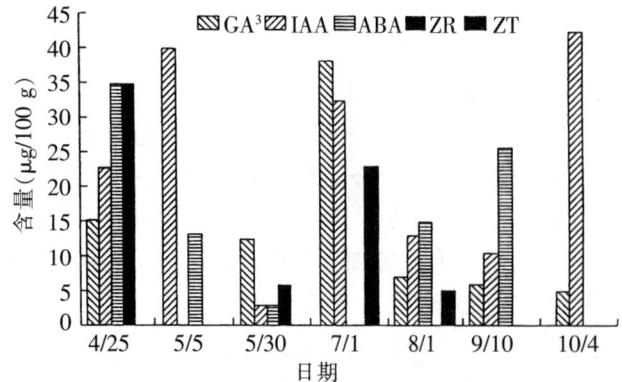

各时期种实中内源激素含量

各树龄环剥的促花效果

各树龄环剥的促花效果

树龄	处理方式	处理株数	下年开花株数	开花率
3	环剥	30	10	33.3%
4	环剥	30	13	43.3%
4	环剥倒贴皮	30	18	60%
5	环剥倒贴皮	1 242	908	73.1%

根

银杏根量大，分枝多，栽植方法如果不科学，常会使根系卷曲、绞缠成团，而不向四周平展，导致地上部分长期缓慢生长。30 年生以上的大树，根系集中在离主干 3～5 m 的范围内，随着树龄的增长，这个范围也随之扩大,在此范围之外虽有根系分布,但数量少,细根更少。根系吸收层的深度,一般在20 cm(幼树)、30～100 cm(大树)。因此,若栽植银杏的林地,土层薄,质地不良,结构不好,很难达到速生早实的要求。银杏具有菌根,银杏林地土壤中泡囊—丛枝菌根真菌侵染银杏是自然现象,苗木接种VAM真菌后,能增加生长量。寄生银杏的VAM真菌主要有内囊霉科球囊霉属的地球囊霉,其次为苏格兰孢内囊霉。接种真菌的银杏小苗,高径生长都很显著,根有根毛,无根毛的根被有稀疏的菌丝体。银杏VAM真菌能形成大量的胞内菌丝,胞间菌丝却极少。银杏根被侵染后,有大量根毛,是吸收根的典型形式。

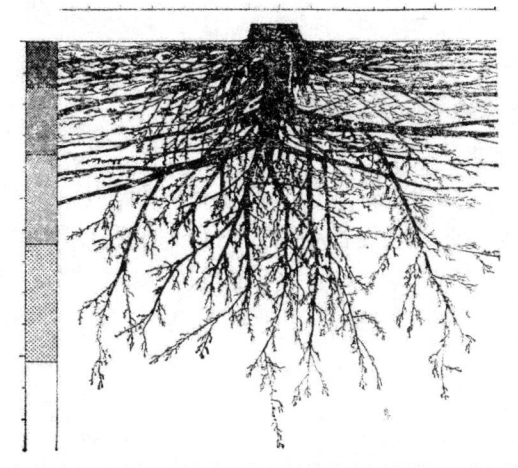

根腐病

镰刀菌和丝菌均是土壤中习居的弱寄生菌。病害的发生与多种因素有关,如基肥的腐熟程度、植株的生长状况、土壤水分的含量等。施用腐熟的基肥,根腐病发病率为2.65%,而施用未腐熟基肥的,发病率可达8.87%。植株生长健壮,根腐病发病率为1.26%,而生长细弱的植株发病率为5.75%。苗圃积水4～5 d,植株根系受渍腐烂,根腐病严重发生,可能导致苗木全部死亡。防治方法:①播前土壤消毒:结合整地,用农抗S-64的30倍液、70%甲基托布津1 000倍液、36%福尔马林50倍液进行土壤消毒。②化学药物处理:病害发生时可在植株根部喷洒农抗S-64的30倍液、70%甲基托布津1 000倍液、45%代森锌1 000倍液,以减轻病害。

根冠

位于银杏前端的一种保护结构。由多层分散排列的薄壁细胞组成,有保护分生组织区不受土壤磨擦损伤的作用。根冠的外层细胞受摩擦不断地脱落,并不断地由根端根冠原始细胞增生新细胞补充,因此,根冠能维持一定的形状和厚度。

根化学成分

银杏内酯和白果内酯均在根中生成合成,然后转移于银杏叶内。银杏茎、根中内酯含量与叶中相比,根部较低,茎中更低。但银杏内酯M,只存在于根皮中,此外,根皮中还含有银杏内酯A、B、C和白果内酯。根中酚酸类化合物有7种,与叶中相同,但含量明显高于叶。根中含量为34.5 μg/g,叶中为19.9 μg/g,在7种酚酸中以原儿茶酸含量最高,达27 μg/g(鲜),但主要存在于叶和根中,可见,根中也含有很高生物活性成分。

根尖

根的顶端部分。有一种提法是包括根冠、分生组织区、伸长区和根毛区四部分。根冠呈锥状,包在根的末端外面,保护分生组织区;分生组织区的细胞有强烈的分生能力;伸长区的细胞能迅速增长,且在进行分化;根毛区的表皮细胞向外突出形成根毛,内部已有多种组织的分化,故又称成熟部。严格地讲,根尖又指根的顶端分生组织区部分。从个体发育来说,根尖细胞分化是双向的,向外产生根冠,向内增生细胞补充根本身的各种组织。

根接

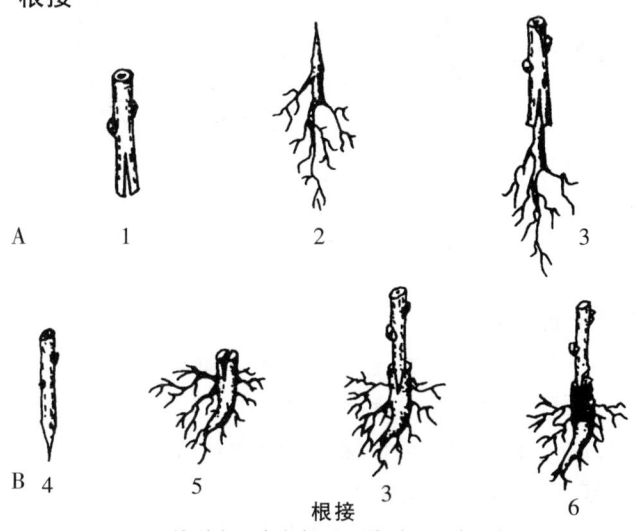

根接
A.接穗粗、砧木粗　B.接穗细、砧木粗
1.切接穗　2.削砧木　3.插入接穗　4.削接穗　5.切砧木　6.绑扎

因接穗和根段的大小与削法的不同,根接分为合接、皮下接根和根皮插枝法。①削接穗:先用刀修平接穗下切口,向上0.3 cm处用刀削一个向上的斜面,长3 cm,深达木质部,削起的皮层带有部分木质部;②削根段:在根段粗端上口选平滑处削一长3 cm的斜面,在其反面削一长0.2 cm的小斜面;③嫁接及包扎:将根段长斜面向内由下而上插入接穗切口内,再用塑料条自上而下绑扎紧。但接穗下切口不要用塑料条封口,以利于接穗基部形成愈伤组织和生出新根。然后栽到事先整好的苗床中。

根接方法

根据接穗和根段的大小、削法，根接分为合接法、皮下接根和根皮插枝法三种，它们的主要方法如下。

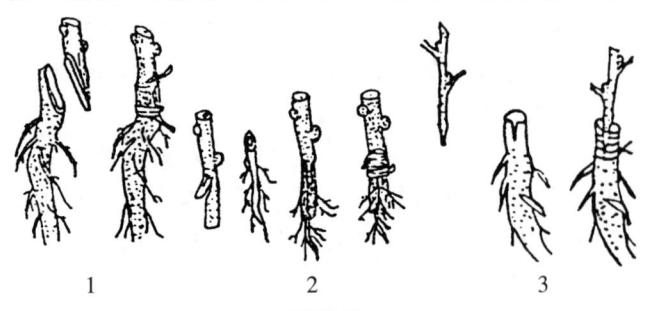

根接法
1.合接法 2.皮下接根法 3.根皮插枝法

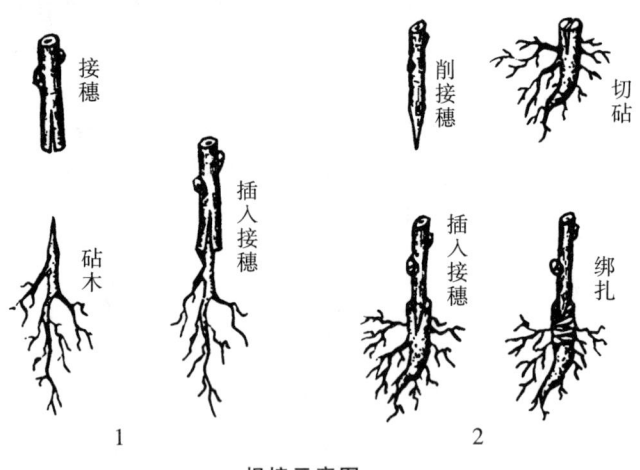

根接示意图
1.接穗粗、砧木细 2.接穗细、砧木粗

根茎土痕

根茎土痕亦称原土印。苗木在圃地栽培时的根茎痕迹。定植时根据栽植苗的大小，覆土厚度一般要超过原土印1~2 cm，以保证适宜的栽植深度。

根、茎、叶中总黄酮含量

根、茎、叶中总黄酮含量

优株	器官			
	茎(%)	主根(%)	侧根(%)	叶(%)
E4	0.99	0.902	1.133	2.086
E3	0.88	1.012	1.496	2.937
E8	0.89	0.976	1.384	2.684

根颈

根和茎的交界处。实生根系的根颈是由下胚轴发育而成的真根颈。茎源根系和根蘖根系没有真根颈，其相应部分为假根颈。根颈处于根与茎两种功能不同的器官交接的地方，是木本植物器官中机能较活跃的部分，它比地上部分成熟晚，进入休眠也晚，但开始活动早，对环境条件变化敏感。管理不当，易遭冻害和日灼，影响树木生长。

根颈灼伤

与高温土表接触的树苗根颈部位被灼焦的现象，称为根颈灼伤。由于输导组织和形成层被破坏，或者因灼伤而容易感染病菌，常常导致树苗死亡。防止的方法可进行灌溉和用稻草、草帘、树叶等覆盖地面。

根毛

在银杏根生长的根尖后部，为表皮细胞向外长出的一种毛状体；根毛的功能是从土壤中吸收水分和溶解于水中的无机盐。

根毛区

指银杏根尖中紧接伸长区后部的一个区域，具根毛，故称根毛区，又称成熟区。

根蘖分株

利用自然根蘖进行分株繁殖，银杏根蘖常见于生产。为了促使多发根蘖，可于休眠期或发芽前将母株树冠外围部分骨干根切断或制造伤口，并施以肥水，促使发生根蘖和旺盛生长，秋季或翌春挖出分离栽植。

根蘖苗

银杏蘖力极强，树干基部每年都有萌蘖发生，一般以20~40年生的树木，根部萌蘖发生最多。幼龄树和老树往往萌蘖不多，且发育也往往不良。但也有千年古树盛世不衰，萌蘖幼树的也屡见不鲜。春天土壤解冻后，根据银杏树干粗度和年龄，在2~3 m范围内铺撒厩肥，每株1 000~2 000 kg，并将树干基部周围的土壤刨松灌足水，促使发生根蘖苗，根蘖苗分化严重，应于5月上、中旬，本着去密留稀、去小留大、去劣留优的原则进行定株，立春幼树萌芽前，选择生长苗壮、干形通直的根蘖苗，用铁铲将根蘖苗根部截断，挖出，根蘖苗上一定带一块马耳形的根皮或须根，否则不易成活。根蘖苗栽后易产生"椅子根"，这成为根蘖苗繁殖的重要特点。栽植时应按根蘖苗的粗细、高矮、强弱严格分级，以求苗木整齐，管理方便。根蘖苗定植后如果土壤不过于干燥，浇一遍透地水以后，不要再连续灌水，以免烂根，影响成活。银杏根蘖苗保留了母本的优良性状，在发展良种繁育上起到了短、平、快的作用。由于根蘖苗在发育阶段上是母体的继续发育，阶段性已接近成熟，因此能提早10余年结种。用根蘖法繁殖银杏苗，投资少，节省劳动力，苗木生长快，技术操作简便，是一种切实可行的育苗方法。

根蘖苗人工培育

选择生长旺盛的成年银杏,于初春季节在树干基部 2 m² 范围内松土浇水,再在上面铺一层农家肥。将农家肥浅翻入土,然后每隔 10~15 d 浇一次水,到 5 月初会有粗细不等的根蘖苗长出地面。待长到 20~30 cm 高进行修枝,保留一根主干。一般分蘖苗当年就能长到 50 cm 高以上,相当于培育 2~3 年的实生苗,到冬春休眠期即可挖出移栽。人工培育根蘖苗,同一树不可连年进行。否则,有可能损伤母树的生长和影响白果的产量。根蘖苗具有保留母树性状的特点。所以,培育根蘖苗应选择优良品种树为母树,培育出的苗不须嫁接。如培育雄树根蘖苗,则可用于银杏丰产园配植雄株,也可以嫁接后改为雌株。

根蘖育苗

①一般情况下,母株的根际处所利用的根蘖不宜过多,否则母株会因伤根太多,养分消耗太大,而致树势减弱,影响大树的生长发育和开花结果。为了节约养分,减少损失,当发生根蘖太多或不适当时,应及早从基部剪除。②当把根蘖切离母体后,母体根部会留下不少伤口,要及时进行消毒。一般要用 0.1% 1 L 汞液消毒,并用牛粪泥涂敷伤口,然后培土压实。如不进行消毒处理,伤口处容易腐烂,严重时可使全树腐烂中空。此种大树在全国为数已经不少。③对切除根蘖后的母体要及时追施肥水,加强管理,以保证树体的正常生长和发育。

根盘

银杏树树体的所有部位均有隐芽。这些隐芽在树体正常生长的情况下一般不会萌发,树体一旦受到刺激,则在受害部位或树的根部萌发根蘖,如根蘖不除去,即长成小树,就是平时讲的"怀中抱孙""四世同堂"等。如把根蘖疏除,来年再发根蘖,这样发而疏,疏而发,愈发愈多,最后形成庞大的根盘。

根外施肥

根外施(追)肥,又叫叶面喷肥,是在银杏生长期内,向树冠上喷洒低浓度肥料进行施肥的方法。此法简便易行,用肥经济,见效迅速,是土壤施肥的有益辅助措施(但不能完全代替土壤施肥)。根外施肥主要是通过叶片上的气孔和角质层进入叶内,一般喷后 15 min 至 2 h 即可被吸收,喷后数天到 15 d 即能明显反应,25~30 d 即消失。叶片对肥料的吸收强度和速度,与叶片老嫩和营养状态、肥料成分和种类、溶液浓度、气温等因素有关。幼叶较老叶吸收力强,叶背面比正面吸收快;尿素较其他肥料易被吸收。根外追肥最佳气温为 18~25 ℃,湿度稍大时效果较好,高温下肥料易浓缩,影响吸收,甚至造成肥害。根外施肥在整个生长期内均可进行,以叶基本定型的 5 月至 9 月为主,一般在银杏花期和果实膨大期,上午 9 时以前,或下午 4 时以后喷施,尽量避免烈日、高温时间,阴天无雨全天可喷,要将正背两面喷湿,叶面湿润时间越长,效果越好,喷后 24 h 内遇雨应及时补喷。具体时间和方法:①喷氮素水溶液。在授粉后 15 d,从 5 月上旬至 9 月份,每月喷 1~2 次。②喷磷素澄清液。将磷肥浸在水中 24 h 后,取其澄清液喷叶片。自新梢停止生长至花芽分化期间(6、7月份),每月喷 1~2 次。磷肥渣可进行土壤施肥。③喷钾素浸出液。浸泡方法同上。从开始落果到大量落叶前(6~10月),每隔半个月喷 1 次。用草木灰进行根外追肥时,每 5 kg 干灰加水 50 kg,经搅拌后,再沥出灰渣,施于树下土中,将浸出液取出进行叶面喷肥,效果很好。④喷微肥水溶液。5~7 月,每半个月喷 1 次,按说明书的浓度使用。以上几种肥料元素可交替使用。

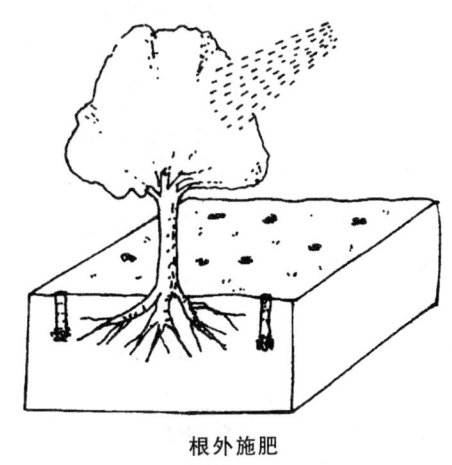

根外施肥

根外施肥的方法和注意事项

①肥液浓度。大量元素肥料(氮、磷、钾)一般为 0.1%~1.0%;微量元素肥料一般为 0.05%~0.2%;铜、钼、硼等微量元素银杏需要量很少,浓度低些,一般为 0.01%~0.1%,浓度高可能会受药害。②喷肥次数。整个生育期喷 4 次或更多,即 5 月初、6 月底、7 月中旬、8 月初各喷 1 次。③喷施时间。气温在 26 ℃以下时,早晨露水初干后即可喷施。高温季节以傍晚喷为好。④喷洒部位。因银杏叶正面蜡质层特厚,所以一定要喷叶反面,使肥液布满整个叶片,并注意不要漏喷。⑤肥液用量。以肥液布满叶反面而刚滴水为好。⑥沾着效果。为提高肥液在叶面上的沾着效果,应加入适量与肥料性质相适应的展着剂(表面活性剂),一般可用中性优质洗衣粉液代替。⑦喷后 6 h

内遇雨,应当补喷。⑧根外施肥最好喷施复合型微量元素叶面肥为好,可综合平衡补充银杏生长所需。

根外施肥的条件

为了提高果和叶片的产量和质量,根据具体情况进行根外施肥(即叶面施肥)。根外施肥具有吸收快、节省肥料、防止土壤固定等优点。适宜根外施肥的几种情况:①当肥料少时,为防止肥料流失和土壤固定,可进行根外施肥。如尿素、磷酸二氢钾,最好是银杏专用的叶面肥;②当出现久旱不雨或水涝等灾害时,造成根系吸收能力降低,为及时补充地上部生长所需的矿质营养元素,采用根外施肥效果好。

根外追肥常用的肥液浓度

根外追肥常用的肥液浓度

肥料种类	喷洒浓度(%)	肥料种类	喷洒浓度(%)	肥料种类	喷洒浓度(%)
尿素	0.3~0.5	硫酸钾	0.5	硫酸铜	0.01~0.02
硝酸铵	0.3	柠檬酸铁	0.1~0.2	硫酸	0.1~0.2
过磷酸钙	0.5~1.0	硫酸锌	0.1~0.2	硼砂	0.1~0.2
草木灰	1.0~2.0	硫酸锰	0.05~0.1	磷酸二氢钾	0.2~0.5

根系

根系是一株植物全部根的总称。通常由主根、侧根、须根组成。根系深入地下,将植株牢固地固定在土壤中,具有吸收、输导、贮藏水分和养分及合成有机物的功能。木本植物根有三种类型:①实生根系,种子繁殖和用实生砧嫁接的树木根系,如银杏实生树;②茎源根系,用扦插或压条繁殖所形成的树木植株,其根系来源于母体茎上的不定根,如银杏扦插苗;③根蘖根系,将原有树木水平根上发生的根蘖,与母体分离后形成独立的植株根系,如银杏根蘖苗。

根系垂直分布

银杏根系垂直分布随着土层厚度、质地、地下水位和栽植情况而变化。用1~2年生种苗一次栽植,根的垂直分布较深;用扦插苗栽植,由粗壮侧根代替主根,垂直分布相对来说,要浅些。根的垂直分布一般不超过2.0 m。银杏苗木都是经过几次移栽,原主根已被截断,侧根生长极快,分布面广,从垂直面看,有几个层次。粗壮侧根在土中斜向生长,代替主根。这类根有的蜿蜒生长,特别是崩塌土崖上,尤为明显,不少人误认为是垂直根。根蘖苗的根系与扦插苗相似。用银杏根蘖苗造林,3~5年后树木生长加快,当树龄达10年左右时,其主根下部会形成一个较粗的"肉质根"。此根表面光滑且粗大,呈浅褐色,其上生有少量的须根和芽眼。这种根不木质化,质地疏松且脆,发现含有大量的水分和淀粉。50~100年生的银杏大树,根系深度一般达1.5 m左右。但在土层深厚肥沃的冲积土,土壤空气含氧量在6%以上,土壤相对含水量达40%~60%,土壤pH值为7.0左右时,银杏根系可达5 m左右。在山东郯城15年生的银杏根系深达1.6 m。50~100年生的银杏大树,根系多集中分布在80 cm以上的土层中,尤以20~70 cm的土层中最多,这一层的根量约占总根量的76.4%。细根分布较浅,1 m以下的土层中已很少,20~70 cm土层中的细根量,约占细根总量的81.1%。

根系的分布

银杏是深根性树种,其根的生长深度主要是受地下水位的影响。50~100年生树,主根一般在1.5~2.0 m。地下水位低,土层深厚,主根可深达5 m以下。而水平根系常超过树冠直径的2~3倍。当土层下有黏盘层或岩石时,根系分布更广。湖南省洞口县大屋乡有一株古银杏树,树高52 m,胸径1.75 m,根系深入土层20 m,水平根达500 m。银杏一年生播种苗,主根长可达30~40 cm,侧根长可达20 cm以上。50年生的银杏,主根深1.5 m,水平根13.1 m。1 000年生大树,主根未测,水平根长21.5 m。100年生银杏根量主要集中在20~60 cm土层内,占总根量的72%,而吸收根主要分布在10~60 cm的土层中,占细根量的76%。而水平根系距树干5~8 m范围内根量占总根量的63%。在距树干4 m以外细根量开始增加,到9 m以外明显减少,而5~8 m范围内的细根量占总细根量的77%。这为银杏施肥深度和范围提供了重要依据。

根系的年生长规律

银杏在我国分布区域广,由于各地经纬度、海、地形等的不同,在一年中根系生长开始和结束的日期也不相同。我国长江流域以南,根系3月上中旬开始萌动,12月上旬停止生长,生长期约二百五十天,在我国北方,由于气候的影响,根系开始生长较晚,结束得也早。在暖温带,银杏根系生长的年节律是两个高峰期,前者在5月中旬至7月中旬,为期60 d,根的生长量占全年根生长量的70.9%。此时期地上部分也开始旺盛生长,需大量肥水,如果树体积累的养分不足,土壤干旱瘠薄,根的生长量极小,持续期短。第二个高峰期在10月中旬至11月下旬,只要土壤温度仍保持在5℃以上(0~30 cm的土层),根系仍能缓慢生长。此时期根的生长量占全年根总生长量的29.1%,因此,提倡在10月中旬栽植银杏小树,能提高成活率,缩短缓苗期。在同样的种植条件下,银杏根幅与冠幅的比例随着树龄的增大而减小,幼树(未结实时期)为1.4:1~1.7:1,进入盛果期后,比例为0.9:1~1.2:1。

根系生长动态曲线

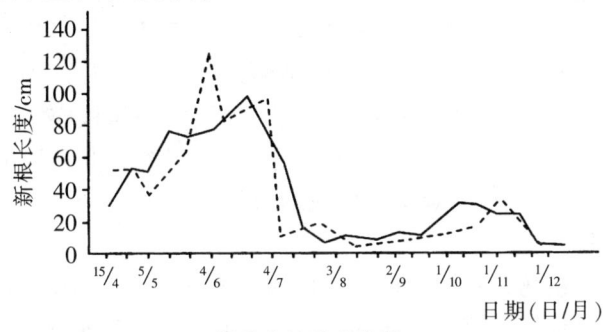

根系生长动态曲线

根系生长物候期

银杏根系从3月中旬开始活动,到12月初停止生长。在整个生长期中,出现两次生长高峰。第1次生长高峰在5月中旬至7月上旬;第2次生长高峰在10下旬至11月中旬。

根系水平分布

银杏水平侧根明显比主根长,一般为树冠冠幅半径的1.8~2.5倍,平均2.2倍。无论是上千年、几百年或几十年生的大树,基本上都符合这个规律。如山东省郯城县港上乡官竹寺有一株唐朝时栽植的1 200年生的古银杏,露出地表的根竟长达18.5 m,在地下一直延伸到21.6 m,而且冠幅为20.1 m×21.4 m。江苏省泰兴市长生乡有一株600年生的雌树,树高26 m,而根系水平分布却达28~30 m。湖南省洞口县大屋乡1 200年生的古银杏,树高52 m,树根垂直分布达二十多米,水平分布达500 m以上。50~100年生的银杏,虽然根系水平分布在生长量上不同,但水平分布规律基本上一致。在距树干5~8 m范围内的根重,占总根重的62.5%。距树干4 m以外,细根开始增多,到9 m以外时则显著减少,其中5~8 m间细根重量占细根总量的77.3%。这为银杏施肥提供了重要依据。同一年龄的实生树和嫁接树总根重和细根重也不一样,如50年生的实生银杏比嫁接银杏总根重大37.1%;细根重大36.4%。由此看出,银杏根系的水平分布既广泛又集中。这为银杏更加广泛地吸收营养,增加抗力提供了有利条件。例如,1956年夏季,12级台风袭击杭州,西湖风景区的许多大树被连根拔起,大部分被刮倒,而银杏却依然挺立其中。

根系水平分布曲线图

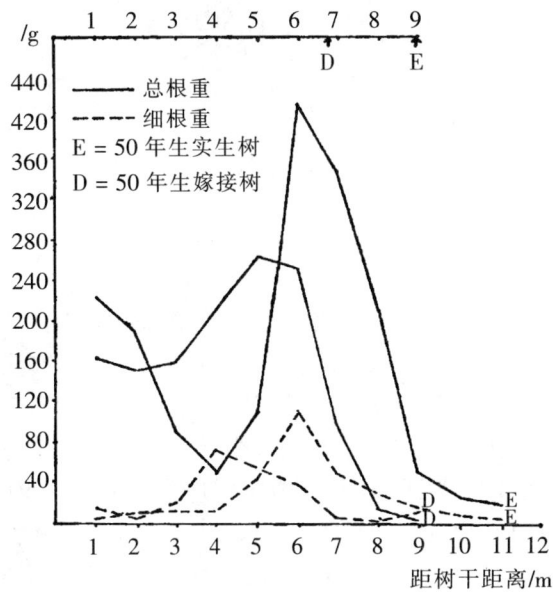

根系水平分布曲线图

根系图

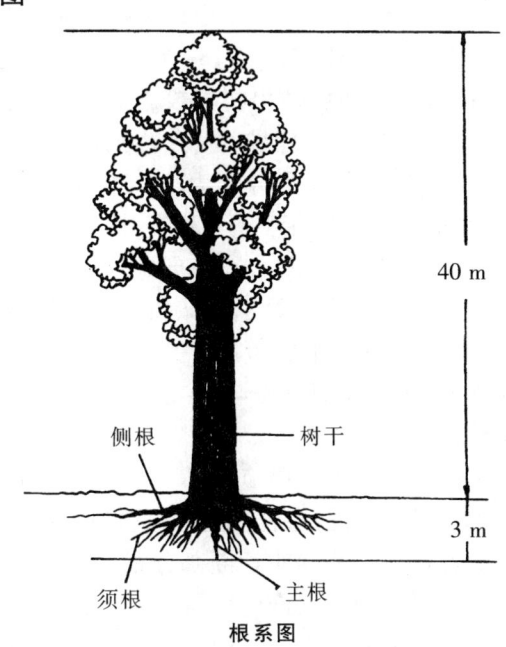

根系图

根系形态

银杏根系主要由主根和侧根组成。银杏实生苗根系具有明显的主、侧根,主根发达,垂直分布较深;扦插苗根系源于茎的不定根,无主根;分株繁殖苗的根系为萌蘖根系。

银杏系深根性树种,主根粗壮发达,根系随年龄的增长而不断延伸,因此银杏的年龄愈大根系就愈庞杂。据观察,50~100年生的大树,根系深度一般达1.5 m以上,生长在地下水位低,土质疏松、深厚、肥沃,土壤相对含水量40%~60%的中性土壤中的银

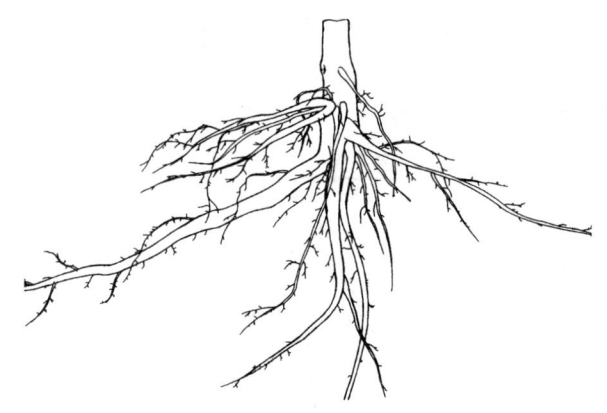

杏,根系可深达 5 m,但集中分布在 80 cm 以上的土层内,尤以 20~70 cm 的土层中最多,约占总根量的 76.4%。细根分布较浅,1 m 以下的土层中很少,20~70 cm 土层中的细根量约占细根总量的 81.1%。这就要求翻土时要适当深翻,施肥时应集中在 20~50 cm 的范围内,以便于吸收和利用。银杏的根系随年龄的增长而有所变化。幼年期银杏的根系为明显的直根系,主根比较发达,2~3 年后侧根水平分布较广,明显比主根长,并有连生现象。无论是小树还是大树,水平根一般为树冠冠幅半径的 1.8~2.5 倍,平均为 2.2 倍,即根系水平分布常超出树冠投影的范围。例如,江苏省泰兴市长生乡有一株 600 年生的雌银杏树,树高为 26 m,其根系的水平分布为 28~30 m;湖南省洞口县大屋乡一株 1 200 年生的古银杏,树高 52 m,根系垂直分布深达 20 m 以下,水平分布则达 500 m。发达的根系为银杏树广泛地吸收营养、增强抗性提供了有利条件。银杏之所以能成为古老的孑遗树种之一,与它具有强大的根系密不可分。

根系修剪

广义根系修剪是指调节根系大小及分布的根系管理技术。狭义的根系修剪则指有目的的断根技术。一般通过深翻或深耕切断部分根系。其主要作用是:减少新梢生长,促进树体矮化;促发新根,提高根系活力;调节根冠比,保持地上部与地下部的平衡;促进花芽形成和发育;提高坐种率,促进种实发育。要发挥根系修剪对银杏生长发育的有利作用,关键是掌握合适的修剪强度及修剪时期。修剪强度是由深耕处距主干的距离和深度两个因素决定的,根系修剪量过大,会对树体的营养生长造成过强的抑制作用,在干旱年份里,甚至会造成树体死亡;修剪量过小,由于促发新根,旺盛的根系生长还会导致树体营养生长过旺。通常深耕处距离主干 60~80 cm,深度 40 cm,但应考虑果园栽植密度及树体生长发育状况。修剪时期一般是在秋季、冬季至萌芽期进行。但为了促进花芽分化及发育,则以在夏季进行断根效果更佳。

根系中营养贮藏蛋白质的分布规律

银杏根系中营养贮藏蛋白质的分布与枝条中的分布不完全一致。营养贮藏蛋白质积累在次生韧皮薄壁细胞和次生木质部的木射线细胞中,韧皮薄壁细胞中的含量高于次生木质部中的含量。在初生木质部和次生木质部之间的细胞中也有数量丰富的营养贮藏蛋白质分布。

根箱法

银杏根系生长动态调查的一种简易方法。将银杏栽在长方形的根系观察箱内,一面有玻璃,外加保护,使箱内土壤温度接近自然,观察方法与根窖法相同。它的构造简单,大小不等,便于观察。但箱内的容积小,只适于观察小树或幼苗的根系。

根压

植物根系的生理活动使液流从根部上升的压力,称为根压。要把根部的水分压到地上部,土壤中的水分就要不断补充到根部,形成根系吸水过程。根压的证据是伤流和吐水。根压产生的机理主要有两种解释。第一种是渗透论。根部导管四周的活细胞进行新陈代谢,不断向导管分泌无机盐和有机物。导管溶液的水势就会下降,而附近活细胞的水势较高,所以水分会不断流入导管,同样,较外层细胞的水分也会向内移动。最后,土壤中的水分会沿着根毛、皮层,流到导管,进一步向地上部分运送。第二种是代谢论。呼吸释放的能量参与根系的吸水过程。

根源根系

由根段或根蘖与母体分离后作为个体产生的根系。可利用根段扦插和由根蘖分株成植株的根系,如银杏、石榴等。特点是具有母体的根系,根系分布浅,个体之间比较一致。

根中营养元素含量的季节动态变化

银杏根系中氮和钾含量的变化呈双峰形,这与根系的生长发育过程相对应。5 月上旬根系开始第 1 次旺盛生长,氮和钾的含量逐渐升高,6 月中旬达到最高值;7 月上旬后根系生长缓慢,吸收能力降低,氮和钾的含量也随之下降,以后随着根系再次迅速生长而逐渐升高。磷在整个生长季表现为持续降低的趋势,这与新梢和叶中的情况基本相似。钙在根中的变化与在新梢中的变化相似。5 月上旬至 8 月下旬,镁含量逐渐升高,之后有所回落。大量元素在根中的平均含量大小依次为氮>钾>钙>镁>磷。生长初期,根中锌和锰的含量较低,随着根系的生长逐渐提高,6 月中旬达到最大值,而后降低。铁在6月中旬和8月下旬含量较高,7月份最低。锌、锰和铁在根中的含量大小依次为铁>锰>锌。

根钟乳的形成

银杏根部能生长出根钟乳(又名根奶、椅子根)是银杏树的一大特性。银杏根钟乳是营养贮藏器官。无锡市鸿山镇有块银杏苗圃,2005年春移栽大苗时,带起的小老苗都有根钟乳。接着对较密处进行成片挖掘,共挖70株,61株有根钟乳,占87%以上。最大的根钟乳长15 cm,粗5 cm,小的长4~5 cm,粗2~4 cm。有单生的,也有丛生的,最多达4个。经测查,银杏苗有根钟乳的生长较弱,无根钟乳的生长较旺。一般苗圃有根钟乳的很少达5%。形成银杏根钟乳概率较高的原因是:①移植苗、根蘖苗、扦插苗经嫁接后,容易形成根钟乳。实生苗因主根发达,不易形成根钟乳;②苗龄长,易形成根钟乳。该苗圃建于20世纪90年代初,当时嫁接高度1 m,因管理不善,约有半数产生偏冠,销售不畅,一直留在地里,苗龄较长,都在8年以上;③生长势弱,容易形成根钟乳。银杏苗经嫁接后,因嫁接部位提高了,前期嫁接苗都压在下面,地上部分生长受抑制,无法伸展,养料都积累在地下部位而形成根钟乳;④黏性土上松下实,侧根多而旺,变直根向下生长受阻,也是形成根钟乳之原因。银杏根种乳是制作盆景的极佳材料,是目前市场上珍稀盆景,很受盆景爱好者欢迎,但价格较高,所以制作银杏根钟乳盆景是银杏苗销售的一个新出路,市场前景普遍看好。

根组

根组与枝组相对称,由生长势较弱多次级分枝根形成的单位根群,其上着生长根和大量吸收根,根组上吸收根寿命和外观质量受土壤有机程度、营养、通气、水分状况影响,植株营养状况对其生长发育质量关系大,根组质量是评价植株发育状况、营养状况和土壤条件的重要指标。根组寿命长,吸收根粗壮、有光泽、密度适中,发育良好,属土壤适宜;色淡无光泽,徒长细长,属土壤瘠薄;根量少,色暗灰褐色,多是通气不良或积水地。

更新修剪

恢复弱树弱枝生长势的修剪技术。由树龄增长、结果量增加、病虫为害、自然灾害等原因造成树体或枝生长势减弱,需要恢复其长势。更新可分为整株更新和局部更新。整株更新是指对全树骨干枝及大型枝组进行调整,一般采用重回缩的办法,促其后部萌发徒长枝,再对其进行培养;局部更新是指对部分生长势弱的枝条进行更新,常采用疏除衰弱部分、在饱满芽处短截或回缩等措施。更新修剪时应注意保护伤口,特别是大伤口,另外还需配合其他技术措施,如肥水管理、疏花疏果及防治病虫害等。

更新枝

局部更新或整体更新时能起到替代原枝条并恢复长势枝条的作用。一般来源于重回缩后萌发的徒长枝或比较强壮的枝条。在修剪中应注意培养和利用更新枝。

工程具体规划

根据银杏生产基地建设的总体规划,进一步做好具体规划。具体规划的内容包括:苗木培育、现有银杏园的巩固和改造、土地利用、水利系统、营林目的、经营方向、产品种类、销售渠道等方面。应该指出的是,具体规划一定要详尽、可行,落到实处。每年度、每个项目都要有检查、有总结,找出经验、教训,提出下阶段的实施意见。

公孙树

关于"公孙树"的来历,有这样一个故事。从前江苏省镇江有一家人,家里有公公、寡媳和一个十岁的孙子。一无赖勾引寡媳并与之通奸。后来这事给老翁和孙子碰见了,无耻的媳妇恼羞成怒,把爹爹和孙子逐出家门,不管老翁如何苦苦哀求,也不见容纳。后来恶媳叫他俩每天上山砍一担柴回来才许回家,老小俩人哪有担柴的力气呀!于是,公孙二人就流落街头以讨饭为生了。两人饥一顿饱一顿,越饿越瘦,老翁没办法只好回去要求儿媳把孙子留存家里。媳妇假装同意,但怕丑事传开,便想把他们害死。一天,媳妇叫孩子去井边担水,那无赖趁机一推把孩子推到井里。公公知道急忙赶来但仍抢救不及,只是哭骂,无赖一不做,二不休,把公公也推入井下。忽然井里一声巨响,井水干了,从井底长出一棵大树,枝叶苍老,结了许多白果。媳妇和无赖看白果好吃,贪吃了很多,都中毒死去。所以,后人便将这棵大树叫作"公孙树"。

公孙树的得名

从前,小河边住着一对老夫妻,他们靠在河里驾划子打鱼为生。老两口虽然无儿无女,但心地善良。有一天,老两口在河里打了一天鱼,也没有打多少,他们却累得要瘫,只想早点回家歇着。他们刚把划子系在岸边,忽然听到河边的芦苇丛里有一个奶伢在哭。他们连忙去把奶伢抱进自己住的草棚,熬了粥来喂他,奶伢吃饱了粥就睡着了。看到这个不晓得父母在哪儿、连名字也没有的奶伢,老夫妻很为难,想抚养他,但老两口都到了六十多岁,不晓得能活几年。老汉说:"明天我到街上卖鱼,打听到哪个人家要抱养小伢,就把他送到哪家去。"哪晓得老汉话刚落音,奶伢就大声哭起来,老婆婆连忙把奶伢抱在怀里,连声说:"不送给人家,不送给人家",奶伢就不哭了。到天黑的时候,老两口给奶伢洗澡,看到奶伢手里捏着一颗银杏果,于是老两口给奶伢取了个名字叫银伢,当孙子抚养。老汉又把银杏种在草棚门口,没有多时,门口就长出一棵银杏树苗。银伢一天天长大,银杏树苗也一天天长高,老两口为了养活银伢,不管刮风下雨天天下河打鱼,身子骨还越来越结实。银伢长到3岁的时候,有一天,一个穿戴讲究的妇女,走到银伢的家门口,盯着银伢看了一会儿,老两口上前去问她,她朝老汉跪下来,磕了个头,喊了声"好公公",转身就跑了。老婆婆想去拉住那位妇女,却因年老腿慢没赶上,就猜想那妇女是银伢的生母。待银伢长到18岁,门口的银杏树也结了不少果,一家人把银杏果摘下来,到街上卖了钱,加上卖鱼的钱,就把草棚换成了瓦屋,第二年还给银伢娶了媳妇,一家人过得很好。因为那个不知名的妇女叫老汉"好公公",好公公种的银杏树,又让她的孙子得了益,一家人就把这棵银杏树取了个名字叫"公孙树"。哪晓得别人听了他家的事,就一传十、十传百,把他家的事传开了,好多人就把银杏树叫"公孙树"了。

公孙树史考

明代周文华编著的《汝南圃史》一书中的第四卷(木果部)始有"公植而孙得食"的记述,因称银杏为公孙树。中国多数植物学家都是从史书中找到根据,认为公孙树即银杏树。《史记·五帝本纪》载:"黄帝者,少典之子,姓公孙,名轩辕"。黄帝以公孙为姓,这是至高无上的象征,且只有把"公孙"当作"图腾"才会有此殊荣。加之,银杏树的寿命可与中国有文字记载的历史相比,因而,称银杏树为公孙树。

公冶长书院

山东安丘市庵上镇城顶山公冶长书院有两株古银杏,一雌一雄,两树相距7.5 m,雌树每年结籽200 kg。该书院相传是为了纪念春秋战国时期鲁曲贤士、孔子得意门徒和佳婿公冶长而建造的。"桃花园里樱上耕,书院灯台贯长虹。金叶玉果银杏树,雪夜松涛读书声。"而今,人们在凭吊公冶长的同时也会对两株银杏树产生思古之情。

公园和风景名胜区栽植

公园和风景名胜区分为成片栽植和不规则的自然点缀栽植两种。由于在园林绿化中,银杏可起到美化环境与庇荫的双重作用,因此,在种植设计时,可根据不同环境进行孤植、丛植、列植或混植。在公园或风景区的整个植物群丛中,列植的银杏显得特别美观。由于银杏的树干雄壮挺拔,树姿优美,枝叶繁茂,特别是秋季扇形叶变成金黄色,更会突出银杏的主景作用。这些地方可供绿化的面积大,适宜树种多,为使游人观瞻景色和谐自然,不千篇一律,固定模式,工作人员视其地形、地势和地段规划,采用公园,风景点外貌与银杏景观相结合的形式进行布局,因地制宜地把银杏栽成小面积片林与其他树种星点搭配。例如,银杏与枫树、黄连木、黄栌等树种混交,深秋金黄色的银杏叶与"霜叶红于二月花"的枫树交互辉映,其自然景色就显得分外妖娆。公园、名胜风景区立地条件变化大,在土层瘠薄的地区要采用营造丰产园的技术措施,促其树株生长发育,以达迅速美化、绿化环境的目的。根据"以园养园"的经营方针,在大型绿地中则可多选雌株栽植,以便结合生产。另外,还要促其早结种、多结种,达到丰产、丰收,增加收益的目的。无论庭院、行道,还是公园、风景名胜区栽植银杏,都要做到"四大",即大肥、大水、大苗、大穴。选用干形通直、中央延长枝顶芽健壮,主干无损伤的5~6年生以上大苗,亦可移栽20~25年生大树。挖深、宽各1~2 m的大穴,填足肥沃、通透性强的壤土。穴施土杂肥50~100 kg。灌足底水,至发芽前保持土壤潮润,确保苗全苗(树)旺,苗壮成长。

功能食品

1995年在新加坡召开的国际东西方健康食品会议上,专家们把除有感观功能、营养功能以外,尚具有某些生理活性的食品,称为功能食品(functional food)。功能食品是指具有营养功能、感觉功能和调节生理活动功能的食品。它的范围包括:增强人体体质(增强免疫能力,激活淋巴系统等)的食品;防止疾病(高血压、糖尿病、冠心病、便秘和肿瘤等)的食品;恢复健康(控制胆固醇、防止血小板凝集、调节造血功能等)的食品;调节身体节律(神经中枢、神经末梢、摄取与吸收功能等)的食品和延缓衰老的食品。具有上述特点的食品,都属于功能食品。功能食品应具有3个基本属性,包括:食品基本属性,也就是有营养还要保证安全;修饰属性,也就是具备色、香、味,能使人产生食欲;功能属性,也就是对机体的生理机能有良好调节作用。第3点是一般食品所不具备的特性,而功能食品正是这3个属性的完美体现和科学结合。这3点也是功能食品研究中必须做到的基本要求。根据功能食品食用对象的不同,可分为两大类。第一类是日常功能食品,或称为日常保健用功能食品。它是根据各种不同的健康消费群(诸如婴儿、学生和老年人等)的生理特点与营养需求而设计的,旨在促进生长发育或维持活力与精力,强调其成分能充分显示身体防御功能和调节生理节律的工程化食品。这类功能食品包括我国1992年全国食品工业质量标准化技术委员会提出的特殊营养食品,2004年国家修订为特殊膳食用食品(foods for special dietary rise)(GB13432—2004)。近年来,国内市场开始热起来的是功能饮料,像较早的红牛饮料年销售达8亿元。后来进入中国市场还有其他的外国品牌,如佳得乐、力丽;国有品牌如健力宝A8、娃哈哈康有利、乐百氏脉动等。这些属于含有维生素、牛磺酸等营养强化剂的饮料。以饮料为载体的商品,较易被消费者接受。因此最近在市场上,大量出现较多的防龋齿和糖尿病人用的无糖食品,如含有木糖醇的防龋齿无糖口香糖、中秋节无糖月饼等,还有低热量食品、满足不同人群需要的特殊功能食品等,其实这些也就是特殊膳食食品。有些功能食品,它自身就含有某些功能成分,并非外来添加,应该是最好的功能食品,如某些粗粮。第二类是特种功能食品,或称为特定保健用功能食品。它着眼于某些特殊消费群(如糖尿病患者、肿瘤患者、心脏病患者、便秘患者和肥症者等)的特殊身体状况,强调食品在预防疾病和促进康复方面的调节功能,以解决所面临的"健康与医疗"问题。现阶段,全世界在这方面所热衷研究的课题包括抗衰老食品、抗肿瘤食品、防痴呆食品、糖尿病患者专用食品、心血管病患者专用食品、老年护发食品和护肤食品等。这类功能食品也就是我国现行管理的保健食品(health foods),国家食品药品监督管理局《保健食品注册管理办法(试行)》公布的保健功能为27项,产品需经国家严格的审批。自1996年我国批准实施《保健食品管理办法》以来,先后审批的国内外保健食品有四千多种,年销售额在200亿~400亿人民币。

功能性食品添加剂

很多食品添加剂已成为保健品加工、品质改良不可缺少的原料。具有保健功能的食品添加剂已成为生产保健食品的关键配料。在食品添加剂中,营养强化剂(功能性食品原料)品种越来越多,从氨基酸、矿物质、纤维素、维生素到低聚糖、多肽等多种功能性原料,它们在功能食品中,发挥着各自的功能作用。所以,功能食品的发展离不开新型的食品添加剂。值得注意的是,我国《保健食品管理办法》的实施,大大提高了保健食品申报注册的门槛,由此将会出现新的动向,未来营养功能食品的异军突起将会取代目前以保健食品为主的发展潮流。实际上在美国、日本等保健品较为发达的国家,营养功能食品才是市场真正的主力军,在营养功能食品的发展潮流中,各类功能性食品添加剂必定会为健康产业增添异彩。在日本银杏叶提取物主要用作功能食品添加剂,用来生产预防阿尔茨海默病的功能性食品。在我国,银杏叶提取物已大量用于保健食品的功效原料,主要功效成分为银杏黄酮。从银杏叶、银杏外种皮中,提取、分离银杏黄酮和银杏多糖,可作为功能性添加剂用于功能食品的开发。另有银杏叶提取物作为营养性抗氧化剂应用。

宫廷白果粥

主料:精大米500 g。配料:白果仁100~120 g,花生豆、黄豆、蚕豆、白糖、青红丝各适量(粥量可按主料和配料比例增减)。做法:①白果去壳,放入开水锅中余5~8 min,除掉棕褐色膜质的内种皮,呈淡绿色的白果仁。②将花生豆、黄豆、蚕豆淘洗干净,冷水浸泡4 h,备用。③将精大米淘洗干净,与上述浸泡后的配料一同放入砂锅或钢精锅(勿用铁锅)中,用文火同煮30 min。④主料、配料煨烂后,使粥稀稠适中,再加入适量白糖调味,搅拌均匀盛入碗中,再在粥上面撒些青红丝,色香味俱佳,实为粥中之上品。

沟灌

在银杏园行间开灌溉沟,沟深约20~25 cm,并与配水道相垂直,灌溉沟与配水道之间,有微小的比降。灌溉沟的数目,可因栽植密度和土壤类型而异,银杏密植园每一行间开一条沟即可;稀植园如为黏重土壤,可在行间隔100~150 cm开沟,如为疏松土壤则每隔75~100 cm开沟。灌溉完毕,将沟填平。沟灌的优点是灌溉沟经沟底和沟壁渗入土中,对全银杏园土壤浸湿较均匀,水分蒸发量和流失量较少,可做到经济用水,防止土壤结构破坏,土壤通气良好,有利于土壤微生物的活动,减少银杏园中平整土地的工作量,便于机械化耕作。因此,沟灌是地面灌溉的一种较为合理的方法。

沟金针虫

此虫主要发生于辽宁、山东、江苏、陕西、甘肃等省。以幼虫咬食银杏种实、根、茎或钻到茎内为害,常造成缺苗断垄。成虫在补充营养期间取食银杏芽叶,也造成一定的危害。沟金针虫2~3年完成1代,以成虫或幼虫在土中越冬。翌年4月上旬为成虫活动盛期,雄成虫有趋光性,卵散产于3~7 cm深的土中,卵期35 d,幼虫期到第3年8月老熟后做土室化蛹,成虫羽化后 10 月在原土层中越冬。沟金针虫主要在土中活动,但受温、湿条件的影响很大。当 10 cm 深土层温度 6 ℃ 时即上升运动;土温达 10～20 ℃ 时可严重危害种实和幼苗。春季多雨也危害加重。如土中水分过多,则转向深土层活动。防治方法:①及时清除杂草和松土,精耕细作可抑制其危害。②播种前用 1 kg 1.5% 乐果粉剂,与 300～400 kg 细砂土充分拌匀后,均匀撒入苗床或苗垄中,翻土毒杀幼虫。

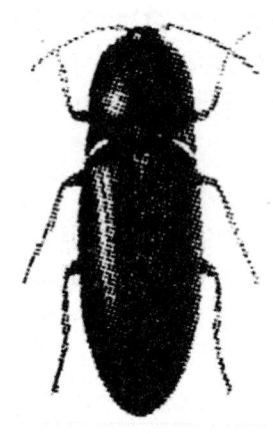

沟金针虫

沟崖银杏

该树生长在十三陵林场沟崖风景区内。上庙前一株树高 20 m,胸径 178 cm,冠幅东西 15 m,南北 17 m;大盘道上一株树高 30 m,胸径 230 cm,冠幅东西 20 m,南北 20 m。依据庙宇修建的年代推断,其树龄在 1 000 年。

沟崖又名沟沟崖,因沟沟皆崖而得名,位于昌平县城西北 10 km 的德胜口内,现属十三陵林场沟崖分区。这里悬崖绝壁,怪石林立,树木浓郁,古树参天,方圆 10 km 以上松峰柏岭,曲在势若爬梯。自唐朝始,这里曾建庙宇 72 座,是当时北方的道教圣地之一,道人多时曾达 500 人。众多庙宇中建筑之宏大,造型之美观,布局之完整,该属玉虚观(即上庙),其殿后有梯可攀无上阁,晴日可东望十三陵水库,西顾居庸关,北顾塞外风光,南眺北京城。明清时期,莲鱼岛是京师重臣避暑游览之处,清朝直隶总督瑞方曾在此避暑,并为庙宇题额"北五当山沟沟崖"。由于历代兵灾,自然损坏,庙宇多已坍塌,只有上庙尚存。在古迹遗址上,保存着这两株参天古银杏树。《日下旧闻考》一书,曾对这两株树有记载,称之为"鸭脚树","……崖前有鸭脚树二,罗汉松一……"。1987 年以来,镇政府成立养护领导小组,对这 2 株古树进行逐年养护管理,都垒上了树盘,树盘周长 20 m,每年浇水、施肥。通过养护管理,这两株银杏树现在是生机勃勃,枝繁叶茂,叶色碧绿,且长出新枝。

构件生物学

自提出植物种群的构件结构理论以来,植物种群生态学的研究摆脱了过去在数量特征和统计学上的困境,而迅速发展起来。当前,关于构件种群的研究,已成为植物种群生态学研究中的一个前沿课题。而构件生物学理论构架也渐趋完善。概括起来,其理论体系的基本内容有 5 个方面:①绝大多数植物是构件生物,植物体可看作是一个构件集合体,它们的生物体都是由重复的形态学单元或称构件单位组成,构件的广义为具有多细胞结构,能行使一定功能,并相互连接的重复单元,植物通过构件结构的反复形成实现其生长发育;②构件结构是多层次的,小至一个芽,一片具腋芽的叶,一朵花,大至整个枝条系统都可看作是一个构件单位;③构件具生死动态及年龄结构等种群统计特征;④构件种群的年龄分布可反映出个体上构件的活力,以及基株对环境干扰的反应对策;⑤构件结构是植物体对竞争、邻体干扰等环境作用的一种形态上的反应,构件结构还使得构件生物具备潜在的无限生长的习性。

孤植

在空旷的平地、草坪或花坛上,单独栽植一株高大银杏,其树冠如伞,绿荫满地,可充分表现银杏的庄重雄伟。如清代浙江《长兴县志》载:"南朝陈武帝陈霸先(公元 503—559 年)于故宅广惠(仿长兴下箬寺)手植银杏一株在圣井旁,其大以抱计,须四人接臂方尽,高可十,望若缨幢,秋晚微霜染树,与红墙掩映夕阳间,自成一幅画稿。已而叶落被迳人行其下,宛若布地黄金矣。"对孤植银杏之美,赞颂之极。又如广场绿地是市民休闲游憩的空间,也是城市主要绿地,广阔的草坪上孤植一些高大的银杏树,形成巨大的伞状树冠,如果枝下高达到 8 m,就可造成夏天降温、冬天充分享受阳光的公共场所,再以蓝天、水面、草地等单一的色彩为背景,更能衬托出银杏树高大挺拔之美。

古树

对银杏而言,多指 500 年以上的古老大树。由于银杏比一般树种的寿命长,我们将树龄在 500 年以上或胸径在 200 cm 以上的大树称为银杏古树。古银杏是中华观赏园艺的一大特色,其意义:①历史的活见证;②名胜古迹的最佳景点;③研究历史和自然的宝贵资料与依据;④供树种规划的重要参考。对于各级古树均应设永久性标牌,编号在册,并采取加栏、加强保护管理等措施。一级古树更要列入专门档案,尤当特殊保护,必要时拨出专款,派专人加以养护,定期上报。

古树保护

银杏是世界上最古老孑遗的植物,在国内人们常常把它与长城、金字塔相媲美,与动物界的熊猫相提并论。银杏是中华民族古老文明的象征,是中华民族的国宝,属国家级保护植物。银杏是具有强大生命力的活文物,它是研究植物区系发生、发展以及古植物起源、演化和分布的重要实物。银杏古树的年轮记载着千百年来气候的变化,可以从中了解到古气候的变化规律,对研究古地理、古地质、古水文等提供了重要依据。银杏古树大多生长在历史名城、风景游览区,饱经风霜,历尽沧桑,多有动人的历史传说和典故,成为历史的见证和重要的旅游风景资源,这就给旅游点增加了无限的情趣。在旅游事业不断发展的今天,银杏古树的挺拔苍劲,风格独特的古雅姿态,无不吸引更多的人们去游览鉴赏。另外,古银杏的存在,也成为园林绿化树种选择的重要依据。随着科学技术的发展,应当让银杏这部大自然的活档案为我们提供更多的历史资料。因此,保护古银杏已成为我们的历史重任。

古树保护技术

①围栏填土。银杏古树历尽沧桑,经历百年甚至几百年上千年雨水冲刷,要对其进行重点保护,要依据树的树冠投影面积的大小用砖石水泥或竹木或钢筋围栏,填土前将树下杂物等进行清理。对古树基部被伤害、腐朽部位进行处理、消毒,板结土壤要进行疏松,然后填入松软肥沃土或土壤的表层土,填土高度以不裸露根系为原则。

②灌溉与排渍。有些银杏古树生长环境极差,有些生长在宅基上,长年累月干旱,有些生长在水沟旁,长年累月受水渍。对于干旱的要在根基部适当距离挖环形沟,在沟内浇足、浇透水,使其浸润渗透,然后以土覆盖沟面。对在沟边塘边的要做排水设备,或明沟或暗渠,将积水引走,以免根系腐烂,影响古树生长发育和成活。

③施肥。对于银杏古树出现叶小,发枝瘦弱细小,花果稀疏时应给以施肥。肥料以迟效性有机肥料为最好,或结合灌溉浇人粪尿。施肥方法可采用点状、辐射状、环形沟施肥。

④病虫害防治。银杏是少病少虫的优良树种,但随着气候条件的变化和与不同树一起相互调运,近年来也发现了几种病虫害。对于银杏古树的病虫害首先应做好预防工作。采取隔绝传染源,清除杂物、残缺枝、有害的藤蔓等措施,适当修枝,保持古树周围环境卫生。发现枝干有病害的如腐朽、溃疡、流液等,可剪除病枝,切除病灶、修整伤口,涂抹或喷洒波尔多液(或石硫合剂,代森锌亦可)。根部病害有根腐、根癌、根线虫,可在根部施草木灰,对根部伤口涂刷石灰水,再用50%的灭菌灵或甲醛溶液对土壤消毒。蛀干害虫严重的如木蠹蛾,应清除附近感染受害木,在孔洞中注射农药以泥巴封口,或以棉花蘸药塞入排粪孔。

⑤气象灾害预防。古树银杏多高大雄伟树体,为避免电闪雷击,需在树体最高的树梢顶端架避雷装置;在风害严重的地方,应设立支柱或拉索加以固定;寒冻害预防应采取草绳粗麻布等包裹树干;预防冰冻与雪折危害银杏古树。

⑥银杏古树创伤的处理。银杏古树因自然或人畜病虫伤害后,造成劈裂、折断、腐朽、疮痂、溃疡、孔洞、树皮剥离、干枯等伤口,首先加以清理,方法是将腐朽、枯死、溃疡部分刮除至枝体鲜活部分,然后采用甲醛、波尔多液、硫酸铜液、白涂剂等对伤口进行消毒。再使用假漆、焦油、工业用蜡等涂料对创口进行防水防腐处理。

古树保护技术措施

①改良土壤尤为重要。有不少古银杏生于砾石地、中粗砂土,土壤保肥保水性能差,必须深翻改土。因此,晚秋至迟入冬前,结合施肥深翻改土,清除砾石,以土养树,培根复土。处于名胜园林、旅游胜地的古银杏,树盘虽不可修得过大,但也要保持半径2~3 m的树盘。结合除草,每年松土5~6次,每次大雨或灌水之后也要及时松土。打破土壤板结状况,提高土壤通透性,为土壤微生物的活动及根系生长创造良好的环境。

②加大肥水。提高树体营养水平,不少古银杏数百年乃至上千年,未施过肥,土壤瘠薄,营养水平低。根据树体大小,每年分2~3次追施化肥5~10 kg。追肥时间,一般在发芽后,尽量早施。因为银杏古树只有一次生长,速生期短,而萌芽后不久即抽生新梢,形成叶片和开花结种,几乎同步进行。基肥可于秋末结合深翻,每年每株施土杂肥200~300 kg。施肥方式采取沟状施与分散穴施交替进行。浇水也可结合施肥进行,每年至少三次,第一次为春季发芽前;第二次为春季发芽后;第三次在秋末施肥后。有条件者还可加多浇水次数。

③适当修剪。调整树势修剪的原则与以生产白果为目的的银杏迥然不同,应突出观赏价值。对枯死枝及过去人为和自然损害后的大枝残桩,一律锯除,尽量锯到活枝处,并削平锯口,涂抹油漆,以防病菌浸入。对失去抽枝能力过度衰弱枝要回缩到壮旺部分

或萌条处,也可用刻伤法促使隐芽萌生新枝条。夏季视内膛枝条疏密程度、着生部位及所处空间大小酌情处理,疏除交叉重叠、纤细瘦弱枝,以利通风透光。保留着生部位好,有发展前途的旺枝,以利扩大树冠。做到留而不废,去之合理。

④停种养树促发新枝。结种树要消耗大量养分,导致树体衰弱。在对衰老树加强管理的前提下,应暂停结种,促进营养生长,迅速扩大树冠,待恢复树势后再让其适量结种。

⑤加强病虫害防治,避免人畜为害。古老银杏本来树体衰弱,生命岌岌可危,若再遭病虫害及人畜为害,势必加剧衰弱程度。对病虫害应坚持预防为主,综合防治的原则。处于旅游胜地的古银杏要少喷或不喷污染环境的农药,保持良好的生态环境。有的根蘖苗高达数米,选用生机旺盛的根蘖苗桥接,以代替失去生机的老皮、老干、老根,以利吸收、输送水分和养分。银杏古树长期遭受烟尘侵袭,也会引起树势衰弱。因此,首先应切断污染源,再采取另外一些增强树势的技术措施。风景游览区来往游人活动频繁,相应地飞扬起来的灰尘降落在银杏古树上的也多,这时可于每天太阳落后,用高压喷雾器喷洒树冠,淋洗掉叶面上的灰尘,使其光合作用增强。这对增强树势,复壮古树也会带来益处。然而对开裂的树干、粗枝,要用钢筋固扎。下垂的主枝要竖立支柱,以防折断。对腐朽的树干、树洞,要用水泥堵塞、填平,防水,防病虫和防野兽居住。高大的古银杏还要架设安装避雷器物,以防雷击起火。

古树保护学

据初步统计,我国现在古银杏树30万株。研究它们如何历经岁月的摧折,仍然得以幸存下来的历史,对推进我国古树名木的保护,增强国人的古树保护意义重大。

古树概念及其健康

古树是指树龄在100年以上的树木。古树有两种等级分类标准:一种为建设部的规定,即国家1级为树龄300年以上和2级为树龄100~299年;另一种是全国绿化委员会的定义标准,即将500年以上树龄的树木定为1级古树,树龄300~499年的树木为2级古树。银杏属于寿命长的园林树木及果树,它的1级古树年龄应为1 000年生以上,2级古树年龄应为800年生,3级古树年龄应为500年生以上。"树木健康"主要是指树木良好的生长状态,反映树木的生长状况。当树木生长茁壮并具有良好的结构时,它们具有更高的生态、景观和社会价值,而且能够更好地忍耐胁迫、抵抗病虫的危害。一般来说,生长势能够很好地说明树木的生长状况,常用来判断其健康状况。生长势是指树木生长的强弱状况,表现在新梢的粗度和长度、树冠整齐度、叶片色泽、分枝的繁茂程度等。"树木健康"的概念是针对园林树木的,可将其参照用于银杏古树。

古树和名木

一般地讲,生长年代久远的树木即是古树。但是,什么叫"年代久远"?生长多少年以上就可称为古树呢?这主要应由树木的生物学特性来确定,一般进入缓慢生长阶段的树木,枝梢末端生长极慢,同时从形态上能够给人以历经风霜、苍劲古老之感,就可称为树,从这一点上考虑,不同类型的树种,划分年限应有所区别,慢长树的划分年限比快长树应相对提高。此外,也应考虑国家的历史,例如美国和澳大利亚建国时间短,他们划分古树的年限就比较低。我国是文明古国,划分年限应相对提高,综合以上几点,以300—500年为界线来划分古树是比较适宜的。而银杏古树的年龄应在500年生以上。

名木即是有历史意义,教育意义,在其他方面具有社会影响而闻名于世的树木。其中,有的以姿态奇特,观赏价值极高而闻名,如黄山的"迎客松"、泰山的"卧龙松"、北京市中山公园的"槐柏合抱"等等,有的以历史事件而闻名,如北京市景山公园内崇祯皇帝上吊的槐树,有的以奇闻轶事而闻名,如北京市孔庙中的侧柏,传说曾以其枝条鞭打权奸魏忠贤而大快人心,如此等等。古树,名木往往二者集于一身。

古树健康的等级标准和评价技术

国外关于树木健康状况的研究比较多,也比较早。早在20世纪60年代,已建立了树木潜在伤害数据系统,应用于某些种的树木健康预测。国内目前有关古树名木的健康及其保护、恢复的报道较多,且多集中在经验,总结与介绍、原则性措施与对策等方面,从树体外貌、木材解剖以及器官生理生化特性等方面对古树健康的研究较少。在古树的健康评价方面,我国还处于起步阶段,主要的判断依据是外部表现与病虫害状况,评价指标的选择与评价体系的构建仍在探索之中。

古树健康等级标准划分

目前,我国古树健康评价结果等级还没有统一的标准,在这方面的研究还比较少。根据不同研究需要,按照树木外貌表现和病虫害状况将古树健康评价等级分为2~5个不同的等级,将古树健康等级划分为健康、较健康、一般、差、很差等5个等级。生长势能够很好地反映树木的生长状况，因此，主要以生长势作为评价健康状况的主要指标。然而，该方法并未将树木的生理生化指标、树干内部的生长状况、树木根部生长状况及树木的生长环境考虑在内，而且对评价者要求较高，不适于普及应用。

银杏古树健康等级划分

分级	健康程度	特征
Ⅰ	健康	树冠饱满，叶色正常，病虫害率小于5%，无死枝，树冠缺损率不超过5%
Ⅱ	较健康	叶色正常，病虫害率5%~10%，树冠缺损率6%~25%
Ⅲ	一般	叶色基本正常，病虫害率11%~20%，树冠缺损率26%~50%
Ⅳ	差	叶色不正常，病虫害率大于20%，树冠缺损率51%~75%
Ⅴ	很差	树冠缺损率大于76%，濒于死亡

古树健康评价指标体系

银杏古树健康评价指标的选择是由古树的生长状况决定的。对古树进行健康评价，指标体系的建立是首要和关键的步骤，指标体系的优劣直接关系到评价的科学性与准确性。筛选出合理的指标能够为准确评价古树健康提供必要的信息，为古树的保护提供科学的依据。国内外一些学者开展关于古树健康评价指标的研究工作。从各个学者选择的指标来看，主要分为生长指标、形态指标、病虫害外部表现指标、树干和根系腐朽指标以及生长环境和机械损伤等间接表现指标6大类。

银杏古树健康评价指标

指标类型	指标体系
生长指标	生长势、枝条生长、叶片生长、新梢生长、徒长枝、落叶
形态指标	倾斜、树形、叶状、树冠密度、树冠缺损率
病虫害外部表现	枝条枯萎、顶梢枯死、叶部病虫危害（黄叶病、叶斑、叶焦、叶枯萎）、枝条病虫害、寄生
树干和根内部腐朽	根腐、干腐
其他	树木生长环境、树干损伤、根部损伤、根部通气透水性、叶的颜色

古树名木的分布特点

陕西境内的银杏古树名木从南到北依次减少，即陕南分布最多，关中次之，陕北最少。分布在陕西最北部的古银杏是甘泉县白鹿寺的一株千年雌株银杏。从垂直分布上看，80%以上的银杏古树名木分布在海拔1 000 m以下，最高海拔为1 640 m，是生长在凤县温岭寺的一株千年银杏古树。银杏古树名木分布的具体地点，关中和陕北的银杏古树名木大多孤植，保存于庙前祠院内。如甘泉县白鹿寺的千年雌性银杏古树，固至县楼观台宗圣宫的2 000年雄性银杏古树，即民间流传的"千里姻缘一线牵"的"南有楼观雄株，北有白鹿雌树"的故事；而陕南的银杏古树名木或群居于河道边，如洋县矛坪乡新华村保存着10余株百年银杏古树，成为远近闻名的"白果树"；也有单独生长在山上，如白河县构扒乡平岩村山顶上的2 000年银杏古树等。这种分布特点与人类文化发源和交流有着密切的关系。

古树命名的实例

①树龄百年以上。栾川县合峪乡前村庄内有一株银杏大树，胸围仅1.7 m，高22 m。村里人都说此白果树为180岁，据一位65岁的老人说：这棵白果树是他爷爷的爷爷年轻时亲手栽的，这棵白果是他家的传家宝。②因民间传闻而得名。例如，永城市芒砀山上一株两千多年古银杏，传说是三国时代张飞带兵路过此处歇兵拴马于此树，故说是"张飞拴马树"。此外，鹿邑县老庄乡孙营村有"罗成拴马白果树"。唐河县源潭镇何家庄南地一株古银杏号称"明代树翁"，还有叫"隋白果、唐白果"的不少，均为古老大树。

古树年龄测定方法

银杏古树年龄常用的测定方法有：①年轮鉴定法；②访谈估测法；③文献追踪法；④实地勘测法；⑤类比推断法；⑥曲线回归方程拟合法；⑦^{14}C年龄测定法。

古树树龄确定

银杏古树树龄的确定也是一项较复杂的工作。目前，我国古银杏树龄只有少部分较准确外，绝大部分都是约计数，相差甚远，这就给古银杏研究带来了较大困难。①查阅古籍、县志、辞书，或金石碑文和遗留下来的古建筑等文史资料；访问当地老人和有关文化工作者，依此推算出银杏古树的记载或栽植的基本年代。②选择生长良好、无异状突起、无人畜损伤和腐朽的样树，在离地面50~150 cm处选一取木芯点，将此点的老树皮刮掉，用生长锥钻取木芯，木芯一般长15 cm以上，将取出的木芯置于20倍放大镜下数其年轮，最后根据银杏古树半径推算出银杏古树的年龄范围。③根据古银杏在当地立地条件下高或径的年生长规律,再按古银杏树现有的高度或径粗来推算古银杏树的树龄范围。④广州市园林部门创造了"树龄三段计算法",适用于树干完整古银杏的树龄测算,准确度高,具有较大的推广价值。

古树衰弱的原因

①土壤板结,通气不良。许多银杏古树所在地随历史变迁、经济发展、人口增多等因素形成旅游点,造成土壤通透性差、板结,甚至造成银杏树根系大量死亡。②土壤剥蚀,根系外露。古树历经沧桑,土壤裸露表层剥蚀,不但使土壤肥力下降,而且表层根系易遭干旱和高温伤害或死亡。③挖填方影响。道路及道路工程挖填方,破坏银杏古树的形态及其立地条件。④古树下地面不合理铺装。有些银杏古树下用水泥或其他材料铺装,极大地影响了银杏古树的根系生长。⑤土壤严重污染。乱倒污水,古树下设置临时性厕所,乱倒乱搭,造成土壤严重污染,恶化了土壤理化性质。⑥土壤营养不足。银杏古占树经过几百上千年的生长,消耗了大量的营养物质,养分循环差,几乎没有枯枝浇叶归还土壤。⑦病虫严重危害。许多银杏古树衰老与病虫害严重危害,特别是鸟类危害。⑧自然灾害。主要是风折、雨涝、雪压、雷击等,往往导致银杏古树毁损。⑨人为伤害。将银杏古树神化后朝拜导致点火伤及树体,人为刻字剥皮、拉线进行伤害。

古树养护与复壮

银杏从衰老到死亡不是简单的时间推移,而是复杂的生理过程,不仅受到遗传因素影响,而且受生长环境、栽培措施的制约。许多研究资料说明古树生长与其生存环境有着极其密切的关系,凡是生态系统健全、生境条件中经人为措施得到改善的古树生长良好、寿命长。银杏古树衰老的原因,通过改善银杏古树的地下环境和加强地上保护使之复壮。

古树养护原则

①恢复和保持银杏古树原有的生境条件。银杏古树在一定的生境下已经过了几百上千年,说明它已适应其历史的生态环境,特别是土壤环境。如果银杏衰老的原因是由土壤及其他条件剧烈变化导致,则应尽量恢复其原有的状况。对于尚未明显衰老的银杏古树,不应随意改变其生境条件。因此,要保证银杏古树有稳定的生态环境。

②养护措施必须符合银杏树的生物学特性。任何树种都有一定的生长发育与生态学特性,如生长更新特点,对土壤的水、肥要求以及对光照变化的反应等。在养护中应顺其自然,满足其生理和生态要求。银杏一般要求土壤含水量17%~19%为宜。合理的N、P、K含量。

③养护措施必须有利于提高银杏古树的生活力。增强树体的抗性。这些措施包括灌水、排水、松土、施肥、树支撑加固、树洞处理、防治病虫害、安装避雷针以及防止其他机械损伤等。

古银杏的有害生物

古银杏的有害生物

有害生物名称	发生危害期	危害部位	危害程度
银杏茶黄蓟马虫	5—7月	叶	++
银杏卷叶蛾	4—8月	叶	+
银杏大蚕蛾	4—8月	叶、果、枝	+
斜纹夜蛾	6—7月	叶、果	+
华北蝼蛄	4—9月	叶、果	+
铜绿金龟子	6—7月	叶、茎	+
银杏叶枯病	6—8月	叶	+
银杏叶枯病	7—9月	叶、枝、干	+
银杏茶黄蓟马虫	5—7月	叶	+
斜纹夜蛾	6—7月	叶、果	+
银杏茶黄蓟马虫	5—7月	叶	
斜纹夜蛾	6—7月	叶、果	
银杏叶枯病	7—8月	叶	+
银杏干枯病	7—8月	叶、枝、干	+
斜纹夜蛾	6—7月	叶	

古银杏树势衰弱的主要原因

①树龄偏高。已有1 600年以上,在其生命周期中,地上部分自然打枝痕迹年久,由于风吹日晒和各种微生物的侵害造成了树冠内膛骨干枝的腐朽,与此同时,地下部分的自疏现象,已造成树冠范围内的骨干根早年形成的吸收根群大量死亡,致使树冠叶幕减少,叶片制造的营养物质少而吸收根群从土壤中吸收的水分、无机盐等营养分少,无法满足地上部分生长发育需要。正常的生理活动无法进行。②光照严重不足。银杏树属强阳性树种,因其生长的周围诸多树木的树冠遮挡了大量的光照,不仅使得银杏地上部分无法正常生长和扩大树冠,还加重了树冠自然打枝现象。③土壤通透性差。古银杏树冠投影范围内地表大都浇灌成水泥地面或铺设石砖,不仅加速加重了隐形根系生长的自疏现象,而且使银杏处于缺氧呼吸状态,无法产生较大量的吸收根群,故根系从土壤中吸收的水分、养分不能满足其地上部分生长的需要。④病虫害和寄生植物的危害。古银杏部分延长枝芽因病而枯死,部分叶片上茶黄蓟马虫的密度较大,这是造成叶片发黄,卷缩过早凋落和树冠不能扩展的因素,且有少量银杏卷叶蛾、银杏大蚕蛾等食叶害虫的

存在。⑤结果量偏大,消耗养分过多。

古银杏衰弱现象

①树体中下部位的主干、主枝存在数量较多的腐朽空洞,空洞内侧木质腐朽并有了实体产生。②主干、枝干树皮老化,轻度腐败并布满苔藓、蕨类等寄生植物和真菌。③树体上部分延长枝顶枝芽和短果枝因病害枯死,叶片上银杏茶黄蓟马虫密度较大造成了叶片变黄,严重时造成落叶,且有少量食叶银杏卷叶蛾、银杏大蚕蛾危害叶片。④树冠冠幅缩小,枝叶量少时明显存在叶形差异,树冠上部分叶片明显较正常叶片小一半,树冠下部分叶片稍大一些。

古银杏雄株的 ISSR 遗传多样性

应用 ISSR 分析技术对 19 个省市的 97 株古银杏雄株进行遗传多样性分析,并对它们的亲缘关系进行分析鉴定。银杏雄株具有丰富的基因多样性和遗传多样性,选用的 13 个引物共扩增出 114 条 DNA 条带,其中多态性 DNA 条带 83 条,占 72.8%;有效等位基因数为 1.811 7,基因多样度为 0.437 4,Shannon 信息指数为 0.625 3;利用 UPGMA 法对扩增结果进行聚类分析,把 97 株古银杏雄株分为两大类,一类表现出较强的地理相关性,另一大类表明遗传距离与地理位置远近不完全相关。

古银杏与避雷针俯视图

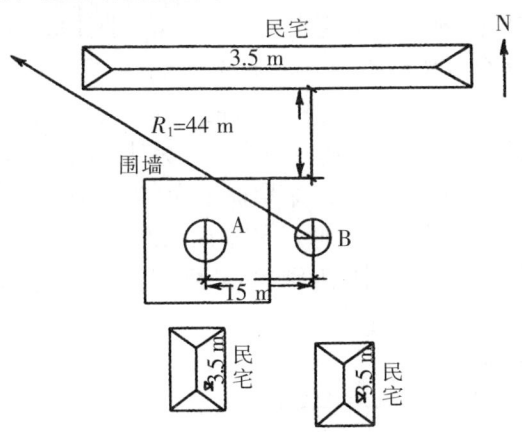

古银杏与避雷针俯视图

古银杏与避雷针位置图

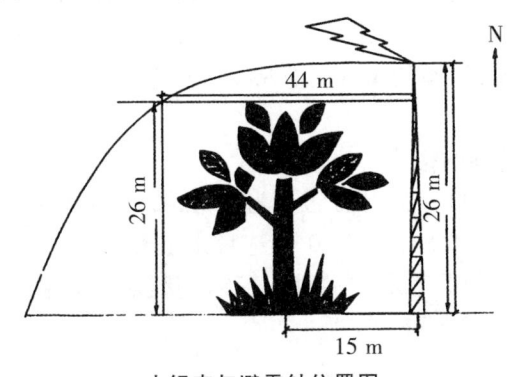

古银杏与避雷针位置图

古银杏之最

密云县巨各庄乡塘子小学,原是元代香岩寺遗址,院内矗立着一株巨大的古银杏,树高达 2.3 m,是唐代以前种植的,树龄达 1 300 年以上,人称北京市的"古银杏之最"。据《日下旧闻考》载:"香岩寺……,内有鸭脚子(银杏)一株,又名白果寺。"

古桩盆景

它是选古银杏老枝桩头用扦插的方法使其生根发芽制作盆景。第一步,制作插床,选地势平坦、背风向阳的地段,以土壤湿润肥沃、排水良好的砂质壤土作基质为最好。土层厚度为 0.6 m,土粒大小适中,土面平整,作为插床。过扦的插床具有通气良好,昼夜温差变化不大,光照时间长,桩头不易失水等特点。这就为银杏桩头的生根创造了条件。第二步,适时扦插,10 月下旬,当气温达 20~24 ℃时,银杏树叶已经变黄,大部分脱落,这时可从古银杏树上选直径 10~15 cm,高约 0.6 m,具有古朴的桩头锯下。剪除多余小枝,削平锯面,基部用红糖水浸泡两小时,再粘上稀牛粪浆(牛粪:水 = 1:3),荫干水后,垂直插入土中 2/3,浇足水,露出部分的伤口涂上黏泥。第三步,插后管理,插后每 7 天浇 1 次透地水,11 月中旬,将整个插床复盖上塑料薄膜,寒冬季节温度应保持 5~15 ℃,湿度应保持 75%~80%。翌年 4 月上旬桩头即会萌芽,4 月下旬展叶,当夏季来临时,每根枝条上都会保持 8~10 枚叶片。下一年初冬将桩头掘起植入盆中,夏季再进行蟠扎,即会形成一个自然古朴、清秀淡雅的理想作品。

固氮作用

固氮微生物吸收空气中游离氮素并转化成体内含氮有机物的作用。它使土壤中氮素营养显著增加。一般将固氮微生物分为两类:①在土中能独立固氮的细菌,主要有自生固氮菌以及某些能固氮的蓝绿藻类;②与植物营共生生活的,主要是根瘤菌以及与某些植物共生的真菌、放线菌。银杏属于第二种类型。

固地性

固地性系指银杏根系固着地面的能力。银杏定植后在枝干向上生长的同时,根系也向地下延伸,开始时先长垂直根,向土壤深处发展,后再向四周扩展。根系在土壤中扎根深度和扩展范围,决定了银杏根系固定性的强弱,银杏根系深广则固定性强,浅狭则弱。土层深、土质疏松、地下水低,要比土层浅,土质硬或地下水位高更有利于增强银杏根系固定性。用开心形或其他无干形整形要比有干形固地性差。在银杏生产上,有用各种支柱增加银杏固地性以减轻风或其他因素造成的损失。

固体培养

将琼脂等凝固剂加入培养液中,灭菌冷却后培养基凝胶化,这种培养基称为固体培养基。将培养材料放在固体培养基上进行培养的方法称固体培养。其优点除培养室外不需其他设备,缺点是培养物与培养基接触面小,营养吸收不均衡。固体培养中取常用的凝固剂是琼脂,一般用量为0.7%~1%。琼脂的凝固性受pH值的影响,pH值低于5时,凝固不好;高于6时,培养基会变硬。琼脂分为琼脂条和琼脂粉两种,多采用琼脂粉做凝固剂。琼脂中含有杂质,其质量好坏会影响培养效果,应选用优质琼脂。近年来,也有用树胶类物质代替琼脂的,其特点是杂质含量少,凝固性好,培养基成透明状,用量一般为0.3%~0.5%。

刮皮

即将粗糙的树皮或有病斑的树皮刮掉深为皮厚的1/3左右,可有效防止病菌与虫卵藏匿其中,对嫁接部位还可防止积水,并能有利于长出新树皮。此法主要用于大树。

关沟大神树

当地俗称"关沟大神树"。一级古树,该树生长在关沟,即南口镇居庸关四桥子村中,树高25 m,胸径250 cm,冠幅东西20 m,南北25 m。相传银杏树植于唐代,据此推断树龄约一千二百年左右。这棵树为昌平县境内现存最古老和粗大的古树之一。银杏树为雌株,树体完整,枝叶繁茂,占地近670 m²,每年可结出近50 kg白果。它挺拔苍翠,十分壮观,人称"关沟大神树",为著名的关沟七十二景之一,过往关沟的游人都能一睹其雄姿。1989年,昌平县林业局对这棵树采取了保护措施,清理了树下杂物,修了树盘,建了围栏,并由昌平县人民政府立了护树石碑。

关中平原区

本区东至潼关,西达宝鸡;南到秦岭,北至渭北高原南部边缘地区,即关中平原,属暖温带半湿润气候区。年均气温13 ℃左右,极端最低气温-21 ℃,年均降水量650 mm,降水多集中在夏秋两季,雨热同季,对银杏的生长发育极为有利。相比银杏最适宜栽培区,该区虽然光照充足,土层较厚,无积水内涝现象,但春季气候相对较干燥,对银杏早春生长有一定影响。如果采取大树适时灌溉、育苗遮阴,可以克服关中地区银杏栽培中的不利因素。本区内已栽培的银杏年均高生长量为0.5 m,结实良好,但许多银杏雌株因远离雄株,结实少或不结实,有些种核发育不完全,亟待人工辅助授粉或嫁接雄株等措施加以改造。

观赏价值

银杏树体高大,伟岸挺拔,雍容富态,季相分明且有特色。春暖花开的季节,银杏叶嫩绿,玲珑奇特,别有情趣。夏天,一片片绿叶,似打开的折扇,清风徐来,给人以凉爽之感。秋天,深绿色"折扇"显出点点橙黄,累累硕果掩隐其中。秋风一吹,撒下一片橙黄,宛如铺开一条金色的地毯。冬季虬枝挺立,仍不失蓬勃向上的朝气和傲骨。可以说,银杏是集叶形美、树形美、内在美于一身,融自然景观与人文景观于一体,历来被尊崇为"圣树""神树",在观赏园林植物中具有重要的地位。我国的名山大川、古刹寺庵等旅游胜地,无不有老态龙钟、高擎苍天的银杏树,它们历尽沧桑,遥溯古今,给人以神秘莫测之感。据报载,南京西桥宫山北曾出土一座东晋古墓,墓葬中有砖印壁画,画幅上银杏树浓绿如盖,树下人物形态各异,可见银杏在古代园林中的作用和地位。近代,银杏已被广泛用于家庭观赏绿化和行道树,甚至有不少城市的街道用银杏命名,如山东的烟台市、莱阳市等,而成都市、丹东市、荣成市等先后将银杏定为"市树"。在国外许多城市中,都广泛采用银杏装点城市。据1982年日本对229个主要城市调查表明,银杏行道树在树种分类上占第一位,约占行道树总数的17%。在法国、朝鲜、美国等10多个国家都有银杏街。另外,在我国盆景艺术的瑰丽园圃中,银杏盆景被誉为"有生命的艺雕"。将古朴凝重的银杏,通过艺术加工制成盆景,使其雄姿浓缩于盆景之中,幽雅独特、野趣横生、静供案头,令人赏心悦目。

观赏品种

银杏属于多功能树种。银杏观赏品种的开发和利用对盆景制作、城乡绿化及美化有重要意义。美国目前有观赏品种50个,其中有18个品种已被美国园艺学会批准为推广品种。随着银杏资源的开发和利用,我国已发掘出许多银杏观赏品种,诸如垂乳银杏、垂枝银杏、窄冠银杏、金带银杏、多裂银杏、叶籽银杏等。

观赏品种的选育

以400年生叶籽银杏为母本,45年生银杏为父本进行授粉育种,历经10年选育出玉镶金、窄冠、垂叶、黄叶4个银杏观赏品种,遗传性状稳定,植株生长健壮,观赏价值高。

观赏品种的叶片形态特征

观赏品种的叶片形态特征

品种	性别	叶形	叶缘	叶基	裂刻数量（长>1.0 cm）	最大裂刻长×宽（cm）	叶色
60号	♂	心形	全缘	心形	1	3.8×0.5	深绿
007号	♂	扇形	波状	楔形	1	5.5×2.7	绿
金丝（JS）	♂	扇形	波状	楔形	2	3×1.5	深绿与丝状浅绿相间
花块（HK）	实生苗	扇形	波状	楔形	1	1.2×1.2	浅绿与深绿块状相间
斑叶（BN）	实生苗	扇形	浅波状	楔形	—	—	深绿与浅黄块状相间
垂叶（CH）	实生苗	扇形	齿状	楔形	1~4	5.9×4.1	绿色

观赏品种的引种

①金秋（Autumn gold），叶子金黄色。②费尔蒙特（Fairmount），尖塔形冠，幼年枝平展。③塔形银杏（Fastigiata），树冠塔形。④湖景（Lake view），阔塔形树冠。⑤叶籽银杏（Ohatsuki），叶上生银杏种。⑥金兵普伦斯顿（Princeton sentry），窄冠形树冠。⑦圣克鲁斯（Santa cruz），树冠伞形，低干。⑧萨拉托格（Saratoga），枝条垂直向上、生长快。⑨垂枝银杏（Pendula），枝下垂。此外，尚有 Horizontalis、Leiden Male、Tremo Tubifolia、Tit 等4个叶形奇特或生长奇特的品种。

观赏品种选优标准

①雄性为主。选择的材料主要是雄株银杏。②树姿雄伟、叶形奇特。树形包括冠形、干形、枝形和枝条的开展角度等。叶形包括漏斗状叶银杏、叶籽银杏等。③叶色美观。含金叶银杏、斑叶银杏、金条叶银杏、银条叶银杏等。④抗性强。具有抗旱、抗涝、抗风、抗病虫、抗污染、适应不良生态因子等优良性状。

观赏品种选育

银杏树体高大，伟岸挺拔，季相分明且有特色，集叶形美、树形美于一身，寿命比较长，病虫害少，适宜做庭荫树、行道树或孤植树。银杏观赏品种的开发与利用，对盆景制作、城乡绿化及美化有重要意义。银杏观赏品种营养器官特性会随环境的变化而发生改变，但经观察，银杏品种成年植株的标准枝中叶形、叶片大小、叶缘、分枝特性、树冠形态等性状在银杏品种上还是比较稳定的，因此，营养器官的特性成为观赏品种分类的主要依据之一。

观赏品种选育标准

观赏品种选育标准

性状	选种标准
（1）观叶品种	
叶形	二裂、三裂、五裂、多裂、掌状裂、筒状叶
叶色	浓绿、黑绿、亮绿、金黄、黄斑叶、金丝
叶大小	大叶、中叶、小叶
（2）观型品种	
树形	塔形、直干形、矮化形、复干形（丛生形）
冠形	伞形、窄冠、垂枝形、圆头形、椭圆形、纺缍形、圆柱形、开心形
分枝	轮生枝、丛生枝、短枝型
长势	速生型、慢生型
（3）观果品种	
马铃类	大、中、小马铃
梅核类	大、中、小梅核
佛指类	大、中、小佛指
（4）稀有品种	
叶籽银杏、垂乳银杏、雌雄同株银杏、多代同堂银杏	

观赏品种遗传多样性的 AFLP 分析

采用扩增片段长度多态性（amplified fragment length polymorphism, AFLP）技术，对银杏国内外5个品种进行遗传多样性分析。从64对引物中共筛选出5对比较清晰、多态性水平较高的引物：M + CAG/E + ACT，M + CAG/E + AAG，M + CAC/E + AAT，M + CTC/E + ACG，M + CTC/E + AGC。利用筛选出的2对引物对5个品种进行多态性检测，共检测到214个标记，其中多态性标记134条，多态性水平为62.6%。

观赏银杏的配置功能

调节气候,净化空气,改善环境质量。营造奇异景观,增添诗情画意,丰富园林景色。合理分割空间,为人们提供舒适的娱乐、休闲、游憩环境。适应建筑物造型的需要,弥补过于平滞和呆板的建筑线条。在充分发挥生态效益和社会效益的同时,创造更高的经济效益。

观赏银杏的配置原则

①根据不同森林植物的生态特性,因地制宜地与多种植物配置,建成结构优化、功能高效、布局合理的森林生态体系。②根据不同银杏品种的观赏特性,与多种植物艺术组合,以形成优美的景观或构图,凸显绿化、美化效果。③满足城市园林绿地功能和人文景观的需求。

观赏园艺

以观赏植物为主要对象,从事并探讨其分类、栽培、改良、生产、经营管理及应用于园林建设之理论与实践的事业,称为观赏园艺。

"观世音"白果树

信阳市狮河区董家河乡黄龙寺村,有一株古雄性银杏树,胸围6 m,树高35 m,冠幅21 m,树身挺拔,苍劲雄伟,生气勃勃,蔚为壮观。据说1944年秋,日寇来此掠夺烧杀,见人们在此烧香求保佑,便向大树连砍数刀,谁知树中竟有一空洞,洞中有一群大黄蜂,见日本士兵砍树便成群袭去,蛰得他们屁滚尿流,头肿眼黑,日本士兵一怒便放火焚烧,这一来却又激怒了周围所有黄蜂齐而攻之,活活将两名日本兵蛰得半死,随后群众赶来,一面将两名日本兵拉去活埋,一面担水扑救银杏树。现今此银杏古树仍枝叶繁茂,冠荫遮天,前来敬香火的人络绎不绝。自从日本士兵放火焚烧,树中空洞便增加了两倍,洞宽1.2 m高有2.5 m,洞内四壁形,不知何人何时将一尊观音菩萨神像悄悄请进了洞中,这样一来,此树就变得更加神乎其神了,所以,方圆群众便称之"观世音白果树"。

观叶品种叶片解剖结构

对银杏观叶新品种筒状叶银杏、金条叶银杏、黄叶银杏进行比较研究,结果如下:3个新品种叶片与银杏原种一样,由上表皮、栅栏组织、海绵组织、下表皮构成;上、下表皮及栅栏组织均只有一层生活细胞,维管束与黏液道交替排列;但其气孔密度、栅栏组织厚度、维管束粗度等较原种有不同程度变异。另外,观察到下表皮上较为普遍双气孔与三气孔集生现象。

观音果

位于王义贞镇唐僧村观音冲何家坞,管护人邓定一。树龄1 100年,实生树。树高23.4 m,胸径1.49 m。树形松散,主干高5.3 m,主枝8个,层形不明显。叶多为扇形,少为三角形。叶长3.9 cm,宽7.0 cm,叶柄长6.5 cm,叶色较深,中裂明显。球果长圆形,熟时橙黄色,被薄白粉,先端圆钝,顶点处有小凹缺。周缘不整略凹陷。球果柄长3 cm左右,略弯曲,较粗壮。球果较大,单粒球果重12.8 g,每千克粒数78,出核率24.5%。种核椭圆,核形指数1.26。壳白色,光滑,先端光,较平,束迹不明显,两侧棱线在1/2处消失,背腹相等,种仁甜糯。单粒种核平均重3.15 g,每千克粒数317,出仁率80.35%。该品种为中熟偏迟。产量较高,一般年株产白果200 kg左右,最高可达300 kg,大小年明显。

观音皇

观音皇是安陆科技人员经调查挖掘出的优良品种。树龄40年,嫁接树,马铃类。树高13 m,胸径0.45 m。树形松散,由于树的一面为陡坡,基本无土,造成树势较弱,长势差。叶为扇形,长4.2 cm,宽8.3 cm,叶柄长5.1 cm,叶色黄绿,叶缘缺刻较深,中裂明显。种实长圆形,熟时浅橙黄色,具少量白粉。先端圆钝,顶微凹,具小尖,珠孔迹明显,基部平,蒂盘略呈圆形,周缘不整,略凹入。果柄弯曲带钩,长约3.1 cm。单粒球果重13.3 g,每千克粒数75,出核率24.4%。种核长圆形似马铃,核形指数1.40。壳白,先端圆钝,基部狭窄,束迹迹点小而明显,两侧棱线在1/2处消失,无背腹之分。单粒种核平均重3.25 g,每千克粒数307,出仁率74.1%,种仁绿黄色味甘甜微苦。该品种的突出特点是核大、叶大、早熟。用该树的枝条做接穗,嫁接后的成年树均表现为大粒高产。因此,只要经过培育,是可以获得高产的。本品种先后参加过省市评比,被评为优良品种。

观音树

相传三国时期,曹操东伐乌桓,途经此地,在此休整军队,筑楼小住。该地因此得名"曹楼村"。曹操领兵讨伐乌桓获胜,班师还朝,到曹楼村时,军兵多患湿疹脓疮。经观音寺和尚指点,取庙中白果树叶,煮水内服外用,士兵皆愈。曹操大喜,指着那白果神树赞道:"妙哉,真观音之树也!"至此,该树得名"观音树"。据《港上镇志》记载,港上境内有百年以上树龄银杏4 000株,300年以上树龄的8株,主要分布在曹楼村、北西村、港西村。曹楼村"三圣堂"遗址现存古银杏1株,为明初栽植,距今700年以上,是全镇现存银杏树最古老的一棵。该树树冠葱绿叶茂枝繁,遮地半亩,果实累累,长久不衰,此树即

"观音树"。

观音堂子母银杏树

西安市长安区祥峪乡的唐代名刹观音堂依山傍水,风光绮丽,院内一株银杏树高 29 m,胸围 7.23 m,冠幅 415 m²,树龄约 1 300 年。树干 10 m 高处,长有 10 条大枝,每条大枝如千手佛巨大的手臂,直插云天。由根部萌生的 4 株子树,最大的一株高 10 m 左右,胸围 1.62 m。庞大的母树与它的龙子龙孙相依相拥,情意绵绵,人称唐代子母银杏。观音堂山水环绕,地势开阔,加之有一条暗河从树下流过,小气候温润,使银杏树千年不衰,令人赞叹。

官湖孙家银杏树的传说

此树位于官湖镇孙家村西河南,相传栽植于明万历年间,传说是邳州最早的嫁接树,嫁接树龄在 150 年以上。又传,在日本帝国主义侵华期间,日本"鬼子"因地性实行"杀光、烧光、抢光"的三光政策,此树也未能幸免于难,在 1.4 m 处被砍断,用于在沂河上架设木桥。后来,树桩又慢慢萌发,渐渐长成现在的参天大树。

冠幅

树冠水平方向的平均宽度。其测定方法为以树干为中心,在地面上向东南西北四个方向蛰至树冠地面投影的边缘。亦即通过树干,以东西和南北两个相交垂直线方向,量至树冠投影两端之间的平均距离。一般以 0.5 m 计算。

冠心病汤剂

银杏叶、瓜蒌、丹参各 15 g,薤白 12 g,郁金 10 g,甘草 5 g。煎汤,日服一剂。

管胞

壁厚或较厚而具有缘纹孔的闭管细胞。阔叶材中的管胞数量较少,但组织比较进化,只起辅助的输导作用。

管胞长度的径向生长曲线

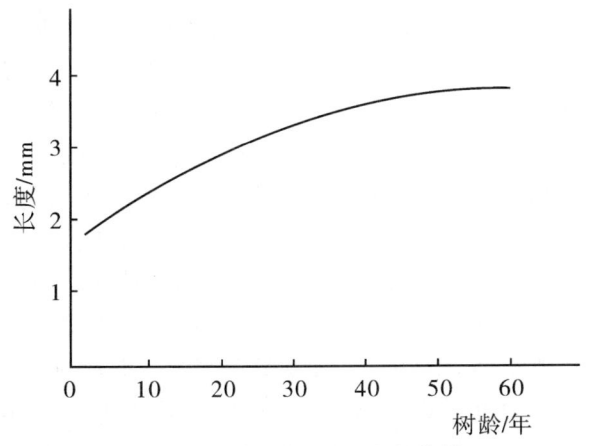

管胞长度的径向生长曲线

管胞长度和宽度相关曲线

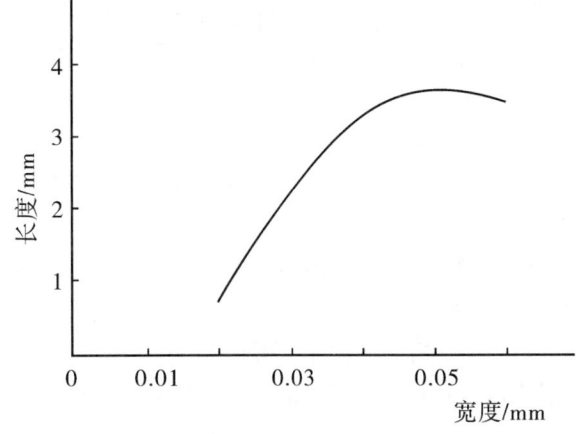

管胞长宽和宽度相关曲线

管胞宽度的径向生长曲线

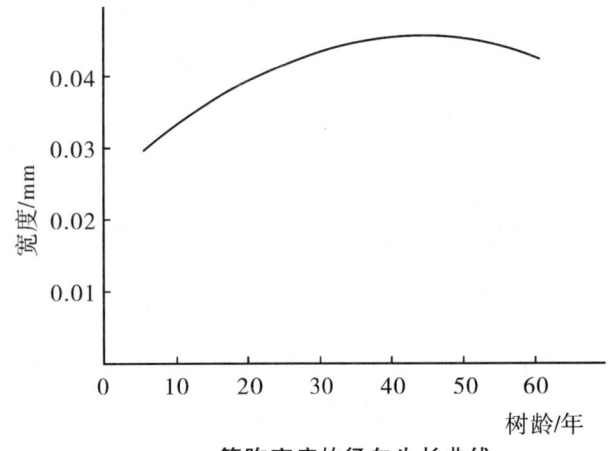

管胞宽度的径向生长曲线

管孔

导管在横切面上的反映。管孔的大小(弦向直径)及其排列的形式,在木材识别时具有特征的意义。根据管孔在年轮的分布,阔叶材可区分为环孔材、散孔材、半散(环)孔材和辐射孔材等。

管叶银杏

该品种叶柔软,管状,枝条开张度大,慢性型,观赏性强。

灌丛化采叶圃经营方式

该方式亦称灌木式经营方式,或称桑园式经营方式。管理技术要点如下:

①对 2 年生实生、留床苗,于秋末或第 2 年早春在地上 10 cm 处截干,促其所留茎干上端萌发新梢,在萌生条生长至 10~20 cm 时,从中保留长势旺、着生位置均衡的 3 个枝,一般当年新梢可生长 0.3~0.6 m 长,以此作为以后的三大采叶主枝。冬季将上述三主枝进行短截,保留 3~5 cm,翌年内又可在每一主枝上萌生 3 个分枝。以后逐年照此修剪,逐年从萌生条上采

叶,始终保持矮化、丛生、低冠的特点。②在树株生长过高而采叶不便时,可在冬季通过重度回剪,进行分枝更新。所以该采叶圃经营方式可维持较长时间。一般年限越长,地下根系越发达,产叶量越高。利用该方式经营可连续经营20年以上。③树龄在10年生以后,因地下根幅过大,使叶子难以继续保持高产,故需彻底进行更新。刨出的根系经过嫁接和艺术加工后,可制作银杏盆景,增加经济效益。目前,国内采叶圃经营中多采取乔化经营方式,经营采叶圃和培育大规格绿化苗木相结合进行,可获得较高的经济效益。采取灌丛式经营采叶圃者很少,仅见于科研单位或与经营采穗圃结合进行。

灌溉

银杏是喜水湿性树种,虽有一定的耐干旱能力,但在长期干旱缺水条件下会生长发育不良,所以,栽植银杏要考虑灌水条件,尤其是银杏采叶园尤为重要。银杏生长的土壤含水量,以田间最大持水量的80%左右最为适宜,60%左右时就应该灌水。但不同的土质要求不一样。总的原则是随旱随浇,避免长期干旱。银杏园1年至少灌6次水,除了4次施肥后都需灌水外,还有封冻水和化冻后需灌发芽水。平时干旱时也需及时灌水,尤其是银杏在5~6月份是枝叶生长高峰期,灌水尤为重要。但是春季过多灌水,影响地温上升,不利于银杏根系生长和对养分(尤其是微量元素)的吸收。干旱时灌水一定要灌透,否则会影响银杏生长,叶易发黄,甚至造成落叶。银杏定植后一定要灌水。因为起苗伤根,运输途中苗木失水,抗旱能力降低,应保证水分供应,以提高成活率和生长速度。

灌溉水质量

用于灌溉的水源有河水、雨水、井水、泉水、地表径流水、积雪等。由于这些水中的可溶性物质、悬浮物质以及水的温度等不同,对果园灌溉的作用也有差异。如地面径流水中含有植物可利用的有机物和矿质元素;雨水含有较多的CO_2、硝酸;雪水中亦含有较多的硝酸;因此,这一类水对银杏十分有利。而来自高山雪水和地下泉水,水温一般较低,可将其贮于蓄水池中,经过一段时间增温充气后利用。pH值、盐分含量多少及有毒物质有无是灌溉水质量的主要指标。利用污水灌溉,则需分析是否含有有害元素及其化合物,如重金属、苯类、酚类等物质。在喷灌或滴灌时,应特别注意灌溉水中不含有泥沙和藻类植物,以免堵塞喷头、滴头。

灌浆水

秋季在白果采收前1个月左右灌1~2次水,能增加粒重、促进灌浆、提高品质。

灌木间作

银杏与白蜡、杞柳、紫穗槐等灌木间作,对保护土壤,防止冲刷,涵养水分,提高土壤肥力,具有极好的效果。这在沙荒、丘陵山区可以推广。南方已利用银杏与茶叶树间种。这可以减轻茶叶树上的病虫害。与银杏进行间作的棉花、果树,在防治病虫害时,需喷无公害的农药(即喷生物农药和仿生农药),否则银杏叶的利用受到限制,只能做生物农药,不能用于人用药物。

灌水

水是银杏生命活动的必要条件。银杏种实含水量约占70%~80%。因此,银杏在其生长发育过程中,土壤含水量对种子产量关系甚密。银杏从萌芽、展叶、抽枝、开花、种子膨大到种子成熟,必须有足够的水分供应。若降水量少,土壤田间持水量低于30%时,则不能满足银杏生长发育对水分的要求。尤其新梢速生期,种多。种子膨大期和根系速生期,天气炎热,蒸腾量大,需水。据各地调查表明,水分供应不足,往往造成新梢细弱、黄瘦淡薄,甚至出现萎蔫现象或提前落叶,种子瘪瘦,继而影响下年的产量。所以,在各个生育期适时、适量灌水对促进树体生长、种实发育,进而对增强树势,提高产量和改善种子品质都有重要作用。特别在土层薄、肥力差的山丘、沙滩地,更应搞好灌水工作。灌水时期应根据银杏生长发育需水情况,降水和土壤含水量而定。我国各主要银杏产区有两头旱(春旱、秋旱)和中间涝(夏季雨水多)的特点。因此,灌水时期着重于春季和秋季。田间持水量低于60%时就应灌水。

灌水方法,分单株灌、分区漫灌和机械喷灌、滴灌四种。单株灌是根据树冠大小,以树干为中心做成直径大小不同的树盘进行灌水。这种方法用水较少,湿润面积小。分区漫灌是将一行或数行树株周围纵横培起土埂,组成一个小区进行灌水。地势平坦的园地,也可全园漫灌。这种方法根系得水均匀,但易使土壤板结,且用水量较多。机械喷灌装置有固定式和移动式两种,其优点是不必平整土地而灌水均匀,但缺点是购置设备费较贵。滴灌是继喷灌之后发展起来的新灌溉技术,适用于地面不平整的地区,而且用水少,可使根系分布区的土壤接近田间持水量。灌水应和施肥、土壤管理等措施密切配合。有肥无水,肥料不易充分发挥作用;有水无肥,树体不能得到充足的营养。另外,灌水后应及时松土保墒,减少土壤水分蒸发。灌水数量因树冠大小、灌水方法和土壤性质而异。树龄大,根系分布很广,灌水量应较大;反之,幼树灌水量应小。漫灌比单株灌或喷灌、滴灌需水量多,但原则上都应以水分渗透到根系主要分布层为准。成龄银杏园的灌水量应使根系主要分布层的土壤含水量达到田间最大持水量的70%~80%为宜。夏、秋久旱不雨,也不应一次灌水量过大,以防树体内营养水平失去平衡。

灌水量

最适宜的灌水量,应在一次灌溉中,使果树根系分布范围内的土壤湿度达到最有利于果树生长发育的程度。只浸润土壤表层或上层土壤,不能达到灌溉的目的,而且由于多次补充灌溉,容易引起土壤板结,土温降低,因此,必须一次灌透。深厚的土壤,需一次浸润土层1 m以上。目前,对灌水量的计算方法有两种,一是根据不同土壤的持水量、灌溉前的土壤湿度、土壤容重,要求土壤浸润的深度,计算出一定面积的灌水量,即:灌水量 = 灌溉面积×土壤浸润深度×土壤容重×(田间持水量 - 灌溉前土壤湿度)。二是根据银杏的需水量和蒸腾量来确定每公顷的需水量。可按下列公式计算:

每公顷需水量(kg/hm^2) = [果实产量(g/hm^2) × 干物质(%) + 枝、叶、茎、根生长量(g/hm^2) × 干物质(%)] × 每克干物质的需水量(kg)

灌水时期

正确的灌水时期,不是等到银杏已从形态上显露出缺水状态时才进行灌溉,而是要在果树未受到缺水影响以前进行,否则,会导致银杏的生长和结果产生不可弥补的损失。目前,生产上确定灌水时期的依据有:①根据银杏的物候期。一般认为,保证银杏生长期的前半期,水分供应充足以利于生长与结果而后半期要控制水分,保证及时停止生长促进花芽形成,使果树适时进入休眠,做好越冬准备。银杏需水的关键时期有:银杏发芽前后到开花期;新梢生长和幼果膨大期;果实迅速膨大期;采种前后及休眠期。②根据土壤含水量,利用测定土壤含水量的方法确定具体的灌水时期,是较可靠的方法。一般当土壤含水量低于土壤最大持水量的60%以下时,需要灌水,正常情况下果树根系主要分布区的土壤要保持最大持水量的60%~80%。③仪器测定。目前国外普遍用于指导果园灌溉的仪器是张力计。果园安装张力计,可随时迅速了解果树根部不同土层的水分状况,进行合理灌溉,可防止过分灌溉所引起的灌溉水和土壤养分的消耗。

灌水系统

灌水系统是从水源到银杏树根系的各级工程设施。灌溉系统分为地面灌、喷灌、滴灌和渗灌。地面灌水系统应包括水源(水库、河流引水、地下水抽取)等各级渠道和田间工程(畦、沟、树盘等)。

罐头保温检验

罐头入库后及出厂前要进行保温处理,它是检验罐头杀菌是否完全的一个方法。将罐头堆放在保温库内维持一定的温度(37 ℃±2 ℃)和时间(5~7 d),给微生物创造生长的条件,若杀菌不完全,残存的微生物遇到适宜的温度就会生长繁殖,产气会使罐头膨胀,据此把不合格的罐头剔除。糖类罐头要求在不低于20 ℃的温度下处理7昼夜,若温度高于25 ℃可缩短为5昼夜。含糖量高于50%以上的浓缩果汁、果酱、糖浆水果、干制水果不需保温检验。保温试验会造成果蔬罐头的色泽和风味的损失。

罐头食品

以银杏种仁为原料,经过一定的加工工序,可制成糖水白果罐头。该产品保持了银杏的固有营养,同时,还能使对人体有害的氢化白果酸含量降低,既可佐餐,又可炖或炒,或制作粥食、甜食等。对肺结核、气管炎、白带止滞等多种疾病都有较好的疗效。

光饱和点

银杏光合作用达到光饱和现象时的光照强度,称为光饱和点。

光饱和现象

在较低的光照强度下,银杏的光合速率是随光强的增高而加强。但当光照强度增高到一定程度之后,再继续增高光照强度时,CO_2的同化速度也不再增加,这即为光饱和现象。

光补偿点

光合作用中所吸收的CO_2与呼吸作用、光呼吸所释放的CO_2达到一定动态平衡相等时的光照强度,称为光合作用的光补偿点。

光合、蒸腾特性与叶片形态、解剖性状的关系

叶片是植物进行光合作用的主要器官,叶片的性状特征与其光合能力密切相关。一般地,进行光合作用的叶绿体80%存在于栅栏细胞中,而栅栏细胞在叶肉细胞中所占的比例与单位面积光合日同化量有着一定的关系。从表中看出,马铃5号的栅栏组织厚度/海绵组织厚度之比值最大(0.931),其光合日同化量也最大;其次是梅核9号、秦王等品种。对于梅核9号和大梅核等梅核类品种,上表皮厚度较厚,气孔密度最小(35~38个/mm^2),叶脉条数最多(16~18条/cm),其叶片性状有利于减少蒸腾,说明梅核类银杏品种适应性强,可在较干旱地区栽植。

光合、蒸腾特性与叶片形态、解剖性状的关系

品种名称	光合日同化量 ($\mu mol/m^2$)	日蒸腾量 (mol/m^2)	日蒸腾效率	上表皮厚度 (mm)	栅栏组织/海棉组织	气孔密度 (个/mm^2)	叶脉条数 (条/mm)
马铃5号	162 972	719.6	226.5	0.026	0.931	45	17
梅核9号	129 534	635.1	203.9	0.034	0.631	35	18
大梅核	106 470	547.2	194.6	0.033	0.558	38	16
洛古3号	146 437	607.3	241.1	0.024	0.539	74	9
秦王	131 000	657.4	199.3	0.021	0.613	54	15
大佛指	114 195	701.3	162.8	0.028	0.482	67	12
洛古5号	123 332	517.7	238.2	0.033	0.441	79	10

光合产量

光合产量指银杏一生中光合作用所产生的全部产物的量。主要决定于银杏的光合面积或绿叶面积、光合速度与光合时间三个因素。

光合产物的供求关系

CO_2 的同化速率还受到光合产物输出情况的影响。研究表明,当光合产物增加时(如开花结实)叶片的Pn提高了18.8%,反之,去除这些需要光合产物的器官时,Pn下降了14.6%。去除部分叶片后剩余叶片的Pn也会因需求增加而提高。同一母树相同部位的银杏结实枝上叶片的Pn比营养枝高20%以上。

光合产物及其利用

过去认为绿色植物光合作用是先将CO_2同化为$C_6H_{12}O_6$,然后再去合成其他有机物质。通过20世纪50年代以来对光合碳代谢的深入研究,发现光合作用的最初产物是磷酸丙糖(TP),它可以直接参与各种代谢途径,形成光合产物。TP是合成其他各种有机物质的碳架,可以在叶绿体中合成淀粉等光合产物,也可以通过载体输出叶绿体外,合成蔗糖、脂肪等光合产物。淀粉和蔗糖是叶片中两个重要的光合产物。光合作用合成的糖类物质,除了部分直接用于植物本身的呼吸之外,其余部分则被转运并贮藏于果实、花粉、根、干、叶等组织中,以后还可能转化为其他种类的碳水化合物,如淀粉、氨基酸、维生素、粗蛋白、粗纤维、黄酮类、类脂类等。

光合电子传递和光合磷酸化活力

通过电子传递和光合磷酸化,可以形成活跃的化学能,并暂时贮存在三磷腺苷(adenosine triphosphate,ATP)和还原型辅酶Ⅱ(NADPH)中。ATP的高能磷酸键是贮藏能量的场所,NADPH是强的还原剂,氧化时会放出能量,两者合称为"同化力",将用于暗反应过程的CO_2同化。研究结果表明,光合电子传递和光合磷酸化活力与银杏的Pn呈正相关关系,在持续高温和长期干旱等逆境条件下,光合膜系统受到损害,光合电子传递能力和光合磷酸化活力降低,光合能力下降。

光合对叶绿素和荧光特性的影响

圆铃叶片的叶绿素和类胡萝卜素含量以及叶绿素a/b比值明显高于佛手。二者的净光合速率(Pn)日变化均呈双峰曲线,但在9~11时,圆铃叶片的Pn显著高于佛手。二者的光饱和点分别为1 200 $\mu mol/(m^2 \cdot S)$、1 000 $\mu mol/(m^2 \cdot S)$,光补偿点分别为75.23 $\mu mol/(m^2 \cdot S)$、62.43 $\mu mol/(m^2 \cdot S)$。圆铃叶片的Fv/Fm、Fv/Fo和qp均大于佛手,而qN小于佛手。

光合色素的光学特性

阳光是由7色光谱组成,包括红、橙、黄、绿、青、蓝、紫,其大致波长范围为300~760 nm。不同种类的色素对不同波长光照的吸收和利用情况也不相同。叶绿素a和叶绿素b的吸收光谱比较相近,在430~450 nm的蓝紫光和640~660 nm的红光区都有一个吸收高峰,对绿光的吸收都很少,所以叶绿素a和叶绿素b的颜色分别呈蓝绿色和黄绿色。叶绿素a和叶绿素b吸收光谱的不同点在于叶绿素a的吸收高峰在长波方向往更长波方向偏移,在短波方向往更短波方向偏移一些。胡萝卜素和叶黄素的吸收光谱与叶绿素有很大差别,它们的吸收高峰波长为420~480 nm,不吸收红、橙、黄色,因此它们的颜色呈橙黄和黄色。光合色素所吸收的光能并非完全用于光化学过程,其过剩光能会流向荧光、磷光和热能耗散等途径,光合色素中的叶黄素在消除过剩光能方面具有十分重要的作用。

光合色素的种类和分子式

银杏叶片中的光合色素有叶绿素和类胡萝卜素两大类。叶绿素包括叶绿素a和叶绿素b,类胡萝卜素包括胡萝卜素和叶黄素等。叶绿素的含量占全部色素的2/3,而叶绿素a占叶绿素的3/4。叶绿素分子式如下:

叶绿素 a:$C_{55}H_{72}O_5N_4Mg$ 或 $C_{32}H_{30}N_4Mg\begin{array}{l}COOCH_3\\COOC_{20}H_{39}\end{array}$

叶绿素 b:$C_{55}H_{70}O_6N_4Mg$ 或 $C_{32}H_{28}N_4Mg\begin{array}{l}COOCH_3\\COOC_{20}H_{39}\end{array}$

光合生产率

单位时间内,银杏干重的增量与叶面积的比例。单位为每天每平方米叶面积增加的干重克数。据推算,银杏光合生产率就远低于农作物。

光合生理

在最早的地质时期,当最初的原核生物(原始细菌、硫细菌、蓝细菌)发育出光合活性膜的时候,环境是严重缺氧的。远古的大气是还原性大气,即使在水圈中也只含有很少的游离态氧。光合作用自养类的生物,通过光合作用,为地球生物的进化创造了能量和物质基础。光合作用的最终产物,即释放出的氧和同化的碳,对所有的生物都是同等重要的。氧是呼吸的先决条件,呼吸是生物氧化的最有效形式,它为生物代谢和细胞结构的维持提供能量。碳水化合物既是呼吸的通用底物,也是广泛生物合成的起点。随着生物的不断进化,地球上开始出现陆生维管植物,植物的光合活力进一步提高,光合生产力也得到稳定增加。

光合速率

光合速率亦称光合强度,即银杏单位叶面积在单位时间内进行多少的光合作用。光合作用的过程包括 CO_2 的吸收、氧的释放、有机物质合成三个方面。

光合特性

银杏旺盛生长期叶片光补偿点为 78 $\mu md/(S \cdot m^2)$,光饱合点为 1 050 $\mu md/(S \cdot m^2)$,属喜光植物,自然条件下 CO_2 补偿点为 100×10^{-6}。正常栽培条件下,光合速率日变化呈双峰曲线,有严重的光合"午休"现象。造成光合速率中午降低的主要原因是高于 26 ℃ 的叶温和与其有关的高 VPD,并提出了生产上防止或减轻光合午休的措施。银杏干物质的 90% 以上来自光合作用,其光合特性的好坏是影响生长发育的重要因素。

光合微肥

光合微肥亦称光合细菌肥,是一种有益于人类的微生物素,也是一种生物营养剂,它含有丰富的蛋白质、脂肪、可溶性糖类、氨基酸和多种维生素,其中维生素 B_1、叶酸和生物素含量是酵母的数千倍,是公害活性生物营养型制剂,也可与自然肥料拌和使用,效果更佳。所以又称光合微肥。

光合细菌(PSB)在栽培上的应用

光合细菌液(PSB)是一种有益于人类的微生物,它含有丰富的蛋白质、脂肪、可溶性糖类、氨基酸和多种维生素,对促进动植物生长、发育、抗病都有明显作用。将光合菌液应用于银杏栽培上,光合菌是很有应用价值,值得推广,前途广阔的新型生物营养剂。①光合菌液的应用推广是一个新生事物,国内处于起步阶段,需要有更多的科技工作者来共同参与、开发、利用,为社会、为人类服务。②由于基层、条件、设备、科技力量有限,试验手段欠缺,深度欠差,还需有科研单位参与,测定出正确数据。③光合细菌液是一种活性生物营养剂,使用时不能与抗生素类农药合并使用,需隔 7 d 后交替使用。

光合作用

绿包植物吸收太阳能,同化 CO_2 和水,制造有机物质并释放出氧气的过程。可以下式表示:

$$6CO_2 + 6H_2O \xrightarrow[\text{绿色植物}]{\text{光能}} C_6H_{12}O_6 + 6O_2\uparrow$$

光合作用由光反应(光所引起的光化学反应)和暗反应(不必要光,由酶所引起的催化反应)所组成。由于光合作用的结果,绿色植物不仅贮藏了自身生活所必需的化学能和有机物质,而且也提供了整个生物界和人类所必需的有机物质和化学能,也是大气中氧的来源。林业上许多育林措施,如营造混交林、复层林、抚育采伐、控制合理密度等,都为林木创造有利于提高光合作用的强度。对于促进林木速生丰产是非常重要的。

光合作用

银杏在日光下将水和 CO_2 转变为糖并同时释放氧气的过程称为光合作用。在此时过程中,光能转变为化学能,贮藏在糖中。

光合作用细胞

光合作用细胞指银杏含有叶绿体的薄壁组织细胞,在其中进行光合作用。

光呼吸

植物绿色细胞,在光照条件下吸收氧气和释放二氧化碳的过程。与一般呼吸(暗呼吸)不同,它只消耗有机物,不合成高能化合物(ATP)。光呼吸现象在植物中普遍存在,但有些植物较弱,有些植物较强。呼吸消耗量低,净光合强度较高,CO_2 补偿点较低,称高光效植物。

光能的吸收、传递和转化

光能的吸收、传递和转化能力主要决定于光合色素的含量和叶绿体片层结构的发达程度两个方面。就银杏而言,光合色素的影响主要在于叶绿素总量及叶绿素 a 和叶绿素 b 的比值。大量试验表明,在一定范围内,银杏叶片的光合速率与叶片内的叶绿素含量呈正相关关系,即随着叶绿素含量的增加,光合速率增加,但当叶绿素含量超过一定值时,光合速率不再随之增加。阴性叶片中叶绿素 a 和叶绿素 b 的比值低,叶绿素 b 的含量高,而更多聚光色素有利于叶片捕获更多的光能,因此在低光条件下,阴性叶光合速率大于阳性叶。但阳性叶叶绿素 a 含量高,作用中心色素所占比例比阴性叶大,光能转化能力强,活力和羧化效率(carboxylation efficiency, CE)更大,因此,强光下的光合能力大于阴性叶片。例如,在其他条件相同的情况下,通过对 2 年生银杏(泰兴大佛指)苗木 4 个月的遮阴处理,测定结果表明,全光照、54% 自然光、18% 自然光和 6% 自然光生长环境下的银杏叶片的表观量子效率(apparent quantum yield, AQY)分别为 0.046 8、0.050 8、0.056 8 和 0.040 0,叶绿素含量分别为 0.003 9、0.004 9、0.006 8 和 0.008 7 mg·cm,前 3 种光照条件下 AQY 与叶绿素含量之间表现出很好的相关性(R-0.964 2),而 6% 自然光下,尽管叶绿素含量很高,但 AQY 开始下降。4 种光照条件下银杏叶片的 CE 分别为 0.027 5、0.026 1、0.019 3 和 0.008 2,显然,尽管银杏阴性叶片的低光利用能力高于银杏阳性叶,但强光利用能力低于阳性叶,这一结论正是银杏苗木培育、叶用园建立时适当遮阴或适当密植的理论基础。叶绿体的片层结构,对银杏叶片的光能吸收、传递和转化能力的影响也很大。因为光能的有效传递和转化需要充分发育的片层结构。初展银杏叶片光合速率低,甚至是负值,与叶片片层结构的未充分发育有关。生长晚期或过密的下层叶片的光合速率低则与叶片中叶绿体基粒的解体有关,而上部充分发育的银杏功能结构发达,光合速率也很高。

光能利用率

光能利用率是单位地面上银杏进行光合作用积累的有机物所含能量,与照射在同一地面上日光能量的比率。一般生长良好的银杏,在整个生长季中的光能利用率为 1%~2%。提高光能利用率是发挥银杏增产潜力的重要途径。

光抑制

银杏光抑制不仅呈现光强剂量效应,而且呈现温度剂量效应。冷热胁迫下强光引起的光抑制(Fu/Fm)与 PSⅡ反应中心数目 RC/CSO 或 RC/ABS 与之间高度正相关。

光照

银杏净光合速率的年度变化呈双峰曲线型,主峰出现在 6 月上旬,次峰出现在 9 月中旬,5 月下旬至 7 月中旬叶片光合能力最强。银杏园的种子产量取决于光合面积、光合强度、光合时间、光合产物的消耗和分配利用,即经济系数。一般通称光合系统的生产性能为光合性能。

光照、水分对叶片产量和黄酮含量的影响

两年生银杏温室遮阴盆栽试验结果表明:①在 88%、63%、41%、17% 四种光照条件下,随光照强度逐渐上升,银杏叶产量和黄酮含量逐渐升高。②在土壤水分含量为田间持水量的 80%、60% 和 40% 的水分条件下,随土壤水分含量逐渐升高,银杏叶产量逐渐上升,黄酮含量逐渐下降。

光照、土壤养分和土壤水分对银杏地径相对生长率的影响

光照、土壤养分和土壤水分对银杏地径相对生长率的影响   单位:cm/cm

光照条件	土壤含水率低			土壤含水率中			土壤含水率高		
	肥力低	肥力中	肥力高	肥力低	肥力中	肥力高	肥力低	肥力中	肥力高
100%	0.22	0.28	0.31	0.29	0.30	0.40	0.33	0.38	0.45
60%	0.20	0.22	0.24	0.28	0.29	0.30	0.31	0.37	0.40
30%	0.17	0.20	0.23	0.21	0.20	0.25	0.27	0.30	0.30
15%	0.10	0.15	0.15	0.17	0.13	0.19	0.11	0.11	0.25

光照、土壤养分和土壤水分对银杏树高相对生长率的影响

光照、土壤养分和土壤水分对银杏树高相对生长率的影响   单位:cm/cm

光照条件	土壤含水率低			土壤含水率中			土壤含水率高		
	肥力低	肥力中	肥力高	肥力低	肥力中	肥力高	肥力低	肥力中	肥力高
100%	0.28	0.39	0.36	0.38	0.45	0.48	0.70	0.96	0.99
60%	0.35	0.40	0.45	0.47	0.48	0.54	0.68	0.91	0.93
30%	0.41	0.46	0.49	0.50	0.55	0.69	0.60	0.82	0.89
15%	0.48	0.49	0.60	0.69	0.67	0.78	0.54	0.67	0.81

光照对银杏分布的影响

银杏属于强阳性树种。银杏对光照的要求和适应性随树龄的增长而发生变化。银杏幼苗有一定的耐阴性,随着树龄的增加,对光照的要求也愈加迫切,特别是在结实期,树冠要通风透光。受荫蔽的银杏,大多表现为长势衰弱。如南京林业大学校园内有两株银杏,由于受到邻近雪松的遮阳,生长势衰弱。一般情况下,阴坡上银杏的生长势、结实量和树冠开张角度均不如阳坡。另外,如果树冠内膛枝过多,相互遮蔽,冠内通风透光不良,则枝条细弱,容易枯死,结实部位外移,产量低。因此,应重视银杏树的整形修剪,周围杂树杂物要及时清除。1995 年前后,我国银杏产区营建了不少早产密植园。银杏在嫁接后 5 年左右即可进入开花结实阶段。但许多地方由于初植密度过大(1 m×1 m,1 m×2 m,1.5 m×2 m),又没有及时按需光要求调整株行距离,随着植株年龄的增大,产量不仅不能继续提高,反而日益下降,造成了不应有的经济损失。鉴于此,近几年来有些地方已逐步改进为中干(高 1.0~1.2 m)或高干(高 1.5~2.0 m)嫁接苗稀植(3 m×5 m,4 m×5 m,6 m×8 m 等),以达到核材两用的目的。

光照对银杏生理特性的影响

光照条件对银杏主要生理特性有较大影响。随着光照强度的增加,银杏的 Pn 和 Tr(transpiration rate,蒸腾速率)明显增大,但光照强度增大时,银杏叶片的最大光化学效率(Fv/Fm)和银杏叶细胞间隙 CO_2 浓度都明显降低。

光照和土壤养分对叶片黄酮含量的影响

木用室内盆栽模拟的方法,研究了光照、土壤养分和土壤水分 3 种生态因子对 3 年生大佛指银杏生长、叶产量、叶黄酮含量和产量的影响。经过对苗高和地径年相对生长率、冠根比、叶面积、叶产量、总生物量等各项生长指标的研究发现,银杏对光照、土壤养分和土壤水分需求量高,充足的光照、土壤养分和土壤水分促进银杏生长。遮阴降低了叶产量、叶黄酮含量和产量。光照充足时,叶产量、叶黄酮含量和产量随土壤养分或土壤水分水平的升高而增加。光照较弱时,叶产量、叶黄酮含量和产量随土壤养分或土壤水分水平的变化受这两种生态因子的综合影响。

光照强度和气温对光合作用的影响

一般气温在 26 ℃以下时,随温度升高,光合速率随之增加,当温度增加到 26 ℃时,银杏净光合速率达到最高点。当温度超过 26 ℃后,随温度的增加,光合强度逐渐下降,但银杏在超过 40 ℃的叶温下仍有一定光合作用。说明气温高低直接影响到银杏叶片净光合速率的大小,也反映出银杏光合作用对温度变化十分敏感。银杏叶光补偿点为 76 $\mu mol/(m^2 \cdot S)$,光饱和点为 1 040 $\mu mol/(m^2 \cdot S)$。当光照强度低于 1 040 $\mu mol/(m^2 \cdot S)$ 时,银杏叶片净光合速率随光照强度增加而提高,当光照强度超过 1 040 $\mu mol/(m^2 \cdot S)$ 后,光合作用下降。在相同较高气温(约 37 ℃)条件下,对于 2~4 年生银杏幼树进行遮阴和不遮阴试验,结果是遮阴的银杏幼树能正常生长,叶片深绿,而未遮阴的银杏幼树,其叶片被强光灼伤,直至枯黄。说明银杏叶片(特别是幼树)对强光更为敏感。

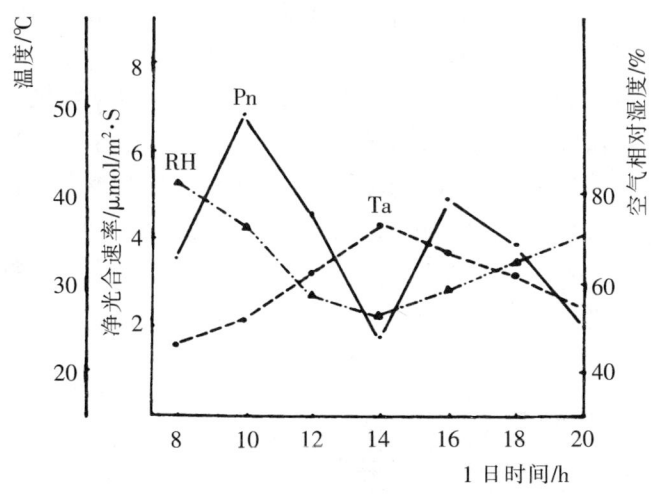

银杏光合速率随温、湿度的日变化图

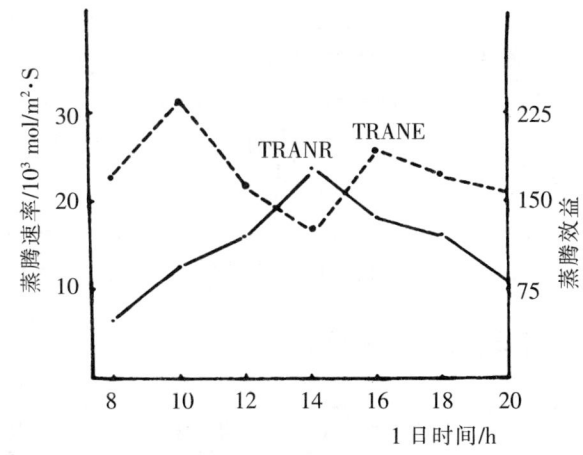

银杏蒸腾速率与蒸腾效率日变化图

光照与萜内酯

Croteau 等认为光照的增加能提供较多的次生代谢作前体,同时又抑制了次生代谢物的分解。特别是通过光合作用提供较多的碳水化合物前体,如己糖、戊糖等,随后在糖酵解过程中产生合成 IPP 的前体物质,如乙酰 COA、丙酮酸、3-磷酸甘油醛等。由此可知,光合作用是通过调控银杏萜内酯的合成前体物质从而调节银杏的内酯的积累。研究发现,光质对萜类内酯的生物合成和积累有影响。紫膜处理的银杏萜类内酯含量最高,其次是绿膜。银杏叶萜内酯含量受光合作用影响表明银杏的光合初生代谢与萜类内酯的次生合成代谢可能有一定的相关性。胡萝卜素是类异戊二烯产物的关键中间产物,其含量的增减可能影响到萜内酯的含量。Ciuliano 等发现可诱导番茄幼苗积累类胡萝卜素,光照可以诱导 IPP 酶的活性,虽然胡萝卜素是一个由 8 个 C5 组成的四萜,但由于与银杏萜内酯具有相同的前体——GGPP,所以当光照促进 GGPS 酶活性时,就促进了 GGPP 含量的增加,即增加了银杏萜内酯和类胡萝卜素的共同合成前体。简而言之,光合作用对银杏萜内酯含量的影响是复杂的。光质、光强均可通过调控银杏体内二萜和四萜的前体物质 GGPP(诱导 GGPS 酶活性的增加)的含量,从而调节银杏萜内酯的含量。

光照与银杏

光照是银杏叶片进行光合作用制造有机物质所必需的条件,与同化作用密切相关,对树体增长和种核品质及产量影响甚大。银杏和其他果树一样,90%~95% 的干物质是通过光合作用获取的。在光合作用形成的生物量中,种核的产量约占总光合产物的 30%~40%。光照的日变化和年变化及其强度受到许多外部因子的影响。气温对银杏光合速率的影响也很大。气温 26 ℃时,银杏叶片的光合速率最高,是银杏进行光合作用的最适温度。当气温在 22~28 ℃时,光合速率可维持在较高水平上,温度继续升高时,光合速率迅速下降。当气温达到 37 ℃时,光合速率只有最适温度时的一半。当气温达到 40 ℃时,银杏只能进行极微弱的光合作用。在一天中,早晨 CO_2 的浓度高,空气湿度大,气温低,随着光照强度的增加,于 7~8 时,光合速率出现第一次高峰。而后随着气温的增高,气孔导度下降,光合速率也随之迅速下降,至 16 时,随着气温的降低,光照强度的减弱,气孔导度逐渐增大,光合速率又出现第二次高峰。因此,银杏光合速率在一天中呈双峰型,有明显的午休现象。温度和光照是银杏进行光合作用的重要条件。当炎热的夏季来临时,应给苗木遮阴,如设荫棚、插树枝等,使透光率达到 60%,这样当年生的苗木高生长可达到 40 cm 以上。

光周期

昼夜中光照不同长短的交替,影响银杏生长发育的现象。不同地区的光照期不同,形成了最适于该光照期的种群。根据光周期要求不同,常将植物分为长日植物、短日植物和中间性植物。银杏引种必须考虑光周期,如南方银杏栽植到北方,由于生长期内光照期长,银杏不能及时结束生长,组织也不健全,因此易遭霜冻危害。北方银杏南移,因光照期缩短,而使生长过于孱弱。

广东北部银杏种群

主要指大庾岭南麓的南雄市及毗邻的江西南部地区,这里处于冰川区域的边缘,冰川对南雄古银杏影响较弱,以该市坪田为中心及其周边地区的古银杏,均具有丛生群长和树皮坚厚的特点,无论从起源和种群生态学角度,我国最南部的这一银杏种群,都具有深入研究的价值。

广东的银杏

广州市公园及植物园偶有银杏栽植,但生长不佳,广州以南的顺德区大良镇清晖园,有一株雌银杏树,树龄约 100~150 年,据 1990 年测定,株高 9 m,胸径 68 cm,该树被列为重点保护对象。

广东顺德——中国银杏分布的最南端

广东顺德清晖园位于广州市西南部,距广州市约 50 km。它是全国十大名园之一,始建于明代。它以幽静的环境,绚丽的景色闻名于全国,现已开辟为旅游胜地。清晖园位于北纬 22°51′,东经 113°15′,年平均气温 22.5 ℃的地带。该园内有一株树高 15 m,胸径 0.8 m,150 年生的古银杏。该树每年能正常开花,经人工授粉可结实。清晖园的古银杏位于中国银杏分布的最南端。

广东顺德银杏主要物候期

广东顺德银杏主要物候期

年份	萌牙期(月/日)	展叶期(月/日)	初花期(月/日)	盛花期(月/日)	种子成熟期(月/日)	落叶期(月/日)
1999	03/21	03/27	04/10	04/13	09/02	12/26
2000	03/23	03/30	04/12	04/16	08/30	12/30
2001	03/18	03/25	04/08	04/12	—	—

广东银杏的品种分布

广东银杏的品种分布

产地	品种类型
南雄	圆子、佛手、梅核
和平	圆子、佛手、梅核
阳山	圆子、佛手、梅核
曲江	圆子、佛手
乳源	圆子、佛手、梅核

广化寺古银杏

在斜河涧村南 1.5 km 的山间古刹广化寺,生长着 3 株古银杏。一级古树 1 株,胸径 204 cm,树高 25 m,冠幅 28 m×24 m,遮阴面积一亩。该株生长在广化寺院内。另外 2 株生长在院外,均为一级。胸径分别为 192 cm 和 140 cm,树高均在 20 m 以上。3 株古银杏高大挺拔,秋天硕果累累,其中两株根部又长出小银杏树,一株胸径为 30 cm,高 13 m;另一株胸径为 25 cm,高 14 m,分别列为二级保护。该地土壤为褐土。3 株一级古银杏为金代所植,至今有八百余年的历史。

《广群芳谱·泰山记》

(清)记有"五庙前银杏大者为三仞,火空其中独一面不枯,其上枝叶蔽苫如新植"。

《广群芳谱》

清朝汪灏等奉康熙皇帝之命,对《群芳谱》进行补充、修订,比原《群芳谱》内容更翔实更丰富。成书于公元 1708 年。第 6 卷果部记述银杏。它收集了自元朝以来,有关记载银杏的所有书籍,内容十分丰富。

广西桂林古银杏资源

广西桂林古银杏资源现状。广西桂林有百年生以上的古银杏 73 000 株以上,主要分布在灵川、兴安、全州 3 个县 12 个乡镇。经过调查:村前屋后银杏林、丘陵台地银杏林、石山银杏林分别为 60.0%、28.3%、11.7%;海拔分布,150~300 m、301~500 m、501~800 m、801 m 以上分别为 29.7%、47.0%、22.3%、1.0%;不同树龄分布,100~200 年、201~300 年、301~500 年、501~700 年、701~800 年、801 年以上分别为 58.47%、38.90%、1.23%、0.73%、0.67%、0.01%。

目前,桂林古银杏存在的问题有四:一是古银杏林长期丢荒,植株生长衰弱;二是古银杏林病虫害严重,植株死亡增多;三是特殊古银杏林保护不到位,植株生长势差;四是非法采挖古银杏树,生态环境受破坏。

主要的解决办法与措施。桂林古银杏分布区起点的灵川县大圩镇距桂林市城区仅 10 km,古银杏林的分布区内交通十分便利,建立古银杏公园、开发生态旅游业,对增加银杏林区群众经济收入、保护古银杏资源有着重大意义。

广西桂林银杏面积、株数、产量、产值

广西桂林银杏面积、株数、产量、产值

年份	面积(hm²)	株数(万株)	产量(t)	单价(元/t)	产值(万元)
1949	1 000	10.00	350.00	320.00	10.24
1950—1953	1 000	10.00	1 000.00	320.00	32.00
1954—1957	1 000	10.00	1 300.00	320.00	41.60
1958—1966	800	7.50	300.00	1 000.00	30.00
1967—1970	800	7.50	500.00	1 000.00	50.00
1971—1975	800	7.50	1 200.00	1 200.00	144.00
1976—1980	660	7.38	1 500.00	1 200.00	180.00
1981—1982	660	7.38	1 600.00	1 300.00	208.00
1983	660	7.38	1 700.00	3 000.00	510.00
1984—1986	660	7.38	2 000.00	5 000.00	1 000.00
1987	660	8.30	2 400.00	10 000.00	2 400.00
1988—1989	660	8.30	2 400.00	26 000.00	6 240.00
1990—1994	3 000	128.33	2 500.00	30 000.00	7 500.00
1995	30 000	1 800.00	3 200.00	36 000.00	11 520.00
1996—1998	30 000	1 800.00	3 400.00	40 000.00	13 600.00

续表

年份	面积(hm²)	株数(万株)	产量(t)	单价(元/t)	产值(万元)
1999—2000	30 000	1 800.00	3 800.00	26 000.00	9 880.00
2001—2003	30 000	1 800.00	4 200.00	16 000.00	67 200.00
2004	30 000	1 800.00	4 700.00	10 000.00	4 700.00
2005	30 000	1 800.00	5 400.00	10 000.00	5 400.00

广西桂林银杏之乡

自然条件：广西银杏分布区的地理位置是东经109°36′50″~111°29′30″，北纬24°15′23″~26°23′30″。重点产区的地理位置是东经109°45′~111°00′，北纬24°45′~26°15′。全境山峦起伏、沟谷纵横、石山星罗棋布，地势西北高、东南低，西北部为我国著名的南岭山系西段。主要山脉有越城岭、都庞岭、海洋山、架桥岭。海拔最高的是猫儿山，海拔是2 141.5 m，最低是平乐巴江口，海拔超过50 m。该区域属中亚热带季风气候区，具有气候温和、雨量丰沛、四季分明、光照足、温差变幅大、干湿季节明显的特点。全年平均气温16.4~19.8 ℃，最热7月平均气温26~29 ℃，最冷1月平均气温6~9 ℃，极端最高气温38.4~40.4 ℃，极端最低气温-8.4~-2.9 ℃，全年>10 ℃的积温为5 064~6 328 ℃，年平均降水量1 400~2 000 mm，4—7月为雨季，占全年雨量的60%左右，9月后雨量逐渐减少，12月最低，仅占全年降雨量的2.6%。年日照平均12 401 670 h，年无霜期平均283~317 d。空气相对湿度在70%~80%，平均76%，5月最高达82%，10月最小66%。平均风速3.2 m/s风向以北或北东为主。该区域土壤条件良好，成土母岩以砂页岩为主，花岗岩、石灰岩次之。有机质含量大于3%的占24.57%，1%~3%的占54.38%，低于1%的占21.05%。主要土类的pH值为红壤、黄壤，紫色土多在4.5~6.0之间，石灰性土一般为6.7~7.5之间。广西银杏主要分布于桂林市，其中灵川、兴安、全州3个县为主产区，阳朔、资源、龙胜、灌阳、恭城、临桂、平乐、荔浦、永福9个县为零星分布区；桂林银杏种植始于明代，历史悠久，据清朝康熙二十八年(1689年)黄忠璋著的《全州县志》记载，银杏在桂林种植至少有300年以上，栽培历史最长的有上千年。桂林银杏主要栽植在海洋山系和都庞岭山系一带。在新中国成立以前桂林产区的银杏大树有10万株以上，树势生产差，产量不高，发展的速度也较慢。新中国成立后，群众对银杏树的管理积极性很高，加大了对植株的管护，树势得到了恢复，产量也得到提高。在1958—1960年全国的大炼钢铁期间砍伐了部分银杏树炼钢铁，"文化大革命"时期又掀起开田造地高潮，砍去银杏树建农田，至1980年止桂林产区保留银杏大树(40年生以上)73 880株，面积600 hm²。党的十一届三中全会以后，经过拨乱反正，把工作重点转移到以经济建设为中心上来，银杏产品成了名、特、优出口创汇产品。为发展地方经济，自20世纪80年代中开始，桂林产区的林业、农业、水果、特产等有关科技和生产管理部门，积极开展银杏的良种选育、施肥管理、病虫害防治、人工授粉等丰产稳产示范技术研究，使银杏树势生长旺盛，连年硕果累累，产量大幅度上升。在管理好原有银杏大树的基础上，加强了银杏生产的发展，自20世纪80年代末以来银杏产区的当地党委和政府为了振兴地方经济，在调整林种结构、改造低产林方面大抓名特优产品基地的建设，至1995年止全市建立银杏果用林面积3 000 hm²。

发展规划：①生产方面。桂林产区的银杏果用林种植面积达30 000 hm²。由于银杏的挂果期迟，投产慢，种植后多年无经济效益，加上近年来银杏种核(白果)的市场价格下降，已种下的银杏植株缺乏水肥管理，生长衰弱，现在计划是不增加银杏果用林的造林面积，加强对现有不挂果园、低产园的改造和施肥管理，促进银杏的丰产稳产。②科研方面。产区的科研部门结合本地的生产实际开展科研工作，第一是选择早实丰产质优新品种，建立良种繁殖基地；第二是调查现有的低产林面积，采用良种穗芽进行高接换种，提高产品质量；第三是进行修剪整形、配方施肥等试验，促进银杏丰产、稳产、优质、高效。③产品加工利用。桂林银杏产品的加工利用相对滞后，目前以粗加工和销售原料为主，下一步计划引进技术和人才，加大银杏产品的深加工力度，提高产品质量，增加产品的品种数量。另外是大力宣传银杏的食用保健知识，增加人们对银杏食用保健的认识，增加银杏市场的销售量。④古银杏林的开发利用。桂林是全国著名的银杏产区之一，栽培银杏历史悠久，拥有银杏古树七万多株，均生长在海洋山一带，该地带距桂林市区仅20 km，集中分布在桂林—海洋—高尚—兴安的省道公路两旁，形成了古银杏长廊，这些植株均为实生苗或根蘖苗种植，树体高大雄伟，集中连片，生长旺盛。

2006年2月桂林市人大代表提出"建市海洋山古银杏森林公园"议案。2006年9月已邀请南京林业大学园林风景学院专家进行规划设计。在近年内"桂林中国银杏博览园"有望展现在世人面前。

广西灵川核用品种性状

广西灵川核用品种性状　　　　　　　　　　　　　　　　　　　　　　　　　单位：cm·g

类别	品种	种实								种核								出核率（%）
		果形	纵径(cm)	横径(cm)	果面	果顶	果基	果蒂	果柄长(cm)	单果重(g)	核形	纵径(cm)	棱横径	面横径	核顶	核基	核棱	单核重(g)	
梅核银杏类	大梅核	圆形	2.9	2.9	白粉少	凹	微凹	较小近圆	3.1	14.9	短卵圆形	2.2	1.9	1.5	微尖	有二小突	不明显	2.9	19.4
	棉花果	近圆	3.0	2.8	果点稍隆	有浅沟	微凹歪肩	卵圆	3.8	12.9	卵圆三棱	2.2	1.7	1.4	广圆无突	二个小突	明显	2.7	21.0
佛手银杏类	家佛手	长广椭圆	2.8	2.5	白粉多	微凹	平或微凹	近圆	4.0	9.2	卵圆	2.2	1.6	1.4	圆钝微尖	微突	微具翼棱	2.5	27.5
	洞庭皇	椭圆倒卵	3.4	2.7	白粉多	微凹	平歪肩	近圆	2.9	13.4	长倒卵形	2.7	1.6	1.4	尖有小突	鱼尾状突	下部不显	2.8	20.5
	卵果佛手	卵圆	2.6	2.3	白粉厚	微尖	平或微凹	近椭圆	2.4	8.2	椭圆三棱	2.1	1.5	1.3	钝尖	钝尖	中上明显	1.9	23.8
	长柄佛手	椭圆倒卵	3.1	2.6	蜡粉较厚	浅陷	微凹	近圆	5.6	11.8	长倒卵形	2.5	1.5	1.3	有小尖	狭长	不明显	2.3	19.4
	圆底佛手	椭圆	2.7	2.1	有白粉	微尖	凹人	近圆	3.6	7.6	纺锤形	2.3	1.3	1.2	有小尖	有短钝突	不明显	1.8	23.8
马铃银杏类	青皮果	近圆	2.5	2.2	白粉多	微凹	稍歪	近圆	3.4	7.1	椭圆	1.9	1.4	1.2	有小尖	有小尖	不明显	1.5	21.8
	黄皮果	心脏形	2.6	2.3	有白粉	微尖	微凹	近椭圆	3.2	8.8	卵圆	2.2	1.6	1.3	小尖略突	乳头状突	下部不显	2.1	23.8

广西灵川雄株物候期

广西灵川雄株物候期

序号	种类	萌芽期	展叶期	开花期	新梢期	落叶期	休眠期
39	早花种	2.28—3.12	3.26—4.6	4.1—4.10	3.30—5.1	11.15—11.29	11.29—2.28
40	中花种	3.5—3.15	3.23—4.15	4.3—4.15	3.30—5.1	10.10—12.2	12.2—2.25
41	迟花种	3.5—3.15	3.24—4.15	4.6—4.15	4.5—5.1	10.25—11.25	11.25—2.15

广西灵川银杏雌雄株的年发育

广西灵川银可雌雄株的年发育

性型	萌芽期	展叶期	开花期	长果期	新梢期	花芽分化	硬核期	成熟期	落叶期	休眠期
雌株	早 熟 种									
	2.28—3.14	3.15—4.3	4.3—4.12	3.15—6.15	3.25—5.20	5.20	6.15	8.30	10.25—11.15	11.15—2.20
	中 熟 种									
	3.10—3.20	3.25—4.15	4.5—4.16	4.5—6.25	3.30—5.25	5.25	6.25	9.10	10.10—11.25	11.25—2.25
	晚 熟 种									
	3.5—3.15	3.20—4.5	4.8—4.17	3.30—6.25	3.30—5.28	5.25	7.2	9.25	11.20—12.2	12.2—2.25
雄株	早 花 种									
	2.28—3.12	3.26—4.6	4.1—4.10	—	3.30—5.1	—	—	—	11.15—11.29	11.29—2.28
	中 花 种									
	3.5—3.15	3.23—4.15	4.3—4.15	—	4.5—5.1	—	—	—	10.10—2.2	12.2—2.25
	晚 花 种									
	3.5—3.15	3.24—4.15	4.6—4.15	—	4.5—5.1	—	—	—	10.25—11.25	11.25—2.15

广西兴安银杏

兴安县种植银杏历史悠久,新中国成立前和新中国成立初期种植的 6 300 亩,4 万株,主要分布在都庞岭山系的高尚、崔家、白石、漠川等乡镇。改革开放以来,兴安银杏发展迅速,现种植面积已达 18.63 万亩,530 万株,占果树总面积 34.9 万亩的 53.4%,与柑橘、葡萄合称 3 大主产果树。其中,老产区高尚乡由原来的 2 600 亩,发展到 40 333 亩。过去仅有零星分布的平原地区界首镇种植面积已达 31 177 亩,并在红壤开发区建立了万亩银杏园。兴安现有银杏挂果面积 6 400 亩,4 万多株,1997 年产银杏 1 600 t,产值 6 000 万元,平均亩产 250 kg,平均亩产值 9 300 元。高尚乡 17 000 株挂果树,年产达 700 t 以上,全县株产值超万元的 400 多株,漠川乡一株大银杏,产种核 550 kg,收入 2 万元。兴安人民称银杏树为"摇钱树"。银杏为国家提供的特产税每年在 300 万元以上。兴安县自 1984 年试种嫁接银杏,现已大力推广,如湘漓乡农民文良柏 1984 年种植 0.8 亩 15 株,1991 年全部挂果,1995 年产种核 225 kg,最高株产 22.5 kg。兴安银杏,主要品种有家佛手、橄榄佛手、大梅核、黄皮果、青皮果、桐子果、马铃果。其特点是产量高、出核率高、种粒较大、糯性强、有香味、早成熟。早熟品系 8 月下旬成熟,中熟种 9 月中旬成熟。产品主要销往广东、香港、澳门和日本。在香港、澳门被称为"西果"。近几年兴安建立了银杏罐头加工厂 1 家,银杏叶药物加工厂 6 家,年可加工干叶 1 000 t 以上。兴安县在抓种植的同时,也大抓苗木生产,每年育银杏苗五百亩,产苗一千多万株,不但满足本县发展需要,还供应到湖南、湖北、河南、江西、广东、山东、云南、贵州、四川等省区。近几年兴安人民对银杏管护抓得很紧,目前幼树长势良好。

广西叶籽银杏

广西兴安 1981 年发现 3 株叶籽银杏,其中一株高 25.3 m,干高 3.0 m,胸径 1.02 m,冠幅 20.5 m×16.3 m。叶籽银杏是广西产区栽培品种之一,为根蘖苗种植,主干明显,侧枝分布均匀,树冠是圆锥形,上部枝自然生长往上,中下部枝下垂,产量较低。在同一树冠上着生的种实,其中正常的占 80%,叶柄果占 20%。正常种实为长圆形,纵径 3.19 cm,横径 2.38 cm,顶部凹入呈"O"形,基部倾斜一边,外种皮淡黄色,油胞较多,并有一层白粉。果柄略弯曲,长 3.22 cm。蒂盘圆形或长圆形,单果重 10.4 g,每千克 96 粒,出核率 20.68%。正常种核为长倒卵形,纵径 2.61 cm,横径 1.52 cm,顶部略见小尖,基部较尖并有维管束迹一、二,束迹一高一低。种核棱线大多数为二,极少数为三。二棱有背腹之分,三棱者腹部小,仅占种核的 1/5。种核上部明显大于下部,上部棱线明显。单核重 2.17 g,每千克 460 粒,出仁率 76.25%。带叶种实,果柄细长,与叶柄相同，并略长于叶柄，柄长5.5～6 cm，种实畸形，少数为长圆形。种核基部明显大于顶部，顶部成尖状细长，另有部分种核的细长尖状部位弯曲一边，似狗牙状，种核粒小，内有种仁，但无经济价值。该品种在广西产区仅有兴安县护城乡有3株分布，3株的年限相同，树龄均为55年，另一株高12.5 m，枝下高0.7 m，胸径66.8 cm，冠幅11 m×11.5 m，1983年前每株产正常种核2～10 kg，1983年后株产正常种核15～20 kg。该品种种实奇特，很有观赏价值，是公园绿化观赏和制作盆景的良好品种之一。

广西银杏生态适应性区划

广西为银杏主要产区之一。兴安县白果产量位居全国第二位。通过对银杏生态学特性进行分析，结合应用欧氏距离相似优先比的方法，将广西31个县(市)的5个气候因子与主产区兴安县的气候因子相比较，排列出31个县与兴安县气候因子相似程度的顺序；并将全区划分为最适宜区、适宜区、可种植区和不适宜区。

硅化木

三亿多年前，由于地质运动将银杏的古老树木埋藏于地下，在高温、高压、高浓度二氧化硅熔液的侵蚀下，银杏木中的有机物逐渐被填充替代，形成色彩斑斓、形态万千的银杏硅化木。银杏硅化木吸纳大漠亿年孤独雄沉之气，树纹清晰，质地坚硬，备受有识之士、古植物学家们的青睐。木和石原本相克，但银杏硅化木却体现了大自然的化克为融，化腐朽为神奇之力，其性宽厚沉稳，坚韧质朴，怡然恬淡。银杏硅化木饰品，选自银杏硅化木中的精华，经过精雕细琢而成，其神韵、形态、纹路、色彩显示出炯异的木质感，观之有木质光泽，抚之则温润腻手，掌之则心旷神怡，玩之则神游天地，硅化木饰品具备了宝石的天然、稀少、坚硬之要素，具有极高的观赏和收藏价值。禅林寺银杏硅化木为山原石，2003年发掘于燕山山脉。

贵GY-8号

产于贵州遵义地区。母树高25 m，冠幅13 m×19 m。果实近圆形，大小为2.95 cm×2.93 cm，柄长3.55 cm，单果重14.8 g，每千克67粒，出核率24.93%。果面橙黄色，可见淡红色条斑，果粉较厚。珠托圆至长圆形，边缘凹入，整齐，正托。果顶微突有尖。成熟较晚。种核大，圆形，上半部略大于下半部，大小为2.34 cm×2.07 cm×1.63 cm，单粒重3.69 g，每千克271粒，出仁率77.35%。种核壳白色，壳面隐约可见条纹，顶部微尖。两侧有棱边。背腹面不对称。束迹相距较宽。种仁淡黄绿色。

贵GY-9号

产于贵州遵义地区。母树高约30 m，冠幅12 m×13.6 m。果实圆形，大小为2.68 cm×2.71 cm，果柄长4.11 cm，单果重11.6 g，每千克86粒，出核率24.90%，果面橙黄色，果粉较厚。珠托近圆形，边缘整齐，正托，微突。果顶微突。果核近圆形，长2.21 cm，宽1.88 cm，厚1.47 cm，单粒重2.89 g，每千克346粒，出仁率78.6%，核壳白色，有浅条纹。上半部有较宽的棱边。背腹面不对称。核顶微尖，两束迹相距较窄，蛋白质含量较高，达13.05%，质糯。本优株丰产性极强，70年生树株产可达200 kg。

贵T-20号

于贵州黔东南自治州，母树高约25 m，冠幅17 m×15 m。果实圆形，果面橙黄色，果粉较厚。大小为2.90 cm×2.70 cm，果梗长4.25 cm。单果重12.7 g，每千克79粒，出核率23.9%。珠托近圆形，突出、正托。果顶较平，有微突。种核近圆形，长2.1 cm，宽1.9 cm，厚1.5 cm，单核粒重3.1 g，每千克322粒，出仁率80%，壳乳白色，有浅沟纹，背腹面不等，顶有凸尖，边有窄棱，束迹相距较近。质糯，维生素E含量高达5.15 mg/100 g。

贵州长白果

核形系数1.61。树冠呈塔形或长圆头形，高可达30 m。长枝上部叶片呈窄扇形，中下部叶为扇形，有浅裂至中裂。短枝叶扇形，有浅裂。叶宽4.5～7.0 cm，叶柄长6～7 cm。种实卵圆形，略偏斜，成熟时黄橙色，被白粉，表面粗糙，先端圆，顶尖凹下。珠托近圆形，中大，向一面歪斜，表面不平，边缘略凹下。种核长卵圆形。形状近似佛指。先端突尖，中部以下较窄，两束迹迹点小，两侧有棱线，中上部较明显。种核大小为2.4 cm×1.49 cm×1.20 cm，千粒重2 000 g，出核率19%，出仁率79%。产于贵州盘县。

贵州东北部银杏种群

包括大娄山东麓的务川、道真、正安3县，在海拔800～1 200 m的偏僻山区，初步调查结果，胸径1 m以上的银杏165株，其中胸径2.5 m以上的就有3株；这些银杏古树多分布在远离县城的深山区残存古森林群落中，沟谷两旁或村寨附近，保持着次生原始状态。20世纪90年代，贵州省有关单位曾对这里的银杏种群做过专项调查。2002年，中美植物学家合作开展了调查研究。

贵州李家湾银杏

该植株位于贵州福泉市鱼西乡李家湾田坝，树高

40 m,胸径 4.84 m,树冠投影面积超过 600 m²,主干中空,但仍抽枝结实。

贵州务川山区银杏原生种群

贵州省内多山,主要有乌蒙、娄山、苗岭、武陵等山脉,主峰多在海拔 1 700~2 900 m。险峻的山体、纵横交错的河流,形成了我国西南高原的特殊地理环境。在漫长的地质历史时期,古地理环境和古气候发生了复杂的变化,包括银杏在内的许多古老孑遗树种,虽然经历了全球降温和北半球地区冰川影响,但在贵州这片幸运的土地上残存至今,贵州也成为我国银杏古树资源最丰富的省份和原生种群残存地之一。20 世纪 30 年代,我国植物学先驱钟观光在其观察报告中就有:"贵州务川县龙洞沟、韩家沟一带有野生银杏及森林群落分布"的记载。但据初步调查,上述地区已难见银杏的痕迹。20 世纪 90 年代以来,研究人员在该县濯水、丰乐、都濡、黄都及其紧邻地区调查,发现确有以银杏为主的森林群落,银杏种群个体处于野生和半野生状态,且雄树明显多于雌树,这是务川银杏适应生存环境能力、结实率和种子萌芽、成苗率都高于全国银杏栽培区域的重要原因。随着调查研究的不断深入,媒体相继报道,湖北大洪山和神农架自然保护区、重庆南川金佛山等昔日人迹罕至的深山老林里以及贵阳花溪区青岩乡也都陆续发现了残存的银杏原生种群,受到国内外专家学者的密切关注。

贵州西南部银杏种群

乌蒙山脉南端的盘县处于贵州高原向云南高原过渡的斜坡上。海拔 1 400 m 地带,是贵州省银杏最为集中的地方。该县乐民镇的蔡家营和石桥镇妥乐村的银杏,不仅资源丰富,而且树龄古老,全村掩映在银杏密林之中。从村内被砍银杏大树的粗大根桩可以推断,当初这里可能有银杏天然群落。另外,贯穿贵州省境内的 320 国道昌明至景阳段及其邻近地区,有一个树龄极大已处于濒死阶段的古银杏群体,该群体至少出现于 2 000~3 000 年前的西周(原始农业初期)至三国时代,推测该古银杏群体是野生的。

贵州胸径大于 2 m 的银杏古树

贵州胸径大于 2 m 的银杏古树　　　单位:株

分布地	胸径			
	2.0~2.49 m	2.5~2.99 m	3.0~3.99 m	4.0 m
盘县特区	12	1	1	—
正安县	2	2	—	—
贵阳市	1	1	—	—
道真县	—	2	—	—
务川县	—	2	—	—

续表

分布地	胸径			
	2.0~2.49 m	2.5~2.99 m	3.0~3.99 m	4.0 m
天柱县	1	—	1	—
紫云县	2	—	—	—
福泉市	—	—	—	1
惠水县	—	—	—	1
龙里县	—	—	1	—
德江县	—	1	—	—
织金县	1	—	—	—
习水县	1	—	—	—
全省合计	20	9	3	2

贵州银杏的垂直分布

贵州大部分是高原山地,河流切割深邃,地形起伏较大,银杏目前发现的最高分布地为盘县特区的关坪子,海拔 1 750 m,而分布最低的榕江县王岭,海拔仅 400 m,分布高差达 1 350 m,其中以海拔 1 000~1 400 m 居多。

贵州银杏的水平分布

银杏在全省各县均有分布,较为集中的有 4 片。①黔北银杏分布区:此区地处贵州省的北部,大娄山东麓,包括道真、务川、正安、凤岗、湄潭、桐梓、遵义、金沙等县。此区产量约占全省的 50%,种质资源丰富,以正安、务川、道真三县为最多。②黔中银杏分布区:该区位于省的中部,苗岭山脉的北面,包括贵阳、龙里、麻江、福泉、惠水、都匀、凯里、长顺、平坝等县市。此区经济、文化、交通较发达,银杏分布受人为干扰较大,较分散,但全省最大的几株古银杏都分布在这一区。此区银杏产量约占全省的 10%。③黔西南银杏分布区:此区位于省的西南部与云南、广西交界,乌蒙山的南端延伸境内,地势较高,海拔平均 1 200~1 600 m,地形切割厉害。包括盘县特区、普安、紫云、安龙、兴仁等县。本区产量约占全省的 25%。大部分集中在盘县特区。④黔东银杏分布区:该区位于贵州东部,武陵山脉斜贯本区。包括德江、思南、松桃、台江、天柱等县,产量占全省的 15%。

贵州银杏的种质资源

全国银杏的 5 大类,贵州均有发现。①长子类银杏:属于此类较少,仅发现 ZA-4 号一种。②佛指类银杏:属于此类的有长白果、长糯白果、小黄白果、GY-15 号、GY-18 号。③梅核类银杏:GY-2 号、GY-5 号、GY-11 号、GY-17 号、T-20 号。④马铃类银杏:此类目前仅发现一种,即猪心白果。⑤圆子类银杏:圆白果、GY-3 号、GY-8 号、GY-9 号、GY-13 号、GY-14 号、GY-21 号。

贵州银杏种核的性状

贵州银杏种核的性状

株号	单果重(g)	单核重(g)	粒/kg	出核率(%)	出仁率(%)	株号	单果重(g)	单核重(g)	粒/kg	出核率(%)	出仁率(%)
GY-1	9.65	2.02	495.0	20.93	81.02	CY-14	10.74	2.42	413.2	22.53	79.76
GY-2	8.98	2.22	450.5	24.72	79.63	GY-15	12.36	2.64	378.8	21.36	79.42
GY-4	10.27	2.55	392.5	24.83	79.44	GY-19	13.00	2.37	421.9	18.23	74.29
GY-5	9.15	2.51	398.4	27.43	78.48	GY-20	11.20	2.20	454.5	19.60	83.21
GY-7	9.60	1.99	502.5	20.73	78.56	T-20	15.00	3.20	312.5	21.33	80.00
GY-8	14.80	3.69	271.0	24.93	77.35	平均	11.18	2.57	389.6	23.16	79.30
GY-9	11.60	2.89	346.0	24.91	78.57	标准差	1.98	0.45	64.68	2.89	2.00
GY-11	9.40	2.60	384.6	27.66	79.66	变异系数(%)	17.68	17.51	16.18	12.48	2.52
GY-13	10.70	2.68	373.1	25.10	80.66						

贵州银杏种核营养成分含量

贵州银杏种核营养成分含量

株号	水分(%)	总淀粉(%)	直链淀粉(%)	支链淀粉(%)	总糖(%)	蛋白质(%)	脂肪(%)	VA原(mg/100g)	VC(mg/100g)	VE(mg/100g)
GY-1	54.71	78.33	15.86	62.47	2.87	11.32	3.99	0.256	31.80	2.12
GY-2	57.77	75.83	16.18	59.65	3.00	11.87	4.02	0.194	32.10	1.84
GY-4	57.32	73.89	15.50	58.39	2.93	8.80	4.59	0.222	28.80	2.73
GY-5	57.45	72.64	17.60	55.04	2.95	11.36	3.95	0.200	33.90	2.31
GY-7	55.63	78.16	20.61	57.55	3.28	8.46	4.24	0.211	31.80	2.16
GY-8	60.00	75.00	17.37	57.63	3.32	11.39	3.75	0.267	26.10	1.78
GY-9	60.17	73.33	15.62	57.71	3.39	13.05	3.56	0.222	33.00	1.64
GY-13	57.00	71.81	18.24	53.57	2.89	10.04	4.35	0.300	34.80	1.67
GY-14	55.02	74.17	18.71	55.46	2.23	10.32	4.46	0.333	32.10	2.22
GY-15	57.43	74.03	18.79	55.24	2.90	12.81	3.58	0.372	35.20	1.54
GY-19	57.15	73.89	14.91	58.98	4.37	13.41	2.92	0.189	30.80	2.12
GY-20	56.29	77.22	16.26	60.96	4.03	12.49	4.20	0.233	34.20	3.02
T-20	56.32	66.81	20.61	46.20	3.03	11.16	3.54	0.239	26.88	5.15
平均	57.10	73.24	17.33	56.87	3.17	11.27	3.93	0.245	21.65	2.33
标准差	1.63	3.01	1.86	4.06	0.54	1.54	0.46	0.056	2.87	0.95
变异系数(%)	2.85	4.10	10.73	7.31	17.03	13.67	11.70	22.49	9.07	40.77

贵州银杏种核中氨基酸的浓度

贵州银杏种核中氨基酸的浓度(%)

株号	天冬氨酸	苏氨酸	丝氨酸	谷氨酸	甘氨酸	丙氨酸	缬氨酸	蛋氨酸	异亮氨酸	亮氨酸	络氨酸	苯丙氨酸	组氨酸	赖氨酸	精氨酸	色氨酸
GY-1	1.11	0.49	0.59	2.24	0.67	0.69	0.69	0.22	0.42	0.66	0.25	0.47	0.12	0.52	0.79	0.24
GY-2	1.20	0.53	0.56	0.35	0.71	0.71	0.73	0.25	0.46	0.68	0.30	0.47	0.10	0.55	0.86	0.24
GY-4	0.90	0.41	0.45	1.71	0.54	0.53	0.55	0.19	0.34	0.49	0.22	0.38	0.06	0.40	0.53	0.25
GY-5	1.14	0.50	0.55	2.13	0.60	0.68	0.66	0.23	0.41	0.62	0.26	0.46	0.09	0.52	0.78	0.22
GY-7	0.83	0.39	0.42	1.67	0.50	0.53	0.50	0.16	0.31	0.45	0.21	0.33	0.03	0.36	0.39	0.21
GY-8	1.16	0.51	0.56	2.27	0.66	0.69	0.67	0.24	0.42	0.65	0.26	0.45	0.09	0.51	0.82	0.24
GY-9	1.27	0.57	0.63	2.52	0.77	0.77	0.77	0.27	0.47	0.73	0.31	0.54	0.10	0.58	1.01	0.21
GY-13	0.98	0.43	0.48	1.91	0.58	0.63	0.59	0.21	0.37	0.56	0.26	0.37	0.06	0.45	0.68	0.23
GY-14	1.05	0.46	0.51	2.08	0.62	0.66	0.64	0.22	0.40	0.61	0.25	0.41	0.09	0.49	0.70	0.24
GY-15	1.26	0.57	0.63	2.41	0.74	0.77	0.75	0.25	0.45	0.73	0.24	0.47	0.10	0.57	0.88	0.22
GY-19	1.30	0.61	0.64	2.50	0.76	0.79	0.79	0.27	0.49	0.75	0.29	0.52	0.12	0.61	1.10	0.22
GY-20	1.22	0.56	0.58	2.24	0.71	0.76	0.73	0.23	0.45	0.66	0.26	0.45	0.07	0.53	0.82	0.23
T-20	1.21	0.55	0.60	2.36	0.74	0.73	0.74	0.27	0.48	0.70	0.34	0.46	0.10	0.55	1.04	0.22
平均	1.13	0.51	0.55	2.18	0.66	0.69	0.68	0.23	0.42	0.64	0.26	0.44	0.09	0.51	0.80	0.23
标准差	0.15	0.068	0.07	0.27	0.08	0.084	0.088	0.033	0.055	0.092	0.036	0.058	0.03	0.071	0.197	0.013
变异系数(%)	12.4	13.3	12.7	12.3	13.2	12.9	12.2	14.3	13.1	14.4	13.8	13.2	28.1	13.9	24.6	5.6

贵州优良单株特性

贵州优良单株特性

编号	品名	树龄	冠形	冠幅乘积 $m^2 \cdot kg/m^2$	粒/kg	出核率	出仁率	产量变幅	抗逆性	注
金11	大核果	100	长椭圆	154.4×0.85	341	26.08	79.18	25.4	抗风	优
金9	大核果	90	椭圆	146.1×0.83	347	25.93	78.21	29.8	抗风	优
金1	大茶果	80	球形	141.2×0.85	345	25.18	78.31	25.1	抗风、无虫害	良
金7	大茶果	110	球形	163.9×0.86	347	25.41	77.65	26.3	抗风	良
歙2	大鸭脚	80	圆锥	86.8×0.79	349	26.51	78.31	25.1	抗风	良
金3	大茶果	90	圆形	153.9×0.80	361	26.31	77.89	31.2	抗风、无虫害	良
金13	茶果	160	椭圆	196.4×0.81	359	25.13	78.86	30.8	抗风	良

桂028号

母树位于广西兴安县溶川乡才金村苦竹塘屯,树龄330年,该树在基部分为三叉,树高21.0 m,主干高1.1 m,胸径97.5 cm,冠幅21 m×25 m,年产种核500~650 kg,为广西产区产量最高、生长最好、经济价值最优的植株,1994—1998年期间每年产种核600 kg,年产值达2.4万元,是广西创效益最高的植物个体。本单株为马铃品种,是广西桂林产区在生产上推广的优良品种之一,采用母树接穗嫁接繁殖的苗木,定植后5~6年可挂果,8~10年投产,株产种核6~8 kg,每公顷产37 kg左右,产量大小年变幅<30%。种实椭圆形,成熟时为淡黄色,表皮有白粉,油胞较少。种实先端凸,有小尖,基部平,蒂盘略凹陷,果柄长3.2~4.2 cm,上粗下细,弯曲度大。种实纵径2.65 cm,横径2.25 cm,平均单粒重7.2 g,每千克138粒,出核率25%~27%。种核为长椭圆形,核中部最大,上、下两端同等大,两侧棱线中上部明显,顶点凸明显小尖,基部束迹凸,两迹点不明显,核粒中等大,单核重2~2.5 g,每千克约1 400粒,出仁率78.5%,核仁乳白色、细腻、糯性高,香味浓,核壳坚硬,耐贮藏,是较好

的核用品种。本单株种核属一级品，在市场上畅销，已在广西、湖南、贵州等地推广种植。

桂047号

母树位于广西兴安县漠川乡福岭村，树龄60年，树高约11 m，枝下高2.5 m，主干为三叉，平均干径22.5 cm，冠幅8.5 m×7.5 m，年产种核74 kg，本单株为圆子银杏类，是广西桂林产区筛选出的良种之一，采用母树接穗繁殖苗木，定植后4~5年可挂果，6~8年投产，株产5~6 kg，每公顷产3 000 kg，产量大小年变幅在25%左右。种实为圆形，先端微凹呈"一"形，有小尖，成熟时为橙黄色，有一层白粉，油胞明显。蒂盘略凹陷，果柄长3.4~3.5 cm，上粗下细，略弯曲。种实纵径3.1 cm，横径3.0 cm，平均单粒重8.9 g，每千克112粒，出核率26%。种核为椭圆形，先端较尖，顶点小尖明显，并与两侧棱线连接，棱线片中下部往上。种核饱满，基部两维管束迹点明显，一高一低，两点间距3~4 cm，无鱼尾状凸尖。核粒较大，单核重3.5 g，最大粒3.9 g，每千克286粒，出仁率76%。核仁为白色，糯性强，香味浓。核壳坚硬，耐贮藏，常规条件下可贮藏半年。本单株核粒较大，为特级商品，在市场上十分畅销，已在广西、四川、湖南、云南、贵州等地推广。

桂048号

母树位于广西兴安县漠川乡福岭村，树龄60年，树高约11 m，胸径32 m，冠幅为8.3 m×10.5 m，年产种核65 kg。本单株为圆子银杏类，是广西桂林产区筛选出的优良品种之一，采用母树接穗繁殖苗木，定植后5~6年可挂果，8~10年投产，株产5~6 kg，每公顷产约3 000 kg，产量大小年变幅在20%左右。种实为圆形，先端凹，有小尖，成熟时为橙黄色，有一层白粉，油胞明显。蒂盘平，果柄长3.2~3.4 cm，略弯曲。种实纵径3.0 cm，横径2.8 cm，平均单粒重8.9 g，每千克112粒，出核率26%。种核为椭圆形，先端较尖，顶点与棱线相连，小尖明显，棱线自下往上明显，种核饱满，基部两维管束迹迹点明显，略见鱼尾状，两束迹间距3 mm左右，核粒较大，单核重3.3 g，每千克303粒，出仁率为77.5%。核仁为黄白色，核壳坚硬，耐贮藏。本单株为特大核粒品种之一，目前，已在广西、湖南、贵州等地推广。

桂049号

母树位于广西兴安县漠川乡庄子村，树龄90年，树高18 m，胸径42 cm，冠幅12 m×13 m，年产种核60~70 kg。本单株为马铃银杏类，是国内最大核粒的品种之一，采用母树接穗进行繁殖苗木，定植后5~6年开始挂果，8~10年投产，株产5~7 kg，每公顷产3 000 kg，产量大小年变幅在25%左右。种实长圆形，成熟时为淡黄色，表皮光滑，无油胞，有一层白粉。种实先端较圆，果柄长2.5~3 cm。果柄细，平直，无弯曲。种实纵径3.5 cm，横径2.8 cm，平均单粒重14.5 g，每千克69粒，出核率26.73%。种核为卵形，中部以上宽于下部，且棱线较明显。顶端圆钝，顶部凹入，并有一小尖与棱线同等高。基部两维管束迹点明显，迹点间距2.5~3 mm，无鱼尾凸尖，核粒较大，单核重3.8~4.1 g，最大粒4.2 g，每千克240~260粒。出仁率为77%，核仁为黄白色，细腻，糯性强，味香，核壳坚硬，耐贮藏，常规条件可贮藏4~6个月，冷库贮藏可达1年。本单株核粒特大，属广西产区最大核粒株系，有着较高的商品价值，在市场上竞争力较强。目前已在广西、云南、四川等地推广。

桂G86—1种实发育中营养成分的变化

以银杏良种桂G86—1为试材，对种实发育过程中种仁和种皮的维生素C、N、P、K、灰分、粗蛋白、粗脂肪、蔗糖、还原糖、粗纤维、淀粉等11种营养成分的含量和积累的变化动态进行系统研究，研究结果表明，在种仁发育过程中，蔗糖、粗纤维、淀粉的含量和积累均随生长发育期的变化而递增，呈极显著相关关系；还原糖、粗脂肪、N、P、K、灰分等养分在幼果期含量较高，但随发育期的变化而降低，呈显著相关关系，除还原糖外，这些养分的积累逐渐增加，呈极显著相关关系。还原糖的积累在盛花后110 d前明显增加。随后逐渐下降；维生素C在种实发育初期含量较高，至盛花后80 d达到最高，随后逐渐下降。在种皮发育过程中，除还原糖、维生素C外，其他营养成分的含量和积累的变化动态规律与种仁一致；维生素C在种皮的含量和积累均逐渐上升，呈显著相关关系；还原糖的含量变化没有明显的规律，但呈上升趋势，而积累逐渐增加，呈极显著相关关系。

桂花白果(1)

主料：白果肉300 g，糖桂花5 g。配料：白糖200 g，水淀粉40 g。做法：将白果肉（去膜、去心）放入清水锅中，置中火上烧煮约10 min，捞出洗净。将锅置旺火上，舀入清水750 g，烧沸后放入白果再烧煮至熟，然后加入白糖，用水淀粉勾芡，去浮沫，放入糖桂花，盛入碗中即成。白果入干净锅中爆炒，然后加清水，煮约5 min，趁热剥壳。保健功能：白果有温肺益气、定喘咳、缩小便之功。此菜系秋冬时肴，白果色莹绿有光，香酥烂，不仅甜爽适口，且有一定的食疗作用，为老年食客所喜爱。

桂花白果(2)

主料:鲜白果 400 g。配料:绵白糖 200 g,糖桂花 5 g,水淀粉 50 g。做法:银杏剥壳入清水内略泡,沥去水待用。炒锅上旺火烧热,放熟猪油 300 g 至五成热投入银杏,用勺搅动去外皮,捞出用刀背平压白果稍扁使其裂纹,易入味。锅内放开水 750 mL,投入白果,加糖烧沸时用水淀粉勾芡,撇去浮沫,放入糖桂花,起锅装盘即成。桂花白果色泽翠绿,桂香浓郁,酥烂汁黏,可止咳、定喘、润肺。

桂林古银杏分布统计表

桂林古银杏分布统计表 单位:株

灵川县		兴安县		全州县		阳朔县		合计
乡镇	株数	乡镇	株数	乡镇	株数	乡镇	株数	
海洋乡	17 115	高尚镇	19 549	安和乡	1 151	金宝乡	28	
潮田乡	3 515	漠川乡	13 635	蕉江乡	970	阳朔镇	3	
大境乡	3 428	白石乡	7 383	大西江乡	32	—	—	
大圩镇	1 008	崔家乡	3 318	—	—	—	—	
灵田乡	1 398	兴安镇	1 250	—	—	—	—	
三街镇	15	—	—	—	—	—	—	
小计	26 479	—	45 135	—	2 153	—	31	73 798

桂皮酸酯黄酮类化合物

共计 5 种。它们是桂皮素 – 3 – 鼠李糖 – 2 – (6 – 对羟基反式桂皮酰) – 葡萄糖苷(1a)、山奈酚 – 3 – 鼠李糖 – 2 – (6 – 对羟基反式桂皮酰) – 葡萄糖苷(1b)、槲皮素 – 3 – 鼠李糖 – 2 – (6 – 对羟基 – 反式桂皮式桂皮酰)、葡萄糖 – 7 – 葡萄糖苷(1c)、槲皮素 – 3 – 鼠李糖 – 2 – (6 – 对葡萄糖氧基 – 反式桂皮酰) – 葡萄糖苷(1d)、山奈酚 – 3 – 鼠李糖 – 2 – (6 – 对葡萄糖氧基 – 反式桂皮酰) – 葡萄糖苷(1e)。银杏叶中黄酮类化合物主要以苷的形式存在,是银杏叶的主要药效成分之一,含量较高,在叶中的变化较大。变化幅度在 0.2% ~ 2.74%。在桂皮酸酯黄酮苷中有人认为 1a、1b 是对心血管系统的有效成分。

滚筒式杀青机

杀青过程就是干加温,除掉青臭味,使叶片出水变软,下步易于揉捻。滚筒式杀青机内部温度达 250 ℃以上,达到此温度时,即可加入切好的叶片,每桶 10 ~ 15 kg。温度先高后低,逐步降到 180 ~ 150 ℃,一般 20 min 一筒,老叶片可以 15 min。转动时要求翻透均匀。看见叶片表面有水膜现象,叶片变成暗绿色,散发出一种特别香味,这时可以出料。出来的茶叶,叶片有黏性,用手可捏成团而不出水,这就是适中。注意:嫩叶要老杀,老叶要嫩杀,杀嫩比杀老好。杀不足有草臭味,揉捻时出水。有经验的操作工人,能掌握好火候。

《郭弘农集》

此书由东晋(317—411 年)文学家、训诂学家郭璞(276—324 年)撰著,此书中记有"枰,平仲木也。"枰即指银杏。

郭老手植"妈妈树"

1928 年,郭老到日本千叶县须和田避居。劳作之余,郭老在房前菜园和花圃里,亲手栽植了几株银杏树,以示不忘中国的古老文明。1942 年 5 月 23 日,郭老在重庆《新华日报》上发表了散文《银杏》。字里行间充满了对银杏的赞扬和热爱,文中写道:"你是完全由人力保存了下来的奇珍";把银杏赞为"东方的圣者,中国人文的有生命的纪念塔……你对于寒风霜雪毫不避易,恐怕自有佛法以来,再也不会产生过像你这样的高僧,你没有丝毫依阿取容的姿态,但你也并不荒俗;你的美德像音乐一样洋溢八荒,但你也并不骄傲;你的名讳似乎就是'超然',你超在乎一切的草木之上,你超在乎一切之上,但你并不隐遁。"郭老在文中最后写道:"你是随中国文化以俱来的亘古的证人。"这一千余字的散文分了 29 个段落,字字凝重,句句珠玑。它似一幅浓墨重彩的国画,画出了银杏的神容、风骨、品格;它如一首行云流水的畅想曲,唱出了银杏的洒脱、浪漫、豪迈。当时正值中华民族团结抗日,反对分裂投降时期,郭老以饱满的爱国主义激情,借物寄志,高度赞美银杏,实际是在高度颂赞坚决抗日的共产党人、爱国将士和不屈不挠的人民群众。伊钦恒先生读了郭老的散文后,曾发表读后感,并作歌纪之。

郭老撰文寓意深,不佞读后相勉勖。

感此嘉树世作稀,亟宜蓄衍广培育。

1942年，在重庆赖家桥国民政府文化工作委员会工作期间，郭老憎恨分裂，渴望全民族抗日早日取得胜利，在住所亲手栽植了一株银杏。1958年2月，郭老的夫人于立群同志生病，要到外地疗养一段时间。郭老特地去西山林场买回一棵银杏树，栽植在北京西四大院胡同的宅院中，并取名"妈妈树"。郭老深情地对孩子们说："妈妈不在家，你们看见这棵树就像看见妈妈一样，你们要像照顾妈妈一样照顾它。等树成活了，长得枝青叶绿时，妈妈的病也好了。"郭老又幽默地一笑说："不过银杏有雌雄之分，尚不知它将来是'妈妈'还是'爸爸'。"在郭老和孩子们的精心护育管理下，这棵银杏树长得生机勃勃。1963年，郭老举家迁往前海西街，也将这棵银杏树移到新居。现已长成大树，果然是"碧叶成荫子满枝"的"妈妈树"那笔挺的干、繁茂的枝、滴翠的叶、晶莹的果，更觉银杏可亲、可爱、可咏、可赞，它秀美、纯真、坚毅，一代英杰——郭沫若老人的品格不正是和银杏一样吗？1986年冬季，郭老的女儿郭平英女士带着一包秋天采集的银杏树种，来到四川省乐山市，赠送给"四川省郭沫若研究会"。郭老最喜爱的当属银杏了。郭老一生与银杏有着不解之缘，对银杏有着深厚的情感。

国际市场银杏叶制剂主要产品

国际市场银杏叶制剂主要产品

序号	生产国	药品名称	主要生产厂家
1	德国	Tcbonin fore（强力梯波宁）针剂、滴剂	德国施瓦贝公司（Schwabe）
2	德国	Cerinin	德国施瓦贝公司（Schwabe）
3	德国	Vevert（滴剂、复方剂）	德国 Sobern heim 制药公司
4	德国	Cereginko（酊剂）	德国 Pfluger 有限公司
5	德国	Ginaton（金钠多）	德国威玛舒培大药厂
6	德国	Rokan	—
7	法国	Tanakan（多拿肯）溶液剂	法国天然及合成制药公司（IPSEN）
8	法国	Arkogelules Ginkgo	法国天然及合成制药公司（IPSEN）
9	法国	Ginkobil	—
10	法国	Kaveri（薄膜片）	Loges 公司
11	泫国	Craon	—
12	美国	Montana	—
13	日本	GBE-24 清凉口服液	日本 Sanrael
14	韩国	静克敏	韩国东方制药公司
15	瑞士	Gincosan	瑞士 Pharmaton SA 公司
16	瑞士	Ginkgomin	—
17	瑞士	Ginkgo	—
18	瑞士	Ginkgovit	—
19	瑞典	Ginkgo Vital	—
20	荷兰	Ginkgoplant	—

国际通用 EGb 761 的质量要求

标准 EGb 761 作为药用银杏叶提取物已被欧洲各国认可，出现在许多制剂中。本品为淡棕色无定形的粉末，可溶于50%（v/v）乙醇（c=4）中；鉴别项有以下要求：①GLC 萜类成分；②HPLC 黄酮苷；③HPI 上有机酸的鉴别。检查：水分（卡氏法）、硫酸化灰分、重金属；总有机溶剂残留、乙醇、氯化物溶剂残留等。HPI-JC 法测定可能存在的杂质：梗如酸、白果酚等。含量测定项目颇多。包括 HPLC 法测定银杏总黄酮（≥24.0%）；GLC 法测定银杏内酯 A、B、C、J 和白果内酯（bilobalide）的萜内酯的总量（≥6.0%），GLC 测定白果内酯的含量（2.7%~3.3%）；分光光度法测定原花色素类（proanthocyanidins）物质的含量（0.5%~0.8%）；HPLC 法测定莽草酸等总有机酸的含量（≥1%）。

国际银杏协分（IGFTS）

美国的伊利诺伊州（Illinois）是全美著名的"银杏之乡"，全州共有102个县，其中100个县有银杏。1978年4月1日，伊利诺伊州的银杏爱好者们自发地成立了"金色化石树协会"。他们认为"银杏"这个名字名不符实。银杏树到秋末，扇形树叶大部变成金黄色，它又是活着的化石，因此"金色化石树"比较符合实际情况。金色化石树协会成立以后，会员们对美国16个州进行了银杏考察和调查，结果表明，全美胸围在 254 cm 以上的大树共有 194 株。1984 年，金色化石树协会又扩大成"国际金色化石树协会"（International Golden Fossil Free Society）。在中国叫"国际银杏协会"。国际银杏协会有协会不定期通讯，每年出版 4～6 期，每一期通讯均发至会员手中，每期通讯均刊登世界银杏科研、生产、产品开发以及会员活动的一些信息类文章。每年的 9 月 12 日在伊利诺伊州召开会员大会，会期 1～2 d。会议完全是自由研讨，每次会议不举行开幕式、闭幕式，更没有政府官员出席讲话。除南美洲之外，每一个大陆都有国际银杏协会会员，协会印有会员通信录，会员之间可以自由联系，互通信息。据 20 世纪 90 年代初的统计，该协会会员已发展到 1 398 名，可从每名会员那里得到有参考价值的资料。国际银杏协会主席 Clayton A. Fawkes 先生，是一名中学校长。每名会员每年需要交纳会费 20 美元。山东农业大学梁立兴教授是中国内地唯一会员。

国际银杏学术研讨会

由国家科委中国农村技术开发中心、法国博福—益普生制药集团和德国史瓦伯制药集团共同主办的，"1997 国际银杏学术研讨会"于 1997 年 11 月 10 日至 12 日在北京香格里拉饭店隆重举行。在研究讨会开幕式上，组委会宣读了国务委员兼国家科委主任宋健同志给研讨会发来的贺信，由国家科委副主任惠永正致开幕词，卫生部副部长彭玉、林业部副部长祝光耀、国家医药管理局副局长戴庆骏、德国史瓦伯制药集团董事长 K·P·史瓦伯先生分别在开幕式上做了演讲。参加学术研讨会的中外代表共 157 人，其中国外代表 28 人，他们分别来自德国、法国、美国、瑞士、荷兰等国家。国内代表分别来自科研、教学、生产及企业集团的银杏栽培和医药专家、教授共 129 人。研讨会共收到论文 42 篇。由 30 位国内外代表进行了大会交流发言。内容涉及银杏栽培、加工；银杏叶活性成分的研究；银杏叶提取物的分析与质量控制；银杏叶（种）制剂药理、药效研究；还有 GMP 规范和 GLP 规范；中国银杏资源和产业发展现状及前景等。本次研讨会是以学术交流为主，兼顾新技术、新产品展示，重点研讨银杏丰产栽培技术，银杏叶加工技术，银杏叶提取物质量标准与分析方法，银杏叶（种）制剂药理、药效及毒理学的研究，以及制剂在医药、食品、化妆品中的应用研究，从而找出了我国银杏产业的发展优势，以及与国外的差距。11 月 12 日下午 5 时研讨会举行闭幕式，由国家科委谢绍明先生做了总结讲话。

国家银杏博览园——中国邳州

邳州是中国著名的银杏之乡，已有两千余年的栽培历史，已被批准为"国家级银杏博览园"，"江苏省银杏森林公园"。拥有银杏成片园 26 万亩，定植银杏树 1 410 万株，在圃各类银杏苗木 2.5 亿株，年产银杏果 1 060 t，年产银杏黄酮 150 t。国家银杏博览园内，古银杏树群遮天蔽日，姨妹树珠联璧合，联姻树根脉相接，观音树古朴端庄，盆景园内千姿百态，风光旖旎，令人流连忘返。

国内市场银杏叶制剂主要产品

国内市场银杏叶制剂主要产品

序号	商品名	药品名称	生产厂家
1	天抚	银杏叶胶囊	辽宁顺安怡天然药物厂
2	华宝通	银杏叶胶囊	湖南长沙市麓山天然植物制药有限公司
3	佳晨	银杏叶舒心胶囊	四川万州区制药厂
4	飞云	银杏叶提取物片	北京中国科招高技术有限公司
5	—	银杏叶口服液	辽宁沈阳辽河制药厂
6	银雀	银杏叶口服液	山东临沂中药厂
7	—	银杏叶口服液	河北遵化制药厂
8	天保宁	银杏叶片（胶囊）	浙江康恩贝公司
9	—	银杏络片	广东深圳海王药业有限公司
10	扬子江	银杏天保	江苏扬州扬子江制药厂
11	扬子江	舒血宁胶囊	江苏扬州扬子江制药厂

续表

序号	商品名	药品名称	生产厂家
12	扬子江	舒心宁胶囊	江苏扬州扬子江制药厂
13	—	银杏天保	贵州信帮制药厂
14	百路达	银杏叶胶囊	上海信谊百路达药业有限公司
15	999	银杏叶片	三九集团深圳南方制药厂
16	东乐	银杏叶片	河北涿州东乐制药有限公司
17	—	70-8(银杏叶单味药制剂)	医院自制
18	舞鹤	银杏叶片	宁波药材股份有限公司
19	—	70-8(复方制剂)	医院自制
20	—	冠心酮片(银杏叶制剂)	医院自制
21	—	银杏通络片(胶囊)	医院自制(江苏邳州市)
22	—	银杏叶冻干粉针	山东中医药大学
23	—	银杏痤疮水	辽宁本溪
24	—	银杏口服液	济南军区鲁东长寿生物技术发展有限公司
25	—	舒血宁薄膜衣片	北京第四制药厂
26	—	银杏叶片	徐州制药厂
27	—	银杏口服液及片剂	山东医学科学院药物研究所
28	—	银杏叶制剂	台湾板桥市维纳斯国际有限公司

国内外银杏化妆主要产品

国内外银杏化妆主要产品

序号	产品名称	商标	生产厂家
1	银杏美白霜	兰贵人	香港兰贵人化妆品有限公司
2	银杏平衡洁面乳	丝宝	中日合作广东丽华丝宝
3	银杏平衡润肤露	丝宝	中日合作广东丽华丝宝
4	银杏平衡润肤霜	丝宝	中日合作广东丽华丝宝
5	银杏平衡美白露	丝宝	中日合作广东丽华丝宝
6	银杏系列化妆品	—	日本花王株式会社
7	银杏系列化妆品	—	意人利 Indena 公司
8	银杏美白奶	—	南京中美圣火公司
9	女士美容霜	—	(泰兴)中华星娜日化公司
10	小儿护肤霜	—	(泰兴)中华星娜日化公司
11	银杏洗面乳	—	泰州化妆品厂
12	银杏毛发营养剂	—	日本 ROSE Corp
13	银杏洗发膏	—	泰州化妆品厂
14	银杏的斯香水	—	泰州化妆品厂
15	银杏洗发香波	—	中华星娜日化公司
16	生发养生素	—	奥里尔股份有限公司

国内外银杏良种种核生理品质

国内外银杏良种种核生理品质

产地	日本	日本	法国	江苏	山东	广西	贵州	湖北	福建
品种	银杏	板栗	银杏	大佛手	魁铃	莫川1号	良种	梅核	银杏
碳水化合物	35.4	34.5	—	—	—	—	—	—	—
总糖	—	—	—	—	1.83	—	3.2	5.8	—
可溶性糖	—	—	—	9.2	—	—	—	0.92	—
戊聚糖	—	—	1.6	—	—	—	—	—	—
纤维素	0.2	1.0	1.0	—	—	—	—	—	1.86
淀粉	—	—	67.9	56.3	29.7	59.3	73.2	27.3	—
支链淀粉	—	—	—	50.9	—	—	56.9	—	6.8
直链淀粉	—	—	—	5.4	—	—	17.3	—	—
蛋白质	4.7	2.7	13.1	5	3.9	11.8	11.3	5.2	—

国树

代表本国家或本民族基本特征,以及在国内特别著名的树,这种树称为"国树"。国树还应通过本国家的最高权力机关讨论、选举而确认。银杏为中国的国树。

国树评选

评选国树,对于丰富人们的精神文化生活,激发各族人民的爱国热情,振奋民族精神,增强民族自豪感具有重要作用。据不完全统计,世界上已有120多个国家确定了国树,而拥有"世界园林之母"盛誉和悠久历史灿烂文化的中国,长期以来却没有选定国树。国树,是国家之推崇,民族之骄傲。近年来,社会各界对"尽快确立银杏为国树"的呼声日益高涨,已引起国家和有关部门的高度重视。有识之士呼吁:中国不能没有国树,中国国树非银杏莫属!中华银杏,国树风范。它亘古孑遗,历经第4纪冰川的毁灭性浩劫仍幸存于我国,屡遭磨难,历尽沧桑,不离不弃,钟情莽莽神州,并繁衍复兴,再度走向世界,成为举世闻名的"活化石",植物界的"大熊猫"。它坚韧不拔,昂扬向上,生生不息,是"历史的精华,永恒的标志",成为"解读大自然奥秘的里程碑",阐释中华民族精神的有力见证。郭沫若先生于1942年5月在重庆《新华日报》上发表了散文,把银杏的风骨和品质描写得淋漓尽致,盛赞银杏为"东方的圣者,中国人文的有生命的纪念塔",疾呼"你是真应该称为中国的国树的呀"。中华银杏伟岸挺拔,华贵典雅,具有苍劲之美、沧桑之叹、传神之韵。在任何恶劣条件下,它都能欣然受之,不卑不亢。不管风吹雨淋,火烧雷击,依然故我。因此,银杏素为先民所敬仰,栽植于庙宇、道观、名人庭院等地,视其为图腾而崇拜,更有后人以轩辕黄帝的复姓"公孙"之美名称之,千年流芳。1945年,日本广岛原子弹爆炸后,最早从废墟中吐露新芽,恢复生机的就是银杏。中华银杏质朴无华,无私奉献,以扎实、厚重、内凝的性格彰显着务实进取的精神。银杏,饱经风雨沧桑,淳厚古朴、本色天然,从不炫耀张扬,根扎大地,心系故土。银杏,不择土壤,不论环境,只一抔黄土,一滴晨露,即可安身立命,展蓬勃生机,就会长成参天大树,为人们遮阴蔽凉,奉献累累硕果。浙江西天目山"五世同堂"的古银杏,生长在悬崖峭壁上,一代又一代繁衍,铁骨铮铮,昂首云天,精神永在,每年都吸引数万名朝拜者前来瞻仰。因此,有国外专家称中国植物区系为银杏植物区系,其科学意义不言而喻。记载中国植物的巨著——《中国植物志》,全书共80卷,每卷封面上都印有银杏,可谓匠心独具,精美绝伦。中国林学会经济林分会银杏研究会付出了艰辛的努力,为此成立了推举银杏为国树专业工作委员会。自1991年首次全国银杏学术研讨会开始,几乎每次研讨会都建议确立银杏为国树。全国各地的银杏研究会会员,也一直为国树事业做着不懈的努力。1994年,中国银杏研究会会员、安徽省全国人大代表刘汉杰联络30多位全国人大代表推荐银杏为国树的议案被列为全国人大八届二次会议第455号议案,全国人大批转国家林业部处理,林业部以文件形式答复称此建议是"目前见到的最完整、最具体的推荐国树方案"。在2000年全国人大九届三次会议上,全国人大代表郭大孝再次提出"推荐银杏为国树"的议案。在2002年全国人大九届五次会议上,郭大孝代表又一次提出"关于把银杏树定为国树的建议"。来自江苏的十届全国人大代表鞠章网从2003年开始,坚持不懈地在全国人大会议上提交关于确定银杏为中国国树的议案。他领衔的"确定银杏树为中国国树"的1287号议案,有112名代表联合签名,成为2004年全国人大十届二次会议代表联名最多的议案。2005年全国人大十届三次会议上,鞠章网等代表再次提出"关于将银杏树定为国树的建议"和"关于将确定中国国树作为本届人大工作内容的建议",国家林业局于2005年6月9日对两项建议分别给予答复,称代表们"提出的有关国树评选的议案和建议,对推动我国国树评选工作发挥了重要作用"。2005年,受国务院委托,国家林业局安排中国林学会进行了国树评选初选。这次国树评选标准有四:①属中国特有或原生中国,在我国具有较广泛的分布,在世界上有较大影响;②外观漂亮,深受国民喜爱;③具有丰富的文化内涵,反映某种民族精神;④物种明确,不引起混淆。从2005年7月下旬开始,中国林学会联合搜狐网,共同举办网上推选国树活动。2005年9月22日,中国林学会公布全民对银杏、水杉、珙桐、杜仲、国槐、侧柏、樟树7个国树候选树种的投票结果:活动共收到信函与网络投票179万张,其中银杏得票177万张,占总票数的98.91%,其他树种共得票19 575张,占1.09%,有近99%的公众主张选择银杏为中国国树。中国林学会已将投票结果上报,并提出"将银杏树定为国树"的建议。由此可见,银杏不仅扎根于中华民族的沃土,更深深扎根于华夏儿女的心中,成为中华民族品格和精神的象征,在国树评选中具有十分突出的优势。银杏以其饱经沧桑的悠久历史、泽被万世的奉献精神、浑身是宝的综合价值和充分代表中华民族的"民魂"象征,赢得了广大国民的喜爱和支持,银杏戴上国树的桂冠指日可待。

国树评选标准

①具有历史性。它应与一个国家或一个民族古老历史和社会文明相对称。或者代表某一方面的悠久历史。②具有文化性。它应体现一个国家或一个民族的传统文化特色。或者它孕育和发展了某一文化,如森林文化等。或者由这种树本身产生了相关人文精神。③具有代表性。它应是一个国家或一个民族在植物资源或传统栽培方面的代表,且具有很高的科学研究价值。原产树种、特产树种为最佳。④具有象征性。它象征一个国家或一个民族不断进取与创新、富有生命力和精神内涵,或者激发人们由此产生爱国、爱家、爱自然的力量。⑤具有认可度。它应在一个国家或一个民族内得到广泛认同,被大多数公民所熟悉和喜爱,且分布广泛,在某种程度上也能被世界上其他国家所公认或接受。⑥具有特殊价值。它应有区别于一般的特点和价值。如经济和生态价值外,还应有更多的人文或文化价值。中国工程院院士、南京林业大学王明庥教授说:"在国树评定方面,许多国家是通过立法程序来确定的,也有不少国家是因人们喜爱而定的。树木是造福人类的天使,不管以什么标准,或偏重哪方面,中国都应该尽快确定自己的国树。"

国树是民族的象征

树木与人类的关系密切,人类离不开树木,人类与树木有一种共生关系,如果你到过新疆,你就会知道这种关系的存在。在新疆,(指绿洲)哪里有树木,哪里就有人,哪里有人,哪里就有树木,如果那里的人走了,那里树木也就枯死了,因为新疆的树木要依靠人工灌溉。在新疆如果人们不种树也活不下去,因为新疆夏天的艳阳太厉害了,会把人晒死,而在树荫下就很凉爽。东部发达地区也一样,任何一个城市,都离不开用树木绿化、美化这个城市。以一个国家来讲,树木之多少,森林覆盖率之高低,说明了这个国家的发达程度。日本是一个弹丸小国,但人口多达一亿有余。它的森林覆盖率高达60%以上,而我国森林覆盖率还不到30%,这是历年、历代大量砍伐森林造成的不良后果,致使水土流失。近代,现代直到当代水灾、旱灾频繁,每年国家要投入大量人力、物力,抗灾、救灾,现在党和国家领导人,已认识到树木对人类生存环境的重大作用,出台了"退耕还林"政策。我们今天要评选国树就是要叫醒国人,永远记住这种已付出的代价,通过我们的努力,使这种代价今后不再付或少付一点。这是现实问题,讲远一点,据科学家研究,人类的祖先是生活在森林里,生活在树上的。也可以说,这个世界如果没有树木,也就没有我们人类。

国树与国旗

国旗是国家的标志,代表一个国家,是政权的象征,而国树是代表一个民族,是民族的象征。国家政权改变了国旗随着改变,如清朝有龙旗,民国是青天白日满地红旗,中国共产党领导下的新中国是五星红旗。而国树一旦评出是永远不会改变的,中华民族,永远是中华民族,它包含56个兄弟姐妹,既包括港澳台在内,也包括海外华侨、华人。因为他们都是中华儿女,是永世不会改变的。我们评选国树是为了求同,寻求中华民族的共同点,共同的祖先,共同的信仰,共同发展中华民族,内部增强团结,增加内聚力,使整个民族繁荣昌盛,立于世界民族之林。

国外银杏浸膏及保健品

国外银杏浸膏及保健品

序号	产品名称	商标(或规格)	生产企业名称
1	清凉口服液	GBE-24 浓缩液	日本 Sanrael 公司
2	银杏浸膏	20 mL(180 mg 浸膏)/瓶	日本 Sanrael 公司
3	保健类	—	日本乳酯酪公司
4	保健类	—	日本山内公司
5	银杏叶提取物	—	日本 Greenwave Ltd.
6	银杏叶提取物	Tanakan	德国 Ipsen 公司
7	银杏浸膏	—	法国 Inersan 公司
8	银杏叶提取物	Tebonin	德国 Schwabe 公司
9	银杏叶提取物	Tanakan	法国天然及合成制药公司

国外银杏名称

拉丁语:*Ginkgo biloba* L.

日语:ィチョウ(ギンナン)

英语:Ginkgo, Maidenhair tree, Kew tree, Fossil tree, Temple tree

荷兰语:Ginkgo, Tempelboom, Waaierboom, Japanse notenboom

德语:Ginkgobaum, Goethebaum, Ginko, Entenfussbaum, Fächerblattbaum, Mädchenhaarbaum, Maidenhair tree, Weisse Frucht, Beseeltes Ei, Tausend Taler, Bajm, Elefantenohrbaum, Goldfruchtbaum, Silberaprikose, Tempelbaum, Japanbaum, Japanischer Nussbaum, Grossvater-Enkel-Baum, Goethe tree

俄语:Гинкго двулопастное

法语:Noyer du Japon, Arbre aux quarante écus, Arbre des pagodes, Arbre à noix, Ginkgo biloba

西班牙语:Arbol sagrado

葡萄牙语:Nogueira-do-Japão

新加坡语:Pakgor Su, white fruit

意大利语:Ginko

瑞典语:Ginkgo, Tempelträd

冰岛语:Musteristré (Temple tree), Musterisviður (Temple wood)

芬兰语:Neidonhiuspuu (neidon = maiden's, hiuspuu = hairtree), Temppelipuu, Ginkgo

匈牙利语:Páfrányfenyõ

捷克斯洛伐克语:Jinan dvoulaloèný, Ginkgo biloba

国外银杏叶补充剂的研究

近年来,人们对中草药补充剂的关心日益增加,为了安全、放心地使用中草药补充剂,必须充分了解中草药补充剂效用的科学根据。在 EBM 信息源中最权威的《The Cochrane Library》收录了若干个草药补充剂和营养食品的系统综述。现将银杏叶补充剂的最新研究载录出来。银杏叶,其主要成分为黄酮类糖苷 24%~25% 和萜烯内酯 6%。对老年黄斑变性,老年性认知能力低下,高山病,健康成人的认知能力,阿尔茨海默病,血管障碍型,混合型痴呆,糖尿病性视网膜病变,青光眼,间歇性跛行,经前紧张综合征,雷诺氏病,旋转性眩晕等可能有效。适当摄入基本安全,但不要直接服用银杏叶本身,恐怕会出现银杏酸过敏反应。另据报道,血小板凝集抑制剂及抗凝血药同银杏叶提取物同时使用可能产生出血倾向。

国外引种

世界上的银杏虽都源自中国,但这些种质经过长期的演化,形成了更具广泛遗传基础的类型和品种,国外已选育出不少优良品种,有些已优于我国目前推广的品种。因此,在充分利用好国内银杏资源的同时,要积极引进国外优良品种。

①从朝鲜引种。朝鲜银杏品种的抗寒能力强,从此区引进的银杏通常能在我国北方寒冷地区栽培。辽宁省丹东市曾从山东、江苏等地引进银杏苗木,但因气候差异大,特别是冻害严重,造成引种失败;而从朝鲜引进银杏种子进行的育苗试验已取得初步成功。

②从日本引种。日本的核用银杏良种化程度高,因此,从日本引进的主要是核用品种。1989年山东农业大学梁立兴首次从日本引进金兵卫、藤九郎、岭南和黄金丸4个品种,目前长势良好。1995年,由梁立兴又从日本引进久寿、荣神、长濑(秋江)、二东早生、喜平5个优良品种,特别是喜平,单核重达5.8 g。

果部名词对照表

果部名词对照表

常见名称	异名名称	相应部位
种实、球果	果实、皮果、浆果、核果、青果	指带有浆汁外种皮的银杏种实全体
种子、种核、白果	果核、坚果、商品银杏	指除去浆汁外种皮之后的白色骨质种核
种仁	核仁	指除去骨质中种皮之后的食用部分
外果皮	外种皮	指银杏最外层的肉质或浆汁皮层
种壳	中种皮、白果壳	指银杏的骨质中种皮
膜皮、内种皮	赤皮、仁皮	指银杏种仁外面所包的棕色膜质皮层
胚	胚芽	指包被于胚乳之内的幼子胚芽

果材兼用型

果材兼用型银杏林的目的有二:其一是获得优质的木材;其二是获得质优的白果。根据山东省郯城县和江苏省邳州的经验,银杏果材兼用林先是定植2～3年生实生苗,栽活后在幼树阶段加大土、肥、水的管理,促进旺长,一般是在砧木生长到20年后,其主干直径粗度达20 cm左右时进行改接。改接高度在1.5～2.0 m处。山东郯城县采用"棚接",即在各层主枝上分别嫁接优良雌性银杏品种;江苏邳州采用"隔层嫁接",即在1、3层枝上嫁接优良的雌性银杏品种,2、4层枝暂时保留,待1、3层枝的嫁接穗条生长稳定后,再将2、4枝条剪除。以后培养成高干疏层形的树冠结构。这样既不影响主干的直立生长,还能结出粒大饱满的优质白果。改接的高度若矮,即改接口低,则有利于主干的增粗和树冠的发育,成形快,结果早,产量高。但过矮,干材利用价值太小,若过高,则今后的树冠小,果材产量均不理想。果材兼用银杏林的初植密度宜稍大,以后随着树冠的扩大和根系延伸,逐年移出。至30年后,每公顷保留三百株左右。银杏的盛果期长达200～300年。因此,轮伐期也不应该超过300年。树龄过大,一则白果产量下降,二则主干中空腐朽。只要科学管理,集约经营,平均每公顷产白果7 500 kg,最终主伐木材150～225 m³,从而实现结种用材两丰收。

果材兼用园的整形

整形方法与高干多层形相似。冠高比为1:1。需要8～10年培养成形。修剪时注意侧枝上的小枝摘心,培养成辅养枝。40年生树,以后要适当疏剪,以改善光照条件,促使花芽分化,结果量控制在20 kg。其他还有永久树与间栽树整形修剪等。为充分利用土地,提高经济效益,建园时应增加银杏树的密度,待永久树成长后把间栽的银杏树砍伐。这种情况必须以永久树为主,不考虑间栽树的树形,只注意间栽树的早期结果丰产,一旦影响永久树时即可砍伐。

果茶保健功能

把银杏脱壳、破碎,制成果茶,用以喂昆明小鼠21 d后,测定其是否具有抗衰老、增强体力及对智力(学习记忆)有促进作用,实验结果证明银杏果茶具有极显著地提高小鼠血清SOD值和降低肝LPO的作用,增强小鼠游泳耐力,具有促进小鼠学习记忆的作用,以上指标与对照组比均有显著性差异($P<0.05$)。银杏原盛产于我国长江流域一带。现我国20余个省、自治区、直辖市已普遍栽培,银杏果属药食兼用的干果,富含淀粉、蛋白质、脂肪、糖类、维生素及矿物质,银杏作为药用已有600多年的历史。20世纪80年代以来,德国、日本等学者纷纷将其有价值的研究申请专利,它不仅可用于药品,还涉及卫生保健品和化妆品及添加剂,在市场上十分畅销。

果大多

信丰现有古老银杏200株以上,新植银杏80 000株以上,幼树相继结果逐年增多。银杏保花保种是关系到银杏增产增收的关键所在。南方银杏的栽培及管理与北方完全一致。由于南方春季雨量较大,阴雨连绵,倒春寒等气候的局限性和阵雨阵晴以及四、五月份的阴雨天气对银杏的花期授粉和保花保种都带来不利,为此,银杏丰产不仅是授粉期,在保种方面同样至关重要。根据本地气候特征在1998年和1999年二年银杏花期采用电动授粉和用"果大多"保种做试验对照,取得了满意的效果。1998年和1999年银杏授粉,分别抽样5年生、60年生、500年生三种不同树龄,在晴天授粉后第5天用7 500倍"果大多"喷雾保果,距第1次15 d再喷1次,喷药时清点果粒数挂牌,对照点清后扎标记,做好记录,6月30日检查结果是:喷了"果大多"(浙江格林化工厂产)的保果率分别是5年生100%,60年生99.65%,500年生树龄98.87%,对照树分别是75%、45.2%和30%,1999年用"果大多"保果分别是100%、98.1%、96%;对照树:95%、42%、22%。为此,银杏在花期之后5 d,15 d用7 500倍"果大多"保种,坐果率高,且"果大多"不受气候影响,即使是梅雨天气同样有效。

果尔除草剂不同处理苗高、地径和叶片数

果尔除草剂不同处理苗高、地径和叶片数

项目 处理	平均高(cm)					平均地径(cm)					平均叶片数(片)				
	H_1	H_2	H_3	H_4	ΣH	D_1	D_2	D_3	D_4	ΣD	N_1	N_2	N_3	N_4	ΣN
人工除草(ck)	21.54	20.88	22.43	21.67	86.52	0.732	0.688	0.724	0.717	2.961	27.1	26.8	27.3	26.9	108.1
喷药1次	22.57	21.72	22.13	21.68	88.10	0.702	0.748	0.730	0.675	2.855	27.0	26.9	27.4	27.3	108.6
喷药2次	22.77	21.23	22.50	21.22	87.72	0.684	0.731	0.737	0.713	2.865	26.8	26.1	27.0	26.5	106.4
喷药3次	21.03	22.63	21.81	22.10	87.57	0.741	0.720	0.703	0.756	2.920	26.5	26.7	28.1	27.4	108.7
Σ	87.91	86.46	88.87	86.67	349.91	2.859	2.887	2.894	2.861	11.501	107.4	106.5	109.8	108.1	431.8

果脯加工工艺流程

原料挑选和分级→去壳、去衣→护色→预煮→漂洗→真空渗糖→浸渍→干燥→包装→成品

操作要点:①原料的挑选、分级:挑选表面光滑、无霉烂变质、颗粒饱满新鲜,且无杂物、空粒、霉烂粒及虫粒,并按大小分二级。②去壳、去衣、护色:手工法去壳后,用沸水烫或烘烤法去衣,去好衣的银杏应立即投入0.2%食盐和0.2%柠檬酸的混合溶液中进行护色,目的是防止种仁表面褐变,从而得到表面光亮、饱满的黄白色核仁。③预煮、漂洗:将银杏放在预煮液中煮沸15~20 min,预煮液配方:0.25% EDTA-2Na、0.2%钾明矾、0.15%柠檬酸。预煮的目的:使银杏熟化,去毒(氰化物),并保持银杏表面的光洁与平滑。预煮后,银杏在温水中漂洗10~15 min。④真空渗糖:银杏煮熟后,将其浸于糖液中,使糖逐渐渗入其中。为了减少浸糖的时间及提高制品口感,采用真空分段式浸渍工艺,糖液的浓度为30%→50%→70%,依次递增,经过抽真空→充气→再抽空→充气如此循环,使糖液迅速渗入果中。几项参数供参考:室温,母糖液用柠檬酸pH值在2.5~3.6的范围内,进行蔗糖转化,使糖液中化糖含量为50%左右;料液比1:2;真空度0.087 MPa(660 mmHg)。⑤浸渍:经过抽真空后的银杏,还需要在糖液中浸渍数小时,使渗糖彻底完成。⑥干燥:渗糖完毕的银杏随后进行干燥,分两阶段,第一阶段温度控制在40~50 ℃,湿度约在60%,以便果中水分缓慢蒸发;第二阶段温度升至60 ℃,烘至银杏最终含水量为22%~20%之间。⑦包装:干燥好的银杏必须先在室温下冷却,才可进行包装,装于软包装复合薄膜袋中,采用真空包装机抽气封包装即成。

果胶的开发利用

银杏外种皮中果胶含量很高,以干品计,约15%,是果胶的丰富来源。银杏外种皮的果胶和水溶性提取物合用,有可能开发一种银杏外种皮水溶性提取物——果胶面膜,它除具有一般的膜材料可清除表面的污物外,添加的水溶剂提取物还可渗入皮肤,具有抗皱、抗衰老和清除深层污垢作用。

果奶和茶的生产工艺

银杏是我国传统的著名干果,其食用历史已超过1 000年。随着科学的发展,银杏种仁、叶片的营养成分和药用价值也被世人所发现,开发银杏产品方兴未艾,特别是1992年银杏被卫生部列为药食同源物质以来,其系列产品的开发生产更为热门。银杏果奶、银杏茶已定型投产,银杏果奶是利用银杏种仁和叶片提取物与其他物质加工而成,银杏茶则以叶片提取物与其他物质配方加工的。这两个产品因配方科学,加上银杏提取物的特殊成分,使产品富含营养,投放市场后受到了消费者的欢迎。其产品的加工工艺流程为:干银杏叶→粉碎→蒸煮浸提→过滤→冷却澄清→过滤→调配→装罐→杀菌→真空封盖→冷却→装箱。该两项产品的生产标准,均按国家有关标准生产。

果仁茶

银杏果仁茶是以白果仁为主料,经科学配方精制而成的饮品,分为固体饮料和液体饮料两类。固体饮料有银杏精、银杏粉、银杏冲剂等。液体饮料有白果

汁、银杏露、银杏口服液等,1992年卫生部确定白果为药食同源物质。据《中药大词典》记载,白果敛肺气、定喘咳、止带浊、缩小便,具有治哮喘、咳嗽、白带、白浊、遗精、淋病、小便频繁的功效。以白果为主要原料,经科学配方精制而成的银杏果茶,集可口性、营养性和保健性于一体,具有广阔的发展前景。

果实膨大水

若值雨季,一般不需灌水,但在干旱年份仍需灌水,以满足种实膨大和花芽分化的需要。

果树

生产食用果实的木本或多年生草本植物。叶秋冬不脱落,终年保持常绿的果树称常绿果树。分布于热带和亚热带。叶秋冬脱落,次春又重新萌发的果树称落叶果树。分布于温带及亚热带。银杏属落叶果树。

果树间作

历史上银杏曾与板栗、核桃、柿、桃、杏、柑橘等果树间作,待银杏进入盛果期后,其他果树逐步淘汰,只存银杏树。目前多见银杏与桃间作,此种间作需注意三点:①栽植银杏大苗;②提高银杏的嫁接部位,在2.5 m以上;③控制间作果树的生长高度,一般在2 m以下。过去银杏与果树间作都是栽的实生银杏,嫁接树较少,目前发展的银杏都是嫁接树,所以与桃间作比较合理。株行距一般为4 m×5 m或4 m×6 m,银杏种在行间,十年左右,桃盛果期过去,立即淘汰,此时银杏产量已很可观,单株产量一般可达5 kg以上。

果园间作银杏苗

10年生苹果园内隔株间种4年银杏实生苗,株行距4 m×4.5 m,每亩间种37株,间种第8年平均胸径16.72 cm,最大胸径17.73 cm,年平均增长3.17 cm,最大增长3.73 cm,按当年市场价格计算,年平均亩产值2.09万元。

果子狸

果子狸(paguma larvata)又称花面狸、玉面狸、白额灵猫、白果灵,属哺乳纲灵猫科动物。据《辞海》生物分册对果子狸的描述称:果子狸大小似家猫,但细长,四肢较短,体灰棕色,从鼻端至头后部,以及眼上有一条白纹,腹面灰色或淡黄色,善攀缘,夜间活动,嗜吃谷物、果类、小鸟和昆虫等。《本草纲目》对果子狸也有论述:狸有数种,大小如狐,毛杂黄/黑,有斑如猫耳圆头,大尾者为狸猫。有斑如虎,而尖头方口者为虎狸。有斑如豹,而作麝香气者为香狸。南方有白面而尾似牛者,为牛尾狸,亦曰玉面狸,专上树木,食百果,冬月极肥。湖北省大洪山、大别山、神农架和鄂西南山区以及河南、安徽、浙江等地山区均有野生果子狸。形如《辞海》中描绘那样,前额有条状白毛,全身毛色深灰,不过,成年果子狸不太像猫,比家猫大,头较长,嘴尖腿短,尾巴长约等于身长一半,生活在深山老林,居于洞穴中,夜出昼伏,性机灵,常三五成群,也有单独活动的,常发出咕咕的叫声,相互呼应。当银杏种实成熟时,果子狸大量出没于银杏林间觅食,采食银杏。大洪山一带山民称其为"白果灵(狸)"。对山区生态环境有很大的影响,在大自然界的大循环中,果子狸是保持生态平衡的一个"链",果子狸是杂食性动物,除吃银杏外,还吃其他坚果、豆子、柿子、野果和鼠类,常见其出没于食物丰富的林地,湖北大洪山林区,林相大多是阔叶林和针叶林形成的混交林,其中有银杏、油桐、乌桕、板栗等经济林木,是白果灵生活和采食的主要场所。但它只吃种实的外种皮,中种皮为骨质壳硬,不能消化,种核则随粪便排出。产区猎人发现,一堆粪中的种核,有的几十粒,有的达半斤之多。这些排出的种核,在雨天随地面径流,冲刷到凹地、山冲、山脚、石缝,传到哪里,就在哪里生根发芽,形成了类型繁多的银杏树。

过磷酸钙

过磷酸钙亦称过磷酸石灰,是常用的一种速效性磷肥,含水溶性磷酸15%~20%,是灰白色或淡褐色的粉末或颗粒。易溶于水,呈酸性反应,用于中性和碱性土壤最合适,也可用于酸性土壤。宜作基肥追肥和种肥,干施或水施均可。做基肥要用沟施或穴施,或与有机肥(如配肥和堆肥等)混合施用。施肥深度为10~15 cm。土壤追肥要开沟施用。根外追肥的浓度一般为1%~2%,喷洒2~3次,每隔7~10 d喷一次。过磷酸钙要和石灰、农家肥料等配合施用,以防土壤变坏,但绝不能与石灰混在一起施用。

过密枝

视所处的空间情况而定。如果空间大,有保留条件,则留下1~2枝短截做辅养枝,逐步控制生长而转化为结种枝提前结种。其余的密枝,则自基部疏剪。

过氧化物酶测定法

称取成熟功能叶1 g,加pH值为6.5磷酸缓冲液10 mL研磨成匀浆过滤,取滤液进行分析和测定。POD活力测定采用愈创木酚法;POD电泳分析用过氧化氢——联苯胺显色液显色。

H h

海拔高度

海拔高度指任一地点高出海平面的高度。我国是以黄海海面为准。可用海拔仪来测定,通常用米表示。一地的海拔高度又叫绝对高度。两地点的海拔高度差称为相对高度。海拔高度对银杏的分布和生长发育影响很大。

海带银杏保健鱼丸

通过单因素和正交试验确定了银杏海带保健鱼丸的最佳配方,即玉米淀粉为12%,银杏淀粉为6%,海带浆为6%,鸡蛋清为6%。此产品风味独特,营养丰富,具有保健功能,适合于中老年人群食用。

海南的银杏

海南本无银杏,1994年12月下旬开始从广西桂林引种银杏苗1万株,在位于北纬21°30′,东经110°20′的琼海市大路镇旅游农场栽植,该地年平均气温24℃,银杏生长期落叶、枯萎现象严重。根据边缘分布区银杏生长状况,从气候因素初步分析,其北界极端低温为其限制因子,南界则因高温炎热而难以适应;西界主要是大气干旱,水份不足成为影响成活和生长的主导因子,东界虽然气候温和,降水充沛,但强风对其生长也有影响。

海洋皇

亦称海洋王。本品种系马铃银杏中之优选大粒种,球果及种核较大,故名(见图)。原株位于广西桂林地区灵川县海洋乡老村秦永安家中。树龄约130年,树高18.0 m,干高1.5 m,胸径89.0 cm,冠幅12.0 m×13.5 m,曾受火灾危害,但目前生长尚好,年产白果可达125 kg。本品种为近年单株选育,系广西桂林地区主要推广品种之一。树冠圆头形,有明显的中心主干,层性明显,侧枝夹角约70°,发枝良好,生长势强,树冠外围新梢长可达31.5 cm,叶色较深,叶片较大,长枝上的叶中裂明显,短枝上的叶中裂较浅,缘具波状缺刻。扇形叶宽约6.9~8.0 cm,长约4.7~5.9 cm,叶柄长约4.0 cm。球果椭圆形,熟时橙黄色,满布白粉。先端圆钝,顶点下凹,珠孔孔迹明显。基间平阔,蒂盘略凹陷,正托。果柄长约3.8~4.4 cm,上粗下细,略见弯曲,球果大小为纵径3.5 cm,横径2.9 cm,平均重14.3 g(可达16.4 g),每千克粒数70粒。出核率25%。种核成椭圆形,上宽下窄,腰部鼓起,核大丰满。种核先端浑圆,顶具不明显小尖。基部两维管束迹迹点明显且突出于种核之外,两迹点相连成线,呈窄扁短带状,形如鱼尾,迹点间距1.5~3.3 mm。两侧具棱,中上部明显。种核大小为3.0 cm×1.9 cm×1.47 cm。单粒种核平均重3.6 g(可达4.23 g),每千克粒数278粒,出仁率77.4%。本品种树形开张,树干粗壮,发枝力强,生长势旺,大小年不明显,丰产和稳产性能良好。核大而匀,种仁味香清甜,居广西桂林地区所有白果之冠。据报道:广西桂林地区兴安县高尚乡路西二村45年生海洋皇银杏,树龄45年,树高13.0 m,1 m高处的直径为44.6 cm,单株年产白果可50 kg。据调查,本品种的种核大小尚不够稳定,肥水充足时果大,反之较小。

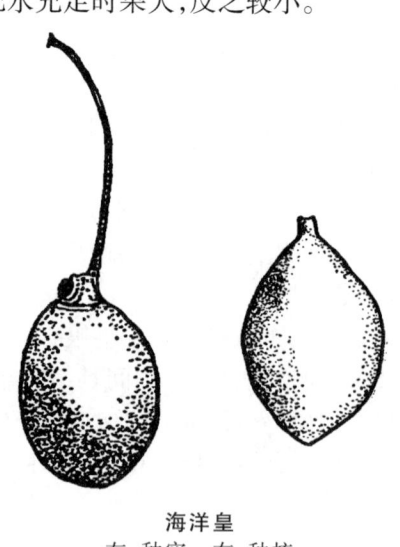

海洋皇
左:种实 右:种核

害虫猖獗周期

某些暴发性的森林食叶害虫在自然条件下具有的周期性的大发生现象。一个猖獗周期大体可分四个阶段:征兆阶段、增殖阶段、猖獗阶段、衰退阶段。每两次大发生之间的时间为猖獗间歇期。每种害虫的猖獗周期和某个阶段的时间相对稳定。这种大发生的现象主要反映了昆虫本身营养条件繁殖能力的质指标与外界生物间斗争的量指标的变化规律。

害虫防治

为减轻或防止害虫对果树和人、畜的危害所采取的各种措施,称为害虫防治。害虫防治分为化学防治、物理防治和生物防治。

害虫抗药性

因使用农药造成的害虫对农药抵抗能力的增加。长期连续使用一种农药防治一种害虫,经一定时间后,再用该种药剂防治该种害虫时,所需药剂浓度和剂量,都要大大超过原来使用的浓度和剂量,才能达到原来的防治效果。防止和克服的方法是实行综合防治,合理使用农药。

害虫死亡率

亦称虫口减退率。防治前与防治后活虫数之差占防治前活虫数的百分数。

害虫天敌

害虫天敌是自然界中对害虫的繁殖有抑制作用的各种生物。其中包括:①病原微生物,如真菌、细菌、病毒、线虫、原生动物等;②寄生性和捕食昆虫,如寄生蜂、寄生蝇、瓢虫、草蛉等;③食虫鸟兽,如杜鹃、大山雀、刺猬等;④蛛螨类,如蜘蛛、捕食螨等;⑤其他,如两栖类中的蛙、蟾蜍,脊椎动物中的鱼等。林业上常利用天敌来防治害虫。

含长醇的毛发促进剂配方

含长醇的毛发促进剂配方

成分	毛发促进剂(%)	对照(%)
液体石蜡	32	32
脱水山梨醇—油酸酯	3	3
聚氧乙烯脱水山梨醇—油酸酯	3	3
微晶石蜡	2	2
甘油	4	4
去离子水	51	52
鲸蜡醇	4	4
长醇	1	0

含长醇的生发液配方

含长醇的生发液配方

成分	生发液	对照
长醇(%)	0.05 或 0.15	0
95% 乙醇(%)	70	70
去离子水	余量	余量
聚氧乙烯硬化蓖麻油(%)	1.0	1.0
香精	适量	适量

含醇口服液

银杏叶提取物4.0 g、乙醇50.0 g、去离子水100 mL。提取物中含黄酮苷25.3%,萜内酯6.5%。

含漱片

配方(%):$NaHCO_3$ 54.0;Na_2HPO_4 10.0;聚乙二醇3.0;香料2.0;油酸0.1;单氟磷酸钠0.1;2-羟-6-烷基苯甲酰胺0.1;柠檬酸17;无水硫酸钠13.6。

含水量

生活着的银杏所含水分的数量,称为含水量。常以百分数表示。银杏的含水量因生理状态不同而发生很大变化。

含银杏叶提取物的咖啡饮料

速溶咖啡1.2 g、银杏叶提取物粉0.02 g。饮用时加入120 mL 80℃热水,仔细搅拌、溶解后即可。其中,咖啡也可用除去咖啡因的咖啡。咖啡的苦味可掩盖银杏叶提取物的苦味。除去咖啡因的咖啡,在色香味上明显不如添加提取物的咖啡。每天一杯本饮料,有消除疲劳,使头脑保持清醒,减轻肩膀酸痛,手脚冰冷的效果。

韩国的银杏产业

自1968年韩国成立银杏研究院以来,韩国才对银杏叶的药用成分做了深入的研究,特别是近几年,韩国注意对银杏叶的综合利用和研究。韩国企业界把银杏叶作为除高丽参以外的又一大保健品资源,银杏研究院和制药、食品、化妆品企业的研究所,都在积极研究如何将银杏叶药用成分用于药品、食品和化妆品,在此方面也取得了不少成果。韩国制药业公司已从银杏叶中提炼出解毒剂、抗真菌剂、抗癌剂,治疗哮喘、心血管系统疾病、神经系统疾病的药物以及食品、化妆品添加剂。从银杏叶中提炼的食品和化妆品添加剂已进入商品化阶段。韩国各制药企业每年在国内收购银杏树叶3 000～4 000 t用于制造药品。据韩国有关企业调查,与银杏叶有关的产品在韩国和国际上拥有广阔的市场。在韩国境内,这些产品的市场规模每年为1 000亿元。在美国,这些产品的年销售额可达20亿美元。韩国的企业在扩大银杏叶综合加工设施的同时,还派遣人员到海外进行市场调查,以便使有关产品占领国际市场。目前,韩国制药业厂家要求完全禁止出口银杏树叶,而要用它制成药剂以后再出口。韩国东方制药业公司认为,如果不出口银杏树叶而用它制成成药再出口,每年可以获得1亿美元的利润。该公司用银杏树叶做原料成功地生产出"静克敏",可预防和医治高血压等疾病。在韩国和朝鲜银杏是普遍栽植的树种。据统计,韩国共有银杏树500万株,其中树龄在500年生以上的银杏树200多株,树龄最大的1株银杏树已有1 500多年。在韩国江源道有世界上最高的古银杏,树高60 m,胸径5 m,树龄1

100年。韩国自1968年成立银杏研究院以来,便对银杏的栽培技术进行了广泛而深入地研究。因为银杏生长缓慢,始种迟,直到20世纪70年代,韩国才研究出促进银杏快速生长和提早结种的新技术。目前,韩国栽培的银杏五六年即可成树结种,并将这一成果向农户普遍推广。朝鲜咸镜南道洪原风景区,风光秀丽,气候宜人,古迹海月亭附近生长着古老的银杏树。目前,一排排的银杏树遍布全平壤市,给市容增加了无限的风光。目前,韩国正以园艺化栽培为基础,大力发展银杏四旁栽植。科研人员正在积极培育便于采收的矮干树形,探讨克服大小年的栽培技术和合理选配早、中、晚熟品种的组合。

韩国的银杏加工利用

韩国的银杏种核主要用于制造保健食品和保健饮料,如白果罐头、白果冲剂等。近几年,韩国积极开展了银杏叶的综合加工利用,目前韩国的鲜京集团、东方制药公司、HAN—MT和KOLON等制药厂大规模地开展银杏叶提取物及其药品生产,目前各企业已从银杏叶中提炼出解毒剂、抗真菌剂、抗癌剂以及食品和化妆品添加剂。药品剂型有片剂、针剂、胶丸和口服液等,主要用于预防和治疗心血管和脑血管动脉硬化、高血压、糖尿病、阿尔莎海默病等病症。韩国企业界把银杏叶看作是除高丽参以外的又一大保健品资源,电视大量宣传,大小药店均销售银杏叶制剂,各制药企业之间竞争相当激烈。

韩国的银杏科学研究

1968年,韩国成立了国家级的银杏研究院。研究院除积极推广已获得的成果外,对银杏苗木速生丰产、结果树矮干密植、良种选择、病虫害防治等进行了深入地研究。银杏研究院还与各制药、食品、化妆品企业的研究所紧密配合,积极研究银杏叶药用成分用于药品、食品和化妆品的途径,在此方面也取得了不少成果。他们制定了银杏黄酮苷的质量标准:银杏叶提取物的黄酮苷浓度在24%以上,总内酯浓度在6%以上,其中内酯A占1.2%,内酯B占0.8%,内酯C占1.8%,白果内酯占2.5%。

韩国的银杏市场销售

韩国人民在日常生活中有食用白果的习惯,白果在韩国市场上常年有供应,除销售本国生产的白果以外,每年还从中国进口数百吨优质白果。在韩国银杏叶提取物作为食品、化妆品添加剂已进入商品化阶段,各制药企业每年在国内收购银杏叶3 000~4 000 t用于制造药品,他们生产的片剂每一片含黄酮苷9.6 mg;每一胶丸含黄酮苷9.6 mg;口服液100 mL

在韩国境内,上述产品的市场销售额每年为1 000亿韩元。韩国有关企业调查后认为,与银杏叶有关的产品在韩国和国际上拥有广阔的市场,各企业在扩大银杏叶综合加工设施的同时,每年还派遣人员到海外进行市场调查,以便使有关产品迅速占领国际市场。

韩国的银杏栽培

韩国银杏资源比较丰富,是世界银杏生产强国之一。全国约有银杏大树500余万株,其中树龄在500年生以上的有200余株。年产白果约20万千克。若按银杏树冠投影面积计算,258 m²以上的有17株,其中6株在1 122 m²以上,最大的2株达7 851 m²。树龄最大的1株达1 500年。在韩国京畿道(相当于中国的省)杨平郡的龙门寺(海拔1 157 m),生长着1株树高60 m,胸径4.7 m,干高25 m,1 100年生,根部无萌生树,侧枝比较稀少,侧枝下面生有多个钟乳枝,年年结果累累的银杏雌树,堪称世界银杏"巨人",是韩国历史的活见证。韩国人把这株银杏树视为"神木""天王木"。韩国政府把这株银杏树定为国家级第30号天然纪念树。1993年,人们在树周围筑起保护栏,并在左侧立起"护国灵木银杏树颂碑",记载着这株古银杏的生长史。这进一步证明,在朝鲜半岛银杏已有1 100多年的发展史。20世纪60年代初,韩国把银杏作为城乡道路和四旁绿化的主要树种,把以法桐为主的城乡绿化树种,逐渐改为以银杏为主。目前,到处可看到一排排整齐的银杏树。尤其是首尔、仁川街道和庭院里的银杏行道树生长非常茁壮。在韩国,银杏树约占绿化树种总株数的70%以上。他们对银杏树的保护管理特别重视,政府部门实施了很多具体管理措施。韩国非常重视银杏良种选育工作,进入20世纪70年代以来,他们已选出早、中、晚三个成熟期不同的品种,采用嫁接和促进银杏速生新技术,实现了银杏矮干、密植、早实、丰产新技术。他们积极探讨克服银杏结实大小年的栽培技术和合理选配早、中、晚熟品种的组合。目前,韩国银杏研究院和农户新栽银杏树已达200万株以上,全国普遍开展了银杏园艺化栽培。1995年,韩国林业大王金成明,在山东蓬莱与当地企业合资,建起了超过500亩的采叶银杏园。

韩国流行风尚吸品

2002年6月,世界杯足球赛在韩国首尔拉下帷幕,韩国政府为迎接此届世界杯,各行各业都推出许多新举措,充分把握这次千载难逢的时机,烟草行业也不例外。韩国烟草公司精心策划不失时机地推出一种时代Times牌香烟,烟盒包装上一只矫健的脚正瞄准一个硕大的足球猛踢,足球的主题画面尽显无遗,格外引人注目,韩国烟草商的计划是以此次世界杯为窗口把 Times 牌香烟推向国际市场,并为此投巨资进行广告宣传,然而大赛期间及大赛结束后 Times 牌香烟的销量却令烟草商大失所望,几近亏损,世界各国球迷及大赛运动员对 Times 香烟的反应冷淡,让烟草商们百思不得其解。原来就在 2002 年世界杯期间另一种名为吸品的非烟草制品被引入韩国并且不经意地流行开来,悄然形成了一种新的韩国时尚。

作为宝贵的保健品植物资源来讲,它和韩国的高丽参一样齐名,他们的国树竟然被发掘出来可以制做优良的可吸食产品,怎能不令韩国人震惊呢? 震惊之下很快就形成了吸品风尚。

寒潮

亦称寒流。大规模强冷空气如潮水般爆发南下的现象。我国气象上是以一次冷空气入侵,在 24 h 内气温降低 10 ℃ 以上,同时最低气温在 5 ℃ 以下的才称为寒潮,若没有达到这个标准的则称为冷空气,各地因具体情况不同,另行规定有适合该地的寒潮标准。寒潮在秋、冬、春季都可以发生。它不仅带来寒冷,而且常伴有 6 级以上的强风,对林木、农作物危害很大。防御方法有:营造防护林、灌溉、熏烟及喷洒土面增温剂等。

罕见的银杏树

抚宁县石门寨乡前水营村,有一棵罕见的大白果树,胸围 7.28 m,树高 12.5 m,至今枝繁叶茂,每年结果一百多千克,当地的老乡说:这棵树的树龄比这个村的村龄还长,约有 1 000 年。

汉阳树与绣花姑娘

武汉市汉阳区凤凰巷内耸立着一株高 20 m,主干三人不能合围的银杏树。这株银杏树备受市民敬重,人们称之为"汉阳树"。传说很久以前有位姑娘心灵手巧,绣遍天下花木,唯独没有绣过银杏花,于是她不甘心,发誓非要绣幅素雅动人的银杏花。一年春天,姑娘来到汉阳,想观察银杏树开花。老人们劝她:"姑娘,我们在这里住了几十年,从未见到银杏树开花,只见过掉到地上的花瓣。"姑娘想,既然有花瓣,那一定开过花。于是每逢春季,她日夜守在此处,毫不气馁,终于一天黎明时分,姑娘闻到一股淡香,她赶紧爬上树,只见一枝银杏花开了! 她连忙用备好的笔墨临摹,可谁知,画到一半,花全谢了。姑娘伤心地哭了起来,不久竟忧郁而死。奇怪的是,当年银杏花开满树,人们说这是姑娘的魂魄融进了银杏树里。

汉银杏墓碑石图案

在江苏徐州出土的 17 幅汉银杏墓碑石图案

旱害

旱害指长期降水少,造成土壤缺水,空气干燥,蒸发和蒸腾强烈,银杏树体内水分亏缺,妨碍正常生理代谢,是抑制银杏生长发育的一种农业气象灾害,又称为干旱胁迫或水分胁迫,严重时导致银杏种子和叶子产量锐减,树体死亡。旱害对银杏生长发育的影响包括:①旱害引起气孔保卫细胞膨涨降低,气孔变小,CO_2 进入叶片的阻力增大,光合作用减弱,呼吸强度增大,体内有机营养积累减少,生长衰弱,花芽分化不良,产量降低。②在干旱胁迫下萎蔫初期,叶中淀粉和蔗糖水解为单糖,作为呼吸基质被消耗。蛋白质合成受阻,分解过程加强,使有机物质合成和分解的正常代谢过程遭到破坏。③严重缺水,使细胞壁和原生质发生脱水收缩,甚至发生原生质破坏而死亡。银杏具有强大根系和较强的抗旱能力,但因本身需水量和蒸腾消耗量大,在长期供水不足和干旱的胁迫下,也会造成叶片萎蔫、变黄和早期落叶,部分枝条干枯直至全树死亡。在这种情况下,应及早及时采取积极的抗旱技术措施。

旱害及防治

在年降水量 400 mm 以下,且分布不均匀的地区和年份,土壤含水量低于 25%,根系吸收的水分不能补充地上部分的消耗,则有旱灾发生。银杏受旱,首先是顶部嫩叶开始萎蔫,叶缘变枯干焦。夏季有时土温可达 40 ℃ 以上,热害加旱害更为严重,如若幼苗木质化程度低,叶茎自上而下逐渐死亡。干旱防治主要抓好以下几项措施。①灌水抗旱。逢旱浇水,这是人们不言而喻的常识和最有效、最普通的办法。关键是抓住旱情露头时就应该采取措施进行灌溉浇水,并务必灌足浇透,切不可只浇表面。旱情严重时,应连续浇灌,不可中断。②中耕松土。中耕松土有利于保墒,应做到浅锄、勤锄。③遮阴培土。园(圃)地面覆草、覆地膜、插树枝遮阴,均可直接减少水分蒸发,保持土壤含水量。栽植的大苗,还可在根茎部培土堆,以保土壤湿润。④科学施肥,干旱的季节和地区应多施土杂肥,以改良土壤,提高其保水性能。最好与水混合,以稀薄的状态施入,既可润土,又可壮苗。遇干旱可不施化肥或少施化肥,避免"烧伤"树根。此外,空气相对湿度低于50%的干热风,连续数天,以及冰雹、雷电也都会使银杏受灾。这些都需要人们搞好防护林建设,加强综合农艺措施,及时测报天气变化,以战胜自然灾害,夺取银杏的大丰收。

航标树

上海吴淞口、杭州钱塘江两岸和太湖岸边,不论村旁和旷野,常有零星高大的银杏树,成为飞机降落的参考航标,尤其可为穿行于风口浪尖的渔民指引航向,因而有"航标树"之称。江苏启东的一些庙宇,多有银杏栽植,可惜幸存者只剩3株。其中吕泗菜园村四组的一株,挺立在长江岸边。因常年江风吹袭,致其树冠偏斜一方呈扫帚状,人称"扫帚树",也是渔民心目中的"航标树"。出海捕鱼归来的海路上,人们最急切找到的目标就是"扫帚树",它像渔家的保护神一样,祝愿渔民满载而归,平安吉祥。每次顺利返航,渔民们总要到"扫帚树"下烧香祭拜,敬树如神。

好气性微生物

在有氧存在的条件下,才能正常生长的微生物。这类微生物在生活过程中需要游离的氧,它在空气流通的情况下,生活力强;在缺氧的条件下,生长不良或不能生长。存在于土壤表层和结构体的表面。如土壤中的细菌、真菌及放线菌等,是分解土壤有机质的主力军,对于土壤肥力、物质转化,都有巨大的作用。

郝家村银杏

该植株位于陵川县礼义镇郝家村学校内,树高20 m,干高9 m,胸径0.7 m,冠幅东西6.5 m,南北8.2 m。枝叶生长茂盛。

浩庄银杏

浩庄银杏位于高平县陈岖镇浩庄石方庙后,雄树高23 m,干高8.6 m,胸径0.95 m,冠幅东西10.75 m,南北13.7 m,主干分三大枝,枝叶茂盛。雌树高14.4 m,干高7 m,胸径0.75 m,冠幅东西10.3 m,南北11.5 m,主干分三大枝,枝叶茂盛,果实累累,雌树因结果消耗营养所致,其树体不及雄株大。

合点

在银杏胚珠中,珠心和珠被合并的区域,或珠心基部各部分长在一起的地方,称为合点。

合法春药

台北某医学院泌尿科主任江汉声先生,对10名患有阳痿的病人做了服用银杏叶制剂的临床试验,结果表明,有7名恢复勃起。9名服用维生素的病人无任何效果。江先生认为:"这可能是由于脑血管血流量得到改善而增强了性欲,同时也改善了阴茎动脉充血量,而使病人得以'重振雄风'。"因此江先生认为,这将是今后值得大量推广的"合法春药"。

合接

又叫搭接,枝接的一种。将接穗下部和砧木上端分别削成45°的斜面(两端斜面均须光滑),然后将两斜面对准缚紧。

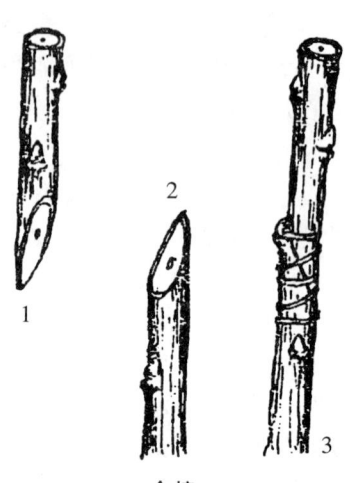

合接
1.接穗　2.砧木　3.嫁接后的绑缚

合理结构

人工培育银杏核用园的产量是群体的产量,由许多银杏树木个体组成的群体必须有一定的结构,包括一定的密度、配置方式、树种搭配、年龄结构等。只有结构合理时,才能最充分地利用土地和光能,改良土壤的性能,增强对外界不良环境因素的抵抗力,才能达到早实、丰产、优质、稳产的栽培效果。

合理使用农药

①根据农药性能、害虫种类及其生物学特性和发生规律选用高效低毒的农药品种。

②选择最有利的防治时机(如:食叶害虫初龄期;蚧虫初孵若虫期;天牛成虫补充营养或产卵阶段)。

③掌握农药的合理使用浓度、药量,防止盲目用药,研究确定好害虫的防治指标。

④注意农药性质及对各种植物影响,高温、干旱天气施药易产生药害。

⑤改进农药剂型及使用方法:一般缓释剂、超低容量喷雾等不易产生药害,农药可合理复配或混用。

⑥加强防护,防止人畜中毒及对环境的污染。

合子

两性配子融合后所形成的新细胞。由两个遗传型相同的配子所结合的合子,叫纯合子或同质合子。

何凤仁(1917—2001年)

江苏宜兴人,1945年1月,毕业于金陵大学农教系园艺专业,1952年8月调入苏北农学院,是我国园艺界德高望重的前辈,中国银杏栽培的资深专家、学者,《中国果树志·银杏卷》副主编,编著出版了《银杏栽培》《中国果树志·银杏卷》《全国银杏学术研讨会论文集》。确立了本学科银杏的研究方向。20世纪50年代主要从事银杏资源调查、分类及其丰产栽培技术研究。70年代,研究提出银杏分类方法。80年代,与江苏泰兴市同仁共同研究成年银杏丰产技术、改进及其应用,使占全国产量1/3的泰兴市的银杏种核产量猛增到新中国成立前的10倍,获扬州1987年科技进步二等奖。1986年开始主持国家林业部和江苏省"七五"农业科研项目"银杏品种选优研究",尤其是银杏生产栽培技术的推广、应用,获得了重大成果。

和平寺雌雄银杏树

该树生长在桃洼乡花塔村和平寺正殿前。东侧一株为雌株,树高12 m,干高4 m,胸径0.70 m,冠幅东西8 m,南北9.5 m,前几年每年可产50 kg以上白果。目前该树生长势极差,枝干于1991年开始遭木盛蛾的危害,市、县林业局先后数次采取树干注射、地下施药和去掉病虫枝的办法来治疗,效果都不十分理想,现濒临死亡。西侧一株为雄株,树高16.6 m,干高7.6 m,胸径137 cm,冠幅东西13 m,南北16 m,长势中等,枝干较完好,冠顶有少量干枝。据《日下旧闻考》记载:"花塔村在州城西北15 km有和平寺,唐建"。据此推断,其树龄约800年左右。目前,和平寺部分殿堂保存尚好,1991年县文物部门和花塔村村委会对和平寺进行了修复,并于1992年向游人开放,这里成为昌平县的又一旅游景点。

河北古银杏资源

河北古银杏资源

地点	性别株数	合计株数	树龄(年)	树高(m)	胸径(m)	冠幅(m) 南北	冠幅(m) 东西	类型
遵化	雌7 雄2	9	>1 000	18 23.8	0.89~1.30 1.47	16~17 18.5	16~20 16	—
迁安	雌1	1	2 000	20	1.90	21	24	佛手类
抚宁	雌1	1	2 500	26	2.29	26	28	梅核类
蓟县	雌1 雄1	2	>800	22 26	1.0 1.2	19 18	21 20	—
易县	雌1 雄1	2	>1 000	20 26	0.81 1.21	16.14 20.97	11.57 16.51	梅核类
涞水	雌3	3	>1 000	20	1~1.5	—	—	—
元氏	雄1	1	>1 000	26	1.67	24	26	—
内丘	雌1	1	>1 000	25	3.02	19.8	17.7	—
北京西山	雌3 雄3	6	>1 000	20	1~2.39	—	—	—
定州	雄1	1	>2 000	20	2	—	—	—
香河	雌1 雄1	2	>1 000	23.2 18.7	1.26 1.03	18 16	18 16	—
丰南	雄1 雌1	2	1 300	15	1.59	13	13	—
三河	雄1	1	1 200	30	2.94	25	20	—
合计	雄1	32						

河北省的银杏

1959年张家口市引种银杏850株,主要用于街道绿化,在海拔778 m的该市至善街展览馆道路两旁成排栽植,1993年调查,平均树高4 m,胸径6~8 cm。

河北省银杏古树资源的研究和开发

①成立银杏古树研究会,开展专题研究。②研究银杏古树生存环境,指导全省银杏生产发展。③研究开发银杏古树的特殊旅游资源,更好地为人类服务。④开发古银杏树的丰富文化内涵,进行爱国主义教育。⑤开发利用古银杏树的优良种质资源,为发展银杏生产服务。

河南伏牛山区银杏种群

地处伏牛山区腹地的嵩县、西峡、南召、鲁山、卢氏等县,银杏资源丰富而集中。嵩县白河乡沿上寺村至下寺村的沟谷地带,银杏种群呈条带状分布,形成独特的自然景观。据调查,在村民迁居于此之前,银杏就已生存繁衍,其遗传多样性为国其他地方银杏种群所不及。

河南济源紫微宫古银杏

该树位于河南济源市王屋山下紫微宫,树高45 m,胸径3 m,占地近1 000平方米,树龄1 800年。

河南新县各品种种核形态特征

河南南部和安徽西部大别山银杏种群

河南南部大别山和桐柏山区的新县、信阳、光山、罗山等县,是河南省银杏重点产区,银杏古树屡见不鲜,成为中州珍贵的活文物。安徽六安皖西学院关传友调查后认为:"安徽省是中国银杏的天然起源地之一,安徽西部山区和境内大别山区至今仍有天然银杏林的分布。"《安徽植物志》中写道:"在黄山桃花峰天然次生林中,海拔850 m,发现有银杏分布,一株高17 m,胸径95 cm,另一株高20 m,胸径106 cm,混生于落叶阔叶林中。"20世纪50年代初,李惠林教授在其"A Hotticuhural and Botanical History of Ginkgo"一文中提及"在东南部可能仍有野生的银杏,而这种活化石最后定居地是沿着浙江西北部和安徽东南部一带山区"。

河南省嵩县雌雄同株古银杏

银杏为雌雄异株,罕见雌雄同株。河南省嵩县发现一株雌雄同株古银杏,近三年,经多方实地考察认定,该树既非嫁接,也非两株合体,是名副其实的雌雄同株。

河南新县各品种种核形态特征

编号	品种	核形指数	最宽处	顶点	顶端	两侧	三棱	其他
1	卡房林冲	1.28	约1/2处	小突尖	—	—	有	核较小
2	卡房20号	1.44	约1/2处	小突尖	—	—	有	核较小
3	郭家河1号	1.43	约1/2处	有明显的尖	微尖	较锐,呈翼状	有	核较大
4	郭家河2号	1.42	约1/2处	—	较尖	较锐,呈翼状	无	核较大,较瘦
5	泗店2号	1.43	约1/2处				无	核较小
7	大佛指	1.66	1/2处以下	小突尖	较尖	较锐	有	核大
8	信阳20号	1.41	1/2处以上	有明显的尖	微尖	较锐,呈翼状	有	核较大
9	当地农家品种	1.37	约1/2处	—				核较小
11	药白果	1.5	1/2处以下	突尖	微尖	一侧较锐,一侧较钝		核较小,瘦长
12	面白果	1.24	约1/2处	—			有	核较小
13	药白果(存疑)	1.41	约1/2处	突尖	微尖	一侧较锐,一侧较钝	有	核较小

注:表中空白处为特征不明显。

河南药白果

药白果银杏在河南省各地均有分布。树冠卵圆形,大枝斜上,小枝平展稍下垂。种子近圆形,先端钝圆,基部平展,种托突出,平均纵径2.20 cm,横径1.90 cm,种实成熟时外种皮黄绿色,稍被白粉,多双种并生,平均单种重6.17 g。种核椭圆状圆形,先端具小突尖,棱线不明显,平均纵径1.90 cm,横径1.40 cm,厚1.20 cm,核形指数1.36,属梅核类。平均单核重1.61 g,每千克种核620粒或更多,平均出核率26%,出仁率77.1%。树势生长较旺盛,丛生性强,大小年较明显,种实成熟期较晚。种核偏小,但药用价值较高,俗称"药白果"。

河南银杏群

在豫南、豫西均有集中产区,与湖北的品种资源相似,很丰富。

核爆考验

银杏在漫长的岁月长河中,见证了地球生物的历史,记录了人类的万年文明,也经受了核爆考验。1945年8月6日8时15分,美国在日本广岛投下了一枚代号为"小男孩"当量1.25万t的原子弹。爆炸瞬间,广岛一片火海,灼浪冲天,爆炸中心500 m之内的温度高达3 000~4 000℃(铁的熔点为

5 000℃，整个广岛近14万人丧生，大量生物被毁灭，即使在10 km外，人们仍能感到灼热的气流。核爆中心的树木几乎灰飞烟灭，然而6株广岛银杏却打破了死亡定律。其中一株200年的雄性银杏树，虽被热风灼浪震撼，但它凭着根系吸收水分和养料，第二年春天仍萌发新枝，第三年依旧吐露新芽，重新恢复生机，成为众多树木中抗核爆能力最强者。它是广岛原子弹灾难的历史见证，是难得的历史与自然遗产。日本曾有人预言，在核弹中心的土地上，75年内将寸草不生。但预言很快被事实彻底否定了，这棵银杏不仅在核爆中大难不死，而且还赢得了与核污染、强台风的战争，成为最有力的证明。广岛人认为，银杏之所在，希望之所在。广岛核爆中心的银杏树，不仅是日本的"特殊文物"，也是"活化石"银杏走向海外的骄子。自古以来，一棵树木的衰亡，本是一件平常事。然而这棵经历核爆的银杏却深入人心，铭记历史、面向未来、世界和平与社会和谐发展等众多内涵。这棵广岛核爆中心的"英雄树"，还将源远流长的历史文化与现代传奇相融合，与民生、民情、民心联系在一起，对发展银杏产业、开展特色旅游，都具有重要意义。从广岛核爆中心劫难中重生的银杏树上采集的少量种子，已分别在北京、南京两地育苗。科学家正对其第二代继续观察和研究，包括运用高科技手段进行辐射生物学和遗传基因等方面的研究，旨在揭示其顽强生命的奥秘，发掘它的特殊价值。我们期待接下来有关银杏研究的惊喜。

核果饮料的开发工艺

按照白砂糖8%，SE15（蔗糖醋）0.1%，吐温0.15%，异抗坏血酸钠0.05%，乙基麦芽酚50 mg/L，三聚磷酸钠0.03%，酪肮酸钠0.05%的配比关系制得的产品状态稳定均一，色泽乳白，口感香醇。

核粮兼顾型

为了进一步提高粮食收益，改善林粮争地的矛盾，可采用这种类型。栽植时应加大银杏行距，每公顷银杏株数保持在100～150株之间。

核形指数

银杏种核的长度、宽度与厚度的相对比值。

核形指数测定方法

在一批种核中，从中随机抽取若干初次样品混合样品后，随机抽取100粒种核，用游标卡尺（精确度为0.001 mm）分别测定各粒种核的长度、宽度和厚度，取平均值来表示。

核用丰产园的修剪

树体总高度3 m左右，要求3年结果，5年丰产。在干高0.6～0.8 m处剪截定干，约四年培养成向周围均匀分布的50°～60°的主枝3个，形成矮干基本骨架。一层和二层距0.8 m，每个主枝保留侧枝2～3个，侧枝长放轻剪或不剪，促其发生较多的结果短枝。5月上中旬对辅养枝摘心，使之成为中等偏强状态，根据条件于6月中旬至7月下旬实行剥皮。进入结果期后，注意疏剪复壮，达到枝多而壮，内膛透光，成为树冠紧凑的自然圆头形。

核用良种选择及评价

核用良种选择及评价

基本项目	要求	评价内容	特优良种定量标准	得分
种核产量指标	丰产	单株结种性能	是对照的30%以上	24分
		产量负荷	每平方米树冠投影面积产核量0.5 kg以上	8分
	早实	初种年龄和结种部位	3～4年结种	8分
种核外部品质	粒大	单核重	3 g以上	15分
	均匀	一、二级种核百分率	95%以上	3分
	皮薄	出核率	26%以上	4分
	饱满	出仁率	78%以上	4分
	漂亮	色泽、外观	—	12分
		仁皮剥离难易程度		2分
种核内部品质	口感糯性	味感、香味、糯性等	—	20分
抗性	—	树体健壮、抗逆性强	—	10分

核用林经营型

这种类型以生产银杏核为主。株行距8 m×8 m和6 m×6 m或大行距、小株距，每公顷100～300株。该经营方式可直接用嫁接苗栽植，以加速生长发育，提早结实，提高产量。

核用品种的综合分类法

核用品种的综合分类法

品种类型	种核长与宽比	种核长与宽正交处	珠托与种核顶端特征	核棱及其他特征	隶属的主要品种或品系
长子	2∶1	中点处	珠托正,不正圆。种核顶端秃尖而无突起孔迹	两侧有明显棱不成翼状	长白果、长糯白果、橄榄果、枣子果、金果佛手、钻鞋针等
佛指	1.5∶1	长线上端3/4处	珠托不正,略偏斜。孔迹内陷成洼,两束相距近	两侧有明显棱,近尾端不明显,不呈翼状,先端孔迹尖凸	七枘佛手、佛指、佛手、鸭尾股、洞庭皇、七星果等
马铃	1.2∶1	长线上端2/5处	珠托正,较大,近正圆。两束迹相距宽,似鸭尾状	两侧有明显棱宽处棱边稍宽,孔迹有明显小尖凸起	青皮果、圆底果、海洋皇、马铃、黄皮果、黄白果、桐子果等
梅核	1.2∶1	中点,将种核分成四象限	珠托正,先端孔迹相会成尖,不凸起,两束迹相距近	两侧有棱,无明显翼	大梅核、小梅核、枣子果、棉花果、猪心果等
圆子	1∶1	中点,四象限圆弧形相同	珠托正先端孔尖或秃稍内陷,两束迹大而明显相距大	两侧有明显棱,中部有翼,背部圆,腹部略平	龙眼、圆糯白果、大圆子、小圆子、鸭尾银杏、葡萄果、算盘果等

核用品种叶脱落期

核用品种叶脱落期

品种号	名称	来源	叶初黄期	盛黄期	落叶期
实生苗	实生苗	山东	10.29	11.7	11.18
E73	中熟梅核	湖北	10.27	11.7	11.16
C07	老和尚头	山东	10.28	11.8	11.15
C05	金坠1号	山东	11.5	11.12	11.15
CJ	金坠13号	山东	10.25	11.6	11.16
C19	马铃5号	山东	10.25	11.6	11.17
B03	洞庭皇	江苏	11.2	11.9	11.16
C06	马铃3号	山东	10.28	11.6	11.16
C15	大金果	山东	11.7	11.13	11.17
A58	华口大果	广西	11.5	11.15	11.18
A59	海洋皇	广西	11.5	11.15	11.18
C14	大龙眼	山东	10.28	11.7	11.16
G43	闽尤3号	福建	11.5	11.13	11.17
B08	亚甜	江苏	11.5	11.7	11.16
B09	宇香	江苏	11.6	11.8	11.15
C20	苦白果	山东	11.7	11.16	11.18
B04	家佛指	江苏	11.2	11.9	11.17
J10	藤九郎	日本	11.5	11.13	11.16
J11	金兵卫	日本	11.5	11.13	11.16
J12	黄金丸	日本	11.4	11.14	11.18
J13	岭南	日本	11.3	11.13	11.17

核用品种优良单株的性状指标

核用品种优良单株的性状指标

优良单株	品种	核形指数	单位主干截面积的种核产量 (g/cm²)	百粒核重 (g)	种实可食利用率 (%)	种仁干物质浓度 (%)	种仁粗蛋白浓度 (%)	种仁淀粉浓度 (%)	种仁支链淀粉浓度 (%)	种仁直链淀粉浓度 (%)	种仁可溶性糖浓度 (%)	单叶面积 (cm²)
CK	—	—	24.49	235.18	19.22	43.94	4.86	54.12	48.39	5.73	9.01	18.30
JG2	佛指	1.67	33.08	250.7	22.04	41.97	5.00	56.28	50.87	5.41	9.23	11.87
JG8	佛手	1.63	34.29	323.3	16.76	43.02	5.51	48.81	43.87	4.94	8.78	24.0
JG10	马铃	1.32	33.04	310.8	23.11	44.98	6.04	56.93	52.43	4.51	8.65	20.24
JG12	龙眼	1.17	34.18	287.4	18.64	43.65	6.55	54.99	49.58	5.41	8.83	17.50
平均	—	—	33.65	293.05	20.14	43.38	5.78	54.25	49.19	5.07	8.87	18.40

核用品种种仁的淀粉形态与结构

核用品种种仁的淀粉形态与结构

类型	淀粉粒形态	比率 (%)	长轴 (μm)	短轴 (μm)	长轴/短轴	长轴区间 (μm)	短轴区间 (μm)	单位面积淀粉粒数	
佛指	椭球形	91.03	18.411	11.615	1.59	15.336~21.789	7.412~16.805	—	132.9
	近圆球形	4.48	—	14.545		11.757~17.253		6.536	146.0
	不规则形	4.48	—	—		—		6.536	
洞庭皇	椭球形	49.51	12.931	9.277	1.394	8.051~16.933	5.623~12.396	50.8	102.6
	近圆球形	34.70		9.383			5.815~12.268	35.6	
	不规则形	15.79	—	—		—		16.2	
龙眼	椭球形	79.96	12.782	8.058	1.58	9.769~15.424	5.527~11.440	81.8	102.3
	近圆球形	13.69		10.430			7.455~12.468	14.0	
	不规则形	6.35					7.265~13.772	6.5	
平均	—	33.332	13.080	10.551	1.26	9.697~16.023	18.54~32.61	38.98	117.0
变异系数(CV%)		99.80	24.50	21.74	23.32	22.10~35.38	—	111.47	21.50

核用银杏

是指专用种核的银杏良种。

核用银杏的良种标准

①早实:在一般栽培条件下,以2~3年生银杏为砧木,嫁接4年后,60%~80%的树开始结种,10~15年株产种子5~10 kg。②丰产:每1 m长的结种母枝上结种60粒以上,平均每个有结种能力的短枝的种实数量超过1.2粒。2~3年生的短枝有良好的结种能力,并连续15~25年不衰。③稳产:大小年不明显,大年、小年的产量变幅在30%以下。④连续结实能力强:具有结实能力的短枝年年结种,枝龄30年内的短枝仍可开花结实,树冠开张圆满。2~3层主枝与主干夹角不小于50°,冠高与冠径之比接近1:1,内腔与外围结种均匀。⑤种子品质标准高,种子整齐度大:每千克种核320粒以下,1、2级种核占80%以上,出核率26%以上,出仁率70%以上。种仁含淀粉65%以上,糖分60%以上,蛋白质12%以上,脂肪9%以上,粗纤维0.5%以下。种核洁白,脱壳容易,种仁饱满,黏着性强,有糯性,味甘甜,香气浓郁。⑥树势健壮:长枝平均生长量不低于30 cm,每条短枝着生8枚以上正常叶片。⑦抗逆性强:相同条件下,与其他植株相比,遭受旱、涝、病、虫等自然灾害程度轻。单核重3 g以上;2~3年砧木苗经嫁接后3~4年结果,10年生树株产10 kg以上,盛果期大树30 kg以上。种壳薄、种仁饱满、微甜、糯性强、浆水足、耐贮藏,并有丰富的淀粉、脂肪、蛋白质及其他矿质营养。抗病虫、适应性强。

核用银杏品种的标准及内容

核用银杏品种的标准及内容

编号	内容及标准	要求
1	单核重 >3.0 g,种核数 10.5 kg, <167 粒	粒大
2	一级种核率(%)95～100	均匀
3	出核率(%)>26～28	皮薄
4	出仁率(%)>80	饱满
5	高接后 2～3 年结果,3～4 年生苗木,接后 3～4 年结果	早实
6	每树株产 >30 kg,每平方米树冠投影面积负载量 >1.3 kg,每平方厘米主干截面积负载量 >20 g,接后 5 年株产 0.35 kg,10 年株产 10 kg,每公顷产量分别达 585 kg 和 15 000 kg	丰产
7	5 年内种实产量变异系数 <15%	稳产
8	7 月下旬至 8 月中下旬成熟	早熟
9	淀粉和总糖含量分别达 40% 和 2% 以上 蛋白质和脂肪含量分别达 6% 和 3.5% 以上	香甜 糯性强
10	抗病虫、耐污染、耐低温和干旱	适应性强

核用银杏品种选育程序

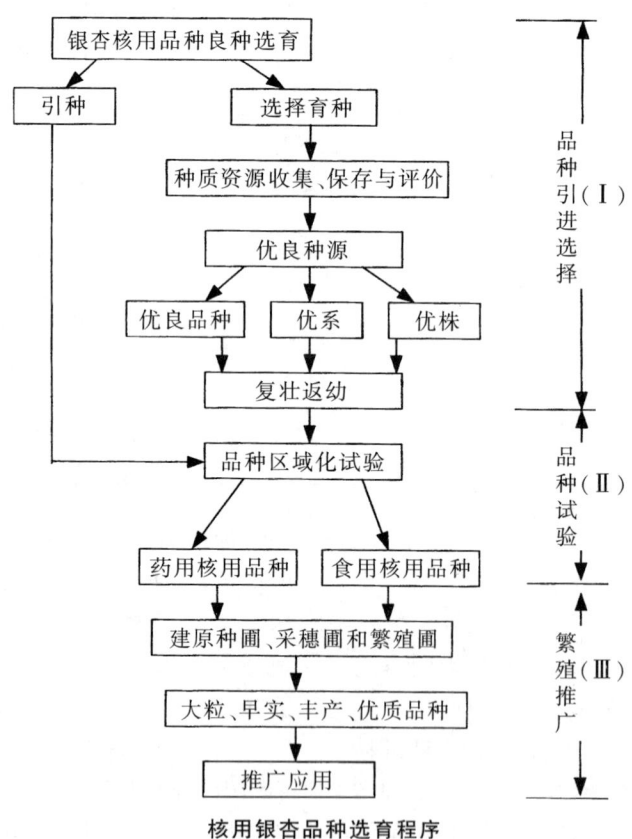

核用银杏品种选育程序

核用银杏品种种实产量性状

核用银杏品种种实产量性状

品种	株产鲜果(kg)	株产种核(kg)	种核/cm²(kg)	种核/m²(kg)	种核/亩(kg)	结实株率(%)
接后4年						
家佛指	0.18	0.04	0.001 3	0.008 4	2.2	25
马铃3号	0.26	0.07	0.001 8	0.016 6	3.85	40
大金果	0.56	0.17	0.003 7	0.029 5	9.35	50
大龙眼	0.21	0.07	0.001 3	0.017 5	3.85	40
华口大果	1.00	0.26	0.008 9	0.064 5	14.30	50
接后5年						
家佛指	0.283	0.085 5	0.002 0	0.012 4	4.70	70
马铃3号	0.368 2	0.095 4	0.001 9	0.017 56	5.25	70
大金果	0.761 3	0.224 0	0.003 7	0.033 3	12.30	50
大龙眼	0.360 0	0.091 9	0.001 6	0.018 9	5.05	25
华口大果	1.470 0	0.460 0	0.011 4	0.054 1	25.30	80
接后6年						
家佛指	4.27	1.160 0	0.019 7	0.138 3	63.8	90
马铃3号	3.304	0.856 3	0.011 3	0.075 0	47.10	90
大金果	6.050	1.781 0	0.022 6	0.179 9	97.96	80
大龙眼	6.915 0	1.767 4	0.026 2	0.191 9	97.21	75
华口大果	4.88	1.17	0.019 6	0.131 5	64.35	100

核用银杏选择方法

核用银杏选种的总目标是单位面积种实的总经济效益。株形、结实特征等决定产量，核形及大小影响着种核的商品价值。种核一致性非常重要，它有利于加工和提高商品价值，这只有以个体（基因型）为基础选择培养优良无性系并加以推广才能做到。所以，研究个体的性状变异是提高核用银杏选种效率的根本。对淮海平原区、伏牛山和大别山区、皖南和浙西山区、湘西北区、贵州高原区、南岭山地区、江苏南部栽培区范围内种核性状个体间变异的特点进行了研究。研究认为，在全分布区范围，银杏种核性状的遗传变异幅度是各不相同的，这预示着通过选择改良种核特征的可能性，改良的难易程度因性状而异。变异系数所揭示的各性状变异幅度由大到小依次为单核重(21.3)＞壳厚度(16.8)＞种实形(12)＞核长(11.5)＞核宽(9)＞出仁率(3)。不同气候区间各性状的变异系数的不同预示着在不同气候区对同一性状的选择效率也不相同。从总体上看，通过选择提高单核重最易成功，而且在伏牛山和大别山区及南岭山地区内选择会更易于达到目的，因为不仅这两区的核重变异系数最大24.4,19.2,而且单核最重的个体也出现在那里3.37,3.03。出仁率是变异幅度最小的性状，表明通过现有个体要大幅度提高出仁率是困难的，因此，不必努力改良这一性状。由此也说明，通过提高单株产量达到提高总产仁量比提高出仁率更为可行。不同气候区间性状的绝对值和变异幅度不同，平均表现好的区域或群体预示选种有利基因的频率高，因而育种价值也高。如南岭山地区的广西灵川和兴安最具选出大核品种的潜力，江苏南部群体则较易选出长核形个体。单一性状最突出的个体并不一定出现在平均表现最高的群体中，如南岭山地群体平均出仁率偏低(77.5%)，但却出现了出仁率最高的个体(82.8%)，因此，在制订银杏改良计划时，既要考虑某地区（群体）的平均表现，又不排除在平均表现不高的地区（群体）进行特殊基因型的选择。长期以来以嫁接方式为主的银杏栽培区，核用性状的总体表现虽最优，但同一无性系遗传基础的一致性决定体并不总出现在其中，故其育种价值并不高于实生繁殖区。

核用育种

银杏的种核是著名的食疗干果，深受国内外食客欢迎，是我国传统的出口商品。在我国现有银杏品种中，缺乏大小年不明显，且种核粒大饱满、大小均匀、

口感好等性状均优的优良核用品种。在核用银杏育种过程中,应以下列性状为育种目标:

①早实:要求在一般栽培条件下,嫁接 4 年后 60%~80% 的树开始结实,10~15 年生株产种核 5~10 kg。

②丰产:每米长的结种母枝上结实 60 粒以上,平均每个有结实能力短枝的种实数量超过 1.2 粒。2~3 年生的短枝有良好的结实能力,并连续 15~25 年不衰。

③稳产:大小年不明显,大年、小年的产量变幅在 30% 以下。

④连续结实能力强:具有结实能力的短枝年年结实,枝龄 30 年内的短枝仍可开花结实。树冠开张圆满,2~3 层主枝与主干夹角不小于 50°,冠高与冠径之比接近 1:1,内膛与外围结实均匀。

⑤种核品质好,整齐度高:每千克种核 320 粒以下,1、2 级种核占 80% 以上,出核率 26% 以上,出仁率 70% 以上。干种仁含糖类物质 65% 以上,蛋白质 12%,脂肪 9% 以上,粗纤维 0.5% 以下。种核洁白,脱壳容易,种仁饱满,有糯性,味甘甜,香气浓郁。

⑥树势健壮:长枝平均年生长量不低于 30 cm,每条短枝着生 8 片以上正常叶片。

⑦抗逆性强:相同条件下,与其他植株相比,遭受旱、涝、病、虫等自然灾害程度轻。

核用园标准

早实,4 年生砧木,2 年生接穗,嫁接后 5 年结种株率≥80%。丰产,嫁接后 5 年株均产量≥0.5 kg,10 年株均产量≥10 kg。盛果期每平方米树冠投影面积产量≥0.8 kg,连续 3 年产量变幅≤15%。3 年生以上短枝,平均每短枝结种量≥1.2 粒。盛种期年长枝生长量≥30 cm,分枝≥2 条。

核用园施肥效应

银杏核用园田间配方通过合理施肥,可使银杏提前 2~3 年结实。核用银杏最佳施肥组合为:每株施尿素 109 g、过磷酸钙 1 429 g、氯化钾 333 g。另外,喷施黄腐酸叶面肥,对银杏生长和种核产量有显著的影响。

核用园栽培技术

银杏核用园是以收获银杏种核为经营目的的银杏园。实现银杏核用园早实、丰产、优质、稳产,在单位面积土地上获得最高的经济效益是银杏核用园经营者的愿望,也是科技工作者研究的目的。一般来说,采用银杏实生苗进行造林,银杏树需 15 年左右的时间才能开花结实,但如果采取先进的造林技术措施,则能实现银杏核用园 3 年结实、7 年丰产,使银杏核用园达到早出效益、出高效益的目标。如广西桂林林业科学研究所银杏早实示范园于 1988 年定植,由于采取了有效的栽培管理技术,1991 年有部分植株已开始结实,1994 年挂实率达 60%,1995 年进入盛产期。这些造林技术措施主要包括:适地适树、良种壮苗、合理结构、细致整地、造林方法、抚育管理等。

核用杂种的选择

自杂种苗开始结实的 3~5 年内,根据每个株系的物候期、产量、品质、抗病性以及对不良环境条件的适应性等,在全面鉴定的基础上,选出优良单株,再经过几个阶段的比较试验,才有可能成为新品种。杂种在开始结实的头几年,许多性状的表现不稳定。因此,对核用杂种的选择,需要持续一个周期。

赫勒义马果复原图

褐斑病

银杏褐斑病主要发生在叶片上。被害叶片病斑初呈红褐色,随后沿叶脉扩展,最后覆盖叶尾大部分,使叶片早期脱落,植株生长衰弱,影响抽发新梢。叶褐斑病一般在夏秋高温、高湿,管理粗放,树势弱的情况下发生。防治方法主要是加强银杏培土、施肥、排水、除草等工作,发病植株可用 500 倍多菌灵药液连续进行叶面喷洒 2~3 次。

鹤峰"将军树"

屹立在鹤峰县走马镇小学运动场中央海拔 940 m 处的一株雌性古银杏,当地群众亲切地称它为"将军树"。银杏的别名和雅号很多,如白果、佛指甲、鸭掌、飞蛾叶、公孙树等,为何山区人民又叫它"将军树"呢?原来这株古银杏与红二方面军贺龙将军的革命活动有着密切的关系。1931 年红二方面军贺龙将军收编川东土著武装 3 000 余人后,在这棵树下召开了万人庆功大会,为湘鄂边区革命根据地和红二方面军的扩大与发展写下了光辉的一页。人们为怀念贺龙将军和纪念他的革命活动,因而将此树称为"将军树"。该树已被鹤峰县人民政府列为革命文物,加以保护。现在,"将军树"树高 38 m,胸径 208 cm,冠幅平均直径

20 m,树龄490年。枝繁叶茂,年年果实累累。

黑白果

主产豫西伏牛山区的嵩县。树形开张,树冠阔圆形。种子卵圆形或扁圆形,先端微凹,纵径2.42 cm,横径2.41 cm,平均单种重7.49 g,外种皮暗褐色,被白粉,多一柄双果;种核卵圆形,长2.02 cm,宽1.58 cm,厚1.3 cm,先端钝圆,基部狭长,平均单核重1.89 g,每千克种核530粒,出核率25.23%,出仁率78.38%。该品种外种皮暗褐色,实为罕见,种仁味较苦,有较高的药用价值。

黑龙江省的银杏

哈尔滨市公园及黑龙江森林植物园内有零星栽植。大庆市机关大院和招待所开始零星栽植,并计划用银杏大苗栽为行道树。

黑皮银杏

母树性状:从实生苗选出。植物学性状:叶子心形,边缘波状,1~2个裂刻,长×宽为2.5 cm×2.0 cm,油胞不明显,叶子长6.4 cm,宽10.3 cm,叶柄长6.55 cm,叶面积50 cm²,鲜重2.5 g,干重0.775 g,含水量69%,叶基线夹角190°,叶基为心形。生物学性状:接后成活率100%,抽梢率100%。每米长枝上有短枝30个,二次枝17个,二次枝长30 cm,叶数/短枝7.0个,枝角50°以下,成枝力50%以上。接后3年单株新梢数18个,叶数1 000个,枝总长12 m,冠幅100~120 m²,LAI 3.8,生长正常。经济学性状:当年长枝皮部黑色,并与褐色表皮相间分布或整条为黑色。接后3年株产叶子0.5 kg以上,黄酮含量2.1%,内酯0.15%。该品种对银杏种质资源保存有重要意义。

黑色遮阳网在银杏播种育苗上的应用

浙中金衢盆地银杏播种育苗应采取遮阴措施。本试验采用黑色遮阳网搭棚遮阴。与相同立地条件,同等播种、管理措施的全光圃地对照观测试验。结果表明:遮阴条件下,不仅明显降低苗圃的气温和苗床地温,有效地防止苗木遭受高温日灼的危害,大幅度提高苗木保存率。而且,一年生播种苗的平均高度、地径、叶片张数均优于对照。播种育苗的经济效益显著提高。地处亚热带的金华市,7月份极端最高温度41.2℃,中午烈日下室外气温高达45℃以上。独特的盆地生境条件使光照强度可超过银杏幼苗光饱和点的3倍以上。强光高温的气候条件抑制苗木生长,且常遭受热害,叶片枯黄,根颈部灼伤,造成立枯病暴发而导致育苗失败。苗圃地适时适度遮阴是培育优质壮苗的有效途径。采取生物遮阴和用秸秆、松杉枝、棚架遮阴,虽起到一定的遮阴效果,但均存在诸多弊端。1994—1995年,选用黑色遮阳网为棚面材料,对当年播种苗圃进行遮阴试验,应用效果十分显著。

黑银杏

银杏种实成熟时,外种皮一般呈黄绿色、黄色或橙黄色。河南嵩县白河乡上寺村海拔500~600 m的沟谷地带,有一株千年以上的雌性银杏树,该树叶片呈三角状卵形,结出的扁圆形种实外种皮初为浓绿色,表面覆盖白粉,成熟时则呈深褐色,中央有环状隆起的"腰带",内种皮极薄,上部为两层半透明橙褐色膜质,下部为不透明灰白色膜质。据分析,黑银杏的有效成分含量高于一般银杏。其种仁中总黄酮含量为0.9 mg/kg,叶片中总黄酮含量为8.5 g/kg,分别比普通银杏高50%和41.7%。而且,其种仁味甜,糯性强,风味清香,食用、药用价值俱佳,开发前景诱人。另据报道,湖北神农架也有黑银杏分布。此外,在银杏产区,雌树的种实还有如葡萄成串而生的品种,群众称之为"葡萄果银杏"。更为奇特的是山东平度市门村镇上瞳村一位老农家中,一株老人亲手栽植的银杏树,不仅枝条上结出成串的"葡萄果",就连树干上也结出金黄色的种实,令人啧啧称奇,其中的奥秘有待探究。

黑银杏选育过程

在1989年嵩县银杏种质资源普查的基础上,经群众举荐、实地调查,按照选优标准,从297株雌银杏古树中初选出32株优树,其中黑银杏优树5株。1990年在初选的基础上,连续4年实测优树种子产量,并进行内含物化验分析,从中复选出2株黑银杏优株。经大树嫁接测定和苗期性状测定,后代完全保持了母树的优良性状。选育出的黑银杏优良无性系中银黑1号、中银黑2号已于1996年通过专家鉴定。嵩县已建立黑银杏无性系采穗圃,繁殖嫁接苗24万株,并在省内外推广种植。

黑银杏优良无性系

中银黑1号位于白河乡,树龄约1 000年。实生树主干明显,树冠卵圆形,主枝分枝角度30°~90°。每种序一个种柄,每柄着生1~2个种实。种实圆形,纵径2.5~2.8 cm,横径2.7~3.1 cm,千粒重10.8 kg,每千克有93粒,出核率22.12%。种核纵径2~2.2 cm,横径1.6~1.8 cm,厚1.3~1.5 cm,千粒重2.24 kg,每千克有447粒,出仁率80.36%。自然授粉条件下,株产种核60~100 kg。经20~30年生大树高接无性繁殖,后代枝、叶、种各项指标均与母树保持一致。

恒温库贮藏法

在我国的银杏集中产区有条件时,可建大型银杏恒温贮藏库,这样可保证白果的常年供应。另外,临时贮藏的白果可置于低温阴凉处,避免日光直接照射,垛堆不可过高,以免生热霉烂。白果在运输过程中,必须注意通风,防止日晒、雨淋、重压、闷热和破损。

横生枝

此枝是背上较旺的斜生枝,经多年缓放而成的背上中型或大型枝组,其带头枝已伸到相邻主枝范围,影响光照,影响邻枝生长、结果。保留横生枝,一般不能从基部疏去,如疏去其伤口太大,只能回缩到原来范围,以中庸或偏弱的斜生枝当带头枝。

烘干温度对黄酮提取率的影响

银杏叶片采收以后须经烘干或晒干才能打捆包装运至工厂进行加工。大规模的叶用银杏生产由于产叶量大,采收后必须及时干燥脱水防止霉烂。研究发现,不同烘干温度之间,同一批材料的黄酮提取率差异极为显著,以 90~100℃ 温度条件较好。

烘干轧壳

鲜银杏含水量为 50% 以上,果实与外壳之间间隙很小,不利于轧壳。烘干脱去部分水分以后间隙增大,容易轧壳。果实表层果肉韧性增强,柔韧有弹性,不易因轧壳而破碎。烘干时间因烘房温度及果实含水量的不同而不同,一般在 70~75℃ 烘房中需 12~16 h,在 65~70℃ 烘房中需 18~22 h。烘干后果实水分下降到 40% 以下。用木板轻轻拍击烘烤过的白果,用手剥去硬壳,也可以用脱壳机去壳。

烘烤食品

采用江苏同源堂生物工程有限公司自行研制开发生产的银杏粉,在烘烤食品上大胆实践,研制中试生产了银杏饼干、银杏桃酥、银杏脆饼等产品。产品中添加银杏粉达 10%,产品口感清香适口,细细品尝回味银杏特有的淡淡的苦香,恰到好处,色香味俱佳。

红安皇

原株位于湖北省红安县,原名红安29号。红安皇在红安气候条件下,3月底至4月初萌芽,4月上中旬展叶,4月下旬新梢开始生长,4月20日前后开花,4月下旬至5月初坐果,5月上中旬新梢迅速生长,6月下旬新梢停止生长,10月上旬种实成熟,11月上旬落叶。原株树体高大,树干通直,干高2 m,树高19 m,胸径83.6 cm。树冠为圆头形,冠幅东西为17.5 m,南北为19.4 m。1年生枝黄褐色,皮孔不明显;2年生枝灰褐色,皮孔较明显;多年生枝浅褐色,皮孔明显,且皮呈现纵向裂纹。叶片折扇形,新梢上的叶片较短枝上的叶片稍大。新梢上叶片平均长 6.44 cm,宽 10.88 cm,柄长 5.54 cm;短枝上的叶片长 6.07 cm,宽 10.10 cm,柄长 4.91 cm。每短枝具 6~12 片叶。种实圆球形,未成熟时绿色,成熟时为橙黄色,薄被白粉。每短枝平均结种1.8枚,最多4枚。原株400多年生,丰产、稳产。1986年以来,每年产种核 300~400 kg,最多 500 kg,每平方米树冠投影面积产种核 0.88 kg 以上。种实球形,纵径 3.45 cm,横径 3.35 cm,平均重 8.9 g,最小 16.8 g,出核率 22%。种核椭圆形,属梅核类型,核色乳白,纵径 2.57 cm,横径 2.10 cm,厚 1.6 cm,平均重 4.15 g。种核出仁率 76.53%,种仁含淀粉 67%、可溶性糖 14.52%、蛋白质 13.29%,风味甜糯,没有苦味。对土壤质地适应性强,砂土、黏土都能适应。原株位于山腰陡坡之上,坡度30°,土质为片麻岩风化成的砂土,树体枝叶繁茂,年年硕果累累。每年新梢生长长度为 30~50 cm。华中农业大学园艺站的土壤为重黏土,1993年引进红安皇嫁接苗栽植,在一般管理条件下,当年新梢平均长度 55.6 cm,2年新梢平均长度 86 cm。已培育苗木10万株,建立繁育基地 3.5 hm^2,高接换种500株以上。

红安县银杏优株种实和种核性状

红安县银杏优株种实和种核性状

优株编号	树龄(年)	种实 形状	种实 均重(g)	种实 纵径(cm)	种实 横径(cm)	种实 厚度(cm)	种核 核型	种核 均重(g)	种核 颜色	核率(%)	出仁率(%)	核仁品味
29	400	圆球形	18.9	2.57	2.10	1.10	梅核类	4.15	乳白	27.00	76.63	糯,无苦味
43	35	倒卵形	15.8	2.50	1.80	1.43	佛手类	3.80	乳白	24.27	73.18	糯,无苦味
44	30	椭圆形	13.9	2.41	1.67	1.33	佛手类	3.11	乳白	21.37	81.35	糯,无苦味
16	400	椭圆形	14.1	2.50	1.70	1.43	佛手类	3.09	乳白	21.91	77.67	糯,无苦味
33	30	近圆形	14.6	2.40	1.67	1.40	佛手类	3.00	乳白	20.15	83.33	糯,无苦味

红参银杏叶复方胶囊

红参提取物 200 mg、银杏叶提取物 200 mg、维生素 C 100 mg。

红茶的制作要点

①萎凋：目的在于使银杏叶适度散失水分、活化多酚氧化酶、浓缩胞汁，便于揉捻成条。方法是将叶片自然摊于通风透气的室内 5~7 h，以叶片颜色暗绿、边缘不卷曲，含水率降至 60%~65% 为宜。②揉捻稍重，一次揉成。以叶汁溢出黏附叶面欲滴，成条率 90% 为宜。③发酵：发酵为酶促反应过程，是银杏叶红茶品质特征产生的关键技术环节。银杏叶在自然状态下难以发酵或发酵缓慢，通过大量的试验研究，采用调温调湿箱处理效果较理想。其方法是将揉捻后的茶坯置调温调湿箱中，温度控制在 30~50℃，湿度控制在 80%~90%，时间约 4~5 h，至叶片颜色红色为宜。④烘干：按高低方式烘烤。先摊叶稍薄，高温快烘，温度为 120~130℃，时间约 30~50 min，至散发出浓郁的清香为宜。然后摊叶稍厚，低温慢烘，温度为 70~80℃，直至烘干为止。

红螺寺雌雄银杏

这两株古银杏生长在红螺寺院内，西侧为雄，东侧为雌。雄株银杏树高 25 m，胸径 1.2 m，树冠冠幅东西 10 m，南北 10 m；雌林银杏树高 15 m，胸径 80 cm，冠幅东西 10 m，南北 9 m。据当地群众和僧人推断，其树龄 1 100 年以上。现树干饱满。据史记载和考证，其特征是：雌树结果不开花；雄树开花不结果。枝叶茂盛，无病虫害，总体树势为旺盛期。现其生存环境优美。土壤黑砂土，水分条件充足。据寺院的和尚传说：从唐朝起，每隔一个朝代，老银杏枝生出一株小银杏，现在共有 10 株小银杏，说明自唐至今已经过去 10 个朝代了。1987 年以来，设专人管理养护，建塑料围栏，直径 12 m。每年施肥浇水，7 年总投资 1.6 万元。通过管理养护，这两株银杏充满生机，叶色碧绿。

红枣银杏茶制作工艺流程

红枣银杏茶制作工艺流程

银杏 —沸水 8~10 min→ 预煮 —冷却→ 剥壳 → 去衣 —银杏果重 8~10倍的水→ 磨浆

红枣 → 清洗 → 浸泡 —80~90℃ 煮25 min→ 预煮 —沸煮20 min→ 打浆

→ 配料 → 细磨 → 均质 → 预杀菌 → 灌装 → 杀菌

洪洞南官庄银杏

这株银杏生长在洪洞县官庄村，太风公路东侧，树高 22 m，干高 7.3 m，胸径为 1.05 m，树干通直圆满，材积为 7.3 m³。冠幅东西 13 m，南北 13.6 m，主干上共分 5 枝，呈扫帚形，斜插云天，宏伟壮观。相传为元代所植。

猴子眼

曲型株，树龄 100 年，实生树。生长势弱，冠近圆形，冠幅 8 m×8 m，有三大主枝。结实不稳定，"大小年"现象明显。胸径 47 cm，树高 9 m。叶柄长 5 cm，种托圆。成熟后种子密被白粉，油胞多。种实先端钝圆，基部平。种子近圆形，长 2.14 cm，宽 2.38 cm，平均单种重 7 g，143 粒/kg，成熟期 9 月上旬，属早熟类型。出核率 22.7%，核长椭圆形，两端钝尖，侧棱明显。单核重 1.35 g，741 粒/kg，出核率较低，一般 75%~77%，仁较苦。有胚率高，实验发芽率在 95% 以上。

后黄卷叶蛾

属鳞翅目，卷蛾科。根据两年的普查和将老熟幼虫带回室内饲养观测，此虫在江苏泰兴一年发生 4 代，以幼虫在卷叶中越冬，第二年 3 月化蛹，4 月初产卵，4 月下旬出现第一代幼虫。各代成虫出现时间分别为：第一代 5 月下旬，第二代 7 月上旬，第三代 8 月上旬，第四代 9 月中旬。后黄卷叶蛾为害银杏叶片时，常吐丝将 2~3 张嫩叶叠在一起，藏匿于其中，嚼食叶肉，严重影响枝梢生长，低龄幼虫食叶成孔洞或缺刻。3 龄后常吐丝缀叶成叶苞，躲藏其中为害。当食料不够时，即迁移重新结苞取食。幼虫老熟后在被害叶苞内化蛹或转到邻近老叶上，吐丝缀老叶在其中结薄茧化蛹。幼虫的体色随食料不同而异，一般食害果实的，体色呈灰白，食嫩叶的体色呈淡绿，食老叶体色呈绿色。幼虫很活泼，受惊动，立即向后跳动吐丝下坠逃跑。随着虫龄的增大，食量增大，虫苞也增大，且大龄幼虫还咬害新梢嫩茎，使受害处上部枯死。后黄卷叶蛾为害果实时，如果有两果贴近的，幼虫则躲藏在两果贴近处为害。如果果实与树枝相靠近，幼虫则吐丝将果实与枝叶连接，然后躲居其中为害。如果果实附近没有枝叶，幼虫将吐丝黏附在果皮上，啃食表皮，使银杏外种皮形成褐色凹陷，被害果常脱落。此时幼虫则转移到旁边的叶片上继续为害，或随果一起落地。防治方法：①人工防治。冬季清除杂草、枯叶、落果，并摘除越冬幼虫和蛹卷叶，集中烧毁，可减少越冬虫口基数；在各代的成虫出现时期，可人工摘除卵块；成虫发生期间，在银杏园内设置黑光灯，或用糖醋液（红糖 1 份，醋 1 份，黄酒 2 份混合）诱杀成虫，重点是防治好越冬代和第一代的成虫，从而保护果实。②药剂防治。在幼果期及新梢生长期，当第一代卵孵化达 50% 时或幼虫发生初期及时喷药防治。药剂可选用 2.5%

溴氰菊酯乳油3 000倍液，或用90%晶体美曲膦脂800～1 000倍液，喷药1～2次即可。③生物防治(保护天敌)。现已发现该虫的天敌有：寄生卵的有松毛虫赤眼蜂，寄生幼虫的有黄赤茧蜂，寄生蛹的有费氏大腿蜂等，应加以保护和利用。

后期胚的发育

这时，从内部结构看：①子叶器基开始分化；②在苗端深处出现弧形排列的细胞，根原始细胞开始分化；③一层胚的表皮细胞从子叶表层一直分布到下胚轴的中下部，但根冠一端没有胚表皮细胞。10月下旬，根柱状组织和环柱组织在细胞排列与形态上有明显的不同。总之，从原胚胞壁形成到根原始细胞和子叶原基的出现，大约经过1个多月的间隔时间。和其他松杉类植物不同，银杏胚各种组织的分化比较晚，而且相对较不明显。从11月初起直到次年1月，胚的活动中心主要表现在根原始细胞区。银杏的根原始细胞区有2层细胞高，几个细胞并列，细胞较大，原生质较浓。随着下胚轴的生长与分化，根原始细胞区的位置逐渐离苗端越远。根原始细胞向上分化出髓部、原形成层和胚皮层。髓部在下胚轴的正中央，约15～16层细胞宽。髓部细胞近等径，核大。在髓组织外侧为原形成层细胞，约15层细胞宽，它从根原始细胞区一直分布到子叶顶部。原形成层细胞狭长，原生质浓；在原形成层细胞中，往往有许多分泌分子，这些细胞的核长，具3～5个线形排列的核仁。在原形成层束内侧，即与髓部相邻一侧，往往有一些螺旋加厚的初生木质部细胞，而在原形成层外侧，即与皮层相邻一侧，常出现一些分泌细胞。胚皮层约15～20层细胞宽，细胞近等径，类似于髓部细胞，但髓部细胞缺乏淀粉粒，而皮层细胞则含有丰富的淀粉粒。胚中分泌腔的分布，从下胚轴与根冠的交界处开始，沿着下胚轴、子叶和初生叶表层附近分布。每个胚几乎有几十个分泌腔，其通常位置是在表皮之下的第2～3层细胞处，也就是说，分泌腔和胚表皮细胞之间，往往隔有1～3层的皮层细胞。分泌腔本身结构简单，分化的分泌腔由2～3层环形排列的细胞组成，直径约50～100 μm，细胞质特别浓，它与周围细胞形成鲜明对照。过后，分泌腔体积稍有增大，并变成空心。在初生叶分化之后，子叶表皮上开始间断出现零星分布的气孔母细胞。它们是由一对细胞组成，它与胚的表皮细胞显著不同。

后熟

银杏种子的胚，在形态上虽已发育完全，但在生理上还未完全成熟，在适宜的条件下种子也不能萌发，它必须经过一段时间，使胚内部发生某些生理化变化，达到生理成熟，称为后熟。后熟的生理生化过程在休眠期完成。后熟以后种皮透性加大，酶的活性较高，呼吸增强，有机物开始水解。

后熟过程中白果蛋白质的动态变化

广东产的白果，由于气候原因和品种的物候特征，刚采收时，种胚隐没，肉眼难以发现。因而其后熟过程一方面表现为胚体长大，另一方面是胚乳中贮藏物质的变化，而蛋白质的变化应是其最为重要的代谢特征。试验结果表明，清蛋白类和球蛋白类蛋白质含量均在播种后第3周达到高峰，然后有所下降，种子萌发时又有明显的上升。醇溶性蛋白质含量则在播种后第2周和种子萌发时达到高峰，而谷蛋白类蛋白质含量在后熟过程中有所下降。相反，在已萌发的种子中，胚体蛋白质含量较低，这是由于含水量大的缘故。但在各组分中，以醇溶性蛋白质和谷蛋白类蛋白质为主，占总蛋白质的77.78%。银杏种胚蛋白质含量的这些特点，与胚乳明显不同，而与银杏叶较相似，这是值得注意的。此外，银杏种胚和银杏叶中醇溶性蛋白质的功能，也是值得继续研究的。

后熟期白果蛋白质的含量

后熟期白果蛋白质的含量

后熟天数	蛋白质浓度(%)				
	上清1	上清2	上清3	上清4	总含量
0	2.65	0.45	2.35	8.70	3.25
7	4.10	0.65	1.95	11.65	4.95
14	3.74	0.75	0.60	9.89	4.80
21	8.50	0.15	1.95	16.70	6.10
28	8.48	0.00	1.20	15.15	5.47
35	4.90	0.19	1.51	12.05	5.45
42	5.45	0.17	1.18	11.90	5.10
49 胚乳	7.07	0.76	1.95	16.11	6.33
胚	0.00	0.60	0.45	1.35	0.30

后熟作用

后熟作用即种实脱落后，因生理上尚未成熟或种胚未发育完全，需要在一定条件下经过一定时间完成后熟才能发芽的现象。在后熟过程中种子内部酶的活性、新陈代谢、酸度、呼吸强度等发生一系列的变化后，才具有发芽能力。如银杏种子形态上刚成熟时，胚还很小，但在贮藏过程中，胚不断发育种长，经过4～5个月，种胚才发育完全。一般促进后熟的方法是用低温加湿沙层积处理1～3个月。

呼吸速率

呼吸速率亦称呼吸强度。表示呼吸作用强弱的指标。指在一定的温度下,银杏材料的单位重量(干重或湿重)在单位时间为进行呼吸所吸收的 O_2 或释放的 CO_2 的数量(mL 或 mg)。常用单位为(CO_2 或 O_2)mg/干重 g(或鲜重 100 g)/h。银杏呼吸强度的大小随银杏的器官、组织、早晚、光强弱及发育时期而异。

呼吸作用

呼吸作用指银杏的一切活细胞中有机物质氧化分解同时释放能量(三磷酸腺苷,ATP)的过程。被氧化的物质主要有糖以及蛋白质、有机酸、脂肪等。呼吸作用释放的能量供给各种生理活动的需要,它的中间产物在银杏树体各主要物质之间的转换中起着主要的作用。在有氧条件下,细胞进行有氧呼吸。呼吸底物中的碳原子可以完全氧化为 CO_2 ,来自底物的氢原子经过呼吸链的传递最后与分子态氧结合成水。1 mol 葡萄糖在有氧呼吸中完全氧化,能释放出约 2 930.76 kg 能量。在无氧条件下,细胞进行无氧呼吸。呼吸底物中仅有部分碳原子被氧化,最终产物不是水而是乙醇、乳酸等有机物,故无氧呼吸亦称发酵。1 mol 葡萄糖在无氧呼吸分解为乙醇和 CO_2 时,仅得到 209.34 kg 左右能量。呼吸作用在广义上包括有氧呼吸和无氧呼吸,但通常所称的呼吸作用仅指有氧呼吸。

胡顿银杏

胡顿银杏 Ginkgo huttoni(Sternberg)Heer。叶扇形,具细柄,柄长 30 mm 以上。叶片长 20~45 mm,宽 30~50 mm,中部深裂成两部分,每部分再深裂 1~2 次,形成 4~6 枚倒披针形至桨形裂片。裂片顶端钝圆,最宽处位于中部,达 4~10 mm,向基部渐收缩。叶脉细而密,近平行,只在裂片下部分叉;裂片上部每厘米有脉 15~25 条,最多可达 30 条左右。外侧两裂片夹角一般为 80°~110°,最小为 60°,最大达 140°。角质层未保留。目较少,顶端钝圆,外侧两裂片夹角较小,叶脉仅在下部分叉。产地与层位:河北抚宁黑山窑;北票组下段。

胡先骕(1894—1968)

植物学家,号步曾,江西新建人。曾任南京高等师范学校、东南大学、北京大学、北京师范大学等校教授和中正大学校长,"中央研究院"评议员和院士。曾与秉志一起创办中国科学院生物研究所和静生生物调查所;并创办庐山植物园,为发展我国动植物分类学创造了条件。新中国成立后,任中国科学院植物研究所研究员。他从事植物分类学、古植物学和经济植物学的研究。曾发表水杉、秤锤树、木瓜红等新属和新种论文百余篇,提出被子植物出自多元的分类系统。主持编辑《静生生物调查所汇报》。主要著作有《中国植物图谱》(与陈焕镛合作)《中国蕨类植物图谱》(与秦仁昌合作)《经济植物学》《经济植物手册》等。于 20 世纪 30 年代,首先在中国甘肃发现叶籽银杏。

湖北安陆 16 个优良单株经济性状

序号	编号	类型	粒(kg)	出核率(%)	出仁率(%)	树龄(年)	熟性	树型	最高产(kg)	负载量(kg/m²)	品质
80	1	梅核	268	28.0	78.4	60	中	塔形	200	2.7	甜糯
81	5	马铃	346	23.0	79.0	110	中	柱形	40	1	甜
82	31	梅核	268	28.54	82.7	45	中	开心形	200	1.0	甜糯
83	55	梅核	348	27.1	78.3	150	迟	塔形	200	0.7	甜
84	56	梅核	360	30.0	79.1	150	迟	塔形	175	0.6	苦
85	2	梅核	380	29.6	78.4	150	中	塔形	150	0.8	甜糯
86	7	马铃	374	23.2	78.1	00	中	柱形	50	0.3	甜糯
87	19	佛指	428	24.9	77.8	500	早	塔形	300	1.5	甜糯
88	23	马铃	390	22.9	82.4	300	早	塔形	100	0.9	甜糯
89	24	马铃	408	23.0	80.9	千年	中	塔形	250	3.2	甜糯
90	42	梅核	422	24.4	78.3	千年	中	柱形	100	0.6	甜糯
91	49	梅核	316	20.6	77.1	千年	中	柱形	200	2.2	苦
92	57	佛指	350	29.1	76.1	110	早	塔形	60	0.5	甜
93	58	马铃	406	27.6	80.2	250	中	柱形	175	0.8	糯
94	62	马铃	318	32.4	77.1	300		开心形	50	0.5	甜
95	64	马铃	264	23.7	74.1	60	早	塔形	30	0.7	甜

湖北安陆古银杏树的开发利用

①对古银杏国家森林公园中极具观赏价值情趣的古银杏树及古银杏天然群落，梅花洞、哪吒洞等天然深洞为主的自然景观，以及村庄、道路和一大批革命遗迹等人文景观进行详细规划，为景区开发建设提供科学依据；②对古银杏国家森林公园进行综合开发，让它成为"游客休闲的观光园、植物知识的普及园、银杏产业的展览园、银杏文化的宣传园"；③开辟前往古银杏国家森林公园的旅游专线，利用古银杏群落、革命遗迹、李白文化等独特自然、地理、人文景观，开展森林旅游、度假、休闲、观光等活动，充分挖掘古银杏树的旅游价值；④通过与南京林业大学、银杏分会等联合建立古银杏科研基地；⑤与安陆摄影协会合作建立写生、摄影基地的方式，充分挖掘古银杏资源的经济、文化价值；⑥吸收知名企业对古银杏树或群落进行冠名，一方面充分利用企业的资金来保护古银杏资源，另一方面又可以提高企业的知名度，让古银杏资源和企业两者受益。

湖北安陆古银杏资源保护

①对全市所有的古银杏进行了登记建档，实行挂牌保护；②对古银杏国家森林公园的三株最古老的银杏采取特别保护措施，对周边环境进行整治，安装透气孔，设立树体支撑，沿树冠周围设立木质栅栏，避免人群近距离接触；③建立古树认养制度，由热爱公益事业的人士对古银杏进行认养，设立认养牌，建立专门档案，由管理部门指定代理人进行管护；④加强古树管理，与管护人签订管护合同，对古银杏树体的日常管护、病虫害监测、抗旱排渍施肥等，做到定人管理，责任到人，确保管护工作落到实处；⑤林业主管部门定期检查，发现问题，及时处理。

湖北安陆银杏之乡

自然条件：安陆市属亚热带季风气候区，四季分明，兼有南北气候特点，全市年均气温15.9℃，全年日照时数2 150 h，日照率49%，无霜期246 d，年降水量1 003～1 120 mm，是银杏生长发育的最佳气候区。安陆市北部为低山和中高丘陵，南部为岗地和平原，地自北向南倾斜。土壤含水适中，pH值在6～7.5之间，是银杏生长最理想的土壤。种质资源情况：全市的核用银杏种群中，占主导地位的为梅核和马铃，分别占总数的42.86%和30.6%，其次为圆子占12.86%，佛手，占12.28%，大子粒的也是以梅核和马铃为主。白果的熟性以中熟为主，大都在9月25日至9月底成熟，占60%，早熟一般在9月20日左右成熟，占21.4%，迟熟的在10月上旬成熟，数量较少，占18.6%。按子粒级分：3级（>440 kg）占总数的45.7%，2级（360～440粒/kg）占34.3%，1级（<360粒/kg），占20%。大粒型（每千克在400粒以下）占总数的一半以上。

银杏种质资源的特点：①佛手类和圆子类的早熟多。银杏成熟一般年份相差不大，从授粉到成熟一般早熟种155 d，中熟种170 d，迟熟种180 d。②百年左右的银杏树大粒型多，梅核类多。大粒型多为百年左右的，百年以下的占33%，千年左右的占8.4%。③类型不同，其经济性状也不同。佛手类的每千克粒数多于其他类型，梅核类的则少于其他类型。大粒型中最大为梅核类264粒/kg，小的为佛手类360粒/kg，中粒型中最大的为马铃类374粒/kg，子粒最小的为圆子类792粒/kg。④千年树仍保留有优良性状。主要表现为有的每千克360粒，有的出核率达34%，有的出仁率达91%，最高年株产白果500 kg以上的有3株。⑤集中产区雄性树少。全市纯雄树只有4株，有的集中产区没有单独的雄性树，致使大部分银杏树具有明显的大小年结果现象。大小年不明显的基本上都是雌雄同株和与雄株相邻的。一般随树龄增长而大小年愈明显。栽培历史和栽培现状：安陆银杏历史悠久，《德安府》和《安陆县志》记载："有庙祀真武神，一银杏树大数百围，千年物也。"中科院武汉植物研究所专家考察安陆认为"安陆银杏群落为一半天然状态，既有人工种植的，也有通过动物传播而形成的野生状态的"。全市有银杏大树2.9万株，其中千年以上的59株，百年以上的4 673株。1991年9月21日至9月23日，由山东农业大学梁立兴教授主持召开了全国首届银杏学术研讨会及中国银杏研究会筹建委员会。与会代表共48人，收到论文26篇，会后由湖北科学技术出版社出版了《全国首届银杏学术研讨会论文集》。会议选择湖北省林业厅厅长肖华芳为主任委员，山东农业大学梁立兴为副主任委员，湖北省安陆市科委刘燕君为秘书长，北京大学李正理，中国林科院宋朝枢为委员会顾问，以及若干筹委会成员。会议决定，开展银杏学术研究，发展银杏事业。1992年12月30日中国林学会以［林字会办函字（92）第32号］文批复，同意成立银杏学组，并指定挂靠湖北省安陆市科学技术委员会。2000年3月国家林业局命名安陆市为"银杏之乡"。1997年7月市政府委托湖北省林勘院对银杏开发进行了科学规划设计，形成了《湖北省安陆市银杏系列开发总体规划》。《规划报告》由湖北省计划委员委主持并邀请有关专家和省、市直部门负责人在安陆评审通过，1998年6月湖北省计划委员委以［鄂计农字(1998)第0472号]文件批准安陆市银杏系列开发规划工程项目立项。按照总体规划,全面加大了银杏科研、生产、加工、旅游业的力度,推动了银杏基地的迅猛发展。全市现有银杏基地66 000 hm², 7 000万株,年产银杏果450 t,叶3 000 t,苗500万株。2005年银杏产业创产值销售收入1.2亿元。

银杏发展阶段和银杏发展工程:①庭院银杏。试验示范阶段从1984年开始,湖北省安陆市科委在王义贞镇扬港村进行了农户庭院矮密早丰银杏园试验示范。②岗地银杏定植和育苗初始阶段。20世纪90年代初,全市开始在部分岗地连片定植银杏,在市直部门和部分农户开始银杏育苗。到1993年,建成百亩以上的银杏基地。③银杏育苗和栽植高潮阶段。从1994年开始,全市实行"三个一起上",即城市乡村一起上,基地庭院一起上,定植和育苗一起上,一大批岗地、庭院千亩连片银杏定植园、平原地带千亩银杏采叶园和百亩连片银杏苗圃相继建成,并在道路、学校、城镇、机关遍栽银杏,到1999年银杏定植株数由1993年的51万株一跃发展到7 000万株,银杏育苗基地发展到200 hm²。

安陆市银杏发展实行了遍地开花的"五大工程"。

①一户一亩银杏园——小康主体工程。以乡村为单位,实行统一规划,统一投工。

②银杏定植园。到1999年,全市农户银杏庭院发展到7.5万户,2 600 hm²。荒山荒岗荒滩和机动地,建立银杏园。全市430个行政村中,已建银杏园的有两百多个,王义贞镇彭畈村1996年冬建园4 hm²,提出了"一年建园打基础,两年发展一百亩,三年全村免提留"的奋斗目标,从1997—1999年的3年里,已创纯收入26万元。

③一乡千亩银杏园——乡级财源建设工程到1999年,全市以乡镇为单位已开发千亩连片银杏基地三十多处。1994年夏,王义贞镇率先在星火岗建设"梯田石墙化,道路砂石化,路边渠梗化,绿化带花园化"的"四化"高标准千亩连片银杏基地。到1999年,这个镇共开发千亩连片银杏基地7处。1999年,这个镇来自银杏的税收达111万元,占财政收入的30.8%。

④部门全面参与——示范服务工程。全市第一个参与银杏开发经营的是市农业局果茶研究所,该所于1986年建立银杏采穗圃,后着手进行银杏苗木生产经营,1993年冬建立了全省第一个优质银杏苗木基地。1995年以后,棠棣镇河德平原地带租地建银杏采叶园、苗圃96 hm²。1997年,市直属78个局级单位到十八里大庙租地建成了340 hm²银杏定植园,市粮食局、各乡镇处部门也全面参与了银杏基地开发。部门参与银杏开发,使部门的技术、资金和信息与农村的土地劳动力资源优化配置,收到了良好的示范效应和经济效益。

⑤以银杏为主要树种——绿化、美化、净化工程。1994年冬开始,银杏作为主要树种,共有60多个集镇栽上了银杏,全市所有中小学校也栽上了银杏。加工利用:1996年以来,投资980万元,兴建了全省第一条年产10 t的银杏黄酮生产线,同时以午时药业为载体,又相继开发成功银杏口服液、银杏胶囊、银杏叶片中成药等高附加值新产品。与此同时,安陆市相继投资、引资建立了年产30万只银杏香枕生产线、120 t银杏茶、1 000 t银杏酒生产线,一批企业如午时药业公司、长生树公司、星宇保健品公司、龙云保健品公司相继成为安陆市银杏产业链中引人注目的龙头企业。目前,总资产6 332万元,其中,固定资产3 685万元,从业人员1 550人。银杏加工产值5 760万元,实现销售收入5 254万元。已开发出银杏黄酮、银杏叶片、银杏液、银杏茶、银杏香枕、银杏被、银杏盆景等系列产品。长生树保健品公司开发生产的高档太白银红茶获农业部绿色证书,2003年又获得双A有机食品认证,产品获准进入欧美市场。午时药业公司开发的银杏叶片等深加工产品已获卫生部健字号批文。

湖北大洪山地区银杏分布图

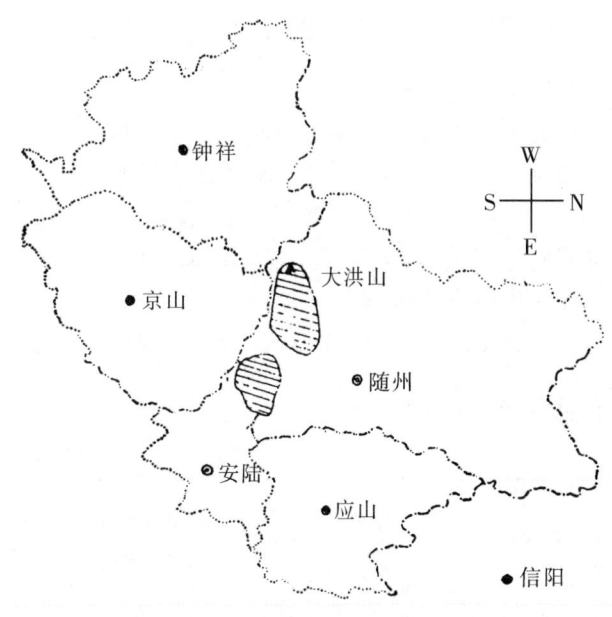

湖北大洪山地区银杏分布图

湖北大洪山银杏品种

①大白果:以粒大为主,有的高达每千克240粒;②甜白果:指种仁含糖分高,吃起来味甜可口;③糯白

果:银杏种仁糯性强、有韧性;④药白果:吃起来很苦,根据苦口良药的原理而称药白果;⑤米白果:籽粒很小,有的每千克达千粒。

湖北大洪山银杏种群

湖北安陆市、随州市曾都区及京山县部分辖区,位于大洪山腹地,尤以云雾山、太平山、大安山为银杏种群的密集区,除部分为人工栽培外,其余的银杏具有两个明显的特点:天然更新形成的散生点片状,多成点成片混生于杂木林内,或散生于山谷、溪边、岩隙间。根据起源可分为两种情况:一是原生古树枯衰,由根基萌蘖形成次生主干而长成的大树,多代繁衍,绵延不断;二是种实经白果狸等动物食后,种核随粪便排出,落入石隙间或经水流冲到适宜的地方萌发成苗,长成大树。半天然更新的多带状群落,依地形、地势及山坡、谷地的村旁、路旁与池边。有3种情况:一是移民挖取银杏野生苗在宅基附近定植的;二是野生实生银杏苗经人工移栽繁殖的;三是根蘖苗自然繁殖或人工移栽的。

湖北京山银杏优株

湖北京山10个银杏优株生长情况和种实性状指标

序号	先优号	产地	胸围(cm)	树高(m)	枝下高(m)	冠幅(m)	结实层高度(m)	冠高比(%)	1 m内短枝数(个)	果纵横径(cm)	果形指数	百粒重(g)	核纵横厚径(cm)	核形指数	百粒重(g)	每千克粒数	出核率(%)	出仁率(%)
60	京银2号	厂河	198	26	3.2	16.2×18.8	19	83.3	43.6	3.1×3.05	1.02	1 431	2.4×2×1.6	1.2	395	253	27.6	76.6
61	京银3号	厂河	280	35	4	23.7×25.3	26	83.8	44.7	3.4×3.2	1.06	1 576	2.4×2.3×1.7	1	410	244	26.1	77.1
62	京银4号	厂河	240	30	5	16.8×18.5	21	84	43.1	3.24×2.6	1.24	1 490	2.6×1.8×1.5	1.44	380	263	25.5	76.8
63	京银8号	杨集	183	25	3.1	17.8×15.1	17.9	81.7	42.5	3.3×2.4	1.37	1 312	2.9×1.7×1.5	1.7	340	294	25.9	76.9
64	京银9号	杨集	155	21	2.2	12.9×11.6	15.9	84.5	45.3	3.2×2.8	1.14	1 506	2.0×1.9×1.6	1.53	380	278	23.9	77.5
65	京银15号	坪坝	173	22	3.7	10.7×12.5	15.7	85.7	41	3.25×2.7	1.2	1 423	2.5×1.8×1.5	1.3	370	270	26.7	75.3
66	京银16号	坪坝	140	20	2.6	9.3×10.5	15.4	88.5	43.7	3.29×2.85	1.15	1 516	2.6×2×1.9	1.3	370	270	24.4	76.7
67	京银17号	坪坝	385	40	1.7	24.5×24	33.3	86.9	40.2	3.16×2.77	1_14	1 357	2.7×1.9×1.8	1.42	395	253	29.1	74.9
68	京银18号	坪坝	265	30	3	15.2×16.8	24	88.8	41.5	3.35×2.94	1.13	1 563	2.4×2×1.7	1.2	380	263	24.3	75.1
69	京银20号	三阳	82	18.5	2.5	16.8×13.6	13	78.7	42.2	3.2×2.9	1.1	1 573	2.8×2×1.5	1.4	395	253	25	76.3

湖北神农架银杏种群

神农架位于长江中游,山岭起伏,地势险峻,是大陆未遭冰川侵袭的地区之一,加之交通闭塞,人烟稀少,20世纪70年代尚处于封闭状态,混生于阔叶林内的银杏树生存繁衍,至今保持着天然的原生种群。

湖北西南山区银杏种群

主要包括恩施土家族苗族自治州所辖的恩施、利川、巴东、建始、宣恩、咸丰、来凤和鹤峰等8个市县,山地面积广阔,生物资源丰富,因属中亚热带季风性山地湿润气候,雨热同期,雾多湿重,雨量充沛,独特的地理环境使这里免遭冰川侵袭,因而成为水杉、珙桐、银杏等国家一级保护植物的避难所、残存地。银杏在该地区分布之广,数量之多,树龄之古,树体之大,长势之好为全国罕见。

湖北银杏优良品种(品系)鉴评

湖北银杏优良品种(品系)鉴评

产地及名称	大小年相差(%)	成熟期	果实大小(粒/千克)	果面状况	出仁率(%)	种仁含水率(%)	营养成分			
							淀粉(%)	总糖(%)	可溶性糖(%)	蛋白质(%)
随州Ⅰ-1号	50	9月下旬	396	色微黄	84.0	56.56	28.7	2.30	0.25	5.04
京山14号	17.5	9月下旬	280	色白无黑点	73.8	59.24	27.7	5.31	0.81	5.31
巴东清太5号	23	10月中旬	432	色微黄	73.7	53.52	35.8	4.75	0.52	4.97
随州大梅核	20	9月下旬	390	色微黄	75.0	57.76	27.6	2.05	0.20	5.46
安陆1号	80	9月下旬	290	色白无黑点	79.0	59.02	27.3	5.84	0.95	5.24

湖北银杏优良原株种核经济性状

湖北银杏优良原株种核经济性状

产地编号	种核类型	熟性	核重			出核率(%)	出仁率(%)
			粒/kg	平均粒重(g)	最大粒重(g)		
安陆1号	梅核	中	294	3.4	3.8	27.6	77.8
安陆65号	梅核	早	285	3.5	4.2	30.4	80
大悟1号	马铃	中	333	3.0	3.55	25.38	74.12
南漳5号	梅核	中	312	3.2	3.75	—	84.19
红安29号	梅核	迟	285	3.5	4.2	22	78.12
孝昌1号	佛指	中	333	3.0	3.2	—	76.1
随州1号	梅核	中	333	3.0	3.25	—	82.4
随州2号	圆子	中	260	3.85	4.4	—	79.07

湖北优株叶片性状指标

序号	优株	叶片厚(mm)	单叶鲜重(g)	单叶干重(g)	干/鲜比(%)	单株产量干重(g)	黄酮含量(%)	有效经济产量	性别
12	洞庭皇	0.48	1.51	0.63	41.7	187.8	0.8	1.51	♀
13	大梅核(浙)	0.52	2.42	0.75	31.0	225.0	0.79	1.78	♀
14	桂林3号	0.50	2.08	0.64	30.8	194.4	0.94	1.83	♀
15	WL43号	0.54	2.13	0.65	30.5	196.2	0.87	1.71	♂
16	WL97号	0.45	2.01	0.61	30.3	198.3	0.73	1.44	♀
17	WL167号	0.51	2.15	0.69	32.1	207.0	0.84	1.74	♀
18	WL168号	0.54	2.66	0.90	33.8	264.0	0.91	2.40	—

湖景
原株在美国俄亥俄州，并在该州繁殖。雄株，塔形或阔塔形树冠。

湖南"白果树王"
湖南洞口县大屋乡有一棵罕见的"白果雌树王"，高52 m，围径5.5 m，枝叶茂盛，遮地30 m²，树根入地20 m，粗细根系多错节，伸延至500 m以外的溪边。树王在金秋季节硕果累累，一年可产白果600 kg，当地群众誉它为"天然药库""摇钱树"。

湖南大橄榄
分布全国各地，在邵阳市的新宁、邵阳县均有一定数量栽培。种实椭圆形，似橄榄，单种重8.4~17.5 g，出核率25%。核椭圆形，核形指数为1.44~1.55，长宽厚度为(2.76~3.38) cm×(1.60~2.03) cm×(1.14~1.50) cm，属马铃类，短枝结果多数丛生性强，分布均匀，具有果大、产量高的特点，为湖南优良品种。

湖南桑植古银杏
该树位于湖南桑植县东安乡马王村猫子坝罗化山奄遗址，树高超过30 m胸径3.2 m，树龄超过2 000年。

湖南西部武陵山区银杏种群
主要包括张家界、桑植、沅陵及石门等市县，这里地处华中腹地，拥有我国众多的、特有孑遗植物，银杏散生古树众多而奇特，且均为多代萌生的实生树，至今保持着原生状态，目前是有关银杏种群研究的一个空白区。

湖南银杏群
湖南林业工作者称九嶷山—雪峰山—武陵山区的银杏为湖南银杏群，与天目山、大洪山一样为我国原产地，其品种资源也很丰富。

湖南银杏优良株系经济性状分析表

湖南银杏优良株系经济性状

品种	系统名称	成熟期	核形	千克粒数	品质
邵2-9	早熟大佛手	9月上旬	倒卵	345	香脆,无苦味,糯性好
邵1-10	早熟大佛手	9月中旬	倒卵	304	香、酥、甜中带苦,糯性好
资黄-10	中熟大佛手	9月下旬	倒卵	353	清香,无苦味,糯性强
资州-79	中熟大佛手	9月中旬	倒卵	362	香、微甜、糯性好
汝濠-7	早熟特大椭圆子	9月上旬	椭圆	242	清香、酥脆、微甜
汝文-19	早熟大椭圆子	9月上旬	椭圆	—	香脆,无苦味,糯性好
中石-4	早熟大椭圆子	9月上旬	椭圆	344	香、甜、无苦味
麻冲-2	晚熟大椭圆子	10月下旬	椭圆	321	香、脆、苦味轻
邵1-11	早熟大梅核	8月下旬	近圆	313	清香、酥、无苦味
长浏-3	中熟特大梅核	9月下旬	近圆	273	味香脆,有苦味
邵1-13	早熟大马铃	9月上旬	短倒卵	318	香、脆酥、无苦味
邵1-21	中熟特大马铃	9月下旬	短倒卵	296	香、脆、微甜
沅池-4	晚熟大马铃	10月下旬	短倒卵	310	香、脆、苦味轻
汝文-76	早熟大长子	9月上旬	长椭圆	357	香、脆、无苦味

蝴蝶树

银杏不仅叶形酷似蝴蝶,而且汉语银杏和日语"睡着的蝴蝶"发音很接近,故又称"蝴蝶树"。

琥珀银杏

主料:银杏种仁30 kg。配料:白砂糖50 kg,葡萄糖50 kg,蜂蜜1.5 kg,柠檬酸30 g,清水20 kg。设备:夹层锅、离心机、抽气机。工艺流程:原料挑选、分级—除去核壳—预煮去内种皮—冷却护色—配料糖渍—冷却—油炸—沥油—罐装—抽气密封。保健功能:成品呈琥珀色,半透明,脆中带糯,香甜微酸,有浓郁的银杏芳香。

互生叶

在银杏植物体的枝条上,一枚叶片与另一枚叶片交替着生,是叶子在枝条上的排列方式。

护发生发剂药液成分表

护发生发剂药液成分

成分	药液							
	1	2	3	4	5	6	7	8
银杏叶提取物	2.0	—	—	—	2.0	2.0	2.0	—
维生素E	—	1.0	—	—	1.0	—	—	—
维生素A₁酸	—	—	0.01	0.1	—	0.01	0.1	—
烟酸	—	—	—	70	—	—	70	70
乙醇	70	70	70	29.9	70	70	27.9	30
精制水	28	29	29.99	—	27	27.99	—	—

护发生发效果

从试验开始前2周起,志愿者每天洗发,隔一天记下洗发时脱发的根数,共测定5次,取其平均值作为试验前的脱发数。涂布护发液后从第8周起,记下洗发时的脱发的根数,共测定5次,取其平均值作为试验后的脱发数。比较涂布前后的脱发数,以评价护发效果。

护发效果对比表

护发液	平均脱发数(根)		涂布后脱发数的变化(被试者人数)			
	涂布前	涂布后	减少20根以上	减少10~20根	减少10根以下	增加10根以上
1	142	119	3	5	2	0
2	139	110	2	6	1	1
3	135	109	3	7	0	0
4	132	89	8	2	0	0
5	140	86	8	1	0	0

5种护发液均能减少脱发数,但效果最好是含银杏叶提取物和激素的护发液4与5。在护发生发剂中银杏叶提取物的制法如下。取干燥粉碎的银杏绿叶1 kg,用8 L 1:1的乙酸乙酯—苯混合液脱脂后,风干,除去溶剂。然后用8 L 70%(v/v)乙醇加热提取5 h,接着再用8 L 70%乙醇加热提取残渣3 h,合并两次提取液,在50℃以下浓缩干燥,得到粗提物。在粗提物中加入2 L 95%(v/v)乙醇,搅拌提取,滤出不容物,在提取液中加入25%氨水,调节pH值为9.0,除去析出

的沉淀物后,加入20 g活性炭,在50℃的条件下搅拌30 min。此后滤出活炭,在50℃以下时将溶液浓缩干燥,得到12 g粉末提取物。

护发液成分表

护发液成分

成分	护发液(%)				
	1	2	3	4	5
银杏叶提取物	2.0	—	—	2.0	2.0
乙炔雌二醇	—	0.000 1	—	0.000 1	—
17-β-雌二醇	—	—	0.000 5	—	0.000 5
乙醇	70.0	70.0	70.0	70.0	70.0
蒸馏水	28.0	29.999 9	29.999 5	27.999 9	27.999 5

护肤化妆品

在护肤化妆品内添加0.01%~5.0%的银杏叶提取物,就能使皮肤滋润,富有光泽,减少黑斑素的形成,延缓皮肤衰老过程。尤其是中、老年人使用更佳。

护肤香皂

依贝佳银杏护肤香皂是由广东汕头美洁洗涤用品有限公司生产。它的执行标准是:香皂 QB/T3555—1999。依贝佳银杏护肤香皂含银杏叶萃取物、生化类黄酮成分及多种植物精华,采用现代工艺复合精制而成。在温和洗净肌肤的同时,有效去除死皮,补充肌肤养分,清爽止痒,温和滋润不干燥,增强细胞活力。经常使用,令肌肤柔润爽洁、嫩白无瑕、富有弹性,会散发出诱人的魅力。它的护肤效果如下:①洁净效果。无刺激性,轻松清除皮肤老化物和残留污垢,保持皮肤清爽洁净。②调节皮脂功能。银杏叶萃取物和生化类黄酮成分可清除不必要的皮脂,保持水分,维持皮肤油分和水分的平衡。③增强皮肤弹性。植物性成分在生物降解性微小物质中安定下来,可以准确地针对特定部位的皮肤产生作用,保持皮肤弹性。④强化免疫功能。促进皮肤免疫,减少皮肤粗糙,保持皮肤柔嫩。马世宏根据对银杏叶提取物的功效及其与基质配伍的研究,采用了国外最新的基质——脂质体,预先将银杏叶提取物包埋在脂质体中,从而获得了结构细腻、稳定、色泽良好、功效奇特的新产品。

花

按植物系统分类学的原则,花为被子植物特有的有性生殖器官,相关的名称分别有雄花、雄蕊、花药(花粉囊)、花粉、雌花、胚珠等。银杏为裸子植物,其有性生殖器官称为孢子叶球,与被子植物相对应,其有性生殖器官相关的名称分别为小孢子叶球、小孢子叶、小孢子囊、小孢子、大孢子叶球、大孢子囊等。但人们为了形象描述及生产应用的方便,常习惯于使用前一类名称。银杏为雌雄异株,雄花或雌花均着生于短枝枝顶,均自叶腋间伸出。

银杏的雄花呈荑状花序,但实为一朵花而非花序,没有花萼和花瓣,只有雄蕊,每一雄蕊具一短柄,上载1对长形小花粉囊。雄花与叶共同簇生于短枝上,螺旋状排列,每个短枝上有3~8朵雄球花,花长1.8~2.6 cm,雄蕊30~50枚,疏松排列在花梗上。每一个雄蕊柄长1~2 mm,柄的顶端有1对长形花药,每个花药中含有1.5万~1.9万个花粉粒,花药成熟时开裂散出大量花粉。花粉粒黄色,长球形,单沟,沟开裂,中部阔,两端细,沟的边缘为大波浪形,无沟膜及内含物。雄花绿色,与叶色一致。银杏花粉的发育,就目前所知,最初仅为一圆形细胞,细胞中含有稠密的原生质与单核,并被以薄的内壁和较厚的外壁,经过3次分裂产生4个细胞,然后花粉自花粉囊中散出。花粉细小,主要靠风传播,可随风飘扬远达十几千米。干燥花粉的生命力在常温下可保持15 d以上,在0℃左右冷藏,可保持更长时间。银杏花粉囊和花粉中,主要含有亮氨酸、羧脯氨酸、胱氨酸和组氨酸等多种游离氨基酸,花粉囊中游离氨基酸的种类较多,含量也较高,而花粉中相对较低。另外,银杏雄花中还含有棉子糖等成分。银杏雌球花单生于短枝顶端,与叶呈螺旋状排列,一般2~4朵。每朵有1个长柄,上载1对(少数多个)胚珠,形似火柴梗,胚珠底部有1个皿形的托,紧包着胚珠基部,称为珠托。胚珠中的珠心外包1层组织,称为珠被。珠心上部与珠被分离,形成环状或卵形珠孔,珠心下部与珠被结合,称合点,珠心中形成胚囊,称雌配子体。在暖温带,胚珠在3月中下旬开始发育,4月中下旬开始成熟,珠孔中渗出水珠状液体,晶莹透明,通常被称为受粉滴。授粉时,花粉落在受粉滴上,受粉滴退缩,将花粉粒带进胚珠内,珠孔慢慢关闭,授粉过程结束。银杏雌花的胚珠从授粉到授精长达4~5个月。

花部名词对照表

花部名词对照表

常见名称	采用蕨类植物的名称	采用被子植物的名称
花	孢子叶球	花
雄花、雄球花	小孢子叶球	雄花
雌花、雌球花	大孢子叶球	雌花
雄花	小孢子叶	花丝
花药、花粉囊	小孢子囊	花药、花粉囊
花粉、花粉粒	小孢子	花粉、花粉粒
胚珠	大孢子囊	胚珠
珠托	大孢子叶	心皮
大孢子	大孢子	单细胞时期的胚囊

花分生组织特异基因

LFY 基因是研究得最广泛的与开花相关的基因,目前在水稻、金鱼草、烟草、银杏、辐射松和蓝桉等多种植物中都分离到 LFY 的同源基因 LEAFY。其是一个花分生组织特异基因,它调控植物开花时间。另有研究表明 LFY 的下游直接靶基因为花器官特异基因 API 和 CAL,它在植物开花的起始阶段起重要作用,它们作为开花开关,决定花序分生组织向花分生组织的转换,同时促进植物开花。

银杏中的 LEAFY 基因也相继被克隆,克隆得到银杏雌株 LFY 同源基因 Ginlfy 的全长序列,科研人员根据 Ginlfy 基因序列得到银杏品种大佛手雄株 LEAFY 同源基因 GinNdly 全长基因序列。与被子植物不同的是,银杏中具有双拷贝的 LFY 同源基因,比较它们的核苷酸序列同源性为 99%,蛋白质序列同源性为 99%。进一步分析它们的时空表达水平表明:银杏两个 LFY 同源基因在其生长发育过程中有着截然不同的表达方式。GinNdly 除了在花芽由幼树和成年的雌株、雄株叶片中表达之外,在其他的器官中均无表达,属于组织特异性表达。而 Ginlfy 在银杏幼树、成年的雌株、雄株的根茎叶以及雌花芽、雄花芽、幼果等器官中都有表达,说明 Ginlfy 为组成型表达。银杏 LFY 同源基因的这种时空表达差异有可能是裸子植物花进化发育的一个显著特征,在长时间的进化过程中导致 LEAFY 基因功能分化的,具有控制花和叶片发育的重要功能,这种差异可能正是造成银杏童期长的一个重要因素。

花粉

每一枚花药中有花粉 4 000~6 000 粒。银杏也存有巨大型花粉,其形状与正常花粉粒相同。最大花粉粒为 43.65 μm×32.00 μm,平均为 36.38 μm×31.90 μm。巨大型花粉粒约占 8.57%。花粉是花药中通过细胞减数分裂而形成的性细胞组织,始终处于代谢旺盛过程。银杏花粉在光学显微镜下可看到,花粉赤道长轴 36.8~42.1 μm,赤道短轴 26.3~28.9 μm。从侧面看(赤道面观),花粉船形,从极面观轮廓椭圆形。从另一赤道面观为凹形,轮廓线水平,为大波浪形,单沟,处于远极面,沟开裂,两端窄小,中部阔,沟的边缘轮廓线为显著的大波浪形。外壁两层,内层较薄。在扫描电镜下可看到,花粉粒单沟,沟开裂,中间宽,两端变细,无沟膜及内含物。极面观长球形,两端变窄,呈橄榄形。表面纹饰模糊,放大 4 000 倍以上可见有短条纹,条纹排列不均匀,在靠近开裂的沟边,呈微波浪形。在透射电镜下可看到,外壁外层厚度 1.1 μm。被层厚度不均匀,表面具稀疏的小刺;柱状层和垫层不明显,厚薄不均匀。外壁内层明显,厚薄均匀,层次不清。内壁厚薄较均匀。

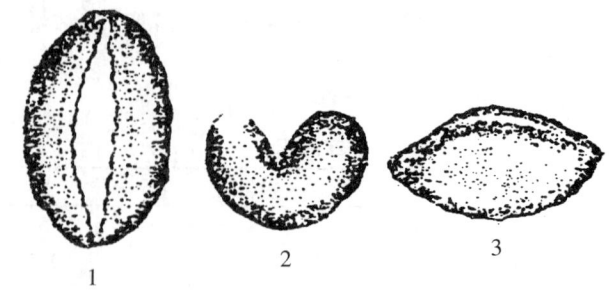

银杏花粉粒
1.侧面　2.赤道面　3.极面

花粉孢粉素的红外光谱图

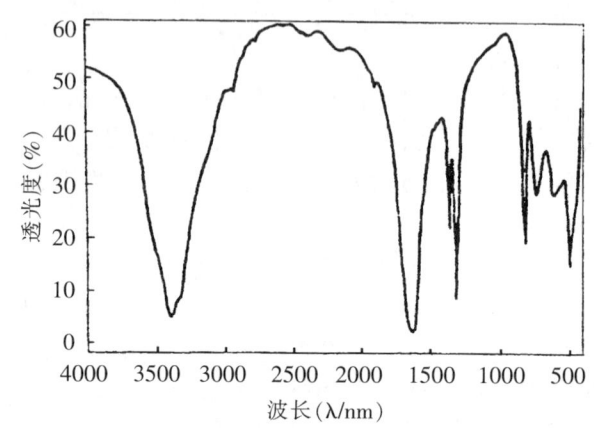

花粉孢粉素的红外光谱图

花粉壁层化现象

花粉壁层化现象发生在银杏花粉发育早期,部分沟缘外壁强烈发育,萌发沟外壁不明显,其余的花粉外壁发育正常。在花粉中可清楚地观察到 4 个细胞:1 个生殖细胞,1 个管细胞和 2 个原叶体细胞。这部分花粉壁层化明显不同,即加厚的花粉壁内层,一个染色深且呈薄片状的花粉外壁内层 2,一个不规则的基层——外壁内层 1,外壁的"坑"强烈发育——外壁外层 3,花粉外壁外层 2 强烈发育,其表面有尖锐的突起。其中,银杏花粉沟缘最显著的特征是大的片状外壁内层及沟缘内强烈发育的外壁"坑"。

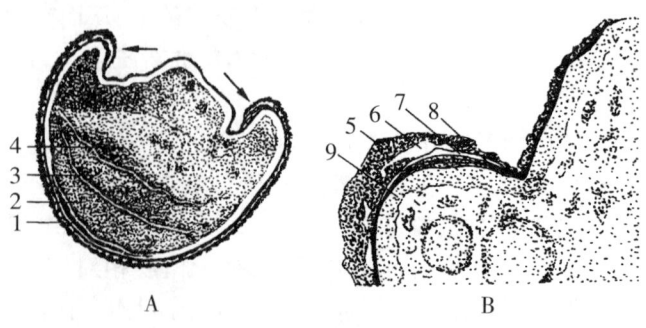

花粉剖面图
1.第 1 原叶细胞　2.第 2 原叶细胞　3.管细胞　4.生殖细胞　5.外壁外层 2　6.外壁外层 3　7.外壁内层 1　8.外壁内层 2　9.内壁

花粉壁形状

很多研究者对银杏花粉近极面的外壁做了观察，结果不一，如有点粗糙状的、近乎网状的等。若将花粉经过化学处理，则其表面为近乎网状，有刺状、颗粒状或疣状等突起。观察结果的差异与研究者采用的试验方法有关。Frederiksen(1978)比较了两种化学处理方法对银杏花粉外壁表面形状的影响：将花粉放在10%氢氧化钾溶液中沸腾5 min 以后，花粉的长度是30～40 μm，表面突起平滑或稍有小颗粒；经醋酸水解后，花粉长38～48 μm，表面有小的凹孔。经醋酸水解的花粉近极面上的突起由随机排列、带有一些颗粒的线状脊构成，而没水解的花粉随机排列的线状脊上有尖的顶，远极面上没有不规则的颗粒。把花粉粒浸在20%的漂白粉溶液中3～10 min 后，花粉外壁破碎并有部分剥落，有时外壁外层完全脱落。外壁外层脱落后的花粉表面有不明显的线形突起及一些不规则小凹孔，这些小凹孔在未经化学处理的花粉粒外壁是看不到的。因此，在花粉粒表面所观察到的小的凹孔是漂白液或醋酸水解的结果，亦即不同的处理方法可使观察者观察到不同的图像。银杏花粉粒萌发沟的外层膜是半透明的，故在光镜下显得非常暗淡，其表面分布着疣状起伏不明显的脊。银杏花粉粒上的萌发沟外壁内层的内表面有一显著晶网状结构，在一些被子植物中也发现有这一现象。萌发沟内表面有较大的网状刻纹，向且也有皱纹状刻纹，网状刻纹和网状的脊彼此交叉融合。萌发沟的网状刻纹可能有助于花粉萌发时膨胀或有利于花粉在空气中传播。

花粉采集

银杏花期短，且雌雄花期开放往往不同步，又受多种天气条件的影响。所以，采集花粉要适时。采集过早，多数花粉尚未成熟，效果不好；采集过晚，则花粉飞散、脱落，采不到足量且质量高的花粉，效果也会甚微。由于各地气候不同，采集花粉的时间应有先有后。在各地调查表明，华南在4月初，华中、华东在4月中旬，华北在4月下旬，即清明到谷雨期间，当雄花序由青转淡黄时采集最好。采集前要细心观察，切勿错失良机。本地有雄树，可在花前1～2 d 采摘花序。赴外地采集时，应及时采回处理。当日不能返回者，也要就地取出花序，摊开晾一晾，严防挤压、受热、发霉等。用于桂花授粉的雄花枝，截取50～60 cm 长的枝段。有分叉的枝，从分叉上剪断，可将2～3 条叉开轻轻捆在一起，小心的成入麻袋内带回。若有花粉散开，应装入布袋内存放。欲用于撒粉、喷粉的雄花序，采集后还要另加处理。

花粉采集无序

每到银杏花粉采摘期，抢采银杏花粉成风，采摘时不择手段，剪枝、钩枝、折枝、爬树、捋芽等，不仅对树体造成了伤害，破坏了树体结构，影响了树木生长，而且人身安全也得不到保证。针对此问题，我们进行了银杏雄树的调查、花粉产量调查，对合理采花粉的方法及人工授粉进行了研究。

花粉采集与处理

银杏雄树开花一般早于雌树，因此，在雌树可授粉之前就应着手收集人工授粉用花粉。由于银杏雄株花期极短，特别温度较高时，成熟后3天左右花粉就可全部散落，因此，要密切注意花期，在花粉散落前采集花穗。采集花粉时，应选择生长健壮、无病虫害、花粉产量较高的银杏雄株。依据授粉方法的不同，可直接采集雄花枝或雄花穗。

花粉产量

对银杏雄株短枝上的平均花穗数为5个，平均花药数50～60个，每个花药中的平均花粉粒数为1.8×10粒，45年生雄株可产生花粉165 g，可供25株雌株授粉需要。

花粉冲服剂

工艺流程：

蜂花粉 → 筛选 → 灭虫卵 → 灭菌 → 均质 → 搅拌
入库 ← 验收 ← 密封 ← 灌装 ← 过筛 ← 烘干 ← 制粒

产品特点：加入植物卵磷脂（卵磷脂是神经传递乙酰胆碱的前体，对脑垂体的生物合成起促进作用），蜂花粉富含微量元素 Se。

花粉传播的系列特征

一般认为风媒传粉比虫媒传粉更具有原始性的传粉方式，银杏主要借助风力进行传粉，这种方式带有被动性质。银杏作为最古老的种子植物之一，经过长期的进化已经形成了一系列适应特征：①树体高大，便于雄株花粉的传播扩散。②雌雄花的形态：雄花为架蕤花序状，易于花粉散出。雌花为裸露的胚珠，胚珠直立，传粉期会分泌传粉滴以增加接受花粉的机会。③银杏花粉的形态与生活力：银杏雄株繁育花粉能力远高于松科等其他裸子植物，从而保证传粉得以实现。同时花粉粒形态很小，在空气中漂浮时间长，容易被风传送。其花粉的活性持续时间较长。④传粉胚珠的结构：银杏胚珠在传粉期已经分化并形成了珠孔、珠孔道以及贮粉室，表明银杏胚珠结构的分化与花粉粒的发育是同步的。

花粉传播距离

银杏落叶大乔木，雌雄异株。每年3月下旬至4

月中旬雄花开放,花粉主要借风力传播。九江县现存银杏共有 7 株,分布于狮子,岷山和岷山林场三个乡(场)的交界地带。其中 2 株雄株,5 株雌株,共分布距离,海拔高度和结实情况见下表。

项目 雄株 雌株	雌雄株间距(km)		结实情况(kg)	
	徐家山海拔 270 m	孔家海拔 100 m	1985 年	1985 年以前每年
傅公山海拔 254 m	2.20	2.25	10	0.5~50
老屋陈家 115 m	2.10	1.18	20	10~30,火灾前达 50
洪上屋 72 m	3.05	1.50	25	20~50
白树张家 74 m	3.16	1.60	30	20~50
王公池 270 m	5.45	2.93	0.2	0.1~0.5,火灾前可达 50

这 7 株银杏,除孔家雄株已知树龄 70 年外,其余 6 株均为古树,树龄至少在 500 年以上。其中徐家山雄株高 27.6 m,略低于庐山黄龙寺古银杏(高 29.1 m),洪上屋雌株胸径 2.20 m,王公池雌株胸径 1.93 m,均大于庐山黄龙寺古银杏。5 株雌银杏均能结实,其中老屋陈家雌株 1946 年曾遭火灾一次,王公池雌株于 20 世纪 60 年代也遭火灾一次,结实量较低。根据实地调查结实情况,参看银杏分布图上的地形地势可以看出:①孔家雄株海拔 100 m,紧靠村,离 130~140 m,徐家山雄株海拔 270 m,往东地势逐渐低倾,这样,傅公山、洪上屋和白树张家雌株均受徐家山雄株影响。如果这种设想成立,那么徐家山雄株的花粉传播距离就是 2.20 km、3.05 km 和 3.16 km;②孔家雄株位于株岭山脚,海拔 100 m,王公池雌株位于株岭山上部的山坳中,海拔 270 m。同王公池两地可直线相视,同孔家雄株相比,可能更容易传粉。如果这种设想也能成立,那么徐家山雄株的花粉传播是 5.45 kg;③除去以上两种设想,以实际最短传播距离计算,从孔家到王公池也有 2.93 km。可见,九江县银杏花粉的传播距离,最低在 2.93 km,最高可能达到 5.45 km。

花粉粗多糖的制备工艺流程

银杏花粉→匀浆机破壁→超声波提取→过滤→浓缩→醇沉→烘干→银杏花粉粗多糖

花粉粗多糖脱色工艺

为优选银杏花粉粗多糖的脱色材料,以多糖保留率和脱色率为考察指标,通过比较聚酰胺、树脂、粉末活性炭和颗粒活性炭四种不同的脱色剂的脱色效果,选择一种较好的脱色剂进行单因素和正交试验。结果表明:颗粒活性炭优于其他 3 种脱色剂,通过正交试验法研究脱色条件,颗粒活性炭脱色最佳工艺参数为脱色时间 4 h、脱色温度 50℃、脱色剂用量 0.15 g/mL。

花粉的发育及形态

3 月底之前银杏花粉母细胞形成,之后经历 2 次减数分裂形成四分体的小孢子,小孢子再进行 3 次有丝分裂在 4 月初形成了包括第 1 原叶细胞、第 2 原叶细胞、生殖细胞和管细胞的四细胞花粉。此时花粉发育成熟并从小孢子囊中散出,花粉粒的大小为长 37.44 μm,宽 17.66 μm,其形态为两侧对称的船形,中部较宽,端部肘尖,具有单萌发孔,萌发区的长度几乎与整个花粉的长轴等长,呈线性,也有少量的多角形或其他形状;但也有研究表明,花粉刚散出时,其形态大部分为近圆形,许多报道中所认为的船形花粉很可能是由于失水的不同程度所造成,因为当花粉在空气中或在冷藏条件下一段时间后就会变为船形,而当船形花粉遇水或足够的营养液时,不到 1 min 又会变为圆球形。未失水状态下的花粉具有巨大的萌发区,而非原先报道中的线性萌发沟,萌发区边缘的外壁呈两个半圆的形状,其半圆外壁几乎相互垂直。对雄株的花粉外壁表面纹饰的观察结果也存在不同观点,有的认为可将不同雄株花粉分为光滑型、粗糙型和中间型,其形态为瘤状突起形,有的则认为除萌发区外,银杏花粉的其他部位有比较均一的条纹状纹饰,但在花粉的外壁上排列有比较浓密的小刺,尤其是萌发区的外壁小刺格外密集。

花粉的加工

当前国内对花粉食品的开发,主要集中于两个方向:一是将天然的花粉直接进行杀菌消毒,经过简单的包装后进入销售领域。此种加工方式主要是在花粉的原产地进行。它的优点是生产成本较低,缺点是不易保存,容易引起花粉的腐烂变质。同时由于包装不精致,难以引起人们的购买欲望。花粉食品开发的另一方向是将花粉作为基本的原料,根据产品所针对的消费对象,添加具有某种功效的成分,使花粉食品在提供给人们全面营养的基础上,又具备了一些特殊的保健和治疗功效对银杏花粉胶囊的生产工艺流程进行了研究。

花粉→除杂→干燥→过筛→灭菌→混合均匀灭菌→装胶囊→压板→包装→成品
↑
配料+Ve 添加剂

花粉的抗衰老功能

花粉的抗衰老功能主要是由于它含有较丰富的核酸。人体衰老时,体内核酸及蛋白质的合成受到一定限制,使得细胞更新率降低,引起衰老细胞逐步增多,进而引起人的衰老加快。因此给老年人补充适量的核酸,可增加体内的核酸含量,有助于延缓衰老。花粉中含有的过氧化氢酶、过氧化物酶以及丰富的还原物质(H、NANPH等)能消除体内过多的 H_2O_2,预防 LPO 产生,有助于延缓衰老,抑制老年斑的形成。

花粉的抗肿瘤功效

花粉中含有丰富的 β-胡萝卜素(维生素 A 原)在进入人体后被肠壁或肝脏降解为两分子维生素 A(视黄醇、视黄醛、视黄酸),其中的视黄酸能够保护正常细胞膜外侧寡糖链的不断修补及更新,不让物理的、化学的、生物的致癌物质进入细胞而致癌。同时 β-胡萝卜素能消除机体产生的自由基,从而保护细胞免受因自由基侵害而诱发的肿瘤,还可以提高机体的免疫力,增强对异常细胞的防御能力。

花粉的萌发

花粉粒经授粉滴的收缩作用通过珠孔道而进入贮粉室,花粉粒在贮粉室停留 6 d 左右的时间开始萌发形成花粉管,Friedman 于 1987 年对银杏花粉体内生长状况进行连续切片,利用计算机重组技术得到了银杏花粉在体内萌发的图片,结果显示,银杏花粉萌发时首先经历船形转变为圆球形的弥散状生长阶段,花粉管萌发后吸附在珠孔端的珠心组织上,并通过顶端生长和亚顶端的高度分枝,在珠心组织的细胞内形成吸气状结构,最后在花粉管不分枝的一端膨大,雄配子体达到成熟。在离体条件下和贮粉室中进行划分萌发观察表明,经过一定时间后,管细胞膨大,最初长出的花粉管与 4 细胞的轴向几乎垂直,体外培养 3 d 花粉管伸长可达数毫米,贮粉室内花粉管有的直接进入珠心细胞中,有的经过一定的贮粉室空间后进入较远处的珠心细胞间隙。花粉管生长过程中可反复分枝,最终形成吸器状结构,管核也在一定时间内向分枝处移动,依 Friedman 所指的弥散状生长阶段可能是由于花粉粒在体外观察时失水所导致的误差。长期以来对银杏花粉粒体内萌发的观察一直没能取得突破性进展,其原因主要有以下几个方面:一是胚珠授粉后花粉粒会在贮粉室内停留 6 d 左右的时间,而不立即萌发;二是即使花粉粒萌发也仅产生 2~3 根花粉管,这样就为观察带来了极大的难度;三是贮粉室太小,解剖时很难准确定位;四是有近 20% 的胚珠即使不经授精作用同样可以发育成无胚种实。因此,对于这一方面的研究应是今后的重点和难点。6 月初在贮粉室内生殖细胞发生第 1 次有丝分裂形成了精原细胞和不育细胞,其分裂方式为斜背式环形分裂。精原细胞分裂形成后,随着花粉管向颈卵器室的生长,其体积迅速增大,在近细胞核核膜两侧各产生生毛体,接着在细胞核与生毛体之间各产生液泡状结构,大约在 8 月上旬精原细胞体积达到最大,银杏贮粉室中的精原细胞一般为 3~4 个。8 月中旬至下旬,发生第 2 次有丝分裂,精原细胞分裂形成 2 个半球形的精细胞,两个精细胞内各有 1 个液泡状结构。临近受精前,在花粉管的顶端形成一开口,由于开口很小,以变形虫运动从花粉管末端逸出。受精作用开始时颈卵器室内充满液体,这些液体可能来自花粉管破裂后释放的物质,也可能是部分解体的珠心组织释放的。由于银杏精子带有鞭毛,因而在颈卵器室内以盘旋的方式向前游动,很快就到达了颈卵器口。几乎在精细胞从花粉管释放的同一时刻,卵细胞的细胞质向外冲出,使覆瓦状排列的颈细胞中上面的细胞向上张开,精子的带鞭毛端贴着卵细胞的伸出物并随着它的回缩而进入颈卵器。这一过程完成得非常迅速,仅需几分钟就可完成,对于受精时精子是否全部进入颈卵器,一直以来存在很大争议。目前主要有以下几种观点:一种认为精子鞭毛全部进入卵细胞;另一种认为在精子进入颈卵器前,其细胞核中的染质可能凝聚,转入核旁一直存在的一个液泡状结构,在受精时,液泡状结构进入卵细胞与卵核结合,但这一观点与细胞核作为雄性主要遗传物质载体的观点相矛盾。

花粉的萌发生长

银杏 4 细胞的雄配子体形成后,在小孢子囊中继续发育一段时间,外壁加厚。成熟花粉随风传播,由传粉滴协助进入贮粉室中,花粉粒进入贮粉室时包括两个原叶细胞、1 个生殖细胞和 1 个管细胞。经过一段时间以后,管细胞膨大,并旋转近 90°。最初长出的花粉管与 4 细胞的轴向几乎垂直,花粉管可直接进入珠心细胞中,有的还可经过一定的贮粉室空间后进入较远的珠心细胞间隙。花粉管生长过程中反复分枝,银杏花粉管直径小但分枝多,它通过这种方式尽可能增大与珠心的接触面积。最终形成吸气状结构,管核也在一定的时间内向分枝处移动,已经成功地在不同的培养基培养了银杏花粉。用改进的培养基在较短时间萌发了银杏花粉,利用计算机重组技术对萌发过程做了详细的报道,并将之分为弥散生长、顶端生长、侧向萌发、花粉管不分枝的一端膨大、雄配子体达到成熟4个阶段。而离体培养的结果表明,在培养的初期,花粉经历了由船形到圆球形的快速转变,管细胞的体积也明显增大,管核与生殖细胞的距离显著增加,仍保持同一轴向,有的开始转向。开始长出花粉管时,管核都有一定角度的转向。培养3 d后,花粉管伸长可达数毫米,核转过近90°,与原来的4细胞轴向几乎垂直。在离体实验中和活体实验中,都验证了银杏侧向萌发的现象,并且这一现象的产生是与管核的转向密切相关的。同时,在活体萌发中,花粉管可以就近进入珠心细胞间隙,也可以通过一段贮粉室的空间进入另一侧,这表明管核的转向很可能与管细胞内部的结构有关。因此,在花粉萌发中出现的侧向萌发典型的生物学特征,银杏雄配子体侧向萌发,很有可能是其独特的系统学地位的有力证据。刘俊梅等通过改进配方的培养基培养,用6 d时间就得到足够长的花粉,在花粉萌发的过程中也发现了管核的转向现象。从6月初到8月底,银杏花粉在贮粉室中进行了2次有丝分裂。6月底,银杏生殖细胞通过斜背式环形分裂形成不育细胞和精原细胞。银杏的精原细胞中有两种特别的结构,即生毛体和液泡状结构,后者是银杏精原细胞中独有的特征。8月下旬,银杏精原细胞通过垂周分裂,形成2个背靠背排列的精细胞。

花粉的系统学地位

长期以来,银杏系统学地位的研究主要侧重对于银杏营养器官和雌性生殖器官的认识,对雄性生殖器官认识的研究鲜见报道。通过对银杏和苏铁花粉的形态研究发现,二者的花粉壁构造及其纹饰有较大差异,但目前还无法将这些差异和它们的系统学的地位联系起来。另外,在扫描电镜下观察,圆形花粉有较大的单一萌发区,从系统进化的角度考虑,银杏花粉拥有巨大的萌发区比单萌发沟更能合理地解释其系统学地位相对较低的事实,是发育原始的种。对银杏雄性生殖器官化石的研究,主要集中在花粉囊和小孢子叶,而对于花粉的研究,因为花粉化石数量太少,保存比较零碎,存在诸多不确定因素而只能做简单的描述,难以展开、深入。

花粉灯光照晒法

将雄花摊放在方桌或方凳下的板上,四周用塑料薄膜围起来,留几个透气孔,根据空间大小,放1盏至数盏电灯或煤油灯,控制温度在24~28℃,并注意及时翻动,约1~2 d也可散出花粉。

花粉对动脉粥样硬化和高脂血症引起的冠心病的作用

动脉粥样硬化和高血脂引起的冠心病都与血液中胆固醇、甘油三酯浓度有关。花粉具有明显的降低胆固醇和甘油三酯的作用。通过146例临床试验,发现花粉降低胆固醇的总有效率为84.29%。花粉的这种作用,与花粉中的不饱和脂肪酸、膦脂、黄酮类化合物和膳食纤维有着重要的关系。

花粉对糖尿病患者的治疗功能

糖尿病是一种因胰岛素绝对或相对不足所导致的体内糖代谢紊乱、血糖升高的慢性进行性内分泌代谢病。花粉对糖尿病的作用机理主要是:①花粉中维生素 B_6 对 β 细胞的保护作用。胰岛素不足的原因是 β 细胞的机能发生障碍,或 β 细胞被破坏而引起的营养不平衡所致。多食花粉,可增加维生素 B_6 的摄取量,从而抑制多余的色氨酸转化为黄尿酸,减少其对 β 细胞的破坏,并能逐步恢复 β 细胞的分泌机能,使糖尿病逐渐痊愈。②临床研究发现铬、锌、锰、铁及常量元素镁、钙、磷与糖尿病有相关性,如补铬可激活胰岛素、增强糖耐量,锌可协调葡萄糖在细胞膜上的传递与转移。花粉中除了含有钙、磷、钾、镁等元素外,还含有铜、铬、锌、硒等微量元素,对糖尿病人有较好的辅助治疗功效。③水溶性纤维素对糖胆固醇代谢有显著的作用。据分析测定,花粉中纤维素含量平均为7.72(±0.33)%,并且主要是水溶性纤维素(半纤维素含量占7.2%),特别是花粉壁中的果胶可延缓葡萄糖的吸收速度和降低血液中胆固醇含量,因而有降血糖、血脂的作用。

花粉多糖含量的测定方法

标准曲线的制备:配制浓度为0.1 mg/mL的葡萄糖标准溶液。准确移取此葡萄糖标准液0、0.1、0.2、0.4、0.6、0.8、1.0 mL分别置于10 mL具塞试管中,补充蒸馏水使体积为1 mL,摇匀,迅速加入5 mL蒽酮-硫酸试液,摇匀,冷却至室温,沸水浴中加热10 min后,冷却,以蒸馏水做空白对照,于波长620 nm处测定吸光度,以葡萄糖浓度(x)对吸光度(y)做回归处理,得回归方程:$y = 5.315x - 0.0015$,$R^2 = 0.9988$。

$$糖含量(\%) = \frac{CDFV}{m} \times 100\%$$

式中:C 为供试液中葡萄糖的浓度,单位为 mg/mL;D 为供试液稀释倍数;F 为换算因子;V 为溶剂体积,单位为 mL;m 为供试花粉质量,单位为 mg。

花粉发育过程

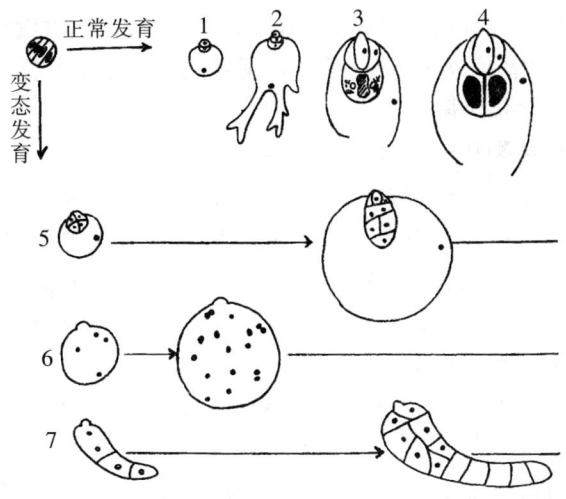

花粉发育过程
1. 萌发 2. 吸胞 3. 体细胞生长 4. 不成熟精子细胞
5. 居间分裂 6. 多核细胞 7. 具有隔膜的管

花粉膏体

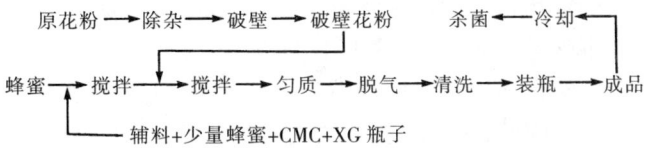

花粉管

指银杏小孢子萌发时，由孢子内壁向外伸长成管状结构，在其中产生几个细胞的雄配子体。花粉管是种子植物特有的一种结构。

花粉和花药中氨基酸的含量

花粉和花药中氨基酸的含量（μmol/g 鲜重）

存在状态 种类 组织	花粉		花药	
	游离状态	结合状态	游离状态	结合状态
缬氨酸	—	2.23	—	3.97
亮氨酸	1.0	—	1.0	1.4
γ-氨基丁酸	—	—	0.6	2.3
脯氨酸	2.94	—	3.46	1.0
色氨酸	—	—	1.85	—
苏氨酸	3.2	2.12	3.14	1.84
酪氨酸	1.8	—	—	—
羟脯氨酸	1.0	4.15	2.2	1.3
天门冬氨酸	—	1.21	—	2.12
胱氨酸	2.1	—	1.3	—
组氨酸	1.73	2.45	3.27	3.2
精氨酸	—	1.3	—	2.54
赖氨酸	—	6.16	4.5	4.37
苯丙氨酸	—	2.11	2.16	4.5
甘氨酸	—	1.26	—	1.12
丝氨酸	—	1.82	—	4.52
合计	13.77	24.90	23.68	34.18

花粉和胚珠生物学特性

对不同树龄雄株开花能力的研究表明，40～50年生雄株每短枝上有4.8个雄花，每朵雄花中含的花药数平均约为60个，每个花药中花粉粒数最高达 2.3×10^4 粒，最低为 1.3×10^4 粒，45年生雄株可产花粉165 g以上，可供25株雌株的授粉需要，而400～420年生的雄株可产生花粉1.3 kg。表明银杏雄株具有很强的开花能力，可产生大量花粉用以传粉授粉，而且即使400多年生的雄株仍有很强的开花能力。对花粉活力的研究表明，成熟后刚散出的花粉活力较高，可达90%以上，在温室条件下贮藏1个月后活力为45.9%，但如果放置在低温干燥的环境下贮藏100 d后，生活力仍达到50%以上，符合生产的要求。胚珠在空间上的分布规律与枝龄有关，1年生枝上无胚珠，而2～5年生枝上的胚珠数量逐渐增加，尤以3年生以上的短枝才有花芽分化形成胚珠。胚珠在树体上的垂直分布规律表现为从上向下递减的趋势，即树体上层生长势强、养分充足，分化形成的胚珠数量多。对15年生雌株调查统计表明，共有短果枝2 266个，占短枝总数的34.9%，平均每短果枝上有7.1个胚珠，短果枝上共有胚珠15 989个，当年共结种子3 022个，坐果率为18.9%，表明银杏雌株具有很强成花能力，从而确保了坐果率。

花粉烘干法

将雄花穗置于烘箱中或采用人工加热的方法，进行烘干，直到花粉散出。特别注意温度不能太高，一般在25℃左右。不管采用哪种方法，花粉散出后，连同花穗一起包裹好，置于4℃左右的冰箱里保存，或置于通风、凉爽的地方保存。切忌保存时间太长，否则花粉将失去活力。

花粉烘箱粉烤法

经试验，将干净的雄花平摊在白光纸上，放入恒温26～28℃的烘箱内，约经34～50 h即可全部散出花粉。

花粉、花药和茎尖组织中氨基酸的定量分析

花粉、花药和茎尖组织中氨基酸的定量分析表

物种 氨基酸	银杏					
	花粉		花药		茎尖组织	
	(1)	(2)	(1)	(2)	(1)	(2)
丙氨酸	—	—	—	—	—	—
缬氨酸	—	2.23	3.97	2.8	6.00	—
亮氨酸	1.0	—	1.0	1.4	1.13	—
γ-氨基丁酸	—	—	0.6	2.3	—	1.2
脯氨酸	2.94	—	3.46	1.0	—	0.79

续表

氨基酸\组织\物种	银杏					
	花粉		花药		茎尖组织	
	(1)	(2)	(1)	(2)	(1)	(2)
苏氨酸	3.2	2.12	3.14	1.84	—	4.6
色氨酸	—	—	—	1.85	—	1.17
酪氨酸	1.8	—	—	—	—	2.8
羟脯氨酸	1.0	4.15	2.2	1.3	3.14	3.7
天门冬氨酸	—	1.21	—	2.12	—	—
谷氨酸	—	—	—	—	3.2	—
胱氨酸	2.1	—	1.3	—	1.23	—
甲硫氨酸	—	—	—	—	1.82	—
组氨酸	1.73	2.54	3.27	3.2	1.0	—
精氨酸	—	1.3	—	2.54	—	1.3
赖氨酸	—	6.16	4.5	4.37	4.52	0.8
苯丙氨酸	—	2.11	2.16	4.5	0.79	7.6
甘氨酸	—	1.26	—	1.12	—	3.2
丝氨酸	—	1.82	—	4.52	—	1.5
Σ	13.77	24.90	23.68	34.18	21.59	32.7

(1)——游离氨基酸含量　(2)——结合氨基酸含量

花粉化学成分

①孢粉素提取。结果表明,花粉中孢粉素含量约为 15%。其红外光谱特征与植物孢粉素基本一样。②银杏花粉提取物。乙醇提取液经薄层展开,紫外光下用氨气熏和喷氯化铝等方法,表明有较高黄酮类化合物含量。银杏花粉乙醇提取物经称重、计算,为花粉重量的 7.0%。③银杏花粉中黄酮类化合物的组成与含量。分析条件下标样的保留时间:槲皮素 12.1 min,山柰酚 21.6 min,异鼠李素 23.7 min。结果表明银杏花粉主要仅含山柰酚一种黄酮苷元。经外标下量,换算为山柰酚苷,计算得银杏花粉提取物中黄酮苷(即山柰酚苷)含量为 13.7%,占银杏花粉的 0.95%。④银杏花粉中萜内酯类化合物。在与银杏叶提取物中银杏内酯含量测定的平行操作中,银杏花粉提取物中测到含有白果内酯和银杏内酯,表明银杏花粉中不含白果内酯和银杏内酯或含量甚微。⑤银杏花粉的脂肪酸。组成银杏花粉脂肪酸的是:棕榈酸 21.75,硬脂酸 7.5%,油酸 27.7%,亚油酸 60%,亚麻酸 16.2%。

花粉黄酮含量

花粉中黄酮含量较高,并且个体差异较大。对银杏花粉黄酮含量进行测定,结果新鲜花粉黄酮平均含量约为 2.4%,并发现随着花粉活力增加黄酮含量也明显增加,即花粉活力每增加 1 个单位,黄酮含量则增加 0.025 5 个单位。但随着树龄的增加,银杏花粉中黄酮含量下降。

花粉黄酮和内酯含量

银杏花粉中黄酮含量较高,主要苷元为山柰酚,但银杏花粉中不含白果内酯和银杏内酯或含量甚微。研究结果也表明,银杏花粉、小孢子叶球(去掉花粉)均含有黄酮类化合物,但未检测到内酯类化合物。以泰山银杏优良雄株为试材,对银杏花粉黄酮含量进行测定结果表明,新鲜花粉黄酮平均含量约为 2.4%,并发现随着花粉活力增加黄酮含量则明显增加,即花粉活力每增加 1 个单位,黄酮含量则增加 0.025 5 个单位。研究表明,随着银杏树龄的增加,银杏花粉中的黄酮含量也呈现显著降低的趋势。一般来说银杏花粉的贮藏时间越长,花粉中的黄酮含量就越低,新鲜的银杏花粉中的黄酮含量达 2.4% 以上,贮藏 1 年后,黄酮含量明显降低,约 1.37% 以上。花粉中的黄酮含量虽然也随加热温度与时间略有变化,但变化的幅度不大。因此,银杏花粉中的天然维生素 E 对加热的温度与时间非常敏感,而黄酮受加热处理的影响不显著,说明黄酮有较高的热稳定性。在测定银杏花粉中的营养元素时,用酶液进行破壁处理后的花粉中黄酮含量比未用酶处理的花粉含量高,并且用不同的酶处理后所得到的花粉提取物中,黄酮的含量也不相同。因此,破壁处理的好坏对银杏花粉中黄酮含量的测定影响很大。

花粉活力测定方法

目前各种测定花粉生活力的方法,直接反映的是花粉的代谢情况或营养物质含量,不能直接表现花粉的萌发率。因此,只有在与花粉离体萌发试验结果相一致的前提下,才可以应用。胡君艳等用离体培养法测得的花粉萌发率与 3 种不同的染色法对银杏花粉生活力的测定效果表明:培养 5 d 是进行花粉萌发率测定的最佳时期,3 种染色法的测定结果只有 TTC 法比较接近离体萌发法测定的结果,碘—碘化钾法和过氧化物酶法结果都严重偏低。通过比较 TTC 染色法和 IG 染色法测定银杏花粉生活力的差异可以发现,用 IG 法测得的花粉生活力平均比 TTC 法高 8%~10%,而且变异系数较低。

花粉活性成分

银杏花粉中富含人体必须的蛋白质、氨基酸、维生素、脂类等多种营养成分以及黄酮、微量元素等生物活性物质。其中,可溶性糖含量在 3.598%~

4.425%之间,蛋白质含量在1.398%~1.797%之间。每100 g花粉中氨基酸总量平均为23.43 mg,银杏花粉中含有人体所必须的8种氨基酸,平均含量为5.92 mg。银杏花粉中,不同营养元素的含量存在很大的差异,其中P、K、Mg、Ca含量最高(介于1 692.637~21 452.23 μg/g之间),Al、Ba、Cr、Ni、Pb、Si、ti、Cu、Zn、Fe含量次之,V、Cd、Mo和Co含量最低(介于0.102 85~0.970 89 g/g之间)。每100 g花粉中VC、VB_1、VB_2平均含量14.955 6 mg、12.948 3 mg、65.071 5 mg。黄酮含量与花粉生活力呈显著正相关,与树木年龄则呈显著负相关,总黄酮含量平均为20.44 mg。银杏花粉中的内酯成分为银杏内酯A,其含量平均在2.22 mg/g。脂肪酸组成为棕榈酸21.7%,硬脂酸7.5%,油酸27.7%,亚油酸6.0%,亚麻酸16.2%,花粉壁主要组成孢粉素含量为15%。从银杏花粉中分离纯化出肌动蛋白和微管蛋白。

花粉加工工艺流程

花粉→除杂→干燥→过筛→灭菌→混合均匀→灭菌→装胶囊→压板→包装→成品

↑配料+维生素E添加剂

操作要点如下。①花粉的采集:由于银杏雄花花期短,容易散落,因此,在花粉成熟期间,要密切观察雄花序的生长情况,适时采集花粉。②干燥:花穗除杂后,应及时摊放、干燥,使花药迅速开裂,散出花粉,以免发热变质。干燥花穗时最好采用专用的吸湿装置吸湿或直接在太阳下曝晒1~2 d,促使花药开裂。也可在30℃左右的温度下烘干。③过筛:将干燥好的花粉先用100目的筛子筛过,除去一些大的杂质,然后再过200目筛,进一步净化花粉(净化后的花粉应具有较好的流动性)。④灭菌:灭菌的温度和时间是造成银杏花粉中营养成分损失的主要因素,也是该加工过程中的关键控制点。一般加热温度控制在80℃,加热时间以20 min为宜。⑤混匀:在加工配料和维生素E添加剂后应利用机械力,使其充分混匀。⑥二次灭菌:此次灭菌过程是在加入配料与维生素E添加剂后进行的,因而加热的温度与时间必须控制好,否则会造成维生素E的大量损失。同时要注意产品的无菌化处理,不要对成品造成污染。

花粉加工利用

目前国内对花粉食品的开发,主要集中于两个方向:一是将天然的花粉直接进行杀菌消毒,经过简单的包装后进入销售领域。此种加工方式主要是在花粉的原产地进行。它的优点是生产成本较低,缺点是不易保存,容易引起花粉的腐败变质。二是将花粉作为基本的原料,根据产品所针对的消费对象,添加具有某种功效的成分,使花粉食品在提供给人们全面营养的基础上,又具备了一些特殊的保健和治疗功效。

花粉开发

银杏花粉是银杏进行有性繁殖的雄性细胞。由于它几乎含有人体所需要的一切营养素,因而在营养学上有"微型营养库"之称。银杏花粉具有丰富的营养和广泛的药理作用。现代医学证明,银杏花粉确实具有延缓皮肤老化,抗衰老,防治肿瘤和心血管疾病的作用。现代科学研究发现,银杏花粉中的必需氨基酸、可利用的矿物质元素和多种维生素的含量均高于常见的植物花粉。特别是具有清除自由基,抗衰延寿作用的功能因子,维生素E的含量高达30 mg/kg,黄酮类化合物是银杏花粉中的另一种重要的生理活性物质,它具有抗动脉硬化、降低胆固醇、解痉挛和防辐射等作用。此外在银杏花粉中还存在着大量对人体有益的活性酶、核酸和生长素等,它们共同作用对维持人体的正常生命活动有重大意义。近年来,银杏花粉的营养价值与保健功能已经受到了广泛的重视。但由于银杏花粉其产量低,研究有待深入,其开发利用尚处于较低水平,有待于进一步研究开发。

花粉开发利用的前景

银杏花粉中富含人体所必须的氨基酸及多种不饱和脂肪酸,还含有人体所不可缺少的微量元素及具有保健功能的维生素E,这为开发利用银杏花粉,生产延缓皮肤老化、抗衰老效果显著的化妆品,以及各种保健品提供了新途径。目前,南京林业大学已初步研制出具保健和营养双重功能的银杏花粉胶囊和银杏花粉口服液,特别适宜老年人使用,对增强机体免疫能力、维持体内代谢的平衡有积极的作用。银杏花粉制品的开发利用具有广阔的前景。

花粉口服液

蜂花粉原料镜检→营养、卫生指标→发酵→提取

炼蜜→过滤→蜂蜜→配制→过滤→灌封→灭菌→灯检

白糖→加水→炼糖→过滤 出厂←包装

花粉矿物质元素含量表

银杏花粉中含有大量的矿物质元素,特别是微量元素含量较高。

银杏花粉的矿物质元素含量表

元素名称	含量（mg/kg）	元素名称	含量（mg/kg）	元素名称	含量（mg/kg）	元素名称	含量（mg/kg）
钡（Ba）	24	锰（Mn）	48.2	钒（V）	5.1	钪（Sc）	0.037
铍（Be）	0.052	镍（Ni）	1.5	锌（Zn）	<0.5	钾（K）	23 605
钴（Co）	0.54	磷（P）	11 745	锆（Zr）	2.4	钠（Na）	285
铬（Cr）	3.4	锑（Sb）	4.9	铈（Ce）	4.4	铝（Al）	1 580
铜（Cu）	1.14	锡（Sn）	<0.5	镓（Ga）	4.2	铁（Fe）	1 300
锗（Ge）	<0.4	锶（Sr）	29.3	镧（La）	0.65	镁（Mg）	4 045
锂（Li）	1.1	钛（Ti）	106	铌（Nb）	0.39	钙（Ca）	3 710

花粉矿质元素含量

银杏花粉中含有大量的矿质元素及微量元素，如磷、硒、铁等含量较高。与油菜花粉、榉树花粉相比，锶、铁、锰、铜、锗等元素的含量明显提高。

花粉粒的表面纹饰

从电镜照片上发现，花粉粒的表面纹饰是瘤状突起，但个体间存在着差异性，根据瘤状突起的程度，我们把其分为三种类型：第一类是瘤状突起比较明显，表面粗糙不平；第二类是其瘤状突起不明显，表面比较光滑；第三类是介于两者的中间型，这与聚类分析的结果完全一致。

花粉粒的大小

显微摄影照片显示，银杏花粉的大小存在着差异，其极轴长从 14.27 μm 到 18.09 μm，平均为 17.20 μm，赤道轴长从 29.47 μm 到 38.46 μm，平均为 35.031 μm，极赤比从 0.438 7 到 0.532 5，平均为 0.481 4，变化幅度很大。银杏实生树在遗传性状和分类进化程度上存在着差异。20 个实生银杏树样品花粒形态特征的遗传距离截然不同，它们中的最小遗传距离为 0.005 919，而最大遗传距离为 19.750 7，两者相差达 3 336 倍之多，这一点可以看出，我国银杏的遗传基因是非常丰富的，也反映出我国银杏植物作为古代植物的复杂性和形成、进化历史的悠久性。根据花粉的形态特征，结合银杏雄株的其他植物学性状及表现，我们认为把聚类水平放在 6.970 0 距离水平上较为合理。

花粉粒的形状与特性

从光镜和电镜所得的结果看，银杏花粉的形状较为相似，湿态下为圆球形或近圆球形，干态下为椭圆形或长椭圆形。这与报道所说的银杏花粉的花粉粒呈舟状，不尽一致。花粉粒表面凹凸不平。近极点有一薄壁区域，表面较为光滑，为萌发区，无萌发沟或萌发孔。萌发区周缘呈厚壁瘤状突起，干燥失水时，厚壁区域收缩，使萌发薄壁区与外界隔离，起到保护作用。从光镜视野中，我们也可以看到，花粉粒由干态下的椭圆形向湿态下的近圆形观察时，在载玻片上滴一滴蒸馏水，所需时间极短，大约在 1~3 s 内就可完成整个过程，反之，由湿态条件转变为干态时（自然风干），时间也非常短，由此，我们认为，银杏花粉粒的这种变化是一种物理现象而非生理的现象，可能是花粉壁的厚薄不均造成的。同时，经初步推测，银杏花粉的这种表现也是适应自然环境的一种适应性表现，只有在花粉粒落到含露的雌株柱头上时，花粉粒的萌发区才为外界接触，并萌发萌发孔，达到授粉授精的目的，否则，就由厚壁将花粉粒全面保护起来，而不受外界恶劣环境的影响。银杏花粉粒的这种变化在其他植物花粉未见有类似的报道，很具特殊性。对银杏花粉粒形状的报道显然是干花粉，故呈极面观为椭圆形，向侧面观则呈舟状，而湿态条件下的形状却发生了变化。我们认为这是由于花粉壁特殊结构所造成的，当花粉粒失水时，花粉壁厚的结构开始收缩，薄壁萌发区被迫凹陷内卷，造成了花粉粒的这种形态特征变化。

花粉量

10 号树花粉粒/花药达 $1.6 \times 10^4 \sim 2.0 \times 10^4$ 粒，平均 1.8×10^4 粒；6 号树平均 1.4×10^4 粒。14 号、10 号、6 号树每个小孢子叶球含花粉粒分别为 85.73×10^4、38.6×10^4、61.0×10^4 个，总平均 65.6×10^4 粒/叶球。郯城 2 号树花粉粒数达 2.3×10^4 个，每个小孢子叶球多达 114.0×10^4 粒。花粉粒长和宽不同单株差异很大。14 号雄株出粉率最高，达 6.83%，12 号最低，达 1.04%，平均出粉率 2.67%。一株 400 年生雄株花粉量达 1.3 kg，而 45 年生雄株花粉量达 0.165 kg。若按每株雌株授粉 6 g 计之，后者可供 25 株品种树授粉。

花粉晾晒干燥法

将除去杂质的雄花序薄薄地摊在垫有自有光纸的笤或筐中（纸光面向上），上面同样盖上白有光纸

（纸光面向下），置于阳光下晒。每天翻动3～5次，一两天内花粉就能全部散出。充分成熟的雄花序，置于室内1～2 d也可散放出花粉。若遇阴雨天无法晾晒时，可将雄花序用纸包裹好，露个小孔，挂于暖房内，由于室温高，干燥快，经3～4 d也可自然烘干散粉。

花粉萌发沟

孢粉学家1935年首次详细描述了银杏花粉，并对萌发沟做了以下描述："银杏花粉具一条纵沟，呈船形，形状和大小一致。当环境湿润时，花粉沟会张开，其长度达到整个花粉的长度，面积可占整个花粉面积的一半。银杏花粉萌发沟的大小、形状是变化的。在不超过70℃的微热条件下，将花粉置于甘油胶上，花粉很快便呈纺锤状或船形，外形常有些收缩。大约几天后，膨胀的花粉有一个大而椭圆形的沟。在100℃的高温下，将花粉放置在甘油胶上后，花粉沟立刻完全展开，从极面看，花粉沟呈圆形，从赤道面看，孔呈半圆形。用醋酸水解后，大部分花粉膨胀，体积增大。扫描电镜观察发现，未经化学处理的花粉收缩，呈船形。而用临界干燥点处理花粉，花粉膨胀，且萌发沟完全展开。由此可知，银杏萌发沟有对干湿条件反应的调控机制。典型的花粉壁由花粉外壁外层、外壁内层及花粉内壁组成，具体可细分为6层。

花粉母细胞

指小孢子囊中的二倍体细胞，经减数分裂产生单倍体小孢子（单核花粉粒），又称为小孢子母细胞。

花粉培养

在离开在体内时的正常轨道（发育为成熟的生殖细胞），而通过分裂增殖，形成愈伤组织或最终形成胚。花粉发育时期检查。根据培养目的，为提高花粉培养效果，选择合适的花粉发育期很重要。一般四分体以后，花粉细胞发育进入单核时期比较容易分裂增殖。培养前，可在显微镜下进行花粉发育期花粉的消毒，取成熟但还没有开裂的银杏花粉囊作为外植体，将其浸入75%酒精中消毒20 s，再放入1.5%次氯酸钠溶液中消毒30 s，用无菌水冲洗3次后用无菌纸吸干即可接种。每年可用于试验研究的新鲜银杏花粉只有7～10 d时间。因此，可将花粉囊进行表面消毒后贮藏于铝质小杯内，再放入4℃的微型干燥器内，供全年使用。贮藏2年后的花粉仍能保持一定活力。培养基可选择改进的white培养基、Tu. Lecke培养基等，植物生长调节剂用IAA或NAA，浓度为0.2～1.0 mg/L。培养室的温度要求在24～25℃之间，每天光照12～14 h，光照强度为2 000 lx。

花粉培养Rohr培养基

花粉培养Rohr培养基

化合物	mg/L	化合物	mg/L
KNO_3	950	肌醇	100
NH_4NO_3	720	甘氨酸	2.0
$MgSO_4 \cdot 7H_2O$	185	烟酸	5.0
$CaCl_2$	166	吡哆醇-HCl	0.5
KH_2PO_4	68	硫胺素-HCl	0.5
$MnSO_4 \cdot H_2O$	19	叶酸	0.5
$ZnSO_4 \cdot 7H_2O$	10	生物素	0.05
H_3BO_3	10	蔗糖	$2 \sim 2 \times 10^{-4}$ g/L
$CuSO_4 \cdot 5H_2O$	0.025	IAA	0.1
$FeSO_4 \cdot 5H_2O$	2.8	琼脂	1.5%
Na_2-EDTA	37		

花粉培养Tulecke培养基

花粉培养Tulecke培养基

化合物	mg/L	化合物	mg/L
$MgSO_4 \cdot 7H_2O$	360	硫胺素-HCl	0.25
$Ca(NO_3)_2 \cdot 4H_2O$	200	吡哆醇-HCl	0.25
Na_2SO_4	200	烟酸	1.25
KNO_3	80	蔗糖	20 000
KCl	65	椰乳汁	20%
$NaH_2PO_4 \cdot H_2O$	16.5	琼脂	8 000
柠檬酸铁	10.0	IAA	1.0
甘氨酸	7.5	Nitsch微量元素	1 mL

注：Nitch(1951)微量元素 = $MnSO_4 \cdot 4H_2O$ 3.0 mg/L（下同）、$ZnSO_4 \cdot 7H_2O$ 0.5、$CuSO_4 \cdot 5H_2O$ 0.025、H_3BO_3 0.5、$Na_2MnO_4 \cdot 2H_2O$ 0.025。椰乳汁可用2.5 g/L(0.25%)酵母提取液代替。

花粉培养中形成的两个未成熟的精子细胞

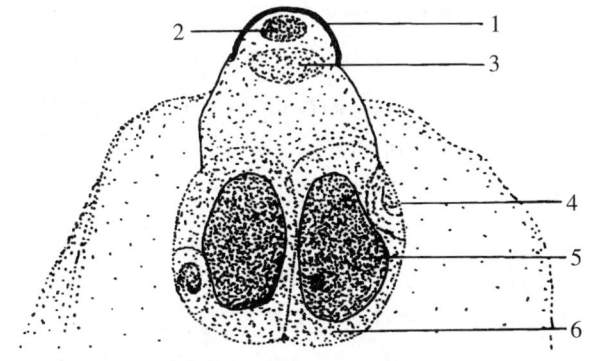

花粉培养中形成的两个未成熟的精子细胞
1.花粉外壁　2.第2原叶细胞　3.管细胞核
4.生毛体　5.精细胞核　6.精细胞原生质体

花粉破壁

花粉表面有一层非常坚硬的外壁,主要是由孢粉素、纤维素和果胶质所组成,耐酸、耐碱、耐压、耐高温,并且对消化酶也非常稳定,因此一些人就提出不破壁的花粉,营养成分不能被机体吸收的论点。同时由于破壁使花粉发生了一系列的生物化学变化,引起了致敏原结构上的变化,从而使风媒花粉失去致敏作用,达到了脱敏的目的。因而在花粉产品的开发前期,破壁处理一直是人们研究的热点。但破除花粉壁的同时也破坏了花粉中的营养成分,例如花粉对人体的消化系统有良好的调整作用,可治愈顽固性的便秘。这是因为花粉中的纤维素能被肠道内细菌分解,从而改变肠内菌丝的形成和代谢。部分纤维经微生物作用生成的脂肪酸能促进肠道蠕动,当花粉壁被破坏掉后,纤维素同时被分解。随着研究的深入进行,花粉对幼年大鼠有促进生长的作用和花粉对小鼠抗辐射的作用。无论大鼠还是小鼠,对破壁和不破壁花粉营养成分的吸收都是相近的。破壁花粉有特异的不良气味,一般人不太喜欢食用。对花粉进行深加工时,破壁还是不破壁应视加工的品种而定。如生产化妆品、花粉提取膏等要选用破壁花粉,因为皮肤缺乏消化液和消化酶,并且花粉中营养成分的释放需要较长时间。而在生产口服的花粉产品时,由于要经过人体胃肠的长时间消化作用,其营养物质的吸收,破壁与不破壁相差不大。同时,由于破壁花粉会产生人们不太喜欢的气味,制成口服制剂时,影响了人们的进食欲望,因而,可采用不破壁花粉。

花粉破壁工艺

目前,国内有关花粉破壁工艺技术大体分为两类:发酵法和机械法。发酵法是采用酵母菌或纤维素复合酶、果胶酶在培养室28~30℃进行发酵破壁,破壁率达90%~95%。机械法又分为湿法和干法两种。湿法多采用胶体磨。将花粉加水1:1调匀,放至15~25℃低温冷冻12 h以上,然后取出解冻投入胶体磨,再通过0.4~0.5 mm狭缝磨成黏稠乳状,此法破壁率只达70%~80%。干法即高压气流粉碎破壁法,将花粉先进行粗磨过筛,然后投入高压气流粉碎机内,使花粉细小粉粒随超音速气流旋转撞击在高强度的环状陶瓷囤上,此法破壁率可达95%~99%。花粉的SR萃取脱壁法是:根据界面化学的原理模拟胃液配制SR液,在该种溶液的作用下,花粉壁的内外产生渗透压,从而使花粉中各种极性与非极性物质溶解到溶媒中,同时,叶片的快速旋转和搅拌起到了胃动力的作用,进一步加快内容物和花粉成分的提取率。

花粉生活力

小孢子叶球采集后,在实验室中自然脱粉、收集、净化,于室温条件下备用。在室温条件下,利用培养法测定不同时间花粉的萌发率。贮藏时间的长短对银杏花粉的活力有显著的作用。对花粉萌发率的检验结果表明,不同的贮藏天数对银杏花粉的萌发率的影响极显著。但各单株对花粉萌发率影响较小,无明显的差异。贮藏时间对花粉萌发率的效应的SSR检验,可看出贮藏天数对花粉的萌发率的影响存在差异,贮藏1 d与3 d、6 d、10 d、15 d之后的花粉萌发率均差异显著。刚采集的花粉萌发率可以达到88%,15 d之后萌发率只有20%左右。

花粉生命力测定

花粉生命力测定又称花粉生活力测定。为使授粉成功,授粉前对花粉特别是经过贮藏的花粉的生命力强弱进行测定。其方法主要有:①花粉粒发芽法;②次甲基蓝溶液染色法;③氧化2,3,5-三苯基四氮唑(TTC)着色法。

花粉石灰干燥法

把采集到的雄花序,剔除枝、叶、草及其他杂物,用纸包成50~100 g的小包,放在盛有生石灰块的缸、罐或其他容器内(石灰块上面盖一层厚纸),然后把容器口紧扎起来。借助于生石灰的吸湿作用,经2~3 d,花药便自然开裂,散出花粉。

花粉食品的加工工艺流程

目前市场上生产花粉制剂的工艺流程为:

花粉→除杂→干燥→过筛→(灭菌)→[辅料+维生素E添加剂]→混合均匀→制粒

成品←包装←压板←装胶囊←(灭菌)

其工艺流程要注意以下4种情况:

①无灭菌的过程,则无法保证银杏花粉食品的安全性。②先将原花粉灭菌后,再用辅料和维生素E添加剂相混合,但无法消除后续加工引入的细菌。③不进行花粉灭菌,而是将原花粉与辅料和维生素E混合,在制粒完成后再灭菌。若原花粉污染程度较重,在加工初始阶段就会引起细菌的大量繁殖,造成营养成分的大量损失,同时加大了后续灭菌过程的难度。④在混合前与制粒后的两个阶段,分别进行一次灭菌,这样在加工的起始阶段,就把细菌总数控制在一

定的范围之内,大大减轻了后面的灭菌工作,制粒后灭菌,可进一步消除由于加工而引入的细菌,确保银杏花粉食品的安全性。

综合正交试验结果,加之成本和产品的营养功效,确定银杏花粉食品的最佳工艺参数:加热温度为80℃,加热时间为20 min,花粉含量为30%。

花粉水洗法

此方法用于应急。若遇连绵阴雨或去外地采购雄花序回来时,雌花已成熟,应马上实施授粉时可用此方法。用250～500 g雄花序,装入双层纱布袋内,在盛有2 kg清水的盆内反复搓洗,并仔细检查,要把花粉囊搓破,洗出花粉。洗出的花粉液应立即用于授粉,前后时间不超过2 h。

花粉四分体

银杏花粉四分体是同步分裂形成的,四分体呈四面体。但也可观察到有形状各异的四分体,包括十字形交叉四分体、四面体四分体及介于交叉四分体与四面体四分体之间的过渡类型。这些四分体也都是同步分裂形成的。银杏花粉外壁的沉积是连续的,类似于紫杉属的外壁内层沉积过程,但不同于苏铁类植物,在四分体末期,可观察到一个清晰的沟缘,这种沟缘一般在成熟花粉阶段容易看到。

花粉特性

内容包括不同优树间小孢子叶球和花粉的形态变异,短枝直径对小孢子叶球数的影响,不同树冠部位枝条上花粉产量的差异,花粉中有机养分和矿质营养元素含量的变异等。①树龄和树冠部位对上述指标有明显的影响;②不同优树间上述指标有显著差异;③一些微量元素明显高于其他一些树种。

花粉提取物的紫外光谱

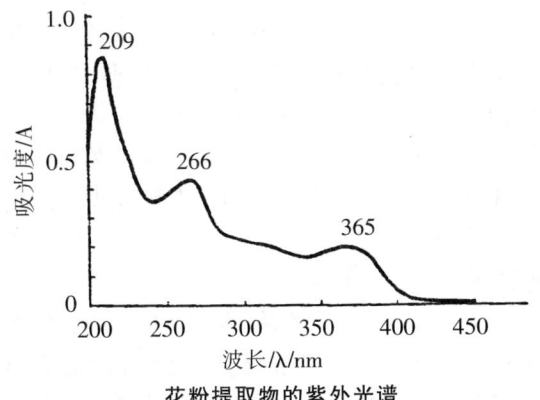

花粉提取物的紫外光谱

花粉图示

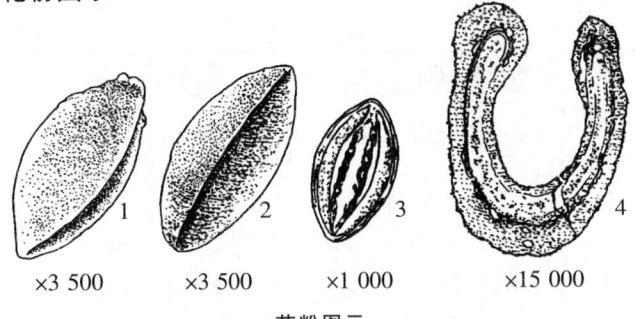

花粉图示

1.扫描电镜下的赤道面观 2.扫描电镜下的极面观 3.显微镜下的远极面观 4.透射电子显微镜下的花粉外壁超薄横切面

花粉维生素E含量

银杏花粉中维生素E含量较高,达30 mg/kg。维生素E可以清除人体内的自由基,具有较强的抗氧化作用,对延缓皮肤老化、抗衰老具有较强的功效。因此,利用银杏花粉,开发延缓皮肤老化、抗衰老的化妆品的潜力较大。研究表明,随加热温度的增加,加热时间的延长,银杏花粉中的天然维生素E的含量呈现显著减少的趋势,并且加热温度的影响>加热时间。在花粉含量为20%,灭菌时间为20 min的条件下,80℃的加热温度造成的各种营养物质的损耗最小。

花粉囊

雄蕊花药内产生花粉的囊状构造,即小孢子囊。花粉成熟时,花粉囊开裂,散出花粉。

花粉形态对加工工艺的影响

银杏为雌雄异株(或同株)植物。雄花序为柔荑状,与叶共同生于短枝上,螺旋状排列,每个短枝上有3～8个球花,花长1.8～2.6 cm,雄蕊30～50枚,疏松排列于花梗上。每一个雄花蕊有长1～2 cm的短柄,柄的顶端有1对长形花药,每个花药中含有1.5万～1.9万个花粉粒。花药成熟时开裂散出花粉。花粉粒黄色,长球形,单沟,沟开裂,中部阔,两端细,沟的边缘为显著的大波浪形,无沟膜及内含物。银杏花粉和花药是银杏雄花的重要组成部分。花粉是花药中通过细胞减数分裂而形成的性细胞,始终处于代谢的旺盛过程。花粉囊是贮藏雄性配子体的包囊,它的功能是提供花粉细胞生存和发育的场所,将茎输送来的营养物质加工后再供给花粉。在自然条件下,4月下旬银杏花粉成熟、散粉。在制备花粉提取物的过程中,其提取液的选择与花粉的形态有密切的关系。有的花粉表面萌发沟很多,一般来说萌发孔、萌发沟越多内含物越容易被提出,反之就越不容易。银杏花粉虽为单沟,但开裂较大,花粉粒比较容易提取出来,因而提取时可采用一般的提取液。

花粉形态指标一览表

花粉形态指标

花粉粒数/花药				花粉粒长(μm)				花粉粒宽(μm)				出粉率(%)			
株号(#)	平均 $\bar{x}$	Q检验	得分	株号(#)	平均 $\bar{x}$	Q检验	得分	株号(#)	平均 $\bar{x}$	Q检验	得分	株号(#)	平均 $\bar{x}$	Q检验	得分
10	17 971	Aa	1	8	40.27	Aa	1	10	19.4	Aa	1	14	6.83	Aa	1
7	17 630	ABab	2	15	39.31	ABad	2	5	19.2	ABad	2	15	4.35	Bb	2
1	16 914	BCbc	3	5	38.65	ABabc	2	12	18.6	ABabc	2	7	3.54	BCbe	3
14	16 609	BCbcd	3	10	38.26	ABabc	2	13	18.5	ABabc	2	8	3.52	BCbe	3
2	16 504	BCbcd	3	3	38.19	ABabc	2	8	18.3	ABabc	2	1	2.34	CDcde	4
12	16 047	CDcd	4	13	37.37	ABabc	2	9	18.2	ABabc	2	3	1.70	DEde	5
9	15 980	CDcd	4	2	36.97	ABabc	2	15	17.6	ABCabcd	3	10	1.61	DEde	5
15	15 769	Dd	5	12	36.81	ABbc	2	2	17.5	ABCDbcd	4	13	1.50	Eef	6
6	14 286	Ed	6	1	36.72	ABbc	2	6	17.3	ABCDbcd	4	2	1.49	EFef	7
13	12 662	Fe	7	14	36.62	ABbc	2	7	17.3	ABCDbcd	4	5	1.46	Ff	8
—	—	—	—	11	36.57	ABbc	2	14	17.1	BCDcde	5	12	1.04	Ff	8
—	—	—	—	6	36.32	ABbc	2	3	17.0	BCDcde	5	—	—	—	—
—	—	—	—	9	35.98	Bbc	3	11	15.8	CDde	6	—	—	—	—
—	—	—	—	7	35.75	BC	3	1	15.4	De	7	—	—	—	—

花粉性状

测定结果表明,银杏花粉堆积密度为 0.36~0.42 g/cm³;水分含量为 10.1%~12.3%,每克花粉含 $1.0×10^8$~$2.1×10^8$ 个花粉粒。光学显微下花粉近圆形,平均直径 25.0~31.5 μm。

花粉悬液喷雾人工授粉法

花粉悬液喷雾法是一种比较理想的方法。将花粉和水混合,用喷雾器均匀地喷到雌树各个部位。此法授粉最均匀,坐种果率高,产量稳定。

①采集花粉。在谷雨前,雄花序由青转淡黄色时,将花序采摘下来进行处理。在外地采集的雄花序,途中要妥善保管,以防长途运输中,受热而变质,失去生命力。

②花序的处理。采集的花序有老有嫩,每个花序上的花粉囊成熟不一致,不能等待自然成熟,要用适当加温干燥的办法,使这些花粉囊都能很快地出粉。其方法有:一是烘箱烘烤,烘箱温度控制在 24~25℃,经 24 h,可以散放出花粉。二是摊晾。将雄花序放于铺有白纸的竹筐中,在室内晾干或在阳光下摊晒 2~4 h(在室外摊晒时,花序上面需盖白纸,四面压紧,以免花粉被风刮散)。三是放在干燥器里处理,最简单的是石灰缸处理法,即将雄花序分装成若干纸包,放入石灰缸中,容器密封后 2~3 d 即可散出花粉(100 g 鲜大花序为 340 个;小花序 460 个,平均为 400 个,出粉率为 5%)。

③适时授粉。在生产中,当雌花珠孔(即授粉孔)口吐出一滴晶莹的"性水"时,开始授粉,时间不过 1 周。在 1 周中,应在发现有"性水"的第 2 天开始,或以"性水"珠大小相当于孔口直径 2~3 倍时,为授粉最佳时期,这个时期只有 3 d,在这 3 d 中,授粉宜早不宜迟。据观察,"性水"的早晚与树体本身和环境有关。生长势强的比弱的早,嫁接树比实生树早,村内比村外早,大河滩面里的树最晚。因此,授粉时间不能千篇一律,应仔细观察,因地因树,分别对待。

④适量授粉。根据试验,一般 50 年生银杏树,且生长旺盛,树冠较大,结果 50 kg 比较适宜。授粉量是:如机动喷雾机授粉需用 5 g 花粉兑水 25 kg 喷雾(机动喷雾机需用喷枪喷雾,射程 15 m);背式喷雾器需用 2.5 g 花粉兑水 5 kg 喷雾;超低量弥雾机只需用 0.5 g 花粉兑水 0.2 kg 喷雾即可。其他类型的树以此类推。

花粉营养成分

银杏花粉中含有优质的蛋白质,且含量在 12.0%~25.5%之间,碳水化合物总的含量 25%~48%,核酸占干重的 2%,维生素含量丰富,其中仅维生素 E 的含量就达 30 mg/kg。此外,银杏花粉中还含有种类繁多的常量元素和微量元素,如机体骨骼和牙齿的主要成分钙元素,身体发育必须的锌、铁元素等。并且,花粉中所含的胆固醇很低,符合现代人们对高蛋白、低热量、优质的植物性蛋白的营养要求。

花粉用银杏

花粉用银杏的目标性状主要为花粉的产量及质量。雄花长度对花粉囊数有明显影响,随着雄花长度的增大,其花粉囊数增加;树冠中部枝条上着生的雄花数和花粉产量明显高于树冠顶部和基部。树龄明显影响花粉中有机养分及矿物质元素的含量,当树龄增大时,其有机养分含量降低;不同株系之间的测量指标具明显差异。以上说明花粉用银杏的变异是多层次且是复杂的,具有一定的选育潜力。

花粉用银杏选择方法

花粉用银杏花粉用银杏的目标性状主要为花粉的产量及质量。雄花长度对花粉囊数有明显影响,随着雄花长度的增大,其花粉囊数增加;树冠中部枝条上着生的雄花数和花粉产量明显高于树冠顶部和基部;树龄明显影响花粉中有机养分及矿物元素的含量,当树龄增大时,其有机养分含量降低;不同株系之间的测量指标具明显差异。以上说明花粉用银杏的变异是多层次且是复杂的,具有一定的选育潜力。

花粉用育种

银杏花粉富含营养,其药用和保健价值已日益受到人们的重视。用于花粉用的银杏雄株,应具有花粉产量高,产量稳定,开花整齐,花粉中各种营养成分含量高等特片。

选育优良花粉雄株要以下列性状为目标。

①花粉产量高,花穗多,平均长 2.2 cm 以上,直径 0.7 cm 以上,每 100 个鲜花穗重 20g 以上,每花穗上花药(1 对)的个数平均 60 个以上。

②花粉萌发能力强。

③各种有效成分和营养成分含量高,如总黄酮含量高于 3%,维生素 E 含量高于 40 mg/kg。

④树冠大,生长旺,发枝力强,抗逆性强。

⑤早花,嫁接后 3~4 年即可开花。

花粉园

20 世纪 90 年代以来,全国各地发展了大规模的银杏核用园,为达到稳产、高产、优质的目的,必须为核用园的人工辅助授粉提供优质的花粉。银杏花粉中几乎含有银杏植株中全部的常量和微量元素,银杏花粉制品具有很高的营养价值和保健价值,其开发前景广阔。所以,营建大面积的银杏花的银杏花粉用园,可以为银杏人工辅助授粉及银杏花粉制品提供原料,必将产生极高的经济效益。

花粉园的栽后管理

①间作:为充分利用土地,林分郁闭前,在幼树行间可种植花生、大豆等矮秆农作物或经济作物,以增加建园早期收入,起到以耕代抚的目的,促进幼树的生长。在间作时,注意保护幼树,避免幼树受到损伤。

②肥水管理:在银杏落叶前,应及时施基肥,以有机肥(农家肥)为主。生长期追 3~4 次肥,施肥方法可采用放射状沟施或环状沟施的方法,也可在生长期内进行叶面喷肥,如用 0.5% 的尿素或亚磷酸钾。银杏树在一年中可于春季萌芽前后和秋季各灌水 1 次,生长期内如遇土壤干旱,也要适时灌溉。

③整形修剪:通过整形修剪可培育良好的树形,为丰产做准备。栽植或嫁接后,往往在嫁接部位以下的树干上或树干基部产生许多萌条,要及时去除。密植的银杏树,可结合整形修剪,培养 3~4 个骨干枝。在夏季对延长枝及其背上的直立枝要进行摘心,增加短枝数量,缓和树势,以利成花。修剪时,可把病枝、细弱枝、过密枝疏除,以利树冠的通风透光。冬季修剪要把交叉重叠枝疏除,对空间较大处的内膛枝可进行短截,以促进分枝。另外,对于长势良好的银杏,可在 6~7 月份采取摘心、环剥、环割、刻伤、倒贴皮和纵伤量方法促进花芽形成。

花粉园的栽植方法

为使银杏花粉用园达到早花、丰产、优质的目的,应选用生长健壮、无病虫害的银杏大苗作为砧木,定植后,进行嫁接,也可采用嫁接过的银杏雄株大苗作为定植材料。园的营建采用矮干密植的经营方式。株行距一般为 3 m×3 m、8 m×4 m 或 4 m×4 m,嫁接高度为 40 cm 左右。也可采用材花两用型的经营方式,即进行高干嫁接,嫁接高度在 2 m 以上,这样可同时生产花、材。但这种经营方式,管理不方便,且开花较迟。定植前,有条件的地方要进行全面整地,同时施入有机肥,结合整地将肥料与土壤混匀。种植穴规格要大,达到 80 cm×80 cm×80 cm,下面垫表土,每穴施有机肥 15 kg,与土壤混匀。栽植时,要尽量浅栽,特别是平原地区,以不露根为宜,避免窝根。

花粉园地址选择

银杏雄株既可成片栽植,也可在"四旁"地或家前屋后栽植。为使花粉用园雄树能提前开花,迅速达到较高产量,应选择土壤深厚肥沃、排水良好的造林地。

花粉园品种选择

花粉用园的营建应选择开花早,花粉产量高、质量好的优良品种。但目前还很少有人做这方面的工作。在国内较早从树龄、胸围、雄花、花粉量、花粉形态、花粉营养元素及有机物质含量等方面研究了江苏省泰兴市境内银杏优良雄株，初步选出了优树2号和优树6号两株优树，繁殖后可用来作为花粉用园的优良建园材料。

花粉在离体条件下的发育图解

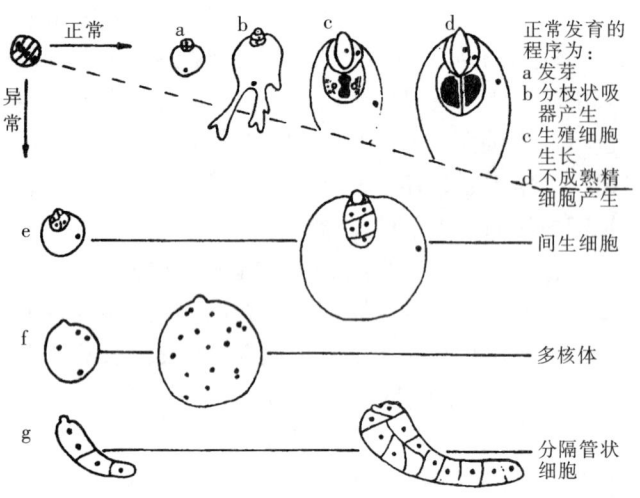

花粉在离体条件下的发育图解

花粉灶墙烘烤法

在灶墙边铺上白纸，将雄花薄摊在上面（或包成小包），利用生火灶墙的微热，1~2 d时间可散出花粉。

花粉灶墙贮藏

将雄花用纸包好放在烧饭灶墙上，利用烧火的余温，经1~2 d烤干，花药也都能开裂。

花粉脂肪酸含量

银杏花粉主要脂肪酸组成是：棕榈酸21.7%，硬脂酸7.5%，油酸27.7%，亚油酸6.0%，亚麻酸16.2%。因此，银杏花粉中的脂肪酸是以不饱和脂肪酸为主，油酸、亚油酸、亚麻酸的总量占脂肪酸含量的55%，尤其是亚油酸含量高达42.6%。

花粉制品的开发条件

对于银杏花粉产品的开发，国内能检索到的文献主要是集中在花粉生产工艺的研究方面，即优选颗粒活性炭作为银杏花粉粗多糖的脱色材料。脱色的最佳工艺参数为脱色时间4 h、脱色温度50℃、脱色剂用量0.15 mL。通过比较4种不同的银杏花粉破壁方法对银杏花粉的破壁效果，试为匀浆机破壁法优于其他破壁方法，并优选出匀浆机破壁的最佳工艺参数为：转速15 000 r/min、花粉（g）与水（mL）的配比为1:50、时间10 min，破壁率达99.6%。李维莉等对银杏花粉总黄酮含量提取工艺进行优化，确定银杏花粉总黄酮的提取法用75%乙醇为溶剂，回流提取1~1.5 h或超声提取30 min，正丁醇萃取的方法均较佳。其中超声提取法方法简便、快速，超声提取时间30 min的总黄酮质量分数最高。以花粉中的总黄酮含量、天然维生素E、灭菌效果和维生素E添加剂作为评价指标，研究加热温度和加热时间对银杏花粉制品中的活性物质的影响，结果发现温度和时间处理对银杏花粉中总黄酮含量的影响不显著，在灭菌时间为20 min的条件下，80℃的加热温度造成的各种营养物质的损耗最小。在国内，银杏花粉制品如花粉膏体、花粉冲剂、花粉口服液等已开发投放市场，受到消费者青睐。但是与市场上其他成熟的花粉系列产品相比，还需要进一步系统的研究开发，结合市场需要和银杏花粉本身的特点，针对不同需求，进行有目的的开发研究。

花粉中5种脂肪酸含量

花粉中5种脂肪酸含量

种类	软脂酸 $C_{16:0}$	硬脂酸 $C_{18:0}$	油酸 $C_{18:1}$	亚油酸 $C_{18:2}$	亚麻酸 $C_{18:3}$
含量(%)	25.90	1.47	4.04	42.66	8.53

花粉中蛋白质和氨基酸含量

银杏花粉中蛋白质总量约为27%，明显高于其他一些植物的花粉（一般植物为24%）。不同种类氨基酸含量差别较大，如天门冬氨酸类较高，亮氨酸中等，而氢氨酸类较低。银杏花粉中所含的人体必须的8种氨基酸含量明显高于油菜花粉、玉米花粉和紫云英花粉。研究表明，随着银杏树龄的增加，银杏花粉中可溶性糖和蛋白质的含量也随着减少。

花粉中的矿质元素浓度（10^{-6}）

花粉中的矿质元素浓度（10^{-6}）

Ba	Be	Co	Cr	Cu	Ge	Li	Mn	Ni	P	Sb	Sn	Sr	Ti
24.0	0.052	0.54	3.4	1.14	<0.40	1.1	48.2	1.5	11 745	4.9	<0.50	29.3	106
V	Zn	Zr	Ce	Ga	La	Nb	Sc	K	Na	Al	Fe	Mg	Ca
5.1	<0.50	2.4	4.4	4.2	0.65	0.39	0.037	23 605	285	1580	1300	4045	3710

花粉中各种氨基酸浓度

花粉中各种氨基酸浓度

氨基酸种类	天门冬氨酸	苏氨酸	丝氨酸	谷氨酸	脯氨酸	甘氨酸	丙氨酸	缬氨酸
浓度(%)	3.11	0.97	1.07	5.41	1.65	1.15	1.32	1.41
氨基酸种类	蛋氨酸	异亮氨酸	亮氨酸	酪氨酸	苯丙氨酸	赖氨酸	组氨酸	精氨酸
浓度(%)	0.31	1.03	1.67	0.67	0.77	1.76	0.48	1.49

花粉中黄酮苷元的 HPLC 图

花粉中黄酮苷元的 HPLC 图

花粉中维生素 E 含量

银杏花粉中维生素 E 含量较高,达 30 mg/kg。维生素 E 可以清除人体内的自由基,具有较强的抗氧化作用,对延缓皮肤老化及抗衰老具有较强的功效。与其他植物的花粉相比银杏花粉中人体必需氨基酸、维生素 E 及一些矿物元素如磷、铁等的含量较高。因此,开发利用的潜力较大。

花粉中营养元素的含量

花粉中营养元素的含量(μg/g)

序号	元素种类	40 年生	60 年生	80 年生
1	Al 铝	164.322 7	254.575 5	271.520 0
2	Ba 硼	4.485 9	5.003 4	6.302 0
3	Cr 铬	1.317 3	1.627 1	1.786 01
4	Ni 镍	1.011 1	1.403 4	1.616 43
5	Pb 钯	4.323 8	4.342 095	4.586 85
6	Si 硅	173.792 3	326.541 9	388.309 5
7	Sr 锶	5.534 4	6.373 2	11.297 3
8	Ti 钛	4.033 8	9.144 9	12.255 0
9	V 钒	0.640 9	0.957 3	0.970 8
10	Ca 钙	1 692.637	1 864.161	3 286.676
11	Cd 镉	0.143 1	0.113 8	0.102 9
12	Cu 铜	49.332 1	41.463 4	31.141 4

续表

序号	元素种类	40 年生	60 年生	80 年生
13	Mo 钼	0.395 1	0.383 5	0.319 5
14	Co 钴	0.591 0	0.382 1	0.370 7
15	P 磷	11 164.24	11 964.695	10 425.775
16	K 钾	17 184.15	21 452.23	16 883.81
17	Mg 镁	3 378.150 7	4 034.715	3 495.666 5
18	Zn 锌	60.865 8	70.923 1	50.123 2
19	Fe 铁	153.838	237.846 4	226.232 8
20	Mn 锰	42.217 2	32.604 1	35.690 1
21	Li 锂	110.205 3	103.423 5	125.087 7
22	Na 钠	420.613 2	322.904 1	402.848 6

花粉贮藏

将收集的花粉贮藏于适宜的条件下,以保持其生命力,供授粉之用。在银杏需要授粉时,常因花期不遇或由于其他原因不能及时授粉,为保持花粉生命力必须进行妥善贮藏。即将花粉贮藏在黑暗、低温、干燥的条件下,以减低其代谢强度,延长寿命。

花粉贮藏与生活力的关系

银杏花粉保存影响贮藏花粉生命力的关键因子是贮存温度、花粉含水量和贮藏时间,低温、干燥处理是保存花粉的必要前提。在一定含水量下,花粉保存效果较好,当含水量低于某一临界值时,花粉生活力明显下降。银杏花粉含水率在 6.7%~8.9% 时,贮存温度在 6℃ 以下其发芽率均较高,含水率在 12.7%~20.4% 时,只有在贮存温度为 6~12℃ 时发芽率才较高,低温干燥处理明显延长花粉寿命。在室温 2~5℃、-10~-5℃ 2 种贮藏条件下,贮藏了同样长的时间后测定花粉生活力,结果发现,2 种贮藏温度之间有极显著差异,即在 2~5℃ 的条件下,银杏花粉生活力最高,在花粉贮藏 14 d 后,其生活力仍达 65%,基本符合生产要求。同样,在室内常温贮藏和 4℃ 冰箱冷藏保存两种贮藏条件下,45 d 以后,室温贮藏其生活力从最初的 70% 下降到 30%,下降幅度较大;而 4℃ 冰箱冷藏保存,银杏花粉活力只下降了 20%,基本上保持在 50%。在最佳贮藏温度条件下,在最初贮藏的 60 d 内,花粉生活力下降较快,以后曲线变平缓,60 d

后花粉生活力下降到 62.4%,半年后下降到 51.4%。室温贮藏条件下,随着贮藏时间的延长,花粉萌发率由 88.89% 降到 15.76%,贮藏 15 d 之后超氧化物歧化酶活性降低了 80%,过氧化物酶活性减少到原来的 10%,过氧化氢酶活性也减少了 70%。银杏花粉的生活力会随着贮藏时间的增加而降低,不同的贮藏方法在保持花粉生活力方面会有所不同,低温、干燥是中、短期保存银杏花粉的一种有效方法。

花粉组织提取液对愈伤组织诱导

花粉组织提取液对愈伤组织诱导

培养基	培养数	组织数	诱导率(%)
WM－coco－NS[a]	43	40	93.0
WM－coco－s	45	22	48.9
WM－提取液－NS[b]	47	22	46.8
WM－提取液－s	25	16	64.0
WM	45	0	0

注:培养基内加入 IPPmIAA,花粉组织提取液过滤灭菌。取 25 g 生长在含有酵母提取液培养基上的组织磨碎后用 50 mL 水浸提。

花梗

指每朵花着生的柄,称为花梗。

花和种实

银杏系雌雄异株的树种,但在国内已发现 4 株雌雄同株的银杏,美国和日本也有雌雄同株银杏的报道。银杏虽可长成参天大树,但在很多方面却表现出其原始性,尤其是花,表现得更为突出。银杏的花是由叶原基发育而成,每短枝抽生 3～8 朵雄花,呈倒垂的柔荑状花序,初看极像桑葚或柳絮。雄花与叶片共同簇生于短枝上,呈螺旋状松散排列。一朵雄花上有 30～43 个花药柄,每柄上有一对花药,每一花药中有 4 000～6 000 粒花粉。雌花亦生于短枝的叶腋间,每一花柄上端一般着生两枚似火柴头状的胚珠,也有 3～4 枚的,少数有 8 枚的,不

银杏形态
1. 长枝 2. 短枝和种子 3. 雄球花 4. 雄蕊
5. 雌球花 6. 雌球花示 2 胚珠 7. 种核

过只有 1～2 枚发育成种实。银杏的雌雄花颜色均为黄绿色,且个头小,一般花期为 7～10 d。外种皮不能食用。中种皮白色、骨质、坚硬致密。内种皮呈纸质淡红褐色。银杏内种皮包被的部分为胚乳,胚乳呈肉质深绿色或乳黄色,细腻嫩软,是银杏的可食部分,味甘甜稍苦,糯性强。除掉银杏外种皮的种核俗称"白果"。在我国银杏自然分布区也常看到约有 20% 的果实着生在叶片上的银杏,这种银杏通称为"叶籽银杏",它是银杏的一个变种。我国目前已发现 13 株"叶籽银杏"。"叶籽银杏"的发现,无疑丰富了我国的银杏树种资源。日本、意大利也有发现"叶籽银杏"的报道。

花后水

从 4 月中、下旬,银杏授粉后 3～5 d 开始一直到 5 月下旬,叶片逐渐长大,蒸发量也增大。坐种和抽梢需要较多的水分。此时,如不能满足水分的需求则会导致叶片生长不良、生理落种、新梢生产量减少。特别是北方地区,这段时间降水量较少,常出现春旱的地方更要及时灌水。视干旱程度灌水 2～3 次。

花(卉)－银(杏)型模式

该模式在重坊镇大刘庄,双层结构,上层为花卉树种,主要是玉兰,株行距 2 m×5 m,下层为种子繁育的银杏采叶园。

《花镜》

清朝陈扶瑶撰,成书于公元 1688 年。本书流传甚广,实践内容较多,记述了百种林果、花卉繁殖、栽植及管理技术。全书共 6 卷,第 4 卷花果类考篇中有银杏记述,但其中也有"其花夜开即落,人罕见之",以及以核棱多少鉴别银杏雌雄的错误传抄。

花面狸

又叫果子狸、香狸猫。兽纲,食肉目,灵猫科。体形似家猫,除头上有白斑外,身体无斑纹。生活在热带亚热带森林灌丛或裸岩地的岩洞、土穴或树洞中。夜间活动,善攀缘。常在树冠层觅食,以野果为主,也觅食白果,有利于银杏的传播。也捕食青蛙及其他小动物。繁殖在树洞里,每胎生 2 仔。花面狸在南方供食用,肉味鲜美,活的花面狸可供出口。毛皮可制装、帽、手套等。

花期

指银杏一朵花开放的时间,简称开花时间。通常指从银杏始花至末花所延续的日期。

花期不遇

指银杏雌雄株因花期不同而不能及时进行授粉。克服花期不遇的方法有:①光照处理。开花前,缩短每日光照时间,可以促进开花。延长光照时间,便可

延迟开花。②温度处理。③控制肥、水。根据花期预测，对生长慢的亲本常用偏肥、偏水促进生长，而对生长快的亲本用深、中耕等方法进行控制。

花期调整

通过控制光照、温度、水分等条件，使花枝提前开花或推迟开花，以便使雌雄双方的花期相一致。

花期控制

亦称催延花期。用人为方法改变银杏开花期的方法，即提前或延迟开花期，主要为适应银杏雌雄株花期同步，便于授粉。花期控制方法主要有：增加温度或降低温度，延长或缩短光照，改变光暗周期习性，适当遮阴，用激素处理以及控制水肥等措施。

花期相遇

雌雄株银杏同时达到开花盛期的现象。银杏如果能够花期相遇，则可大大省去花期调控和花粉贮藏等工作量。

花器种实描述

为了与园艺学术语及国际上对银杏花器、种子描述接轨，国外常将银杏种核（seed）说成坚果。为了与园艺学相一致，银杏的花包括雄花（植物学称小孢子叶球）、雌花（大孢子叶球）、花粉（小孢子）、胚珠（大孢子囊）、珠托（大孢子叶、心皮）、种实（球果、种子）、外种皮（有时为了叙述方便也称"果实"）、种核（球果的一部分，去除外种皮）、种仁（去除中种皮的部分）。种壳系指骨质的中种皮，果柄指由珠柄发育而成的部分。

花青素多酚

有抗自由基的作用。现代医学研究结果表明，自由基在人体内危害极大，它破坏蛋白质结构，使酶失活，破坏激素，引起DNA突变，使免疫系统受损，可导致生物体衰老。而花青素多酚可清除自由基，起到抗衰老和延年益寿的作用。

花色素合成酶基因的克隆

利用 RACE 技术首次从裸子植物银杏中克隆得到一个花色素合成酶基因 GbANS 的 cDNA 全长（EU600206）和基因组序列（EU600205）。GbANS 基因全长 cDNA 为 1 301 bp，含有一个 1 062 bp 的 ORF，编码 354 个氨基酸。蛋白序列多重比对结果表明，GbANS 蛋白与其他植物的 ANS 蛋白具有很高的相似性，GbANS 存在结合亚铁离子（H-X-D）和酮戊二酸（R-x-S）的保守位点。GbANS 基因基因组序列含有 3 个外显子和 2 个内含子。同源建模产生的 GbANS 三维结构功能与已知的拟南芥 ANS（AtANS）的三维结构一样，具有 2-ODD 酶特征性的扭曲果冻状结构。类黄酮特异 2-ODD 酶进化树分析表明，GbANS 与其他植物的 ANS 具有共同的祖先。Realtime PCR 分析表明，GbANS 基因的表达水平在不同器官以及器官不同时期均有差异性，在成熟果中的表达量最高，胚珠和雄蕊、茎和根中未检测到有表达，花青苷在各器官中的积累与 GbANS 基因器官与发育表达图谱显示出显著的一致性。

花生银杏乳的测定方法

①银杏乳酶解得率：得率(%) = 银杏乳可溶性固形物 × 银杏乳质量/酶浆料质量 × 100%。②可溶性固形物含量：折光仪法。③饮料稳定性：分光光度计法。稳定值越接近于 1 表明饮料的稳定性越高。④悬浮稳定性比色法。取 10 mL 银杏乳于 3 000 r/min 离心 30 min，所得上清液在 660 nm 处测 OD 值。OD 值越大越稳定，以水为空白。

花生银杏乳制备的操作要点

银杏乳的制备：①去皮。热烫法可以软化植物组织，提高出浆率，将银杏种仁放入 95～100℃热水中 10～15 min，随后用 40～45℃清水冲洗去皮。②打浆：加入银杏质量 5 倍的清水，将银杏打浆成明显颗粒的均匀乳液。③糊化。将银杏乳置于恒温水浴，加入原料质量 5 倍清水，85℃糊化 20 min。④酶解。糊化之后，冷却。采用两步法进行酶解。a. 设定中温淀粉酶添加量 0.3%，在不同温度（70℃、75℃、80℃、85℃）下酶解 40 min。b. 在上一步骤的基础上，设定碱性蛋白酶添加量为 0.3%，在不同温度（50℃、55℃、60℃、65℃）下同时加入中温淀粉酶 0.3% 和碱性蛋白酶 0.3%，反应 40 min 后灭酶。

花生乳的制备：①选料。选择颗粒饱满、无损伤、无霉变的花生，剔除杂质。②烘烤。130℃烘烤 10 min，目的是纯化花生中的脂肪氧化酶以防止出现豆腥味，利于脱皮和赋予花生乳特殊的香味。③脱皮。人工脱去花生衣，以防止花生皮中色素和单宁等成分使饮料色泽加深，口感发涩。④浸泡。用花生仁质量 8 倍的水，加入 0.5%（w/v）碳酸氢钠浸泡 24 h，使花生仁充分吸水膨胀，提高出浆率。⑤磨浆。将浸泡后的花生仁用清水冲洗 3～4 遍，沥干，加入花生仁质量 10 倍的清水进行磨浆。⑥煮浆。磨浆后的花生乳用 120 目滤布过滤，加热煮沸。

复合饮料的调配：银杏乳∶花生乳 = 3∶7（w/v），调配时加一倍水量、蔗糖 8%。复合饮料的稳定性通过稳定剂与乳化剂来实现。

均质：将料液在 55℃、20 MPa 条件下进行二次均质处理，均质处理后立即脱气。

灌装、灭菌 灌装后立即在 110℃灭菌 30 min。

花生银杏乳制备的工艺流程

银杏乳←灭酶←灭酶←酶解←湖化←胶磨←打浆←去皮←去壳←银杏种仁
↓
混合调配→均质→脱气→灌装→灭菌→检验→成品
↑
花生乳←煮浆←过滤←磨浆←浸泡←脱皮←烘烤←筛选←去壳←花生

花穗的采摘与保管

银杏人工授粉的重要一环是制取花粉。制取花粉必先采花。采花前首先要选择雄株,了解雄株最早和最迟的开花期。临近采花之前,对雄株要不断地观察,待雄花穗由青转绿黄色时,先把花穗采下一个,手捻之,即出淡黄色花粉,这时即可采摘。花穗采早了,出粉率低,效果不好;花穗采晚了,花药(即花粉囊)卷缩开放,花粉飘失。所以一定要适时采花。花穗如需长途运输,需将花穗松松装入透气的容器里,防止挤压和发热霉烂造成损失。花穗采回之后,可根据设备条件和天气状况采用不同的干燥方法制取花粉。

花穗质量对比(3年生枝)

花穗质量对比(3年生枝)表

编号	树龄（年）	花穗柄长		花穗长		花穗粗		花药数				百个鲜花穗重（g）
		柄长（cm）	平均（cm）	穗长（cm）	平均（cm）	穗粗（cm）	平均（cm）	一对数		3个数		
								个数	平均	个数	平均	
1	1 000	1.2~1.6	1.44	3.1~4.0	3.6	0.85~1.0	0.9	69~90	83.4	3~6	4	26
2	500	0.6~1.4	0.94	1.1~2.4	1.6	0.4~0.8	0.58	35~70	55	1~2	1.4	13
3	50	1~1.3	1.18	1.5~2	1.8	0.5~0.7	0.57	37~64	54.4	14.5	—	—
4	60	0.4~0.7	0.58	1.6~2.0	1.83	0.5~0.73	0.6	46~57	53	17		
5	500	0.7~1.5	1.0	1.9~3.0	2.34	0.7~1.0	0.77	58~81	69.7	1	1	20
6	800	1.2~1.7	1.57	2.8~3.8	3.32	0.8~0.9	0.86	73~82	77.8	1~3	1.7	23
7	1 000	1.1~1.6	1.51	1.8~3.0	2.4	0.75~0.9	0.84	56~80	67	1~3	1.6	20.5

花序

许多花着生在花轴上的序列。顶端或中心的花先形成,渐及于下部或外围,花轴不能继续伸长,银杏属无限花序中的柔荑状花序。

花序出花药率、花药出粉率及花序出粉率

花序出花药率、花药出粉率及花序出粉率

花序出花药率(%)			花药出粉率(%)			花序出粉率(%)		
72.57	70.12	71.35	4.18	5.14	4.61	3.03	3.53	3.28
78.28	73.40	75.84	4.98	5.94	5.46	3.90	4.36	4.13
75.43	71.76	73.60	4.58	5.49	5.04	3.47	3.95	3.71

花芽

含有花原基,指银杏芽体萌发后能长出花序或花的芽,外形一般较叶芽饱满。

花芽分化

花芽分化是指树木枝条每年都形成新的顶端分生组织,并由顶端分生组织分化出芽,经历一定时期以后进一步分化出叶芽和花芽的过程。银杏是雌雄异株的裸子植物,雄花和雌花的花芽分化特征、花芽分化期也不尽相同。银杏的雌花实际上是指银杏的胚珠(雌性生殖器官),雌花花芽是指短枝顶端孕育雌花花原基和叶原基的混合芽。银杏的雄花是指银杏的小孢子叶球(雄性生殖器官),形似葇荑花序,小孢子囊被称为"花粉囊",小孢子母细胞被称为"花粉母细胞",小孢子被称为"花粉",雄花花芽是指短枝顶端着生的雄花花原基和叶原基的混合芽。银杏的雄花芽为混合芽,内有多个柔荑花序状的花序原基和叶原基混生,雄花的形态分化可分为末分化期、分化始期、花粉囊分化期、花粉母细胞分化期和花粉粒形成期5个时期。在贵州中部地区,银杏雄花芽开始分化的时期较雌花芽略短,一般在5月下旬至6月初。分化始期,花序原基分化的间隔期很短,至6月中旬,花序原基都已分化。此后迅速进入花粉囊分化期,此期较短,7月初即结束。然后进入较长的花

粉母细胞分化期,一直持续到翌年2月。银杏花粉母细胞的减数分裂、花粉粒的形成在2月下旬至3月。当然银杏芽的发育并不整齐,因此,花芽分化的阶段也不一致,各阶段常有重叠的现象,但总的来说,贵州中部地区银杏雄花花芽分化一般从5月下旬开始持续到翌年3月完成。花芽分化与种实生长发育时期相重叠,银杏种实丰产和良好的花芽分化之间出现了对养分供给的竞争关系。显然,加大养分的供给有利于减缓两者之间的矛盾,实现花芽分化与种实丰产两者之间的协调发展。生产上一般在秋季种实采收后结合施基肥,加施一些速效氮、磷、钾肥料,利于后期花芽分化及越冬;在春季种实快速膨大期和盛花期及时追施速效氮、磷、钾肥料,有利于及时补给花芽分化和种实发育对养分的需求。

花芽分化临界期

见"花芽生理分化"。

花芽分化期

由叶芽状态开始转化成花芽状态的时期。由叶芽生长点的细胞组织形态转化为花芽生长点的组织形态的过程,称形态分化。形态分化前,生长点内部由叶芽的生理状态转向形成花芽生理状态的过程,称生理分化。从叶芽与花芽能开始区别起,由于银杏是异株植物,雌株逐步分化出胚珠、珠托和珠柄;雄株分化出葇荑状的花序,小孢子囊逐步分化出花序、花蕾、萼片、雄蕊、雌蕊原始体的过程,称花芽形成。花芽分化开始和持续时期,决定于银杏品种、营养状况、环境条件和管理水平。在良好的营养生长前提下,通过环剥、捋枝、摘心等夏剪措施或喷施、矮壮素等促进营养转化,可加速花芽分化。

花芽生理分化

花芽生理分化指在一定的内外环境条件下,由营养芽的生理状态转变为花芽的生理状态的过程。在芽内鳞片或雏梢分化达到一定的节数之后,有一个停顿时期,即开始花芽的生理分化过程,是花芽形态分化所需要的营养积累和内源激素间达到平衡的过程,也是一个由量变到质变的过程。花芽的生理分化期是一个对内外条件十分敏感的时期,容易改变代谢的方向。如果内外条件合适,就可能完成花芽生理分化过程,使芽体生长点重新分裂生长而进入形态分化,最终形成花芽;否则芽体在生长停顿之后不再恢复生长而进入休眠,一直处于叶芽状态。生理分化期是形成花芽与叶芽的分界时期,故又称为花芽分化的临界期。

花芽形成

部分或全部花器官的分化完成。

花芽形态分化

银杏在完成花芽生理分化后即转入花原始体形态变化过程,花芽的分化过程大约划分为以下几个阶段:花芽原基突起、花萼原基出现,接着出现雄蕊及雌蕊原基,随后这些原基进一步发育长大并开始性细胞的发育,即花粉和胚珠出现,构成一朵完整的花,这整个过程称为花芽形态分化。

花药

花药顶端球状,长椭圆形。每一雄花上的花药成熟期不一致,一般中部较饱满的成熟较早,上下端不饱满的成熟较迟。花药是贮藏雄性配子体的苞囊,它的主要功能是提供给花粉细胞生存和发育的场所,把由从茎输送来的物质加工后再运转给花粉。从氨基酸纸层析的结果来看,氨基酸的存在状态与银杏的生长发育和细胞的分化存在着正相关。银杏花粉和花药中有氨基酸。

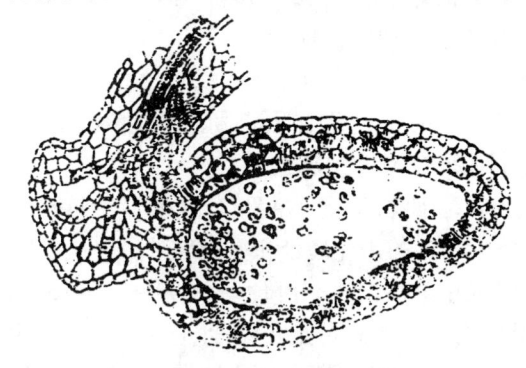

银杏花药纵剖面

花药柄

一朵雄花上有30~43个花药柄,每柄上有一对花药,花药长度为2.63~3.64 mm,平均为2.97 mm。

花药及其形态与大小

花药及其形态与大小

花药/花序		花药长		花药宽		花药长/宽	
个	T测验	长(cm)	T测验	宽(cm)	T测验	长/宽(cm)	T测验
	T值 10.01		T值 10.01		T值 10.01		T值 10.01
99.08		0.256		0.18		1.47	
	−4.13 2.58		0.19 1.96		5.52 2.58		−4.33 2.58
111.4		0.255		0.16		1.60	

花药培养

指应用植物组织培养技术,把发育到一定阶段的花药,通过无菌操作技术,接种在人工培养基上,以改变花药内花粉粒的发育程序,诱导其分化,并连续进行有丝分裂。形成细胞团,进而形成一团无分化的薄壁组织——愈伤组织(或分化成胚状体),随后使愈伤组织分化成完整的植株。

花叶病毒病诊断法

①外部症状观察,银杏叶先从三基叶脉开始发黄,然后扩展到全叶,叶片变小、变皱、变厚、变硬,甚至畸形,叶柄和叶脉常有紫黑色坏死斑点。②人工接种观察,此病毒人工摩擦接种于烟草或豆叶上,十天左右会出现失绿花斑。

花用银杏的良种标准

①花粉产量高:花穗多,平均长 2.2 cm 以上,直径 0.7 cm 以上,每百个鲜花穗重 20 g 以上,每花穗上花药(1 对)的个数平均 60 个以上;②花粉萌发能力强;③各种有效成分和营养成分含量高,如总黄酮含量高于 3%,维生素 E 高于 40 mg/kg;④树冠大,生长旺,发枝力强,抗逆性强;⑤早花,以 2 ~ 3 年生银杏为砧木,嫁接后 3 ~ 4 年即可开花;⑥雄株品种:雄株品种也称授粉树。良好的授粉树应具备花期长、花粉量大、花粉活力高、亲和力大等特点。

花原基

产生一朵花的分生组织,称为花原基。

华北山地银杏地理生态型

分布范围北纬 35°~40°,东经 112°~119°;主要栽培在华北山地的山麓地带和平原地带。气候属暖温带。年均气温在 10~12℃,年降水量 400~700 mm,均为土石山区、石质山区和黄土丘陵,水土流失严重。银杏都在沟谷和冲积坡地下部及平原地带,土壤为富含碳酸盐的褐土和冲积土。华北山地银杏地理生态型数量甚少,仅有数百年和千年生以上的大树,具有抗病性强、根系发达和有较强的抗旱能力,均为实生类型,品种资源尚未查清,因未大发展和形成商品生产,近些年来,银杏多作为行道树、观赏树栽培。

华北银杏王

济源市王屋山紫薇宫前一株古银杏,树高 38.7 m,胸围 9.5 m,树干粗大,号称"七搂八拐"巨树,为华北最大的古银杏树。据传说该树系唐太宗时大将李道宗谪居天台山时所植。河南地方志记载:"紫薇宫在济源县西北一百里王屋山下,唐司马承祯栖止之所"。又有"司马承祯唐代道士,字子微,号白云子,河南温县人,从嵩山道士潘师正学辟谷、导引等方术,居天台山。武则天、睿宗、玄宗均曾召见。玄宗又命于王屋山置坛室以居。"古银杏是唐将李道宗所植,还是唐道士司马承祯所植,还有待考究,但从记载年代来看,树龄已千年以上。据专家考证,树龄有 1 800 年以上。这棵银杏树生长在海拔高 650 m,两面临山的坡脚,土壤深厚肥沃,树势生长旺盛,每年经授花粉后,可产白果 800 kg。

华口大白果

属佛手类。原株位于灵川县潮田乡华口村。树龄约 70 年,树高 16.5 m,干高 2.2 m,胸径 2 m,冠幅 12.4 m×13.8 m。由于该树受周围其他银杏大树的遮挡,枝梢无法伸展,结果部位不多,年产量仅 95~150 kg。球果长椭圆形,满披薄白粉。先端钝圆,果基部略平,平均果柄长 3~5 cm,球果平均纵径 3.22 cm,横径 2.72 cm,平均单粒球果重 14.1 g,每千克球果 71 粒,出核率 26.9%。种核长椭圆形,先端钝圆,基部较尖。两侧棱明显,上半部尤显,中下部逐渐消逝。种核大小平均为 2.73 cm×1.90 cm×1.60 cm,平均单粒种核重 3.8 g,每千克 282 粒。3 月 25 日至 4 月 5 日萌芽,4 月 14 日至 17 日开花,9 月 10 日至 15 日球果成熟。该品种早果性极强,嫁接苗定植第四年挂果株率可达 40% 以上,第六条挂果株率可达 95% 以上。本品种种核特大,商品价值较高,在市场上有着较强的竞争力,目前该品种为广西灵川县重点发展品种,种植后 3~4 年挂果,其种实、种核均能保持母树的优良特性,已在湖南、贵州、云南、四川等省推广,已成为国内重点发展品种株系。

华南自然分布区

该区包括福建东南部,广东省中、南部,广西壮族自治区南部,云南省南部,台湾省中、北部。全区处于南亚热带,水热资源丰富为全国之冠。高温多雨,冬季温和,无冬无雪,最冷月平均气温 12℃ 以上,年平均气温 20℃ 以上,≥10℃ 的活动积温 6 500~9 500℃,全区大部分地区年降水量 1 500~2 000 mm。区内低山、丘陵、盆地、台地、平原交错分布。土地类型复杂多样,构成独特的亚热带和热带森林生态系统。高温多雨,是银杏生长发育的不利因素。如广东省广州市、台湾省南投县的银杏,均因此而生长不良。故该区除景园、城市美化栽植外,不宜作为果林或用材林大面积经营。

化石

经过自然界的作用,保存于地层中的古生物遗体、遗物和它们的生活遗迹,大多是植物的茎、叶、贝壳等硬体部分,经过矿物质充填和交替等作用,形成保持原来的形状、结构或仅是印模的钙化、硅化、黄铁矿化、碳化的生物遗体、遗物。也有少数是由于特殊的保存条件而未改变的完整遗体。有时在岩层中还保存了古代生物活动的遗迹。化石是古生物学的重要研究对象。早在五六世纪，我国古籍中已有关于化石的记载。

化石拜拉属

本属叶扇形至半圆形，叶柄明显。叶片常深裂呈狭窄线形或近于线形。裂片常成组左右对称。任何部分所含有的平行叶脉一般为2~4条。上下两面叶脉所经之处的细胞常成伸长了的矩形或长纺锤形，但在叶脉以外的细胞则较短。细胞壁除少数种为直线外，一般呈波状弯曲。每一细胞常具一乳突，气孔为两面气孔型，但上表皮的气孔较小。气孔排列无定向或呈不清晰的纵行排列。本属20余种，大部出现于北半球。我国有20余种，其中已定名并有描述者在16种以上。最早化石见于晚二叠纪，其中以中三叠纪至早中白垩纪最繁茂。

化石分类

银杏目的发生始于距今3.45亿年前的古生代石炭纪。在石炭纪以前也有不少化石记载，但这些化石都支离破碎，印迹非常模糊，缺乏真实的可靠性。在漫长的历史时期银杏目经过了兴、盛、衰、亡的各个时代。直到距今150~200万年前的第三纪末、第四纪初，地球上的气候变冷，北半球产生了巨大的冰川，随之地球的植被也发生了根本性的变化，这时银杏类植物在欧洲和北美的广大地区全部灭绝，在亚洲大地也濒于绝种，只在东亚的局部银杏目有若干个属，直到今天仍在不断发现补充。

化石似银杏属

本属的叶部形态及叶脉均与银杏属一致。但其叶部表皮构造或其他的重要解剖构造不清，也有些地方颇不同于现代银杏，似银杏属的上表皮气孔一般较为发育。本属多达50种以上，大部分布于北半球。中国有20余种，其中已定名并有描述者有12种之多。最早见于中三叠纪、侏罗纪，在白垩纪时最盛，晚白垩纪起逐渐衰亡，新生代时尚存少数种类。

化石楔拜拉属

本属叶无明显叶柄。叶楔形、狭三角形、舌形以及线形，叶片基部瘦狭，上部或多或少地深裂2~5个主要裂片，裂片排列为两大部分，其中每一主要裂片还可继续分裂一次或多次。叶脉扇状展开，每一裂片的任何部分所含的叶脉均多于4条。表皮构造与拜拉属、似银杏属等无明显区别。本属已知有20种左右。中国有16种以上，其中已定名并有描述者13种之多。本属大多见于中生代的三叠纪至白垩纪。

化石银杏属

本属的主要特征为：叶扇形，具叶柄。叶片不裂或2~8裂，正中缺裂较深。叶脉稀密不定。在一般情况下，如为多次分裂的窄细裂片，在每一裂片的中间部位上有4~6条或稍多一些的平行叶脉。如仅在中间深裂而后不再分裂的此种叶片，其先端每1 cm宽度上的叶脉不足20条。本属上下两面叶脉所经之处的细胞明显地呈纵向伸长，一般为长方形或纺锤形，脉间细胞较短，一般呈多角形。上表皮无气孔或仅有少数气孔，而下表皮气孔发育良好，数目也多。本属化石有10余种，中国发现10种，其中已定名并有描述者9种。最早化石见于晚三叠纪，其他化石见于侏罗纪至第三纪早期，古新世后多数绝灭。

化学保护

化学保护是在未发生病害之前喷上杀菌剂，消灭病菌或防止病菌的侵入，使银杏得到保护。至今为止，化学保护最有效的途径仍然是在对生长着的银杏未发病而可能被侵染的银杏树上施药。由于病菌的繁殖速度快，侵染次数多，在未发病的银杏树上，施药时，就要求药剂具有较长的残效期，以减少喷药次数。但对食用果树来说，农药的残效期与残毒是同一事物的两个相反的方面，这是一个很大的矛盾，是农药研究生产和使用中应考虑的一个问题。用杀菌剂喷射或浸蒸农产品，如白果，是另一种行之有效的化学保护。

化学采种

在果树生产中，化学采收对用于加工的果品采收是一种效率高、成本低的采种方法。如果树体先用化学物质（如乙烯利等）处理并促使果柄松动，然后配合机械或人工震动采收效果更好。据江苏泰兴和邳县试验证明，9月10日开始进行乙稀利喷布处理，在喷布500×10^{-6}、1000×10^{-6}乙烯利和清水对照之间，种实脱落量具有极显著差异。乙烯利两种浓度间，落种率差异不显著，而与对照均极显著差异。另外喷布两种浓度的乙烯利对叶片的脱落并没有显著影响。喷布1000×10^{-6}乙烯利催熟银杏的落种率相当于对照的3倍，达91%。喷布乙烯利后，银杏落种率随喷后天数的增加，呈直线上升，喷后每增加1天，落种率增加2.5%~2.7%。乙烯利催熟银杏脱落的净增长变化表明，喷500×10^{-6}乙烯利的银杏树在喷后11~12 d、15~16 d各有一次落种高峰；而喷1000×10^{-6}乙烯利可使银杏树的第一次落果高峰提前，出现在喷后5~6 d，继后亦在11~12 d和15~16 d分别出现第二次和第三次落种高峰，不仅落种高峰数多于$500 \times$

10^{-6}，而且每个峰值均大于 500×10^{-6}。从两种浓度的落种高峰相重叠来看，乙烯利的催熟药效一般发生在喷后 11～12 d，药效可维持 20 d。人工采摘或摇落采收可以推迟到 10 月上旬进行。如果采收统一在 10 月上旬进行，不仅可大大减少人工敲打采收的损叶量，而且可推迟乙烯利喷布时间，有利于果实的生长发育。为使乙烯利喷后银杏树种均匀一致，并在 10 月上旬前全部自然脱落，可于 9 月 20 日喷用 1 000～1 500×10^{-6}乙烯利，以达到按期完全化学采收的目的。如果喷乙烯利后，结合震动机采收，效果更好。

化学除草

化学除草是银杏栽培中必不可少的一项技术措施，尤其在苗圃管理中更有必要。当催根发芽的种子播入土壤中以后，由于搭设小拱棚或用地膜覆盖，棚内空气温度和湿度正适合于杂草生长，1 周以后杂草即会露出地面，10 d 以后银杏幼苗还没有完全出齐，然而杂草却苗壮地长满地面，一片丛生，如不及时除草，杂草与幼苗激烈地争夺阳光、水分和养分，幼苗往往会被欺死。人工除草又极容易碰伤幼苗，进一步招致茎腐病的发生，只要碰伤幼苗，均无一生还。在银杏扦插苗的培育和嫁接苗的培育中，如不适时除草，杂草也会长得更加茂盛。在各种银杏丰产园的栽培中，化学除草也是十分必要的。目前，世界上已能生产二百多种数千个剂型的化学除草剂，使用者可根据作物种类、除草对象、处理方法的不同，选择最有效的除草剂类型。

化学除草剂使用技术

①准确选择除草剂品种。根据圃、园杂草发生的种类和除草剂要求，应分类用药。如以一年生浅根性杂草为主的圃、园，选用甲草胺进行土壤处理效果良好；而以多年生深根性杂草为主的圃、园，应选用疏导型除草剂（如草甘膦）进行茎叶喷洒才能使杂草地上和地下同时被杀死。②适期施用。一般来讲，杂草种子刚萌发的幼芽和幼苗期对药剂反应敏感，易于中毒死亡。这个时期是防除杂草的最适期，可收到用药少、防效高的良好效果。③施药时间。一般除草剂在晴天、气温高、无风时施药，可以获得用药少、见效快、效力高的效果。除草剂的作用机制主要是干扰植物光合作用的电子传递系统，同时产生有毒的 H_2O_2，将杂草杀死。施药时强烈阳光可加速杂草中毒，提高杀草效率。④几种试剂混用。将触杀型除草剂和疏导型除草剂混合使用，可以使已长出的杂草受药中毒，也可使以后出土的杂草遇地面触杀药剂中毒，从而使除草效果倍增。⑤药剂用量。除草剂对杂草的杀伤力，与杂草接受的药量有密切关系，幼芽、幼苗用药量少一些就能达到杀死效果，随着杂草叶龄增加，植株长大，用药量要相应增加，才能毒杀致死。

化学防治

化学防治是综合防治中的一个重要措施。化学防治法就是用特殊的化学物质——毒剂（农药）来预防或直接消灭病虫害以及螨类、鼠类、线虫和杂草。用于调节植物生长和使植物叶片干枯脱落的药剂也包括在内。农药是"保"字的有力武器，是夺取农业丰收不可缺少的物质保证。其所以在植物保护中占重要地位，是由于化学农药在农业生产中发挥了显著的作用，具有效果高、见效快、应用广、使用方便等特点。人类为了同病虫害做斗争，农业发展是比较迅速的。植物性农药和无机农药，从古代就开始了，算是第一代农药；有机农药自 1940 年以后开始应用，算是第二代农药；目前，正在研究发展的化学不育剂，生物农药算是第三代农药，银杏是生物农药的重要原料。

化学肥料

又称化肥、商品肥料。用化学方法合成或开采矿石加工精制成的肥料。按所含主要养分的不同，分氮素化肥、磷素化肥、钾素化肥、复合肥料、微量元素肥料等几类。养分含量高，多数易溶于水，施后能被林木迅速吸收利用，肥效快并便于运输、贮存和施用。一般不含有机质，供肥期较短，易挥发淋失或被土壤固定。长期单施某一种化肥易使土壤板结和变酸，宜与有机肥料配合施用。多做追肥，也可做基肥或种肥。

化学药剂的促枝效果

化学药剂的促枝效果

处理（mg/kg）	新梢数（n）	增加（%）	新梢长（cm）	增加（%）	成枝率（%）
点枝灵	3.25	116.7	27.15	71.2	33.3
抽枝宝	3.09	106.0	25.38	60.0	32.1
BA500	2.78	85.3	21.08	32.9	27.8
BA250	2.00	33.3	18.06	13.9	14.5
BA250 + GA250	1.50	0.0	22.47	41.7	11.6
GA250	1.80	20.0	19.83	25.0	16.7

续表

处理(mg/kg)	新梢数(n)	增加(%)	新梢长(cm)	增加(%)	成枝率(%)
NAAA200	1.60	6.7	22.44	21.0	11.2
NAA100	1.70	13.3	18.05	17.6	12.3
去顶芽	2.05	36.7	19.50	23.0	15.4
自然株形	1.50	0.0	15.80	0.0	11.1

化学药剂对银杏内酯含量的影响

化学药剂	3月龄籽苗叶中的含量(%)			30月龄温室苗木叶中的含量(%)			5年龄幼树叶中的含量(%)	
	低浓度	高浓度	对照	低浓度	高浓度	对照	高浓度	对照
AMO	0.026	0.033	0.023	0.024	0.027	0.026	—	—
FLU	0.051	0.042	0.021	0.022	0.036	0.020	0.013	0.008
NND	0.035	0.031	0.022	—	—	—	—	—

注：AMO溶液的低浓度为10 mg/L，高浓度为100 mg/L；FLU和NND溶液的低浓度为5 mg/L，高浓度为50 mg/L；但在幼树叶中FLU的高浓度溶液为150 mg/L。

怀柔古银杏

怀柔古银杏在本辖区共有6株，都是一级古树。分别在：红螺寺（雌雄）两株，怀北镇政府院内1株，大水峪村1株，鹞子峪1株，林业局办公楼前1株。

怀中抱子的古银杏

编长寿树种，萌蘖力极强。因此，各地出现了许多怀中抱子的古银杏。山东省胶州市杜村乡，有一株距今1 000多年生的唐代古银杏，在古银杏周围又长出8株子银杏，子银杏树高0.8～1.4 m，生长苗壮，树形奇特，引人入胜。湖北省宣恩县茅塘村，有一株1 250年生的古银杏，年产白果四百余千克。相传150年前，在一次祭祀中失火，把这株树的树干烧断，后又长出九株子银杏，形成"九子抱母"奇观。目前，这九株子银杏树高都在6.5 m以上，树冠覆盖面积1.2亩，形成了蔚为壮观的景观。四川省彭水县白果园村，有一株闻名遐迩的千年生古银杏，树高35 m，围径12.2 m，材积54 m²。从距地面2 m的树干洞口又长出三株大银杏，树干周围也长出许多小银杏，高矮各异，形成了多世代同堂的银杏家族。

坏死

银杏器官的全部或局部细胞死亡，并变为褐色或黑色的一类病变。

环保价值

银杏树体高大、根系深广、病虫害少、寿命长，具有良好的防洪固沙、保持水土、涵养水源、防风沙、降风速、调节温（湿）度的功能，是防护林带、林网、行道树、庭院绿化等的上等树种，尤其是它能分泌具有杀菌作用的芳香挥发物质和具有抗癌作用的氰化氧气体，使其环保价值更加突出。

环剥

环剥亦称环状剥皮，这一措施相当于枣树上的"开甲"，即在用利刀剥去一圈皮层，以增加一部分养分的积累，促使短枝发育，迅速成花而开花结果。环剥应注意以下三个问题：①环剥时不能伤及木质部，因银杏木质较脆，容易折断。②环剥的宽度应不大于枝条直径的1/10，即使较粗的枝条环剥宽度也不得超过1 cm。剥口一定要平直，为防树体受损，将环剥下来的皮层倒贴于原处，称倒贴皮。环剥时天气一定要晴朗，在剥皮时不准用手去摸环剥处。③环剥的时间应尽量放在花芽分化前进行，时间在5月下旬至6月中旬。环剥有明显的促花效果，但这一方法如应用不当会直接影响树体的生长，甚至能使全枝死亡或全树死亡。为防失误可改为半环剥，即仅剥去周圈一半，留下一半不剥，但效果较差。

环剥促花的作用

环剥促花的作用

时间	株数	环割	
		开花株	开花率(%)
5月3日	20	0	0
5月13日	20	1	5
5月23日	20	1	5
6月3日	20	2	10
6月13日	20	5	25
6月23日	20	6	33.3
7月3日	20	8	40
7月13日	20	8	40
7月23日	20	4	20
8月3日	20	2	10
8月13日	20	1	5
8月23日	20	0	0

环剥促结种的作用

环剥促结种的作用

部位	环割时间	平均结实量(kg)	平均增产率(%)
主干	6月23日	45	12.5
	7月3日	48	20
	7月13日	43	7.5
侧枝	6月23日	43	7.5
	7月3日	45	12.5
	7月13日	42	5
主干侧枝结合	6月23日	48	20
	7月3日	55	37.5
	7月13日	52	30

环剥对银杏幼树的促花作用

环剥对银杏幼树的促花作用

处理	株数	下年开花株数	开花率(%)
A 环割	30	8	26.7
B 环割	30	13	43.3
C 环剥倒贴皮	30	18	60
D 对照	30	2	6.7

环剥时间对银杏幼树促花效果

环剥时间对银杏幼树促花效果

时间	环剥株数	下年开花株数	开花率(%)
5月15日	30	1	3.3
5月25日	30	10	33.3
6月5日	30	8	26.7
6月15日	30	3	10
6月25日	30	1	3.3

环割

环割作用与环剥相似,但较之环剥要安全得多,这一措施在江苏邳州、泰兴已取得比较显著的效果。具体做法是:在需要环剥的部位,用刀深深环割,深达木质部,在同一部位连割3~4圈,可以取得良好的促花促实的效果。但来年环割时需更换部位,3年后才可再回原处环割。多年的实践证明,这一方法对树体影响较小。

环割促花

银杏环割导致营养物质再分配,促进花芽分化,从而起到改善银杏生理状况,达到促花增产作用。但何时采用何种方式效果最佳,详细报道较少。为解决这一科技推广实践操作中的问题,近三年来科研人员选择具有典型代表的试验点进行了本项试验,并相应进行参照对比试验。通过在定植多年即将开花的实生大树上试验,环割可明显促进成花,最佳时期为每年的六月下旬至七月中旬;在成年挂果母树上进行最佳时期不同部位环割对比试验,结果表明都有明显增产作用,但单一性主干环割比单一性侧枝环割效果好,而将主干环割与侧枝环割结合进行增产效果最为显著,平均可达30%,值得大力推广。

环境

环境是生物体的所有外界条件以及影响其生长发育的一切因素的总和。有生物性的环境与非生物性的环境之分。在研究环境对生物体的影响时须将二者同时一并考虑。

环境保护

为合理利用自然资源和改善自然环境,防止环境恶化,使之更好地适合于人类生活和自然界生物生存而做的工作。如合理开发、利用自然资源,扩大有用资源的再生产,防止环境污染和生态平衡的破坏,以及对已污染和破坏的环境进行综合治理或恢复等工作。环境保护应该采取以预防为主,防治结合的方针。大力植树造林,大搞绿化,扩大绿化覆盖率,保护和发展森林资源及其他动、植物资源,建立保护区,都是环境保护的重要手段。

环境科学

研究在人类活动影响下,环境质量变化的规律,以及保护环境、改善环境的科学。环境科学是一门综合性很强的科学,是介于自然科学与社会科学之间的边际科学。人和环境是相互作用、相互影响的整体,从而形成了以人类为中心的生态系统。

环境条件

要实现银杏林速生、丰产、优质的目的,除了科学管理和林分结构合理外,还必须具有良好的外部环境条件。良好的外部环境主要通过细致整地、抚育保护、中耕除草和肥水管理来实现。在栽植银杏之前,必须对造林地进行整地,即清除造林地上的植被或采伐剩余物,并翻垦土壤。科学合理地整地有利于改善林地的立地条件;有利于保持水土,便于造林施工、提高造林质量;还有利于提高造林成活率,促进幼林生长。整地的方式有全面整地、块状整地和带状整地几种方式。不同整地方式对改善立地条件的作用是不一样的。其中以全面整地对立地条件的改善作用最显著,造林以后也便于实行机械化作业及林粮间作,苗木容易成活,幼林生长良好,但耗工多,投资大,易发生水土流失,在使用上受多种地形条件、环境状况和经济因素的限制较大。造林以后,要及时对幼林进行抚育管理。幼林抚育管理的主要任务:①通过加强土、肥、水的管理,为林分创造优越的环境,满足苗木、幼树对水分、养分、光照、温度和空气的需求;②通过人为措施,如整形修剪,促花促实措施,对林木的生长进行控制,使之生长迅速、旺盛,形成良好的树形,提早开花结实;③保护幼林,使其免受恶劣环境条件的危害和人为因素的破坏。

环境污染

人类生产和生活活动中产生的有害物质,其总量或浓度超过自然环境自净能力,影响了人类和生物正常生命活动的现象。工业"三废"的任意排放,化学农药和化学肥料的不合理施用,各种破坏性辐射线、噪声、废热、病原菌、霉菌的过度繁殖,地面沉降,水土流失、土地沙化等,以及自然资源的浪费和不合理利用,使有用的资源变为废物进入环境都能引起环境污染。

环境因素对授粉的影响

空气中花粉密度和传粉持续时间直接影响银杏种实的产量。由于纬度、海拔、每年气温的变化等因素的影响,银杏的雄花开放及持续时间不固定,低海拔地区由于温度高、热量大,花期较高海拔地区提前,花期持续时间则缩短,高海拔地区则相反。温度对花期的影响表明,花期的迟早与当年2月份的平均气温及2月、3月份气温日较差平均值有关,2月份的平均气温高,花期早,2月、3月份气温日较差大,花期则推迟。对于花期持续时间较短的地区,可能会造成部分发育迟缓的胚珠错过充足授粉的机会,胚珠授粉不良而败育。天气状况对盛花期雄花的散粉则影响较大,当天气晴好,并有一定风力时,花粉借助风力散出,其飞散方向与风向基本一致,此时传粉量大,利于授粉;若遇阴雨天则会影响花粉的传播,不利于花粉的散出和传播,胚珠授粉不充分,此时需进行人工授粉以增加结实力。

环植

按一定的株距把银杏栽成圆环状。银杏环植多用于陪衬主景或栽于开阔平地,人们将银杏种植于公园、街道、广场,给人以"峻峭雄奇、华贵典雅"之感。这种配置既有利于雄株授粉又有较高的观赏价值。银杏环植在很久以前就已用于提高种实产量及美化寺庙的景观。

环状剥皮逆接的顺序

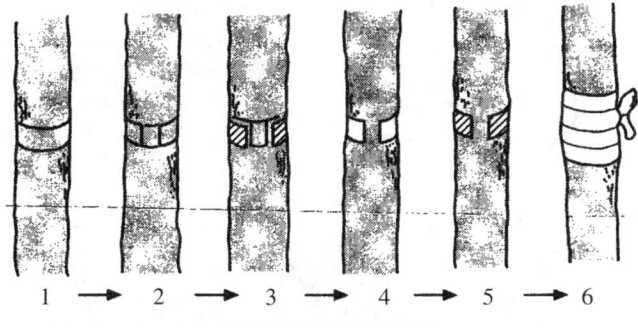

环状剥皮逆接的顺序

1.将4~5 cm宽的厚纸缠在树上,用色笔平行划线　2.将缠上纸的树干留出20%,其他部位将皮剥掉　3.从剩下的部位两侧开始剥皮　4.剥完皮的状态　5.将剥下的皮倒置贴上去　6.用塑料胶带稍紧一点缠好

环状倒贴皮

在大枝或分枝基部剥去一圈皮层,叫环状剥皮,简称环剥。环剥的宽度应以当年能完全愈合为宜,一般为枝条直径的1/10。如果环剥过宽,难以愈合,枝条易枯死。环剥时,将剥去的皮层倒过来再贴上去叫倒贴皮。贴上后应用塑料薄膜绑牢,以利愈合。剥时要掌握剥口齐,"藕断丝连"效果差,并且不要伤及木质部。环剥如用杀菌剂(如波尔多液、石硫合剂)消毒,严重影响愈合,甚至死亡。只要剥后2~3 d内无雨水渗进,且塑料布扎严,剥口一般能愈合好。包扎的塑料薄膜可于剥皮愈合的9月上旬后解除。经多年观察,一般于6月下旬至7月下旬环剥或倒贴皮比较适宜。生产试验表明,环剥成花株率达40%。倒贴皮成花株率达90%以上。此法实行一次,2~3年均见效。环剥及倒贴皮操作简便易行,增产效果显著。我国各地银杏产区均有应用。临时枝环剥或倒贴皮后,韧皮部输导组织被切断,阻断了有机营养物质沿韧皮部向下运输,使养分在一定时间内集中供应地上部分,有利于开花坐种,提高产量和质量。不过,这只能作为促花的一种暂时性措施,只有在加强土肥水管理、病虫防治等多种措施的基础上,才能发挥有效作用。应用环剥刀和环剥剪平均每2 min可完成一枝,比普通嫁接刀环剥提高工效4~10倍,而且质量好。

环状沟施肥

在树冠垂直投影外侧,挖深20 cm、宽40 cm的环状沟施肥。此种施肥方法适用于树冠较小的幼树,但挖沟易切断水平根,而且施肥面积较小。环状沟的位置,应随着树冠的扩大而逐年外移。

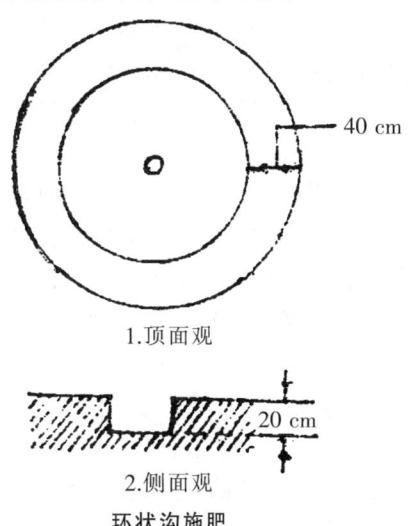

1.顶面观

2.侧面观

环状沟施肥

环状施肥

在树冠投影的边缘挖一深、宽各30~50 cm的环

状沟,肥料施入沟中。这种方法主要应用于树冠较小的幼龄银杏树,基肥和追肥均可。

缓放

对枝条不进行修剪,而是将枝条进行拉平缓放。为了使银杏枝条提早结实,除对主枝和侧枝进行短截外,还应对其余保留的枝条进行拉平缓放。银杏1年生枝经缓放后,生长势较强的即产生单轴延伸,生长中等或偏弱的枝条,其顶芽不再抽生枝条,可以促使基横上短枝萌生莲座状叶片,促进提早结实。

"皇榜树"的传说

贵州惠水县摆金镇摆金村有一株古银杏树,雌性,树高三十多米,胸径4 m以上,树龄千年以上。该树树干中下部长出多个树乳,上面还附生许多蕨类植物。传说明朝年间,这株古银杏树曾变成一名考生赴京赶考,皇上看中了他,问他何方人氏。考生回答姓白,章(惠水摆金)人。后来皇上派人送皇榜到摆金,却找不到此人。在钦差左右为难时,这树突然发出嗡嗡声,树中出现了那名考生,随即狂风大作,将钦差大臣手里的皇榜卷上树。从此,当地人把这株"皇榜树"视为神树,常年供奉香火,祈求平安、风调雨顺、人寿年丰。

皇后

被收入美国艺学会植物科学资料中心。原产英国皇家植物园。雄株品种,树冠圆锥形,由萨托托格园艺场繁殖。

黄茶的制作要点

①揉捻。对经过低温处理的含水率为68%~70%的叶片直接进行揉捻。稍轻,以茶汁溢出黏附叶面欲滴为宜。②焖黄。焖黄是形成银杏黄茶"黄汤黄叶"品质特征的关键技术环节,其作用在于促进氧化和水解反应,让绿的色素消失、黄的色素(西阿多素、银杏黄素、异银杏黄素、白果黄素等)显露,同时加速淀粉、蛋白质的水解,提高氨基酸的含量,增加茶汤的滋味。方法是将揉捻后的叶片装入无孔的大瓷盘中,盖上盖子,于100℃左右的烘箱中焖8~10 min,或者置于温度为70~80℃、湿度为80%~90%的恒温恒湿培养箱中处理15~20 min,至颜色出现金黄色为宜。③烘干。采用低—高—低的方式烘烤。首先置100℃的烘箱中烤30 min至七成干,然后置于120~140℃的烘箱中烤5~7 min至白果清香浓郁,再置低温80℃烘干至含水率为5%~6%为宜。

黄刺蛾

黄刺蛾 Cnidocampa flauecens Walker,属鳞翅目,刺蛾科。黄刺蛾的幼虫又叫刺毛虫、洋辣子、八角等。此虫分布很广,全国各省(区)几乎均有发生。食性很杂,可为害多种果树和林木。果树中以银杏、枣、梨、柿、李、苹果、核桃、山楂等受害最为普遍,据初步统计为害各种树木达120余种,是我国城市园林绿化、农田防护林、特种经济林及果树的重要害虫。华北地区一年发生1代,长江流域及其以南各省一年发生2代,以老熟幼虫在树上结茧越冬。翌年5、6月间化蛹,成虫6月出现。羽化多在傍晚,以15~20时为盛。白天静伏在叶背面,夜间活动,有趋光性。产卵于树叶近末端处背面,散产或数粒在一起,每一雌蛾的产卵量为49~67粒。成虫寿命4~7 d。卵经5~6 d孵化,初孵幼虫取食卵壳,然后食叶,仅取食叶的下表皮和叶肉组织,留下上表皮,呈圆形透明的小斑,约经一天后为害的小斑连接成块。进入4龄时取食叶片呈洞孔状,5龄后可吃光整叶,仅留主脉和叶柄。幼虫体上的毒毛,皮肤触及后引起剧烈疼痛和奇痒。7月老熟幼虫先吐丝缠绕树枝上,后吐丝和分泌黏液营茧,开始时透明,随即凝成幼茧,茧一般多在树枝分叉处。羽化时顶破茧壳顶端小圆盖而出,出口呈圆形,其他刺蛾亦类似。新一代幼虫于8月下旬以后大量出现,秋后在树上结茧越冬。防治方法:①摘除虫茧。冬季银杏落叶后,结合修剪除掉树上的虫茧。②药剂防治。幼虫发土期,可喷洒90%美曲膦酯1 500~2 000倍液,或50%敌敌畏800~1 000倍液,或50%氯丹乳剂800~1 000倍液,或青虫菌800倍液,防治效果均较好。③保护利用天敌,茧期天敌有上海青蜂(*Chrysis shanghaiensis* Smith)、黑小蜂(*Eurytoma monemae* Ruschka)及姬蜂(*Cryptus* sp.)。成虫期有螳螂捕食。幼虫期有病菌感染。

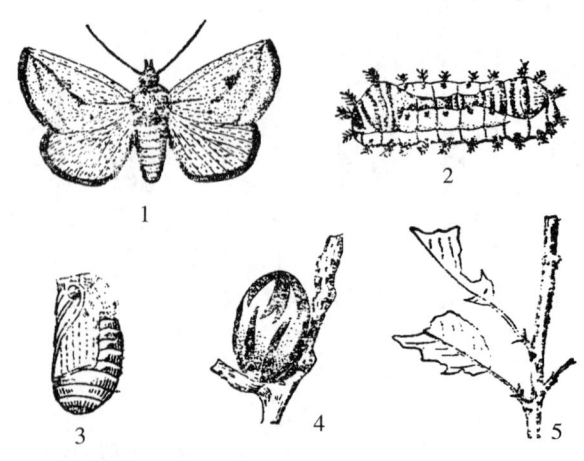

黄刺蛾
1.成虫　2.蛹　3.幼虫　4.茧　5.被害叶片形状

黄腐酸施用浓度和时期的效果

黄腐酸施用浓度和时期的效果

处理	新梢,主枝 生长增量(cm)	白果单粒重 (g)	出核率 (%)	1~2级果率 (%)	4级果率 (%)
黄腐酸叶面肥Ⅰ	7.102/11.04 ± 2.69	2.299 ± 0.136	26.32 ± 0.23	87.77 ± 9.78	3.46 ± 5.78
黄腐酸叶面肥Ⅱ	7.463/11.75 ± 2.14	2.287 ± 0.137	25.82 ± 0.14	91.08 ± 5.92	3.97 ± 2.57
黄腐酸 25 mg/L	6.54/9.15	2.25	25.93	89.14	3.82
黄腐酸 50 mg/L	7.62/13.03	2.31	25.96	91.62	3.34
黄腐酸 100 mg/L	7.19/10.04	2.31	26.86	81.75	10.18
5月喷3次	7.91/10.78	2.508 5	26.43	96.62	0
5、6月喷3次	7.38/15.00	2.231 2	26.23	89.29	4.89
7、8、9月喷3次	未测	2.380 0	26.20	93.39	2.29

黄腐酸叶面肥对白果品质的影响

黄腐酸叶面肥对白果品质的影响

苗木类型	处理号	白果单粒重 (g)	出核率 (%)	1~2级果率 (%)	4级果率 (%)
始种树	1	2.33	24.43	83.27	3.56
	2	2.00	24.09	81.40	12.82
	3	2.20	25.85	70.72	16.14
	13	2.32	25.76	87.32	5.37
	4~12	2.295 ± 0.127	26.15 ± 0.707	88.88 ± 8.434	4.96 ± 4.81
结果大树	14(清水)	2.07 ± 0.14	24.57 ± 1.366	81.51 ± 19.68	11.26 ± 16.94
	4~12	2.206 ± 0.19	25.11 ± 0.319	90.84 ± 10.16	4.88 ± 6.51

黄腐酸叶面肥对银杏生长和结实的影响

黄腐酸叶面肥对银杏生长和结实的影响

处理	枝条年生长量(cm)		种核百粒重 (g)	出核率 (%)	每株鲜种实重 (kg)	落实率 (%)
	主枝	侧枝				
黄腐酸叶面肥	5.9	3.0	278.0	26.7	2.8	17.96
清水对照	5.5	2.8	260.0	25.6	2.0	33.11

黄化病诱因

①根部病原菌侵染。在黄化植株的主根上常可见部分侧根或须根腐烂的现象。曾怀疑根腐可能与土壤中病菌侵染有关。在铁心桥河堤上选择15年生幼树,用40%多菌灵(每株5 mL)、20%拌种双(每株5 g)两种杀菌剂做灌根试验,每隔20 d一次,共3次。9月10日检查,药剂灌根未能抑制黄化的发生。这种根腐性黄化现象并非直接由病菌侵染引起。

②缺乏微量元素。在高邮县大运河河堤的12年生幼林,以溧水县磷肥厂生产的稀土微肥(含稀土元素、铁、钙、镁、锌、磷、钾及氨基酸等)做根施试验,250 g株的50株,125 g株的60株,另设对照50株。它们的黄化株率分别为29.3%、33%、29.8%。由此可初步认为,银杏黄化并非与土壤中缺乏上述某种微量元素直接相关。

③地下虫害。选择严重黄化的3至4年生大苗50株,连根挖起,逐一检查。在根际周围土壤中,多半见有蛴螬,并在主根部位见其取食的大、小伤口。这些伤口,有的开始愈合,有的未愈合,组织腐烂变黑。在受蛴螬伤害的主根上,侧根、须根均少见,整个根系发育很差。由此可见,该类苗木的地上部之所以严重黄化,主要是由于根系受损伤而引起。

④定植的4年生苗,共307株。它们全部为叶先端黄化或全叶型黄化。连根挖出观察时,发现地下部侧根多数被切断,且由伤口部向上腐烂。其中少数植株的根系虽较完整,但因定植技术差,而明显造成窝根。这类植株在定植后,均未发出新根,未能及时恢复生机。所以,它们地上部黄化也就难免不发生了。

⑤土壤潮湿雨季,含水量一般偏高,甚至地表积水。在此环境条件下,银杏根系特别易受不良影响,引起叶片黄化。每年6~7月间,江苏各地多处于梅雨期,常见黄化株开始时为零星出现,不久,迅速增加,普遍发生。特别在苗圃最为明显,幼树可能由于根系比较发达,黄化株率一般较低,并且大多呈现叶先端型黄化。1988年8月,泰兴县郊有10余株银杏树,因雨后积水,未及时排除,三天后所有植株表现为全叶型黄化。在各地调查时所见,凡地势低洼、排水差的地段,黄化均较严重。除此之外,在土层浅,下部土壤板结的情况下,银杏也会发生黄化。南京林业大学树木园内,有一片1958年定植的百余株银杏,近4年连年发生黄化,并随后感染叶枯病,每年8月下旬左右,开始大量落叶,生长基本停滞。

黄化现象

在黑暗中或土壤中缺乏某种微量元量,使银杏叶片变小,侧枝不发育,节间伸长,顶芽停止生长或弯曲,机械组织亦不发达,叶组织成为薄壁细胞而不分化,根系发育不良缺乏叶绿素而叶片变黄,这种现象称为黄化现象。

黄淮海自然分布区

该区位于长城以南、淮河以北、太行山以东,包括北京市、天津市、山东省及豫北、皖北、苏北。全区75%以上土地面积是海拔不及100 m的平原,地势平旷,土层深厚,属温暖带气候,≥10℃活动积温4 000~4 500℃,无霜期175~220 d,年降水量500~800 mm。降水年际变化和季节变化特大,常有旱、涝交替出现,在一些低平洼地土壤碱化较重,是该区发展银杏生产的一大障碍。但从许多地方调查来看,本区仍是银杏适生区,凡土壤含氯化物0.2%以上、苏打盐土0.3%以下、pH值8以下均可发展银杏。本区在全国银杏生产上占有突出地位,年产白果300万千克以上。鲁南、皖北、苏北均盛产银杏,特别是沂沭河流域的山东郯城、江苏新沂、邳县等成为全省银杏生产基地县。

黄金果

母树位于王义贞镇杨港村杨树港坞,管护人郭泽龙。树龄200年,实生雌树,后在树顶嫁接一雄枝,树高11 m,胸径0.8 m。树形似塔,主干明显,主枝层形分布。长枝节间3.5~4 cm,叶扇形,长4.1 cm,宽6.5 cm。叶柄长6.3 cm,叶色较深,中裂较浅。球果椭圆形,熟时金黄耀眼,先端渐尖,具小尖头,珠孔迹明显,周缘不整凹入外种皮中。果柄较长,略弯曲。单粒球果重10.1 g,每千克粒数99,出核率25.2%。种核椭圆、白色,核形指数1.21,先端尖平,束迹窄、不明显,两侧棱线2/3处消失,背腹相等。种仁甜糯。单粒种核平均重2.9 g,每千克粒数345,出仁率75%。该品种为中熟,产量较稳,无大小年现象,一般年株产100 kg左右。

黄金丸

黄金丸与岭南一样同属日本大果优质品种。种核呈圆形。据刑世岩测试黄金丸当年嫁接苗新梢长达45 cm,基径0.87 cm,具叶片30枚以上,生长旺盛。黄金丸1~2月处于休眠期,3月下旬至6月上旬发芽、展叶并抽出新梢,4月上中旬至下旬开花并落花。5月至7月处于结实及果实生长期。6月和7月分别出现一次生理落果。从5月中旬到8月和9月分别为果实肥大期、成熟期和着色期。9月至10月为采收期。

黄金丸

黄金叶

此种叶片四季均为黄色,极美观,为观赏品种。

黄皮果

成熟时球果外皮呈鲜黄色,极艳丽,外皮较薄,被薄白粉,无透明梭状油胞。主要分布于广西兴安县的高尚、白石、漠川等乡,灵川的海洋、潮白等乡,全州亦有少量分布。此外,浙江省的临安、富阳以及湖北、贵州、四川等地也见栽培。本品种主干通直,层性明显,多根蘖树。

黄皮果

150年生,树高可达17.5 m,胸径63.6 cm,冠幅9.7 m×9.6 m。树冠圆锥形,生长势强。长枝节间长3.5 cm,多扇形叶,中裂明显,深达1.6 cm(可达3.5 cm),叶长4.7 cm,宽6.8 cm,叶柄长3~4.3 cm。短枝上多扇形叶,中裂不显,少数可见中裂,叶长5.6 cm,宽7.8 cm,叶柄长5.2~6.6 cm。球果卵圆形,熟时鲜黄色,被薄白粉,外皮较薄,无透明梭状油胞,多双果。先端浑圆,顶部宽大圆秃,具小尖,珠孔孔迹明显。球果有不明显缢痕。蒂盘圆形,周缘整齐,略凹陷。球果柄长4.0~8 cm,略弯曲。球果大小为纵径2.7 cm,横径2.3 cm,单粒球果平均重8.7 g,每千克粒数115粒,出核率24.96%。种核卵圆形,上下几乎相等,先端秃尖,珠孔孔迹明显。基部两束迹迹点大而长,相距1.5 mm,中间有木质化横隔相连。两侧棱线明显,但仅在上部可见,下部不显。种核大小为2.37 cm × 1.55 cm × 1.38 cm,单粒种核平均重2.3 g,每千克粒数435粒。出仁率76.22%。本品种发枝力较弱,150年生的树,株产白果一般在50 kg,大年可达75 kg。种仁品质一般。

黄氏楔拜拉

黄氏楔拜拉 Spheniobaiera huangi (Sze) Hsu。生长地域:湖北、江苏、山西、陕西。地质年代:早侏罗纪。

黄酮 F-1 号

原株来自山东,雄株。树高15.9 m,胸径0.72 m,树龄100年。生长旺盛。标准叶菱形,边缘浅波状,基部楔形。裂刻1个,长×宽为5.5 cm×0.8 cm。油胞稀,团状,较大,分布在叶子中下部,叶绿色。接后成活率81.21%(cv,53.15%)、抽梢率86.67%(cv,1.15%),每米长枝上:短枝数为32.64、二次枝数17.71、二次枝长49.69 cm,叶数每短枝为5.05个、枝角53.53°、成枝率52.8%。接后3年砧木中径2.52 cm、接口上粗2.74 cm、冠幅143 cm×169 cm。单株新梢数37.8个,叶数1 169片,枝条总长度13.1 m。当年新梢长56.83 cm,粗0.98 cm,叶数每梢41.5片。叶面积系数2.32。莱州试验点连续3年黄酮苷测定结果表现为:2.96%(1年)、2.33%(2年)和1.96%(3年)。郯城分别达259%、177%和157%。药乡林场分别为2.85%、1.90%和2.38%。属高黄酮苷良种。内酯含量为0.134 2%,其中,BB 0.026 2%、GJ 0.002 8%、GC 0.021 2%、GA 0.029 9%和GB 0.018%。产量性状接后1年产鲜叶0.042 kg/株,2年0.335 kg/株,3年0.543 kg/株(黄酮苷采用754分光光度法测定,萜内酯采用HPLC法测定)。

黄酮 F-2 号

原株产于江苏西山大佛手,雌株。母树资料不详。接穗系采自已复壮的幼树,已结果,生长旺盛。定型叶叶形为半圆形、叶缘波状、基部楔形,裂刻1个,长×宽为2.8 cm×0.8 cm。油胞稀呈放射状分布在叶子上部。叶子绿色。接后当年成活率96.3%、抽梢率100%。每米长枝上有短枝36.7个,二次枝19.23个,二次枝上35.89 cm,叶数每短枝7.31个,枝角55°,成枝力52.8%。接后3年砧木中径2.50 cm,接口上粗2.77 cm,冠幅122 cm × 88 cm。叶面积系数4.82。单株新梢数23.7个,叶数910片,枝总长9.37 m。当年新梢长44.2 cm,粗0.96 cm,叶数每梢55.7片。郯城试验点3年黄酮测定分别为2.611%、2.722%、2.428%,莱州分别为2.007%、1.892%、2.193%,药乡林场分别达2.586%、3.028%和2.807%。属高黄酮苷品种。内酯为0.281 3%,其中BB 0.020 5%、GJ 0.010 6%、GC 0.037 8%、GA 0.165 2%、GB 为0.047 2%。产量,接后1~3年分别株产鲜叶0.124 kg、0.425 kg、0.535 kg(黄酮苷采用754分光光度法测定,萜内酯采用HPLC法测定)。

黄酮 F-3 号

原株在山东省,雄株。树高15.7 m,胸径0.62 m,树龄80年。生长旺盛。定型叶菱形,叶缘浅波状,基部楔形。大多具一个裂刻,长×宽为2.5 m×1.0 m。油胞较稀,团状分布在叶子中下部,叶色浓绿。接后当年成活率73.68%(CV,6.60%),抽梢率50%。每米长枝上有短枝39.63个,二次枝31.55个,二次枝长42.94 cm,叶数每短枝7.97个,枝角48.33°,成枝率78.3%。接后3年砧木中径2.91 cm,接口上粗37 cm,冠幅167 cm×108 cm。单株新梢数35个,叶数1 005片,枝总长23.32 m。当年新梢长59 cm,粗1.06 cm,叶数每梢52片,叶面积指数1.76。莱州试验点连续3年黄酮测定为2.228%(1年)、1.80%(2年)和1.24%(3年);郯城分别为2.87%、2.69%和1.55%,药乡林场分别为2.39%、3.86%和3.12%。属于高黄酮苷良种。内酯含量0.106%,其中GJ 0.009 1%、BB 0.008 1%、GC 0.012 3%、GA 0.044 2%、GB 0.032 2%,产量性状,接后1年株产鲜叶0.029 kg、2年0.54 kg、3年0.605 kg(黄酮苷采用754分光光度法测定,萜内酯采用HPLC法测定)。

黄酮的年变化规律

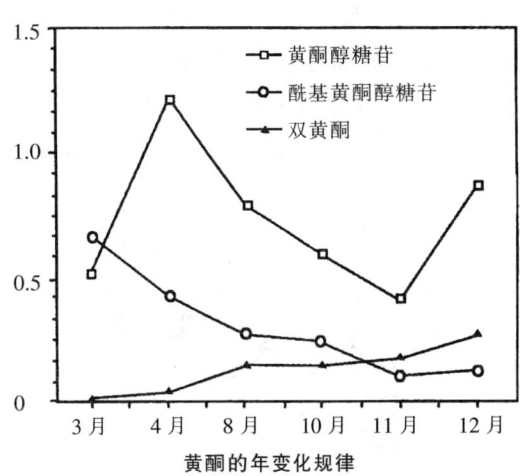

黄酮的年变化规律

黄酮干浸膏

银杏叶 → 清洗去杂 → 切碎 → 浸提 → 分离 → 提取液浓缩 → 精制 → 吸附 → 洗脱 → 洗脱液浓缩 → 干燥 → 银杏叶黄酮干浸膏

工艺要点：①清洗去杂。须除去银杏叶中杂物和泥沙。清洗时间不宜过长，一般控制在 3～5 min，以免有效成分流失。洗净后要尽可能沥干水分，使银杏叶湿重为干重的 2 倍，以免影响浸提溶剂的浓度。②切碎。一般以切成宽 0.5 cm 的细丝为宜。过细时过滤困难，过粗则有效成分难以提净。③浸提。采用适当的溶剂在特定的温度下提取，间歇搅拌，提取两次。加液量一般掌握在原料量的 4～10 倍。④分离。浸提液先粗滤，经冷却静置 4 h 后进行精滤。⑤提取液浓缩。采用高效薄膜浓缩装置浓缩提取液至一定的体积。⑥精制。浓缩液冷却至常温后离心分离，采用适当的方法降低浓缩液中无效成分的含量，然后精滤之。⑦吸附。树脂选用适当的型号，固定床装置，树脂的吸附量约 3 g/100 mL，进样速度按常规。⑧洗脱。选择特定比例的洗脱剂，以常规流速洗脱，收集 3 倍于树脂体积的洗脱液。⑨洗脱液浓缩。采用真空刮板式浓缩装置进行浓缩，浓缩至物料中固形物含量为 40%。

黄酮苷化合物

共计 20 种，它们是山奈酚-3-O-葡萄糖苷、槲皮素-3-O-葡萄糖苷、异鼠李素-3-O-葡萄糖苷、山奈酚-7-O-葡萄糖苷、槲皮素-3-O-鼠李糖苷、3-O-甲基杨梅槲皮素-3-O-葡萄糖苷、洋芹素-7-葡萄糖苷、木犀草素-3-O-葡萄糖苷、山奈酚-3-鼠李糖苷、山奈酚-3-O-芸香糖苷、槲皮素-3-O-芸香糖苷、异鼠李素-3-O-芸香糖苷、3-O-甲基杨梅槲皮素-3-O-芸香糖苷、丁香-3-O-芸香糖苷、杨梅槲皮素-3-O-芸香糖苷、槲皮素-3-鼠李糖-2-葡萄糖苷、山奈酚-3-鼠李糖-2-葡萄糖苷、山奈酚-3-葡萄糖-2,6-二鼠李糖苷、槲皮素-3-葡萄糖-2-6-二鼠李糖苷、异鼠李素-3-葡萄糖-2,6-二鼠李糖苷。

槲皮黄酮

黄酮苷检测 HPLC 色谱图

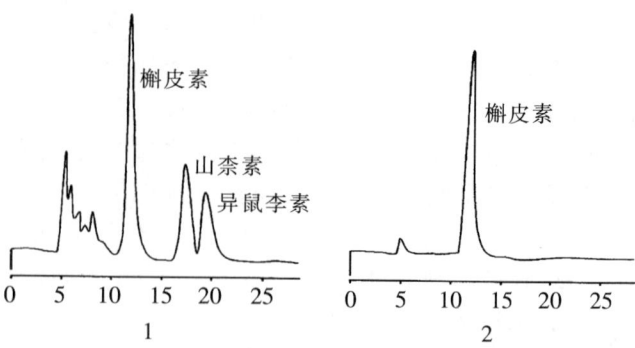

1. 银杏叶样品 HPLC 图谱　2. 槲皮素标准品 HPLC 图谱

黄酮苷检测 HPLC 色谱图

黄酮苷生产工艺流程

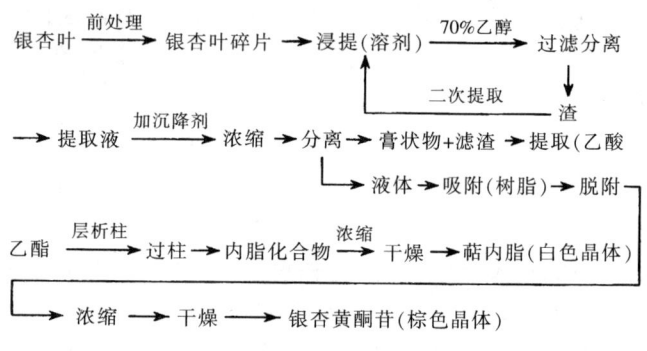

黄酮苷生产工艺流程

黄酮苷、萜内酯、儿茶素、多酚活性成分的含量

黄酮苷、萜内酯、儿茶素、多酚活性成分的含量

单位：(g/100g 干基)

黄酮苷		萜内酯		儿茶素	多酚
含量范围	占总量(%)	含量范围	占总量(%)	含量(%)	含量(%)
>1.8	5.5	>0.8	8.1	1.17	1.24
>1.6	9.8	>0.7	10.5	1.21	1.26
>1.4	15.3	>0.6	15.3	1.24	1.34
>1.2	23.2	>0.4	27.8	—	—
>1.0	34.6	>0.3	35.2	—	—
>0.8	48.0	>0.2	45.9	—	—
>0.6	75.5	>0.1	61.5	—	—
>0.4	91.7	>0.05	79.2	—	—
>0.2	97.9	>0.02	93.5	—	—

注：其中儿茶素、多酚系三个不同地区样品测定结果值，黄酮苷、萜内酯系全省不同地区 327 个样品测定结果统计值。

黄酮苷元注射液和片剂制作

风干银杏叶碎片 —乙醇回流提取→ 乙醇溶液 —浓缩回收乙醇/减压→ 糖浆状物 —除尽乙醇/水蒸气蒸发→ 流膏状

$$\xrightarrow[\text{热提}]{\text{蒸馏水}}\text{水混悬液}\xrightarrow[\text{冷却}]{\text{过滤}}\text{水溶液}\xrightarrow[\text{分出水层}]{\text{乙醚提取}}$$

$$\text{乙醚溶液}\xrightarrow[\text{水浴75~80℃回流水解}]{5\%\text{硫酸溶液酸化}}$$

$$\text{棕褐色混悬液}\xrightarrow[\text{过滤}]{\text{室温}}\text{棕褐色液体}\xrightarrow[\text{提取}]{\text{乙醚}}\text{黄色醚液}\xrightarrow[\text{洗后pH值5~6}]{\text{蒸馏水}}$$

$$\text{黄色醚液}\xrightarrow[\text{加少量水}]{\text{蒸去乙醚}}\text{黄色黄酮苷元}$$

黄酮含量季节变化

黄酮含量季节变化

日/月 单株编号	3/5	3/6	3/7	3/8	3/9	3/10
E1(%)	2.2	1.5	2.9	2.8	3.5	3.0
E2(%)	2.1	1.4	2.7	2.3	2.8	2.2
E3(%)	1.9	1.1	2.3	3.1	3.8	2.9
E4(%)	1.7	1.5	2.9	2.3	3.2	2.3

黄酮类

银杏叶中含量较高的是黄酮类化合物,具有广泛的心血管药理活性,是银杏叶提取物的有效成分之一。银杏叶中除有药用植物广泛存在的5种主要黄酮类苷元:山奈酚、槲皮素、异鼠李素、杨梅醇及木犀草素外,尚有芹菜素,通常都以糖苷形式存在,其中有4个少量化合物为首次自银杏中分得。至今,从银杏叶中已分离鉴定出40余种黄酮类化合物,按其分子母核结构可分为四类。黄酮醇及其苷;黄酮及其苷;黄烷醇及双黄酮类。

特别是银杏双黄酮,在植物分类学上具有重要意义。①银杏叶中的主要黄酮类成分。20世纪80年代以来,国内外先后从银杏叶中分离并确定了约22种,主要以山奈酚、槲皮素及异鼠李素所衍生的黄酮醇单、双、叁糖苷,其中,含有5种结构特殊的新黄酮体化合物、黄酮醇、香豆酰酯苷称银杏黄酮苷和2种新黄酮醇双苷。基于新2D-NMR谱研究结果,有2个银杏黄酮苷的苷键被修正。此外,还有杨梅醇-3-O-芸香糖苷和丁香酚-3-O-芸香糖苷为首次从银杏中分得。②黄酮及其苷。银杏叶中存在少量芹菜素、木犀草素及其苷。它们在裸子植物中不多见,其苷木犀草素-3-O葡萄糖苷和芹菜素-7-O葡萄糖苷均为首次自银杏叶中分得。③黄烷醇。从银杏叶中分离的黄烷醇有儿茶素、表儿茶素、没食子儿茶素和表没食子儿茶素。④双黄酮。双黄酮即二聚体黄酮(dimeric flavonoids),通常是裸子植物的特征性化学成分。20世纪30年代初,首次从银杏叶中分离的双黄酮——银杏黄素,其结构于1941年被确定。20世纪60年代至80年代,国外又分离并鉴定了5种,皆以芹菜素(apigenin)3′8″位碳相连而成的二聚体,且含1~3个甲氧基。

黄酮类超临界CO_2萃取色谱法测定

该法利用超临界CO_2萃取技术的高效分离酶点,先将样品中各种黄酮类化合物分离,然后利用各种色谱分析仪器将黄酮化合物检测出来。该法近年来在国际上发展很快,在我国目前还处于探索阶段。

黄酮类分光光度测定法

此法设备价廉,操作简单,但样品未经纯化,易受花色素、鞣酸及其他碱性成分的干扰,误差较大,测定结果远远高于实际含量,测定方法为:样品用70%乙醇溶解,以$NaNO_2$、$Al(NO_3)_3$、为标准液用紫外分光比色法测定含量。

黄酮类高效液相色谱测定法

按进样方式可分为样品直接进样法测定、直接进样后多元梯度淋洗的"指纹分析";也有样品经酸水解,梯度洗脱分析测定主要水解苷元的含量后再通过计算求得总黄酮苷含量的方法。

黄酮类含量测定

①络合—分光光度法。此法设备价廉,操作简便,但样品未经分离纯化,受花色素、鞣酸及其他酚性成分的干扰,误差较大,结果远远高于实际含量。

$$\text{样品}\xrightarrow[\text{芦丁为标准溶液}]{70\%\text{乙醇溶解}}\xrightarrow{NaNO_2,Al(NO_3)_3}\text{紫外分光比色测定含量}$$

②衍生化—气相色谱法。设备较贵,操作烦琐,应用不普遍。

$$\text{样品}\xrightarrow[\text{双(三甲基硅烷基)三氟乙酰氨}]{\text{衍生化试剂}}\text{黄酮衍生物}$$

$$\xrightarrow[\text{分离测定}]{\text{气相色谱}}\text{结果}$$

③反相高压液相色谱法(RP-HPLC)。这是目前使用较多的方法。

$$\text{样品}\xrightarrow{\text{酸水解}}\text{黄酮苷元}\xrightarrow[\text{测定}]{\text{HPLC}}\text{苷元含量}\xrightarrow{\text{计算得出}}\text{苷含量}$$

④超临界流体色谱法(SFC)。是一种新技术,它结合了GC和HPLC的优点,近年来在国际上发展很快,目前我国还处在探索阶段。

黄酮类化合物的测定方法

当前用于黄酮类化合物的测定方法主要有分光光度法、高效液相色谱(HPLC)法、胶束动电毛细管色谱法、热喷雾液相色谱—质谱分析法等,以HPLC法应用最普遍且较准确。

黄酮类化合物的化学性质

银杏黄酮类化合物由于含有苯并γ-吡酮而形成β-烯醇酮结构的苷元,通常表现出酚类物质的特性,因而有人将它划为多环多元酚类。它的烯醇酮结构中酚羟基具有弱酸性,可与铁盐发生显色反应,还能与铝形成配合物,使光吸收长移,显较深的颜色,可用于鉴定黄酮类化合物(即铝盐比色法),同时酚羟基具有还原性,表现在提取加工过程中的氧化变色。

黄酮类化合物的提取

①有机溶剂、稀盐溶液一步提取法:取干叶粉末 2 g 分别倒进 40 mL 的甲醇、95% 乙醇、70% 乙醇、60% 丙酮和 3% $(NH_4)_2SO_4$ 中搅拌 30 min;经 3 500 r/min 离心 20 min 后收集上清液进行黄酮和蛋白质含量测定(3 次重复)。

②稀盐和 70% 乙醇二步提取法:取干叶粉末 2 g 倒进 40 mL 3% $(NH_4)_2SO_4$ 中搅拌 30 min,经 3 500 r/min 离心 20 min 后收集上清液(a),沉淀再加入 40 mL 70% 乙醇搅拌 5 min,经 3 500 r/min 离心 20 min,收集上清液(b),或者先用 70% 乙醇萃取后,收集上清液(b),再将沉淀 3% $(NH_4)_2SO_4$ 提取,收集上清液(a)。上清液(a)和上清液(b)分别进行黄酮和蛋白质含量测定。

③分级沉淀法:

鲜叶 50 g (干叶粉末 10 g) →[加 3% $(NH_4)_2SO_4$ 200 mL]→ 研磨匀浆(干叶则搅拌 30 min)→ 离心 20 min 3 500 r/min

→ 上清(1) / 沉淀 →[加 6% $(NH_4)_2SO_4$ 100 mL 搅拌 5 min]→ 离心 20 min 3 500 r/min

→ 上清(2) / 沉淀 →[加 75% 乙醇 100 mL 搅拌 5 min]→ 离心 20 min 3 500 r/min → 上清(3) / 沉淀(弃掉)

对上清(1)、上清(2)和上清(3)分别进行黄酮的蛋白含量测定(3 次重复)。

黄酮类化合物的物理性质

银杏黄酮类化合物通常可溶于有机溶剂和稀碱溶液中,而难溶或不溶于水。这是由于银杏黄酮类与糖结合生成苷元后,水溶性相对增大,一般可溶于热水、甲醇、乙醇、丙酮、醋酸乙酯中,而难溶于有机溶剂,如乙醚、石油醚和苯等。同时银杏黄酮类化合物分子中具有酚羟而显弱酸性,故可溶于碱性溶液,如吡啶、甲酰胺及二甲基酰胺等。

黄酮类化合物生物合成

通常来讲,类黄酮泛指两个芳香环通过 3 碳链相互连接而成的一系列化合物,包括黄酮类、黄酮醇类、花色素类等,由于花色素类在光吸上有其特点,一般将其单独列为一类加以研究。银杏类黄酮是一般意义上的黄酮类物质,是指除花色素外的一大类物质,包括单黄酮和双黄酮类。对黄酮类化合物合成途径的研究由来已久,在一些果实和花卉中有较多的研究,但以银杏为试材进行研究报道相对较少。借助于其他植物的研究,再结合近几年银杏的研究,基本弄清了黄酮类化合物在银杏叶片中的生物合成途径。黄酮类化合物由苯丙烷代谢途径合成,重要的步骤是在查耳酮合成酶(CHS)的催化下,3 分子的丙二酰—COA 和 1 分子的对香豆酰—CoA 结合形成第 1 个具有架的黄酮类化合物——查耳酮,查耳酮进一步衍生转化构成了各种黄酮类化合物。

黄酮类化合物药用机制

其活性与酚羟基的位置和数目、C_2 与 C_3 间的双键、两邻位 $C_3'C_4'$ 游离羟基、C_4 羟基等有关。黄酮类化合物的药理作用如为抗炎症、抗 cAMP 磷酸乙酯酶活性、抗组胺活性、抗超氧阴离子活性等就与上述结构有关。证实黄酮类化合物具有 SOD 活性。

黄酮类衍生化—气相色谱测定法

此法设备较贵,操作繁琐,应用不普遍,测定方法为:样品加衍生化试剂→黄酮衍生物、气相色谱分离测定→结晶。

黄土高原区

本区北到延安,南至关中平原北缘地区。包括渭北黄土高原区和黄土丘陵沟壑区南部地区,其中有黄桥山林区和崂山林区。本区属暖温带半干旱地区,土层深厚,光照资源十分丰富,植被覆盖率相对较大,年降水量在 600 cm 左右,年均气温 9~12℃。本区内银杏生长良好。平均高生长 >0.4 m。由于春季干旱,利于银杏花芽分化。如甘泉县白鹿寺附近银杏连续几年雌花满枝头,若能正常受粉,定会硕果累累。

黄土丘陵沟壑区

延安以北,榆林以南的黄土丘陵沟壑区北部地区,为陕西银杏生长的边缘区。榆林以北和西部的毛乌素沙区及其附近地区,由于干旱风沙大和冬季持续低温,不能栽植银杏。本区由于年均气温偏低(8.5~11℃),极端最低气温在 -26℃~-20℃ 之间,降水偏少(年降水量 450~600 mm),降水季节性很强,多集中在夏、秋季之间,春旱、春寒现象严重,对银杏的生长和结实都不利。栽培在本区的银杏虽能生长,生长量偏低,平均高生长 <0.14 m,且树势不旺盛;虽然结实正常,但种实发育较迟缓。榆林地区林业科学研究所朱序弼工程师从事引种试验数十年表明,榆林城被沙区所包围,冬季最冷期持续时间长,对银杏存活有严重影响,入冬后通过各种保护措施,均未成功。但在距沙区约 30 km 的黑龙潭,1989 年栽植十余株银杏,全都存活下来,而且经受了 1991 年严重低温冻害的考验。年均生长 0.25 m。目前已栽培数十株银杏,未出现枯梢、死亡等现象。本区内银杏也只能生长在背风向阳的川道,丘陵坡上则不宜栽植。幼树生长常需春季浇

水防冻,待成年根系发达后,方可减少管护。

黄叶和鼻祖
日本记载银杏最早的古籍是1 230年前奈良时代和尺平年间撰著的《万叶集》,此书中就有赞颂银杏"黄叶"和"鼻祖"的歌词,而"黄叶"一词就是现在泛指的银杏。

黄叶银杏
在春天和夏天均为黄叶。

灰分元素
干物质燃烧后,剩下的灰分中所含有的元素。燃烧时挥发到空中的水分占干物质的95%,灰分大约占5%。挥发物中主要是:碳、氢、氧。而碳约占干物质的45%,氧占42%,氢占6.5%,氮占1.5%。灰分中含有磷、钾、硫、钙、镁、铁、钢、钼、锌、硼等多种元素,都是主要的灰分元素。

灰指甲
银杏叶、忍冬藤各250 g,煎水后冲洗,一日两次。另外,利用银杏叶片还可制成防治小儿蛲虫病的银杏药垫,防治哮喘病的银杏叶背心等。

徽州银杏古树资源
徽州现有200~300年生的古银杏70余株,在歙县唐模村就有一株曾在树干上挂有"唐代古树,不可侵犯"的木牌,推算距今已有1 200年,树高21.5 m,胸围7.6 m,冠幅遮地面积1 000 m²,虽已老态龙钟,但长势壮,可谓当今树中长老。由于银杏根蘖力强,同一植株可萌生不同年代子孙,多代同堂相安无事,旌德县孙村乡管家村口就有"一母九子孙"的旺族,母株树高35 m,胸围6.4 m,周围萌生9株大大小小的子孙树,享尽天伦之乐,颇饶情趣。

回缩
对多年生侧枝短截称为回缩。适用于衰老程度重、结果枝组大部分衰亡、骨干枝条枝梢部分开始干枯残缺的树。回缩时除剪去衰老残缺的结果枝外,对骨干枝也按主、侧层回缩。回缩时只留原枝长的1/2至1/3,剪口直径不应超过5 cm(锯掉过粗的枝,对树生长影响很大),剪口下需有向上隐芽,剪口芽向上应留5 cm的枝段。回缩可使多年生枝改变生长势,改变发芽部位和延伸方向,改善通风透气环境。幼龄树需增加枝叶量,应适量回缩,进入结果期,可用回缩更新。

惠济寺里的三株银杏
惠济寺位于南京惠济寺公园,有三株堪称稀世之珍的银杏树。这三株银杏均为南朝萧梁时期昭明太子萧统在此读书时栽下的,距今已有1 400多年。最粗的一株银杏位于公园东北,名为"千年垂乳"。树高20.2 m,围径7.45 m,需7个成年人方可合抱。树枝上共有7条气根长成的巨乳,像乳头似的悬在空中。最大的气根长218 cm,直径30 cm,周长90 cm,气根悬在苍老的树干上,犹如悬在饱经沧桑的母亲身上,使人产生无限的景仰和神秘感。位于东南方向的银杏名为"撑天覆地"。树高24.7 m,围径7.4 m,因树干高撑天空,遮天蔽地而得名。每逢夏天,浓密的树荫覆盖地面半亩有余,可供千人乘凉。但"文化大革命"期间,这棵银杏的枝干无端遭到砍伐,眼下规模已大不如前。第三株银杏唤作"雷击复苏",位于公园的西北,树高23.9 m,围径4.7 m,此树与前两棵的不同在于,其树干挺直高耸,宛若一柱擎天。清咸丰年间,一场惊雷击毁了此树的半边躯干,数年后竟奇迹般复苏。如今,树干的下半身已空了一半,人们说,只要紧贴当年被雷劈过的部位向上观望,就可看到"一线天"的奇观。

"惠满丰"活性液肥
由美国核物理学家和各学科科学家经40多年研究的高科技产品。该产品是以多种腐植质酸盐为主体的有机肥,含有78种大量、中量和微量及稀土元素,通过高科技的络合、螯合等作用使各种元素能充分发挥各自的作用,其核心的物质科木,是土壤改良剂、活化剂和强还原剂,该产品能对任何土壤进行改良,使其成团粒结构丰富的肥沃土壤,从而减少1/3的化肥用量,解决世界粮食紧张问题。此液肥是高能量、高浓缩、高科技产品,且无毒、无公害,符合生产绿色食品的卫生要求。我国自1991年引进,通过吸收、消化后研制生产出符合我国国情的广谱活性有机液肥,全国有29个省、市、自治区建立了省级推广组织,江苏省1995年试验示范,1996年各市县基本建立了推广组织。近两年试验示范结果每亩喷100 mL 500倍液1~3次,小麦亩增36.6~79.0 kg,水稻1~4次亩增55.9~110.0 kg,棉花2~5次亩增13.2~31.25 kg皮棉,大蒜1~3次亩增41~142 kg,平菇1次增产28%~100%,蔬菜1~3次增产28%~68%,个别品种增产100%以上。使用该产品,不但产量增加10%~60%,且生育期提前,减少了病虫害,和农药的残留量,又提高了内在品质(果品糖酸比增加),增强了耐储性,从而提高了出口率。农民称为"神水",专家们称之为"农业希望之星"。

混合芽
含有花、叶及茎原基的芽,即生长出具叶片和花的芽。

混合样品
由同一种子批随机抽取的全部初次样品混合而成。又称原始样品。

混交和纯林生长调查表

混交和纯林生长调查表

单位:cm

样地号	标准株号	混交林					对照		
		银杏			青梅		银杏		
		树高	干粗	冠幅	树高	冠幅	树高	干粗	冠幅
Ⅰ	1	310	8.0	520×460	190	320×300	250	6.3	500×250
	2	360	10.0	530×450	200	400×350	260	5.0	260×240
	3	280	8.6	480×360	250	370×360	240	4.6	220×170
	4	340	8.6	500×460	180	410×320	270	6.5	310×300
	5	240	8.0	390×360	180	380×360	270	6.5	310×300
Ⅱ	6	280	8.4	450×570	190	380×310	280	7.1	420×380
	7	260	7.5	310×280	190	350×300	310	8	530×460
	8	350	8.0	520×480	220	360×310	210	4.8	250×220
	9	330	8.0	500×460	210	370×320	280	7.8	460×410
	10	280	8.2	430×430	180	410×380	260	6.9	320×270
Ⅲ	11	320	8.1	500×490	190	400×360	300	8.5	470×390
	12	300	7.9	430×420	200	360×300	250	6.5	320×280
	13	250	7.8	450×410	170	380×320	240	5.1	240×210
	14	360	8.2	470×460	200	400×340	240	5.5	240×230
	15	320	7.9	400×390	190	350×310	250	6.5	250×230
	平均	305	8.2	458×418	196	372×329	260	6.3	330×286

注:2000年10月调查,干粗为接口向下5cm处。

混交林根系分布

混交林根系分布

根系(cm)	土层深度(cm)	银杏		青梅		备注
		根数(条)	不同层次根数(%)	根数(条)	不同层次根数(%)	
0.1以下细根	0~20	15.48	56.81	22.61	68.43	此表数据系15个土坑平均数(80cm)宽壕沟壁根分布状况
	21~40	8.26	30.31	9.37	28.36	
	41以下	3.51	12.88	1.06	3.21	
	合计	27.25	100	33.04	100	
0.1~1.0粗根	0~20	3.71	31.2	6.15	62.50	
	21~40	5.83	49.03	3.07	31.20	
	41以下	2.3s	19.77	0.62	6.30	
	合计	11.89	100	9.84	100	

混农林业模式

  混农林业模式即以林业(银杏)为主体的复合经营模式,它克服纯银杏园前期无效益或经济效益很低的缺点,实行空间多层次,时间长中短,效益接力型,以短养长,提高效益。这是当今发展高产高效优质林业的一个方向,特别是人多地少地区,应科学规划,合理布局,选准间作品种。目前果材两用园中常用的模式有6种:①作物型,间作时间长。②银杏—水果—农作物型,农作物间作时间短。③银杏—苗木型,间作时间长。④银杏—桑园型,间作时间长。⑤银杏—经济作物型,间作时间长。泰兴市农科所根据该市高砂土的土壤特点,设计了4种高效利用模式:春马铃薯—花生—绿豆—青蒜;洋葱—花生—小青菜;地刀豆—茄子—青蒜;青花生—大白菜—冬青菜。⑥银杏—银杏(以叶为主)型,间作时间较长。其他的如庭院栽植及银杏林带的合理间作,参照以上6种模式。

混植

  银杏与其他树种规划或不规划的混交。适栽于广场四周和草坪边缘。这是景观设计中常用的技艺。如与枫类树种星点搭配，深秋金黄色的银杏与"霜叶红于二月花"的枫树交相辉映，其自然景色便显得格外妖娆；如与柿子树、山楂、海棠等树种配置，于夏末秋初之时，给人以秋风乍起、硕果累累的丰收之感。如江苏邳州市港上镇的"天下银杏第一园"的景观。

活动积温

某一发育时期或全部生长期中活动温度的总和。活动温度的总和就是该发育期的活动积温。以活动积温为指标，可以对生长的热量条件进行农业气候鉴定，并且可以确定引种新品种生长和成熟的可能性。

活化石

有广狭两义。广义的，凡地质历史上所发生的，至现代还生存着的动物或植物，都叫活化石。狭义的活化石与现代孑遗生物的意义相近。现代孑遗生物一定都是活化石，如熊猫、银杏、水杉，但所有的活化石不一定都是孑遗生物，如腕足类的舌形贝，寒武纪开始出现，至现代还广布于多种海域中，未见它即将灭绝的趋势，故它虽然是著名的活化石，却又是孑遗动物。"活化石"一词，最早由英国生物学家查尔斯·罗伯特·达尔文(Charles Robert Darwin, 1809—1882)提出。

火神庙银杏

该树坐落在怀柔区政府前街北侧，原址火神庙，现林业局办公楼前。树高20 m，胸径77 cm，树冠东西8.5 m，南北8.5 m。据群众推断，树龄约350年，其特征是树冠饱满，长势旺，枝繁叶茂，无病虫害，总体树势为旺盛时期。现生存环境优美、地势平坦，土壤为黑砂土，水分充足。火神庙建于明朝，清康熙辛丑年(公元1661年)。怀柔知县吴景果编写的《怀柔县志》有图文记载。日本侵华后，火神庙被拆除，扩建县政府，1985年又将此地改建农口办公楼。1987年以来有专人管护，建围栏直径8 m。每年施肥、浇水，总投资1万元。通过养护管理，该附新梢长出10 cm左右，叶色碧绿，长势良好。

J j

机械采叶

可试用往复切割式采叶机采收。分手动、机动和电动三种。据资料介绍，手动采叶机每小时可采叶20 kg，机动或电动的可采45 kg。芽、叶完整率可达70%以上。至于化学落叶法，不宜提倡。其一，催熟必然影响叶色和药用成分的含量；其二，落地的叶子还得用人工去收拾，影响质量。

机械调制脱皮法

机械调制脱皮法是指进行外种皮脱离的工具是机械而不是人工。该方法的优点是具有较高的调制工作效率和较低的种核破损率，对人体伤害小。如广西灵川、江苏泰兴生产的银杏脱皮机，每小时可调制银杏种核50 kg，种核的破损率仅为0.5%左右。经过堆沤或浸泡的银杏，使用银杏脱皮机进行外种皮的脱离效果更佳。完全成熟的种实也可以应用洗衣机进行外种皮的脱离。

鸡眼

银杏叶微火焙干，研末，用米粥调和，贴患部，每日换帖一次。

积温

银杏在生长发育持续期内逐日累积温度的总和。当温度积累到一定程度时，银杏才能完成其发育周期。积温作为银杏对热量需求的指标，可为银杏生产充分利用热量资源提供科学依据。凡高于生物学最低温度的日平均温度称活动积温。银杏在某一发育期或全部生长期内活动积温的总和也称活动积温。活动积温与生物学最低温度的差值称有效积温，即银杏在某一发育期或全部生长期内有效温度的总和。

基肥

对于银杏来说，秋季至春季萌芽前应向土壤中放入肥料。基肥以有机肥为主，是可较长时间供给银杏多种养分的基础肥料，如厩肥、圈肥、堆肥、复合肥、渔肥、血肥和腐殖酸类肥料等。施入土壤中的基肥逐渐分解，不断供给银杏大量元素和微量元素。施基肥时也可加入适量的速效肥和尿素、过磷酸钙等，肥效更好。基肥是增加银杏园有机质的主要途径，有利于改善土壤的理化性质，有利于促进有益微生物的活动。施肥时可附加一些作物秸秆、杂草、枝叶等有机物。基肥施用时期以秋季效果较好，此时正值根系生长的高峰期，损伤根系容易愈合，又可促发部分新根。秋施基肥，有机物分解时间较长，矿质化程度高，翌春可及时供给根系吸收利用。基肥一般采用深施方法，如沟施或全园撒施后再深翻土中。

基肥量对苗木生长的影响

基肥量对苗木生长的影响　　单位：cm

调查地点	施足基肥（Ⅰ）		施足基肥（Ⅱ）		未施足基肥	
	地径	苗高	地径	苗高	地径	苗高
浏阳市柏加乡	0.65	19.3	/	/	0.40	15.8
长沙县团然乡	0.61	18.1	0.62	18.5	0.35	15.1
资兴市黄草镇	/	/	0.67	20.3	0.38	14.7

基极

维管植物幼胚的一极，即未来发育为根端和胚柄或基足的一端。

基因

基因一词首先由丹麦植物学家、遗传学家约翰逊提出，用来指奥地利遗传学家孟德尔在豌豆试验中所发现的遗传因子。美国实验胚胎学家、遗传学家摩尔根和他的学生在果蝇研究中发现各个基因以一定的线性次序排列在染色体上，从而建立了遗传的染色体学说。一个基因是核酸或核蛋白的一个微小片段。基因的主要功能是编码蛋白质，也就是说决定特定蛋白质的一级结构。生物的一切性状几乎都是许多基因以及周围环境的相互作用的结果。基因首先在真核生物中发现，而真核生物的染色体都在细胞核中，所以基因是核基因或染色体基因的同义词。线粒体、叶绿体等细胞器中也存在着编码某些蛋白质的遗传因子。为了区别于核基因,这些基因称为"线粒体基因""叶绿体基因"或统称为"细胞质基因"。

基因工程

人类驯化野生植物和改良作物品种的历史几乎和人类文明的历史一样源远流长,人们利用传统的育种方法已经培育出各种农作物品种。但是,传统的育种方法存在着许多不足之处,例如,培育新品种所需的时间较长,过程烦琐,需耗费大量的人力和物力,而且通过杂交获得优良品种的方法容易受到亲本材料的限制,如远缘亲本难以杂交,即便能杂交也难以从性状分离的后代群体中选择到具有理想性状的重组表型。这些不足在木本植物上表现尤其明显,而植物基因工程则为解决这些问题提供了新的思路和方法。所谓基因工程是指在体外将核酸分子插入病毒、质粒或其他载体,构成遗传物质的新组合,并使之掺入到原先没有这类分子的寄主细胞内,并能持续稳定地繁殖。利用植物基因工程育种,可以不受作物亲本的限制获得所需性状;可以在一种植物中表达另一种植物甚至动物的基因;转入的带有所需性状的基因一般不会妨碍植物原有的优良性状的表达。DNA重组技术是对植物进行基因工程操作的基础,很多在微生物系统中行之有效的表达载体和基因转移系统也可用在某些植物细胞中;更重要的是大部分植物细胞具有全能性,即可以由单个细胞再生出完整植株。因此,经基因工程改造过的单个植物细胞就可以再生成为完整的转基因植株。当这些转基因植株开花结实时,所改变的遗传性状就可以通过种子遗传给下一代植株了。转基因植物主要应用在以下几个方面:一是提高植物的农业价值和园艺价值;二是充当某些重要蛋白质和次生代谢产物的廉价生物反应器;三是研究基因在发育及其他生理生化过程和代谢途径中的作用。

基因库

在任一有性繁殖的生物群体中,所有具有繁殖能力的个体所含有的全部基因或遗传信息的总和即为基因库。从广义上说,凡为育种提供原始材料,广泛收集和保存野生种和栽培品种的基地,也称基因库。目前,南京林业大学建有国内比较完整的银杏种质资源基因库,保存银杏种质资源五百余份。

基因排序

编码基因由于受到功能约束,其排列较为容易。而核糖体基因的排序则较为烦琐。在nuSSU和mtSSU基因排序中,去除那些无法确定为同源基因的序列。在线粒体核糖体基因中还存在RNA编辑现象,但由于相对位点较少,目前的研究并不全面深入,在排序过程中并未予以考虑。最后形成的序列矩阵中,nuSSU基因有1 372 bp,mtSSU基因有1 386 bp,atpA基因有1 265 bp,atpB基因有1 417 bp,coxI基因有1 422 bp,psaA基因有2 166 bp,psbB基因有1 522 bp,rbcL基因有1 372 bp,最后多基因总长为11 922 bp。

基因收集

根据银杏为雌雄异株、分布范围广、经济性状多的特点,确定以收集本地资源为主,突出银杏三大产区(江苏、广西、山东)兼顾散生资源的收集范围,并以核用资源为主要收集对象。

收集的主要标准如下:①核大质优,单核重2.5 g以上,出核率22%以上,出仁率75%以上,核色洁白或乳白,种仁饱满。②丰产稳产,母树株产(核)30 kg以上或以树冠投影面积计0.3 kg/m^{2}以上,连续3年产量变化幅度在30%以下。③树体健壮、结实早、抗性强、适应性广。

按上述标准,共收集银杏基因100份,其基本情况是:①收集范围广,其中国内99份,日本1份。国内分布于5个省,15个县市,三大产区占66%。②品类齐全,其中佛指类占34%,马铃类占34%,圆子类占12%,长子类占4%,梅核类占15%,并包括国内推广的著名品种(如灵川大佛手、潮田大白果、邳州市大龙眼、家佛指、大梅核、大马铃、大金坠等)和稀有品种(如扁金坠、尖顶佛手等)。③从树龄上看,500年生以上的占5%,100~499年生的占26%,50~99年生的占52%,49年生以下仅占16%,且母树树龄最小的也近20年生。④母树嫁接树的占85%,实生树的占15%。

基因图

基因在染色体上的分布情况和相对位置。通常通过测定突变基因的重组频率来决定,也可用原位杂交、脱氧核糖核酸重组和顺序测定等技术测定基因的精细结构。目前某些科研机构正在研究银杏的基因图。

基因型

即"遗传型"。

基因转移

在遗传工程中,用人工方法把基因从一种生物体转移到另一种生物体的工程。

基质

常用的扦插基质有细河沙、蛭石、珍珠岩、砂壤土、砂土、炉灰渣和炭化稻壳等。砂土、砂壤土生根率极低,使用得不多。河沙普遍使用,材料易得,价格也低,但生根率低于蛭石和珍珠岩。炉灰渣(颗粒直径<1.0 mm

>0.5 mm)和稻壳价格低,原料丰富,炭化后与细沙混合使用(沙与炉灰渣的比例为1∶1或1∶2),生根率极高,只是制备时费事。不论采用何种基质,扦插前,一定要用水冲洗干净(砂土、砂壤土例外),再用药剂消毒。

基质对插穗生根的影响

基质对插穗生根的影响

扦插基质	扦插年份(年)	生根率(%)		平均侧根数(条)	最大根长度(cm)
		当年平均值	2年平均值		
粗河沙	1993	95.78	94.11	14	7.0
	1994	92.44			
细河沙	1993	90.89	90.34	13	6.2
	1994	89.78			
腐殖质土	1993	5.22	4.56	6	9.7
	1994	3.89			
蛭石	1993	11.78	13.5	8	6.6
	1994	15.22			

激素对切芽生根率的影响

激素对切芽生根率的影响

项目 处理	药液浓度	浸泡时间	扦插株数	扦插时间	检查时间	成活株数	成活率(%)
ABT生根粉	100×10^{-6}	1 h	700	1996.7.3	1996.10.28	627	89.57
吲哚乙酸	$1\,000 \times 10^{-6}$	10 min	700	1996.7.3	1996.10.28	581	83.00
萘乙酸	300×10^{-6}	10 min	700	1996.7.3	1996.10.28	563	80.42
赤霉素	0.5×10^{-6}	30 min	700	1996.7.3	1996.10.28	534	76.29
对照	清水	12 h	700	1996.7.3	1996.10.28	276	39.43

吉林的银杏

长春森林植物园及长春市园林部门在斯大林大街栽植的银杏行道树生长良好。四平市市区有400株胸径40~50 cm的银杏树。在南部的集安市,20世纪80年代有零星引种,无冻害及病虫害。1983年临江市林业局从沈阳引入15株三年生银杏幼树,栽植于林业局大院内,1995年调查,树高5.2~6.3 m,胸径7~8 cm,长势良好。

吉林似银杏

吉林似银杏 Ginkgoites chilinensis Lee。生长地点:吉林。地质年代:申晚侏罗纪。

吉姆斯里姆

原株在俄亥俄州的肯特,1968年由科尔苗木公司引入Holden植物园。雄株品种,圆锥形树冠。

极性

银杏树体离体部分的两端具有不同生理特性的现象。如扦插的枝条,无论正插或倒插,通常都是原来的下端长根,上端长枝叶。银杏生产上的扦插,应注意极性关系,无论枝插或根插均不宜倒插。

集约栽培

银杏园经营管理的一种方式。应用先进农业技术,采用优良品种,实行精耕细作,以获取单位面上最佳经济效益的银杏园经营方式。集约栽培在不同经济水平与不同的历史阶段,内容并不完全相同。其基本特征是严格按照区域规划栽培,选择当地最优良的品种,最好的土壤改良和基本建设,建园前采用深耕,采用优良苗木或植株建园,建立排灌系统,管理科学化和技术标准化,配方施肥,实行行间种植牧草,机械化程度较高,确保银杏种植和叶片商品质量,增加银杏种植的经济价值,降低管理成本,达到经济、社会与生态效益的高度一致,精确农业也应是集约栽培的高级形式。

技术措施增产率

这项指标是用于考核和衡量银杏生产过程中采用各种技术措施的经济效益。

如:银杏施肥的增产率 $= \dfrac{\text{施肥区产品产值}}{\text{未施肥区产品产值}} \times 100\%$

继代培养基成分对银杏成熟胚愈伤组织生长和分化的影响

继代培养基成分对银杏成熟胚愈伤组织生长和分化的影响

培养基代号	基本培养基	培养基成分(mg/L)					接种愈伤组织块数	生长和分化的情况
		细胞分裂素 BA	生长素 2,4-D	NAA	CH	CM		
1	MS	1	1	1	300		40	淡绿色、疏松愈伤组织维持生长
2	White	1	1		300		24	淡绿色、疏松愈伤组织维持生长
3	White	1	0.5		300		28	淡绿色、疏松愈伤组织维持生长
4	White	1	0.4		300		29	淡绿色、疏松愈伤组织维持生长
5	White	1.5	0.5		300		24	淡绿色、疏松愈伤组织维持生长
6	MS	2	0.5		300		30	转变为致密愈伤组织并分化出胚状体
7	MS	2	0.5	0.5	300		23	淡绿色、疏松愈伤组织维持生长
8	MS	2.5		0.5	300		19	部分愈伤组织发生褐化、生长缓慢
9	White				300		26	愈伤组织大部化褐化死亡
10	White					20%	38	愈伤组织大部分褐化死亡

寄主

寄生物所寄生的动物或植物。

夹带剂对白果油萃取率的影响

添加石油醚作为夹带剂,夹带剂的添加量以10 mL进行比较试验。白果油得率为7.11%,大于5.20%。由此可见,夹带剂的添加对萃取率有较大影响。夹带剂的添加改变了超临界CO_2流体的极性,根据相似相溶原理,增加了对油脂的溶解能力,从而提高了白果油的提取率。

家白蚁

家白蚁 Coptotermes formosanus Shiraki。白蚁是世界性大害虫。我国除新疆、青海、宁夏、内蒙古、黑龙江、吉林外,全国24个省(直辖市、自治区)均有白蚁分布,一般长江以北地区种类少、危害较轻;长江以南地区种类多,危害严重。目前已查明,各地危害银杏的白蚁种类有:黄胸散白蚁(Reticulitermes speratus Kolbe)、黑胸散白蚁(R. chinensis Snyder)、黑翅土白蚁(Odontotermes formosanus Shiraki)、黄翅大白蚁(Macrotermes barneyi Light)、家白蚁(C. formosanus Shiraki)等。其中以家白蚁危害最严重。家白蚁又名台湾家白蚁,属等翅目鼻白蚁科。家白蚁可蛀害树干,并可在树干中筑巢,从而导致树势衰弱,生长不良,轻则枝叶黄化、枯顶、落果、枯枝,重则风折或整株枯死。广西灵川县银杏老树受白蚁危害率为4%,每年因白蚁危害造成白果失收量达8 000 kg。

防治方法:①灯光诱杀:在白蚁分飞时期,在有蚁巢银杏树附近设置黑光灯等强灯光,灯下放置一盆清水,成虫趋光落水而死,清水中加入敌敌畏或柴油等

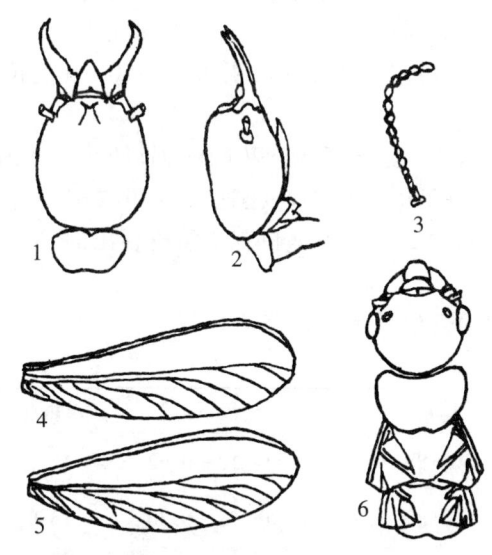

家白蚁
1.兵蚁及前胸背面　2.兵蚁及前胸侧面　3.兵蚁触角
4、5.有翅成虫前后翅　6.有翅成虫头、胸背面

诱杀效果会更佳。也可使用高压诱虫灯,电击杀死成虫。

②毒饵诱杀:广东用蔗粉或桉树皮粉经蜜黏褶菌处理后再加灭蚁灵制成袋状诱杀包。浙江用粉碎的蕨:菠萝:灭蚁灵:糖(4:2:1:1)制成诱杀袋。在白蚁活动的林地随机设点,铲去表土铺一层白蚁喜食的枯枝杂草,放上诱杀袋后再用杂草、薄土覆盖。每公顷投放毒饵约0.9 kg。

③喷药灭杀:采用打洞喷药的方法,可有效杀灭蚁巢内白蚁。先在树干基部(离地面40~60 cm)用木工钻等工具在不同方位打2~3个洞,洞深至蚁巢,然后用胶球喷粉器向洞内喷0.5%毒死蜱粉,并用泥封

口。也可从分飞孔或蚁路、排积物破口喷药,通过白蚁相互舔吮和哺喂等习性,使有毒粉剂传递扩散到全巢,达到杀灭蚁群的目的。

家庭自制银杏茶

据医药科学家们测定,银杏叶中含有170种以上黄酮类和萜内酯类等化合物,另外还含有25种微量元素和17种氨基酸。这些药用成分的临床实践表明,银杏叶提取物是治疗脑血管和心血管动脉硬化、高血压、糖尿病、脑卒中、各种恶性肿瘤、阿尔茨海默病等多种疾病的首选药物。同时这些药用成分是促进人体新陈代谢,增强人体免疫力,降低血清胆固醇,解痉抗过敏,消炎抗菌,延缓肌体衰老,美容保健等作用。银杏叶茶属纯天然保健茶。

具体自制方法:

①采叶。8~9月份的每日上午,当露水蒸发掉以后,在2~5年生的幼树上,采摘银杏幼树主干及侧枝中部以下的绿色叶片,然后用清水冲洗2~3遍,摊在席上晾干,再用切菜刀切成宽0.8~1.0 cm的长条,以备炮制。

②杀青。选干净无异味的铁锅,加热至锅底呈现灰白色时(280~300℃),迅速投入切成条的青叶,盖上锅盖焖约1 min,见锅口有水蒸气冒出时,立即拿掉锅盖,用双手迅速从锅底翻抓青叶条,并均匀抖散在锅底,使青叶条全部接触锅底,受热均匀,待青叶条青草味消失,呈无光泽的暗绿色,青叶条非常柔软,手握成团,略有弹性时,出锅后倒在席上摊晾。

③搓揉。杀青后的青叶条,当余热未尽时,用手握成团,在洗衣搓板或粗糙的石面上,向同一方向用力反复滚搓。用力愈大,反复次数愈多,条状茶型愈佳。

④炮制。将搓揉成长条形的茶叶,放入170~190℃的锅内再行翻炒,将叶团全部抖开,使其滚炒均匀,如此重复约20 min,当手摸茶条有一种成型变硬的感觉时,出锅摊晾在席上,回潮变软。

⑤复炒。将锅加热至90℃,投入晾凉后的茶条,进行复炒,然后逐渐撤火降温,轻翻防碎,炒至茶叶烫手时取出,冷却后装袋,即成成品茶。

银杏叶保健茶应置于阴凉干燥处,切勿与异味物和污染物混放,以免改变银杏茶的芳香气味。

银杏叶保健茶茶叶味清香爽口,下色速度快,汤色黄绿,先带苦头,后带甘润,老幼皆宜,冷热均可饮用,同时也是馈赠亲朋挚友的高级礼品。

家系

单株银杏木经自由授粉产生的子代,或由两个亲本树木经控制授粉产生的子代。

家系间银杏生长指标的变异

家系间银杏生长指标的变异

家系	树高(cm)	地径(mm)	单株生物量(g)	家系	树高(cm)	地径(mm)	单株生物量(g)
1_1	40.18±2.09	14.12±0.92	16.26±0.86	3_1	42.72±2.50	15.40±0.51	18.18±0.74
1_2	34.48±1.26	15.68±0.30	15.99±0.34	3_2	41.10±2.05	14.80±0.54	16.02±0.66
1_3	37.45±1.26	15.41±0.63	15.90±0.57	3_3	44.47±0.87	16.81±0.24	20.73±0.17
1_4	29.62±0.86	14.66±0.62	12.0±0.08	3_4	32.96±1.02	14.90±0.54	14.31±0.05
1_5	27.01±0.95	14.39±0.32	12.60±0.20	3_5	31.45±1.34	13.91±0.30	12.54±0.17
1_CK	28.26±1.59	15.84±0.27	11.64±0.38	3_CK	28.51±1.38	14.49±0.29	13.14±0.30
2_1	36.18±1.59	14.41±0.42	12.72±0.62	4_1	36.38±1.76	16.55±0.46	17.64+0.26
2_2	29.70±0.68	14.09±0.52	12.54±0.32	4_2	40.95±2.00	15.15±0.39	16.44±0.69
2_3	35.52±2.00	15.70±0.52	16.05±0.33	4_3	35.74±2.45	15.93±0.28	16.17±0.71
2_4	31.68±0.65	14.04±0.27	10.98±0.16	4_4	38.7±1.60	15.61±0.26	16.35±0.39
2_5	27.14±1.38	13.52±0.32	11.22±0.45	4_5	29.78±0.64	12.48±0.16	11.52±0.09
2_CK	30.42+1.25	15.89±0.31	14.40±0.13	4_CK	34.68±1.59	14.30±0.53	11.16±0.43

家系生长性状和生理指标的相关系数

家系生长性状和生理指标的相关系数

	苗高	地径	硝酸还原酶	过氧化物酶	超氧化物歧化酶	多酚氧化酶	可溶性蛋白	可溶性糖
单株生物量	0.8343*	0.7322**	0.6308**	0.1375	-0.1006	-0.4050*	0.1250	-0.1362
苗高		0.4758**	0.7609**	0.0878	0.0363	-0.5313**	0.1794	-0.0253
地径			0.1915	0.1302	-0.0045	-0.0858**	-0.1086	-0.2411
硝酸还原酶				-0.0960	0.0282	-0.4584*	0.2786	0.0293
过氧化物酶					0.1066	-0.1531	-0.5174**	0.1979
超氧化物歧化酶						0.0369	0.3287	0.3591
多酚氧化酶							0.0563	0.0242
可溶性蛋白								0.0080

*,**表示相关系数达到显著或极显著差异水平。

家系选择

对入选优树的子代(半同胞或全同胞)分别进行鉴定，并根据子代性状的平均表现，挑选优良家系，淘汰不良家系的过程。在家系内进一步挑选优良植株，称为家系内选择。

家畜粪尿

畜粪是饲料经过消化后，没有被吸收而排出体外的固体废物，其中主要是纤维素、半纤维素、蛋白质及其分解产物、脂肪、多种有机酸、酶和各种无机盐类。畜尿是饲料中的营养成分被消化吸收，进入血液经过新陈代谢后而以液体形式排出体外的部分，主要含有尿素、尿酸、马尿酸以及钾、钠、镁等无机盐类。从各种畜粪尿成分比较来看，羊粪中氮、磷、钾含量最多，猪、马粪次之，牛粪相对较少，畜尿中的氮和钾一般都高于畜粪，因此要重视畜尿的积存。

甲草胺(拉索)

甲草胺是一种具选择性的苗前除草剂。纯品为白色，熔点40~41℃，水溶性差，可溶于多种有机溶剂，不易挥发和光解。在土壤中可被微生物降解，不会残留而影响下茬作物。对金属无腐蚀作用，对人、畜低毒，人的皮肤接触后有刺痒感觉，能引起轻微红肿。

甲草胺通过杂草的芽鞘吸收进入体内，抑制杂草体内的蛋白酶活性，阻碍蛋白质的合成以杀死杂草。受害杂草表现症状是根生长受抑制，次生根明显减少，地上部停止生长，心叶卷曲，扭向一侧，最后杂草死亡。可防除稗草、狗尾草、马齿苋、马唐、画眉草、鸭舌草、藜等杂草。

使用方法是先将圃(园)地铲平，表土细平湿润可节省药液量。在杂草种子萌发前喷于土壤表面，使药液在土表形成一层药膜，杂草种子发芽拱出土表与药剂接触中毒死亡。每亩地用43%乳油0.5 kg，加水50~75 kg充分搅拌相互溶合后，均匀喷于土表。喷药后尽量不要破坏土表药膜，以提高药效。相隔半个月后再喷一次。

甲草胺(拉索)施用方法

甲草胺是一种低毒酰胺类选择性除草剂。它可以被杂草种子吸收，体内传导，使嫩芽、幼根停止生长。适宜旱地除草，对马唐、稗草、狗尾草、蟋蟀草、千金子等一年生禾本科杂草及菟丝子、马齿苋等双子叶杂草特别有效。使用剂型为48%乳油。砂壤土每亩用量150~200 mL、壤土200~250 mL、黏土250~300 mL、覆地膜150 mL、露地用药200 mL。兑水30~40 kg，均匀喷于土表。发芽前使用，不得耙地。本品能分解聚氯乙烯等塑料制品，忌用塑料制品配制、施用。3月20日施用，对1年生禾本科杂草防治率达98%。

甲霜灵

甲霜灵，又称瑞毒霉、雷多米尔、甲霜安。本药属低毒，是一种具有保护、治疗作用的内吸性杀菌剂，可被银杏根、茎、叶吸收，并随银杏体内水分运转而转移到银杏的各器官，可以做茎、叶处理，种子处理和土壤处理，对霜霉菌、疫霉菌所引起的病害有良好的防治效果。主要剂型有25%甲霜灵可湿性粉剂、35%粉剂、5%颗粒剂。苗期立枯病，用200~400倍液喷雾。本药长期单独使用易产生抗药性。除土壤处理能单独施用外，一般都应与其他杀菌剂复配使用。本剂目前尚无解毒的特效药，因此，在使用时应加强安全防护。手和皮肤接触药液后，用水冲洗15 min。

钾

钾虽不是有机体的组成部分，但对维持细胞原生质的胶体系统和细胞液的缓冲系统具有重要作用。钾与植物的新陈代谢，碳水化合物的合成、运转和转化有密切的关系，又可促进氮的吸收和蛋白质的合成。钾是铁和某些酶的活化剂，能促进树体的同化作用，加强营养生长,促进种子成熟,提高种子品质。同时,钾还能促进新梢成熟,机械组织发达,提高树体抗寒、抗旱性以及抗高温和抗病虫害的能力。据研究,叶片中钾的含量与种子体积的大小成正相关。钾素不足时,银杏不能有效地利用硝酸盐,降低新陈代谢的作用,使单糖在叶片中的积累增加,影响光合作用的正常进行,减弱碳水化合物的形成,从而使根和枝加粗生长缓慢,新梢细弱,树体停止生长过早,叶尖和叶缘常发生褐色枯斑,易遭真菌为害,降低种子的产量和品质。严重缺钾时,叶片从边缘向内枯焦,向下卷曲而枯死。缺钾时,老叶先受害,出现黄斑;相反地,钾素过多时,由于离子间的竞争,使银杏的生理机能遭到破坏,影响树体对其他元素的吸收和利用,从而出现缺素症。钾素过多,还会使根系对镁的吸收受到抑制。树体内钙的含量相对降低。晚秋,银杏落叶后进入休眠期,钾转移到根部,并有一部分回到土壤中。

钾的生理功能

钾在银杏体内的含量仅次于氮和钙,银杏干叶片中钾的含量变化范围为 0.65% ~ 1.4%。钾是多功能元素,与氮、磷等元素不同,不参与银杏植株体内有机物的组成,却是其生命活动不可缺少的重要元素之一。钾在维持细胞膨压和调节水分、参与膜运输和电荷补偿、活化酶及稳定蛋白质构成等方面起着重要作用。所以,钾影响银杏的光合作用、呼吸作用、氮代谢,还影响银杏抗性及银杏的产量和品质。钾不足时,银杏不能有效地利用硝酸盐,影响碳水化合物的运转,从而降低光合作用,根、枝加粗生长缓慢;严重缺钾时,叶片从边缘向内枯焦,向下卷曲而枯死。由于钾易移动,所以,缺钾首先表现在成年叶片,然后发展到幼叶上。钾过多时,则影响其他元素(如钙和镁)的吸收和利用。

槚如酸类似物

银杏内酯酸(Ginkgolide acid, m = 7, n = 5; m = 11, n = 3)、白果酚(Ginkgol, m = 7, n = 5)、槚如酸(Anacardic acid)。

假死现象

移栽银杏树,常有部分苗木经过几个月才能吐绿,有些要到次年甚至隔年才能长出新芽。苗木规格越大,这种现象越明显。这就是银杏树的假死现象。其根本原因在于银杏树的根系伤口愈合很慢,新根生长自然就迟,树体难以及时获得所需水分和营养。解决这个问题的根本办法,只有在起苗时多加小心,尽量避免少伤根,如需长途运输,根部还得带上相当于树体主干地径 6 ~ 8 倍的土球。栽树时,最好用营养水浸根或在渗坑水中溶入营养剂。苗木栽好以后,一定要立即灌水,随时补水,这是防止假死现象,保证苗木成活的关键措施之一。移栽后如果发现没及时吐绿的苗木,只要枝条柔软未枯,树干皮层绿色未变,就万不可贸然拔掉,只要及时灌溉补水,始终保持土壤湿润,若有条件最好能同时给树体吊瓶注水,假死的苗木一般都会枯木逢春。

假托勒利叶属

假托勒利叶属 *Pseudotorellia* Florin。叶革质,全缘,呈线形至狭舌形,或多或少地弯曲,从不分裂,最宽处在中部或更高处,顶端宽圆,向基部慢慢狭缩,但很少呈狭柄状;基部略扩张,叶脉在基部做两歧分叉,向上近平行。

假植

将苗木的根系用湿润的土壤进行暂时的埋植。目的是防止根系干燥,保证苗木质量。秋季起苗后要通过假植越冬,叫越冬假植;起苗后因造林时间未到或其他原因不能立即栽植,要经过短时间的假植叫临时假植。越冬假植时须选择排水良好、背风和阴凉的地方,与主风方向垂直挖沟,迎风面的沟壁做成斜壁。将苗木单株地排列在斜壁上,再用湿润的土壤把苗木的根系和茎的下部埋住,为防止透风可稍加镇压,如果土壤较干要适当浇水。在北方冬季风大寒冷地区苗梢可用秸秆覆盖。落叶树种在北方冬季寒冷的地区要把苗木全埋在沟里效果良好。假植期间应经常检查,如发现覆土下陷,苗木有干梢或发霉现象,应及时进行培土、灌水或掘出另行假植。临时假植数日,可将苗木成捆地排列在斜壁上,用湿润土把根部埋住即可。

假植

嫁接

将银杏的枝或芽接在另一株银杏的根、苗干或树干上使之愈合,成为独立的个体的方法。嫁接可使繁殖的后代保持品种固有的优良特性,无性杂交育种时合理嫁接组合起蒙导作用,可加强亲本的特性,并能提早结实和达到早期丰产。在银杏生产中普遍应用,在其他林木育苗和育种工作中也常应用。其成活原理主要在于砧木和接穗结合部分的形成层细胞有再生能力,能产生愈合组织和输导组织,而成活率的高低又决定于砧木和接穗双方的亲和力,嫁接时期和嫁接技术。

而银杏是种内嫁接,一般成活率较高。嫁接方法分为枝接法和芽接法两大类。

嫁接不亲和

砧木与接穗经过嫁接后不能愈合或愈合不正常,影响正常生长发育。由于亲和力弱导致穗砧粗度不一致,或完全不能亲和,直至死亡。

嫁接成活

砧、穗双方的导管、筛管相连,水分和养分可以相互交流时才可认为是完成嫁接成活。嫁接后砧穗密切接合,在一定的温度和湿度条件下,两者的形成层部分均产生愈伤组织,进一步增生充满结合部的空间,把接穗包围固定下来,两者愈伤组织内的薄壁细胞相互连接成为一体。此后薄壁组织细胞进一步分化成新的形成层细胞,与砧穗原来的形成层细胞相连接,并产生新的维管组织,沟通了砧穗双方木质部的导管、韧皮部的筛管,水分和养分得以交流,至此嫁接成活。砧穗间嫁接亲和力的大小,是决定嫁接成活的前提。

嫁接成活原理

接穗与砧木削切的表面,由死细胞的残留物形成一层褐色的隔离膜后,由于愈伤激素的作用,使伤口周围的细胞生长、分裂,形成层细胞加强活动,导致隔离膜破裂,形成愈伤组织。在营养充分、生活机能旺盛的条件下,愈伤组织迅速填充接穗与砧木间隙,使细胞的原生质相互连接,将接穗与砧木的木质部导管与韧皮部的筛管沟通起来,从而保证了水分和养分的上下供应与运输。这样,接穗与砧木便结合成一个整体,成为一个独立生活的新植株。愈伤组织连接的快慢和隔离膜的厚薄有关,同时也和接穗与砧木的愈伤组织形成的一致性有关。如果削面平滑,两者又是同时较快地产生愈伤组织,则隔离膜就薄,两者的愈伤组织就会很快地连接起来。嫁接成活的关键在于接穗与砧木两者的形成层紧密结合,两者的接触面越大,成活率就愈高。为使两者的形成层紧密结合,必须使接触面平滑,嫁接时接穗与砧木的形成层要对齐,贴紧并扎紧。

银杏是一个特殊的树种,银杏嫁接愈合有其独特之处:

①银杏嫁接7 d时,砧木的髓部首先产生愈伤组织;12 d后,接穗的髓部、砧木和接穗的形成层才陆续产生愈伤组织;30 d时,砧木与接穗互相连接在一起,但是砧木与接穗之间的某些部位仍有较大裂隙,皮层愈合得更慢,所以通常劈接需在1个月后才能成活,4个月后才可松绑,较其他果树嫁接后20 d即可成活、成活后即可松绑的时间要长。②银杏不带木质部的芽接不能成活。③银杏春季嫁接成活后,有相当一部分植株只发芽不抽枝。

嫁接刀

又称芽接刀。用于芽接的小刀。刀长5 cm,一头为角质剥皮器,用于剥离树皮,另一头为锋利的折刀,用于切割枝皮。

嫁接的目的

通过嫁接,可以起到以下几个作用:

①提早开花(雄树)、结果(雌树)。由于接穗保留了母树的发育阶段,所以比实生树能提早开花、结果10~15年,早的嫁接后3~5年就可开花、结果。

②由于接穗和砧木都经过选优,可互补各自的缺点,发挥各自优势,能提高植株的产量。

③由于接穗选自优良品种的成熟母树,发育程度高,遗传性较稳定,能保持原品种的优良特性,加快优良品种的推广。

④砧木是选用本地生长良好的苗木,可提高植株的抗性。

⑤可以改变性别,满足生产需要。

⑥可以矮化树种,便于密植,集约经营。

嫁接的作用

①保存优良接穗品种的性状。经嫁接的砧木已完全失去同化器官的作用,仅执行水分和养分的吸收,运输和贮存的功能,而接穗长成的茎、叶、花、种实的特性,则保持了母株的特征。银杏与其他果树一样,实生苗长成的结种树,所结种实,变异性大,而且结实迟,不能满足生产的需要。嫁接可以保存优良接穗品种的性状提早结种和丰产。

②提早结种和丰产。如果用阶段发育如同已进入成年阶段的树的枝条做接穗,其嫁接树始种期和丰产期就会相应提前。银杏是结种迟的树种,幼年期比别的树种都长,实生树需要20~30年才挂果,30~40年才达到盛果期,经过嫁接可提前10~15年结实。银杏要提早结实,嫁接是关键性的措施。嫁接后结种迟早与接穗母树的品种和穗龄有关。有的品种嫁接后3~5年就能挂种,有的则需5~7年才挂种;穗龄长的结种早,树势弱;穗龄短的结种迟。

③加快优良品种的繁殖。用一个芽嫁接就可以形成一个优良植株,这样的繁殖方法速度快。对优良品种和有苗头的优良单株,采用接嫁方法,可加快繁殖,提高繁殖系数。

嫁接对成活率的影响:从嫁接情况看,银杏小苗嫁接对时间要求比较严,其成活率以3月上中旬比较好,可达88.8%。3月下旬至4月上旬嫁接成活率低于40%,据观察和实践,银杏在浙西北地区的物候期,般是3月初开始树液流动及冬芽萌动,3月底至4月初发芽展叶,树液流动较盛,此期影响愈伤组织的形成,是使成活率低于前期的主要原因之一。

嫁接法——古桩盆景制作

银杏树体高大,气势雄伟,枝干虬曲,葱茏庄重,是制作盆景的优良材料。银杏盆景,在我国盆景艺术的瑰丽园圃中,常被誉为"有生命的艺雕"。几年来,新村乡银杏盆景园,用嫁接法的独特造型,选取姿态优美的枝干,通过艺术加工制作成盆景,形成干粗、枝曲、根露、果多的姿态,表现出苍劲、潇洒、曲折的情趣,将大自然中银杏的雄姿浓缩在盆盎之中,苍古、奇特、幽雅,野趣横生,富有诗情画意,令人怡情悦目。现将制作方法介绍如下。

①材料选取。在30~50年生已结果的母树上,选取可造出各种形态、枝干直径3~8 cm、生有多个已结果的短果枝的枝干,作为接穗。同时,准备好若干株高度15 cm以上,1年生的优质实生壮苗,作为砧木之用。

②制作方法。

a. 时间。在长江以北以3月下旬至4月上旬为最适宜制作时间。

b. 方法。3月下旬至4月上旬将接穗从母树上锯下,截取老态龙钟,富有情趣,长15~30 cm,生有2~4个已结果的短果枝的枝干作为接穗。接穗锯下后,除保留部分短果枝外,其余枝条均剪除,上、下截口均用利刀削平。选取1年生根系完整的优质实生壮苗,在干高5 cm处截断,作为砧木之用。在接穗下截口上根据接穗粗细,用插皮倒接法,分别接上2~4株苗木,然后用塑料条带将接穗(包括上、下截口和所有枝条)全部缠绕密封,以防失水,影响成活,但短果枝需外露。如果接穗姿态不优美或不具备结果短果枝,可在接穗上截口,根据接穗粗细,用插皮接法,嫁接上2~4个具有短果枝的接穗,使原来的这一段粗接穗变为中间砧。将嫁接好的盆景桩木栽植在与桩木相称的花盆中,下嫁接口应高出盆土2~3 cm,盆土必须是有机质含量高的肥沃壤土。然后将盆埋入有良好排灌条件的园圃中,埋入园圃地的深度高出嫁接口3 cm为宜。

③管理技术。桩木盆埋入园圃地后,立即灌一次透地水,当雨季来临之前,需灌水8~10遍,使土壤含水量始终保持在百分之八十左右,除保证具有娴熟的嫁接技术外,保持土壤湿润是保证嫁接成活的关键。5月上旬短果枝上即会长出"含苞待放的花朵",如有条件,可用贮藏的花粉进行人工辅助授粉。8月中旬以前,可追施2~3遍腐熟人粪尿或复合肥。8月上旬一串串果实已形成,随着气候的变化,逐渐变为橙黄色,这时可将花盆从园圃中起出,除掉盆上面的浮土,然后置于游人观赏处。至霜降来临前,果实与叶片同时凋落,随后将盆埋入园圃中越冬。

嫁接繁殖

将母树的枝或芽接到砧木上使其结合成为新植株的一种繁殖方法。用于嫁接的枝或芽称为接穗,承受接穗的植物称为砧木,用嫁接的方法繁殖的苗木称嫁接苗。嫁接一般可以保持品种的优良性状,提高其对环境的适应性,增强观赏效果,提前开花、结果,扩大栽培区域和增加繁殖系数等。中国最早记载嫁接技术的文献,首属成书于公元前2世纪的《尔雅》。在《尔雅·释木》中有对自然界发生"连理枝"的描述;而"休,无实李,痤,接虑李,驳,赤李",则是关于李嫁接的记载。显然,先民是受连理枝启发而萌生嫁接意念的。古希腊学者亚里士多德(Aristotle,公元前384—公元前322年)和古罗马学者普林尼(Pliny,公元23—79年),都曾在其著作中提到过嫁接技术。在世界范围内,约在4~6世纪嫁接技术应用较普遍,并公认枝接出现较早,是由中国人发明的;芽接较晚,由欧洲人首创。

嫁接方法分类

嫁接方法分类

类型	接穗	嫁接名称	嫁接时间	常用的地区
枝接	1~3年生木质化枝条	劈接	砧、穗未离皮及8月以后	各地
		切接	砧、穗未离皮及8月以后	各地
		改良切接	3月下旬至4月上旬	浙江诸暨
		单芽切接	2月下旬至3月上旬	广西
		芽苗砧接	2、3月	河南
		荞麦壳式接	砧木离皮、穗未离皮	江苏泰兴
		插皮接	砧木离皮、穗未离皮	各地
		插皮舌接	砧、穗均离皮	山东郯城
		贴枝接	砧、穗均未离皮	浙江临安
		合接	砧、穗均未离皮	浙江临安
		舌接	砧、穗均未离皮	山东
		袋接	砧、穗均未离皮	山东
		双砧接	早春、秋季	广西
		皮下腹接	春季	广西
		单芽腹接	春季	广西
		高头换接	春季	山东
	半木质化枝条	绿枝嫁接	8、9月	江苏泰兴
芽接	芽	T字形芽接	生长期内	山东
		方块贴芽接	生长期内	各地
		长块贴芽接	树液流动后	浙江
		带木质部芽接	树液流动后	江苏
根接	木质化枝条、树干（根作砧）	根皮插枝法	立春后	江苏
		皮接装根法	立春后	江苏
		合接法	立春后	江苏

嫁接方法与成活率的关系

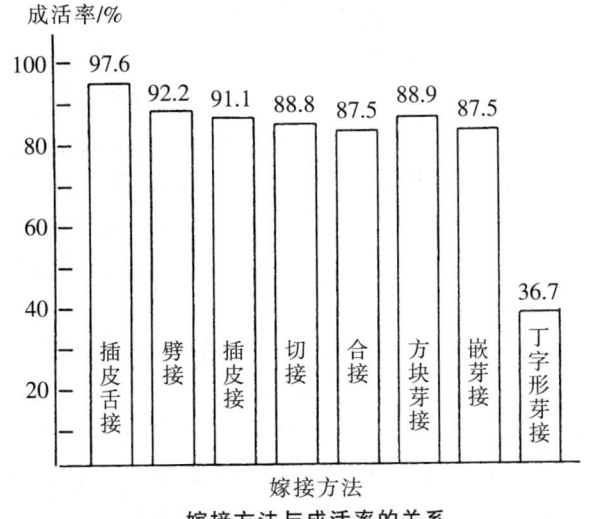

嫁接方法与成活率的关系

嫁接高度

银杏嫁接用的砧木规格决定于嫁接高度，而嫁接高度决定于栽培的目的要求。银杏与其他果树不同，银杏的接芽实际上是一个短枝。因此，嫁接成活后由接芽抽生的枝条均为斜向生长，难以直立。芽龄愈老斜度愈大。一般来说，银杏的嫁接高度就是定干高度。在南方的银杏产区，如浙江、广西、四川、湖南等省，气温高，雨水多，习惯于低干嫁接，成活后植株生长细而长，且斜向生长，为使主干直立需辅以支柱，待长成大苗后再重新定干。但如果嫁接失败，则苗木的生长势明显衰弱，抗逆力下降，早期如遇阴雨天，根部受渍，砧木容易死亡。在北方地区，天气干旱，温度较低，低干嫁接成活后当年生长量极小，枝条斜向生长，嫁接高度自然也成为定干高度。

20世纪80年代，推行银杏的矮干低冠密植，在破除银杏不能短期受益的思想认识方面起了重大的作用。但是这一栽培方式，难以发挥银杏的整体效益和获得长远利益，同时还会给管理带来不便。因此，目前不少产区已改用中干和高干嫁接。银杏的砧苗规格也根据栽培目的和嫁接高度而提高。当前银杏丰产园的苗木嫁接高度趋向于中干，即1.2~1.5 m。

如与蔬菜、低干农作物和低干药材间作的丰产园,则嫁接高度提高至2.0~2.5 m;如与桑、果或银杏采叶苗间作的丰产园,嫁接高度可提高至2.5~3.0 m。用于四旁栽植的嫁接高度,如系庭院绿化时,嫁接高度以超过围墙高度为宜,也可采用层接法,达到材果双丰收、世代受益的目的。对于城镇街道、公路,嫁接高度在3 m以上。而城镇街道、主要公路应以雄株为主,村庄、道路则以雌株为主,并配以一定量的雄株。至于银杏盆景,则要求砧木古老粗大,嫁接部位尽量要矮,具体高度应按整形要求而定。

嫁接工具

嫁接方法不同、砧木大小不同,所用的工具也有不同。嫁接工具主要有嫁接刀、修枝剪、手锯、手锤等。嫁接刀可分为芽接刀、枝接刀、单面刀片、双面刀片等。为了提高工作效率,并使嫁接部位平滑,嫁接面紧密接合,有利愈合和提高嫁接成活率,应正确使用工具。刀具要求锋利,如果嫁接用具不锋利,要在油石上打磨锋利。

嫁接工具
1.修枝剪 2.芽接刀 3.枝接刀 4.大砍刀 5.弯刀 6.手锯 7.包接穗温布 8.盛接穗的水罐 9.熔化接蜡的火炉 10.绑扎材料

嫁接后的管理

嫁接后管理及时、得当与否,将直接影响到成活率的高低。所以,后期管理至关重要。

①松绑。嫁接后三四周,若接穗或接芽仍保持新鲜状态或已萌发生长,即是成活的象征。要根据不同时期和不同的嫁接方式、方法,视接口愈合快慢,适时解除绑扎物。春、夏季嫁接者,3个月后即可松绑;秋季嫁接者,可于翌春修剪时松绑以防缢痕。松绑过早,砧木与接穗结合部愈合不牢,容易失水回芽;松绑过迟,则抑制了绑扎部位枝干的加粗,形成"卡脖"现象,也易遭风折。

劈接用埋土保湿法者,如若遇雨应用小木棍轻轻揭开表土硬块,防止接穗幼芽出土受阻。待幼芽顶出土面后,可分期拆除土堆,以露出接穗。

②除萌。银杏嫁接成活后要适时除萌。嫁接后砧木地上部分缩小,地下部分相对强大。根茎处常生出强旺的分生苗。若不及时抹除,必将消耗大量养分、水分。视新枝成活长出一两片叶就要进行第一次除萌,以后每隔15~20 d除一次。除萌要本着"除早、除小、除了"的原则,以免影响新植株的正常生长。

③剪砧。嫁接成活后将接芽以下砧木之部分枝条疏除,称为剪砧。剪砧的目的在于集中养分供应接芽的生长发育。所以,剪砧要及时。春夏季嫁接者一旦成活就要剪砧,晚秋嫁接者也可待翌春接芽萌动前剪砧。一般情况下,剪砧要一次完成。片形芽接要紧贴接口芽上方0.5 cm处剪截。春天干旱多风地区,也可分两次剪除,即春天剪砧时接芽附近留少数枝(或每枝留一段),待长出新梢后,再剪其余部分。剪面务必平滑,以利愈合。

④绑缚。在新梢长出10 cm以上时,应立支棍和绑缚。这是因为一方面嫁接抽生出的新梢生长快而旺盛,而接合处的愈合组织却十分幼嫩,极易从接口处被风折或碰断;另一方面由于接芽位置效应所致,常产生偏冠现象,枝条开张角度大,苗木无法直立。为纠正偏冠,也要绑缚或搭支架,借以扶助苗木,迫使其往上生长。支棍下部要绑(插)牢固,上部绑缚的新梢要稍松,以不妨碍其生长为原则,待结合部位牢固后再解除支棍。

⑤摘花(种)。利用3年以上的老枝做接穗,常带有花芽,在嫁接当年往往还能开花结种。这些花、种的生长会消耗大量的有机养分,极不利于成活株的正常生长。因此,必须搞清楚接穗来源或该品种在当地可能的表现。此外除必须保留少许花(种)外,一般应及时摘除,当年尽量不让其开花结种。

⑥防止人、畜(鸟)危害。银杏嫁接往往被认为是件新鲜事,特别在新发展区,常有大人好事者、儿童好

奇者解绑、松绳、放包查看，牛、羊等牲畜进园啃食，也可能招引小鸟歇息。因不加保护而招致折损的情况时有发生，这样，势必影响成活。所以，嫁接后必须有专人看护。另外，银杏嫁接当年生长量较小，还要特别加强园(圃)地的中耕除草和肥水管理。

嫁接苗

银杏在我国自然分布区，已有一千多年的栽培历史，各地果农历来都有嫁接的习惯。清朝陈淏子在其《花镜》中云："接过易生。"果农在长期生产实践中，创造了许多简便易行、嫁接成活率高的方法，在嫁接技术上也不断改善。从20世纪60年代末开始，各地相继采用了插皮舌接、皮下接、劈接，以及生长期中采用带木质部的"T"字形芽接法等。

银杏嫁接苗保持了母本的优良性状，通过嫁接可以做到除劣改优，矮化树体，便于密植。由于接穗已达到性成熟阶段，接穗成活后3~4年就可开花结种，比实生树提早结种十五年左右，白果产量也会大幅度增加。嫁接是实现银杏园艺化栽培的必由之路，所以应当大力提倡和推广。

总之，不论采取哪种嫁接方法，要想提高嫁接成活率，都必须做到：接穗保持新鲜、湿润、芽饱满、充实且未萌发。采集接穗时间应以当地物候期而定，以贮藏时间不宜过长为主要原则；宜在无风、无雨天进行嫁接。实践表明，凡在阴雨天嫁接者，成活率都不高；嫁接刀要锋利，操作要迅速；接穗削面口要平滑；接穗与砧木形成层一定要互相对准；捆绑要紧等。

嫁接苗的管理

嫁接成活后，对嫁接所用的绑扎物要及时松绑和解除，春季嫁接成活后，更需及时松绑。夏季芽接一个月后即可松绑。否则由于接穗和砧木迅速加粗，而绑扎的部位受缢不能增粗，形成"蜂腰"，容易折断。银杏春季芽接成活后，应及时剪砧；夏秋季嫁接成活的可待明年春天接芽萌动前剪砧，这样会促使接芽萌发，抽生枝条苗壮。剪砧时，应在接芽上方1 cm处剪断，断面务必平滑，以利愈合。嫁接成活后生长迅速，尤其大苗接穗芽生长量大，枝叶茂盛，在接口未长牢之前，遇大风易被吹断。因此，枝条抽至20 cm后，应设立支柱保护。长到30~40 cm时，可进行摘心，以使接口长牢和增加枝条粗度。在整个生长季节中，需及时除掉砧木上发出来的萌芽，以使养分集中促进枝条生长。由于银杏生长期短，所以，要经常松土除草，适时灌水和施肥，雨季还应注意排水，这对小苗来讲尤其重要。翌春嫁接苗发芽前，除掉顶芽，从而促使侧芽发育成长枝，这对促进银杏提前结种、早期丰产无疑是个重大的技术措施。

嫁接苗等级标准

嫁接苗等级标准

级别	根	茎(杆)	枝
一级	根系完整	主茎直	分枝均匀、对称，粗细均匀
二级	根系完整	主茎轻直	分枝均匀、对称，粗细轻度
三级	根系完整	主茎中直	分枝均匀、对称，粗细中度
等外级	根系完整		

嫁接苗干高与苗木生长

嫁接苗干高与苗木生长

接法	查期(月·日)	抽梢株率(%) $\bar{x}$	cv,%	新梢长(cm) $\bar{x}$	cv,%	新梢粗(cm) $\bar{x}$	cv,%	叶数/梢 $\bar{x}$	cv,%
高接	5·13	79.31	22.6	7.82	46.5	0.39	18.5	11.0	14.2
	7·13	90.63	31.7	28.15	32.9	0.62	13.4	22.7	26.1
低接	5·13	35.09	18.2	3.29	65.9	0.32	28.4	7.56	25.7
	7·13	87.50	34.3	17.70	38.8	0.49	20.4	17.8	16.3

嫁接苗和实生苗黄酮变化规律

嫁接苗和实生苗黄酮变化规律

嫁接苗					实生苗				
苗龄	冬芽	萌动芽	幼叶	成龄叶	苗龄	冬芽	萌动芽	幼叶	成龄叶
1	4.025 9	2.790 8	2.685 2	2.452 1	1	3.902 5	3.068 9	2.668 3	2.411 5
2	3.892 6	2.693 2	2.582 0	2.348 0	2	3.878 0	2.967 0	2.578 0	2.398 1
4	3.836 2	2.700 0	2.556 0	1.938 7	4	3.889 0	2.802 0	2.463 0	1.920 9
$\bar{X}$	3.92	2.73	2.61	2.25	$\bar{X}$	3.89	2.95	2.57	2.24
cv(%)	2.49	2.00	2.62	12.08	cv(%)	0.32	4.57	4.00	12.49

嫁接苗和实生苗叶形垂直变化

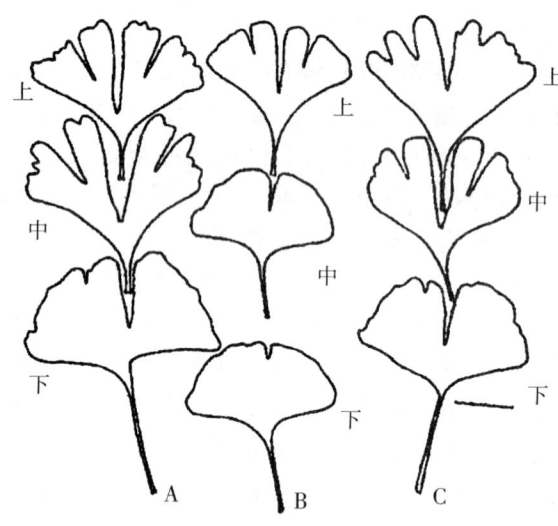

嫁接苗和实生苗叶形垂直变化(标尺 4 cm)

马铃 3 号接后 1 年(A)、接后 3 年(B)和 2 年实生苗(C)当年枝叶形态变化(标尺 4 cm)

嫁接苗培育

银杏嫁接是将优良雌雄母树上的枝条或芽等嫁接到另一株带有根系的实生银杏苗的适当部位,两者愈合后形成人们所希望的银杏新植株。嫁接苗保持了母株的优良性状。嫁接在银杏生产中应用广、方法多、技术成熟。

嫁接苗与实生苗的鉴别

①看枝条颜色。实生苗枝条颜色灰白、光亮;而嫁接苗枝条灰黑,较亮淡。

②看苗木的生长状态。实生苗茎干直立,与地面无夹角,由根部向上逐渐从粗到细;嫁接苗是斜生的,即从嫁接口斜着向外延伸,与地面成 15°~30°夹角。

③看嫁接口。实生苗无嫁接口,而嫁接苗有一楔形愈伤接口。有一些育苗户,把实生苗从基部剪断,使剪口下的潜伏芽萌发,长成枝条后也有类似嫁接苗的楔形愈伤接口,但仔细观察仍能分辨。

④看叶片。实生苗的叶片无裂缺或裂缺极浅,颜色较淡,嫁接苗叶片的裂缺较深,颜色较深绿。

嫁接苗质量标准

品种纯真、皮色正常、光滑、剪除砧桩。无检疫病、虫害。项目指标见下表。

嫁接苗质量标准

项目	要求	等级		备注
		一级	二级	
根系部分	侧根数量	30 条以上	20 条以上	1. 嫁接部位高度视栽植目的而定
	侧根长度	20 cm 以上	15 cm 以上	
	须根状况	发达	较发达	
	根系伤害	无机械伤	无严重损伤	2. 凡分层嫁接者,具体情况另作规定
枝干部分	茎干伤害	无损伤	无较大损伤	
	抽枝数量	2 条以上	1 条以上	
	抽枝长度	20 cm 以上	10 cm 以上	3. 等级划分以占多数条件为准
	接口状况	完全愈合	基本愈合	
	地径粗度	1.5 cm 以上	1 cm 以上	

嫁接亲和力

亲和力是指砧木和接穗愈合生长的能力。亲缘关系越近,砧木和接穗之间的生理状态、形态结构越近似,亲和力越高,嫁接成活率也就愈高。银杏属于"本砧"嫁接,从亲缘关系来看亲和力较高,目前还没有任何一种砧木能代替银杏进行嫁接。

嫁接时期

春季是银杏嫁接的主要时期,从早春解冻后至发芽以及生长期均可嫁接。从物候期来看,以发芽前五天至展叶嫁接成活率最高,山东省、浙江省的实践表明,从节令上来说,清明前 10 d 至清明后 5 d 嫁接成活率最高,萌芽后生长旺盛,此时期为银杏嫁接的最适宜时期。嫁接任务大时,可根据接穗和砧木离皮的难易,采用不同的嫁接方法。在砧木未离皮前可采用劈接;砧木离皮而接穗未离皮时可采用插皮接;砧木和接穗均离皮后,可采用插皮舌接、方块贴芽接;生长期可采用带木质部的"T"字形芽接。

嫁接时期与方法

银杏从萌芽后至秋季落叶前,只要条件许可,均可进行室外嫁接,冬季可在室内进行。枝接以春季为主,秋季可进行嫩枝嫁接;芽接整个生长期都可进行;根接多数在立春后。在湖南省怀化市,春接以3月20日至4月15日为宜,夏接以5月下旬至6月20日前为宜,秋接应选在7月30日至10月10日之间。

银杏的嫁接方法很多,根据接穗和砧木的不同,可简单划分为枝接、芽接和根接等。

嫁接箱

用于嫁接的木制小箱。箱长50~60 cm,宽25 cm,高30 cm,两侧安装铁环及背带,箱内可装湿草及接穗,上部装一层活动工作台,放置嫁接刀、剪枝剪、刀片、酒精棉、塑料带、接蜡等嫁接用具。

嫁接育苗

把优良植株的枝或芽,接在另一植株的茎或根上,使其愈合成为新苗木的方法。嫁接后砧木和接穗结合部分都能产生愈合组织,继续分生使二者维管束连接,并形成共同的形成层,使输导组织互相沟通成为一体。嫁接苗变异性小,能保持母体优良特性,又能利用砧木的良好作用增加嫁接苗的抗性,提早结实和丰产。此法广泛用于果树栽培、林木育种和育苗工作中。用嫁接法培育的苗木称嫁接苗。

嫁接愈合的特点

银杏是一个特殊的树种,它的特性、特点不同于其他果树。其嫁接愈合也有它独特之处:银杏嫁接后7 d,砧木的髓部先产生愈伤组织。嫁接12 d后,接穗的髓部、砧木和接穗的形成层才陆续产生愈伤组织。约30 d时,砧木和接穗互相连接在一起,但是砧木与接穗之间的某些部位仍有较大的裂隙,皮层愈合得更慢。所以劈接后,一般1个月后才能成活,4个月后才能松绑。如松绑过早,影响成活率。其他果树枝接后20~30 d就能成活,成活后就需松绑。银杏不带木质部的芽接不能成活。而苹果、桃等不带木质部的芽接7 d就能成活,10 d就能松绑。这与银杏形成层12 d后才能陆续发生愈伤组织有关。银杏春季嫁接成活后,有相当一部分植株只发芽不抽枝。而其他果树就没有不抽枝的现象。邳州多数嫁接技术人员在春季嫁接时习惯用粗接穗(即接穗粗度超过砧木粗度),嫁接成活率高、抽枝长、生长旺。所以在几个银杏重点产区,习惯采用的嫁接方法,实际上都已考虑到髓部愈合力强的特点,只是没有上升到理论。如广西用切接、浙江用嵌芽接、山东郯城用合接、江苏泰兴用荞麦壳式接、邳州用劈接。根据银杏嫁接愈合的特点,在实际操作时需注意三点:枝接比芽接成活率高。削接穗和处理砧木时尽量加大髓部的暴露面。插接穗(芽)时,宁偏里不偏外。

尖顶佛手

目前仅见于江苏省邳州市墙上乡巷西村,稀有品种,系自佛指银杏中选出。本品种之特点为,种核基都特别尖长,十分明显,虽名尖顶佛手,实为基底尖长。树冠倒圆卵形,发枝力较弱,成枝率较低,树势中等。叶片大小、颜色、形状,均与扁佛指近似,无明显区别。球果长椭圆形,熟时橙黄色,极鲜艳,具薄白粉。先端钝圆,不具小尖,也不凹陷,平阔,但珠孔孔迹明显。基部蒂盘圆形,正托,不歪斜、缘整齐,稍见凹入。果柄长3.2~4.3 cm,基部略呈扁平。球果有大小两型,大者可纵径3.34 cm,横径2.59 cm,单粒果平均重12.4 g,每千克粒数81粒;小者可纵径3.1 cm,横径2.4 cm,单粒果平均重7.5 g,每千克粒数133粒。大粒果中单粒果重可达13.8 g,每千克粒数仅72粒。出核率23.0%。种核长卵形,表面较粗糙,无光泽,并有隐约可见之纵条纹。珠孔端宽平,基部狭长呈尖顶状,尖顶部分可长达3.0 mm,尖顶基部具细网状皱纹,顶尖较宽平,呈短横线状,中部略显凹陷。基部二束迹迹点互相靠近,聚成一明显的突出尖头,束迹基部稍见凹入。两侧棱明显,有时可见窄翼状边缘。种核大小为,大粒型2.8 cm×1.85 cm×1.5 cm,单粒核重2.98 g(可达3.2 g),每千克粒数336粒;小粒型2.4 cm×1.6 cm×1.35 cm,单粒核重2.16 g(可达2.4 g),每千克粒数463粒。种核薄,出仁率高达80%。目前,本品种的大粒型可见于江苏邳州市地上乡蛙西村,约70年生,树高12.5 m,干高2.55 m,胸径69.0 cm,冠幅9.3 m×9.0 m,单株年产白果60 kg。

种仁饱满、质地细腻、不带苦味。香气较浓,但糯性不及佛指和梅核。

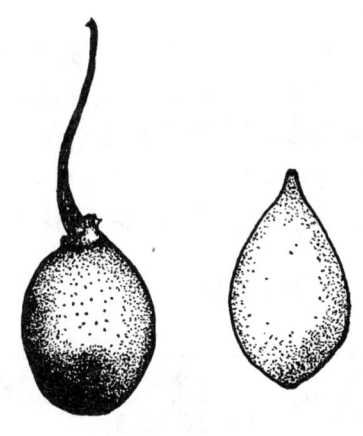

尖顶佛手

尖果佛手

种子短椭圆形,先端圆钝,顶点微凹,下方稍狭,基部平,或稍凹入,平均纵径2.78 cm,横径2.25 cm,种梗粗,长3.5 cm。种核扁,长椭圆形,或长倒卵形,中部特别宽广，先端微尖，顶点有一尖头，下方颇狭长，底平，平均纵径2.46 cm，横径1.42 cm，厚1.15 cm，每千克520粒。

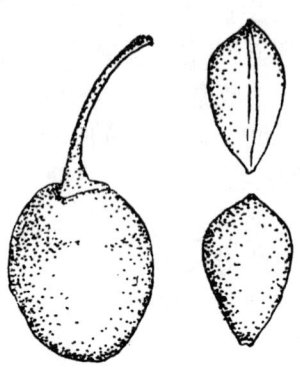

尖果佛手

奸臣谗言株连银杏树

末代皇帝溥仪祖父的墓地有株银杏树，树高参天，枝叶茂密，蔽阴亩余，当时称之为"凉伞树"。不知何人在西太后面前进谗言，说醇王府出了皇帝，就是因为坟上种了一棵白果树："白"与"王"连在一起，不就是"皇"字吗？慈禧听后，很不是滋味，立即派人砍掉了这棵银杏树。

坚果

银杏属于裸子植物，为了应用上的方便，统称为坚果，它是种子而不是果实。银杏种子采收后处理、贮藏、加工和利用与核桃、板栗等有不少相同之处。可食部分为种子子叶和胚乳，含多量水分、淀粉、脂肪和蛋白质。至今白果仍是我国大宗传统出口商品。在国外称其为"生命果""长寿果"。1994年被列入世界十大坚果。

坚果类果树

这类果树的果实是由花的单心皮或合生心皮发育而成。成熟时果皮坚硬干燥，果实外面多具有坚硬的外壳。食用部分多为种子的子叶或胚乳，含水分较少而富含淀粉、脂肪和蛋白质，如核桃、板栗、椰子等。坚果类果树有20多种，包括核桃、板栗、榛子、香榧、银杏等。而银杏、香榧属于裸子植物，是种实而不是果实，统称为坚果也只是为了应用上方便。因为这类果树产品的后采处理、贮藏、加工和利用方面有不少共同之处。

间伐

对用材林实行间伐的主要目的是，调节林分密度，增加单位面积上的木材出材量，提高产材质量和材种规格，缩短林木的轮伐期。集约经营度较高的人工速生丰产林，大体可分为3个阶段，即个体生长阶段、幼林郁闭阶段和自然稀疏阶段。一般地说，幼林郁闭后，林木的枝叶互相衔接，相互之间开始出现对阳光、水分和养分的竞争，并逐渐出现自然整枝现象，林下植被逐渐减少，及至大部分消亡。林分密度已成为主要矛盾，应该进行抚育间伐。之后，随着郁闭度逐渐加大。林木之间的个体竞争日益激化，被压木明显枯萎，于是产生自然稀疏。自然稀疏是林分的自我调节手段，说明林分密度过大。在这个阶段，需要根据经营目的进行2~3次间伐。由于银杏材用园系集约经营程度很高的人工营造的单一速生丰产林，林木分化不会十分激烈。原则上采用简单方便的机械间伐。在立地条件中等的情况下，为了培育大径材，第一次间伐后每年还应全面垦复一次，每亩追施复合肥10 kg，连续进行3~4年。材用银杏的轮伐期需要50~60年，但在园艺栽培集约经营的条件下，材用银杏的生长量可以大幅度增长，主伐年龄可望提早15~20年。

间接酶标免疫光镜定位

样品用含0.5%戊二醛和4%多聚甲醛的0.1 mol/L磷酸盐缓冲液（pH值7.2）4℃下固定24 h，乙醇系列脱水，二甲苯透明后包埋于石蜡中，AO旋转切片机切片，切片厚度4 μm。切片经常规脱蜡、复水后用3% H_2O_2 蚀刻处理8~10 min，蒸馏水洗3次，每次2 min，再入0.01 mol/L柠檬酸盐缓冲液（pH值6.0，1 000 mL）中进行微波抗原修复，蒸馏水冲洗2次，再用TBS（pH值7.5）冲洗3次，每次5 min。之后进行免疫反应。

间种作物对土壤养分的影响

间种作物对土壤养分的影响

抽样时间	处理	土壤有机质(%)	全P(%)	碱解N(mg/100g)	速效K(10^{-6})
1990.10	箭舌豌豆-芝麻	1.0	0.073 3	7.865	19.6
	不间作(ck)	0.86	0.098 5	7.203	11.4
1990.11	豌豆-绿豆	1.58	0.093 9	9.923	17.3
	大麦-芝麻	1.56	0.064 1	9.629	16.6

间作

无论何类银杏园只要不妨碍树体生长，都可间作绿肥或农作物。间作物要选择生长快、周期短、矮秆以及具有固氮作用的。近年来，银杏园内套种草莓、蔬菜、西瓜、药材取得良好的经济效益,值得推广。间作也要根据土地条件确定种类。园地立地条件好的,春、夏季可种草莓、黄豆、花生、西瓜等,秋、冬季可种油菜、蚕豆、莴苣等;立地条件较差的,则以种绿肥为主,如紫穗槐、印度豇豆、猪屎草。间作时不要影响银杏生长,铲草、松土等不可损伤树苗。园地间作既可以提高土地利用率,保持水土,增加肥力,又可以增加经济收入,做到以短养长,提高林农的管理积极性。

间作对土壤极端温度和水分的影响

间作对土壤极端温度和水分的影响

处理	地表最高温度(℃)	比对照增减	地表最低温度(℃)	比对照增减	温差	0~30 cm 土壤含水率(%)	比对照增减
间作花生	29.5	-4.3	22.9	+0.4	6.6	12.6	+6.3
ck	33.3		22.5		11.3	6.3	
间作花生	38.0	-11.3	24.7	+0.5	13.3	10.8	+6.6
ck	49.3		24.2		25.1	4.2	

间作项目的单阶段决策与选择

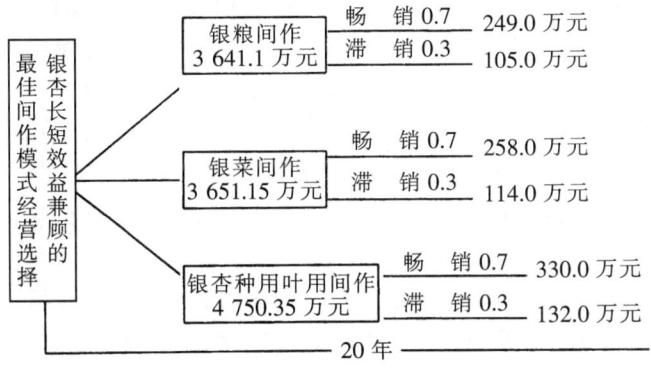

间作项目的单阶段决策与选择

间作育苗

为了充分发挥土地潜力,充分利用光照肥水条件,提高经济效益,可采用培苗种菜相结合的方法,即每隔 4~6 m 栽植单行银杏苗,株距可 30~40 cm。由于空间宽广、光照充足、通风良好,再加以大肥大水,不仅银杏生长良好,且有利于对蔬菜的保护。每年可根据需要疏除大苗,补栽小苗,成为永续性的银杏大苗培育。

检索表

为检查植物的未知分类而设计的一种特殊表式。它的编制是:将完全不同的两类性质,使成对比,逐步排列,直至要求的同级类均列出为止。通常检索表分类群有科、属和种三个阶段,有时尚插入亚科、族等阶段。检索表多属人为分析方法,有时极为复杂,无法由此探索分类中的亲缘关系。

检疫

根据法令在港口及其他关卡,对于外地进来的货物采取检查、退货、销毁、隔离观察等措施,以防止外地危害病害对象的输入。

剪砧

把嫁接成活的苗木接口以上的砧木部分剪去。对于芽接苗,剪砧一般在越冬后接芽成活而未萌发时进行,以集中养分供给接芽生长。剪砧不宜过早,以免剪口风干和受冻,也不要过晚以免浪费养分。剪砧时刀刃迎向接芽一面,在芽片上 0.3~0.5 cm 处下剪,剪口向接芽背面微向下斜,这样有利于剪口愈合及接芽萌发生长。对于腹接和靠接的枝接苗也应在成活后及时剪砧。

减肥敷贴剂

随着人们生活水平的不断提高,肥胖者越来越多,尤其是青少年。以前常用的是药物治疗、运动治疗和控制饮食等方法,效果并不十分令人满意。人们希望采用比较简便而有效的方法进行减肥。减肥敷贴剂,只要将这种敷料涂抹在脂肪沉着的腿部、臀部、腹部等部位,就能达到减肥的目的。由银杏叶提取物制成的减肥敷贴剂具有定点、无痛、显效的效果。

含有对腺苷酸环化酶有拮抗作用的植物提取物和抗磷酸二酯酶活性的提取物能减少局部沉着的脂肪。属于前一种植物提取物的有丹参、迷迭香、洋苏草等提取物;属于后一种植物提取物的有银杏、红杉、紫杉等。

地球生物中长生不老的银杏是现代"文明病"的特效药。上述配方中银杏叶提取物的制法是,取 500 g 银杏叶,干燥后用甲醇提取,浓缩提取液后,用 100 mL 1:1 的甲醇—水混合液稀释。然后用 100 mL 氯仿萃取 2 次,真空蒸发氯仿溶液,残渣用 100 mL 60% 甲醇—水溶液溶解,用正已烷萃取,浓缩干燥甲醇相。残渣中含有穗花杉双黄酮类化合物约 40%。丹参提取物的制法是,取 500 g 丹参根,粉碎,用 2 L 1:1 的乙醇—水混合液提取 5 次。合并提取液,过滤,真空浓缩滤液至 500 mL,用 500 mL 乙酸乙酯萃取 4 次。通过 NaSO$_4$ 过滤，真空浓缩有机相，干燥后得到约 2 g 富含丹参酮的红色提取物。

简单随机取样法

或称单纯随机取样法。先对总体的各个体统一编号，然后应用抽签法或随机数字表法从中抽取所需数量的取样单位组成样本。此方法使总体内各个体被抽取的机会均等，从而得出正确的取样误差估计；在对变异不大的总体进行取样，可得到较可靠的总体估计值。

碱性肥料

施入土壤后呈碱性反应的肥料。有化学碱性肥料和生理碱性肥料之分。前者水溶液呈碱性，如碳酸氢铵、草木灰；后者养分经林木选择吸收后，其残留物质使土壤溶液变为碱性，如硝酸钠。一般宜施用于酸性土壤上。

碱性土壤

土壤固相处于相对平衡的土壤溶液 pH 值为 7.5～8.5 时，该土壤称碱性土壤；当土壤溶液 pH 值大于 8.5 时，称为强碱性土壤。在碱性土壤中，磷酸易被钙离子固定，使银杏难以利用。在强碱性土壤中，土中钠离子增加，将钙、镁离子代换出来的钙、镁的碳酸盐沉淀。土壤 pH 值每升高 1，铁的有效性降低 1 000 倍，土壤 pH＞7.5 时，Fe^{3+} 的可溶性降到低于 10～20 mol/L，所以碱性土壤，银杏极易发生缺铁失绿。碱性土壤中因含有碱性的碳酸钠和碳酸氢钠，种子难以发芽，银杏也难以生长。银杏适宜生长的土壤 pH 值为 5.5～7.5。

江矶寺古银杏

生长 1 000 年以上，相距约 1 m，系一雌一雄，遮阴面积近 1 亩，树冠犹如大伞盖。

江苏、山东银杏群

包括苏北泰兴和邳州、山东郯城，这一地区大多是栽培的人工林，嫁接树量大、时间长，长期人工选择，使这带基本是以佛手和马铃为主，优良品种普及。这两省古银杏零星分布较广，有全国最古老的银杏树，品种资源较丰富。

江苏邳州银杏之乡

栽培历史 邳州地处江苏北部，银杏栽培历史悠久，早于唐代，据考证，可追溯到南北朝，距今约有 1 500 年。邳州港上镇政府驻地北 6 km 处，旧有一古刹——官竹寺（原名广福寺）。据现存碑文记载，该寺于唐、宋、元、明、清以及民国初年，曾一再重修，但由于历史原因，现在该寺的建筑已毁，仅存原寺内 4 株古柏和寺后 1 株古银杏。这株参天耸立的银杏，高 35 m，主干最粗处周长 6.8 m，树冠覆盖面积达 0.05 hm^2。因树干高大，曾遭雷击，引起火灾，主干已呈空洞，枝干局部断裂。人们为了保护这一古树，现已加铁箍在断裂处箍住。此树生机未艾，每年较其他银杏树发芽早，落叶迟，尚能年产白果 50 kg。清光绪《重修官竹寺记》碑文云："有大树焉，横十围而高杳空冥，院宇为之肃森。"张清吉曾通览古籍，访今稽古，潜心搜求，考证出：官竹寺这株古银杏树可谓邳州银杏栽培的先驱，栽植于北朝元魏正光年间（520—524 年），历 1 480 余载。1984 年夏，江苏考古队对"官竹寺"遗址进行勘考，通过科学分析确认：官竹寺的原寺创建早于唐代，而那株银杏树，则在原寺创建时所植。邳州四户镇白马寺亦有一株古银杏树。

《邳志补·古迹》："大佛殿……在白马寺，亦有银杏（一株），颇奇古"。能"拴马"之树，绝非小树，兼之"奇古"，可推测白马寺的创建与"广福寺"（官竹寺）的创建几乎是同时的，古银杏树也当为创寺时所植。现在，此树尚存，高达 19.5 m，干围长 4.6 m，树冠覆盖面积 272 m^2，仍生机蓬勃，长势旺盛。此树高粗，较官竹寺古银杏树稍逊，主要因土质肥瘠之故也。其后，唐、宋、元、明、清，历代所植银杏，比比皆是。

邳州银杏栽培，不止寺庙观宇，世人也广为栽植。千百年来，沂、武河两岸人民，素来推崇银杏，累代栽植，视为"传世家宝"，贻福子孙。故明、清时代以及民国初期，邳州的沂武河两岸（以沂东港上一带称最），园林成片，古木婆娑，蔚为壮观。清光绪辛丑（1901 年），邳州庠生（秀才）张敬箴（1874—1927 年），在《中秋既望观园》诗中写道："出门无所见，满目白果园。屈指难尽数，何止株万千！根蟠黄泉下，冠盖峙云天。干粗几合抱，猿猱愁援攀。下流遮高树，林荫苔成斑。蹼叶和风舞，累籽压枝弯。虫豸怯神奇，蝮蝎岂敢沾。沧海时多易，古木麻彭年。天物假造化，沂诶有奇观！"。抗日战争前，邳州有银杏树三万余株，年产量在 500 000 kg 左右。

1966 年，银杏树又遭到第 3 次大的破坏，尤其是当时雄树不能结果，而多被当作无用树砍掉，造成今天雄树太少，授粉不良而影响产量的恶果。

据 1984 年统计，全市有百年以上大树 4 027 株。从 1971—1978 年的 3 年中，每年的平均产量只有 144 700 kg，最高的 1974 年也只在 200 000 kg，而最低的 1973 年仅有 100 000 kg。1979 年以来，通过贯彻落实党的惠农政策，使银杏生产出现了回升局面，年产量逐渐提高。至 1981 年达 340 000 kg，1984 年达 535 000 kg。1979—1984 年 6 年平均产量达到 280 000 kg，比前8年的平均产量增长93.8%。1984年至今,银杏发展很快,银杏产量一直稳定在500 000 kg以上。至2006年,全市银杏产量达到1 100 t,全市银杏成片园18 000 hm²,四旁栽植银杏800万株,年产银杏干青叶15 000 t。

目前,全市银杏成片园面积18 000 hm²,定植银杏总株数1 410万株,在圃各类银杏苗木2.5亿株,年产银杏果1 100 t,银杏干青叶15 000 t,年产银杏黄酮250 t,银杏茶等保健品500 t,银杏产业年产值10亿元,实现了科研、种植、加工、销售一条龙,经济效益、社会效益、生态效益均十分显著,已发展成为全国最丰富的银杏种苗繁育基地,全国最大的连片银杏成片园,全国最标准的银杏叶出口生产基地。同时,邳州叶用银杏GAP生产基地于2005年5月通过国家验收,是全国唯一一家。银杏资源总量列全国第一。

①基地建设步伐明显加快,银杏资源稳步增长,全市共拓植银杏立体种植园5 500 hm²,其中银杏与桑间作1 500 hm²,银杏与果树间作2 000 hm²,银杏与菜、粮、中药材间作套种2 000 hm²。银杏苗木培育异军突起。针对全国城市建设速度较快和本地苗木充足的实际,加大力度,狠抓专业大户,积极培育大苗。全市在圃各类银杏苗木2.5亿株,其中培育米径(1 m高处直径)3 cm以上大苗8 000万株,其中米径6 cm以上大苗1 000万株,米径10 cm以上大苗200万株,每年有五十余万盆银杏盆景销往全国20多个大中城市。现在,全市银杏盆景存量超过150万盆,涌现盆景大户120户,其中盆景大户赵化友年销售盆景2 000盆以上。全市建设叶用银杏园6 600 hm²,其中叶用银杏CAP生产基地2 000 hm²,实行标准化栽培,规范化管理,提高了银杏叶的质量。

②综合利用不断深化,银杏产业化建设快速推进。全市建有各类银杏加工企业20家以上,先后开发出银杏胶囊、银杏口服液、银杏茶、银杏开心果、银杏罐头、银杏蜜、银杏冲剂、银杏叶枕、银杏酮菊花茶等产品,全市年产银杏酮250 t,银杏茶及其他各类银杏加工产品500 t,江苏银杏集团年产银杏胶囊近一亿粒,申报的银杏类4个绿色食品,已被国家绿色食品发展中心批准,发给A级绿色食品证书,申报的银杏胶囊、银杏酮菊花茶两个保健品已获卫生部批准文号。全市银杏苗木除满足自己的需要外,还源源不断地销往外地,覆盖全国21个省(自治区、直辖市),年均销售量都在500万株以上,为绿化农村、美化城市做出了积极的贡献。全市年产优质药用银杏叶15 000 t。

③科技开发成效显著,银杏产业科技含量逐年提高。邳州先后成立了"邳州市银杏科学研究所""银杏新产品开发应用研究所""银杏技术推广中心""银杏协会";有关镇建立了银杏技术推广站和服务公司;重点村组配备了兼职银杏技术员,形成四级科技推广网络,定期举办技术培训班,提高了广大果农的技术素质和栽培管理水平。几年来,共培育银杏科技示范户1 280户,同时,建立银杏星火技术密集区、银杏矮化早果丰产园、银杏高产优质示范园、无公害银杏生产园22处,取得了良好的示范效果。建立了国内首家银杏种质资源圃和银杏良种繁育圃,收集银杏品种(单株)82个,建成了全国银杏种质资源保存中心和交流中心,技术推广成效显著。邳州选育的"亚甜""宇香"果、叶兼用型品种,于1995年通过江苏省农作物品种审定委员会审定,被认定为优良品种,已在邳州及全国银杏产区推广,邳州银杏良种覆盖率达98%以上。银杏高密度育苗技术使亩产苗木由原来的一万余株提高到四万多株,同时增强了抗旱、抗高温、抗病虫的能力。通过推广银杏土肥水管理及实施环割新技术,使银杏树嫁接3年后开花结果,6~8年亩产量达70 kg。同时,邳州与全国20多个省(自治区、直辖市)大专院校、科研单位的百多位专家教授建立广泛联系与真诚合作,收集传递了很多技术信息,对整个银杏产业发展起到重要推动作用。科研工作又有新进展。积极开展了银杏外种皮利用研究,在生物农药应用开发方面取得了新进展,获国家专利。同时,还出版发行了《银杏栽培与发展研究》等7本银杏专著,共发表论文110篇以上,获国家、部委、省、市科技进步奖6项,对银杏产业发展起到积极指导作用。在加工业方面,不断完善和改进工艺,努力提高产品质量。从1993年第一条银杏酮生产线建成投产至今,全市已进行了4次大规模的技术改造,加工提取银杏酮得率由原来的1%,提高到现在的2.5%左右,银杏酸含量逐步下降,有的企业有了突破性进展,已达到国际标准,年产量也由原来的不到5 t,增加到现在的250 t。技术支撑工作不断加强。近年来,先后聘请南京林业大学、扬州大学、上海中医药研究所、浙江省林业科学研究院、贵州大学等国内银杏顶级专家来邳州讲学,并指导生产、开发,增强了生产发展潜力。2005年7月,与南京中医药大学段金敖教授合作的国家科委科技攻关项目——道地中药材银杏种质资源的保存利用与整理科研项目,正在实施中,项目成果完成后,将对中

药银杏的利用起到很大的推动作用。

④三资投入力度加大，银杏产业建设融资渠道进一步拓宽：a. 按照现代企业制度，坚持以资产为纽带，以"科技牵头、服务导向、利益调节、共同发展"为原则，将市内有实力的 5 家银杏企业实行联合，优势互补，经江苏省政府批准成立了"江苏银杏生化集团股份有限公司"，该企业集团资产总额近两亿元，成为邳州银杏产业的龙头企业。b. 个私企业发展较快。新上生产袋装银杏、银杏茶、食品、饮品等个私加工企业达 20 家以上，成为银杏产业开发的主力军；农村经纪人队伍发展到 1 000 人，营销遍及全国各地。c. 外资开发成效显著。与法国益普生公司联合成立邳州市中大银杏叶有限公司，加工干青叶出口，年出口银杏干青叶 800 t；1999 年，由银杏集团和美国加州宇源公司合资兴办江苏艾博药业有限公司，先后开发以高含量银杏黄酮为原料的银杏胶囊、片剂、冲剂、银杏酮菊花茶等保健食品，产品市场相当广阔。2005 年利用市外资金建设的青山银杏制品有限公司，主要生产银杏保健品，对银杏产业有巨大的拉动作用。

⑤银杏生态旅游经济发展迅速。2004 年，国家林业局批准建设邳州国家级银杏博览园，由南京林业大学进行了规划设计。邳州国家银杏博览园是以银杏森林资源为基础，以银杏的自然景观和人文资源为特色，是融观光、娱乐、健身、度假、生产、科学和文化研究等功能为一体的国家级银杏专类园区。园区建设总面积 20 000 hm²，其中核心区 2 000 hm²。总体构思是树立银杏文化品牌，打造生态旅游卖点。目前，已完成银杏姊妹园、林趣园、青少年野营区、银杏展览馆、银杏盆景园、银杏观果园、标准采叶园、银杏科技园等的建设。

江苏泰兴银杏之乡

①栽培历史。泰兴银杏栽培历史已有千年以上，是全国最大的银杏产区，白果产量和质量均居全国之冠，所产"泰兴白果"（大佛指），一直畅销于东南亚及西欧市场，是中国出口创汇率较高的商品之一。

②泰兴果农。家家户户房前屋后都种有银杏，特别是 20 世纪 80 年代以来，种植的积极性较高，发展迅速，2003—2004 年，全市就新发展了成片银杏经济林 8 000 m²，泰兴境内 500 年以上的古银杏树 34 株，其中千年以上的 6 株。目前长势最好的千年古银杏树位于宣堡镇晓潮村 5 组，十分罕见的雌雄同株，树高 27.6 m，胸径 3.75 m，上面 3 层为雄枝，下面 1 层为雌枝，年产雄花 250～300 kg、白果 50 kg。泰兴是全国银杏应用嫁接技术最早、嫁接树最多的地区，早在 250 年前就采用嫁接技术繁殖"泰兴白果"，现存 100 年生以上的嫁接银杏树 6 186 株。广大果农经过长期的探索和开发，繁育了"泰兴白果"优良品种。全市各个时期嫁接的"泰兴白果"良种占总株数的 99% 以上。在嫁接方法上，从历史上采用的皮下接、劈接向插皮接等方法发展。砧木一般采用 7、8 年至 10 年生苗，也有采用几十年的大砧木的。如宣堡镇郭东村就利用曾被毁坏的银杏树（粗 40 cm 左右）重新低干嫁接，至今结果甚多。20 世纪 80 年代初开始利用小砧木嫁接，如原燕头乡丁庄苗圃就利用 3 年、4 年生苗做砧木进行嫁接。历史上嫁接的树种以雌树为主，雄树历来以有性或无性繁殖自然形成。

泰兴银杏栽培主要是果材两用的"泰兴白果"。历史上以培育中干（0.8～1.5 m）的为主，这类树占总株数的 95% 以上。其次是高干（2 m 以上）的以材为主的银杏绿化树、行道树。

20 世纪 80 年代以后开始嫁接培育以果为主的低干（0.3～0.5 m）树，目前形成了一定的规模。1985 年春，在该市第一花木公司建立了 3 hm² "泰兴银杏"良种苗圃和 1 hm² 银杏种质资源圃，先后引进嫁接了省内外 15 个品种，供试验比较。1996 年春，经批准，成立了"泰兴市银杏种质资源圃"，采用嫁接技术保存全国各地的银杏品种超过 130 个，建成了全省最大的银杏种质资源圃。从 20 世纪 60 年代初，泰兴开始进行人工辅助授粉，历经从简单粗放到适时适量的发展过程。

③泰兴银杏交易历史。鸦片战争以后，不少商人收购银杏，从泰兴经由镇江发往福建、广东，并远销到新加坡、泰国等地，麻袋上仅注明"泰兴白果"。据《江苏实业志》《泰兴县志》记载，1932 年，"泰兴白果"出口达 15 万 kg，被誉为"银杏之乡"。后转销到新加坡等国家和香港地区。20 世纪 80 年代以前，泰兴市由供销、商业部门统一价格、统一收购，市外贸部门统一出口，80 年代以后，国有、集体、个体齐上阵，收购后送往广东。2002 年在宣堡镇建设了全国最大的银杏交易市场，广东客户及郯城等产地的经销商进场设点收购。多年来，泰兴白果收购后直接销售，80% 以上通过广东、香港市场销往东南亚。

④银杏资源。泰兴市拥有定植银杏树 630 万株，人均 5 株，其中 50 年以上的 9.4 万株，21～50 年 35.4 万株，11～20 年的 465.2 万株，10 年及以下的 120 万株。银杏大田成片林 8 000 hm²（均为 2003—2004 年新栽），其中 66 hm² 以上连片的 5 个，6 hm² 以上连片

的270个。银杏围庄林面积7 000 hm²。银杏苗圃面积200 hm²，各种规格苗木1 200万株，年产干青叶2 000 t以上。现有雄银杏3.5万株，已建立雄银杏林带30 km、片林40 hm²，年产雄花穗3～4 t。为进一步促进加工增值，1988年组建了泰兴市银杏科技开发中心，2002年成立了泰兴市林业局，负责全市银杏生产、开发和技术推广，并多方引进人才、资金、产品，加大产业化的力度。全市现有各类加工企业12家，生产原料包括果、叶、木材、外种皮，产品有食品、药品、工艺品、GBE等，年产值两亿多元。

泰兴市现有挂果树100万株，其中盛果树30万株，常年白果产量4 000 t，最高产量达6 000 t，约占全国总产量的1/3。1950年产量达到348 t，1960年500.6 t，1970年874.9 t，1980年1 280.6 t，1990年263.6万t，2003年4 000 t。

泰兴市银杏外种皮产量达6 000～7 500 t，中种皮（种壳）产量达400 t。现有银杏活立木蓄积量252 000 m³，并以每年61 000 m³的速度递增。

⑤开发利用。由于"泰兴白果"品质好，营养丰富，长期以来一直以原果直接销售，为了使白果能均衡上市，1991年中国林木种子公司在泰兴市独资兴建了1 000 t高温种子冷库。随着市场经济的发展，从20世纪90年代初期开始，泰兴市的果、叶加工开始起步，发展迅速，到1994年，全市拥有白果加工企业15家，叶子加工企业2家。

江苏银杏产业化良性发展模式

银杏产业化的核心是生产经营一体化。因而，江苏银杏产业化的良性发展，首先必须全力发挥其生产经营一体化的最大效用。一方面确保江苏银杏产业链各环节之间能有效配合，协调发展，顺利地实现各环节之间的投入与产出。另一方面，要找到、巩固并发挥江苏产业价值链上的增值点，以最大化江苏银杏产业的价值创造，提高江苏银杏产业的国际竞争力。

在确保江苏银杏产业经营一体化的同时，同样要加强银杏产业各环节生产的专业化、管理的企业化。而且还要根据江苏的实际情况，合理安排银杏生产区域，并使社会各界参与到银杏生产中来。江苏杨树产业就是一个很好的例证。江苏杨树产业与银杏产业构造相似，而其在产业化的发展过程中，不仅打通了种植、加工、市场流通各环节，而且各环节本身发展程度很高，如加工方面，杨树的枝、桠、材等都得到了充分的利用，最大限度地利用了资源并创造了价值。此外，相关行业也充分参与到江苏杨树产业中来，使江苏杨树产业获得了长足的发展。

江苏银杏核用优良单株性状

江苏银杏核用优良单株性状

优良单株	品种	单位主干截面积的种核产量（g/cm²）	百粒核重(g)	种实可食利用率(%)	种仁的干物质浓度(%)	种仁中粗蛋白浓度(%)	种仁中淀粉浓度(%)	种仁中支链淀粉浓度(%)	种仁中直链淀粉浓度(%)	种仁中可溶性糖浓度(%)	核形指数	单叶面积(cm²)
JG2	佛指	33.08	250.7	22.04	41.97	5.00	56.28	50.87	5.41	9.23	1.67	11.87
JG8	佛手	34.29	323.3	16.76	43.02	5.51	48.81	43.87	4.94	8.78	1.63	24.0
JG10	马铃	33.04	310.8	23.11	44.89	6.04	56.93	52.42	4.51	8.65	1.32	20.24
JG12	龙眼	34.18	287.4	18.64	43.65	6.55	54.99	49.58	5.41	8.83	1.17	17.50
平均		33.65	293.05	20.14	43.38	5.78	54.25	49.19	5.07	8.87		18.40
CK**		24.49	235.18	19.22	43.94	4.86	54.12	48.39	5.73	9.01		18.30

注：每一性状指标为连续5年测定结果的平均值；**为4个品种12株树的平均值。

江苏银杏优良单株

产地	品种	名次	总分(100分)	种核 大小(30分) 粒(kg)	得分	cv(8分)(%)	得分	出仁率 出仁率(15分)(%)	得分	cv(5分)(%)	得分	产量 产量(15分)(kg/cm²)	得分	cv(8分)(%)	得分	粗蛋白淀粉(%)	3分	干物质(%)	5分	可溶性糖(%)	3分	支链淀粉(%)	3分	总计	种核种仁总评 5分
邳州	大马铃2号	1	85.24	321.8	29.2	9.03	5.5	80.15	13.1	3.2	4.7	32.46	11.69	47.17	6.24	62.79	2.94	44.89	2.54	8.65	1.58	52.42	2.95	90.52	4.80
泰兴	大佛指	2	82.02	398.9	26.3	3.78	7.6	80.6	13.5	5.34	4.2	33.06	11.75	58.65	5.68	61.28	2.6	41.97	1.57	9.23	2.79	50.87	2.7	76.77	3.33
邳州	大龙眼	3	79.92	347.9	28.2	13.62	3.6	78.77	12.2	2.79	4.8	15.00	10.01	20.86	7.55	61.54	2.66	43.65	2.13	8.83	1.95	49.58	2.48	86.21	4.34
吴县	大佛手1	4	79.72	309.3	29.7	6.53	6.5	75.76	10.0	1.77	5.0	28.28	11.29	40.88	6.55	54.32	1.22	43.02	1.92	8.78	1.86	43.87	1.51	84.61	4.17
泰兴	七星果	5	77.7	366.0	27.6	11.02	4.7	81.19	13.9	2.25	4.9	22.62	10.75	92.95	3.98	56.10	1.58	43.79	2.18	8.75	1.78	46.23	1.91	86.91	4.42
吴县	大佛手2	6	77.39	330.9	28.9	19.49	1.2	80.97	13.7	16.92	1.6	31.96	11.65	28.99	7.14	59.71	2.3	44.89	2.54	8.87	2.04	49.58	2.48	81.50	3.84
吴县	洞庭皇	7	75.57	397.0	26.4	14.31	3.3	78.34	11.8	3.63	4.6	9.68	9.5	33.72	6.91	60.40	2.43	42.73	1.82	8.86	2.01	50.53	2.61	84.82	4.19
泰兴	大佛指	对比	79.34	434.7	25±2	6.57	6.5±2	75.78	10±2	10.64	3±1	46.00	13±2	11.68	8±1	58.24	2±0.5	43.26	2±0.5	9.09	2.5±0.5	46.75	2±0.5	78.32	3.5±0.5

江苏银杏优选单株品质鉴评

品种与产地	编号	种核大小 30分	5分	种核外形 5分	种核色泽 5分	出仁率(%)	种仁大小 5分	有无苦味 15分	糯性 15分	香味 5分	剥皮难易 5分	总分	名次
泰兴佛指	1	19.636	5	3.773	5	13.682	2.727	11.636	10.909	3.182	4.318	74.683	13
泰兴佛指	2	24.727	5	3.955	5	11.273	3.455	10.318	11.227	3.091	3.727	76.773	11
泰兴佛指	3	21.591	5	4.045	5	14.727	3.591	12.091	11.909	3.227	4.045	80.226	9
泰兴七星果	4	26.727	5	4.773	5	13.091	4.455	12.500	13.091	3.136	4.136	86.909	2
泰兴佛指	5	21.455	5	4.136	5	12.818	3.091	10.818	11.364	3.273	4.182	76.137	12
泰兴佛指	6	23.545	5	4.182	5	13.364	3.864	10.091	10.636	3.182	4.455	78.319	10
苏州小佛指	7	24.409	5	4.273	5	14.455	3.955 5	12.636	11.818	3.682	4.027	84.228	6
洞庭皇	8	26.697	5	4.060	5	13.308	4.182	11.182	12.576	3.591	4.227	84.823	4
大佛手	9	25.553	5	4.167	5	13.289	4.227	13.227	11.599	3.432	4.114	84.608	5
大佛手	10	24.884	5	4.126	5	12.106	4.318	11.303	11.998	3.568	4.199	81.502	7
大马铃铁富2号	11	28.818	5	4.227	5	12.836	4.909	13.455	12.591	4.227	4.455	90.518	1
大佛指	12	23.818	5	4.136	5	11.273	3.091	13.318	11.955	3.818	4.818	81.227	8
大龙眼	13	27.455	5	3.818	5	12.209	4.545	12.909	13.182	3.682	3.409	86.209	3

江西银杏多奇树

千年古树超过 30 处,除庐山莲花宝积庵和黄龙三宝树两处外,安福县武功山南天门有一古银杏胸围 850 cm,传说清乾隆下江南时曾封为"树王";永修县云居山也有古银杏 14 株,胸围均在 600 cm 以上,树高 30 m 以上,树龄 1 300 年以上;南昌市湾里太平也有一古银杏,胸径 262 cm,树高 28 m,树龄在 1 300 年以上。

江西银杏多奇树,彭泽县梅花鹿自然保护区内有一银杏,生长着两种叶子,黄色和绿色各半;宁冈凹里小学旁有一株垂枝银杏,在树基部 60 cm 处分为雌雄两株,当地称为"雌雄连理银杏"。无独有偶,南昌陆军学校院内竟有 5 株这样的"连理银杏"大树,有的是雌雄连体,有的则纯属雌性或雄性,雌性连理树所结种实外种皮 6 月上旬就呈金黄色。

江西银杏古树群资源

江西银杏古树群,在万安县棉津乡西元村高岭海拔 1 000 m 处,古银杏群共 38 株,最大一株树高 30 m,胸径 2.23 m,冠幅 1 600 m^2,树龄 1 000 年以上,最小一株树高 16 m,胸围 2.4 m,树龄 500 年,结种最多的一株年产二百多千克。这些古树年均 25 株开花结种,共产白果 4 t 左右,白果大而均,每千克达 340~360 粒。永修县云居山有 18 株古银杏、遂川县中石乡有十多株古银杏,彭泽县海形乡古银杏片林面积达 0.9 hm^2,靖安县西岭乡古银杏片林 1.4 hm^2;永丰县中树乡梨树村有 8 棵古银杏树。江西非常重视银杏古树群遗传资源的收集、保存和利用。九江县林业局对 6 株千年古银杏树建立档案,拨专款制作护栏,专人看护,防止毁坏。临川区龙溪镇雷李村把千年古银杏承包给村民李寿明,用石块加固树基,用泥土覆盖裸露树根,安装避雷针,实施人工授粉,承包后的第二年共收获白果 1 t 多,达到原来产量的 100 倍。

浆汁的制取

将清洗干净的银杏种仁先用砂轮磨粗磨两次,再用胶体磨细磨,使银杏纤维达到 15 μm 以下,然后通过浆渣分离机分离出银杏渣,即得银杏浆汁。

桨叶属

叶片革质,全缘,呈线形至狭舌形,或多或少地弯曲,不分裂;其最大宽度在叶片中部或更高处,具一宽圆的顶端,向基部慢慢狭缩,但很少呈狭柄状;基部本身略扩张,并为适当数目和主要在基部两歧分叉的叶脉所贯穿。外形与假托勒利叶很相似,但叶片较大,叶脉较粗,并有较明显的叶柄。

降水

又称大气降水。从云中降落到地面的液态(雨)或固态(雪、霰、雹)降水。降水来自云中,但有云时不一定有降水。地面低空形成的露、霜、雾凇、雾等水汽凝结物常称为水平降水。

降水变率

降水距平与同期间多年平均降水量的百分比称降水变率(相对变率)。表示一地降水变化幅度的大小,从而表明降水量的可靠程度和利用价值。降水变率大的地方,发生旱涝的机会多。某地某期间(月、年)的实际降水量与同期间多年平均降水量的差值称降水距平(绝对变率)。

降水量

从空中降落到地面的雨、雪以及在地面凝结的露等未经流失、蒸发、渗透而积聚的水层厚度。单位为 mm。我国大部分地区雨是降水的主要部分,故也有用"雨量"名称代表降水量。它是气候资料中最基本的要素之一。与银杏的生育、分布关系非常密切。年平均降水量是一地年降水量总和的多年平均值,简称年降水量。

降水强度

单位时间内的降水量。单位用 mm/h 或 mm/d 表示。按照降水强度的大小,可将雨分为小雨、中雨、大雨、暴雨、大暴雨及特大暴雨;降雪可分为小雪、中雪和大雪。

降水日数

一定时期内降水的总日数。我国气象观测中规定:一日内降水量≥0.1 mm 的日子计为降水日,一般按日、月和年进行统计。雨日指一日内降雨量≥0.1 mm 的日子。

降血压和降血脂

白果 12 粒,枸杞子 15 g,加水用文火烧 20 min,临睡前连汤和药同时服下,连服 20 剂。白果具有舒通血管、降低血压、平肝治虚、延缓衰老、增加免疫力的功能;而枸杞则有安神明目、降血糖、降血脂、降胆固醇的作用。

交叉枝

交叉枝是两个或两价目以上枝延伸方向交叉而形成的,必须进行处理,即对其中有延伸和存在价值的一枝不剪或轻短截加以保留,而将另一交叉枝进行重回缩,并用侧枝做头转向,假如转向后仍对其他保留枝产生拥挤、遮阴等作用,则自其基部疏出。此法称为一伸一缩法。

胶体金免疫电镜定位

电镜定位参考 Moore 和 Staehelin 的方法,但略有改动。样品在含 0.5% 戊二醛和 4% 多聚甲醛的 0.1 mol/L 磷酸缓冲液(pH 值 7.2)中 4℃固定 24 h(不经锇酸后固定),乙醇系列脱水,环氧丙烷过渡,60℃聚合后包埋于 Epon 812 树脂,室温干燥保存。LKB-V 超薄切片机切片,厚度 50 nm,切片捞于有 Formvar 支持膜的 100 目铜网上。之后进行如下步骤:①载网先用双蒸水浸润10 min,然后经10% H_2O_2 处理10 min,TBST洗5次,每次5 min。②0.1 mol/L HCl处理10 min,TBST洗5次,每次5 min。③在含0.02% Tween 20.5% 脱脂奶粉的TBST缓冲液中封闭1 h。④与一抗(1:10稀释)在室温下作用。⑤TBST冲洗,然后浸洗5次,每次5 min。⑥与二抗(胶体金标记的羊抗兔IgG,胶体金直径10 nm,购自北京博奥森生物技术有限公司)(1:4稀释)在室温下作用1 h。⑦TBST洗5次,每次5 min。蒸馏水洗3次,每次5 min。⑧醋酸铀染色15 min,柠檬酸铅染色6 min。⑨H-600型透射电镜观察拍照。对照为用正常血清代替一抗处理的切片,其余步骤同上。

椒盐白果

主料:白果500 g,蚕豆水粉100 g,花椒盐10 g。

配料:精盐5 g,鸡蛋清75 g,精面粉50 g,熟猪油1 000 g,实耗100 g。

做法:将白果剥去外壳,放入冷水锅中,上火煮20 min,边煮边搅拌,去掉外层细皮,然后换水再煮30 min,待白果煮开花后捞出,沥干水分。将鸡蛋清放入碗中,打散起泡后,加入精盐和精面粉拌匀,再将蚕豆水粉加入调成鸡蛋清糊。取锅上火,倒入猪油,烧至五成热时,将白果放入蛋糊中蘸上蛋糊,然后下油锅炸一下捞出。待油继续烧至七成热,再将白果放入,重炸一下至金黄色,起锅装入盘中,撒上花椒盐即可。

保健功能:色泽焦黄,外酥内糯,止咳定喘上品,佐酒佳品。

绞缢

抑制树势、枝势的措施。在主干或大枝基部,用绳或铅丝缠绕数圈,限制枝干的局部加粗,形成缢痕,从而影响营养物质的上下运输,抑制生长势。其作用与环割类似,一般早春进行,当年秋季除去缚绑物。压条繁殖时,在枝条基部进行绞缢,可以促进不定根的发生,增加发根量。

窖藏法

大面积育苗时,由于种子数量较多,可实行室外窖藏。选背阴,地形较高,排水良好处挖地窖贮藏。窖深80 cm,窖宽80 cm,长度以种子多少而定。先在窖底铺10 cm干净湿河沙(手握湿沙成团,手伸开后能自然碎成几大块为宜)。在窖中每隔1 m竖一对把粗高粱秸(或玉米秸)把,再把1体积除掉外种皮的种核,2体积干净河沙混匀后填入窖内,直至离地面10 cm时为止,再填入5 cm厚的湿沙,覆盖上10 cm左右的细土。然后再从每一把高粱秸中抽掉2~3根,以利通气,防止种子缺氧呼吸,否则会使种子霉烂。并在地窖四周开好深、宽各20 cm的排水沟,以防雨、雪水渗入窖内,致使种子霉烂。银杏种子具有一定的耐寒力,在-10℃的条件下贮藏,不会使种子丧失发芽力。春天地温开始上升后,应随时注意检查,以防种子发芽发霉。

阶段发育

银杏的个体发育由不同的阶段所组成。在各个阶段,银杏要求通过一定的条件,才能使生长点细胞内起质的变化。完成这些阶段才能开花结实。银杏和细胞组织只有通过某个阶段,才能进入另一个阶段,既进入了另一个阶段,就不能再回到原来的那个阶段,阶段发育的质变,只局限于生长点,而且只能依靠细胞分裂来传递,所以阶段发育有顺序性,不可逆性和局限性。银杏的阶段发育由总的发育周期与年发育周期共同起作用,故如用树冠上部的枝条繁殖,一般开花结实较树冠下部要早。

接口高度新梢当年生长长度

接口高度新梢当年生长长度 单位:cm

试验地小区号	砧木地径	嫁接时间	接口高度	嫁接株数	接后当年平均新梢长度
1	7	1991.3	40	5	115
2	7	1991.3	50	5	110
3	7	1991.3	60	5	110
4	7	1991.3	70	5	105
5	7	1991.3	80	5	108
6	7	1991.3	90	5	104
7	7	1991.3	100	5	100
8	7	1991.3	110	5	105
9	7	1991.3	110	5	100
10	7	1991.3	130	5	95
11	7	1991.3	140	5	93
12	7	1991.3	150	5	90
13	7	1991.3	160	5	75
14	7	1991.3	170	5	65
15	7	1991.3	180	5	63
16	7	1991.3	190	5	55
17	7	1991.3	200	5	40
18	7	1991.3	210	5	30

接蜡

嫁接中为了封住接口的一类蜡状物质。接蜡的主要作用是:①减少砧穗切面丧失水分,以免露出的柔嫩细胞死亡,而这些细胞又是产生愈伤组织的主要部位。②可以阻止各种微生物的侵入,防止切口腐烂。好的接蜡必须能牢固地黏附在树体(枝)的表面,不被雨水冲掉,在严冬,不因寒冷发脆而出现裂缝以至脱落,在夏天也不因天热而熔化流失,同时还有一定韧性,接穗膨大和砧木增粗接蜡也不出现裂缝。接蜡通常是由松香、蜂蜡、生亚麻子油或动物油等组成，熬制接蜡时，可以加入适量烟灰，以区别没有颜色的接蜡。这样，接合部是否已经完全封好，容易看得出来。加入的烟灰还可调整接蜡的稀稠度，消除黏性或脆性。市场上也有商品性接蜡出售。

接穗

嫁接时接于砧木上的枝或芽。嫁接成活后，由接穗形成果树树冠，是直接生产果品的部分。采集接穗时，要选择品种纯正、发育健壮、丰产、稳产、优质、无检疫对象和病毒病害的成年植株做采穗母树。一般剪取树冠外围生长充实、枝条光洁、芽体饱满的发育枝。严格选用接穗，可起到选优、保纯的作用。采穗时间，银杏春季嫁接用年生枝，宜在休眠期剪取；秋季嫁接用的接穗，多随接随采，剪取木质化或半木质化的新梢。芽接时应采未停止生长的新梢，芽片易剥离（生产中称为"离皮"）。新梢中部枝条芽较充实。如需远运，一定要做好保温。每50～100根捆成束，标明品种名称。为防止接穗霉烂或失水，应在10℃以下的低温，80%～90%的相对湿度及适当透气条件下存放运输接穗。

接穗保存

春季嫁接所用的接穗需在发芽前20～30 d剪下，经低温沙藏，保存温度≤5℃，砂粒宜粗不宜细，湿度适中，或直接放于阴凉的地下室中，或在背阴处挖沟覆沙窖藏，最好是蜡封后贮藏在恒温库（箱）里。干旱地区春季嫁接，接穗进行蜡封尤为重要。为保证接穗不失水，接芽新鲜，也可以随采随用。嫁接数量大的、需长途运输的要提前剪取，嫁接数量较小，或当地有条件的可以随采随用。如接穗贮藏得好，长期稳定在2～4℃。砧木发芽后可继续嫁接，甚至一直可接到5～6月份。如穗芽已膨大甚至露绿，嫁接后影响成活率，或成活后不易抽枝。夏季嫁接需随采随用。如需长途运输，则应防高温闷芽，影响成活。如放室内，温度控制在10℃左右，保持一定的湿度和通风条件，一般可保存4～6 d不降低嫁接成活率。如数量较大，可将接穗埋入有砂的筐中，将筐吊入水井中的水面以上。近几年来，邳州银杏良种繁育圃均采用蜡封穗条。方法是把当年抽生较中庸的枝条剪下来后，剪去叶片，叶柄保留0.2～0.3 cm，再按每个接穗的接芽数（2～3个）剪成接穗，然后进行蜡封。这种方法可防止水分蒸发，方便运输，到达目的地后，贮放在较低温处，可保存7～10 d，不降低嫁接成活率。如果蜡封后立即嫁接，效果更好。蜡封的具体操作是：炉灶上放锅，锅里放水，水里放盆，盆里放蜡。经加温后，盆里蜡化开，蜡液温度在80℃左右封最好。如果蜡封后立即嫁接，只要封接穗的上部，刀削的部位不要蜡封。如果要长途运输或保存时间较长，则整根接穗都要蜡封。先封下部，再封上部。先把接穗下部在蜡液里蘸一下，甩一下，然后倒过来再蘸一下，甩一下，丢在冷水盆里。操作速度要快（封蜡各五金公司都有供应）。

接穗采集

目前，对于如何选用银杏接穗有两种不同的意见。一种意见认为采集的接穗不仅应从已结果的良种大树上剪取，而且要采已经开花结果的枝条（枝龄4～5年），只有这种枝条的接穗，嫁接成活后才能早开花、早结果、早丰产。另一种意见认为只要是优良品种，且所采集的枝条来自壮年母树接穗所繁衍的枝条（即把良种母树的枝条嫁接在小树上，成活后抽生的枝条就能当接穗使用），这种枝条年龄虽轻，只1～2年，但生理年龄是成熟的。所以嫁接后同样能早开花、早结果、早丰产。如1988年春，邳州市银杏良种繁育圃，用从江苏农学院提供的银杏良种苗木上剪取的接穗，嫁接在本市白布乡丁口村和本苗圃1.5～2 m高的砧木上，成活后抽枝旺盛，绝大多数超过30 cm，至1991年即开花结果，1994—1996年最高株产量分别达到7.5 kg和12.5 kg。邳州市铁富镇宋庄村王克栋在庭院里用同样的接穗、同样的方法所嫁接的银杏树，第4年也开了花结了果，第7年单株产量最高达7.5 kg。而1990年新沂市沭河果园采用绿枝单芽劈接，第3年便开花结果。由此看来，过分强调从银杏结果大树上采集较老龄接穗并没有必要，且穗龄过大，反而影响嫁接成活率。1984年8月，《中国果树志·银杏卷》编委会考察某地银杏苗圃时，发现用老龄（4～7年）接穗嫁接的苗木，其成活率仅达45%，且抽枝率很低，生长量小，新枝斜展角度也大，几乎呈水平状态。鉴于上述情况，在当前银杏发展的大好形势下，从良种大树上剪取接穗已不能满足大发展的需要，迫切需要建立优良品种采穗圃。近年来，江苏省邳州市、泰兴市，广西壮族自治区的桂林市，山东省泰安市和郯城县已先后建立了银杏种质资源圃和良种繁育圃。对全国品种进行了对比试验，并选出当地优良品种型号，以扩大推广范围，为中国银杏的良种化做出一定的贡献。

接穗对成活率的影响

接穗对成活率的影响

方法	穗粗（cm）	数量（条）	成活数（条）	成活率（%）
切接	<0.5	13	2	15.4
切接	0.6～1.2	36	14	38.8

接穗规格及处理与苗木生长

接穗长(cm)	处理	抽梢率(%)		新梢长(cm)		新梢粗(cm)		叶数/梢	
		$\bar{x}$	cv,%	$\bar{x}$	cv,%	$\bar{x}$	cv,%	$\bar{x}$	cv,%
25~30	冬藏蜡封	27.71	21.0	14.17	24.2	0.51	14.8	15.0	20.3
25~30	春采不封	9.92	5.60	12.16	39.8	0.47	23.0	12.9	30.0
25~30	春采蜡封	26.09	7.80	13.3	31.9	0.45	16.2	14.8	40.1
8~10	春采蜡封	49.21	7.60	22.59	36.8	0.55	19.4	19.4	19.6

接穗和砧木切面图

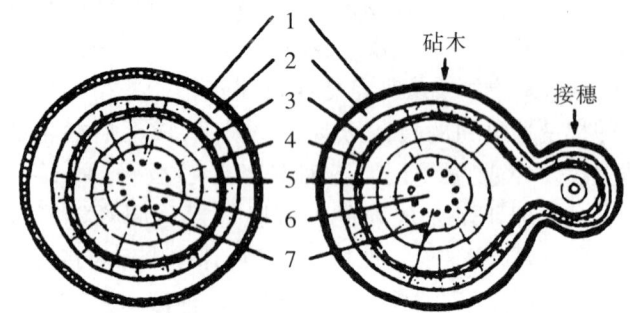

砧木横切面示意图　　接穗与砧木愈合示意图

1.周皮　2.皮层　3.韧皮部　4.形成层
5.木质部　6.髓　7.髓射线

接穗和砧木准备

选择树龄30~50年生的优良品种作为采穗母树，以树冠外围、中上部、向阳面的1~3年生枝条为好。用1~2年生枝条做接穗，成活率高，树冠生长快，但开花结实迟；而以多年生老枝做接穗，虽能早花早实，但树冠小，对后期产量提高不利。除嫩枝嫁接要求随采随接外，其他枝接最好是在发芽前10~20 d采集（也可结合冬剪采集）。采集后，将枝条剪成15~20 cm长、带3~4个芽的枝段，下部插入干净水桶，使其吸水充足，然后每30~50枝扎成1捆，下端1/3埋放在室内通风的湿沙中贮藏。沙的湿度以手捏成团、手松即散为宜，上部用湿草覆盖，并注意喷水。短时间贮藏可以用蜡封接穗。条件许可时，可放入冰箱或冷库中贮藏，温度保持在0~1℃。嫩枝嫁接的穗条采下后，应立即去掉叶片，只留叶柄，并插入水桶中，外用黑布盖好。不能及时嫁接或当天嫁接不完的，可将多余接穗吊在井中或放入冰箱冷藏室进行临时存放。山东郯城苗圃科技人员试验，春季用冰箱冷藏接穗，在5月下旬用3年苗嫩枝嫁接，可提高嫁接高度20~30 cm，成活率99%，抽枝率大于95%，抽枝长度20~50 cm。用于银杏嫁接的砧木应选择生长健壮、芽饱满、无病虫害的优良苗木。

接穗活化和生活力检验

嫁接之前，要对接穗进行活化和生活力测定。芽接时检查是否离皮，如果发现异常现象应重新采集。对于冬藏接穗，先削出新削面插入湿沙中，置于火炕上，10天后如果削面上长出愈伤组织，即可用于嫁接，否则应予淘汰。经低温贮藏的接穗，在嫁接之前要先放到5~10℃条件下活化1~2 d，促进体内养分转化，便于砧穗愈合。嫁接之前冲去表皮上的泥土、尘土，基端泡水1~2 d后再行嫁接。在生产实践中，也可以用解剖法快速判别接穗生活力，即如果接穗削面湿润、皮色鲜嫩、形成层为鲜绿色，说明有生活力；如果皮色皱褶、腐烂，形成层变褐，表明无生活力。

接穗年龄对早实的影响

树号	嫁接时间	穗龄	砧龄	始果时间（年）	嫁接后结果龄（龄）
Ⅵ-7	1982年秋	1	2	1987	5
Ⅵ-14	1982年秋	1	2	1987	5
Ⅶ-21	1982年秋	4	2	1985	3
Ⅸ-6	1982年秋	2	2	1986	4
Ⅴ-4	1982年秋	2	2	1986	4

接穗形状与插穗

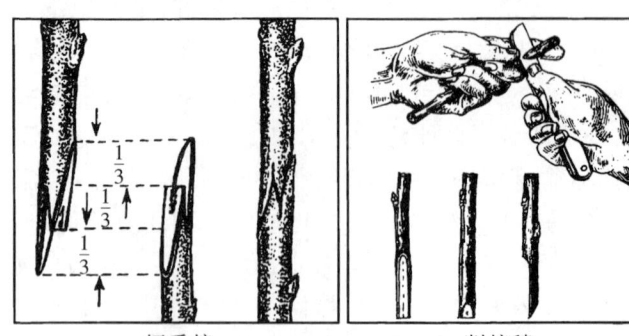

短舌接　　　　削接穗

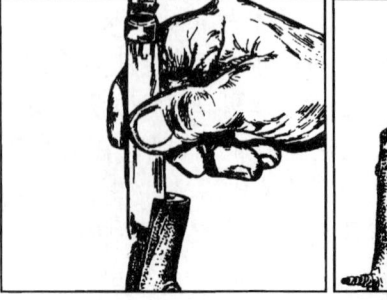

挑开切口上部皮　　接穗形状与插穗

接穗只发芽不抽枝

在银杏嫁接的生产实践中,据统计,大约有 20% 左右的接穗嫁接的当年只发芽不抽枝,这就会影响树冠的迅速形成、提早结果和白果的产量,使银杏生产的预期效果不能如期达到或延迟。凡在嫁接当年,只发芽不抽枝的接穗,都是采用的一年生或两年生中、下部的枝条做接穗,中、下部枝条的芽子在原母树上均是形成短果枝的,这些芽子终生或几年间不会抽生为长枝,除非受到某种刺激,短枝才会发育成长枝,但长枝和短枝是可以互相转换的,在银杏树上也是常见的。在银杏大树上可以明显地看到,顶梢芽和顶梢下面的 3~5 个侧芽萌发长枝的可能性最大,再往下的侧芽萌发成长枝的可能性就小了。经过对枝条的研究表明,银杏形成长、短枝的芽中含有相当数量的弥散性的生长刺激素,但这种生长刺激素的数量随着长、短枝的发育而有很大变化。普通的短枝在休眠时,一点生长刺激素都没有,但是到了枝芽膨大时,含量增加,但到后来又随着芽的开放而减少。条枝在早期时,会有较多的生长刺激素,在芽开放时,逐渐减少,不过一到长枝伸长时,含量又会很快上升,与短枝很不相同。长枝伸展以后,下面的就较少伸展反较缓慢。长枝与短枝所产生生长刺激素的多少,亦与枝条的长度有关,随着枝条的加长,生长刺激素的含量亦有显著的增加。银杏的生长习性不同于苹果、桃、杏等果树,只要当年春季嫁接成活,芽子就会全部抽生枝条。因此,银杏嫁接时,如果有条件,尽量采用一二年生枝条顶端部分做接穗,这样就会避免上述现象的发生。

接种

接种是将微生物移植到活的生物体内、体外或适于它生长繁殖的人工培养基上的方法。植物病害的人工接种,是人为的使病原物与寄主植物感病部位接触,并给予一定的发病条件以诱发病害。接种的应用技术是多方面的,如鉴定病原、研究病菌的生活规律、药剂效能测定等,常借助人工接种得到可靠的结论。实验室的接种一般都须在严密的无菌操作条件下进行。

孑遗原理与南雄地貌

银杏是世界上现存最古老的树种之一,银杏类植物的出现开始于古生代的石炭纪,这时期距离现在约 2.8~3.5 亿年,而最兴旺的时期距今 1.4~1.95 亿年间的中生代侏罗纪。到了白垩纪后期及新生代第四纪初期,即距今 0.8~1.2 亿年,由于冰川运动,使银杏类植物的种类及数量大幅度减少,银杏类植物几乎灭绝。而中国因地形特殊,山脉多为东西走向,这对阻截浩荡奔流的冰川十分有利,华中、华东地区受害较轻,银杏在天然的避难所幸免地遗存下来。第四纪冰川在我国相当广泛,南起黔桂山地,北达黑龙江,东至台湾玉山,西及新疆、西藏。许多山地在古地理适宜的条件下,都曾经受到冰川作用。南雄位于五岭之首的大庚岭南麓,处于冰川区域的边缘。冰川奔流经前四岭之后,南岭山脉起到了阻截北方寒流的作用,能过五岭的强度较弱,成为南雄第一道屏障,另一方面,中生代燕山运动形成的南雄盆地,四周群山环抱,中部北宽南狭,南北两面群山连绵,北面山脉都在海拔 1 000~1 500 m,南面山脉在 1 000 m 以下,四周 1 000 m 以上的山峰有 30 座。北面以观音栋、帽子峰、油山为主峰,由东北向西南方向伸展,构成了阻截冰川奔流的第二道屏障。冰川运动对南雄古银杏影响较弱,这是南雄古银杏能生存下来的主要因素。

孑遗植物

由于地质演化或气候剧变,致使原来广泛分布的现仅残存在局部地区的古老植物,称为孑遗植物。研究孑遗植物,对植物系统发育,古植物区系、古地理和第四纪冰川气候等方面,都有重要意义。孑遗种的确定,需根据化石资料,结合分布区的时、空变化以及在分类系统的位置,也可采用植物系统学地理学相结合的间接方法。孑遗植物可分为两类:①分类学孑遗植物。又称"活化石",如银杏、水杉、珙桐等在中国大陆目前发现超过 50 种。这类植物在中生代白垩纪曾广泛分布于北半球,冰川运动以后,在全球几乎绝迹,如水杉。20 世纪 40 年代,才在湖北、四川交界处的磨刀溪发现 400 龄以上的巨树,后又在利川市发现残存水杉林,湖南龙山县也有数百龄水杉大树,多数生长在海拔 800~1 500 m 的局部地区。②地理学孑遗植物。这类植物由于分布区的历史和环境因素变化等产生,又可分为气候性、地形的或土壤的孑遗种。如黄柏是第三纪在热带植物区系温暖气候的孑遗种,现在分布于寒带针叶林和温带针、阔叶混交林区,属湿润型季风气候带,即为气候性孑遗种之一。

节

在银杏枝条上着生叶片的部位。

节间

在银杏枝条上两个节之间的部分。

结实呈葡萄穗状的古银杏

湖北省随州市三马河村,有一株结果枝结的果子呈葡萄穗状的古银杏,结果最多最长的一串果穗长 40 cm,有果 50 余粒。果实外观与一般银杏一样,年年挂果累累。种核呈椭圆形,并均匀布有四条棱线,食用价值也与一般银杏相同。

结实大小年产生原因

①营养条件的影响。银杏在丰年种核产量高,消耗了大量的营养物质,不仅影响到当年的新梢生长和

花芽分化，最终影响到下一年雌花的数量，还会降低下一年的坐实率，影响到种实的发育和生长，从而导致来年的减产。因此，在丰年及时补充银杏母树养分对缩短银杏丰年间隔期具有非常重要的作用。

②内源激素的影响。银杏的开花结实受到多种激素的共同影响。赤霉素等激素对银杏花芽的分化具有明显的促进作用，通常被称为成花激素，而ABA等激素则具有抑制花芽分化的作用，通常被称为抑花激素。种核年不仅消耗了母树过多营养和赤霉素，还导致母树体内抑花激素含量的升高，从而使银杏母树体内成花激素和抑花激素的比例下降，最终导致当年的花芽分化数量下降，使来年结实量下降不可避免。因此，在丰年及时进行合理的疏花疏实，可缩短银杏的丰年间隔期，实现银杏持续丰产。

结实大小年现象

银杏种核的产量在不同的年份间并不总是平衡出现的，某些年份种核产量高，某些年份种核产量低，某些年份种核产量中等。产量高的年份通常被称为大年（丰年或种核年），产量低的年份通常被称为小年（歉年），种核产量中等的年份通常被称为平年。银杏种核的丰歉年交替出现的现象被称为银杏结实的大小年现象，两个丰年之间的间隔年数被称为间隔期。

结实年龄

银杏开始结实的早晚与银杏的品种、种源、起源（实生苗、嫁接苗）、接穗的年龄、砧木的大小等内部因素和光照、水分、土壤肥力等外部因素有关。实生苗结实年龄一般在20年以上，用成年母树接穗嫁接的嫁接苗结实年龄通常为6~8年，如果用成年母树接穗嫁接到大砧木上，嫁接苗结实年龄则可以缩短为2~3年。在土壤水肥条件好的情况下，可以促进银杏营养生长，提早结实，并提高种实的产量和品质。银杏孤立木结实通常早于银杏片林，这是由于银杏是一种喜光树种，其光饱和点通常为1 000~1 200 μmol/(m²·s)，花芽分化也需要充足的光照。

结实树不能采叶

建立银杏专用采叶园、苗叶结合采叶园是近三五年才发展起来的。历史上的大树都是以结果为主的，从生产果实的角度来看，过早过量的不合理采叶，势必会影响树体发育、果实生长，而且随着树龄的加大，其叶子内含物含量呈下降趋势，因此，从树体生长及叶片质量来看，不提倡从大树上采叶。对于营养生长过旺或叶资源不足时，可少量采摘，但一定要人工采摘，自下而上，由内膛向外围，只能采摘总量的1/5左右，采集时间在种实采收时或之后，严禁过早采摘。采叶后应立即增施肥料，施薄肥水，加强管理，达到养体的目的。

结实树的管理

银杏树的寿命长，开花结实期晚，一般实生苗移栽后15~20年开花结实，嫁接5~10年开花结实。在结实初期，骨干枝仍保持旺盛生长趋势，中下部短枝开始开花结实，结实量逐年增加，新梢生长量开始逐渐减小，根系迅速向外扩展，以便吸收更多的水分和养分，此时树冠也逐年增大。实生树到三十年左右，进入结实盛期，如加强水肥管理，可以延续到300~500年。此期除主枝前端枝条和隐芽萌发的枝条仍属盛期的延长，下挂枝增多，进入结实的高峰期，树高和胸径生长缓慢。为了延长结实盛期，防止树势衰退，应加强水肥管理，补充树体养分，及时防治病虫害，控制结实量，防止过多的养分消耗，提前进入衰老期。

结实习性

花芽性质、发生部位、结果性能等特性的总称。银杏因品种、树龄不同而结果习性各异。

结种(花)枝

初由叶芽萌发成长为短枝。其上的叶片呈簇生（或称叶丛、莲座）状，该短枝的腋芽通常不萌动，其顶芽连年萌生伸长在0.5 cm，但该短枝通常需要连续生长2~3年，其顶芽才能形成混合芽，开始开花和结果。因此，该短枝自形成至其顶芽发育成混合芽期间的生长阶段，对雄性树的短枝称为预备花枝，雌性树的短枝称为预备结果枝。待顶芽形成混合芽后，对雄性树的短枝称为花枝，雌性树的短枝称为结果枝。由于银杏形成结果枝（花枝）需要经过一定时期的生长阶段，可能是其始果期晚的"基因"。

结种产量比较

结种产量比较

树龄	株数			总产量(kg)				
	总计	18日前授粉	18~20日授粉	1996年	1997年	1998年	1998年/1996年(%)	1998年/1997年(%)
19年及以下	369	14	355	2 140.3	1 711.8	963.1	45.0	56.3
20~39年	389	9	380	8 071.8	8 565.8	1 360.6	16.9	15.9
40年及以上	252	8	244	10 368	7 885	1 350.8	13.0	17.1
合计	1 010	31	979	20 580.1	18 162.6	3 674.5	17.9	20.2

结种基枝

着生种实枝的枝段为结种基枝。

结种期

银杏是长寿命果树,结果期很长。定植实生树,15～20年后才开始结果,40～50年生才进入结果盛期,而嫁接树20～30年生时就进入结果盛期。盛果期的长短与环境条件、管理水平有很大关系,一般可达100年,长的可达200～300年,甚至千年以上,以后结果量下降,大小年更加明显。

结种枝持续结种系数

调查30个以上5年生、10年生、15年生……结种基枝,统计其上结种枝的总数量,除以当年结果的结种枝数量,其商为持续结种系数,从中得出最高、最低结种枝持续结种系数。

捷卡藉夫斯基属

此属广泛分布于瑞替期、侏罗纪和早白垩纪的植物群中。在亚洲特别丰富。此属叶簇生在短枝上,基部包含鳞片,叶长达30 cm,叶片二歧式分裂成窄细裂片,每一叶片中叶脉2～3条。此属的雌性繁殖器官似薄球果属,它是一种果鳞疏松的球果,上面生有含种子的夹膜。这一器官髓结构和银杏目中其他属的雌花有显著差别。因此,人们十分怀疑是否应将此属列入银杏目。此属仅1种。

截干对长短枝条数的影响

截干对长短枝条数的影响

年生	截干高度(cm)	长枝总长度(cm)	长枝数(个)	短枝数(个)	总萌枝数(个)	单枝长(cm)	长短枝数比
1年生	0	20.0	1.3	0.3	1.6	15.4	4.3
	5	14.8	1.5	0.4	1.9	9.9	3.8
	抹顶芽	17.7	2.0	0.8	2.8	8.9	2.5
	对照	10.8(顶梢)	1.0	1.5	2.5	10.8	0.7
2年生	0	28.8	1.2	0.7	1.9	24.4	1.7
	10	28.0	1.4	0.9	2.3	20.0	1.6
	15	36.0	1.8	2.6	4.4	20.0	0.7
	抹顶芽	42.0	2.2	3.7	5.9	19.1	0.6
	对照	18.2(顶梢)	1.0	4.3	5.3	18.2	0.2
3年生	0	71.8	2.0	0.4	2.4	35.9	5.0
	10	107.8	3.6	0.4	4.0	29.9	9.0
	20	114.8	4.4	1.3	5.7	26.1	3.4
	30	115.2	4.6	5.3	9.9	25.0	0.9
	对照	143.6	8.2	9.0	17.2	17.5	0.9

截干对当年新梢生长总量的影响

截干对当年新梢生长总量的影响

处理	当年抽新梢总长(cm)					合计	$\bar{x}$
截干	359	472	399	548	367	4 761	476.1
	436	268	575	759	578		
未截	270	415	464	400	325	3 721	372.1
	431	272	402	454	288		

截干对净光合速率及蒸腾速率的影响

截干对净光合速率及蒸腾速率的影响

年生	1 年生				2 年生					3 年生				
截干高度(cm)	0	5	抹顶芽	对照	0	10	20	抹顶芽	对照	0	10	20	30	对照
净光合速率 ($\mu mol \cdot m^{-2} \cdot s^{-1}$)	5.37	10.07	11.23	4.19	13.09	15.43	13.59	16.78	9.31	10.91	7.55	8.05	12.75	3.82
比率[①](%)	128.1	240.2	268.0	100.0	140.5	165.7	145.9	180.2	100.0	285.3	197.6	210.6	333.5	100.0
标准差(6n)	0.34	1.62	1.72	0.35	2.54	0.77	0.90	0.79	0.90	1.50	1.74	2.06	2.77	0.14
蒸腾速率 ($mmol \cdot m^{-2} \cdot s^{-1}$)	2.16	2.19	2.19	1.99	2.56	3.05	2.66	3.03	1.72	2.21	2.52	2.45	2.45	2.11
比率[①](%)	108.9	110.4	110.5	100.0	148.9	177.3	154.8	176.1	100.0	104.9	119.6	115.9	115.9	100.0
标准差(6n)	3.87	3.87	2.70	3.30	4.92	6.44	4.74	5.79	4.92	4.55	7.76	4.11	2.49	4.11

注：①表示以对照为100%计算出的各处理的百分数。

截干对叶产量和黄酮含量的影响

银杏叶用园截干萌芽试验表明：

①一年生苗第一次截干后，留桩高度为 5 cm 和 10 cm 的处理，当年叶产量分别超过对照的 25% 和 43%，第二年分别超过对照 19.3% 和 53.5%。第三年施行第二次截干后，留桩高度为 20 cm 和 30 cm 的处理，银杏当年叶产量分别超过对照的 12.5% 和 5.5%，第二年，留桩高度为 30 cm、20 cm 和 10 cm 的处理，叶产量分别超过对照 10%、6.1% 和 1.5%。

②二年生苗截干后，20 cm 截干高度和抹顶芽的处理，当年叶产量分别超过对照的 16.7% 和 34.5%，第二年分别超过对照 48.4% 和 34.6%。二年生苗截干后，留桩高度为 30 cm、20 cm 和 10 cm 的处理，截干后的第二年，银杏单株叶产量分别超过对照 21%、28.8% 和 12.1%。

③截干后，银杏叶中黄酮含量显著高于对照，三年生苗经 30 cm、20 cm 和 10 cm 留桩高度截干处理后，叶中黄酮含量分别高于对照的 49.8%、50.5% 和 54.3%。

④截干后，银杏萌芽能力随留桩高度的增加而增加，苗龄越大萌芽能力越强。

截干对叶片总黄酮含量的影响

截干萌芽对银杏高生长、单叶干重、单株叶产量和黄酮含量的影响：①第一次截干后，银杏高生长量比对照高，第二次截干后，距地 30 cm 截干的处理高生长也超过对照，约为对照的 127%；②截干后，银杏单叶干重显著高于对照；③第一次截干后，银杏单株叶产量显著高于对照，第二次截干后，30 cm 截干高度的处理单株叶产量约为对照的 112%，且随截干高度的增加，单株叶含量有随着增加的趋势；④截干后，银杏叶中黄酮含量显著高于对照，随截干高度的增加，黄酮含量有下降的趋势。为使银杏叶用园管理方便和获得较高的叶产量和较好的叶质量，建议银杏叶用园应采取截干萌芽这一矮林作业方法。

截干对叶用银杏萌芽的影响

对大佛指品种 1 年生、2 年生和 3 年生实生苗分别以不同留桩高度截干(或抹顶芽)处理，并调查当年的萌芽(枝)数量及萌条长。①银杏苗木萌芽(枝)总数量随留桩高度的增高而增多，其中抹顶芽处理高于对照处理。截干当年以 5 月 15 日萌芽(枝)总量最多，9 月 11 日有所减少。随年龄的增大萌芽力增强。大径级苗木的萌芽能力强于小径级苗木。逐步回归分析得出，留桩高度是影响萌芽(枝)数量的主导因子。②截干增加 1 年生和 2 年生苗木的长枝数及长枝总长度，3 年生苗木截干后其长枝数及长枝总长度较对照低。随截干高度的升高，各处理长枝数及长枝总长度增加，短枝数规律与之相反，长短枝数比及单枝平均长以低截干处理最高，对照最低。

截干对叶用银杏生长及树形的影响

对叶用银杏大佛指品种 1 年生、2 年生和 3 年生实生苗分别以不同留桩高度截干(或抹顶芽)处理，并对截干后当年的生长及树形指标进行调查。①截干能矮化树体，扩大冠幅，减少光秃带距，加大部分处理树冠总体积；②截干能增加部分处理枝条数量及枝条总长；③对当年叶产量影响最大的指标分别为地径、长枝数、长枝长、高幅比及冠长比。因此截干能促进银杏形成优质叶用树形。

截干对银杏叶产量和黄酮含量的影响

截干对银杏叶产量和黄酮含量的影响

截干高度(cm)	冠径(cm)	银杏叶产量(g)	高(cm)	银杏叶黄酮含量(%)
对照	44.1	45.6	116.8	2.65
10	37.3	31.3	91.8	4.09
20	43.2	48.1	100.3	3.99
30	51.3	51.2	105.3	3.97

截干对银杏叶生理生化的影响

为了培育高效丰产银杏叶用园,对叶用银杏大佛指品种1年生、2年生和3年生实生苗分别以不同留桩高度截干(或抹顶芽)处理,并于当年测定叶片生理生化指标。经截干处理的苗木叶片叶绿素含量、净光合速率、蒸腾速率和部分截干处理的叶片总黄酮含量等指标高出对照处理。

截干高度对冠幅、树高、单株叶产量、单叶干重和黄酮含量的影响

截干高度对冠幅、树高、单株叶产量、单叶干重和黄酮含量的影响

1997年截干高度(cm)	1995年截干高度(cm)	冠径(cm)	高(cm)	单叶重(cm)	单株叶产量(g)	黄酮含量(%)
30	5	43.1	95.3	0.28	39.5	-
	10	51.3	105.3	0.32	51.2	3.97
20	5	41.2	89.1	0.25	37.1	-
	10	43.2	100.3	0.23	48.1	3.99
10	5	31.6	85.4	0.33	28.9	-
	10	37.3	91.8	0.36	31.1	4.09
对照	5	39.3	101.5	0.22	36.8	-
	10	44.1	116.8	0.19	45.6	2.65

截干日期对叶片总黄酮含量的影响

截干日期对叶片总黄酮含量的影响 单位:%

处理	A	B_1	C_1	O_1	A_2	B_2	C_2	D_2	O_2	A_3	B_3	C_3	D_3	O_3
5月5日	3.91	3.76	3.56	4.84	4.62	4.50	3.96	3.27	5.74	4.98	3.35	3.04	1.12	
百分比	109.8	105.6	100.0	148.8	141.3	137.6	121.1	100.0	202.8	176.0	118.4	107.4	100.0	
9月11日	3.05	3.26	3.58	3.19	2.65	3.54	4.38	3.73	3.38	3.52	3.85	4.44	3.99	3.21
百分比	95.6	102.2	112.2	100.0	78.4	104.7	129.6	110.4	100.0	109.7	119.9	138.3	124.3	100.0

注:O_1、O_2、O_3——对照。

截穗技术对生根的影响

截穗技术对生根的影响

截穗技术		生根率(%)	侧根数(穗)	最大根长(cm)
保留叶片数	2~4片叶	92.44	14	7.4
	不留叶	34.89	5	4.3
切口形状	马耳形	93.89	13	6.8
	平面	82.78	9	6.2
下切口位置	节处	96.67	16	7.7
	节间	80.78	11	7.2

截形叶
两侧形成的角度为180°,与叶基成直线。

解剖学
属于形态学的领域,研究有关植物有机体内部结构的一门科学。

解吸法提取银杏苦内酯
银杏苦内酯是从银杏叶中发现的一类具有特殊结构的二萜内酯。目前,已从银杏叶中分离出的银杏苦内酯有 ginkgolide A、B、C、M、J 等。研究显示,ginkgolide B 是一种具有高度专属性 PAF 受体阻断剂,它很可能为预防和治疗气喘肺过敏反应提供一类新的药物。因此,为了更好地开发利用我国丰富的银杏叶资源,我们在对银杏总黄酮研究工作的基础上,进一步探讨了银杏苦内酯的提取方法,并找到了一条合理、简单的提取路径。解吸方法提取银杏苦内酯,工艺简单效果理想。提取:取叶粉 1 kg,加入 8 倍量与 6 倍量 50% 丙酮—水(V—V),分别煎煮两次,每次 4 h。压滤、滤液回收丙酮后,浓缩至 3 L。加吸附剂(代号 S)50 g,搅拌吸附 12 h,滤出吸附剂用 300 mL×3 热丙酮解吸 3 次,得混合液,减压浓缩至干,约得 12~15 g 干粉。

精制:10 g 干粉溶解于 20 mL 丙酮中,所得溶液慢慢分散于 100 mL 水中静置析出白色固体过滤,减压抽干得 6 g 固体粉末。

此固体粉末再溶解于适量 30% 乙醇之中,低温静置 12 h 析出白色结晶,即为内酯混合物。

解析木
用作树干解析的树木。一般选为解析木的树木,多为根据一定目的而具有一定代表性的树木。

介壳虫类
介壳虫类属同翅目,雌雄异型,雌虫无翅,雄虫具翅 1 对,后翅特化为平衡棍。若虫身体常被有各种类型蜡被。国内危害银杏的介壳虫类,据记载主要有硕蚧科:吹绵蚧 Icerya purchasi Maskell、草履蚧 Drosicha corpulenta Kuwana;蚧科:龟蜡蚧 Ceroplastes japonicus Guaind、扁平球坚蚧 Parthenolecaruum corni Bouche;粉蚧科:葡萄粉蚧 Pseudococcus maritimus;盾蚧科:糠片蚧 parlatoria pergandii Comstock、矢尖蚧 Unaspis yunonesis Kuwana、考氏白盾蚧 Pseudaulacaspis cockerelli Cooley、白轮盾蚧 Aulacaspis thoracica Robinson、黑褐圆盾蚧 Chrysomphalus aonidum (L.)、桑白盾蚧 Pseudaulacaspis pentagona Targioni-Tozzetti 等。介壳虫类主要刺吸危害银杏的嫩梢、枝、叶和种实,若虫排出的蜜露可诱发煤污病,从而造成树势衰弱、落叶、落果、枝梢枯死,严重危害可致整株枯死,严重影响叶片及种实的产量。

该虫在我国各地均 1 年 1 代,以受精雌成虫越冬。在南京地区翌年 5 月中旬雌成虫大量产卵。若虫于 6 月上旬大量孵化,老熟若虫于 8 月下旬至 9 月上旬大量化蛹、羽化。在广西桂林地区则发生期较早。每年 7 至 8 月雄成虫羽化后即与雌虫交尾,交尾后 2~3 d 死亡;受精雌成虫在枝条上越冬。雌成虫产卵于母体腹下,每头雌虫平均产卵 1 610 粒。若虫孵化后在枝条上爬行很快,爬行途中若遇强风,可借风力传播至其他植株。经短时间爬行后即寻找合适部位固定取食,通常多固定在叶片正面近叶脉处危害,少数在嫩枝和叶柄上。若虫固定 6 h 后即开始分泌蜡质。15 d 左右形成初级星芒状蜡被。40 d 左右雌、雄若虫蜡被发生明显变化,雄若虫星芒状蜡被完善,雌若虫则大量分泌新蜡形成龟甲状蜡被。雄若虫固定后除 1 龄脱皮后有少许移动外终身不再移动;但雌若虫随每次脱皮,固定位置从叶片逐渐移向附近的枝条上。在生长发育过程中,若虫大量排出蜜露布满枝、叶,7 至 8 月间诱发煤污病,形成黑色枝叶,影响光合作用,导致植株生长势衰弱。

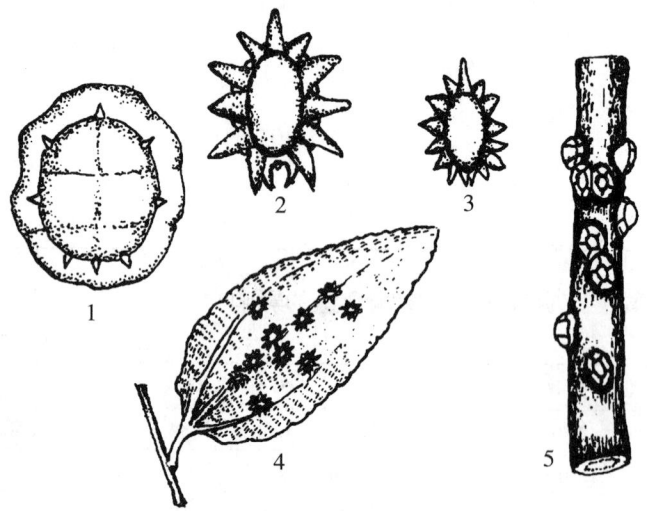

日本龟蜡蚧
1.雌成虫蜡被 2.雄成虫蜡被 3.若虫蜡被 4、5.被害状

介壳虫类防治方法
①检疫措施:在调运苗木时注意检疫,如发现有严重危害的介虫,则应采取有效杀灭措施后再栽植。②加强抚育管理:在银杏苗圃或造林地,应加强抚育管理、合理施肥,确定合理的种植密度,增强树势,提高抗虫能力。注意选育抗虫品种。③人工防治:冬季或早春结合修剪,剪去部分有虫枝,集中烧毁,以减少越冬虫口基数。发生数量较少时,可用人工方法刷除枝叶上的介虫。④化学防治:冬季喷施 10~15 倍松脂合剂或 40~50 倍机油乳剂杀灭越冬雌虫或若虫。在若虫孵化盛期,尚未形成介壳前,用 50% 杀螟松等 1 000~1 500 倍液喷冠,每隔 7~10 d,连续喷 2~3 次,杀灭初孵若虫。

⑤保护天敌：介壳虫类天敌众多，如澳洲瓢虫捕食吹绵蚧，大红瓢虫和红缘黑瓢虫捕食草履蚧，红点唇瓢虫捕食龟蜡蚧、桑白蚧等。寄生盾蚧的有蚜小蜂、跳小蜂、缨小蜂等，因此，在防治介壳虫的同时应注意采取有效措施保护各种天敌。

金02号

垂枝银杏，属佛手类。原古树于1964年砍伐后由树桩萌蘖发育成树。位于民房旁菜园内，离树2 m处有一座渗漏蓄粪池，肥水条件甚好，故生长旺盛，连年丰产稳产。树龄30年，树高12 m，胸径25 cm，冠幅35 m²。平均单果重15.5 g，种实纵径3.2 cm，横径2.9 cm，种柄长3.3 cm。种核长×宽×厚为2.85 cm×1.78 cm×1.70 cm，单核重3.52 g，壳银白色。形态成熟期9月下旬。

金04号

马铃类银杏。人工栽植实生树，位于宅基地中。立地条件较优。树龄25年，树高10 m，胸径24 cm，冠幅35 m²。树冠呈伞形，主枝开张。平均单种重15.2 g，种实纵径3.1 cm，横径2.9 cm，种柄长2.8 cm。种核长×宽×厚为2.4 cm×2.0 cm×1.8 cm，单核重3.15 g，壳乳白色。形态成熟期10月上旬。

金06号

属佛手类银杏，早熟品种。原古树二次砍伐，现树为1974年砍伐后在树桩上萌蘖发育而成。双主干东西紧靠排列，胸径相等均为30 cm。树龄21年，树高11 m，树冠开张，生长势旺盛，种实纵径3.1 cm、横径2.8 cm，平均单种15.6 g，种柄长3.3 cm，成熟时外种皮橘黄色外被白粉。种核长×宽×厚为2.7 cm×1.8 cm×1.7 cm，单核重3.33 g，壳白色，8月下旬至9月初成熟，表现出明显的早熟特性。

金07号

属佛手类中熟品种。人工栽植实生树，主枝被砍较多。塔形树冠，树龄25年，树高9.5 m，胸径25 cm，冠幅28 m²。种实纵径3.3 cm，横径2.7 cm，平均单重15.7 g。种核外形长×宽×厚为2.8 cm×1.9 cm×1.75 cm，单核重3.25 g，壳乳白色。形态成熟9月底。

金兵

由加利福尼亚萨托格园艺场定名，并用金兵这一名字嫁接和试验。树冠圆锥形。

金兵普伦斯顿

产于美国新泽西州的普伦斯顿苗圃。著名的观赏品种，生长慢，叶大而美观。雄株，树冠直立向上生长，为对称的窄冠形新品种。系塔形银杏的改良品种，名称来自美国普伦斯顿公墓内的一株银杏树，树高30 m。

金兵卫

金兵卫，又名金部。原株在爱知县中岛郡祖父江町大字樱方筐原，户主为横井义一，树龄180年生。据说，义一的祖父是从同町山崎把金兵卫移植来的。

金兵卫叶形较藤九郎略小，单叶鲜重1.36 g，干重近1 g，含水量70%，但叶片较厚（482 μm）。叶缘整齐，中裂明显。当年长枝上便有短枝形成，通常每个短枝可发2～3个"小叶"。

金兵卫从幼树枝条即开张，随树龄增大，枝呈下垂状，进入结果期早，为丰产性品种。当年生长枝达53.7 cm，新梢粗0.89 cm，具叶片27枚。种核硬壳期在7月上旬，熟透期在9月下旬，是日本著名的早熟品种之一。在山东泰安嫁接苗11月中旬落叶。金兵卫果核长形，核长×宽×厚为2.46 cm×1.94 cm×1.53 cm，种壳厚0.70 mm。种核较藤九郎窄和薄。出核率26%。单核重3.75 g，每千克267粒，属大粒果。外种皮较厚，种核表面麻点较多。洁白度不如藤九郎。金兵卫采摘容易。日本每年7月中旬以"水白果"上市，利用其早熟性，并尽早上市是日本栽培金兵卫的主要目的。但由于采摘较早，剥皮及调制时比较费工，因此大多采用脱皮机进行机械调制。另外，为了便于采摘，多采用矮干栽培并培养成开心形或杯形树冠。

金兵卫

金带

"金带"是对斑叶银杏进行枝条和植株优选，通过嫁接繁殖试验，选育获得的斑叶银杏新品种。主要特点是叶片为扇形，中裂较浅，叶缘浅波状，有长柄；叶片有黄绿相间的条纹，斑纹叶片底色绿色，其上间有黄色竖条纹。斑纹叶占全树全部叶片的40%～80%。雌株，雌球花有长梗，梗端有1～2盘状珠座，每座生1胚珠，发育成种实。种子核果状，近球形，外种皮肉质，有白粉。10～11月种熟，熟时淡黄或橙黄色，有臭味。中种皮骨质，白色；内种皮膜质。叶片春夏秋三季均能保持特色，可广泛应用于行道、公园、庭院、广场、旅游景点等。

金带银杏

该品种黄条纹呈宽带状,分布于叶子左侧或右侧,故称金钱奶杏。又名斑叶银杏。

金佛山银杏濒死木的形态学特征及形成过程

据目前所知,三泉镇大河坝乡毛坡村银杏濒死木,无论从茎粗和树龄等方面看,均为金佛山银杏之首。在全国范围内第三株典型濒死古银杏个体。其基茎为一不规则三角圆形。南北长 4.88 m,东西 3.59 m。整个植株由 G、D、A、C、F、E 六个大部分共同构成。G 为第一代树干死亡腐烂后留下的大空腔;D 为第二代复合树干体的残存部分及上部萌生的 17 根枝干;A、C 为现存的第三代树株;F、E 为第四代树株。

金佛山银杏濒死木的生长发育过程如下:第一代树株一般是由种子苗生长发育而成的独立大树(G)。当第一代树株因自然生长发育到最大极限树龄前(约 300 ~ 400 年左右),便于主干基部周围萌蘖若干第二代的干苗。干苗迅速生长并形成第二代树株群。树株群经过长时期的竞争性生长、发育、挤压和淘汰之后,最终形成基部相互愈合的复合树干体(D 部)和上部相对独立的树株群和树冠群。该形态应为"多代同株"第二代银杏的典型表征,该形态的发育、形成和维持年代大至 300 ~ 400 年左右。在第三代树株生长发育的同时,第一代树株则经历着相反的迅速死亡和消失过程。首先从基部髓心至木质部开始腐烂,形成空心。空心自下而上逐年扩大,直至形成巨大的空腔。未腐烂的树干周皮则逐年由厚变薄。为此,其支撑庞大树冠的能力日渐难支,一遇雪凌大风季节,便于着力点部位(自主干向上 2.5 ~ 4.5 m)发生倾倒、断裂或崩塌。崩塌时必定牵连和撕裂与之毗邻和愈合的第二代树干内侧,造成第二代树干内壁上"疮痍满目"。但是,伤痕为日后的调查提供了认识过程的信息和标志。由于银杏材质的易燃易腐等特殊化学性质,残存桩苑内壁将进一步腐烂、碳化和变薄。仅在残桩周皮保存着有限的生命部分。第二代干苗便是从该有生命组织的隐芽诞生出来的。第二代复合树干体在历经第二个 300 ~ 400 年的生长发育之后,必将再次达到第二代树株生长的极限年龄。由于同样的原因,第二代树株又发生了同样的断裂和崩塌过程,并促进第三代干苗的诞生。并于复合树干体断塌的残桩顶部萌生大量次生枝(17 根次生枝),构成新的树冠群。

金佛山银杏天然资源

金佛山以植物资源和生物多样性而著称,是若干珍稀孑遗植物的原产地。山高谷深,地势起伏,地貌类型复杂,是第四纪冰川袭击下的生物避难所,引起国内外科学家的关注。1997 年南川金佛山被规划为重庆直辖市管辖。据 1998 年报道:"在金佛山北坡和西麓的原始森林中,发现了世界唯一幸存的大片罕见银杏野生植株。这一发现填补了银杏未发现原产地的空白。"经林业专家多次考察及运用植物群落学的理论和方法,得到下列结论:以金佛山顶峰为核心的金佛山北部、东北、东部、东南和西南部,至今存在着一个弧形的银杏天然资源分布区,共有银杏天然资源 1 800 株 ~ 2 000 株,其中 94% 以上个体处于青年木和成熟木阶段,成年木个体约占 6%,濒死木 1 株,是一个物候型年龄级比较齐全的种群。与此同时,专家对三泉镇大河坝乡毛坡村古银杏做了详细地形态发育学观察。证明其为一"四代同株"古银杏个体,处于濒死木阶段。另发现德隆镇杨家沟银杏天然森林群落一处,经植物群落学的调查统计表明,该群落应为古银杏天然森林群落的直接后裔,至今仍处于天然生态系统的自然发育、更新和演化过程之中。杨家沟银杏天然群落的发现,对进一步探讨我国银杏野生群的分布、演化具有重要的科学研究价值。

金佛山自然保护区

金佛山自然保护区是四川省南川区境内规划出来的一个自然保护区,面积 900 hm^2。金佛山是大娄山余脉,山区云雾缭绕,日照少,温度低,温差大,土壤疏松,极有利于银杏和银杉的生长发育,特别是山地黄壤,更适合银杏、银杉生长,银杏、银杉是极古老的孑遗种,具有植物界的"大熊猫"之称。保护区内有较多高大的银杏和银杉,树干挺直,树冠塔形,暗绿色中夹杂银色枝梢。本自然保护区还有由特产的方竹组成的密林,林冠上层为高大的猴栗树,银杏与其他植物组成一个完整的生态系统。

金龟子类

该虫 1 年 1 代,以 3 龄幼虫(蛴螬)在土中越冬。翌年 5 月开始化蛹,6 ~ 7 月为成虫出土危害期。成虫多在傍晚后飞出危害,凌晨飞返土中潜伏。成虫具强趋光性及假死性。7 月后出现新一代幼虫,9 月大部变 3 龄,10 月幼虫在土中筑土室越冬。

金龟子类防治方法

①成虫防治。

a. 利用成虫假死性,用人工击落法捕杀成虫;

b. 设置黑光灯诱杀成虫;

c. 化学防治:在成虫盛发期,喷洒 90% 美曲膦酯,杀灭成虫。

②蛴螬防治。

a. 圃地必须使用充分腐熟的有机肥或药肥混用;

b. 土壤处理：用50%辛硫磷颗粒剂，每公顷30～37.5 kg均匀撒于地面，耙耢田地。幼林地则可用药土穴施；

c. 苗木出土后或幼林发现蛴螬危害根部，可均匀打洞灌施75%辛硫磷、50%磷胺等1 000～1 500倍液，毒杀幼虫。

金龟子生活习性

铜绿丽金龟是丽金龟科地下害虫。成虫：体长16～19 mm，铜绿色，有光泽，边缘黄褐色，体背面密布细点刻，鞘翅上具三条纵脊，腹面黄褐色密生柔毛。幼虫体乳白色，长30 mm，弯曲，多皱褶，胸足3对，末节腹面肛毛呈2纵行，每行12～14根。头赤褐或黄褐色。

金龟子1年发生1代，以老熟幼虫在土中越冬，成虫食性杂而食量大，喜食刺梨和虎耳草科植物叶，幼虫蛴螬在土内啃食银杏根皮、马铃薯块茎等。

金果佛手（1）

金果佛手（1），亦称闽沙1号，位于福建沙县高桥乡桂岩村，海拔660 m，树高6 m，胸径1.1 m，双中心干，冠幅13 m×15 m，树龄800年，生长仍枝茂叶盛，分枝力强，枝密而下垂。种实成熟时外种皮金黄色，种实形似橄榄，长椭圆形或长倒卵形，先端微圆，顶端微突起，中部广阔，而中部以下明显狭窄，基部缩小，且稍歪斜。纵横径平均为3.28 cm×2.26 cm，种柄微弯曲，长8 cm，种核狭长椭圆形，尖端圆钝，顶有凸尖，下方渐狭窄，基部尖，有两小突，纵横径平均为2.80 cm×1.40 cm，厚为1.20 cm，每千克有400粒。出核率为25%，出仁率为68%。胚乳为黄白色，无苦味，结果性能良好，丰产、稳产。结种枝结种8～9个，平均5.6个，1988—1991年每年产种核200～300 kg；花期4月5日至4月13日，种熟期8月下旬至9月初，属中早熟种，是当地群众公认为最好的优株。

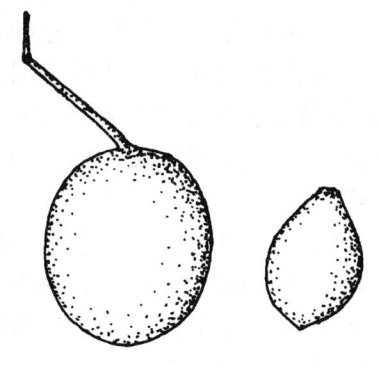

金果佛手（1）

金果佛手（2）

种子成熟时呈金黄色，形状似牛的乳头，故名。树冠广椭圆形，中心干及层性不明显，枝条较细弱。长枝上叶长3.8 cm，叶宽6.8 cm，叶柄长4.0 cm。短枝上叶长4.8 cm，宽7.2 cm，叶柄长6.3 cm。种子被薄白粉，先端圆秃，有小尖，珠孔迹明显。种子体积为纵径3.3 cm，横径2.6 cm。种子柄略短粗，稍弯，长2.9～3.5 cm。种子单粒重8.2 g，每千克22粒，出核率22.5%。种核长卵圆形，似蝌蚪状，先端圆钝，具小尖。两侧具棱，仅端部可见。种核体积为2.4 cm×1.5 cm×1.12 cm，无背腹之分。种核单粒重1.9g，每千克526粒，核壳较薄，出仁率达82.2%，丰产，大小年不明显。

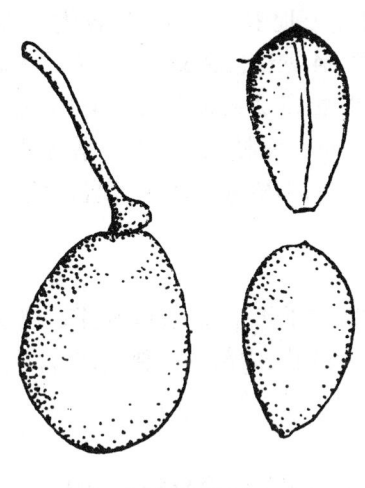

金果佛手（2）

金蝴蝶

叶子浓密、黑绿丛生状，灌木形，呈花瓶状，半矮化状态，树高约3 m。

金华垂枝

金华垂枝又名金02号垂枝银杏，属佛手类。原产浙江金华，于1964年砍伐后由残桩萌蘖发育成树，位于民房旁菜园内。离树2 m处有一座渗漏蓄粪池，肥水条件甚好，故生长旺盛，连年丰产稳产。树龄30年，树高12 m，胸径25 cm，树冠面积35 m²。平均单果重15.5 g，种实纵径3.2 cm，横径2.9 cm，种柄长3.3 cm。种核长×宽×厚为2.85 cm×1.78 cm×1.70 cm，单核重3.52 g，壳银白色。形态成熟期9月下旬。

金华佛手－06号

又名金06号佛手银杏。原产浙江金华早熟品种。原古树二次砍伐，现树为1974年砍伐后在树桩上萌蘖发育而成。双主干东西紧靠排列，胸径相等均为30 cm。树龄21年，树高11 m，树冠开张，生长势旺盛，种实纵径3.1 cm、横径2.8 cm，平均单果15.6 g，种柄长3.3 cm，成熟时种皮橘黄色外被白粉。种核长×宽×厚为2.7 cm×1.8 cm×1.7 cm，单核重3.33 g，壳白色。8月下旬至9月初成熟，表现出明显的早熟特性。

金华佛手大果

又名金07号佛手银杏。原产浙江金华,中熟品种。人工栽植实生树,主枝被砍较多。塔形树冠,树龄25年,树高9.5 m,胸径25 cm,冠幅28 m²。种实纵径3.3 cm,横径2.7 cm,平均单果重15.7 g。种核外形长×宽×厚为2.8 cm×1.9 cm×1.75 cm,单核重3.25 g,壳乳白色。形态成熟9月底。

金华马铃

又名金04号马铃银杏。原产浙江金华,人工栽植实生树,位于宅基地中。立地条件较优。树龄25年,树高10 m,胸径24 cm,冠幅35 m²。树冠呈伞形,主枝开张。平均单果重15.2 g,种实纵径3.1 cm,横径2.9 cm,种柄长2.8 cm。种核长×宽×厚分别为2.4 cm×2.0 cm×1.8 cm,单核重3.15 g,壳乳白色。形态成熟期10月上旬。

金绿叶银杏

原株树龄在千年生以上,取其芽变枝条嫁接后,其扇形叶边缘为波状,中部具一裂刻,叶片上黄色条纹与绿色相间排列叶缘条纹呈线状。

金普顿

收集在美国园艺学会植物资料中心,母树于1966在新泽西州的普伦斯顿苗圃选出,并在宾夕法尼亚州的Longwood公园和伊利诺斯州的Morton植物园栽植。雄株品种,中央领导干明显,分枝习性良好。

金秋-1

雌株。树形直立对称,树冠塔形,紧凑。落叶迟。

金秋

树冠椭圆形,直立向上。原株在美国加利福尼亚州于1951年选出,是一个相当优美的雄株品种。叶子金黄色、簇生,而且其他生长特性良好。

金球

雌株。分枝浓密,具速生性。

金桑杰斯

1969年由加利福尼亚桑杰斯苗圃引入,并定植在俄亥俄州的Holden植物园。

金色化石树

美国伊利诺斯州的银杏爱好者于1978年6月组织了一个"金色化石树"协会,以促进该州102个县银杏的研究和发展。该协会成员虽然喜欢银杏,但不喜欢中国古代起的"鸭掌"这个不雅致的名字,也不喜欢园艺学家起的恰如其分的名字——"白果树"。因此该协会发起人Ronsiss建议改为"金色化石树",一是因为银杏是"活化石",二是因为秋季飘扬着金色的树叶,二者连在一起组成"金色化石树"(golden fossil tree)。

金丝银杏

雄株,实生树,母树1 000年以上,高大挺拔,树高25 m以上,胸径2 m以上。金丝银杏属于接后芽变体,几年的观察测定,属于一个嵌合体类型。属于雄株。定型叶叶形与常规叶形类似,扇形叶,叶缘波状,基部楔形,大多具1个裂刻,长×宽为5.0 cm×2.5 cm。油胞稀,棉团状,较大,团状分布。同株嫁接树上有绿叶和黄条纹叶分布在树体上。类似"金心黄杨"。该品种黄条纹与绿叶相间排列,从叶基直到叶缘,条纹呈线状,宽度1~2 mm。实生苗选出。性状均较稳定。嫁接后3年短枝叶:叶长5.75 cm,叶宽8.4 cm,叶柄长6.9 cm,叶面积28.5 cm²,鲜重1.02 g,干重0.31 g,含水量69.36%,叶基线夹角109°;长枝叶分别为:6.9 cm、10.1 cm、6.35 cm、40.9 cm²、1.83g、0.60g、67.32%和119°。

嫁接成活率96.2%,当年抽梢率100%,每米长枝上短枝数33.6个,二次枝16.1个,二次枝长35.6 cm,叶数7.36片每短枝,枝角48.3°,成枝力48.1%。接后3年新梢数15个每株,叶数860个,枝总长740 cm,冠幅20 cm×120 cm,LAI 3.26,生长正常。全株叶有50%为黄条纹,枝基部黄条纹较上部叶更明显。经济性状。黄条纹叶或宽带黄条纹叶,性状明显。接后3年株产鲜叶0.42 kg。黄酮含量2.09%,内酯含量0.12%。该品种可以叶用、观赏兼用。

金桃

南宋著名诗人杨万里在其诗中有"不妨银杏作金桃"之说,故金桃也算是银杏的一个雅号。

金条叶银杏

金条叶银杏又称黄条叶银杏,是河南省1990年初通过芽变选育出来的观赏用银杏品种。在近几年的银杏育苗和栽培过程中,陆续发现了多株银杏发生此现象。金条叶银杏叶片浅裂或深裂,沿放射状叶脉有一至多条宽窄不一的金黄色带状条纹,把叶片分割成黄绿相间的放射状彩条,黄绿双色界线分明,色泽鲜艳,给人以优美、温馨的感受,具有极高的观赏价值。通过嫁接繁殖,已在许多城市园林绿化中栽培种植。

金仙庵古银杏

位于北安河乡金仙庵内。1株树,树高18.5m,树干周长467 cm,胸径148.5 cm,树冠南北14 m,东西18 m,遮阴252 m²,另1株干周长343 cm,胸径109 cm,树冠南北15 m,东西13 m,投影面积195 m²,测算树龄在400年以上。

金纳多(银杏叶提取物注射液)

①主要成分。

每支含有银杏叶提取物17.5 mg,其中银杏黄酮苷 4.2 mg。

②药理作用。

a. 自由基的清除作用:清除机体内过多的自由基,抑制细胞膜的脂质发生过氧化反应,从而保护细胞膜,防止自由基对机体造成的一系列伤害。

b. 对循环系统的调整作用:通过刺激儿茶酚胺的释放和抑制降解,以及通过刺激前列环素和内皮舒张因子的生成而产生动脉舒张作用,共同保持动脉和静脉血管的张力。

c. 血流动力学改善作用:具有降低全血黏稠度,增进红细胞和白细胞的可塑性,改善血液循环的作用。

d. 组织保护作用:增加缺血组织对氧和葡萄糖的供应量,增加某些神经递质受体的数量,如毒蕈碱样、去甲基肾上腺素以及五羟色胺受体。

③适应证。

a. 急慢性脑机能不全及其后遗症、中风、注意力不集中、记忆力衰退、痴呆。

b. 耳部血流及神经障碍引起的耳鸣、眩晕、听力减退、耳迷路综合征。

c. 眼部血流及神经障碍糖尿病引起的视网膜病变及神经障碍、老年黄斑变性、视力模糊、慢性青光眼。

d. 末梢循环障碍:各种动脉闭塞症、间歇性跛行症、手脚麻痹冰冷、四肢酸痛。

④不良反应:本品耐受性良好,罕有胃肠道不适、头痛、血压降低、过敏反应等现象发生,一般不需要特殊处理即可自行缓解。长期静注时,应改变注射部位以减少静脉炎的发生。

⑤禁忌证:对银杏过敏体质者不建议使用此药。

⑥注意事项:金纳多不影响糖代谢,因此适用于糖尿病病人、高乳酸血症(lactacjdosis)、甲醇中毒者、果糖山梨醇耐受性不佳者及1,6-二磷酸缺乏者,给药剂量每次不可超过 25 mL。

孕妇及哺乳妇女用药对妊娠的使用报告不多,基于安全性考虑,妊娠期不建议使用此药。

药物相互作用:金纳多注射液应避免与小牛血提取物制剂混合使用。

金坠 13 号

该品种属于佛手类,母树在山东郯城县新村乡新一村,树龄150年,分层嫁接树,树势中庸。主枝角度开张,枝干角度大,发枝少,成枝率低,枝条灰白色,有弯曲,芽体小,椭圆形,叶片厚而浓绿,且比其他品种变黄迟,落叶较晚。单果重9.84 g,种核狭长,顶有尖,基部维管束合生,侧棱线下部2/5处不明显。单核重2.6 g,每千克385粒,出核率24.8%,出仁率77.9%。嫁接后4年见果,8年丰产,早实及丰产性好,是果、叶兼用品种之一。

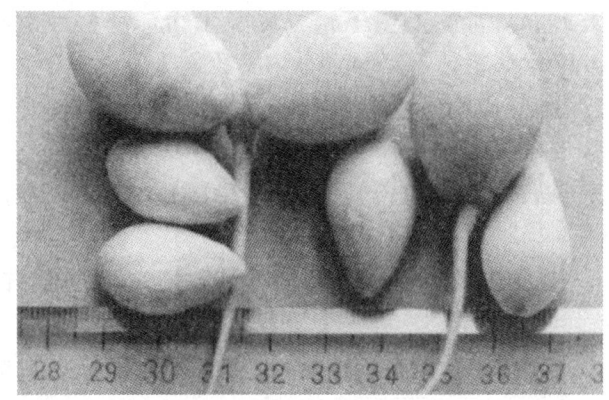

金坠 13 号

金坠 1 号

属佛手类,系郯城大金坠的代表种。3~4年生幼苗嫁接后5~6年始种。大树高接换头3年结种,单种重11.84 g,单核重3.3 g,152粒/500 g,出核率28.14%,出仁率80.34%,种仁内含较高的脂肪、蛋白质及维生素 C,口感香甜。

进化地位

银杏在研究植物进化中具有重要地位。从银杏的叶、雄蕊、种子和胚胎发育来看,特别是雄精细胞有纤毛能游动的特征,与蕨类植物和苏铁相似,保持了原始性状。但从根、茎、叶的形态解剖观察,其特征很像松杉类植物,而银杏又有其自身的特征。因此,银杏在植物进化中的地位以及植物与植物之间的亲缘关系等成为众多植物学家研究的热点。

近代银杏品种分类历

①1854年,E. A. Caarriere 根据叶片的形态发表了下列的新分类单位:

Salisburia adiantifolia laciniata Carr. 裂叶银杏(大叶银杏);

Salisburia adiantifolia uariegaea Carr. 斑叶银杏(花叶银杏)。

②1862年,Van Geert 根据枝条的自然状态发表了下列的新分类单位:

Salisburia adiantifolia pendula Van Ceert 垂枝银杏。

③1866年,E. J. Nelson 根据叶片的色泽发表了下列的新分类单位:

Pterophyllus salisburiensis aurea Nelson 黄叶银杏。

④1867年,E. A. Carriere 对一些分类单位做了下列的新组合:

Ginkgo biloba laciniata (Carr.) Carr. 裂叶银杏;

Ginkgo biloba pendula (Van Geert) Carr. 垂枝银杏;

Ginkgo biloba variegata (Carr.) Carr. 斑叶银杏。

⑤1887年,L. Beissner 将有关分类单位定为变型,并做了下列的新组合:

Ginkgo biloba L. f. *aurea*（Nels.）Beissn. 萤叶银杏（金叶银杏）；

Ginkgo biloba L. f. *laciniata*（Carr.）Beissn. 裂叶银叶；

Ginkgo biloba L. f. *pendula*（V. Geert）Beissn. 垂枝银杏；

Ginkgo biloba L. f. *variegata*（Carr.）Beissn. 斑叶银杏。

⑥1898 年，P. Mouillefert 将有关分类单位定为变种，并做了下列新组织：

Ginkgo biloba L. var. *laciniata*（Carr.）Mouill. 裂叶银杏。

⑦1906 年，A. Henry 根据枝条的自然状态发表 1 个新变种，同时将一些分类单位定为变种，并做了下列的新组合：

Ginkgo biloba L. var. *aurea*（Nels.）Henry 黄叶银杏；

Ginkgo biloba L. var. *fastigiata* Mast. ex Henry 帚冠银杏；

Ginkgo biloba L. var. *pendula*（V. Geert）Henry 垂枝银杏；

Gindgo biloba L. var. *variegata*（Carr.）Henry 斑叶银杏。

⑧1927 年，T. Makino 根据种子着生的特点发表了下列的新变种：

Ginkgo biloba L. var. *epiphylla* Mak. 叶籽银杏。

近现代——银杏造景光大期

近代，银杏树在城乡中广为种植造景。近代著名园艺学家曾勉之先生于 20 世纪 30 年代在浙江诸暨考察银杏树在园林中的种植造景后，著文说："此树对于人生，似由神秘思想而达于最有经济价值者。我国旧有之坟墓寺观，常所见及。盖以树达高龄，悠久不衰，姿态雄壮，庞然郁翳，最能表示其庄严气概。用人工造林今虽未闻，而庭院间已广行栽植，以供观赏，乃最有望"；诸暨乡村"庭前屋后，道旁田岸，（银杏树）大者大，小者小，旧植初栽，颇不一致，三五成丛，蔚为大观"，"且与乌桕杂植……时值秋令，乌桕叶变红，银杏叶变黄，两相辉映，由远望之，不啻一绝妙之丹青……"。近代造园家、园林植物学家陈植先生总结了我国历代园林中银杏的种植造景后，认为："我国习惯，每好于祠墓及寺院中植之……寺院、祠观、陵墓等人迹罕至之地，若与圆柏、侧柏等各植数株，则更象征其森严者"；"如杂枫林中植之，则深秋黄叶与红叶交织似锦，亦宜人佳景也。如在公园之草坪及都市之广场中，孤植一株，则它日树茂枝繁，绿荫覆地时，则不惟增益风致，抑亦有裨实用之。"

现今，银杏树已作为观赏、材用、药用、果用等多种用途的经济树种，在城市、乡村广为种植。公园、风景区、住宅区、机关、学校、乡村、道路，皆可见其绰约身姿，或孤植或片植，或为行道树，种植数量之多，地域之广，面积之大，胜于历代。

近圆似银杏

生长地域：湖北。地质年代：晚三叠纪。

近缘植物

银杏虽是松杉类的近缘植物，但与松杉类植物的亲缘关系却较远。与松杉类植物相比，银杏又有许多较为原始的性状。银杏的叶为扇形，无上下面之分，先端二裂，在幼树和长枝上裂痕较深，同时又分为许多浅裂，更重要的是二歧状分叉的叶脉，这显然是与蕨类植物和种子蕨植物相类似的原始性状，而为其他裸子植物和被子植物所没有的。银杏的叶片脉序，无论是从化石叶片还是从现存叶片看，都有二叉分歧的叶脉联结现象。现存银杏中，这样的叶片大约占总叶片数的十分之一，与某些真蕨类和苏铁类的小叶极相似，这可认为是一种古老形式的残留。银杏叶片脉序成规则的二叉分歧，从中柱分开的维管束产生的两个叶迹延伸穿过叶柄，这两个二叉分歧的细脉系统，使叶片两半维管化。Arnold（1947）和 Florin（1936）等研究指出，这种特殊的脉序类型也存在于银杏目中许多已灭绝了的植物叶片。银杏与苏铁植物在某些方面虽然彼此相同，但没有较近的亲缘关系。银杏的远祖是一群古生代上石炭纪的苛得狄植物（Cordaites），这类植物亦是松杉植物的近缘植物，今日已完全绝种。

晋城东岳庙银杏王

这株银杏生长在晋城市郊区南村镇冶底村的东岳庙西南角。树高 25.4 m，干高 5 m，胸径 3.05 m。树冠东西 13.1 m，南北 12.4 m。根盘 14.6 m，主干以上共 8 大枝，其中 6 大枝被锯掉，顶端已枯，靠皮生长一些侧枝，是全省现存银杏中最大的一株，故称为"银杏王"。

晋城南街银杏

该树生长在晋城市城区南街办事处，胸径 0.98 m，高 26.8 m。此主干通直，树冠壮观。主干 8.8 m，均匀分布着 7 大分枝，树冠伞形，冠幅东西 11.2 m，南北 11.8 m。在主干 3~4 m 处，萌生出 1~4 m 长新枝 4 条。

晋城青莲寺银杏

这两株银杏树位于晋城市郊区铺头乡寺南庄村青莲寺殿后。东株为雄，树高 21.65 m，干高 5.25 m，胸径 1.48 m。冠幅东西 14.4 m，南北 13 m。主枝已枯，靠树皮生长很多侧枝,枝叶茂盛,树冠呈圆形。树根两边又萌生出3株小树。西株为雌,树高14.05 m,干高3 m,胸径0.96 m。冠幅东西9.3 m,南北11.9 m。主干很早被砍伐,上盖一块平板石头,干南面已没有皮,东北和西南生出两小枝。

晋祠王群祠堂银杏(两株)

这两株银杏树生长在太原市晋祠的王韦祠堂前,祠堂南一株为雄株,树高21.5 m,胸径2.04 m。在4 m高的主干上分出13个大枝,已锯掉4枝,还剩9枝。冠幅东西24.5 m,南北25.5 m。祠堂北一株为雌株,树高19.5 m,胸径1.32 m,枝下高4 m。冠幅东西16.5 m,南北17 m。每年树上白果累累。两树主干皮部和树冠均无破裂,生长很好,高大粗壮,枝叶婆娑,给炎夏游人招风送凉。在古老的银杏树下稍歇,倾听树下清澈见底的泉流微曲,顿使人游兴倍增。

浸出液防治植物病虫害

植物病虫害防治是农业丰产、丰收的重要技术措施,而生物农药的开发利用又是这一措施中的重中之重。据测定,银杏树叶及外种皮中含有白果酸(ginkgolic acid)、白果酚(ginkgol)、银杏酚(bilobol)和银杏毒(ginkgotoxin),这些有毒物质是制作生物农药的主要成分。在植物病虫害的防治上应用效果好,防治范围广。我们的生产实践应用也完全证明,可防治蚜虫、红蜘蛛、介壳虫、白粉虱、金龟子、菜青虫、夜盗蛾、稻螟虫和蝼蛄、蛴螬、地老虎、金针虫等地下害虫,同时还可以防治白粉病、黑斑病、黑星病、炭疽病、褐腐病等。现将加工及应用方法介绍如下。

①取鲜银杏树叶1 kg,捣烂加水2 kg,浸泡2 h,取原液1 kg,加水4 kg,防治棉蚜虫、白粉虱有效率达85%。

②将鲜银杏外种皮捣烂,每千克加水3 kg,浸泡24 h,过滤后再加水2 kg,浸泡4 h,两次共得原液约4 kg,每千克原液加水5 kg,防治介壳虫有效率达85%,防治蚜虫、菜青虫有效率达100%。

③将晒干的银杏外种皮,加8倍水文火煮2 h,取滤液,防治豆蚜虫有效率达70%,防治斜纹夜盗蛾有效率达90%。

④将不及商品价值的劣质银杏种子捣烂,加入等量的水,浸泡2 h,过滤得原液,每公斤原液加水2 kg,防治稻螟虫、棉蚜虫有效率达100%。

⑤将鲜银杏外种皮捣烂,每千克加水5 kg,文火煮1 h,冷却过滤,取原液1 kg,加水1 kg,防治葡萄白粉病、花卉黑斑病、苹果炭疽病、梨黑星病、桃褐腐病有效率均为80%以上。

利用银杏树叶及银杏外种皮制作的生物农药,防治农作物、果树、林木及花卉病虫害,不污染环境,无农药残毒,对人畜安全,有着广阔的发展前景。

根据最近几年的统计,我国银杏外种皮年产量约0.8~1.0万t,是一笔巨大的银杏资源,每年白白扔掉,既浪费了资源,又污染了环境。当前我国银杏树叶及银杏外种皮作为生物农药的开发利用还是一空白。

浸泡脱皮法

浸泡法进行银杏种实调制的基本工序和堆沤法大致相同,不同的是堆沤法软化外种皮采用堆沤的方法,而浸泡法采用的是浸泡的方法。除了堆沤法中提出的几个注意事项以外,还要注意以下几点:①浸泡时间要适当,过长会影响种核发芽率;②刚脱出的种核含水量较高,应注意及时阴干,以避免发生霉变;③由于银杏外种皮中含有白果酸、氢化白果酸、银杏酸等刺激性物质,应进行适当处置,以免引起环境污染。在我国江苏吴中等地常用此法进行银杏种实调制。

浸种

浸种是用清水在播前浸泡种实(核)的措施。经过贮藏的银杏种实(核),在播种前为了满足种实(核)发芽所需的水分,要进行浸种。仅贮藏一个冬季的种实(核)浸种1~2昼夜即可;浸种时每天换水。浸种用水的温度:以冷水浸种适用于银杏种实(核)。

茎

茎指银杏地上部分的轴,在它上面着生叶片及生殖器官。

茎的解剖构造

银杏与其他裸子植物一样,茎的次生构造是苗端分生组织活动及其衍生细胞生长与分化的结果。随着苗端分生组织的生长,维管形成层便开始活动,向内分生木质部,向外产生韧皮部及周皮,从而使茎干不断增粗。次生维管组织在茎干中成为一个连续的柱状体。

由于次生生长的结果,初生木质部最初只在紧靠髓的地方可辨认出它们的痕迹,初生韧皮部也多被挤毁。表皮及皮层细胞最初一段时间可以随茎增粗而不断扩大。银杏的茎(枝)皮部分包括初生韧皮部(大多挤毁)、次生韧皮部和周皮。在幼苗或幼树中,韧皮部内部分薄壁细胞可以活动,韧皮部里面为活跃的形成层(见下图)。形成层内为次生木质部,中间为髓。银杏树皮或枝皮较厚,尤其是将老龄的接穗嫁接到幼龄的砧木上,形成层是否对齐,是决定成活与否的关键。从细胞的分裂能力和活性上看,幼龄的接穗或砧木,不仅形成层细胞活跃,而且部分韧皮部或髓部薄壁细胞,经外部刺激之后,也可以恢复分裂能力,加速愈合。因此,幼龄材料表现出较高的嫁接成活率。

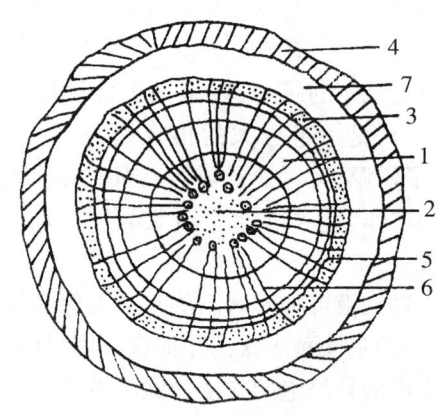

银杏茎的次生构造
1. 木质部　2. 髓　3. 韧皮部
4. 周皮　5. 形成层　6. 髓射线　7. 皮层

茎段培养

①茎梢剪取。从银杏优良品种的树上剪取当年生的幼嫩枝梢,除掉叶片和叶柄,放置在湿润的纱布上备用。

将除掉叶片和叶柄的枝梢,按常规进行表面消毒后,用锋利的刀片切成 0.5~0.8 cm 的茎段,使每一茎段都带有一个节,节下茎长于节上茎两倍。每一试管接种 1~2 个茎段。

②培养条件。用改良的 White + BA 0.5 – 1(浓度单位为 mg/L) + NAA 0.5 + NH_4Cl 5.34 + 白糖 4% + 琼脂 0.5% 培养基和 N6 + 2.4 – D3 + BAI + NAAI + 白糖 3% + 琼脂 0.5% 培养基,均能诱导银杏茎段产生愈伤组织和促进腋芽生长。在以 N6 为基本培养基的上述培养基上能使其生根。培养室温度为 25~28℃。第一个星期在诱导养培室进行暗培养,从第二个星期起移到分化培养室。光源为窗口射进的自然光。

③诱导和生长。在培养基上培养 3 d 后产生愈伤组织,同时腋芽也开始生长。腋芽开始时为白色,生长缓慢,见光后转绿并迅速生长。腋芽生长有两类,一类是簇生芽;另一类是生长很快的芽。把这种无菌枝条切成带一个节的茎段再行继代繁殖。三周后以 N6 为基本培养基上的茎段,在形态学下端愈伤组织上生出根来,形成完整植株。诱导叶芽生长,在不加 2,4 – D 而添有 NH_4Cl 的 White 培养基上诱导出芽率为 83.1%,但也能诱导生根。

茎腐病

银杏茎腐病是银杏苗期危害最重的病害之一,各银杏苗圃都有不同程度的发生。主要危害 1~2 年生苗木,但以 1 年生苗受害较重,常造成苗木大量死亡。

①发病规律。

银杏茎腐病的病原菌是一种弱寄生菌,只能从伤口侵入,所以当地表温度过高,苗木的根茎部受高温灼伤、中耕除草碰伤、害虫为害或者其他机械伤,均可造成病菌侵入的机会,使银杏苗木感病,该病从 5 月下旬开始发病,6 至 7 月为发病高峰期,9 月中下旬逐渐停止。气温愈高发病愈重,苗木的木质化程度愈高发病愈轻。

②防治方法。

a. 苗圃地选择。应选择地势较高排灌系统较好且土壤肥沃的砂壤地作为苗圃地。

b. 土壤消毒。播种前每亩施用 10~15 kg 的硫酸亚铁对土壤进行一次全面消毒,可以降低发病率。

c. 提早播种。使苗木提早木质化增强苗木的抗病能力。

d. 降低地表温度减少发病。在高温季节可采用搭棚遮阴、行间覆盖和适时浇水等措施来降低地表温度。

e. 减少病菌的侵染途径。在苗木管护过程中,尽量减少对苗木的创伤和及时防治病虫害,减少病菌的侵入途径。

f. 在病害发生期可喷 70% 甲基托布津 800~1 000 倍或 25%~50% 多菌灵 500~800 倍液进行防治。

茎腐病化学防治效果

茎腐病化学防治效果

药剂名称	浓度	抽查株数	发病率(%)
硫酸亚铁	1:700	800	3
	1:100	800	11
甲基硫酸灵	2.0%	200	24
70% 可湿性粉剂	1.5%	200	42
60% 去病特	1:400	600	34
	1:800	600	48
清水对照		200	49

茎根比

银杏苗木地上部分与地下部分鲜重之比。它表示苗木生长的均衡程度。茎根比小,说明根系发达,苗木健壮;反之表明地上部分发达而根系弱。茎根比小的苗木栽植成活率高。

茎尖细胞组织分区

Forster 根据细胞的大小和不同的染色反应,将银杏的茎尖细胞分为五个区。这五个区分别是:①顶端原始细胞;②中央母细胞群;③过渡区;④外围亚表层区;⑤髓部肋状分生组织。这些区的特点取决于其位置、细胞分裂的方向和速度,细胞壁的大小和厚度以及染色反应。

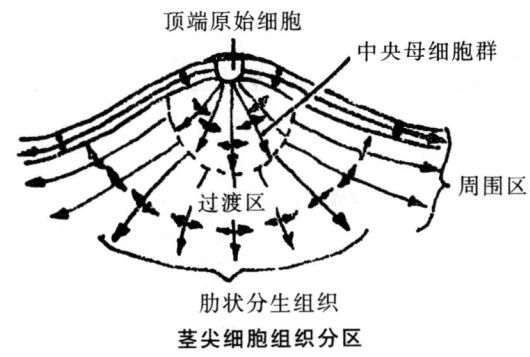

茎尖细胞组织分区

京山大白果

又名京山14号,产于湖北京山县,属佛手银杏,当地称为"大白果"。果呈广椭圆形,核为椭圆形,两端微尖,色白无黑点,每千克280粒,种仁淡绿色,无明显苦味,出仁率为73.8%。

种仁内含有粗蛋白5.31%,淀粉27.7%,可溶性糖0.81%,总糖5.31%,水分59.24%。京山14号花期在3月下旬至4月上旬,成熟期在9月下旬,较丰产稳定。

京山叶籽银杏-1

树龄36年生,位于京山县坪坝镇唐庙村,树主丁金富。该树生于大平畈上,三面旱地,一面近水,阳光充足,通风良好,土壤深厚肥沃,水分条件优越,小环境条件十分有利于银杏的生长。200年生的银杏大树,1958年被砍伐后,在伐根上萌生出两株银杏幼树,自萌生至调查时树龄33年,树高14 m,干高3.5 m,胸径27.7 cm(围径87 cm)。冠幅12.3 m×13.7 m。有大主枝9个,主枝与树干夹角60°。1988年曾产银杏球果40 kg,1989年为小年产量降至20 kg,大小年十分明显。该树生产的球果有3种类型,即正圆形、长卵形和带叶球果。但带叶球果为数极少,约占球果总量5%。带叶球果的形体不一,有尖圆、菱形、塔形等。单粒球果重极不整齐。正常的正圆形球果单粒平均重11 g,长卵形球果单粒平均重9 g。

京山叶籽银杏-2

京山县三阳镇西川村有中壮年的两株叶籽银杏。北近山脚,南靠小渠,阳光充足,通风良好。砂质土壤,土层深厚肥沃,水源条件方便,小环境极为优越。这两株银杏的生长地点相距约120 m。树龄在200年以上。其中一株树高23.5 m,干高3.1 m,胸径0.86 m(胸围2.7 m),冠幅17.4 m×21.7 m。有大主枝9条,下部4个大主枝与树干夹角约80°。由于迟迟未见结果,1989年树主曾将树皮铲刮,毁损面长达2 m,致使目前树体明显衰弱,仅西北方向一枝尚能结果。1990年曾产球果110 kg,1991年却降至75 kg,大小年明显,以正常的长卵形球果居多,而正圆形球果较少,叶籽银杏仅占总量的6%。长卵形球果的单粒平均重13 g,正圆形球果的单粒平均重9 g。

京山银杏品种经济性状

京山银杏品种经济性状

编号	品种名称	种实			种核			出核率(%)	出仁率(%)
		纵横径(cm)	果形指数	百粒重(g)	纵横厚径(cm)	核形指数	百粒重(g)		
京银2号	大梅核	3.1×3.05	1.02	1 431	2.4×2×1.6	1.2	395	27.3	76.6
京银3号	大梅核	3.4×3.2	1.06	1 576	2.4×2.3×1.7	1	410	26.1	77.1
京银4号	大马铃	3.24×2.6	1.24	1 490	2.6×1.8×1.5	1.44	380	25.5	76.8
京银5号	尖佛手	3.2×2.4	1.33	946.9	2.8×1.6×1.4	1.75	250	26.4	77.2
京银8号	大佛手	3.3×2.4	1.37	1 312	2.9×1.7×1.5	1.7	340	25.9	76.9
京银9号	大马铃	3.2×2.8	1.14	1 506	2.9×1.9×1.6	1.53	360	23.9	77.2
京银15号	大佛手	3.25×2.7	1.2	1 423	2.6×1.8×1.5	1.44	380	26.7	75.3
京银16号	大马铃	3.29×2.85	1.15	1 516	2.6×2×1.9	1.3	370	24.4	76.7
京银17号	大马铃	3.16×2.77	1.14	1 357	2.7×1.9×1.8	1.242	395	29.1	74.9
京银18号	大马铃	3.37×2.95	1.14	1 357	2.4×2×1.7	1.2	380	24.3	75.1
京银20号	大梅核	3.2×3	1.06	1 573	2.8×2×1.5	1.4	395	25	76.3
京银21号	中马铃	3.15×2.7	1.17	1 036	2.5×1.8×1.5	1.39	257	24.8	76.5

京山银杏优株及其性状指标

京山银杏优株及其性状指标

选优号	产地	胸围(cm)	树高(m)	枝下高(m)	冠幅东北西南(m)	结实层		一米内短枝(个)	果			核			每千克粒数	出核率(%)	出仁率(%)
						高度(m)	冠高比(%)		纵横径(cm)	果形指数	百粒重(g)	纵横厚径(cm)	核形指数	百粒重(g)			
京银2号	厂河	198	26	3.2	16.2×18.8	19	83.3	43.6	3.1×3.05	1.02	1 431	2.4×2×1.6	1.2	395	253	27.6	76.6
京银3号	厂河	280	35	4	23.7×25.3	26	83.8	44.7	3.4×3.2	1.06	1 576	2.4×2.3×1.7	1	410	244	26.1	77.1
京银4号	厂河	240	30	5	16.8×18.5	21	84	43.1	3.24×2.6	1.24	1 490	2.5×1.8×1.5	1.44	380	263	25.5	76.8
京银8号	杨集	183	25	3.1	17.8×15.1	17.9	81.7	42.5	3.3×2.4	1.37	1 312	2.9×1.7×1.5	1.7	340	294	25.9	76.9
京银9号	杨集	155	21	2.2	12.9×11.6	15.9	84.5	45.3	3.2×2.8	1.14	1 506	2.0×1.9×1.6	1.53	380	278	23.9	77.5
京银15号	坪坝	173	22	3.7	10.7×12.5	15.7	85.7	41	3.25×2.7	1.2	1 423	2.6×1.8×1.5	1.3	370	270	26.7	75.3
京银16号	坪坝	140	20	2.6	9.3×10.5	15.4	88.5	43.7	3.29×2.85	1.15	1 516	2.6×2×1.9	1.3	370	270	24.4	76.7
京银17号	坪坝	385	40	1.7	24.5×24	33.3	86.9	40.2	3.16×2.77	1.14	1 357	2.7×1.9×1.5	1.42	395	253	29.1	74.9
京银18号	坪坝	265	30	3	15.2×16.8	24	88.8	41.5	3.35×2.94	1.13	1 563	2.4×2×1.7	1.2	380	263	24.3	75.1
京银20号	三阳	82	18.5	2.5	16.8×13.6	13	78.7	42.2	3.2×2.9	1.1	1 573	2.8×2×1.5	1.4	395	253	25	76.3

注：树高为目测。

京银2号

梅核类。株高26 m，胸围198 cm，出核率27.6%，核形指数1.2，单核每千克253粒，出仁率76.6%。

京银3号

圆子类。株高35 m，胸围280 cm，出核率26.1%，核形指数1，每千克244粒，出仁率77.1%。

经济产量

是生物产量的一部分，是最有经济价值的那一部分的产量，如银杏采种园中的种实，采叶园中的叶片产量。

经济规律

亦称经济法则。经济现象间普遍的、必然的内在联系。它是客观的，不以人们的意志为转移的，在一定的经济条件基础上产生和发挥作用，并随着经济条件的变化而改变其作用。经济规律常作为一种自发的力量支配着人们的行动，也可以被人们认识和利用。有在一切社会形态都发生作用的共同经济规律，如生产关系一定要适合生产力性质的规律；也有在某一社会形态中发生作用的特有经济规律。

经济价值

银杏是我国主要的经济树种之一。银杏又名白果。目前世界上白果总产量约1.4万t，其中，我国年总产量约1.3万t，占世界产量的90%以上。20世纪80年代至90年代末，我国白果出口价格逐年上涨。1980年以前，白果收购价为每千克0.8～1.0元，1987年为1.4～1.8元，1988年上升到28～30元，1995年上升到40～50元。1996年南京、泰州等地优质大白果价格高达每千克70元。1998年，因受东南亚金融危机的影响，白果出口受到冲击，白果市场价由1997年的每千克50元左右一度跌至25元左右。另外，随着银杏各产区产量的增加，近几年白果市价维持在每千克20元左右，但优质银杏出口价格仍维持在每千克50元左右。银杏产业化已经起步。近年来，随着银杏种植业的发展，国内外逐渐重视对银杏的综合开发利用，各类银杏加工企业迅速崛起。国内外诸多银杏制药集团公司致力于银杏提取物的研究和开发。我国现有各类银杏加工企业300家以上，主要生产银杏药品、保健品、化妆品、食品、饮料及银杏提取物等各种系列产品。目前，我国从事银杏黄酮苷生产的企业超过140多家，每年消化银杏干叶约8 000 t，生产黄酮苷100 t，全国银杏系列产品的年综合效益已超过30亿元，发展银杏产业，是促进农业增效、农民增收及创取外汇的重要途径，已成为我国银杏主产区的重要经济支柱。

经济结构

国民经济各部门以及社会再生产各个方面的构成及其相互关系。包括：①产业结构，如国民经济各部门内部的组成和比例，农、轻、重是其中的重要方面；②各部门内部的构成，如经济组织结构、产品结构、投资结构、价格结构、积累和消费结构等。林业经济的部门结构包括森林经营、森林保护和森林利用三大部分的综合物质生产部门。森林经营和森林保护带有农业生产性质,即一般说的营林,是大农业的一部分;经济结构不是固定不变的,它随一定时间、地点、条件的变化而变化。

经济树种

以生产果品、油料、工业原料(橡胶、栲胶、树脂、栓皮、香料等)及其他产品(饲料、药材、绿肥)为主要目的树种。它们具有很大的经济价值,有些产品如银杏、桐油、核桃、板栗、生漆、橡胶等还是我国传统的出口物资。经济树种还包括木本粮食树种、木本油料树种等。

经济效益

即在经济活动中创造出来的具体有效的经济利益。一般来说,效益是一种好处,是一种好的结果。经济效益有确定的范畴,指在经济方面体现出来的好处,而不是指经济以外的其他社会效益。也有其固有的属性,即物质性,作为一种好的结果绝不是虚假的幻影或空头支票,而是看得见摸得着的实际好处。同时,其物质表现还具有多样性,可以由各种各样的具体经济利益来体现。可以是实物,也可以是货币。用实物表现的具体经济利益,包括人们吃、穿、用、住、行和文化、教育、体育、卫生、娱乐等方面必要的各种物质资料。也包括最终产品和中间产品必需的各种生产资料。

经纬度分布

中国银杏分布范围较广,大体在北纬19°40′—43°40′,东经97°00′—126°30′之间。而经济栽培区的范围比生态分布区较窄,大体在北纬24°—35°,东经105°—120°之间。

经营模式

经营模式

模式	适宜造林地	银杏					伴生树种及间作品种要求
		每亩密度(株)	株行距 m×m	配置方式	干高(m)	干粗(cm)	
银杏(果树)—农型	适于立地条件较好,不受涝渍,能灌能排的连片农田	8~10	8×10 7×9 9×9	正方形 长方形 三角形	1.5左右	胸径2.0	农作物间种品种: 夏熟—蚕豆、油菜、蔬菜 秋熟—黄豆、花生、蔬菜
		4	8×20	带状形			
银杏—(水果)—农型	适于立地条件较好,不受涝渍,能灌能排的连片农田	8~10	8×10 7×9 9×9	正方形 长方形 三角形	1.5~1.8	2.5以上	水果品种、每亩配置株数:桃26~33株;柿:26~33株;无花果:110株。银杏及水果下层间作农作物同银杏—农型
银杏—苗木型	适于立地条件较好,不受涝渍,能灌能排的连片农田	8~10	8×10 7×9 9×9	正方形 长方形 三角形		2.0以上	间作银杏或其他花灌木苗以水苗、中等、大规模结合,大苗单行[株行距30 cm×(120~150)cm]或双行(30 cm×150 cm)中间培小苗,也可全部培小苗
银杏—桑型	立地条件一般,不受涝渍的连片农田	8~10	8×10 7×9 9×9	正方形 长方形	1.8左右	2.5以上	间作桑树按常规:银杏、桑树下层于初期间种农作物,同银杏—农型,也可种绿肥
银杏(果材)—银杏(以叶为主)型	立地条件较好,最好能灌能排,无涝渍的农田	8~10	8×10 7×9 9×9	正方形 长方形	1.5左右或1.5~1.8	2.0以上	间作的经济作物如蔬菜、药材或食用菌,方法按常规
银杏—经济作物型	立地条件较好,最好能灌能排,无涝渍的农田	8~10	8×10 7×9 9×9	正方形 长方形	1.5左右或1.5~1.8	2.0以上	间作干高0.3~0.5 m的大叶、厚叶银杏产叶良种,每亩密度100~600株,株行距1 m×2 m、1 m×1 m,是长方形、正方形配置,下层栽植初期还可间种绿肥

精原细胞

雄配子体中产生精子的母细胞,在银杏中称体细胞。

精子

指有性生殖中的雄配子(小孢子),即精细胞。

精子器

产生精子的器官,叫精子器或称雄配子囊,在银杏中为多细胞结构。

井冈山千年古银杏

井冈山市河西垅井冈村海拔 680 m 的常绿阔叶林内残存 1 株古银杏,树高 35 m,胸围 7.3 m。干腐蚁蛀,仍气宇昂然,雄踞众树之冠,树龄千余年。

颈卵器

指银杏雄性生殖器官,外形呈瓶状,为卵细胞和受精后原胚发育的部位。颈卵器也为银杏植物所特有。

颈细胞雌配子体发育过程

在银杏颈卵器发育过程中初生颈细胞形成的同时,细胞质中出现了淀粉粒等物质的积累,随后这些淀粉粒等物质被转移到次生颈细胞和颈细胞中,受粉作用发生时颈细胞的细胞质丰富。颈细胞在花粉管到达其上部时开始解体,其残余部分大多转移到卵细胞中。在颈细胞的生长和发育过程中,可能会分泌某种向化性物质引导花粉管向其生长,此外,颈细胞还可能对中央细胞的分化及物质转运起到特殊作用。因此从颈细胞的结构和细胞发育情况看,颈细胞与被子植物胚囊中的助细胞有许多相似之处,如二者所处位置较为相似,均处于接受花粉管最有利的位置;二者细胞质中物质丰富,代谢活跃;可分泌向化性物质引导花粉管的定向生长;受精作用发生时二者可退化从而形成花粉管释放内容物的场所等,银杏颈细胞在受精作用发生前体积不断增大成圆形并突入颈卵器腔内,其体积明显大于周围细胞,细胞核大,核仁明显,细胞质丰富,并形成颈卵器开口。颈细胞的这些结构特征表明,颈细胞在银杏受精作用过程中必然起着重要作用,但其是否具有分泌细胞的结构特征、如何引导花粉管进行向性生长以及在受精过程中开口形成的机理等方面仍需要进一步深入研究。

颈细胞的分化形成

授粉后约 50 d,颈卵器母细胞产生不均等分裂,分别形成 2 个大小不等的细胞,上面的细胞形态呈扁平状,为初生颈细胞,下面的细胞体积较大,细胞核明显,细胞内充满液泡,为中央细胞,初生颈细胞在授粉后约 55 d 进行 1 次垂周分裂,形成 2 个扁平状的次生颈细胞。之后随着颈卵器的发育次生颈细胞的体积逐渐增大,细胞壁向颈卵器腔方向隆起形成弧状弯曲,此时细胞核大而明显。发育至授粉后约 100 d,2 个次生颈细胞体积不断增大并逐渐变为圆球形,细胞向上突入颈卵器腔内,其体积明显大于周围细胞,细胞核大而明显,细胞内积累了较多的内含物。在受精作用发生前即授粉后约 130 d,2 个次生颈细胞各进行 1 次斜向分裂形成 4 个颈细胞,这 4 个颈细胞形成了颈卵器的开口。

景观美

人们常把银杏与雪松、南洋杉、金钱松誉为世界四大园林树木,园艺学家也把树中银杏与花中牡丹、草中兰合称"园林三宝"。银杏在城市建设总体布局中能起到限制空间、障景以及形成空间序列和视觉序列的作用,被广泛用作行道树和园林用树,成为城市街区和公园内一道道美丽的景观。我国银杏的栽培应始于园林,如今耸立于各地古刹和皇家园林中的参天古银杏即是例证。这些或孤植或列植或成林的银杏树与美仑美奂的古老建筑、园林艺术相得益彰,尽显华夏文化之精华与神州建筑园林之异彩,是我国传统美学与古老建筑、园林艺术的完美结合。上海科学技术出版社 2004 年出版的《中国北方园林树木》一书,编录适合我国北方园林的树种 577 种,把银杏作为首先介绍的树种,特别列举了以园林观赏为主的优良品种有叶籽银杏、垂枝银杏、黄叶银杏、裂叶银杏、斑叶银杏、松针银杏、帚冠银杏、花叶银杏、垂裂叶银杏等。银杏除在一些刹观、园林有大量分布外,北京市平安大道、上海市嘉定区、山西省太原市、四川省成都市、辽宁省丹东市、江苏省南京市、山东省青岛市和潍坊市等大中城市均有成行或连片栽植。银杏树与城市的雕塑、绿地、假山、高楼等相映成趣,强化了城市的美观雅致和人文魅力。

净光合速率的日变化

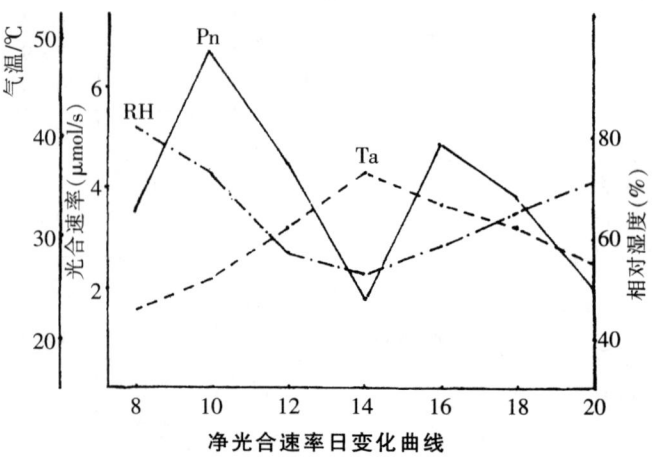

净光合速率日变化曲线

在6月上旬到7月上旬晴朗的天气条件下,一天中,银杏叶片净光合速率随着各种环境因素的变化而变化,但其净光合速率的日变化有一定的规律性,即呈双峰曲线。第一次高峰出现在10:00前后,这时的净光合速率达到一天中的最大值;第二次高峰出现在18:00前后,此时的净光合速率比第一次峰值小,为次峰值。14:00时,银杏净光合速率达到日间最低值,部分测定值为负值,说明呼吸强度大于光合强度,即出现"午休"现象。

净光合速率与叶绿素荧光特性

比较分析自然条件下两个主栽银杏品种——圆铃和佛手叶片的叶绿素含量及比值、净光合速率日变化、光—光响应曲线、叶绿素荧光参数的变化。圆铃叶片的叶绿素和类胡萝卜素含量水平以及叶绿素 a/b 比值明显高于佛手;圆铃和佛手叶片的净光合速率(P_n)日变化均呈双峰曲线,有光合"午休"现象;在 9~11 时,圆铃叶片的 P_n 显著高于佛手;二者的光饱和点分别为 1 200 μmol/($m^2·s$) 和 1 000 μmol/($m^2·s$),光补偿点分别为 75.23 μmol/($m^2·s$) 和 62.43 μmol/($m^2·s$)。叶绿素荧光参数的日变化显示,圆铃叶片的 Fv/Fm、Fv/Fo 和 qP 均大于佛手,而 qN 小于佛手。

净居寺

河南光山县净居寺有一株银杏树,传为唐朝道岸、定易二僧合栽,北宋大文学家苏东坡曾在此树下读书,与银杏结下不解之缘,他在银杏盛果时欣然命笔:"四壁峰山,满目清秀如画;一树擎天,圈圈点点文章。"诗人视银杏树为擎天柱,喻累累银杏果实为奇妙文章,表达了对银杏树的敬慕之情。现在该银杏树干需两人合围,树高二十余米,已成为当地的一大景观。

净种

可用风选、水选、筛选或粒选。对于枝叶、杂草、外种皮较多的种核,可用风选。对于石块、空粒、种梗、外种皮较多的种核,可进行水选或筛选。对于具有特殊用途的大粒种核,亦可粒选。

竞争枝

由剪口以下第二、三萌发生长直立旺盛,与延长枝生长势相近或更强的枝条。竞争枝处理应结合实际情况,换头、疏除、重短截或拉平改造成结果枝组等技术措施。

靖安古银杏群

靖安县西岭乡西岭村有一片古银杏片林,树龄1 000年,面积约 1.4 hm^2。令人称奇的是银杏林中有4株长出了异样物,像钟乳石条垂吊在树干上,形态各异,大小不等,长短不一,最多的一棵银杏上竟有40多个。其表面跟银杏树皮一样,树皮里面属木质,割破树皮后能滴出乳白色浆液。

境界树

栽于园林地界上或圃地、山林周围表明界限的树木。园林内为划分景区,或为地段的隔离所栽的树木,也为境界树。种植境界树是造园上一种植物性的局部设施,其性质与栅栏、篱笆相似,通常宜选用直根性树种,为结合防护的目的,可选用带棘刺的树种。

九甫长子

主要分布于浙江临安。树冠半圆形,长枝梢部多着生三角形叶,中下部及短枝多着生扇形叶及截形叶,叶片具中裂或不明显中裂。种实长卵圆形,成熟时为黄色,薄被白粉,先端浑圆,具小尖,基部圆筒状。种核长椭圆形,上下大小基本一致,先端稍圆秃,具小尖,侧棱明显,但近基部处仅隐约可见,每千克380~441粒。该品种较丰产,结实能力强,不具明显大小年,但种核较小。

九月响

位于王义贞镇钱冲村杨家冲底下垮,管护人周道品。树龄400年,实生树。树高14 m,胸径0.9 m。主干明显,树形直立,主枝数较多,层形分布,生长旺盛,长枝年生长量较大,达33 cm。叶为扇形,长4.3 cm,宽7.5 cm。叶柄长6.5 cm,叶色较深,中裂明显。球果卵圆形,熟时橙黄色,被薄白粉,可见少量油胞。先端圆秃,顶部平阔,顶微凹,珠孔迹迹点明显。果柄较直且粗壮,长约4 cm。单粒球果重7.6 g,每千克粒数131,出核率24.3%。种核长圆形,核形指数1.38。壳白光滑,具突尖,束迹迹点小,两侧棱线在1/2处消失,背腹相等。单粒种核重2.1 g,每千克粒数476,出仁率78%。该品种为早熟种,早春萌发比其他树明显提早一周左右,双果率较高。一般年株产220 kg。有胚率较高,适合于用材林和砧木育苗种子。

九子抱母

这株银杏树位于湖北省宜于恩县茅坝乡茅坝村三组。据调查,这株树已达300年高龄。新中国成立前,它被人们奉为神树,每年春节都有很多人到树下祭祀。相传在150年前,在一次祭祀中失火,把这株树的树干烧断。后来在树兜上又长起9株银杏。如今,这9株树的树高都在6.5 m以上,树冠覆盖面积1.2亩。1986—1989年间,这株9子抱母的银杏树年产银杏400 kg。

久寿（久治久次）

1955年由久治改为久寿，是日本爱知县普遍栽植的优良品种。140年前由富田久雄选育而成。进入结实期较早，属早实性大型果优良品种，嫁接后5~6年即可结实。幼树期生长势强，挺拔，枝条直立，随着树龄的增长，树冠逐渐开张。外果皮较薄，果核丰满圆大，麻点少，出核率30%，单核重3.8 g，每千克260粒。果核纵径22.7 mm，横径20 mm，厚度16.4 mm，核壳厚度0.7 mm。硬核期8月中旬，成熟期9月中旬至10月上旬，为典型的晚熟品种。由于贮藏中养分消耗率高，因此贮藏期一般不超过1年。

酒刺

将白果仁切出平面，频搓患部，边搓边削用过部分。每次用1~2枚白果仁即可。可于每晚睡觉前用温水洗净患部后涂搓。连续7~14次，酒刺就会全部消失，使患部恢复正常的生理功能，恢复皮肤的本来面目。

厩肥

厩肥是家畜粪尿和各种垫圈材料混合积制的肥料。在北方多用土垫圈，故又名土肥。在南方多用秸秆垫圈，统称厩肥。厩肥的成分依家畜种类、饲料优劣、垫圈材料和用量以及其他材料而不同。新鲜厩肥平均含有机质25%，氮约占0.5%，P_2O_5约占0.25%，氧化钾约占0.6%，每顿厩肥平均含氮5 kg，P_2O_5 2.5 kg，K_2O 6 kg。新鲜厩肥中的养料主要为有机态，银杏大多不能利用，所以一般不宜直接施用，一定要经过一段时间沤制，待腐熟后才能施用。厩肥在银杏做基肥施用时，提倡与化学肥料配合或混合施用。因厩肥具有养分完全、肥效迟缓、性质柔和的特点，而化肥则是养分单纯，肥效快速和性质"暴躁"的一类肥，两者配合或混合施用，效果更加。银杏最适合施用厩肥，尤其是幼年期的幼树。

局部灌溉

近年发展起来的一种节省水的地表灌溉方法。首次灌水只在局部面积上进行，浸润面积应占树冠投影面积的1/3~1/2，浸润深度1.0~1.2 m，第二次在未灌水的区域进行灌水，这样轮流交替达到省水的目的。大树隔行灌溉就是局部灌溉的一种形式。这种方法既能保持银杏正常生长发育，又不致生长过旺，还能节约用水。

局部整地

在建园的局部地方进行翻松土壤的整地工作。不能进行全面土壤耕作时，都可采用局部整地。它的优点是省工。缺点是用拖拉机或畜力工作不便，需要局部整地的效果比全面整地要差。局部整地的方法可归纳为带状整地和块状整地。

具有多种叶型的中生代银杏植物

具有多种叶型的中生代银杏植物

分类单元	地质时代	地区	叶型
Ginkgo yimaensis（Zhou 等，1989）	中侏罗纪	中国	GI，GD
Ginkgo insolita（Samylina 等，1991）	中侏罗纪	西伯利亚西部	GI，E，S
Ginkgo longifolius（Harris 等，1974）	早、中侏罗纪	英国	GI，B
Ginkgo dahllii（Manum 等，1991）	中侏罗纪	挪威	GI，GD，E，S
Ginkgoites jampolensis（Krassilov，1972）	晚侏罗纪	俄罗斯	GI，B
Yimaia hallei（Zhou 等，1992）	中侏罗纪	中国	B，GI
Baiera polymorpha（Samlina，1963）	早白垩纪	俄罗斯	B，GI
Baiera manchurica（Krassilov，1972）	晚侏罗纪至早白垩纪	俄罗斯	B，GI
Karkenia incurva（Archangelsky，1965）	早白垩纪	阿根廷	GI
Karkenia asiatica（Krassilov，1972）	晚侏罗纪	俄罗斯	S
Karkenia hauptmannii（Kirchner 等，1994）	早侏罗纪	德国	S，E．L？
Sphenobaiera boeggildiana（Harris，1935）	早侏罗纪	格陵兰	S，E，GD
Sphenobaiera gyron（Harris 等，1974）	中侏罗纪	英国	S，E
Sphenobaiera nipponica（Kimura 等，1984）	早侏罗纪	日本	S，E，GD
Grenana angrenica（Samylina，1990）	中侏罗纪	中亚	B？，S？

注：*表示该分类单元系根据繁殖器官确立的。GI 似银杏；L 舌叶；S 楔拜拉；B 拜拉；E 桨叶；GD 准银杏。

聚戊烯醇

利用邳州银杏黄叶提取，大体含量为1.66%。聚戊烯醇在人体内代谢成多萜醇。多萜醇的生理和药理研究表明，它能促进机体造血功能，改善肝脏机能，对再生障碍性贫血、各种肝脏疾病、糖尿病等均有显著疗效，且无不良副作用。

聚异戊烯醇

聚异戊烯醇是存在于银杏叶中的一种类酯化合物，含量较高，属多烯醇类，具有很强的生物活性，是重要的新药物资源。银杏叶中所含有的聚戊烯醇属桦木聚戊烯醇型，且以醋酸乙酯盐的形式存在于原植物中，其分子中异戊烯基单元数为14～24，其中主要为17～19个异戊烯基单元组成的桦木聚戊烯醋酸乙酯类化合物，约占银杏叶中聚戊烯醇类成分总含量的80%左右，从银杏叶分离出聚异戊烯醇化合物，随后，银杏叶长链的多聚异戊烯醇具有抗肿瘤的活性和促进造血细胞增殖分化的作用。从银杏叶中分离出聚戊异烯醇乙酸酯纯样，并对其结构进行了鉴定，结果表明这是由一系列异戊烯基单元和终端异戊烯醇单元组成，其长链在不同植物中有所不同。银杏叶聚异戊烯醇的提取方法和提取溶剂的不同，得率也不一致。一般银杏叶聚异戊烯醇提取物得率在7%～12%之间，提取物聚异戊烯醇含量在10%～15%之间。以石油醚、丙酮、己烷为溶剂，银杏叶提取物中的异戊烯醇含量较高。制药用聚戊烯醇纯度要大于90%，因此，必须采用硅胶柱精制，以获得聚戊烯醇单体化合物。聚异戊烯醇含量的测定方法主要有高效液相色谱法（HPLC）、超临界流体色谱法（SFC-GC）。银杏叶聚异戊烯醇含量随着产地和树龄不同差异很大。如贵州正安县2～5年生树银杏叶聚异戊烯醇含量最高达12.1 mg/g，是贵州务川县15年以上老树叶的八倍左右。

聚异戊烯醇 ^{13}C-NMR 信号排布

聚异戊烯醇 ^{13}C-NMR 信号排布

化学位移（×10⁻⁶）	结构排布	化学位移（×10⁻⁶）	结构排布
15.99	5-反	124.28	
17.65	5-ω	124.32	3-ω,3-α
23.42	5-顺,5-α	124.52	
25.65	1-ω	124.62	3-反
26.49	4-顺	124.75	
26.71	4-反	124.98	
26.87	4-ω	125.12	3-顺
32.05	1-反-顺	131.04	2-ω-反
32.29	1-顺-顺	134.85	2-反-反
39.78	1-反-反, 1-ω-反	135.15	
58.99	4-α	135.27	2-顺
		135.31	
		135.96	2-反-顺
		139.56	2-α

聚异戊烯醇 ^{1}H-NMR 信号的相对强度

聚异戊烯醇 ^{1}H-NMR 信号的相对强度

化学位移（×10⁻⁶）	结构排布	异戊烯单元数(n)					
		15	16	17	18	19	20
1.60	CH₃ 反式	3.06	3.04	2.93	3.09	2.97	2.98
1.61	CH₃ 反式(ω)	(3)	(3)	(3)	(3)	(3)	(3)
1.68	CH₃ 顺式,顺式(ω)	11.9	13.0	14.1	14.9	16.1	17.0
		(12)	(13)	(14)	(15)	(16)	(17)
1.74	CH₃ 顺式(α)	1.08	0.93	0.97	0.98	0.96	1.03
		(1)	(1)	(1)	(1)	(1)	(1)
4.08, 4.10	CH₂OH	1.84	1.97	1.96	1.92	1.96	2.05
		(2)	(2)	(2)	(2)	(2)	(2)
5.12	=CH	14.0	15.0	16.0	17.0	18.0	18.9
		(14)	(15)	(16)	(17)	(18)	(19)
5.42, 5.44, 5.46	=CH-CH₂OH	1.12	1.03	1.07	1.06	1.01	1.01
		(1)	(1)	(1)	(1)	(1)	(1)

聚异戊烯醇及其乙酸酯的 HPLC 测定装置

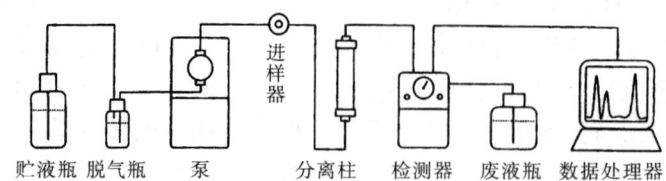

聚异戊烯醇及其乙酸酯 HPLC 测定装置示意图

聚异戊烯醇类

为银杏叶中一种类脂化合物,由系列异戊烯基单元和终端异戊烯醇单元构成的长链化合物,其中异戊烯基单元有顺式和反式两种,结构如下:

聚异戊烯醇类

m-反式结构单元数　n-顺式结构单元数　R-H 或酸基

有报道称,1 kg 银杏叶中可分离出 1.6 g 聚异戊烯醇。

卷叶银杏

又称筒状叶银杏。其扇形叶片从顶部开始卷曲成漏斗状,奇特而又可爱。这种卷叶银杏最早发现于日本。目前在河南农业大学、山东农业大学及北京、江苏等地均有发现。卷叶银杏极具有观赏开发价值。

绝对发芽率

种子在适宜的发芽条件下和规定的天数或实际的天数内,正常发芽粒数占供测定饱满粒数(除去涩粒与空粒)的百分率。绝对发芽率在科研方面应用较多。

$$绝对发芽率(\%) = \frac{规定天数内正常发芽}{供测定种子粒数 - 空粒与涩粒种子粒数} \times 100\%$$

绝对湿度

单位空气中所含有水汽的质量。单位是 g/m^3 或 g/cm^3。绝对湿度实际上就是水汽密度。它不易直接测得,常用其他方法间接求得。绝对湿度只表示空气中水汽的绝对含量,不能仅仅根据它来判断空气的干湿程度。

绝对最低气温

又叫极端最低气温。一定时期内每日最低气温的极端值。它反映一地出现低温的程度。虽然是几年、几十年一遇,但可能使多年经营的银杏遭到危害,故在银杏栽培中必须注意绝对最低气温的影响。它需要相当长时间的观测资料才有代表性。确定其数值时还要注明出现日期。银杏适生的绝对最低气温不能低于 -20℃。

绝对最高气温

又称极端最高气温。某地在一定时期内出现的最高气温值。我国的绝对最高气温值出现在新疆吐鲁番民航机场,1965 年 7 月曾达 48.9℃。

蕨类植物、裸子植物和被子植物花部名称对照表

蕨类植物、裸子植物和被子植物花部名称对照表

蕨类植物	裸子植物	被子植物
孢子叶球	孢子叶球、球花	花、花序
小孢子叶球	小孢子叶球、雄球花、雄球	雄花、雄花序
小孢子叶	小孢子叶、雄蕊	雄蕊
小孢子囊	小孢子囊、花粉囊、花药	花药
小孢子	小孢子、花粉	花粉
大孢子叶球	大孢子叶球、雌球花、雌球	雌花、雌花序
大孢子叶	大孢子叶、球托、心皮	心皮、子房
大孢子叶囊	大孢子囊、胚珠	胚珠
大孢子	大孢子、雌蕊	雌蕊

军响乡桑峪小学古银杏

一级古树,树龄 600 年以上,胸径 152 cm,树高 17 m,冠幅 17 m × 16 m。1991 年砌直径 5 m 圆盘保护,该树主干高大挺拔,干枝生长在小学校院外操场里侧。

均质

均质是采用一定的机械将果汁内微粒细微化的加工操作。均质可使产品均匀稳定,不沉淀,还可改善产品的口感。生产上常用高压均质机,其原理是物料在柱塞泵的作用下,高压低速的进入空间,然后突然增速减压,形成空穴作用,使物料颗粒炸裂。生产上常用 15 ~ 40 MPa 的压力,在一定的压力下重复均质有一定的加强效果。超声波均质机采用高频率振动原理,亦可产生空穴作用,达到均质。胶体磨和其他的超微磨亦可以起到均质作用。

菌肥

利用土壤中有益微生物制成的生物性肥料,包括细菌肥料和抗生菌肥料。菌肥本身并不会有大量营养元素,主要以微生物生命活动的代谢产物来改善银

杏树体的营养条件,抑制某些病害,并充分发挥土壤潜在肥力的作用,从而获得银杏种核优质丰产的效果。如根瘤菌、固氮菌在适当的条件下,可以固定空气中的氮素。磷钾细菌能将土壤中难以利用的,或利用率低的有机、无机磷化物或矿物态的钾化合物转化为银杏树体可以利用的磷、钾养分,从而改善银杏的营养条件,又如抗生菌的分泌物,能抑制或杀死某些病菌,降低银杏的罹病率。施用菌肥必须与有机、无机肥料配合使用,更有利于银杏的生长发育,以充分发挥菌肥的增产效果。

菌根

菌根指丝状菌侵入植物根系的表面或其内部,形成植物和丝状菌共生关系的状态。其中,在根系的细胞内,形成了被称囊状体和枝状体的共生器官,与这些共生器官的丝状菌相对应,被称为 VA 菌根菌。VA 菌根菌有 4 亿年的历史,和植物的进化一起,维持着共生的关系。虽然许多果树病害是由丝状菌所引起的,但是,仅仅有丝状菌与植物的共生不会引起根细胞的枯死,相反却能促进植物对无机养分特别是对磷的吸收,而且可以提高植物的抗旱性。

菌根菌

菌根菌是指能在银杏根部建立共生组织,形成菌根的真菌。能促进根际土壤中有机质和矿物质的转化。由于菌丝伸延,有利于水分和养分的吸收。在苗圃和银杏造林时,对有菌根的树种常用客土法进行人工接种,以促进林木生长。VA 是银杏典型的菌根菌。

菌根菌肥料

菌根菌肥料亦称菌根菌剂。用菌根菌制成的一种真菌肥料。与林木细根共生的真菌称菌根菌,其根则称菌根。菌根较正常的根粗短肥厚,呈小球状突起,并有稠密的黄白色或白色网状菌丝体。它能代替根毛,扩大林木吸收水分和养分的面积;分泌的有机酸和某些激素,能促使土壤中难溶性矿质营养转化为可溶性养分,并可促进根系生长,使其不受病菌侵害。多用于苗圃初次培育对菌根菌敏感的松类、栎类等苗木。宜用作种肥。也可从相应树种的园内或者苗圃地挖取适量表土或老银杏园内腐殖质做接种材料。

菌根显微结构

银杏菌根的特别之处在于它含有丰富的细胞内菌丝,但很少能观察到细胞间菌丝,说明真菌穿透细胞进行感染。在被子植物中一般为细胞间菌丝扩散感染。

Glmnus 属 4 个不同种侵染的银杏幼苗根的超微结构特征如下。真菌穿过根韧皮部后在外皮层内发育成大的卷曲菌丝。在真菌的细胞质中观察到两种具高电子密度颗粒及细菌状的内含物,目前还不清楚这些物质的性质。在内皮层内,卷曲的菌丝产生侧枝,这些侧枝分化为插入型的枝状结构。枝状细胞的形成方式与被子植物不同,被子植物的枝状结构起源于细胞间菌丝的二叉分枝细胞壁内的酚类物质,有抵抗菌丝酶的作用,成为防止菌丝穿透的屏障。这些酚类物质可能是银杏细胞壁的组成物质,它们在感染和未感染根中的分布没有差别。有卷曲菌丝的寄主细胞没有表现任何变化,但细胞内有枝状菌丝感染的寄主细胞反应很明显,其质膜表面增加,属于适应性反应。

K k

卡肯果科

卡肯果科(Karkenia Ceae),繁殖短枝(二级)上胚珠小而多,多向内弯转,具珠柄,紧密排列。珠被角质层和大孢子膜薄。叶呈 *Ginkgoites*、*Sphenobaiera* 或 *Eretmophyllum* 型。

成员及其分布:卡肯果属分布在阿根廷和蒙古下白垩统,西伯利亚上侏罗统,伊朗、德国及我国的侏罗系。

卡肯果属

其模式种内弯卡肯果(*Karlcenia incurva* Archangelsky)发现于阿根廷早白垩纪地层中。这种雌性繁殖器官的总柄上着生多达百个、细小并具有短珠柄的胚珠。它们不具珠托,直生或内弯,内部结构与银杏的相似,其珠被中也含树脂体,但珠心和珠被分离。共同保存的叶基本上是银杏型的,但年代较老的种,如晚侏罗世的西伯利亚卡肯果(*Karkenia sibirica*)只有楔拜拉型的叶。已知的短枝和银杏的外观相同。

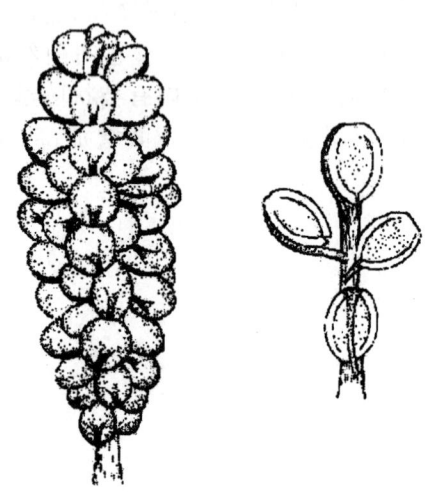

内弯卡肯果

开发银杏产业的基本原则

①整体布局,综合开发,突出重点,搞好资源基地建设,充分发挥银杏资源优势,挖掘银杏系列产品开发潜力,建设大产业,开拓大市场。

②因地制宜,提高土地资源综合利用水平,使银杏基地建设实现规模经营,集约经营。

③面向市场,立足科技,加速科技成果转化,追求高科技含量,高附加值,高效益。

④打破行政、地域及所有制界限,鼓励跨部门、跨行业多形式的联合开发经营,多渠道筹集资金,谁投入、谁开发、谁受益。

⑤发展"高产、优质、高效、持续林业",积极引导银杏产业发展上档次、上水平,实现经济、社会、生态综合效益。

开发银杏产业的指导思想

按照社会主义市场经济体制要求,以国内外市场为导向,以银杏资源建设为基础,以产品开发为动力,以深度加工为龙头,以经济效益为中心,以增加农民收入,尽快实现小康为目标,科学规划,合理布局,建设一批优质、高产、高效的银杏生产基地和外向型银杏产品加工企业,尽快形成"种—加—销"一条龙,"贸—工—林"一体化的生产经营体系。把银杏系列开发建成支柱产业,带动和促进全市经济持续、快速、健康发展。

开发银杏叶产品的对策

①科研部门与合作单位要提供有知识产权的产品和技术,不搞低水平重复:a. 有市场前景;b. 技术含量高;c. 附加值高;d. 专利。②客观评价分析国内外代表性的产品的测试方法,正确引导银杏市场。③改革、完善银杏叶生产组织管理形式,实行优惠政策,保护和开发银杏资源。④积极进行银杏提取企业的改革,逐渐实现集约化。⑤银杏经营要按照少环节、多形式、渠道清晰、行为规范的原则。⑥加快确定银杏及其产品的质量标准,促进银杏生产和质量的科学管理。⑦加强协调科技化、产业化、商品化三者的关系。⑧加大力度制止低价自残性竞争。

开罐检验

将罐头打开检验内容物和空罐质量的操作。罐头食品的指标有感官指标、物理化学指标和微生物指标。感官指标主要有组织与形态、色泽、滋味和香气、异味、杂质等。银杏糖浆罐头瓶倾于金属丝筛上,静置 3 min 进行检查。微生物指标中要求无致病菌,无微生物引起的腐败变质,不允许有肉毒梭状芽孢杆菌、溶血性链球菌等 5 种致病菌。一般检验方法可按国家规定标准进行检验。

开罐浓度

罐头糖液进行杀菌、贮存后,与罐内银杏种仁的可溶性固形物充分平衡后的罐液浓度。我国目前生产的糖水银杏罐头要求开罐浓度为 14% ~ 18%。

开花

是从花苞状态转向花瓣展开的过程,它是由花瓣基部的生长带发育而进入开花,使在某一特定的时期花瓣开张称为开花,也有花瓣是由细胞膨压控制开放的。温度与光照是影响花器开放的关键环境因子,因此年周期中银杏雌雄花的开放要求一定的积温,但银杏雌雄花的开放与日照长度关系不大。

开花结种物候期

4月中旬初雌花展现花柄,雄花露出花序,并与叶同步生长。4月中旬至4月下旬初开花,一般雄花比雌花早开 1 ~ 3 d。雄花序一般开放后 2 ~ 3 d 脱落。雌花成熟,珠孔口(即授粉孔)吐出性水,为授粉最适期开始,花期 6 ~ 7 d,性水渐少而干枯为终花期。5月初,未授粉的雌花开始发黄而脱落。雌花授粉后,胚珠开始生长,并出现两次生长高峰。第1次生长高峰在6月初至6月底,约25 d 左右,此高峰生长量大;第2次生长高峰在7月中旬至7月下旬,约10多天时间,此高峰期短而生长量小。种仁生长开始比较缓慢,6月初至7月上旬为速生期,约30 d 左右,7月下旬停止生长。中种皮6月中下旬起,种壳自上而下逐渐角质化。种实于8月上旬停止生长。银杏自雌花授粉到9月下旬种实成熟共需 180 d。

开花结种习性

指银杏种实形成时所伴随的特性,包括开花、授粉、受精、坐种、落花、落种、结种枝的特性、始种龄、结种盛期年龄、经济寿命及大小年特性等。了解银杏结种习性是选育品种和科学栽培管理的基础。银杏为雌雄异株的单性花,雌雄花均着生在短枝上。银杏的结种习性基本稳定,但受气候条件和管理水平的影响也有大小年之分。

开花期

从大、小孢子叶球迅速膨大至脱落的时期。开花可分三个时期:5% 的花开放为初花期;25% ~ 95% 的花开放为盛花期;花全部开放至最后凋落为终花期。各品种开花迟早、花期长短均有不同。银杏的开花期为 5 ~ 7 d。因树体营养水平高,小地形,气候适宜,开花整齐而花期长,有利授粉与坐种。

开心果

以银杏为原料,利用生物工程技术和冷冻干燥技术开发的即食方便食品——银杏开心果。江苏省有不少地区盛产银杏,尤以邳州市港上镇为最。当地人们仅将银杏果作为菜肴和高档甜食的原料,利用较为有限。同时,由于银杏资源过剩、保鲜困难,造成银杏果原料价格最低曾达到 5 元/kg。银杏的萃取物中富含总黄酮苷和萜内酯,这些物质对清除人体内超氧化物游离基具有很强的效果,对于高血压、高血脂等心血管疾病亦有良好的防治作用。为了开发银杏种叶这一宝贵资源,让百姓时时都能够吃上这种营养基质高的产品。通过实验,找到了开口压力及温度的最佳参数,并利用该独创的专利工艺解决了银杏种核外壳均匀开口问题,一次开口率接近百分之百,为该产品工业化生产创造了条件。由于银杏种仁的主要成分为淀粉,因而加热后呈现的糯性会随着果肉的冷却而变硬,影响口感;而一般的膨化方法又会造成银杏种仁过分脆化,且工艺条件无法控制。为此,采用生物工程技术先对银杏种仁进行酶解,使得银杏果肉既保持了韧性,又具有一定的脆性。对酶解后的银杏果再采用特殊的调味工序达1年以上。此外,银杏开心果采用特殊的漂白工艺使其外壳洁白化;并采用特殊工艺使银杏种仁上的微量氰化物全部分解为无毒物质。这样制成的银杏开心果,除原味品种外,还可根据需要制成甜味、奶香味、麻辣味、椒盐味等不同口味。银杏开心果及其系列产品开发工艺,不但解决了银杏种仁易霉变的问题,还通过使用廉价、大容量的真空冷冻干燥技术及设备,为这种营养价值高的农副产品的深加工开辟了一条新路,由此可以形成以开心果为龙头的"白果产业",带动当地银杏资源的开发。银杏开心果的外观类似于美国开心果,它不仅是一种休闲食品,还由于银杏丰富的内涵物而具有食疗作用。

开心形

干高 60 cm 以上,单头嫁接的银杏多发 2、3 个枝条。下部第一主枝长势较弱,剪去枝条长度的 2/3 左右;上部第二主枝长势强,剪去枝条长度的 1/3 左右。剪口第二芽培养副主枝。第一年整形修剪,第二年整形修剪。用拉、撑等整形办法调整主枝、副主枝角度和方位,使主枝和主干的夹角保持 50° ~ 60°。主枝之间的水平角保持大致相当。下部主枝剪去 1/2,并培养第一副主枝,与上部第一副主枝在同一方向,保持 40° ~ 50°。上部主枝延长枝短截,使第二侧芽在第一主枝的另一侧培养成第一侧枝。第三年整形修剪。继续调整树形,在修剪上抑强促弱。树下部主枝中截。选剪口下第二芽与副主枝相反的方向,培养第一侧枝,其下侧枝重截培养副主枝。对上部枝轻截,培养第二侧枝,其上副主枝短截,培养侧枝。第四年整形修剪。通过牵、拉等措施调整主、侧枝方向与角度。依其主、侧枝的长势强弱,分别采取轻重修剪或对背上枝、徒长枝,通过捋、拧、扭引向空间处。若无空间则疏除。第五年整形修剪。幼树骨架基本形成后,通过缓势促发中庸的下挂枝和较多的短枝。修剪时,疏除竞争枝、梢头背上枝,控制徒长枝,对其他背上枝进行摘心或去除。并采取环剥等多种促花措施以利早结种。其他多主枝开心形亦可参照此整形方法。

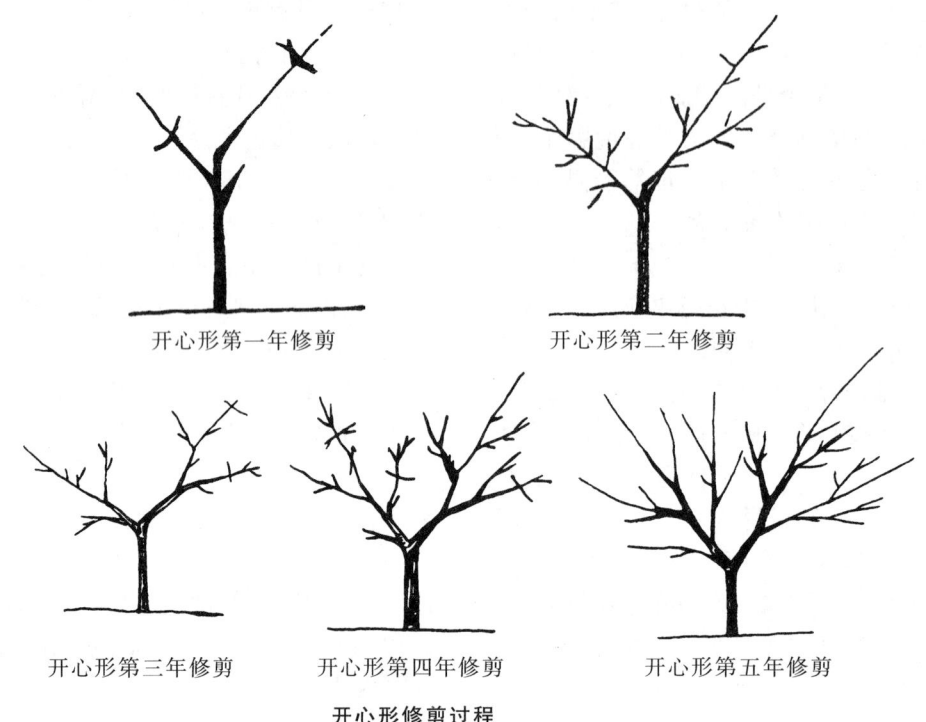

开心形修剪过程

刊载银杏文献期刊的集中与离散

刊载银杏文献期刊的集中与离散				单位:篇
刊载文献(篇)	1~2	3~6	7~28	总计
期刊数(种)	209	79	11	299
文献数(篇)	223	238	125	586

糠片蚧

糠片蚧(*Parlatoria pergandi* Comstoch)属蚧总科,盾蚧科。糠片蚧又叫丸黑点蚧、圆点蚧、橘紫介壳虫。该虫分布于银杏自然分布区的河北、山东、山西、四川、云南、广西、广东、湖南、湖北、江西、江苏、浙江、福建、台湾等省(区)。在国外也有广泛分布。除为害银杏树外,还为害柑橘、苹果、梨、梅、樱桃、柿、楠椿、无花果等。着生在叶的反面,使叶面凹陷,周围发黄,发生多时能使枝叶枯死。

抗病毒性能

据美国弗吉尼亚大学的 Mitchell 研究证明,银杏根系的乙醇粗提取物,可以明显抑制南部大豆花叶病毒和烟草花叶病毒侵入植物体后的病症发生。水浸提取物浓度在 $(250 \sim 500) \times 10^{-6}$ 时,可以明显抑制这些病毒的生长。

抗病性

银杏对病原生物侵害的抵抗性能。银杏抗病的性能主要有:①避病作用。银杏感病时期与病原物盛发期不一致,从而避免病原物的侵染。②阻止作用。银杏因某些形态、解剖或机能上的特征,可以阻止病原物的侵入或减少了侵入的机会。③抵抗扩展。银杏因内部细胞组织的某些特征或生理生化反应,使病原物侵入以后不能寄生或使它的扩展受到限制。银杏的抗病性常因本身的生长情况、遗传变异和外界条件的影响而发生变化,抗病能力会有增强或减弱。植物的免疫性和抗病性的意义是相同的,有时将高度的抗病性称为免疫性。银杏是抗病性较强的树种。对银杏来说,往往是有虫(病)不成灾。银杏受到病虫危害时或机械损伤时,树体会分泌一种 α-乙烯醛的物质,来抵抗病(虫)危害和外界不良环境条件。

抗虫性能

银杏是抗各种病虫害性能最强的树种,而且是具有较强的耐城市空气污染的能力。这种抗病虫耐污染的能力,可以说明银杏长寿的原因。银杏木材有较强的抗虫蛀能力,而且叶片可以驱虫。据试验,用银杏叶 1 kg 加水 20 kg 煮沸 30 min,然后浸泡 2~3 d,取其叶提取物防治棉花红蜘蛛和菜青虫,防治率达90%以上。银杏根中含有一种有毒物质,这种物质对某些昆虫是有害的,而树干提取物则毒性较低。叶片内含有一种或多种物质。这些物质对昆虫有毒害作用,但其效并非很高。而叶片中高浓度的酸性物质,是这种效应的一个方面。当叶片被破坏后,可以产生 α-乙烯醛,这可部分地解释银杏叶片为什么能抵御某些昆虫为害的原因。从银杏外种皮粗提取物对大田虫害的防治效果来看,在室内防治的11种害虫中,丝棉木金尺蠖对银杏外种皮20倍酒精提取液最敏感,其在24 h后的校正死亡率达97.2%,3 d后达100%。其次为对蛛砂叶螨、桃蚜、菜青虫比较敏感,3 d后的校正死亡率分别为86.0%、90.2%和58.4%。而小菜蛾、28星瓢虫、莲缢管蚜、梨肉蜂、棉铃虫、黏虫、二化螟反应较迟钝,3 d后校正死亡率26.3%~50.4%。另外,银杏外种皮酒精提取液对蚕豆蚜、豇豆螟、黄条跳甲、刺蛾亦有一定的防治效果。

抗大古银杏

永城市西南李寨乡曾楼村一株古银杏树,胸围5.34 m,树高18.2 m,冠幅22 m,生长旺盛,树姿雄伟,方圆百姓敬之为神树,逢农历初一、十五到此烧香磕头络绎不绝。据考证,树龄有1 300年以上。1940年3月,中国人民抗日军政大学四分校成立于此,彭雪枫将军常在此树下给学员讲课。以后便立碑纪念,称为"抗大古银杏"。

抗放射性银杏树

1945年8月6日8时15分,美军在日本广岛投下一枚代号为"小男孩"的原子弹。这场爆炸导致广岛市14万人死亡。当天上午11时零2分,美国又向日本长崎投下了第二枚原子弹,这次爆炸造成长崎7万人死亡。当第一颗原子弹在广岛爆炸后,在原子弹爆炸中心区域里,除了仅留下一棵被炸得只存一段和麦秸秆一样的银杏树外,所有其他生物均被烧得荡然无存。然而,就在第三年春天,这棵饱尝原子弹爆炸厄运的银杏树又生机勃勃地继续生长起来。银杏树这种令人惊叹的生命力不仅表现了它不怕原子弹放射性辐射,而且表现了它不怕昆虫、真菌和病毒的侵袭,不怕现代化城市空气污染的危害。不论是在何处,银杏树都能适应其他树木适应不了的环境。在纽约,银杏树是曼哈顿区大道两旁种植最多的一种树。专家们认为,银杏树之所以能够不怕原子弹的放射性辐射,不怕真菌和病毒的侵袭,不怕工业污染,是因为银杏树能产生一种至今科学还不能制造出来的化学分子。所以,银杏被专家们视作是目前世界上的一种最神奇的生物,它的许多奥秘迄今仍鲜为人知。

抗风性

银杏适应风力的性能,主要指抗风倒的能力而言。银杏的抗风力随立地条件而异。土壤黏重,排水不良,地下水位太高,均能降低银杏的抗风能力。抗风性是银杏的生态特性之一。在营造防风林时,应注意这一特性。

抗菌素

亦称抗生素。某些微生物代谢所产生的抑制或杀灭其他微生物的化学物质。在银杏生产上可用以防治银杏的真菌和细菌病害。

抗空气污染

为了观察周围空气污染是否能诱发叶角质结构变化,把暴露在城市和工业污染空气中的各种针叶树的针叶和银杏叶进行比较。10月份采集松树、挪威云杉的针叶和银杏叶,用扫描电镜观察,发现针叶树样品的气孔角质晶体降解,而在交通比较繁华的地段采集的银杏叶,除了叶中的硫黄数量增加了5~10倍外,角质结构没有表现出明显的破坏。这表明银杏抗空气污染能力强,因此可作内街道绿化树种,甚至在其他树种不易成活的地段也可栽植。

抗逆耐淹性

采用盆栽试验研究了人工淹水胁迫对3个银杏品种的耐涝能力。试验研究结果表明,银杏不耐水涝,特别是银杏幼苗,在淹水条件下,表现为生长量下降、质膜透性增加、叶绿素含量下降、游离脯氨酸含量增、根系活力下降、黄酮含量上升。如果淹水1周以上,叶子就会变黄、脱落,严重者根系腐烂,植株死亡。综合生长及生理指标,认为佛指的耐水性相对较强,其次是梅核、大金坠。

抗日树

1942到1943年间,港上来了两个陌生人,组织成立"清抗对",联络了15个村子的"小刀会",带领大家拆木寨,攻据点,打的日本兵晕头转向。后来听说他俩是共产党派来的"南京支队"的刘得运、魏思民同志,1942年秋,在这两个人带领下,"清抗对""小刀会"手持土枪土炮、大刀长矛,向港上据点的日本兵进攻,打得日本兵措手不及,维持会死伤甚重。日本兵狗急跳墙,机枪大炮发了疯。清抗队员薛少三,抱着炸药,去炸日本兵的地堡,被日本兵发现了,"轰隆"一声巨响,两棵相距十几米远的百年老银杏树,被日本兵一炮打断,薛少三也同时倒在血泊之中。抗日队员眼都红了,潮水一样向前冲,土雷、炸弹雨点般向据点扔去,炸得"日本兵"哇啦哇啦直嚎,拼命向火车站方向逃窜。抗战胜利后,人们发现,被日本兵炸断的两棵银杏树,都同时长出两棵一般粗细,枝繁叶茂的银杏树来。当地人都说:"港上银杏打不垮,打倒一棵长出俩",称两棵银杏树为"抗日树"。

抗衰老饮料

银杏叶提取液55%、洋槐蜜44%、柠檬酸适量、苯甲酸钠适量。将切碎干燥的银杏叶,用水煮汁两次,合并滤液,将滤液在0～4℃的低温冷藏24 h,滤去沉淀,得到银杏叶提取液。将熬炼过的优质洋槐蜜与提取液混合,加入柠檬酸,调节pH值为4,加入适量防腐剂苯甲酸钠,无菌灌装,杀菌,冷却后即成。此饮料为红褐色半透明均匀混浊液,内含总黄酮0.03 mg/100 mL、含总糖35.7%。风味柔和,酸甜可口,贮存3个月卫生指标合格。饮料中还含有多种氨基酸、维生素和无机离子等营养成分,为良好抗衰老饮料。由于银杏叶提取物难溶于水,在饮料中难以稳定溶解,贮存中易析出沉淀,故本饮料为混浊型。

抗弯强度

又叫静曲极限强度。木梁在短时间内受到缓慢均匀速度载荷(静力)作用时所产生的最大弯曲应力。

抗污染能力

银杏对气态的空气污染物有很强的抗性,但是却容易受到酸雨的危害。17种木本植物对空气污染物的抗性,表明银杏是抗性最强的树种之一,其对SO_2、氮氧化物和O_3都有较强的抵抗能力,但对氟化物的抗性中等。不同地区的生态系统中引起空气污染的污染物种类不同,银杏对其的反应也有所差异。在秋季,从银杏的形态和化学成分方面,检测了处于空气污染条件下的银杏叶片。叶分析结果表明,生长于交通繁忙地方的银杏,其叶片中硫的含量是对照的5倍,从污染地区收集的针叶树种叶片中硫的含量一般仅为无污染地区的2倍左右,但是,在银杏叶上并未看到伤害症状。电镜观察表明,从交通繁忙地区收集的银杏叶表皮蜡质层没有明显的变化。但仅有一些颗粒状物质累积。在高倍电镜下,观察到一些蜡质晶体颗粒被腐蚀,然而银杏蜡质晶体的腐蚀程度却没有针叶树严重,与日本红松、韩国松和挪威古云彬相比,多数银杏叶蜡质晶体颗粒并未受破坏。有趣的是银杏叶中硫的含量是针叶树的10倍,但蜡质层结构并未有明显的退化,表明银杏对空气污染的抗性很强。银杏易遭受酸雨的危害。对15种树种在受到不同pH值的酸雨处理。当pH值为2时,被子植物即发生伤害症状,而大多数裸子植物在同样条件下并未出现伤害。试验还发现,供试的裸子植物中,银杏的伤害程度最大,叶伤害率是100%。模拟酸雨处理后,银杏叶片气孔的导性和棱角显著增加,并且随着pH值的降低,叶伤害程度增加。银杏对酸雨的敏感性,其机理尚不清楚。在解剖上,银杏表皮细胞壁相对较薄,皮下厚壁组织是分离的,而且除了背轴表面(皮下气孔)以外,银杏整个叶片几乎都有气孔分布,这可能是银杏对酸雨比较敏感的原因之一。另外,银杏叶片角质层发育情况也较差,蜡质颗粒(蜡质颗粒对植物表面有许多保护性功能,这些功能在针叶寿和常绿上起着至关重要的作用)结构特性及蜡质的不同化学组成可能也决定了银杏对酸雨比较敏感。另外,形态上和基因组成上的许多因素也可能是银杏对酸雨敏感程度比较大的原因。

抗污树种

在污染环境中不受害或受害较轻的树种。即对污染物有较强抵抗能力的树种。优良的抗污树种,应具有较强的抗污、吸收污染物和适应城市工厂区环境条件的能力,以及易栽培管理和较好的绿化、美化效果等优点。银杏是典型的抗污染能力最强的树种。

抗细菌性能

据美国博埃斯汤普森植物研究所试验证明,浸渍的鲜银杏叶丙酮提取物,可以抑制对植物有为害的几种细菌活性,这些细菌是,欧氏杆菌属一种(*Erwinia amylovora*)、假单胞杆菌属一种(*Pseudomonas phaseolicola*)、大肠杆菌(*Escherichia coli*)、菜豆细菌性疫病菌(*Xanthomonas phaseoli*)及芽孢杆菌属一种(*Bacillus pumilus*)。如果酸度很高的丙酮提取液被中和,则抗菌性丧失。可见,银杏叶的抗菌作用主要是由于酸性物质所致。

抗性

抗性亦称抗逆性,是银杏对逆境条件如寒冷、干旱、高温、水涝、盐渍及病虫害等的抵抗能力。抗性的形成是银杏适应环境条件的结果。可用选种、杂交、驯化、改进造林技术、人工锻炼等方法提高银杏的抗性。

抗性品种育种

我国地域辽阔,各地的气候和土壤等条件差异较大。因此,针对不同地区的立地和气候等条件选育银杏新品种,具有特别重要的意义。例如,目前我国银杏分布的最北界是辽宁省沈阳市,由于冬季温度偏低,每年都有冻梢现象;分布的最南界是广东省广州市;由于气温偏高,银杏的生长结实受到了明显的抑制。我国还有面积广大的盐碱土,土壤含盐量如果超过0.2%,银杏就会严重生长不良。所以,应加快抗寒、抗高温、耐盐碱和抗污染等抗性强的银杏新品种选育的进程。

抗压强度

指银杏木材受压力作用在破坏时所产生的最大应力。木材的抗压强度因木纹方向的不同可以区别为：顺纹抗压强度、横纹抗压强度和斜纹抗压强度。

抗药性

当在一个地区长期连续使用某一种药剂防治一种或几种害虫时，开始时害虫种群对药剂很敏感，后来种群越来越有抵抗力，这种现象称为害虫的抗药性。产生抗药性的原因很多，它与害虫种类、药剂种类、施用浓度和次数有关。一般生长发育快，发生代数多，用同一种农药多次反复喷洒，抗药性出现的概率高。延续或消除抗药性的方法：①交换使用不同类型的药剂；②停止使用害虫已产生抗药性的药剂；③几种药剂混用；④使用增效剂；⑤实行综合防治等。

抗真菌性能

在为害木本植物的病害中，最主要的是真菌类，而银杏对真菌具有较强的抵抗能力。据"美国植物病害目录"（Index to plant diseases in the United States）介绍，直到1962年为止，银杏并无细菌性病害的报道，只感有9种真菌，但没有一种病菌可导致严重发病。Pirone认为，银杏叶片病害只有炭疽病是由胶孢炭疽菌（Coi Ietotrichum gloeosporioides Penz）有性阶段的围小丛壳[Glom erella cingulata (Stonem.) Sp. and Schrenk]真菌引起的，而这种病造成的为害可以忽略不计。也有些真菌可以导致木质腐烂，但并不常见。

考氏白盾蚧药剂防治效果

考氏白盾蚧药剂防治效果

供试药剂	使用浓度（倍）	喷药后 5 d 若虫死亡率(%)	校正死亡率(%)
40%氧化乐果	800	97.30	92.34
10%蚧壳灵	400	99.42	92.50
胺酮乳油	1 000	90.10	91.73
40%氧化乐果+水胺硫磷(1:1)	800	98.23	92.41
40%速扑杀乳油	1 000	89.13	91.64
乐菊乳剂注干	1:1	99.87	92.54
对照	空白	7.45	

科技园的建档

银杏科技园应建立完善的档案。档案中应当有详细图表、文字材料、准确记载品种的编号、来源、原产地、拉丁学名与地方名、植物学性状、经济性状、生长发育规律等。多年不间断地积累资料，归纳总结成系统的理论与技术，供教学、科研与生产单位作参考。①物候期。记载萌芽、展叶、开花、授粉、结种、种子膨大、成熟、新梢封顶、落叶期等；②生长量、立木材积量。每年调查和记载树高、胸径、冠幅、新梢长度等，计算材用品种的树高、胸径、材积年生长量、连年生长量、累计生长量，最终绘成曲线图，找出其树高、胸径、材积与树龄的关系；③结实与产量。记载开始结实的年龄、盛种期、大小年变化、各年的单株产量等，绘出种实产量与年龄的关系图；④种子品质与形态指标。种子纵横径、形状、外种皮颜色、厚度、出核率；种核重、种核纵横径、形态指数、形状、种背、中种皮厚度、颜色、出核率、出仁率、利用率、百粒重；种仁颜色、口味、甜糯性，并进行各种营养成分的化学分析；⑤叶用品种的新梢生长量、枝条数、叶面积、单叶鲜重、干重、出干率、采叶期、亩产量。进行叶子内含有效成分的化学分析，绘出不同采叶期的叶子有效成分含量、叶子亩产量及其产叶过程曲线图，找出最佳采叶期；⑥观赏品种的记载。如叶子的形状、叶柄长度、叶色及变化特征，种子的形状、颜色及结实特征，枝条的角度、萌发，生长过程、树乳形成特征等；⑦抗性。包括抗寒、抗旱、抗污染、抗病虫、抗高温、抗盐碱等特性以及病虫发生期、防治方法等；⑧繁殖特性。记载砧木、接穗的年龄、嫁接日期、嫁接方法、嫁接成活率等；⑨技术措施。记载施肥、浇水、植物生长素的应用、叶面喷肥、环割、环剥日期及次数、花芽形成情况等。以上建档内容可根据情况各有所侧重，分别书写文字材料或填写有关表格，并在当地或上级科委协调指导下，申报项目，制订科研计划，定期汇报科研进度，最后进行课题鉴定，以便建立起以科研为先导、以科技园为中心、应用推广为手段，实现高产、高效为目的，由科研、生产、管理、推广四大系统组成的完整的银杏科技园体系。体系内协调运转，以大大加快银杏产业化过程。档案要由专人管理，所有文字、图表要实事求是，不得有半点虚假。入档的材料，要有当事人和总工程师的签字，档案卷本要妥善保管，建立、健全保管借阅制度，坚决杜绝损坏、失密和丢失，使之在科技工作中发挥应有的作用。

科学饮用银杏茶

根据医药科学家们的测定,银杏叶中含有170余种药用成份。现已查明,其中银杏叶中含有原花色素和烷基酚类有毒成分,它会使舌头麻木、神经麻痹、呼吸困难、过敏、眩晕等。银杏叶中也含有大量起主导作用的活血化瘀、通脉舒络的银杏黄酮苷和银杏萜内酯,但这些药用成分却难溶于水或不溶于水。在浸泡过程中,有毒成份也相应地被浸提出来,饮用后往往会出现上述症状。银杏茶的科学饮用方法。①经多年测试,每年6月上旬至9月上旬采摘的2~5年生的幼树上的鲜嫩银杏叶为最好,此时银杏叶药用成分的含量最高,经科学加工成茶型后,其药效成分才能得以充分浸提出来。树龄较长或已变黄的银杏树叶,药用成分含量往往很少,对人体起不到医疗保健作用。②银杏树叶中虽含有医疗保健作用的药用成分,但也含有一些对人体有害的酚、酸类有毒成分,这些有毒成分若摄取过量,对人体会产生毒副作用。只有通过科学的加工,把一些有毒成分降解或高温挥发掉,才不会对人体造成伤害。③银杏树叶属半革质状态,细胞壁和细胞膜比较坚厚,只有通过加温、加压、揉捻,破坏其细胞壁,才能使细胞内的药用成分迅速溶于沸水,在短时间内形成较高的浓度,使饮用者起到医疗保健作用。④银杏叶中的某些酚、酸类物质,含有较重的草腥味,直接浸泡饮用口感不适,经特定工艺加工后,可使这种草腥味得到根本改变,且口味纯正,久饮上口,从而使饮用者既有品茶的享受,又能起到医疗保健效果。

科研价值

银杏繁盛时代是中生代的侏罗纪,到白垩纪初仍分布全球,第四纪冰川后仅在我国安徽南部少量存留。经过漫长地质年代进化,银杏仍保存了诸如雌雄异株、雌雄同株、雌配子体的光合作用、雄配子体高度分枝的吸器系统、游动的鞭毛精子、长短枝的互逆、胚胎发育等奇特表现,并且至今能保持遗传稳定性,在古植物学、植物分类学、植物解剖学、胚胎学、生态学、遗传学等学科研究中都具有重要的科研价值。

蝌蚪果

蝌蚪果亦称川银-29,树龄28年,种核为佛手类,长倒卵形,先端圆钝,略具小尖。核壳光洁,两面均具不规则针孔性凹点。下部狭窄,尾秃尖(似蝌蚪状)。基部两束迹迹点小,间距约1.8 mm,或聚为一点。两侧棱线仅上部可见,中部以下均不明显。种核大小为2.54 cm×1.72 cm×1.48 cm,单粒种核平均重3.10 g,最重可达3.50 g,每千克323粒。骨质中种皮薄,出仁率达81.3%。该树较幼,近年刚进入结实期,产种量尚不稳定,但种核粒大饱满、大小均匀、种壳薄、出仁率高、种仁味甜、糯性好、品种上乘,具有极好的推广价值。

咳喘

白果仁9 g,麻黄6 g,苏子9 g,甘草6 g,水煎服,日服两次。白果仁10 g,加水煮熟,兑砂糖或蜂蜜,连汤食。

咳嗽痰喘

白果仁9 g,麻黄、甘草各5 g,水煎,于睡前服用;或炒白果仁10 g,加水煮熟,再加蜂蜜或食糖调味服用。

克服结种大小年

结种量并非年年相等,有的年份开花结果多是丰收年,称为大年,有的年份结种却很少被称为小年。营养不足是造成银杏结种大小年的主要原因。尽管旱、涝、病虫等自然灾害可以导致大小年发生,但关键是栽培技术措施的合理应用,可最大限度地降低自然灾害的不良影响。①加强肥水管理。提高树体营养水平。确保树体健壮生长,使新梢年生长量不少于20 cm,每一短枝上有7~8片浓绿厚实的叶片,叶片大,发芽早,落叶迟;这是克服大小年的根本措施。②适量授粉。疏种定产。授粉要适量,授粉后要看坐种数量是否适中,如果坐种过多,要根据树体的大小,生长势强弱,及时进行疏种,严格控制结种量,防止养分消耗过多。这样,使银杏树不仅能丰产、稳产,而且能保持树势,增强结种后劲,可有效地克服大小年现象。③合理修剪。短枝的强弱、多少、枝龄大小,都是结种多少的重要因素。大年结种枝多,营养枝少,冬剪一般以轻剪为主,只剪去干枯、密生、衰老及病虫枝,多留营养枝,使来年有一定的花量。在花量特多,树势衰弱的情况下,辅以夏季修剪,疏去一些密弱的无效枝,促发新梢。小年结种时,营养生长旺盛,冬剪适当加重,有疏有缩,以控制次年的花量,平衡树势,使之有一批短枝当年结种,又一批短枝形成花芽来年结种。④防止病虫害。此外,合理间作,清除影响银杏生长的杂树杂物,改善生长环境,以及选用优良丰产品种,使用一些植物生长调节剂等,都是提高坐种率、减少生理落种、促进生长发育、确保稳产高产的有效措施。

克利夫兰

收入美国园艺学会植物科学资料中心。原株在俄亥俄州的克利夫兰。树冠圆锥形,由加利福尼亚州的萨拉托格园艺场繁殖。

刻伤

在芽或枝的上方或下方,横刻一刀,称为刻伤。刻伤深度应达木质部。冬季修剪时刻在芽的上方,使下部向上运输的养分在刻伤处受阻,刻伤处下的芽便得到较多的养分,于春季萌发成枝。银杏隐芽保持活力可达1 000~2 000年,在老龄树缺枝时,刻伤刺激后可抽枝补空。夏季修剪时刻在芽的下方,使养分向下运输受阻,较多的养分充实到刻伤部位以上的枝、芽中,利于花芽分化。这一方法运用较少,因为其效果没有倒贴皮明显。另外,另外,刻伤也有平衡树势的作用。伤痕愈深,则效果愈大。不过,还要与其他措施相配合,否则亦难达到目的。

客土

土壤条件较差或水土流失严重的地块,必须客土加厚土层。客土一般于秋、冬季进行。客土用肥沃的塘泥、河泥或山上的腐殖土。种用园每株50~100 kg,叶用园每亩1万kg。将客土平铺在树冠下,待来年春季客土风化后,再将客土翻入地下。银杏园(圃)覆草和地膜覆盖也是土壤管理的内容。借鉴苹果园管理的经验,目前已作为可行措施在银杏生产上得以推广应用。选用麦草、稻草等农作物秸秆,覆于树盘(畦),盖草厚度15~20 cm,每亩大约用草2 000~2 500 kg。也有的选用0.02 mm的农膜,每千克大约45 m²,每亩成龄树园约需1.2 kg。无论盖草或盖地膜都能使土壤温度稳定、湿度协调,有利于控制杂草,在无灌溉条件的银杏园,尤为适宜。由于地膜覆盖不能为土壤提供有机质,从改良土壤的观点来看,盖膜不如盖草。

空气相对湿度对种核贮藏的影响

银杏种实调制完成以后,其内部的含水量一般是比较适于贮藏的。然而,银杏种核内的含水量并不是固定不变的,因为这取决于种核和环境之间的水分运动平衡。当贮藏环境中空气相对湿度过低时,种核内的水分往环境中散失,从而导致种核含水量降低;而当贮藏环境中空气相对湿度较高时,种核从环境中吸取水分,种核含水量升高。种核含水量与贮藏环境中空气相对湿度达到相对平衡时的含水量,通常被称为种核的平衡含水量。由于银杏的安全含水量较高,环境湿度过低通常导致种核大量失水和胚乳硬化,从而降低银杏种核的食用品质和播种品质。据试验,采用低温湿藏6个月后,胚乳硬化率低于10%,而常温摊放的银杏的胚乳硬化率超过80%。贮藏环境的湿度也不宜过高,湿度过高容易孳生微生物,提高种核的霉变率。因此,银杏种核的贮藏环境应该保持适宜的湿度条件。

湿度对银杏种核贮藏的影响(60 d 贮藏,25℃)

湿度(%)	50	60	70	80	90
失水率(%)	39.20	32.64	27.35	22.13	13.24
胚长度(mm)	4.28	4.86	5.37	5.84	6.32
霉变率(%)	17.39	19.73	21.32	100.00	100.00
硬化率(%)	64.87	57.62	44.72	39.26	37.81
呼吸强度 [$mgCO_2 \cdot (100\ g)^{-1} \cdot h^{-1}$]	31.12	31.69	32.72	33.67	34.81

孔雀树

银杏的树叶苦似孔雀开屏的尾羽,因而在英格兰称银杏为"孔雀树"。

孔雀仙子银杏

一级古树。该树坐落在怀北镇政府(原金灯寺)院内。树高24 m,胸径202 cm,树冠东西28.5 m,南北15.2 m。据群众推断,其树龄约600年。现树干饱满,粗大美观,枝繁叶茂,无病虫害,总体树势为旺盛时期。现生存环境优美,地形平坦,土壤黑砂土,较深厚肥沃,水分条件充足。

孔膳堂饭庄的第一道菜——诗礼银杏

孔府内有座诗礼堂,是皇帝祭孔时演习孔乐的地方。传说有一次,孔子独自站在家里的庭园之中,其子孔鲤走过时,被孔子喊住并问道:"你学过《诗经》没有?"孔鲤回答:"没有。"孔子就告诫说:"不学诗,无以言"。隔了一段时间,孔鲤又在此地被孔子叫住,问他学《礼记》没有?孔鲤回答:"没有。"孔子又教育说:"不学礼,无以立"。后人为纪念孔子训子故事,就在孔子问话处建立了"诗礼堂"。诗礼堂前有三棵古树,一棵为唐人所植之家槐,两棵为宋人所种的雌雄银杏。特别是一对银杏,春花秋实,至今仍果实累累。孔府菜肴中有一道甜菜,就用此树之果实烹制而成,名叫"诗礼银杏"。它的烹制方法是:将银杏去壳、去内膜,入笼蒸透,然后将勺上火放大油烧至五成热时倒入蜂蜜炒出味时,加白糖、砸碎的冰糖,银杏慢火煨靠收汁,至金黄色时出勺即成。它盛于盘内,珠玉晶莹,色如琥珀,清鲜淡雅,香甜软韧,是孔府菜肴中的名品。

恐龙

古爬行动物。蜥龙类和鸟龙类的通称。1822年,英国医生曼特尔(Gideon Mantall,1790—1832)首先发现恐龙,以后又加以研究。1842年,英国古生物学家欧文(Richard Owen,1804—1892)创建了"恐龙"这一名称。种类繁多,体型各异。身体有大有小,大的体长数十米,重可达 40~50 t;小的体长不到 1 m。生活在陆地或沼泽附近。食性各异,有食肉的,也有食植物的。中生代极繁盛,称霸一时,至中生代末期全部绝灭。

控释肥料

能在预定的时间内自动以预定速度释放,使银杏树体内养分长时间恒定维持在有效浓度范围的一种肥料制剂。控释肥料是提高肥料利用率的重要途径。是国内外植物营养界长期主攻的目标之一,它根据不同土壤、气候特点,结合银杏养分吸收规律,筛选理想的包膜材料,研究养分控制机理、复肥成分、优化配比及包膜制造工艺等,提出廉价高效的不同类型的养分控释肥料。

口服保健品功能

①免疫调节。②改善记忆。③调节血压。④调节血脂。⑤改善视力。⑥调节血糖。⑦清咽润喉。⑧改善睡眠。⑨促进泌乳。⑩抗突变。⑪促进排铅。⑫延缓衰老。⑬抗疲劳。⑭耐缺氧。⑮抗辐射。⑯减肥(减肥食品)。⑰促进生长发育。⑱改善骨质疏松。⑲发送营养性贫血。⑳改善肠胃功能。㉑美容(美容食品)。㉒对化学性肝损伤有辅助保护作用。除上述 22 种功能外,其他所有超出此范围的关于保健食品功能的宣传都是违法的、不可信。以上功能是国家卫生部的批复。

口服液

净容量(mL):250±3%。可溶性固形物(按折光计,g/100 mL):5~8。总酸(柠檬酸计,g/mL)0.5~0.8。

口服液感官指标

色泽:浅黄色或黄白色.组织及形态:汁液澄清,久置允许有少量果肉沉淀。滋味与气味:具有典型的银杏香气,甜度适口,略带苦味。杂质:不允许存在。

口服液生产操作要点

①银杏米磨碎与浆渣分离,将处理好的银杏米,先在砂轮粗磨,再经胶体细磨,然后用离心机进行浆渣分离。②调配与预杀菌,在银杏浆汁中加入蜂蜜,使含糖量在 4.5~6.5%,经冷却后测量酸度,根据酸度高低加入适量柠檬酸,将酸度调到 0.3~0.5%,再加热升温到 60~65℃,保持 30 min。

口服液生产工艺

银杏口服液是以银杏、蜂蜜为主要原料经粗磨、细磨、过滤、配料、杀菌、乳化均质而制成的营养保健饮料。

工艺流程:银杏米→粗磨→细磨→浆渣分离→调配→预杀菌→乳化均质→装瓶→杀菌→成品

口服液卫生指标

重金属(mg/mL):Pb≤1,Cu≤10,As≤0.5。细菌总数(个/mL:):≤100。大肠菌群(个/100 mL):≤5。致病菌:不得检出。

口腔卫生产品的安全性

①牙膏 ②牙粉 ③刷牙液 ④含漱片 ⑤牙龈按摩霜,在口腔卫生用品中,使用来自银杏叶的 2-羟基-6-烷基苯甲酰胺是绝对安全,因为它的毒性极小。经测定,口服急性毒性 $LD_{50} > 1$ g/kg。

口腔卫生制品

牙齿表面附着的牙垢是由约 70% 无机盐、20% 由细菌产生的多糖和 10% 食物残渣组成的,牙垢牢牢附着在坚硬的牙齿表面。积累在牙垢内部的酸使珐琅质脱灰,细菌和它产生的毒索引起齿龈炎、牙周炎、齿槽脓漏等疾病。从银杏叶中提出的化合物-2-羟基-6-烷基苯甲酰胺在比较低的浓度,能抑制由变形链球菌形成的牙垢和酸的产生。因此,在口腔卫生制品如牙膏、牙粉、刷牙液、漱口液、含漱剂、牙龈按摩霜等中添加上述化合物,能有效预防牙齿腐蚀和牙周疾。2-羟基-6,烷基苯甲酰胺在口腔卫生制剂中的配合量以 0.001%~0.1% 为宜。从银杏叶中提取这种化合物的小试方法如下。取 100 g 干燥的银杏叶粉末,在室温用石油醚提取 3 次,浓缩提取液后用乙醚溶解,加入 1% $NaCO_3$ 溶液,充分振荡,重复操作 3 次,在水相中加入 IN HCl,调节 pH 值为 2,用乙醚萃取,浓缩醛相,得到约 2.1 g 褐色糊状物。用 50 mL 100:1 的石油醚—乙酸混合液溶解糊状物,将溶液通过硅胶柱(20 cm×2 cm),用同一混合液解吸,得到约 1.7 g 淡黄色油状 2-差劲基-6 烷基苯甲酰胺化合物。这种化合物中的烷基是 C 原子数为 13~17 的烷基,烷基中可以有双键。

口腔炎和牙齿虫蛀

饭后咀嚼去内种皮的种仁 1~2 粒,效果甚佳。

口香糖

胶基质 20 份、增塑剂 3 份、巴西棕榈蜡 3 份、饴糖

20 份、砂糖 55 份、薄荷 1 份、银杏叶提取物 1 份、食用紫色素 1 号 0.1 份。取 20 份胶基质材料（聚合度 300 的醋酸乙烯酯树脂）、3 份增塑剂、3 份巴西棕榈蜡、20 份饴糖，在拌和机中于 50 ~60℃ 混合 3 min。再加入 55 份砂糖、1 份薄荷、1 份银杏叶提取物和 0.1 份食用紫色素 1 号（1% 乙醇溶液），拌和均匀。在保持 50℃ 温度下将物料从挤出机中挤出成片状，再用轧辊轧制成所需厚度的片状，切断后即成带薄荷味的浅紫色口香糖。此口香糖风味优良，只略带苦味。除保健作用外，还能除去口臭，是提取物中的黄酮类成分与口中硫醇等硫化物臭气物质起作用的结果。

扣芽修剪

主侧枝短截后，在剪口下的背上芽（即短枝），很容易萌发抽生直立旺枝，形成徒长枝，影响剪口下两侧芽萌发抽枝，也影响延长枝的生长。因此在主侧枝短截后，可以把剪口下背上 1~2 个芽扣去，或破顶芽，迫使隐芽萌发，形成多个短枝，其效果甚好。

枯木逢春

清代钱咏的《履园丛话》"永和银杏"篇，记载有扬州钞关官署东隅一棵"其大数围、直干凌霄、春花秋实"的古银杏，被火烧后又"既而复青"的史实。据科学家考察，银杏的隐芽寿命很长，所以虽千年以上的古树，仍能萌发新枝。人常说"枯木逢春"，在银杏树身上，表现得很明显。

枯叶蛾

枯叶蛾属鳞翅目枯叶蛾科（Lasiocampidae）。发生较普遍，危害范围比较广，除危害鲜果外，还危害干果等果树。叶片被吃成大缺刻或全叶被吃光，有时留下叶柄。在北方一年发生一代，以小幼虫伏于枝上过冬，体长 30 mm，体色似树皮，不易被发现，果树萌芽时开始活动为害叶片。至 6 月上中旬幼虫老熟，在枝条背面作茧化蛹。6 月下旬至 7 月下旬成虫羽化，在枝条上产卵，幼虫孵化后取食不久就在枝条上静止过冬。防治方法：①结合冬季修剪，发现幼虫越冬随即将幼虫除掉。②在发生数量较多时，可以用药物防治。可用 50% 辛硫磷 1 000 倍液，或 50% 杀螟松 1 000 倍液，或 50% 敌敌畏 1 000 倍液，或 50% 马拉硫磷乳油 1 000 倍液防治。

枯叶夜蛾

枯叶夜蛾 *Adris tyrannus*，属鳞翅目夜蛾科。国内分布于辽宁、河北、山东、安徽、江苏、浙江、江西、湖南、湖北、四川、广西、台湾等地。国外分布于日本、印度等国。寄主有：银杏、柑橘、苹果、梨、桃、葡萄、枇杷、无花果、桩果等果树。主要以成虫吸食果实汁液。银杏种实受害 3~10 d 后即提前脱落，影响白果产量。在桂林地区灵川、兴安等县银杏受害严重。该虫在广西、湖南等地 1 年 2 至 3 代，以蛹越冬。翌年 5 月初成虫开始危害银杏种实，5 月中下旬为危害盛期。第 1 至第 3 代各世代发生期分别为：6—8 月，8—10 月，9 月至翌年 5 月。成虫在晚间活动，有强趋光性。卵多产于林下的通草及野木瓜等寄主的叶背，常数粒产在一起。10 月幼虫老熟后即入土化蛹越冬。防治方法：①人工防治：成虫产卵前，清除银杏树周围的通草、野木瓜等产卵寄主植物，以减少虫源。②物理防治：应用黑光灯可大量诱杀成虫。③化学防治：在成虫发生期，喷施 50% 美曲膦酯 500 倍液，每隔 10~15 d 喷 1 次，连续喷 2 次。或在林内施放敌敌畏插管烟雾剂或敌敌畏油雾剂，毒杀成虫。

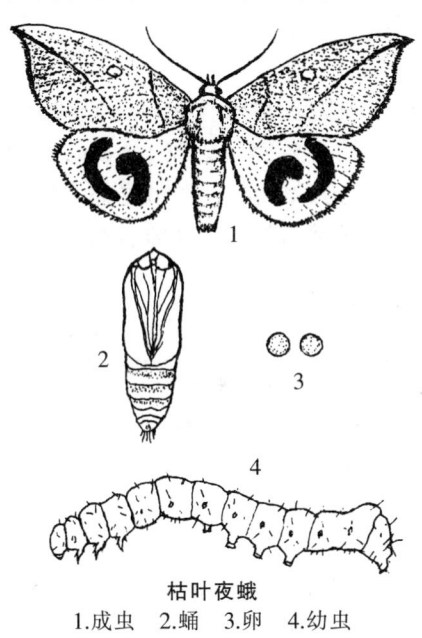

枯叶夜蛾
1.成虫　2.蛹　3.卵　4.幼虫

苦白果

分布于盘县乐民区乐民乡黄家营村。树高 20 m 左右，冠幅 20 m×16 m，塔形树冠。树皮褐灰色，有纵裂。短枝有叶 5~6 片，多为扇形，偶有中度裂。长枝有叶 16 片左右，中上部叶片为窄扇形，叶中部有中裂或深裂。基部叶为扇形，偶见如意形，有裂或无裂。种实卵形，纵横径 2.24~2.47 cm，种柄短，约 2.4 cm。种实较小，单果重 7.2 g。顶部平，中央微凹。果面橙黄色，果粉少。珠孔隆起明显。种核阔卵形，纵横径 1.9~1.4 cm，厚 1.2 cm，核重 1.64 g，顶部平或微凹，棱翼窄，尾突小。本品种果形较小，成熟期较早，但核仁苦味略重，品质差。

苦杏

位于字畈镇柳林村杨家冲老洼对面公路边，管护人杨海洲。树龄 400 年，嫁接树。树高 21 m，胸径 0.8 m。树形松散，主枝少，层形不明显。长枝节间距 39 cm，叶为扇形，长 4.2 cm，宽 7.3 cm。叶柄较长，达

9.5 cm,叶色较深,中裂明显。球果长圆形,黄绿色,具少量白粉。先端圆秃,顶尖下陷,珠孔迹迹点不明显,边缘不整。果柄长2.9 cm,基部略见弯曲。单粒球果重9 g,每千克粒数111,出核率25%。种核长圆形,核形指数1.40。一头大,一头小,形似马铃,壳色乳白,前端光滑较平,似圆底,两侧棱线于2/3处消失,背腹一面稍大。单粒种核平均重2.5 g,每千克粒数400,出仁率78.5%。该品种为中熟偏迟。高产稳产,一般年株产250 kg左右。种仁微苦,食用药用均可。

库区千年古银杏

万安县赣江水电站水库内的棉津乡西坑村有一雌株银杏,树高28.6 m,胸径2.23 m。一干四枝,遮天蔽日,树龄1 300多年。

宽基佛手

由中国林科院亚热带林业科学研究所选育,原产浙江富阳。种核长2.75 cm,宽1.6 cm,种棱两侧发育不均匀,每千克约310粒,种核最宽部位接近于长线的中点。外种皮较薄,出核率26%,出仁率77%。中种皮上可见少许孔点,维管束迹开阔。9月中旬成熟。

宽基楔拜拉

宽基楔拜拉(Sphenobaiera eurybasis Sze)。生长地域:青海。地质年代:晚三叠纪至中侏罗纪。

矿物

一种自然物质,具有一定的化学组成和物理特性的元素或化合物。前者如自然铜,后者如石英、云母、长石等。大部分是固体。组成土壤的矿物称为成土矿物。土壤矿物有原生的和次生的。地壳中岩浆冷凝而成的矿物,称为原生矿物,如石英、长石等。在岩石风化或土壤形成中产生的新矿物,称为次生矿物或黏土矿物,如高岭石和微晶高岭石及次生的方解石、绿帘石及蛇纹石等。黏土矿物具有保水保肥的特性,在生产上有着重要的作用。

矿质营养

银杏所需要的矿质元素主要来自土壤。矿质元素被根吸收,再被运送到需要的器官被同化。银杏对矿物质的吸收、转运和固化通称为矿质营养。

矿质营养元素含量

银杏叶矿质营养元素含量(以干基计) 单位:mg/100 g

组分 \ 银杏叶来源	普定基地	正安基地	标本园
钙含量	2 130.00	1 860.00	2 360.00
磷含量	407.10	305.60	298.10
铁含量	33.43	22.85	63.56
氟含量	6.00	7.00	13.00
铜含量	0.56	0.73	0.59
锰含量	6.10	5.53	2.94
锌含量	1.48	1.80	1.43
铬含量	<0.12	<0.12	<0.12
钴含量	<0.12	>0.12	<0.12
硼含量	30.67	45.78	55.54
硒含量	5.45	13.69	15.44

矿质元素

银杏叶中K、Ca、Mg、Sr含量最高,Na含量最低,Cu/Zn较少,还含有一定量的Mn,这些是治疗冠心病、心绞痛等心血管疾病的重要内部因素。

魁金

原株在山东郯城县重坊西高庄管区。每米长枝上的短枝数33个,节间长4.2 cm。每个短枝上有叶9~11枚。成龄树长×宽为5.72 m×7.7 m,叶柄长5.9 cm,5片叶厚度0.137 cm,单叶面积28.19 cm^2,单叶鲜重0.661 3 g,叶基线夹角109.8°。叶缘呈大波浪状。魁金接后8年生幼树3年生枝段成枝力24.53%,当年新梢长38.2 cm,粗0.81 cm,芽数11.2个。树高3.3 m,主枝数3.5个,冠幅2.54 m×2.62 m,树冠投影面积5.42 m^2,总叶量5 180枚,叶面积14.1 m^2,叶面积指数2.52。大树高接后1~2年结果,6年生苗接后2~3年结果,接后4年开花株率达50%,结果株率40%。从传粉到种子形态成熟时间为158 d,成熟期9月25日,属中熟品种。幼树插条生根率55.7%,2年生插条苗高度66.9 cm,地径0.88 cm。舌接成活率达92%,当年新梢长47.8 cm。母树4年平均株产31.5 kg,树干截面积负载量0.039 kg/cm^2,树冠投影面积负载量0.68 kg/m^2。单核重、出核率变异系数较低,丰产稳产。大树高接后 10 年株产 13.5 kg,25 年株产 40 kg,树冠投影面积负载量 0.94～1.46 kg/m²。6 年生树接后 4 年株产 0.26 kg,每公顷产量 435 kg。魁金属马铃和佛指过渡类型,栽培性状明显。果倒卵形,果柄长而弯曲(如图)。单果重 12.94 g,每千克 78 粒,果皮厚 0.56 cm。核长形,上下两端似金坠,但中隐线明显,群众叫"二节头"。单核重 3.56 g,每千克 280 粒,最大单核重 4 g。核长×宽×厚为 2.39 cm×1.78 cm×1.48 cm,种壳厚 0.74 mm。出核率 27.63%,出仁率 78.8%。种仁内脂肪、P、K、Ca、Mg 含量较高,口感香甜。目前已推广到安徽、四川、浙江、陕西、山东、湖南等地,并取得较好的经济效益。

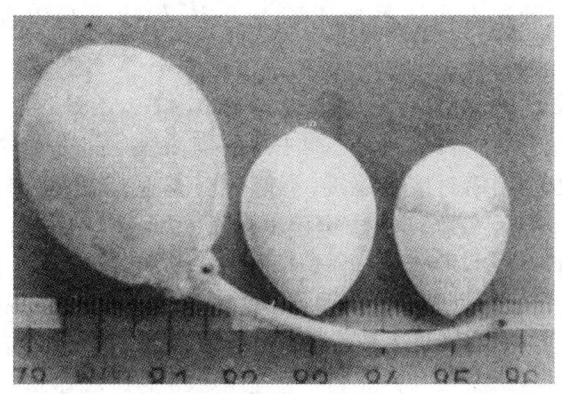

魁金

魁铃

原株在山东郯城县重坊张则顺家里,又名马铃 3 号。每米长枝上有短枝 30 个,节间长 4.8 cm。芽基宽 0.46 cm,顶端钝圆。成龄树叶长×宽为 5.96 cm×8.06 cm,叶柄长 5.88 cm。5 片叶厚度 0.15 cm,单叶面积 24.75 cm²,单叶鲜重 0.71 g,叶基线夹角 106.8°,叶缘波状明显。从生长习性、早实性、开花结果习性、物候期及繁殖特点来看,魁铃成龄大树成枝力 17.86%,接后 5 年树当年新梢长 26.6 cm,粗 0.59 cm,芽数 8.3 个,3 年生枝段成枝力 45.4%。树高 3.95 m,主枝数 4.5 个,冠幅 1.92 m×1.71 m。树冠投影面积 2.62 m²,总叶量 1 730 片,叶面积 5.4 m²,叶面积指数 2.11。用 5 年生砧嫁接后 3～4 年始果,第 5 年开花株率为 27.3%,结果株率 18.2%;接后 6～8 年坐果株率达 100%。从传粉到种子成熟时间为 167 d,成熟期 10 月上旬。属晚熟品种。幼树插条生根率 77.5%,插条苗 2 年生苗高 84.5 cm,地径 1.02 cm。舌接亲和力高,成活率达 96% 以上,当年新梢长 44.6 cm。抗病虫适应性强。魁铃母树 4 年平均株产 47.88 kg,变异系数低于 1.40%。平均树干截面积负载量 0.053 kg/cm²,树冠投影面积负载量 1.35 kg/m²。产量大小年不明显,树冠内外分布均匀,单核重、出核率变异系数较低,丰产稳产性好,接后 10 年株产 2.68～25.85 kg,但个别年份种核大小不稳定。树冠投影面积负载量 0.21～1.09 kg/m²。5 年生砧接后 5 年株产种核达 0.37 kg,每公顷产 615 kg,树冠投影面积负载量 0.22 kg/m²,6 年株产 1.5 kg,8 年株产 2.0 kg,每公顷产量高达 3 330 kg。该品种属马铃类。果基部非正托,阔椭圆形;单果重 17.43 g,每千克 58 粒。果皮厚 0.7 cm。核肥厚,中隐线稍明显,基部两束迹间石质相连,稍歪(如图)。单核重 49 g,最大 4.5 g,每千克 250 粒。核长×宽×厚为 2.65 cm×2.01 cm×1.61 cm。种壳厚 0.77 mm,出核率 23.7%,出仁率 77.88%。种仁富含 K、Ca 及脂肪和蛋白质,口感香甜,糯性强,其综合指标与日本特大粒品种"藤九郎"相当,是山东目前主要推广品种之一,现已推广到四川、安徽、江西、湖南、陕西、浙江、河南、贵州等地。

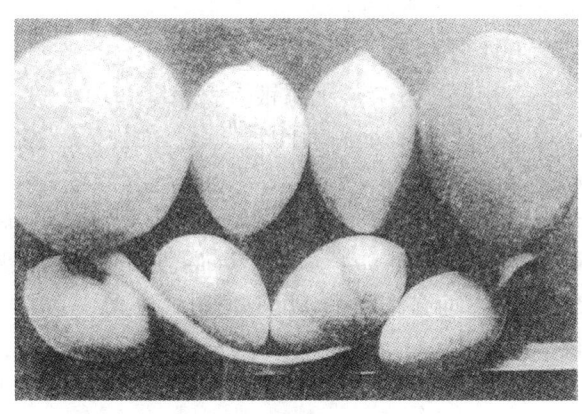

魁铃
山东、四川、安徽、江西、湖南、陕西、浙江、河南、贵州等地

扩穴

深翻的方式之一,又叫放树窝子。银杏幼树定植数年后,逐年向外深翻扩大栽植穴,直至株间全部翻遍为止,适合劳动力较少的银杏园。由于每次深翻范围小,需 3～4 次以上才能完成全园深翻,每次深翻可结合施入有机肥。扩穴对于稀植银杏园或集约化程度较差的银杏园特别适合。

扩穴深翻

银杏幼苗定植后,次年自定植穴周缘开始向外深翻扩穴。具体做法是在定植穴边缘挖一圈宽 100 cm,深 60～80 cm 左右的环状沟,将挖出的土块打碎,捡去石块,并将表土先回填,同时,结合施有机肥或压绿肥。这样经过 3～5 年的深翻可将全园翻遍。

阔叶树

属于双子叶植物的树木。其叶面一般较宽,有多种形状;有些阔叶树,树形优美,在城市绿化上有较大价值,如银杏、椴树等。

L l

拉丁学名

银杏还有个世界上通用的学名,即 *Ginkgo biloba* Linn。1690 年,欧洲第一个研究银杏树的植物学家凯普费(Kaempfer),他观察了栽植在日本的银杏树,随后又对银杏树作了植物学描述,他提出"*Ginkgo*"这个名字。1771 年,瑞典植物学家林奈(Linnaeus)采纳了这个名字,并根据许多标本上叶片具有深裂的特征,用"biloba"作为种名,由此形成了世界上通用的银杏拉丁学名"*Ginkgo biloba* Linn"。

拉丁学名轶名

银杏在植物分类学上属银杏科(Ginkgoaceae),此科仅银杏一属(*Ginkgo*),而此属仅银杏一种,其学名为 *Ginkgo biloba* Linn(1771)。此外还有 3 个学名:*Salisburia adianbifolia* Sm(1797);*Pterophyilus salisburiensis* Ncis(1866);*Ginkgo macrophylla* Jacks(1898)。前人曾多次引用,目前在文献中已废弃使用。

拉枝

调整枝条角度和方位的措施。用绳或铅丝,将角度过小的枝条拉成适当的角度,或改变枝条的方向,填补空缺,使枝条分布合理。拉枝应在生长季进行,此时枝条比较柔软,不易劈裂。拉枝过程中,先将枝条上下软化一下,效果更佳。角度过小的分枝,易形成夹皮角,拉枝易劈裂需注意。拉枝应保持枝条顺直,避免拉成弓形,否则中间位置最高的部位易发生徒长枝。

腊月三十怪祖先

王义贞镇钱冲村有位村民叫陈道树,他虽然名字叫道树,却常为树着急。他所在的 3 组,每户人家都有年年结实的银杏树,唯独他家一棵也没有。看着人家每年毫不费力地收入大把人民币,陈道树嘴上不说,心里却憋着一股无名气。1993 年的春节到了,按当地风俗,家家要在除夕夜烧香敬祖先,敬银杏树,给银杏贴红对联。陈道树也不例外,却无银杏树可敬。当陈道树把香燃着,朝祖先牌位跪下的时候,终于把平时憋的气吐出来了,他喃喃地埋怨祖先,为什么不给我家留下几棵银杏树,哪怕一棵也行。即使一间房、一样家具农具不留也不怕,不留银杏树,实在让人难过。家人们看到他敬祖先的时候这么说,吃年夜饭的时候,就商量要立即动手,多栽些银杏树,免得自己去世后,后人照样埋怨自己。从那年起,陈道树一家栽银杏树的劲头格外大,如今,他家的银杏收入虽然比不上人家,但比没栽银杏树以前强多了。

蜡封接穗

多数用在枝接上(劈接、插皮舌接、插皮接等)。银杏采用蜡封接穗嫁接,不但可以省工、省包扎用料,而且成活率较高。蜡封接穗的制作方法:嫁接前,先把采回的银杏枝条,按每两个芽剪成一段,每段长 7~10 cm,剪时分清倒正,以每小段接穗的上头对齐放好。然后把蜡放入锅中熔化,当蜡液温度升高到 90~100℃时,便可进行蜡封。蜡封时,将剪好的接穗小段拿住倒头,将顶端迅速地在蜡液中蘸一下,然后按每 50 或 100 根接穗绑成一捆,存放于低温处,用湿沙贮藏。做到随嫁接,随取穗,以免接穗失水过多影响成活。蜡封接穗必须注意两点:第一,蜡液温度必须保持在 90~100℃。温度过低,封好的接穗蜡层过厚,不但浪费蜡液,而且蜡层容易脱落失去保水的作用;温度过高蜡封时,容易烫伤接穗芽子。第二,在蜡封过程中,蘸接穗时,动作要迅速,略有迟缓,容易烫伤接穗。蜡封接穗近年来在果树嫁接上应用较多,但蜡封接穗也有许多弊端和局限性。目前,由于地膜在农林业上的广泛应用,果树嫁接用地膜包扎常常代替蜡封,并取得了比较理想的效果。地膜包扎接穗保湿效果好,成活易,对接穗安全无伤害,不像蜡封时,蜡液温度不易掌握,蜡液温度过高或过低对接穗都会发生不利影响。地膜包扎在嫁接中易操作,工效高,不像蜡封接穗削时打滑、费力。地膜包扎不受嫁接季节的限制,尤其是夏、秋季的绿枝嫁接更适用。应用范围广,不论采用何种嫁接方法,不论什么时间嫁接,也不论什么树种都可采用。这一技术措施在银杏嫁接中可以大量推广。

来安县银杏古树名录

来安县银杏古树名录

编号	中文名	树龄(年)	树高(m)	胸围(地围)cm	冠幅(m²)	具体生长位置	管护单位(人)	备注	生长势	级别
1	银杏	1100	20	390		大英莱桥词庵庙	莱桥胡碾组	雄株		1
2	银杏	550	19	430	22	汊河延妒寺前	延圹村厨郢组		较差	1
3	银杏	200	11	150	11	汊河东岳寺	东岳村		较差	3
4	银杏	200	10	170	8	汊河东岳寺	东岳村	雄株	较差	3
5	银杏	1100	25	500	20	相官大雅寺	大雅村		旺盛	1
6	银杏	1000	19	380	12	三城小学内	三城小学		较差	1
7	银杏	1000	21	370	16	三城乡蔬菜村	蔬菜村	雄株	旺盛	1
8	银杏	1200	24	450	17	长乌港马郢	马郢组		旺盛	1
9	银杏	150	16	190	14	长乌港马郢	马郢组		旺盛	3
10	银杏	1500	24	640	28	杨郢宝山上庵岭	宝山村		旺盛	1
11	银杏	800	20	480	17	施官常郢组	常郢		较差	1
12	银杏	800	22	390	17	龙山张储朝阳	朝阳组	雄株	一般	1
13	银杏	800	18	310	19	龙山张储朝阳	朝阳组		一般	1
14	银杏	300	15	250	15	舜山大安李郢	李郢组		旺盛	2
15	银杏	880	24	460	25	复兴林场大安	作业区	雄株	旺盛	1
16	银杏	350	17	230	14	复兴林场大安	作业区		旺盛	2

莱顿

莱顿亦称美女花。树冠紧凑、圆形、矮化，分枝十分紧密，树高3 m。

蓝宝石

因果肉翠绿而得名，属佛指类。产于广东南雄坪田镇长坑村，该品种根蘖旺盛，形成丛生、群生，"多代同堂"的银杏树在坪田镇有1 130株。树冠圆锥形，发枝力中等，枝条较细，生长势中等，枝条较密，一年生枝条棕黄色，二年生枝条灰白色，种实椭圆形，成熟时黄色，被薄白粉，种核长卵圆形，顶部较宽，多为二棱，少有三棱，种核大小为2.25 cm×1.52 cm×1.37 cm，核形指数为1.48，单粒重2.1~2.3 g，每千克420~480粒，中种皮薄，出仁率77%，核仁翠绿，胚芽隐没，蛋白质含量13.2%、淀粉74.1%，脂肪5.2%，总糖4.9%。属高蛋白、高糖品种。本品种核仁细腻，糯性强，味甜，坐果率高，短枝坐果6~12粒，以双果为多。20世纪60年代，坪田镇政府种下一株蓝宝石银杏，现树高18 m，胸径60 cm，树冠9 m×13 m，年产种核100~150 kg。

劳动生产率

劳动生产率是劳动消耗量（活劳动消耗量和物化劳动消耗量）与产品量的比值。由于物化劳动目前无法还原（计算），如劳动时间，因此，通常只计算活劳动消耗。

$$劳动生产率 = \frac{产品产量或产值}{活劳动消耗量} \times 100\%$$

由于银杏生产周期较长，优化模式包括有其他植物，一般用每个劳动力每年生产的产量或产值来表示。

老和尚头

该品种母树在山东郯城重坊镇高庄管区，嫁接树。树冠倒卵形，生长旺盛。该品种种实和种核短而胖，头大且平广，尾小，故得名。树皮灰褐色，小枝黄褐色。每米长枝上的短枝数32个，芽体大而饱满，芽基宽0.4 m，芽扁圆或卵圆形。节间长3.55 cm。叶色浓绿无黄边。叶长×宽为5.7 cm×6.8 cm，叶柄长4.8 cm，单叶鲜重0.78 g。单叶面积18 cm²。每个短枝上有叶8~12枚。树冠枝密生，枝角70°，成枝力中等。现有高接大树10株以上，高接后2年见果。5年生苗接后4~5年结果，属大果、早实、晚熟品种，成熟期在9月20日以后。幼树嫁接亲和力强，当年新梢长50~70 cm。结种短枝占总短枝的50%以上，短枝连续结种能力强，进入结种期后产量逐年递增。母树平均株产50 kg以上。高接后第4年株产5 kg以上。种实倒卵形，顶端平阔或凹入，基部平（见图）。果蒂圆形，果柄弯曲，正托，果粉中等。油胞圆形，密度中等。熟时浅黄色，有双果胚珠，但数量不多。种核粗短肥厚，倒卵形，顶端微尖，基部两束迹明显，相距0.2 cm。侧棱线在上3/5处明显，下不明显，种核中上部有一隐约可见的线，属马铃类。单果重平均13.6 g，最大15.1 g，最小12 g。果长×宽×厚为2.87 cm×2.8 cm×2.76 cm，果柄长3.7 cm，果皮厚0.61 cm。单核重3.5 g。最大

3.8~4 g，最小 3.2 g。种核长×宽×厚为 2.45 cm×1.93 cm×1.54 cm。出核率 25.6%，种壳厚 0.82 mm，出仁率 77.64%。单仁重 2.7 g，仁长×宽×厚为 2.1 cm×1.67 cm×1.38 cm。经测定表明，种仁含水量 55.6%，总糖 1.61%，淀粉 31.1%，脂肪 4.42%，蛋白质 4.4%，滴定酸 0.228%，Vc 0.026%，单宁 0.028%，全氮 0.7%，磷 0.176%，钾 0.50%，镁 0.066%。但口感稍苦。本品种属大粒、早实、丰产品种，可作为药用、加工品种开发利用。

老和尚头

老龄树的修剪

老龄树的树体一般较为衰弱，修剪的目的主要是促使树势恢复，并维持一定的产量。以疏剪掉部分结种枝为主，同时适当加重短截程度，注意保留壮枝、壮芽。当然修剪的作用是有限的，还要加强灌溉施肥、土壤耕作和防治病虫害，才能保证经过几年的努力达到恢复树势和稳定产量的目。换句话说，延长银杏的经济寿命，不能单靠修剪，同时要有适用的栽培措施才能奏效。

老年发育期

从银杏结实量大幅下降开始。这一阶段银杏母树树势开始衰弱，新生枝数量明显减少，结实量大幅下降，种粒变小，养分含量下降，种核发芽率不高，因此，该阶段采集的种核不宜用于播种。

老年眩晕

白果 30 g，有呕吐者加干姜 6 g，共研细末后分四份，每日早晚各服 1 份，温开水送服。一般服 4~8 次即可见效。

老树更新

盛种期以后或上百年甚至几百年生的大树，立地条件恶劣，银杏树势会衰弱，可通过回缩更新措施，使其恢复生长势。通常采用骨干枝回缩培养更新枝的措施，同时配合疏除一些大枝。老树更新时应注意保护伤口，特别是大伤口，另外还需配合其他技术措施，如加强水肥管理、疏花疏种及病虫害防治等。

涝害

在银杏生长季节，由于天然降水量过大，又无排水措施，造成生长地或银杏园地积水，使银杏树体生长发育不正常或死亡。这种土壤会使水量超过田间最大持水量时，对银杏生长发育所造成的伤害称为涝害。银杏能适应土壤水分过多的能力称为耐涝性。一般指银杏根系浸于水中，并经一段时间而不死亡。生产实践证明，银杏在水中浸泡 7 d 必定死亡。银杏土壤水分过多时，主要使土壤氧气迅速亏缺，引起土壤和厌氧微生物产生许多对银杏有毒的物质，如硫化物、二氧化碳、可溶性铁和锰、甲烷、乙烷、丙烯、脂肪酸、不饱和酸等，从而导致根部有氧呼吸困难，吸收养分和水分的能力减弱，激素水平受到影响，生长发育受阻，导致银杏树体死亡。银杏发生涝害时其症状叶片和叶柄偏上弯曲，新梢生长停止，叶片气孔受阻，叶片萎蔫、黄化并脱落，根系变黑色褐枯死，最后整株银杏死亡。

涝害及防治

银杏喜湿怕淹，在某种程度上可以说涝害比旱害还严重。常见排水不良或地下水位过高的银杏园树株生长不良，枝条淡白、叶色变黄、根系伸展不开，很少有细根，甚至根腐烂，叶、种产量低。受涝银杏根系呼吸受阻，供氧不足，同时有害细菌活跃，土壤中产生沼气或有机酸，不利于银杏的生长。涝害防治措施主要有以下几项。①园地搞好排水渠道，完善排水系统，特别要将四周的排水沟开通，使雨水及时排出，确保园地无积水。②建园时搞好平整土地。对有不透水层的土壤，进行深翻改良。加深活土层，使水分易于渗透、径流，以减轻和避免内涝。

乐安千年"情侣银杏树"

江西乐安县林业部门目前在进行林木资源调查时发现两棵同根相连的"情侣银杏树"，专家考证其树龄在千年以上。这两棵银杏位于这个县谷岗乡坳下村，树高 8 m，胸径 0.89 m。尤为奇特的是，这两棵银杏并根生长，且长势均匀，宛如一对相依相偎的情侣，当地群众形象的称之为"情侣银杏树"。目前，当地政府已对它们进行了挂牌保护。

乐果

有机磷杀虫剂 5 号。纯品为白色结晶，工业品为黄棕色油状液体，具硫醇臭味。微溶于水，易溶于有机溶液。在酸性溶液中较稳定，遇碱易分解失效。对人畜低毒。具内吸及触杀作用，可防治刺吸式口器害虫和螨类。常制成乳油、可溶性粉剂、粉剂，用作喷雾、喷粉。原液涂干可防治咀嚼式口器害虫。

雷击火烧不死的古银杏

银杏的生命力极强,死而复苏者不乏其数。南岳衡山福严寺,有一株1 400年生的古银杏,1972年惨遭雷击,主干仅剩5 m,现已枯木逢春,生机勃勃,郁郁葱葱。上海市小南门,有一株千年生的古银杏。新中国成立前惨遭雷击,只剩下2 m高的树桩,如今已在半边树皮上,长出两个粗大的枝丫,茁壮有力,绿荫盖地。陕西省周至县楼观台,有一株2 000多年生的古银杏,树高12 m,围径13.9 m。在十年浩劫中,惨遭火烧,树干几乎烧尽。1980年以来,这株古银杏树枯木逢春,奇迹般的年年发新枝,长新芽,现已郁郁葱葱再现青春。浙江省莫干山天池寺,有一株700年生的古银杏,"文化大革命"期间,由于人为的原因,这株古银杏被烧了一天一夜,四周只剩下薄薄的一层皮,然而第二年春天却奇迹般的萌发嫩芽,抽生新枝,枝叶长得比原来更加旺盛,矗立在莫干山道旁,迎接着无数的游人和香客。

类黄酮化合物的检测

将各次萃取产物及时交给特科装备公司专门测试室,进行检测,其分析仪器为LC-99高效液相色谱仪,由北京先通科学仪器研究所制造。

类黄酮生物体内合成代谢途径

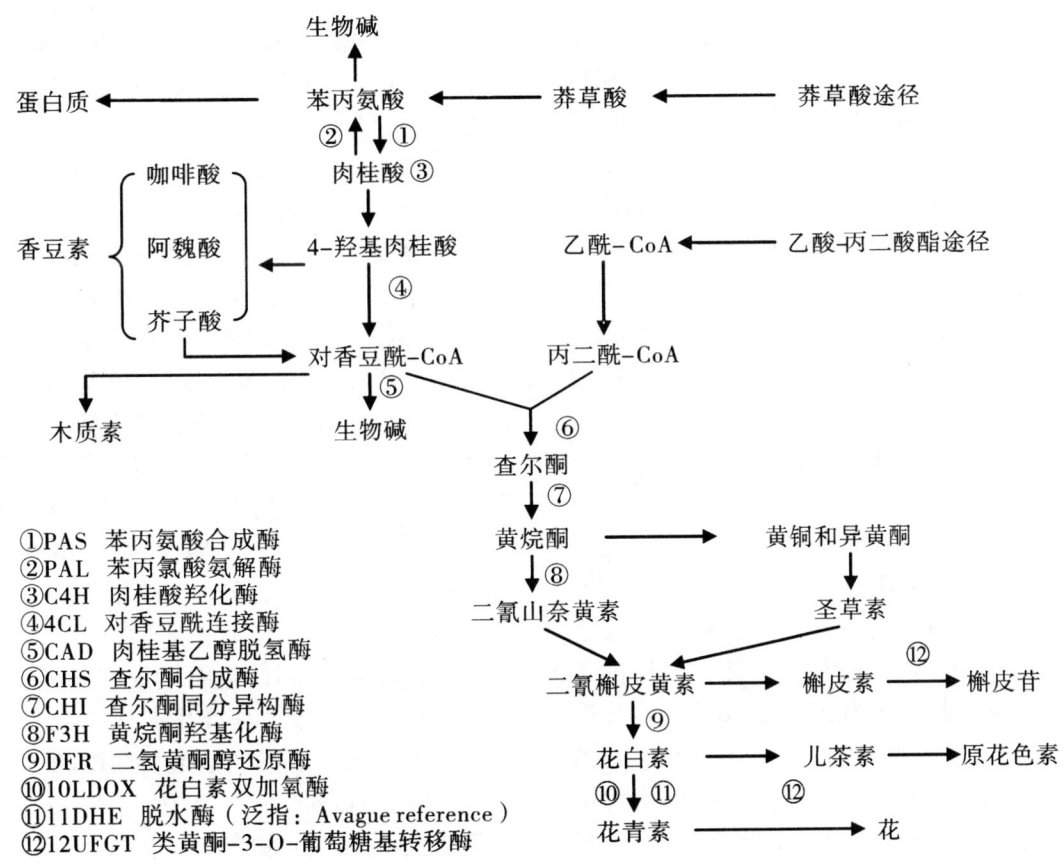

① PAS 苯丙氨酸合成酶
② PAL 苯丙氨酸氨解酶
③ C4H 肉桂酸羟化酶
④ 4CL 对香豆酰连接酶
⑤ CAD 肉桂基乙醇脱氢酶
⑥ CHS 查尔酮合成酶
⑦ CHI 查尔酮同分异构酶
⑧ F3H 黄烷酮羟基化酶
⑨ DFR 二氢黄酮醇还原酶
⑩ LDOX 花白素双加氧酶
⑪ DHE 脱水酶(泛指:A vague reference)
⑫ UFGT 类黄酮-3-O-葡萄糖基转移酶

类萜

类萜或称萜类化合物,是由异戊二烯单位组成的有机化合物。根据分子中异戊二烯单位的数目,萜类可分为单萜、倍半萜、双萜、三萜、四萜和多萜。

类型

变种以下的分类单位。通常指在形态、生理、生态上有一定差异的群体或个体。在形态上不同的叫形态型,在物候上不同的叫物候型,在生态上不同的叫生态型。

冷藏法

在我国南方气温较高的地方,可用此法贮藏。通常是装入麻袋或竹篓中,放在冷库内,温度保持在1~3℃,每隔10~15 d根据干湿情况喷一次水。此法贮藏期可达6个月。

冷冻保藏法

利用低温的作用,将银杏种核放入冷库,银杏种核中的游离水全部冻结为冰,并使之保持在冻结状态下保质产品的方法。与冷藏相比,它的特点是:①温度低于冰点以下,通常在-18℃以下,这样银杏种核可保持在1~3年不变质;②微生物不再进行生命活动;③产品的保存期延长,冷冻保藏的原理是在低温下银杏种核中的微生物和酶不再活动或活动的速度减慢,冻结降低了银杏种核中的水分活性(Aw)值,使有效水分的供给发生困难,进一步减慢了生化反应和微生物的活动。

冷库

人为控制较低温度以贮存裸根树苗等鲜活产品、种子、球根等繁殖材料的设施。冷库的建造必须用保温、保湿的建筑材料,人为调控温度、湿度的机械设备,应用人工照明,使贮存的植物体在适宜的条件下,维持其最低程度的生理消耗,保持生命活力,延长其休眠状态或新鲜的外貌。使用冷库对调节切花、裸根树苗等的市场供应、土地的合理使用、促进植物的后熟以及缓和运输紧张等方面,均可起重要作用。冷库常附设在大型苗圃内,用以贮存大量裸根的落叶苗木。树苗自落叶后掘出贮存在冷库内,直到次年初夏,长达6个月以上,可陆续供应苗木。冷库经常保持0.5~1℃,室内大量喷雾,相对湿度保持98%以上。球根冷库要将掘出的球根(如唐菖蒲、水仙等)经24 h散热后,分级装至有孔的容器内,置于温度0.5~10℃、湿度30%~50%条件下,可以贮存到翌春。切花冷库的贮存方式有:①湿冷法。温度0.5~1.5℃,湿度85%~90%,对白天采收次日出售的一般切花,短期贮存很适宜。但也有些例外,如唐菖蒲及不同品种的热带兰,即不能低于4.5℃,万带兰不能低于13℃。②干冷法。即尽量减少鲜花的水分蒸发,但不能将花浸在水中。在0.5℃的温度下将切花放在密封的金属电镀塑料套筒内,蒸发量甚微。这样,切花可以贮存较长时间。大量的花粉、种子的冷藏,需在0℃以下的冷库中贮存;而贮存大量的插条不能低于0.5℃,在密封条件下不再增加湿度。冷库使用的关键,在于对温度、湿度控制得当,贮存的植物处在休眠或半休眠状态下,呼吸及输导等生命活动迟缓。在高湿喷雾中,微小的雾点可将少量CO_2吸收,空气污染的可能很小。在室内外温差较大的情况下,不宜通风换气,以免影响贮存效果。

冷热胁迫对银杏光系统的光抑制

银杏叶片在冷热胁迫、强光照射下对快速叶绿素荧光诱导动力学参数的影响及光合光转化效率LCE的光强响应。以期辨析冷热双向胁迫条件下银杏PSII中光抑制的作用位点及其保护机制,探寻能减轻光抑制和提高逆境光合能力的有效途径。采用调制式荧光仪在田间对银杏叶绿素荧光参数日变化进行测试,并且在冷热胁迫下,采用连续激发式植物效率仪PEA测试强光照射对快速叶绿素荧光诱导动力学参数的影响,另外利用CIRAS-2型便携式光合系统进行光合光转化效率LCE的光强响应测试。中午高温强光时段银杏叶片出现光抑制,PSII的最大光化学效率的F_v/F_m达到谷值,qP、qN达到峰值。在光强超过约1 000 $\mu mol \cdot m^{-2} \cdot s^{-1}$时银杏LCE最低,步入了较为严重的光抑制过程。在25℃常温下超过1 000 $\mu mol \cdot m^{-2} \cdot s^{-1}$光强照射20 min时银杏$F_v/F_m$降低加重;15℃以下的低温和35℃以上的高温均会使F_v/F_m进一步降低;而且热胁迫比冷胁迫的光抑制程度更大,因为20~45℃下F_v/F_m的直线回归斜率丨kheat丨比5~20℃下的丨kchilling丨增大了15.4%。反应类囊体膜流动结构稳定性的参数F_o,随着光强的增加呈现S型下降趋势、随着温度增加而逐渐增加。5~10℃的低温强光引起银杏叶片热耗散DIO/RC略微增加,而35℃以上的高温强光会导致热耗散DIO/RC剧增。冷胁迫会降低PSII反应中心数目,但是热胁迫使之降低更多。

离层

银杏的叶柄、种柄形成离层区的部分细胞层,一般由约为1~3层薄壁细胞组成,相邻部分为保护层。在一定时期,离层细胞发生化学变化,胞间层溶解,初生壁或整个细胞发生不同程度的解体,机械支持力大大减弱,以及叶柄或种柄本身的重量和其他外界的作用,如风,离层处细胞发生断裂,叶片、种子自然脱落。叶片和种子脱离后,与茎干相接处的保护层细胞会育出木栓细胞,逐渐覆盖断裂表面,形成留在枝干上肉眼可见的叶痕。叶炳和种柄上可产生离层,造成落叶、落种现象。在生产实践中,常利用外施生长调节剂来抑制离层的产生,防止落叶、落种。

离体培养技术

指将银杏的器官、组织或细胞脱离母体以后,进行培养以获得完整植株或生产次生代谢产物的实验操作技术。其理论基础是植物细胞的全能性。此技术又称"组织培养"。

离子束生物技术和"银杏西瓜"

离子束生物技术主要是将人们所希望的离子注入遗传物质上,以实现在新的背景下基因的诱变和遗传转化,达到培育高产菌(品)种的目的,已被公认为是21世纪生物学发展中的支撑技术。自20世纪80年代中期开始,中国科学院等离子体物理研究所就瞄准了离子束生物技术研究领域。通过离子束介导转基因,创造出了一种银杏保健西瓜,它将富含保健作用但生长周期较慢的银杏果DNA导入西瓜之中,使人们既能品尝美味的西瓜,又能吸收银杏的营养,防治心脑血管疾病。目前银杏西瓜正进行性状稳定实验。

李白手扦菩提树

唐天宝元年(742年),诗仙李白应朝廷征召,从四川江油北上，经剑门关、利州（广元）、兴州（略阳）翻青泥岭至甘肃徽县、两当，过凤州、秦岭到达长安，被唐明皇拜为翰林学士。天宝四年（745年）因权贵谗言，李白愤而离京云游，再经秦蜀故道，准备返回故乡清莲。再登青泥岭，李白曾拜访岭下郭员外。郭员外膝下有一女名水仙，年方二八，生得眉清目秀，美若天仙，琴棋书画样样精通，远近王公贵族登门说媒的络绎不绝，但女儿心高气傲，立誓非英才不嫁。郭员外得知当朝翰林李白光临，喜出望外，设宴盛情款待，并令爱女水仙弹琵琶助兴。李白心旷神怡，引来诗兴大发，一首《蜀道难》跃然纸上，令这对父女赞不绝口。其时李白正值壮年，其妻早故，故李白已独居数载，水仙正如山花初开，这两人，一个才华横溢，一个出水芙蓉，相爱之情溢于言表。一日，李白与水仙赴琵琶寺进香，正好与仙姑法空相遇，水仙意请仙姑撮合他俩姻缘。仙姑见李白仪表堂堂，酷似文曲下凡，即点头赞许，信手从菩提树（即银杏树）上采下两枝，交给水仙和李白，让他们将其插于山门，跪拜盟誓，以喻白头偕老。孰料，盟枝扦插后，受神灵庇护，两根枝条竟长成一雌一雄两株参天大树。如今，雄树伟岸高大，阳刚挺拔，冠盖浓郁；雌树姣弱纤细，婆娑妩媚，枝繁叶茂，郁郁葱葱。1 200多年来，两树俨如一对金童玉女，护卫在琵琶寺前，成为传唱不衰的佳话。

李白手植银杏树（1）

我国唐朝著名诗人李白，在湖北省安陆市生活过10年，目前在白兆山太白峰顶生长着的古银杏，为李白亲手所植。据《安陆县志》载，"树大数百围，千年物也"。虽屡经战火，斧砍雷击，风雨侵蚀，树今犹存，且枝干苍劲，老态横生，为安陆白兆山的明显标志。

李白手植银杏树（2）

在陕西省略阳县青泥河乡琵琶寺前青泥河小学院内有两株银杏树，相传为唐代著名大诗人李白游历于此亲手所植，距今约有1 200多年。两株银杏树相距8 m多，东边的一株雄银杏树高达28 m，胸围7.2 m，冠幅283 m²。树上还共生一株桑树，生机勃勃。西边的一株雌银杏树高达20 m，胸围2.86 m，冠幅154 m²，青翠雍容，年年结果。据《略阳史话》记载：李白此行不仅有名篇《蜀道难》传于后世，而且沿途栽树。他从成州（今甘肃成县）开始，每10 km栽2株银杏树，一直栽到兴州（略阳古称）境内的青泥河，给后人留下片片绿荫。其他诸如山西省垣曲县新城镇的云根银杏，甘肃省康县王坝乡朱家庄的八棱体银杏，广西兴安的七干同株银杏，河南嵩县雌雄同株银杏等等，奇态怪状，各有异趣，不胜枚举，难以尽书。

李调元（清）

银杏美，不仅美在其令人心仪的外形，更美在人赋予它的无限美的内涵。友情、爱情、豪情，仿佛银杏蕴藏了这世间的所有真情。

灵瓜心沁入，
银杏指真如。

李觐光（清）

清朝著名诗人李觐光在看了北京潭柘寺的古银杏（帝王树）之后，写下了如下诗句。

翠盖摩天迥，
盘根拔地雄。
皮沁千年雪，
叶留万古风。

李清照（宋）

南宋女词人李清照，在她的《瑞鹧鸪·双银杏》词中，借物抒情，赋予银杏以人的品格。

风韵雍容未甚都，
尊前甘橘可为奴。
谁怜流落江湖上，
玉骨冰肌未肯枯。
谁教并蒂连枝摘，
醉后明皇倚太真。
居士擘开真有意，
要吟风味两家新。

李群

男，1967年12月出生，1989年8月毕业于南京林业大学林业专业，获农学学士学位，2010年7月获农业推广硕士学位，研究员级高工，现任江苏省泰兴市林业局局长，中国林学会银杏分会副会长，主持实施2008—2013年江苏省农业科技入户工程银杏项目、银杏优良无性系推广、泰兴古银杏资源保护及管理。参加的有银杏资源综合开发实用技术的组装配套集成、泰兴市万亩银桑间栽。获得省市科技成果奖的有高效优质银杏栽培技术研究及推广，银杏品种的引进、筛选与利用，全国银杏标准化示范区建设，银杏种核质量等级国家标准实施及基地建设，银杏桑树套栽技术成果，银杏桑树夏季套栽丰产树型的培育方法等。出版的论著有《银杏栽培技术200问》《银杏栽培新法》《银杏病虫草鼠害防治技术》《银杏栽培实用技术》《银杏之乡》《怎样种银杏赚钱多》《银杏林农高效复合经营》等。

李世民与救驾树

隋朝末年，群雄纷争。传说李世民率众攻打洛阳，与王充在河南汝阳桃源宫一带展开激战。李世民兵败，王充穷追不舍，李世民绕着一株大银杏树边跑边喊："谁来救我？"这时，王充部将单通挺刺过来，未料,直刺银杏树上,当即掉下一个大枝,把单通砸得晕头转向,李世民趁机逃脱。后来,唐皇李世民封这株银杏树为"救驾树"。该树现在高 30 多米,胸径 1 m,虽经历了 2 000 多年的沧桑,仍枝繁叶茂,每年尚能收获白果 500 kg 左右。

李正理(1918—2009 年)

我国著名植物学家、植物解剖学家、北京大学教授、博士生导师。李正理先生于 2009 年 9 月 22 日 4 时 20 分在北京逝世,享年 91 岁。李正理教授 1918 年 10 月出生于浙江省东阳市。1943 年毕业于西南联大,获理学学士学位,毕业后在上海研究院静生生物所等单位从事科研工作。1947 年赴美留学,1951—1953 年在美国伊利诺大学学习,获哲学博士学位,并成为美国 Sigma xi 荣誉会员。1953—1956 年先后受聘于美国伊利偌大学和耶鲁大学植物学系,任副研究员。1956 年底,李正理先生拒绝加入美国国籍,毅然放弃在美国先进的研究室条件和优厚的生活待遇,与妻子沈淑瑾(医学)博士携幼子回到解放不久的北京,投身新中国的建设事业。从 1957 年起受聘于北京大学生物学系任教,同时兼任中国科学院植物研究所和中国林业科学院木材研究所的兼职研究员,担负起一校两所多名青年教师和研究人员的指导和培养工作,先后在植物实验形态学(组织、培养)、木材解剖学和竹材解剖学等不同学科领域开展了开创性的研究工作。此后他还为西北大学、杭州大学和兰州大学等兄弟院校培养了多名青年进修教师。长期以来,在他精心的培养下,他们中的许多成员至今已成为相关领域的学术带头人或学科创始人,以及我国植物学科研与教学的优秀人才,有的还担任过生物系系主任等重要职务。在他 50 多年的教学生涯中,先后讲授过十余门专业课程和讲座,其中包括植物学近代进展、植物形态解剖学、植物解剖学、植物实验解剖学、植物解剖学进展、植物形态发生学、维管植物比较形态学、种子植物形态学、裸子植物形态解剖学、被子植物形态学、辐射植物学、棉花形态学、植物制片学以及光学显微镜原理及使用、显微摄影术等。他在教授植物制片、染色体压片、显微观察和生物绘图(特别是显微绘图)等实验技术课上都是亲自动手示范,手把手地教,绝不允许学生有丝毫"偷工减料"和"投机取巧"等不良行为。他在教课之前,总是先查阅大量文献资料,做好了充分的预备试验,并写出完整的教材或编写成教科书,如从 1973 年至 1996 年,编写出版和先后三次修订再版了《植物制片技术》一书,为普及和发展我国各有关高等院校及科研单位的植物显微技术作出了重要贡献。在"文化大革命"前,他曾翻译出版了《隐花植物学》(下册中蕨类植物部分,科学出版社,1959 年)、《维管植物比较形态学》(科学出版社,1963 年),并协助张景钺先生带领青年教师翻译出版了世界上著名的植物解剖学家 K. Esau 的《植物解剖学》(科学出版社,1962 年),首次向国内介绍了该领域在国际上的顶尖教材。"大跃进"期间,他还接受了《植物放射育种》课的讲授任务,也亲自编写出了十几万字的教材。即使在鲤鱼洲下放劳动时,他仍孜孜不倦的为教好工农兵学员的水稻栽培课,在劳动之余编写出了近 50 万字有关水稻形态学和栽培学的教材。回到北京后,他又被指派为工农兵学员讲授棉花的栽培和育种,通过查阅大量有关棉花的文献,并对其形态结构与发育做了全面的研究,亲手绘制出大量精美的形态和结构线图。"文化大革命"刚一结束,他的专著《棉花形态学》(科学出版社,1979 年)就顺利出版了。他在繁忙教学和社会工作中,还抽空翻译了 K. Esau 的《种子植物解剖学》(第一版,上海人民出版社,1973 年)和 E. G. Cutter 的《植物解剖学——实验与解说》(第一版,科学出版社,1973)。他的《水稻形态学》书稿未能全部完成,但他曾多次提到:"如果我从鲤鱼洲晚回京一年,这本书就可以编写完毕正式出版了"。对于生产实践单位提出的相关问题,他从不马虎应付,总是尽力帮助解决。如他曾用他的木材解剖学技术和知识协助公安部门破案,为中国人民解放军军乐团解决各种吹奏乐器口哨竹材选用的科学标准等。李正理教授为人豁达,对生活和事业均充满热情,对祖国和人民无限热爱。"文化大革命"期间,他被下放到江西鄱阳湖鲤鱼洲劳动时已年过半百,平整稻田时,仍坚持与中青年同事一道用人力拉犁,被同事们戏称为生物系五大金刚之首。改革开放后他身兼多项社会工作职务,先后担任了国务院学位委员会委员、中国植物学会副理事长、中国植物学会形态学专业委员会主任、北京植物学会理事长、国家科技名词审定委员会委员、植物学名词审定委员会主任、中国大百科全书植物形态学主编,国家自然科学基金评审委员会植物学科组组长、《植物学报》副主编以及中国棉花协会理事,1991 年被山东农业大学梁立兴教授聘请为中国银杏学会名誉理事长等等。同时他还兼任了北京大学、中科院植物所、中山植物园、西双版纳热带植物园、中国林科院、中国林科院森工所、中国医科院药物所等单位的学术委员会委员,中国农科院研究生部、西北大学和莱阳农学院等单位的兼职教授,以及国际木材解剖协会(IAWA)和美国经济植物学学会(EP)终身会员。他对每一项兼职从不挂虚名,都会尽心尽力做好。尤其他在担任中国植物学会形态专业委员会主任期间,每两年举行一次学术研讨会,隔年举办一次全国性培训班,既有实验技术培训(染色体压片技术、植物制片技术、显微摄影和绘图技术等),又有最新学科进展的学术报告。在每次活动中,他不仅亲自过问会议的组织情况,亲自讲课、带实验和做示范,同时还积极邀请国内有关专家讲课。总之,他为推动我国植物形态学,特别是植物解剖学的发展做出了巨大的贡献,使我国在该领域的科研和教学工作得到了快速发展,迅速赶上了国际水平,甚至在有些领域还达到了国际领先水平。另外,他首次将染色体压片技术在国内相关科研人员中做了大力普及,使我国的细胞分类学有了快速的发展,同时也为以后发展出的染色体分带技术和染色体基因定位技术打下了坚实的基础。李正理教授长期以来兼任《植物学报》副主编的职务,在任期间对每一篇稿子都要进行仔细地审查校对,绝不放过丝毫瑕疵。尤其是对英文摘要更是一丝不苟,认真修改,为了确保每一篇稿子的英文摘要质量达到出版要求,他还请出他的夫人协助修改,从而使该学报成为当时科学出版社在国外发行最多的少数杂志之一,也是较早被 SCI 收录的中文学术刊物。另外他还应科学出版社的邀请,亲任《经济植物形态学》丛书的主编,并首先完成出版了《棉花形态学》一书,以其流畅的文字和精美图片为以后编著出版的系列丛书立下了高标准。为确保这套丛书能高质量面世,他对每一本书的作者都一视同仁,严格要求,亲自帮他们修改文字,教他们如何画好线图,从而受到所有作者的高度评价和赞赏。"文化大革命"后他更是以极大的热情投入了本校的教学和科研工作,每学期都要主讲研究生课,并为此编写了大量教材,首先翻译出版了《种子植物解剖学》(第二版,上海科学技术出版社,1982 年),随后又主要用中国的材料编写了《植物解剖学》(高等教育出版社,1984 年),不仅为本校的研究生专业课,也为全国各高校开设此课提供了优秀教材。由于李正理教授在植物学教学和科研上做出的突出成就,也使他在国内植物学界占有极其重要的地位。众所周知,他是国内最早研究植物组织培养的少数植物学家之一,又是第一个在大学里开设植物组织培养实验课程的人,正是这些学过该门课程的北大学子们在此后的组织培养科研中取得了骄人的成绩。20 世纪 50 年代,他对银杏性别决定和受精作用的深入研究,时至今日仍被国内外学者经常引用。他从药材工作者的生产实践中获得了树木剥皮再生的研究课题,1978 年起亲自参与并指导他的学生对此进行了一系列不断深入的研究,他和他的学生们已发表有关学术论文 60 余篇,不仅在植物学理论上有新发现,而且使树皮类药材的生产方式发生了根本变化,既提高了生产又保护了林业资源。为此,在 1981 年和 1991 年分别获得了国家医药管理总局医药科技进步二等奖和国家教委科技进步二等奖。这些成果曾在第 13、14 届国际植物学大会上报道,并多次在木材解剖学会和维管组织生物学国际大会上报告,得到了国际同行们的好评。自 1948 年以来,他先后在国内外重要学术刊物上发表研究论文 150 余篇,同时还撰写了 100 多万字的相关专著 9 部,翻译出版了植物学方面的著作十余部,共 300 多万字。因此,他成为第一批享受国家政府特殊津贴的教授。他对其学生,无论是青年教师(或研究人员),还是研究生、本科生,始终是循循教导,严格要求,培养学生严谨的科学态度和作风。对学生的论文不仅要逐字逐句地修改,就是标点符号也不放过,而且改完后还要面对面地给学生逐句讲解修改的原因,以培养学生论文的写作能力。"文化大革命"后为了提高青年教师的英文水平,又自费从国外购来原版书,组织指导他们翻译了《维管植物比较形态学》(第二版,科学出版社,1979 年)和《植物解剖学——上册细胞与组织》(第二版,科学出版社,1982 年),并亲自逐句审校,从而使他们的英文阅读能力大为提高。由于他对青年教师和研究生在指导上既循循善诱、细致入微,又严格要求,于 1986 年被评为北京大学优秀教师。他还在生活上给予学生以慈父般无微不至的关怀,每年几次定时请学生到他家聚餐,交流感情。当他知道哪个学生本人或家庭遇到困难时,就会慷慨解囊,鼎力相助,并经常用他一个多月的工资给予资助,他也因此深受广大学生的无比尊敬和爱戴。他对待系里的同事也同样充满了热情和关怀,他夫人是我国著名的儿科专家,生物系几代教职员工的子女幼小时几乎都找她看过病,凡有同事(有时还是同事的亲戚或朋友)带孩子上门,他们总是热情接待、认真诊断,而且从不接受任何馈赠。就是对他们家的保姆,他们也是像祖父母一样地关怀爱护,不仅让小保姆与他们一样吃住,而且还教那些农村来的早年失学的保姆学文化、学英文和计算机应用等技术,当她们一旦能到社会找工作时还帮他们找工作,自己另找新的保姆。李正理教授晚年患有帕金森病,行动不便,但仍坚持科研工作,帮助青年教师和学生,他计划写的两部专著《银杏生物学》和《木材学》,已完成初稿,他的最后一篇论文《再论银杏的受精作用》已完成大部分，终因身体原因未能完成。为了支持祖国的医学事业，李正理教授在2007年毅然申请捐献自己的遗体。李正理教授的一生是为了教学和科学事业无私奉献的一生，也是热爱祖国、热爱生活的一生。李正理教授为科学事业孜孜不倦工作的精神永远是我们学习的榜样，也是我们永远的良师益友。

李子果

母树位于广西灵川县海洋乡，树龄130年，树高1.6 m，胸径55 cm，冠幅为9.8 m×10.8 m，年株产种核50 kg。为梅核银杏类，是广西银杏产区地方品种之一，为根蘖苗种植，主干通直，树冠呈圆锥形，侧枝分布匀称，主枝明显、粗长、小枝细长，结果枝微微下垂，产量较高，大小年变幅在30%左右。种实椭圆形，纵径2.51 cm，横径2.12 cm，顶部微凹入呈"一"形，基部平，单果重6.4 g，每千克156粒，外部皮青黄色，无油胞，表皮白粉多。果柄通直，长4.4～5.3 cm，蒂盘为畸形，少数为长圆形，种实出核率为25.20%。种核为倒卵形，纵径2 cm，横径1.4 cm，顶部无尖，基部有两维管束迹凸出，束迹间距为1.7～2.7 mm，侧棱有一、三，二棱者有背腹之分，三棱者腹部较大。棱线明显，占种核外弧长的74%。最长者为90%，单核重1.52 g，每千克678粒，核粒较小，种核出仁率为79.8%，商品价值低，不宜于生产上应用。本品种在广西产区主要分布于灵川、兴安、全州三县。

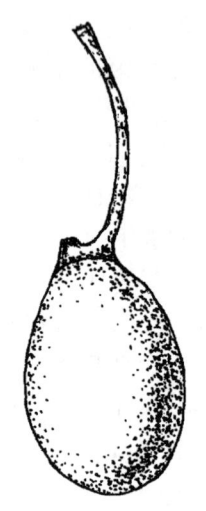

李子果

理想的抗氧化剂

银杏叶是一种很理想的抗氧化剂。"自由基"是导致癌症的罪魁祸首。"自由基"攻占细胞核里面的去氧核糖核酸（DNA）时，就会导致细胞突变或死亡，这一点和细胞癌化关系密切。

历史老人的诉说

中国何时开始人工栽培银杏？确切时间无从考正。但绝对可以说历史悠久，渊源流长，最早可追溯到4 000年前的商代。在汉末三国时，银杏已广植于江南一带，而在黄河以北只有零星分布。到了唐朝，逐渐向北发展。至宋朝，黄河流域以北地区，银杏已被广为种植，目前所看到最早记载银杏的古文献是公元四世纪晋代左思撰写的《吴都赋》，书中所载："平仲之木，实白如银"，平仲即银杏。宋朝阮阅的《诗话总龟》介绍"京师（今开封）旧无银杏，驸马都尉李文和自南方来，移植于私第，因而着子，自后稍稍蕃多，不复以南方为贵"。当时的开封，每逢秋季银杏成熟之时，市场上充盈着白果的阵阵香气，购买者甚众。因为银杏种仁品味甘美，营养丰富，为上等干果，是当时供奉皇帝的贡品。银杏因此身价倍增，由此也推动了民间栽培银杏的热情。目前在我国境内千年以上的古银杏就达数百株，500年以上的有1 500余株。这些弥足珍贵的古树在当地也许都有一份档案。现在，让我们将这些档案摘录一二。湖南洞口县有一株树龄约3 500年的古银杏，现在年产白果仍可达750 kg；在川西号称"蜀山之王"的贡嘎山里生长着一株3 000年的古银杏，树高30多米，胸围12 m，树干上寄生着几十种植物，现仍枝叶繁茂，硕果累累，被称为山中的"活历书"；湖北宣恩县有一株古银杏美名曰"九子抱母"，树高28.9 m，树龄1250年，九子均由内腐的老树干上生出，缠绕在13 m处的老树枝上，有的长达170 m，形态各异，趣味盎然。贵州福泉市有一株千年银杏，树高40余米，胸围13.6 m，至今生机勃勃。不知何年何月，它受到雷击，自根部向上5 m多的一段树干被烧出一个大洞，在树洞中曾住过一户人家，洞内有床、有灶，这家人走后，又有人在树洞内关过三头牛……这些"历史老人"与赋予它们生命的人类世代相伴，不愿撒手而去，默默地倾吐无限的衷肠，细心地呵护着我们。而生活在今天的人们，正是从它们身上感到祖先的呼吸，看到他们勤劳的身影。

历史演变

根据目前对文史资料的考证，我国最早记载银杏的古书为公元四世纪晋代左思撰写的《吴都赋》，书中提到的"平仲之木，实白如银"，即为今日人们常说的"银杏"。银杏树是"三十年而生，三百年而兴"，"公植树而孙得食"。传说中华民族的祖先轩辕氏，复姓公孙，因而银杏又有"公孙树"之美名，这也说明银杏的古老和文明。北宋初年下人曾以银杏种核进贡皇帝，皇帝品尝后大加赞扬，又因种子形态似杏，核壳洁白如银，遂赐名"银杏"。银杏树的叶片恰似鸭掌，因而在我国的局部地区银杏又叫鸭脚子。成熟后的种核雪白,我国十四世纪元朝吴瑞编撰的《日用本草》一书中又称其为"白果"。此外,在许多古籍和史志中还有父眼、鸭掌树、史前树、佛指甲、佛手柑、飞蛾树、凤果、仁杏、玉果等美名。早在汉末三国时,银杏已广植于江南一带,黄河流域以北仅有零星分布,至唐朝逐渐扩及至中原。宋朝以后黄河流域有了较大的发展。目前,北自辽南,南至粤北,东起台湾阿里山,西到甘南、云贵,都有银杏分布。银杏在我国遍布二十余个省区。而以山东郯城、江苏泰兴和邳县、浙江诸暨、湖北安陆、广西灵川为我国银杏的集中产区。目前,我国银杏年产量已达 1 600 万 ~ 2 000 万千克。我国银杏的栽培技术和开发利用在国际上一直处于领先地位,科学研究也一直走在世界前列。早在唐孟诜编撰的《食疗本草》一书中就有银杏的食用价值和医疗作用的记述。到了宋朝记载栽培和食用银杏的农书、医书已很普遍。如南宋吴怿的《种艺必用》、陈景沂的《全芳备祖》、陈元靓的《博闻录》等。元朝由司农司编撰的《农桑辑要》一书中,对银杏的栽植时间、栽植方法阐述得十分详尽:"春分前后移栽,先掘深坑,下水成稀泥,然后下栽子,连土封用草或麻绳缚之,则不致碎破土封"。此时在鲁明善撰写的《农桑衣食撮要》一书中也告诫人们"于肥地用灰种之,候长成小树,连土用草包,或麻绳缚之,则易活"。此时期我国劳动人民对木材的利用价值已有深广的了解。南宋岳飞为江苏泰兴"延佑观"题字用的匾额,以及北宋金銮殿中皇帝的座椅都是用银杏木做成的。到了元朝,大臣们朝见皇帝时手执的笏也是选用精良的银杏木做成的,寓意朝政永世不衰。自宋朝以来我国劳动人民就深知银杏种仁品味甘美,营养丰富,为上等干果。宋时由于把银杏作为贡品敬献皇帝,皇帝品尝后大加赞扬,从此银杏身价倍增。此时许多文人墨客写下了许多赞颂银杏的光辉诗篇,著名文学家欧阳修在诗中写道:"鸭脚生江南,名实未相浮。绛襄因入贡,银杏贵中州。"诗人梅晓臣在诗中也写道:"鹅毛赠千里,所重以其人。鸭脚虽百个,得之诚可珍。"因当时受到上推下崇,一时举国南北,推银杏为至高圣品,广泛用于烹饪,多与猪、羊、牛及禽、蛋类食物相配,制成美味佳肴。被誉为齐鲁珍馔的孔府菜中,就有色、香、味俱佳的"诗礼银杏",令人望而生津,食而不厌。元朝吴瑞撰写的《日用本草》,是我国最早将银杏列为中药的典籍,书中记述了性味甘平、苦涩有毒。主要功能是敛肺气、定喘咳、止白浊、缩小便。明代李时珍在《本草纲目》中详细地描述了银杏的形态:"树高二三丈,叶薄纵理,俨如鸭掌形,有缺刻,面绿背淡"。接着又阐述道:"须雌雄同种,其树相望,乃结实"。这充分说明当时人们已深知银杏的异株性和授粉的必要性。此时邝璠还撰写了《便民图纂》,书中写道:"银杏须春初种于肥地,候长成小树,来春和土移栽"。从清初陈扶摇撰写的《花镜》,一直到清代吴其浚撰写的《植物名实图考》,都全面汇集了前人栽植银杏的经验和银杏的经济价值,尤其对银杏的栽培技术讲述得更加详尽。18 世纪后,我国林学家陈荣、郑万钧、郝景盛等,对银杏的栽植、管理、采集、利用等作了更加完善的研究。近代郭沫若先生又首推银杏为中国的"国树"。总之,我国自唐宋以来的一千多年中,对银杏的研究从未间断过。

立枯病

银杏幼苗由于感染土壤中的立枯丝核菌、镰刀菌等半知菌类,停止生长,逐渐发黄而枯死,一般不表现腐烂和倒伏的症状。

利白脑

香港 National Pharmaceutical Co., Ltd., 生产。30粒胶囊,每粒含银杏叶提取物 40 mg(相当 9.5 mg 银杏黄酮苷)。

利用银杏枝丫材生产刨花板工艺

利用银杏枝丫材发展刨花板是一条高效、合理的途径。如能以银杏枝丫材生产刨花板,既为刨花板的发展拓宽了原料来源,同时也使银杏用材林得以合理、高效利用,推动速生林的营造,为社会创造有较高使用价值的木材制品,有利于木材资源的保护和发展,也有利于银杏产业结构的调整,还能为银杏木材其他方面的加工利用发挥示范作用。以邳州采集的银杏枝丫材为原料,开展了利用银杏枝丫材生产刨花板工艺的研究。

材料:供试材料为叶用园截干更新的银杏茎干、银杏枝丫材(直径约 2 ~ 3 cm)。

主要生产设备:鼓式切碎机(带有进料皮带输送机和金属探测仪,型号 SO3,刀辊直径 1 160 mm,电动机功率 40 kW);2 台双鼓轮削片机(削片刀 26 把,刮刀 8 把);筒式干燥机(内径 2 034 mm,长 9 140 mm,转速 6 ~ 12 r/min);筛选机(上筛孔 8 mm × 100 mm),下筛孔 1 mm × 1 mm;榔头式再碎机(筛板总长 935 mm,宽 522 mm);调胶机;石蜡乳化器;2 台立式挤压机;电动机(功率 16 W),冲头可冲 60 ~ 138 次/min;2 台截断锯等。

主要工艺流程:

木材下脚料处理→切碎→湿料仓→削片→干燥→
粗料再碎　　防水剂备剂　　胶粘剂调制
　↑　　　　　↓　　　　　　↓
筛选→干料仓→喷涂胶粘剂和防水剂→贮料仓→挤压→截锯→堆垛平衡

选择对刨花板性能有较大影响的压缩比、施胶量、热压温度和加压时间为考察因素。压缩比以成品板密度与原料密度之比值反。利用 D 最优设计和二次数学模型,考察各因子与刨花板性能之间的数量关系,具体选用四因素近似饱和 D 优 416A,外加中心点一次,得本试验所用的近似饱和计划。实验重复数为 3,以三次试验结果进行统计分析,计算回归系数,淘汰不显著因子,得出回归方程,由回归方程中各变异系数的大小确定该变量对指标影响的显著性。优化工艺参数时,将多目标问题转化为单目标优化问题,对各回归方程进行线性加权处理,采用复合型优化法,对总方程做优化处理,得出本试验范围内最优工艺参数。

疬疮

银杏叶(去梗,微火焙干,研末)10 g,珍珠、银粉各 6 g,雄黄 3 g。先将珍珠、雄黄研末,用蛤蟆心肝 10 副捣烂,围在疬疮四边。银杏叶末,银粉与醋调和搽疬疮中心,不过两次即消。破烂者用醋浸银杏叶,一昼夜,贴破疬上。

联姻树的传说

古时候,港西有座三官庙。三官庙中有一位老主持和尚。一年夏天,每到夜里,都隐约听见墙外有青年男女凄楚哭泣之声。老和尚蹬墙窥望,墙外一对青年男女,隔沟相望而泣,取灯照时,只见雌雄两株银杏树分立小沟两边,别无他物。老和尚知是两树所为。七月十五这日,老和尚找来皂角树针两枚,红线一丈二尺,一头刺入雄树,一头刺引向雌树,为两树牵了红线,上了头。当晚不复有哭声。深夜悄窥,见有一对男女聚首相亲。第二年,雌雄结果满枝。民间传称这两树为"联姻树"。现在两树根连生可见。

良种

良种是一个相对概念,是指具有优良经济性状,经济价值高,木材速生丰产,遗传效益大,经济性状稳定,是人们生产中最需要的品种,如叶、果产量高或叶片奇特、内含物产量高等,具有大量发展前途的品种。

良种采穗圃

营建银杏良种采穗圃是我国目前银杏生产中的重要任务,是实现我国银杏良种化的重要措施。我国银杏实现良种化以后,产量可以翻两番。银杏良种采穗圃是保存和开发利用优良无性系的重要场所,为今后发展良种做了基础性的准备。银杏与其他果树不一样,每年发枝量较少,因此不能大量提供母树枝条做接穗。如在已结种的大树上采接穗,数量也同样受到限制,因为剪枝过多,会造成母树种子减产。银杏良种采穗圃建立以后,除保留优良无性系和提供优良品种大量接穗以外,还可防止地方品种的优良单株和优良实生变异类型单株遭天灾人祸的破坏而灭绝。目前,就全国来说,广西桂林地区林科所和江苏省邳州银杏研究所起步较早,成效显著。

良种单系

凡连续开花、结实 5 年生以上以至于盛果期大树的有性系雌雄性单株;雌株具备丰产,优质或早实等经济性状的和雄株的花期与多数雌株花期相同或盛花期特长,并具花粉量多等,经授粉组合观察试验,受精率的个体为良种单系。在树冠外围的中部为调查记载枝、叶、花、果实等的标准取样部位。

良种单株标本采集、绘图及照相

①标本制作。每个良种单株,压制蜡叶标本三份。要求其有结种枝和发育枝,叶片平展完整。②绘图。用绘图纸,按照实物大小,绘出枝、叶、花和种子的外形图。③照相。经考察认为有前途的良种单株应拍摄整体树姿,局部开花结种拍摄彩色照片。

良种单株的调查

调查标准是划分品种的尺码。一般植物品种分类中所通用的形态特征(如枝、叶、花、种等)和生物学特性(如物候期、生长规律、结种习性等)的异同,均是划分品种的依据。而银杏又系人工栽培的园艺植物,以获取种子(白果)为其目的。故划分品种时应着重抓住一二个经济性状。例如,种子(种核)的大小、形状、颜色、品质、成熟期等。对于雄株则应另当别论。所以品种不但要在形态特征和经济性状上有共同特点,而且对环境和栽培技术等也应有共同的要求。参加调查的人员要有树木学、植物学、土壤学、物候学等学科的基本知识,调查前应经严格的实践训练,能够娴熟地掌握并运用调查标准。此乃提高调查质量和工作效率的关键所在。

良种单株基本情况调查

①编号是调查良种单株的代号,可采用"年号"+"县(区)简称"+"调查株号"。②品种名称。填写经过正式鉴定后命名的名称。③良种单株的名称。记载调查地点群众习惯的称呼。如单眼皮白果、双眼皮白果等。④调查日期。每年、每次都要记载清楚调查的年、月、日。⑤调查人。记载清楚调查人员的姓名及工作单位。⑥向导。记载最熟悉调查良种单株生长地点的人名及工作单位和住址。⑦调查地点。记载调查良种单株编号树的详细坐落地址。⑧分布情

况。记载清楚调查良种单株的分布范围及现有数量以及最大树龄等。⑨良种单株的来源。记载何时何地引入或某单位(或人)选育。⑩繁殖方法。记载清楚是嫁接、实生或根蘖,如系嫁接,了解其砧木种类,如实生砧或根蘖砧以及雄株改接等。⑪栽培现状。记载调查良种单株的主要管理措施。⑫贮藏、运销、加工情况。记载调查良种单株果实采收、贮藏的时间和方法;收购的规格标准,销售地区及近几年销售数量的变化情况,收购数量的价格以及综合利用的前景等。⑬生产中存在的主要问题。⑭历史资料的收集。调查前或调查过程中,要注意搜集地方志、当地的统计资料等。

良种单株立地情况调查

①地形、地势记载。调查良种单株所在山区、丘陵、平原及海拔高度以及坡向、坡位、坡度等等。②土壤及土质记载。调查单株生长地点的土壤类型及理化性质。③气候特点。包括年平均气温、1月份、7月份平均气温、绝对最低、最高气温、≥10℃的积温,无霜期,年降水量和年日照时数以及风、雹、旱、涝等自然灾害。④地被物调查。了解伴生植物的生长情况,特别应着重于指示植物的调查,以预测调查单株的适应性。

良种单株生物学特性调查

①根系除分别调查记载盛种期实生大小材雌株、雄株和易萌生根蘖的植株、根系集中分布的深度和水平根系延伸的广度以外,着重调查良种单株的实生母树垂直根和水平根系分布情况。②根蘖萌发能力。普查实生根蘖培植的幼树,盛种期树(包括雌、雄株),在同样土壤管理条件下,根蘖萌生能力和其生长势的强弱,从中选育出根蘖萌生早、数量多、生长快的单株,以加速砧苗繁殖,并降低苗木生产成本。调查记载雌、雄株树龄、根蘖苗数量、年高和径生长量。③萌芽率。于树冠外围随机取样,调查30个2年生发育枝,用总芽数除萌芽数,计算百分率。④成枝力。按前项调查,平均每个2年生发育枝上,抽生2.5个以上20 cm以上长枝者,为成枝力强,抽生1.5~2.5个者为中,1.5以下的为弱。⑤结种基枝的种枝坐种率随机取样,分别调查10个以上不同枝龄结种基枝上,共有结种枝的总种枝数和坐种的结种枝总数,计算出不同枝龄结种基枝的种枝坐种百分率,比较不同良种单株,结种基枝最适宜结种起止年限的差异。⑥结种枝的坐种率按前项调查,分别不同结种枝的枝龄,调查统计不同结种枝龄,平均每个结种枝上的珠座数目和实际坐种粒数。从而在其最适宜结种年限期间,凡平均每结种枝坐种超过1.2粒以上者为坐种率高,1.2~0.7之间者,为坐种率中,0.7以下者为坐种率低。⑦雄株良种单株的受精力开花前期,对已筛选的雌株良种单株,各套纸袋100个种枝,进行人工辅助授粉。于生理落种后,分别雌株良种单株,统计其坐种率,并于种子成熟后,对其种仁进行人工和自然授粉种仁品质的对比,鉴评雄株对种仁品质的影响,从中筛选出良种单株或现有良种单株的授粉良种。在这次工作中,还应逐年进行雌、雄良种单株的始止花期和适宜授粉始止期的调查记载。⑧产量。良种单株最高、最低年产量及其每平方米投影面积产量。⑨良种单株的无性系幼树始种年龄。记载嫁接时的砧龄和接后的始种年限。⑩核平均单粒重。随机取样称100粒种核重,换算出单粒重量。2.6 g以上的为大型,1.6~2.5 g之间的为中型,1.5 g以下的为小型。⑪主要物候期:a.萌芽期。观察树冠外围发育枝和结种枝的顶芽50%以上的叶片开裂的日期。b.花期。雌雄良种单株全株有50%的花开放和谢花,为盛花和谢花期。c.生理落种始止期。谢花后调查自珠座开始变色脱落至幼种停止脱落的始止时期。d.种子成熟期。全树75%以上的种子全部着色,并开始落种,达到适时采收的日期。e.营养生长期。从芽萌发至落叶的生长天数。f.种子生育期。自开花至种子采收天数。g.落叶期。全树50%以上的叶片脱落的日期。h.休眠期。自全树叶片落尽至来春芽萌动期的天数。⑫抗性。对土壤、气候、病虫、农药等的耐性等,根据反应记载。⑬种核的耐贮性及营养成分。经贮藏和分期化验的实际变化记载。

良种单株选择标准

1988年,在《中国银杏》一书中,曾提出了银杏良种单株选择的若干标准。1993年,在《中国当代银杏大全》一书中,又归纳出5条。根据在广西、浙江、河南等省区几年来的应用实践,目前归纳6条,供全国各地银杏良种单株选择时参考。①早实性。在一般栽培条件下,嫁接后第4年80%以上的树开始结种,嫁接后第5年,幼树平均株产种核0.7 kg以上,10~15年株产种核5~10 kg。②丰产性。每1 m长的结种母枝上结种60粒以上。每1 m² 树冠投影面积产种核0.8 kg以上。2~3年生的短枝有良好的结种能力。短枝连续结种能力15~25年不衰。③稳产性。连续5年实测银杏种核的实际产量,其变幅不得超过30%。④优质性。种核大小匀称,每千克种核300粒以下,1、2级种核占80%以上,出核率26%以上,出仁率76%以上,种仁淀粉含量65%以上,糖分含量6%以上,蛋白质含量12%以上,脂肪含量9%以上,粗纤维含量0.5%以下。种核洁白,脱壳容易。种仁饱满,味甘甜有糯性。⑤增殖性。长枝年平均生长量不少于30 cm,每个短枝上有5枚正常大小叶片,主干与主枝夹角不小于40°,冠高与冠径之比接近于1.5∶1。⑥抗逆性。抗高温、冻害,抗旱涝,抗盐碱,抗病虫能力强。

良种单株植物学特征调查

着重于良种单株的雌株调查,对认为是授粉良种单株的雄株和培育根蘖苗容易的单株,也需要单独进行调查记载。①树形自然。半圆形、圆头形、圆锥形、塔形、垂枝形等。②树姿。半开张、开张、直立等。③树高记载。自冠顶最高点至根基处的高度。④干高记载。自根基至第一主枝处的高度。⑤干周记载。干高1/2处的周长。⑥冠径记载。东西、南北两条垂直交叉通过树干处的树冠垂直投影的直径长度。⑦枝条特征记载。新梢二三年生枝(包括短枝)的颜色、有无腊质膜粉及其表皮生长发育的变化特征。⑧叶片。分别采取树冠外圈长枝和短枝中部10枚叶片,若近同可统一描述;稍有明显差异,则应分别记载。a. 形状扇形、凹扇形、倒三角形;颜色黑绿、浓绿、绿等。b. 叶基广楔、窄楔等。c. 叶缘先端平展或具微波等。d. 裂叶裂刻约占叶片全长2/3以上者为深裂,不足1/2或在1/2～1/3之间者为中裂,在1/3以上者为浅裂。e. 叶柄的长度超过叶片纵径长度的为叶柄长,等长度的为中,短于叶片长度1/3以上的为短。f. 叶脉明显突出感不明显等。g. 腊质鳞粉的有无等。⑨花观察记载。花梗的长、粗度概况,雌花梗顶端不分叉和两分叉的比率,以及有无3～5分叉者,若有约占多大比率及分叉排列方式,并记载其珠座的色泽、形状大小等特征。⑩种实及种核:a. 种实形状和大小。椭圆、近圆、卵圆、近纺锤等,取10枚种子测量纵、横径记载最大最小和平均值,并随机取样称百粒种子的重量。种皮未成熟前及成熟后色泽的变化,腊粉的厚薄、有无等。梗洼种子及缝线等特征。b. 种核形态和大小。取种核20粒测其纵、横径,记载最大、最小和平均值及缝线的单、双、复等特征,并称百粒种核重,换算出核、仁比率。种皮色泽、厚薄,并称百粒种核的中种皮重量,换算出出仁率。胚乳色泽(白、乳白、淡黄、白微绿等),质地(软、较韧、较硬、硬韧等),风味(微甜、甜带苦味、微具苦味、苦味等)。

良种的采集与贮藏

播种育苗是银杏苗木繁殖的主要方法之一,适用于银杏核用园、叶用园、花粉用园、材用林和园林绿化用苗及培育嫁接苗的砧木。应选择品种优良、抗逆性强、速生、丰产、树龄在40～100年之间的银杏植株为母树,待种实自然成熟落地后再进行采种。要求种实授粉良好、发育正常、粒大饱满、无病虫害。银杏种核的贮藏过程也是一个生理后熟的过程。经过贮藏,种胚继续生长直至发育完全。

良种繁育

由原种扩大繁殖为品种的过程,是实现银杏林木良种化的关键性环节。其任务是在不损坏、不降低原种优良品质的同时,又能在数量上得到足以满足生产需要的大量材料。目前银杏良种繁育的主要形式是种子园和采穗圃。

良种桂 G86－1 的种实生长发育动态

银杏良种桂 G86－1 的种实种核及种仁的生长发育动态,种实、种皮、种仁的鲜重与干重增长动态及水分与干物质含量变化动态。种实、种核、种仁的生长期分别是80 d、80 d、130 d,均以盛花后31～60 d生长最快,盛花60 d生长缓慢,此时的生长量已占总生长量83.62%以上。种实、种仁、种皮的鲜重及干重随生育期变化而递增,呈极显著正相关;种实鲜重与干重均以盛花后21～90 d增长最快;种仁鲜重以盛花后41～70 d增长最快,干重则以盛花后71～110 d增长最快;种皮的鲜重及干重均以盛花后41～90 d递增最快。种实、种仁、种皮的干物质含量随发育期变化而递增,呈极显著正相关,尤以盛花后71～100 d递增最多。

良种化

繁殖材料实现品种化的过程,是原始材料通过选、引、育措施和后代鉴定,经良种繁育推广的过程。这是一个发展的、不断提高的、推陈出新的过程。

良种鉴评

良种鉴评是指对核用银杏良种性状的鉴别和评定。育种材料通过试验研究,证明种子产量和品质符合良种标准,由成果鉴定部门组织有关银杏专家,首先对试验技术报告进行审查,然后对试验方法、试验材料、试验记录、资料、档案、现场、成果的推广价值进行评价。

良种秋接展叶及萌动

良种秋接展叶及萌动

品种	母树年龄（年）	砧龄（年）	穗龄（年）	顶芽穗萌动率（%）	展叶率（%）	叶数（芽）	顶芽穗萌动率（%）	展叶率（%）	叶数（芽）
马铃1号	45	1	1	88.46	42.53	6.36	94.83	75.86	6.07
	45	1	2	79.15	9.70	1.61	75.05	34.12	3.85
	45	1	3	0	0	0	33.40	14.34	5.90
家佛指	2	2	1	80.0	16.67	2.10	100	51.11	3.79
大佛手	5	1	1	82.0	25.0	4.50	100	100	5.56
雄株	420	1	1	20.0	0	0	15.0	5.26	6.00

良种筛选

充分利用郯城县内的2.8万株结果大树初选出50个优良单系，按3株小区，重复3次，随机排列的方式，嫁接在8年生实生树上，建立80亩良种复选圃，进行对比筛选，经过10年的攻关筛选出5个早实、丰产、优质的优良品种，并按严格的选种程序，对5个品种的母树特性、植物学性状、生物学特性、经济性状、物候期和良种配套栽培技术等进行了系统的研究。所选出的郯丰是一个极丰产的品种，嫁接后3年始花，4年结果，5年平均株产4.07 kg，9年平均株产27.83 kg，单核重为2.58 g，出核率24.87%；郯早是一个早实、大粒品种，嫁接后2年始花，3年结果，5年株产1.36 kg，9年株产23.25 kg，单核重3.78 g，出核率27.14%；郯新嫁接后4年结果，5年株产1.83 kg，9年株产22.01 kg，单核重2.6 g，出核率23.72%；郯魁是一个大粒品种，嫁接后4年结果，5年株产2.59 kg，9年株产17.30 kg，单核重3.56 g，出核率26.58%；郯艳是一个外观极美的品种，嫁接后4年结果，5年株产1.13 kg，9年株产16.40 kg，核重2.63 g，出核率25.07%。郯丰、郯早、郯新、郯魁和郯艳5个品种，9年生平均株产分别比目前推广的品种高218.54%，121.04%，114.92%，90.76%和59.43%。

良种审定

按照《中华人民共和国种子法》有关规定，良种生产单位向良种审定委员会报审。①审定委员会组织专业组对申请者进行申报资格审查、材料审查和现场抽查，提出书面报告。②审定委员会根据报告，进行评议、论证良种选育程序的正确性，结果的可靠性。

良种审定程序

按照《中华人民共和国种子管理条例》有关规定和省、部级有关林木或果树良种审定的工作条例，以及GB/T 14071—93的审定规范组织审定。①由各省、市、自治区林木或果树良种审定委员会负责本辖区内的银杏良种审定和认定工作。②银杏良种审定期限不得超过1年。③报审。④选育银杏良种的单位或个人，需填写银杏良种审定申请书，并提交技术资料和科研单位、高等院校或专家组的鉴定材料，提请审定。报审者为核查试验现场做好准备。⑤省级审定委员会组织专业组对申请者进行申报资格审查、材料审查和现场抽查，提出书面报告。⑥省级良种审定委员会根据报告，进行评议、论证银杏良种选育程序的正确性、结果的可靠性。

良种审定范围

凡申请审定的银杏良种，必须具备完整的良种鉴定材料，达到规定的良种指标。①经区域试验证实，在某一地理范围内有生产使用价值和经济价值，性状优良的银杏品种。②符合国家或省有关标准和技术规程要求的银杏良种基地生产的种子和无性系。③在优良种源区内选择优良林分，经过去劣留优改造，建成的银杏采种基地中生产的种子。④有特殊使用价值的银杏类型、家系和无性系。⑤引种成功的银杏品种、类型及其优良种源、家系和无性系。

良种审定结果

①省级良种审定委员会提出的审定报告，应阐明对银杏良种的评议意见和推广意见。②经审定合格的银杏良种，由省级林木或果树良种审定委员会统一编号、登记，并发给银杏良种审定合格证书，报同级林业或果树主管部门予以公布。③经省级林业或果树主管部门审定（或认定）公布的银杏良种应发给银杏良种生产许可证，单位或个体必须具备与银杏良种生产任务相适应的技术力量和生产条件，必须遵守良种选育技术操作规程，从而进行银杏良种生产。④对从事生产、贩卖假冒伪劣银杏良种造成重大损失的单位或个体，按照《中华人民共和国种子管理条例》的有关规定予以处罚。从事银杏良种选育弄虚作假造成重大损失的单位或个体，按照我国的有关法令、规定、条例予以处罚。

良种试验指标

繁殖技术和栽培技术完整配套,可以大面积投产,生产成本低廉,经济效益显著。要有连续4年以上正常生产的种核产量完整记录。在每一个具有显著生态差异的地理区域,不少于3个符合统计分析要求的试验点,每点试验面积1 hm² 以上(含对照)。

良种选育指标

良种选育指标

食用品种指标	单核重>3g,种核数333粒/kg	大粒
	一级种核率(%)95~100	均匀
	出核率(%)26~28	皮薄
	出仁率(%)>80	饱满
	淀粉、总糖(%)>40、>2	微甜
	蛋白质、脂肪(%)>6、>3.5	香糯
	7月下旬~8月上、中旬成熟	早熟
	2年生砧木接后3~4年结果	早实
	树冠投影负载量>1.3 kg/m²	丰产
	10年株产>10 kg	
	五年种实产量变异系数<15%	稳产
	耐干旱瘠薄、适应性强、抗病虫	抗性强
药用品种指标	单核重>3 g,种核数333粒/kg	大粒
	千粒重>3 000 g	
	一级种核率(%)95~100	均匀
	净度(%)>98	纯净
	含水量(%)>50	饱满
	优良度(%)>95	
	实验室发芽率(%)80~90	发芽率高
	无胚率(%)<20	
	催芽点播圃发芽率(%)90~95	
	平均发芽时间(MTG,d)<17	活力高
	发芽速率系数(CRG)<6	
	发芽指数>3	
	发芽势(%)>70	
	生活力(%)>90	生活力高
	病虫感染(%)<1~3	无病虫
	早实、丰产、稳产、抗性强、适应性强	
育苗种用指标	单核重>2.5 g,种核数400粒/千克	中、大粒
	一级种核率(%)90~100	均匀
	出核率(%)>25	皮薄
	出仁率(%)>75	饱满
	淀粉、总糖(%)>50、>3	有效成分高
	蛋白质、脂肪(%)>6、>4	
	黄酮(%)>1	
	内酯(%)>0.2	
	2年生砧木接后3~4年结果	早实
	树冠投影负载量>1.3 k/m²	丰产
	10年株产>10 kg	稳产
	五年种实产量变异系数<15%	抗性强

良种选择

银杏是异花授粉树种,个体发育周期特别长,又容易嫁接繁殖,所以银杏育种只宜采用选择育种。由于银杏农家品种多,优劣悬殊,品种内个体分离变异大,故选择的潜力大。因银杏绝大多数未经选择,已选择的也仅为"一代"选择,故选择效果显著,可获得大的遗传效益。无性繁殖过程中的基因复制,不仅在株系中把原株优良性状遗传下来,而且能获得杂种优势表现。银杏采用选择育种,既见效快、效果好,又能节省人力、物力。银杏的良种选择,可采用单株选择和综合性状值评选两种方法。综合性状值评选,是通过一次性调查测定标准枝结种性状,计算出各株的综合性状值,将值最大的作为良种优株。这种选择的缺点:一是性状表现只是调查当年的表现,看不出大小年的变化,容易误选和漏选;二是受地域局限大,选出的只是在该地域比较优良而并非具有最大遗传增益的良种。这种选择的优点是时间短,可在一年内完成选择调查。与此相比,单株选择虽然工作量大、时间长,但选择的可靠性大,并能获得最佳良种。由于银杏性状相关性不显著,而且正负相关不是有规律的变化,所以银杏只宜采用综合性状指标进行单株选择。

良种选择步骤

①预选。在8~9月种子定形后,根据访问的线索进行实地调查,先目测结种情况及种子大小,对可能达到选优标准的,采用标准枝法估测株产量,取10粒种子测量单核平均重,在测量树高、胸径、冠幅后推算出每平方米种核产量,对单核重和每平方米产核量达到优树标准的进行编号、登记。②初选。在预选当年种子开始成熟时,对编号株实测种子产量,取样测定种子出核率、单核平均重、每平方米树冠投影面积、产种核量,将种核大小和产量达到优树标准的定为初选优株,记录初选优株的起源、立地条件和栽培管理状况。③复选。在第二年种子开始成熟时,实测株产种子重量,取种子样品2 kg测定种子出核率、平均单核重、种核大小重量变幅、每平方米种核产量,将各项均达到优树标准的定为复选优株,并测定复选优株种核出仁率,分析种仁营养成分。④决选。在第三年种子成熟时再次实测种子产量,计算种子3年平均出核率、3年平均单核重、3年每平方米平均产种核重量、3年株产年变幅、3年种核大小平均变幅和种核种仁率变幅,经过性状比较和品质比较择优选定3~5株作为决选优株,并贴上保护标志供当代鉴定试验。

良种与位置效应

良种与位置效应

品种	基角(°)		稍角(°)		新梢长(cm)		新梢粗(cm)	
	X̄	CV(%)	X̄	CV(%)	X̄	CV(%)	X̄	CV(%)
魁铃(马铃3号)	36.7	15.7	38.7	11.0	77.0	6.7	0.88	2.4
魁金(大金果)	43.3	13.3	45.6	7.8	88.6	8.8	1.00	1.6
团峰(圆铃6号)	45.0	11.1	46.6	10.3	76.2	10.6	0.78	5.2
新宇(金坠1号)	40.0	25.0	42.7	7.7	80.2	11.6	1.05	7.8

良种壮苗

选育良种壮苗是实现银杏核用、叶用、粉用、材用园栽培目标的前提。因为良种壮苗具备较强的生理机能、较优质的品质和较强的抗逆性,因而也具备了早实、丰产、优质的潜在能力。良种即优良品种,是指遗传品质和播种品质两个方面都优良的种核。首先,优良品种所具备的遗传特性应该符合生产的要求,如早实、丰产、抗逆性强、品质好、耐贮藏等。其次,种核应该是优良种核,即种核本身具有良好的播种品质,如纯净一致、粒大饱满、无病虫害、具有旺盛的生活力,在适宜的条件下生活力强、发芽率高、长成的幼苗整齐一致等。不同品种开花结实时间的早晚也有差异,不同银杏品种之间开始结实的时间差异达到了极显著水平。不同银杏类型其种核大小、形状、品质差异很大。不同品质类型间的种核三维度,即长宽比、长厚比、宽厚比均呈显著或极显著差异,但其株间变异较小;种仁中氢氰酸含量与种核的宽厚比呈极显著正相关;而不同品质类型间的单核重及种仁中与品质相关的干物质(如淀粉、粗蛋白及可溶性糖)含量差异不显著,但其株间变异较大,最大变异系数达到24.79%。银杏在长期栽培实践中,各地以种核产量、种核外部品质和种核内部品质等为评价指标,筛选出一些优良的栽培品种,如家佛指、洞庭皇、大金坠等,但一些专用的矮化品种尚未形成,目前的一些矮化密植园主要依靠密植来提高单位面积的产量。对树体的矮化技术主要通过苗木的矮化嫁接来实现。银杏矮化密植园的苗木通常选用2~3年生实生苗作砧木,要求根系发达、健全,根茎粗度1.5 cm以上,干高80 cm以上。尽可能用嫁接后培养1年的嫁接苗,或提早1年定植砧木苗。如果限于条件,必须随嫁接随栽植,除了定植苗木数外,还要保留一部分嫁接苗,另地培养,供补植用。早期的矮化嫁接苗,嫁接高度大都在0.4~0.5 m,但是从实践的结果来看,0.7~1.0 m为宜。接穗为1~2年生枝,嫁接后结实稍晚,但树势旺;接穗为3年生以上的枝条,嫁接后结实稍早,但树势较弱。

凉瓜白果

原料:苦瓜1~2个、白果20颗。配料只需简单的盐、味精、淀粉即可。

做法:①白果洗净,苦瓜洗净切丁。②苦瓜、白果放在开水中稍泡一下,马上捞出,备用。③炒锅上加少许油,放入白果、苦瓜及调味料炒熟。④用淀粉勾薄芡上碟。

梁立兴

山东泰安人,1938年5月出生于辽宁省营口市。1962年毕业于山东农业大学(原山东农学院)林学院。毕业后分配到泰山林场做林业技术工作。1978年调入山东农业大学科技情报研究室专做俄语翻译工作。20世纪70年代末从事银杏业余研究。三十多年来,曾在国内外报纸杂志上发表500余篇银杏文章,并先后出版《中国银杏》(1988)、《银杏赞歌》(1990)、《银杏文献题录总汇》(中、英、俄、日)(1993)、《中国当代银杏大全》(1993)、《中国银杏茶》(2000)、《银杏食疗与药用》(2006)、《梁立兴银杏文集(一)》(1998)、《梁立兴银杏文集(二)》(2006)、《梁立兴银杏文集(三)》(2001)、《梁立兴银杏文集(四)》(2012),是中国林学会银杏分会(原中国林学会银杏研究会)创始人、国际银杏协会(IGFTS)会员、国科中华银杏研究院院长、泰山银杏开发有限责任公司常务副总经理、中华银杏科技开发中心顾问等。三十年来,曾在中国银杏分布的二十余个省区和中国银杏分布的东、南、西、北边缘区做了银杏考察和调查,行程约90万千米,获得了中国银杏真实、可靠的资料,建立了中国第一个采叶银杏园,首创了银杏芽苗砧嫁接,在全国发现了3株奇特的叶籽银杏,从日本引进单核重5.6~5.8 g的9个银杏优良品种,在全国讲授银杏课程30余场,听众达3 000余人次。研制开发了银杏茶、银杏酒和银杏吸品等银杏产品,在全国共同合作建立了8座银杏保健品厂。首次提出应建立中国银杏产业标准化建议等。

两歧叶属

为晚石炭纪化石,发现于美国得克萨斯州,为银杏类植物最古老的远祖。8~12个细狭的裂片成锐角呈掌状簇生于一粗主轴顶端。叶脉不清楚。

两头圆

位于王义贞镇唐僧村观音冲青檀树垮，管护人邓定延。树龄150年，嫁接树。树高20 m，胸径0.7 m。树形似塔，中心干明显，主枝层形分布，发枝良好，生长势强。叶扇形，长4.7 cm，宽7.5 cm。叶柄长5.6 cm，短枝叶片数为7枚，叶色深，中裂明显。球果长圆形，熟时橙黄色，满布白粉，先端圆钝，顶点下凹，珠孔迹明显，基部平阔。果柄长约4 cm，较粗壮，略见弯曲。单粒球果重9 g，每千克粒数111，出核率25%。种核长圆，核形指数1.33，壳色洁白，光滑，两头较圆，尖不明显，在种核最宽处可见一腰箍，两侧棱线自1/2处消失。单粒核种平均重2.1 g，每千克粒数476，出仁率75.5%。该品种为中熟，产量较高，一般年株产80 kg左右。种仁味苦，为良好的药用材料。

辽东半岛与胶东半岛银杏地理生态型

分布范围为北纬35°～42°，东经115°～124°，包括辽东南部及山东全部丘陵地带，海拔在400 m以下，海洋性气候，气温变幅较小，年平均气温10～12℃，年降水量600～800 mm。由于数千年的开发、破坏，天然森林植被现已无存，尚有次生植被。地带性土壤为棕壤，受强烈淋渗，形成淀积黏化土层，有机质少。辽宁是近些年才引种栽培，山东则是银杏栽培最早的地方，莒县浮来山的古银杏，被称为"天下银杏第一树"，已有1 500多年的历史。山东古银杏很多，200年生以上的有300多株，其中千年生以上的有48株，青岛崂山有汉代银杏2株。栽培最多的当属郯城县，优良品种有"大马铃"等，并有数百年生采用嫁接形成的银杏林。另外在沂源县织女洞林场有一株雌银杏，雌花及种子着生叶上，称为叶籽银杏，是我国银杏重要产区之一。

辽宁省的银杏

南部及沿海，银杏生长发育普遍良好。丹东市区九纬、六纬、四纬、十纬、七经等街路以及青年大街，20世纪30年代就栽植银杏为行道树，生长很好。近年来，用作城市绿化的行道树，每年就栽植银杏5 000～6 000株。大连市两区四县的主要街道，旅顺区的学校、公园及街道，均普遍栽植银杏。鞍山市有一两条街道全为银杏树。有辽宁寒极之称的抚顺市，极端低温达-40℃，在背风向阳的地方生长正常。本溪市有胸径12～15 cm左右的银杏行道树近1 000株。凤城市近年已栽植银杏数千株。

列植

多作为绿荫或行道树栽植，在景观上显得整齐和富有气魄。银杏树冠浓密，树荫大，易于遮阳和荫护道路，常被选作行道树，从古至今广泛应用。如再点缀以月季、迎春、木槿、紫薇等花卉灌木，使之雅致得体，令人舒畅。北京市前门、复兴门大街，太原市五一路，大连市人民路银杏行道树，树木苍劲挺拔，昂然而上，整齐庄重，独领风骚。经过数十年生长，高大挺拔，十分壮观，浓密的树枝不仅起到遮阳、荫护路面的作用，而且在消除噪声方面起到很好的作用。在它荫护下，这些道路四季少风，面无尘土，夏季路过其间十分凉爽。银杏树叶对二氧化硫又有很好的吸收作用，对于尾气排放较多的路面可起到净化空气的作用。用作行道树的银杏，一般要选择雄株，树高超过4 m，胸径5 cm以上的优质壮苗。

裂刻

裂刻纵向长度大于或等于1 cm，裂刻数为1的占77.2%，全缘占8.9%，2个裂刻占3%，3个裂刻占7%，4个裂刻占1.3%，5个裂刻占0.6%，除1个裂刻外，其他裂刻种类所占比例均低于10%。就裂刻数而言，除1个裂刻外，全缘、2～5(>5)个裂刻均可视为变异，可从中选多裂无性系。银杏长枝上定型叶仍以1个裂刻为主，并将叶片均等分为两部分。其中41号(♀)无性系裂刻长×宽高达9.5 cm×2.2 cm，裂刻最宽的无性系为07号(♀)4.5 cm，51号(♂)达4.4 cm。其中裂刻长<1 cm的系号占8.9%，1～2 cm占6.3%，2～4 cm占36.7%、4～5 cm占16.4%，5～8 cm占29.1%，≥8 cm占2.5%。裂刻纵向长度来看，2～4 cm和5～8 cm占比例最大，合计达65.8%。裂刻纵向长度大于或等于8 cm可视为深裂无性系。

裂叶银杏

叶深裂，边缘波浪状。1840年在法国的阿维尼翁选出，并由塞尼克鲁泽苗圃出售。该品种与大叶银杏、巨叶银杏及长叶银杏同属一种。

林场

在划定的土地范围内，从事森林经营或木材采伐的生产部门。按所有制性质不同分为国有林场（全民所有制林场）和集体林场（集体所有制林场）。按作业性质（生产活动）不同分为经营林场（又称经营所）和主伐林场（又称伐木场）。

林带防风效能

亦称风速降低率。用空旷地风速 V_0 减去通过林带后的风速与空旷地风速之比来表示。即某点林带防风效能为：

$$Ea(\%) = \frac{V_0 - V_a}{V_0} \times 100\%$$

式中 V_0 为某测点的风速。林带总的防风效率则以林带背风面各点的平均风速与空旷地风速之比,用上式计算。

林带防风作用

林带通过阻碍、摩擦和改变气流结构的功能而降低风速的作用。风遇到林带,首先由于阻碍作用而消耗了一部分动能,使向风面风速有所降低,并使气流密度加大,迫使一部分气流抬升由林带上方越过;另一部分气流进入林带后,原来较大的涡流,被林带内的孔隙过滤,分散成许多方向不同、大小不等的小涡旋,它们彼此互相撞击,并和枝、叶、干摩擦而消耗了能量,从而削弱了风力,降低了风速。

林带防护距离

林带防风作用可能达到的距离。用林带高度(H)的倍数表示。林带愈高,防护距离愈远。林带的有效防护距离,一般是以降低旷野风速20%和降低蒸发量20%的双重指标来确定。

林带间小气候

林带网格间离地表1~2 m高以下的气候。与无林带处比较,风速和蒸发量小而湿度大;春秋冬可增温1~2℃,夏季可降温1~2℃。能延长无霜期,减轻霜冻和干热风危害,提高农作物产量。

林带结构

林带内树木及其枝叶的密度和分布,亦即林带侧面透光孔隙的多少及分布状况。林带的造林密度、宽度、林层、树种组成、断面形状和修枝高度等对它都有影响。林带结构分为三种基本类型:紧密结构、疏透结构和透风结构。林带结构可用疏透度及林带透风系数表示。各种林带结构有其防护作用的特点,应根据防护的具体要求加以选择,并通过抚育措施加以维持。

林带宽度

林带两侧边行树木之间的距离,加两侧各1.5~2 m的林缘宽度。林带宽窄与透风系数和疏透度关系密切,直接影响防护效果。林带以保持最佳的透风系数和疏透度为宜。我国大部地区以采用4~8行,6~12 m宽的林带为宜。但在地广人稀,自然灾害严重的风沙前沿,为保护农田或绿洲所营造的防风固沙林带可以采用宽林带,带宽可达50~100 m。

林带配置

在农田上确定林带的方向、带宽和带距等具体位置。

林带缺口

主带上或主副带交接处留出的供车辆和农机具出入的缺口。交接处道口宽度一般为8~10 m。主带上尽量不留缺口。因易在上风面造成土壤风蚀,在下风区形成扇形积沙区,对作物生长不利。如主带过长必须留出缺口以利通行时,则各条主带上的缺口宜互相错开,以免形成人为风口。宽度宜5~7 m。

林带透风系数

林带背风面林缘1 m处林带高度范围内的平均风速(m/s)与空旷地同等高度范围内的平均风速之比,是确定林带结构和防风作用大小的一项重要指标。它是一个变数,常随风速和风向的变化而变化。同一林带当风速加大时,透风系数也随之加大;当风向不与林带垂直时,偏角愈大则透风系数愈小。因此,确定林带透风程度,是以有叶期的主要害风方向及其风速的条件下,用风速仪测定。

林带胁地

林带两侧因树木根系争水争肥和树冠遮阴,使作物生长发育不良,造成减产的现象。胁地范围一般为树高的1~1.5倍。克服胁地的方法有:林缘挖沟断根;林路渠结合;调整作物品种,在林缘附近种植小麦、谷子、大豆等作物。

林带增产作用

林带通过改善田间小气候和土壤水分状况,为农作物创造良好的生长发育条件,使农田增产的现象。成年林带可促进农田增产20%~50%左右;在风沙、干旱严重的地区和年份,增产可达1倍以上。

林带占地比率

林带占地面积与被保护农田面积之比,用百分数表示。为了节省耕地,在保证林带防护作用的前提下,应尽量降低林带占地比率,一般以不超过3%为宜。

林分结构

银杏林的产量是群体的产量,许多单株组成银杏林群体必须有一定的结构,包括一定的密度、配置方式、树种搭配及年龄结构等。银杏林的结构合理,则能充分利用立地条件,减少外界不良环境因子的影响,增加单位面积上的经济产量,实现速生、丰产、优质、稳产的目标。

林分密度

林分密度是合理结构的数量基础,而不同生长时期的林分密度本身又取决于造林时的初植密度,并由它经过自然稀疏或人工间伐,有规律地演变而成。造林密度对各生长时期的林分密度有决定性的影响,对林分周围环境条件(光照、温度、湿度)影响也很大。不同密度的银杏林分的光合速率、郁闭度、生长期以及林分的生产力和衰老过程也不同。除此之外,造林密度对银杏的产品品质、林分的稳定性及其防护效能等也都有不同程度的影响。在银杏林营造过程中,应根据经营目的、立地条件、栽培技术和经济因素等实际情况,确定适宜的造林密度,使银杏林在一定的立地条件和栽培条件下,能取得最大的经济效益、生态效益和社会效益。

林分生长进程

林分生长进程

年·月	调查面积(m²)	林龄(年)	平均胸径(cm)	平均树高(m)	每公顷	
					株数	材积(m³)
1955.6	3022	26~31	18.5	13.0	1197	198.5
1975.11	3022	28~33	18~26	14.0	936	221.0
1979.12	7300	51~56	35.9	22.4	332	503.6

林分组成

林分组成是指林分中各树种所占的比例。银杏林分组成有单纯由银杏组成的纯林和由银杏与其他树种形成的混交林之分。从生态学角度看,混交林具有以下优点:①有利于维持银杏林生态系统的协调发展,防止银杏林衰败和地力衰退;②有利于改善银杏林生态环境,调节小气候;③有利于增加林地凋落物,保水固土,增肥改土;④有利于增加生物多样性,保护天敌,减少病虫害的发生。因此,营造银杏混交林,既可以获得较高的经济效益,又符合生态经济原则,可以使银杏生产经营步入良性循环。

林粮间作对黄酮含量和产量的影响

林木检疫是在室内采用盆栽进行间作试验,发现不同的间作模式均不同程度地降低了单位营养空间的叶产量,银杏叶中黄酮含量和单位营养空间的黄酮总产量。如每盆栽植1株银杏、5株蚕豆和5株大豆与每盆栽植1株银杏相比,叶产量下降了60%,黄酮含量下降了6.5%,总黄酮产量下降了65%。

林木检疫

林木检疫是森林保护的一项重要措施。国家颁布法令,制定条例,设立专门机构,采取相应措施,对国际和国内不同地区的银杏种子、苗木、木材及其他银杏产品的调运进行管理、控制和检验,防止危险性病虫的输入和输出,并把检疫对象控制于局部地区,逐步予以消灭。检疫分对内检疫(内检)和对外检疫(外检)。内检是防止疫区的危险性病虫在区域间传播和蔓延。外检是严防国外危险性病虫输入和国内检疫对象的输出。

林木培育原理

银杏林生产力的高低受很多因素的影响,但主要取决于林分结构、立地条件和栽培技术与措施。即优良的立地条件、合理的林分结构和科学的栽培管理措施等因子有机结合,是培育优质高产银杏林的基础和必要条件。立地条件是影响银杏林生长的环境因子综合,主要包括气候和土壤因子。对银杏林产量影响最明显的气候因子主要有太阳辐射、温度和降水;土壤因子主要是土壤养分和水分。优良的立地条件便是指满足银杏生长发育所需的这些因子的最佳组合。林分结构是指森林生态系统中建群种的组成状况。组成林分结构的因子主要有树种组成、林分密度、个体大小、个体大小的整齐度、林木分布的均匀度等。林木要达到速生丰产就必须要有一个合理的群体结构。所以,建造一个能充分发挥银杏生长和林地生产潜力的银杏林结构,是保证银杏林持续稳定发展的基础。科学的栽培管理措施是人们为银杏林的生长发育创造良好的生境,所采取的有整地、中耕除草、施肥、灌溉、整形修剪和防治病虫害等措施。

林木施肥

林木施肥又叫林地施肥。一般在银杏栽植前施底肥,给郁闭前的幼树和郁闭后的大树施肥。林木施肥能提高造林成活率,加速林木的生长,提高单位面积的木材产量和种实产量。林地施用的肥料应具有:肥效高而长,不会使林地变坏,使用及运输方便,受雨水的淋失较少。一般用化肥制成球状(颗粒状)肥料施用。单元肥料只要选用得当,也能和完全肥料一样得到较好的效果。在酸性土壤上施用石灰中和土壤,也能收到效果。

林奈

林奈(Carl von Linne,1707—1778),又译林耐、林内。瑞典博物学家,双名命名法的创立者。壮年游学欧洲各国,访问著名植物学家,搜集大量植物标本。归国后任乌普萨拉大学教授。著作以《自然系统》为最重要,在1758年所印第10版中,和1753年出版的《植物种志》中,初步建立了"双名命名制"即二名法,把过去混乱的植物名称,归于统一,对

林奈

植物分类研究的进展影响很大。他又根据花的雄蕊数目和位置做了人为分类法,把显花植物分为23纲,另总结隐花植物为一纲,构成所谓"林氏二十四纲",一时也广被采用,至19世纪才被自然分类法所代替。林奈的分类范畴还没有"科",是一个缺点。林奈原认为"种是永恒不变的",后因他已观察到变异现象,以此在《自然系统》最后一版中,删除"种不会变"一项。银杏的拉丁学名Ginkgo,1771年由林奈根据凯普费(Kaempfer)意见所定。后来又根据银杏叶片具有二裂形态的特征,又加上含意为二裂"*biloba*",即形成完整的银杏拉丁学名"*Ginkgo biloba*"。

林网

通过对郯城县银杏林网的全面调查研究表明,银杏是营造林网的理想树种,它寿命长,树冠圆满紧凑,树高前期生长慢,遮阴胁地轻,且与农作物共患的病虫害很少,经济效益显著。在郯城,银杏林网栽植范围广,主要分布在道路沟渠旁,都为双行栽植,根据树木繁殖方式有以下三种类型:实生树型、劈头接型和分层接型。从经营方式看,以初植密度大,树木长到一定规格后抽出部分作为绿化用苗木,经济效益最好。银杏林网具有广阔的发展前景。

林网单纯式栽植图

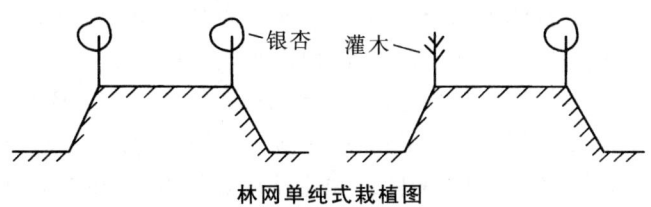

林网单纯式栽植图

林网混合式栽植图

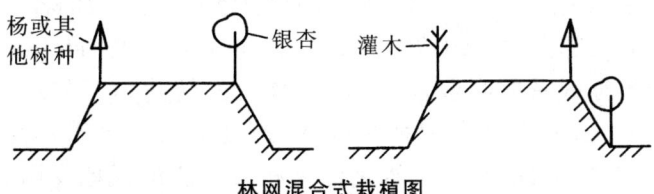

林网混合式栽植图

林网体系

由主林带和副林带按一定的距离构成方形或长方形的林网。大面积土地上按一定的要求所建立起的许多林网称为林网体系。林网体系能形成有利于农作物的小气候,防护效果显著地优于单条林带。我国北方风沙危害地区营造的窄林带小林网体系,主林带间距200 m左右,副林带间距300~500 m,每条林带由4~8行树木组成,林带占地较少,防护效果较好。

林学特性

与银杏生产实践有直接关系的生物学特性和生态学特性。如银杏的繁殖特性、生长特性、对生态条件的要求以及对不良因素的抵抗力等。

林药间作

即在银杏林(园)内间种药材等经济作物。通过对药材等作物的培育、管理,达到抚育幼林(园)的目的。可间种的经济作物较多,如豆类、甘薯等,要因树、因地、因时制宜的选用,一般选用矮秆、耐荫的作物。但不宜种植攀缘性作物。

林业

国民经济的重要组成部分,是培育和保护森林以取得木材及其他林产品,并发挥森林的生态效益以保护环境、改善环境、美化环境的建设事业。包括造林、育林、护林、采伐更新、木材及其他林产品的加工利用。发展林业生产可以为国家建设和人民生活提供各种原材料,并有涵养水源、调节气候、保持水土、防风固沙和美化环境等作用。所以,林业又是经济效益、生产效益和社会效益同步发挥的多产业、多功能的综合性产业部门。林业生产具有林木生长周期长,林业投资周转慢,多次投入,一次产出,破坏容易恢复难等特点。发达的林业,是国家富足、民族繁荣、社会文明的标志之一。

林业专家系统发展方向

森林的砍伐和种植需要维持一个平衡,对于森林资源的娱乐和其他"非消费性的"使用价值的需求,必须被考虑到与其日益增长的需求相关。这些难题更多地与目前的经济和社会趋势的实际情况相混合。接下来,我们怎么才能确定我们的行为在供求方面真正地代表了一个合适的平衡?什么是可持续发展的森林,这个概念怎样和变化发展的评价标准协调一致?气候变化后,未来森林生长状况如何?为了解决这些问题,我们就需要这样一种工具,需经过长期的专业研究,研制出可以根据在不同的立地条件下得出的不同结果来管理如今的森林的计算机系统,也就是林业专家系统。该系统主要包括以下几个方面:森林生态系统模型、个体树木的空间更替模型、地理信息系统模型。

林业专家系统开发平台

林业专家系统的好坏除了与林业领域专家知识获取有关外,还取决于开发专家系统所使用的工具。国内外专家系统的开发工具主要有三种:一种是高级程序语言,如C++、JAVA等;第二种是人工智能语言,如LISP、PROLOG、CLIPS等;第三种是专家系统开发环境,如Expert System Designer(ESD)、Exsys Corvid(EC)等。这三种工具各有优缺点。当前林业专家系统已开始广泛使用面向对象、构件化等当今主流的软件开发技术,将系统功能模块化、集成化、对象化,使用如JAVA语言并结合J2EE技术,使得专家系统的设计变得更加简单。

林植

林植是比群植面积更大的自然或人工片林,除银杏外,还有其他多个树种,可以群落式的搭配成大的风景林,大群小丛,疏密有致,景色自然,主要适用于风景林、旅游景点等。风景园林绿化中的银杏树,往往是单植或双植,丛植的很少见。为了尽快地形成宽阔的树冠和一定的绿量,一定要保持适当的栽植面积,形成以银杏为主的森林景观。

林种

按经营目的之不同而划分的森林类型。如用材林、特种经济林(果用、叶用、花粉用等)、薪炭林、防护林等。

临汾"陈家银杏"

生长在临汾市金殿镇桑湾村。树高22.8 m,干高4.6 m,胸径1.45 m,立木材横13.9 m³。冠幅东西22.1 m,南北为22 m,树冠投影面积为381.67 m²。树干以上共分6大枝,冠呈圆形。这株树为姓陈的家族所有,故称"陈家银杏"。

临界养分浓度营养诊断法

采用营养诊断技术,了解银杏植株生长发育过程中营养的盈亏状况,是指导合理施肥的重要依据。银杏营养诊断的方法主要有外部形态的观察和树体及土壤营养的诊断等。Macy(1936)提出了以叶干物质为基础的"营养元素临界百分数"的概念。该概念认为植物的每一种营养元素都有一个固定的百分数,如果植物体中该元素浓度超过这个百分数,表示奢侈吸收,如果低于这个百分数,则表示营养缺乏。这个"临界百分数"是一个概念性的数值,与其说它是一个数值,不如说它是一个范围,因为它受其他因子影响时,会有一些变化,但总的来说,每一种植物都有能反映其特点的范围。下图为生长量或产量与树体养分浓度关系的曲线模式。

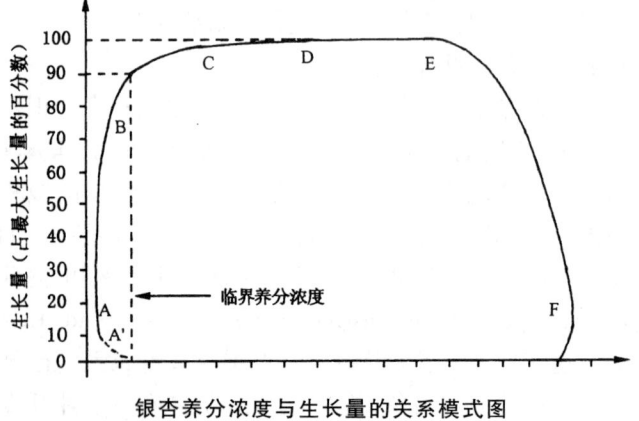

银杏养分浓度与生长量的关系模式图

临时植株

在银杏计划密植或变化性栽植中,为了充分利用土地空间和光能,增加银杏园早期覆盖率,从而获得经济效益,定植于永久植株之间,用来临时采叶、采种或为培养城市绿化大树的一种种植方法。在永久植株树体结构和叶幕空间形成后,临时植株应逐渐缩剪或及时移栽。

磷

磷是形成原生质和细胞核的主要成分,也存在于磷脂、核酸、酶和维生素等物质中。它参与树体的主要代谢过程,在代谢过程中,起传递能量的作用,并有贮存和释放能量的功能。磷能促进碳水化合物的运输,参与呼吸过程,与中间产物形成高能量化合物。磷并能促进花芽分化,使其提前开花结种;增强根系吸收能力,促进根系生长,增强抗逆性。当磷素不足时,酶的活性降低,碳水化合物和蛋白质的代谢受阻,分生组织的分生活动不能正常进行,延迟展叶和开花,新梢和根系生长减弱,叶片变小。当氮素供应过多时,缺磷还会引起氮的代谢失调,根中氨基酸合成受阻,使硝酸根离子在植物体内大量积累,又会呈现缺氮现象。磷过量时,能阻止酶进入植物体内,造成锌的不足。

磷的生理功能

银杏体内的全磷(P_2O_5)含量为其干重的0.248%~0.294%,除碳、氢、氧外,仅次于氮、钾和钙。磷对银杏营养的作用是多方面的。磷酸是形成原生质、核酸、细胞核、磷脂、多种酶、维生素等的主要成分之一,对细胞的渗透性、原生质的缓冲性具有重要作用,并参与银杏的光合、呼吸作用及蛋白质、糖、脂肪的合成和分解过程。树体内的含磷化合物,尤其是磷酸腺苷,是细胞中能量的贮存、传递与利用的主要媒介,在银杏的各个方面都占重要的位置。磷能促进分生组织的生长,增强根系的吸收能力,促进物质的转化,增强花芽分化,促进结实和种实成熟,提高品质。当磷不足时,酶活性降低,碳水化合物和蛋白质的代谢受阻,分生组织的分生活动不能正常进行,叶片变小,叶色暗绿,分枝少;严重缺磷时,叶片出现紫色或红色斑块,叶缘出现半月形坏死,引起早期落叶,产量下降;磷过多时,则会引起其他元素的失调,妨碍铁和锌的吸收,引起缺铁、缺锌。

磷肥

磷是果树必需的营养元素之一,是果树体内许多重要有机化合物的组成成分,参与许多生理代谢过程。生产上应用的磷肥有:①水溶性磷肥,主要有过磷酸钙,含 P_2O_5 20%~21%;还有重过磷酸钙,是一种高浓度的水溶性磷肥,通常含 P_2O_5 40%～52%,因其含有游离的磷酸和硫酸,故是酸性,并具有吸湿性,过磷酸钙施入土壤后,其移动性小,易产生各种溶解度不同的磷酸盐而被固定下来,因此施用时必须减少肥料与土壤的接触面,同时增加与根系接触面,生产中常利用集中施用,与有机肥混合施用,制成颗粒磷肥,分层施用和根外追肥等方法来提高磷的利用率。②弱酸性磷肥:主要有钙镁磷肥、脱氟磷肥、沉淀磷肥和钢渣磷肥等。土壤中的酸和果树根系分泌的酸,可以溶解这些磷肥,其移动性更小,它们的肥效较慢,后效较长。③难溶性磷肥,是既不能溶于水,也不能溶解于弱酸而只能溶解在强酸的磷肥。主要有磷矿粉、骨粉和磷质海鸟粪等,这类肥料,肥效迟缓,宜作基肥施用。

磷化锌

属高毒、广谱性杀鼠剂,药剂经口进入动物胃中,与胃酸产生剧毒的磷化氢,中毒动物 24 h 内即可死亡,是急性杀鼠剂品种。老鼠初次食用适口性较好,但中毒未死个体再遇此药时则明显拒食。对其他哺乳类动物和禽类高毒,中毒鼠尸体内残留的磷化氢可引起食肉动物二次中毒。制剂为 90% 原粉。防治家栖鼠种,用含 2%～3% 的有效成分含量的毒饵;防治野栖鼠种,用含磷化锌 5%～10% 的毒饵。配制毒饵采用黏附法,用植物油（占饵料量的 3%）作黏着剂的谷物毒饵,田间使用,能保持较长时间不失效。用瓜类、甘薯作饵料配制的毒饵,只能用 1～2 d。毒饵投放在老鼠活动的场所,每堆或每洞投毒饵 4～6 g。用麦面粉配制成含磷化锌 5%～10% 的毒糊。用适量花生油、食盐、葱花在锅内爆炒后加水烧开;再加入面糊熬成浆糊,盛于容器内凉透;再加入磷化锌,充分搅匀待用。使用时将毒糊涂在土块的一面,带药面向里堵鼠洞,或涂在 3～5 cm 长草束的一端塞进鼠洞,深度一般距地面一指或相平,覆土盖严。鼠出洞时将要排除障碍,用爪扒开或用牙咬而中毒。注意配制毒饵要在室外顺风操作,戴口罩和手套,木棒搅拌,不能用手。磷化锌及配好的毒饵必须密封装好。毒饵尽量投到隐藏地方,避免家畜、家禽误食。残留毒饵及时收回,鼠尸集中深埋。配制毒饵时在容器下垫上一层纸,配完后将纸烧掉。毒饵容器要专用。收集死鼠应专用铁桶或袋子,将收集的死鼠烧毁掉或深埋。人、畜误食立即催吐,洗胃,可口服 0.1% 硫酸铜溶液,呕吐后再服轻泻盐。注意保护肝、心、肾。

磷素

磷素是银杏的生长发育不可缺少的重要元素,其作用是促使花芽分化,促进银杏早熟,提高其产量和质量,增强树体的抗逆性。银杏缺磷,开花展叶延迟,叶片小,颜色发暗。严重缺磷时,老叶变成黄绿相间的花叶状,叶面呈现紫色或红色斑块,导致早期落叶。缺磷症常发生在土壤含磷量低于 0.1% 的偏碱园地。对此,可追施磷酸二氢钾、过磷酸钙、钙镁磷肥等含磷肥料,增施有机肥。叶面喷洒 0.5%～1% 的过磷酸钙浸出液,效果甚佳。

鳞片

指一种薄的、干膜质的退化叶片,如银杏芽外面起保护作用的叶状结构。

灵川历年银杏产量

灵川历年银杏产量 单位:t

年度	产量	年度	产量	年度	产量	年度	产量
1949	379.5	1961	162.2	1973	461.1	1985	463.6
1950	439.3	1962	427.8	1974	492.2	1986	505.4
1951	581.9	1963	349.6	1975	258.8	1987	550.0
1952	538.2	1964	309.4	1976	472.6	1988	710.0
1953	575.0	1965	277.2	1977	496.8	1989	425.0
1954	509.4	1966	207.0	1978	611.8	1990	625.0
1955	350.7	1967	492.2	1979	334.7	1991	485.0
1956	439.3	1968	201.2	1980	531.7	1992	745.0
1957	316.3	1969	393.3	1981	272.0	1993	525.0
1958	174.8	1970	629.0	1982	325.5	1994	902.0
1959	114.7	1971	438.2	1983	363.3		
1960	56.4	1972	249.6	1984	293.5		

灵川雄树花期类型

①早花类型。萌芽早,2月下旬开始吐绿,3月中旬抽穗,3月下旬花穗由青绿色变黄色时即开花散粉。由于此时气温较低,花期较长,从初花到谢花约12 d。谢花期比最早开花的雌树品种(早桐子、珍珠子)的初花期还早3～5 d,没有起到自然授粉的作用。但在雄树资源缺乏、花粉量不足的情况下,可以预先放在室内贮藏,待雌树开花时做人工授粉使用。此类雄株占9.9%。②中花类型。3月中旬萌芽,3月下旬抽穗。此时气温回升快,花穗成熟也快(7～10 d),4月上旬花穗陆续发育成熟,开花散粉。气温高时花期短,反之则长。一株树的花期约5～7 d。此类雄株数量,占63.4%,与大多数雌树品种花期相遇,是灵川县银杏林中最适宜的自然授粉的雄树类型。③迟花类型。3月中下旬萌芽,4月上旬抽穗,4月中旬初花。单株开花期7 d左右,整个类型的群体开花散粉期延续到4月中旬末结束。这正是中花类型雄树谢花之后,对雌树的中迟花品种盛花期的花粉补充有重要作用。此类型雄株占25.8%。④特迟花类型。3月中旬萌芽,4月上旬抽穗。花穗发育时间较长,4月中旬末或下旬初才开花散粉。开花期短,约6 d左右。此类型的雄株仅占0.9%,对开花较晚的海洋皇、粗佛子、大白果等品种的自然授粉有作用,但与雌树的早中花品种花期不遇。

灵川银杏品种资源

灵川银杏品种资源

类型	品种	开花期(日/月)	采收期(日/月)	种核重(粒/kg)	出籽率(%)	出仁率(%)
佛手类	粗佛手	12～17/4	10/9	345	20.2	73.5
	长柄佛手		1/9	438	21.6	82.9
	圆底佛手		1/9	429	25.0	76.8
	圆锥佛手		1/9	300	26.4	78.7
	橄榄佛手		10/9	483	24.7	75.9
	金果佛手		1/9	552	24.8	80.1
	圆枣佛手		1/9	524	24.6	77.4
	枣子佛手		1/9	645	26.2	76.1
	卵果佛手		1/9	500	24.0	—
	大佛手		1/9	361	21.0	81.6
	华口大白果	12～16/4	15/9	282	26.9	77.2
梅核类	早桐子	4～10/4	28/8	602	21.6	76.5
	大桐子	10～16/4	1/9	392	22.0	80.4
	大梅核		1/9	412	22.0	76.5
	小梅核		28/8	602	—	—
	珍珠子		28/8	613	25.8	77.9
	垂枝果		1/9	450	21.0	74.3
	皱皮果		1/9	645	25.0	81.3
	算盘子		1/9	524	20.0	78.0
	棉花果		1/9	588	24.0	—
马铃类	海洋皇	14～22/4	15/9	320	25.0	77.4
	大马铃	12～18/4	1/9	406	20.0	78.5
	小马铃		1/9	602	22.0	—
	黄皮果		1/9	637	23.8	75.8
	青皮果		1/9	556	23.5	—

灵川银杏资源统计

灵川银杏资源统计

乡(镇)	总株数	其中		备注
		90年代前结种株树	现有结种株树	
合计	671 911	23 136	24 178	至1994年春止
海洋	170 000	18 311	19 000	
潮田	110 000	1 983	2 000	
灵田	88 883	1 000	1 100	
公平	62 059	6	15	
三街镇	55 550	15	100	
大境	33 553	900	950	
潭下镇	33 684	2	20	
大圩镇	32 055	900	950	
九屋	26 896	5	10	
灵川镇	25 352	7	20	
定江镇	18 820	5	5	
青狮潭	8 870	2	8	
蓝田	3 080	—	—	

灵山寺古银杏

宜阳县城西郊的灵山寺，为灵山的文化古迹胜地。寺内银杏多株。大悲阁前的一棵古银杏，胸围4.3 m，高26 m。据县志载："灵山寺在城西15里，即报忠寺，又一名凤凰寺……相传为周灵王葬处。寺乃金大定3年(公元1163年)建。"有诗文中提到"楼台环翠嶂，云树接花城"之句。云树泛指银杏等古老大树。古银杏相传为建寺时所植。目前枝繁叶茂，经历800多年而不衰。尤为罕见的是，树冠中大枝萌生出粗大下垂的气根，因而当地有"倒扎根银杏树"之称。

岭南

岭南是日本大分县银杏专家佐藤义光选择的优良核用品种，并首先在大分县大野郡犬饲町培育出嫁接苗。该品种树形以主干形或变形主干形为主。岭南嫁接幼树单叶鲜重1.25 g，干重0.87 g，含水量70%。单叶厚42 μm，叶长×宽为7.82 cm×9.66 cm，叶柄长4.67 cm。叶缘波状或全缘，中裂刻明显。当年生长枝达40 cm，粗0.72 cm，具叶片28枚。岭南种实特大，初看上去好似李子。收获期在9月中旬至10月上旬。收获期比金兵卫稍晚，但比藤九郎早，为日本目前主推品种之一。

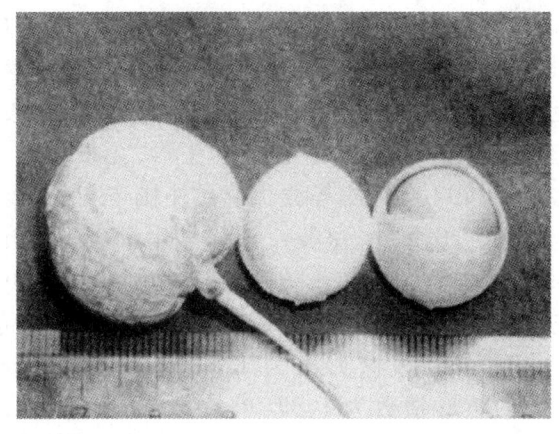

岭南

岭南古银杏种群保护措施

岭南古银杏种群有较高的经济价值和科研价值，为充分挖掘其潜力，保护这宝贵的珍稀植物，主要采取如下措施：①加强领导，组成专家组，加强对雄银杏资源的保护，南雄市以银杏开发公司，银杏研究所为主，联合有关镇白果技术推广站，组成古银杏保护技术指导组，负责对古银杏保护的组织领导及技术指导。②进一步开展银杏种质资源的普查，选择优良雄株重点复壮、更新，重点培育南雄的优良单株，优化纯化南雄银杏品种。建立档案，确定产权，发放产权证。对目前全市所有古银杏树，逐株登记，建立档案，挂牌标址、编号，产权年限，司法公证，发放产权证，防治产权纠纷，毁坏古银杏树。③因地制宜，因树制宜，制订一系列的保护措施，对因水土流失较大，根系裸露的进行培土固土，对历年挂果较多枝条光秃的，控制挂果量，缺肥衰老的增施肥料，老果树，复壮更新，采取堵树洞，砌围墙，培大土，合理挂果的一系列技术措施，确保短期内古银杏能稳生、快长。④通过优选，建立优良品种母本园，保护濒临灭绝的古银杏优良单株。经选育的优良单株，建立3~7 hm^{2}的母本园，繁殖优良单株，保护珍稀品种，又为南雄白果乃至岭南白果的发展，提供优质、高效、高产、低耗的优良品种接穗。⑤对古银杏树、根蘖苗实行重点培育及重点保护，移植培育；对相继进入结果年龄的，重点培育以继承母树的优良种性；5年生以上的数量多的根蘖苗，科学分株，建圃培育，为进一步发展提供纯正的优质苗木。⑥因树制宜，多渠道开发。对古树桩及观赏价值，较高的叶籽银杏，垂枝银杏，开发成盆景，形成南雄古银杏盆景的唯一生产基地，形成岭南盆景派别的又一新的家庭。⑦加强技术指导，发挥检查及督导作用。

岭南银杏王

因树龄、种实、种核较大故名，属马铃类。该母树坐落于广东南雄油山镇梓杉坳中原寺旁。树龄1 680年，是岭南最大的银杏树。树高23 m，主干高1.2 m，胸径2.83 m，两分枝（1996年大雪压断一个主枝），年产种核400～500 kg。树冠圆头形，无根蘖苗，枝干夹角约70°。生长势强，树冠外围新梢长度达40 cm，18～20片叶，短枝一般丛生叶6～8片，叶色较深，叶片厚大。一年生枝上的叶片中裂明显，叶缘有波状缺刻。种实椭圆形，成熟时橙黄色，种核椭圆形，上宽下窄，种核大小为2.31 cm×1.69 cm×1.44 cm，核形指数为1.37，单粒重2.13 g，出核率26%，出仁率74.7%，蛋白质含量11.2%，淀粉75.6%，脂肪4%，总糖5%。本品种树形开张，树干粗壮，发枝力强，大小年不明显，丰产稳产，是南雄银杏的主要栽培品种。

岭南银杏种群

南雄盆地"红层"西起始兴的鸡笼墟，东与信丰盆地相连，纵长约80 km，面积1 800 km²，"红层"出露完整，地质构造比较简单，新中国成立前著名地质学家和日本野田势次郎，曾来南雄考察，新中国成立后中外地质考古学家亦相继来南雄考察。恐龙化石有微毒与银杏叶片的微毒相吻合，因此南雄银杏与恐龙是中生代侏罗纪相依相伴的动植物。

陵川郝家村银杏

这株银杏生长在陵川县礼义镇郝家村学校。树高20 m，干高9 m，胸径0.7 m，冠幅东西6.5 m，南北8.2 m，枝叶生长茂盛。

刘勰故里银杏

刘勰是我国南北朝时期的文学理论家，所著《文心雕龙》是中国古代最著名的文学理论巨著之一。《梁书·刘勰传》载："勰字彦和，东莞莒人。"刘勰故里位于山东省莒县城西北60千米的东莞镇沈刘庄。据《莒县地名志》载："西沈庄，汉代建村。此地不仅有汉代箕城遗址和春秋墓，还出土有汉代砖瓦，村前有古银杏一株，相传是刘勰亲手所植，树龄已有1 500余年。"该银杏树高31.5 m，树形雄伟壮观，树干表面自下而上有8条纵沟，上有8大主枝，树体庞大，冠幅面积达812 m²。古银杏树生长在石灰岩形成的棕壤厚土层中，北侧30 m处是终年不断的山溪，充足的肥水哺育了这株古树，使其虽受尽创伤，仍焕发出勃勃生机。

刘秀拴马白果树

商水县邓城镇许村村内，有一株2 200年生的古银杏树，胸围5.34 m，树高18 m。据《商水县志》记载："县城西北方向邓城乡沙河南岸许村前有一棵白果树，经围一丈六，树高五丈四，树冠遮地一亩二分"。方圆百里群众敬之为神树，传说白果树经千年修炼已得道成仙，能算出真龙天子。汉朝时期，王莽撵刘秀相争帝位时，刘秀渡沙河途经此地饮马休息，刘秀在银杏树上拴过马，树干距地面80 cm处，树干凹陷一周，据说是刘秀拴马时留下的痕迹。在树干50 cm处有一深脚印，说是刘秀拴马时手勒缰绳脚蹬树干留下的脚印。在树干的另一侧30 cm处有四个碗口大小的马蹄印，说是刘秀因长途跋涉，又累又困，拴好马后背靠树干休息，当刘秀睡熟后，远处王莽兵马追来，刘秀的神马为喊醒刘秀，便用前蹄扒树，刘秀被马蹄声惊醒后，发觉王莽追来，便上马逃离脱险。民间传说是"白果大仙"点化所致。由于白果和叶均能用来治病，群众对银杏树更加敬之保护，每逢农历初一、十五前来拜祭、求福的络绎不断。由于银杏树冠大荫浓，树中鸟雀如云，有人对树用猎枪打鸟，猎枪却失灵无声，树上鸟儿毫无损害。百姓说，这是"白果大仙"爱鸟如子，后人谁也不敢破坏树上一枝一叶。现在，刘秀拴马银杏树为商水县重点文物保护单位，不远还有一饮马台，设为旅游景点。

刘原父（宋）

> 魏帝昧远图，于吾求鸭脚。
> 乃为吴人料，重现志已惬。
> 江南有佳木，修耸入天插。
> 叶如栏边迹，子剥杏中甲。
> 持之奉汉官，百果不相压。

刘张银杏

垣曲县县城东，树高23.8 m，干高3 m，胸径1.3 m，冠幅东西17.8 m，南北11.3 m，主干东西倾斜。原有五个分枝，1958年修桥锯掉了三枝，现存二枝。根盘周长25.7 m，东北裸露，悬而长，露根高3 m多，盘根下边有5条龙状侧根伸向西南边，东西两根长达16 m，南面有3条根长达13.3 m，如5条巨龙拔地腾飞而起，支撑着将要塌陷的老树。龙根下又一层层云根，好似乱云翻滚、巨龙腾飞，十分壮观。传说曾有人想掘此树，砍两斧树体流出血水，从此以后再无人敢砍，留存至今，俗称龙银。

留床法

为培养3年生的中干嫁接大苗，要求高度1.8 m左右，根际直径1 cm上下，可采用中低密度的播种育苗，株行距20 cm×40 cm或15 cm×50 cm，产苗量在12～15株/m²。

留床苗

在原育苗地继续培育的银杏苗木。

留床培育

将在圃的银杏小苗进行疏移,保留所需要数量苗木,继续培养成一定规格银杏大苗,用于绿化造林。在圃银杏苗的疏移和保留,要掌握去劣留优,苗木标准一致,密度均匀,尽量不伤根或少伤根,减少恢复期,保持连续旺盛生长,可提前 1~2 年出圃,是培育银杏大苗的一种快捷办法。具体方法是:将在圃的 1 年生小苗,通过第 1 次疏移,每亩保留苗木 6 000~7 000 株,再加强银杏育苗技术措施,到第 3 年培养成苗高 1.81 m 左右,根基直径 1.5 cm 以上的中等苗,可抽行去株直接抽取 3/4 苗木去造林。也可以采取暂不抽苗,把 3/4 苗木进行嫁接培养嫁接苗,到第 4 年把嫁接苗全部抽出栽植成片园。这样,经第 2 次抽苗,每亩保留 1 500~1 750 株银杏苗,逐步培养成苗高 3 m 以上,胸径 3 cm 以上的大苗。通过进一步疏移,可培育成特级苗。

流胶病

发病时间通常为 5~8 月。发病的原因很复杂。一是物理原因,一般为机械损伤所致,其中主要是机械碰伤和修剪不当所造成的,其病征主要是从伤口处流出浓稠的白色液体,上有苍蝇等昆虫,干后在伤口处有白色的结晶体,剖开流胶处的树皮,伤口清晰可见。二是生理原因,如施肥不当、栽植过深、久旱后浇大水,pH 值过高等原因造成树木生理失调而导致流胶。尤其是使用氮过多,造成肥害后,银杏树的大部分叶片萎蔫、卷边后干枯,树势明显减弱。6 月下旬到 7 月下旬,树干开始流胶。三是病理原因,病征主要在银杏树阳面主干的主枝丫杈处和主干上,病树胸径在 5~7 cm,生长势中等,发病的小枝直径在 1~2 cm 左右,初期可见病部肿胀、湿润。6 月中旬~7 月,从病部流出微黄色半透明的树液,雨后或灌水后流量增加,夜间流水比白天多。树液与空气接触后,黏度增加,呈胶冻状。树液流过的树干易招虫和蚂蚁,常有呈环形分布的鸟啄小眼,因此容易判断为虫害。时间久后,树液流过的树干颜色变黑。用锋利的刀将发病的部位剖开,可发现圆、长圆的小口,颜色棕色到浅黑色,小口周围有明显的浸润痕迹,这些破口多少、深度不等,多的可绕树的主干 1/5,少的 3~4 个;深的可达木质部,浅的在形成层。这些可表明是病菌侵入的结果和过程。四是生物原因,某些昆虫能造成银杏树流胶,如红天牛等。五是气候原因。树木遭受冻害、霜害,引起树干组织受损而导致流胶。六是综合原因,由于施肥、修剪等生产措施不当,打乱了银杏树木的生理平衡,影响了银杏树木的生长,在此情况下,早就存在于林地和林木中的弱生病菌乘虚而入,造成了银杏流胶。防治方法:①加强银杏树的生产管理。在中耕、除草时,避免机械对银杏树体造成损伤。如发生了机械损伤,要及时涂抹杀菌剂和用胶带封闭伤口。②科学施肥,施肥配方做到氮磷钾合理配比。③做好林地的排水措施。④发现树木流胶后,用农抗 120~200 倍液 + 氧化乐果 500 倍液 1∶1 配制,涂抹树干,用药棉堵塞虫口或流胶口。7~10 d 后再次施药。连续施药 2~3 次。

琉璃果

主产河南嵩县,种实卵圆形,长×宽为 2.79 cm×2.60 cm,平均重 11.21 g,外种皮黄绿色,密被白粉、微皱,先端沟状凹陷,柄长 4.45 cm。种核圆形,长×宽×厚为 2.20 cm×1.82 cm×1.42 cm,先端圆钝,基长,尾突明显,出核率 23.64%,出仁率 78.70%,每千克 377 粒。

硫素

硫在银杏的生理生化过程中起重要作用,特别是参与叶绿素的形成。缺硫时幼叶先失绿变黄,而后叶肉才逐渐发黄;严重缺硫时,叶片基部常发生红棕色焦斑。在含钙质的土壤中,硫多被固定为不溶状态。山丘地区的红壤,因淋溶作用多流失。这些地区的银杏园易缺硫。对缺硫的园区,一般亩施石膏 5~10 kg 或硫黄 1~2 kg,可使硫得到一定的补充。

硫酸铵

速效性氮肥。施用后 3~4 d 即可见效。含氮量为 20%~21%。它是一种白色细粒状的结晶,有的因含有杂质,带有灰、黄或淡红等颜色,形状似砂糖,是生理酸性化肥,长期使用会使土壤硬结,适用于碱性和中性土壤。在酸性土壤上要与有机肥或石灰交替使用。一般多用作追肥,也可与有机肥混合作基肥,但以追肥效果为最好。干施或液体施用均可。施用时与有机肥混合作基肥的效果最好,但不要和碱性肥料如草木灰、石灰氮、钢渣磷肥等混合施用,以防损失氮素,但间隔施用无妨。施用硫酸铵时不要弄到叶子和幼茎上,以防烧死苗木;要与根部保持适当的距离,最好在行间开沟施用,施肥后要盖土和灌水。

硫酸钾

速效性钾肥,含钾量为 48%~52%,白色或灰白色或带棕色的结晶,能溶于水,是生理酸性化肥,适用于碱性土壤或中性土壤,如用于酸性土壤要与石灰间隔施用。用于基肥、追肥均可,但以用于基肥较好。干施水施均可。干施加 5 倍以上的湿润土;水施用 5% 的浓度。

硫酸锌对银杏苗木生长的影响

调查点	处理	苗龄（年）	密度（m）	平均高度（m）	胸径（cm）	备注
李双楼	2.5 kg/亩	9	3.5×3	5.3	10.1	其他管理
河西	对照	9	3.5×3	4.9	8.7	措施相同

硫酸亚铁

亦称皂矾或黑矾，速效性铁肥，含铁20%左右。暗绿色结晶，易溶于水。如在弱偏碱性土培育银杏苗，常因缺铁出现新叶失绿症或黄化现象，需及时补充铁肥。多用作根外追肥，浓度0.2%～0.5%，每隔15～30 d反复喷洒数次，可使新叶复绿。也可与有机肥料混合堆沤后作土壤追肥，能延长肥效。

柳乌木蠹蛾

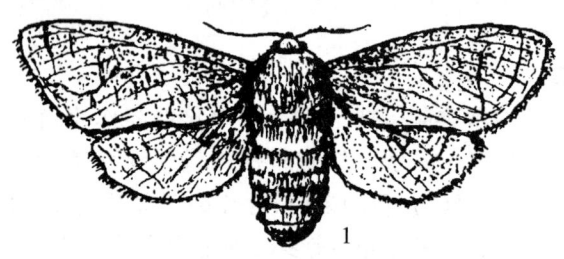

柳乌木蠹蛾
1.成虫 2.幼虫

柳乌木蠹蛾（*Holcocerus vicarius* Walker），又名柳干木蠹蛾，属鳞翅目木蠹蛾科。主要分布在黑龙江、吉林、辽宁、河北、山东、山西、河南、江苏、安徽、上海、天津、北京、陕西、宁夏、内蒙古、甘肃、四川、云南等地以及苏联、日本、朝鲜、越南等国，为银杏蛀干害虫，主要危害银杏主干上部及主枝基部。受害植株树势减弱，上部枝叶枯黄。江苏姜堰市已发现10余株30年大树死亡。其他还可危害榆、刺槐、杨、麻栎、柳、丁香、苹果、梨、花椒、金银花等树种。该虫在江苏、山东2年1代，少数1年或3年1代，以幼虫在蛀道或土下越冬。虫道不规则扁指形弯曲。喜在老虫道继续蛀食，数条或十数条虫一起，排泄物堆在虫道里。5～7月份因食量增大，蛀食的木纤维由虫道口排出。银杏受柳乌木蠹蛾危害后，其主干或主枝横剖面与河藕断面相似。该虫在江苏姜堰市一带2年发生1代。防治方法：①伐除被害严重的濒死木或枯死木，剪除被害树枯萎的大枝，集中销毁，以减少虫源。②加强抚育管理，防止形成机械损伤，减少幼虫侵入。③自5月中旬起查看银杏树干，发现虫道口有新鲜木纤维排出时，注入有机磷农药（如杀螟松等）10倍液，虫道口用黏土堵塞，也可直接用药棉蘸药堵塞虫道口。④7月中下旬喷80%敌敌畏乳油1 000倍液，重点喷在主干上部和主枝基部，以杀灭初孵幼虫。

六月落种

银杏的生理落种包括早期落种和采前落种。6月落种是早期落种的一种，因时间大多发生在6月，故名。这次落种主要是贮藏营养不足及同化养分竞争等原因所致。头年的贮藏营养是次年银杏开花、长叶、坐种和新梢前期生长的基础。到5月份贮藏养分大部分已经被消耗于形态建成，以后所需的营养成分主要依靠新叶来制造。在养分转换期间，如果贮藏营养充足，则转换过程迅速，生理落种相对较少；如果贮藏养分不足，除前期影响花器分化引起落花外，还会使养分转换期延长，导致6月落种。新梢的数量与长势对6月落种也有重要的影响，新梢生长的数量多，长势旺，往往消耗过多的养分，导致种实得到的养分不足，这样可能会引起严重的6月落种。6月落种的程度还取决于种实彼此之间对有限养分供应的竞争，种实间的竞争通常表现为生长快的种实抑制生长慢的种实，称之为"先行优势"。种实少而枝叶量大的单位枝，种实竞争力小；相反，种实多的单位枝，种实的竞争力就大。种实对养分的竞争在不同品种间的差异很大。

楼观台古银杏

树龄：估计2 000年内外。树别：雌株。树高：24 m。干周：15 m。此树在1972年曾被火烧一次，故树冠残缺，但现仍能结种。

蝼蛄

俗称拉拉蛄，土狗子，国内分布约有四种，但以东方蝼蛄和华北蝼蛄对银杏播种苗危害严重。东方蝼蛄分布于全国各地，以北方地区发生较重，华北蝼蛄分布于西北、华北和东北的南部地区。蝼蛄对苗木的危害除以成、若虫直接咬食根系和种芽外，还由于其在土壤中的活动使银杏苗木的根系与土壤脱离，造成日晒后萎蔫。随着银杏的发展，蝼蛄的危害有日渐上升的趋势。蝼蛄在北方地区,有两次猖獗危害时期:一是4~5月间越冬成、若虫上升到表层土壤活动,二是9月份,当年越夏的若虫和新羽化的成虫大量取食后准备越冬。蝼蛄昼伏夜出,晚间9:00~11:00是活动取食高峰。趋光性很强,在潮湿闷热、无风无光的夜晚,利用灯光可诱到大量成虫。此虫趋化性强,喜香爱甜;趋肥性(喜马粪)和趋湿性也较强。蝼蛄多发生在平原以及沿河、临海、近湖等低湿地区,特别是砂壤土和粉砂壤土,质地松软的腐殖质土,最适宜蝼蛄的繁殖。防治方法:①做苗床时使用毒土杀虫。即用0.25 kg美曲膦酯与50~62.5 kg细土均匀拌和撒施,翻地耙平。此量可用于一亩地的范围。②毒饵诱杀。用90%晶体美曲膦酯50 g,加水250 g溶解后,喷至1000 g麦麸上,拌成毒饵,傍晚撒于苗床,用量为1 000~1 500 g/亩。③人工挖掘。春季根据地面蝼蛄的隧道标志挖窝灭虫,夏季产卵高峰期结合夏锄挖穴灭卵。④马粪鲜草诱杀。在苗圃地,每隔20 m左右挖一小坑(40 cm×20 cm×6 cm),将马粪或带水的鲜草放入坑内,虫被诱入后,白天集中捕杀。在坑内加放毒饵也能诱杀。毒饵配制方法:将豆饼屑或麦麸100 kg用文火炒香,加上90%晶体敌百虫或50%辛硫磷1 kg,拌匀即用。⑤其他捕杀方法。在苗圃周围设高压电网或灭虫灯等诱杀。

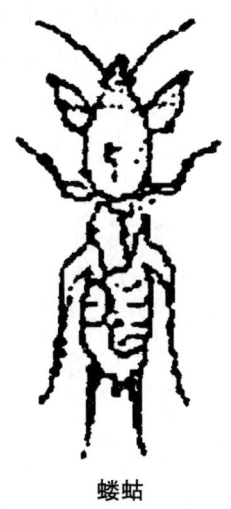

蝼蛄

庐山莲花刘家坨古银杏

树龄1 000余年,树高21.5 m,胸围5 m,冠幅24 m×24 m。树干空朽,但枝叶繁茂,果实累累。

鲁班巧取银杏中心板

河南鲁山县四棵树乡安古垛寺村文殊庵院落内有5株古银杏树,树高都在20 m以上,胸径都有1 m以上,其中最粗的一株已超过2 m,树龄约2 000多年,至今老而不衰。当地流传着一个有关鲁班救古银杏树的传说。早在春秋战国时期,有一株银杏树,干距地面50 cm以上有一道约6 m的上下裂缝。当时,工匠们奉命修建庙宇,需用此树之木做匾额。众工匠闻此树生长旺盛,且每年结果累累,实在不忍心砍伐。正在犹豫之际,恰遇墨子到此,墨子问明原委后说:"用其板又不毁其树,可找鲁班。"于是请来鲁班。鲁班独出心裁,亮出绝招,从树的正中锯出一块木板使银杏树幸免于难。现在此树树干中间仍有一道长达6 m的裂痕依稀可见,据说就是鲁班抽板时留下的痕迹。

鲁山夫妻白果树

鲁山县四棵树乡文殊寺内有5棵古银杏,其中殿前左侧(中间道东边)两株相距1 m,恰为一雌一雄并列生长,群众称"夫妻白果"。雄白果树粗高耸,显示男子汉大丈夫气势。雌白果树身细而苗条,像是温顺少妇。雄白果树冠枝杈将雌白果遮去一半。据说当年鲁班看了不顺眼,便举斧抽锯除掉树的另一半,给旁侧雌银杏树打开了光照,从此,这棵雌银杏树便苗壮成长,树高超出了雄株。但雄株仍不示弱,不多久又发出新枝,像只长臂似的插入雌树冠中。现在雌树年年结果累累,雄树也根深叶茂,生长旺盛。雄株胸围7.15 m,树高25.5 m。寺内还有明成化元年《重修文殊庵窟沱寺碑记》载:"鲁邑西南,俯山坳之间,旧有文殊庵窟沱寺,白云为藩,青峰为屏,绿竹映堵,银杏封宇,即古之丹丘珠林,无以过之。"可见明代时文殊寺银杏树已是覆荫寺院的大树了。此位于伏牛山布麓阳坡处,海拔730 m,据考证,几经战乱,火烧山林,反复庙毁重建,目前大树仅是幸存下的一部分,其树龄也有2 300年以上。

鹿邑汉朝古银杏

河南省鹿邑县老庄乡孙营村有一株汉朝古银杏树,该树为雌性,树高35.7 m,枝下高3.5 m,胸围6.15 m,冠幅371.68 m²,庞大的水平根子盘根错节,裸露地面,最长的已延伸过惠济河,长达100余米。目前,仍枝繁叶茂,生机盎然,拔地而起,十分雄伟壮观。①保护措施:a. 成立古银杏树管理委员会,确定专人负责管理。b. 大力宣传保护、利用银杏树的重大意义。c. 筹集资金,采取工程保护设施。②利用及效益:1993年花期实施人工授粉,产白果877 kg,以每千克26元计,价值22 802元。

露地插床

选择土质疏松、排水良好的地块,用腐熟的农家肥加适量的过磷酸钙施足底肥,把地整成垄或畦,垄或畦宽1.2~1.5 m,长度因地而异。露地插床投资少,但育苗效果比温室插床稍差一些。

露天坑藏

作为生产用种,种子采收后先脱去外种皮并在室内堆积,于11月中旬将室内堆积的种子先用1:1 000倍多菌灵冲洗1次,晾干后即可入窖沙藏。在室外坑(窖)藏时,应选背阴、地势较高、排水良好的地方挖坑,坑深0.6~0.8 cm,宽1.0~1.5 m,长依种子数量而定。坑挖好后先在坑底铺10~20 cm干净湿河沙,再把种子和沙混合物(1:3)填入坑内。也可将种子和河沙相间排列于坑内。种子入窖后每5~7 d翻动1次,以防霉烂。"大雪"后土壤接近封冻时,种子不再翻动,种子上覆20~30 cm细沙,再覆上10 cm细土。窖内每隔1 m放一草把,以便通气。种子藏好后,再在坑四周挖一深和宽均为20 cm的排水沟,以防雨雪渗入坑内,导致种子腐烂。春天气温回升后,要经常检查贮藏窖内的温度,超过20℃时,要翻动通气降温。于翌年2月下旬大地解冻后,从窖内取出进行催芽播种。

吕四人为啥很少得癌症

江苏启东是我国乃至世界上有名的肝癌高发地区,但令人不解的是位于启东西北角的吕四地区肝癌发病率却很低。20世纪60年代我国学者对此现象曾做过深入调查,结果发现吕四和启东一个显著的不同点在于,吕四种植了大量杏树和银杏树,启东则很少。进一步调查后发现,肝癌发病率的确与杏树、银杏树的分布有关。种植杏树、银杏树的吕四地区肝癌发病率最低,而没有这两种树的启东地区肝癌发病率最高。以吕四地区为中心向其外围扩展,肝癌病例逐渐增多,发病率由低到高,一次分别为小于20/10万人口、(40~60)/10万人口、(80~100)/10万人口。据研究,杏树和银杏树能释放出一种氰化氢,散发在周围空气中,通过呼吸道和皮肤进入人体,从而起到抗癌的作用。在杏核周围检测,发现确实存在氰化氢。在喜马拉雅山麓,有一个叫芬乍的小村庄,那里的人寿命很长,且不生癌。据研究,原因在于芬乍人常年以杏子充饥。

绿茶保健饮料

选用南林大后山秋季银杏叶和宜兴炒青绿茶为原料,用20倍水微波浸提60 min,以中速滤纸抽滤制得粗提取液。采用微孔滤膜过滤、纸浆过滤、硅藻土过滤和离心过滤等4种方法精滤,4种过滤方法对银杏和绿茶提取液中有效成分和浊度有显著性影响,其中微孔滤膜过滤的绿茶综合指标较好,硅藻土过滤所得到的银杏提取液品质最佳。以精滤过的茶叶和银杏叶提取液为原料,采用正交试验确定银杏绿茶饮料的最佳配方。含绿茶提取液27.5%(V/V)、银杏叶提取液7.5%(V/V)、白砂糖1%、抗坏血酸0.02%的该产品具有较好的感官品质,理化指标达到轻工行业标准茶饮料QB2499—2000要求,本品采用微波中火间歇杀菌2 min两次,卫生要求也达到或超过QB2499—2000要求。

绿肥

用作肥料的植物绿色体均属于绿肥。绿肥含有氮、磷、钾等多种矿质营养和有机质,是改良土壤,增强地力的重要肥料之一。在沙坡地种植绿肥作物,可防风固沙,保持水土。植株覆盖地面,还可减少蒸发,防止返碱;抑制杂草丛生,调节地温,有利银杏根系活动。由于绿肥对银杏园土壤的水、肥、气、热有很好的协调作用,可以促使银杏根系发达,吸收力增强;同时绿肥有机质在分解过程中,产生多种活性物质(如氨基酸、维生素、植物激素等),对促进银杏树的生长发育也大有好处。常见的绿肥作物有紫穗槐、草木樨、紫花苜蓿、沙打旺、紫云英、小冠花、三叶草、商绿、毛叶苕子等。绿肥可以见缝插针式种植,也可专门栽种,集中收获压青,可以因地制宜,选种栽植。

绿肥与常用肥料的营养成分

绿肥与常用肥料的营养成分

种类	状态	氮(N)(%)	磷(P_2O_5)(%)	钾(K_2O)(%)	性质
毛叶苕子	鲜物	0.67	0.20	0.78	微酸性
紫穗槐	鲜物	1.32	0.30	0.30	微酸性
草木樨	鲜物	0.48	0.73	0.44	微酸性
田菁	鲜物	0.52	0.07	0.15	微酸性
苜蓿	鲜物	0.56	0.18	0.31	微酸性
紫云英	鲜物	0.40	0.11	0.35	微酸性
人粪	鲜物	1.04	0.36	0.34	微酸性
人粪尿	腐熟后鲜物	0.5~0.8	0.2~0.4	0.2~0.3	微酸性
猪厩肥	腐熟后鲜物	0.45	0.19	0.6	微酸性
土粪	风干物	0.12~0.58	0.12~0.68	0.12~1.5	微酸性
普通堆肥	鲜物	0.4~0.5	0.18~0.20	0.45~0.7	微酸性

续表

种类	状态	氮(N)(%)	磷(P$_2$O$_5$)(%)	钾(K$_2$O)(%)	性质
塘泥	风干物	0.19～0.32	0.10～0.11	0.42～1.00	微酸性
炕土	风干物	0.08～0.41	0.11～0.21	0.26～0.91	微酸性
垃圾	风干物	0.20	0.23	0.48	酸性
草木灰	风干物	—	2.0～3.1	10	酸性
鸡粪	鲜物	1.63	1.54	0.85	微碱性

绿肥作物的营养元素含量（占鲜草重量%）

绿肥作物的营养元素含量（占鲜草重量%）

绿肥种类	氮(N)	磷(P$_2$O$_5$)	钾(K$_2$O)
田菁	0.52	0.07	0.15
毛叶苕子	0.67	0.20	0.78
草木樨	0.48	0.73	0.44
紫穗槐	1.32	0.36	0.79
苜蓿	0.56	0.18	0.31
紫云英	0.49	0.11	0.35

绿红茶的制作工艺流程

原料采收→低温处理→选叶、清洗→
├→绿叶→杀青→撕条→揉捻→烘干（绿茶）
├→黄绿叶→揉捻→焖黄→烘干（黄茶）
└→黄绿叶→萎凋→揉捻→发酵→烘干（红茶）

绿化

通过植树、造林及种草等措施以形成绿色空间的工作。如荒山绿化、矿山绿化、四旁绿化等。园林绿化则指园林中的植树、种花、铺草，借以美化和改善自然环境和居民生活条件的措施。绿化可以净化空气，减轻环境污染，减少自然灾害，美化环境，在生产上可以提供木材和其他产品。银杏是园林绿化的重要树种。

绿化大苗分级标准

绿化大苗分级标准　　　　　　　　　　　　　　　单位：cm

一级苗					二级苗					备注
树高	冠幅	胸径	根系		树高	冠幅	胸径	根系		
			条数	根幅				条数	根幅	
300	100～150	3	40～45	50	300	100	2.8～3.0	35～40	40	要求主干
350	200	4	45～50	55	350	150	3.8～4.0	40～45	45	通直、冠形
400	220	5	50～55	60	400	200	4.8～5.0	45～50	50	圆满
450	250	6	55～60	65	450	240	5.8～6.0	50～55	55	
500	300	7	60～65	70	500	280	6.8～7.0	55～60	60	
550	340～360	8	65～70	75	550	300	7.8～8.0	60～65	65	
600	360～400	9	70～75	80	600	320	8.8～9.0	65～70	70	

绿化大苗适生地

银杏绿化大苗的规格标准，目前尚没有统一的规定。在实际工作中，不同的营林目的，对苗木大小规格有着不同的要求，且所要求的规格大小差异很大。为了便于银杏绿化大苗的生产，根据目前社会上不同部门对苗木规格的需求情况，总结有以下规格。

绿化大苗适生地

苗林级别	适生地	胸径(cm)	树高(m)
大苗	农田林侧、农田防护林	2～3	2～2.5
超大苗	城乡街道绿化	3～5	2.5～3.5
特大苗	铁路、高速公路行道树	5～8	3.5～5
大树	城乡园林工程	8以上	5以上

绿化观赏银杏的良种标准

绿化观赏银杏可从观赏园艺的角度加以鉴定评比，即主要从树姿、树形、颜色、枝展、叶、花及种实等方面进行比较鉴定。其中，树形包括冠形、干形、枝形、叶形；颜色指枝、叶颜色及其变化。观赏品种主要通过叶形、叶色、树形、分枝、冠形、长势等加以分类。叶形有二裂、三裂、多裂、扇形、三角形、筒形和全缘；叶色包括浓绿、黄色、金黄、黄绿相间；冠形包括椭圆、伞形、纺锤形、窄冠形、塔形、圆柱形；干形包括圆满通直、低矮分枝、丛生形；分枝包括成层性强、分布均匀、分枝多。

绿化观赏用品种

作为绿化观赏用的银杏树主要是实生树和雄株，少数为雌株，主要标准是冠形、干形、叶形、叶色和枝条开展特征等。我国在这方面的研究较少，起步晚。胡先骕先生认为有6个变种可以作为绿化观赏树。

绿化观赏用品种标准

项　目	得分
冠形：尖塔形、窄冠长圆柱形、宽塔形、长椭圆形、球形、伞形、圆锥形	25
干形：高耸和通直圆满、粗矮、主干侧枝形长，主干弯曲，树形特异	20
叶形：大叶、长叶、多裂片叶	20
叶色：黄叶、斑叶（黄绿相间）	25
枝条角度：直立、平展、下垂、斜生	10

①塔形银杏：枝条斜展，呈塔形；②垂枝银杏：枝条下垂；③裂叶银杏：叶较大，深裂；④斑叶银杏：叶有黄色花斑；⑤黄叶银杏：叶鲜黄色；⑥叶籽银杏：种实着生在叶子上。

绿色组织

含有叶绿体的薄壁组织，如银杏叶片的叶肉和其他绿色组织。

绿枝单芽扦插苗木的生长

绿枝单芽扦插苗木的生长

处理	平均苗高（cm）	平均地径（cm）	侧根数（根）	总根长（cm）	新叶树（片）
1	4.8	0.32	3~5	34.6	4
2	2.1	0.29	1~3	24.3	3

绿枝嫁接

用没有木质化的新梢枝段作接穗进行的嫁接，亦称嫩枝嫁接。嫩枝接穗嫁接后要套上带有小孔的塑料袋，也可用塑料缠上，只露出芽子，以便保湿，提高成活率。

绿枝接穗贮藏时间对嫁接成活生长的影响

绿枝接穗贮藏时间对嫁接成活生长的影响

贮藏天数	萌芽时间（月-日）	成活率（%）	生长情况 7月15日	生长情况 8月15日
0	06-29	94.0	抽生新梢	梢长25 cm
1	06-29	91.0	抽生新梢	梢长23 cm
2	06-29	89.5	抽生新梢	梢长15 cm
3	06-30	92.0	抽生新梢	梢长6 cm
4	07-02	86.0	仅萌生叶片	仅萌生叶片
5	07-04	75.0	仅萌生叶片	仅萌生叶片
6	07-07	70.0	仅萌生叶片	仅萌生叶片

绿枝扦插（嫩枝插扦）

银杏绿枝扦插也是经济有效的繁殖方法，它具有方法简便、繁殖快、周期短、成本低、取材容易等特点。每年6月中、下旬枝条停止生长以后，至8月上旬，枝条木质化以前，选壮龄优良品种的母树，在树冠中、上部外围剪取半木质化的长枝梢段作插穗。因长枝梢段能产生较多的促进生根的内源激素，这对提高成活率有拉大促进作用。实践也表明，末段成活率也低于梢段。插穗长10 cm左右，除掉插穗下部的叶片，上部保留2~3枚叶片，插穗基部削成马耳形。因夏季雨水较多，一般是制作高出地面20 cm的高床扦插。扦插株行距为8 cm×10 cm。基质以纯砂、蛭石或黄壤土为宜。因纯砂土透水性强，在炎热的夏季可减少插穗皮层腐烂，提高成活率。扦插深度以留顶端1~2个芽为宜。插后搭高30 cm左右的低层荫棚和高2 m左右的高层荫棚，高层荫棚做到白盖夜揭。每天根据天气情况浇水数次。在低层荫棚内，空气相对湿度通常在85%以上，气温为18~30℃，扦插层的基质温度为24~28℃，这对促进插条生根提供了有利条件。生产实践表明，绿枝扦插一般成活率为70%~80%，管理得当时，成活率可达90%以上。另外，如有条件时也可采用药剂处理温室扦插。首先做到随采条，随处理，随扦插。将插条基部3 cm的一段浸泡在浓度为$100×10^{-6}$的ABT药液中1 h，然后插入温室干净河沙基质中。温室气温保持在24℃以上，空气相对湿度保持在90%以上，基质穗霉烂。这样经过40~50 d，插穗生根可达95%以上。也可采用直径6 cm，高12 cm的塑料薄膜袋扦插，这样，起苗定植方便，不受移栽时间的限制，而且成活率高。为了节省插条，绿枝扦插也可采用单芽扦插，即插穗上只带一个芽和一枚叶片，插穗长度为2.5~3.5 cm，上下切口均半剪。按上述技术操作扦插后，成活率也在80%以上。绿枝扦插苗移栽后，当年无高生长，栽后1~2年内主要是根系发育，侧根和须根增加，第3年高生长迅速加快。

氯气熏不死

银杏对氯气有较强的抗性。现代工业发展迅速，氯气排出量剧增，在氯气污染源附近成片栽种树木，其他大部分树种都难以抵御氯气而纷纷谢绿枯萎，而银杏却我行我素，安然无恙。这为某些具有氯气污染之化工厂的环境绿化，提供了一个最佳的可选树种。银杏具有如此众多起死回生的特殊习性，无怪乎在其经历的近三亿年的地质变迁中，敢与天火、雷击、冰川、地震及其他人为灾害相抗争，从而独树一帜；它作为古代二叠纪唯一孑遗物种延续至今，尚能单脉独荣、郁郁葱葱，可谓是大自然造物主的一大杰作。

滦平似管状叶（新种）

营养叶数目较少，6~7枚，着生于由披针形鳞片组成的短枝上，长6 cm，宽1~1.3 cm，基部梢狭窄。叶不分叉，叶脉粗，一条，由两束纵向黑细纹组成。与英国模式种比较，叶数目少；叶中央脉区细纹的束数少。另外英国种具表皮特征而本新种无角质层保存。产地层位河北滦平，下白垩统九佛堂组。

卵

昆虫个体发育的第一个阶段。昆虫的卵受精（也有不受精的）后，卵内的胚胎即开始发育；成熟后，幼虫即破卵而出，称为孵化。昆虫在孵化前都是卵的阶段，卵从产下起至孵化止所经历的时间称卵期。

卵果大佛手

主产浙江诸暨市侯村街，又名01号卵果大佛手，出核率24.8%，出仁率81.7%。单核重2.54 g，种核长×宽为2.72 cm×1.68 cm。

卵果佛手

本种主栽于浙江诸暨。种形如鸡蛋，先端微瘦小，中部以下则渐广，基部平而不凹入。平均纵径3.31 cm，横径2.84 cm。种柄粗而稍弯曲，长4 cm。种核大种仁饱满，呈椭圆形或菱形，两端微尖，平均纵径2.87 cm，横径1.83 cm，厚1.5 cm，每千克257粒。

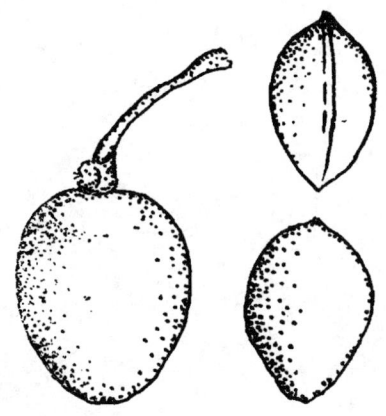

卵果佛手

轮尺

测定树木或原木直径最通用的工具。其型式和工业上用的金属卡尺相似，但轮尺尺型较大，通常多为木制的。由尺身、固定脚和游动脚三部分构成。

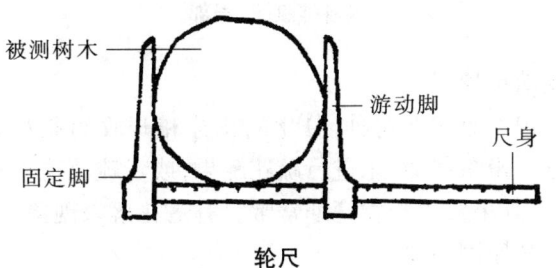

轮尺

轮伐期

在经营同龄林的作业中，按照合理年伐量进行采伐更新，到下一代林分又可开始按照既定年伐量进行采伐所需要的最低年数。轮伐期和伐期龄在实质上是相同的，只是表现形式不同。伐期龄是以龄级符号（如Ⅰ、Ⅱ、Ⅲ、Ⅳ、Ⅴ等）表示，而轮伐期则以具体年数表示，如60、80、100、120等。银杏的轮伐期为60年。

轮流局部深耕扩穴

在银杏园中，分年分带完成深耕扩穴。即首先沿银杏的行向（先翻耕株间亦可）、紧靠定植沟（或穴）下挖深沟并填肥，其沟的深度要求及填肥方法均与全园深翻相同。次年或下个季节再紧挨此沟挖沟扩穴。直至将未深挖的行间改良完毕。再在株间用同样的方法进行深耕扩穴。争取在3~4年内将银杏园深耕改良完毕。通过深耕扩穴，可增加果园土壤的有机质，提高通气性，调节土壤酸碱度，提高土壤保水保肥的能力，大大改善了银杏根系的生长发育条件，从而打下了丰产、稳产、优质的基础。不论采用哪种深翻方法改良土壤，挖沟时均必须注意保护大根，尽量少伤根系，而且应按照"随挖沟随填肥随盖土"的原则进行，即不能让银杏的根系暴露在空气中过久，以免由于根系失水而导致树体衰弱甚至枯死。故深耕扩穴工作最好安排在冬季银杏落叶之后至春季萌芽之前进行比较安全。

轮枝银杏

枝条层间距大，成层性明显，主干垂直向上生长。

捋枝

一年生枝在未木质化前轻轻扭曲，伤其骨而不折断，促使短枝多积累养分而提前成花。

罗宾

收入美国园艺学会植物科学资料中心。该品种1968年从科尔苗圃获得，并定植在俄亥俄州的Holden植物园。雄株品种。由于树形与椴树相同，所以是颇受欢迎的品种之一。

罗成系马银杏树

鹿邑县老庄乡孙营村惠济河畔，有一棵巨大的银杏树，胸围6.32 m，树高26 m。树干挺直略扭曲，树身向东北方向歪斜。据传说，为隋朝末年罗成将军转战南北，曾屯兵此地，整军练武，拴马于银杏树下，由于马惊挣缰，将树身拉歪之说。此银杏树原处于寺庙门前，寺庙毁坏后，成一片废墟，唯有银杏古树独立于原地，据考证，树龄约有1 900年。现仍枝繁叶茂，每年经人工授粉后，可结实700 kg。当地百姓将银杏树奉为"神树",又修起小庙,故保存完好,其树体之大,为平原区罕见。

裸根苗

不带宿土的苗木。特别是起苗、运输、造林等作业方便、省工、成本低,但栽植后需缓苗。大面积栽植多用1~5年生的裸根苗,银杏小苗也多用裸根苗栽植。

裸根栽植

用不带土坨的、根系外露的苗木栽植。裸根苗重量小、运输轻便、省工、造林成本低,只要保护好苗根,掌握好植苗造林各个技术环节,能达到较高的成活率。除造林地立地条件很差或大苗栽植外,一般大面积造林都用裸根苗。栽植方法分为:穴植、缝植、靠壁栽植等。

裸子植物

没有果皮包被的一类种子植物。最初出生于古生代上泥盆纪,从中生代至新生代,许多古老的裸子植物已绝迹,如种子蕨目。一般认为最早的裸子植物为种子蕨和科达树。现存活的裸子植物隶属于12科,71属,近800种。其中35属限于北半球,20属限于南半球,其余的两半球均存分布,是世界植被中的较大组成,中国有11科,41属,236种(包括引种栽培的1科7属51种)。

裸子植物的地质史

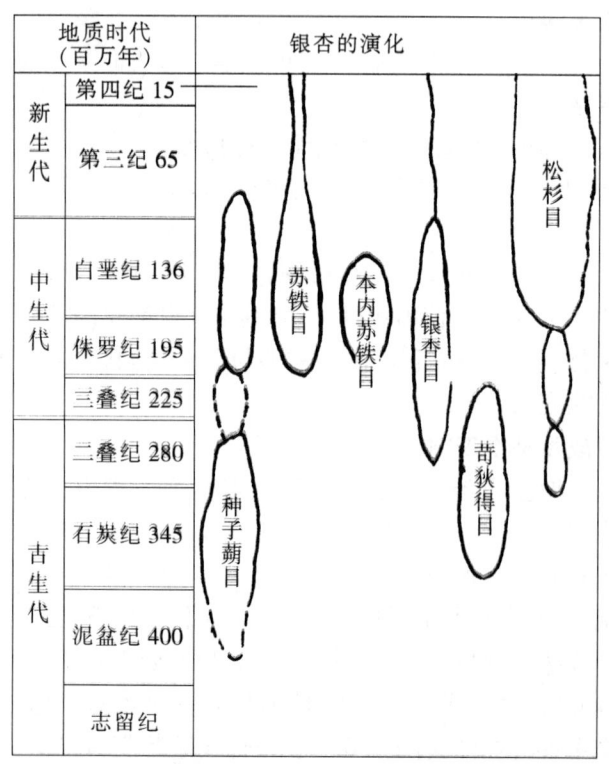

银杏目在裸子植物中的地质史

裸子植物的发展历史远较被子植物长久。裸子植物起源于古生代泥盆纪晚期或中期,约在3.6~3.7亿年前,裸子植物的全盛期是中生代,与动物界的恐龙处于同时代,所以植物学家们常把银杏与恐龙相提并论,称银杏为"活化石"。

裸子植物门

种子植物中的一门。心皮不包被子房,胚珠裸露,胚乳(即雌性原叶体)在受精前已形成。现世界生存的有71属,近800种,我国有41属近300种。分属于铁树目、银杏目、松柏目和麻黄目四目。在地质史上银杏目始见于古生代二叠纪,如何起源,不甚明晰。银杏目植物早已衰退,现世界上仅存银杏一种。

《洛神赋图》

《洛神赋图》是三国时期诗人曹植(192—232年,字子建,今安徽亳州人)创作的巨幅绢本着色画卷,描述皇家园林以银杏为主体的全景布置,共绘出大小银杏200余株。

《洛神赋图》局部

落花落种原因

银杏是多花树种,分化的花芽和开放的雌花大大超过了坐果能力,未进行疏花疏果,或者疏花疏果不彻底,在其果实生长发育期常常会有落花落果现象。

其原因主要有:

①养分不足。一般在授粉后一周就开始有落花落果现象,一直到9月中旬,并有2次落种高峰。第一次在5月中旬至6月下旬,第二次在6月底至7月上旬。这期间是果实迅速发育的重要时期,需要消耗大量的养分,同时,又是新梢和根系生长的旺盛时期,也需要大量养分,枝叶生长与果实生长就会争夺养分,如果树体营养不足,则就会引起落种。这是银杏正常的生理落种,是生产中常见现象。

②人工授粉不当。如果人工授粉的时间掌握不当或采用过嫩甚至变质发霉的雄花,则受精不良,导致败育,引起落花落种。若雌花数量较多,授粉量又大时,就会引起重载,导致树体营养跟不上而导致大量落种。

③病虫害为害。病虫为害后使生长受阻,树势减弱,从而引起落花落种,严重的会颗粒无收,甚至导致树死亡。

④环境因素。如果银杏长期生长在板结或受涝受渍、地下水位高的地方,根系生长受阻,甚至烂根,造成落种。根系受伤后恢复较慢,如耕作不当,伤根过重,则落种加剧。另外,灾害性天气——台风、冰雹也会引起落种。反常性天气,如前期高温干旱,突然出现低温多雨天气,则会使生理落种加剧,使本来要长时间慢慢掉落的种实集中落果。

落叶果树

落叶果树指每年生命活动中有明显的生长期和休眠期之分的果树,在每年晚秋或初冬生长期末时,当年新生的叶片通常老化并脱落,表示休眠期来临。一般我国北方栽培的果树多是落叶果树。银杏即是典型的落叶果树。

落种的防治措施

①科学施肥。根据树体大小、树势强弱、土壤肥力和结种多少及时追肥。喷施磷、钾叶面肥时结合喷洒适量硼酸。

②提高叶种比。果实生长发育所需营养主要由叶光合产物供给,每种果树都有一定的叶果比。据报道,银杏的叶种比为25:1,在结种多的年份远未达到所需的叶片数而造成落种严重。因此,必须通过改土、施肥、改善光照条件以增加叶片数和叶面积,同时通过疏花和控制授粉量,减少结种数,达到提高叶种比,减少落种的目的。

③及时防治病虫害和排涝防风。

M m

麻杏石果汤

麻黄 24 g,白果 21 g,杏仁 21 g,苏叶 18 g,甘草 18 g,石膏 90 g,黄芩 18 g,栀子 18 g,煎汤 2 次,混合,候温灌服,一日 1 剂,连用 5 d。

马咳嗽

白果仁 75 g,黄芩 45 g,桑白皮 40 g,杏仁 35 g,银花 40 g。煎汤喂服。日一剂。

马雷肯

比美女花(W.B)更美丽,树高 91 cm,树冠宽约 1.83~3.05 m,树条稍微下垂。在荷兰奈梅享的一株高约 1.52 m 砧木上嫁接。

马铃 1 号夏季嫁接后的萌动和展叶

马铃 1 号夏季嫁接后的萌动和展叶

接穗年龄	8月1日调查					8月16日调查				
	顶芽穗萌动率(%)	展叶率(%)	茎段穗萌动率(%)	展叶率(%)	叶数(芽)	顶芽穗萌动率(%)	展叶率(%)	茎段穗萌动率(%)	展叶率(%)	叶数(芽)
1	91.67	0	100	10.0	6.0	100	100	100	100	5.7
2	88.89	0	100	0	6.0	83.33	100	100	100	5.2
2号	60.00	0	75.0	0	4.8	61.75	88.0	95.0	79.81	5.4

马铃 3 号

沂河流域主栽品种之一。筛选出的优良单株龄达 30 余年,连年丰产、稳产,5 年生幼树嫁接后 5 年株产 370 g,8 年株产 2 kg,单种重 17.43 g,单核重 3.98 g,125 粒/500 g,系国内有名的大粒型银杏,与日本著名品种"滕九郎"相媲美,出核率 23.43%,出仁率 77.88%。种仁磷、钙、脂肪含量较高,几乎无苦味。

马铃 5 号

马铃 5 号又名新村 5 号或郯城 5 号,属马铃类。母树生长在山东郯城新村乡新一村,树龄 150 年生,嫁接树,树冠开心形,偏冠,树势中庸,发枝较多,新梢生长旺。冠径 8.4 m,干周 1.45 m,枝干高 1.8 m,主枝 5 个,树高 9 m,平均株产 50 kg。目前第 2 代嫁接树大多近 20 年。树干灰褐色,新梢冬态红褐色,2 年生枝黄褐色,生长季节新梢黄褐色。节间长 3.6 cm,叶子反卷呈喇叭状,叶色浅绿。叶长×宽为 4.9 cm×6.3 cm,叶面积 16.5 cm^2,叶柄长 4.3 cm,单叶重 0.52 g。1 年生芽体尖,2 年生芽体较圆,芽基宽 0.43 cm,芽高 0.38 cm,芽径 0.26 cm,每个短枝着生叶片数 7~8 枚。马铃 5 号冠紧凑,枝角小,幼树生长旺盛,成枝力高于马铃 9 号。进入结种期长,长势中强。10 年生树高 3.5 m,干高 0.42 m,干周 0.35 m,冠幅 3.2 m×4.0 m。当年新梢长 29.3 cm,枝条粗 0.33 cm。该品种结果早,始种枝龄 2 年生,结种短枝占总短枝的 32.5%,短枝连年结果能力强,进入结种期后产量高,老树易更新,修剪敏感,幼树重剪易跑条。凡年平均气温在 10~18℃、降水量 600~1 500 mm、冬季温暖干燥或湿润、夏季多雨的环境条件下均可生长。该品种在土壤条件肥沃、排灌水良好的壤土上生长更佳,其抗风、抗旱及耐寒能力较强。对于干旱年份,植株不能充分发育,叶小而发黄,会影响产量及质量。从该品种幼树上剪取的插条生根率可达 80%,平均生根数 5.2 条,2 年生品种插条苗高 77.6 cm,地径 1.0 cm。接穗舌接成活率达 95.5%,愈合能力较强,当年新梢长 48.9 cm,粗 0.97 cm,当年抽梢率达 97%。该品种具有早实性或连续丰产性。嫁接后 4~5 年结果株率达 36.4%。接后 4~5 年树高 2.4 m,冠幅 2.6 m×2.4 m,平均株产 0.08~0.13 kg,最高株产 1.85 kg。马铃 5 号种实成熟橙黄色,果倒卵圆形或椭圆形,先端下陷,油胞小、密生,分布较均匀。果柄长 3.3 cm,果长×宽×厚为 2.75 cm×2.43 cm×2.39 cm,单果重 11.15 g。种核白色,椭圆形,种壳较粗糙,背腹各具 3~7 个小麻点,棱线上 3/5 明显,先端有尖,偏歪(图)。两维管束合二为一。种核中隐线明显。核长×宽×

厚为2.44 cm×1.64 cm×1.31 cm。单核重2.44 g，每千克410粒。出核率24%，出仁率78%。种仁含水量54%，总糖2.7%，淀粉33.7%，脂肪4.3%，蛋白质4.6%，滴定酸0.22%，全氮0.73%，VC 23 mg/100 g，单宁18.4 mg/100 g，P 178 mg/100 g，K 411.9 mg/100 g，Ca 21.6 mg/100 g，Mg 45.8 mg/100 g。该品种口感有苦味，糯性强，是山东省第一批主推品种之一，属中粒、早实、丰产、早熟品种。

马铃5号

马铃9号

马铃9号又名新村9号或郯城9号，属小马铃类。母树位于郯城新村乡新一村。树龄100多年。树冠开心形，树姿极开张，树势偏弱。树高5.5 m，冠径8.4 m，干周1.28 m，枝下高1 m，3大主枝，枝角70°。年平均产量35 kg，结种短枝经济寿命长，30年生仍结种。枝干深灰色，1年生枝条冬态灰黄色，夏季绿褐色，皮孔大而密生，节间较马铃5号短，长度3.1 cm。叶子边缘呈波浪状，叶片呈扇形，叶色浓绿，叶长×宽为6.2 cm×7.2 cm，叶面积19 cm²，叶柄长4.5 cm，单叶重0.69 g，芽基宽大，芽子较圆。每个短枝上具叶8~10枚。该品种树势开张，长势中等。发芽稍迟，花期晚1~2 d，落叶期比马铃5号晚10 d左右。该品种成枝力低，树体矮小，适宜密植。接后3~5年生冠幅达1.8 m×1.9 m。10年生树高1.85 m，干高0.14 m，干周0.44 m。生长健壮的幼树1年生枝易成花芽，翌年开花结果。该品种嫁接后3年结种，结种短枝占总短枝的41.3%。短枝连续结种能力强，结种分布均匀。接后4年的结种株率占30.6%，接后5年结种株率达91.7%。该品种早产及丰产性强，接后3~5年株产平均0.23 kg。种实成熟橙黄色，果倒卵圆形，先端下陷，油胞突起较大，分布不均匀。种核先端棱线明显，种实长×宽×厚为2.53 cm×2.23 cm×2.28 cm，种柄长3.28 cm，单果重7.5 g，种核洁白，倒阔卵形，顶端有尖，最宽处在中上部，基部两束迹呈两点状。种核长×宽×厚为2.03 cm×1.48 cm×1.24 cm，单核重1.76~2.43 g。每千克412~568粒。出核率23%~29%。单仁重1.4~1.8 g，出仁率为79.4%。该品种是山东第一批主推品种之一，属中小粒、早实、丰产、晚熟品种。该品种尤其适合银杏盆景制作。

马铃多年生鳞枝叶片性状

叶序	调查叶数	叶面积(cm²)	叶宽(cm)	叶长(cm)	叶形指数	叶基角(°)	叶柄长(cm)	叶裂比例(%)	叶干重(g)
1	200	9.24E	6.60E	2.66F	0.41	171.3A	2.35G	17.5	0.111F
2	200	14.57D	8.38C	3.44E	0.41	162.7B	2.99F	17.0	0.182E
3	200	19.44C	9.46B	4.08D	0.43	157.5B	3.84E	28.5	0.242D
4	200	23.32B	10.16A	4.55C	0.45	150.1C	4.89D	26.5	0.264BC
5	200	25.73A	10.26A	4.97B	0.49	139.0D	5.86C	20.0	0.324A
6	200	26.71A	10.10A	5.25A	0.52	130.2E	6.99B	16.5	0.312A
7	200	23.28B	8.72C	5.25A	0.60	111.7F	7.97A	21.5	0.281B
8	140	20.37C	7.76D	5.19A	0.67	100.8G	9.31A	16.0	0.243CD
9	50	18.98C	7.28DE	5.15AB	0.71	96.5G	11.21A	3.0	0.227D

马铃类

种核宽卵形或宽倒卵形，大都上宽下窄，一般无腹背之分。种核最宽处有不明显的横脊。种核先端突尖或渐尖。基部两束迹迹点小，相距较近，有时连成一线。两侧棱线明显，中部以上尤为明显。

马铃类品系

种核长度2.85 cm，种核宽度1.98 cm，长宽之比1.44，长宽比值通常为1.20~1.45，纵横轴线交叉点为长线上端 2/3 处（如图）。其中包括海洋皇、大马铃、猪心白果、圆底果、圆锥佛手、李子果。

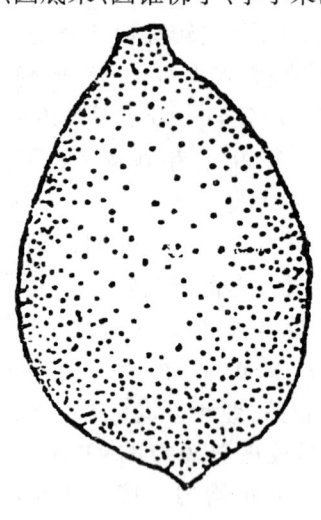

马铃类种核形状

马、骡劳伤吊鼻
白果仁 70 g，白芨 30 g，乌梅 40 g，贝母 35 g，蛤蚧（焙干研末）50 g。共为细末，煎汤喂服。日一剂。

马骡慢性肺气胀
白果 200 粒（去壳），鲜蚯蚓 250 g，生石膏 250 g。先将白果研为细末，蚯蚓洗净，捣烂，石膏研细，再加香油、蜂蜜各 250 mL，鸡蛋清 20 个，混合调服。每隔 3 d 一剂，连服 2~3 剂即愈。

玛瑙银杏（中华美食）
原料：银杏 250 g、青红丝 20 g、芝麻仁 15 g、白糖 20 g、花生油 250 g、淀粉 50 g。

制作过程：白果砸碎，去外壳，煮约 10 min，搓去皮膜，上笼蒸制回软，放入干淀粉内，使其粘匀，放入七成热（约 175℃）油锅内，略炸捞出。待油温升高至八成热（约 200℃）时，再炸至微黄色时，捞出沥油，锅内放少许油，放入白糖炒至金黄色起泡时，迅速放入白果，颠翻匀后，撒上青红丝、芝麻仁，倒入抹好麻油的搪瓷盘内，用刀将糖液拉成片状，稍凉装盘即成。

特点：造型美观，外脆香甜，内韧软嫩，颜色晶莹剔透，别具一格。

迈菲尔德
由美国俄亥俄州选出并繁殖。雄株，塔形，窄冠呈垂直圆锥形，树冠比塔形银杏还窄，枝条较短，树高 9~12 m。

迈哥亚尔
分支均衡、对称，直立向上，窄冠尖塔形，树高 19 m，雄株。

脉序
叶脉分布的方式。叶片表面可见的脉纹叫叶脉。位于叶片中央较粗大一条叫中脉或主脉。在中脉两侧分出的脉叫侧脉。银杏属二叉分歧的平行脉。

脉序的二叉分歧

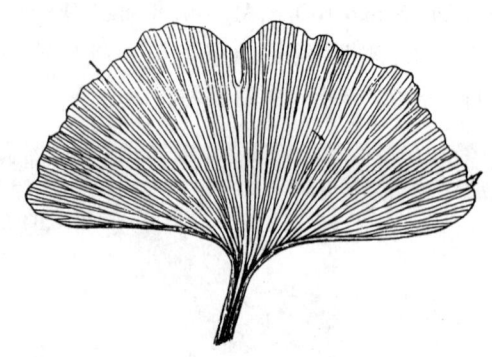

脉序的二叉分歧

慢性淋浊而无涩痛
炒白果仁、山药等份为细末，每次 10 g，每日 3 次，开水冲服。

慢性脑血管疾病的治疗
德、法等国将银杏叶制剂广泛应用于治疗脑血管疾病及防治痴呆症，我国主要应用于冠心病心绞痛病人的治疗，最近几年也应用于脑血管病病人。国内外医院报道了临床验证结果。脑供血不足的病人每次服用银杏叶制剂 80~120 mg，一日 3 次，治疗数月后，大多数病人症状与服用安慰剂比较有明显改善，能缓解头昏、头痛、焦虑、耳鸣；改善记忆力、增强注意力的集中等，症状的改善率为 90% 左右。部分病人服用银杏叶制剂前后进行脑缺血再灌注显像检查或脑电图或脑核磁共振的检查，发现病人脑组织缺血部位明显缩小和不同程度的缺血改善。近来，临床进一步证明银杏叶提取物对阿尔莎海默病的记忆不良、智力减退也有一定的疗效。目前国内外医院陆续采用银杏叶针剂（德国生产的金纳多）对脑供血不足的病人、缺血性中风病人及阿尔莎海默病病人进行静脉滴注治疗，1 支金纳多针剂为 10 mL（银杏叶有效成分为 35 mg），加入 5% 葡萄糖液 500 mL 中静滴，一日 2 次，疗程 1~2 周，继之口服银杏叶制剂 80 mg，一日 3 次，长期服用，可以起到良好的治疗和预防效果。

慢生树种
银杏常被看作是早期生长缓慢的树种，其实不然。幼树期、童期只是因为枝条比较稀疏，显得慢些。在管理好、肥、水比较充足的前提下，1 年生枝条生长 1 m 是常有的事。幼树期过后，生长加快，生长持续时间也较长。银杏属于阳性树种。

慢性胃炎

每次饭前生食白果 15 g,花生仁 20 g,每日 3 次,15 日为一疗程。适应症为慢性浅表性胃炎、慢性萎缩性胃炎,症见胃脘闷痛或灼痛、饱胀、嘈杂、嗳气、食欲缺乏、口干舌燥、大便干结等。

慢性心血管疾病

冠心病心绞痛患者经服用银杏叶制剂治疗后,能有效缓解心绞痛,临床症状改善总有效率 90% 以上,并能减轻胸闷、头昏、乏力等症状;缺血性心电图总改善率为 60% 左右;有降血黏度、降脂、清除氧自由基、改善甲皱微循环的红细胞流速和流态,而对血压及心率无明显的影响。服用剂量为每次 80~120 mg,一日 3 次,对中老年冠心病病人,适合长期服用,能够达到良好的治疗效果。银杏叶制剂的药理特点是能减轻心脑组织缺血缺氧所致损伤和改善代谢功能紊乱,适合长期防治慢性心血管疾病的好转。

慢性支气管炎

白果 20 粒,去壳和内种皮,捣碎,与石韦 30 g 同入瓦锅中,加水两碗,煮去一碗,去药渣,饮服。

慢性中耳炎

鲜白果去壳捣烂绞汁,滴耳(滴耳前应先将患耳用明矾水洗净,并用棉球拭干),每滴 1 次,必洗擦 1 次,每次滴耳 3~5 滴,每日 3 次。

漫话银杏树叶

银杏树的每一片叶子,如同一把小巧玲珑、青翠莹洁的小纸扇,随风飘舞,婆娑作响。银杏树枝条有长枝短枝之分,叶片在长枝上呈螺旋状着生,叶片中央浅裂或泛裂达 1/2 以上。林奈根据许多标本上大多数叶片有深裂的形态特征,把银杏的拉丁学名定为 "*Ginkgo biloba*",其中种名 "*biloba*" 就是拉丁文 "二裂" 的意思。虽然林奈定的这个种名正确地描述了多数银杏的叶形,但也有的叶片几乎不裂,即使同一株树的叶片,分裂程度也有很大差异。这与叶片在枝条上着生的位置有关,但凡在幼小植株和幼嫩枝条上的呈浅裂,在老树和长枝上的呈深裂。在我国和日本还发现了一种有 1/5 的银杏果着生在叶片上部边缘缺口一侧的情况,人们把这样的银杏树称为 "叶籽银杏",实为银杏的变种。银杏叶片能抵抗各种病原菌的侵染。有人试验,把病原菌的芽孢接种在叶片上,在适宜的温度条件下,芽孢能在叶表面萌发。形成菌丝体网络,并能刺激被接种的银杏叶片细胞壁增厚,使菌丝体无法通过叶表面的角质层侵入细胞内部,危害叶片。银杏叶片受到机械损伤以后,叶片细胞壁也会同样增厚,防止病原菌侵入。经研究发现银杏叶片内含有一种 α-Z 烯醛和多种有机酸,能与糖结合成苷的状态或以游离态存在,起到抑菌杀虫的作用。我国在 20 世纪年代将大量银杏叶出口日本、德国和法国,他们从银杏叶片内提取黄酮苷,制成治疗脑血管硬化和心血管病的特效药,很快成为欧洲热门药物之一。20 世纪 70 年代末,我国也成功地研制出治疗心血管病的银杏叶提取物,疗效很好。将银杏叶捣碎,浸出叶液,加水稀释后,还可以防治稻螟虫、红蜘蛛等多种农林害虫。把银杏叶摘下几片夹在书中,既可作为纪念书签,又能起到防虫蛀书的作用。由于银杏叶片形状奇特,又具有抵抗有毒气体和烟尘的能力,因而可作为绿化城市、公园和栽植行道树的重要树种。

芒砀山古银杏

永城市芒砀山凤凰城遗址一棵古银杏树,胸围 5.8 m,树高 21 m。干大 4 人方可合抱,树高耸入云,远望可见。古银杏树干分叉处,有数个整齐凹陷的缝隙,当地流传三国时,张飞将军小沛失利,败走芒砀山,在银杏树下拴马歇兵,树干被饿马啃食后,一直留存下来战马的牙痕。这棵古银杏的历史虽无据可考,但树体之大,在豫东平原极为稀有。银杏古树,姿态雄伟秀丽,苍翠挺拔。根如龙蟠,巨干参天。冠似华盖,巍峨嶙峋。叶如折扇,翠绿晶莹。植株肃穆壮丽,古雅别致。炎夏枝叶繁茂,绿荫蔽日;晚秋果实累累,一片金黄。寿命长,少病虫害。自古为我国劳动人民习用作珍贵的绿化观赏树种。银杏木材优良,结构细,纹理直,不翘不裂,亦不变形,是制模型、绘图板、雕刻、工艺品及室内装修的上等用材。开封相国寺千手千眼观音佛像,就是在乾隆 34 年时,用 1 株银杏树体雕刻而成,高 5.4 m,5 人合抱,至今仍完洁如新。

猫头银杏

种子短圆形,两端圆钝,近球状,熟时有白粉,核椭圆形,两侧棱脊显著,先端钝尖,基部具 2 个小圆点,状如猫头。

毛叶苕子

毛叶苕子是 1 年生或 2 年生豆科植物。葡萄蔓生,根系发达,根上多根瘤,固氮能力强。毛叶苕子比较抗寒,也可以秋播,到第 2 年再翻压。种子发芽快,生长也快,秋播 2 个月每亩就可产鲜草 500~1 000 kg。越冬后至 5 月中旬可产草 1 500~2 000 kg。每 1 000 kg 鲜草含氮 5 kg,磷 1 kg,钾 4 kg。毛叶苕子耐阴湿、耐干旱,不耐水涝。在银杏树下能生长良好。秋播宜在 8~9 月份,春播在 3 月份。播种前应将种子用二份开水兑一份冷水浸泡 3~4 h,或将一份种子与一份粗沙相混合,碾磨半小时,以破碎其外皮,可以提高发芽率。播种行距30~50 cm,覆土深6 cm,每亩播种量3~4 kg。播前要用磷肥作底肥。秋播的可在4~5月份翻压。春播可在初花期翻割或翻压,此时养分含量高并易于腐烂。留种田每亩可产种子50 kg左右。

毛状叶科

毛状叶科(Trichopityaceae),营养叶,苞片和腋生的胚珠器官(二级短枝)疏松螺旋状着生在长枝上;胚珠小,具珠柄,向内弯转;叶未扁化且不具明显的叶柄。

成员及其分布:仅毛状叶属,分布在法国早二叠纪沉积中。

毛状叶属

发现于早三叠纪的化石中,它的叶子更细长,种子(胚珠)生在自叶腋生出的分枝上。

毛状叶属的化石印迹

茅草枯

选择性除草剂,防除对象为多年生、1年生杂草,如茅草、芦苇、香附子、看麦娘、马唐等。对多年生杂草,每亩用有效成分800~1 000 kg,一般在夏末秋初喷药;1年生杂草的用量每亩67~333 g。高温时药液浓度不能高于2%,以免发生药害。喷雾时应防止与银杏叶片接触,使用低浓度重复施药有利于提高药效。该药对金属有腐蚀性,喷药器械用后要及时清洗。

茅盾故乡的银杏

浙江省桐乡市有一株唐代银杏,至今尚存。1977年12月茅盾先生回故乡乌镇访问时,写下了赞颂银杏的《西江月》词。

唐代银杏宛在,昭明书室依稀。

往昔风流嗟式微,历史经验记取。

梅核果

母树位于广西灵川县海洋乡,树龄130年,树高14 m,胸径51 cm,冠幅11 m×10 m,年株产种核20 kg。为梅核银杏类,是广西灵川、兴安的地方品种,为根蘖苗种植。主干通直尖削,树冠呈圆锥形,上部结果枝平直,下部结果枝微下垂,产量较高,大小年变幅在30%左右。种实长圆形,纵径2.58 cm,横径2.4 cm。顶部凹入呈"O"形,基部平,单果重9.3 g,每千克107粒,外种皮淡黄色,无油胞,表皮白粉多,果柄通直,长4~5 cm,蒂盘长圆形,出核率为21.1%。种核椭圆形,纵径2.12 cm,横径1.44 cm,顶部有小尖,基部平并有二、三点维管束迹凸出,束迹间距1.4~2.2 mm。侧棱有二或三棱,二棱者略有背腹之分,棱线明显,占核棱外弧长的66%,最长者占90%,单核重1.87 g,每千克534粒,出仁率为75%。本品种核粒较小,商品价值低,不宜在生产上推广。但其种核含胚率高,可作为培育苗木用种。本品种在广西主要分布于灵川、兴安二县,零星分布于阳朔、资源二县。

梅核类

种核长卵形或短纺锤形,上下宽度基本相等(上部稍显宽圆)。种核先端圆秃,具微尖。基部两束迹迹点明显,有时连成一线或聚为一点。两侧棱线明显,中上部呈窄翼状,有时延至基部。种核长宽比约1.35:1。纵横轴线之交点位于纵轴上端4/5处。

梅核银杏类

种子圆形或呈心脏形,顶端间有微凹,种核卵形或椭圆形而略扁,两面差别明显,上下间或相似,两侧棱线距基部不远呈翼状之边缘。种仁有苦味,品质较差。但对旱、涝的抗性较强。本类型较多的品种,如大梅核(浙江诸暨、长兴)、桐子果、棉花果(广西兴安)、圆珠(江苏洞庭山)、龙眼(江苏泰兴)等。

梅花桩形

①早春按圆形布局,在直径30~50 cm的圆形线上均匀地栽植3~5株嫁接苗。②当年一般每株要求发出1个枝条。落叶后,每枝留两个壮芽,进行短截。③第二年春季每株可发出2个枝条,每桩3株共发出6个新壮枝。落叶后进行短截。要求每株上部的一个壮枝保留2个芽,下部的一个壮枝保留1个芽。④第三年春,每株便可发出3个壮枝,每桩3株,可发出9个壮枝。以后每年回剪,每年更新,每年每桩保留9个壮枝进行采叶实验,或数年后回剪

一次。⑤在管理中每年春夏季要注意去萌，把所有不需要的新枝去除或者进行极短截，仅保留基部的几个叶片。

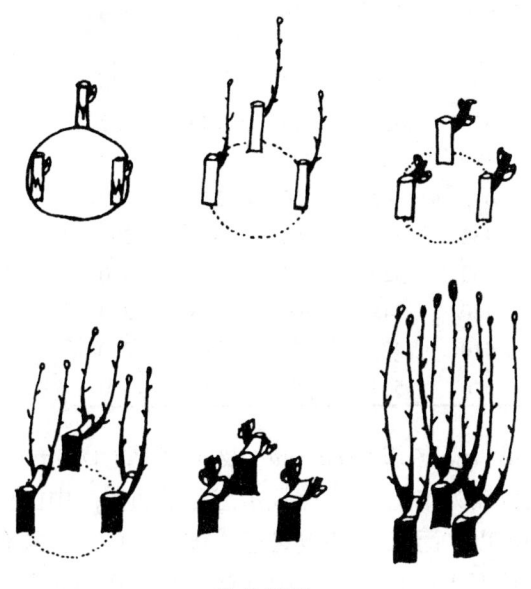

梅花桩形

煤污病

银杏煤污病主要为害叶片和果实，使叶片光合作用差，导致树势衰弱，影响生长发育和第二年花芽分生和形成。银杏煤污病在叶片上和果实上产生灰黑色霉层，似一层煤烟黏附在上面，用手去抹，可以抹掉菌丝层。因煤污病菌越冬是在枝条上，翌春末，病菌在菌丛里形成分生孢器，产生分孢子，待温度适宜开始传播。煤污病菌以菌丝和孢子借风雨、昆虫传播，进行传染。从6月上旬到9月下旬均可发病，集中侵染期为7月初到8月中旬。

防治方法：①加强肥水管理。每年要在落叶以后，施一次有机肥料。要施足，适当追施化肥，提高树势，枝叶繁茂即能抗病。②要喷药防治。可用1:2~2.5:200倍波尔多液或用77%可杀得可湿性微粒粉剂500倍，或用60%琥·乙磷铝（DTM）可湿性粉剂500倍或75%百菌清可湿性粉剂800~900倍液，或50%农利灵（乙烯菌核利）可湿性粉剂1 200倍。一般在降雨多、雨露雾多、通风不良的山沟或密植园内应防治3~5次。

酶

旧称"酵素"。生物体产生的具有高度催化能力的蛋白质。这种催化能力称为酶的活性。生物体的化学变化几乎都在酶的催化作用下进行。酶的催化效率非常高。酶的作用一般在常温、常压、近中性的水溶液中进行。高温、强酸、强碱和某些重金属离子会使酶失去活性。酶通常根据其底物或作用性质命名，例如，淀粉酶作用于淀粉，葡萄糖氧化酶催化葡萄糖的氧化等。根据其催化作用的性质，酶可分为氧化还原酶、转移酶、水解酶、裂解酶、异构酶、合成酶等六大类。约四千年前，我国就应用了酶的知识进行酿酒等生产。目前酶制剂被广泛应用。如同氮酶的研究对开辟氮肥将有重大突破，纤维素酶、同工酶等对细胞杂交培育新种起重要作用，其他许多酶类及辅酶有多方面的应用。

每个劳动力创造出的净产值

净产值是指每个劳动力全年创造的总产值减去全年生产过程中的物质费用。

每个劳动力创造的净产值 =

$$\frac{产品的全年总产值 - 全年消耗的生产资料价值}{年平均劳动力人数}$$

这项指标能比较真实地反映每个劳动力在银杏生产中创造的全部价值。排除投入物化劳动生产效率无法计算的弊病。

每亩播种量查对表

每亩播种量查对表

每千克粒数	密度（万株） 用种量（粒）	3	4	5	6	7	8	9	10	12	14	16	18	20
700		61	82	102	123	143	171	184	204	245	286	327	368	408
600		65	87	108	130	152	173	195	217	260	303	347	390	433
600		72	95	119	143	166	191	215	238	286	334	381	429	476
560		77	102	128	153	179	204	230	255	306	357	408	459	510
500		86	115	143	172	200	229	257	286	343	400	457	514	572
460		93	124	156	187	218	249	280	311	373	435	497	559	621
400		107	143	179	215	250	286	322	357	429	500	572	643	715

注：1. 上表按70%的有胚率计算　　2. 用种量可按5%上下浮动

每千克银杏种核出苗量查对表

每千克银杏种核出苗量查对表

发芽率(%) \ 每千克粒数 → 出苗量(株)	800	700	660	600	560	500	460	400
60	480	420	396	360	336	300	276	240
63	504	441	416	378	353	315	290	252
65	520	455	430	390	364	325	258	260
70	560	490	462	420	392	350	322	280
73	584	511	482	438	409	365	336	292
75	600	525	495	450	420	375	345	300
80	640	560	528	480	448	400	368	320
85	680	595	561	510	476	425	391	340
90	720	630	594	540	504	450	414	360

美国 UC 药物公司银杏提取物标准

1. 颜色:棕黄色粉状,浅棕色粉状。
2. 味道:无。
3. 细度:≤40 目(95%)。
4. 提取得率:>2%。
5. 水分:≤2.5%。
6. 重金属含量:≤10×10^{-6}。
7. 硫酸盐:≤0.029%。
8. 砷盐含量:≤0.3×10^{-6}。
9. 铵盐:≤0.02%。
10. 干燥失重:≤3%。
11. 灰分:≤1%。
12. 微生物指标:≤5 000 个/g。
    其中:大肠杆菌、沙门氏菌、葡萄链球菌不得检出。
13. 细菌总数:≤500 个/g。
    其中:大肠杆菌、致病菌不存在。
14. 银杏酸:5×10^{-6}。
15. 银杏内酯:2.5%~4.5%。
16. 白果内酯:2.7%~3.5%。

美国阿诺德树木园

全称是哈佛大学阿诺德树木园,位于马萨诸塞州牙买加平原,距波士顿市区约 6.5 km,占地约 107 hm²。于 1872 年建园。该地原属阿诺德的私产,租给哈佛大学建立树木园,租期 1 000 年,故以人名命名树木园以资纪念。该园曾在萨金特(C. S. Sargent,1841—1927 年)主持下,由威尔逊(E. H. Wilson,1876—1930 年)多次来中国采集,使该园具有丰富的东方观赏乔木和灌木,迄今引种成活的树木达 7 000 多种,是美国主要的植物研究中心。搜集的重要成就之一是拥有大量的裸子植物、苹果属(*Malus*)、丁香属(*Syringa*)、杜鹃花属(*Rhododendron*)、山梅花属(*Philadelphus*)、忍冬属(*Lonicera*)及荚蒾属(*Viburnum*)等。全园以属为单元,适当照顾生态分散布置。中国植物在美国得以广泛流传,主要是通过该园推广的。藏有蜡叶标本约 100 万个,其中以中国和新几内亚的居多。出版物有《阿诺德树木园杂志》(Journal of Arnold Arboretum)及《阿诺德亚》(Arnoldia)双月刊,常发表水平较高的研究报告、学术论文,其中有关银杏论文也不少见。

美国的基生树瘤

树瘤(burl)、树奶(chichi)与钟乳枝(stalactite)不同,基生树瘤是在树干基部与土壤接触外形成的一种类似愈伤组织的肉质组织。基生树瘤上可以分化出不定芽并形成萌条或复干。基生树瘤对银杏在自然条件下的更新及其生态学有重要意义。通常,在无人为干扰的情况下基生树瘤发育更甚,而在北美及欧洲目前尚未见类似现象。与枣树、香椿等根蘖不同,基生树瘤并不是"根",到目前为止人们还没有发现在距银杏母干 4 m 以外有"根蘖苗"形成。银杏基生树瘤是种子播种后由子叶芽(cotyledonary bud)直接发育而成的,通常在 3 年生苗木上清楚可见。基生树瘤的发育对于加速苗木生长具有促进作用。生产上,通过根茎重伤、打头、平茬等措施,可以促使基生树瘤发育,基生树瘤上的萌条是良好的育苗材料。

美国的银杏产品销售

1784 年,银杏由英国引入美国,由美国人 William Barfram 从英国将 3 株银杏树带回本国,当时栽植在宾夕法尼亚州费城市私人庄园中。由于无人管理另两株后来死掉。1988 年对活着的这株银杏树的调查结果表明,树高 32 m,胸径 103 cm,年年结果累累。由于人们对银杏叶医药保健价值认识的提高,刺激了美国营建采叶银杏基地的积极性。最近几年,在南卡罗来纳州及其他地区营建了大面积采叶银杏基地。在美国,秋季将银杏叶经机械化采收后,通过气干处理,使含水量达到12%。为了节省本国的能源和减少废渣对环境的污染,他们打成180 kg一捆运到欧洲加工厂去提炼,然后再购回提取物。大体是100 kg银杏叶可得到1 kg提取物。1 kg提取物制成药剂后可获得3万美元的利润。这些提取物除医药应用外,还可做成保健食品、饮料、巧克力糖、口香糖及其他食品。在美国,上述产品年销售额可达20亿美元。夏威夷从二战后才开始种植银杏。在合众国成立之前,北美大陆尚无银杏树生存,那时银杏只生长在荷兰和英国。1988年欧洲银杏叶提取物的销售额高达5亿美元。

美国的银杏雄株品种

美国雄株选优居世界领先地位,但选优的目的以城乡绿化美化为主。美国从20世纪五六十年代就开始雄株品种的选优工作。雄株选优标准明确,程序科学,这一点应引起我们的高度重视。雄株品种主要由加利福尼亚、宾夕法尼亚、俄亥俄、新泽西、伊利诺伊州等大型苗圃内收集并繁殖,其中,加利福尼亚的Saratoga园艺场对雄株品种的选择和保存起了重要作用。由于这些雄株品种的嫁接和插条苗具有明显的位置效应,在解决这一问题之前某些品种仍要限制其大面积栽培。美国银杏雄株品种均是经美国园艺学会调查后确认下来的。选优标准主要有:叶色包括金黄、浓绿或具黄条纹,叶形大,裂刻多面深,叶簇生密集,叶籽银杏。冠形有椭圆形、伞形、纺锤形、窄冠形等。干形通直圆满、顶端优势强、分枝良好、成层性强等。目前,美国已正式注册的银杏品种有50个,其中"认可的栽培品种"18个,如金秋(Autumn gold)、圣云(ST. cloud)、圣克鲁斯(Santa Cruz)、迈菲尔德(Mayfield)等;"非认可的栽培品种"32个,如贝尔(Bell)、盛秋(Autumn glory)、三裂银杏(Triloba)、皇后(Kew)、耸景(Overlook)、金兵(Sentry)等。

美国的银杏之乡

伊利诺伊州位于美国中部,是全美最有名的"银杏之乡",在伊利诺伊州,干周超过100 cm的银杏大树共有47株。1978年4月1日,该州的银杏爱好者们成立了"金色化石树"协会,以促进该州102个县银杏的研究和发展。该协会的成员虽然喜欢银杏,但不喜欢中国古代起的"鸭掌"这个不雅致的名字,也不喜欢园艺学家起的恰如其分的名字"白果树"。因此,该协会发起人Ron Sissns建议将白果树改为"金色化石树",一是因为银杏是"活化石";二是因为秋季飘扬着金黄色的树叶,二者连在一起组成"金色化石树"。1984年,该协会又改组成"国际金色化石树协会"(IGFTS),除南非以外,会员分布于世界各地,有会员800多名,到1992年已发展到1 000多名。每年的9月20日下午2时,在伊利诺伊州国际银杏协会总部,为对银杏感兴趣的国际银杏协会会员举行室外聚会,以探讨会员们关心的一些问题。这个组织的建立不仅促进了美国银杏事业的发展,也促进了世界各国银杏事业的发展。伊利诺伊州,全州共有102个县,其中100个县有银杏分布。全美共有国际银杏协会会员1 398人,而其中伊利诺伊州就有会员710人(全美有46个州有国际银杏协会会员)。1978年4月1日,当国际银杏协会成立时,伊利诺伊州的银杏爱好者们已开始在全州进行银杏考察和调查。国际银杏协会主席Cloyton A. Fawkes先生,曾调查了伊利诺伊州和美国其他州的一些银杏大树。根据国际银杏协会对美国16个州的调查结果表明,胸围在100 cm以上的大树共有194株。目前,在美国的46个州有银杏分布。

美国的银杏种植

1784年,美国人William Bartram从英国将3株银杏树带回本国栽植。目前,在美国的耶鲁大学和伯克利大学校园内均栽有银杏树。根据近10年对银杏生长速度的调查研究,认为银杏的生长速度是合乎理想的。银杏的生长季节大体为5~10月。在这一时期,1个月的生长量约为1年生长量的1/6。但也发现,10年最大生长量为最小生长量的3倍。银杏同杨树相比,其生长慢,但与栎树和白蜡相比,银杏生长较快,可见银杏生长速度在杨树和白蜡之间。美国人对食用银杏果实并不感兴趣,但他们在园林绿化和行道树方面却大量选择了银杏。为了避免果实及其发出的臭味对环境的污染,栽植时全栽雄株。在美国南卡罗来纳州的Sumter地区共营建了约324 hm^{2}采叶银杏林,计有900万株银杏。美国第一次引种的银杏树栽植在宾夕法尼亚州费城市私人植物园中。目前银杏已广泛分布在美国中部、西部和东部湿润的温带地区,北部也看到一些零星分布的银杏。美国的阿拉斯加虽然气候严寒,但仍有银杏生长。夏威夷二战后才开始种植的,银杏是一日本人带去一包种子,开始繁衍开来。1936年建立的加利福尼亚大学戴维斯树木园,收集了世界各地的树木1 500种,其中有引种于中国的银杏树。另外,美国北部的明尼苏达州大学树木园、加利福尼亚大学校园、纽约和芝加哥市各大学的校园以及首都华盛顿一些街道的行道树,都种植着从中国引种的银杏树。美国伊利诺伊州是美国栽培银杏最多、分布最广的一个州,该州的银杏爱好者们对银杏作了全面调查,对距地面4.5 ft(1 ft = 0.304 m)处于周254 cm以上的大树进行了登记,其中最大的是 1854 年栽植的洛克岛汉英顿镇礼堂附近的一株银杏,干周为 548.64 cm;其次是栽植在该州南端凯里的银杏,干周为 441.96 cm。在伊利诺伊州,干周超过 254 cm 的银杏大树共有 47 株。而他们建采叶银杏园却走在世界各国的前面。自 1982 年以来,为了生产银杏萜内酯,在美国的南卡罗莱纳州,建采叶银杏园 600 hm^2,共栽植了 1 000 万株银杏树。为了使树体发生更多的分枝,以增加叶子产量,秋末采叶后他们于冬季多进行重度修剪,使树冠变得低矮,便于机械化采收。10 年生每公顷可采银杏叶 3 000~4 000 kg。

美国的钟乳银杏

到目前为止,在美国发现了两株生有钟乳枝的银杏树。一株是在卡罗莱纳州南部的哈里斯堡,为雌树。另外还有一株是在加利福尼亚州。

美国环球营养公司银杏提取物标准

1. 颜色:浅棕黄色粉末,浅黄褐色粉末
2. 味道:焦味
3. 细度:≤80 目
4. 重金属浓度:≤20×10^{-6}
5. 溶解度:100%
6. 细菌数:≤1 000 个/g
7. 霉菌数:≤100 个/g
8. 砷盐浓度:≤3×10^{-6}
9. 干燥失重:≤5%
10. 灰分:≤0.85%
11. 银杏总黄酮:≥24%
12. 银杏萜内酯:≥6%
   其中:银杏内酯 2.5%~3.3%
   白果内酯 2%~4%

美国药典中银杏叶专题论文

美国药典中银杏叶专题论文

包装和贮存	密封容器,避光,保持干燥
标签	银杏叶,属,种
植物学特性	
肉眼	肉眼观察
镜下	显微镜观察
鉴定	用两种定性 TLC 试验方法测定黄酮和萜内酯
主要成分和无关有机物	≤3.0% 和 2.0%
干燥丢失	≤11.0%(在 105℃,2 h 后)
总残留物	≤11.0%
重金属	规定限量,USP 方法
农药残留物	规定限量,USP 方法
微生物限量	总细菌≤10 000 个/g,菌丝和酵母≤100 个/g无沙门氏菌和金黄色葡萄球菌
总黄酮糖苷含量	≥0.8%(HPLC-UV 在水解后)

美国银杏的雄性品种

美国已把银杏的雄性品种分为以下几种,写在下面供我们今后调查时参考。

金秋(Autumn Gold)、湖景(Lake view)、五月田野(May field)、圣诞老人(Santa Claus)、卫兵(Sentry)等。卫兵是一个直立型的雄性无性系,在生长空间有限的地段栽植最适宜,在美国是园林绿化中普遍推广的一个雄性品种。美国虽然未提出银杏雄性品种调查的依据,但银杏雄性品种的划分却敲开了银杏杂交育种的大门。

美国、中国、日本银杏生长比较

美国、中国、日本银杏生长比较

国家	树龄(年)	树高(m)	胸径(m)	立地条件
美国	35	11.92	22.61	弗吉尼亚丘陵多风
	47	12.22	23.62	—
中国	34	12.60	22.09	山东低山丘陵
	48	19.80	37.30	浙江立地一般
日本	28~33	14.00	18~26	山形县低山丘陵多风
	51~56	22.40	35.90	

美丽槲寄生穗(比较种)

美丽槲寄生穗(比较种)*Ixostrobus* cf. *magnifieus*,当前标本较本种模式标本宽而大,小孢子叶垂直着生于轴上。这个种的单个小孢子叶颇像 *Swedenburgia*,但它的顶端为 3~4 枚倒卵形花粉囊,囊顶部较宽。*Swedenburgia* 的果鳞顶端为 5 瓣,掌状,裂片为指形,顶端尖,可以区别。斯行健(1933)所描述山西大同之 *Stenorachis lepidus*(Heer)似也应为此类型花穗。产地层位山西怀仁,下侏罗统永定庄组。

美尼尔氏综合征

生白果 3 枚捣碎,开水冲服,每日 1 次,连服数日;或白果 3 枚,桂圆肉 7 个同炖服,每晨空腹一次;或用白果仁 25 g 炒干研为细末,装入瓶中备用,每次 5 g 左右,用 30 mL 温红枣汤送服,每日 3 次。

美娘子白果树

长葛市东北角大周镇大谷寺村有一雌性白果树,群众叫"美娘子树"。说她美是树干通直光滑,树冠圆头均称,枝叶茂密而不凌乱;远看如同少女清秀,近瞧如同一把瑰丽巨伞,蔚然壮观。说她年轻是按银杏树寿命说的,据专家测算,其树龄为 602 年。经访问当地群众,都说他们是明朝初年从山西省洪洞县迁居来的。据史书记载,元朝末年这一带数百里荒无人烟,明太祖(朱元璋)建朝(1368 年)后,才逐渐号召向平原迁民,以明成祖(朱棣)永乐年间(1403 年)迁民者最多。此地平原,土质肥沃,"美娘子白果"生在此地可算是得天独厚,每年能结果累累。

美女花

矮化、紧密、冠圆形,叶亮绿色,分枝密集,树高2.75 m,可以作为盆景栽培。

美容保健产品

江苏泰兴日用化工厂,利用本县优厚的银杏资源,1989年首次研制出10余种银杏系列化妆品,如"银杏少儿护肤霜""银杏洗发香波""银杏男士美容霜""银杏女士增白粉蜜""银杏高级香粉蜜""银杏洗面奶""银杏洗发膏"等。这些化妆品投放市场后,不仅受到消费者的青睐,而且还出口到法国等欧洲国家,开辟了银杏加工利用的新途径。

美学

银杏具有很好的观赏价值,给人以俊俏雄奇、华贵、典雅之感。因此,古今中外都把银杏作为庭院、行道、园林绿化的重要树种。在我国名山大川、古刹寺庵,多有高大挺拔的古银杏。它们历尽沧桑、遥溯古今,给人以神秘莫测之美感。银杏更有着崇高的品质,是它的内在之美。历经磨难、百折不挠的自强精神,挺拔向上、邪恶不侵的高贵品质,更值得人们学习和效仿。银杏美学,是银杏文化学的重要组成部分。认真研究、积极拓展银杏美学,对培养人们"真、善、美"的情感,构建和谐社会具有很大的促进作用。

镁素

镁是叶绿素的重要组成成分。银杏缺镁会影响叶绿素的形成和光合作用。缺镁时产生缺绿病,往往基部叶片会褪绿脱落,顶梢留有几片薄小的淡绿色或黄褐色叶片。在砂性和酸性土壤中可供镁易流失,或含镁量低的石灰质土壤,常发生缺镁症。轻度缺镁可于生长期喷1%的硫酸镁溶液3~4次;严重缺镁时,可亩施硫酸镁1~1.5 kg,以补充镁的供应不足。

门头沟古银杏

区内有古银杏树一级、二级各16株,共计32株,分别占同级古树的8.8%、1.5%和总数的2.5%。银杏当地俗称白果,近几年药用价值逐渐被人们所认识。该树种主要分布于妙峰山、龙泉两乡镇;永定、潭柘寺、黄塔、军响、军庄5乡镇有零星分布。

萌蘖育苗

萌蘖是指银杏植株的主干、大枝、根茎和粗根上的不定芽萌发出来徒长性的枝条。在根茎和粗根上的萌蘖,生了根的叫根蘖苗。浙江天目山著名的"四代同堂"银杏,就是由母树周围长出的根蘖苗而得名。利用这些根蘖苗可进行分株繁殖。这种方法简单可行,成苗快,成活率高,比实生苗提早开花结实,母株的优良种性也可保存和延续。切移时先将母树周围的土壤挖开,再用锋利铁锹沿树干向下将根蘖苗切下。要注意保护须根,并带上母树的一块根,以利成活。切下的大苗可直接定植,小苗可移进苗圃培育成大苗再定植。

萌芽肥

在春梢萌芽期施入,多以氮肥为主。施后可促发春梢,增加树体总叶面积,增加光合作用,增强树势,提高花的质量。此期银杏树体是以消耗贮藏营养为主。施萌芽肥应注意,早施、少施,结合春灌施肥为最好。

萌芽期

从芽开始膨大至幼叶分离的时期,是银杏从相对休眠转向营养生长的过渡时期。北方落叶果树在日平均温度达5℃以上,地温7~8℃,经10~15 d萌发。萌芽的开始时间和强度,除决定于温度条件外,也与营养水平和水解速度有关。因此,应重视萌芽前养分的供应与贮存。

锰素

锰是银杏体内酶的一种活化剂,它参与光合作用和叶绿素的合成,有改善树体内物质运输、转化和合成的功能,还有促进花、种生长发育的作用。如果缺锰,初期从叶缘开始失绿变黄绿色,若继续发展全叶变黄绿色,叶缘出现褐色斑点。锰在偏酸的土壤中利于吸收。若银杏园的土壤偏碱,则锰呈现不溶状态,易发生缺锰失绿症。防治方法一是叶面喷锰,即速生期的5~7月份,叶面喷0.2%~0.3%的硫酸锰3~4次;二是土壤施入氧化锰、硫酸锰等锰肥,每亩1~2 kg。

梦遗

白果仁3枚,入酒煮食,连食4~5日。

米径

米径是指树干距地面1 m处的树干直径,常指带皮直径,常在大树销售中使用,以此直径的大小论价。

密度对银杏氮利用效率的影响

银杏种内竞争也影响到其氮利用效率。随着银杏盆栽密度的增加,银杏的氮利用率大幅度降低,当盆栽密度从每盆1株增加到6株时,银杏的氮利用率由1 890 g DW·g^{-1}N·a^{-1}降低到180 g DW·g^{-1}N·a^{-1}。

密度对银杏光合产物分配的影响

对银杏密度与银杏光合产物的分配进行研究表明,银杏密度对光合产物的分配有明显的影响。3年生苗木的根冠比随栽植密度增加而增大。田间资料表明,当银杏密度从每平方米28株增加到每平方米40株时,其根冠比由0.45增加到0.64;盆栽试验也表明,当银杏密度由每盆1株增加到6株时,其根冠比由0.95增加到1.24。根冠比的增大说明了银杏地下部分根系的竞争加剧。银杏密度对叶重比(LWR)和根重比(RWR)有明显的影响。随着栽植密度的增大,银杏的叶重比有上升的趋势。增加栽植密度,银杏的根重比则逐渐降低。叶比重对银杏密度的反应较为敏感,增加银杏密度导致其叶比重的明显上升。当银杏密度由每盆1株增加到6株时,银杏叶比重由196 $cm^2 \cdot g^{-1}$ 增加到339 $cm^2 \cdot g^{-1}$。

密度对银杏光合速率的影响

对不同密度林分中银杏的净光合速率(Pn)进行研究的结果表明,密度较大的试验小区Pn低于密度较小的试验小区的Pn,尽管银杏的Pn随密度增大呈下降趋势,但试验小区银杏密度在每小区8~32株间的Pn差异不大,试验小区银杏株数为40株时的Pn与其他小区有明显的差异。

密度对银杏苗高和地径生长量的影响

密度对银杏苗高和地径生长量的影响

试验设计	地径(cm)	地径相对生长率	苗高(cm)	苗高相对生长率
1G	1.52	0.35	79.0	0.80
2G	1.42	0.30	61.3	0.75
3G	1.34	0.28	59.7	0.64
4G	1.24	0.27	58.7	0.58
5G	1.22	0.25	58.0	0.55
6G	1.21	0.24	63.0	0.54

密度试验

2年生苗采用盆栽和田间密度试验时发现:

①随密度增大,2年生银杏苗单株叶产量下降,但单位土地面积叶产量上升,单位土地面积银杏叶中总黄酮产量则明显上升。

②随密度增大,银杏单株生物量逐渐减少,土壤表层银杏吸收根系逐渐增多,说明银杏地下部分的竞争主要集中在土壤的表层,表现在根系对水分和养分的竞争。

密度水平对银杏单株生物量的影响

密度水平对银杏单株生物量的影响

| 密度水平 | 生物量(g) | | 叶 | 比例(%) | 茎 | 比例(%) | 侧根 | 比例(%) | 主根 | 比例(%) |
	总生物量	单株平均								
1G	39.26	39.86	7.58	19.02	14.43	36.20	7.36	18.46	10.49	26.32
2G	57.90	28.95	5.72	19.76	10.27	35.47	5.29	18.27	7.87	27.18
3G	73.20	24.40	4.47	18.32	8.77	35.94	4.67	19.14	6.49	26.60
4G	87.52	21.88	3.91	18.01	7.79	35.60	4.30	19.65	5.85	26.74
5G	97.05	20.01	3.31	16.54	7.31	36.53	3.75	18.74	5.64	28.19
6G	111.42	18.57	3.14	16.91	6.53	35.16	3.67	19.76	5.23	28.16

密度水平对银杏新生根生物量的影响

密度水平对银杏新生根生物量的影响

| 密度 | 新生根生物量(g) | |
	单株平均	每盆总量
1G	7.36	7.36
2G	5.29	10.58
3G	4.67	14.01
4G	4.30	17.20
5G	3.75	18.75
6G	3.67	11.02

密封贮藏

用密闭不通气的容器贮存种子的方法。将经过精选和干燥的种子,装入消过毒的容器中,容器内可放入干燥剂氯化钙、生石灰或木炭等,然后加盖,并用石蜡或火漆等密封,即可放入种子库或贮藏室。适于用普通干藏时容易丧失发芽力的种子以及需要长期贮藏的富有脂肪和蛋白质的种子。

密植树的后期修剪

矮干密植园幼树期采取轻剪多留、开张角度、局部控制等修剪措施,以缓和长势,促其尽快结种。通过结种控制树势,限制树冠过快扩大。在大量结种、树势稳定之后,要采取适当疏枝、调整结种量等措施,加强通风透光,实现早种丰产,以后采取隔行抽株疏移的方法,使其长期丰产、稳产。

在密植的条件下,5~7年之后,树木个体之间就出现拥挤现象。此时树木相对密度较大,树冠相连接,郁闭度增大。对这时的幼树要采取轻度修剪,多留枝,并使主枝角度开张。目的在于缓和生长势,促进多结种,通过结种控制树势过旺,限制树冠扩大过快。在大量结种后,树势渐趋稳定又反过来采取疏枝修剪,限制种子产量。换句话说就是使营养生长与种子生产相互制约,以达到协调生长的目的。

蜜饯白果

主料:白果 1 000 g。

配料:白砂糖 500 g。

做法:鲜白果剥去硬壳,用清水淘洗干净,用沸水稍焯,捞出后撕去内种皮,抠去心,漂洗后再放入锅内,置中火上煮沸后约 40 min,再捞出沥净水分待用。将白果仁放在方盘内冷凉,撒入白糖调匀,装入洁净的小坛内,封口,蜜渍 24 h 后,即成。

保健功能:白果有补脾、定喘、收敛之功效。用白砂糖制成蜜饯,不仅可添甜味,利食用,还能止咳嗽,增营养。用于脾虚湿盛之腹泻、带下及痰多咳喘、小便频数、失禁、遗尿等症,确有一定疗效。本肴可供慢性气管炎、肺气肿、遗尿患者食用。多食无妨。

蜜饯类

将银杏种仁制成各种银杏蜜饯,如银杏脯、琥珀银杏等。其原理是利用糖溶液的渗透压,使种仁微生物因缺水而出现生理干燥,失水严重时可出现质壁分离现象,从而抑制微生物的发育和活动,使种仁不易变质、腐烂。

蜜饯银杏

主料:银杏仁 100 g。

配料:蜂蜜 150 g。

做法:银杏仁入水煮,去内种皮,放入一大海碗内,加入蜂蜜。大海碗入笼蒸 1 h 左右取出,趁热调匀即成。

保健功能:鲜甜适口,风味独特,并有治肺痨久咳之效。

蜜蜡银杏

主料:白果 500 g。

配料:红樱桃 5 个,白糖 200 g,蜂蜜 50 g,桂花酱 10 g,猪油 30 g。

做法:将白果去壳,放入沸水中烧过,除去膜质内种皮,摘去果心。烧锅内放清水、白糖、白果,在旺火上烧沸,撇去浮沫,再移至微火上烤至糖汁浓时,加入桂花酱和蜂蜜,淋上猪油,颠匀盛入盘中,摆上红樱桃,即可上桌。

保健功能:色泽蜡黄明亮,银杏软烂甜香。对妇女止带,止浊疗效尤佳。

蜜三果

主料:白果、山楂、板栗各 250 g。

配料:蜂蜜 50 g,桂花酱 50 g,白糖 250 g,香油 5 g。

做法:白果除壳后在水中煮 5 min,捞出去除内皮,并用刀拍一裂口。山楂在开水中煮 2 min,捞出,捅掉种核,撕去外皮。板栗先在开水中煮,然后速投冷水中,捞出去壳和内衣。锅中加水约 250 g,煮沸倒入砂糖化开,稍微煎熬成浓汁,并将蜂蜜、桂花酱等配料放入拌匀,随即将准备好的白果、山楂、栗仁同时入锅拌匀即可,装盘后淋入香油。

保健功能:祛阴壮阳,理气助消。

蜜汁白果

蜜汁白果是一道高档的名菜佳肴,起源于山东省郯城县。当地群众用此膳宴飨佳宾,有近 200 年的历史。现在已传播到我国南北许多银杏产区。

主料:白果 500 g。

配料:蜂蜜或白糖 200 g,植物油 500 g。

制法:供作蜜汁用的白果要求个大,均称,肉质松软,糯性强。将白果轻轻破碎除去外壳,放入 90～100℃的热水烫一下,以便除去膜质内种皮。再倒入沸油中炸(勿用动物油),视白果仁呈现黄色时,随即捞出,时间过久则硬化,但过短又炸不熟,所以要恰到火候。沥干油置盘内。再把蜂蜜或白糖加水少许烧开。熬蜜或糖的过程中要不断搅拌,防止焦化。然后将炸过的白果倒入熬好的蜜(糖)中,稍翻动,即可装盘上桌。

特点:装盘后配上雕花或青红丝,衬以琥珀色的白果,使之色、香、味、形俱佳,令人望而生津,食而不厌。

棉花果

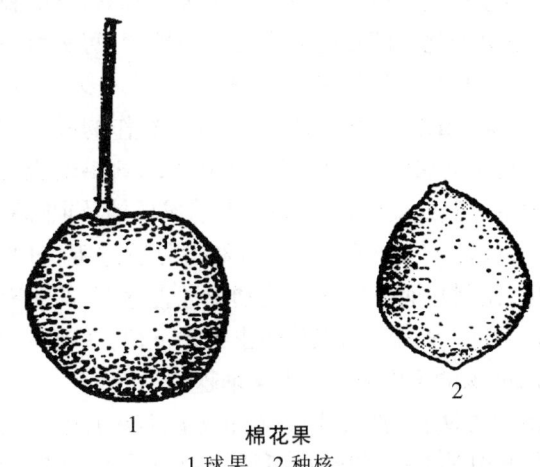

棉花果
1.球果 2.种核

本品种球果形状近似棉铃,故名。本品种主要分布于广西的灵川、兴安、全州。多根蘖树。100 年生左右的树,树高 15 m,胸径 38.3 cm,冠幅 8.3 m×8.5 m,树冠圆锥形。主干挺直,层性明显。长枝节间长达 4 cm 以上。长枝上多扇形叶,少数为三角形,叶长 4.7 cm,宽约 6 cm,叶柄长 6.4 cm(最长可达 8 cm)。短枝上多扇形叶,少数为楔形叶,叶长 5.2 cm,宽约 6.2 cm,叶柄长 8.1 cm(可达 11.9 cm)。长枝上叶片中裂明显,短枝上叶片中裂不甚明显。球果椭圆形,多双果,熟时橙黄色,白粉少,无油胞。先端狭长,顶尖凹入,基部稍平,蒂盘多长圆形,周缘不整,稍见凹陷。球果柄长约 3.6 cm(可达 4.3 cm),较粗壮,略弯曲。球果大小为纵径 2.6 cm,横径 2.4 cm,单粒球果平均重 9.4 g,每千克粒数 106 粒。球果整齐度相差悬殊,有的球果单粒重仅 6.67 g,每千克粒数达 150 粒。出核率 23.18%。种核椭圆形,上下基本对称。先端尖长,顶具小尖。基部两维管束迹迹点明显,相距甚近,间距仅约 1.5 mm,有时合为一体。两侧棱线明显,自上至下均有。微有背腹之分。种核大小为 2.15 cm×1.55 cm×1.26 cm,单粒种核平均重 2.1 g,每千克粒数 476 粒(最小单粒种核重 1.56 g,每千克粒数 641 粒)。出仁率 75.56%。本品种生长势中等,成枝力较弱,150 年生左右的树株产白果约 50 kg。大小年明显,种核较小,品质较差。

棉铃虫

棉铃虫 *Heliothis armigera* Hubner。生物学特性:棉铃虫在山东莱州 1 年 4~5 代,以蛹越冬。翌年春天气温 15℃ 以上时,越冬代成虫羽化,4 月下旬至 5 月下旬为羽化盛期。第 1 代至第 4 代各代成虫发生期分别为 6 月中下旬、7 月中下旬、8 月中下旬至 9 月上旬、9 月中旬至 10 月上旬,个别年份第 4 代可延至 10 月下旬。但世代重叠现象明显。成虫有强趋光性和趋化性(糖醋液)。成虫羽化后即在晚间交尾。卵散产,每头雌虫可产卵 500~1 000 粒,最多达 2 700 粒。卵大多产于银杏苗叶背,也有的产于叶面、叶柄、嫩茎、农作物或杂草上等处。初孵幼虫常群集叶缘危害叶片,2、3 龄幼虫可从幼苗顶芽一侧蛀食或蛀入嫩枝梢,造成顶梢及顶部簇生叶死亡,危害十分严重。3 龄后幼虫分散危害,可将叶片食尽,仅剩叶柄。7~8 月为幼虫危害盛期,幼虫有转移危害习性。9 月下旬老熟幼虫开始下树,在苗木附近 5~10 cm 深的土中或杂草下化蛹越冬。

防治方法:①消灭成虫;在北方应若 6 月中下旬及 7 月中下旬对 1~2 代幼虫,利用 1.5 m 长多叶的杨树枝 4~5 根捆成一把,每亩放 10 把分散于棉田间,成虫喜欢隐藏在里面,每天日出前将把抖动,蛾子落在地上静止不动,此时可进行捕杀。每隔 5~6 d 换一次杨树枝,用其他树枝如柳枝也可以。②利用黑光灯诱杀成虫效果亦很好。在棉田、银杏叶园周围种上向日葵,成虫喜欢聚集到向日葵的花和顶叶上,每早进行捕杀。③结合田间耕作管理来消灭一部分棉铃虫的卵。在发生重的田块冬季实行深耕,亦可以破坏越冬土茧到 25 cm 以下可以全部死亡,因冬季深耕以后估计,可以杀死 96% 的蛹。④消灭幼虫,可以组织人力把银杏梢幼虫逮回喂鸡。⑤药剂防治。消灭幼虫必须采用药剂防治。应当掌握幼虫 3 龄以前用药,在 6 月中旬至 6 月下旬用敌杀死 3 000 倍液或用 40% 氧化乐果 1 000 倍液或用 40% 马拉松 1 000 倍液或用 80% 美曲膦酯 800~1 000 倍液或鱼藤精 800 倍液或 25% 杀虫双 500 倍液均能起到良好效果。还可以用 20% 多虫畏菊酯 2 000~2 500 倍液也能起到非常好的效果。

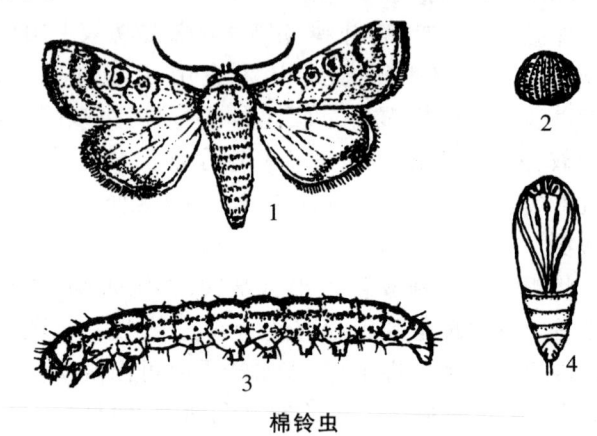

棉铃虫
1.成虫　2.卵　3.幼虫　4.蛹

免耕

主要利用除草剂防除杂草。将枯枝落叶留在原地或用作物茎秆、杂草覆盖,土壤不进行耕作的方法,又叫最少耕作法。这种方法对于保持土壤自然结构、节省劳力、降低成本等方面有许多优点。免耕银杏的初期,地表面易形成一层硬壳,这层硬壳在干旱气候条件下变成龟裂块,为了克服这一缺点可在免耕初期覆盖秸秆和进行中耕,逐步改善土壤结构。土壤容重逐渐减少,非毛细管孔隙增加,土壤中可形成较为连续而持久的孔隙网,所以通气性较耕作土壤为好,且土壤动物孔道不被破坏,水分渗漏得到改善,土壤保水力也好。免耕法果园无杂草,减少水分消耗,土壤中有机质含量比清耕法高,这一方法对土层深厚、土质较好的果园采用较好,尤以在潮湿地区除草与耕作较困难的地区,此法更为有利,但要坚持数年,注意防除杂草与防治病虫害。

免耕育苗

银杏育苗历来强调精耕、细作,反其道而行之——免耕育苗。1998 年春在富岭乡张安村试种两亩,获得成功,1999 年重复一次,2000 年又重复一次,均与常规育苗作对比试验,结论如下:①银杏免耕育苗是可行的,其苗木生长量可与常规育苗相媲美;②免耕育苗适用于前作为水稻田的地块;③免耕既有回归自然之意,又能做到省工、省力、易操作等优点;④利于排水、灌溉,并减少水土流失;⑤提高土地利用率等。

免疫印迹

使用BIO—RAD半干式转印仪进行电印迹,将凝胶上的蛋白质转印到PVDF膜上。免疫反应中使用的一抗为制备的32 kDa或36 kDa蛋白质的抗血清(稀释比例1∶300),二抗为辣根过氧化物酶标记的羊抗兔IgG(稀释比例1∶4 000,购自博士德生物工程有限公司),DAB显色后拍照。

面白果

产自河南南部大别山区及豫西伏牛山区。树冠塔形,树形开张,树势生长旺盛。种子较大,长圆形或卵状长圆形,纵径2.68 cm,横径2.2 cm,外种皮成熟时黄色,被白粉,平均单种重9.8 g;种核卵状椭圆形,棱线不明显,先端具小突尖,色洁白,长2.55 cm,宽1.7 cm,厚1.4 cm,平均单核重2.48 g,每千克种核400粒左右,出核率25.3%,出仁率76.5%。该品种种核较大,丰产稳产性能好,种仁淀粉含量高,糯性强,味甘甜可口,风味俱佳,为河南省主要栽培品系之一。

苗床

按一定规格修筑的小块育苗地。分高床、低床、平床3种。床面宽一般为1 m,床长依机械化程度及地形而定,手工作业一般为10~20 m,苗床的方向以东西向为宜,在坡地应与等高线平行。作床时应定线拉绳,区划规整,翻土的同时施入基肥,清除石块及杂物,使土壤细碎均匀,床面平整,床边整齐具有一定坡度,以便播种。

苗床东西方向好

在整地、土壤消毒后进行筑苗床。雨水少较干旱的地方(北方)作平床(与地面持平),在雨水多,或地势低洼的地方(南方)作高床,高出地面10~20 cm。床宽1~1.2 m,长度随地形或浇水方便而定,一般不超过20 m。苗床东西方向,苗行南北向,利于通风透气,增加光照,苗木间相互影响小,多年实践证明,长势好的苗床为南北方向的,应予以推广应用。

苗床苗

在原苗床继续培育的播种苗。一些生长较慢的浅根性树种,当年不能出圃,可培育苗床苗。如银杏1年生的苗大多作为苗床苗。

苗高

自根径处至顶芽基部的苗干高度。

苗根长

指苗木根系的长度。

苗茎日灼

又称干切。地表高温对幼苗根茎灼伤的危害。主要是土壤表面受太阳辐射,温度升高使幼苗根茎的输导组织形成层组织受到破坏。银杏幼苗在表土温度达40℃时为日灼临界温度,可用遮阴或灌水等方法防除。

苗龄

苗木的年龄。从播种(或扦插、嫁接等)到出圃,苗木实际生长的年限,以经历一个年生长周期为一个苗龄单位。即每年从开始生长时起,到当年停止生长时止,完成一个生长周期即为一个苗龄,称1年生。苗龄用阿拉伯数字表示,第一个数字表示苗木在原圃地的生长年龄;第二个数字表示第一次移植后培育的年龄;第三个数字表示第二次移植后培育的年龄,数字用短横线间隔,数字之和为苗木的年龄,称为几年生。例如:

1-0表示1年生播种苗、扦插苗或嫁接苗。

2-0表示4年生移植苗,苗木生长第二年后移植1次,移植后继续培育2年。

1(2)-0表示2年生嫁接苗,1年干,2年根。

注:括号内的数字表示扦插苗或嫁接苗在原苗圃地根的年龄。

苗龄型

育苗生产上用以表示苗木繁殖方法、苗龄等的符号。S表示实生苗;G表示插条苗;O表示苗根年龄。第一数字1、2、3表示留床培育年龄;第二数字0、1、2表示第一次移植培育的年龄。例如,S-O表示一年生播种苗;C1-O表示一年生插条苗;O-2表示三年生根、2年生苗茎。

苗龄与保留密度

苗龄与保留密度

苗龄(年)	株数/亩	株×行距(cm)	疏移方式	苗高(cm)	地径或胸径(cm)
1	22 000	10×30	—	20	地径0.5~0.8
2	11 000	20×30	抽株	100	0.8~1.5
3	5 550	20×60	抽行	150	>2
4	2 775	40×60	抽株	200	>2.5
5	1 388	40×120	抽行	300	胸径2.5~3
6	694	80×120	抽株	>400	>4

苗龄与保留密度的关系

苗龄与保留密度的关系

苗龄	每亩株数	株行距(cm)	移栽方式
1	34 000	6.5×30	—
2	17 000	3×30	抽株
3	8 800	25×30	抽株
4	2200	50×60	抽行 抽株
5	1 100	50×120	抽行
6	550	50×240 或 100×12	抽行

苗龄	苗高(cm)	地径(cm)	胸径(cm)
1	15	0.5	—
2	100	0.8	—
3	150	2.0	—
4	200	2.5	—
5	300	—	2.5~3.0
6	450	—	4.5

苗木

亦称树苗。植树造林所用的栽植材料,具有完整的苗干和根系。苗圃中培育的树苗,不论年龄大小,在未出圃前都称为苗木。苗木有实生苗及无性繁殖苗之分。

苗木包装

①苗木需要外运时,应包装打捆。常用的包装材料有聚乙烯袋、涂沥青不透水的麻袋、草包、蒲包等。先将湿润物如湿稻草等放在包装材料上,然后将苗木根放在上面,并在根系间加些湿润物。放置苗木多少依苗木大小而定。苗高 50 cm 以下的,每包 100 株;苗高 50~100 cm,每包 30 或 50 株;苗高 100 cm 以上,每包 10 或 20 株,然后将苗木卷成捆,用绳子捆紧。

②运输包装应贴上标签,式样如下。

银杏苗木包装运输标签

树种_____ 苗龄_____ 数量_____
等级_____ 起苗日期_____ 发苗日期_____
发苗单位名称和地址_____
收苗单位名称和地址_____

苗木保护

苗木保护措施时常被人忽视,从而影响栽植成活率。现已证明,苗木栽植成活及生长发育取决于苗木自身的水分、养分和能量平衡,而水分平衡是苗木成活的关键;养分和能量平衡影响苗木的生长发育。由公式 $W_{tp} = W_0 - t(T-A)$ 可以看出,苗木栽植时含水量(W_{tp})的高低,主要受起苗时含水量(W_0)、从起苗到栽植的时间(t)、从起苗到栽植的平均吸水量(T)及蒸腾量(A)的影响。即起苗时含水量(W_0)高、从起苗到栽植的时间短(t),促进苗木吸水(A)和抑制蒸腾(T)是提高苗木栽植时体内含水量(W_{tp})的关键。可以看出,无论是就地移栽还是长距离运输,苗木保护措施非常重要。目前银杏苗木尤其是 3 年以上的大苗,栽植后缓苗期长,新梢生长慢甚至死亡,与根系生理和机械损伤严重、苗木失水有很大关系。因此必须加强苗木保护措施。

①边起苗边栽植,缩短从起苗到栽植的时间。有人将起苗到栽植这段时间苗木的质量称"第二阶段苗木质量"。就是说,即使苗圃内培育的苗木具有良好的壮苗指标(第一阶段苗木质量),但不适宜的起苗方法和苗木保护措施,也将导致新栽植的苗木生长发育不良甚至死亡。这也是提高银杏苗木栽植成活率值得引起重视的问题之一。

②带土或裸根起苗、根系完整无损、湿草袋包装打捆、帐篷覆盖运输。

③适时假植、防止风吹日晒,取一批、栽一批。

苗木标准地调查法

亦称苗木样方调查法,是苗木调查的一种方法。在育苗地上用随机抽样,抽取 1 m² 的样方若干块进行调查,然后用数理统计方法,计算出每平方米苗木的平均数量与质量,再推算出全生产区的苗木产量和质量,适用于床式育苗。

苗木标准化

根据各树种的生物学特性及一般圃地条件,确定出圃苗木的统一规格。一般考虑如下条件:苗干粗壮,饱满通直,有一定高度,枝叶繁茂,色泽正常,无徒长现象,根系发达,有较多侧根和须根,主根短而直;苗木的径高比值小,而苗木的重量大,无病虫害和机械损伤。萌芽力弱的针叶树种,要有发育正常而饱满的芽,顶芽无二次生长现象。各树种具体标准见各地育苗技术规程。

苗木标准行调查法

苗木调查的一种方法。在标准行上随机选出一定长度的地段进行苗木数量、苗高、地际直径等指标的调查。在生产区中,每隔一定行数确定一行或一垄做标准行。调查后计算调查地段苗行的总长度和每米苗行上的平均苗木数,以推算出每亩及全生产区的苗木产量和质量。适用于苗床条播和垄式育苗。

苗木成活期

营养繁殖苗和移植苗的成活阶段,即出根或形成新根的过程。自穗条埋入或插入圃地或苗木移植结束，到地下部分长出新根。地上部分放出新叶并能自身营养生长时为止。这是决定苗木成活的关键时期，必须注意土壤温度、湿度和通气条件的调节。嫩枝扦插应重视提高空气湿度，以防回芽现象发生。

苗木出圃

起苗日期要与栽植日期紧密衔接，做到随起随植。起苗时土壤要湿润。为使土壤不板结和使苗木吸足水分，应在起苗前的 3~4 d 对圃地灌足水。起苗时要注意保护根系，按照根系长度和根幅大小的要求起苗，并做到不劈根、不断根、不裂根，保证根系完整。做到边起苗、边分级、边假植（假植时应对苗木灌足水）、边包装（包装材料应保持湿润，以防止苗木失水，降低成活率）。要注意保护苗木顶芽。起苗后应修剪苗根，减掉过长根及劈根。

苗木出圃规格

苗木出圃是银杏壮苗培育的最后一个环节。出圃中操作技术的好坏，对苗木定植后成活率的高低，幼树生长速度和结种早晚有着密切关系。因此，必须做好出圃前的准备工作，正确运用技术操作规程，首先应做到随起、随运、随栽，确保定植后成活。

健壮苗木，定植后成活率高，生长发育旺盛，能提早结种和早期丰产。质量差的苗木，定植后成活率低，生长衰弱。银杏健壮苗木基本规格要求如下：

①无检疫病虫害，如银杏茎腐病、银杏大袋蛾、银杏超小卷叶蛾、避债蛾、舞毒蛾、蚧壳虫等，否则不能出圃；

②主干端直，1 年生实生苗干高不得小于 15 cm；2 年生实生苗干高不得小于 70 cm。

③根系完整，主侧根发育良好；

④嫁接苗品种纯正，砧木发育正常，接口处愈合良好，苗木生长健壮。

苗木猝倒病

此病也称立枯病，在各地银杏苗圃均普遍发生。幼苗死亡率很高，尤其在播种较晚的情况下发病率更高。

(1) 症状

病害多于 4~6 月间发生。由于发病期不同，通常出现四种症状。

①种实腐烂：种芽出土前被病菌侵入，引起种子腐烂称为芽腐型猝倒病。

②茎叶腐烂：幼芽出土期间，由于湿度过大或苗木过密等原因，被病菌侵入，引起茎叶黏结腐烂，称顶腐型猝倒病。

③幼苗猝倒：幼苗出土后扎根期间，由于苗木木质化程度差，病菌侵入根茎，产生褐色斑点，病斑扩大呈水渍状，由于病菌在苗茎组织内蔓延，引起典型的幼苗猝倒症状。

④苗木立枯：苗木茎部木质化后，病菌从根部侵入，使根部腐烂，病苗枯死，但不倒伏，称苗木立枯病。上述四种症状均有发生，但以幼苗猝倒最为严重。

引起银杏苗木猝倒病的病原有非侵染性和侵染性两种。非侵染性病原有：圃地积水、覆土过厚、表土板结、地表温度过高等。侵染性病原有丝核菌、镰刀菌和腐霉菌等。这三种病原菌均有较强的腐生性，平时能在土壤的植物残体上生存，一旦遇到合适的寄主和潮湿环境即侵染危害。腐霉菌多在土温 23℃ 时危害，丝核菌的适温为 25~28℃，镰刀菌的适温为 20~30℃。

该病主要危害一年生播种苗，尤其从种子出土后 1 个月内受害最为严重。其发病程度与下列因子有关。

①连作的银杏苗床由于病原菌较多而发病率高。

②圃地整地粗糙，如土壤板结、黏重、积水、通气不良等，均不利于种子的发芽或生长，病原菌易于繁殖，苗木发病严重。

③未腐熟的肥料常导致病菌的蔓延、危害苗木。

④播种时间晚，幼芽出土迟，出土后气温和地温均高，由于幼苗木质化程度差因而发病严重。

⑤温差过大造成发病如播种后覆盖地膜，去膜前应适当通风炼苗，否则苗木会因环境条件的急剧变化而猝倒死亡。

(2) 防治方法

①土地与肥料处理：细致整地，防止圃地积水和土壤板结。有机肥料应充分腐熟，播种前应进行土壤消毒或土壤灭菌。

②播种技术：适时早播，覆土厚度适当，促使苗齐苗旺、提高苗木群体抗性。

③药物防治：用五氯硝基苯、75% 代森锌或苏化 911 或敌克松 25% 进行土壤处理，每平方米用量 4~6 g。先将全部药量称好，然后与细土混匀即成药土。播种前将药土在播种行内铺 1 cm 厚，然后播种，并用药土覆种。药土用量以上述标准用量为度。用苏化 911 每亩施 0.375 kg，敌克松、稻脚青、开普顿每亩施 2.5~3.5 kg，用法同上。用 2%~3% 硫酸亚铁（黑矾）水溶液，每平方米药液 9 L；雨天或土壤湿度

大时用细土混成 2% ~ 3% 的黑矾药土,每亩施 100 ~ 150 kg。

④幼苗发病的处理立即:用 10% 苏化 911 可湿性粉剂 500 ~ 1 000 倍,30% 苏化 911 乳剂 1 000 ~ 1 500 倍,70% 敌克松 500 倍,漂白粉 200 ~ 300 倍,或高锰酸钾 1 000 倍的药土或药液(苗床湿用药土,苗床干用药液)施于苗木根茎部。但应随即以清水喷苗,以防茎叶受害。如发现顶腐型猝倒病要立即喷洒 1∶1∶120 ~ 170 倍的波尔多液,每隔 10 ~ 15 d 一次。

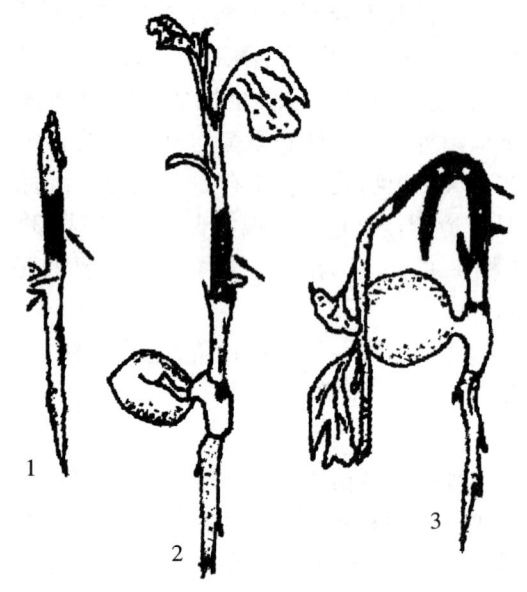

银杏苗木猝倒病
1.刚刚出土幼苗受害症状 2.已出土苗茎受害症状
3.苗木猝倒(箭头示受伤害部分)

苗木调拨

造林前对苗木的分配。其主要依据是根据造林调查设计对各种苗木的需要量、各种树木的自然分布区及其对环境条件的适应性、群众造林经验等。苗木调拨应做到按计划供应,防止因积压或不足,影响造林任务的完成。

苗木调查

了解苗木情况所做的工作。根据育苗方式、苗木种类和苗龄不同,对苗木生长指标及数量进行调查。分为生育期调查和出圃前(定产)调查。前者是了解苗木生长发育状况,以确定相应的技术措施;后者了解苗木产量和质量,以确定苗木供应计划和下年度生产计划。调查方法有标准地调查法、标准行调查法和对角线调查法。调查内容主要是:苗木数量、苗高、地径、主根长、侧根数等指标。调查面积一般不少于调查总面积的 2%。

苗木冬态

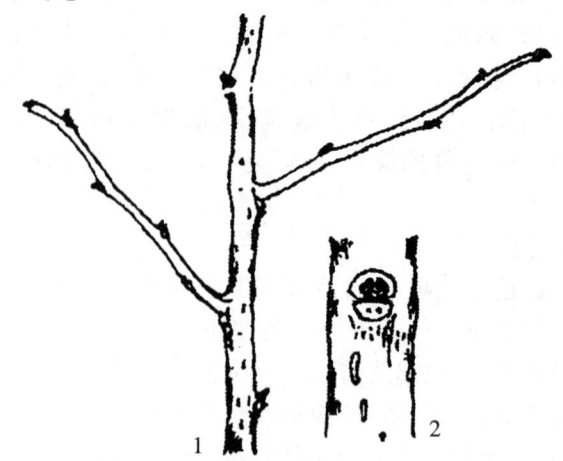

银杏苗木冬态
1.枝和茎 2.叶痕、维管束痕、腋芽和皮孔

系指银杏苗木各器官在冬季所表现的形态特征。

苗木冬态特征

①形态:2 年生苗,平均高度约 45 cm,平均根径约 1.2 cm。苗木多分枝,少有单干直立。下部灰黄色或灰白色。表皮层呈浅裂状,并带有极薄的浮皮,较粗糙。上部枝淡黄褐色,光滑。以手摸抚,有明显的滑腻感觉。枝、干断面圆形,实心。皮孔较显著,为长纺锤形或椭圆形。灰白色,长可达 0.4 cm,多为纵向开裂,分布较密而均匀。在枝干基部则完全相互密接,致使表面呈纵裂状,而分不出单个的皮孔来。叶痕为螺旋状互生,也有丛生或轮生的。半圆形或倒卵形。下端圆形,上端多为楔形或微凹。黄褐包,隆起。最大径约在 0.3 ~ 0.4 cm。在叶痕外缘,有一条深赤褐色的色带,宽约 0.2 ~ 0.3 cm。除叶痕顶部外,都被包围。每叶痕内有维管束痕两个,平行排列于叶痕的上部或中上部。色较深。顶芽卵状球形或卵状圆锥形。较肥大。最大径约在 0.5 cm 左右,长略与之相等。黄褐色。外有鳞片 6 枚,交互对生。边缘薄,中间厚,表面密布颗粒状小突起,无毛。腋芽单一,形状似顶芽,但较小。最大径约在 0.3 cm 左右,长与之略等,色亦为黄褐。斜立,紧贴近叶痕上缘。其余全同顶芽。

②特性:阳性树种,深根性。生长较慢。喜深厚湿润土壤,也能生在酸性或石灰性土壤上,稍能耐旱,但不适于盐碱地及排水不良的低湿地。

③用途:多植为观赏及行道树或进行无性繁殖雌株,专供采收种子,供食用或入药。材质细致,不翘、不裂,供雕刻、图版、建筑用。

④分布:我国特产,现各处普遍栽培。

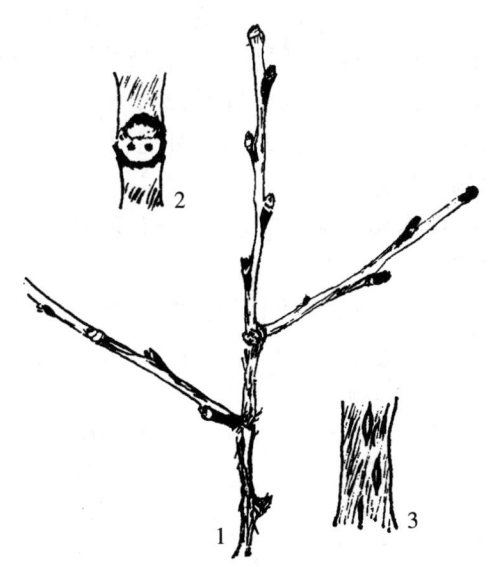

银杏　Ginhgo biloba Linn, 常态
1. 枝与茎
2. 叶痕、维管束痕与腋芽（各×2）
3. 皮孔（×2）

苗木冻害

各种低温对苗木的危害。苗木冻害包括霜冻、寒害、冻拔、冻截和生理干旱等。发生冻害的季节多在晚秋、冬季和早春。

苗木对角线调查法

苗木调查的一种方法。在品种、育苗方式、苗木种类和苗龄相同的一块育苗地上，拉相交的两条对角线，在苗床或垄与对角线相交的每一平方米或一米长范围内进行调查。具体方法同标准地和标准行法。适用于床式或垄式育苗。

苗木垛藏越冬法

苗木贮藏的方法之一。将苗木在地面上码垛培沙堆藏越冬。选择背风、阴凉平整处，铺上5 cm厚砂，苗梢向外，将苗木码成长椭圆形圈。每码一层，铺一层10 cm厚的沙，苗根内必须灌满细沙，直到垛高1～1.2 m时为止。垛上培沙20 cm，浇透水，并覆盖草帘。适于银杏小苗。翌春自然解冻后即可取苗。

苗木分级

起苗后应依照一定的标准，根据苗木质量指标将苗木分级，并实施分级管理与使用。详细分级指标根据中华人民共和国国家标准《主要造林树种苗木质量分级》(GB6000-1999)进行分级。

苗木分级标准及规格释注

范围：本标准规定了全国范围内的银杏实生苗、嫁接苗、绿化苗、分级要求。

实生苗：用种子播种培育的苗木为实生苗。

嫁接苗：用优良母体的枝条或芽嫁接到遗传特性不同的另一植物(砧木)上，使其愈合生长成的植株。

地径：靠近地面处直径。

米径：距地面1 m处的直径。

胸径：距地面1.3 m处的直径。

接龄：嫁接后的年限。

根系完整：指植株根系虫蛀、损伤小于5%。

茎直：指主杆与竖直线最大距离不超2 cm。

主茎轻直：指主杆与竖直线最大距离不超5 cm。

主茎中直：指主杆与竖直线最大距离不超10 cm。

粗细轻度：指层枝粗细、直径相差2 cm以下。

粗细中度：指层枝粗细直径相差在2～5 cm。

测量工具：用尺或围尺计量。

误差：树茎精确到0.5 cm，球径精确到2 cm。

苗木封顶

苗木年生长过程中高生长停止，形成顶芽的现象。一般针叶树苗封顶后，顶芽饱满不出现二次生长者为优良苗木。苗木矮小，提早封顶，为心止病，质量降低。为防止心止病的发生，应加强光、水、肥等管理。

苗木高径比

亦称相对苗高。为苗高与苗木根径之比。在苗高相同的情况下，根径愈大，则相对苗高的数值愈小，说明苗茎粗壮，无徒长现象，抗逆性强、质量好，栽植成活率高。苗木高径比是确定苗木质量的重要指标之一。

苗木高生长

银杏苗木的高生长期较短，通常是4月上中旬开始，6月中下旬结束，仅持续40～90 d。每年春季高生长开始后，经过很短的初期生长，即进入速生期。银杏的速生期持续时间很短，速生期过后高生长就基本停止。通常1年生苗木的高生长只有1次。1年生实生苗的一般苗高为10～20 cm，也有的高达50 cm左右。但2年生以上的苗木，高生长速度明显加快。2年生留床苗的平均苗高在南方地区为60～90 cm，最高可达120 cm左右。长势较为旺盛的苗木还会出现二次生长现象，即当年形成的顶芽，又开始抽梢生长。二次生长的茎端部分，当年不能充分木质化，不耐低温和干旱，所以，在北方地区的冬季和春季要注意防寒和抗旱。

苗木根系生长规律

银杏根系的生长期较长，平均年生长天数为250 d左右。春季根系生长比地上部分生长提早开始，从3月中下旬即开始萌动；秋季根系生长停止期比地上部分迟，12月初才基本结束。根系生长一年中有2次生长高峰，与高生长高峰交替进行。第1次生长高峰期出现在5月中旬至7月中旬，为期60 d左右，这个高峰期内根的生长量占全年生长量的70%左右。第2次生长高峰期出现在10月中下旬至11月上中旬。采用不同方式繁殖出来的苗木,其根系生长分布有所不同。实生苗有明显发达的主根,主根上再生侧根和须根,根系层次分明;扦插苗、根蘖苗和压条苗无明显主根,但具发达的侧根,多形成须根系。此外,银杏苗木切断主根后,可以迅速形成发达的侧根根系,一般能抽生3～5根侧根,侧根之间生长比较平衡,在此之上又能迅速形成第2级和第3级根系,从而有利于提高造林成活率。

苗木基地设计方案

①造林前期(1～6年幼树阶段):初植密度每公顷栽始15 000株左右,采用2年生实生苗造林,经营方式以采叶为主,兼顾苗木培育。②中期(6～10年):以出售城镇美化环境用大规格苗为主,隔株移苗,逐步调整苗地密度。发挥本地移苗可带宿土的优势,胸径5 cm以上的银杏大苗,经济效益较高。③后期(10年以后):通过多年的疏挖大苗出售,最后保留100株/亩左右培育材用林。银杏为速生树种,培育措施得当,20年后成材,可缓解珍贵银杏用材的社会需求,同时发挥很高的经济效益。④中、后期若决定以经营果用林为目的,则通过多年的疏挖大苗出售,最后每公顷保留30株/亩株左右实行良种嫁接,转入果用林经营管理。

苗木假死

假死现象,即银杏栽植后长期不发芽,甚至到第二年才发芽抽梢,但植株不干枯,剥开树皮内仍呈绿色。造成假死的根本原因是银杏根系受到破坏,起苗中损伤过多或者栽后受虫害、鼠害。银杏根系伤口愈合能力较弱,再生能力较差,根部吸收的养分和水分,首先满足伤口愈合需要,如果伤根过多,吸收能力弱,就不能有足量的养分和水分供应地上部分的生长,使萌芽推迟。银杏属前期生长型树种,生长期短,如果根系机能到6月份还没有完全恢复,则要到第二年才能发芽抽梢。另外,栽植时坑小窝根,也影响正常发芽。避免银杏栽后假死的主要措施有:①选用壮苗;②起苗时尽量不伤根或少伤根;③栽植时要使根系自然舒展,防止窝根,栽后适时浇水,松土保墒。

苗木假植

苗木起出后来不及外运或定植时,必须进行假植,即将苗木的根系用湿润的土壤进行暂时埋植,防止根系干燥,保持苗木的生命力。假植地点应选在排水良好、背风的地方,与主风方向垂直挖一条沟,沟的规格因苗大小而异,一般沟深30 cm以上,迎风面挖成45°的斜坡,然后将苗木成捆(短期假植)或单株(长期假植)排列在斜坡上,用湿润的土壤充分填满根系间,一层苗一层土,使根系与土壤密接。四周开好排水沟,并在封冻前再覆一层松土。假植中注意保持土壤湿润,防冻、防干。据有关资料,2年生银杏苗春季露天存放10 d,成活率为73%,15 d后仅56%。

苗木检测抽样方法

银杏苗木质量检测要求采取随机抽样的方法,按以下规则抽样。

银杏苗木检测抽样数量

苗木株数	检测株数
500～1 000	50
1 000～10 000	100
10 000～50 000	250
50 000～100 000	350
100 000～500 000	500
500 000以上	750

苗木检测方法

苗木检测工作应在背阴避风处进行,切忌风吹日晒。根径用游标卡尺测量,播种苗、移植苗的根径测量土痕处,土痕处膨大的测其上部正常部位;扦插苗的根径测量萌发主干基部处,基部膨大或干形不圆的,测量苗干起始正常处;嫁接苗测量根基处直径。以上测量读数均精确到0.1 cm。

①测量胸径用游标卡尺或围尺,测量距地面1.3 m处的苗木直径,读数精确到0.1 cm。

②苗高用钢卷尺或直尺测量,自根茎沿苗干量至顶芽基部,读数精确到1.0 cm。

③根系长度用钢卷尺或直尺测量,从根径处量至最长根端。

④长度不小于5 cm的一级侧根数,是统计从苗木主根上发出的大于5 cm长的根条数。

⑤根幅用钢卷尺或直尺测量,把苗木垂直放于地面,使根系水平舒展,量取最大和最小根幅的长度,取其平均值,精确到1.0 cm。

苗木检测规则

苗木成批检测,检测工作限在原苗圃地进行。

苗木检测判定、交苗验收,需供需双方派员参加,共同进行。受检苗木若为Ⅰ级苗,则Ⅱ级苗和不合格苗不得存在;若为Ⅱ级苗,不合格苗不得存在。

检测结果不符合规定时,供苗单位应重新分级,进行重检。

苗木检测,应以重检结果为准。

检测银杏苗木时,若有一项指标达不到标准要求,即为不合格苗。

检测结束后,填写苗木检测证书,凡出圃的苗木,均应附苗木检测证书,向外地调运的苗木要经过检疫并附检疫证书。

苗木检疫

在苗木调运中,禁止或限制危险性病虫人为传播蔓延的一项国家制度。由国家或地方政府制定法规并强制执行。由设在口岸、产地的检疫部门根据国家颁布的有关法规负责实施。凡带有危险性病虫的材料,禁止输入或输出。果树苗木检疫对象是指对果树为害严重、防治困难,可以通过人为方式传播的病虫种类。检疫对象是由国家规定禁止,从国外传入和在国内传播并且必须采取检疫措施的病、虫、杂草及可能携带这类病虫的植物等的名单如银杏超小卷叶蛾、银杏樟蚕等,均为我国的苗木检疫种类。国际上有共同的检疫对象,各国还有自己的检疫对象。检疫法规定应实施检疫的植物材料和物品包括苗木、银杏产品、种实、种核、枝条等运载工具及包装铺垫材料等。

苗木截干苗对生长的影响

苗木高生长受截干高度的影响,第二次截干后,原截干高度为 10 cm 的处理高度均大于截干高度为 5 cm 的处理。第一次截干高度,同为 5 cm 或 10 cm,经过第二次处理后,苗高度以对照最高,其次为 30 cm 截干,再次为 20 cm、10 cm 截干的处理苗高最低。

苗木径根比

亦称冠根比。指苗木地上部与地下部鲜重之比。苗木径根比的大小说明苗木生长均称的程度。在相同银杏树种、同苗龄的条件下,其比值越小说明根系发育的越好,移植后容易成活。苗木茎根比是确定苗木质量的重要指标之一。

苗木露天沙埋法

苗木贮藏的一种方法。利用沙坑露天埋苗越冬。选择地势高燥处挖坑。坑周筑埂,坑底铺 5～10 cm 细沙。从一头开始苗根向下,每摆一层苗,测方培一层沙并踩实,沙子填充到苗高 2/3 处。操作时应使苗根舒展,封冻前灌透水,保持沙子湿润。封冻后将苗梢用沙子全部埋好。干旱风大地区,周围可设防寒障或在坑上盖草帘。贮藏常绿针叶树时必须注意每束苗及每层苗间隔要大些(10～15 cm)以免发热伤苗。适用于 1～2 年生银杏小苗。

苗木密度

单位面积或一定长度内生长苗木的数量。确定苗木密度的原则,是在一定的自然条件下,采用一定的技术措施,保证每株苗木具有足够的营养面积,使其苗壮生长进而获得最大产量。具体选择苗木密度时,应考虑树种类型、生长速度、圃地生态条件、育苗年限、育苗方法等因素。

苗木年生长类型

按银杏苗木高生长期的长短分,银杏属前期生长类型,它的生长期夏初结束。

苗木培育过程

银杏苗木繁育应结合实际生产用途,有计划地合理采用先进的育苗技术和方法,在自然状况和经营条件良好的苗圃中进行。有条件的地区可以建立专门的育苗工厂,配备相应的银杏育苗机械和设施,实现自动化生产,以适应银杏产业化不断发展的需求。银杏苗木培育过程见下图。

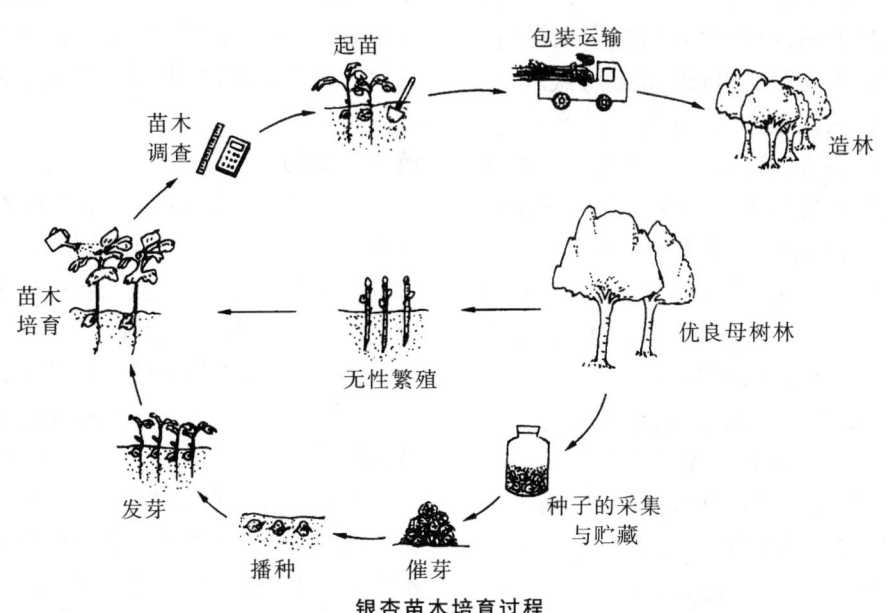

银杏苗木培育过程

苗木培育混作法

为培养高规格的银杏大苗,用 5 m×6 m 的株行距(每亩22株)定植银杏苗木。再利用行间隙地发展银杏采叶园,用 1~2 年生银杏小苗,按 30 cm×60 cm 的株行距(每亩3 000株左右)作为采叶之用。待采叶苗高达 2 m 左右时,疏除 2/3 的大苗供应各方面的需要,留下的苗木,通过截干和摘心等措施,成为永久性的采叶园。混作的银杏大苗,待绿化需要时,可移出。

苗木培育间作法

为充分发挥土地潜力,充分利用光照水肥条件,提高经济效益,可采用以蔬菜生产为主、培养银杏为辅的间作法。在生产蔬菜的基地上,每隔 4~6 m,栽植单行银杏幼苗,株距可 30 cm 或 40 cm。由于空间宽广,光照和通风良好,再加以肥水及时,银杏生长不仅良好,且有利于对蔬菜的保护。每年可根据需要疏除大苗,补栽小苗,成为永续性的银杏大苗培养基地。

苗木培育疏苗法

为培养 3 年生以上的高干嫁接苗或 2 m 高以上的实生大苗,可采用先密播后疏留的办法。播种量 150 g/m^2,产苗量 75~105 株/m^2,在播种的当年秋季或翌年秋季,用隔行疏行,隔 1 株疏 2 株的要求进行疏苗。如难于实行时,可将苗木全部刨出,选用优质壮苗,再按 20 cm×40 cm 或 15 cm×50 cm 的株行距重新栽植,产苗量约 12 株/m^2。

苗木起运

在我国银杏自然分布区,一般以秋季为大量出圃定植时间。生产实践表明,以此时间出圃效果较好。1~2 年生的小苗以春季发芽前出圃定植或移栽较好。一般苗木不宜长途运输定植,这样往往成活率较低。苗木出圃前应先进行苗木的统计。大体核准各苗木的品种数量和各级苗木的数量。编制出苗木出圃计划,并准备足起苗工具,运输工具和包装材料等。

起苗时尽量做到根系完整,主侧根不劈不裂。1年生苗木根系长度在 20 cm 以上。壮苗起出后,按苗木规格要求及时进行苗木分级,剪除生长不充实的枯梢,病虫为害部分和根系受伤部分,根系修剪的剪口面要向下而且平滑。如根系剪口面的直径在 1.5 cm 以上时,对剪口面还要进行消毒和包扎,以防伤口腐烂。对不符合规格要求的等外苗,应留圃继续培养。

银杏苗木根系须根较少,长途运输时,可将裸根蘸上泥浆,然后按品种分级,每 20~50 株用草绳束在一起,装入蒲苞或其他透气包装材料内,为了保持苗木根系湿润,蒲苞内应塞满湿草,挂上标签后迅速起运。运至栽植点后,立即进行定植或集中栽植管理,方可收到良好效果。

在苗木长途运输中,还应注意随时检查苗木根部湿润状况,如发现过干,应立即洒水。大批运输苗木时,不能堆积过厚,以免发热烧根,致使根系霉烂,影响成活率。多年生大苗且又近地栽植时,为了确保苗木定植后的成活和缩短缓苗期,应尽量做到带土团运输。

苗木切断胚根比较图

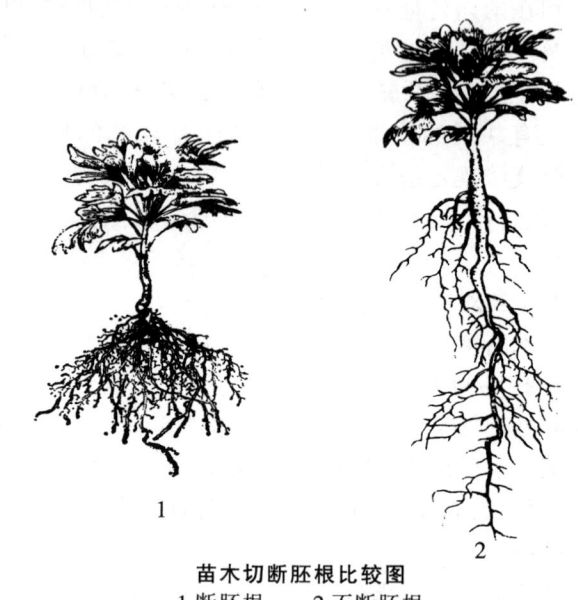

苗木切断胚根比较图
1. 断胚根 2. 不断胚根

苗木缺素症的判断

构成银杏有机体的元素有 40 余种,其中维持正常生长发育所必需的元素有 12 种,如果土壤中缺乏某种元素,则影响其生长发育,招致生理病害。了解并掌握几种主要缺素症的症状,便能更好地帮助栽培者进行科学施肥。

苗木速生期

亦称苗木生长盛期。银杏苗木的地上和地下部分生长最旺盛时期。高生长量大幅度上升时起,到高生长量大幅度下降时止。苗木在速生期地上部分和地下部分的生长速度最快,生长量最大,代谢作用最旺盛,是决定苗木质量的关键时期。所以要进行科学的肥、水管理和土壤管理及其他促进生长的措施。

苗木贪青

亦称恋青。苗木在生长后期,叶色浓绿,枝条色淡、木质化不好的现象。其产生原因是苗期水肥管理不当,生长后期施用氮肥过多。应于苗木生长后期适当减施或不施氮肥,而增加磷肥、钾肥,以加速苗木成熟。银杏贪青苗造林成活率低。

苗木统计

了解各类苗木数量的工作。一般与苗木分级同时进行。按分级标准分别计数或用称重法统计数量。统计后根据苗木的大小以30株、50株、100株为一捆扎成束，并立即临时假植或包装。

苗木徒长

苗木生长过盛的不正常现象。一般由于水肥过多、温度高、密度大、重剪等引起茎、枝、叶生长过速。苗木徒长，地上部细高，冠根比失调。用徒长苗造林成活率低。

苗木萎凋

因圃地干旱根系吸收的水分低于叶片蒸腾消耗时，致使叶片及茎的嫩弱部分下垂的现象。轻者供水后，银杏体能恢复生理机能；重者部分枝叶枯死或死亡。

苗木物候谱

记载苗木各物候期光、水、肥、温等综合效应的文字。生产中根据物候谱中，各物候期苗木形态的变化，采取必要的管理措施来控制物质转化和能量转化，不断提高苗木的产量和质量。

苗木修根

按苗木规格要求对起苗后的苗根进行剪修的工作。目的是避免移植或栽植时窝根，影响成活率，并能促进新根发育。修根必须保持苗木地上部分与地下部平衡，剪去过长的根系，但应防止主根过短，伤根过多。

苗木移栽土球规格

苗木移栽土球规格 单位：cm

苗径	1~5	6	8	10	12	15	18	20	22	25	30	30以上
球径	无	30	40	60	80	100	120	150	160	180	200	200以上
球高	无	25	30	40	60	75	80	90	100	120	150	150以上

苗木移植

亦称换床。把苗木从原育苗地移到另一块育苗地，以增大营养面积的作业。通常需要培育2年以上，才能达到栽植标准的苗木需要进行移植。移植苗因改善了通风和光照条件，促进根系生长发育，能提高造林成活率。如培育大苗，则应进行多次移植。苗木移植，春秋两季均可进行。移植的密度，决定于苗木的生长特性、培育年限、抚育管理机具的性能等。

苗木营养特性

选用Hongland营养液，采用沙培试验方法。3年生苗木的营养特性表明：苗木缺氮时，阻碍苗木体内叶绿素的合成；氮素过剩时，影响苗木根系对营养液中养分的吸收，但能促进苗木体内叶绿素的合成。缺磷时，苗木体内的各种代谢过程都会受到影响，表现出矮小、生长迟缓的症状，细胞中叶绿素含量低，但能促进苗木根系对营养液中盐分的吸收；磷过剩时，苗木生长迟缓，叶片肥厚而密集，叶绿素含量高。缺钾时，苗木生长迟缓，老叶叶尖缘先失绿变黄，逐渐变褐成烧焦状，并在叶片上出现褐斑点；钾过剩时，苗木生长迅速，体内叶绿素含量高，有利于苗木根系对营养液中养分的吸收。

苗木营养诊断

采用盆栽土培试验，对3年生苗木营养状况及生长的研究表明：①合理使用N、P、K肥，可以促进苗木的生长和增加叶产量，N、P、K肥中以N肥为主，适当配施P、K肥，三者比例以2∶1∶1比较合适，具体的施肥量以每株2 g N、1 g P_2O_5、1 g K_2O较为合适。②矢量分析表明，不同肥料和同种肥料的不同施肥水平影响银杏生长的限制因子也不同。

苗木运输

苗木出圃后运往造林地的过程。为防止苗木在运输中风干及不良外界因素的影响，必须用草帘、麻布和湿草等进行包装。长途运输时应经常对包装的苗木进行检查，白天注意遮阴，以防日晒风吹，保持苗根湿润，以防止苗木发热。运到造林地后应及时打包假植，适当洒水。

苗木早期黄化病的防治

苗木早期黄化病的防治

试验方法	病株率(%)	感病指数	叶色	高生长量(cm)	径生长量(cm)
磷酸二氢钾与喷施宝	14.5	11.4	黄绿，有30%的黄叶	75.5	1.56
代森锰锌	7.3	6.8	绿，有12%的黄叶	78.6	1.59
浇水后及时划锄	8.3	7.5	黄绿，有30%的黄叶	73.3	1.41
硫酸亚铁	30.3	28.3	黄、先端变白，有嫩梢枯死	63.5	1.35
钛得肥与光合微肥	6.0	4.2	浓绿，无黄叶	83.4	1.67
对照	33.1	29.7	黄，嫩梢变白，后期枯死	62.4	1.30

苗木直径生长规律

银杏苗木的直径生长在整个生长季节都可进行，但一年中只有1个高峰期。在南方地区，直径生长从4月上旬到11月上旬，年生长天数为210 d左右。银杏的直径生长高峰与高生长高峰是交替进行的，直径生长先进入生长小高峰，接着高生长才进入速生期，此时直径生长为暂缓期，其生长高峰出现在高生长高峰之后，通常从6月下旬或7月初开始，到8月上中旬结束。苗木直径生长包括苗木增粗生长和苗干木质化两个方面。银杏苗干的木质化较晚，1年生实生苗到6月下旬时苗干基部仍处于半木质化状态。土壤肥力不足、日光灼晒、高温干旱是抑制苗木直径和高生长的主要因素，它们通常会缩短银杏苗木生长期，降低苗木质量，有时甚至会导致茎腐病的发生，造成苗木大量死亡。

苗木质量

苗木质量高低，不但决定苗木定植后的成活率，而且对果园建立及其生产性能都有决定性的作用。苗木质量一般应从如下方面进行评价。①品种的纯度。优良的苗木品种纯度要高，符合特定品种的所有属性。②植株自身质量。包括植株高度、粗度、根系大小以及苗木失水状况及生存状况等，一般按照有关苗木分级评价标准予以评估。③苗木繁殖技术。包括嫁接愈合程度，所用砧木组合等。④病虫害侵染情况。优良的苗木不应携带危害性病虫害，即使一般病虫害的病原或虫也尽量少带。⑤特殊要求。如对圃内整形苗木，对树体骨架的形成要符合一定的要求，也可按客户要求进行生产。

苗木质量等级表

苗木质量等级表

苗木种类	苗龄	一级苗				二级苗				综合控制指标	一、二级苗占苗木总数的百分率	适用范围
		地径(cm)	苗高(>cm)	长度(cm)	>5 cm长一级侧根数	地径(cm)	苗高(>cm)	长度(cm)	>5 cm长一级侧根数			
播种苗	1-0	0.60	15	20	5	0.10~0.60	10~15	15~20	5	顶芽饱满充分木质化	85%	华东、华中、华南、河北、北京
	2-0	1.40	28	20	10	1.00~1.40	15~28	20	5~10	顶芽饱满充分木质化	85%	华东、华中、贵州、河北、北京
嫁接苗	1(2)-0	1.20	—	30	14	0.90~1.20	—	25	10	—	80%	华东、广西福建、贵州
	1(2)-0	0.90	28	20	10	0.70~0.90	15~28	20	5~10	顶芽饱满充分木质化	80%	山东

苗木质量检测证书

银杏苗木质量检测证书

树种_____ 苗木种类_____ 编号_____ 苗龄_____

批号_____ 数量_____ 其中Ⅰ级_____ Ⅱ级_____

起苗日期_____ 包装日期_____ 发苗日期_____

苗木检疫_____

种(条、穗)来源_____

苗圃土壤_____

发苗单位_____

检测人：

负责人：

签证日期　　年　　月　　日

苗木质量要求

合格银杏苗木的外观要求是：根系完整、苗干通直、充分木质化、色泽正常、地上部分与地下部分生长匀称；有发育正常饱满的顶芽；无机械损伤、无检疫对象和严重病虫害。

苗木种类

繁殖材料和培育方法均相同的银杏苗木群体，即为一个苗木种类。生产实践中分为播种苗、扦插苗、根蘖苗、移植苗、嫁接苗等。

苗木种类及繁殖方法

根据用途不同，银杏苗木可分为核用、叶用、材用、花粉用、绿化观赏用苗木等。银杏苗木繁殖可分为有性繁殖和无性繁殖两类。有性繁殖是用种子繁育新的植株，该植株称为实生苗。实生苗根系完整发达，抗逆性强，苗干通直，后期生长迅速，适宜于培育各种用途苗木及嫁接苗的砧木。无性繁殖是用原植株的一部分营养器官繁育新植株，可分为根蘖繁殖、扦插繁殖、压条繁殖、微体快速繁殖和嫁接繁殖等，繁殖而成的植株称营养苗。营养苗不仅能保持原品种的优点,而且结实期早。

苗木贮藏

广义的苗木贮藏包括假植、地窖贮藏、冰窖贮藏等。苗木贮藏的适宜温度为0~3℃,最高不超过8℃。空气相对湿度为85%~100%,备有通风设施。如将苗木置于贮藏箱内,根部填充无菌的湿润珍珠岩,再存入空调冷库内,贮藏效果更好。大量苗木外运途中应及时检查,要防干、防热、防寒冻。

苗木追肥

在苗木生长期用速效性肥料补给营养的措施。目的在于及时补给苗木生长所需营养,促进苗木生长发育。追肥多用硫酸铵、碳酸铵等化学肥料和人粪尿等有机肥料。方法有三种:撒施,把肥料均匀地撒在苗床上,浅耙后盖土;条施,在苗木行间开沟,施入肥料后盖土;浇灌,把肥料溶解在水中,全面浇在苗床或行间。施后用清水洗苗,以防药害。

苗圃地的选择

苗圃地状况的好坏将直接影响到苗木的质量与产量,因此,选择良好的育苗圃地成为育苗成功的首要环节。通常,苗圃应选择在造林地中心或附近,这样既能使苗木适应造林地环境条件,又可避免苗木因远距离运输而造成的根系损伤和苗木失水,同时还有利于节约人力和物力。此外,苗圃所在地应交通便利,靠近居民点,电力供应有保障,并且具备以下条件:

①水源充足、排水良好、地下水位低。银杏苗木喜湿怕涝,对水分的要求很高。苗圃必须要有充足的灌溉水源,并且排水良好,地下水位在2 m以下,避免圃地积水。银杏幼苗根系较浅,组织幼嫩,生长期需水量大,水分含盐量应低于0.2%。

②地势平坦、背风向阳。苗圃地应选择建立在地势平坦、坡度为1~3°的缓坡地上。山坡地应选择坡度30°以下的平缓地块,并修建水平梯田等田间工程,以预防水土流失。圃地坡向以南坡向阳为宜,避免在风口地带。

③土层深厚、土壤肥沃、土质疏松、酸碱度适宜。土壤是苗木生长的物质基础,土壤质地、结构、养分、酸碱度和苗木生长有着密切的关系。圃地应选用土层深厚肥沃、富含有机质、质地疏松、蓄水保墒的壤土和砂壤土。pH值的适宜范围在5.5~7.5之间。

④鸟兽病虫害少、周边有良好的生态环境。苗圃地应尽量远离鸟兽病虫害严重的地带,圃地应避免重茬,轮作以绿肥和豆类作物为宜。此外,圃地还要远离空气、水及土壤污染严重的矿区或其他生产厂区。

苗圃地选择图解

在坡度较大的山地设立苗圃,可修筑水平梯田

苗圃地选择图解

苗圃轮作

又称换茬。同一块土地上用不同树种或将树种与农作物(绿肥作物或牧草)按一定顺序,分年轮换种植的方式。轮作能增加土壤中的有机质,改善土壤结构,提高土壤肥力;能改变病原菌、害虫和杂草的生活环境,控制它们繁育,从而提高苗木的产量和质量;还可收获一部分农产品及饲料。苗圃轮作的方法:树种之间轮作,如红松、落叶松、油松、马尾松等针叶树类相互轮作;苗木与绿肥作物轮作,如杨树与草木樨;苗木与农作物轮作,如黄波椤与黄豆轮作、松苗与稻田轮作可减少杂草与病虫害,并使苗木生长良好。

苗圃生产用地区划

苗圃选址确定后,应根据生产目标和发展方向对苗圃地做出合理的区划与设计。生产用地包括用于育苗所需的土地及其休闲地,其中育苗地主要包括以下。

①优良品种基因库:用于收集银杏种质资源和优良品种,提高苗木的遗传品质。②采穗圃:建立优良品种的生产性采穗圃,提供扦插育苗所用的种条和接穗。③播种育苗区:用于种子播种繁殖,培育实生苗。④营养繁殖区:用于通过营养繁殖生产大量优质苗木。包括各种营养繁殖设施如组织培养室、全光照自动间歇喷雾繁殖系统等。⑤温室栽培区:用于建立现代化的温室设备,控制光照、温度、水分和养分的供应,培育优质苗木。或者对难以繁殖的树种和品种,

在控制条件下提高繁殖成活率。⑥移植苗区：用于移植组培苗、扦插生根苗或种子繁殖的幼苗，以继续进行培育。⑦大苗培育区：用于将种子繁殖和无性繁殖的幼苗按培育目标的要求，进行2级育苗，待符合规格和要求时再出圃。

苗圃施肥

又称苗木施肥。苗圃整地施基肥及在苗木生长期施追肥的统称，是增加苗木营养、改良土壤、提高合格苗产量的重要手段，为满足苗木整个生长期所需养分并兼顾肥培土壤。施肥应以基肥为主，追肥为辅，并注意有机肥料与化学肥料，迟效肥料与速效肥料，氮、磷、钾与其他营养元素的相互配合施用。

苗圃学

研究营造各林种和园林绿化等树种苗木培育，生产管理的原理和技术的科学。主要研究苗圃用地的选择；苗圃的规划设计；种子和枝条等繁殖材料的培育、采集、处理及贮藏，苗木繁育的原理和技术；苗木出圃措施；苗圃的经营管理等。

苗圃整地

育苗过程中对苗圃土地进行耕作的技术措施。有浅耕、耕地、耙地、镇压、中耕等五个基本环节。通过整地能改善土壤的理化性质，提高土壤肥力，有利团粒结构的形成，为种子发芽和苗木生长创造良好的水、肥、气、热等条件。同时掩埋了杂草种子和作物残茬；混拌了肥料；消灭了部分病虫害。

苗期雌雄形态区别

苗期雌雄形态区别

部位	雌株	雄株
植株	矮小，粗壮	较高，较细
枝	小苗横生较多，大苗枝条一般直立，也有的展开角度较大，平展，无乳状突起	小苗横生枝较少，大苗枝条下垂，有乳状突起
叶	叶基分叉，叶裂较深，叶柄维管束四周有油状空隙	叶基不分叉，叶裂较浅，叶柄维管束无油状空隙
根	苗高60 cm左右时，根部有乳状突起	无乳状突起

苗期管理

又称苗木抚育管理。从幼苗大量出土到苗木出圃前的全部抚育措施。其内容有：灌溉、施肥、中耕、除草等土壤管理和间苗、补苗、截根、遮阴、防治病虫害、防涝、防霜、苗木越冬等苗木管理。其目的是为了促进苗木健康成长，进而保证苗木优质高产。各项作业都要适时适法，保证质量。

苗期黄化现象的表现

灵寿县苗圃播种苗与栽植苗在同一块耕地，播种苗未发生病害。栽植的一年生银杏苗在1995年4月初出现了个别小苗发黄的现象，以后发展越来越严重，到7月中旬发病率已达到80%以上，9亩银杏苗除地边部分生长较为正常外，大面积成片发黄发白。从发病颜色变化发展看，先由绿色变黄绿色，再变成黄色、黄白色；发病部位先从小嫩芽叶开始到老叶及枝条；从顶尖到中部甚至基部；从苗圃地理位置看，上水发病轻，下水发病重；高处轻、地势偏低处重。

苗期生理生化指标的变异

对银杏家系间的苗期生理生化和生长指标进行测定，并对生理生化指标与生长指标的相关关系进行研究。结果初步表明家系间生理生化指标、生长指标差异显著；叶片硝酸还原酶（NR）活性和单株生物量、苗高达到了极显著正相关水平；多酚氧化酶活性与单株生物量、苗高的相关系数达到极显著负相关水平。可以初步确定硝酸还原酶、多酚氧化酶为银杏苗木早期选择指标。

苗—叶型

双层结构，上层培育银杏实生大苗，选用基径5～8 cm实生银杏苗，按株行距2 m×6 m定植；下层为银杏采叶树，采用种子繁育或实生小苗平茬，高密度栽植，灌丛式作业方式。重坊镇东庄村利用沂河滩地建成的（银杏）苗—叶复合经营林，当年产银杏干叶达1500 kg/hm^2。

苗—（银杏）种—（银杏）材兼用型

单层结构，主要是利用银杏具有苗、材、果多用途的特点，通过经营调整，形成合理的时间序列，早期主要靠苗木获得收益，中、后期靠果获得收益，最终还可以生产大量优质木材，实现了银杏大苗、果、材三丰收。选用基径5 cm以上、苗高3 m以上的大苗，按株行距1 m×3 m栽植，按9 m×6 m株行距选定永久株，保留中心干，采用早实、丰产、优质良种实行分层嫁接，栽植10年内根据市场需求逐年清出临时株，作为绿化苗木出售，10年后保留的永久株结果、长材。港上镇王桥村银杏园栽植50余年，通过采用保留主干、分层嫁接的方法，目前银杏树胸径50 cm左右，树高25 m，株产银杏85 kg，实现了果、材双丰收。

庙湾药白果

位于王义贞镇唐僧村大周家冲庙垮南堰边，管护人周守川。树龄1 600年,根蘖苗移栽,梅核,树高31.5 m,胸径1.92 m,树冠塔形,中心干明显,生长旺盛。叶为扇形,叶长3.8 cm,宽7.8 cm,叶柄长6.1 cm,叶色较深,中裂明显,叶缘缺刻较浅。球果长圆形,熟时缘黄色,布满白粉。外种皮较薄,先端浑圆,面部宽大圆秃,具小尖,珠孔孔迹明显,蒂盘圆形,周缘较整齐。果柄长3.8 cm,略弯曲,单粒球果重8.2 g,每千克粒数122,出核率25.57%。种核形似佛手,核形指数1.6。种核壳白而薄,光滑,单粒种核平均重2.1 g,每千克粒数476,出仁率79.3%。本品种为早熟,产量较高,一般年株产白果300 kg左右,种仁味苦,可开发为药物专用白果。

灭生性除草

5月下旬在杂草第一个生长高峰盛期,用10%草甘膦1.5 mL/m²,对水50 kg,喷头向下定向喷雾,防除禾本科、阔叶杂草效果达94%以上,控制期30 d左右。

民间传说及民谣谚语

银杏历经沧桑,神奇般地展现着自己独特的风采,有许多美妙动人的传说在民间流传,称为通俗口述文学的重要组成部分。

民俗学

数千年来,以银杏为题材的民间故事,在广大银杏生长区家喻户晓,广为传颂。如在山东郯城、高密等地,多少年来,广泛流传着古银杏"七搂八乍一媳妇""银杏仙子"为民治病的传说。在北京流传着潭柘寺"帝王树"的故事。在贵州省福泉市一带流传着刚正不阿的"白秀才树"的故事。此类美谈,不胜枚举。许多银杏树与革命活动有关。四川广安县一株银杏树,邓小平青年时代曾在此树下登高抒志。1940年山东省战时工作委员会(山东省人民政府前身)成立大会乃至一些重大群众活动,都在山东省沂南县青驼镇的一株银杏树下举办。该树现被定为省级革命文物,受到精心呵护。

民谣谚语

银杏民谣谚语是我国银杏发展过程中派生出的一种特殊文化现象,是果农长期从事银杏生产的经验总结,也是我国农林科学的宝贵财富。它来自民间,来自实践,活泼有趣,易懂易记,深受果农喜爱。银杏民谣谚语的流传、推广和应用,对于普及银杏生产科学技术,具有一定的指导意义和现实意义。

家中富不富,先看白果树。
四旁银杏树,等于大金库。
东赚钱,西赚钱,不如门前白果园。
银杏树,聚宝盆,又长树,又养人。
银杏树,摇钱树,哪里栽,哪里富。
银杏树,农家宝,收益高,投资少。
农家三大宝,白果、栗子、枣。
建个白果园,赛过十亩水浇田。

这样的语句朗朗上口,号召引导人们抓住机遇,广植银杏,具有较强的号召力和鼓动力。再如:

雨扬花,空踏踏,风扬花,压断桠。
花期不见风,白果一树空。
白果下种粮,果粮两不荒。
松柏上高山,银杏栽河川。
银杏怕水淹,防涝最当先。
七月核桃八月梨,九月白果黄了皮。
一斗白果二斗沙,窖到明年也不瞎。
银杏大苗要想活,必须带个大土坨。
银杏栽盐碱,谁栽谁丢脸。
要想银杏长得好,涂白培土勤除草。
银杏遇秋旱,产量减一半。
银杏地不翻耕,十个花芽九个空。
银杏生得乖,无肥不怀胎。
银杏年年收,千万莫忘修。
寒露节前把麦种,秋分节后采银杏。
七月遇旱白果小,八月遇旱糖分少。

这样的语句从科学栽培的角度,告诉人们银杏的生长习性,指导人们提高银杏栽培技术和管理水平,使这一珍贵树种真正成为广大群众的"摇钱树"和"聚宝盆",具有很强的指导性和适用性。民间还流传着"天天吃银杏,不得哮喘病,银花加白果,喉咙不生火"等赞誉银杏特殊功效的谚语。

民族精神

银杏为中华国宝,民族精神是中华之魂。以人观树、以树论人,相互印证、反复对比,可以看出银杏的文化内涵极为丰富,她代表中华民族的精神广泛而深刻,概括起来,主要有以下几个方面:

①尊宗敬祖,爱我中华的精神;
②不畏强暴,敢于抗争的精神;
③乐于奉献,造福人类的精神;
④以和为贵,亲邻善友的精神;
⑤朴实无华,求真务实的精神。

闵子骞手植"闵公孙"

安徽省宿州市闵祠,是淮北平原上一颗灿烂的古文化明珠。淮北平原上的名胜古刹,庵观寺院和园林胜地古树荟萃,琳琅满目,千年生的古银杏也屡见不鲜,而使人无限崇敬的还是宿州市闵祠院内的"闵公孙"(银杏树)。此银杏树树高28 m,胸径2.48 m,树冠荫地近 1 亩,它还是一株种子长在叶片上的叶籽银杏。据当地百岁老人传说,此银杏树为闵子骞亲手所植。闵子骞(公元前 536—公元前 487 年)名损,字子骞,是春秋时代鲁国人,孔子的学生,孔子称赞他说:"孝哉闵子骞,人不间于其父母昆弟之言。"(《论语·先进》)。在孔子门中他以德孝与颜渊并称。历史名剧《鞭打芦花》演的就是闵子骞受其继母虐待而闵本人又是如何孝敬继母的故事。孔子对闵子骞的德孝到处宣扬,孔子周游列国时,宣扬美好的德行应像松柏一样常青,像公孙树一样久远。闵子骞领会恩师的教诲,就在他出生地种下松柏、银杏,后人又把松柏、银杏称为"孝子树",文人学士则把松柏树称为"闵柏",银杏树称为"闵公孙"。从春秋到现在,银杏树虽历经 2 500 余载的沧桑劫难,至今仍矗立在闵祠院内。历史上最大的一次劫难是北宋末年,金兀术侵犯中原,金兵宿营闵祠时,将其战马拴在银杏树上,宋军突袭,金兀术来不及解开拴战马的缰绳,只好焚营逃遁。当地群众奋起扑救大火,银杏树幸得在战火中余生。目前银杏树主干东侧被烧焦的斑痕仍犹存。"文化大革命"时期,闵祠和孝子树仍是革命对象,闵祠被糟蹋得狼藉不堪,闵公孙也被剥皮。在党的十一届三中全会后,宿州市政府将其定为历史文化古迹,1980 年市政府拨专款,派专人加以保护,从此记载着历史变迁的"闵公孙",才得以自豪的延续着它长寿的生命。

闽屏 1 号

属大马铃,植株位于屏南县棠口乡,海拔 720 m,树龄约 400 余年,树势健壮,主干高 8 m,树高 24 m,冠幅 8 m×9 m,分枝 16 层,基部分枝开展角度大,外围分枝密而不垂,中上层分枝角度中度。短果枝结种 2~9 个,平均 5.2 个,种实广卵圆形,顶端圆钝,基部微平阔,顶点突起为小尖头,纵横径 3.25 cm×2.88 cm 平均单重 14.5 g,种梗扁,长 4 cm。核丰肥椭圆,中部以上始见棱线。翼不明显,两端有小尖,纵横径 2.68×1.77 cm,厚 1.52 cm,每千克 320 粒。出核率 21%,出仁率 70%。胚乳乳白色,无苦味。1989—1991 年年产种核 100~150 kg。花期 4 月 3~10 日,成熟期 8 月底至 9 月上旬,为早熟种。

闽沙 1 号

金果佛手,植株位于沙县高桥乡桂岩村,海拔 660 m,树高 26 m,主干高 6 m,胸径 1.1 m,双中心干,冠幅 13 m×15 m,树龄约 800 年,生长仍枝茂叶盛,分枝力强,枝密而下垂。种实成熟时外种皮金黄色,种实形似橄榄,长椭圆形或长倒卵形,先端微圆,顶端微突起,中部广阔,而中部以下明显狭窄,基部缩小,且稍歪斜。纵横径平均为 3.28 cm×2.26 cm,种柄微弯曲,长约 8 cm,种核狭长椭圆形,尖端圆钝,顶有凸尖,下方渐狭窄,基部尖,有两小突,纵横径平均为 2.8 cm×1.4 cm,厚为 1.2 cm,每千克有 400 粒。出核率为 25%,出仁率为 68%,胚乳为黄白色,无苦味,结果性能良好,丰产、稳产。结种枝结种 8~9 个,平均 5.6 个,1988—1991 年每年产种核 200~300 kg。花期 4 月 5~13 日,种熟期 8 月下旬至 9 月初,属中早熟种,是当地群众公认为最好的优株。

闽水铃

又名闽水 1 号、大马铃,植株位于福建永安西洋乡岭头村。海拔 490 m,树龄约 400 余年,树体高大,树势强壮,枝叶繁茂,主干高 3 m,胸围 3.1 m,树高 26 m,冠幅 7.35 m×11.30 m,分枝 11 层,下层分枝开张角度大,呈水平伸展,侧枝和结种基枝多下垂,中上层分枝开张角度依次渐小,构成广卵形树冠,结种性能好,立体结种,每结种枝结种 2~8 个,平均 4.8 个,种实大,广卵圆形,顶端圆钝,而基部微平阔,顶点显然突起而为小尖头,纵横径平均为 3.25 cm×2.88 cm,平均单重 4.5 g,种梗扁,长 4 cm,核丰肥,椭圆形,中部以上始见棱线,翼不明显,两端有小尖,纵横径平均为 2.68 cm×1.77 cm,每千克有 320 粒,出核率 21%,出仁率 70%,胚乳乳白色,无苦味,丰产、稳产,1989—1991 年年产种核 100~150 kg。花期 4 月 8—10 日,种核成熟期 8 月底至 9 月上旬,为早熟种。

闽顺 1 号

卵果佛手。植株位于顺昌县大干宝山,海拔 700 m。树龄约 700 年,树势壮旺,主干高 2 m,胸径 1.8 m,树高 19 m,冠幅 8 cm×7.5 cm,分枝 18 层,开张角度中等。每个短果枝结种 3~8 个,平均 4.5 个。种实卵圆形,纵横径 2.98 cm×2.52 cm,平均重 12.1 g,种柄稍弯曲,长 3.6 cm,种核椭圆,两端微尖,纵横径 2.68 cm×1.77 cm,厚 1.55 cm,每千克 360 粒。出核率 23%,出仁率 68%。胚乳乳白色,无苦味。1988—1991 年年产种核 100~150 kg。花期 4 月 3—4 月 8 日,成熟期 8 月底至 9 月初,中早熟种。

闽顺 2 号

大梅核类型,植株位于福建顺昌大干乡宝山,海拔 700 m,树龄约 700 年,树体高大,主干高 2 m,胸径 1.3 m,树高 19 m,冠幅 8.5 m×8 m,分枝 9 层,开张角度中等,结种性能好,立体结种,短结种枝结种 3~8 个,平均结种 4.5 个,种实大,心脏形,先端圆钝,顶点平,种梗短,长 1.5~2 cm,种核为广椭圆形,种核丰肥,侧棱线离基部不远,呈翼状边缘,纵横径平均为 2.1 cm×1.64 cm,每千克 360～380 粒,出核率 21%,出仁率 68%,苦味不明显。1988—1991 年产种核 75 kg,花期 4 月 3—8 日,种实成熟期 8 月下旬。

闽永 1 号

大梅核,植株位于永安西洋乡岭头村。海拔 490 m。树龄约 400 余年,枝叶繁茂。主干高 3 m,胸围 3.1 m,树高 26 m,冠幅 3.35×11.3 m,分枝 11 层,下层分枝开张角度小呈水平伸展,侧枝和结种枝下垂,上中层分枝开张角度依次渐小,构成广卵形树冠。短果枝结种 2～8 个,平均 4.8 个,种实近圆形,顶端稍瘦有浅沟,基部圆钝,蒂盘微凹,近卵圆形,纵横径 3.1 cm×2.88 cm,梗短 1.8～2.8 cm。种核卵圆形,两端微尖,基部有二小突,核棱明显,纵横径 2.5 cm×1.85 cm,厚 1.55 cm,每千克 320 粒。出核率 21%,出仁率 70%,胚乳黄色无明显苦味。1989—1991 年产种核 100～150 kg。花期 3 月底至 4 月初,成熟期 8 月底至 9 月上旬,为中早熟种。

闽尤 1 号

小佛手,群众叫猪母杏,位于尤溪县中仙乡善林村,海拔 410 m,树龄约 500 多年,枝叶茂盛,主干高 6.5 m,胸径 0.96 m 树高 18 m,冠幅 10 m×13 m,分枝 13 层,分枝角度张开,树冠外围结种枝多下垂。结果性能良好,每个结种枝结种 2～9 个,平均 4.8 个,种实长椭圆形,顶端圆钝而瘦,种蒂微凹近圆形,种皮成熟时橙黄色,油胞明显,有白粉,纵横径 3.82 cm×2.72 cm,平均重 12.75 g。种核长椭圆形,纵横径 2.78 cm×1.64 cm,厚 1.39 cm,每千克 340 粒,出核率 23%,出仁率 68.4%,胚乳乳白色,无苦味,甘美。1988—1990 年,年产种核 150～250 kg。花期 4 月 4～10 日,成熟期 8 月底至 9 月初,属中早熟种。

闽尤 2 号

佛手类型,植株位于福建尤溪县联合乡东边村,海拔 640 m,树龄约 600 余年,树势壮旺,树体高大,主干高 4 m,1.5 m 高处胸径粗 1.1 m,树高 20 m,分枝 16 层,冠幅 11 m×12 m,最下层分枝开张角度大,侧枝上的结种基枝多下垂,中上层的分枝开张角度中等。结种性能很好,短结种枝结种 3～9 个,平均 5.6 个,种子中等大,椭圆倒卵形,先端圆钝顶点微凹,种蒂微凹,近椭圆,成熟时种皮橙黄色,油胞微隆,白果粉较厚。纵横径平均 3.16 cm×2.7 cm,单果平均为 12.45 g。种核长倒卵圆形,纵横径平均 2.70 cm×1.6 cm,厚 1.4 cm,每千克 342 粒,出核率为 23.50%,出仁率为 68.50%,胚乳黄白色,无苦味。1989—1991 年年产种 200～250 kg。花期 4 月 4—9 日,种子成熟期 8 月底至 9 月上旬,为中早熟种。

敏氏拜拉银杏(比较种)

Baiera cf. *muensteriana* Heer,一块标本,叶片高约 3.5 cm,分裂 4～5 次,形成约 20 枚狭线形裂片。裂片顶端钝,裂隙狭而紧,叶脉不明显。此标本以其裂片形状以及裂隙性质很像敏氏拜拉银杏,但缺乏角质层,表皮特征不明显,因此定为比较种。

产地层位:山西怀仁,下侏罗统永定庄组;河北承德,下侏罗统甲山组。

名木

一般是指具有科学价值、历史价值或特殊纪念意义的树木。

名医扁鹊手植银杏树

史载扁鹊(公元前 407—公元前 310 年),出生于齐国渤海郡(今河北任丘),是春秋末战国初有名的医学家,我国中医内经理论的创始人。陕西城固县老庄镇徐家河村有一株古银杏树,据传是扁鹊在当地行医时栽植。该树高 16.8 m,胸径 2.39 m,冠幅 410 m^2,树龄 2 000 年以上,树体虽已斑驳,但老而不衰。该古银杏树被当地群众视为医术和医法的象征,深受敬仰和爱护。

鸣果

我国云南少数民族地区,儿童们常把银杏种核里的种仁抠掉,将空壳含在嘴里当哨吹,因而将银杏称"鸣果"。

鸣杏

浙江淳安盛产银杏,农村孩童常将银杏种核一端磨出一孔,取出种仁,在孔口吹奏,发出特殊的音响,故称"鸣杏"。

命名的权力

选育品种的人有权给新品种命名。专家鉴评会、专家鉴定会和品种审定委员会的任务是鉴定和评审新品种的质量水平和推广价值。他们对新品种的命名只有建议权。各省市已有作物品种审定委员会,没有必要成立一个专门的银杏品种鉴评和审定机构,要"精兵简政"。全国银杏研究会倒是有必要成立"银杏品种研讨学术组",共同研讨有关银杏品种选育工作中的一些学术问题。

命名的时间

人们不能随意确定品种,必须尊重科学,遵循育种程序。如果是调查选种,在复选之后,对尚无名字的地方优良品种可以命名;对已经高接鉴定后的优株,可以命名;对已经有少量无性繁殖后代的优株,如果其后代性状遗传性相对稳定,连同优株及其后代这一群体可以命名。在育种的过程中,一般是在品种鉴定或审定时命名。

抹芽

银杏的萌芽力、发棱力都较强,许多成年树或古树的树干、主干、主枝基部常易萌发枝条,成为徒长枝、竞争枝、密生枝,这些枝条在木质化前要及早疏势,否则,消耗养分,不利于树体生长,还会造成枝稍过密,影响光照。抹芽也应在刚萌芽时进行。但在空膛或大枝缩剪的剪口下方需适当留1~2个芽做预备枝。

末梢循环障碍性疾病的治疗

末梢循环障碍是受血液黏度、血流动力变化和局部代谢异常的因素影响。末梢循环障碍引起局部缺血缺氧,堆积有害代谢物及大量自由基产生。银杏叶制剂具有清除氧自由基、扩张血管及增加血流量和抗血小板活化因子的作用,而且可以降低血黏度、疏通血流、改善末梢微循环和血液瘀滞。曾有人报道,患有纤维蛋白原及血浆黏度增高的病人长期坚持每天服用银杏叶制剂240 mg,治疗后纤维蛋白原及血浆黏度明显下降。外周血管闭塞性间歇性跛行病人口服银杏叶制剂治疗,下肢血流量明显增加,病人行走距离明显延长,疼痛的程度也逐渐缓解,有效率比安慰剂高75%。这表明外周血管血液循环较快改善缺血区血液的灌注。耳部和眼部末梢微循环障碍所致的平衡失调或眼视力明显减退的病人,经用银杏叶制剂治疗后,也取得了一定的效果。

母树

自然保护区保留的专起天然下种作用的树木。有时也泛指专供采种的树木。母树应是生长旺盛,发育良好,树干通直,结实丰富,未感染病虫害的树木。保留母树适当,对保证天然更新,具有一定的作用。

母树及枝条年龄对插穗生根的影响

银杏插条繁殖具有明显的年龄效应。随母树及枝条年龄的增长,插穗的生根率下降,生根时间延长,生根数减少,移栽成活率下降,生长量降低。

母树年龄对插穗成活率及高生长的影响

母树年龄（年）	成活率（%）	不定根数（个）	根长（cm）	新梢长度（cm）
3	89.7	9.3	8.3	18.3
8	86.3	7.2	6.4	16.5
12	78.5	4.5	4.1	12.4
25	70.1	3.2	2.9	9.5
52	62.5	2.1	1.9	6.4

母树年龄对扦插成活率及生长量的影响

母树年龄对扦插成活率及生长量的影响

母树年龄	扦插时间（月—日）	成活率（%）	发根数（个）	根长（cm）	根粗（mm）	抽梢长度（cm）
2~5年	03-18	84.5	4~6	5~7	3.0	12~15
6~10年	03-18	76.4	3~5	3~4	2.5	10~13
11~15年	03-18	48.2	2~3	2~3	2.0	7~9

母树年龄与嫁接苗的位置效应

母树年龄与嫁接苗的位置效应

树龄	基角（°）	CV（%）	梢角（°）	CV（%）	新梢长（cm）	CV（%）	新梢粗（cm）	CV（%）
1 000	82.5	6.06	89.2	13.0	70.0	7.8	0.82	3.4
420	76.0	15.0	80.3	14.0	78.5	10.2	1.01	4.4
5	43.2	7.8	40.1	12.2	80.6	7.2	1.05	3.6

母畜白带

白果（炒熟去壳）、淮山药各80 g。研末,开水调服。日一剂。

母畜赤白带下

白果65 g,莲肉50 g,江米40 g,用乌骨鸡去肠盛药煮烂。空腹食之。

木板浸渍剂

Edulan1 6份、2,4,61-三异丙基-1,3,5-三恶烷94份。桐木板（15 cm×150 cm×2 cm厚）一块。将上述成分混合后,在约90℃加热溶解,把桐木板浸渍在所得药液中,于15 kg/cm^{2}下加压处理,使药液渗进木板中,渗入的药液量约占木板重量的25%。

木材的化学性质

银杏叶和果实的化学成分已经有较多的研究和分析,但木材和树皮化学成分,至今没有做过分析。其实银杏木材可能与叶和果一样,具有潜在的化学利用价值。对银杏木材和树皮化学性质分析表明:银杏心材和边材的抽提物有明显的差异,边材除灰分、纤维素和木素高于心材外,其余指标均低于心材。树皮木材化学指标除苯醇提取物较低,其余均明显高于木材部分。木材化学成分分析可以为银杏木材的进一步利用提供参考。

木材的化学性质

部位	树龄(年)	水分(%)	灰分(%)	抽提物(%)				纤维素(%)	戊聚糖(%)	木素(%)
				冷水	热水	1% NaOH	苯醇			
木材	1~10	11.08	0.61	4.85	8.16	18.02	6.72	40.63	12.00	24.19
	11~25	8.80	0.97	2.37	3.56	14.40	1.90	43.07	9.83	28.51
	26~38	8.93	1.02	1.60	2.82	13.66	1.89	43.60	9.13	28.89
树皮		11.59	4.23	7.16	9.89	36.43	2.22	31.07	15.55	43.77

木材化学成分

银杏木材甘露聚糖浓度为7.06%;半乳聚糖浓度为1.87%;生材甲氧基浓度为2.41%;气干材为4.55%,干材为5.20%。银杏树皮单宁浓度为10%时,着色度为11.17。另据周爱玲的报道,银杏木材含白果酮、2,5,8-三甲基二氢萘烯,萘嵌戊烯、油、酸与亚油酸。银杏心材约含0.52%木脂体类d芝麻素(d-sesamin)和5%挥发油。

木材化学特性

最早研究银杏化学的科学家是Peschier(1818年)和Schwarzenbach(1857年),之后,1928年日本学者Kawamura也对银杏的化学特性进行了研究。在1980年左右,人们就开始使用色谱法和光谱法开展一系列的银杏光化学研究。在西方银杏叶常用来制作植物药,而在日本银杏种子则被烤成食品吃。银杏果叶的分析研究引起了人们特别的兴趣,现在,人们正在对银杏树的根皮、木材和肉质外种皮进行深入研究。人们已经在银杏中发现了萜烯、类黄酮、有机酸、碳水化合物、混合有机化合物和无机化合物等,其中大多数的化合物在高等植物的叶子中都普遍存在。但是,银杏中存在的某些类黄酮,特别是独一无二的三内酯却为一般植物所没有。随着社会的发展和人民生活水平的提高,人们对木材的需求量呈不断上升趋势。然而,我国的天然林木材资源十分有限,这加剧了木材的供需矛盾,尤其是对质量优良、珍贵木材的需求矛盾更为突出。如前所述,如果选地适当,管理精细,银杏树的生长速度也极为可观,而且,银杏木材质地优良,价格昂贵,素有"银香木"或"银木"之称。据研究测算,栽植银杏用材林的经济收入相当于林区栽植杉木的13倍,这还不包括干果和其他林副产品的收入,因此,银杏人工用材林或果材兼用林都具有广阔的市场,经济效益又十分显著。从目前对银杏的研究状况来看,国外的研究重点是在把银杏作为药用植物和芳香植物的应用上,而我国的研究主要集中在银杏的栽培和银杏果叶的加工利用上,国内外对银杏木材方面的研究都很少,仅见南京林业大学报道了银杏薄木贴面板及银杏活性炭的研制。因此,把银杏作为人工用材林树种,对其木材性质和用途进行研究分析,揭示银杏人工林木材的形成机理、形成后木材的改良技术以及培育、材性和利用之间系统的内在规律,解决银杏人工林高产、优质、高效利用的关键问题,并进行合理经营和定向培育,无论是对我国森林资源的合理组合,还是满足人们生活的需求,都有重要的理论意义和实践意义。

木材加工性质和用途

银杏木材质地优良,干燥容易、速度快,不翘曲,不开裂,尺寸稳定性好;耐腐性中等。切削容易,切面光滑,油漆后光亮性好。胶粘容易。握钉力弱,不劈裂。银杏木材抗虫性差,据调查,室内完好值为82%;室外完好值为45%。木材胀缩性小,硬度适中,平稳不裂。据研究分析,银杏木材易切削、雕刻、切面光滑和木材干缩系数小、木材干燥比较均匀、少翘裂等原因可能与银杏木材所具有的丰富无定形物质,以及银杏木材结构匀称、纹理致密等特性有关。因此,银杏木材常用于建筑、装饰、镶嵌、各种雕刻工艺、高级文化和乐器用品以及特殊用具等,如匾额、木鱼、印章、工艺品、测绘图版、测尺、仪器盒、笔杆、棋子棋盘、网球拍及各种琴键等。在工业上常用于纺织印染滚筒、翻砂机模型、漆器木模精美家具等。1988年江苏苏州市盘门城楼低层曾陈列出一幅"伍员筑城图"的大型落地屏刻,屏刻高2.82 m,宽4.4 m,除底座外,均由银杏木刻制而成,为稀世珍品。南宋时,岳飞曾用银杏木材为江苏泰兴做匾额题字"延佑观"。在古代,只有豪门才能用上银杏木作家具。可见银杏木材的昂贵、耐用。随着生活水平的提高和对银杏木材的深入研究,以及银杏用材林的推广种植,银杏木材制品越来越多,新的用途也会不断出现。

银杏木材构造、木材物理化学性质、木材加工性质等表明,银杏具有优良的木材性质;银杏叶是特殊的药用材料,白果是优良的食品和药材;另外,银杏还是优美的观赏树木。因此,在培育叶用林和果用林的同时,大力培育和推广果材兼用林和用材林,能充分发挥银杏的经济价值,是科学发展银杏和合理利用的必由之路。

木材解剖特性的研究

银杏管胞长度和宽度的径向变异,自髓心向外均随树龄的增加而增大,呈抛物线形状,银杏管胞长度径向变异曲线达到最高峰的年龄较管胞宽度径向变异曲线达最高峰的年龄略晚,而且,银杏管胞长度和宽度之间的相关关系密切。1991年,李正理关于银杏树钟乳石状分枝(stalactite-like branch)木材解剖特性的研究报道,引起了许多人的兴趣。对银杏钟乳石状分枝的木材解剖分析发现,在分枝的横切面内年轮宽度一般都比正常窄,中间部分含有许多深色的髓斑。在轴向管胞中,有许多管胞的排列都不规则,还有些地方管胞的排列是旋涡状的。通过解剖还观察到径壁上的具缘纹孔2~4列,在钟乳石状分枝的管胞内存在着许多晶簇,这一特点与正常分枝相似。钟乳石状分枝在中国银杏古树上比较常见,如广西、贵州、山东、四川和云南等地都有发现。这种钟乳石状的分枝是悬挂在银杏树上,并垂直或倾斜地往下长的,一般长为10~35 cm,有的超过1 m。比较有趣的是这些分枝一直往下长,当接触到地面以后就会在尖端长出根来,如果把它们种起来还可以作为盆景植物。

木材开发利用

银杏木材边材黄褐色或浅褐色,纵面黄白或浅黄褐色。边材与心材区别明显,界限分明。心材黄褐或红褐色,久露空气中材色转深。木材略有光泽,新切面上略有难闻气味,特别是新伐材更加明显。银杏木材纹理通直、结构中而匀称、轻而软、干缩性小、强度弱至中等,因此易于锯刨,而且刨面光洁,极易加工。银杏木材有很强的耐腐蚀性,对白蚁也有一定的抗性。银杏生长轮比较明显,轮间晚材带色深,早材带宽,占年轮的大部分;早材至晚材渐变,界限不显;晚材带窄,色较深。银杏木材木射线密度稀,在放大镜下横切面上明显,肉眼下径切面上射线斑纹不明显。总体来说,银杏木材物理力学性质指标高于杉木和云杉,低于红松;在阔叶材中,高于毛白杨,低于楸树和香樟。

木材力学性质

木材抵抗外力作用的性质。包括强度,如抗压强度、抗拉强度、抗弯强度、抗剪强度、抗冲击强度、刚性(变形)、硬度及弹性等。

木材目视构造

边材浅黄褐色或浅红褐色,纵面呈黄白色。心材和边材区别明显,宽3~9 cm或以上(12~30个生长轮或以上)。心材黄褐色或红褐色,久置空气中时材色转深。木材略有光泽,新切面上有难闻气味,尤以新伐材最为显著。生长轮略明显,宽度略均匀,轮间介以深色晚材带,每厘米3~5(间或2)轮。早材带宽,占生长轮宽度的绝大部分。管胞在放大镜下略明显。早材至晚材渐变,晚材带甚狭窄,与早材带界限不明显。无轴向薄壁组织。木射线较少,甚细至略细,在放大镜下较明显。径切面上射线斑纹不明显。树脂道缺如,因木材内不含树脂细胞,但却存在着含有草酸钙的细胞,所有的横断面上有一些扩散形的小斑点。

木材年轮宽度和密度变异规律

以37年生银杏人工林木材为试验材料,对银杏木材年轮宽度和密度规律进行研究,近髓心部分的年轮宽度较小,随着年轮序列的增加,年轮宽度也逐渐增加,大约第10年以后,趋于平稳状态,10~20年生长区段,年轮宽度有较大波动,20年以后处于正常的生长状态。平均年轮宽度约在0.5~0.6 cm之间,生长速度较快。从变化趋势来看,幼龄期向成熟期过渡的期限,应该在10~20年年龄段内的某一时期。在研究年轮密度的径向变化过程中,定量地研究密度变异规律,是密度变异的重要组成部分。自髓心向外,三者近髓心几乎呈上升趋势,达到一定年龄后逐渐平稳,大约在15年前后有所下降,并一直处于平稳状态,直到生长后期略有上升趋势。整个变化过程表现出,早期生长木材密度较大(15年以前),进入正常生长期木材密度略小,并呈稳定变化趋势。平均年轮密度0.5~0.6 g/cm^{3}之间。对银杏木材密度的径向变异分析表明,银杏树木直径的大小,生长的快慢,对年轮密度、最大密度、最小密度的大小都有影响,即生长速度的快慢,显著影响木材的质量。进一步分析表明,生长速度较快的银杏,银杏木材密度有所下降。因此,结合有关银杏木材的年轮宽度和年轮密度的径向变异研究,确定银杏木材幼龄材的期限为19年。

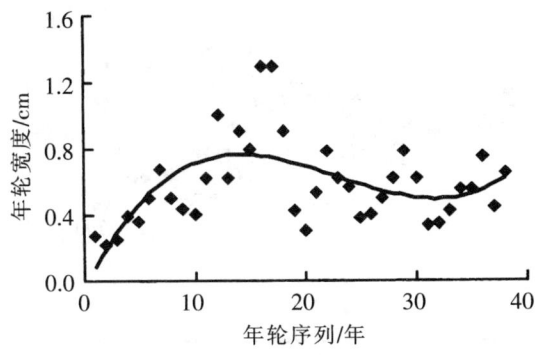

银杏木材年轮宽度的径向变化

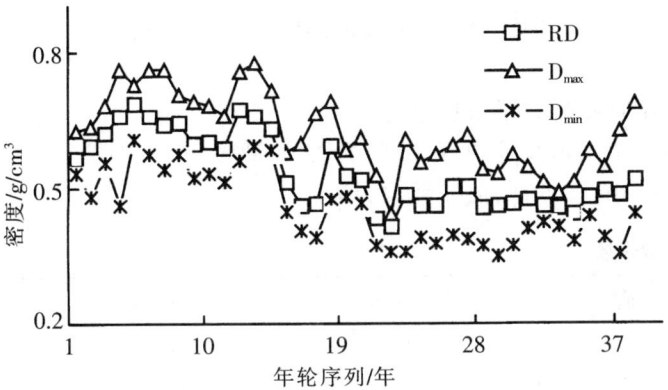

银杏木材年轮密度、最大密度和最小密度的径向变化

木材容重

木材单位体积的重量。用 g/cm^3 或 kg/cm^3 表示。由于木材的容重是受其含水率的影响，因此木材容重必须注明其含水情况，如湿材容重，气干材容重和烘干材容重或多大含水率（W%）时的容重。

木材三切面图示

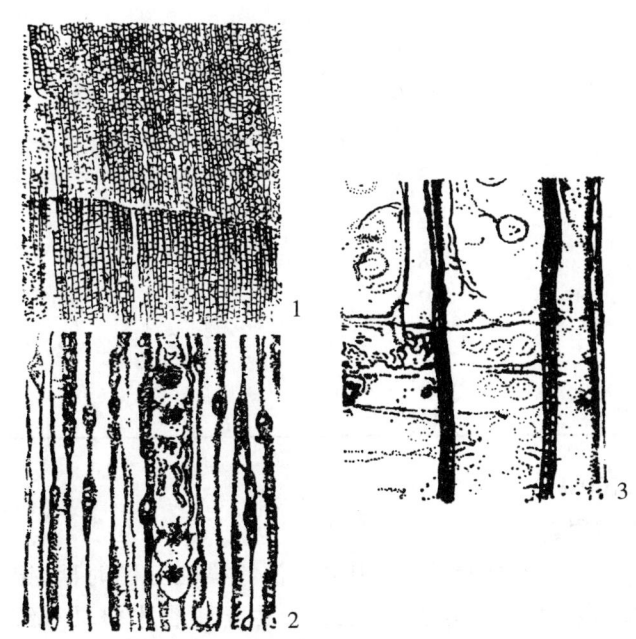

银杏木材结构
1. 横切面　2. 弦切面　3. 径切面

木材市场

银杏木材结构匀称、纹理致密，不裂不翘、耐腐蚀性强，是工艺雕刻、精美家具、豪华建筑及室内装修的优良材料，且一向奇缺价昂。银杏用材林虽然收效较迟，但经济效益十分可观。据浙江试验，1956—1983 年一个轮伐期约 30 年，平均年效益银杏为 60 000 元/hm^2，杉木为 4 500 元/hm^2，银杏的年收入是杉木的 13 倍多。若选择土壤深厚、肥沃、疏松和排水容易的地方，营造专用的银杏用材林，也能达到速生、高效。江苏射阳园艺场在中性砂壤土上采用实生苗造银杏林，株行距 3 m×4 m，面积 0.41 hm^2，2 年生的银杏平均树高 11.8 m，最高 16.8 m，平均胸径 23.8 cm，最大 48 cm，平均材积 0.247 m^3，每公顷产木材 207.312 m^3，经济效益可观。

木材炭化图装置

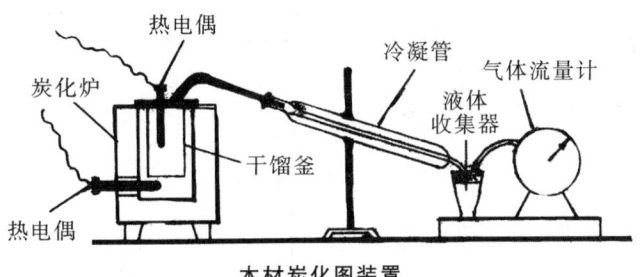

木材炭化图装置

木材微观构造

管胞最大弦径 601 μm 以上，多数 30~45 μm，常大小不一，排列不整齐，不具有针叶树材管胞排列的通常特征。螺旋加厚缺如，径列条稀少。早材管胞排列不整齐，大小不规则，常有大小两类管胞，长方形、四边形、多边形、方形、矩形、圆形、椭圆形等，早材管胞长为 3 929 μm。管胞分宽窄，宽管胞径壁上具有缘纹孔 1~2 列，少见，卵圆或圆形，直径 12~20 μm；窄管胞径壁纹孔少，径向直径也小，胞壁较厚。晚材管胞多呈扁四边形、多边形、少数扁椭圆形或略圆形，乃至生长轮最后数列管胞胞腔仍明显可见，常呈裂隙状，晚材管胞长 4 390 μm，径壁具缘纹孔 1 列，圆形或卵圆形，直径 6~12 μm；纹孔口透镜形或卵圆形；晚材管胞弦壁具有缘纹孔，未见正常轴向薄壁组织，具有纵向分室大形薄壁细胞（异细胞），内含大形晶簇。木射线每毫米 2~5 根，单列，宽 18~32 μm，高 32~250 μm（1~10 个细胞）。射线细胞椭圆或卵圆形，不含树脂，主要由薄壁细胞组成，水平壁薄，常无纹孔，端壁无或有节状加厚，无凹痕。射线薄壁细胞 1~6 个，多数为 2~4 个，其中 2 个横列，树脂缺如。

木材微纤丝角

由于次生壁中层微纤丝角是决定木材性质的指标之一,影响着许多木材物理力学性质,所以很早就引起国内外研究者的注意。国外对木材微纤丝角的研究比我们国内早,取得了许多突破性的进展。我国木材微纤丝角的研究始于1980年,当时采用的是碘染色法测定木材微纤丝角。近20年来,阮锡根、尹思慈等应用X射线法、偏光显微镜测定法等技术较系统地开展了各种木材微纤丝角的研究工作,为我国在该领域发展奠定了基础。采用X射线衍射法对银杏木材微纤丝角进行了测定。分析表明,银杏木材微纤丝角随着生长轮年龄的增加,开始逐渐减小,约第8年之后有增加的趋势,增加到第19年之后又逐渐减小,减小的幅度较为平缓。年轮内早材微纤丝角大于晚材,早材部分木材微纤丝角较平稳,进入晚材区,微纤丝角迅速减小。微纤丝角平均为18.5°。

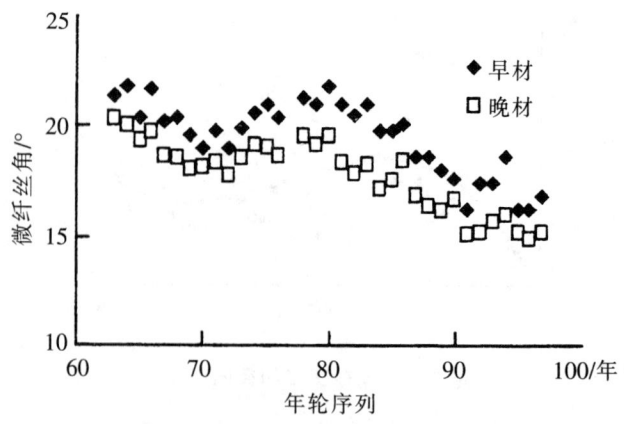

银杏早材和晚材微纤丝角随生长轮的变化

木材物理力学性质

木材纹理通直,结构细而匀,致密,质轻,较软;干缩小;强度低;品质系数中等。

木材物理力学性质

性质			平均值	变异系数(%)	准确指数(%)
密度(g/cm^3)	基本		0.451	14.9	2.4
	气干		0.532	10.5	1.8
干缩系数(%)	径向		0.169	14.7	2.5
	弦向		0.230	9.6	1.7
	体积		0.417	9.4	1.6
顺纹抗压强度(MPa)			41.0	16.1	2.6
抗弯强度(MPa)			77.8	13.0	2.1
抗弯弹性模量(GPa)			9.3	15.4	2.5
顺纹抗剪强度(MPa)	径面		9.1	12.9	2.1
	弦面		11.0	13.8	2.3
横纹抗压强度(MPa)	局部	径向	6.1	17.2	2.9
		弦向	5.3	17.6	2.9
	全部	径向	3.9	15.6	2.8
		弦向	3.2	17.5	3.2
顺纹抗拉强度($9.8 \times 10^4 Pa$)			82.0	28.4	5.0
冲击韧性(kJ/m^2)			33.4	27.7	4.7
硬度(MPa)	端面		43.1	18.6	3.7
	径面		31.7	17.6	3.5
抗劈力(N/mm)	弦面		30.1	17.8	3.5
	径面		9.5	8.4	1.4
	弦面		12.3	15.4	2.5

木材蓄积增长率

这个指标用以考察和反映材用银杏单位面积木材蓄积的增长量和速度。

单位面积木材蓄积增长率 =
$$\frac{报告期单位面积木材蓄积量 - 对照期单位面积木材蓄积量}{对照期单位面积木材蓄积量} \times 100\%$$

木材用途

银杏木材材质好、用途广泛。早在三国时期,银杏就被列入珍贵的林木资源。由于银杏木材具有纹理通直、结构匀称、质地细腻、易加工、耐腐性强、干缩性好、不变形、不反翘、不开裂等良好性能,已经得到了广泛的应用。目前,银杏木材主要应用于纺织印染卷筒、铸造木模、脱胎漆器木模、高级家具、豪华装饰、匾额、砧板以及各种文化用品和艺术雕刻等。由于银杏木材储量少,目前还很少用于家具和建筑。但在古代,银杏用于家具和建筑很常见。在河南、贵州调查时,发现有许多古老的寺庙全部以银杏为建筑材料,这些寺庙已经有几百年的历史,但银杏木材依然没有腐烂。因此,银杏也是一种非常好的建筑用材。根据国内外有关银杏木材的密度及化学组成等的研究分析结果,银杏木材生长年轮在幼龄期较宽、生长较快而平稳,进入成熟期后,宽度略有下降并趋于平稳,用其制造薄木贴面板具有很好的装饰效果。特别是国内外对银杏种实、叶等的大量药理研究表明,其具有促进血液循环、增强大脑功能、提高视力和听力等药用保健功效,更启发我们利用珍贵的银杏木材加工成装饰薄板,作为胶合板、中纤板、刨花板等人造板的贴面材料。这类装饰板可用于建筑、室内装修、制作家具及交通车辆等,这不仅能够美化和净化我们的居住和工作环境,甚至有药理和保健功能。因此,银杏薄木贴面板的研制和应用,前途相当广阔,是银杏木材很好的应用方向之一。

木材质量标准

轮伐期60年,年平均胸径生长量≥0.6 cm,年平均高生长量≥60 cm,年平均材积生长量≥0.007 m^3,每公顷植株≥500株。每公顷蓄积量≥200 m^3,出材率≥60%。

木橑尺蠖

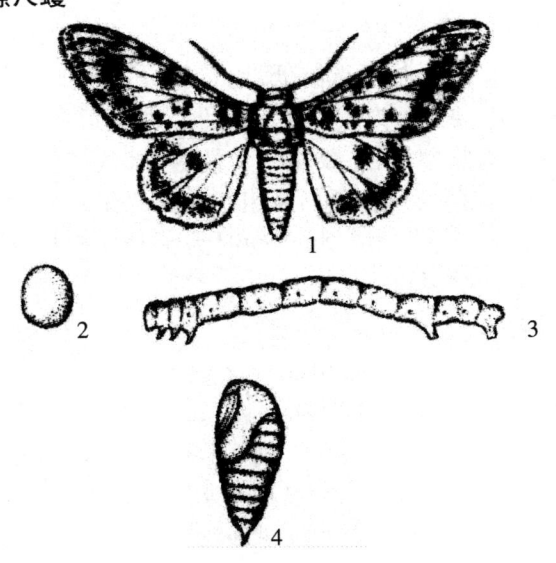

木橑尺蠖
1.成虫　2.卵　3.幼虫　4.蛹

尺蠖又叫尺蛾、不解虫、弓弓虫,属鳞翅目尺蠖科昆虫,种类繁多,分布面广,但不管哪种尺蠖,都是幼虫蚕食叶片。一年发生一代,以蛹在土中越冬,5月羽化成虫。成虫6月下旬~7月中下旬产卵,多产于寄主的树皮缝间或石块上。卵孵化盛期在7月上旬。7月上中旬是幼虫危害盛期。幼虫共6龄,历时40 d左右。

成虫有趋光性,白天静伏于树干或树叶上。初孵幼虫受惊即吐丝下坠。老熟幼虫喜在树干周围松软潮湿的土壤中化蛹。

具体防治方法如下。

①秋冬翻地:秋季或冬季翻地灭蛹。

②主干绑膜:在主干基部绑10~15 cm宽的塑料膜,上面撒2.5%美曲膦酯粉或1.5%对硫磷粉,毒杀成虫和初孵化的幼虫。

③喷药防治:幼虫危害期喷90%美曲膦酯或50%敌敌畏300~400倍液,或50%杀螟松1 000倍液,或50%辛硫磷2 000倍液。

④灯光诱杀:用黑光灯诱杀成虫。

木射线

位于次生木质部中的射线。其大小是指射线的宽度和高度而言,常以组成射线的细胞数目多少或用显微测量尺测定。针叶材中的木射线数量较少,或称不发达,阔叶材的多数树种是发达或比较发达。

木质部

木质部是银杏体内具有疏导和支持功能的一种复合组织。由导管、管胞、木纤维和木薄壁细胞等组成。其中导管和管胞是疏导水和溶于水的无机盐,为木质部的主要组成部分。木质部细胞的细胞壁多数木质化。木纤维是其中特化的支持部分,故木质部又有支持的功能。木本裸子植物银杏,由于茎内形成层的活动,不断地产生新的木质部,形成有用的木材。

钼素

钼也是银杏生长发育中不可缺少的元素。缺钼时也会造成叶片小、色淡、先端枯焦等症状。据资料,黄淮海流域的冲积土含钼较少。这些地方营建银杏园应叶面喷洒和土壤施入含钼的肥料。如生长期叶面喷施0.01%~0.05%钼酸铵液1~2次或亩施钼酸铵1.5~2 kg均有效。

穆桂英与银杏树

安徽来安县杨郢乡宝山村上庵岭,有一株雌性银杏树,高24 m,胸径2米多,树龄约1 500年,有"皖东银杏王"之称。传说宋代巾帼英雄穆桂英率兵驻扎在石固山上进行军事操练时,经常在树下习武、休息,还为银杏树松土除草。边关紧急,穆桂英奉命出师远征,启程前还在树下举行誓师大会,在当地传为佳话。有诗赞曰:"笑他主帅怕交兵,巾帼胸怀抱不平。替父代郎牵战马,加鞭塞外共长征。"

N n

纳纳

小灌木状,树高 2 m。

耐旱抗逆性

银杏具有较强的耐旱能力,根据植物耐旱类型划分,银杏属于低水势耐旱机理类。干旱胁迫会引起叶片水势的下降和相对水分亏缺(RWD)增加。当受到 15% 聚乙烯二醇(PEG)水分胁迫时,24 h 以后银杏 1 年生苗木叶片的水势由原来的 -0.47 MPa 下降到 -0.9 MPa,48 h 后下降到 -1 MPa。银杏离体叶片从失水到基本恒重,可达 96 h 以上,失水率占总含水量的 64.51%,说明叶片保水能力强,其原因可能与其叶具较高的肉质化程度等结构特点有关。银杏在干旱胁迫下,质膜透性增加较少,在 15% PEG 胁迫条件下经历 24 h 逆境后,膜透性增加到 19.22%,约为对照的 1.53 倍,表明银杏细胞膜受伤害程度较小,银杏叶原生质耐脱水能力较强。银杏根系活力在干旱胁迫(15% PEG)条件下,持续 48 h 后,其根系活力明显下降(为对照的 63.75%),但 96 h 后又基本恢复到对照水平(为对照的 98.75%),表明银杏对干旱胁迫具有较强的适应能力。通过银杏耐旱性试验表明,在轻度水分胁迫下(-0.3 MPa),银杏能正常地生长;在中度水分胁迫下(-0.9 ~ -0.5 MPa),银杏能维持 1 ~ 2 个月,2 个月后大部分叶子变枯黄;在严重水分胁迫下(-2 MPa),银杏能维持 18 d,之后干枯死亡。

耐盐抗逆性

银杏具有一定的耐盐碱能力。5 个供试的银杏品种在低浓度盐胁迫(0.1%、0.2% 的 NaCl)下膜透性变化不显著,而在 0.3% 含盐条件下,质膜透性则明显增加,表明低浓度盐胁迫下,银杏具一定的保持膜系统功能相对稳定的能力。5 个银杏品种叶片中 Na^+ 浓度随外界胁迫浓度提高呈明显上升趋势,相同胁迫强度下,随着盐胁迫处理时间的延长,叶片中 Na^+ 含量呈明显上升趋势,不同品种间在 Na^+ 累积上表现出显著差异。大金坠在 0.3% 盐胁迫下,盐胁迫处理了 5 d 后游离脯氨酸含量明显升高,但其后又随着胁迫时间的延长逐渐下降,胁迫 18 d 后,其含量略低于对照,而马铃在 0.2%、0.3% 盐胁迫 18 d 后游离脯氨酸含量开始上升,梅核、大圆铃、佛指则在胁迫 18 d 后,游离脯氨酸含量随盐胁迫浓度的提高呈上升趋势。在盐胁迫下银杏不同品种的苗高生长存在显著差异。梅核、大圆铃生长量下降幅度较小,表示出较强的耐盐生产力;而大金坠、马铃、佛指下降幅度较大,耐盐力较低。综合各项指标,5 个银杏品种耐盐能力强弱的顺序为梅核、大圆铃、马铃、大金坠、佛指。银杏属于耐盐性较强的一类,能忍受 0.15% ~ 0.25% 的土壤含盐量。

耐荫时期

银杏在幼年阶段能忍受上方遮阴的时期。银杏在生长发育过程中,要先经过这一时期。银杏的耐荫期较短,一般为 2 ~ 4 年,阴性树种则较长。

耐荫性

在庇荫条件下树种适应弱光的能力。在庇荫条件下能正常生长的树种叫阴性树种,或称耐荫性树种,其枝叶一般较密,天然整枝差,叶子的海绵组织较栅栏组织发达,补偿点较低,生长较慢。凡不能忍受上方遮阴,要在阳光较充足的条件下才能正常生长的树种,称为阳性树种,或叫喜光性树种,其枝叶较疏,天然整枝良好,叶子的栅栏组织较海绵组织发达,补偿点较高,生长较快。银杏幼时为耐荫性树种,成龄后为喜光性树种。

萘乙酸

简称 NAA。一种用途广泛的植物生长调节剂。纯品为无色针状或粉末状晶体,无臭、无味、有毒性。工业品为黄褐色,不溶于冷水,易溶于热水、乙醇、乙醚、丙酮中,其钾盐、钠盐易溶于水。银杏生产上应用于插条生根、浸种壮苗和大树移栽等。

南川区各乡镇银杏资源量

镇乡名	总株数	胸径100 cm以上	胸径100 cm以下	镇乡名	总株数	胸径100 cm以上	胸径100 cm以下
隆化镇	25	4	21	文凤镇	6	2	4
三泉镇	23	9	14	岭坝乡	6	1	5
南平镇	6	0	6	兴隆镇	5	1	4
石莲乡	2	0	2	木凉乡	2	0	2
河图乡	2	0	2	庆元乡			
土溪乡	5	1	4	(白果村)	36	9	27
乾丰乡	6	1	5	古花乡	22	3	19
太平场镇	6	0	6	合溪镇	201	5	196
白沙镇	3	0	3	马嘴乡	79	9	70
水江镇	9	2	7	鸣玉镇	14	0	14
骑龙乡	6	0	6	峰岩乡	11	2	9
中桥乡	4	0	4	民主乡	2	0	2
铁村乡	8	0	8	冷水关乡	3	2	1
金山镇	130	7	123	石溪乡	10	2	8
头渡镇	74	2	72	福寿乡	1	1	0
德隆乡	929	21	908	沿塘乡	7	0	7
大有镇	219	27	192				

注:全市总株数1 841株,胸径100 cm以上的102株;胸径100 cm以下的1 739株。

南川区杨家沟银杏天然群落的种群结构

银杏是群落中唯一具有完整物候型年龄级个体的种群。其他植物均以单株独株出现。尤其像枫香树这种极具生命力的风土树种亦无力占据群落的优势地位,显示出银杏种群在这一地段上的历史优势。进一步观察表明:银杏种群中计有成年木5株、成熟木25株、青年木29株,幼木11株、濒死木为0。种群结构为一中间大两头小的纺锤形。结构说明,在杨家沟森林群落中,银杏是一个由异龄个体组合而成的群体,同时又是个以青、中龄木为数量优势的群体。该青、中龄级数量优势形成的时间约在80年前的100年内,大致处于民国初年至清末年间。森林群落中活立木得平面分布式格局呈纷乱无序状;或疏或密,大小混生;或多株并列,一字形排列;或直接生长和发育于母岩基质之上;既有基径巨大的"多代同株"的古树,又有大量幼树、幼苗;既有郁闭如盖的深深密林地段,又有大小不均的林窗和林间空地。综合要素表明:该森林群落完全是自然的和非人力可以植造的。

南川区银杏天然资源总量

南川区现有银杏天然资源总数约1 800~2 000株,集中分布于德隆、大有、合溪和金山4镇。其他各镇包括北部低山丘陵区直抵长江南岸均有零星分布。全部银杏中,胸径40~100 cm的约占91%。大部处于青年木和初熟小阶段。胸径100~480 cm的约占6%,大部为成年木、成熟小个体;濒死木仅1~2株。最大植株出现于三泉镇洲坝乡毛坡村,树高13 m,树心早年前已腐烂,半壁残茎为一巨大半弧形薄壁枯树桩,整个树体实为一巨大桩兜盆景。胸径270 cm,树高25m的成年木个体出现于白鹿坪;胸径260 cm,树高28 m的出现于青龙乡。其他大多数处于150~250 cm之间,均为成年木,约占1/3;胸径100~150 cm的约占2/3,多为成年木至成熟木之间的个体。据此可以判断:南川区银杏天然资源主要分布区包括以金佛山主峰为中心的金佛山北坡、东坡、东南部和西南部的弧形地区,种群结构完备、为正金字塔形;90%以上的成员处于青年木和青年木至初(步成)熟木过渡阶段。观察表明:大部分个体生长于水肥汇集的近村落附近,为自然生长型大乔木,种子多为梅核型。

南瓜果

产于新宁县横铺乡,种实呈南瓜状,故名。原树为实生繁殖。树龄约250年,树高22 m,胸径107 cm,冠幅186.2 ㎡,种实南瓜状,顶点微凹,单果重14.9 g,出核率为22%。核广卵圆形,顶点微小凸尖,两侧棱多数明显,2束迹连接、相距中等。核形指数1.28,属梅核类。单核重3.25 g,成熟期9月上旬,短枝结果2~4个,分布均匀,具有果大、产量高、品质优的特点,为优良的地方品种。

南官银杏

洪洞县南官庄，树高 22 m，干高 7.3 m，胸径 1.05 m，立木材积 7.3 m³。冠幅东西 13 m，南北 13.6 m。主干分叉呈扫帚形，斜插云天，宏伟壮观。传说为元代所植。

南林 – B1

南京林业大学选育。雄株无性系。主干明显，树冠和叶密度大，最显著特征是树冠窄，净光合速率（Pn）高达 11 $\mu mol \cdot m^{-2} \cdot s^{-1}$，生长迅速，年平均高生长 1.5 m，年平均胸径生长 1.4 cm。抗旱、耐盐及抗病虫害能力强。适宜于营造用材林、沿海防护林和城市绿化。

南林 – B2

南京林业大学选育。雄株无性系，主干明显，树冠和叶密度大，年平均高生长 1.35 m，年平均胸径生长 1.5 cm。花粉产量高，平均雄花长为 2.5 cm，平均每个雄花上有花粉囊数为 88 个，单个雄花的花粉重 0.008 9 g。抗旱、耐盐及抗病虫害能力强。适宜于营造用材林、沿海防护林及花粉用园和城市绿化。

南林 – B3

南京林业大学选育。自由杂交种。速生，抗性强，树冠稀疏，透光率高，光合速率高达 12 $\mu mol \cdot m^{-2} \cdot s^{-1}$。年均胸径生长 1.2 cm，年平均高生长超过 1.28 m。适宜于用作营造防护林、用材林和农田林网，可在沿海和丘陵山区推广。

南林 – C1

南京林业大学选育。雌株嫁接后第 4 年开始结实，8～10 年后进入盛实期。种核每株单产达 10 kg，平均粒重为 3.9 g，出核率大于 35%，出仁率大于 80%。种仁质细味香，性糯微甜，品质上乘。适宜于培育核用园和制作观果银杏盆景。

南林 – C2

南京林业大学选育。雌株无性系，耐旱、耐盐碱、耐修剪。结实早，落叶迟，种实成熟时为深黄色。适宜于核用及制作盆景。

南林 – D1

南京林业大学选育。雄株无性系。叶产量高，3 年生嫁接苗单株叶产量干重达 170 g，且其黄酮含量高，总黄酮含量达 1.3%。适宜于培育叶用园、制作盆景及家庭栽培。

南林花 1

南林花 1，亲本来源于江苏泰兴市燕头镇文岱村，属于实生优良单株，树龄 50 年，雄株。开花早，小孢子叶球大，单个小孢子叶球及单株花粉产量高、花粉萌发率高。嫁接后 4 年开始开花；小孢子叶球大，长度达到 1.95 cm，宽度 0.72 cm，单个小孢子叶球花粉量达到 8.04 mg；单株花粉产量高，5 年生花粉最高株产 0.25 kg，8 年生最高株产 0.86 kg，平均 0.64 kg；花粉萌发率高，达到 87%。

南林花 2

亲本来源于江苏省泰兴市黄桥镇朱庄村，属于实生优良单株，树龄 40 年，雄株。开花早，小孢子叶球大，单个小孢子叶球花粉及单株产量高、花粉萌发率高。嫁接后 4 年开始开花；小孢子叶球大，长度达到 2.33 cm，宽度 0.69 cm，单个小孢子叶球花粉量达到 8.44 mg；单株花粉产量高，5 年生花粉最高株产 0.31 kg，8 年生最高株产 0.94 kg，平均 0.71 kg；花粉萌发率高，达到 85.5%。

南岭山地银杏地理生态型

分布范围：北纬 23°～25°；东经 109°～114°；包括南岭山地，东接武夷山，西接苗岭山地，即闽西北山地、赣南和湘南山地及粤北、桂北山地。气候属中亚热带南岭区。年平均气温 18～21℃，1 月份平均气温 7～12℃，7 月份平均气温 28～30℃，年降水量 150～2 000 mm，分布较均匀，土壤以红壤、黄壤为主。植被为亚热带常绿阔叶林。这一地区是我国银杏中心分布区之一。作为育苗用种最好。栽培历史悠久，品种较多，如广西"海洋皇""橄榄佛手""眼珠子""圆头""桐子果""棉花果"等，是我国主产区之一，其产量约占全国总产量的 1/5。

南天门楔拜拉 (新种)

南天门楔拜拉 (新种) $Sphenobaierd\ nantianmensis$ Wang (sp. nov.)。叶片大，长至少 8 cm，最宽处约 4 cm，分裂两次，通常形成 4 枚带形裂片。裂片宽 6～8 mm，裂隙狭细。叶脉清楚，每厘米含脉 14～15 条，脉间还有间细脉。表皮两面气孔型，上表皮厚；下表皮薄。上下表皮脉络均不很明显。普通表皮细胞上乳突不发育或仅中心增厚，但气孔器周围的细胞及副卫细胞具空心乳突。细胞壁直但常中断。气孔器分散，保卫细胞大部出露或略微下陷，气孔腔开阔。上下表皮的区别显著：上表皮细胞以方形或等径形细胞为主，气孔器圆，孔缝方向不定；副卫细胞多 7 枚左右，排列成环形，副卫细胞壁增厚并具有各自分离的乳突；下表皮细胞狭而伸长、气孔器亦随之伸长，纵向，多少排列成行，保卫细胞不下陷，沿孔缝两侧显著增厚，副卫细胞 6 枚左右，每枚有一个空心乳突，但不向气孔腔靠拢，侧副卫细胞伸长。

比较：在叶片形态方面本种与同时代的 $S.\ longifo$-

lia 和 *S. pulchella* 等种无大区别,在表皮特征方面十分不同。后二者保卫细胞下陷于气孔腔下,本种则保卫细胞大部分出露。这方面本种又很接近晚侏罗世的 *S. ikorfatensis*(Seward),尤其是西伯利亚 *S. ikorfatensis* (Seward) Florin f. *papillata* Samylina,它们均属于楔拜拉属中特殊的类型;它们的细胞与气孔器较大;上下表皮的区别,尤共是在气孔器方面的区别不大,均为伸长类型;保卫细胞大部出露,侧副卫细胞明显伸长等特征与本种上下表皮异型构造容易区别。

产地层位:河北张家口,下白垩统青石砬组。

南雄古银杏种质资源

南雄银杏有叶籽银杏、垂枝银杏,分为油山和坪田两个品系。油山品系主干通直、枝条细长、果形较圆、根蘖苗较少;坪田品系根蘖能力旺盛,丛生群长普遍,其果实粒大、壳薄、洁白、胚芽隐没。据1993年对11个品种的比较测定,南雄银杏种实长与宽之比为2.122:1.559,与佛手、马铃、梅核类种实长宽比均不接近,种实壳重为21.7%,肉重为78.3%,种实饱满,可食率高;内在养分的测定为高蛋白低脂肪。南雄银杏的各种性状均不偏依任何一方。银杏品种评定方法,从分布程度、植物学特征、生物学特性、适应性及栽培特点五个方面,以计分法评定品种的优良性,总分为82分,南雄银杏为68分,属较优良的银杏品种。1990年山东农业大学梁立兴从日本引种的四个优良品种,其中一个为岭南品种。南雄地处岭南,南雄白果享誉香港、澳门、东南亚等地区以及日本等国家,香港店家出售白果挂牌"南雄坪田白果",进一步说明岭南银杏起源可能在南雄,上述论据说明南雄银杏种质资源独特。从银杏孑遗的原理,品种长相的独特与古代气候的关系,植物群落学及种质资源的特点,说明南雄银杏自有史以来,经历几千年的自然选育和人为的选育独树一帜,形成了南雄古银杏品种群。

南雄坪田白果

南雄白果分油山和坪田2个品系。油山品系主干通直、枝条细长、果形圆、根蘖苗较少;坪田白果根蘖力强,丛生普遍,果粒大、壳薄,洁白,胚芽隐没。种实长×宽为2.12 cm×1.56 cm。出核率22%,出仁率78.3%,种仁饱满,可食率高,高蛋白低脂肪。蛋白质含量108.9 g/kg、淀粉651 g/kg、脂肪78.8 g/kg、游离氨基酸18.9 g/kg、蔗糖25 g/kg、还原糖30.8 g/kg。

南雄银杏的栽培历史和现状

南雄银杏生产有一千多年的历史,可追溯到唐朝。据县志记载,自明代始老百姓就有栽培银杏的习惯。1953年8月普查,全县尚存古老银杏树12 300株,年产白果399.75 t。20世纪60年代以来,银杏树遭到摧残,被大量砍伐,至1976年白果产量只有300 kg,1987年老树仅存2145株。实行家庭联产承包责任制后,银杏生产逐步得到恢复,到1993年白果产量上升到59 300 kg。老银杏树主要分布于十二个山区镇:坪田、南亩镇是银杏主产区,其次是油山、孔江、江头、梅岭、澜河、百顺、帽子峰、主田、古市、苍石镇以及帽子峰林场。初步考查,树龄小的有一二百年,一般六七百年,高龄树有一千余年。坪田镇迳洞区坳背村有一雄株,距今有960余年,油山镇的黄地梓杉坳的一株母树有1 260余年,树围径8.8 m,冠幅888 m²。年产银杏250～300 kg。银杏生产的恢复,活跃了城乡经济,增加了农民收入。坪田镇坪田管理区叶路生5口人,家有古银杏树五株,1992年银杏收入1.58万元;澜河镇上在多管理区,山背村朱祖龙一株古银杏,1992年收银杏505 kg,收入1.6万元,获得了高产高效益。南雄市银杏生产虽然发展很快,但新种幼林多,尚未进入大量投产阶段。随着白果产量的增加,在贮藏、加工方面,是急待研究解决的问题。在技术指导上,亟须加强科技队伍,以全面提高人工授粉技术,达到银杏新老树常年稳产、高产的目的。

南雄银杏物候期(日/月)

南雄银杏物候期(日/月)

品种	性型	萌芽期	展叶期	初花	盛花	谢花	种子成熟	落叶
梅核	♀	12/3	25/3	17/4	21/4	27/4	26/8	23/11
梅核	♀	8/3	22/3	10/4	13/4	17/4	23/8	22/11
梅核	♀	5/3	16/3	6/4	11/4	16/4	16/8	26/11
圆指	♀	9/3	20/3	13/4	20/4	25/4	22/8	23/11
圆指	♀	6/3	18/3	7/4	11/4	17/4	20/8	22/11
圆指	♀	3/3	16/3	3/4	8/4	12/4	16/8	25/11

南漳 5 号

属梅核类型,是当地的当家品种,母树在南漳昌阎平乡齐家巷,生长在山中斜坡上。树龄 350 年,株高 18.8 m,呈多主枝分层形,高产稳产,中熟。种核圆形,平均单核重 3.2 g,个头均匀,核形指数 1.25,种核丰厚,白色光滑,迹点宽明显,两侧棱线至束迹,背腹相等。出仁率 84.19%,种仁淡黄色,最大特点甜糯,品质好,出仁率特高。经测定含淀粉 29.08%,其中支链淀粉 15.51%,总糖 12.16%,蛋白质 4.71%,脂肪 1.56%,维生素 C 和维生素 E 分别为 144 和 16.7 mg/kg,Ca 和 Mg 为 62 和 526 mg/kg,是湖北省技术监督局 DB42/T128-1997 发布的湖北省地方良种,现已推广到周边地区。

脑恩

上海黄山制药厂 1993 年推出。每片含银杏总黄酮苷 9.6 mg。

内生真菌的分离和纯化

从 3 个不同地点的银杏材料中共分离出 16 株内生真菌,其中,树皮中的内生真菌为 13 株,叶片中的内生真菌为 3 株,可见宿主植物不同部位所分离出的菌株数是不同的,从茎部所分离出的内生真菌数比叶片中多。

不同地点银杏内生真菌的分离结果

样品来源	分离株树	分离部位	
		叶	茎
汉中	5	2	3
延安大学	10	1	9
延安卷烟厂	1	0	1
总计	16	3	13

内生真菌对苹果腐烂病病原菌的拮抗作用

采用组织块分离法、单菌丝挑取法,从采自 3 个不同地点的银杏叶和茎部中分离出 16 株内生真菌,对其进行了抗菌活性的初步研究。有 9 株能够抑制苹果腐烂病病原菌的生长,其中 4 株菌对病原菌有显著的抑制作用,并大于同样条件下拮抗培养的瑞氏木霉的抑菌效果。与苹果腐烂病病原菌进行两点对峙培养,经镜检发现,与拮抗内生菌一起培养的病原菌的菌丝生长都出现不同程度的畸形和断裂。可见,银杏中的内生真菌对苹果腐烂病有明显的抑制作用。

内生真菌菌落形态及鉴定

在 PDA 培养基上采用单菌丝挑取法培养出单菌落,记录菌落气生菌丝的疏密、表面形态、大小、颜色、质地、生长速度、边缘形态等。采用插片培养方法,对分离获得的银杏内生真菌进行显微形态特征的观察、分类鉴定,并在促孢培养基上进行促孢培养,对不产生孢子的菌株进行变温处理,促使其产生孢子后再鉴定,鉴定到属。根据 Ainsworth 分类系统进行分类鉴定。

内维兹黛果

胚珠器官近似银杏,营养叶为桨叶状。模式种 N. bipartita 产于捷克波希米亚晚白垩世早期地层中。

内吸剂

药剂先被银杏的根茎、叶吸收在银杏体内疏导、散布、存留或产生代谢物,当刺吸式口器的害虫取食银杏组织或汁液时,使其中毒死亡的药剂。如 1059、杀虫脒、氟乙酰胺等。实际使用的药剂,其杀虫作用往往不是单一的。如美曲膦酯同时具有胃毒和触杀作用,1059 同时具有内吸和触杀作用,敌敌畏同时具有触杀和熏蒸作用,杀虫脒具有胃毒、触杀、熏蒸和内吸作用,同时还有一定的拒食作用。

内乡赤眉"火箭树"

内乡县赤眉镇朱陈白果树村,该村早已以树定名。相传上古时,此处住一人家,两老膝下无子,半百时却忽生一傻女,天生痴呆。但二老却对小女爱若掌上明珠,饮食、穿戴等精心照顾。小女虽傻,相貌却长得出众,加上二老整日给她收拾打扮,周邻街坊既羡慕又感叹。小女长到十五六岁时,便有人提媒说亲,二老却不舍让小女嫁人。一天小女不慎坠井身亡,可把老两口气得死去活来,整日以泪水洗面。不久从井口中便长出一棵银杏树,两位老人从此又以银杏树为伴,保护得无微不至。据内乡县志记载,此白果树在北宋时已结实累累,县衙以白果籽选为贡品。多年来,此白果被当地群众敬为"神树",据说,若有人伤其枝干必伤其人,故,无人敢动此树。1958 年大炼钢铁时,村干部命令要伐此树,结果谁砍谁伤。用大锯锯,这边锯了那边愈合,那边锯了这边又愈合。吓得伐树人浑身发冷,晕头转向,最后只好作罢。此后,周边群众烧香磕头络绎不绝,求药、祈福,周围修了上百座小庙。现在此银杏树胸围 7.2 m,树高 24 m,每年可结达 500 kg 以上。树干挺直苍劲,树干周边又生出 4 棵幼树,这四棵幼树又有两搂多粗,像四根擎天玉柱,远看似"捆绑式火箭"。故,近年来,人们又起名叫"火箭树"。

内酯 GB-5 号

原株在山东省,雌株。实生大树,树龄约 400 年,树高 10.5 m、胸径 1.16 m。冠幅 9.3 m×1.75 m,枝下高 3.8 m,4 大主枝,生长旺盛。长枝上的定型叶呈半圆形,边缘浅波状,基部楔形,具 1 个裂刻,长×宽为 2.2 cm×0.4 cm。油胞较稀,为长椭圆形,较大,点状分布在整个叶面。叶淡绿色。嫁接成活率 83.3%,当年抽梢率 100%。每米长枝有短枝 27.71 个,二次枝

16.16个,二次枝长31.6 cm,叶数每短枝7.36片,枝角60.7°,成枝力58.4%。接后3年砧木中径3.31 cm,接口上粗4.17 cm。单株梢数55个,叶数1 432片,枝总长16.58 m。冠幅156 cm×120 cm,莱州为4.74。单梢长38.5 cm,粗0.9 cm,叶数每梢49片。萜内酯总量(HPLC)达0.2654%,其中GB高达0.089 2%、GJ 0.019%、GC 0.027 1%、GA 0.105 4%、BB 0.024 7%。属高GB无性系。黄酮浓度1.55%(1年)、1.22%(2年)和1.04%(3年)。产量性状,1~3年生单株产叶量分别达0.172 kg、0.36 kg和0.528 kg(黄酮苷采用754分光光度法测定,萜内酯采用HPLC法测定)。

内酯T-5号

原株在山东省,雌株。实生树,树龄约25年生,树高9.5 m,胸径0.25 m。生长旺盛。标准叶半圆形、叶缘波状、基部楔形、1个裂刻,长×宽为7.8 cm×2.5 cm。油胞密呈圆点状,放射状分布在叶子中上部,叶色浓绿。嫁接成活率88.89%,当年抽梢率100%。每米长枝上有短枝34.41个,二次枝17.65个,二次枝长29.86 cm,叶数每短枝5.81片,枝角46.67°,成枝力51.7%。接后3年砧木中径3.86 cm,接口上粗4.2 cm。单株新梢数22个,叶数744片,枝总长13.12 m。冠幅92.5 cm×97.5 cm,莱州为7.05。单梢长71 cm,粗1.55 cm,叶数每梢57片。萜内酯总量(HPLC)达0.4058%,其中GJ 0.032 5%、GC 0.061 8%、GA 0.240 4%、GB 0.040 4%、BB 0.030 9%,属高内酯无性系。黄酮含量2.58%(1年)、2.13%(2年)和1.13%(3年)。1~3年生单株产叶量分别为0.112 kg、0.5 kg和0.76 kg。T-5为高内酯、高黄酮及高产无性系(黄酮苷采用754分光光度法测定,萜内酯采用HPLC法测据)。

内酯T-6号

原株产于山东省,雌株。树龄约400年生,实生。树高21 m,胸径0.94 m。冠幅12.5 cm×14.0 m,枝下高2.58 m,枝散生,7个主枝,海拔约151 m。生长较旺。长枝上的定型叶为宽扇形、叶缘浅波状,基部楔形,具1个裂刻,长×宽为7.2 cm×2.4 cm。油胞极稀,星点状,较小,放射状分布于叶子外缘。叶色浅绿至深绿。嫁接成活率93.75%,当年抽梢率70%。每米长枝上有短枝25.54个,二次枝10.5个,二次枝长25 cm,每个短枝具8.3片叶,枝角57.33°,成枝力40.4%。接后3年砧木中径2.45cm,接口上粗2.65 cm。单株叶数553片,新梢数13个,枝总长556 cm,冠幅105 cm×59 cm,莱州为4.57。单梢长53 cm,粗1.05 cm,叶数每梢50片。萜内酯总量(HPLC)达0.3584%,其中GJ 0.054 7%、GC 0.109 7%、GA 0.073%、GB 0.067 7%、BB 0.053 3%。属高内酯无性系。黄酮含量1.76%(1年)、1.53%(2年)和1.47%(3年)。1~3年生单株产叶量分别为0.017 kg、0.258 kg和0.43 kg(黄酮苷采用754分光光度法测定,萜内酯采用HPLC法测定)。

内酯测定法的回收率

内酯测定法的回收率

内酯种类	GA	GB	GC	BB	总内酯
n	3	3	3	3	3
添加量(mg)	1.51	0.55	1.80	0.75	4.61
回收率(%)	97±1	98±2	100±2	103±3	99±1
RSD(%)	1.2(%)	(1.6%)	2.1(%)	2.9(%)	1.2(%)
检测限(μg)	4.0	3.8	0.9	4.2	1

内酯含量季节变化

内酯含量季节变化

日/月 内酯种类	3/5	3/6	3/7	3/8	3/9	3/10
GKA(%)	0.051	0.062	0.054	0.062	0.055	0.062
GKB(%)	0.031	0.033	0.025	0.025	0.034	0.026
GKC(%)	0.022	0.031	0.033	0.032	0.031	0.025
BB(%)	0.033	0.044	0.041	0.063	0.043	0.013
总内酯(%)	0.137	0.160	0.153	0.182	0.163	0.126

内酯化学结构

从银杏叶中提取分离得到8个萜内酯化合物。其中,二萜内酯有7个,即银杏内酯(ginkgolide)A,B,C,J,M,K,L(见下图);倍半萜内酯1个即白果内酯(bilobalide)。

内酯化学结构

内酯类化合物的化学性质

银杏内酯类化合物对浓酸和强氧化剂很稳定,用浓硝酸溶解银杏内酯类化合物后蒸发至干,其内酯仍不破坏。银杏内酯类化合物分子中含有多个内酯结构与碱作用生成盐,可溶于水。将生成的盐加酸酸化,则生成原来的内酯而不溶于水,却溶解于有机溶剂。

内酯类化合物的物理性质

银杏内酯类化合物为白色结晶,味苦,熔点为 300℃ 左右。其中 GKM 加热至 280℃ 分解,且无明显熔点。因分子中含有羟基和多个含氧酯基,比一般的倍半萜和二萜类化合物的极性大,易溶于乙醇、丙醇等有机溶剂中。

内酯类化合物的组成

银杏内酯类化合物又称银杏萜内酯,主要包括银杏内酯(GK)和白果内酯(BB)两类。其化学结构式下图所示。

银杏内酯是二萜内酯,它具有 6 个五元环,其中 3 个是五元内酯环,1 个是五碳环,1 个是四氢呋喃环,1 个叔丁基。根据所含羟基的数目和羟基连接的位置的差异可分为 A(GKA,代号为 BN52020)、B(GKB,代号为 BN52021)、C(GKC,代号为 BN52022)、J(GKJ,代号为 BN52024)、M(GKM,代号为 BN52023)5 种类型。这 5 种类型的 GK 均是 PAF 强有力的拮抗剂,也是目前市面上销售的 GBE 制剂中最主要的药用成分之一,其中以 GKB 的活性最强。现在国外已出现了一个代号为 BN152063(BN52020∶BN52021∶BN52022 = 2∶2∶1)的 GK 混合物,它是第 1 个用于临床的高效 PAF 拮抗剂药物。但更进一步的研究表明,纯品 GKB 在临床用于中风、器官移植排斥反应、血液透析和休克等的治疗,其效果大大高于 GK 混合物。白果内酯属倍半萜内酯,也是目前从银杏叶中发现的唯一的一个倍半萜内酯化合物。其结构与 GK 类似,含有 3 个五元内酯碳环和 1 个五碳环。它没有拮抗 PAF 的活性,但具有保护神经的作用,对阿尔茨海默病有良好的治疗效果。

白果内酯

银杏内酯

银杏内酯	R_1	R_2	R_3
A	OH	H	H
B	OH	OH	H
C	OH	OH	OH
J	OH	H	OH
M	H	OH	OH

银杏内酯类化合物结构示意图

内酯类化合物理化常数

内酯类化合物理化常数

内酯名称	国际通用号	分子式	相对分子质量	$[a]D$	熔点/℃
银杏内酯 A	BN52020	$C_{20}H_{24}O_9$	408	−39	~300
银杏内酯 B	BN52021	$C_{20}H_{24}O_{10}$	424	−63	~300
银杏内酯 C	BN52022	$C_{20}H_{24}O_{11}$	440	−19	~300
银杏内酯 M	BN52023	$C_{20}H_{24}O_{10}$	424	−39	>280(分解)
白果内酯		$C_{20}H_{24}O_8$	326	−64	>300(分解)

内酯取代基

内酯取代基

银杏内酯	R_1	R_2	R_3	银杏内酯	R_1	R_2	R_3
银杏内酯 A	OH	H	H	银杏内酯 J	OH	H	OH
银杏内酯 B	OH	OH	H	银杏内酯 A 异构体	H	H	H
银杏内酯 C	OH	OH	OH	银杏内酯 A 异构体	H	H	OH
银杏内酯 M	H	OH	OH				

内酯提取物的工艺流程

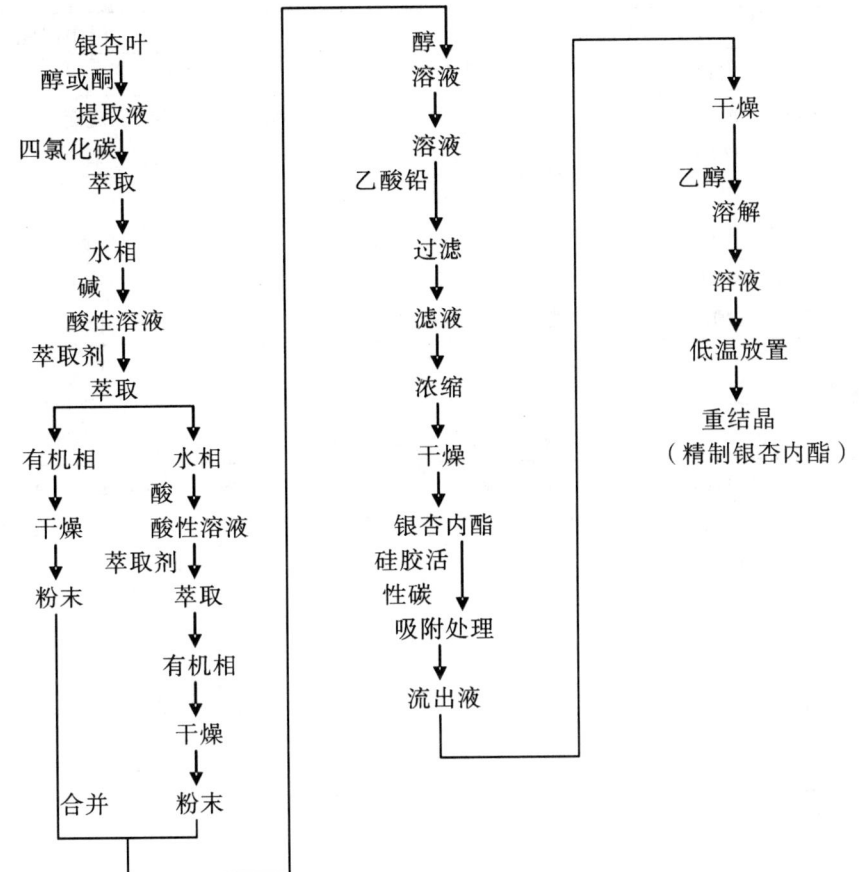

内种皮

内种皮膜质,有光泽,上部灰白色,下部棕褐色。由 1~2 层薄壁细胞组成,似圆形,有的壁上具孔纹或细网,胞腔内充满棕红色物质,薄壁细胞直径 70~90 μm,细胞排列整齐。有时可见到壁上具有孔纹或细网纹。木质化的长形细胞或似圆形细胞,常数个相连,长 160~240 μm,宽 33~100 μm。具缘纹孔管胞长 600~854 μm,宽 33~40 μm,两端斜尖。

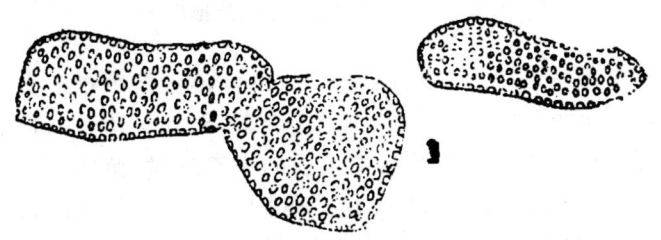

内种皮孔纹细胞

嫩芽茶制作工艺流程

制作工艺流程:采摘→凉青→杀青→摊凉→揉捻→炒二青→理条→烘干。工艺技术特点:同茶树茶芽相比,银杏叶嫩芽有芽头大、芽梗粗、芽叶大、水分含量高的特点,因此在炒制中增加了凉青工序。凉青一般需要 12~24 h,以芽叶略显萎蔫为度。杀青锅温 180~200℃,每次投叶 250 g 左右,采用抖、闷、抓 3 种手法炒至芽头、嫩叶由黄绿变为暗绿,手感柔软、发出清香味。杀青后需摊凉 12~24 h,使芽梗水分与芽叶水分均衡,待芽梗柔软后进行揉捻。通过两次摊凉,炒制的银杏叶茶条形好、碎末少。理条做形锅温开始为 80~90℃,手法先松后紧,反复搓捻,至定形干燥(8 成干)时出锅摊凉。对凉青和杀青后摊凉与不摊凉对比,凉青和杀青后进行摊凉的外形纤细卷曲,叶梗相连,茶底芽体完整;而不摊凉的,外形呈圆球形,叶梗分离,茶底破碎。

嫩枝嫁接成活率

嫩枝嫁接成活率

嫁接时间	木质化接穗						半木质化接穗					
	劈接			插皮接			劈接			插皮接		
	嫁接株数	成活株数	成活率%	嫁接株数	成活株数	成活率%	嫁接株数	成活株数	成活率%	嫁接株数	成活株数	成活率%
7月5日	200	196	98.0	200	192	96.0	200	65	32.5	200	42	21.0
7月15日	200	195	97.5	200	184	92.0	200	73	36.4	200	65	32.5
7月25日	200	188	94.0	200	100	90.0	200	68	34.0	200	71	35.5
8月15日	200	197	98.5	200	185	92.5	200	84	42.2	200	80	40.0

嫩枝类型插穗生根统计

嫩枝类型插穗生根统计

插穗类型	插条日期	插穗规格（cm）	NAA浓度（×10⁻⁶）处理方法	扦插株数	生根株数	生根率（%）	平均每株生根（条）	平均根长（cm）
当年生嫩枝	6.29	长12～14 径0.3	300 速蘸	100	92	92	13	8.2
1年生带叶枝	6.29	长15～20 径0.3～0.8	300 速蘸	100	93	93	14	9.1
1年生带叶短枝	6.29	长3 径0.4～0.5	300 速蘸	100	16	16	1.5	1.4

注：生根部位均在切口愈合组织处。

嫩枝（绿枝）嫁接

这是不少地方育苗常用的方法，可以加速培育优良品种苗木，提高生长量，生长期内可多次嫁接，延长嫁接时间。当枝条木质化时（一般7月中旬至10月中旬，江苏泰兴为8月中下旬）采集，距上芽约1 cm处断穗，保留2～3个芽，下端削成楔形。包扎时可不用卫生纸，直接用塑膜扎紧，然后避芽上绕，将接穗上端剪口封闭，减少失水，最后返回打结，也可绑扎后套袋。劈接中成活率最高的是接穗摘除叶片嫁接，成活率为95%；顶梢带叶，成活率为94%；接穗带叶劈接，成活率仅为75%；单芽枝接（不带叶），成活率为76%；切腹接（带叶），成活率为75%。

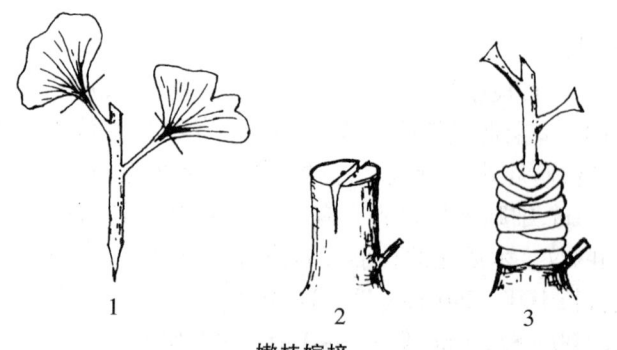

嫩枝嫁接
1.削接穗 2.劈砧木接口 3.插接穗后绑扎

嫩枝扦插

插穗应选10年生以内的幼树上当年生半木质化枝条，采条时间在7月下旬至9月上旬。采条宜于早晨，采后立即喷水保湿，后剪成15～20 cm枝段，上下剪口剪成平面，顶端保留2～3张叶片（为减少蒸发，大叶可剪去叶面积的1/3～1/2）。按不同枝段分别捆成捆，下部放入1 000 μg/kg ABT生根粉水溶液中浸泡5 min，取出蘸泥浆后待扦插。苗床应选靠近水源，排水良好，东西向宽1.3～1.5 m、深20 cm，长根据插穗多少而定的苗床。苗床挖好之后，用0.1%的高锰酸钾溶液喷洒消毒，然后填入20 cm清洁湿润河沙。扦插深度可为插穗的1/2，株行距保持5 cm×10 cm，插后立即浇水。为创造插穗生根的生态环境，苗床用塑料小拱棚覆盖，拱棚上方搭荫棚遮阴，透光度保持30%左右。遇高温天气，中午还要喷水1～2次以降温保湿。为有利于插穗能及时获得充足营养，在扦插后每10天喷施0.22%～0.3%尿素或磷酸二氢钾叶面肥1次。为了防病每15天喷1次800倍退菌特液。对绿枝扦插成活的银杏小苗，因根系幼嫩容易损伤，当年秋或翌年春不宜移栽，需要在苗床继续培植一年后再分栽。在有条件的地方可以采用全光弥雾嫩枝扦插育苗，效果很好。

嫩枝扦插播后管理

扦插后要求基质的含水量保持在75%左右，空气湿度保持在80%以上，以棚顶塑料薄膜上积聚较多小水珠且水珠不掉落之状态为宜。根据天气情况，每天喷水数次。结合喷水，揭开塑料膜，使棚内通风透气，遇高温天气，中午要喷水1~2次以降温保湿。及时防病治虫。一般情况下，插后25 d左右即可生根，1个月左右可进行炼苗。炼苗期间控制喷水次数和喷水量，增加通风次数和强度，逐步揭掉塑料薄膜。由于嫩枝扦插当年地上部分生长缓慢，抗性弱，不提倡当年移栽，到翌年春季移栽为好。为提高银杏扦插苗移栽成活率，采用缩小株距扩大行距的方法，其株行距为10 cm×40 cm，每公顷24.9万株，扦插深度10~15 cm，当年移栽成活率由常规移栽的50%提高到98%，3年生成苗存活率由30%~40%提高到95%。

嫩枝扦插技术

①采穗条：母树为2~15年生的幼树，嫩枝采条在6月下旬至8月上旬，半木质化1年生枝为8月中旬至10月份；②剪插穗：采后在室内剪成长10~15 cm、含3~4个芽、保留2~3片叶的穗条，按基部、中部、梢部等部位的不同分别捆扎，每50枝1捆，下端平齐，放在1 000 mg/kg的生根粉或萘乙酸溶液中速浸（10 s）一下。研究表明，用ABT1生根粉以500 mg/kg的药液速浸（5 s）后的生根率高达80%，以1 000 mg/kg药液速浸（5 s）后的生根率只有50%。扦插时间以8月初半木质化嫩枝插穗生根率为高，可达100%，7月份枝条由于木质化程度差，生根率低，只有50%；③扦插：一般采用直插，扦插深度为5 cm左右。插后压实基质，并浇灌透水1次。插穗株行距为5 cm×10 cm。为了保证苗床有较高的相对湿度，苗床用塑料小拱棚覆盖，拱棚上方搭遮阴棚，透光率保持在30%左右。

嫩枝扦插注意事项

①银杏嫩枝扦插育苗季节性强，以当年生枝条半木质化为度。时间以5月15日~6月1日之间较为适宜。②母树年龄越年幼，其扦插成活率越高，但母树必须达到一定年龄后，扦插苗才具备其生长迅速，提早开花结实之特点，故应取20~38年生之间母树进行嫩枝扦插。③本试验供试3种激素中，以吲哚丁酸（IBA）作用效果最好，其次是ABT1生根粉，在生产中应量其成本合理运用。④扦插基质对扦插生根率差别不大，因条件所限，未进行其他基质的试验。河沙略优于红沙，生产上应就近取材，量其成本而定。⑤扦插生根后即形成新的植株（扦插苗），移植以秋季为佳，成活的新植株保留在扦插床中应及时补充营养，以叶面施肥为主。⑥嫩枝扦插育苗，插床管理是关键，天气炎热应加密喷水次数。⑦插穗截取应广泛采用双斜面截制方法。⑧各种试验处理形成的扦插苗，因条件所限，移植后苗木年生长状况及合格苗的数量未作统计测定。

嫩枝摘心

亦称摘嫩头。当生长枝生长达15 cm左右，一般在5月上旬开始至6月上旬，将新梢嫩头摘去，可促发二次生长，增加枝叶量，扩大树冠，有利培养结实枝，也可促进花芽分化。

能量投入与产出比

能量投入和产出比是指一个生产过程中人们投入的能量和产出的对人类有用能量之比。

$$\text{生产过程能量投入产出比} = \frac{\text{有用能量产出量}}{\text{总投入能量}} \times 100\%$$

这个指标是生态经济效益的重要指标，可反映银杏优化模式生产过程中能量的利用率。利用率越高、效益就越好。上述两项核算指标是衡量各种银杏生态经济型（模式）能量流动状况和物质平衡的重要指标。

拟刺葵属

此属是安加拉地区中生代地层中最具代表性的化石。单叶，顶端变圆，叶束状着生，基部被有鳞片，每叶有简单脉6~12系。繁殖器官未曾发现过。此属在晚三叠纪至早白垩纪，除了冈瓦那地区外，遍布全亚洲。有人认为可根据表皮构造将这个形态属中的某些类型分出来，归于北极拜拉属和温德华德属中。此属最常见的有以下2种。

① *P. angustifolia* 狭叶拟刺葵。

② *P. speciosa* 华丽拟刺葵。

年绝对最低气温

又叫平均绝对最低气温，或常年极端低温。即整个观测时期内，历年绝对最低气温的总和，除以观测年数所得到的平均值。它能反映一地一般年份气候，作为确定银杏能否生长的参考，对银杏栽培界限具有重大的意义。

年轮

银杏茎干横断面上的同心轮纹。温带的其他乔木和灌木均有。因一年内季候不同，山形成层活动所增生的木质部结构亦有差别。春夏季所生木质部色淡而宽厚，细胞大，壁薄，称"早材"或春材；夏末至秋季所生木质部则色深而狭窄，细胞小，壁厚，称"晚材"或夏材、秋材。当年早材与晚材逐渐过渡，组成一轮，而晚材与次年早材之间，界限分明，出现轮纹。根据树干茎部的年轮数，可推算银杏树木年龄。年轮宽度易受外界环境的影响，如气候、虫害或其他因素，一年内可产生若干假年轮。近代正开展古植物年轮的研究,用以讨论古气候。

年轮宽度

指年轮在横切面上径向宽度。其宽窄因银杏树龄和生长条件不同而异。年轮宽窄对判断树木生长速度和木材的物理性能有一定帮助。

年周期高径生长进程

年周期高径生长进程

月份	主梢			地径		
	累积生长量（cm）	相对生长量（%）	累积相对生长量（%）	累积生长量（cm）	相对生长量（%）	累积相对生长量（%）
4	6.0	8.69	8.69	0.020	1.83	1.83
5	26.8	35.31	44.00	0.105	8.26	10.09
6	53.9	44.58	88.58	0.280	15.65	25.74
7	59.9	9.94	98.62	0.349	7.63	33.10
8	60.7	1.38	100	0.662	22.80	55.90
9	60.7	0	100	1.024	38.73	94.63
10	60.7	0	100	1.097	5.37	100

黏浆果

①种实:长椭圆形,孔迹小,平或稍下凹,亦有少数不明显,种实平均单粒重12 g,大粒可达14 g,小粒10 g,均长3.15 cm,宽2.75 cm,成熟的外种皮橙黄色,在月光下观看好似透明成熟的杏子一样。光滑平整,满敷白粉。

②种核:长椭圆形,较肥大,两束迹明显,自上而下均有明显的棱但不成翼状,种粒洁白如银。特大果单粒重4.25 g,平均种核3.6 g,出核率33%左右,核壳薄,出仁率为81.5%,优于其他白果。

③种仁:种仁包纸质薄膜,上半截为褐色稍带红,下半截为粉红色,生时难剥离,熟时则易剥离。刚采收后的种子,用肉眼很难看见种胚,贮放40~50 d的时间,才能达到完全生理成熟。在大头一端,可见种胚,色泽淡绿,根尖向上,子叶向下,一般两片子叶,少数为3层,多数为单胚,但也有双胚,均可发育成苗。生食时口感微甜,肉质细糯,鲜嫩浆汁多,优于佛指,品质极佳。

黏土

黏土粒占绝对优势而含砂粒很少的土壤。根据国际制的规定,黏土含黏粒高达45%~100%,有较高的保水保肥能力,含养分较多,但通气透水性不良,湿黏干硬,土块大,不易耕作。应以客土掺沙,多施有机肥料,深耕多耙,精细整地等方法进行改良。黏土最不适宜银杏生长。

年平均气温

全年平均气温的平均值。通常以全年各月平均气温总和除以月数(12)而得。它能指出一地热量条件的一般特征,是气候上的重要指标,与银杏生长分布的关系也非常密切。银杏适生的年平均气温为16℃。

尿路感染

白果10个烧熟,连汤服下,每日早、晚各1次,连服3日。

尿素

人工合成的有机含氮化合物。速效性氮肥,含氮45%~46%,为固体化肥中含氮量最高的一种。白色或略带黄色的细粒结晶。易溶于水,水溶液呈中性反应。施用后对土壤和苗木无副作用。多作追肥,也可与厩肥混合作基肥。尿素中含少量对种子、幼苗和茎叶有毒害作用的缩二脲,一般不宜作种肥;根外追肥时其含量也不应高于0.5%~1%。

宁化县银杏古树种核特征

以福建省宁化县32株古银杏树当年生种核为研究材料,对种核的特征进行了系统的研究,研究结果表明:①依据种核的长宽比,将宁化县境内的32株雌株资源种核类型划分为圆子类、马铃类和梅核类;②32个银杏单株种核的单粒重、单粒体积、核长、核宽、核厚等指标的差异均达极显著水平,其中单粒重位于前三位的是26、1、13号,重量分别为3.041 g、2.846 g和2.846 g;在测定种核的各项指标中,与重量相关的指标变异系数较大,如单粒重2.389%,与种核形态相关的指标较稳定,如核长0.509%,种壳厚0.319%;④相关分析表明,种核形态各指标间均存在极显著相关,回归分析表明,单粒重与核长、核宽、核厚之间存在显著相关。

宁化县银杏古树种仁特征

以福建省宁化县32株古银杏树当年生种子为研究材料,对种仁的特征进行了较为系统的研究,研究结果表明:①32个银杏单株种仁的仁长、仁宽、仁厚、出仁率、可溶性糖含量和蛋白质含量等指标的差异均达极显著水平,淀粉含量的差异也达显著水平,出仁率位于前三位的是28、25、17号,可溶性糖含量位于前三位的是20、14、8号,淀粉含量位于前三位的是5、19、8号,蛋白质含量位于前三位的是2、32、11号;②种仁性状变异系数由大到小的顺序依次为蛋白质含量>单仁重>淀粉含量>可溶性糖含量>仁长>仁宽>仁厚;③相关分析结果表明,除了可溶性糖含量、淀粉含量、蛋白质含量与其他测定指标之间均未达到显著相关水平外,其他测定指标之间大多数显著相关,其中单粒重与单粒体积、核长、核宽、核厚、单仁重、仁长、仁宽、仁厚都存在极显著相关。

宁夏区的银杏

20世纪80年代,吴忠市开始从杭州引入银杏种子育苗,苗木供当地城镇绿化。其中栽植于吴忠市街心公园的6株银杏树生长良好。在银川中山公园、银川植物园和西吉树木园等地,也有零星引种。1998年春,银川从山东郯城、莱州引进1年生银杏实生苗110万株,2年生实生苗1万株,3年生实生苗0.5万株,嫁接苗1566株(雌1 515株,雄51株)。在年降水量只有年蒸发量1/10的包兰铁路平吉堡东侧栽植,历时6年。据观察,土壤水分不足和空气干燥,是影响银杏成活率的关键。山东临沂市人民政府赠送银川市1 000余株银杏实生苗,在该市城西营造以银杏为主的"临沂林"。银川人民广场还有两株百年银杏。

牛肺热

(呼吸困难、咳嗽、高烧等症状)万年青60 g,白果60 g,黄芩15 g,黄连6 g,煎汤,加蜂蜜200 g为引,灌服,日一剂。

牛肺炎

杏仁、冬花、麻黄、黄芩、白果、桑白、甘草、车前子各50 g。煎汤灌服。日一剂。

牛咳嗽

天门冬21 g,麦门冬21 g,沙参21 g,百合24 g,地骨皮24 g,知母21 g,杏仁15 g,白果21 g,川贝母21 g,款冬花21 g,炙桑皮21 g,炙枇杷叶21 g,茯苓21 g,桔梗10 g,甘草12 g。共为末,开水冲调,灌服。日一剂。

牛、马肺虐咳嗽

白果仁80 g,麻黄30 g,川贝40 g,桔梗45 g,半夏45 g,天冬35 g,麦冬30 g,款冬花25 g,桑白皮30 g,共为细末,开水冲服。日一剂。

牛、马肺热咳喘

白果(去芯)65 g,柏子仁45 g,苦杏仁40 g,桑白皮35 g。白糖为引,水煎喂服。日一剂。

牛、马结膜炎

白果仁60 g,黄连40 g,磨碎点入眼内。日三次,至愈。

牛、马尿淋尿血

白果仁(炒熟)65 g,车前子28 g,白茅根30 g,芦苇根45 g,小蓟根40 g,淡竹叶30 g。煎水灌服。日一剂。

扭枝

把多年生枝(非骨干枝)扭伤,听其响声而不折断,可促使积累养分而提前成花。

农家品种

农家品种指没有经过现代育种手段而获得的当代表现型相同的一个银杏群体,在局部地区内栽植的品种,还包括过时的或零星分布的品种。它具有不完全的遗传稳定性。不但遗传效益、经济性状不稳定,而且产量变幅也大。这类种质资源往往因为优良新品种的大面积推广而被逐渐淘汰。它们虽然在某些方面不符合市场的要求,但往往具有某些潜在的或显现的优良性状。小面积栽培或推广,还不能作为一个品种固定下来。在种质资源征集时,应该重视农家品种的收集和保存。

农家品种选育

银杏在我国的栽培历史达千年之久,有明显的地域性。由于长期对某地区的气候和土壤适应的结果,银杏形成了诸多农家品种或类型。所谓农家品种系指在农家(庭院、房前屋后等)或当地的自然条件和栽培条件下,经长期的培育和选择所获得的优于实生种的初级栽培品种或类型。农家品种的最大特点是:①在当地具有高度的适应性和抗逆性;②种子品质优于混杂的实生种,可以直接用于当地生产;③许多农家品种仍属于"初级栽培品种(群)",其内有许多优良个体,只要稍加整理、调查和株选研究,便可迅速有效地从中选出优良品种,诸如大金坠等;④农家品种为银杏栽培品种的优化提供了丰富的种质资源。事实上,包括我国20世纪30年代所涉及的10个品种及20世纪50年代的佛指、龙眼等5个品种,多数属于农家品种的范畴。20世纪70年代后,郑万钧等对我国的大马铃、大梅核等12个品种采用汉语拼音予以命名并说明了产地。俞德俊等在曾勉分类的基础上,又将我国银杏品种增至25个。20世纪80年代末,何凤仁等又将银杏细分为佛指、梅核、马铃、长子和圆子五大类群,并列举了品种名称及产地。门秀元等在郯城新村初选出5号、9号等优良单株,并进行品种对比试验。这一时期,江苏主产区的洞庭皇、龙眼、大佛手及山东主产区的大金坠和大圆铃等仍处于品种类群或农家品种的范畴。

《农桑辑要》

元朝司马农编撰,成书于公元1273年。书中第5卷果实篇记述了银杏,它是当时朝廷指导农业生产的官书,取材广泛而严谨,文章逻辑性强,书中删去了以往迷信的内容。取材于《博闻录》:"银杏有雌雄。雄者,有三棱;雌者,有二棱。须合种之。临池而种,照影亦能结实。"另一部分取材于《新添》:"春分前后移栽。先掘深坑,下水搅成稀泥,然后下栽子。掘取时,连土封用草或麻绳缠束,则不致破碎土封。"

《农桑经》

清朝蒲松龄撰,成书于公元1670年左右。此书主要记述了前人种植银杏的若干技术,创新不多,但是是一本对当时农业生产非常有指导意义的农书。

农田防护林的规划设计

《农桑衣食撮要》

元朝鲁明善撰,初刻本成书于公元1314年,是我国保存最完整的月令体裁农书,以月令顺序阐述了几十种林果树的栽植、繁殖、管理、果实贮藏技术。书中记述银杏"于肥地内用灰分种之,候长成小树,次年移栽时,连土用草包,或麻绳缠束栽之则易活。"

农事节气定期授粉

20世纪60~70年代末,泰兴市利用农时"谷雨"前后3天进行人工授粉,弥补了雄树奇缺且分布不均的缺点,在一定程度上提高了坐果率,提高了产量。但由于每年气候、树势等存在差异,机械定期的授粉易造成结果大小年,产量波动太大。

农田防护林带的配置

在农田上确定林带的具体位置,即确定林带的方向和林带之间的距离,叫农田防护林带的配置。主林带的配置方法,见"主林带"及"林带的防护距离"。副林带的方向垂直于主林带,副林带之间的距离取决于次要害风及机耕的要求,变动于300—500—1 000 m之间。林、路、渠三结合是配置林带的好经验,不切割农田,少占耕地,充分利用渠旁和路旁的边地,并能减轻林带胁地。银杏多用于农田防护林带的配置。

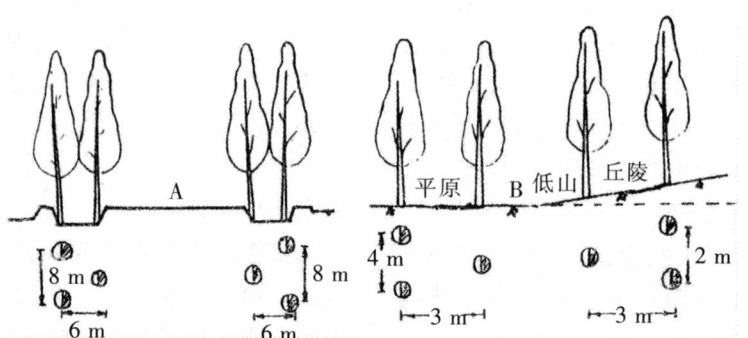

农田防护林(A)和速生丰产林(B)规划设计

农田林网中银杏的管理

①除萌。银杏树有干基部发生萌蘖的习性,应及时剪除萌蘖,保证独干生长。②高干。为了不影响人们行走,树干高度应保持在2.5 m以上。树高不限制,让其自然生长。③嫁接。梯田壁上栽植的实生银杏,最下两层可高接核用优良品种。防护林无须嫁接。④培管。要适时中耕除草与施肥。农田林网主要是起农田防护作用,一般都没有施肥。但最好在幼林期,每年追1~2次氮肥,每株追100~200 g尿素。其中梯田壁栽植的银杏,可当核用银杏管理。但由于梯田壁坡陡,土壤施肥难,以叶面喷肥为主。在银杏生长季节,每月喷1~2次肥,前期以喷施尿素为主,后期喷施多元有机复合肥。

农药

农用药剂的简称。除化学肥料外,还可以使用极少量可以用于保护和提高农业、林业,以及用于环境卫生的药剂,如杀虫剂、杀螨剂、杀菌剂、除草剂、植物生长调节剂以及能提高药效的辅助剂、增效剂等。

农药保质期

农药产品在工厂生产包装日到没有降质降效的最后日期的这段时期叫保质期。在保质期内,农药产品质量不能低于质量标准规定的各项技术指标值,使用者按农药标签上的防治对象、使用浓度(或剂量)、施用方法等各项规定应用,应能达到满意的防治效果而不会产生药害。农药保质期至少两年。

农药残留量

农药残留是指农药使用后残存于生物体、农副产品和环境中的微量农药原体、有毒代谢物、降解物和杂质的总称;残存的数量叫作残留量,用每 1 kg 样本中有多少 mg 表示。农药残留是使用农药后的必然现象,只是残留的时间有长有短,残留的数量有大有小,残留是不可避免的,但不得超过最大的允许残留量,以保障食品安全。

农药持效期

施用药剂后对病虫、草害控制的时间(天或月计算)。不同的药剂、同一药剂的不同浓度、不同温度、雨水、虫口基数的大小等因素与持效期长短有很大的关系。同一药剂一般浓度越高、温度较低、雨水较少、虫口基数不大,药剂的持效期较长。不同药剂之间差异较大。

农药稀释倍数

称取一定质量(或重量)或量取一定体积的商品农药,按同样的质量或重量单位(如 g、kg)或体积单位(如 L)的倍数计算加水或加其他稀释剂,然后配制成稀释的药液或药粉。加水量或加入稀释剂的量相当于商品农药用量的倍数。如取 1 mL 乳油加水 1 000 mL,这样就是稀释 1 000 倍。

《农政全书》

明代徐光启著,是继《齐民要术》之后又一部由个人所著的最重要的综合性大型农书。徐光启(1569—1633 年),字子先,号玄扈,上海人,是明代末年杰出的科学家和我国近代科学的先驱,长于数学、天文、历法等,其最突出的成就是对农业和水利的研究。现存的《农政全书》是徐光启逝世后 6 年,经陈子龙主持整理增删后定稿的,1639 年(明崇祯十二年)第一次刊行。全书共 60 卷,约 70 万字,分为:农本、田制、农事、水利、农器、树艺(谷物、蔬菜、果树)、蚕桑、蚕桑广(木棉、苎麻)、种植(树木、经济植物)、牧养、制造、荒政。"果部"(29、30 卷)共记述了近 40 种果树的栽培方法及原理。在 37 卷"种植"这一目第一篇"种法"中,论述了果木的一般管理原理及方法。"木部"也包括了椰、棠梨等几种果树。《农政全书》不仅大量吸收前人宝贵经验,而且增加了许多第一手资料。在果树方面,从果园的绿篱,果树的移植、繁殖(包括分株、压条、扦插、嫁接)、病虫防治(包括防冻害等)施肥灌水,到采收贮藏加工以及品种、选种等都有详细的阐述。特别是对于嫁接原理、修剪理论、授粉树的配置等,有许多重要补充。

糯米白果

本品种种仁无苦味,味香且糯,故名。历史上所谓"张渚大白果"或"宜兴大白果"者即指此品种。散生于江苏宜兴的张渚、荒岭两乡的山中。数量很少,产量也低。多根蘖树。200 年生左右的树,高约 16 m,胸径 78 cm,冠幅 6 m×6 m。树冠圆头形,主干挺直,层性明显。多扇形叶,叶片较大,具中裂,长枝上中裂明显,短枝上几无中裂。叶片长约 4.6~6.4 cm,宽 8~11 cm,叶柄长 4.2~4.8 cm。球果圆球形。熟时深橙黄色,被薄白粉。上端秃圆,顶部稍见平广,顶尖凹入呈"O"形,珠孔迹明显。基部蒂盘小,近圆形,不偏斜,周缘不整,略凹陷。球果柄长 2.7~3.3 cm,直或上端略见弯曲。球果大小为纵径 2.7 cm,横径 3 cm,单粒球果平均重 8.32 g,每千克粒数 120 粒。出核率 24%。多双果。种核圆形,先端圆秃,顶部平宽,具小尖。基部两维管束迹迹点小而明显,相距约 3 mm。种核无腹背之分。两侧棱线明显,自上而下均见。种核大小为 2.23 cm×2.31 cm×1.71 cm,单粒核重 1.9~2 g,每千克粒数 500~526 粒。本品种发枝力和成枝力一般,产量不高,大小年明显,200 年生大树,大年不超过 100 kg。所见大树的超小卷叶蛾危害严重。种仁虽香糯味甜,但核粒较小,目前已处于停止发展的状态。

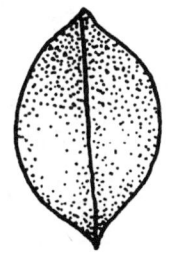 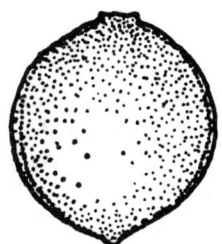

糯米白果

糯圆子

位于王义贞镇钱冲村钱家冲江家垮,管护人江国龙。树龄 800 年,树高 33 m,干高 2.8 m,胸径 1.1 m。主枝数 6 个,树形松散,叶片多为扇形,少为三角形,中间缺刻明显,叶片长 4.4 cm,宽 8.1 cm。叶柄长 2.8 cm,叶厚而色绿。球果圆形,成熟时金黄色,被白粉,顶端略尖,基部微凹。单粒球果重 11.5 g,每千克粒数 98。种核圆形,核形指数 1.15,壳洁白,先端突具小尖。单粒种核重 2.2 g,每千克粒数 45.5,出核率 78.5%。种仁微甜带糯,当地群众称"糯圆子"。宜炒食,可作优良食用品种。一般年株产250 kg左右,最高年产达450 kg,无大小年现象。

汝濠-2

属早熟特大佛手。产于湖南汝城县濠头乡海拔600 m的山地。果实短球形,单种平均重11 g,出核率32.5%。种核倒卵形,两侧棱不明显,两束迹突出、相距远。核洁白,饱满,单核平均重3.5 g,每千克279粒左右。8月下旬至9月上旬成熟。产量较高,大小年不明显。种仁饱满,浆水足,味香脆、微甜、糯性强。在石灰岩、板页岩发育的红壤、黄壤上生长良好。

O o

欧美的银杏研究

除德国和法国之外,还有一些欧洲国家也将视野迅速投到银杏的研究和利用上来。如荷兰的一些公司,在银杏提取物的纯度及有效成分的分析利用上正在取得显著的成果。与此同时,他们还重点考察了中国的银杏生产状况,对和中国合作办厂也进行了实质性商谈。国外先进的提取技术和中国的富饶资源即将实现优化配置,以便服务于人类。

和欧洲相比,美国在银杏研究开发领域尚属起步阶段。但是,随着欧洲的银杏产品不断涌入美国,美国人对银杏叶制剂的认同也愈来愈广泛。银杏叶制剂在美国市场年销售额就达几十亿美元,其发展势头有增无减。从种植角度来看,美国并不比欧洲落后。在美国一百多个种植园和许多州县都种植了大量的银杏。美国有20多个州对银杏进行了研究和栽培。许多大学还利用先进的试验手段对银杏雄配子体发育、银杏生态学和叶用成分的提取、分离及合成等进行了深入的研究。美国波士顿生物学研究所用银杏提取物761进行动物实验,证实其对动物所有的器官、组织和细胞都能产生作用。在心血管系统,它对心脏、血管和血液形成分别产生作用;它可直接和间接地作用中枢神经系统,对学习、记忆和行为的机制产生影响作用;在内分泌系统,它可影响糖皮质激素和儿茶酚胺的循环水平。因而,银杏提取物761对脑血管机能不全、各类痴呆和感觉神经功能障碍等的治疗作用,提供了根据。欧美国家对银杏提取物研究成果可谓车载斗量。在1972年前开展银杏提取物761研究时,这种药物主要被描述为对血管调节有效。1976年得到证实,银杏提取物761是三种血管(动脉、静脉和毛细血管)的有效调节剂。这个最先根据生理学知识提出的观点,至今还可以接受。但银杏提取物761的治疗研究实际上正在成为全球性的学科课题,这一新的研究领域称为银杏学。它包括农艺学、细胞与分子生物学、药理学和药剂学等诸多方面。采用最新的基础科学手段证实银杏提取物761对血管调节、记忆、神经保护或大脑缺血的作用。法国博福—益普生制药集团研究所实验认为,银杏提取物761除了人们常说的几种主要作用外,它更是一种神经保护药。

P p

膀胱虚弱，小便频数

方剂1。白果仁200 g，猪肉250 g，炖熟食之。若一餐食不完，分2次食，可放入适量的盐，但不能用醋和香料。1周食两次，24 h可见效。此方适用于男女老幼，唯气喘症患者忌食。儿童减半服用，婴儿可食其汤。

方剂2。生白果2～3粒，研末，配鸡蛋1个，开小孔，将白果末塞入鸡蛋，用纸糊封，放饭锅中蒸熟，每天食1～2枚鸡蛋即可。

方剂3。将白果仁5 g，炒后放入水中煎，加糖少许，连汤服用。如果炒燥，研成粉后服用也可。

帕洛阿尔托

在俄亥俄州的帕洛阿尔托选出并繁殖。1954年被确定为最佳的雄株观赏品种之一。

排涝

银杏虽然喜爱水湿条件，但也要保持良好的通气环境。因银杏为肉质根系，怕长期受涝渍。根系长期受渍，会发生腐烂，不但影响生长，而且会造成银杏树死亡。所以银杏园要建立排水降渍工程，达到暴雨或连阴雨不受涝害。

排水

银杏怕涝，园内若积水15 cm深连续7 d，就会引起落叶和烂根现象，甚至整株死亡。这是因为根呼吸较旺盛，在积水的条件下得不到所需氧气，不能进行正常呼吸所造成。因此，在多雨季节及时排涝，是银杏栽培中的一项重要措施。特别是地下水位1～2 m的园地，更应做好排涝工作。夏、秋两季，除了注意合理、适量灌水外，还要做好梅雨季节的排水工作。

排水的方法，常用的是明沟排水，无论是排除地表径流，还是降低地下水位，均可采用。平川地的银杏园，每两行应开一条排水沟，园四周开深沟，与行间的排水沟相连。为便于机械化操作，对行间的排水沟，也可采用暗沟方式，即在50 cm以下铺设卵石、炭渣等，排出的水可经卵石、炭渣间隙浸入深沟排除。在山丘地区结合修整树盘、深翻改土，修整好外高内低的水平阶、角、鱼鳞坑、小梯田，把排涝、蓄水、防止土壤冲刷密切结合起来。排水一般是在根分布层的含水量达到土壤最大持水量时进行。土壤含水量测定方法可采用酒精燃烧法。先将盛土铅盒称重，然后加入新鲜土样5～10 g，称重后记下精确重量。用量筒加入6～8 mL酒精，充分搅拌，点燃酒精，将燃尽时再次搅拌使燃烧充分，再倒入2～3 mL酒精使继续燃烧，直至土壤完全松散干燥为止。待冷却后称重计算。

$$土壤含水量(\%) = \frac{烧失重}{湿土重 - 烧失重} \times 100\%$$

排水系统

排水系统是指将银杏园内过多的水排出园外的各级工程设施。排除银杏根系主要分布区内的土壤中过多的水分，可增加土壤的空气含量、改善土壤理化性质、促进好气性土壤微生物的活动，改善银杏根系的生长环境。排水对地势低洼、降雨强度较大、土壤渗水不良的地区尤为重要。排水系统，包括由小到大各级排水管道或沟渠组成，最终汇集于水库、水塘、蓄水池，流向河流或大海。

盘灌

银杏园灌溉方式之一。以树干为中心，在树冠投影下的地上，以土做坨围成圆盘或方盘，盘与灌溉渠道相通。灌溉时使水流入盘内，以灌满树盘为度，灌溉后耙松表土或用草覆盖，以减少水分蒸发。这种灌溉方法用水较为经济，但湿润土壤的范围较少，适用于水源较为丰富，具备自流灌溉条件的地区，一般银杏大树多采用盘灌方式。

盘县特区银杏大树和古树分布

胸径 \ 株数 \ 地点	妥乐	黄家营	关坪子	关靶山	蔡家营	东冲	总计
1～1.49 m	39	19	—	4	12	—	74
1.5～1.99 m	6	10	—	—	9	2	27
2～2.99 m	1	4	2	4	8	—	19
3 m 以上	—	—	—	—	1	—	1

盘状撒施法

类似于全园撒施法，即根据需要在相应的树冠下撒施肥料，翻耕深度为 20～30 cm。这种方法用于幼龄树，比全园撒施法节省肥料。

泡囊—丛枝菌根（VAM）

泡囊—丛枝菌根有利于银杏根系对土壤难溶性矿物质如磷、铁等的吸收。银杏细根量大且高度分枝，根系的短分枝常呈念珠状。接种菌根的苗木生长良好，移栽容易成活。生产上可以从成龄母树下或银杏苗圃内筛出菌根菌种，然后撒到苗床上或树体周围，从而提高苗木及大树的生长和发育。

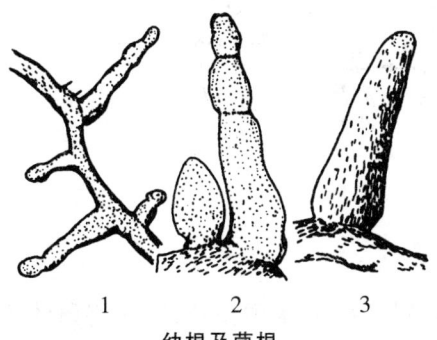

幼根及菌根
1、2.细根，呈念珠状　3.有根毛的菌根

泡腾饮料

速溶泡腾茶饮料及其制备方法：将银杏叶干燥和粉碎并过筛处理；采用水提法或者含有机溶剂提取法提取，如是新鲜原料也可直接破碎分离残渣并取其汁；采用浓缩或回收有机溶剂进行母液浓缩；在 0～10 ℃冷藏、粗滤、超滤、包埋转溶、干燥成粉体或浓浆汁并以此为主料与酸崩解剂和部分辅料复配制成颗粒 A，也可先配料再干燥制成颗粒 A；将碱崩解剂和部分辅料复配制成颗粒 B；将颗粒 A 和颗粒 B 分别烘干、整粒，混合得泡腾颗粒茶或者压片得银杏泡腾片茶饮料。

胚

胚的发育过程中具异养的营养方式，与母体有结构和生理上的联系，其依附的时间长短不一。种子植物的胚有胚芽、胚根、胚轴和子叶的分化。

胚柄

在银杏植物中，指连接胚本体与颈卵器之间的各种管状细胞。胚柄分为原胚柄、初生胚柄、次生胚柄及胚管等。

胚根

银杏胚的主要组成部分之一，位于胚芽相对方向的胚轴的另一端，能发育成银杏的主根。

胚根长短对苗木生长的影响

胚根长度（cm）	出苗天数（d）	出苗率（%）	苗高（cm）	苗粗（cm）	主根长度（cm）	叶片数（枚）
1.5 以上	5	99	13.4	4.2	26	17.5
1.0～1.5	7	97	13.5	4.5	28	18
1.0 以下	15	78	12	4.1	25	16

胚培养

①取胚方法。取室外沙藏、胚已基本完成后熟作用的种核，然后剥去骨质中种皮，用 70% 酒精消毒 2～3 min，再放入 0.1%　1 L 汞水溶液减压抽气 20 min，然后用无菌水漂洗 3 次。在无菌条件下剥离胚，将胚剪成 2～3 段或不剪，将每一胚段接种于试管中的固体琼脂培养基上。

②培养基。生芽培养基。银杏胚培养的实践表明，在银杏胚段愈伤组织诱导中，以 N_6 和 MS 为基本培养基有利于愈伤组织形成，10～25 d 后在胚轴伤口处就会形成芽，虽然激素种类不同，而所产生的愈伤组织都是质地疏松、淡绿色、海绵状，而且生长快。所用的三种基本培养基如下。

$N_6 + KT_1 + NAA_1 +$ 白糖 3% + 琼脂 0.5%

$MS + BA_3 NAA\ 0.5 +$ 白糖 3% + 琼脂 0.5%

$MS + 2,4 - D_2 + LH_{300} +$ 白糖 3% + 琼脂 0.5%

生根培养基。把有芽的胚培养块转入 $White + 2,4 - D_2 + NH_4Cl\ 5.34 + LH_{300} +$ 白糖 4% + 活性炭 0.05% + 琼脂 0.5% 培养基上,6~10 d 后,就从芽上长出根,形成完整小植株。生根小植株移栽后均能成活。

③培养条件。培养基的 pH 值调至 5.6,高压蒸气锅灭菌消毒,压力 1.1 kg/cm^2,保持 15 min。培养室温度应保持在 25 ± 2℃,分化培养时应在 40 W 日光灯下,白天光照 10~12 h,夜间保持黑暗。

种仁消毒后要用无菌水冲洗,然后用灭过菌的滤纸吸干表面水,以免表面水流到剥开胚乳的胚上。接种时用手剥开胚乳,然后用灭过菌的镊子夹出胚,剪断后置于试管中的培养基上。这样会使污染降低到最低限度,在适宜的培养基上出芽率可达 90% 以上。

一个胚段一般是长成一株苗,少数长成 2 棵苗。幼苗长列 4~7 枚叶片时,再剪成 2~3 段进行继代培养,生芽后再转到生根培养基上又可形成完整小植株。

胚培养及不定芽的产生

对银杏未成熟胚和近成熟胚的培养,研究其不定芽的发生情况。结果表明:①银杏的种胚存在生理后熟现象,10 月上旬,胚未成熟,在 360 个种核中,小子叶胚数(1~3 mm)为 26.1%,大子叶胚(3~5 mm)的种子数占总种核数的 42.2%,种核的出胚率为 71.1%;②大子叶胚和小子叶胚接种在不同的培养基上后,发现大子叶胚膨大,子叶伸长膨大,胚愈伤化程度小。而小子叶胚全部愈伤化,继续培养出现芽点,频率在 35% 以上;③大子叶胚继代在改良 $MS + 0.2\ mg \cdot L^{-1} IAA + 0.75\ mg \cdot L^{-1} KT$ 培养基后,发现子叶远基端有不定芽的产生,最高频率达 20%;④近成熟胚在改良 $MS + NAA\ 0.01\ mg \cdot L^{-1} + 6 - BA\ 1.0\ mg \cdot L^{-1}$ 培养基上,胚芽出芽率最高达 42.5%,继续培养后发现有丛芽点的出现,再继续生长 20 d 后出现许多芽丛,芽数达 3 个,频率在 30.0% 以上。

胚培养小植株的再生途径

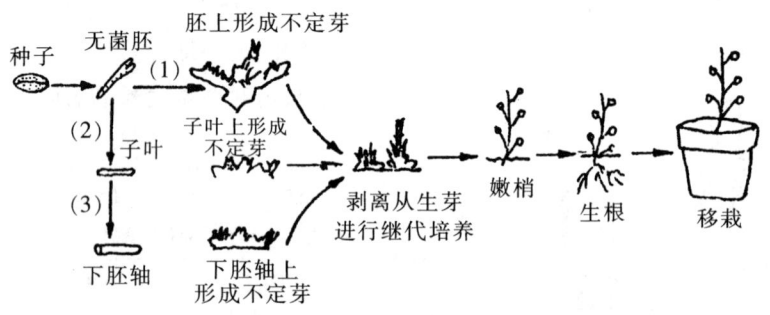

胚培养小植株的再生途径

胚乳

在银杏的种子中,直接由雌配子体发育而来的营养组织,称为胚乳。胚乳为胚和幼苗在发育过程中提供营养。

胚乳 DNA 的提取

种子采集后,立即除去外种皮、洗净、晾干后,再去除中种皮和内种皮。银杏种子存在生理后熟,刚成熟的种子其胚极小,只有几毫米,肉眼不易辨,只需将珠孔端少部分胚乳去掉即可将胚去除。利用 SDS 和 CTAB 法均可有效提取银杏胚乳 DNA。比较发现,SDS 较 CTAB 有更高的提取率,为此,采用 SDS 法,具体操作步骤为:

①取 10 mL 离心管,加入 4 mL 的 SDS 提取缓冲液[2%(w/v) SDS,1.4 mol/L NaCl,100 mmol/L pH 8.0 Tris - HCl,20 mmol/L EDTA,pH 8.0],120 μL 的巯基乙醇,置于 65℃ 水中预热,同时将研钵置 65℃ 烘箱中预热;②取去胚的银杏胚乳,加 1 g 石英砂及预热的 SDS 提取缓冲液快速于加热的研钵中快速研磨,之后于 65℃ 条件下保温 30~60 min(经常摇动),再冰浴至室温;③加入等体积(4 mL)的三氯甲烷:异戊醇(24:1),缓慢翻转离心管,充分混匀后,离心(4 000 g)10 min;④取水相转至另一新离心管中,加 4 mL 酚仿溶液(酚、氯仿、异戊醇体积比为 25:24:1);⑤取上层水相,加入 2 倍体积冰冻(20℃)乙醇,-20℃ 冰冻 30 min;⑥离心(4 000 g)10 min,倒去上清液,用 70% 乙醇漂洗 2~3 次,自然风干;⑦加 500 μL TE 缓冲液(1 mmol/L Tris - HCl,0.1 mmol/L EDTA,pH 8.0)及 3 μL RNase(10 mg/mL)溶解后保温(37℃)1 h,以裂解 RNA;⑧离心(4 000 g)10 min,加等体积的饱和酚仿溶液离心后,用氯仿抽提、离心;⑨取上层水相加

2.5倍体积冰冻无水乙醇（-20℃），0.1倍总体积的NaAc（3 mol/L，pH值5.2），-20℃静置2 h；⑩倒去溶液，留下沉淀物，加70%乙醇漂洗，再离心、漂洗、干燥；⑪用适量TE（400 μL左右）缓冲液溶解，4℃保存备用，-20℃长期保存。

胚乳的显微结构

银杏雌配子体包含叶绿素，在珠孔区和靠近表面的细胞内能看到叶绿体。在雌配子的周围区域内发现光合细胞器——叶绿体，叶绿体内有具40个类囊体膜的特殊基粒。但分布于深层组织中的叶绿体几乎没有类囊体膜。银杏配子体产生叶绿素及光合能力与两个因子有关，即充足的光吸收和配子体对光的反应能力。

有些裸子植物的叶绿素合成和叶绿体的发育并不依赖于光，但银杏必须在有光的条件下才能完成。除了叶片具有光合能力外，银杏的胚乳和配子体也具光合能力。

胚乳淀粉粒

淀粉粒为单粒，呈圆形、卵圆形、椭圆形或三角形，长径6～16 μm，脐点呈裂缝状或飞鸟状（如下图）。

胚乳淀粉粒

胚乳发育

银杏的雌配子体除了产生生殖器官——颈卵器之外，其余大部分雌配子体细胞都发育成营养组织，即胚乳。所以人们常把雌配子体称为胚乳，但严格地讲胚乳是雌配子体的一部分。银杏与其他裸子植物一样，胚乳是由大孢子经减数分裂发育而成的，胚乳没有经过受精作用，是在胚发育的同时，由雌配子体直接发育而来。从遗传角度上讲，银杏的胚乳是单倍体的雌配子体。银杏胚乳为绿色。这与被子植物完全不同，被子植物的胚乳是由一个精子和胚囊中的2个极核融合后发育而来，属于三倍体。成熟的胚乳细胞具多核。银杏胚乳比较发达。胚乳中含有大量的淀粉、类脂及脂蛋白，为胚在萌发时提供丰富的养料。所以，尽管银杏胚乳在发生上与被子植物不同，但它们的功能却是完全相同的。

胚胎发生

银杏胚胎发生的早期阶段，像苏铁一样，也特别经过许多次游离核的分裂。在一系列大约8次连续的分裂（256个核）以后，开始形成向心的细胞壁，幼胚整个变成了多细胞的。这与苏铁的胚胎发生不同，并不形成明显的胚柄。胚的下端通过活跃的细胞分裂形成分生组织，紧接在这部分后面的一些细胞最后分化成初生根或胚根。一般有两个子叶，偶尔发育出三个。成熟种子的胚，除了子叶以外，通常含有另外几个叶结构的原基，这与茎尖一起构成了植物最初的顶芽。种子的萌发很像一般苏铁类。初生根和芽从种子珠孔端破裂突出，但是子叶的尖端仍留在雌配子体的营养组织。一年或几年之后，原来的种子仍可紧附在幼苗的基部。银杏的长枝和短枝的顶端分生组织，都有分区结构特征。银杏顶端分生组织的分区类型非常有助于解释在苏铁类和某些松柏目的属的茎端的生长和结构。

胚胎发育

与被子植物相比较，裸子植物从传粉到受精的时间间隔比较长。银杏需要120 d左右。银杏的受精作用发生在8月末到9月中旬。银杏受精后，合子迅速进行连续的有丝分裂。而且，随着原胚游离核的迅速分裂，游离核体积也逐渐相应变小；在受精之后两周左右，基本完成原胚游离核分裂阶段，此时原胚已经过8次有丝分裂，产生256个游离核；9月初开始形成细胞壁，原胚细胞壁刚形成时细胞特别大，核明显。一系列游离核分裂最终形成原胚。此时，原胚组织在形态上无明显的极性分化。10月初，原胚在外观上呈球形，在组织上出现极性分化，珠孔端细胞大，合点端细胞小；随后合点端细胞分裂活跃，而珠孔端细胞以扩大和延长为主，形成不太发达的胚柄组织；10月中旬，苗端呈扁平状，子叶原基开始分化，苗端伸出，出现弧形排列的细胞，根原细胞开始分化。从胚原细胞壁形成到根原细胞和子叶原基出现，大约经过30多天的时间。在法国，银杏受精后3个月胚可以发育到最大体积。受精后2个月生长最快，11月份后胚生长量甚微。银杏属于"生理后熟"种子，受精后约30 d形态成熟并脱落，银杏胚胎发生与授粉、营养及环境条件有关。

胚胎发育进程

胚胎发育进程

日 期	雄配子体发育	雌配子体发育
1980·3·15	造孢组织	胚珠发生
3.31	小孢子母细胞	胚珠分化
4.14	小孢子母细胞减数分裂	大孢子母细胞减数分裂
4.28	花粉成熟、散粉	四分体形成
5.5	花粉进入珠孔,到达珠心顶部	4~16 个游离核
5.12	花粉萌发,生殖细胞分裂	游离核第七次分裂
6.1	精原细胞、不育细胞和管细胞形成	雌配子体细胞壁形成
6.30	精原细胞开始扩大	中央细胞形成
7.8	精原细胞形成生毛体及液泡	中央细胞增大
8.11	精原细胞达最大体积	中央细胞开始分裂
8.16	2 个游动精子形成	腹沟细胞和卵细胞形成
1978~1980.8-16~20	受精作用	
1980.8.20	原胚 2~4 个游离阶段	
1978.9.1	原胚进行最后一次(第 8 次)分裂,接着形成细胞壁	
9 月底	种子开始陆续脱落	
1964.10.7	球形胚,胚长 0.4~0.5 mm	
10.14	棒状胚,胚长 0.6~0.9 mm	
10.21	子叶原基分化,根原始细胞明显,胚长 2 mm	
10.26	胚的各种组织已基本分化完成,胚长 2~2.5 mm	
12.26	初生叶原基分化,胚长 2.5~3.5 mm	
1964.1.3	初生叶原基发育,胚长 3.5~4 mm	
1.11	初生木质部出现螺纹加厚,胚长 6~7 mm	

胚芽

银杏种仁的主要组成部分,位于胚轴的顶端,是发育成枝、茎和叶的原始体。

胚愈伤组织的分化和胚状体发生

胚培养 15 d,愈伤组织中开始形成束状分生组织,而分生组织结节却很少观察到。束状分生组织中又进一步分化出螺旋加厚的管胞。培养 20~25 d,在疏松愈伤组织转变而来的致密愈伤组织中已经见到由束状分生组织发展而来的束状维管组织。此外,在致密愈伤组织周缘的分生组织区域,愈伤组织表面染色较深的胚性细胞较小(直径约 10 μm),细胞壁薄、近等径并具有浓厚的细胞质,大的核及核仁。胚性细胞第一次分裂形成两个细胞,在继续分裂的过程中新壁的形成通常与细胞的壁相垂直,从而使细胞团呈颗粒状,生长显得很有规律,并且观察到进一步形成球形胚。当直径达到 70~80 μm 时,球形胚进行纵向伸长,同时两侧细胞因分裂较快而向外突起并逐步形成心形胚。

胚愈伤组织的诱导

培养前在银杏成熟胚的横切面上观察到位于原形成层外侧的胚皮层约 15~20 层细胞宽,细胞近等径,核大且其中充满淀粉粒。胚皮层在和表皮相距 1~3 层细胞处常有分泌腔,刚分化的分泌腔直径约 50~100 μm,细胞质特别浓和周围细胞形成鲜明对照,后期的分泌腔体积稍增大并变成空心。胚产生愈伤组织后,在靠近愈伤组织边缘的区域内有时仍可以观察到分泌腔。

胚培养 5~7 d 时在切片上观察到:胚皮层细胞启动分裂,新产生的愈伤组织细胞呈不规则多边形,且细胞中已经观察不到淀粉粒。大部分细胞的细胞质稠密、核大,而有的趋于液泡化,细胞核不明显。随着这部分细胞的活跃分裂,导致表皮最终被挤破。一般是子叶基部和胚轴的表皮首先裂开,多数纵裂,少数表皮还出现横裂。培养 10 d 后,断裂的表皮随着皮层细胞分裂形成的一团细胞向外散开,仅留下维管束联系子叶上部和基部。一般是子叶基部和胚轴的皮层细胞先启动分裂,接着旺盛的分裂沿着子叶向上发展并一直到达子叶尖端。

胚轴

胚的主轴,即包括茎和胚根。

胚珠

银杏的胚珠是绿色的,完全裸露在空气中。雌花开放实际是银杏的雌花芽的鳞片绽开,雌花柄伸长,胚珠的珠喙吐水,接受花粉的过程。在胚珠的基部,有一圈环状突起,称为珠托。珠托的形状、起伏、完整与否,可作为栽培品种分类的指标之一。胚珠的外面是珠被,珠被里面包裹的是珠心,胚珠上部中心部分有一突出的喙,中间是授粉孔,珠心有贮粉室与授粉孔相连。贮粉室的发生与大孢子母细胞的发育有同步性,即大孢子母细胞时期,贮粉室尚未产生;四分体阶段,贮粉室已经开始形成;到雌配子体发育时期,贮粉室已经完全产生。在形成雌配子体的过程中,由于银杏功能大孢子前几次的分裂是同步的,但后几次的分裂确表现出不同步,合点端的核分裂明显快于珠孔端,因此只能近似地统计游离核的数目,很难统计出分裂的次数。产生细胞壁之前,游离核的数目约为2 000个,而不同于Favre Duchartre认为的分裂13次,游离核的数目8 000个,也不同于李正理认为的多于1 000个。

胚珠的形成过程

通过对银杏胚珠不同分化时期的扫描电镜观察表明,每年6月,银杏枝条生长趋缓时,雌花芽开始分化,雌花芽内靠近苞片的部位先分化出叶原基,之后在叶原基内部胚珠原基分化形成,一般在胚珠原基内侧还会再分化出几个叶原基,每个雌花芽中通常有4~7个叶原基和1~5个胚珠原基。7~12月为总柄分化期,短枝顶芽内生长锥的一侧出现胚珠总柄,总柄在混合芽内陆续分化。翌年1~3月,可见胚珠总柄顶端显著膨大,并向两侧突起,分化较早的总柄顶端出现两歧状分支,为珠被原基,随后珠被原基不断分化,逐渐增大。3月中旬,在珠被的中部形成珠心组织,珠心组织呈圆形,之后珠心周围的珠被组织继续向上增长并逐渐包围珠心;此时期,胚珠与总柄连接的地方迅速膨大形成了珠托。3月底,珠被组织继续向上生长,在珠心上方合拢将珠心组织完全包围,其中间合拢处细胞发生向上突起,继续增殖生长,并产生向外翻卷现象,其中间逐渐形成一开口即为珠孔。珠孔随胚珠的不断发育逐渐增大,至授粉期,珠孔开口达到最大,呈圆形,并向外开张呈漏斗状。

胚珠发育

胚珠的发育是从孢子植物到种子植物过渡的重要变革,银杏胚珠于4月初开始发育,至传粉期可观察到珠心和珠被组织已经分化完成,珠被原基围绕珠心逐渐扩展,并在珠心上部围合形成珠孔道,珠孔与珠孔道的细胞形状均呈管状排列,细胞壁光滑,珠被的基部边缘突起形成珠托。此时大孢子母细胞已可以辨认,位于珠心组织内,之后大孢子母细胞开始进行极性分裂形成四分体。珠心组织中央至顶端的一些细胞开始纵向伸长,并到达珠孔端,位于珠心组织最下部的细胞起始死亡,然后这些已经纵向伸长的珠心细胞向基和向侧逐渐死亡,形成一个空腔,最后珠孔端珠心表皮细胞以开裂的方式与其余表皮细胞脱离而形成贮粉室开口,贮粉室的形态为瓶状,长约520.83 μm,最大直径约125.06 μm,其开口端正对珠孔道,贮粉室的顶端部分含有大量营养物质。珠托中分布有发育成熟的分泌腔和大量的原始细胞,成熟的分泌腔由一层分泌细胞围绕一个近圆形的腔道和2~3层鞘细胞构成,并可观察到其通过维管束与珠柄相连,木质部导管为螺纹管胞,维管束的形成胚珠的发育提供了运输营养物质的通道。

胚珠器官的异时发育

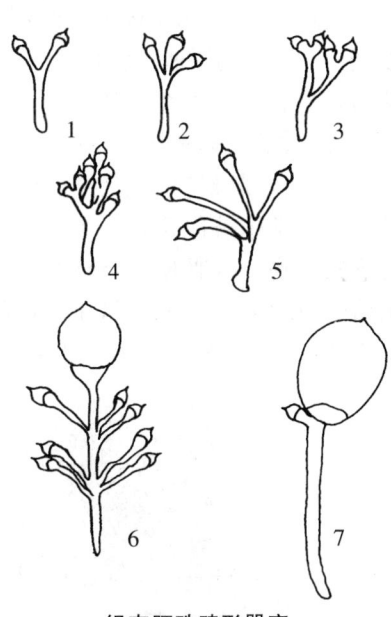

银杏胚珠畸形器官
1~5.多个胚珠单独生在珠柄顶端
6.着生有多个胚珠,但仅有1个成熟
7.正常的胚珠器官,仅有1个胚珠成熟

有的2个胚珠直接生在总柄上,有的从总柄上二歧分出2个顶生在珠柄上的胚珠,有的胚珠多于2个(最多可达17个),珠柄螺旋着生于总柄上,以及叶籽银杏。除了叶籽银杏,其余的胚珠器官都属腋生,所以它们与银杏正常的腋生胚珠器官同源。它们出现于同一植株、同一枝条,甚至在短枝的同一条直线上,故它们属于同一基因型。正常情况下,不同物种的生长和发育过程不同,由此产生各自不同的成熟形式。在生物的世系延续过程中,其形态的改变是生物体(或某个器官)的生长发育在起止时间和速度上的差异,即异时(heterochrony)发育造成的。异时发育理论对研究银杏的系统发育和起源有重要的价值。异时发育所形成的银杏畸形胚珠器官,可能是由于银杏对胚珠器官发育的调节作用失效或控制松弛所致。值得注意的是,凡胚珠畸形的多为老年银杏。生物个体发育为系统发育的简单而迅速地重演的规律,可以使我们通过了解生物个体发育过程来研究探索生物的系统发育,这在无脊椎动物、脊椎动物和植物方面已得到充分验证。与之类似,研究畸形器官有助于了解和探索相应正常器官的本来面目。

胚珠器官起源

与中侏罗世银杏相比,现存银杏成熟的胚珠器官不具珠柄,直接长在总柄上的2个胚珠中只有1个发育成熟。但现存银杏胚珠器官在个体发育过程中出现的某些畸形器官却和义马银杏胚珠器官形态相一致:胚珠总柄上都具有2~4个(或更多)二歧状或交互着生在珠柄上的胚珠。不过现存银杏的畸形器官通常不到成熟就已凋落。根据异时发育的原理,我们完全有理由推测银杏型的胚珠器官源自义马银杏胚珠器官。银杏为多年生乔木,它有着巨大的形体和漫长的生命,通过产生有限而成活率高的后代以维持世代延续。银杏的这种生存策略在理论生态学中被称为K对策,或者说,银杏是K选择压力下的产物。所谓K选择是指在近于或达到自然环境负荷能力的条件下,对居群中个体的选择。通常这种环境较稳定,在此条件下,生长缓慢、性成熟推迟和增大的个体更容易生存和繁殖。据此推测具义马银杏型胚珠器官的祖先种当时处于类似的环境,在K选择压力下,种子体积趋于增大,为了适应重量和支持强度的关系最终导致种子数目的减少和珠柄的消失等形态上的突变,产生了银杏型胚珠器官。因缺乏中侏罗世至古新世时期的化石证据,我们无法得知义马银杏型胚珠器官进化为银杏型(铁线蕨型银杏和现存银杏)胚珠器官的确切时间。不过根据叶化石证据,铁线蕨型银杏在晚白垩世已有广泛分布,较早的可追溯至早白垩世巴列姆—阿普第期,也可能在侏罗纪已出现。如果能证实这些记录,那么义马银杏型胚珠器官进化为银杏型胚珠器官的时间将大大提前。

胚珠授粉前后的解剖结构

①1月胚珠的珠被组织最先分化形成;②3月中旬开始珠心组织开始分化形成;③珠心周围的珠被组织生长速度快,不断包围珠心;④珠被在珠心上方围合形成珠孔和珠孔道;⑤珠心顶端细胞解体形成空腔;⑥3月20日孢原细胞形成;⑦孢原细胞纵向伸长;⑧3月28日孢原细胞发育成大孢子母细胞;⑨4月11日功能大孢子形成;⑩授粉期花粉粒通过珠孔道进入贮粉室,此时雌配子体处于游离核阶段。①~⑤,⑨Bar:200;⑥~⑧Bar:50 p.m;I:珠被;NU:珠心;PC:贮粉室;AC:孢原细胞;MP:大孢子母细胞;FM:功能大孢子;FN:游离核;MI:珠孔。

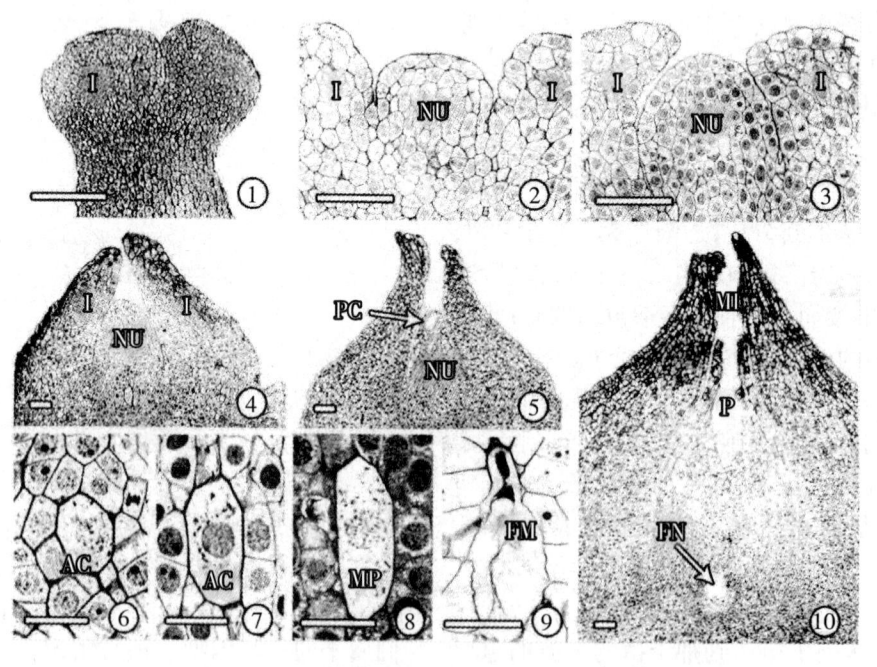

胚珠授粉前后的解剖结构

培肥土壤

见"客土"。

培树兜

银杏寿命长,种植之后,一般要在定植点生长结实数百处之久。由于栽植或管理不当,特别是由于表土的冲刷流失,往往使银杏大量根系裸露的深度有时可超过30 cm。根系外露的银杏树,长势一般较差,很少结实,严重时枝梢干枯,提早落叶,年年不提供产量。对于这样的银杏树,首先应当作好培土工作,使它的根系埋于土面以下,以充分发挥其吸养分和水分的作用。培树兜,可以结合施肥进行。用经过腐熟的城镇垃圾培树兜,既可解决裸根问题,又能为银杏提供养分,还能解决城镇垃圾的出路。很值得提倡。彻底解决坡地银杏树的裸根问题,最好修筑梯田。梯田地埂应处于银杏植株的下坡部位,离开植株至少3 m。修石坎时,应尽量不损伤银杏的骨干根。

培养过程中的可溶性蛋白变化

各培养基上培养的银杏茎段离体培养物可溶性蛋白含量比未培养的材料都高。均在第8 d 和第19~23 d 出现二次高峰。第一次高峰正值腋芽萌动,愈伤组织显现。第二次高峰时,正值腋芽萌动,伸长展叶和愈伤组织增多。显示蛋白质含量的变化与茎段培养物的生长发育状况在节奏上是相符合的。再从各培养基比较,White 培养基上的培养物的蛋白质最多,MS 和 N_6 的明显较少。这和 White 上芽的诱导率最高,而 MS、N_6 上的愈伤组织较多是否有关,需要进一步研究。

培养基

指在组织培养中,为培养物提供其生长发育所必需的营养物质和生长因子,并为培养物提供支撑的介质。自1937年White 建立第一个植物组织培养的综合培养基以来,许多研究者相继报道了适合于各种植物组织培养的培养基,如 MS、HE、ER、Nitsch、Miller、NT、KM-8P、White、Mu-rashige、Nielsen CPW 等。其中以 MS 培养基应用最为广泛。培养基中应包含植物生长必需的16种营养元素和某些重要活性物质,可概括为5大类。①无机营养物:植物所必需的13种元素,氮(N)、磷(P)、钾(K)、钙(Ca)、镁(Mg)、硫(S)、铁(Fe)、硼(B)、锰(Mn)、铜(Cu)、锌(Zn)、钼(Mo)、氯(Cl),根据情况还可分别加入碘、钴、镍、钛、铍、铝等。②有机物质,一类是作为有机营养物,如糖类、氨基酸及其酰胺类;另一类是些生理活性物质,如硫胺素、吡哆醇、烟酸、生物素、肌醇、单核苷酸及其碱基(如腺嘌呤等)。③植物生长调节物质,主要指五类天然植物激素及植物生长调节剂。④其他附加物,不是植物细胞生长所必需的,但对细胞生长有益,如琼脂、活性炭等。⑤其他对生长有益的未知复合成分,常用的有蛋白胨、酵母提取物以及植物的天然汁液,如椰乳、黄瓜汁、西瓜水等。不同的植物材料需不同的培养基,在应用中要根据具体情况选用合适的培养基。

培养基对银杏花粉愈伤组织形成的影响

培养基对银杏花粉愈伤组织形成的影响

培养基	外植体数	愈伤组织数	产生愈伤组织时间(d)	组织数:花粉粒
WM-Ye-IAA	116	8	3.8	1:1 450 000
WM-Ye	36	3	5.5	1:1 200 000
WM-coco-s	20	1	2.5	1:400 000
WM-cp-NAA	27	7	4.0	1:380 000
WM-coco-NS	20	40	1.5	1:9 000

注:WM-white 培养基修改,Ye:0.25%酵母提取液;IAA:1 mg/L,cp 泛酸钙 $1×10^{-6}$,NAA: $0.1×10^{-6}$,coco-s:过滤灭菌的椰乳汁200 mL/L;coco-NS 高压灭菌的椰乳汁200 mL/L,培养温度25~27℃。

培养皿

培养微生物最常用的一种玻璃碟。扁圆形,分为底和盖两部分。大小不一,最常用的是底面直径为910 mm 的一种,用于装固体培养基等。最初由德国细菌学家彼得立(Julius Richard Petri,1852—1921)于1887年设计,故亦称"彼得立皿"。

培养室

培养室指用来存放离体培养物,并为培养物提供适宜其生长发育的温度、光照等条件的空间。室内要求墙壁保温,具有磨光水泥的或油漆过的地板,顶高以2.6 m 为宜,易于控制温度和湿度,窗户上要装双层密封玻璃窗。有窗户虽对保温保湿不利,但有自然光射入,对苗的生长和无菌有好处,室内要有足够的电源。主要设备有:空调机,供升、降温用;定时器,供控制光照时间用;培养架,供放置培养瓶用,培养架框子用木制或三角铁制皆可,应漆成白色或银灰色,每层隔板可用玻璃或木料制作,但玻璃光照效果好;日光灯,供光照之用。室内要保持清洁,定期用消毒剂消毒,防止微生物污染。

培养箱

能够为组织培养物提供适宜的温度、光照、水分、气体等条件,以满足不同生长要求的仪器设备。供组织培养用的培养箱主要有:①调温培养箱,即普通温箱,可以调节温度,供暗培养之用。②调温调湿培养箱,可调节培养温度和湿度,能防止培养基干枯,供暗培养之用。③光照培养箱,有可调湿和不可调湿之分,光照强度及时间都可根据培养要求进行调节,供光照培养之用,用于分化培养和试管苗生长。培养箱是组织培养的常用设备。

培育速生苗的技术

常规种子育苗1年生苗高平均仅15 cm,2年生苗高50 cm,3、4年后生长速度加快,4年才能嫁接出圃(嫁接干高1.2 m以上),培育周期长。通过早播、多施基肥、高温催芽、断胚根等措施,可以缩短育苗周期,提前1~2年出圃。主要的技术包括:①种子砂藏。选用每千克440粒左右的大粒银杏果(品种可以是龙眼、大佛指等),剔除破壳、发霉的种子,进行湿砂贮藏,用1份银杏果加3~4份湿黄砂分层贮藏,堆放在背阳通风处,砂的湿度要适中(以有手握成团,松时散开为宜),堆放的高度不超过60 cm。贮藏中每隔10~20 d翻动1次,并定期检查,防止高温和过干或过湿,沙子干时及时喷水。同时,注意防鼠害。②下足基肥。苗床经整地、筑高床成东西方向,苗床宽1~1.2 m,长8~10 cm,高10~15 cm。每公顷施农家灰肥24 t、猪粪18 t、复合肥0.75 t,均匀撒(浇)在苗床上,翻入土中,并每公顷施45 kg敌百虫粉、45~75 kg农用硫酸亚铁。③及时下种。经过砂藏的种子,2月底就筛出银杏,吸足水后播种,开沟点播或穴播,株行距15~20 cm,种子平放,上覆2~3 cm厚的细土。每公顷用量750 kg左右。种子催芽后,切去0.2~0.3 cm的胚根,种子平放,胚根弯曲向下。④覆盖地膜。播种后先在苗床上面盖一层厚2~3 cm碎草、麦糠,然后在其上覆盖一层地膜。约15~20 d后幼芽出土,再将地膜架设成小拱棚,高30~50 cm,加强棚内养护。

培育银杏播种壮苗四大要素

培育银杏播种壮苗有以下四项要素:

①选用好土地是基础。土壤pH值微酸、中性为好。②提前适时早播是关键。由于播种早,提高了苗木木质化程度,在6月上中旬高温来临时,苗茎达到木质化,增强了抗立枯病的能力。③密植遮阴是前提。保证苗壮、质优、量大。④水管理是保证。当年生银杏育苗碰到了百年不遇的大旱之年,高温久旱长达4个月已无透雨,银杏幼苗在整个生长季节我们尽最大努力使圃地保持湿润状态,从种到苗落叶,其间浇水16次,基本上满足了苗木生长的需要量。

配子

在有性生殖过程中,由两个单倍体的性细胞融合,并能产生合子的细胞,称为配子。

配子体

在世代交替中产生胚子的阶段,通常为配子体。

喷氮

常用浓度0.3%~0.5%的尿素。喷后叶色浓绿,促进光合作用,延长叶片寿命和活力。还可增加叶面积和叶片厚度。叶喷尿素可每月一次,从4月下旬人工授粉后开始,9~10月止。

喷灌

果园节水灌溉方式之一。利用机械和动力设备,将水喷射至空气中,形成细小水滴来灌溉果园的技术措施。喷灌的基本原理是水在压力下通过管道,经由阀门进入固定或可移动管道,管道上按一定距离装有喷头。水经喷头喷出可形成细小水滴,对丰产园进行灌溉。喷灌系统由水源、进水管、水泵站、过滤装置、输水管道、竖管、喷头组成,有的喷灌系统还具有化肥混入装置,可结合灌水进行施肥。喷灌的主要技术指标是喷灌强度、水滴直径和喷灌均匀度等。喷灌相对于地面灌溉方法可以节约用水70%左右,有利于保护土壤结构、调节丰产园小气候与提高银杏种实的产量和质量,还可以节约引水渠道用地和人工费用。

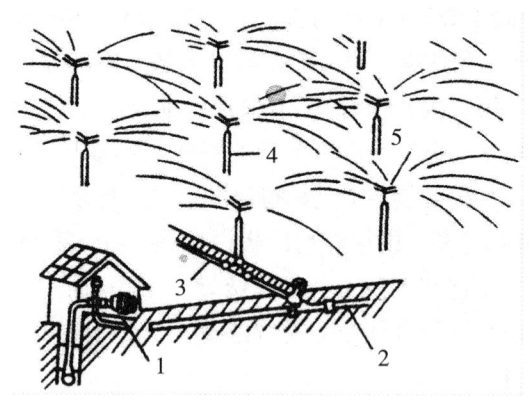

固定式喷灌示意图
1.泵站 2.干管 3.支管 4.竖管 5.喷头

喷钾

常用K_2SO_4、KNO_3和KH_2PO_4及草木灰浸出液,浓度0.3%~0.5%,分别于5月下旬至6月上旬和7月中、下旬各喷1次,喷钾目的是促进种实生长、种核发育和延缓叶片衰老。也可与尿素交替喷施。

喷磷

常用过磷酸钙,浓度0.5%~1%。磷在土壤中移动性较小,故根外喷施效果好。从6月中、下旬至8月中旬进行2次,如用KH_2PO_4,则以0.3%~0.5%浓度为宜。磷可以改善树体内氮素状况,促进碳水化合物运输,促进新根产生及根系生长,磷还可增加体内束缚水及可溶性糖含量,提高银杏的抗逆性。从目前研究现状和生产实践中看,给树体补充适当的硼对授粉、受精有利:硼可促进花粉萌发和花粉管延伸,在银杏萌芽后、开花前喷1%浓度的硼酸,盛花期喷0.1%~0.3%硼酸,或盛花期和盛花期后各喷一次0.25%~0.5%硼砂,并混加同浓度的石灰水。在缺铁或缺锌时,叶喷0.3%~0.5%,硫酸亚铁或0.5%硫酸锌,并与同浓度的石灰水混喷,效果较好。此外,还有喷锰、喷镁等。

"喷施宝"促进银杏苗木生长

江苏省东台市新曹乡和东台林场,银杏育苗期间使用"喷施宝"叶面激素1 000倍液,喷施银杏苗叶面两次,第一次在7月10日,第二次在7月20日。8月11日检查,叶面喷施"喷施宝"的有15%的银杏苗出现二次生长,当年生实生苗最高达64 cm,二次生长平均增高15 cm,叶片较厚,叶色浓绿,幼苗挺拔健壮。

喷施黄腐酸叶面肥的效果

喷施黄腐酸叶面肥的效果

处理	落果率(%)	枝条年生长增量(cm)		鲜果重(kg/株)	出核率(%)	百粒重(g)
		主枝	侧枝			
黄腐酸叶面肥	17.96	5.9	3.0	2.8	26.70	258
清水对照	33.11	5.5	2.8	2.0	25.60	260

喷施黄腐酸叶面肥对银杏枝条生长增量的影响

喷施黄腐酸叶面肥对银杏枝条生长增量的影响

银杏类型	处理	枝条生长高度或长度		生长增量(cm)	试验株数	黄腐叶面肥处理比对照增长(%)
		处理前(cm)	处理后(cm)			
幼苗	1	14.78 ± 4.42	21.23 ± 8.42	6.45	29	12.25
	2	15.45 ± 3.91	23.50 ± 8.59	8.05	29	-11.18
	3	15.44 ± 3.26	21.20 ± 6.34	5.76	31	25.69
	4~12	14.96 ± 0.48	22.20 ± 6.34	7.42	249	-
	13	15.23 ± 3.46	21.52 ± 3.70	6.29	31	15.10
始种树	1	30.00 ± 3.69	39.83 ± 3.04	9.83	6	15.06
	2	32.58 ± 3.07	44.50 ± 8.09	12.92	6	-14.24
	3	30.25 ± 5.76	40.67 ± 11.74	10.42	5	8.54
	4~12	29.38 ± 1.66	40.74 ± 3.69	11.31	46	-
	13	27.12 ± 5.17	36.21 ± 5.41	9.09	8	24.42

喷雾法

目前药剂使用最广泛的方法之一。喷雾就是使喷雾机在一定的压力下将喷出细小雾点的药液,均匀覆盖在防治对象(病虫、杂草)及寄生的表面上。适合喷雾的农药剂型有可湿性粉剂(兑水则成悬浮液)、乳剂(兑水则成乳浊液)、胶体剂(兑水则成胶体溶液)及水剂等。喷雾法一般要求喷洒雾点直径为100~200 μm以下。雾点过大,附着力差,容易流失;雾点过细,易受风吹移动和蒸发,附着量减少。但也有特殊情况的,如一些钻蛀害虫及卷叶虫类的害虫,则以喷雾湿透,效果较好。喷雾应在无风或风力在1~2级的晴天,某些非内吸性及附着力极差的药剂,在喷药后半天内如遇大雨,应考虑补喷一次。喷洒的药量,随器械、作物种类、植株大小及病虫种类的不同而相应地调整。影响喷雾的因子很多,主要是药剂的湿润展着性能,药械的性能,生物表面结构及辅助剂的种类和性质等。

盆景

利用银杏植株或水、石等材料,种植或布置盆中,模仿自然景物,成为自然景观缩影的一种陈列品。根据所用材料和表现主题不同分为两类:①树桩盆景,盆栽银杏苗木,经多年修剪、绑扎,使其树干苍古、枝叶茂密。造型上有悬崖式、直干式、曲干式、合栽式、露根式等多种。②山水盆景,即水石盆景。将自然山石经加工布置于浅口水盆中,或配以银杏及其他装饰物,模仿自然山水景色。表现峰峦叠秀、咫尺千里的意境。银杏盆景是以前一种为主。此外,还有风景盆景、模式盆景、微型盆景、壁画盆景等类型。

盆景半悬崖式

有危而不险之雄姿。悬崖式的特点是主干倒挂下垂盆外。半悬崖式造型要求树干向下悬挂的长短、角度要小,保持主枝下悬,使枝叶集中盆一侧生长。一般高度约在盆高1/2左右。取材选择具有可培养成半悬崖式前途的银杏植株。可自幼培养或选用棕绳式;金属丝攀扎,以盆为崖,造成主干自盆面以上,半悬崖盆景,因树梢虽下垂而生长却昂首向上,有身处危崖而不险之雄姿。银杏除以上几种整形方式外,还有枯峰式、连根式,盆景好者可以试做。

盆景苍老的鉴赏

银杏盆景与其他盆景所表现的艺术境界不同。欣赏与评价时要看它是否具有一副老态龙钟的形态。所谓"老"也并非是树龄真老。而是通过艺术修饰，如撕皮、锤击、凿洞等手法加工树龄不大的桩木，充分显示出一个"老"字。

盆景产业开发

盆景基础雄厚、规模宏大，具有显著资源优势、技术优势和产品优势。长期以来，坚持自繁、自育、自制的可持续发展思路，取得了显著效益。当前存在的突出问题是市场开发不足，还没有和国际市场对接。下一步在技术上、标准化生产上、市场开发上求突破，努力实现标准化、规模化和产业化。

盆景锤击

锤击是为进一步美化、加工修饰已经基本成形的银杏盆景的再雕塑。即把那些细皮嫩肉的银杏盆景的主干树皮，用锤击伤树皮，用力不能过大或过小，只要树皮与木质部脱离即可。木质部与树皮之间受到锤击后，便产生空隙。这些空隙就需要添加填充物。树皮的局部便隆起，增加了树干的粗度，更显现苍老之态。照此法可在桩上多处操作。这样使银杏盆景变得古朴苍老。然而必须指出的是，不能一次在树干上多处锤击，要等第一次击处愈合后，再进行第二次，往往需要进行多次方能达到效果。树势弱者锤之，或不锤为宜。

盆景的管理技术

①整形修剪：修剪是银杏盆景造型的主要技术，应根据不同的欣赏要求，采用疏剪、短截、回缩等手段，剪去多余的侧枝、平行枝、交叉枝、过密枝、徒长枝和病枯枝，突出主干，充实观赏枝，使其具有更高的艺术格调。但修剪应顺其自然，不能机械模仿。②肥水管理：银杏喜温怕涝，盆土不宜过湿，浇水后应立即松土通气。银杏盆景观叶又赏果，在管理上要控制大肥大水，少施氮肥，多施磷、钾肥，遵循"肥淡量少勤施入"的原则。春季萌芽后至生长期间，盆施豆饼或复合肥 5~10 g。施肥后立即浇水。浇水的时间和数量依天气状况和盆土的湿润程度具体确定，浇水以不大量向盆外渗水为度，浇水前应把水晒暖，忌用冷水。避免炎热中午大水浇灌，最好的办法是用套盆法浇水，将水从盆底慢慢地吸入，或用壶喷水，以防盆土板结，造成断根。③人工辅助授粉：银杏为雌雄异株植物，观实盆景要采取人工辅助授粉措施，方能达到赏果目的。常用的人工授粉方法有点授法和挂花枝法。用嫁接雄性品种的方法也比较有效，就是在同一盆中，将银杏的枝条上嫁接雄性品种，但也要对其进行造型，以达共同观赏的需要。

盆景的软与刚

鉴赏与评价银杏盆景，需衡量它的软与刚。例如：曲干式盆景，由于主干弯曲，给人一种软的感觉。一盆好的盆景往往是软中有刚，刚中有柔，刚柔相济才是一盆好的盆景。这里有树冠形式上与艺术修饰的技巧，还要在主干和侧枝上下功夫。通过剪枝、修干就可带出刚气的神态。如若制作中不加修剪，注意自然扭曲，则显现柔的气质。

盆景的制作与管理

银杏是中国盆景中常用的树种，银杏盆景干粗、枝曲、根露，造型独特、苍劲潇洒、妙趣横生，是中国盆景中的一绝。夏天遒劲葱绿，秋季金黄可掬，给人以峻峭雄奇、华贵典雅之感，近年来日益受到重视，被誉为"有生命的艺雕"。按照人们不同的欣赏要求，主要有观实盆景和树桩盆景等几种类型。

盆景动与静的鉴赏与评价

盆景中的动其实也是静。所谓"动"就是盆景中的枝与枝之间的搭配形式，不能千篇一律，不能像一般盆栽那样，枝与枝的形状基本相似，没有什么大的变化。没有变化就是静。若枝与枝之间的形式灵活多变，又符合自然规律，它就富有一种"动"感。

盆景多干式

极富甜蜜的生活情趣。银杏桩木如有多数主干，造型应因材取舍。凡盘根错节，古朴苍劲，各主干之间并有一定距离的，可留两干作成双干式。一干作主干，另一干作副干。主干高，副干矮，两者关系一俯一仰，或一曲一直，或一高一低，或一疏一密。布局既偏重一方，又参差得法，自然有致。三干式应留中间一干作主干，左右两干作副干，主干潇洒挺拔，侧干分大小各置两侧，似"怀中抱子"，或使两树相亲，一树从旁呼应，顾盼有情。对主干粗壮，缺枝或枝条分布不尽理想的植株，自 40~50 cm 处截顶，斜栽入盆。新枝长出后，上部留一壮枝培养主干作弯，下部留两枝，一枝托底，一枝与主枝呈左右、上下呼应。二者造型皆美，均符合生活情趣。

盆景分类

①种实盆景。除了树形造型外，主要是欣赏树种实，未成熟前为青绿色，貌似青果（橄榄）；成熟后为黄色至橙黄色，宛如金橘，衬以绿叶，色彩悦目。②观叶盆景。在独特的树形造型上，配以金黄色叶片，或纵裂极深的叶片，色形具备。观叶盆景主要观赏叶片，但是在树形造型上也要讲究，比较优秀的观叶盆景有"万山红遍，层林尽染"和"小桥、流水、人家"的感受。③树桩盆景。用老树的根桩、树奶等培养成盆景，养成干粗、枝曲、根露的苍老姿态或孤峰指天的气概。树桩盆景树形

极多,如"南天屏柱""龙盘虎锯""迎客松"等造型。

盆景附木式

采集古树上的舍利干,根据立意和舍利干外形进行艺术加工,将幼树巧妙地依附其中,不但有了丰富的色彩对比和形体的对比变化,而且将枯与荣、虚与实集于一身,观赏情趣大有提高。

盆景附石式

附石能藏小藏拙,能平衡树势,更能显出参天之势,增加山野情趣。一般选用透、瘦、绉类之石,主要有黄石、宣石、斧劈石、石笋石等硬质石料。另外还可制作成连根式(用嫁接法)、提根式等。

盆景管理

成活后,及时解缚,特别是对根部的解缚要小心进行,对新的枝条及时蟠扎、修剪。加强管理,经 3~5 年的培养,即成一盆造型独特的艺术盆景。

盆景环割与环剥

修剪技艺中的环割与环剥在盆景制作中都可运用。运用得好,既可促进早结种,又能增加桩形之美,实为一举两得。不过有两点需要注意,一是宽度要比普通结种树小,不可超过枝粗的 1/10;二是环割、环剥部位需慎重选择,刀口也不宜太规整,刀痕不能有碍观瞻。

盆景换盆方法

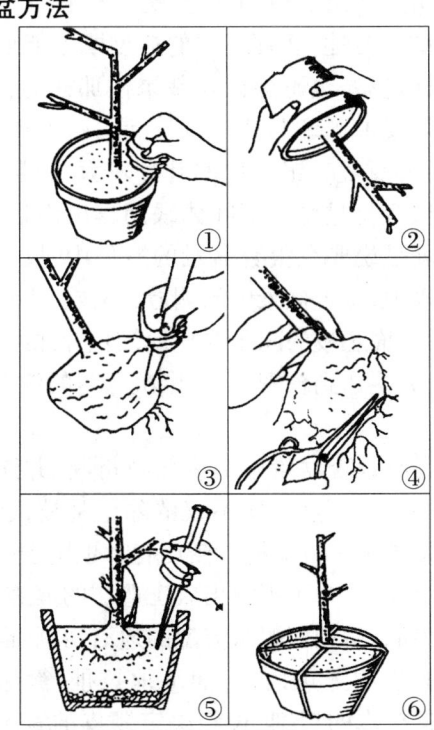

换盆方法

①用手在盆壁上轻轻敲几下,盆土松动后握住主干拔出。
②不易拔出时可将盆倒过来,用指头从盆底孔将土顶出。
③用竹片去掉部分泥土。
④用剪刀剪去部分根系。
⑤定植于适当的盆中。
⑥为防止树冠倒伏,用绳索将主干缚紧固定。

盆景换土

上盆 3 年后的银杏盆景,盆内的养分,大部分已被桩木吸收完毕,必须重新换上培养土。换土时,要把围绕在盆壁上的乱根,全部剪掉,对根系重新予以修整。

盆景嫁接

银杏实生树生长快、可塑性强,但是结种晚。为了解决这个问题,必须通过嫁接改良品种,以期达到早结种的目的。嫁接技术用在银杏盆景制作上,是非常重要的。假如一盆银杏盆景,即使造型很美,如若不结种,必然失去了应有的观赏价值;一旦结出玲珑剔透的银杏种子来,便身价倍增,大显银杏盆景的高雅韵味。银杏盆景的嫁接,一般有两种方式:一种是将 1~3 年生的实生小苗,距地面高 5~10 cm 处剪断,嫁接上优良早实品种,让桩木边长、边造型。当树形整好后,同时也结种子了。这种方式一般都栽在地上,比较省工、省时。其缺点是枝条坚硬,容易断损,生长也慢;另一种是利用实生树生长快、可塑性强的特性,先造型,后嫁接。即先将银杏桩木基本造型后,将各个关键部位,如主干缺枝部位,或主侧枝的凸凹部位,都可根据造型需要随意嫁接。此法嫁接出的盆景主干比较粗,侧枝也较大。缺点是较费工、费时,结种也晚一二年。嫁接的方法大桩多用方块形芽接或腹接,小桩多用劈接、双舌接等。

盆景浇水与排水

银杏盆景的浇水是一项细致的工作。盆小、土少,盆土很容易失水,也很容易积水。所以,要正确掌握浇水的时间和浇水的数量。若浇自来水应储存 1~2 d。浇水的方法有两种:一是把水浇在盆景的根部土壤里,另一种是喷洒。盆数量较多,用水量较大可以用喷灌机。一般大都采用带喷头的壶,予以喷洒。这样既可冲洗叶片上的灰尘,也可调节局部范围内的湿度。根据盆土干湿的程度和天气情况,适当增减浇水量。掌握上半年偏湿、下半年偏干;雨季偏干、旱季偏湿。银杏桩最怕涝,盆内不能积水。若发现浇水后渗透很慢,就说明排水孔堵塞,有涝害之可能,需将盆倾倒淋水。涝害比旱害更为严重。

盆景接头

接穗选用 3~4 年生的健壮无病的母枝,根据干粗、造型而确定接穗的数量。

盆景快速培桩法

此法就是对树干的一段进行接根、接头并使其成活,培育成盆景的方法。用移栽银杏大树疏剪的主、侧枝,将它们切成 20~30 cm 的一段,选用健康无病的 2~3 年生实生树的根对其进行接根,视树干的粗度,确定接根的数量。可根据立意嫁接成各种造型,如宝塔型、宝鼎型、连根型、卧干型等。

盆景命名

命名是作者根据盆景内容所作的简单而又明了的概括,它能对盆景艺术起到"画龙点睛"的作用。银杏盆景的命名是必不可少的过程,它能引人入胜,把观者带入酷似大自然的造型中。即在审材后,决定欲表现的主题。在这个构思过程中作者便形成了盆景的名字,然后再表现主题;也可以是先依桩木的具体条件造型,而后根据盆景的形式命名。名字起得好,它能使本来造型不太理想的盆景,也能够变成具有诗情画意的作品。曾见一品位不太高的直干式银杏盆景,植于长方盆中,树上结着几枚翡翠般的银杏。树荫下摆放着二三个用橡皮泥捏做的小顽童。其中一个手指树上,面对伙伴们,其余则仰面观树,馋涎欲垂。该盆景名为《谁先赏》,真可谓一俊遮三丑。如若一盆景的树干挖出几个洞,抽生几条遒劲有力的枝条,满株碧绿的种实,结出玛瑙球般的种实,犹如身穿绿锦缎的老翁。命名为《老来得子》或《老当益壮》,实在是恰到好处。

盆景目伤

目伤主要起到对树体上下营养物质的分流作用。银杏隐芽萌发力特强,其上千年生枝干上的隐芽,如遇外伤刺激,也可引发出枝条。这对银杏盆景的缺条部位的造型往往是非常难得的。所以,常用目伤的方法,促使隐芽萌发二级枝。目伤后对树体的影响面不大,只局限于被目伤的芽体。目伤还能使弱枝变成强枝或强枝变成弱枝,欲使弱枝变成强枝,则在芽上方目伤,促进该枝的生长;欲将强枝变成弱枝,则在芽下方目伤,以抑制该枝的生长。目伤是在六七月份用利器,垂直切入树皮,深入木质部。

盆景难和易的评价

要看制作的难度。例如粗的树桩与细小的树苗,在制作中的难度就不一样。理应粗大者难度较大,细小者比较容易。粗大者难以弯曲。当然也各有难易。因此,制作时不论大桩与小桩,只要注意新颖,在可塑的部位上,尽量进行艺术塑造。粗大的盆景有上品,细小的桩木所制作的盆景也有上乘佳作。再者,银杏树有结种晚的特性,这也是银杏盆景制作中的一个难点。不能说小树桩制作盆景就一定容易。难易是辩证的,相对而言的。关键在于作者的艺术塑造功力。

盆景蟠扎

在3月份(发芽前)或6月份(新梢停止生长后)进行,2个月内解除。多采用自然式。

盆景上盆

用盆以外形雅致、保水性强、透气良好的花盆为主,其中以不带釉的泥盆、浅色紫砂盆为佳。盆土一般用富含有机质、质地疏松、吸肥保水力强的草炭土、腐殖土或自制营养土(用6份壤土、2份粗沙或煤渣、2份腐殖土,加入适量充分腐熟的鸡鸭粪或豆饼渣等),底部填入碎砖或石砾,装入培养土。然后将树桩的长根和粗根疏剪整理,树根过粗、过少,可以一分为二,增加鸡爪根,在2、3月份定植盆中。栽植时先在盆内放一部分土,让根系充分伸展,然后在盆内填土,用手轻轻按实后再稍微向上轻提,盆土不要填得太满,要留水口,栽植后立即浇透水,稍干后及时松土,以利缓苗。

盆景审材

银杏树桩(苗)挖来后,首先,要详细地研究材料,反复观察思考,从各个角度审视,量材构图,用艺术观点进行取优舍劣,有目的地培养有用根或枝,剪除无用废根、废枝,真正达到心中有数(树)时,方可下剪,切忌盲目下剪。否则,往往一剪下去,后悔莫及。

盆景疏密的鉴赏与评价

银杏盆景属于盆果盆景之类。但绝不能把它培养成盆栽果树那种呆板的形式,必须注意枝条的布局。一方面要仿照深山古树的形态,另一方面又要考虑银杏树木的结种习性。因此,它的造型既不能照观叶的常绿树那样造型,也不能像盆栽果树那样的枝形。银杏盆景一般要求下疏上密,达到所谓"疏处可走马,密处不透风"的意境。银杏树的叶片较大,而且多。夏、秋季枝叶很容易过密。落叶休眠期露出筋骨,又显得稀疏。这就是说要在银杏盆景的造型中,权衡整体布局。一般来说,银杏盆景中的侧冠,小枝与小枝的距离要大一些,下面主枝的间距要疏远,而上面的主枝间距要稍近些,方能达到疏密得当、层次分明的效果。

盆景撕皮

撕皮是将银杏盆景中的废侧枝折断,并连皮向下扯拉撕下的方法。这样做不仅清除了乱枝,还给盆景的景观中增添了一份情趣。撕皮有时也用于主干。如欲在主干上撕皮,为了不露出人工造作的痕迹,可先在该处用水喷洒,后利用顺水流湿的边沿切割,操作时用手指捏住树皮的上边,自上而下地拉扯,徐徐撕下树皮。要根据桩木的粗细、长势决定撕皮的宽窄、大小。否则,会使桩势衰弱,甚至导致死亡。

盆景掏洞

掏洞即在银杏桩木向内掏洞,或在桩木的根基处,选择两主根之间,将木质掏个洞。掏洞的主要作用是模拟荒山老林中的古树,历经风蚀雷击之伤残状。但是，应该指出的是，此种手法，不可操之过急，应逐渐深入，分多次实施。否则，容易造成全株死亡。

盆景提根

银杏的根颈部位急剧膨大，非常有力，根系发达，提根是盆景制作常用的手法，但根必须配合主干，放射根配合直干式，侧向根配合斜干式，盘龙根配合曲干式。

盆景修剪

在3月份春芽萌发前进行修剪老枝，修剪前应慎重考虑新枝的发展趋向和整体造型后，再动剪刀。银杏新枝因长势不同，有长有短，对较长枝条，可在4~8月间随时看到随时摘除顶芽，使存留叶片充分发育。6月中旬到8月期间，根据树冠的发育情况和造型需要，对全部新枝留存2~5节，将顶梢全部剪去。

盆景选材

由银杏树苗，通过艺术塑造成为一棵盆景，要用较长的时间。为了省工、省时、节约材料，往往选择那些被人、畜或机械损伤的废残苗木作素材。大树萌生的抱娘苗或山野生长的古老树株，常常会出现人工难以造作的奇妙之处。另外，采集银杏气生根扦插，也可培育盆景，更是怪异有趣，不可多得。大凡枝条多、干型好、根系发达者，制作者则得心应手。否则，在造型时难度就大。当然，树株不会自然长出十全十美的树形来，但只要根、干、枝三者中有一二个良好之状，便是很理想了。

盆景选根

银杏地上、地下的生长发育有一定的规律性，如若某一部位主根粗壮且直，则侧根少也弱，地上相应部位的树干也较直、较高大，侧枝也弱。由此可见，地上的高矮完全受到地下根系的制约。根据这个特性，在制作银杏盆景时，首先要剪掉主根，促进侧根旺长，才能达到地上部分的主干加粗、侧枝猛发的目的。只有侧枝多而旺盛，制作者才能有施展技艺的天地。因此，即使不把银杏树苗挖出，只要哪边有较大的侧枝，便知相应的那边就必有一个较大的侧根。可根据这种规律选择造型。反过来，也可依根形决定上面主干的造型。当然，最好还是全面考虑，综合运用。

盆景选桩

树坯选择主要来源于两个方面，即田野树坯的采掘和银杏小苗的培植。一般都要选用树龄长，形态优美、奇特、遒劲曲折、悬根露爪，在自然生长中有一定造型可塑性的树坯。若从小栽植、加工，则造型时间长，成型慢，所以盆景工作者大都在田野中采掘坯料来进行加工。采掘树坯，以树木进入休眠期后采掘较为妥当，冬季采掘须注意保护树坯不受冻，以便来年成活。在挖掘时通常根据树坯的具体情况考虑其将来造型要适当多留一些枝条，能在根部带土则尽量带土，保护树坯在运输途中不致失水过度。树坯一般以地养为好，待其成活后，再逐年造型。银杏为肉质根，雨季要特别注意排水，避免烂根，最好堆土养坯，如没有条件也要开沟筑埂垄养。

盆景养护

银杏盆景在养护过程中应注意保持湿润，幼树生长快，节间长，可喷生长抑制剂，控制其生长，增加叶幕厚度。

盆景叶丛的分布

树干两侧的叶丛要大，前、后侧的叶丛要小，树上部的叶丛及前、后侧的叶丛中间应隆起，两侧的宜平。主干弯曲的部位应安排后叶丛，使弯曲的部位充分显露，突出其美。主干较直的部位，应安排前叶丛，巧遮其"丑"，同时起到景深的作用。

盆景栽植

栽植时要特别注意保护嫁接的根，因为干粗重量大，如直接栽植，接口部和根易被压断，可采取在接根的中间垫木块的方法，木块的高度要高于接根，然后壅土、浇水。

盆景造材

制作前，要预备好铝丝（或铁丝）、棕绳、钳子、剪刀等工具、材料。银杏树易成活，可塑性强，属肉质型根。裸根存放1~2 d，也不会失去活力，能够提供足够的制作时间。在造型上力争自然，不拘一格，可以参考各派的风格，综合利用多种手法。对欲选桩木进行一番培养创造。首先，加工成雏形。银杏盆景观种、观叶兼顾。加之与其他植物的生长发育特性有所不同，故银杏盆景在造型中要以其干粗、枝曲、根露的形态表现出苍老、古朴、曲折的情趣，即体现出银杏的风韵。这在培养桩木中就应预先考虑到。

盆景造型

根据对银杏盆景不同的欣赏要求，事先绘制出造型设计图案，因桩造势，按图索形，对枝干进行弯曲绑扎、调理曲直。观实盆景主要欣赏种实，成熟前种实貌似橄榄，成熟后宛如金橘，衬以绿叶，色彩悦目。造型时注意培养结实枝，辅之以人工授粉，种大粒美。观叶盆景偏重于叶形与叶色，强调色形俱佳、树形独特。树桩盆景力求苍劲嶙峋之雄姿，可以利用老树的根桩等养成干粗、枝曲、根露的孤傲气质。

盆景造型鉴赏与评价

银杏盆景形式多样，人们的审美观也不尽相同。总体来看鉴赏与评价银杏盆景的优劣，需从以下方面衡量。鉴赏与评价盆景首先看造型。直干式就得具有"挺拔、稳重、雄伟"的形象;斜干式就得具有"疏影横斜"的造型;悬崖式就应具有"游龙入海"之态势。评价盆景的造型犹如品人的相貌。盆栽不等于盆景。一盆不加修饰的银杏苗,根本谈不上什么艺术性,充其量也只能称之为素材。

盆景直干式

大有其参天古木之势。直干式可体现银杏大树雄伟挺拔的姿态,树桩要求通直,不弯不曲,一木贯顶,根部微露,因银杏木质软,可塑性大,主干亦可自盆面向上造成微曲的曲线造型,或将主干扭曲上升。其次,加工重在蟠枝。可用垂枝、仰枝、横枝,使垂枝如蟹爪,仰枝如鹿角,并结合摘心去叶。直干式用盆宜浅,银杏属深根性树种,上盆应去主根多留侧根;圆盆植于盆中央稍后,长方盆或椭圆浅盆植于盆的一侧,以衬托和体现银杏钢筋铁骨,气冲霄汉的气势。

盆景重心

鉴赏与评价银杏盆景,要看它的重心稳定与否,譬如斜干式盆景,其主干向一侧倾斜。但是,由于它的最下层一主枝向下斜跌,方向与主干方向相反,和各个侧冠相衬托,仍不会失去重心。其他形式的盆景亦然。侧冠若搭配不均,就会有失去重心的弊端。

盆景追肥

银杏盆景一般以追施液肥为主。液肥虽肥力短,但见效快,易于控制,可根据不同生长阶段和季节,弥补盆土中的肥料。液肥有两种:一种是以豆饼、油菜籽饼、芝麻饼等为主。加少量硫酸亚铁一起沤泡腐熟,一般 100 kg 水,投放豆饼 15~20 kg。硫酸亚铁 0.5~1 kg;另一种是将鱼虾、鸡、狗、猫等动物尸骸及驴、马蹄掌加水沤烂,然后兑水浇灌。液肥在沤制过程中,气味奇臭,污染空气,可以用农膜或玻璃封闭容器口,不让气味外泄! 这样还能增加容器中的温度,加速液肥的腐化。每次追施液肥后,要用清水冲洗叶片上的遗留残物。生长季节银杏盆景追施液肥应 10~20 d 1 次。根据缺肥的轻重,灵活增减肥量和次数。储养银杏盆景也可施幂植物生长激素,以促进营养生长向生殖生长的转化。如比久(B9)又名阿拉(Alar),有抑制新枝生长,使枝条增粗、叶片增厚、增绿和促进花芽分化的作用。一般用 0.2%~0.3% 的浓度,喷后两周见效。于 4 月下旬至 6 月中旬喷于叶面上,或浇在盆土里,效果甚好。

盆栽试验

用盆栽银杏在人为控制的条件下进行的试验。为防止阳光直晒提高盆温,须外面装制木板盖。盆栽试验结果虽不能直接用于大田生产,但对大田生产试验亦有指导作用,常用于一些基础研究,如果树生理生化特性和部分生物学特性的研究、肥料试验等。也用于一些模拟试验,如干旱、缺素模拟。盆栽试验按基质分为:土培、砂培和水培。

盆栽银杏

用陶瓷、塑料等容器栽植银杏的方法。主要用作观赏与科学研究,苗木集约生产有时也应用盆栽。银杏是适于盆栽的观赏果树。盆栽果树最好选用能够自花结实的品种,对自花不能结实的品种应注意进行人工授粉。

硼

硼能提高光合作用的强度和促进蛋白质的合成,能提高碳水化合物的转化和运输能力。硼与分生组织和生殖器官的生长发育有密切关系,能促进花粉发芽和花粉管生长,提高种子品质,增强种子中维生素和糖的含量。硼又能改善氧对根系的供应,促进根系生长发育,增强树体的抗病能力。硼在树体幼芽的分生组织中起重要催化作用。缺硼能使根、茎生长点枯萎,叶片变色或畸形。严重缺硼时,根和新梢生长点易枯死,根系生长变弱,花芽分化不良,受精不正常。

硼素

硼的主要生理作用是促进糖类转化,也是细胞分裂、花粉形成和受精过程不可缺少的成分。银杏对硼的需求量不大,故银杏缺硼的可能性很小。缺硼时新生叶小而萎缩、黄化;老叶边缘变红褐,呈现卷曲。严重缺硼症可在生长期喷洒 0.2%~0.5% 的硼酸液,每 20 d 一次,连续 3~4 次。

膨压

膨压亦称"紧张压"。植物细胞因吸水膨胀而产生的压向细胞壁的压力。细胞壁弹性较小,受膨压作用所产生的反压力称为壁压。其大小和膨压相等而方向相反,膨压有维持植物挺度和调节气孔开闭的作用。

邳锡雄株 1 号

邳锡雄株 1 号是银杏雄株的优良品种。特点:一是形成混合花芽早,即头年抽生的长枝,立春 63% 的短枝就能开雄花;二是长枝上短枝节间短,平均 2.2 cm,是银杏雄株的特异品种。

邳选 01 号

该品种在邳州市运河镇计划生育办公室门前,树龄 16 年,虽然土壤环境不好,但干粗半径达 17.8 cm,树高 7 m,冠幅 3.51 m×4 m。该树冠紧凑,成枝力强;2 年生以上枝花量大,枝条下垂,花穗长达 2.95 cm;每穗花药 80 对,出粉率 6.8%,授粉坐果率达 95%,是一个优良的雄株品种。

邳选 02 号

该品种原树在郯城卢庄村,树龄 70 年,胸径 60 cm,树高 14 m,雄花穗 50 穗平均长度为 26.08 mm,百穗花重 36.4 g,授粉坐果率 93.31%。

邳选 05 号

该品种在郯城黄村,树龄 20 年,胸径 22 cm,树冠紧凑,呈宝塔形,树势强壮,短枝 1~2 cm;雄花穗 50 穗平均长 25.66 mm,百穗重 27.8 g,授粉率 95%;盛花期为 4 月中旬,花粉量大。

邳选 06 号

树龄 45 年,干粗 29.6 cm,树高 14.5 m,冠幅 6 m×7.5 m,土壤条件差,花穗长度为 25.4 mm;花期为 4 月上、中旬,比正常雄树花期晚一天,花粉量大,出粉率极高;百穗花重 20 g,出粉 1.7 g,是良好的花粉用品种。

邳选 10 号

该品种在邳州市人民广场,树龄 16 年,干粗 13.1 cm,树高 6 m,树冠东西长 2 m,南北长 3 m,土壤环境差,树势中等;花穗长 24.3 mm,出粉率达 7%。该品种奇特,花药呈罕见的三生现象,通过几年的观察,遗传性状稳定。该品种花粉产量高,是良好的花粉用品种,对进一步开展雄株分类等生物学研究有重要价值。

邳选 11 号

该株雄树在郯城黄村盆景园,树龄 20 年,干粗 16 cm,树高 7 m。该株树形紧凑,花穗长度 20 mm,百穗花重 20.6 g。该单株特点是花期比正常雄花期晚 1~2 d,基本和雌花花期一致,是一个很有希望的授粉品种。

邳州 1971—1984 年白果各年产量统计表

邳州 1971—1984 年白果各年产量统计表

年份	1971	1972	1973	1974	1975	1976	1977	1978	1979	1980	1981	1982	1983	1984	合计
产量/10^4 kg	11	10.5	10	20	16	16	11.75	19	20	15	34	22	23.5	53.5	

邳州大佛手

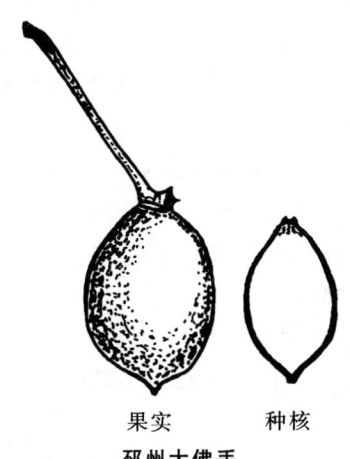

果实　种核
邳州大佛手

本品种种核背厚腹薄,呈扁平状,故又名扁佛子(见下图),主要分布在沂河两岸,尤以邳州为多,故称邳州大佛手。大佛手产量约占邳州银杏总产量的 20%,均为嫁接树,是群众选育并保存下来的,年代已不可考。邳州大佛手和邳州大马铃是邳州群众选育出的两个姊妹品种,除种实和种核有差异外,其他特性,尤其是树叶形状、厚薄、色泽都很相似,故不再赘述。种核的特征。基部两束迹迹点明显,迹点距离比大佛指稍宽,有时两束迹迹点相连成线。两侧棱线明显。种核大小为 3 cm×1.85 cm×1.35 cm,单粒核重 2.94~3.13 g(可达 3.33 g),千克粒数 320~340 粒,出仁率 78.9%,总利用率 19.73%。本品种生长较快,结实力强,适应性广,对肥水条件要求不高,大小年明显,但间隔期短,如管理得当,可以连年高产稳产。着种率高,保种力强,所以要控制授粉量。种仁生食无苦味或苦味很轻,种仁质细,糯性好。优选单株是港中 1 号,1990 年被鉴评入选为全国优良品种。

邳州银杏博览园

邳州国家级银杏博览园的建设,立足银杏资源优势,通过科学论证,认真实施,强力推进,逐步建设成融生产、科研、观光旅游、休闲度假、文化研究、科普于一体的高标准的国家级银杏专类园区。

邳州银杏博览园园区自然概况

邳州国家级银杏博览园位于邳州市东北部,地理坐标为东经 117°42′~180°10′,北纬 34°10′~34°40′,涉及邳州港上、铁富、邹庄、官湖、陈楼和邳城等 6 个镇,总面积 2 万 hm^2,约占邳州总面积的 10%。园区处于鲁南丘陵山区和苏北平原之间的过渡地带,属沂武河流域,地势西北高、东南低,山坡地约占 10%。土壤以沂河两岸潮土为主,并有部分棕壤、褐土、砂姜黑土和水稻土分布。有沂河、纲河、武河、邳苍分洪道、燕子河、小涑河和沙河、黄泥沟、十里长沟等 10 条水文和干流,水域面积占园总面积 15% 左右,水质良好。邳州市属暖温带季风气候区,四季分明,光照和雨量较充足,全年多东北风向。气候年际变化大,严寒和高温、干燥与多雨交替的气候特征对植物和土壤带来较大的影响。年均气温13.8℃,7月中旬至8月上旬最热,极端最高气温39.8℃;1月最冷,极端最低气温-23℃。年均降水936 mm,年际变幅为662~1 366 mm;籽全年无霜期长,平均无霜期211 d,最晚解冻日期为2月15日,最大冻土深度28 cm。邳州全市木本植物资源共有50科171种,其中裸子植物5科23种,被子植物45科148种。水杉和银杏是境内特种林木,果树有苹果、桃、杏、梨、柿、枣等,林木有柳、杨、泡桐等,另有茶花、草药、沉水植物、浮水植物、挺水植物和浮叶植物等。动物资源有陆生爬行动物、水生动物、两栖动物、野生鸟类等,鸟类34科189种,鱼科14科45种,其他水生动物34种。

邳州银杏产业获奖项目

①1996年6月,邳州市银杏良种繁育圃被国家林业局定为"林业部徐州林木良种基地银杏繁育中心"。

②1996年邳州市被国家林业局评为"全国经济林建设先进县(市)"。

③2000年3月,邳州市被国家林业局首批命名为"中国名特优经济林银杏之乡"。

④2001年4月,邳州市被国家林业局评为"全国经济林建设示范县(市)"。

⑤2001年9月,邳州市被国家林业局评为"全国经济林建设先进市(县)"。

⑥2002年4月,被江苏省林业局批准建立省级银杏森林公园。

⑦2004年4月,国家林业局批准邳州建立国家级银杏博览园。

邳州银杏产业链

邳州市银杏资源丰富,银杏加工产品种类繁多,贸工农一体化体系基本形成。目前,邳州已成立了全国第一家省级银杏集团公司,现有银杏叶提取物生产企业9家,13条生产线,产银杏酮能力达250 t,银杏内脂20 t,全市银杏叶提取物产量约占全国产量的60%~80%。邳州富伟生化公司银杏黄酮生产能力居乃至世界前列,有2家银杏酮加工企业具有自营出口权。银杏果品、银杏茶等保健品加工企业25家,银杏叶烘干厂3家,年烘干能力达8 000 t。银杏产品开发形成系列。目前已生产出"各类银杏茶""蜜汁银杏""银杏叶胶囊""银杏开心果"等20余种营养、保健、美容、治病等不同功效的银杏加工产品。各类产品远销美、法、德、日、韩、澳大利亚、新西兰等国及上海、北京、浙江、福建、广东等省市,银杏果、叶、苗及加工产品年销售额达10亿元,达到了经济效益、社会效益和生态效益的全面提高。其中,"冠灵牌"银杏干青叶和银杏叶茶、"富伟"牌银杏叶干浸膏、"康帅"牌银杏酮菊花茶4个银杏系列产品,被中国绿色食品认证中心批准为绿色食品。

银杏果。俗称白果,邳州银杏果主要品种有大佛手、亚甜、宇香等,个大皮白,味道鲜美,营养丰富,具有利肺止咳、健脾利尿、美容养颜、防癌、治癌等多种药用功效,年产1 060 t。

银杏苗木。邳州市建立了全国首家银杏种质资源圃,收集在圃的银杏品种82份,全市银杏成片园26万亩,可提供各种规格的银杏苗木2.5亿株。

银杏盆景。被誉为有生命的艺雕,深受人民喜爱,市场前景广阔。目前,邳州市银杏盆景生产大户达300多户,盆景存量200多万盆。

银杏干青叶,是银杏茶、银杏酮生产原料,邳州银杏干青叶颜色正、叶片厚、含酮量高,每年可提供1.2万t。

银杏黄酮,是银杏叶提取物,对治疗心脑血管病、高血压等有特效,是抗衰老、延年益寿的最佳绿色天然补品,年生产能力250 t,其中富伟牌银杏黄酮在1999年举办的世界农业博览会上荣获金奖,年产量100 t。

银杏胶囊、片剂,是邳州艾博公司主打产品,是有高科技生物工程分离技术从优质天然植物中提取的生物活性物质,具有调节血脂、降低血液黏稠度、降低胆固醇功能,对高血脂引起的心脑血管疾病、血管硬化等病症具有特殊改善症状及预防作用,是一种纯天然的保健食品,年产量胶囊1亿粒、片剂1亿粒,袋泡茶2 000万袋。酮菊花茶、银杏开心果、银杏叶茶、银杏饮料等年产量500 t。

邳州银杏科研成果及获奖

①1987年9月至1992年,实施林业部下达项目"银杏早果丰产优质及综合利用技术",并通过林业部验收鉴定。

②1995年10月,邳州市科学银杏研究所选育的"亚甜"、"宇香"里叶兼用型银杏品种通过江苏省农作物品种审定委员会审会。

③1997年10月,邳州市多管局与徐州市多管局共同完成的《银杏高产栽培及综合利用技术》项目,通过江苏省科委组织的专家鉴定。

④1998年8月至2002年,邳州市银杏研究所与南农大、省农科院合作完成省科委下达项目两项,一为"果叶丰产栽培技术研究",另一为"银杏种质资源圃建设及种质资源收集、保存、利用"。

⑤1999年元月,"邳州市银杏栽培技术研究及综

合利用"项目获国家林业局科技进步二等奖。

⑥2002年2月,邳州多管局高级农艺师赵洪亮参与完成的"银杏优质高产高效及综合利用技术开发研究"获中国高校科学技术奖励委员会科技进步二等奖。

⑦2004年1月,邳州市多管局赵洪亮同志参与研究的"银杏、落羽杉、杨树抗性机理与培育技术"获国务院颁发的国家自然科学科技进步二等奖。

邳州银杏品种鉴评表

产地	品种(编号)	编号	出核率(%)	10分	种核大小(粒/kg)	30分	外形色泽洁白度 10分	出仁率(%)	15分	有无苦味 15分	糯性 5分	香味 10分	剥皮难易 5分	合计	名次
港上港中	大佛手2号	13	26.5	6.8	344	21.8	8.38	79.1	13.1	12.87	3.90	7.67	3.43	77.95	15
银杏苗圃	泰兴佛指	26	28.7	7.9	376	20.2	7.91	80.7	14.4	12.20	3.94	7.50	3.90	77.95	15
邳城农科站	洞庭佛手	1	25.3	6.2	282	25.8	8.22	79.0	13.0	9.30	3.67	7.07	4.31	77.57	16
铁富宋庄	大马铃6号	8	28.5	7.8	280	26.0	8.54	71.4	6.0	13.30	3.83	8.00	4.09	77.56	17
银杏苗圃	泰兴佛指	25	27.1	7.1	384	19.8	7.98	78.4	12.4	12.13	4.00	7.67	3.98	75.15	18
陈楼	梅核	24	27.1	7.1	416	17.4	7.40	79.5	13.5	13.40	4.08	7.97	3.99	74.84	19
邳城农科站	大佛手	2	24.4	5.7	310	23.5	8.32	79.5	13.5	9.07	3.73	6.86	3.8	74.48	20
邹庄1号	大佛手	19	27.0	7.0	374	20.1	8.06	76.4	10.4	13.07	3.86	7.80	4.0	74.29	21
港上苗圃	梅核	16	29.5	8.3	440	15.0	7.69	79.5	13.5	13.10	4.04	7.9	3.90	73.43	22

邳州银杏树之王

四户镇西北5 km处的白马寺村,村委员会就建在当年的白马寺遗址上。据现有遗址考证,白马寺始建于北魏正光年间(孝明帝拓拔诩520～525年)建成后植银杏树一株以做纪念。据传说,白马寺原名大佛殿,因唐朝薛仁贵东征时在此银杏树上栓过白马,后人才把大佛殿改称白马寺。今天,历经一千五百年沧桑的白马寺已了无踪影了,但那株与白马寺同龄的银杏树却依然青春焕发,枝繁叶茂。此树高二十余米,树干两人合抱有余,胸围近四米,树冠覆盖面积272 m²,每年结银杏千余斤。群众对此树推崇备至,爱护有加,在树的四周砌起保护栏杆。杆内树根南旁立有棱柱形残碑,记载梁天监(502年)重修大佛殿事。偌大的院落,独一棵银杏参天耸立,超出房舍,方圆数里可见。仅抗战以来,此树就三遭劫难,每次劫难过后,它却更加旺盛。邳州沂武河畔银杏数万亩,古树千百棵,唯有此树傲然立于四户境内的加河之滨,确有卓然超群之王者风范。

邳州银杏栽培技术推广体系

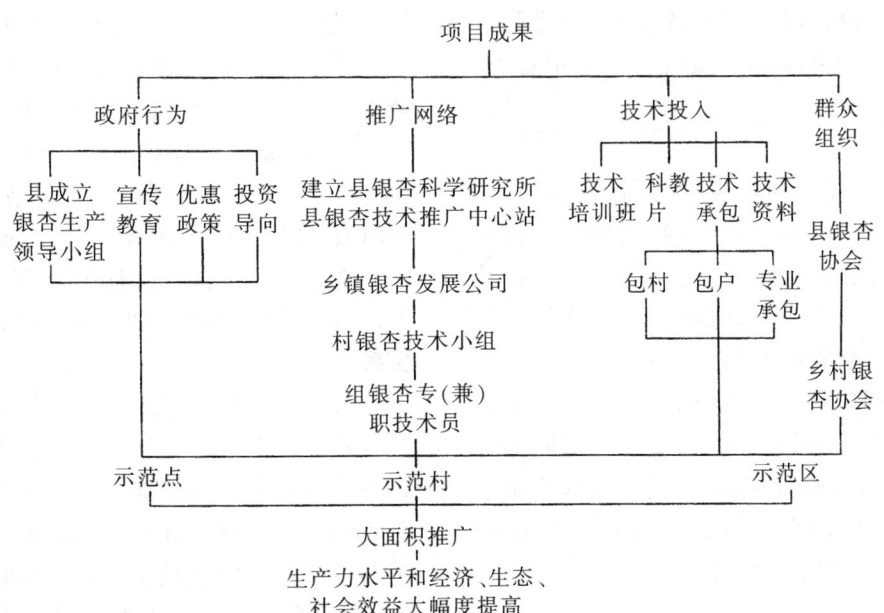

邳州银杏栽培技术推广体系框图

劈接

劈接适用于2~5年生小砧木,最佳时间为早春,即砧木和接穗均未离皮时。①接穗制作:接穗长5~10 cm,上部保留2~3个芽,下端削成3~4 cm长楔形,削面平直光滑。②砧木处理:在适宜嫁接的部位将砧木剪(锯)断,用刀将断口削平或削成中间高四周低的形状,在树皮光滑的一面经过髓心垂直纵切一刀,切口长度比接穗削面稍长些;③插接穗:把削好的接穗恰好插入砧木断面切口,使两者形成层紧密相接。砧、穗不同粗时,将接穗对准砧木一侧的形成层,使其吻合;④包扎:当接口离地面很近时,用麻绳或扎丝捆紧后直接填土,土堆高出接穗顶端3~5 cm。对于高部位嫁接,江苏泰兴一带的常用包扎方法是先将砧、穗扎紧,后用卫生纸包好接口,再用塑膜扎严,做到不漏水,最后用扎丝将整个包扎物绑紧。为减少接穗失水,有的地方将接穗上端封蜡,或用塑料袋套住接穗。

劈接操作如下图所示。

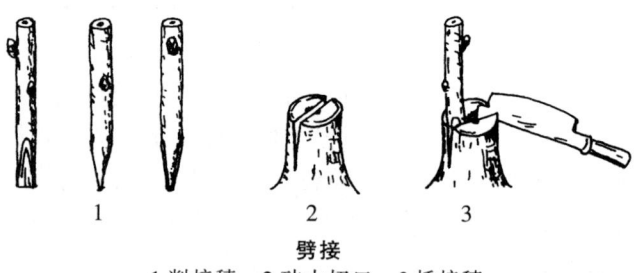

劈接
1.削接穗 2.砧木切口 3.插接穗

皮层

银杏维管植物区和表皮之间的部分,是一种初生组织结构。

皮孔

周皮上的一个分离区域,常呈透镜形,由排列疏松的栓化或非栓化的细胞组成。皮孔常见于银杏干,皮孔通常可进行气体交换。

皮下接

砧木或枝桩断面皮层与木质部之间插入接穗的嫁接方法,亦称皮下枝接或插皮枝接。嫁接时,视断面面积大小,可插入多个接穗。接穗为长8~10 cm的枝段,下端一侧削成长3~6 cm的斜面,背侧削成长1 cm以内的斜面,在形成层处插入,有时先在每一个插接穗处,将树皮轻轻撬开,然后插入接穗使大削面靠紧木质部,接后绑缚包扎即可。由于皮下接取决于形成层与木质部是否容易分离,须在春天砧木开始生长活动以后进行。本法操作简单,接穗插入皮层内侧,砧穗形成层接触面广,容易成活。

偏分离

偏分离标记普遍存在并很早就引起了人们的关注,被认为可能是一种进化动力,引起群体内基因频率的改变。文献报道的偏分离所占比例相差很大。有人比较了14个种间构图群体,发现平均有25.3%的标记发生偏离,这一比例也有接近50%。偏分离基因位点与遗传背景有一定的联系。配子间的竞争及配子或合子的不育均会导致基因位点的偏分离。在裸子植物中,减数分裂后期小孢子和花粉开始发育,期间有大量基因被转录表达。若这些基因中存在引起配子体间相互竞争的基因,就会造成基因位点的偏分离分布。生物体本身的因素会造成偏分离。致死基因会导致偏分离位点的产生,这在针叶树种有一些研究报道。如有研究者估计每个合子中至少携带有10个致死基因,在种间杂交时染色体片段会发生丢失,这样实验中就不会有代表这个区段的标记而导致偏分离,可用于解释同一连锁群上程度相当的偏离。由于同源染色体遗传或结构上存在差异或自交不亲和等所造成的遗传隔离机制也可导致偏分离。实验本身也可能会导致偏分离位点的产生。不基因位点的PCR产物若片段大小相同,则在电泳胶上有相同的迁移率,导致误判为同一位点。偏分离会给成对或多对重组频率估测造成大的正偏差,降低表现的交叉干扰从而导致位点排序错误。随着图谱密度的增加,位点排序错误更容易发生。因而,在进行图谱构建时,必须将表现偏分离的标记剔除。检测到的偏分离位点有15个,占总分离位点的7.7%,较一般的实验结果低。这可能是由于银杏遗传多样性较低,遗传负荷相对较小所致。

漂白粉处理种核

将0.5 kg漂白粉用5~6 kg温水化开,滤去渣子后,再加40~50 kg清水,稀释成0.9%~1%的溶液,一次可漂洗银杏100 kg。银杏倒入溶液后,立即搅拌,至骨质的中种皮变为白色为止,约5~6 min。银杏捞出后,在溶液中再加入0.5 kg的漂白粉,可再漂白100 kg种核。如此连续5~6次,必须换水,重新配制漂白液。漂白用的容器,以非金属的缸或水泥槽为宜。漂白后的银杏直接摊放在室内或室外通风处阴干,并防止泥土等脏东西再次污染种壳。

品系

源于同一祖先与原品种或亲本性状有一定差别,但尚未正式鉴定命名为品种的过渡性变异类型,银杏的品系是从栽培品种群体中发生性状分离或基因突变产生的新类型。由于从新的变异类型到品种形成还需经过多年的比较试验,汰劣择优,扩大繁殖等过程。这个阶段的变异类型习惯上称为品系,以表示与品种的区别。

品种

品种是栽培的产物,长期栽培的植物只有经过不断的人工选择,才能划分为品种。品种是一群形态相似、遗传变异相近、生产力水平相同的栽培植株之总称。一个栽培物种的品种应具备三个基本条件:①要有明显的形态、性状特征,这些特征稳定且能遗传;②具有一定的经济价值和相同的生产水平;③拥有一定个体数量组成的群体。根据获得品种的方式方法可分为培育品种和选育品种,其中,培育品种包括杂交育种、诱变育种而成的基因重组产物;而选育品种则是利用自然界存在的优良基因型,并且选育品种中按选择方式可分农家品种和无性系品种。果农在长期栽培银杏的过程中经过不断繁优去劣的无意识选择所形成的品种,将其称为银杏的农家品种。目前我国银杏品种多是农家品种,但也有一些品种只是变异单株。植物品种还必须经省级以上植物品种委员会审核认定,颁发证书。

品种保护

植物品种保护也称"植物育种者权利",是授予植物新品种培育者利用其品种排他的独占权利,是知识产权的一种形式。为了保护植物新品种权,鼓励培育和使用植物新品种,促进农、林业的发展,我国已于1997年施行了《植物新品种保护条例》;我国于1999年签署了国际植物新品种保护公约,并成为国际植物新品种保护联盟(UPOV)的第26个成员国。根据《中华人民共和国种子法》第十二条规定,国家实行植物新品种保护制度,对经过人工培育的或者发现的野生植物加以开发的植物品种,具备新颖性、特异性、一致性和稳定性的,授予植物新品种权,保护植物新品种权所有人的合法权益。选育的品种得到推广应用的,育种者依法获得相应的经济利益。

品种纯度测定

在一批种核中,随机抽取若干初次样品组成混合样品后,随机抽样测定100粒种核,记载送检样品品种的种核占检测样品总核数的百分率。

品种纯度确认

种核个体间或单株间在植物学、细胞学及生物化学、生物学特征和经济性状等各方面一致或相似的程度。

品种纯度指标

通常为>98.0%。

品种代表植株的调查

①一般概况:来源、栽培历史、分布特点、栽培比重、生产反应。②生物学特性:生长习性、开花结果习性、物候期、抗病性、抗寒性等。③形态特征:植株、枝条、叶片、花、种实。④经济性状:产量、品质、用途、贮运性。

品种的概念

品种是在一定生态环境条件下,经过选育而成的遗传性状相对稳定、有经济价值的栽培植物或饲养动物的群体。同一品种的个体在形态特征和生物学特性方面具有明显的一致性。银杏品种应是在一定生态条件下选出的具有突出而且遗传性相对稳定的经济性状的单株或枝(芽变)及其无性繁殖后代树的群体。仅仅一个单株,不能称为一个品种。一个单株,确系优良,只能叫优株,或叫无性系。一个优株,虽然无性繁殖了,但其性状遗传稳定性还在观察期间,这一群体不能称为品种,只能称品系。银杏是雌雄异株的树种,用种子繁殖(即实生繁殖)的后代,变异多端,尽管是一个单株的实生后代群体,也不能称为一个品种。

品种登录的程序

①由育种者向品种登录权威提交拟登录品种的文字、图片说明及育种亲本、育种过程等有关材料。

②由品种登录权威(个人和机构)根据申报材料和已登录品种,对拟登录品种的名称、性状、特征等进行书面审查。只有特殊情况下,才进行实物审查。

③对符合登录条件的品种,给申请者颁发登录证书。

品种登录的作用

品种登录的作用主要有三个方面:

①对育种者来说,品种被登录就是正式发表,育成品种及其性状描述将被整个育种界和学术界公认。

②对于育种界来说,品种登录年报是研究品种的基础材料,如来源、历史、性状等等,也是相关育种者培育新品种的前提。

③国际登录被认可,能在世界上合法流通,保证品种名称的专一性及其通用性。

品种调查

所谓银杏品种,就是在一定地区和一定生产条件下,具有一定经济价值和适应性,并且个体间的主要经济性状基本一致而稳定的群体。银杏在地球上已经存活了1.7亿多年,天然地形成了许许多多的品种和类型。这些品种和类型在形态特征、生物学特征和经济性状上都存有明显的差异。一个品种之所以存在并繁衍下来,是因为它具有较强的适应性和某些优良性状。当前,我国银杏生产,无论北方产区,还是南方产区,较普遍存在的问题是,对银杏品种资源心中"无数"。这样,就难以做到适地、适品种,适类型的大力发展当地优良品种和引进外地良种。银杏品种和类型是银杏生产的基础。由此看来,品种资源调查不仅要从形态上分别异同,便于认识,更需要建立一个完整的品种体系,以指导生产。1981年广西挂林地区林科所,在本区灵川县海洋乡进行了银杏品种和类型的调查,根据其形态特征、生物学特性和经济性状共划分出 11 个品种。1987 年山东省郯城县,通过数万株银杏的调查,划出了 36 个类型。它们之间种核大小、出核率、出仁率以及丰产性、抗逆性显著不同,从而筛选出了适合当地发展的优良品种、类型。迄今,全国对银杏尚未进行全面而统一的品种调查,这是专家们翘首盼望要解决的一大心事。同名异地、异名同种者在所难免。这样,就更显得银杏品种资源调查之必要了。

品种对插穗生根的影响

不同品种插穗的生根能力有较大差异。大佛指嫩枝扦插插穗生根率为 93.3%,魁铃 77.5%,魁金为 55.7%,梅核为 79.3%,龙眼为 82.3%。

品种分级指标

1. 分布程度

(1) 国内分布频度

以省、市、自治区为统计单位,以县划分。

1 分——5 县以下分布

2 分——6~15 县分布

3 分——16~30 县分布

4 分——31~45 县分布

5 分——45 以上县分布

(2) 分布方式

1 分——孤立、散生分布

2 分——混农、成丛分布

3 分——连续小块状分布

4 分——较大面积成片分布

(3) 种群结构

反映种群的生活强度和天然更新能力。

1 分——仅具构造种群

2 分——缺预备种群

3 分——缺更新苗的种群

4 分——缺构造种的种群

5 分——具连续种群

2. 植物学特征

(1) 种子性状

① 形状

1 分——扁圆形

2 分——倒卵圆形

3 分——椭圆形

4 分——近圆形

5 分——圆形

② 重量(鲜重)

1 分——4 g 以下

2 分——5~6 g

3 分——6 g 以下

(2) 核的性状

① 形状

1 分——椭圆形、略高

2 分——近圆形

② 每千克粒数

1 分——601~500

2 分——501~400

3 分——401~300

4 分——300 粒以下

③ 出仁率(%)

1 分——60 以下

2 分——61~70

3 分——71~80

4 分——80 以上

④ 仁色

1 分——深(淡绿色)

2 分——中(黄白色)

3 分——浅(乳白色)

⑤ 苦味程度

1 分——有苦味

2 分——无明显苦味

3 分——无苦味

3. 生物学特性

(1) 物候期

① 花期(以旬为单位)

1 分——4 月上旬~4 月中旬

2 分——3 月中旬~3 月下旬

3 分——2 月下旬~3 月上旬

② 种子成熟期(以旬为单位)

1 分——10 月中旬

2 分——10 月上旬

3 分——9 月下旬

(2) 生长势

1 分——较弱

2 分——较旺

3 分——旺盛

4 分——极旺

(3) 种子枝结种粒数

1 分——1~2 粒

2 分——3~4 粒

3 分——5~10 粒

4 分——11~15 粒

5 分——16 粒以上
(4)抗病性能
1 分——较抗
2 分——抗
3 分——高抗
4.经济性状
(1)产种数(个)/m²
(产量/m² 冠幅投影面积)
1 分——10 个以下
2 分——11~20 个
3 分——21~30 个
4 分——31~40 个
5 分——50 个以上
(2)核仁品质
1 分——良
2 分——优
3 分——极优
(3)成分含量
①粗蛋白浓度(%)
1 分——5 以下
2 分——5~6
3 分——6 以下
②淀粉浓度(%)
1 分——0.20 以下
2 分——0.2~0.5
3 分——0.51~0.8
4 分——0.8 以上
③总糖浓度(%)
1 分——2 以下
2 分——2.1~5
3 分——5.1~8
4 分——8 以上
④丰产指数
1 分——较丰富
2 分——丰产
3 分——丰产稳产
5.适应性及栽培特点
(1)适应范围
1 分——较小
2 分——较广
3 分——广
(2)栽培特点
1 分——喜阳好、耐修剪
2 分——较好肥、耐修剪
3 分——较好肥、不好水、挖沟扩穴、耐修剪

根据上述评分标准,对银杏品种进行综合评定,最后按评分多少进行银杏品种排序,评出最佳的优良品种。

品种分类

品种分类

银杏品类	长子类	佛指类	马铃类	梅核类	圆子类
种核标本	长金坠	大佛指	大马铃	大梅核	大龙眼
标本形状					
标本测量 长度(cm)	3.19	2.59	2.85	2.29	2.60
宽度(cm)	1.63	1.60	1.98	1.58	2.26
比值	1.96	1.62	1.44	1.45	1.15
长宽比值范围	1.75~2.15	1.45~1.75	1.2~1.45	1.2~1.45	0.9~1.2
纵横轴线交叉点	长线中心	长线上端1/3 处	长线上端2/3 处	长线上端4/5 处	纵横轴线中心

品种化(良种化)栽培

品种化栽培是世界银杏生产发展的总趋势,早在20世纪50年代,日本就开始选育良种,使用无性系品种,发展早实、丰产、核大银杏品种。我国早实、丰产银杏资源丰富,在江苏、山东、广西、浙江、湖北等地均有长期的栽培历史。但由于栽培技术和选育良种的基础薄弱,因此,生产水平还不如日本等国。农民迫切需要科学新技术,需要早实、丰产、稳产、种子粒大的优良品种,以改变低产、低品质、低效益的银杏生产现状。要选育和推广早实、丰产,抗逆性强、品质好(营养成分及风味等)、个大的新品种,迅速提高产量与品质,占领国际市场。

品种划分

品种是栽培物种中最基本的分类单位,必须是具有相同稳定性状的群体,且能反映出利用经济价值和产量水平。银杏是雌雄异株的异花授粉植物,花虽是稳定的器官,但雌、雄花不仅形态、结构、功能不同,而且分别着生在不同的植株上,不能采用花作为划分品种的依据。雄株只开雄花不结种,只表现出开花早迟、开花多少的性状。雌株虽只开雌花,但授粉后能结种,种核性状变异较稳定,能表现出一定产量水平,故雌株可划分品种。雌株的树冠、枝、叶、花没有显著的变异特征,而种子特别是种核有许多变异的显著特征;枝、叶、花的变异与产量相关性不明显,而银杏种核大小、单核重、出仁率、种仁甜糯性及营养成分、核型指数、种子成熟期变异显著,其特征在当代较稳定且能反映出产量水平,可作为划分品种的依据。种核数量和单核重构成银杏产量,产量高低则是衡量品种优劣的主要指标,单核重又是产品分级的依据,单核重的产品经济价值就高。因此,银杏品种划分的重要依据是单核重量和单位树冠投影面积稳定结种数量,次要依据是种子形态、成熟期、种核品质。农家品种的命名,力求采用主产区习用的乡土名。

品种划类

依其用途可划分为五大类。

①核用银杏品种:以优质种核为商品的雌性品种。
②叶用银杏品种:以优质叶为商品的雄性品种。
③核叶兼用银杏品种:以优质核和优质叶兼用的雌性品种。
④材用银杏品种:以优质木材为商品的雄性品种。
⑤绿化观赏用银杏品种:以叶形、叶色、干、枝、冠形奇特而作为观赏用的雄性或雌性品种。

品种间标准叶差异

品种间标准叶差异

枝类	品种	叶面积(cm^2)	叶宽(cm)	叶长(cm)	叶基角(°)	叶柄长(cm)	干重(g)
一年生鳞枝 (第4叶)	马铃	25.39	9.92	5.08	135.1	4.81	0.303
	佛手	27.18	10.16	5.53	130.8	4.91	0.277
	圆子	28.15	10.81	4.92	163.4	5.32	0.274
	梅核	32.37	11.548	5.58	144.8	6.08	0.360
	金坠子	20.38	8.02	5.03	106.4	4.72	0.193
	叶籽银杏	26.15	9.89	5.23	128.7	4.72	0.283
一年生长枝 (第2叶)	马铃	28.02	9.52	5.878	110.1	6.19	0.332
	佛手	33.87	10.60	6.37	112.6	6.96	0.358
	圆子	32.48	10.908	5.858	131.3	7.30	0.394
	梅核	30.27	9.68	6.13	105.3	7.26	0.390
	金坠子	—	—	—	—	—	—
	叶籽银杏	27.54	9.50	5.73	106.6	6.50	0.518
多年生鳞枝 (第3叶)	马铃	19.44	9.45	4.08	157.5	3.84	0.242
	佛手	21.78	9.88	4.341	152.8	3.95	0.208
	圆子	20.35	10.21	3.94	186.68	4.10	0.213
	梅核	30.718	12.83	4.76	196.0	4.48	0.309
	金坠子	19.42	8.801	4.36	132.3	3.581	0.193
	叶籽银杏	19.08	9.22	4.10	156.2	3.77	0.189

品种间杂交

品种间杂交是生物学上同种内不同品种之间的杂交。是育种工作中最常用的杂交方式之一。

品种命名的依据

品种名字只是区别品种的符号。由于品种繁多,看起来"五花八门"、"乱七八糟",其实诸品种的命名都是有一定依据的,并非"不受任何约束"。果树界给果树品种命名的依据大体是:依果实大小、颜色、形状等特征;依原选种编号;依原产地;依原产地加果实形态特征;依果实肉质风味;依亲本名;依地名加亲本名等等。也有以"皇""帅""冠""魁"尊称的。如葡萄,有葡萄园皇后,苹果有红元帅、黄元帅等,猕猴桃有金魁、魁蜜。英国的银杏也有"皇后"品种,我国银杏有"洞庭皇""海洋皇""岱皇""红安皇"等,不足奇怪。称"皇""帅""冠""魁"也绝不会防碍新品种的命名。以至于以自己名字命名的品种,以往国内还没有先例,但国外存在。

品种内杂交

品种内杂交是栽培植物同品种内不同个体之间进行的杂交,能提高品种的生活力,是品种复壮方法之一。

品种(品系)的发展概要

由于银杏植物之间存在着形态和生理上的差异,在长期的栽培实践中,我国对于银杏的各种性状有所了解,选育了许多优良的地方品种(品系)。

1935年,曾勉对浙江诸暨银杏品种进行了描述记载,共3类10个品种。

1957年,何凤仁、赵有为发表了江苏泰兴银杏品种的调查报告,文章认为,泰兴的银杏品种以佛指为多,其次为"龙眼""野佛指""蝙蝠子"和"七星果"。

1959年,《中国果树栽培学》依照曾勉的银杏分类格式,记载了3大类10个品种。

1961年,《果树栽培学》也依照曾勉的分类格式,记载了3类14个品种,较《中国果树栽培学》所记载的品种增加了4个品种,即"长柄佛手""算盘果""中马铃""青皮果"。

1978年,《中国植物志》(第7卷)记载了12个银杏栽培品种。

1983年,李寿兴等发表了广西灵川和兴安的银杏品种调查报告,共3类9个品种。

1983年,邓荫伟等发表了广西灵川县海洋乡的银杏品种调查报告,共3类11个品种。

1983年,山东农业大学梁立兴,报道了山东郯城果材用型的银杏——高什果。

1984年,郭善基等报道了山东省沂源县"叶籽"银杏的调查情况,发现"叶籽"银杏上有3种类型的种实,除带叶种实外,尚有不带叶的正圆形及长圆形种实同时存在。邓荫伟(1989)在广西也发现了"叶籽"银杏。

1984年,吴大应发表了浙江省长兴县的银杏品种情况,计有"大佛手""小佛手""圆头""眼珠子"。

1986年又经过详细调查,将长兴银杏品种增至6种,但缺乏性状方面的描写。

1984年,林协等报道了广西灵川县海洋乡苏家坪村的"皱皮"银杏,并确定系梅核类中的一个中熟品种。

1985年,庞森对广西灵川县海洋乡的银杏品种,发表了一份内部调查报告,计5类18个品种,并做了简要的性状描述。

1985年,项先志发表了湖北孝感的银杏品种情况,记载了3个品种。

1988年,史继孔发表了贵州盘县特区的银杏品种状况,计6个品种,并做了简要描述。

1989年,江苏《邳县银杏志》记载了邳县(现邳州市)银杏品种8个,即大梅核(青皮烂)、小梅核、大龙眼(凤眼)、小龙眼(小圆子)、大佛手(扁佛手)、佛手、尖顶佛手、大马铃等,并作了简要描述。

1989年,何凤仁等在《银杏的栽培》一书中,介绍了江苏省的银杏品种和类型,计有佛指、佛手、七星果、扁佛指、马铃、龙眼等。

1989年,何凤仁、韩宁林通过大量的品种汇集和观察研究,对银杏品种的分类提出了新的见解,即按银杏种核的长宽比例和两轴线的正交位置,将银杏品种划分为5大类,即长子类、佛指类、马铃类、梅核类、圆子类。

1993年,由中国林业出版社出版的《中国果树志·银杏卷》内,记载了我国各地已经应用的46个品种。

品种权保护

银杏是林木,又是果树和观赏树木,保护期限自授权之日起为20年。品种权人应于授权当年开始缴纳年费。审批机关将对品种权依法予以保护。

品种权的申请与批准程序

①提交请求书、说明书和该品种照片;

②审批机关对种类范围、新颖性和命名进行初步审查;

③审批机关授权测试机构对特异性、一致性和稳定性进行实质审查;

④对实质审查合格的新品种,由审批机关颁发品种权证书。

品种群

品种群是由相似生态型的许多品种归类而成,如马铃类、梅核类、佛指类等等。

品种审定结果

①审定委员会提出审定报告,说明对该品种的评议和推广意义。由林木良种审定委员会办公室统一编号、命名、登记,并发给审定合格证书。发给《生产许可证》后,方可从事良种生产。后再上报全国林木良

种审定委员会备案。②通过国家级审定的,可以在全国适宜的生态区域推广。通过省级审定的在本省的生态区域推广;相邻同一生态区的地域,经所在主管部门同意后可以引种。

品种审定指标

①良种指标。所有银杏良种的指标,可参照第二章《银杏良种选育》中的"银杏良种选育标准"。

②试验指标如下。

(1)繁殖技术和栽培技术完整配套,可以大面积投产,投入产出比高,经济效益显著。

(2)试验期限。一般银杏良种要有连续4年以上正常产量记录;材用银杏良种试验期限不少于1/4轮伐期。

(3)区域试验。具有生态差异的地理区域不少于3个试验点,有常规品种对照,每点试验面积在2 hm^2 以上。

品种五大类

①长子类。种核纺锤状卵圆形,一般无腹背之分,稀背厚腹薄。上端圆钝,下部长楔形。基部两束迹迹点相距较近,几相靠合。两侧棱线上部明显,下部仅见痕迹。种核长宽比约2∶1(变动于1.75∶1和2.15∶1之间),纵横轴线之交点位于种核之中心位置。

②佛指类。种核卵形,腹背面多不明显。种核下宽上窄,个别品种(如"尖顶佛手")基部呈锥形。顶秃尖,基部两束迹迹点小,距离近,或相连成鸭尾状,靠合为一。两侧棱线明显,但不具翼状边缘。种核长宽比约1.6∶1(变动于1.75∶1和1.45∶1之间),纵横轴线之交点位于纵轴上端1/8处。

③马铃类。种核宽卵形或宽倒卵形,大部上宽下窄。一般无腹背之分。种核最宽处有不明显的横脊。种核先端突尖或渐尖,基部两束迹迹点小,相距较近,有时连成一线。两侧棱线明显,中部以上尤显。种核长宽比约1.44∶1(变动于1.2∶1和1.45∶1之间)。纵横轴线之交点位于纵轴上端2/3处。

④梅核类。种核长卵形或短纺锤形,上下宽度基本相等(上部稍显宽圆)。种核先端圆秃,具微尖,基部两束迹迹点明显,有时连成一线或聚为一点。两侧棱线明显,中上部呈窄翼状,有时延至基部。种核长宽比约1.35∶1(变动于1.2∶1和1.45∶1之间)。纵横轴线之交点位于纵轴上端4/5处。

⑤圆子类。种核近圆形或扁圆形,腹背面不明显。种核一般较马铃为小,上下左右基不相等。种子上端钝圆,具不明显之小尖,基部二束迹迹点较小,但明显突出。两侧棱线自上至下均甚明显,并成翼状边缘。种核长宽比约1∶1(变动于0.9∶1和1.2∶1之间)。纵横轴线之交点位于种核之中心位置。

品种(系)耐热性

采用不同指标如热害指标、品种数、半致死温度、丙二醛(MDA)、光化学效率(Fv/Fm)和光合速率,在人工模拟热胁迫条件下,利用直接鉴定法和间接鉴定法对6个银杏品种(系)二年生幼苗进行耐热性评价。结果表明:①在高温逆境下,不同银杏品种(系)在热害指数、半致死温度、丙二醛(MDA)、光合速率和光化学效率(Fv/Fm)各方面均表现出明显的差异,且各指标反映银杏的耐热性基本一致。②从各指标中与银杏耐热胁迫能力的相关性来看,半致死温度与银杏耐热胁迫能力达显著相关性,可见,半致死温度在以上各指标中最能有效反映银杏耐热胁迫能力的大小。③运用隶属函数法及聚类分析对6个品种(系)银杏幼苗耐热性进行综合评价,可将6个品种(系)分为3个耐热等级:37号、39号为耐热品种;36号、11号、35号为较耐热品种;33号为热敏品种;37号与33号品种可以作为银杏的热适应机制理想的对比性分析材料;37号与39号品种可作为在农业生产上的初选品种。

品种选优及其结构调整的依据和条件

品种选优及其结构调整的依据和条件

依据和条件	内容和指标
1	品种选优的用途和目标明确,符合"三高一创"农业发展需要,有较好的市场前景和经济效益
2	具创新体系,品种选优技术先进,结果可靠,品种结构调整充分论证,科学决策,方案切实可行
3	品种结构调整采用的成果成组配套,适合规模化和商品化生产
4	品种选优和结构调整的科技力量及经费投入有保证
5	采用的国家、省级各类科技成果和引进国内外优秀成果具相应的转化基地和园区,并具推广技术和规模
6	品种选优和结构调整具银杏资源优势和相应的技术基础设施条件
7	品种选优调整对优化结构、发展持续高效农业具明显促进作用
8	品种选优和结构调整对有效开发利用银杏资源,培育区域性银杏产业有明显的促进作用

品种选育程序

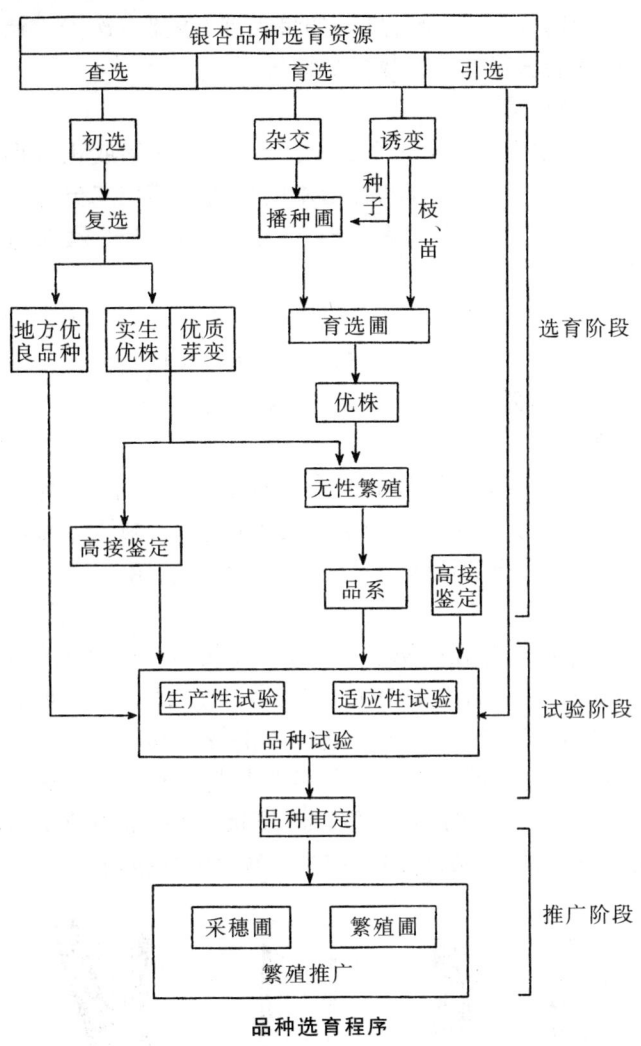

品种选育程序

品种选择

银杏叶片中有效药用成分（黄酮类和内酯类化合物）的含量因品种、产地、树龄、雌雄株、采叶时间、采叶部位、加工方式及实生苗与嫁接苗的不同而有差异；不同银杏品种生长情况也不一致。因此，为使叶用园产量高、品质优，首先必须选择叶产量高、药用成分含量高的品种作为叶用园的建园材料。目前，银杏叶用品种的筛选工作尚处于起步阶段，有些已取得阶段性成果，但仍处于筛选出一些较好的品种（系），尚未进入繁殖、推广阶段。如曹福亮等（1993）研究了江苏泰兴市境内18株雄树优株，发现有4株具叶用丰产潜力；山东郯城也筛选出了叶用优良单株；从叶产量、叶片中黄酮和内酯含量等方面研究了13株经过粗选的叶用优良单株，最后从单株有效经济产量（叶产量×黄酮含量＋叶产量×内酯含量）筛选出4株优良叶用单株。

品种选择和授粉树配置

建园时根据市场需要，要做好对品种的组合和选择。银杏的结果期较晚，只有选择优良品种，并考虑到品种搭配延长供应期，才能收到良好的经济效益。以材用为目的，则应选择干形通直、速生、冠窄的品种。以收获种实为目的，则应选择大种型、核仁洁白、糯性强、香味浓、出仁率高的品种。由于气候条件的差异，在南方要采用耐高湿的品种。而耐干旱、耐寒冷的品种，可以在北方发展。砂砾、盐碱地区，应选用抗性强、耐瘠薄的品种。土壤肥沃、水源充足的园地，要种植丰产性强的品种。早、中、晚熟品种搭配，可延长市场供应，利于调配劳力。作为雌雄异株的植物，建园时应选择优良雄性株系或品种配植，雄性品种的标准应该是生长健壮，无病虫害，抗性强，花期和主栽雌性品种相遇，开花多，花粉萌芽率高，授粉后亲和力强。

品种遗传多态性的 RAPD 分析

以 52 个银杏品种的鲜叶为材料，提取总 DNA，从 56 个随机引物中筛选出 8 个单引物和 4 对双引物进行 RAPD 扩增。以随机扩增多态性 DNA 标记方法进行遗传多样性分析。用 NTSYS—pc 2.10e 软件计算样品 1"4 的 Dice 相似性系数，用 UPGMA 法进行了聚类分析作聚类图。结果表明，8 个单引物和 4 对双引物扩增共得到 85 个位点，其中 81 个（95%）是多态性的。说明供试样品在 DNA 水平上有很高的遗传多样性，供试样品可分为两大类，北京梅核、南雄上矽（雄）、华口大白果为一类，其他的为第二类。在四个泰兴品种中泰兴 2 号和泰兴 5 号的相似性系数是 0.968，表明它们的遗传关系比较近。这在分子生物学方面为银杏的品种分类和遗传多亲性提供一些新依据。

品种与位置效应

采用采穗圃当年生枝条截取的接穗表明：①与成龄大树上的接穗不同，5 年生树当年生接穗位置效应明显得以缓和，基角＜50°，此外基角与梢角差异不明显，枝条几乎按一个方向斜向生长。②不同品种之间尽管基角有所差异，但不十分明显。团峰基角最大达 45°，而魁龄最小达 36.7°。

品种真实性

送检的种核样品是否与文件记载的相同，是否与送检单位或人指定的产品名称相符合。

品种真实性确认

根据送检样品的文件记载目测种核的形状和相关性状，测定核形指数，确定品种名称。

品种资源

品种资源种质资源的一部分，是培育品种用的原材料。包括通过评选和收集来的地方品种,以及向国内外育种单位征集的过去和现今育成的改良品种和具有一定特点的类型或遗传材料。例如资源圃中收集的除野生资源外大部分种质材料均属此类。

品种资源的重要性

从野生植物到栽培植物,就是利用了自然界的植物资源从事育种工作,在明确育种目标的前提下,首先是从资源中得到所需要的原始材料。尤其是当前银杏的育种工作,要从原始材料的选择而决定所掌握品种资源的广度和深度。然而品种资源中不可能具备与生产发展相适应的综合遗传性状,但资源中分别有某些特殊的种质,为了提高品种的增产活力、增进稳产性能、改善熟性、改进质量等性状,就在品种资源中筛选产品优质源,所以要大量收集品种资源,加以深入研究,更好地发挥资源的作用。突破性的成就决定于品种资源的发现和利用,各地银杏科技工作者有的在丰富的古银杏资源中,筛选了许多优良核用品种,如海洋皇、龙潭皇、安陆1号、神农1号、红安皇等,而江、浙一带从早期的嫁接树中,经过长期的人工选择,又产生了新的优良品种,如大佛手、大马铃等,也就是生产上提出更高的要求,更新的结果。目前我国许多山区还有丰富的原始银杏资源,有的地方已建立种质资源圃,但有的还没有被发掘和利用,还需要继续考察、搜集、整理,希望这项工作能有计划、有组织、有步骤地加速发展,从而加速我国银杏品种育种工作的进程。

品种资源调查程序

银杏品种资源调查工作量大,涉及面广,所以,调查前应充分做好准备工作。①资料收集。资料包括气象条件、生境条件(土壤、地形)、植被、行政区划以及银杏种植和分布面积、产量、销售、生产水平等。以及收集当地群众对银杏品种划分的方法、俗名、数量及分布范围等,把群众的经验作为品种调查的重要补充的佐证材料。②调查方法和步骤。银杏品种资源调查要充分发动群众,实行专家、果农密切配合,生产、科研、行政主管部门通力合作,采取查、访、看、测、比相结合的办法。初步了解一个地区银杏基本情况,初选调查对象。然后会同有关专家到银杏分布区深入果农进行实地调查,调查有关当地银杏品种,填写有关表格,进行登记。同时进行拍照树体全貌及局部特征照片,采集枝、叶、花、果、根等全套标本。物候期调查,要多次深入现场,才能获得完整的资料。经过调查、分析,取得可靠的数据,作为建档的原始资料。将初步调查、收集、测试的材料、图片、数据,依照调查方案中制定的标准和条件,详细进行比较、分析与综合,归纳分类,划分类别。如果需要,还要多次深入调查,才能获得准确的数据和材料。

品字形配置

三角形配置的一种形式。如用长方形或正方形配置的株行距,相邻两行苗木的种植点错位二分之一的距离排列,即成品字形。这种配置的树冠发育匀称。

  第一行 ○ ○ ○ ○ ○
  第二行 ○ ○ ○ ○ ○
  第三行 ○ ○ ○ ○ ○

平床

床面与地面同高的苗床。步道因行走踏实,要比床面略低。平床一般用于环境条件较好,雨量分布均匀,不需灌溉的地区。银杏也常用平床育苗。

平腹接

平腹接是在接穗下端先削一个长 2.0~2.5 cm 的长削面,端部深达穗粗的 2/3;再于背面削一个短削面,较长削面短 0.5 cm。选砧木的嫁接部位切一平斜切口,深达木质部的 1/3,长度与长削面相等。接穗插入时应将一侧的形成层对准、密接,然后用塑料条绑扎。成活后剪砧,可培育成主干较直的嫁接苗。

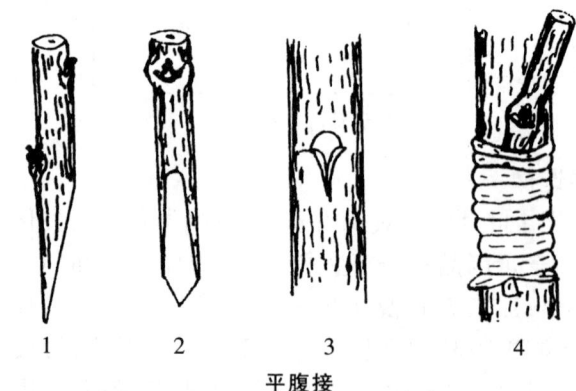

平腹接
1.接穗侧面 2.接穗正面 3.砧木开口 4.绑扎

平谷县的古银杏

平谷县共有古银杏 3 株,华山、祖务、黄松峪各 1 株,均列为一级古树予以保护。

平衡施肥

平衡施肥是国内外配方施肥中最基本和最重要的方法。根据银杏需肥量与土壤供肥量之差来计算实现目标产量的施肥量,由银杏目标产量、银杏需肥量、土壤供肥量、肥料利用率和肥料中有效养分含量等五个参数构成平衡法计量施肥公式,可告诉人们施用多少肥料,其算式表达是:

施肥量(kg/hm^2)=(银杏达到目标产量的吸收营

养元素量-土壤供肥量)/[肥料中有效养分浓度(%)×肥料利用率(%)]

银杏目标产量是根据品种、树龄、树势、花芽及气候、土壤、栽培管理等综合因素确定当年合理的目标产量。银杏的需肥量可根据银杏年周期中干物质增长量分析计算获得。土壤供肥量：土壤氮的供应量约为吸收量的1/3，磷为吸收量的1/2，钾为吸收量的1/2，肥料利用率根据各地试验结果是氮约为50%，磷为30%；钾为40%。肥料中有效养分含量因肥料种类不同而不同。

平衡树势

应用综合技术使银杏树体间及冠内各枝条生长有序而达到主从分明，树势平衡。树势不平衡的类型包括上强下弱、下强上弱、外强内弱、内强外弱、偏冠树等。树势不平衡对产量、品质等均有一定影响，应加以调整。调控树势、枝势的主要方法有控制留花芽量、结种量、留枝量、枝条角度以及应用生长调节剂等，具体应用时应具体分析，对症采取措施。

平均最低气温

某一定时间内出现最低气温的平均值。它代表该时间内最冷时刻的平均温度。如某一定日期的平均最低气温，就是该日最低气温的多年平均值，代表该日最冷时刻的平均温度。某一年的月平均最低气温，就是该年各月每日最低气温的平均值，代表各月中最冷时刻的平均温度。它可作为划分气候类型的指标。

平均最高气温

某一定时期内出现最高气温的平均值。它代表该时期内最热时刻的平均温度。如某一定日期的日平均最高温度，就是该日最高气温的多年平均值，代表该日最热时刻的平均温度。某一年的月平均最高气温就是该年各月每天最高气温的平均值，代表各月中最热时刻的平均温度。它可作为划分气候类型的指标。银杏能耐短期40℃的高温。

平濑作五郎

1896年，在植物科学史上，记载着一项轰动世界的重要发现：日本东京帝国大学小石川植物园的助教平濑作五郎发现了银杏的精子。平濑作五郎发现了且有运动机能的银杏精子，他的发现得到了当时从事形态解剖研究的井健次郎博士、德国的植物形态学家歌贝尔(Goebel)和英国的化石学家斯科特(Scott)等人的承认，并绘出了精子的外形图。为纪念平濑作五郎在植物科学上的贡献，东京每年9月10日左右，许多植物学工作者、学生都会来到小石川植物园，参观这株雌银杏树，开展科学活动。现在已知银杏精子长0.08~0.1 mm，宽0.05~0.08 mm，呈椭圆形细胞，核为球形，顶端有一根螺旋状的线，线上长有很多纤毛。

平整土地

根据地理条件、资金和劳力，决定整地方法。银杏是深根性树种，寿命很长，因此对整地尤为重要。在整地过程中，发现有不透水层、厚沙层等，必须深翻打破。地势高低不平，影响灌溉和排水的，必须设法平整。如1990年邳州市银杏良种繁育圃，建立银杏种质资源圃时，发现有60 cm厚的沙层，当时采取条状深翻改土，挖深1 m、宽2 m的条沟，把底层黄土和上层砂土混合。1993年扩建良种采穗圃时，考虑雨季排水问题后，接着就是园地放样，即把道路(主路和支路)、沟(大沟和中沟)，按设计要求放样，确定生产区和生产小区。

平仲

我国西晋(公元265—316年)时期对银杏的称谓。

评选国树条件

①该树在中国人民心目中有深远的影响；②该树能象征中华民族的性格；③该树应在神州大地上广泛分布；④该树有重大的科研价值和经济价值。

苹白小卷蛾

苹白小卷蛾 Spilonota ocellana (Schiffer müller et Denis)，又名苹芽小卷蛾、苹小卷叶蛾等，属鳞翅目卷蛾科。国内分布于辽宁、河北、山东、江苏、江西、湖北、广西等地；国外分布于朝鲜、日本、苏联、欧洲、北美等地。该虫以幼虫危害芽、花蕾及叶片，严重影响植株正常生长及白果产量。除银杏外尚可危害苹果、梨、杏、李、樱桃、山楂等果树及各种阔叶树。

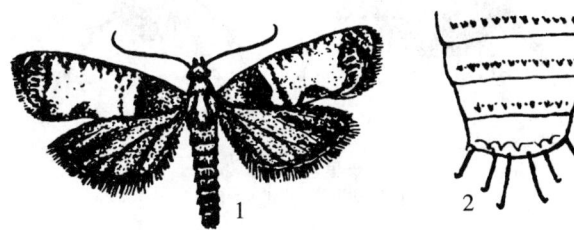

苹白小卷蛾
1.成虫　2.蛹腹部末端形态

该虫在北方地区1年1代，以幼龄幼虫在芽内越冬。翌年银杏萌芽时，幼虫危害嫩芽，并吐丝缀芽鳞，蛀屑。幼虫稍长则在枝顶部缀嫩叶危害，吐丝黏碎屑成巢囊。6月中下旬老熟幼虫在卷叶内结茧化蛹。7月上旬为成虫羽化盛期。7月中旬成虫在叶背产卵。7月中下旬初龄幼虫先在叶背沿叶脉危害，8月上旬转入芽内危害。8月中旬以幼龄幼虫在被害芽内越冬，以枝顶较饱满的芽较多。

防治方法如下。

①人工防治:结合冬季整形修剪,剪除被害枝芽,消灭越冬幼虫。②化学防治:初春银杏萌芽发叶时及7月下旬幼虫危害期,以2.5%溴氰菊酯3 000倍。喷枝叶杀灭幼虫。

苹果红蜘蛛

苹果红蜘蛛又叫短腿红蜘蛛 panonyehus ulmi Ro.,属蛛形纲,蜱螨目,叶螨科。在国内分布较广,是我国北部果区的重要害虫。除为害银杏外,还为害苹果、梨、桃、李、杏、沙果、海棠及山楂等。萌芽被害后,重则发黄、焦枯,影响展叶开花。叶片被害后呈现黄褐色小斑点,重则全叶枯黄,但不脱落。

一年发生7～9代,以深红色卵在短枝、长枝节缝的背阴面及翅皮下等处越冬;发生严重时,各枝条及主干均有越冬卵。第2年日平均气温10℃左右时,卵开始孵化。银杏开花盛期第1代雌虫大量产卵,落花后10℃左右时,卵开始孵化,10 d左右,第1代卵基本孵化完。此后虫态重叠,7～8月间为全年发生盛期,可看到大批成虫垂丝下坠,随风飘荡,扩散为害。卵多产在叶背主脉和近叶面处,或在叶面主脉凹陷处。卵期平均9～10 d,气温高时为6～7 d。一般在9、10月间产卵越冬,10月间又常出现大量成虫。

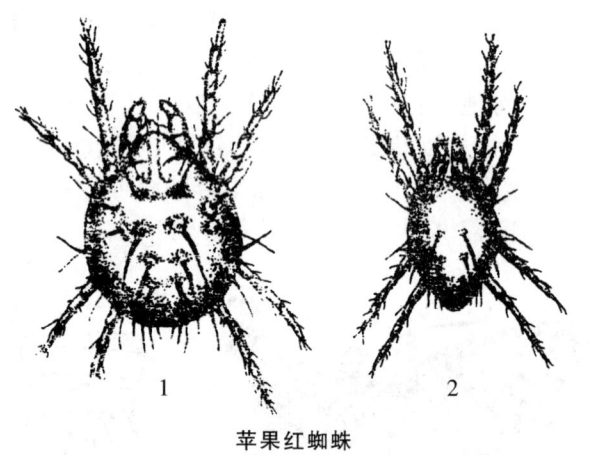

苹果红蜘蛛
1.雌成虫　2.雄成虫

防治方法如下。

①冬末刮除翘皮,集中烧掉,并做好树干涂白,对防治苹果红蜘蛛效果显著。

②在苹果红蜘蛛成(若)虫大量发生期和卵大量孵化期,可喷洒1 000～1 500倍40%乐果乳剂,或1 000倍30%三硫磷乳剂,并混入800倍三氯杀螨砜,以同时杀死卵、成虫、若虫,效果十分显著。

③多年实践表明,石硫合剂成本低,对红蜘蛛杀虫效果显著,污染环境轻,如红蜘蛛已对某些农药产生抗药性时,可在花前花后连续喷洒0.3～0.5波美度石硫合剂,夏季可喷洒0.2～0.3波美度石硫合剂。

④保护利用天敌。天敌对控制红蜘蛛数量起重要作用,应着力加以保护。常见的天敌有食螨瓢虫、六点蓟马、黑花蝽、异色瓢虫、草蛉等。这些天敌多在落花后开始活动,因此加强对红蜘蛛虫口数量动态调查,抓紧越冬后的前期防治,对残效期长的农药尽量少用或不用,以减少大量杀伤天敌,对保护天敌控制红蜘蛛数量大有益处。

枰

我国汉之后,晋之前对银杏的称谓。

瓶尔小草状楔拜拉

瓶尔小草状楔拜拉 cf. Sphenobaiera ophioglosum Harris。生长地域:河北。地质年代:中侏罗纪。

坡位

山坡的部位。常用来说明一个地段。一般分为山顶,山坡上部、中部和下部。坡位对银杏的生长有一定的影响。通常山坡下部的土壤较深厚、湿润,上部的土壤条件则较差,在自然条件下,山坡下部的银杏常较上部为好。银杏适宜在山坡下部栽植。

坡向

山坡所面向的方向。如向南的坡叫南坡,又叫阳坡;向北的坡叫北坡,又叫阴坡。东南坡、西南坡、西坡合称半阳坡,西北坡、东北坡、东坡合称半阴坡。不同坡向的生态因子变化很大:阳坡光照充足,温度较高,湿度较小,阴坡则与此相反。银杏的分布、生长发育状况等,都与坡向有密切的联系。山地育苗、栽植、抚育都应考虑坡向因子。

破壳后不同温度条件下的种核发芽率

破壳后不同温度条件下的种核发芽率

处理	3/31	4/1	4/2	4/3	4/4	4/5	4/6	4/7	4/8	4/9
60℃	0.21%	0.32%	0.36%	0.40%	0.43%	0.47%	0.50%	0.54%	0.59%	0.65%
50℃	0.28%	3.13%	6.56%	12.48%	17.93%	21.40%	25.10%	28.92%	31.54%	35.85%
40℃	0.30%	3.41%	7.12%	14.23%	18.98%	24.67%	29.34%	32.90%	37.21%	40.30%
30℃	0.25%	2.94%	5.87%	11.12%	13.01%	14.38%	17.45%	20.13%	23.24%	25.2%

菩提寺古银杏

镇平县杏花山菩提寺门内,有一棵挺拔耸翠、枝叶婆娑,被称为"仙女化身"的古银杏。神话传说"杏花山疫病流行,民不聊生,天上仙女下凡救助百姓,不料触怒天帝,派遣天兵天将捉拿她们,仙女们躲藏起来,一化而为分枝繁茂的银杏树"。这棵古银杏胸围3.2 m,树高24.6 m,是寺内著名的景观古树。寺中石碑记载,菩提寺始建于唐高宗永徽四年(公元635年),宋、明两代皆重修过,到了清康熙二十年(公元1618年)又扩建成现在的规模。古银杏树可以判定系清康熙以前古树,至少也有300多年的历史。

葡萄果

母树位于广西灵川县海洋乡,树龄约200年,树高12.7 m,胸径61.7 cm,主干高11.5 m,平均株产70 kg。为圆子银杏类,是广西灵川、兴安产区的地方品种,占广西银杏产量的80%左右,为顶梢扦插苗种植,无主干,在1.5 m处分为3~4大枝,树冠呈圆头形,侧枝分布均匀,小枝微微下垂,结果枝挂果成串似葡萄果枝状,产量大小年不明显,产量变幅在30%左右。种实微圆形,纵径2.77 cm,横径2.79 cm,顶部微凹入呈"一"形,基部平,单果重12.9 g,每千克77粒,外种皮淡黄色,油胞较多,表皮白粉多,果柄略弯曲,长3.6~4.5 cm,种实出核率为21.73%。种核椭圆形,纵径2.1 cm,横径1.8 cm,顶部无尖,基部平,略见两维管束迹凸出,一高一低,两束迹间距3.2 mm,多数核棱为二,有极少数二棱者背腹明显,三棱者棱线在种核表面分配匀称,棱线占种核外弧长的90%,最长者达95%,单核重2.51 g,每千克398粒,出仁率为80%。本栽培品种在广西主要分布于灵川、兴安二县,零星分布于全州、阳朔二县。

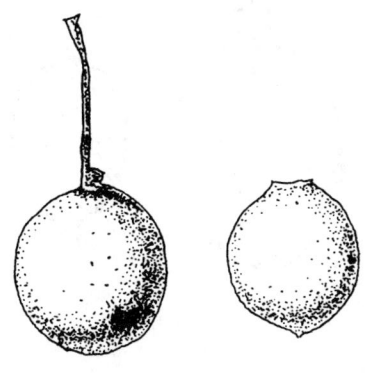

葡萄果

蒲扇

在银杏产区,有的村民以银杏叶酷似一把把小扇,形象地称之为"蒲扇"。

圃地喷药灭草

①15%精稳杀得每亩50 mL
②12.5%盖草能每亩40~50 mL
③12.5%拿捕净每亩70~80 mL
④12.5%禾草克每亩40~50 mL

在5月份,苗期禾本科杂草盛发时进行茎叶处理,方法是以上配方任选一种,每亩兑水50 kg喷雾。

圃地施足基肥

施足基肥是培育银杏速生丰产苗的主要技术措施。在诸措施中这一技术措施占据主导地位。然而施肥却是一个非常复杂的问题,它受着土壤种类、土壤质地、有机物与无机物的含量基础、降水量的大小等等许多条件的影响和限制,往往不易分辨。生产实践表明,在其他条件和采取的技术措施相同的情况下,每亩施入1万千克厩肥者,1年生苗木平均高17.6 cm,地径0.9 cm,平均叶片数17.3枚;每亩施入0.5万千克厩肥者,苗木平均高14.0 cm,平均地径0.7 cm,平均叶片数9.9枚;不施基肥者,苗木平均高10.5 cm,平均根径0.46 cm,平均叶片数6.3枚。这充分说明,为培育银杏速生苗施足基肥的重要性。此外,在整个银杏生长期间,还要适时进行土壤和叶面追施复合肥料。试验表明,于生长期喷洒0.5%的磷酸二氢钾,比同样条件下不喷洒的高生长量增加15%~17%。

普拉米达

雄株品种,目前没有形成商品。

普拉米达利斯

由插条繁殖形成的雄株品种,并收集在俄亥俄州的Holden植物园。由于1959年后命名"法规"改变,该名未定。

普雷金斯

树干低矮,阔展,树形呈伞状。

普林斯顿卫兵

这是著名的栽培品种,慢性型,叶大,观赏性强,树冠尖圆锥形,雄性。

普通干藏

将干燥至安全含水量的种子装入一般干燥的容器中贮藏的方法。银杏是不适宜干藏的种子,如干藏种核会失去发芽力和降低其商品价值。

Q q

七搂八拃一媳妇

山东莒县浮来山一带,多少年来,广泛流传着古银杏"七搂八拃一媳妇"的传说。不知哪年哪月天下大雨,有位小生来到树下避雨,他抬头一看,好大的树呀!树荫覆盖约一亩多地,树干有多粗呢?他顿生好奇之心,想量看看。但身上又没有带尺子,用双臂搂吧。当他搂到长七搂时,忽见一位年轻美貌的小媳妇也倚在树下避雨,他不能再搂了,剩下一段就用手去拃,当他拃到第八拃时,已经拃到小媳妇的身边,小媳妇头不抬,眼不睁,一动也不动,小生没有办法,只好叹了口气说:"哎,算了吧!就算它是七搂八拃一媳妇吧!"从此,这"七搂八拃一媳妇"就成为这棵古银杏树干的粗度了。

"七星白果树"的传说

南召县在千年古刹丹霞寺的对面,有七株同根而生的雄性古银杏,树高32 m,地径7.5 m,占地600多平方米。树龄1 200年,树基部盘根错节,独木成林,气势磅礴,蔚蔚壮观。为禅宗胜地一大奇景。因与天上"北斗七星"有对应之意,便有许多动人稀奇的传说。相传,很久以前,这里风调雨顺,邻里和睦,百姓日出而作,日落而息,过着悠然自得的田园生活。不知何时玲珑山下黑龙潭住进一条蛟龙,它无恶不作,扰乱乡里,稍不随它意,便舞风弄雨,弄得百姓民不聊生。这年他为得到一对金童玉女而不随,便使这里连年干旱,赤地千里,久居这里有家郝姓富户,家底殷实,德高望重,为助百姓解困散尽家财,却不能解百姓之苦,于是,带家人前去跪求蛟龙施风布雨,救民于水火之中。其实蛟龙早已看上郝家娇颜如花的小女儿,蛟龙暗自窃喜,表面上佯做应答,但条件是要郝家将小女儿许配与它。郝家想到受苦受难的百姓,百般无奈之下就答应了恶龙的要求,但须等降雨后方可将女儿许配与它,果然第二天人们就迎来久别的甘露。当恶龙满怀喜悦来娶亲时,突然之间乌云密布,狂风交加,雷电轰鸣,原来郝家的救民真情感动了天庭,上天派北斗星君前来降妖除魔,一道闪电划过,北斗星君除去蛟龙,并把郝家全家祥云托起,带上天堂。为弘扬郝家舍身为民的忘我精神,达到抑恶扬善的目的,北斗星君在郝家跪求恶龙之地留下他特有的标记——七株同根的银杏树,就像七把宝剑,插在那里,震慑妖孽不敢胡作非为,永保百姓风调雨顺,安居乐业。因七株同根的银杏树状如北斗,故人们称为"七星树",方圆数百里群众将之奉若神明,并对此树倍加精心呵护。凡有困难者,只要向这株"七星树"祈祷,困难便会迎刃而解。"大跃进时期",有人借"大炼钢铁"之名,妄砍"七星树",虽众人劝阻,仍被砍去一株,说也凑巧,没过三天砍树之人便得急病而亡。自此,再也无人敢对"七星树"有非分之想了。七星白果树,现剩下六株,根盘弯曲层层叠叠,呈现出一副天然盆景。雄花开放时节,香飘数里,沁人心脾,炎炎夏日,繁茂枝叶带来浓浓的凉意,供游人尽享大自然赐予的乐趣。

七星果

种核两面具有7~14个稀疏分散、形似群星的针孔状凹点。种子、种核均为长卵圆形,种核两侧均有明显棱脊,亦不成翼。个别斑孔直径可达0.5 mm。单种重9.0 g,每千克种核303~345粒。出核率26%,出仁率80%。种子成熟较佛指的迟1周。种核外形美观,特点明显。种仁味香性糯,无苦味,品质上乘,商品价值高,具有广阔的发展前途。

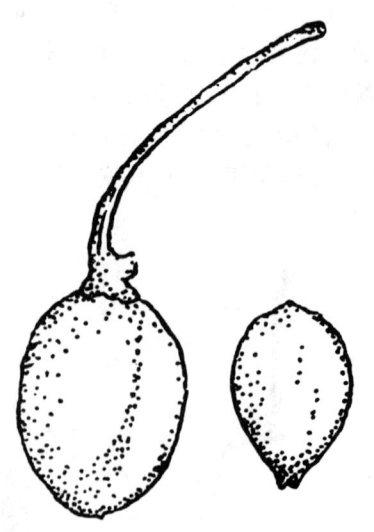

七星果

七星梅核

原产湖北安陆,又名64号七星梅核,丰产。果长×宽为2.6 cm×2.38 cm,果柄长3.5 cm,果鲜重9.49 g,出核率29.14%。果柄较长,中果型,外果皮暗棕色。种核短而胖,背圆腹平,核长×宽×厚为

2.27 cm×1.71 cm×1.45 cm，单核重2.86 g，出仁率75.25%，单仁重2.10 g，仁微甜。

奇丽楔拜拉

奇丽楔拜拉 Sphenobaiera spectabilis (Nath.) Florin。生长地域：新疆、湖南、浙江、陕西。地质年代：晚三叠纪。

奇异的"树奶"

山东省郯城县官竹寺1 200年生的银杏雄树上生长着10余个"树奶"，最长的125 cm，最粗的基部直径达41 cm。贵州省盘县黄家营村的银杏树几乎株株都生长着"树奶"，奇怪的是一株40年生的银杏树，主枝下侧也长出了40多厘米长的"树奶"。在我国银杏分布区，有许多银杏大树往往在主枝的分叉处和主枝的下侧悬垂向下生长着钟乳石状的"树奶"。山东称之为"树橑"，江苏称之为"树奶"。也有称之为"气根"的，也有称之为"树参"的。日本人称之为"垂乳"，欧美植物学家称之为"树瘤"。如果这些奇异的"树奶"向下长，着地后就可生根、发芽、长叶。人们利用银杏这一生物学特性，把"树奶"切下，倒植于土中，使其生根、发芽、长叶，作盆景，可成为园林中的艺术珍品。经解剖研究得知，银杏"树奶"在靠近亲本枝干着生处含有一条中央深埋而与芽结合的短枝，这些芽可与"树奶"的次生生长同步。凡生有"树奶"的银杏树，多半生长在沟谷、山峪、溪旁空气相对湿度比较大的环境中，在相反的环境中却很少见到"树奶"。贵州盘县黄家营村有两条流水终年不断的沟溪流过村中，村内空气相对湿度大，因此该村银杏树长"树奶"的也特别多。这说明银杏的繁殖仍然表现出极原始的性状。

蛴螬

蛴螬是金龟子类幼虫的总称，俗称鸡粪虫。各地发生的种类有所不同，发生严重的主要有：铜绿丽金龟，华北大黑鳃金龟、黑绒金龟等。蛴螬中大部分为植食性种类，其成虫和幼虫均能对银杏造成危害。蛴螬对银杏幼苗，除咬食侧根和主根外，还能将根皮食尽，造成缺苗断垄。成虫则取食银杏叶片，往往由于个体数量多，可在短期内造成严重危害。近年来，小黄鳃金龟在贵州以幼虫危害银杏苗木，造成很大损失；但其成虫不取食银杏叶片。

该类害虫生活史一般都很长，大多需经过1年以上才能完成1代，以成虫或幼虫在土中越冬。成虫多昼伏夜出，白日少见，夜出性种类具趋光性和假死性。防治方法：①精耕细作，合理施肥，粪肥要充分腐熟方可施用。氨水也对蛴螬有一定的防治作用。②适时灌水对初龄幼虫有一定的防治作用。③圃地周围或苗木行间种植蓖麻，对多种金龟具诱杀毒杀作用。④当蛴螬在表层土壤活动时，可适时翻土，拾虫消灭，或利用成虫的假死性，在盛发时期人工捕杀。⑤在成虫盛发期，用杨、柳、榆树枝条沾80%美曲膦酯200倍液，每隔10~15 m放1束，或在50%久效磷50倍液中浸泡10 h以上，每亩放5束，插在苗圃或新植银杏园诱杀成虫。利用小黄鳃金龟成虫不取食银杏而嗜食其他树的特点，在寄主植物上喷洒1 200~1 500倍的氧化乐果，防治成虫效果很好。⑥喷洒美曲膦酯800~1 000倍液，1.5%乐果粉，2.5%美曲膦酯粉或40%乐果800倍液，以及树干刮除粗皮涂40%氧化乐果1~2倍液等，对成虫防治均有效果。⑦土壤处理法有两种处理方法：一种是辛硫磷土壤处理法，每亩用50%辛硫磷200~250 g，加细土25~30 kg，撒后浅锄。或50%辛硫磷乳250 g，兑水1 000~1 500 kg，顺垄浇灌，如能浅锄可延长药效。另一种是甲基异硫磷土壤处理法，2%粉剂每亩需2~3 kg，兑土25~30 kg，顺垄撒施，然后覆土或浅锄。⑧出苗或定植发现蛴螬危害时，在苗床或垄上开沟或打洞，用90%美曲膦酯500~800倍液或50%辛硫磷200倍液进行灌注，然后覆土，以防苗根漏风。

气调贮藏

维持种核商品品质、延长贮藏寿命的一种先进的贮藏方法。在维持种核正常代谢的基础上，调节贮藏环境的气体组分，尽可能地降低O_2浓度、提高CO_2浓度以进一步减低种核的呼吸代谢水平，减少养分消耗。一般来说，气调贮藏多是建立在冷藏的基础上，其贮藏效果优于普通冷藏。但是，气调贮藏要求的管理技术高，设施投入也较大。

气候

某一地区多年综合的天气特征。它既包括该地区多年来经常出现的天气状况，也包括某些年份可能出现的极端天气状况。气候主要受太阳辐射（地理纬度）、下垫面性质（海陆分布、地形）和大气环流等因子的影响而形成。气候的特征常用多年测得的气候要素的平均值、极端值和变化值来描述。发展农林业生产必须考虑当地的气候条件，合理利用当地的气候资源。

气候对银杏木材性质的影响

从人工用材林的培育角度出发，以研究气候对木材生长影响为目的，在银杏X射线木材密度研究的基础上，借助气候资料，探讨了气温和降雨等主要气候因子对人工林树木生长的影响,揭示了气候对树木生长的作用机理。研究表明,气温和降雨对银杏木材年轮宽度、木材密度有一定影响。在一定温度范围内,温度越高,当年生长轮宽度越大,年轮密度、最大密度和最小密度越小;温度越低,当年生长轮宽度越小,木材年轮密度、最大密度和最小密度越大。

气候区内银杏种核个体间性状表现和变异系数

气候区内银杏种核个体间性状表现和变异系数

气候区	核长(cm)	核宽(cm)	核形指数	单核重(g)	壳厚度(mm)	出仁率(%)
1	1.90~2.24 / 5.6	1.36~1.78 / 10.2	1.09~1.58 / 15.0	1.59~2 / 19.4	0.36~0.43 / 10.4	74.4~81.6 / 3.0
2	2.03~2.64 / 9.1	1.36~1.90 / 8.1	1.1~1.79 / 10.6	1.68~3.32 / 18.1	0.30~0.52 / 17.1	76.4~81.8 / 2.1
3a	1.63~2.52 / 10.6	1.43~1.97 / 10.1	1.07~1.50 / 9.8	0.97~3.37 / 24.4	0.31~0.46 / 18.2	76.1~81.3 / 2.1
3b	1.99~2.79 / 9.7	1.51~1.81 / 5.5	1.28~1.76 / 11.6	1.89~2.73 / 12.5	0.35~0.53 / 11.3	75.0~81.3 / 2.9
4	1.73~2.53 / 8.5	1.37~1.86 / 8.1	1.26~1.78 / 9.5	1.46~2.81 / 18.1	0.36~0.51 / 13.9	72.5~79.6 / 3.2
5	1.67~2.23 / 7.2	1.25~1.36 / 8.2	1.19~1.45 / 6.0	1.25~2.07 / 19.1	0.27~0.48 / 23.0	76.2~80.7 / 1.8
6	1.80~2.60 / 8.6	1.38~1.91 / 7.5	1.51~1.70 / 11.7	1.32~3.03 / 99.2	0.30~0.53 / 16.2	74.4~82.8 / 2.9
7	2.5~2.93 / 6.2	1.41~1.86 / 8.4	1.57~1.67 / 2.8	1.43~3.04 / 17.3	0.29~0.45 / 18.5	75.0~81.1 / 2.7
全部分区	1.63~2.93 / 11.5	1.25~1.97 / 9.0	1.09~1.79 / 12.0	1.25~3.37 / 21.3	0.29~0.53 / 16.8	72.5~82.8 / 3.0

注:分子为母树间极值,分母为变异系数。

气孔

茎、叶、花、果实表皮上的通气结构。由两个保卫细胞和其间的间隙组成。保卫细胞的膨压发生变化,气孔可以张开或关闭,以调节水分蒸腾。狭义的概念,气孔仅指保卫细胞间的间隙,而气孔与保卫细胞则合称气孔器。

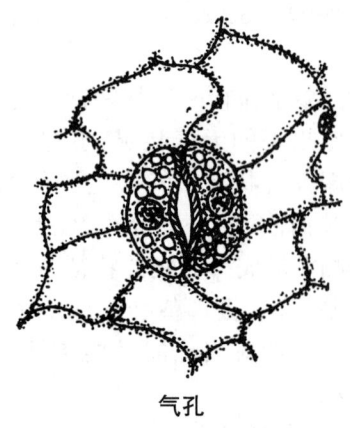

气孔

气孔运动

银杏的气孔开闭现象。双子叶植物气孔的构造是由两个半月形内外壁厚度不同的保卫细胞所组成。当它们被水分饱和时,其膨压升高,曲度增加,从而使气孔开放;相反,当水分不足时,保卫细胞膨压下降,曲度减少,从而气孔关闭以防止进一步损失水分。气孔开闭还与光线、二氧化碳浓度有关。气孔的日变化制约着蒸腾强度的日变化,故能调节蒸腾作用。近年来,利用某些化学药剂使气孔暂时关闭,有利于银杏保存体内水分,称为"化学抗旱"。

气孔蒸腾

水蒸气通过气孔从体内排出体外,这种蒸腾方式叫气孔蒸腾。气孔是能张开和关闭的,其运动调节和控制着银杏蒸腾作用和光合作用。叶片上有很多气孔,每个气孔的面积很小。根据小孔扩散原理,水蒸气通过气孔蒸发速率要比同面积自由水面蒸发速率快得多。蒸腾作用基本上是一个蒸发过程。靠近气孔下腔的叶肉细胞细胞壁是湿润的,细胞壁的水分变成水蒸气,经过气孔下腔和气孔扩散到叶面的扩散层,再由扩散层扩散到空气中去。这就是气孔蒸腾水蒸气扩散的过程。

气孔阻力

指银杏进行蒸腾时气孔对水分扩散的阻碍,又是内部阻力。气孔阻力包括气孔下腔和气孔的形状和体积,也包括气孔的开度,其中以气孔开度为主。气孔阻力大,蒸腾慢;阻力小,蒸腾快。气孔通过小孔扩散出去,形成一个半球形的扩散层,扩散层厚薄不同,扩散层阻力就不同,扩散层厚,阻力大;扩散层薄,阻力小。

气孔阻力对银杏净光合速率的影响

由于气温和光照强度的影响,日间气孔阻力呈规律性变化(如下图),即随气温升高,光照强度增加。在一天内,12:00~14:00是气温最高、光照强度最大的时区,高温和强光照射导致叶温迅速增高,叶片内外蒸气压梯度增加,蒸腾速率加快,此时,表皮细胞和保卫细胞直接向大气蒸发水分,迫使整个叶片水势下降。气孔阻力达到最大值。气孔阻力的增大,使叶肉细胞内的CO_2浓度下降,致使光合速率下降。下图为银杏气孔阻力的日变化。

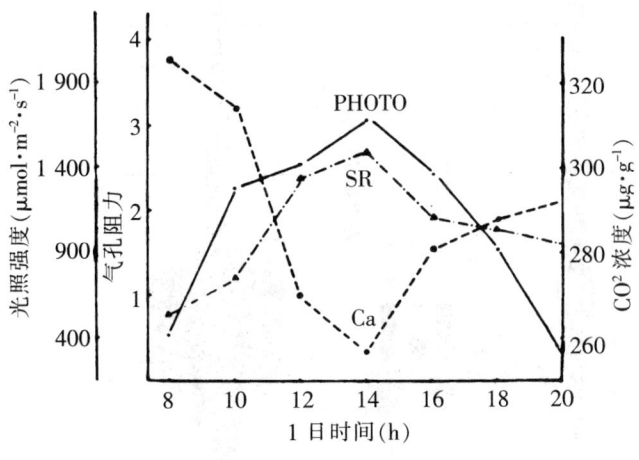

银杏气孔阻力的日变化

气温

亦称空气温度,指大气的冷热程度。我国用摄氏温标(℃)表示。在国际单位制中,温度用热力学温标(绝对温标)表示。热力学温度的单位是开(K)。气象上所说的气温是指存通风良好的百叶箱内距离地面1.5 m高度处测定的空气温度。

气温与银杏生长

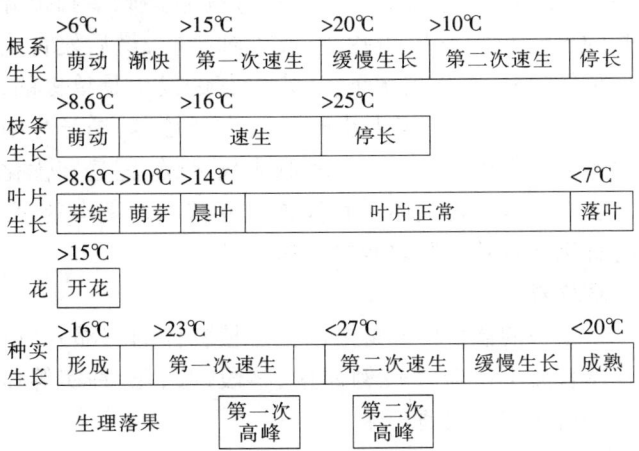

气温与银杏生长

气压亦称大气压强

指单位底面积上所承受的大气柱的重量。在国际单位制中,压强的单位是帕。一个标准大气压等于1.013×10^5 Pa(760 mmHg或1 013.25 mb)。高气压又称高压,指中心气压高于邻近四周的气压系统。高气压控制的地区,常多晴好天气。低气压又称低压,指中心气压低于邻近四周的气压系统。低气压控制的地区,常多阴雨天气。

企业产业标准化

银杏产业标准化项目的制定,总的原则应从实际出发,有针对性的着重解决当前科研和生产中的具体问题。标准分为四级别:一是国际标准;二是国家标准;三是部门标准;四是行业(产业)标准。标准的内容要具有科学性、严密性和实用性;同时,在标准的数量、构成、水平上,要与国内先进企业和国外先进水平进行分析对比,向高标准看齐,与国际标准接轨。决不可迁就某些不正常状况,而降低标准要求。

起苗

又叫掘苗,是将生长在苗圃地的银杏苗木挖出。它是苗木出圃的主要环节。用起苗犁起苗能大幅度地提高效率,减轻劳动强度。人工起苗时,先在两个苗行之间挖25~30 cm深的沟,再从25 cm深处用锹斜插到苗根下把主根切断,再于两行苗之间把锹垂直插入并向沟的方向推,就可将苗木取出。为了保证苗木质量,起苗时应注意:①深度要够,以防苗根过短。②在苗木未挖断之前,不要用手硬拔。③圃地过干时,起苗前应适当灌水。④挖出的苗木,应防止风吹日晒。⑤起苗的日期要与栽植季节紧密配合。

起苗方法

①人工起苗:种苗时,先在第1行苗沿着苗行方向距苗行一定距离处挖一条沟,沟壁下部挖出斜槽,根据起苗要求的深度切断苗根,再于第1第2行苗中间切断苗根,断根的刀具要锋利,并把苗木连土推在沟中,即可取出苗木。拣苗前要切断超过规定长度的全部外围根系,拣苗时注意不要用力拔苗,以防损伤苗木的须根和侧根。②机械起苗:使用起苗机械完成起苗工作,具有效率高、成本低、起苗质量好、缩短起苗至分级包装和贮藏的时间、最大限度地降低苗木失水等一系列优点。起苗后要立即在遮阴避风处选苗,剔除废苗,并分级统计苗木的实际产量。在选苗分级过程中,应剪除过长的主根和侧根及受伤部分。苗木起出后,如来不及定植或外运,则需要在避风、高燥、平坦地段挖沟假植,假植沟要东西走向,长、宽、深依苗木规格和数量而定。假植沟先浇透水,水下渗后,将苗木向南倾斜

45°,分层在沟内排列,根系部分要填满土,防止透风。如遇封冻,则上面再覆盖一层松土,每隔2~3周检查1次,发现干旱、冻害等,应及时处理。假植场地若设在风沙或寒冷地区,则应设置防风障。

起苗深度与幅度

起苗应达到一定深度,注意保持根系的完整,少伤侧根,避免折断苗干;1~2年生银杏苗木根系最低长度应达到GB6000—1999《主要造林树种苗木》标准的规定,即根系长度在14~25 cm,长度≥5 cm一级侧根的数量为3~10根。

起苗时间

从秋季落叶后至翌年树液流动前,只要土壤不冻结,均可起苗出圃,尽可能做到随起随运随栽。大量出圃以秋季效果好。对1~2年生小苗,春季出圃效果也很好,但一定要做到随起随栽。

起源、演化及盛衰

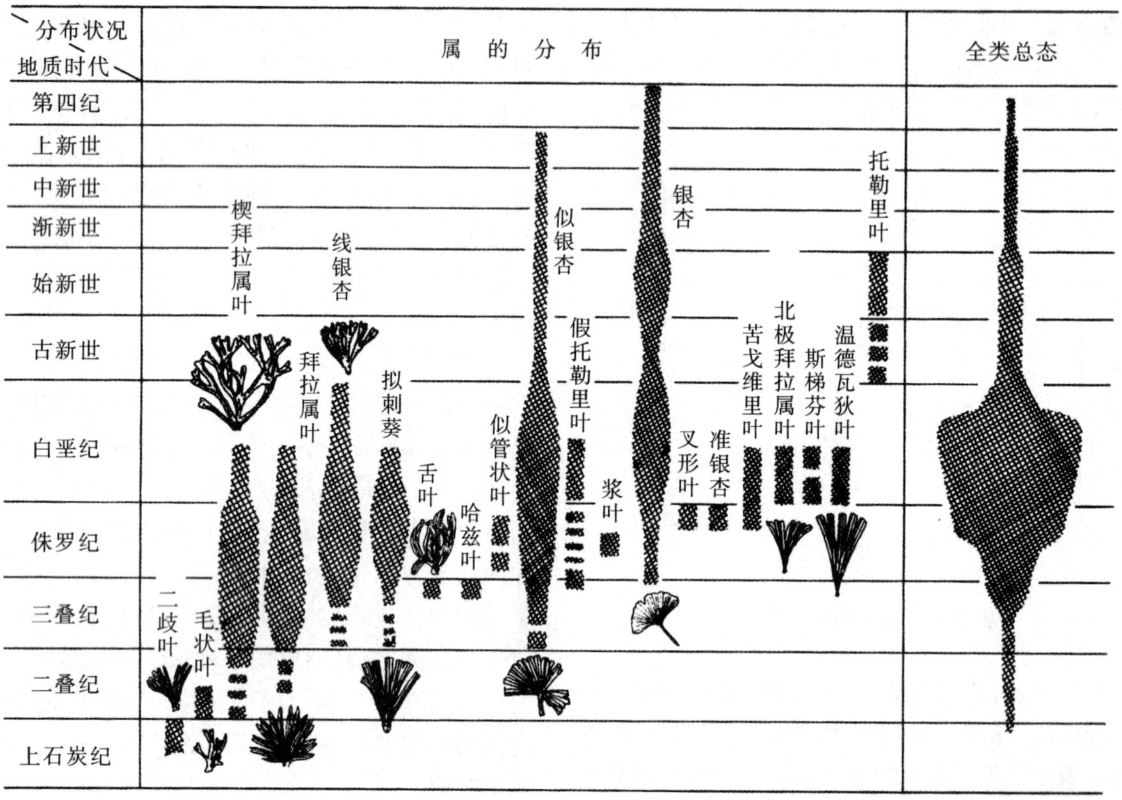

起源、演化及盛衰

器官

一株银杏是由许多不同的器官构成的整体。在银杏的生命活动中,因各器官的形态特征不同而生理功能也不一样。为使银杏的生长发育规律符合人们的要求,必须了解银杏各器官的功能及其相互关系。银杏的树体结构分为地上和地下两大部分,地下部分是根系;地上部分主要包括主干、枝、叶、芽、花、种子等器官。

器官发生

指脱分化的外植体再分化时,通过形成不定器官而完成植株形态建成的一种再分化途径。多数植物培养物的再分化是通过器官发生实现的。该途径中培养物内可能具两极器官原基,但通常芽原基是外源的,而根源基是内源的,在发育过程中芽原基和根源基的维管组织发生联系,形成中轴结构,最后发育为完整的植株;多数情况下,不定器官的发生是单极的,通常先长芽,到一定大小时转入生根培养,诱导生根而形成完整植株。对于大多数果树来说,完善和优化器官发生这一再生体系是离体培养技术的基本内容,将直接影响其应用效能的发挥。

器官培养

银杏的器官培养是指以银杏植物体的一部分(营养器官或生殖器官),例如根、茎段、叶、花、种实等作为外植体进行无菌培养。

器官图

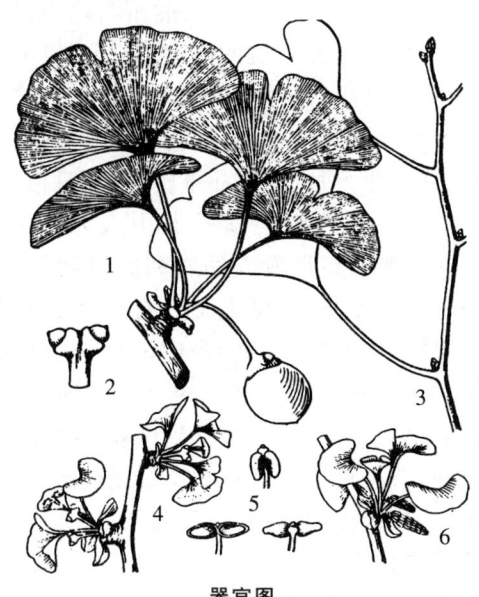

器官图
1. 短枝和种子　2. 雌球花　3. 长枝　4. 雌球花丛
5. 雌蕊　6. 雄球花

千粒重

一千粒种实(核)的重量，以克表示。主要用于测定种实(核)的饱满度，是检验种实(核)播种品质的内容，也是银杏园预测产量时的重要依据之一。

千粒重对1年生苗生长的影响

千粒重对1年生苗生长的影响

地点	千粒重(g)	苗高(cm)	根径(cm)	鲜重(g)	主根长(cm)	主侧根总长(cm)	叶片数
德宁	1 530	13.8	0.59	9.4	18	45	12.7
林站	1 740	17.2	0.84	30	19	153	21.8
苗圃	2 075	20	0.93	34	25	159	28.1
	2 430	18.8	0.83	37	29.5	219.7	26.7

千年长寿之谜

从银杏的生物学和生态学特性来分析，主要有以下几点。

①银杏根系发达，是典型的深根性树种。只有根深，才能叶茂，只有根深，才能抵抗各种不良的外界环境条件，才能从干旱瘠薄的土壤深层吸收供生长需要的养分和水分。山东省郯城县官竹寺一株1 000余年生的古银杏，枝繁叶茂，生机盎然，露出地面的侧根长达18 m远，土壤深层根系延伸至五六十米以外的坡角。山东莒县浮来山定林寺，号称3 000年生的古银杏，年年萌发新枝，结果累累，根系延伸至100多米外以外的河床。

②银杏萌芽(蘖)力极强。银杏枝干上隐芽的寿命较长。在银杏生长的漫长岁月里，一旦遭受各种自然的和人为的破坏之后，隐芽就会大量萌发。各地常有雷击、火烧之后古银杏又萌发出新枝，亭亭玉立。同时，银杏的萌蘖力也极强。河南省桐柏县有一株1 300余年生的古银杏，在其周围又萌蘖出高矮、粗细各不相同的60多株小银杏，形成最大的银杏家族。另外，山东胶县、湖北宣恩分别都有"八子抱母"和"九子抱母"的古银杏。

③银杏中年以后是典型的慢生树种。换句话说，银杏形成层的细胞生长和分裂较慢。树体在一定时间内需要的养分相应地比较少。另外，银杏属于始种迟的树种，实生苗需20年以上的时间才能结种，在这漫长的时间里，树体内积累了大量的养分供银杏生长。又由于银杏是裸子植物，按一般的规律说，裸子植物生长中所需要的养分通常较少。这就给银杏在一块土地上生长几百年甚至上千年创造了条件。

④银杏属抗逆性强、喜湿偏干的抗旱树种。银杏在我国分布于20余个省区，因为它能耐短期-35 ℃的低温和40 ℃的高温。银杏的病虫害屈指可数，而这些病虫害又不会对银杏酿成毁灭性的灾害，因为银杏叶片内含有α-乙烯醛和多种有机酸，这些有机物质具有较强的抑菌杀虫作用，即使一些致病微生物侵入银杏的机体内，也不能使其致病。银杏叶片受到机械损伤后，叶片细胞壁很快增厚，使致病微生物很难侵入。

⑤银杏古树全部是用种子繁殖的，用种子繁殖的

实生苗通常根系发达,适应性广,可塑性大,这也是银杏长寿的前提。

以上诸点只是银杏长寿的内在条件,如果不能满足银杏生长所需要的生态条件,它还是不能长寿。从银杏古树生长的环境来看,条件都比较好,这些古树大多生长在庵观、寺庙、宅院、农田和一些风景游览区,这些地带土壤一般比较深厚、肥沃,土质疏松,排水良好,小气候适宜。因此,加强银杏古树的养护管理是防止银杏衰弱死亡的重要措施。在银杏的系统发育过程中,是怎样形成长寿遗传性的,以及从分子生物学的角度如何揭示其长寿的奥秘,还是我们今后应深入探讨的重要课题。

千年夫妻树

柞水县石瓮镇东甘沟村两棵已经存活近两千年的银杏树,被当地人称为"千年夫妻树"。每逢节假日,"千年夫妻树"都会引来大批人参拜,不少青年情侣在树下许下山盟海誓,祝福爱情长久。这两棵银杏树,雄树高达45 m,主干胸围8.5 m,雌树高达44 m,主干胸围7.1 m。紧挨着雌树还有一株稍小些的银杏树。当地村民相传:古时,石瓮镇有东、西两坡,东坡有一叫银生的小伙子由于家境贫寒,被雇到西坡一富户人家做工,却与富户家的女儿杏儿相爱。由于双方家长的反对,这对情侣不得不私奔。眼见要被人追赶上,两人跳崖殉情。多年后,在两人跳崖处长出了两棵银杏树,而数百年后生出的小树就是"夫妻树"的"孩子"。两棵大树的树龄均在两千年左右,小树也有近千年。雌雄两树相距7 m,根系盘结,树冠高大,枝丫交错,形若一对老年夫妻相互搀扶。这几棵树生长旺盛,枝繁叶茂,年产白果上千千克,现已被列为国家重点保护古树。

千年古银杏

在贵州省石阡县地印乡李星村地泉湾这个仡佬族居住的地方,生长着一株古老而庞大的银杏树,胸围7.2 m,树高约50 m,树冠覆盖面积有70 m²。该村仡佬族老人胡佐堂说:"我土生土长在这里,自懂事以来,这棵白果树都是这样大的,树龄上千年。"这棵银杏树,现仍然生长旺盛,枝繁叶茂,生机勃勃,巍然屹立。1989年产白果仁近1 t,成为村上的一株财富树。1958年"大跃进"期间,这棵果树曾被砍掉一枝主干,制作炼钢铁的风箱。近年来已被列入国家文物保护对象。

千年人代惊弹指

这是古人咏银杏的诗句。远在人类诞生之前,银杏早已存在地球上了,并曾是北半球森林的主角。第四纪冰川降临,全球绝大部分地区的银杏,遭到了灭顶之灾,唯独分布在我国浙江西天目山,安徽大别山,河南伏牛山,湖北大洪山、神农架,湘西雪峰山以及云贵高原等地,有野生银杏种群的遗存,成为举世闻名的植物"活化石"。现在,全世界其他国家种植的银杏树,无不是直接或间接从中国引种的。我国当代大文豪郭沫若早在1942年5月23日在重庆《新华日报》上发表《银杏》的散文,赞颂银杏"完全是由人力保存下来的奇珍","在太空中高唱着人间胜利的凯歌"。称银杏是"东方的圣者",是"中国人文的有生命的纪念塔","你是只有中国才有呀","你是应该称为中国的国树呀","你是随中国文化以俱来的亘古的证人"。1961年5月,郭老游览东岳泰山,见到两株参天古银杏树时,高兴地吟诗一首。诗曰:"亭亭最是公孙树,挺立乾坤亿万年,云来云去随落拓,当头几见月中天"。

千年银杏被原材料

以银杏叶为主料,配辅中药材构成药袋。填充料为桑叶、蚕茧。千年银杏被感观指标:有银杏及中药材清香味,无霉变及其他异味。

工艺流程:药袋制作→药料配制→混合搅拌→装药袋。建桑叶园→养蚕→蚕茧烘烤→工艺抽丝→织被→包装→成品。

千扇树

由于银杏的叶片如同一把把折叠的纸扇遥挂在整个树冠,因此美国人称银杏树为"千扇树"。

千岁银杏女王

广元市朝天区花石乡有棵奇特的银杏古树,位于北纬32°43′,东经105°81′,海拔487 m;树心已空,传说1 300年树龄,雌株,树干腹部开一空洞,能容四五人站立。当地群众称为"千岁银杏女王",母树一侧,还有一株子树,并立而生。

扦插材料处理

果树扦插材料处理方法的报道很多,其中对试材的发育年龄、枝条部位、取样长度的研究几乎得出了定论;相比之下,药剂处理及药剂研制的工作一直在进一步发展。从不加处理到用某种树皮水、高锰酸钾处理,再进一步深入到激素处理,显著地提高了生根率及成活率,尤其是ABT生根粉的研制成功,把原先极难生根的果树如李、核桃的扦插生根成活变为事实。一般处理用药物有NAA、IAA、IBA、2,4-D,其中NAA应用最为普遍,它不仅在扦插时用以促进生根,还有报道认为,NAA拌泥浆处理移栽苗根部可提高移栽成活率。激素使用浓度的高低与果树种类、品种、扦插时期、季节及浸泡时间等有关。不过,普遍认为,促进生根的最佳激素浓度在毒点以下又极接近于毒点,当然也有不相一致的观点。除用激素处理插条外,还用营养元素进行处理,开始选择的营养元素一般为大量元素,后及至某些微量元素。又有报道稀土元素促生根效果十分明显。同时营养元素由单独处理发展到与激素配合使用,结果相当理想。硼对扦插生根和根的生长有作用,充分肯定稀土元素镧、钕、铈对扦插生根的有利影响。硼与吲哚丁酸、镧与吲哚丙酸配合使用对扦插生根都有加合效应。尽管如此,找到更好的促根药剂、更佳的营养元素组合及激素间的平衡配比等仍是果树工作者今后需继续探讨的问题。

扦插的技术措施

①隔冬剪枝沙藏。提高插条的营养积累,有利于愈伤组织的形成,提高扦插成活率。②科学做好苗床。苗床要选择地下水位低、缓坡不积水、朝阳、通风的沙壤地,使插穗处于良好的土壤条件和水气候环境。③小苗移植、根茎处环伤。制约主根顶端生长优势,促进根系侧根生长。形成二次愈伤组织,形成两层根系,扩大根系吸收营养面积,克服幼苗生长缓慢的弱点。④打洞插穗,填沙盖稻草。打洞插穗可保护切口不受损伤。泥沙填洞铺面,一方面保护切口通气,另一方面可保持床面湿润。盖稻草提高初春季节的床土温度。⑤把好切口关。切口呈水平状,可使萌发的新根发根均匀,避免偏根现象,从而提高侧根分布范围,改善矿物营养吸收机能。⑥施复合肥、根外追肥。8月中旬施复合肥1次,5%溶液根施。0.2%丰产宝溶液叶面喷雾,每周1次,连续3次。

扦插的生理生化

插条内不定根一旦孕育就有相当多的新陈代谢活动,如新根各组织的发育,继而透过周围茎组织成为外生的具有功能的根。已证明蛋白质和核糖核酸的产生都间接包含在不定根的形成之中,而插条中的营养物质碳水化合物、含氮化合物是不定根形成的物质基础。有许多人把C/N值作为判断生根难易的生理指标。比值越大,生根越易。日本的浅田等又提出了碳水化合物与单宁比值即C/T作为判断生根难易的指标,C/T愈大,生根愈易。目前的研究已深入酶系统,较为突出的酶有多酚氧化酶、吲哚乙酸氧化酶、淀粉水解酶。但其作用机理仍需进一步探讨。在扦插的生理生化研究中,对生根素的寻找已历时大半个世纪。起初认为生根素是一种植物体内的固有物质,并可传递,部分试验可用嫁接来证明,但有许多不同的看法。1956年,Libbert综合别人的试验,进一步研究后指出,生根素是由生长素与一个可变因素"×"形成的复合物,其可变因素涉及酶、酚等。虽然至今仍有许多学者在分离、提纯生根素,但最终结果均不理想。植物激素种类水平和生长调节剂的应用在扦插的生理机制研究中占极其重要的地位,生长素促进生根的报道最多,其第一个根原细胞的分裂依赖于内源生长素或外源生长调节剂。进一步的研究,肯定了细胞激动素、赤霉素、脱落酸、乙烯对生根也有不同程度、不同性质的影响,但有许多结果相互矛盾。

最近,通过对几种植物扦插的研究,认为生根受内源激素平衡的综合调控,吲哚乙酸与脱落酸的比值决定插条生根难易、快慢。看来用多种激素的综合平衡来估价生根与激素的关系较为客观。

扦插法——古桩盆景制作

银杏树体高大,气势雄伟,枝干虬曲,葱茏庄重,是制作盆景的优良材料。银杏盆景,在我国盆景艺术的瑰丽园圃中,常被誉为"有生命的艺雕"。几年来,郯城新村乡银杏盆景园,用扦插法的独特造型,选取姿态优美的枝干,通过艺术加工制作成盆景,形成干粗、枝曲、根露、果多的姿态,表现出苍劲、潇洒、曲折的情趣和富有的诗情画意,将大自然中银杏的雄姿浓缩在盆盎之中,古特幽雅,野趣横生,令人怡情悦目。现将制作方法介绍如下。

①插床制作。选择地势平坦、背风向阳的地段作为园圃地。以湿润肥沃、排灌水良好的砂质壤土作为扦插基质。在土层深度0.5 m以上,土粒大小适中,土面平整的园圃地上制作插床。这样的插床土壤具有通气、透水性良好,昼夜温差变化不大,光照时间较长,古桩不易失水等优点。扦插前还应用1%的高锰酸钾水溶液对扦插基质进行消毒,以防病菌从削面处侵入造成腐烂,这就为银杏古桩的生根创造了条件。

②扦插方法。a. 插穗选取:在30~40年生已结果的母树上,选取可造出各种流派,枝干苍老葱茏,直径8~12 cm,生有短果枝的枝干作为插穗。

b. 扦插时间:长江以北以3月中、下旬,长江以南以2月下旬至3月上旬为扦插的最适宜时间。

c. 扦插方法:枝干从母树上锯下后,按造型要求锯成40~60 cm的桩段,将多余小枝全部剪除,根据插穗形状,每桩可适当保留2~3个短果枝,结果后以增加观赏价值。用利刀将上锯口削平,下锯口削成马耳形,以利插穗生根。除短果枝和马耳形削面外,其余部分均用塑料薄膜带缠绕密封,以防失水,影响成活。然后将插穗下端浸泡在浓度为50×10^{-6}的ABT生根粉溶液中1 h(或在浓度为50×10^{-6}萘乙酸溶液中浸泡

24 h),然后将插穗埋入插壤 2/3。

③插后管理。扦插后立即灌一次透地水,使土壤与插穗密结,至雨季来临前,每周灌一次透地水,使土壤含水量始终保持在 70%~80%,至 4 月下旬插穗即会展叶,随后短果枝上也会长出"含苞待放的雌花",如有条件,可用贮藏的花粉进行人工辅助授粉,使每盆桩木盆景保持 4~6 枚橙黄色的果实,使人观后,会增加无限的情趣。

第 2 年初春,将桩木掘起,解除塑料带,根据桩木的形状、大小植入相应的瓦盆中,夏季再进行蟠扎、修剪等工艺,即会形成一个自然古朴,清秀淡雅的理想作品。

扦插繁殖

利用银杏的一段营养器官,如根、茎和叶的再生能力,在一定条件下产生新根或新芽,最后形成一个独立完整植株的繁育方法。扦插能否成活取决于遗传性、生理状况和遗传条件,一般树龄、枝龄较年青、插穗着生部位距根茎较近的嫩梢,插穗内淀粉等营养物质含量较多,或含有较多维生素 B_1、维生素 B_2、维生素 C 与生长素、细胞分裂素、GA 等物质。外界温度、扦床土壤与空气的相对湿度或较弱的光线均有利于插穗的成活。

扦插繁殖图解

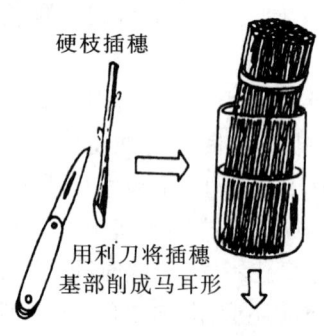

将削好的插穗对齐马耳形削口舌,按 50~100 根捆成一把,将下端 3~5 cm 长浸泡在营养液中。

用利刀将插穗基部削成马耳形

先用较插穗稍粗的竹竿打孔,然后将插穗的 1/3~2/3 插入地表留 1~2 个芽,用手把插穗四周的土壤压实,使插穗与细土密接。扦插后淋一次透水,并搭遮阴棚。

嫩枝插穗

扦插繁殖图解

扦插后的管理

①保水保湿:插后马上浇水,以使土壤保持潮湿,空气相对湿度 80%;大田直插的要盖草保湿。②保温降温:早春扦插后要覆盖薄膜,阳光强烈,温度超过 30℃ 时要通风,6—8 月份光强温高时还要加盖草帘遮阴。

扦插环境条件

银杏扦插繁殖的种类一般可分为茎插、叶插、叶芽插、根插 4 种,茎插是银杏扦插应用最广泛的一种,它生根的环境条件一直是果树工作者研究的焦点,其环境条件包括光、温、水、气(氧)、基质。如果枝条和叶片失去水分,可使插条在发根前死亡。在温室和温床内经常向插条、墙壁及屋顶喷水,保持高湿度已成为常规措施。自 1941 年以来,弥雾法的应用使带叶枝条生根技术得到了较大的发展,这种弥雾法使叶片上保持一层水膜,不仅能提高叶周围相对湿度,而且能降低空气及叶片温度,大大地提高了生根的可能性。现在采用全光照条件的自动间歇弥雾装置来增湿降温,还能同时加强插条光合作用,由于弥雾条件下插条合成的营养物质比呼吸消耗的多,故对促进新根的孕育和发展有利。经过放射性同位素研究表明,人工雨、自然雨都在不同程度上造成叶片矿物质的淋失,因此在弥雾液中加入矿物质,可在一定程度上填补淋溶的损失,就温度而言,昼温在 21~27 ℃,夜温在 15 ℃ 左右是大多数果树扦插的适宜温度。温度过高,芽在发根前发育,并增加叶片蒸腾失水,不利生根。目前采用自动控温装置的插床,使插条基部的温度高于插条上部温度,促根效果突出。在光的研究中,生根部位处于无光的黄化条件下,有益于根的孕育。但 Snyker 认为,在有光的条件下,带叶扦插由于能加强光合作用,促进根的孕育和生长,所以效果更佳。光质对生根的影响依植物种类而异,橙红光比蓝光好,如果采前将插条放在不同性质的光源下照射 6 周再插,则以放在蓝光下的母株生长最快。光周期对生根的影响依树种、品种、时间及扦插类型不同而异。至目前为止,对光周期与生根的确切关系尚难做出任何判断。生根基质所含氧气、矿质营养及酸碱度与生根直接相关。许多试验以砂土、泥炭土、壤土、珍珠岩、蛭石为基质,结论较倾向于采用廉价又通气的砂土,但生根后却又以壤土为好。理想的生根基质要多孔、通气,既能保持湿润,又排水良好,酸碱度适宜、营养丰富。最初改进砂土营养条件的措施是叶面喷肥和土壤浇肥,最近发展到采用营养液作基质,向基质中通空气或氧气,其生根率和成活率得到大幅度提高,只是成本大,技术要求苛刻,但却是今后的研究方向。

扦插基质

纯河沙基质插后15 d生根,生根率达100%,而土壤基质生根时间25 d以上,生根率也低。常用的扦插基质有细河沙、炉渣灰、蛭石、珍珠岩、砂壤土、砂土等。沙、砂壤土适于大面积春插而不适于嫩枝扦插,蛭石、珍珠岩生根率高,成本也很高,适于嫩枝扦插。炉渣灰(颗粒直径为0.5~1.0 mm)、河沙生根率也高,材料易得,被广泛应用于硬、嫩枝扦插。不论何种基质,扦插前一定要用水冲洗干净(砂土、砂壤土),再用药剂消毒。

扦插基质对插穗生根的影响

扦插基质对插穗生根的影响

扦插基质	扦插年份	扦插株数	生根株数	生根率(%) 当年平均值	生根率(%) 两年平均值	平均侧根数(条)	最大根长度(cm)
粗河沙	1993	2 700	2 586	95.78	94.11	14	7.0
	1994	2 700	2 496	92.44			
细河沙	1993	2 700	2 454	90.89	90.34	13	6.2
	1994	2 700	2 424	89.78			
腐殖质土	1993	900	47	5.22	4.56	6	9.7
	1994	900	35	3.89			
蛭石	1993	900	106	11.78	13.5	8	6.6
	1994	900	137	15.22			

扦插季节

硬枝扦插一般在3月中旬进行,塑料拱棚内扦插可以提前至2月10日前后进行。如果水分条件和遮阴效果较好,则嫩枝扦插在5—8月内均可进行。

扦插密度

将处理好的插穗直插于苗床,深度5~8 cm。保护地扦插密度行株距按5 cm×4 cm,每平方米床面插500株,长根后再移至大田。大田直插密度行株距12 cm×18 cm,亩插5万~6万个插穗。

扦插苗

即用银杏的营养器官,用扦插的方法,而获得的苗木,即为扦插苗。银杏种子一般来源较多,用种子繁殖的苗木大都要在15~20年才能开花结种,而且也很难保证是优良品种,同时用种子繁殖的苗木雌雄株难以鉴别。这就对培育以采种为主的银杏或以生产木材为主的银杏造成很大的困难。目前虽然也有一些鉴别雌雄株的方法,但鉴别速度较慢,技术手段也较复杂。为了迅速扩大银杏雌雄株的定向栽培面积,培育更多的良种壮苗,保持品种的优良特性,并节省种子,增加优良品种的繁殖速度等,也常采用扦插法来培育苗木。

扦插苗的年生长周期

银杏扦插苗的年生长周期可以分为4个时期,即成活期、生长初期、速生期和生长后期。其他类型的营养繁殖苗以及移植苗的年生长规律与扦插苗基本类似。

①成活期。成活期从插穗插入土壤到插穗的地下部分生出不定根,插穗上端长出叶片,新生幼苗能独立制造营养时为止。这是决定扦插育苗成功与否的关键时期。成活期的长短与扦插时间、插穗的年龄与品质、插穗的处理方法、扦插的设施条件和插后的管理有很大关系。扦插后插穗通常从第4 d开始形成愈伤组织,硬枝扦插约30 d后开始分化生根,一直延续60 d左右,而嫩枝扦插约25 d即可完成生根。在该时期,应注意采取必要措施保证土壤有适宜的温度和空气有较高的相对湿度。②生长初期。生长初期从插穗的地下部分生出不定根,插穗上端长出叶片时开始,到高生长量大幅度上升时为止。银杏扦插苗的生长初期持续15 d左右。这一时期的前期,地上部分生长较为缓慢,而根系生长较快;到了后期,地上部分生长开始加快,逐渐进入速生期。为了促进幼苗的生长,要防止极端温度的危害,改善土壤通气条件,同时要适时适地的做好灌溉、中耕和施肥工作。③速生期。速生期从苗木高生长量大幅度上升时开始,到直径生长高峰过后为止。这个时期银杏扦插苗的高生长量可达到全年的90%以上。该时期要做好追肥、灌溉和抹芽等工作。④生长后期。生长后期从苗木高生长量大幅度下降时开始,到苗木直径和根系生长都结束时为止。

扦插苗的生长发育规律

①根系生长。与播种不同,银杏扦插苗和根蘖苗一样,没有明显的主根,随一级根的发育,逐渐形成庞大的须根系。扦插后插穗从第4 d就开始形成愈伤组织,生根部位大多在切口处,少数在原来的叶腋处,所

以,应尽量加大下切口的斜面长。硬枝露地扦插约30 d后开始分化生根,一直延续到60 d左右,而嫩枝扦插约25 d就可完成生根。每条插穗产生不定根5~6条,最多的达10条以上。②新梢生长。扦插生根后,在适宜的环境条件下,地上部分开始生长。据江苏、山东的试验,硬枝大田扦插苗当年新梢生长量大于嫁接苗和实生苗。不同枝龄、母树年龄的插穗,当年新梢生长量不一样,2年生枝上截取的插穗新梢生长量明显大于1年生枝,而随着母树年龄的增加,新梢生长量则下降。嫩枝扦插,由于生长时间短,当年新梢生长量很小(3~6.5 cm),8月份以后扦插的只生根不长枝。移栽对单芽、双芽及嫩枝扦插苗生长影响很大,由于根量少,移栽后生长较慢,甚至第二年不抽生新梢,相反,如当年不移栽,并在苗床的土壤内越冬,则长势旺盛。所以,对嫩枝扦插苗,有条件的地方,最好当年不要移栽。

扦插苗的生长发育特点

①扦插苗地上、地下的生长量与插穗原来的品种、插穗本身的年龄、插穗生长发育状况、扦插时所用生根粉剂的种类及扦插后的管理等因素均有关。②扦插苗第1、2年地下根系生长量大,地上生长量很小,甚至不能抽生新梢,从第3年开始生长才明显加快。③在相同管理及立地条件下,扦插苗生长量小于实生苗。④如用侧枝作插穗,则成活后的扦插苗直立性差,成活后依然按照所采侧枝的原来角度生长甚至水平生长,从而导致以后所形成树冠低矮,不适合作为干形通直的园林绿化树木。如用银杏树干平茬后所生萌生条作插穗,所形成的扦插苗可进行直立生长,以后能形成直立的树干。在实际生产中应结合扦插苗的生长特点进行扦插和管理,以得到理想的苗木。

扦插苗培育

扦插育苗有利于加快苗木繁育速度,促进早实丰产和保持品种的优良特性。早在1947年,美国新泽西州的Vermeulen就已开始对银杏雄株插条繁殖的研究,但直到1951年才由Teuscher首次报道成功。此后,各国学者先后对银杏硬枝及嫩枝扦插进行了研究。20世纪50年代银杏插条繁殖技术引起国内许多人重视,至20世纪90年代初期这一技术在生产上得到推广应用。

扦插时期和基质温度对插穗生根的影响

扦插时期和基质温度对插穗生根的影响

扦插时期	基质5 cm处温度(℃)			基质10 cm处温度(℃)			扦插株树	生根株树	生根率(%)	最大根长(cm)	侧根数(根)
	8:00	14:00	20:00	8:00	14:00	20:00					
6月中旬	18.0~20.0	21.0~30.0	20.0~27.0	19~21	20~29	20~25	2 700	2 301	85.22	6.2	12
6月下旬	19.5~21.0	22.0~31.5	22.0~29.0	20~22	21~29.5	21~27					
7月上旬	21.5~24.5	26.0~35.0	24.0~32.0	20.5~25.5	25~32.5	26~31	3 600	3 448	95.78	8.3	16
7月中旬	20.5~23.5	23.5~35.0	20.0~29.5	21~25	24~33	23~30					
7月下旬	20.0~2305	23.0~33.0	20.0~21.0	20~24	23.5~30	20.5~22					
8月上旬	20.0~23.5	22.0~31.0	20.0~24.0	13~23	23~31	20~22	3 600	2 984	82.89	5.1	10
8月中旬	18.0~23.0	24.5~32.5	20.0~28.0	20~23	23~29	20~21					

迁安银杏

迁安市马官营村的古寺庙——六合寺旧址内,存有一株2 400余年生的古银杏树,因雄株早年被伐,现存孤雌一株,品种为大马铃,为实生繁殖树,树势雄伟壮观,树高22.6 m,胸径1.90 m,冠幅22 m×22 m。未经嫁接,因临近无雄株缺少授粉,年结实甚少,种子发育不良,无胚,种形多有变态,细小的种仁不饱满或空粒。后来村里投资2 500余元,培好了树根,修建了蓄水池。千年银杏更加春意勃发,生机盎然。1992年采穗嫁接于清西陵试验场银杏园的2年生砧木上,嫁接高度1 m,经过精心肥水管理,1997年开始结实,1999年丰产,结实最多的植株结实达4 000余个,幼树树冠圆形或椭圆形,发枝力强,长势旺盛,抗逆性强,扇形叶,无缺刻,叶色深绿。种实长圆形或椭圆形。顶部圆钝,顶端突起而成小圆尖,基部平宽,成熟后橙黄色,纵径3 cm,横径2.6 cm,种梗略宽,梗长3~3.5 cm,种实单粒重9~13 g,平均单粒重9.3 g,107~108粒/kg,出核率27.7%。种核卵形或椭圆形,上下两端宽度形状近似,顶端圆钝具钝尖,基部凸形尖端窄平,两维管束迹迹点小,核两侧棱线明显,腹背相等,种核纵径2.5 cm,横径1.6 cm,厚1.2 cm,核表面象牙白色,粒重2.9~3.6 g,平均单粒重3.17 g,每千克315~316粒,种仁饱满,出仁率75%。种仁米黄色,切开内部略有黄绿色,熟时杏黄色,表皮略有皱褶,微有薄层白粉,外种皮较厚,单粒种重10~11.2 g,每一短枝结种

2~3粒,多者达5粒,出核率28%。种核近圆形略扁,上下两端基本一致,先端圆钝具微尖,核皮表面洁白光亮,腰部浑圆丰满,有纵向弧状突起条纹,腹背基本相等,迹点略平,色暗,束迹明显,核两侧棱线突起翼状边缘,似梅核状,核纵径2.3 cm,横径1.9 cm,厚1.5 cm,单粒重3.1~3.9 g,每千克310~320粒,出仁率26.5%,种仁饱满,糯性强,种仁微有苦味,淡黄微带绿色,有胚率95%。

铅和镉离子的抗逆性

根据Cd、Pb等金属胁迫对银杏的影响可知:①Cd、Pb胁迫对银杏叶片超微结构产生了不同程度的破坏作用。叶绿体对重金属胁迫最为敏感,表现为叶绿体片层肿胀,外膜消失,嗜锇颗粒增加,严重时叶绿体发生降解或解体。线粒体的变化为内脊减少,严重时外膜破损,呈空泡化。细胞核的变化为核膜破坏,染色质凝聚。Cd、Pb交互效应对叶绿体和线粒体超微结构的影响表现为协同效应。②Cd与总叶绿素含量和叶绿素a表现出显著的抑制剂量效应,Pb则与叶绿素各指标的抑制剂量效应关系均显著。在Cd、Pb及其复合胁迫下,银杏的Pn、Gs和Tr均随着胁迫浓度的增加而下降,而Ci随着浓度的增加而趋于增加,表明限制银杏光合作用的因素主要由非气孔限制所致。银杏最大光化学效率Fv/Fm、$\Phi PSII$、光化学淬灭参数qP、非光化学淬灭系数qN均随处理浓度的增加呈明显下降趋势,说明Cd、Pb导致了银杏PSII反应中心的关闭和受到破坏。③Cd、Pb胁迫显著地影响了根系微区的离子分布,使细胞中大多离子的稳态受到破坏,同时Ca^{2+}和K^+在不同组织中均呈现出较强的峰,Ca^{2+}和K^+稳态的维持显示银杏对Cd、Pb胁迫具有较强的耐性机制。Cd、Pb及其复合胁迫下,Cd、Pb主要累积在银杏的根部,其次为茎和叶。Cd、Pb胁迫对银杏各器官中K、Ca、Mg含量产生了显著的影响,叶、茎生物量增量下降是由于银杏叶、茎中积累的Cd、Pb严重地抑制了Mg的吸收。在根中则抑制K、Mg的吸收,使生长代谢发生紊乱,发育受阻而导致生物量增量的下降。④Cd、Pb及其复合胁迫导致银杏在细胞、组织、器官水平上表现出受毒害的生理生化响应。但同时,银杏可能通过对重金属的限制作用、细胞壁阻止作用、抗氧化酶等生理防卫及Ca^{2+}、K^+、脯氨酸、蛋白质等渗透调节机制对重金属胁迫表现出较强的抗性。

前景诱人的深加工

银杏木材用于制造高档薄木贴面人造板、环保型胶合板、阻燃型人造板;银杏果、叶等开发保健型银杏茶、银杏饮料、食品以及药品等;银杏外种皮可用于生产生长素、生物农药及有机肥;银杏花粉可用于生产高档保健化妆品和药品,银杏叶可用于制造饲料(代)添加剂。随着银杏加工研究的不断深入,银杏生产前景更加诱人。我们完全有理由相信,银杏资源的综合利用,将会促进银杏种植业向健康的方向发展。

乾隆皇帝爱银杏

北京西山大觉寺无量寿佛殿前,有一株辽代栽植的古银杏,比潭柘寺的"帝王树"还高出一截,巨冠参天,荫布满院,人们称之为"银杏王"。乾隆皇帝到此巡视时,曾为它的雄姿题诗曰:

古柯不计数人围,叶茂枝孙绿荫肥。

世外沧桑阅如幻,开山大定记依稀。

潜伏期

从病原菌侵入银杏寄主之后,寄主发病之前的发育过程。

潜所诱杀

人工设置害虫喜欢栖息的环境,也可诱杀很多害虫。如山楂红蜘蛛、星毛虫类等,有潜在银杏树皮缝中越冬的习性,因此在它们越冬前,在树干上包扎麻布袋皮等,诱入害虫进行越冬,来年开春前集中烧掉。傍晚在苗圃中堆积新鲜杂草可诱入大量地害虫,随后集中处理,加以消灭。

浅田拜拉

浅田拜拉 *Baiera*。生长地域:山东。地质年代:早中侏罗纪。

嵌芽接

砧木离皮时即可应用。在接芽基部下方1 cm处横切一刀,深达木质部1/3处,再在接芽上方1 cm处向下纵削一刀,把接芽取下,尽量多带木质部。选砧木适当部位,切出与芽片大小相等的切口,将芽片贴入砧木切口,对准形成层。用塑料带扎紧,露出芽眼。此法近似于方块状套芽接。但此法芽片带木质部为其不同之处。

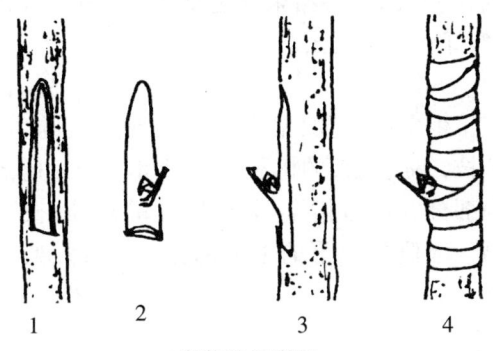

嵌芽接示意图
1.切砧木 2.取芽接 3.插入芽片 4.绑扎

强寄生物

它们以营寄生生活为主,但在一定的条件下可以腐生,在特定的人工培养基上可以生长,但往往发育不完全。有些强寄生物在其生长发育的某一阶段是以腐生方式生活。在植物病原真菌和细菌中,这种类型很多。它们的寄生特性和寄主范围同转性寄生物相似。

乔化采叶圃经营方式(篱状经营方式)

乔化经营亦称篱状经营。特点是对1~5年生苗木促进高生长,控制侧枝生长,行距宽,株距小,每行都培育成为篱状。该方式由于能经济利用空间,故叶子产量较高。同时可以有效地与培育银杏大苗相结合进行,获得较高的经济效益,是当前生产上采用较为广泛的经营方式。管理技术要点如下:

①乔化经营采叶圃如从播种育苗开始,行距一般为20 cm,株距为10 cm,以后逐年隔行或隔株疏苗,以保证树株始终保持足够的营养面积。

②采叶圃乔化经营方式,其叶子高产的主要原因是实行立体经营,最大限度地利用空间,所以在生产管理上须严格控制树株侧枝生长,大力促进高生长。春、夏期间在侧枝长度达到1/3行距时,应及时摘心。

③该经营方式为了获得叶子高产,在经营管理上始终保持高密度。但在高密度条件下因通风透光不足,往往影响到叶子的品质,故要在行间及时修剪,保留1/3的行间空隙,以确保采叶圃内行间足够的通风透光量。

④在采叶圃树龄3年生以后,树高可达2.0~2.5 m,因树株密度大、苗干细、叶子多,往往导致树干倾斜,甚至倒伏,严重影响行间的通风透光。为此,生产上可采用木桩(或水泥杆)拉上铁丝及塑料绳进行行间牵拉、绑缚的办法,把各行树株进行纵向固定。

⑤乔化采叶圃从播种育苗开始,一般经营5年。以后因树株过高,将给采叶造成困难,届时可将苗木出圃,作绿化大苗售出。

乔木

多年生木本植物,银杏具高大而明显的主干,并多次分枝,组成庞大的树冠。一般可以分为树冠和枝下高两部分。树冠指全部分枝、叶的总体;枝下高是最下第一级侧枝以下的主干部分。银杏是典型的乔木树种。

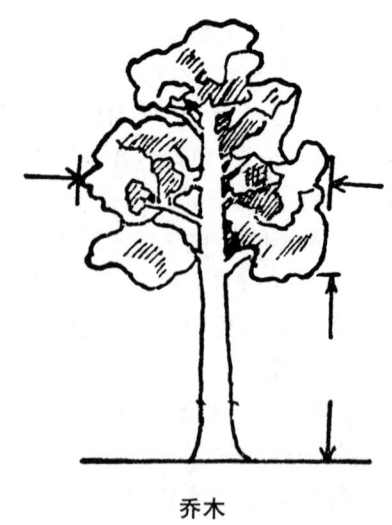

乔木

乔木果树

自然状态下有一较明显而直立的主干,顶芽沿中轴不断向上生长。侧生分枝相对较弱,形成巨大量营养枝和结果枝的树冠。与灌木果树相比乔木果树进入结果(种)期较晚,寿命较长。枝条更新能力弱于灌木果树,生根困难,故多用嫁接法繁殖,以利用其他树种的根系,大多数果树种类属于乔木果树,银杏则是典型的乔木果树。

荞麦壳式嫁接

荞麦壳式接也是插皮接的一种,是泰兴地区沿用很久的一种枝接方法,适宜于大砧木,成活率较高。

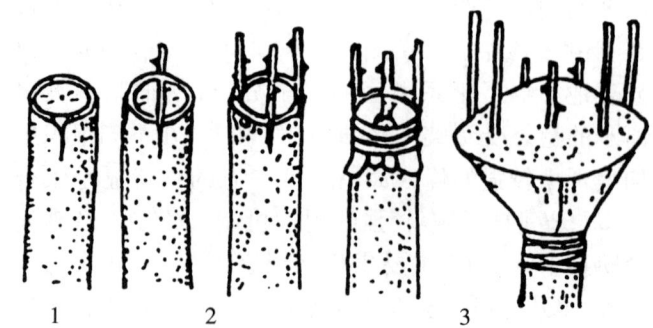

荞麦壳式嫁接
1.砧木开口　2.插入　3.包扎

①削砧木。同插皮接。

②削接穗。用三刀,第一刀先在下端芽背面斜削一刀,深达接穗粗度一半,削面长约3 cm,第二、三刀分别在长削面的背面左右两侧各削一刀,长略小于3 cm,刀口上浅窄,下深宽,使接穗削后的横断面近似三角形,接穗先端似荞麦壳,故名。接穗上端保留2~3个芽,全长10 cm左右。削成两边长约1.5 cm,每个接穗带1~2个接芽,随削随接。

③嫁接和移栽。将削好的接穗立即插入砧苗切口内,再用麻绳绑扎牢,然后将嫁接苗移栽到铺有

10 m厚蛭石的塑料棚内,或装有蛭石的高5 cm、直径8 cm的塑料袋中,并剪断胚根。移栽深度以种子全部埋入蛭石层而接口外露为宜。在基质含水量40%~50%、温度20~30 ℃、相对湿度80%的条件下,一般15 d即可愈合成活,接穗开始萌发。当展叶后,在无霜期内移栽到圃地,及时浇水、遮阴,15~30 d后逐渐撤去遮阴物至全光常规育苗。

桥接

当银杏大树树皮被牲畜啃食、人为破坏、病虫危害或受机械伤害后,造成大块树皮剥落或树周围一圈树皮损伤脱落时,需用桥接措施来救治。此法应用在休眠期效果很好。如发生在生长期,要根据具体情况,需截大枝,以缩小树冠,减少蒸发损失,否则效果较差。具体方法是:①切削树皮。先把已离皮的树皮削去,再把上、下部嫁接部位的老树皮削去,以利插接穗和绑扎。②确定桥接数量。为增加成活枝数,尽量增加桥接枝数,一般间隔4~5 cm桥接一根,太近会造成嫁接部位脱皮而影响嫁接效果。③挑选接穗。桥接的接穗不要太粗,太粗操作时无法弯曲,太细效果差,成活率低。一般用1 cm粗细的1~2年生枝,长度至少超过伤口上下距离8~10 cm。④削接穗。接穗两头都得削,方法同插皮接。削面尽量要长,一般不能短于4~5 cm。⑤砧木处理和插接穗。先在插接穗的上、下部位各垂直切一刀,深达木质部,长度与长削面相当,然后把接穗插好,上部插上面,下部插下面。再用小钉钉牢。⑥绑扎。待桥接枝条全部插完,用黏泥涂抹接口,用粗麻片糊黏泥把接口扎紧或用塑料条绑扎,最后用塑料薄膜封闭。

巧克力

可可脂35份、全脂奶粉20份、砂糖40份、银杏叶提取物4.8份、香兰素0.1份。在捏炼机中将前三种混合捏炼成巧克力坯料,然后在巧克力精研机中将坯料精研至粉状,再将粉状物慢慢投入到已加热至60 ℃的巧克力精炼机中,加入银杏叶提取物后精炼,然后加入香兰素,充分均质后将巧克力料调温,模制成型,得到块状巧克力。银杏叶提取物加入量为坯料量的5%以内,量大时苦味太强。但如低于0.01%,则效果不大。通常银杏叶提取物的颜色为绿色至褐色,添加在巧克力中不会影响成品本色。同时提取物是亲油性的,与坯料良好相容。如添加到白巧克力中,则用活性炭使提取物脱色,对提取物的药效影响不大。人工评味表明,巧克力细腻性、舌感与不添加提取物者相同;外观上略好于对照品;在风味上也好于对照。

切接

在砧木断面木质部边缘垂直切开,在切口中插入接穗的嫁接繁殖方法。接穗通常长5~8 cm,以具1~2个芽为宜,并削成两个切面,长面在切芽的同侧,长3 cm左右,在长面的对侧削一短面,长1 cm以内,砧木在近地面40~80 cm处剪断砧干,削平断面,于木质部的边缘向下直切,切口的长与宽和接穗的长面相对应。将接穗插入接口,并使形成层对齐、对准,将砧木接口的皮层包于接穗外面加以绑缚。对节间很短的接穗,或接穗枝条数量很少时可采用单芽切接,即用一个芽做一个接穗。

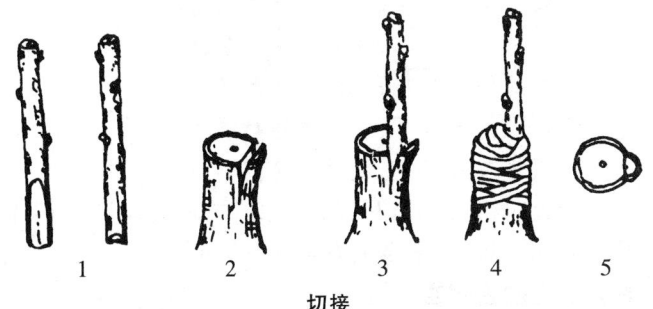

切接
1.接穗削面及背面　2.砧木切口　3.插接穗　4.绑扎
5.接穗形成层与砧木形成层吻合

切接与劈接的异同

相同点:嫁接时间、包扎方法和管理措施。不同点:砧木的粗度与切口位置,接穗削面的大小与削法。

切接与劈接比较

	项目	劈接	切接
相同点	嫁接时间	早春砧、穗均未离皮和秋季	
	包扎方法	用卫生纸、塑料薄膜、扎丝扎紧	
	管理措施	及时松绑、去阴等	
不同点	砧木粗度	适用于较小的砧木	适用于大小砧木,以2 cm以上的为多
	切口位置	通过髓心	不通过髓心
	接穗削面	正背面等长,楔形	正面长,背面短

禽粪

禽粪主要有鸡、鸭、鹅、鸽粪等,是良好的有机肥料。在各类禽粪中,以鸡、鸽粪的营养含量最高,鸭次之,鹅粪的养分最低,新鲜禽粪的养分含量为水分50.5%~77.1%,有机质23.4%~30.8%,氮0.055%~0.176%等。禽粪中的氮素主要为尿酸态氮,约为总氮量的60%,尿酸不能被根利用,对银杏根系的生长有害,但它在土壤中或腐熟过程中易分解为尿囊素,然后形成尿素,所以禽粪是一种易腐熟的有机肥料。腐熟的禽粪,在银杏生产上主要用于基肥,如同过磷酸钙混合制成颗粒肥料,施用效果更好。

青城山

中国著名的道教名山,位于四川省都江堰风景区内,山中林木青翠,四季常青,诸峰环峙,状若城郭,素有"青城天下幽"的美誉,传说道教天师张道陵晚年显道于青城山,并在此羽化,天师洞面前有一株古银杏树,传乃张道陵手植。清人李善济曾做《银杏歌》赞颂。

天师洞前有银杏,罗列青城百八景。
玲珑高出白云溪,苍翠横铺孤鹤顶。
我来树下久盘桓,四面荫浓夏亦寒。
石碣仙踪今已渺,班荆聊当古人看。
古国从来艳乔木,况甘隐沦绝尘俗。
状如虬怒远飞扬,势如蠖曲时起伏。
姿如凤舞云千霄,气如龙蟠栖岩谷。
盘根错节几经秋,欲考年轮空踟躅。

诗人对银杏的描写细致入微,同时又勾勒了银杏的雄姿和气势,读来令人有身临其境的感觉。

青城山上的古银杏

四川省都江堰市青城山,一向以"峨眉天下秀,青城天下幽"著称。青城山风景怡人,自然景观与人文景观相媲美,道书上被称为第九洞天,在国内外久负盛名。青城山上有许多庵观寺庙,而以雄踞于青城山半山腰的天师洞最为气势磅礴雄伟。天师洞为我国东汉时期道教始祖张道陵传教圣地,它依山傍水,在丛林中若隐若现,四时景色,皆可入画。天师洞下方的轩辕寺右侧是一片苍翠竹林,左翼有一株绿荫婆娑的古银杏,树高达50余米,胸围706 cm,相传为张道陵手植。如今古银杏生机盎然,枝叶扶疏,根如龙蟠,垂乳欲滴。远处望去,一树擎天,春华秋实,把轩辕寺屋顶团团遮掩。山风吹来,枝动叶摇,屋顶若藏若露,显得格外净穆、庄严,游人到此,无不产生六根除净超然之感。民国年间,文人老鹤写下了《银杏歌》,字里行间充满着对古银杏的热爱和赞颂:

天师洞前多老林,中有银杏气箫森。
大逾千围高百尺,孤根下蟠九渊深。

青岛崂山古银杏

青岛市千年生以上的古银杏共有8株,崂山上清宫门前的古银杏相传为宋华盖真人刘若拙所植,它是青岛市银杏中的"长老"。该树树高30余米,粗达四五人合抱。无论是严寒酷暑,还是风霜雨雪,它毅然屹立在山门之前。此树主干部分中空,洞穴遍身。碗口粗的数十根新枝又从树心蜿蜒交错的向外伸出,扇形新叶翠绿茂密。橙黄色椭圆形的果实累累满枝,显示着生命的活力,游人到此,无不为之惊叹。参天古银杏,历经磨难,阅尽沧桑,今欣逢盛世,定会焕发出勃勃生机。

青莲寺银杏

晋城市南郊区铺头乡寺南庄村青莲寺,雄树:高21.65 m,干高5.25 m,胸径1.48 m。冠幅东西14.4 m,南北13 m,主枝已枯,生长很多侧枝,树叶茂盛,树冠呈圆形。雌树:高14.05 m,干高3 m,胸径0.96 m,冠幅东西9.3 m,南北11.9 m,主干很早被砍伐,上盖一块平板石头,南面无皮,东北和西南生出两小枝。

青皮果

主要分布于广西桂林地区灵川县,山东海阳等地。多为根蘖树。树冠圆锥形,主干挺拔,分枝层性明显。长枝上,多着生三角形叶,无明显中裂;短枝上多为扇形叶,无明显中裂或少数具有中裂。种实宽卵圆形,成熟时外种皮仍呈青绿色,薄被白粉,具梭状透明油胞。种核卵圆形,先端圆钝,具突尖,珠孔迹明显,表面有不规则凹陷短条纹,侧棱明显,但中部以下部位不太清晰,每千克约448粒。该品种晚熟,单株产量低,对水肥要求极高。

青皮果

清晖园

广东最南部的古银杏树,位于佛山市顺德区清晖园内,树龄 150 年,高 15 m,胸径 0.8 m,该处位于北纬 22°51′、东经 113°15′,年平均气温 22.5°C;古树为雌株,每年能正常开花,经人工授粉可结实。清晖园为私家园林,是广东四大名园之一,建于清代,现已辟为游览区,位于顺德区大良镇,距广州 50 多千米。

清晖园里的古银杏

银杏只有生长在年平均温度 20 ℃以下,最低温度在 0 ℃以下,相当于北纬 24°以北的地区,才能正常地开花结实。顺德大良镇清晖园位于东经 113°15′、北纬 22°50′之间,年平均温度约 22.5 ℃,最低温度均在 0 ℃以上,仍见有能正常开花结实的银杏树,的确是一个重要的发现。由于该园及其邻近的龙江镇于 1996 年曾从南雄、广西等地引进一批在当地能开花结实的银杏树,但移栽后却一直未能开花,说明该株银杏树在生态适应性方面与外地银杏是不同的。此外,顺德银杏在种子形态上及其成熟叶片 POD 也有其自身的特性。因而推测顺德银杏可能是多方面的原因,应当作为一种珍贵资源加以进一步研究。

清凉浓缩口服液

日本 Sanrael 公司在 1991 年推出,每瓶 20 mL,内含银杏叶提取物 180 mg,添加有 3 种复配的低卡天然甜味剂。

清泉寺银杏

桐柏县洪仪河朋庄村歇马岭下的清泉寺,寺前矗立着 1 棵雄伟挺拔的古银杏。胸围 7.02 m,树高 27.5 m。寺殿已被毁坏,但树旁还立有 1 尊雍正十一年立的《重修清泉寺庙碑记》石碑,碑文记有:"粤稽桐邑之西六十里许,有古刹清泉寺,其庙前银杏之高大,几越数千年之遥,观其形势,四面环山,相连木成荫,而众鸟栖息,竹林茂树,群雀噪焉……"从碑文来看,雍正十一年(公元 1733 年)时,清泉寺这棵银杏,已是参天巨树。清乾隆《桐柏县志》记载:"清泉寺,在自草铺北,山下有泉水环绕,寺后有银杏一株,高耸苍古,不记历年"。古银杏无明确的栽培年代记载,目前当地村民称之为"汉白果树"。

清水白果罐头工艺流程

白果种仁→挑选→盐水预煮→拣选→装罐→排气→密封→杀菌冷却→入库→保温→包装

产品呈淡黄色,种仁大小均匀,完整,保留了白果固有的风味和营养成分,实为上等美味佳肴。每百克成品含营养成分:蛋白质 6.95 g,脂肪 1.91 g,糖 38.36 g,水分 53 g,钙 5.19 g,磷 38.34 mg,铁 0.47 mg,β-胡萝卜素 0.65 mg,维生素 C 1 mg,维生素 B_2 0.28 mg。

清太 5 号

1988 年经湖北省林业厅审定。主要产于巴东县清太坪一带,当地称之有"饭白果",属梅核类。种实圆球形,核形指数 1.21,出仁率 82%,种仁味微苦。原株生长在巴东清太坪海拔 1 100 m 处;株高 40 m,胸径 229 cm,树冠平均直径 12 m,主干周围萌蘖 68 株。本品种已在巴东等县推广。

清晰银杏

清晰银杏(*G. lepida* Heer)。生长地域:内蒙古。地质年代:上侏罗纪至下白垩纪。

清园

指在冬季清除银杏园内病虫害的初生侵染园,达到防病治虫,保证银杏良好生长的目的。银杏栽培防治措施的重要内容,也是银杏园冬季管理的主要技术措施。清园主要包括如下方面工作:①冬季清除银杏园内的落叶杂草、病虫株残体,将其烧毁或沤肥,以减少越冬病虫源,减少初侵染和再侵染的病虫来源,从而减轻来年病虫危害程度。②刮除粗枝、翘皮。枝干粗皮、翘皮夹缝是病原孢子和病虫的越冬场所。刮除粗枝、翘皮,一方面可刺激银杏生长,同时可消灭越冬病虫害。③涂白。用含有杀菌剂的石灰水涂刷树干与主干分枝部位。④冬季修剪,剪除病虫枝。⑤早春全园喷布石硫合剂等农药。

清煮白果仁

主料:粒白果 500 g。

制法:将 500 g 大粒白果除去骨质中种皮,放在开水中煮沸 6 ~8 min,用手将内种皮轻轻搓去,然后放入砂锅中,加水适量,用文火煮 10 min,捞出放入盘内即可。

特色:清香爽口,回味无穷。清煮白果仁不仅可以单独食用,而且是白果菜肴加工制作中的常用主要原料。

秋后整地

如果打算作银杏育苗用地,前一年最好不种秋作物,使土地休闲一段时间。如果已有秋作物时,待其收割后至冰封前深翻一次,深达 30 ~40 cm。要求耕前不施肥,耕后不耙地。深耕的目的主要是积存雨雪、储水保墒、冻垡土壤、增加土壤有机质含量、消灭害虫病源。

秋季播种

在虫害较轻,经营强度较高的苗圃地,可实行秋季播种。我国南方于 11 月份,北方于霜降前用春季播种的方法播种。生产实践表明,秋播比春播出芽率高 16%,高生长量大 18%。此法还可减少冬季种子贮藏的劳力支出和物资消耗。

秋季灌浆水

在银杏果采收前1个月左右灌1次水,能增加粒重,促进灌浆,提高品质。

秋季嫁接

自9月中旬至10月上旬,以芽接为主,但接后芽砧之间仅能当年愈合而不能发芽。秋接如能封蜡不仅可提高成活率且来年抽枝十分旺盛。秋接多用于长江以南的冬暖地区,而北方较少应用。因冬季气温过低时接芽极易受冻死亡。如1990年江苏省邳州市合沟乡秋季嫁接成活率可达95%,而1991年在良种繁育圃和市区庭院秋季嫁接的苗木则由于低温影响而全部失败。

秋季嫁接的叶片生长

秋季嫁接的叶片生长

品种	接穗年龄	叶长(cm)	叶宽(cm)	叶柄长(cm)	单叶鲜重(g)	单叶面积(cm^2)
马铃1#	1	3.66	6.73	5.45	0.48	16.636
	2	2.38	4.60	4.61	0.26	7.985
	3	2.17	4.54	4.88	0.260	7.760
家佛指	1	3.13	5.58	3.41	0.475	10.987

＊8月17日双舌接,10月4日调查(50天)。

秋季施肥

此时期是指7月中、下旬,正值种子硬核期,此时适时、适量施肥对提高种子当年产量和品质十分重要。同时也正是花芽分化期,以便为明年的种子产量奠定基础。但对小年树,要看树势适当多施,以利于协调树势,稳定产量。秋季施肥是全年施肥的重要时期,需要氮、磷、钾同时全面配合,提高树体营养水平,促进碳水化合物和蛋白质的形成,以利提高种子产量、品质和花芽的形成。

秋接和修剪对当年银杏叶黄酮含量的影响

秋接和修剪对当年银杏叶黄酮含量的影响

嫁接或修建时间(月、日)	测定时间(月、日)	叶龄(天)	品种	单叶鲜重(g)	干重(g)	含水量(%)	黄酮(%)
8.20(接)	9.22	34	金坠1号	0.44	0.073	83.4	3.236
			55号(四川)	0.37	0.058	84.2	4.458
8.20(剪)	9.22	34	大龙眼	0.42	0.074	82.5	3.257
			马铃3号	0.36	0.070	80.6	4.206
			2年实生苗	0.33	0.060	81.8	3.009
	10.5	47	马铃3号	2.25	0.630	72.0	3.281
	11.8	78	马铃3号	1.66	0.325	78.8	3.519
9.10(剪)			马铃3号	0.29	0.006	84.0	5.215
	10.5	25	马铃4号	1.87	0.411	78.0	3.148
			2年实生苗	2.06	0.478	76.8	2.914
	11.8	58	马铃3号	1.88	0.397	78.9	6.325

秋末冬初的园地管理

银杏结种消耗了大量营养,种实采收后即临近越冬休眠期,这时需要补充营养,提高抗寒能力,促进根生长和花芽分化,为来年丰产奠定物质基础。每年采收完毕后,应采取下列管理措施,以便安全越冬,并为来年丰产创造一些条件。

①施足基肥,补充养分。种实采收后,应在5~10 d内施肥。一般每株结种大树肥料的施用量是:土杂肥100~150 kg,尿素0.5~1 kg,磷肥0.75 kg,幼树按树体比例减少。施用的方法可选用环状,放射状,行间开沟,深翻至60 cm左右,然后将肥料掺土混合填入,上覆土壤。

②深翻树盘,促生新根。深翻可结合施肥进行或单独进行。深翻时可切断一部分老根,促发新根,深翻树盘应在种子采收后的20 d内完成。

③灌水防寒,安全越冬。种实采收后,尚未落叶

之前,需大水漫灌园地。能够使土壤长期保持湿润,并提高地温2℃左右,促进根系生长,营养物质积累,为来年的生长和丰产创造必要的条件。

④清理园地,防病防虫。园地中的落叶、杂草,冬剪除掉的病虫枝,摘除的黄刺蛾、小袋蛾虫茧,都要彻底清扫,集中烧毁。对防止病虫在来年发生危害有重要作用。

球果

裸子植物,松杉纲植物,有许多果鳞集成的球状体。每一果鳞的向轴面常具两枚或更多的种子,球果成熟时果鳞通常木质化,展开后种子散出;或肉质而不展开。因银杏属裸子植物,人们也常把银杏的种实称为球果。

区域性试验

尽管银杏分布广、适应性强,但品种是有地域性的。目前我国许多品种缺乏必要的适应性试验,即应在不同的生态地区进行品种对比试验。建议尽快将国内公认的品种至少在暖温带(山东)、北亚热带(苏南)和中亚热带(广西)三个地域范围内进行品种适应试验。借以观察研究供试验材料的适生范围,结合适应性试验,对品种的抗性,尤其是抗病虫、抗低(高)温、耐干旱瘠薄、耐涝性、抗盐碱、抗风能力进行综合研究,进一步确定品种的推广范围。

曲阜孔庙内的银杏

诗礼堂前有两株,右为雌,左为雄,为宋朝时期栽植。雌株有5株萌蘖,树高25 m,胸径1.2 m,雄株高20 m,胸径0.8 m。诗礼堂后院1雌株,树龄约40年生,另一株在孔庙前院,树高21 m,胸围1.4 m,雌株,树龄约百年。

曲干式盆景

曲干式银杏盆景形式较多,可以分为直曲、卧曲、斜曲等。曲干式盆景由于它的主干曲折,给人以一种柔情绵绵的内涵和曲尽其妙的形态,深受人们的喜爱。因此,在制作中各部位都要围绕这一主题进行重点展示。现以二弯半为例,将2~3年实生银杏苗或低部位银杏嫁接苗,歪栽于盆中,待其成活后,便可以制作盆景。首先,要提前控制浇水,让其萎蔫以便于制作。先将主干向左、向下折成第一道弯,而后向右、向下折成第2道弯。最后将主干梢头向左、向上折成半弯,剪断梢头,让其促发侧枝做冠。及时摘心,促其迅速成形。要在1~2弯处各引出1枝做冠。下层第1枝,枝条趋于向左、向前、向后再向前。小枝左右弯曲,主枝梢部向下。第2枝为右侧主枝,趋向先上、后下、再上。小枝趋向前、向后,左右弯越平展。两主枝造型要有变化,左右两枝不可等长。左侧主枝宜长,右侧主枝宜短。两主枝成为左呼右应之势,对主题起到平衡作用。要在左右两主枝上各引一枝。左引之枝伸展方向,为向右、向前、向上;右引之枝伸展方向为向左、向后、向下能够起到互为呼应的作用。不然,两主枝易显示单调呆板的形态。第3枝为顶冠,一般以半圆形作顶冠。曲干式盆景树冠端庄,挺拔苍劲,其婀娜多姿的形态令人回味无穷。

曲干式银杏盆景

曲沃"尧银"

曲沃县下裴庄南林交村北门内,树高23.8 m,干高4.8 m,胸径2.72 m。立木材积为48.9 m^3。冠东西18.3 m,南北17.8 m。树冠垂直投影面积255.7 m^2,树干表皮完整,丛生17条枝,根为17.9 m,树根上的花纹,好像很多形状各异的动物。主干分枝处萌生枝的基部形成大小15个悬吊根,好像溶洞内的钟乳石一样,极为壮观。清朝《曲沃县志》记载:"当地民众呼为'尧银'"。整个树冠形似"大伞"。1946年人民解放军"临汾旅"主攻曲沃、侯马、高显三镇时,后方医院设在南林交村附近。曾将树上四个侧枝锯掉,做了20副棺材,安葬烈士。此后每年清明节当地民众到此焚香祭祀。

驱虫剂

驱虫剂使用安全,对蚊子的驱虫效果特别优良。Edulan 1为无色或淡黄色的透明油状液体,具有强烈的驱虫活性。对蚊子、蟑螂、苍蝇、壁虱、虻、跳蚤、臭虫、蠓等卫生害虫和吸血害虫,对袋衣蛾、幕衣蛾等衣料蛀虫,对赤拟谷盗、米象等粮食害虫,对蚂蚁、白蚁、黄蜂、蜓蚰、蜈蚣等令人生厌的害虫均有驱虫作用。Edulan 1可与载体,各种添加剂制成不同的剂型。在液剂中含量宜为5%~40%;在固体剂型中含量在2%~20%;在涂布剂中,每平方厘米涂布0.000 5 mg以上；在室内放置固体药剂时，每立方米空间用量为 0.5 mg 以上。也可将该成分固定在合成树脂片材、布、无纺布、金属箔、木板等基材上。固定方法可以是涂布、浸渍、混炼、滴加等。

驱虫片
Edulan1 3 份、环十二烷 96 份。每片重 10 g。

驱虫气雾剂
Edulan1 10 g、香料微量、乙基溶解剂 20 mL、煤油 130 mL、液化石油气—乙醚(50∶5)混合液 150 mL。

驱虫乳剂
Edulan1 5 g、聚氧乙烯油醚(ISEO)10 g、水 85 g。

驱虫涂布剂
Edulan1 5 g、硝基纤维素 25 g、稀释剂 25 g、邻苯二甲酸二丁酯 2 g。

驱虫油剂
Edulan1 5 g、乙基溶纤剂 23 g、煤油 75 g。

去壳和去衣方法对银杏渗糖的影响

去壳和去衣方法对银杏渗糖的影响

处理方法	抽后糖液糖度(%)			平均糖度(%)
	I	II	III	
生剥	A	49.0	49.1	48.97
	B	49.3	49.0	49.13
	C	48.0	47.1	47.60
熟剥	A_1	49.5	49.5	49.40
	B_1	49.6	49.5	49.53
	C_1	48.2	48.3	48.37

注：A,A_1 - 无任何处理；B,B_1 - 预煮前扎针眼；C,C_1 - 预煮后扎针眼。

* 真空度 0.087 MPa，抽空时间 20 min，糖液浓度 50%，充气时间 30 min。

圈枝
一年生枝进行拐枝后再行圈枝。此法多用于盆景。

《全芳备祖》
南宋陈景沂撰，成书于公元 1256 年。宋刻本全书共 31 卷，记述林果树百余种，该书被誉为"世界最早的植物学辞典"。书中记述了欧阳修、梅尧臣、张无尽、杨万里、陆游、李清照等诗人、词人阐述银杏栽培技术和银杏观赏价值、药用价值、食用价值的五言古诗和七言绝句。此时下人常将鸭脚进贡皇帝，皇帝品尝后大加赞扬，因鸭脚名不雅致，至此后改呼银杏。

全光喷雾扦插设备
自 20 世纪 40 年代初 Gardner 报道了弥雾法育苗以来，带叶插条生根技术不断发展。20 世纪 60 年代美国康乃尔大学发明了"电子叶"，世界各地广泛用于"全光雾插"。20 世纪 80 年代初南京林业大学谈勇报道了"电子叶"间歇喷雾装置技术。在一些有条件的苗圃，采用了自控喷雾设施。此种设备具有较大的优越性，节省劳力且效果颇佳，但设备造价较高。在使用中也发现"电子叶"并不完善，不断暴露出一些问题，使用中常出故障，不能发挥其应有的作用。随着科学技术的发展，间歇喷雾装置又有了新的改进。

全光照旋转式自动喷雾装置
插床用砖和水泥砌成圆式插床柜，底铺小卵石厚 20 cm，用粗沙盖平作排水层，上铺 20 cm 细砂作为插壤。备有电源，使用 ZP—203 型叶面水分控制仪和 jP—160 型对称长悬臂旋转扫描喷雾机械装置。

全国各白果收购点分级标准

杭州市白果收购等级(kg)

	一级	二级	三级	等外级
佛手果	340 粒以上	341~420 粒	421~520 粒	521 粒以上
圆果	320 粒以下	321~400 粒	41~500 粒	501 粒以下

上海市白果销售规格等级(kg)

	一级	二级	等外级
佛手果	440 粒以下	441~520 粒	521 粒以上

嘉兴地区白果收购规格等级(kg)

	一级	二级	等外级
佛手果、圆果	440 粒以下	441~500 粒	501 粒以上

江苏邳州银杏分级标准(kg)

	一级	二级	三级	四级	五级	等外级
不分	320~360	361~440	441~520	521~600	601~700	700 以上

另外，江苏省 1975 年以每千克粒数多少作为银杏收购分级的标准：一级叫"大子"，每千克 320~360 粒；二级叫"中子"，每千克 360~420 粒；三级叫"小子"，每千克 440~540 粒；四级叫"圆果"；五级叫"重载"。

《全国首届银杏学术研讨会论文集》
由中国林学会银杏协会筹委会及湖北省安陆市银杏协会共同编辑的《全国首届银杏学术研讨会论文集》，由湖北科学技术出版社出版发行。本《论文集》共收录论文 33 篇，合计 18 万字，13 幅彩色照片。由北京大学李正理教授任名誉主编。由华中农业大学章文才教授题词。湖北省委关广富书记和中国科学院学部委员、中国林学会名誉理事长吴中伦先生分别为该书作序。它是我国广大果树、林业、园林绿化、植物和医药工作者学习的重要参考书。

全国银杏内酯种源、性别 Q 型聚类结果及性状指标

全国银杏内酯种源、性别 Q 型聚类结果及性状指标

分类		省（区）	总量	Bb	Cj
种源	Ⅰ	Hn,Sx,Js,Fj	0.189 8(8)	0.035 7(23)	0.041 9(59)
	Ⅱ	Zj,Yn	0.153 0(13)	0.026 7(28)	0.020 9(55)
	Ⅲ	Sd,Gz,Jx,Ah,Sc	0.106 9(14)	0.027 6(12)	0.009 7(35)
	Ⅳ	Hb,Gx	0.048 1(39)	0.006 9(69)	0.006 4(51)
性别（♂）	Ⅰ	Fj	0.177 3	0.051 1	0.006 0
	Ⅱ	Hn,Zj	0.223 9(2)	0.049 7(21)	0.036 5(10)
	Ⅲ	Gx,Gz,Hb	0.061 0(43)	0.007 1(47)	0.006 3(36)
	Ⅳ	Sx,Ah,yN,Js,Sd	0.127 0(12)	0.025 6(35)	0.010 0(53)
性别（♀）	Ⅰ	Sx,Js	0.246 8(6)	0.039 3(62)	0.015 4(37)
	Ⅱ	Hn,Fj,Yn,Gz	0.170 1(4)	0.032 9(38)	0.001 41(41)
	Ⅲ	Jx,Sc,Zj,Ah,Sd	0.092 4(29)	0.024 5(75)	0.010 5(75)

全国银杏市（县）树

辽宁省	丹东市				
山东省	郯城县	荣成市	临沂市		
江苏省	泰兴市	邳州市	扬州市	连云港市	姜堰市
	盐城市	如皋市	东台市	徐州市	
安徽省	淮北市	利辛县			
浙江省	诸暨市	临安市	临海市	长兴县	
湖北省	随州市	安陆市			
广西区	灵川县	兴安县			
四川省	成都市				

全国银杏种质资源基因库品种来源

全国银杏种质资源基因库品种来源

全国/国外			山东省	
代号	省区	无性系数	县（市）	无性系数
A	湖南	4	青岛	3
B	陕西	6	沂源	1
C	浙江	15	五莲	4
D	福建	3	平邑	4
E	云南	4	日照	4
F	四川	6	蒙阴	2
G	广西	3	海阳	4
H	贵州	4	泗水	2
I	湖北	5	枣庄	1
J	江苏	12	荣城	4
K	安徽	5	济宁	1
L	江西	1	苍山	1
M	山东	76	邹平	1
N	日本	4	泰安	18
共	14	148	济南	1
			郯城	24
			莱州	1(cko)

全垦撒肥

对土壤冲刷严重或非常板结、肥力差的低产银杏果园，采用垦复与施肥相结合的全垦撒肥方法改造。其具体操作是先将有机肥料均匀撒于株行间或树冠周围，然后进行全垦，边挖垦边将肥料翻入土壤深处。若天气干旱，应适当淋水；若土壤板结，可先淋透水后撒肥翻地。施用肥料为粪水或可溶性化肥，也可先垦后施肥，进行全面泼施。

全面整地

把银杏栽植地的土壤全部耕（垦）翻的整地方法。主要适用于平原、无风蚀沙地和水土流失不严重的缓坡地等，是建银杏园常用的整地方法。

全天然银杏汁原料

银杏：采用广西兴安县、灵川县的橄榄佛手果。

食糖：符合国标 GB-317 中规定的一级以上的白砂糖。

生产工艺及操作要点：

银杏→选果、去杂→去壳、去皮，去芯→清洗→粗磨、精磨→过滤→配料→乳化均质→灌装→密封→杀菌、冷却。

①选果、去杂：选表皮白净、无霉烂变质或虫蛀果，去除异物。

②去壳、皮、芯：采用人工方法去壳、去皮、去芯。

③清洗：用清水将处理好的果肉清洗一遍。

④粗、精磨：分别用砂轮磨及胶体磨将果肉磨成浆体。

⑤过滤：用 180 目滤布对浆体进行渣浆分离，渣可重新进行精磨。

⑥配料：白果 3% ~5%、白砂糖 6% ~8%、复合乳

化剂适量以及饮用水等。

⑦乳化均质：采用高压均质机对浆液进行均质，压力为30～40 Mpa。

⑧灌装、密封：采用全自动真空封罐机进行灌装，密封，真空度为0.05～0.06 Mpa。

⑨杀菌、冷却：杀菌公式为15′～20′～15′/121 ℃。严格控制杀菌时间，才能保证成品保质期，但时间过长，易使产品色泽、风味及营养成分受影响。

⑩检验：产品存放6～7 d，经检验合格者方可贴标出厂。

⑪天然银杏汁饮料质量标准

感官要求：乳白色或淡黄色液体，具有银杏果实特有的清香味，无杂质、霉变及分层现象。

理化指标：(略)。

保质期：玻璃瓶为15个月，铝合金和马口铁罐为18个月。

全园撒施法

结合中耕，把肥料撒入银杏园地面，深翻入土，深度不浅于20 cm。这种方法主要用于根系满园的成龄银杏树或密植型园地，基肥和追肥均可。

缺素病

在我国的某些地区，由于土壤贫瘠或土壤结构、理化性质较差，当银杏定植后，植株就会表现为缺素症状。各地常见的，有如下几种情况：①缺氮(N)。缺氮的植株为浅绿色。其基部叶片呈黄色。②缺磷(P)。缺磷植株呈红色，基部叶片呈黄色，干燥时，呈现暗绿色。③缺钾(K)。缺钾时，植株的老叶叶尖及叶缘会表现为焦枯。斑点扩大后，出现穿孔现象。④缺铁(Fe)。缺铁的植株，其顶芽表现为失绿或萎蔫现象。幼叶，则为脉间失绿。当缺铁严重时，叶片变小而薄，呈现黄绿色或白色。

缺素症

银杏同其他植物一样，在适宜的立地条件下，依靠N、P、K和多种微量元素维持着自身的生命。并在每时每刻地进行生长发育，缺少N、P、K使植株瘦小，叶片薄小色淡，生产上较为重视，而缺少微量元素锌、铁等往往被生产上忽视。据植物样品和土壤样品分析，多数银杏林内，土壤含锌量普遍偏低，土壤内平均含锌量仅$(0.5±0.3)$ mg/kg，接近于缺素临界期。银杏叶片的锌含量为2～6 mg/kg，叶柄长为3～8 mg/kg，也低于15 mg/kg的临界期。通过对当地土壤酸碱度的测定，一般pH值都在8.5左右，这不利于锌离子的活化，因为锌离子只有在pH值6～7.8的范围内易活化，便于植物的吸收利用。通过对土壤和植株样品进行分析，土壤中铁元素的含量8.5 mg/kg，按说能满足植株对铁元素的需求。之所以引发缺铁的原因，主要还是土壤pH值偏高，再加上连年增施化肥，使土壤中的二氧化碳和碳酸根离子增多，形成难以溶于水的氢氧化铁，银杏植株难以吸收利用。

缺素症的防治

①选地：缺素症的防治要从选地开始。要选择地势较高、灌排方便的地块，避免在低洼地和盐碱地建园。

②采叶：采叶不当会引起营养缺乏，导致缺素症。采叶园采取分批采叶，最后一次采叶延至10月上中旬或下霜前15～20 d。核用树要严禁采叶，否则会影响种核的产量和质量。

③施肥：a. 秋施腐熟的有机肥料。银杏根系从3月中旬开始活动，到12月初停止生长，在整个生长期中，基肥应在9月底至10月初施，即在第2次根生长高峰前进行。施肥虽然要伤一部分根系，但因当时地温较高，受伤的根系很快愈合，待第2次根生长高峰期到来时，可以大量发新根，增加养分的吸收和贮藏，不但提高了抗寒抗旱能力，而且为来年生根和抽枝发叶打好基础。b. 每年至少施750～1 500 kg/hm²银杏专用肥，并补充微量元素。肥料的1/3～1/2在秋季施基肥时一起施，其余在5月和7月施。c. 控制氮肥的施用量，切忌盲目使用。d. 综合性缺素症可施用银杏叶面肥或微量元素来防治，严禁喷防病药物，否则易造成药害。

缺素症的预防和治疗方法

①正确选地。发展银杏要选择地势较高、有排水出路的地块。栽植前要先搞好工程，达到能排能灌。切忌在低洼地、盐碱地建采叶园。②结种树严禁采叶。主要怕影响来年银杏果的产量和质量。采叶园也要采取分批采叶，最后一次采叶延至10月上中旬或下霜前15～20 d。③秋施腐熟的有机肥料。银杏根系从3月中旬开始活动，到12月初停止生长，在整个生长期中，出现2次生长高峰期。第1次生长高峰期在5月中旬—7月中旬；第2次生长高峰期在10月下旬—11月上旬。因此基肥应该在9月底至10月初施下，即在第2次根生长高峰期前施下。施肥虽然要伤一部分根系，但因当时地温较高，受伤的根系很快愈合，待第2次根生长高峰期到来时，可以大量发新根，增加养分的吸收和贮藏，不但提高了抗寒抗旱能力，而且为来年生根、抽枝发叶打好基础。④每年每亩至少施50～100 kg银杏专用肥，可补充微量元素。肥料的1/3～1/2在秋季施基肥时一起施下，其余在5月和7月施下。

⑤控制氮肥的施用量,切忌盲目施肥。⑥生理性病害(综合性缺素症)可以施银杏叶面肥或微量元素来防治。严禁喷防病药物,否则易造成药害。

缺素症发生的原因

银杏缺素症发生的原因有多方面,归纳起来主要有以下几点:①选地不当。一是地势偏低,在雨水偏多时,排水不良,根部受渍,氧气不足,造成根系吸收能力减弱,甚至腐烂死亡;二是土壤偏碱,造成生长势减弱,因碱地易缺锰、铁、铜、锌等元素,易使叶小而薄,甚至使叶黄化、边缘枯焦;三是河堤或沟边,冬季上层根系容易受冻害,使部分根系死亡。②天气不良。春天雨水偏多、气温偏低,会影响根系的生长和对营养元素的吸收。尤其是雨水多,土壤含水量偏高时,铁易呈不吸收状态,表现出缺铁症状。③施肥不当。长期施用化肥或单一性肥料会造成综合性缺素症,如氮肥过量,或氮、磷、钾肥施量过多,会产生拮抗作用。④采叶不当。采叶偏早,产生二次发叶,树体营养亏损严重。根部呈饥饿状态,因此生根晚,吸收弱,营养不足,会表现出严重缺素症状。

缺素症状的表现

银杏树树大根深,吸收营养比较全面,以往结果树的缺素症并不明显,自开始采叶以来,缺素症状日趋严重,引起大家重视。因银杏叶片大,叶脉是二歧分叉平行脉,其缺素症状与其他果树有相似之处,但也有差异。

缺氮:叶小而薄,基部老叶发黄,严重时造成落叶。

缺磷:叶色不正。

缺钾:新梢细弱,叶缘发生褐色枯斑,严重时从边缘向内枯焦。

缺钙:叶脉间失绿,幼叶可完全失绿,老叶边缘失绿,并坏死。

缺镁:顶端叶片灰绿,叶缘黄化,严重时叶脉黄化,叶基部和中部暗褐而坏死。

缺锌:叶小,叶脆,叶脉间色淡,严重时变黄色,叶缘皱缩。

缺铜:叶失绿,有杂色斑。

缺铁:幼叶失绿,脉间变灰黄或灰白,严重时出现枯枝枯梢。

缺硼:叶小、叶脆,坐果率低,生理落果严重。

缺锰:叶脉间失绿,或呈花叶(幼叶不黄)。

缺钼:叶小、叶脆,边缘卷曲。

综合性缺素症:叶小、叶薄、叶脆、叶缘失绿或枯死。幼叶、老叶均发黄,甚至发灰白,叶卷曲,严重时新梢枯死,最后成丛状。

确定银杏施肥量的依据

银杏生长的复杂性和环境因子的多样性,很难确定一个固定的施肥量。近几年来,通过群众施肥经验的调查总结和圈问施肥试验表明,可以因地因树制宜地制订比较正确的施肥量。随着植物营养诊断研究的发展,应用叶片分析法确定树体营养水平,成为合理施肥准确依据的基础。

根据多方面的因素,分析预测年产量,每产 1 kg 种核,冬、春两季各施入 4 kg 有机肥;夏、秋两季各施入种核产量 5% 的化肥。上述施肥量不是一成不变的,而应随着施肥技术、土壤管理技术和树冠修剪技术相应变化。这样,才能更有效地提高银杏对肥料的利用率。通常情况下,是结合耐势、产量等进行综合分析对比,了解肥效情况,以确定能获得丰产的施肥量。然后再在生产中不断调整,提出适合于当地条件的施肥量。

目前,确定施肥量较好的方法是叶片分析法。银杏的叶片是反映树体内营养状况较为敏感的器官,尤其对氮素反应更加明显。叶片分析法就是根据叶片内各种元素的含量,判断树体的营养水平。此法简单易行,又不损伤树体,比用肉眼观察缺素或过剩更加准确。根据叶片分析的结果,可以作为施肥的参考,有针对性地调整营养元素的比例和用量,以满足银杏树体正常生长的需要。供分析用的叶样,必须选取基本相同的枝条和叶片作为试材。也就是说,在同一银杏园中或同一处理中,采样树要求长势一致,砧木年龄、土壤类型均要相同。供分析用的叶片必须按规定严格采取。这样才能减少误差,比较确切地反映树体的营养状况。银杏叶片营养成分的含量常随采叶时间、树冠的不同部位、不同枝条类型而有显著差异。一般对生长健壮结种正常的银杏,于9月上旬所做的叶片分析表明,长枝上的叶片含还原糖 13.8%,全氮 1.84%,粗蛋白 11.5%,全磷 0.016%;短枝上的叶片含还原糖 11.2%,全氮 1.27%,全磷 0.078%,粗蛋白 7.94%。根据在江苏省 5 月 21 日测定,种子中的含氮量为 4.34%,长枝叶片中的含氮量为 3.29%,未结种枝叶片中的含氮量为 3.41%,长枝中含氮量为 3.41%,结种短枝中的含氮量为 3.42%,未结种短枝中的含氮量为 2.47%,而其他果树各器官的最高含氮量只有 2%。由此看出,银杏对氮素的需要量较高。根据同一测定,种子中的含磷量为 0.78%,长枝中的含磷量为 0.69%,结种短枝中的含磷量为 0.08%,结种枝叶片中的含磷量为 0.39%,未结种短枝中的含磷量为 0.43%,未结种短枝叶片中的含磷量为 0.47%。由此看出,银杏对磷的需要量较少。据同一测定,种子中的含钾量为2.23%,叶片中的含钾量为1.6%。结种短枝中的含钾量为1.91%,长枝中的含钾量为1.63%,未结种短枝中的含钾量为1.83%,未结种枝叶片中的含钾量为1.32%。以上各数据可供作施肥的参考。供营养诊断的叶样,宜在枝条停止生长,叶片已长成个,吐片内各成分含量变化矮小的时候采集。否则会给分析结果带来较大误差。分析营养不良症状时,应用随机取样法,避免过大叶、过小叶、内膛叶、荫蔽叶、畸形叶、受害叶等采集过多。为了减少误差,采叶的株数、叶片不能太少,一般可选有代表性的树5~10株,在树冠外围同一高度上,分别在长枝中部和短枝上部采集一枚叶片,共采集106~200枚叶片供分析用。

《群芳谱》及《广群芳谱》

《群芳谱》又名《二如亭群芳谱》,明王象晋著,成书于1621年(明熹宗天启元年)。全书30卷(另有28卷本,内容完全相同),按天、岁、谷、蔬、果、茶竹、桑麻葛棉、药、木、花、卉、鹤鱼等十二个谱分类。"果谱"分为四卷,有一"首简",相当于果树栽培总论。内列有卫果(防霜、防雾、防寒以及虫害防治)、种果(播种、移栽、锄地以及盆栽)、栽果(栽植以及栽后管理)、扦果(扦插技术)、接果(果树嫁接)、过贴(靠接方法)、压枝(压条繁殖)、顺性(适地适栽)、息果(指出了隔年结果现象,但未指出克服方法)、浇果(施追肥及浇水方法)、嫁果(实是一种迷信)、脱果(在树干上部,干枝相接处裹上粪土,促使发根后又成为一植株,用于根已将朽的老树更新,类似"空中压条")、骗果(截断幼树主根)、摘果(采收)、收果(果实贮藏)、制果(果实加工)、课果(劝种)、果名(即果树分类:"核果"包括枣、杏等;"眉果"包括梨等,就是仁果类;"壳果"包括栗、胡桃等;"烩果"包括松柏之实以及"泽果")、果异(外地奇花异木,有可信,亦有不可信者)、果征(以果实征候推测来年)、果害(不正常果实带来的灾害,多不可信)。"木谱"也有一"首简",其中关于树木的特性、繁殖方法、移栽、修剪、保护、灌溉等,对果树也有参考价值。清康熙四十七年(1708年),汪灏等人奉皇帝玄烨之命,对《群芳谱》进行了删节、校订、补正,将其改编成100卷的《广群芳谱》,内容比原书严谨充实,形式也比较整齐规范。书中有银杏的阐述,可做参考。

群体品种

指某些采用实生繁殖的银杏,它们彼此间在主要性状上能保持一定的相似性,有时把这样的群体直接称为类型或品种类型。群体品种既是栽培的基本单位,也是选育新品种的原始材料。银杏亦此,20世纪60年代初期用实生苗营建过一批用材林,现尚存有一定量的盛果母树,其中大部分为梅核类,它们的生长速度、干形和叶形、抗旱耐湿耐瘠等性状大致相似,却有大、中、小果型,早、中、晚熟之分,其中的早实、大果型优良单株即成为目前本地银杏品种选育的极好原始材料。

群植

由十几株至几十株树林混植而成的人工林群体结构,要按群体的构图要求进行搭配。银杏群植于枫林中,背衬苍松,深秋黄叶与红叶交织如锦,倍觉宜人;银杏群植于冬青林中,绿色与金黄相映生辉,在秋冬来临之际,黄色、杏黄等绚丽多彩的颜色,灿如披锦,丹实如火,使秋天的颜色富于生机。一个单元的树群原则上不超过5种树,这样既简洁又美观。宜与银杏混植的树有五角枫、柿树、山楂、海棠等。

R r

染色体

细胞分裂时期细胞核内可以被碱染料着色的丝状或棒状小体,是细胞核的主要组成部分。染色体由两条染色单体组成,每条染色单体由一条染色线盘绕形成。染色线周围有透明的茎质,基质表面有一层表膜,染色线由一串直线排列的 DNA 结合各种蛋白质组成,其化学组成主要是脱氧核糖核酸(DNA)和蛋白质。基因即是染色体上 DNA 分子长链中的一个片段,从外形上看,一个完整的染色体大体可分为着丝点、缢痕和随体等部分。在细胞分裂过程中,染色体具有自我复制的能力。各种生物的染色体数目都是恒定的。

染色体带

染色技术如 C 带、银染带、G 带及荧光带都已应用于银杏染色体的研究中。染色单体(No.1 和 No.11)的次缢痕和随体中有 C 带和 CMA(chromo mycin A3,色霉素 A3)带。Ag—NOR 染色部分恰在常规染色中所见的随体部分,亦即银杏染色体上的所谓随体实质上是染色体端部 NOR,与其他具端部小型随体的植物类同。在染色体的次缢痕中发现有 3 个或 4 个银染点,表明该区域是 Ag—NOR(随体)。这 3 种染色体带表明银杏染色体长臂方向很少有分化。G 带可用于辨别那些彼此十分难分辨的近顶端着丝粒染色体对。

染色体的研究

学者以韩国 7 地 26 株银杏及其变种(G. biloba rar. fastigiata)的根尖为材料,进行了染色体的观察。结果表明,体细胞染色体基数为 2n = 24;较长的染色体长度为 14.88 ~ 11.88 μm;较短的则为 8.11 ~ 6.24 μm。最长染色体上的随体,在银杏中常呈双重状,而在其变种中则观察不到双重状随体。染色体结构上性染色体的差别不显著,不过雄性树种最长染色体短臂上存在双重随体,而雌性树上则不存在。雄性树小染色体群中具有 2 个随体染色体,比雌性树多;在银杏变种的雄性树小染色体群中,只观察到了 1 个随体染色体。

染色体核型

银杏染色体组成是非对称的。一些文献列出的染色体核型图彼此总体相似,但染色体核型的排列顺序及单个染色体命名不一,因此,需要对银杏的染色体核型命名标准化。

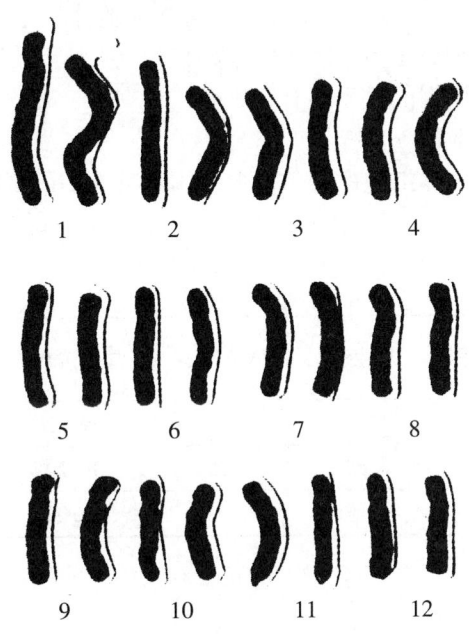

银杏染色体标准核型

No.1:较长,近中间着丝粒染色体,在短臂的末端带有小的随体。
No.2:较短,近顶端着丝粒染色体,是最不对称的一对。
No.3:短,中间着丝粒染色体。
No.4~10:短,近顶端着丝粒染色体,彼此很难分辨。
No.11:短,近顶端着丝粒染色体,长臂末端带有小随体。
No.12:最短,近顶端着丝粒染色体。

染色体核型变化及性染色体

Newcomer(1954)报道,银杏的花粉有丝分裂中有不同形状的长染色体,近顶端着丝粒染色体的长臂上有随体存在。Lee(1954)发现在银杏雄株的一个短核染色体中没有随体存在,并认为该异形染色体决定着银杏的 XY 型性决定系统。雄株与雌株的随体,认为这个随体与性别无关。在对 C 带和银染带观察的基础上,推测出现在雌株上一个长染色体大随体可能是 ZW 型性别决定系统。间期核的核仁均能为 Ag 所深染,其核仁数变异较大,每细胞具 2~4 个不等,大小也不尽相同,这是因为核仁易于相互融合之故。不同的银杏植株具有不同数量的随体,与核仁的最大数目相同。通过对 10 株雄树和 15 株雌树进行研究,发现除 2 株外,这些植株中每一染色体组有 3~4 个随体,每一个细胞核中最多形成 3~4 个核仁，同随体数目相同。这些变化可能是由 NOR 的不活泼或丢失引起的。因为雄株和雌株都表现出同样的随体变化，因此，可以认为染色体随体与性别无关。

染色体核型与其他裸子植物的比较

除花旗松和金钱松外，大部分松科植物的 2 倍染色体数目为 2n = 24（与银杏相同），但银杏不对称的染色体核型不同于其他裸子植物的核型。在北美红杉、杉木属、麻黄属、苏铁属中发现有小随体。染色体核型的相似性表明，除染色体数目外，银杏和其他裸子植物基因型的关系还有待研究。

染色体数目

银杏体细胞的染色体 2 倍体数目为 2n = 24，单倍体数目为 n = 12，也曾有报道 n = 16 或 2n = 16 的。至今还没有发现天然的银杏多倍体植株，但已得到用秋水仙素处理的 4 倍体植物。在组培的雌配子体中能观察到单倍染色体，花粉培养物中则能观察到银杏的 24 倍、48 倍、单倍及非整倍的染色体。在花粉母细胞的减数分裂 I 中期能观察到 12 个二价染色体，在减数分裂 I、II 后期则能观察到单倍染色体。

壤土

一种土性良好的砂粒、黏粒含量适宜的土壤。其特性是松而不散，黏而不硬，结构如绵，既通气透水，又保肥保水，肥力较高，它最适宜银杏的生长和发育。其中砂粒（直径 0.02 ~ 0.2 mm）含量 40% ~ 55% 的，叫二合土。

热源试验

热源试验

动物号	性别	体重（kg）	正常体温（℃）	注射后体温（℃）			温差（℃）	观察结果
				1h	2h	3h		
1	雄	2.4	39.22	38.90	38.85	38.80	-0.37	体温变化正常
2	雌	2.5	39.22	39.25	39.15	38.80	-0.15	体温变化正常
3	雌	2.2	39.08	39.00	38.90	38.90	-0.14	体温变化正常

人粪尿

人粪尿养分含量高，腐熟快，肥效良好，适于各种土壤和包括银杏在内的多种果树施用，增产效果显著。人粪是食物经过消化未被吸收利用而被排出体外的部分，其中含 70% ~ 80% 的水分，20% 左右的有机物，5% 左右的矿物质。人尿是食物经过消化和吸收，新陈代谢后排出体外的废液，含有约 95% 的水分，5% 左右的水溶性含氮化合物和无机盐类，其中含 1% ~ 2% 的尿素，1% 左右的盐类及少量生长素等。人粪尿虽然是有机肥料之一，但是含有机磷、钾等养分较少，它是含氮素的有机肥料。施用时须配合施入堆肥、厩肥等磷、钾肥料。人粪尿在银杏生产上可做基肥、追肥。人粪尿虽然含有丰富的养料，但易于流失和挥发，而且还含有多种病菌和寄生虫卵，易传播疾病。因此，合理贮存和施用人粪尿特别重要，使之既增产增质，又卫生。无论何时何量施用人粪尿，都必须经过一段时间的发酵，使其中的氢氰酸挥发掉，否则会将银杏毒死。

人工辅助授粉

银杏多系雌雄异株，少为雌雄同株。雌花授粉后，经受精、胚胎发育等一系列生理生化过程，最后才能达到种实成熟。若不能授粉或授粉量不足，便会影响白果产量。因此，授粉是增产的一项重要条件。银杏花期忌雾，若雾大且持续时间长，此时气温也较低，花粉囊难以开裂，花粉飘散能力差，便给传粉带来困难。鲁南银杏产区，果农有"银杏花期雾腾腾，白果一定减收成"之说，就是这个道理。花期遇雨则影响更大，非但不能开花，甚至会把飘散的花粉或已飞落在雌花胚珠上的花粉淋洗掉。另外，花期温度也是不可忽视的因子。雌雄花期不过一周，雄树前三天开放的花序，花粉质量较高，花粉量大。后三天开放的多是梢部的花序，则质量差，花粉量少。花期遇干旱，气温偏高，雄花成熟快，开花期会稍提前，而雌花受干旱影响，开花偏晚，吐"性水"稍迟，必然造成雌雄花期不同步。反之，花期突然遇到低温，尚未开放的雌花则发育停止，同样会造成雌雄花期不同步。总之，银杏授粉不但受植株本身条件的制约，而且受多种天气因素的影响。据各地调查，银杏花期非常理想的授粉天气不多，常常是十年八年才有一遇。采取人工辅助授粉，不但能弥补花粉量的不足，而且能战胜灾害性天气，延长授粉时间，提高授粉质量，确保白果稳产、高产。人工辅助授粉用工少、成本低、效益佳，是一项重要的增产措施。银杏靠风力传粉，要受各种气象条件的制约，所以白果产量常常是低而不稳。雄树花粉虽能传播15 km，但有效传粉距离却是1～3 km。若雌树距雄树较远或附近无雄树，花粉量显然不足或无，便给授粉带来障碍。授粉效果主要靠风力、风向影响。若雌树处于雄树下风头，授粉效果就较好。无论采用何种方法加工处理雄花序，都要有专人看管。当花粉囊开放后散出花粉时，应立即用细筛子筛过，除去花梗、枝条、叶片等杂物，然后取其花粉备用。一般4个鲜雄花序就有1 g重，每1 kg鲜雄花蕊可得花粉20～30 g。

人工辅助授粉最佳期的确定

试验区的气候决定了银杏到达人工授粉最佳期所需的时间。在影响银杏人工授粉最佳期的气象因子中，降水量的变异最大，其次为日照时数，活动积温的变异最小，其极差分别为323.3 mm，161.1 h 和128.8 ℃，而每年人工授粉最佳期距3月19日的天数变异较小，其极差只有6 d，表现相对集中稳定，说明银杏授粉最佳期是环境条件综合作用的结果。而环境条件对银杏授粉最佳期的影响既可相互补偿，又具不可替代性。湿度明显影响银杏的萌芽与开花，即银杏需要一定的热量积累才能萌芽开花，而对银杏花期作用最大的则是≥10 ℃的温度累积值，固定时，降水量或日照时数每增加一个单位，由活动积温初始日向银杏人工授粉最佳期就相应推迟0.002 9个或0.024 7个单位。在1985—1995年的活动积温、日照时数和降水量分别平均为377.7 ℃，478.4 h 和246.6 mm的条件下，银杏人工授粉最佳期的理论值应为距3月19日33.9 d，即4月22日应表现出最佳状态。实际测定值与采用理论公式预测的银杏人工授粉最佳期之比为98.8%，两者之间无明显差异，说明用理论公式预测预报银杏人工授粉最佳期的准确度高，具有重要的生产应用价值和实际应用效果。

人工林生长过程

人工林生长过程

调查年月	调查面积(m^2)	林龄(年)	平均胸径(cm)	平均树高(m)	株数(hm^2)	干材积(m^3/hm^2)
1955.6	3 022	26以上	18.5	13.0	1.197	198.5
1957.11	3 022	28～33	(18～26)	14.0	936	221.0
1979.12	7 300	51～56	35.9	22.4	332	503.6

人工授粉方法图解

人工授粉方法图解

人工授粉高接雄枝法

这是江苏邳州科技人员首先提出来的一种方法。在银杏雄株缺乏的情况下，他们广泛发动群众普遍在雌树上嫁接雄枝。1983—1986年，全县共嫁接成活3 706株，达到银杏结种雌树的26.5%。对零星散生的雌树基本上株株都嫁接上了雄枝，从而使产量得到了成倍增长。具体做法是，开春后至树液流动前一个月，采集生长健壮、开花晚的雄树上2～3年生的枝条，采集后用湿沙窖藏在背阴处。银杏实生树可在中心主干顶端，嫁接树可在直立的大枝先端嫁接。如在雌树内膛嫁接，嫁接成活后，不易成枝或成枝后多数不易形成花芽开花。可用插皮法嫁接，这种方法嫁接成活率一般可达95%以上。嫁接时选直径5～3 cm的直立大枝平滑处。砧木锯断修平后，锯口下20 cm范围内的小枝全部疏除并削平,然后纵切皮层,深达木质部,长度需比接穗长削面稍短些。每一接穗保留2个芽,在第2个芽下方0.5 cm的背面向下纵削一刀成马耳形,深达接穗粗的一半,长4~5 cm,为确保成活,削面不能过短,在长削面的反面下端削一0.5 cm的短削面,然后再在两侧各轻削一刀,使下端成尖锥形。这时可挑开砧木皮层,插入接穗,上端露白0.3~0.5 cm,以利愈合,插口要紧密。根据砧木粗度,每枝上可嫁接2~4根接穗。插入接穗前,先将软纸与塑料薄膜放在砧木口上,按接穗的数量和方位划开,中间保留部分和砧木直径相等。塑料薄膜与软纸的边长应大于砧木直径10 cm。接穗插好后,用塑料薄膜和软纸包紧,再用麻皮从上到下扎紧。接后20 d就可愈合,30 d就可萌芽。同时,要对雌树加强肥水管理,注意抹掉接口下20 cm内的萌芽,以保证所接雄株生长良好,早日形成花芽。当年枝条可抽生0.8~1.0 m,第3年即可开出雄花。此法是解决我国目前银杏雄株不足的重要措施,一劳永逸,长期得利,并且还可节省喷雾机械,减轻或避免授粉期不良天气的影响。

人工授粉挂花枝法

将处理好的花粉装入纱布袋中,均匀地挂在雌株枝条上,让风吹纱布袋,花粉自然飞散;或挂在竹竿顶端,选择微风天气,站在树的上风方向,轻轻拍打竹竿,震动纱布袋散出花粉。为控制花粉用量,可混入10倍的松花粉。此法适用于幼树和矮干密植园,树体高大则会授粉不均。此法虽省工,但花粉浪费很多,在花粉稀少的地区,不宜采用。

人工授粉挂雄枝法

将采集来的雄花枝,剪成30~40 cm长的小段,然后2~3枝交叉用细绳捆扎成一束,挂于雌树上风头。为延长花粉的生命力,剪取含苞待放的雄花枝,插在装有水溶液(用0.2 kg尿素,加49.8 kg水配制而成)的容器中,再将容器挂在雌株上风头。此法比喷粉法简便易行,比捆枝挂花能延长两天授粉时间,授粉效果比较好,经在各地调查,可提高重种率90%以上。但此法长期使用会造成雄树光秃,花粉逐渐枯竭,对银杏丰产不利。

人工授粉花粉量的确定

授粉量要适宜,过多,则结实量多,使树体营养失调,不利于翌年生产;过少,则达不到丰产的要求。因此,在生产上要根据树龄和树冠大小、结实基枝数量、树势强弱和管理水平等因子,综合确定授粉量。一般来说,花多、衰老大树、肥水条件差、树势弱,要少授,反之则多授。据经验,生产50~60 kg种核,用喷雾法授粉需花粉2~3 g。

人工授粉混水喷雾法

将处理好的花粉1 g兑水250 g(桂林地区农科所:2 g花粉加水5 kg,加白糖20 g;邳州银杏研究所:1 g雹花粉加水100 g;灵川县林业局:1 g花粉加水500 g),用高压喷雾器均匀地喷到雌株树冠上。喷雾时间以天气晴朗、微风的上午10点后,下午4点前无露水时喷洒效果最好。为了保持花粉的活力,可在花粉液中加入1%的砂糖和0.1%的硼酸。此法具备挂花枝法和震花粉法的各种优点。但使用高压喷雾器授粉的缺点是,高压喷雾器的最高射程只有15 m,如遇大风,喷雾高度会更低,效果会降低。也可在清晨露水未干之前,用高压喷粉器直接将花粉喷在树冠上。此法效果虽好,但花粉用量较大。据江苏、广西壮族自治区的推广应用,产量可提高1倍以上。

人工授粉时期

花粉收集以后,要密切注意观察雌花即胚珠的生长情况。当迎着阳光观察到80%以上的胚珠珠孔有一滴晶莹透亮的水珠(受粉滴或称"性水")时,即为授粉的最佳时期(一般在谷雨前后),应立即采取措施进行授粉。授粉应选在无雨、无风或微风的天气,上午9:00以后(露水干后)、下午4:00以前授粉效果最好。授粉后,注意观察水珠的情况,如果在1 d后大部分胚珠的水珠干涸,说明授粉已完成;否则,要再次授粉,但可减少授粉量。授粉后遇雨天,要重新授粉。要注意当树势较强时,可多授粉;反之则应少授粉。专家已从银杏人工授粉最佳期所需的活动积温、日照时数和降水量3个方面,模拟出了预测预报银杏人工授粉最佳期的理论公式,并运用于生产实践。按照理论公式确定的最佳授粉期,在生产中取得了显著的效果,提高了种实产量和质量。公式为:$y = 20.1947 + 0.0030632x_1 + 0.0247408x_2 + 0.0028649x_3$,式中$x_1$为年活动积温,$x_2$为日照时数,$x_3$为降水量。

人工授粉震花粉法

把花粉装入纱布袋内,挂在竹竿顶端,选择微风的天气,站在上风方向,轻轻拍打竹竿,使花粉均匀震落飞散。此法多用于幼树和矮干密植园。据在各地调查,坐种率可提高1倍以上。不过,对树高冠大的银杏,操作不便,授粉不匀,则效果欠佳。另外,也可将装有花粉的纱布袋,直接分散挂在雌树的各个部位,而不用人工震动。此法虽省工,但花粉浪费大,花粉珍稀的种植园不宜运用。

人工授粉注意事项

①适时授粉:雄花散粉盛期只有3~4 d的时间。进入花期后要固定专人负责观察。4月份全国各地处

于冬春交接之际，气温变幅大。日气温超过18 ℃时，花粉即接近成熟，如遇西南风气温骤然升高，尤其要做好花粉采集前的准备工作。当观察到被授粉的雌株有70%～80%雌花胚珠珠孔上已呈现出小小的亮头，并有一滴似露水的水珠（俗你"性水"）时，正是授粉最佳时期。过早、过迟均达不到预期效果。长江以南一般是在3月下旬至4月中旬为授粉的最佳时间；长江以北是以4月下旬为授粉的最佳时间，即谷雨前后两天。在春寒多雨的高山、阴坡等地，可推迟1～3 d，反之，可适当提前。银杏花期的迟早受气候影响最大，在不同的年份中，其开花时间有早有迟。江苏邳州银杏雄株开花最早的时间是4月14日，最晚的时间是4月22日，前后相差8 d。山东泰安，正常年份银杏雄株开花的时间是4月14日。授粉要选择晴天，露水干后的8—10时进行。授粉后第2 d，若珠孔不再吐"性水"，即证明已完成授粉。若大部分胚珠珠孔仍有"性水"或授粉后一天内遇雨，需要再次进行授粉，但授粉量需酌减。②适量授粉：授粉时要做到树冠上下、内外均匀、全面、适量，切忌授粉量过大。如若授粉过量，结种偏多，"超负荷"结种，则消耗养分多，树体衰弱，种实变小，还会影响今后1～2年的产量，严重时引起"假死"。生产中应根据树龄，树冠大小，结种基枝的数量，树势强弱和管理水平的高低等因素决定产种量，从而推算授粉量。一般说来，花多的树少授，花少的树多授；幼树多授，衰老大树少授；肥水充足的多授，肥水管理差的少授。根据多年的经验，一株50年生长旺盛的树，产种50～60 kg比较适宜。假如用机动喷粉器授粉，需100～120 g鲜花序的花粉，兑水5～6 kg；用超低容量弥雾机只要1 g鲜花序的花粉，兑水0.25 kg即可。正常情况下，授粉要一次完成，切勿随意增加授粉次数和授粉量。特别是第一次进行人工授粉的树或逢大年时，更要严格控制授粉量，避免结种过量，造成种小，质量差，若来年变小年或不结种，甚至发不出芽来，造成干枯枝死。③保持花粉发芽力：首先，花粉采集后要迅速运回加工处理。切勿装入塑料袋或密闭的瓶里，以免因挤压、受热、窒息而失去花粉生命力。试验表明，银杏花粉在低温和室温干燥器中贮存3 d后，发芽率降低到25%；贮存35～40 d后，花粉发芽率降低到零。银杏花粉在有机溶剂石油醚、醋酸乙酯、丙酮、苯、甲苯、三氯甲烷中贮存35～40 d后，发芽率同样降低到零。因此，银杏花粉采集后，应立即用于授粉，否则会降低授粉效果。其次，处理好的花粉若暂时不能用于授粉，可存入冰箱或冷室中，贮存天数最多不要超过3天。第三，授粉所用器械和水要清洁无毒，无碱，无农药，防止花粉受害死亡。第四，兑水喷雾授粉，要随配随用，不可超过两小时，否则花粉会因吸胀而失去活力。此外，人工授粉后，坐种率倍增，还要辅之以疏花定果并加强肥水管理。

人工授粉最佳期的活动积温、日照时数和降水量

人工授粉最佳期的活动积温、日照时数和降水量

变量	年份											S	$\bar{X}$	CV(%)
	1985	1986	1987	1988	1989	1990	1991	1992	1993	1994	1995			
≥10 ℃积温(℃)(X_1)	318.4	358.4	358.4	313.2	319.3	409.7	396.9	425.9	435.0	351.4	384.6	442.0	377.7	12.19
日照时数(h)(X_2)	499.4	469.1	534.7	477.3	438.6	437.6	475.1	426.4	506.2	418.1	579.5	46.98	478.6	9.82
降水量(mm)(X_3)	420.9	97.6	261.6	182.4	220.5	255.5	414.8	206.8	295.8	175.5	180.05	95.05	246.6	38.54
人工授粉最佳期距3月19日的天数(d)	35	35	34	34	33	29	35	34	35	31	34	1.83	33.5	5.46

注：≥10 ℃积温、日照时数、降水量均为历年1月1日至授粉最佳期的累计值。

人工授粉最佳期预测值与实测值的差异比较

人工授粉最佳期预测值与实测值的差异比较

授粉最佳期	1985	1986	1987	1988	1989	1990	1991	1992	1993	X_i
≥10 ℃积温（℃·d）	318.4	358.4	313.2	319.3	409.7	396.9	425.9	435.0	352.4	369.9
日照时数（h）	499.4	469.1	534.7	477.3	438.6	437.8	426.4	475.1	506.2	473.8
降水量（mm）	420.9	97.6	261.6	182.4	220.5	255.9	414.8	206.8	295.8	261.8
理论预测天数（d）	34.7	33.2	35.1	33.5	32.9	33.0	33.2	33.9	34.6	33.7
实际测定天数（d）	35.0	35.0	34.0	34.0	33.0	29.0	35.0	34.0	35.0	33.8
理论值与实测值比（%）	99.1	94.9	103.2	93.5	99.7	113.8	94.9	99.7	98.9	99.97

注：此表预测授粉最佳期距3月19日的天数，只适用于江苏泰兴地区佛指品种，不同地区、不同品种最佳授粉期不同。

人工选择

在人为的作用下，选择符合人们需要的个体或类型，淘汰那些不良的银杏个体或类型。

人工摘叶

人工摘叶时，沿短枝和长枝延伸方向逆向逐叶摘下。切忌大把抓叶，用力拉扯和沿枝大把顺向或逆向摘叶。银杏的短枝和腋芽极易被碰掉。据调查，大把摘叶的短枝和腋芽的损伤率达53.5%，这样必然要影响下年的叶产量。

人类历史上的奇迹

银杏树，又名"白果树""公孙树"，是冰川世纪遗留下来的珍贵树种。它出现在地球上的时间大约是二亿五千万年前的古生代，比恐龙还早，达尔文称其为"生物活化石"。令人惊奇的是，第二次世界大战中，日本广岛遭到原子弹破坏后，在一片废墟上第一个复苏发芽的植物就是银杏树，可见其生命力为各种植物之首。银杏树诸多奇异现象，引起了古今中外科学家的极大关注和兴趣，他们纷纷涉足这一领域的开发和研究。明代李时珍的《本草纲目》对白果功能记述为："入肺经、益脾气、定咳喘、缩小便、生食降痰、消毒杀虫"，还可治疗"疮疥疳瘤、乳痈溃烂、牙齿虫龋、小儿腹泻、赤白带下、慢性淋浊、遗精遗尿"等症。由于银杏有养生延年之功效，东南亚各国及日本、韩国都有食用白果的习惯。随着科学技术的发展，20世纪60年代，德国医学博士魏玛·史瓦伯首先发现银杏叶中含有银杏黄酮苷及多种苦内酯和二十多种微量元素等生物和化合物质，具有软化心脑血管、治疗哮喘、防衰老、抗疲劳、抗辐射、增强记忆力的特殊作用。银杏叶制剂自1965年首次由西德Se-hwabe公司投放市场，当年销售额就达600万马克，并逐年上升，到1987年，销售额连续几年居该国心脑血管疾病治疗药物首位。1995年德法两个制药集团生产的银杏制剂销售额就达20亿法郎。美国、日本、荷兰、瑞士、比利时等国相继致力于银杏制剂的研究，销售市场也从欧洲迅速扩大到中国香港、中国台湾等地区及新加坡、日本、韩国等国家。据资料统计，1998年全球银杏制品销售额超过60亿美元。我国近年也开始步入银杏开发领域，如北京金果银杏科技开发有限公司开发的"维康银杏茶"就属医疗保健一品二用的纯天然饮品。我国著名微循环专家穆瑞娟博士称EGb为"神奇的发现"。这一"神奇的发现"吸引如德尔伯里克、本泽尔、克里克等一大批世界著名的诺贝尔奖获得者纷纷加入这一科研领域。

仁和白

位于王义贞镇钱冲村杨家冲周家大垮，管护人周金华。树龄1 100年，实生树。树高32.4 m，胸径1.5 m。树形似塔，长势较好，外围长枝年生长量达35 cm。长枝上叶片为扇形，长4.2 cm，宽6.8 cm。叶柄长7.8 cm，叶色淡绿，中裂明显。双果率较高，短枝结种数多，最多达11粒。球果椭圆形，熟时橙黄色，被薄白粉。先端秃圆，具小尖，周缘不整，略凹下。果柄长3.6 cm，较粗壮，略弯曲。单粒球果重9.5 g，每千克粒数105，出核率25%。种核椭圆形，乳白色，光滑，核形指数1.40。腰厚，先端小尖，束迹点宽而明显，两侧棱线在1/2处消失，无背腹之分。单粒核种重2.5 g，每千克粒数400，出仁率75%。种仁甜糯。该品种为中熟，高产稳产，一般年株产白果200 kg左右。

韧皮薄壁细胞内主要贮藏物质

利用电子显微镜对银杏树条营养贮藏物质的超微结构及季节性变化的研究结果表明，从8月中下旬开始，次生韧皮部的一些细胞内已经开始积累蛋白质，到秋末冬初叶完全脱落，韧皮薄壁细胞已积累了大量的蛋白质，同时在皮层和木射线细胞中也有蛋白质的积累，而形成层细胞中偶尔有少量蛋白质积累。这种状态一直持续到翌年2月末。到了3月初，靠近形成层的韧皮薄壁细胞的蛋白质首先开始降解，慢慢波及外层细胞。淀粉是碳水化合物的主要贮藏形式。银杏淀粉的周年变化情况：5月下旬至7月中旬，淀粉粒缓慢增加，8月中旬开始，淀粉粒数量迅速增加；到10月末，淀粉粒达到最大量，入休眠期后逐渐减少，到翌年2月中旬，质体内又重新合成淀粉粒。淀粉的这种动态变化可能与提高抗寒性有关，2月份的回升，可能与生理休眠的解除有关。

韧皮部

韧皮部是银杏树体运输同化产物的主要组织，位于形成层之外，由筛管、伴胞、韧皮薄壁细胞、韧皮纤维及韧皮射线组成。有初生韧皮部和次生韧皮部之分。

韧皮部、形成层和木质部

要学会嫁接技术，首先必须懂得什么是韧皮部、形成层和木质部。树木外面柔韧的树皮叫韧皮部，里面有许多细管，用来输送有机养分。树木里面硬而结实的部分叫木质部，里面也有许多细管，用来输送水分和无机养分。木材实际上就是树木的木质部。在韧皮部与木质部之间，还有一层组织，很薄、透明，这就是形成层。它实际上是一层薄壁细胞，可以不断分裂增生，向外变成韧皮，向里变成木质。树木能长粗的奥秘，就是形成层的分裂增生。接穗嫁接到砧木上之后，砧木和接穗削口的受伤细胞和受伤组织会产生一种激素，可以使砧木和接穗的形成层大大加快分裂增生的速度，并互相渗透，产生愈合组织，进一步分化成新的形成层，使砧木和接穗成活，成为新的植株。

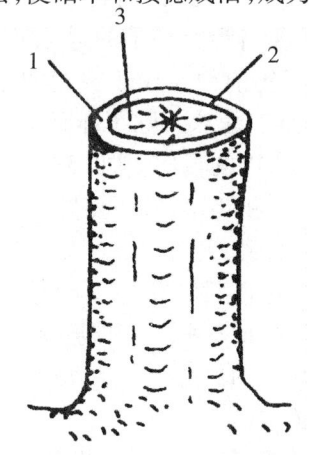

1.韧皮部　2.形成层　3.木质部

韧皮部、形成层和木质部

日本4个银杏优良品种性状指标

日本4个银杏优良品种性状指标

品种	产地	树龄(年)	成熟性	树形	种核大小	单核重(g)	核长(cm)	核宽(cm)	核厚(cm)	壳厚(mm)	出核率(%)
金兵卫	爱知县	160	早熟	直立形	大粒	3.75	2.46	1.94	1.53	0.70	26
久寿	爱知县	130	晚熟	开张形	大粒	3.83	2.27	2.00	1.64	0.70	30
藤九郎	岐阜县	300	晚熟	自然形	大粒	4.13	2.46	2.26	1.76	0.64	28
长濑	岐阜县	330	晚熟	开张形	小粒	3.00	2.37	2.07	1.64	0.50	21

日本雌雄同株银杏

1967年，日本园艺学家吉冈金市博士，首次报道了日本的两株雌雄同株的银杏。1965年6月17日，吉冈金市对生长在岩手县的两株雌雄同株的银杏做了实地调查。一株生长在和贺郡东和町东晴山丘陵高地银杏园内，树高33 m，树干基部直径2.8 m，干高1.5 m处的直径为2.5 m，树冠荫地面积大约355 m²。树龄大约1 200年。该株原为雄树，后在距地面12 m高处生出一直径为15 cm，长为4 m的侧枝，在其中间部分着生雌花而结种。在其他分枝上生有多裂叶和囊状畸形叶。目前在此树树冠西侧又长出一枝雌枝。另一株雌雄同株银杏位于二户郡一户町大泽实相寺院内，树高23 m，树干基部直径0.97 m，干高1.5 m处直径0.73 m，树龄100年。该树原为雄株，在距地面10 m处，长出直径1 cm，长30 cm的一根枝条，有两处着生雌花，每年结种15～30粒。这株银杏叶片无特殊之处，种子略狭长，结种枝位于树冠西侧。据实相寺寺志记载，这株银杏是1869年4月栽植的。雌雄同株银杏的种子，与出土的银杏化石种子很相似，去掉外种皮后其"种核"狭长，单粒重仅0.7 g左右，是现存银杏中种子最小的，保持着原始的形态。雌雄同株的银杏种子，播种后仍能发芽成苗。银杏雌雄同株的这种原始性状，说明银杏在分化为雌雄异株以前的过程，至今在银杏进化史上还在继续进行着微弱的重复，这对研究植物的进化过程有着重要的科学意义。

日本的垂乳银杏

垂乳银杏在1895年由日本学者Fujii第一个报道。在日本，到20世纪60年代末就已发现有42株垂乳银杏。在日本东北部青森岩丁、秋田、山形、宫城、福岛有12株；关东地区琦玉、东京有3株；东山的山梨、长野6株；北陆的新潟也有垂乳银杏。

日本的叶籽银杏

1891年Sharai发现银杏有不正常的种实形成。1927—1929年由Makino将长在叶子上的银杏命名为变种——叶籽银杏，但叶籽银杏直到1961年在欧洲和美洲仍未见报道。到1967年日本已发现叶籽银杏11株。

日本的银杏化石

目前在日本已发现了12种三叠纪的银杏化石和新生代第三纪铁线蕨银杏化石。日本的银杏化石流传下来的不只是叶子化石，而且还有小型狭长的银杏种子化石，呈现出银杏种子的最原始性。在日本，已发现了1.5亿年前中生代侏罗纪的银杏化石。大约在6 000万年前，银杏树除了在日本和中国大陆分布外，可能由于冰川的侵害，从欧洲到北美大陆突然消失了踪迹，恐龙和鹦鹉贝也同时在地球上消失了。

日本的银杏种核贮藏

常温下白果保存期仅为2~3个月，为提高商品价值、延长供货时间，日本采用了低温（2 ℃）、高湿（相对湿度:85%~90%）的保鲜措施，贮藏期可达18个月。

日本的银杏资源

银杏在日本分布于北到本州青森县，南达九州鹿儿岛的广大地区，约占国土面积的80%。银杏目前已成为日本重要的经济、绿化树种，深得日本人民的崇敬与爱戴。日本1 000年生以上的古银杏有161株。如长野县有2 000年生的古银杏，福冈县有1 870年生的古银杏，广岛县和大分县有1 600年生的古银杏，等等。东京都、神奈川县、大阪府已确定银杏为"都树""县树""府树"。1982年对日本229个主要城市行道树进行调查的结果表明，银杏行道树在树种分类上占第一位，约占行道树总株数的17%。1988年的调查结果表明，约有30%以上的县，银杏排在树种种植前3位，就全部树种来说，排在全国第12位。据最近的林木调查表明，全日本约有30%的县银杏老树占古树数量第一位。根据日本农林水产省农桑园艺局果树花卉课的统计，日本全国现有银杏栽培面积为297~347 hm²，白果年产量约200~300 t，主要产区为爱知、福冈、大分等县。主要栽培的优良品种有藤九郎、久寿、荣神、长濑、喜平、金兵卫、二东早熟、黄金丸、岭南等。日本人选出的大型果栽培品种藤九郎，平均单核重4.5 g，最大的达5.8 g，甜糯性等均已超过我国目前的栽培品种。爱知县和岐阜县是日本有名的"银杏之乡"。爱知县的早熟品种7月10日开始采收上市，日本人称这种优良品种为"岭南"，核单粒重3.1 g，也是日本全国普遍推广栽培的优良品种。日本以生产银杏为目的的大面积栽培最早始于20世纪50年代至60年代爱知县的中岛郡地区。更确切地说，在日本，银杏作为园艺化栽培始于1955年。日本为了扩大竞争性强的早熟种和大型果品种，园艺化栽培面积正在不断增加。目前正在选择种核丰满、粒大、光滑、洁白，种仁风味香甜、糯性大、鲜绿无皱纹、上市早、大小年不明显等优良品种。最近几年，以采叶为经营目的的银杏矮干密植园，已在日本西部开始兴起。20世纪80年代中期以来，由于全日本盛行大型果的改良，未成园的比率显著提高，出现年产量略有减少的倾向，然而具有优良品质的大型果的产量却有逐年增长的趋势。生产和生活的急需推动了银杏生产的发展，随着银杏世界市场消费量的日益增长，日本已下决心大力发展银杏产业。在日本的一些神社和寺院内，常常可以看到一株株亭亭玉立的银杏大树，所以日本文部省常把这些古老的银杏大树列为受保护的天然历史纪念物。在日本岩手县九产镇的长泉寺，有一株日本最大的银杏树，树高达47 m，胸径达5.5 m，可谓日本植物界的盖世英雄了。东京善福寺院内有一株树高18 m的银杏雄树。如果站在首府东京市内环视一周，高大的树木，大多是银杏树。日本东京大学校园内，栽植了大量银杏作为行道树和庭院绿化树，这些银杏树挺拔高大，排列整齐，增添了校园内迷人的景色。因此，日本东京大学的"校树"定为银杏。仙台市银杏街的行道树全部是高大的银杏，同时还有一棵树高28 m，胸围7.9 m，长着数十个"树奶"的"乳银杏"，大小、粗细各放异彩，这些银杏树给市容增加了无限的风光。另外，在日本一些美丽的风景区和古老的神社及寺院内，还可以看到种子长在叶片上的银杏变种——叶籽银杏。在日本鸟城县和意大利均有此种银杏。日本最有名的一株叶籽银杏生长在山梨县延山的上泽寺内，每年秋季当种子成熟时，前去采种和参观的人络绎不绝。据传说这株叶籽银杏是由日莲上人的拐杖插入土中生根而长成的。当然这是不可置信的，然而却说明银杏扦插易成活的道理。

日本龟蜡蚧

日本龟蜡蚧是银杏的主要害虫之一，其成虫、若虫黏附于银杏枝干或叶片上，用口器刺吸汁液，同时吐出蜜露诱发煤烟病，造成银杏树势衰弱、生长缓慢、开花少、坐种率低、种核品质低劣。日本龟蜡蚧1年发生1代，雌成虫集中在银杏枝干上越冬，4月中旬产卵，5月初孵出的若虫爬行到叶片上固定取食为害，8月中、下旬雌雄分化，9月交配后雄蚧死亡，雌成虫固定在叶片上继续取食为害，12月受精雌成虫停止取食，进入休眠期，若虫期易随风雨自然传播。防治方法：该虫固定为害,一旦离开寄主就会死亡,可采用小刀、竹签、木棍将虫剥离树体或用刷子刷除,用湿布将蚧体和煤烟擦掉。在若虫开始固定至雌雄分化期,用40%的水胺硫磷乳剂1:1 000倍稀释液或80%敌敌畏乳油加40%氧化乐果乳油(1:1)1:1 000倍稀释液喷杀2~3次,防治效果可达98%以上。

日本坚果树

因为德国的银杏树是从日本引进的,又由于银杏具有坚硬的骨质中种皮,所以在德国将银杏称为"日本坚果树"。

日本推崇银杏吸品

吸品之风风靡亚洲的岛国——日本。日本是一个对银杏树非常推崇的国家,日本的国粹相扑运动,相扑武士的最高一个级别头顶打的就是银杏结,代表着国粹运动的最高荣誉。在历史上他们也曾亲眼看见广岛原子弹爆炸生命灭绝后银杏树的神奇生命复苏。日本科学家发现了银杏的游动精子及动植双性现象,轰动了整个生物界。日本境内的许多著名庙宇古寺内都有参天的古银杏树。所以日本人对银杏吸品的推崇是理所当然的,银杏吸品在日本也备受青睐。

日本银杏不同树龄的施肥标准

日本银杏不同树龄的施肥标准　　　　　单位:(kg/亩)

树龄	氮	磷	钾		施肥时期	施肥比例
1	1.3	1.7	1.7	基肥	11月至12月上旬	100:100:100
2	1.7	2.0	2.0			
3	3.0	3.7	3.7			
4	4.7	4.7	4.7			
5	6.0	6.0	6.0	基肥	11月至12月上旬	80:100:60
				追肥	7月	20:0:40
6	8.3	6.7	7.7	基肥	11月至12月上旬	50:100:50
7	10.7	8.7	9.6	发芽肥	2月下旬至3月上旬	20:0:10
8	11.3	9.0	10.3	追肥	7月	20:0:30
9	13.3	10.7	12.0	追肥	9月下旬至10月上旬	10:0:10
10以上	14.7	11.7	13.3			

注:①上表为日本普通土壤施肥量。
　　②施肥量与产量有关:200kg氮为12.5kg、300kg氮为17.0kg、400kg氮为20.0kg、500kg氮为22.0kg,各种情况下氮:磷:钾=10:8:9。
　　③除施氮、磷、钾外,另加堆肥2 000kg。

日本银杏采收

目前日本已研制出银杏采收机械,它是用动力为40~70 mL的小型引擎震动采收果实。只要场地适宜,效率还是很高的,如果收获网与采收机械配套使用,其效率会更高,特别是在坡地。每小时可采收种子100 kg以上。如果树高在4 m以上,其效率就会下降。对于矮干树,特别是早熟品种,多实行人工采摘。种子采收后,可利用种子自重进行机械剥皮。机械剥皮效果好、操作简单,每小时可剥30 kg。剥皮后的种核再利用桶式旋转选果机进行分选,根据机械网眼的大小将不同规格的种核分开。每小时可选果100 kg。然后将分选后的种核用风干机风干,装入塑料盒,即刻到市场上去销售。银杏种核通常贮藏在温度为0.5℃,湿度为90%的贮藏库中。在这样的贮藏条件和设施下,可保证银杏种核周年供应。据日本农林水产省的预测,今后一段时期内银杏产量不会急剧增加,其理由如下:①银杏进入始果期时间较长,进入盛果期时间更长。②条件较好的大田栽培比率很低。③银杏热时栽植的银杏质量很差,不会很快结果。④目前还未形成完整配套的栽培技术体系,推广跟不上。⑤作为果树栽培的生产者尚未形成体系。据估测,现在全国未成果的银杏约占70%。产量无增长是目前日本银杏价格居高不下的重要原因。

日本银杏产品销售现状

1989年5月以来,陆续上市了含银杏叶干浸膏的3种营养食品和1种口服液。1992年12月9日,日本Sanrael公司又将含银杏叶干浸膏的清凉口服液EGB-24浓缩液推向市场。银杏叶口服液的问世,使银杏叶保健食品和饮料产品更加系列化。目前,以银杏叶提取物为主体的功能食品和保健饮料正在日本市场迅速扩展,其他一些国家也对日本的银杏叶功能食品表现出浓厚的兴趣,如德国、法国、英国等纷纷要求日本厂家提供有关样品。美国的保健食品公司已开始试销日本生产的银杏叶功能食品。另外,渡边千春等研制成功了含银杏叶提取物的护发剂,该制剂对促进生发、护发、皮肤功能正常化均有良好效果,并于1991年获得了国家专利。松本明子等研制出了含银杏叶提取物的口香糖和全新巧克力,常食可治疗阿尔茨海默病。小西宏明等用银杏叶提取物作为酿酒发酵添加剂,这样发酵速度快、效率高,经济、品味、香气俱佳,而且兼有银杏叶保健药效。此项成果在日本也获得了国家专利。银杏叶茶在日本市场上已有大量销售,颇受人们欢迎。目前,100粒银杏叶片剂(含主药960 mg)在医药市场上的售价高达70多美元。据最近几年的统计,1年销售额达40亿美元。每千克银杏黄酮苷在国际市场的销售价为400美元。日本的果农、加工厂家和商业企业形成了产、供、销一条龙的服务体系。东京白果市场的销售量日益增长,价格一直呈上涨趋势。日本市场上银杏的零售价为每千克1 500～2 500日元。名古屋市还建立了白果专营市场。日本市场上销售的白果都是小包装,每包200 g、300 g、400 g、500 g不等。白果已成为日本国民每餐必备的佳膳。他们除把银杏做成鸡蛋羹、干酪等外,还加工成罐头、冷冻食品等,在市场上进行常年供应。为应市场急需,优良品种金兵卫7月中旬即可上市,可卖出高价钱。日本全国银杏总产量约为20万千克。

日本银杏的引种

　　1994年引进日本金兵卫优质早熟大粒品种的接穗,嫁接在一年生实生苗顶芽上,当年抽枝长82 cm,粗1.2 cm,有16张叶片。1999年有一株挂果40个,2000年挂果400多个,枝长20 cm有32个白果,一芽6叶8个果,260粒/kg,七月底可采摘供食用。日本藤九郎优质晚熟特大白果220粒/kg,一年生砧木顶芽劈接,当年生长枝95 cm,粗1.5 cm,有38张叶片并形成短枝芽。2000年6月底调查,枝长20 cm,挂果16个,浆果长宽3.3～3.0 cm。日本黄金丸、岭南中熟特级白果240粒/kg,树势旺盛,短枝芽有14张叶,1994年嫁接在一年苗上,2000年已全部幼树结果,枝长20 cm,挂果22个,浆果圆形似李子,3月下旬发芽,12月上旬落叶。黄酮含量3.19%以上,果、叶两用良种。四个日本引进的银杏雌花于4月12—15日开放,和临安雄树花期匹配。

日本银杏的栽培

　　美丽的银杏把日本的秋天装扮得非常绚丽多彩,这一景色可称为日本的自然景观。银杏伴随着日本人民的生活历史已有1 000多年。日本也是银杏的发源地之一。但是,银杏在日本作为园艺化栽培历史并不长,从昭和30年(1955年)才开始在岐阜和爱知两县向全国推广大粒型品种。昭和45年(1970年),正是日本农业重要的转折期,银杏的栽培也随之得到了大发展。目前,银杏在日本已作为振兴山区经济和欠发达地区农业的重要经济树种,在国内引起足够的重视。从日本北海道到鹿儿岛的广大地区都分布着银杏树。据调查,1 000年生的古银杏全国有57株,日本最高的古银杏在岩手县,树高47 m,胸径达5.5 m;另一株最粗的古银杏在日本的德岛县,干基周长16.79 m,可谓日本植物界的盖世英雄。目前,日本文部省已把这些古老的银杏大树列为受保护的天然历史纪念物。东京都、神奈川县、大阪府已确定银杏为"都树""县树""府树"。东京大学也把银杏确定为"校树"。在日本,银杏栽培分两种方法。一是土壤条件差、劳力不足、资金投入困难,可采用粗放经营方法,每1 000 m² 栽植40～200株;二是土层深厚、肥沃、透气性良好、土壤有机质含量3%以上,劳力充足,资金投入无困难,可采用密植、早实、高产集约经营的栽培方法。在栽培技术上采用了矮干、密植、嫁接、扭枝、环割、倒贴皮、移植断根、品种改良等技术措施。然而银杏在栽培管理上通常不需要整枝、修剪、喷洒农药、疏花、疏蕾、疏果、人工授粉、着色管理等。在密植栽培上采用了每1 000 m² 栽植1 000株银杏树的超密植栽培(株行距为0.5 m×2 m),树形为主干型,品种多采用中熟品种久寿等。日本把银杏栽培作为主作物的辅助作物,目前采用的银杏配置方式有,果树＋银杏,农作物＋银杏等。这种配置方式,银杏不会与主作物竞争,即使主作物受灾严重减产,银杏也不易受灾。因此,银杏能起到经营上的辅助作用和保险作用。这种配置方式应以不妨碍主作物的生长为原则,主作物如果是玉米,银杏应占其30%,主作物如果是果树,银杏应占其10%。目前,日本人民利用栽培银杏省工省力的优点,全国各地普遍都有栽培。日本是把银杏生产者(种植户)与合作组织(加工销售者)分开管理,生产者只负责栽培管理,银杏收获后交给合作组织。合作组织负责装备机械设备,承包收获后的加工销售。这样生产规模较集中,给振兴地方经济带来益处。除中耕、除草、施肥实现机械化作业外,在银杏人工授粉(散粉器)、收获(振动式收获机)、采集(收获网)、加工(种子剥皮机、水洗机、干燥机、选果机）方面也全部实现了机械化。目前正在进一步开发价格便宜的小型机械的生产，只要栽培区坡度不超过15°时均可使用。由于银杏是雌雄异株的果树，如果没有雄树提供花粉，则结果量会大大减少。雄树配置与地形、花粉量、雄树高度等因素有关，通常是，如果雄树高度为30 m，授粉范围可达2 hm²。在银杏园艺化栽培中，可采用1 000 m²栽植区配置1株雄树的办法。在日本银杏栽培区，也有人采用在雌树上嫁接雄枝的方法，但这种方法会造成局部结果过多，不是理想的方法，通常不采用。雄树的管理与雌树相同，树形为主干型。

日本银杏丰产园年管理措施

日本银杏丰产园年管理措施

月·旬	栽培措施	技术要点
1上至2下	整形修剪	主枝、侧枝回缩
2上至下	采接穗	壮条、贮藏
3上至下	定植	不要短截顶端
	立支柱	1根粗圆柱或3根竹竿
	春肥	促进枝叶生长
5下至9上	松土除草	全面、细致
5下至7中	壮果肥	促进种实发育
8下至10下	采收	在树下铺上薄板，不要损伤枝芽，用震落法地面收集
10中	施基肥	促进根系生长
11下至2下	堆肥	施用量：堆肥1 333 kg/亩，含镁石灰133 kg/亩，熔磷13 kg/亩
	深耕	改善立地条件

日本银杏丰产园年施肥时期和施肥量

日本银杏丰产园年施肥时期和施肥量

施肥时期（月·日）	肥料名称	施肥量（kg/亩）	成分量（kg/亩）		
			氮	磷	钾
3月15日	栗化成	13.3	1.3	2.0	1.6
5月20日	栗化成	6.7	0.7	1.0	0.8
7月15日	栗化成	6.7	0.7	1.0	0.8
10月20日	栗化成	13.3	1.3	2.0	1.6
11月下旬至2月上旬	熔磷	13.3	—	2.7	—
	含镁石灰	133.3	—	—	—
	堆厩肥	1 333.3	—	—	—
合计（kg/亩）			4.0	8.7	4.8

日本银杏核用品种生物学性状

日本核用品种叶子形态特征

品种	叶形	叶缘	叶基	裂刻		油胞					叶色
				数量（长>1 cm）	最大裂刻长×宽(cm)	密度	形状	大小	部位	分布	
藤九郎	半圆形	浅波状	截形	1	3.8×1.5	—	—	—	—	—	浅绿
金兵卫	半圆形	浅波状	截形	1	2.5×1.4	—	—	—	—	—	浅绿
黄金丸	心形	波状	心形	1	3.7×1.5	稀	不规则	中	不均	点状	绿色
岭南	宽扇形	浅波状	楔形	1	5.0×0.6	稀	椭圆形	中	外缘	零星	绿色

日本银杏环状剥皮对坐种的影响

日本银杏环状剥皮对坐种的影响

处理	花芽数	坐花梗数	坐果梗数	每个花芽坐花数	每个果梗果实数			收获果数	种子重(g)	平均种子重(g)
					1果	2果	3果			
逆接	638	2 971	2 594	4.7	1 373	1 220	1	3 816	11 448	3.0
环状剥皮	52	139	121	2.7	72	49	0	170	578	3.4
无处理	43	122	105	2.8	66	39	0	144	490	3.4

日本银杏科研成就

从目前国外在银杏科研上取得的成果看,日本走在世界各国前面。在银杏雌雄性的鉴别上,原来是形态鉴别法,随后又提出化学鉴别法。这两种方法在生产实践上都可推广应用,20世纪70年代日本从我国进口大量银杏树叶,从中提炼出治疗心血管疾病的冠心酮,首次用于临床,疗效很好,这在当时轰动了整个医药界。日本对白果做了多次食品成分分析,提出了各组成分的有效含量。日本是非常讲究食品结构的国家,目前白果已成为日本人民必不可少的食品。白果贮藏期间易发生硬化和变质,是目前果品贮藏亟待解决的问题。岩崎满里子(1984)做了这方面的试验研究,他设计了五种贮藏条件试验,结果表明,以低温低湿密闭贮藏和低温密闭贮藏为最好。斋藤明(1979)首先进行了从花粉产生愈伤组织,再从愈伤组织诱导器官分化的尝试,获得了完整的银杏单倍体植株,成为银杏科研的世界创举。

日本银杏年生长周期和栽培措施

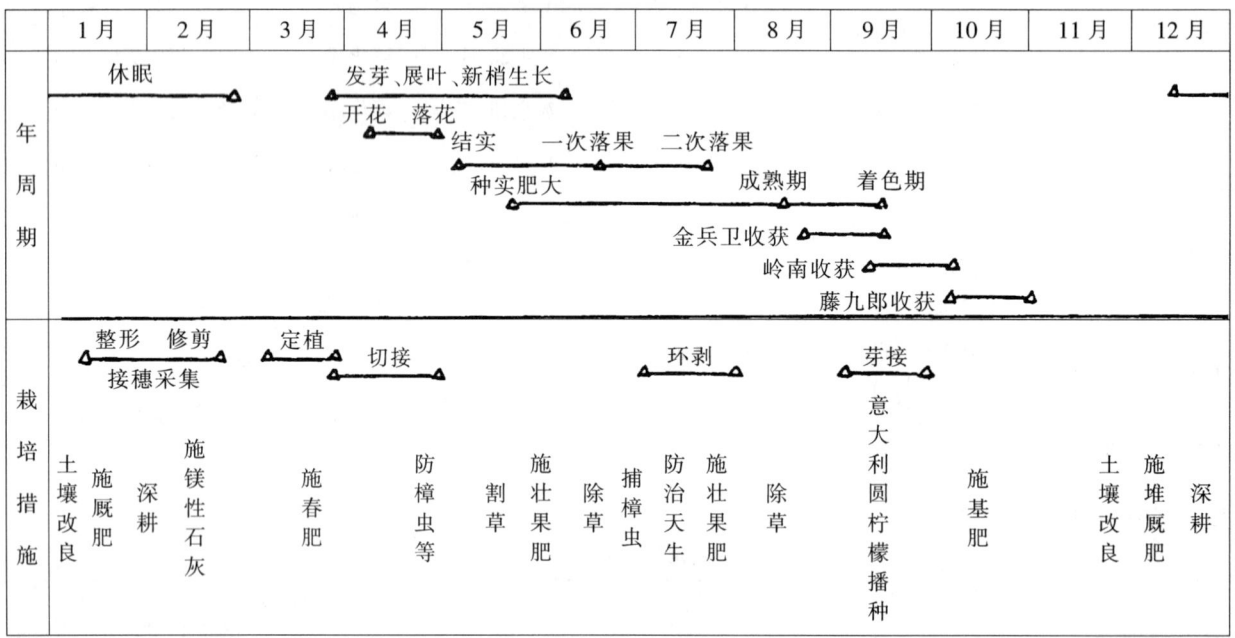

日本银杏年生长周期和栽培措施

日本银杏品种特性

日本银杏品种特性

品种名称	硬核期-成熟期	果实大小	果形	特性
金兵卫	早熟品种 (7月中旬至9月中旬)	中(3~4 g)	长圆形	原产于爱知县,丰产性较好,进入结果期早,该品种嫁接后一般5~6年结果,种核表面凹凸不平,外形不很美,棱突出,脱皮等调制困难,由于其早熟性,在青黄不接的时期采摘出售,能够卖出很好的价钱
久寿(久治)	中熟品种 (8月中旬至10月中旬)	中(3~4 g)	圆形	原产于爱知县,该品种幼树树势强健,枝条直立不开张,进入结果期后,枝条逐渐开张,品种高接后一般6年左右开始开花结果,食用口感较好,果粒大小一致,市场占有率高,但不耐贮藏
藤九郎	晚熟品种 (8月下旬至10月中旬)	大(4~5 g)	圆形	原产于岐阜县,树势旺盛,但进入结果期较迟,嫁接后一般6~8年结果,但丰产性较好,食用口感也很好,种核皮洁白而美观,贮藏性好,一般可贮藏到翌年3~4月份上市,市场占有率也很高

品种构成:从收获期讲,早、中、晚的比例一般为3:3:4较合理。

日本银杏人工授粉对坐种的影响

日本银杏人工授粉对坐种的影响

品种名	处理数（个）	坐花数（个）	坐果率（%）
久寿（花粉授粉）	46	38	82.6
久寿（花粉+淀粉）	280	164	58.6
久寿（无）	40	0	0
藤九郎（花粉授粉）	53	45	84.9
藤九郎（无）	47	0	0
金兵卫（花粉授粉）	48	12	25.0
金兵卫（无）	42	0	0

日本银杏树枝生长特性

品种	砧木年龄	新梢长（cm）	新梢粗（cm）	叶片数/新梢	短枝小叶数/长枝
藤九郎	2	59.5	0.94	25.5	17.6
金兵卫	2	53.7	0.89	27.0	12.0
岭南	2	40.0	0.72	28.0	9.0
黄金丸	2	45.0	0.87	30.0	10.0

日本银杏也有原生种

原生种即人们常说的野生种。目前银杏的原生种除了土生土长于中国浙江省与云南省之山地外，在日本也有发现，这或许是因为它较适应东亚的气候与风土。在山谷里经常可发现一些经过长期间的地球演化，仍欣欣向荣的银杏树，这可说是银杏的生命力强盛，且具有神秘性的缘故。

日本银杏叶片药物成分

日本银杏叶片药物成分

指标	藤九郎	金兵卫	黄金丸	岭南
①苗期叶黄酮（%）（叶龄229 d）	3.04	1.74	2.26	2.78
②平头接叶黄酮（%）	2.90	2.36	1.87	2.69
③分层接叶黄酮（%）	2.50	2.35	1.91	2.29

日本银杏叶子生长特性

日本银杏叶子生长特性

品种	单叶鲜重（g）	单叶干重（g）	含水量（%）	叶长（cm）	叶宽（cm）	叶柄长（cm）	单叶厚（μm）
藤九郎	1.487 8	1.026 5	69.0	8.36	8.84	2.24	433
金兵卫	1.362 2	0.953 5	70.0	7.60	8.66	3.02	482
岭南	1.254 0	0.871 5	69.5	7.82	9.66	4.67	422
黄金丸	1.304 2	0.886 8	68.0	7.56	8.72	3.66	432

日本银杏优良品种种实经济指标

日本银杏优良品种种实经济指标

品种	产地	树龄	成熟性	树形	种核大小	单核重（g）	核长（cm）	核宽（cm）	核厚（cm）	壳厚（mm）	出核率（%）
金兵卫	爱知县	160	早熟	直立形	大粒	3.75	2.46	1.94	1.53	0.70	26
久寿	爱知县	130	晚熟	开张形	大粒	3.83	2.27	2.00	1.64	0.70	30
藤九郎	岐阜县	300	晚熟	自然形	大粒	4.13	2.46	2.26	1.76	0.64	28
长濑	岐阜县	330	晚熟	开张形	小粒	3.00	2.37	2.07	1.64	0.50	21

日本银杏种核产量指标

品种	株产鲜果(kg)	株产种核(kg)	种核/cm²(kg)	种核/cm²(kg)	种核/亩(kg)	结实株率(%)
接后4年						
藤九郎	0.88	0.19	0.004 3	0.033 8	10.45	50
金兵卫	0.98	0.17	0.003 0	0.031 3	9.35	50
黄金丸	1.10	0.46	0.008 1	0.080 9	25.3	60
岭南	2.21	0.98	0.019 4	0.141 7	53.9	30
接后5年						
藤九郎	1.044 4	0.293 6	0.005 9	0.043	16.15	80
金兵卫	1.164 5	0.301 2	0.005 2	0.045	16.57	80
黄金丸	2.608 0	0.645 9	0.011 25	0.097 3	35.52	70
岭南	4.140 0	1.066 0	0.019 0	0.134 6	58.63	70
接后6年						
藤九郎	2.147 0	0.603 6	0.009 5	0.077 8	31.90	100
金兵卫	2.206 0	0.580 1	0.007 7	0.070 1	115.4	100
黄金丸	10.030	2.097 8	0.028 6	0.241 4	121.78	90
岭南	8.601 3	2.214 0	0.028 8	0.246 3	97.21	90

日本银杏种核分级标准

日本银杏种核分级标准

福冈县			爱知县		
级别	粒/kg	单核重(g)	级别	粒/kg	单核重(g)
特级	<200	>5.0	特大粒	<270	>3.70
一级	201~280	4.9~3.6	大粒	271~340	3.69~2.94
二级	281~385	3.5~2.6	小粒	>340	<2.94
三级	>386	<2.5	—	—	—

日本银杏种核销售

根据日本大藏省的统计，日本国内银杏的年消费量约为 5 000 t，其中每年从中国进口约为 3 000 t，从美国进口约为 15 t。另据日本农林水产省的调查，日本国内银杏的年产量为 500~600 t，另外的大部分全靠进口，成为日本银杏市场流通的一个特点。虽然进口量年年增加，银杏的价格仍居高不下，市场价格每千克为 3 000 日元左右（约合人民币 210 元），有时达到 4 000 日元。日本种植户种植银杏的最高产量为 1 000 m² 产量达 1 000 kg，其收入还是相当可观的。在日本，银杏是地区性很强的商品，种植前需充分调查该地区的消费动向。东京市场每年银杏种核的流通量为 400 t 左右，约占总流通量的 20%，其次是琦玉县占 25%，爱知县占 22%，九州地区（熊本县、福冈县、大分县）占 25%，新潟县占 8%。在日本，银杏与其他果树不同，市场交易不是以品种定价，而是以种核的大小和外部形状来定价。无论什么品种，如果种核是圆形，单粒重在 3 g 以上，就能卖出好价钱。通常，圆形（种核直径 17 mm 以上）比长形（种核直径 13 mm 以上）价格高出 6~10 倍。因此，目前日本正在进行大粒、圆形优良品种的改接。由于是大树，嫁接作业困难，不少种植户多购买或租用升降作业车进行嫁接。目前，日本市场上销售的银杏大多是除掉种壳（中种皮）带有内种皮的种仁，只要是除掉种壳，即使是种仁小也很好销售，能卖出高价钱。人们通常不喜欢连内种皮也除掉的种仁，这样的种仁会失去商品价值。除掉种壳的银杏种仁，今后日本市场的需求量将会逐年增加。除掉种壳也是用除壳机械，每人每天可完成 5~10 kg。种核除壳加工后可增值 2~3 倍。日本银杏自然种（未通过优良品种嫁接的实生树）的种核通常较小，种核单粒重不超过 2 g，栽培种（通过优良品种改接的嫁接树）的种核单粒重为 3~5 g。目前，日本全国还没有统一的银杏种核规格标准。日本银杏价格 9—10 月份最高，11—12 月份自然种采收的银杏开始上市，价格随之下降。早期上市的银杏，均进行适当的干燥，如果含水量太大，加上高温、多湿的天气，种仁会发霉，影响商品质量，进一步使价格降低。商品包装首先增加包装透明度，因为早期上市的银杏价格很贵，应从外面能直接看到商品品质。另外，日本商人还十分注意包装形状、大小、材料、颜色、图案、外形等。粒大、早上市是决定商品价格的重要因素，种植户每年都将结果量调至适中，否则，结果过多会影响种核量的增大,使价格降低。爱知县和岐阜县是日本著名的"银杏之乡",爱知县的早熟品种7月中旬开始采收上市,日本人称这种银杏为"水银杏"。日本人非常注重商品质量,非优质银杏,通常不进入大市场销售,因为这样的商品卖不出好价钱。日本人通常将二级以下的银杏种核加工成粉,作为食品添加剂销售。

日本银杏种实性状

日本银杏种实性状

品种	种柄长(cm)	纵径:横径(cm)	种实 纵:横:厚(cm)	种实重量(g)	种核重量(g)	每千克粒数
黄金丸	4.3	3.4:3.1	2.70:1.22:1	15.6	4.2	244
藤九郎	4.6	3.3:3.1	2.80:2.24:1	17.9	4.6	220
岭南	4.5	3.0:2.9	2.66:2.10:1	14.8	4.4	227
金兵卫	4.8	3.0:2.6	2.50:2.00:1	13.2	3.9	256

日本银杏种实药物成分

日本银杏种实药物成分

指标	藤九郎	金兵卫	黄金丸	岭南
种仁黄酮(%)	1.60	1.48	1.29	1.41
种仁内酯(%)	1.93	0.43	0.45	0.63
种仁EGb(%)	3.53	1.91	1.74	2.04
外种皮黄酮(%)	4.71	4.40	3.75	3.82
外种皮内酯(%)	3.01	2.66	3.02	2.48
外种皮EGb(%)	7.74	7.06	6.77	6.30
种实(皮+仁)黄酮(%)	6.33	5.88	5.04	5.23
种实(皮+仁)内酯(%)	3.64	4.59	3.47	3.11

日韩对银杏情有独钟

日本对银杏研究的步子迈得坚实有力。早在1896年,日本东京帝国大学小石川植物园平濑作五郎先生就宣布了一项震惊世界的发现:雄性银杏具有游动精子。他还绘制出银杏精子形态图。此后,日本人又发明了银杏雌雄性的同工酶鉴别法和化学鉴别法。日本学者山下太芷、左藤文比生和中尺浩一分析出银杏叶片中含有黄酮。20世纪70年代日本从我国大量进口银杏叶,从中提炼治疗心血管疾病的银杏酮并首次用于临床,疗效很好,在当时轰动了整个医药界。韩国对银杏以园艺化栽培为主,大力发展四旁树,积极培育便于采收的矮干采叶园,注重大小年的栽培技术和合理选配早、中、晚熟品种组合,以及银杏叶综合加工利用研究,在"三药两品"研究方面取得了不少的成果,食品和化妆品添加剂也进入商品阶段。韩国正扩大银杏叶综合加工设施,并派遣人员到海外进行市场调查,以便使有关产品占领国际市场。目前,韩国制药厂要求完全禁止出口银杏叶,制成成药后方能出口。韩国各制药企业每年要收购3 000~4 000 t干叶用于制药。

日平均气温

百叶箱内每天四次定时观测(2、8、14、20时)的气温平均值。如果每天只进行8、14、20时三次定时观测,则日平均气温=[(当天最低气温+前一天20时气温)/2+8时气温+14时气温+20时气温]/4。它是统计旬、月、年平均气温和农业气象指标最基本的资料。

《日用本草》

元朝吴瑞撰写,成书于公元1329年。现代中医药书籍均将《日用本草》记述为银杏药用价值的起始典籍,这是以讹传讹,它比《食物本草》晚70年。《日用本草》书中记述:"多食壅气动风。小儿多食昏霍,发惊引疳。同鳗鲡鱼食,患软风。"此书之记述没有超出《食物本草》之范围。

日灼病

日灼病也是一种生理病害,主要发生于幼苗期。发病原因主要与夏季干旱、高温有关。1年生幼苗在连续5天天气干旱、地表温度35℃以上时,日灼病就开始发生。日灼病的主要表现症状是植株茎基部严重灼伤,银杏幼苗变黄、变黑,最后死亡。苗木地上部分死亡,但根系仍有活力。以后如果气温下降,则会从根部重新萌发新芽。在生产中主要采取遮阴或及时灌溉来防止日灼病的发生。

日最低气温

一昼夜间最冷时刻的温度,用最低温度表测定。每天的最低温度发生在将近日出的时候。一地个别年份或多年的绝对最低气温,都是从每日最低气温中挑选出来的。在气候统计中还可以用来统计各种程度的霜冻:最低气温≤2℃,相当于一般的轻霜冻;最低气温≤0℃,相当于一般的重霜冻。

日最高气温

一昼夜间最热时刻的温度,用最高温度表测定。每天的最高温度出现在14~15时。一地个别年份或多年的绝对最高气温,都是从每日最高气温中挑选出来的。在气候统计中每日最高气温≥37℃的称为酷热日;>32℃的称为暑热日;≥25℃的称为夏至日;≤0℃的称为冰结日。

荣神

荣神是日本爱知县普遍栽植的优良品种。1989年由山东农业大学梁立兴引进。原株栽植在中岛郡吉川贞雄院内,树龄约120年生,系由吉川贞雄的祖父荣次郎选育出来的优良品种,后在神明津经人工嫁接繁殖起来,所以叫"荣神"。荣神树势强旺,树冠比其他品种开张,落叶期晚。出核率达32%,平均单核重3.2 g,每千克310粒。果核纵径24 mm,横径19 mm,厚度15 mm,核壳厚度0.6 mm。果实近似于金兵卫,麻点少,但风味比金兵卫佳。硬核期8月中旬,成熟期10月中旬。贮藏期可延迟到第2年3至4月份。

容器育苗

容器育苗是国外20世纪50年代后期兴起的一种育苗技术。随着塑料工业的发展,为制作容器和薄膜温室提供了材料,到20世纪60年代初便开展了大规模的容器育苗。与此同时,我国容器育苗于20世纪60年代初容器育苗也得到了蓬勃发展,在环境控制方面积累了不少经验,日益显示出容器育苗的优越性。容器育苗也是培育速生丰产苗的一项重要技术措施,目的是为了延长苗木生长期,增加苗木高、径生长量,缩短育苗周期。由于使用了适宜的容器,合理配制营养土,人为地调节水分、养分、二氧化碳浓度和光照,在良好的环境条件中,苗木生长迅速,延长了栽植时期。培育的苗木苗茎粗壮,根系发达,单位面积优质苗数量多,栽植时不易损伤根系,容易成活,恢复生机快,苗木成活率和保存率都远远高于裸根苗。容器育苗成本较低,有利于实现育苗全过程机械化。因播种量少,可节省种子20%和大量苗圃用地。同时,苗期病虫害防治管理方便。因此,容器育苗也是银杏育苗较理想的育苗方式。容器育苗的容器材料来源广泛,各种规格的容器很容易购买,成本低廉,要求不严。塑料薄膜、再生纸、竹片、泥草,以及用泥土本身配合一定肥料制成的营养砖(钵),在自然条件和人工控制的温室条件下都能进行容器育苗。

葇荑花序

无限花序的一种。花侧生于柔软的花轴上,单性,无花梗,具苞而缺花冠,花后或果实成熟后整个花序脱落。银杏属于葇荑状的花序。

葇荑状花序

由许多单性无花瓣的花所组成的一种柔韧的穗状花序。

揉捻

揉捻是造型的关键,也是提高药用质量的关键。杀青后刚出锅的叶片,温度很高,摊开在干净的地板上或凉台上,待常温后,加入揉捻机上圆筒内,每筒可加入10～15 kg。如在地板上再堆积2 h,可降低茶的苦味。机器转动快,操作工人要注意是否漏料、是否有压力不均等情况,及时安排正常转动。要轻揉、再重揉、再轻揉。一般20 min 一筒。如果机器下面流出水来,说明杀青太轻。注意嫩叶要轻压,揉捻时间短,老叶要重压,揉捻时间要长些。复揉时可以空压轻揉,再重压重揉,再空压轻揉。怎么做对成形有利,要采用恰当的方法。在成形过程中,通过揉捻,把叶肉细胞揉破碎,喝茶时浸出液含药量高,药效好。

揉捻对叶片浸出物及外形的影响

揉捻对叶片浸出物及外形的影响

处理	浸出物比率(%)	外形评价
揉捻+复揉	16.2	条索紧,略弯曲
揉捻	13.4	条索不明显,呈直片状
不揉捻	5.3	外形粗,不成形

肉毒素的配制和使用

在冬季或春季低温季节和酸性环境条件下,先配成一定浓度的肉毒素毒饵,再将毒饵投放在棕色田鼠经常活动的地方。如配制每克含菌量0.25万国际单位的毒饵1 kg,先取100万国际单位/mL的水剂肉毒素2.5 mL,用冷却净水(指不硬的清洁河水)97.5 mL稀释(即干饵与肉毒素稀释之比为100:10),将肉毒素倒入上述配比的水中,配成稀释液,最后将肉毒素稀释液缓缓倒入较大的容器内,边倒边拌,倒完拌匀,在避光处晾干即可。注意随配随用,并以阴天或傍晚投放为好,毒饵投入洞内,防止阳光照射。毒饵配制后,在棕色田鼠的有效洞口投放,每洞投3.5 g(约100粒小麦),约1万国际单位剂量,洞内鼠多多投;反之则少投。

肉毒素灭鼠

肉毒素为淡黄色液体,是用肉汤培养细菌后的产物(毒素),易溶于水,怕光,怕热,无异味,可冻结保存,目前在青海等地已工厂化生产。它的制剂有水剂毒素(湿毒)和冻干毒素(干毒)两种。一般干毒(固态)抗热性明显高于湿毒。肉毒素毒饵的毒力在冬春季节(气温较低)和酸性环境条件下比较稳定,对春季灭鼠使用效果好。其对棕色田鼠经口致死量为125～500国际单位。用10万国际单位毫升的肉毒素,其毒力为甘氟的2.36

倍,对人、畜、禽较安全,尚未发现二次中毒。毒饵经鼠口进入消化道,毒素被血液吸收,作用于中枢神经的脑神经核和外围肌肉神经连接处及自主神经末梢,抑制乙酰胆碱的释放,阻碍突触的传递功能,导致肌肉麻痹。表现为精神萎靡、眼鼻流液、肌肉麻痹、全身瘫痪,最后死于呼吸麻痹。由于作用平稳,适口性又好,不会影响同类鼠的正常取食活动,克服了急性鼠药的缺点。

肉质根

肉质根亦称"银蛋"。当银杏实生树龄达2~3年生时,其主根下部会形成较粗的肉质根。肉质根表面光滑粗大,呈浅褐色,其上生有少量的须根和芽眼。肉质根不木质化,质地疏松且脆,含有大量的水分和淀粉。肉质根在山东郯城又叫"椅子根"。

如意形叶

两侧形成的角度大于180°,并弯曲向下,形成如意状。

乳房树

在成年的银杏大树树干上,常生长着一些圆形似乳房一样的树瘤,因而人们称银杏树为"乳房树"。

乳银杏

圣武天皇的奶妈红白尼吃了银杏果以后,奶水特别多,因此日本人称银杏为"乳银杏"。

乳饮料的加工工艺

脱脂乳粉→加水→乳液 ┐
银杏叶提取物 ├→调配→均质(20~30 MPa)→灌装→杀菌(90 ℃,20 min)→
砂糖→加水→热溶→过滤→糖浆 ┘ 冷却→质检→成品

操作要点:①乳的调配:将蔗糖和银杏叶醇溶物分别溶解,温度控制在50~60℃,蔗糖溶液过滤,将两种溶液依次加入乳中,然后加水至配方所需量,搅拌均匀。②均质:将调配好的混合溶液在20~30 MPa压力下均质。③分装、发酵:将调配好的混合溶液分装。④杀菌:杀菌温度控制在90℃,时间为20 min,迅速冷却。

乳痈溃烂

白果仁500 g,以一半研细泡酒,分次服;另一半研细,多次数。

乳汁树

因银杏树冠大多形成圆锥状突起,故有"乳房树"之称。又因银杏树干和大枝常常长出悬垂的肿瘤,下雨时,酷似妇女乳汁下滴,故僧人和香客惊喜之余,称之为"乳汁树"。

芮城玉皇庙银杏

这株银杏生长在黄城系大王乡南边村玉皇庙南门口,胸径1.7 m,树高39.6 m,干高8.8 m。冠幅东西20 m,南北20.3 m,投影面积318.7 m²。树干通直,主干上分2大主枝,6小枝,其东南方向一枝直插云端,雄伟壮观。树北面虽有高1.05 m、宽0.7 m的朽洞,南面有高1.25 m、宽0.7 m的无皮区,但长势良好,连年结果。此树北面是九峰山,山上有一洞,传说为吕洞宾的修行地,他曾在此树下歇息。

瑞士的微繁

在瑞士,银杏良种植株的微繁殖已获成功,并将离体小苗移栽于野外。但因其成本太高,在生产上失去了推广价值。另外,已成功地建立起遗传变异和生长快的细胞株系,并成功地发现了萜类物质在一些细胞株系中的生物合成途径,尽管银杏苦内酯的含量较低。

《瑞鹧鸪·双银杏》

南宋著名女词人李清照的词作《瑞鹧鸪·双银杏》,是中国古典银杏诗词中的精品。词曰:"风韵雍容未甚都,尊前柑橘可为奴。谁怜流落江湖上,玉骨冰肌未肯枯。谁教并蒂连枝摘,醉后明皇倚太真。居士擘开真有意,要吟风味两家新。"作者托物言志,以"双银杏"比喻自己与丈夫赵明诚。前两句写银杏典雅大方的风度韵致,银杏外表朴实,品质高雅,连果中珍品柑橘也逊色三分。三四句写银杏的坚贞高洁,虽流落江湖,但仍保持着"玉骨冰肌"的神韵。五六句以并蒂连枝和唐明皇醉倚杨贵妃共赏牡丹作比,写双银杏相依相偎的情态。银杏种实约25%左右成对长在一个短枝上,所以"并蒂连枝摘"当是实情,比喻唐明皇与杨贵妃的成双成对。末两句写银杏种仁的清新甜美,比喻夫妇心心相印和爱情常新的美德。这首词是对银杏和爱情的赞歌,读来感人至深。

若虫

不全变态昆虫的幼期。因与成虫很相似,虫体的大小、翅的有无或发育程度不同,属同型幼虫,为与全变态昆虫区别,故名。

弱寄生物

它们在自然界以营腐生生活为主,并能在人工培养基上生长良好。在适宜的条件下,它们也能营寄生生活,引起银杏病害。弱寄生物一般危害生长不良的银杏,或者衰老及受伤的器官,使其迅速枯死,往往造成毁灭性的损失。它们的寄主范围一般较广,有的竟能侵害分属不同科属的百余种植物。

S s

撒施

撒施是施肥的一种方法。将肥料撒在地面,耕耙后将肥料埋入表土层中。施肥面广,肥料分布均匀,多用于苗圃地、园地和间作地。

萨拉托格

原种在加利福尼亚的萨拉托格园艺场,最初于1975年引种。枝条直立向上,主干明显,树体结构紧凑,生长速度缓慢。雄株树高10 m。该品种叶子为黄绿色,较小,枝条密生。

"三宝树"银杏

在江西省名闻于中外的避暑胜地庐山,庐林大桥西边庐山林场下方有个景点叫"三宝树"。其中2株是中国柳杉,高38～41 m,胸径2 m,树干要4人合抱。另1株是银杏,古老挺拔,树高28 m,胸径1.8 m,冠幅150 m²。明代地理学家徐霞客在游记中写道:"溪上树大三人围,非桧非杉,枝头着子累累。"在明代就需三人围,可见"三宝树"树龄之长。相传是晋代昙诜和尚在黄龙寺庙前栽植,树底的一块碑石刻着"晋昙诜手植"5个大字,距今约有1 600年。

三叉果

又名多胚珠银杏。原株在福建尤溪县北部联合乡东边村,海拔620 m,树龄约500余年,枝叶茂盛,长势壮旺。主干高5 m,胸径1.2 m,树高16 m,分枝12层,冠幅10 m×11 m,树冠下层分枝开张角度大、平展,侧枝上的结种基枝多下垂;中层分枝角度小,向上伸展,树冠呈尖塔形。结种基枝上密集生长2～3 cm的短枝。短枝上顶端丛生5～9张叶片,叶片为宽扇形,宽5～5.3 cm,叶柄长2～8 cm。长枝基部叶柄短、叶片小,中上部叶片叶柄长,叶片大。不论是长枝或短枝上的叶都较同村银杏的叶片更宽广、肥大、油绿。优株的雌花近半数为典型的双胚珠雌花,花柄较短粗1.3～2.2 cm,胚珠发育饱满,结实率高。另有约30%的雌花花柄顶端着生星状3胚珠和4胚珠。3胚珠雌花,丰产年份结实率高,近50%的雌花3胚珠都能发育结实,群众称为三叉果。其余的3胚珠雌花,仅有1～2胚珠发育结实,其余胚珠萎缩,或在胚珠开始膨大始期整朵花带花柄自花柄基部分离脱落。星状4胚珠雌花仅有少数花顶端两胚珠发育结实形成双果,基部两胚珠萎缩不育,多数花自花柄基部分离脱落。多胚珠雌花仅有少数花序单端胚珠发育结实,左右两侧胚珠萎缩,粗看为双胚珠的双果。大多数多胚珠的雌花于4月底5月初从白花序总轴基部分离脱落。优株的物候期早,据1992—1995年观察:萌芽期3月7日—15日,展叶期3月15日—4月3日,开花期4月5日—11日;新梢生长期3月15日—6月15日,硬核期6月10日—15日,总轴基部分离脱落。短种枝上发育的胚珠,4月上旬开花吐水,水珠大,持续3～4 d。4月底胚珠开始发育膨大,5月种实生长迅速,6月中种实已开始定型,8月下旬黄熟,12月上中旬,早霜来临后开始落叶。根据1994—1996年观察,优株物候偏早。

每个短种枝结实5～14个,平均9.6个。种实倒卵形,先端圆钝,顶点微凹,种蒂微凹近椭圆形,成熟种皮橙黄色,油胞微隆,白果粉厚。纵横径3.2 cm×2.3 cm,平均重12.45 g,出核率24%。种核长倒卵形,先端圆钝,顶部有凸尖,基部小,其二束迹,每千克335粒,出仁率70%,平均单核重3 g。属中早熟佛手类型。由短果枝顶端双胚珠或多胚珠发育结实形成的双果或三果聚集形成如葡萄一样的果穗,一串串地挂满枝头,布满树冠。1994—1996年产种200～250 kg。

三个观赏品种特征图

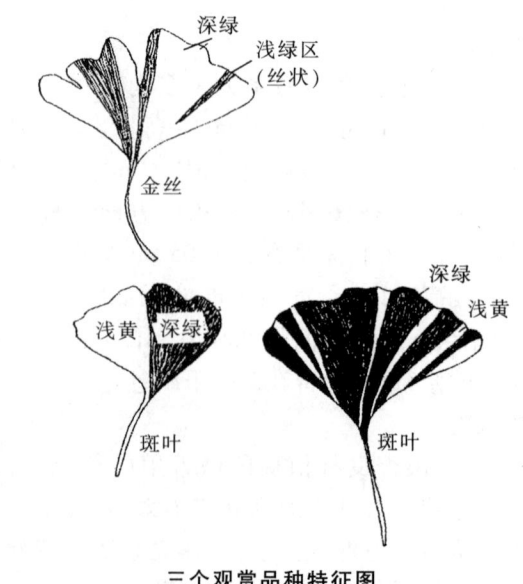

三个观赏品种特征图

三甲银杏

高平市三甲南村学校,树高 27.4 m,干高 8.6 m,胸径 1.28 m,立木材积 13.12 m³。冠幅东西 21.8 m,南北 17 m,枝叶生长茂盛,树冠呈伞状。

三角形叶

两侧形成的角度小于 90°,近似一般的三角形。

三连理银杏

湖南省双峰县九峰山森林公园有三株古银杏,树高、胸径、冠幅均相当,高 28 m,胸径 1.82 m 左右,冠幅约 600 m²,距今已 800 多年。其中两株雄树主干间有巨大的侧枝在两树距离正中相遇连理而生,愈合处天衣无缝,形如独木桥。传说在几百年前,两株雄银杏都想娶雌银杏为妻,争吵不休,搅得附近庵堂的僧人无法念经。于是,僧人从雌银杏树上截取了一段 5 m 长的侧枝,两头接在两株雄树上,使两株雄树变成干枝连理的一株雄树,终于促成了两雄一雌银杏树的美满姻缘。

《三农经》

清朝张宗法撰,成书于公元 1760 年。全书共 24 卷,第 10 卷果属记述银杏。书中记述长江中、下游林果树种较多。书中第一次记述"北人呼白果,南人名为灵眼"以及第一次出现"据枝润土亦活;兽食粪出者,收种易生而茂"的描述。文后亦有银杏疗病的记述。银杏扦插成活是古农书中首次记载。

三仁五子汤

(牲畜过力伤害,阴虚作喘)白果仁、杏仁、瓜蒌仁、莱菔子、五味子、牛蒡子或枸杞子、苏子、葶苈子,加百合、玄参、天冬、麦冬、沙参等滋阴药。阴虚火旺者,多选用马尾莲、连翘、花粉、知母、贝母等药。马、牛用量 24~60 g,羊 6~12 g,研末,开水冲后,候温,灌服。

三天门古银杏

三天门庙前的古银杏,植于东晋末寺庙初建时,树龄约 1 400 余年,树高 20 余米,胸围 7.3 m。原有 8 株,现只存 2 株。另 1 株被雷电击成重伤,下身仅有 12 m 余的残留,侥幸未死,胸围 7.2 m。另外,陈山垄下 1 株古银杏,源于唐代,树龄千年以上。

三挺身树形

三挺身树形也称主干开心形。此形为山东郯城新村、重坊乡一带的果农所创造。这种树形无中央领导干,高 1.5~2 m。因嫁接时 3~4 个接穗成活后,在主干上形成 3~4 个主枝,每一主枝着生 1~2 个侧枝,结种基枝均匀分布在主、侧枝的前后左右,形成中心较空的扁圆形树冠。各主枝头之间的距离为 1.5~2 m。主枝开张角度常大于 60°,主侧棱成 45°开张角。

这种树形的优点是通风透光好,丰产,骨架牢固,四周占地空间小,适于密植。"四旁"零星植树和间作园栽植尤为适宜。对生长势强,主枝不开张的品种,整形较易较好。这种树形的缺点是因主枝粗大、直立,侧枝培养困难,侧枝延伸能力弱,修剪中要密切注意主、侧枝长势平衡。

《三元延寿书》

古医药书籍,其中记述:"白果食满千颗杀人。昔有岁饥,以白果代饭,食饱,次日皆死。小儿食多昏霍,发惊引疳,同鳗鲡食,患软。"

三种根接法的比较

三种根接法的比较

项目	合接法	皮下接根法	根皮插枝法
适用范围	接穗下端与根段上端等粗	接穗粗而根段细(大树常用此法)	接穗细而根段粗
削接穗	穗条下端平滑处削一长 2~3 cm 的斜面	①先用嫁接刀修平接穗下切口,向上 0.3 cm 处用刀向上削一个斜面,长约 3 cm,深达木质部。②在接穗下端平滑处纵切一刀,长约 3 cm,深达木质部(类似插皮枝接)	用四刀,第一刀在接穗下端削成一长约 3 cm 的斜面,深达接穗的 1/3,第二刀在背面削成 0.5 cm 的小斜面,三、四刀在其两侧各轻削一刀,露出形成层(同插皮枝接)
削根段	根的上端平直处削一长等同于接穗的斜面	①根的上端削一长 3 cm 的斜面,在其背面削一长 0.2 cm 的小斜面。②用四刀,第一刀在根的上端削成一长约 3 cm 的斜面,深达根粗的 1/3,第二刀在其背面削一长 0.5 cm 的小削面,三、四刀在其两侧各轻削一刀,深达木质部(类似插皮接)。接穗细而根段粗	修平根的上切口,在光滑的一侧纵切一刀,长约 3 cm,深达木质部(同插皮枝接)

伞状银杏

紧密,分枝茂盛,叶子大小及形状多种。

散生幼树的修剪

新栽树嫁接后,及时抹芽除萌,用短截或摘心的方法,促进枝条抽生,然后再疏枝,留3~4个长成主枝,培养成丰产树形,这是基础。以后再通过疏枝(或短截后疏枝)、拉枝等方法来培养侧枝,去除内膛过密枝、徒长枝等,纵伤促进粗生长,刻伤或环剥促进早花。

桑间作

利用桑树根系浅、范围小的特点间种银杏。株行距为5 m×6 m。此种栽植形式主要是栽植实生银杏大苗,前期为高生长,6~8年以后进行高部位嫁接,银杏开始结种,桑树开始衰老而淘汰。

桑天牛

桑天牛属鞘翅目天牛科,我国南北各地均有发生,分布很广。在江浙蚕区普遍为害,幼虫蛀食枝干,轻则影响桑树发育,叶小而薄,重则全株枯死。除桑树外,对多种林木和果树均能为害。成虫啃食嫩枝皮层,造成枝枯叶黄,幼虫蛀食枝干木质部,降低工艺价值,严重受害时,常整枝、整株枯死,是银杏树的重要蛀干害虫。

广东每年发生一代,江浙等省两年一代,在北方两年或三年完成一代,以未成熟幼虫在树干孔道中越冬。2~3年一代时,幼虫期长达两年,至第二年6月初化蛹,下旬羽化,7月上中旬开始产卵,下旬孵化。一年一代的地区,越冬幼虫5月上旬化蛹,下旬羽化,6月上旬产卵,中旬孵化。成虫于6、7月间羽化后,一般晚间活动,喜吃新枝树皮、嫩叶及嫩芽。卵多产在直径10~30 mm的1年生枝条上。成虫先咬破树皮和木质部,成"U"字形伤口,然后产入卵粒,多在夜间产卵,每年平均产卵100多粒。卵经2周左右孵化,初孵幼虫即蛀入木质部,逐渐侵入内部,向下蛀食成直的孔道,老熟幼虫常在根部蛀食,化蛹时,头向上方,以木屑填塞蛀通上下两端。蛹经20天左右羽化,蛀圆形孔外出。成虫寿命可达80多天,到11月间即少见。

防治方法如下。

①捕捉成虫。在6、7月间成虫羽化盛期进行人工捕捉。

②药杀幼虫。幼虫活动期,寻找有新鲜排泄物的虫孔,将虫粪掏尽,用25%滴滴涕乳剂50倍或80%敌敌畏乳剂300倍液及柴油、煤油,从倒数第二个排粪孔注入,注药后用泥团封闭最下端蛀孔。

③刺杀幼虫。幼虫发生期,用金属丝插入每条蛀道最下蛀孔,刺杀幼虫。

④保护天敌。未孵化的桑天牛卵,多为啮小蜂寄生,应对啮小蜂加以保护。

⑤砍伐处理。将被害濒死的树木及时连根伐除。

杀虫剂

用来防治害虫的农药,只能用来杀虫,不能用来防病或除草,如乐果等。有的杀虫剂品种同时具有杀螨和杀线虫活性,称为杀虫杀螨剂或杀虫杀线虫剂。按药剂进入虫体的方式可分为:胃毒剂,药剂通过害虫的口器和消化系统进入虫体,使其中毒死亡的药剂。当胃毒杀虫剂施到作物的叶、茎和果实上,或是制成害虫喜吃的毒饵、毒谷撒施在作物地里,害虫啃食带药的叶、茎、果实、毒饵或毒谷时,就把药剂也吃进肚里,经肠胃吸收而引起中毒死亡。触杀剂,通过接触虫体表皮渗入虫体内,使其中毒死亡的药剂。当触杀剂喷布到虫体表面,或害虫在沾有药剂作物体上或其他物体表面上爬行接触到药剂,药剂就能从害虫的表皮、足、触角或气门等部位进入虫体内,使害虫中毒死亡。熏蒸剂,以气体状态,通过呼吸系统进入虫体,使其中毒死亡的药剂。某些药剂在一般气温下即能挥发成有毒气体。或是经过一定化学作用而产生有毒的气体,然后经由害虫的呼吸系统如气孔(气门)进入虫体内,使害虫中毒死亡。目前大量应用的杀虫剂品种,大都以触杀作用为主,兼有胃毒作用,少数品种具有熏蒸作用(如敌敌畏)。以胃毒作用为主的杀虫剂,如美曲膦酯、除虫脲,适用于防治咀嚼式口器的害虫,如蝗虫、地老虎等。以触杀作用为主的杀虫剂,如菊酯类,适用于防治各种口器的害虫,对于体表具有较厚蜡质层保护的害虫如介壳虫效果不好。熏蒸作用为主的杀虫剂,可防治在密闭条件下的害虫,以及藏在荫蔽处为害的害虫。

杀虫剂的分类

杀虫剂是用来防治银杏有害昆虫的药剂可分为以下几类。

无机杀虫剂:如砷酸钙、亚砷酸等。

有机杀虫剂:包括天然的及人工合成的杀虫剂。

①天然的有机杀虫剂。植物性的有除虫菊烟草、鱼藤精等各种植物性农药,矿物质的有石油乳剂等。

②人工合成的有机杀虫剂。有机氮杀虫剂:如西维因、叶蝉散、速灭威、混灭威、害扑威、杀虫脒、巴丹、

螟蛉畏等。

有机氯杀虫剂：如666粉。

有机磷杀虫剂：如1605、1059、美曲膦酯、乐果等。

有机氟杀虫剂：如氟乙酰胺等。

③熏蒸剂。利用产生气体杀虫的药剂，如溴甲烷等。

④微生物杀虫剂。利用能使害虫致病的真菌、细菌病毒，通过人工大量培养，用来消灭害虫，如白僵菌、杀螟杆菌等。

⑤激素。如蜕皮素，保幼激素等。

⑥特异性杀虫剂。包括诱致剂、忌避剂、拒食剂、不育剂、粘捕剂等。这些杀虫剂大部分还属于试验阶段，但都有远大的发展前途。

杀虫双

杀虫双属中等毒性农药，对害虫具有较强的触杀和胃毒作用，兼有一定的熏蒸作用和很强的内吸作用的沙蚕毒素类杀虫剂，对家蚕剧毒。有18%水剂，3%、5%颗粒剂。

杀菌剂

在银杏感病前后施用药剂把病菌杀死（孢子不能萌发，不能侵入作物体内）或抑制病害生命活动的某一过程，使之不能发展，这种药剂即称杀菌剂。杀菌剂分为保护剂、治疗剂和铲除剂。保护剂应在病菌侵染果树之前施药，保护果树免受病菌侵染为害。要求能在果树表面形成有效的覆盖度，并有较强的黏着力和较长的持效期。治疗剂是在病菌已经侵染果树或发病后施药，抑制病菌生长，使果树病害停止发展或使病株恢复健康。铲除剂是病菌已在果树的某部位或作物生存的环境中，施药将病菌杀死，保护果树不受病菌侵染。

杀菌剂灌根对银杏黄化的抑制

杀菌剂灌根对银杏黄化的抑制

试验药剂	供试植株	健康株	正常叶感染叶枯病株	黄化叶感染叶枯病株	黄化株率(%)
拌种双	20	0	14	6	30
多菌灵	20	2	7	11	55
对照	40	0	26	12	30

杀螨剂

用来防治银杏螨类的药剂，如三氯杀螨、三氯杀螨醇等。

杀螟丹

杀螟丹亦称巴丹、派丹。巴丹是沙蚕毒素类杀虫剂第一个商品化品种，属中等毒杀虫剂。对蜜蜂和家蚕有毒。对害虫具有胃毒和触杀作用，并有一定的内吸拒食和杀卵作用。对捕食螨影响小。有50%和95%两种浓度的可溶性粉剂。

杀扑磷

杀扑磷亦称速扑杀。是具有触杀、胃毒，能深入银杏组织内的一种光谱有机磷杀虫剂。高毒农药，对介壳虫有特效，对螨类有一定的控制作用。防治矢尖蚧、糠片蚧、褐圆蚧雌蚧。用40%速扑杀乳油800~1 000倍液喷雾，20 d后再喷一次。对核果类应避免在后期施用，使用浓度不能高于600倍液，以免引起药害。

杀青

杀青对茶品质起着决定性作用。杀青温度、投叶量、炒制手法及杀青时间长短和火候是影响杀青效果的主要因素，如果掌握不好，将严重影响成茶品质。通过高温，破坏鲜叶中酶的活性，制止多酚类物质氧化，以防止叶子红变；同时蒸发叶内的部分水分，使叶子变软，为揉捻造形创造条件。随着水分的蒸发，鲜叶中具有青草气的低沸点，芳香物质挥发消失，从而使茶叶香气得到改善。杀青选用铁锅，锅温在150 ℃左右时（以手心置于锅底上方5 cm处有灼热感或锅面呈灰白色，且鲜叶入锅后有明显噼啪声）投入适量鲜叶，投叶量0.5~1 kg。投料过多，杀青不均匀，会有焦煳叶、红叶和青叶现象，茶叶质量不高。投料后采用先闷后透的工序，即投料后先进行闷炒，以手带叶，叶不离锅，避免手指烫伤。但时间不宜长，杀青叶产生烫手感时迅速向上抛抖，即用手不断把料叶从锅底翻抓上来，然后再均匀抖落在锅底面，动作要快，抖得散，使每片叶都能接触到锅，均匀受热，迅速散发水汽。嫩叶要老杀，即杀青时间适当长些，因嫩叶中含水量高，酶的活性强，叶的韧性大，黏性重，适当老杀有利于提高品质。杀青后期，叶的青气味渐小以致消失。杀青程度凭感官判定，一般杀青时手捏成团，稍有弹性，色泽墨绿，叶面无光泽，叶减重率40%即可。杀青太嫩，经揉捻后碎茶片多，外形条索差，青气味浓，滋味涩口。杀青太老，揉捻后末茶多，成条困难，并有焦烟味，汤色发红，破坏了银杏叶茶的色、香、味。此外，要求锅面清洁光亮，无油烟味和杂味。对不干净或新的锅，可用砂纸或细砂石块摩擦锅面，然后用清水洗净，加热蒸干水分后抹上茶油，烘干。

杀青处理对银杏茶成品品质的影响

杀青处理对银杏茶成品品质的影响

时间(min)	投叶量(kg)	120 ℃ 品质	140 ℃ 品质	160 ℃ 品质	180 ℃ 品质
3		不透	透	透	焦边
4		透	透	透	焦边
5	0.2	透	透	透	焦边
6		透	干边	透干	焦叶
3		不透	透	透	焦边
4		透	透	透	焦边
5	0.4	透	透	透	焦叶
6		透	透暗绿	叶水少	焦叶
3		不透	不匀	透	焦边
4		不透	不匀	透	焦边
5	0.6	不匀	透	透	焦叶
6		不匀	暗绿	透	焦叶
3		不透	不透	不匀	焦边
4		不透	不匀	不匀	焦边
5	0.8	不匀	色暗	色暗	焦叶
6		不匀	色暗	色暗	焦叶

杀鼠剂

用于防治老鼠的药剂,按作用方式可分为胃毒剂和熏蒸剂。胃毒剂如磷化锌、敌鼠钠,老鼠取食后在消化系统发挥毒效,使鼠中毒死亡。某些熏蒸剂也可作为杀鼠剂,如磷化铝等是通过老鼠的呼吸系统吸入药剂,从而令老鼠中毒死亡。专用杀鼠剂均为胃毒剂。

杀鼠灵

别称灭鼠灵。属高毒,抗凝血灭鼠剂,对牛羊鸡鸭毒性较低。有95%原粉,2.5%母粉,0.025%毒饵等剂型。用2份2.5%杀鼠灵母粉,加98份饵料拌匀,即配成0.05%饵料。配制时一定要搅拌均匀。在鼠害严重的丰产园,老鼠经常活动的地方,每5 m² 放一堆,每堆10~15 g。必须多次投放饵料,使鼠每天都可吃到,间隔时间不超过48 h。

杀线虫剂

杀线虫剂是一类防治银杏线虫病害的药剂,此类药剂大都具有熏蒸作用,如二溴氯丙烷等。

沙藏

室内可采用层积贮藏或湿沙贮藏,贮藏期为3~5个月。方法是:选择阴凉的房间,地面先铺以手捏不成团为宜的10 cm的湿沙,再在沙上摊10 cm厚的白果,然后按5 cm厚湿沙与5 cm厚白果交替层积,一层湿沙,一层白果,多铺几层,顶上再盖一层湿沙,总高度不超过60 cm。或者按1份白果与2份湿沙的比例混合堆放,总高度以40 cm为限,要求半月之内翻动一次,以利通风换气,调节沙温。河沙过干时,还应适当补充水分,以防种核硬化。并要经常检查有无霉变与鼠害。室外可采用窖藏或坑藏,贮藏期为6个月。即在室外背阴排水处挖坑,深80 cm,宽1 m,长度视白果多少而定,然后先在底层垫10~20 cm厚的干净湿沙,每隔1 m竖一堆秸秆,再把1份白果与2份湿沙混藏于坑内,或一层白果,一层湿沙,相间排列,直到离地面10 cm为止,上面再盖5 cm厚的湿沙,10 cm左右的细土。盖好后,再从秸秆中抽出2~3根,以利通气。最后在周围开一深、宽各20 cm的排水沟,防止雨水渗入坑内。第二年春天地温回升后,要注意检查。当地温超过20 ℃时,要定期翻动,通气降温。

砂壤土

砂壤土是土壤质地分类的一种。砂壤土含砂粒少,壤质多,砂粒仅达15%~45%,土质疏松、肥沃,宜于耕作,通气透水,不黏不硬,土壤保水保肥能力强。应少施化肥、勤施,以免肥料流失。是银杏育苗和栽植的最理想的土壤。

晒干叶

选择干净场园或水泥地面,把叶片摊开,在阳光下自然晒干。摊放厚度一般为10 cm左右,每天翻动几次,以加快叶片干燥。晒干期间,每天晚上收堆,用塑料薄膜覆盖,以免夜露返潮。但不要盖严,以利通风。在阳光充足的情况下,一般经2~3 d就可晒干。干叶含水量要求在12%以下,用手一捏叶柄能断,就可收贮或销售。空气湿度较高时,银杏干叶容易"回潮"。贮藏期间,应经常检查,发现"回潮"要及时晾晒。

山地全光育苗

选用山地全光培育银杏壮苗的关键技术措施如下:①选择新开山地果园,病菌少,是减少病菌危害,提高全光育苗成苗率的基础条件。②改遮阳网遮阴为苗木行间实行稻草覆盖,无须松土锄草,不会造成烫伤、碰伤苗茎,是降低成木、减轻银杏苗期病害发病率的关键措施。③重施基肥、苗肥、喷洒植物生长调节剂,为克服紫外光的抑制,促进苗木旺盛生长,提供可靠的物质保证。④山地坡度较大,土壤疏松,通气渗水性能好,为苗木根系的良好发育提供优质环境。⑤催芽早播,小拱棚增温,采取全光育苗,是提高苗木抗性,增加有机营养积累,培育银杏壮苗的根本途径。

山地栽培

我国是一个多山的国家,山地面积占全国陆地面积的2/3以上。利用山地发展种植业对调整和优化山区的经济结构,改变山区贫困的面貌,具有重要现实意义。山地空气流通、日照充足、温度日差较大,有利于碳水化合物的积累,可优质丰产。许多国家都利用这一优势发展山地种植。选择山地建园时,应注意海拔高度、坡度、坡向及坡形等地势对温、光、水、气的影响。山地随海拔高度的改变而出现气候与土壤的垂直分布带。从山麓向上,出现热带→亚热带→温带→寒带的气候变化,这与水平方向从赤道→低纬度→高纬度而出现的气候带的变化。但由于山地构造的起伏变化、坡向(或谷向)、坡度的差异,山地气候分布带在实际中常出现较复杂变化,而非单单与海拔高度有关。如果同一海拔高度,某些地带按垂直分布带应属温带气候,实际近似亚热带气候,这种逆温现象与热空气上升聚积在该地带有关。相反,在同一海拔高度,某些地区按垂直分布带应属于亚热带的地区,却由于地形闭锁,冷空气滞留积聚常常出现霜害或冻害,从而形成了山地气候垂直分布带与小气候带之间犬牙交错、互相楔入和树木分布异常的复杂景观。常常出现同一种树木在同一山地由于坡向与坡度不同,其分布不在同一等高地带,有时错落竟达数百米高度。或者分布在同一等高地带内,但生长势、产量和品质出现明显差异,反映了果树生态最适带的复杂变化。小气候地带除在地形复杂的山地容易形成外,在有高山为屏障的山麓地带亦较为显著。山地气候变化的复杂性,决定了在山地选择园地的复杂性。在山地建园时,应充分进行调查研究,熟悉并掌握山地气候垂直分布带与小气候带的变化特点,对于正确选择生态最适带及适宜小气候带建立果园,因地制宜地实施农业技术具有重要的实践意义。

山东定林寺古银杏

山东莒县浮来山定林寺的古银杏树高约27 m,胸径近4 m,冠幅投影面积约1 000 m²,树龄3 000多年。该树属龙眼型银杏,种核长约1.99 cm,宽约1.74 cm,厚约1.34 cm,核平均单粒重约2.1 g,每千克种粒数约470粒,珠柄具多次二歧分枝,1根珠柄上最多有14～15个胚珠。

山东省银杏病虫害种类

山东省银杏病虫害种类

病虫害名称	发生危害期(月)	危害部位	危害程度	备注
银杏茶黄蓟马	5～8	叶	＋＋＋＋	2004年发现
黄刺蛾	6～10	叶	＋＋＋＋	
扁刺蛾	5～9	叶	＋＋＋	
桃蛀螟	7～8	果实	＋＋＋＋	
铜绿金龟子	6～7	叶、根	＋＋	
白星花金龟	5～8	叶、根	＋	
银杏超小卷叶蛾	4～6	枝、果	＋＋＋＋	
大袋蛾	5～9	叶	＋＋	
茶袋蛾	4～8	叶、果、枝	＋＋＋＋	
褐袋蛾	4～9	叶、果	＋＋＋＋	
白袋蛾	4～9	叶、果	＋＋＋＋	
杨毒蛾	7～8	叶	＋	2004年发现
桑白盾蚧	5～9	枝、干、芽	＋＋＋＋	2004年发现
草覆蚧	3～6	枝、干	＋	2004年发现
木撩尺蛾	7～8	叶	＋	
小地老虎	5～8	根、根茎	＋＋＋＋	
华北蝼蛄	4～9	根、根茎	＋	
沟金针虫	3～4	根	＋＋	
桑天牛	5～9	枝、干	＋	
舞毒蛾	5～7	叶	＋	
银杏茎腐病	6～7	根、茎	＋＋＋＋	
苗木立枯病	4～7	根、茎	＋＋＋＋	
银杏叶枯病	6～8	叶	＋＋＋＋	
银杏干枯病	7～9	枝、干	＋＋	
种核(白果)霉烂病	贮藏期	种实	＋＋	
银杏根朽病	5～9	根	＋＋＋＋	
银杏早期黄化病	6～7	叶、梢	＋＋	
蜗牛	4～10	叶	＋	2004年发现

注:＋表示危害轻度;＋＋表示危害中度;＋＋＋表示危害重度;＋＋＋＋表示危害极重度。

山东省优良雄株生物学指标

山东省优良雄株生物学指标

编号	短枝/米长枝	3年枝段开花率(%)	每短枝雄花数	花长×宽(cm)	花药 药数/花	花药 长×宽(mm)	花药粉 粒数/药	花药粉 长×宽(mm)	出粉率(%)	生活力(%)	花期(天)
G♂											
−14号	33.6	100	6.45	2.36×0.73	51.6	3.33×2.02	1.66万	36.6×17.1	5.87	91.24	10
−13号	41.0	100	5.60	2.36×0.69	44.7	2.98×2.03	1.37万	37.4×18.5	8.97	94.44	10
−12号	30.6	100	3.51	2.59×0.88	41.4	3.86×2.53	1.60万	36.8×18.6	9.05	95.34	10
−5号	43.0	88	5.17	2.49×0.69	53.0	2.68×1.82	1.95万	39.8×18.4	6.72	80.0	5
−4号	45.0	95	5.17	2.53×0.58	58.0	2.55×1.84	1.88万	41.0×18.0	5.46	85.0	5
−3号	27.0	94	3.76	3.47×0.75	55.0	2.65×1.89	1.83万	37.9×17.1	4.78	82.0	6

山东郯城举办首届银杏节

1992年9月19日至21日，首届"中国郯城银杏节"在郯城县隆重举行。郯城县是我国著名的"银杏之乡"。全县有银杏树100余万株，最高年产量可达100万千克，外贸出口量居全国之首。郯城银杏以籽粒饱满、个大均匀、甜味浓郁、糯性强而驰名中外，畅销日本、东南亚、欧美等国家和地区，年创外汇5 000万元以上。近年来，郯城县科技人员和果农对银杏树进行了"矮干密植早实丰产试验研究"，取得了三年结果，五年丰产的可喜成果，荣获全省科技成果三等奖，改变了过去"桃三杏四梨五年，要吃白果六十年"的说法，为银杏生产闯出了一条新路。1987年，郯城县被山东省政府列为银杏商品主产基地县，并把银杏列为"县树"，大力发展。每年深秋，是银杏成熟集中采收的季节，串串金黄色的果实缀满枝头，令人陶醉。首届银杏节期间，全县城乡到处洋溢着节日气氛。与会人员和果农一起参加了节日庆典和银杏采摘仪式，并参观了这个县新村乡万亩银杏园。同时，一些海内外客商、专家学者还饶有兴致地参加了这个县举办的丰富多彩的经贸洽谈、联谊活动和学术研讨。

山东郯城银杏之乡

①自然条件。郯城县位于山东省最南端，东经118°05′~118°31′，北纬34°22′~34°56′。境南北长约65 km，东西宽32 km，总面积1 312.6 km²，约占全省总面积的0.84%，其中平原面积1 123.6 km²，占全县总面积的86%；山丘面积183.4 km²，占总面积的14%。全县水面有130.4 km²，占总面积的10%。郯城县地处鲁中南低山丘陵区南部，临郯苍平原腹心地带，系沂蒙山区冲积平原。东部马陵山绵延南北，中西部平原沂沭河纵贯南北。境内地势平坦，平均海拔约38 m，自然比降为0.03%。

②银杏发展概况。银杏历经远古漫长的岁月沧桑，在山东形成了以郯城县境内沂河中下游沿岸为重点的集中分布区，成为全国为数不多的银杏集中产区之一，郯城的银杏栽培历史悠久，新村乡驻地银杏古梅园内原官竹寺遗址的一株古银杏，树高37.5 m、胸径2.24 m，为山东省内最高的银杏雄株。明代中后期，银杏栽植进入鼎盛期。建于明朝中叶的胜利乡白果树村，即因村前有两株银杏树而得名。港上镇前埝村村东一株古银杏，明朝洪武年间所植，年产银杏达450 kg，至1985年被砍伐掉。港上镇后埝村小学校院内的一株古银杏，树龄400多年。据《樊氏家谱》记载，该村原有5株银杏树，光绪年间沂河决口，因地势低洼被水淹死4株，现仅存此树。此树为实生树，高26.7 m、胸围4 m，共有36个主枝，枝叶茂盛，最高产量达300 kg。

清乾隆年间和清末民初，境内银杏生产进入第2个鼎盛时期。清光绪二十七年（1901年）诗人张敬葳游览至此写下《中秋既望观园》，生动描绘了当年沂河两岸银杏园林的盛况。

新中国成立前全县银杏面积310 hm²，银杏大树8万株，沂河两岸的银杏林带长达20 km。最高年产量达100万千克。据《中国实业志》（1934年）载，银杏是当时山东重要的出口商品之一，郯城县每年向欧美日出口银杏1 500包，价值15 000元。

1994年，年产量只有80万千克。1950—1960年期间，银杏价格跌入低谷，1 kg银杏仅与等量小麦价格相等，销路不畅，大量银杏树被砍伐。特别是1958年后受"左"的思潮影响，银杏生产不被重视。到1965年产量降至低谷，仅为7.5万千克。20世纪60年代末至80年代初期，郯城银杏生产总体上处于半林半果、粗放经营的水平。1978年全县银杏片林200 hm²，产量60万千克。1982年，全县有银杏树5.4万株，其中百年以上树2.8万株。1985年全县银杏片林280 hm²，产量70万千克，接近新中国成立前银杏生产规模。

1979—1983年，林业科技工作者进行良种选育、矮化嫁接、人工授粉等一系列试验研究，取得了幼树嫁接3年结果5年丰产的突出成绩，不仅解决了结果晚的问题,而且选出早实丰产良种4个,为银杏生产拓出了新路,这些科技成果在全县迅速推广应用,促进了银杏生产的发展。1984—1985年新育银杏苗24万余株,新发展银杏44 hm^2,银杏产量上升到70万千克,居全国第二。1987年,郯城县被山东省列为银杏生产商品基地,银杏种植进一步在全县推广。1988年县委、县政府做出了《关于大力发展银杏生产的决定》,制定了一系列有利于银杏生产发展的政策。县政府还对全县银杏生产做出规划,确定以沿沂河8个乡镇为重点,建立银杏基地,集中经营,连片开发,并确定银杏为"郯城县树"。县成立了银杏生产领导小组、银杏协会,先后在新村、黄村、孙出口、徐圩子建起了不同模式的示范园4处。至1989年,全县培育苗木50万株,银杏面积发展到900 hm^2,定植40万株,主要分布在8个乡镇152个自然村。

1992年9月举办"中国郯城银杏节",1993年举办"中国郯城国际银杏节",1994年承办第3次全国银杏学术研讨会,至1995年底银杏面积发展为4 600 hm^2,定植银杏550万株,年产银杏200万千克,产叶250万千克,银杏果、叶、苗系列产品年收入达2.5亿元。

1996年后,县内银杏处于发展高峰阶段。1996年,县林业科技人员经过10年试验筛选的5个早实、丰产、优质良种通过鉴定。1997年又选出了4个叶用品种、3个优良雄株品种。改革开放以来,县内共选出20个优良品系,并通过广泛搜集银杏资源,建立了银杏基因库,该基因库拥有从全国各地及日本等引进的100余个银杏品种,是当时国内拥有银杏品种最齐全的银杏基因资源库。1996年7月,与法国波福易普生制药公司和德国施瓦贝制药集团合资兴建银杏绿源责任有限公司并投产,年加工银杏干叶200万千克,为县内银杏生产销售奠定基础。

1996—1997年,历时7个月完成205国道郯城段"跨世纪银杏绿色工程",共计投工100万个,动用土方60余万,定植银杏大苗19 424株,建护林房82处,总投资1 300万元,在县境内沿205国道两侧建成53 km的银杏林带。林带中立标志碑1处,有原山东省人大常委会副主任苗枫林题词。1998年,县委、县政府做出《关于建设银杏城的决定》,开展义务捐栽银杏树活动。1999年2月,郯城县被中国特产之乡推荐暨宣传活动组委会授予"中国银杏之乡"称号。

到1999年底,银杏栽植已遍及全县22个乡镇,片林面积近9 000 hm^2,定植银杏1 300万株,林网1 000多千米,在沂河沿岸形成了200 km^{2}的集中栽植区。银杏年产量达200万千克,占全省产量的90%以上,居全国第2位。年产干叶500万千克,银杏系列产品产值达6.5亿元,果叶创汇1 500万美元。银杏生产已成为全县经济发展的支柱产业。

2002年全县四旁栽植银杏300万株。该年度完成县城外环路银杏林带建设,全长达14 km,林带宽30 m,栽植银杏大苗(5 cm以上)3万余株。县境内建设银杏林网106 km,栽植银杏8.5万株。京沪高速马头、胜利、红花段,绿色通道建设栽植银杏6.5万株。到2002年底,县内银杏片林面积7 000 hm^2,定植1 400万株,银杏苗木1亿余株,年外销各类银杏苗木2 000余万株,银杏产量220万千克,银杏叶、果出口创汇500万美元。

2005年9月4日至6日举办了第3届中国郯城国际银杏节暨第10次全国银杏学术研讨会,全县银杏产业实现了跨越式发展。

经过20年的迅猛发展,目前,已初步形成的以种植业为依托,加工业为主导,流通业为拉动的全县银杏种植规模迅速扩大,银杏种植已遍及全县17个乡镇,沿沂河两侧形成了200 km^{2}的集中种植区,种植面积达2 000 hm^2,定植总株数1 400万株。其中,片林面积1 300 hm^2,银杏苗木数量3亿株,银杏果年产量300万千克,银杏干叶年产量1 000万千克。银杏种植面积、定植株数、苗木拥有量均居全国首位。加工业蓬勃发展,以中、法、德合资的银杏绿源有限责任公司为龙头,发展银杏叶加工、银杏茶生产、黄酮提取、银杏系列食品生产企业40余家,开发生产了10多个系列,100多种产品。流通业迅速壮大,建成银杏果、叶、苗、盆景及系列加工产品五大专业市场,以新村乡为重点建起了全国最大的银杏苗木集散地,年经销银杏苗木亿余株。县、乡、村3级从事银杏果、叶、苗及银杏加工产品经营的从业人员5万人。

山东沂源叶籽银杏种实指标

山东沂源叶籽银杏种实指标

种实性状	种实大小		种柄		单果重(g)	单核重(g)
	长(cm)	宽(cm)	全长(cm)	基径(cm)		
正圆形	2.7(2.6~2.8)	2.8(2.6~3.0)	3.35(2.8~3.9)	0.35(0.3~0.4)	13.25(10.0~16.5)	2.6(2.4~2.8)
长卵形	3.25(2.7~3.8)	2.5(2.3~2.7)	1.8(1.4~2.2)	0.45(0.3~0.6)	13.0(8.5~17.5)	3.0(1.5~4.5)
叶籽银杏	2.0(1.7~2.3)	2.0(1.6~2.4)	5.7(5.4~6.0)	0.25(0.2~0.3)	4.75(3.5~6.0)	1.38(1.0~1.75)
双核	2.75(1~3.4)	3.15(2.7~3.6)	2.4(2.1~2.7)	0.45(0.3~0.6)	18.0(13.5~22.5)	3.7(2.3~5.1)

山西太谷叶籽银杏

该树位于山西省太谷县,1996年秋,由山东农业大学梁立兴发现。该树距山西利民机械厂水源地仅150 m,树高24 m,胸径0.8 m,冠幅15 m²,树龄300年以上。这株叶籽银杏树结的种实有如下特点:①部分种实着生在叶片的叶缘处。②在一种梗上出现双种现象,但两个种实大小不一。③种实有连体现象,连体部多少各异。④单个种核外形多样,有圆铃形、长椭圆形等。其种核形态亦呈多样性,多数为椭圆形、耳坠形,少数如棉手套形。

山楂改接银杏是误导

在植物分类学上,银杏属银杏科,山楂属蔷薇科,从目前已有的文献所查,国内外还没有不同科之间嫁接成活的报道。山楂改接银杏纯系生产误导,绝不可置信!实践的结果是山楂树死了,银杏接穗也未成活,两败俱伤,劳民伤财。

山楂红蜘蛛

亦称山楂叶螨。国内分布较广,是我国北方银杏栽培区的重要害虫,寄主有苹果、梨、桃、山楂、樱桃、核桃等,近几年来,银杏中也开始发现。银杏叶受害后颜色淡、叶薄,也发生早期落叶。

山楂红蜘蛛1年发生8~9代,以受精雌成虫在主干、主枝和侧枝的老粗皮下及主干周围的土壤缝隙内越冬。危害银杏一般从6月中旬开始,一直持续到8月份。

防治方法如下。

①早春结合防治其他害虫,彻底刮除主干、主枝上的翘皮及粗皮,并集中烧毁,以消灭越冬的红蜘蛛,可有效地控制全年虫害的发生与蔓延。

②适时与合理使用农药。抓住关键时期用药,能收到省工、省药的好效果。首先,越冬雌成虫出蛰盛期(大约4月中下旬);其次,第1代卵孵化盛期(大约在5月初);再次,第2代卵孵化盛期(大约在麦收前)。这3次药是防治的关键。用药要合理,并要保护其天敌。可选用的药剂有石硫合剂等。发芽前用3~5波美度石硫合剂,生长期用0.3波美度石硫合剂喷布。此外还可用40%三氯杀螨醇乳油1 000~1 500倍液;50%三环锡可湿性粉剂2 000~3 000倍液;40%水胺硫磷乳油1 500~2 000倍液。以上农药可交替使用,能减缓抗药性的发生,提高防治效果。

山楂黄卷蛾

山楂黄卷蛾 Archips crataegana (Hubner),属鳞翅目卷蛾科。主要分布在我国东北及日本、西伯利亚、欧洲、非洲等地。近年来,危害越来越严重,上百年的银杏树受到危害后,叶片卷缩干枯,甚至整株枯黄脱落,形成秃枝,严重影响银杏的正常生长,降低了种实产量及绿化效果。除银杏外,尚可危害梨、栎、椴、杨、樱花、花椒、山楂、桦、榆、杉等树种。山楂黄卷蛾1年发生1代,以卵越冬。据孙习华等(1998)在丹东地区调查,4月下旬银杏展叶时,卵块开始孵化,孵化高峰期在5月上中旬。幼虫孵出后,吐丝黏缀叶片居其中取食。开始时幼虫食量较小,啃食叶肉留表皮,使叶片呈网状,4龄后食量逐渐增大。幼虫危害高峰期在5月中下旬。5月下旬至6月上旬老熟幼虫转向枯叶,吐丝将枯叶卷曲或将2~3片叶黏缀在一起,在里面进入滞育状态,而后化蛹,蛹期为6月上旬至6月下旬,蛹期5~7 d。成虫多在夜间羽化,羽化高峰期为6月下旬。成虫白天静止,夜间活动,寿命5~8 d。羽化后2~3 d交尾,交尾后第2~3 d开始产卵,卵多产于3~6年生枝条的短枝基部或树干的纵向裂缝处,卵块黑灰色,不规则状,每头雌蛾产卵40~80粒。

防治方法如下。

①及时清理树下落叶,集中烧毁,杀死其中老熟幼虫和蛹。

②4月末幼虫孵化初期,喷施生物农药灭幼脲3号2 500~3 500倍液。

③5月上中旬幼虫孵化开始缀叶时或成虫羽化高峰期喷2.5%溴氰菊酯2 500~2 500倍液,每7 d喷1次,连续2~3次,可获得较好的防治效果。

陕西的银杏文化

银杏在陕西栽培历史悠久,从古到今,因为银杏而引发出许多故事和传说,形成了独特的银杏文化。麟游县九成宫旁农田地边一株1 300年的银杏树,枝叶繁茂,高大古朴,与之相距不远处生长着另一株古银杏树,组成麟游县麟山十二景之一——"银杏映碧",意为"绿杏黄叶染青天"。陕西师范大学校园内一条道路两边栽着两行银杏树,学校命名这条道路为"银杏坡",师生赞誉为"春为两行绿,秋去满坡黄",其诗情意境可见一斑。太白县二郎坝乡皂角湾村一农田地边生长着一株雌株银杏,树龄900年,树高20余米,胸径1.78 m,其主干合抱一棵雄株银杏,雄株开花,雌树结果,看上去雌雄一体,形状奇特,当地老百姓称赞为"合抱树""鸳鸯树"。以前人们的观念是"多子多福",附近群众常来到这棵树下,朝拜"神树"赐予子孙。华阴市华山玉泉院旁的朝阳观内原有一株宋代银杏,2根老藤攀缘其上,号称"双龙戏珠",珍奇名贵至极,但在1978年12月被当地领导下令伐掉。白河县枸扒乡还流传着一个美丽动人的传说,相传很久以前,当地有一位貌似天仙、手如春蚕的少女,心灵手巧,绣编了各种鸟鱼花草图案,但就是不会绣白果花,原因是她从来没见过白果花是什么样子,后来听人说白果在晚上开花,姑娘为了学会绣白果花,晚上爬上树观察,不幸的是姑娘失足摔死在树下,乡亲们就把她埋在了银杏树下。现在生长在山顶的这株古银杏树,枝叶茂盛,儿孙满堂,并在主侧枝上生长着大小长短不等的"树乳",当地老百姓说这是日夜流泪的结果。树的东西两旁生长着径为 12 cm 的野葡萄树,其枝条高高地攀缘在银杏树上,宛如姑娘的两根长辫子,一串串紫红色的葡萄恰似姑娘的玉坠;长在一片片树叶上的籽叶银杏,就像姑娘的掌上明珠,时刻在提醒人们银杏之珍贵。西安市长安区白塔寺内有一株树龄 1 500 年的银杏古树,相传唐初名将尉迟敬德领兵征战时,途经白塔寺进香,将战马拴在银杏树上。后来人们赞誉此树道:"白果树高大,十里可望荣;佳树唐时种,千岁有遐令;朝来绿叶翠,晚照蝉更鸣;冠荫遮蔽日,枝起一林风。"生动地描绘出该树的高大繁茂。城固县老庄镇有一株树龄在 2 000 年以上的古银杏,相传为战国时期著名医学家扁鹊手植,过去当地老百姓一有头痛脑热,就在此树上采摘几粒白果或几片银杏叶,与其他草药混在一起煮成汤喝,大都药到病除。同时,当地群众将银杏外种皮收集、晾晒,在翻耕土地时撒于农田之中,当作农药用。所以,当地老百姓赞誉这株古银杏为"白果仙"。有关银杏的传说和故事不胜枚举,如周至县楼观台生长着一株雌银杏,树龄约 800 年,其主干上部生长着一株桑树,名曰"银抱桑"。南郑县秦家坝乡夹山嘈小学有一株"银杏抱女贞"。镇安县庙沟乡龙凤树有一株"龙凤银杏"。户县庞光乡焦将村生长着一株树干弯曲、形状似飞龙的"龙形银杏"。还有传说中历代名人如李白、王维等手植银杏。这些古树名木使陕西的旅游锦上添花。

陕西的银杏引种

延安以北的安塞县林业局大院内,1973 年栽植的 2 株 5 年生银杏实生大苗,1995 年调查,树高 8 m,胸径 17 cm,生长尚佳。距毛乌素沙区 30 km 的榆林县黑龙潭,1989 年引种的 10 余株银杏树,经受了 1991 年的严重低温,全部存活。西部凤县温江寺,陇县曹家湾,以及东部的丹凤县桃花铺等地,均有零星栽植的银杏树。

陕西观音堂银杏

生长在陕西省西安市长安区祥峪乡西观音堂村小学院内,树龄 1 200 多年,高 29 m,胸径 2.28 m,树干 10 m 高处分 10 个杈,枝叶茂盛,树势健壮。树干基部又萌生出 4 棵小树,最大者胸径 48 cm,高约 15 m。据《长安县志》载,此树为唐代建庙时所植,故称"唐白果树"。

陕西楼观台宗圣宫银杏

该古银杏生长在陕西周至县楼观台宗圣宫院北头,树龄 1 700 多年,高 11.2 m,胸径 3 m,主干残缺不全,中心空间可容纳 4 人围坐。此树 1972 年曾被火烧,原树高 24 m,胸径 4.78 m。

陕西宁强白果树村双银杏

该古银杏生长在陕西宁强县庙坝乡白果树村前,两株,树龄均为 1 000 年,一株高 30.5 m,胸围 8.8 m,另一株高 33.3 m,胸围 8.2 m。据碑文记载,清道光年间,这两株银杏原为周姓所有,因树的所有权发生纠纷打算砍伐,均分给族人,但民众不忍两株树培育千载,毁于一朝。于是,众人集资,从周姓户族手中购买过来,作为公树,永相保护,并在两树间立石碑一座。该树现生长状况良好。

陕西舌叶

多数系单叶,叶基部不形成明显的叶柄,但着生部稍大。叶大小上的变化明显,长 3~5 cm,宽 1.3~2.8 cm。披针形至长桨形,顶钝圆,有时撕裂,最宽部位于叶中部上方。叶脉平行,其明显程度与叶脉密度也有较大变化,通常每厘米 8~10 条。表皮特征为两面气孔型:上表皮气孔区较下表皮窄,无气孔区较宽;下表皮则相反,无气孔区狭且不显著。无气孔区细胞多边形、方形至横方形;无气孔区细胞伸长。细胞壁直,表面具纵条纹。气孔器在上下表皮分布不规则,有时呈短列,有时分散,有时成群聚集,甚至无气孔区偶尔出现气孔器。气孔器圆形,但邻近无气孔区的气孔器稍长,不完全双环式。副卫细胞单唇式,5~7 枚成环形包围气孔腔,向外常常出现第二环。保卫细胞下陷,气孔腔圆而小,副卫细胞面临气孔腔一侧的细胞壁均不同程度地增厚,常形成乳突。乳突分布不规则,有的部位甚至没有;有的部位每细胞中央有一枚大而十分显著的乳突。陕西舌叶与模式种 *G. florini* 的比较经斯行健(1956)指出:在外形上陕西种较大;叶脉较密,并不集中于叶片先端;叶最宽处在叶中上部。除最后一点外,当前标本更接近西欧模式种,但其变化也并未越出陕西舌叶的变化范围。就角质层看,不少特征也与西欧种相同,区别是后者乳突较发育,尤其是副卫细胞上乳突十分明显,而陕西种的副卫细胞上的乳突并不发育,仅有不同程度的增厚或个别的突起,不过欧洲种变化也相当大,它的乳突主要集中于叶片顶端与基部。一般说来欧洲种气孔器在排列、伸长方向以及其第二环的出现等方面比当前种规则。最近《东北化石图册》也描述本种的表皮特征颇与本文材料不同,其表皮细胞乳突不发育。

陕西洋县叶籽银杏

该树生长在陕西洋县茅坪镇新华村第 2 组村民张廷梓家房舍右侧,树高 16 m,胸围 1.35 m,树冠覆盖面积 78 m², 树龄 50 余年。令人惊奇的是, 该银杏树因故 1989 年被砍掉一半树冠, 树干 1.5 m 以下全被环剥却未死。据当地群众讲, 茅坪镇除此一株叶籽银杏外, 该村六组黄膳沟还有一株叶籽银杏, 其树龄、生长特点与该树相近, 但枝繁叶茂, 长势良好。茅坪叶籽银杏生长奇特, 稀世少有。其生长特异处是全树 1/4 叶片为雌花花萼, 果实生长在叶片顶部, 这种银杏叶子和果实较普通银杏小 2/3, 有的为 2/5。果实长 1.7 cm, 宽 1.6 cm。种子畸变显著, 种胚发育不良, 种仁长 1.2 cm, 宽 1 cm。

陕西银杏的栽培历史

陕西银杏栽培历史悠久, 栽植的最古老银杏有 2 株, 一株是道教发祥地周至县楼观台宗圣宫遗址上的古银杏, 胸径 4 m 以上, 其干部中空, 可容数人在内, 而枝叶郁郁葱葱; 另一株是保存于城固县老庄镇徐家河村的古银杏, 相传为战国时期著名的医学家扁鹊手植, 至今被当地老百姓誉为"白果仙"。唐初, 道教盛行, 道观林立, 因为银杏长寿而遍植各地, 成为关中陕南现存的古树;《新唐书·文艺传》中记载, 盛唐时期, 一些官吏和名士也仿效皇室竞建园林。如著名诗人王维的"辋川别业", 园址在今蓝田县辋川乡, 至今仍保存一株古银杏, 相传是王维亲手所植。明《群芳谱》中记有"蒲城白果一树, 世传仙人所掷"。从现存银杏古树生长地看, 过去栽植银杏多于城镇村庄庭院、园林名胜、皇帝名人陵墓、道路两旁(古时有"列树表道"之说)、寺院庙宇等。而经济飞速发展的今天, 人们不仅把银杏当作珍贵的绿化树种广为栽植, 而且作为经济果树大量发展, 成为历史上种植银杏的最盛时期。

陕西银杏分布图

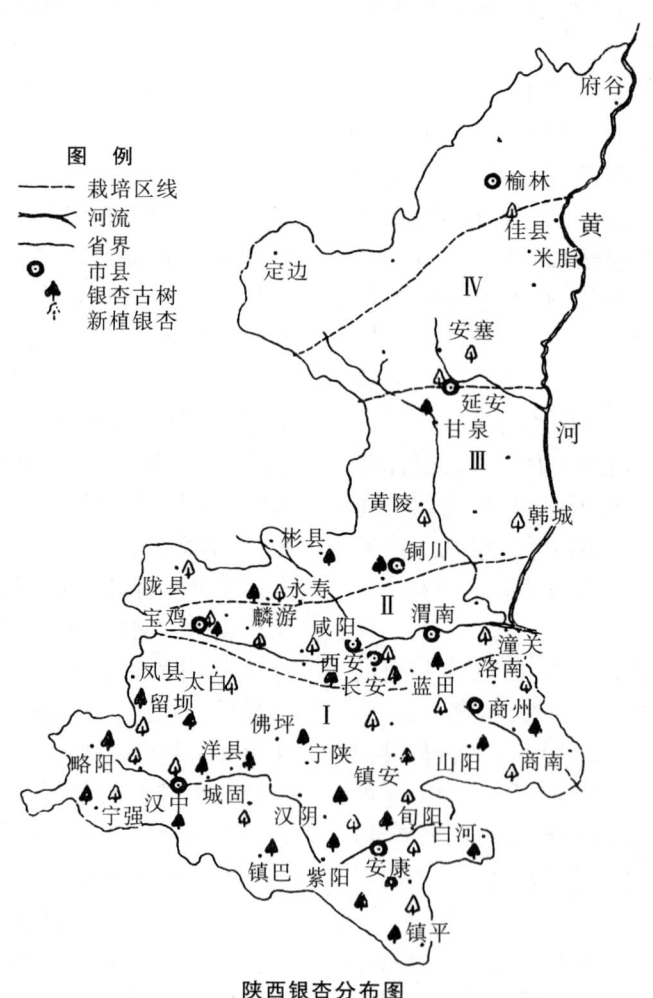

陕西银杏分布图

陕西银杏古树名木的数量

根据国家城市建设总局(1982 年)《关于加强城市和风景名胜区古树名木保护管理的意见》中的有关规定, 确定银杏古树名木的起始树龄为 100 年。由于一部分生长于高山峻岭、空旷荒野处, 成树历史没有记载; 现存古树人工栽植于庙前寺院内者居多, 其中少数有古籍、碑刻等文字资料, 但多数仅有传闻, 或记而不详, 传闻则往往夹杂着荒诞之谈或有矛盾之处,使人难以断定；有些银杏古树形体硕大，有些内部腐朽，凭经验推测或常规仪器测量，也难得出比较准确的树龄。查阅银杏古树所在地的县志和有关古籍，察看生长地的碑文，访问当地的老百姓和主管单位的知情人，用生长锥测量树龄偏小的古树等方法，可综合进行银杏古树年龄的确认。结果显示，陕西省境内的银杏古树名木的数量为90株。其中树龄在2 000年以上的有2株，树龄在1 500～2 000年的有2株，在1 000～1 500年的有19株，在500～1 000年的有26株，在300～500年的有17株，在100～300年的有24株。属于一级古树名木的银杏有66株，占其总资源的73%。

陕西银杏生长结实状况

陕西银杏生长结实状况

生长地	立地条件	生长株树	树龄（年）	性别	生长（m）			结实状况	
					树高	胸围	冠幅	结实量	种核范围
安塞县林业局院内	海拔1 050 m，土层深厚，光照充足	1	27	♀	7.5	0.47	4×4.5	偏少	梅核
		1		♂	8.0	0.60	5.5×6		
延安枣园	海拔1 000 m，土层深厚，光照充足	62	41	♀	11.4	0.94	6.4×7	中等	马铃
				♂	12.7	1.14	6×6.5		
陕西农校院内	海拔450 m，土层较厚，水热条件良好	1	22	♀	14.0	0.89	5×6.5	中等	马铃
		1		♂	14.5	1.04	6.5×7		
西安丈八沟	海拔400 m，土层较厚，水热条件良好	39	40	♀	17.8	1.21	6.7×7	偏多	1.佛指
				♂	16.6	1.13	6×7		2.圆子
洛南古城林场	海拔900 m，土层较厚，土壤肥沃，雨量充沛	5	24	♀	16.0	0.91	5×6	偏多	马铃
				♂	16.3	0.89	5.3×6		
汉中行署院内	海拔505 m，土层较薄，降雨量大	4	40	♀	23.0	1.61	9.5×9	偏多	佛手（小金坠较典型）
				♂	25.0	1.32	8.8×9		
宁强坪溪乡夏家河一组	海拔700 m，土层较薄，雨量充沛，湿度适中	4	245	♀	30.3	3.30	25×25	繁多	1.梅核
				♂	24.2	2.42	22×22		2.马铃

陕西银杏优良单株生长调查

陕西银杏优良单株生长调查

优良单株	树龄（年）	树高（m）	胸径（m）	冠幅（m）	枝下高（m）	株产量（kg）	备注
秦王	600	9.5	0.80	4.5×5.0	2.8	30	
汉王	80	14.5	0.61	8.6×7.8	3.5	50～60	经人为破坏后二次萌生树
汉果	800	25.6	1.04	12×14.2	2.1	200	
陕94-03	40	15.5	0.40	11.2×12.0	2.9	50	
商皇	40	15.8	0.35	8.0×8.5	3.0	30	

陕西银杏优良单株种核性状

陕西银杏优良单株种核性状

优良单株	种核					品种类型
	形状	顶部	基部	边缘	大小	
秦王	宽卵形	先端渐尖	平广二束迹明显，相距较宽	中上部棱明显	大	马铃
汉王	宽卵圆形	凹入	两束相连	上部较明显	大	马铃
汉果	长倒卵形	圆钝	两束迹相连成鸭尾状	中上部棱明显	中	佛指
陕94-03	长卵形	钝微尖	两束相距较宽	中上部棱明显	大	马铃
商皇	宽倒卵形	圆钝微凹	维管束连生	上部棱明显	中	马铃

陕西银杏优良单株种实定量指标

陕西银杏优良单株种实定量指标

优良单株	单果重(g)	果形系数(cm²)	单核重(g)	株形系数(cm³)	出核率(%)	出仁率(%)	成熟性
秦王	11.95	7.92	2.86	6.12	23.8	79.0	10月上旬
汉王	18.20	9.65	3.3	7.41	18.1	77.0	9月下旬
汉果	14.4	8.43	2.77	5.95	19.4	76.5	9月下旬
陕94-03	15.1	8.89	3.16	7.16	20.9	75.6	10月上旬
商皇	11.5	8.01	2.67	5.97	23.9	78.5	10月上旬

陕西银杏优良单株种实定性指标

陕西银杏优良单株种实定性指标

优良单株	种实					
	形状	顶端	基部	果粉	果柄	大小
秦王	宽短卵圆形	微凹	平广	较薄	细长	大
汉王	长卵圆形	圆钝	平阔	薄	细长	大
汉果	椭圆形	微凹	凹入	薄	中等	中
陕94-03	卵圆形	微凹	平广	薄	中等	大
商皇	卵圆形	微凹	平广	较薄	中等	中

陕西银杏种实类型的数量指标

陕西银杏种实类型的数量指标

类型	种实			种核			
	长:宽	单果重(g)	果皮厚(mm)	长:宽:厚	单核重(g)	种壳厚(mm)	出核率(%)
马玲	1.13:1	11.5	4.5	1.55:1.28:1	2.54	0.65	22.1
佛指	1.25:1	9.06	4.3	1.89:1.22:1	2.15	0.56	23.7
梅核	1.05:1	7.41	4.5	1.53:1.21:1	2.05	0.61	27.7
圆子	1.02:1	8.25	4.2	1.41:1.21:1	2.10	0.62	25.5

陕西与白果有关的地名

陕西与白果有关的地名

地区	县	乡	村
宝鸡	凤县	温江寺乡	白果树村
汉中	略阳	青泥河乡	白果树坪
	略阳	接官亭乡	白果树村
	西乡	骆家坝乡	银杏坝
	洋县	铁河乡	银杏坝
	洋县	贯溪乡	白果树村
	洋县	八里关乡	银杏坝村
	镇巴	觉皇乡	白果树村
	镇巴	两河乡	白果树村
	宁强	庙坝乡	白果树村
	宁强	桑树湾乡	银杏坪

续表

地区	县	乡	村
安康	安康市	正义乡	白果树村
	安康市	流芳乡	白果树
	紫阳	复青乡	白果树村
	岚皋	支河乡	牧马河村白果树
	平利	普济乡	白果坪
	平利	八道乡	白果坪
	旬阳	太山乡	泰山庙村白果湾
	旬阳	力加乡	白果村
	白河	纸坊乡	白果坪
	石泉	银杏坝乡	
	宁陕	筒车湾乡	白果树村
商洛	镇安	庙沟乡	白果树村
	镇安	象国乡	白果树村
	镇安	东坪乡	白果树村
	镇安	红洞乡	白果树
	镇安	松柏乡	白果树村
	丹凤	桃花铺乡	白果树村
	丹凤	桃花铺乡	银杏树沟

扇形叶

两侧形成的角度大于90°，小于180°，形成纸扇形。

伤枝

用来削弱或缓和枝条长势的一种措施。具体方法有刻伤、环剥、扭梢、揉枝软化等。伤枝有利于局部枝条营养物质积累，促进花芽分化。

墒情

表示土壤含水量状况的群众性用语。根据群众的经验，土壤墒情可分为干土、黄墒、合墒、黑墒、饱墒等，详见下表。

墒情类别		土色	湿润程度	特征	措施
干土		灰黄白	风干土块 含水量2%~5%	呈干土，以手握之无凉湿之感，一般块状不易用手指压碎	应先浇后种
黄墒	浅黄墒	浅黄	稍润 含水量5%~8%	呈粉粒状，以手握之有凉之感无潮湿之感，小土块压之可碎但不成团和片	应补墒后再种
	黄墒	黄色	润 含水量8%~12%	粉粒状，有潮湿之感，握之成块触之即散，但不能成团和片	抗旱播种，借墒播种
	潮黄墒	潮黄	湿润 含水量12%~14%	粉粒状，有潮湿之感，握之成块抛之即散，不能成片，以手用力握之，指上不呈现湿痕，但土块上有指纹痕	适时抢种，加强保墒
合墒		黄褐	潮湿 含水量14%~16%	散粒状，有潮湿之感，握之成块，抛之散如小块，并在手指上微现湿痕	适时播种
黑墒		暗黑	湿 含水量16%~20%	握之成块不易散，捏之成团成片但不成细条，手指有明显湿痕	细耕后播种
饱墒		润黑	水湿 含水大于20%	握之成团，搓之成条，手指上有水湿痕，有土粒黏手，指缝中可挤出水	散墒后播种

上海银杏古树资源

上海的古银杏共有505株，其中300年以上的有197株，千年古银杏8株。树龄最长的古银杏具有分布广而散的特点，广泛分布于全市19个区县，主要分布在上海的郊县，坐落在古庙寺庵观、古墓、古宅、古园林之中，或散生在野外及农田里。

上海"银杏王"的传说

上海市嘉定区光明镇老古庙（又称八石庵），有一株树龄1 200多年的古银杏，高24.5 m，胸径3 m多，被称为上海"银杏王"。相传很久以前，距这株银杏树十里开外的外冈镇上有一户人家，十分贫困，连灶屋的烧火凳也没有。一天，男主人烧饭时，忽听灶前泥土下面有声音，只见一段银杏树根从土里窜了出来，等窜到小凳一样高时，不动了。从此，他把这银杏根当作烧火凳，坐上去比定做的木凳还要舒适。接着家里出了怪事，一个银杏树的影子在水缸里晃动，那人便预感福至家门。此后，他就凑钱买了一把茶壶，装上好酒，去光明镇祭祀树神，每年一次，从不间断。日复一日，年复一年，古银杏树青枝绿叶，一派繁荣景象，渐渐成了远近闻名的吉祥象征。

《上林赋》

西汉辞赋家司马相如（公元前179年—公元前117年）撰，具体成书年代不详。书中列出汉皇家园林中栽植的林果树数十种，其中有"沙棠栎楮，华枫枰栌"之记述。我国《辞海》（上海辞书出版社，1979年版）对"华枫枰栌"的解释是："枰，平仲木也。"也就是说西汉之前人们称银杏为"枰"。唐代学识渊博的著名学者李善曰："平仲之木，实自如银。"李善肯定了"枰"的果实"实自如银"，进一步说明了"枰"就是银杏。在李善所注的树木中，竟没有一种果树的果实是"实白如银"的（梁萧统《昭明文选》）。司马相如在《上林赋》中还写道："上千仞，大连抱，夸条直畅，实叶峻茂。"这里主要是描述银杏高大挺拔，伟岸峻茂，长寿不衰。《上林赋》是记述中国银杏最早的古籍，西汉为记载中国银杏的起始年代。

上、下表皮的细胞形态

银杏叶子上表皮的细胞，排列较整齐，细胞多成长形，细胞表面隆起平缓，较光滑。在叶片边缘与中部，扫描电镜下所见细胞形态无甚差别。叶片基部则可见细胞隆起稍高，形状较大。在叶脉上的表皮细胞，形状细长，多成线条形，也较平直。离析后的上表皮细胞，在光学显微镜下，可以看到细胞之间的横壁形成细齿状波纹，而在叶脉处仍可看到一些狭长的较小细胞。

下表皮细胞的排列很不规则，细胞形状大小不一，表面可形成各种突起，有的成钝尖状，少数可成分叉。在叶脉处的细胞，排列较规则，但细胞多成扭曲的细条状。下表皮细胞的细胞壁上具有明显的皱纹，这与平滑的上表皮细胞显然不同。下表皮上具有很多气孔，每个气孔的副卫细胞数目不一，它们的顶部多成钝尖状内弯，中间形成的空隙为保卫细胞下陷处。

稍美楔拜拉

稍美楔拜拉 cf. *Sphenobaiera pulchella* (Heer) Flofin。

生长地域：陕西、内蒙古、四川、江西。

地质年代：下侏罗纪。

少白头变黑发

黑芝麻15 g，黑豆20 g，何首乌15 g，白果30粒。白果去壳，同上三味研面，每日服2次，每次30 g，连服100天即黑。

少林寺僧侣树

登封少林寺院内有4株古银杏树，其中在天王殿前左侧一株最大，此株为雄性银杏，树身挺拔壮观，姿态苍翠古朴，绿冠浓荫遮天。据传说，当年李世民在少林寺避难时，见此银杏树不结实便说："这么大一棵树，怎不会结实？难道你也出家为僧？"当时李世民不懂得银杏有雌雄区别。这话让旁边站的方丈听见，便将计就计接说："此树原会结果的，经过众僧抚摸捶打，却不再结实了。"世民说："人们都说草木无情，此树却有情，甘愿与僧侣们做伴，就叫僧侣树吧"。僧侣是和尚的总称，后人又直唤"和尚树"。此雄银杏树周围碑碣林立，树胸围5.53 m，高28 m，冠幅20.3 m²，树龄为1 800岁。据《少林寺志》记载，少林寺创建于北魏孝文帝太和二十年（公元496年），以后盛衰更迭，屡遭战争浩劫，历代多次重修和修葺。在天王殿前右侧台阶上有双株并生古银杏树，相传为唐、宋年间少林寺兴盛时期的遗物，大者胸围2.78 m，高有27.5 m，树龄也有1 500年。古银杏树历经坎坷岁月，遭受过多次的人为破坏，尤其是清康熙年代和1928年军阀石友三两次火烧少林寺，使殿堂俱焚为灰烬，唯独古银杏树未遭灭顶之灾，一直保存完好，至今为少林寺一大景观。

少女长发树

因银杏树叶的叶缘波浪起浮，如同少女的发型一样，因而银杏又叫"少女长发树"。银杏在国外也有许多名称。

邵武1号

大果早熟马铃，位于顺昌卫闽乡与顺昌大干乡交界的童阳际村，树高9 m，树冠广卵圆形，冠幅7 m²，树干高3 m，胸围1.12 m，树龄400多年，种实卵圆形，顶端突起有小尖头，纵横径2.61 cm×2.32 cm，果梗中长3.2 cm。种核广椭圆形，先端微尖，基部圆钝，纵横径为2.1 cm×1.60 cm，厚1.21 cm，每千克320粒，出核率21%，出仁率68%，4月上旬开花，8月中旬成熟。

舌接

舌接亦称双舌接或对接。一般适合于砧径 1 cm 左右,且砧、穗粗细大体相同的情况下。

①削接穗。在接穗底芽背面先削一长约 3 cm 的斜面,在斜面底端再由下部 1/3 处向上劈一切口,长约 1 cm,呈舌状。

②削砧木。选砧木的适当部位剪截,然后在一侧也削成 3 cm 长的斜面,再从斜面顶端由上向下约 1/3 处,顺着砧干向下劈一切口,长约 1 cm,呈舌状,使砧、穗两个斜面的舌位相互对应,接时可以彼此交叉。

③插接穗。将接穗的劈口向下插入砧木劈口,使砧、穗的舌片交叉对接,相互咬紧,对准形成层。如粗度不同时,至少要有一边的形成层对准,再行绑扎。由于这一接法的接合部位十分牢固,成活率极高,且不怕风吹摇动,因而目前各银杏产区广泛应用。

舌叶科

舌叶科 Glossophyllaceae,此科系 Tralou(1968)建立,包括 *Glossophyllum* 属,可能还包括 *Torellia* 属。Dobruskina(1980) 又把 *Kirjamkenia*(Prynada,1970)和她自己新建的 *Kalantarium* 属包括进来。

社会效益分析

开发银杏功在当代,惠及子孙,社会效益显著。①有利于调整产业结构,打破长期以来以粮食生产为主的单一格局,加快向"一优两高"农业迈进的步伐。②有利于加快农村脱贫致富奔小康的步伐。③银杏工程项目建设需上一批高新技术乡镇企业,有利于缓解农村劳力过剩的矛盾,有利于农村的稳定和现代化农业建设。④银杏系列产品是国际紧缺商品,项目建设满足了社会物质需要,将资源优势转变为商品优势和经济优势,有利于提高人民的健康水平,有利于我国的社会主义精神文明和物质文明建设,并能提高我国在国际上的知名度和声誉。

射线

一种薄壁组织。由维管形成层射线原始细胞所构成。其形态特点:①唯一径向排列的组织。②细胞壁薄或较薄。其功能是横向输导水分和养分。射线细胞的大小、排列在鉴别木材上有特殊意义。

摄氏

温度的温标之一。摄氏(C)以 0 度为冰点,100 度为沸点,冰点和沸点相隔 100 度。华氏(F)是另一种温标,以 32 度为冰点,212 度为沸点,冰点和沸点相隔 180 度。两者在温度计上从冰点至沸点的距离相等。因此,它们可用下面比例式换算:

$$\frac{C}{100} = \frac{(F-32)}{180}$$

上式 F 减去 32 是因为华氏(F)的冰点在 32 度。由此得出:

$$C = \frac{100}{180}(F-32) = \frac{5}{9}(F-32)$$

$$F = \frac{180}{100}C + 32 = \frac{5}{9}C + 32$$

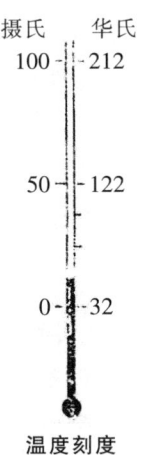

温度刻度

我国通用摄氏,欧、美通用华氏。

深翻改土

每年秋季深翻一次土壤,从树基部自里而外深挖,要注意不伤及大根,并尽量少损伤细根。翻土时捡去粗石块,清除其他杂物。深翻的深度要求在 60 ~ 80 cm,也可以分年逐渐深挖。深翻结合追施有机肥,每株 100 ~ 200 kg。改土可一年一次,也可以分年度完成。经过 2 ~ 3 年改土,成效十分显著。

深翻时期

深翻时期是指银杏园进行深翻的时间。银杏园深翻多在种子采收后的秋末进行,通常是与秋季施基肥同时进行,秋季深翻正值银杏根系生长高峰,可以刺激银杏生长,产生新根。秋季深翻是银杏园深翻的最好时期。春季深翻在银杏园中应用较少。

深翻与扒穴

银杏是深根性树种,根系分布深而广,所以深翻扩穴对银杏来讲尤为重要,尤其是底层有不透水的黏盘层,山区土层下有半风化的岩石、砾石层等,可以通过深翻扩穴,加深活土层,促进银杏根系生长。方法是:从定植的第 2 年秋冬开始,在原树穴外进行深翻扩穴,深 60 ~ 100 cm(如有不透水层,需打破为宜),宽 40 ~ 50 cm。也可以分年扩穴,即第 1 年扩穴是深翻树穴的东西两侧,第 2 年是深翻南北两侧。这样循环进行,直至扩穴相通为止。深翻扩穴与施肥相结合,深翻施肥后需灌透水。深翻扩穴,增施有机肥后,银杏树生长比较快,如邳州市陈楼乡大顾村顾邦忠家1988年定植1.2 m高的银杏实生苗,每年进行深翻扩穴,生长特旺,目前树高8.3 m,胸径14.96 cm,平均年高生长71 cm,粗生长1.5 cm。深翻扩穴方式多种,还有隔行深翻,两年完成全园深翻任务。如劳力充裕,则可进行全园深翻,将栽植穴以外的土壤一次性深翻完毕。银杏深翻以秋春两季为宜,但以秋季深翻最好。秋季深翻是在采果以后,正是银杏根系第2次生长高峰,深翻施肥后,伤口容易愈合,促发新根。如秋季没有深翻,可行春季深翻。春季深翻在早春土壤解冻后及早进行,此时地上部处于休眠期,根系刚开始活动,生长较为缓慢,伤根后容易愈合和再生。深翻后都需灌水,使土壤下沉,土粒与根系进一步密接,有利于根系生长。

深根性树种

主根发达且垂直向下,侧根沿水平方向延伸不广,常斜向下生长,整个根系扎入较深土层的树种。银杏属深根性树种。在土层较厚,排水良好,地下水位低的立地条件下,树木也会形成深根性。

"神果树"

生长在大华山镇大华山村西十字街口。树高19 m,胸径77 cm,干直冠大,树龄近500年。

相传明初洪武年间,大华山建庄以后,相继在村西立药王庙,村北修尼姑庵,各栽银杏1株。以后发现,庵中为雄株,庙中为雌株。至今,庵树无存,而庙虽倒塌,可树仍在。在缺医少药的封建时代,劳苦大众把药王庙的银杏奉为"神树",每逢酷暑天气,疫病流行,人们打下银杏树叶,烧熬治病。1990年经查,华山银杏,四面是墙,夹在一个小胡同中,周围堆煤、搭棚,距其2 m处还有厕所,树势衰弱,出现干梢。检查后,责令拆除,留出空地。目前,煤堆、厕所全部清理完毕,设立了围栏。经过管护,古树新梢1991年生长14 cm,比1990年增加1倍,1992年生长17.3 cm,恢复了生机。

神农1号

原产湖北随州市,又名随草2号圆子,1998年选育而成。原株为实生树,树体高大,树冠圆满,主干通直,枝繁叶茂,树高25 m,主干高4 m,枝下高2 m,地径1.5 m,胸径1.1 m,树冠投影面积418 m^2,冠幅东西19 m,南北22 m。根系发达,延伸30 m,裸于地表。树皮纵裂,多年生枝褐白色,当年生枝红褐色。当年生枝条上叶裂口3/5,叶片比短枝叶片大,多年生叶裂口深1/5,新梢上叶片平均长4 cm,宽5.5 cm,柄长4 cm,短枝上叶片长5.5 cm,宽7.5 cm,每短枝6~12片叶,种实未成熟时为绿色,成熟为橙黄色,薄被白粉。物候期:3月上旬萌芽,3月下旬展叶,新梢4月中旬生长,4月15日左右开花,6月20日新梢停止生长,6月15日—8月5日硬核,种实9月15日成熟,10月下旬落叶。每短枝平均结种2~4枚,最多达6枚,短枝寿命平均9年,一般年景株产2.7 kg,最高300 kg,平均每平方米树冠投影产种核0.646 kg以上。种实为圆球形,平均重13.27 g,出核率29%,种核为椭圆状球形,核形指数1.1,属圆子类,核色乳白光滑,纵径26 mm,横径25 mm。平均单核重3.85 g,最大核重4.4 g(即每500 g 113粒),种核出仁率为79.07%。种仁黄绿,糯性,口感香甜、苦味轻微,内种皮易剥离。内含成分:水分56.16%,淀粉总量26.92%(其中支链淀粉26.92%,直链淀粉11.99%),总糖10.86%,蛋白质4.78%,脂肪1.5%,VC 117.3 mg/kg,VE 17.6 mg/kg,钙44.2 mg/kg,镁532 mg/kg。该品种属大粒、优质品种,已建采穗0.333 hm^2,培育苗木7.5万株,高接换种0.9万株。

神农1号结种习性

每短枝平均结种4枚,最多达6枚,短枝寿命平均9年,一般年景株产270 kg,最高300 kg,平均每平方米树冠投影产种核0.646 kg以上。

神农1号生态学特性

原株所处地理位置在东经112°17′,北纬32°21′,年均气温15.9 ℃,最低气温-16.3 ℃,最高气温41 ℃,年平均降雨量为980 mm,全年日照时数2 159 h,无霜期230 d,10 ℃以上积温4 810 ℃。

原株位于丘陵地带,海拔220 m,坡向东,坡位下,坡度25°,为片麻岩风化土壤,土质砂性,较瘠薄,地下水位1 m。

原株西南北三方为混交型中幼林,林木长势差,对原株无庇荫,东为茶园。

物候期:萌芽(3月上旬)—展叶(3月下旬)—新梢生长(4月中旬)—开花(4月15日左右)—新梢停止生长(6月20日)—硬核(6月15—8月5日)—种实成熟(9月15日)—落叶(10月下旬)。

神农4号

神农4号又称随州4号,属佛手类。种实椭圆,出核率29%。种核为长卵形,狭长而尖,先端圆钝,基部渐尖,束迹不明显,种核长宽2.45 cm×1.6 cm,核形指数1.53,平均每千克384粒。种仁味甘清甜,糯性强,浆水足,耐贮藏,稳产,出核率高。母树为近千年的实生树,树高40 m,胸径1.5 m,是当家的优良地方品种。

神农 5 号

亦称随州 5 号,属马铃类型。种实近圆形,出核率 28.6%,种核先端圆钝,基部渐狭,略扁,背腹相等,核长宽为 2.4 cm×1.7 cm,核型指数 1.42,核色乳白光滑,平均单核重 3.2 g,种仁黄绿色,味甘甜。本树在洛阳镇金鸡村,系嫁接树,树龄 15 年,株高 6 m,胸径 15 cm,树冠投影面积 7.45 m²,每平方米产量 2 kg,是一株有希望的优良单株。

神农 6 号

由于人为及自然因素,雄性树存数不多,神农 6 号是随州优秀雄树之一,是随州地区银杏授粉的主要花粉来源。位于洛阳镇刘家桥,树龄 100 年,株高 15 m,胸围 150 cm,树体高大,树冠紧凑,呈宝塔形。主枝与主干的夹角较小,挺直上纵,枝条分布均匀,层次清楚。短枝一般 1～3 cm。叶柄较短,叶呈近三角形,叶缘微裂波浪状。雄花花穗柄长 1.6 cm 左右,花穗长 3.3 cm 左右,花穗粗 0.85 cm。生长健壮的 1～3 年生枝,均能抽穗开花。枝龄与花穗多少呈正相关。盛花期在 4 月中旬,花期为 4 月 10 日至 20 日,花粉量大。

神农架自然保护区

在湖北房县、兴山、巴东三县交界处区划的一个保护区,面积 6 万公顷。该区山高谷深,地形复杂,气候湿润,是我国自然封育较好的原始林区。生物资源丰富,珍稀树种较多,据考证除野生原始银杏树种,还有珙桐、水杉、水青树、珂楠树等,并保存着大片野生蜡梅。珍稀动物有金丝猴、毛冠鹿、短尾猴、大鲵等。还有原产海洋孑遗的短尾金丝燕。此外,还有许多罕见的"白化"动物,如白熊、白雕、白狼等。这里是古老生物的避难所,也是许多南北方动植物的发源地。

神树自身难保

白兆山主峰,历史上一直建有道观,观里祀有道家的祖师,故此峰得名祖师顶。道观院子中的一棵古银杏树,相传是唐代大诗人李白隐居安陆时所栽。每年农历三月三,传说是祖师生日,四乡八里的善男信女,在三月三的前后几天,纷纷到祖师顶上的道观敬香,求平安、求钱财、求生子的都有。新中国成立后一段时间,道观被拆了,只剩下那棵古银杏,但不少人仍偷偷在三月三前后到山顶焚香化纸。不晓得是哪一年,一位糊涂郎中,给病人开药方的时候,提到要用祖师顶上古银杏的皮做药引子,病家真的这么做了,可巧的是病人服药后,病居然好了。这事被传开后,周围的人们不管得了什么病,一煎药就到这棵古银杏上剥块树皮。有的人家没钱抓药,家里有了病人,就在古银杏树上剥块树皮煎水喝,日子一长,不光树皮剥光了,连树干也剥坏了大部分。直到 1983 年前后,文物、林业部门才开始重视对这棵古银杏的保护,但多年来人们的刀剑斧剁,已使这棵历经沧桑的古银杏奄奄一息。古银杏成了神树,反被敬神的人害了,看来神树的日子并不好过。

肾虚遗精

白果 15 g 捣碎,芡实、金樱子各 12 g,煎汤服。

渗透

水分子通过半透性膜从稀溶液扩散到浓溶液的现象。它同植物生命活动密切相关。植物细胞的原生质膜、液泡膜都是半透性膜。液胞内含有各种盐类、糖类溶液与外界水或稀溶液组成一个渗透系统。由于渗透,水便进入细胞,表现为植物的吸水现象。其他如水在植物体内的移动、分布、膨压的产生、弹性、挺度的维持,器官感震运动,植物对低温、干旱的抵抗等都与渗透有关。

渗透势

溶液具有一定的渗透压,当溶液的水势下降用渗透压表示时,此溶液的渗透压称为渗透势。当渗透势以负值来表示时,一个溶液的水势便等于其渗透势。溶液越浓,它的水势下降越大,负数的绝对值越大。银杏叶细胞渗透势可低至 -35 ～ -20 MPa。

渗透压

渗透时溶剂通过半透性膜的压力,也可以理解为阻止溶剂分子向溶液继续渗透所必需的压力。习惯上把某一溶液的渗透压理解为该溶液的潜压,即这种压力一定要在渗透系统中才能表现出来。

生产和开发利用项目决策树

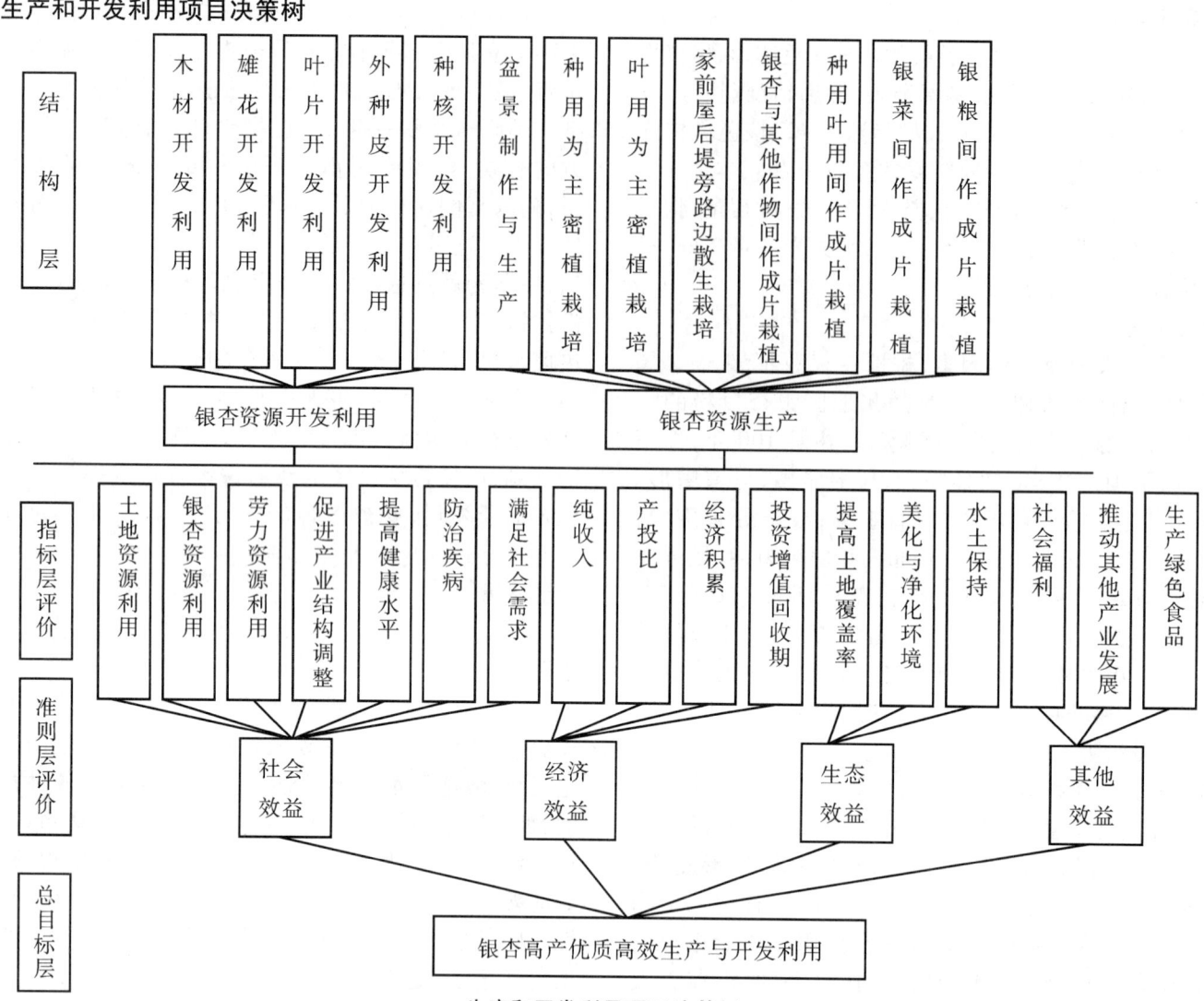

生产和开发利用项目决策树

生长

由于原生质的增加,引起银杏体积和重量不可逆的增加,以及新器官的形成和分化。生长基本上是通过细胞的分裂和伸长来完成的。

生长必需营养元素的吸收形态

生长必需营养元素的吸收形态

营养元素	与土壤结合形态	吸收的形态
氮(N)	有机结合态,硝酸盐铵盐	NO_3^-,NH_4^+
磷(P)	有机结合态,Ca、Fe、Al 的磷酸盐	HPO_4^{2-},$H_2PO_4^-$
钾(K)	长石,云母,黏粒矿物质	K^+
钙(Ca)	碳酸盐,石膏,磷酸盐,硅酸盐	Ca^{2+}
镁(Mg)	碳酸盐,硅酸盐,硫酸盐,氯化物	Mg^{2+}
硫(S)	有机结合态,硫化物,Ca、Mg 和 Na 的硫酸盐	土壤中的 SO_4^{2-}(空气中的 SO_2)
铁(Fe)	硫化物,氧化物,磷酸盐,硅酸盐	Fe^{2+},$Fe(Ⅲ)^-$螯合物
硼(B)	电气石,硼酸盐	HBO_3^{2-},$H_2BO_3^-$
锰(Mn)	无定形氧化物(MnO_2),碳酸盐,硅酸盐	Mn^{2+},Mn^-螯合物
铜(Cu)	硫化物,氧化物,碳酸盐	Cu^{2+},Cu^-螯合物
锌(Zn)	磷酸盐,碳酸盐,硫化物,氧化物,硅酸盐	Zn^{2+},Zn^-螯合物
钼(Mo)	钼酸盐,硅酸盐	MoO_4^{2-}
氯(Cl)	盐,硅酸盐	Cl^-

生长大周期

植物的细胞、器官或整体的整个生长时期。不论用长度、面积、体积或重量的增长来表示,都是初期生长缓慢,后来逐渐加快,达到最高速度以后,又趋向缓慢,最后停止。生长速度表现出慢、快、慢的节奏。把整个进程画成曲线图,呈现S形。根据银杏生长大周期曲线可估计生长量,选定适当的采伐期。

生长调节剂对银杏矮化早实的作用

有专家于每年春季,在银杏树芽刚萌动前后,对嫁接两年的树冠分别喷布不同的生长调节剂,目的为控冠、抑制树梢旺长做系列试验。试验证明,采用40%乙烯利喷布的树梢,比对照组矮72.3%;采用50%青鲜素激素,比对照组矮53.1%;采用复合比久激素,比对照矮34.9%。平均单株增加短果枝数量,分别为11.7个、6.5个和4个,从而增强树体营养,短果枝上簇生叶片增大,雌短枝生长充实,促进了花芽提前分化。4年生嫁接树结果率分别为55%、25%、10%,未喷施激素的4年生嫁接树,均未能结果。经喷激素的枝条呈现短粗,未经处理的枝条细长。三种生长调节剂,均有抑制旺长控冠作用,尤其乙烯利溶液对银杏矮化早实有明显作用。

生长调节剂及其浓度对插穗生根的影响

生长调节剂及其浓度对插穗生根的影响

激素浓度 试验项目	ABT1 (μg/g)			NAA (μg/g)			CK
	300	500	1 000	300	500	1 000	
扦插株数	900	900	900	900	900	900	2 700
生根株数	857	828	711	859	818	688	2095
生根率(%)	95.2	92.0	79.0	95.4	90.9	76.4	77.6
侧根数(根)	15	11	8	12	14	10	9
最大根长(cm)	7.7	6.9	6.2	7.0	7.4	6.8	7.2

注:7月5日至6日扦插。

生长调节物质

生长调节物质亦称植物生长刺激剂或生长调节剂,是一些生理效应与植物激素相似的人工合成的有机化合物。主要作用在于影响植物的生长发育和新陈代谢。随植物的种类、器官和生理状态、药剂的浓度和用量,可产生促进生长、抑制生长或杀死植物的作用。常见的有萘乙酸、二四滴等。应用在促进插枝生根,防止器官脱落,抑制芽的萌发,提早植物成熟,诱导无子果实,刺激花芽形成及杀死田间杂草等方面。

生长调节物质与银杏的抗逆性

银杏树遭受干旱低温后,其体内激素总的变化趋势是促进生长的激素如GA和IAA的含量减少,而抑制或延缓生长的激素如ABA含量提高。外施ABA,亦有利于提高抗寒性。干旱亦引起ABA含量大量上升。ABA具有调节气孔关闭、减少失水的作用,可以诱导一些相关蛋白质的合成,提高生物膜的稳定性,使水分通过膜受到限制。ABA还可以提高微管系统的稳定性。另外值得重视的是有关乙烯与银杏抗逆性的关系。在大多数逆境条件下,银杏均产生一定数量的乙烯。乙烯产生量的多少与银杏树受伤害的程度和抗逆性有一定的关系。在研究激素与银杏树抗逆性的关系时,不仅要注意研究某种激素的含量,更应注意激素的平衡。因为银杏树生长发育的方向往往是由激素的比例来决定的。此外,还应注意外施植物生长调节物质对银杏树抗逆性的调控作用。

生长根

新生根中演化发生次生结构的根,其中能形成多年生的各级根系称为骨干根,由新生根初生结构向次生结构演化过程,其他外层组织程序性脱落这一部位称为过渡根,由生长根演生的各级根都称输导根。

生长季

它是相对于休眠期而言,即在年周期中,从春季到秋季,条件环境温、光、水适于银杏生长发育的季节,银杏各部分器官表现出显著的形态和生理功能变化,这段时间称生长季。不同地区银杏生长季长短不一,在北部寒带地区由于无霜期短,银杏能够进行生长发育时间不长,在温带地区无霜期延长,银杏进行生命活动时间加长。

生长量

在一定期间内,银杏或其林分的树高、直径或材积等所增长的数量。分析计算树木或林分的生长量,不仅可以了解其生长情况,而且可以判断林木的成熟程度,也是估算木材收获量的主要依据。

生长率

银杏每年生长量增长的速率,用百分率表示。计算方法是以某一年间的生长量除以原来的总生长量。

生长势

指银杏枝条生长的态势,一般以生长枝抽生的数量和生长强度来衡量,如骨干枝延长枝的发枝数量多少,平均长度、粗度、充实度,生长方向及枝条的颜色及光泽度等,而树冠外围大部分新梢生长状况是判断生长势的重要标志。银杏生长势受品种、砧木、树龄、结种的多少、土肥管理和修剪的程度等多种因素的影响。如同一品种在不同砧木上生长势差异很大,乔砧明显强于矮砧。结种负担重,营养消耗多,则生长势弱。重修剪,增强枝条局部生长势,而削弱整体;轻剪长放,局部生长势减弱,则整体趋强。但多年长放之后,结果增多,反又削弱生长势。在生产上应针对不同品种、树龄和不同生长势采取相应技术措施,才能保证银杏丰产稳产。

生长素

一种植物激素,即 β-吲哚乙酸,代号为 IAA。大部分集中在植物的各个生长尖端,具有向基传导(较快)的极性,也有向顶部传导(较慢)的极性。基部传导靠呼吸作用提高能量,顶部传导有人认为可能是经输导组织随水分运动。IAA 的水溶液曝光后容易受破坏,所以实际使用时要在暗处进行,收效显著。不溶于水,但溶于酒精、乙醚等。银杏生产上常利用促进插条生根。

生长抑制剂

抑制生长活动的物质。银杏产生抑制剂是适应自然的结果。如在秋天,当日照逐渐缩短达到某一临界值时,叶子内部开始形成抑制生长的物质。这种物质运输到生长点,可使那里的代谢水平降低,进入休眠。

生长因子对产叶量的影响

生长因子对产叶量的影响

作用因子	20 cm×10 cm(全体苗木)	20 cm×10 cm(边缘行苗木)	第1年调整成2行	第2年生苗
当年高度	-0.002 6	-0.008 42	0.527 3	0.930 0
当年粗度	0.428 5	0.671 9	0.465 4	0.999 0
当年芽数	-0.108 2	-0.284 6	0.605 0	-0.999 4
分枝数	0.204 5	0.602 7	0.088 1	-0.989 7
去年高度	0.106 3	0.685 7	0.048 8	0.965 7
去年芽数	0.007 4	-0.429 1	0.250 6	0.988 6
剩余	0.484 0	0.183 5	0.127 9	0.008 0
复相关系数	0.718 3	0.903 6	0.933 8	0.999 6

生长与营养供应关系

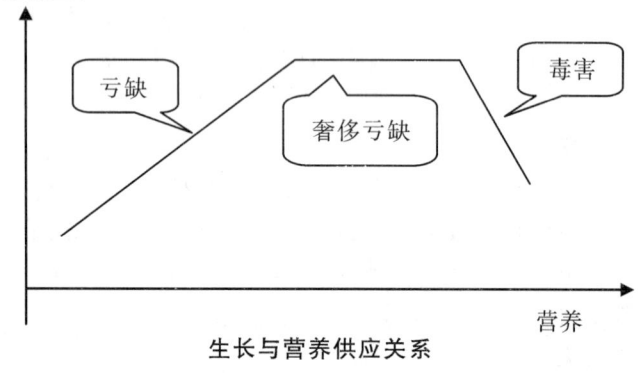

生长与营养供应关系

生根剂处理

生根剂有萘乙酸、吲哚丁酸、2,4-D 等。常用的有 ABT 生根粉。具体方法是将插穗按 50~100 根捆成一把,将下端 3~5 cm 浸泡在 100×10⁻⁶ 生根粉的水溶液中,硬枝浸 1 h,绿枝短一点。也可将插穗用 1 500×10⁻⁶ 高浓度蘸浆快速处理 1 min,这样时间短,不多占用器皿,效果一样。经处理的扦插枝条,生根率提高 15%,提前 15 d 生根。由于一般生根粉不溶于水,所以要先用少量乙醇溶解,再用清水稀释备用。

生根剂对插穗生根的影响

银杏插穗用不同的生根剂处理,生根效果有很大差异。吲哚丁酸、吲哚乙酸(IAA)、萘乙酸、2,4-D 等均为单一生根剂,处理适当时,银杏插穗生根率可达 60%~80%,但目前常用的 ABT、PRA 等复合生根剂,效果更好。插穗种类和生根剂处理浓度及时间不同,银杏生根率也不一样。银杏扦插于全光照自动喷雾池中育苗,用萘乙酸 500 倍液浸根 5 h,插穗的生根率可达 100%;用 ABT 株根粉速浸 5 s,插穗生根率为 80%;对照插穗的生根率仅为 40%。硬枝扦插用 ABT 生根粉处理,浓度为 50 mg/kg 时生根率为 89%,浓度为 100 mg/kg 时生根率则为 83%,低浓度处理效果比高浓度好;但嫩枝扦插则相反,当处理浓度为 100 mg/kg 时生根率为 96%,浓度为 50 mg/kg 时生根率则为 85%,高浓度的生根率较低浓度要高。曹福亮和李亦凡对经 3 种激素处理的银杏插穗的生根率进行了研究。试验结果表明,经 NL-G1(自行研制)、木质素酸钠和 ABT 生根粉这 3 种激素处理的插穗和对照插穗的生根率分别为 66.98%、60.91%、55.14% 和 54.74%,生根率最高的是用 NL-Gl 处理的插穗。

生根条件

①适宜的湿度:田间持水量在 65%~75% 最适宜银杏生长。根际持水量超过 80%,空气不足,影响根系生长和养分吸收。土壤湿度饱和,根部涝渍而受损。银杏采取浅栽和高培土,目的是防止水分蒸发,保证有一定的湿度,雨季有利排水,保证根部不受渍。

②有充足的空气:浅栽高培土,空气流通好。深栽空气流通差,进入雨季,根际土壤含水量易达饱和,空气含量达最低点,出现有害气体,银杏根系发生病变,时间过长达 7 d 以上就出现烂根。③有较高的温度:银杏上层根际温度达 6 ℃,根系开始活动,12 ℃以上开始发新根,15～18 ℃时根系达旺盛生长,所以浅栽银杏树,高培土后春季根际温度上升快,加上有适宜的湿度,充足的空气,所以根系活动早,伤口愈合快,生根早而快,成活率高。进入雨季,根系不易受渍。所以银杏浅栽,高培土好处多,生长旺,结果早,产量高。

生化剂灭鼠

生化剂是一种 C 型肉毒梭菌,其所产生的蛋白毒素(简称肉毒素)是迄今已知最强的神经毒素之一。我国利用 C 型肉毒梭菌灭鼠,已在青海草原上取得成功,在苏北平原对棕色田鼠也获得较好的灭鼠效果。如 1988 年江苏泰兴市河失镇应用此方法防治,灭鼠效果达 100%。

生活力

生活力是指银杏在一定的外界环境条件下的生存能力。是个体的遗传型和环境相互作用的结果。除了能否生存之外,生活力还表现在新陈代谢的能力、生长势、抵抗性和适应性各方面。生活力的强弱,是银杏育种工作者在育种中所依据的重要标准。

生活力测定

种子生活力是指种子发芽的潜力或种胚所具有的生命力。在国家种子检验规程的生活力测定方法中,银杏用的是四唑染色法,用四唑药剂对种胚或胚乳浸泡染色,数计染色情况。鉴定染色结果主要依据染色面积的大小和染色部位进行判断。银杏 1/4 胚子叶末端小面积未染色,胚轴仅有小粒状或短纵线未染色,可认为有生活力;胚根未染色、胚芽未染色、胚轴环状未染色、子叶基部靠近胚芽处未染色,则应视为无生活力。根据鉴定记录结果,统计有生活力和无生活力的种胚数,计算种子生活力。测定结果以有生活力种子的百分率表示。

生活力测定数据

在种核砂藏层积前,从一批种核中随机抽取若干初次样品组成混合样品后,随机抽取 100 粒种核,置于清水中 5～6 d,充分吸湿,每天换水 2～3 次。种核充分吸胀后,将其去壳、去皮,并纵切成两瓣,置于 pH 值 7.0、浓度为 0.5% 的三苯基四氯化四氮唑溶液中,保持温度 30 ℃,30～60 min 后,如胚乳和种胚完全染成红色,则表示种核有生命力;反之,如未染色,则表示种核无生命力。记载有生命力种核占试验总核数的百分率,85% 以上为达标。

生活史

植物在一生中所经历的发育和繁殖阶段,前后相继,有规律地循环,其全部过程称为生活史或生活周期。银杏的生活史分孢子体和配子体两个阶段。其孢子体阶段从受精卵开始,到成年植株经减数分裂产生单倍的四分体大、小孢子为止。单倍的小孢子是雄配子体的第 1 个细胞,经过若干次细胞分裂,形成雄配子体,由雄配子体产生雄配子,即精细胞。单倍的大孢子是雌配子体的第 1 个细胞,经过复杂的分裂、分化,形成雌配子体,由雌配子体产生雌配子,即卵细胞。精、卵细胞结合,形成合子(受精卵),配子体阶段结束。银杏孢子体高度发达,配子体只能寄生在孢子体上,这是高等有花植物的典型特征。但银杏配子体在进化过程中还保留了一些原始特征,如发育过程复杂,持续时间较长,产生有鞭毛的精细胞等。

生活史图解

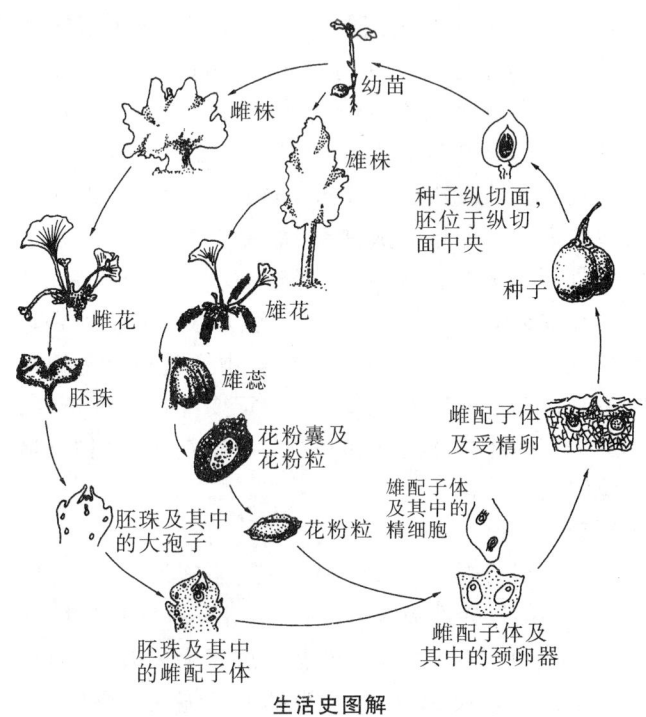

生活史图解

生境

生境指生物个体、群体、群落所在地的具体环境。森林生态学上常用来说明树木或林木周围密切联系并能为其所利用的气候、土壤等条件的总和。在林学中则常称为立地。它直接影响树木或林木的生长发育。构成立地的各个因子称为立地条件。培育森林时应采取各种措施,改善林木的生境,开发利用森林时应注意防止破坏林木的生态环境。林业生产要根据立地条件制订相应的技术措施。

生理干旱

当土壤溶液的渗透压大时,虽然土壤中有水分,银杏却不能吸水,结果缺水干死,这种现象叫生理干旱。银杏细胞中的原生质膜,是一种半透膜,它能允许水分自由通过,而其他物质只能有选择地透过。这样就使膜内存在的有机分子、无机离子等形成一定的渗透势。当细胞内的渗透势大于土壤溶液的渗透压时,银杏就能吸水;如果小于土壤溶液的渗透压时,银杏不能吸水。故一些盐碱地含水量并不少,可是银杏等作物却不能吸收。

生理灌水

供应苗木生命活动所需的水分。苗木旺盛生长阶段,为促进其迅速生长,应以生理灌水为主,并遵循"量多次少"的原则。

生理后熟

银杏种子成熟过程是受精的合子细胞发育成胚及胚珠的全过程,包括形态成熟和生理成熟。形态成熟指当种子发育到一定阶段后,在外部形态上显示出成熟特征,银杏表现为由绿变黄,密被白粉等,此时即可采收。生理成熟指当体内干物质积累达到一定程度,胚发育完全,具有发芽能力。多数的树木种子形态成熟和生理成熟是一致的,而银杏的生理成熟在形态成熟之后。即形态成熟时,银杏核表现为无"芯",胚仍处于发育的前期,必须经过一段后熟作用后,胚才具有发芽能力(长出"芯"),这就是银杏的生理后熟现象,也是一般树种所不具备的。由于这种典型的生理后熟现象,银杏种实采收后一定要注意贮藏条件,创造适宜的环境,促进胚的发育,特别是播种用的,最好能砂藏。

生理碱性肥料

由强碱性盐组成的一类化肥,当施入土壤后,经银杏根系的选择性吸收后,使土壤溶液的 OH^- 浓度增加,土壤 pH 值增大,这样的肥料属于生理碱性肥料。硝酸钠就是这类肥料之一,当硝酸钠施入土壤后,解离成钠离子和硝酸根离子。NO_3^- 可被银杏吸收利用,使得 Na^+ 在土壤中相对较多,而在吸收 NO_3^- 离子的同时,由离子交换排出 HCO_3^- 离子,HCO_3^- 和土壤中累积的 Na^+ 离子结合,生成碳酸氢钠,能使土壤变碱。因此硝酸钠适合施用于酸性或中性土壤中,不宜施于碱性土壤。硝酸钙也为生理碱性肥料,它含有钙离子,还能改善土壤的物理性质,因此硝酸钙适用于各种土壤,特别在缺钙的酸性土壤效果更好。

生理酸性肥料

由强酸盐组成的一些化学肥料,在施入土壤后,经过果树作物的选择性吸收后,使土壤溶液的 H^+ 浓度增大,土壤变酸,这样的肥料属于生理酸性肥料。如硫酸铵作为氮肥施入土壤后,由于树体吸收 NH_4^+ 多于 SO_4^{2-},因此最后在土壤中残留较多的 SO_4^{2-},而 SO_4^{2-} 与 H^+ 结合,使土壤变酸。其他生理酸性肥料还有氯化铵(NH_4Cl)、氯化钾(KCl)、硫酸钾(K_2SO_4)等。生理酸性肥料适合碱性土壤中施用。

生理性病害

①银杏与营养元素之间的关系。银杏生长需要多种元素,不论是大量元素,还是微量元素,对银杏生长发育都有一定的生理功能,而且这些元素的失调(缺素或多素),都会出现缺素或多素的外部带病症状,这些病症统称为生理性病害。②银杏营养元素缺乏有轻重之分:轻度缺乏,外部症状虽然没有表现出来,但已经影响到银杏的产量和质量;当重度缺乏,外部症状已表现出来时,就会造成严重的经济损失,甚至使银杏树体死亡。

生理性病害发生的主要原因

①选地不当。一是地势偏低,如雨水偏多,排水不良,根部受渍,氧气不足,造成根系吸收能力减弱,下层根系甚至上层根系长期受渍受伤,腐烂死亡。二是地偏碱,造成生长势减弱。碱地易缺锰、铁、铜、锌等元素,易产生叶小、叶薄,甚至叶黄化,边缘枯焦。三是地处河堤或沟边,冬季上层根系容易受冻害,使部分根系死亡。另外肥料容易流失。②天气不良。如春天雨水偏多,气温、地温偏低,不但影响根系生长,而且影响根系对营养元素的吸收。尤其雨水多,土壤含水量高,铁易成不吸收状态,所以缺铁症尤为明显。③施肥不当。部分群众不习惯施有机肥料,只习惯施化肥且偏重于氮肥,或氮、磷、钾肥施量过多,产生拮抗,造成综合性缺素症。如邳州有个育苗户,氮肥过量,造成缺铁,大量苗木叶片成灰白色。还有一农户,在 7 月份开沟施大粪,第 2 年开春后,40%的植株出现黄叶达一个半月。④采叶不当。采叶偏早,产生 2 次发叶,树体营养亏损严重,根部呈饥饿状态,因此生根晚,吸收弱,营养不足,缺素症状严重。

生命学

银杏生命学包括范围较广,主要包括以下几方面。

①银杏生物学特性:包括银杏形态学、银杏解剖学、银杏孢粉学、银杏遗传学。

②银杏生态学特性:包括银杏地理学、银杏环境学(银杏与气候、银杏与土壤、银杏的抗性与耐性、银杏与氧气、银杏与二氧化碳、银杏与有毒物质、银杏与

火、银杏与核辐射等）。

③银杏生理学特性：包括银杏的光合作用、银杏的水分处理、银杏的营养生理、银杏的生长节律等。

生命周期中的发育阶段

银杏从定植到开花结种、最后正常死亡的整个生命过程，称为生命周期。雌树的生命周期有4个明显的年龄阶段。①幼苗期。从幼苗定植到始花始果为止，实生树树龄约15年，嫁接苗8～10年。此期除幼苗定植后有一个较短的缓苗期外，树冠和根系生长迅速。土壤肥沃，树势健壮，一年可抽生3～4个分枝，成枝率也高，当年抽梢可达1 m以上。这是构成树体基本骨架的关键时期，也是生长发育的基础阶段。②初种期。从第一次结果到开始大量结果为止，树龄约10～30年。此期的长短与品种和管理水平有密切关系。生长特点是骨干枝的长势仍很强，树冠、根系迅速向外扩展，树体基本定形，骨干枝的中、下部许多短枝能开花结果。短枝逐年增多，产量不断提高，新梢生长量逐渐降低。③盛种期。从大量结果到结果很少为止，树龄约为30～300年。这一时期是银杏一生中经济效益最高的阶段，生长特点是新梢生长量较小，骨干枝后部的营养枝和结果枝逐渐衰老而枯死，树冠内部趋向光秃，后期产量逐年下降。④衰老期。从产量降至几乎无经济栽培价值到部分大枝开始衰亡为止，树龄一般在300年以上。此期是个体发育全过程中最长的一个阶段，枝梢生长量越来越小，结果短枝死亡的数量越来越多。主干和主枝上的潜伏芽开始萌发，抽生徒长枝，骨干枝中下部光秃部位不断扩大，直至树体死亡。

生态地理型

在不同自然生态地区形成的不同类型，是在自然环境或人为环境长期影响下，经过变异、遗传和选择的结果。同一型内品种间遗传性共性较多，生长发育、抗逆性、适应性等相似。亲本选配时尽量选择不同的生态型互交，可以有效地获得优良性状互补，提高优良基因型出现的概率。

生态防护林

生态防护林主要指农田林网、环城（村）林、山林。该栽培模式对于改善生态环境、减轻大气污染、涵养水源、保持水土、增强观光旅游效果具有深远的意义。农田林网在无内涝积水的砂壤土、壤土农田区实施，以原有路、沟、渠为基础，按16 hm²左右的农田为一方，按株行距4 m×4 m栽植，苗木选用径粗4 cm以上的大苗。环城（村）林按当地的立地条件确定行数与栽植方式，一般要求株行距4 m×4 m，选用径粗5 cm以上的大苗栽植。山林根据不同的立地条件采取不同的栽植方式。立地条件较好，土层深厚的山沟、缓坡梯田，采取片植，株行距3 m×3 m，选用径粗2～3 cm的实生壮苗；土层较薄的半山坡栽植矮干嫁接苗，干高1 m以上，株行距2 m×3 m。该模式的效益主要是着眼于生态防护、观光旅游价值。

生态防护型

银杏根系发达，枝条坚韧，抗风耐寒，具有防风固沙、保持水土、涵养水源、调节温度、增加空气湿度以及减轻干热风灾害等效果。同时银杏叶挥发出来的气体具有调节空气，益人身心，保护环境等功效。另外，银杏是长寿树，长效树，病虫害少，用做防风固沙优于其他树种。北京在北部地区大规模栽植银杏做防护林带，防风固沙的同时，还可调节空气质量。银杏集科技、生态、环保、医药保健、经济、社会综合效益为一体，是一次种植千年受益，功在当代荫及子孙的千秋事业，很好地保护、利用这一资源，增加当地经济收益，优化生态环境的同时，还是一件得民心、顺民意，功德无量的大好事。

生态环境

生态环境又称生境。生物生存空间存在的一切因素的总和称为环境。在环境中对生物生活有影响的因子的总和称为生态环境。它既包括植物生理上必须的因子（光、热、水分、氧、二氧化碳和矿物质营养），也包括生理上非必需的因子（如风等）。既包括有利因子，也包括不利因子。银杏生长发育状况，决定于生态环境的综合作用，因此，改善生态环境是银杏栽培学的重要因素。

生态价值

人类对银杏生态价值的认识较晚。从栽培角度上看，银杏属于果树——干果；属于林木——用材树种、防护树种、抗病虫树种、长寿树种及耐污染树种。银杏适应能力强，是速生丰产林、农田防护林、护路林、护岸林、护滩林、护村林、林粮间作及"四旁"绿化的理想树种。它不仅可以提供大量的优质木材、叶子和种子，同时还可以绿化环境、净化空气、保持水土、防治虫害、调节气温、调节心理等，是良好的造林、绿化和观赏树种。银杏树冠高大、雄伟挺拔，夏天一片葱绿，秋天金黄可掬，给人以峻峭雄伟、华贵典雅之感。所以，世界许多国家已把银杏作为庭院、街道和园林绿化树种广泛栽植。银杏耐荫、耐旱，适合于制作观叶或观果盆景。

生态林

银杏生态林是我国银杏事业发展中的一个创举，在此之前，我国并无此林种。银杏生态林是利用银杏生物群体发挥银杏生态学特性的一个林种。

生态条件

　　早霜和晚霜、冰雹对银杏生长发育和种子产量有一定影响，但在通常情况下不会酿成灾害。生态环境对银杏生长发育和种子产量及品质的影响，是各个生态因素综合作用的结果。各因素对银杏的作用是不可替代的，各因素之间，又相互依存，相互影响。在一定条件下，某一因素可能起主导作用，其他因素则处于从属地位。应在深入研究不同地区的自然环境条件的基础上，抓住主要矛盾，制订相应的技术措施，趋利避害，扬长避短，创造最适宜于银杏生长的生态环境，以争取银杏早产、高产和连年丰产。

生态文化

　　从观念上讲，生态文化是人们对自然生态系统的本质规律的认识和反映，是人们根据生态关系的需要和可能，最优化地解决人与自然关系问题所反映出来的思想、观念、意识的总和。从观念对行动的指导意义上讲，生态文化包括人类为了解决所面临的种种生态问题、环境问题，为了更好地适应环境，改造环境，保持生态平衡，与自然和谐相处，求得人类更好地生存与发展所采取的种种手段以及保证这些手段顺利实施的战略、制度。简单言之，生态文化是反映人与自然、社会与自然、人与社会之间和睦相处、和谐发展的一种社会文化。和谐的生态文化是生产力发达、社会进步的产物，是生活文明、社会繁荣的标志。

生态系统

　　生态系统又称生态系。指生物和非生物之间相互作用，并产生能量流转和物质循环的任一自然界的地段。也就是一个生物群落和非生物环境相互作用的综合体。它包括生物及其生存环境在内的，彼此相互作用的，任何范围内的区域。大可至生物圈，小可至任何一个有生物存在的微小地域。

生态效益分析

　　银杏工程不仅经济效益和社会效益显著，生态效益也十分明显，主要表现在下列几个方面：①充分利用土地、阳光、水分等资源，降低空气污染，制造新鲜空气，缓解全球气温上升效应，改善人类生存环境和农作物生长的小气候，促进生态良性循环。②银杏为世界孑遗植物，发展银杏有利于保护植物种源。③在水土保持和涵养水源等方面有巨大的间接效益，是多功能防护林工程的一个重要组成部分，客观上加快了多功能防护林工程的建设。

生态学特性

　　①温度。银杏经济栽培区大体是在北纬24°~35°，东经105°~120°之间，银杏适宜生长在温带、暖温带和亚热带地区。在年平均气温10~20℃的地区银杏均可生长，以年平均气温14~18℃为银杏的最适宜生长区。25 cm深处的地温12℃以上时，银杏开始产生新根，15~18℃新根最多，20℃以上时，根生长渐趋缓慢，23℃时根系生长受到抑制。②水分。在年降水量为300~2 000 mm的地区银杏均能生长，年降水量为700~1 800 mm的地区银杏生长良好。在年降水量800 mm以上的地区，成年大树不需要灌溉。③光照。银杏属阳性树种，生长过程中需良好的光照条件。光照不足，光合作用低，有机养分积累少，枝条不充实，细弱徒长，直立向上，树冠不开张，产生新根少，影响无机养分的吸收，从而树势衰弱，病虫害加剧，银杏树体高、径生长减缓。因此，应当保证银杏生态林内通风透光。实践表明，银杏生态林的郁闭度以0.7最为适宜银杏树体的生长，生态效益发挥最快。④土壤。银杏对土壤条件的要求并不十分苛刻，只要土壤深厚、肥沃、结构良好，银杏均能正常生长。尤以土层厚度1 m以上，地下水位距地面1 m以上，土壤pH值6.5~7.5，土壤有机质含量大于2.5%，土壤含氧浓度不低于7%~8%，土壤含盐量不大于0.2%时，为银杏生长的最佳土壤条件。

生态因子

　　生态因子亦称环境因子，指影响生物（或林木）生长发育、形态特征、分布等的各种环境因素，它们共同组成生态环境。生态因子分5类：①气候因子，如光、热量、风、大气、降水等。②土壤因子，如土壤质地、土壤水分、营养元素、酸碱度及土壤微生物等。③地形因子，如地理位置、坡度、坡向、海拔高度、山脊、山谷等。④生物因子，包括各种动物和植物，它们有的直接作用于林木，有的通过改变土壤、气候条件作用于林木。⑤人为因子，人类直接作用于林木和通过改变生态因子而间接作用于林木的影响。此外，还有"火"因子，即火对于林木的影响。

生物多样性

　　生物多样性是一个描述自然界多样性程度的一个内容广泛的概念，对于生物多样性，不同的学者所下的定义是不同的。在《保护生物学》一书中给生物多样性所下的定义为："生物多样性是生物及其环境形成的生态复合体以及与此相关的各种生态过程的综合，包括动物、植物、微生物和它们所拥有的基因以及它们与其生存环境形成的复杂的生态系统。"生物多样性通常包括遗传多样性、物种多样性和生态系统多样性三个组成部分。

生物防治

利用生物间矛盾斗争的关系,在人为条件下来保护或利用天敌,消灭或抑制对人类有害的生物,称为生物防治法。生物防治是自然界不同的互相依赖的物种结合的表现,所以是一种自然的生态学现象。在自然界中经常发现一种生物寄生或捕食另一种生物的现象。在主要病虫害中,几乎都有一至数种天敌抑制其发生和发展。因此,自然界有很多生物可以利用于防治,这是普遍存在着的一种生物对立统一关系。如果我们掌握了他们之间的关系,就可以利用这种关系为我们改造自然服务。特别是发现了农药有抗性和污染环境的一些缺点后,更显示出生物防治的重要性。整个大自然充满着矛盾,生物之间存在互相依赖和相互斗争,推动着整个生物界的大发展。病虫也和其他生物一样,并不是孤立存在的,而是和其他生物互相影响,互相依存的。为害植物的病虫害,又遭到其他生物的危害(这些生物都是它们的天敌)。因此,病虫的发生发展,除气候和人为等因素的影响外,还受天敌的制约。

生物防治法

所谓生物防治法,就是利用环境中各种生物(主要是微生物)同病原物间的相互关系来防治植物病害。过去主要研究土壤中微生物种群的消长动态及其对植物病原物的拮抗作用,通过轮作、施肥、灌溉等耕作措施,以拮抗性微生物的人工培养物来调节土壤中微生物区系,抑制病原物的增长。这对农作物和银杏苗圃中的根部病害的防治曾取得一定的效果。对植物地上部分表面附生的微生物种群和某些病原物的寄生关系,也曾进行过不少研究,但在实践中用于防治植物病害还远不成熟。欧洲用一种木材腐朽真菌防治松根白腐病,于林分疏伐时用这种木腐菌的孢子接种在新鲜伐根上,这种木腐菌迅速占领了伐根,从而排除了根白腐病菌的侵染。根白腐病菌是首先侵染新鲜伐根,然后以伐根为基地再侵染健康林木的根部。英国已有这种木腐菌制剂的商品生产,并初步在生产中推广应用。

生物技术

生物技术是一门综合性的科学技术,它源于20世纪70年代初开始的DNA重组技术,是结合组织培养技术、细胞融合技术以及生物反应技术等所取得的成就而形成的。它综合运用了生物学、遗传学、生物化学和工程学原理,直接或间接地利用生物体本身、生物体某些组分或某些特殊功能以促进生产,为人类服务。随着相关学科的发展,生物技术的内容也在不断地扩充与发展,其中,细胞工程和基因工程是现代植物生物技术不可分割的两个重要组成部分。植物细胞工程是在细胞水平上对离体培养的器官、组织和细胞进行遗传操作,实现植物的品种改良、快速繁殖及有用代谢产物的生物合成等。高等植物是多细胞的有机体,无法在整体水平上进行遗传操作。如果能够使植物细胞或小块的组织在离体培养条件下生长、发育和分化,就可能在细胞水平上实行遗传改良,然后再生细胞工程植株,形成新品种。因此,植物细胞工程是建立在植物组织培养基础上的一种生物工程技术。

生物量

在某一时间内,一个单位面积或体积内所含的一个或一个以上的生物总重,或一个生物群落中所有的生物种的个体总量。生物量是测定银杏的重要指标。

生物群落

在一定生境中各种生物的综合。这种综合不仅指各生物数量,而且包括它们的相互关系。在原始森林、人工林、绿化区、灌木丛、草地、沙丘、海边等各有其生物群落。当环境条件变化时,不仅会影响它直接作用到的那些群落成员的变化,而且通过种间关系,形成一系列连锁反应,影响到许多其他成员的变化,并且再反过来影响环境本身。

生物学积温

在果树生活所需要的其他因子都得到满足时,在一定的温度范围内,气温和生长发育成正相关,而且只有当温度累积到一定的总和时,才能完成其发育周期,这一温度总和称为生物学积温。它表示果树在某一发育期或整个生育期中对热量的总的要求。农业气象工作中常用的积温有活动积温与有效积温两种。活动积温是指果树在某一发育期或整个生育期内高于生物学下限温度的活动温度的总和,而有效积温是指果树在某一发育期或整个生育期内有效温度的总和,也即活动温度与生物学下限温度之差的总和。活动积温和有效积温都是以作物某一发育期内逐日平均气温资料为依据的。两种积温相比,以活动积温计算较方便,而有效积温一般较为稳定确切。在实际工作中,活动积温常被用来分析地区热量资源情况、果树整个生育期内对热量的要求以及农业气候区划等,而有效积温常常被作为果树物候期预报、收获期预报、病虫害发生发展期预报的依据。

生物学零度

作物维持生命活动的基本温度和生长发育所要求的温度都有一个范围。这里有下限温度,最适温度和上限温度之分。在低于生长发育下限温度时,就不会生长。这时的温度称为维持生命活动或生长发育的下限温度,也叫作生物学零度。果树学上的生物学零度是指在综合外界条件下能使果树萌芽的日平均气温,是生物学有效温度的起点。落叶果树通常为 6~10 ℃。

生物学特性

整个生命过程中银杏在形态及生长发育上所表现出的特点和需要的综合。如银杏的外形、寿命长短、生长快慢、繁殖方式、萌芽、开花结实的特点等皆是。银杏同外界环境条件相互作用中所表现的不同要求和适应能力,则称为树种的生态学特性,如耐荫性、抗寒性、抗风性、耐旱性、耐烟性、耐盐性、耐淹性以及对土壤条件的要求等。所有这些特性与银杏在进化过程中长期适应环境的变化有很密切的联系,有一定的稳定性,但也不是完全固定不变的。银杏这些特性是银杏生产中制订有关措施的重要依据之一。

生物学性状

泛指银杏生存生长所表现出来的各种性状。这些性状一般可分为两大部分,一是银杏本身在个体生长发育中所表现出来的一般规律,即银杏特征;一是银杏的栽培分布与外界环境之间所表现出来的相互关系,即银杏特性。

生物学有效积温

生长季中生物学有效温度的累积值为生物学有效积温,简称有效积温或积温。用下式表示:

$$K = (x - x_0)Y$$

式中 K——有效积温;

x——生长期(或某一生育期)的平均温度;

x_0——生物学零度;

Y——生长季(或某一生育期)的初日到终日所经历的天数。

上式表明,银杏在一定温度下开始生长发育,为完成全生长期或某一生育期的生长发育过程,要求一定的积温。如果生长期内温度低,则生长期延长;如温度高则生长期缩短。

生物源农药

生物源农药指直接利用生物活体或生物代谢过程中产生的具有生物活性的物质或从生物体提取的物质作为防治病虫草害的农药。生物源农药包括微生物源农药、动物源农药和植物源农药等三大类。微生物源农药有:①农用抗生素,如防治真菌病害的春雷霉素、多抗霉素、农抗120等,防治螨类的有浏阳霉素、华光霉素等。②活体微生物农药,真菌剂如蜡蚧轮枝菌、白僵菌、绿僵菌等,细菌剂如苏云金杆菌(Bt制剂)、蜡质芽孢杆菌等,病毒剂如核多角体病毒、颗粒体病毒等。此外,还有拮抗菌剂、昆虫病原线虫。动物源农药有昆虫信息素和活体制剂,包括寄生性和捕食性的天敌动物。植物源农药有杀虫剂,如除虫菊素、鱼藤酮、烟碱等;杀菌剂,如大蒜素;拒避剂,如印楝素、苦楝、川楝素;增效剂,如芝麻素等。

生殖生长

植物的花、果实、种子等生殖器官的发生和生长。从花芽开始分化至种子成熟止为植物的生殖生长期,其中也包含着营养生长。生殖生长要消耗过多的养分,会影响营养器官的生长。对多次开花结实的林木也可以看到生殖生长过旺或过早出现,会影响林木的材积生长。因此,为获得木材高产,种实丰产,必须加强林地抚育管理,控制或推迟生殖生长的到来。

生殖生长物候期

对山东郯城和莱州均有的17个品种的生殖生长物候期进行了定株观察:①与营养生长物候期一样,生殖生长物候期郯城比莱州提早 5~15 d,郯城初花期大多品种在4月上、中旬,而莱州在4月中、下旬,盛花期分别在4月中旬和4月下旬,花期10 d左右。郯城从4月中旬至8月上旬为果实生长期,而莱州在4月下旬至8月上旬。硬核期分别为6月下旬至7月上旬和7月上旬。②早熟品种在郯城9月上旬采集,晚熟品种10月上旬采集;莱州分别在9月中旬和10月上、中旬采集。③与日本当地规律类似,金兵卫最早成熟,其次是岭南和黄金丸,最晚为藤九郎,在日本金兵卫采收期为8月下旬至9月中旬,在山东为9月下旬;藤九郎在日本成熟期为10月上旬至10月下旬,而在山东郯城为10月上旬左右。④与广西当地相比,广西大马铃、华口大果及海洋皇在山东分别在9月下旬至10月上旬采收,与广西当地的晚熟品种成熟期相当。

生殖周期

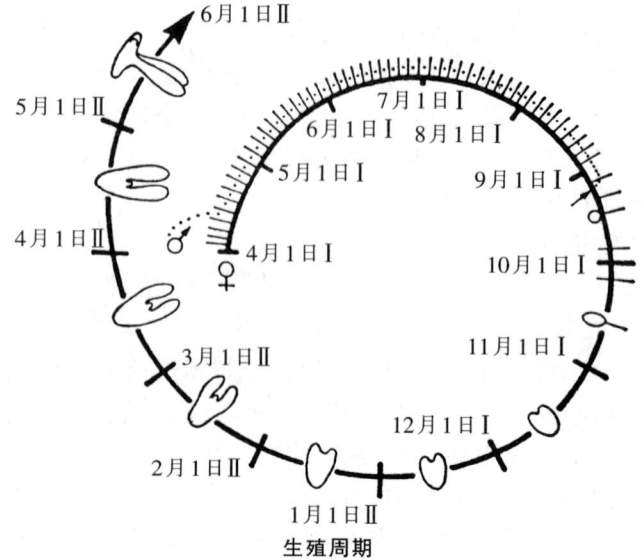

生殖周期

胜泉庵古银杏

一级古树。该树生长在北京房山区河北镇政府院内,树高 38.5 m,胸径 190 cm。树冠东西 24 m,南北 25 m,高大挺拔,绿荫如盖,树龄约为 500 年,树冠丰满,全树无一丰占枝,长势旺盛。据考证,此地是先有银杏树,后修建庙宇的。左侧的侧柏与银杏为伴,距银杏不足 1 m,已成树下树。在大殿的后边建有胜泉庵。胜泉庵有一佛殿以铁为瓦,此殿名为铁瓦殿。佛尊像下有泉水流过。此水经过化验为无菌水,甘甜可口,冬暖夏凉,从不结冰。康熙二十一年重修。但不知为何以铁为瓦,建于何年。现今此殿完好。近年来在古树周围建立了围栏,避免了一些机械的损伤。同时由于水分、养分充足,目前此株古树生长旺盛。

圣光老祖手植银杏树

位于秦岭北麓的陕西省西安市长安区祥裕乡有座唐代名刹——观音堂,这里山环水绕,风光绮丽,观音堂院内有一株子母银杏树,传说为唐代圣光老祖所栽。如今,该树高 29 m,胸径 2.3 m,树龄约有 1 300 多年。树干距地面 10 m 处生出 10 个大枝,每个大枝像千手佛巨大的手臂,直插蓝天,气势恢宏,令人赞叹不已。由树干基部萌生的 4 株子树,像是 4 条小龙环绕主干,似乎与庞大的母树相依相拥,故有子母银杏之称。

圣克鲁斯

收集在美国园艺学会植物科学资料中心。由俄亥俄州的圣克鲁斯选出,并由萨拉托格和圣克鲁斯共同繁殖。雄株,树冠呈伞形,低干,枝条平展。该品种,与 Umbracullifera 和 Umbrella 两品种同属一类。

圣树(圣果)

由于银杏寿命长,适应性广,自唐朝以来,僧侣佛徒们在庵观寺院大植银杏,以象征吉祥如意,又加之银杏在中国民间受到尊崇,因而人们常称银杏为"圣树"(圣果)。

圣云

原产法国巴黎,现已引种到美国。枝条平展或稍向上,枝较稀疏,叶密生。

盛秋

原产加利福尼亚的 Nelson 苗圃。

盛种期

盛种期指大量结种期,它是银杏一生中经济效益最高的阶段。山东郯城县重坊镇西高庄村一株 50 年生的嫁接树年产核果达 250 kg。此期的生长特点是骨干枝后部的营养枝和结种枝逐渐衰老而枯死,冠内趋向光秃,后期产量逐渐下降。地下的根系也部分呈现衰老、枯死和更替现象。此期的长短与栽培管理技术和立地条件关系密切。良好的条件下,盛种期的后期仍可丰产、稳产。因此,欲达到种子产量能长期维持较高的水平,必须使树冠、根系都保持一定的生长量。生产上应加强地上、地下的全面管理,狠抓以土、肥、水为中心的农业措施,有效地改善冠内的通风、透光条件,以维持生殖生长和营养生长的合理比例。为杜绝大小年现象,还要及时防治病虫害等,以最大限度地延长盛种期的年限。

盛种期树的修剪

银杏随着年龄的增长、树冠的扩大,产量逐年提高,直至 30 年生以后产量趋向稳定。同时,营养生长也慢慢地缓和下来。这阶段的时间较长,也是经济效益最大的阶段,一般可长达 300 年之久。这一阶段生长较旺盛,常抽生徒长枝,内膛光照欠缺,结种部位外移,特别是此阶段的后期,会出现树体衰弱、短枝偏多、大小年结种频繁等现象。因此,修剪主要是调节生长和结种的矛盾,以平衡树势,保持树株的健壮,使冠内有良好的光照条件,注意短枝的更新复壮,防止衰老,力争延长结种年限。

①盛种初期树冠尚需继续扩大,务必保持骨干枝的优势和各级枝的从属关系。结种后主、侧枝开张角度加大,要注意抬高枝头。短截与长放相结合,长枝先端的短枝适当多破头,以维持其生长势。对于密度大、树冠交接的树株,要采取控制措施。分层嫁接的树要避免上层枝大而强,影响下层光照。所以,必须对上层枝及时控制,以减少上层枝量,缓和树势,促进内膛枝的更新复壮。所谓树体健壮,即在大量结种时,长枝当年生长量在 30 cm 以上,这样才能保持健壮而又稳定的树势。抽生的直立枝要牵拉,加大角度,采取环剥或倒贴皮的方法,促其多结种。

②盛种期的树要保持结种稳定,消除大小年。实践证明,盛种期产量的高低、种子质量的好坏,取决于短枝的数量和健壮程度。为此,要对结种短枝进行轮换更新,关键在于通过科学修剪,做到既长树又结种,每年抽出新的长枝,培养一批短枝,增强结种后劲。农谚说"树龄大,枝龄小,年年结种树不老",就是这个意思。一般来说 3~10 年的短枝结种能力强。品种不同,结种能力也不同,有的只能连续结种 4~5 年,有的连续结种达 10~20 年。修剪时要对长枝有放有缩,放、缩结合,这样就轮换了结种短枝,实行了交替结种。

盛种树的培肥

银杏大量结果需要从土壤中吸收大量氮、磷,一定量的钾及微量元素。如某市盛果树大多生长在农户家前屋后,大多树龄较长。农户也舍得投入,每年都施入一定的家杂灰、豆饼、菜籽等有机肥,这些肥料大多含有较丰富的速效磷、钾,而速效氮以及微肥的含量相对不足。土壤化验结果也说明了这一点,这些林地土壤有机质、矿质氮含量低,有效锌、硼等微量元素含量不足。根据试验结果,每收 50 kg 银杏果核应至少施优质猪粪(含水 80% 左右)250～500 kg,大豆饼 20～30 kg(或尿素 3～5 kg),过磷酸钙 3～5 kg,氯化钾 2～4 kg(草木灰 7.5～15 kg),同时在 5 至 7 月每月喷硼、锌微肥水溶液 1 次。对照上述标准,应在以往施用足量有机肥的基础上,注意肥料的搭配,增加氮肥的施用量,喷施适量的硼、锌等微肥。

盛种树的生长

实生树 30～300 年,管理好的树株可到 500 余年。除主枝前端的二、三根枝条和隐芽萌发枝条仍为骨干枝,每年向外延伸外,枝条中、下部的营养枝延伸减弱,枝端的顶芽形成短枝,其他枝条的芽也能形成短枝,开花结实。这些枝条是单轴延生,每年一段,柔软,下垂如柳条的下挂枝。生长这种下挂枝的母枝称下挂母枝条或轴枝,随着结实盛期的延长,下挂枝的数目越来越多。此时期的发枝率、枝条粗壮程度、短枝数量、连续结实能力和产量都处于高峰期,树高和胸径的生长却很缓慢。此时期极易损伤树体,消耗营养过多,而又得不到足够的补偿,树势衰颓或缩短盛实期,提早进入衰老期。要勤施肥、勤浇水,及时防治病虫害,控制人工授粉量,有计划地更新枝条。对于立地较差的大树,要扩穴换土,施基肥,并适当控制结实量。

失水苗栽培的技术措施

①剪除,每枝只保留 2～3 个芽。

②将栽植过深的苗木除去过厚的封土,增强透气性。

③对未发芽的银杏大苗,地上部分全部用稻草绳绕起,每天早晚用清水浇一次。

④每株银杏浇 20×10^{-6} 的 ABT 生根剂和 10×10^{-6} 的稀土盖植素 20 g,待地表土白皮后 3～4 d 浇一次清水,使土壤见湿见干,保持良好的墒情。

⑤一个星期后再向草绳上浇水时加入一次 10×10^{-6} 的 GA 赤霉素,激发起活性,并保留 20 株做对比。

诗词歌赋中的银杏

就银杏诗词歌赋来说,据不完全统计,达 200 余首。从形式上看,古代文学作品中吟咏银杏之作有诗与赋之别;从内容上看,则又有咏形和咏神之异。目前,已知初唐诗人沈佺期是我国最早用诗歌咏颂银杏的诗人。《全唐诗》收有他的《夜宿七盘岭》一诗:"独游千里外,高卧七盘西。晓月临窗近,天河入户低。芳春平仲绿,清夜子规啼。浮客空留听,褒城闻曙鸡。"诗人以异乡的平仲入诗,是欲以银杏的高洁寄托自己的清白。

唐代伟大诗人、画家王维,曾作画《辋川图》,与友人裴迪赋诗唱和,为辋川二十景各写了一首诗,共得四十篇结成《辋川集》,其中《辋川集·文杏馆》更是千百年来脍炙人口的名篇。现在辋川有一株高 20 m,胸径近 2 m 的古银杏,相传为王维手植。由于辋川尚存王维手植银杏的缘故,所以多数后人把《文杏馆》当作吟咏银杏的诗作。

宋代是历史上银杏发展的鼎盛时期。北宋文坛巨擘欧阳修,为后世留下许多优秀诗作,其中在《鸭脚》中他写道:"鸭脚生江南,名实未相浮。绛囊因入贡,银杏贵中州。"在《答梅宛陵圣俞见赠》一诗中有句:"鹅毛赠千里,所重以其人。鸭脚虽百个,得之诚可珍。"前一首介绍银杏的由来和珍贵,后一首是因为千里之外能得到友人梅尧臣赠送的银杏,他颇感珍贵,便赋诗抒发相互的情谊。梅尧臣收到欧阳修的诗,则依其韵作《酬永叔谢予银杏》诗:"去年我何有,鸭脚远赠人。人将比鹅毛,贵多不贵珍。"

河南光山县净居寺有一株银杏树,传为唐朝道岸、定易二僧合栽,北宋大文学家苏东坡曾在此树下读书,与银杏结下不解之缘,他在银杏盛果时欣然命笔:"四壁峰山,满目清秀如画;一树擎天,圈圈点点文章。"现在该银杏树干需两人合围,树高 20 m,已成为当地的一大景观。

明代诗人吴宽在收到朋友赠送的银杏后,写诗答谢。诗云:"错落朱提数百枚,洞庭秋色满盘堆。霜余乱摘连柑子,雪里同煨有芋魁。不用盛囊书后写,料非钻核意无猜。却愁佳惠终难继,乞与山中几树栽。"

北京西山大觉寺有两株古银杏,清代乾隆皇帝到此巡视时,曾题诗描述古树雄姿。诗云:"古柯不计数人围,叶枝茂孙绿荫肥。世外沧桑阅如幻,开山大定记依稀。"

河北省遵化市禅林寺内生长着 13 株古老的银杏树。树下碑文记载,此处先有禅林,后有长城。而在没有禅林时,银杏就早已存在了。清代遵化州进士史朴睹物思情,赋诗道:"五峰高峙瑞云深,秦寺云昌历宋金。代出名僧存梵塔,名殊常寺号禅林。岩称虎啸驯何迹,石出鸡鸣叩有音。古柏高枝银杏实,几千年物到而今。"

南宋著名女词人李清照的词作《瑞鹧鸪·双银杏》,是中国古典银杏诗词中的精品。词曰:"风韵雍容未甚都，尊前柑橘可为奴。谁怜流落江湖上，玉骨冰肌未肯枯。谁教并蒂连枝摘，醉后明皇倚太真。居士擘开真有意，要吟风味两家新。"

我国文人歌咏银杏的辞赋，最早的有西汉司马相如的《上林赋》，后来有晋左思的《吴都赋》等。司马相如（公元前179—前118年），西汉辞赋大家。《上林赋》写银杏"长千仞，大连抱。夸条直畅，实叶峻茂"，临摹银杏树的古老粗壮，肯定银杏的木材价值。

左思，字太冲，西晋文学家，作品风格高亢雄迈，立意鲜明，以《三都赋》《魏都赋》《蜀都赋》《吴都赋》和《咏史》五首最为著名，《三都赋》名重一时，有"洛阳纸贵"之说。左思在他的《吴都赋》中写道"平仲桾櫏，松梓古度"，对银杏的挺拔苍劲颇为赞赏。

历代文人墨客以银杏为题材，咏物状志，感悟人生，诗词歌赋不胜枚举。

《诗话总龟》

北宋阮阅撰，成书于公元10世纪后期。书中记述："京师（今河南开封）旧无鸭脚（因银杏的叶片形似鸭掌，此时《草木志》一书将平仲改呼鸭脚），驸马都尉李文和自南方来，移植于私第，因而着子，自后稍稍蕃多，不复以南方为贵。"此书为记载黄河下游从南方引种银杏并扩大种植的最早古籍。

施肥

银杏生长发育、开花结种的各个阶段，都需要从土壤中吸收氮、磷、钾、钙、镁、硫、铁以及硼、锰、锌、铜等多种营养元素。而其中氮、磷、钾需要较多，一般占树体干重的45%左右。而这三种元素称为大量元素，一般土壤中都比较缺乏这三种元素。钙、镁、锌、铁、硼等需要量极少，只占树体干重的万分之几或百万分之几，这些元素称为微量元素。土壤中一般都含有足量的微量元素。要想使银杏木材和种子丰产、稳产、优质，一个重要方面，就是要保证土壤中有足量可被利用的营养元素。然而，营养元素供应量过多或不足，都会给银杏生长带来不利影响。施肥就是供应银杏生长发育必要营养元素的主要方法。

施肥对叶片产量的影响

通过对在沿海盐碱地生长的叶用5年生银杏实生苗分别施用N、P、K、NP、NK、PK和NPK等7组肥料，每组肥料设高、中、低3种施肥水平，结果表明：施肥对处于生长高峰期的苗高生长有明显促进作用，N、P等处理对全年苗高生长量影响较大；所有施肥处理叶产量增加值均大于对照组，尤以N肥效果最好，K肥效果最差。建议在沿海盐碱地主要以施N肥或P肥来培育银杏叶用园。

施肥对银杏1年生苗木生长的影响

施肥种类	施肥量（kg/亩）	平均苗高（cm）	平均地径（cm）	平均叶数（枚）	生物量（g/m²）	备注
猪牛厩肥	5 000	13.90	0.70	11.30	118.0	
猪牛厩肥	5 000	14.10	0.74	8.60	134.9	
猪牛厩肥	10 000	16.06	0.80	19.85	236.7	基肥采用
猪牛厩肥	10 000	18.97	0.83	14.70	285.7	重复试验
无肥	—	16.47	0.46	6.30	57.5	

施肥对银杏苗高及叶产量的影响

施肥对银杏苗高及叶产量的影响

处理	苗高（cm）					单株叶干重（g）		增加值
	5月24日	6月15日	9月16日（括号中为标准差）	5月24日—6月15日（增加值）	5月24日—9月16日（增加值）	5月24日	9月16日（括号中为标准差）	
N（高）	127.8	144.4	159.2（12.3）	16.6*	31.4	43.0	89.0（9.5）	46.0*
N（中）	123.4	137.6	156.3（9.2）	14.2*	32.9*	40.6	86.5（6.9）	45.9*
N（低）	123.1	137.2	158.2（10.1）	14.1*	35.1*	40.5	93.7（7.2）	53.2*
P（高）	12.6	146.2	164.5（11.0）	16.6*	34.9*	44.0	80.3（9.7）	36.3*
P（中）	12.5	141.0	159.9（10.9）	16.5*	35.4*	41.2	78.8（10.6）	37.6*
P（低）	11.5	129.5	141.4（9.2）	11.0	22.9	37.9	69.2（11.5）	31.3*
K（高）	12.6	137.7	150.6（8.2）	14.1*	27.0	40.7	67.5（10.1）	26.8*
K（中）	11.1	128.6	140.1（10.6）	12.5	24.0	36.6	60.0（9.9）	23.4*
K（低）	11.8	124.6	135.8（12.3）	11.8	23.0	34.8	56.1（8.1）	21.3*

续表

处理	苗高(cm)					单株叶干重(g)		
	5月24日	6月15日	9月16日(括号中为标准差)	5月24日—6月15日(增加值)	5月24日—9月16日(增加值)	5月24日	9月16日(括号中为标准差)	增加值
NP(高)	10.7	116.1	131.5(9.3)	12.4	27.8	29.8	63.8(8.0)	34.0*
NP(中)	12.3	136.4	152.2(8.8)	14.1*	29.9	40.0	72.0(9.2)	32.0*
NP(低)	11.7	132.3	146.4(11.1)	14.6*	28.7	37.5	60.2(10.5)	22.7*
NK(高)	12.1	134.9	147.1(12.0)	10.8	23.0	41.0	69.8(11.0)	28.8*
NK(中)	13.0	146.3	166.9(8.8)	15.3*	35.9*	44.8	78.0(10.2)	33.2*
NK(低)	12.7	144.3	157.8(11.1)	15.6	29.1	43.5	74.3(9.5)	30.8*
PK(高)	13.0	146.7	154.4(11.7)	13.7*	21.3	45.9	74.5(8.7)	28.6*
PK(中)	11.8	132.6	142.7(10.6)	13.8*	23.9	38.0	63.7(9.4)	25.7*
PK(低)	11.8	127.2	138.0(9.5)	14.4*	25.2	34.8	60.8(10.7)	26.0*
NPK(高)	12.2	134.3	150.7(8.9)	14.1*	30.5	38.9	73.0(11.1)	34.1*
NPK(中)	12.2	141.8	162.3(10.4)	13.6*	34.1	43.3	81.0(12.0)	37.7*
NPK(低)	11.2	130.1	140.7(11.7)	11.9	22.5	37.8	72.5(9.2)	34.7*
CK		132.8	146.4	165.7(12.8)	13.6	32.9	45.8	66.2(10.6)	20.4

注:"*"展示该指标值高出对照。

施肥灌溉

施肥是增加土壤肥力的措施,灌溉则是人为补充林地土壤水分的措施。施肥灌溉,对提高银杏建园成活率和保存率,提早进入郁闭,加速林分生长,实现早实、丰产、优质、稳产,具有重要的现实意义。银杏施肥有"两长一养"的施肥要领,即长叶肥、长果(结实)肥和养体肥。广西壮族自治区灵川县提出了"369"施肥法,即在每年农历的3月、6月、9月分3次施肥。两法的施肥时间和目的要求基本相同。长叶肥和结实肥为追肥,南方习惯用人粪尿,北方习惯用化肥。养体肥为基肥,南北方都用优质的有机肥料。长叶肥多在早春3月,即谷雨前后施。如为小年,则在谷雨前1个月施用,可提高坐实率;如为大年,则在谷雨后半个月施,可适当减少挂实量,目的在于促进银杏浅层根系的营养吸收,以提高当年枝叶和根系的生长量。确定合理施肥量的依据为前一年的种核产量,多产多施,少产少施。结实肥多在7月份以前施,以速效肥料为好,目的在于促进银杏种实的良好发育,增强树势,减少落实,并促进花芽分化。养体肥多施于9月份以后,最好在采实之后施用,目的是加强树体营养,为翌年的丰产奠定良好的基础。肥料以腐熟的有机肥料为主,适当混合一定量的过磷酸钙。施肥量可按当年种核产量的4倍确定。如树势衰弱,挂实量过多,或立地条件不良,则应于银杏生长活动盛期(5—8月份),根据具体情况进行根外追肥,前期以氮肥为主,后期以磷、钾肥为主,每月1~2次,均能收到良好的增产效果。肥料一般用0.3%的尿素溶液、腐熟的人粪尿加水30倍、0.3%的磷酸二氢钾溶液等银杏叶面增产素。对于那些由于授粉过量而造成挂实过多,并呈现"累死"状的银杏树,只要根部不出现烂根现象,加强肥水管理,大力补充树体营养,经2~3年,仍能恢复生机。如发现不发叶现象,则应立即采取向树干注射肥料溶液,如0.5%的磷酸二氢钾溶液,或0.5%的尿素溶液,可起到良好效果。

除施氮、磷、钾肥外,稀土和黄腐酸叶面肥对银杏的生长和结实也能起促进作用。谢寅峰等(2000)的研究结果表明,50 mg/kg和100 mg/kg浓度的稀土喷施叶面后,分别使新梢长度增加了25.22%和20.84%,叶片中黄酮浓度增加了20%和22.4%,新梢直径增加了13.34%和5.86%,根系干重增加了22.44%和24.02%。但400 mg/kg浓度的稀土会抑制银杏苗高生长。

生长调节剂对促进银杏结实也能产生显著的影响。王建等(2001)在盛花期对银杏雌株叶面喷施多效唑、B_9、GA_3、GA_3+6-BA。结果表明,多效唑和B_9能够明显提高坐实率,有效增加来年成花数量;GA_3和GA_3+6-BA对坐实率没有明显影响,但能提高种核重量。

在银杏核用园中还应注意水分管理,在干旱情况下要及时灌溉,在水分过多时,应及时排水。无论是灌溉,还是天然降水,都要确保核用园不能积水,特别是不能长时间积水,否则,将会造成银杏提前落叶,严重影响银杏的生长,甚至造成死亡。

喷施黄腐酸叶面肥,对促进银杏生长和提高种核产量有显著的影响。喷施黄腐酸叶面肥后,银杏嫁接苗幼苗生长量可提高12.25%~25.69%,初实树主枝增长可提高8.54%~24.42%;种核单粒重增加0.025~0.295 g,出核率提高0.3%~2.06%,1~2级种核率增加1.56%~18.6%,单株产量提高40%左右。喷施浓度以50 mg/kg为好,喷施时间以银杏营养和生殖生长旺盛期的5—6月份为佳。

施肥技术

银杏施肥,要根据其生长规律,采用适宜的施肥方法,并注意以下几点:①做基肥用的有机肥,施肥的位置要距根系层稍深稍远些,以诱导银杏根系向深广方面生长,扩大吸收范围,施后要及时灌足水。②做追肥用的速效氮肥和钾肥,其移动性强,应适当浅施并分散施入。③磷肥易被土壤固定,使用时可做基肥,但应与有机肥混合施入,如用做追肥,则应相对集中打洞深施。④大量元素与微量元素配合施用,16种必需元素缺一不可,同等重要。⑤四季施肥,勤施薄施。营养元素在土壤中有一定的持效期,一次施入过量易造成浪费,严重时还可能烧根,量少多次施肥有利于不断满足银杏生长对矿物营养的要求。冬季以有机肥为主,生长期限以专用肥为主,并配以叶面肥。⑥推广使用银杏专用肥,最大限度地满足银杏生长的需要。

施肥量

银杏的施肥量不是一成不变的,而要根据立地条件、树龄、生长势、产量、生产目的及肥料种类而定。银杏园内不能单纯施化肥,应以有机肥为主,辅以化肥。据经验,每结50 kg种核年需要施入粪尿或堆肥400 kg,复合肥10 kg。如用鸡粪,则需200 kg,同时氮磷钾复合肥10 kg。影响施肥量的因子很多,因此,施肥量要根据实际情况而定。总的来说,立地条件差、结种量大、长势弱的树多施;而长势旺、立地条件好、结种量小少施。另外,精细肥用量可少些,而粗肥应多施。在土壤结构差的圆片提倡以有机肥为主,化肥为辅。叶用银杏以生产叶片为主,因此,生长季节施速效氮肥的比例适当要大一些。据经验,每生产100 kg干叶要施尿素25~30 kg,有机肥300~600 kg。

施肥时期

银杏树体内的营养物质首先满足生理机能旺盛器官的需要,而且会随着物候期发生变化,这样养分分配中心也将随着转移。决定施肥时期时,必须掌握生长中心的转移情况,及时施肥,以协调在各个物候期中对营养物质的要求,促进或控制树体的生长发育。幼树期,应尽量促进营养生长,使能及早形成树冠和牢固的骨架,在施肥上,应着重满足抽梢对肥料的需要。随着树龄的增长,进入结种期后,还应抓好秋季施肥,以利花芽形成。一般全年施肥不应少于4次。我国果农在长期生产活动中,创造了一种"3、6、9"的施肥管理法,即3月份施放叶前肥;6月份施促花催种肥;9月份施果后肥。

施肥原则

①多种肥料配合施用。有机肥富含有机质,养分完全,肥效长,能明显改善土壤性状;无机肥肥效迅速,养分单纯,施肥不当易导致土壤性状劣变。因此,银杏园应重视施用有机肥料,并配合施用无机肥料,以促进银杏园土壤的改良熟化,利于植株的生长。另外,还可因地制宜种植田菁、毛叶苕子、草木樨、棉槐、绿豆和芝麻等绿肥植物,以改善土壤结构,增强银杏生产后劲。②合理确定施肥量。我国银杏核用园的施肥量存在两种倾向:一是管理粗放,施肥量不足,造成产量低、品质差;二是片面追求产量,滥施肥料,尤其是施单一元素肥料,导致生长和结实异常,浪费肥料,污染环境。因此,应重视掌握合理的施肥量。施肥还要依土壤情况而定,如山坡地或砾质土养分易流失,施肥量可适当增加;保肥力较好的黏质壤土的施肥量可相应减少。③根据土壤特性和肥料性质施肥。我国银杏产区的土壤类型差异较大,应依据土壤特性确定施肥次数及肥料的种类。沙性强的土壤,保肥力差,应量少勤施;质地黏重的土壤,保肥力较强,可减少施肥次数,每次施用量可稍多。肥料种类的选择根据土壤特性,如盐碱地不宜选用氯化铵、氯化钾或硝酸钠;酸性土壤施磷,可选用钙镁磷肥或磷矿粉;石灰性土壤,可选用酸性肥料(如过磷酸钙、硫酸铵等)。④采用正确的施肥方法。不同性质的肥料应采取不同的施肥方法。有机肥料常用做基肥深施。各种无机肥的酸碱性、挥发性和在土壤中的移动性均有所不同,应按肥料特性合理施用。如硝态氮肥、尿素等在土壤中移动性强,施后不可大水漫灌。含锰量高的酸性土,应控制生理酸性肥料(如硫酸铵)的施用,否则易加剧土壤酸化而导致锰中毒。碱性土应避免施用碱性肥料,以防止银杏树缺铁症的加重。在土壤中移动性很小的磷肥,可做基肥或配合有机肥使用。

施肥注意事项

对银杏树的施肥,要根据其根系吸肥规律和树的特点,采用适宜的施肥方法,并注意以下几点:①做基肥用的有机肥,施肥的位置要距根系分布层稍深稍远些,以诱导银杏根系向深广方面生长,扩大吸收范围。施基肥后要及时灌足水。②做追肥用的速效性氮肥及钾肥,移动性强,应适当浅施与分散施入。③磷肥易被土壤固定,使用时可做基肥,但应与有机肥混合施入。如做追肥单独使用,应相对集中打洞深施。④大量元素与中、微量元素配合施用,16 种必需元素缺一不可,同等重要,缺少微量元素常造成生理障碍,影响银杏生长,适时适量补充中、微量元素有十分明显的提高肥效、增产和提高质量的作用。⑤四季施肥,勤施薄施。营养元素在土壤中有一定的持效期,一次施入过量易造成浪费,严重时还可能烧根。少量多次施肥法有利于不断满足银杏生长对矿质营养的要求。⑥提倡施用专用肥(复混肥)。优良的专用肥系根据银杏生长发育的规律,按生长需要将大量元素氮、磷、钾、钙和微量元素镁、硫、铁、锰、锌、硼、铜、钼、氯,还有少量钴、碘、钠等,按最佳形态、最佳比例配制而成,可最大限度地满足银杏生长需要,并达到省工、省力、省肥和提高肥效的效果。⑦全年施肥总原则。冬春以有机肥为主,生长期以专用肥为主,并配以叶面肥。

施鸡粪防蛴螬

鸡粪是一种很好的有机肥,但不少果农在保存和施用过程中往往发生大量蛴螬,危害果树根系,造成树势衰弱。在实践中,我们采用鸡粪与碳铵混合发酵的方法,避免产生蛴螬危害。具体做法是:将 1 t 鸡粪与 50 kg 碳铵混合搅拌均匀,然后用约 5 cm 厚的稀泥封好,即可杀死鸡粪中的蛴螬。半个月后即可做基肥或追肥,而且施肥后所释放的氨气在田间仍具有很好的杀死蛴螬的效果。此法不仅防治了蛴螬,又可提高肥效。

施迈斯内果属

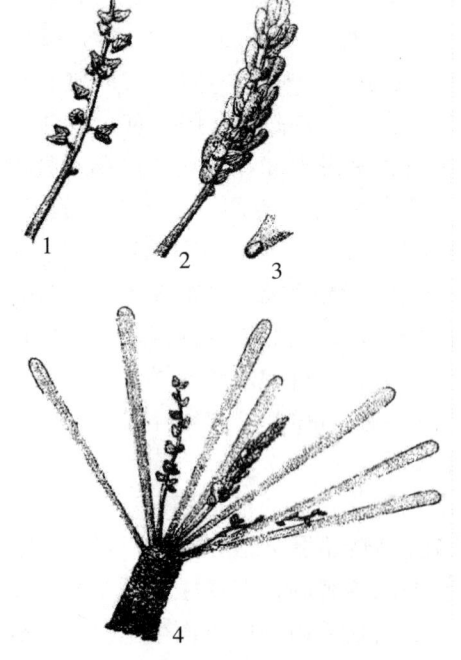

小穗施迈斯内果
1.未成熟的胚珠器官　2.成熟的胚珠器官　3.翅籽
4.短枝的复原图,短枝上具叶痕,叶簇生,3 个胚珠器官中有 1 个已成熟

Schmeissneria Kirchner et Van Konijnenburg-Van Cittert,其模式种小穗施迈斯内果[(*Schmeissneria microstachys*(Presl)Kirchner et Van Konijnenburg-Van Cittert]产于德国早侏罗纪沉积中。雌性繁殖器官由 1 个主轴和若干螺旋状排列的、有时具柄的珠托组成。每个珠托中含 1 枚成熟后具翅的种子。叶带状或舌形,不具叶柄。

湿藏法

把种核放在低温和湿润条件下贮藏的方法。贮藏期间,要经常保持低温、湿润和通气,使种核不致失水过多,以利于种核保持生活力。适用于含水量高和休眠期长的种核。包括坑藏、室内堆藏、窖藏和流水贮藏等。

湿沙贮藏前后种核形态变化

湿沙贮藏前后种核形态变化　　　　单位:cm

处理	种核			
	纵径	横径	棱径	平均
后熟前	2.06	1.37	1.49	1.59
后熟后	2.14	1.38	1.57	1.69
仁长	种胚		胚乳	
	色泽	长	色泽	有无空腔
1.83	白	0.21	黄白	个别有
1.83	白	1.227	带绿	全没有

"十八半"银杏

重庆市巴南区东泉镇白沙寺内有株因雷击被称为"十八半"的银杏树,银杏树高 25 m 左右,树干倾斜且从下至顶一半活着一半枯死。活着的一半枝叶生长正常,能少量结果;枯死的一半枝枯叶绝,树皮干裂。同时有一株黄葛树长在银杏树干上,根系沿银杏树蜿蜒而下,然后进入土中,长势旺盛。当地所谓"十八半"的意思是:半干半湿,半死半活,半阴半阳,半主半客,半正半斜,半石半树,半喜半忧,半老半少,半古半今,充分显示了银杏与黄葛树的奇特形状、相互关系、发展趋势及人们喜忧参半的复杂心情。名人故居和名胜古迹拥有历史、政治、文化的特殊内涵,且大多有名人手植的古树名木相伴。它们不但把所在地点缀得格外绚丽,而且使人们见树如见人,也成为所在地主人的性格写照。

石城"母子连体"千年银杏树

江西省赣州市石城县林业工作人员在对古树名木进行资源调查时,在石城县高田镇堂下村北坑发现一棵已有千余年树龄的母子连体银杏树。这棵银杏树高 17 m,主干直径 2.6 m,需要 4 个健壮的青年牵手才能够勉强合抱得住。大银杏树上枝生出一棵小银杏树,犹如慈母抱子,形成一道自然的生长奇观。因为这棵树树叶形似鸭子脚蹼,当地村民形象地称这棵银杏树为"鸭脚树"。据石城县林业部门工作人员介绍,这棵树在《石城县志》上早有记载,是种植于后梁开丰三年(即公元909年),迄今已有千余年历史。

石家庄市古银杏树资源

石家庄市古银杏树资源

地点	性别	树龄(年)	树高(m)	干高(m)	胸径(cm)	冠幅(m) 南北	冠幅(m) 东西
平山天桂山脚下	雄株	>150	19	12	47	6	7
平山天桂山青龙观	雌株	>150	30	11	105.1	15	20
平山县觉山寺	雌株	>280	20.6	4.6	92.7	13.8	14
元氏县湘山普济寺	雌株	>1 000	23.8	—	175.2	25	28.7

注:觉山寺古银杏根部萌生两株银杏,胸径分别为41 cm和30 cm,高均为13.6 m。

石硫合剂

石硫合剂亦称石灰硫黄合剂,多硫化钙。是用石灰、硫黄和水熬制成的红褐色透明液体,有臭鸡蛋味,呈强碱性,属低毒。它具有杀菌和杀螨作用,喷洒在银杏树上,其有效成分多硫化钙可直接杀菌,喷洒后,由多硫化钙分解产生的硫黄并释放出少量硫化氢发挥杀菌、杀虫作用,所以在发病前用药可保护银杏不受病害虫害危害,在发病后用药可杀死病菌害虫,防止病害蔓延。商品石硫合剂原液在32波美度以上,含多硫化钙27.5%以上。防治春季银杏红蜘蛛可用0.5~1波美度。熬制和贮存石硫合剂不能用铜器。本剂不能与大多数忌碱性农药混用,也不能用松脂合剂、铜制剂或波尔多液混用。

石炭纪

地质年代古生代的第五个纪。这是一个主要的造煤时代,故此名。约开始于三亿五千万年前,结束于二亿八千五百万年前。本纪分早中晚三个世。蜓类、珊瑚、腕足类很多。两栖类发展,爬行类出现。本纪有银杏、石松、芦木、种子蕨、真蕨、科达树等繁茂。这一时期形成的地层叫"石炭系"。代表符号为"C"。

实生根系

银杏实生育苗时产生的根系。特点是主根发达,分布较深,根系年龄多数较低,生活力强,对外界环境条件的适应能力较强,但个体之间的差异大。

实生林

由种子繁殖而形成的林分。包括天然下种,人工栽植实生苗或直播后长起的林分。

实生苗

银杏种核播种方法培育的苗木。主要用于苗木嫁接的砧木和种子繁殖的苗木。实生苗繁殖的种核来源多、方法简便、繁殖量大。实生苗有如下特点:①主根强大,根系发达,对环境条件适应能力较强。②实生苗具有明显的童期,进入结种期较迟,有较大的变异性。③因银杏为异花授粉植物,其后代有明显的分离现象,不易保持母树的优良性状和个体间的相对一致性。

实生苗等级标准

实生苗等级标准

级别	根	茎(杆)	枝
一级	根系完整	主茎直	分枝层次分明,层枝对称,粗细均匀,无双头
二级	根系完整	主茎轻直	分枝层次分明,层枝对称,粗细轻度不均,无双头
三级	根系完整	主茎中直	分枝无偏枝,无双头
等外级	根系完整	—	—

实生苗分级标准

实生苗分级标准

苗类	苗龄(年)	级别	苗高(cm)	地径(cm)	主根或侧根长(cm)
小苗	1	1	>15	>0.8	>15
小苗	1	2	10~15	0.57~0.8	13~15
小苗	2	1	>71	>1.21	>25.1
小苗	2	2	50.1~70	1.01~1.2	20.1~25
小苗	2	3	30.1~50	0.81~1.0	15.1~20
中苗	3~4	1	>201	>2.41	>30.1
中苗	3~4	2	151~200	1.91~2.4	25.1~30
中苗	3~4	3	101~150	1.41~1.9	20.1~25
大苗	5以上	1	>401	(胸径)>5.1	(侧根长)>45.1
大苗	5以上	2	351~400	4.1~5	40.1~45
大苗	5以上	3	301~350	3.0~4	35.1~40

实生苗各生长期特点及管理技术

实生苗各生长期特点及管理技术

生长期	主要特点	影响因子	管理要求	主要技术措施
出苗期	幼苗出土,地上长出真叶,地上部分生长很慢,根部生长快,只有主根而无侧根。该期的营养来源主要是种子所贮藏的营养物质	水分、温度、土壤通气状况	出苗整齐、均匀、适时	①细致整地做床,施足基肥;②采取合适的催芽措施;③适当早播,确定合理播种量,科学播种
幼苗期	苗木幼嫩时期,叶片数量不断增加,地下部分生出侧根,根系生长较快,苗木地上部分的生长速度由慢转快。营养来源全靠自行制造的营养物质	水分,温度,养分,强光照,苗木猝倒病等病虫害	保苗并促进根系生长,给速生期打下良好基础	①适度遮阴;②科学追肥;③蹲苗处理;④防治病虫害;⑤其他措施
速生期	属前期生长类型,速生期时间短,是决定苗木质量的关键时期。苗木地上部分和根系生长量都最大,根系发达,枝叶繁茂,已形成了发达的营养器官。根系能吸收较多的水分和各种营养元素,地上部分能制造大量的碳水化合物	肥,水,光照,病虫害	在保苗的基础上,为苗木快速生长提供充足的水肥	①追肥以氮肥为主;②浇水灌溉;③全光育苗;④及时中耕;⑤防治病虫害
苗木硬化期	高生长逐渐停止,直径和根系还在生长。干物质增加,营养物质转入贮藏状态,苗木逐渐达到木质化程度,后期叶柄逐渐形成离层而脱落,进入休眠期。银杏还常有二次抽梢(秋梢)现象	肥,水,低温	提高苗木对于干旱和低温的抗性,防治徒长,促进苗木木质化	①追肥应尽量提前,适当增加磷、钾肥比例;②中耕除草;③防治病虫害;④后期越冬防寒

实生苗过氧化氢酶活性性别鉴定

实生苗过氧化氢酶活性性别鉴定

株号	过氧化氢酶活性 (过氧化氢 mg 分子数/g 鲜重·min)		推测
	长枝上的叶片	短枝上的叶片	
1	700.0	604.9	♂
2	947.6	720.8	♂
3	741.1	645.9	♂
4	219.7	209.7	♀
5	311.0	271.1	♀
6	291.0	281.9	♀
7	703.7	600.6	♂
8	258.8	225.5	♀
9	865.8	779.9	♂
10	547.9	535.8	♂
11	560.2	505.0	♂
12	281.5	216.6	♀
13	225.1	186.2	♀
14	576.6	549.1	♂
15	189.8	196.1	♀
16	265.5	241.8	♀

注:分析材料取自丽水县城关镇浙江林校校园内的 4 年实生苗。

实生苗及其移植苗分级标准

实生苗及其移植苗分级标准　　　　　　单位:cm

苗木类型	苗龄	一级苗						二级苗					
		苗高	地径	根系				苗高	地径	根系			
				根幅	长度	条数				根幅	长度	条数	
播种苗	1~0	15~20	0.7~1.0		20~25	5条以上		10~15	0.5~0.7		15~20	5.0	
	2~0	80~100	1.5~2.0		25~35	10条以上		50~70	1.2~1.5		25~30	5~10	
移植苗	1~2	120~150	2.0~2.5	35~40		10~20		100~120	1.5~2.0	30~35		10~15	
	1~3	180~220	3.0~1.4	40~50		25~35		160~200	2.5~3.0	35~40		25~30	
	1~4	250~300	3.5~4.5	50~55		35~40		210~230	3.0~3.5	40~45		30~35	
	1~5	300~350	4.5~5.0	55~60		40~45		240~260	3.5~4.0	45~50		35~40	

实生苗优质壮苗标准

苗龄(年)	苗高(cm)	地径(cm)	高径比	主根长(cm)
1	≥20	≥1.0	≥20:1	≥25
2	≥70	≥1.5	≥45:1	≥30
3	≥120	≥2.2	≥50:1	≥50
4	≥250	≥2.5	≥100:1	≥70

实生苗质量标准

一年生苗高≥20 cm,根径粗≥1 cm,高径比≥20:1,叶片≥25 片,单株重≥50 g,主根长≥25 cm,侧根≥35 条,产苗量45 万~75 万株/hm²;2 年生苗高≥100 cm,地径≥1.5 cm,高径比≥50:1,主根长≥35 cm,侧根≥60 条,大叶片≥35 片,单株重≥150 g,存苗量≥15 万~20 万株/hm²;3 年生苗高≥170 cm,根径粗≥2 cm,高径比≥80:1,主根长≥50 cm,侧根≥80 条,单株重≥250 g,存苗量7.5 万~12 万株/hm²。

实生树与嫁接树光合特征的比较

对银杏实生树与嫁接树的光合特性及日变化进行比较研究,结果表明:实生苗嫁接树和二次嫁接树的最大净光合速率、光饱和点和日光合产物积累量均显著高于实生树,这与嫁接提早银杏结果密切相关。嫁接后光合能力的提高与其比叶面积低,单位面积氮含量高有关;但其光合氮利用效率显著低于实生树。实生树与嫁接树光合速率和气孔导度日变化均呈"双峰"型。光合速率的"午休"与强光、高温和低湿度有关,实生树"午休"的原因主要是非气孔限制,两种嫁接树主要是气孔限制。

实生叶用银杏类

目前,美国、法国的银杏采叶园均属此类。该品种群大多系从实生超级苗或直接从优良的种源内选出。叶形较大,多裂,大多为心形或肾形叶。在正常管理条件下,单叶面积可达100 cm²,叶长13~15 cm,叶宽18~20 cm,叶柄粗且长,长度8~10 cm。裂刻数5~6 个,个别裂刻深达10 cm,好似将叶子分成几等份。单叶鲜重在1.5 g 左右,2 年生苗株产鲜叶50 g,3 年苗株产鲜叶达200 g,每公顷产鲜叶5 000 kg(每公顷栽25 000 株)。叶内有效成分含量中等偏上。人们发现,某些银杏实生超级苗的单叶面积可达200 cm²,是值得开发的优良单株。

实生银杏树的年龄时期

①幼年阶段:幼年阶段也叫童期,是从种核萌发到具有开花潜能前这一段时期。在这一阶段内只有营养生长而不开花结果,而且任何措施均不可能促使果树开花。童期一般以播种至结种所需年份来表示,不同品种的童期差异极大。处于童期和成年期银杏相比,除在开花能力上的差异外,在生理生化上如呼吸速率、营养成分、酶类、激素类等与成年果树的同类指标相比存在明显的差异。②成年阶段:银杏在通过幼年阶段后,在适宜的外界条件下可以随时开花。但根据结种数量的状况又可分为结种初期、结种盛期、结种后期三个不同的阶段。结种初期:这一时期树冠和根系仍然快速扩展,结种部位的叶面积逐渐达到定型的大小。银杏开始结种,产量逐渐上长。结种盛期:树冠分枝级数逐渐增多并达到最大限度,年生长量逐渐稳定。叶、芽、花等在形态上表现出本品种固有的特征,果实大小、形状、品质都达到本品种的最佳状态,产量逐渐达到最高水平。结种后期:先端枝条开始回枯,出现自然向心更新并逐步增强。树体贮藏营养因连年的开花结种而消耗很大,树势衰弱并逐渐走向衰老。产量不稳而品质变差。衰老期:树体的骨干枝、骨干根逐步衰亡。

实生优良单株种实定量指标

优良单株	单果重(g)	果形系数(cm²)	单核重(g)	株形系数(cm³)	出核率(%)	出仁率(%)	成熟期
秦王	11.95	7.92	2.86	6.12	23.8	79.0	10月上旬
汉王	18.2	9.65	3.3	7.41	18.1	77.0	9月下旬
汉果	14.4	8.43	2.77	5.95	19.4	76.5	9月下旬
94-03	15.1	8.89	3.16	7.16	20.9	75.6	10月上旬
商皇	11.5	8.01	2.67	5.97	23.9	78.5	10月上旬

食疗文化学

记载银杏食疗的著作,首推元代宫廷饮食太医忽思慧写的《饮膳正要》。明代李时珍在《本草纲目》中对银杏的食疗记载为"生食引疳解酒,熟食益人""熟食温肺益气,定喘嗽,缩小便,止白浊。生食降痰,清毒杀虫",并附有十几种食疗方剂。20世纪40年代,我国开始对银杏所含成分及药理作用进行研究。20世纪60年代又研究出银杏叶提取物,具有降低血清胆固醇等多种作用。20世纪80年代上海、湖北、山东、广东、浙江、贵州、河北等地的制药厂相继开发治疗心、脑血管疾病的药物,并投入市场,临床应用取得良好疗效。银杏种仁营养丰富。食之延年益寿,向为世人喜爱。宋代列为贡品。北京人民大会堂国宴上也时有白果配制的菜肴招待贵宾。在齐鲁珍馔之美的孔府菜中,就有古朴典雅、寓意深刻的"诗礼银杏"名菜。

食疗吸品

美国著名生物学家赫威·布朗斯丁博士通过大量的研究发现,银杏叶中含有一种叫银杏萜内酯(Ginkgolide)的有效成分。它能够化解吸烟者因脑部积留尼古丁毒素而造成的瘾性生理病灶,对戒除吸烟等健康问题有重要意义。赫威·布朗斯丁博士称它为尼古丁抗体。尼古丁抗体的发现导致了银杏叶吸品的诞生。银杏叶吸品是一种以银杏叶为主要原料加工卷制而成的银杏叶保健品,它不含烟草中尼古丁的毒素,能帮助吸烟者戒断烟瘾,减少毒害,是一种保健型吸品。它在燃吸时烟气柔和浓郁,芳香可口,风味别具一格,能提神、镇定,带给吸用者感官和精神享受。

食疗吸品的保健功能

银杏食疗吸品的配制,充分考虑了吸用者的习惯,它同样能满足吸烟者的感官和精神需求。

①娱乐休闲方面:作为一种保健型银杏叶吸品,更适宜作为吸烟者娱乐休闲之用。

②精神感官方面:银杏叶食疗吸品烟气饱满,口感浓郁,风味独特,给吸用者带来一番美好享受。为了戒断吸烟者的烟瘾,也可成为吸烟者的替代品。

③保健医疗方面:银杏叶食疗吸品烟气中的银杏萜内酯和银杏黄酮苷通过肺部、气管、口腔进入人体内,强化血小板活化因子,从而起到清除人体内自由基,降低血清胆固醇、血小板黏稠度的作用,防治呼吸道过敏性疾患和心脑血管系统疾患。

④解除瘾癖方面:银杏叶食疗吸品特含尼古丁抗体银杏萜内酯,能化解吸烟者因脑部积留尼古丁毒素而造成的瘾性生理病灶,在戒断烟瘾,减少毒害方面有特效,会在轻松快乐中戒断烟瘾。因为本品不含尼古丁,不会使人上瘾。

⑤被动吸烟方面:因银杏叶食疗吸品不含尼古丁,吸入二手烟气的人不会对身体造成伤害。

食疗吸品的开发前景

银杏食疗吸品是新型银杏保健产品,由于它具有新颖性,一开始就受到人们的青睐,特别是青年人和妇女。银杏食疗吸品对人们的心血管、脑血管疾患具有重要的医疗保健作用,又是通过人体的肺部、气管和口腔进入人体内,在医疗上具有新颖性,在吸食上又不受时间和空间的限制,随时随地均可进行保健。特别应当指出的是,银杏食疗吸品对戒除香烟瘾有巨大的推动作用。我国男性吸烟率达60%,全球吸烟造成的人口死亡中,每4例死亡者中,就有1例发生在中国。同时,中国接触到"二手烟"的非烟民又有一半以上的人口。如果中国有一半的烟民戒除香烟,仅医药费一项节省下来的开支,就会是一个天文数字。同时,也会大大减少由此放出的烟雾和随意丢弃的烟蒂对环境造成的污染。银杏食疗吸品产生的经济效益、社会效益、生态效益和出口创汇的收入是无法估量的。因此,开发银杏食疗吸品有着广阔的发展前景。

食疗吸品的生产工艺

精细选叶→清洗叶片→晾去水分→制丝→添加香料→卷接→搓接分切→装盒→质检→入库

食品和菜肴

银杏种仁在餐桌上可被制成各种佳肴,如白果炖鸡、腐竹白果粥、白果鸡丁、蜜三果、八宝饭、白果莲子汤、白果冰棍、蜜汁白果、白果银耳汤、白果蛋白露、白果甜酱等。

《食物本草》

成书于公元1259年,元初李杲撰写。书中记述:"银杏味甘苦,有毒。实如杏,而核中有仁可食,敢名仁杏。食之生痰，动气。生啖，利小便。与鳗鱼同食，令人风疾。小儿食之，发惊，多食，立死。或多食腹胀，连食冷白酒几盏，吐出则生，不吐则死。"《食物本草》是当时记述银杏药用价值最详尽的古医书，它既指出了银杏的药用价值，也指出了银杏的毒性及其解毒的方法。但书中所述"食之生痰，动气及与鳗鱼同食，令人风疾"似无科学道理。

食馔志感

宋代杨万里所著，诗云："深灰浅火略相遭，小苦微甘韵最高。未必鸡头如鸭脚，不妨银杏作金桃。"

食用采收期

果柄不产生离层，晃动不能自动落下，所以白果产区的群众为了保护短果枝和叶片，用人工采摘。目前我国银杏产区最爱护短果枝的是江苏吴中区洞庭东山和西山的群众，他们在采果时，用 3~5 m 高的木梯采摘树冠下部的果子，在树上搭架，脚踩木架采摘树冠中部和上部的果子，部分采不到的地方再用竹竿绑上铁钩，用钩轻轻向上挑果柄，使其落下。采果结束，满地是果，地上很少能看到叶片，更难看到短果枝。所以洞庭山的银杏树内膛短枝多，产量稳定。

食用价值

银杏的种仁可以食用，具有很高的营养食用价值。银杏种仁含淀粉 62.4%，粗蛋白 11.3%，粗脂肪 2.6%，蔗糖 5.2%，此外还含有大量微量元素和银杏酸、氢化白果酸、氢化白果亚酸、银杏醇等有效成分。早在宋代，银杏就被列为贡品，至今白果仍是我国传统、大宗出口商品。在国外，白果被称为"生命果""长寿果"，1994 年列入世界十大坚果。

食用种核贮藏

食用种核的贮藏目的是最大限度地保证银杏种核的食用价值，如色泽、口味、营养等。

史朴（清）

河北省遵化市禅林寺，是遵化市最古老的寺庙之一。寺院周围矗立着 13 株蔽天遮日的古银杏，其中一株树心已腐朽，又在洞腹中生出一株粗大的银杏，母子合一共擎苍天，给人以神秘莫测之感。寺庙碑文曾记载："先有禅林后有边（边，指长城），银杏还在禅林前。"清代遵化州进士史朴到禅林寺巡视时亦留下赞颂诗句："五峰高峙瑞云深，秦寺云昌历宋金。代出名僧存梵塔，名殊常寺号禅林。岩称虎啸驯何迹，石出鸡鸣叩有音。古柏高枝银杏实，几千年物到而今。"

史前树

银杏起源于距今 2.8~3.5 亿年的古生代上石炭纪，繁盛于距今 1.9 亿年的中生代侏罗纪。到了距今 6 000 万年前的新生代第三纪末至第四纪初，由于地球上发生了强大的冰川运动，许多植物均绝迹，然而银杏却在东亚的中国、日本、朝鲜和韩国的局部地区劫后余生，生存至今，因而学术界常把银杏称为"史前树"。

矢尖蚧

Rrontaspis yanonensis Kuw，属蚧总科，眉蚧科。该虫分布于我国广东、广西、四川、陕西、山东等地，以及朝鲜、日本、英国、法国、俄罗斯、美国、阿根廷等国。该虫除为害银杏外，还为害杏、油橄榄、女贞、木槿、丁香、山梅等多种植物，在浙江为害大叶黄杨，在福建为害雀舌黄杨等。矢尖蚧若虫、雌成虫群集于银杏的芽、叶及枝上吸取汁液使树木叶色发黄，树势衰弱，严重时落叶，甚至枝条或全株枯死。

根据在浙江的观察，该虫以受精雌成虫越冬。在浙江临安一年发生 2~3 代。第一代若虫发生于 5 月上旬，第二代若虫发生于 6 月下旬至 7 月上旬，第三代若虫发生于 8 月下旬至 9 月上旬。越冬雌虫在产卵期前发育成熟度较一致，其第一代若虫发生期亦较整齐，可作为防治的关键时期。其后由于世代重叠，虫龄不一致，故防治较难奏效。

越冬成虫产卵高峰期出现于 4 月 30 日至 5 月 2 日；一般若虫高峰期在 5 月 3 日至 4 日；5 月 30 日左右为第一代雌成虫高峰期；6 月 8 日至 9 日为雄成虫羽化高峰期。

第一代卵期为 0.5~2 d，若虫期为 30 d 左右，蛹期为 3~5 d，雄成虫寿命 1~2 d；雌成虫寿命 40 d 左右。

雄虫羽化时借助于身体蠕动，用交尾器启开介壳尾部，然后借助胸足脱出介壳，静伏片刻就飞行寻找合适的雌成虫，找到后口即将腹部弯曲并把交尾器伸入雌虫介壳进行交配。

雌成虫产卵时身体向前收缩，在介壳后部挤出部分空间，然后将卵逐个产出，产卵期较长，一般 10 d 左右。每只雌虫产卵平均 110 粒左右。

初孵若虫行动活泼，离开介壳后在寄主枝叶表面爬行，并寻找适宜的取食部位，约 2~3 h 后便静伏，吸取寄主细胞内汁液，约一天后开始分泌蜡质物。二龄若虫开始性分化。

防治方法如下。

①在一龄若虫孵化高峰期，用 2.5% 溴氰菊酯 10 000 倍液及 40% 氧化乐果 1 500 倍液喷雾，防治效果均达 80% 以上。

②矢尖蚧蚜小蜂、褐黄花角蚜小蜂等是雌成虫寄生的主要天敌，应加以保护和利用。

③结合修剪，剪除虫枝及干枯枝。

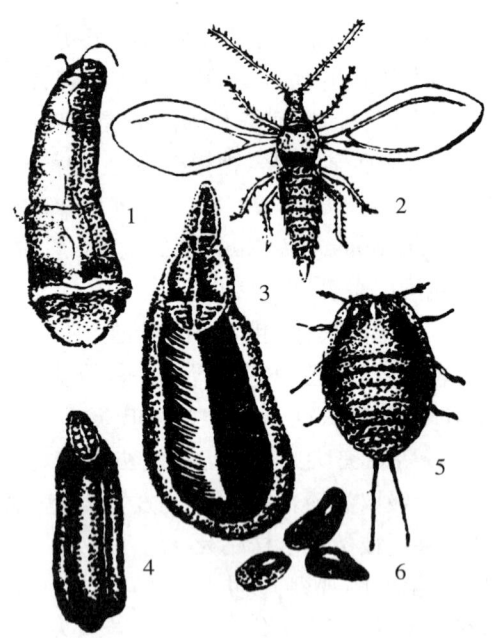

矢尖蚧
1.雌成虫 2.雄虫 3.雌虫介壳 4.雄介壳 5.若虫 6.卵

始花始种期

银杏达到生理成熟龄后,延伸枝和顶侧枝中下部的腋芽第二年就抽生短枝,顶端形成混合芽,第三年顶芽抽生花枝,在叶腋开放,每枝开花后,逐年形成短枝。短枝始花的年龄,因树龄、树势、枝龄而异。年轻树上中庸枝的中下部短枝,中年树的中庸枝,老树的外围枝,形成短枝的当年即可成花,第2年结果。一般2年生短枝都能形成花,并可维持结果期长达32年,以3～17年结果能力最强。银杏始花始果的早迟与栽培管理方式有很大关系。未嫁接树一般要在15～20年才能开花结果,管理条件好的也要10年左右(不管是雌树还是雄树都是如此),但在山东泰安也有7年生实生树结果的。嫁接树比实生树提早5～10年开花。矮秆嫁接,适当密植,加强肥水管理,第3年就能开花,第4年结果。前期结果早的树,树冠扩大、主干增粗均较慢,后期产量提高不快。相反,结果迟的先长树冠,后期产量高。

世代同堂的银杏家族

在四川省彭水县桑柘场白果园附近,有一株远近闻名的大银杏,树的基部周长16 m,胸围12.2 m,高约35 m,树冠最大直径约41 m,材积达54 m³。树的南侧竖有石碑一块,上刻《白果园白果树记》,为清咸丰七年刻制。碑文记载当时此树已经是"其高不知几十尺,大不知几人围……"而且"旁列合抱者四五株,如子孙四立,亦非近代物也"。这棵古银杏的主人是世居于此的王姓苗族山民。他们的祖先迁居桑柘已历19代,约600年左右,世代相传,此树已逾千载。这棵树的本身就是一个小小的植物园圃。银杏实际并非一棵,而是一个"世代同堂"的银杏家族。古银杏接近地面2 m处的基干空成了一个大洞,洞中可容3～4人。洞中又长出三棵银杏,都1米高了,很像老爷爷怀中抱着三个小儿郎。树干周围丛生着数百株小银杏,枝围1 m左右,犹如一群小孙儿,拥簇围绕老爷爷四围。在古银杏主干5 m处,还牢牢地附生着两株棕树。咸丰七年石碑上记载,当时棕树高约丈余,现在实测已高达6 m。在整个树干、枝丫之间,更是生长着巨大的紫藤,上缠下绕,如龙蛇窜腾,似铁索飞悬。

世界首株银杏"太空苗"培育成活

太空白果在江苏省泰兴市长出"独苗"

在江苏省泰兴林业工作人员的精心培育下,世界首粒"太空苗"培育成活,它有15 cm高,有6片嫩绿的叶子。据悉,这是目前30多粒"太空苗"种子中唯一培育成活的。2006年9月,酒泉卫星发射中心用"长征二号丙"运载火箭成功将"实践八号"育种卫星送上太空。卫星上搭载了粮、棉、油、蔬菜、林果花卉等9大类2 000余份农作物种子和菌种,其中有30多粒泰兴白果。这30多粒泰兴白果是由泰兴市林业部门精心选送的,也是世界上第一批飞入太空的白果。据泰兴市林业局副局长李群介绍,30多粒白果用两个信封装着,在失重条件下绕行太空15 d,接受了各类射线辐射和磁场作用。2006年12月18日,泰兴林业部门从北京将30多粒"太空白果"带回泰兴。从表面看,遨游过太空的白果没什么变化。"但内部很可能产生了基因突变。"泰兴林业部门与南京林业大学合作,对"太空白果"进行精心栽培种植。到了太空的种子都会失水,他们把30多粒"太空白果"接回泰兴后,首先浸泡补水,接着进行砂藏实验(砂土种植)。经过实验,只有7粒种子没有因失水干瘪,有发芽生长的希望。2007年4月7日,有一颗种子发芽了。

技术人员将这棵"独苗"小心保护起来,立即开始催芽,1个月内长高了15 cm,外形和普通白果的幼苗一样。

世界四大园林树木

银杏是我国珍贵的园林树种,它与雪松、南洋杉、金钱松被称为世界四大园林树木。

世界银杏"巨人"

在韩国京畿道杨平郡龙门山的龙门寺(海拔1 157 m),生长着一株世界上最高的古银杏,树高60多 m,顶天立地,主干直插云霄,堪称世界银杏"巨人"。主干高25 m处生出数个分枝,而侧枝比较少。胸径4.72 m,树龄1 100年,每年结果累累。树干基部无萌生幼树,但基生树瘤较多,侧枝基部无钟乳枝生出。1 000多年来,它虽遭多次山火浩劫,至今却依然屹立在龙门寺内山坡台地上。传说为新罗时代(公元935年)由寺内高僧义湘大师所植。李氏朝鲜时代,世宗大王封此银杏树为正三品官。韩国人把这株古银杏树叫作"神木""灵木""堂上木""天王木"。1907年,日本侵略朝鲜半岛后,日本侵略军将寺庙烧毁,但银杏树却依然活着,它是朝鲜人民"活历史"的见证。1909年寺庙得到重修。目前韩国政府将此银杏树定为国家级的第30号天然纪念树,在树周围建起了护栏,1993年又在树旁建起记载着银杏树生长史的"护国灵木银杏树颂碑",它成为朝鲜半岛历史的见证人。

世上罕见的古银杏树群落

嵩县白河乡位于白河源头,这里古银杏大树数量之多,树龄之长,为国内所罕见。该地区海拔为800~1 600 m,山高林密,坡陡谷深,蟒兽出没,人烟罕至。少数山民集中在山沟谷底,据访问,这么多群生大银杏树,他们从未知晓年代、来历。问他们的祖先是从哪迁来,老人们说是从山西洪洞县迁来的,多数人摇头不知。有意思的是这条白河源头,很多地方都以白果树来命名,如白果坪、白果沟、白果村、白果坡、双白果树等,可见这一带是先有白果树存在,以后才有人迁居于此。在白河乡保留下来的唐、宋代的云岩寺、五马寺、灵泉寺等寺庙,均有银杏大树分布。据《嵩县志》记载:"白水(白河)、伏牛等处,三百里林木渺无人烟";"白果又名银杏,白河、孙店间有之"。至今,嵩县白河乡野生古银杏树群落仍枝叶繁茂,生长旺盛,这也是我国保护较完好的古银杏树群落。此地处伏牛山南坡谷中,第四纪初冰川受这里山岭阻挡,故而银杏群落幸存。再一个证据是已发现该古银杏群中,都是在原古银杏根基上又萌生出的大树。据考证,唐、宋时期在这里修庙、建寺,全是用银杏木截板建造的。这里现埋有根基大树盘作证,根盘大者直径有3.5 m,小者也有1.2 m。可见此处古银杏树,也经过了数代更新繁殖。目前,白河乡新栽银杏幼树遍布山沟,被称之为"银杏之乡"。

市场集约化经营

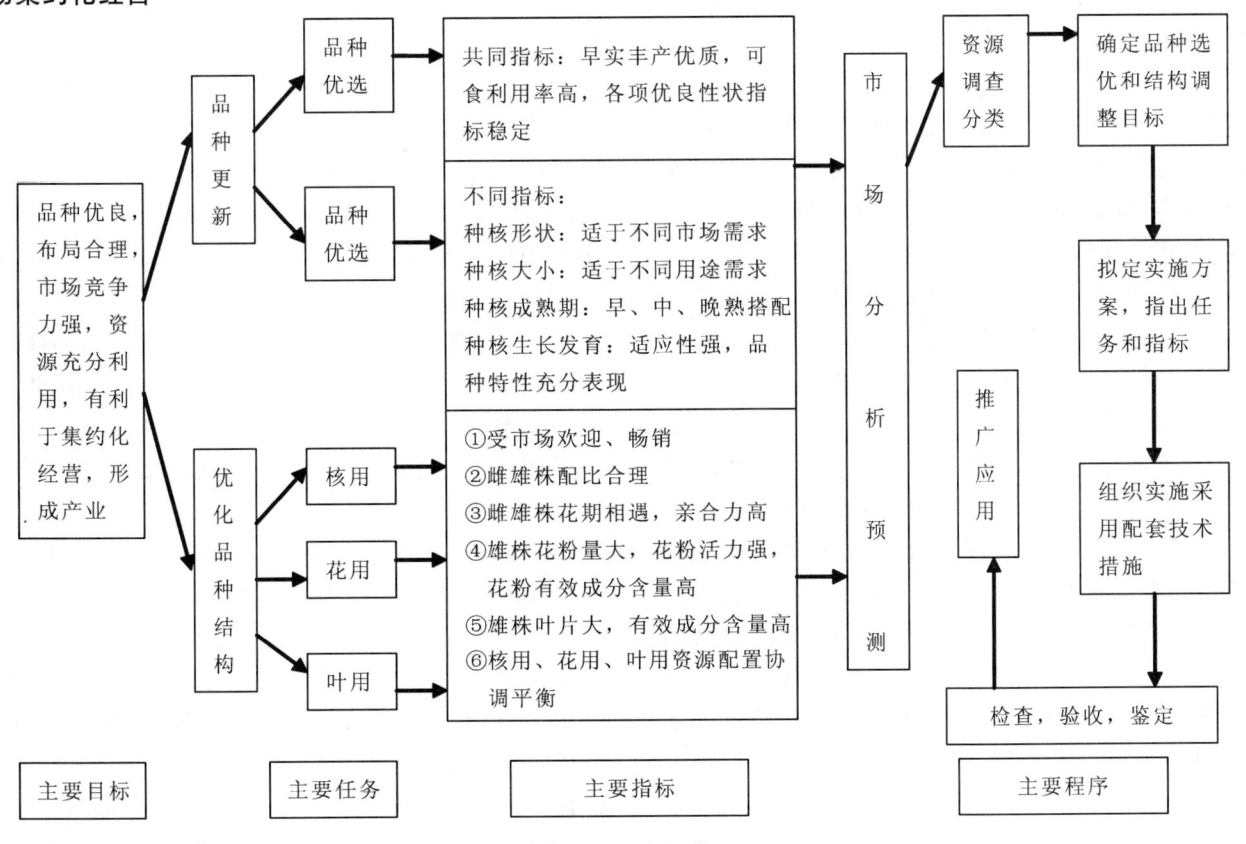

市场集约化经营

试管苗

利用组织培养法所得到的银杏幼苗。一般在试管内培养,故名试管苗。

试管苗移栽

将银杏试管苗于生根培养基中培养2~4周,可获得健壮而发达的根系。将银杏试管小苗从一个无菌、光照恒定、湿度饱和的培养条件下,直接转移到一个有菌、环境条件不稳定的条件下,往往不易成活。为提高移栽后试管苗的成活率,必须缩小自然环境与试管环境之间的差距,尽可能地创造适宜于试管苗生存的环境,提高移苗的成活率。

①洗净残留在试管苗上的培养基。移苗时,将带有短根或突起根原基的试管苗,轻轻从培养基中取出,用自来水冲洗掉残留在苗端的培养基,以减少种植后微生物孳长的可能。

②保持一定的空气湿度。在培养瓶中的小苗,因湿度大,茎叶表面防止水分散失的角质层几乎全无,小苗根系又不发达,所以,种植后往往很难保持水分平衡,非常容易干枯。为此,移栽后必须用透明塑料薄膜覆盖或用间歇喷雾的方法,来提高周围空气湿度,以减少叶面的蒸腾。

③为根系创造良好的通气条件。种植用的介质要疏松通气,保水性好。常用的介质有蛭石、珍珠岩、谷壳、锯木屑、炉灰渣等,或将它们以一定的比例混合应用。

④减少病虫害的感染。移栽时尽量少伤苗和伤根,否则易造成死苗。种植用的介质应预先高温高压灭菌,或者用福尔马林熏蒸消毒,即将浓度为5%的福尔马林或0.3%硫酸铜稀释液泼浇于介质,然后用塑料薄膜覆盖1周后揭开,再翻动土,让其溶液挥发掉。试管小苗用0.1%代森锌、多菌灵、百菌清等杀菌剂浸根3~5 min,可提高移苗成活率。

⑤加强管理,锻炼小苗。移栽后的温度高低,对成活率影响很大,最适宜的温度为18~20 ℃,温度高于25 ℃,成活率显著下降。移苗初期可浇灌水或低浓度的营养液,过高的土壤溶液浓度会产生生理干旱。浇灌时,要防止浇过多的水而造成烂根。出瓶后的小苗,要靠自养生存,为此光照不能太弱,但也不宜过强,强光照易引起小苗水分平衡失调。总之移栽初期要精心管理,保持高湿度,避免阳光直射和过高温度。经过一段时期(4~6周)锻炼后,小苗即可转入正常的管理。

试验区

包含若干区组或若干重复的田间试验地段。只有一个区组或没有重复的试验是无效的,因而也就不能称为试验区。

试验小区

在科学试验中,安排一个处理的小块地段或单位,简称为小区。它是试验处理和统计的基本单位。小区的大小、形状和方向对试验准确性有一定的影响,适当加大小区或采用长方形小区可以使每一小区包括不同生长势的银杏或不同肥力的土壤的机会增大,小区间试验材料和土壤条件的差异相对减小,可降低由于试材、土壤肥力差异引起的试验误差。

试验样品

在试验室内从送检样品中分取的一定重量的种子,用于分析一定种子质量项目。又称试样或工作样品。

适地适树

银杏既可成片栽植,也可在家前屋后或"四旁"零星栽植,无论采取何种方式,都要依据适地适树的原则。适地适树就是使栽培树种的生态学特性和造林地的立地条件相适应,以充分发挥生产潜力,达到该树种在给定的林地和当前技术条件下所可能达到的较高产量和较优质量水平。适地适树是林木栽培上的一项最基本的原则。银杏虽属单种属树种,但由于长时间的栽培,通过天然杂交和人工选择,银杏种核和叶片发生了许多明显或不明显的变异,人们据此将银杏划分成许多品种和类型。各品种(或类型)由于长期生长在某一特定地区,具有了各自一定的生态习性。因此,在引进品种(或类型)时,应充分考虑到这些品种的生态习性是否与栽植地区相适应,做到适地适品种(或类型)。但究竟哪个品种特别适合于何种土地条件下生长,关于这方面的研究,目前还没有系统的报道,这也是目前银杏需深入研究的一个课题。银杏的适应能力虽然很强,但为使银杏核用园建立后能达到早实、丰产、优质、稳产的目的,在选择造林地时应注意以下几点:①地势空旷,阳光充沛。②土层深厚,质地疏松,排水良好。③地下水位低于2~2.5 m。④≥10 ℃的年活动积温在4 000~6 500 ℃,无霜期195~300天,年降水量600~1 200 mm。⑤土壤pH值在6.5~7.5。值得一提的是,目前银杏的主要产区虽集中在平原地区,但对于土层深厚肥沃,雨量充沛的山地和丘陵,也很适于银杏核用园的栽植。在平原地区进行银杏栽植时,及时排水、防止积水是一项关键的技术措施。

适量授粉

生产中应根据树龄、树势、树冠大小、结种基枝的数量和管理水平的高低等因素预计产种量,进而推算授粉量。一般来讲,花多的树少授,花少的树多授,幼树、衰树少授,盛种期的树多授,肥水管理差的树少授,肥水充足的树多授。以喷粉为例,一株50年生旺盛树株,以产种50~60 kg计算,如用机动喷雾器喷粉,需2~3 g花粉;若用背式喷雾器喷粉需1~2 g花粉;用超低量弥雾机只需1 g花粉。生产上也常用每立方米结种部位,喷0.3~0.5 g花粉来推算整个树冠的授粉量。在正常情况下,授粉要一次完成,切勿随意增加授粉次数和授粉量。特别是初次进形人工授粉的树或逢大年时,更应严格控制授粉量。

适时授粉

当胚珠发育成熟时,授粉室分泌的液体增多,并吐出孔口,当这种闪亮的水珠似的"性水"(并非露水)直径大于孔口2~3倍时,即雌花完全成熟,全树有1/2~2/3的雌花达到这种标准时,即为授粉的最佳期。一般为3 d,宁早勿晚。授粉后第二天珠孔若不再有性水出现,则说明授粉成功,若绝大部分珠孔仍吐性水,则需进行2次授粉,但花粉量要酌减。根据多年的观察研究,银杏芽鳞脱落始期与雌花成熟呈正相关,一般芽鳞脱落始期的第二天起,3 d内为当地最佳授粉期。

噬菌体

噬菌体亦称细菌病毒。寄生于细菌和放线菌的一类病毒。体积微小,在电子显微镜下可见,多呈蝌蚪状。典型的噬菌体头部多角形,内含脱氧核糖核酸,外包蛋白质外壳,尾部呈管状,尾端具基板,生小钩和尾丝。小钩把噬菌体固定于细菌的外壁,尾丝能调节位置,借助尾部的溶菌酶在细菌的外壁蚀一小孔,将脱氧核糖核酸注入细菌内部。核酸可控制和改变细菌的代谢并复制成许多新噬菌体,在细菌农药生产中,如发现菌苔出现秃斑,有益细菌的裂解,表明受噬菌体污染,应注意防治。

收集圃

收集圃又叫蒐集圃。是收集优树、原种优良类型,以及银杏植株的树木园,为当前及长远树木育种工作提供原始材料的圃地。

寿杏

苏州市文庙内有银杏古树,前往祈求健康、平安、长寿的人络绎不绝,人们以其寿命长称之为"寿杏"。

受精

雌雄性配子结合成合子(受精卵)的过程。通过受精作用,使原来配子中减半的染色体数在合子中得到恢复,保证父母双方遗传物质的传递。受精卵在适宜的条件下,发育成为新的个体。

受精作用

自1895年日本植物学家Hirase发现银杏游动精子以来,对于银杏的研究至今没有间断过。雄配子体发育的最后阶段,受精之前是在胚珠中。在贮粉室中的花粉粒萌发,花粉管的吸器端成分枝状附着在贮粉室的壁上,并伸出许多纤细假根生长在珠心细胞之间。花粉管的原叶端伸长,并游离地悬垂在颈卵器腔。不久生殖细胞平周分裂,产生出不育细胞和精原细胞。银杏在9月间发生受精作用。精原细胞的核分裂但不形成中间的壁,形成两个游动精子,它们除了体积极小以外,很像苏铁的游动精子。一个银杏成熟的游动精子呈陀螺形,许多鞭毛着生细胞一端的3圈螺旋带上。当精原细胞的壁破裂时,两个游动精子释放进花粉管的下垂端,随后在花粉管的顶端发育出一个开口,游动精子自由地进入已在颈卵器腔中的液体里。在精子进入一个颈卵器之前,在这种液体介质中,鞭毛的运动推动着精子。在游动精子通过颈卵器颈的膨大而反折的细胞之间时,游动精子拉长,整个精子,包括鞭毛带,都进入卵上部的细胞质。由一个花粉管中产生的两个游动精子,一般只有一个进入一个颈卵器,另一个精子如果也进入同一个颈卵器时,很快就退化了,最后被"吸收"。具功能的游动精子的细胞核,向下运动直到与卵核接触,形成一个二倍体的合子,进一步产生出胚。银杏的受精作用和胚胎发生既可在树上发生,也可在胚珠落地以后发生。后一种可能性,就联系到一些古生代裸子植物(例如苛得狄目),这些古生代裸子植物的胚可能像银杏的一样,是在胚珠已经由亲本树上掉落以后才开始发育。

授粉

银杏花粉传播到裸子植物银杏珠孔处的过程。银杏是由风力传粉,因此称自由授粉。银杏也实行人工辅助授粉,称为控制授粉。人工授粉是银杏获取丰产的重要手段。银杏授粉的适宜时机是雌花开放、胚珠珠孔分泌"性水"时为宜。银杏授粉期应为连续5~6 d。

授粉对银杏雌花坐果率的影响

授粉对银杏雌花坐果率的影响

处理	授粉后天数(d)						
	0	10		20		30	
	雌花数	雌花数	坐果率	雌花数	坐果率	雌花数	坐果率
授粉	325	297	91.38%	201	51.84%	108	33.23%
花粉提取液	338	278	32.25%	79	23.37%	0	0
清水	341	124	36.36%	7	2.05%	0	0

授粉方法

授粉方法主要有以下3种。

①挂雄枝法,即将采集到的雄花枝剪成30~40 cm的枝段,3~6枝捆成1束,分别挂在雌株树冠上层或树冠的上风处,让花粉自然散出,以完成授粉过程。这一方法常导致授粉不均匀,花粉用量大,且削弱雄株的长势,影响翌年雄株的产粉量。

②喷雾法,这是目前最常用的一种方法。将花粉连同花穗一起置于水中揉擦,再用纱布过滤,所过滤液用水稀释,置于喷雾器内均匀喷洒在雌株上。此法花粉用量少,坐实率高,授粉均匀,效果良好,且不损伤雄株。

③震粉法,即将花粉装入纱布袋内,挂在竹竿顶端,选择微风天气,站在树的迎风面,轻轻拍动竹竿,使花粉飞落。此法操作不便,授粉不均,花粉用量大,效果也不理想。

授粉量

授粉过量,造成当年结实过多,树体营养紊乱,大树枝被压断,种核小,影响翌年结实;过少,则达不到丰产的要求。因此,在生产上要根据树龄和树冠大小、结实母枝数量、树势强弱和管理水平等因子,综合确定授粉量。一般来说,花多、衰老大树、肥水条件差、树势弱,要少授,反之则多授。据经验,生产50~60 kg种核,用喷雾法授粉需花粉2~3 g。

授粉时间对结种的影响

授粉时间对结种的影响

乡、村别	户主	树龄(年)	人工授粉		已膨大幼果数/奶枝数				每平方米树冠落花数	结果多少	备注
			日期	用量(g)	小侧枝	小侧枝	小侧枝	平均			
北新霍后	周平寿	20	4.16上午	75	25/16	54/19	20/12	2.1/1	484	重载	每年授粉时间早
胡庄李元	王奉先	60	4.16上午	375	716	12/16	19/22	0.86/1	548	较多	
燕头七里	林场	16	4.18上午	—	5/15	2/22	13/23	0.3/1	424	正常	
横垛南钱	钱鹏庚	20	4.19上午	100	6/9	12/16	10/11	0.7/1	620	较多	
横垛薛港	涂大宇	25	4.17上午	100	30/14	16/7	16/10	2/1	380	重载	

授粉受精

银杏在4月雌花芽萌发,雌花开始出现后的10 d左右,在喙口处会分泌出一亮晶晶的黏性液滴,称之为"授粉滴",产区的老百姓称"性水",而把这一现象称为"吐水"。"授粉滴"的出现,标志雌花的成熟,是授粉的最佳时期。银杏一般雄花先开。当雄花的花粉落至雌花吐水的小液滴上时,花粉就被黏住,并随黏性小液滴缩回授粉孔而被带进贮粉室。在进入贮粉室后7 d,花粉开始发芽。发芽从花粉槽沟开始,先是管细胞明显膨大,形成一球状突起。授粉后21 d,进入珠心内的花粉管的顶端便开始产生大量极易分枝的吸器发端,然后在珠心间隙内不断分枝。吸器系统建立后,分枝速度明显加快。约到5月上旬,传粉后不足1个月的时间,吸器系统便可形成一个网。约在6月中旬,配子体内的吸器分枝已相当发达,所有吸器分枝将整个珠心间隙填满。在7月中旬至8月,生殖细胞分裂,并产生1个不育细胞和1个精原细胞。这次分裂对受精相当重要,因此在7月中下旬应进行浇水、施肥,使树体营养供应充足,保证生殖细胞正常分裂。8月上旬,雄配子体的径向宽度明显增加。8月下旬雄配子体接近成熟,9月上旬,精原细胞分裂并产生2个游动的鞭毛精子,然后进入颈卵器参与受精过程。北京从4月28日传粉,到8月16日至20日受精,共需108~112 d。值得注意的是,在上述过程中,银杏授粉后并不立即受精,从授粉到受精要相距4个月左右的时间,即4月授粉,要到8月中下旬或9月初才受精。有些地方的早熟品种银杏是种实成熟落到地上后才受精,此时用肉眼还不容易观察到种仁内的胚,种仁一般无苦味,故贵州盘县产地的农民有"白露前的白果不苦"的说法。在银杏种实采收后,胚逐渐发育长大,要到第2年春天才完全发育成熟。

授粉树的配置

银杏为雌雄异株,风媒传粉。在大自然中,银杏实生树雌雄株的比例基本是相等的。自从进入人工栽培后,为了增加产量,常采取如下不妥的措施:一是在苗圃地内,嫁接大批雌株;二是把大雄株改接成雌株;三是把雄株砍伐当木材。所以银杏产区的雄株愈来愈少,由于雌雄比例失调,造成雌株产量下降。如邳州市于1984年进行银杏普查,全市挂果树15 857株,而雄株只有221株,占1.37%,分布极不均匀。因此20世纪60—70年代产量只有15万千克,平均单株产量9.5 kg。1977年开始推广人工授粉,1984年总产量达53.5万千克,平均单株产量达33.74 kg,增产2.55倍。进行人工授粉,也需要雄株,况且人工授粉仅是权宜之计,应大力培养雄株,使雌雄株有一个比较合理的比例,以恢复自然授粉,并辅以人工授粉,这才是正确的途径。培养雄株需注意两点:一是进行自然授粉的雄株要选择开花晚,与雌株开花同步;二是要进行人工授粉的雄株,花期要比雌株花期早4~7 d,以便采摘雄花穗,出粉后供授粉用。邳州市银杏科学研究所已选育出花期晚的雄株,并在生产中推广。近年来,各地繁殖了大量的银杏嫁接苗,很少嫁接雄株,而新发展的银杏就没有考虑雄株的配置问题,这为银杏生产埋下了隐患。为了解决银杏的授粉问题,应该根据银杏花期的主要风向,尽量在上风方向配置雄株,并在园的四角适当配置雄株。也可以在雌株顶部嫁接雄枝条来解决授粉问题。最好在公路绿化栽植银杏树时,以雄株为主或增加雄株比例。

授粉树的配置比例与方式

授粉树一般可按照2%~5%的比例定植。最好每隔80~100 m,能配栽一株雄树。选为授粉树的雄银杏树,花期要长,产粉量要大,散粉时间也应与主栽品种的开花期相吻合。在开花期的主风方向,应当多栽几株雄银杏。1980年以来,各主要银杏产区在明确授粉对于产量的重要性之后,又广泛开展了在银杏雌树顶部嫁接银杏雄枝的试验,五年后即已见到了效果。这些雄枝,不仅能为雌树适时提供花粉,还能为种实的正常生长、促进花芽分化提供更多的有机养分,因而在维持植株的高产稳产方面,起到了明显作用。江苏省苏州市吴中区洞庭西山的洞庭王原树,树龄已过600年,1980年嫁接的雄枝正常开花之后,高产年份株产可达150~250 kg。这种方法,现在已经广泛推广到了江苏邳州、浙江富阳等地。单是江苏邳州,雌树上嫁接雄枝的株数已超过1 000株。

授粉雄树良种标准

①花期长。开花初期到末期的时间在10 d以上,传粉始期到盛期4~6 d。②花粉丰富,节间短。每个短枝上有花5~6个,每个花有花药50个以上。③花粉优质。花粉发芽率及生活力在90%以上,传粉后受精率在85%以上。

授粉注意事项

①当雌花成熟开始吐出性水珠时,如突然遇低温,性水虽吐而不旺,所以当发现有性水珠的第2天就应开始授粉,如拖到5~7天时授粉效果极差。这种情况在中国北部的几个产区常有发生。

②银杏雌花开花时间常因品种或银杏生长地点的不同而稍有先后,因此应细心观察,不要错过授粉最佳时机。在泰兴市,佛指开花最早,龙眼稍迟1~2 d,七星果又迟1~2 d,有时与龙眼相近。据邳州经验,性水的早晚与树体本身和环境有关。生长势强的比弱的早,嫁接树比实生树早,村内比村外早,大河滩面里的树最晚。城市里银杏雌雄株开花时间均比农村早3~4 d,所以城市银杏开花可作为农村开花的提示。

③适量授粉。因为同一株雌树上的雌花花期也不一致,有早有晚,且每个短枝上可抽生2~4个雌花,最多的可达8个雌花。一般一个雌花上有一对胚珠。正常情况下平均每个短枝上只结1个种,不超过2个种为适量。所以多数雌花不能授粉结种,如都能授上粉则结种太多,为超载,结的种像葡萄串,树易累死。因此,观察授粉效果时要特别注意。对历年高产树和树势衰弱的树要减量喷粉,或喷树冠的2/3以下,以保持树体营养的平衡。如授粉后4~6 h内下雨,雨后要及时补喷,用粉量要减半。

④配制花粉水溶液的水,要绝对清洁,水溶液要随配随用,最多不超过2 h。

⑤喷雾器一定要干净。如喷过农药,一定要用碱水洗刷干净,再用清水充分冲洗后使用,防止花粉受到药害。

邳州市港上镇苗圃由于银杏结种大树较多,树龄、树势和开花数量均差不多,为方便起见,一次把所需银杏花粉溶液全部配好,自上午9时开始授粉,至13时(即下午1时)结束。授粉后发现,凡在11时以前授粉的树结种良好,而 11 时以后授粉的树,效果明显较差,授粉愈晚,结种愈少。同是该市的白布乡石坝村的一位村干部家,上午刚把花粉溶液配好,正准备授粉时,因村里通知开会而暂停,到 14 时再进行授粉,因花粉吸胀而失去生命力,当年没有产量。目前关于人工授粉和自然授粉的优缺点问题,虽有不同的认识,但若雄株充足,分布均匀,从缓解劳力紧张,降低投资成本来看,银杏的自然授粉仍有许多的可取之处。两者之间如能根据实际情况,互为补充,则银杏的授粉会取得更好的效果。推广自然授粉,关键问题是选育开花较晚的雄株,保证雌雄花期能够同步。这个问题,邳州在 20 世纪 80 年代即着手研究,目前已初见成效。在银杏雌株上增接雄枝条的方法是值得推广的。这一方法的最大优点是简单易行,一劳永逸,成本低而效果好。江苏邳州市政府东院有十多株雌树,1979 年开始靠人工授粉结果,1984 年每株上都嫁接雄枝条后,3~4 年即开出大量雄花,1987 年开始停止人工授粉,年年正常结果,效果很好。

《授时通考》

清代鄂尔泰、张廷玉修撰,成书于公元 1742 年。全书分 8 门,共 78 卷,全书记述林果树百余种。第 64 卷农余篇果二记述银杏,书中记述:《本草》云,"白果食满千颗杀人。""昔有岁饥,以白果代饭,食饱,次日皆死。"《墨客挥犀》云,"银杏叶如鸭脚,独棵者不实,偶生及丛生者乃实。"

兽医临床应用

银杏不仅能治疗人体的多种疾病,而且亦可治疗牲畜疾病,近年来,兽医部门颇为重视。实践表明,银杏在兽医临床上收到了较好效果。兽医认为,白果对多种类型的葡萄球菌、链球菌、白喉杆菌、炭疽杆菌、枯草杆菌、大肠杆菌、伤寒杆菌等都有不同程度的抑制作用。白果生食性平,长于化痰定喘。煨用性湿,善于收敛除湿,为收敛肺气定喘之药。马、牛用量 25~60 g,猪、羊用量 5~15 g。为末,开水冲,候温灌服,或煎汤灌服。目前银杏兽医临床应用主要是沿用传统验方,在一些主要兽医书籍中,引用银杏药理与应用的研究成果也较少,特别对银杏叶的活血止痛的功效,在兽医上的应用还未见报道。所以,银杏在兽医临床上的应用尚待加强。

舒血宁

主要成分:银杏总黄酮苷,银杏苦内酯。

药理作用:①清除自由基的生成,抑制细胞膜脂质过氧化。②拮抗血小板活化因子引起的血小板聚集,防止血栓的形成。③对离体及在体心脏局部心肌缺血、肥大心脏局部心肌缺血引起的心功能紊乱等均有改善作用。④改善血液的流变性,增进红细胞的变形能力,降低血液黏度,改善循环障碍。⑤降低过氧化脂质的产生,提高红细胞 SOD 的活性。⑥对脑部血液循环及脑细胞代谢较好的改善和促进作用,对大脑具有保护作用。

作用与用途:活血化瘀,通脉舒络。用于动脉硬化及高血压病所致的冠状动脉供血不全、心绞痛、心肌梗死、脑血管痉挛以及动脉血管供应不良所引起的疾患等。

舒血宁片制作工艺流程

银杏叶粉碎,水煮两次,每次 1 h,过滤,残渣弃去,两次滤液合并,浓缩,得黏膏状物,摊盘真空干燥(70~80 ℃烘干)制成颗粒,即为 6911 提取物颗粒。加入助流剂 9%,硬脂酸镁 1%,整粒,混合均匀,压片即为 6911(舒血宁)片。

舒血宁注射液(6911 注射液)工艺流程

风干银杏叶 $\xrightarrow{\text{乙醇回流}}$ 醇提取液 $\xrightarrow[\text{回收乙醇}]{\text{减压蒸馏}}$ 褐色糖浆物 $\xrightarrow[\text{水浴}]{\text{蒸去残存乙醇}}$ 流膏状 $\xrightarrow[\text{提取}]{\text{加水}}$ $\xrightarrow[\text{过滤}]{\text{冷置}}$ 黄色混悬液 $\xrightarrow[\text{搅匀、吸附、过滤}]{\text{加水}}$ 精制 6911 浓提取液 $\xrightarrow[\text{碳酸氢钠溶液调 pH 值}]{\text{测含量并配制溶液}}$ 6911 溶液 $\xrightarrow[\text{100 ℃15 min 灭菌}]{\text{减压蒸馏}}$ 6911 注射液

含量测定公式:

$$\text{黄酮含量(mg/mL)} = \frac{\text{样品光密度} \times \text{标准品(相当芦丁毫克数)}}{\text{标准光密度} \times \text{取样量} \times \text{稀释倍数}}$$

疏花疏种

银杏自然开花率和坐果率均较高,如果开花坐果较多,尽管当年产量较高,但种核小、质量差,易出现大小年现象。由于银杏雌花较小,疏花不易操作,因此生产上控制结实量常以疏种为主。初期结种的幼树要年年控制结实量,在有利于扩大树冠、增加结实后劲的基础上,应适当少留种。一般按每 30 枚叶片以上结果 1 粒为标准留种,否则就没有余力扩大树冠。疏种时一般内膛、中下层枝营养贮存充分、坐种率高、种子好,宜少疏多留;而外围及上层枝则应多疏少留。一般大年疏种量可达 30% 以上。初结果幼树,每个短枝上留 1~1.2 粒为宜;对盛种期母树,每个短枝上留种 1.5~2 粒为宜;老龄树每个短枝留 1~1.5 粒为宜。盛种期大树,树冠投影面积负载量以 1.3~1.8 kg/m² 为宜。接后 4~8 年生幼树,树冠投影面积负载量以 0.2 kg/m² 为宜。一般分 2 次疏

种,第一次在落花后半月左右,第二次在种核硬化期以前。疏果时可将小镰刀缚在长竹竿上,割除过密的种实即可,小树可以人工用手摘除。

疏花疏种与保花保种

银杏树的成花能力很强,在授粉充分条件下结实率特别高,往往导致超负荷结实,故生产上要经常进行疏花疏种。由于银杏雌花很小,故生产上主要是进行疏种。疏种量的多少要考虑多方面的因素,要根据树龄、树势、树冠大小、水肥条件、去年产量及当年结实数量等综合因素来进行定产,从而确定疏种量的多少。银杏树虽然坐种率很高,但落种率也很高,一般落种率达50%以上。如果授粉条件不好,则落种率更高。所以在结果树结实率偏低时,要通过加强水肥管理进行保种。对于已进入结实年龄而不结实或很少结实的旺树,要采取促花促种措施,如人工授粉、环割、环剥及倒贴皮等。某些地区使用铁斧在树干上砍成稀鱼鳞状伤痕,深达木质部为限,亦有明显的促花促种作用。

疏剪

将枝条从基部剪除的修剪方法,包括生长期内疏梢及疏掉多年生大枝。其目的是减少枝量,改善冠内的通风透光条件,削弱基枝的生长势。疏枝对留在基枝剪口下的枝条有促进作用,而对剪口以上的枝条有抑制作用。为了加大层间距离和层内距离,改善通风透光条件,需要把多余的徒长枝(包括直立枝、横生枝)、过密枝、对生枝、重叠枝及毫无利用价值的细弱枝、病虫枝和枯枝从基部疏除。

疏密度

反映林木对其所占林地及空间的利用程度或表示林分蓄积量大小的相对指标。即现实林分单位面积总断面积(G_{ha})或蓄积量(M_{ha})与相同条件的标准林分单位面积总断面积($G_{标}$)或蓄积量($M_{标}$)的比值。疏密度P按下式计算:

$$P = \frac{G_{标} M_{标}}{G_{ha} M_{ha}}$$

疏密度是采取不同经营措施的主要依据。复层林必须分别林层测定。

疏散分层形

适用于稀植园或密植园中的永久株。此形有中干,树高4~5 m,主枝7~8个,共分3~4层,第一层3个主枝,第二层、第三层各2个,最上层1个。各层层内距30~50 cm,第一、二层层间距80~100 cm,以上各层层间距60~80 cm。第一层每个主枝培养侧枝2~3个,以上各主枝各培养1~2个。各主枝开张角度40°~60°。上部角度小,下部角度大。此形由大枝多头嫁接或定植小苗逐年嫁接而成。操作技术是,定植高1.5 m以上实生苗,1年后在干高80 cm以上嫁接第一层,以后根据中干的生长,大约每2年接一层,并对先嫁接的主枝按要求进行短截修剪,培养侧枝达到要求数量,并调整枝势,使各主枝生长平衡、协调。

疏散分层形图示

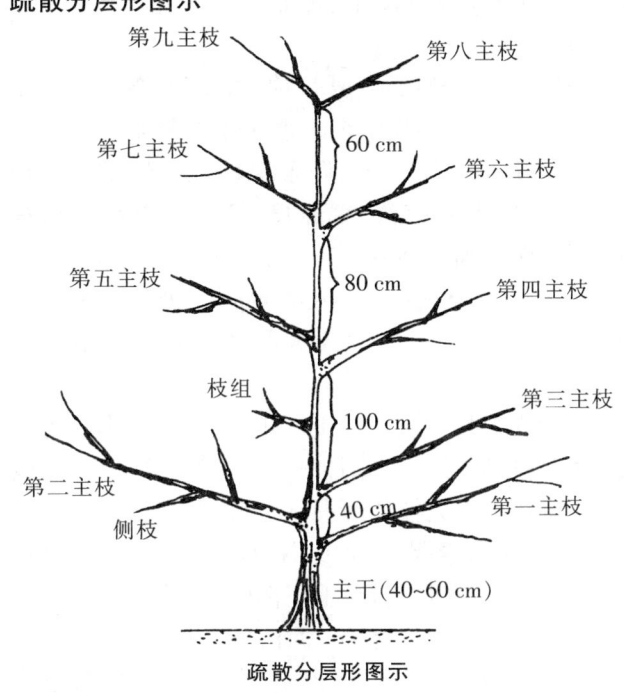

疏散分层形图示

疏透结构林带

由乔、灌木两个林层或仅由乔木组成,上下稀疏透风的较窄林带。疏透度0.2~0.4,透风系数0.3~0.5。风从稀疏的枝叶中透过林带,部分风从上方越过,于背风面形成较大的弱风区,有效防护距离为带高的15~20倍。适于风沙干旱较重地区农田防护。银杏是疏透结构林带的重要树种。

疏枝

即将枝条从基部剪去的修剪方法。其目的是减少枝量,改善树冠内的通风透光条件,削弱基枝的生长势。经疏剪后,对留在基枝剪口下的枝条有促进作用,而对剪口以上的枝条有抑制作用。为加大层间距离和层内距离,改善透光条件,需要把多余的徒长枝(包括直立枝和旺枝)、过密枝、对生枝、重叠枝、毫无利用价值的细弱枝、病虫枝和枯枝从基部疏除。

疏种

银杏进入盛种期后,开花较多,只要进行人工授粉就能使雌花形成种实。一般要视植株长势保留种实,以每一短枝着生3~4个种实为宜,如种实过量将造成树体养分失调,树势衰弱,白果品质下降。对于过量结种的植株,必须在4月下旬至5月上旬,当种实如绿豆大(直径0.2~0.3 cm)时进行人工疏种。

输导组织

植物体内输导水分和养料的组织。输导组织的细胞一般呈管状,上下相接,贯穿于整个植物体内。输导组织包括主要运输水分和无机盐的导管和管胞,以及主要运输有机养料的筛管等,它们与其他组织学分子,分别形成木质部和韧皮部。

蔬菜间作

银杏行间种植白菜、萝卜、菠菜、大葱、辣椒、蒜、韭菜等浅根系蔬菜,不仅银杏的通风透光特别好,而且肥水的利用更为充分。株行距采用较大行距,即8~10 m,较小株距,即4~5 m,每亩13~20株,待成材后,株间间伐1株,株距为8~10 m。此种种植形式,在10年以内不会减少地面收入,10~15年以后,地面收入可能受到影响,那时银杏的收入却大大超过地面收入。

束缢和纵伤

束缢在5月中旬至7月上旬进行。环割即在树干上或大枝基部割闭合的圆,深达木质部。环剥在离地面20 cm以上或大枝基部平直光滑处,用利刀上下各割一圈,间距为干周的1/10,深达木质部,将皮剥掉。若将剥下的皮倒过来再贴上叫倒贴皮,然后用薄膜包严,扎紧两头,两月后解绑。此法要求操作严格,否则容易死树,弱树应慎用。束缢用铁丝,在上述部分扎紧,勒入皮层,两个月后去掉。纵伤是在春天树液开始流动时进行,在干上纵切3~5刀,深达木质部。环割、环剥、束缢、纵伤等技艺,其目的在于抑制树株生长,促进成花,主要用于4年以上不结种的幼旺树,密植园中永久株的辅养枝和临时株。银杏抽枝方向受芽位影响较大,嫁接或修剪后,芽位抽枝方向易偏位、偏冠,角度大小也不一样,生产中常运用扶、别、拉、撑、掇、挦、扭、拧等办法调整枝向、枝势,使各类枝条分布合理,长势均衡,生长和结种相互协调。银杏木质疏松,伤口干燥后影响愈合,病菌也会乘虚而入,造成枝干衰弱、枯死、风刮易断,影响寿命和材质。因此,修剪后对2 cm长以上的伤口,特别是锯口应用利刀刮平,涂抹0.1%的升汞水或凡士林膏、愈伤剂等保护伤口,以促进愈合。

树池

树池亦称根围,是在树木根基处围成的保护圈,用于防止因行人践踏而使土壤板结。通常用砖石或水泥料围成方形、圆形或其他几何图案形圈。直径视树木大小而定,一般应在1.5 m以上。其大小、形状注意与周围环境相配合,方形易与两侧建筑物协调,圆形多用于道路圆弧转弯处。如能在树池上敷设透空保护池盖更好。

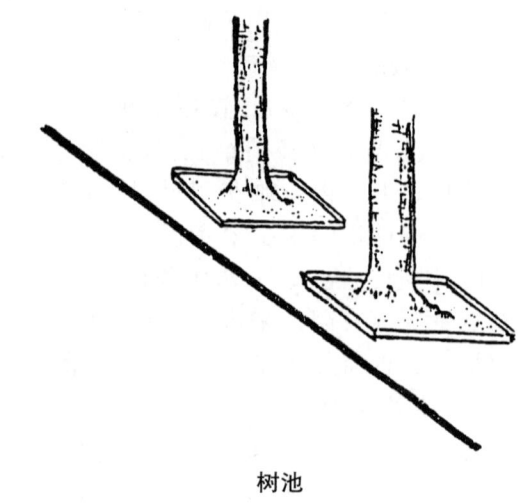

树池

树干

银杏属于单轴分枝树种,顶端优势较强,具有通直的主干。银杏生长高度一般可达20~30 m,个别植株可高达60 m;胸径可达2~3 m,个别植株可达4 m以上。大多数银杏的树干呈圆形,有的具有明显的脊棱。银杏的树皮幼时光滑,浅灰色,老时纵裂,灰褐色。银杏的树皮较厚,形成层活动比较旺盛。若树皮遭到破坏,则会逐渐愈合,严重的损伤虽不易完全愈合,但一般不会直接导致树木死亡。银杏树干的所有部位均具有隐芽,因此,具有较强的萌芽能力,利用这一特点,可进行银杏的复壮更新。如陕西周至有一株古银杏,相传植于汉代,曾因火烧,树干几乎焚净,但自1980年以来,该树年年发新枝,长新芽,至今仍长势良好。银杏树上,常见在大树基部的粗大侧枝上生有下垂的钟乳状枝,俗称"树奶",在其他树种上极为少见。树奶大多呈圆锥状,尖端钝圆,垂直向地生长。有的并生,有的多处发生,还有的全部树干为树奶所覆盖。对树奶的成因,学术界有3种说法:①在沟谷、山谷、溪旁空气湿度较大的环境中易产生。②上部受到抑制,局部受到某种刺激,使这部分隐芽萌发,树皮随之向外延伸形成树奶。③可能由病毒引起。在银杏树干上还有一种圆形酐树瘤,近似柳树上的柳瘿,这种树瘤从未见其伸长转为树奶,因此认为树奶和树瘤完全不同。从其生长位置和形态状况分析,树瘤似乎为虫害和病害所致。

树干解析

52年生的银杏树,树高是24.6 m,胸径是38.3 m,材积为1.23 m³。银杏的连年生长量最大年龄:树高为30年,胸径为25年,材积为50年。平均生长量最大年龄:树高为35年,胸径为30年,而材积生长的最大年龄则尚未出现。银杏树高和胸径的连年生长,包括平均生长在内,其生长量最大时间一般比杉木要晚5～10年,可见其材积的连年生长量最大时间,也应该推后15～20年。以上述比较推算,银杏的数量成熟龄,应在60年以内。从解析木的侧枝枝数、基部直径和枝长看,它的最大范围都在树干的15.3～19.3 m部位,要占树干高度的70%,侧枝材积(枝长×基部圆面积)的最大范围在树干的17.3～19.3 m部位。

树高

单株银杏从根颈至树梢顶端的高度。常以 h 表示,以 m 为单位。利用各种类型的测高器或目测方法测定,是计算单株银杏材积的大小、树冠的大小、结种量的多少、银杏树的树龄、银杏园平均树高的主要依据。

树高生长和胸径生长调查表

树高生长和胸径生长调查

生长地点	株数	树龄(年)	平均树高(m)	年平均高生长量(m)	平均胸径(cm)	年平均胸径生长量(cm)	繁殖方法	生长环境
郯城县林业局	12	9	6.110	0.679	9.575	1.064	栽植	厚土层园内行道树
临沂沭河公社葛家三坪	5	25	12.860	0.514	23.320	0.933	萌生	厚壤土村旁小片林
临沂义堂公社北土苏树	12	25	12.890	0.516	22.190	0.888	萌生	厚壤土村旁小片林
临沂义堂公社北土苏树	12	25	14.600	0.584	36.650	1.466	萌生	厚壤土村内小片林
平均	—	—	—	0.573	—	1.088	—	—

树根及根皮测定值

树根及根皮测定值 单位:cm

级别	0.5以下	0.51～1.00	1.01～1.50	1.51～2.00	2.01～2.50	2.51～3.00	3.01～3.50	3.51～4.00	4.01～4.50	4.51～5.00
根粗	0.30	0.74	1.25	1.75	2.25	2.69	3.37	3.63	4.40	4.91
木质部厚	0.13	0.35	0.62	0.94	1.30	1.72	2.27	2.47	3.06	3.56
总皮厚	0.17	0.39	0.63	0.81	0.95	0.97	1.10	1.16	1.34	1.35
皮厚	0.085	0.195	0.315	0.405	0.475	0.48	0.55	0.58	0.67	0.675
根皮率(%)	56.67	52.70	50.40	45.29	42.22	36.06	32.64	31.20	30.46	27.50
最高根皮率(%)	66.00	72.00	65.00	55.00	54.00	58.00	42.00	40.00	—	—
最低根皮率(%)	44.00	44.00	36.00	27.00	27.00	31.00	23.00	24.00	—	—
差异(%)	22.00	28.00	29.00	28.00	27.00	27.00	19.00	16.00	—	—

树冠

树干以上所有着生的枝叶所构成的形体。树冠是银杏进行光合作用和结果的部位。度量树冠,一般以树高、枝展及骨干枝的结构和分布为标志。树冠的大小、形状、结构和树行之间的树冠间隔,影响银杏群体的光能利用、果园劳动效率和经济效益。

生产中,常根据品种的生长结果特性、生态条件和栽植方式,选用适宜的树冠形状。银杏树冠分为有中心干、无中心干两类。有中心干的自然形,其主枝在中心干上排列不分层的,树冠较高,如枣、银杏、核桃、杨梅等果树一般常用的圆头形、圆锥形或自然圆头形等属于此类。主枝在中心干上分层排列的,一般分2～3层,层间距较大,有半圆形、疏散分层形等。无中心干的只有一层主枝,着生在主干上,呈扁圆杯状,或自然杯状形、短锥丛形。

树冠不同部位叶片黄酮含量的差异

树冠不同部位的叶片,由于受光条件不同,其生长发育程度有一定差异,进一步取样分析其黄酮含量,发现不同部位之间差异达极显著水平,表现为受光充足部位叶片的黄酮含量高,而光照较差部位的黄酮含量较低。受光充足的南侧,其叶片黄酮浓度较东西两侧高19%和26%。

不同部位黄酮浓度　　　　　　单位：%

取样部位	树冠南侧	树冠西侧	树冠东侧
上部	3.38±0.06	2.19±0.03	2.74±0.06
下部	3.36±0.06	2.87±0.09	2.63±0.04
平均	3.37±0.07	2.83±0.07	2.68±0.08

树冠不同部位枝条花序数和花粉量

树冠不同部位枝条花序数和花粉量

优树号	小孢子叶球数（个/m）			花粉重（g/m）		
	上	中	下	上	中	下
1	52.04	49.25	77.46	021823	0.18112	0.22785
2	125.01	133.55	69.70	1.03813	1.04671	0.56982
3	38.57	57.89	46.15	0.21067	0.31168	0.23318
4	51.16	91.06	60.99	0.16752	0.38845	0.18233
5	52.22	94.94	113.33	0.23261	0.35234	0.35063
6	33.79	84.15	66.23	0.27809	0.59634	0.65841
平均	58.80	58.14	72.31	0.3575	0.4797	0.3714

树冠层性

层性是顶端优势和芽的异质性共同作用的结果。果树的中心主枝，其顶芽沿中轴方向向上延伸形成最强枝，其下2~3芽形成较强的长枝向不同方向伸展，中部的芽生长势渐减，形成强弱不一，至下部多数芽不萌发，以隐芽形态潜伏。自苗木开始逐年生长，强的枝不断加粗形成主枝或其他骨干枝，中枝则成为临时性侧枝，转化为结种枝组，随年龄增大强枝不断加粗，成为骨干枝，主枝在领导干上成层状分布，这就是层性。具有层性树种由于层与层之间有相当间隔，有利于树冠的通风透光，一般顶端优势愈强则层性愈明显。而发枝力强、顶端优势较弱的树种，则层性不明显，在栽培上常利用层性特点将树冠整成分层形。银杏系裸子植物，轮生枝非常明显，容易培养成分层形的树冠。

树冠上的短枝分布

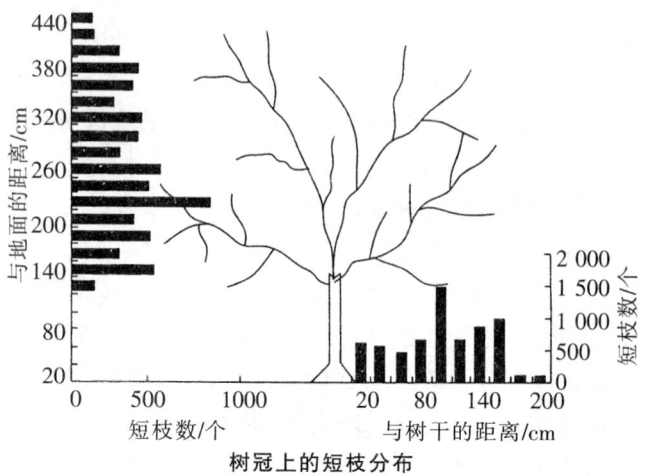

树冠上的短枝分布

树冠上的短种枝分布

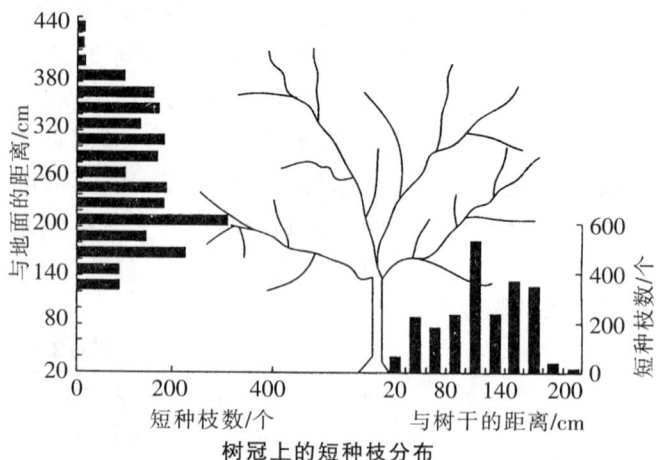

树冠上的短种枝分布

树冠上的胚珠分布

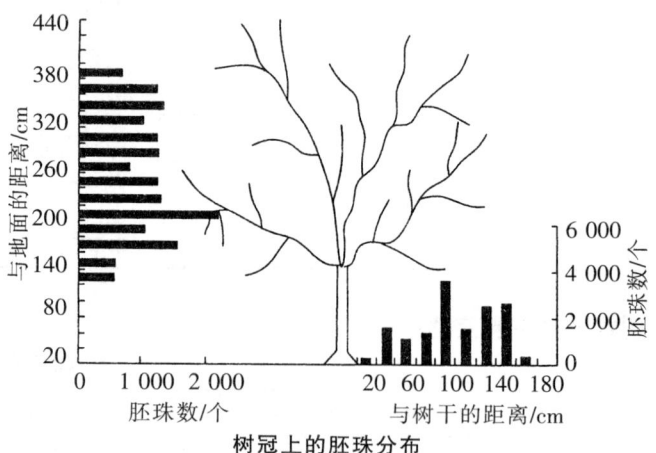

树冠上的胚珠分布

树冠体积

树冠的体积决定于树冠大小与树高两个因素。在单位面积枝量相同情况下，树冠体积不同，单位树冠体积的枝条密度不同，因而影响到透光的性能。树冠体积与产量之间呈抛物线关系。树冠伸展的范围为枝展，亦称冠幅。一般以树冠的纵、横径平均计算，以cm或m表示。

树冠体积计算方法，因树冠形状不同而异。

圆头形（包括自然圆头形和主枝开心圆头形）为：

$$V = \left(\frac{d}{2}\right)^2 \left(h - \frac{d}{6}\right)\pi$$

圆锥形（包括主干形、纺锤灌木型、狭长纺锤形）为：

$$V = \frac{\pi d^2}{12}L$$

半圆形（包括疏散分层形、变侧主干形）为：

$$V = \frac{\pi d^2}{2}L$$

扁圆形（包括杯状形、自然开心形）为：

$$V = \frac{4}{3}a^2b\pi$$

圆柱形为：

$$V = \left(\frac{d}{2}\right)^2 L\pi$$

式中 d——冠径；
　　L——树高；
　　H——树冠缘叶层高；
　　a——$d/2$；
　　b——$L/2$；
　　π——圆周率。

树龄对花粉中可溶性糖和蛋白质含量的影响

树龄对花粉中可溶性糖和蛋白质含量的影响

树龄（年）	花粉中可溶性糖浓度（%）	蛋白质浓度（%）
30	4.425	1.797
40	4.292	1.542
50	3.702	1.442
60	3.598	1.398

树龄与位置效应

　　银杏嫁接苗的位置效应与剪取接穗的母树年龄有极显著的相关性。随母树年龄的增加，嫁接苗斜向生长习性越来越明显，即抽生新梢与母干的夹角（a）越大。1 000 年生母树的夹角是 5 年生的 1.9 倍，枝条平展，梢部稍下垂。枝角另一特点是基角＜梢角，即当年生枝条按两个不同方位斜向生长。可见，银杏嫁接苗的位置效应明显与其母树或接穗系统发育的时间长短有关。幼龄母树及接穗可以缓解甚至消除位置效应。

树瘤

　　在栽培的非常老的银杏树上，许多较大的树枝下面悬挂着钟乳石状的树瘤，日本人称之为"chichi"（垂乳）。这些独特的树瘤或者单个出现，或者成丛地出现，其长度可达 2.2 m，其直径可达 30 cm。如果这些奇怪生长的树瘤，长得着地，就可以生根、长叶。Fujii（1895）的解剖研究指出，一个垂乳在靠近亲本枝上着生处，含有一条中央深埋而与芽结合的短枝。这些芽可与树瘤的次生生长同时生长，在厚的木质部柱表面上显出小突起。虽然 Fujii 认为，银杏的垂乳是一种"病理"形成，但是并没有说明它们的起源和不正常的发育模式的"致瘤因素"。

树木

　　木本植物的总称。有乔木、灌木和木质藤本之分。树木主要是种子植物，蕨类植物中只有树蕨为树木，我国约有树木 8 000 余种。树木学是专门研究树木的一门学科，研究范围包括树木的形态、分类、分布、习性和用途。它是专为林木培育、树木育种、森林经营管理和森林资源的开发利用等林业建设工作服务的一门学科。

树木三维可视化生长模型

　　是基于树木的生理特征与计算机的高速运算功能，模拟真实的树木生长为主程，并在以往研究数据与经验基础上，对当前林业实践进行准确指导、评价、预测的计算机三维模型。树木三维可视化软件是结合专家系统、计算机图形学及其软硬件基础、科学可视化、数学、遥感等领域的一门综合性研究。①三维可视化模型模拟显示的作用。树木三维可视化模型在城市规划等领域也有广泛的应用价值。树木模型结合虚拟现实技术，研究者可以在规划期间对完成效果进行真实的三维漫游，从树木的生理价值和形态价值两方面对设计草图提出建议。对于四维的三维空间漫游，研究者甚至可以根据树木的生理模型判断森林在未来 5 或 10 年的生长状态。同时，树木模型还具有不限地域的特点，可以根据当地的气候条件，利用树木生理模型，引种合适的树种，节省研究时间和经费。②三维可视化模型的操作。尽管三维可视化技术具有开发成本高、研究难度大的问题，但是其简易直观的效果，一直是可视化领域研究者追求的目标。对于具有林业研究意义的树木三维可视化系统，一旦模型具备了真实的生长特征，如光合作用能力、水分需求等生理学特征后，基本不需要使用者具有很高的林业基础就能进行生产与实践的指导。

树木生理学

　　树木生理学是以树木为研究对象，较多地研究树木的生理过程和状况对生长发育的影响，以及遗传和环境因子对生理过程和状况的影响，从而阐明树木生长发育的原因和促控生长发育的途径。

"树奶"

　　山东省郯城县官竹寺 1 200 年生的银杏雄树上生长着 10 余个"树奶"，最长的 125 cm，最粗的基部直径达 41 cm。贵州省盘县黄家营村的银杏树几乎株株都生长着"树奶"，奇怪的是一株 40 年生的银杏树，主枝下侧也长出了 40 多厘米的"树奶"。

　　在我国银杏分布区，有许多银杏大树往往在主枝的分叉处和主枝的下侧悬垂向下生长着钟乳石状的"树奶"。山东称之为"树撩"，江苏称之为"树奶"。有称之为"气根"的，也有称之为"树参"的。日本人称之为"垂乳",欧美植物学家称之为"树瘤"。如果这些奇异的"树奶"向下长,着地后就可生根、发芽、长叶。人们利用银杏这一生物学特征,把"树奶"切下,侧植于土中,使其生根、发芽、长叶,做盆景,可成为园林中的艺术珍品。经解剖研究得知,银杏"树奶"在靠近亲本枝干着生处含有一条中央深埋而芽结合的短枝,这些芽可与"树奶"的次生生长同步。凡生有"树奶"的银杏树,多半生长在沟谷、山峪、溪旁空气相对湿度比较大的环境中,在相反的环境中却很少见到"树奶"。贵州盘县黄家营村有两条流水终年不断的沟溪流过村中,村内空气相对湿度大,因此该村银杏树长"树奶"的也特别多。这说明银杏的繁殖仍然表现出极原始的性状。

树奶诱导

树奶人工诱导在中、幼年银杏树上初获成功。银杏树奶,是在一些古老银杏树上生长的钟乳石状的瘤状物。北京大学李正理教授称之为"钟乳枝",苏北农学院何凤仁教授称之为"树奶",也有学者称其为"枝生树瘤",银杏产区的果农一般称其为"树奶"。树奶一般生于老年银杏树上,在中年树,尤其在幼年树上极为少见。将树奶割下后培于土中,下可生根,上可长枝叶,为盆景中之上品。为了进一步开发利用银杏树奶这一自然资源,专家对树奶的成因、人工诱导的可能性进行了有益的探索。1992年,专家在2年生银杏苗上进行的树奶人工诱导试验取得了可喜的进展。诱导的树奶已长达3.5 cm,直径1.5 cm。其中一株因移栽时偶然改变了树奶的方向,当年,树奶先端即抽生了新梢。

江苏泰兴是银杏老产区,将银杏树作为果树进行栽培已有数百年历史,有大量的中、老年银杏树,由不明因素形成的树奶、树瘤较多。利用这一资源优势,专家进行了大量的调查、观察。银杏的主干、大枝隐芽很多,一旦受到强刺激就会大量萌生。这是在进行大树多头高接换种中经常碰到的。

银杏树生长迅速,侧生分生组织活动旺盛,愈伤能力很强。泰兴果农习惯幼年树嫁接,一般于6月中、下旬解缚,若解缚稍迟,营养物质输送则会受到抑制,局部养分富集,绑扎物的上、下端,尤其是上端即形成一瘤状物。银杏树的输导组织受到适度刺激后易形成瘤状物。泰兴市北新乡政府广场上一株40年生雄银杏树,1976年搭防震棚时局部勒伤,于勒伤一侧形成一瘤状物,逐年增大。瘤状物上每年都有大量隐芽萌生。泰兴元竹乡政府院内一株36年生银杏树的一根大枝,于1986年夏季受偶然刺伤,形成的树奶已长达11 cm,直径达7 cm。局部受伤,隐芽大量萌生,也易形成瘤状物。泰兴市北新乡港北村、宋义村两棵9年生银杏树,因连续几年大量隐芽萌生,基部逐渐形成一圈树瘤。主干、大枝的雨水集流处最易形成树奶。泰兴市金沙村千年古银杏树的树奶,市种猪场内、汪群乡季野村中年树上的树奶以及元竹乡政府院内因偶然刺激形成的树奶,其着生位置都在大枝弯曲处的下方雨水集流的地方。树奶形成需耗费树体大量营养物质。泰兴市汪群乡季野村一株中老年树上形成了多个树奶,着生树奶的大枝上每年结果很少且很小,甚至连续几年不结果,未着生树奶的大枝树皮呈灰白色,结种量同正常树。

树盘

银杏根系需氧量高。保持吸收根群周围的土质疏松,也是银杏丰产的基础。白果园内,每年至少翻耕两次。冠幅超过10 m²的大树,在以树干为中心的3~5 m范围内,也应长年保持疏松。银杏树体高大,冠层厚,在主干周围3~5 m范围内,一般只有极其耐荫的植物,如铜钱草之类才能生长。但在树冠外围,则可种植多种作物,特别是一些比较耐荫的作物,如生姜、叶用蔬菜。这类间种,用工少,成本低,既有利于银杏树的生长,又可以得到经济收入,所以,应当大力推广。

树皮

树皮是指形成层或木质部以外的一切组织,为鉴定原木树种的重要特征。成熟树干的树皮,可分为外皮和内皮,并能用眼睛直接分辨。对于活树两者不仅构造不同,生理也有差异。外皮全为死组织,而内皮还有部分活细胞。幼树树皮较为光滑,随年龄增长树皮表面逐步形成各种形态,沟状、鳞片状、纤维状和瘤状等。其颜色依树种年龄不同而异。

树皮的医疗功效

银杏树皮具有化浊、疗癣之功效,用于治疗乳糜尿和牛皮铜钱癣。

乳糜尿:银杏树皮适量,煎汤服之。

牛皮铜钱癣:银杏树皮烧灰,油调搽患处。

树皮和树根的化学成分

从银杏树皮中已分离出8种化合物,经光谱和化学方法鉴定结果为,含银杏内酯(bilobalide)、银杏内酯B(ginkgolide B)、银杏内酯C(ginkgolide C)、香草酸(vanillicacid)、原儿茶酸(protocatechuic acid)、胡萝卜苷(daucosterol)、二十八醇(octacosanol)、三十烷酸(triacontanoic acid)。银杏树皮中单宁浓度量为10%,同时还含有少量莽草酸和棉籽糖。由于这些化合物受到银杏资源的限制，开发利用不容易广泛开展。

银杏内酯和白果内酯均在根中形成，银杏根皮中存在着银杏内酯 A、B、C、M，而银杏内酯 M 仅存在于根皮中。根中酚酸类化合物一共有 7 种，含量明显高于银杏叶。干燥银杏根中含淀粉 67.6%，蛋白质 13.1%，脂肪 2.9%，多缩戊糖 1.6%，粗纤维 1%，灰分 3.4%。

树上长树的古银杏

在我国银杏自然分布区，树上长树的古银杏，堪称自然奇观。这些几百年甚至上千年生的树上长树的银杏老寿星，历经风雨沧桑，但仍枝繁叶茂，郁郁葱葱，焕发出勃勃生机，常给过往行人以神奇之感。"树上长树"，就是从一株古银杏的树干上又长出另外一种树，长出的树有的已达百余年生，胸径如碗口粗，让人们叹为观止。银杏树上长树产生的原因，大多是因为别的树种的种子被风吹落到银杏树的树洞或树皮的裂缝中，或者是鸟类粪便中的树种落入其中，遇到适宜的温度、湿度或适宜的其他条件，使种子生根发芽，逐渐长成一株"寄生树"，天长地久，成为一景。由于树种能在树洞或树皮裂缝中成活的概率极低，所以古银杏树上长树的景观比较罕见。

根据不完全统计，我国银杏自然分布区中，在银杏树上长树的古银杏约有 7 个省、市，分布于 23 个县、市，树种有黑弹树、女贞、酸枣、栾树、泡桐、侧柏、金银花等 26 种。最为奇特是江苏省姜堰市南大街上的一株古银杏，在这株树高 30 m，800 年生的古银杏树上，寄生着 5 种 18 株植物。在距地面 5 m 处的第一个枝杈上，生长着 1 株桑树，1 株柘树，再向上生长着 5 株楝树，然后依次是 1 株冬青，10 株枸杞。目前桑树已有 6 m 多高，桑树和柘树如同罐头瓶那么粗，楝树、冬青和枸杞高度均在 2 m 以上，也有墨水瓶那么粗。这一奇特现象，常使过往行人驻足观赏。一到秋天，枸杞挂满串串红果，古银杏结满橙黄色果实，色彩艳丽，相映成趣。

河南省光山县净居寺，是苏东坡筑台读书的地方，寺内有一株树龄 1 280 年，树高 24 m，围径 6.8 m 的古银杏，在距地面 4.8 m 的分枝处，生长着黄连木、桑树和桧柏三种树种，黄连木树龄已达 300 余年，桑树和桧柏也达百余年生。晚秋，黄连木树叶变为紫红色，银杏树叶变为金黄色，桧柏枝叶仍为深绿色，三者相互辉映，这一盛景吸引着无数的游人前来观赏。当地群众称这株古银杏为"同根三异树"。江苏省镇江市焦山公园，有一株植于 800 多年前宋淳熙年间的古银杏，树干参天，老枝横生，在三人合抱不过来的粗大树干上缠绕着一根龙飞凤舞的古藤。陕西省华阴市玉泉寺内，有一株唐朝古银杏，上绕两株百年古藤，成为壮丽可观的"二龙戏珠"。四川省彭水县白果园村，有一株 600 年生的古银杏，干下部生长着 3 株巨大的古藤，在树干和枝丫之间上缠下绕，似龙蛇窜腾，铁索飞悬。树上长树的古银杏是大自然的杰作，是人类的自然文化遗产，它给人们带来无限的情趣。

树势

树势是指银杏树整体的生长势，一般可以树冠外围枝梢生长状况来衡量，枝多而势强的则树势强，反之则弱。

树体结构

树体植株各个结构因素的空间、数量关系。树体结构因素包括树冠大小，树冠形状，骨干枝的数量、级次、分布、开张角度，辅养枝和结种枝类型等。不同栽植密度和栽培方式，对树体结构的要求不同。在稀植情况下，要求有较大的树冠和牢固的骨干枝。合理的树体结构是低于矮冠、半圆形树形，少主枝多侧枝，骨干枝半开张，充分利用辅养枝，合理配备结种枝组，叶幕成层分布等；密植情况下，则要求较小树冠和骨干枝。合理的树体结构是较高的干高，瘦长的树形，骨干枝开张或水平，较小的结种枝组，结种枝和结种枝组直接着生在一级骨干枝上，叶幕不分层等。

树体流胶的原因

气候原因，树木遭受冻害、霜害，引起树干组织受损而导致流胶；物理原因，树木主干遭受机械损伤、修剪过重或修剪不当而导致流胶；生理原因，施肥不当、栽植过深、久旱后浇大水、pH 值过高等原因造成树木生理失调而导致流胶；生物原因，某些昆虫能造成银杏树流胶，如红天牛等。

树体内苯内烷合成代谢途径

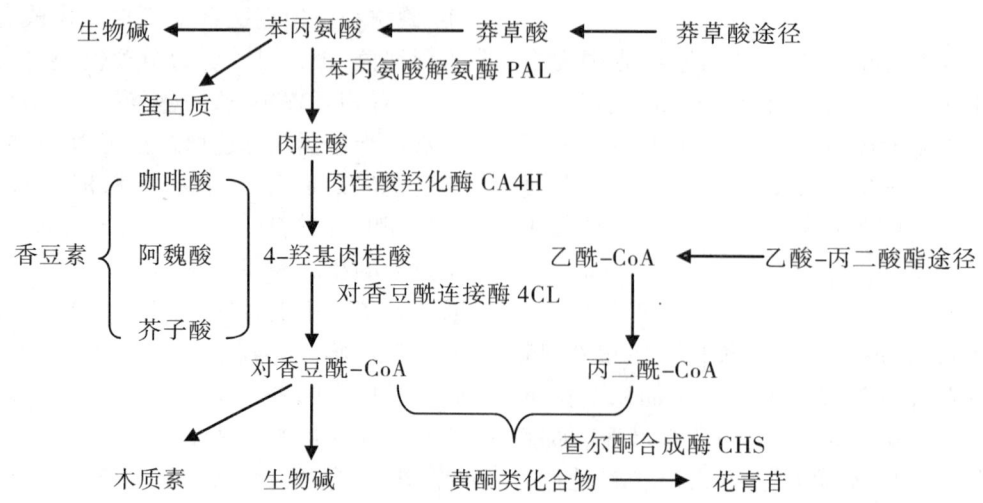

树体内苯内烷合成代谢途径

树体上的长枝分布

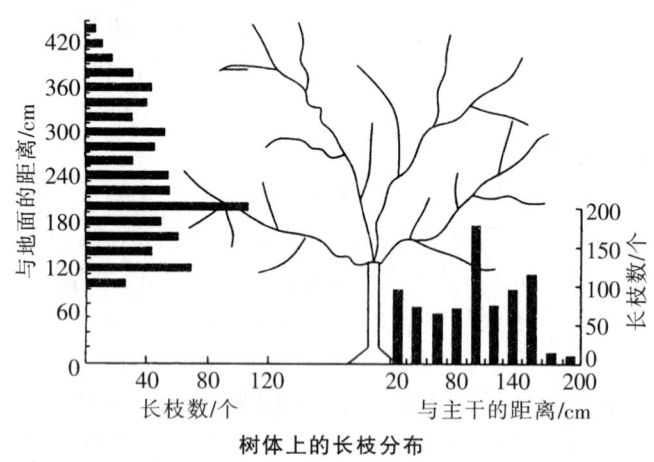

树体上的长枝分布

树体形态要点

（1）树高（m）。

（2）树冠直径（m）。

（3）主干。①高度（m）。②粗度（m）。③色泽：浅褐，灰褐，灰。④剥裂程度：深，中，浅。

（4）树姿：直立，下垂。

（5）树形：圆头形，广卵形，尖塔形，圆柱形。

（6）长枝长度（cm），粗度（cm），色泽。

（7）叶子。①形状。②色泽：浅绿，鲜黄，黄色斑纹。③大小：长（cm），宽（cm）。④缺刻：深，中，浅。⑤裂片：全绿，波状。⑥叶柄长度（cm）：粗，中，细。

（8）花。①雄花：在1个短枝上的花序数目（个），花序长度（cm）。②雌花：柄长（cm），形状。

树体营养转换期

银杏在春季萌芽后,在新梢生长和开花第一阶段所消耗物质,主要是来自树体内由上一年光合作用形成的碳水化合物和由根系从土壤中吸收的氮素及其他矿质元素,并以糖和有机氮的形态贮藏,这些贮藏物质在萌芽前发生水解,提供芽生长所必需的营养物质。随着枝条伸长,叶片发育与成熟,此时叶片合成的光合产物增多,同时根系活动日盛,并增加对土壤营养物质的吸收,银杏枝梢生长和种实发育逐渐从依赖上年贮藏营养供给,转变为依靠当年叶片光合作用和根系吸收的营养物质进行生长发育。这种转变称为树体营养转换期。处于转换期枝的生长略有停顿,枝上常出现小叶过渡,这就是营养转换期的外表特征。

树相指标

反映银杏的生长结种状况的指标,作为制订栽培技术方案的依据。合理的树相指标是由优质、丰产果园典型调查总结确定的。不同树种、品种、栽培方式都有各自的指标,适宜的树相指标是:新梢长25～30 cm,新梢停长率80%以上,叶片含氮量2.4%～2.7%。

树形

通过采取修剪技术,使骨干枝在树冠内按一定形式排列,达到树冠轮廓形成一定的形状。银杏树树形种类繁多,形式各异,为研究、应用方便,常对其进行分类。按树冠形状可分为圆头形、圆锥形、圆柱形、半圆形、纺锤形、树篱形、扇形等;按树体结构可分为有中心干树形、无中心干树形和篱笆形三类,有中心干树形包括主干形、疏散分层形、十字形、折叠扇形、小冠疏层形等,无中心干树形包括自然开心形、杯状形、改良杯状形、丫子形、三挺身等。选择适宜的树形对银杏早实、优质、稳产具有重要意义。在选择树形时应遵从尽可能符合银杏生长发育特性、有利于早结种、早丰产和优质,适合当地环境条件,有利于提高银杏园经济效益等原则。

树形美

银杏的树形美在树冠、树干、树乳。银杏树体高大,伟岸挺拔,雍容典雅,端庄秀丽。郭沫若赞誉其树冠为"巍峨的云冠""清凉的华盖",其树干"是多么的嶙峋而又洒脱呀,恐怕自有佛法以来再也不曾产生过像你这样的高僧"。民国年间曾有人赞颂四川省青城山天师洞古银杏的树形为"状如虬怒""姿如凤舞"。银杏的树形,可以说春夏秋冬各不相同。春天,其树姿挺拔中带娇俏;夏天,满树葱茏,冠可擎天,其形魁伟;金秋,金黄盈身,雍容华贵;冬季,枝条坚挺,裸枝怒展,其干嶙峋,且不失其傲然之气。还有一些古银杏树形奇特,巧夺天工,妙趣横生,令人叹为观止。陕西省周至县宗圣观古银杏树干中空,可容数人围坐,枝叶却依然郁郁葱葱。青城山天师洞古银杏在主干上长出很多奇形怪状的树乳,或肖人形,或似禽兽,或类虫豸。江苏省南京市惠济寺有一株古银杏名曰"千年垂乳",树高20余米,胸围7 m有余,树干长有7根树乳,最长的达2 m多,犹如巨乳悬于空中,神秘之感油然而生。

树芽发育特点

银杏树体上所有枝条、叶、花都是由芽发育而来的。芽按其着生部位不同,分为顶芽和腋芽;按其性质不同,又分为叶芽和混合芽。在树体营养生长阶段,芽通常发育成枝和叶,即叶芽;长短枝顶端的芽即顶芽,每一叶腋生长着腋芽,腋芽常在第三年发育成短枝。在生殖阶段,短枝上的顶芽常分化成混合芽,即雌(或雄)花和叶。银杏顶芽中含有高浓度的生长素,具有明显的顶端优势现象。在生产中,可通过摘心、重剪或环剥来促进侧枝发育,对嫁接苗,可将1年生短枝顶芽去掉后,促进茎部腋芽萌发成长枝,培养树形。

树叶氨基酸

银杏叶除含有各类主要化学成分和微量元素外,还含有丰富的氨基酸。自然界中,氨基酸共有20种,银杏叶中就含有17种,而且人体所必需的氨基酸均被银杏叶所含。经统计,银杏叶中氨基酸的总含量为银杏叶总质量的10.8%,尤其是对人体极富营养价值的10种氨基酸含量最高,这在植物界中是极少见的。由于银杏叶中含有极丰富的氨基酸,银杏叶不但可制成补充人体营养的营养食品,而且还可制成对人体具有医药疗效的保健食品,因此韩国把银杏叶称为除高丽参之外的又一大保健品资源。北京中医药大学基础化学研究院对银杏叶中氨基酸含量的测定结果如下表所示。

银杏叶中氨基酸浓度与疗效　　　单位:%

氨基酸	绿叶	黄叶	疗效
天门冬氨酸	1.12	0.38	肝炎、肝硬化、肝昏迷
苏氨酸	0.54	0.18	保护肝脏
氯氨酸	0.59	0.24	增强免疫力
谷氨酸	1.34	0.46	耳鸣、生眼针、皮炎
甘氨酸	0.76	0.26	美容、促进皮肤再生
再氨酸	0.76	0.24	血管疾病
胱氨酸	0.08	0.05	增强免疫力
结氨酸	0.66	0.21	内分泌疾病
蛋氨酸	0.11	0.07	胃肠病
异亮氨酸	0.56	0.18	降血脂

银杏树叶中的化学成分,黄酮类30种,单萜及倍半萜17种,萜类内酯6种,聚异戊烯9种,儿茶素及异花青色素6种,烷基酚及酚酸类12种,脂肪酸39种,糖及多元醇7种,高级醇、醛、酮、酯16种,氨基酸及有机酸11种,其他芳香化合物4种。中国科学院上海药物研究所陈仲良先生,又从银杏树叶中分得上述以外的化学成分17种,其中7种为新化合物。

树叶不宜煮水饮

有人为强身健体拾银杏叶煮水喝,这样会造成不好的后果。用银杏叶煮水喝极有可能中毒。还有专家介绍说,"自己用水煮银杏叶喝没什么效果"。为了减少药物的毒副作用,需要煎煮的中药都经过加工炮制。如果生熟不分,任意服用未经加工的中药材,例如银杏叶,不但起不到药物应有的疗效,还可能引发过敏和其他一些毒副作用。银杏叶含有毒成分,其毒性反应能引起阵发性痉挛、神经麻痹等,但不至于造成出血。但如果服用者本身消化道有溃疡,则由于银杏叶活血的功能也可能会引发出血症状。所以,不要直接用银杏叶煮水喝。

树叶采收

近年来,国内外的医药科学家们,对银杏叶提取物的药用保健价值做了全面揭示,小小银杏叶,身价猛涨,国际市场上每吨售价为2 000~2 500美元,国内市场上每吨售价为10 000~12 000元人民币。科学采收银杏树叶,对提高银杏叶的药用价值、保护母树具有重要的意义。

①采叶时间。据测定,银杏叶黄酮类化合物和萜

内酯含量最高的时间是9月下旬至10月上旬,此时期叶色浓绿,叶片厚大,叶片中水分含量达到全年最低值。在北方银杏叶采收的最佳时间应为10月1日至10月10日,即霜降前10天采完,这时树叶已产生离层,采收省力、省时,对树体生长也不会发生影响。曾有人提出6—8月份采收银杏树叶,并提出分期分批采,这时银杏树体和树枝正处于旺盛生长阶段,采收后对银杏树生长必然会产生重大不利影响。因此,应谨慎从之,切不可盲目。

②采叶方法。在国外,采叶银杏园是用专门的机械采收。目前我国对采叶银杏园和矮干密植丰产园均可采用人工一次采收。对采种母树可结合9月下旬采种,收集部分叶子,余下的部分可待10月上旬采集,但不可用竹竿击打枝条,以免损伤枝条和芽,影响来年种子产量。对树体高大、人工无法采收的,可在10月上旬喷洒 $2\,000 \times 10^{-6}$ 的乙烯利,让其落叶,在地面一次收集。

③晾晒。银杏叶采收后,应及时清除掉夹杂在叶子里面的树枝、杂草、泥土、石块及霉烂叶,并摊在水泥地面或柏油地面上晾晒,以防生热发霉,摊晒厚度不得超过3 cm,每天翻动2~3次,经3~4 d晾晒后,使叶片含水量达到10%的气干状态(感观标准是,将叶握在手中不焦碎,又比较柔软),保持叶片干燥、鲜绿、柔软,然后用麻袋或大型尼龙编织袋盛装起来,运至收购点或加工厂。一般是每2.5~3 kg鲜叶晒1 kg干叶。

④质量标准。目前市场上收购的银杏叶分为三级。一级叶:叶片颜色青绿,含水量不得超过10%,无霉烂变质,无杂草、树枝、石块、泥土等杂物。二级叶:无杂物,黄叶不得超过5%,叶缘变黄者不得超过10%。三级叶:叶片颜色不鲜绿,霉烂变质叶不得超过3%,黄叶不得超过10%。

树叶的毒副作用

由于银杏叶提取物是天然产物,制剂的毒性极低,对肝、肾功能均无不良影响,但在临床应用上约有5‰的患者出现腹泻、腹胀等轻微不良反应,停药后即会消失。

树叶调节中枢神经系统的药理作用

银杏叶提取物中的黄酮类化合物具有明显的镇痛作用。对头痛、耳鸣、眩晕、焦虑、惊厥不安等具有明显的治疗效果。银杏萜内酯可增强神经元的抑制活性,增加脑部记忆能力,延缓脑部记忆能力减退速度,从而延缓机体衰老,延长人的寿命。1997年,美国医师协会发表了"银杏叶提取物对治疗阿尔茨海默病的可靠性获得了临床实验的确认"的文章,这使得银杏叶提取物在植物药市场上作为"大脑活性食品"掀起了一个热潮。美国学者对3 000名阿尔茨海默病患者进行了为期1年的观察,以证实银杏叶提取物对阿尔茨海默病的疗效。美国前总统里根,在服用银杏叶提取物的同时,与阿尔茨海默病进行了长达10年的抗争。美国阿尔茨海默病患者达250~400万人,全世界达1 700~2 500万人。阿尔茨海默病是美国65岁以上老年人死亡的第四杀手。据统计,我国65岁以上阿尔茨海默病患者超过600万人,北方地区65岁以上老年人患病率为6.9%,南方为3.9%。阿尔茨海默病的成因是由脑血管疾病、高血压以及动脉硬化引起的,而银杏叶提取物正是治疗阿尔茨海默病的首选药物。世界卫生组织把每年的9月21日定为"世界阿尔茨海默病日",它的主题是:"关注痴呆、刻不容缓"。全世界阿尔茨海默病发病率每年还有继续增长的趋势,是继心脑血管病之后,威胁老年人健康的又一重要疾患。

树叶多糖类

多糖类包括糖和糖醇。银杏树叶中含有右旋肌醇甲醚、红杉醇、D-葡萄糖二酸以及水溶性多糖。

树叶改善心脑血管血液循环的药理作用

银杏叶提取物中的黄酮类化合物具有抑制小动脉收缩,扩张心脑血管,增加心脑血管血流量的作用,能降低脑血管血流阻力,改善心脑血液循环和脑部营养,降低椎动脉阻力,并能促进脑组织对糖的利用能力,能降低血浆黏稠度和全血黏稠度,并且具有降低血清胆固醇的作用。同时升高血清磷脂,改善血清担固醇及磷脂的比例,从而抑制血栓形成,减轻因缺血引起的心脑细胞的损伤,具有抗凝血和清除自由基的作用。银杏叶提取中的萜内酯能阻止由血小板活化因子(PAF)引起的低血压和心脏功能的变化。能阻止因心肌缺血而引起的心律不齐,降低中风致死率。近年来,全世界平均每年死于心脑血管疾病的总人数达1 550万人,占人类总死亡人数的25%,其中中国人占210万,占中国总死亡人数的49.6%。心脑血管疾病成为人类死亡的第一杀手。每年的10月8日为全国高血压日。根据山东省疾病预防控制中心发布的2003年全省7县市高血压调查的结果表明,15岁以上居民中,2002年高血压患病率7.49%,而在1991年,这一比例仅为11.88%。根据发布的数字看,在15岁以上的人群中,每10人中至少有两人患有高血压。全国高血压患者趋于低龄化,总体具增长的趋势。全国高血压患者为1亿3千万人,每年还以350万人的数额递增。银杏叶提取物药理作用的开发无疑给这些患者带来巨大的福音。

树叶和树皮的抵抗力

银杏叶子扇形宽大,而且稠密,比其他阔叶树抵抗力强得多。一般针叶树的抵抗力是弱的。科学家已发现银杏叶含有180余种化学成分,还有未知成分。这些化学物质功能特异,加上银杏树体内输导储存营养系统发达,受灾后常能改变树木的厄运。银杏树皮是树木生命活动的重要组成部分,日本称其为"树皮力"。银杏树皮的储藏机能也很强,不仅储藏水分,更储藏营养,在逆境中能发挥特有功能。

树叶黄酮类

银杏树叶中黄酮类化合物主要有单黄酮类、双黄酮类、儿茶素类等。其中单黄酮类包括单黄酮、黄酮醇以及它们与各种糖基形成的苷类。银杏树叶中主要的单黄酮类是山奈素(kaempferol)、槲皮素(quercetin)、异鼠李素(isorhamnetin)。它们的结构式如下图。图中取代基中 R_1、R_2 见表。

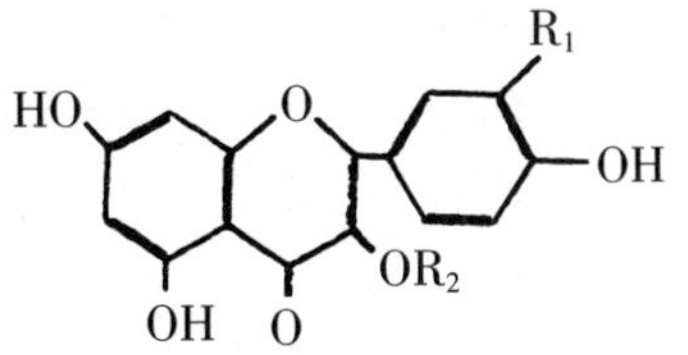

主要单黄酮类的结构式

主要单黄酮类的取代基

	R_1	R_2	分子式
山奈素	H	H	$C_{15}H_{10}O_6$
槲皮素	OH	H	$C_{15}H_{10}O_7$
异鼠李素	OCH_3	H	$C_{16}H_{12}O_7$

银杏树叶中的双黄酮类主要有银杏黄素(ginkgetin)、异银黄素(isoginkgetin)、金松双黄酮(sciadopitysin)、白果黄素(bilobetin)、穗花杉双黄酮(amentoflavone)、5′-甲氧基白果黄素等,其中前4种双黄酮的结构如下图。

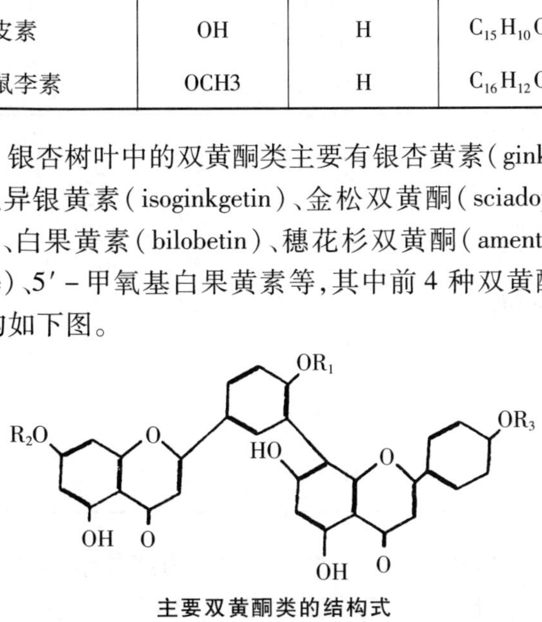

主要双黄酮类的结构式

图中取代基 $R_1 \sim R_3$ 见下表。

主要双黄酮类的取代基

	R_1	R_2	R_3	分子式
金松双黄酮	CH_3	CH_3	CH_3	$C_{33}H_{24}O_{10}$
银杏黄素	CH_3	CH_3	H	$C_{32}H_{22}O_{10}$
异银杏黄素	CH_3	H	CH_3	$C_{32}H_{22}O_{10}$
白果黄素	CH_3	H	H	$C_{31}H_{20}O_{10}$

采用高效液相色谱,从银杏树叶中可以依次分离出33种单黄酮和双黄类化合物。

银杏干青叶中单黄酮类的浓度一般为0.2%~0.4%,相当于黄酮苷总浓度的0.5%~1%。需要指出的是,银杏树叶中的黄酮类含量与产品和季节有关。同时,施肥有助于提高含量。对5年生银杏树施钾肥或氮肥,能使银杏树叶中的黄酮类提高36.1%。

树叶解痉抗过敏的药理作用

银杏叶提取物中的萜内酯对血小板活化因子(PAF)具有最理想的抵抗作用,它可以治疗与血小板活化因子有关的疾病,如哮喘、咳嗽、过敏性疾病,并能解除平滑肌痉挛、扩张支气管等。同时,能抑制肠管痉挛性收缩和回肠的兴奋。

树叶聚异戊烯醇类

聚异戊烯醇类是银杏树叶中存在的一种酯类化合物,它是由一系列异戊烯基单元和终端异戊烯醇单元构成的长链化合物,其中异戊烯醇基单元有顺式和反式两种,其结构式如下图。

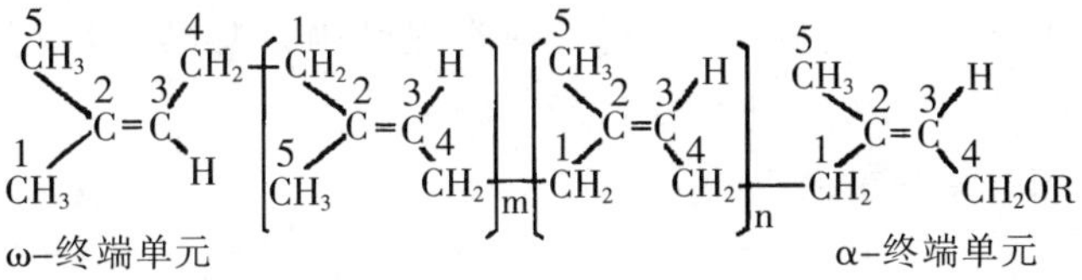

聚异戊烯醇的结构
ω-终端单元　　　　　　　　α-终端单元
m-反式结构单元数　n-顺式结构单元数　R-为H或酸基

这种聚异戊烯醇具有桦木聚异戊烯醇型结构。聚异戊烯醇是一种潜在的药用成分,因它是合成长醇(dolichol)的重要原料,而长醇在改善造血功能、肝功能和治疗糖尿病中具有重要作用。据测定,从1 kg鲜叶中可分离出1.6 g聚异戊烯醇。

长链苯酚类:该类化合物包括白果酸(ginkgolic acid,a)、氢化白果酸(hydroginkgolic acid,b)、氢化白果亚酸(ginkgolinic acid,c)、白果酚(ginkgol,d)和银杏酚等,分布于银杏树的组织中,它的结构式如下表。

银杏长链苯酚类

名称	结构式	熔点或沸点(℃)
白果酸 (a)	苯环-$(CH_2)_7$-CH=CH-$(CH_2)_5$-CH_3,COOH,OH	熔点 42~43
氢化白果酸 (b)	苯环-$(CH_2)_7$-CH_2-CH_2-$(CH_2)_5$-CH_3,COOH,OH	熔点 86~88
氢化白果亚酸 (c)	苯环-$(CH_2)_{13}$-CH_3,COOH,OH	熔点 74~76
白果酚 (d)	苯环-$(CH_2)_7$-CH=CH-$(CH_2)_5$-CH_3,OH	沸点 237~242
银杏酚	HO-苯环-$(CH_2)_7$-CH=CH-$(CH_2)_5$-CH_3,OH	熔点 36~37

白果酸、氢化白果酸和氢化白果亚酸为烃基取代的水杨酸衍生物。白果酚和银杏酚则分别为烃基取代的苯酚和间苯二酚衍生物,是有些患者在长期服用银杏叶片剂时的致敏性成分,所以,在银杏叶提取物中应设法除掉白果酚和银杏酚。

树叶酸类

银杏树叶含有脂肪酸、氨基酸、羟基酸、莽草酸、6-羟基犬尿喹啉酸等。其中氨基酸包括天门冬氨酸、苏氨酸、丝氨酸、谷氨酸、甘氨酸、丙氨酸、缬氨酸、蛋氨酸、异亮氨酸、亮氨酸、酪氨酸、苯丙氨酸、赖氨酸、组氨酸、精氨酸、脯氨酸。银杏绿叶中氨基酸总量可高达10.8%,黄叶中约为3.5%。

树叶萜内酯类

银杏萜内酯类化合物是银杏树叶中的又一类重要的化学成分,它分为萜内酯和白果内酯两类。后来又发现了一种银杏内酯,用 X 射线结晶和核磁共振方法证实了这些银杏内酯的结构,见下图。银杏内酯是二萜类内酯,5 种银杏内酯被称为银杏内酯 A、B、C、M、J(Ginkgo lideA、B、C、M、J)。

图中取代基 $R_1 \sim R_3$ 见下表。从表中可以看出,5种银杏内酯的差别仅是羟基的数目和位置的不同。从结构上看,银杏内酯有 6 个五元环(图中 A、B、C、D、E、F),其中 3 个内酯环,2 个戊烷环,1 个是氢呋喃环。戊烷环连接在单个碳原子上形成螺[4,4]壬烷碳骨架。银杏内酯的最大特征是在侧链存在 1 个叔丁基,这是天然产物,化学中罕见。

银杏内酯的取代基

银杏内酯	R_1	R_2	R_3
银杏内酯 A	OH	H	H
银杏内酯 B	OH	OH	H
银杏内酯 C	OH	OH	OH
银杏内酯 M	H	OH	OH
银杏内酯 J	OH	OH	OH
银杏内酯 A 异构体	H	OH	H
银杏内酯 A 异构体	H	H	OH

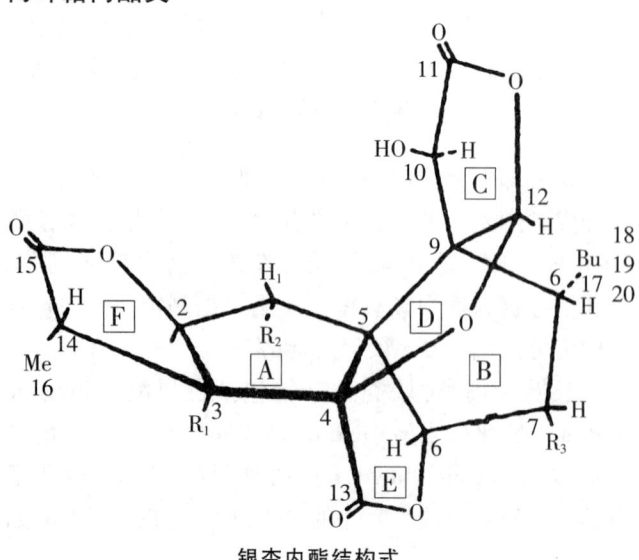

银杏内酯结构式

银杏树叶中存在的另一种萜内酯是倍半萜化合物,这些化合物称为白果内酯(bilobalide)。在白果内酯中只有一个戊烷环。下表是银杏萜内酯类的特征及其有关参数。

银杏萜内酯类参数

名称	国际通用	分子式	分子量	R_1	R_2	R_3	旋光度[a]	熔点(℃)
A(GA)	BN52020	$C_{20}H_{24}O_9$	408	OH	H	H	−39	300
B(GB)	BN52021	$C_{20}H_{24}O_{10}$	424	OH	OH	H	−63	300
C(GC)	BN52022	$C_{20}H_{24}O_{11}$	440	OH	OH	OH	−19	300
M(GM)	BN52024	$C_{20}H_{24}O_{10}$	424	H	OH	OH	−39	280

树叶叶蜡

银杏叶蜡占银杏干青叶的 0.7%~1%,叶蜡中烷烃和醇类占75%,酯类占15%,游离酸占10%。在叶蜡的脂类化合物中,主要的烷烃是碳原子数为25、27和29的烃类;次要的烷烃是碳原子数为19以上的烃类;醇类是碳原子数为26、28和29的醇;醛类是碳原子数为6的醛;酮类是碳原子数为27和29的酮;酯类是碳原子数为38~42的酯。

树叶甾类

银杏树叶中含有谷甾醇、葡萄干谷甾醇等甾类化合物。

树脂的静态饱和吸附量

树脂的静态饱和吸附量

树脂	骨架结构	树脂用量(g)	含水量(%)	黄酮浓度(mg/mL)		吸附量(mg/g 干树脂)
				吸附前	吸附后	
GBSORB	酰胺	2.018 7	63.0	1.057	0.256 9	53.38
D101	PSD	2.043 9	61.20	1.057	0.301 9	41.49
AB−8	PSD	2.004 7	70.24	1.057	0.276 3	65.47

树脂吸附法提取工艺流程

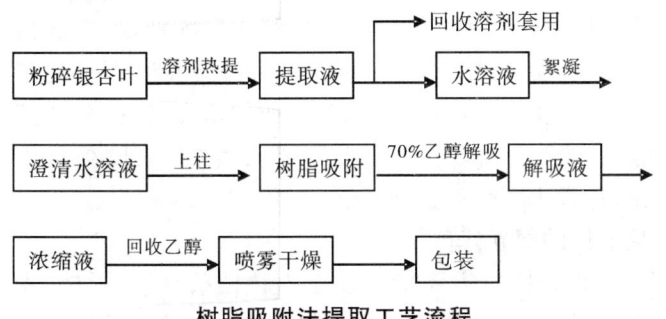

树脂吸附法提取工艺流程

树脂吸附提取法

树脂吸附工艺生产 EGb 主要特点是成本低,树脂可再生重复使用,工艺设计合理且操作得当的话可反复使用数百次。溶剂仅用乙醇,回收率高,对成本影响不大。在成本中,银杏叶原料占一半以上,总的成本比溶剂法低得多,有很大的市场竞争潜力。其次是生产过程中仅用乙醇,车间防火防爆要求及操作工人防护较溶剂法要低,比较适合我国国情。一般来说树脂工艺与树脂的选型和树脂的质量关系较大,操作技术的掌握要求也较高,加上生产过程中树脂兼有初步的分离作用,可用梯度洗脱,对质量较差的叶也能生产出合格的产品,在当前我国银杏叶由于不同产地和采收季节质基差别较大的情况下更为适用。

树株的配置方式

栽植方式即栽植时树与树之间的配置方式,与经营目的、立地条件和管理水平有关,主要有正方形、长方形和三角形三种方式,生产中常用的是后两种配置方式。长方形配置,行距大,株距小,有利间作和行间抚育管理,通风透光条件好;三角形配置空间利用率高,有利于树冠的发育。不管何种方式,从通风透光的角度来看,应尽量采取南北行栽植。除成片的矮秆密植丰产园外,在山区和丘陵地区通常沿等熵线进行栽植,有利于水土保持和园地管理。

树桩盆景

以树木为主体材料的盆景创作。通常以老树桩形态的树木盆景为主,也包括基部不具备老桩形态的树木盆景的制作。

树姿

树姿是指银杏自然生长状态下树冠的外形。银杏树干生长极性强,多具有直立的长圆形、圆锥形、纺锤形等。银杏也有干性弱、枝条软、分枝角度大、枝条多下垂、树形紊乱的披散形,如江苏邳州的垂枝银杏。从地面萌生多个树干则树冠成丛状形,如广东南雄、湖北恩施一些银杏树冠的树形。

数量成熟龄

银杏用材林在单位面积上每年生产材积数量最多时期的年龄。这个时期也是林木平均生长量最大的时期,因此也叫平均生长量最大熟龄。银杏的数量成熟龄为60年生。

衰老

衰老指银杏代谢强度衰退和蛋白质合成率降低,从而整个银杏植株生命功能逐渐衰退的过程。造成银杏树体衰老的内在原因:①营养亏缺。当银杏结种到一定的程度时,存在新梢生长、开花和种实发育、根系生长以及花芽分化四者之间的矛盾。优先开放的花和发育着的种子,消耗大量的贮藏物质,从而使新梢生长、根系发育以及花芽分化受阻,特别是新梢长势的衰退,使整个树体处于光和物质不足。这是银杏树体衰老的主要原因之一。②激素水平的不平衡。细胞分裂素、IAA、GA三者具有促进生长、延缓衰老的功能。ABA食量的增高是引起银杏衰老的主要因素之一。乙烯也具有引起衰老的作用。除内在的因素之外,如不适宜的环境条件、错误的农业技术措施以及病虫害等外在因素也造成树体衰老。总特点是破坏植物组织和促进细胞蛋白质的水解。

衰老期

银杏大枝开始衰弱,产量寥寥无几,此为衰老期。这是个体发育最长的也是最后的一个发育阶段。俗话说,人老先老腿,树老先老根。根系分期分批死亡,逐渐失去固有的功能。枝梢生长量也明显减少。结种短枝虽能形成花芽,但坐种率很低,大部分则呈现死亡、半死亡状态。骨干枝中、下部光秃,无新枝抽生,外围枝条也大量下垂干枯,树冠残缺不全。主干和部分主枝上的潜伏芽开始萌发,抽生徒长枝。此时管理的重点是促使树体更新复壮,在加强土、肥、水管理的前提下,对各类枝进行更新修剪,去弱留强,疏除枯死枝,必要时充分利用徒长枝重建树冠,培养新的结种部位。衰老期的树只要加强管理,仍能维持一段时间,获得可观的产量。陕西省镇巴县长龙坪村一株1300年的银杏古树,仍年产白果1500多千克。山东省苍山县水北湖村一株480多年生的银杏,大年结白果1650 kg。这样的事例不胜枚举,归根结底无不是加强管理的结果。

衰老期修剪特点

一般来说,银杏到300年以后,便进入衰老期,其产量与品质开始有所下降。衰老树长势苍老,长枝生长量渐小,短枝大量增多。衰老树的复壮首先要从水、肥、土管理上做文章。应增施有机肥料,保证水分供应,促使根系恢复旺盛生长,并且慎用人工授粉,限量结种,使树势健壮。在此基础上通过修剪调节才能奏效。

①冠形较整齐衰弱树的修剪。因年龄大、立地条件差或缺乏管理所造成之衰弱树,往往树冠还比较完整,修剪中要以短截为主要手段,不但辅养枝要回缩,而且主、侧枝也要大幅度回缩。留向上的壮枝、壮芽作延长头。疏除过密、过弱而且有大量结种短枝的长枝,减少结种。少疏除大枝,避免造成大伤口。充分利用徒长条,加以中截,使其分生新枝,培养强壮的结种枝组,逐步代替原来衰弱的结种枝,以恢复结种能力。

②冠形残缺衰弱树的修剪。银杏潜伏芽萌发力强,通过刻伤等刺激可引发出徒长枝。徒长枝可代替原来的主、侧枝,使多年缺损的树冠得以恢复。主要通过短截或夏季摘心,使一部分短枝萌生长枝。因病或机械损伤造成骨干枝的大伤疤处,可采用桥接的方法,恢复输导组织,以期延缓衰老。

衰老树的抚育

银杏树生长到300~500年后,短枝大量枯死,新生短枝数量减少,树干中下部裸露部位加大,外围枝条大量下垂、干枯,仅主干和大侧枝的隐芽萌发,抽生枝条能开花结实,但也较衰弱,所以,结实量大幅度下降。有的古树主干和大侧枝遭受雷击火烧,积有雨水,组织坏死,树干腐朽破损,年深日久,形成大小、形状各异的树洞,鸟兽也常营巢造穴作为栖息场所,这会加剧腐朽程度,任其下去,则严重影响产量,造成树头断裂,整株死亡。为了驱散鸟兽,应及时用水泥填塞孔洞,雷击枝可用钢筋固定,或用水泥杆支撑,使其自然愈合,若腐朽不太严重,树皮完整,采取综合措施,加强水肥管理,仍然能稳产高产。

衰老树的更新修剪

衰老树的主要特征在于内膛枝条纤细、干枯、光秃、产量低。这时试图采用短截各类枝条延长枝已无济于事,需要采取更新修剪法,才能恢复树势,重新提高产量。银杏的萌芽力强,在需要抽枝的方位、方向,于隐芽上5 cm左右处刻伤以刺激萌发,极易成功。即使锯截直径3~5 cm的大枝,当年也有枝条萌生。不过,在操作中要注意各级枝的从属关系和层间距离。中央领导干枝头要高于其他主枝,上部主枝头要高于下部主枝头,主枝头要高于侧枝,以保证发枝后枝条生长均衡。对于稍大的锯(剪)口,要涂接蜡或油漆,以防锯(剪)口龟裂或存积雨水而腐烂。树冠更新以一次完成为好,这样对树刺激重,发枝整齐,且抽枝多,便于培养选择骨干枝,以便迅速形成并扩大树冠,及早投产。银杏不宜分批分期轮换更新树冠,否则发枝少，长势弱，甚至有的更新后不萌发新枝，即使发出枝，也被现有的大枝压下去，不利于迅速形成树冠，产量恢复也慢。

衰老树的生长

银杏300～500年生以后，产量大幅度下降，种核变小，结实短枝大量枯死，新生短枝数量越来越少，骨干枝中、下部裸露部位加大，外围枝条大量下垂、干枯，主干和大侧枝的隐芽萌发抽生枝条，能开花结实，但是也较衰弱。主干或大侧枝木质部腐朽、中空，大枝条折断，树冠残缺，根系也大量死亡。但是管理好，可以大大延长银杏生长年限。陕西省镇巴县有株1 300多年的银杏树，每年可结白果900 kg，最多的一年采收了1 500 kg。四川西部贡嘎山有株3 000多年的银杏树，树高30多米，胸围12 m，枝叶繁茂，每年仍然结果累累。湖南省洞口县大屋乡有株3 500年的银杏树，好的年份可结种750 kg。说明银杏是经济寿命很长的树，没有任何果树可以与之相比。全国现有的50万株成龄银杏，总产量约为500万千克，平均单株产量不足10 kg。究其原因有：一是经营管理技术水平一般较低；二是立地条件一般较差。二者单独作用或共同作用导致树势衰弱，引起减产。做好衰老树的更新复壮工作有十分重大的意义。对衰老树的复壮，主要是要落实各种常规丰产技术措施，加强管理。

衰老树的修剪

进入结果期后，连续结果过多，营养生长量减少，树上地下管理不善，造成树势老化。对此类树除增加土、肥、水、管理外，应及时逐年进行更新修剪，尽快增强树势。疏除密枝、衰老枝、枯枝、病枝、细弱枝，对结果枝组回缩到壮枝处，轴生大枝，回缩到弯曲部分的最高点，刺激潜伏芽萌发成壮枝。同时减少授粉量，使结果量降低，或不授粉养树，使树势尽快复壮。自然生长的大树，大枝多而集中，枝条紊乱、密挤，通风透光不良，应适当锯掉过多的大枝，打开光路，回缩轴生大枝，刺激萌发枝条，并利用徒长枝进行更新。对大枝伤口用0.1%升汞水和伤口保护剂涂抹，防止腐烂，有利愈合。

双9105

双9105属中熟特大佛手。果实长卵圆形，单种重平均11.5 g，出核率23.6%。种核倒卵形，两侧棱明显，两束迹合二为一，单核平均重3.67 g，每千克273粒左右。9月中旬成熟，色泽红黄。品质好，种仁味香脆，糯性强，稍具苦味。抗病虫能力强，在石灰岩发育的红壤、黄壤以及庭前屋后的熟土上生长良好。

双黄酮

双黄酮共计6种。穗花杉双黄酮（amentoflavone）、银杏双黄酮（ginkgetin）、异银杏双黄酮（isogenkgetin）、去甲银杏双黄酮（bilobetin）、金松双黄酮（soiadopuydin）、5′-甲氧基去甲银杏双黄酮（5′-methoxybilobetin）。

$R_1=OCH_3 \quad R_2=OCH_3 \quad R_3=OH \quad R_4=H$

白果双黄酮

双黄酮含量的季节变化

双黄酮含量的季节变化

单位：mg/g，干提取物

采收季节	西阿多黄素	银杏黄素	异银杏黄素	白果黄素	总量
春季	2.9	0.8	1.1	0.4	5.2
夏季	2.5	0.9	0.8	0.2	4.4
秋季（绿叶）	10.3	3.6	2.4	0.9	17.2
秋季（黄叶）	10.1	4.6	2.9	1.4	19.0

银杏叶中的双黄酮含量在年生长周期内是不恒定的。双黄酮总量秋季比春季和夏季高出3倍多。秋季，绿叶和落下的黄叶双黄酮的含量几乎相等，因此采收银杏叶子的时间可选择在叶子发黄或落叶时进行，这样一方面不会影响银杏树的生长和银杏树的结果，另一方面也有利于大量提取双黄酮。

双黄酮类化合物

双黄酮类化合物的母核结构及双黄酮类化合物结构式如图所示。

双黄酮类母核及双黄酮类化合物结构图

双黄酮类化合物 $R_1 \sim R_4$ 结构表

双黄酮类化合物	R_1	R_2	R_3	R_4
穗花杉双黄酮	H	H	H	H
银杏双黄酮	OCH_3	OCH_3	H	H
异银杏双黄酮	OCH_3	H	OCH_3	H
去甲银杏双黄酮	OCH_3	H	H	H
金钱松双黄酮	OCH_3	OCH_3	OCH_3	H
5′-甲氧基去甲银杏双黄酮	OCH_3	H	H	OCH_3

双色叶银杏

绿叶是大自然的造化，它是行使光合作用的重要器官，除极少数植物的叶片是红色或黄色外，99%以上的植物的叶片都是绿色的。然而，在我国却发现了同株两色叶银杏。江西九江市彭泽县梅花鹿自然保护区的王家坡生长着一株奇特的两色银杏，高25 m，胸径1.16 m，树龄约250年。该树主干3 m处的一个枝干上，长出的叶片全为金黄色，而其余各处叶片则全为绿色。据说，此树原先并不是生长两种颜色的叶子，而是在生长过程中，一条经雷击后重新发出的枝叶变成了黄色，在此枝干上结的果实也是黄色，而其他枝干上的叶子和果实仍为绿色。有关植物学家推测，树干经雷击后产生芽变，因而造成了一株树上生长两种不同颜色的叶子。目前，已在河南鹿邑老庄乡孙营村、湖北安陆王义贞镇三冲村、湖北武汉江夏区全口镇、山东泰安泰山脚下均发现有双色叶银杏。

双砧嫁接（桥接）

双砧嫁接又称多砧嫁接或桥接，多用于大树机械损伤、家畜啃伤树皮及银杏盆景等方面。此法的要点是先在被损伤的大树周围栽上银杏小苗，把树苗的上端削成马耳形斜面，再插入伤口上部的皮层内，使双方形成层密接。插好后用绳绑紧或用小钉钉牢，再涂上黄泥或接蜡，防止树体摇动。砧苗的数目可视树的大小而定。一般可用3~4株，个别情况下可应用多株。

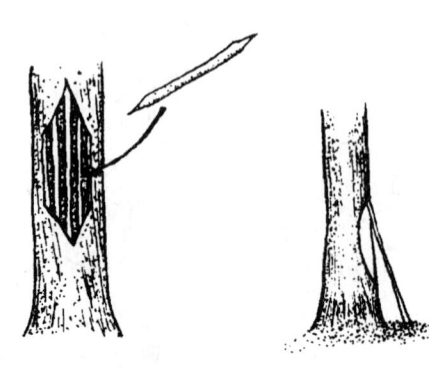

双砧嫁接

双砧苗

即用1根接穗嫁接在两株实生苗上的方法，培养出来的嫁接苗称为双砧苗。人工精选发育正常、充分成熟、粒大、饱满、无病虫害的种子，作为初选播种用种。因银杏种子瘪粒占5%~10%，故一定要将初选播种用种倒入清水中，将漂浮于水面的种子捞出剔除，然后将沉于水底的种子按常规催芽，适时早播，以延长砧木苗生长期。可采用大田式宽窄行点播法。宽行行距40 cm，窄行行距10~20 cm，嫁接人员可在40 cm的宽行上对左右两行进行嫁接操作。砧木苗生长期应加强肥水管理，使1年生砧木苗高达25 cm以上，根径达0.8 cm以上。春季嫁接成活率较高。如山东是清明前后5 d为最适宜嫁接时期，如以物候期确定嫁接时期，是以砧木苗顶、侧芽刚刚萌动至展叶前，为最适宜嫁接时期。

嫁接前选10~25年生、结种早、种子品质优良、无病虫害，生长健壮的母树采集接穗。在树冠中、上部剪取1年生枝条第一、二段作为接穗，第三、四段嫁接成活率略低，也易造成偏冠。

两砧同在离地面10~12 cm处剪断，在两砧相对的一面，于砧木剪口下3 cm处向上斜削一刀，使削面接近或通过砧木苗髓心。选取与砧木苗茎粗细基本相等的接穗，在接穗芽基下1 cm处，于接穗相反两面各斜削一刀，然后将接穗夹在两砧木削面中，接穗削面上端留0.2 cm，对准形成层，先用麻皮绑扎紧，再用塑料带将接口缠绕严，以防风干，影响成活。在嫁接技术正确，操作熟练的情况下，一般成活率均在90%以上。

根深才能叶茂。由于接穗的营养是靠两株砧木苗的根系供给，成活后生长显著加快，当年生苗一般高生长可达50~70 cm，比单砧嫁接苗高生长增加2~3倍。第2年春季便可移植到银杏园中定植，或经移植继续培养成大苗。

霜

地面或地面物体的温度降低到0 ℃以下，空气中的水汽直接在它们上面凝华而成的白色冰晶体，霜一般出现在晴朗无风的夜间或清晨。霜本身并不危害植物，使植物受害的是形成霜时的低温。

霜冻

在冷暖过渡的季节里，植株表面和近地面气温降到足以引起植物遭受冻害或死亡的现象。发生霜冻时不一定有霜。预防霜冻的方法有熏烟、灌水和覆盖包扎等方法。

霜期

初霜日到终霜日（次年）之间的日数。这段时期内经常有霜出现。初霜又称早霜、秋霜，指每年入秋后最早出现的一次霜。终霜又称晚霜、春霜，指每年开春后最晚出现的一次霜。

水藏

将白果放在清水缸中，经常换水，或将装有白果的麻袋放入流动河水中，可贮存4~5个月。另外，我国浙江临安一带的农民，还有将煮熟的白果泡入清水中贮藏过冬的习惯。贮藏过程中，也要5~7 d换一次水。

水分

年降水量为1 000 mm左右的地区，为银杏降水量的适生地区，一般不需要灌溉。若在雨季土壤积水一周，会导致银杏根系缺氧而死亡。栽植时应选择地下水位在2.5~3.5 m的地段，并挖好排水沟。

水分平衡

银杏体内的吸水和失水之间维持动态平衡的关系。研究一株树木的水分平衡情况很有实际意义，树木移栽、干旱地区造林要考虑银杏的水分平衡。银杏体内的水分平衡被破坏，出现水分亏缺，即发生萎蔫现象，严重时引起叶、花和种实脱落，生长受抑制。栽植树木时常剪去部分枝叶以减少蒸腾面积，目的在于保持水分平衡。

水分条件对插穗生根的影响

嫩枝扦插的关键是水分管理。条件许可的地方应配备全光照自动间歇喷雾装置，其功效大大超过人工灌溉和其他喷淋设施，生根率和成活率可分别提高25%和22%以上。

水分胁迫

干旱、缺水等原因导致银杏生长发育等正常生理功能失调或被干扰，即为水分胁迫，又称为干旱胁迫或水分亏缺。

水分与银杏

水分在银杏树体中的量约占总质量的40%~50%，在种实中约占70%。水参加银杏树体各种物质的形成和转化，也是维持细胞膨压、溶解土壤矿质营养和平衡树体温度不可缺少的重要因素。虽然水分在银杏体内起着如此重大的作用，但从根部吸收的水分，被用于合成碳水化合物的仅占2%~3%，其他部分都从叶片蒸腾到大气中去。银杏叶片大，叶子多，蒸腾量相对也大，因而需要水分多。不过，从目前生长在池塘边和低洼处的银杏看，被积水淹死的大树时有发生。地下水位过高，生长也会受到影响。因此，银杏适生于土壤水分偏低地带。

银杏根系在土壤中呈均匀分布。因此银杏对水分和养分的吸收能力强，成为抗旱能力较强的果树。在年降水量900 mm以上的地区，生长期大树一般不需灌溉。但经营银杏丰产园时，应根据银杏生理指标及时灌溉或喷雾。降水过多对银杏的生长发育不利，雌树开花期如果阴雨连绵，光照也显然不充足，容易引起授粉不良和生理落种，而且花芽分化也不良，直接影响到第二年种实的产量。其他时期阴雨过多时，往往枝条细弱，易感染病虫害。

水浸提——乙醇回流（树脂吸附）法

是我国最早的提取工艺，时至今日仍有一些学者在进行大量研究，工艺流程如下。

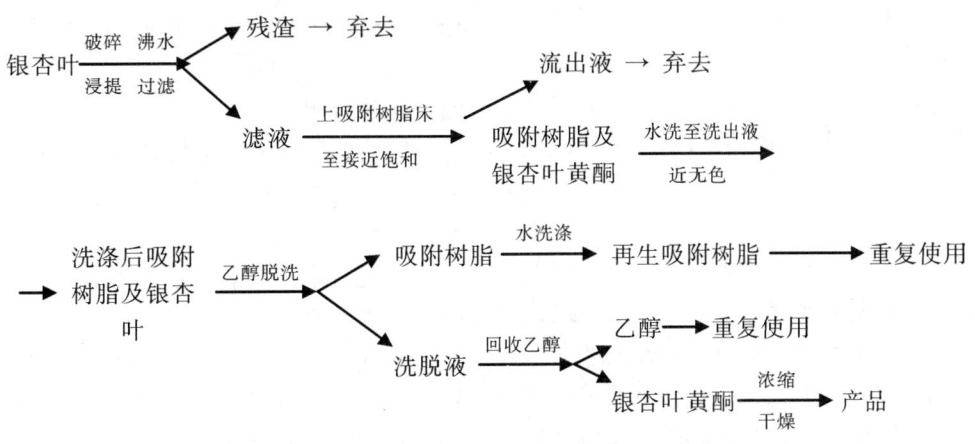

水浸提——乙醇回流（树脂吸附）法工艺流程

想获得高质量的产品，工艺条件十分重要。操作中首先应除去银杏叶中的杂物和泥沙。根据目前的研究，以山东郯城、江苏邳州，以及贵州省的叶子含生物活性成分较高。为了最大限度地提取银杏叶中的有效成分，叶片应粉碎成1~2 cm²，或切成宽0.5~1 cm的长条，如粉碎过细，会增加过滤困难，也不适用。沸水共提取三次，第一次加水量为银杏叶重量的8~10倍；第二、三次为银杏叶重量的5~6倍，每次微煮沸 2~3 h,每隔半小时翻动一次。三次提取液合并,精滤,经冷却后,放置在冷库中静置 24 h,再用虹吸法导出上清液进行精滤,如用树脂吸附法,可采用天津制胶厂生产的 D101。固定床装置,树脂吸附量约为 2 g/100 mL。用水要经净化和离子交换处理。

本工艺黄酮提取率可达到 34.91%,用芸香苷做标准品测定,所得产品总黄酮浓度可达 38%。工业化生产中。所得产品颜色为深褐色粉末,与乙醇提取法相比,不如淡黄色产品感观好,原因是回流浸提时间过长,又加之用极性较强的水做溶剂,易把易溶于水的蛋白质、糖类等成分提取出来发生氧化。水浸提取法总黄酮提取率较低。提取液在 0 ℃的冷库中保存 30 d 不会发霉变质,但后续的过滤、干燥等操作困难且费时,所得产品质量极不稳定,固体产品总黄酮含量较低。此产品不能作为医药原料在国内外市场上销售,只能作为保健食品、保健饮料的食品添加剂或作为保健饮料等。如果直接用提取液做原料生产保健食品或保健饮料等,由于此法工艺简单,投资少,仍是一种较实用的工艺方法。

水平分布

银杏水平分布于东至山东半岛,台湾阿里山(东经120°45′,北纬23°26′),浙江普陀岛(东经122°1′,北纬29°52′);南至广东珠海、连州、南雄、和平县(东经113°34′,北纬22°16′);西至云南腾冲(东经104°4′,北纬30°39′)、甘肃徽县(东经106°5′,北纬33°46′)和白龙江(东经105°6′,北纬33°16′);北至辽宁丹东(东经124°23′,北纬40°7′)、开原(东经124°2′,北纬42°32′)、沈阳、抚顺等地。银杏水平分布范围大体是在东经 104°~124°之间,长约 2 700 km,北纬 22°~42°之间,长约 2 300 km。

水平距离

在同一水平面上两点间的距离。用于测量上计算和制图。

水平梯田

在坡耕地上沿等高线修成的田面水平,埂坎均匀平整的台阶式田块。坡耕地经常是跑水、跑土、跑肥的"三跑田",土壤干旱瘠薄,产量低而不稳。修水平梯田可以把"三跑田"改造成为保水、保土、保肥的"三保田",能提高产量且耕作方便,易于灌溉,上地有路,排水有渠。水平梯田一次可拦蓄 100 mm 的暴雨,做到水不出沟,土不下坡。一般梯田年径流量较坡地减少 85% 以上,冲刷量减少 95%,干旱时期土壤含水量提高 8.6%。水平梯田的粮食亩产一般可达 200 kg 左右,高的可达 500 kg,较坡地高好出几倍。银杏也可以在土层深厚、土壤肥沃的水平梯田上栽植。

水土保持林

水土流失地区,以调节地表径流、涵养水源、防止土壤侵蚀、改善农业生产条件为目的的防护林。它的林冠能截留暴雨,枯枝落叶能吸收和减缓地表径流,根系能固持土壤,增加土壤渗水,是保持水土的极有力措施。

水胁迫对银杏叶绿素含量的影响

水胁迫对银杏叶绿素含量的影响　　　单位:mg/g

品种	5 d		10 d		15 d	
	对照	淹水	对照	淹水	对照	淹水
大金坠	0.423	0.388	0.458	0.374	0.525	0.329
梅核	0.455	0.393	0.412	0.348	0.470	0.251
佛指	0.451	0.404	0.471	0.332	0.433	0.352

水银杏

爱知县是日本著名的"银杏之乡"。爱知县的早熟品种 7 月 10 日开始采收上市,日本人称这种银杏为"水银杏"。

顺德大佛手

该株银杏位于广东省佛山市顺德区清晖园内。芽萌初期 3 月中下旬,4 月上中旬开花,9 月初种子成熟。该母树 150 年生,该树为广东境内唯一一株北纬 24°以南,年均气温 22 ℃ 以上能正常开花结实的优株。种核端部有或长或短的尖吻。外观较圆,种蒂明显。种核长×宽×厚为 1.97 cm × 1.21 cm × 1.12 cm。长:宽:厚为 1:0.61:0.57。冠状面长形,横切面圆形。种仁含量蛋白质 88.2 g/kg,淀粉 665.1 g/kg,脂肪 66 g/kg,游离氨基酸 8.6 g/kg、蔗糖 24.4 g/kg,还原糖 70.9 g/kg,VC 为 0.16 g/kg。成熟叶片过氧化物同工酶(POD)活力 0.1 V/mg 蛋白。

顺纹抗压强度

简称顺压强度。木材顺纹方向受压时所产生的最大应力。银杏木材的顺纹抗压强度为 0.41 kg/cm^2。

斯普林德

树冠阔塔形,树干挺拔,雌株。

四川冷碛银杏

该树位于四川泸定县冷碛乡,树高 30 m,胸径 3.98 m,树龄 1 600 多年,相传为三国时期诸葛亮南征时所栽。该树目前仍枝叶繁茂,结实。

四川盆地银杏地理生态型

分布范围北纬 28°~32°,东经 103°~119°,包括四川盆地边缘山地,即成都盆地和川西、川南及川东山地丘陵。气候属中亚热带湿润区。年平均气温 15~18 ℃,1 月份平均气温 5~8 ℃,7 月份平均气温

24~28 ℃,年降水量900~1 350 mm。土壤为山地黄壤和黄棕壤,植被为常绿阔叶林。在垂直分布500~1 000 m的山丘地带有零星栽培。虽有千年以上大树,但人工栽培发展很少。品种资源不清。

四川西部邛崃山区银杏种群

在四川西部邛崃的天台山与南宝山、崇暇山之间,山势陡峭,交通闭塞,从该市油榨乡至高何镇的20 km山谷地带,被称为"千年银杏谷"。这里的银杏古树群和散生银杏古树,由于保护不力,屡遭砍伐和破坏,但至今保存着胸径2~3 m的大树。这已引起国内一些科学工作者的关注。

四川叶籽银杏

四川省近年来发现1株叶籽银杏。该树约150年生,树高30 m,胸径1.22 m,每年树上都结出椭圆形、圆形和带叶球果(占20%~30%)。3种果实除可收获长椭圆形和正圆形的正常种核外,还可见到带喙形长尖的畸形种核。

四个日本银杏引种品种表现

4个日本品种果型较大,其中藤九郎、岭南两个品种特别大。因是初结果,所以在丰产性能上难以比较。

结果性状测量记录表

品种	每米种实数(粒)	果柄长(cm)	果纵径:横径(cm)	核果纵:横:厚(cm)	单果重量(g)	单核重量(g)	每千克核数
黄金丸	110	4.3	3.4:3.1	2.70:1.22:1	15.6	4.2	244
藤九郎	40	4.6	3.3:3.1	2.80:2.24:1	17.9	4.6	220
岭南	80	4.5	3.0:2.9	2.66:2.10:1	14.8	4.4	227
金兵卫	160	4.8	3.0:2.6	2.50:2.00:1	13.2	3.9	256

①4个日本品种生长旺盛,表现出良好的早实性、丰产性。由于良种园嫁接时间短,刚刚进入始果期,现在下结论还为时过早,对其稳定性及子代尚需观察。②倒贴皮技术,对促进银杏提早结果有良好效果,并且对树体生产无明显影响,建议在生产上推广应用。1999年金兵卫结果40个,经过环剥倒贴皮,2000年结果400多个。③实生苗顶芽嫁接充分利用了植物的顶端优势,具有成活率高、生长快的优点,值得在生产上推广应用。

"四旁"栽植银杏注意事项

①苗木选择。"四旁"栽植要选用高3 m以上,胸径2.5 cm以上的大苗。院里院外多为产种核,可栽实生苗后嫁接,也可栽嫁接苗。村旁、路旁、水旁为材、种兼用,可栽实生树,不嫁接或分层嫁接。为解决附近银杏园的授粉问题,可于"四旁"有计划地发展一部分雄株或采取分层嫁接方式,保持较多的雄枝。观瞻意义大的公共场所和城镇重要通道,为避免银杏种子外种皮的异臭,也可只栽雄株。②地域选择。银杏喜光不耐阴,高大楼房的背阴处,往往生长不良,在阳光充裕的庭院比较适宜。银杏不耐涝又怕盐碱,"四旁"栽植要避开积水沟,距离酸、盐、碱、废水排水道10 m以外,还要远离电线、电缆线5 m以外。院内有水泥、沥青硬化地面夏季高温、散热影响树株生长,也有碍施肥、浇水,应予以破除,留足树盘。③维持生态平衡。银杏固然材良种贵,经济效益高,但不可顾此失彼,将其他杂树统统砍除。清一色的银杏不仅失去生态平衡,而且与群众对多种材种、果品的需求相悖。特别在一些农村,居民住宅不太宽裕的地方,院内常栽有石榴、葡萄、桃、杏及花卉。成年银杏占地面积大,庭院内有1~2株足矣。④加强保护、管理。鉴于"四旁"的特殊环境,易遭人、畜危害。为尽快结种、采叶和成树、成材,发挥效益,栽后要严加保护,最好安装支柱(架),绑缚草绳,固定专人看管,加大水肥措施,确保栽一株,活一株,成一株。

"四旁"植树

宅旁,路旁,水旁、村旁土壤肥沃,水分充足,管理方便,生产潜力大,是发展银杏的良好场所。充分利用一切闲散土地栽植银杏,可使农民走上富裕之路。江苏省泰兴市栽培银杏已有千年以上的历史,现有银杏大树22万株,几乎全部分布在庄前村后,家外院内,成为当地农民的主要收入。前几年,市政府采取行政命令的手段,下令将杂树全部砍掉,为银杏让路,显示了他们发展银杏的决心,开辟了新的创举。"四旁"栽植银杏要本着因地制宜的原则,不可一刀切。土壤酸碱度要适中,工业废水对银杏生长的影响巨大。

四十英国硬币树

一位法兰西苗圃主,从英格兰购买银杏树时,每5株小树应付40个英国硬币,因此银杏树在法兰西称为"四十英国硬币树"。

四种农药对琏格孢菌孢子发芽的抑制表现

四种农药对琏格孢菌孢子发芽的抑制表现

药剂种类	药剂浓度 (10^{-6}) 发芽结果	200	300	350	400	450	500	对照(灭菌水)
多菌灵	未发芽数	—	411	635	648	628	766	335
	发芽数		95	66	66	58	51	810
	发芽率(%)		18.8	9.4	9.2	8.5	6.2	70.7
疫霜灵	未发芽数	—	300	414	478	451	411	335
	发芽数		128	149	158	128	81	810
	发芽率(%)		29.9	26.5	24.8	22.1	16.5	70.7
粉锈宁	未发芽数	—	204	244	198	263	318	121
	发芽数		334	239	168	129	75	196
	发芽率(%)		62.1	49.5	45.9	32.9	19.1	80.4
BJQ-114 防霉剂	未发芽数	82	176	—	329	—	437	46
	发芽数	150	30	—	28	—	19	738
	发芽率(%)	64.7	14.6	—	7.8	—	4.2	94.1

四种农药对围小丛壳菌分生孢子发芽的抑制

四种农药对围小丛壳菌分生孢子发芽的抑制

药剂种类	药剂浓度 (10^{-6}) 发芽结果	100	120	140	160	180	200	300	350	400	450	500	对照(灭菌水)
多菌灵	未发芽数	137	172	169	232	150	232	—	—	—	—	—	88
	发芽数	23	18	14	18	11	5	—	—	—	—	—	139
	发芽率(%)	14.4	9.5	7.7	7.2	6.8	2.0	—	—	—	—	—	61.2
疫霜灵	未发芽数	—	—	—	—	—	—	841	800	835	697	522	259
	发芽数	—	—	—	—	—	—	215	198	171	118	74	411
	发芽率(%)	—	—	—	—	—	—	20.4	19.8	17	14.5	12.4	61.3
粉锈宁	未发芽数	—	—	—	—	—	—	775	624	652	600	631	627
	发芽数	—	—	—	—	—	—	118	13	1	0	0	744
	发芽率(%)	—	—	—	—	—	—	13.2	1.9	0.2	0	0	54.3
BJQ-114 防霉剂	未发芽数	36	354	430	272	—	—	—	—	—	—	—	51
	发芽数	14	5	0	0	—	—	—	—	—	—	—	244
	发芽率(%)	3.7	1.4	0	0	—	—	—	—	—	—	—	82.7

四子捧寿

特点:软烂香甜、形态丰满。

原料:蹄膀、冰糖、白果、松仁、红枣、南瓜子仁、盐、酱油。

制法:①将蹄膀皮毛镊净,再用清水浸泡2 h,白果去壳、衣,红枣洗净泡软。②蹄膀焯水后洗净,放入锅中加水、冰糖、酱油、盐,大火烧沸,小火至酥烂,再加入白果、红枣、松仁、南瓜子仁同焖片刻,装入大汤盆,淋上原汤即成。

功效:滋阴养胃,清肺补血,滋五脏之阴,清虚劳之热,养胃生津,嫩肤美容。

寺庙树

从日本引种到欧洲的第一株银杏树,种植在多特列支大学植物园,当地人不知是何树,只知是从日本引进的,又知寺庙中特多,当地人称银杏为寺庙林。

似管状叶属

营养叶簇生于短枝上,短枝为披针形鳞叶包围。叶线形不分叉,叶质厚,叶脉简单而粗,常由纵向细纹束组成。

模式种:*S. murrayana* L. & H.,1834。分布:中国、俄罗斯、英国。时期:中侏罗纪至早白垩世。

似银杏属

似银杏属 Ginkgoites Seward,对于此属名的存废问题,各家一直有不同的意见,我国李星学(1963)将此属限于那些表皮特征不明与那些"具有任何特征颇不同于现代银杏者"的化石种。Harris(1974)也主张保留此属名。此属目前仅发现 1 种——西伯利亚似银杏(G. Sibericus),模式种尚未指定。分布时代同银杏属,但仅限于化石种。

西伯利亚似银杏的化石印迹

松绑

银杏嫁接后愈合时间较长,这是需要注意的一个问题。一项试验证明,劈接的愈伤组织先从髓部开始,然后才是形成层。另一项试验证明,劈接后的接芽已抽生出 20 cm 长的枝条,如解除绑扎,接口处仍可出现开裂现象。因此,松绑时间应掌握宁晚勿早的原则。只要不出现"蜂腰"现象,尽量拖后。一般应在嫁接 3~4 个月之后方可考虑松绑,但绿枝嫁接则应在翌春发芽前松绑,否则容易引起抽生枝条的角度增大。

松壳银杏

本品种种壳较薄,两侧棱线极易开裂,故名。目前,仅见于江苏南通市狼山。典型植株位于江苏省南通市狼山北山坡悬崖下,海拔约 10 m。实生树,树龄约 100 年,树高 21 m,干高 12 m,胸径 64 cm,冠幅 6 m×9 m,树冠半圆形。单株年产白果 40 kg。叶有三角形、扇形和截形三种。三角形叶多着生于短枝顶端,扇形时及截形时多着生于短枝中部及长枝的中下部。三角形叶宽可达 3.5~5.7 cm,叶柄长 2.5~6.8 cm;扇形叶宽 4.7~8.3 cm,叶柄长 3.9~7.5 cm;截形叶宽 6.4~9.9 cm,叶柄长 2.7~8.3 cm,均具明显中裂。

球果圆形,熟时浅橙黄色。被白粉,油胞中密。先端圆钝具小尖头,基部平广,蒂盘椭圆形或盾状,表面凹凸不平,周缘波状,长可 7.5~9.2 mm,宽约 6.5~8 mm。果柄长 2.2~3.8 cm,略见弯曲。多双果。单粒球果平均重 7.8 g,每千克粒数 128 粒。出核率 31%。

种核近圆形,有腹背之分。表面糙具隐约可见纵条纹。先端圆钝,顶有微细凹缺。基部二束迹迹点极小。常连成短线状。两侧棱明显,呈翼状边缘,中上部尤显,最宽翼边可达 1 mm。单粒均重 2.48 g,每千克粒数 403 粒。出仁率 79%。

本品种种仁清香,略带甜味,糯性亦佳。唯产量极不稳定,大小年十分明显,小年有时无产量可言。晚熟品种,在江苏南通约于 9 月下旬方见成熟。

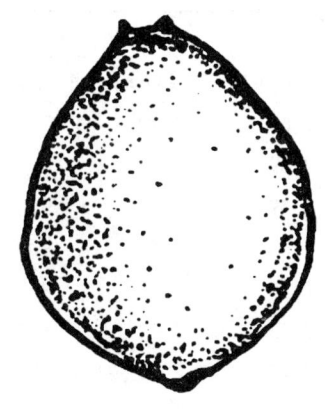

松壳银杏

松土除草

银杏幼林松土除草的作用在于疏松表层土壤,减少水分物理蒸发;改善土壤的保水性、透水性和通气性;促进土壤微生物活动,加速有机质分解;减少其他植物与苗木、幼树在水分和养分上的竞争。每年中耕结合除草 4~5 次,采用全面松土除草的方式。松土除草的深度应根据幼林生长情况和土壤条件确定。建园初期,苗木根系分布浅,松土不宜太深,随幼树年龄增大,可逐步加深;土壤质地黏重、表皮板结或幼林长期失管,可适当深松;特别干旱的地方,可深松。总之,松土可遵循以下原则:里浅外深;树小浅松,树大深松;砂土浅松,黏土深松;土湿浅松,土干深松。一般松土除草的深度为 5~15 cm,加深时可增大到 20~30 cm。

松炸银杏

特点:风味独特,酥松软糯。

主料:净白果。

辅料:鸡蛋清、熟米粉、面粉、芝士粉、花椒盐、炼乳(奶油)、色拉油。

制法：

①制糊：蛋清、米粉、面粉、芝士粉调制成蛋糊。

②白果略拍，加入适量的精盐。去干水分，撒上干淀粉，逐粒裹蛋糊下油锅，炸至金黄色，捞出码盘。

③上菜时配椒盐、炼乳(或奶油)蘸以佐食。

功效：清热解暑、降血压、引疳、解酒。

松针

在山东郯城县塔上乡樊埝村，有树冠广卵形。树皮灰褐色，深纵裂。1年生枝淡绿色，后转灰白色，并有细纵裂纹。枝有长短之分，短枝上的叶簇生，长枝上的叶螺旋状散生。枝条顶端叶片扇形，有两叉状叶脉，一般有奇数对称3或5裂，中裂深达叶长1/2～2/3，有长柄；枝条中部至基部有少量针状和筒状叶片，针状叶片的形状极似松针。雌株，雌球花有长梗，梗端有1~2盘状珠座，每座生1胚珠，发育成种子。种子核果状，近球形，外种皮肉质，有白粉。10～11月果熟，熟时淡黄或橙黄色，有臭味。中种皮骨质，白色；内种皮膜质，种仁生食无苦味。就整株来看，着生叶片有扇形、针形、筒形3种类型，其中针状叶占全部叶片的70%左右，因而称为"松针"。

该品种适宜种植区域与普通银杏相同。由于其叶片形态新颖、奇特，是良好的银杏观赏品种，又由于其繁殖容易，管理简单，应用于行道、公园、庭院、广场、旅游景点等，具有较高的推广应用价值。

嵩县银杏种实和种核经济性状

嵩县银杏种实和种核经济性状统计

品种名称	种实			种核				出核率(%)	每千克粒数
	纵径(cm)	横径(cm)	单粒重(g)	纵径(cm)	横径(cm)	厚(cm)	单核重(g)		
黑银杏	2.62	2.79	7.84	2.07	1.75	1.39	2.29	22.94	437
大白果	2.69	2.63	9.73	2.23	1.81	1.30	2.34	24.10	427
叉尖白果	2.49	2.44	9.03	2.24	1.68	1.34	2.14	23.70	467
琉璃头	2.66	2.56	9.04	2.23	1.76	1.43	2.14	23.77	467
长白果	2.75	2.45	8.25	2.19	1.55	1.21	1.88	22.79	532
甜白果	2.53	2.72	8.72	2.14	2.11	1.52	2.34	26.83	427
八月黄	2.45	2.68	10.20	1.94	1.69	1.32	2.10	20.20	476
皱白果	2.20	2.13	6.97	1.94	1.45	1.15	1.66	23.82	602
小白果	1.97	1.68	3.27	1.64	1.40	1.10	1.16	37.31	862
假白果	2.68	2.43	6.72	2.16	1.55	1.32	1.22	18.17	819
药白果	2.31	2.26	3.64	2.11	1.51	1.22	1.63	44.80	613
园白果	2.44	2.49	9.14	2.05	1.81	1.35	1.88	20.60	532
雌雄同株白果	1.947	1.859	4.096	1.798	1.328	1.11	1.179	28.80	848

嵩银优18号

该树坐落在河南嵩县白河乡东风村河西组山坡下部花岗岩风化的薄地上。海拔860 m，树龄约800年，树高33.5 m，主干高3 m，胸径102 cm，冠幅13 m×14 m，平均株产120 kg。种柄长3.78 cm，种实纵径2.53 cm，横径2.72 cm，重10.87 g，出核率29.07%。种核长2.09 cm，宽2.05 cm，厚1.51 cm，每千克316粒，平均单核重3.16 g，出仁率80.6%，经连续4年测定，确认该树生长旺盛，丰产、稳产、抗逆性强，种仁口感清香，糯性大，品质优良，已嫁接建园。

嵩银优2号

该树坐落在河南嵩县白河乡下寺村白果湾，花岗岩风化形成的棕壤土地上，附近缺乏授粉树，海拔700 m，树龄700年，树高28 m，主干高4.5 m，胸径147 cm，冠幅10.8 m×12 m。在自然授粉情况下，年产种子70～80 kg，1995年采取人工辅助授粉，株产140 kg。种柄长4.62 cm，种实纵径3.02 cm，横径2.74 cm，重11.3 g，出核率31.14%。种核长2.95 cm，宽1.81 cm，厚1.41 cm，每千克281粒，平均单核重3.56 g，大粒3.86 g，出仁率82.1%。10月上旬成熟。经连续四年测定，确认该树丰产、稳产、种仁口感风味清香，糯性大，品质优良。1993年以来，已嫁接繁殖，建园栽植。

嵩银优4号

该树坐落于河南嵩县白河乡下寺村，树龄700年，树高28 m，主干高2.8 m，胸径148 cm，冠幅为12.5 m×

16 m。在自然授粉情况下,年结种80~95 kg,1995年采用人工辅助授粉,株产160 kg。种柄长5.08 cm,种实纵径2.56 cm,横径2.71 cm,重10.77 g,出核率30.64%。种核长2.26 cm,宽1.86 cm,厚3.18 cm,每千克303粒,平均单核重3.3 g,出仁率82%。经连续4年测定,确认该树丰产、稳产、种仁口感风味清香,糯性大,品质优良。已嫁接建园栽植。

嵩优1号雄株

它位于河南嵩县车村乡宝石村上庙村民组水塘旁,海拔720 m,唐朝建庙时所植,树龄约1 000年。树高17 m,主干高7 m,胸径1.78 m,冠幅9 m×14 m,树冠较圆满。1年、2年、3年生枝平均花穗长3.18 cm,穗粗0.86 cm,花药1对个数72.78个,每百个鲜花穗重25 g。每千克鲜花穗4 000个,花药数29万个。该优株始花期4月16日,末花期4月23日。开花期8 d,和雌株授粉期基本一致。1994年以来采条嫁接成活200株,新枝长达96 cm,生长茁壮。

耸景

此名被收入美国园艺学会植物科学资料中心。原株在俄亥俄州的克利夫兰,并由萨拉托格园艺场繁殖。

宋代——银杏造景盛期

在宋代,树用于园林造景广泛,并向皇家园林和私人园林发展,文献中记载亦较多。北宋著名文学家欧阳修(公元1007—1072年)诗《和圣俞李侯家鸭脚子》,描述了北宋时银杏树从江南园林扩展到宋都汴梁(开封)园林的情况:"鸭脚生江南,名实未相浮。绛囊因入贡,银杏贵中州。致远有余力,好奇自贤侯。因令江上根,结实夷门秋。始摘才三四,金奁献凝酥。公卿不及议,天子百金酬。岁久子渐多,累累枝上稠。主人名好客,赠我比珠投。博望昔所徙,蒲桃安石榴。想其初来时,厥价与此侔。今日循中国,篱根及墙头……"银杏树从江南园林开始引入京城时被认为是奇树异果,人人珍贵,皇帝以昂贵价钱购买,种植在宫廷花园里供玩赏消遣;有钱人则把它作为贵重礼品贡奉皇帝和馈赠亲友。著名诗人梅尧臣(公元1002—1060年)曾亲植银杏树于家乡宣州(宛陵)双溪,张师曾撰《梅尧臣年谱》云:"居宛陵双溪之间,地势夹衍……先生有手植鸭脚子树,参天百尺……今其地为郡学之南。"梅尧臣曾写《永叔内翰遗李太博家新生鸭脚》诗一首,叙述了银杏树在中原地区被认识、并引植栽培在园林中造景的过程:"北人见鸭脚,南人见胡桃,识内不识外,疑若橡栗韬。鸭脚类绿李,其名因叶高。吾乡宣城郡,每以此为劳。种树三十年,结子防山猱。剥核手无肤,持置宫省曹。今喜生都下,荐酒压葡萄。初闻帝苑夸,又复主第褒。累累谁采掇,玉碗上金鳌……"《诗话总归》中亦有关于京城汴梁引种、栽培银杏树用于园林造景的记载:"京师旧无鸭脚,驸马都尉李文和自南方来,移植私第,因而著子,自后稍稍蕃多,不复以南方为贵。"北宋何薳《春渚纪闻》中记述了银杏树在皇家园林中被观赏的盛况:"元丰间(公元1078—1085年),禁中有果,名鸭脚子者四,大树皆合抱。其三在翠芳亭之北,岁收实至数斛,而托地荫翳,无可临玩之所,其一在太清楼之东,得地显旷,可以就赏……"明《昆山县志》记载了宋时一则传说:"龚猗,汴人,殿中侍御史,扈从高宗南渡,道经昆山义里,折银杏一株。插地,祝曰:'若此枝得活,吾于是居。'其枝长茂,后成大树,翕郁虬盘,臃肿如瘿如乳者,凡七十余棵。相传为其子孙嗣世之数。时人异之,称为龚遇仙树,子孙遂为昆山人。"从传说的故事中可以看出银杏树在宋代私人庭院中种植造景之况。由上所见,宋代银杏树在皇家园林和私人园林中已广为种植用来造景。

宋代,银杏树在寺院园林中种植造景境况更盛,并向北方寺院园林中扩展。现今存留有许多银杏古树,不胜枚举,仅六朝故都北京城就有数株,如潭柘寺的辽代古银杏"帝王树"和"配王树",西峰寺的宋银杏,大觉寺的辽代"银杏王"等。文献中不乏对宋代寺院所植银杏树的记载。《京口记》载江苏镇江有"胜(圣)果寺,禅堂前银杏一株,巨甚,僧云,宋植也"。

送检样品

送交种子检验部门、至少符合规定重量的样品。其可以是全部混合样品,亦可以为混合样品的一部分,又称平均样品。

苏东坡与古银杏

河南省光山县城西南20多千米处有座苏山,风景秀丽,半山腰处有座净居寺。寺庙门前有一株古银杏,树龄已达千余年,胸径两人合抱,树高20余米。此银杏树主干上有5股枝杈,树上长有黄连木、桑树、桧柏,成为著名的"同根三异树"。净居寺建于北齐,这株古银杏为道岸、定易二和尚合栽。宋时大诗家苏东坡在净居寺筑台读书时,经常在这株银杏树下看书,苏东坡非常喜爱这株银杏树,他曾咏诗赞树"四壁峰山,满目清秀如画;一树擎天,圈圈点点文章"。一千多年过去,此树仍枝干健壮,枝叶茂密,神态怡然,宛如巨伞。

苏铁

Cycas reroluta,又名铁树。属苏铁科。常绿棕榈

状乔木。主干柱状,大型羽状复叶,簇生茎顶,羽状条形,厚革质约 100 对,边缘反卷。雌雄异株,种子核果状,扁球形,外种皮肉质红色。产福建、台湾、广东,各地也有栽培。喜温暖湿润气候,不耐寒。叶丛美丽浓绿,供观赏。北方温室越冬。播种、分蘖繁殖。

苏铁和银杏类植物的生殖特征比较

银杏和苏铁类植物是现存种子植物中仅有的 2 个具多鞭毛游动精子的类群。自 1896 年 Hirase 和 Ikeno 分别发现银杏和苏铁类植物的游动精子以来,研究人员对它们的生活史、胚胎发育、系统演化等已进行了大量研究。通过对一些演化上有重大意义的特征的比较,显示在雄配子体发育及种子发育方面苏铁类植物较银杏保留了更为原始的特征,而在雌配子体发育方面则较银杏更为特化。银杏和苏铁类植物均具有许多特有的结构特征,表明两者在进化过程中是平行发展的,在种系发生上不相关。

苏铁和银杏类植物生殖特征差异性比较

	银杏	苏铁
	孢子叶球	
孢子叶球着生部位	腋生	顶生
苞鳞种鳞复合体	有	无
	雄配子体	
成熟花粉粒组成	2 个原叶细胞,1 个管细胞,1 个体细胞	1 个原叶细胞,1 个管细胞,1 个体细胞
花粉壁各层的起源	相同	不同
传粉方式	风媒	风媒和虫媒
吸器状花粉管	侧向萌发,直径较小,分枝多,通过珠心细胞间隙生长,不破坏细胞	非侧向萌发,直径较大,分枝少,生长时破坏珠心细胞
生殖细胞分裂方式	垂周环形分裂	垂周分裂
精原细胞和精细胞	体积小,有液泡状结构和纤维性颗粒体	体积大,无液泡状结构和纤维性颗粒体
	雌配子体	
游离核数目	1 000 ~ 8 000	256 ~ 1 024
是否含叶绿体	是	否
颈卵器	体积较小,具帐篷柱,有腹沟细胞	体积较大,无帐篷柱,无腹沟细胞
颈细胞排列方式	4 个颈细胞覆瓦状排列	4 个颈细胞排列为一层
	受精	
颈卵器开口形成	颈细胞分离形成开口,卵细胞质冲出,使上面的颈细胞向上张开,形成更大开口	颈细胞膨大后分离形成一个开口
	胚胎发育	
合子第一次分裂	合子分裂末期有细胞板出现	合子分裂末期无细胞板出现
原胚游离核数目	数量少,分布均匀	数量多,集中分布于原胚偏合点端,偏珠孔端
细胞壁形成	胚各部分同时形成	少且趋于退化
胚柄	退化	偏合点端先形成,珠孔端不形成 极长

注:仅包含目前已确定的几种苏铁植物的雌配子体游离和数目。

苏铁和银杏类植物生殖系统演化关系比较

苏铁和银杏类植物生殖系统演化关系比较

			进化特征	原始特征
雄配子体	银杏	传粉方式		风媒传粉
		鞭毛	鞭毛带 3～4 圈,鞭毛较短且细*	
		花粉粒		4 细胞型花粉粒
		花粉管	花粉管直径较小	分枝较多
		精原细胞和颈细胞	体积较小	具液泡状结构和纤维性颗粒体*
	苏铁	传粉方式	风媒和虫媒传粉	
		鞭毛		鞭毛带 5～6 圈,鞭毛较长*
		花粉粒	3 细胞型花粉粒	
		花粉管	分枝较少	花粉管直径较大
		精原细胞和精细胞	无液泡状结构和纤维性颗粒*	体积较大
雌配子体	银杏	大孢子叶球	前种鳞复合体	
		雌配子体		含叶绿体,可进行光合作用*
		颈卵器	颈卵器体积小	有腹沟细胞,有帐篷柱*
		颈细胞		4 个颈细胞覆瓦状排列
	苏铁	大孢子叶球		无前种鳞复合体
		雌配子体	无叶绿体,不进行光合作用*	
		颈卵器	无帐篷柱,具腹沟核*	颈卵器体积大
		颈细胞	4 个颈细胞排列为一层	
受精	银杏	颈卵器开口形成	颈细胞膨大后分离形成一开口	需要卵细胞质冲出
	苏铁	颈卵器开口形成		
胚胎发育	银杏	合子第 1 次分裂	256 个	合子分裂末期有细胞板出现
		原胚游离核数目		
	苏铁	合子第 1 次分裂	合子分裂末期无细胞板出现	多超过 1 000 个
		原胚游离核数目		

注:* 为演化上较重要的特征。

苏铁和银杏生殖特征的相似性和差异性

银杏和苏铁类植物从雌、雄配子体发育到受精和胚胎发生的整个生殖过程,存在许多的相似性。它们的大部分生殖特征都与其他的裸子植物相同,但它们还具有一些与之完全不同的特征,如银杏和苏铁类植物的精原细胞和精细胞都有生毛体和呈带状分布的鞭毛,精细胞从花粉管中释放时,都是从花粉管的侧面以变形虫运动实现的;它们在受精过程这一关键环节上与低等的蕨类植物保持一致,精细胞从花粉管释放后,都是依靠鞭毛的运动游向颈卵器,通过颈细胞间的开口,进入卵细胞与之融合。这些区别于其他裸子植物的相似性在很大程度上说明了它们有较近的亲缘关系。另外,银杏和苏铁类植物在雌雄配子体发育、受精作用和胚胎发育上也各有一些独特之处。

苏铁和银杏生殖特征的演化关系

生物体在系统演化的过程中各个组织、器官的进化过程并不同步,原始特征和进化特征经常是并存的。银杏在营养器官的演化上较苏铁类植物相对进化;但在生殖器官的演化上,两者各有保守与进化之处。

苏铁和银杏雄配子体

银杏的花粉管直径仅为苏铁类植物花粉管直径的十五分之一,但银杏花粉管分枝较多,其生长是通过珠心组织的间隙生长,基本上不损伤珠心细胞的结构;苏铁类植物的花粉管直接穿过珠心组织细胞及细胞间隙生长,是通过机械和酶的分解双重作用完成的,从而造成了孢子体的严重解体。这两种不同的寄生方式可能代表了原始种子植物的雄配子体由独立生活转变为寄生生活时的不同适应路线,说明两者可能是在某一点上辐射进化中的不同分支。另外,银杏花粉管的侧向萌发是种子植物所特有,其进化意义尚不清楚。

银杏生殖细胞通过特殊的拟环状垂周分裂形成不育细胞和精原细胞,这种分裂方式与薄囊蕨类精细胞器的原始细胞发育及 Schizaceae 和 Polyodiaceae 某些种类的气孔发育过程类似。这一独特的细胞分裂方式很可能是银杏又一独特系统学位置的一种反映。另外银杏的精原细胞在发育到一定阶段出现了有别于苏铁类植物的独特的纤维颗粒体和液泡状结构,这可能是伴随细胞核的形态转变和生毛体发生的特殊产物,可能是银杏在进化中的遗迹。

在精子大小方面,银杏精细胞的直径较苏铁类植物要小一些;在精细胞鞭毛结构方面,苏铁类植物鞭毛带为5~6圈,鞭毛较长,银杏精细胞鞭毛带有3~4圈,鞭毛也较短和细。这表明苏铁类植物在此方面更为原始。当然银杏也具有一些原始特征,如银杏4细胞的成熟花粉粒较苏铁类植物的3细胞原始,银杏花粉的风媒传播也较苏铁类植物的风媒和虫媒原始。

速生丰产播种苗

近年来,随着我国园艺、林业科研和生产事业的蓬勃发展,以及庭院绿化、"四旁"植树活动的开展,在推选"国树""省树""市(县)树"时许多专家积极热情地为银杏投选一票。这样一来,银杏苗木实感不足。然而用扦插法和根蘖法培育苗木,由于材料不足,产苗量显然受到限制,若采用传统的播种法育苗,则幼苗出土晚,苗木生长不整齐。由于生长期短,苗木细矮,病虫害也严重。根据在我国银杏分布区的调查,黄河流域及其以北各省1年生播种苗平均高均不超过15 cm;1年生砧木嫁接苗平均高均不超过20 cm。长江流域及其以南各省,1年生播种苗平均高均不超过20 cm;1年生砧木嫁接苗平均高均不超过30 cm。因此,必须采取必要的技术措施,增加苗木的高、径生长量。培育速生丰产苗的具体措施是:①选用每千克320~400粒的大粒种子。用每千克400粒的种子比每千克600粒的种子育苗,当年生苗高生长量增加60%;根径生长量增加40%;单株生长量增加105%。前者每株叶片为12~15枚,后者每株叶片为7~9枚。②高温催芽。将吸足水分的银杏种核,放入30~35 ℃的温室中,48 h种子即可全部发芽。如在温床中催芽,温度可保持在20~25 ℃,20 d后种子可全部发芽。这样可提前播种30~40 d,生长期可延长50 d左右。高温催芽,延长了苗木生育期,提高了种子发芽率。③切断胚根。俗话说,"根深才能叶茂"。当种子胚根发出后,当胚根长到约2 cm,胚芽长到约1 cm时,自胚根下端0.2~0.3 cm处切断,随切随播,工序并不复杂。生产实践表明,切断胚根1年生苗的侧根总长度比对照增加58.3%,根量增加29.5%,叶片数增加58.1%,苗木生物量为对照的1.54倍。这在一定程度上增加了苗木根系吸收营养的面积。④施足基肥。在其他条件和采取的技术措施相同的情况下,每亩施入1万千克厩肥者,1年生苗木平均高17.6 cm,平均地径0.9 cm,平均叶片数17.3枚;每亩施入0.5万千克厩肥者,苗木平均高14 cm,平均地径0.7 cm,平均叶片数9.9枚;不施基肥者,苗木平均高10.5 cm,平均地径0.46 cm,平均叶片数6.3枚。⑤适度遮阴。适度遮阴(40%)比强度遮阴(65%)和不遮阴的苗木,叶色浓,长势旺,生物量高。1年生苗高生长,适度遮阴比强度遮阴的大24.9%,比不遮阴的大16.3%;1年生苗根径生长,适度遮阴比强度遮阴的大19.2%,比不遮阴的大15.1%。2年生苗高生长,适度遮阴比强度遮阴的大48.1%,比不遮阴的大8.3%;2年生苗根径生长,适度遮阴比强度遮阴的大35.9%,比不不遮阴的大17.9%。上述数据也表明,随着苗龄的增长,银杏苗木趋于喜光而不再喜荫。其他方面可按传统的育苗方法加大措施。这样,1年生银杏苗木的高生长量可达40~50 cm,比传统育苗法培育的苗木大100%~150%;根径可达0.9~1.1 cm,比传统育苗法培育的苗木大100%~140%;叶片平均数可达14~19枚,比传统育苗法培育的苗木多7~9枚,且苗木粗壮,顶芽饱满,根系发达。

速生丰产林

速生丰产林是用材林中的一种类型。选用速生树种并采用科学造林的方法营造和培育而成的森林,比一般人工林生长快、产量高。近年来,世界上少林国家尤其重视发展速生丰产林。

速生品种的选择

选好速生、丰产的银杏品种是银杏用材林能否成功的关键因素之一。众所周知,银杏品种繁多,这为银杏造林选择良种创造了有利条件。但目前对各用途优良银杏品种筛选的研究尚处于起步阶段,特别是在叶用、材用、花粉用银杏品种方面的筛选研究,还需要不断深入。

银杏雄株的生长速度快于银杏雌株,在尚未选出速生、丰产的用材品种前,可以用雄株或生长速度较快的核用品种来营造用材林。曹福亮领导的银杏课题组经过多年的研究,筛选出了南林-B_1、南林-B_2等银杏雄株无性系,这些雄株一般干形好、树冠窄、叶片大、光合速率高,为用材林的速生、丰产、优质打下了坚实的基础。

速生期

播种苗生长期的第三阶段。从苗木高生长量大幅度上升开始,到高生长量大幅度下降时止,是苗木生长最旺盛和决定苗木质量的关键时期。此时苗木地上和地下部分生长最快，生长量最大，其高生长占全年生长量的60%~80%，因此要对苗木进行科学的水、肥、光照管理，可及时追肥、灌水、除草松土、防治病虫害，以促进苗木迅速而健壮地生长。为促进苗木木质化，在后期应停止灌溉及使用氮肥，适当增加磷、钾肥。

速生树种

组成银杏地上部分的枝、干，主要起运输和支撑作用，主干的年增高、增粗速度是衡量树种是否速生的主要标志之一。银杏树是高大落叶乔木，在适宜条件下，实生树生长速度是比较快的。江苏宝应7年生银杏，树高7 m，胸径达6 cm；南京8年生的行道树，树高6~7 m，胸径5~6 cm。伐根萌发树生长更快，泰兴市南新镇的26年生萌条树，高约20 m，胸径达32 cm。在自然条件下，实生树结果迟，一般要15~20年，而通过嫁接，加强肥水管理，可大幅提前开花结果期。泰兴市七里村矮秆密植园嫁接后5年始花，6年始果，16年生树平均胸径达16 cm，最粗的达28 cm，1.33 hm²面积保有351株（其中雄树7株），每公顷产银杏果可达3 750 kg，株单产最高达38 kg，长势良好，效益显著。由此可见，只要通过加强管理，不管是实生树还是嫁接树，生长速度都是较快的。

速效性肥料

亦称速效肥料。施用后能较快供给银杏有效养分的肥料。肥效快而短，多做追肥。也可与有机肥料混合做基肥，如硫酸铵、过磷酸钙。水溶性化肥如硝酸铵、过磷酸钙、硫酸钾，有机肥料如充分腐熟的人粪尿，均属速效肥料。

塑料大棚催芽

管理措施与温室催芽基本相同，不同的是早上要及时揭开草帘以充分采光增温，晚间应及时覆盖草帘保温。温度控制在25~30℃，如温度过高，超过35℃时，则要通风降温。

塑料大棚育苗

又称塑料温室育苗。一种用塑料薄膜覆盖育苗的方法。主要是架设塑料大棚，通常用竹、木、钢材等做构架，上覆塑料薄膜。棚顶呈半圆形或屋脊形。其垮度5~15 m，长10~50 m，中央高度为2.1~2.5 m，边高1.2~1.8 m。大棚有保温、保湿的作用。能提高二氧化碳的含量及光合作用率，延长苗木的生长期，缩短育苗时间，有利于防止各种自然灾害，便于集约管理。适用于高寒山区及干旱、风沙地区。

塑料拱罩育苗

一种用塑料薄膜覆盖的育苗方法。用竹、木等材料做拱架，上覆塑料薄膜而成。拱罩直接安设于苗床上，中间高40~50 cm，塑料薄膜覆盖后，四周用土压牢。拱架可制成南高北低或半圆形。此法适于培育较小的苗木，可提早播种，缩短育苗时间。

塑料小拱棚温床催芽

种核数量较少时采用该法。选地势稍高、排水良好、背风向阳的地方，挖宽100 cm、深30 cm的地下温床。先在床地铺5~10 cm湿沙或锯末，上盖1层草帘，草帘上铺4~5 cm厚的银杏种核。为保持温度和湿度，应在种核上面再加盖1层麻袋片，然后在温床上搭一个高出地面50 cm的拱形架，外用塑料薄膜封闭，管理措施与塑料大棚相同。催芽过程中，要注意保持相对稳定的温度和湿度，当种核陆续发芽时应及时拣种，以后每隔5~7 d拣种1次，防止先发芽的种核霉烂。当大部分发芽时，可击破种壳大头继续催芽，加快催芽速度。恒温(25℃)和硝酸钾处理(0.1 mol/L)对促进银杏种核萌发效果也很显著。硝酸钾0.1 mol/L、赤霉酸500 mg/L、磷酸氢二钠0.1 mol/L处理种核能显著地促进胚根生长。南阳市林科所经试验提出，对银杏种核用0.05%浓度920、1%双氧水（过氧化氢）浸种24 h后直播，能显著刺激种核发芽，促进出苗整齐，提高出苗率，这不仅能减少因种核霉烂所造成的浪费，而且省时省工，从而提高银杏播种育苗的生产效率，是一种有效的银杏播种育苗新途径。

酸性土壤

当土壤固相处于平衡状态时，土壤溶液pH值在5.5~6.5范围内的土壤称为酸性土壤。土壤溶液pH值在4.5~5.5范围内的土壤称为强酸性土壤。我国长江以南的土壤多为酸性土或强酸性土。银杏适宜在酸性土壤中种植。酸性土也是银杏种植选址的条件之一。

算盘子

母树位于广西灵川县海洋乡，树龄90年，树高14 m，胸径57 cm，冠幅7 m×8 m，年株产种核50 kg。为圆子银杏类，在广西产区仅有少量植株，为实生或根蘖苗种植，主干通直饱满，树冠呈椭圆形，侧枝分布匀称，结果枝大多数平直，有少数枝下垂，产量大小年不明显，产量变幅在20%左右。

种实扁圆形，成熟时为淡黄色，外皮有一层白粉，先端圆钝，有小尖，基部平，蒂盘圆形略凹入，果柄通直，长2.8~3.5 cm。种实纵径3 cm，横径2.8 cm，单果重8.2 g，每千克122粒，种实出核率24%。种核微圆形，先端圆钝，有小尖，基部略狭，两维管束迹大而明显，间距3~4 mm，两侧棱线仅中部明显。纵径2.3 cm，横径2.2 cm，有背腹之分，单核重2 g，每千克

500粒,种核出仁率为76%。本品种在广西仅分布于灵川、兴安二县。

随州大梅核

产于湖北随州市,为梅核银杏类。果实近圆形,核呈圆形略扁,色微黄,每千克390粒,种仁淡绿色,无明显苦味,出仁率75%。种仁内含有粗蛋白5.46%,淀粉27.6%,可溶性糖0.2%,总糖2.05%,水分67.76%。大梅核花期在4月上旬,果实成熟在9月下旬,较高产稳产。

随州的怪银杏

在湖北省随州市三里岗镇三马河村,发现一株结种状似葡萄的银杏树。结种最多最长的串长40 cm,有种实50余粒。该树种实外观与一般银杏种实一样,但种核呈椭圆形,并均匀布有四条棱线。这株银杏树已生长200年,80多年前经嫁接后就年年结种。

随州龙眼

又名随州Ⅰ-1号。产于湖北随州市,为梅核银杏类,当地名称"龙眼"。果近圆形,核呈广椭圆形,色微黄,每千克396粒,种仁乳白色,无明显苦味,出仁率为84%。种仁内含有:粗蛋白5.04%,淀粉28.7%,可溶性糖0.25%,总糖2.30%,水分56.56%。开花期在4月上旬,9月下旬成熟,果实成熟前后约相差1周,较丰产,与一般对照树相比产量约高出50%,有明显大小年。

髓

树干及根中央的基本组织,主要由薄壁组织构成。髓的大小、形状、色泽不一,是银杏木材识别的重要依据之一。髓心在银杏原木横断面中多呈圆形,其他树也有呈星型、椭圆形、三角形、四边形的。髓是银杏木材构造的一种缺陷,带有髓心的成材,在干燥时,易引起木材开裂。

髓心

位于银杏树干中心,由柔软的薄壁组织所组成的松软部分。银杏的髓心为黄白色。髓部由圆形薄壁细胞组成,其中分布有大量单宁细胞和少量分泌腔。

髓心形成层对接法

枝接的一种。使接穗的髓心与砧木形成层相对的嫁接方法。接穗须削至髓心,砧木则仅削至形成层。接穗和砧木的切削面长宽要相等,长约10~15 cm。二者的削面要对准对严,通过塑料带自上而下捆紧。实践中也有将砧木削至木质部,深度约为其三分之一的,并获得较好效果。此法多用于针叶树种。

碎末型银杏茶

工艺流程:去杂→洗净→晒干→烘炒→研碎→装袋。

操作步骤:除掉秋后采集并已晒干的青绿银杏叶里面的树枝、杂草、泥土、石块等,然后用自来水冲洗2~3遍,立即捞出摊在席上晒干,厚度以不超过3 cm为宜,每天翻动3~4遍,当叶片含水量达10%左右时,将银杏叶放入锅中炒10 min左右,文火温度为180~200 ℃,当银杏叶炒到微黄散发出茶香味时,立即将银杏叶倒在席上晾凉,然后用粉碎机粉碎成碎末状,即可装袋封口压线,投放市场。

特色:银杏袋泡茶为碎末状,开水冲泡,每次1袋,每袋2 g。茶味清香爽口,下色速度快,汤色黄绿,先带苦头,后带甘润。如欲除掉苦头,可在银杏茶碎末中掺入少许甜叶菊碎末,饮时口感更佳。

注意事项:①银杏叶的采收时间为10月5日至10月15日,即霜降前10 d左右,此时银杏叶中的黄酮类化合物及萜内酯含量最高,且此时采叶对树木不会产生伤害。②银杏叶不可冲洗时间太长,否则会损失银杏叶中的药效成分。③炒锅是用专用的铁锅或专用的炒茶锅,切不可用炒菜锅或在锅内抹一层油,否则会改变茶的清香味道,同时会产生油腻腥味。

穗龄和粗度与成活、抽枝的关系

穗龄和粗度与成活、抽枝的关系

类别 穗条 穗龄	接穗粗度(cm)															
	0.2~0.4					0.5~0.6					0.7~0.8				0.9~1.0	
	嫁接株数	成活株数	成活率	发芽株数	发芽率	嫁接株数	成活株数	成活率	发芽株数	发芽率	嫁接株数	成活株数	成活率	发芽株数	发芽率	嫁接株数	成活株数	成活率	发芽株数	发芽率
1龄	20	6	30%	—	—	20	9	45%	—	—	20	13	65%	—	—	20				
2龄	20	10	50%	—	—	20	15	75%	11	55%	20	17	85%	12	60%	20	18	90%	12	60%
3龄	20	8	40%	—	—	20	13	65%	5	25%	20	15	75%	6	30%	20	16	80%	8	40%

穗龄及嫁接方法与苗木生长

用马铃2号1~2年生接穗双舌接和劈接,1年生接穗抽梢率、新梢长和粗、叶数均超过2年生接穗。2年生接穗双舌接,其生长指标超过劈接。到翌年7月13日,1年生接穗抽梢率达93.75%,2年生接穗达80%,而2年生接穗劈接仅为63.64%;新梢长分别为34.33 cm、23.70 cm和21.79 cm;新梢粗分别达0.71 cm、0.68 cm和0.56 cm;叶片数分别为31.9、26.5和21.80片/梢。多年生接穗亦得出类似规律,即随年龄的增加,当年抽梢率及生长量下降。就是说,银杏嫁接苗的新梢数是在萌动展叶后到速生期之前形成的。对于1~3年生接穗,在同一时间形成的长枝,其最终生长量差异并非十分明显。

缩剪

是对多年生枝进行短剪的方法。缩剪一般修剪量大,有更新复壮的作用,多用于枝组或骨干枝更新复壮及控制树冠辅养枝。有些银杏大树的枝条发育到一定程度时,会出现老化现象,可通过缩剪进行更新复壮。缩剪时应先选定适当的剪口部位,即应选在枝条的弯头最高点之前,而且在缩剪剪口之下最好有一个强健的向上枝条。在缩剪之后应将缩剪剪口之下的所有衰老细弱枝全部疏除。当结实短枝年龄较大,影响结实时,也可对其基枝进行缩剪,一般缩剪到基枝背上有较强短枝处,并对短枝进行破顶芽修剪,促发新枝。

索氏法提取白果油

选用"大佛指"品种,准确称量5 g白果粉,用滤纸包裹放入索氏提取装置中,加入石油醚,80℃下水浴回流,萃取至石油醚无色。萃取液真空浓缩去除石油醚后即得白果油,称量并计算白果油含量,取样甲酯化后进行GC-MS分析。

婺源丛生银杏

婺源县田路乡梅春村村口生长着奇异银杏树,树龄800多年,树高13.3 m,冠幅12.4 m×12 m,共12株大幅丛生,比碗口还粗的11个分株围绕中间1株呈包围状生长。在方圆半径为5 km内并无其他银杏树,却能年年结果。

婺源牛郎织女银杏

婺源段莘乡西安村一雄株银杏,树高34 m,胸径2.23 m,树冠覆盖占地7 hm²;5 km以外的庆源村有一雌株银杏,树高28 m 胸径2.09 m,冠幅26 m×15 m。树龄均在1 200年以上,相隔5 km远仍能传授花粉,结子繁衍,令人吃惊。

属的演化规律

银杏属演化的规律主要表现在:

①由无叶柄的楔拜拉属进化到具细长叶柄的银杏属。

②簇生叶和花序的数目,由少(简单)向多发展。

③叶痕中的维管束痕,已表现出由多叶迹向双叶痕演化。

④花药的数目由多向少的方向演化,并由轮生转向成对着生。

⑤叶片的分裂程度,由深裂逐渐趋向浅裂。

⑥两条侧缘脉由不明显向明显方向演化。下面是地质史上银杏门植物主要属的演化。

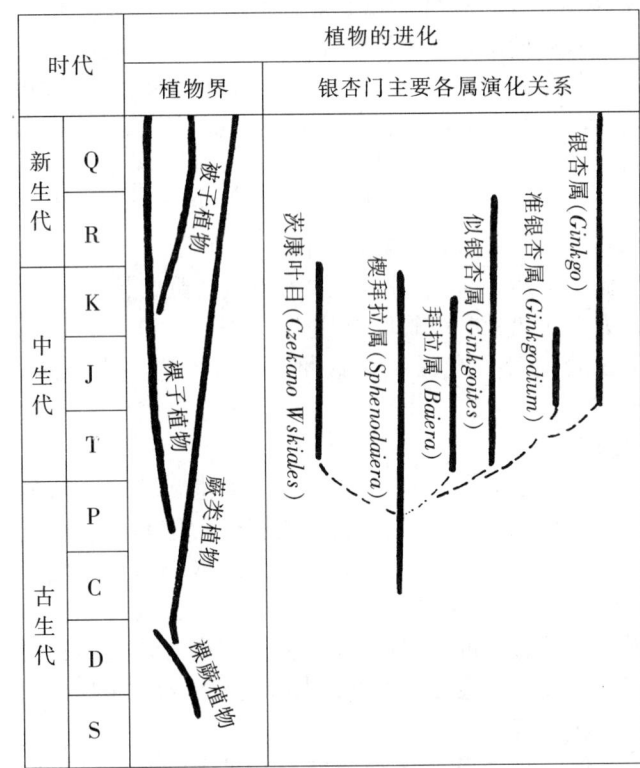

地质史上银杏门植物主要属的演化

属早熟特大梅核

果实近球形,单果平均重16.2 g,出核率25.2%。种核广卵圆形、棱形两条或三条明显,束迹二或三连接,相距较近。核洁白,大小均一,单核重4.22 g,每千克252粒左右。8月下旬成熟。色泽黄色,颗粒大,品质优,味清香无苦味,糯性强。含水率低,为43%,耐贮运。抗病虫能力强,在板页岩发育的黄壤上生长良好。

T t

塔形银杏
雄株。枝条垂直向上生长，形成窄冠尖塔形或圆柱形树冠，大叶。产美洲。

塔状银杏
雌株，矮小，树高 1 m，紧凑型的圆形树冠，水平枝在顶端下垂，可嫁接在干高 1.5 m 以上树桩上，扇形叶，深绿色，是典型的紧凑矮小银杏。

台、闽、粤低山丘岭银杏地理生态型
分布范围在北纬 22°~28°，东经 114°~124°，包括台湾、闽中南及南岭以南地区。气候属南亚热带闽南—珠江区。年平均气温 17~22 ℃，1 月份平均气温 8.3~13 ℃，7 月份平均气温 28~30 ℃，年降水量 1 200~1 700 mm，雨季集中在 5~10 月，生长季内有明显旱季达 2~3 个月。土壤为山地红黄壤、红壤。植被为南亚热带常绿阔叶林，垂直分布在 850 m 以下低山丘岭地带。本区银杏数量不多，产量不大，品种不详。

台风
一种范围大、中心气压很低、急速旋转的空气旋涡，气象学上称为热带气旋。我国通常把其中心附近最大风力达 6~7 级的称为热带低压或弱台风。它常带来狂风暴雨，对农林业生产破坏极大，银杏往往遭受风斜、风倒、折干、折冠等风害。在沿海营造防护林带和新技术预报台风可以最大限度减少台风危害。

台头村银杏
位于北京海淀区聂各庄乡台头村小学西墙外。这里原是一座古庙，现已无从考证，只有 2 株古银杏树，大树高 15 m，干周长 644 cm，胸径 205 cm，树冠南北 18 m，东西 20 m，遮阴面积 360 m²，主干中空。小的树号为 1314，树高 10 m，胸径 105 cm，测算树龄，均在 500 年以上。

台湾的银杏
20 世纪 20 年代初从日本引入银杏种核，1922 年，南投县竹山镇台湾大学实验林场管理处在溪头营林区营造小面积人工林，当时栽植 137 株，1994 年调查，尚存 110 株，是台湾唯一的一片银杏人工林，已成为溪头森林游乐区的一个景点。阿里山慈云寺及森林铁路神木至阿里山站之间路旁（海拔 2 000 m）人工栽植的两行共十余株银杏树，胸径在 10 cm 左右。此外，台北市及新竹、高雄、苗栗等县，也有零星栽植的银杏树。阿里山以南尚未见栽培。

台北市台湾大学地质系楼前有一株 1977 年栽植的银杏树；台北市万华区电映街西门小学内的一株银杏，树顶已折断，1994 年 11 月测定，树高 8 m，胸径 24 cm；台北市同安街、吉林路及台湾大学森林研究所各栽有一株银杏。台北县淡水镇淡江中学及五股乡观音山寺院内，新竹县横山乡、高雄县六龟乡台湾省林业试验所六龟分所工作站及苗栗县大湖水源地谢宅，均有零星栽植的银杏。

台州 TC3 号
位于浙江台州。树龄 140 年，树高 24.5 m，枝下高 6 m，胸围 367 cm，冠幅 10 m×10 m，冠高 18.5 m。1990 年左右仅年产种实 200 kg（附近无雄株，又无法施肥，冠下为石板路、民房），1993 年 500 kg。种实近圆形，个别倒卵形，外种皮成熟时呈橙黄色，长×宽为 3 cm×2.9 cm，重 17.5 g；种核长×宽×厚为 2.5 cm×2 cm×1.5 cm，核形指数 1.32，重 3.5 g，最大核重 4.5 g，色洁白，核仁极饱满，无苦涩味。

台州 TD1 号
位于浙江台州。树龄 60 年，树高 10 m，枝下高 5 m，胸径 45 cm，冠幅 5 m×6 m，冠层高 5 m，年收种实 200 kg。种实长宽分别为 3 cm 和 2.8 cm，重 15 g，广椭圆形，种熟时淡棕黄色，披白粉；种核长×宽×厚为 2.5 cm×1.75 cm×1.5 cm，重 3.2 g，核形指数 1.43，纺锤形，略扁，两侧棱线呈翼状，色洁白，壳薄；核仁饱满，无苦涩味；10 月底成熟，丰产。

台州 TG2 号
位于浙江台州。树龄 200 年，树高 20 m，枝下高 5 m，胸径 59 cm，冠幅 7 m×8 m，冠层高 15 m，年产种实 250 kg 以上（因台风吹断枝，影响产量）。种实长×宽为 3 cm×2.8 cm，重 16 g，近圆形，种实基部稍尖，熟时外种皮金色有白粉；种核长×宽×厚为 2.4 cm×1.9 cm×1.4 cm，核重 3.2 g，核形指数 1.26，广椭圆形，略扁，先端微尖，而基部近圆钝，色洁白光滑。10 月成熟，丰产。核仁无异味苦味。

台州 TP4 号
位于浙江台州。树龄 30 年，由萌蘖长成，树高 17 m，胸径 35 cm，冠幅 9 m×8 m，枝下高 7 m，由于打枝过度，冠层小，年产种实 150~200 kg，种实长×宽为 3.2 cm×2.8 cm，重 18 g；种核长宽厚比例为

2.6∶1.8∶1.45 cm,重 3.5 g,核形指数 1.44。色洁白、饱满,口味好。9 月底成熟。

台州 TQ5 号

位于浙江台州。树龄 100 年,树高 16 m,胸径 65 cm,冠幅为 12 m×9 m,枝下高 6 m。年产种实 150~200 kg;种实长×宽为 3 cm×2.7 cm,重 17 g;种核长×宽×厚为 2.5 cm×1.7 cm×1.4 cm,重 3.2 g,核形指数 1.47。肉色洁白、饱满,口味好。10 月上旬成熟。

台州 TS6 号

位于浙江台州。树龄 35 年,树高 15 m,冠幅 7 m×6 m,年产种实 50 kg,种实长×宽为 2.7 cm×2.8 cm,重 17.5 g;种核长×宽×厚为 2.2 cm×2.1 cm×1.5 cm,重 3.3 g,核形指数为 1。10 月底成熟。

太极银杏

特点:鲜嫩可口、滑腻清爽、鲜香咸辣、增进食欲。

原料主料:白果、豆腐。

调辅料:冬笋、香菇、葱花、江米、蒜泥、泡海椒、精盐、味精、高汤、大粉、色拉油、糖、麻油。

制法:

①白果净料加工成茸泥,豆腐出水加工成茸泥,备用。

②冬笋、香菇切成米粒状,泡海椒去籽加工成末备用。

③炒锅上火,放色拉油,投入白果、冬笋、香菇,炒时加高汤、大粉、盐、味精,成糊状起锅装盘;再用油锅将豆腐、泡海椒、江米、蒜泥一起炒,加高汤、大粉、盐、味精、糖,成糊状起锅装盘。

④分别将两种糊点缀成太极图形,淋麻油、葱花即成。

功效:安中益气、补脾气、强筋骨、消渴,可降低胆固醇含量,使纤维蛋白溶解、活性下降,对动脉硬化、高血脂、高血压等心血管疾病有防治作用。

太空苗

将采收后的成熟银杏种核置于航天器带入太空,在太空宇宙射线等高能电离辐射的作用下,诱发银杏种核基因和染色体发生变异,从而使人们获得生产需要的理想植株。辐射诱变是进行银杏"品种修缮"的重要途径。21 世纪初江苏泰兴已获得 1 株完整的太空银杏苗。目前尚未做出银杏太空苗的分离鉴定。

太平村的银杏古树

南北朝时梁大通二年太平观道人手植,海拔 500 m,树龄 1 400 年以上,树高 28 m,胸径 2.62 m,冠幅 21 m×15 m,生长茂盛。

太平果

位于湖北安陆市孛畈镇柳林村。树龄 1 200 年,树高 27.4 m,胸径 1.52 m。树形松散,主干粗大,主枝少,无层形。长枝上叶多为扇形,叶长 4.2~5.4 cm,宽 6.8~9.5 cm,叶柄长 7.1 cm,叶色较深,中裂明显。球果椭圆形,不偏斜,周缘不整,略凹陷。果柄长 3.5 cm,单粒球果重 8.1 g,每千克粒数 122,出核率 26.2%。种核椭圆,核壳洁白光滑,上下基本对称,先端秃圆,具小尖,珠孔迹明显,基部两维管束迹迹点小而明显,无背腹之分。单粒种核重 2.3 g,每 kg 粒数 435,出仁率 76.6%。种仁白、味甜。该品种为中熟偏迟。其植株高大,产量较高,一般年株产 300 kg。种核有胚率较高,是培育用材树的好品种,也可取其种核作砧木用种。

太阳辐射

太阳以辐射的方式不断向四周放射巨大的能量。它的强弱用太阳辐射强度表示,单位为 W/m^2。它是引起复杂天气变化和形成气候的主要因子,也是植物制造有机物质的唯一能源。在果树栽培和森林经营方面,合理的造林密度与及时整枝、剪枝、间伐等都是充分利用太阳能的重要措施。

泰山灵岩寺的古银杏

泰山灵岩寺共有银杏 10 株,6 雌 4 雄,均为宋朝所植,树龄约千年。最大的一株树高 26 m,胸径 1.53 m,冠幅 25 m×25 m。此树为雌株,年年结果累累,树冠开展,长势强旺。另外,泰山斗母宫、普照寺、王母池、老君堂、遥参亭等处,亦有数抱粗的古银杏。

泰山银杏实生优良单株

泰山银杏实生优良单株

优良单株	树龄(年)	树高(m)	胸径(m)	冠幅(m)	枝下高(m)	主枝数(个)	株产(kg)	类群
岱皇	800	10.5	1.16	9.3×17.5	3.8	4	250	梅核
泰山皇	35	11.1	0.16	3.0×2.4	4.1	7	25	佛手
泰峰	1 000	12.0	0.82	13.0×12.0	3.5	3	100	梅核
东岳	1 000	27.0	1.51	13.7×19.1	1.7	6	300	圆子
泰山 5 号	300	18.0	0.54	9.0×12.0	3.9	5	30	佛指

泰山银杏优良单株种实定性指标

泰山银杏优良单株种实定性指标

优良单株	种实							种核						
	形状	顶端	基部	果柄	果带	大小	成熟期	类群	形状	顶端	顶点	基部	边缘	颜色	大小
岱皇	圆形	凸起	平广	长直	椭圆凸	大	早	梅核	广椭圆	圆钝	有小尖	两束呈一短尾状	中上部棱明显,中部棱隐约可见线	鱼肚白	大
泰山皇	长卵圆	突起	平广	长弯曲	阔椭圆	大	早	佛手	长卵圆	圆钝	有尖	狭窄维管束连生	有棱	象牙白	大
泰峰	扁圆	凹入	凹入	短微弯	椭圆凸	中	早	梅核	扁圆	平广	具小尖	维管束二点状基宽	有棱,背圆腹平	洁白	中
东岳	圆形	凸起	凹入	中等长	凸圆	大	早	梅核	扁圆	圆钝	有小尖	两束小而近	中上棱明显,背圆腹平	象牙白	大
泰山5号	圆形	平广	平	短粗	圆平	中	晚	圆子	圆形	圆形	有尖	维管束连生	棱明显	灰白	中
泰兴佛指	广椭圆	平广	凹入	长弯曲	平圆	大	中	佛指	卵圆	平广	微凹	两束迹连生	下部棱不明显	灰白	大

泰山银杏优良单株经济性状

泰山银杏优良单株经济性状

优良单株	单果重(g)	单核重(g)	单仁重(g)	出核率(%)	出仁率(%)	熟性
岱皇	16.00	3.10	2.35	28.0	79.0	早
泰山皇	9.36	2.78	2.22	31.1	80.0	早
泰峰	9.88	2.71	2.10	27.8	78.5	早
东岳	9.21	2.60	1.95	1.95	78.6	早
泰山5号	12.20	2.30	1.85	27.5	78.6	晚

泰山银杏优良单株种实指标

泰山银杏优良单株种实指标

优良单株	单果重(g)	果形系数(cm²)	单核重(g)	核形系数(cm³)	出核率(%)	单仁重(g)	仁形系数(cm³)	出仁率(%)
岱皇	11.00	6.85	3.10	7.06	28.0	2.35	4.11	79.0
泰山皇	9.36	5.65	2.78	6.59	31.1	2.22	3.96	80.0
泰峰	9.88	4.96	2.71	5.71	27.8	2.10	3.51	78.5
东岳	9.21	5.90	2.60	5.43	28.2	1.95	3.07	78.6
泰山5号	12.20	7.01	2.30	5.30	27.5	1.85	2.98	78.5
泰兴佛指	10.14	7.63	2.83	6.07	28.0	2.13	4.18	79.0

泰山银杏种实类型及特征

泰山银杏种实类型及特征

类型	种实			种核				种仁		
	长:宽	单果重(g)	果皮厚(mm)	长:宽:厚	单核重(g)	种壳厚(mm)	出核率	长:宽:厚	单仁重(g)	出仁率
马铃	1.22:1	7.0 / 18.9%	4.5 / 27.5%	1.64:1.26:1	2.06 / 20.8%	0.83 / 18.3%	28.5% / 10.9%	1.57:1.17:1	1.60 / 18.2%	77.3% / 4.2%
佛指	1.80:1	7.7 / 18.2%	4.3 / 20.2%	1.74:1.26:1	2.27 / 13.2%	0.74 / 12.2%	28.6% / 11.4%	1.70:1.19:1	1.76 / 15.4%	77.7% / 4.2%
梅核	1.04:1	9.3 / 13.4%	4.5 / 24.2%	1.60:1.29:1	2.66 / 9.4%	0.58 / 10.5%	27.8% / 4.3%	14.2:1.12:1	2.04 / 8.2%	78.2% / 1.6%
圆子	1.04:1	7.3 / 28.8%	4.2 / 21.8%	1.48:1.29:1	2.02 / 9.2%	0.85 / 14.7%	26.5% / 10.1%	1.36:1.15:1	1.55 / 9.4%	77.5% / 8.9%

注:横线下数值为变异系数Cv(%)。

泰山银杏种实指标

泰山银杏种实指标

指 标	最大值	最小值	平均值	标准差	变异系数(C_v,%)
果形系数(cm^2)	6.85	2.79	5.19	1.06	20.45
核形系数(cm^3)	7.06	3.50	4.84	0.09	18.58
仁形系数(cm^3)	4.11	1.92	2.93	0.64	21.99
单果重(g)	11.0	4.19	7.95	1.64	20.61
单核重(g)	3.10	1.54	2.29	0.40	17.70
单仁重(g)	2.35	1.25	1.77	0.30	16.82
出核率(%)	33.00	22.0	28.00	2.57	9.17
出仁率(%)	83.4	67.3	77.70	3.45	4.44

泰山玉帘

"泰山玉帘"是从银杏种质资源圃中发现的1个枝条自然下垂的单株，经过嫁接繁殖试验所得。叶片有两种类型：一种为人字形叶片，中裂极深，可达叶片基底或接近基底；另一种叶片的中裂较浅或极浅，叶片呈扇形、窄扇形或半圆形，叶片上缘呈波状或齿牙状短裂。雌株，雌球花有长梗，梗端有1~2盘状珠座，每座生1胚珠，发育成种子。种子核果状，种核（即白果）较小，外种皮肉质，有白粉。10~11月果熟，熟时淡黄或橙黄色，有臭味。中种皮骨质，白色；内种皮膜质。

泰兴古银杏

位于江苏泰兴市城西，雄株，树高23 m，胸径近2 m，树龄1 000年以上。

泰兴银杏雄株资源

泰兴银杏雄株资源

树号	地 点	树龄(年)	胸径(cm)	树高(m)	树冠(m)	产量(kg)			同龄雄株年需雄花(kg)	备 注
1	七里群林场1号	14	15.9	7.6	4×4.5	0.2	0.18	1.3	0.04	成片园、嫁接、直立形
2	七里群林场2号	14	18.5	10.2	3×4.2	0.3	0.15	1.1	0.04	成片园、嫁接、直立形
3	七里群林场3号	14	14.3	9.8	1.6×1.7	0.14	0.07	0.04	0.04	成片园、嫁接、直立形
4	七里群林场4号	14	22.9	6.8	5.8×5.3	0.2	0.01	1.7	0.04	成片园、嫁接、开张形
5	七里群林场5号	14	22.0	6.2	5.1×4.9	0.1	0.13	2.2	0.04	成片园、嫁接、开张形
6	燕头镇丁联村3组	20	20	4	2.7×2.7	0.8	—	2.35	0.03	房前屋后、实生
7	胡庄镇淘沟村4组	30	56	16	7.5×6.2	12	8	18	0.22	房前屋后、实生
8	常周镇西荡村3组	32	19	14	7×8	3.5	2.6	4.2	0.16	房前屋后、实生
9	宁界镇北肖村3组	35	22	8	4×4.5	6	8	10	0.25	房前屋后、实生
10	刘陈镇莲花村	35	29	11.8	5.8×6.1	5	4	11	0.2	房前屋后、实生
11	刘陈镇前东村	37	31	13.1	7.5×7.4	8	9	13	0.17	房前屋后、实生
12	燕头镇	38	36	9.5	8×5	16	15	13	0.17	房前屋后、实生
13	刘陈镇严徐村	39	35	13.1	6.5×5.6	6	11	13	0.17	房前屋后、实生
14	刘陈镇周野村	39	33	11.8	6.5×6.9	8	7	12	0.2	房前屋后、实生
15	刘陈镇东黄村	40	43	17.2	10.8×9.6	15	13	24	0.2	房前屋后、实生
16	刘陈镇大张村	40	41	14.8	6.9×7.3	8	11	16	0.22	房前屋后、实生
17	刘陈镇鞠垛村	41	38	14.0	8.2×6.9	9	12	12	0.2	房前屋后、实生
18	焦荡镇朱港村3组	41	46	13	11×11	3	—	8	0.2	房前屋后、实生
19	焦荡镇蔡家村1组	45	39.5	11	6×6	2		9	0.25	房前屋后、实生
20	焦荡镇蔡家村1组	45	37.5	12	8×8			11	0.15	房前屋后、实生
21	元竹镇小港村7组1号	45	44	9.3	10.1×12.2	18	10	15	0.37	房前屋后、实生
22	元竹镇小港村7组2号	45	43	9.3	8.2×11.3	17	10	15	0.43	房前屋后、实生
23	元竹镇小港村7组3号	45	36	8.9	8.2×9.6	9	7	10	0.27	房前屋后、实生

续表

树号	地　点	树龄（年）	胸径（cm）	树高（m）	树冠（m）	产量(kg)			同龄雄株年需雄花（kg）	备　注
24	宁界镇南肖村6组	46	25	10	6×5	8	7	10	0.37	房前屋后、实生
25	制陈镇杨一村	48	47	16.8	9.2×8.8	20	23	31	0.2	房前屋后、实生
26	胡庄镇和丰村1组	50	15	6	2.0×2.8	4	1	5	0.15	房前屋后、实生
27	根思镇蚕桑场东南	51	41.4	9.3	5.4×3.9	1.35	1.5	1.5	0.15	房前屋后、实生
28	根思镇蚕桑场东北	51	24.5	7.8	5.7×5.1	2.5	3	3	0.15	房前屋后、实生
29	常周镇李肖村3组	56	23	17	10×9	3	2.8	3.5	0.12	房前屋后、实生
30	宁界镇马巷村1组	60	31	11	6×7.2	11	10	15	0.42	房前屋后、实生
31	胡庄镇和丰村5组	60	32	15	3.5×5.0	8.5	4	15	0.22	房前屋后、实生
32	胡庄镇肖林村2组	65	37	18	8.5×8.3	15	13	20	0.27	房前屋后、实生

泰兴育成太空银杏苗

世界首株太空育种银杏苗于2007年在江苏省泰兴市培育成功。2006年9月22日，泰兴市精选100 g银杏种子，搭载我国"实践8号"航天卫星上天育种。在太空"旅行"了15 d后，银杏种子回到泰兴，林业技术人员通过水浸泡、沙藏、催芽等育种方法，2007年3月16日将30多粒种子埋入土中，到4月7日，有一粒银杏种子已发芽。2007年5月9日下午，经该市林业技术人员实地测量，株高已达15 cm，长有6片嫩叶。

将来可以采集植株的根、茎、叶等器官进行测定化验，看能否从中筛选出有益的变异，为泰兴银杏生产选择出果用、叶用、花用等不同用途的优良性状品种，同时，还可为全国其他银杏产区服务。

泰州市的银杏资源

泰州市地处江淮之间，系江苏省中部地区的文化古城，位于东经119°48′~119°59′，北纬32°27′~32°34′，在地理上与全国最大的白果产区——泰兴市和姜堰市连成一片，俗称"三泰"。银杏的资源较多，目前尚存百年以上古银杏树14株，壮年（指中龄林）银杏树500株以上，20年以下的银杏幼树有1万株以上。14株古银杏树全部集中在城区，而且都在寺庙、祠堂和书院内，有8株雌树，6株雄树。树龄最大的1株960年生，雌性，果实为佛指型，生长在江苏省泰州中学校园内（宋朝时代称为胡公书院），胸径205 cm，树高14.2 m，冠幅南北长18.6 m，东西长15.1 m，相传是泰州学派的创始人之一——胡瑗（字安定，生于公元993年）先生亲手所植。它遮天蔽日，奇伟魁梧，年年硕果累累。在泰州市都天庙内的两株银杏树，均为雌性，一株树龄600年，树高18.5 m，胸径123.8 cm，冠幅南北长23.2 m，东西长24.2 m。另一株树龄360年，树高17.9 m，胸径95.5 cm，冠幅南北长13.1 m，东西长14.2 m，果实为龙眼型。这两棵树也可以说是老寿星，但它们老当益壮，生长茂盛，每年艳黄色的银杏压弯树枝，平均年产量50~100 kg。泰州市的银杏果型为佛指型，与泰兴大白果属同一种源，仅有不到1%的银杏为龙眼型。

郯107号

郯107号又名郯城107号或称郯丰。母树在重坊镇埔里村，嫁接树，树龄35年生，3大主枝，开心形树冠。干高2.2 m，树高9 m，胸径24 cm，冠幅5 m×6 m，生长健壮。107号芽顶端呈三角形，芽基宽0.33 cm。短枝上的定型叶叶长×宽为6.5 cm×9.1 cm，叶柄长4.5 cm，叶基线夹角111.6°，单叶面积17 cm^2。长枝上的定型叶叶基线夹角较小（89°），叶裂刻深达0.5 cm，单叶面积20.5 cm^2。叶缘呈小波浪形，微卷。结果短枝具叶片8.7枚，结果枝上单叶重0.49 g，叶片含水量73.14%。营养枝单叶重0.54 g，含水量63.81%。107号芽萌动期为3月23日，展叶期4月8日，盛花期4月19日，新梢速生期5月9日至6月14日，种实形态成熟期9月20日，落叶期10月26日。从传粉到种子形态成熟需154 d，属晚熟品种。该品种高接后9年，单株枝量1.7万条，其中长枝占3.4%。当年新梢长20.3 cm，基径0.43 cm。节间长3.43 cm，成枝为16.4%，萌芽率79.74%。单株叶片数达11.3万枚，叶面积195.23 m^2，叶面积指数高达6.12。该品种嫁接到8年生砧木上4年后开花结果，5年结果株率达到100%。接后9年干径17.7 cm，树高6.9 m，冠幅6.1 m×6.6 m，树冠投影面积31.9 m^2，树冠体积105.9 m^3，属丰产型品种。该品种母树4年平均株产31 kg，平均每平方厘米树干截面积负载量0.071 1 kg，平均每平方米树冠投影面积负载量1.31 kg，丰产性良好。接后9年平均株产27.83 kg。平均每平方厘米树干截面积负载0.107 5 kg，平均每平方米树冠投影面积负载0.872 4 kg。107号种实呈阔椭圆形,顶端平广微凹,基部平广,形态成熟时外表杏黄色,果粉中等,果柄正托,果蒂椭圆形,油胞红褐色较少。果长×宽×厚为 2.71 cm×2.51 cm×2.50 cm,果柄长 2.9 cm。外种皮厚 0.49 cm,果形指数 1.08,单果重 10.37 g,出核率 24.87%。种核呈阔椭圆形,顶端具尖,基部二维管束合二为一,侧棱上 4/5 明显,种壳呈象牙白。种壳厚 0.56 mm,核形指数 1.54,单核重 2.58 g,388 粒/kg。出仁率 78.71%,仁长×宽×厚为 2.11 cm×1.43 cm×128 cm,仁形指数 1.56,单仁重 203 g。种仁含水量 68.16%。该品种外观虽稍差,但种仁具香味,稍苦,糯性强,柔性强,硬度适中,品质上乘。该品种适应性及抗性均较强,但负载过大时部分叶片易发黄。该品种属于中粒级极丰产品种。

郯 111 号

该品种属马铃类,又名郯早。母树在重坊镇西高庄村,枝龄 40 年,树势中庸,丰产,稳产。该品种萌芽率为 82%,成枝率 20.5%,芽顶为圆锥形,叶缘呈波浪形,缺裂浅,叶卷曲。单果重 13.93 g,种核广卵圆形,单核重 3.78 g,出核率 27.14%,出仁率 79.2%。该品种丰产,稳产,且大小年不明显。采用 8 年生砧木嫁接后 3 年开始结果,5 年结果株率达 83%。从授粉到种子形态成熟为 150 d,成熟期为 9 月 15 日,属中晚熟品种。

郯 306 号

该品种属佛手类,又名郯魁,系郯城大金坠的代表种。母树在港上镇王桥村,树龄 90 年,树势健旺,丰产性能好。该品种萌芽率为 79.4%,成枝率为 21%,属成枝力较高品种。叶片浓绿且肥厚,叶缺裂较深。单果重 13.42 g,种核为倒卵形,单核重 3.56 g,出核率 26.58%,出仁率 78.22%。该品种丰产,稳产。采用 8 年生砧木嫁接后 4 年开始结果,5 年结果株率达 88%。从授粉到种子形态成熟为 143 d,成熟期为 9 月 12 日,属中晚熟品种。

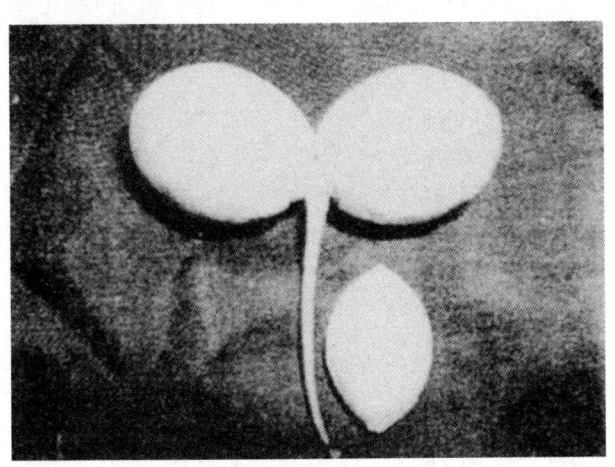

郯 306 号

郯城 13 号

树冠开张,枝干角度大。树势生长健壮,成枝率低,发枝少。始果枝龄 3 年,结种短枝占总短枝的 36.5%。嫁接后 8 年进入大量结种期。种子成熟呈橙黄色,椭圆形,先端有尖,油胞较突起,平均种柄长 3.14 cm,种长 2.88 cm,种径 2.29 cm。核果椭圆形,先端突起有尖,维管束连接,棱线粗,三棱种占 1/4~1/3。种核长 2.28 cm,宽 1.52 cm,厚 1.23 cm,种核重 2.18 g,味甜,出核率 30%。

郯城 16 号

属马铃类。1982 年经省科委鉴定。母树位于新一村,树龄百年以上,树冠开心形,冠偏树势中庸,发枝一般,树高 18 m,冠幅东西 6.9 m,南北 4.8 m,年平均株产量 40 kg 左右。枝干颜色灰褐色,新梢冬季暗红褐色,生长季黄褐色。叶子反卷呈喇叭状,叶片长 4.7 cm,叶宽 6.2 cm。一年生芽体尖,二年生芽体较圆,树冠不开张,枝干角度小,幼树生长旺,成枝率高,枝条生长健壮,发枝多,形成树冠快。矮干嫁接,10 年生树高 3.6 m,新梢平均生长量 34.1 cm,始种枝龄 2 年,多在 3 年以上短枝结种。嫁接后 8 年,进入大量结种期。种子成熟橙黄色,卵圆形,油胞大、稀,棱线明显,种柄短,种长 2.75 cm,种宽 2.52 cm。核壳白色,卵圆形,棱线先端有突出点,维管束痕突出,种核长 2.3 cm,宽 1.65 cm,厚 1.33 cm,核形指数 1.4,单核重 3.33 g,出核率 29%。

郯城 402

该品种树冠紧凑,生长势强,成枝力高,修剪反应敏感。新梢长生长量 32.4 cm,茎粗 0.8 cm,节间长 2.62 cm。开花早,一年生枝段开花率 29.7%,2~4 年生枝段开花率达 89.7% 以上。花穗多,平均每短枝有花穗 6.32 个,花粉量大,出粉率达 5.97%,花穗长 2.95 cm,花径粗 0.84 cm,每穗花药数 60.14 个。花期 5~7 d,亲和力强,授粉坐果率达 98.5%,有胚率 97.75% 以上,是一个花粉量大,授粉坐果率高,丰产性能较好的优良雄株品种。

郯城 5 号

树冠不开展,枝干角度小,幼树生长旺,成枝率高。进入结种期后,长势中强,结种早(始种枝龄 2 年生),始种短枝占总短枝的 32.5%。短枝连续结种能力强,进入结种期后产量高,如不注意疏果有累死树的现象。老树易更新,修剪敏感。种子成熟呈橙黄色,倒卵圆形,先端下陷,油胞小,分布均匀,接线较明显,平均种柄长 3.3 cm,种长 2.82 cm,种径 2.57 cm。核果白色,椭圆形,核果上有下陷的不规则小点,棱线先端有尖,偏歪,两维管束明显,棱线宽。种核长 2.33 cm,宽 1.71 cm、厚 1.34 cm,种核重 2.52 g,出核率 29%。

郯城白果年产量统计

郯城白果年产量统计

系号	1990年(kg)	1991年(kg)	1992年(kg)	1993年(kg)	1994年(kg)	单株累计产量(kg)	单株累计产量(个数)	单粒重(g)	1994年结果株率(%)	备注
107	—	37.8	338	1697.5	146	5.37	2219.3	2.42	100	
005	—	29.4	267.5	922.8	156	3.07	1219.7	2.52	88.9	
207	—	8.2	369	654.1	135	3.37	1166.3	2.80	100	
306	—	19.7	150	714.4	264	4.17	1148.1	3.62	71.4	
219	—	—	62.5	991.2	34	2.87	1087.7	2.64	80.0	
106	—	26.8	151	717.8	171	3.37	1066.6	3.16	100	
009	1.0	12.4	174.9	671.5	136	2.42	955.8	2.43	88.9	以结种个数多少排列顺序
205	—	0.2	138.6	365.6	365	1.90	869.4	2.18	100	
013	—	10.6	311.5	343	198	1.88	863.1	2.18	100	
229	—	—	196	468.8	196	2.17	860.8	2.52	100	
317	—	7	62.5	489.5	250	1.86	809	2.30	85.7	
016	—	12.2	91.5	516.6	163	2.61	783.3	3.33	88.9	
111	0.5	8.8	116.8	367.8	150	2.38	643.9	3.69	83.3	
303	—	—	150	255.6	215	1.34	620.6	2.16	100	
203	—	0.6	177.5	223.2	217	1.72	618.3	2.78	77.8	
202	1.0	2.3	40	139.2	97	0.93	278.5	3.33	75.0	

郯城紧凑型品种

树型紧凑,分枝量少,短枝多,树冠扩展慢,适合于矮化密植丰产栽培。009号树冠紧凑,萌芽率高,成枝力低,树冠扩展慢,枝量少,节间短,仅2.82 cm,极适合于矮化密植丰产栽培。106号也具有节间短的特点,为2.98 cm,比较适合于矮化密植丰产栽培。

郯城粒大和优质品种

111号具有结果早,品质优,单粒重大的特点,是目前入选品种中个头最大的一个,比005号重1.27 g。该品种营养生长旺盛,丰产潜力大,是一个极佳的优良品种,应大力推广应用。

306号、016号、106号,单粒重均超过3 g,也是较好的优良大个品种。并且306号和106号丰产,是高产优质品种,适合大面积推广。

郯城庭院银杏生长与结果状况

郯城庭院银杏生长与结果状况

类型号	定植年限(年)	胸径 平均(cm)	胸径 年均生长量(cm)	树高 平均(m)	树高 年均生长量(m)	枝下高(m)	冠幅(东西×南北)(m)	始果树龄(年)	单株结果量(kg)	单位面积产量(kg/亩)
1	8	18.3	1.79	9	0.68	4	4×4			
2	12	23.6	1.71	9.5	0.54	3.5	5×5	6	5.3	100.7
3	12	24.1	1.75	12	0.75	2.5	6×6	5	10.6	254.4
4	11	22	1.73	10.5	0.68	3.5	5.5×5.5	10	4	176
5	12	21	1.5	7	0.35	2.8	8×8	10	2	58
6	13	20.8	1.4	6.6	0.32	2.5	8×8	5	30	1 320
7	12	24.4	1.78	11.5	0.71	3.2	5×5	5	35	1 120
8	16	33	1.87	12	0.57	2.9	6×7	5	11.5	230
9	13	21.5	1.42	7	0.32	2.9	8×8	11	20.6	350.2
10	16	25.4	1.4	7.5	0.29	2.8	8×8	6	33.7	471.8
11	12	19	1.3	6	0.29	2.5	6×6	4	38	1 026
12	13	30.6	2.3	20.6	1.38	5	9×9	5	20.1	582.9

郯城王桥村银杏树调查

郯城王桥村银杏树调查　　　　　　　　　　　　　　　　　　　　单位:cm

树龄		0~2	3~4	5~6	7~8	9~10	11~12	13~14	15~16	17~18	19~20	21~22	23~24	25~26	27~28	29~30	31~32	33~34	35~36	37~38	39~40	41~42	带皮
东	直径	0.80	1.90	2.80	4.00	6.40	7.90	9.60	11.20	13.10	15.10	16.80	18.40	20.00	20.90	21.50	22.00	22.60	23.10	23.40	23.80	24.50	27.80
西	2年生长量	0.80	1.10	0.90	1.20	2.40	1.70	1.70	1.60	1.90	2.00	1.70	1.60	1.60	0.90	0.60	0.50	0.60	0.50	0.30	0.40	0.70	3.30
南	直径	0.80	1.90	2.90	4.20	7.40	8.90	10.40	12.10	14.20	15.80	18.00	20.00	21.00	21.80	22.40	22.80	23.20	23.70	24.00	24.50	27.60	
北	2年生长量	0.80	1.10	1.00	1.30	1.80	1.40	1.50	1.50	1.70	2.10	1.60	2.20	2.00	1.00	0.80	0.60	0.40	0.40	0.50	0.50	3.10	
平	直径	0.80	1.90	2.85	4.10	6.20	7.65	9.25	10.80	12.60	14.65	16.30	18.20	20.00	20.95	21.65	22.20	22.70	23.15	23.55	23.90	24.50	27.70
均	2年生长量	0.80	1.10	0.95	1.25	2.10	1.45	1.60	1.55	1.80	2.05	1.65	1.90	1.80	0.95	0.70	0.55	0.50	0.40	0.45	0.35	0.60	3.20

郯城银杏庭院栽植状况

郯城银杏庭院栽植状况

类型号	坐落地点	庭院面积(m²)	经营方式	定植株繁殖方式	土壤类型	栽植时间	胸径(cm)	定植树株数	临时树(盆景)株树
1	郯城镇徐庄村	105	定植株与盆景	分层接	潮土	1997	4	3	350
2	港上镇王桥村	81	定植株与临时株	分层接	潮土	1993	3	3	8
3	胜利乡赵楼村	211	定植株与临时株	实生树	潮土	1993	3	14	14
4	港上镇王桥村	225	定植株与临时株	实生树	潮土	1994	3	10	10
5	胜利乡赵楼村	211	定植株与临时株	劈头接	潮土	1993	3	14	14
6	港上镇王桥村	124	定植株与临时株	劈头接	潮土	1992	2	6	6
7	归昌乡陈庄村	65	定植株	分层接	潮土	1993	3	2	—
8	重坊镇刘马庄村	117	定植株	实生树	潮土	1989	2	3	
9	重坊镇王庄	105	定植株	劈头接	潮土	1992	3	3	
10	新村乡新一村	108	定植株	劈头接	潮土	1989	3	4	—
11	泉源乡裂庄村	90	定植株	劈头接	棕壤土	1993	3	4	—

注:1. 类型1在树下和屋顶进行了银杏盆景的制作和培养,培养5年后每年出售银杏盆景五十盆左右,并保持现存盆景350盆。2. 类型2于2004年春将8株临时株移出,其中胸径20 cm的2株,胸径16~17 cm的6株。3. 类型3于2000年将14株临时株(胸径为10 cm)移出。4. 类型4于2005年将10株(胸径为18~20 cm)临时株移出。5. 类型5于2000年将14株临时株(胸径为10 cm)移出。6. 类型6于2004年将6株临时株(胸径为20 cm)移出。

郯城银杏叶黄酮和内酯含量的季节性变化

采用《药典》法提取和测定郯城银杏叶不同季节有效成分含量,揭示其变化规律。研究表明,2年生平茬树、2年生实生树、5年生平茬树银杏叶内的黄酮、内酯含量在一年内都能达到《药典》规定;叶内黄酮、内酯的季节性变化规律基本一致,都是随着银杏叶生长,黄酮、内酯含量呈上升趋势,秋季达到最大值,以后呈下降趋势;同一样品银杏叶内黄酮、内酯含量的最高值同期出现,7—9月是银杏叶内黄酮、内酯含量较高时期,黄酮含量达0.70%以上,内酯含量0.54%以上。郯城银杏叶采集的最佳时期应为7—9月。

郯城银杏历史

银杏是郯城栽植的极其重要的多用途树种。郯城银杏栽培历史悠久,资源十分丰富。据考证,境内银杏栽植始于西汉永光年间(公元前44—前40年),明代中、后期及清代、民国初期,境内银杏生产分别出现了发展鼎盛期,沂河两岸南起新村,北至马头,银杏片林绵延不断,银杏林带长达20 km,新中国成立前全县银杏面积4 700亩,银杏大树8万株,最高年产量达100万千克。党的十一届三中全会后,县内银杏产业有了快速发展,进入了新的发展阶段。目前,银杏片林面积22万亩,定植银杏总株数1 400万株,银杏果年产量300万千克,银杏干叶年产量500万千克。1999年2月,被"中国特产之乡推荐暨宣传活动组委会"授予"中国银杏之乡"称号。2008年郯城银杏获农业部地理标志等级证书,获国家工商总局地理标志证明商标。

郯城银杏有害生物种类

郯城银杏有害生物种类

有害生物名称	发生危害期(月)	危害部位	危害程度	备注
银杏茶黄蓟马	5—8	叶	+++	
黄刺蛾	6—10	叶	++	
扁刺蛾	5—9	叶	++	
桃蛀螟	7—8	果实	+++	
铜绿金龟子	6—7	叶、根	++	
白星花金龟	5—8	叶、根	+	
超小卷叶蛾	4—6	枝、果	+++	
大袋蛾	5—9	叶	+	
茶袋蛾	4—8	叶、果、枝	+++	
褐袋蛾	4—9	叶、果	+++	
白袋蛾	4—9	叶、果	+++	
杨毒蛾	7—8	叶	+	2004 年发现
桑白盾蚧	5—9	枝、干	+++	2004 年发现
草履蚧	3—6	枝、干	+	2004 年发现
木橑尺蛾	7—8	叶	+	
小地老虎	5—8	根、茎	+++	
华北蝼蛄	4—9	根、茎	+	
沟金针虫	3—4	根	++	
银杏茎腐病	6—7	根、茎	+	
苗木立枯病	4—7	根、茎	++	
银杏叶枯病	6—8	叶	++	
银杏干枯病	7—9	枝、干	++	
种核(白果)霉烂病	贮藏期	种实	+	
银杏根朽病	5—9	根	+++	
蜗牛	4—10	叶	+	2004 年发现

注：+ 表示危害轻度，++ 表示危害中度，+++ 表示危害重度。

郯城早实品种

有三个品种达到了嫁接后三年见果，五年见效，均比 005 号早实一年。他们是 111 号、009 号、202 号。

郯丰

又名"郯城 107 号"。

郯魁

属马铃类，嫁接后第 4 年开始结果，第 5 年结果株率达 88%；成熟期为 9 月 12 日，属中晚熟品种。该品种单果重 13.42 g，单核重 3.56 g，单仁重 2.78 g，属大粒品种，出核率 26.58%，出仁率 78.22%。该品种口感香甜适中，苦味较低。

郯新

原株在山东郯城新村乡新一村，又称郯城。1987 年由郯城县林业局初选出母树。207 号长枝占 2.54%，当年新梢长 31.3 cm，基粗 0.52 cm，节间长 3.39 cm；成枝力 22.3%，萌芽率 76.42%。短枝单叶面积 19.7 cm^2，长枝单叶面积 19.2 cm^2，短枝有叶 6~9 片。该品种嫁接后 4 年开始结果，5 年结果株率 100%。种子生长期为 148 d，成熟期为 9 月 16 日，为中晚熟品种。该品种嫁接后 9 年干径 17.1 cm，树高 6.4 m，冠幅 6 m ×6.2 m，树冠投影面积 29.3 m^2，树冠体积 99.3 m^3。该品种在新村选出，故定名为郯新。母树 4 年平均株产 71.9 kg，横截面积产量 0.013 kg/cm^2，投影面积产量 1.58 kg/m^2。嫁接后 9 年平均株产 22.01 kg，平均每平方厘米横截面积产量 0.094 kg，平均投影面积产量 0.75 kg/m^2。平均单粒重为10.97 kg，单核重 2.60 g，单仁重 2.05 g，个头中上，出核率 23.72%，出仁率为 78.66%，种子含水量为 70.06%，该品种口感香味较浓，糯性中上。

郯艳

亦称郯 317 号，母树位于山东郯城县港上镇前埝村。1987 年由郯城县林业局初选出母树。该母树长枝占3.25%,当年新梢长28.7 cm,基粗0.62 cm,节间长3.34 cm,成枝力17.4%,萌芽率82.14%。短枝单叶面积15.1 cm²,短枝有叶片7.55片。该品种嫁接后4年开始结果,5年结果株率88%。从授粉到种子成熟为145 d,成熟期为9月10日,属中晚熟品种。该品种嫁接后9年干径15 cm,树高5.3 cm,冠幅5.8 m×6 m,树冠投影面积27.2 m²,树冠体积83.3 m³。该品种外种皮鲜艳,故定名为郯艳。母树4年平均株产52.6 kg,每平方厘米横截面积产量0.093 95 kg,每平方米投影面积产量1.83 kg。嫁接后9年平均株产16.4 kg,平均每平方厘米横截面积产量0.091 kg,平均每平米投影产量0.060 29 kg。平均每单粒重10.51 g,单核重2.63 g,单仁重2.03 g,个头中上。出核率为25.07%,出仁率为77.08%,种子含水量为68.3%。该品种口感苦味低,糯性好。

郯叶110号

树冠呈长圆锥形,树体开张角度约45°。嫁接后10年生,平均单株胸径为23.04 cm,树高为6.83 m,冠幅27.3 m²。平均单株枝量为15 940条,长枝占5%,短枝占95%。单位树冠投影面积叶量为2.39 kg/m²。嫁接3年顶生枝长度达58.4 cm,基径1.1 cm,节间3.63 cm,成枝力57.6%。平均百叶干重为32.59 g,平均单叶面积为30.2 cm²。

郯叶202号

树冠呈开心形,树体开张角度约50°。嫁接后10年生,平均单株胸径为22.51 cm,树高为6.5 m,冠幅为33.69 m²。平均单株枝量为16 787条,长枝占6.1%,短枝占93.9%。平均单株叶量为82.2 kg,单位树冠投影面积叶量为2.44 kg/m²。嫁接3年顶生枝长度达37.6 cm,基径0.6 cm,节间26 cm,成枝力为68.8%。平均百叶干重为31.96 g,平均单叶面积为29.1 cm²。

郯叶211号

树冠呈圆头形,树体开张角度约50°。嫁接后10年生,平均单株胸径为21.28 cm,树高为5.57 m,冠幅为30.57 m²。平均单株枝量为18 696条,长枝占6.3%,短枝占92.7%。平均单株枝量73.6 kg,每平方米树冠投影面积叶量为2.41 kg。嫁接3年顶生枝长度达44.9 cm,基径0.55 cm,节间3.47 cm,成枝力为72.1%。平均百叶干重为30.96 g,平均单叶面积为26.64 cm²。绽开期4月12日,萌芽期4月16日,展叶期4月18日,新梢生长期自4月22日至6月20日,叶黄期自11月8日至11月16日,落叶期自11月12日至11月18日。

郯叶300号

树冠呈圆头形,树体开张角度约45°。嫁接后10年生,平均单株胸径为20.7 cm,树高为6.54 m,冠幅为33.07 m²。平均单株枝量为14 737条,长枝占5.3%,短枝占94.7%。平均单株叶量为82.66 kg,每平方米树冠投影面积叶量为2.54 kg。嫁接3年顶生枝长度达34.9 cm,基径0.93 cm,节间2.75 cm,成枝力为71.4%。叶片色泽呈墨绿色。平均百叶干重为34.90 g,平均单叶面积为30.75 cm²。绽开期4月12日,萌芽期4月18日,展叶期4月20日,新梢生长期自4月22日至6月18日,叶黄期自11月8日至11月16日,落叶期自11月12日至11月20日。

郯早

1996年通过省级鉴定,定名为郯早,属圆子类,是郯城又一代表种。母树位于郯城县重坊镇高庄村,树龄40年。接后9年发枝量较多,枝的节间较短,成枝力为20.5%,萌芽率82.02%。芽顶为圆锥形,叶扁形,叶缘呈波浪形,平展。嫁接后始果早,第3年开始结果,第5年结果株率达83%。从授粉到种子成熟为150 d,属中晚熟品种。嫁接后第9年,干径19.9 cm,树高6.8 m,冠幅6.6 m×6.7 m,树冠投影面积34.7 m²,营养生长旺盛,又是早实性很好的品种。母树4年平均株产47.6 kg,平均每平方米投影面积产量1.69 kg,丰产性能良好。嫁接后第9年平均株产23.25 kg,平均每平方米树冠投影面积产量0.67 kg。单种重为13.93 g,单核重3.78 g,单仁重2.99 g,属大粒品种,出核率为27.14%,出仁率为79.2%。种仁口感香甜,糯性中等。连续3年的观察,其主要物候期是:芽萌动期3月26日,展叶期4月10日,盛花期4月18日,新梢速生期5月8日至5月20日,成熟期9月15日,落叶期11月1日。

炭化工艺流程及工艺条件

气体(水蒸气)活化法工艺流程如下。

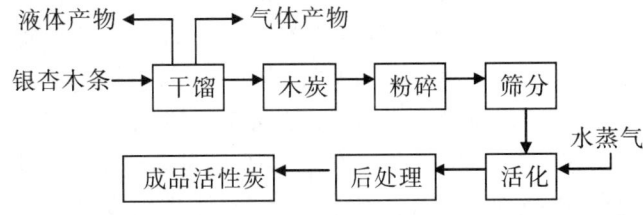

炭化条件:为了考察炭化最终温度对随后所试制的活性炭性能的影响,通过预备试验,将炭化最终温度(指釜内温度)分别设400 ℃、450 ℃、500 ℃、550 ℃ 4个水平。

活化条件:研究活化温度、活化时间、水蒸气供量3个因子的不同水平对活性炭各项指标性能的影响。

根据有关资料及生产实际操作水平，活化温度设750℃、800℃、850℃、900℃ 4个水平；活化时间分别为40、60、100、120 min；水蒸气供量分别为80、100、120、140 mL。

炭疽病

叶片先呈黄绿色，渐变褐色，并扩展为近圆形或不规则形，后期病斑由内向外逐步转变为灰色，着生不规则或成轮纹状排列的小黑点，随之病斑蔓延至全叶，最后叶片干枯。该病的病原菌是刺盘孢菌中的一种，其寄生能力强，可潜伏侵染。银杏常在6—10月感病，而以8—9月为感病高峰期。加强园地施肥、淋水，保持园地卫生，6—10月每隔20 d用1∶10多菌灵稀释液喷一次。

碳氮比

碳氮比亦称"碳氮比率""碳氮比值"，常用符号C/N代表。①在植物学中，指植物内碳水化合物与氮的含量比率。一般比率高时有利于长日植物开花结实，但并非决定性因素，而且用什么形式的碳与氮的化合物量来表示比率的意见并不一致。②在土壤肥料学中，指土壤和肥料中碳与氮的含量比率。微生物每同化100份碳素，约需摄取4份氮素，即微生物分解有机物质时，较适宜的碳氮比率是25∶1。施用超过这个比率的有机肥料时，分解缓慢，有效态氮释放较少，不易满足需要，甚至微生物反而从土壤中摄取氮素，对植物不利。因此，对落叶等碳氮比率较高的肥料，加入人粪尿、硫酸铵等富含速效氨的物质，以降低其碳氮比率，能促进分解，提高肥效。

碳酸氢铵

碳酸氢铵又叫重碳酸铵、碳铵。含氮量为17%左右，除含铵态氮以外，还有50%左右的二氧化碳。它是白色的结晶体，有时因含有杂质，颜色灰白。其水溶液接近中性，施入土壤中不留任何残余物，适用各种土壤和各种林木。易溶于水，施入土壤后很快就被植物吸收，是一种良好的速效氮肥。它只能做追肥和基肥，不能做种肥。干施或水施都可。干施须用沟施或穴施（掺土5 ~10倍），深度要达6 ~8 cm，施后立即覆土，以免养分挥发。如撒施地面，肥效会降低三分之二，同时氨气挥发时，会灼伤林木叶子。水施要加水30 ~50倍，施于沟中较好，也要立即盖土。碳酸氢铵不能与有机肥混合做堆肥，也不能与石灰或其他碱性肥料如石灰氮和草木灰等混合施用。

唐白果树

泌阳县象河乡龙王掌山脚下盈福禅寺遗址前的一棵古银杏，当地称"唐白果"。胸围达9 m，树高29.2 m，树干基部有缝痕，系由根际萌生三大主干愈合生长的巨树。树下立有明成化13年《重修盈福寺记铭》碑多樽。据记载："县北盈福禅寺遗址前有一白果树，相传两千余年，高十余丈，树身七人围之合臂不交。"此树算得上是千年的古银杏了。

唐代——银杏造景发展期

唐代，文人写意山水园林艺术形成，银杏被应用于建造写意山水园林，且从江南地区向华北地区扩展。唐代诗人王维（公元701—761年）晚年隐居陕西蓝田，建"辋川别业"，构筑自然写意山水园林二十景，植银杏树为景点"文杏馆"，并与友人裴迪赋诗《辋川二十咏·文杏馆》以唱和。其所植银杏树现今仍存，生长良好。

唐代银杏树在园林中的应用，以寺庙园林造景为兴盛。银杏树作为"圣树"被僧侣道徒们广为种植保护，其种子（白果）被视为"圣果""佛果"而备受尊崇。唐代僧人释处默曾有《圣果寺》诗云："路自中峰上，盘回出薜萝。到江吴地尽，隔岸越山多。古木丛青霭，遥天浸白波。下方城郭尽，钟磬杂笙歌。"

唐代古银杏

在上海松江区余山乡凤凰山东北麓通波塘东岸，相对长着一雌一雄两株高大雄伟的古银杏树。这里原是"三星庙"的旧址，现为凤凰小学。特别是那棵雄株，树身粗壮，枝叶蓬勃，高耸云天，遮幅达亩余，可称上海古树的佼佼者。相传，清朝初期有两位僧人，为了募修"三星庙"，日夜劳累致死。那些虔诚的善男信女，便锯下银杏树的一根巨枝，为僧人做了两副棺材，并将他们埋葬在树旁。现树上锯痕尚在，可见此事并非讹传。据《中华人民共和国地名词典》记载："通波塘过镇北，近岸有唐代银杏一株"，指的就是现在凤凰小学校门前的那一株，据测树龄已达1050年，属唐代遗物。

唐代银杏八子抱母

山东胶县杜村乡后村发现一棵距今1 000年的银杏树，树的主干底部周长7.6 m，高约30 m，在树的母体周围又长出八棵子树，子树周长分别是0.7 m至1.3 m不等，树形奇特，引人入胜。

《唐诗鉴赏辞典》

《唐诗鉴赏辞典》（上海辞书出版社，1991年版），收有唐初诗人沈佺期《夜宿七盘岭》之诗句，诗曰："芳春平仲绿，清夜子规啼。"这是我国最早以诗记述银杏的见证。说明唐之前人们一直把银杏称为"平仲"。

糖和糖醇类

包括松醇（pinitol）、红杉醇（Sequoyitol）、O-甲基黏肌醇（O-Methylmucoinositol）、D-葡萄糖二酸（D-Glucaric acid)、水溶性多糖。

糖果系列

配方	1	2	3	4	5	6
银杏叶提取物(mg)	10	10	10	10	10	10
麦芽糖(mg)	1 405					
蛋白糖(mg)	2					
砂糖(mg)			570	570	570	570
饴糖(mg)			930	930	930	930
干燥咖啡提取物(mg)						
葡萄柚汁(mg)			80			
干燥乌龙茶提取物(mg)		570		50		
干燥高丽参提取物(mg)		930			100	
绿茶提取物(mg)		25				50

含银杏叶提取物的水果糖略带苦味。此糖果风味良好,可改善血液循环,预防脑卒中和老年痴呆。银杏叶提取物可添加到任何糖果中,为矫正苦味,可加矫味剂,如葡萄柚汁、各种茶叶提取物、咖啡等,其中添加咖啡的效果最好。

银杏叶提取物的添加量视疗效目的而异,一般控制在0.01%~10%范围内,最好为0.02%~5%。制造保健糖果的一般工艺:生产硬糖时,于蒸发锅中加入砂糖,加少量水使糖完全溶解,再加入规定量的饴糖,在常压或真空熬糖机中熬至水分为1%~2%,然后添加银杏叶提取物、矫味剂,搅拌混匀后成型,冷却固化。根据需要也可添加色素、香精、有机酸。生产奶糖时,将银杏叶提取物加入到砂糖、饴糖、炼乳、油脂、乳化剂、香精中。混合溶解后,熬至水分为8%~10%,冷却,成型。

糖浆剂

配方①:盐酸赖氨酸5 g、银杏叶提取物1 g、75%麦芽糖醇水溶液2 kg,加水至5 L。配方②:泛酸钙5 g、银杏叶提取物1 g、65%蔗糖水溶液2 kg,加水至15 L。配方③:泛酸钙1 g、银杏叶提取物1 g、75%麦芽糖醇水溶液13.3 g,加水至100 mL。配方④:银杏叶提取物2 g、麦芽三糖醇115 g、水10 g。配方⑤:银杏叶提取物2 g、寡糖H-70 115 g、10%阿拉伯胶水溶液10 g。配方⑥:银杏叶提取物2 g、75%麦芽糖醇水溶液11 g、水10 g。配方⑦:银杏叶提取物2 g、麦芽糖醇(milktol)40 g、山梨醇5 g、10%阿拉伯胶水溶液40 g。配方⑧:银杏叶提取物1.5 g、寡糖H-70 80 g、山梨醇30 g、10%阿拉伯胶水溶液20 g。

通常采用均质基将银杏叶提取物粉末均匀分散在糖浆中,再用水稀释时能得到透明的溶液。试验证实,在20℃时的黏度和在4℃与30℃的稳定保存时间,配方⑤为1 500 Pa·s,两种温度下均可稳定在6个月以上,而其他处在30℃只能保存1个月,低温下(4℃)也只有2~3个月。过了稳定期,会逐渐出现沉淀,而难以商品化,除非医院临用现配。

糖尿病患者的益友

糖尿病患者容易发生视网膜病变。视网膜病变,是糖尿病患者常见的并发症之一。目前,在欧美国家,普遍运用银杏叶制剂来治疗糖尿病所引起的视网膜病变。罹患糖尿病的时间愈长,视网膜发生病变的概率也愈高。开始是血管硬化、出血,进一步演变成血管增生,使血管破裂或视网膜脱落。假如患者出血量多,眼压升高的话,则可能导致青光眼,甚至失明。

糖水白果罐头制作

主料:白果。

配料:砂糖、柠檬酸、精盐。

设备:轧壳机。

工艺流程如下。

白果原料→分类→分级→清洗→烘烤→除去种壳→除去内种皮→[空罐制作→清洗消毒 / 护色→称重装罐]→注入糖水→排气→封罐→杀菌→冷却→恒温检验→贴标签和贮存销售

保健功能:糖水白果罐头果粒形状一致,大小均匀,种仁色泽鲜艳,光滑晶莹,汤色清亮透明,气味浓郁,风味香糯微甘,清香爽口,是老幼皆宜的滋补保健品。

注意事项如下。

①糖水白果罐头的加工必须严格执行技术操作规程,每项工艺不得有半点马虎,否则将会得到残次品。

②在除去内种皮的预煮过程中,应严格控制操作时间,不得延长预煮时间,否则白果营养与风味会流失,造成白果感官质量下降。

③在生产过程中,应严格控制杀菌温度和时间。杀菌是该产品生产过程中的关键,温度高低会直接影响杀菌效果。白果属低酸食品,在高压杀菌的条件下,温度过高会使种仁裂口、裂皮,淀粉大量析出,汤水浑浊,残次品率提高,影响销售,降低经济效益。

④糖水白果罐头在杀菌过程中,种仁吸水率较高,一般可吸水增重1倍以上。因此,装罐时应及时调整装罐量。

糖衣片

每片重约262.60 mg,内含银杏叶提取物40 mg、微晶纤维素100 mg、乳糖80 mg、胶体硅胶25 mg、滑石(主药中)4.5 mg、硬脂酸镁 0.5 mg、羟丙基甲基纤维素 12 mg、氧化铁色素 0.1 mg、滑石(糖衣中)0.5 mg。所用提取物中含 24.8%~25.3% 黄酮苷、3.2%~3.4% 银杏内酯、2.9%~3.1% 白果内酯。在上述配方中,亦可以用量减半,制成片剂。

桃川似银杏

桃川似银杏(*Ginkgoites taocheeuanensis*)。生长地域:湖南。地质年代:早侏罗纪。

桃蛀螟

桃蛀螟(*Dichocrocis punctiferalis* Guenee)又名桃蠹螟、桃蛀虫等,属鳞翅目螟蛾科。为世界性害虫,国内广泛分布于广东、广西、云南、四川、贵州、湖北、江西、江苏、浙江、山东、河北等地,危害银杏、板栗、马尾松、梨、桃、苹果、玉米、大豆等多种果树和农作物。

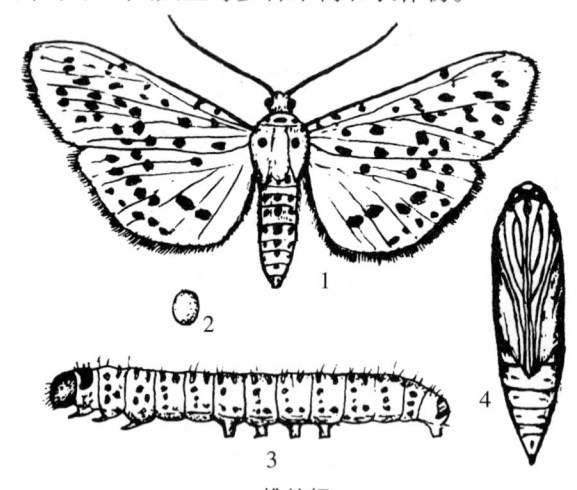

桃蛀螟
1.成虫 2.卵 3.幼虫 4.蛹

发生世代各地不同,北方各省每年发生 2~3 代,长江流域每年发生 4~5 代,以老熟幼虫越冬。据湖北观察,幼虫发生期,第 1 代 5 月上旬至 6 月下旬,第 2 代 6 月下旬至 8 月下旬,第 3 代 7 月下旬至 9 月上旬,第 4 代 8 月下旬至 9 月上中旬,第 5 代始于 9 月中旬,而以老熟幼虫在寄主的树皮下、果实里以及玉米茎秆、向日葵盘等处越冬。江苏南京第 1~4 代(越冬代)成虫发生期分别为 6 月中下旬至 8 月上旬、7 月末至 8 月下旬、9 月上旬至 10 月下旬、5 月上旬至 7 月上旬。

成虫大多于夜间羽化,趋光性不强,白天不活跃,多在黎明前交尾。交尾后,产卵于种实表面。产卵期因世代不同而异。幼虫孵化后,先短距离爬行,即从银杏种柄处蛀入种核内危害,或在枝条上蛀食,1 头幼虫一生只取食 1 个种实。

幼虫危害与寄主的果实生育期有关。调查发现,第 1 代幼虫主要危害桃、杏、李等果实。第 2 代幼虫除危害桃、玉米、向日葵外,还危害银杏等,一般受害银杏的周围均有桃、玉米等果树和农作物。第 3 代幼虫危害板栗等。

防治方法如下。

①银杏丰产园应与易受危害的寄主(桃、玉米类等)隔离。

②化学防治:第 1 代成虫羽化,用 80% 敌敌畏乳油 1 000 倍液,或敌杀死 3 000 倍液防治;卵孵化盛期可喷洒 40% 杀螟松乳剂 1 000 倍液,连喷 2 次,毒杀初孵幼虫。

③摘除被害种实,捡净落地种实,立即深埋或销毁。

④越冬代成虫盛发期,可使用黑光灯诱杀。

陶都子母银杏

"陶都"宜兴,有两棵千年古树是"慕蠡十景"之一,在太湖之滨湖父镇省庄村的"寂照庵"旁。如今古庵已荡然无存,而两株古树仍然郁郁葱葱,充满生机。其中有一株相传是宋代所植的古银杏,腰围需三人方能合抱,高达 30 m,枝叶遮阴半亩地,实属稀有。更可奇的是树上长树,在古银杏的分枝处长出一株碗口粗的"手树"来。有位当地老人说:"我看着它长了 40 多年,至今并没有长高多少。"

套细胞和帐篷柱结构在雌配子体发育过程中的功能

套细胞是围绕在颈卵器周围的 1~2 层细胞,它随着颈卵器的发育而形成,又随着原胚的发育而消失。许多研究表明,裸子植物中套细胞的结构特征类似于绒毡层细胞,它可能参与了中央细胞细胞质的某些代谢活动。对银杏的研究认为套细胞可能有吸收周围细胞的营养物质并将其转化为便于颈卵器吸收成分的作用。套细胞在功能上类似于传递细胞,在颈卵器发育过程中套细胞与中央细胞及卵细胞间存在着物质上的交流。本研究认为套细胞在银杏颈卵器发育、受精作用及原胚发育过程中起到了物质供应的作用,同时套细胞的细胞壁局部增厚,又为颈卵器及后期胚胎发育营造了相对独立的环境。

帐篷柱结构为银杏特有的结构,但有关帐篷柱的发生、结构特征和功能等方面的研究报道较少。有人认为帐篷柱是一种分泌受精所需液体的腺体结构。它的形成可能是由贮粉室发育形成的坏死激素刺激引起的。随着帐篷柱的突起,临近的珠心组织和大孢子膜开始毁坏,围绕帐篷柱形成一个圆形的缝隙即为颈卵器腔。本研究表明,银杏的帐篷柱结构在初生颈细胞期开始形成,它由 2 个颈卵器之间的细胞向上突起形成,授粉后 110 d,帐篷柱主要表现为体积的增加,授粉后 120 d 至受精作用发生前的这 10 d 左右的时间内,帐篷柱细胞内开始积累大量的营养物质,受精期帐篷柱发生倾斜,其细胞内的物质被消耗,此时期在体视镜下可以明显观察到帐篷柱周围的颈卵器腔内充满了液体(又被称为"受精滴")。此外,所有的颈卵器均围绕帐篷柱形成。这些现象表明了帐篷柱在银杏颈卵器形成、受精及胚胎早期发育过程中均起到重要作用,这些重要作用表现为,帐篷柱细胞内的营养物质逐渐被释放从而为受精作用发生和原胚发育提供了物质来源。受精期间帐篷柱向一侧颈卵器倾斜的现象可能与只有1个胚发育有关,受精期间在帐篷柱周围的颈卵器腔内出现的液体有可能是由帐篷柱细胞所分泌,从而为具鞭毛的游动精子进入颈卵器创造了有利条件。因此,帐篷柱这一特殊的细胞结构特征以及其在银杏受精作用和胚胎发育中的功能值得我们进一步深入探讨。

特雷尼亚
树冠小塔形,叶大,树高10 m,雌株。

特罗尔
该品种来自德国克雷菲尔德,又称紧密型美女花,叶形从正常到圆形叶均有。

特异种质染色体相对长度组成

品种	性别	染色体相对长度组成	品种	性别	染色体相对长度组成
CKo	♂	$1L+5M_2+4M_1+2S$	Hor.	♀	$2L+2M_2+7M_1+1S$
Sar.	♂	$1L+1M_2+10M_1$	Fai.	♀	$2L+2M_2+7Ms+1S$
Ban.	♂	$2L+3M_2+4M_1+3S$	Pen.	♂	$1L+3M_2+7M_1+1S$
Yez.	♀	$3L+2M_2+2M_1+5S$	Lar.	♂	$1L+5M_2+4M_1+2S$
Lei.	♂	$1L+3M_2+8M_1$	Oha.	♀	$1L+5M_2+4M_1+2S$
Jin.	♂	$1L+4M_2+6M_1+1S$	Tre.	♀	$1L+2M_2+8M_1+1S$
San.	♂	$1L+4M_2+5M_1+2S$	Male	♂	$1L+5M_2+4M_1+2S$
Fis.	♂	$2L+2M_2+6M_1+2S$	Pri.	♂	$2L+2M_2+6M_1+2S$
Pin.	♀	$2L+1M_2+9M_1$	Tub.	♂	$1L+3M_2+7M_1+1S$
AUt.	♂	$1L+4M_2+5M_1+2S$	Nar.	♀	$1L+2M_2+9M_1$
Chu.	♀	$1L+3M_2+7M_1+1S$	Tit	♂	$2L+4M_2+ZM_1+4S$

特有植物
只分布于少数地区或特殊生态环境的植物种群。多为科以下的分类单位;在科以上的分类单位中,出现特有植物现象的很少。中国的特有植物相当丰富,仅种子植物就有近二百个特有属,约一千个特有种。

特有植物代表某地区植物区系的重要特征,特有分布常与一个地区的地质演变历史有关。因此,特有种的研究对分析植物区系的历史、演化、植物系统发育及古地理学等,均有重要意义。

分类上,特有种按其系统发生或起源,可分为:①古特有种。指系统发生上古老或原始的类群,是种类贫乏或在分类系统中孤立的属和种,或是某一地质历史时期遗留下来的残遗特有种。②新特有种。常发生在新形成的高原、岛屿等地区,在系统发生上属于年轻、进步的类型,多系种型发展的种或种以下的分类单位。③生态特有种。指生长在特异的气候、土壤等生境的种群,属于专性的狭生态幅植物,对环境的指示性很强。

腾冲银杏品种分类、主要特征及经济性状

腾冲银杏品种分类、主要特征及经济性状

分类	品种名称	种形	种实			种核				成熟期
			单种重(g)	出核率(%)	种色	核形	单核重(g)	1 kg 粒数	品味	
梅类银杏类	固东大梅核	距圆形	13.5	26.0	黄色	椭圆形	3.4	294	甜糯	9月下旬
	固东大麻果	—	13.0	19.8	黄色	倒卵形	2.5	400	甜糯	10月上旬
	江东大白果	圆形	13.3	15.34	黄色	椭圆形	2.04	390	甜糯	9月中旬
	曲石小麻果	圆形	12.23	15.13	黄色	心形	1.85	541	苦味	8月中旬
	珍珠白果	距圆形	9.78	15.34	黄色	倒卵形	1.50	667	甜味	10月上旬
佛手银杏类	永昌大白果	距圆形	12.77	26.2	橘红	倒卵形	3.1	324	甜糯	9月上旬
	曲石大圆白	扁圆形	15.24	18.04	黄色	扁圆形	2.7	380	微苦	9月中旬
	江东早白果	距圆形	10.21	22.23	橘黄	椭圆形	2.27	441	甜糯	8月上旬
	江东糯白果	圆形	8.73	23.61	黄色	近圆形	2.06	485	甜糯	9月上旬
马铃银杏类	界头早白果	扁圆形	11.0	17.45	黄色	椭圆形	1.91	526	甜糯	8月中旬
	江东苦白果	扁圆形	10.21	17.45	黄色	近圆形	1.81	556	苦味	8月下旬
	界头长白果	距圆形	13.67	15.8	黄色	椭圆形	2.16	455	甜糯	9月下旬

腾冲银杏优良品种与国内其他优良品种比较

腾冲银杏优良品种与国内其他优良品种比较

品种名称	出核率(%)	单核重(g)	品质	1 kg 粒数	丰产性	产地	备注
固东大梅核	26.0	3.4	甜糯	294	丰产	云南腾冲	
永昌大白果	26.2	3.1	甜糯	323	丰产	云南保山市	
曲石大圆白	18.0	2.7	微苦	380	丰产稳产	云南腾冲	雨季有裂果
潮田大白果	23.9	4.0	—	274	—	广西灵川	耐脊
大白果	—	4.0	味美	250		湖北孝感市	
大梅核	—	3.6	味苦	300		江苏、广西、浙江	
大圆铃	25.0	3～3.7	—	270～330	高产稳产	山东郯城	
大金坠	27.0	3.1～3.8	糯性强	260～350	速生丰产	山东郯城	
大佛指	28.5～33.3	3～3.5	味甜	300～340		江苏泰兴市	大小年不明显
洞庭皇	低	3.53	—	283	—	江苏吴中、相城	
海洋皇	25.0	3.6	味甜	270	高产稳产	广西灵川	
黄皮果	24.9	1.3～2.1	养分丰富	470～770	高产稳产	广西兴安	

藤九郎

除中国之外,日本银杏核用品种选育也走在世界前列。目前,日本有九大银杏核用品种,即藤九郎、喜平、金兵卫、久寿、长濑、二东早生、荣神、黄金丸和岭南,其中以喜平为最好,单核重为 5.8 g。1990 年 3 月下旬由山东农业大学梁立兴从日本引进藤九郎、金兵卫、岭南和黄金丸 4 个品种,藤九郎 16 个接穗、金兵卫 19 个接穗、岭南 21 个接穗、黄金丸 23 个接穗,于 1990 年 4 月 8 日嫁接到 2 年生实生苗上,并在郯城银杏良种繁育圃嫁接。该 4 外品种在山东已全部正常结种。

藤九郎,又名东九郎。原株因在日本岐阜县广濑藤九郎家院内,故得此名。原株树龄 300 年,1914 年因受台风袭击倒伏而枯死。该品种在岐阜、爱知两县大面积栽培。与金兵卫、久寿和长濑这些品种一样,藤九郎系产于木曾川下游三角洲水肥充足的爱知县和岐阜县境内。

藤九郎树势旺盛高大,树冠多自然形,进入结果期比金兵卫迟 1～2 年。一般嫁接后 5 年结果。种子硬核期在 8 月中旬,形态成熟期在 10 月中旬。属晚熟品种。在山东泰安嫁接苗 11 月中旬落叶。嫁接后当年新梢生长量达 59.5 cm,具叶片 25.5 枚。

藤九郎是目前日本推广的最优良的品种,并以果大、晚熟而著名。丰产性良好。果实略带长形,种核

棱角尖端后半明显突起，基部渐消失。种核形状丰满，大而均匀，属特大粒品种。核长×宽×厚为 2.46 cm×2.26 cm×1.76 cm，种壳厚 0.64 mm，出核率 28%。单核重 4.13 g，每千克 242 粒。在日本岐阜县穗积町西莲寺的藤九郎单核重高达 4.5 g，每千克 222 粒。果实不易脱皮，早上市较困难。一般"水白果"8 月下旬可上市，种核可以贮藏到翌年 3 月上市。种核麻点较少，有光泽，品质好，味道佳，是目前日本主推品种之一，有较高的经济价值。

藤九郎种实

藤九郎、金兵卫的叶位、叶龄与叶的生长及黄酮含量

叶位	叶龄（天）	展叶时间（日/月）	品种	叶长(m)	叶宽(m)	单叶面积(cm²)	单叶鲜重(g)	单叶干重(g)	含水量(%)	黄酮(%)
上部(Ⅲ)	14	14/6	Ja	8.60	9.98	53.60	1.63	0.42	74.37	3.65
			GB	6.88	8.22	34.55	1.01	0.23	78.55	2.12
中部(Ⅱ)	54	4/5	Ja	9.72	10.18	64.34	2.03	0.51	74.83	3.02
			GB	10.06	10.14	60.72	1.60	0.44	72.57	1.98
下部(Ⅰ)	84	4/6	Ja	8.60	13.42	89.88	2.51	0.04	75.28	1.98
			GB	7.44	12.78	74.78	2.09	0.56	73.00	1.52

藤九郎和金兵卫的生理和形态指标

品种	硬核程度 7月10日	硬核程度 7月25日	单果重(g)	单核重(g)	出核率(%) 7月25日	果肉厚(mm)	种壳厚(mm)	收获期
藤九郎	+	++	11.2	3.33	29.73	6.0	0.15	8月上中旬
金兵卫	++	+++	12.1	3.2	26.45	9.5	0.10	7月中旬

注：+++硬核可调制，++稍硬核不易调制，+软核不可调制。

藤九郎枝叶形态指标

指标	生长初期 日/月至日/月	天数	生长%	生长中期 日/月至日/月	天数	生长%	生长后期 日/月至日/月	天数	生长%
新梢长	4/4 至 14/4	10	13.3	14/4 至 24/5	40	98.7	24/5 至 4/7	40	100
叶数/枝	24/3 至 4/4	10	35.0	4/4 至 4/5	30	75.0	4/5 至 14/6	40	100
新梢宽	4/4 至 14/4	10	60.5	14/4 至 4/7	80	89.9	4/7 至 4/11	120	100
叶柄长	4/4 至 14/4	10	87.0	14/4 至 30/4	16	13	—	—	100
叶长	4/4 至 14/4	10	49.3	14/4 至 24/5	40	96.2	24/5 至 4/6	10	100
叶宽	4/4 至 14/4	10	56.0	14/4 至 24/5	40	98.5	24/5 至 4/6	10	100
叶面积	4/4 至 14/4	10	13.5	14/4 至 24/5	40	99.6	24/5 至 24/6	30	100
叶鲜重	4/4 至 14/4	10	13.5	14/4 至 27/5	43	94.2	27/5 至 26/6	30	100
叶干重	4/4 至 14/4	10	9.6	14/4 至 19/6	75	96.9	29/6 至 26/7	27	100

藤系银杏

邹县孟庙"致严堂"院内，有一雌一雄，树高达 28 m 的两株古银杏，树龄均达 700 年。两树参天而立，绿荫蔽满庭院。西边一株树下有一棵树龄达 600 年生老态龙钟的古藤，迂回盘绕在两株银杏树上，如巨龙腾飞，人们称之为"藤系银杏"。

梯波宁针剂配伍

方①：梯波宁针剂（含黄酮苷 4.2 mg）25 mL、亚叶酸钙针剂（含亚叶酸 3 mg）1 mL、生理盐水 250 mL。

方②：梯波宁针剂（含黄酮苷 4.2 mg）25 mL、α-硫辛酸针剂（含 α-硫辛酸 50 mg）10 mL、生理盐水 250 mL。本配伍针剂用于治疗神经细胞和神经纤维疾患。对治疗真性糖尿病和腕管综合征，能使神经细胞、神经纤维疾病引起的疼痛消失，用药结束后也不会复发。此针剂还能有效降低血液黏稠性，抑制血小板凝聚，可预防和治疗冠状和末梢循环系统疾患。本复合针剂的剂量比单用梯波宁低，且药效持续时间长。

提高嫁接成活率的措施

嫁接的成活和穗芽的生长，是由砧木和接穗二者的形成层分生组织活动，生长成愈伤组织，并由根系供给水分和养分的。为此，欲使其成活、成长，二者的营养器官必须发育充实，体内贮存的营养物质较多，嫁接才易于成活。砧木要健壮、发育良好，适应当时、当地的环境条件。接穗采自穗圃或健壮母树外围发育充实的枝条。

①适时采穗。用于春季嫁接的接穗，在芽体萌动前采下。如已发芽展叶，不可采用。用抽枝发芽的枝穗，遇上砧木供水不足，往往回芽而死。因此，采集接穗必须适时，并且置阴冷处混砂存放，防止接穗过早萌发或失水。用于夏、秋季嫁接的接穗最好随采随用，贮期不可超过 7 d。

②保持接穗新鲜。水分直接参与形成层细胞的活动。如若接穗含水量低于 35%，皮层缩皱，切口很少有树液渗出，证明形成层细胞已停止活动，接穗芽体死亡。所以，在接穗的采集、运输与贮存中，一定要采取保湿措施，如蜡封、湿砂藏、湿布包裹等。如若接穗失水 1~2 d，经浸泡后仍离皮，则还可以用。

③适时嫁接。银杏嫁接成活的关键是形成层和愈伤组织生长的温度条件适宜，其最适温度为 18~25℃。因此，北方春季 3 月下旬至 4 月下旬，夏、秋季 8 月上旬至 9 月中旬为适期。南方春季适当提前，夏、秋季适当推后。

④气候条件适宜。嫁接后至成活前，接穗对不良环境条件的抵抗力弱，接后数天内连下大雨，特别是接后 24 d 内遇大雨，在包扎不严密的情况下，雨水可能从接口渗入，接口愈伤组织难以形成而溃烂致死，又加上土壤湿度过大，通气性差，砧木生长受挫，则影响其成活；反过来，土壤过于干旱成活率也不高。另外，春季嫁接遇低温、寒冷，夏、秋季嫁接遇天旱或多雨，都不利于嫁接的成活。

⑤包扎要扣紧。目前，生产上多用塑料布条包扎，塑料布条要选有韧性的。围绕接口从上至下一匝一匝地包紧、包全，务必不漏气。嫁接数小时后，发现塑料布内有水汽，则证明包扎已严紧。若漏气、失水则难以成活。

⑥加强接后管理。

提高银杏叶黄酮含量的途径

提高银杏叶黄酮含量的途径有两条：①采用各种措施提高单位面积叶产量，从而提高银杏叶黄酮总量。②通过栽培、育种、生物技术、生理生化、体外合成等提高银杏叶黄酮相对百分含量。两条途径各有利弊。具体来讲，提高银杏叶产量途径很有可能降低了银杏叶黄酮的相对含量。在通过栽培措施提高银杏叶黄酮相对含量的研究中也遇到了同样的问题，即叶产量与叶黄酮相对含量之间存在不一致的矛盾。对于选育种途径，二者也不能兼顾，往往叶片丰产的，叶黄酮相对含量并不高，甚至较低，而且所选优良品系叶产量，尤其是叶黄酮相对含量受地域影响较大，因此推广起来十分困难。利用生物技术生产黄酮虽然取得了一定的成功，但离实际应用尚有不小距离，如银杏叶细胞培养易褐变，繁殖系数小，黄酮含量低，在发根克隆及培养中，虽然产物中萜内酯含量几乎接近于天然叶片，但黄酮含量甚微，也无法得知与药用整体效应相关的黄酮种类和比例如何。体外合成的黄酮种类单一，工艺复杂，成本高，药效也无法保证。采用生理生化途径调控银杏叶黄酮相对百分含量不失为一种有效的方法，生物合成途径研究是天然产物研究新的生长点，对次生代谢生物合成途径及其催化酶的研究不仅具有理论意义，而且可能通过添加廉价的化学合成前体以及增调限速酶的活性来大幅度提高目的次生代谢产物的产量，或者通过堵塞次要代谢支路而增加目的产物的产量，但此研究在银杏上刚刚起步，许多工作有待进一步深入。同时，随着分子生物学的发展，基因克隆及遗传转化技术的进步，利用生物技术生产黄酮的前景应是乐观的。另外，围绕银杏叶产量和叶黄酮相对百分含量做文章，力求找到最佳结合点，从而提高银杏叶黄酮总量，也不失为一条有效的途径。

提前播种育苗

银杏常规播种时，1 年生幼苗生长期较短，在肥水管理好的情况下，生长期也只有 60~70 d。因此，苗木 1 年的生长量较小。提前播种正是为了延长幼苗高、径生长期，这一措施是培育速生苗的关键。

于传统育苗播种期前的 50 d，将上述已发芽和断胚根的种子点播在已整好的畦沟内，覆土厚 1 cm，即刚刚盖住胚芽即可。播后用脚在播种沟两侧轻轻踏实,搭上拱形棚。棚高50 cm左右,其上覆盖塑料薄膜,四周用土压实,最后进行沟灌,让水慢慢渗透到畦中。幼苗出土前,塑料棚内的温度应控制在25～30℃。要及时观察棚内气温变化情况,温度过高,会烫伤幼苗。上午10点后,棚内温度上升,超过30℃时,需通风降温。在避风处,由小到大逐渐揭开塑料薄膜。如发现苗床干旱时,中午可适当喷些温水增湿。到4月中旬,气温已完全稳定,可将塑料拱棚拆掉。

提取黄酮苷工艺流程

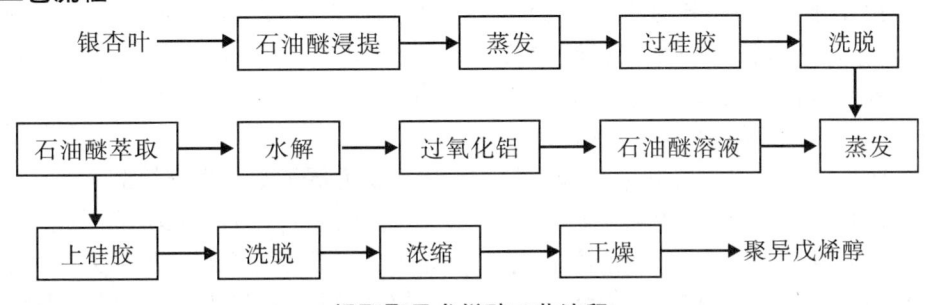

用100 mL的SH-03树脂工艺提取银杏黄酮苷。

提取聚异戊烯醇工艺流程

银杏叶 → 石油醚浸提 → 蒸发 → 过硅胶 → 洗脱

石油醚萃取 → 水解 → 过氧化铝 → 石油醚溶液 → 蒸发

上硅胶 → 洗脱 → 浓缩 → 干燥 → 聚异戊烯醇

提取聚异戊烯醇工艺流程

提取物的HPLC检测

HPLC法具有准确、快速、重现性好等优点,目前使用较多。黄酮类化合物能溶解在有机溶剂中,故样品不需经过衍生反应,可直接经液相色谱进行分离测定。银杏叶黄酮醇苷的分析方法是采用外标定量法,使用YWG-C18反相柱,确定合适的测定条件,流动相为甲醇—0.5%磷酸水溶液,流速1.5 mL/min,检测波长360 nm,槲皮素浓度与峰面积呈线性关系范围10～180 μg/mL,平均回收率为97.5%,RSD为0.67%。用高效液相色谱法测定银杏制品经酸水解后槲皮素、山柰素和异鼠李素3种黄酮苷元的含量,计算得出总黄酮含量,并对6个样品进行了测定。该方法采用C18色谱柱,流动相为甲醇—水—磷酸,检测波长为370 nm,所得槲皮素、山柰素和异鼠李素的平均回收率分别为95.80%、98.42%和94.39%,RSD≤4.2%,相关系数r为0.999 9。

提取物的毒副反应

银杏叶提取物中除含有黄酮类、萜内酯类等有效、活性成分对人体健康有着良好的医疗保健作用外,还含有对人体不利的成分,如原花色素类和烷基酚等,尽管其毒副作用比种仁轻,但也应引起足够的重视,尤其是银杏叶保健饮品和食品更应引起高度重视。我们购买银杏叶提取物时,一定要向大厂家购买,并出具权威部门鉴定(或检测)的产品检测书。高含量的原花色素对动物及人体均有一定的毒性。根据银杏叶提取物的急性经口毒性试验,银杏叶提取物的经口LD50,随其中原花色素的含量而改变。市售的某些银杏叶口服液和冲剂等制品中,原花色素含量相当高,有高达32 mg/mL的制品。秋季采收的干燥银杏叶片中,烷基酚的含量通常高达1%～2%。国外用于银杏叶保健饮品的银杏叶提取物,烷基酚的含量小于10 mg/g,而国内一般用于生产银杏叶保健饮品的银杏叶提取物中烷基酚的含量有的高达3%。据药理试验,烷基酚对人体有较强的致敏作用。白果酚和银杏素均有溶血作用,银杏素对蛙的中枢神经系统有麻醉作用。兔静脉注射银杏素0.2g/kg,先有短暂的升压作用,而后血压下降,呼吸困难,动物惊厥而死。黄酮醇一般剂量对凝血系统无影响,再大剂量可妨碍血液凝固。异银杏双黄酮小鼠尾静脉注射的LD50为242 mg/kg,急性中毒症状有呼吸急促、伏卧不动,均死于呼吸麻痹。白果酸有溶血作用。银杏黄酮类化合物的用药量超过治疗量100～1 000倍时,能引起豚鼠血压中等强度降低,呼吸加快,心率减慢。最近英国权威医学杂志《柳叶刀》提醒老年患者要慎用银杏叶片剂。专家研究表明,银杏叶片的主要成分黄酮类化合物是一种强力血小板激活因子抑制剂,长期服用可抑制血小板的凝聚功能,相应增加脑出血的危险。因此,已有老年性血管硬化、血管变脆的患者,绝不可长期服用银杏叶片剂,以免造成脑出血。如必须服用银杏叶片剂时,应在医生指导下服用,并应定期检测出凝血时间。最好是每服药一个月,停药一周,再次服用,以确保用药安全。

提取物的分光光度检测

分光光度法的测定设备价廉,操作简便。根据在 pH 值 13.2～13.6 及 $NaNO_2$ 存在下,银杏叶提取物与 $Al(NO_3)_3$ 形成稳定的粉红色配合物在 510 nm 处有最大吸收峰这一特点,建立了银杏叶提取物中黄酮类化合物的分光光度测定方法。基于银杏黄酮能与 $AlCl_3$ 反应生成的黄色络合物在 408 nm 处有最大吸收峰这一特点,提出了 $AlCl_3$—分光光度法测定药物制剂中银杏黄酮含量的方法。由于银杏叶中含有大量的花青素、鞣酸及其他酚类成分,它们对分光光度法的测定会产生干扰,使测定结果往往高于实际含量。双波长吸光光度法测定银杏叶中黄酮含量的方法,测得的总黄酮含量均比单波长比色法低,主要原因是双波长具有自动扣除原花色素、叶绿素等干扰,且不受底液混浊的影响等特点,结果准确,精密度好。

提取物的近红外光谱检测

采用近红外光谱法同时测定银杏提取液中总黄酮和总内酯含量,发现该方法具有快速、准确、无污染、分析对象多样且无须预处理及非破坏性等优点,加上嵌入式光纤取样分析系统,建立包含溶剂组分变化的数学模型,可以作为银杏提取过程即时分析和在线控制的手段。

提取物的性质

提取物的性质

	实例 1	实例 2
外观	黄褐色粉末	黄褐色粉末
性质	在空气中有吸湿和潮解性	在空气中有吸湿和潮解性
在乙醇中溶解度	4%(W/V)	4%(W/V)
灰分	0.25%	0.3%
重金属	20×10^{-6}	20×10^{-6}
溶剂残留	未检出	0.05%
得率	1.80%	1.83%

提取物的原子吸收光谱检测

间接测定银杏叶提取物中银杏黄酮的原子吸收光谱法。银杏黄酮与乙酸铅发生配合反应,生成难溶的棕黄色沉淀,经离心分离后,用原子吸收法测定上清液中过量的铅离子,可间接测定银杏黄酮。该方法线性范围为 5～30 μg/mL,RSD 为 1.6%～1.8%。

提取物毒性

提取物毒性对照表

组	样品名称	动物数量(只)	平均正常体重(kg)	平均体重改变(g)			观察结果
				一日	三日	五日	
实验组	1%银杏提取物	10	19.75	20.65	23.45	25.76	生长发育正常
对照组	0.9%NaCl	5	20.40	21.60	24.20	24.90	生长发育正常

提取物对供试菌的抑菌率

提取物对供试菌的抑菌率 单位:%

供试菌种	银杏叶提取物浓度								银杏叶提取物的 MIC 值
	0.25	0.50	0.75	1.0	1.25	2.5	3.75	5.0	
大肠杆菌	30.2	87.7	100	100	100	—	—	—	0.75
微球菌	15.3	51.8	75.3	100	100	—	—	—	1.0
枯草芽孢杆菌	18.7	58.8	70.2	87.5	100	—	—	—	1.25
绿脓杆菌	21.5	56.7	60.4	68.4	100	—	—	—	1.25
金黄色葡萄球菌	18.3	50.9	81.9	100	100	—	—	—	1.0
鼠伤寒沙门氏菌	10.4	46.2	70.2	81.2	100	—	—	—	1.25
福氏痢疾杆菌	20.7	63.3	72.5	100	100	—	—	—	1.0
黄曲霉	0	—	—	23.7	50.3	80.3	100	100	3.75
产黄青霉	0	—	—	26.8	38.9	77.2	86.3	100	5.0
红酵母	0	—	—	60.9	80.7	100	100	100	2.5

提取物化学溶剂萃取法

银杏叶用石油醚(60~90℃)萃取,萃取物经酸水解。水解产物再经过溶剂萃取和柱层析后,便可获得95%以上纯度的精制产品。该工艺的主要缺点是,化学溶剂用量太大,溶剂残留高,操作烦琐,不利于工业化生产。

提取物药理作用

①清除自由基,抑制细胞膜脂质过氧化作用。②拮抗血小板活化因子引起的血小板聚集、微血栓的形成。③降低血液黏度,改善微循环障碍。④对脑部血液循环及脑细胞代谢,有较好的改善及促进作用。⑤提高免疫能力。⑥提高呼吸系统、消化系统、泌尿系统、生殖系统的功能。⑦抗菌、消炎、抗过敏、抗病毒、抗癌作用。

以银杏提取物制成的各种制剂,经临床研究表明,对防治冠心病、心绞痛、心肌梗死、脑栓塞、脑血管痉挛、脑外伤后遗症、埃尔茨海默病及智力减退等具有显著的疗效。同时银杏提取物可作为食品、化妆品、饮料等的添加剂。银杏叶中的化学成分还具有极强的抗氧化作用。

提取物制剂的开发

银杏研究是近代药用植物研究领域的主要热点之一,银杏叶及其提取物或叶制剂的研究受到特别重视的原因如下:①作为侏罗纪孑遗植物的银杏,基本上保持了1亿年前的生态特性,因而带有一定的神秘色彩。②银杏树生命力特强,被誉为长寿树,国内正式鉴定古银杏树树龄最高为3 300年。③银杏树的同科植物,冰川期前有50多种,但由于银杏的其他同科植物在第四纪冰川时期已全部绝灭,银杏成为一科一属一种的特殊植物。④从栽培和经济的角度看,银杏叶用栽培技术相对简单,成本回收快,经济效益高。⑤从化学及药理角度看,银杏叶含有特殊活性成分,如黄酮类化合物、萜内酯化合物、聚戊烯醇等,银杏内酯是至今仅从银杏中发现的一种活性化合物。银杏叶中的有益成分的含量一般高于或接近于银杏种子,在银杏的种实、根、茎、叶中,药用成分黄酮类化合物的含量以叶中为最高,黄酮类化合物的药理实验毒性银杏叶也远小于银杏种实。由于银杏叶及其提取物和其制剂在人们的食品、保健、化妆、医疗等方面表现出良好效果,银杏叶的开发研究备受世人关注。

提取物中银杏酚酸的 RP-HPLC 分析

银杏酚酸为6-羟基水杨酸衍生物,存在于银杏叶、果和外种皮中,在叶中含量较低,有很强的致敏性。在银杏叶提取物中有着严格的限量标准。但迄今为止,国内外尚未见关于银杏叶及其提取物中银杏酚酸的定量分析方法报道。采用 RP-HPLC 分析法,利用次级化学平衡理论,在流动相中加入相平衡亲和剂,使4种主要银杏酚酸得到了很好的分离,其分离度均大于1.5,并用二极管阵列鉴定了所分析的4个色谱峰,其对应的紫外光谱与标准品的色谱峰和紫外光谱图完全一致,纯度鉴定结果表明,样品中银杏酚酸色谱峰的位置未出现杂质成分的吸收光谱,由此证明该方法确定的银杏酚酸色谱峰是完全正确的。该方法的平均回收率为97.47%,变异系数 CV 为1.58%,4种银杏酚酸的线性范围在 0.084 48~10.56 μg,线性相关系数 r = 0.999 8,最低检测限量 0.026 40 μg。样品测定简便、快速、准确、灵敏。该方法可用于银杏叶及其提取物中银杏酚酸的质量控制。分析结果表明,国内采用醇提法生产的 EGb 中银杏酚酸绝大多数超过限量标准,有的甚至超出100倍以上。而采用 HB-96 添加剂的水浸提法,水浸提液和产品 EGb 中银杏酚酸未检出。

提取液对苹果轮纹病病菌菌落直径的抑制作用

提取液对苹果轮纹病病菌菌落直径的抑制作用

处理	石油醚						丙酮					
	根	茎	叶	外种皮	果仁	对照	根	茎	叶	外种皮	果仁	对照
纯生长量(mm)	36.9	35.8	30.3	33.0	30.0	41.4	33.4	32.8	26.9	31.9	32.0	34.5
抑菌率(%)	10.87	15.53	26.81	20.29	27.54	—	3.13	4.93	22.03	7.54	7.25	—

提取液对玉米小叶斑病菌菌落直径的抑制作用

提取液对玉米小叶斑病菌菌落直径的抑制作用

处理	石油醚						丙酮					
	根	茎	叶	外种皮	果仁	对照	根	茎	叶	外种皮	果仁	对照
纯生长量(mm)	3.8	22.8	21.8	20.0	24.5	29.9	14.7	22.6	19.8	23.8	26.4	26.7
抑菌率(%)	20.4	23.75	27.09	33.11	18.06	—	44.90	15.36	25.84	10.86	1.12	—

提取液浓度与各病原菌的互作效应

提取液浓度与各病原菌的互作效应

提取液浓度	苹果炭疽病			梨黑星病			梨轮纹病			桃褐腐病			桃霉斑性穿孔病		
	平均数	差异显著性		平均数	差异显著性		平均数	差异显著性		平均数	差异显著性		平均数	差异显著性	
		5%	1%		5%	1%		5%	1%		5%	1%		5%	1%
CK	77.48	a	A	40.4	a	A	77.48	a	A	60.67	a	A	67.21	a	A
5%	76.69	a	A	18.44	b	B	77.08	a	A	50.77	b	B	45.00	b	B
10%	39.23	b	B	9.98	c	C	77.08	a	A	50.77	b	B	34.33	c	C
20%	0	c	C	0	d	D	67.21	a	A	33.21	c	C	5.74	d	D
40%	0	c	C	0	d	D	67.45	a	A	9.46	d	D	0	e	E
50%	0	c	C	0	d	D	67.45	a	A	0	e	E	0	e	E

提取银杏黄酮苷的工艺流程

用甲醇、95%乙醇、70%乙醇、60%丙酮和3%$(NH_4)_2SO_4$分别萃取广东南雄市银杏叶,其总黄酮的含量分别为17.96 mg/g 干重(下同)、16.79、17.87、18.11和6.03,从成本效益考虑,以70%乙醇萃取较为有利。采用70%乙醇和3%$(NH_4)_2SO_4$二步提取法,则含量可达到20.64,其效果优于单用上述任一种有机溶剂的萃取效果。银杏叶的70%乙醇提取液用等量饱和$(NH_4)_2SO_4$浓缩,可明显提高醇相中的总黄酮含量和降低蛋白质含量。经两次浓缩之后其总黄酮含量可提高18.92%～30.89%。浓缩液在冰箱中过夜,可见到黄酮沉析出。通过对各提取液中总黄酮和蛋白质含量的分析,认为蛋白质对黄酮有助溶作用。根据本试验结果,提出了优化银杏黄酮提取工艺的思路。

提取银杏内酯B和C工艺流程

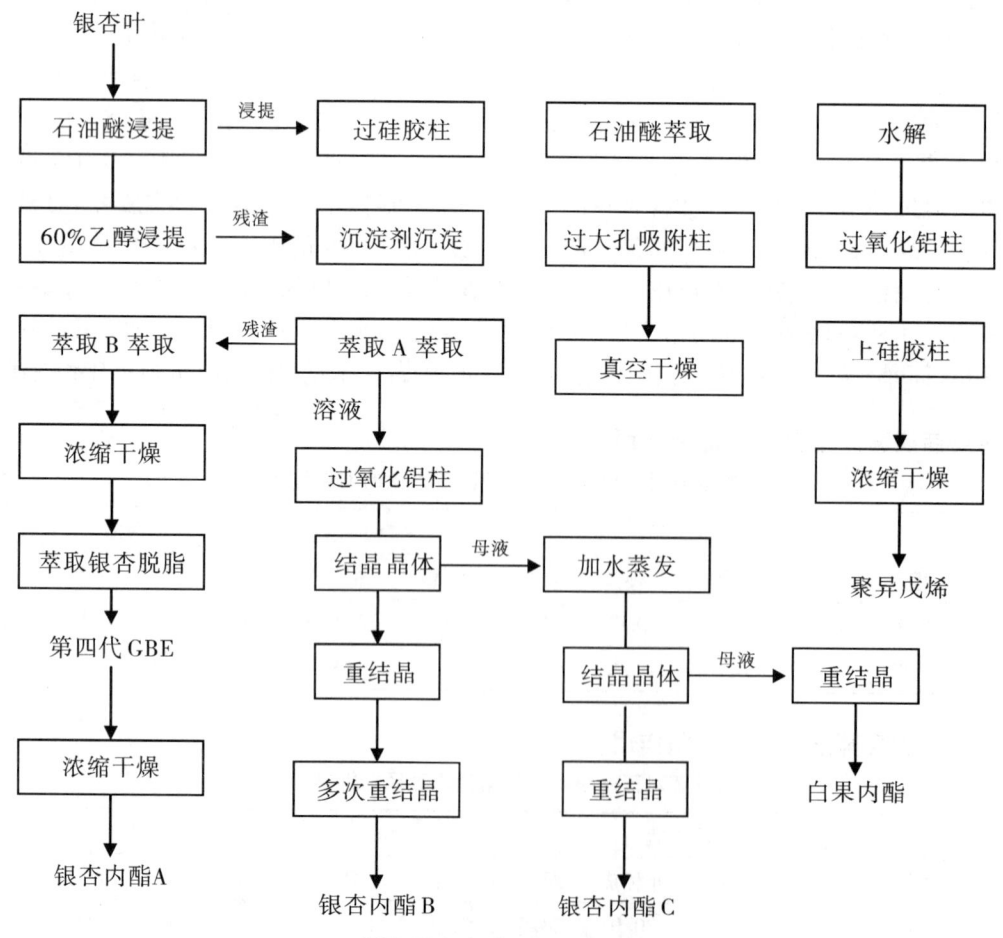

提取银杏内酯B和C工艺流程

提取银杏萜内酯工艺流程

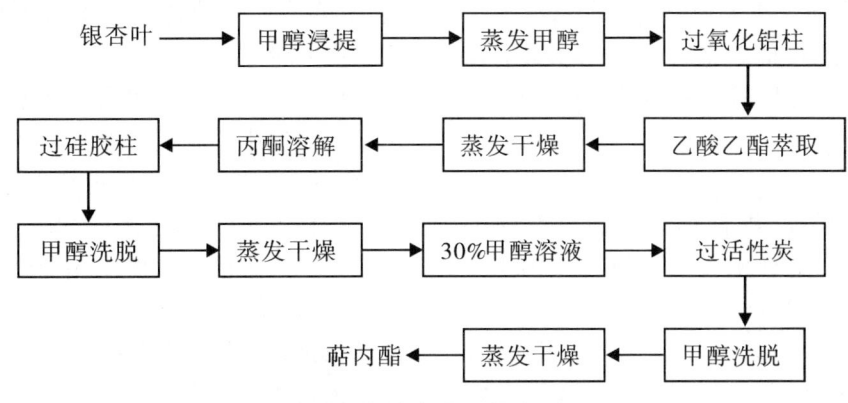

提取银杏萜内酯工艺流程图

体细胞胚发生培养

银杏雌配子体组织可诱导出胚。胚诱导率最高的外植体是受粉后8~10周的胚珠,其产生胚的分生组织活动出现于雌配子体的顶端和边缘细胞,但这样培养出来的胚不能完全发育形成植株。其他试图用叶或合子胚诱导胚的试验仅诱导出了愈伤组织或绿色瘤。用Murashige和Tucker培养基,只用BA一种生长调节剂,可将处于球形、鱼雷形、早期子叶形不成熟的胚(1~3 mm)诱导形成可产生胚的愈伤组织,并在子叶上形成胚,诱导胚的比例很高(90%~95%),每一外植体可诱导出9个以上体细胞胚。在银杏体细胞胚培养的研究中发现,通气不良抑制胚的生长,促进愈伤组织形成;赤霉素(GA)即使在浓度很低时也抑制生长,KT抑制生根。胚对营养的吸收是通过子叶完成的。Radforth用含酵母提取液的培养基培养银杏雌配子体,在其颈卵器中长出了非常小的胚。切取同样大小的胚(1~1.6 mm)进行椰子汁、水解酪蛋白(CH)、谷氨酸盐促进生长,5-腺苷、蜂王浆、2,4-D对其生长无影响,天冬酰胺抑制生长。选取处于单核发育阶段的花粉,在适宜的细胞浓度和合适的培养基条件下,可培育出雄性发育胚。在一些培养过程中,电刺激有利于胚的形成。银杏体细胞胚发生技术目前主要处于试验研究阶段,达到实际生产应用水平还需要进一步探索。

体细胞胚培养的应用

由于体细胞具有两极性的结构,可以直接形成再生植株,而其他再生途径必须经多次转移继代,诱导生根,才能形成小植株。因此,体细胞胚的再生途径比较节省人力物力。体细胞胚为一裸露的胚,若用人工合成的营养素、杀菌剂、萌发促进剂等将其包裹起来,可制成人工种子,它不仅可作为杂交制种的新手段,而且也可以取代一些不育或种子量少的植物,还可望机械化生产种子。

天保宁

浙江康恩贝制药公司生产,1993年获省级批准文号。每片含银杏叶总黄酮9.6 mg。本品是1988年原兰溪云山制药厂与中科院上海药物研究所合作开发GBE基础上,1990年康恩贝公司采用上海药物研究所转让的提取新工艺生产EQb,并出口于德、美等国家之后推出的新产品,经临床验证受到好评。1994年12月,天保宁片剂、胶囊剂通过国家科委组织的"国家级重点新产品"鉴定。

天宫童子银杏

一级古树。该树坐落在怀北镇大水峪村内。树高22 m,胸径103 cm,树冠东西22 m,南北18 m。据群众推断,其树龄约四百三十年。树干饱满,枝繁叶茂,无病虫害,总体树势为旺盛时期,现其生存环境四周是民房,地形平坦,土壤沙石土,水分条件充足。天宫童子银杏和孔雀天子银杏来源于一个神话故事:在600年前,大水峪北山住着一户为躲债而隐居深山,以打猎为生的农民,老年喜生一子,名唤"立云",立云从小随父打猎,练就一身好武艺,力大无比。若干年后老两口相继去世,只剩立云一人过着孤独的生活。有一天在打猎途中,突然发现一只猛虎正在追咬一只孔雀。立云拔刀解围救出孔雀,抱回家中精心喂养,久而久之,孔雀变成一个美貌温顺的娘子与立云朝夕相伴,并怀胎有孕。正当这一对恩爱夫妻沉浸在幸福之中的时刻,不幸的事情发生了。盛夏的一天下午闪电雷鸣,风雨交加,一阵白色的旋风在空中飞舞,王母娘娘在天兵天将的护卫下严厉地说:"你二人本是天宫童子和孔雀仙子,因违反天条,被贬下凡,你们竟敢私自结为夫妻,罪上加罪。"话音刚落便念起经诀,把立云和孔雀化为灰烬。"立云"和"孔雀"死后的灵魂再一次打破天规,变成雌雄银杏种子,分别飘落在西庄和大水峪,几天之后便长成大树,遥相呼应,形成人间传说的"白果恋"。此神话故事曾刊载在北京群众艺术馆出版的《民间故事》丛书第四集(1983年8月)"白果恋"一文中。

天目长籽

原产浙江。选育单位:浙江西天目山自然保护区。原树长在西天目山的禅源寺内。树龄约500年生。全树高15 m,冠幅10 m,胸围277 cm。一般年产白果50 kg,最高年产215 kg。具串状结实特性,丰产。种实较大,全籽卵圆形,先端圆钝,基部向内凹陷,种托偏斜明显。外种皮有粗大油点,多白粉。全籽长3~3.2 cm,宽2.2~2.43 cm,重10~11.4 g。出核率24.6%。种核长籽型。核长2.6~2.78 cm,核宽为1.4~1.61 cm,核厚1.28~1.34 cm。核形指数约1.77,厚率0.88。平均单核重2.2~2.6 g,每千克种核数约385~455粒。出仁率74%。天目长籽原树因年老体衰,缺乏管理,加之1988年夏秋连续干旱,所以调查时种核偏小,果品仅列为二级。一般年份所产白果为一级果品。串状结实和种核厚实是其最大的特点。种核成熟期9月中旬。属中熟类型。由于其种核近似于大佛手,经集约经营栽培后,种粒还会增大,所以很有发展前途。

天目山的植被类型

根据天目山的植被分布状况,天目山的森林植被基本可划分为七大类型,三大植被带。海拔600 m以下为常绿阔叶林,是天目山植被的基带,以青冈栎、甜槠、紫楠、石栎、苦槠为主要建群种,主要分布在里七湾、合山门上的山坡地带,以及沿仰止桥到钟楼石的山峪。海拔600~1500 m之间为常绿落叶阔叶混交林,它是天目山自然植被的主体,常绿树木乔木层主要有豺皮樟、交让木、细叶青冈、褐叶青冈、棉槠等,落叶树种乔木层主要有:青钱柳、化香、香果树、枫香、铁箨枫香、大穗鹅耳枥、玉兰、兰果树、天目木姜子等,该类型主要分布在外七湾、里七湾、东坞坪、上山岗、玉龙岗以及老殿附近地带。海拔1150 m以上为落叶阔叶矮林,分布在老殿以上及仙人顶周围,主要建群种有灯台树、四照花、仙顶梨、水榆花楸、心水青冈、茅栗、糯米椴。由于植被的分布是连续、逐步过渡的,加上小地形、小气候的影响,植物群落的分布有交错、镶嵌现象,界级也不很明显。除这三大植被外,海拔800 m以上的山脊上有台湾松纯林分布,海拔600~1300 m之间的部分地段还间有真阔叶混交林、毛竹林,在横坞一带有人工杉木林。更为奇特的是,在三里亭至七里亭间和老殿附近,分布有壮观的古柳杉林。

天目山糯佛手

仅产于西天目山禅源寺内,树龄800余年,是天目山所产白果中品质最佳者,具有粒大、甜味、可再生的特点。梅核类:多系实生树和为嫁接的萌蘖树的原始种。种核大小差异较悬殊,每千克340~630粒不等。根据种核大小也有大梅核、中梅核、小梅核、葡萄果之分,栽培普遍,约占全省的70%。

天目山银杏种群调查及特点

天目山银杏种群,通过许多人的详细调查,现已基本弄清楚,在保护区中有古老银杏244株,分布于海拔300~1200 m之间,平均胸径45 cm,平均高18.4 m,最大胸径1.23 m,最高30 m,胸径1 m以上者有10株,树龄在300年以上的古树有184株,树龄在千年以上的古树有10余株,按生长状况可将它们分成4种类型:①由实生苗长成的幼树。②由实生苗长成的年青树,主干基部尚未萌发或有1~3个萌发幼枝。③三代同堂银杏:主干高大,其基部具有一级大萌发枝和二级小萌发枝,为实生古树。④五代同堂银杏:这种类型有两种,一种是主干高大,同一干基有不同年代萌发的枝干,形成老、壮、青、小、幼五级,例如老殿下方海拔1 020 m处一株被称为"活化石"的古银杏树。另一种主干已枯死,又从老树桩的根部萌发出不同年代粗细不等的数级枝干和许多幼小的枝条。银杏多生于谷底、路边、溪边和路旁或寺院附近,大多扎根于乱石堆中。由于人类活动影响,有些距路和建筑物比较近,被怀疑为人工所种植。如果以溪谷为主线向两旁延伸,我们就会发现绝大多数银杏分布于溪流两侧附近,这可能与冰川运动有关。

天目山自然保护区

在浙江临安市区划的一个保护区。面积667 hm²。本区地形复杂,峭壁深谷,古木参天,由于未受冰川期严重影响,植物区系反映了古老性、原始性和发展的多样性。全区共有高等植物近1 500种,其中不少以天目山命名,如天目槭、天目铁木、天目木兰、天目琼花、天目紫茎、天目木姜子、天目虾脊兰等全为珍稀种类,天目铁木尤为珍贵。森林植被从常绿的松、杉、栎、竹带至黄山松、天目杜鹃、华竹等组成的高山矮林灌丛带,垂直分布极为明显,是中亚热带偏北地带植被的典型缩影。区内多古老大树,大柳杉胸径2 m以上,单株材积达70多立方米。还有银杏、华东黄杉、金钱松等均巨大壮观。鸟兽200余种,许多都是受保护的珍贵动物,如云豹、苏门羚、黑麂、白鹇、红嘴相思鸟、虎纹蛙等。

天牛类

天牛为蛀干性害虫,危害银杏的天牛主要有星天牛 Anoplophora chinensis (Forster)、光肩星天牛 Anoplophora glabripennis (Motsch.)、刺角天牛 Trirachys orientalis Hope 等,属鞘翅目天牛科。天牛类的危害主要以成虫啃食嫩枝、干的皮层,以幼虫蛀食树干韧皮部及木质部,在树干内形成不规则蛀道,严重影响树木正常生长,导致树势衰弱,甚至全株枯死或枝、干风折。

星天牛在我国江苏、浙江等南方地区1年1代,北方地区1年1代或2年1代。主要以幼虫在蛀道内越冬。越冬幼虫翌年3月开始活动,4月上中旬老熟幼虫开始化蛹。4月下旬或5月上旬成虫羽化,5、6月为羽化盛期,直到8、9月还可见成虫。成虫羽化后飞向树冠,啃食叶柄、叶片和枝梢皮层进行补充营养。5—8月上旬成虫交尾产卵,5月底至6月中旬为产卵盛期。卵多产在树干基部,少数产在树干第1分枝的基部,产卵时在树皮上咬成"T"或"∧"形刻槽。初孵幼虫先在皮层和木质部间蛀食,1—2月后蛀入木质部,并向下蛀食至主干基部,蛀害范围可达地面下根颈部15 cm内。在蛀道上,每隔一定距离有一向外开口的蛀孔,做排泄和通气用。虫道内常充满蛀屑和虫粪,被害树干基地面上也常见成堆的黄白色蛀屑。

天牛类防治方法如下。

①在银杏园圃周围避免选用杨、柳、糖槭等天牛易害树种做防护林,对已有的上述树种防护林则应加强对天牛的防治。

②冬季清园后树干涂白。2月份,用生石灰、80%敌敌畏乳剂、食盐、水(比例50∶1∶10∶190)配制成涂白剂涂刷树干,防止成虫产卵。

③结合冬、夏修剪,人工剪除被害枝,集中烧毁。

④人工捕杀。6—7月利用成虫羽化后每天6:00~8:00时栖息于树干的习性人工捕杀成虫。检查树干,发现有新鲜蛀屑虫粪排出的蛀孔,可用带钩铁丝伸入蛀道内钩杀幼虫。

⑤化学防治。以80%敌敌畏10倍液注入蛀孔,黏土封口毒杀幼虫。成虫期以绿色威雷300~500倍液喷枝干毒杀成虫。

⑥保护天敌。天牛的天敌有蚂蚁、寄生蜂、花绒坚甲、啄木鸟等,经营活动中注意对这些天敌的保护和利用。

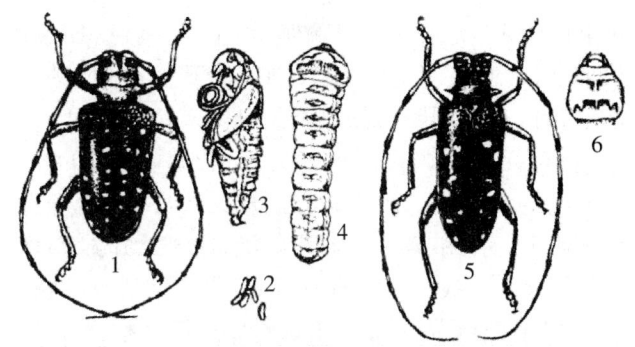

星天牛、光肩星天牛
星天牛:1.成虫 2.卵 3.蛹 4.幼虫(前胸背板前端有飞鸟形纹)
光肩星天牛:5.成虫 6.幼虫(前胸背板前端无飞鸟形纹)

天气状况对嫁接成活率的影响

天气状况对嫁接成活率的影响

嫁接方法	嫁接时间	嫁接天气	嫁接株数	成活率(%)	备注
室外贴枝接	96.3.16—25 96.3.28—31	低温阴有雨 晴朗	1 138 487	74.8 97.7	雨停时嫁接,接后连阴雨
室内贴枝接	96.2.25—26 96.3月中旬	晴朗多阴雨 低温	674 513	94.4 75.4	3月26日接后移于圃地
室外削芽接	95.9.15—18 95.9.20—26	晴朗间断阴雨	549 488	99.1 89.8	接后放室内置砂土中,4月1日移于圃地

天然国药

早在20世纪60年代,德国科学家发现银杏叶含有降低胆固醇的有效成分,从而引发了银杏叶药用的研究和开发。20世纪70年代国际上利用银杏制剂治疗心血管疾病和周围血管功能不良,取得了较好的疗效。多年来,由于银杏显著的医疗保健功效,全球已掀起了一股"银杏热"。深入的药理和临床观察揭示,银杏存在两类主要生理活性物质——黄酮类化合物和萜内酯。银杏黄酮目前已分得33种,主要促进血管扩张,增加血流量,改善脑循环和脑功能代谢,是良好的血管调节剂、抗血管栓塞和代谢增强剂,临床用于治疗冠状病动脉硬化、心绞痛和心肌梗死。半个世纪来,随着人口老龄化问题的到来,银杏这种天然产物的功效和作用越来越引起科学家和制药行业的关注,目前银杏的开发因没有专利的保护已相当活跃,应用已广泛涉及医药、保健品和化妆品、农药等诸多行业。以银杏提取物为主料的终端制剂层出不穷,不断翻新。德国20世纪60年代中期推出"梯波宁",随后又开发出"强力梯波宁"。近年推出金纳多针剂和片剂享誉欧洲,根据报道每天有近100万人服用。20世纪

80年代以来,美国、韩国、瑞典、瑞士、比利时、加拿大和西班牙等国纷纷加入银杏制剂的开发行列。据不完全统计,目前国际市场银杏制剂的年销售额已高达几十亿美元。回顾我国银杏的开发,起步于20世纪60年代至70年代,相继研究制成的冠心酮、银杏青、抒心酮、70-7和70-8等注射液,用于治疗冠心病、心绞痛。80年代,天津药物所和河北遵化制药厂联合开发出"银杏口服液",浙江康恩贝药厂又推出了"天宝宁"。90年代国内面市的银杏制剂已有十余种,但绝大部分只标明了银杏黄酮苷的含量。银杏是我国特有的药用植物资源,每年世界70%的银杏叶和提取物来自我国。自80年代中期以来,银杏业已成为当今制药的开发热点,银杏开发异军突起,已形成抢购银杏资源的热潮。1994年全国银杏干叶每吨9 000元,1996—1997年增至14 000~15 000元/t;与此同时,全国一哄而起的银杏浸膏生产线已达200条,不仅重复建设多,而且产品质量参差不齐,互相竞价的结果使浸膏价格由1994年的4 000元/kg,降至1996年的3 000元/kg,最低年份甚至跌至1 800~2 000元/kg。1998年春季广交会的出价也仅在230~240美元/kg低迷徘徊。重复建设已使1/3生产厂家破产,另有相当一部分正濒临倒闭的边缘。面对国内这股银杏热,专家们疾呼:银杏开发再也不能搞低水平重复建设,银杏热应"热到深处"。银杏终端制剂始终是银杏产业的重点发展方向。但与国外比较,国内开发水平还明显滞后。目前全国得到国家新药批号的仅有16个品种,主要为片剂和胶囊剂,绝大部分仅标示黄酮的含量,对银杏内酯和白果内酯重视不够。众多的厂家仅凭现在这些药品来分享市场份额,市场竞争当然十分激烈。与此同时,德国、法国等一些国外大公司凭借强大的经济和技术实力,纷纷挤入中国市场。德国、法国、瑞士等国已先后在青岛、天津、邳州、郯城等地建立了合资厂,他们一方面廉价利用当地的银杏资源,同时又将金纳多、达纳康等产品倾销到中国市场,因此,未来市场竞争将更加剧烈。我国是银杏的主产国,在其产品开发上已具有相当高成就,遗憾的是很多产品没有在"精"字上做文章,追求形式,甚至出现只把干叶粉碎就包装上市的"产品",这种"药品""化妆品"用了一次,谁还敢再用?如何与"洋药"竞争?银杏天然药的提取属高附加值产品,颇具发展的潜力。要面对国际市场的竞争,要发扬我国银杏产业大国的优势,出路只有一个,走高科技之路。

令人欣喜的是国家为引导银杏产业向高科技方向发展,卫生部和国家药品监督管理局已将银杏内酯的研究开发(包括提取、结构改造、药理及临床研究)列入了国家"九五"医药科技攻关项目,同时将超临界萃取设备列入了"九五"制药设备的重点项目之一。中国科学院上海药物所、沈阳药科大学、中国药科大学等单位也积极组织力量加紧开发银杏内酯等国家级新药。在国家统一组织下,通过高新技术生产药效好的新药将大大缓解占国内人口总数10%左右的老年人和大量的心血管疾病患者的需求。银杏产品将真正成为中国的又一"拳头产品",为中国这个传统中药材出口大国赢得更高的荣誉。

天然基因库

是保存银杏物种基因资源的天然场所。自然保护区保存的银杏种,都是在长期生存竞争和自然选择中创造的最适宜该地区生态环境的品种和类型。这些银杏保存着该地区原始地方品种的遗传特性,许多是属于当代育种所需的特异优良性状,是育种的基础。自然保护为银杏育种工作保存着丰富的基因资源,是一座天然的基因库。

天然下种

银杏种子依靠自然力下落散播,是银杏林天然更新的主要方式。银杏的天然下种是利用银杏林中的林木下种,以便扩大生存数量和面积。

天师洞碑文

四川省灌县青城山天师洞的古银杏,传为东汉道人张道陵手植,仰首目测,高达数十米;拉手合抱,足有五围。树姿雄奇,枝叶婆娑。树旁有一古碑,上面刻有此文:

状如虬怒,势如蠖曲。
姿如凤舞,气如龙蟠。
垂乳欲滴,状若玉笋。
苍翠四荫,雅若图卷。

天师洞古银杏

位于山东莒县浮来山。

四川省都江堰市青城山天师洞前的一株古银杏,相传为张天师手植,距今已有1 800多年。这株银杏高达50 m,胸径2.24 m,主干略呈扇柱状,由粗阔处生5根枝干,又分8杈,直插云天,其上虬枝四溢,形成广卵形树冠。徐悲鸿先生于1943年7月曾为该银杏造像,廖静文女士着旗袍坐于树前。此画现为中国历史博物馆一级文物。

天下银杏第一树的由来

关于大银杏树的历史,《左传》中有这样的记载:"鲁隐公八年(前715年)九月辛卯,公及莒人盟于浮来。"文中说的是鲁隐公和莒国国王会盟修好。清顺治十一年（1654年），莒州太守陈全国又在银杏树下立碑刻石，说此树"盖至今已三千余年"，并赋诗曰："大树龙盘会鲁侯，烟云如盖笼浮丘。形分瓣瓣莲花座，质比层层螺髻头。史载皇王已廿代，人经仙释几多流。看来古今皆成幻，独子长生伴客游。"这首诗集咏史、写景、状物、抒情于一体，形象地写出了银杏树的巍巍风貌及其历经沧桑的身世。

古银杏树的粗大，令人惊叹，也让人好奇，于是便有了一个古人丈量树粗的传说：从前有一书生赴京赶考，路经浮来山时，天忽然下起雨来。他赶忙躲到大银杏树下避雨。雨越下越大，一时难以停歇。书生在树下闲得无聊，便想丈量一下这树有多粗。于是他伸开双臂，围着大树一下一下地丈量起来。他这样量了七搂还没量完，又用手指柞了八柞仍没到头；他正想继续量时，猛见在剩余的地方，站着一个同样也在避雨的小媳妇。他懂得男女授受不亲的规矩，不敢再量了，于是便得出树粗"七搂八柞一媳妇"的结论。他的这一说法迅速流传开来。至今一提这树有多粗，当地人仍会用此种说法回答你。

古银杏树之所以闻名，还与《文心雕龙》的作者、我国南北朝时的大文艺理论家刘勰有关。刘勰（约465—532年），原籍东莞镇（今山东莒县），世居京口（今江苏镇江）。这位从年轻时就在建康（南京）定林寺皈依佛门的饱学之士，针对当时单纯追求形式的浮靡文风，写出了具有深远影响的文学理论巨著《文心雕龙》。全书37 000余字，分10卷50篇，立论精到，见解独树一帜，不仅超越前人，而且对后世文坛具有重大影响，被后人视为"古代文学理论批评中内容最丰富，体系最完整的宝贵文献"。该书深受梁武帝之子、当时著名的文学家萧统的器重，刘勰遂被荐上仕途。然而他却不安职守，厌恶官场，要求重返佛门。为此，他甚至用火将头发、胡子全部烧光，以明心志，这才得到皇室应允。56岁那年，他又回到家乡莒县浮来山，在大银杏树边修建了一座佛寺，仍取名为定林寺。他虽身在佛门，但并不只是朝钟暮鼓地诵经念佛，而是专心研求学问，潜心著述，编撰了《众经要抄》等书，最后老死寺中。

天下银杏第一树探密

山不在高，有仙则名，浮来山就是这样一座山。海拔仅百余米的山是因定林寺中的"天下银杏第一树"而名播天下的。这棵银杏树高26.7 m，围粗15.7 m，树龄在3 400年以上。1995年四五月间，此树内发出声响的消息被媒体炒得沸沸扬扬，并引来科研人员调查，结论有二：①可能树洞内隐有动物。②银杏树根系发达，或为吸收地下水发出的声响。出莒县西行9 km便到了浮来山。步入定林寺，巨大的银杏树立刻映入眼帘。它枝叶参天，巍然屹立，其树干苍老得嶙峋斑驳，呈不规则的圆形，足要七八个人才能搂得过来。值得新奇的是，这棵古树虽历经三四千年，至今仍以它特有的生命力，茂盛成长，生意盎然，冠如华盖，繁荫数亩。此树年年开花结果，不仅如此，近几年在树的主干上，苍老枯裂的树皮中也常冒出叶片，零零散散的叶片每一片都结出一棵果实。就在银杏树出声响的那年，浮来山刮过一次飓风，此树被折断一枝干，直径就有1.5 m，足见该树之大。

天下银杏第一乡

地处桂北山区的灵川县海洋乡，全乡农户5 500多户，人口23 000多人。这个乡银杏资源丰富，品种繁多，成熟期早，品质优良，家家户户、村村寨寨都有银杏树，素有"天下银杏第一乡"之称。全乡共有银杏树58.7万株，每户平均107株，人均18.3株，其中已结籽的19 215株，全乡年产白果500 t左右，1994年白果总产700 t，产叶600 t。白果畅销日本、东南亚诸国。全年仅白果一项收入即800万元，户均收入5 090元，人均收入1 217元，占全乡人均总收入2 030元的59.95%。全乡仅银杏收入超万元的有640户，单株收入超万元的银杏就有1 500株。该乡一株古银杏，年收入达20 080元。

海洋乡政府各部门重视银杏，视银杏为摇钱树、致富树，在原有近2万株百年以上的银杏大树基础上，20世纪80年代以来，发动村民在承包的土地、山场上统一联片规划，分户种植管理，以及零星种植，形成了户户种银杏，家家都有银杏树。多年来新种银杏树56万多株。海洋乡人民经营银杏生产有近千年的历史，生产管理经验丰富，自80年代以来，这个乡还主动与县林业技术推广站和桂林地区林科所等单位联合开展银杏资源调查，银杏综合丰产技术研究，人工辅助授粉，以及超小卷叶蛾、大蚕蛾、白蚁等虫害防治，取得了可喜的成果，先后获林业部、自治区林业厅颁发的自治区科技进步二、三等奖。这些成果在生产中推广应用，白果产量不断提高。1986年在自治区植物研究所的具体指导下，开展银杏育苗一年生小苗嫁接，为银杏密植、矮化、早实、丰产进行新的探索，现每年出圃苗木上百万株。1994年乡里办起一个银杏叶加工厂，1995年三位农民又筹资办了第二个银杏叶加工厂，促进资源优势转化为商品优势和经济优势。

天下银杏第一园

天下银杏第一园跨邳州市的两个行政区域——

铁富镇和港上镇。总面积达 4.6 万亩,其中银杏综合工程(每亩定植果用银杏 22～44 株,采叶银杏 3 000～4 000 株)3.8 万亩,已挂果的银杏密植园 0.3 万亩,银杏育苗 0.5 万亩。邳州银杏艺植历史悠久,这里的农民逐步掌握了银杏从播种育苗到采叶、摘果以及加工等一系列科学知识,并在当地政府的帮助下,依靠科技兴林,走出了一条发展高效林业的新路子。银杏生产的蓬勃发展也只是近年来的事,1990 年以前,这片土地上只有在沂河岸边及附近的村庄旁才能见到银杏树的身姿,银杏的用途也仅在几元钱一斤的果子上。1992 年后,是改革开放的春风为邳州市送来了一条从银杏叶中可以提炼治疗心脑血管疾病药物的信息! 内引外联,邳州立刻围绕银杏叶加工兴建生物化工厂,农民种植银杏的积极性空前高涨。到 1993 年,铁富、港上两乡镇建成银杏综合工程采叶圃 2.4 万亩,初展了天下银杏第一园的雄姿。此后,随着科学技术的不断进步,富伟、伟港等企业先后攻克了水溶性不佳、黄酮和苦内酯分离、去除银杏酸有害成分等道道技术难关,使银杏综合开发的水平不断提高,银杏种植出现了集约经营、产业化发展的良好局面,逐步建成了数万亩连片,气魄夺人,号称"天下银杏第一园"的壮丽景观。1998 年 8 月,邳州市被列为江苏省苏北银杏星火产业带,天下银杏第一园绿浪连片,银杏坠枝。天下银杏第一园的东西两侧已经开发成银杏工业基地,拥有银杏叶加工厂 5 家、7 条生产线,形成年产银杏黄酮 120 t 的生产能力,产品畅销美国、法国、韩国等十多个国家和地区,年创产值 1.8 亿元,创汇 220 万美元。天下银杏第一园内形成银杏专业经营、批发市场一座,年贸易成交额 4 500 万元以上,出现了一业带多业,一业兴起,多业发展的可喜局面。天下银杏第一园内贸、工、农一条龙的框架基本形成,银杏产业已经发展成为致富农村的支柱性产业。鸟瞰天下银杏第一园,涛涛的沂河纵贯南北,川流不息的 310 国道横穿东西,园内硬化的水泥路如网如织,新建的楼房像是锈在碧绿地毯上的一簇簇五彩缤纷的花朵。在路旁,我们敲开了铁富镇银杏种植大户赵化友的家门,刚进院门,各式各样的、造型奇特的一组组银杏盆景便令你目不暇接。在爽朗的笑声中,主人已经迎了出来,简单的交谈后才知道,赵化友自 1996 年春行程万余里,先后到河南、贵州等地的深山中寻找树桩,回来后进行培植试验,终于获得成功。几年来,他培育的各种造型的银杏盆景达 5 000 多盆,产品远销河南、北京、上海以及苏南等 9 个省(市)的 17 个大中城市,1998 年银杏盆景销售收入达 8 万多元,加上 4 亩银杏园的收益,年收入达 11 万多元。在天下银杏第一园,像赵化友这样依靠科学技术,走"银杏路"而致富的农民还有许许多多。实践证明,发展银杏生产是一项造福当代,荫及子孙的千秋大业。

天子峪口古银杏树

树龄 1 500 年左右。树别为雌株,树高 22 m,树冠直径 26 m×31 m,干高 2.1 m,干周 10.2 m。

这株银杏的地点原是百塔寺旧址,据《长安志》载:"百塔寺本信行禅师院。隋名至相道场……宋太平兴国三年改名兴教院,后又复名为百塔寺。"

因此,估计百塔寺银杏是隋代或隋以前就有,树龄当在 1 500 年内外。

添加 EGb 对啤酒质量的影响

添加 EGb 对啤酒质量的影响

EGb 浓度 (mg/L)	1 0	2 10	3 50	4 100	5 300	6 500	7 700	8 1 000	9 0:05	10 100:50	11 150:50
酒精度(%)	1.890	1.890	1.890	1.890	1.840	1.890	1.840	1.890			
还原糖(g/100 mL)	3.42	3.39	3.77	3.73	3.75	3.73	3.71	3.61			
α-氨基氮(mg/L)	43	34	39	38	44	43.2	44	40	35.8	34.6	33.4
泡持性	8′18″	9′26″	10′52″	11′58″	10′40″	8′42″	6′42″	7′30″	6′	11′	12′

田间大区试验

田间试验按试验面积大小可分为大区试验和小区试验。凡是比较有把握的增产措施或有效措施,只是为了进一步肯定它的效果,一般采用大区试验。

大区实验由于面积较大,设计应尽量简单,大区面积一般以 1～5 亩为宜,面积不可过大,以免占用人力和物力太多。试验设计可参照小区试验设计原理进行,只是处理要尽量减少,可不设重复或减少重复,对照区可单设,也可以利用邻近的银杏做对照。这种试验方法简单,代表性强,试验结果明显,便于示范推广。多用于幼树早期丰产试验、大树高产优质试验、修剪试验等。

田间单因子试验

田间试验按试验对象可分为单因子试验和复因子试验。在一个试验中,只研究一项措施(即一个因子)的效果。例如密植试验只研究栽植密度,修剪试验只研究修剪内容,而其他栽培措施则基本一样,这样的试验叫作单因子试验。这种试验方法简单,对比明显,容易得出结果。

田间复因子实验

在一个试验中,研究两项以上措施(即两个以上因子)的综合效果的试验叫作复因子试验。例如在一个试验中,既研究不同栽植密度,又研究不同修剪方法,这个试验就是复因子试验。复因子试验比较复杂,但却能研究出措施之间的相互关系和相互影响。通常是在先分别进行单因子试验的基础上,再进行复因子试验。有时为了缩短试验时间,也可以同时进行单因子试验和复因子试验。

田间化学除草

银杏田间采用化学除草是林业生产中的一项新技术。试验证明,2年生银杏苗每亩用吡氟氯禾灵 50 mL 或用 12.5% 拿捕净 100 mL 等芽后除草剂,于杂草3~5叶期喷洒,能有效防除稗草、马唐、狗尾草、虎尾草、牛筋草等禾本科杂草;每亩用克阔乐 40 mL,能有效防除苋菜、毛齿苋、荷麻、蓓草、苣荬菜、蓟、续断菊等阔叶杂草;每亩用 12.5% 拿捕净 100 mL 和克阔乐 40 mL,能起到同时防除禾本科和阔叶杂草的效果,又有增效和增快的作用。单喷 12.5% 拿捕净死草时间在7天以上,而混合后只需 4 d,总除草率提高 3% 左右,且对银杏苗无伤害。

田间试验

田间试验是果树科学试验的主要方法之一。由于田间试验是在自然条件和田间生产环境中进行的,因此试验过程的各个环节和所得结果更接近于生产实际。银杏田间试验研究的结果是银杏在一定栽培条件下生长发育和结果状况总表现的反映。如试用新技术、新成果、试栽新引进的品种等,都必须经过田间试验,取得成功经验后才能进一步推广,否则就会浪费人力、物力、财力和时间。田间试验的目的主要是解决以下问题:摸清银杏生长发育规律及其与外界环境条件的关系;研究并提出银杏高产、优质的技术措施;验证和比较新技术的效果和应用价值;鉴定某些品种的生产性状和区域性的试验结果等。为制订本地区的银杏生产技术措施提供理论依据,同时为解决本地区的银杏生产中存在的问题提供有效方法,要使田间试验的结果符合生产实际,田间试验必须符合基本要求。

田间试验长、短枝的年生长量

选有代表性的银杏试验树 2~3 株,当新梢停止生长后,在每株树冠的不同部位分别选 10~20 个外围新梢,分别测量其当年生长量,然后求其平均值。

$$新梢年平均生长量 = \frac{各调查新梢年生长量之和}{测量新梢数}$$

田间试验的产量和质量

产量和质量是许多试验最主要的记载项目,是试验结果的鉴评标准,必须及时而详细地记载。一般都是进行单株采收,单株称重,然后分别计算单株平均产量和折合成每亩产量。由于银杏同株树上的种子成熟期比较一致,因而多实行一次采收。

种子的大小是鉴别银杏种子品质的重要标准,应记载单粒种子的平均重量。可用随机取样法,随机取带外种皮的 100 粒种子,称其重量,计算出每粒种子的平均重量,然后再换算出带外种皮的种子千粒重。这一步骤可以反复进行多次,以减少误差。银杏种子具较厚的浆汁外种皮,外种皮含水量较大。还要计算出外种皮的出皮率和带种壳(中种皮)的每粒种子的平均重量,再进一步换算出种核的千粒重。

人们通常把除掉外种皮的银杏种子称为白果,因此白果品质还可按商品白果的分级标准进行分级,然后计算出各级白果占总白果量的百分比。

同时,种子品质还应记载种子成熟饱满程度、种壳白净程度、干燥程度,以及僵粒、风落种、斑点、霉点、浮粒和破碎多少等。

田间试验的处理

"处理"就是试验的内容。例如在施肥试验中,不同的施肥量就是不同的处理;在雄树配置试验中,不同数量的雄树数量配置就是一个处理;在栽培品种试验中,一个栽培品种就是一个处理。一个试验中处理的多少,决定于生产和研究内容的需要,一般以 3~5 个为宜。处理过多,占地太大,条件差异也会加大,银杏生产也会产生差异,反而会降低试验的准确性。

田间试验的计划

在进行试验之前要经过周密考虑,充分调查研究,多次讨论,再制订出具体计划。计划尽量详尽可行,并初步预测最后结果。计划一般包括以下几项内容。

①试验名称。②试验的目的和预计达到的效果。③试验设计,包括试验的处理数量和方法、重复次数、小区株数、小区排列等。④确定试验地点和试验树,

即试验区选在什么地点和用什么样的树做试验,并说明银杏试验树的品种、年龄、株数等项内容。⑤说明试验中田间管理的技术措施。⑥确定观察记载的项目和方法,包括观察记载的内容、取样、观察时间和次数等。⑦试验的年限和起止时间。⑧确定本试验的主持人和参加试验的人员,通过充分协商列出每项次序。⑨确定所需要的物资、设备和资金等。

田间试验的叶面积

用一块玻璃片,上面画上若干 1 cm² 大小的小格。测量时,把玻璃片压在叶上,然后计算叶片所占的格数。不满半格不计,满半格的按一格计算。最后算出格数,即为该叶片叶面积的平方厘米数。根据试验的不同要求,可以采摘长、短枝不同部位的叶片测量其叶面积的大小。例如,为比较长、短枝上的叶面积时,可选各种不同的长、短枝,再逐枝逐叶测出其叶面积,即得出长、短枝上叶面积的差异。

田间试验的实施

①试验地的区划。试验之前要根据试验设计对试验地进行区划,并画出草图,在图上标明小区、每小区株数。为了观察记载方便和不致出差错,对银杏试验树要进行编号,一般是用油漆标在树干上。

②田间管理。田间管理要按计划要求及时进行,同一试验除试验规定的处理措施外,其他管理措施应尽量做到一致。除综合丰产试验外,一般较简单的单因子试验,田间管理可按生产园的管理进行。这样既不脱离实际生产水平,也便于管理,便于和一般生产树做比较。

③观察记载项目。观察记载项目不宜过多,以能表示试验结果为主。观察一般是进行总体观察,但为了避免工作量过大,也可选取有代表性的银杏试验树做观察。取样常用定株调查法,如果面积过大或试验株数过多,可采用随机取样法。定株调查法即在每个处理内选有代表性的银杏树或枝条,做好标记,进行观察。随机取样即在每个处理内随机取样观察。观察记载的资料是总结时的重要依据,要备有试验记载本。试验记载本最好有两个,一本带到田间,一本留于宅内。带到田间用的用铅笔记录,既方便,又避免遇雨字迹模糊。每次田间记载后及时写到室内用的记载本上,以免丢失。

田间试验的试验地

银杏属长寿果树,几百年生的银杏大树很多。银杏实生苗从栽植到结种需 20 年左右,嫁接苗需 4～5 年,因此供做试验的银杏树,因试验内容和要求的不同,有时需要根据试验设计新栽幼树,有时可在原有的多年生银杏中或生产园中选一定数量的树或划出一定面积的园地进行试验。

田间试验的试验树

需新栽幼树进行试验的有品种试验、幼树早期丰产试验、密植试验等。大多数试验则不需要从新栽幼树开始。在生产园中选树,一般选栽培品种相同、树势中庸和结种数量大体一致的树做试验。同时还要求所选树的树龄、树高、胸径、冠幅大小以及所用砧木应尽可能一致,或用同一株树上的根蘖苗。所选树的立地条件应一致,同时应尽量不受房屋、道路和其他树木及防护林的影响,以免影响试验的准确性。

田间试验的坐种率

在银杏雌株将近开花时按品种和试验处理,选有代表性的银杏试验树上的一个主枝或一个大侧枝,调查其上的花数。花数应在 100 朵以上,如花数不足 100 朵时,应扩大调查范围。当种子成熟前的一个月,再调查枝上的种子数,求出坐种率。

$$坐种率(\%) = \frac{调查结种数}{调查花朵数} \times 100\%$$

田间试验对比排列

在处理不多的单因子试验中,可采用此法。这种排列法的特点是在试验处理的小区之间设一个对照小区。这种排列便于比较,试验结果比较准确。但对照用树和占地多,增加了试验的工作量。

田间试验对照区

田间试验是以对照方法为基础。在试验中应以当地当前生产中的实际情况为比较对象。在每个试验中除试验内容进行处理外,都要设置对照区。例如修剪试验应以原来采用的修剪方法为对照,栽培品种试验应以当地优良的主栽品种为对照,等等。对照是分析试验资料、比较试验结果的依据。

田间试验互比排列

也叫多次重复排列法。它的特点是同样看待处理和对照。各处理不仅可与对照比较,而且各处理之间也可以相互比较。此种排列适于处理较多而重复也较多的试验。优点是能减少对照区数,缺点是不易估计试验结果的误差。适宜在土壤条件和试验树生长结果比较一致的条件下应用。田间排列时应注意区组间相同处理分散或错开。处理较多时,宜每隔 4～5 个处理设一个对照,以减少土壤误差。

田间试验结果的整理

在试验进行过程中,各个试验阶段所取得的资料一定要及时加以整理,以获得这一阶段各个处理的试验结果。这样做既可避免资料的积压,又可及时发现问题,加以纠正。在整理试验资料时,首先把观察记载的数字资料进行统计计算,归纳成统计数或列表说明。统计计算是一项繁重的工作，要细致认真，避免发生错误。在统计前，应将各个数字加以检查，如发现个别悬殊而又难以理解的数字，则应结合田间观察材料查明其原因。如果发现这种特别数字确实由于工作过程中的错误所造成的，则应予以删除或设法加以补救。整理数字资料最简单、最常用的是平均数和百分比。

例如整理产量数字时，将同一处理各小区的产量加以平均，即可代表各小区的整体平均产量。为了便于比较，可再用百分比进行比较。即用同样的方法，先求出对照的平均产量后，以对照区的产量为100，各个处理区与对照区相比，用下面的公式计算出增产和减产百分比，以此来表示试验的结果。

$$百分比(\%) = \frac{某处理产品}{对照产量} \times 100\%$$

田间试验结果分析

试验数字材料经过统计整理后，第二步工作就是对整理结果进行分析。分析工作是试验最重要的工作，决不能凭主观想象，而要根据客观事实来分析判断。在分析时应结合平时的观察以及往年有关资料做全面综合的分析，研究各种现象间的相互关系，而后得出客观的结论。资料分析必须经充分讨论，然后再做出切合实际的结论。

田间试验裂区排列

主要用于复因子试验。先设主区，再将主区分成几个副区，或者把一个试验因子的各处理小区用来做另一试验因子的区组。例如两种化学肥料（A、B）对三个栽培品种（1、2、3）的试验处理，按裂区排列。

这种设计方法和排列是比较实用的，它不仅在复因子试验中便于分清主次，在减少试验小区的情况下仍有一定的准确性，而且便于在一组处理中增加新的处理。例如在综合因子试验中增加单因子试验，或利用单株小区的树做单枝小区进行试验等。

田间试验设计的保护剂和隔离剂

试验区的四周应保留1~2行银杏树为保护行，特别是靠近道路、灌渠、林带、地边的银杏，因受光照、水分、养分的不同影响，会使试验结果造成误差，不宜做小区单株利用。为了防止相邻银杏根系的相互影响，施肥试验的小区与小区之间应保留一行银杏作为隔离行。

田间试验物候期的记载

银杏在一年中生长发育的外部形态变化（如萌芽、长短枝生长、开花、结种、落叶、休眠等）是随季节气候的变化而有规律地变化着。它是分析试验结果的重要依据，因此对银杏的物候期进行观察和记载就显得特别重要。

田间试验物候期观察记载的方法和要求

①物候期记载的项目可根据生产、科研的实际需要增减。但记载的标准应力求统一，以便交流资料、探索规律。为了便于分析研究，还应载明观察记载的单位、人员、地点、年份及银杏树的基本情况（品种、繁殖方法、树龄、生长结果情况以及银杏生长地的地势、坡向、土质等条件）。

②每品种应选取有代表性的银杏2~3株，定树标号观察。地片大的种植园或地形地势复杂的地段还应分片定树观察。

③各物候项目观察的方法和要求：芽鳞绽开期、萌芽期、展叶期、种子生长期、新梢生长期隔日定时观察。观察方位和部位应一致。开花期每日定时观察。观察方位和部位应一致。硬核期（每次每树剖视正常种子1~2粒）、种子成熟期、落叶期，每隔两日定时观察。休眠期每周定时观察。

④在目测判定达到某物候期记载标准百分数的基础上，然后在树冠中、上部选取有代表性的单位枝，观察其上50~100个芽（或种子），记下符合记载标准的芽（或种子）数和观察的总芽（或种子）数，再用百分率公式进行求算。

⑤物候期观察应由专人负责，坚持始终，不可间断。最好有两人同时观察，以保证观察的连续性和减少目测误差。

⑥物候期观察应连续进行数年，以便据此列出某地某品种某物候期到来的一般日期和最早、最晚的日期。

田间试验物候期记载的项目和标准

芽鳞绽开期：约有15%的叶芽，芽体膨大，鳞片松动，其间露出浅色痕迹。

萌芽期：约有5%的叶芽顶端露出叶尖。

展叶期：约有10%的叶芽露出1/5的叶片，或全部露出的叶片占80%。

开花期：从约有5%的花开放至约75%的花凋谢。

种子生长期：从花落后到种子停止生长。

新梢生长期：从约有10%的顶端叶芽全部开放到新梢停止生长。

硬核期：从个别种子核壳开始硬化至多数种子核壳完全硬化。

种子成熟期：从种子停止生长至种子自然成熟脱落。

落叶期：从全树约有15%的叶片脱落至叶片全部落光。

休眠期：从叶片全部落光至芽体萌动。

田间试验项目

①丰产试验。是一种综合性试验，即采取综合的

技术措施,创造果、叶、材或果和材的丰产纪录,从而总结丰产经验,指导和推动生产。

②品种试验。是一种自外地引进的优良品种或本地选育的新品种在本地区的生长情况、丰产性能、品质优势的测定,以作为繁殖和推广的依据。

③栽培试验。是研究某一种栽培技术措施的效果和推广价值。

④病虫害防治试验。是研究各种病虫害的防治方法和新农药的防治效果等。

田间试验小区

试验小区是田间试验的基本单位。一个处理的用树即为一个小区。每个小区株数多少决定于试验树的生长整齐程度、土壤差异情况以及试验内容和处理。在土壤肥力和银杏生长比较一致的情况下,可用单株小区。有时为了消除土壤、品种、树株等的差异,还可选用不同树势、不同品种的单株组成组合小区。即组内单株树木间情况不同,但组与组的情况却是一致的。小区株数的多少,需要根据试验内容和处理的多少而定。以土、肥、水为内容的试验,如用单株小区,由于相邻树根系的相互交叉,对一株树的处理会影响到邻树。因此这类试验宜用多株小区。反之,在树上进行的一些试验,如修剪、授粉、叶面追肥等试验,由于树株之间的相互影响较小,则常采用单株小区。如果试验处理较少,重复也较少,则每个小区的株数可适当增加。

田间试验小区排列

同一试验的各个处理和重复排列,通常是先分区组,即把一次重复内的各个处理排在一起,构成第一区组;再把二次重复内的各个处理排在一起,构成第二区组;如果处理更多,以此类推。如果一个试验共包括6个处理,重复3次,则试验就有三个区组(三个重复),每一区组包括6个处理的各一个小区,即6个小区。这样分区组排列,可以减少土壤差异和便于田间管理。

田间试验要求

①试验必须紧密结合生产,达到为生产服务的目的。抓住生产上急需解决的问题进行有目的的试验。试验之前要进行仔细地调查研究,找出试验研究的最终结果与当前国内外现有水平的差距,分析生产上迫切需要解决的问题。

②试验必须目的明确,计划周密,要求具体,方法准确。如果试验方法不准确,就会影响最后的试验结果。

③试验结果必须准确可靠。在整个试验过程中,必须随时注意试验的准确性。无论田间布置、观察记载、资料整理等,都应该尽量避免人为的误差。除了进行试验比较的项目以外,整个试验地的栽培条件必须一致。

④银杏属生长缓慢的果树,生长周期长,实生树20年左右才能结种。因此,试验要有代表性。要不脱离当地的生产条件,使试验地的土壤结构、土壤肥力、管理水平和自然条件等要能代表当地的实际情况,要和当地的生产现状及经济条件相适应,既要考虑到生产的发展,又要考虑到科学技术的推广价值。

⑤田间试验重演性是衡量试验结果是否有推广价值的客观标准之一。某项田间试验结果在类似的条件下重复进行,仍能得到相同或相似的结果,这就说明试验结果正确地反映了客观情况,这对于技术推广和生产时间均具有重要意义。一般田间试验,不宜根据一年结果而过早地下结论。

⑥试验要有专人负责,认真调查,严格管理,仔细观察,积累资料,在此基础上进行科学的分析,最后获得令人满意的试验结果。

田间试验银杏单株黄酮含量

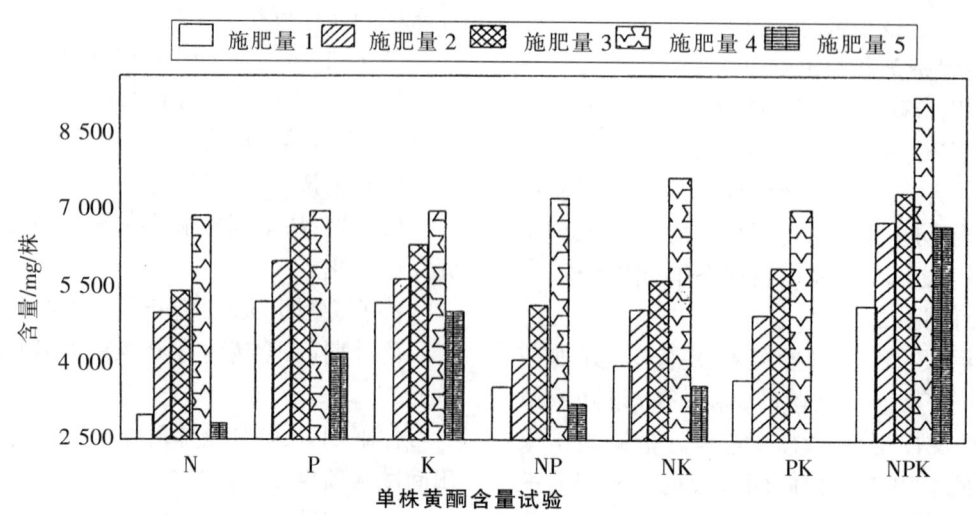

单株黄酮含量试验

田间试验银杏苗木高生长

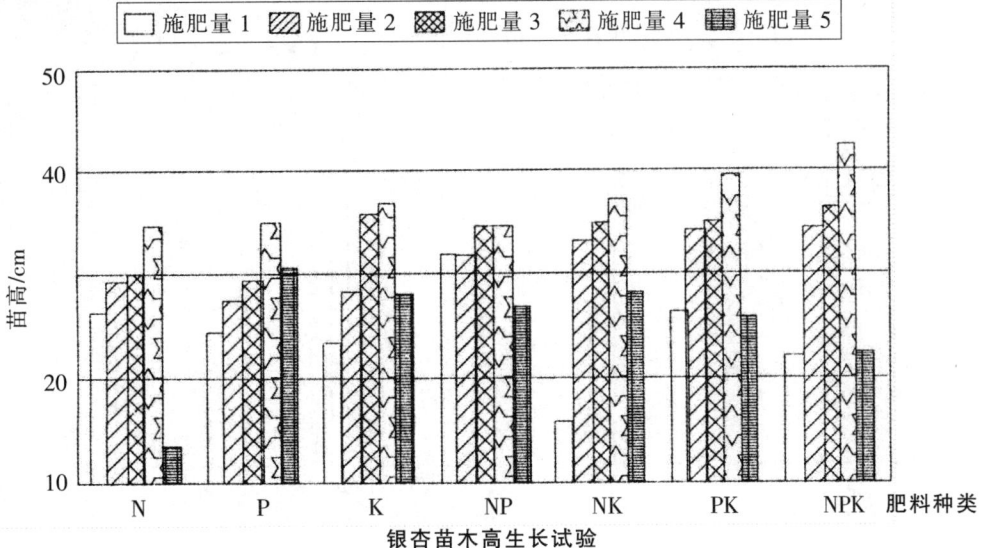

银杏苗木高生长试验

田间试验银杏平均叶面积

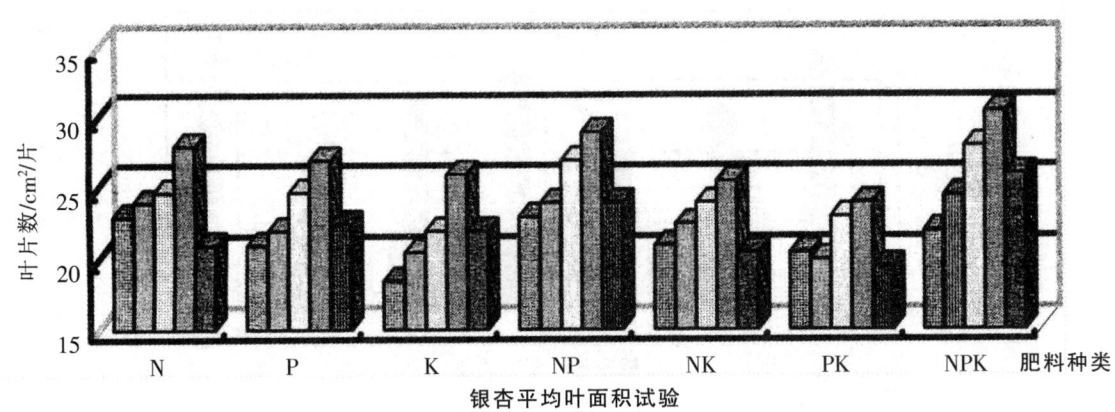

银杏平均叶面积试验

田间试验银杏叶黄酮含量

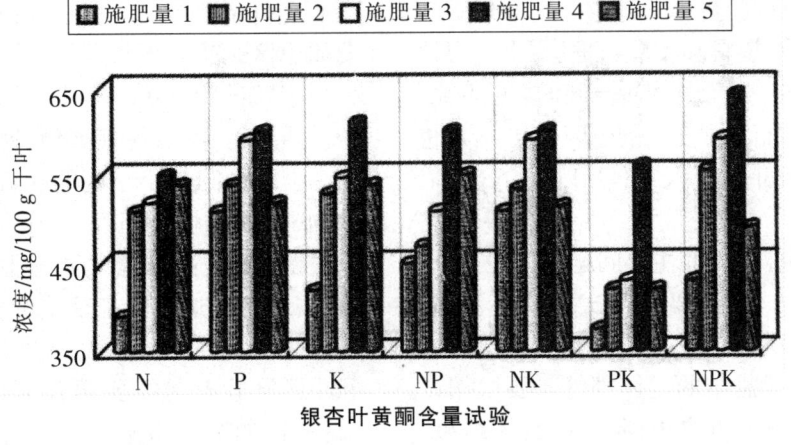

银杏叶黄酮含量试验

田间试验银杏叶生物量

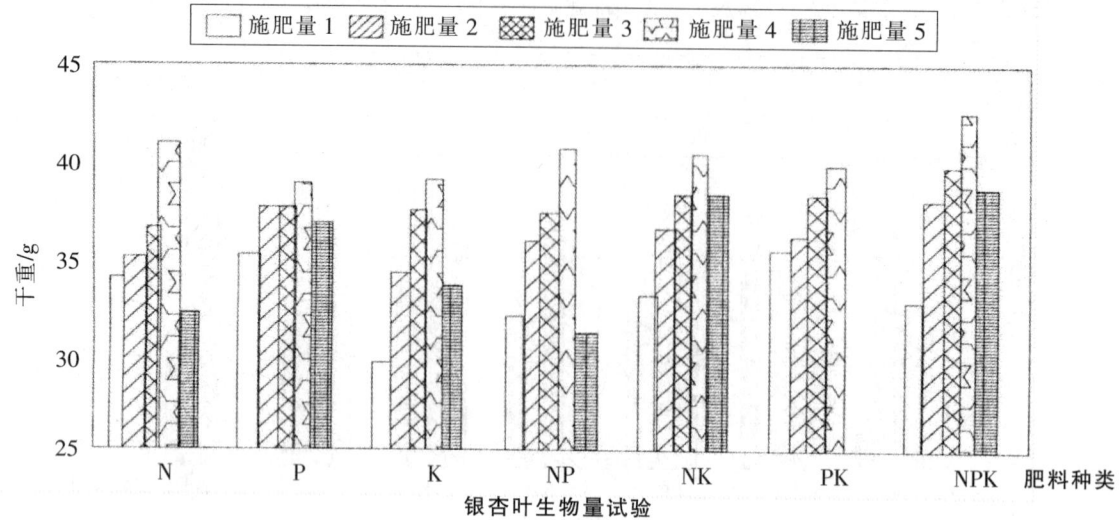

银杏叶生物量试验

田间试验银杏总叶面积

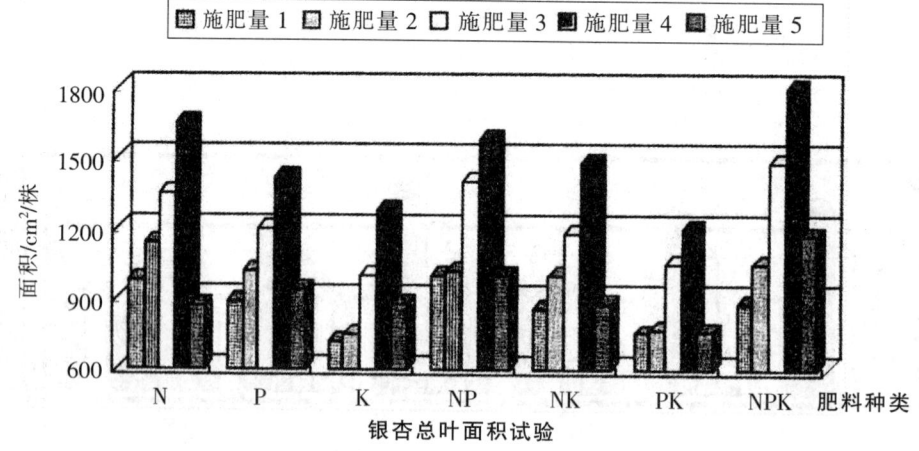

银杏总叶面积试验

田间试验总结

经过充分分析得出结论,最后还要写出总结报告或试验报告。总结报告或试验报告并没有一定的形式和规格,要求充分利用观察资料和实验数据,写出心得体会,分析问题发生的关键、实质,探讨现象间的内在联系,找出所表现的规律性,分析反常变化的原因,找出今后进一步试验的设想。一般田间试验总结包括以下内容。

①试验题目。

②试验目的,说明要解决的主要问题及设想。

③试验的设计和方法,简要说明试验地点、试验树状况、设计、取样、分析、观察方法。

④多试验结果,这是总结的主体部分。要根据试验的目的和整理的资料去粗取精,归纳出具体结果。要有主次,层次分明。既要有具体数字,要求条件,又要有对比分析,要有理有据。对能肯定的结论必须加以肯定,不能肯定的可进行分析和讨论。

⑤写出存在的问题和意见,提出试验的反常现象和试验不足的地方,以及发生的新问题,为进一步试验研究时做参考。

田间小区试验

小区试验的每一个小区用一株银杏或3~5株银杏。由于占地少,管理方便,调查观察仔细,准确性较高。但是由于每个小区的株数少,土壤和植株存在的差异,往往会影响试验结果的可靠性,因此需要设置重复区,以提高试验的可靠性。凡属尚无把握的措施,需要先经过试验来证明的,一般都采用小区试验,如新品种的生物学特性,新技术的使用等。大区试验和小区试验有时需要结合进行。在进行大区复因子试验时,如对其中某一措施的细节尚不明确,可以同时另设小区试验来加以验证。

田间最大持水量

土壤水分常数的一种,是土壤毛管悬着水达到最大量时的土壤含水量百分数,主要决定于土壤质地和结构等。壤土的田间最大持水量一般较黏土低而较砂土高。植物的有效水是指田间最大持水量到萎蔫系数之间的水分。超过田间最大持水量的土壤水分,为多余水分。银杏的最大田间持水量不能超过80%。

田菁

是一年生豆科作物,耐盐、耐涝性强,是盐碱地、荒地、薄地的好绿肥。自然生长时植株高大,可长至100~150 cm。枝叶繁茂,根系发达,并能固定空气中的氮素。前期生长慢,后期生长快,每亩可产鲜草2 500~3 000 kg,每1 000 kg鲜草含氮5.2 kg(相当于25 kg硫铵),含磷0.7 kg,含钾1.5 kg。

田菁的种子表皮较厚,吸水困难,播种前应将种子用温水(一份开水,一份冷水)浸泡3~4 h,然后捞出晾干,播种。长江以北可在4月下旬至5月上旬播种,行距35 cm,覆土3~5 cm,每亩播种量3~4 kg,播种前每亩施磷肥10 kg。从开花初期至盛花期翻压植株。也可从7月上中旬开始每隔15~20 d分批刈青,留茬高30~50 cm。后一种方法能控制绿肥植株高度,不影响银杏树体通风透光。田菁绿肥每年应留种,留种田可在开花初期打顶心、去边心,以促进结荚壮粒。霜降(10中下旬)后采种,每亩可收种子50 kg左右。

田鼠的农田生态防治

高砂土地区的棕色田鼠,喜土壤松软干燥的田埂和高地。江苏通扬运河以南的高砂土地区,从20世纪70年代以来,进行了大面积平田整地,实行旱改水和水旱轮作,这样从生态方面破坏了棕色田鼠的栖息环境,对抑制棕色田鼠的为害起到了很大作用,并有较长期的效果。因此,银杏育苗地宜选择已栽植过水稻、刚回旱的田块为好,但要选择地势高的地方。

田鼠人工捕杀

江苏泰兴农民对棕色田鼠的防治,除采用化学、生物防治外,还有一套挖洞捕杀的方法,在现阶段仍有应用的现实意义。其中效果最好的是洞跌法,方法如下。

根据棕色田鼠的生活习性(从洞里向外推出沙子,是头朝前屁股朝后,用脚向后面扒),在该鼠经过的小隧道上,挖一个垂直的洞(洞的直径为16 cm,深50 cm),上面用草皮盖好,当田鼠扒沙子扒到这里,就掉到洞里了。一般每隔半小时检查一次,如发现洞内有田鼠即行捕杀,尔后再将草皮盖好。这样在一个洞里一般可捉到3~5只,最多捉过11只。有时1只田鼠掉入洞内,它就发出叫声,其他田鼠很快就来相救,一起掉入洞内。洞跌法捕杀时要注意将洞挖成圆形土坑,坑壁要光滑。取跌洞鼠的时间不宜间隔太长,否则田鼠会重新打洞逃跑。取鼠后仍需盖好草皮,直到洞内无鼠为止。

甜白果

种果扁圆形,纵横径2.66 cm×2.68 cm,外种皮黄色,少有白粉,无疣点,先端微凹,果面洁净平滑,柄长4.81 cm。种核圆形,长×宽×厚为2.12 cm×1.68 cm×1.38 cm,先端圆钝,出核率20.12%,出仁率76.40%,每kg 442粒。

甜梅

位于王义贞镇唐僧村大周家冲,管护人周守坤。树龄1 300年,主干直立高大,树高28.5 m,胸径1.58 m。第一主枝位于3.11 m处,层形明显。长枝节间长约4 cm,叶为扇形,长4.8 cm,宽7.2 cm。叶柄长8 cm,叶色较浅,中裂较明显。球果圆形色黄,双果率小。先端圆钝,顶点下凹,基部平阔,蒂盘圆形较大。果柄末端有一明显退化小种实,柄长3.5 cm,较粗壮,略弯曲,单粒球果平均重9.6 g,每千克粒数105,出核率较低,为24%。种核椭圆形,核形指数1.25,壳色洁白,较薄,束迹点窄,两侧棱线在2/3处消失,背腹相等。单粒种核平均重2.2 g,每千克粒数455,出仁率81.2%。种仁味甘甜且带糯性。该品种熟性较迟,一般于10月上旬成熟。

填补树洞防止鸟兽

衰老银杏遭雷击、火烧、积存雨水,组织坏死,树干腐朽破损,年深日久形成大小、形状各异的树洞;鸟兽也常营巢造穴作为栖息场所,则加剧了腐朽程度,任其下去便会影响银杏的产量,严重时会造成树头断裂、整株死亡。发现此种现象,就应及早用水泥填充孔洞,驱散鸟兽。遭雷击开裂的枝干,要及时用钢筋紧固或用水泥杆支撑,让其尽早愈合,防止腐朽。如果腐朽不甚严重,只要有绝大部分完整的树皮,辅之以水、肥、土等综合措施,则很快恢复产量,乃至高产、稳产。银杏花期遇霜冻为害,则产量降低。熏烟防寒保花,也是一项重要的增产措施。银杏枝干韧性差,比较脆,易折断,如果结实量过大,采收之前应吊枝撑枝,以保护果实防止枝干断裂。

条索型银杏茶

工艺流程:去杂→洗净→晾晒→切条→揉捻→烘炒→摊晾→包装。

操作步骤:除掉秋后采集并已晒干的青绿银杏叶里面的树枝、杂草、泥土、石块等,然后用自来水迅速冲洗2~3遍,摊放在通风屋内的席上晾干,厚度以不超过 3 cm 为宜,每天翻动 3~4 遍,使表面自来水迅速蒸发,亦防止叶片发霉变质。当叶片表面水已蒸发掉,叶片含水量达 25% 左右,用手抓起叶片非常柔软时,即用切削机切成宽 2~3 mm 的长条,燃后用揉捻机捻成长卷。将揉捻好的长卷放入锅中用文火炒 10~15 min,文火温度为 150~180 ℃,当银杏叶散发出茶香味时,立即将茶条倒在席上晾凉,然后即可打包上市。

特色:具白果清香味,略带苦头,后有甜味,汤色淡黄,滋味爽口。如欲增加汤色,可在银杏茶中掺入 1/10 的乌龙茶,白果清香味和口感仍不会改变。

注意事项:①银杏叶的采收时间为 10 月 5 日至 10 月 15 日,即霜降前 10 d 左右,此时银杏叶中的黄酮类化合物及萜内酯含量最高,同时此时采叶对树木不会产生伤害。②银杏叶不可冲洗时间太长,否则会损失银杏叶中的药效成分。③炒锅是用专用的铁锅或专用的炒茶锅,切不可用炒菜锅或在锅内抹一层油,否则会改变茶的清香味道,同时会产生油腻腥味。

条状沟施肥

在树冠外缘两侧各挖一条施肥沟。沟的深度和宽度各为 40 cm,沟的长度依树冠大小而定。也可结合银杏园深翻进行。来年的位置则换到另外两侧。在沟挖好后,将肥料填入沟内,与土搅拌后再覆土填平。

条状沟施肥

贴枝接

该法适用于砧木直径为 1 cm 以上的砧木,从 3、4 月份到 8、9 月份均可嫁接。

①削接穗

在接穗芽下 1 cm 处的对面横切一刀,深度为接穗粗的 1/4~1/3,向下削成一长为 5 cm 的削面,在背面削一长约 1 cm 的短削面。

②削砧木

按需要的高度,选树皮光滑处横切一刀,略带木质部向下纵切,长度与接穗相当,切去张开树皮的 2/3。

③插接穗

将接穗长削面贴靠砧木木质部,对准形成层,并将下端砧木树皮压紧接穗。按常规包扎。

贴枝接操作如下图。

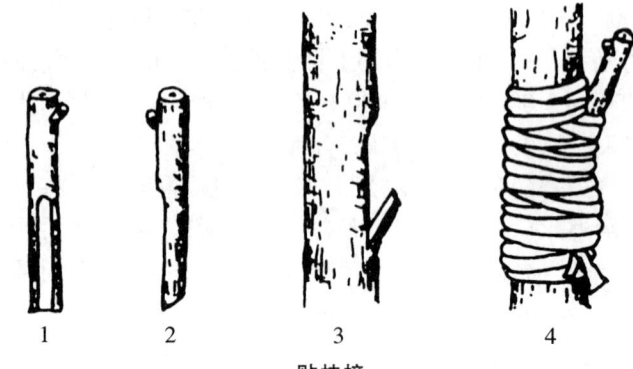

贴枝接
1.接穗削面　2.接穗侧面　3.削砧木接口　4.插接穗后绑扎

萜类

二萜类基本数据

二萜类	R_1	R_2	R_3	名称代码
银杏内酯 A(Ginkgolide A)	OH	H	H	BN52020
银杏内酯 B	OH	OH	H	BN52021
银杏内酯 C	OH	OH	OH	BN52022
银杏内酯 M	HO	HO	H	BN52023
银杏内酯 J	OH	H	OH	BN52024
银杏内酯 A 异构体	H	OH	H	—
银杏内酯 A 异构体	H	H	OH	—

萜类内酯核磁共振测定法

由于银杏内酯结构上均有 H-12,δ 值一般在 6.00~6.55 μg/g 之间,在此 δ 值内其他杂质的干扰较少,且银杏内酯的 A、B、C、J 和白果内酯的 H-12 的 δ 值在溶剂中各不相同,因此可直接用积分值分别计算银杏内酯的 A、B、C、J 和白果内酯的 H-12 的含量。本法受杂质干扰较少,灵敏度高,灵敏度可达 μg,但仪器昂贵。

萜类物质

原指松节油和许多挥发油中含有一些不饱和烃类化合物而言,而今天所指的萜类化合物的范围远超过原义,包括通式为 $(C_5H_8)n$ 的链状或环状的烯烃类以及含氧和饱和程度不等的衍生物。间异戊二烯为基本单位 C_5H_8,植物界中存在于橡胶、树脂、挥发油、某些色素、苦味素、精油等。

萜内酯 HPLC 测定装置

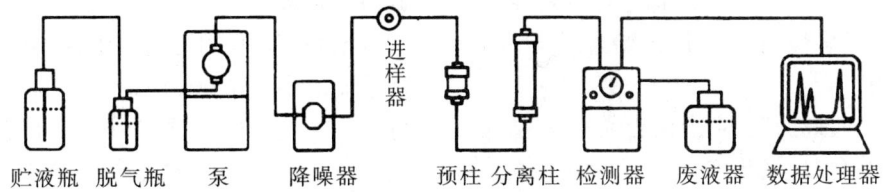

萜内酯 HPLC 测定装置

萜内酯标样 HPLC 图谱

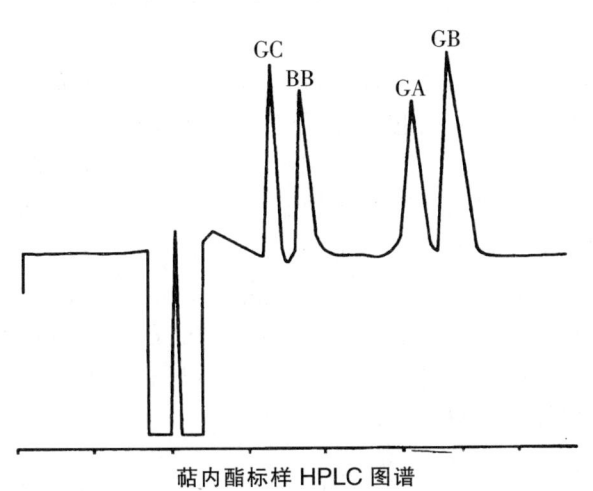

萜内酯标样 HPLC 图谱

萜内酯各组分浓度与峰高值

萜内酯各组分浓度与峰高值

各组分浓度/mg·mL^{-1}	0.05	0.1	0.2	0.3	0.4	0.5
银杏内酯 C 峰高/mm	5.8	11.2	21.9	32.0	42.3	53.7
白果内酯峰高/mm	5.4	10.7	20.5	29.9	40.2	50.9
银杏内酯 A 峰高/mm	3.8	7.4	14.6	21.8	21.8	36.7
银杏内酯 B 峰高/mm	3.2	6.2	12.1	18.0	18.0	29.8
银杏内酯 C 回归方程	$y = -0.00527 + 0.00948x$ $r = 0.99986$					
白果内酯回归方程	$y = -0.00366 + 0.00997x$ $r = 0.99989$					
银杏内酯 A 回归方程	$y = -0.00479 + 0.01394x$ $r = 0.99990$					
银杏内酯 B 回归方程	$y = -0.00599 + 0.01711x$ $r = 0.99978$					

萜内酯测定方法

银杏萜内酯的测定方法有多种，主要包括高效液相色谱法（HPLC）（高效液相色谱—紫外检测器法（RP-HPLC-UV）、高效液相色谱—热喷射质谱法（HPLC-TSP-MS））、气相色谱法（CC）（气相色谱—质谱法（CC-MS）、气相色谱—火焰光度法（CC-FID））、薄层扫描法（TLC）（薄层扫描—紫外光法（TLCS-UV）、薄层扫描—荧光法（TLCS-FS））、核磁共振法（NMR）、生物测定法等。

萜内酯的物理化学性质

银杏萜内酯为白色结晶，味苦，相对比较稳定，熔点较高，大致在 295～350℃。文献报道的熔点有些差异，可能是因为结晶时所用的溶剂不同、纯度不够高或实验条件不同所造成的。银杏萜内酯因分子中含有羟基和多个含氧酯基，比一般的倍半萜和二萜类化合物的极性大，易溶于丙酮、乙醇、甲醇、乙酸乙酯、四氢呋喃、吡啶、三氟乙酸、乙腈、二甲基亚砜，能以任何比例与上述物质混溶。微溶或不溶于己烷、苯、氯仿、四氯化碳，而对无机酸稳定。

萜内酯含量测定

由于萜类内酯在银杏中含量较低，且常温下在有机溶剂中溶解度较小，测定比较困难，受杂质干扰严重。前人曾探索了 RP-HPLC、紫外定量分析和 RP-HPLC 联用、视差折光（RT）定量分析，除非内酯较纯，没有过多的干扰，结果均不理想。目前还探索出其他几种方法：①热射流 TSP 结合液—质（LC-MS）联用测定法。该法广泛用于不挥发极性天然产物的分析，范围几乎包括除了高分子以外的全部天然产物。本法测定的线性关系及重现性均较佳，但灵敏度低，一般只能作为半定量。②核磁共振法。由于银杏内酯结构上均有 H-12，δ 值一般在 $6 \sim 6.55 \times 10^{-6}$ 之间，此区内其他杂质的干扰较少，而银杏内酯 A、B、C、J 和白果内酯的 H-12 的 δ 值于适当溶剂中各有差别，因此可直接从积分值分别计算五者的含量。本法灵敏度高，大体可达 1 μg。

萜内酯含量的影响因子

①不同气候区之间萜内酯含量存在较大差异，贵州高原地区银杏叶萜内酯的含量明显高于其他地区。

②不同生长季节银杏叶萜内酯的含量有一定变化规律，在整个生长季节中，总内酯含量先升高后下降，从春季起逐渐增加，至夏末秋初达到最高值，随后逐渐减少，至落叶期内酯含量低。一般其高峰出现在

8月、9月或10月。银杏萜内酯含量和单叶干重随叶龄增大而增加,到8~9月份处于最高水平,分别为0.25%~0.26%和0.3%~0.32%。但也有不一致的报道,总酯含量以5月份最高,8月份开始含量显著下降,11月含量最低。

③品种或单株。通过测定44个银杏品种3~5年生嫁接苗叶片内酯的含量,发现泰山2号所含内酯最高,达0.38%。对全国7个银杏产区的28个家系的2年生幼苗叶片测定了内酯含量,家系间差异十分显著,含量变化幅度为0.3%~3.75%。对13个银杏单株叶中的内酯进行了测定,发现不同单株内酯化合物含量差异显著,最高的为0.2%,而最低的只有0.1%。

④树龄。银杏幼树1~6年生实生苗叶萜内酯含量高,一般为0.3%~0.5%,而大树叶片含量一般<0.1%。银杏实生苗幼年期(1~5年)叶片内酯的含量均高于大树,总内酯以2~3年生的为高。银杏幼树叶的含量明显高于老树,并伴随树龄的增长,总萜内酯含量逐渐下降。这可能与萜类内酯合成能力下降有关。

⑤不同部位。银杏茎中萜类内酯含量最低,相当于叶含量的1/3和根含量的1/2。叶中白果内酯含量在总萜酯中所占比例较高,而在根和茎中所占比例则较低。

⑥性别。银杏雌雄株间内酯含量差异较大,雌雄植株银杏叶萜内酯含量分别为0.22%和0.09%,经组间差异显著性检验,雌性植株叶子内酯含量显著高于雄性。雌雄株间萜内酯含量差异不显著。

⑦繁殖方法。1~5年生银杏实生苗幼年期,叶片内酯的含量均高于同龄嫁接树。

⑧植物生长调节剂。喷施乙烯利对银杏叶内酯类物质的含量有明显影响,且随乙烯利浓度的增加而增加。不同乙烯利浓度对银杏叶光合速率、PAL活性、相对生长量也有显著的影响。对银杏苗进行矮壮素处理,能明显增加银杏萜内酯(主要是白果内酯)的含量。对于银杏悬浮细胞培养和愈伤组织培养,通过使用植物生长调节剂可以增加萜内酯的含量。

⑨生态因子。适度缺水有利于内酯类物质的积累,充足供水和水淹条件均不能有效地提高银杏叶内酯的含量。对2年生银杏苗进行遮阴和光膜处理,发现光质对萜类内酯的生物合成和积累有影响。紫膜处理的银杏萜类内酯含量最高,为3.89 mg/g,比白膜(对照)高85.23%,其次是绿膜,为2.8 mg/g。

总之,银杏萜内酯的生物合成研究已经迈入分子生物学阶段,但相关基因的表达研究,特别是在不同环境或处理中的表达,以及基因的协同表达,尚需花费大量的时间,这样才能够真正阐明银杏萜内酯的生物合成及其调控处理,为选育高萜内酯含量的银杏叶用新品种奠定坚实的理论基础。

萜内酯合成

银杏萜内酯和白果内酯在银杏叶中含量低,但又是重要的活性成分,特别是ginkgolides自从成为PAF特异性拮抗剂以来,国外从20世纪60年代末至今,一直进行这两类内酯的合成研究。

①生物合成。二萜银杏内酯B的生物合成,即从其前体entpimaradienone正离子经三个主要结构修饰过程甲基迁移、螺壬烷形成和叔丁基产生而得。倍半萜白果内酯之生源合成途径,即由ginkgolide A失去5个碳或由法尼基焦磷酸(FPP)衍生获得。

②有机合成。ginkgolide A为原料半合成bilobalide后,Corey等报道了用含叔丁基双环共轭烯酮为原料,首次全合成bilobalide;1992年,Crimmins等报道了以分子内[2+2]光环加成为关键步骤,用3-呋喃甲醛为原料进行了bilobalide全合成。

ginkgolide全合成虽已获成功,但距工业化生产还有一段距离,仍处于实验室水平,故银杏叶依然为获取这些次生代谢物(萜内酯)的主要原料来源。

萜内酯检测HPLC图谱

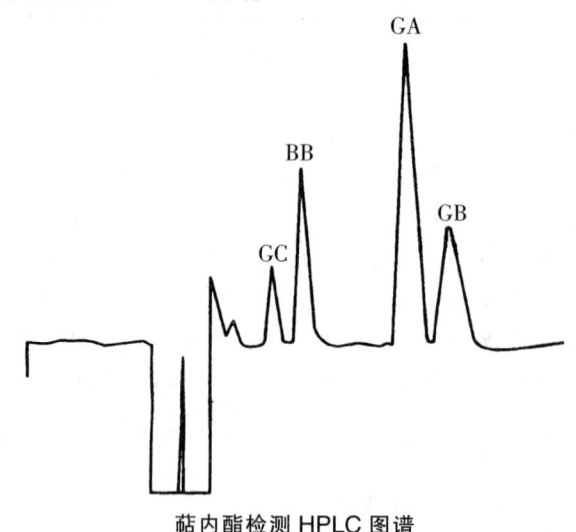

萜内酯检测HPLC图谱

萜内酯提取分离制备

对银杏叶中萜内酯用甲醇、乙醇、丙酮和水四种溶剂浸提的效果进行了比较,其浸提率分别为98%、95%、96%和90%。银杏叶萜内酯提取物经吸附剂吸附和溶剂萃取可初步提纯,筛选出AB-23、CQ-1、DE-8三种吸附剂和四种溶剂均能用于萜内酯提纯,其中以AB-23和溶剂NE-25两者的提纯效果为最佳,所得到的萜内酯纯度达到70.3%,产率为0.5%~0.6%,经结晶纯化后其纯度为98%以上。银杏叶萜内酯提取物的浓度、萃取溶剂、结晶时间和温度等对结晶速度、晶华大小和产率的影响,从正交试验的结果表明,以银杏叶萜内酯提取物的浓度对萜内酯产率的影响最大。于低于室温下结晶,经48 h 左右其产率约 0.2%。扩大试验与小试结果一致,晶体产率为 0.21% ~ 0.22%。熔点测定和 HPLC 法测定证实银杏叶萜内酯的纯度达到 99%。此外,对不同产地和在不同季节采收的银杏叶(银杏树龄在50年以上)的萜内酯的含量用 RP-HPLC 法进行分析,证明萜内酯的含量和组成随产地不同而有很大差异,且季节的更替对银杏叶中萜内酯的含量也有较大的影响,一般说来以 9—10 月采收的银杏叶其萜内酯的含量较高。

萜内酯提取流程图

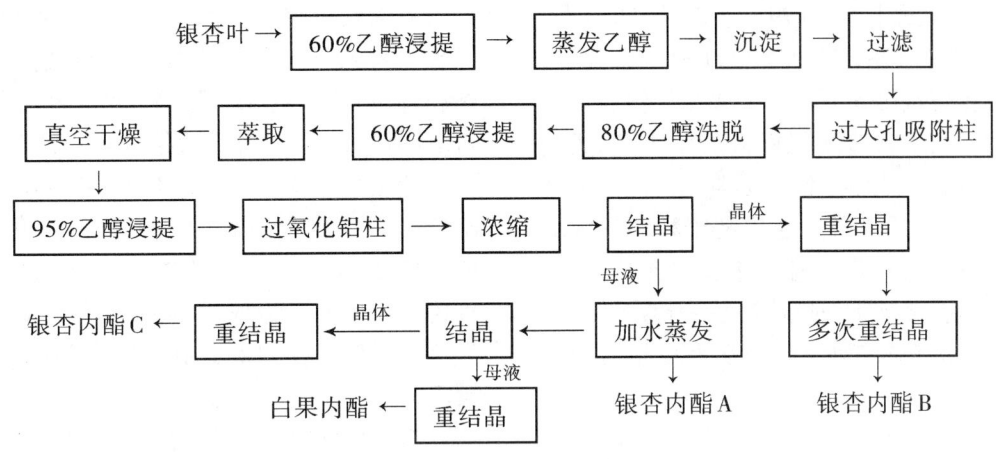

萜内酯提取流程图

铁

铁是多种氯化酶的组成成分,可参与细胞内的氧化还原和有氧呼吸,以及能量的整个代谢过程。铁虽不是叶绿素的成分,但活化铁对叶绿素的形成有促进作用。因此,也影响着叶绿素的形成。铁在树体内的流动性较小,不能被再利用。缺铁时首先影响叶绿素的形成,幼叶显现失绿现象,在失绿的叶片上只有叶脉呈现出绿色的条纹状。严重时,幼叶及老叶均变为近白色,老叶上出现坏死的褐色斑点,容易脱落。

铁富古银杏的传说

邳州市铁富镇有一棵 550 年树龄的古银杏。据说,抗日战争时期,中国军队和日军在当地有一场恶战,这棵银杏树就处在双方交战地的中心,双方激战的时候,枪弹不断击中树干。战斗结束后,回村的百姓数了树上的弹孔,居然有二百多个。这从一个方面说明了银杏的生命力。

铁线蕨叶银杏

铁线蕨叶银杏 *G. adiantoides* (Unger) Heer。生长地域:辽宁。地质年代:第三纪始新世。

听雪为客置茶果

宋代大诗人陆游还是一位精通烹饪的专家,在他的诗词中,咏叹佳肴的足足有上百首,他曾写有《听雪为客置茶果》,赞美银杏之珍贵:"病齿已两旬,日夜事医药。对食不能举,况复议杯酌……不钉栗与梨,犹能烹鸭脚。"

庭院绿化

以植物材料为主,美化庭院的绿化作业措施。西方把庭院视为建筑物的附属和延伸,庭院绿化在过去多采用规则式,常用曲线、直线、折线把庭院空间组成抽象图案。而东方庭院绿化则是为了摆脱规整的建筑空间的束缚,追求自然的情趣,常常设有山石、水池,种植树木花卉,布置假山、瀑布、小桥、流水,水池边缘摆放观叶植物及花卉。由于东、西方文化交往日益频繁,庭院绿化的风格和手法也互相影响和借鉴。庭院绿化受建筑布局的制约,应根据房屋间距及建筑的使用性质等进行绿化,以满足减噪、防尘、防晒、调节小气候等功能要求。种植的植物应按生态要求加以选择。庭院绿化要选用观赏期长、能耐阴、管理简便的植物材料,种植时要考虑不影响室内的通风和采光。种植形式可自由些,可根据主人爱好选择植物材料。又应与周围建筑相协调。面积较小的庭院绿化要简明、开朗、雅致而富有情趣;面积较大的庭院绿化则要求在变化中求统一。

庭院四旁型

机关、学校、厂矿和居民的庭院内、宅旁、路旁、村旁、水旁(四旁)土质肥沃、水分充足、管理方便,生产潜力极大,是发展银杏的良好场所。庭院内和"四旁"栽植银杏,既绿化、美化了环境,又能获得种子、木材、叶子。充分利用一切闲散土地,可使农民走向富裕之路,栽银杏是"一代植树,世代收益"。

广西灵川县海洋乡1990年银杏产量达50余万千克,收入1200余万元;人均收入560元,占当地经济收入的一半以上,全乡数万株银杏,几乎全都分布在庄前村后,院内家外。山东郯城县新村乡3万多人,1994年仅白果一项人均收入1200元,有不少的村庄,家家有银杏,户户产白果,年收入万元以上的户比比皆是。据《人民日报》1995年5月29日载:安徽砀山县某村庄在1989年结合更新村庄杂树,一次在村边、楼前栽植银杏3万多株,1994年银杏叶收入达30多万元。用于营造庭院四旁的银杏苗,无论栽于何处,都要选优质壮苗,特别是胸径粗3 cm以上,枝下高2.5 m以上的大苗。这样利于种、材兼用,达到结籽、用材两不误。若一村一庄多户连片,为解决银杏的授粉问题,要有计划地发展一定数量的雄株,以便保证雌性银杏的正常授粉,从而使银杏获得高产稳产。

庭院栽植

机关、厂矿、学校或居民户,栽一至数株银杏,既可绿化、美化环境,又能收获累累种子。这些地方一般地域不宽广,要与其整个建筑密切搭配。银杏寿命长,树冠大,须有足够的营养面积。一般30~40年生冠幅达10~15 m^2,百年生大树冠幅可达30~40 m^2。银杏喜光不耐庇荫,在高大楼房后栽植往往生长缓慢,发育不良,故要栽于庭院阳光充足的地方。银杏虽对土壤条件适应性强,酸性土、钙质土或中性土壤均能生长,但在深厚、肥沃、湿润、排水良好的庭院土壤生长更好。庭院栽植要避开积水沟,酸、碱、盐废水排水道10 m远以外。值得注意的是,我国有些古建筑,在一定范围内不植树木,不栽花草。创造这种环境,在于取得气氛严肃的效果。所以在保护、美化古建筑时,要依据文物的具体性质、特点,保持故有方式,切忌乱植银杏。

庭院栽植模式

银杏是庭院栽植的理想树种,郯城庭院栽植银杏按经营方式可分为立体式、复合式和单一式;按繁殖方式可分为实生树型、劈头嫁接树型和分层嫁接树型。庭院栽植银杏以复合式嫁接树型最好。不仅单位面积年均纯收入高、投入产出比大,而且经营管理技术易于群众掌握,利于普及推广。

庭院中的障景

银杏树冠相对较为浓密,成年大树似直立的屏障,能在一定程度上控制人们的视线,遮挡不良、不雅的景观,同时把视线引导到景观较好的视野。

通气条件对银杏种核贮藏的影响

由于银杏种核的含水量很高,在贮藏期间种核内呼吸强度大,如果通气不畅容易导致"自热"现象和"酒精中毒"现象,从而降低银杏的播种品质和食用品质。因此,银杏的贮藏环境必须具备良好的通气条件。

同根三异树

河南农学院古树考察组在河南省光山县净居寺发现一株奇异的古银杏树,树干上还长着黄连木、柏树和桑树,蔚为壮观。银杏,是我国特有的世界上最古老的树种之一,素有活植物化石之称。据记载,净居寺的这株古银杏已有约1300年的历史,树高24 m,围径6.77 m,树冠幅26.5 m^2。在古银杏树干4.8 m的分枝处,生出黄连木、柏(松柏)和桑树。据考察,这种树上长树的奇特现象,是由于鸟类衔食的树木种子失落在树杈积存的尘土中发芽生长所致。

同工酶

指催化功能相同而分子量不同的一类酶。银杏同工酶是基因的直接表达产物,在银杏的一定部位,一定发育时期,其谱带相对稳定,在很大程度上反映了银杏个体间的遗传差异,是用作检测基因差异和遗传关系的一种手段。同工酶还可以应用于分析研究物种的起源和演化,鉴别品种间的地理种源差异及亲缘关系,还能从分子水平上研究亲子间的遗传关系,探讨品种产生变异的某些原因。目前,同工酶主要应用于种质资源研究、杂种及性别鉴定等研究领域。

同工酶分子标记

日本专家发现银杏雄株叶片过氧化氢酶活性显著高于雌株。分别从5棵实生雌株和5棵实生雄株上取叶片进行过氧化物酶及酯酶同工酶分析,发现雌株或雄株个体间酶带差异明显,但雌雄株间找不到相互区别的特征酶带。对银杏10个品种的过氧化物同工酶进行分析,发现不同品种的银杏在酶带及砒值上都存在差异,按照酶谱带将10个品种划分为4个类群。通过对银杏植株不同生长发育阶段同工酶检测,确定银杏植株在90 d苗龄期已经开始性别分化。利用分析等位酶变化来阐明日本古老银杏树的遗传多样性并推算出从中国到日本及在日本境内的可能传播路线。该研究用银杏大配子体组织对编码12个酶系的同工酶进行遗传分析,用10个酶系的12个位点分析日本神庙和寺庙附近98株古树的等位酶变异,阐明了遗传多样性和从中国引入及在日本境内的传播路径,指出银杏是在不同时期以种子形式引入并种于庙宇和神庙附近。

桐子果

本品种的球果形状及色泽极似大戟科的油桐果实,故名。主要分布于广西的灵川、兴安、全州三县。多为根蘖树。树势强健,25年生左右的树,树高11.5 m,胸径27.3 cm,冠幅6.4 m×7 m。树冠圆锥形,主干挺直,层性明显,主枝开张角度大,近似平展。长枝节间长约3.5 cm。长枝上多三角形叶,少数为扇形及截形叶。短枝上多扇形叶,少数为三角形叶。叶片明显宽大,一般叶长5.4 cm(可达6 cm),宽约6.4 cm(可达7.2 cm)。叶柄长5.9 cm(可达9.6 cm)。长枝上叶片中裂明显,短枝上中裂较少。球果圆形,熟时青黄色,被白粉。先端圆钝,顶微凹,呈"一"字形,具小尖,珠孔迹明显。基部平,蒂盘偏斜,略呈圆形,周缘不整,略凹入。球果柄长约4.1 cm,略弯曲。球果大小为纵径2.49 cm,横径2.41 cm,单粒球果平均重8.67 g,每千克粒数115粒。出核率25.7%。多单果,偶见双果。种核圆形或近圆形。先端圆,顶具小尖。基部稍见平阔,维管束迹迹点大而明显,常一高一低,迹点间距较大,2.9~4 mm。两侧棱线明显,自上至下逐步增宽,近尾端处呈窄翼状。种核大小为2 cm×1.7 cm×1.18 cm,单粒种核平均重2.33 g,每千克粒数429粒。出仁率76.7%。

本品种为广西桂林地区分布面最广,株数最多的品种。树势强健,发枝力弱,但成枝力强,25年生树,单株种核产量可达20 kg。早果性能显著,实生苗栽后12年即可大量开花结果。150年生左右的树,株产白果可达54 kg。但大小年明显,种子品质一般。

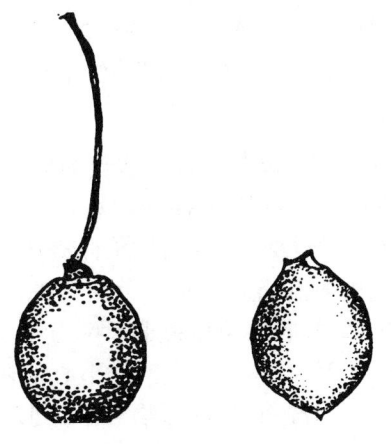

桐子果
左:球果　右:种核

铜绿金龟子

属鞘翅目,金龟子科。铜绿金龟子在我国较普遍,辽宁、河北、河南、山东、山西、陕西、湖南、湖北、广西、江西、安徽、江苏、浙江等省区的银杏栽培区均有分布。此虫食性较杂,除为害银杏外,还为害多种果树和林木,亦能为害多种大田作物。被害果树还有苹果、梨、葡萄、柏、核桃、山楂、楤椤、草莓等。铜绿金龟子一年发生1代,以3龄幼虫在土内越冬。第二年春季土壤解冻后,越冬幼虫开始上升移动,5月中旬前后继续为害一段时间,取食银杏苗木及农作物的根部,然后幼虫化蛹。6月初成虫开始出土,为害严重的时期集中在6月至7月上旬,7月中旬以后虫量逐渐减少,主要为害期40天左右。成虫多在傍晚6、7时飞出,进行交尾产卵活动,8时以后开始为害,直至凌晨3、4时,飞离银杏重新到土壤中潜伏。成虫喜欢栖息在疏松、潮湿的土壤里,潜入的深度一般在7 cm左右。成虫有较强的趋光性,在暖和无风的夜晚,以8时半到9时半灯诱数量最多,10时以后较少;成虫亦有较强的假死习性,故可利用其趋光性和假死性,进行虫情观测和采取相应的防治措施。成虫于6月中旬开始产卵。卵多散产在果园或银杏树下土壤内,有时产在栽培农作物的土壤里。雌成虫每次可产卵20~30粒,卵期约10天。7月间出现新一代的低龄幼虫(蛴螬),取食寄主植物的根部,也可取食花朵嫩果或地瓜嫩薯等。10月上、中旬幼虫在土中开始下迁越冬。

防治方法如下。

①苗圃地防治蛴螬为害。

秋季起苗后全面冬耕、深翻,可冻死部分越冬幼虫。

播种前每亩喷洒1.5%一六〇五和3%六六六混合粉5 kg,然后立即耙入土内。

在休闲苗圃地内灌水数天,可掩死土中幼虫和蛹。

②对幼树和幼龄银杏园防治食叶成虫。

6月上中旬前后,在成虫发生为害期,可喷布6%可湿性六六六200倍溶液;为结合防治某些病害,可将六六六和波尔多液混合使用。喷药后由于叶片上被有一薄层药粉,对其成虫尚具一定的忌避作用,保护叶片不被食害。如间隔10 d左右再喷布一次,则效果更佳。

利用成虫的趋光性,成虫期用20 W黑光灯诱杀。

利用成虫的假死性,于傍晚进行振落捕杀。

遇闷热夜晚,风力在每秒1 m以下时,可施放10%敌敌畏插管烟雾剂毒杀成虫。

喷洒有恶臭味的杀虫剂,如用50%马拉硫磷乳油500倍液1份,加80%敌敌畏乳油1份,能达到杀虫驱虫的双重效果。也可喷布1.5%一六〇五和3%六六六混合粉,每亩2~3 kg。

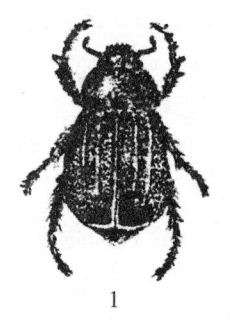 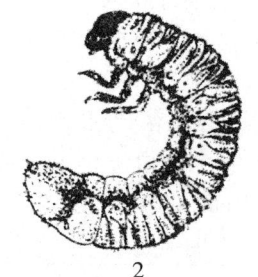 

铜绿金龟子
1. 成虫 2. 幼虫 3. 蛹

铜素

铜主要存在于叶绿素中,对叶绿素有稳定作用。铜能延长叶片的功能时期,加强光合作用,有利于碳水化合物及蛋白质的合成。缺铜时植株瘦弱,叶片失绿变黄。再者叶变畸形,甚至干枯脱落。在砂质土壤、石灰性土壤中常有缺铜现象。如发现缺铜,可在生长期喷0.01%~0.05%的硫酸铜溶液或亩施硫酸铜1~2 kg。

童期

亦称幼树期,是指从银杏种子播种后萌发开始,到实生树第一次开花结种所经历的一段时间。它是有性繁殖个体生长必须经过的一个性发育成熟时期。银杏的童期较长,约为10~20年。对于处于童期的银杏,无论采取何种技术措施,也不能使其开花结种。银杏童期虽不能逾越,但可采取幼树嫁接等方法,有效地缩短童期。当银杏完成童期后,树体进入成年期,此时短枝即可开花结种,称为成年期。目前正在研究应用生长调节剂及刻伤、环割、倒贴皮等技术手段,促使童期缩短,使其开花结种。随着基因学的深入研究,加快缩短银杏童期的步伐是完全可能实现的。

酮或醇提取 — 溶剂萃取(树脂吸附)法

工艺流程:

①银杏叶 $\xrightarrow{甲醇或丙酮}$ 提取→提取液 $\xrightarrow{正乙烷}$ 萃取→醇相或酮相→浓缩→冷藏→离心 $\Bigg\langle$
沉淀→洗涤→干燥→双黄酮提取物
溶液 $\xrightarrow{甲苯-正丁醇}$ 逆流萃取→有机相 $\xrightarrow{水}$ 洗涤→浓缩→干燥→黄酮和内酯提取物

②银杏叶 $\xrightarrow{甲醇}$ 提取→提取液 $\xrightarrow{丙酮}$ 溶液→过滤 $\xrightarrow{甲苯-丁醇}$ 萃取→丙酮相→浓缩→树脂吸附 $\xrightarrow{水}$ 洗涤 $\xrightarrow{90\%甲醇}$ 解吸→解吸液→干燥→提取物

酮类提取—氨水沉淀法

工艺流程:银杏叶 $\xrightarrow{丙酮水溶液}$ 逆流提取—过滤—滤液—减压浓缩—浓缩滤液 $\xrightarrow{安睡}$ 过滤—滤液 $\xrightarrow{(NH_4)_2SO_4}$ 酸化液 $\xrightarrow{(NH_4)_2SO_4,丁酮-丙酮}$ 萃取—酮相—减压干燥—干燥物 $\xrightarrow{乙醇}$ 悬浮液—过滤—滤液—减压干燥—制品

实例:取800 g磨碎的绿银杏叶,用13.5 L丙酮—水(70:30)混合液逆流提取2次,提取温度为50~60℃。提取后滤除残渣,减压浓缩滤液至约1.9 L,分离出沉淀物。接着用氨水处理滤液,调节pH值到9左右,滤出沉淀后用H_2SO_4酸化滤液,调节pH值约为2,在650 g$(NH_4)_2SO_4$存在下用约1.25 L的丁酮—丙酮(70:30)混合液萃取。分离出有机相,补加200 g$(NH_4)_2SO_4$,过滤,浓缩,减压干燥。然后将干燥物置于8倍体积的乙醇中,过滤所得的悬浮液以除去不溶性成分,浓缩醇溶性滤液,并减压干燥,即得制品。这种提取物中含黄酮苷类25.5%,槲皮素+坎菲醇6.6%。

酮类提取—硅藻土过滤法

工艺流程:银杏叶 $\xrightarrow{65\%丙酮}$ 提取→过滤→滤液 $\xrightarrow{硅藻土}$ 悬浮液→减压浓缩→过滤→滤液 $\xrightarrow{(NH4)_2SO_4,丁酮}$ 萃取→酮相 $\xrightarrow{Na_2SO_4}$ 干燥→过滤→减压浓缩→制品

实例:将10 kg银杏叶置于适当的提取器中,加入60 L 65%丙酮,在60℃搅拌处理4.5 h,冷却悬浮液至25℃,在二段过滤器上过滤,压榨滤饼,除去溶剂,用10 L新配丙酮洗涤固形物。分离出滤液,加入200 g硅藻土,在45℃减压下浓缩悬浮液至体积为15 L。冷却悬浮液至25℃~28℃,十分小心地在硅藻土板上过滤,用1 L水洗涤,将固形物再十分小心地搅成浆状。所得水溶液在25℃用4 L丁酮与2 kg$(NH_4)_2SO_4$处理,分层后溶液用丁酮处理3次,每次2 L。合并有机层,在无水Na_2SO_4上干燥,过滤,于60℃减压浓缩至干燥,在干燥前可通过加水的方法完全除去溶剂。可得到180 g制品,制品外观为黄褐色粉末,在空气中有潮解性,制品含灰分0.25%。重金属20 μg/g,未检出有机溶剂。

酮类提取—氢氧化铅沉淀法

工艺流程：银杏叶 $\xrightarrow{60\%丙酮}$ 提取→滤液 $\xrightarrow{CCl_4}$ 萃取→酮相 $\xrightarrow{(NH_4)_2SO_4}$ 萃取→酮相 $\xrightarrow{(NH_4)_2SO_4}$ 过滤→滤液→减压干燥→浓缩液 $\xrightarrow{变性乙醇}$ 乙醇溶液 $\xrightarrow{Pb(OH)_2}$ 沉淀→过滤→滤液→减压浓缩 $\xrightarrow{(NH_4)_2SO_4,丁酮}$ 萃取→有机相→干燥 $\xrightarrow{变性乙醇}$ 溶解→放置→过滤→滤液→减压干燥→残渣→粉碎→制品

实例：取 100 kg 干燥的粗碎过的绿银杏叶，在约 55 ℃用 380 L 60% 丙酮在旋转式提取器中提取 5 h，冷却后压滤，用 50 L、40 L 和 30 L CCl_4 分 3 次萃取滤液，分相后在丙酮—水相中溶解 35 kg $(NH_4)_2SO_4$，再在此溶液中加入 35 L 丁酮，仔细混匀后分离析出的丙酮—丁酮相，在酮相中再加入 26 kg 固体 $(NH_4)_2SO_4$，搅拌，过滤出固体物质后，减压蒸发，所得浓缩液用 50% 变性乙醇稀释至残渣浓度为 10%。所得的乙醇稀释液在搅拌与氮清洗的条件下与 10 L $Pb(OH)_2$ 悬浮液相混合，生成淡褐色沉淀，分离出沉淀后减压浓缩滤液至一半体积，再在搅拌下与 10 kg $(NH_4)_2SO_4$ 和 10 L 丁酮混合，在搅拌结束后析出丁酮—乙醇相，从水相中分离出有机相，水相中加入 8 L 丁酮，搅拌，析出的丁酮—乙醇相与前面的有机相合并，浓缩后加入 4 kg $(NH_4)_2SO_4$，分离析出的水相，用 0.8 kg 硫酸钠干燥有机相，在减压下蒸发至干，接着用 15 L 变性乙醇溶解黏稠的残渣，放置 12 h 后分离析出的沉淀，减压蒸发澄明的滤液，于 50 ℃ 干燥残渣，粉碎后可得制品 1.2 kg。

筒叶银杏

叶呈细长筒状，生长较慢，树体矮小美观，枝条密生，树高 3 m。

筒状叶银杏

亦称蝶形叶银杏，是河南省 1980 年初通过芽变选育出来的观赏用银杏品种。筒状叶银杏树冠圆柱形，树条基部开张，枝梢斜上，树形紧凑，侧枝较细。15 年生树高 5.2 m，胸围 22 cm。叶片浓绿色，叶形较小，平均叶长 3.8 cm，平均叶宽 5.5 cm，平均叶柄长 4.1 cm。叶基部合生，成筒状（漏斗状），平均筒长 0.8 cm。筒以上叶片明显二裂，裂片向两边开展，平均裂片宽 3.1 cm，顶部浅波状或浅裂，犹如展翅飞翔的蝴蝶，翩翩起舞，蔚为壮观。通过嫁接和扦插繁殖，已在省内外许多城市园林绿化中栽培种植。

头风眩晕

银杏仁 3~6 g，炒熟研粉，红枣煎汤调服。

跳蚤卫生驱虫剂

在直径 20 cm 的培养皿中，一半面积涂抹该驱蚊剂，另一半不涂抹作对照。待溶剂充分挥发后，在培养皿中放入 50 只跳蚤，静置 5 min 后，用氯仿蒸气麻醉，对停留在涂抹过和未涂抹过的地方上的跳蚤进行计数，分别记作 Ns 和 Nc。按下式计算驱虫率。

$$驱虫率(\%) = \left(1 - \frac{Ns}{Nc}\right) \times 100\%$$

结果表明，驱虫率为 87%。

头面癣疮

生白果仁切片，在癣疮部位摩擦，久用可使患部痊愈。

透风林带

可以使风从稀疏林木枝干中通过的防风林带。可分为上部紧密、下部透风类型，及上下通风均匀等类型。这种林带使正面来的风向上跨越林带，小部分气流穿越林带，并形成许多小涡流，从而达到降低风速的目的。透风林带比不透风林带防护范围大，向风面保护范围约为林带高度的 5 倍，背面可达 25~35 倍，以 10~15 倍地带防护效果最好。透风林带对正面来的气流阻力较小，在防护范围内上下部气压差较小，所以冷空气下沉缓慢，冷空气不易沉积于林网内，辐射霜冻较轻，积雪、积沙比较均匀，对银杏园的防护效果较好。银杏园周围适宜建此种透风林带。

突变育种

是一种育种方法。运用一定的化学或物理诱变因素，对育种材料加工处理，使其基因组内的某个基因发生突变，从而影响该基因控制的性状。一般利用生产上使用的品种，作为诱变材料，通过诱变改进某方面的不足。如银杏改变速生、种大、叶多等。

图腾

是指原始社会的人认为跟本氏族有特殊神秘关系的动物、植物或自然物，一般都把它当作崇拜对象和本族的标志。据考证，大约在四五千年前，我们的祖先就把银杏作为图腾来崇拜。

徒长

银杏树的过旺生长现象。一般由于水分和氮肥过多，温度较高，光线不足，或重修剪后花芽减少，枝条迅速伸长，常引起银杏结种减少，品质降低。

徒长枝

生长过旺发育不充实的一种发育枝。表现直立、节间长、叶片大而薄、枝上的芽不饱满、停止生长晚，多数由隐芽受刺激萌发而成，也常在水平枝背上发生。幼年树在主干上易发生徒长枝，而成年树多在骨干枝衰弱或受刺激部位以下发生。徒长枝生长迅速，

占据空间大,易影响树冠,消耗大量水分和养分,对银杏树体生长结种十分不利。徒长枝结种晚,虽经控制能转化成枝组,但需时间较长,一般应及早疏除。衰老银杏树发生徒长枝,可用来更新骨干枝或培养新枝组。施氮肥过量、修剪过重或灌水过多,都会增加徒长枝的数量和生长强度。

涂白

用含有杀菌剂的石灰水涂刷树干及主枝与主干分枝部位。涂白主要是利用白色反光作用,降低晴天吸热,缩小昼夜温差,保护树体正常的生理活动,减轻冻害,并兼有防治病虫害的作用。涂白剂的配制可按生石灰 0.5 kg 加水 3~4 kg,或熟石灰 0.5 kg 加水 1.5~2.5 kg,再加食盐 1 汤匙调和而成。或加少量动物油,以及石硫合剂等杀菌剂。春季主干和主枝涂白还可以减少对太阳能的吸收,可推迟发芽和开花,防止霜冻的危害。如早春用 7%~10% 石灰液喷布树冠,可使花期推迟 3~5 d。

涂白剂防治银杏超小卷叶蛾

用生石灰、80% 敌敌畏、食盐、水以 40:1:6:155 的比例配制的涂白剂,涂刷银杏树杆 2.5 m 高(从杆基部起),防治银杏小卷叶蛾。在成虫羽化前 10 d 内涂杆,银杏的短枝保存率达 99.53%,比对照区提高 18.41%。防治成本低,操作简单方便,在生产上具有推广应用价值。

土壤

最适宜银杏生在的土壤为土层深厚肥沃、透气良好、含有丰富腐殖质的壤土、砂壤土和河滩冲积土。土层厚度至少为 1.2~1.5 m。土壤 pH 值为 5.5~8.5 时均可生长,尤以土壤 pH 值为 6.5~7.5 时最适宜银杏生长。土壤含盐量不得超过 0.3%。

土壤 pH 值

表示土壤酸碱度的数值。土壤 pH 值的大小,决定于土壤溶液中氢离子(H^+)或氢氧离子组(OH^-)的多少。习惯上都以 H^+ 的浓度为准来表明土壤溶液的反应,并以 1 L 纯水 22 ℃ 时含有 10^{-7} g 离子数的氢作为溶液呈中性反应的标志,大于 10^{-7} 的为酸性,小于 10^{-7} 的为碱性。为了方便,用 pH 值代表水中 H^+ 浓度的负对数,即 pH = $-\log[H]$。在中性溶液中,pH = $-\log 10^{-7}$,或 pH = 7。土壤 pH 值小于 4.5 时为极强酸性,4.5~5.5 为强酸性,5.5~6.5 为酸性。7.5~8.5 为碱性,8.5~9.5 为强碱性,大于 9.5 为极强碱性。pH 值是反映土壤化学性状的重要指标之一。野外多用 pH 值测定计或指示剂测定之。

土壤保肥力

土壤对矿质营养元素保持数量与时间的能力,反映了土壤保肥性能。施入到土壤中的肥料,无论有机或无机物,还是固体、液体或气体,都因为土壤吸收能力而被较长久地保存在土壤中,而且还可随时释放供植物利用。土壤的吸收性能还影响土壤的酸碱度、缓冲能力等化学性质。土壤对肥料的吸收保持能力取决于如下几种基本形式:①机械吸收;②物理吸收;③物理化学吸收;④化学吸收;⑤生物吸收。离子态养分在土壤中很容易随土壤水淋失,由于土壤胶体的离子代换作用,可以使离子态养分保持在土壤中,供植物吸收利用,这就是土壤的保肥性。土壤胶体吸收的离子与土壤溶液中的离子交换具有可逆性,植物随时可以从土壤中得到养分,这就是土壤的供肥性。土壤的保肥性与供肥性是统一的,保肥性越强供肥性也越强。

土壤冻结

寒冷季节里某层土壤温度降低到 0 ℃ 以下,使土壤中的水分和潮湿土粒发生结冰和凝固,呈现非常坚硬的状态。土壤冻结对土壤的物理性质和植物都有很大影响。

土壤对银杏分布的影响

银杏对土壤的要求不十分严格。无论是花岗岩、片麻岩、石灰岩、页岩及各种岩石风化成的土壤,也不论是沙壤、轻壤、中壤或黏壤,均适合银杏的生长。山东莒县浮来山、贵州福泉李家湾的古银杏均生长于石灰岩发育的土壤上;江苏泰兴和姜堰的银杏生长于冲积砂壤土上;江苏吴中、相城的银杏和广西灵川、兴安等地的银杏则生长于石灰岩发育起来的黏壤和第四纪红土上。但银杏最适宜在深厚肥沃、通透性良好、地下水位不超过 1 m 的沙质壤土上生长。银杏对土壤酸碱度的适应性较广,pH 值在 4.5~8.5 范围内均能适应,以 pH 值 6~8 最为适宜。江苏泰兴土壤 pH 值为 7.5~8,属高砂土壤区,银杏普遍长势良好。银杏能耐一定的盐碱。当土壤含盐量为 0.1% 时,银杏生长正常,树势旺盛;增加到 0.2% 时,树势衰弱,叶小早落;超过 0.3%,即难以存活。1987 年江苏沿海防护林试验站,用 2 年生银杏实生苗进行耐盐试验,结果表明,土壤含盐量在 0.05% 以下,银杏生长良好;0.06%~0.1%,生长一般;0.11%~0.15%,苗木生长不良;在 0.16% 以上就有苗木死亡。曹福亮等(1999)对银杏幼苗耐盐能力的研究表明,在苏北沿海地区银杏可耐受 0.15%~0.35% 的土壤含盐量。银杏生长还与地下水位的高低有着极为密切的联系。银杏根系发达,呼吸量较大,耐涝能力低。曹福亮等(1999)通过试验发现银杏耐淹性差,梅核银杏幼苗淹水 20 d 后,苗木保存率仅为 19% 左右。研究表明,低吸水位在 2 m 以上时对银杏的生长发育十分不利。

土壤肥力

土壤给植物生长发育提供养分的能力称之为土壤肥力。它是土壤具有能够充足、全面和持续地供应银杏生长以水、肥、气、热的能力,同时还具有协调它们之间的矛盾和抗拒恶劣自然条件影响的能力的总称。自然土壤的肥力称为自然肥力,经过耕种以后而获得的肥力称为人工肥力。人工肥力和自然肥力结合而在生产中表现为有效肥力,它的高低可以根据土壤的物理、化学、生物学性质和农业产量等作为指标。对于耕作土壤,虽然不同程度地受到自然成土因素的影响,但人类生产活动加速了土壤的变化。生产中所采用的各种改良土壤技术措施,有力地改变了土壤的物质组成和动态平衡,加速土壤熟化,使土壤具人工肥力和有效肥力。有效施肥不仅标志着土壤肥沃的程度,也反映了农业科学技术的水平。

土壤封闭除草

4月中旬杂草萌发始盛期用 25% 敌草隆 0.3 kg/m²,或 48% 氟乐灵 0.125 L/m²,或敌草隆、氟乐灵各半量混配 0.5 kg/m²,喷雾地面,即可控制第一个发生高峰的全部杂草,又可控制第二个高峰的部分杂草为害,控制时间达 45 d。

土壤改良剂

用于改良土壤结构与质地的物质。这是现代农田改良的重要技术之一,不少国家已应用这一措施,提高土壤肥力,使沙漠变良田。土壤改良剂分有机、无机及无机—有机 3 种。有机土壤改良剂是从泥炭、褐煤及垃圾中提取的高分子化合物;无机土壤结构改良剂有硅酸钠及沸石等;有机—无机土壤结构改良剂有二氧化硅有机化合物等。这些物质可改良土壤理化性及生物学活性,可保护根层、防止水土流失、提高土壤透水性、减少地面径流、固定流沙、加固渠壁防止渗漏、调节土壤酸碱度等。例如将聚丙烯酰胺,溶于 80 ℃以上热水,先把干粉制成 2% 母液,用时稀释 7.5 倍,然后浇泼至 5 cm 深的土层,可使土壤联结成团粒结构,优化土壤水、肥、气、热条件,其效果可达 3 年以上。

土壤耕翻

对果园土壤耕翻深度 20~30 cm 的土壤管理方法。耕翻多在秋季或春季进行。秋耕可松土保墒,有利于积雪与雪水下渗,因而秋耕比未秋耕的土壤含水量高 3%~7%。秋耕还可减少宿根性杂草和果树的根蘖,减少养分消耗,还可以消灭地下害虫。北方秋耕在秋梢停止生长或果实采收前后进行。冬季雨雪稀少的地区,耕后及时耙平;雨雪多的地区或年份,耕后不耙,以促进水分蒸发,改善土壤水分的通气状况。春耕较秋耕为浅,一般在将化冻时及时进行,可保持土壤中水分。耕后耙平,风多地区还需镇压;有的地区翻后不耙,以防风蚀。在春季风大少雨地区,不宜进行春季耕翻。在伏天,杂草繁茂,土壤较松软,耕翻后可增加土壤有机质,提高土壤肥力。

土壤含水量

土壤水分是土壤极为重要的因素,"有收无收在于水"是对土壤水分作用的通俗评价。土壤含水量就是指土壤水分在土壤组成中所占的比重,通常是指自然条件下土壤保持的水分含量称为土壤含水量,通俗称为"墒"。土壤含水量有如下几种表示方法:①重量百分率。即土壤含水量占土重的百分率,在自然条件下土壤含水量变化范围较大,一般用烘干土重为基数,具体为:土壤含水量(水重%) = 水重 ÷ 烘干土重 × 100%。②容积百分数。土壤中水分体积占土壤体积的百分数,土壤含水量(水容%) = 水分体积 ÷ 土壤体积 × 100%。③相对含水量。土壤自然含水量占田间持水量的百分数,相对含水量 = 土壤含水量 ÷ 田间最大持水量 × 100%。④水层厚度(mm)。为使土壤含水量与降雨量和蒸发量进行比较,将一定深度土层中所含实际水量换算成水层厚度(mm),其换算公式为:水层厚度(mm) = [土壤含水量(水重) × 容重 × 土层深度(cm)] ÷ 10。

土壤结构

土壤中土粒的排列和土粒与有机胶体、无机胶体相互胶结或排列的形式。常见的有单粒、团粒、粒状、块状、柱状、核状和片状等结构。不同土壤或不同土层,土壤结构都会不同。土壤结构的好坏,首先表现在调节土壤水、肥、气、热状况能力的好坏,直接影响土壤的肥力水平。土壤结构对养分的分解、转化和积累速度以及微生物活动强弱,都有密切联系,并影响耕作的难易。团粒结构是最好的一种土壤结构。

土壤喷药灭草

①25% 敌草隆每亩 200~500 g。

②65% 圃草定每亩 250 g。

③80% 伏草隆每亩 100 g。

在银杏播种前 10~15 d 进行土壤封闭,然后开沟播种。土壤封闭的方法:以上配方任选一种每亩加水

50 kg，用手动喷雾器均匀喷雾。

土壤普查

在统一领导下普遍开展调查土壤的运动。它的主要内容是：调查土壤的自然条件与农林业生产的关系，查出限制农林业生产发展的土壤因素，提出不同土壤综合运用的技术措施。土壤普查运动，对土壤科学的革新和土壤学的发展都具有深远的影响。土壤普查对种植银杏大为重要。

土壤容重

土壤单位体积内干燥土壤的重量与同体积水重之比，单位用 g/cm^3 表示，其中土壤体积包括土壤孔隙在内。土壤容重又称假比重。土壤容重随孔隙而变化，不是常数，其值大体在 1~1.8 之间，它与土壤内部性状，如结构、腐殖质含量及土壤松紧状况有关，同时也受外部因素，如降雨、灌水、耕作活动的影响，降雨与灌水使土壤踏实，土粒密接，容重增大，土壤随着时间延长，受重力作用，容重有增大趋势。另外土壤容重与土壤层次有关，一般来说，表层土壤容重小而下层土壤容重大，土壤容重大小是土壤肥力高低的重要标志之一。可以根据土壤容重计算土壤孔隙度，可作为判断土壤肥力指标之一，还可以根据土壤容重计算出一定面积与厚度的土壤重量，从而算出其水分、养分含量，作为计算灌水量与施肥量的依据。

土壤溶液

土壤中含有各种可溶性物质浸出的水溶液。是土壤中活动性最大的组成部分，其浓度及其组成都受植物吸收、微生物活动及土壤含水率等影响而发生变动。它直接参与土壤形成过程，对土壤的反应和理化性质、土壤中物质的转化以及植物营养情况都起着很大的作用。

土壤施肥

银杏从土壤溶液中吸收营养元素主要是靠强大的细根和须根群以离子交换的形式进行。所以，土壤施肥要与根系分布特点相适应。银杏的根群分布，一般比树冠广。但分布较稠密的地方是在树冠投影的内外围附近。水平分布大体集中在树冠投影范围内。根系生长的深浅与土壤条件关系较大，一般是土层深厚、质地疏松、地下水位低的根系分布较深；反之，根系分布较浅。因此，施肥深度应根据根系密集层分布的深度而定。施肥水平位置应在树冠垂直投影外围边缘处。肥料的性质不同，施肥方法也有所不同。有机肥肥效长，宜堆沤后深施。速效性化肥，易溶于水和渗透，肥效较短，宜浅施。另外，还应注意不能随便将混合后会造成损失的两种或两种以上肥料混合施用，以免降低肥效。

土壤湿度

指土壤干湿的程度。用土壤含水量占烘干土重的百分数表示，在野外区分土壤湿度时可根据湿润的程度。如分为：干，没有明显凉手感觉；稍润，稍觉凉而不觉湿润；润，有明显湿润的感觉，用力压时可成各种形状而无湿痕；潮，用手压无水渍出，但手上有湿痕；湿，用手挤压有渍水现象。土壤湿度受大气、土壤质地、植被条件等影响很大。对土壤湿度可用灌溉、耕耙、覆盖等措施进行调节。

土壤水分

一般指土壤中各种形态的水的总称。土壤水的来源是大气的降水、灌溉、大气中水汽的凝结及地下水的补给，在土壤中以固、液、气三态存在着。由于水存在于土粒的空隙之中，按作用于水分子的力的性质和程度可分为：

$$\text{土壤水分}\begin{cases}\text{自由水——毛管水、重力水}\\\text{束缚水}\begin{cases}\text{物理束缚水——吸湿水、膜状水}\\\text{化学束缚水——化合水、结晶水}\end{cases}\end{cases}$$

土壤水是土壤的重要组成部分，土壤肥力因素之一和作物生命活动代谢作用必需的参与者。作物生长发育所需要养分元素的吸收、输送以及体温的维持均有赖于土壤水分。水是高产稳产的必需条件，对于土壤形成、物理、化学、生物以及耕性等都有极大的影响。

土壤水分对银杏生长及生物量分配

应用温室盆栽方法，采用完全随机试验设计，研究1年生银杏实生苗在不同土壤水分条件下的生长和生物量分配。试验共设16个处理，即4个银杏半同胞家系（44号、11号、55号、32号）、4种水分水平（土壤含水量为土壤田间持水量的80%，60%，40%和20%），处理时间为100 d。①银杏4家系相对高生长、相对地径生长、生物量增量、单株叶面积、单株根系体积等均随着土壤水分含量的减少而减少。②55号和44号家系随着土壤水分含量的减少，根冠比逐渐增大，而32号和11号家系在前3种水分条件下随着土壤水分含量的减少，根冠比逐渐增大，但在第4种水分条件下，根冠比减小。③随着土壤水分含量的减少，银杏4家系根、茎和叶生物量增量均减少，但不同的家系减少程度不同，4个银杏家系在不同土壤水分条件下，根、茎和叶生物量增量均表现为根的最多，茎的次之，叶的最少。④不同家系银杏生物量增量分配到根系的比例随土壤水分含量的减少而增大，而分配到茎和叶中的比例则随着土壤水分含量的减少而减小。

土壤水分含量对银杏光合特性的影响

专家应用温室盆栽试验方法,采用完全随机试验设计,研究了4个家系1年生银杏实生苗在不同土壤水分条件下的光合特性。试验共有16个处理,即4种水分水平(田间持水量的80%、40%、40%和20%)、4个银杏家系,处理时间为100 d。结果表明:①在前两种土壤水分条件下,银杏净光合速率、气孔导度、细胞间隙CO_2浓度、蒸腾速率及Fv/Fm差异较小,而在后两种土壤水分条件下,5个指标明显降低。②测定的各项指标之间相关系数都较大,其中与Fv/Fm密切相关的指标为净光合速率,与净光合速率相关密切为细胞间隙CO_2浓度和蒸腾速率。③土壤水分供应不足的条件下,银杏净光合速率随着土壤水分含量的下降而下降,主要是气孔限制所致,同时干旱胁迫直接影响了光合作用的电子传递和CO_2同化过程。

土壤通气性

又叫土壤透气性,是土壤让空气穿过土体的性能。在银杏生产上有着重大的作用,它不仅决定土壤空气与大气间气体交流的速度,并且对土壤中微生物过程的方向和强度,种核的发芽,根系的发育都起着决定性的作用,是土壤肥力因素之一。影响通气性的因素有土壤质地、土壤水分、结构及松紧状况等,培育土壤团粒结构,灌溉排水,适时耕作都可以改善土壤的通气性。

土壤温度

亦称土温。土壤内部的温度。土壤温度的变化,随季节和昼夜而异,随质地、结构、色泽及含水多少而异。土壤的表土温变化大。砂土变化快,变幅大;结构好和有机质多的土壤变化慢而变幅小。土壤温度对植物生长、发育、微生物活动,都会产生一定的影响。土壤温度可以用培土、覆盖、灌溉、排水等方法进行调节控制。

土壤吸水力

由于土壤基质势和溶质势都是负值,使用上不大方便。为此,人们将基质势和溶质势的负数定义为吸力,分别称为基质吸力和溶质吸力。研究田间土壤水分运动时,溶质势一般不考虑,因此通常所说的吸力多指基质吸力。基质势愈大,其吸力愈小。土壤水势随含水量的增加而提高,吸力则随含水量的增大而降低,两者的关系呈双曲线型,称为土壤持水曲线。土壤质地对土壤持水曲线有明显的影响,例如在土壤吸水力为104 Pa时,黏土的含水量约为55%,壤土约为35%,砂土约为11%。说明随着细土粒的增加,土壤持水力增大。土壤持水曲线还受土壤结构状况的影响,土壤愈密实,则大孔隙愈少,小孔隙愈多,持水性愈强,因而在同一吸力值下,保持的水量愈多。

土壤消毒

种子内部带菌时可用温汤浸种来杀死病菌,种子外部带菌时,可利用流水冲洗的办法来洗去病菌。还可以用筛选、风选、水选等办法除去有病虫的种子,选择健康的种子。如银杏种子(白果)可以进行水选。利用热力消毒土壤也能起到一定的防治病虫害的效果。如果在山区有条件的苗圃,于土壤表面铺以枯枝落叶等燃料,使其燃烧30~60 min即可以杀死土壤表面病菌和害虫,达到消毒土壤、防治病虫害的目的。

土壤学

是研究土壤及土壤肥力的形成发展和利用改良的学科。包括各类土壤的发生、发育、分类、分布、组成、生物和理化的性状、生产性能及提高肥力的方法等。土壤学又可以分成土壤分类学、土壤地理学、土壤物理学、土壤化学、土壤微生物学、土壤改良与利用等,也可根据利用目的的不同,分为农业土壤学,森林土壤学。

土壤有机质

包括动植物的残体,施入的有机肥料,以及经过微生物作用所形成的腐殖质的总称。我国大多数土壤中有机质的含量在1%~5%。它对土壤肥力的影响很大,也是土壤肥力的指标之一。土壤有机质尽管来源不同、形态多样,但它们的基本成分是纤维素、木质素、淀粉、糖类、油脂及蛋白质等。它含有大量的碳、氢、氧,还有氮、硫、磷和少量的铁、镁等元素,是植物养分的重要来源,也是微生物的食物。对于改善土性,提高保水、保肥能力有着重要的作用。

土壤有机质

土壤固相中所含的各有机成分,如同"肌肉"一样,与矿物构成的"骨络"紧密结合在一起。土壤有机质是土壤肥力的重要物质基础之一。耕层土壤有机质含量一般在0.5%~3%之间,耕层以下常在1%以下。土壤有机质在土壤中的含量虽少,但它是最活跃成分,对肥力因素水、肥、气、热影响很大,成为土壤肥力评价的重要指标之一。土壤有机质中含有比较丰富的氮、磷、硫等元素,使得这些营养元素在土壤中得以保存和累积。有机质经过微生物的矿质化作用,释放植物营养元素,供给果树和微生物的需要。由于现代高效化肥的应用,有机质提供营养元素的作用与培肥地力的作用常常被忽视。有机质对协调水、肥、气、热关系的枢纽作用与绿色食品的生产,则是现代施肥技术所不能不考虑的。果园增施有机肥,提高有机质含量,是提高果实品质的重要途径。

土壤与银杏

土壤是银杏生存的基础。银杏所需的矿质养分和水分主要从土壤中吸收。土壤条件的好坏,直接影响着银杏树体的生长和种实产量。为了获得木材丰产、种实丰收和维持较长的经济寿命,最好是在土层深度1~1.2 m以上,地下水位不超过1 m的地带建立银杏种植园,尤以土层深、保水力强的壤土或砂壤土为佳。在深厚土层中栽植的银杏,树体明显高大、强建、丰产。

土壤中氧的浓度在7%~8%时,枝叶生长正常;5%以下时,叶片瘦小发黄,根的生长也受抑制,只是能勉强生存而已。当土壤含氧量超过8%时,银杏枝叶生长也不正常。

银杏供水不足时,会直接影响树体的生理活动的正常进行,如光合作用减弱,蒸腾作用失常,呼吸作用加剧等。在生长季节中,遇到雨季,土壤中水分过多,使枝条不能及时停止生长,组织不充实,降低抗寒力。因此,对银杏来说,土壤过湿有时比土壤缺水还危险,如不及时采取排水,迅速减少土壤含水量,往往会使银杏整株死亡。

银杏对土壤酸碱度的适应范围很广,从微酸性到微碱性,即在pH值在5.5~8.5范围内均可生长,尤以pH值6.5~7.5最适宜。目前还没有看出因栽培品种的不同,对土壤酸碱性所表现出的差异。

土壤含盐量对银杏生长影响较大,不同的土壤含盐量银杏生长情况各异。土壤含盐量为0.1%时,银杏生长正常,树势旺盛;当土壤含盐量增加到0.3%时,树势极度衰弱,枝短、叶小,叶片和树梢焦枯,后期叶片变黄早落,逐渐枯死。

土壤元素与银杏种实品质相关系数

土壤元素与银杏种实品质相关系数

元素	单核重	总糖	淀粉	蛋白质	含水率
速效 N	0.12	-0.44	0.23	0.92	-0.44
速效 P	0.65	-0.86	0.65	0.23	-0.50
速效 K	0.33	-0.75	0.56	0.21	-0.19
速效 Ca	0.25	-0.62	0.12	0.86	-0.25
速效 Mg	0.13	0.76	0.43	0.64	-0.50

土壤增温剂

一种土壤覆盖物。黄褐色或棕褐色的细腻膏状物。将其稀释成乳状液体后喷洒在土面上即形成薄膜,能抑制土壤水分蒸发和盐碱上升,起保墒、增温、压碱和抵抗风蚀等作用。其化学性质稳定,pH值7~8。按其所含主要成分可分为酸渣增温剂、天然酸渣增温剂、沥青增温剂。按所起的主要作用分为保墒增温剂、抗风增温剂、压碱增温剂。现在我国主要是用于提高早春土壤温度。应在晴天的上午喷洒,喷洒的地面需平整,以免影响成膜。此剂对人、畜和农作物未发现有毒害。

土壤诊断

是用物理、化学或生物等方法来诊断土壤及苗木是否适应于生产要求的正常生长状态。如测定土壤中的水分、养分、空气、热量等的数量、供应能力,及与苗木之间的协调关系,为改良利用土壤、培肥、提高产量提供科学依据;或查明土壤影响苗木生产的限制因素和障碍因素,如土温、酸碱度、通气性、有毒物质等。找出产生原因,提出解决办法,以达到提高土壤肥力,获得高产的目的。

土壤蒸发

土壤水分以水汽状态散逸到大气中去的过程。土壤蒸发的速度除受气象条件的影响外,还与土壤的物理和化学性质、土壤表面状况、地势和植物覆盖等因子有关。

土壤质地

土壤质地又叫土壤机械组成。粗细不同的土粒在土壤中占有不同的比例,这种大小不同土粒的比例组合,称之为土壤质地。在自然界中,没有一种土壤是由单一粒级的土粒组成的,有的土壤含砂粒多,有的土壤含黏粒多,还有的土壤含粉粒多。土壤质地是土壤的重要物理性质之一,对土壤肥力有重要影响。根据土壤质地,可把土壤分为砂土类、壤土类、黏壤土类和黏土类。不同土类的分布范围不一,其特性表现各异。其中壤土类是银杏生长最理想的土类,因此银杏土壤质地的改良也是土壤管理的重要内容。

土壤质地对银杏苗木黄化病的影响

土壤质地对银杏苗木黄化病的影响

调查点	土壤状况	苗龄(年)	调查株树(棵)	黄化率(%)	备注
李双楼	砂壤土	9	300	45	管理措施
河 西	黏土、板结	9	300	78	基本相似

团峰

团峰又名大龙眼或圆铃6号。母树在山东苍山和郯城县,均为嫁接树。每米长枝上有短枝30个,节间长4.5 cm。芽基宽0.28 cm,顶端呈三棱形。成龄树叶长×宽为5.08 cm×8.02 cm,叶柄长5.34 cm,5片叶厚度0.127 cm,单叶面积28.69 cm^2,单叶鲜重0.613 3 g,叶基线夹角126°。叶缘波状或二裂。

成龄大树成枝力18.4%~23.5%。嫁接5年后幼树当年新梢长25.2 cm,粗0.61 cm,芽数7.8个,3年生枝段成枝力55.56%。树高2.11 m,主枝数3个,冠幅1.6 m×1.76 m。树冠投影面积2.39 m^2,总叶量1 010片,叶面积3.3 m^2,叶面积指数1.74。4年生实生苗接后3年见果,接后5年开花株率达15%,坐果株率达9.4%。大树高接后2年见果,3年坐果率达

100%。从传粉到种子成熟的时间为153 d,成熟期9月18日,属中熟品种。幼树插条生根率64.8%,插条苗1年生高28.8 cm,地径0.68 cm。舌接成活率达96%,当年新梢长50.6 cm。母株连续4年平均株产69.2 kg,变异系数低于20.8%。单核重、出核率较稳定。树干截面积负载0.024 kg/cm^2,树冠投影面积负载0.67 kg/m^2。接后12年株产高达20 kg以上,接后50年生大树株产60 kg,树冠投影面积负载量1.24 kg/m^2。4年生苗接后5年株产0.21 kg,每公顷产量达350 kg。

团峰属圆子类,果实圆形、正托。单果重12.63 g,每千克60粒。果皮厚0.62 cm。核肥厚圆形、规整,侧棱明显,基部两束呈二点状或合二为一。单核重3.04 g,每千克300粒,最大单核重3.5 g,种壳厚0.52 mm。核长×宽×厚为2.05 cm×1.78 cm×1.42 cm。出核率24.16%,出仁率81.95%。种仁内富Mg、P及脂肪,口感香甜,糯性强,易机械脱皮和加工,是值得重视的好品种。目前,该品种已推广到江西、安徽、浙江、四川、湖南、陕西、山东等地。

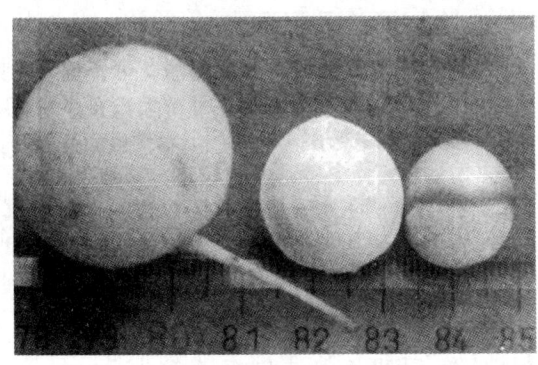

团峰

推理机和解释器

推理机负责控制并执行问题求解的过程。①查找可用规则。所谓可用规则是指前提条件能够与数据库"匹配"的规则。这里的匹配是广义的,不仅包括一对一的匹配,而且包括根据数据库中现有的事实经过推理和计算产生的事实相匹配。当规则库很大时,为了提高匹配数据,需要先将规则库进行划分,变成几个小的规则集合,然后在小规则集合中进行检索,找出可用的规则。②在可用规则集中后再决定应用哪一条规则。在一般的规则系统中,应用规则的顺序可能影响推理的结果。为了准确地选择规则,先对规则进行排序,定出优先级,然后选优先级最高的规则。③执行所选规则的结论(或动作)部分,更新数据库的内容。以上三步构成一个"识别—动作"循环,其中前两步是知识(或规则)的选择问题,第三步是知识的应用问题。④如果当前问题尚未解决,执行下一个"识别—动作"循环,直至当前的问题被求解或已没有可用规则为止。推理机由所有操纵知识库来演绎用户要求的信息的过程构成,如消解、前向链或反向链。专家系统采用基于规则的推理方法和基于模型的推理方法等不同的机制,具体的机制根据功能内容进行调整,如对于病虫害的诊断,则可以采用规则推理,而对于种植预测则可采用模型推理等。专家系统采用框架结构表示模型。用规则形式表示启发性知识。用元规则表示控制知识,决定何时利用哪些规则进行规则推理,或何时和如何触发基于模型的推理。运用启发式规则的推理为浅层推理,基于模型的推理为深层推理。启发式规则可以提供捷径,它可以跳过中间步骤,把问题与结果联系起来。深度推理可以得到和规则推理相同的结论,但它需要检查很多内部的关系,有些情况在外部很难测试。浅层推理运用专家的经验,推理效率高,但解决问题的能力较低;深层推理由于接触了事物的本质内容,因此解决问题的能力强,但推理效率较低。基于模型的推理方法是根据反映事物内部规律的客观世界的模型进行推理。有多种模型是可以利用的,如表示系统各部件的部分/整体关系的结构模型,表示各部件几何关系的几何模型,表示各部件的功能和性能的功能模型,表示各部件因果关系的因果模型,等等。

托布津

又叫统扑净。一种有机氮类杀菌剂。纯品为无色片状结晶,工业品为淡黄色固体。对碱稳定,能和多种农药混用,但不宜和含铜成分的药剂混用。具有广谱、内吸杀菌作用,对多种植物的真菌病害具有预防和治疗效果。对人、畜、鱼、贝类低毒。加工成品有50%托布津可湿性粉剂。

托勒里亚属

在北极地区及哈萨克斯坦等地被发现,为侏罗纪化石,叶仅下表皮具有排列紧密的气孔器,表皮细胞具有弯曲侧壁。

托勒叶属

发现于侏罗纪北极地区,哈萨克斯坦和俄罗斯赤塔州的地层化石中。

托勒兹果属

其模式种狭叶托勒兹果(*Toretzia angustifolia* Stanislavsky)发现于乌克兰顿涅茨盆地晚三叠世地层中,具长、短枝,枝上着生鳞片包裹的芽和螺旋状排列的、具两条平行脉的带状叶,其胚珠器官可能自叶腋伸出,由一个总柄和单独顶生的、倒转的胚珠构成。

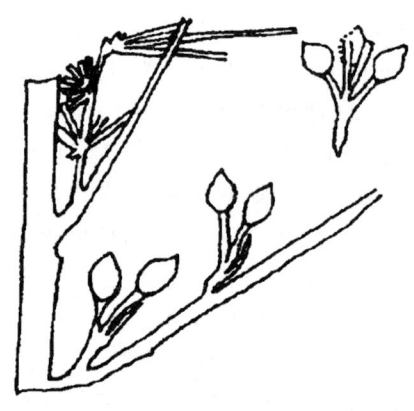

狭叶托勒兹果

托物言志,借物抒情

南宋女词人李清照的《瑞鹧鸪·双银杏》词曰:"风韵雍容未甚都,尊前柑橘可为奴。谁怜流落江湖上,玉骨冰肌未肯枯。谁叫并蒂连枝摘,醉后明皇倚太真。居士掰开真有意,要吟风味两家新。"李清照(1084—1151年)号易安居士,济南人。她工于造句,善于创意,现在《漱玉集》为后人所辑。李清照的这首词,托物言志,借物抒情,赋予银杏以人的品格。用"双银杏"比喻自己和夫君赵明成,玉骨冰肌,并蒂连枝,似双银杏相依相偎,如白果仁清鲜甜美,像唐明皇和杨贵妃的真挚爱情一样,"在天愿做比翼鸟,在地愿做连理枝"。银杏的种实,约25%成对着生在一个种柄上,形成"双银杏"。这首词写银杏的内在精神,可称得上是历代文人描写银杏的精品。

脱苦银杏叶及其功能粉体

银杏叶经生物技术或酶工程技术预处理,并有效脱除有害物质银杏酸,采用现代生物技术提取,采用先进的膜分离技术浓缩、纯化,最大限度地保留了银杏叶中的功效成分、营养物质,保留了银杏叶的清香,提取物经高分子处理剂脱苦脱涩,加工成水溶性脱苦银杏叶提取物,广泛应用于药品、保健食品、营养功能食品,特别适宜于泡腾速溶茶、固体冲剂、口服液、饮料类等制剂的开发。银杏叶提取残渣经技术处理,可作为功能型膳食纤维原料,开发保健功能食品或加工成功能型饲料。将脱苦银杏叶提取物与银杏叶提取残渣复配得脱苦银杏叶,广泛应用于脱苦银杏叶茶及饮料,其粉体可作为药品辅料或充填助剂应用于药品的开发,也可作为天然功能型食品原料应于保健食品、营养功能食品的开发。超微破壁粉碎技术的应用,可以加工成脱苦银杏叶的功能粉体,更利于人体的吸收利用。技术方案解决了银杏叶提取物因其固有的苦涩味和水溶性差而带来的开发应用上的困难,同时又提出了银杏叶提取残渣的开发利用,解决了长期以来银杏叶提取残渣的废弃而带来的环保问题,采用超微粉碎技术,更利于营养物质的吸收利用,脱酸、脱苦技术的应用以及在食品原料、添加剂领域的开发,使得银杏叶这一宝贵财富开发应用更为广泛,涉及农业资源、环保、生物医药、食品等领域。

脱落酸

早期一般认为植物叶片的脱落酸(ABA)合成主要集中在老叶,并且有两条途径:①直接途径,即3个异戊烯单元聚合成 C_{15} 前体——法呢基焦磷酸(FPP),由FPP经环化和氧化直接形成 C_{15} 的ABA。②间接途径,即先通过DXP途径聚合成 C_{40} 前体——类胡萝卜素,再由类胡萝卜素裂解成 C_{15} 的化合物,如黄质醛(XAN),最后由XAN转变成ABA。随着研究的深入,发现ABA不仅在叶片中合成,而且还在缓慢脱水的根尖部合成。更多的证据表明高等植物中主要以间接途径合成ABA,这样就为增加银杏萜内酯含量提供了一个可能的调控措施,即通过干扰银杏体内ABA的合成来增加萜内酯的合成前体物,达到增加其含量的目的。目前已经在油菜中施加茉莉酸证明可以使ABA的生物合成量显著减少。

可以通过设计2,3-环氧角鲨烯环化酶的抑制剂以阻断甾醇生成支路,使由醋酸途径(MVA途径)生成的IPP在胞质中大量积累而进入质体,参与银杏内酯和白果内酯合成途径而增加其产量。同时也可用化学合成的2,3-环氧角鲨烯作为2,3-环氧角鲨烯环化酶的竞争性抑制剂实现上述目标。

脱皮方法与效果

脱皮方法与效果

脱皮方法	温度	时间(min)	脱皮效果	风味影响
热烫	100 ℃	5	冷水中机械搅动脱皮不完全	没有影响
0.5% NaOH	80~90 ℃	3	冷水中机械搅动能完全脱皮	原料有轻微碱味,对产品风味稍有影响
0.2% NaOH	80~90 ℃	3	冷水中机械搅动基本脱皮	没有影响

陀螺效应与银杏开发

陀螺效应属于生态经济学范畴,其含意为动态稳定平衡效应。生态经济学的原理,有许多源于自然科学,甚至直接援引自物理学,如边缘效应理论等。

W w

外界环境对银杏单株叶面积的影响

银杏单株叶面积受光、水、肥影响较大。随着光照强度和土壤养分的增加以及土壤水分条件的改善，银杏单株叶面积明显增大。如在全光照条件下，当土壤水分保持中等水平，土壤养分条件较差时 3 年生银杏单株的叶面积为 1 200 cm^2，中等土壤养分水平时为 1 480 cm^2，在土壤养分含量较高时，平均单株银杏叶面积高达 1 680 cm^2。同样在全光照条件下，土壤养分保持在中等水平，土壤水分分别为低、中、高梯度时，单株银杏叶面积分别为 1 050 cm^2、1 480 cm^2 和 1 800 cm^2。

外界环境对银杏高径生长的影响

田间试验表明，3 年生银杏苗在接受光、水、肥处理 8 个月后，光照强度对银杏苗木生长高度的影响较小，而土壤养分和土壤水分状况对苗高有显著影响。生长在土壤养分和土壤水分含量较高的试验小区中的银杏苗高明显大于水分和养分含量低的试验小区中的苗木。光照与土壤养分状况、光照与土壤水分状况对银杏的直径生长有显著的交互作用，即在低光照（15% 全光）条件下，土壤养分和水分变化对银杏直径生长影响较小，但在全光照条件下，土壤养分和水分变化对银杏的直径生长影响较大。

外界环境对银杏根冠比的影响

光照条件的改善，使得 3 年生苗木的根冠比增大，土壤养分和土壤水分含量较低时，银杏的光合产物分配到根部能力加强，因此，银杏的根冠比增大。在土壤养分和水分胁迫发生后，银杏根系生长得到促进，从而有利于银杏根系吸收更多的养分和水分。在全光照条件下，土壤养分在肥沃、中等、贫瘠 3 种立地条件下的根冠比平均值分别为 0.76，0.82 和 0.91。

外界环境对银杏黄酮含量及黄酮产量的影响

光、水、肥对银杏黄酮含量的影响与其对银杏单株生物量的影响规律相似，即随着光照强度的增加，土壤水分和养分条件的改善，银杏叶的黄酮含量（%）和单株黄酮产量（g）逐渐增大。由于资源因子之间的交互作用，在 15% 全光照条件下，土壤中水分和养分引起的黄酮含量及单株黄酮产量的差异较小，而在全光照条件下，这种差异就显著增大。

外界环境对银杏生物量的影响

盆栽试验发现，光、水、肥对银杏各种生物量有显著的影响。同时，光、水、肥对银杏单株根、茎、叶和总生物量的影响规律一致。生长在光照、土壤养分、土壤水分充足的立地条件下银杏的生物量达最大值；相反，当银杏接受低光照及养分、水分亏缺时，银杏生物量明显下降。试验中还发现，根、茎、叶和单株总生物量都受到光、水、肥 3 个因子的交互作用的影响。在 15% 全光照条件下，水分条件和养分条件的变化对单株银杏总生物量影响较小，但随着光照增强，水分、养分梯度的变化使得银杏单株总生物量之间的差异愈来愈大。如在 15% 全光照条件下，水分和养分处于中等水平时的单株总生物量仅为 30.2 g，而在全光照、中等养分和水分条件下的单株总生物量高达 58.3 g。

外界环境对银杏相对生长速率的影响

光、水、肥处理后，3 年生苗木的苗高和直径相对生长速率发生明显变化。其变化趋势是，随着土壤中养分含量和水分含量的降低，苗高和直径相对生长速率也逐渐降低。全光照条件下，土壤养分和水分含量变化引起的苗木高度的相对生长速率差异较大，而随着光照条件的减弱，这种差异变得愈来愈小。这说明光、水、肥对银杏的相对高生长有明显的因子间的交互作用存在。银杏苗直径相对生长速率与高相对生长速率规律一致。

外界环境对银杏叶重比的影响

叶重比是指单株银杏叶生物量与单株总生物量的比率，随着光照条件的改善，土壤养分和水分含量的增加，银杏的叶重比也明显增加。因此，良好的资源条件能促进银杏叶的生长，其叶生长速率超过根系的生长速率。

外热回转式活化炉

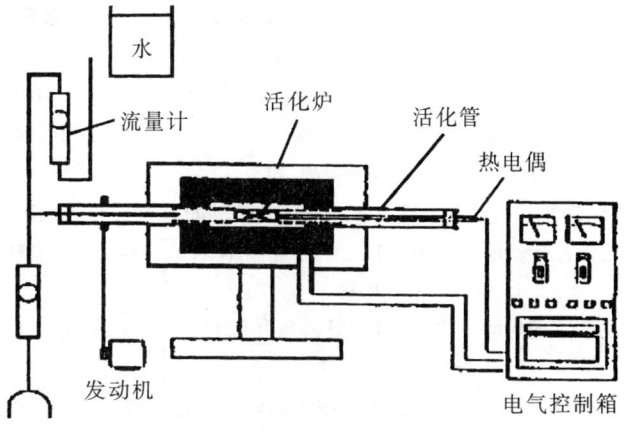

外热回转式活化炉

外植体的选取、消毒、接种和培养

目前用以快速繁殖为目的的银杏器官培养,其外植体主要选用茎段和种子胚,培养基的选取范围相当广,各种常用的培养基均有培养成功的报道。进行银杏组织培养时,要对外植体表面灭菌。对茎段培养,可将幼嫩枝梢剪去叶片,流水冲洗 12 h,用滤纸吸干,在 75% 酒精中浸泡 15 s,然后用 0.1% 多菌灵或 10% 漂白粉灭菌 8~10 min,用无菌水冲洗 2 次后,再用 0.1% 氯化汞灭菌 8~10 min,无菌水冲洗 4~5 次。在无菌条件下切成 0.8 cm 左右的茎段,每茎段都带有 1 个节,节下的茎比节上的要长(两段长度比为 2:1),每个试管中接种 1 个茎段。用种子胚或胚乳为外植体时,可将银杏种子去外种皮后阴干,剥去骨质中种皮后,依次用 75% 的酒精灭菌约 30 s 和 0.1% HgCl。灭菌 8~10 min,无菌水冲洗 4~5 次,然后用无菌的滤纸吸去材料表面的水分,在无菌条件下取出材料,接种在培养基上。培养条件为:光照强度 2 000 lx,光照时间为 12 h/d,温度为 25~27℃。

外种皮

银杏种实外种皮较厚,肉质,橙黄色,成熟后表面有白色精粉,最外层是一层表皮细胞,表皮以内由两种薄壁细胞组成,这些薄壁细胞在幼小时不易分辨,随着种实的成熟,这两种细胞逐渐明显。一种是较小的多角形薄壁细胞,内含很多无色透明的结晶体;另一种薄壁细胞要比前一种大得多,是椭圆形的细胞,内含许多无色透明的结晶体。随着银杏种实的成熟,这些组织由绿色逐渐变为黄色或橘红色。薄壁组织富含浆汁,具异臭味,并对皮肤有一定的腐蚀性。其外种皮中含有白果酸、白果醇、白果酚等有机物。目前已表明,这些有机物亦可提供药用价值。

外种皮 GCMS 质谱分析

银杏外种皮化学成分含量　　单位:%

水溶性提取物		脂溶性提取物	
化学成分	含量	化学成分	含量
丙三醇	2.5	甲丙酮基甲醚	10.339
二氟苯肼	0.66	十六正烷脂肪酸乙酸	0.481
呋喃醇醛	5.1	对甲苯酚	16.94
二环氧醚多醇	2.5	咪唑衍生物	26.004
戊酸丙脂	7.645	2,6-异丁基苯酮酚	0.201
乙荼乙烯辛醛	4.0	1,2,3-三甲氧基 6-甲酸基萘	7.25
乙酸丁硫醇脂	2.2	1-甲氧基-9,12,15-十九碳三烯	0.028
		烷基酚甲基酸母环化合物	13.838
		杂氮环类化合物	5.537

实验研究测定表明,银杏外种皮中总黄酮含量为 1.3%。另外,银杏外种皮中含有多种黄酮类、萜类、酚类、生物碱、多糖、果胶与多种微量元素。

外种皮的化学成分

银杏外种皮部分占整个种实的 70% 左右。目前,银杏外种皮由于刺激性和腐蚀性强,一直作为废物抛弃掉,这样既浪费资源,又污染环境。为了充分利用外种皮资源,许多学者开展了银杏外种皮化学成分及其开发利用方面的研究,特别是银杏外种皮化学成分,经过多年的研究,已逐渐被人们所揭示。银杏外种皮含有糖、多糖、鞣质、银杏酚、白果酸、白果酚、氢化白果酸、氢化白果亚酸、白果醇、微量元素及苷类等多种有机和无机化学成分,这些成分的发现,经历了很长一段过程。1928 年,日本学者川村首先从银杏外种皮中分离出银杏酸、银杏醇、银杏酚。随后,古川陆(1932)鉴定了这 3 种化合物的结构。1949 年前后,我国首次按川村提供的方法分离得到银杏酸和银杏醇,对萃取技术进行了改进,进一步提高了白果酸和银杏酚的得率。每千克干燥的外种皮可提取双黄酮 0.4 g、氢化白果酸 0.6 g、银杏醇 2.5 g、银杏酚 1.2 g。每千克干燥外种皮可提取干浸膏 0.6 kg。研究结果进一步表明,外种皮还含有黄酮类化合物,总黄酮含量可达 1.3% 以上。从中分离得到 20 种结晶,并且鉴定了其中的 18 种化合物,它们是:白果醇(ginnol)、白果酸(ginkgolic acid)、白果新酸(ginkgoneolic acid)、棕榈酮(palmitone)、豆甾-3,6-二酮(stigmast-3,6-dione)、豆甾-4-烯-3,6-二酮(stigmast-4-ene-3,6-dione)、β-谷甾醇(p-sitosterol)、胡萝卜甾醇(daucosterol)、银杏内酯 A(ginkgolide A)、银杏内酯 B(ginkgolide B)、银杏内酯 C(ginkgolide C)、焦儿茶酚(pyrocatechol)、原儿茶酸(protocatechuic acid)、金钱松双黄酮(sciadopitysin)、银杏黄素(ginkgetin)、异银杏黄素(isoginkgetin)、三十烷酸(triacontanoic acid)和白果宁(ginkgonine)。从银杏外种皮中分离得到了原儿茶酸、p-羟基苯酸、香草酸、咖啡酸、p-香豆酸、阿魏酸和绿原酸等 7 种游离酚酸,含量约为 2.7 mg/g。另外,外种皮中含有甲酸、乙酸、丁酸、辛酸等有机物质,以及一些多糖类物质、蛋白质、氨基酸、微量元素等。与叶片相比,银杏外种皮有效成分与银杏叶基本一致,银杏外种皮白果酚等酸性成分含量比银杏叶的含量高,总黄酮含量和银杏内酯的含量都比银杏叶低。

外种皮的挥发性成分及相对含量

外种皮的挥发性成分及相对含量

保留时间(min)	化合物名称	相对含量(%) SDE	相对含量(%) SPME	匹配度(%)	保留指数 计算值/文献值	定性方法
22.82	乙酸	0.04	1.65	90	1 428/1 402	MS/RI
26.39	丙酸	0.03	0.13	90	1 516/1 502	MS/RI
29.79	丁酸	21.46	59.96	91	1 601/1 580	MS/RI
34.9	戊酸	0.17	0.29	83	1 712/1 720	MS/RI
42.13	己酸	65.88	25.45	83	1 830/1 798	MS/RI
46.51	庚酸	0.13	—	86	1 933/1 900	MS/RI
49.36	辛酸	1.15	—	93	2 037/2 053	MS/RI
56.95	月桂酸	0.11	—	93	2 464/2 424	MS/RI
57.58	棕榈酸	4.53	—	99	2 608	MS
	小计	93.50	87.17			
5.22	丁酸甲酯	0.65	3.59	91	972	MS
6.62	丁酸乙酯	0.04	0.20	93	1 024/1 018	MS/RI
12.05	己酸甲酯	0.98	3.90	95	1 174/1 191	MS/RI
13.41	丁酸丁酯	0.09	0.24	72	1 207	MS
14.05	己酸乙酯	0.05	—	90	1 222/1 238	MS/RI
17.62	异丁酸丙酯	0.03	—	72	1 306	MS
21.73	己酸丁酯	0.02	—	64	1 402/1 402	MS/RI
52.82	棕榈酸甲酯	0.12	—	94	2 205	MS
53.51	棕榈酸乙酯	0.15	—	95	2 245/2 214	MS/RI
	小计	2.13	9.93			
4.99	2,3-丁二酮	0.19	—	72	961/955	MS/RI
48.61	3-甲基-5乙基-2-环己烯-1-酮	0.02	—	64	2 005	MS
50.63	4,5-二甲基-2-环己烯-1-酮	0.41	—	60	2 093	MS
	小计	0.62				
7.99	己醛	0.06	—	72	1 066/1 067	MS/RI
	小计	0.06				
10.41	正丁醇	0.21	0.17	91	1 133/1 140	MS
14.76	正戊醇	0.06	0.10	78	1 239/1 247	MS
19.16	正己醇	0.13	0.15	86	1 342/1 311	MS/RI
27.64	正辛醇	0.07	—	86	1 547/1 511	MS/RI
	小计	0.47	0.42			
12.41	柠檬烯	0.06	—	93	1 183/1 192	MS/RI
	小计	0.06				
13.85	2-正戊基呋喃	0.03	—	86	1 218/1 223	MS/RI
23.13	糠醛	0.71	—	94	1 436/1 432	MS/RI
	小计	0.74				
	总计	97.58	97.52			

注:方法中,MS表示质谱定性,RI表示保留指数定性。

外种皮的开发利用

银杏外种皮提取物具有多种效用和潜在的应用价值,如防治病虫害、抗菌消炎、抗过敏、防治心血管疾病、抗缺氧、抗衰老等作用。利用银杏外种皮可以生产出多种新型的生物制剂、除草剂和生物农药,脱毒以后还可以用于生产饲料添加剂,这不仅可以减少外种皮抛弃以后对环境造成的污染,同时可以减少化学农药的用量。①银杏外种皮可以用于生产生物农药。实践证明,将银杏外种皮捣烂,加水浸泡后所得的水提液对蚜虫、稻螟虫、菜青虫、蜘蛛、桑蟥、蛴螬等害虫有很好的杀灭作用。同时,这种水提液对苹果炭疽病、梨黑星病、梨轮纹病、桃褐腐病和桃霉斑性穿孔病等病害均有良好的防治效果。因此,利用银杏外种皮生产各种生物农药,既可以充分利用银杏资源,又可以减少农药的使用对环境造成的污染。②银杏外种皮中含有一些抗菌消炎作用的成分,如白果酸、银杏醇等,可以将这些物质分离提纯,制成抗菌消炎的良药。银杏外种皮中还含有一些水溶性成分,能够阻止过敏介质释放及肥大细胞脱颗粒作用,并能直接拮抗由过敏介质引起的豚鼠回肠平滑肌的收缩反应,也为我们生产一些治疗过敏性疾病药物提供一些启示。③银杏外种皮水提液中还含有黄酮类化合物、内酯类化合物等多种有效成分,这些有效成分对防治心血管疾病、延缓人体衰老有显著疗效,可用于生产多种治疗心血管类、肿瘤类疾病以及延缓人体衰老等的药物。

外种皮的开发利用前景

鉴于银杏外种皮含有多种活性化学成分和营养成分,药理活性广泛而独特,可用于药品、保健品和植物农药的开发,具有广阔的应用前景。然而目前有关银杏外种皮的研究还存在以下主要问题:①对银杏外种皮中有些化学成分提取、分离和纯化的研究不够,未能得到有关成分的高纯度混合物和单体。②对外种皮主要化学成分的药理活性研究还不够深入,有关药理活性的作用部位不甚明确,有效成分及作用机理未能探明。③某些成分的药理活性试验得到了相反的研究结果,如银杏酚酸的过敏性等。④外种皮开发利用研究甚少。以上这些也是今后研究的主要方向,可为我国银杏外种皮的综合利用、环境保护做出贡献。

外种皮的抗病毒和抗癌作用

银杏外种皮酸性成分中的十七碳烯链水杨酸和银杏黄素均有很强的抑制 EB 病毒的活性。对致癌启动因子有很强的抑制效果,在临床应用中甚至超过了维生素 A 酸。

外种皮的抗过敏作用

银杏外种皮水溶性成分有抗过敏作用。研究发现浓度为 100 mg/kg 或 200 mg/kg 的水溶性成分能阻止过敏介质释放及肥大细胞脱颗粒作用,并能直接颉颃过敏介质引起的豚鼠回肠平滑肌的收缩反应。银杏甲素(主要成分为银杏酚酸)对过敏介质 HA 和 SRS-A 所引起的豚鼠回肠收缩有拮抗作用。银杏外种皮中的成分之一银杏酚酸具有过敏作用。研究发现银杏酸会引起豚鼠过敏,导致过敏性接触皮炎(ACD),而银杏酚不会导致 ACD。不含银杏酸的银杏提取物没有致敏性,而含 1 000 mg/L 银杏酸的银杏提取物却和纯银杏酸一样具有致敏性。

银杏酚酸的致敏性还有待研究。

外种皮的抗菌作用

从银杏外种皮中分离提取的白果酸类及黄酮类化合物有较强的抑菌和杀菌作用。实验研究表明,对枯草杆菌、大肠杆菌、酵母菌、金黄色葡萄球菌、痢疾杆菌、绿脓杆菌等 25 种菌类均有明显的抑制生长的作用。这种作用不仅对浅部的真菌,而且对深部的真菌也有明显的抑制作用。0.1% 的白果酸抑制真菌的有效率达 92%,而 0.5% 的克霉唑抑制真菌的有效率仅为 68%。同时对各种革兰氏阴性和阳性细菌也均有抑制作用。在脚癣治疗中得到了广泛应用。

外种皮的抗衰老作用

银杏外种皮中的黄酮类化合物,是抗人体衰老的拮抗剂。据实验表明它是致人体衰老最好的自由基清除剂,具有明显的拮抗血小板活化因子(PAF)的活性。能抑制化学发光,阻止皮肤组织老年色素颗粒的形成,并使已形成的色素颗粒变得分散、数量减少,从而达到抗衰老的作用。根据调查研究,银杏外种皮占整个种子质量的 75% 左右,如果除去外种皮中 60% 的水分,每年可获得干燥外种皮比银杏种核的年产量还高。然而我国目前却没有深入开发利用这一生物资源,作为废物白白丢弃,既污染了环境,又造成极大的资源浪费。因此,今后深入开展银杏外种皮的研究和开发利用,不但可以做到废物利用,变废为宝,而且还可防止环境污染,充分利用资源,由此将可获得较大的经济效益、生态效益和社会效益。

外种皮的抗炎作用

银杏外种皮提取物除具有抗过敏作用外,对炎症早期的毛细血管渗透性增高,炎性渗出和水肿具有较强的抑制作用,对慢性炎症和免疫性炎症同样有效。动物实验表明,可治疗支气管哮喘。

外种皮的抗肿瘤作用

从银杏外种皮中分离鉴定出3种银杏酸、2种银杏酚和2种银杏二酚对小鼠肉瘤S_{180}有明显的抑制作用。从银杏外种皮的氯仿提取物中分离得到银杏酸、银杏酚和银杏二酚,这些物质能抑制人体多种癌细胞的生长,而对正常结肠细胞的细胞毒性小于相应的结肠癌细胞。从银杏树果汁中分离得到15碳银杏酸,发现它们对BT-20乳腺癌细胞有强烈的抑制作用。银杏外种皮多糖对小鼠肿瘤细胞生长有抑制作用,对肝癌、胃癌及肺癌细胞生长的抑制作用具有量效关系和时效关系,外种皮多糖与阿霉素合用,对这3种癌细胞的抑制作用具有协同效应。外种皮多糖可抑制小鼠肝癌,作用机理可能与阻止C-M期细胞转移而影响癌细胞在细胞周期中的进程和干扰S期癌细胞DNA合成以及诱导肝癌细胞凋亡有关。

外种皮的杀虫作用

银杏酚酸农药的大田试验结果,40倍稀释液在青菜田里喷雾3～5d后,菜青虫校正死亡率达75%以上,此农药对烟草和茄子田进行防治试验,桃赤蚜和蛛砂叶螨5d校正死亡率分别为71.4%和76.4%。此植物农药的杀虫机理主要是使害虫拒食,同时有毒杀作用。有明显抑制活性的成分是银杏酸,用浓度为1.90 g/kg的银杏酸组分E饲喂菜青虫,最终校正死亡率可达81.6%,主要作用方式为拒食效应,未观察到触杀作用。

外种皮的提取工艺

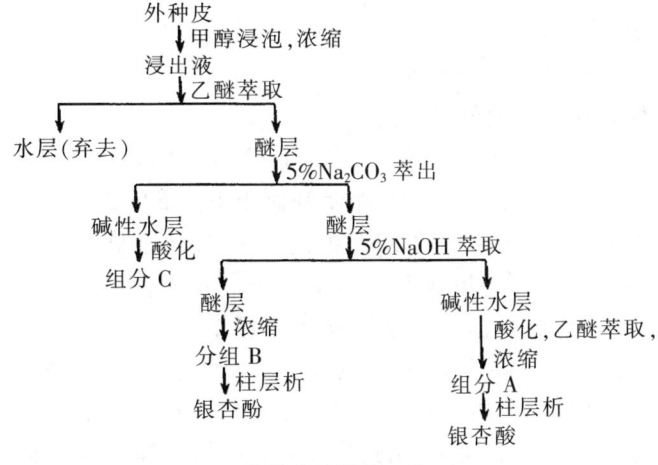

外种皮的提取工艺

外种皮的药理作用

①抗过敏作用。银杏外种皮水溶性药用成分能抑制小鼠被动性皮肤过敏反应(PCA)和大鼠颅骨骨膜肥大细胞的脱颗粒释放作用,并能直接对抗抗原诱发的致敏豚鼠回肠平滑肌的收缩和肺灌量的减少。当银杏外种皮水溶性药用成分浓度为$3 \times 10^{-2} \sim 2 \times 10^{-1}$时,能抑制组胺和SRS-A(慢反应物质)的释放,同时也能拮抗过敏介质组胺和SRS-A对豚鼠回肠的收缩。其抗过敏作用与地塞米松相似,这一作用在免疫抑制中也有类似之处,与现在的抗过敏药物皮质激素色甘酸钠相比较,具有毒性较小的优点。

②抗炎作用。银杏外种皮中的白果酸20～40 mg/kg时,能明显抑制二甲苯所致的小鼠耳郭肿胀,角叉菜胶所致大鼠足跖肿胀和酸所致小鼠腹腔毛细血管能透性增高,大鼠棉球肉芽组织增生和福氏完全佐剂所致大鼠足跖肿胀亦有明显的抑制作用,与阳性对照组地塞米松相似。对炎症早期的毛细血管渗透性增高,炎性渗出和水肿有很强的抑制作用,对慢性炎症和免疫性炎症同样有效。动物豚鼠的临床实验表明,可治疗支气管哮喘。

③抗菌作用。从银杏外种皮中分离提取的白果酸类及黄酮类化合物,有较强的抑菌和杀菌作用,实验研究表明,对枯草菌、大肠杆菌、酵母菌、金黄色葡萄球菌、痢疾杆菌、绿脓杆菌等25种菌类均有明显的抑制生长的作用。这种作用不仅对浅部的真菌,而且对深部的真菌也有明显的抑制作用。0.1%的白果酸抑制真菌的有效率达92%,而0.5%的克霉唑抑制真菌的有效率仅为68%。同样对各种革兰氏阴性和阳性细菌也均有抑制作用。

④抗病毒和抗癌作用。银杏外种皮酸性成分中的十七碳烯链水杨酸和银杏黄素均有很强的抑制EB病毒的活性,对致癌启动因子有很强的抑制效果。银杏外种皮中的酸性成分对小鼠肉瘤S_{180}表现出明显的抗肿瘤活性。

⑤抗衰老作用。据测定,银杏外种皮中同样含有黄酮类化合物,它是抗人体衰老的拮抗剂。银杏外种皮水溶性成分,有直接清除超氧离子的作用,可延长常压缺氧条件下小鼠存活时间及耗氧量。在此基础上进行的人体抗疲劳和抗衰老实验表明,银杏外种皮水溶性成分是致人体衰老最好的自由基清除剂,具有明显的拮抗血小板活化因子(PAF)的活性,抑制化学发光,能阻止皮肤组织老年色素颗粒的形成,并使已形成的色素颗粒变得分散,数量减少,从而使银杏外种皮水溶性成分达到抗衰老的作用。

外种皮的药用

我国银杏外种皮的开发研究仅仅是刚刚起步,深度和广度还远远不够,尤其是在医药产品的开发利用上更是空白。由于银杏外种皮中含有大量的药用成分,医药科研和生产部门应联合起来,在进一步深入研究的基础上,首先开发出抗过敏、抗炎、抗菌、抗病毒、抗癌、抗衰老的医药产品,然后再开发研制出治疗疑难皮肤病如痤疮、疥疮、湿癣、脚气、皮炎、烧伤和体表溃疡等医药产品。目前在人们回归自然,返璞归真,崇尚科学和热心健康投资的形势下,这些医药产品一定会受到患者们的青睐。

治疗脚气验方:每天早晚将新鲜银杏外种皮5～7枚放入铝锅中,用一壶水的水量煮开,洗泡双脚,5～7天脚气缓解。

外种皮的药用价值

银杏外种皮中的化学成分具有极高的药用价值。外种皮水溶性成分(Gb)具有祛痰、镇咳、对抗过敏介质和抗原所致平滑肌收缩、降血压、增加冠脉流量、抗氧化、抗衰老、抗过敏及免疫抑制作用;外种皮中长链酚类具有抑菌和抗肿瘤作用;外种皮化学成分对心血管的作用与银杏叶十分相似。最近,有人发现外种皮乙酸乙酯提取物具有明显拮抗PAF活性,外种皮多糖具有消炎、增强免疫功能及抑制肿瘤的作用。银杏外种皮醇类中间体对22种临床常见致病性真菌的抑制有效率高达81%。0.1%的氢化白果酸能抑制25种常见临床致病性真菌,其有效率高达92%。银杏外种皮的氢化白果酸和银杏黄酮具有对抗急、慢性炎症及免疫性炎症的作用,并能直接拮抗SRS-A和HA所致的豚鼠离体回肠收缩。银杏外种皮的水或醇提取物对11种植物病菌的抑制率达88%～100%,且醇提取物具有良好的杀虫效果。此外,银杏种皮中也含有一些容易引起皮炎、触痛、脱皮等症状的物质,在加工利用时要加以重视。

外种皮的抑菌和杀菌作用

银杏外种皮提取物对13种实验真菌有明显的抑制作用,5%、3%、0.5%浓度抑制真菌有效率分别为92.3%、76.9%和61.5%。1.5 g银杏外种皮提取物的抑菌生长效果相当于0.5 g的克霉唑。

银杏外种皮石油醚提取物和乙醇提取物对大部分实验真菌(如铁锈色小孢子菌、迭瓦癣菌和羊毛状小孢子菌等)有抑制生长作用,乙醇提取物的抑菌有效率为81%,石油醚提取物为73%,克霉唑为74%,0.5%的银杏外种皮中间体抑制真菌效能相当于0.5%的克霉唑。银杏外种皮提取物对果树病原菌有抑制作用,田间防治苹果炭疽病试验获得良好效果。从银杏外种皮中分离出的氢化白果酸在1 000倍稀释浓度时对苹果炭疽病菌和葡萄炭疽病菌的抑制率分别为98.8%和91.8%。银杏外种皮乙醇提取液对水稻纹枯病、黄瓜炭疽病菌和番茄青枯病菌的抑制效果试验,发现浓度为0.2 g/L的银杏外种皮提取液就显示明显的抑制作用,浓度为2 g/L的银杏外种皮提取液能明显降低盆栽番茄因青枯病而导致的死亡率。银杏酚酸作为植物农药的可行性研究表明,100倍稀释液对果树病原菌(如柑橘炭疽病菌、枇杷灰斑病菌、苹果炭疽病菌、苹果轮纹病菌、苹果腐烂病菌和柑橘树脂病菌等)的抑制率达75%以上。银杏酸对玉米大斑病、大麦条纹病和水稻纹枯病的抑制作用,其抑制率都在70%以上。

外种皮对免疫功能的影响

银杏外种皮多糖可促进Con A诱导的荷瘤小鼠脾脏T淋巴细胞增殖和LPS诱导的荷瘤小鼠脾脏B淋巴细胞增殖,促进荷瘤小鼠T淋巴细胞增殖和B淋巴细胞增殖,还可增强荷瘤小鼠NKC活性及IL-2活性,提示外种皮多糖对荷瘤小鼠细胞免疫和体液免疫功能低下状态有显著调节作用。银杏外种皮多糖在体外可促进小鼠不同状态下的T淋巴细胞总数并能促进CY所致免疫抑制小鼠的DCH反应,提示多糖可促进T淋巴细胞介导的细胞免疫功能,这对防癌抗癌具有重要的意义。用咽淋巴结测定小鼠模型试验了银杏酸的免疫毒素作用,发现银杏酸引起了淋巴组织增生反应,因此在银杏提取物中必须尽可能使它降到最低。可见,银杏外种皮多糖可增强免疫功能,而银杏酚酸却具有免疫毒性。

外种皮对心血管的作用

银杏外种皮提取物对心血管也有明显的作用。给麻醉犬Gb 20 mg/kg能使其血压下降52.2%,LVP降低63.1%,与阴性对照组比较,差异非常显著(P<0.01)。用含Gb 0.5 mg/mL的H-K液做大鼠离体工作心脏灌流时,主动脉输出量逐渐减少,冠脉流量则渐增,3 min后增加明显,而心输出总量(前二者之和)减少。在离体兔耳血管灌流中,外种皮水溶性成分可增加其灌流量,用药后3 min的灌流量与用药前相比,差异明显。

外种皮化学成分的分离与鉴定

外种皮化学成分的分离与鉴定

色-质分析			红外分析			核磁共振分析		
EIMS m/z(%)			IR 1/cm			NMR^{13}C		
测定值	文献1	文献2	测定值	文献1	文献2	测定值	文献1	文献2
302(5)	302(25)	302(4)	3 370	3 620	3 350	14.16	14.10	13.5
273(3)	276(8)	276(3)	3 030	3 450	3 995	22.31	22.67	21.8
206(1)	206(2)	206(2)	2 910	3 050	2 905	24.66	27.21	26.4
175(2)	175(3)	175(2)	2 850	1 615	2 840	26.81	27.23	28.1
161(3)	161(5)	161(3)	1 650	1 598	1 695	28.50	29.00	28.4
149(3)	149(6)	149(5)	1 600	1 590	1 580	28.78	29.24	28.5
147(5)	147(13)	147(5)	1 590	1 490	1 450	28.90	29.30	28.7
133(5)	133(13)	133(3)	1 460	1 470	1 260	29.05	29.41	28.8
121(11)	—	121(20)	1 380	1 455	1 150	29.21	29.69	28.9
120(17)	120(46)	120(21)	1 310	1 275	780	29.31	29.76	29.3
108(100)	108(100)	108(100)	1 250	1 185	690	31.22	31.28	30.6
107(75)	107(72)	107(73)	1 220	1 152	—	31.35	31.80	30.9
91(36)	—	91(36)	—	—	—	33.74	35.84	35.0
—	—	—	—	—	—	113.66	112.52	112.3
—	—	—	—	—	—	115.31	115.35	114.9
—	—	—	—	—	—	120.21	120.93	118.5
—	—	—	—	—	—	129.27	129.37	128.6

外种皮挥发性成分

采用同时蒸馏萃取和固相微萃取两种萃取技术提取银杏外种皮的挥发性成分,并采用气相色谱—质谱联用对其挥发性物质成分进行分离鉴定。结果共鉴定出29种挥发性化合物,包括酸类9种、酯类9种、酮类3种、醛类1种、醇类4种、烃类1种、杂环类化合物2种,两种萃取物中都鉴定出的挥发性成分有12种。经SDE-GC-MS分析出的相对含量较高(峰面积比>1%)的化合物有己酸(65.88%)、丁酸(21.46%)、棕榈酸(4.53%)、辛酸(1.15%);经固相微萃取—气相色谱—质谱联用分析出的相对含量较高(峰面积比>1%)的化合物有丁酸(59.96%)、己酸(25.45%)、己酸甲酯(3.9%)、丁酸甲酯(3.59%)、乙酸(1.65%)。根据分析出的挥发性成分的香气特征可知对银杏外种皮挥发性气味贡献较大的物质有丁酸、己酸、丁酸甲酯和己酸甲酯等。

外种皮开发新型产品

①生产生物农药。实践证明,将银杏外种皮捣烂,加水浸泡后所得的水提液对蚜虫、稻螟虫、菜青虫、蜘蛛、桑螨、蛴螬等虫害有很好的杀灭作用。同时,这种水提液对苹果炭疽病、梨黑星病、梨轮纹病、桃褐腐病和桃霉斑性穿孔病等病害均有良好的防治效果。因此,利用银杏外种皮生产各种生物农药,既可以充分利用银杏资源,又可以减少农药的使用对环境造成的污染。②制药。银杏外种皮中含有一些抗菌消炎作用的成分,如银杏酸、银杏醇等,可以将这些物质分离提纯,制成抗菌消炎的良药。银杏外种皮中还含有一些水溶性成分,能够阻止过敏介质释放及肥大细胞脱颗粒作用,并能直接拮抗过敏介质引起的豚鼠回肠平滑肌的收缩反应,也为我们生产一些治疗过敏性疾病药物提供一些启示。银杏外种皮水提液中还含有黄酮类、内酯类化合物等多种有效成分,这些有效成分对防治心血管疾病、延缓人体衰老有显著疗效,可用于生产多种治疗心血管类、肿瘤类以及延缓人体衰老等的药物。③饲料。由于银杏外种皮中含有多糖、蛋白质、氨基酸、多种矿质营养元素以及黄酮和内酯等一些具有药理活性的物质,在脱毒以后可以生产饲料。由此可见,银杏外种皮的开发利用前景十分广阔。

外种皮类胡萝卜素的提取方法

以银杏外种皮为试材,在同一温度条件下,以无水乙醚、丙酮、石油醚以及丙酮和石油醚的混合溶剂(石油醚:丙酮为4:1)为提取溶剂,每种溶剂提取时间分别采用 30 min、60 min、90 min、120 min、150 min 和 180 min 等 6 个处理。结果表明银杏外种皮类胡萝卜素含量为 0.20~0.24 mg/g，不同时间处理提取的类胡萝卜素含量表现为 180 min > 150 min > 120 min > 90 min > 60 min > 30 min，其中提取时间在 120 min 和 30 min 之间的类胡萝卜素含量有极显著差异，而 120 min 和 180 min 之间无显著差异。不同提取试剂提取的类胡萝卜素含量表现为无水乙醚 > 混合溶剂 > 丙酮 > 石油醚。在本试验条件下，银杏外种皮中类胡萝卜素采用混合溶剂，提取时间为 120 min 提取效果较好。

外种皮内含物

外种皮含银杏酸、银杏酚和 5 种中间体，对 22 种临床常见真菌的试验观察，其抑菌效应接近于克霉唑。从 5 种中间体中提取出银杏甲素和银杏乙素，银杏甲素能阻止过敏介质释放和肥大细胞的脱颗粒作用，并能直接拮抗过敏介质所引起的豚鼠回肠平滑肌的收缩反应。用银杏外种皮的水溶性成分（Gb）对豚鼠试验的结果表明，Gb 能促进酚红从呼吸道分泌，抑制氨水诱发小鼠咳嗽等。Gb 有免疫和防止过敏的药理作用。

外种皮清除自由基和抗衰老作用

银杏外种皮多糖对不同状态小鼠血清 SOD 和 MDA 形成的影响，发现可明显提高荷瘤小鼠血清 SOD 活性，并能降低其 MDA 含量，也能改善 CTX 抑制小鼠的上述指标，但对正常小鼠则无明显影响，说明外种皮多糖可促进机体在病理状态下的自由基清除能力，减少自由基对机体的攻击，提示银杏外种皮多糖可延缓荷瘤小鼠衰老。银杏酸具有很强的抑制透明质酸酶、酪氨酸酶和清除自由基能力，对透明质酸酶的抑制率高达 90% 以上。

外种皮提取物对酪氨酸酶的抑制

以银杏外种皮为材料，采用水、乙醇和乙醇—乙醚三种不同的方法分离提取其中的活性物质（分别命名为 1 号，2 号，3 号），研究它们对蘑菇酪氨酸酶催化 L-多巴（L-DOPA）氧化活力的影响。结果表明，这 3 种提取物均对蘑菇酪氨酸酶有抑制作用，1 号，2 号和 3 号对酶抑制作用的 IC50 分别为 2.25、1.75 和 0.32 mg/mL。抑制作用动力学结果表明：三种提取物对酶的抑制作用均表现为混合型，相应的抑制常数 KI 依次为 2.11、1.62 和 0.29 mg/mL；KIS 依次为 2.80、2.33 和 0.45 mg/mL。结果显示，采用乙醇—乙醚提取的银杏外种皮提取物对酪氨酸酶抑制作用最强。

外种皮提取液对各种病菌孢子萌发率的影响

外种皮提取液对各种病菌孢子萌发率的影响　　　　　　　单位：%

处理 病菌	对照		提取液浓度								
	A1	A2	5%		10%		20%		40%		50%	
			A1	A2	A1	A2	A1	A2	A1	A2	A1	A2
苹果炭疽病	97.7	95.3	90.3	94.75	0.3	40	5.1	0	0	0	0	0
梨黑星病	40	42	30	10	5	3	0	0	0	0	0	0
梨轮纹病	95	95.3	95	95.3	95	94.3	90.3	85	90.7	85.3	90.7	85.3
桃褐腐病	70	76	60	60	60	60	45.3	30	20.7	2.7	0	0
桃霉斑性穿孔病	94.7	85.7	94.7	50	45.6	31.7	7.5	1	5.7	0	4.7	0

外种皮提取液对果树病原菌萌发率的影响

外种皮提取液对果树病原菌萌发率的影响　　　　　　　单位：%

病原菌	对照		外种皮提取液浓度								
	CK1	CK2	5%		10%		20%		40%		50%	
			A	B	A	B	A	B	A	B	A	B
苹果炭疽病	97.7	95.3	90.3	94.75	0.3	40	5.1	0	0	0	0	0
梨黑星病	40	42	30	10	5	3	0	0	0	0	0	0
梨轮纹病	95	95.3	95	95.3	95	94.3	90.3	85	90.7	85.3	90.7	85.3
桃褐腐病	70	76	60	60	60	60	45.3	30	20.7	2.7	0	0
桃霉斑性穿孔病	94.7	85.7	94.7	50	45.6	31.7	7.5	1	5.7	0	4.7	0

外种皮提取液浓度抑制各病害孢子萌发率的新复极差测验

外种皮提取液浓度抑制各病害孢子萌发率的新复极差测验

浓度	各病害孢子萌发率(%)	差异显著性 5%	差异显著性 1%
CK	65.5	a	A
5%	57.8	b	B
10%	43.9	c	C
20%	24.9	d	D
40%	19.0	e	E
50%	12.21	e	E

外种皮药用成分

目前的实验研究表明，银杏外种皮中含有多种较强的生理活性物质，如银杏产区的果农在剥离外种皮时，手上总要腐蚀掉一层皮；如果将外种皮扔到河塘中，鱼虾均会被毒死。文献报道，银杏外种皮中含有白果酸(ginkgolic acid)、氢化白果酸(hydroginkgoic acid)、氢化白果亚酸(hydroginkgolinic acid)、白果酚(ginkgol)、银杏二酚(bilobol)、白果醇(ginnol)以及天门冬素、甲酸、丙酸、丁酸、辛酸、廿九烷醇等。另据文献报道，银杏外种皮中还含有银杏双黄酮，它包括8种化合物：金松双黄酮(sciaopitysin)、乙酰化金松双黄酮(acetyl sciaopitysin)、银杏素(ginkgotin)、乙酰化银杏素(acetylginkgotin)、异银杏素(isoginkgetin)、乙酰化异银杏素(acetyl isoginkgetin)、1-5′-甲氧基白果素(1-5′-methoxy bilobetin)、白果素(biolbetin)。中国矿业大学工学院分析实验室对银杏外种皮水溶性提取物及脂溶性提取物的 GC-MS 质谱分析表明，水溶性提取物的主要化学成分及百分含量为：丙三醇 2.5%，二氟苯肼 0.66%，呋喃醇醛 5.1%，二环氧醚多醇 2.5%，戊酸丙酯 7.645%，辛醛二乙缩醛 4.0%，乙酸丁硫醇脂 2.2%。脂溶性提取物的主要化学成分及百分含量为：甲丙酮基甲醚 10.339%，十六正烷脂肪酸乙酯 0.48%，对甲苯酚 16.74%，咪唑衍生物 26.004%，2,6-二异丁基苯酮酚 0.2%，1,2,3-三甲氧基 6-甲酸基萘 7.25%，1-二甲氧基 9,12,15-十九碳三烯 0.028%，烷基酚甲基酸母环化合物 13.838%，杂氮环类化合物 5.537%。银杏外种皮中黄酮含量为 1.30%。另外，银杏外种皮中含有多种黄酮类、萜类、酚类、生物碱、多糖、果胶与微量元素等。

外种皮在农业上的应用

银杏肉质外种皮含有大量的氢化白果酸、白果酚、白果醇、银杏黄素等成分和微量的银杏内酯类化合物，但其有一股酸臭气，对皮肤也有一定的腐蚀作用，长期以来，被视为废物处理，不仅浪费了资源，而且污染了环境。而今，人们变废为宝，利用银杏外种皮开发出了高效、广谱、无污染、无残毒的生物农药。该农药对多种果树、棉花虫害的杀虫率为 70%~95%；对水稻、玉米及多种蔬菜病害，施行叶面喷洒，有很好的防治效果；对专供采叶的银杏幼树进行叶面喷洒，有促进叶片生长的效果。这种生物农药价格低廉，使用方便，有利于促进农业生态工程建设，克服农产品的农药残留问题，有益于消费者的健康，也提高了我国农产品出口创汇的竞争力。

外种皮植物源农药防治棉蚜田间试验

外种皮植物源农药防治棉蚜田间试验

处理		药前 三片叶活蚜数	药前 平均每片叶活蚜数	药后 1 d 三片叶活蚜数	药后 1 d 平均每片叶活蚜数	药后 1 d 减数率(%)	药后 1 d 校正防效(%)	药后 3 d 三片叶活蚜数	药后 3 d 平均每片叶活蚜数	药后 3 d 减数率(%)	药后 3 d 校正防效(%)	药后 5 d 三片叶活蚜数	药后 5 d 平均每片叶活蚜数	药后 5 d 减数率(%)	药后 5 d 校正防效(%)
25%快杀灵 (75 mL/亩)	上部	52		28				12				73			
	中部	146	58	52	22.2	61.7	74.6	13	4.1	92.9	97.3	121	39.9	31.2	85.3
	下部	324		120				12				165			
银杏外种皮 植物农药 (250 mL/亩)	上部	70		33				1				43			
	中部	131	58.1	28	17.7	69.5	79.8	5	9.9	83	93.5	58	22.3	61.6	91.6
	下部	322		98				89				100			
银杏外种皮 植物农药 (166.7 mL/亩)	上部	76		25				1				43			
	中部	81	39.6	48	20.8	47.5	65.2	74	18.2	40.9	82.7	115	37	6.6	79.6
	下部	198		114				89				175			
银杏外种皮 植物农药 (100 mL/亩)	上部	50		31				25				131			
	中部	136	50.7	88	38.7	23.7	49.4	38	29.6	41.6	80	185	68.1	-34.3	70.7
	下部	270		229				203				297			
清水对照	上部	42		85				197				376			
	中部	80	36.1	14	54.5	-50.7		203	95.8	-165.3		534	165.6	-358.7	
	下部	203		261				462				580			

外种皮中的多糖

对银杏外种皮中的多糖进行分析,粗多糖含量为6.58%,其中总糖含量为89.7%,还原糖为5.1%,多糖为84.6%。粗多糖水解物中葡萄糖、果糖、半乳糖及鼠李糖用氧化还原法测定了银杏外种皮中总糖和还原糖的含量,其值分别为85.12%和7.74%。

外种皮中的酚酸类化合物

银杏外种皮中含有多种银杏酚酸。银杏酸是一类水杨酸的衍生物,其6位上的侧链碳原子数可为13至17,侧链双键数可为0至3个,是一同系混合物。目前,已从银杏外种皮中分离鉴定出了银杏酸(ginkgolic acid)、银杏酚(ginkgol)和银杏二酚(bilobol)。之前认为银杏外种皮中含有4种银杏酸 $C_{13}:0$、$C_{15}:1$、$C_{17}:2$ 和 $C_{17}:1$,并测定出含量分别为0.19%、3.1%、0.03%和0.22%,总银杏酸含量为3.54%。用RP-HPLC法测得银杏外种皮中银杏酸的含量为5.46%,用LC-ESL-MS鉴定出5种银杏酸成分($C_{13}:0$、$C_{15}:0$、$C_{15}:1$、$C_{17}:1$ 和 $C_{17}:2$)。可见,银杏外种皮中银杏酸含量较高。以薄板层析和梯度洗脱的方法,从外种皮中分离得到银杏酸和银杏酚,每3 000 g外种皮可获得2 g银杏酸、7.5 g银杏酚。

银杏酸
$R=R_{13}H_{27}(C_{13}:0)$
$R=C_{15}H_{31}(C_{15}:0)$
$R=C_{15}H_{29}(C_{15}:1)$
$R=C_{17}H_{33}(C_{17}:1)$
$R=C_{17}H_{31}(C_{17}:2)$

银杏酚
$R=C_{15}H_{29}(C_{15}:1)$
$R=C_{17}H_{33}(C_{17}:1)$

银杏二酚
$R=C_{15}H_{29}(C_{15}:1)$
$R=C_{17}H_{33}(C_{17}:1)$

银杏酚酸的结构

外种皮中的内酯类化合物

从银杏外种皮中可分离得到银杏内酯A和银杏内酯B的混合物以及银杏内酯C。测得银杏外种皮提取物银杏乙素混合物中,银杏内酯A、银杏内酯B、银杏内酯C和白果内酯含量分别为4.5%、2.4%、1.9%和3.0%,总量11.8%(分光光度法)。表明银杏外种皮中内酯成分与银杏叶中相似。

外种皮中的酸性成分

银杏外种皮中含有的酸性成分,按化学结构的不同可分为白果酸(ginkgoic acid)、氢化白果酸(hydroginkgoic acid)、氢化白果亚酸(hydroginkgolinic acid)、白果酚(ginkgol)、银杏二酚(bilobol)等16种以上的酚酸性成分,白果酚酸类成分可视为水杨酸分子在苯环 C_6 位上连有较长侧链的系列化合物。该长链分烷基链和烯基链两大类,一般长链由13~17个碳原子组成。白果酚和银杏二酚即是苯环上去羧基带有酚羟基的成分。实际上银杏外种皮中所含化学成分与银杏肉、银杏叶中所含成分相近,唯银杏黄素、白果酚酸性成分略高,因此,充分利用稀少的植物资源,研究开发银杏外种皮确有必要。

外种皮中的银杏黄酮

银杏外种皮的成分比较多,主要有黄酮类、内酯类、酚酸类,此外,还有生物碱、多糖、果胶与微量元素等,主要是双黄酮类,包括金松双黄酮(sciadopitysin)、银杏素(ginkgetin)、异银杏素(isoginkgetin)、1-5′甲氧基白果素(1-5′-methoxybilobetin)及白果素(bilobetin)。对银杏外种皮中的黄酮含量进行测定,结果表明银杏外种皮中黄酮含量低于银杏叶中的含量。

外种皮中的甾醇和甾酮类

从银杏外种皮中分离得到谷甾醇(B-sitosterol)、胡萝卜苷(daucosterol)、豆甾-3,6-二酮(stigmast-3,6-dione)和豆甾-4-烯-3,6-二酮(stigmast-4-ene-3,6-dione)。银杏外种皮除含有以上主要化学成分外,还含有白果醇(ginnol)、棕榈酮(palmitone)、三十烷酸(triacontanoic acid)、儿茶酚(pyrocatechol)、原儿茶酸(protoeatechuic acid)、白果宁(ginkgonine)等,同时还含有鞣质类和多种矿质元素。

外种皮总黄酮的提取条件

专家以乙醇体积分数、温度、浸提时间、固液比为考察因素,对银杏外种皮黄酮的提取工艺进行单因素及正交实验优化,以比色法测定其含量,确定最佳提取条件,并对银杏外种皮总黄酮的抗氧化性进行了初步研究。结果表明,银杏外种皮总黄酮的较优提取条件为:乙醇体积分数80%,温度70℃、固比25:1,浸提时间2 h,此时提取率为91.01%。银杏外种皮总黄酮具有良好的体外抗氧化能力,当黄酮浓度为0.75 mg/mL时,和0.1 mg/mL的抗坏血酸的还原能力相当。

外种皮总黄酮提取的工艺流程

银杏外种皮→清洗→晒干→粉碎(过60目筛)→乙醇溶剂浸提→离心(9 000 r/min)→合并上清液减压浓缩→真空干燥

完全肥料

氮、磷、钾三要素都具备的肥料。如厩肥、堆肥、绿肥和人粪尿等不仅含有氮、磷、钾三要素，还含有其他各种营养元素，是银杏生产中很重要的肥料。

烷基酚及烷基酚酸分子结构图

五种分子结构图

烷基酚酸类

银杏中的烷基酚酸类已报道的共有4-羟基银杏酸2种、银杏酸3种、银杏酸类5种。但实际存在的仅烷基酚酸类即有12种以上。本类型化合物主要溶于非极性溶剂，溶解性质比较接近脂肪酸，难溶于低级醇类，不溶于水，能溶于碱性水溶液中。

晚梅

位于王义贞镇唐僧村小周家冲彭家垮，管护人彭瑞彪。嫁接树。树龄200年，树高25 m，胸径0.9 m。树形直筒，主干挺直，层形明显，长势较好。长枝节间长3.5 cm，叶色较深，叶缘缺刻浅，中裂不明显。球果圆形，熟时金黄色，具少量白粉，先端秃圆，顶端略平，具小尖，周缘不整，略凹陷。球果柄长约3.4 cm，单粒球果平均重11.8 g，每千克85粒，出核率25%。种核椭圆，腰厚，核形指数1.29，种壳白色，先端小尖明显，束迹点不明显，两侧棱线在1/2处消失，背腹相等。单粒种核平均重2.75 g，每千克353粒，出仁率78.5%。该品种为迟熟。种核较大，整齐，产量较高，一般年株产200 kg左右。

晚霜

指春季出现的霜(冻)，故又叫春霜(冻)。春季最后一次霜(冻)称为终霜(冻)。春季许多树苗开始萌芽生长，抗寒力下降，往往易遭受冻害，且出现的日期越晚危害越大。可用灌水、熏烟、防霜棚等法预防，用石灰浆刷白树干，增大对太阳的反射率，缓和树体增温，推迟幼芽萌发和开花，也能避免终霜冻害。平均终霜日期与自然地理条件有关，总的特点是：北方比南方晚，内陆比沿海晚。四川盆地因地形影响，终霜日期却比其南的贵州高原约提早一个月，比桂林、曲江约提早10天。

万年金

雌株，亲本来源于湖北安陆市王义贞镇唐僧村，胸径0.43 m，冠幅18.90 m×17.50 m。生长期内有一大枝叶色为黄色，其他枝条上的叶色均为绿色。连续3年观察发现从萌芽开始，一直到7月底，该枝条上的银杏叶均为黄色，8月份以后，除新发的幼叶为黄色外，成熟的黄色叶逐渐转为淡绿，11月份以后又变为黄色，性状稳定。从该枝条下剪下接穗，发现嫁接后的银杏苗木从第二年开始叶色变化情况与亲本枝条上的叶色变化一致，遗传性状稳定，测定结果表明，"万年金"银杏叶片中的类胡萝卜素含量/叶绿素总量的比值在整个生长期内均较一般银杏品种的叶片高。

万寿白果树

方城县独树乡小顶山坡处万寿宫前，有一古银杏树，树高32 m，胸围7.3 m，宫殿门左侧立有碣碑书云："万寿宫始建年代无考，明正统十一年(公元1446年)至天顺八年(公元1464年)由住持曹尚溪进行重修。"万寿宫前银杏古树越千岁，比修建此宫还早，至今树冠庞大遮天，葱茏蓊郁。方圆数百里群众，为祈祷太平长寿，无不上供焚香、顶礼膜拜，常年香客络绎不绝。现在"万寿白果树"周围摆满了诸神像。

汪槎银杏

本品种在江西已有1 500余年的栽培历史，典型植株见于婺源的段莘镇汪槎村，故名。在庐山、龙南、永修、贵溪、德兴、临川等县有零星栽培。多实生或根蘖树。1 000年生左右的树，树高16 m，胸径90 cm，冠幅13 m×13 m，树冠圆头形，层性明显。叶较大，色较深，多扇形叶及截形叶，均具明显中裂。长枝上叶长5.2 cm，宽约7 cm(可达8 cm)，叶柄长4 cm。短枝上叶长4.5 cm，宽约8 cm(最宽可达10 cm)，叶柄长4.5 cm。球果卵圆形，熟时橙黄色，被薄白粉。先端圆秃，顶尖下陷呈"O"形，珠孔迹迹点不显。下部稍狭呈圆筒形。蒂盘圆形，边缘不整，球果柄长2.9 cm，基部略见弯曲。球果大小为纵径3.45 cm，横径3.2 cm，单粒球果平均重12.9 g，每千克78粒。出核率23%～24%。种核卵圆形，先端圆秃，具小尖，珠孔迹明显。基部两束迹迹点明显，相距约3 mm，中间有短横隔相连。两侧棱线自上至下均甚明显，种核大小相差较大，一般为2.36 cm×1.71 cm×1.43 cm，大粒类型可达2.92 cm×2.2 cm×1.51 cm，单粒种核重3.2～3.5 g，每千克286～313粒。出仁率76%。本品种生长势旺盛，发枝力较强，较丰产。种核大，品质优，唯大小年十分明显，是其最大缺点。

王群祠堂银杏

太原市晋祠的王群祠堂，雄树：树高21.5 m，干高4 m，胸径2.04 m。主干分枝13个大枝，已锯掉4枝，还剩9枝。树冠东西24.5 m，南北25.5 m。雌树树高19.5 m，干高4 m，胸径1.32 m。冠幅东西16.5 m，南北17 m。

王维（唐）

王维晚年隐居陕西省蓝田县辋川村。现辋川村有一株高20余米，胸径近2 m，苍翠挺拔的古银杏，相传系王维手植。

王维在《辋川二十咏·文杏馆》中写下了赞扬银杏的五言绝句：

文杏栽为梁，香茅结为宇。

不知栋里云，去做人间雨。

王维手植银杏树

唐代著名田园诗人王维在其故里蓝田县辋川留下的唯一遗迹，是其亲手所植的一株古银杏树。此树下半部被深埋4 m，仅地上部分的树干就高达25 m，五人才可合抱，古树至今枝叶婆娑，向人们诉说着博学多才的艺术巨匠王维的故事。

王义贞叶籽银杏

树龄最大的一株叶籽银杏位于安陆市王义贞镇三冲村的空旷地带，距树60 m外有自北而南的小溪一条，地势高，水源充沛，土层深厚肥沃，小环境条件良好。根据武汉植物研究所的调查，该树龄约1 040年。该树全高27.6 m，干高2 m，胸径2.14 m（胸围6.73 m），冠幅26.9 m×27.5 m，树冠荫地730 m^2，有大主枝11条，距地3 m处的一条大主枝，径粗约76 cm，与主干呈80°夹角。该树有3种不同类型的球果，树冠的下半部分多正圆形球果，上半部分多为长卵形球果，叶籽球果混生其中。由于树体高大，观测困难，秋季仅见采收的球果中夹有约5%的叶籽球果。该树的正常球果大小不匀，圆果单粒球果重在11～13 g之间。长卵形球果单粒重在9～11 g之间。

《王祯农书》

元朝王祯撰，成书于公元1313年。全书共分三部分，百谷谱果属分两卷，记述林果树40余种。记述银杏的内容与《农桑辑要》基本相同。"其子至秋而熟。初收时，小儿不宜食，食则昏霍。唯炮煮作粿食为美，以浇油，甚良。颗如绿李，积而腐之，唯取其核，即银杏也。"

《辋川二十咏·文杏馆》

王维晚年隐居陕西省蓝田县辋川村时，居心"方将与农圃，艺植老丘园"。现在辋川村有一株高20余米，胸径近2 m，苍翠挺拔的古银杏，系王维亲手所植。王维曾在《辋川二十咏·文杏馆》中写下了赞扬银杏的五言绝句：

文杏栽为梁，香茅结为宇。

不知栋里云，当作人间雨。

"望乡树"——白果王

林州市姚村镇西张村西北角，有一棵古老苍劲的银杏树，胸围5.8 m，高32 m，冠幅24 m^2，树冠遮地面积达500多平方米，为方圆百里著名的"白果王"。此地处于豫北太行山东麓，西与山西省交界。姚村镇四周环山，称作姚村盆地，西张村位于盆地东沿东山脚下。旧社会兵荒马乱时期，这一带百姓常由此地向西翻越太行进入山西境内避难或逃荒要饭，当翻越西山鲁班壑顶（为界岭山垭）时，受苦逃难的百姓总是恋恋不舍思乡情，站在西太行山上望一望家乡，相距百里以外，哪能看得见穷家茅舍？唯能看见的只有一棵参天大树"白果王"，逃难乡民站在山顶上远眺"白果王"，含泪再次叩拜话别家乡，姚村"白果王"成为当地百姓"望乡树"。至今周围百姓对这棵银杏树敬之为神树，常年香火不断，给树培土、浇灌，保护完好。

微量必要元素

也叫微量元素，植物所必需的16种必要元素中，一部分需要量很少，它们一般在植物干组织中的含量在0.01%～0.000 01%范围内，这类元素属于微量必要元素。共有7种：铁（Fe）、锰（Mn）、硼（B）、锌（Zn）、铜（Cu）、钼（Mo）及氯（Cl）。在一般土壤中，氯的含量比较丰富，无须人工补充。而其他微量元素因果园土壤条件的差异，会发生不同程度的缺乏，需要人工专门补充。多数果树，经常发现缺铁、缺锌及缺硼症状。微量元素的最大特点是，只需少量即可满足作物生长需要，但各种微量元素从缺乏到过量之间的临界范围是很窄的，稍有缺乏或过量就可能导致果树生长发育受阻或出现中毒现象，进而影响到产量和品质。在施用微肥时，应十分慎重，其用量应掌握恰到好处，既不能过多，又不能过少。土壤中含有大量的微量元素，但微量元素存在的形态受土壤有机质、pH值等条件的影响，常使其转变为不易被作物吸收利用的形态，于是出现了微量元素缺乏症，如缺锌引起果树的"小叶病"，缺铜引起的"枝枯病"，缺铁引起的"黄叶病"，缺硼引起的"缩果病"等。微肥种类很多，生产上应用较多的是硼、钼、锌肥，铁、锰肥次之，铜肥很少。主要利用形式有单元微肥、多元微肥和有机螯合微肥等。微肥除施入土壤做基肥和追肥外,还可做根外喷施,施用时应注意:①控制施用浓度;②不同地区、不同土壤选用不同种类的微肥;③施用均匀,防止毒害;④增施有机肥料是发挥微肥效应的根本措施。

微量元素

银杏生活中需要量很少的一些元素。如铁(半微量)、铜、锰、锌、硼、钼、氯等均为植物所必需,但这些元素(除氯外)各只占植物干重的万分之一至千万分之一。当它们在土壤中缺少或不能被银杏利用时,银杏生长不良;过多时又容易引起中毒。生产上常用来处理种子及进行根外追肥,以促进银杏的生长。

微量元素肥料

含硼、锰、锌、铝等微量元素的化学肥料。常见的有硼酸、硼砂、硫酸锰、硫酸锌、钼酸铵、硫酸铜等。银杏的需要量虽极少,却为正常生长发育必不可少,土壤缺乏时应及时补充。多用于根外追肥或浸种,浓度一般很低,因肥料种类及处理方法而异。

微生物肥料

亦称生物性肥料或菌肥。土壤中有益微生物经分离、选育和大量培养繁殖后制成的菌剂。种类很多,有根瘤菌肥、固氮菌肥、磷细菌肥、"五四零六"抗生菌肥、菌根菌肥等。施用后经各种微生物活动,能增加土壤或植株的有效养分,加速土壤有机质和矿物质分解,抑制病原菌繁殖。属辅助性肥料,宜与有机肥料、化学肥料配合施用,能产生良好的肥效。多做种肥。

微生物农药

利用微生物或其代谢产物制成的农药。所含有效成分是孢子或抗生素。按微生物种类可分为细菌杀虫剂、真菌杀虫剂、病毒杀虫剂以及抗生素剂。选择性强,对人、畜、植物及其他有益生物安全。

微体快速繁殖

银杏的微体快速繁殖有利于节约材料,在短时间内可以培育出大量的银杏幼苗。但这一繁殖方法,目前尚处于试验研究阶段,在生产上尚少应用。

将银杏种子的胚剪成2～3段,置于培养基上培养,经10～25 d,在胚轴的伤口处可以产生新芽,然后又转至生根培养基上培养,6～10 d即可发出新根,形成完整的新苗。待新苗生出4～7片叶后,再剪成2～3段,置于生芽和生根培养基上培养,又可形成2～3个完整的新苗。用银杏种子的胚在培养基上培养,5 d左右子叶即可展开并生出新根,15 d左右出现真叶,形成完整的植株。试验还证明了未完成后熟作用的种子利用选定的培养基也可生出新根。还可利用银杏体细胞中染色体的"随体"多少(雄3雌4)预先确定性别。又利用银杏的当年生幼嫩枝梢切成0.5～0.8 cm的茎段(茎段须具一节),用改良了的培养基,在25～29℃的温度下经过3周,发出新根并形成完整的植株。

微小银杏

微小银杏 G. pusilla Heer。

生长地:内蒙古。

地质年代:上侏罗纪至下白垩纪。

微型盆景播种

微型银杏盆景,主要选材于1年生实生苗。为培育健壮苗木,要紧紧抓住时间适时早播。采取保护地育苗,于1月份催芽,2月份下种。尽量延长银杏苗木的发育天数。要求根茎粗度达到1 cm以上,根系长度30 cm以上。这样,才能为制作微型银杏盆景,提供理想的桩木。

微型盆景嫁接

春播的银杏小苗,至8、9月份封顶即高生长停滞,苗茎达到了完全木质化。此期的银杏小苗,营养丰富、分生组织活跃,可及时予以秋接。接穗采自早实丰产大树上的二三年生枝条,成活率一般可达到98%。接后20余天,便长出新叶。

微型盆景快速制作

6月间采取当年生枝条,剪成10～15 cm长的插条,每根插条上保留4～5枚叶片,为防止幼嫩枝条折断,剪好的插条可在阳光下晒几分钟,见叶萎蔫后,用铅丝由下向上缚绕,同时注意不要碰掉枝叶,然后根据需要将其弯曲成各种形状,造好型后再在清水中浸泡一会,使其恢复常态。扦插基质选稻壳灰为好。插床准备好后,将恢复造型后的插条观赏面朝阳光方向整齐地插在插床上,进行全日照喷雾。约20 d伤口愈合,一个月左右长出新根,50 d后可直接用各种微型盆上盆,上盆后将盆排放在沙床上,盖帘遮阴,每天喷水数次,并可结合喷水喷几次叶肥,半月后转入正常管理。

银杏钟乳枝日常难得,是制作银杏盆景的理想材料。银杏萌动前,将钟乳枝从母体上锯下,削平锯口,涂蜡,以防止伤口渍水腐烂,然后倒置插入疏松、肥沃、排水良好的土壤中,深度为钟乳枝的2/3,插后浇一遍透地水,以后精心管理,入土的茎上即会长出新根,地上部分会发出新芽,2年后即可移植上盆造型。

微型盆景整形

微型银杏盆景的造型,采取两步走的办法,即先造型,后整枝。一旦银杏桩苗嫁接成活,便着手进行造型。由于刚刚接活,接口处尚不牢固,整形时必须小心谨慎。银杏小苗枝条软,木质化程度低,极易扭曲造型。造型时,可以用细铝丝缠绕桩干,任意摆布。铝丝缠绕的角度为45°,距离均匀,稍密些。必须注意缠绕方向。有顺时针与逆时针两种方向,如向右弯时,则沿顺时针方向缠绕;反之向左弯曲,则沿逆时针方向缠绕。缠绕时注意铝丝不能让其松动。

微型银杏盆景的整枝,不能长出一点整一点,须在枝条长到10 cm以上时,一次成形,其他造型技艺与其他银杏盆景的制作相同。

微型银杏盆景

株高25 cm以下的盆景称微型盆景。微型银杏盆景是盆景领域中脱颖而出的一种新类型。它具有体积小、重量轻、占地面积少、容易移动等特点。虽小巧玲珑,却有老气横秋的形态,深受人们的喜爱。微型银杏盆景在制作工艺上,比大、中、小型的银杏盆景省工、省时。但是在造型上则要求更精确。要运用画法中的"写意"法,虽株高微小,却要使其老态龙钟,结出几粒黄澄澄的种实。微型银杏盆景的制作,为体现"小",要突出一个"早"字。

为银杏立碑

王义贞镇观音村一带,明朝初期,人烟稀少,明朝开国皇帝朱元璋,采取移民措施,才使这些地方逐渐有了居民。有一户邓姓移民到了观音村的一条山冲里,选基做房时,正好选在一棵古银杏树下。待住房落成的时候,这棵古银杏成了他家院子里的树。没想到这棵不知生长了多少年的古银杏,不光给这户人家遮了阴,调节了房子的小气候,使一家人老少健康,每年还如期结出又大又多的白果,这些白果一年比一年值钱。过了几百年,这户人家来安陆后的第18代邓世勋五兄弟,都成了家财颇丰的富户。有一年兄弟们在一起喝酒时,想起邓家的发家史,不禁百感交集,对这棵枝繁叶茂的古银杏充满感激之情。兄弟们酒酣耳热之际,商议要为这棵古银杏立块碑,于是兄弟立即行动,很快把碑刻好立成了。如今,这块残碑还在这棵银杏树下,上面留的字还可以辨认出是清嘉庆年间立的。

围尺

亦称直径卷尺。专门用于测量银杏树木胸围长度的带状尺子。有皮围尺和竹围尺两种。围尺的两面或一面上同时刻有围长(周长)和围径(直径)两种相应数值。用于固定标准地中进行每木检尺。检尺时,要使尺身贴于树干,以防止系统的误差偏大。

围绕西天目山的银杏争论

银杏是天目山五绝之一,是历经沧桑而幸存的"活化石",以"古"称绝。这位树木界的前辈到底国籍在哪?出于何地?在科学界争论了上百年,最后才弄清,银杏的活化石幸存于中国西天目山,后来由西天目山向中国的北方传布,从北方传到欧洲,由欧洲传到美洲各地,目前在世界上有50多个国家引种栽培。据说日本有位林学家发表了一篇文章,说"银杏在地球上最早出现于日本"。文章发表后被法国林学家看到了,说:"不,银杏最早在地球上出见于中国西天目山。日本国的银杏是中国唐朝时,由留学生从中国的西天目山引进的。"法国专家为了证实他的论断是正确的,于20世纪70年代初写信到西天目山询问西天目山野生银杏的情况。后来我国组织了技术力量进行调查,主要调查内容为两点:第一,野生银杏的生境,必须是天然的,是人为所不能;第二,树龄必须是西天目山建庙前的。西天目山开山老殿创建于公元936年前后。

维管束

叶脱落后,在叶痕上留下的维管束的痕迹。维管束痕的数目及排列形式,可作为鉴别处于落叶状态的木本植物的依据之一。银杏科植的维管束痕比较明显,可作为鉴别银杏品种的依据之一。

维管植物体内由初生韧皮部和木质部及其周围连接着的机械组织所构成的束。维管束有规律地分布在植物的各个器官中,具输导和支持作用,使银杏树体成为统一的整体。裸子植物维管束中,木质部与韧皮部之间有形成层,能增生组织,称为"无限维管束"。

卫生驱虫剂

银杏叶中所含的6-链烯基水杨酸以及反式-3,5,6,8a-四氢-2,5,5,8a-四甲基-2H-I-苯并吡喃,对蚊虫、虱子、蟑螂、蚂蚁、袋衣蛾、米象等害虫均有良好的驱虫效果。6-链烯基水杨酸中的链烯基指的是在8-12位上有双键的C原子数为13-17的链烯基,这类化合物可以用有机溶剂从银杏鲜叶和干叶中提取。作为驱虫剂使用,并不需要提取出纯的有效成分,只要粗提物就能达到驱虫目的。从鲜叶中提取的方法如下:取5 kg鲜叶,在20 L甲醇中加热回流4 h,滤除叶子,浓缩提取液,可得270 g提取物。从干叶中提取的方法如下:取干叶30 kg,在220 L甲醇加热回流4 h,滤除叶子,浓缩提取液,得到4.8 kg提取物。上述驱虫剂成分可以与载体、添加剂配合,制成各种剂型后使用。在液剂中宜含有效提取物5%~50%,在粉剂中宜含2%~20%。在涂抹使用时,驱虫剂的用量为每平方米涂抹0.01~1 mg。在使用固体剂型时,每立方米使用空间宜放置10 mg以上的有效成分。

未必鸡头如鸭脚

食用银杏,养生延年,古人早用。烤熟银杏的种仁,晶莹透明,味道鲜美滑腻,色、香、味、形俱佳。宋代大诗人杨万里对烤白果有诗云："深灰浅火略相遭，小苦微甘韵最高。未必鸡头如鸭脚，不妨银杏作金桃。"大文豪陆游将银杏种仁做成食粥，赋养生诗曰："世人个个学长年，不悟长年在目前，我得宛丘平易法，只将食粥致神仙。"古代银杏价格昂贵，多为豪门权贵所享用。宋代诗人张无尽有妙文记述："鸭脚半熟色犹青，纱囊驰寄江陵城，城中朱门翰林宅，清风明月吹帘生。玉纤雪腕白相照，烂银壳破玻璃明。"

位置效应

在遗传学和树木育种学中有不同的含义。前者指一个基因随着染色体畸变改变了它对邻近基因的位置关系，从而改变了它的表现型效应的现象。后者指在银杏的无性繁殖中，由于插穗在母树上所处的位置不同，在繁殖后的几年内对银杏所产生的非遗传性质的影响。在银杏嫁接中，接穗不带顶芽者，易产生偏冠。

胃毒剂

胃毒剂是害虫吃了以后，通过消化系统进入体内而使害虫中毒死亡的药剂。主要用来防治咀嚼式口器的害虫。胃毒剂是和带毒食物同时进入害虫的消化系统，被中肠细胞所吸收进入体腔与血液接触送至全身，引起中毒而死亡。有效的胃毒剂应使害虫吃后不会引起呕吐、腹泻而容易溶解于肠胃液中，并易于吸收，如砷酸铝、美曲膦酯等。

萎蔫

由于降水或灌溉不足、高温、干热风袭击、病虫为害、银杏园淹水等原因，导致银杏树蒸腾过旺，水分胁迫，使叶片膨压降低，代谢失调，丧失正常生活状态，出现不同程度的枯萎、皱缩，这种生理症状称为萎蔫。如果萎蔫程度较轻，造成萎蔫的内因和外因消失，水分恢复正常，叶片膨压也恢复，萎蔫症状也消失，称为暂时萎蔫。如果水分胁迫的外因和内因持续，萎蔫时间较长，萎蔫时间延长，程度加重，造成银杏生理代谢不可逆的损害之后，即使内、外因再恢复正常，银杏代谢作用也不能再恢复正常，萎蔫症状无法改变或消失，称为永久萎蔫。永久萎蔫是银杏受严重水分胁迫造成银杏树体死亡的先兆。在现实管理水平下，暂时萎蔫是经常发生的，为了提高银杏园生产效率，必须改变其水分管理，减少或避免永久萎蔫。

尉迟恭拴马银杏树

盛唐时期，陕西长安县百塔寺不仅香火旺盛，而且景色秀丽。寺内一株古银杏树，高20多米，胸径3米多，远望酷似一把巨伞，荫盖一亩多地。相传尉迟敬德大将军从瓦岗寨归顺李渊后，曾多次到天子峪口朝拜，每次到百塔寺，总是将坐骑拴在大银杏树上，直到拜佛完毕才解马而去。唐高宗李渊登位，难忘敬德创建唐室江山的功绩，赐这株银杏树名为"敬德拴马树"。

魏安村银杏

北京西山试验林场有银杏1株，二级古树，位于魏安村。该树生长于香山法海寺遗址处，胸径64 cm，树高8 m，树龄不详。侧枝不发达，长势为渐弱期。1990年林场对该树采取了割灌、松土、除草、扩堰等措施，1992年又进行了扩堰、回肥土。

魏国公红颜酒

来源于《惠直堂经验方》。

配方：莲子（去心）、松子仁、核桃仁、白果肉、龙眼肉各60 g，白酒3 000 g。

做法：将上述各味药捣碎后，与白酒一起放入容器中，密封浸泡15 d即成。

功效：滋阴壮阳。适用于男子身体羸弱，心悸纳差，动则作喘，不耐疲劳，久而未育。

服法：每日服2次，随量饮服，但勿至醉。将白酒3 000 g改为黄酒5 000 g，供不能饮酒者服用，功效相同。

魏晋南北朝——银杏造景初始期

魏晋南北朝时期，道教、佛教兴盛。由于政治局势反复无常，文人士大夫崇尚清高雅致、礼佛养性，他们身居闹市而又迷恋自然山水，因之产生了崇尚自然的自然山水园林和寺庙园林。银杏树是这两种园林造景形式的应用材料之一。东晋著名画家顾恺之（346—407年）根据曹植名著《洛神赋》创作了同名巨幅绢本着色画卷《洛神赋图》，图中有大小银杏树二百余株，用银杏树作为主要衬景配置实属罕见。顾恺之当时生活在江南，他是以江南自然景物作为绘画题材的中国早期山水画家，由此可以想见银杏树在江南自然式山水园林中应用之广泛。1962年5月，南京西善桥宫山北麓发掘一座东晋墓葬，在墓室南、北两壁中部有两幅《竹林七贤与荣启期》模印砖画，图中阮咸"任达不拘"地坐在一株银杏树下"抱阮"轻弹，"妙介音乐"，情态十分生动。1968年8至10月，南京博物院在江苏丹阳县胡桥吴家村和建山金村发掘两座南朝墓葬，墓中有《竹林七贤及与荣启期》砖印壁画三幅，由二百余块砖拼制烧成。砖画中以银杏、青松、翠竹、垂柳和山石做背景，银杏树浓荫如盖，树下的七贤和荣启期人物形态各异。银杏与松、竹、柳、石置于同一画面中，寓意深邃。这时期，银杏树还种植造景于私家庭院中。清代浙江《长兴县志》载，南朝陈武帝陈霸先（503—559年）于故宅广惠（今长兴下箬寺）"手植银杏一株在圣并旁，其大以抱计，须四人接臂方尽，高可十寻，望若缨幢,秋晚微霜染树,与红墙翠瓦掩映夕阳间,自成一幅画稿。已而叶落被迳,人行其下,宛若布地黄金矣。"清代鲍令有诗曰:"千年人代惊弹指,独有参天鸭脚存。"其树今已无存。寺庙园林中也开始以银杏树造景。今存山东郯城县新村官竹寺银杏,据考证为北朝元魏正光年间(520—524年)官竹寺(时称广福庵)僧所植。江西庐山黄龙寺"三宝树"之一的古银杏,据碑文载乃"晋(僧)昙诜手植"。由上所见,魏晋南北朝时期,中国南方(特别是江南地区)已广泛采用银杏树作为园林造景的主要树种之一。

温床

指进行人工加温的苗床。用砖、土或水泥等筑成床框,上覆玻璃窗或塑料薄膜等透光材料而成。床土下填入酿热物(如马粪、藁秆等)使发酵生热,或利用温泉、电热、火热、工业余热等进行人工加温。主要供冬、春季提早育苗用。北方也常用以栽培喜温性蔬菜。银杏催芽不可缺少温床。

温床催根

促进插穗生根的一种方法。利用温床提高地温及湿度,来促进插穗生根。温床向阳,扦插后盖上塑料薄膜。一般宽1 m,深60 m左右,长度根据生产量而定。床底填有麦秸或马粪,上垫细沙或土壤以提高土壤温度,扦插后盖上塑料薄膜。

温带气候

中纬度地区温度季节变化比较明显的气候。因地理位置不同分为温带季风气候、温带大陆气候和温带海洋气候三种类型。我国长江流域以北的东部地区为温带季风气候。夏季风来自海洋,炎热多雨;冬季风来自大陆,寒冷干燥。新疆、甘肃等地为温带大陆气候,全年雨水稀少,以夏季为多,夏热冬寒。西欧为温带海洋气候,全年温和,四季雨量分布均匀。温带气候是适宜银杏生长的气候带。

温德华狄属

系中生代化石叶上表皮具有排列成单行、下表皮成狭窄带状的气孔器。

温度

在温带、暖温带和亚热带气候区,年平均气温在8~20℃范围均适合银杏生长,以16℃最适合。我国大多数银杏分布区年平均气温均在14~18℃之间。银杏能忍耐-20℃~-18℃的低温,并在短时期-32℃的严寒条件下也不会冻死。银杏虽然也能耐短时间40℃的高温,但往往生长势较弱。土壤温度23℃以上时,根系活动受抑制;土层10 cm温度达6℃以上时根系开始活动;土层25 cm处土壤温度达12℃左右时,新根大量形成。新根最适宜的土壤温度为15~18℃。雌株和雄株大于或等于5℃积温值,生长分别在17.6℃和12.3℃时开始萌动;开花的有效积温分别为264.8℃和168.0℃。萌动和开花均以雌株要求的积温值较高。

温度表

气象上无自动记录装置而直接读取温度数值的仪器。常用的玻璃液体温度表由感应部分、表身和刻度等部分组成。内装水银或酒精形成液柱,随温度升降而胀缩。气象台站用的是套管式温度表。温度表的类型有多种。普通温度表的液柱随温度的升降而胀缩。最高温度表用以测定一定时间内的最高温度,测温液为水银。最低温度表用以测定一定时间内的最低温度,测温液为酒精。

温度对种核贮藏的影响

温度的高低对银杏种核的寿命具有十分重要的影响,低温贮藏可以有效地延长银杏种核的寿命。这是由于温度高时,细胞液的黏滞性降低,酶的活性增强,促使种核内部的养分分解和转化。在一定范围内,银杏种核的呼吸强度随着温度的升高而急剧增大,从而加速了贮藏物质的消耗,缩短了银杏种核的寿命。银杏种核贮藏也并不是温度越低越好,因为银杏种核的安全含水量高,如果在0℃以下或更低的温度环境中贮藏,种核内的水分容易冻结,使得种仁细胞受到结构和生理上的伤害,导致银杏种核发芽率严重下降,甚至导致银杏种核死亡。不同用途的银杏种核,其贮藏的适宜温度也不相同。播种用的银杏种核,为了促进胚的后熟进程,不宜采用过低的贮藏温度,通常以2~5℃为宜。用于食用目的的银杏种核,其贮藏温度可以适当降低,但也不宜过低,以免降低其食用品质,通常采用0℃左右温度贮藏。

温度对银杏种核贮藏的影响(贮藏60 d,相对湿度为85%)

温度(℃)	0	3	6	9	12	15	18	21
失水率(%)	6.43	6.68	7.12	8.31	13.12	4.87	16.24	17.62
胚长度(mm)	1.52	1.81	2.02	3.76	4.89	5.63	6.34	6.75
霉变率(%)	0.00	0.00	2.13	4.86	22.73	34.25	67.44	96.39
硬化率(%)	0.34	0.82	1.24	3.87	9.81	15.60	21.82	37.47
呼吸强度[$mgCO_2 \cdot (100 g)^{-1} \cdot h^{-1}$]	1.12	1.23	1.66	2.17	7.83	16.72	22.46	34.72

温度对种萌发和幼苗生长的影响

温度对种萌发和幼苗生长的影响

温度	开始发芽天数	发芽率(%)			幼苗根系长度(cm)	苗高(cm)	苗茎(cm)
		萌发后 5 d	萌发后 10 d	萌发后 21 d			
恒温	8	23.5	35.8	45.6	4.26	3.96	0.22
变温	10	9.0	19.0	36.0	1.98	1.40	0.19

温度与银杏

温度通常包括空气温度(气温)和土壤温度(地温)两方面的内容。空气温度和土壤温度对银杏的生长发育均有显著的影响,而气温的变化又直接影响到地温的变化。据观察,25 cm 深处的地温12℃以上时,银杏开始生长新根,以后随着地温的增高新根逐渐增多,当地温达15~18℃时新根最多,生长也最快,地温超过20℃时,根系生长缓慢,如果再加上土壤干旱,根系生长基本处于停滞状态。银杏萌芽的气温为9~10℃,当气温达14~16℃时,银杏抽枝放叶,进入速生期。当气温超过25℃时,枝条即停止生长。在气候寒冷的北方地区(辽宁沈阳)和气候温暖的南方地区(四川万县),芽萌动期和展叶期相差18~31 d。据观察,在黄河流域以北地区,银杏芽萌动期或展叶期如遇寒潮骤至,气温降至0℃以下,并伴随有冰冻,银杏极易受冻害,主干树皮往往被冻裂。银杏在良好的小地形环境中,通常能忍受 -33℃的绝对最低气温。银杏是暖温带和亚热带的树种,适生于年平均气温12~18℃的地区。1月份平均气温为不低于 -4℃,绝对最低气温不应低于 -25℃。7月份平均气温不超过38℃,绝对最高气温也应不超过40℃。

夏季高温,抑制银杏生长发育。银杏幼树叶片的光合速率以26℃时最高,最适温度为22~28℃。当气温升高到37℃时,光合速率只有最适温度的一半。银杏光合速率的日变化规律是,上午9:30左右光合速率出现第一个高峰值;下午16:00时以后出现第二个高峰值。9:30 - 16:00时,光合速率降低至光合作用"午休期"。这主要是叶温升高,气孔导度下降以及光合产物的反馈抑制所致。5月下旬至8月中旬,降低树冠上空的气温和地温,对于苗木和幼树的生长极为有利。银杏新梢的生长,在暖温带一年生长1次,从中亚热带向南,一年生长2次,形成二次梢。气温低于7℃时,银杏开始落叶。

温室

亦称暖房、暖窖,是具有防寒、加温和采光设备的房屋。主要用于北方或寒季栽培喜温植物。一般利用日光、火炉、火炕、火墙、暖气、工厂余热等加温,因加温和建筑结构的不同,分为暖洞、塑料薄膜温室、玻璃温室和工业余热温室等。温室是银杏催芽必备的条件之一。

温室插床

在温室或塑料大棚内铺设插床,床宽1.2~1.5 m,长度约为温室或大棚宽度的一半。铺多少插床可根据扦插量来决定。具体铺法是:先铺10 cm厚的小石子或煤渣,这样有利于排水,再在上面铺30 cm厚的扦插基质。基质可选用洗净的河沙、锯末、蛭石(一种片状的矿石,建材商店有售)、珍珠岩(建材商店有售)、泥炭土等。可以选用其中一种,也可用两种或多种混合成基质。基质要消毒。可到医药商店购买高锰酸钾或硫酸亚铁,每一份兑水200份稀释后喷洒在基质中。

温室加温催芽

当种核数量较多时采用该法。宜选择保温性能好的房屋做临时催芽温室。催芽所用筐具应使用透水性能强的材料做成筐底。上种时先在筐底铺1层湿麻袋片,其上摊放4~5 cm厚的银杏种核,为了保湿,种核上面再盖1层湿麻袋片,然后立即加温催芽。刚开始时温度控制在30~35℃,待少量种核出现裂口后,温度控制在25~30℃。注意保湿,不时翻动,并用多菌灵杀菌防病,一般6~15 d后,种核可全部发芽。

温室效应

指大气具有类似温室玻璃所起的保温作用。大气能让太阳的短波辐射大量通过,又能强烈地吸收地面放出的长波辐射,使大部分热量被截留在大气层内,从而对低层大气和地面起保温作用。

文化价值

银杏在中华大地沃土上,千年不老,结种累累。或屹立悬崖峭壁,或守护古刹名寺,或树畔屋前宅后,与中华民族同呼吸、共命运。正如古诗所云:"大树龙盘会诸侯,烟云如盖笼浮丘。形分瓣瓣莲花座,质比层层螺鬓头。"银杏之神圣不可侵犯,冰川把地球上生物几乎一扫而光,而银杏却能生存发展。

几百年上千年的银杏树,且使主枝断了可抽更新枝重新形成树冠;即使主干内部腐朽,遭火烧危害,银杏又可发出不定芽,抽出新梢。银杏种种美德就似一股股清泉,渗入荒漠,变为绿洲。

中国传统家庭的凝聚力之强是世界独有,尊老爱幼,世代同堂,银杏却能"五代同堂"。如浙江天目山自然保护区内开山老殿下方海拔 1 020 m 处悬崖峭壁石缝里"崩"出一株干基根部萌发不同年代枝干,形成老、壮、青、少、幼 5 级相互依偎、树冠横展、枝叶层层延伸于峭壁上,恰似一个尊老爱幼、牢不可破"五代同堂"的大家庭。

银杏扇形对称的叶子,由于其叶子边缘分裂为二,而叶柄处又合并为一的奇特形状,又被视为"调和的象征",喻义"一和二""阴和阳""生和死""春和秋"等万事万物对立统一的和谐特质。银杏叶子也似心形,所以又可以看成爱情的象征,寄予两个相爱的人最后结合为一的祝福。德国的伟大诗人歌德深深地被银杏的特质所触动,于 1815 年 9 月 15 日凭诗寄意,写下了题为"银杏"的短诗。

我国历史上著名文学家苏东坡、欧阳修、梅尧臣等人均以银杏为题材,或咏诗赞树,或记录银杏引种栽植,或描绘银杏的内在精神和风貌。

文化学的定义

银杏文化学是以辩证的、历史的唯物主义世界观和方法论作为向标,探讨亘古孑遗、历尽沧桑的银杏与人类文化结缘并相濡以沫的文化现象及其发展现状、未来趋势的一个文化学分支,也是银杏学的一个重要组成部分。银杏文化学以银杏文化为研究对象。它所涉及的文化范畴,主要指精神生产能力和精神产品,或称精神财富。

银杏文化学的内涵是指从精神领域的角度对银杏这一中国特有的珍贵树种的历史、现状及其人文价值、作用进行研究,并将研究成果加以弘扬的特定学术活动和相关学术体系。

文化学的内涵

① 既与银杏的医药、养生、保健、食品、园林绿化、旅游观赏和生物学基础研究等有密切关系,又与文艺、美学、民俗学等社会科学有关。② 既关注银杏的经济、生态、生物和旅游等方面的研究,又提炼、融合其中蕴含的精神价值、文化底蕴,不断丰富发展。③ 在立足银杏树种特征特性研究的基础上,突出对银杏文化所体现和蕴涵的民族精神的继承和发扬,激励国人自强不息、求真务实、包容和谐、多予少取。

银杏文化作为一种社会文化现象,在几千年的历史长河中逐渐充实、融会,是早已存在的不争事实。

文殊银杏

鲁山县四棵树乡庵窟沱寺内有 5 棵古银杏。大者胸围 7.07 m,树高 30.5 m,冠幅 23 m,树干有一空洞,劈裂成长条,触之有锯齿痕。民间传说系巧匠鲁班抽锯了一块木板的残痕。树势生长旺盛,每年可采收白果 500 余千克。寺内有明成化元年《重修文殊庵窟沱寺》碑记,上载:"鲁邑西南偏山坳之间,旧有文殊庵窟沱寺,白云为藩,青峰为屏,绿竹映阶,银杏封宇。"

文天祥手植银杏树

江西永新县才丰乡南华山有一株千年古银杏,树高 42 m,胸径 2.42 m 相传为一代名相文天祥手植。当地政府为这株古银杏办了"医疗保险",一旦发现古树"身体不适",便会及时对其实施抢救。如今,古树焕发青春,雄伟挺拔,浩然正气,直射云天,正如《正气歌》一样,光辉照耀千古。有关部门还拍摄了电视风光片,宣传银杏精神。

文物价值

中国大地上所有的古银杏,都是我国的宝贵文物。它与中华民族同生死,共存亡,是我国悠久历史、传统文化、民族精神、国之兴衰的见证人,具有历史、事件、人物、空间、时间、科研价值,被誉为活文物。植于商的山东莒县浮来山定林寺古银杏树,植于晚宋的鹁鸪山鸳鸯合欢古银杏,颇受宋代苏东坡喜爱的净居寺银杏,都是中华民族的见证、中国历史的见证。

文献的年限分布

年限\学科	1950—1966 文献(篇)	次序	1967—1979 文献(篇)	次序	1980—1992 文献(篇)	次序	文献总量(篇)	所占比例(%)	次序
基础研究	21	2	10	3	136	1	167	28.5	1
栽培研究	3	3	5	2	141	1	146	24.9	2
一般性研究	7	2	6	3	62	1	75	12.8	3
经济与产品研究	60	2	3	2	57	1	75	12.8	3
经营与资源研究	1	2	1	2	60	1	62	10.6	4
园林研究	0	2	0	2	38	1	38	6.5	5
病虫害研究	4	2	1	3	18	1	23	3.9	6
文献总量(篇)	42		35		509		586	100.0	
所占比例(%)	7.3		5.9		86.8				

文献在各学科中的分布

学科\项目	一般性研究	基础研究					栽培研究							园林研究		经营资源研究		病虫害研究		经济与产品研究			总计
		生物学	树木学	生理生化	形态解剖	遗传	生态	良种技术	种子技术	播种育苗	扦插育苗	嫁接	组织培养	人工授粉	栽培技术	园林绿化	盆景	经营管理	资源调查	病害	虫害	经济价值	综合利用	中医药	
文献量(篇)	75	42	48	13	12	25	27	6	5	9	22	28	4	13	59	28	10	10	52	10	13	25	20	40	586
各学科总文献量(篇)	75	167						145								38		62		23		75			
分支学科文献量占学科总文献量(%)		25.1	28.9	7.8	7.2	14.9	16.1	4.2	3.4	6.2	15.1	19.2	2.7	8.9	40.3	73.7	26.3	16.1	83.9	43.5	56.5	20.0	26.6	53.4	
学科文献量占总文献量(%)	12.8	28.4						24.9								6.5		10.6		3.9		12.9			
次序	4	1						2								5		5		7		3			

文献在核心期刊中的分布

单位:篇

期刊名称\年限	植物杂志	江苏林业科技	中国林业	山东林业科技	浙江林业科技	陕西林业科技	森林与人类	林业科技通讯	植物学报	河北林业科技	广西林业科技	总计	所占比例(%)
1950—1966 年	—	2	—	—	—	—	—	4	—	—	—	6	1.0
1967—1979 年	2	—	—	—	—	—	—	1	—	—	—	3	0.5
1980—1992 年	26	13	10	10	10	10	9	8	5	8	7	116	98.5
总计	28	13	12	10	10	10	9	9	5	8	7	125	100.0
次序	1	2	3	4	4	4	5	5	5	6	7		

文学艺术

银杏以其雍容华贵的姿态、纯洁无瑕的品质、顶风傲雪的个性吸引着历代文人雅士的目光,他们争相挥毫泼墨,热情讴歌古老而神奇的银杏。于是吟咏银杏的诗词,赞颂银杏的散文,优美动人的银杏典故传说,有关银杏的书法、画卷等文学艺术珍品大量涌现,在我国文化艺术的长廊中熠熠生辉。

窝根

苗根在栽植穴内弯曲不舒展的现象。原因主要是苗木较大而栽植穴过小，或栽植时不认真按技术规程操作所致。栽植时如果窝根，不仅影响苗木成活，即使成活长势也差，甚至造成死亡。因此，栽植时必须做到"穴大、根舒"。

我国12个主栽品种

Ginkgo biloba L. cv. *Damaling* 大马铃，产于浙江省诸暨市。

Ginkgo biloba L. cv. *Dameihai* 大梅核，产于浙江省诸暨市。

Ginkgo biloba L. cv. *Dongtinghuang* 洞庭皇，产于江苏省苏州市吴中区洞庭山。

Ginkgo biloba L. cv. *Fozhi* 佛指，产于江苏省泰兴县。

Ginkgo biloba L. cv. *Ganlanfoshou* 橄榄佛手，产于广西兴安县。

Ginkgo biloba L. cv. *Luanguofoshou* 卵果佛手，产于浙江省诸暨市马唐。

Ginkgo biloba L. cv. *Mianhuaguo* 棉花果，产于广西兴安县。

Ginkgo biloba L. cv. *Tongziguo* 桐子果，产于广西兴安县。

Ginkgo biloba L. cv. *Wuxinyinxing* 无心银杏，产于江苏省苏州市吴中区洞庭山。

Ginkgo biloba L. cv. *Xiaofoshou* 小佛手，产于江苏省苏州市吴中区洞庭山。

Ginkgo biloba L. cv. *Yaweiyinxing* 鸭尾银杏，产于江苏省苏州市吴中区洞庭山。

Ginkgo biloba L. cv. *Yuandifoshou* 圆底佛手，产于浙江省诸暨市下度。

我国的银杏树奶

我国的银杏树奶

地点	性别	树高(m)	胸径(m)	树奶状况			备注
				数目	长度(cm)	基围(cm)	
贵州盘县乐民乡黄家营	♀	40.0	3.25	多量	200.0	—	
湖南桂阳县荷叶乡何家村	♀	18.0	1.91	23	63.0	69.0	
江苏无锡市惠锡公园	♂	21.0	1.91	1	50.0	—	
江苏泰兴市金沙岸村	♂	22.8	1.93	2	40.0	—	
四川德阳市罗真观	♀	36.0	3.13	1	—	—	
山东莒县浮来山定林寺	♀	26.4	3.97	多量	42.0	56.5	
山东郯城县官竹寺	♂	29.5	3.23	1	125.0	83.0	
山东省郯城县房庄乡	♂	17.5	1.85	1	75.0	116.0	
山东海阳县朱吴乡乐畎村	♀	17.0	0.66	多量	30.0	—	
山东乳山市大孤山乡万户村	♀	26.6	2.17	4	40.0	40.8	
山东荣成县下庄乡下庄村	♀	21.0	1.45	2	—	94.0	
山东沂源县鲁村乡安平村	♀	28.5	2.29	多量	30.0	90.0	圆形、疣状
山东安邱县庵上镇青云寺	♀	33.7	1.82	多量	30.0	—	圆形羞状重叠堆积

我国各地银杏采收时间

我国各地银杏采收时间

地点	一般	最早	最迟	建议采收期
广西兴安	8月中旬	8月上旬	8月下旬	8月20日以后
浙江长兴	9月上旬	9月初	9月中旬	9月8日以后
江苏吴中	9月8日	9月8日	9月15日	9月15日以后
江苏泰兴	9月上旬	9月初	10月初	9月20日前后
山东郯城	10月初	9月底	10月中旬	9月下旬前后

我国各地银杏物候期

我国各地银杏物候期（日/月）

年份	省(区)	县	性型	芽鳞绽开期	萌芽期	展叶期	开花期	种子生长期	新梢生长期	硬核期	种子成熟期	落叶期	休眠期
1985	山东	泰安	♀	13/3	27/8	6–11/4	22/4–3/5	5/5–15/9	—	—	14/9–23/10	21/10–17/11	15/11–15/3
1984		郯城	♀	24/3	5–10/4	15–23/4	18–29/4	3/5–23/9	20/4–30/6	14/6–16/8	16/9–10/10	20/10–15/11	20/11–21/3
			♂	21/3	25/3	15–21/4	18–28/4		18/4–25/6			25/10–19/11	20/11–21/3
1981	江苏	泰兴	♀	20/3	7/4	21/4	12–29/4	3/5–29/9	15/4–5/7	15/6–10/8	10/9–5/10	25/10–26/11	27/11–19/3
		泰县	♂	18/3	5/4	10/4	10–25/4		13/4–10/7			28/10–29/11	30/11–17/3
1981—1982	广西		♀	26/2	10–20/3	25/3–5/4	5–16/4	15/4–25/6	30/3–25/5	25/6–3/8	10/9–5/10	10/10–25/11	25/11–25/2
		灵川	♂	26/2	5–15/3	23/3–15/4	3–15/4		5/4–1/5			10/10–2/12	2/12–25/2

我国西部银杏产业规划产区

①陕中陇东银杏产区。②陕南、川东银杏产区。③重庆、川南银杏产区。④云贵高原银杏产区。⑤桂北银杏产区。⑥藏东、藏南河谷银杏新产区。⑦新疆伊犁河谷银杏新产区。

我国银杏产品与国际接轨存在的问题

①产品质量及质量标准与国际接轨：产品质量为A级、AA级。②环境质量与国际接轨：不打农药，不施化肥，环境质量A级。③产品检疫标准与国际接轨：目前检疫技术落后，检疫仪器落后，检疫对象未国际化。④成本标准与国际接轨：我国现在是不完全成本核算，土地、人力、材料、设备、环境等计算不全面。⑤价格标准与国际接轨：存在差价1倍至几倍。⑥商标标准规范与国际接轨：基本上无国际商标，也不规范，没有自己的特色。⑦专利权与国际接轨：银杏在国际上有几百个专利，唯独没有中国专利。⑧财务会计及结账标准与国际接轨：没有实行。⑨法律与国际接轨：对世贸组织条款研究甚少。⑩金融与国际接轨：没有实行。⑪科技水平和企业管理水平与国际接轨：差距甚大。⑫人才素质结构与国际接轨：差距甚大。⑬产品与国际接轨：银杏所有产品必须达到安全、有营养、可口、美观、廉价、保鲜、绿色产品的标准。⑭市场与国际接轨：所有银杏产品要适应国际市场的需要，而产品要小包装、精包装，不同国家需要不同口味的产品，运用商品心理学，并应注明产品营养的详细说明等。

我国银杏古树年株产白果

我国银杏古树年株产白果

省(区)	县(市)	地点	树龄(年)	株产白果(kg)
山东	泰安	岱庙		250
广西	灵川	海洋九连	220	650
贵州	盘县	黄家营	1 000	1 000
河南	桐柏	—	>1 000	700
甘肃	康县	岸门口张家沟	1 000	80
湖南	洞口	—	>2 000	300~500
湖北	安陆	王义贞镇	>1 000	400
河北	易县	娘娘庙	2 000	400

我国银杏古树资源

古树的重要标志是树龄。那么树龄究竟多大为古？1981年3月在武汉召开的南方七城市树种调查协调会议认为，古树"按百年树龄和胸径大小具体情况"而定。1982年，全国绿化工作会议通过的《加强城市和风景名胜古树名木保护管理意见》提出，"古树一般指树龄百年以上的大树"。同年，国家城市建设总局下发的通知规定：树龄300年以上为一级古树；100年以上为二级古树。根据以上的规定，又由于银杏具有特殊的经济价值、观赏价值和科学研究价值，以及银杏特有的生物学特性，加之中国是古老的文明古国，首先应当明确银杏古树的标准。就全国和银杏的生物学特性来说，银杏树龄在500年生以上，胸径在1.5 m以上，二者条件之一者，即为银杏古树。我国千年生以上的古银杏大约有500余株，胸径2 m以上的有300余株,这些古银杏都是我国宝贵的古树资源。在银杏资源调查和统计整理中发现,银杏古树大多分布在中原地区,云南、广东、广西很少有古银杏,这说明银杏在上述地区的发展历史比中原晚。

我国银杏速生丰产区

该区位于长江流域和华北平原的南部,包括湖南省的怀化、郴州、邵阳、常德、益阳、岳阳、长沙、汉寿、沅江、慈利、祁阳、衡阳、株洲和澧县,湖北省的随州、安陆、南漳、孝感、京山、应城、潜江、黄石、宜昌、钟祥、天门、荆州和公安,江西省的婺源、德兴、上饶、分宜、九江、波阳、景德镇、乐平、万年和南昌,安徽省的金寨、霍山、舒城、歙县、宁国、广德、黄山、宣城、铜陵、芜湖和安庆,四川省的安县、北川、彭州、都江堰、温江、新津、宜宾、雅安、达县、遂宁、资阳、南充和乐山,浙江省的长兴、诸暨、临安、桐乡、富阳、安吉,江苏省的姜堰、泰兴、靖江、如皋、南通、六合、句容、武进、东台、常熟、吴中,河南省的新县、光山、潢川、罗山、信阳、西峡、嵩县,上海市,福建省的浦城、尤溪、政和、建瓯和建阳。该区的气候特点是热量和雨量十分充沛,气候温和湿润,≥10℃的积温在5 000℃左右,无霜期200~300天,年降水量为1 000 mm左右。该区是我国银杏最适分布区,许多银杏生产的重点县(市)都在该区。

我国银杏优良品种

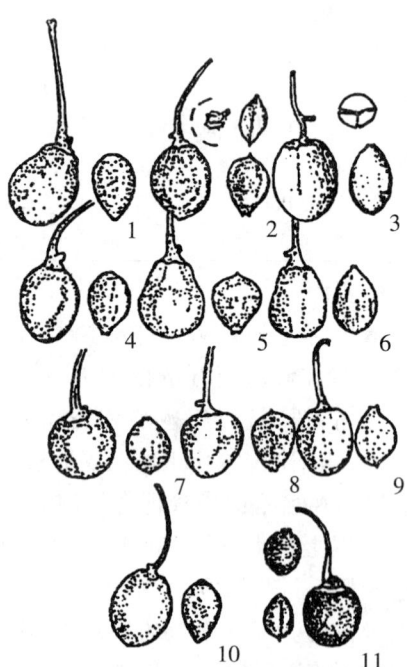

我国银杏优良品种
1.大佛指 2.大佛手 3.洞庭皇 4.扁佛指 5.大马铃 6.大金坠
7.大圆铃 8.卵果佛手 9.长柄佛手 10.七星果 11.大梅核

我国银杏种核分级标准

大小	分级	粒/kg	单核重(g)
特大粒	特级	<250	≥4.00
大粒	一级	251~300	3.99~3.33
中粒	二级	301~400	3.22~2.50
小粒	三级	401~500	2.49~2.00
特小粒	等外	>500	<2.00

我国银杏重点产区白果产量

产区	产量(万千克)	产区	产量(万千克)
江苏泰兴	203~265	广西兴安	60~70
姜堰市	15	灵川	50~60
吴中	40	浙江省	35~45
邳州市	40~50	贵州省	40
山东郯城	80~100	安徽省	10
海阳	2.5	河南省	41.5
湖北省	40~45	湖南省	6.0
四川省	35~40	总计	698~830

我国银杏主要品种(品系)及其产地

产地		品种名称	单核重(g)
山东	郯城	金坠1号	3.3
		马铃3号	4
		圆铃6号	3.04
		大金果	3.56
	泰安	岱皇	3.10
江苏	邳州	扁佛手	3.02
		尖顶佛手	3.27
		铁富2号	3.12
	泰兴	大佛指	3.5
	吴中	洞庭皇	3.53
湖北	孝感	大白果	4
	红安	红安皇	4.15
	京山	京银3号	4.1
		京银17号	3.95
		京银18号	3.8

产地		品种名称	单核重(g)
浙江	诸暨	大梅核	3.6
	富阳	阔基佛手	3.9
	长兴	多胚大佛手	3.5
		大圆头	4.08
广西	灵川	湖田大白果	4
		海洋王	3.6
福建	屏南	闽屏1号大马铃	3.1
陕西		95-015	3.08
河南	新县	龙潭皇	4.03
		新银8号	3.34

我国银杏主要栽培地区

我国银杏主要栽培地区

省(区)	县(自治县、市)
江苏	姜堰市、邳州市、吴中、泰县、泰州、东台、新沂、苏州、扬州、邗江
山东	郯城、海阳、文登、日照、临沂、平度、新泰、单县
浙江	诸暨、临安、长兴、安吉、温州、富阳、萧山、淳安、丽水、建德
广西	兴安、灵川、临桂、全州、桂林
湖北	安陆、随州、南漳、孝感、大悟、京山、宣恩、房县、红安、兴山
河南	新县、光出、西峡、罗山、嵩县、中牟、南阳、信阳、驻马店、濮阳
安徽	宣州、歙县、金寨、宁国、寿县、来安、嘉山、太和、萧县
福建	浦城、崇安、建宁、建阳、顺昌、尤溪、沙县、永安、屏南
湖南	沅陵、淑浦、双牌、宁远、汝城、资兴、新宁、城步
贵州	盘县、务川、正安、思南、道真、惠水、龙里、贵阳、福泉
四川	德阳、泸定、邛崃、安县、绵竹、灌县、成都、巫溪、巫山
陕西	周至、洋县、长安、旬阳
甘肃	徽县、成县、康县
江西	九江、广昌
云南	腾冲
上海	南汇、松江、奉贤
天津	武清
北京	密云
辽宁	丹东

我国银杏主要栽培方式及技术参数

我国银杏主要栽培方式及技术参数

栽培方式	密度(m)	株数/hm²	干高(m)	苗龄(年)	苗高(m)	地径(cm)
矮干密植丰产园	2×3 或 2×4	1 665 或 1 260	0.3~0.4	2~3	>1.5	>1
乔干稀植丰产园	4×5 或 5×6	495 或 330	0.6~2.0	4~5	>2.5	>4~5
速生丰产林	4×5 或 2×3	1 665 或 495	2.0	3~4	>1.5	>2.0
农田防护林	株距6~8	125~167/km	2.5	5	>3.0	>4.0
银粮(菜)间作	8×40	30	>5	6	>3.5	>5.0
四旁栽植	8×10	135	>2.5	5	>3.0	>4~5
城乡绿化	自然式或规则式		>2.5	5	>3.0	>4~5
采叶园	0.4×1.0	25 140	<0.5	2~3	>1.5	>1.5
采穗圃	3×3	1 110	0.3~0.4	2~3	>1.5	>1.5

我国植物药有害物质限量指标

我国植物药有害物质限量指标 (单位:mg/kg)

项目	《绿色行业标准》限量	项目	标准限量	
			绿色行业标准	《中国药典》
重金属总量	≤20.0	六六六(BHC)	≤0.1	≤0.2
铅(Pb)	≤5.0	DDT	≤0.1	≤0.2
镉(Cd)	≤0.3	五绿硝基苯	≤0.1	≤0.1
汞(Hg)	≤0.2	艾氏剂	≤0.02	—
铜(Cu)	≤20.0	—	—	—
砷(As)	≤2.0	—	—	—

我国最早赞颂银杏的诗人

从我国唐朝时期起，一些文人墨客就相继挥笔赞颂银杏。我国最早赞颂银杏的诗人是沈佺期，《全唐诗》卷九十六收有他的《夜宿七盘岭》诗，诗曰：

独游千里外，高卧七盘西。
山月临窗近，天河入户低。
芳春平仲绿，清夜子规啼。
浮客空留听，褒城闻曙鸡。

沈佺期从银杏的内涵出发，发掘了银杏的文化蕴意，诗超凡脱俗。

乌马托鳞片科

乌马托鳞片科 Umaltolepidiaceae，一级短枝之上仅有1个或少数几个（2~3个）胚珠，生在已强烈退缩的苞片腋部或与之相贴生（叶全缘、无柄，部分呈Pseudotorellia型）。

乌马托鳞片属

乌马托鳞片属 Umaltolepis Krassilov，其模式种瓦赫拉梅耶夫乌马托鳞片（Umaltolepis vachrameevii Krassilov）产于西伯利亚布列亚河流域晚侏罗世地层中。这种雌性繁殖器官由一个短柄和顶生的苞片组成。柄的基部具鳞片。种子据推测可能单独着生在苞片的远极面，和苞片贴生。共同保存的叶为线形、披针形、长舌形或镰刀形，不具明显的叶柄。叶片中也发现了树脂体。

瓦赫拉梅耶夫乌马托鳞片

无柄银杏

胚珠器官具长32~43 mm，宽1~3 mm的总柄，柄上有细的纵纹。至少有6枚胚珠簇生在柄的顶端。未成熟胚珠器官的胚珠具长2~3 mm、宽2 mm的珠柄；珠柄顶端膨大成直径约3~3.5 mm的珠托，其中的1~3个胚珠发育成种子，其余的败育。成熟的胚珠器官上不具珠柄。种子圆形，约7.3~8.8 mm长、6~8 mm宽，表面光滑。与胚珠器官伴生的银杏叶较小；叶柄长16.5 mm，宽1.5 mm；叶片扇形或半圆形，长达23 mm，宽约30.5~31 mm；叶最外侧两裂片左右展开的角度大约为110°~180°，分裂2~3次；裂片楔形或倒披针形，宽约2~3 mm或宽2~5 mm，顶端钝圆或截形，裂片内有3~6条平行脉，不明显或明显，至顶端略聚敛，叶脉之间有纺锤形的树脂体。

产地与层位：辽宁义县，下白垩统。

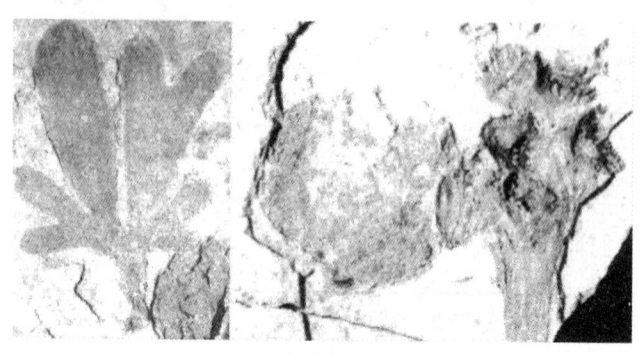

无柄银杏化石

无层形

树体高大，干高2~3 m不等，主枝少且粗壮，能充分发挥树体的长势和结果能力。全树有主枝6~8个，主枝间距1 m左右，以50°~60°开张角度着生于中干之上，不分层次。每一主枝分生2~3个侧枝。结果基枝分布在主、侧枝的两侧或背部，形成一个宽大的扇形结种面。优点是树体能充分发育，主枝稀疏交错排列，透光性好，形成立体结种，产量高，盛种期长。缺点是成形较慢，干性弱的品种不易成形。主要适于乔干稀植园、银杏粮食间作及"四旁"栽植，如江苏泰兴的结种大树多为此树形。

无层形的修剪

适于高干稀植园、银粮间作及四旁栽植。树体高大，主干高2~3 m不等，6~8个主枝不分层次，主枝间距1 m左右，成50°~60°角开张，每主枝留2~3个侧枝，结种短枝自然分布在主侧枝上，形成扇形的树冠。优点是树体能充分发育、主枝稀疏交错排列、透光性好、立体结种、产量高、盛种期长。缺点是成形较慢、干性弱的品种不易成形，要注意适当去除内膛枝。

无醇口服液

配方①：甘氨酸5 g，褐藻酸钠3 g，银杏叶提取物1 g，水至5 L。配方②：甘氨酸5 g，甘油—月桂酸酯2.5 g，银杏叶提取物1 g，水至5 L。配方③：银杏叶提取物5 g，尿素饱和水溶液10 g，水至1 L。配制方法：在配方①和②中，先用5 g 20℃的水溶解甘氨酸得水溶液，然后将1 g银杏叶提取物干燥粉末溶解在甘氨酸水溶液中，溶解后加入褐藻酸钠或甘油—月桂酸酯，最后用水稀样至总量为5 L。在配方③中，先将银杏叶提取物溶解在20℃的尿素饱和水溶液中,溶解后用水稀释至1 L。

配制口服液用乙醇溶解银杏叶提取物制得含醇口服液,不适于不饮酒的人服用。但银杏叶提取物难溶于水,如添加氨基酸、维生素、尿素、表面活性剂等含氮化合物可达到增溶目的。

无干密植采叶园

株行距(30～40)cm×(100～120)cm,定植后,当年不整形,加强肥水管理。第二年早春,在离地面7～10 cm处剪掉苗干,保留2～3个芽,萌发长枝后秋季采叶。第4年早春或第三年冬初短截。以后每隔两年短截和疏剪一次,每株保留4～6根壮条,不留分枝。

无机肥料

无机肥料即化学肥料和矿物质肥料,其特点是成分较单纯,一般含有1种或几种元素,养分含量高,肥效迅速,后效期较短,便于贮运和施用。长期单独施用化肥,对土壤易产生不良影响。

无机农药

又叫矿物性农药,不含结合碳元素的农药,是用矿物原料经加工制造的。根据其化学成分有含砷、氟、硫等化合物,如白砒、氟硅酸钠、硫黄、波尔多液等。在银杏生产中常用上述几种农药。

无机营养

银杏所需要的养分都是无机物,即从空气中吸收CO_2,从土壤中吸收各种无机盐类。因此银杏的营养称为无机营养。

无霜期

指春季终霜至秋后初霜的一段时间。初霜终霜日期每年不同,故一般所称的无霜期是累年平均终霜日期至平均初霜日期之间的天数。各地无霜期长短不同,总的特点是:北方比南方短,内陆比沿海短。它的长短直接决定一地生长季的长短。

无心糖白果

江苏镇江市一向以旅游胜地著称,该市焦山公园浮玉斋饭店的无心糖白果是一特色。相传,百余年前焦山和尚用当地产的一种无心(胚)白果,制成了甜点心,名曰"无心糖白果"。

做法:在成熟前一个月采下白果,去外壳,剥去内皮,用刀背轻轻压扁,使其有裂纹易于入味,放入清水中煮10 min,再加糖,稍煮后加入桂花,再用淀粉调稀勾芡,装碗即成。

保健功能:此点心所用白果小,若似青豆,翠绿似玉,香糯且嫩,汁甜如蜜,鲜润爽滑,芳香浓郁,泌人心肺,乃甜品中之佳品。

无芯银杏

种子中等大小,扁圆,两端平顶,端圆钝而饱满,基部平而微凹,纵径2～2.75 cm,横径3 cm,种柄长3 cm,单种重12.1 g。种核阔卵状扁圆形,棱翼不明显,纵径2 cm,横径2.1 cm,厚1.6 cm,胚乳发达而无胚是其主要特点。种心亦无苦味。主栽于江苏苏州洞庭山、镇江焦山,上海南江县,山东乳山市、临朐县。

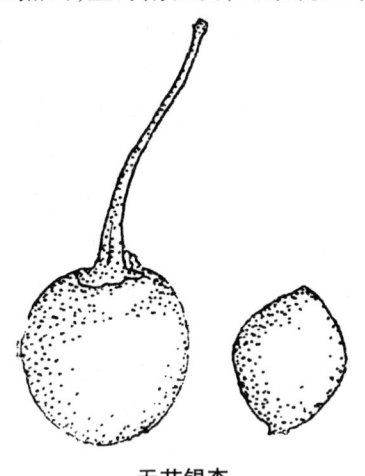

无芯银杏

无性繁殖

利用银杏部分营养体,如茎、叶、芽、根等进行繁殖而获得新植株的繁殖方法,也称营养繁殖。通常包括分株、扦插、嫁接及组织培养等方法。无性繁殖可以将被繁殖对象的所有特性复制保留下来,后代整齐一致。无性繁殖的优点还可以固定某种特异变异,可以通过无性繁殖方法把它稳定地传递下去。无性繁殖完全摆脱了种子休眠问题,而且减短了童期。无性繁殖在银杏和其他果树繁殖中占主导地位,是果树生产中最基本、最常用的方法。

无性繁殖法

不经过生殖细胞的结合,由母体直接产生子代的繁殖方法。在银杏中一般用树体的茎(或枝条)、芽、根和叶子等营养器官进行繁殖。

无性繁殖林

由母株营养器官起源形成的森林。根系萌蘖、地下茎萌芽形成的林分,都属无性繁殖林,主要用于阔叶树的天然更新。

无性系

是由一株银杏用无性方式繁殖出来的所有分株的总称。用于繁殖成无性系的原始植株,通常称无性系原株,由它繁殖出来的个体,称无性系分株。

无性系测定

在子代测定的基础上,挑选最优个体,用其营养器官通过扦插或嫁接所繁衍的个体群进行田间对比试验。其目的是为生产上提供优良的无性系,实行无性系造林。无性系测定适用于能用无性方法大量繁殖的银杏,但应注意穗条的位置效应及砧木与接穗的交互作用。

无性系多代同株

银杏的具体发育过程是:当第一代主茎进入成年木阶段,其胸径和树高已达到生长的最大值时,主茎不是中窄便是断裂,这时便从第一代主茎根茎处沿周边萌蘖出若干根蘖苗。在根蘖苗数量不多的情况下,蘖苗会得到非常迅速的高生长和粗生长;在根蘖苗数量极多的情况下,其中只有少数几株会快速发育成第二代主茎。这时,原植株的营养系统将全面转移到次代的生长上去,个体即步入第二代生长发育时期。经过百年以上至数百年的生长发育之后,第二代主茎再次达到树高和胸径生长的极限值时,又会在第二代主茎基部周围长出第三代的根蘖苗,则第二代植株的营养生长将向第三代转移,个体将进入第三代生长发育时期。条件允许时还会有第四代、第五代的生长。观察认为,每代主茎生长发育的极限年龄在300~500年,当个体达到第四代或第五代时,植株往往形成一巨大中空的复合树干和树群。银杏的多代同株现象其最多能有几个代是个值得进一步研究的问题,也是银杏长寿的关键所在。

无性系选育

银杏无性系是指某一银杏原始株通过无性繁殖而形成的无数分株的总称,它们具有完全相同的遗传特征。银杏无性系选育是指从易于无性繁殖的银杏群体中选出不同起源的优良单株,进一步通过无性繁殖形成无性系,再通过扩大繁殖、区域试验,按一定育种目标和要求,对各无性系进行比较鉴定,评选出最优无性系,最后推广应用于生产的整个过程。无性系选育是银杏育种的最常规手段,能使杂合体的基因型材料,通过无性繁殖和无性系测定,形成遗传型和表现型一致的群体,它们不仅继承了母株的加性效应,还继承了母树的显性和上位效应,可能获得最大的遗传增益,性状稳定,不产生性状分离。

无性系选育的方法与程序

无性系选育可分为混合选择法和单系选择法两种。混合选择法是从入选的单系上采集枝条混合繁殖。单系选择法是从选种工作的开始,一直按单系采条,分别繁殖。依据对材料的取舍方式,无性系选育又可细分为正选法和负选法。从少数优系上采集枝条进行选育为正选法;淘汰少数劣系,从其余多数株系上采集枝条进行选育为负选法。

银杏无性系选育一般为单系正选法,经过预选、初选、复选和决选4个阶段。

①预选。在银杏种质资源圃内,或在野外直接对生长的银杏进行普查预选。选择符合选育目标的多个预选株系,编号挂牌、登记,并认真观察,连续进行3年以上。凡无明显病虫害症状、各项指标优于被选群体平均值的,均可确定为初选株系。预选株系约占被选群体总数的10%。

②初选。用预选单系扦插或嫁接在复选区,对主要目标性状做出进一步鉴定并进行选择。每个初选系为1小区,每小区5~10株,3~5次重复,栽植密度和各项管理措施与当地生产园相同。要根据银杏用途的不同制订详细的观察记载和统计分析项目,其中重要的有:主要物候期观察、整体生长情况、产量因素统计、主要病虫鉴定等。根据多年观察研究对比,凡无明显病虫危害、目标性状非常优良的无性系可进入复选。

③复选。复选即品种试验,主要任务是在不同生态条件下对优良无性系的适应性和生产性进行最后的鉴定。

④决选。决选即品种审定,是在复选的基础上,对优良的无性系进行最后鉴定,并经品种审定机构组织评审,做出能否命名推广的结论。

无性系选育注意事项

由于银杏童期较长,无性系选育中存在着以幼年性状推断成年性状的现象,在扦插苗和嫁接苗还没有机会完全表现其性状之前就过早做出结论。因此,对无性系做早期测定时,需要注意时间因素。可能一些表现性状存在一定的幼—成年相关,但另一些性状则可能随树龄的增长而变化,故无性系测定需要一定的观察时间。若已知该性状的幼—成年相关性很强,那么测定的时间可以缩短一些。对江苏泰兴境内的所有银杏雄株进行了调查,以花粉产量、花序长度及数量、花粉内含物等为指标,筛选出了南林-B1、南林-B2、南林-D1等几个优良无性系。从全国各地收集了经过初步筛选的13个优良叶用单株,进一步以黄酮和内酯含量、单株叶产量等为指标,筛选出了黄酮和内酯含量及单株叶产量都很高的3个优良叶用无性系E4、E2和E6。

无性系选择

从半同胞或全同胞群体中,经家系间或家系内选择,挑选优良的单株建立无性系,经鉴定评选出优良无性系,用无性方式繁殖推广。无性繁殖能保持优树的优良性状,因此,无性系选择比起其他育种方式能获得更大的增益。同一无性系具有相同的基因型,所以,在同一无性系内选择是无效的。

《吴都赋》

西晋(265—316年)左思(约250—305年)撰,成书于公元3世纪后期。书中记述林果树近百种,其中有"平仲櫄挺,松梓古度"之句,西汉之前银杏称"枰",自晋始银杏又称"平仲"。明清之际的思想家、科学家方以智在他的《通雅·植物》一书中记述为:"平仲,银杏也。"

吴宽(明)

明朝诗人吴宽收到济之赠送的银杏之后,写下了七言律诗答谢。

错落朱提数百枚,洞庭秋色满盘堆。
霜余乱摘连柑子,雪里同煨有芋魁。
不用盛囊书后写,料非钻核意无猜。
却愁佳惠终难继,乞与山中几树栽。

五大类群种实和种核特征

五大类群种实和种核特征

识别点	长子类	佛指类	马铃类	梅核类	圆子类
果形	长橄榄	长卵圆	广卵圆	近圆或广椭圆	圆球形
核形	长橄榄	长卵圆	广卵圆	长椭圆似梅核	圆形
核长:宽	2:1	1.5:1	1.2:1	1.2:1	1:1
顶端	凸尖	凸、凹、平	尖或凸	具小尖但不凸	尖或凸、凹
基端	凸尖	两束迹近或合二为一	两束迹宽大,间石质相连似鸭尾状	两束迹小而近,合生间石质相连	两束迹大且明显间距大或合二为一
长宽线交点	中点正交	交于长线上1/3	交于长线上或下2/5处,上大下小或反之,上下间有一隐约可见的线,下部比佛指宽而短	中线正交将核分成四象限,上下形状无别,中隐线稍显	中线正交并分成四象限,边缘弧形,上下形状无别
侧棱	明显但不成翼	上明显,下不明显	明显,种核宽处棱边宽呈不明显翼状	上下均明显,但不呈翼状	上下明显,中部宽处有翼
背腹	肥厚相同	均饱满	厚度相同,有时背圆而厚,腹略扁	背圆,腹稍平,核略扁	核较圆胖,或背圆厚腹平

五木同堂

浙江省新昌县大佛寺有一株高大的古银杏树,树上寄生有女贞、桂花、紫檀、樟树,人称"五木同堂"。古银杏树高30 m,树龄约800年,在离地面3 m的主干枝凹处,长有一株5 m高的女贞树,与银杏树浑然一体,树龄虽近百年,仍生机盎然。再向上2 m枝丫处长有一株桂花,已历经10多个春秋。再上1 m寄生着一株紫檀树,高达5.5 m,树龄有50年之久。离地面18 m高的分枝处,还长有一株树龄15年的樟树,也是生机勃勃。这株"五木同堂"奇树,一年四季花果不断,五彩缤纷的枝叶和累累硕果相映成趣,令人陶醉。

五塔寺的古银杏

北京动物园后面,有一座造型奇特、雕刻精美的古建筑五塔寺。该寺是明永乐初年由一位西域高僧在明成祖朱棣授封的一块土地上仿照印度著名的金刚宝座塔建造的。这是我国现存同类佛塔中最古老秀美的一座。塔前两侧簇拥着两棵高大的古银杏,其中较大的一棵胸高直径1.88 m,相传都是明代遗物。五塔寺原名真觉寺,于明成化九年(1473年)建成后,终日香烟缭绕,梵音远播,清乾隆皇帝曾在此为他母亲做寿。清朝末年,外国侵略者肆意践踏中华大地,五塔寺惨遭劫难,一场大火使100多间殿宇化为灰烬,银杏树也受"株连",被烧得伤痕累累。大幸的是这古树与金刚宝座塔竟保存了下来。如今,这里已成为国家重点文物保护单位,银杏树也得到适度保护,长得十分茂盛。每年10月下旬树枝上缀满了金橘般的银杏,在夕阳下显得分外鲜亮夺目。阵风吹来,扇形般黄叶随风飘摆,像结群的彩蝶在空中翩翩飞舞。银杏也不时从树上坠落,滚得满地都是。苍苍古木,历尽磨难,500 m高龄的母树,竟还能如此结实,说明它仍处在生命的峰巅。

五月田野

雄株,树形柱状。狭窄,向上,生长缓慢,枝条较短。

五指银杏树

信阳市浉河区吴家店镇阳河村桂花树湾有一棵古银杏树,树龄大约1 300年,干高不足1 m,却长出五大主枝,形似手掌,人们称其五指银杏。地围粗有8.5 m,冠幅直径19 m,好奇的是,五大主干中间,有一尊孙悟空塑像,民间传说孙悟空一个筋斗能行十万八千里,但却没跑出如来佛祖的手掌,故又称"佛掌树"。至今仍枝繁叶茂,年年结果累累。古银杏像一巨掌支撑着这片天地,当地居民敬之为神树。

午休现象

在包括绝大部分果树在内的 C_3 植物中,于晴天中午的强光下,即使其他生境因素保持最佳状态,光合速率还是明显下降,这种现象称为午休现象。影响光合作用的外界条件,每天时时刻刻变化着,所以光合速度在一天中也有变化。光合过程一般与太阳辐射进程相符合,从早晨开始,光合作用逐渐加强,中午达到顶峰,以后逐渐降低,到日落则停止,成为单峰曲线。在晴天无云而太阳光照强烈时,由于水分在中午供应不上,气孔关闭,二氧化碳供应不足,光合产物淀粉等来不及分解运走,积累在叶肉细胞中,阻碍细胞内二氧化碳的运输。这些因素都会限制光合作用的进行,光合进程便呈双峰曲线。南方夏季日照强,银杏午休更加普遍,在银杏生产上应适时灌溉,以缓和午休现象,增强光合能力。

武冈双银杏

武冈文庙泮桥两侧的银杏,雌雄异株,树高 20 余米,目前为武冈十景之一。《武冈县志》载,晋陶公手植双银杏于渠滨,掩映青浓波。陶公即陶侃(259—334 年),字士行,西晋太安年间任武冈县令,后加西征大将军,都督八州军事。其任武冈县令时手植双银杏,至今 1 700 余年,双银杏历经沧桑。

武夷 1 号马铃

位于武夷山市吴屯端宕寺,海拔 300 m,唐朝建寺时种植,树龄约 1 100 多年,树势旺壮,主干高 9.7 m,树高 28 m,冠幅 11.5 m×12.3 m,分枝 18 层,分枝角度中等,树冠椭圆。短果枝结种 3~5 个,平均 4.2 个。种实倒卵圆形,先端圆钝,基部微窄小,种蒂近圆形,梗长 3.8 cm,成熟时种皮橙黄色,有白粉,油胞明显,纵横径 3 cm×2.4 cm。种核长倒卵形,先端微圆顶端尖,基部有二小突,纵横径 2.4 cm×1.7 cm,核形指数 1.41,单核每千克 435 粒。胚乳白色,无苦味,甘美。出核率 26%,出仁率 70%。近年年产量 50 多千克。花期 4 月初,成熟期 8 月下旬,属早熟种。

武夷 2 号早马铃

植株位于武夷山市岗谷乡村中,屋后沟边。海拔 420 m,树龄约 1 300 余年,主干高 3 m,胸围 5.9 m,长满了大大小小的乳瘤,树高 21 m,分枝 8 层,冠幅 8.5 m×7.4 m,主干已空心,中上层分枝已多次折断又再生更新,形成乱头形,但每年尚能结种,短枝结种 1~4 个,平均 3.2 个。种实形与武夷 1 号相似,纵横径 3 cm×2.8 cm。种核卵圆形,先端圆钝微尖,基部小尖,纵横径 2.35 cm×1.64 cm,厚 1.3 cm,核形指数 1.43,单核重 2.27 g,每千克 440 粒。胚乳黄,无苦味,甘美。出核率 25%,成熟期 8 月下旬,属早熟种。

武夷 3 号早马铃

位于武夷山市下阳乡厅下村半山腰,海拔 500 m,树高 8 m,胸围 2.8 m,树冠呈乱头形,分支 5 层。种实广椭圆形,顶园钝而基部平阔,顶点有小尖头,纵径平均为 3.05 cm×2.87 cm,种梗扁,长约 3 cm。种核特别丰肥,先端钝尖,基部园宽,中部以上始见棱线,翼不明显,纵横径 2.44 cm×1.65 cm,厚为 1.40 cm,每千克有 392 粒。出核率 22%,出仁率 69%,胚乳黄红色,苦味不明显。丰产,花期 4 月 4 日至 4 月 8 日,种实 8 月中旬成熟,为早熟种。

舞毒蛾

舞毒蛾 Ocneria dispar L.,属鳞翅目,毒蛾科。在银杏分布区和银杏分布区以外,为害多种针阔叶树和果树,严重时整株树叶和嫩枝被吃光。此虫分布很广,食性很杂,大发生时,甚至为害农作物和杂草。

中等大小,雌雄两型现象十分明显。雌蛾体较大,翅展 40~90 mm,体色较浅,白色而略带灰或浅褐。前翅花纹变异很大,有时几乎完全消失,但在典型情况下,具 4 条锯齿状黑色横线,中室有一黑点,中室端部横脉中有"<"形黑纹。前后翅。缘毛均黑白相间。腹部粗大,被淡黄色毛。

一年发生 1 代,以幼虫在卵内越冬,翌年 4~5 月当取食树种发芽时孵化,幼虫有吃卵壳的习惯,树上不残留卵块痕迹。初孵幼虫成群留在树干上,温暖的晴天仅几小时,在清凉而多雨的天气则为几天,以后爬到树冠上开始取食。如卵不产在寄主树种上,孵出的幼虫吐丝悬垂,借风吹播扩散。舞毒蛾的扩散主要靠 1 龄幼虫顺风方向蔓延。7 月间,老熟幼虫在树干上、树皮内或枝叶间,吐丝固定虫体化蛹,不结茧。7 月下旬至 8 月上旬羽化不久开始交尾产卵。雄蛾白天常在林内翩翩飞舞,被称为"舞毒蛾"。雌蛾不大活动,常停留在树干上。在冬季暖和的地方,卵多产于树干上部或粗枝上;冬季寒冷的地方,则产在树干基部。卵成块,上厚覆以雌虫腹末体毛,因而在树干上明显可见。绒毛使卵块能忍受 -20℃ 的低温和水的长期浸淹。成虫有趋光性。

舞毒蛾繁殖的有利条件是干燥、温暖、稀疏而由其主要寄主树种所组成的纯林。

防治方法:①成虫期灯光诱杀,效果显著。②冬季人工刮除卵块。③幼虫期喷洒滴滴涕乳剂；或用5.5%滴滴涕粉剂喷洒1~3龄幼虫，杀虫率均在90%以上。④在银杏丰产园、城市公园、防护林区，人工释放卵寄生蜂以及捕食性天敌，均会收到显著效果。

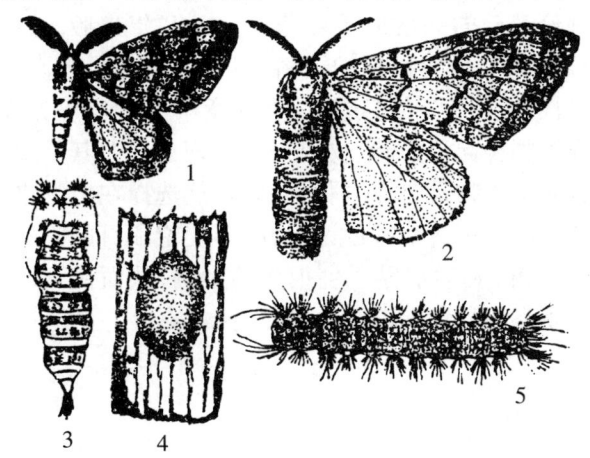

舞毒蛾
1.雄成虫 2.雌成虫 3.蛹 4.卵块 5.幼虫

物候

主要指银杏的生长、发育、活动规律与非生物的变化对气候的反应。银杏的冬芽萌动、抽叶、开花、结实、落叶，与物候有密切关系。非生物现象，例如，始霜、始雪、结冻、解冻等，也属物候现象。我国有关物候的记载甚早，《吕氏春秋》等书中已有记载。物候可作为指导银杏生产栽培技术的一种依据，也可用以预报天气的参考。

物候观测

对银杏的各种物候现象发生的时期，如发叶、开花、结实、落叶等所进行的观测。银杏物候观测项目主要有：芽膨大开始期、银杏芽开放期、开始展叶期、展叶盛期、花蕾或花序出现期、开花始期、开花盛期、开花末期、第二次开花期、种实成熟期、种实脱落期、叶变色期、落叶期等。物候观测简便易行，可以补充用仪器观测气象要素的不足，并可帮助银杏生产合理安排生产活动，确定育苗、采种、防治病虫害的合适时间。银杏物候期又分为形态物候期和生殖物候期。

物候谱

以不同线条或符号绘示银杏在一年内随季节变化的物候进程。编绘物候谱带时，带的长度要与观察的月份相当，宽度可视银杏在群落中的多度或盖度的大小而增减，以便提供数量概念。从物候谱上可以看出银杏各发育阶段开始和结束的日期，以及在不同时期银杏进入各发育阶段的大致相对数量。

物候期

银杏年生长发育的规律性，是与一年中季节气候的变化相联系在一起的。在形态上、生理机能上的各种生命活动现象都是按着一定顺序产生的。在正常情况下，绝不会逆转，如根系活动、萌芽、新梢生长、果实发育、花芽形成、自然落叶、休眠等，这在果树栽培学上称为果树的"生物气候学时期"，简称"物候期"。我国银杏分布地域广，又因物候期受多种因子的影响，很难会表现出一致性。根据调查和观察，银杏物候期除受当年气候的影响外，还受品种、类型、实生树、嫁接树、雌株、雄株、小气候、海拔高度、经纬度、植株营养状况等多种因子的影响，如1984年在山东省泰安市的观察，由于春寒，就同一株雌株来说，萌芽期较一般年份迟5 d。嫁接树又比实生树迟3 d。雄株又比雌株萌芽期早3 d。

物候特征与气候因子

1992年1月至1998年11月对广东省南雄市的古银杏及于1998年1月至1998年11月对广东省和平县的银杏树进行了物候观测和调查。结果表明，南雄银杏树的叶芽平均于3月上旬开始萌动，4月中旬开花，8月中下旬果实成熟。和平县银杏于2月底萌芽，3月底开花，8月初果实完全成熟。该调查探讨了南雄银杏花期及成熟期与气候因子的关系。研究表明，南雄银杏花期的迟早与当年2月份的平均气温及2月、3月份气温日较差平均值有关，2月份平均气温高，花期早；2月和3月份气温日较差大，花期将推迟。观测和研究表明，南雄银杏从开花至成熟平均需大于0℃的活动积温3 446 d·℃。花期至成熟期的天数平均在132 d左右。

物候相

随季节变化出现的外貌特征。在银杏调查时，常以各种符号表示。如"—"表示花前营养期；"A"为花穗出现或抽穗；")"为开始开花；"O"为花盛期；"C"为花凋落；"+"为花已开过但种子尚未成熟；"#"为种实全部成熟；"⌒"表示结实后的营养期等。

物候学

亦称"生物气候学"。研究银杏的生命活动现象与季节变化关系的科学，比较和分析不同地区银杏冬芽萌动、抽叶、开花、结实、落叶的日程。我国古代劳动人民重视自然季节现象与银杏生产的关系，并且以它指导银杏生产。

物理机械防治

物理机械防治就是利用某种器械和各种物理因素（光、热、电、温、湿度和放射能等）来防治病虫害的方法。利用人工和一些器械防治病虫害，方法简单易行但费劳力，有时不够彻底。目前对于尚无其他有效防治法的病虫害或在药械供应不足的情况下，以及小面积集体经营的一些经济作物果园与苗圃等,利用人工防治病虫害仍然具有相当重要的作用。而我国现代建设事业和科学技术的发展,对应用各种物理和机械设备来防治病虫,提供了极为有利的条件。

物种

简称"种"。具有一定的形态和生理特征,以及一定的自然分布区的生物类群,是生物分类的基本单位。一个物种中的个体,一般不与其他物种中的个体交配,或交配后一般不能产生有生殖能力的后代。物种是生物进化过程中,从量变到质变的一个飞跃,是自然选择的历史产物。

《物种起源》

一译《物种原始》,英国博物学家达尔文著《通过自然选择的物种起源》(On the Origin of Species by Means of Natural Selection)一书的简称,是奠定生物进化理论基础的一本最重要著作。1859年出版。达尔文根据二十余年积累的资料,以自然选择为中心,从变异性、遗传性、人工选择、生存竞争和适应等方面,论证了物种起源,即生物界进化的现象。尤其重要的是说明了生物是怎样进化的,即自然选择在生物进化中所起的作用。给特创论、物种不变论和目的论以沉重的打击,对学术界产生很大的影响,从而使正确的进化观点在科学上占了优势。

X x

西伯利亚似银杏

西伯利亚似银杏 Ginkgoires sibiricus (Heer) Seward。生长地域：山东、河北、辽宁、吉林、内蒙古、陕西、青海。地质年代：早侏罗纪至晚侏罗纪。标本叶呈扇形至半圆形，具柄，柄长30 mm，叶分裂成约等的两部分，每部分再深裂或浅裂2棚次，形成4~8枚裂片。外侧裂片夹角10°~14°。裂片长舌状，中部稍宽，长20~45 mm，宽4~10 mm，顶端钝圆，基部缓缓收缩。叶脉清楚，相互平行，除在基部分叉外，在其他部位不分叉。每枚裂片有脉8~14条。角质层未保存。比较：标本裂片长舌状，顶端钝圆，基部缓缓收缩。叶脉较稀，与模式标本一致，而有别于相近的种。

西部地区发展银杏产业的六结合

西部地区发展银杏产业，要用新思想与新做法；要以生态环境建设为中心，发展银杏产业与生态环境建设相结合，要与退耕还林工程相结合，要以振兴当地经济、发家致富工程相结合。发展银杏要以抓好点、带动面、推广新经验、新技术相结合，就是试验、示范、推广、总结、提高、再推广相结合。发展银杏要以实现祖国大地山川秀美工程相结合。

西部地区发展银杏产业的六项原则

①坚持生态优先，三大效益兼顾的原则；②坚持发展与保护并重的原则，以保护好现有银杏林、银杏古树名木为基础，将银杏保护与发展基地建设相结合；③坚持依靠科学技术的原则，大力推广应用先进的科学技术和实用技术，提高建设成效；④坚持工程科学管理原则，强化检查监督与效益监测，确保资金使用效益；⑤坚持国家、地方、集体、个人一起上，逐步实现国家投入为主，多渠道筹集资金原则；⑥坚持统一规划、分步实施、突出重点、稳步推进的原则。

西部地区发展银杏产业的战略措施

①深入广泛的宣传银杏的价值；②明确银杏战略发展目标；③坚持因地制宜发展总体布局；④制定发展银杏的技术策略和优惠政策。

西埠头古银杏

植株位于北安河乡西埠头村娘娘庙大殿前，一株树高16 m，胸径123 cm，另一株树高12 m，胸径107 cm。娘娘庙始建于何年已无从查证，仅从遗留的两碑石记载为大明弘治正德年间，曾两次重修，故推算古树年龄约在470余年。由于村民们曾在树下大炼钢铁，部分枝干已枯死，近几年由于加强树下管理，干枝萌生不少新枝。

西峰寺古银杏

一级古树，树龄1 000年以上。胸径232 cm，树高32 m，冠幅24 m×25 m，占地面积约1亩，主干高大通直，无干枝，现每年结果累累。古树下有一石碑，记载古树树龄1 000年以上，前几年石碑破损，部分字依稀可辨。据《宛署杂记》记载："西峰寺在李家峪，唐名会聚，元时改为玉泉。正统元年太监陶熔等重建，敕赐今名。

西观音堂的古银杏

树龄：估计1 000年以上。树冠面积：18.5 m×25 m。树别：雌株。干高：9.5 m。树高：29 m。干周：9.4 m。

西汉张骞植白果树

汝阳县城关镇西马兰村有一寺院名叫桃源宫，宫内有一巨大的古银杏树，量其胸围4.05 m，树高24.5 m，冠幅东西为19 m，南北为23.7 m；树前立有石碑，据碑文记述，桃源宫始建于西汉太初庚辰（公元前101年）张骞出使西域回来途中见有此物（白果树），便将此树枝条折下两根作马鞭杆，然后带到洛南宜阳插入桃源宫，结果这两根银杏细棍，惊人般地成活了，其中一株毁于南北朝时期战火中。另一株在宋代，金人占据中原后，要伐此树作器用，宫中道士拦阻说："此树有通天神灵，万万刀斧不得！"金人听后惊果，便急忙磕头求免。至今白果树已逾2 070岁，根深叶茂，巍然屹立。此碑是1995年10月2日立，树龄应为2 080年。

西玛津

一种三氯苯类的疏导型选择性除草剂。纯品为白色结晶，微溶于水，有机溶剂。化学性质稳定，加热至沸时失去杀草作用，对金属无腐蚀性，对人、畜、蜜蜂、鱼类毒性均很低。西玛津属于疏导型选择性除草剂，可通过杂草根部吸收，经过木质部向地上部疏导，抑制光合作用，使叶尖和叶缘发黄，甚至全叶干枯死亡。西玛津水溶性差，易被土壤吸附，随雨水向下渗透能力差，所以只能杀死一年生的浅根杂草，如对稗草、狗尾草、鸭舌草、三叶草、苋菜、蓼、苍耳、马龄苋等杂草有良好的防除效果。西玛津残效期长，施一次药可以控制作物整个生育期的杂草。在圃地或园地杂草萌动时，每亩用 50% 可湿性粉剂 0.5~0.6 kg，加水 50~75 kg 搅拌均匀后喷雾，施用时最好在无风的晴天，尽量防止雾滴飘到银杏茎叶上。施用过西玛津的苗圃、园地，当年和第 2 年都不宜间种豆类、瓜类、花生、马铃薯、向日葵、小麦、油菜、棉花、早稻、蔬菜、草莓等浅根性作物。使用过的喷雾机械要彻底洗净。

西南高原山区自然分布区

该区包括四川、贵州、广西北部，湖南西部、湖北西部的高原山区地带。区内多山、平地少，山峦重叠，陵谷交错。长江三峡及其支流沅江、岷江、乌江等穿过其间。该地区属中亚热带湿润气候，冬无严寒，雨量充沛，年降水量 800~1 000 mm，年平均相对湿度 80%。土壤为红壤或黄壤，pH 值为微酸到微碱性。历史上银杏资源相当丰富，深山区常与松、杉等混交，曾因乱砍滥伐，相当一部分资源受到破坏。应采取封山育林、改换良种之措施，以恢复和发展银杏生产。广西壮族自治区的临桂、兴安、灵川等县，为该区银杏生产的集中产地，栽植银杏有数百年历史和丰富的经验。山间谷地和"四旁"隙地都可以因地制宜发展银杏，银杏生产潜力相当大。

西天目山 167 株银杏最大径和平均胸径

西天目山 167 株银杏最大径和平均胸径

上部保护区

大于 10 cm 茎数	株数	群体（%）	最大茎的平均 DBH（cm）	标准差（cm）	最大茎极差（cm）	伐桩数
1	36	50	54.2	30.1	5~123	6
2	18	25	50.0	17.2	13~83	3
3	9	12.5	60.8	30.2	18~107	3
4	3	4.2	85.3	20.6	57~109	0
5	4	5.6	71.8	23.3	47~101	1
6	2	2.8	81.3	40.2	52~110	0
总数	72	100	57.0	28.2	5~123	10

下部保护区

大于 10 cm 茎数	株数	群体（%）	最大茎的平均 DBH（cm）	标准差（cm）	最大茎极差（cm）	伐桩数
1	64	67.4	48.2	22.7	13~121	16
2	21	22.1	47.2	24.7	7~105	6
3	7	7.4	60.6	21.4	39~96	2
4	2	2.1	30.S	22.9	14~47	2
5	1	1.0	21.3	-	-	1
总数	95	100	48.3	23.2	7~121	27
合计	167	100	52.1	25.7	5~123	37

西天目山雌雄同株银杏

西天目山银杏存在雌雄同株现象。分析了雌雄同株现象产生的原因，认为西天目山银杏雌雄同株是银杏自身繁衍中一种特殊现象。对银杏种群繁衍极有利，是西天目山野生银杏存在和发展的多样性表现形式。

西天目山的银杏天然林及种群

经实地考察已获得第一手资料：双清溪森林古迹样带式路线考察立木分布平面图，西天目山双清溪天然林中银杏及伴生树种调查总表，双清溪天然林中银杏种群调查明细表；"5 代同堂"银杏的树木形态学调查研究，禅源寺古森林群落的成分、结构及性质考察等。在充分分析的基础上认为，双清溪天然林原应属于典型"落叶与常绿阔叶混交林"群落，现正进入"针阔叶、落叶与常绿阔叶混交林"演替阶段。该演替系人为干扰的一种"偏途演替"。银杏种群参与了演替和历史发展的全过程。因此，它们应该是野生的。"5 代同堂银杏"建议正名为"无性系多代同株银杏"比较恰当。禅源寺古森林群落是双清溪沟谷天然林的延伸和残余部分,可简称为"禅源寺古森林残存群落。

西天目山古银杏雌株种核指标

类型	种径比	核径比	单核重(g)	每千克粒数	出核率(%)	出仁率(%)
1. 糯佛手	1.24	1.785	2.815	356	21.13	82.1
2. 卵佛手	1.13	1.53	1.827	548	22.2	76.8
3. 小佛手	1.15	1.51	167	598	22.9	88.9
1. 梅核	0.99	1.27	2.29	419	21.3	80.8
2. 圆核	1.01	1.302	2.64	379	26.8	82.2
3. 小圆核	0.98	1.26	2.24	447	20.73	73.9
4. 小梅核	0.93	1.21	2.18	459	19.5	76.9
1. 圆马铃	1.03	1.41	2.49	402	23.5	77.5
2. 长马铃	1.11	1.486	2.49	403	20.4	76
3. 马铃	1.04	1.44	2.354	425	20.7	76.8
4. 小圆铃	1.103	1.465	1.684	594	23.9	72.3

西天目山古银杏种实主要性状

类型	种径比	核径比
佛手类 1	1.173	1.608
马铃类 1	1.071	1.450
梅核类	0.977	1.260

西天目山十株银杏树高和胸径值

地点	海拔(m)	树高(m)	胸径(cm)
禅源寺后	360	22.4	118
荆门庵	450	16	115
红庙	400	31.7	121
忠烈寺	370	25.8	109
仰止桥	500	28.4	117
五里亭上	230	25.8	98
东坞坪	720	25	118
老殿前	1 020	23.5	113
狮子尾	980	27.5	123
老殿后	1 050	28	111

西天目山无银杏野生种群

有关西天目山野生种的论述,均未说明浙江省西天目山银杏群体是野生种令人置信的根据,大多是以讹传讹,互相传抄。我国老一代树木学家陈嵘(1933)认为"野生者则绝无"。同时他认为(《中国树木分类学》,1937),"今则唯在中国及日本尚有遗种可见,然均系人工栽植,并非野生。"曾免(1935)在"浙江诸暨之银杏"一文中指出,"唯野生者至今尚未寻获。"李正理于 1957 年指出,银杏的野生种"始终还没有得到确切的证实"。Foster A. S. 等(《Compative Morphology of Vascula Plants》,1974)认为,"在中国遥远的地区和尚未开发的森林中,有否银杏的野生种存在,许多人认为尚是一个没有解决的问题。有些证据相信银杏也许有野生种的,不过许多植物学家一般认为这种可能仍是栽培种的后代"。裴鉴在《江苏南部种子植物手册》一书中写道"在我国栽培已有很多年代,但没有找到野生的(浙江西天目山据说有野生银杏,但我们未发现有野生苗)。"刘棠瑞则认为,"银杏为古生代 2 亿年前之遗留物,已无野生种。"王伏雄等(《植物学报》,1983)认为,"迄今没有发现自然生长的原始林。"吴俊元等在《植物资源与环境》1992 年第 2 期上发表了"天目山银杏群体遗传变异的同工酶分析"一文,文章认为"从对其进行遗传变异的分析来看,认为该群体很可能是僧人在寺庙旁栽植的银杏留下的后代……假如天目山的银杏属野生起源,那么在其漫长的进化过程中,应该产生许多基因突变来丰富群体的遗传变异;加之,银杏为雌雄异株植物,其交配系属远交类型(outcrossing system),群体应该表现出较大程度的遗传变异性,而事实与之相反,因而其野生性值得怀疑"。这是当前从群体遗传变异角度证实西天目山银杏群体"其野生性值得怀疑最高水平的论断"。1989 年 10 月 5 日至 10 月 15 日,美国阿诺德树木园的 Peter Del Tredici 先生对西天目山的银杏做了详细调查,他认为"在西天目山人类活动近 1 500 年的条件下,要解决长期争论的野生性是很困难的,争论的焦点首先应明确'野生'的概念是什么,而不是树木本身的生态特性"。而吴俊元等人的文章却部分解决了这一问题。西方的植物学家 Sargent C. S. (1897)和 Wilson E. H. (1914,1919)等,于 19 世纪末和 20 世纪初在亚洲做了一些野外调查后认为,野生银杏可能已经绝迹,现存的银杏是佛教徒在寺庙旁栽植后而存下来的。

西天目山野生银杏

浙江西天目山"五世同堂"古银杏矗立于悬崖峭壁处,雄伟壮观,老壮青少幼济济一堂。原浙江省文联党组书记、副主席袁一凡观此,诗兴大发,感慨系之,遂作《天目山野银杏》一诗:"悬崖峭壁巍然立,华盖蟠株遮碧天。亿万载前传物种,冰川浩劫幸绵延。千年古树春犹在,五世同堂枝叶鲜,林木之家称寿者,全球银杏共尊先。"

西天目山银杏雌株类型划分

天目山自然保护区内土壤肥沃。雄株极多,大部分雌株年年果实累累,平均年产量在 3 000 kg 左右,就连树龄1500 年的"五代同堂"古树也年年结种,高产年份可达百余千克。在禅源寺内的一株银杏,树龄八百余年,侧枝也不多,冠幅 8 m×9 m,但基本上每年结种 80 kg 左右,而且颗粒大(佛手类),质量好,有甜味,可生食。根据调查结果,参照曾勉先生的分类方法,依据种实,种核形状、大小等特征,将天目山银杏(早)划分为佛手、马玲、梅核 3 大类、11 个小类。

西天目山银杏分布与生长

西天目山自然保护区内海拔 300～1 200 m 的山坡丛林中和沟谷两侧,散生或呈小块状分布的银杏古树,20 世纪 60 年代以来,浙江省林业厅、Peter – Del Tredici 及周骋等,先后对其株数、分布地点、生长状况、雌雄株类型等做过详细调查。吴俊元还对西天目山银杏种群做过表型分析和同工酶测定。由于调查目的、方法、时间不一,结果不尽相同,但自然保护区内 300 年以上古银杏共 200 多株则较一致。其中胸径 1 m 以上的 7 株,散布于海拔 300～1 050 m 之间。按生长状况,200 多株古银杏可分为四种情况:①由实生苗长成的幼树;②实生树主干基部未萌发或萌发 1～3 个次生树干;③主干高大的 300～500 年实生老树,其基部萌发一级或二级次生树干;④千年以上的实生古银杏树,有主干早已枯死,从根基周围萌生多代次生树干。如开山老殿下方海拔 1 000 m 的悬崖峭壁处,有一株老、壮、青、少、幼"五代同堂"的古银杏,枯死的根桩直径在 2 m 以上,从根桩周围萌生 20 多个次生树干,最大的高21.1 m,胸径 75 cm;有 15 株胸径在 10 cm 以上。在仰止桥上方的一株古银杏,根桩直径 2.54 m,根桩周围萌生 6 个次生树干,其中最高的一株高 28.4 m,胸径 117 cm。

西天目山银杏古树自然分布

西天目山银杏古树主要生长在海拔 300～1 200 m 的自然混交林中,呈零星或小片状分布。除山脚(禅源寺)、山腰(开山老殿)一带部分银杏古树(树龄 300～500 年)为僧侣栽植外,西天目山银杏古树大多生长在悬崖沟谷地带,呈现出野生分布的特征。

西天目山银杏群体的遗传变异性与其野生性

西天目山上的人类活动已有 1 500 多年,因而使得解决有关西天目山银杏野生性问题的长期争论变得非常困难,但从对其进行遗传变异的分析来看,认为该群体很可能是僧人在寺庙旁栽植的银杏留下的后代。因为银杏是现存种子植物中最古老的孑遗植物,是世界著名的"活化石",其进化世系可追溯到侏罗纪(Jurassic),大约 1 亿 9 千万年之前,假如西天目山的银杏属野生起源,那么在其漫长的进化过程中,应该产生许多基因突变,丰富群体的遗传变异;加之,银杏为雌雄异株植物,其交配系属远交类型(outcrossing system),群体应该表现出较大程度的遗传变异性,而事实与之相反,因而其野生性值得怀疑。当然。影响一个群体遗传变异的因素很多,群体大小和繁殖方式可能也会影响西天目山银杏群体的遗传变异。

西天目山银杏树的古老性

西天目山 200 余株银杏古树,胸径 1 m 以上的银杏有 10 株,树龄在 1 000 年以上,其树体高大雄伟、粗壮苍劲。尤其山谷丛林中尚存的不少银杏古桩,已是多代共生,年龄数千年以上,可能是第四纪冰川之后幸存的实生古树后裔。

西天目山银杏树的群生性

西天目山银杏古树萌生力极强。许多古树除有高大的主干外,同一干基常有多代萌生树干生长,有一树成林的景象。最典型的要数海拔 980 m 左右的"五世同堂"古银杏,老大似龙腾飞跃、斜向悬崖;老二粗壮高大、曲折向上;老三雄伟挺拔、直指蓝天;老四修长俊俏、奋发图强;老五则争先恐后茁壮成长。西天目山如此繁盛的银杏家族有 25 株之多,实属古树奇观,令世人刮目相看!正是由于西天目山银杏这种顽强的自然适应能力,使其在自然界生存竞争中成为优胜者,在第四纪冰川后得以复苏繁衍。这充分显示了西天目山银杏种质资源的原生性,牢固树立了其在地球上的"霸主"地位。

西天目山银杏树的野生性

西天目山银杏古树根系十分发达。有的扎根悬崖峭壁,有的盘根沟谷岩石隙间,呈现十分顽强的生命力。如生长在七湾里的几株古树,有的树根裸露地表,但盘根错节,树干基部还萌生小树奶,且树体大多老态龙钟,树龄近千年。在这些人迹罕至的悬崖沟谷地带,人为种植谈何容易,它们应是天然更新繁衍而成。

西天目山银杏向外传播契机

银杏于 2 世纪初期（宋朝）由中国引种到日本，然后由日本传入欧洲。分别于 1730 年引种到荷兰，1754 年引入英国，1768 年引入奥地利，1784 年银杏引入美国。西天目山是中国银杏传入日本的发源地之一。《西天目山志》记载，"日本留学僧，从西天目带去天目盏（又名'天目木叶盏'，是天目山寺院中招待贵宾的茶具）、银杏种子和高峰、中峰、断崖画像及手书……"。据此断定，在宋朝和元朝佛事交往频繁时，来天目山留学僧人或赴日和尚曾将银杏种子带至日本。

西天目山有银杏野生种群

银杏是原产于亚洲东部——中国、朝鲜半岛和日本的珍稀树种，是世界上现存种子植物中最古老的孑遗植物，是著名的"活化石"。而我国目前是否有银杏野生种群存在，已被国内外许多植物学家争论了 100 多年。争论的焦点集中在浙江省西天目山的银杏群体，根据梁立兴多年对浙江省西天目山银杏群体野生性文献的检索和对其银杏群体的实地考察，认为浙江省西天目山银杏群体的野生性值得怀疑。历史的回顾——两种截然相反的意见。胡先骕（《生物学通报》，1954）是坚持我国具有银杏野生种较早的植物学家，他提出"除栽培外，仅在浙江偶有野生种存在"。李惠林（《Bullmorris Arboretum》，1956）则认为"银杏有野生种"。同时李惠林又提出"在中国东南部可能仍有野生的银杏，而这种活化石的最后定居地是沿着浙江的西北和安徽的东南一带的山区。"林协（1965）在他的"我国的珍贵古树——银杏"一文中明确指出"现在世界上只有浙江省西天目山一个狭小的深山地区，残存着为数不多的野生种"。郑万钧（《中国植物志》第七卷，1978）认为"我国浙江西天目山有野生状态的银杏"。李星学等（1981）在《植物界的发展和演化》一书中写到"银杏树还是一个珍贵的树种，只在我国浙江西天目山海拔 500~1 000 m 的天然混交林中还有野生的植株"。郑万钧（《中国树木志》，1982）认为"在浙江西天目山海拔 1 000 m 老殿下有野生银杏，寺庙附近有栽培的银杏……"。佟屏亚（《果树史话》，1983）认为"全世界只有我国浙江西天目山海拔 400~1 000 m 的幽深峡谷里，还保留着为数不多的野生银杏树"。日本医学博士仁木繁编著的医学科普《银杏叶健康法》（1988）一书中认为"日本也有银杏原生种"。何凤仁（《银杏的栽培》，1989）则认为，"当时银杏在世界各地冻死后，仅我国安徽东南部，气温还不过低，以致银杏有少量残存"。成俊卿（《中国木材学》，1992）认为"在浙江西天目山海拔 500~1 000 m 地区尚有野生混交林"。除上述外，《观赏树木学》《秦岭植物志》等书中也坚持了银杏具有野生种的意见。

西天目山自然保护区

天目山自然保护区，位于浙江西北部，属南岭山系，由江西的怀玉山脉北延至安徽南部构成黄山，向东折入浙江西北形成龙塘山，西天目山和东天目山，总面积约 32 万亩。西天目山居中，主峰仙人顶，海拔 1 506 m，位于东经 119°25′，北纬 30°20′。1956 年成立天目山自然保护区，面积为 15 270 亩，其中绝对保护区面积 9 780 亩，基本坐落在天目的南坡，主要包括横坞、火焰山、青龙山、白虎山、里曲湾、外曲湾、里外横塘、地上殿和仙人顶等部分。现有森林蓄积量达 11 万立方米，其中毛竹 927 亩，立竹 27 万株。覆被率 90% 以上。天目山是一古老山体，早在四万万年前的古生代下志留纪加里运动，由海底抬升达准平原状态，后到中生代白垩纪燕山运动，发生多次的火山喷发，基底褶皱破裂，使古生代沉积岩上又覆盖着火成岩，形成了现在的以靠细斑岩为主的山体，山麓有少量的沉积岩分布，区内地势高峻，断层突生，奇峰怪石林立，深沟峡峪众多，构成复杂多变的地形地貌。天目山主要有两条山涧，汇合于三里亭，为天目溪之源，经分水江，注入钱塘江。根据天目山的地理位置，其气候属亚热带季风型气候，一年中气候的季节性变化明显，其气候特点为冬暖夏凉，雨量充沛，相对湿度大，雨、雾、霜、雪期长。山麓与山顶的气候相异甚大。山麓是春花怒放，山顶还是白雪茫茫，山麓是暑气逼人，山顶则是凉爽宜人。由于受气候、植被、地形的基岩的影响，天目山土壤类型复杂，并呈现一定的土壤垂直带谱分布规律。在海拔 600 m 以下基本上为红壤。土层山峪较厚，山脊较薄，质地转黏，多为棕黄色、红黄色，有机质分解较快，腐殖质层薄，pH 值 5.5~6.5，土壤肥力一般。海拔 600~800 m 之间，为红壤向山地黄壤的过渡类型。海拔 800~1 200 m 为山地黄壤，质地疏松，土层厚薄不均，多为坡积土，腐殖质层较厚，表土多为褐色、褐黑色，下层棕黄色，pH 值 5.5 左右，土壤肥力较高。海拔 1 200 m 以上为山地黄棕壤和次生黄壤，由于气温较低，湿度较大，有机质分解慢；枯枝落叶层厚，土壤表层棕褐色，下层黄棕色至棕黄色；pH 值 5.5~6.0，土壤肥力一般。在火焰山和青龙山部分地段还有石灰性土壤分布。以上划分的土壤分布带是相对的，在某些地段没有明显的界线。天目山自然保护区距杭州 90 km，离临安市城 41 km，每天均有直达班车，交通方便。保护区内有一条从山脚直通仙人顶长 9 km 的石砌大道，沿此道上山，天目山的森林景观、自然风景、名胜古迹大部可收在眼底。天目山自然保护区范围不大，但却代表着长江中下游典型的森林景观，保存有参天大树——千年古柳杉林，活化石——野银杏及其他许多珍稀物种；自古以来，在涵养水源、调节气候、保持水土等方面也起着积极的作用，更因距沪、杭、宁等大城市近，交通方便，是一个教学、科研、旅游不可多得的宝地。最近在天目山的华严洞内发现了剑齿象、大熊猫等15种古哺乳动物群化石，对古生物、古地质的研究有一定意义。为此，天目山被划为国家级自然保护区是当之无愧的。

西天目山自然保护区的银杏

通过对银杏起源发展历史与西天目山地质发展历史的关系；银杏野生与西天目山人类活动的关系；西天目山银杏种群调查结果和分布的特点；银杏野生性与伴生植物古老性的关系；银杏种群数量稀少与西天目山食果动物的关系；银杏孑遗与西天目山冰川的关系等方面的综合分析，提出：①银杏既然在地史上广泛分布，那么它的孑遗野生存在地就不会仅为一狭窄范围；②人类活动是影响西天目山银杏野生状态的主要因素；③人类对银杏种实的长期利用和食果动物的长期存在是影响西天目山银杏种群密度的关键性因素；④银杏伴生植物的古老性可以证明银杏是自然的和野生的。

西天目山自然保护区野生银杏种质资源

①首先要不断地在保护区内外广泛宣传保护好天目山野生银杏种质资源的重要性，使广大干部、群众意识到西天目山野生银杏有别于一般栽培的银杏，是受国家法律明令保护的，绝对禁止任何人为破坏。通过宣传，也使自然保护区管理者意识到，保护野生银杏是西天目山自然保护区有别于其他自然保护区的一个重要方面，保护好野生银杏在国内乃至世界都具有重要意义。②采取严厉措施，制止目前存在的破坏野生银杏种质资源的行为。维持保护区内野生银杏种群始终处于良好的野生状态。要依照法律，严格禁止采集自然保护区内半野生银杏的叶子和种实，严格禁止采挖树根，对违反者将按情节轻重给予相应处理。立即停止自然保护区半野生银杏产品的承包经营活动。③确立保护半野生银杏种质资源同保护其他植物资源同等重要的观念，甚至保护好半野生银杏种群比保护好其他保护植物更为重要。不能因为保护区内银杏数量较多而放弃保护管理。④在今后的建设和发展中，特别是今后的生态旅游活动中，旅游线路的设计和旅游设施的布置，都要考虑对自然保护区半野生银杏种质资源的影响，或者采取有效措施加强保护。⑤积极支持当地群众发展银杏种用林和叶用林，提供种苗和技术服务，争取到当地群众对保护区保护半野生银杏种质资源的支持。

西天目山自然概况

浙江天目山国家级自然保护区位于浙江西北部的临安市境内，地理位置在北纬30°18′30″~30°24′55″，东经119°24′11″~119°28′271″，离杭州市区90 km。总面积为4 284 hm²，主峰仙人顶，海拔1 506 m，为浙江省西北部主要高峰之一。保护区范围位于山体南坡。气候具有中亚热带向北亚热带过渡的特征，并受海洋暖湿气流的影响较多，森林植被茂盛，高山深谷、地形复杂。保护区内由山麓至山顶，年均气温8.8~14.8℃；最冷月平均气温2.6~3.4℃，极值最低气温-20.2~13.1℃，最热月平均气温19.9~28.1℃，极值最高气温29.9~38.2℃，≥10℃年积温2 500~5 100℃，无霜期235~209 d，年雨日159.2~183.1 d，年雾日64.1~255.3 d，年降水量1 390~1 870 mm，年太阳辐射4 460~3 270 MJ/m²，日照时数在1 550~2 000 h之间，四季变幅在0.42~0.57℃/100 m间，气温年较差在24.7~22.5℃之间，月较差在10.6~6.0℃之间，相对湿度76%~81%。保护区是浙江最大积雪地区，平均初雪日12月20日，平均终雪日3月13日，降雪日数为84~151.7 d，积雪日为30.1~117.4 d。保护区内海拔1 200 m以上为棕黄壤带，海拔1 200 m以下为黄红壤带，黄红壤带又可分为海拔600~800 m到1 200 m的黄壤带和海拔800 m以下的红壤带，土层厚度在100 cm以上，腐殖质层达30 cm，pH值4.7~5.9，土壤结构良好。

吸品

美国著名生物学家赫威·布朗斯丁博士通过大量研究发现，银杏叶中含有一种叫银杏苦内酯的有效成分。它能够化解吸烟者脑部积留尼古丁毒素而造成的瘾性生理病灶，对解决吸烟与健康问题有重要意义。发现导致了银杏叶吸品的诞生。利百加银杏叶吸品是一种以银杏叶为主要原料加工卷制而成的香烟替代品。它不含烟草，无尼古丁毒害，能帮助吸烟者戒断烟瘾，减少毒害，是一种健康型香烟替代品。并且它燃吸时烟气柔和浓郁，芳香可口风味别具一格，能提神，带给您另一番感官精神享受。

吸品的诞生

20世纪末，正当烟草行业界人士描绘烟草高级革命的蓝图，并声称新开发的烟草替代品在理论、技术及方法方面暂时还是空的时，在另外一个领域——一个鲜为人知的非烟草领域，一种名为吸品的产品悄然诞生。1997年这是一个对每个中国人都不陌生的年份，1997年7月1日中国政府庄严向全世界宣布中国正式收回香港主权，世界著名自由贸易港——亚洲经济贸易中心枢纽——香港终于回到了祖国的怀抱,全国人民都沉浸在胜利的庆祝和喜悦当中。也正是在这一年的 7 月,一种新的消费概念正在被发掘出来,并通过国际知识产权PCT 公约通路沿各种途径,悄悄传向世界各国,这就是吸品消费。吸品是一种由银杏为原料制成的可供人们抽吸的产品。它不是烟草制品,或者说它不是香烟,吸品和香烟完全是两码事,不要把两者等同对待。相互比较,两者各成不同风格,它们产生的烟雾成分千差万别,烟雾的状态一样,可以说,吸品消费完全是一种新的消费概念,打个比方,如果把香烟比作传统烈性酒,如西方的威士忌或中国白酒,那么吸品就像现代人消费的啤酒或咖啡。

吸品的作用

银杏叶吸品的配制充分考虑了吸烟者为什么有吸烟的习惯,它同样能满足吸烟者的感官及精神需求。①在娱乐休闲方面:作为一种健康型的香烟替代品,本品适宜作为吸烟者娱乐休闲之用。②在精神感官方面:本品烟气饱满、口感浓郁、风味独特,会带给您另一番美好享受,成为吸烟者替代佳品。③在解除瘾癖方面:本品特含尼古丁抗体(银杏苦内脂),能化解吸烟者因脑部积留尼古丁毒素而造成的瘾性生理病灶,在戒断烟瘾,减少毒害方面有特效,使您在轻松快乐中戒断烟草。因本品不含尼古丁,所以不会使人上瘾。④在被动吸烟方面:因本品不含尼古丁,所以,吸入二手烟的人不会对身体有所损害。

吸品功能特点

利百加银杏叶吸品具备三大主要功能:①香烟替代功能;②戒断烟瘾功能;③减毒保健功能。

吸品是利百加

利百加可以通俗地理解为"有利的一面成百倍的增加",也就是"吉利百倍增加"的意思。吸品或者说利百加的价值体现在以下三个方面。第一个有利的方面是能替代香烟,但无成瘾性。这对尚具空白抽烟史的青少年和抽烟尚未成瘾的准烟民有重要的意义,可有效防止这两类人沾染及形成烟草成瘾依赖,做到防患于未然,百利而无一弊。利百加第一个价值成功实现有利百倍增加,这就是百一百。第二个有利方面是能化解和消除烟瘾。利百加能从感官和神经两个方面帮助烟民迅速摆脱烟草。前者能很快使烟民对传统烟草香烟的味道产生陌生感。后者烟草中特含尼古丁(nicotine),它能使人的大脑神经兴奋,产生瘾性生理病灶,利百加中特含银杏苦内酯(bilobalide),它能打通脑部的神经脉络,化解尼古丁毒素所造成的瘾性生理病灶,使之重新恢复到正常活跃状态。这是一个化解烟毒的过程,同时也是一个解除烟瘾病灶的过程。利百加毫无痛苦,毫无保留地解除了人们对烟草的依赖,这对吸烟成瘾而希望戒烟的烟民有重要意义。可有效帮助他们顺利摆脱烟草依赖,再造新生,恢复健康人生,百利而无一弊。利百加第二个价值成功实现有利百倍增加,这就是百再百。第三个有利方面是减少毒害,从而对烟民起到保健作用。如果您不想戒掉烟草,那么只要抽吸利百加也能起到减毒保健效果。首先利百加中没有烟草特含的尼古丁、烟草燃剩颗粒状成分(俗称烟草焦油)等统称为烟草毒素的大量有害物质,相对减少了对人体毒害,起到减毒作用。其次,利百加中的银杏叶原料中,含有大量对人体有益的有效成分,随燃烧产生烟气的过程中被释成细微颗粒状态,并被吸入人体内部,经肺部进入人体血液循环,从而达到保健效果。这对那些烟草的忠实消费者有重要意义,可有效减少烟草对他们的严重生理毒害,最大限度地保护这些正常烟民的身体健康,作为一种吸食用的烟民健康品,百利而无一不利。利百加第三个价值成功实现有利百倍增加,这就是百更百。

吸品与香烟的比较

吸品与香烟的比较

	烟草	银杏叶吸品
1. 心脑血管系统	产生自由基	清除自由基(黄酮)
	增加胆固醇含量	降低胆固醇含量(银杏内酯)
	使血管收缩、脆性增加	扩张血管,使僵硬的血管恢复弹性(银杏内酯)
	导致高血压、动脉硬化、冠心病	降低高血压,防止动脉硬化、冠心病(黄酮、银杏内酯)
	导致脑血栓和阿尔茨海默病	防止脑血栓和阿尔茨海默病(黄酮、银杏内酯)
2. 呼吸系统	慢性支气管炎、肺气肿、肺癌	防止呼吸道过敏性疾病(银杏内酯)
3. 中枢神经系统	损伤脑细胞,损害记忆力,引起神经官能症	提神、打通脑部神经脉络、增强记忆力、集中精神(银杏内酯)
	导致大脑缺氧	增强大脑耐缺氧力(6-HKA)
4. 内分泌生殖系统	性功能减退,丧失	恢复性功能(综合因素)

吸收根

吸收根只具有初生结构的新生根,多数着生在各末级根上,其主要功能是从土壤中吸收水分和矿质营养,有合成作用,生理活性强,在生长季总量占根吸收面积在90%以上,一般长度为1~4 mm,粗度为0.3~1.0 mm,寿命短,一般为15~25 d,吸收根的数量、质量和寿命受到银杏生长状况以及土壤状况的影响。

吸胀作用

吸胀作用是胶体吸收水分并扩大其容积的过程。如干燥种子的吸水;其吸胀力量有时可达 1×10^8 Pa。它保证种子在含水量较低的土壤中也能吸水萌动。

稀土

稀土是重要矿产资源,稀土是超导材料的重要组成部分。稀土元素独特的电子层结构具有优异的磁光电等特性,广泛应用于冶金机械、电子信息、石油化工、能源交通、国防军工、高科材料、银杏栽培和加工等多个领域。稀土是当今世界各国发展高新技术、国防尖端技术、航天科技不可缺少的战略资源。稀土资源目前不论是产量、出口量、应用量,我国均居世界首位。稀土依成矿条件有的分成8种,有的分成10种成因类型。

稀土对银杏生长的影响

对3年生叶用银杏园田间试验结果表明:①与对照相比,50 mg/kg和100 mg/kg浓度的稀土分别使叶产量增加25.22%,和20.084%,叶中黄酮含量增加了20%和22.4%,但400 mg/kg浓度的稀土抑制银杏苗高生长。②50 mg/kg和100 mg/kg稀土对根系和新梢生长有明显的促进作用,而400 mg/kg稀土起明显的抑制作用。

稀土在组织及细胞培养上的应用

稀土能促进试管苗的分化、生长、生根及发育;促进愈伤组织诱导、生长及细胞的生长;对体细胞胚的发生有一定促进作用;促进次生代谢物的合成及释放。

稀有濒危植物

稀有濒危植物是指自然分布中现存数量很少或濒于灭绝的植物。根据物种受威胁的程度,可划分为:灭绝种、渐危种、稀有种等。开展稀有濒危植物研究,对拯救、保护并开发利用这类植物,具有重要意义。20世纪50年代后,中国有些机构已开始对稀有濒危植物的引种栽培及其应用进行评价。1986年,中国植物学会下属一些专业委员会在杭州召开的"珍稀濒危植物保护研究学术讨论会",推动了稀有濒危植物迁地保护和开发利用等工作。中国于1984年公布了第一批稀有濒危植物名录,即《国家重点保护植物名录》;1992年出版了《中国植物红皮书:稀有濒危植物》第一册。中国政府参加了《濒危野生动植物种国际贸易公约》和《生物多样性保护公约》。在全国几百个自然保护区中,确定西双版纳、长白山等自然保护区主要保护自然生态系统濒危物种。

稀植树的修剪

银杏与农作物间作园,"四旁"零散种植的银杏树,由于立地条件相对较好,生长空间又大,如任其生长能较快形成较大的树冠,叶量多,积累养分,对形成树干材和提前结种有益。但成年树往往枝叶和结种都集中在树冠外层,内侧透风、透光差,结种基枝少,不能立体结种,在一定程度上影响了产量。为防止树膛内枝条枯死,增加结种部位,提高产量也需要修剪整形,不能放任其生长。因此,这类树木的修剪,要从幼龄阶段开始,最主要的是通过修剪整好树形。一般要求要有明显中心干,干高2.0~2.5 m,着生6~7个主枝。第1层3~4个,从第一层主枝向上1.0~1.5 m外,选留第二层1~2个主枝,从第二层主枝向上1 m以上,选留第三层1~2个主枝。第一层主枝伸出角度要摆布均匀,开张角度在60°以上,第一层以上各层主枝选留方位要插空安排,均不能与下层重叠,要错落有致。每培养一层主枝约需2~3年,或更长时间。凡上层主枝生长势过强(与下层比较)时,可采用环割或环剥加以控制。根据主枝的大小再选留2~3个侧枝,侧枝间距应在0.7 m以上。这样的修剪和整形,可以形成的树体结构特点是:主干明显,主枝多,分布均匀,树冠大,通风、透光条件好,内膛枝不易枯死,树体寿命长,结种部位多,能优质高产。

喜平——日本银杏优良品种

1986年在林田宽经营的土地上,栽植了38株1年生的嫁接苗,经过12年的生长,到1994年调查时,发现这一品种核大、早熟、丰产、耐贮藏,均优于原有的岭南、久寿、滕九郎、金兵卫品种,成为全日本银杏经营者人人喜爱的优良品种。因此,由新潟县精农园大竹繁男和佐藤先生命名为"喜平"。喜平的特征是成熟早,9月中旬外种皮开始黄化,9月下旬完全成熟,从而可以早上市,卖出高价钱。喜平耐贮藏,从当年的10月可贮存到下一年的11月,种仁不会发生萎缩。由于上市时间长,成为经济价值高的品种。生长快,栽植后,与相同树龄的岭南相比,直径生长量比岭南大1倍。大粒型,平均单粒重4.5 g左右,最大单粒重5 g以上(1994年最大单粒重5.3 g;1995年最大单粒重5.7 g;1996年最大单粒重5.6 g;1997年最大单粒重5.4 g)。喜平苗木生产,1994年培养砧木,1995年培养嫁接苗3 000余株。2001年,由山东农业大学梁立兴引入国内。

戏剧专题

银杏高耸入云,挺拔俊秀,超然平易,自然成为戏剧创作的素材。河南优秀戏曲节目《银杏情》连续演出近百场次,深受群众喜爱,被国家新闻出版总署列入全国迎接党的十六大重点音像电子出版选题目录;编剧王国毅获2000年中国戏剧文学创新奖。1977年,江苏省梆子剧团创作的现代戏《银杏坡》参加全省专业文艺团体创作节目会演,受到好评。2005年,上海市艺术家协会与上海市群众艺术馆报送的沪剧小戏《银杏树下》,在中国滨州博兴(国际)小戏艺术节中获得一致赞誉。山东省高密市文化工作者魏修良、施立记等创作的歌舞小品《千里姻缘银杏牵》,被选为庆祝建国50周年大型演出节目。

系列茶的感官品评结果

系列茶的感官品评结果

茶叶品种	外形		内质					
	色泽	形状	香气	汤色	滋味	叶底	含杂	劣变或异味
银杏绿茶	暗绿	条索紧匀略粗	嫩香持久含有花香	黄绿清澈	鲜爽微苦	深绿带褐	无	无
银杏花茶	深褐	条索略粗	茉莉花香	浅褐	鲜浓微苦	匀净	无	无
银杏菊花茶	褐	条索紧匀	浓郁菊花香	黄绿清亮	鲜爽适口	黄汤明亮	无	无
银杏盖碗茶	浅褐	条索略粗均匀	清香中带有中药气	浅褐	香甜味长	黄汤明亮	无	无

系列产品的技术质量标准

①银杏叶干浸膏。德国比较好的干浸膏黄酮类化合物含量大于24%,内酯类化合物含量大于6%。②德国Schwabe制药业公司生产的强力"梯波宁"片剂。该药剂每片含银杏提取物40 mg,黄酮苷9.6 mg,萜内酯2.4 mg。③日本Sanrael公司推出的浓缩口服液。该口服液每瓶20 mL,内含银杏叶提取物180 mg。④国内外推出的胶囊。黄酮苷在银杏提取物中含24%。每粒胶囊含银杏提取物50 mg、60 mg或多达150 mg以上。⑤针剂。50 mg的银杏提取物配制在3 000 mL的注射用水中,pH值调制为4.0~4.4。银杏提取物含黄酮苷为24%、萜内酯6%,而烷基酚类化合物浓度小于10×10^{-6}。⑥滴剂。由德国Sobernheim制药公司生产,银杏提取物50 mg配制在100 mL滴液中,每次服25滴。

系列化妆品

银杏是我国著名特产,含有丰富的人体所需的各种营养成分和微量元素,而且极易被人体吸收,对滋润皮肤、减缓细胞的老化、促进皮肤血液循环、改善头皮毛发营养、防止皱纹、改善面部黑气、粉刺、水泡、疥癣有明显的效果。

系列饮品生产工艺

将银杏叶提取稀释,并与其他成分配制混合,进行灌装杀菌,包装后即可出厂。

提取物 → 配制混合 → 净化罐装 → 真空封盖 → 水浴消毒 → 冷却 → 包装装箱 → 出厂

在生产过程中,严格操作规程,保持清洁卫生,并以1万瓶为一个批次,进行抽查检验。

细胞

细胞是表现生命现象的基本结构和功能单位。一般由细胞核、细胞质和细胞膜组成。银杏在细胞膜外还有一层较厚的细胞壁。细胞核位于细胞质内。核内主要物质是染色体,核的化学成分为核蛋白和脱氧核糖核酸。细胞质位于细胞壁以内,细胞质中分布着各种细胞器,如线粒体、叶绿体、中心体、高尔基体等,并有分泌颗粒、色素粒和食物等内含物。细胞壁由细胞的分泌物——纤维素构成,可分三层:新生的初生壁、次生的厚壁以及两细胞之间的中层。细胞壁上有许多小孔,是相邻细胞交换物质的通道。每个活的银杏细胞都有再生新植株的能力。

细胞壁

细胞壁为包围植物细胞原生质体外围的一层较坚厚膜,为植物细胞的特征之一,具有一定的硬度和弹性,主要为纤维素、半纤维素、果胶等所构成。相邻细胞的细胞壁分为三层:中间为中层(又称中胶层或胞间层),两侧分别为初生壁和次生壁。中层的作用是使细胞黏合和缓冲细胞间的压力。在细胞生长过程中,细胞壁常因其他物质的浸透和积累而发生变化,如角质化、木质化、栓化质、矿质化等。

细胞和组织培养合成叶片提取法

利用发根具有生长速度快、克隆性强、遗传性稳定,无环境污染等优点,将发根农杆菌的R1质粒转化成银杏叶的发根,其中银杏内酯的含量接近叶片,而银杏黄酮的含量较偏低。这一方法已获得阶段性成果。

细胞核

细胞中呈圆球形或椭球形的一个重要细胞器。直径在 10~20 μm,由核膜、核质和核仁三部分组成。核膜上有均匀分布的核孔,是细胞核与细胞质进行物质交换的孔道。核质的主要成分是脱氧核糖核酸。它是遗传的主要物质基础,细胞分裂时,形成染色体。细胞核还有核糖核酸,主要集中在核仁中,可通过核孔运到细胞质中参与蛋白质合成。

细胞核 DNA 含量

银杏细胞核 DNA 含量对于银杏分子标记研究有重要影响。用细胞光度术(cytophotometry)定量分析了银杏细胞核 DNA 的含量,认为其二倍体细胞核 DNA 的质量为 $(19.4 \pm 0.78) \times 10$ mg,其 C 值为 $(9.70 \sim 0.62) \times (10 \sim 12)$ g。知道了银杏核 DNA 的数量可以大致估计其基因组的大小。平均每对碱基的摩尔质量为 618 g/mol,因此,银杏细胞核 DNA 大约有 9.45×10^9 个碱基对。

细胞提取物的药理作用

采用化学比色法,研究了银杏细胞提取物在体外对人 LDL 的氧化抑制和对 DPPH 自由基清除的作用。对 LDL 氧化反应潜伏期大小依次为:EGBC > BIT > Control,EGBC、BHT 对 DPPH 自由基的氧化抑制率分别为 53.8% 和 42.7%。体内实验表明:EGBr 可降低肝中 MDlA 含量,提高肝中 SOD 和 GSH-Px 的活力。肿瘤对照组小鼠的胸腺明显缩小,胸腺平均湿重、红细胞 Hb 平均含量、红细胞及胸腺与肝中 SOD 活性均明显低于正常对照组。而 EGBC 组小鼠胸腺平均湿重、红细胞 Hb 平均含量、红细胞及胸腺与肝中 SOD 活性明显高于肿瘤对照组,Hb 的含量接近正常对照组,SOD 活性比正常对照组要高。结论:在实验条件下,EGBC 对人 LDL 的氧化具有抑制作用,对 DPPH 自由基具有一定的清除作用,对乙醇诱导的肝损伤具有保护作用,对荷 S180 小鼠的肿瘤生长有抑制作用。

细胞提取物对 LDL 氧化修饰的抑制

将 LDL 在 PBS 中透析 3 d,去除 EDTA 后,用 PBS 调整浓度为 0.1 mg/mL 的 LDL 液,加等体积的 $CuSO_4$ 水溶液,同时加 5 μm 的样品的 DMSO 溶液,0.1% BHT 作为标准抗氧化剂,不加抗氧化剂及样品的为对照,在 35℃ 下培育,在 235 nm 波长下,每隔 5 min 测一次吸光度,得到吸光度—时间的曲线图。

细胞提取物对自由基的清除作用

将样品液用乙醇稀释至 0.015%,取 2 mL 于试管中,再加入 2 mL DPPH 的甲醇溶液(DPPH 浓度为 0.2 mmol),混合均匀,30 min 后用分光光度计在 517 nm 处测定其吸光度 A_1,同时测 2 mL DPPH 溶液加 2 mL 甲醇混合后的吸光度 A_2 以及 2 mL 提取液加 2 mL 甲醇混合后的吸光度 A_3,按下式计算抑制率(对自由基的清除率):抑制率(%) = $[1 - (A_1 - A_2)/A_3] \times 100\%$。

细胞质

细胞质是质膜以内无结构的基质,为半透明而黏滞的胶体,其中包含有细胞核及各种细胞器,如质体、线粒体等。在它与细胞壁、细胞器和液泡相接触处,都有膜结构。细胞质能沿一定方向流动,以促进营养物质运输和气体交换。

细长纺锤形

高于低冠、中干强壮;无层无侧、多主开张;主次悬殊、角度适当;上细下粗、上短下长;单轴延伸、更新适当;养根壮树、管理跟上;立体产叶、最终理想。高于低冠、中干强壮:主干枝下高为 50~70 cm。高于一般采叶园,便于通风和管理;树冠高度最后达到 2~3 m,低于一般果树和林木,便于密植、采叶和管理。中央干要粗、要壮、要挺拔,目的是牢固树体、提高抗性、稳产高产。无层无侧、多主开张:树形不分层次,在主干上仅有螺旋状均匀排列的主枝,而且主枝与主干的角度大,不分叉。这种要求一是便于通风透光,利于叶片生长;二是扩大叶幕厚度、密度,提高产量。

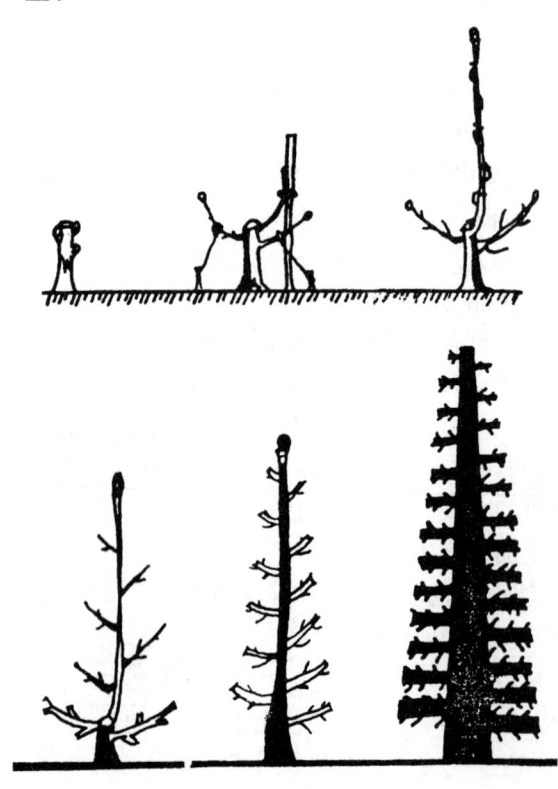

细长纺锤形

细菌

细菌又叫裂殖菌。它是一类体形最小的单细胞生物,具有固定的细胞壁,没有明显的细胞核,个体形态有球形、杆形和螺旋形三种,以分裂方式进行繁殖。细菌的生活方式有自养、共生、腐生、寄生等类型。腐生细菌是自然界有机物质转化的主要机体,寄生细菌是人类和动植物的重要病原菌。

细马铃

本品种主栽于浙江诸暨,是银杏中最小的一个品种。平均纵径 2.1 cm,横径 1.85 cm,种梗细短,长仅 3 cm,核近于圆形,两侧稍扁,平均纵径 1.64 cm,横径 1.52 cm,厚 1.05 cm。每千克 560 粒。品质较差,作为果树栽培无多大价值。

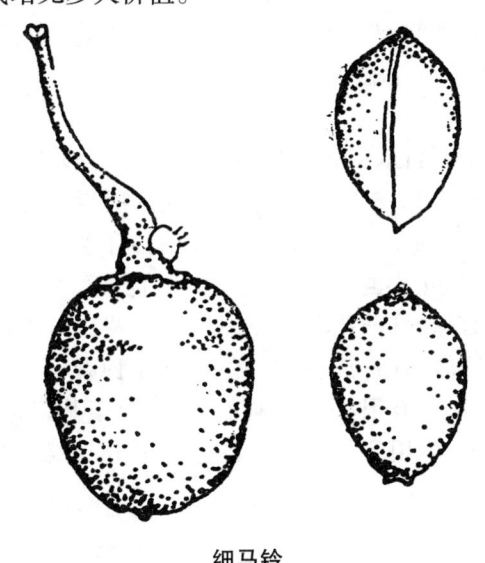

细马铃

细脉楔拜拉

叶大,无柄,多次二歧式分裂成许多线形的裂片;中部的裂片宽约 1.5 cm,末次裂片宽约 2 cm。叶脉密,在叶中部每厘米有 50~60 条。产地与层位:山西太原,上二叠统。

细弱枝

细弱枝是比一般发育枝细弱而短的一类营养枝。多发生在树冠内部或底下部,光照和营养条件均差,牙体分化不良,萌发后叶片稀疏,小而薄,芽瘦小或盲节多,结组不充实。成枝力强的银杏,细弱枝发生比较多。如改善其光照和营养条件,细弱枝也有可能转化成强旺枝。但大多数细弱枝是消耗性枝,很快趋于衰亡。

细叶楔拜拉

细叶楔拜拉,*Sphenobaiera leptophylla* (Harris) Florin。生长地域:陕西。

地质年代:早侏罗纪。

细枝

细枝常常发生于上一年的延伸枝及顶侧枝的中部,枝条长而细,往往下垂,每年也可由顶芽向前端延伸,但枝条很难增粗,其上也可生出较小的短种枝。

细致整地

栽植前的细致整地是必不可少的重要栽培管理技术措施。整地有利于改善林地的立地条件,有利于保持水土,便于造林施工和提高造林质量,还有利于提高造林成活率,促进银杏幼树生长。在整地前,要全面规划,特别是排灌设施的规划,确保多余的水分能及时排除。在有条件的情况下,还要保证在干旱季节能进行灌溉。在条件许可的情况下,银杏成片造林应实行全面整地的方式。整地前,全面撒施腐熟的厩肥,与土壤混匀。整地后,按预定的株行距挖栽植穴。银杏核用园苗木的栽植穴要求有较高的规格,即长×宽×高应不小于 60 cm × 60 cm × 60 cm,大规格苗木还应增加栽植穴的规格,每穴施足基肥并与土壤混合均匀。

狭叶拟刺葵

狭叶拟刺葵,*Phoenicopsis angustifolia* Heer。1876 叶片狭细,约 8 枚簇生于短枝上,短枝为 1~2 层小鳞叶包围。裂片长 4~5 cm,宽不超过 3 mm。叶脉平行 4~5 条,少分叉,无间细脉。本标本从其较小的叶片,较稀的叶脉以及缺乏间细脉看,应该属于狭叶拟刺葵,而与 P. speciosa Heer 容易区别。产地层位 河北丰宁,下白垩统九佛堂组。

狭叶银杏

雌株。灌木形,树高约 12 m,树冠直立圆形,生长缓慢,分枝浓密对称,冠幅 12.5 m × 9.4 m。叶片狭窄,深裂至底端,叶片下垂。

下部疔疮

白果仁杵碎,涂之,至愈止。

下花园银杏(新种)

下花园银杏(新种) *Ginkgo xiahuayuanensis* Wang (sp. nov.)。叶大,宽楔形,柄长达 2.5 cm。叶片第一次深裂几乎达到柄部,第二次分裂达叶 1/2 深处,形成 4 枚宽披针形裂片,顶端钝尖,最宽处位于裂片中部,长 6~7 cm,宽约 1 cm,叶质厚,叶脉不显著,脉距宽约 1 mm。角质层厚,两面气孔型。上表皮气孔较少,上下表皮脉络均比较清楚,由伸长细胞组成,脉间细胞为等边形,细胞壁波形弯曲。乳突发育,但分布不均匀,有大有小,有时一个细胞内含 2 枚小突起,也有的细胞只是表面细胞壁增厚。气孔器圆形至椭圆形,单唇式,常出现不完全双环,气孔腔开放。保卫细胞乳突大而显著,但不伸向气孔腔,也不互连成一体,因此,保卫细胞及孔缝大部分出露。保卫细胞背缘与副卫细胞接触处成"弧框"形,框外大型乳突,上下表皮均有毛基。比较本种基部具柄易与楔拜拉叶区别。表皮特征最接近英国 G. huttoni,但英国种细胞壁厚直;上表皮气孔器稀少,其脉络十分明显;乳突多条空心,呈环状,可以区别。当前种的表皮构造也很接近英国侏罗纪 G. whibicnsis,区别是英国种叶小,上下表皮普通细胞乳突不发达,脉络不显著。本种表皮也很像 Sphenobaiera ophioglossum。后者气孔器成纵行排列;副卫细胞角质层强烈增厚并互相联结成突出的环状,气孔腔多少合拢;孔缝很少显露而易于区别。产地层位:河北下花园,中侏罗统门头沟组。

夏季嫁接

夏季嫁接也称绿枝嫁接。时间自6月中旬至9月上旬均可进行。此间以6月中旬至7月中旬成活率最高。7月中旬后至8月中旬次之,8月中旬之后效果较差。夏季嫁接只发芽,不抽枝。绿枝嫁接常用劈接、切接和芽接。若用单芽接很容易形成偏冠,目前生产中已采用双芽和三芽劈接,为防止水分丧失,整个接穗或接穗上部采用蜡封。

夏季施肥

夏季施肥也叫谢花后施肥。此时期在长江以北是指5月上旬,长江以南是指4月下旬。此次施肥是在谢花后种子生长初期进行。此时期是银杏需肥较多的时期,除幼小种子迅速生长外,新梢也在加速生长,两者在养分需要方面容易发生竞争。因此,应及时补充速效性氮肥,使新芽健壮成长,促进幼小种子迅速膨大,减少生理落种。夏季施肥要看树势和结种多少而定,对结种少的旺树可不施或少施肥,结种多长势中等或较弱的树,则可在谢花后适量补肥。如果春季施肥量较多,则夏季也可不施或少施。夏季施肥以速效氮肥为主,配合适量磷肥,这样有利于种子发育成长。

夏季修剪

夏季修剪又叫生长期修剪。这是在萌芽后到停止生长以前进行的一种修剪方法,夏季修剪可大大减少冬季修剪量。以冬季修剪为基础,配合夏季修剪,效果甚佳。夏季修剪的主要方法有抹芽、除萌、环剥、倒贴皮、纵伤和疏花疏种等。

夏金

夏金系自众多黄叶银杏中经多年比较观察,从湖北省安陆市引进的黄叶银杏中优选所得。叶片为扇形,中裂极浅,叶缘浅波状,有长柄;春季叶片色泽金黄,至夏季叶片虽有个别转为黄绿,但大部分叶片依然金黄。雌株,雌球花有长梗,梗端有1~2盘状珠座,每座生1胚珠,发育成种实。由于该品种春、夏、秋三季叶色金黄,具有很好的观赏效果,又由于其繁殖容易,管理简单,应用于行道、公园、庭院、广场、旅游景点等,具有较高的推广价值。

夏秋季嫁接苗越冬后成活率的变化

夏秋季嫁接苗越冬后成活率的变化

品种	接穗年龄	嫁接方法	接期(月·日)	1993.9.5 成活率(%)	1994.4.6 成活率(%)	展叶率(%)
马铃1号	1	双舌	7.15	100	97.06	72.73
	2	双舌	7.15	100	88.24	90.0
	2	劈接	7.15	95.0	62.16	91.30
	1	双舌	8.15	94.83	92.72	69.46
	2	双舌	8.15	75.05	49.64	48.92
	3	双舌	8.15	33.40	15.53	66.67
大佛手	1	双舌	8.5	100	100	85.26
圆铃	1	双舌	9.14	—	44.74	82.35
中马铃	1	双舌	10.4	—	56.41	22.73

注:叶率系指展叶株数占成活株数的百分比。

仙女银杏树

镇平县杏花山菩提寺门前,有一棵挺拔耸翠、枝叶繁茂,被称为"仙女化身"的古银杏,胸围3.64 m,树高23 m,冠幅14 m;雌株,每年结实300 kg。有神话传说"杏花山一带疫病流行,百姓遭灾,民不聊生,天上仙女下凡救助百姓,不料触怒天帝,派遣天兵天将捉拿她们,仙女们便躲藏起来,化变为枝繁叶茂的银杏树"。因此,周围群众称此树为"仙女化身"的银杏树。现在,这棵银杏树是当地著名的游览景点。寺院石碑记载,菩提寺始建于唐高宗永徽四年(公元635年),到了清康熙二十(公元1618年)又扩建成现在的规模。古银杏树至少也有600多年的历史。

先导化合物

将银杏树叶或银杏外种皮,用70%乙醇或树脂吸附,或采用CO_2超临界流体萃取等技术,然后再经分离精制得到人们所需要的有效成分,这些有效成分称为先导化合物。

先导化合物B的抑菌作用

先导化合物B的抑菌作用

药剂	浓度(倍)	苹果腐烂病菌			苹果干腐病菌			构巢曲霉菌		
		平均菌落直径(mm)	纯生长量(mm)	抑菌率(%)	平均菌落直径(mm)	纯生长量(mm)	抑菌率(%)	平均菌落直径(mm)	纯生长量(mm)	抑菌率(%)
B	200	6.00	0.00	100.00	9.83	3.83	92.18	16.67	10.67	79.92
	400	6.00	0.00	100.00	15.00	9.00	82.23	38.00	32.00	36.42
	800	15.83	9.83	80.01	21.67	15.67	68.45	39.17	33.17	29.68
CK(等量乙醇)	200	46.83	40.83	—	55.00	49.00	—	54.33	48.33	—
	400	51.83	45.83	—	56.67	50.67	—	56.33	50.33	—
	800	55.17	49.17	—	55.61	49.67	—	53.17	47.17	—

先导化合物B对苹果腐烂病抑制作用

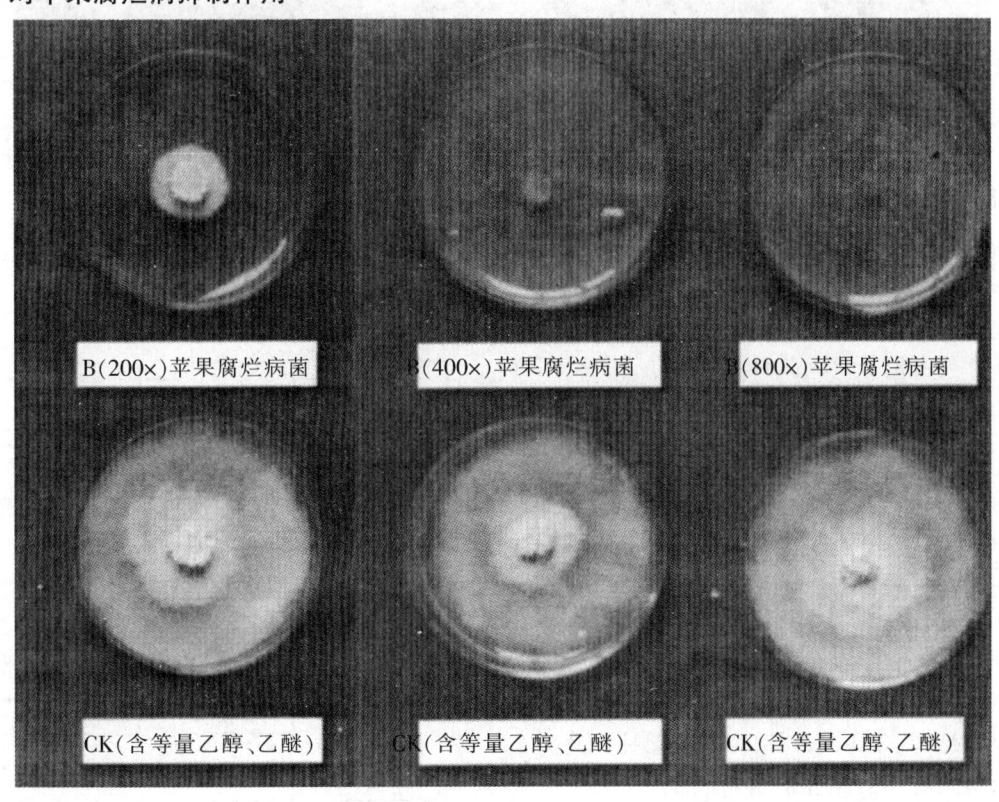

先导化合物 B 对苹果干腐病菌抑菌作用

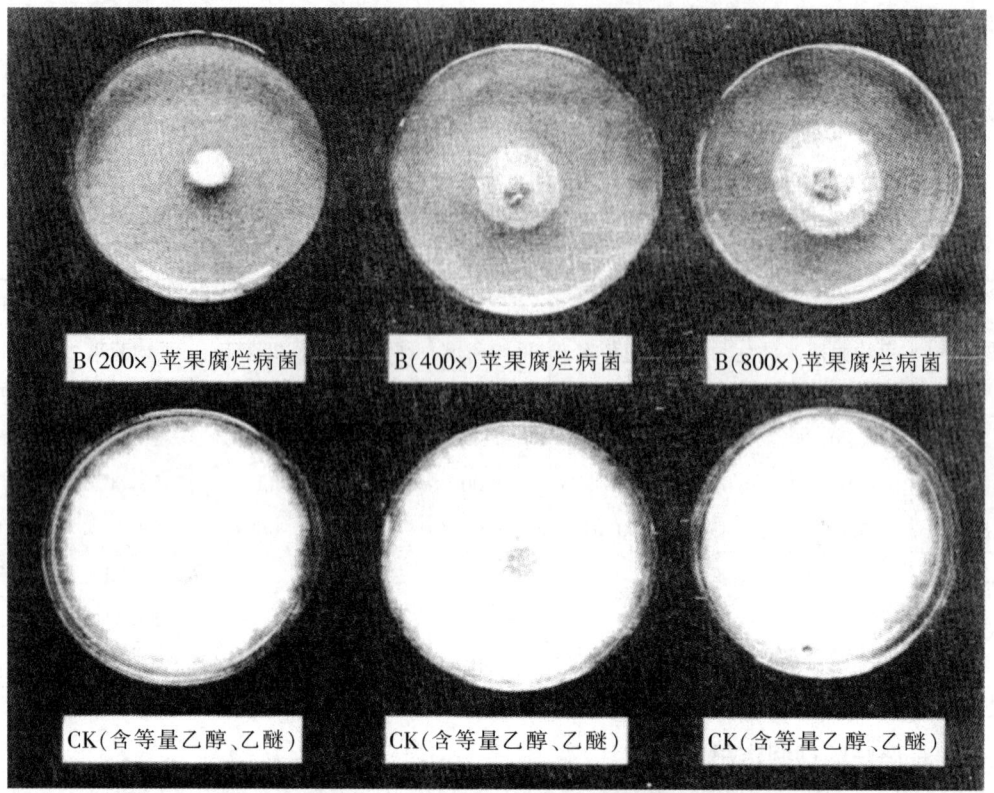

先秦遗风

民间称银杏为公孙树。《史记·五帝本纪》载："黄帝者，少典之子，姓公孙，名轩辕。"在上古时代选用银杏为黄帝部落氏族的姓，与轩辕（即天鼋）一样是作为"图腾"来崇拜的。江苏邳州市"汉画像石刻图"出土文物中惊人地发现了银杏树干互相缠绕，或银杏树上栖有鸟，或鸟围绕银杏树盘旋飞翔，这些象征"父"性的银杏是上古时代生殖崇拜遗风的反映。对银杏的"图腾"崇拜贯穿着中华民族整个历史，银杏树成了权力的象征。山东莒县浮来山定林寺那株古银杏已有 3 000 余年，"（鲁）隐公八年九月辛卯，公及莒人盟于浮来。（《左传》）"《汉书·元帝纪》有注："凡府廷所在，皆谓之寺。"可见寺就是政府，寺前的银杏树就是竖在政府大门的一面"旗帜"。南京西善桥六朝古墓出土的砖印壁画，绘有"竹林七贤"之一的阮咸在一株银杏树下抱琴轻奏砖画像与东晋画家顾恺之绘的《洛神赋图》，上有大小银杏约 200 株，用银杏布置园林。此为皇家园林，与寺庙园林中栽植银杏一样，都有权力象征的意义。但不再把银杏当成"神"了。在封建社会，皇帝穿的龙袍呈黄色，用的"杏黄旗"绘有黄龙，都有银杏的影子，反映出对银杏"图腾崇拜"的遗风。

纤细拜拉

纤细拜拉，*Baiera gracilis* (Bean Ms) Bunbury。生长地域：山西、陕西、山东、辽宁、北京、湖北、内蒙古、福建。地质年代：早侏罗纪至晚侏罗纪。

纤枝银杏

纤枝银杏叶大，枝条柔软，树冠茂密、塔状，雄性，高 15 m。

鲜果汁生产工艺流程

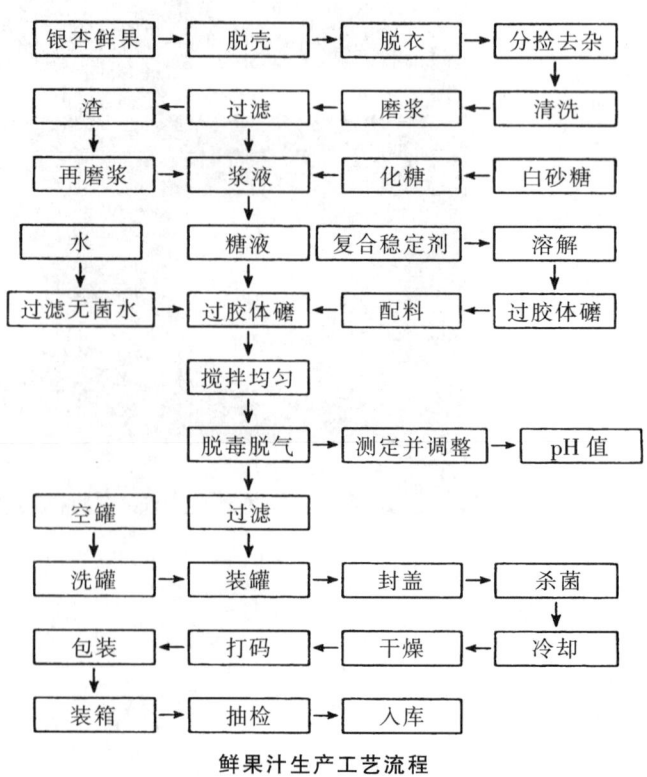

鲜果汁生产工艺流程

鲜叶产量

栽培类型	树龄（年）	每田株数	每亩鲜叶产量（kg）
实生苗圃	1	20 000	50～100
实生苗圃	2	10 000	800
实生苗圃	3	5 000	1 200
叶用园	3	2 000	450
叶用园	3	3 000	700
叶用园	3	4 000	920

鲜叶分级

按鲜叶质量优劣分成等级的工作，能提高各级成茶的品质和便于制茶。我国茶区辽阔，茶类繁多，无统一规定等级，多按鲜叶的嫩度、匀度、净度、鲜度分级。其中嫩度是主要标准。

鲜叶管理

鲜叶采下后的管理工作。目的是保持芽叶新鲜，防止发热变质。按品种和等级，将鲜叶分别摊放于阴凉、通气、清洁的场地，并维持较低的叶温。堆置厚度春茶约 15～20 cm，夏秋茶 10～15 cm。摊放后要勤检查。翻拌宜轻，以免损伤芽叶，并在 24 h 内用竹篓、竹筐等清洁容器盛装，及时运送茶厂加工。

鲜叶片醇溶性蛋白质的 HPLC 分析

峰号	保留时间（min）	峰高（mAu）	峰面积（mAu×min）	相对含量（%）
1	2.265	67 967.211	519 279.594	11.712 0
2	2.615	8 332.590	114 653.742	2.585 9
3	2.790	7 939.279	62 340.227	1.406 0
4	3.015	57 614.164	319 320.313	7.202 1
5	3.457	176 261.906	3 252 990.500	73.369 2
6	4.157	2 208.656	49 891.617	1.125 3
7	4.715	1276.852	14 482.248	0.326 6
8	4.890	1139.541	23 726.115	0.535 1
9	6.298	2770.051	59 623.395	1.344 8
总计		326 537.046	4 433 728.273	100.000 0

鲜叶贮运

长途运输银杏鲜叶，要严防在太阳下放置。采收后，要随时运到室内或阴凉处暂存，堆放厚度一般为 20 cm 左右，经常翻动，防止发热发霉。运输时，用麻袋或塑料编织袋装运。装袋时不可挤压太紧，以免运输过程中缺氧，引起叶片变质。运达目的地后，要及时打开包装，晾晒或烘干。

嫌气性微生物

嫌气性微生物是指在缺氧的条件下，能正常生活的微生物。以厌氧呼吸为主要的呼吸方式。空气流通，氧气充足反而会抑制其活性。多存在于土壤下层或结构体的内部，是土壤中腐殖质形成的主要因素之一。

现代银杏的祖先

目前所发现的银杏类植物化石不够完整，绝大多数仅存叶部印痕，因此现代银杏的祖先还难以确定。但绝大多数的植物学家初步认为，银杏家族中的拜拉属（Baiera）或毛状叶属（Trichopitys）可能是现代银杏的祖先。

现生和化石银杏胚珠器官的比较

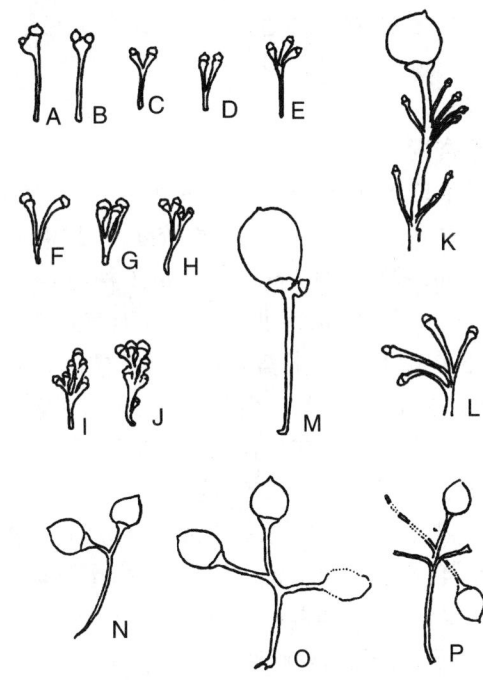

A～L 为现生银杏未成熟的、不育的和畸形的胚珠器官；M 为正常发育的成熟胚珠器官；N～P 为义马银杏的胚珠器官，有 2～3 个胚珠生在长的珠柄上，与现生银杏未成熟的胚珠器官 C～H 相似。

线形小叶（新种）

线形小叶（新种），Sphenarion lineare Wang（sp. nov）。叶约 5～7 枚，显著地簇生，但短枝部分未保存。叶片狭楔形，两侧边夹角仅 10°～20°，深裂 3～4 次，成长线形裂片。裂宽 1.5～4 mm，叶片厚，叶脉不明显，每裂片中约 2～3 条脉。角质层厚；上表皮主要由伸长细胞组成，细胞壁厚，尤其纵壁强烈增厚，有时出现小乳突，但不如下表皮发育。气孔器仅沿边缘，成短列排列，中央部分也有少量气孔器散布；下表皮比较厚，表皮细胞方形或长方形，细胞壁直，叶边缘细胞像上表皮，狭而长，纵向壁增厚，连细胞中央的乳突也伸长,甚者连成纵脊。下表皮气孔器颇分散,不成行列,也不形成气孔区,下表皮所有细胞均有清楚的实心小乳突。上下表皮两侧边缘区的气孔器伸长,纵向。下表皮中央部分的气孔器圆形或椭圆形。副卫细胞6~7枚,除自身中心的小乳突外,近孔腔一侧细胞壁强烈增厚,聚集在气孔腔之上,形成高锥状,显著地突出于表皮之上。气孔腔紧缩,保卫细胞下陷,不出露。在气孔器密集之处,也出现共有副卫细胞现象。比较:本种单叶形态像西伯利亚晚侏罗世的[*Sphenobaiera angusrifolia* (Heer)],后者裂片数目多,每个裂片更狭,叶脉密度较大。表皮特征上最主要区别是后者副卫细胞的乳突不聚集成锥状,上下有皮之间没有多少区别,脉络显著,气孔器分布于三个"气孔带"中。产地层位:河北围场、青龙,上侏罗统张家口组、后城组。

献陵村银杏树

该树生长在位于昌平北10 km的献陵村,村中共生长着3株古银杏树,其中西侧2株较细,1株树高13 m,胸径118 cm,冠幅东西7 m,南北8 m;1株高14 m,胸径139 cm,冠幅东西6 m,南北7 m。由于前几年无人管理,又生长在街道上,生长势较差。另一株树高15m,胸径242 cm,冠幅东西10 m,南北16 m,树龄不详。此树生长在住户旁边,由于住户在树下堆柴草,1985年春节发生火灾,致使银杏树1/2的枝条被烧死。为加强管护,1992年县、乡政府组织有关部门经过调,首先拆除了违章建筑,迁走了树下3户居民,并由十三陵特区绿化队负责复壮养护,建围栏,投资3万余元。经过养护管理,树势开始恢复,枝叶量增加。

乡土树种

乡镇绿化是本地区原有天然分布的树种。乡土树种长期生长在其自然分布区内,对本地区的气候和土壤条件有较强的适应性,用来栽植容易成功。银杏为其银杏之乡的乡土树种。

乡镇绿化

乡镇绿化是按照不同乡镇的条件与特点合理种植园林植物的绿化作业。乡镇绿化要充分利用自然条件,保护良好的自然生态,保护好原有的幽静环境。中国乡镇企业的不断发展,绿化也应同步进行;要注重四旁绿化,开展庭院经济,充分利用空、荒、废地、山地等进行绿化。有条件的还可发展旅游业,展示中国新农村的面貌;农民劳动之余需要优美的环境休息游览,有利于促进农村精神文明建设。乡镇绿化包括的内容:①公共绿地,供农民劳动之余文化娱乐、科普教育、游赏休息,包括公园、小游园等;②街道绿地,包括乡镇道路行道树、分车绿带、街头绿地、交通绿岛等;③庭院绿地,农民住宅四周的庭院绿化;④附属绿地,各乡镇企业、行政机关、学校、俱乐部、幼儿园等的园林绿地;⑤生产防护绿地,包括护田林带、防风林带、防沙林带、水土保持林带以及苗圃等;⑥风景游览绿地,傍山林、湖泊、海滨等风景以及有古迹、遗址等名胜的乡镇,开辟风景游览绿地或展示先进的栽培技术、上特产的生产、新农村的生活面貌及民俗等。发展旅游业,对增进城乡交流十分有益。农民的庭院绿地等也是乡镇绿化的组成部分。因为投资少,见效快,管理方便,效益高,经营灵活,乡镇绿化既能美化庭院环境,提高乡镇绿化覆盖率,又能适应市场经济,向市场提供商品,增加农民经济收益。在有限的土地上,林、果、药材、花卉相结合,合理布局、种养结合。此外,农田林网也是乡镇绿化的重要组成部分,起到支撑农业经济发展的作用。在有限的土地和空间,有计划地安排各种功能的防护林带,形成乡镇的林网化,发挥防风、固沙、水土保持、保湿、保温等防护功能,不仅使农业丰产有保证,而且农民的生活环境也有显著提高。农村的林网与灌渠、道路结合在一起,除林副产品之外,加上水产与运输的兴旺,可使农村经济向多元化发展。

相对含水量

相对含水量指组织的含水量与其饱和含水量的百分比。其公式表示如下:

$$RWC = \frac{组织体重 - 干重}{组织水饱和体重 - 干重} \times 100\%$$

水饱和亏缺 $WSD = 100 - RWC$

相对含水量是一个衡量银杏水分状况的理想指标。银杏的组织器官在膨胀时的含水量是比较稳定的,可以提供一个稳定的参照系。当相对含水量低于100%时,就表明开始有水分亏缺,相对含水量与水势有一定的关系,但不是直线关系。当叶片的相对含水量降低到50%~60%时,由于膨压下降较快,叶片水势最初下降也较快,当相对含水量继续下降时,水势的降低速率就变慢。

相对湿度

空气中的实际水汽压与当时气温下饱和水汽压的百分比。通常所说的空气湿度即对相对湿度而言。相对湿度说明空气的干湿程度。相对湿度的大小对银杏的开花结种、种子的成熟和采收、银杏的蒸腾作用以及树木的易燃性等都有很大的影响。

相关现象银杏树

银杏树体的各部分之间在生长上存在着相互制约与协调的现象。如根系与茎、顶芽与侧芽、主根与侧根、营养生长与生殖生长都表现出生长相关现象。生产上可根据这种现象,采取整枝、摘心、疏花、疏果、去叶、移植剪根等措施,来调节植物体各部分之间的生长,以达到增产目的。

相同树龄和立地条件下的授粉

相同树龄和立地条件下的授粉

树龄	人工授粉		已膨大幼果数/奶枝数				每平方米树冠落花数	结果多少	备注
	日期	用量(g)	小侧枝	小侧枝	小侧枝	平均			
20	4.18	50	26/67	23/25	6/30	0.48/1	1 480	正常	1997年重载
20	4.18	50	1/10	1/16	2/23	0.08/1	3 204	极少	
50	4.17	100	4/9	10/17		0.54/4	1 308	偏多	1996、1997年各结40 kg白果
50	4.17	100	8/16	3/6	6/15	0.46/1	1 856	正常	1996、1997年各结100 kg白果
50	4.17	100	1/8	1/10	1/25	0.07/1	1 200	极少	1996、1997年结40 kg白果

香格里拉雄株

生长速度快,树冠呈优美的塔形,树高14 m。

香菇白果

主料 水发香菇150 g,净白果肉50 g。配料:精盐、味精、酱油、白糖湿淀粉、麻油、生油。做法:水发香菇去杂洗净,挤干水分。白果仁洗净,下油锅略炸后,捞出去掉内种皮及胚。炒锅烧热,放入生油,投入香菇和白果肉略煸炒后,放入精盐、白糖、高汤、酱油、味精,用旺火烧至小火烧至入味,用湿淀粉勾芡,淋上麻油装盘即成。保健功能:此菜益气固肾,可作为脾胃虚弱、少食乏力,或肾虚气喘、高血压、高血脂、冠心病等病症患者的食疗佳肴。

香烟与吸品对人体的功效

香烟与吸品对人体的功效

	香烟小草	银杏叶吸品
心脑血管系统	产生自由基 增加胆固醇含量 使血管收缩、脆性增加 导致高血压,动脉硬化,冠心病 导致脑血栓和阿尔茨海默病	清除自由基 降低胆固醇含量 扩张血管,使僵硬的血管恢复弹性 降低高血压,防止动脉硬化和冠心病 防止脑血栓和阿尔茨海默病
呼吸系统	导致慢性支气管炎、肺气肿、肺癌	防止呼吸道过敏性疾病
中枢神经系统	损伤脑细胞、损害记忆力、引起神经官能症。导致大脑缺氧	提神、打通脑部神经脉络,增强记忆力,集中精力。增强大脑耐缺氧能力
内分泌生殖系统	性功能减退、丧失	恢复性功能

湘、鄂、赣、浙山地丘陵银杏地理生态型

分布范围北纬25°~31°,东经110°~120°,本区位于江汉湖泊冲积平原以南和南岭山地以北的广大丘陵山地,包括湖南、江西大部、湖北东南部及浙江南部。气候属中亚热带江南区。年平均气温16~18℃,1月份平均气温3.5~5℃,7月份平均气温26~29℃,年降水量1 200~1 800 mm,东部无明显旱月,西部每年旱月达2~3个月。土壤为红壤、黄壤或黄棕壤。植被为常绿阔叶林,垂直分布在海拔400~1 200 m低山丘陵地带。这一地区大树不少,人工栽培幼树却不多,是适宜发展银杏而未发展的地区。品种资源主要有巴东清太5号等。本区年产量不大。

湘桐子

湖南各县有零星分布。种实较大,扁圆,先端圆钝,基部膨大,核仁近圆形,钝圆无尖,基部较宽,两侧棱脊显著,底部鱼尾状。每千克290~390粒。多为人工嫁接培育,原产九嶷山、湘西南及桂东北。核果大小1.8 cm×1.7 cm×1.3 cm,壳较薄,仁饱满,胚乳发育丰富,胚珠小,味甘微苦,熟甘糯,食药均宜。

向量分析营养诊断法

向量分析是一种评估养分状况的图解方法,它考虑到另外的判别标准(单位干物质),即从常规植物分析数

据中引出一个辅维,目的在于提供更具有综合性的诊断(Timmer 等,1987)。因为植物组织中的养分浓度是养分吸收和干物质生产两个动态过程共同作用的结果,而且一种营养元素的吸收和积累会影响其他元素的状态。因此,需要发展一种根据养分浓度变化、养分吸收和植物生长来评价多种养分相互关系的定量体系,图解法也就应运而生。起初,这种形式是以 Helnsdorf(1967)说明叶在养分浓度、含量和单位干物质重等方面的反应模型为每种元素绘制的单一列线图为基础的。后来这种方法发展到在相对基础上同时比较几种营养元素,并结合养分平衡评价,在一张图上对多种营养元素做简化评价。这种方法由于同时考虑到植物体的养分浓度、养分含量和最终由于养分关系导致生物产量的变化 3 个因素,故能较为准确地诊断出植物的营养状况。

项目决策程序的制定及其相互间的关系

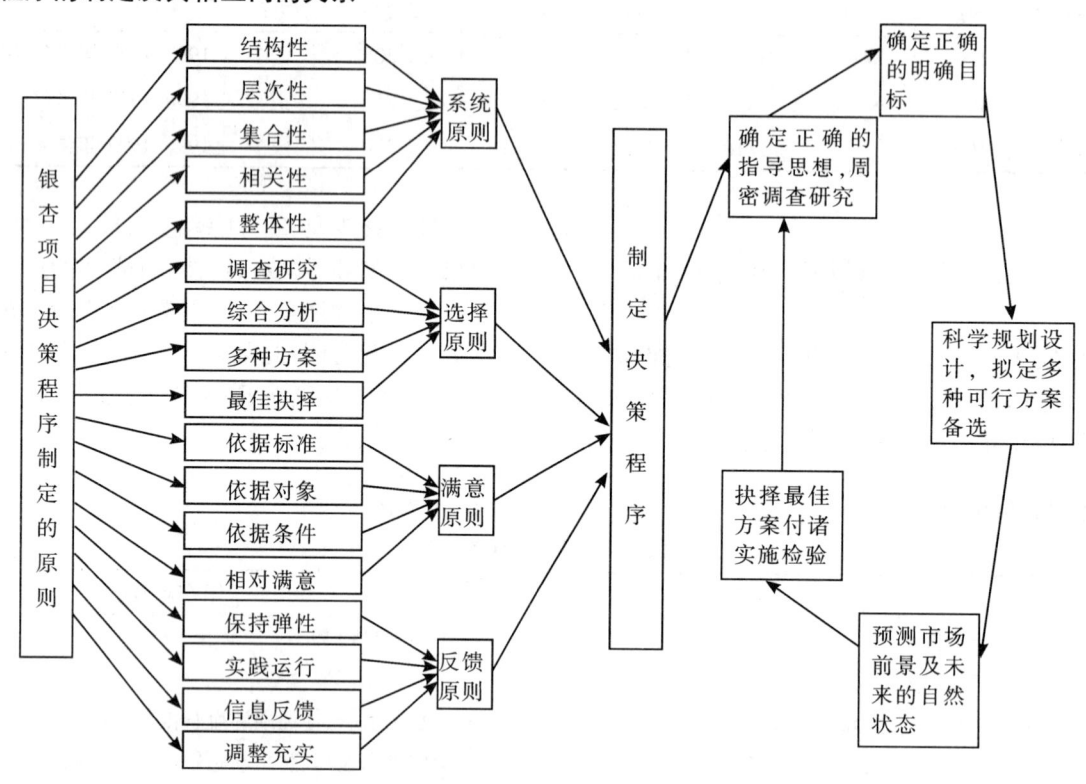

项目决策程序的制定及其相互间的关系

项目决策分析方法比较与选择

项目决策分析方法比较与选择

项目决策分析方法	特点	适用于银杏项目决策的范围
树形决策分析方法	将各种可供选择的方案、可能出现的自然状态及其可能出现的概率和产生的效果按照决策的级序依次列出,其形如树状,故称之为决策树。决策树不仅可用于单阶段决策,而且可用于多阶段决策,决策结果具科学性和可靠性	适用
期望损益分析决策	主要有最大期望值决策法和最小期望损失值决策法,即通过不同方案的期望收益值计算,选择最大期望值或最小期望损失值作为最优方案的决策	适用于部分项目
盈亏临界点分析法	计算各个项目的经济效益盈亏的平衡点,即盈亏临界点,选择高于盈亏临界点的方案作为决策方案	适用于部分项目
边际分析决策法	在备选方案和自然状态比较复杂的情况下,比较项目的追加支出与追加收入,选择期望边际利润与边际损失相等时的方案作为决策方案	适用于部分项目
效用概率决策法	效用的大小用概率的形式表示,即 $0 \leq$ 效用 ≤ 1。根据决策者的能力、经验、胆识对效用值介于 0 与 1 之间的方案进行选择,是决策者对期望收益与损失持有的态度或反映	适用于部分项目

象山树

文艺理论家刘勰在山东省浮来山定林寺,用毕生精力完成了不朽巨著《文心雕龙》。对千年银杏只留下"象山树"三个字。苏东坡在河南光山县净居寺筑台读书,对银杏留下"一树擎天,圈点点文章"的赞语,欧阳修写过咏银杏的诗句:"绛囊初入贡,银杏贵中州"。难怪郭沫若在散文《银杏》中感慨道:"我在中国经典中找不出您的名字,我很少看到中国诗人咏赞您的诗,也很少看到中国的画家描写您的画。银杏因有许多性状,才能经历沧桑,生存至今。

消毒

在组织培养中,消毒有两种含义:一是指用。消毒剂杀死外植体或操作器械表面微生物的过程,称表面消毒;二是指采用物理或化学方法杀死液体、器皿、器械等表面和内部的微生物。常用的表面消毒剂有70%酒精、2%~3%次氯酸钠及0.1%氯化汞等。不同材料有不同的消毒方法。①培养基及培养器皿:一般用高压消毒。溶液中有些不耐高温的成分,可采用下述两种方法消毒:其一,用乙醚处理干燥物质,在30℃除去乙醚,然后溶于无菌水中,用无菌操作加入其余已经高温消毒的培养基中;其二,用细菌过滤器过滤后加入已经高温消毒的培养基中。②金属器材的消毒:一般用70%乙醇浸泡,使用前火焰消毒,冷却后使用。③工作服、口罩及帽子等布制品的消毒均用湿热消毒。④无菌室消毒:无菌室外的地面和墙壁用洁尔敏擦洗,再用紫外灯照射20 min,使用前用70%乙醇喷雾,使空间灰尘沉下后再进行工作;工作台面用洁尔敏或70%乙醇擦洗。⑤外植体的消毒:一般用2%~3%次氯酸钠或0.1%氯化汞等方法进行消毒。

硝酸铵

硝酸铵为速效氮肥,含氮量为34%~35%,白色颗粒或粉末状,有杂质时会带有灰色或淡黄色,形状与硫酸铵相似。水溶液呈中性,在土壤中不残留任何物质,对土壤性质无不良影响,适用于各种土壤和植物。一般用做追肥,也可做种肥。干施或水施,干施可掺5~10倍细土,水施可加水50~70倍,开沟施用较好。施后要立即灌水。硝酸铵不能和碱性肥料混合施用,否则会引起分解,损失氮素。

小白果

此种产于湖北孝感,种实较小,近圆形,顶端微凹入,基部较平;黄色,熟时有白粉,种梗长3.5 cm;核小,近圆形,色白,顶点有尖,边缘有翼;种仁黄绿色,饱满,味略苦,品质一般,对旱涝抗性较强。大悟乡李家湾的两棵小白果树,一棵在水塘边,一棵在高坡上,均生长良好,1984年平均株采果核50 kg,平均果核重2.5 g。

小孢子

单核时期的花粉粒。

小孢子母细胞

经过减数分产生四个小孢子母细胞,称为小孢子母细胞。

小孢子囊

指含有花粉粒的花粉囊。

小孢子球形态的花粉量

小孢子球形态的花粉量

优树号	调查地点	树龄(年)	胸围(cm)	叶球长(cm)	直径(cm)	单个小孢子叶球花粉重(g)
1	燕头镇文岱村	50	103	1.95	0.72	0.003 61
2	老叶乡焦东村	60	151	2.03	0.46	0.008 04
3	老乡鞠前小学	43	110	1.2	0.36	0.005 34
4	焦荡乡珊溪村	36	132	1.65	0.45	0.003 5
5	胡庄乡和丰村	30	44	1.63	0.58	0.003 71
6	黄桥朱庄何金成	40	105	2.33	0.69	0.008 44
7	黄桥朱庄申玉乔	40	125	1.55	0.48	0.006 78

小孢子形态特征

小孢子形态特征

重复		长度（μm）			宽度（μm）		
		Ⅰ	Ⅱ	Ⅲ	Ⅰ	Ⅱ	Ⅲ
优树号	1	95.5	99.3	97.7	41.2	46.2	42.4
	2	96.5	100.2	98.2	45.5	48.4	44.5
	3	100.3	105.1	102.5	42.5	47.8	43.1
	4	96.5	98.4	98.4	46.5	49.2	47.3
	5	93.5	98.5	96.5	42.5	47.1	42.9
平均		96.46	100.3	98.66	43.64	47.74	44.04

小孢子叶球

①小孢子叶球的长度为 1.0～1.3 cm，直径（粗度）为 0.36～0.7 cm，小孢子囊的长度为 1～2 mm 不等。银杏花粉为橄榄形或棱形，花粉长为 93.5～102.5 μm，花粉宽为 42.4～49.2 μm。小孢子叶球长对孢子囊数有明显的影响，随着小孢子叶球长度的增大，其小孢子囊数增加。②不同树冠部位枝条上小孢子叶球数和花粉量有显著差异，树冠中部枝条上着生的小孢子叶球数和花粉产量明显高于树冠顶部和基部。③树龄明显影响花粉中可溶性糖和蛋白质的含量。供试花粉中，随着树龄增大，花粉中的可溶性糖和蛋白质含量相应降低。④不同营养元素的含量有较大的差异，P、K、Mg 和 Ca 含量较高，V、Cd、Mo 和 CO 含量最低。另外，树龄也明显地影响到一些营养元素的含量。

小孢子叶球长度对小孢子囊数的影响

小孢子叶球长度对小孢子囊数的影响

小孢子叶球长（cm）	1.2	1.7	2.1	2.4	2.8	3.2
小孢子囊数（个）	54	61	63	71	92	89

小袋蛾

小袋蛾，*Acanthopsyche* sp.。小袋蛾又名小蓑蛾、小背袋虫等，属鳞翅目，蓑蛾科，分布于江苏、浙江、安徽、江西、湖南、四川、贵州、云南、福建、广东和台湾等地，为害柑橘、梨和杏等。雌成虫体长约 7 mm，头咖啡色；体躯白色，足退化，似蛆状。雄蛾体长约 4 mm，翅展 11.5～13.5 mm；体、翅均茶褐色，体表被白色细毛，后翅底面银灰色。卵长约 0.5 mm，椭圆形，米黄色。成长幼虫体长 5.5～9 mm，头黄褐色，有暗褐色花纹；体乳白色，中、后胸硬皮板褐色，分为 4 块，中间两块较大。雌蛹体长 5～7 mm，黄白色，头、胸细小，无翅芽和足。雄蛹体长 4.5～6 mm，茶褐色，翅芽达到第 4 腹节。护囊长 7～12 mm，囊外附有寄主的枝叶碎片，内壁丝质，灰白色。一年发生 2 代，以 3～4 龄幼虫在护囊内越冬。翌年 3 月当气温达 15℃时开始活动，5 月中下旬开始化蛹。在浙江第 1、2 代幼虫依次发生于 6 月中旬至 8 月中旬和 8 月下旬至翌年 5 月下旬。幼虫蜕皮 5 次或 6 次。幼虫期 38～77 d，越冬代幼虫期长达 253～289 d，卵期 5～7 d。防治方法参见"大袋蛾"。

小儿肠炎

银杏叶 3～9 g，加水两碗，煎成一碗，搽洗小儿脚心、手心、心口（巨阙穴周围，严重时擦洗头顶）。每日 2 次。

小儿湿疹诊和皮炎

银杏树叶烧成灰，拌上适量香油，涂抹在患处，每日 2 次，10 日可治愈。

小儿消化不良性腹泻

干白果仁两枚，研成细末，装入一个鸡蛋内；再把鸡蛋竖在烤架上，置微火烤熟。日三次。鲜嫩的银杏叶 250 g，水煎成汁，将膝下小腿至脚部反复擦洗，严重者洗头顶。每天早晚各一次。

小佛手（小长头）

小佛手为江苏省苏州市吴中区洞庭山的主栽品种。种子长椭圆卵形，较大佛手稍小，种重 11.7 g，种柄长 3.6 cm。核卵状长椭圆形，平均纵径 2.62 cm，横径 1.62 cm，单核重 2.6 g。

小佛手

小拱棚

小拱棚在设置上更为简便,但环控效果和插穗的生根成活率较窖棚差,在管理上也较费工。不过,扦插和管理技术得当也能获得良好的效果。建棚时环境条件的选择同杨氏扦插窖棚。挖掘长 10 m,宽 1.2 m,深 0.5 m 的平底沟槽,沟底铺厚 0.2 m 的细河沙作为插床。以钢筋或竹片做拱架,蒙以塑膜。棚内拱架上悬挂一条安装小喷头、直径 2 cm 的硬塑料管道,以供喷水降温用,荫棚设施如窖棚。

小冠疏层形

此树形适用于密植园。树高 3~4 m,干高 60 cm;第一层 3 个主枝,第二层 2 个主枝,第 3 层 1 个主枝。层内距 30 cm 左右,第一、二层层间距 80 cm,第二、三层层间距 60 cm。下层主枝每个留 1~3 个侧枝,上层主枝各留 1~2 个侧枝。其整表方法与疏散分层形近似,可参照实施。

小黄白果

小黄白果产于盘县乐民区乐民乡黄家营村。树高 20 m,冠幅 20 m,树冠呈塔形。树皮灰色,有纵裂。短枝有叶 5~7 片,为扇形或如意形。长枝有叶 14~17 片,上部叶片为窄扇形,中部布深裂。中下部叶为扇形、中裂或浅裂。叶宽 4~8 cm,叶色黄绿。果实卵圆形,纵横径 2.5 cm×2.2 cm,单果重 7.6 g,种柄长 2.9 cm。果面黄橙色,成熟时有果粉。球托棱形,较小,表面凹凸不平,边缘不整齐。种核长卵形,核顶尖,棱翼窄,尾突大而宽。纵横径 2.2 cm×1.3 cm,厚 1.1 cm,单粒重 1.4 g。本品种果形较小,种核尾突大而宽,品质一般,但成熟最早。

小老头树

小老头树是指在当地条件相同的情况下,和同一品质、同一规格的其他栽植银杏相比,发芽迟,抽枝少,枝条年生长量很小,树皮颜色暗淡,落叶早,营养生长和生殖生长均缓慢,呈明显的未老先衰症状的树。造成这种现象的主要原因有:根系破坏严重和栽植过深;根系严重破坏影响养分和水分的吸收,从而使地上部分生长受阻,对于根系完整的植株,如果栽深了,使原根颈以上的树皮埋在土壤中,时间一长,发黑腐烂,影响正常的呼吸作用。要避免出现这种现象,除了栽植时选用根系完整的壮苗以外,更重要的是不能栽深,最好与原树印持平。对于根系受到破坏的"小老头树",可以通过接根促进根系发育。深栽的小树,冬季挖起,抬高后重栽,或另外更换新植株,而大树,可以除去填高的表土,同时要建好排水系统,严防积水而受涝渍。

小龙眼

小龙眼位于王义贞镇唐僧村大周家冲彭家塆,管护人彭小波。树龄 1 500 年,实生树。树高 34 m,胸径 1.89 m。树形松散,中心干明显,主枝数较多,层形分布,生长势好,发枝力强,成枝率高。叶多为扇形,少为三角形,具中裂,叶缘缺刻较深。叶长 4.2 cm,宽 7.8 cm。叶柄长 6.8 cm,叶色较深。球果圆形,熟时黄色,被薄白粉,先端圆钝,顶点下凹,基部平阔,蒂盘圆形、较大。果柄短而粗圆,长 2.8~3.2 cm。球果有大小两种,大的单果 9.2 g,而小的只有 6.3 g,每千克粒数 160 粒,出核率 25%~29%。种核圆形,核形指数 1.19,壳洁白光滑,先端突出具小尖,基部束迹点小而明显,迹点之间宽而平,两侧棱线在 1/2 处消失,背腹相等。种核单粒重 1.8 g,每千克粒数 555 粒,出仁率 75%。该品种为中熟。产量较高,一般年株产白果 300 kg 左右。生长势为本地千年树中最好。

小梅核(细梅核)

此品种南北各地均有栽培。为中型果,形状与大梅核相似,或略呈心脏形,先端圆钝,基部平宽,平均纵径 2.6 cm,横径 2 cm。种梗中等粗,长 3 cm。种核圆形而略扁,顶端微尖,基部圆钝,离基部近处两侧棱线上有明显的翼状突起。种核平均纵径 2.13 cm,横径 1.8 cm,单核重 2.25 g。平均每千克 440 粒。

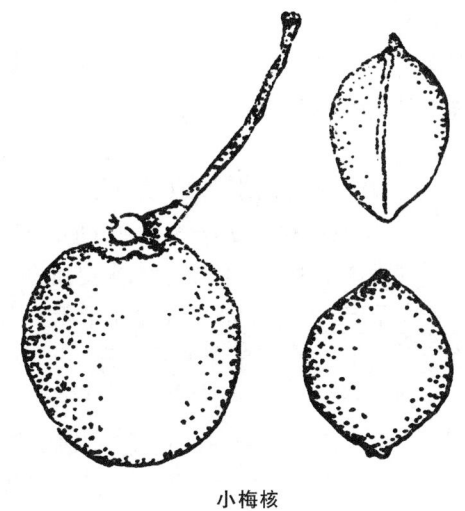

小梅核

小苗绿枝嫁接

用常规嫁接法培育银杏苗,虽可提早结种,但一般多采用大砧嫁接,从嫁接到成苗通常需要 3~5 年的时间,育苗速度慢,这对加速银杏生产基地建设,采用早期丰产密植栽培技术是不利的。因此,可采用银杏小苗绿枝嫁接法。每年 6 月中旬至 8 月上旬,在苗圃中选 1 年生或 2 年生实生苗做砧木,从砧木新梢半木质化处剪断,在砧木剪口处中央用利刀切一竖口,长度

2～3 cm。选1年生枝条做接穗,根据枝条粗细、节间长短,接穗上可保留1～2个芽。枝条采集后,剪去叶片,保留1 cm长的叶柄。在接穗芽下部1 cm处,用利刀在两侧各削长2～3 cm的一刀成对称楔形,再从接穗芽上部1 cm处剪断,然后迅速将削好的接穗插入切口中,砧、穗形成层应切实对准。然后用塑料条带将接口和接穗绑严、绑紧,但需露出接穗芽眼,并用麻皮缠缚,以利伤口愈合。嫁接后15～20 d即可看出是否成活,用手触及叶柄,叶柄很容易脱落,即表示成活;如用手触及叶柄,叶柄不脱落,则表示未成活。前期嫁接成活的接穗有叶片萌生,少数抽生枝条。30 d后可将麻皮解除。小苗绿枝嫁接也可采用方块贴芽接法和"T"字形芽接法,成活率都很高。银杏小苗绿枝嫁接方法简便易学,容易推广,育苗成本低,经济效益高,此法多为单芽嫁接,一穗一芽,种条利用率高,繁殖系数大,不受嫁接部位的限制,生长期可多次嫁接,接穗随采随接,不影响采穗母树生长发育和种子产量。然而传统的枝接,接穗需1～3年生的硬枝,采穗多,用量大,会直接影响母树的生长和发育。小苗绿枝嫁接比传统的银杏嫁接法提前2～3年成苗,早春嫁接的当年生枝条最长的达72 cm,最短的达4 cm,平均34 cm,这一方法为加速银杏生产基地建设、早期密植丰产创造了有利条件。

小年

又叫歉年。指种核歉收的年份。歉年的种核不但数量少,质量也差,且采种费工。

小气候

由于下垫面的构造不同,如地形、河川、湖泊、植物、土质等影响,造成热量和水分收支不同所形成地面气层中局部地区的特殊气候。小气候特征影响的水平范围随地面均匀性而定,垂直方向一般为几十米到几百米,而且愈接近下垫面,小气候特征愈为显著。小气候有农田小气候、森林小气候、防护林带小气候等多种类型。小气候可以按照人们的需要进行改造。我国北方寒冷地区和南方热带地区也可利用小气候进行银杏栽植。

小球藻片

小球藻粉50%、银杏叶提取物8%、乳酸钙7.5%、玉米淀粉28.5%、薄荷4%、脱模剂2%。将配方的原料按干法制成片剂。片剂呈鲜绿色,表面有光泽。无苦味和异味。本剂既有银杏叶的保健作用,又有小球藻的丰富营养。小球藻含脂肪、蛋白质、碳水化合物、矿物质和多种维生素,为高蛋白质保健食品。日本高桥清发现小球藻能有效抑制银杏叶提取物的苦味和异味,不必添加矫味剂。加入赋形剂制造小球藻食品,片剂较合适,也可制成颗粒剂、丸剂、糖果等。银杏叶提取物添加量据疗效和效果而定,一般为0.1%～15%,最好在1%～10%之间。在小球藻制品中,还可加其他添加剂,如赋形剂、黏合剂、润滑剂、脱模剂、崩解剂、着色剂、营养活化剂等。玉米淀粉可起到赋形剂、黏合剂和崩解剂的作用。

小生境

在一个群落中一个种与其他种相关联的位置。它可用来说明在一个群落内某个种群的特殊性。

小说

人们热爱银杏、敬仰银杏的感情,常常反映到小说作品中。早在1925年,作家滕固就创作出版了中篇小说《银杏之果》,后被收入《中国现代名家名作文库》。内蒙古包头市文联主席伊尔德夫主编并出版了《银杏文学丛书》。当代作家徐刚创作并出版了小说集《银杏海棠花》。当代作家须兰创作并出版了《银杏银杏》。青年作家张文佳创作的小说《银杏》,荣获首届武警之花三等奖。《银杏的思念》(作者清纯)、《风中白果树》(作者纪风)等小说,深受广大青年读者的喜爱。随着互联网的兴起和发展,以银杏为题材或与银杏相关的网络小说逐步成为银杏小说的主体。如《银杏树下》(作者叉叉)、《老银杏树》(作者白菜)、《银杏树下》(作者晓天浪子)、《银杏魂》(作者鬼魅红义)、《银杏悲歌》(作者聃聃)、《银杏仙子》(作者裘国玲)《银杏树叶飘呀飘》(作者踏花归来)、《银杏熟了》(作者永远的康桥),《银杏悲歌》(作者钱国丹),不胜枚举。小说大多以物喻人,从不同角度反映了银杏树坚贞、忠诚、博大、和善的优秀品格和主人公的精神风貌。曹福亮教授主编的《听伯伯讲银杏的故事》是本科普读物,该书于2009年出版。全书图文并茂,深入浅出,把银杏树的历史、风格、价值介绍得栩栩动人,是奉献给广大少年儿童的一份文化美餐。

小楔叶属

小楔叶属,*Sphenarion* Harris。此属仅1种。*S. lin-*

楔银杏化石印迹

are 线形小楔叶（新种）。叶片与楔拜拉属相同，但簇生于为鳞包围的短枝上。表皮厚，气孔器副卫细胞单唇式，侧副卫细胞与极副卫细胞无大区别，排列成环，包围气孔腔。模式种 *S. paucipartita*（Nnthorst, 1886）Harris 分布时代：格陵兰、苏联、英国、中国；晚三叠纪至早白垩纪。

小叶

组成一片复叶的单位。

小银杏弯曲造型

很多人喜欢盆景，不少人选择小银杏。银杏的造型，一般将主干做弯即可。但根据自己的构思立意，将分枝和侧枝也造型做弯，那就更好了。做法是：用能使主干和侧枝弯曲的铁丝一段（比主干或侧枝稍长的 16~18 号铁丝），一端插入根标的土内，然后按约 45°角并将铁丝贴紧枝干向上缠绕，直至顶部，然后根据铁丝的缠绕方向，将枝干朝同一方向扭曲做弯。做弯后的小银杏应自然，基本上成为不等边三角形的树姿，一年后将铁丝拆除即可。

小圆子

又称小圆珠、小圆头。核形系数 1.38。种实圆形或长圆形，顶部圆钝，顶点稍凹，珠孔迹小。基部平，稍宽圆，四周具纵沟，形成的对角线或"十"字线纵沟明显深长。蒂盘近圆形，稍凹入。种实柄短，平均长约 2.6 cm，近蒂盘处稍见粗壮。种实大小约纵径 2.69 cm，横径 2.29 cm。油胞圆或长圆，凸出种皮之上，并稀疏而均匀地分布于种实中下部，熟时橘黄色或淡黄色，被薄白粉。种核长圆形或近圆形，略扁，两端均钝圆，上下基本一致，先端较基部稍圆。端具小尖，基部束迹迹点细小不够明显，迹点间距较宽，在 3.0 mm 以上。两侧棱线明显，具厚而狭的翼状边缘，上部稍薄。种核大小为 2.2 cm × 1.6 cm × 1.33 cm，种核千粒重 2 200 g。出核率 19%~27%。主要分布于江苏吴中，浙江长兴等地。

小砧嫁接

实践表明，小砧嫁接是促进早实丰产的根本途径。嫁接苗较之实生苗结种早，所以营建矮、密、早、丰园，可定植嫁接苗或随定植随嫁接。这是因为嫁接后通过接穗继承了采穗母树的发育阶段，使年龄小的银杏苗发育阶段升华，达到发育的成熟阶段。这样从根本上促进了早实。浙江富阳市采取小苗嫁接建园，即用 2~3 年生实生壮苗做砧木，苗木高度 0.8 m 以上，根径 1.5 cm 左右，在干高 20~50 cm 进行嫁接。接穗采自结种树上芽体饱满、生长健壮的 1~2 年生枝条。当年定植当年嫁接，较之不嫁接树提前 15 年结种。同样，广西植物研究所用 2 年生实生苗做砧木，1~2 年生的枝条做接穗，树株发育较好者嫁接后第 3 年（即砧龄 4~5 年生）株产 2.5~3 kg，第 4 年（即砧龄 5~6 年）株产 3~4 kg，需要着重指出的是必须选用高径比 70:1 以上的精壮砧木，接穗亦必须采自早实、丰产、性状良好的，发育阶段成熟的枝条。否则，选用弱苗、弱枝、弱芽难以奏效。

小枝嵌接

银杏生产区的果农常用此法高接，砧木和接穗必须同时离皮方可进行嫁接，嫁接时间比较集中，同时一个砧木上可嫁接数个接穗。具体嫁接步骤如下。接穗选择及处理从 30~40 年生的优良品种母树上，采集 2~4 年生芽子充实饱满的枝条，粗约 1 cm 左右。剪下带短枝的枝条，接穗长 8~10 cm，剥开接穗下部长约 2 cm 一段的枝皮，剪掉皮内的木质部。砧木处理在主干分枝粗度 1 cm 左右处剪断并削平，按接穗带皮的长短，剥下剪口处枝上的皮，然后将接穗与砧木迅速对接上，两者对得越紧越好，将接穗的皮均匀的贴于砧木上。包扎用塑料带紧紧地将嫁接部位缠紧，然后再用麻皮自上至下依次缠紧。15~20 d 后即可愈合。

小植株诱导

将有芽的营养块转移到 White + 2,4 - D 2.0 + NH_4Cl 15.34 + LH 300 + 活性炭 0.05% + 白糖 4% + 琼脂 0.5% 的培养基上，6~10 d 后，芽分生出不定根。每一个胚一般只形成 1 株苗，少数有 2 株。这种培养，在经济上不合算，一是繁殖系数低；二是生根率低，嫩梢生长慢，移苗时死亡率高；三是取胚培养成小苗，从起源来说仍是实生，未必像无性繁殖那样保持亲本的优良性状。

哮喘

白果仁 18 g，马兜铃 9 g，生甘草 18 g，糯米 45 g，麻黄 4~5 g，构骨叶 9 g，共研细末，和匀，每次用药末 1/3，以生理盐水 100 mL 调成浓糊状，分做 9 个药饼，敷涂百劳、肺俞、膏肓穴上。白果 9 g、麻黄 9 g、苏子 6 g、甘草 9 g、款冬花 9 g、杏仁 5 g、桑白皮 9 g、黄芩 5 g、半夏 9 g，水煎服，日服一剂，即愈。

哮喘病

每到季节转换的时刻，患有气喘的人，总是感到特别难过，常常出现一些不适的症状如喘得厉害，呼吸困难等。倘若您正为此烦恼的话，那么建议您试试银杏叶。由于银杏叶内含有血小板拮抗剂，可以和人体细胞的血小板活性因子接受器相结合，防止血小板活性因子将血球呼吸到气管，就能够避免气管收缩等情形发生，达到改善呼吸的效果。

啸云剑——古银杏作证

四川省都江堰市青峰山上的雪山寺早已湮灭,但寺院外的一株植于唐代、高30多米的古银杏依然挺立,并且见证了一段历史。雪山寺开山祖师啸云净,常随身佩戴一把名剑,谓啸云剑。此剑寒光照夜,迎风断发。啸云剑及啸云剑法,便成了雪山寺的传寺之宝。清乾隆年间,雪山寺由十九代住持"琴脱俗"掌事。邻寺普照寺在数十个经常习武的僧人中推举一名叫"周大堆"的和尚与雪山寺住持"琴脱俗"在古银杏树下比武。琴脱俗轻取周大堆。然而赛后不久,啸云剑不翼而飞,琴脱俗卸去雪山寺庙务,下山追寻啸云剑这个传寺之宝。啸云剑的突然失踪使雪山寺从此一蹶不振,香火日下。20世纪80年代,久居雪山寺南山的民间艺人杨楚林老先生在一次地方志研讨会上向重庆作家聂云岚谈起啸云剑的传说,聂老很感兴趣,据此传说写就长篇武侠小说《玉娇龙》。这部小说后经导演李安改编成电影《卧虎藏龙》,并荣获奥斯卡最佳外语片奖。

楔拜拉科

楔拜拉科 Sphenobaieraceae。该科叶线呈披针形,基部楔形不增厚为叶柄,叶片单生而不簇生于短枝上,叶片分裂一次以上。叶脉平行,分叉多次,终止于顶端。表皮与银杏属相同。Harris(1974)将那些聚生于重新支上、短枝基部为鳞片包围的种另独立为新建的 *Sphenarion* 属内。模式种[*Sphenobaiera spectabilis* (nathorst,1906) Florin],分布时代:全球分布,北半球为主;早三叠世至白垩纪。华北区此属于晚二叠世开始出现,至早白垩世止,以晚侏罗世至早白垩世最繁盛。

楔拜拉枝属(新属)

此属仅1种。*Sphenobaierocladus*(n. gen.)。

楔拜拉属

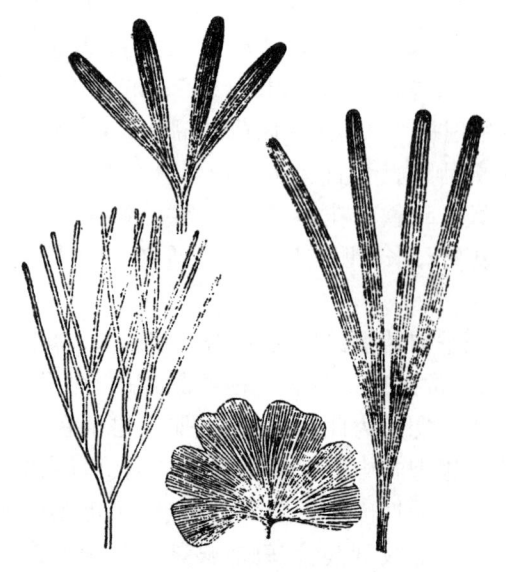

一些灭绝了的银杏目叶子

发现于侏罗纪和下白垩纪的化石。此属以前曾归于拜拉属中,叶簇生,狭楔形,无叶柄,叶多次二歧式深裂成窄带状裂片,每一裂片中叶脉数不少于4条。常见的有以下7个种。①*S. longifolia* 长叶楔拜拉。②*S. czekanowskianu* 捷卡诺夫斯基楔拜拉。③*S. pulchlla* 稍美楔拜拉。④*S. boeggildiana* 波氏楔拜拉。⑤*S. nantianmensis* 南天门楔拜拉(新种)。⑥*S. cophioglossum* 瓶尔小草状楔拜拉(比较种)。⑦*S. rugata* 皱纹楔拜拉(新种)。

楔叶似银杏

生长地域:湖南。

地质年代:早侏罗纪。

斜腹接

两削面间比较明显的是一侧厚,一侧薄。再于砧木的适当位置斜切一刀,深达木质部的1/3。切口外深内浅,外深应与接穗的长削面相等。插接穗时短削面向外,长削面向内(厚侧面在外,薄侧面在内)。形成层相互对准、密接,并绑扎。此法多用于填补大树树冠空缺部分,因此,角度可大,但上芽应向外,成活后不剪砧。

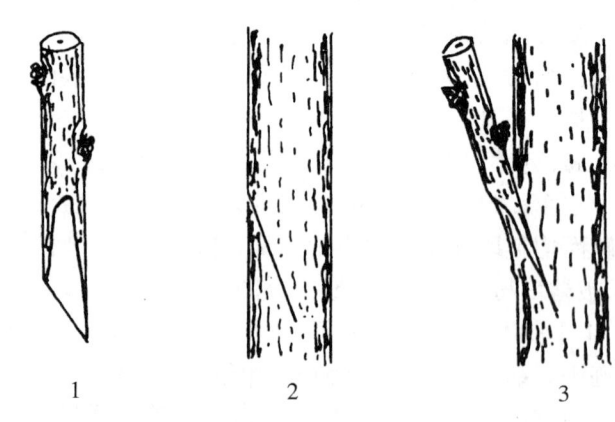

斜腹接
1.正面　2.切砧木　3.插接穗

斜干式盆景

斜干式银杏盆景,其主干向一侧倾斜。重心偏移,它往往以侧枝来取得平衡。斜干式富有一种动感,好似高山上生长的古银杏,年年岁岁与狂风暴雨、雪压露侵的恶劣环境抗争,造就出一身钢筋铁骨的形象。斜干式银杏盆景制作,要紧紧围绕这个特点进行刻画。斜干式盆景的制作,近似直干式。但与直干式不同之处在于主干倾斜,梢头微向上翘首。最下层的主枝较粗、较长。全树3～5个树冠。现以五冠式为例,假定树势由左向右倾斜,最下层第1枝置于左边。这一枝在盆景中占有非常重要的地位。主枝趋向左下斜拉。主枝基部前后弯曲,梢部上下弯曲,小枝上扬。势若高山流水,有不可阻挡之势。第2枝在右侧,置于斜干的右方。第2枝比第1枝要短,枝条的斜干式银杏盆景趋向应先下向上,向右平展,小枝上扬。此枝力求展示虬枝横空,显现横斜的气势。第3枝着生于主干的左前方,枝条伸展方向趋于向前、向上、向后、向左。此枝梢头不可超过第1枝。第四枝着生于主干的右面。枝条趋向后、向右平展。第5枝为顶冠。主枝趋于向左、向上,经常采用孤顶冠和尖顶冠两种形式。

斜干式银杏盆景

斜纹夜蛾

斜纹夜蛾,*Prodenia litura*(Fabricius)。斜纹夜蛾属鳞翅目夜蛾科。国内主要分布于温暖地区,在淮河、长江以南地区发生较多,而北方地区则偶尔发生;国外分布于非洲、亚洲的热带、亚热带地区。斜纹夜蛾的寄生植物很广,包括:棉、甘薯、玉米、高粱、瓜类、豆类、蔬菜等农作物及茶、泡桐、桑、柑橘、苹果、梨等果树、林木达290多种。20世纪90年代后在桂林等地发现该虫危害银杏幼树,严重影响植株正常生长。斜纹夜蛾在华中一带1年5代,以蛹越冬。据石德桥(1998)研究,该虫在广西全州1年6代,以蛹越冬。翌年春成虫羽化,有较强趋光性。交配后成虫忙于在银杏幼树上部嫩叶的叶背产卵,不规则块状,表面覆盖有稀疏的黄白色绒毛。以幼虫危害银杏叶片,6月中旬前一般不危害银杏,9月后银杏叶片老化也不再危害。1~2龄幼虫群集在卵块附近叶背取食下表皮、叶肉,剩留上表皮和叶脉。被害叶片呈枯黄白色网状半透明膜状。初龄幼虫在幼树上可转移危害3~10片叶。3龄后幼虫畏光,白天隐蔽于树下或土中,部分个体晚间上树取食银杏幼树下部叶片缺刻状,而另一部分个体则转移危害林下间作的农作物或其他植物。11月老熟幼虫入土筑蛹室化蛹或土表枯枝落中化蛹。

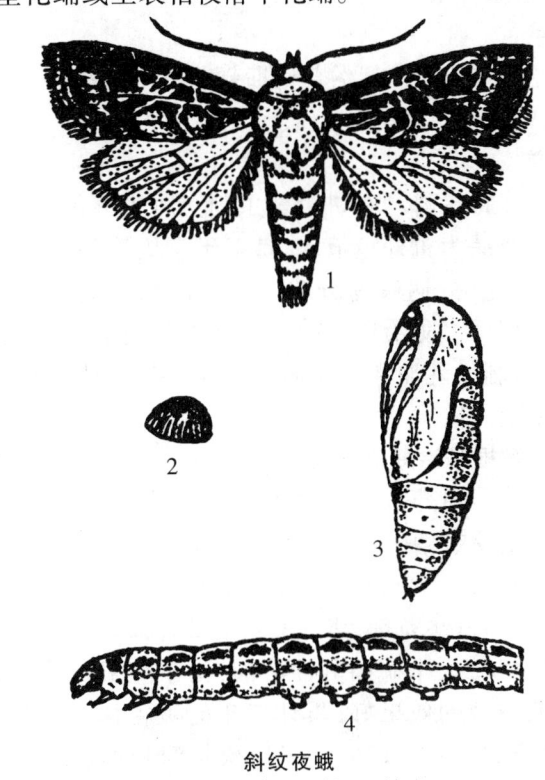

斜纹夜蛾
1.成虫 2.卵 3.蛹 4.幼虫

具体防治方法如下。①人工防治:冬春季结合幼林抚育翻耕林地,清除林地枯枝落叶,消灭越冬蛹。6~8月摘除幼树上黄白色网状叶片,消灭叶背群集的初龄幼虫。②成虫发生期用黑光灯诱杀成虫。③化学防治:在幼虫初龄期,用90%美曲膦酯1 000倍,2.5%溴氰菊酯3 000~5 000倍喷冠杀灭幼虫。

泻痢

白果叶5~9 g,为末,和面做饼食之。

心材

指银杏树干的内部木材,不包括活的细胞,并已丢失疏导功能。通常心材颜色比边材深。

心脑血管的呵护因子

干银杏叶中提取的银杏黄酮苷,对心脑血管疾病有明显的疗效。医学界的最新调查表明,全世界每年有1 500万人死于心脑血管疾病。在我国有9 000多万心脑血管病的患者,其死亡人数已占人口死因的50%,大大超过肿瘤和其他疾病。科学家们发现,银杏叶提取物富含独有的心脑血管呵护因子——银杏黄酮苷,它具有舒张血管、改善微循环的作用,特别是对大脑血流障碍和脑动脉硬化治疗效果显著;能增进乙脑血流量,改善脑营养,克服脑功能障碍;降低胆固醇和高血脂;拮抗血小板活化因子活性;对脑血栓患者的脑循环、葡萄糖代谢有调节作用;对清除自由基,延缓心脑血管老化,对与自由基有关的疾病如老年性痴呆、衰老、心脑血管系统疾病均有改善作用。

辛克莱

原株在新泽西州的普伦斯顿苗圃。为雄株,分枝好,但繁殖较困难。

辛硫磷

亦称肟硫磷。有机磷杀虫剂。纯浅黄色油状液体。工业品为黄棕色液水,易溶于有机溶剂,在介质中稳定,光解,遇碱易分解。对人畜毒性低,具触杀和胃毒作用。防治银杏鳞翅目幼虫和地下害虫效果显著,常制成乳油和颗粒剂,用作喷雾、拌种、沟施或浇灌土壤。

辛硫磷灌根防治蛴螬危害

采用不同药剂和不同的施药方式,对核用银杏根茎部遭受蛴螬的危害进行了试验。用50%的辛硫磷乳油溶液,年灌根一次的效果明显优于年施一次5%的呋喃丹颗粒剂,累计两年的被害株率下降4%;而年灌根二次辛硫磷乳油溶液,比年灌根一次辛硫磷乳油溶液的效果好,累计三年的被害株率对比减少25%,仅占0.17%。辛硫磷年灌根两次是化学防治蛴螬危害银杏根茎部的有效药剂和最佳的防治方法。

锌

锌含在碳酸酐酶、有锌的金属蛋白质酶和维生素B的组成中,与光合作用、呼吸中的吸收和释放二氧化碳的过程,以及与叶绿素和生长素的形成有关。锌是酶和维生素C的活化剂和调节剂。缺锌时,树体的过氧化氢酶的活性显著下降,细胞内氧化还原系统紊乱,生长素含量低,细胞吸水少,不能伸长,枝条下部叶片常有斑纹或黄化现象,新梢顶部叶片显著变小,枝条纤细。

锌素

从植物生理生化的角度来看,锌能增加酶的活性,至于在银杏中的效果如何尚需试验研究。

新孢粉学

新孢粉学,亦称"现代孢粉学",孢粉学的一个分支学科。主要研究现代植物孢子、花粉的形态、解剖、分类、生理学和物理化学特性等。新孢粉学对植物系统学、花的生态的研究有重要意义;兼及孢子、花粉在现代天气、水流及表土中的分布规律。由于它的广泛应用,又发展了一些更细的分支学科。新孢粉学在农学、园艺学和气象学诸领域中也有一定意义。

新陈代谢

新陈代谢简称"代谢"。生命的基本特征之一,是维持银杏树体的生长、繁殖、运动等生命活动过程中化学变化的总称。通过代谢,银杏树体同环境不断地进行物质和能量的交换。其方向和速度受着各种因素的调节,以适应体内外环境的变化。银杏树将从食物中摄取的养料转换成自身的组成物质,并储存能量,称为"同化作用"或"组成代谢"。反之,银杏树体将自身的组成物质分解以释放能量或排出体外,称为"异化作用"或"分解代谢。"代谢是酶所催化的,具有复杂的中间过程,例如葡萄糖在银杏树体内氧化为水和二氧化碳要经过许多化学变化,这些过程总称为"中间代谢"。新陈代谢失调会产生疾病。新陈代谢一旦停止,生命也就终止。

新疆木垒县发现银杏化石

新疆维吾尔自治区昌吉回族自治州木垒哈萨克自治县在大约800 km的准噶尔东部戈壁滩地分布着世界上极其罕见的、保存最完整的"硅化石",其中就有银杏树化石。在亿万年前,木垒戈壁与整个北方一样,气候温和、湿润,是一个风景优美的植物园。银杏、苏铁等树木环绕着如同明镜的准噶尔盆地,形成茂密的森林。至今1亿4千万年前的中生代侏罗纪,由于南亚次大陆位移碰撞,引起喜马拉雅山造山运动,使地壳发生了或隆起或塌陷的剧烈变化,使大片森林被掀翻,遭泥沙覆盖。在重压、高温之下含二氧化硅的地下溶液渐渐渗入树干。年深日久形成了被称为"硅化木"的石头树。这是我国少见的存有大面积银杏化石的地区,其储藏量尚无探明。这对于研究亿万年前的植物结构、古气候、古地貌,特别是对研究银杏的起源与演化史,具有非常重大的价值。

新疆伊宁银杏引种

1998年以来,在新疆伊宁市园艺场开展果用银杏引种试验。通过观测其成活率、保存率、直径生长等指标及开花结实等特性,发现银杏能在该地区正常生长、开花、结实,完成其生活史,这是银杏从东部地区向西部地区引种的一项重大突破。

新疆银杏

20世纪60年代开始引种银杏,南疆的喀什和阿克苏林场,北疆的石河子市公园,伊宁市林科所哈尔墩苗圃等处,均有零星栽植的银杏树,年高生长量20～30 cm。伊宁市林科所有30多年生的银杏树,高7米多。乌鲁木齐市自治区林科院六道湾试验苗圃,1985年以来培育了不少银杏苗木,用于城市绿化。

新农药研究开发程序

在新农药研究开发程序中主要包括化学化工系

列,生物活性与药效系列,评价系列,毒性与环境系列和其他系列:①化学化工系列主要包括确定先导化合物、优化化学结构、合成工艺研究、分析方法研究、制剂研究和确定最终剂型、中间试验、基础设计、中试鉴定和基础设计审查、设计和生产产品;②生物活性与药效系列主要包括生物活性初筛、生物活性复筛、生物活性研究、田间小区药效试验、大田药效试验和试验推广与应用开发;③评价系列主要包括初步评价、中间评价和最终评价;④毒性与环境系列主要包括急性毒性及眼黏膜和皮肤试验、蓄积和致突变试验、亚慢性和代谢试验、环境评价试验、慢性毒性试验、残留试验和总体安全评价;⑤其他系列包括文献调查、申请专利、申请田间药效试验、临时登记、市场调查、正式登记、市场开发和销售。

新农药研究开发程序图

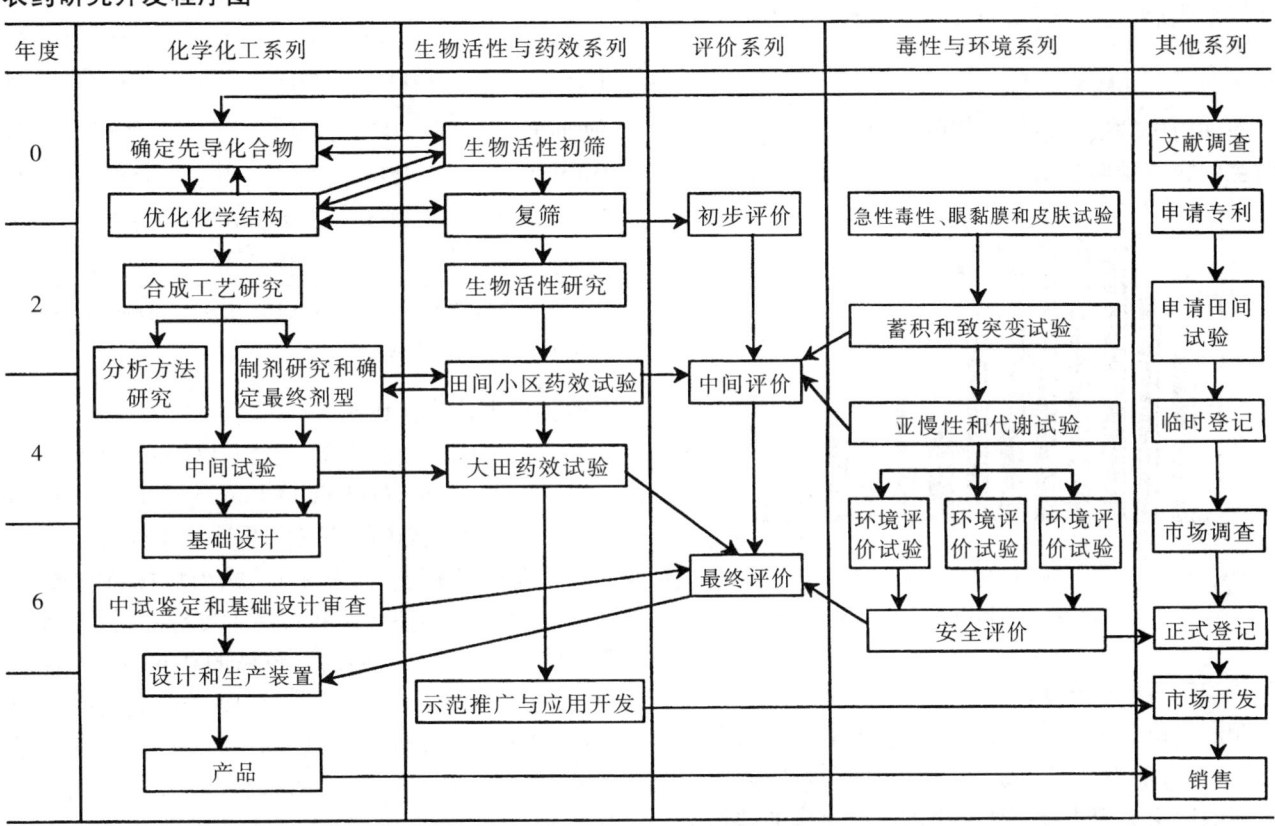

新农药研究开发程序图

新品种报审材料

①林木良种审(认)定申请书。②银杏良种选育报告或引种成功的报告。③跨市区域试验、生产试验效果证明。④报审银杏良种的特征、特性描述和照片。⑤已通过鉴定的,附鉴定证书。⑥协作育种的,附协作协议和报审委托书。⑦未经过技术鉴定的品种和传统名特优品种,应提交由市级以上质量检验机构(或省林木良种审定委员会指定的检测机构)出具的品质量化指标检测报告。⑧有与上述有关材料相对应的现场。

新梢

当年抽生带有叶片的新枝。如常绿果树柑橘及具早熟性芽的落叶果树如桃、葡萄、枣等,一年内能抽生多次新梢。柑橘因气候影响及品种不同,可抽梢3~4次,即春梢、夏梢、秋梢、冬梢。桃可抽生2~3次,即一次梢、二次梢、三次梢。而苹果、梨等,每年抽生1~2次,即春梢和秋梢。

新梢生长期

由叶芽开始萌动至枝条停止生长的时期。新梢生长又分加长生长和加粗生长。加长生长是枝条顶端分生组织的细胞不断分裂、分化和增大的结果。落叶果树一般分为开始生长期、旺盛生长期、停止生长期。加粗生长是形成层细胞不断分裂、分化和增大的结果。

新梢中营养元素的季节变化

5月上旬至6月中旬是新梢的速生期,氮、磷、钾含量呈显著降低。6月中旬以后钾的含量比较稳定,氮稳中有升,说明叶中养分开始向枝条中回流。磷在6月中旬至7月上旬有一个平稳期,之后明显降低并趋于稳定,这与叶的情况很相似,表明叶和新梢对磷的需求期具有重叠性。钙的浓度在7月上旬以前一直是一个增加的过程,这反映了新梢从幼嫩到成熟的过程,7月上旬以后呈降低的趋势,以后又略有升高。5月上旬至9月下旬,银杏新梢中大量元素的含量大小依次为氮＞钾＞钙＞磷＞镁。微量元素铁和锌从生长初期开始逐渐升高,于7月上旬达最高值,以后逐渐降低(铁在8月底以后略有升高);锰在生长初期含量较高,以后下降,6月中旬达到最低后又一直上升,到落叶后达最高。新梢中微量元素的含量大小依次为铁＞锰＞锌。

新生代
地球历史的最新地质代,开始于600年前。

新西兰的银杏种实生长图

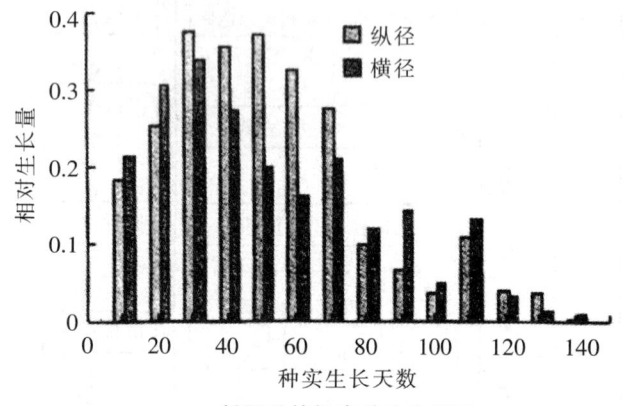

新西兰的银杏种实生长图

新西兰的银杏种质资源
新西兰位于南半球太平洋南部,介于南极洲和赤道之间,是目前为止南半球唯一一个将银杏作为产业来发展的国家。银杏在新西兰已有100多年的栽培历史,其南岛和北岛的各个城市和地区均栽植但主要用作庭院、公园、街道绿化树种零星种植,直到21世纪初才开始被作为一种产业来发展。通过对新西兰的Auckland、Wellington、Hamilton、Hastings等主要城市的银杏种质资源进行广泛调查和定点观测,结果只发现有梅核类、佛指类、马铃类、圆子类等四种类型。种核也较小,最大的为2.15 g,最小的仅1.44 g。

新西兰各主要城市的银杏

新西兰各主要城市的银杏

地点	种植时期(a)	胸径(m)	树高(m)	冠幅(m²)	性别
Wellington	1896	1.18	17.5	364.5	雄
Auckland	1905	1.32	30	370	雄
New Plymouth	1861	1.26	19	415.8	雄

续表

地点	种植时期(a)	胸径(m)	树高(m)	冠幅(m²)	性别
Hastings	1870	1.07	25	411.8	雄
Hastings	—	1.82	18.5	730.6	雌
Gisborne	1892	0.95*	18.8*	415.8*	—
Palmerston North	1912	0.85*	12*	244.8*	雌
Wanganui	1920	0.73	15.5	333	雄
Tauranga	1925	1.15	17	539	雌
Whangarei	1895	1.14	12.5	564	雄
Hamilton	1918	0.82	16	396	雌
Christchurch	1878	0.88	17	468	雄
Nelson	1856	1.34	16	498.2	雄

表中带*号的数据是新西兰1984年出版的"Great Tree of New Zealand"一书中记录的数据。

新西兰银杏雌雄株比例
对 Hastings 市各公园、街道及庭院86株及其他城市如:Wellington、Auckland、Tauranga、Hamilton、Gisborne、Nipper等城市的78株,共计164株成年银杏树进行了雌雄性别统计,其中60株为雌株,104株为雄株,雄株所占比例为63.4%,高于雌株。另外,雄株的平均胸径为0.72 m,略高于雌株的0.68 m;雄株的冠幅(13.65 m×14.5 m)也略小于雌株的冠幅(15.40 m×15.66 m)。但新西兰银杏的一个显著特点是雌雄株的生长均直立性不强,两者高度相差不明显,大部分的树冠为圆头形,枝条伸展,树形优美,极具观赏性。

新西兰银杏的发展史及分布
银杏在新西兰已有100多年的栽培历史,在新西兰的南岛和北岛的各个城市和地区均有银杏栽植,有的树龄已超过150年,但都是作为庭院、公园、街道绿化树零星种植。从21世纪初开始,新西兰一些地区将银杏作为一种经济树种发展。新西兰位于南半球太平洋南部,介于南极洲和赤道之间。西隔塔斯曼海与澳大利亚相望,北邻汤加、斐济。新西兰由北岛、南岛、斯图尔特岛及其附近一些小岛组成,面积27万多平方千米,是世界上最早能见到日出的国家。据新西兰1984年出版的《Great Trees of New Zealand》一书记载,新西兰从19世纪中期就开始种植银杏,已有150多年的种植历史,最初主要是由一些欧洲殖民者从中国或日本带来实生幼苗或种子种植在一些海滨城市。在新西兰的南岛城市有一株种植于1856年的银杏,是由一名欧洲殖民者船长从中国带来的实生小苗种植的,是新西兰目前发现的有记载的最古老的银杏,1984年胸径达0.86 m,高为12 m,2006年12月测量时胸径已达1.34 m,树高为16 m。而在Hastings发现的一株种植年代不祥的古银杏,胸径达1.82 m,高18.5 m,冠幅为24 m×18.5 m,有三个大主枝,且长有三个树乳。树乳的直径分别为35 cm、26 cm、29 cm;长分别为27 cm、13 cm、24 cm,是目前为止新西兰发现的树干最大、可能也是年龄最长的银杏,估计树龄超过Nelson的银杏;在新西兰最大的城市Auckland的一个公园内有一株胸径1.32 m,树高达30 m左右的雄株,是目前发现的新西兰生长的最高的银杏;另外,Auckland市的Cornwall Park种有10株银杏,平均胸径达1.02 m,最大的已达1.21 m,是目前新西兰发现的植株最大、数量最多的银杏群。据新西兰植物学家Graeme C. Platt回忆,这些银杏约栽于1965年,树龄为50年左右(包括苗龄,新西兰栽种的绿化树树干均较粗,所以苗龄较长),其生长速度远高于在中国栽种的银杏。在新西兰,几乎所有的城市都种植有相当数量的银杏,且均有树龄50年以上的银杏大树存在。

新西兰银杏的发展现状及前景

新西兰是目前为止南半球唯一的一个将银杏作为产业来发展的国家。在新西兰,银杏已有150多年的栽培历史,但作为一种产业却只始于21世纪初。2000年,种植园主Graham Dyer在新西兰的Tauranga市建立了一个面积为1.33 hm²的果用银杏园,这也是新西兰最早的以商业为目的的银杏园。但最初由于缺乏对银杏品种孕栽培管理技术的了解,只是采取本地银杏结种大树的接穗进行嫁接育苗,至结果后才发现果实极小,且树势生长较弱。2005年其又从日本引进两个大果品种。2006年在原有果用园的基础上另外建立了一个面积约3.33 hm²的叶用银杏园;2005年在新西兰的Nipper市成立了一家以种植、加工和销售银杏叶及产品的公司,也是目前新西兰最具规模的银杏产业公司,且其发展较为迅速,并已将其种植基地扩展到多个地区,种植规模由最初的5 hm²多,增加到目前的30 hm²,近60万株银杏实生苗(17 500株/hm²);另外,在Hamilton市有一个以培育观赏用银杏的苗圃,其单株银杏苗售价达35新西兰元,折合人民币约210元。由于银杏实生幼苗雌雄难辨,这极大地影响了银杏的观赏价值,也限制了其在绿化方面的发展。在对Hastings市近300株银杏的调查后发现,在主要的公园和街道种植的银杏树的树龄80%以上的已超20年,新种植的10年以下树龄的幼树只占8%。近年来,银杏的食用、药用和保健价值,在新西兰已逐渐受到重视,特别是银杏叶的开发利用已引起一些企业和研究部门的极大兴趣,加之新西兰拥有得天独厚的气候资源,非常适合银杏的生长,生长的银杏叶片大而厚,产量高,无病虫害,是纯天然的绿色原料。因此,所生产的银杏产品在国际市场上非常受欢迎,相信在今后的5~10年内,新西兰将成为世界上主要的银杏叶生产国之一。

新西兰银杏物候期

新西兰银杏物候期

萌芽期	盛花期	始梢期	新梢变色成熟期	幼果期	硬核期	种实成熟期	落叶期
9.4~20	9.22~28	10.5~12	12.10~20	10.20~28	12.22~1.15	4.15~4.28	5.28~6.20

新西兰银杏种核类型及性状

新西兰银杏种核类型及性状

种核类型	数量(株)	百分比(%)	平均种实重(g)	平均核重(g)	出核率(%)	出仁率(%)	种核长/宽(cm)	果柄长/粗(cm)
梅核类	30	50	11.34	1.96	17.54	66.95	2.21/1.73	4.74/0.17
佛指类	15	25	7.98	1.6	20.6	71.01	2.23/1.41	5.12/0.17
马铃类	10	17.7	8.55	1.75	20.47	71.41	2.11/1.55	4.54/0.16
圆子类	5	8.3	9.2	1.61	7.39	75	1.83/1.58	3.2/0.22	—
长子类	0	0	—	—	—	—	—	—

新鲜陈旧白果鉴别

白果通常是指银杏种子脱掉外种皮的种核,白果的可食部分是指脱掉种核硬壳的种仁。近几年,商贩们常把前一年或前两年的陈旧白果拿到市场上作为育苗用种或食用白果销售,以谋取暴利。那么如何鉴别当年的新鲜白果和往年的陈旧白果呢?从外表上看,当年的新鲜白果种核硬壳洁白光亮,色泽鲜艳,种仁充实饱满,人工脱壳较困难,将白果握在手中有一种沉甸甸的感觉;陈旧白果种核硬壳无光泽,虽经过熏蒸或化学药剂浸泡漂洗,但仍不能与新鲜白果相媲美。陈旧白果因在冷库中已贮藏一年或两年,由于白果已失水15%左右,种仁已不那么充实饱满,脱壳较易,握在手中的白果无沉甸甸的感觉,相对千粒重要小于新鲜白果。从检出的破碎白果看,破碎白果硬壳的磴口已失去洁白,变为灰色。从种仁的解剖上看,将白果种仁纵向剖开,新鲜白果种仁鲜绿嫩黄,种仁充实饱满;陈旧白果种仁暗黄,由于贮藏期的失水,种仁略干瘪,种仁中间形成一绿豆粒大小的空洞。新鲜白果种胚刚刚开始形成,种胚小而光亮饱满;陈旧白果种胚长度已长到5~10 mm,种胚宽度已长到1.8 cm左右,胚芽已散开,胚芽顶端已变成褐色,失去发芽能力。这样的白果尤其不能作为育苗用种。陈旧白果种仁已失去大部分白果的清香风味,糯性变低。从种仁内含物的变化看,白果在冷库中贮藏一年后,淀粉含量由31.5%降至25.4%,脂肪含量由1.5%降至0.4%,水分含量由58.0%降至43.5%,总糖含量由1.5%升至2.8%。

新银8号

主产河南省南部大别山区的新县、信阳以及南省西部伏牛山区。塔形树冠。种实阔椭圆形,先端微凹陷,平均纵径3.1 cm,横径2.6 cm,平均单种重11.5 g,种柄长4.5~5.0 cm,种实成熟后外种皮黄绿色,密被白粉。种核椭圆形,颜色洁白,平均纵径2.6 cm,横径1.9 cm,厚1.4 cm,核形指数1.37,属马铃类,先端具小突尖,两侧棱线几乎对称,平均单核生3.34 g,每千克种核300粒,出核率29.0%,出仁率78.5%。种仁味美宜食,糯性强,丰产性能好,产量高,大小年不明显,为河南省主要栽培品种和推广品种之一。

新宇

新宇又名金坠1号,为山东郯城代表种。原株在新村于洪涛家里。长枝上的短枝数28个/m,节间长4.9 cm,每个短枝上有叶8~10枚。芽基宽0.34 cm,芽顶端钝圆。成龄树长×宽为6.02 cm×8.38 cm,叶柄长6.28 cm,5片叶厚度0.148 cm,单叶面积28.19 cm²,单叶鲜重0.8 g。叶缘呈波浪状。嫁接后4年生幼树3年生枝段上成枝力14.5%,当年新梢长32.8 cm,粗0.51 cm,芽数10.4个。株高3.6 m,主枝数3.5个,冠幅2.15 m×1.74 m。树冠投影面积2.97 m²,总叶量2 841枚,叶面积8.86 m²,叶面积指数2.96。大树高接后2年结果,4年生苗嫁接后3年结果,4年开花株率33.3%,结果株率20%。从传粉到种子形态成熟时间为144 d,成熟期9月8日,属早熟品种。幼树插条生根率80.5%,2年生插条苗高度86.7 cm,地径1.1 cm,舌接成活率97.6%,当年新梢长51.2 cm。母树4年平均株产43 kg,树干截面积负载量0.04 kg/cm,树冠投影面积负载量1.39 kg/m,大树高接后3年每枝挂果3~10个,接后5年每枝产量高达3.7 kg。6年生幼树接后4年株产0.063 kg。新宇属佛手品种,果倒卵形,果柄直立(如图)。单果重11.84 g,每千克84粒,果皮厚0.51 cm。核顶端有尖,基部两束迹合生,背腹明显。单核重3.3 g,每千克304粒,最大种核3.8 g,种壳厚0.38 mm。核长×宽×厚为2.5 cm×1.73 cm×1.34 cm。出核率28.14%,出仁率80.34%。最大的特点是种壳薄,种仁富含脂肪、淀粉、蛋白质及维生素。口感香甜,糯性强。目前已推广到山东省内外50余处,并收到良好效果。

新宇

新宇大马铃

此种为湖南大马铃的优良变异类型。根蘖繁殖。果实短倒卵形,果柄弯,柄长3.2 cm,核倒卵形,顶点微凸,两侧棱明显,两束迹相距较近。核形指数1.39,长宽厚为2.37 cm×1.7 cm×1.53 cm,属马铃类。单核重3.14 g,出核率20%。成熟期8月下旬。外形美观、果大、成熟早、产量较高,为优良农家品种。

信丰大叶雄株银杏

信丰县的古银杏树600年以上的有5株,300年以上的有15株。在信丰县还发现了一株大叶雄性银杏,填补了江西叶用雄株银杏的空白。江西古银杏胸径2 m以上的尚有星子县白竹寺1株,九江县洪上屋及黄公池2株,宜春市南庙1株,景德镇市峙滩龙潭1株,崇仁县船平1株,大都源于唐代,树龄千年以上。栽于宋代的有莲花县六市桥村1株,乐平市历居山乡1株,宁都县大龙名山唐龙寺2株,崇仁县许坊李一公庙1株,金溪县峡山村1株,永丰县罗坊1株。

行道树

行道树是种植在各种道路两侧及分车带树木的总称。行道树的主要功能是为车辆及行人庇荫,减少路面辐射热及反射光、降温、防风、减弱噪音，装饰和美化街景。适做行道树的树种，应适应当地的自然环境并耐城镇街道的不良条件；具有美观的树形或花、果及秋色叶可供观赏；有较繁茂的枝叶和适当高度的分枝点（一般2.5 m以上）；主干通直而不生萌蘖，根系深；发芽早、落叶迟且短期内落净，花、果不散发不良气味或污染空气的绒毛、种絮、残花、落果等；繁殖容易，生长较快并耐修剪；寿命长，病虫害少。中国常用的行道树种是槐、柳、毛白杨、樟树、桉树、银桦、圆柏、木麻黄、小叶榕、白蜡、蒲葵、油松、臭椿、悬铃木、银杏等。中国幅员辽阔，气候相对悬殊，搞好各城市的行道树，首先要制订树种规划，结合当地自然环境条件及该城市已定的市树，选出10种左右理想的行道树种。然后指定苗圃按需要繁殖，并严格规定出圃规格，将不合规格的行道树逐步淘汰更换，从而改善城市面貌。除冬季阳光灼热的城市可采用常绿树种外，大部分城市应选落叶乔木为主。行道树的设计，应与道路及沿街建筑物的性质等相协调，也可适当应用一条街只用一种树、等距离种植的方式。

行道树育种

银杏树枝叶优美，抗污染、抗辐射、抗风力强，病虫害少，冬季落叶，是我国大部分地区城镇街道的优良绿化树种。用于行道树的银杏，要求树干通直，树冠广阔，生长迅速，抗性强，以雄株为宜，如用雌株，则应培育不结实或少结实的银杏品种。目前国际上选择行道树有通行标准，可供选育银杏行道树品种参考，具体为：①速生，寿命长。②发叶早、落叶迟，夏季绿、秋季浓；落叶时间短，叶片小而有利于清扫。③冬季树形美、枝叶美、观赏价值高。④叶、花、种实可供观赏，且无污染。⑤树冠形状完整，分枝点在1.8 m以上，分枝的开张角度与树干成30°角以上，叶片紧密，可提供浓荫。⑥繁殖容易，大苗移植成活率高。⑦适应性强，能在城市环境下正常生长，抗污染、耐瘠薄、抗干旱、耐高温和低温。⑧抗强风、大雪，根系深，不易倒伏，不易折断干枝及无大量落叶。⑨生命力强，病虫害少，管理容易。

行道树栽植

行道树栽植，其立地条件选择、注意事项与庭院栽植基本相同。行道树每侧栽一行，株距8～10 m左右。为不妨碍行车，枝下高要在4.5 m以上。我国城市内的电讯杆、高压线杆，往往沿街道高空架设而纵横交织。为此，要避让互不影响。水泥、沥青路面的街道须留树盘，以保持一定的营养面积。不过，虽留有树盘，但仍比郊外、旷野栽植营养面积为小。加强松土中耕尤为必要，以促进树体迅速生长。银杏根系伸展很广，粗大的主根往往使地面隆起，有碍美观与交通，须及时加以控制与修复。城市的土壤中石灰、石砾、砖块颇多，不利甚至有害银杏的生长，客土栽植十分必要。每穴要换酸碱适中、疏松肥沃的壤土2 m^3以上。银杏的外种皮有臭味，为净化环境，减少污染，专选雄株栽植尤为重要。目前沈阳和平大街、山西太原五一路、南京玄武湖均有一排排整齐可观，高大挺拔，雄伟壮观的行道树。

行道树整形修剪

银杏是重要的行道树种，要求通直的主干，以采用中干疏散形为好，高度和分枝点基本一致，树冠要整齐，有装饰性。基本主干和供选择做主枝的枝条需要在苗圃阶段整形培养，树形在定植后5～6年形成，以后只需常规修剪，即可保持理想树形。

行列植

按一定的株行距沿道路两旁显得比较整齐和富有气魄。例如，北京西直门外大街、南京中山陵广场的银杏。规模大的行列栽植，还可适当地点缀些月季、迎春、木槿、碧桃等花卉、灌木，则更加雅致得体，令人欣快。

形成层

银杏树体内的一种分生组织，只有一层原始细胞，主要进行平周分裂，由它向内外拉生细胞，仍有一定的分生能力，这些未分化的细胞和原始细胞一起做辐射排列成行，合称形成层。这种分生组织与顶端分生组织不同，其细胞高度液泡化，细胞核不大，细胞轴向较长，弦向面比径向面为宽。形成层有维管形成层和木栓形成层之分。

形态变异

银杏虽只有一个种，但经过长期的演化，也发现和培育了一些具有一定形态性状变异的类型。植物学家Carriere、Eiwes、Henry、胡先骕等，以银杏冠形和枝、叶的形态，叶的大小、颜色等的变异，将银杏分为7类：塔形银杏、垂枝银杏、裂叶银杏、斑叶银杏、黄叶银杏、叶籽银杏、鸭脚银杏。曾勉之(1935年)以银杏种子大小、形态等性状，按栽培植物命名法规将银杏分为3类：①梅核银杏类；②佛手银杏类；③马铃银杏类。

形态特征

银杏树起源于1.7～2亿年前古生代的孑遗树种。落叶大乔木，高可达40 m，树冠广卵形。树皮灰褐色，深纵裂。一年生枝条浅绿色，后转灰白色，并有细纵裂纹。枝有长短枝之分，短枝上的叶簇生，长枝上的叶螺旋状散生。叶片扇形，有二叉分岐形叶脉，顶端常二裂，有长柄。雌雄异株，少同株，花着生于短枝顶的叶腋或苞腋，花期4～5月份，雄花为柔荑状花序，雌花有长柄，柄端有1～2盘状珠座，每座生1胚珠，发育成种实。种子核果状，椭圆形至近球形，外种皮肉质，有白粉。10～11月果熟，熟时淡黄色或橙黄色，有臭味。具白色骨质的中种皮，棕色膜质的内种皮。雄树大枝直立，雌树大枝开展。银杏树皮一般呈黄褐色，根尖白色。一年生播种苗主根十分发达，经过种植后，侧枝逐繁盛。一般栽植的银杏树根际下部生有胡萝卜状的肥大肉质粗根，俗称椅子根。

形态特征口诀

珍贵树种话银杏，高大乔木叶扇形。枝有长短分两种，叶片着生也不同；长枝叶片互生状，短枝叶片呈簇生。雌雄异株花单性，各生短枝叶腋中。雄花组成柔荑状，两个花药一蕊中。雌花定有一长柄，两个珠座在柄顶；各有直立一胚珠，通常一枚发育成。种子成熟色金黄，个个下垂成球形。取下种子解剖看，种皮不同共三层；外皮松软呈肉质，中皮白色骨质硬；俗称白果指种核，一般都有两个棱；第三膜质内中皮，胚乳与胚最内生；不称果子叫种实，因为胚珠来形成。种子入药材质优，生长良好广适性。生态净化好树种，不生病来不生虫。珍贵树种话银杏，大力提倡势在行。

形象美

自然界中万物之美是以其形象美为基础的。人们对事物产生美的认识往往首先是从对事物形态的视觉开始的。银杏为落叶乔木，有的可高达数十米，干围数人合抱。银杏雄株高大挺拔，巍峨耸立，气势雄伟，宛如山丘；雌株雍容典雅，极具华贵之气；兼有一树成林、夫妻树、九子抱母、五世同堂等自然景观，所以具有极高的观赏价值。古今皆把银杏作为庭院、行道、园林绿化的重要树种，在我国许多名山大川、名观古刹，甚至皇家园林中都少不了银杏。至今保存下来的古银杏屹然挺立于这些建筑物内外或遗址上，仍然栉风沐雨，笑迎朝阳，夜伴星月。它们历尽沧桑，遥溯古今，给人以恬静、肃穆、幽雅之美。银杏的形象美包括银杏的树形美、叶形美、叶色美、种核美和树根美等。

性孢子

亦称精孢子，产生在锈菌性孢子器内或某些子囊菌精子器内的有性生殖细胞。无色，单细胞，单核。成熟时随胶黏物质从性孢子器的孔口溢出，与异性的性孢子器中的受精丝相融合，起受精作用。

性比

雌雄两性在银杏群体中各占的比率。银杏的雌雄性比率为4:1。即指银杏雌性个体占80%，雄性银杏个体占20%。

性成熟

性成熟亦称生理成熟。银杏生长到一定阶段，营养特质积累到一定数量以后，在起诱导作用的激素和外界环境条件的作用下，顶端分生组织就朝着开花的方向发展，开始形成花原基，再逐渐形成花。这一过程在植物学上叫作"花芽分化"，也叫银杏的性成熟。

性染色体

银杏雌雄株染色体数目及核型一致，唯一区别是雌株4条染色体上有随体，而雄株仅3条染色体上有随体。雌株第10对亚中部着丝粒染色体的长臂上各有1个随体而雄株第10对亚中部着丝粒染色体的长臂上仅有1个随体，属异型染色体，第10对亚中部着丝染色体可能为性染色体。银杏雌雄株第8、9、10、11对染色体大小比较接近，而与第12对染色体差异较大。也有学者认为雌树一对近等臂大染色体为异型染色体，其中一条短臂顶端具大而明显的随体和NOR区（W-染色体）；另一条具很小的随体和NOR区（Z-染色体），而雄树的全部染色体均为同型染色体，一对大的近等臂染色体短臂顶端具有一对相同的小随体和NOR区，其形态与雌树中的一条大染色体（Z-染色体）完全相同，银杏的性别决定机制属WZ型，雄树为ZZ型，雌树为WZ型。不仅雌树第1对中部着丝粒染色体短臂上的2个随体大小略有不同，而且雄树这对染色体上的2个随体差异更为明显。选用5年生幼苗，取其次生根尖，可以实现银杏早期性别鉴定，为我国主要大城市推广银杏作为城市绿化树种提供有效的方法。

性水（传粉滴）

在银杏植物的传粉时期，由胚珠孢所分泌出的一滴黏液，称为性水（传粉滴），它使散落在上面的花粉粒（小孢子）带进珠孔。

"性水"预测预报人工授粉

20世纪80年代，泰兴市探索出了利用雌花性成熟进行人工授粉最佳期的预测预报技术：即上午8时后，雌花授粉孔分泌水珠似的液点（俗称"性水"），当其直径约为孔口2倍时即为雌花成熟，当全树有1/2～2/3的雌花达到这种标准，为银杏人工授粉最佳期。经推广应用后，人工授粉基本达到适时适量。利用最佳期授粉的坐果率高于利用"节气"定期授粉，一般可达57.2%～80.4%，大大提高了白果产量，大小年变异系数分别为47.51%、54.49%、31.23%，大大提高了高产稳产水平。但是，采用"性水"进行人工授粉最佳期预测预报，观察点（树）要多，分布要均匀，工作量大，给大面积预测预报带来了一定的难度。

性状

银杏生物体所表现的形态、解剖特征和生理生化特性。在进行遗传研究时,常常将划分为多个单位性状,分别研究它们的发生、发展及遗传规律。性状按其遗传特点可分为质量性状,数量性状和数、质量性状。

胸高直径

胸高直径亦称胸径。树木根颈 1.3 m 处,相当于一般人胸高位置的树高直径。以 1.3 或 DBH 表示。树木胸径一般指带皮直径,但在生长量调查中需测定去皮胸径,常以 dib 表示。计算胸径以 cm 为单位,用轮尺或直径卷尺测定,它是表示立木粗度和计算立木材积的主要依据。

胸围

银杏树干胸高部位的圆周长度。表示胸围的单位为厘米(cm)。测定胸围的工具为特制的围尺或直径卷尺。

雄花

银杏的雄花(小孢子叶球)与柔荑花序的外形很相似,但它实际是一朵雄花,即一个雄球花。雄花有主轴,主轴上有多个雄蕊(小孢子叶),每一雄蕊都有细而短的柄,柄的顶端有一对长形的花粉囊(花药),幼树上可见 3~4 个花粉囊。春天,雄株短花枝顶端的混合雄花芽萌发,在鳞片绽开之后,先抽生出几朵雄花,然后长出几片叶,如果混合花芽发育得好,以后还可以再开出花。每个雄花芽内的雄花数从 2 个至 8 个不等。根据对 26 株成年银杏雄株的调查表明,雄花数与雄花短枝的长度呈显著的正相关,回归方程:y = 3.641 + 1.892 1x,相关系数 x = 0.958 3。雄花数与雄花短枝的直径呈正相关。每个雄花长 1.2~3.47 cm,平均 2.67 cm;粗 0.58~0.88 mm。每个雄花鲜重 0.12~0.3 g,平均 0.197 6 g。每个花药内平均含有花粉 1.8 万粒,个别达 2~2.3 万粒,最少含有 0.8~1 万个。每朵花最高含有花粉 114 万粒,最低 39 万粒,一般 61~66 万粒。花粉粒长 35.8~40.3 μm,一般 37 μm;宽 15.4~19.4 μm,一般 17.7 μm。出粉率 1.04%~8.5%,平均 3%~6%。一株 45 年生雄株可年产花粉 160~170 g 以上,最高达 700 g。一株 400 年生雄株年产花粉可达 1.265 kg。优良雄株的花粉生活力在 95% 以上,生产上应选花粉生活力高的雄株做授粉树。不同雄株的开花期不一致,同一雄花上的花粉囊成熟也不一致,所以雄花的散粉期较长。由于银杏的花粉细小,又轻,可随风传播。据统计,在天气晴朗,顺风时,花粉的直线传播距离远的可达 10 km 左右。但距离过远,花粉量少,雌株结实量往往较低。如果遇阴雨天、雾天,花粉的传播距离超过 1 000 m 也会造成授粉不良。合理配置授粉树,是当前生产上应注意的一个重要问题。不同地方雄株上银杏花粉的形态和内含物质含量有些差异。银杏花粉囊中游离氨基酸含量较花粉粒高,种类也较多。花粉和花粉囊中的氨基酸主要有亮氨酸、脯氨酸、胱氨酸、组氨酸等。

雄花的形态与大小

雄花的形态与大小

编号	花序形状	花序颜色	单花								花序						花柄			
			重(g)	T测试		长(cm)	T测试		宽(cm)	T测试		长/宽	T测试		长(cm)	T测试		宽(cm)	T测试	
				T值	10.01		T值	10.01		T值	10.01		T值	10.01		T值	10.01		T值	10.01
1	长圆柱形	黄绿	0.12	2.58		1.76	2.58		0.56	2.58		3.19	2.58		0.65	2.62		0.11	2.58	
2	短圆柱形	绿黄	0.14	-12.43		2.13	-8.49		0.69	17.85		3.09	15.16		0.78	-3.54		0.13	-9.42	

雄花发育

银杏花粉囊长在短枝上,人们常称为雄蕊。它从叶腋中长出,集合成为柔荑花序状。花粉囊着生于长柄上,每一长柄上通常着生 2 个。3 月份,花粉囊已分化出造孢组织。造孢组织的细胞之间没有间隙,核大,有多个核仁,但核质稀薄。到 3 月底左右,造孢细胞分化成花粉母细胞。花粉母细胞核质变浓,内有增大的颗粒,随后相继进入分裂期,分裂形成花粉,并且彼此之间开始分离。最外一层造孢细胞分化为绒毡层,它的细胞核大,原生质浓,细胞彼此相连接。从横切面上看,绒毡层细胞围成一圈。花粉是船形细胞,具有稠密的原生质和 1 个核,被覆着 2 层壁,内壁薄而外壁厚。花粉的萌发是在花粉囊内开始的,经过核的分裂形成成熟花粉,由花粉囊壁上的纵裂缝释放出来,进行风媒传粉。

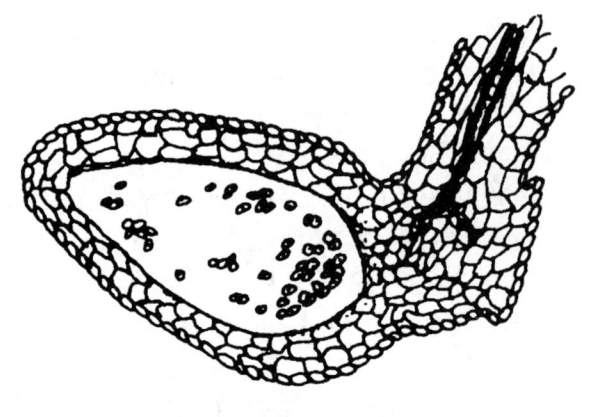

银杏花粉囊纵剖面

雄花花粉粒数、大小及其淀粉含量

银杏雄花的花药数最多为 156 个,最少为 44 个,雄株间每花序花药数相差 11 个,达到极显著水平,雄株间雄花的花药长差异不显著,而花药宽差异达到极显著水平,从而影响花药的长宽比,使其差异亦达到极显著水平,由于银杏雄花的花药大小相关不大,因而每花药数多则单花的重量就大,反之则小,花药的长、宽与长宽比的变化与花序及花柄的长、宽和长宽比的变化与花序及花柄的长、宽和长宽比的变化不成对应关系,为相对独立的遗传性状。银杏雄花的花药中花粉粒数、大小及其淀粉含量反映银杏雄株的种性及花粉的数量与质量。不同雄株间每花药的花粉粒数可相差 6 194.2 粒,差异达到极显著水平。由于花药的花粉数影响花序的总花粉数,因而不同雄株间的每花序的花粉数差异同样达到极显著水平,两株雄株的花序数可相差 470 077.1 粒,雄株间表现出每花药花粉粒数多,则花粉粒直径相对较小,雄株的花粉粒直径可相差 1.15 μm,并达到差异显著水平,不同年份间的花粉粒直径和花粉中淀粉含量无显著差异。雄株间每药囊的花粉量大,花粉粒小,则花粉的淀粉含量相对较高,两株间的差异达到极显著水平,说明雄花花药中花粉粒的发育速度快慢和最终形成的大小影响花粉粒中内含物的增长速度和含量。

雄花穗不同采摘期的出粉量

雄花穗不同采摘期的出粉量

采摘时间	花穗颜色	出粉量(g)	花穗颜色	出粉量(g)	花穗颜色	出粉量(g)
4月15日	青绿	19	绿	20	青绿	19
4月16日	青绿	20	中部略淡黄	25	青绿	19
4月17日	中部略淡黄	24	中下部淡黄	30	中部略淡黄	23
4月18日	中下部淡黄	30	上淡黄下金黄	27	中下部淡黄	32
4月19日	上淡黄下金黄	31	上中下全黄色	18	上淡黄下金黄	29
4月20日	上中下全黄色	23	—	—	上中下全黄色	18

雄花芽的形态分化

银杏雄花芽的形态分化在贵州早于雌花芽,开始于 5 月下旬,可分为分化始期(雄花穗柄分化期)、花粉囊分化期、花粉母细胞分化期和花粉粒形成期。在银杏花芽分化的过程中,细胞激动素、脱落酸、亚精胺和腐胺有利于花芽分化,赤霉素有抑制花芽分化的作用。N、P、K 和碳水化合物与银杏花芽分化密切相关。

雄配子体的形态发育

最初形成的花粉体积较小,内有小液泡。随着发育的进行,花粉的体积增大,液泡也增大,细胞核移到细胞边缘。随后在细胞的一极进行 3 次有丝分裂,即极性分裂,经过 2 细胞、3 细胞,最终形成直线排列的 4 细胞雄配子体,即第 1 原叶细胞、第 2 原叶细胞、生殖细胞和管细胞。通常 4 细胞的花粉从花粉囊中散开(此时第 1 原叶细胞已退化),经风媒传粉吸附于受粉滴后,在受粉滴的协助下进入贮粉室。从形态上看,授粉后银杏雄配子体的发育可分为 3 个时期。①花粉在贮粉室内萌发。其基本特征是花粉的等径弥散状生长。②异养型花粉管的形成。在此期间,银杏雄配子体在胚珠的珠心顶部细胞间强烈分枝。③雄配子体非分枝部分的弥散状膨胀生长并形成囊状结构。

雄配子体离体条件的发育过程图示

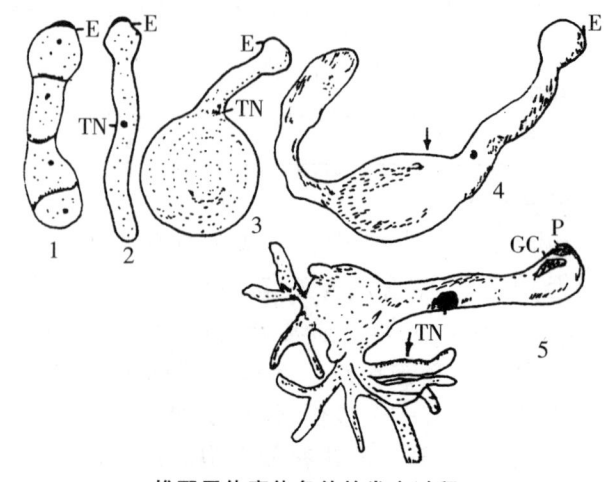

雄配子体离体条件的发育过程

①培养 20 d 的雄配子体,4 个细胞清楚可见。②培养 20 d 的未分枝管状配子体。③管状雄配子体远基端球状膨大(培养 24 d)。④管状配子体在管细胞中间径惠膨大(培养 34 d)。⑤在雄配子体的管细胞顶部或远端已分化出大量的吸器分枝系统,第二原叶细胞和生殖细胞清楚可见(培养 34 d)。E 花粉粒外皮、GC 生殖细胞、P 第二原叶细胞、TN 管核的位置。

雄配子体培养

①培养基:银杏雄配子体培养的基本培养基为修改的 White 培养基、Tulecke 培养基。1960 年 Tulecke 又为银杏雄配子体培养筛选出一种精氨酸组织品系专用培养基。1980 年 Rohr 曾将用于烟草花粉培养的 Nltsch 培养基修改,并优化出 Rohr 银杏花粉培养培养基,并被美国的 Friedman 采用。②培养技术:取材,待成龄雄树上的孢子囊已由青包变为淡黄包时,即表明内部花粉已成熟。在开裂之前从树上采集雄花序。消毒,把每个小孢子叶球放入 70% 酒精中进行表面消毒 15~20 s,然再再用 5% 次氯酸钠灭菌 30 min,用无菌水冲洗 3 次,然后用灭菌滤纸吸干多余水分;花粉收集先将小型玻璃缸内放入 1/2 cacl 2 干燥剂,然后将圆锥铝盒放入缸内。玻璃缸和铝盒先在高温下长时间灭菌,然后将已灭过菌的小孢子叶球放入铝盒内,每盒可放 2~3 个孢子叶球。放好后马上将干燥器的盖封紧,并放在 5~7 ℃ 的环境条件下备用。接种及培养,用于接种的花粉在无菌水中稀释,并计数接种。在无菌状态下,用镊子将花粉粒接种到预先配制好的 White 培养基或其他培养基上。培养温度为 24~25℃,光强 2 000 Lux,每天光照 12~14 h。为了迅速诱导愈伤组织,培养基中可加入 20% 椰子乳汁或 0.25% 的酵母提取液。植物生长调节剂多用 IAA 或 NAA,浓度为 0.1~1.0 mg/kg。一般 30 d 后配子体即可膨大并产生愈伤组织。

雄配子体体细胞和精细胞最大直径

雄配子体体细胞和精细胞最大直径

体细胞		不成熟的精细胞	
离体	活体(自然条件)	离体	活体(自然条件)
77	144	62	
91	160	79	
67	160	62	96
67	164	50	120
平均 75	157	63	108

注:离体条件下是培养基上培养 2 个月,活体条件下是在胚珠内 4 个月。

雄配子体在离体和自然条件下生长发育过程

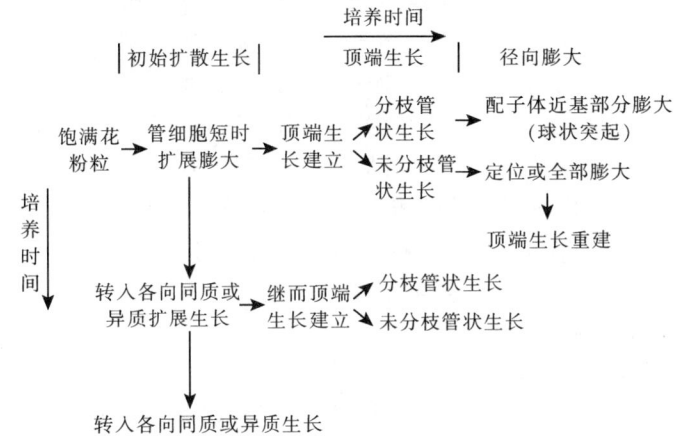

雄配子体在离体和自然条件下生长发育过程

雄球花

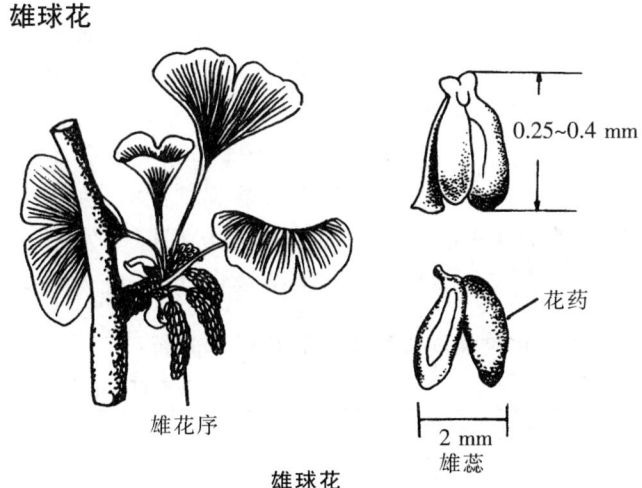

雄球花

雄蕊

花的雄性器官。位于花冠的内方,由花丝和花药组成。花丝成丝状,花药着生于花丝的顶端,呈囊状结构。花药内有间隔部分称为花隔,可将花药分成药室(或称花粉囊),内有花粉粒。花药开裂方法有,药室以纵长开裂称纵裂;顶端小孔状开裂者称孔裂;有 1~2 个活瓣开裂者称瓣裂。银杏为裸子植物,在称谓上略有不同。

雄性品种选择条件

雌、雄性花期一致是雄性品种调查的先决条件。其次是花量要多,花粉量要多,花粉生活力要强,萌发率要高,树势强旺等。

雄株孢粉学

电子显微镜技术的发展在孢粉学方面的研究,对探讨植物的起源、演化、分类和亲缘关系方面有着重要作用。孢粉学性状在遗传上比较稳定,其变化规律是从简单光滑到细致复杂。利用孢粉学进行植物种类品种的分类研究,是一种可靠而科学的分类方法,但对银杏的孢粉学研究,报道甚少,特别是目前,在银杏栽培上,对雄株的研究也很少,大部分利用的银杏实生雄株,即使部分地区和生产单位开始应用嫁接雄株,但也存在着接材来源的问题,首先涉及的是银杏雄株的起源和类型,其次是植物学和栽培经济性状,因此,很不利于生产水平的提高。本试验利用孢粉学研究方法对部分实生银杏花粉形态特征的电镜、光镜分析,其结果进行聚类分析,以期初步把实生银杏雄株划分归类,为提高栽培技术和生产水平提供科学的理论依据。

雄株纯繁途径

①扦插繁殖:可分为硬枝扦插和嫩枝扦插(绿枝扦插)。插穗在生长迅速、干形良好、无病害的相对幼龄雄株上采取。选条时,应选取根部长出的萌芽条以及顶端发出的当年粗壮枝条。硬枝扦插在秋末冬初或早春进行,嫩枝扦插在7月下旬至9月上旬进行。通过扦插繁育出的雄株可保持雄株的种性及较好的干形。②根蘖繁殖:银杏具有强大的分生能力,因而当银杏植株的正常生长受到抑制时,如树体受伤、整形修剪、嫁接换头等,均可从根际萌发出较多根蘖,将这个根蘖切除下来继续培养,即成为根蘖苗。③组织培养:将银杏的离体生活组织部分(器官、组织和细胞)在适宜的人工培养基上进行无菌培养,使其增殖(产生愈伤组织)并逐步分化出器官(芽和根)和形成小植株。它是建立在植物细胞具有全能性的理论基础上,即植物体的每一个生活细胞都携带着一套完整的基因组并且具有产生完整植株的能力。④嫁接繁殖:指采取芽接或枝接的方法将雄株的芽或枝嫁接到未确认出雄雌株的银杏砧木上,使其变成纯种雄株的方法。这种方法繁育的雄株不能保持原有雄株的自然干性,繁育出的苗木干性不强,但经嫁接的植株童期缩短,可较早开花。

雄株分类

目前仍是一个空白。银杏的雄株在冠形、枝条、叶片、花期等方面有许多不同的类型,雄株品种的选育将有助于开展有性杂交和人工辅助授粉及扩大雄株的应用范围。美国曾有专家把银杏的雄株分为"金秋"(Autumn Gold)、"湖景"(Lakeview)、"五月田野"(Mayfield)、"圣诞老人"(Santa claus)、"卫兵"(sentry)等5个品种,但未说明品种分类的依据、标准和方法。

雄株过氧化物酶同工酶酶谱和孢粉学分析

雄株过氧化物酶同工酶酶谱和孢粉学分析

分类方法	材料与方法	分析结果
过氧化物酶酶谱分析	采盛花期雄花,取出花粉,处理后采用聚丙烯酰胺凝胶垂直电泳,改良醋酸联苯胺法染色,测量迁移线的酶带距	①银杏雄株花粉具广泛的酶谱分布,在Rf值0.04~0.58范围内有23条有同谱带 ②单株间谱带数目差异较大,最小的仅有3条,最多的为8条,极差5条 ③根据过氧化物酶同工酶酶谱特征可分成三个区:快带区(0.04~0.60),出现单株少,谱带少;慢带区(0.0~0.28)谱带少;中带区(0.28~0.40)出现单株多,谱带多,Rf值0.28、0.31、0.40处活性最强 ④分析银杏雄花过氧化物酶同工酶具酶谱数多,染色效果好,具应用价值
孢粉学分析	盛花期取新花药,处理后将花粉置于双曲胶带纸的样品台上,在IB-3离子溅射仪上喷金1~15 min,用日立H-300透射出电镜扫描观察,并进行聚类分析	①花粉粒形状:湿态正圆球形,干态下椭圆或长椭圆开 ②花粉粒特征:表面凸凹不平,近极点表面较光滑。薄壁处为萌发区,无萌发沟或萌发孔,萌发区周缘呈厚壁瘤状突起 ③花粉粒大小:极轴长14.27~18.09 μm,平均17.20 μm;赤道轴长29.47~38.46 μm,平均35.03 μm,极与赤道轴比0.438 7~0.532 5 μm,平均0.481 4 μm,变化幅度大 ④聚类水平放在6.970 0距离水平,根据花粉粒表面纹饰,银杏花粉分为三类,即瘤状突出明显、不明显和中间型

雄株花粉形态比较

雄株花粉形态比较

编号	地点	极轴长 P($\bar{X}+S$) μm	赤道轴长 E($\bar{X}+S$) μm	极赤比
1	花房	17.87 ± 4.58	35.10 ± 2.87	0.510 2
2	白塔东南第一株	15.90 ± 3.72	36.23 ± 2.90	0.438 7
3	白塔东到西第一株	17.16 ± 1.75	36.36 ± 3.29	0.471 9
4	游乐场西第二株	14.27 ± 2.83	29.47 ± 3.15	0.484 5
5	分界中心小学,40 年	16.02 ± 3.81	35.33 ± 3.01	0.453 3
6	许庄老庄宗东队宗小网,60 年	17.23 ± 4.11	36.36 ± 1.97	0.473 9
7	如皋	17.28 ± 2.70	35.15 ± 4.72	0.491 6
8	大抢海岸光明村	17.23 ± 2.04	34.87 ± 3.12	0.494 1
9	大海中心小学草场内	17.04 ± 2.83	37.98 ± 3.58	0.448 6
10	泰兴孔侨乡赵王村五组	17.88 ± 2.91	34.74 ± 3.76	0.514 7
11	石塔宾馆	16.56 ± 2.77	33.42 ± 3.09	0.495 5
12	分界乡分界村7组	16.86 ± 2.24	35.04 ± 3.27	0.481 2
13	王亭东北(西北株)	17.76 ± 2.09	33.24 ± 2.58	0.485 6
14	王亭东(西南株)花迟	16.51 ± 2.59	34.14 ± 3.50	0.483 6
15	白塔西北第一棵	15.48 ± 1.68	34.86 ± 3.43	0.444 0
16	王亭桥东北(东南第一株)	17.34 ± 2.78	35.04 ± 3.23	0.494 8
17	白塔晴云东株花迟	18.06 ± 6.63	36.42 ± 1.75	0.495 8
18	王亭西南中株	18.09 ± 1.96	38.46 ± 4.62	0.470 4
19	政协	17.16 ± 1.99	32.22 ± 2.24	0.532 5
20	如皋	16.74 ± 1.78	36.12 ± 2.63	0.463 4

雄株花粉形态指标

雄株花粉形态指标

花药数/叶球				花药长(mm)				花粉粒宽(mm)				出粉率(%)			
株号(#)	平均 $\bar{x}$	Q检验	得分	株号(#)	平均 $\bar{x}$	Q检验	得分	株号(#)	平均 $\bar{x}$	Q检验	得分	株号(#)	平均 $\bar{x}$	Q检验	得分
14	51.6	Aa	1	12	3.86	Aa	1	8	2.53	Aa	1	14	2.42	Aa	1
2	47.0	ABab	2	7	3.41	ABad	2	12	2.53	Aa	1	10	2.07	Aa	1
3	46.9	ABab	2	10	3.35	ABab	2	10	2.10	ABab	2	2	2.07	Aa	1
5	46.2	ABab	2	14	3.30	ABab	2	2	2.07	ABab	2	8	2.01	Aa	1
15	45.6	ABab	2	2	3.20	ABCbc	3	3	2.07	ABab	2	12	1.90	Aa	1
13	44.7	ABab	2	3	3.08	BCbcd	4	13	2.03	ABb	3	5	1.81	Aa	1
6	42.7	ABab	2	13	2.98	BCbcd	4	14	2.02	ABb	3	1	1.75	Aa	1
1	42.4	ABab	2	15	2.82	BCDbcd	5	5	1.99	ABb	3	3	1.74	Aa	1
12	41.4	ABab	2	9	2.81	BCDbcde	5	15	1.97	Bb	4	9	1.72	Aa	1
4	41.0	ABab	2	5	2.66	BCDcde	5	6	1.96	Bb	4	13	1.70	Aa	1
9	38.3	ABCDbd	3	6	2.56	CDcde	6	9	1.92	Bb	4	7	1.60	Aa	1
7	37.6	BCcd	4	1	2.51	CDde	6	1	1.91	Bb	4	15	1.60	Aa	1
11	27.4	CDde	5	8	2.17	De	7	7	1.72	Bb	4	6	1.44	Aa	1
8	22.3	De	6												
10	21.5	De	6												
n	15			13				13				13			
$\bar{x}$	39.77			2.48				2.01				1.83			
s	9.11			0.46				0.33				0.26			
cv%	2290			15.28				16.55				14.11			

雄株花序出粉率

不同年份间雄株的花序出花药率、花药出粉率、花序出粉率不尽相同。说明不同年份的环境条件、栽培技术管理及植株的营养状况影响雄花的发育水平,同一年份间,雄株表现出花药率、花药出粉率、花序出粉率不尽一致,说明花序出粉率高,由于花药壳的厚薄不同,从而使花药出粉率和花序出粉率不一定就高;不同年份间,就雄株的测定指标的平均值而言,则表现出花序出花药率高,则花药出粉率亦高,从而使花序出粉率高,不同雄株的花药壳的厚度变化及其遗传性状的表达尚需进一步研究。

雄株品种的标准及内容

雄株品种的标准及内容

编号	内容及标准	要求
1	每米长枝上的短枝数 > 35 个,节间长 < 3.0 cm	节间短、短枝多
2	长枝年生长量 50 ~ 100 cm	长枝萌发力强
3	花期 6 ~ 12 d	传粉期长
4	每个短枝上有花 > 4 ~ 6 个,每朵花有花药数 > 50 ~ 60 个 每个花药花粉粒数 > 1.7 万个,出粉率 > 3% ~ 6%	花粉量大
5	花粉发芽率 > 80%,失活期 > 30 d	花粉活力高、耐贮运性强
6	与核用品种搭配授粉率及受精率 85% ~ 100%	亲和力大、配合力强
7	抗病虫、耐低温干旱	适应性强

雄株选优

银杏系雄雌异株,异花授粉树种,雄株上成熟的小孢子(花粉粒)借助风力飘落在雌株珠孔上,实现广泛的天然杂交,以繁育后代。银杏雄株在小孢子叶球数、花药、花粉量、花药成熟期等方面有许多不同类型。所以调查雄株的分布、花期、花粉量、质量,进行选优,对提高银杏人工授粉质量,使雌株获得高产优质的种子,具有重要作用。

雄株选优标准

鉴于国内外至今雄株选优还没有统一标准的情况下,我们根据本地实际,初拟"优树标准"。①在同一个范围内,雄雌株花期基本一致,雄株花期和雌株花期相差不能超过 3 d。②雄株花穗平均长 2.2 cm 以上,粗 0.7 cm 以上,每百个鲜花穗重 20 g 以上。③花药(小孢子囊)对数平均有 60 个以上。④树冠大、生长旺、发枝力强、无病虫害。

雄株叶片类黄酮 O – 甲基转移酶的活性

银杏黄酮类化合物是具生物活性的重要次生代谢产物,类黄酮 O – 甲基转移酶(FOMT)是其合成的关键酶。本研究以银杏雄株为试材,采用优化体系测定 FOMT 活性,以山柰酚、槲皮素和异鼠李素 3 种主要黄酮苷元为反应底物,比较分析不同底物的 FOMT 活性变化及银杏雄株间 FOMT 活性差异。结果表明:FOMT 对山柰酚和异鼠李素的活性分别达到 12.87 $U \cdot g^{-1} \cdot min^{-1}$ 和 13.54 $U \cdot g^{-1} \cdot min^{-1}$,明显高于槲皮素;银杏雄株间叶片的 FOMT 活性具极显著差异,最高为 YDGX5^{-1}7,YDGX5^{-1}8 和 YDGX7 - 4,其 FOMT 活性分别达到 16.64 $U \cdot g^{-1} \cdot min^{-1}$、15.78 $U \cdot g^{-1} \cdot min^{-1}$ 和 14.87 $U \cdot g^{-1} \cdot min^{-1}$,显著或极显著高于其他雄株。经聚类分析,供试银杏雄株叶片的 FOMT 活性可分为 I、II、III,3 类,其活性分别为 14.87 ~ 16.64 $U \cdot g^{-1} \cdot min^{-1}$、10.49 ~ 12.38 $U \cdot g^{-1} \cdot min^{-1}$ 和 10.49 ~ 10.52 $U \cdot g^{-1} \cdot min^{-1}$。研究结果为进一步深入研究银杏黄酮类化合物的生物合成机理提供了理论依据,并为银杏叶用雄株的选优提供重要途径和参数。

雄株叶片面积、厚度、单叶重及黄酮与内酯含量

雄株叶片面积、厚度、单叶重及黄酮与内酯含量

试样	叶面积(cm²)	叶片厚度(mm)	单叶重(g)	黄酮浓度(%)	银杏内酯浓度(%)
泰兴 4 号	35.81	0.420	1.47	1.00	0.073
庆春 8 号	34.19	0.467	1.31	1.27	0.130
泰山 1 号	32.19	0.529	1.32	2.15	0.250
邳州市 3 号	31.38	0.448	1.46	1.88	0.240
鸭尾银杏	29.89	0.468	1.37	1.62	0.067
庆春 6 号	29.07	0.425	1.17	1.70	0.160
新民 2 号	29.06	0.437	1.23	1.43	0.140
盘县长白果	26.70	0.418	1.06	1.93	0.313
大马岭	26.46	0.463	1.21	1.58	0.180
甜白果	26.43	0.382	1.09	2.21	0.190
邳州市 2 号	26.32	0.475	1.18	1.78	0.100
尖底圆铃	26.20	0.438	1.10	0.95	0.170
湖北 1 号	26.17	0.435	1.20	1.41	0.097
圆铃 9 号	25.63	0.414	1.11	1.49	0.160
庆春 7 号	25.44	0.391	0.98	1.79	0.180
中马铃	25.26	0.489	1.24	1.64	0.110
泰山 2 号	25.08	0.377	0.98	1.70	0.380
大金坠	24.61	0.480	1.10	1.71	0.073
洞庭皇	23.59	0.385	0.88	1.569	0.140
泰山 3 号	23.51	0.413	0.96	2.02	0.200
泰山 5 号	23.41	0.450	1.05	2.22	0.140
马铃 2 号	23.39	0.416	1.05	2.02	0.240
垂枝银杏	22.94	0.369	0.80	1.67	0.087
平顶圆铃	22.94	0.390	0.82	1.45	0.057
圆铃 4 号	22.74	0.395	0.99	1.81	0.090
早熟佛手	22.22	0.430	0.95	1.44	0.190
长糯白果	21.30	0.379	0.75	1.78	0.063
大佛指	21.15	0.435	0.91	1.90	0.100
海洋皇	20.76	0.346	0.70	1.68	0.100
苏农佛手	20.62	0.466	0.82	2.06	0.081
下安 1 号	20.57	0.432	0.85	2.11	0.200
圆铃 2 号	20.57	0.368	0.75	1.24	0.200
樊念圆铃	20.53	0.307	0.87	1.68	0.070
金坠 5 号	20.50	0.436	0.78	1.45	0.053
马铃 18 号	19.92	0.381	0.80	1.45	0.083
圆铃 16 号	19.37	0.361	0.67	1.12	0.120
大果佛手	19.18	0.376	0.76	1.57	0.077
小金坠	18.76	0.422	0.81	1.44	0.130
七星果	17.54	0.388	0.63	1.57	0.150
庆春 1 号	17.41	0.343	0.56	1.76	0.200
湖北 2 号	17.13	0.408	0.76	1.43	0.082
泰山 4 号	16.74	0.403	0.58	2.64	0.210
泰兴 2 号	16.52	0.430	0.69	1.90	0.220
圆铃 5 号	15.96	0.375	0.76	1.21	0.060

雄株叶子产量

采用全国9个省(区)、25个雄株叶无性系对产量性状指标的遗传参数、关系分析及多性状选择进行了研究。方差分析及遗传参数计算结果表明,叶数/株、新梢长/株、产叶 kg/10 株、新梢长、叶数/新梢及长枝上单叶面积6个性状的 h^2 高达0.6%以上,GCV(%) 达20%以上。通径分析表明,叶数/株及新梢长对产量的直接遗传最大,新梢长/株对产量的间接作用最大,主要通过叶数/株和新梢长对产量产生作用。但间接选择效果不如直接选择。运用最优选择指数最终筛选出6个大叶高产无性系,其中山东3个,广西、浙江和湖南各1个,且具有明显的遗传增益。

雄株银杏的开发

①雄株银杏做园林绿化树,为其他树种所不及。银杏树是高大乔木树种,树干端直,高入云端,雄伟苍劲,挺拔清秀。叶形奇特,冠大荫浓,身似华盖,春暖花开,绿荫护夏,黄叶迎秋,景色壮丽,寿命绵长,一次栽植,千年受益,是我国各地的旅游胜地、名胜古迹、公园景区、城乡公路、乡村庭院、农村四旁、机关学校及其他公共场所最为壮观的绿化树种。但综合各大城市及名胜古迹、园林管理部门观点,栽植雌株银杏所结种实已成弊端,每到秋季,种实坠落,污染城市,浓臭扑鼻,给园林、环卫部门带来较大困难。园林部门渴求雄株银杏以解决秋天污染问题,且雄株银杏无产生长争夺养分,生长速度更快,树形美观,因此发展银杏春株作为园林绿化树具有较为重要的意义。②银杏花粉的开发利用。银杏花粉是银杏进行自性繁殖的性细胞。由于它几乎含有人体所需要的一切营养元素,因而在营养学上有"微型营养库"的美誉。现代科学研究发现,银杏花粉中的必需氨基酸、可利用的矿物元素和多种维生素的含量均高于一些常见的植物花粉。特别是具有消除自由基、抗衰延寿作用的功能因子维生素E的含量高达 30 mg/kg,是赤松花粉(17.4 mg/kg)、玉米花粉(15.39 mg/kg)的2倍左右。黄酮类化合物是银杏花粉中的另一种重要的生物活性物质,它具有抗动脉硬化、降低胆固醇、解痉和防辐射等作用。此外,在银杏花粉中还存在着大量对人体有益的活性酶、核酸和生长素等。因此,银杏花粉的营养价值与保健功能已经受到了广泛的重视,但由于银杏花粉产量低,制约着人类对花粉的开发利用,因此,发展银杏雄株栽培,加大对花粉的开发利用力度,具有较为广阔的市场前景。③雄株银杏的开发。银杏雄株在过去没有专一的种植。20 世纪的70年代以后,雄株大多被嫁接成雌树用以生产商品果,只有部分行道树未被改接,呈自然生长状态。近20年发展的定植结种园虽对雄株有所考虑,但是其资源数量毕竟有限。目前雄株银杏呈严重不足的状态,据统计,邳州银杏雌雄比例超过 80:1,周边地区银杏雌雄比超过 100:1。比正常需要的银杏雌雄比 50:1 相差一倍以上。特别是受气候影响,经常有的年份银杏花粉严重不足,影响雌花传粉受精,从而影响商品银杏果生产的产量和质量。因而培育良种雄株银杏是商品果生产的需要。

雄株优良单株生物学指标

基肥量对苗木生长的影响

项目	短枝数/m长枝	节间长(cm)	短枝长(cm)	短枝粗(cm)	小孢子叶球数/短枝	小孢子叶球(cm)			花药(mm)			花粉粒(μm)		
						长	宽	柄长	花药数/叶球	长	宽	柄长	花药数/叶球	长	宽
最大值	45	4.00	0.89	0.64	5.63	3.47	0.75	1.16	58	2.77	1.99	2.20	23256	40.96	20.01
最小值	27	2.01	0.48	0.52	3.76	2.42	0.58	0.60	49	2.55	1.71	1.64	13364	36.64	16.85
$\bar{x}$	36.70	2.77	0.65	0.57	4.76	2.67	0.65	0.78	53.07	2.67	1.87	1.90	16839	39.00	17.90
S	6.50	0.65	0.13	0.04	0.62	0.30	0.05	0.22	3.32	0.07	0.08	0.18	3126.8	1.35	1.09
cv%	17.71	23.38	19.68	6.92	13.06	11.41	8.38	28.51	6.24	2.57	4.35	9.74	18.57	3.47	6.10

雄株优树选择标准

①对选取的样树,测量其胸围、枝下高以及冠幅;②从样树的中部选取有代表性的2~3个侧枝作为样枝;③测定样枝上一年生的枝条长度,并调查在一年生的枝条上的短枝数和长枝数及叶数;④从枝条上随机摘取上、中、下部的3个短枝上的叶片,用方格法测其叶面积;⑤将叶片置于85℃的烘箱中烘干至恒重,然后放在干燥器中冷却后称重。

雄株优株

在对山东雄株调查测定的基础上,研究人员将银杏雄株分成长花期雄株、富粉雄株和优质雄株3类。①长花期雄株开花初期到末期的时间10 d以上,传粉始期到盛期4～6 d。花粉量大,传粉距离1 km以上。②富粉雄株节间短、短枝多。每个短枝上有花(小孢子叶球)数5～6个,每个小孢子叶球上有花药数50个以上,每个花药有花粉粒1.8万个以上。花粉量大,出粉率在5%以上。③优质雄株花粉发芽率及生活力均在90%以上,传粉后受精率在85%以上,与雌株的亲和力强。采用多项指标的数理统计评分法,初步筛选出6个银杏雄性单株。其中,G 6.5号每个花药内有花粉1.95万粒,出粉率最高达9.1%(G6-12号)、花粉生活力最高达95.34%(G 6-12号)。

雄株资源的合理利用

①加大宣传力度,提高全民保护银杏雄株的自觉性;②加强林政管理,严格控制雄株"高接换雌",任意改"性";③大力推广雌株嫁接雄枝(授粉枝)技术;④新建银杏基地按一定比例栽植授粉树;⑤抓好科技培训,传播人工授粉技术。

休眠

银杏的芽或其他的生长器生长暂时停顿,仅维持微弱的生命活动的现象称为休眠。银杏的休眠根据其生理活动特点可以分为自然休眠和被迫休眠两种不同的类型。自然休眠是由树体内部因素引起,需要积累一定的低温条件才能通过,即使给予适宜的条件也不发芽的过程。被迫休眠是指通过自然休眠后,已具备了发芽生长的条件,但外界条件不适宜,被迫不能发芽生长。休眠是为适应外界不良环境所表现的一种特性,落叶果树只正常的休眠,在一定的低温状态下进行生理活性物质的转换,才能进行以后的生理活动,正常地完成萌芽、开花、结实等过程,否则生长就会发生紊乱。落叶果树的冬季落叶休眠属于自然休眠,但在萌芽期到来前树体大都早已通过了自然休眠,因外界温度低等原因还在进行被迫休眠。在果树枝梢已经停止生长至落叶前这段时间,树体逐渐积累导致休眠的代谢产物,为自然休眠的代谢产物,为自然休眠做好准备,这一过程在有些教科书上称之为前休眠。

休眠孢子

一定时期(通常是经过低温阶段,也有的种类经过高温阶段)才能萌发的所有类型的真菌孢子。如卵孢子、接合孢子、厚垣孢子及多数冬孢子等。一般具厚壁,能抵抗不良环境条件。

休眠期修剪

落叶果树从秋、冬正常落叶至春季萌芽前,或常绿果树从晚秋梢停长至春梢萌发前进行的修剪,又称冬季修剪,落叶果树枝梢内营养物质在进入休眠前向下运入茎干和根部,枝条养分比较少,疏除大枝,损失营养比较少。休眠期修剪使枝芽减少,有利于集中利用贮藏养分,促进枝条更新和新梢生长,银杏树修剪以落叶后至春季树液流动以前为宜。休眠期修剪以调整树体结构和结种枝修剪为主,是重要的技术措施,与生长季修剪配合,才能有理想的效果。

休眠芽

亦称"替伏芽"。银杏的枝上长期保持休眠状态的腋芽。仅在顶芽除去或死,或树干受伤、受冻时,它才活动,形成新枝。

休闲地

苗圃中某些生产区在一定时期内不育苗或只种植绿肥的土地。如果不育苗的土地上种植其他作物,并获得一定产品时,叫作半休闲地。休闲的目的是为了改良土壤,蓄水保墒,恢复地力。

修剪

银杏树管理技术。通过各种措施,控制果树枝梢和根的长势、方位、数量,以建造和维持合理的树形和树体结构,调节果树的生长与结种、衰老与更新、个体与群体、果树与环境的矛盾,使银杏早种、丰产、改善果实质量、减少消耗、防止早衰、延长经济寿命等。修剪的方法有短截、疏枝、回缩、剪梢、除萌、摘心、去叶、弯枝、扭枝、拉枝、支撑、环剥、环刻、目伤、弯根、断根等。依据品种特性、栽培方式和当地的自然条件特点,以及银杏树本身的生长、结果状况、存在的问题等采取适宜的修剪技术。修剪要与其他栽培措施配合,才会有理想的效果。

修剪的作用

①调节养分、水分的运输与分配。养分、水分总是位于先端的枝芽分配多,生理上最活跃的部分、枝芽强壮部分养分的配给也多。通过修剪,改变枝条顶端部位的高低、枝的方位、剪口枝芽的强弱、留用枝芽的多少与强弱等,调节养分、水分的运输与分配。如冬季在芽的上方刻伤,使下部向上运输的养分、水分在刻伤处受阻,使该芽得到较多的养分,于春季萌发成枝。②改善通风透气条件,合理配备枝叶。通过修剪,去掉重叠枝,可使保留的枝叶都有一定的营养空间,改善光照状况,扩大有效光合叶面积,增强光合能力,提高经济产量和质量。③调节营养生长与生殖生长。整形修剪可以控制枝条数量的增长与分布方位,促进或抑制枝芽的生长势,调节长枝与短枝的数量比例,从而达到调节营养生长与生殖生长的均衡关系,控制衰老。如调节开张角度,削弱顶端优势,促使侧芽萌发;短截促使下部芽发枝;环剥以增加上部营养积累,促进花

芽形成等。

修剪反应

修剪反应是银杏树体局部或整体对修剪方法或方案的反应。修剪反应是制订修剪方案的重要依据,也是修剪是否合理的重要标准之一。观察修剪反应应从局部反应和整体反应两方面进行,调查项目包括萌芽状况、枝类组成、枝条密度、枝条长度、产量、果实质量、花芽形成状况等,特殊情况也可设置其他指标。

修剪方法

1.短截 剪去枝的一部分

2.疏剪 枝梢从某部疏除

3.缩剪 即在多年生枝上短截

7.环割 在枝或干上用刀环周切断皮层深达木质部

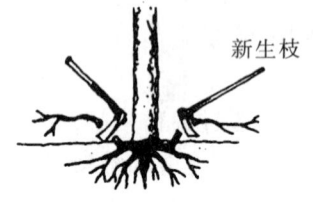
4.除萌株 将根部萌蘖苗挖除

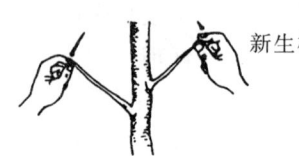
5.摘心 摘除生枝

6.环割 切取一圈皮层宽

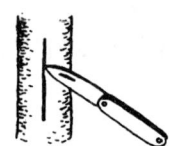
8.纵伤 在树干或主枝沿树皮裂纹纵向向下切割达木质部

修剪后的伤口处理

银杏树修剪后的伤口、断口、病虫创伤口等处,一般要进行消毒处理。尤其是大锯口,如不及时进行消毒处理,一时难以愈合,很容易变质腐烂,从而影响树木生长和结果。锯口的愈合主要靠更新枝的生长增粗、周边树皮的愈合组织不断增长。对于大锯口一般难以全部愈合,所以在生产中主张以小更新代替大更新;以勤更新代替隔期久更新。修剪后如遇大锯口,都要用快刀将伤口周围削平(如果树皮腐烂或枯死同样要挖除、刮平)。伤口成圆形、长圆形、椭圆形等。然后用0.1%升汞消毒两遍。再用牛粪泥涂抹全部伤口,直至自然脱落。如有树洞,消毒后填入石灰泥或碎石水泥,外涂水泥,抹平,防止雨水渗入。

修剪时间

银杏的修剪分冬剪和夏剪两种。冬剪又称休眠期修剪,从落叶后至翌春发芽前均可进行。如条件允许,在发芽前一个月左右把修剪和采接穗结合起来,这样可以充分利用良种条源。夏季修剪为生长期修剪,即从春天发芽至秋季落叶前的修剪。此期修剪包括抹芽、摘心、拶枝、圈枝、扭枝、环剥、刻等。这些催花措施,前面已有叙述,不再重述。

修枝

银杏的结种短枝一般粗度为0.5 cm以上,太细的短枝基本不结果。3~30年生的短枝一般都能结种,以5~15年生的结种力最强。银杏是短枝极多的树种,但通常只有1/5~1/3结种。大年时,结种枝多,营养枝少,冬剪宜轻,要去掉干枯、衰老和病虫害枝,并适当疏除密生枝。对于树势衰弱者,还要在夏季疏除密生枝。小年时结种少,营养生长旺盛,树体积累的营养物质较多,修剪宜重,疏除短枝,回缩长枝,以平衡树势,促进结种。

须根

种子萌发不久,长出许多与主根难以区别,具纤细线形的不定根,称为须根。

需水量

指银杏生长发育期所吸收的水分总量与所生产的干物质总量之比值,一般以生产1 g干物质所消耗的水量(g)表示。银杏的需水量因气候、土壤和栽培技术而异。

徐州市银杏品种鉴评结果

徐州市银杏品种鉴评结果

产地	品种（编号）	编号	出核率 %	10分	种核大小 粒/kg	30分	外形色泽洁白度 10分	出仁率 %	15分	有无苦味 15分	糯性 5分	香味 10分	剥皮难易 5分	合计	名次
港上 曹楼	大马铃2号	18	29.7	8.4	284	25.6	8.87	81.5	14.8	13.33	4.14	8.00	3.92	87.06	1
铁富	大马铃3号	5	28.7	7.6	290	25.0	8.46	80.2	14.1	13.50	4.39	8.27	4.33	85.65	2
铁富 南冯场	大马铃2号	4	27.7	7.4	304	23.8	8.19	83.7	15	12.20	3.95	7.57	4.01	82.12	3
港上 港中	尖顶佛手	15	27.0	7.0	290	25.0	8.80	78.1	12.1	13.13	4.02	7.83	4.16	82.04	4
铁富 宋庄	洞庭佛手	7	25.7	6.4	290	25.0	8.83	79.0	13.0	12.46	4.13	7.57	4.18	81.57	5
邳城 农科站	泰兴佛指	3	30.0	8.5	302	23.9	8.42	80.1	14.1	11.03	3.93	7.07	4.11	81.06	6
邹庄4号	大佛手	22	24.6	5.8	270	27.0	8.8	80.3	14.2	10.33	3.60	7.23	3.99	80.95	7
铁富 胡滩	大马铃7号	9	27.6	7.3	280	26.0	8.39	75.9	9.90	13.00	4.20	8.04	4.00	80.83	8
合沟	佛手	28	28.6	7.8	356	21.2	7.57	80.6	14.3	13.33	4.07	7.90	4.01	80.27	9
白埠1号	龙眼	23	24.4	5.7	342	21.8	8.05	80.2	14.1	13.70	4.35	8.26	4.00	79.96	10
邹庄3号	大佛手	21	26.4	6.7	334	22.3	8.27	78.9	12.9	13.35	4.05	8.00	3.97	79.54	11
邹庄2号	大马铃	20	28.2	7.6	308	23.6	8.38	76.4	10.4	13.27	3.98	8.10	4.06	79.39	12
铁富 胡滩	大马铃9号	11	27.7	7.4	330	22.5	8.15	77.0	11.0	13.23	4.18	7.99	4.13	78.58	13
港上 港中	大佛手1号	12	26.1	6.6	344	21.8	8.45	79.1	13.1	12.77	3.84	7.73	4.17	78.46	14

絮凝

用70%的醇水溶液提取银杏叶，提取效率比较高，但醇水提取液经减压回收乙醇后，大量难以用普通的过渡手段除去非水溶性成分使提取液变得混浊；另外，醇水提取也容易把鞣质及多糖类成分提取出来。因此采用自制的絮凝剂甲壳素澄清粗湿液，除去悬浮微粒、鞣质及多糖类物质。絮凝对黄酮苷含量和过滤速度有影响。在合适条件下，絮凝没有造成黄酮类化合物的明显损失，过渡速度也较快。甲壳素是一种无毒的天然高分子，其结构为聚氨基葡萄糖，因此不会对产品造成污染。

絮凝对黄酮含量和过渡速度的影响

絮凝对黄酮含量和过渡速度的影响

编号	絮凝剂用量*（mL）	沉淀干重（mg）	黄酮含量絮凝前	絮凝后（mg/mL）	黄酮损失（%）	过渡速度
1	0.4	35.6	1.338 7	1.296 4	3.2	较慢
2	0.8	44.9	1.338 7	1.296 4	3.2	快
3	1.2	68.4	1.338 7	1.164 5	13.0	快

*甲壳素浓度1%（wt），醋酸浓度1%。

悬崖式盆景

悬崖式银杏盆景依主干和树梢下垂程度的轻重，分为大悬崖和小悬崖两种。树梢低于盆底者为大悬崖。大悬崖的主干基部无树枝，大部分的树枝着生于中、上部。梢部不低于盆底者称之为小悬崖。其主干树梢下垂程度小，只是伸出盆面。悬崖式是仿照深山峡谷中，生长在峭壁上的古老大树，常年经受雨水的冲刷，土地水土流失，根部裸露，加上狂风吹打，造成树干倾倒垂下山崖，露出形状怪异的根系，像鹰爪、铁钩般紧紧地扎入岩缝中，仍生机盎然，形成游龙。悬崖式银杏盆景，各个部位都要围绕主要特点进行突出展示。现以大悬崖式为例，主干伸展方向应先直立，后横弯，再下垂。主干成上下弯曲，侧枝前后弯曲。小枝上扬，主干树梢缓慢向上微翘。悬崖式盆景全株树体下垂，需要主根较长，深入泥土，起到固定盆景的作用。所以，银杏桩木的主根不要剪断，栽时侧根外露长度的1/2。悬崖式盆景一般采用高方盆或高筒盆，也可用中深方盆：悬崖式盆景或中深圆盆。栽植银杏悬崖式盆景应当选择紫颜色的花盆，再配以机架。悬崖式以机为山，以盆为壁。主干树梢斜冲而下，势若高山流水，更能显示出生长在悬崖之上形若游龙的美姿。

悬崖式盆景

选优

　　人为选择最优良的单株或群体。

选择强度和遗传增益

　　选择强度是目标植株的选择比例，遗传增益与选择强度和遗传力相关，其大小取决于供选群体的大小。如1个单株从只含1株的待选择群体中选择，则增益为0。随着待选择群体的增大，增益迅速加大，但群体大到一定程度时，增加的速度减慢，从200株或300株中选择1株增益虽有差别，但已不明显。选择强度要根据对增益大小的要求、资源状况及群体大小等来确定。

选种

　　利用植物中的遗传性变异，通过选择、提纯及比较鉴定等手段而获得新品种的育种方法。选种即"选择育种"的简称。一般视选种为育种途径之一，而与引种、狭义育种等构成广义育种的三条途径。同时，"选择"即"选种"或"选择育种"的别称，又是在各种育种途径中都要经常采用的一种选优的方法和手段。从宏观上讲，选择有自然选择与人工选择之分。实际上，人工选择也多是在自然环境条件下按人们的意志和预定目标去选优去劣的。选种具有简便易行、经济有效、较易适应当地环境、便于繁殖推广等优点，在中国和世界植物育种工作中自古以来均居于重要地位，也是今后不容忽视的育种方法之一。

穴灌

　　果树灌溉方式之一，也是银杏灌溉方式之一。在树冠投影的外缘挖穴，穴的数量根据树冠大小确定，一般为8~12个，穴的直径为30 cm左右，穴深25~30 cm，以不伤粗根为准，灌溉时将水灌入穴中，以灌满为度，灌后将土填回。穴灌用水量少，湿润根系土壤范围较为宽广和均匀，不会引起大面积土壤板结，在水源缺乏地区采用这种方法较为适宜，但灌溉挖穴、灌水、填土所需人工较多，现在很少应用。

学名

　　依照国际植物学命名法规，用拉丁文命名的植物名称。通用于世界各国，为植物分类学上的国际语。以区别于各国的国有名称。种和亚种或变种的学名，采用瑞典学家林耐的二名法和三名法。例如，银杏的学名为 *Ginkgo Biloba*。

熏蒸法

　　熏蒸法是利用能产生有毒气体的药剂，在常温密闭的条件下熏蒸仓库中的白果或银杏苗木及其他副产品，以杀死病菌和害虫。

熏蒸剂

　　熏蒸剂是药剂化气体，以气体状态通过害虫的呼吸系统进入虫体，使其中毒死亡。常用的熏蒸剂有氯化铝、溴甲烷、磷化铝、敌敌畏、氢氰酸等。

熏蒸灭鼠

　　熏蒸灭鼠防效高，不需用饵料，节省粮食，作用快速（2~3小时即发挥作用），无二次中毒现象。据江苏泰兴试验：磷化铝对高砂土地区的棕色田鼠防治效果可达98%以上。但必须在气温较高时使用。投药方法：在苗圃地，于晴天找出有效洞口，每个有效洞口投放磷化铝片剂1片（3~3.3 g），用泥土封洞踏实。施放后，磷化铝片吸收土中水分后分解，放出磷化氢，将棕色田鼠毒死，无须用水灌浇。因此，投药必须选晴天进行。

Y y

压条繁殖

将枝条不切离母株而在一定部位培土(或用其他基质),使枝条生根而形成单独植株的繁殖方法。多用于扦插不易生根的种和品种。时间多选在春季或生长季的前半期。压条繁殖往往既可保持品种优良特性、成苗快,又可较快获得大苗;但繁殖系数小。依压条部位与操作的不同,分为单枝压条、波状压条、堆土压条和空中压条四类。①单枝压条。将接近地面的枝条在压条部位的下部刻伤或环剥,然后将其埋入土中,留顶部于空气中,设法固定即可,这是最简单的压条方法。②波状压条。对于具较长枝条的种类,取接近地面的枝条,刻伤或环剥压后入土中数处,使露出地面的部分呈波状。生根后分别切离,可一次形成多株。③堆土压条。对萌蘖性强的灌木,在其基部刻伤后培土,生根后即可移栽。此法无须将枝条弯入土中,操作简便。④空中压条。又称高压法或中国压条法。对植株较高难以采用其他方法的种类多用此法。近年来在西方甚为流行。多选成熟健壮的1~2年生枝,在一定部位刻伤或环剥,用塑料薄膜包被湿润土壤或苔藓,于环剥处生根后剪离,即成新株。

压条完毕后,应注意堆土处是否压紧,高压塑料膜是否漏气等。切离母体的时间因树种生根难易而异,蜡梅、桂花、金花茶等需翌年切离,月季、结香、米兰、白兰花等当年即可切离。

压条繁殖育苗

压条是使枝条不离开母树而埋入土中进行育苗,以后再行分株的方法。具体做法如下。在早春树液开始流动时,选40~60年生优良银杏母树上2~3年生的营养枝,在距顶梢30~40 cm处,上下错开5 cm,做0.5 cm宽的环状剥皮,并在切口上下各10 cm处,用经生根粉处理过的湿苔藓或砂壤土包裹,外面再包一层塑料薄膜或直接放在竹篮、筐中。经常检查,发现干旱时适当注入清水。秋季发现长出根系后,就可于当年或次春剪下,移植到苗圃中再育。压条苗一般比实生苗提早8~10年结果。这种方法在其他水果树上应用广泛,但受条件限制,不能大量繁育银杏苗木。

鸭脚名称的由来

唐宋时期,我国长江以南以及长江中、下游开始大量种植银杏,并且逐渐引种到北方。因银杏的叶片形似鸭掌,而平仲无论从哪一方面都没有显示出银杏的特征,又因南方水地较多,养鸭业十分发达,江南一带开始将平仲改称"鸭脚"。

鸭脚通冲剂

服用鸭脚(银杏)通冲剂,能明显增加输尿管动作电位频率,并维持较长时间,增加输尿管的蠕动,降低输尿管平滑肌张力,扩大管腔,促进结石排出。据临床观察,此药无利尿作用,所以服药期间还需要增加饮水量来增加排尿量,以利结石排出体外。该药不直接影响平滑肌活动节律,因此,增加输尿管动作电位频率、促进输尿管蠕动的作用,可能是通过自主神经实现的。据临床观察,80%以上患者服药后饮食量明显增加,说明该药有补益脾胃之疗效,有助于饮食消化吸收。另外,约95%有尿道感染的患者,服此药后尿频、尿急、尿血等症状2~3 d内消失。对于结石引起的肾积水,即使结石未排出,肾积水程度也可减轻,证明该药还有清热、利湿、解毒的功效,有消除尿道炎症的作用。该药不仅有通淋排石的作用,还能扩张血管。在治疗组中有3位患者,肾结石合并肾性高血压,服药后不仅结石排出,而且血压也降至正常。临床观察表明,该药无毒、无副作用,治疗尿道结石十分安全可靠。

鸭尾银杏

鸭尾银杏又名鸭屁股圆珠。属原生种、次生种或人工繁殖种,产于湖南九嶷山、衡山、雪峰山、壶瓶山、幕阜山及苏州洞庭山。核果先端尖扁,形同鸭尾。大小为2.1 cm×2 cm×1.2 cm。一侧成龟背形,先端无尖棱,两翼无突出翅,一般脊宽1~1.2 mm,顶端有一伸出的疣突,长2 mm,宽4 mm。生仁浅绿,熟仁乳白,饱满嫩脆,有明显香味,味甘,生微苦,熟甘甜香糯,为食用上品。

鸭嘴子

南宋时代,日本僧侣从中国带回银杏,称其为鸭嘴子。于是,鸭嘴子成为银杏在日本的又一别名。该名主要依据佛指类银杏种核形状而得名。

牙齿虫

生白果仁,口中慢慢细嚼,一日多次即可治疗。

牙膏

配方①(%):$CaHPO_4 \cdot 2H_2O$ 50.0、甘油 20.0、羧甲基纤维素 1.0、月桂基硫酸钠 1.0、香料 1.0、银杏叶单体成分 2-羟基-6-烷基苯甲酰胺 0.1、糖精 0.1、NaF 0.1、水余量。

配方②(%):$CaCO_3$ 50.0、甘油 20.0、卡拉胶 0.5、羧甲基纤维素 1.0、月桂基二乙醇胺 1.0、蔗糖-月桂酸酯 2.0、2-羟基-6-烷基苯甲酰胺 0.1、香料 1.0、糖精 0.1、氯己定 0.005、葡聚糖酶 0.01、水余量。

牙龈按摩霜

配方(%):白色凡士林 8.0、丙二醇 4.0、葡聚糖酶 1.0、硬脂醇 8.0、聚乙二醇 4000 25.0、聚乙醇 400 37.0、蔗糖硬脂酸酯 0.5、2-羟基-6-烷基苯甲酰胺 0.1、水余量。已知牙齿表面的牙垢是由约 70% 无机盐、20% 由细菌产生的多糖和 10% 食物残渣组成的。积累的牙垢内部的酸使珐琅质脱灰,细菌和牙垢产生的毒素引起齿龈炎、牙周炎、齿槽脓漏等牙病。银杏叶中提取的 2-羟基-6-烷基苯甲酰胺在比较低的浓度下,能抑制由变形链球菌形成的牙垢和酸产生,在口腔卫生制品中添加此化合物能预防牙齿腐蚀和牙周疾病。

芽

银杏长枝和短枝上的休眠芽,被一系列紧密覆盖的芽鳞保护着。冬季休眠芽呈黄褐色,卵圆形,先端钝尖。在当年生的枝上顶芽和侧芽多为叶芽。而在当年生短枝上,顶芽也多为叶芽,但二年生枝上的短枝顶芽,如养分供应充足,则有可能成混合芽,但多半在第三年孕育花蕾。每一叶腋内生长的腋芽常在第三年发育成短枝。银杏树体的所有部位均有隐芽。这些隐芽在树体生长正常的情况下一般不会萌发。但是一旦受到刺激(如树体受到伤害或生长受到抑制),则在受害部位或树的根际部萌发新蘖。1987 年 3 月,在山东郯县新村乡新村的银杏雌株上发现,由于树干东面部分的树皮遭受损伤而部分干枯死亡,但树皮并未脱落,当揭开这块树皮时却意外发现,在树高 1.3 m 处有一隐芽萌发后沿树皮与木质部之间形成的空隙向上伸展,长达 1.07 m,粗约 5.0 mm,先端具有顶芽,全身各处生有许多细根,经检查发现已有两年多的生活史。在无光的条件下,隐芽萌发后能够旺盛地生长,这在众多树种中也是极少见的。中国不少地方,银杏古老大树在其周围经多次萌蘖形成的所谓"怀中抱子""四世同堂""五世同堂"等风景名胜也多系根际隐芽萌发造成的。由此说明,银杏历经千难万险而能存活至今与银杏这一特性密切相关。

芽变

指银杏一个芽或由一个芽发育产生的枝条所发生的变异。优良的芽变可通过无性繁殖育成新品种。

芽变初选

首先要发掘优良变异。为此,可根据全国银杏资源分布广的特点,除经常性的专业选育工作之外,还要发动群众,开展多种形式的选育活动,如座谈访问、群众选报等。对初选符合要求的要进行编号并做标记,填写记载表格。其次,要对变异进行分析,去除饰变。变异不明显或不稳定的,要继续进行观察。如果芽变范围太小,不足以分析鉴定,则可通过嫁接使变异部分迅速增大,再进行分析鉴定。变异性状十分优良,但不能证明是否为芽变的,可先进行高接鉴定,再根据性状表现确定下一步选育工作。则可肯定为十分优良的芽变的,而且没有相关的劣变,可不经高接鉴定和品种试验,直接参加复选。复选前要对芽变进行无性繁殖,扩大数量。

芽变的特点

银杏芽变的表现多种多样,常见的为形态特征变异。形态特征的变异,如茎、叶、花、种实及植株形态等变异非常直观,容易被发现,有时还伴随着经济性状的变异,所以十分重要。这一点在培养银杏绿化观赏品种时尤为重要。银杏种实的变异是最引人注意的经济性状之一。目前,银杏品种分类主要以种实为依据。种实变异体现在大小、形状、色泽、颜色等各个方面,不仅具有核用价值,而且具有观赏价值。银杏还存在生物学变异,如物候期的迟早、产量的高低、品质的优劣、抗性强弱等。但由于这类变异一般不伴随形态变异,所以难以发现。只有通过对其经济性状或生理生化指标进行测定才可发现,或者在极端低温、严重干旱、高温热害、严重病虫害发生等特定条件下,直接发现并鉴别出来。银杏芽变具重演性,即同一品种相同类型的芽变,可以在不同时期、不同地点于不同单株上重复发生,实质为基因突变的重演性。因此,不能将所有观察到的芽变全当成新的类型,应当经过分析、比较、鉴定才能确定是否为新的芽变类型。

银杏有些芽变性状稳定,在其生命周期中可长期保持,并且无论采用有性繁殖还是无性繁殖,都可将变异的性状遗传下去。这类芽变材料可用于杂交育种,进一步对银杏性状进行改良。但有的芽变只能在无性繁殖下保持稳定,当采用有性繁殖时,或发生分离,或全部后代又恢复为原有类型。这在生产上要引起重视。

芽变复选

复选是对初选单株进行全面系统的比较鉴定并进行选择。复选时要进行遗传性测定,即证明变异性状是否是真正的遗传性变异;进行区域性试验及生产性试验,明确其栽培利用价值和前途,总结出推广中应注意的技术问题。

芽变决选

决选是在复选的基础上,对优良的无性系进行全面的审查,做出有无推广利用价值、可否成为新品种的最后鉴定。决选时,要求提供初选和复选阶段的完整资料和具代表性的性状样品或试种现场,经省和全国性的品种审定机构组织评审,做出能否命名推广的结论。

芽变选育

芽变源于体细胞突变,发生在芽的分生组织细胞中。当芽的分生组织细胞发生突变并发育成枝条或经扦插、嫁接繁殖成单株后,在性状表现上与原类型不同,即为芽变。芽变包括由突变的芽发育成的枝条和繁殖而成的单株变异。但在银杏的无性系内,除芽变这一类属于遗传物质的突变外,还存在着非遗传物质的变异,它们是由于受环境条件(如砧木、土壤、气候)及一些栽培措施中的影响而出现的暂时的变异,这类变异为饰变。饰变因环境条件的变化而改变,而芽变是可以遗传的。在芽变选育中要正确区分这两类不同性质的变异。芽变为银杏变异提供了无限丰富的源泉。人们可直接从芽变中选育出优良新品种,也可将它作为杂交育种的新的种质资源。银杏芽变选育可在现有的优良品种中开展,其整体性状较好,只要有一个或几个主要性状发生变异并有所提高,就可成为十分优良的新品种。芽变选育方法简单,选育周期短,采用无性繁殖方式繁殖推广,性状能稳定遗传,在银杏育种中有重要作用。

芽变选育程序

芽变选育可分为初选、复选和决选3个阶段。

芽变选育的时期

从春季发叶到秋季落叶的整个生长时期都可进行芽变选育的观察和选择。但在银杏生长时期,存在容易发现芽变的有利时期,集中精力在这段时间进行观察和选择可提高芽变选育效率。①开花期:此时可能发现雄花经济性状的变异,如短枝的长短、花粉囊的数量、花粉量多少等。②种实采收期:此时最易发现种实的变异,如种实成熟期、形状、品质、种实颜色、丰产性等。芽变选育的具体时间,要在种实采收前1~2周进行,以便发现早熟的变异。③灾害期:在剧烈的自然灾害之后,包括霜冻、严寒、酷暑、旱涝和病虫害,要抓住时机选择抗自然灾害能力特别强的变异类型。自然灾害之后,由于原有正常枝芽受到损害,可能会有组织深层的潜伏变异表现出来,因此,要注意对不定芽和萌蘖长成的枝条进行选择,以发现抗性芽变。

芽变选育目标

芽变选育是从原有优良品种中进一步选育更优良的变异,要求在保持原品种优良性状的基础上,针对其存在的问题,通过选育来进行改良。所以,要根据银杏生产的现状、存在问题及发展方向,制定具体的选育目标和相应的评选方法及标准。

芽和叶

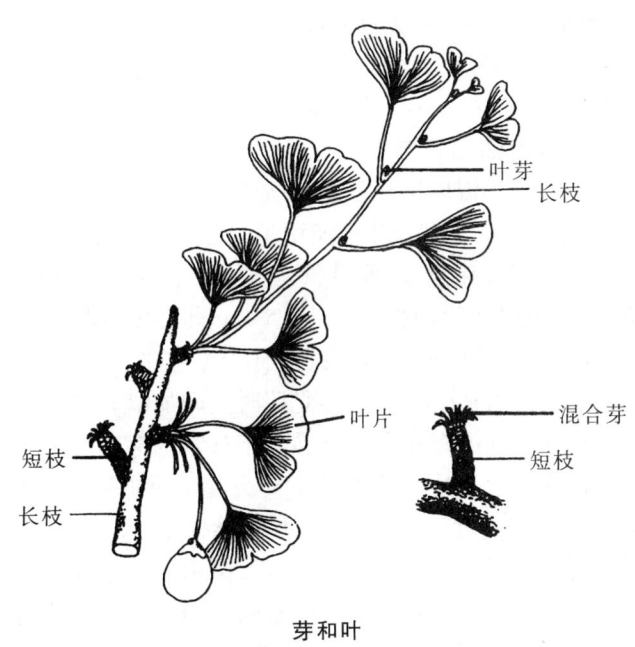

芽和叶

芽和叶银杏茶品评结果

原料	外形	香气	汤色	滋味	叶底	总分
嫩芽	96	98	94	90	98	476
嫩叶	62	81	75	82	74	374
成叶	83	79	86	88	82	418

芽和叶银杏茶品评结果 单位:分

芽接

以芽片为接穗的嫁接繁殖方法。银杏主要是"T"字形芽接,依接穗芽片是否带有木质部可将芽接分为带木质部芽接和不带木质部芽接两类。在皮层可以剥离的时期,利用不带木质部芽接,速度快,成活率高,是银杏嫁接育苗常用的方法。嫁接时,如果皮层不易剥离,则可剥取带有少许木质部的芽片嫁接。砧、穗双方皮层都不能剥离时,只能进行嵌芽接。

芽接法比较

接法比较

项目	"T"字形芽接	方块芽接	长块贴芽接	带木质部芽接
嫁接时间	砧、穗均离皮的整个生长期	同"T"字形	同"T"字形	不受离皮与否的限制
接芽	盾形,较小,不带或稍带木质部	长方形或正方形,不带木质部	接芽较长,带木质部(约为枝粗的1/4)	盾形,木质部
砧木接口	"T"字形,先横切一刀,再在横刀下纵切一刀,深达木质部	长方形或正方形;切口深达木质部	长形,保留接口下端1/3的树皮,去除部分木质部	盾形,去除部分木质部
成活情况	好	好	较好	最好

芽苗移栽

多年的试验证明,用于移栽的芽苗的状态,对于移栽能否成功具有决定影响。这里主要包括培育条件是否恰当和培育时间是否适时两个方面。生长过于细弱的苗木不适于移栽。所以,培育场所务必要有适当光照。芽苗培育也要适时。过早培育,苗木出土后对种子贮藏养分消耗过多,移栽后就不能再起供应必要养分和水分的作用,移栽后缓苗期较长,不利于苗木的生长发育。培育过迟,不能在适于移栽的时间尽早移栽,会缩短其生长期,这也不利于银杏壮苗的培育。

芽苗移栽电热温床培养法

利用电热温床培育芽苗,各地曾对很多树种做过摸索。试验证明,电热温床也能用于培育银杏芽苗。利用电热温床培育芽苗,最重要的是安排好电热线的间距。据试验,电热线间距控制在4~5 cm,即使没有控温设备,通电后温床的最高温度也只有25℃左右。所以,采用"有光照时停止加温,没有光照时立即加温"的做法,就可以在短期内育成大批能够用于移栽的芽苗。采用电热温床培育芽苗,播种床表面应当覆盖塑料薄膜。薄膜应当平铺或近于平铺,以使其既能保湿,又能保温。开始时,可以将薄膜直接盖于床面,苗木出土后及时抬高,但仍应保持平面状态,以尽量减少局部床面水分的过度损失。用于育苗的电热温床,还要能直接照到阳光。这不仅可以节省电力,而且苗木出土后能由阳光抑制其过度的伸长,使胚茎及时达到适度老化。经过充分后熟的沙藏种子,在电热温床播种后,出土也较整齐。但是,如果后熟程度不一致,则出苗会参差不齐。如能播种经过催芽的种子,则将收到更好的效果。

芽苗移栽温箱沙培法

利用培养箱控温,沙箱播种,能在短期内培育出适于移栽的芽苗。经过沙藏的银杏种子,在25℃条件下培养,30 d左右就能成苗。胚茎再经适当老化,就能移栽于圃地。银杏种子胚组织发育状况不同,种子即使经过沙藏,苗木出土的时间也不一致。从最早出苗算起,少则1个月,多则2个月才能基本出土完毕。一般温箱内,没有光照,处于黑暗中的苗木,会一直保持疯长势头,由此只能培养成细长、衰弱的病态苗木,无法用于移栽。即使加了光照,在高温、高湿条件下,也难以控制住苗木的过快伸长,所以,温箱沙箱内播种一般沙藏种子,实施中很难掌握好培育时间的长短。培养箱的容积有限,所以,温箱沙培无法大规模推广于生产。为了确保播种后苗木出土基本一致,利用温箱培育芽苗,最好选用经过催芽的种子。采用沙层加温催芽,露白后播种,一般20 d左右就能出土。再经老化处理,30 d左右就能移栽。

芽苗移栽育苗

①延长生长期。银杏播种育苗,即使催芽后播种,甚至播种后覆盖薄膜,最早也要到4月底或5月初才见出土。从出土到11月初落叶、休眠,播种第一年可以生长200 d左右。芽苗移栽,3月下旬即可移栽,苗木生长期至少延长40~60 d。②确保全苗率。一般条件下,芽苗移栽后的苗木,多数生长正常,移栽时期恰当,移栽后管理及时、措施得当的,苗木保存率可以达到90%左右。合理采用芽苗移栽,苗床很容易做到全苗或基本全苗。③增加出苗量。银杏芽苗的培育,可以在无菌的沙床内完成。采用芽苗移栽育苗,可以把种子沙藏、催芽、育芽苗结合在一起进行。沙藏和沙床育苗,都有利于银杏胚的进一步发育。采用芽苗移栽育苗,可以确保绝大多数能正常发芽的种子都长成健壮的苗木。与直播育苗相比,至少能提高出苗量20%。④提高根茎比。芽苗移栽还能结合断根尖处理。所以,通过芽苗

移栽育成的银杏苗,侧根粗壮发达,粗度大于2 mm的壮根数是直播育苗的7倍,一年生苗最粗侧根达5~6 mm。根茎比可达1.54,比直播育苗平均提高33.9%。

芽苗砧嫁接

采用芽苗砧嫁接银杏比芽接法缩短育苗期2~3年,比劈接缩短育苗期3~4年。一般成活率均在90%以上,且苗木优质,成本低。

①培养芽苗砧。银杏种子采收后,精选出受粉良好、发育正常、充分成熟、粒大、饱满、无病虫害的种子,按常规方法进行贮藏。翌年3月放入温室或塑料棚内,温度保持15~25℃,混湿沙催芽。种子露白后,按5 cm的间距侧放于沙床沟内,覆沙4cm。这样的胚根向下生长,胚轴向上生长,不弯曲,易嫁接,成活率高。幼芽出土后,适当控制灌水,增强光照,促进根、茎加粗生长。待胚芽长到2.5~3.0 cm,第一对真叶将要展开时,即可嫁接。

②采集接穗。3月中旬银杏枝条芽苞萌动前,从生长健壮的成年优良银杏母树上,采集1~2年生幼芽发育饱满的枝条,以粗度0.3~0.4 cm为最适宜。将采集的穗条封蜡或捆成捆用塑料薄膜包好,湿藏在0~2℃的低温条件下,保持穗条新鲜状态,以备嫁接用。

③嫁接和移栽。当银杏幼芽出土后将要展出真叶时,即可起苗嫁接。在子叶柄上3 cm左右处剪断砧芽,顺子叶柄,沿胚茎中心,切2 cm长的切口。接穗削成楔形,削面两边长约1.5 cm,每个接穗带1~2个接芽,然后将削好的接穗插入接口,再用塑料袋或麻片绑扎牢。

将绑扎好的嫁接苗移栽到铺有10 cm厚蛭石的愈合池或装有蛭石的塑料袋(袋高5 cm,直径8 cm)中。移栽深度以种子全部埋入蛭石层,接口又外露为最适宜。蛭石含水量为40%~50%,愈合温度为20~25℃,塑料棚内相对湿度约为80%,并注意经常通风。嫁接后半个月,按穗和芽苗砧便可愈合,接穗芽开始萌发。在苗木展叶、霜期过后,开始移栽到圃地。移栽后要及时灌足水,并遮阴。移栽半个月后,可先撤除一部分荫棚,随后按常规方法管理苗木。8月中、下旬可去掉荫棚。

④注意事项。

a. 愈合基质对嫁接成活率有显著影响,湿润蛭石成活率比湿沙、湿锯末和湿润砂壤土成活率几乎高一倍。

b. 嫁接和移栽时,不要使前砧的胚芽或子叶柄断裂,否则,会影响嫁接成活率。

c. 砧苗幼嫩,接穗短小,愈合前常会因过度失水而死亡,因此每天早晚喷一次水,保持蛭石湿润和棚内空气相对湿度在80%以上。

d. 移栽后需及时喷水、松土、除草、防治病虫害,及时除掉芽苗砧上的萌蘖等。

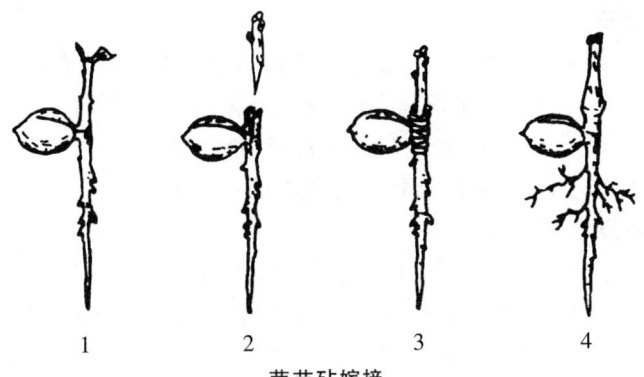

芽苗砧嫁接
1.芽苗　2.接穗和芽苗砧　3.嫁接、绑扎　4.嫁接愈合后的幼苗

芽苗砧嫁接亲和力强

种子发芽、胚根和胚轴充分伸展,胚根长至1 cm长时,断胚根,并播种于沙盘内,待胚轴形成的幼茎尚未展叶时,供做砧木;选优良品种冠部1年生枝做接穗,实行芽苗砧嫁接,亲和力强,嫁接后栽于营养袋内,在桂林与在天津各试验300株,嫁接成活率分别为90%和96%。

总之,银杏种苗特性有5点。①由有鞭毛的精子与裸露的胚珠内的卵结合成合子,是其区别于孢子植物和其他种子植物的重要特征。②银杏种子具有生理后熟的特性,因而需要低温沙藏。③具有无胚率高与多胚、多子叶的特性,播种前需要先催芽。④胚根再生能力强,断胚根可以促进根系发达。⑤胚轴或幼茎嫁接亲和力强,可以进行芽苗砧嫁接,并会取得较高的成活率。

芽砧苗

当种子胚芽长到2.5~3.0 cm,第一对真叶将要展开时,采用优良母树上1~2年生幼芽发育饱满、粗度0.4~0.5 cm的枝条作为接穗,培养出来的嫁接苗,称芽砧苗。芽砧苗是国外20世纪60年代,国内20世纪80年代发展起来的一种嫁接新技术。该方法比芽接缩短育苗期2~3年,比劈接法缩短育苗期3~4年。一般成活率均在90%以上,且苗木优质,成本降低(如图)。

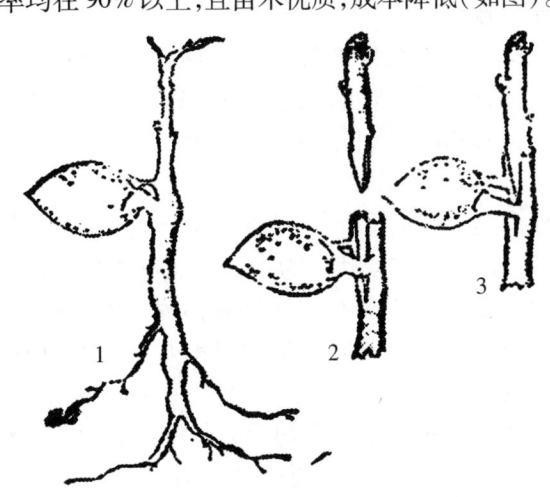

芽砧苗
1.发芽的芽苗　2.劈砧和削接穗　3.嫁接

蚜虫

亦称腻虫,为昆虫纲同翅目蚜虫科昆虫的统称。体小,分有翅、无翅和有性、无性等类型。具刺吸式口器,刺入银杏幼嫩组织吸食汁液,能分泌"蜜露"。年生10代以上,种类很多,是银杏的一大害虫。

雅安市古银杏

四川省雅安市雨城区对岩镇陇阳村后的山腰间,有一棵树龄约3 000年的古银杏树,位于北纬30°05′,东经103°07′,海拔1 035 m。尽管该银杏树经历了3次生死考验,但在当地村民的保护下,每次都化险为夷。如今,劫后余生的古银杏仍枝繁叶茂,生命力旺盛。该古树胸围9.2 m,树高23 m,冠径13.3 m;寄生在树干上的杂草密集丛生。在主干顶端有二十多根碗口粗的新枝,犹如一把撑开的巨型雨伞,堪称四川第一树。此地土壤为片麻岩风化灰棕壤土,大树长在半山腰土埂边沿,树身倾斜,树心已空,立地条件较差。在树的底部形成了一个近8 m²大的空洞。

亚丰产区

该区包括江苏省的丰县、邳州、新沂、泗阳、睢宁、淮阴和盐城,安徽省的六安、蚌埠、合肥、宿州、阜阳、蒙城和寿县,河南省的洛阳、驻马店、开封、汤阴、商丘、林州和安阳,山东省的郯城、单县、兖州、莒县、菏泽、泰安、海阳、文登、惠民、邹平、冠县、济南、德州、沾化和济阳,重庆市的南川、武隆和丰都,贵州省的盘县、正安、务川、道真、贵阳和遵义,广西壮族自治区的灵川、兴安、临桂和柳城,陕西省的汉中、宁强、镇巴、紫阳、岚皋、蓝田、西安和安康,河北省的魏县、沙河、栾城和衡水,山西省的芮城、平陆、万荣、侯马、介休、灵石和平遥。该区在地域上跨度较大,年降水量500~1 130 mm,银杏资源丰富,有一定的栽植银杏的基础和经验。

亚热带气候

我国亚热带气候的特点是夏热冬温,夏长冬短,四季分明,热量较丰富,雨量充沛,全年无雪或少雪,霜日少但有霜冻,是银杏的适生气候。

亚甜

亚甜是江苏省邳州市银杏科学研究所从大马铃中优选出的单株。原代号为大马铃铁富2号,母树在邳州市铁富镇南冯场村农民冯亚昌家。因种仁无苦味,回味稍有甜味,现在各地均引种栽植。原母株生长在大杨树下,故生长势弱。1987—1991年参加江苏银杏优良单株评选,5年平均千克种核粒数为322粒。1991年,伐去大杨树后生长势转旺,单株产量增加,且单果重增大。1996年测定千克种核粒数为284粒。目前,亚甜是邳州市银杏两个主栽品种之一。该品种生长势旺,幼年树新梢生长量达55 cm,新梢棕灰色,多年生枝灰色,枝条皮较光滑,皮孔不明显。叶片较大,较厚,叶色深绿,中裂较浅。叶宽9.04 cm,叶长5.83 cm,叶柄较短,只有4.51 cm。据近几年来的测定,银杏黄酮和银杏内酯的含量比大佛指高,可作为果、叶兼用型品种发展。果倒卵圆形,橙黄色,果面白粉较厚,油胞明显。果纵径为2.924 cm,横径为2.502 cm,果长:宽为1.10:1。平均单果重10.59 g,千克粒数86粒,出核率较高,为29.37%(最高达30.15%)。种核宽卵形,两侧棱线明显,中部以上尤显。种核最宽处具明显隆起之横脊。种核大小为2.53 cm × 1.88 cm × 1.46 cm。核长:宽为1.35:1。单粒核重3.11 g,千克粒数322粒,出仁率80.15%,总利用率23.54%。种核光滑洁白,外形较美观,种仁生食无苦味或稍有苦味,回味少有甜味,熟食糯性好,香味浓,品质上乘。物候期与大马铃相似,只是成熟期偏晚,9月底外种皮变软,摇晃才能落果。抗逆性较强,因叶厚、叶脉粗,夏秋叶缘不易枯黄,蓟马等虫害较轻。缺点是没有授粉的假果较多。该品种多次参加评比,均被评为优株。

种实　　种核

亚　甜

亚洲银杏观赏品种

与欧洲与北美相比,亚洲银杏种质资源尽管占世界的95%以上,但观赏品种选育较落后。由于资源丰富,因此仍有许多奇特的观赏资源。

咽喉炎

种核8粒,去内种皮嚼浆慢慢咽下,早晚服一次,3 d见效。

烟草及银杏叶中有关成分对人体的作用对比

烟草及银杏叶中有关成分对人体的作用对比

	烟草	银杏叶
1. 心脑血管系统	产生自由基	消除自由基(黄酮)
	增加胆固醇含量	降低胆固醇含量(银杏内酯)
	使血管收缩、脆性增加	扩张血管,使僵硬的血管恢复弹性(银杏内酯)
	导致高血压、动脉硬化、冠心病	降低高血压、防止动脉硬化、冠心病(黄酮、银杏内酯)
	导致脑血栓和阿尔茨海默病	防治脑血栓和阿尔茨海默病(黄酮、银杏内酯)
2. 呼吸系统	慢性支气管炎、肺气肿、肺癌	防止呼吸道过敏性疾病(银杏苦内酯)
3. 中枢神经系统	损伤脑细胞、损害记忆力引起神经官能症	营养精神、提神、打通脑部神经脉络、增加记忆力、集中精神(银杏内酯)
	导致大脑缺氧	增加大脑耐缺氧力(6-HKA)
4. 内分泌生殖系统	性功能减退、丧失	恢复性功能(综合因素)

淹水对银杏生长及其生理的影响

在淹水条件下,苗高生长明显受抑制,淹水 20 d 后,大金坠、梅核、佛指 3 个品种的死亡率分别为 81.5%、59.3% 和 34.2%;叶片质膜透性、游离脯氨酸含量及黄酮含量在水胁迫下显著提高,叶绿素含量和根系活力则明显降低。相对而言,大佛指的耐水性较强。

淹水胁迫对高生长的影响

淹水胁迫对银杏各品种高生长产生显著的影响,使高生长明显受到抑制。与对照相比,品种大金坠高生长下降了 74.9%,梅核下降了 79.8%,佛指下降的幅度最低,只有 73.8%,因此,相对而言,佛指较耐水。

延长枝

银杏各级骨干枝先端继续向外延伸生长的一年生枝。一般由剪口下第一芽或顶芽萌发而成。在需要改变骨干枝延伸角度和方向时,也可选用剪口下合适的第二或第三芽。延长枝的主要作用是扩大树冠,保持银杏树平衡。

延伸枝

属于长枝类型,从上一年枝条的顶芽抽出,枝条长,是主枝的延长枝。

岩石

矿物的集合体。它构成了地壳,是形成土壤的基础。岩石的矿物组成和化学成分,都在一定程度上影响土壤的形成和土壤性质。如在花岗岩上形成的土壤,质地较粗,而在石灰岩上形成的土壤,质地则较细。岩石因成因不同,有岩浆岩、沉积岩及变质岩三种。

研制叶片烘干设备的意义

银杏是滋补佳品,我国产量占世界总产量的 90% 以上,全部出口只能满足国际市场 10%~20% 的需要。银杏叶制剂是治疗心血管疾病的天然良药,也是抗辐射的良药。据统计,全世界每年死于心血管疾病的人数超过 2 000 万,我国占 400 万。银杏叶制剂 1965 年由西德 SCHWABE 公司投放市场,当年销售额超过 600 万美元。目前,银杏叶制剂投放市场已达 30 余种,销售市场也从欧美迅速扩大到亚洲。日本近年又研究出银杏叶茶、银杏叶饮料、银杏叶食品添加剂等。1997 年,全世界银杏叶制剂销售额在 20 亿美元以上。银杏叶主要产地在中国,全国总产量已达 3 万吨,鲜银杏叶采摘后必须在短时间内干燥成干叶,否则必会变质。目前,先进的银杏叶烘干成套设备被国外垄断,国内多采用晾晒、土炕烘干及茶叶烘干机代替,不仅产量低、成本高,且烘干质量难以保证,不能出口,国内药厂收购价格也很低,因此,研制先进的银杏叶烘干机成为我国发展银杏产业的迫切需要。

盐碱地种子育苗

为加快黄河三角洲银杏发展,1995 年春,在胜利油田农科所果园进行了银杏种子育苗试验。试验播种面积为 0.8 hm^2,育苗 40 万余株,当年苗高平均为 13.35 cm,地径平均为 0.52 cm,单株叶片在 15 片以上,成苗率达 97.3%。现将主要育苗技术介绍如下。①造台田整地。试验地面积 0.8 hm^2。1994 年冬季挖 3 条南北向、宽 5 m、深 1.2 m 的排碱沟和 4 条东西向、宽 1 m、深 0.8 m 的排水沟,将试验地分成面积相等的 6 个台田,中间为灌渠。在台田内整宽为 1.5 m 的畦。②基肥和土壤消毒。每亩施有机肥 4 000 kg、复合肥 60 kg、硫酸亚铁 60 kg。每亩施 3% 辛硫磷颗粒剂 8 kg、三环硫磷 15 kg 和呋喃丹 20 kg 进行土壤消毒。③处理种子。3 月 6 日将层积过的种子漂洗精选,同时用 600 倍 40% 多菌灵消毒液消毒。然后将种子与河沙按 1:1 的比例混合均匀铺成沙床,上搭塑料拱棚催芽。棚内湿度保持在 60%~70%,约 20 d 种子出现胚根,将出现胚根的种子选出待播。④播种。播种时间为 3 月 28 日至 4 月 20 日。采用常规方法按种子萌芽先后分批播种。试验结果表明,在环境条件允许的情况下,播种时间越早,苗木生长越好。⑤畦床管理。播种后,畦床及时喷施除草剂(乙草胺0.1 kg + 水100 kg),然后覆盖地膜。谷雨后在畦埂播种单行玉米,墩距为25～30 cm。⑥苗期管理。幼苗出土后要及时在地膜上打眼,周围覆细土保墒;当幼苗出土达30%后,用刀割开地膜。同时,浇一次透水。

选用尿素、垦易微肥、磷酸二氯钾、硫酸亚铁和FCU(0.5%硫酸亚铁+0.15%尿素+0.1%柠檬酸的混合液)进行叶面追肥,结果表明,用FCU效果显著,叶片黄化率控制在5%以下。地下追肥,6—7月追施3次尿素,每次每亩60 kg;9月中旬每亩行间沟施2～3 m³土杂肥。在玉米行遮阴的同时,于6月中间高温期用棉槐枝插在苗行间遮阴,透光率保持40%,8月中旬以后拔掉棉槐枝。用这种方法遮阴与不遮阴比较,可明显提高苗木生长量,降低茎腐病病株率(遮阴为2%,不遮阴为11.4%)和黄叶病病株率(遮阴为7.8%,不遮阴为24.3%)。⑦防治病虫害。用常规方法防治立枯病、蝼蛄等。

盐碱土

又叫盐渍土,是盐土和碱土的总称,也指含碳酸钠及酸性碳酸钠多至盐土程度的土壤。银杏对土壤含盐量的要求是不能超过0.3%。

盐土

含可溶性盐类达到了开始危害一般作物生长的土壤。这时的可溶盐类含量的限度约相当于烘干土重的0.2%。银杏对土壤的含盐量不能超过0.3%。盐土中可溶性盐类以氯化钠(食盐)、硫酸钠(芒硝)为主。盐分集聚地表成白色结皮,故又叫白碱土。我国盐土面积较大,应因时因地进行综合治理。

盐胁迫对银杏 Na^+、K^+ 含量及 Na^+/K^+ 值的影响

处理	品种	1	2	3	4	5
Na^+	CK	20.0(16.0)	15.0(16.0)	21.0(15.0)	14.0(18.0)	16.0(13.0)
	0.1%	11.0(15.0)	18.0(16.5)	8.0(19.5)	16.0(22.0)	16.0(16.0)
	0.2%	14.0(35.0)	22.0(33.0)	19.0(21.0)	17.5(32.0)	17.0(43.0)
	0.3%	38.0(58.0)	17.0(38.0)	32.0(48.0)	21.0(36.5)	23.0(77.0)
K^+	Ck	50.0(57.0)	35.0(32.0)	51.0(45.0)	35.0(48.0)	40.0(37.0)
	0.1%	31.0(54.0)	42.0(55.0)	17.0(57.0)	45.0(52.0)	47.0(52.0)
	0.2%	38.0(52.0)	55.0(42.5)	50.0(42.5)	49.0(49.0)	44.0(58.0)
	0.3%	45.0(43.0)	38.0(33.5)	40.0(41.0)	32.0(48.0)	31.0(51.0)
Na^+/K^+	Ck	0.35(0.28)	0.43(0.50)	0.41(0.33)	0.40(0.38)	0.40(0.35)
	0.1%	0.35(0.26)	0.43(0.30)	0.47(0.34)	0.35(0.42)	0.34(0.31)
	0.2%	0.37(0.67)	0.40(0.67)	0.38(0.50)	0.40(0.71)	0.39(0.74)
	0.3%	0.84(1.30)	0.45(1.13)	0.80(1.20)	0.66(0.76)	0.74(1.4)

盐胁迫对银杏苗木保存率(%)的影响

树种	处理	盐处理后的天数			
		4	8	12	24
中山杉	CK	100	100	100	100
	A	100	100	100	100
	B	100	50	0	0
	C	0	0	0	0
杉木	CK	100	100	100	100
	A	100	100	100	100
	B	78	55	0	0
	C	0	0	0	0
银杏	CK	100	100	100	100
	A	100	100	100	100
	B	100	100	100	100
	C	73	40	30	20

盐胁迫对银杏苗木生长的影响

处理及测项	品种	1	2	3	4	5
CK	$\frac{2-1}{1}$	12.9	14.5	17.2	20.3	—
	$\frac{3-1}{1}$	12.9	17.0	26.1	21.6	27.9
0.1%	$\frac{2-1}{1}$	14.8	13.8	19.3	13.5	21.0
	$\frac{3-1}{1}$	15.4	12.4	28.1	15.1	22.2
0.2%	$\frac{2-1}{1}$	14.4	—	17.5	14.3	16.4
	$\frac{3-1}{1}$	15.4	12.4	19.3	15.1	22.2
0.3%	$\frac{2-1}{1}$	4.75	15.8	13.7	13.9	16.0
	$\frac{2-1}{1}$	5.3	15.8	15.0	15.2	16.0

盐胁迫对银杏苗木叶片中 K^+、Na^+ 浓度和 Na^+/K^+ 比的影响

盐胁迫对银杏苗木叶片中 K^+、Na^+ 浓度和 Na^+/K^+ 比的影响

树种	处理	盐处理后的天数										
		8			12			16			24		
		K^+	Na^+	Na^+/K^+	K^+	Na^+	Na^+/K^+	K^+	Na^+	Na^+/K^+	K^+	Na^+	Na^+/K^+
银杏	CK	0.92	0.038	0.041	0.9	0.33	0.037	0.93	0.039	0.042	0.95	0.04	0.042
	A	1.03	0.05	0.049	0.93	0.06	0.5	0.99	0.063	0.064	1.02	0.06	0.059
	B	1.08	0.557	0.516	1.07	0.347	0.324	0.97	0.626	0.645	1.02	1.032	1.012
	C	0.97	0.757	0.78	1.05	0.85	0.808	0.81	1.388	1.714	0.55	2.3	4.182

盐胁迫对银杏生理和生长的影响

①随着盐浓度的增大,相对高生长率下降,相对电导率增加,Na^+ 含量及 Na/K 比升高,根活力及 SOD 活性下降,脯氨酸含量增加,叶绿素含量及水势变化不明显。②不同银杏品种其生理、生长指标变化的幅度差异明显。

眼珠子

该品种属于材用品种,主产于浙江省长兴县,性状与山东郯城的高生果以及江苏省南通市的猴子眼相近。树体高大,干形通直,生长势强,幼苗生长也较迅速,是银杏品种嫁接的优良砧木。该品种种核壳厚味苦,无食用价值,但种实受精充分,胚的生活力极强,播种发芽率极高,表现出银杏的野生性状。

扬州古银杏

江苏省扬州市名胜古迹颇多,宋代诗人晁补之曾吟咏"五百年间城郭改,空留鸭脚伴琼花"。城区保存下来的百年以上银杏古树多达 90 余株,其中 500 年以上的有 10 余株。扬州市区石塔路中央有一株古银杏,树高 20 m,冠幅 350 m²,树龄 1 300 多年,树干从中心劈裂为二,呈"V"字形。1978 年,石塔路进行拓宽建设,经城市规划设计师们的精心设计,将千年古银杏安排在路岛中,既保证了道路畅通,又保护了珍贵文物。古银杏和古石塔矗立在新拓展的道路中央,成为城市建设中保护名木古迹的佳话。扬州市东郊外仙鹤寺是我国最早的伊斯兰教寺之一,寺内有一株古银杏,树高 20 m,胸径 1.15 m,树龄 700 多年,是中国人民和阿拉伯人民友好往来的历史见证。千年古刹西方寺建于唐朝开元十三年(725 年),明朝光武年间重建,寺内也有一株古银杏,树高 20 m,胸径 3.6 m,树势健旺。

羊羹感官指标

色泽:呈茶褐色,有光泽

组织形态:呈块状,具有适度硬度和弹性,无空心、气泡,每只内有 1~2 枚银杏米,无外来杂质。

滋味及气味:甜度适口,具有豆沙、银杏之浓郁香味。

羊羹理化指标

净重:35 g/只,42 g/只,50 g/只。

干燥物:72%~76%。

还原糖:3%~5%。

总糖:50%~55%。

羊羹生产操作要点

①豆沙制备:先将红小豆在夹层锅中用温水除去漂浮物,再用水热法洗 3 次,洗净后加入足水量煮成糊状,用钢磨研磨,之后将豆沙、豆皮分开,与水流入集汁槽中,然后转入洗沙池内洗去黏稠物。沙沉后用离心甩干机脱水,即得纯净豆沙。

②琼脂、糖混合液的制作:用清水洗净浸泡 124 h 后放入夹层锅内,放适量水加热升温,至琼脂化开,继续加热到 90 ℃,放入砂糖。糖化后加入糊精;过滤备用。

③熬羹:将琼脂、糖混合液在夹层锅内,开启蒸汽加热,煮沸后投入豆沙、银杏米。边熬边搅拌,约熬半小时,当液面出现黏稠膜、固形物达 75% 左右时停止加热。

④浇羹:将预先准备好的铝箔纸筒插入模中,然后将熬好的羹注入纸筒内,自然晾干凝固。

⑤包装:把凝固的羊羹从模中拔出,折叠封口,并装入外盒。

羊羹卫生指标

Pb≤1 mg/kg,Cu≤5 mg/kg,As≤0.5 mg/kg。

细菌总数:≤10 000 个/g。

大肠菌群:≤30 个/100g。

致病菌:不得检出。

阳性树种

又称喜光树种。全光照条件下才能生长发育,不能耐阴,难以在其他树冠下正常生长。与阴性树种比较,银杏自然稀疏开始较早且强烈,自然整枝强,树冠比较稀疏。叶子含叶绿素较少,叶色较淡,栅状组织发达。银杏是比较典型的阳性树种。

杨氏扦插棚

简称"窖棚",群众称之为"地宫",是一种地下式塑

料棚。它利用地下空间,采取覆盖塑膜、遮阴和喷水等措施,具有冬暖夏凉、自然调温、保湿、透光的特点。设备造价低廉,使用简便,节省管理劳力,环控效果好,扦插成活率高。选择地势平坦、背风、雨季不积水、土层深厚、靠近水源(自来水或水井安装抽水泵)的地方,以散生稀疏林木具有林荫的地段为好。挖掘长10 m、宽2.5~3 m、深1 m的长方窖坑。坑底中间纵向挖宽0.3 m,深0.2 m的沟作为步道,将坑窖分割为左、右两床,床面铺河沙厚0.2 m。如作为永久窖棚,则可将坑壁及步道用砖砌。坑上口以钢筋或竹片做拱架,高出地面0.5~0.7 m,覆以塑膜,一端留门,并筑台阶以便出入。靠近棚沿环四周挖小沟,以便雨季排水。为便于喷水降温,在每一插床上方,每隔40 cm安装一直径2 cm的具有小喷头的硬塑料管道,以铁丝吊在拱架上。管道一端连接压力水源,作为喷水降温设施。以木杆或竹竿做框架,覆盖单层苇帘或竹帘,也可用双层遮阴网,搭设荫棚,保持透光度25%左右,棚顶高出地面1.8 m。

杨万里(宋)

杨万里,南宋著名诗人,"中兴四大诗人"之一。在他的银杏诗里,以妙趣的笔调描述了银杏炭烤食用的情景。

> 深灰浅火略相遭,
> 小苦微甘韵最高。
> 未必鸡头如鸭脚,
> 不妨银杏作金桃。

养生保健食银杏

银杏果仁含有多种营养元素,除淀粉、蛋白质、脂肪、糖类之外,还含有维生素C、核黄素、胡萝卜素、钙、磷、铁、钾、镁等微量元素,以及银杏酸、白果酚、五碳多糖、脂固醇等成分。银杏具有益肺气、治咳喘、平皱皮、护血管、增加血流量等食疗作用和医用效果。根据现代医学研究,银杏还具有通畅血管、改善大脑功能、延缓老年人大脑衰老、增强记忆能力、治疗阿尔茨海默病和脑供血不足等功效。除此以外,银杏还可以保护肝脏、减少心律不齐、防止过敏反应中致命性的支气管收缩,并可以治疗哮喘、卒中等。适当食用银杏可以起到很好的养生保健作用。食用方法主要有炒食、烤食、煮食、配菜、糕点、蜜饯、罐头、饮料和酒类。银杏在宋代被列为皇家贡品,日本人也有食用银杏的习惯。

养树肥

养树肥也称采后肥,此次施肥在山东、江苏一带农民普遍推广。施肥时间,长江以北地区可在9月中旬至10月中旬,长江以南则要到9月下旬至10月上旬。这次施肥可促进根系第二次生长,使枝和芽充分发育、花芽饱满,增加树体抗寒能力。

养体肥

养体肥是叶用园施肥的关键,采叶后即施。一般在9月底至10月初施入。一般以有机肥为主,适当配合银杏专用肥,以补充各种微量元素。施腐熟的厩肥或堆肥45 t/hm^2,加银杏专用肥750 kg/hm^2,或施腐熟的鸡粪、羊粪、大粪干等优质有机肥19.5 t/hm^2,加银杏专用肥375 t/hm^2。

《养余月令》

明朝戴羲撰,成书于1640年,是农家月令书。书中记述:"银杏有雌雄,雌者有二棱,雄者有三棱,须合种之(意即须配置授粉树)。"

样品

又叫试料。按规定选出作为检验一批种核品质用的种核。为了能真正选到具有代表性的样品,须按照技术操作规程的要求去选取各种样品。样品分为原始样品、平均样品和小样品。

尧银

位于山西省曲沃县下裴庄乡南林交村。据清代修撰的《曲沃县志》记载,有一株民众呼其为"尧银"的银杏树,意为上古即存此树。此树高24 m,胸径2米多,树干基部长出很多形似怪异动物的侧根,主干分杈处的侧枝基部共有15个大小不等的树奶(当地称"吊根"),极为壮观。1946年,中国人民解放军"临汾旅"医院就设在南林交村附近,曾从银杏树上锯取4个粗大的侧枝制成棺材,安葬烈士。每年清明,当地民众都要来树下焚香祭祀。

摇钱树

港中村,这个昔日苏北有名的穷村乱街,是怎样脱贫致富的呢?从《银杏树,摇钱树》的歌谣中可窥一斑:

> 一人一株银杏树,吃喝花销有钱路;
> 一人两株银杏树,一年一个万元户;
> 一人三株银杏树,不愁没钱娶媳妇;
> 一人四株银杏树,高楼大厦尽管住;
> 一人十棵银杏树,一步迈上小康路。

药白果

在河南全省均有分布。树冠卵圆形,大枝斜上,小枝平展稍下垂。种子近圆形,先端钝圆,基部平展,种托突出,纵径2.2 cm,横径1.9 cm,外种皮黄绿色,稍被白粉,多双果并生,平均单果重6.17 g;种核椭圆形,先端具小突尖,棱线不明显,长1.9 cm,宽1.4 cm,厚1.2 cm,平均单核重1.61 g,每千克种核620粒或更多,平均出核率26.1%,出仁率77.1%。该品种树势生长较旺盛,丛生性强,大小年较明显,成熟期较晚,种核偏小，但药用价值较高。

药害

农药对植物的伤害。药害可分为急性的和慢性的。急性药害一般在喷药后2~5 d出现，症状比较明显。如，烧伤、凋萎、落叶、落花、落果、幼嫩组织发生褐色焦斑或被破坏等。受害轻的，一般能自然恢复。慢性药害要经过较长的时间才表现出来。一般表现为光合作用减弱，花芽形成及种实成熟延迟，生长慢，风味及色泽恶化等。

药剂防治银杏大蚕蛾的效果

药剂防治银杏大蚕蛾的效果

药剂名称	施药浓度	施药日期(年/月/日)	检查虫数(条)	虫龄	死亡率(%)
2.5%敌杀死	5 000×	1988/5/31	180	幼4~5	100
对照(清水)		1988/5/3	180	幼4~5	0
青虫菌6号液剂	1 000×	1988/5/3	180	幼4	73.3
25%苏脲一号	500×	1988/5/31	180	幼4	93.3
对照(清水)		1988/5/31	180	幼4	2.8
白僵菌液剂	2×10^8 孢子/mL	1988/5/29	210	幼4~蛹	96.7
对照(清水)		1988/5/29	210	幼4~蛹	0
银杏大蚕蛾 NPV	1×10^8 PIB/mL	1989/5/24	500	幼2~3	100
对照(清水)		1989/5/24	180	幼2~3	2.2
白僵菌液剂 + 2.5%敌杀死	1×10^8 孢子/mL + 10 000×	1988/5/29	180	幼4~5	100
对照(清水)		1988/5/29	180	幼4~5	0
银杏大蚕蛾 NPV + 白僵菌液剂	$\times 10^8$ PIB/mL + 1.6×10^8 孢子/mL	1989/5/17	93	幼2~3	100
对照(清水)		1989/5/17	100	幼2~3	2.0

药剂品种和浓度对防治银杏超小卷叶蛾的效果

药剂品种和浓度对防治银杏超小卷叶蛾的效果

药剂品种	浓度	调查株数	调查奶枝数(个)	被害奶枝(个)	被害率(%)
2.5%敌杀死乳油	3 300	6	1 788	4	0
		6	6 659	51	0.76
	5 500 + 乐果1 500	6	7 048	389	5.52
		6	6 837	365	5.33
	6 000	6	13 748	5 564	40.47
		6	16 831	5 312	31.56
40%乐果乳油	800	6	2 163	42	1.9
	1 000	6	2 892	84	2.9
	1 500	6	2 872	94	3.3
50%杀螟松 + 40%乐果乳油	800	6	2 852	54	1.4
	800	6	5 904	57	0.96
	800	6	2 388	42	1.8

药食价值

银杏外种皮主要含有银杏酚、白果酚、氢化白果酸、氢化白果亚酸等成分，是研制黄酮类药物的主要成分，对治疗脑膜炎有特效。外种皮提取物制成的生物农药对多种果树、蔬菜病虫害的防治效果显著。银杏种仁中的白果酸、氢化白果酸、莽草酸、白果二酚、漆树酸等具有抗菌、扩张、收敛和促进人体新陈代谢、补肾健脑、滋肤保容作用，利用种仁制成的丸、片、针、冲剂及化妆品受到海内外消费者青睐。银杏种仁的蛋白质含量比牛奶高4倍，与鲫鱼、墨鱼相当，脂肪含量比鸡肉高2倍，钙含量较猪、牛、羊、鸡、鸭、鹅高，还含有20余种其他微量元素。古今中外，白果仁均是食、饮、药、膳之佳品，深受广大民众的欢迎。银杏叶含有170多种化学成分，仅治疗心脑血管的黄酮类化合物就有20余种，利用银杏叶制成的药物，对治疗脑缺血、脑老化和衰老有特效，是治疗老年病的畅销药品。

药物在临床上的应用

①用于治疗冠状动脉粥样硬化性心脏病（冠心病）。银杏叶含有双黄酮、萜内酯等特殊化学结构的有效成分，对防治冠心病有肯定疗效。

②用于治疗脑血管意外和老年性痴呆。银杏叶制剂具有降血脂、降低血压、抑制血小板聚集、增加脑血流、改善脑循环和脑营养等功效。

③用于制备皮肤保护剂和生发剂。银杏叶用水、甲醇、丙二醇、乙醚、乙酸乙酯、苯或丙酮等溶液(剂)提取有效成分，经处理得提取物，加入抗炎药(如甘草酸、6－氨基己酸和甘草)、黏多糖(如透明质酸)、消毒剂(如异丙基甲基苯酚)、激素类(雌二醇、黄体酮)等物质，可制成各种剂型，具有促进毛发生长和改善皮肤功能的作用。

④德国从银杏叶中提取一种特殊物质 LI-1370。对 300 例脑供血不足患者进行临床观察,证明该物质具有改善患者脑功能和临床症状的作用。给蛛网膜下出血术后患者应用 LI-1370,可改善注意力,对血管性痴呆患者以及器质性脑综合征患者均有改善作用。

⑤临床证实,银杏苦内酯对治疗哮喘有效,对过敏性支气管收缩、过敏性皮肤反应以及由皮内注射过敏源引起的"条痕和潮红"反应增加等均有抑制作用。

⑥天津市传染病医院临床试验证明,银杏叶提取物具有扩张肝脏小血管、改善组织微循环的作用。

药效

毒剂对害虫或病原物的效力。影响的因素除毒剂本身的毒力外,还受到施药技术及环境因素的影响。所以药效是各种因素综合作用于有害生物的结果。

野佛指

又称长头、小长头,据称是佛指银杏种实落地萌发而生,故称野佛指。在江苏泰兴和浙江长兴有少量分布。主要特征是种壳较厚,可达 0.548 mm。发枝力较弱,生长势中等,树冠顶部枝条密集,结构紧实。长枝上多盲芽,多着生三角形叶,叶片较厚,具浅中裂,颜色深。种实宽卵圆形或椭圆形,成熟时呈黄色或稍带橙色,薄被白粉,多双种实。种核长卵圆形,顶部宽圆,具明显小尖,珠孔迹突出于小尖之上,侧棱明显,少有仅具一棱线者,每千克 324~388 粒。种壳厚,种仁细腻微甜,但糯性不及佛指。该品种坐实率高,但落实率亦高,种核偏小,产量一般。

野生银杏

国内外学者关注较多的是浙江省西天目山一带的银杏分布群,有人认为系远古遗存的天然野生银杏,有人认为仅系野生状态银杏。

野生银杏的不同观点

森沃德(1936)关于"中国即使不是银杏目前的产地,也是最后的天然的产地"和李惠林(1956)关于"沿浙江的西北和安徽的东南一带山区是银杏最后定居的地方"的看法,虽没人否认,但对我国如今有无野生银杏存在已被国内外植物学家争论了 100 多年。萨金特(1897)和威尔逊(1914)等人认为野生银杏可能已绝迹;我国的陈嵘(1933)认为"野生者绝无,浙江西天目山颇似天然生者";郑勉(1954)、李正理(1957)、裴鉴(1981)等认为难以证实;王伏雄和陈祖铿(1983)、陈心启(1989)等认为它们是僧人栽植的后代;李惠林(1956)、贾祖璋(1987)、林协(1965,1984)等则认为有野生银杏存在。据《中国植物志》(1978)记载,仅浙江西天目山有野生状态的银杏,现多数学者遵循这一观点。此外,宋朝枢等(1992)认为湖北大洪山也有野生状态的银杏;梁立兴(1992)认为大别山、神农架也有野生或半野生状态银杏;侯九寰等(1993)认为湖南雪峰山的银杏群落有原始森林的痕迹;陈炳浩(1995)则提出重庆巫溪的"白果林区"和福建武夷山区等也有野生银杏存在。李建文等从考查人类活动、生态环境,调查古老的银杏树、银杏林等方面论证四川金佛山是第三纪孑遗植物的避难所,保存了自然界残留的野生银杏原始类群。20 世纪 30 年代初,由美国出版的《中国植被》记载贵州省务川县龙洞沟、韩家沟一带有野生银杏。

野生银杏资源群体遗传多样性的 ISSR 分析

采用简单重复间序列(ISSR)技术,对浙江西天目山(TM)、贵州务川(WC)、湖北大洪山区(DH)、四川重庆金佛山区(JF)、福建武夷山区(WY)5 个群体 75 个银杏个体进行了遗传多样性分析。用 10 个引物共检测到 68 个位点,其中多态位点 49 个,占 72.06%。用 POPGENE 软件对数据进行了分析,结果表明:Nei's 基因多样性指数(h)的群体水平是 0.465 2,Shannon 信息指数(I)的群体水平是 0.657 4,基因分化系数(Gst)是 0.195 5。Shannon 信息指数分析揭示的银杏群体遗传分化水平 $[(Isp-Ipop)/Isp]=0.190\ 3$,AMOVA 分析结果表明银杏群体间的分化占 17.63%。ISSR 数据显示这 5 个银杏群体遗传多样性较高,其中 TM、WC、DH 可能是野生银杏冰川期避难所。

野生种

在现代自然环境条件下,某个树种的种子自然落地后没有人为的干预,能发芽生长成苗并成长为大树,这个树种可以认定为野生种。就银杏而言,在现代条件下,成年大树的树下是找不到银杏小苗的。所以,现代银杏中是没有野生银杏的。

野生种群——两种截然相反的意见

胡先骕(《生物学通报》,1954)是较早坚持我国具有银杏野生种的植物学家,他提出"除栽培外,仅在浙江偶有野生种存在"。

李惠林(《Bullmorris Arboretum》,1956)则认为"银杏有野生种"。同时李惠林又提出"在中国东南部可能仍有野生的银杏,而这种活化石的最后定居地是沿着浙江的西北和安徽的东南一带的山区。"

林协(1965)在他的《我国的珍贵古树——银杏》一文中明确指出"现在世界上只有浙江省西天目山一个狭小的深山地区,残存着为数不多的野生种"。

郑万钧(《中国植物志》第七卷,1978)认为"我国浙江天目山有野生状态的银杏"。

李星学等(1981)在《植物界的发展和演化》一书中写到"银杏树还是一个珍贵的树种,只在我国浙江西天目山海拔 500～1 000 m 的天然混交林中还有野生的植株"。

郑万钧(《中国树木志》,1982)认为"在浙江西天目山海拔 1 000 m 老殿下有野生银杏,寺庙附近有栽培的银杏"。

佟屏亚(《果树史话》,1983)认为"全世界只有我国浙江西天目山海拔 400～1 000 m 的幽深峡谷里,还保留着为数不多的野生银杏树"。

日本医学博士仁木繁编著的医学科普《银杏叶健康法》(1988)一书中认为"日本也有银杏原生种"。

何凤仁(《银杏的栽培》,1989)认为,"当时银杏在世界各地冻死后,仅我国安徽东南部,气温还不过低,以致银杏有少量残存"。

成俊卿(《中国木材学》,1992)认为"在浙江西天目山海拔 500～1 000 m 地区尚有野生混交林"。

除上述外,《观赏树木学》《秦岭植物志》等书中也坚持了银杏具有野生种的意见。

不过上述有关银杏野生种的论述,均未提供浙江省西天目山银杏群体是野生种令人置信的根据。

我国老一代树木学家陈嵘(1933)认为"野生者则绝无"。同时他认为(《中国树木分类学》,1937)"今则唯在中国及日本尚有遗种可见,然均系人工栽植,并非野生"。

曾勉(1935)在《浙江诸暨之银杏》一文中指出,"唯野生者至今尚未寻获"。

李正理于 1957 年指出,银杏的野生种"始终还没有得到确切的证实"。

福斯特等(《维管植物的比较形态学》,1974)认为,"在中国遥远的地区和尚未开发的森林中,有否银杏的野生种存在,许多人认为尚是一个没有解决的问题。有些证据相信银杏也许有野生种的,不过许多植物学家一般认为这种可能仍是栽培种的后代"。

裴鉴在《江苏南部种子植物手册》一书中写道,"在我国栽培已有很多年代,但没有找到野生的(浙江西天目山据说有野生银杏,但我们未发现有野生苗)"。

刘棠瑞则认为,"银杏为古生代 2 亿年前之遗留物,已无野生种"。

王伏雄等(《植物学报》,1983)认为,"迄今没有发现自然生长的原始林"。

吴俊元等在《植物资源与环境》1992 年第 2 期上发表了《天目山银杏群体遗传变异的同工酶分析》一文,文章认为"从对其进行遗传变异的分析来看,认为该群体很可能是僧人在寺庙旁栽植的银杏留下的后代……假如天目山的银杏属野生起源,那么在其漫长的进化过程中,应该产生许多基因突变,丰富群体的遗传变异;加之,银杏为雌雄异株植物,其交配系属远交类型(outcrossing system),群体应该表现出较大程度的遗传变异性,而事实与之相反,因而其野生性值得怀疑"。这是当前从群体遗传变异角度证实西天目山银杏群体"其野生性值得怀疑最高水平的论断"。

1989 年 10 月 5 日至 10 月 15 日,美国阿诺德树木园的特里迪斯先生对西天目山的银杏做了详细调查,他认为,"在西天目山人为活动近 1 500 年的条件下,要解决长期争论的野生性是很困难的,争论的焦点首先应明确'野生'的概念是什么,而不是树木本身的生态特性"。而吴俊元等人的文章却部分地解决了这一问题。

西方的植物学家萨金特(1897)和威尔逊(1914,1919)等,于 19 世纪末和 20 世纪初在亚洲做了一些野外调查后认为,野生银杏可能已经绝迹,现存的银杏是佛教徒在寺庙旁栽植后而保存下来的。

野银杏树王国

在贵州省,除有千年古银杏 80 多株外,树龄在 100 年以上的有 1 600 多棵,在六盘水妥乐村,便有大大小小银杏 1 100 多株,形成银杏村的景观。但分散在贵州省各地的古银杏历经沧桑,要么受风雷等自然摧残,要么被人为破坏,生存状况令人忧虑。目前,30% 的古银杏没有得到很好的保护。贵州省 5 000 年以上的银杏树有 9 棵,而且世界上最大的银杏树也在贵州省。目前,从事银杏树研究的贵州省科学院原院长向应海兴奋地说:"贵州是当之无愧的'野银杏树王国'"。

叶

叶片是银杏进行光合作用、制造和贮藏有机养分的重要器官。银杏与其他树木相比,最显著的一个形态学特征是它的营养叶。银杏的每一枚叶片,如同一把小巧玲珑、青翠莹洁的小纸扇,在空中随风飘摇,婆娑作响。叶片浅绿色,无毛,顶端宽 5～8 cm。叶片中部一般宽为 7.0～8.5 cm,最宽达 11.5 cm;最窄达 2.5 cm。叶片一般长为 5.0～5.3 cm,最长达 8 cm,最短达 2 cm。叶面积为 4～32 cm^2,叶面积的大小取决于树势的强弱、枝条的强弱和芽的大小、饱满程度。一般是在种子大丰收年或遭受天灾人祸之后,叶面积变小。叶片在长枝上呈螺旋状排列,在短枝上呈簇状着生。叶片在短枝上一般着生 5～6 枚,少数也有 8～10 枚的。然而叶形变异却相当多,形成单叶、二浅裂或四浅裂,甚至还有多浅裂的。银杏叶片上表皮为一角质层,由两种长形细胞组成。在叶片上面分布着许多深色的线状分泌沟。处于叶脉和与叶脉平行走向的表皮细胞小而狭长,排列紧密。处于两脉间的细胞长而宽,镶嵌紧密而排列整齐。叶的上表皮不具气孔器,或者只有少量发育不完全的气孔器。下表皮的气孔器较多,保卫细胞略凹陷,常呈卵形至纺锤形,副卫细胞5~7个,围成一圆圈。叶的下表皮由许多不规则的波状扁平细胞组成,表皮细胞接触处密生齿状突起,相互紧密嵌合。叶的气孔与一般植物叶的气孔结构基本相似。上表皮的下面为栅状组织,由排列紧密和较长的栅状细胞组成,其内含有较多的叶绿粒。再向下一层为海绵状组织,由不规则的圆形细胞组成,其内所含叶绿粒相对较多。所以,银杏叶片正反两面均为绿色,而深浅相差亦较小,故有银杏叶片无上下面之分之说。银杏扇形叶叶缘呈浅波状,由于叶片中央呈浅裂或深裂达1/2以上,因此有时裂片再分裂。于是,1771年林奈采纳了凯普费(Kaempfer)提出的"Ginkgo"这个名字,依据许多标本上大多数叶片具有深裂的形态学特征,用含意为"二裂"的拉丁文"biloba"作为种名,从此便形成了完整的银杏拉丁学名"Ginkgo biloba"。虽然林奈定的"biloba"正确地描述了多数银杏叶片,但有的叶片几乎不裂,在同一株树的叶片中,叶片的分裂程度也存在很大差异。近年来,科学家们已研究了银杏的"异形叶性",发现了叶片深裂程度与叶片在枝条上的着生位置有关:在幼小植株和幼嫩枝条上呈深裂,在老树和长枝上呈浅裂。银杏叶片发育上的变异性是叶片系列中重演现象的最好例子。

叶表角质层显微结构

银杏叶表面经过空气干燥和镀金后,利用扫描电镜观察,发现银杏叶表面与角质层的化学成分有关系。在叶的上下两面都有连续的角质层。在近轴的叶表面上覆盖着杆状的排列紧密的晶体,它们是一些小管,大约1.1 μm长,0.1~0.2 μm宽,在2万倍的放大倍率下可清楚看到其开口。据报道,银杏的胚珠表面也有类似的角质小管。银杏角质层的组分是针叶树和阔叶落叶树角质层的中间类型,而且还包括被子植物多种常见角质。

叶表皮结构

表面观,上表皮细胞呈长方形,细胞长度最长为114 μm,宽度只有13.6 μm,长宽比一般为3:1~3:2,有些可达1.9:1。细胞排列紧密,无胞间隙;叶脉处表皮细胞呈狭长方形,沿叶脉长轴排列,细胞间有波状钝齿相连。上表皮较平滑。下表皮细胞形状不规则,排列紧密,无胞间隙,分布有气孔。横切面观,表皮细胞多呈长方形,细胞大小不一,排列紧密,角质层较薄。叶脉处的表皮细胞明显较其他部位的小,排列更为紧密。上表皮细胞较下表皮细胞大。筒状叶银杏和金条叶银杏上下表皮细胞外壁较光滑,黄叶银杏和银杏原上下表皮细胞外壁均有显著的不规则的突起,说明黄叶银杏与银杏原种叶表皮细胞结构相似,而筒状叶银杏和金条叶银杏与银杏原种叶表皮细胞结构差异较大。

叶表皮气孔显微结构

高等植物的表面覆盖有细胞外脂质表皮,构成了植物与外界环境之间的界面,是防止外界物质侵染的第1道障碍。表皮的外表面有1层蜡质,蜡质有从不定形到晶体状等多种式,由长链脂肪和环状成分的复杂混合体构成。银杏叶上表皮具明显的角质层,比较光滑,不具或具少量气孔器;下表皮分布的气孔比较多,有的具双气孔。

叶表皮质中的羟酸类

15碳和16碳棕榈酸系列共9种,OH 基位于碳6、7、8、9、10、15和16位上。15碳:(7-OH,15-OH)、(6-OH,15-O_2H)。16碳:(16-OH,△)、16-OH、(7-OH,16-O_2H)、(8-OH,16-O_2H)、(9-OH,16-OH)、(10-OH,16-OH)。

叶柄

叶片与茎相连接的柄,通常呈半圆柱状。叶柄支持叶片伸展于大气中,且因柄的长短或扭曲使叶片互不遮蔽,充分接受阳光。银杏叶柄实际上是由许多二叉分歧的叶脉集合而成的束。叶柄长一般为5.5~7.0 cm,最长的可达12.1 cm,最短的2.0 cm。叶柄内的输导维管束为内始性,从中柱分开的维管束产生的两条主叶脉穿过叶柄。叶柄内具有维管束,为叶片与茎之间水分、养料转运的通道。叶柄的有无及其形状、粗细、长短等因银杏的品种不同而异,有时也成为银杏的分类依据之一。

叶材兼用园

这是一种以前期采叶(一般5~6年)、后期培育用材为目的的栽培模式。采用较大密度栽植2年生苗,每公顷3 000~4 000株。用套种绿肥、豆科植物等以耕代抚的土壤管理措施。保留主干,以达到采叶与育材的目的。

叶插法

利用带有叶芽和木质部的叶片进行扦插育苗。此法春、夏、秋三季均可进行。取材容易,成活率高,并能节约大量种子。用此法培育的苗木称叶插苗。银杏也可用叶插育苗。

叶插生根状况

叶 类	愈伤组织直径(cm)	生根率(%)	平均生根/株	最多生根/株(条)	平均根长	最长(cm)	根粗(cm)	平均侧根长/株(cm)
单叶	0.8~0.9	100	5	8	8.29	15	0.1~0.2	38.4
叶丛	1.0	100	5.5	10	11.42	18	0.1~0.2	83.5

注:单叶、叶丛经催根剂 HL_1 处理。根系为10株统计数。

叶茶

成品茶72 g、银杏叶提取物25 g、甜菊糖5 g。将银杏叶提取物和甜菊糖溶解在50%药用乙醇中,用喷雾器将乙醇溶液均匀喷洒到茶叶中,在50℃以下温度烘干,装袋。本配方中,茶叶量可在70%~98%、银杏叶提取物可在25%~0.1%、甜菊糖可在5%~1.5%内变动。经急性毒性试验证实,本品可安全服用。本品保持了茶叶的色、香、味,长期饮用可预防心脑血管疾病。

叶茶保健机制

银杏叶茶是以银杏树叶为原料经多种配方而形成的饮料,它可以分成固体和液体茶两大类。经农业部茶叶质量监督检测中心分析审查认为:银杏叶系列茶是中药性保健茶。实验表明银杏叶茶具有4大保健功能:①具有降脂降胆固醇,预防心血管疾病的功能;②具有增强机体免疫力的功能;③增加体内超氧化物歧化酶(SOD),降低 LDO,具延年益寿和抗衰老的功能;④具有美容润肤效果。目前,产品有山东生产的银杏叶茶系列产品、江苏生产的银杏枣茶、河南生产的保健神茶、湖南生产的银杏叶系列保健茶等,最近推出的新产品银杏叶戒烟保健茶给立志戒烟者带来了福音。

叶茶鉴评结果

品名	外形	色泽	净度	香气
绿茶	圆条、卷曲、紧秀、匀齐	墨绿	高	白果清香、浓郁
黄茶	片条、稍平直、紧细、匀齐	褐黄色	高	白果清香、浓郁
红茶	片条、稍平直	红褐	高	白果清香、鲜醇

叶茶矿质元素的含量

人体必需的常量元素(Ca、Mg)和微量元素(Fe、Zn、Cu)为人体生理活性物质的组成成分,在银杏叶茶中含量较多。绿茶、黄茶、红茶中,Zn 的含量分别为 46×10^{-6}、45×10^{-6}、43×10^{-6},Cu 的含量分别为 18×10^{-6}、19×10^{-6}、19×10^{-6},较普通红茶 Zn(41×10^{-6})、Cu(17×10^{-6})含量高。经方差分析,3种茶中每一种元素的含量无显著差异。

Ca、Zn 是我国膳食中常易缺乏的矿质元素,而银杏叶茶中 Ca、Zn 的含量较丰富。因此,常饮银杏叶茶可能弥补饮食中 Ca、Zn 的不足。

叶茶水浸黄酮的含量

单位:mg/g

样号	1	2	3	4	平均
绿茶	10.3	10.3	15.1	12.9	12.1
黄茶	14.0	13.6	16.7	14.2	14.6
红茶	12.1	11.5	13.2	10.5	11.8
对照(叶)	11.5	12.0	12.6	10.3	11.6

叶茶汤色鉴评

品名	香气	汤色	滋味	叶底
绿茶	清高	淡绿、透明、长时间不变	醇和、稍淡微苦	绿翠
黄茶	清高	金黄、透明、长时间不变	鲜爽微甘	黄亮
红茶	鲜醇	橡黄、透明、长时间不变	甜爽味长	红亮

叶茶研制

制茶工具采用6CCH-63型电炒锅、6CRM-25型名茶揉捻机,银杏叶茶制作材料选用嫩芽、嫩叶、成熟叶3种。嫩芽采摘分1芽1叶、1芽2叶、1芽3叶3种,嫩叶不带芽。成熟叶采摘后进行漂洗晾干,用刀切条。切条设切0.2 cm、0.4 cm、0.8 cm、切碎4个处理。对杀青手法、杀青锅温、杀青时间、揉捻次数、做形手法进行对比,对各种工艺工序进行组合,评定制作银杏叶茶的外形、汤色、口味,测定分析银杏叶茶的化学成分、浸出物成分、浸出物药用成分含量,通过综合评定,筛选出银杏茶制作的最佳加工手法和工艺流程。

叶茶游离氨基酸的含量

游离氨基酸是银杏叶茶重要的营养成分。茶泡水后,游离氨基酸能直接溶于水中,为人体吸收。

绿茶、黄茶、红茶、对照(叶)游离氨基酸的含量分别为364.0 mg/100 g、355.4 mg/100 g、485.5 mg/100 g、366.3 mg/100 g,其中,红茶含量最高。经方差分析,红茶游离氨基酸含量显著高于绿茶、黄茶和对照,绿茶、黄茶、对照之间无显著差异,说明红茶的加工工艺易于游离氨基酸的产生。这可能与红茶发酵工序中蛋白质的分解有关。

银杏叶茶游离氨基酸的含量　　单位:mg/100 g

样号	1	2	3	4	平均
绿茶	330.0	425.4	295.4	405.3	364.0
黄茶	350.1	390.6	310.0	370.8	355.4
红茶	505.0	526.2	460.5	450.2	485.5
对照(叶)	340.0	415.2	389.4	320.5	366.3

叶茶与普通红茶矿质元素含量的比较

叶茶与普通红茶矿质元素含量的比较　　单位:$\times 10^{-6}$

矿质元素		Ca	Mg	Fe	Mn	Zn	Cu
绿茶	1号	3 921	347	149	41	44	16
	2号	3 823	339	147	40	41	15
	3号	2 613	333	210	48	52	18
	4号	2 134	465	154	51	47	21
	均值	3 123	371	169	45	46	18
黄茶	1号	2 980	358	160	46	47	18
	2号	3 456	320	144	42	43	19
	3号	3 540	384	168	45	46	19
	4号	2 898	410	164	50	45	20
	均值	3 218	368	164	46	45	19
红茶	1号	3 560	380	180	52	40	17
	2号	3 328	363	165	48	42	21
	3号	2 884	342	178	41	48	18
	4号	2 650	375	131	45	43	19
	均值	3 106	365	164	47	43	19
普通红茶(对照)		3 700	2 984	302	639	41	17

叶茶治疗冠心病实例

病例1:1994年10月,患偏头痛不能正常上班,经介绍,服用银杏叶,每天30 g泡茶服,至1995年3月已不再发作,能坚持工作。其后停服,停服后偶有头痛发作,继续服用则头痛消失,遂又服用半年,至1995年11月随访日未再发作,其间未服其他中西药物。

病例2:因常年工作、劳累过度和1995年5月16日参加学习班学习紧张,渐渐出现心慌、胸闷、短气,并稍有心前区疼痛,当即到医院诊治,心电图检查提示:Ⅱ、Ⅲ、avf、S-T段平直、T波双相或倒置,诊断为冠心病心绞痛。遂用异山梨酯、地奥心血康、辅酶Q10、速效救心丸等中西医结合疗法治疗暂得缓解。后因工作繁忙服药中断,直至8月2日12点10分,空腹,突然发作心前区疼痛,心中特别难受,乏力、胸闷、汗出,迅速住院,仍诊为冠心病心绞痛。住院治疗23天,可以勉强走路。出院后,配服银杏叶每天30 g泡茶,连服4个月后,感觉症状全部消失,心电图检查已有显著好转。续服至1996年6月27日,再次做心电图检查,提示属正常心电图,本人感觉良好。

病例3:入院前经常服用绞股蓝苷片,症状无明显改变。其后一周自感头晕、胸闷、心悸、气短等,来医院求诊,1995年3月2日入院后检查:心电图无殊;血酯水平 TC 2 860 mg/L、S-TG 1 164 mg/L、HDL-C 2 397 mg/L,遂作为特殊病人观察处理。观察期间未服中西药物,每天仅给以纯银杏叶50 g泡茶服,三周后检查,血脂水平出现喜人的变化,TC 2 450 mg/L、S-TG 936 mg/L、HDL-C 482 mg/L,自觉症状基本消失。

病例4:1995年3月因颅外伤手术,后出现头痛、头晕、右颞部头颅骨缺损,局部脑组织呈半圆形隆起,高出皮肤约3.0 cm,一年来曾服用过多种药物,如脑复康、安神补脑液等,上述症状却无改变。经介绍改服银杏叶,每天30 g泡茶服,一月后病人自觉头痛、头晕消失,右颞局部亦有明显变化,服至4个月,原隆起处消退,与正常颅骨大致相平。

叶丛扦插育苗

叶丛扦插育苗是近几年科研的新成果。叶丛实际上是短枝,扦插较易成功。

①苗床设置:选择背风、水源方便、土质好的砂壤土做成半坑式苗床,下铺20 cm向阳河沙,并用高锰酸钾消毒,拱棚上面覆盖薄膜,棚内安装喷水设施。

②扦插时间与方法:于6—8月上旬选用青翠厚实、无病虫害的银杏叶丛,用催根剂处理,采用ABT生根粉快速蘸浆处理,插于苗床上,插深1～1.5 cm,密度为566株/m²。

③插后的管理:干燥、高温和强光照容易使叶片萎缩,所以要求温度保持25～30℃,不宜超过32℃。温度过高应及时通风。水分不足时要及时喷水,使土壤含水量保持在20%～30%。棚内相对湿度保持在90%以上。阳光过于强烈要遮阴,光照强度不超过1万lx。发现病害及时拔除病株,并喷施药剂防治。其他管理同播种育苗方法。

插后约30 d生根,生根率可达100%,但抽茎成苗则要经过较长时间,需4～5个月,成苗率可达50%以上。新生植株茎干幼嫩,但根系健全,生命力强,到第二年的4月就可移植,移栽成活率高。

叶的特征

在长枝上单叶互生,在短枝上为 4.0~14.0 cm 簇生。叶片多呈扇形、如意形、截形、三角形等。最小的叶片其最宽处为 2.5 cm,居中长度不超过 2.0 cm。最大的叶片其最宽处为 21.5 cm,居中长度可超过 8.0 cm。一般宽 7.0~8.0 cm,居中长度在 5.0 cm 左右。单叶面积为 6.4~25.7 cm^2。一般为二裂状,中裂深浅不一。叶柄长 4.0~12.0 cm,一般为 2.0~5.0 cm。叶片正面色浅略有光泽,背面色深略显粗糙,叶脉全为二叉状分枝式,直达叶缘,少数叶脉具网结。叶的上表皮不具气孔,或有少量发育不完全的气孔,下表皮气孔较多。叶片具有较强的抵御各种病原菌侵染的能力,叶片受到损伤后,叶片细胞会增厚,防止病原菌的侵入。叶片内还含有抑菌杀虫作用的物质。平均每粒种子应占有 24 枚叶片,其叶面积为 667.2 cm^2。丰产树每粒种子应占用 39.7 枚叶片,叶面积总和为 1 113.2 cm^2。

叶的显微结构

银杏叶片有表面和背面之分。上表皮细胞由 1 层排列整齐的长方形细胞构成,叶脉上的表皮细胞细长而平直,叶肉的表皮细胞较长,较宽,有少量气孔零星分布;下表皮细胞排列很不规则,细胞形状大小不一,具有大量气孔。叶肉由靠近上表皮的相对排列整齐的 1~2 层栅栏组织和下方排列松散的形状不规则的海绵组织构成。在栅栏组织中充满叶绿体,有的细胞充满单宁。海绵组织中也分布有叶绿体,但数量少于栅状细胞,因此,叶片表面颜色比背面深。在叶肉组织中分布有分泌腔。

叶的形态

银杏叶多为扇形,也有如意形、截形、三角形、纸卷形等形状。叶浅绿色,呈扇形的银杏叶上部宽 5~8 cm,有波状缺裂,叶基部呈楔形,叶柄长 5~8 cm。叶面积的大小、厚薄取决于树势、树龄、品种、枝条类型、枝条长势的强弱等。

银杏叶在长枝上为单叶互生,短枝上为 4~14 片叶簇生,叶片多呈二裂状,裂口深度不完全相同。一般来说,播种苗、萌蘖苗和长枝上的叶片,特别是长枝梢部的叶片,裂口较深,萌蘖苗的叶片中裂更深,可裂至叶片基部,近似两片小叶;扦插苗和短枝上的叶片一般裂口较浅。银杏长枝上的叶片,自下而上各不相同,渐次为如意形、截形、扇形和三角形,这种银杏的"异形叶性"与叶片系列的返祖重演相关。

银杏的叶脉较特殊,全部为二叉状分歧式,并直达叶缘,少数叶脉具有网结。少数银杏叶片变异成斑叶,有的呈筒状,个别银杏品种在叶片上还能孕育胚珠结出种实,成为叶籽银杏。

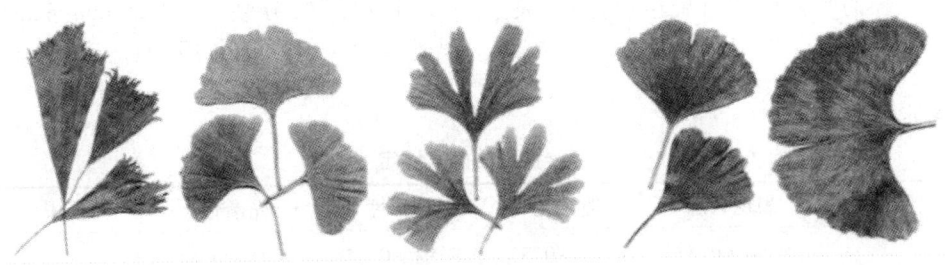

银杏叶的形态

叶肥及生长调节剂对银杏叶片生长的影响

银杏生长期间,喷施叶肥及生长调节剂能有效促进叶片生长和重量增加,但不同叶肥及生长调节剂之间作用效果不同。对叶片长度的影响:绿芬威 > 光合微肥 > 磷酸二氢钾 > 赤霉素;对叶片宽度的影响:绿芬威 > 光合微肥 > 赤霉素 > 磷酸二氢钾;对叶片厚度的影响:赤霉素 > 绿芬威 > 光合微肥 > 磷酸二氢钾;对叶片鲜重的影响:绿芬威 > 光合微肥 > 赤霉素 > 磷酸二氢钾。不同叶肥及生长调节剂不同浓度之间作用效果也不同,以 0.4% 绿芬威、0.2% 光合微肥、1.5% 磷酸二氢钾、0.3 g/L 赤霉素作用效果最好。

叶分析

以叶片或叶柄为材料分析样本植株内的营养元素成分,与预先确定的正常植株的化学成分标准值进行比较分析,判断树体营养状况,作为指导施肥的理论依据。果树叶片能及时和准确地反映树体的营养状况,不仅能分析出肉眼能见到的症状,还能分析出多种矿质元素的不足或过剩,分辨两种不同元素引起的相似症状,并能在症状出现前及早发现,因此,利用叶分析判断树体营养状况,及时调整施肥种类和数量,可以保证银杏树的正常生长和结种。

叶片营养元素含量常因品种、树龄、砧木和地区及立地条件而异,因而叶分析的关键是确立某一品种在一定地区内的"标准值"。供分析用的叶,应尽量做到标准一致。一般果树在新梢停止生长时采用新梢中部成熟叶片供分析,顶部叶片做硫的诊断。通过叶分析与土壤分析相结合,为科学施肥提供依据。

叶粉的提取

银杏叶粉作为咖啡、口香糖和巧克力糖的添加剂,清香、味苦,并含有较丰富的黄酮类化合物,具有保健作用。

①原料。8—10月采叶,拣出病虫害叶、枝条、土块、杂树叶及其他杂质,立即送车间处理。

②清洗。把银杏叶在清水中漂洗干净。

③处理。清洗好的叶子放入竹筐中脱尽水,立即将叶子浸入100℃沸水中浸泡30~60 s,破坏叶中酶的活性;从竹筐取出,立即浸入冷水中迅速冷却,冷却后捞出干燥。

④磨碎。将风干的叶碎片在粉碎机上粉碎,再用钢磨、水磨磨成浆汁。将叶浆放入池中,静置沉淀。

⑤离心甩干。取出沉淀在池底的叶粉泥,放在离心甩干机上甩干脱水。

⑥干燥粉碎。将已脱水的叶粉放入烘箱中,用85℃的温度迅速烘干,粉碎成细粉。

⑦成品包装。干燥的叶粉用塑料袋包装,热封袋口,装箱。

成品银杏叶粉为墨绿色至褐绿色,有银杏的清香气味。

叶粉干制护绿及银杏叶粉的制备

干制时,护绿是控制自制银杏叶粉品质的关键。叶绿素的降解受光、热、酶和pH值等多种因素的影响,可采用灭酶、绿色再生、中和酸等方法护绿。试验中采用了控制温度、灭酶和绿色再生等方法控制叶绿素降解,效果一般。真空干燥和真空冷冻干燥护绿的效果最佳,叶面色泽翠绿,鲜亮;室温晾干的银杏叶品相良好,但色泽较前两者稍浅;热风干燥中,40℃下干燥的银杏叶,叶面绿色较室温干燥的浅,品质较好,而60℃以上热风干燥的银杏叶呈现不同程度的褐色。沸水烫漂灭酶达不到护绿的目的,银杏叶子烫漂3 s即发生明显褐变。银杏叶经Cu盐和Zn盐溶液浸泡,亦不能达到明显的护色效果,叶面局部呈黄褐斑,干叶品质较无处理的对照差。影响银杏叶叶绿素降解的主要因素是温度,当温度在40℃以下,叶子中的叶绿素降解较少。由于真空干燥成本太高,因此选择40℃热风干燥或室温晾干较合适。经清洗后的银杏叶,先在室温下晾至叶片萎蔫,再置于40℃条件下热风烘干,其色泽与室温晾干的用肉眼无法区分。采摘的银杏绿叶,经清洗、脱水室温晾干表层水分后,40℃鼓风干燥至含水量10%左右,用粉碎机粉碎后混匀,先后过120目、100目和80目分样筛,分装于0.025 mm厚的聚酯塑料袋,避光贮藏于4℃冰箱备用。

叶粉挂面的感官评定

叶粉挂面的感官评定

添加量/%	色泽	表现状态	适口性	黏弹性	光滑性	食味	感官得分
0(对照)	—	9.50 ± 0.55	8.67 ± 0.52	8.83 ± 0.75	9.25 ± 0.41	—	90.25
2	3.00 ± 0.89	6.00 ± 0.63	8.41 ± 0.91	8.33 ± 0.81	9.17 ± 0.26	9.25 ± 0.76	74.96
4	6.67 ± 0.52	6.42 ± 0.67	8.33 ± 0.98	8.75 ± 0.61	9.08 ± 0.20	9.42 ± 0.49	82.00
6	7.67 ± 0.52	6.50 ± 0.55	8.41 ± 0.92	8.91 ± 0.49	9.08 ± 0.20	9.08 ± 1.11	83.96
8	8.17 ± 0.41	6.41 ± 0.66	8.08 ± 0.80	8.25 ± 1.08	8.33 ± 0.52	8.50 ± 1.18	80.46
10	8.67 ± 0.51	6.00 ± 0.89	4.50 ± 1.05	5.00 ± 0.89	5.00 ± 0.63	4.50 ± 1.38	54.75

注:"—"表示未评分,计算总得分时按满分计。

叶粉挂面正交实验

叶粉挂面正交实验

实验号	因素				评价指标			
	(A)100g 粉料银杏叶粉添加量(g)	(B)银杏粉粒度(目)	(C)100g 粉料食盐添加量(g)	空列	弯曲折断率(%)	熟断条率(%)	烹调损失率(%)	感官得分(100分)
1	1(5)	1(80)	1(1)	1	2.5	0	8.18	63.5
2	1	2(100)	2(1.5)	2	0	0	9.81	70.0
3	1	3(120)	3(2)	3	0	0	12.11	85.0
4	2(6)	1	2	3	0	0	8.63	61.5
5	2	2	3	1	2.5	0	9.99	81.5
6	2	3	1	2	0	0	9.85	88.0
7	3(7)	1	3	2	2.5	0	8.63	67.0
8	3	2	1	3	0	0	9.86	81.5
9	3	3	2	1	0	0	10.85	85.0

叶粉添加量对挂面理化品质的影响

叶粉添加量对挂面理化品质的影响

银杏叶粉添加量(%)	弯曲折断率(%)	烹调损失率(%)	熟断条率(%)	烹调时间(min)
0(对照)	0±0	8.78±0.51	0	4±0
2	0±0	8.57±1.54	0	4.34±0.58
4	1.67±2.89	9.15±1.27	0	3.83±0.29
6	0±0	9.39±0.23	0	3.5±0
8	10±5	11.81±1.79	0	3.5±0
10	33.34±2.89	28.37±3.35	0	3.5±0

叶和根的营养元素含量

叶和根的营养元素含量

地点	部位	大量元素浓度(%)					微量元素含量(mg/kg)					
		氮	磷	钾	钙	镁	铜	锌	铁	锰	硼	钼
山东泰安岱庙	叶	2.49	0.56	1.00	1.34	0.50	13.0	22.1	202	71.0	40.7	—
	根	0.89	0.39	0.68	2.20	0.20	5.6	12.6	180	30.1	16.9	—
山东泰山玉泉寺	叶	2.57	0.57	1.10	1.40	0.45	13.9	23.3	210	72.1	42.1	0.47
	根	0.98	0.38	0.67	2.00	0.19	4.8	12.8	205	30.6	18.0	0.15
北京	叶	2.65	0.23	0.61	2.87	0.60	—	24.7	167.4	136.9	—	—
	根	0.85	0.15	0.66	1.06	0.39	—	64.6	520.2	420.4	—	—

叶和芽数对插穗生根的影响

在能保证土壤和空气湿度的情况下,应适当多留叶片。有研究证明,银杏插穗的叶片对生根和成活具有明显的促进作用。梢部枝条无叶插穗的生根率仅为78%,而带有3片叶以上插穗的生根率可达95%~100%。同时,插穗应适当保留芽数,一般以3~4个为宜。芽多,养分含量多,光合面积大,对外界环境抗性强,生根率就高。尽管实际生产中,仅有1个芽的银杏插穗大多也可生根,但成活率不高,且成活后长势普遍较弱。

叶痕

叶脱落后,茎上留下着生叶柄的痕迹。在叶痕内,折断的维管束也留下痕迹,称维管束痕。叶痕的形状和维管束痕的数目及排列形式,在银杏上还是一片空白。

叶花银杏

日本东京帝国大学藤井健次郎1892年首先在山梨县宫前神社一株雄性银杏树上发现雄花开在叶片上的叶花银杏,随后,在山梨县药王寺又发现了第二株。2006年,我国境内也发现了叶花银杏,植株位于山东泰山斗母宫。此树为树龄300多年的雄性银杏树,雄花生在短枝上的叶片边缘,其叶片明显小于正常叶片,叶片顶端或左右两侧常有1~3个深裂缺,在裂刻处或叶柄与叶片交界处的叶柄两侧长出雄花序,也有整个叶片长满雄花的。这一特异现象和科学奥秘,有待科研人员做进一步的研究。

叶黄酮的形成规律

以银杏为试材研究生物体内的黄酮合成代谢规律尚未见报道。黄酮类化合物在其他植物体内的形成过程研究较多,比较一致的观点认为:黄酮类化合物由莽草酸酯和醋酸酯-丙二酸酯两条生物合成途径的产物衍生而来,两条途径汇合后产生第一个黄酮类化合物——查耳酮,查耳酮在其同分异构酶(CHI)的作用下,转化为黄烷酮,黄烷酮进一步衍生、转化构成了各类黄酮化合物,如黄酮、异黄酮、二氢山奈黄素等。它的起初源为光合产物,它合成的前提为简单酚类物质,而酚类物质的合成是从苯丙氨酸解氨酶(PAL)催化苯丙氨酸脱氨反应开始的,在酚类物质向类黄酮的转化过程中同时存在多种成分的合成途径,至少还包括花青苷、木质素、角质、柱质等。广义地讲,类黄酮泛指两个芳香环通过三碳链相互连接而成的一系列化合物,包括黄酮类、黄烷酮类、花色素类等。由于花色素类在吸收上有其特点,因此一般将其单独列为一类加以研究。在黄酮类化合物合成代谢过程中,酶的研究十分活跃:一种观点认为 PAL 是最关键的限速酶,且为光诱导酶,CHI 和 UFGT 也有作用;另一种观点认为 CHS 是限速酶,其活性与光照有关,UFGT 具有重要的作用;还有观点认为 4CL 处于形成不同类型产物的转折点,具有多种同工酶,它催化的反应之一是4-羟基肉桂酸向对香豆酰、COA 的转化,而对香豆酰、COA 是第一个黄酮类化合物查耳酮合成的直接前体,因此,其作用和地位十分突出。上述研究选择的材料为梨果皮、苹果皮、燕麦初生叶、欧芹叶片、烟草和大豆等。内源激素中,乙烯、脱落酸促进黄酮形成,而赤霉素效果相反,生长素暂无定论,对其作用机理说法不一。

叶迹

在枝条上连接中柱和叶的维管束的部分,称为叶迹。叶中有一个或几个叶迹。

叶枯病防治技术

银杏叶枯病是为害银杏苗木和大树的一种常见病害。山东、江苏、浙江、江西、上海普遍发生,安徽、湖北、广西等银杏产区近年来也有少量发生。通常,老银杏栽培区比新银杏栽培区严重。受感病的银杏树,轻者部分叶片提前枯死脱落;重者叶片全部脱落,树冠光秃,从而导致树势衰弱,高、径生长明显减弱,白果产量和品质也明显下降,给银杏生产造成一定损失。

银杏叶枯病的病原随落叶而越冬。第二年6月份首先在苗木上开始发病,7月初在大树上开始发病。8—9月份是该病的发病高峰期。银杏叶枯病的发病规律如下。

①树龄越大,发病越迟,感病指数越小。

②外界环境条件越劣,人为活动频繁,土壤干旱、瘠薄、板结或水淹地,发病越早且严重,感病指数越大。

③苗木生长过密,圃地通风不良,感病指数大。

④施追肥比施基肥的圃地感病指数大。

⑤春季施肥比冬季施肥感病指数大。

⑥雌株比雄株感病指数大。

⑦雌株靠近水杉的感病指数大。

具体的防治技术如下。

①在银杏叶枯病发病后期和初冬银杏落叶后,将银杏枯枝、病叶收集起来集中烧掉,以减少病原菌的蔓延。

②根据发病规律,首先应改善立地条件和栽培技术措施。在土壤干旱、瘠薄的地段,多施有机肥(厩肥、绿肥、土杂肥等),以增加土壤肥力和改良土壤结构,保持土壤湿润,使土壤含水量终年保持在60%~70%。但又要注意雨季及时排涝,从而提高树体抗病能力。

③发病初期,每隔15~20 d喷洒一次50% 500倍多菌灵。发病盛期,每隔15~20 d喷洒一次50% 800倍退菌特,或70% 600倍代森锌。发病后期可适当喷洒1:2:200倍波尔多液。

叶蜡

叶蜡占银杏干叶重量的0.7%~1%,叶蜡中烷烃和醇类占75%,酯类占15%,游离酸占10%。在叶蜡的脂族化合物中,主要的烷烃是碳原子数为25、27和29的烃类;次要的烷烃是碳原子19以上的烃类;醇类是碳原子数为26、28和29的醇(银杏醇是碳原子数为29的醇);醛类是碳原子数为6的醛;酮类是碳原子数为27和29的酮(银杏酮是碳原子数为29的酮);酯类是碳原子数为38~42的酯。

叶量、总叶面积、叶面积系数理论值与实测值的差异

叶量、总叶面积、叶面积系数理论值与实测值的差异

树号	叶量			总叶面积			叶面积系数		
	理论值	实测值	理论值占实测值(%)	理论值(m²)	实测值(m²)	理论值占实测值%	理论值	实测值	理论值占实测值(%)
1	29 498	33 281	88.6	44.717	41.734	107.1	1.830	1.553	117.8
2	18 798	17 919	104.9	27.140	25.463	106.6	1.597	1.437	111.1
3	27 942	31 131	89.8	42.162	48.284	87.3	1.796	2.363	76.0
4	9 803	9 322	105.2	12.364	12.943	95.5	1.401	1.715	81.7
5	10 258	9 233	111.2	13.112	12.837	102.0	1.411	1.050	134.4
6	49 222	51 216	96.1	77.118	82.56	93.4	2.259	2.377	95.0
7	38 274	39 798	96.1	59.133	69.01	85.7	2.021	2.249	89.9
8	42 313	38 888	108.8	65.759	62.373	105.4	2.109	1.909	110.5
9	37 104	34 598	107.2	57.212	53.454	107.4	1.996	2.095	95.0
10	43 621	43 287	100.8	67.917	108.9	62.4	2.137	1.939	110.2
11	39 801	37 972	104.8	61.642	57.224	107.7	2.054	1.926	106.6
t*		0.000 13			0.000 12			−0.002 1	

叶龄、叶位与生长的关系

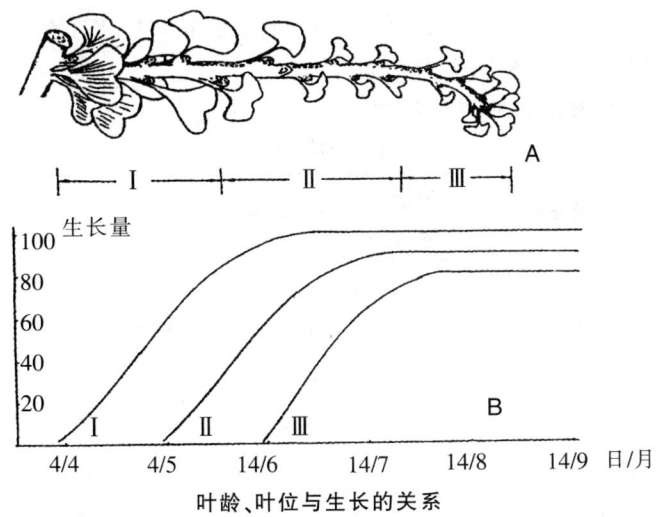

叶龄、叶位与生长的关系

叶绿素

存在于植物细胞叶绿体中的一类极重要的绿色色素,是植物进行光合作用时吸收和传递光能的主要物质。其分子由4个吡咯环构成的卟啉环、1个镁原子、环戊酮、叶醇等构成。不溶于水,溶于有机溶剂。主要吸收红光和蓝光,能发生荧光和磷光,也能进行一些光化学反应。高等植物中有叶绿素a和叶绿素b;光合细菌中有细菌叶绿素。在活体内,叶绿素以一定的结合状态处于片层膜上。叶绿素已能人工合成。

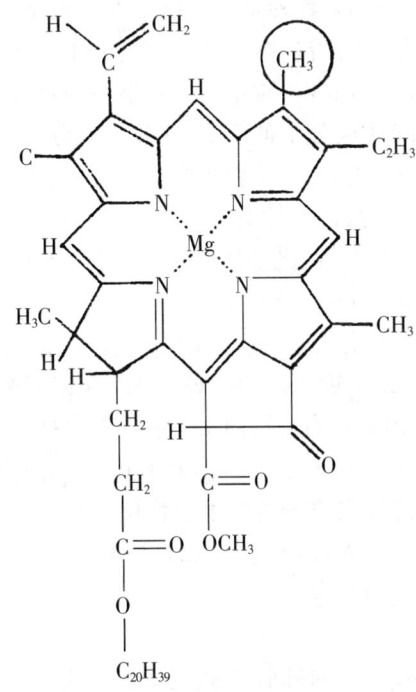

叶绿素a结构式
(叶绿素b结构式中加圈的CH_3为CHO所代替)

叶绿体

绿色植物细胞中广泛存在的有色质体。形如双凸透镜,直径3~10 μm。外包双层薄膜,内部为膜层形成的许多扁囊堆积成基粒,其间充满胶状基质。每一基粒含有百万以上叶绿素分子和酶,能利用二氧化碳和光能,进行光合作用,合成有机物,产生淀粉和油脂。

因此,叶绿体是制造食物的工厂。叶绿体常密集在核的附近,或靠近细胞壁,能随光线的强弱而移位,并能分裂增殖。叶绿素的基质中含有环状脱氧核糖核酸分子和70S核糖体。叶绿体在遗传上有相对的独立性,并能合成自己的蛋白质,但与整个细胞协调统一。

叶绿体的结构和成分

叶绿体由叶绿体膜、类囊体和基质3部分组成。叶绿体膜由内膜和外膜两层组成。外膜通透性大,核苷、蔗糖、无机磷等化合物都可以自由通过;而内膜的通透性较差,乃细胞质和叶绿体基质的功能屏障,内膜上还分布有特殊转运载体。类囊体是指叶绿体基质中的由单位膜封闭而成的扁平小囊,乃叶绿体内部的基本结构单位,上面分布许多光合作用色素。基粒则是指类囊体垛叠,由5~30个基粒类囊体组成。类囊体膜的形成大大增加了膜片层的总面积,有利于更有效地收集光能、加速光反应。类囊体膜上分布着叶绿素和许多电子载体蛋白,包括4种细胞色素、质体醌(PQ)、质体蓝素(PC)和铁氧还蛋白(Fd)。叶绿体基质乃叶绿体内膜和类囊体之间的无定形物质,主要成分是水,还有许多种离子、核糖体、脱氧核糖核酸(DNA)、核糖核酸(RNA)和可溶蛋白,其中,核酮糖1,5-二磷酸(RuBP)羧化酶加氧酶占可溶蛋白总量的60%。叶绿体成分中的75%左右是水分,干物质中主要是蛋白质、脂类、色素和无机盐,其中,蛋白质是叶绿体的结构基础,占叶绿体干重的30%~45%;色素占干重的8%左右,在光合作用中起到决定性的作用;脂类占干重的20%~40%,是组成膜的主要成分;糖类等贮藏类物质占干重的10%~20%;铁(Fe)、铜(Cu)、锌(Zn)、钾(K)、钙(Ca)、镁(Mg)、磷(P)等灰分元素占10%左右;叶绿体成分中还包括各种核苷酸(如NAD+和NADP+)和醌(如PQ),它们在光合过程中起着传递氢原子或电子的作用。光合作用过程中的许多酶都是由蛋白质组成的,所有色素也必须与蛋白质结合成为复合体。

叶脉

银杏叶片上的叶脉呈规则的二叉分歧,这也是银杏叶片一个显著的形态学特征。而叶脉却为不明显的中始性结构。在叶片上形成两个维管束系统,各呈二叉分歧的细脉。在已灭绝的银杏目中,许多植物也有这种特殊的脉序类型。20世纪30年代末以前,在所有的形态学文献中,都把银杏二叉分歧的脉序描述为没有叶脉联合。直到20世纪50年代末,科学家们研究了大量银杏叶片的脉序以后,才揭示出具有二叉分歧的脉序还具有分歧联合的现象。

叶面肥

4月下旬—6月上旬,是银杏生长的高峰期,要促进银杏旺盛生长,应每间隔7~10 d喷施叶面肥1次。叶面肥的用肥种类有:喷施宝、万果宝、0.3%~0.5%的尿素液、0.8%~1.0%的复合肥液、0.3%~0.5%的磷酸二氢钾等。在喷施过程中,水肥液一定不宜过浓,以免造成肥害。

叶面积的仪器测量

用光电原理,根据叶片遮光的多少,改变光电池产生电流大小,通过电表可以测得数据,经转换即可知叶面积。这类仪器适用于不规则的叶形,如手持便携式叶面积测量仪,操作很简单,效率高。

叶面积调查的代表叶

在叶面积调查前要选择代表叶,依试验树种和试验目的而定。如观察成年树单叶面积时,选择具有品种特点的、形状稳定的健全叶。银杏树则以中部叶为代表叶。

叶面积系数

单位地表面积上的银杏叶面积数。叶片平铺并成镶嵌排列的银杏,叶面积系数只有1左右。叶片交错生长的银杏,叶面积系数可达4以上。这些银杏由于将强烈的日光分散为弱光,在较大的面积上进行光合作用,光能利用率大大提高。

叶面喷肥的种类和浓度

叶面喷肥的种类和浓度

肥料种类	喷洒浓度(%)	肥料种类	喷洒浓度(%)
尿素	0.3~0.5	柠檬酸铁	0.1~0.2
硝酸铵	0.3	硫酸亚铁	0.2~0.3
过磷酸钙	0.5~1.0	硫酸锌	0.1~0.2
磷酸铵	0.5	硫酸锰	0.05~0.1
磷酸二氢钾	0.2~0.5	硫酸铜	0.01~0.02
草木灰	1.0~2.0	硫酸镁	0.1~0.2
硫酸钾	0.5	硼砂	0.1~0.2
氯化钾	0.3~0.5		

叶面喷肥对黄酮含量的影响

生长期连续进行叶面喷肥,不但能促进叶片生长,提高产量,而且能有效地提高其黄酮含量。分析结果表明,叶面喷施桑树微肥、尿素和光合微肥后,黄酮含量均有不同程度提高,提高幅度达4%~23%,其中,0.04%的桑树微肥作用效果最为明显。方差分析表明,不同处理之间,黄酮含量的差异极为显著。

叶面施肥及生长调节剂对叶片生长指标引起的变化

叶面施肥及生长调节剂对叶片生长指标引起的变化

项目	绿芬威(%)			光合微肥(%)			磷酸二氢钾(%)			赤霉素(g/L)			CK 清水
	0.1	0.25	0.4	0.1	0.2	0.3	0.5	1.0	1.5	0.1	0.2	0.3	
叶长(cm)	11.4	11.5	11.7	10.8	11.7	11.6	11.1	11.2	11.4	11.0	11.1	11.4	9.9
长度化(%)	115.2	116.2	118.2	109.1	118.2	117.2	112.1	113.1	115.2	111.1	112.1	115.2	100
叶宽(cm)	7.6	7.8	8.1	7.0	7.7	7.4	7.0	7.1	7.4	7.0	7.1	7.6	6.4
宽度宽(%)	118.8	121.1	126.6	109.4	120.3	115.6	109.4	110.9	115.6	109.4	110.9	118.8	100
叶厚(mm)	0.357	0.360	0.375	0.358	0.372	0.359	0.352	0.353	0.366	0.362	0.361	0.371	0.350
厚度化(%)	102.0	102.9	107.1	102.3	106.3	102.6	100.6	100.9	104.6	103.4	103.1	106.0	100

叶模法

应用叶模型观测叶面积的方法。事先根据该品种的叶形、大小分类，制好不同大小的叶模，用求积仪测定各叶模的面积，标记在叶模上。银杏观测时，将观测叶与叶模核对，即可读出叶面积。这种方法操作方便，误差较小，运用于叶形比较有规律的品种。

叶幕

果树的叶在树冠内集中分布区域的总称。通常是指同一层骨干枝上全部叶片构成的具有一定形状和体积的集合体。叶幕的形状有层形、篱形、开心形、球形、半球形等。叶幕的形状和体积是叶幕的两个基本要素，与品种和砧木的特性、栽植密度、整形方式、立地条件、栽培技术及树龄的大小等因素关系密切。落叶果树的叶幕，在年周期中有明显的季节变化，生长势强、长枝比例大的树种或品种，叶幕形成较慢；而生长势弱、短枝比例大的树种或品种，叶幕形成较快。叶幕的形状和体积与光合作用关系密切，叶幕太小，光合产物积累量少，不利于果树的生长发育；叶幕太大，光效率低，造成不必要的浪费，维持合适的叶幕形状及体积是果树优质丰产的保证。年周期中，对银杏要求早期叶幕能尽快形成，中期保持合适的叶面积，后期叶面积、光合功能维持时间长，这样有利于最大限度地发挥叶片的功能，制造更多的光合产物。

叶幕出现期

果树叶幕指叶片在树冠内的集中分布区。对于落叶果树而言，在冬季休眠之后转入萌芽生长，枝条抽生，叶片数量不断增加，直至中、短枝生长基本停止，此时叶幕也就形成了。一般来说，树龄轻、树势强、长枝多的品种，其叶幕形成时期较迟而持续期长，反之则早、短。

叶片

叶子扁平展开的部分。

叶片DNA的提取

以完全展伸的银杏嫩叶为材料，按改良的SDS法，进行DNA提取。所提取的DNA的A260/A280值在1.43～1.85之间，其纯度满足RAPD的实验要求。以该DNA样品进行琼脂凝胶电泳分离，可见到清晰明亮的DNA带，说明所提取的DNA质量较高，电泳图谱中也没有出现明显可辨的RNA带，说明所含RNA相对于DNA来说是极少量的。

叶片氨基酸

叶片含有17种氨基酸，其中，苏氨酸、缬氨酸、蛋氨酸、异亮氨酸、亮氨酸、苯丙氨酸、赖氢酸为人体必需氨基酸。

叶片白果内酯提取物

银杏叶提取物(含白果内酯5 g)Ng、乳糖(200 - N)g、微晶纤维素25 g、玉米淀粉24 g、硬脂酸镁1 g。每片重0.25 g，内含白果内酯5 mg。N根据白果内酸含量而定。

叶片保健饮料

将银杏叶经过破碎、煮汁、过滤、调配、灌装、杀菌、冷却等工序，能够制成银杏叶保健饮料。银杏叶保健饮料除含有一定量的银杏黄酮和内酯等有效成分外，还含有多种氨基酸、维生素和无机盐等成分，是一种良好的调节机体功能，增加机体营养的抗衰老饮料。叶片保健饮料主要有银杏碳酸饮料、银杏非碳酸饮料、银杏含醇饮料、银杏固体饮料等。

叶片表皮气孔的分布

银杏叶子上的气孔，主要分布在下表皮，在整个叶片上的分布较均匀，在叶片边缘、中部及基部相差不多。气孔只分布在各叶脉间，叶脉上不见气孔。气孔的保卫细胞无一定的排列方向，但深深下陷。周围的副卫细胞形态特殊，顶部内弯程度不同。测量300 mm^{2}的表皮细胞数目与气孔数目的结果，它的气孔指数值为 0.094。银杏叶上表皮的气孔很少,只有少数叶子有零星分布。从 6 株银杏树所采取的叶片中分析,除雄株Ⅲ的上表皮未发现气孔外,其他 5 株都可见到少数气孔。生长在长枝或短枝上的叶子,其上表皮上气孔的分布情况没有什么差别。上表皮少数气孔的分布比较局限,在叶片边缘与中部都没有发现气孔,只在基部大约 1 cm² 的范围内,发现有零星分布的气孔,而且这些气孔多出现在叶片边缘或叶脉边缘。此 5 株上表皮气孔的情况,也有差别。各观察 100 片叶子,所得结果为:雄株Ⅰ,有 21 片叶子具有上表皮气孔,气孔数为 1~4 个;雄株Ⅱ,有 34 片,气孔数多为 1~40 个,有 3 片叶子的上表皮气孔数多至 100 余个;雌株Ⅰ,有 12 片,气孔数为 1~3 个;雌株Ⅱ,有 84 片,气孔数为 2~25 个;雌株Ⅲ,有 7 片,气孔数为 2~8 个。这些上表皮气孔本身发育正常,大小与形状都与下表皮气孔大致相同,只是副卫细胞的数目一般较少,多为 4~5 个,少数为 6 个。这些气孔都是典型的单环式气孔,副卫细胞与周围表皮细胞明显不同。

叶片表皮气孔的结构

银杏叶片下表皮的气孔明显,它的保卫细胞下陷很深。气孔的周围几乎全被顶上突起的副卫细胞所覆盖,所以从表面观察两个保卫细胞的形态比较困难。但是从叶片的横切面上可以清楚地看出两个深陷在副卫细胞下面的保卫细胞。这两个保卫细胞从横切面上看,呈肾形,上部增厚的角质层可被番红染成深红色,大致像一般松柏类的气孔。如果将离析后的下表皮反转,将内表面在扫描电镜下观察,可以清楚地看到保卫细胞在副卫细胞下面的状态。由于将下表皮反转,里面作为上面,因此可见两个保卫细胞明显突出,气孔的开口反位在里面。围绕每个气孔的副卫细胞数目可有 4~7 个,大多数为 5~6 个,少数的只见 4 个。这些副卫细胞多成辐射状排列,形状比较特殊。由于观察角度不同,因此有的顶部可成犬牙交错状,而有的则较开放。有少数的副卫细胞,可以类似周围的表皮细胞。从下表皮内表面的扫描电镜中也可以看到副卫细胞壁向内突出,贴附在内陷的保卫细胞周围。银杏气孔多数是单环式的,气孔周围只有一层副卫细胞围绕,少数气孔中也可以看到在副卫细胞的周围有一些形状多少有些特化的表皮细胞,但是这些细胞很少成为完整的一圈。

叶片表皮气孔的位置

通常,种子植物表皮层上的气孔分布,相互之间都有一定的距离,形成比较规律的分布。但在银杏叶的下表皮上往往可以看到双气孔的情况,这一现象也曾见报道。银杏叶片上的双气孔数目比例不小,它们的保卫细胞可以互相贴靠在一起,中间缺乏副卫细胞,而周围则具有一圈共同的副卫细胞。从所观察到的双气孔,有的两对保卫细胞端接端地成直线排列,或者两对保卫细胞互成直角排列,还有的两对保卫细胞并排排列在一起。

叶片不同提取液的黄酮和蛋白质含量

叶片不同提取液的黄酮和蛋白质含量　　　　单位:mg/g

溶液	黄酮	蛋白质
甲醇	18.21(17.96)	61.15
95%乙醇	16.93(16.79)	64.75
70%乙醇	17.56(17.87)	45.90
60%丙酮	17.94(18.11)	68.25
3%$(NH_4)_2SO_4$	5.51(6.03)	5.73

注:括号内为 HPLC 测定的数据。

叶片采收方法

我国广大的银杏产区,主要采用人工击落、树上采摘、地上捡取、化学催熟等 4 种方法。

①人工击落法:于种子形态成熟后,人为晃动树干、树枝,或以竹竿、挂钩打击,使种子落下。这种方法主要用于成龄大树的采种。其优点是种子已完全成熟,摇落下来的种子外种皮破裂,极易脱皮,而且采收效率高。不过,此法作业易损伤短枝和树叶,不利于养分的回流和积累,更影响来年结种。

②树上采摘法。此法可有效地保护树株的短枝和叶片,只是在实际生产中常受条件的限制,例如高大植株就不宜作业。此法主要用于低干矮化的树株。上高大树采摘往往有危险性,必须注意人身安全。另外,此采收法工效较低。

③地上捡取法。待种子自然脱落后,从地上人工捡取。此法使植株不受伤害且又能保证种子的充分成熟。缺点是因种子自然脱落的时间长,故不利于统一收集和处理。

④化学催熟法。在采收前喷洒浓度为 0.05%~0.06%的乙烯利液。10 d 天以后,稍稍晃动树枝,种子则纷纷落地。这种采收方法会造成叶子脱落,需特别注意药液浓度和施用时间。目前,山东、江苏等地已开始推广应用。对于专用采叶园,面积大时最好用机械采收叶片(美、法国的采叶园用此法)。采后将枝、叶分开,叶片单独处理和加工,效果

很好。

叶片采收技艺

①采叶时间。据测定,银杏叶黄酮类化合物和萜内酯含量最高的时间是9月下旬至黄叶前,此时期叶色浓绿,叶片肥大,叶片中水分含量达到全年最低值。在北方,银杏叶采收的最佳时间应为10月1日至10月10日,即霜降前10 d采完,这时,树叶叶柄已产生离层,采收省力、省时,对树体生长也不会造成影响。

②采叶方法。在国外,使用专门的机械采收银杏树叶,它是由德国人设计制造的。目前,我国采叶银杏园可实行人工一次采光法。早晨9点后,当露水已蒸发掉,可用人工采下树叶,装入麻袋或尼龙编织袋,运至晾晒场地或烘干厂,但在麻袋或尼龙编织袋内的盛装时间不得超过12 h,否则,叶片生热,变得暗黄,失去药用价值。

③晾晒。银杏叶采收后,应及时清除掉夹在叶子里面的树枝、杂草、泥土、石块及霉烂叶,并摊在水泥地面或柏油地面上晾晒,以防生热发霉。摊晒厚度不得超过3 cm,每天翻动2~3次,经3~4 d晾晒后,使叶片含水量达到10%的气干状态。其感观标准是将叶片握在手中不焦碎,又比较柔软。保持叶片干燥、鲜绿。如有条件,则可用大型烘干机或回笼火墙烘干,叶片保持鲜绿,质量会更佳。银杏叶晒干后,可用打捆机打成40 kg一捆,然后运至黄酮苷提取厂贮藏。一般是每2.5~3.0 kg鲜叶晒1 kg干叶。

叶片采收期

银杏必须达到自然成熟才能采收,其标志是外种皮呈黄色或橘黄色,表面密被白粉,并开始自然脱落。一般来说,8~9月,银杏种子由南向北陆续成熟。采收期的早晚与品种、栽培措施及气候条件有很大关系。不同的品种,即使在同一纬度、同样的气候条件下成熟期也不一样。如江苏泰兴市的"七星果"比"佛指"迟三四天成熟,浙江长兴县的"烂头佛手"比"佛指"早半月成熟。其次,是栽培措施。例如在接近成熟期喷布乙烯利,则比不喷者成熟期早3~5 d。大量施用氮肥者,成熟期要推迟3~5 d。各地温度、降水量、光照等气候条件都能影响到成熟期。比较而言,低海拔、降水量适中、光照充足地区的银杏种实成熟期比其他地区早。种实只有适时采收,才能保证其生理品质和商品价值。采收过早,种子内所含干物质少、胚乳易干缩,产量降低且不耐贮藏;采收过晚,则树体积累养分少,影响其越冬能力。采收前,必须做好调查及各项准备,做到成熟一片采收一片,成熟一株采收一株。

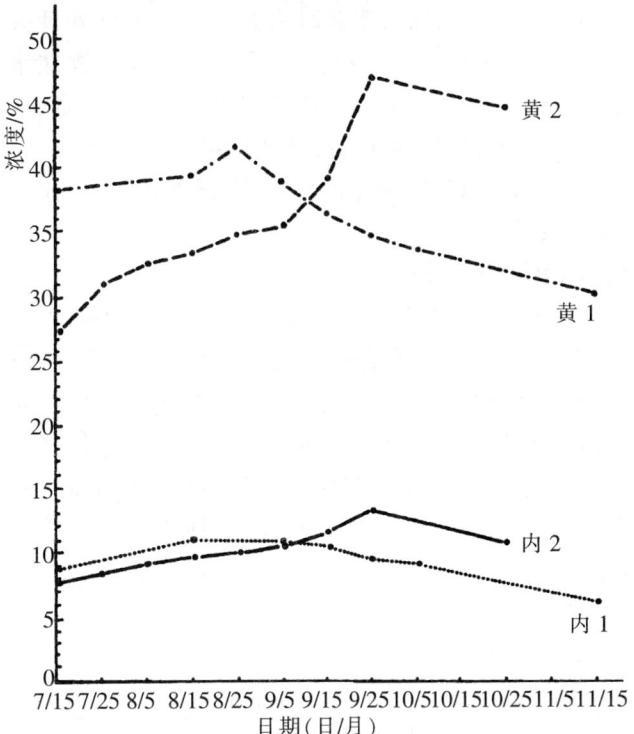

叶片采收期与提取物总含量变化曲线图

黄1、黄2分别为正常管理与增施有机肥和叶面喷肥后银杏黄酮苷的含量
内1、内2分别为正常管理与增施有机肥和叶面喷肥后银杏内酯含量。

叶片长链酚类

银杏叶中的长链酚类化合物主要有白果醇(bilobol)、腰果酚(cardanol)、漆树酸(anacardic acid),它们也属于二十碳化合物。

叶片超临界流体萃取工艺

超临界液体萃取是利用临界或临界状态的液体及被萃取的物质在不同的蒸气压下的不同化学亲和力和溶解能力,进行分离纯化的操作。它具有提取效率高、无溶液剂残留毒性、天然植物中活性成分和热不稳定成分不易被分解破坏而保持其天然的特征等优点,同时还可以通过控制临界温度和压力的变化,来达到选择性提取和分离纯化的目的。但其设备较大,操作也比较困难,设备也很昂贵,难以大规模生产。

叶片超声波提取法

即利用超声波产生的强烈振动、高加速度、强烈的空化效应、搅拌作用等,加速药物有效成分进入溶剂,从而提高提取率的方法。其优点为缩短提取时间,免去高湿对提取成分的影响。

叶片冲剂

江苏宜兴制药厂生产,每包含银杏黄酮10 mg。

叶片处理

银杏叶片采收后,要及时去杂干燥。干燥处理方法有两种。①晒干法。把去杂后的银杏叶片放在水泥地面或竹筐上摊开晾晒,摊晒厚度以 3 cm 为限,每天翻动 2~3 次,3~4 d 后,叶片即可达到气干状态,含水量不超过 12%,用手握住叶片,既不焦碎,又比较柔软。②烘干法。

叶片醇溶性蛋白质分析

银杏叶蛋白质中,醇溶性蛋白质为其主要的蛋白质组分,对它进行研究是必要的。在 HPLC 图谱上,银杏鲜叶有 9 种蛋白质,其主要蛋白质的保留时间为 3.457 min 的蛋白质;银杏干叶可分离出 7 种蛋白质,其主要蛋白质的保留时间为 3.457 min 的蛋白质。根据银杏叶醇溶性蛋白质的含量测算,该主要蛋白质的含量分别为 34.13 mg/g(干叶)和 7.98 mg/g(鲜叶)。

叶片萃取率

$$萃取率 = \frac{SFE 前银杏叶黄酮类含量 - SFE 后银杏叶中黄酮类含量}{SFE 前银杏叶中黄酮类含量} \times 100\%$$

叶片袋泡茶

银杏叶制剂的主要成分为黄酮类化合物。国内外已将银杏制剂广泛用于治疗心、脑血管疾病,并有抗菌、抗病毒、抗癌等作用。银杏叶袋泡剂具有工艺简单、成本低、携带方便、起效快等优点。

①处方:银杏叶(最粗粉)200 g,制成 100 包。②制法:取银杏叶,经整理,仔细挑拣,剔除杂物和泥沙,在冷水中捞洗 1 次,甩干,于 80℃ 以下烘干,打成"最粗粉",分装在饮用茶滤纸袋中,封口,装盒。经钴 γ 射线 4 kGy 照射灭菌处理后即得。

叶片蛋白质的 HPLC 分析

采用广州分析测试研究中心的 HP1100 液相色谱仪,柱温 30℃,250×4 mm 的 C18 柱,流动相为甲醇:水(50:50),流速为 1 mL/min,紫外检测器 280 nm 处测定。

叶片蛋白质的利用

银杏鲜叶中的蛋白质含量为 1.41%,根据含水量测定,银杏鲜叶干物质含量为 25.50%,故其蛋白质占干重的含量应为 5.53%。银杏干叶的蛋白质含量为 5.98%,两者是很接近的。在银杏产区,银杏叶应作为一种蛋白质资源加以开发利用。特别是生产银杏叶提取物(EGb)的下脚料,更是一种廉价的原料来源。因银杏叶蛋白质中以醇溶性蛋白质为主,从降低生产成本角度来考虑,应使用工业酒精并对其循环使用。

叶片蛋白质含量测定

采用考马斯亮蓝 G-250 法,参照文献介绍,在 722 型分光光度计上进行测定(3 次重复)。

叶片蛋白质样品制备

以银杏干叶粉末或鲜银杏叶为材料,按以下流程(流程一)分别提取上清(1)、上清(2)、上清(3)和上清(4)。

鲜叶 50 g(干叶 10 g)—研磨—离心 4 000 r/min—上清(1)

蒸馏水 100 mL 匀浆 20 min 沉淀 + 10% NaCl 100 mL—搅拌 5 min—离心 4 000 r/min 20 min—上清(2)

沉淀 + 70% 乙醇 100 mL—搅拌 5 min—离心 4 000 r/min 20 min—上清(3)

沉淀 + 0.2% NaOH 100 mL—搅拌 5 min—离心 4 000 r/min 20 min—上清(4)

沉淀(弃去)

上述上清(1)、上清(2)、上清(3)和上清(4)均放冰箱中过夜,再经 4 000 r/min 离心 20 min 后,取上清液进行蛋白质含量测定。

由于银杏鲜叶提取液冰箱过夜后出现较多沉淀,因此为避免不同组分之间的交叉影响,采用流程二进行萃取和有关的测定。

鲜叶 20 g + 95% 乙醇 70 mL—匀浆—四层纱布过滤—滤液离心 4 000 r/min 20 min—上清(3)

沉淀 + 60 mL H_2O—搅拌 5 min—离心 4 000 r/min 20 min—上清(1)

沉淀 + 10% NaCl 60 mL—搅拌 5min—离心 4 000 r/min 20 min—上清(2)

沉淀 + 0.2% NaOH 60 mL—搅拌 5min—离心 4 000 r/min 20 min—上清(4)

沉淀(弃去)

按流程二萃取的各提取液在冰箱过夜后均未发现沉淀,故各组分之间的交叉影响很少。

叶片的奥秘

近年来,在欧美各地盛行一种药草,很多中、老年人借助它来保养身体以及预防各种与老化有关的疾病,譬如,改善血液循环、防治心脑血管疾病、改善耳鸣、增进视力、改善间歇性跛行、抗衰老、防癌,等等。不但如此,许多医师也使用它来治疗气喘。这种让欧美人士啧啧称奇、深具疗效的药草,正是来自东方的银杏叶。

欧美学者研究指出,银杏叶不仅有多种疗效,安全性也极高,可以说是现代人维护健康、延年益寿不可缺少的利器。自 1965 年开始,德国 Schwabe 药厂和海德堡大学发现,银杏的绿叶里面含有黄酮(flavoneglycosides)的成分。黄酮除具有抗氧化的作用外,还是一种能够保持微细血管渗透性的物质,还含有一种黄酮重叠而成的双黄酮。银杏所含的黄酮有十余种。在效用上,银杏叶不但可以清除自由基、防御癌症,并有血管扩张的作用,对于末梢性或闭塞性的血管障碍,皆能明显加以改善。

1983年,法国的学者布拉奎特确认银杏叶里面所含有另一种物质:银杏内脂。这一发现尤其受到医学界的重视。银杏内脂具有血小板活性化因子、拮抗剂物质,其中,又以银杏内脂B的拮抗作用最强。

由于含有银杏内脂,因此银杏能够抑制血小板凝集,防止血栓形成;对微循环因缺氧或缺血所引起的障碍,也能够达到改善之效。临床证实,银杏叶对治疗气喘有效。

叶片的单叶重量及出干率

叶片的单叶重量及出干率

苗龄或树龄	单叶重(g)		千克叶片数		出干率(%)
	鲜叶	干叶	鲜叶	干叶	
1年生苗木	0.35	0.116	2 856	8 620	33.10
2年生苗木	0.35	0.120	2 856	8 333	34.20
3年生苗木	1.14	0.348	877	2 873	30.50
30年生苗木	0.678	0.260	1 475	3 846	38.30
根际萌蘖苗	5.10	1.70	196	588	33.30

叶片的干燥

采收银杏叶片要注意天气预报,如第2或第3 d有阴雨,不要采摘。采摘叶片应选天气晴朗、阳光充足的天气。如上午采摘应待叶面露水干之后进行。采摘下来的叶片要及时铺于平地上摊开晾晒,并不断将叶片翻动,促使叶片加快干燥。厂家认为干燥的时间越短,叶片的质量越高。在银杏叶烘干厂,进叶至出叶只需2 min,进炉后的温度高达650℃,出炉时的温度为118℃,出炉后立即打捆,此时银杏叶含水量在10%左右,烘干的叶片因速度快,有效成分损失少,质量就高。而目前,大部分银杏叶片是靠人工晾晒,人工晾晒不当,有效成分损失较多。要晾晒出高质量的银杏叶片,关键是:第1 d不能直接曝晒,最好晾晒1 d,水分蒸发一部分后再行曝晒。如第1 d就在水泥地上曝晒,叶色变黄,有效成分损失较多。银杏叶经干燥后,含水量在10%~12%就能入仓,如含水量过高,则入仓后容易变质。需外销、长途运输的叶片,含水量不能超过10%。鲜叶不宜长途运输,如必须长途运输,则从装包到晾摊不超过4 h。银杏叶干燥后,最好是打捆,打捆后不易吸湿,且占地面积小。如装袋打包严密封藏,一般不会发生霉变,但也需经常抽查。进仓库前,底部要放通气木架,以利通气。

叶片的活性成分

银杏叶所含化学成分相当复杂,包括黄酮类萜类、生物碱、多糖、酚类及氨基酸等,其中,最重要的药用有效成分是类黄酮(flavonoid)(黄酮、黄酮苷、双黄酮)、银杏内酯(ginkgolide)(银杏内酯A、B、C、J)和白果内酯(bilobalide)。最近又从银杏叶中认识和发现了极具药用开发价值的化合物:聚戊烯醇(polyprenols)、十七碳烯水杨酸、白果黄素和Bioparyl,这些成分可能为人类在寻找抗癌药剂、提高机体免疫功能、对付顽症肝病和机体再生造血方面产生突破。另外,银杏叶中Ca、Mg、K和Sr含量高,Na含量低,9—10月份采收的绿叶,Cu/Zn高达34 084。最新研究表明:在100种中药材中,银杏叶Mg^{2+}含量雄居榜首,其值为7 322.1 $\mu g/g$。这些微量元素的含量和配比正是银杏拥有叶特殊药效的重要原因之一。银杏叶还含较多的酸性物质和A-己烯醛,对多种农作物、果树、林木的病虫害有直接的触杀作用,还含有人体所必需的7种氨基酸和多种维生素等。

叶片的质量标准

目前,银杏叶尚无国家(行业、企业)统一标准。山东郯城、江苏邳州每年均收购大量银杏干青叶,当地制定的银杏干青叶标准是,叶片含水量在12%以下,叶柄一折即断,无杂草,无泥土,无石块,无树枝,无病虫叶,无黄叶。以2~5年生实生苗的叶片为最好,嫁接苗叶片次之,大树叶数第三(经实验测定,5年以后随树龄的增长,而银杏黄酮苷的含量逐渐降低)。不同产地的银杏叶片,其黄酮苷的含量也不相同,但这些测定数据均不完善,还需今后客观合理地加以评价,使之不断完善。这些数据仅能作为实用上的参考。银杏叶片的质量十分重要,因为银杏叶的质量直接影响提取物的获得率、提取物药用成分的含量和医药质量。德、法、美等国家的医药公司均制定了严格的银杏叶质量标准。目前,银杏叶的采摘时间仍无统一的规定,何时银杏叶中黄酮苷的含量最高,仍在争论之中。叶片采摘后,一定要在8 h之内送入干燥机,以免叶子发霉。严格控制叶片送入干燥机后的干燥温度和干燥时间,否则,银杏叶片药效成分会有所损失。干燥后的银杏叶片含水量为8%,而且在任何情况下均不超过10%。目前,我国农户销售的银杏干青叶全是以太阳曝晒干燥的,采用这一做法,银杏叶片的药效成分肯定会有损失。干燥后的银杏叶片用压榨机压榨成一定质量的长方体,然后用麻袋片包裹后,装入集装箱,并用铅封,送入提取厂。生产过程中的每个环节均有专人监督执行。

20世纪90年代中期,曾有人提出银杏叶片总黄酮含量应在2.0%以上(1.2%以上),萜内酯含量应在0.25%以上(0.4%以上)。经多年实测,银杏叶的数量质量标准应为:①银杏叶片总黄酮的含量应在2.59%~4.36%之间;②银杏萜内酯的含量应在0.356%~0.479%之间;③银杏叶片单叶面积应在30 cm^{2}以上;④银杏叶片厚度应在0.4 mm以上;⑤叶片单叶质量应在1.3 g以上。

叶片的主要成分

银杏叶的成分比较复杂,含有银杏醇、莽草酸、谷甾醇、豆甾醇、白果双黄酮、异白果双黄酮(如山奈黄素、异鼠李黄素、槲皮素等)、二萜类衍生物(如银杏内酯A、B、C)、倍半萜烯化合物(如白果内酯A、B、C、M),还含有维生素和其他化合物。另外,经测定,白果叶含蜡质0.7%~1%,其中有10%酸性成分、15%蜡脂、75%非酯成分,而蜡的主要成分是白果醇、廿九烷、廿九烷-10-酮、廿八烷醇。

叶片的贮藏

目前,贮藏银杏叶的程序极简单,同时,这方面的研究与报道寥寥无几。一般是将已经晒干的叶子(包括叶用园所采绿叶和种用园所采的黄叶)装入经消毒的麻袋中,再将此麻袋堆放在通风、阴凉、干燥的室内,最好在麻袋下面垫有通气架,这多为临时短期内存放。若长期贮藏,则将装有干银杏叶子的麻袋放入恒温库中,要求气温控制在2~4℃,相对湿度低于40%,具体做法按种子恒温库贮藏方法进行。

叶片等级标准

叶片等级标准

级别	含水量(%)	形态		主要化学指标	
		颜色	特征	黄酮(%)	萜类(%)
一级	≤10	浓绿	标准叶、青干无杂、无霉烂、无病叶、无小叶	7.5以上	0.8以上
二级	≤11.5	浓绿	标准叶、青干无杂、无霉烂、无病叶、小叶量1%以下	6~7.5	0.6~0.8
三级	≤12.5	浓绿	标准叶、青干无杂、无霉烂、无病叶、小叶量3%以下	3~6	0.2~0.6
等外级	≤13.5		不做要求		

叶片多糖

银杏叶多糖有LGBP-A与LGBP-B 2种,分子量分别为$11×10^4$和$2×10^4$,多糖的单糖组成分别为D-葡萄糖、L-鼠李糖、D-木糖。

叶片发酵饮料工艺流程

银杏叶→洗涤→干燥→粉碎→过筛→称量→一次浸取→一次过滤→二次浸取→二次过滤→合并一、二次滤液→调糖、调酸→灭菌→接种→恒温培养→过滤→灭菌→成品
　　　　　　　　　　　　　↑
酵母→斜面→液体试管→液体三角瓶

操作要点如下。

①银杏叶预处理。新鲜的银杏叶应洗涤干净,经56~60℃干燥、粉碎后能过20目筛,不能粉碎得太细,或大于10目。

②银杏叶浸取液的制备。银杏叶与水的比例为1:40,在90℃下,分两次浸取,每次6 h,合并两次滤液,用蔗糖调整糖度为8%,柠檬酸用量为0.5 mg/mL,后将该调配液灭菌、冷却。

③酵母液的制备。酵母经6~8°Bx的麦芽汁培养基的固体斜面、液体试管、液体三角瓶培养,培养温度28~30℃,培养时间12~24 h。

④发酵及后处理。将麦汁酵母培养液按2%~5%的接种量接入灭过菌的银杏叶浸取液中,在28~30℃下培养20~24 h,后经过滤、巴氏灭菌即得成品。

叶片发育过程中气孔的特征与变化

银杏叶片的气孔在上下表皮均有分布,其中,叶片上表皮气孔仅在刚展叶时于脉间区有较多分布,之后随着叶片展开,气孔密度迅速下降,生长期及以后的叶片上表皮少有气孔分布;叶片下表皮的气孔数量较多,大量分布于脉间区,叶脉区未见有气孔分布。展叶期的上下表皮气孔为不规则多边形,副卫细胞略

隆起于表皮；此后，上表皮气孔的副卫细胞逐渐平滑，表现出与上皮细胞相同的变化趋势，同时气孔外露；下表皮气孔的副卫细胞不断向外凸起，形成长乳突状，并内弯隆起覆盖气孔。整个气孔器一般长 40～60 μm。气孔的下方多有气腔（AC）分布，且常和栅栏组织中发达的通气系统相连。银杏叶片下表皮一直保持较高的气孔密度，但随着叶片的成熟，气孔密度逐渐下降，直至叶片脱落。

叶片发育过程中维管束的特征与变化

银杏叶片的叶脉为二歧分叉状，由叶柄中延伸出的 2 条维管束从叶片基部逐渐进行 5～7 次二叉分支，形成了延伸至叶片边缘的二歧分叉状脉序。成熟叶片中的维管束除了叶片边缘和叶片基部的较粗以外，其他部位的维管束直径基本相同，均为 130～180 μm。叶脉的维管束中间常有 1 列薄壁细胞将其分为左右对称的两部分，形成平行对称分布或"八"字形对称分布。维管束一般包括木质部、韧皮部、形成层和维管束鞘 4 部分，其中，木质部位于近轴面，韧皮部位于远轴面，属于外韧维管束。不同发育时期的维管束中，木质部与韧皮部之间常有 2～3 层细胞较小的形成层细胞。此外，发育初期的维管束鞘多由 1～2 圈薄壁细胞组成，其中，内圈的薄壁细胞较小，随着叶片逐渐成熟，叶脉上下方的维管束鞘细胞逐渐厚壁化，形成上下两群厚壁细胞，维管束中的木质部和韧皮部细胞逐渐增多变大。由叶片的纵切面可以看出，叶脉的木质部中含有环纹管胞（AT）、螺纹管胞（ST）和含具缘纹孔的孔纹管胞（PT），韧皮部含有筛胞（SC）和薄壁细胞。

叶片发育过程中叶绿体超微结构的变化

叶绿体是植物进行光合作用的重要细胞器，其中，光合作用的主要发生场所是叶绿体的类囊体，其形态结构与植物光合作用的能力密切相关。展叶期的叶绿体中类囊体片层稀疏，无明显基粒类囊体结构，细胞的光合作用较弱。随着叶片的生长，类囊体结构逐渐形成发达的片层结构，基粒类囊体清晰，这一时期正值叶片的主要光合期，发育完善的类囊体结构构成了叶片进行旺盛光合作用的结构基础。进入衰老期后，叶绿体中的类囊体结构逐渐模糊，片层数减少，取而代之的是由类囊体膜降解产物集聚而成的大量的嗜锇物质，光合作用减弱。另外，部分发育时期的叶绿体中常有淀粉粒存在，且出现的时间和数量与其叶片生理指标研究中淀粉含量的结果相一致。

淀粉是高等植物主要的光合产物，在植物中出现的时间、大小以及数量因植物处于不同的发育时期而呈现较大的差异。展叶期叶绿体中含有大量的淀粉粒，可能是芽中的贮藏淀粉，有利于提高展叶前后叶片的抗寒性。展叶后，银杏叶绿体中含有的大量贮藏淀粉粒迅速降解，参与叶片的形态建成，且生长期中未见有淀粉粒出现，说明这一时期的光和产物变化处于动态平衡中。衰老初期的叶绿体中出现少量淀粉积累，可能是环境温度开始降低后，淀粉粒的水解小于合成速度所致；而随着衰老的加深，淀粉粒迅速消失，则可能是叶片对温度降低的应激反应，淀粉大量水解形成可溶性糖，从而提高叶片对低温环境的适应。

叶片发育过程中，叶肉组织的特征与变化

银杏叶片的叶肉分化为栅栏组织与海绵组织，属于典型的异面叶。栅栏组织位于上表皮下方，由 1～2 层细胞组成，海绵组织位于栅栏组织和下表皮之间，较栅栏组织发达，约占叶片横切面的 80%。展叶期，叶片叶肉组织的栅栏组织和海绵组织未明显分化，细胞多为较大的近圆形细胞，排列紧密。叶片进入生长期后，叶肉组织开始分化，栅栏组织细胞逐渐纵向伸长，同时细胞间出现少量空隙；海绵组织细胞开始横向伸长，变为不规则的椭球形，同时，细胞间形成较大的不规则空隙。9 月份叶片进入衰老期后，叶肉组织出现较大变化：栅栏组织细胞纵/横径比继续增大，细胞间隙扩大；海绵组织变化尤为明显，其中，部分细胞变为小的圆球形，纵向排列至下表皮，另外一部分细胞伸长并横向排列，与纵向排列的圆球形细胞搭接，形成大量较规则的通气系统。这一时期的细胞分布特点一直持续至叶片脱落。

叶片法取物质量标准

黄酮≥24%，萜内酯≥6%，银杏酸≤5 mg/kg，酚化合物≤10 mg/kg，重金属≤2 mg/kg，As≤5 mg/kg，水分≤3%，灰分≤0.1%。

叶片分级

银杏叶的有效成分主要为黄酮类和萜内酯类成分。标准银杏叶提取物的黄酮类含量为 24%，萜内酯含量为 6%，白果酸小于 0.005%。市场上一般根据质量标准将银杏叶大致分为 3 级。

一级叶：叶片颜色清绿，含水量不得超过 12%，无霉烂变质，无杂草、树枝、石块、泥土等杂质，很少黄叶。

二级叶：叶片颜色清绿，含水量不超过 12%，无霉烂变质，无杂草、树枝、石块、泥土等杂质；黄叶不得超过5%,叶缘变黄者不超过10%。

三级叶:叶片颜色不鲜艳,霉烂变质叶片不得超过3%,黄叶不得超过10%。

叶片干浸膏制备工艺

工艺流程如下。

银杏叶 —粉碎→ —50%乙醇热浸提→ 浸出液 —过滤→ 滤液 —减压浓缩→ 浓缩液 —加水稀释→ 过滤 → 滤液 —上724吸附树脂柱→ —水洗去杂质→ 洗脱液 —通过聚酰胺柱取出鞣质→ 流出液 —减压浓缩→ 真空干燥 → 粉碎 → 真空包装 → 成品

工艺条件如下。①应选用干燥的绿色银杏叶。②提取剂用量以第1次6倍量、第2次4倍量为宜。③浸提时保持沸腾状态并不断搅拌。④浸泡时间第1次2 h、第2次1 h。⑤树脂颗粒应均匀,样品液上柱前树脂应水洗至中性。所用水为去离子水。⑥水洗去杂质时所用水量为银杏叶投料量的8~10倍。

叶片干燥机的干燥特性

银杏叶降水过程分为4段。①AB段:预热段。银杏叶经热风炉进入干燥机,高温热风迫使银杏叶从常温升到湿球温度,物料水分几乎没有变化,空气温度稍有降低,放出的热量,用于物料的预热。②BC段:等速干燥段。干燥速率为恒值,在此段,由于物料内部水分扩散速率大于表面水分汽化速率,因此物料表面始终存在一层自由水。热空气传给物料的热量等于水分汽化所需的热量。物料表面温度始终保持为空气的湿球温度。空气温度不断降低。③CD段:降速干燥段。物料内部水分扩散速率小于表面水分汽化速率,因此物料表面没有足够水分,干燥速率降低。空气传给物料的热量大于水分汽化消耗的热量,故物料表面温度不断升高。空气温度进一步降低。如果物料达到绝对干燥程度,则物料温度将与热风温度一致。④DE段:冷却段。物料水分较上段稍有降低,物料温度降至高于常温5~8℃。冷却风温从常温逐渐上升,到物料出口处,接近于物料等温。

叶片高速逆流色谱技术提取法

高速逆流色谱(HSCCC)技术是一种不用任何固定载体的液-液分配色谱技术,具有不因载体而固有的吸附现象和适用于制备性分离的优点。

叶片光合强度与栅栏组织厚度的关系

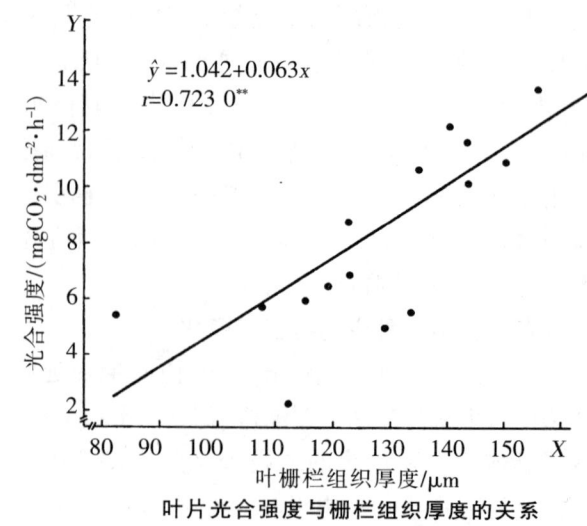

叶片光合强度与栅栏组织厚度的关系

叶片光响应中的气孔运动

在人工梯度光强下,应用电子显微技术观测气孔运动;能谱技术分析银杏叶表皮组织中几种主要元素含量;Li-6400光合系统测定光合特性。结果如下。①随光照强度的增加,银杏叶保卫细胞与邻近表皮细胞中K^+浓度差呈明显的规律性变化,拟合K^+浓度差与光照强度的关系,相关方程 $Y = 3E-10 \times 3 - 1E-06 \times 2 + 0.0017X + 1.3323$,$R^2 = 0.8129**$,呈极显著的曲线相关关系,过强和过弱的光强下,保卫细胞与邻近表皮细胞K^+浓度差较小,光强在800 $\mu mL/m^2 \cdot s$时,K^+浓度差最大。②K^+浓度差与气孔开张度呈直线相关关系,$R^2 = 0.9759**$,保卫细胞与邻近表皮细胞的元素含量差异表现为,保卫细胞高于邻近表皮细胞的元素有K、Ca、S、Mn、Fe、Cl、Cu,表皮细胞高于保卫细胞的元素有O、Mg、P。③气孔开张程度也随光照强度的变化而发生改变,拟合气孔开张程度与光照强度的关系,相关方程为 $Y = 6E-10 \times 3 - 3E-06 \times 2 + 0.0037X + 3.7438$,$R^2 = 0.9151**$,呈极显著的曲线相关关系。④拟合光-光合响应曲线,结果表明,净光合速率,

$$A = \frac{0.036 \times Q + 2.806 - \sqrt{(0.036 \times Q + 2.806)^2 - 4 \times 0.036 \times Q \times 0.507 \times 2.806}}{2 \times 0.507} - 0.950$$

(A:净光合速率;Q:光照强度),$R^2 = 0.976**$,拟合后呈无限上升曲线,光补偿点为 $\mu mL \cdot m^{-2} \cdot s^{-1}$,光饱和点曲线在800~1 000 $\mu mL/m^2 \cdot s$左右的区域。⑤电镜观测银杏叶片气孔外围有角质唇形物突起,气孔内陷,表明银杏是一种比较耐旱的植物。

叶片过氧化氢酶活性差异显著性计算

叶片过氧化氢酶活性差异显著性计算

类别	项目	$\bar{X}_1$ (雄或Ⅰ类)	$\bar{X}_2$ (雌或Ⅱ类)	n1	n2	s2	s2	t	t0·001
已开花植株	长枝叶片	339.1	136.8	7	7	31.56	16.35	13.85**	4.32
	短枝叶片	305.9	123.6	7	7	34.74	17.35	11.49**	4.32
实生苗	长枝叶片	706.1	255.3	8	8	145.70	40.79	7.88**	4.14
	短枝叶片	617.8	228.6	8	8	94.31	34.20	10.26**	4.14

注：**99.9%可靠性差异极显著，0.001危险性。

叶片化石的演化规律

银杏叶演化的基本规律如下。在中生代早期，以指状银杏（Ginkgo digitata）、楔银杏（Sphenobaiera）和西伯利亚银杏（Ginkgo sibiria）为代表，叶为楔形，掌状深裂。在中生代晚期，以拉拉米银杏（Ginkgo taramiensis）为代表，叶为楔形，不分裂或二裂。至新代早期，以铁线蕨银杏（Ginkgo adianfoides）为代表，出现了肾形叶，不分裂或二裂。具体来说，可将前3种化石时代限于侏罗纪，后2种化石时代分别限于白垩纪和第三纪。

叶片化学成分

据不完全统计，银杏叶的化学成分有黄酮类30种，单萜及倍半萜17种，萜类内酯6种，聚异戊烯9种，儿茶素和异花青色素6种，烷基酚及酚酸类12种，脂肪酸39种，糖及多元醇7种，高级醇、醛、酮、酯16种，氨基酸及有机酸11种，其他芳香化合物4种。近年，又从银杏叶中分得上述以外的化学成分17种，其中，7种为新化合物。一般所说银杏叶中的生理活性物质主要是指黄酮类化合物和内酯类化合物。这两类物质具有捕获自由基、抑制血小板活化因子（PAF）、促进血液循环及脑代谢的功能，因而可用于治疗多种疾病，同时还可作为添加剂用于保健食品和化妆品等的生产。

叶片化学成分

最早进行银杏叶化学成分研究的是20世纪20年代日本学者古川周二和中西香尔。迄今为止，已从银杏叶中分出大量非极性和极性化合物，包括长链烃及其衍生物、环状化合物、脂肪酸、碳水化合物及其衍生物、类黄酮、异戊间二烯类（甾醇、类萜）。各种化合物，如（Z,Z）4,4'-(1,4-戊二烯-1,5-diyl)二苯酚、6-羟基犬烯脲、胞质分裂素、p-植物血凝素、胡萝卜素类及其他。对银杏叶的石油醚提取物组分、含量、结构等的研究，石油醚提取物为其绝对干重的4.3%，其中，游离酸占24.6%，它是由C12~C24的高级脂肪酸组成的，其中，最多的成分是硬脂酸，蜡占1.0%，中性物质占72.7%。在中性物质中，碳氢化合物6.2%，高级脂肪酸酯21.0%，乙酸酯15.2%，甘油三酰酯3.0%，醇类20.4%，甾醇类17.4%，含氧多功能团化合物12.6%，并指出游离酸全部是高级脂肪酸为银杏叶化学组分的特征之一。银杏叶角质层组成是角质60.0%，油23.5%，蜡12.4%。据不完全统计，从银杏叶中分离出的化合物有170多种。

叶片化妆品

银杏叶对皮肤的保健医用功效在《本草纲目》中就有记载。叶中含有的黄酮类化合物能够清除体内存在的自由基，降低过氧化脂质的形成速度，具有SOD的活性，因此可以使皮肤有光泽，减少黑色素的形成，从而抑制老年斑的形成；所含的萜内酯化合物能加速新陈代谢，预防和治疗皮肤疾病。另外，银杏叶化妆品还具有收敛作用，可抑制皮肤松弛，减少皱纹。对其产品的开发，日本、美国、韩国处于领先水平。产品类型有护肤霜、洗面奶、美容霜、护发素、牙膏等。近几年来，国内也相继推出了抗皱霜、嫩肤防晒霜、免洗定型护发素等新型产品。1991年获发明专利的日本产护发剂，能促进头发、头皮功能，具有护发、生发效果，其产品备受推崇。

叶片黄化

叶肉细胞含有大量的叶绿体，叶肉中所含的叶绿素是叶片呈现绿色的主要原因。在银杏的年生长周期中，叶绿素处于不断地合成和分解过程之中。当营养生长量旺盛、氮肥充足时，叶绿素的合成多于分解，含量增加，因而叶色浓绿；反之，在不利于叶绿素形成的条件下，它的含量便少，类胡萝卜素的黄橙色就显露，因而叶色变为黄绿，称之为叶片黄化。所以，树体叶色在不同生育期的变化，既是叶绿素含量的增减过程，也反映了树体新陈代谢的一定特点。因此，银杏叶色变化的规律可作为看苗管理的依据，判断植株的营养丰缺程度，及时补充树体所需的营养。叶片不但是光合产物的制造者，也贮藏了大量的养分。对于多年生的落叶果树而言,秋季叶片中的养分回流是十分重要的,而养分的回流以叶片的黄化为标志。如果银杏生长势过旺,叶片贪青迟迟不黄化,就意味养分不能及时地回流,这样会造成果树贮藏营养的不足。但在生长期中叶片过早黄化,则可能反映缺素症等病害。

叶片黄化的原因及预防对策

在广西银杏产区,银杏树叶片黄化现象相当普遍,常导致树势弱、严重减产,甚至死亡。叶片黄化主要由叶枯病引起。引起感病的原因主要是土壤肥力差,缺乏有机肥料;施肥过多过浓;挂果过多;种植过深;排水不良;地下害虫危害等。预防对策:一是认真选好园址;二是增施有机肥料;三是做好果园排水;四是控制挂果量;五是加强对地下害虫的防治。

叶片黄酮苷元提取

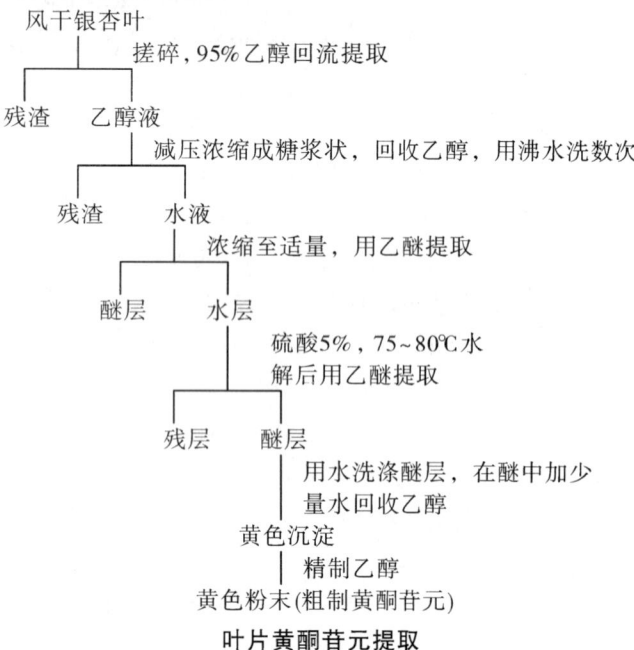

叶片黄酮苷元提取

叶片黄酮含量调控

影响银杏叶黄酮含量的因素有许多,有内部因素和外部因素,可归纳成5类。①遗传因素:品种或品系或优良单株,植株性别。②生理生化因素:内源激素、酶、色素、光合作用及光合产物,黄酮合成的前体物质、叶片含水量及新鲜度等。③发育进程:季节或采叶期、树龄、枝龄、叶片成熟度、结果与否。④生态条件:指产地生态,包括土壤生态和气象生态,具体因子有光照、温度、水分、大气、土壤。⑤栽培因素:采收次数、整形修剪方式、肥料种类及施用、生长调节剂种类及施用、苗木繁殖方式、栽培方式、产叶量、苗木密度、叶质、生长势等。

叶片黄酮类成分

到目前为止,已从银杏叶中分离到大约38种黄酮类物质,已经明确结构的有20种之多,根据其化学结构可分为3类:单黄酮类、双黄酮类、儿茶素类。单黄酮主要有山奈素(kaempferol)、槲皮素(quercetin)、异鼠李素(isorhamnetin)以及黄酮苷、栎精苷、异栎精苷、坎非醇-3-鼠李糖苷、藤黄菌素苷、谷甾醇苷等,这类化合物结构皆含有5,7,4'-三羟基,3-OH连接糖或香豆酰基,糖是单糖、双糖、三糖,糖的主要种类是葡萄糖和鼠李糖。双黄酮化合物通常被看成是裸子植物的特征化学成分。目前,从银杏叶中分离的双黄酮物质有6种,它们是银杏黄素(ginkgetin)、异银杏黄素(isoginkgetin)、白果黄素(bilobetin)、阿曼托黄素(amentoflavone)、西阿多黄素(sciadopitytin)、5'-甲氧基白果黄素(1-5'-Methoxy bilobetin)。这类化合物含有1~3个OCH^3基团,由3',8'连接。儿茶素类根据母核2位碳原子旋光不同及5'位是否含有羟基分为4种:儿茶素[(+)catechin-pentaacetate]、表儿茶素[(-)epicatechin-pentaacetate]、没食子酸儿茶素[(+)gallocatechin-hexaacetate]、表没食子酸儿茶素[(-)epigallocatechin-hexaacetate]。

叶片挥发油成分

叶片挥发油成分如下。(括号内为相对含量百分数%)

反式-癸烯(2)醛 C(0.10)、Edulan I(反式-3,5,6,8a-四氢2,5,5,8a-四甲基-2H-1-苯并吡喃)(0.40)、1,2-二氢-1,5,8-三甲基萘(0.47)、十一碳烯(2)醛(0.30)、6,10-二甲基十一碳酮-2(0.24)、α-紫罗兰酮(0.83)、反式-牻牛儿基丙酮(2.35)、β-紫罗兰酮(0.39)、正十三碳酮-2(0.37)、橙花叔醇(2.18)、正十二碳烷酸(0.36)、正十七碳烷(0.94)、金合欢醇(3.36)、正十四碳烷酸(1.14)、6-苯基十三烷(0.48)、5-苯基十三烷(0.54)、六氢金合欢丙酮(18.20)、正十九碳烷(0.11)、2-苯基十三烷(0.35)、反式-金合欢基丙酮(2.66)、邻苯二甲酸二丁酯(0.10)、正十六碳烷酸(0.20)、2-苯基十四碳烷(0.20)、epijuvabione(0.30)、正二十一碳烷(2.58)、植物醇(1.30)、9-十八碳烯酸(0.65)、9,12-十八碳二烯酸(0.65)、9,12,15-十八碳烯酸(0.65)、正二十二碳烷(1.37)、正二十三碳烷(2.72)、正二十四碳烷(3.55)、正二十五碳烷(4.73)、邻苯二甲酸二辛酯(0.10)、正二十六碳烷(2.50)。

叶片机械烘干法

把鲜叶放到烘干机内快速烘干。干叶含水量在10%以下。这种方法不受天气影响,干燥速度快,叶子质量好。银杏叶烘干后,用机械压缩包装,可保存3年以上。

叶片及其提取物银杏萜内酯含量

叶片及其提取物银杏萜内酯含量 单位:%

样品名称	BB 含量	GA 含量	GB 含量	GC 含量	总内酯含量	样品来源
银杏幼树叶	0.24	0.32	0.2	0.11	0.87	贵州省正安基地
银杏成树叶	0.06	0.04	0.03	0.00	0.13	广西
EGb	0.68	3.34	1.50	0.09	5.61	江苏邳州
EGb	4.97	3.68	2.84	1.48	12.97	贵州大学生化营养研究所
EGb	0.18	4.30	3.58	0.21	8.27	贵阳鑫煤生化制品有限公司
EGb	6.8	3.5	3.3	2.6	16.2	贵州大学生化中试基地
银杏萜内酯	36.1	25.85	18.1	10.5	90.5	贵州大学生化中试基地
银杏内酯 C	0.2	0	0	93.6	93.8	贵州大学生化营养研究所
白果内酯	91.3	0	0	0.4	91.7	贵州大学生化营养研究所
银杏内酯 AB	0	53.1	43.6	0	96.7	贵州大学生化营养研究所
银杏内酯 AB	0	49.5	43.8	0	93.3	贵州大学生化营养研究所

叶片及其提取物中白果酸的含量

银杏叶及其提取物中白果酸含量

序号	样品名称	白果酸含量 (mg·kg^{-1})	样品来源
1	银杏叶	1 070	贵州大学标本园
2	GBE	1.3	贵州大学生化营养所
3	GBE	4.6	贵州大学生化中试基地
4	GBE	6.4	贵阳鑫煤生化制品公司
5	GBE	1 650	贵阳鑫煤生化制品公司
5	银杏叶	1 560	贵州省正安县
6	银杏叶	1 840	贵州省遵义县
7	银杏叶	1 258	贵州省道真县

叶片及提取物中总黄酮的含量

叶片及提取物中总黄酮的含量

序号	样品名称	总黄酮含量(%)	样品来源
1	银杏叶	0.63	贵州大学校园
2	EGb	40.8	贵州大学生化营养研究所
3	EGb	53.5	贵州大学生化营养研究所
4	EGb	36.4	贵阳鑫煤生化制品公司
5	银杏叶	1.1	贵州省正安县
6	银杏叶	0.53	贵州省遵义县
7	银杏叶	0.91	贵州省道真县
8	EGb	37.9	贵州大学生化中试基地
9	EGb	45.3	贵州大学生化中试基地

叶片剂的溶出度

采用高效液相色谱法对4种市售银杏叶片剂的溶出度进行了测定。其中,1种供试品在90 min内的溶出度为零,其余3种供试品溶出度参数的厂间检验结果均有显著差异。4种片剂崩解时限的长短与其溶出度的高低并不相关。

叶片剂对30例慢性肝炎的疗效

我国乙肝病毒携带者高达1.2亿,平均每10个人中就有一个,每年有上千万人发生重型肝炎,其中,30万人被夺去生命。乙肝病毒具有极高的传染性,其抵抗力特强,即使沸水也要煮10 min 以上才能将其杀灭,且传播方式也多种多样,对人体健康造成极大危害。治疗肝炎仍无特效药物,常用的包括抗病毒药物、免疫调控药物及保护肝细胞药物3类,现在市面上推出不少中草药复方粗制品,其疗效尚有疑问。值得注意的是,许多药物进入人体后需经肝脏代谢,盲目过多地投药反而会加重肝脏负担,不利于肝炎的恢复。银杏叶作为新开发的药物资源,其研制开发工作不断深入。临床对30例慢性肝炎加用银杏叶提取物制剂,每日3次,每次1 g,2个月后肝炎症状改善率达80%以上,以胃纳好转和肝痛最为突出,达90% ~ 100%,降酶退黄总有效率90%。

叶片剂治疗心绞痛33例疗效观察

天宝宁片剂(胶囊)是由中国医学科学院药物研究所和浙江康恩贝制药公司共同研制的。1992年8月,上海医科大学附属中心医院和上海市心血管病研究所杨学义等,应用该药治疗33例冠心病心绞痛病人,取得较为明显疗效。银杏叶片剂对缓解心绞痛总有效率达94%,并使心电图缺血性改变改善达64%,血液流变学部分指标获不同程度改善,说明在血黏度异常的情况下,银杏叶片剂有降低血液黏滞性,疏通瘀滞血液和改善微循环,从而达到防治心脑血管疾病的作用。目前认为,活性氧自由基与心肌缺血、心绞痛等疾病的成因直接有关,而银杏叶片剂缓解心绞痛与此药含有黄酮苷能清除身体内氧自由基有关,同时也与银杏内酯拮抗血小板活化因子作用的结果有关。因为黄酮类结构中含有还原性羟基(—OH)功能基因,可直接发挥抗氧化作用,是一类较强的抗氧化剂,具有清除活性氧等自由基和抗氧自由基损伤及抗脂质过氧化损伤的作用。银杏叶片剂对心率、血压无显著影响,对血脂、血糖及尿酸等亦无副作用。在治疗过程中,有个别病人服用银杏叶片剂发生轻度腹泻,剂量减少后,腹泻即会停止。

叶片剂治疗阳痿的疗效观察

台湾《民生报》报道,性医学研究表明,男性阳痿是由于阴茎血流量减少,从而导致阴茎无法勃起。针对此类患者,医师们通常给予性激素、血管扩张剂和维生素 E 等药物治疗,然而,这些药物未必均能见效,长期服用又会产生副作用。德国医学试验表明,对 60 位患有阳痿的病人,给予银杏叶提取物治疗,经过 12~18 个月之后,医师们发现,80% 的阳痿患者其勃起能力已全部恢复,其余 20% 的患者勃起能力也有所改善。这项试验结果,使医师们对银杏叶提取物刮目相看,对医疗效果极为肯定。医师们还表示,轻微的阳痿患者,只要连续服用银杏叶提取物 3 周,性欲即可获得增强。台北医学院附属医学泌尿科主任江汉声先生,用银杏叶提取物对 19 名阳痿患者进行了尝试治疗,结果表明,治愈率在 70% 以上。德国的临床医学研究发现,银杏叶含有黄酮醇和萜内酯的特殊药效成分,它不仅是血小板活化因子(PAF)的拮抗剂,抑制血小板凝集而不能形成血栓,更具末梢血管扩张作用,对改善动脉硬化及脑血管循环不良具有良好的效果。江汉声认为男性阳痿与阴茎血流障碍有关,由于脑血管流量的改善,因此改善了阴茎动脉充血量。在研究中他还发现,银杏叶提取物对阴茎血管有刺激作用,而以后他所进行的双盲试验也证明了这一点。

叶片减肥制品

医学研究证实,肥胖与特定部位的磷酸二酯酶活性有关,而银杏叶提取物有降低磷酸二酯酶活性的作用,因此用银杏叶提取物制成的敷贴剂能减少相应部位沉积的脂肪,达到无痛、明效、定点、均匀减肥的目的。

叶片角质层成分对孢子发芽及芽管生长的影响

叶片角质层成分对孢子发芽及芽管生长的影响

角质层成分	浓度 ($\times 10^{-6}$)	发芽率 (%)	芽管长度 (μm)
角质层(蜡质,氯仿液)	1 000	18	451
	100	36	676
	10	42	718
	CK	100	838
蜡(n-庚烷溶液)	1 000	61	137
	100	70	280
	10	97	376
	CK	98	752
油(甲醇溶液)	1 000	75	247
	100	95	498
	10	100	547
	CK	100	928
角质	悬浮液	100	862

叶片聚戊烯醇

聚戊烯醇是存在于银杏叶中的一种类脂化合物,含量较高,属多烯醇类,具有很强的生物活性,是重要的新药物资源。从银杏叶分离出聚戊烯醇化合物,其分子中异戊烯基单元数为 14~22。银杏叶长链的多聚戊烯醇具有抗肿瘤的活性和促进造血细胞增殖分化的作用。王成章等(1992)从银杏叶中分离出聚戊烯醇乙酸酯纯样,并对其结构进行了鉴定。结果表明,这是由一系列异戊烯基单元和终端异戊烯醇单元组成的,其长链在不同植物中有所不同。从银杏叶聚戊烯醇结构看,它属于桦木聚戊烯醇型,异戊烯基单元数为 15~21,和多萜醇的异戊烯基单元数(16~22)相近,含量较高。银杏叶中聚戊烯醇的化学结构如图所示,式中 n 为顺式结构单元数。

银杏叶中聚戊烯醇的化学结构

银杏叶聚戊烯醇的提取方法和提取溶剂不同,得率也不一致。一般银杏叶聚戊烯醇提取物得率在 7%~12% 之间,提取物聚戊烯醇含量在 10%~15% 之间。以石油醚、丙酮、己烷为溶剂,GBE 中的异戊烯醇含量较高。制药用聚戊烯醇纯度要大于 90%,因此,必须采用硅胶柱精制,以获得聚戊烯醇单体化合物。

银杏叶聚戊烯醇含量随着产地和树龄不同差异很大。如贵州正安 2~5 年生树银杏叶聚戊烯醇含量最高,达 12.1 mg/g,是贵州务川 15 年以上老树叶的 8 倍左右。

叶片开发利用

当前,国内外对银杏叶的开发利用极为重视。在欧洲,EGb 药制品种类繁多,如梯波宁、塔拿堪等,这些产品销往美国、墨西哥、加拿大、西班牙等国,产品供不应求。瑞典每年都从中国进口大量的银杏浸膏,专门用于生产治疗心绞痛、心肌梗死、动脉硬化和脑血管痉挛等疾病的药品。韩国制药公司经过多年的努力,已从银杏叶中提炼出多种化学成分,用于生产解毒剂、抗癌剂及治疗哮喘、心血管系统和神经系统疾病的药物和保健品。国内目前生产的银杏叶茶、各种化妆品及正在研制开发的银杏叶饲料添加剂等,也为银杏的开发利用开辟了新的方向。总体来说,与国外相比,我国银杏叶制剂的开发尚处于出口原料及粗提取物阶段。特别是近年来,我国银杏叶加工的主导产品黄酮苷的市场价格一落千丈,使银杏叶的生产陷入困境。究其原因,一是银杏产品的开发模式单一,品种少,抗风险能力弱;二是银杏叶加工黄酮的企业急剧膨胀,运作缺乏规模,形成恶性竞争;三是银杏叶提取加工工艺落后,成本高,得率低,规模小,在国际市场上缺乏竞争能力。因此,要使银杏叶生产和EGb及其制剂进一步发展,就必须采用更先进的提取加工技术,降低生产成本。同时要使银杏叶制剂产品多样化,而且要从出口原料向出口成品方向转变。另外,利用组织培养和发根技术等生物合成途径生产银杏黄酮和内酯也进入了试验阶段。这项技术的应用不但可以通过选择适当的细胞株系和控制生产条件,使其合成物质较为单一和有效物质含量相对较高,而且更有利于提取、分离和提纯。随着人们生活水平的提高和科学技术的进步,银杏叶及其制剂所特有的保健、治疗和营养的功能,必将进一步为人类所利用,银杏叶的综合开发利用前景将更加广阔。

叶片可溶性蛋白质的含量

用来自广州仲恺农业技术学院农场的银杏叶,以蒸馏水、10% NaCl、70% 乙醇和 0.2% NaOH 依次提取并测定上清(1)、上清(2)、上清(3)和上清(4)的蛋白质含量(流程一),无论是干叶还是鲜叶,均以上清(3)组分为最多,即银杏叶蛋白质以醇溶性蛋白质为主。比较起来,银杏干叶的醇溶性蛋白质的比例为76.27%,明显高于银杏鲜叶(49.65%)。而银杏鲜叶在上清(1)和上清(2)中的比例分别为30.35%和20.00%,则明显高于银杏干叶(20.08%和3.65%)。也就是说,银杏鲜叶含有较高比例的清蛋白类和球蛋白类蛋白质,而银杏干叶含有较高比例的醇溶性蛋白质。按流程二进行萃取,银杏干叶中的醇溶性蛋白质占总蛋白质的76.42%,银杏鲜叶中醇溶性蛋白质占总蛋白质的77.55%,两者是很接近的。此外,按流程一萃取,上清(4)组分的碱溶性蛋白质几乎测不到,但按流程二则可提取出,在干叶中占总蛋白质的4.82%,在鲜叶中占总蛋白质的11.40%。

叶片口服液

20 世纪 90 年代初以来,我国有 4 家企业生产出银杏叶口服液。

①河北省遵化市制药厂生产的"玉兔牌银杏叶口服液"。

②山东临沂中药厂生产的"云雀牌银杏叶口服液"。

③山东青岛长寿生物技术发展有限公司生产的"银杏王口服液"。

④山东青岛丰业生物技术有限公司生产的"梵达浓缩银杏叶口服液"。

叶片口服液具有调节血脂的作用,可降低血清胆固醇(TC)和三酰甘油(TG)水平,同时升高对人体有利的高密度脂蛋白(HDL-C)的水平,可显著改善微血管的袢顶瘀血和微血管的流态异常,可显著提高微血管的血流速度。适宜中、老年人用于心、脑血管的保健和治疗。孕妇、妇女经期慎用,血友病患者慎用。

服用量及服用方法:每日 2 次,每次 1 支(每支10 mL);服用前将口服液摇匀;服用后勿立即饮茶。

上述四种银杏叶口服液均未标明每毫升或每10 mL 所含银杏黄酮苷和银杏萜内酯的量。

叶片口服液治疗脑梗死 40 例疗效观察

银杏叶口服液治疗脑梗死的疗效表明,治疗前后神经功能总缺损程度的平均值,治疗组明显降低($P < 0.001$),治疗前后总分的差值均数,两组间也有明显的差异($P < 0.001$),治疗前后神经功能缺损总分的变化,治疗组前后差 13.5 ± 5.06,对照组为 6.3 ± 3.44。治疗过程中发现,银杏叶口服液能缩短病人脑休克期,病人瘫痪肢体的肌张力恢复较快,这可能与银杏叶口服液能扩张脑动脉、降低血黏度、改善脑缺血区供血有关。银杏叶口服液治疗组中中型病人,有效率达95%,而对照治疗有效率达70%,与对照组成明显的差异。由此看来,银杏叶口服液对轻、中型病人效果最好。银杏叶口服液降黏作用明显($P < 0.001$),能够有效地降低全血、血浆黏度,降低血小板黏附,这对改善缺血区供血、促进神经功能恢复、防止血栓形成都是十分有利的。在治疗过程中,治疗组服用银杏叶口服液后均无异常反应,用药前后肝功能、肾功能、血常规、血小板、出凝血时间等均无异常变化,说明此口服液无明显的毒副作用。

叶片矿质元素

对银杏叶中40种元素进行测定,其中,有14种元素低于测定下限,含量较高的元素有 N、P、Ca、Mg、Fe、Sr。

叶片蜡质成分

银杏植物的表皮蜡质是预防外界环境侵害的第一道防线。因此,对银杏叶片表皮蜡质的主要成分进行研究很有必要。银杏叶片 1 000 g,表皮蜡质用汽油提取。提取物在硅胶柱上层析,用正乙烷和逐渐增加极性的正乙烷—三氯甲烷混合溶剂洗脱。用联用气相色谱—质谱仪测定蜡质的成分。银杏叶子表皮蜡质的成分主要是廿九碳烷、10-廿九碳醇、13-廿九碳醇、10-廿九碳酮、1-廿八碳醇和10-廿七碳醇。其中,以10-廿九碳醇含量最多,占蜡质成分的91%;13-廿九碳醇含量最少,占7%。

叶片类型

银杏树叶可分为下述类型:叶基直线、叶缘微钝锯齿(全缘或锐锯齿)、叶缘二裂(亦有三裂以上者)、叶基锐角、叶缘不齐锯齿、叶缘多裂、叶基钝角、叶缘全缘或细锯齿、叶缘二裂或具多数粗大锯齿、叶基非对称。

叶片酶抓取法

移转作用的葡糖苷酶或转糖苷酶,使银杏叶中油溶性或难溶于水或不溶于水的有效成分转移到水溶性苷糖中,然后用水提取的方法,该法可大大提高总黄酮率。

叶片内含物

国内外的报道很多,银杏叶中的双黄酮类和萜类物质是主要的提取目标。在银杏叶的粗提取物中浸提出4种双黄酮,即西阿多黄素、银杏黄素、异银杏黄素和白果黄素,以西阿多黄素为主体成分,并证明了双黄酮类物质以秋干叶含量最高,可达17.2 mg/g。

叶片内酯种源、性别及无性系主成分方程

叶片内酯种源、性别及无性系主成分方程

水平	主成分方程
种源	$Y_1 = 8.945X_1 + 38.688X_2 + 41.655X_3 + 44.215X_4 + 15.046X_5 + 33.504X_6 - 5.539$
	$Y_2 = 1.22X_1 + 4.612X_2 + 87.758X_3 + 37.892X_4 - 20.04X_5 - 31.27X_6 - 0.7042$
性别♂	$Y_1 = 8.014X_1 + 24.130X_2 + 31.888X_3 + 27.498X_4 + 8.163X_5 + 31.189X_6 - 4.085$
	$Y_2 = -0.659X_1 + 8.612X_2 - 44.365X_3 - 16.438X_4 + 22.654X_5 + 13.495X_6 - 0.258$
♀	$Y_1 = 8.474X_1 + 28.773X_2 + 45.963X_3 + 63.403X_4 + 13.001X_5 + 17.000X_6 - 5.777$
	$Y_2 = 2.773X_1 - 45.194X_2 - 32.249X_3 - 37.061X_4 + 6.128X_5 + 49.429X_6 + 0.918$
无性系	$Y_1 = 5.938X_1 + 17.876X_2 + 30.705X_3 + 20.048X_4 + 8.039X_5 + 18.201X_6 - 3.511$
	$Y_2 = 1.682X_1 - 8.924X_2 - 34.713X_3 - 17.149X_4 + 14.320X_5 + 22.719X_6 - 0.148$

注:$X_1 \sim X_6$ 分别示总量(Te)、Bb、Gj、Gc、Ga、Gb。

叶片年周期黄酮含量的变化

银杏叶片中黄酮含量的变化有其规律性。4~5月份黄酮含量最高,之后开始下降,到8、9月份黄酮含量下降到最低点,然后开始回升直至落叶。以10月中旬含量为100,则4、5月份黄酮含量为140、123,6、7月份为103和102,8、9月份为85和86。这一测定结果与陈秀珍和庄向平等人的结论有一定差异,但与A.罗勃斯坦和A.哈斯勒的试验结果相似。

叶片秋采

9月下旬至10月上旬,银杏叶片的黄酮类化合物及萜内酯含量最高。这时,银杏叶片厚大,叶色浓绿,且含水量为全年最低值,采收时间在10月10日左右。采叶方法采用人工采收,一年一次,既不存在多采少采,也不存在分期分批。

在生产中,群众习惯对银杏叶一次性采摘完,这样不能充分利用光能。实际上,下部叶老化快,应该先采收,上部叶片老化较慢,且后期光合速率高,对有效成分的积累和对枝条增粗非常明显,所以可以改为两次采收。即第1次在9月中旬至9月下旬,第2次为10月上旬至10月中下旬。如果密度较大,苗木在2 m以上,则应该增加1次,即8月中旬采摘树苗下部1/3处的叶片。而结果树只能一次采叶,即10月中下旬为宜。

叶片上结籽的古银杏

1962年,在山东省沂源县织女洞前,发现了一株树高24.5 m、围径3.3 m、树龄约500年、种子着生在叶片上的"叶籽银杏"。1981年,在广西壮族自治区兴安县护城乡福寨村也发现了一株种子着生在叶片上的"叶籽银杏"。20世纪30年代,我国植物学家胡先骕在甘肃也发现了此种银杏。到目前为止,据统计,在我国已发现了9株"叶籽银杏"。"叶籽银杏"全株约有25%的种子着生在叶片上。种子成熟时,叶片变形缩小,紧贴种子,不能用种子繁殖。它是银杏的一个变种,其拉丁学名为 Ginkgo biloba L var. Epiphylla Mak.。叶籽银杏的发现,丰富了我国的植物资源,为研究银杏的演化和系统发育提供了科学依据。

叶片生长发育中显微结构的变化

银杏叶片不同发育期呈现明显不同的解剖结构特征。展叶期，叶片组织细胞排列紧密，栅栏组织和海绵组织分化不明显，上、下表皮细胞特征无显著差异。生长期，叶肉组织细胞开始明显分化，细胞排列逐渐疏松，并形成不规则通气系统，同时，上表皮细胞平周壁光滑隆起，下表皮细胞出现乳状凸起。衰老期，叶肉组织表现为海绵组织细胞的纵横排列，并形成较规则通气组织的显著特征，表皮细胞进一步变长。3个不同的发育时期中，叶片具有明显不同的结构特征，这可能与其承担的不同生理功能有关。展叶期的叶肉组织细胞排列紧密，一方面可以使幼嫩叶片抵御早期的低温环境，保证叶片顺利展开，另外，近方形的栅栏组织细胞还可以提高近轴面的叶绿体分布，充分利用光照进行光合作用。生长期是叶片进行光合作用并积累光合产物的主要阶段，该时期叶肉组织分化明显，有利于光合作用的进行。首先，部分栅栏组织细胞变长，细胞间隙增大，有利于光线进入叶肉组织下层进行光合作用，同时，海绵组织细胞变为椭球形，可能有利于接受光照。其次，排列疏松的海绵组织间具有发达的不规则通气系统，可以贮存水分和气体，为光合作用提供原料。衰老期，环境光照减弱，空气干燥，为了维持叶片的生命活动，栅栏组织细胞大多变为垂直于叶面的长椭圆形，细胞间隙进一步扩大，这可以保证光线更多地进入叶肉组织，同时，海绵组织纵横排列也有利于光照在叶肉组织中的散射，提高光能利用率。银杏采叶一般以获取较高的黄酮与内酯产量为目的，但叶片中这些有效成分的含量受地域、季节、树龄及叶片成熟度等众多因素的影响。由于中国银杏分布范围广，地域间温差大，加之不同年份的气候差异，因此造成生产上叶片采收时间不一。秋季银杏叶片开始变黄时的叶片结构基本处于生长期后期，此时，叶片解剖结构开始向衰老期转变；同时，有研究表明，此时叶片黄酮和内酯含量较高，随后又开始下降，这一变化特征基本和银杏叶片解剖结构由生长后期向衰老期转变的发生时期一致，所以，此时叶片基本结构的衰老解体很可能引起了叶片合成黄酮和内酯结构基础的迅速丧失。因此从银杏叶片结构发育的角度来看，叶片开始变黄时是银杏采叶的最佳时期，同时，也可以以此作为确定采叶时期的直观依据。

叶片生长进程

银杏叶片的年生长进程呈现形态建成的短期速生性和生物量积累的持续性两个特点。叶片的鲜重和干重的生物量积累集中于5、6月份，其相对生长量分别占全年的66.51%和51.24%；进入7、8月份以后，生物量的积累速率减慢；9、10月份，生物量积累速率又开始增加，其相对生长量占全年的17.01%和3.00%。叶片的增长过程持续时间短，但生长速率大，经4、5月的迅速增长以后，至6月份即达到成熟。叶片宽度的变化继4、5、6月的迅速增长之后，7、8月份维持较低水平的增长，并于9月份停止生长，与长度增长过程相比，生长期明显延长。叶片厚度的增长过程平稳而持久，除了初春展叶期相对生长量较大以外，其余各月相对生长速率相差不大，并一直维持到10月中旬叶片采收。叶片含水量的变化可明显划分为3个阶段。第一阶段为4、5月份的叶片形成期，此期叶片含水量最高；第二阶段为夏季含水量稳定期，叶片含水率稳定在79%~80%之间；第三个阶段为秋季水分含量降低阶段，叶片相对含水量于9月份下降2%，并进一步于10月份下降5%。

叶片食品

银杏叶从化学成分上来讲，与银杏种子的主要化学成分相似，而且叶中不含种子的毒性成分——氢氰酸，药理实验毒性也远小于种子，其黄酮类、银杏内酯含量远高于种子，在古书中已有加到食品中食用的记载。目前，生产的银杏保健食品五花八门，具有代表性的有：我国生产的保健面、五色补粥、银杏琼花系列保健食品，日本和德国制成的银杏叶口香糖、巧克力糖等，它们被誉为全功能保健食品。

叶片收购标准

目前，收购的银杏叶片分3级。装包打捆时就应考虑出售的级别，以便卖一个好的价钱。三级的标准是：一级叶，叶色青绿，含水量不超过12%，无杂物，无霉变；二级叶，含水量不超过12%，无杂物，无霉变，黄叶不超过5%，叶缘发黄的不超过10%；三级叶，叶色不鲜，黄叶不超过10%，霉变不超过3%。一般2.5~3.0 kg鲜叶可晾晒1 kg干叶。

叶片树脂提取法

目前，国内大多数厂家采用的ADS系列树脂进行提取，工艺如下。银杏叶用50%乙醇（S∶L=1∶8）80℃，2 h提取2次，提取液浓缩，滤过，滤液经ADS系列树脂吸附（先用水洗去杂质，再用10%~30%乙醇洗去杂质），70%乙醇解吸，浓缩，干燥，得到提取物。该法操作简单，能耗少，成本低，回收率高，有机溶剂残留少。

叶片水蒸气蒸馏提取法

将银杏叶干燥，粉碎后（叶片应粉碎成1~2 cm，或切成宽0.5~1.0 mm的长条）用蒸馏水蒸馏，蒸馏液冷却后，用非极性大孔树脂（或其他吸附剂）吸附、浓缩，然后用乙醇洗脱，蒸干即得粉状结晶。该方法设备简单，但提取率较低。国外另一项分析银杏苦内酯的新工艺是:将银杏叶的水提物用碱调 pH 值至 7,再用乙酸乙酯丙酮苯或烷基取代苯萃取,蒸干有机相得粉末,水相加酸调 pH 值 1~3.5,然后用不溶于水的有机溶剂提取,干燥得粉末,将上述 2 种粉末溶于低级烷基中,加入四醋酸铅水溶液,沉淀出银杏内酯,过滤即得。

叶片水蒸气蒸馏提取工艺

该方法设备简单,但收效较低,现已很少采用,其生产工艺为:银杏叶(干燥、粉碎)100~120℃ 水蒸气蒸馏→非极性大孔树脂吸附→乙醇洗脱浓缩、蒸干→粉状结晶。

叶片四种化合物的含量测定(mg/g 干提取物)

叶采取期	西阿多黄素	银杏黄素	异银杏黄素	白果黄素	总量
秋季(绿叶)	10.3	3.6	2.4	0.9	17.2
秋季(黄叶)	10.1	4.6	2.9	1.4	19.0
春 季	2.9	0.8	1.1	0.4	5.2
夏 季	2.5	0.9	0.8	0.2	4.4

叶片饲料添加剂

利用银杏叶开发出了饲料添加剂,为银杏叶的开发利用开辟了新的途径。其原理是利用银杏叶为原料,运用优良菌种,将银杏叶中动物难以消化的大分子营养源降解为易消化吸收的小分子物质,使银杏叶中固有的活性成分能够游离、暴露出来,更易于被动物吸收。同时,该饲料添加剂中含有多种有利菌种,能显著提高饲料转化率,促进动物生长,具有替代或部分替代抗生素的作用。这种饲料添加剂能明显提高动物肉质,而且对动物本身还具有营养和保健双重功能。

叶片提取物

银杏叶中有效成分黄酮和内酯类化合物含量高,主要有毒成分含量低。同时,银杏叶中营养成分丰富,蛋白质含量高,维生素 C、维生素 E、胡萝卜素及钙、磷、硼、硒等含量也十分高。因此,银杏叶不仅是一种天然药物,其药制品在国际上也十分走俏,而且还是一种优良的功能性食品添加剂,是一种集营养和保健功能为一体、药食兼用的优良资源,具有广阔的开发利用前景。银杏叶提取物是采用先进的提取技术,从银杏叶中提取、精制而成的。该提取物主要含黄酮苷和银杏内酯两类活性成分,其标准是总黄酮含量>24%,银杏内酯含量>6%。药理实验表明,EGb 具有以下药理作用:一是清除自由基,抑制细胞膜脂质过氧化作用;二是拮抗 PAF 引起的血小板聚集、微血栓的形成;三是改变血液流变性,增加血液流速,降低血液黏度,改善微循环障碍;四是对脑部血液循环及脑细胞代谢,有较好的改善及促进作用;五是提高免疫能力;六是提高呼吸系统、消化系统、泌尿系统、生殖系统的功能;七是有抗菌、消炎及抗过敏、抗病毒、抗癌作用。以该提取物制成的各种制剂,经临床研究表明,对防治冠心病、心绞痛、心肌梗死、脑栓塞、脑血管痉挛、脑外伤后遗症、阿尔茨海默病及智力减退等具有显著的疗效。同时,该提取物可作为食品、化妆品、饮料等的添加剂。银杏黄酮可作为沙棘油的抗氧化剂。应用生产银杏黄酮的废弃物为原料,研制了天然银杏树脂水剂,在多种蔬菜上进行了试验,证明天然银杏树脂水剂对多种蔬菜上的蚜虫、菜青虫有良好的防治效果,效果与氧化乐果、氯氰菊酯无显著差异,且对蔬菜安全,不污染环境,对人畜无毒,为蔬菜生产提供了一种无公害农药。

叶片提取物(EGb)的毒副反应

自银杏叶制剂上市以来,患者最关心的问题还是它的毒副反应。银杏叶是天然产物,大量的实验研究表明,银杏叶制剂的毒性极低。在我国,银杏叶提取物制剂的主要剂型是片剂或胶囊,每片或每胶囊含提取物 40 mg,其中,含黄酮类化合物 9.6 mg,含银杏萜内酯 2.4 mg,每日总服用量为 120~240 mg。但银杏叶中的烷基酚和烷基酚酸类具有致过敏、致突变的作用。原花色素也是银杏叶中含的中毒性成分。国外临床实验总例 9 772 例,其中,出现肠胃道不适等副反应的为 51 例,约占 0.5%。主要症状表现为腹泻、腹胀等(胃酸过多者慎服),这一症状停药后即会消失。因此,此药的安全性较高,可长期间断性服用。根据英国权威医药专家的报道,随着进入市场后的大量四期临床观察,由于该制剂具有很强的血小板活化因子(PAF)拮抗作用,因此长期连续服用可能会引起抑制血小板的凝聚功能,个别病例会出现皮下出血和脑出血。为此,医药专家们建议服用该药 1~2 月后可停药 1 周。老年性血压过高、脑血管变脆的患者慎用。尤其是不能与具有降低血黏度的阿司匹林合用,否则,脑出血的可能性会大大增加。

叶片提取物(EGb)制剂的化学成分

据研究,从银杏叶中分离和已证实的化学成分有 200 多种,其化学成分主要有黄酮苷类、萜内酯类、有机酸类、多糖类、烷基酚及烷基酚酸类、有机醇酮醛类、生物碱类、甾醇类、氨基酸类、维生素类和多种微量元素等。

①黄酮苷类。目前,从银杏叶中已分离出70多种黄酮类化合物,其中,双黄酮类化合物6种;单黄酮类化合物32种,苷元7种;黄酮醇苷21种;桂皮酰衍生物5种;儿茶素(黄烷醇类)4种。

②萜内酯类。从银杏中已分离出萜内酯类化合物6种,其中,二萜类内酯有银杏内酯A、B、C、M、J 5种,倍半萜内酯有白果内酯1种。

该类成分为银杏叶特有,至今在其他植物中尚未发现此类化合物,它具有独特的药理作用,尤其是银杏内酯B,为强效血小板活化因子(PAF)拮抗剂。

③有机酸类。银杏叶中含有D-糖质酸、氨基酸、莽草酸、6-羟基犬脲喹啉酸等。其中,氨基酸有17种。银杏绿叶中氨基酸总量可达10.8%,黄叶中约为3.5%。

④多糖类。银杏叶中主要含有淀粉、黏液质、葡聚糖等。

⑤有机醇、酮、醛类。银杏叶含有白果醇(10-廿九烷醇)、白果酮(10-廿九烷酮)、α-己烯醛、廿八醇、聚异戊烯醇等。

⑥微量元素。银杏叶中除含有钙(Ca)、镁(Mg)、钾(K)、磷(P)等常量元素外,还含有铜(Cu)、锌(Zn)、铁(Fe)等25种微量元素。

⑦烷基酚及烷基酚酸类。此类漆酚酸类化合物已分离出8种,其中,4-羟基银杏酸2种,银杏酸3种,银杏酚3种。此类化合物为银杏叶提取物的中毒性成分。

⑧其他。银杏叶提取物中含有β-谷甾醇、豆甾醇、生物碱、叶绿素、原花色素等成分。其中,原花色素为银杏叶提取物的中毒性成分。

叶片提取物长醇的制备

聚异戊烯醇化合物是一类广泛分布于生物组织或细胞中的长链多萜类物质,具有重要的生物活性作用。其制备方法是,先用溶剂从叶中提取出聚异戊烯化合物的提取液,然后进行皂化,分离出聚异戊烯醇,再将聚异戊烯醇转化成聚异戊烯酯。利用银杏叶提取物长醇已经生产出各种各样的药品,如注射剂、片剂、粉剂、胶囊、核蛋白体等。

叶片提取物成分

叶片提取物成分

类别	种类数量	代表成分
黄酮	35	黄酮、类黄酮及其糖苷类(槲皮素、山奈素、异鼠李素等)、酰基糖苷、芦丁、双黄酮(阿曼托黄素、白果黄素、银杏黄素、异银杏黄素、西阿多黄素、甲氧基白果黄素)
萜类	12	双萜类(银杏苦内酯A、B、C、J、M)、倍半萜类(白果内酯A、白果内酯、芹子醇、榄香酯、二氢酒饼筋苦内酯)
酚类	7	白果酚酸、长链苯酚、氢化银杏酚酸、银杏酚、白果酚、漆树酸
碳水化合物	8	阿拉伯糖、葡萄糖、鼠李糖、甘露糖、半乳糖、葡萄糖醛酸、半乳糖醛酸
有机酸	8	亚油酸、抗坏血酸、奎宁酸、莽草酸
聚戊烯醇		桦木聚戊烯醇C85、C90及C95(其中,以C90为最多)
矿物营养	25	钙、镁、钾、磷、锶、铁、铝、锂、硅、锰、溴等
其他		醚类、醛类、醇类、生物碱、脂类、蜡类、异戊烯类、长链醇酮、烷基酸类

叶片提取物的SF-CO$_2$提取及HPLC-MS测定

由于聚戊烯醇类化合物具有促进机体的造血和抗肿瘤的功能,因此引起了许多研究者的兴趣。采用超临界二氧化碳(SF-CO$_2$)提取和石油醚超声提取两种方法对银杏叶聚戊烯醇类成分进行比较,通过HPLC测定,计算其提取物中聚戊烯醇Prenol-C$_{90}$和总聚戊烯醇含量,结果表明:采用SF-CO$_2$提取(35MP,50℃,3 h)最佳,其聚戊烯醇Prenol-C90和总聚戊烯醇的含量分别为1.71%、5.07%,明显高于用石油醚超声提取的结果(1.03%、2.96%)。这充分表明了SF-CO$_2$提取技术在提取银杏叶中聚戊烯醇类化合物的优越性。通过HPLC-MS对提取物成分进行的验证,结果表明:SF-CO$_2$提取和石油醚超声提取所得的提取物中聚戊烯醇类的成分相似,它们是分别相差一个昇聚烯基单元的聚戊烯醇同系物Prenol-C$_{85}$,Prenol-C$_{90}$,Prenol-C$_{90}$,Prenol-C$_{95}$等。

叶片提取物的定量测定

采用优化条件展开的薄层色谱进行热化学衍生荧光,原位薄层定量,同板同时测定银杏内酯A、B、C及白果内酯,最低检出限为0.12~0.35 μg,灵敏度为0.25~0.5 μg,较HPLC示差折光检测器提高约10倍,分析时效比提高6倍以上,精密度同板RSD 2%~3%,异板RSD 2.3%~3.7%,回收率95.3%~98.8%。

叶片提取物的防癌抗癌作用

癌症是威胁人类生命的常见病、多发病,是仅次于脑血管、心血管疾病的第三大病症。目前的医学科学水平对癌症的治愈率还很低,而且发病率还有持续上升的趋势。防癌抗癌是国内外人人都十分关心的大事情。目前,医学科学家们正在反复研究和探索。因此,对付癌症最有效最主动的办法还是中国那句古话:"防患于未然"。

目前,德国、法国、美国、日本等国家正风行以银杏叶提取物(一种黄酮类化合物和萜内脂类为主要原料)制成药品和保健营养品,在市场上大量销售,且对防癌抗癌起到了明显效果。日本京都府立医科大学与日本化学工业公司联合实验研究的结果表明,银杏叶提取物的某些药用成分可抑制癌症的发生。他们首先给10只老鼠喂食引发癌症,然后再分组进行试验。服用了银杏叶提取物的老鼠只长了13个肿瘤,未服用银杏叶提取物的老鼠共长了50个肿瘤。试验研究的结果还发现,服用银杏叶提取物的老鼠,皮肤癌瘤减少了40%,J.宾斯梅尔等发现,银杏叶提取物EGb761是较强的自由基清除剂,能直接清除超氧离子,对血小板活化因子(PAF-acethr)具有最理想的拮抗作用。因此,它可以治疗与上述作用有关的各种疾病。日本的松木武通过对EB病毒感染的Raji细胞抗启动因子的检测发现,银杏叶粗提物脂溶性部分中的十七碳水杨酸和白果黄素(bilobetin),对致癌启动因子(TPA)在57倍浓度下,达到了75%的抑制效果。对致癌启动因子的抑制效果超过了维生素A酸。欧洲专利报道,银杏叶中最为显著的活性成分——Bioparyl对核糖核酸酶的活性有调节作用,它可以防止或逆转各组织的纤维变化,降低炎症病人(包括艾滋病人在内)的自动免疫性疾病中Y-球蛋白的不正常升高以及白血病和肿瘤。

江苏省启东市是我国乃至世界有名的肝癌高发区,但位于启东西北角的吕四地区肝癌发病率却很低。20世纪60年代我国医学工作者曾对此现象做过深入的调查研究,结果发现吕四和启东一个显著的不同点在于,吕四种植了大量的银杏树,启东则很少。

近年的调查又发现,肝癌发病率与银杏树的分布有关。种植银杏树的吕四地区肝癌发病率最低,未种植银杏树的启东地区肝癌发病率最高。以吕四地区为中心向其外围扩展,肝癌病例逐渐增多,发病率由低到高,依次分别为小于20/10万人口、40~60/10万人口、80~100/10万人口。

据研究,银杏树在生长季节能释放出一种氰化氢,散发在空气中,通过呼吸道和皮肤进入人体,从而起到防癌抗癌的作用。在银杏树周围检测的结果表明,银杏树周围确实包围着氰氢酸。平常所说的白果有毒,可致死人命,就是指白果仁中含有大量的氰氢酸,多食、生食可使人致死。

综上所述,银杏叶提取物在增强人类健康和防癌抗癌中有极其广阔的应用前景。

叶片提取物的抗菌特性

银杏叶提取物的抑菌作用显著,其抗菌活性随着其浓度增加而增强,对细菌和真菌的最低抑菌浓度(MIC)为1.25%和5.0%;EGb的抗菌活性具有热稳定性,能忍受高温短时的热处理;EGb在pH值5~9的范围内均具有抗菌活性。这为EGb在食品天然防腐剂领域中的开发利用提供了依据。

叶片提取物的提取方法

银杏叶有效成分的传统提取方法主要有3种,即水蒸气蒸馏法、有机溶剂萃取法和超临界流体萃取法。水蒸气蒸馏法具有设备简单、成本低、对环境和人类无毒害的优点,但得率低、杂质含量较高,且后处理难度大。有机溶剂萃取法选择性高,产品得率高,但成本也高,且存在溶剂残留效应,对人类和环境有不良的影响。超临界流体萃取法克服了以上两种提取方法的缺点,具有提取效率高、无溶剂残留、无毒性、天然植物中活性成分和热不稳定成分不易被分解破坏而保持其天然特性等优点,同时还可以通过控制临界温度和压力的变化来达到选择性提取和分离纯化的目的。但是这种提取方法设备要求高,在我国的应用还未普及。目前,在国内大多采用吸附树脂提取法进行分离。这种方法以水蒸气蒸馏法和有机溶剂萃取法为基础,同时克服了水蒸气蒸馏法和有机溶剂萃取法的缺点,并且能大大提高EGb中黄酮含量,具有操作简单、EGb纯度高、得率高、产品安全、不存在重金属和有机溶剂残留等问题,且溶剂损耗少。

叶片提取物的提取工艺

银杏叶提取物是银杏药用保健的首要产物,它是制作医药产品和保健产品的基本原料,因此,银杏叶提取物的质量成为医疗保健中关键中的关键。银杏叶提取物质量的好坏、药用成分含量的高低、提取得率的多少又直接影响到产品质量的好坏和提取成本的高低。因此,高技术人才的选用以及提取工艺和设备的选择尤为重要。目前,全世界包括实验室研究大约有10种提取工艺。德国和法国采用的是丙酮加水工艺。20世纪60年代,我国采用的是水煮法,水煮法获得的产品质量差,含杂质多,副作用大,临床疗效不明显,这一工艺很快就被淘汰。20世纪90年代初、中期以来,我国银杏叶提取厂有70余家,均采用的是乙醇溶剂树脂吸附法。

叶片提取物对大脑的保护作用

银杏提取物主要作用于脑功能障碍,因而银杏提取物对脑功能的作用,尤其是对功能损害性大脑的作用,受到广泛关注,主要包括对实验性大脑损伤的影响及对学习、记忆的影响。

①致命性。低氧环境是评价脑保护药物的模型。银杏提取功能明显延长大鼠(或小鼠)在缺氧条件下的存活时间。延长缺氧条件下的存活时间通过不含类黄酮部分发生的作用。

②对能量代谢的影响。银杏提取物使小鼠在低氧条件下大脑皮质中肌酸、磷酸及ATP含量仍维持正常水平,从而延迟呼吸停止的发生,也延长能量代谢的停止。

银杏提取物对缺氧条件小鼠能量代谢产物的影响更明显,缺氧条件下对照组动物脑电显示维持17 ± 7 min,而用药组为21 ± 3 min。脑电不显后1 min,对照组动物脑组织中肌酸、磷酸及ATP和葡萄糖明显下降而乳酸水平明显上升。银杏提取物则不使脑组织中肌酸、磷酸及ATP和葡萄糖含量降低,或不使乳酸含量上升,而乳酸浓度与引起脑坏死、坏死范围成正比关系。对脑组织恢复有重要作用的化学成分是非黄酮类化合物。

③对缺血脑组织的保护作用。银杏提取物对微栓塞引起的轻度缺氧有一定的保护作用。小鼠连续使用银杏提取物3 d(每日100 mg/kg,20 mg/kg)能显著降低微栓塞引起的死亡率。

PAF能引起脑内氧压的损伤和脑血流量的减少以及严重的外渗,银杏提取物可抑制这些现象,改善脑的代谢,保护脑免受各种形式脑缺血引起的低氧损害。银杏提取物对脑缺血的保护作用是由于其对PAF的拮抗作用。

④脑保护的有效成分。银杏成分银杏内脂A、B及白果内脂对局部及全缺血后脑损伤均有明显的保护作用。给予小鼠银杏内脂B 50 mg/kg连续7 d,可减轻脑缺血引起的细胞损伤;银杏内脂B 10mg/kg能使暂时性缺血动物缺血后低灌注在60~90 min内减轻。银杏内脂A、B可使谷氨酸对脑神经活细胞的毒性减少50%。银杏内脂A、B对脑保护作用与其具PAF拮抗作用有关。

白果内脂有脑保护作用,白果内脂5 mg/kg可明显减少脑动脉结扎所致的梗死范围。

叶片提取物对血管的作用

给予银杏提取物后,离体主动脉发生了缓慢而持久的扩张作用。银杏提取物亦能使活体动脉扩张,其扩张血管机制主要是通过增加离体小鼠主动脉的前列腺素合成。O_2^-能灭活内源性扩张因子(EDRF),银杏提取物可捕获O_2^-,从而使EDRF发挥扩血管作用,EDRF可通过增加C-GMP的合成扩张血管。β-肾上腺素能受体存在于脑微循环中,且在调节微血管功能方面起重要作用,银杏提取物能恢复β-肾上腺素能的结合。

叶片提取物对血液灌注的作用

银杏提取物能显著提高外周血管的血流量:使豚鼠后肢盐水灌注引起的剂量依赖性血流速度加快,增加37%,使长尾猴冠脉血流量增加78%。银杏提取物引起脑血流的增加:静注0.3 mg/kg银杏提取物使麻醉猫脑血管直径扩张达21%。用自动放射性同位素成像技术证实了银杏提取物能提高脑血流,局部血流量增加达50%~100%。

叶片提取物对血液流变学的作用

大剂量的银杏提取物静脉给药可明显降低脑卒中病人的全血黏稠状。银杏提取物3.5 μg/mL或7.0 μg/mL能减少病理增高的红细胞聚集,而不改变红细胞有变形性,揭示银杏提取物可通过影响血流性质,改善缺血病人的微循环。患动脉硬化的病人,由于血管改变致血小板易于激化而发生血管血栓及栓塞。给志愿者服用银杏提取物600 mg后检测ADF、PAF或肾上腺素作用下的血小板聚集,结果发现,银杏提取物能减少血小板聚集,减少动脉血栓的形成。

叶片提取物防治肝炎的作用

肝炎对大多数人来说都不陌生。长期以来,病毒性肝炎在我国广泛流行,是危害人们健康最为严重的传染病。病毒性肝炎可分为甲、乙、丙、丁、戊5种类型,其中,乙型肝炎是各类肝病中危害最大的一类,全国乙肝病毒携带者高达1.2亿,平均每10个人中就有1个,每年有上千万人发生重型肝炎,其中30万人被夺去生命。乙肝病毒具有极高的传染性,其抵抗力特强,即使沸水也要煮10 min以上才能将其杀灭,且传播方式也多种多样,对人健康造成极大危害。目前,治疗肝炎仍无特效药物,常用的包括抗病毒药物、免疫调控药物及保护肝细胞药物3类,现在市面推出不少中草药复方粗制品,其疗效尚有疑问,值得注意的是,许多药物进入人体后需经肝脏代谢,盲目过多地投药反而会加重肝脏负担,不利于肝炎的恢复。

银杏叶作为新开发的保健资源,其研制开发工作不断深入。临床对30例慢性肝炎加用银杏叶提取物制剂,每日3次,每次1 g,2个月后肝炎症状改善率达80%以上,以胃纳好转和肝痛消失最为突出,达90%~100%,降酶退黄总有效率达90%。

加速对银杏叶制品的研制开发,在预防和治疗肝炎,增强人们健康方面具有很大前景。

叶片提取物含量

银杏叶提取物含量

编号	聚戊烯醇浓度(%)	聚戊烯醇乙酸酯浓度(%)	样品来源
1(银杏叶)	—	1.73	贵州省遵义
2(银杏叶)	—	1.52	贵州省正安
3(银杏叶)	—	1.38	江苏省邳州
4(提取物)	92.3	—	贵州大学生化营养研究所
5(提取物)	90.5	—	贵州大学生化营养研究所
6(提取物)	—	80.9	贵州大学生化营养研究所
7(提取物)	—	87.8	贵州大学生化营养研究所

叶片提取物黄酮类化合物色谱图

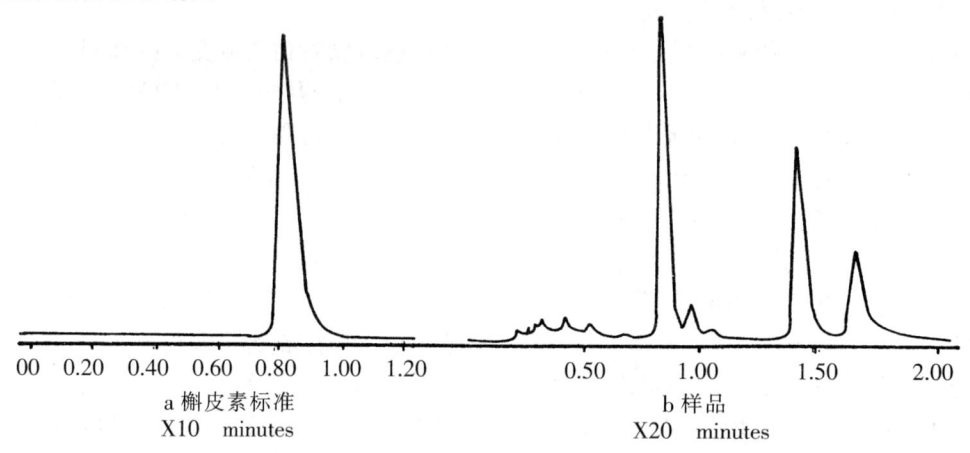

叶片提取物黄酮类化合物色谱图

叶片提取物及激素对哮喘患儿的临床比较

叶片提取物及激素对哮喘患儿的临床比较[$n(\%)$]

消失时间	银杏叶提取物治疗组($n=25$)		激素治疗组($n=25$)	
	3 d	5 d	3 d	5 d
哮喘	16(64)	24(96)	18(72)	23(92)
气急	21(84)	25(100)	22(88)	25(100)
哮鸣音	20(80)	24(96)	21(84)	25(100)

叶片提取物新制剂

目前,市售新制剂有银可络、百路达、华宝通、脑安、999、银杏天宝、络欣通等。这些制剂处于二代水平或向三代突破。

叶片提取物抑菌成分耐热性

叶片提取物抑菌成分耐热性(抑菌率%)

供试菌种	热处理温度与时间				
	未热处理	75℃ 30 min	85℃ 20 min	95℃ 15 min	121℃ 5 min
大肠杆菌	100	85.0	92.5	95.9	100
微球菌	100	86.2	90.2	98.7	98.9
枯草芽孢杆菌	100	84.9	89.4	97.2	99.2
绿脓杆菌	100	88.9	89.4	100	100
金黄色葡萄球菌	100	87.5	90.5	100	100
鼠伤寒沙门氏菌	100	85.2	87.3	98.7	100
福氏痢疾杆菌	100	80.3	90.3	9702	98.2
黄曲霉	100	87.2	90.0	96.5	97.8
产黄青霉	100	88.3	92.5	97.6	98.8
红酵母	100	88.4	93.0	100	100

注:营养琼脂培养基pH值为7.0,察氏培养基、麦芽汁培养基pH值为4.5;银杏叶提取物的加入量为各供试菌的MIC值;表中数据为四次平行试验平均值(抑菌率)。

叶片提取物制品

由于银杏叶片中含有的药用成分对许多疾病有特效,因此应用 EGb 制成的药品,如国内生产的天保宁、银可洛、百路达、银杏叶片、银杏活性乳、999 银杏叶片、舒血宁等,在市场上供不应求。国际市场上 EGb 药制品就更多,如梯波宁、塔拿堪、银杏苷元含片等,在市场上非常畅销。另外,将 EGb 与其他原料配合,可以制成保健食品,如各种饮料类保健食品、糖果类保健食品、小球藻制品等。目前,市场上常见的饮料有银杏大枣保健露酒、银杏核桃保健型复合饮料、银杏花蜜醇、银杏精、银杏保健蜜、红枣银杏茶、银杏叶桃果汁等。银杏叶提取物还可制成日用化工产品,如各种护肤化妆品、护发生发剂、减肥化妆品、口腔卫生制品和驱虫剂等。

叶片提取物中的黄酮苷

用高效液相色谱法测定银杏叶提取物经酸水解后黄酮苷元含量。采用 C18 柱,甲醇:水:磷酸(55:44.5:0.5)为流动相,检测波长 370 nm,方法回收率 95.1% ~ 103.2%,变异系数(CV)3.17%,10 批样品含测平均为 25.4%。

叶片提取物中银杏内酯和白果内酯的浓度

提取物	白果内酯	银杏内酯 A	银杏内酯 B	银杏内酯 C	总内酯
市售品 1	1.34	0.20	0.11	0.69	2.34
市售品 2	1.48	0.34	0.14	0.91	3.17
市售品 3	1.15	0.18	0.10	0.54	1.97

叶片提取物中银杏内酯和白果内酯的浓度(%)

叶片提取新工艺

银杏叶用添加安全无毒 HB-96 助剂的水溶液浸提,产品收得率及其黄酮苷和萜内酯的含量均可明显提高。同时,降低生产过程中的溶剂消耗和能源消耗,每千克银杏叶提取物生产成本比不添加 HB-96 助剂的降低 25%~30%。采用该技术生产银杏叶提取物,产品收得率大于 1.6%,最高可达到 2.0% 以上,且黄酮和内酯的质量标准符合国际认可的质量标准(总黄酮苷≥24%,内酯≥6%)。银杏叶提取物不仅是一种预防和治疗心脑血管疾病最有效的植物药物,而且具有清除和抑制自由基的效果。试验证明,用上述工艺生产的银杏叶提取物对 OH 和 O^{2-} 自由基的抑制效果均在 95% 以上,其 IC_{50} 分别为 6.97×10^{-4} μg/mL 和 274 μg/mL。当浓度为 2.5 mg/mL 时,银杏叶提取物对抑制小鼠微粒体的脂质过氧化的体外效果为 100%。

叶片提取液中蛋白质的含量

叶片提取液中蛋白质的含量

样品	上清液	蛋白质含量	
		流程一	流程二
干叶	上清(1)	12.00	9.92
	上清(2)	2.18	0.02
	上清(3)	45.57	46.52
	上清(4)	0.00	2.86
	合计	59.75	59.32
鲜叶	上清(1)	4.28	1.53
	上清(2)	2.82	0.04
	上清(3)	7.00	11.02
	上清(4)	0.00	1.62
	合计	14.10	14.21

叶片萜内酯化合物药用机制

萜内酯类化合物都含有一个螺(4,4)壬烷(A、B 环)、一个四氢呋喃环(D 环)和 3 个 γ-内酯环(C、E 和 F 环),并有一个特异的叔丁基结构,其内酯抗 FAP 活性与 D 环、羟基位置有关,如 C1 和 C3 的 2 个羟基基团的存在表达银杏内酯 B 是最有效的 PAF 拮抗剂;相反,凡 C7 上具有羟基基团的内酯 C、M、J 活性很小,且内酯对 PAF 的拮抗具有一定的专一特异性。

叶片萜内酯类

目前从银杏叶中提取分离得到 6 种萜内酯化合物:银杏内酯 A、B、C、M、J 和白果内酯。它们都具有二萜或倍半萜结构,含 3 个 γ-内酯环和一个罕见的叔丁基,属二十碳化合物。

叶片微波提取法

将样品先经微波处理,然后用乙醇提取的方法,其工艺流程为,用蒸馏水将放入三角瓶中的银杏叶粉末浸没,并用保鲜醋将瓶口覆盖,放入微波炉加热,95% 乙醇 10 倍量,70℃,1 h 回流过滤,离心得黄酮产品。该法可降低有机溶剂浓度,缩短提取时间,提取率高等优点。

叶片系列

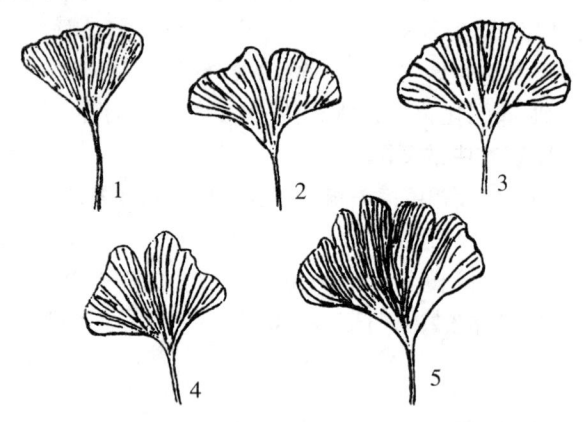

叶片系列
1,2,3 为幼枝上的和枝基部的叶 4,5 为老枝上的和长枝上的叶

叶片药物成分数量遗传

收集国内优良无性系,探讨叶内黄酮及内酯的遗传规律并最终筛选出高药物成分的叶用品种。采用高效液相色谱(HPLC)测定药物成分,采用 IBMPC 和 SPQG30 软件进行数据和育种分析。方差分析表明,银杏叶黄酮遗传力(h^2)、遗传变异系数(GCV)等遗传参数无性系＞性别＞种源。雄株叶内黄酮大于雌株。雄株内有最高的黄酮无性系,而雌株内有最大的内酯无性系。指数选择表明,含有结种性状(如黄酮或内酯)的多性状选择指数,聚合基因型增益、指数的遗传力、riy^2、E(I)及 CGS′均较单性状选择和不含结种性状的多性状选择高。银杏叶用品种更适于直接或指数选择。采用 Wricke 等方法对基因稳定性进行评价。筛选出的 4 个高黄酮和高内酯无性系,黄酮含量大于 2%,内酯大于 0.3%。对银杏种质资源保存、开发利用,药用银杏栽培良种化、标准化(GAP 和 GMP),银杏叶药物成分的遗传规律、多性状选择及改良有重要意义。

叶片药物成分研究年鉴

年(公元)	研究者	国别	主要创新点	来源
前 3—5 世纪	不详	中国	《神农本草经》记载银杏树	Michel 等,1988
1329	吴瑞	中国	《日用本草》提及银杏药物价值	Del Tredici 等,1991
1436	Lan Mao	中国	《滇南本草图说》银杏树皮药用	周维书,1994
1505	刘文泰	中国	《本草品汇精要》银杏叶可内服	Del Tredici 等,1991
1590	李时珍	中国	《本草纲目》多处涉及银杏药用	周维书,1994
1932	古川周二	日本	发现银杏叶含有黄酮类化合物	Furukawa,1932
1941	中泽浩一	日本	确定银杏黄素(Ginkgotin)结构	Nakazawa,1941
1965	Schwabe	德国	银杏叶提取物最具完整药理效果能 EGb761 问世	Sehwabe,1965
1967	Okabe	日本	发现银杏内脂 A、B、C	Okabe,1967
1967	Maruyama	日本	从银杏中分离出 Ga、Gb、Gc 和 Gm	Maruyama,1967
1969	Weinges	德国	从银杏叶用分离出 bilobalide	Weinges,1969
1971	Nakanishi	日本	确定银杏内脂 A 结构,并证明确有一个罕见的叔丁基。首次研究了银杏内脂合成途径	Major,1967 Nakanishi,1971
1982 1983	Briallcon-Scheid	法国	用 HPLC 分离出四种双黄酮	Briancon-Scheid,1983
1983	Ibata	日本	从叶中分离出聚戊烯醇及其乙酸酯类	Ibata,1983
1986 1987	Nasr	法国	分离出 2 种新黄酮糖苷	Nasr,1987
1986	Weinges 等	德国	从银杏内脂 A 合成了白果内脂	Weinges,1986
1987	Weinges	德国	分离出银杏内脂 J	Weinges,1987
1987	Corey 等	美国	首次合成(±)- 白果内脂	Corey,1987
1988	Corey 等	美国	首次合成银杏内脂 B	Corey,1988
1988	Braguet	法国	证明银杏内脂属二萜,B 活性最高,5 种组分表现为羟基数目和位置不同	Braguet,1988
1989	Schuitemker	荷兰	发现 EGb 中含葡糖苷保护作用级花青素多酚的抗自由基作用	周维书,1994
1990	VanBeek	新西兰	首创萜内酯 HPLC 检测方法	Van Beek,1990
1991	Kraus	德国	发现叶子中水溶性多糖	Kraus,1991
1992	Hasler	瑞士	分离出 5 种新黄酮糖苷	Hasler,1992
1993	Sficher	—	从叶中分离出 8 种新单黄酮糖苷	Sticher,1993
1993	Huh 等	美国	研究了聚戊烯醇的生物合成及种类	Huh 等,1993
1996	Carrier	加拿大	首次系统研究萜内酯来自双牻牛儿基焦磷酸(GGPP)	Carrier 等,1996

叶片药效成分含量

叶片药效成分含量

来源	干提取物(%)	黄酮异糖苷(%)	银杏苦内酯(%)	白果内酯(%)
港上种植园	28.7	1.17	0.306	0.239
(%)	100%	100%	100%	100%
市场上购买的老银杏树叶	22.7	0.70	0.103	0.075
(%)	79%	60%	34%	31%

叶片药用

以银杏叶为原料研制的药物制剂有冠心酮、天宝宁、舒血宁、静克敏、强力梯波宁、达纳康等,有针剂、片剂、胶囊、口服液等,具体运用在以下几个方面。①血液循环系统:能阻止 PAF 和内毒素因素引起的心肌梗死、血小板异常凝聚、低血压、休克、哮喘、胆固醇升高等疾病。②中枢神经系统:能治疗或减轻癫痫病、焦虑不安,能增加脑部记忆能力、减缓记忆;衰退速度、延长寿命,能阻止内耳电位的变化,减轻耳鸣症状,对眼部角膜炎、角膜水肿等眼科疾病也有很好的治疗效果,甚至可用于治疗大脑局部缺血引起的中风,可能对免疫脑脊髓有潜在的临床作用。③消化系统:用于医治胃溃疡和肠坏死、肠局部缺血引起的黏膜损坏、慢性乙型肝炎等,对胰腺炎可能有潜在的医疗效果。④泌尿系统:对肾损伤、蛋白尿、肾中毒等疾病临床效果良好。⑤生殖系统:抑制子宫的蜕膜反应和炎症,恢复男性性功能等。⑥呼吸系统:广泛用于治疗哮喘、咳嗽、气管过敏等呼吸系统疾病。⑦其他作用:用于治疗包括关节炎在内的各种炎症,可以抗早期肿瘤、延长器官移植中器官离体活性时间,具有许多免疫功能等。

叶片一般营养成分

叶片一般营养成分

成分 \ 银杏叶来源	普定基地	正安基地	标本园
蛋白质含量/%	12.36	15.45	10.90
总糖含量/%	8.69	7.38	7.71
还原糖含量/%	5.34	4.64	5.63
总酸含量/%	2.09	1.95	1.80
维生素 B_1 含量/(mg/100 g)	0.06	0.09	0.09
维生素 B_2 含量/(mg/100 g)	0.35	0.30	0.45
胡萝卜素含量/(mg/100 g)	18.08	17.30	14.52
维生素 E 含量/(mg/100 g)	7.05	8.05	6.17
维生素 C 含量/(mg/100 g)	126.70	129.20	66.78
胆碱含量/(mg/100 g)	28.00	39.50	35.56

叶片医疗保健的神奇功效

银杏叶提取物中主要含有黄酮类化合物和二萜内酯类,其药理作用广泛。

银杏叶提取物可明显降低脑水肿,减轻临床症状。实验表明,银杏叶提取物还可抑制脑部血管局部出血,同时可保护血脑屏障,调节脑血流量。另外,对脑代谢和神经递质均有一定的影响。

银杏叶提取物还有抗衰老作用。它可清除自由基和抑制老化代谢产物。银杏叶提取物具有超氧化物岐化酶(SOD)的活性,能提高应激能力,并有健脑作用,能明显提高记忆力。

意大利学者观察到银杏叶提取物在体外产生浓度依赖性,有松弛豚鼠平滑肌的作用。

对神经系统的影响,具有抗焦虑和抗忧虑的作用。对酶的影响,具有调节核糖酸酶的功能,可防止或逆转各组织的纤维变化,降低炎症病人和包括艾滋病在内的自动免疫性疾病中球蛋白和免疫球蛋白的不正常升高。也可用于治疗白血病的实体瘤,提高抗癌化疗剂的效果,防治各种癌症。

叶片饮料

以银杏叶为原料制成的银杏饮料分固体和液体两大类,种类繁多,不胜枚举。日本以银杏叶作为添加剂进行发酵酿酒,其发酵速度快、效率高,经济、品质、香气俱佳,还有银杏叶可乐饮料和冲剂、冰淇淋、保健蜜、保健乳、保健酒等,除食用价值外,还有保健药效。我国攀传军研制的银杏酒(中国专利号95104499)具有降血压、防止心血管疾病、改善阿尔茨海默病等效果。上海天力营养保健食品厂生产的"天力饮液"和"天力晶冲剂"、扬州华仪食品有限公司生产的"银杏王"、扬州康泰银杏食品有限公司生产的"银杏果晶"、中国药科大学研制的"赢生口服液"、日本 Sanrael 公司用银杏叶浸膏制成的 GBE-24 系列营养补品(分片剂、口服液、清凉口服液)等均具有较好的营养和保健效果,自投放市场以来,反映良好。

叶片饮料降低人体血液黏稠度

选择高血脂及血液黏稠度偏高的人群 30 例,受试物为银杏叶饮料(银杏叶提取物为主料,还配有与银杏黄酮有协同作用的辅料）。对象选择为高血脂人群。实验开始前，先做体检及空腹抽血测血液黏稠度检验，然后服用银杏叶饮料每天20～40 mL，实验期为50 d，跟踪观察。实验结束日，空腹肘静脉取血测全血低切黏度、高切黏度、血浆高切黏度及纤维蛋白元等指标，结果有33%的人群全血、血浆黏度均有明显下降，29.6%的人群部分指标好转，19%的人群一项指标好转，总共81.5%的人群服药后血液黏度均有不同程度好转，故该饮料的有效成分可通过降低红细胞聚集指数使低切变率的全血黏度降低，改善微循环，有利于治疗心脑血管疾病。

叶片营养成分

银杏叶含有多种营养成分，尤其是蛋白质、糖、维生素C、维生素E和胡萝卜素含量相当丰富。以干重计，叶中含蛋白质10.6%～15.9%、糖7.4%～8.7%、还原糖4.6%～5.6%、维生素C 66.6～129.4 mg/100 g、维生素E 6.2～8.1 mg/100 g。银杏叶中氨基酸含量十分丰富，总氨基酸含量为10.7%～15.4%，而且含有全部8种人体必需氨基酸，其必需氨基酸含量占总氨基酸量的40%左右。研究结果进一步表明，银杏叶中必需氨基酸组分与大豆蛋白一致，十分接近鸡蛋蛋白。银杏叶中还含有丰富的矿物营养元素，尤其是钙、硼、磷、硒等元素含量高，其中，钙含量为1 870～2 367 mg/100 g、磷为290～400 mg/100 g，硒含量为5.5～15.4 mg/100 g。其他人体所需的微量元素如铁、铜、锰、锌、氟、铬等含量也较丰富。试验研究结果表明，银杏叶片中营养成分的含量、氨基酸含量及矿物营养元素含量，因不同地区不同品种而有明显差异。

叶片油胞种类、特点及分布规律

叶片油胞种类、特点及分布规律

	椭圆形	卵圆形	方形	点状	斑状	混合状
形状	呈椭圆或长椭圆	圆、卵圆	长方或正方形	小圆球	不规则斑状	混合类型
密度	无	极稀	稀	中	密	极密
	无油胞	1～2个/cm²	3～5个/cm²	6～8个/cm²	8～10个/cm²	>10个/cm²
大小	小	中	大			
	直径<1mm	直径1～2mm	直径>2mm			
部位	叶缘	上部	中部	下部	一侧	全叶面
	油胞位于叶缘	叶上部	叶中部	叶下部	叶一侧	整个叶面
分布	星状	团状	放射状			
	呈密集或散状	密集成团	沿叶脉放射状			

叶片有机溶剂提取法

此方法有以下四种。

①乙醇提取法：70%乙醇10倍量，60℃，提取1 h，过滤，滤液蒸馏后，所得提取物加20%乙醇悬浮，过滤，滤液蒸馏后得提取物。

②丙酮提取法：60%乙醇5倍量，55℃，提取5 h，过滤，滤液萃取3次，丙酮相减压蒸馏，减压干燥，得残渣，将其粉碎，即得。

③丙酮提取—氨水沉淀法：银杏叶用70%，丙酮50～60℃逆流提取2次，滤过，滤液减压浓缩，加氨水调pH值至9，滤过，滤液用H_2SO_4调pH值至2，加入$(NH_4)_2SO_4$，用丁酮—丙酮进行萃取，酮相减压干燥，干燥物悬浮于8倍乙醇中，滤过，滤液减压干燥，即得。

④酮类提取—硅藻土过滤法：银杏叶用65%丙酮6倍量于60℃$(NH_4)_2SO_4$提取4.5 h，过滤，滤液加硅藻土悬浮，于45℃减压浓缩，滤过，滤液加$(NH_4)_2SO_4$用丁酮于25℃萃取，酮相加$(NH_4)_2SO_4$干燥，过滤，减压浓缩，即得（庞素秋等，1997）。

叶片有机溶解萃取工艺

这是目前国内外使用最广泛的方法，该工艺的专利也很多，可分为以下两种形式。①银杏叶（干燥、粉碎）有机溶剂浸泡、萃取、过滤叶减压浓缩获得银杏叶浸膏。②在①的基础上用液-液萃取法、沉淀法和吸附洗脱法进一步精制，用无水硫酸钠干燥、过滤、减压蒸馏除去溶剂后，即得精提物，其有效成分为1%～3%，其中黄酮类含量为20%～26%，萜类内酯含量为6%左右。目前，国内对银杏叶的提取工艺进行了一些改进，如用无水乙醇作溶剂等，改进后的提取工艺具有工艺简单、有效成分收率高、质量优等特点。具体方法概括如下。

银杏叶（干燥、粉碎）40%～80%乙醇温热浸搅→浓缩至半、冷却、过滤→滤液用不饱和型大孔树脂（或10%～40%乙醇）吸附水洗→树脂、60%以上的乙醇解吸附→醇液浓缩至干→提取物（黄酮苷含量20%以上）。

叶片有效成分分类及代表化学物

类别	种类	主要代表物
黄酮	35	黄酮、类黄酮及其糖苷(萘4,5,7-三羟基黄酮醇、槲皮酮、异鼠李黄素)、酰基糖苷、芦丁、双黄酮(阿罗托黄素、白果黄素、异银杏黄素、银杏黄素、西阿多黄素、甲氧基白果黄素)
萜类	12	双萜类(银杏苦内酯A、B、C、J、M)、倍半萜类(白果内酯A、白果内酯、芹子醇、榄香酯、二氢酒饼筋苦内酯)
酚类	7	白果酚酸、长链苯酚、氢化银杏酚酸、白果酚酸、银杏酚、白果酚、漆树酸
碳水化合物	8	阿拉伯糖、葡萄糖、鼠李糖、甘露糖、半乳糖、葡萄糖醛酸、半乳糖醛酸
有机酸	8	亚油酸、抗坏血酸、奎宁酸、莽草酸
聚戊烯醇	—	桦木聚戊烯醇 C_{85}、C_{90} 和 C_{95},其中以 C_{90} 为最多
矿质营养	25	钙、镁、钾、磷、锶、铁、铝、锂、硅、锰、溴醚类、醛类、醇类、生物碱、脂类、蜡类、异戊烯类
其他	—	长链醇酮、烷基酸类

叶片制剂对心脑血管疾病的疗效

患血管方面病症68人,服用银杏叶片剂后,检查其行为能力,皮肤温度与动脉传播速度,结果发现,此药具有缓和肌肉收缩作用,促使皮肤与肌肉温度上升,促进血液循环,使养分有效运输到全身各部。此片剂很适合于患中枢性与末梢性血管障碍的患者服用。

叶片制剂对治疗肥胖的功效

银杏叶提取物注射液治疗51例慢性充血性心力衰竭的结果表明,显效25人,有效23人,无效3人,总有效率达94.12%。随着人们生活水平的提高,人们在饮食结构还未得到合理调整的情况下,人体内积蓄了大量多余的热量,肥胖人群逐年增多,这样就诱发了冠心病、高血压、高血脂、高血糖、动脉硬化等病症,尤其是那些举目可见的肥胖儿童更是危险人群。意大利和美国的研究人员发现,年仅7岁的肥胖儿童已经开始有动脉硬化。研究人员检查了100名肥胖儿童,发现他们的颈动脉已经开始增厚和变硬,而且这些肥胖孩子还存在着极大的患糖尿病的倾向。

筛选出100名6~14岁超体重的儿童,将他们同47名体重正常儿童做比较。结果发现,这些肥胖儿童的胰岛素抵抗比体重正常儿童要高出许多倍。同时,这些肥胖儿童的血压和胆固醇水平更高。更重要的是,超声扫描显示,肥胖儿童的颈动脉比正常孩子更硬和更厚。对成年人来说,颈动脉变硬和变厚被认为是动脉狭窄和冠心病的先兆。目前估计有15%的美国儿童超体重和肥胖。在许多欧洲国家,儿童肥胖的比例正在逐年上升。在我国,有12%的儿童肥胖或超重,肥胖会很快地损害儿童的动脉。身体超重的孩子与正常体重的孩子相比,患心脏病和卒中的概率要高出3~5倍。

在儿童时期的肥胖增加了他们成年期动脉硬化症和死亡的风险。对这些肥胖儿童的父母来说,帮助孩子控制体重以及治疗相关的风险因素是非常重要的。其中,服用银杏叶提取物是非常重要的措施。

叶片制剂改善糖尿病症状的功效

在德国和法国医院中,给糖尿病患者服用银杏叶制剂后,发现血液中的血糖显著降低,症状明显改善。因胰岛素所引起的20名糖尿病患者,经服用银杏叶制剂后,不仅可以减少胰岛素的注射量,并且可促使糖分代谢正常,改善血糖质,提高胰岛素的功能。同时,服用银杏叶制剂可扩张毛细血管,明显改善糖尿病患者的症状。

叶片制剂解除酒精中毒的功效

当饮用大量酒精时,血液中的葡萄糖含量大增,即血糖含量过高,血糖浓度高,表现为饮酒后,口渴而无法入眠,而银杏叶制剂可促使人体的血糖含量恢复正常。所以目前很多国家的饮酒者都应用银杏叶制剂来防止饮酒过量而产生的酒精中毒。

叶片制剂治疗肾脏疾病的功效

据临床报道,不论是因年老所引起的肾衰,还是慢性肾病,服用银杏叶制剂,都可促使毛细血管恢复正常,使血液流通顺畅,改善肾与膀胱的功能。另外,对因尿毒症与肾炎所引起的食欲不振、呕吐、头昏眼花、无力、意识模糊,甚至虚脱、腹泻、呼吸困难等症状,服用银杏叶制剂后均可大大改善,慢性尿毒症也可治愈。

叶片制剂治疗听力减弱的功效

银杏叶制剂对血管障碍所引起的耳鸣与头昏眼花,具有明显疗效,80%的患者其症状都有所改善。

叶片制剂治疗眼睛疾病的功效

使用银杏叶制剂治疗因糖尿病性视网膜症为主的血管障碍所引起的眼睛疾病,目前在欧美已被广泛应用。98位眼科医生,对1 095名眼病患者进行临床观察,对使用银杏叶制剂的治疗效果进行统计,显效为57%,稍有改善的为23%,完全无效的为20%。在法国巴黎果乡医院，布雷肯博士利用银杏叶制剂治疗眼睛疾病的临床实验报告指出，从视力测定值看，说明此药具有明显治疗效果，尤其是视网膜萎缩病症与糖尿性视网膜病症的患者，在服用此药后，症状皆能明显改善。同时，各医院临床实验证明，服用银杏叶制剂，对治疗青光眼也非常有效。

叶片制剂中内酯化合物的浓度

叶片制剂中内酯化合物的浓度

银杏叶制剂	浓度（μg/mL 液剂）					总量（%）
	BB	GJ	GC	GA	GB	
Geriaforce A（荷兰）	98	20	—	26	24	0.017
Geriaforce B（荷兰）	80	22	—	23	21	0.015
Ginkgoplant（荷兰）	72	18	—	27	16	0.013
Ginkgogink（法国）	<20	120	363	372	256	0.111
Tanakan（法国）	943	184	336	460	278	0.220
Rokan（德国）	921	174	280	360	180	0.192
Tebonin（德国）	988	167	302	398	279	0.213

叶片质量释注

黄叶：叶子失绿呈黄色。

霉烂叶：叶子发霉变黑或变暗、变灰。

病叶：叶子边缘发黄、变褐色、干边等。

苗圃叶：叶子大、叶边缘缺口深。

杂质：叶子以外的一切杂物。

洁净：叶面全绿、无斑点、无变色、无污渍。

标准叶：指银杏 GAP 基地产出叶。

叶片中氨基酸的含量

用 835-50 型氨基酸自动分析仪测定了银杏和银杏叶中 17 种氨基酸的含量。结果表明，银杏和银杏绿叶中氨基酸的总含量高达 10.8%，银杏黄叶中约含 3.5%。

叶片中必需氨基酸、优质蛋白和 WHO 模式比较

叶片中必需氨基酸、优质蛋白和 WHO 模式比较

单位：mg/（g 蛋白质）

组分	银杏蛋白质	大豆蛋白	鸡蛋蛋白	WHO
苏氨酸	44.5~50.5	37.0	47.0	9.0
缬氨酸	55.8~64.1	48.0	66.0	13.0
蛋氨酸	14.5~17.0	11.0	57.0	17.0
异亮氨酸	36.4~40.8	49.0	54.0	13.0
亮氨酸	71.2~76.1	77.0	86.0	19.0
亮氨酸+酪氨酸	84.1~90.1	91.0	93.0	19.0
组氨酸	21.0~22.0	25.0	22.0	16.0
赖氨酸	65.4~73.4	61.0	70.0	16.0
色氨酸	13.6~21.1	14.0	17.0	5.0

叶片中的谷氨酸脱氢酶（GDH）

此酶共有两条同工酶带，有同二位点上的两个等位基因编码。酶谱表现为两种纯合子类型，基因型分别为 aa 和 bb，无杂合子出现，许多植物如 *Camellia* L. 和 *Campsis* Lour.，表现为单态酶，仅 1 条酶带。但有的植物如 *Eucalyptus* L'Her, *Pinus* L. 和 *Zea* L.，除表现两条纯合子酶带外，还出现杂合子酶带，是 1 条宽的中间带。

叶片中的过氧化物酶（PRX）

PRX 呈现的酶带较多，共有 8 条，分别由 4 个基因位点编码。在 PRX-1 和 PRX-4 位点上，仅有 1 条酶带出现，为单态位点。在 PRX-2 位点上，产生 1 种纯合子和 1 种杂合下，基因型分别为 bb 和 ab，没有出现纯合子 aa 类型。杂合子显示两条酶带，表明此位点姓编码单聚体（monomer）蛋白质。在 PRX-3 位点上，则表现 4 条酶带，和 Dane 对 *Cucumis melo* L. 的研究结果相似。认为这 4 条酶带由两个等位基因控制，杂台子 ab 则呈现 4 条酶带，同时也说明此位点是编码单聚体蛋白质的位点，和 PRX-2 位点相符。

叶片中的莽草酸脱氢酶（SDH）

SDH 表现两个酶活性区域，分别有 1 条和 2 条酶带，各由 1 个基因编码。SDH-1 为多态位点，出现 1 种纯合子 bb 和杂合子 ab。杂合子显示 2 条酶带，表明 SDH-1 为编码单聚体蛋白质。SDH-2 为单态位点，仅显示 1 条酶带。Moran 等在 *Eucalyptus* L'Her 上对 SDH 的研究则检测到 1 个单聚体位点，由几个等位基因编码。

叶片中的葡萄糖-6-磷酸脱氢酶(G-6PDH)

此酶仅检测到1条同工酶带,不同单株表现一致,无变异产生,表明此酶为单态酶(monomorphic enzyme)。Wijsman等在 Petunia Juss. 的研究中,也仅探测到1个活性区域,区域较宽。而Levin和Crepet在 Lycopodium lucidulum 的研究中,检测到两个G-6PDH位点,但变异也较小。

叶片中的有机酸类

银杏叶中含有3-甲氧基-4-羟基苯甲酸、4-羟基苯甲酸-3,4-二羟基苯甲酸-抗坏血酸-硬脂酸(十八烷酸)、亚油酸(十八碳二烯-9,12酸)、棕榈酸(十六烷酸)、莽草酸、氨基酸和6-羟基犬尿哇啉酸等有机酸类。其中,6-羟基犬尿哇啉酸由于能作为广谱中枢神经氨基酸拮抗剂,颇受人们重视。这种有机酸直接作用于N-甲基-肋天冬氨酸,能降低脑缺氧。而亚油酸是人体内不能合成的脂肪酸,必须由食物供给,人体内花生四烯酸是以亚油酸为原料合成的。亚油酸还可促进胆固醇和胆汁的排出,降低胆固醇的含量,临床上作为降血脂药。

叶片中各种氨基酸含量

叶片中各种氨基酸含量

单位:g/(100g 干基)

成分 \ 银杏叶来源	普定基地	正安基地	标本园
天冬氨酸	1.42	1.73	1.26
苏氨酸*	0.55	0.72	0.50
丝氨酸	0.57	0.74	0.55
谷氨酸	1.39	1.79	1.16
甘氨酸	0.70	0.92	0.76
丙氨酸	0.83	1.09	0.71
缬氨酸*	0.69	0.99	0.64
蛋氨酸*	0.21	0.24	0.18
异亮氨酸*	0.45	0.63	0.44
亮氨酸*	0.89	1.10	0.83
酪氨酸	0.40	0.56	0.37
苯丙氨酸*	0.64	0.83	0.60
r-氨基丁酸	0.26	0.34	0.20
组氨酸*	0.26	0.34	0.23
赖氨酸*	0.84	1.01	0.80
色氨酸*	0.22	0.21	0.23
精氨酸	0.66	0.91	0.60
脯氨酸	0.92	1.28	0.69
总氨基酸	11.90	15.43	10.73
必需氨基酸	4.75	6.04	4.45
必需氨基酸/总氨基酸/g	39.92	39.14	41.47
必需氨基酸/非必需氨基酸/%	66.43	64.46	70.86

注:* 必需氨基酸。

叶片中过氧化氢酶的活性

叶片中过氧化氢酶的活性

类别 酶活性 项目	30~40年生已开花植株				4年实生苗			
	雄株		雌株		I		II	
	长枝叶片	短枝叶片	长枝叶片	短枝叶片	长枝叶片	短枝叶片	长枝叶片	短枝叶片
$\sum x$	2 373.9	2 141.2	957.5	865.4	5 648.8	4 922.0	2 042.4	1 828.9
n	7	7	7	7	8	8	8	8
$\bar{x}$	339.1	305.9	136.8	123.6	706.1	617.8	255.3	228.6
s	31.56	34.74	16.35	17.35	145.70	94.31	40.79	34.20

叶片中化学成分的遗传变异

对有代表性的7个产区,每产区4个家系及分布区南北两端2个产区各一家系内10个单株2年生幼苗叶片中三种黄酮类化合物和白果内脂及银杏内脂的含量进行了测定,结果表明,产区间、产区内家系间和家系内单株间均有广泛的遗传差异。黄酮类的含量与各内脂含量呈负相关,但达不到统计学上显著水平。2年生幼苗叶中的内脂含量与16年生树无明显差异。所有这些信息为银杏药用目的的遗传改良策略和集约经营叶用原料林的体制提供了依据。

叶片中黄酮苷和萜内酯各组分含量

叶片中黄酮苷和萜内酯各组分含量　　　　　　　　单位:g/(100g 干基)

产地\组分	黄酮苷				萜内酯				
	槲皮素	山柰素	异鼠李素	总量	银杏内酯A(GA)	银杏内酯B(GB)	银杏内酯C(GC)	白果内酯(BB)	总量
黔南*	0.37	0.32	0.06	0.75	0.02	0.02	0.03	0.05	0.12
福泉*	0.26	0.16	0.09	0.51	0.06	0.04	0.01	0.02	0.13
安顺	0.68	0.70	0.10	1.48	0.45	0.21	0.11	0.19	0.96
德江	0.74	0.54	0.08	1.36	0.28	0.11	0.06	0.16	0.63
盘县	0.42	0.41	0.13	0.96	0.18	0.12	0.08	0.16	0.57
普安*	0.16	0.52	0.07	0.75	0.14	0.02	0.02	0.04	0.22
贵阳*	0.12	0.28	0.09	0.49	0.07	0.02	0.01	0.01	0.11
龙里	0.48	0.69	0.20	1.37	0.36	0.20	0.06	0.26	0.89
遵义	0.69	0.55	0.05	1.29	0.38	0.23	0.07	0.25	0.94
正安	0.72	0.71	0.00	1.43	0.33	0.20	0.10	0.25	0.89
长顺	0.99	0.70	0.09	1.78	0.16	0.09	0.13	0.16	0.54
标本园	0.94	0.69	0.09	1.72	0.27	0.12	0.03	0.04	0.82
北京969	0.78	0.77	0.10	1.56	0.09	0.01	0.11	0.19	0.04
山东	0.50	0.40	0.16	1.06	0.04	0.10	0.09	0.07	0.30
普安	0.73	0.45	0.05	1.23	0.14	0.06	0.04	0.17	0.41

注:*为老树叶,其余均为2~5年生树叶。

叶片中黄酮苷元的提取和分离

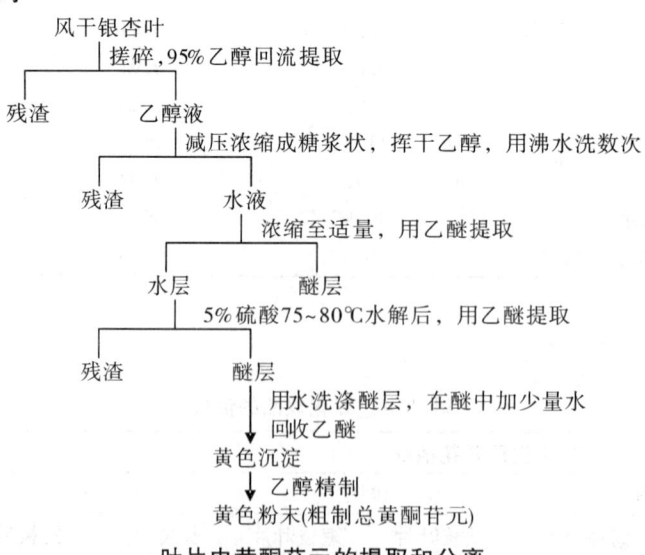

叶片中黄酮苷元的提取和分离

叶片中双黄酮的含量

叶片中双黄酮的含量（mg/g 干燥粗提物）

采集季节	金松双黄酮	银杏黄素	异银杏黄素	白果黄素	总含量
秋季绿叶	10.3	3.6	2.4	0.9	17.2
秋季黄叶	10.1	4.6	2.9	1.4	19.0
春季	2.9	0.8	1.1	0.4	5.2
夏季	2.5	0.9	0.8	0.2	4.4

叶片中微量元素

银杏树叶中除含有钙、镁、钾、磷等常量元素外，还含有铜、锌、铁、锰、锶、钠、钒、钴、镍、铬、钼、铝、钛、钡、锂、铍、铋、铅、镉、砷、硒、汞等微量元素，含量从百分之零点几到数百万分之一不等。

叶片中已分离鉴定的黄酮醇苷类化合物

叶片中已分离鉴定的黄酮醇苷类化合物

序号	R^1	R^2	R^3	新黄酮醇香豆酸醋苷
1	OH	H	H	3-O-[2-O-[6-O~(p-羟基-反-香豆酰)-p-D-葡萄糖基]-α-L-鼠李精基]槲皮素
2	H	H	H	3-O-[2-O-[6-O-(p-羟基-反-香豆酰)-β-D-葡萄糖基]-α-L-鼠李糖基]山柰酚
3	H	β-D-葡萄糖基	H	3-O-[2-O-[6-O-p-(p-葡萄糖基)氧-反-香豆酰]-β-D-葡萄糖基]-α-L-鼠李糖基]山柰酚
4	OH	β-D-葡萄糖基	H	3-O-[2-O-[6-O-[p-(β-D-葡萄糖基)氧-反-香豆酰]-p-D-葡萄糖基]-α-L-鼠李糖基]槲皮素
5	OH	H	β-D-葡萄糖基	3-O-[z-O-[6-O-(p-羟基-反-香豆酰)β-D-葡萄糖基]-α-L-鼠李糖基]-7-O-(β-D-葡萄糖基)槲皮素
				黄酮醇叁苷结构
6	3-[2-O,6-O-双(α-L-鼠李糖基)-β-D-葡萄糖基]山柰酚			
7	3-O-[2-O,6-O-双(α-L-鼠李糖基)-β-D-葡萄糖基]槲皮素			
6	3-O-[2-O,6-O-双(α-L-鼠李糖基)-β-D-葡萄糖基]异鼠李素			
				黄酮醇双苷结构
9	3-O-[2-O-(β-D-葡萄糖基)-α-L-鼠李糖基]槲皮素			
10	3-O-[2-O-(β-D-葡萄糖基)-α-L-鼠李糖基]山柰酚			
11	3-O-芸香糖基杨梅醇			
12	3-O-芸香糖基-3'-甲醚杨梅醇			
13	3-O-芸香糖基槲皮素			
14	3-O-芸香糖基异鼠李素			
15	3-O-芸香糖基山柰酚			
16	3-O-芸香糖基丁香亭			
				黄酮醇单苷结构
17	3-O-(α-L-鼠李糖基)山柰酚			
18	3-O-(α-L-鼠李糖基)槲皮素			
19	3-O-(β-D-葡萄糖基)山柰酚			
20	3-O-(β-D-葡萄糖基)异鼠李素			
21	3-O-(β-D-葡萄糖基)槲皮素			

叶片中有效成分及毒性

有效成分：①黄酮苷及其桂皮酰衍生物（清除过氧自由基，降低血黏度等）；②银杏内酯（强血小板活化因子拮抗剂）；③白果内酯（脱髓鞘神经疾病，并有促进神经生长作用）；④6-HKA（NMDA 拮抗剂，增强大脑耐缺氧力）；⑤Polyprenyl 类化合物。

但对于银杏这样治疗作用多样的植物，有效成分尚未完全搞清楚。

毒性成分：烷基酚酸，4，-Methoxypyridoxine。

叶片中有效成分周年变化规律

银杏叶的栽培，目的是培育高产、优质的叶子，为加工服务。银杏叶的有效成分——黄酮和内酯的含量高低直接影响加工产品的质量。我国地域辽阔，自然环境条件各异，银杏叶有效成分周年变化规律也不一样。根据几年的观察分析，武汉、安陆的银杏叶与外地所报道的结果有所差异。①黄酮：4 月份含量高，以后逐月下降，8 月最低，9 月又上升，10 月又下降。8 月以前采叶后产生的二次叶，含量也还可以。②内酯：4、5 月结果接近，5 月比 4 月略高。

叶片中总黄酮含量

叶片中总黄酮含量

地区	时间（月）	取样量（g）	黄酮得量（mg）	黄酮浓度（%）	地区	时间（月）	取样量（g）	黄酮得量（mg）	黄酮含量（%）
杭州	5	1.637 9	45.4	2.77	西天目山	10	1.857 9	54.1	2.91
杭州	7	1.906 4	55.9	2.93	西天目山	10	1.711 2	44.5	2.60
杭州	9	1.660	42.2	2.54*	临安	10	1.219 9	39.5	3.22**
杭州	10	1.867 3	49.7	2.66	临安	10	1.106 2	32.1	2.90**
杭州	10	1.160 3	37.8	3.26	诸暨	9	1.761 3	55.1	3.13
杭州	11	1.183 2	40.2	3.40	长兴	10	1.791 7	50.2	2.80
杭州	9	1.655 9	46.5	2.81	安吉	10	1.299 4	41.3	3.18
富阳	8	1.606 5	54.3	3.38	长兴	10	1.077 7	28.5	2.64
临安	10	1.072	39.8	3.71	桐庐	10	1.009 1	36.9	3.66
西天目山	10	1.815 7	60.8	3.35	宁海	10	1.869 1	63.2	3.33
西天目山	10	1.120 2	42.7	3.81	无锡	10	1.270 8	48.3	3.30

*叶有部分霉变；**采收后塑料袋包装放暗处 2 年后分析。

叶片中总银杏酸测定

叶片中总银杏酸测定（$n=3$）

银杏叶样品	总银杏酸（%）										
	5月12日	5月31日	6月15日	7月1日	7月15日	8月1日	8月15日	9月2日	9月16日	10月3日	平均值
4 年生	1.78	2.52	2.00	1.67	1.86	1.14	1.24	1.06	1.04	0.86	1.52
4 年生低剪 1 年	1.87	2.30	1.85	2.12	1.76	1.52	1.52	1.11	1.00	1.13	1.62
4 年生低剪 2 年	2.97	2.68	2.64	2.25	1.38	1.23	1.52	1.35	0.98	0.69	1.77
5 年生低剪 3 年	3.43	3.05	2.46	2.59	2.22	1.70	1.61	1.07	1.14	0.49	1.98
3 年生低剪后高剪	2.67	2.35	2.26	2.03	1.78	1.44	1.30	0.97	0.84	0.50	1.61
3 年生（移栽）	1.81	2.18	2.01	1.54	1.38	0.95	1.12	0.85	0.70	0.64	1.32
3 年生（未移栽）	2.21	2.52	1.92	1.89	1.94	1.59	1.61	1.39	1.17	1.23	1.80
平均值	2.39	2.51	2.16	2.01	1.76	1.37	1.42	1.11	0.98	0.72	

叶片种类与黄酮含量

叶片种类与黄酮含量

叶子种类	测定时间(月.日)	叶鲜重(g)	叶干重(g)	含水量(%)	黄酮(%)
刚展叶	4.13	0.329	0.058 6	82.19	2.955 1
刚展叶*	4.13	0.307 9	0.052 7	82.88	2.668 3
正常绿叶	5.20	2.224 0	0.586 0	73.65	2.678 2
正常绿叶*	5.20	2.250 0	0.591 3	73.72	2.464 6
秋后刚发新叶	11.16	0.300	0.051	83.00	4.771 1
树上黄叶	11.8	2.188 0	0.613 5	71.96	2.773 8
落地黄叶	12.1	2.089 0	0.605 8	71.00	1.547 5
绿叶贮藏 2 年	12.1	2.213 0	0.730 3	67.00	1.302 2
绿叶贮藏 1 年	12.10	2.221 9	0.711 0	68.00	1.404 0
绿叶片	6.4	2.155 6	0.597 3	72.29	2.160 7
绿叶柄	6.4	0.278 4	0.059 6	78.58	1.226 8

*为实生苗(2 年生),其他品种为马铃 4 号。

叶片总银杏酸、白果新酸和样品(C)的 HPLC 图

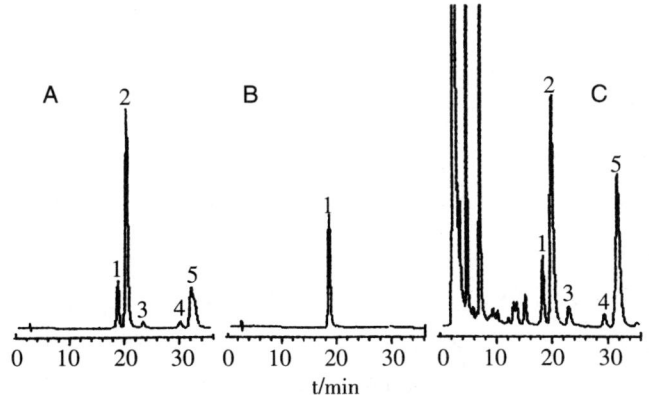

银杏叶总银杏酸(A)、白果新酸(B)和样品(C)的 HPLC 图

叶肉

位于叶子上下表皮之间的光合薄壁组织。

叶色

法国学者证明,1~3 年生苗木春天叶子较嫩,萜类含量较低,夏季绿叶含量最高,而秋季黄叶明显下降。瑞士学者证明,9 月 21 日、10 月 5 日(绿叶)和 11 月 17 日黄叶黄烷醇含量分别达 0.95%、1.17% 和 1.35%;酰基黄烷醇糖苷含量分别达 0.117%、0.112% 和 0.117%;萜类含量分别为 0.443%、0.510% 和 0.478%。我国资料证明,西阿多黄素、银杏黄素、异银杏黄素、白果黄素春季总量为 0.5%,夏季绿叶为 0.44%,而秋季绿叶为 1.72%,黄叶高达 1.9%(干重)。即从目前研究结果来看,银杏叶内萜类含量以夏季绿叶为最高;但黄酮类以黄叶为最高。这说明,银杏黄叶仍有较高的利用价值。

叶色美

银杏树叶的颜色随季节变化而变化,成为一幅变化着的美丽画卷。春天,银杏树叶初长,玲珑剔透,满树鸭脚杂陈,惹人爱怜。夏天,银杏树一片葱绿,生机盎然,叶片又像打开把把折扇,清风徐来,给人以凉爽之感。金秋时节,银杏叶色黄灿,累累硕果点缀其间,银杏树如一位位披金挂甲的大将军,如一株株金树,迎风而立,颇有气派。秋风过后,银杏树叶如金蝶翩翩飞舞,在阳光的照射下,熠熠发光,十分壮观。落地后的银杏叶宛如金色的地毯,把大地装扮得分外妖娆。古今文人雅士不吝笔墨与豪情,对银杏叶之美尽情咏赞。陆游诗句"鸭脚叶黄鸟桕丹,草烟小店风雨寒",写的就是金黄的银杏树叶与红色的乌桕叶相互掩映,构成的一幅美丽风情画。清代浙江《长兴县志》记载:"南朝陈武帝陈霸先于故宅广惠手植银杏一株在圣井旁,其大以抱计,须四人合抱方尽,秋晚微霜染树,与红墙掩映夕阳间,自成一幅画稿。已而叶落,宛若遍地黄金矣。"画家达·芬奇认为,黄色和红色在亮光中最美,金黄色在反射光中最美。在文豪郭沫若心目中,银杏叶非常神奇,"秋天到来,蝴蝶已经死了的时候,你的碧叶要翻成金黄,而且又会飞成满园的蝴蝶"。史岩在他的《故乡的银杏树》中写道:"飘下橙黄落叶,宛如铺开一片金色的地毯……翻跟斗,捉迷藏,仰天一躺,望着白云,神思遐想……"可以说,银杏的秋叶集色彩美和活力美于一身,极尽植物界壮观美之能事。

叶生小孢子囊的发现及系统意义

运用石蜡切片方法,结合光学显微镜和扫描电镜技术对叶生小孢子囊的比较形态学及系统意义进

行研究。叶生小孢子囊雄株有正常小孢子囊和叶生小孢子囊两种类型。叶生小孢子囊常着生在某些短枝的叶片边缘,这些叶片明显较正常叶片小,叶片顶端或右侧常有 1～3 个深裂刻,在裂刻处堆积 1～9 个不等的小孢子叶,或小孢子叶 1～3(5)个聚生在叶柄叶片交界的叶柄两侧,小孢子叶无柄。生小孢子囊叶片除在小孢子囊着生处叶片加厚外,解剖结构和正常叶片无明显差异,均由表皮、叶肉、叶脉 3 部分组成,栅栏组织和海绵组织分化不明显。叶生小孢子囊的数量、着生位置和形态具多样性,正常小孢子囊近椭圆形,叶生小孢子囊近圆形,孢子囊壁有 4～7 层细胞,散粉期绒毡层已经退化,仅留痕迹,孢子囊内分布大量花粉。叶生小孢子叶的花粉极轴和赤道轴分别为 19.09 μm 和 13.60 μm,每个叶生小孢子(花药)有花粉 1.86 万粒。正常花粉为光滑型,而叶生小孢子囊花粉为粗糙型。叶生小孢子囊花粉具有发芽能力。叶生小孢子囊银杏的个体发生表明银杏的小孢子叶有叶性来源的性质,其个体发生可能与同源异型和基因有关,叶生小孢子囊银杏可能是一种奇特的嵌合体。

叶位、叶龄与叶的生长及黄酮含量

叶位、叶龄与叶的生长及黄酮含量

叶位	叶龄(d)	展叶时间(日/月)	品种	黄酮(%)	叶长(cm)	叶宽(cm)	叶柄长(cm)	叶面积(cm²)	鲜重(g)	干重(g)	含水量(%)
上部(Ⅲ)	14	14/6	Ja	3.65Aa	8.60	9.98	1.90	53.60	1.63	0.42	74.37
			Gb	2.12Aa	6.88	8.22	1.92	34.55	1.01	0.23	78.55
			Ln	2.83Aa	6.32	9.00	1.88	37.60	1.20	0.266	77.80
			Hg	2.73Aa	5.30	7.50	1.90	28.80	1.03	0.23	77.60
中部(Ⅱ)	54	4/5	Ja	3.02Bb	7.72	10.18	2.10	64.34	2.03	0.51	74.83
			Gb	1.98Bb	10.06	10.14	2.04	60.72	1.60	0.44	72.57
			Ln	2.70Bb	6.34	10.00	2.10	49.50	1.88	0.50	73.20
			Hg	2.37Bb	5.40	7.56	2.00	29.46	1.54	0.48	72.70
下部(Ⅰ)	84	4/4	Ja	1.98Cc	8.60	13.42	6.56	89.88	2.51	0.64	75.28
			Gb	1.52Cc	7.40	12.79	6.32	74.78	2.09	0.56	73.00
			Ln	2.36Cc	6.33	10.02	6.22	48.44	2.00	0.53	73.45
			Hg	2.01Cc	5.53	7.88	6.11	30.06	1.98	0.52	73.77

*Ja 为藤九郎,Gb 为金兵卫,Ln 为岭南,Hg 为黄金丸。

叶形

银杏叶多为扇形,也有如意形、截形、三角形、纸卷形等形状,浅绿色。呈扇形的银杏叶上部宽 5～8 cm,有波状缺裂,叶基部呈楔形,叶柄长 5～8 cm。叶面积的大小、厚薄取决于树势、树龄、品种、枝条类型、枝条长势的强弱等。

银杏叶在长枝上为单叶互生,短枝上为 4～14 片叶簇生,叶片多呈二裂状,裂口深度不完全相同。一般来说,播种苗、萌蘖苗和长枝上的叶片,特别是长枝梢部的叶片,裂口较深,萌蘖苗的叶片中裂更深,可裂至叶片基部,近似两片小叶;扦插苗和短枝上的叶片一般裂口较浅。银杏长枝上的叶片,自下而上各不相同,渐次为截形、扇形和三角形,这种银杏的"异形叶性"与叶片的返祖重演相关。银杏的叶脉较特殊,全部为二叉状分枝式,并直达叶缘,少数叶脉具有网结。个别银杏品种在叶片上还能孕育胚珠结出种实,成为叶籽银杏。银杏叶中含有 a-乙烯醛等物质,能和多种有机酸及糖结合生成苷的状态或以游离方式存在,起抑菌杀虫的作用。所以,银杏叶具有较强的抗空气污染和抗各种病原菌的能力,极少发生病虫灾害,这也是银杏被选作行道树和庭院绿化树种的原因之一。

叶形变异

①叶基直线状叶缘具微钝锯齿(全缘或锐锯齿)或叶缘二裂(也有三裂以上者);②叶基锐角状叶缘呈现不规则锯齿或多裂;③叶基钝角状叶全缘或细锯齿,也有二裂或具有多数粗大锯齿;④叶基不对称叶籽银杏特有的叶基两侧不等,叶小。着生种子的叶片由胎座发育而成。叶片的大小、颜色的深浅等是衡量银杏长势的直观标志之一。对结果树,如果当年叶形较大,叶色深绿,秋季落叶迟,则说明树势强,翌年可正常结果;相反,如

果重栽或受自然灾害、人为破坏,则叶小、落叶早。

叶形分类(长枝)

叶形分类(长枝)

种类	特 征	占(%)
扇形叶	叶基线夹角 $0°<\alpha<180°$,呈扇形	42.4
半圆形	叶基线夹角 $n=180°(\pm)$,呈半圆形	25.3
菱形	叶基线夹角 $n<180°$,呈菱形	12.7
心形	叶基线夹角 $\alpha>180°$,呈心形	11.4
三角形	叶基线夹角 $\alpha=180°(\pm)$呈三角形	8.2

叶形美

银杏叶片一般为扇形,状如鸭脚,叶缘线条轻快流畅,从叶柄顶端辐射出去的叶脉如折扇的骨架,一片片树叶犹如一把把打开的折扇。清风徐来,树叶翩翩起舞,宛若古树老人在摇动万千折扇。银杏叶缘波状线的流畅感与叶脉的辐射状都是美学上的优美线条,银杏叶将这两种线条自然组合,可谓巧夺天工。美国美学家威廉·荷加斯分析说:"这两种线条不但使想象得以自由,而且说明其中所包含的容量和多样。"银杏叶因此给人带来的空间容量感,大大超过叶片本身,令人浮想联翩。银杏叶在不同气候和水土条件下,还会通过改变叶形适应生态环境,展现给人们不同的叶形美。如在生长条件极差的情况下,为减少水分蒸发,扇形叶片两端卷起完全黏合在一起,呈圆锥状,极像一个漏斗的样子。何凤仁先生观察发现,银杏树长枝上的叶片自下而上渐次为如意形、扇形、三角形等,给人以各种不同的美感。

叶序

叶在茎上排列的次序。每节只生一叶的叫互生。有些树种如金钱松、银杏等,叶着生在节间极度缩短的短枝上,很像生在一起,叫簇生。

叶序

叶芽

只含有叶原基,萌发后只长枝、叶的芽。外形一般较花芽瘦小。

叶芽皮插育苗

银杏良种快速育苗,可以采用叶芽带皮扦插,优点是一芽一株,成苗率高。具体做法:6月份选20~30年生银杏优株上当年生半木质化枝条,切取叶芽,切时用利刀在芽的上下各1cm处削成马耳状,剥去木质部,保留叶片、叶芽和小块树皮。取下后及时放在清水中,防止失水。在长3 m、宽1.5 m、高0.5 m的沙床内,底部铺20 cm厚卵石或碎砖作为排水层,内填20~30 cm细沙,插前先用0.5%高锰酸钾水对基质和插芽消毒,然后用吲哚丁酸 $1\,000\times10^{-6}$ + 10 mg硼酸的溶液,将插芽基部在溶液中蘸浸10 s后扦插。插时用木棒按行距8 cm、株距5 cm打洞,插深1~1.5 cm,用手压实。插后及时搭上塑料弓棚,竹帘遮阴,温度保持25~28℃,相对湿度在90%左右。插后每天观察,喷水保持叶面有水膜,28 d左右生根。新发根基部变褐、开始半木质化时拣苗。早晚掀去塑膜通风,5~7 d后掀去塑膜,在傍晚或阴天移植。栽时要求细致,根系舒展,不得卷曲。栽后及时浇水和松土保墒。银杏叶芽皮插,6月21日扦插的生根株数为98%,5月20日扦插的79%,7月25日扦插的为87%。

叶芽扦插和单叶扦插

银杏叶芽扦插和单叶扦插目前已有报道。叶芽皮插与单芽扦插基本相同。切取叶芽时,用利刀在芽的上、下各1 cm处削成马耳形,剥去木质部,保留叶片、叶芽和小块树皮,然后插在插床中。单叶扦插是只取一带叶片的叶柄,插在插床中,这种方法虽能生根,但是否能发芽长枝,今后还需进一步观察。

叶腋

一枚叶片和长出它们的轴之间的一个角,称为叶腋。

叶用良种选优标准

①生长量大,大于邻近5株优势株平均生长量15%以上;②节间短,短枝多而密,每短枝平均簇生叶片数在8枚以上;③叶片硕大、肥厚,叶色浓绿,叶缘深裂,叶片宽度大于17 cm;④生长期长,落叶晚,萌发力强,枝叶量大;⑤叶片有效成分含量高。

叶用良种选育程序

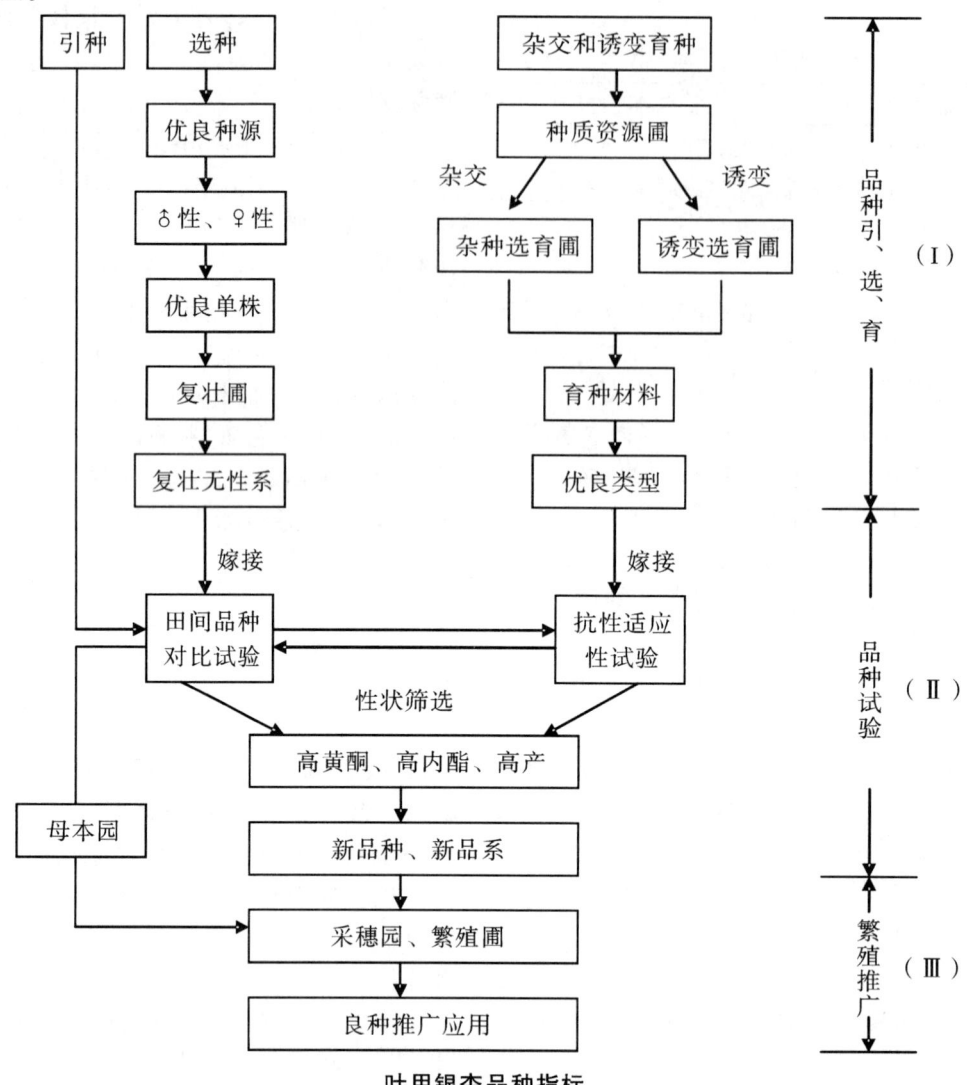

叶用银杏品种指标

叶用良种选择及评价

叶用良种选择及评价

基本项目	要求	评价内容	定量标准	评分标准
叶指标	产量高	单株叶产量	是对照的30%以上	24分
		每平方厘米树干断面积叶量	0.2kg	7分
		每平方米树冠投影面积叶量	1.3kg	6分
	叶片大肥厚	单叶面积	>25 cm^2	7分
		单叶厚度	>0.22 mm	7分
		单叶干重	>0.23 g	7分
	叶片数多	叶片数		12分
枝指标	利修剪易更新	新梢生长量大	>25 cm	6分
		成枝力强	嫁接3年>35%,嫁接8年>10%	12分
		一年生枝数量多	嫁接3年单株个数>20,嫁接8年>80	12分

叶用良种优程序

①预选。采取走访群众和普遍踏查相结合的方法,即调查选种和群众报种相结合的选优方法,根据选报情况,及时到现场核实,并做标记和记载,作为预选树。②初选。对预选树现场调查记载后,对记载资料进行整理,通过分析对比,将基本符合选优条件的植株作为初选树。③复选。对初选的优树,于9月中下旬进行移植、嫁接。

叶用良种主要形状

叶用良种主要形状

单位：kg

品种	母树地点	单株叶产量 3年生 $\bar{x}$	单株叶产量 3年生 是CK的%	单株叶产量 8年生 $\bar{x}$	单株叶产量 8年生 是CK的%	8年生树每平方米树冠投影面积叶量	单叶面积(cm^2)	单叶厚度(mm)	单叶干重(g)	新梢生长量(cm)	成功率(%) 3年	成功率(%) 8年	综合得分
A14	湖北安陆	0.453	143.6	37.593	630.7	6.2137	28.31	0.229	0.274	40.5	65.0	19.64	87.79
F13	浙江长兴	0.535	169.6	24.607	412.8	2.7100	31.07	0.236	0.237	37.3	45.0	18.31	83.35
T20	浙江长兴	0.411	130.3	20.397	342.1	2.2464	27.76	0.282	0.272	48.6	38.5	13.01	80.62
306-1	山东郯城	0.447	141.7	23.354	391.78	2.7315	25.72	0.281	0.259	36.8	39.3	16.20	79.36

叶用品系

选育的标准和项目：①叶片黄酮含量大于2.0%，萜内脂含量大于0.25%；②每叶片面积30 cm^2 以上；③叶片厚度0.4 mm以上；④单叶重1.3 g以上。

叶用品种标准及内容

叶用品种标准及内容

编号	内容及标准	要求
1	3年生枝段成枝力>50%	长枝萌发力强
2	每米长枝上的短枝数>35个，节间长度<3 cm	节间短、短枝多
3	新梢年生长量50~100 cm	生长量大，树冠扩大快
4	主干萌芽力强、发枝多、复干多	耐修剪和平茬
5	单叶面积50~100 cm^2	叶大多裂
6	单叶鲜重2g、每100 cm^2 叶重4 g以上	叶色浓绿、肥厚
7	3年生实生苗0.4 m×1.0 m密度，每公顷产干叶1875 kg以上 3年生品种苗0.4 m×1.0 m密度，每公顷产干叶2 625 kg以上	产量高
8	银杏叶黄酮苷含量>2.0%，银杏苦内酯含量>0.2%~0.5% 银杏叶提取物含黄酮苷24%、萜类>6.0%，银杏酸<100 mg/L	质量好
9	抗病虫、耐污染、耐低温和干旱	适应性强

注：黄酮苷采用754分光光度法测，苦内酯采用HPLC法测据。

叶用品种鉴定评比的内含物质

叶用品种鉴定评比的内含物质

项目	得分	注
营养成分： 水分、糖、蛋白质、脂肪、粗纤维、单宁、维生素（C、B_1、B_2、类胡萝卜素等）、微量元素（N、P、K、Ca、Fe、Mg、Zn、Cu、Sr等）、叶绿素	23	超过参评的10%~20%以上为优良
药用成分： 银杏内酯及白果内酯、双黄酮素、黄酮苷	24	

叶用品种鉴定评比指标

叶用品种鉴定评比指标

项目	得分	注
每米长枝上的单生叶片数	7	
每米长枝上的短枝数	6	
每个短枝上的叶片数	6	可以参考平均值，再分级打分
每米长度带短枝长枝上的叶片数	7	
单叶面积(cm)	7	
单叶重量(g)	7	
单株叶产量(kg)	7	
叶面积系数	6	
叶面积系数	6	

叶用品种选择条件

①枝干生长速度快，节间短，短枝多而密。②叶片数量多而大，叶色浓绿，叶片深裂肥厚。③叶片次生有效物质含量高，如黄酮、银杏萜内酯等有效成分含量高。④干鲜叶的折换率高。

叶用无性系遗传参数与苗龄的关系

叶用无性系遗传参数与苗龄的关系

接后年龄	指标	σg^2	h^2	$\triangle G'(\%)$	GCV(%)	$\bar{X}$	cv(%)	F
1年 (1997)	单株新梢数	0.02	0.8	19.39	10.54	1.42	29.88	4.94**
	叶数	0.86	0.763	25.05	13.92	44.36	30.38	4.23**
	新梢长	452.4	0.804	71.91	38.93	54.63	37.78	5.11**
	叶面积指数	0.074	0.582	100.3	63.81	0.42	72.39	2.39**
	小区产量	0.076	0.74	63.31	35.73	0.77	39.59	3.84**
	新梢长	108.19	0.758	48.05	26.79	38.83	29.8	4.14**
	叶数/梢	0.582	0.737	24.79	14.02	29.62	29.65	3.8**
	长枝叶宽	1.461	0.892	27.86	14.32	8.44	14.15	9.24**
	叶面积	66.25	0.862	46.53	24.33	33.46	23	7.23**
	叶干重	0.025	0.949	64.76	32.27	0.49	49.16	7.21**
2年 (1998)	单株新梢数	0.254	0.749	30.4	17.05	8.24	42.48	3.99**
	叶数	3.153	0.609	32.72	20.35	239.9	70.4	2.56**
	新梢长	6767	0.649	36.71	22.12	371.86	28.19	2.85**
	叶面积指数	0.77	0.76	74.8	41.65	2.11	54.77	4.17**
	小区产量	0.57	0.734	26.61	20.74	3.63	27.33	3.76**
	新梢长	111.6	0.639	16.43	12.48	84.65	15.62	2.77**
	叶数/梢	0.892	0.663	19.43	11.59	66.45	29.04	2.96**
	长枝叶宽	1.31	0.728	16.9	9.61	11.91	11.97	3.69**
	叶面积	79.07	0.663	25.18	15.02	59.21	18.67	2.96**
	叶干重	0.009	0.653	22.95	13.79	0.684	18.25	2.88**
3年 (1999)	单株新梢数	71.90	0.8166	38.34	30.60	27.71	50.20	5.45**
	叶数	412 134	0.7729	46.05	25.43	807.14	24.70	2.4**
	新梢长	112 776	0.8299	60.09	32.02	1 048.8	36.80	6.39**
	叶面积指数	1.284	0.3055	37.28	32.75	3.46	42.30	1.44*
	小区产量	0.8658	0.5218	26.13	17.56	5.30	24.50	2.09**
	新梢长	46.36	0.4550	18.15	13.06	52.15	17.90	1.83**
	叶数/梢	208.31	0.7895	54.66	29.86	48.34	16.90	1.56**
	长枝叶宽	27.82	0.6707	77.71	46.06	i1.45	32.20	3.0**
	叶面积	143.43	0.7961	44.81	24.38	49.13	10.50	4.91**
	叶干重	0.0155	0.7043	36.41	21.06	0.5911	18.80	3.38**

注：*95%可靠性极显著,5%危险性；**99%可靠性极显著,1%危险性。

叶用银杏的测定

具体研究方法为：将从优良株系上采集的枝条，嫁接在1年生的砧木上，每一砧木嫁接1根接穗，按田间试验设计的要求，每一株系占1苗床。第2年起每年对各株系进行测定，具体如下。

单株产量的测定：在全面调查的基础上，从每一株系的嫁接苗中选取10个标准株，叶片全部采下称重求平均值。

生长状况进行测定：

①从每个品种中选取30株最大的幼苗，做好标记，然后分别调查其枝数及枝条长，精确到0.1 cm，计算每株嫁接苗的平均枝条数、长度和叶片数。

②从每个品种中抽取5株有代表性的幼苗，调查叶片数。

③在这5株样苗的最长枝条上取基部的4片叶，分别求算其叶面积并测定干重。

固黄酮、内酯含量测定：可用高效液相色谱（HPLC）法。

①我国叶用银杏地理生态型不明显，从南亚热带→中亚热带→北亚热带→暖温带均表现良好。我国东部的山东、江苏和福建及南部的广西叶用资源相对集中。

②我国叶用银杏的种源、性别及无性系间具有广泛的遗传基础，可先确定种源，在种源内选择雄性或

雌性优良单株,然后形成无性系并产生叶用品种,有可能筛选出5%~10%的优良叶用品种。

③雄株和雌株两大群体内均存在优良叶用资源,但雄株内筛选出高产叶用品种的可能性更大。

叶用银杏的高径生长

叶用银杏的高径累积生长进程均呈典型S曲线,用Richards生长方程拟合效果良好,相关系数检验差异显著。K是描述生长速率的参数,新梢生长拟合方程的参数K值明显大于地径生长拟合方程相应值,表明速生期新梢的相对生长速率更大。对生长方程分别求二次导数和三次导数,得高径生长特征值。可以看出,主梢最大生长速率出现在6月中旬,较地径生长提前近半月,表现为速生期开始早(5月18日)、结束早(7月6日)、持续期短(59 d)的特点。地径生长速生期虽开始较晚,但结束得也晚,速生持续期长达83 d。就速生期相对生长量而言,地径和株高生长极为接近,均为61%左右。银杏高径年周期相对生长进程差异很大,主梢相对生长进程呈一单峰曲线,峰值出现在6月份;地径生长则呈双峰曲线,除了9月份的生长主峰以外,在6月份还有一个生长峰,期间的7月份为生长低谷。

叶用银杏的良种标准

①产叶量高,3年生时单株叶产量干重达150 g以上。

②叶内有效成分含量高,特别是黄酮及内酯类物质含量高,总黄酮含量1.5%以上,内酯物质含量0.2%以上。

③萌芽能力和抗逆性强。

④优质的叶用品种以叶片大、肥厚、浓绿、萌芽率高、发枝力强、节间短、短枝多、产量高、质量好为宜。定型的单叶面积能达到30~40 cm^2。2年实生苗最大叶面积可达174~196 cm^2。3年生实生苗,每公顷栽45 000株,年产干叶250 kg。

叶用银杏二次发叶技术

银杏叶具有的非凡药用价值,导致了银杏叶的需求量增加,同时派生出叶用银杏林的建设。为了提高银杏叶的产量,通常采用矮化密植的方法。经过3年的探讨,初步掌握了银杏二次发叶技术,银杏叶的收获量提高了近一倍。

①材料和方法。从江苏泰兴引进的嫁接苗,4株树龄为5年的银杏。国有来安县复兴林场生产的多元锌肥和其他材料。

方法:采用强刺激手段辅以加强肥水管理,促使休眠芽提前萌发。

②效果。采叶后10 d左右芽苞开始膨胀,隔3~4 d开始发叶,20 d左右叶片形成。1号树的9条小枝上的芽全部二次发叶。2号树仅有1根枝条上的芽没有萌动。3号树则仅有2条枝上各发1个芽。翌年较之4号对照树发芽迟10 d左右。

③结论。银杏具有二次发叶性能。银杏采叶的最佳时机和促使二次发叶的最佳手段尚待做进一步的探讨。银杏二次发叶的叶内有效药用成分(黄酮苷等)能增加多少,以及二次发叶对植株生长的影响等,均需做认真的分析。

叶用银杏品种指标

叶用银杏品种指标

指标	项目
产量	每米长枝上单生的叶片数
	每米主干上的侧枝数
	单叶面积(cm^2)
	单叶重量(g)
	单株叶面积(m^2)
	单株叶产量(kg)
	每亩叶面积系数(m^2)
内含物质	营养成分:糖、蛋白质、脂肪、粗纤维、单宁、维生素、微量元素、叶绿素、水分
	药用成分:银杏黄酮(槲皮素、山奈素、异鼠李素)、内酯(白果内酯、内酯A、内酯B、内酯C)

叶用银杏生长及抽枝

银杏高径生长呈一典型"S"曲线,用Richards生长方程拟合效果良好。株高生长呈生长迅速、持续期短的特点,年周期相对生长量变化呈单峰曲线,峰值出现在6月份。地径生长则表现出生长期长、生长相对稳定的特点,年周期相对生长量变化过程呈一双峰曲线,主峰出现在9月份,另一生长峰出现在6月。叶片生长表现为形态建成的短期速生性和生物量积累的持续性。适当施肥对高径生长有促进作用,其中以每公顷追施尿素675 kg、过磷酸钙1 350 kg效果最佳。栽植密度对地径、单位面积抽枝数量及侧枝总长度有显著影响,对株高和单株抽枝状况无显著影响。

叶用银杏新品种综合评定表

叶用银杏新品种综合评定表

品种	长枝总长（cm）	新梢长度（cm）	新梢粗度（cm）	新梢叶数	节间长度	叶产量（kg）	黄酮含量	内酯含量	N 值
1 号	275.13	47.46	0.82	22.98	0.350	0.234	3.087	0.446	5.553 2
2 号	287.83	47.09	0.82	23.23	0.334	0.212	3.227	0.437	5.527 4
3 号	292.08	49.40	0.85	24.10	0.376	0.261	2.9	0.437	5.742 7
4 号	307.02	54.05	0.93	23.79	0.391	0.285	3.787	0.418	6.154 3
5 号	248.50	49.64	0.85	22.41	0.318	0.203	3.471	0.443	5.505 3
6 号	290.22	42.85	0.87	21.92	0.419	0.219	3.633	0.462	5.625 4
7 号	319.01	47.57	0.86	22.26	0.352	0.264	3.711	0.479	5.990 2
8 号	209.30	48.28	0.89	22.64	0.345	0.213	3.777	0.442	5.550 0
9 号	279.95	50.20	0.87	21.37	0.346	0.220	4.36	0.450	5.867 9
10 号	277.81	43.77	0.81	22.68	0.352	0.158	3.021	0.383	5.087 6
11 号	236.52	44.81	0.79	21.59	0.346	0.172	3.324	0.382	5.054 5
12 号	406.67	53.76	0.92	24.65	0.393	0.287	3.44	0.419	6.360 0
13 号	252.67	34.50	0.76	20.97	0.448	0.230	2.617	0.356	4.825 3
14 号	212.47	43.61	0.89	21.52	0.380	0.194	3.52	0.461	5.306 1
15 号	265.09	49.49	0.88	22.60	0.375	0.251	3.616	0.455	5.813 1
18 号	195.42	44.76	0.81	21.96	0.318	0.168	3.617	0.437	5.166 7
19 号	275.14	54.38	0.73	28.03	0.432	0.121	2.59	0.397	5.194 1
20 号	205.33	46.34	0.79	23.23	0.325	0.166	2.799	0.415	4.994 6
21 号	237.42	37.16	0.75	19.99	0.331	0.226	3.057	0.407	5.005 2
22 号	234.02	42.34	0.82	20.38	0.326	0.212	2.797	0.454	5.142 5
23 号	256.21	43.73	0.83	22.74	0.379	0.215	3.363	0.74	5.508 5
24 号	278.13	39.50	0.74	21.48	0.394	0.202	3.047	0.67	5.007 1
25 号	300.63	45.82	0.79	23.49	0.408	0.224	3.1	0.87	5.416 1
26 号	310.04	45.25	0.82	23.04	0.416	0.241	3.273	0.25	5.620 4
27 号	348.66	48.33	0.84	21.47	0.334	0.246	3.35	0.89	5.695 3
28 号	251.51	41.87	1.04	22.88	0.378	0.306	3.83	0.448	6.220 6
29 号	274.81	42.33	0.78	19.48	0.381	0.240	2.963	0.410	5.217 0
30 号	236.32	42.71	0.99	22.49	0.404	0.251	3.673	0.410	5.686 3
31 号	273.37	36.39	0.87	20.53	0.385	0.245	3.273	0.407	5.308 2

注：①评定值 $N_1 = 5.737$、$N_2 = 5.2248$。$N > N_1$ 为优良品种，$N < N_2$ 为较差品种，其余为中等品种。②节间长度不参加计算，5 - 19 号为国外品种。

叶用银杏选育标准

①叶片黄酮含量在 2.0% 以上，银杏萜内酯0.25% 以上。

②叶面积 30 cm² 以上。

③叶片厚度 0.40 mm 以上。

④单叶重 1.3 g 以上。

叶用银杏选择方法

具体方法为：将从优良株系上采集的枝条，嫁接在 1 年生的砧木上，每一砧木嫁接 1 根接穗，按田间试验设计的要求，每一株系占 1 苗床。第 2 年起每年对各株系进行测定。

①单株产量测定。在全面调查的基础上，从每一株系的嫁接苗中选取 10 个标准株，叶片全部采下称重求平均值。

②生长状况测定。

a. 从每个品种中选取 30 株最大的幼苗，做好标记，然后分别调查其枝数及枝条长，精确到 0.1 cm，计算每株嫁接苗的平均枝条数、长度和叶片数。

b. 从每个品种中抽取 5 株有代表性的幼苗，调查叶片数。

c. 在这 5 株样苗的最长枝条上取基部的 4 片叶，分别求算其叶面积并测定干重。

③黄酮、内酯含量测定。可用高效液相色谱（HPLC）法。

a. 我国叶用银杏地理生态型不明显,从南亚热带—中亚热带—北亚热带—暖温带均表现良好,我国东部的山东、江苏和福建及南部的广西叶用资源相对集中。

b. 我国叶用银杏的种源、性别及无性系间具有广泛的遗传基础,可先确定种源,在种源内选择雄性或雌性优良单株,然后形成无性系并产生叶用品种,有可能筛选出5%~10%的优良叶用品种。

c. 雄株和雌株两大群体内均存在优良叶用资源,但雄株内筛选出高产叶用品种的可能性更大。

叶用银杏园群体结构的变化规律

叶用银杏园群体结构的变化规律

树龄(年)	密度(万株/hm²)	树高(cm)	叶幕层高度(cm)	无叶区高度(cm)	郁闭度	枝梢交接芽(%)	叶面积系数
3	7.5	107	99	8	0.93	15.7	4.83
	6.0	102	96	6	0.89	16.0	3.65
	4.5	101	95	6	0.88	14.1	2.73
	3.0	103	99	4	0.74	12.8	1.54
4	7.5	190	154	36	1.0	136.0	7.26
	6.0	184	159	25	1.0	138.7	7.15
	4.5	187	160	27	1.0	128.4	6.84
	3.0	193	167	26	0.98	110.5	6.24
5	7.5	252	194	58	1.0	166.4	8.20
	6.0	255	200	55	1.0	151.3	10.73
	4.5	269	224	45	1.0	147.6	9.59
	3.0	258	229	29	1.0	130.8	10.86

叶用银杏园叶片数量及产量的垂直变化

叶用银杏园叶片数量及产量的垂直变化

项目	密度(万株/hm²)	叶幕层高度(cm)						合计
		0~50	50~100	100~150	150~200	200~250	250~300	
单株叶片数量(片)	7.5	29	49	100	191	108	23	500
	6.0	45	117	110	325	113	42	752
	4.5	48	120	172	303	147	45	835
	3.0	73	182	255	362	255	53	1180
群体叶片数量(万株/hm²)	7.5	0.217	0.368	0.750	1.433	0.810	0.173	3.750
	6.0	0.270	0.702	0.660	1.950	0.678	0.252	4.512
	4.5	0.216	0.540	0.774	1.364	0.662	0.203	3.757
	3.0	0.219	0.546	0.765	1.086	0.765	0.159	3.540
单株叶片鲜重(g)	7.5	3.0	9.4	30.3	140.7	97.0	28.0	308.4
	6.0	8.0	26.0	36.7	168.8	82.3	35.2	357.0
	4.5	8.7	34.0	76.3	210.7	153.6	39.5	492.2
	3.0	17.7	58.7	115.0	239.3	181.7	92.7	705.1
群体叶片鲜重(t/hm²)	7.5	0.225	0.705	2.273	10.553	7.275	2.100	23.130
	6.0	0.480	1.560	2.202	16.128	4.938	2.112	21.40
	4.5	0.392	1.530	3.434	9.482	6.912	1.778	22.149
	3.0	0.531	1.761	3.450	7.179	5.451	2.781	21.153

叶用银杏枝叶生长调控

通过对叶用银杏采用"点枝灵""抽枝宝"、BA+BA+GA、GA、NAA等8种化学处理和剪除顶芽的人工调控试验,结果表明:在叶用银杏枝叶生长的化学和人工调控方面,去除顶芽和用"点枝灵"处理均能显著提高发枝量和产叶量,其新梢数分别增加16.9%和

36.8%～55.8%,单株叶重分别增加33.7%和36.2%～45.8%;不同苗龄和处理时间其促梢效果有所不同。1年生实生苗采用去除顶芽处理促梢效果最好。在"点枝灵"处理方面,2年生苗促梢效果最好,1年生苗基本无效。"点枝灵"处理时间以3月中旬、芽未萌动为好,不宜太早。发枝量与树体长势和营养水平有关,只有在加强肥培管理的基础上,结合化学或人工调控措施,才能增加发枝量和产叶量。

叶用优良单株生长特性

对13个优良叶用银杏单株高、茎、叶生长进行比较研究,结果表明,银杏苗的高生长期短,而地径在全年生育期都有生长;根据苗高、地径在各时期的生长量,将苗高、地径的年生长分为生长初期、速生期、生长后期、地径的速生期(6、7月)迟于苗高的速生期(5、6月);不同优良单株其叶产量存在显著差异。

叶用优系优株

银杏叶用品种应以叶大、高产、优质为主要选种目标。据几年来的研究发现,银杏叶按其形态不同可以分成3类。

①扇形叶。叶基线夹角 $\alpha < 180°$,顶端多二裂。大多数当年生枝段上的叶属此类。

②半圆形、三角形。这类叶叶基线夹角 $\alpha = 180°$,叶缘波状或不规则浅裂,大多无裂刻。成龄树短枝上的定型叶或品种嫁接树上的叶属此类。该类叶片产量较高。

③心形叶或肾形叶。这类叶基线夹角 $\alpha > 180°$,叶基向后弯曲,叶顶端大多二裂或多裂,缺刻明显,常呈掌状叶。大多数实生苗旺条、徒长枝上的叶为此类。

叶用优株

为了使资源优势转化为经济优势,近年来,遗传育种、丰产栽培等方面专家学者,根据银杏个体遗传特性和栽培环境条件之不同,不断选育出叶大而厚、有效成分含量高的优良品系或单株,大大提高了叶用银杏的生产水平。湖北安陆选育出的柳林梅核、柳林佛手两个叶用优良单株。前者虽为雌树,但结果少,叶片大,缺刻深;后者根蘖苗多,叶片特别肥厚。山东郯城林业局选育出郯叶300号、211号、202号和110号4个叶用优良单株,具有成枝力强,单株枝量、叶量及叶面积均大的特点,是极具栽培潜力的叶用银杏优良单株。江苏邳州、湖南新宁及河南等地还选育出果叶兼用型的优株。南京林业大学、江苏泰兴、山东郯城在初选的叶用银杏优良单株中,复选出4个特优单株,其单株叶产量104.7～158.1 g,叶片黄酮含量0.89%～1.01%,内酯含量0.13%～0.20%,已在银杏采叶园中推广栽培。

叶用育种

银杏叶是一种重要的药材资源,市场需求量极大。我国银杏叶用林的建设刚刚开始,缺乏高产、稳产、矮化、富含黄酮和银杏内酯类物质的专门叶用品种。因此,选育丰产、富含有效药用成分的叶用银杏品种是当务之急。它应具有以下性状。

①产叶量高,如3年生时单株干叶产量要达150 g以上。

②叶内有效成分含量高,特别是黄酮及内酯类物质含量高。要求总黄酮含量1.5%以上,内酯类物质含量0.2%以上。

③萌芽能力和抗逆性强。

叶用园标准

3～7年生园片,每公顷存苗量45 000～60 000株,产鲜叶≥1 000 kg。单叶重≥0.4 g,单叶面积≥25 cm^2。每米枝段着叶≥30片,年抽枝长度≥40 cm。叶面积系数5～6。

叶用园灌溉与排水

银杏喜湿怕涝,其生长需大量水分,特别是叶用银杏,叶片多,蒸腾量大,尤其在生长高峰期5～7月份。所以,应根据当地气候条件和银杏对水分的需求适时灌溉,使土壤含水量达田间持水量的80%左右。当土壤含水量低于田间持水量的40%时,要及时灌溉。由于银杏是肉质根系,不耐土壤积水,因此,切忌土壤积水,大雨后要适时排除多余的水分。在室内采用盆栽的方法研究了水分对银杏叶产量和质量的影响,结果表明,土壤水分含量对银杏单株叶产量和叶片黄酮含量有显著的影响。

土壤水分对银杏叶产量和黄酮含量的影响

水分含量	单株叶产量(g)	黄酮含量(%)	单株黄酮产量(g)
田间持水量80%	10.21	2.87	0.294
田间持水量60%	7.56	2.59	0.152
田间持水量30%	6.35	2.34	0.107

叶用园建园材料的选择

对来自浙江、河南、山东、江苏等省银杏产地的13个优良单株3年生银杏嫁接的叶产量、黄酮含量、黄酮的组成成分、内酯含量、内酯的组成成分及黄酮、内酯的年变化规律等进行了比较测定。结果表明,不同银杏优良单株间的叶产量、黄酮含量、内酯含量等存在显著差异;黄酮和内酯在叶中的含量以9～10月最高,银杏植株各器官中黄酮的含量以叶最高,茎最低;在总黄酮中,槲皮素所占比例最大,其次为山柰酚,最后为异鼠李素;内酯的组成成分中则以银杏内酯A为最大,其次为白果内酯,最后为银杏内酯B、银杏内酯C;根据叶产量、黄酮产量、内酯产量等指标,选择银杏叶用园最好的建园材料。

叶用园萌芽肥

一般3月份施用,以氮肥为主,可施人粪尿 24 t/hm², 或施碳酸氢铵 900 kg/hm², 或尿素 375 t·hm²。

叶用园配方施肥

①银杏叶用园合理施肥量及配方与立地条件有关。如在南京林业大学苗圃下蜀黄土上,K肥为主要影响因素,施肥配方可考虑 $N_1P_1K_1$。在泰兴市高砂土地区,N肥为主要影响因素,施肥配方可考虑 $N_1P_3K_3$。②适宜的施肥量可增加叶产量和黄酮含量,但施肥量过高,叶产量和黄酮含量反而下降,最适宜的配方和施肥量,叶产量和黄酮含量超过对照 60.3% 和 40%。③在沿海盐碱地上采用N、P、K肥配方及独立施肥,以N肥对叶产量增产效果最好,其次为P肥。

叶用园施肥管理

银杏是喜肥树种,肥料的多少和种类对叶用园产量影响很大。在室内采用盆栽试验,每盆2株银杏,盆规格为 27 cm(径)×30 cm(高),以苏北高砂土为基质,采用氮(尿素)、磷(过磷酸钙)、钾(氧化钾)单因素及氮、磷、钾配方施肥试验,对2年生银杏苗木的需肥规律进行研究。结果表明,与对照相比,各种施肥方式都能提高银杏单株叶产量;同时也表明,肥料并非越多越好,超过一定量,叶产量反而下降。

施肥对银杏叶有效成分含量也有显著影响。氮、磷、钾单因素及氮、磷、钾配方施肥都能提高银杏叶片中黄酮含量和单株叶片黄酮产量,但以氮、磷两种肥料影响较大。

银杏不同营养器官中营养元素含量的季节变化动态,表明不同器官中各元素浓度随器官生长发育而呈规律性变化,叶和枝梢的营养期具有重叠的特点。5月初至6月中旬是各种器官营养的关键期;6月中旬至7月上旬,叶片中营养元素的含量变化相对稳定,是叶分析的最佳时期。平均而言,不同器官中氮、磷、钾含量均是氮>钾>磷,叶中含氮最高,枝中含磷、钾最高,根中氮、磷、钾含量均较低。各器官中微量元素含量均是铁>锰>锌,根中铁、锰、锌的含量最高。这些变化规律的揭示对于银杏叶用园的合理施肥具有一定的指导意义。

目前,对叶用园施肥尚未有一个确切的标准,在生产实际中银杏叶用园的施肥也存在许多问题,如施肥时间不适当、施肥量过多或过少、施肥种类过分单一等。通过对采叶量与施肥种类、施肥量关系的调查,并依据叶片营养成分分析,表明施肥量以按叶片营养元素的4倍量供给为适当;施肥种类以有机肥为主,适当辅以化学肥料。施肥要采取四季施肥、少量多次的原则。

叶用园施肥效应

田间试验,表明不同肥料和同种肥料不同施肥量对银杏生长、黄酮含量以及银杏营养特性有一定影响。①在施NPK肥,且施肥量在4水平(NPK4)的条件下,盆栽和田间试验结果具有同样的效应,即所有的生长指标,包括苗木叶片数量、单叶面积、单株叶面积、苗高、地径、新梢生长、叶生物量、根生物量、茎生物量、苗木总生物量以及黄酮含量都达到最大。②在NPK4条件下,田间试验银杏根、茎、叶所占比例分别为41%,39%和20%。③在NPK4条件下,田间还试验表明银杏茎根比最小。④施肥的矢量诊断表明,不同肥料、同种肥料的不同水平,影响银杏生长的限制因子也不同。

叶用园施肥效应

以2年生大佛指银杏实生苗为对象,通过氮、磷、钾单因素及配施盆栽模拟施肥试验,银杏叶对氮、磷、钾养分的需求规律和氮、磷、钾对银杏苗木生长、生理指标以及对叶产量和叶片有效成分含量的影响,并运用肥料效应函数分析了氮、磷、钾的施肥效应,求出不同指标的最适氮、磷、钾施用量。试验盆规格为 27 cm(直径)×30 cm(高),每盆装养分极低的培养土 10 kg。

叶用园养体肥

养体肥是叶用园施肥的关键,采叶后即施。一般在9月底至10月初施入。一般以有机肥为主,适当配合银杏专用肥,以补充各种微量元素。施腐熟的厩肥或堆肥 45 t/hm², 加银杏专用肥 750 kg/hm², 或施腐熟的鸡粪、羊粪、大粪干等优质有机肥 19.5 t/hm², 加银杏专用肥 375 kg/hm²。

叶用园园址选择

银杏叶用园应建立在交通方便、地势平坦、阳光和水源充足、土壤肥沃的地方。园区沟、渠、路要统一规划设计,有条件的地方,可安装喷灌系统,特别应注意排水系统要到位,确保雨季或大雨来临时不会长时间有积水。

叶用园栽培

以收获银杏叶为经营目的的银杏园,称为银杏叶用园。银杏叶内由于含有利用价值很高的黄酮类和内酯类化合物(亦通称为黄酮和内酯),现已成为药品、食品、化妆品和饮料等工业生产的重要原料,因此,银杏叶已成为银杏利用的另一个很重要的部分。最近10多年来,国内外兴建了大面积的银杏叶用园。经营银杏叶用园的目的是为了在单位土地面积上获得产量高、品质优的银杏叶。为了取得高产优质的银杏叶,就需要在建园品种、土地条件、密度及栽培管理措施等方面适当配合,走集约经营、定向培育之路。目前,在国内,特别是山东、江苏等省都建立了大规模的银杏叶用园,但大多为苗叶两用的形式,也没有采取适宜的经营措施,结果导致随年龄增长,叶产量和品质下降。因此,要使银杏叶用园产量高、质量优,必须采用配套的栽培技术,走定向培育之路。

叶用园枝叶肥

施肥时间为银杏速生期来临前,一般在5月中下旬施用,施人粪尿 15～20 t/hm², 或银杏专用肥 600 kg/hm²。

叶用园壮叶肥

目的是使叶片大、长、厚,延迟叶片老化,提高后期光合效率及药用有效成分的含量。一般在7月下旬至8月上旬施用,可施银杏专用肥 600～900 kg/hm²。另外,喷施叶面肥及生长调节剂对银杏叶片的生长及产量也会产生显著的影响。对叶片重量的影响为绿芬威 > 光合微肥 > 赤霉素 > 磷酸二氢钾,浓度以 0.4% 的绿芬威、0.2% 的光合微肥、0.3 g/L 的赤霉素和 1.5% 磷酸二氢钾为最佳。

叶原基

产生一枚叶片的分生组织,称为叶原基。

叶原基(叶脉)发育

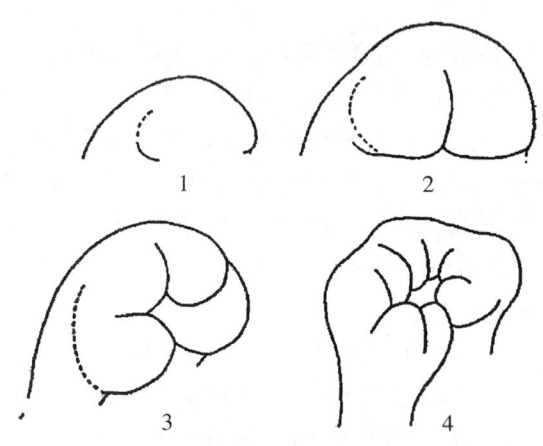

叶原基(叶脉)发育
1. 拱突阶段　2. 第一次二歧分支
3. 第二次二歧分支　4. 第三次二歧分支

叶缘

叶片的边缘,银杏属二裂的边缘基本成平线的全缘叶缘。

叶源根系

叶片扦插时,从叶脉、叶柄、叶缘等处产生不定根,而形成新植株的根系,在组培苗繁殖中常见,特点是主根不发达、根系分布浅、生活力弱,但个体之间比较整齐。

叶质

即叶片的质量,它是决定叶片光合能力的重要因素。叶质包括叶片的解剖特征、比叶重等方面。叶片的解剖特征主要包括栅栏组织和海绵组织的厚度,叶肉细胞间隙、叶片厚度、叶面积和气孔密度等方面。

叶中酚酸、烷基酚及烷基酚酸类

银杏叶中酚酸有7种,即原儿茶酸(protocatechuic acid)、p-羟基苯酸(p-hydroxybenzoic acid)、香草酸(vanillic acid)、咖啡酸(caffeic acid)、p-香豆酸(p-coumaric acid)、阿魏酸(ferulic acid)和绿原酸(chlorogenic acid)。不同的酚酸药理作用也不同。其中,香豆酸、阿魏酸、咖啡酸和绿原酸可促进胃液和胆汁的分泌;香豆酸、香草酸和咖啡酸有抗菌、消炎的作用;原儿茶酸具有抗真菌作用;绿原酸还有刺激神经中枢系统的作用。银杏酸属烷基酚及烷基酚酸类化合物,主要包括白果酸(ginkgolic acid)、氢化白果酸(hydroginkgolic acid)、银杏酚(bilobol)和白果酚(ginkgol)等。这些成分对人体表现为强烈的过敏和接触性皮炎,是 EGb 中的有毒化学成分,但这些成分亦是某些重要酶的抑制剂,还具有抗菌、抗肿瘤和杀虫等生物活性。银杏叶中银杏酸的含量一般为 500～2000 μg/g,EGb 中含量要求银杏酸控制在 5 μg/g 以下。采用现代分离手段,可使其含量控制在 2～3 μg/g。近年来的研究结果表明,银杏叶还含有 4′-甲氧基吡哆醇(4′-O-methoxypyridoxine),这也是一种有毒成分。

叶种比

指银杏树体总叶片数与总种数之比,是确定留种量的主要指标之一。每个种实都以其叶片供应营养为主,所以每个果必须要有一定数量的叶片生产出光合产物来保证其正常的生长发育,即一定量的种实,需要足够的叶片供应营养。对同一种果树、同一品种,在良好管理的条件下,叶种比是相对稳定的。根据叶种比来确定留种量比较准确。但在生产实践中,由于疏果时叶幕尚未完全形成,因此应用有一定困难,可参考枝种比及经验指标灵活运用。

叶籽银杏

根据在山东省对叶籽银杏的调查,叶籽银杏结种短枝顶端大都簇生叶片 5～10 枚,而以 8～9 枚者居多。叶片纵长 2.5～2.6 cm,横宽 2.3～4.7 cm。在这些簇生叶片上,一般有 2～8 枚叶片上出现圆形凸起的雌花,而且雌花数目多少不等,大多为 1～4 朵,最多达 7 朵。同时着生雌花的位置也不一样,凡一片叶上着生一朵雌花的,雌花多着生于叶片缺刻一侧的叶缘,凡着生两朵雌花的,则分别着生在叶片缺刻两侧的1/3,但也有在缺刻一侧同时着生两朵雌花的。凡着生雌花的叶片,叶片均深裂分成两半,着生雌花的半片叶皱缩变形,紧贴种子,形若花萼,而另一半则平展如初。雌花着生处的叶脉较粗,突起于叶表之上,叶脉一端与雌花相连,另一端聚会于叶柄。在叶籽银杏短枝上,除有着生在叶片上的雌花外,还有6~8条具柄的雌花。叶籽银杏的雌花受精后,即形成种子,种子表面被有细毛和白粉。凡一叶上具2朵以上雌花者,大都自行败育,仅留下雌花着生的痕迹。

叶籽银杏的种子8月下旬由绿变黄,9月下旬成熟。成熟时,着生在叶片上的种子约占全部种子的20%,而未着生在叶片上的种子又分为正圆形和长圆形两种。叶籽银杏的正常种子纵径2.11 cm,横径1.79 cm,种梗长7.16 cm,单种重5.6~6.9 g,正圆形种子纵径2.61 cm,横径2.61 cm,种梗长2.92 cm,单种重11.0~10.0 g。长圆形种子纵径3.49 cm,横径1.64 cm,单种重9.0~11.0 g。在正圆形和长圆形种子中,约有40%的种子先端具短突尖。

叶籽银杏种子的出核率为13.8%~27.6%,正圆形和长圆形种子的出核率为17.6%~21.0%。叶籽银杏种核的平均单粒重为1.5 g,正圆形和长圆形的种核平均单粒重2.3 g,二者相差0.8 g。叶籽银杏的种核有的圆滑,有的具棱,有的一边具棱一边圆滑,有的基部具棱上部圆滑,有的一边具窄棱一边具宽棱。80%的种核先端具鸟嘴状喙尖,喙长可达0.5 cm;偏圆呈弯针状。胚乳丰满而无胚,播种后不能发芽出土。通过嫁接或扦插极易获得营养繁殖苗。

叶籽银杏是银杏的一个变种还是银杏的返祖现象,从20世纪30年代直至今天,在国内外一直争论不休。但叶籽银杏的种子形态和着生部位非常奇特,作为园林绿化、盆景栽培还是一个非常有观赏价值和发展前途的树种。

叶籽银杏 trnS – G 序列测定

用不同地区的13株叶籽银杏为试材,通过克隆测序的方法测得其trnS – G序列并进行比较分析。大部分序列长度为1 005 bp,采自山东省沂源的YZ4序列最短,为1 002 bp,叶籽银杏的trnS – G序列富含A/T,G + C含量平均为37.7%。排序后在全序列范围内,可变位点有16个,包括信息位点1个,13株叶籽银杏trnS – G序列之间具有高度同源性。选取YZ1序列进行Blast检验后发现叶籽银杏trnS – G序列与银杏的相似度最高。叶籽银杏trnS – G序列测定与分析为其系统发育和分类地位的研究奠定了基础。

叶籽银杏 trnS – G 序列长度及核苷酸含量

叶籽银杏 trnS – G 序列长度及核苷酸含量

样品编号	序列长度/bp	碱基含量	
		A + T(%)	C + G(%)
YZ1	1 005	62.19	37.81
YZ4	1 002	62.28	37.72
YZ5	1 005	62.19	37.81
GX2	1 005	62.39	37.61
GX3	1 005	62.39	37.61
TD	1 005	62.29	37.71
DZ	1 005	62.29	37.71
TG	1 005	62.39	37.61
DK1	1 005	62.19	37.81
WY	1 005	62.29	37.71
WC	1 005	62.29	37.71
Oha.	1 005	62.39	37.61
NX.	1 005	62.39	37.61

叶籽银杏不同单株 DNA 甲基化

利用甲基化敏感扩增多态性(MSAP)技术,通过采用 EcoRI 和 Hpa II/Msp I 双酶切建立适合于叶籽银杏全基因组的甲基化敏感扩增多态性分析体系,对11个叶籽银杏单株和1株正常银杏的胞嘧啶甲基化模式和程度进行评估。结果表明,叶籽银杏基因组的CCGG序列中检测到25.60%~73.33%的DNA发生甲基化;16对扩增引物有8对显示有多态性,总共得到1 698条带,正常银杏总甲基化率达41.67%,不同单株的叶籽银杏平均总甲基化率达44.34%。结果显示DNA甲基化在叶籽银杏中发生频繁,且不同单株间甲基化模式存在较大差异。SAS聚类分析结果表明,12个单株可分为3大类。

叶籽银杏的定名

牧野富太郎于1934年发现了种子长在叶片上的"叶籽银杏",同年他做了定名(Ginkgo biloba var. Epiphylla Mak.)并率先确认"叶籽银杏"是银杏的一个变种。从日本东北的仙台到九州岛的宫崎,分布着众多的"叶籽银杏"。日本是目前世界上"叶籽银杏"保存株数最多的国家。

叶籽银杏的发现

叶籽银杏显著的形态学特征是有20%的种子着生在叶片上,目前,我国已发现20余株。关于叶籽银杏,1932年日本植物学家牧野富太郎将其定为银杏的一个变种,即 Ginkgo biloba var. Epiphyllum Mak.,随后 Yatonk(1941)、上原敬二(1959)、寺畸(1977)、胡先骕(1955)等均将叶籽银杏列为银杏的变种,但白井光太郎、藤井健次郎、向坂道治、马丰山等均认为叶籽银杏为返祖现象,系形质遗传所致。国内外植物学家对此一直争论不休。叶籽银杏的不断发现,丰富了我国的植物资源。同时,叶籽银杏的种子形态和着生部位非常奇特,作为园林绿化、盆景栽培还是一个较有观赏价值和发展前途的树种。

叶籽银杏的分布

叶籽银杏,中国、日本有原产,意大利有分布。果实具柄,较宽呈翅状,而且与叶柄连生,树上有多种果形。1891年,Shirai 在日本的山梨县发现世界上第1株叶籽银杏。翌年,Fujii 发现第2株叶籽银杏,同时还发现了第1株叶缘生小孢子囊(microsporangia)的雄树。以后,在日本的宫城、山形、爱知等10余个县共发现叶籽银杏11株。目前,日本已报道25株叶籽银杏,其树龄为50~1 200年。然而,直到20世纪60年代初,在欧洲和美洲均没有发现叶籽银杏的报道。1961年,美国从日本引种叶籽银杏,栽植在宾夕法尼亚州的 Longwood 公园。20世纪30年代,我国植物学家胡先骕先生,首先在我国甘肃发现叶籽银杏。

在我国的山东、广西、福建、山西、陕西、湖北、四川、湖南、广东和甘肃相继发现叶籽银杏。我国目前已报道22株叶籽银杏,树龄为36~1 000余年不等。

叶籽银杏的分类地位

1712年,Kamepfer 首次确定了银杏的属名 Ginkgo,1771年林奈根据 Kaempfer 的形态描述和所采标本,正式命名了银杏的种名 Ginkgo biloba L.。此后,国内外诸多学者对银杏的分类地位进行了研究。由于银杏属与榧树属(Torreya)和三尖杉属(Cephalotaxus)成熟种子的相似性,曾将银杏归为红豆杉科(Taxaeeae)。1896年,日本学者平濑作五郎(Hirase)发现银杏具有能游动的鞭毛精(spermatozoid),使得银杏从紫杉科中分离出来,单独成立银杏目,现代银杏则是银杏目植物仅存的代表植物。法国的 Carriere(1867)、德国的 Beissner(1887)、英国的 Henry(1906)等对银杏种级以下分类进行了研究,将其分为 aurea、fastigiota、pendula、laciniata、variegata 等多个变种(var.),已被一些学者引用。

1891年,Shirai 最早发现了叶籽银杏,但是直到1927年日本植物分类学家牧野富太郎首次把叶籽银杏定为变种:Ginkgo biloba L. var. Epiphylla Mak.,并被后人引用。在前人工作的基础上,胡先骕(1954)把银杏分为7个变种(var.),叶籽银杏被列为7个变种之一。但是,从整株树看,叶籽银杏的叶生胚珠(种子)约占全树胚珠(种子)数目的5%~25%,而且有交替结实习性,因此,有人认为银杏不具有变种的条件,只不过是银杏的个别返祖现象。1966年,Harrison 按照《国际栽培植物命名法》规定将已命名的金叶银杏(Ginkgo biloba var. aurea)、塔形银杏(Ginkgo biloba var. fastigiota)、裂叶银杏(Ginkgo biloba var. laciniata)、垂枝银杏(Ginkgo biloba var. pendula)和斑叶银杏(Ginkgo biloba var. variegata)5个变种(var.)改称为品种(cv.),这种分类方法被一些学者引用,叶籽银杏未列在其中。郑万钧(1978)在《中国植物志》(第七卷)正式明确了银杏种级之下无变种和变型,全部为银杏品种的分类方法。郑万钧在《中国树木志》(第一卷)所描写的中国洞庭皇(Ginkgo biloba cv.'Dongtinghuang')等12个银杏主要栽培品种中也没有提到叶籽银杏。美国著名育种学家 Santamour 等(1983)也将叶籽银杏列为一个品种。然而,叶籽银杏树上的种子有几种不同类型,种核也有多种类型,且叶生种子仅占少数,将叶籽银杏列为一个品种也不是十分恰当。有些学者则根据种核形态特征,将叶籽银杏作为一个品种列入长子类(long stone type)。主张以叶籽银杏的特殊形态命名,将叶籽银杏命名为 Ginkgo biloba L. cv.'Yeziyinxing'。吉冈金市认为叶籽银杏属于环境型(f.)。综上所述,由于叶籽银杏在形态、发育及解剖上的特殊性,关于其分类地位,有必要从细胞及分子生物学上加以研究。

叶籽银杏的亲缘关系

银杏具有很多原始和进化的特征,因而,银杏与其他裸子植物和蕨类的亲缘关系问题一直没有定论。Haeckel 提出的"个体发育为系统发育的重演"规律,对于正确认识叶籽银杏的系统发育具有重要的指导意义。基于叶生胚珠现象和银杏的二叉分枝特性,有些学者认为银杏与真蕨类植物的瓶尔小草属(Ophioglossum)存在密切的亲缘关系,也有学者认为银杏可能起源于古老的种子蕨(pteridospems)。Sakisaka 根据对叶籽银杏的研究推测银杏起源于一类非石蒜科(Lvcopodiaeeae)的蕨类植物,而且银杏与苏铁属(Cycas)的关系比与松柏类植物的关系更为密切。也有不少学者认为银杏起源于原裸子植物(progymnosperms)。然而,就生殖方式和胚胎发育,银杏与苏铁类(cycads)相近。对银杏 rbcL 基因 rRNA 序列研究也表明银杏同苏铁类起源关系较近。更多的学者认为银杏和松柏类(conifers)植物更为接近,或将二者列为密木型裸子植物(pycnoxylic gymnosperms),或苞鳞种鳞复合体(bract-seale and seed scal complex)类群,或广义的球果类(conifers)或松柏纲(Pinopsida)。

叶籽银杏的形态发生与生物学特性

自叶籽银杏发现以来,研究主要集中在叶籽银杏的形态学观察,但是关于叶籽银杏的形态发生规律尚不明确。叶籽银杏的染色体相对长度组成(relative length formula,RLF)为 RLF = 3L + 2M2 + 2M1 + 5s,即有 3 对长染色体、2 对中长染色体、2 对中短染色体和 5 对短染色体,染色体长度比(length ratio)较大。而日本的叶籽银杏 RLF = 1L + 6M$_2$ + 4M$_1$ + 1s,具有 1 对长染色体、6 对中长染色体、4 对中短染色体和 1 对短染色体,平均臂比(mean arm ratio)较大。由此推断中国的叶籽银杏较日本的更为原始。叶籽银杏进化程度的差异可能由环境条件的差异而导致。构建了 28 个不同品种(或类型)银杏的 RAPD 和 AFLP 分子标记的遗传图谱,发现银杏品种或类型之间相似性较高,遗传变异较小,鸭尾银杏(Ginkgo biloba 'Yaweiyinxing')和叶籽银杏与其他 26 个样品之间的遗传差异较大,这种差异与形态上的差异一致。

叶籽银杏发生途径

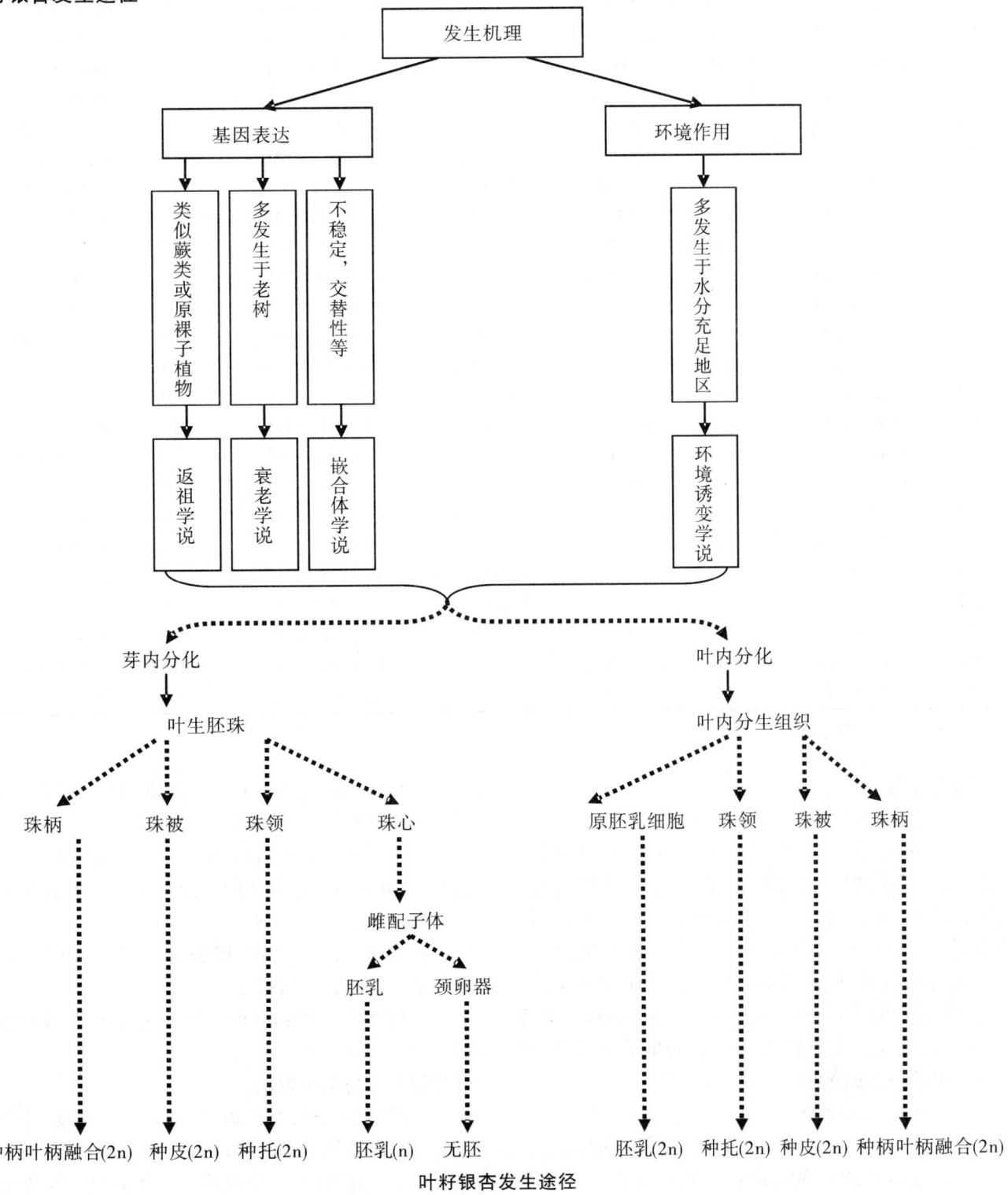

叶籽银杏发生途径

叶籽银杏核型指标

叶籽银杏核型指标

标本号	长度范围/μm	染色体长度比	平均臂长	核型公式	相对长度组成	核型类型	核型不对称系数/%
YZ	3.96～10.60	2.42B	1.96BCDEF	6m+5sm+1st	1L+4M2+6M1+1S	2B	64.49BCDEF
YZ	3.63～5.52	1.52B	1.59FGHI	3sm+9m	5M2+7M1	2A	61.01HI
YZ	4.32～8.32	1.93B	1.51I	4sm+8m	1L+3M2+8M1	1A	60.16I
YZ	3.54～8.68	2.45B	1.52I	1sm+11m	1L+4M2+6M1+1S	2B	59.84I
YZ	4.08～8.92	2.19B	1.73DEFGHI	7sm+5m	2L+2M2+6M1	2B	62.23DEFGHI
YZ	4.98～9.51	1.91B	1.48GHI	3sm+9m	1L+5M2+6M1	1A	59.24HI
YZ	4.05～7.43	1.83B	1.61FGHI	5sm+7m	1L+4M2+7M1	2A	60.69HI
SY	4.11～9.66	2.03B	2.06BCDEFG	1m+11sm	1L+3M2+7M1+1S	2B	66.90BCDEF
SY	3.37～13.0	3.97B	1.72EFGHI	6m+6sm	1L+5M2+4M1+2S	2B	62.14EFGHI
NS	3.13～5.67	1.97B	1.67FGHI	7sm+5m	1L+4M2+6M1+1S	1A	61.50GHI
NS	3.35～6.59	1.97B	1.14EFGHI	5sm+7m	1L+3M2+8M1	2A	61.68FGHI
TD	4.07～7.06	1.74B	1.62HI	6sm+6m	1L+5M2+6M1	1A	61.07II
TC	4.54～13.47	2.76B	2.10BCDE	2m+8sm+2st	2L+4M2+4M1+2S	2B	65.40ABCDE
TC	4.08～7.28	1.78B	1.63EFGHI	5sm+7m	1L+4M2+7M1	2A	61.50FGHI
TC	5.08～8.99	1.77B	1.55HI	2sm+10m	1L+4M2+7M1	1A	60.85I
GX	4.64～8.09	1.74B	1.78DEFGHI	6sm+6m	1L+3M2+8M1+6m	2A	62.85CDEFGHI
GX	4.07～7.84	1.93B	1.58GHI	2sm+10m	1L+3M2+8M1	2A	60.67HI
GX	4.05～11.59	2.36B	2.36A	1m+10sm+1st	1L+3M2+7M1+1S	3B	68.65A
WC	3.86～7.51	1.94B	1.60HI	4sm+8m	1L+4M2+7M1	2A	61.02I
WY	4.43～9.12	1.96B	1.94CDEFGH	4m+8sm	1L+3M2+8M1	2A	64.47BCDEFGH
ZP	4.47～8.04	1.80B	1.72HI	7sm+5m	1L+1M2+10M1	2B	62.08I
SM	4.12～9.21	1.96B	2.16ABC	1m+11sm	1L+3M2+8M1	3A	66.41AB
DZ	4.17～10.69	2.34B	2.22AB	1m+1sm	1L+5M2+4M1+1S	3B	67.28AB
HB	4.48～9.11	1.87B	2.29AB	2m+9sm+1st	1L+4M2+7S	3A	67.80AB
SX	3.52～6.84	1.94B	1.61HI	5sm+7m	1L+4M2+7M1	1A	61.06I
DK	4.87～10.00	2.06B	1.95BCDEF	9sm+3m	1L+4M2+7M1	2B	66.99ABC
TG	4.40～11.13	2.33B	2.10BCDE	3m+9sm	1L+4M2+7S	2B	66.11ABCD
Oha	4.29～7.74	1.81B	1.71DEFGHI	7sm+5m	1L+3M2+8M1	1A	62.64DEFGHI

注：随体长度不计入染色体长度。

叶籽银杏盆景

①叶籽银杏的树形。叶籽银杏和一般银杏一样，干直挺拔，树姿优美，春季嫩绿，秋后金黄；叶片扇形，奇特美观；种实球形，熟时橙黄，串串铜铃，非常可爱。其中，叶籽种实，形状变化，引人注意。院中阳台，布置数盆，典雅华贵，文明秀丽，不愧为园林三宝之首；特别是古桩嫩芽，树乳倒垂，粗根盘结，雌雄同株，姿态各异，被赞为上品。盆景银杏的树形必须注意培养，可以培养成整齐美观、姿态奇特的单干自然形、双干鸳鸯形等理想的树形。

②银杏胎块的培养。

a. 幼苗胎块：1～3年生银杏苗，为幼苗胎块。定植于苗床或盆中，20～30 cm定干，进行培养。

b. 粗大胎块培养：在古银杏树周围，多年形成粗桩，可取根桩，做大胎块用。

c. 人造粗大胎块：在大树修枝时，取粗大枝干，截成15～20 cm枝，贮藏于潮湿沙中，4月上中旬嫁接。

③嫁接方法和管理。

a. 嫁接方法：可用劈接法、舌接法、双舌接法、嵌芽接法、三棱接法、腹接法等。

b. 嫁接后管理：嫁接后20 d割破地膜或摘除套袋，使接芽出生。

叶籽银杏染色体核型

以幼叶为试材，对河南、广西、云南、湖北、山东等8省（自治区）的10个叶籽银杏种质进行核型分析及倍性鉴定。①该10个种质的染色体数目均为2n:2x:

24。②核型主要由中部着丝粒染色体(m)和近中部着丝粒染色体(sm)组成,共有2A、3A、2B和3B四类核型。③染色体长度组成中以中短(M1)、中长(M2)染色体为主,稀有长(L)染色体。④方差分析表明:SY2和HB的染色体长度比(3.97、1.87)及GX3和SY2的核型不对称系数、臂比值(68.65%和2.36,62.14%和1.72)差异显著。⑤WY较原始,GX3的进化程度最高。

叶籽银杏是银杏的变种

叶籽银杏一个显著的特征是全树1/4的种子生于叶片上。种子畸形,种胚发育不良,无法进行种子繁殖。除我国以外,日本和意大利均有叶籽银杏,尤以日本为最多。日本的牧野富太郎将叶籽银杏定为银杏的一个变种,其拉丁学名为 Ginkgo biloba var. Epiphylla Mak.,这一学名得到了世界植物分类学家们的承认。根据白井光太郎、藤井缝次郎、向坂道治等的研究表明,叶籽银杏为银杏的返祖现象,是形质遗传所致。这说明银杏在进化上仍具发育的不稳定性和进化上的原始性。

叶籽银杏形态学

叶籽银杏涉及银杏雌性生殖器官的形态学本质问题,而对裸子植物雌性生殖构造形态学本质的认识是种子习性起源和演化研究的关键,也是探讨裸子植物系统发育及其与被子植物关系的前提。银杏雌性生殖器官又称大孢子叶球、雌花等。目前,关于银杏雌性生殖器官的本质颇有争议。叶籽银杏的研究无疑有助于揭示银杏雌性生殖器官的形态学本质。最早进行叶籽银杏研究的Fujii将叶生胚珠和叶生小孢子囊现象,分别称为营养叶的心皮化(carpellody)和雄蕊化(staminody)。对叶籽银杏进行畸形学研究后,Fujii认为银杏的胚珠是叶性器官,而珠领(collar)是原初性的心皮(大孢子叶),银杏的胚珠在大孢子叶的边缘形成,而叶生胚珠则是由营养叶的心皮化而致。然而,胚珠的珠被在个体发生相当发育以后,才在组织的边缘形成珠托,另外,珠托中没有维管束分布,因而珠托有"叶"性本质是不可信的。有些研究者认为珠领为残存的次生假种皮。银杏着生胚珠的长柄在形态学本质上为轴性器官,而长柄上部的分枝相当于大孢子叶的柄,胚珠、小孢子囊和叶生胚珠叶都是叶性器官,认为银杏的整个雌性生殖结构为一个大孢子叶球。然而,叶生胚珠仍具有珠领,依据这一观点则不能合理地做出解释。银杏的可育短枝整体上相当于松柏类的一个雌球果(大孢子叶球),将银杏并入广义松杉类(conifers)或广义球果类,而且银杏应属于种鳞复合体演化线上的早期成员。

叶籽银杏叶柄横切面结构

横切面上,正常叶叶柄呈半圆形,主要由表皮、基本组织和维管束组织组成。表皮细胞1层,细胞小而致密,椭圆形,某些部位细胞外壁呈犬牙状突起,角质层不明显。皮层细胞差异较大,壁薄,椭圆形居多,胞间隙较小。皮下层1层,细胞较小,多为厚壁细胞。中部有两枚维管束,分生呈"八"字形,横切面上每枚维管束呈椭圆形。木质部和韧皮部内外排列。木质部由管胞和薄壁细胞组成;韧皮部由筛胞和韧皮薄壁细胞组成。分泌腔2~3个,常位于皮层边缘。与正常叶叶柄不同的是,叶生拟胚珠叶叶柄的横切面呈马蹄形,具2~3层皮下层细胞。此外,在紧贴韧皮部外侧的皮层中存在3~4层木质化的细胞。

叶籽银杏叶解剖

对叶籽银杏其叶的解剖特性进行了观察表明,正常叶片叶肉有栅栏组织和海绵组织的分化,而叶生拟胚珠叶片叶肉由同型薄壁细胞组成。叶片着生拟胚珠部位有脊状突起。突起处的叶肉由大型薄壁细胞构成,叶脉位置分叶脉在突起的两侧和叶脉在突起的正上方两种类型,而且其叶脉均较正常部位的叶脉密集。叶生拟胚珠叶叶柄在紧贴韧皮部外侧的基本组织中存在3~4层木质化的细胞。

叶籽银杏叶片横切面结构

叶籽银杏叶片分为正常叶和叶生拟胚珠叶两种类型。横切面上,正常叶片由表皮、叶肉和叶脉组成。上表皮具明显的角质层,细胞1层,多呈长形,排列紧密,明显较下表皮细胞大。下表皮角质层较上表皮薄,细胞1层,多呈近椭圆形,排列不规则。叶肉由栅栏组织和海绵组织构成,栅栏组织1~2层,海绵组织发达,胞间隙较大。叶肉细胞内有晶体分布,通常形成晶簇。叶肉中分布有叶脉,分泌腔与叶脉交替出现。叶脉由木质部和韧皮部组成。木质部位于近轴面,由管胞和薄壁细胞组成;韧皮部位于远轴面,由筛胞和韧皮薄壁细胞组成。维管束鞘未形成完整的一圈。叶生拟胚珠叶片分为正常部位和着生叶生拟胚珠部位。与正常叶片不同的是,其叶肉无栅栏组织和海绵组织之分。此外,着生叶生拟胚珠部位存在脊状突起。突起处的叶肉由大型薄壁细胞构成,叶脉位置分叶脉在突起的两侧和叶脉在突起的正上方两种类型。两种类型的叶脉均较正常部位的叶脉粗大、密集。

叶籽银杏叶生种子形态

叶籽银杏的叶生种子着生方式为叶生,形状多样,大小较正常种子小 1/2～1/4,背凸腹平;种核长宽比为 2:1～2.5:1,核体内上部 1/5～3/5 处为"空腔",棱线不明显;内种皮的珠孔端棕色,呈现萎缩、皱褶状态或不发育;多种形状,较圆滑。结果表明叶生种子的种重、核重分别是 3.72 g、0.79 g,出核率、出仁率分别是 21.4%、48.5%。油坊果重、核重、仁重、果皮厚与其他地点的种子差异显著。种子形态研究对揭示银杏雌性生殖器官的形态学本质有一定指导意义。

《夜宿七盘岭》

沈佺期是我国最早用诗歌咏颂银杏的诗人。《全唐诗》收有他的《夜宿七盘岭》一诗:"独游千里外,高卧七盘西。晓月临窗近,天河入户低。芳春平仲绿,清夜子规啼。浮客空留听,褒城闻曙鸡。"沈佺期历任武则天朝的通事舍人、给事中,官至太子少詹事,后因党争失败,被朝廷流放,这首诗就是他在流放途中所作。七盘岭,位于陕西汉中县褒城北面。诗人以异乡的银杏入诗,是欲以银杏的高洁寄托自己的清白。

腋芽

位于叶腋中的一个芽,包含一个顶端分生组织和叶原始体等部分。

腋芽扦插育苗

银杏腋芽扦插育苗是近年来开始的一种特殊的银杏育苗方法。它是利用银杏树上当年生半木质化枝条上的腋芽,去掉木质部,保留腋芽和叶片进行扦插育苗的一种方法。具有方法简单、操作容易、节约种子、节约插穗、快速繁殖的特点。

一般配合力

选出的银杏亲本和许多其他亲本杂交,对其子代传递优良性状的平均相对能力。为了获得杂种优势,它是选择亲本的依据。在营建种子园中,通常是挑选一般配合力高的无性系。一般配合力高,表明存在加性基因效应。

一号美发液(%)

聚氧丙烯丁醚磷酸 9.0、聚氧丙烯一丁醚 10.0、三乙醇胺 1.0、透明质酸钠 0.05、银杏叶提取物(70%乙醇溶液)0.1、维生素 B_6 0.05、乙醇 30.0、香料 0.2、对羟基苯甲酸甲酯 0.1、精制水余量。制法:将透明质酸钠、银杏叶提取物、维生素 B_6 和对羟基苯甲酸甲酯溶解于水中,得混合液(A)。将聚氧丙烯丁醚磷酸、聚氧丙基一丁醚、三乙醇胺、乙醇、香料混合溶解后得混合物(B)。在 A 中加入 B,混匀,得美发液。

银杏叶提取物具有促进毛发生长的作用。尤其是与维生素类,如维生素 E、维生素 A、叶酸、烟酸等配合效果更好。

一级侧根

从苗木主根上发出的侧根。

一科一属一种的植物

银杏在侏罗纪时整个科共有 50 多种,然而大部分已绝灭,只有银杏一种幸存。据称,我国浙西皖南山区、神农架、滇西原始森林中就有野生银杏树,天目山上还有"五世同堂"(指子子孙孙多代生长繁衍在一起)的野银杏树。地球的剧变使银杏成为一科一属一种没有近亲、植物学上极为罕见的特殊植物。它具有一种神秘的吸引力,并成为佛教庙宇最常见的点缀植物。植物分类学上的特殊也必然意味着它存在着特殊的物质基础。银杏的重要有效成分银杏内酯、白果内酯仅存在于银杏一种植物。该类化合物结构复杂奇特,这也就能解释为什么银杏具有独特的治疗作用。

一年结二次种的古银杏

广西壮族自治区灵川县海洋乡小平乡打厂里村,有一株树龄 200 余年生的古银杏,树高 30 m,围径 1.5 m,荫地面积 80 m^2,年收白果 100 kg。这株银杏树年年 10 月份反常地结二次种,种实像山野的葡萄挂满枝头,使科学家们困惑不解。

一年生长枝叶片性状

一年生长枝基部节间极短,如同鳞枝着生莲座状叶,莲座状叶以上部分,节间较长,这段枝条上叶片的叶序不同,性状也有变化。

一年生长枝叶片(莲座状叶除外)的叶面积、叶宽、叶长、叶干重、叶基角、叶柄长均随着叶序的增加逐渐减小,第一片叶最大,顶端叶最小。叶形指数和有缺刻叶的比例随叶序增加而加大,基部叶较小,上部叶较大,至第 8 叶可有 96% 的叶片有缺刻。

不同叶序叶片间的差异表现为:除个别性状外,许多性状第 1、2 叶间差异小,3、4、5、6 叶间差异显著,第 7 叶以后差异又变小。一年生长枝是叶形变化最大的枝条。

一年生鳞枝叶片性状

一年生鳞枝一般着生 5～8 片叶。一年生鳞枝第 1 叶的叶面积、叶长、叶宽和叶干重均最小,第 2～5 叶随着叶序的增加而加大,至第 5 叶达最大,以后随叶序增加逐渐减小。叶形指数和叶柄长随叶序增加而加大,第 1 片叶最小,顶端叶片最大。叶基角随叶序增加而减小,第 1 片叶最大,顶端叶最小。不同叶序叶叶片的大多数性状差异显著。有缺刻叶比例变化不大。

一年生银杏苗打顶效果

对一年生银杏苗在 3 月和 6 月两个时期打顶,确认打顶可以促进分枝。密度、打顶时间以及打顶的具体方式对苗木生长都有不同的影响。最值得推荐的打顶时期是第一次生长结束、枝条基本木质化后的 6 月份。最好的打顶方式是切除顶芽。育苗第一年 6～8 月打顶,苗木第二年保存率较高,分枝数和苗木高度略有差异。

一批苗木

在同一苗圃内,用同一批种子或枝条,采用基本相同的育苗技术,并按同一质量标准分级的同龄苗木,称为一批苗木。

一批种子

银杏同一品种、同一年度和同一单位来源、质量基本均匀一致的达到 5 000 kg 的种子。一批种子又可分为若干种子批。

一树生八"子"

江苏省泰堰市南大街上一的一棵古银杏树,寄生着桑、柘、楝等 8 棵树和 10 棵枸杞。秋来树上挂满多种果实,吸引了行人驻足观赏。

这株银杏书树树龄已有 800 多年。树高 30 m,长势旺盛。第一个杈枝上,离地面 5 m 处,长着一棵 6 m 高的桑树和一棵拓树,这两棵寄生树均有人的小腿那么粗。再上一点儿,又寄生着 5 棵楝树、1 棵冬青和 10 棵枸杞,其高度均超过 2 m,有手腕粗细。这棵古银杏所结的白果也很特别,果实是扁的,无心,其味香甜可口。这是否与寄生树有关,尚待研究。

一条鞭嫁接扦插育苗

近年来,随着银杏产品的开发利用,国内外市场对银杏种实、叶子的需求量大增,价格在逐年提高,激发了银杏生产的热潮,苗木供不应求。加速银杏良种壮苗的繁殖,降低苗木成本是当前生产中亟待解决的问题。银杏一条鞭嫁接扦插育苗,是加速银杏良种壮苗繁殖的有效途径。试验用 2 年生银杏播种苗做砧木,采用带木质部菱形芽接法,每隔 10～12 cm 嫁接一个良种接芽,来年春季剪成插条扦插,成活率达 85% 以上。

"一优两高"配套技术

浙江省长兴县是我国银杏重点产区之一,全县现有银杏树 8 万余株,其中,结果大树 9 430 株,年产白果 300 余吨。为实现 2010 年全县银杏总数 "10 万株,年产 1 000 t,产值达亿元" 的目标,经过多年的试验研究,总结出果用银杏"一优两高" 8 项配套技术。

①适地适树。银杏为喜光树种,适宜深厚、肥沃、通气和排水良好的土壤。忌在光照不足的山地阴坡、过于黏重或瘠薄、干燥、多石、排水不良之地栽植。在含盐量大于 0.02% 的土壤及环境污染严重或低洼积水的地方生长不良。

②大穴栽植。银杏垂直根和水平根大多分布在 80 cm 土层中,栽植前要进行全面整地,栽植穴规格要求长、宽各 1 m,深 80 cm。每穴施放土杂肥 50～100 kg。

③嫁接良种。银杏实生苗胸径达到 8 cm 以上时进行良种嫁接。从优质、高产、稳产的母树上剪取 1～4 年生、健壮、充实、树冠外围发育良好的枝条作为接穗。以多头枝接、多头芽接为佳。嫁接后 3 年可以挂果,5 年后进入丰产期。分层枝接,适当配上雄枝,更能促进早实、丰产、稳产。

④培育树冠。培育成主干开心形树冠或高干疏层形树冠。控制过早挂果投产,嫁接后前 3 年要及时摘除雌花,使养分集中于营养生长。剪去干枯、密弱、衰老及病虫枝,用绳索吊拉过密的强枝向空堂,使枝条分布疏密适中,改善透光透气条件。

⑤扩墩施肥。银杏水平根长度为枝展长的 2 倍左右。随着树冠的展开,水平根分布的范围不断增大。为此,定植后要逐年扩墩。依据银杏速生丰产的要求,1 年需施 4 次肥,即春施长叶肥,夏施壮果肥,秋施保叶肥。孕果时还可进行叶面喷肥。

一砧多头嫁接

目前,银杏嫁接大多是"一砧一穗、一穗二芽"或单芽枝接。这种方法树冠发育慢,发枝量低,不利于早种丰产。"多头嫁接"是在选好的 2 年生砧木上,在高度 40～60 cm 处采用"多芽多穗多法"嫁接。通常顶端可用双舌接一穗双芽,在其下每侧交错单芽腹接各一穗或采用方块芽接,最终形成 3～4(6) 个主枝的自然开心形或圆头形树冠。一般 5 年后株产可达 0.64 kg 以上。从嫁接时期来看,只要 2 年生苗木粗壮,就应 7～8 月份嫁接。这样不仅成活率高,而且当年可以愈合、展叶,芽眼饱满充实,当年形成半成品苗,第 2 年展叶早、抽枝率 100%,枝条粗壮,生长量大。每株至少抽条 3～4 个,枝长 50～80(100)cm,即当年可形成"小树冠"。

医药学

①银杏的药用:a. 古今中医对银杏医药的论述;b. 银杏核仁的药用;c. 银杏叶的药用;d. 银杏外种皮的药用;e. 银杏根的药用。

②银杏的医药效用:a. 银杏与人脑系统;b. 银杏与心脑和循环系统;c. 银杏与感官系统;d. 银杏与生殖系统;e. 银杏与肝类;f. 银杏与气喘病;g. 银杏与过敏症;h. 银杏与辐射;i. 银杏与人类保健。

③银杏医药产品:a. 银杏叶医药产品;b. 银杏种核医药产品;c. 银杏外种皮医药产品。

④银杏与农药及兽药产品开发。

沂源古银杏资源

沂源古银杏资源

地点	年龄	胸围 (cm)	胸径 (cm)	总高度 (m)	干高 (m)	冠幅(m) 东西	冠幅(m) 南北	覆盖面积 (m²)	生长势	权属	性别
鲁村安平庄	1 300	750	239	26.5		18	23	333.3	弱	国有	♀
中庄河边	1 300	675	215	21.5	2.55	16.4	12.65	166.7	旺	王族	♀
唐山顶	1 300	530	169	18.15	2.5	22.5	15.2	280	正常	国有	♀
织女洞	800	321	102.2	25.3	3.0	20.5	16.3	333.3	旺	国有	♀
织女洞	800	216	68.8	19.7	4.2	10.3	12.1	133.3	弱	国有	♀
荆山园艺场	800	518	165	22.7	4.3	26	27	553.3	旺	国有	♀
燕崖西白峪	800	515	164	21.5	3.0	31	28	680	旺	杨氏	♀
燕崖辉村	800	280	89	18	2.8	13	13	133.3	弱	个人	♀
中庄乡孝村	700	250	83	15	4	10	12	120	弱	集体	♀
中庄村油坊	700	350	114	15	3.6	20	22	433.3	旺	国有	♀
中庄盖冶小学	800	430	137	16	3.8	16	17	213.3	旺	国有	♂
中庄盖冶小学	800	365	116	13	4.5	16	14	186.7	弱	国有	♀
石桥乡后大泉	800	383	123	27	3.2	18	18	266.7	旺	集体	♀

沂源叶籽银杏 1 号

该树位于山东省沂源县城东南 17.5 km 处，大贤山北麓，织女仙洞、三清店庙内西南，海拔 350 m，山坡东北走向，坡度 10°的大贤山中下部，小地形属坡凹，背风向阳。土壤基岩为紫色页岩，土层厚 70 cm；小环境中植被繁茂，丛林中有黄栌、榛子等；其间有清泉 1 处，常年流水不断，属阴凉小气候。树龄有 600 余年，树高 25.4 m，胸围 3.21 m，树干直径 1.05 m。全树有 6 大主枝，最大主枝干直径 0.6 m，最小主枝干直径 0.28 m，平均主枝干直径 0.35 m。树冠覆盖面积 266 m²，冠幅 16.3 cm×20.5 m。粗枝树皮灰褐色，深纵裂，粗糙不易脱离。每年 4 月 5 日开始萌动，4 月 15 日发芽，4 月 25 日叶片充分展开，开花授粉，5 月中旬至 6 月上旬枝条生长进入高峰，6 月中旬封顶，当年长枝长度一般在 10~40 cm，叶丛枝年长量不足 0.5 m，10 月 25 日叶片变黄开始脱落，11 月 20 日前叶片全部脱落。叶籽银杏短枝顶芽萌发后，生了 7~11 片叶，叶柄间长出花柄。叶柄、花柄呈螺旋式排列。每个混合芽一般有花柄 6~8 个，正常雌花花柄长 5~8 cm，球柄长 0.3~0.5 cm，每个花柄上着生 2~4 个胚珠。每一花序坐果 1~2 枚，少量坐果 3~4 枚。叶籽银杏的短枝上有一部分叶片扭曲、皱褶，出现 2~4 个缺刻，缺刻处生出比叶片厚的圆形凸起，像雌花雏形，呈淡绿色，经授粉后逐渐发育成叶籽果，果柄与叶柄合二为一，或称无果柄。含有雌花的叶片，大多数每叶坐 1 果，少数坐 2 果，极少数坐 4 枚果。叶籽果的着生部位遍布全树冠，树冠中部着生较多，上部次之，下部着生较少；叶籽果多着生在主枝的中部、粗侧枝的下部枝条上。着生果实的叶片呈扇形，嫩绿色，光滑无毛，叶宽 4~8 cm，叶长 3~6 cm。遇干旱天气，叶籽果首先脱落，表现出较差的抗逆性。

正常年份，授粉佳期为 3 d，果实 10 月 1 日自然成熟。果长 2~4 cm，直径 2~4 cm。多呈圆形、短圆形，果实顶端较细，果肩较粗。叶籽果成熟前呈浅绿色，果面有白粉，果实成熟时，果皮呈橙黄色，果面密布白粉。果肉含苯酚，有臭味。种核呈白色，大多数种核二棱，少数为三棱；内种皮浅红褐色；胚乳肉质淡绿色；子叶 2 枚，少数 3 枚；多数种子 1 胚，少数种子 2 胚，播种后出 2 株幼苗。

据多年观察，叶籽银杏 3 年出现一次小年，大年时年产白果 100 kg，小年时年产白果 50 kg。通过人工授粉，改善了银杏结果大小年的特性，平均可年产白果 300 kg，1995 年产鲜果 1 500 kg。

据测定：该树正常果占 60%，叶籽果占 20%，异形果占 20%。正常种实 432 粒/kg，叶籽种实 656 粒/kg。叶籽种实状如棉籽，皮薄、胚发育完全，具良好的发芽力，并具遗传性。

沂源叶籽银杏 2 号

该树位于沂源县燕崖乡西白峪村。树生长于村外空地。孤立木。树龄 400 年左右，树高 25.6 m，干高 3 m,胸径 1.64 m,冠幅 31.0 m×28.0 m,树冠遮阴面积 680 m²。树冠半圆形,有 3 个大主枝,生长旺盛。树干具七棱,号称七棱白果树。该树大小年明显,1994 年曾产种核 375 kg,翌年则仅产 15 kg。该树所结银杏种实有 3 种类型,即正常生长的圆形单核种实、叶部生长的单核种实和正常生长的双核种实。从数量比例上看,以正常生长的单核种实居多,叶部生长的单核种实次之,双核种实量少。发育良好的双核种实呈扁圆形,横长明显大于纵长,种实中间具浅纵沟,珠孔处也呈宽浅凹状;2 个种核虽联为一体,但均有独立的种胚。发育不良的双种实则仅有 1 个种核具胚,另 1 个种核仅有一宽边。经测定,发育正常的双核种实单粒重平均为 13.5 g 上下,种核平均重 2.8 g。

沂源叶籽银杏 3 号

该树位于沂源县燕崖乡辉村。该树生长于杂木林中,树龄约 800 年,树高 19.0 m,干高 4.35 m,胸径 1.08 m,冠幅 13.0 m×13.0 m,有大主枝 5 个,树势极衰弱,树干中空,主枝之上生有山榆、泡桐各 1 株。近 3 年来,全树仅产种核 30 kg 左右。该树所结种实有 4 种类型,即正常生长的单核种实及正常生长的双核种实。从数量比例上看,以前两种种实居多,叶部生长的单核种实次之,双核种实最少。其中,双核种实较上述 1 株树的双核种实发育好,平均单果重可达 18.0 g,单核重 3.7 g。上述 2 株树上的叶部生长的单核种实,不仅有 1 枚叶片上长 1 个的,而且还有 1 枚叶片上长 2 个或 3 个种实的,且均能完全成熟。双核种实较大,但种实柄较短,平均 2.4 cm,在 4 种种实中排第 3 位,且种实宽明显大于长。虽 1 种实内有 2 核,但出核率不高,仅约 20%。双核种实发育良好者,核中均有种仁,少数具种胚,播种后可以发芽。而发育不良者,二核中仅有一核具有种仁和胚芽。它突出的表现为在 1 株树上可以产生 4 种类型的种实且性状比较稳定。

宜春唐代银杏

江西仰山麓栖隐寺的 2 株银杏树高 24 m 左右,胸围分别为 5.2 m、5.8 m,为晚唐高僧慧寂手植,树龄 1 100 余年。

宜黄连理古银杏

江西省宜黄县神岗乡坑溪村有 2 株连理银杏,树龄 1 000 年,树高 30 m,树干大小粗细相近,覆盖面积 0.6 hm²。在距地面 1.6 m 高的主干处,有一长为 1.5 m,直径 0.33 m 的连心轴直插 2 树腰身而成连理。往年产量在 30 kg 左右,1994 年产量高达 1 500 多千克,产值 5 万多元。1995 年技术人员承包,施行了人工授粉,硕果满枝,果大如李。

移栽大树的整形修剪

①调整骨干枝:对过密而又细长的大枝适当间疏一部分。②大枝进行人工落头:从全长 1/3 或在有分枝处锯掉头部,以加粗生长和促发下挂新枝。③疏剪重叠枝:凡生长在同一方向大枝,施行疏剪或撑拉吊,使其错开,分布均匀,以利通风透光。④修剪交叉枝,使其一伸一缩,平衡发展。⑤疏除内向枝、并生枝、左右横生枝,改善光照条件。⑥改造背上直立枝,使其向左右生长,填补空间,培养结种短枝。⑦短截延长枝,控制顶端优势,促发下部中庸枝,形成短枝结种。⑧改造扁担枝(或横向大枝):这种枝如超过本身负荷,就会自然落头。结种过多者,就得辅助支撑。因此,对这种枝型,可在 2/5 处锯掉,促分下挂枝群,增加叶幕面积,为丰产打下基础。⑨改造一头多枝类型:高接时插 3~4 个穗条,成活后任其生长则密不通气结种甚微,对这种枝型必须去弱留强,保持 3~5 个较大的枝为骨干架。⑩改造封闭树型:有的大树高接层次多,成活后,生长几十个枝子形成封闭式的树型,对这种树,要按不同的方向,每层只选留一个强枝或间层留一个枝并短截顶端,使其加粗生长和发枝群,借以达到通风透光。

移植

亦称换床。在苗圃中把银杏苗木从原育苗地移栽到另一块育苗地继续培育。一般培育年龄较大的苗木时,通过移植扩大了苗木的株行距,增加营养面积,又能促进根系发达,使地上部分生长健壮,以达提高栽植成活率的目的。如需培育更大的苗木,就要进行数次移植。

移植苗

在苗圃中经过一次或多次移栽培育的苗木。深根性的树种多经过一次移栽培育成二年生的移植苗,再行定植。培育园林绿化用的大银杏苗常经过多次移栽。移栽苗根系发达,茎根比小,苗木质量高。

移植培育

为供应四旁绿化用的优质银杏大苗,可在苗圃中设立大苗区。选用 2~3 年生的优质壮苗作为移植苗,以 50 cm×80 cm 的株行距栽植,每亩可栽 1 665 株,加强肥水管理,逐渐培养成苗高 3.0 m 以上、胸径 3 cm 以上大苗。由于密度小,因此前期可于行间种植豆类、蔬菜等作物。

遗传

亲代的性状相对稳定地传递给子代的现象。如将银杏种实种在地里,长成的银杏树,结的种实仍然是银杏。

遗传变异规律

为提高遗传改良效率必须了解育种群体的遗传结构以及性状变异特点。近年来，国内在银杏的遗传变异规律方面进行了大量的研究。不同类型的银杏品种以单核重的遗传变异幅度最大，变异系数为18.91%～30.04%，以出仁率的变异幅度最小，变异系数为2.45%～3.19%，种核性状的变异系数从大到小依次为：单核重＞核型指数（长宽比）＞核宽＞核厚＞核长＞出仁率。银杏种核性状的随机变异模式是自然群体残遗过程中遗传随机漂迁和人工选择的结果，种核风干重、长度和长宽比的地理变异可能属经向渐变模式，1年生苗高的地理变异属纬向变异模式；不同种源间，种核性状中风干重的变异程度最大，总变异系数为21.8%，而壳厚度、长度、长宽比、宽度的变异系数都较小，平均总变异系数仅为3.4%；此外，苗木的单株叶片数、单叶干重、单株叶重3个性状均差异显著，单株叶重变异程度最大，总变异系数为34.8%；单叶干重和单株叶片数的总变异系数分别为27.1%和20.4%。不同种源苗木叶片中总内酯浓度和总黄酮浓度均存在显著差异，总内酯浓度的变异程度大于总黄酮浓度，总变异系数分别为39.1%和29.1%。总黄酮浓度的种源间变异大于种源内家系间的变异程度，而总内酯浓度的种源间变异小于种源内家系间茎含水率和根含水率的总变异系数最小，总变异系数均为2.3。银杏叶黄酮的遗传力、遗传变异系数均是无性系＞性别＞种源。对7个产区30个家系在9月初采收的银杏叶内含物进行了测定，银杏叶中的化学成分存在产区、家系和家系内的巨大遗传差异，不同化学成分的遗传变异程度不同，因而选择的响应也将不同。通过对现有自然变异的选择，预期增益大小是白果内酯＞银杏内酯＞黄酮类。不同种源1年生苗木的单株干重、根干重、茎干重这3个生物量性状的变异程度都较大，分别为32.8%、29.6%和25.6%，苗高、基径的变异程度较小，平均总变异系数分别为15%和10.9%。

遗传的变异

亲代产生的性状变异能相对稳定地遗传给子代的现象。其原因是亲代的遗传基础发生了变化。芽变、辐射育种、杂交育种等所产生的性状变异均能稳定地遗传下去。

遗传多样性

对美国宾夕法尼亚、华盛顿和尼加拉河的18株银杏间的遗传变异进行了RAPD分析，表明华盛顿群体内12个个体间基因组同源性很高，RAPD分析扩增的72个条带中仅1个条带为差异性条带，而尼加拉河两个植株与华盛顿群体有45%差异性条带，由此推测银杏物种水平的遗传多样性可能比较高。采用先进的AFLP标记技术对来自法国的筒叶、垂枝银杏两个品种和我国的大耳、金丝、斑叶3个品种进行分析，共检测到214个标记，其中多态性标记134条，多态性水平为62.6%，在一定程度上证明了Kuddus等对银杏物种遗传多样性可能比较高的推测。由于第四纪冰川气候变迁，导致银杏唯一在中国保存下来，但是在中国残留的银杏群体并未像银杉等孑遗植物一样经历了非常严重的"瓶颈"效应和小群体的遗传漂变，而是由于人为引种栽培扩展了其分布区，生境发生了巨大的变化。此后长期对周围环境的适应和自然生长，又由于群体间进行了一定程度的基因交流，从而导致了现存银杏群体具有较高遗传多样性水平。同时，不同产地的银杏在长期的栽培过程中所积累的被选择特性会有较大差异，从而强化了各地银杏的遗传分化。也就是说，人类的选种活动促使了不同地区银杏的遗传分化。银杏品种间在分子水平上存在较大差异，推测可能是人工选育的结果。这种推测还有待于更科学的理论根据的证实。

遗传防治

亦称遗传不育治虫。害虫防治的一种新方法。释放不育昆虫到野生种群中去进行交配，破坏其生育功能，达到害虫种群数量减少甚至绝灭的目的。导致昆虫不育的技术手段，目前应用的主要有辐射不育、化学不育、杂交不育、雌雄生殖细胞的胞质不亲和性、染色体的倒位与易位等。在防治螺旋锥蝇等害虫上已获成功。大规模的应用仍处于实验阶段。

遗传力

亦称遗传传递力。亲代传递其遗传特性的能力。生物性状的表现型是基因型与环境条件共同作用的结果。环境引起的变异是不遗传的，在育种选择上是无效的。因此，将遗传变异与环境变异划分开来，并将两者对某一性状在数值构成所占的比重估算出来，有利于选择育种。遗传力数值大，表示这一性状受环境的影响小，遗传能力强；反之，表示受环境的影响大，遗传能力弱。对不同性状的遗传力进行分析，可作为性状选择的理论依据，提高选择效果。

遗传连锁图谱潜在应用

利用分子标记构建的林木遗传图谱使选择直接基于DNA水平，可为林木生长、抗性、材性等重要性状的早期测定提供依据，提高早期测定的精确度和可靠性，从而大大缩短了林木育种周期。由于银杏童期长，从种子苗至开花一般需要20年左右，因此分子标记辅助育种在银杏上的应用前景极为广阔。研究所采用的作图材料不具备永久性质。一个解决的办法是把剥出的胚进行培养，将群体转换为具永久性质的群体，利用半同胞群体 QTL 分析理论进行 QTL 研究。另一方法是与分群法相结合，通过与目标性状连锁的标记在单倍体群体中的分离，在图谱上进行基因定位或找出与目标性状相连锁的其他标记。

遗传密码

遗传信息传递中的术语。遗传信息储存在脱氧核糖核酸（DNA）分子长链之中，由信使核糖核酸（mRNA）传递，4 种碱基中，包括腺嘌呤（A）、鸟嘌呤（G）、尿嘧啶（u）和胞嘧啶（C），由三个碱基组成一个密码，称三联密码，共有 4^3 ~64 个。其中 61 个分别决定 20 种氨基酸在蛋白质合成中在多肽链中的排列顺序，另 3 个密码为蛋白质合成终止信号。20 世纪 60 年代后期已编制出生物遗传三联密码表。

遗传图谱

以银杏为材料的遗传图谱构建中，以大配子体为材料，在 556 对引物中共筛选出引物 91 个多态型位点（其中有 5 个以 0.05 水平上进行的卡方检验表现为偏分离）。这 91 个标记中有 62 个被分配到 20 个连锁群中，共覆盖银杏基因组的 829.1 cm。同时构建了较高饱和度的银杏遗传连锁图谱，在 181 个符合 1∶1 分离比的位点中，共有 164 个位点被分配到 12 个连锁群上，整个连锁图谱的遗传跨度为 1 742.20 cm，覆盖整个基因组大小的 79.2%。连锁图标记间的平均距离为 10.82 cm。最大的连锁群图距为 261.2 cm，最小的连锁群图距为 62.4 cm。其中，相邻连锁位点间图距最大的为 42 cm，大于 40 cm 的作图盲区只一个。

遗传图谱构建

经 χ^2 检验符合孟德尔期望分离比数据，在 LOD 值为 3.0，最大遗传距离为 50 cm 的设置下，用 Mapmaker 构建了银杏的连锁图谱。整个连锁图谱的图距为 1 742.2 cm，连锁图标记间的平均图距为 10.82 cm，最大的连锁群图距为 261.2 cm，最小的连锁群图距为 62.4 cm。银杏基因组的遗传图距为 2 200.73 cm。

遗传图谱形成

遗传图谱是通过遗传重组交换结果进行连锁分析，所得到的基因在染色体上相对位置的排列图，它的构建是根据某一多态性 DNA 片段在分离群体中的分离情况的直接观察统计而实现的。林木遗传图谱的构建是当今林学研究的前沿课题，也是基础课题，高密度分子遗传图是基因定位、克隆、分离及分子标记辅助选择育种的基础。用 RAPD 分子标记构建了第一张银杏分子遗传图谱。该图谱共有 62 个 RAPD 标记，19 个连锁群，总长度为 829.1 cm，覆盖了银杏基因组的 1/3。由此可见，银杏遗传图谱的构建尚属起步，还不完善，为构建高密度银杏分子遗传图谱，应进一步开展分子技术的应用研究。

遗传物质

亲代的遗传信息传递给子代的物质，即脱氧核糖核酸（DNA）和核糖核酸（RNA）。遗传物质主要存在于动植物细胞核的染色体内，细胞质内的质体、线粒体也存在一定数量的遗传物质。遗传物质必须能自我复制，具有相对的稳定性和连续性。生物遗传物质的总和称遗传基础。

遗传信息

遗传物质脱氧核糖核酸（DNA）或核糖核酸（RVA）分子中碱基组合不同所产生的遗传效应。以信息性质存在，需通过转录和转移，成为特定的蛋白质分子，然后才能由遗传信息转化为生物体的各种遗传性状。遗传信息由碱基三联密码决定，通过信使核糖核酸（mRNA）转录和传递，在转译核糖核酸（tRNA）和酶的作用下，转译成特定的蛋白质。

遗传学

研究生物遗传与变异规律的科学，即研究在有亲缘关系的有机体之间相似与不同的原因的科学。遗传学涉及生命起源和生物进化的机理；是指导植物、动物和微生物育种工作的理论基础，与银杏育种有密切关系。

遗传因子与环境因子对银杏种实发育的影响

银杏种实发育过程中，6 月初到 7 月中旬，即盛花后 40~80 d，为种仁的速长期，而种实在 70 d 后就已停止生长。中种皮盛花后 50 d 开始木质化，70 d 后完全木质化。种仁和种实的发育并不同步，种壳的形成限制了种仁体积的增长。不同品种种核的大小、重量存在差异，种粒大小还影响种胚生长所需养分，从而影响种仁的播种品质。银杏种实不授粉或受精不良也能发育成种实，但这类种子没有胚，胚乳也只发育一半，易脱落。银杏种实的落实期很长，从 5 月上旬起至 9 月都有脱落，5 月中旬和 7 月上旬是两个落实高峰。种实的发育还受环境因素的影响，经最佳多元回归分析和通径分析，影响银杏种核产量变化的主要气象因子，包括 4 月份平均相对湿度、5 月份总日照时数、6 月份最长连续无降雨日数、6 月份最低温度、7 月份最高温度和最低温度，这些气象因子影响种实生长进程和遗传因子的表达。为保持种核的固有大小，在选择优良品种单株栽培时，需要控制单株种核的负载量。增加叶片产量使光合物质积累，可提高树体生产种核的负载能力。遗传因子和环境因子共同作用于种实的发育,栽培技术措施有利于遗传因子的充分表达和发挥环境因子的正效应,从而提高银杏种实发育的质量。

遗尿

银杏可治疗遗尿。银杏捣破去壳,取种仁炒熟,5~10岁儿童,每次吃5~7个,成人每次吃5~10个,日食2次,吃时细嚼慢咽。

乙醇浸提树脂吸附法

我国目前银杏叶提取厂约有70家,这70家全部用的是"乙醇浸提—树脂吸附法"。工艺流程如下。

银杏叶 $\xrightarrow[50~55℃]{70\%乙醇}$ 提取液 → 浓缩 $\xrightarrow{水}$ 稀释 → 冷却 $\xrightarrow{助滤剂}$ 过滤 → 滤液 → 树脂吸附 $\xrightarrow{水}$ 洗涤 $\xrightarrow{70\%乙醇}$ 洗脱 → 洗脱液 → 浓缩 → 提取物

这一提取法的工艺条件要求高质量的银杏叶外,用70%的食用酒精提取两次,每次3 h,酒精用量为叶子质量的12倍,提取温度为50~55℃。

这一传统的流行工艺设备投资少,见效快,生产安全性高,实行工业化生产有把握。这一工艺目前国内的得率均保持在1.8%~2.0%,提取率均保持在80%以上,有些厂家黄酮苷含量始终保持在31%以上,萜内酯含量始终保持在8%以上,二者均超出国际流行质量标准。这一工艺使用的乙醇是食用酒精,在产品中如有残留,也不会伤及人体。但也有些厂家,银杏叶质量较差,生产设备简陋,生产过程中某一工艺环节不合理,技术水平低,检测方法不标准,人员素质差,生产组织管理不善等,造成产品质量不合格,给销售带来很大困难。1997年上海"中国银杏产业开发研讨会"与会者们的一致意见是,今后银杏叶黄酮苷的提取应继续采用我国这一传统的实用工艺。

乙醇提取法

工艺流程:银杏叶 $\xrightarrow{乙醇}$ 提取 → 过滤 → 滤液 → 基馏 → 提取物 $\xrightarrow{20\%乙醇}$ 悬浮 → 过滤 → 滤液 → 蒸馏 → 提取物

实例:取1 g干银杏叶,粉碎,浸泡在20 mL乙醇中,在60℃加热回流1 h后,滤除银杏叶,蒸馏除去滤液中的溶剂,得到230 mg乙醇提取物。将提取物悬浮在20%乙醇水溶液中,除去不溶物,馏出溶剂,得到120 mg提取物。这种含黄酮和银杏内酯提取物可添入保健食品中,用于预防脑卒中和阿尔茨海默病。

乙烯利

化学名2-氯乙基磷酸。乙烯利是植物生长调节剂,用三氯化磷、环氧烷或乙烯等合成。纯品为无色针状结晶,露于空气中极易潮解。剂型有水剂、醇剂等。进入植物体后能缓慢分解释放乙烯,对植物生长发育起调节作用,有植物激素乙烯所具有的增进乳汁排泄、加速成熟、脱落、衰老以及促进开花和控制性别等多种生理反应。在银杏生产中,乙烯利常用于催熟,对人、畜毒性低。

乙烯利催落银杏种实

银杏采收正值秋收农忙,农果征用劳力,银杏树体高大,种实小,人工采摘困难,且工效低,劳动强度大,支出多,敲打种实也极易损伤枝、叶和芽(俗称奶枝),甚至敲断枝干,影响植株生长及来年产量。采用上海彭浦化工厂生产的乙烯利水剂 $400×10^{-6}$、$500×10^{-6}$、$600×10^{-6}$、$700×10^{-6}$ 对照喷水等5个处理,用单管喷雾器于9月13日~15日的上午8~10时,均匀喷于每一处理的17年生树上,每株树喷溶液25 kg。结果表明:在 $400~700×10^{-6}$ 范围内随浓度的增加,效果越好,对照几乎不脱落,$400×10^{-6}$ 落果也稍少,而其他3种处理有明显差异,可见 $500~700×10^{-6}$ 为理想催落银杏种实的浓度。

脱落时间在喷药后5~6 d进入脱落高峰,脱落种实数自喷药后随天数增加而递增。

乙烯利疏花疏果的效应

乙烯利疏花疏果的效应

状况		浓度(mg/kg)				
		250	500	1 000	2 000	对照
处理前	果	19	23	56	55	50
	叶	160	56	182	132	108
处理后	果	10	8	21	48	43
	叶	160	56	182	132	106
落果率(%)		47.3	65.52	62.50	12.73	14.00

以鸟治虫

鸟类是许多害虫重要的天敌之一。如灰喜鹊对大蓑蛾的捕食率为52.2%~62.4%,最高达83.6%。目前主要通过保护鸟类、人工挂鸟箱招引益鸟及人工驯化等方法开展以鸟治虫工作。生物防治方法,一般对人类无毒,不污染环境,不杀伤其他天敌,害虫不易产生抗性,大多天敌有自然扩散能力,是今后安全、有效防治树木害虫的发展方向。但需要注意的是,投放在环境中的天敌生物与环境中的其他生物间的多种复杂关系。

椅子根

基生树瘤是在银杏树干基部的不定芽生长而成的,最后长成类似复干的基生瘤状物。农民称其为"根台"或"椅子根"。

义马果科

多个大型的胚珠直接簇生在总柄(二级短枝)的顶端。未成熟的胚珠器官具很短的珠柄(叶深裂,Baiera型或偶呈Ginkgoites型)。

仅分布于义马果属,见于英国、德国及我国下侏罗统和中侏罗统。

义马果属

义马果属的模式种 *Yimaia hallei* 产于我国河南义马中侏罗统。它代表着不同于银杏的一个独立的演化支系。它的发现和研究是中生代银杏类的又一重要的进展,也为研究同类化石提供了有价值的依据和参证。

义马银杏

义马银杏具长、短枝。叶柄长 14~55 mm,宽 1~3.5 mm;叶最外侧两裂片左右展开角度一般为 180°左右;叶片小者宽 40 mm,宽者可达 130 mm,多深裂为 4~8 个倒卵形至倒披针形的、长 33~80 mm 的裂片,最宽处在裂片中部或偏上,6.5~29 mm,裂片顶端钝圆或稍尖,未成熟叶片顶端往往具一浅的缺刻。叶脉二歧分叉,最宽处每厘米可达 7~18 条叶脉,叶脉基本平行,到顶部略聚敛;脉之间有树脂体,长椭圆形或梭形,大小一般在 (210~300) μm × (180~200) μm。

气孔器下生式。表皮细胞缺乏乳突和毛。上表皮由 6~11 列伸长的脉络细胞和等径的多边形细胞组成,规则排列,平周壁粗糙,垂周壁直,偶有气孔器,但副卫细胞上不具乳突。下表皮比上表皮略薄,非气孔带由 10~17 行伸长的细胞组成;气孔带上的普通表皮细胞一般为等径的多边形或略伸长。气孔器圆形或椭圆形,在下表皮上稀疏排列成不规则的气孔行,单唇式,单环或不完全双环,有 6~7 个副卫细胞,副卫细胞上具伸向孔缝的乳突。保卫细胞下陷,孔缝方向不规则。

胚珠器官的总柄长达 45 mm,其顶部二歧式或交互地分出 2~3(4) 个长 (6)8~12(15) mm 的珠柄。胚珠直立,单生在珠柄顶端的珠托中,胚珠数目多为 2 个,少为 3 个,偶见 4 个,形体较小,10~15 mm × 8~12.5 mm(厚度不明)。

产地与层位:河南义马,中侏罗统。

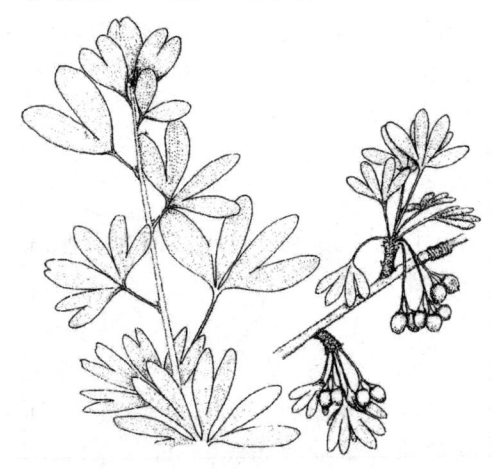

义马银杏复原图

异常落花落种

银杏花期和花后初种期,常出现落花落种。落花落种常取决于树体状况和环境因子等因素,但一般均在一定范围内发生。有时由于环境条件恶劣,因此初始的花和种子通常落花落种较多,导致严重减产,这通常称为异常落花落种。异常落花落种程度还与胁迫发生的时期、树体状况和栽培技术管理措施有关,与落花落种发生前,采取有效的栽培技术措施有关。加强栽培管理,可将落花落种降到最低限度。

异花传粉

异株两性花之间的传粉过程,如银杏。异花传粉能提高后代的生活力和建立新遗传性。银杏需借助于风媒传播花粉。

异形毛状叶

营养叶(和苞片同形)螺旋状着生于长枝上,无柄,在中、上部两歧分叉 1~3 次;裂片细狭,可能只具单脉并尚未完全扁化。雌性短枝自叶的腋部伸出,其上螺旋状着生 3~20 个具珠柄的直生而向内面(近轴面)弯转的胚珠,胚珠较小,4~6 mm × 3~4 mm × 2.5 mm。产于法国南部下二叠统。楔拜拉属 (Sphenobaiera Florin, 1936) 为银杏类营养叶化石的一个形态属,自晚二叠世开始出现,但大多数见于中生代。叶片扁化但不具有叶柄,楔形、狭三角形、舌形或线形,向基部渐渐地收缩,向上或多或少地深裂为 2~5 个主要的裂片。这些裂片可继续分裂 1 到多次。叶脉为扇状脉,裂片所含的叶脉一般多于 4 条。我国北方上二叠统已有产出。

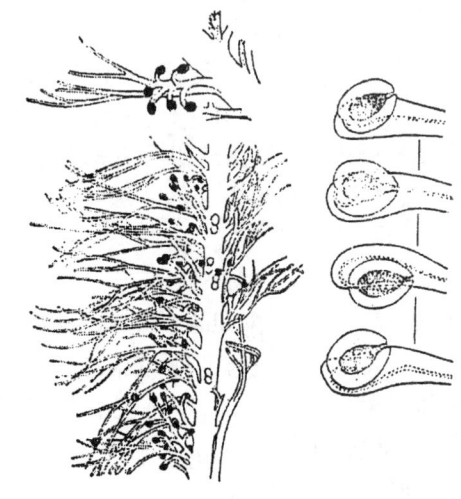

异形毛状叶

易州大白果

河北易县大龙华村古寺庙遗址(现为学校),存有千年左右的古银杏树雌雄两株,东西排列,株距 3 m。东为雄株,西为雌株,品种为大梅核,俗称易州大白果,为实生繁殖树。两株树势生长雄伟挺拔,但雄株更为高大粗壮,其树高 26 m,胸径 1.21 m,冠幅 14 m×18 m。雌株比雄株略显矮小,却苗条清秀,其树高 20 m,胸径 0.81 m,冠幅 10 m×15 m,年结实 200~300 kg(鲜种重),树冠卵圆形,层性明显,生长势强,抗旱抗涝性强,年年春花秋实,橘黄色的果实挂满枝头,黄叶橙果,十分美丽。现已列为易县重点保护文物树。1997 年,采穗嫁接于附近果园内的 5 年生银杏幼树上,1999 年(接后第 3 年)尚未结实。1994 年,采穗嫁接于盆栽 3 年生砧木上,在精心管理下,1999 年(接后第 6 年)结实 22 枚。叶片多为扇形,少数为三角形,叶长 4.5~5.2 cm,宽 5~7 cm,叶柄长 5~5.5 cm,短枝上叶片 3~5 片,叶基楔形,叶缘有波状缺刻。种实圆球形或短广椭圆形,顶部圆钝,近种梗处微凹,平均纵径 3 cm,横径 2.83 cm,种柄长 4.5~3.5 cm。是适宜河北省发展的优良品种。

益鸟治虫

自然界鸟类很多,根据统计我国就有 1 100 多种。其中,能吃昆虫的约占半数。它们绝大多数捕食害虫。益鸟中常见的有啄木鸟、大杜鹃、大山雀、伯劳和画眉等。这些益鸟主要捕食叶蝉、木虱、蜡象、吉丁虫、天牛、金龟子、蛾类幼虫、叶蜂和象鼻虫等多种果林害虫。近几年,来我国不少果园实行保护和招引益鸟的措施,在防治害虫上收到了显著成效。这些鸟类多数栖息和生活在果林之中,这在防治害虫上是极为有利的条件。据解剖观察,伯劳食物中的害虫占 99%,其中,以金龟子、叩头虫、伪步行虫和象鼻虫等为最多。其次是夜蛾和天蛾类幼虫及毛虫等,还有蝼蛄和蜡象等。利用食益虫益鸟,主要采用保护和挂箱招引的办法。冬季在园内放饲料,旱季给水,种植益鸟食饲料植物,用设置悬挂鸟巢等办法来招引益鸟。保护和招引益鸟防治果林害虫的方法简单而易行,且花工少、成本低,是个好办法。

意大利的银杏减肥产品

1991 年,意大利 E. Bombardelli 利用银杏叶提取物生产出治疗人体脂肪沉着的化妆品,使用后能有效地减少人体腿部、臀部、髋部沉着的脂肪,使体重减轻,给普遍肥胖的欧洲人带来了福音。

翼城丁家银杏

这一雌一雄的 2 株银杏树生长在山西省翼城县南梁镇下涧峡村西,树距 4.5 m,根连根,枝串枝,如同一对恩爱夫妻。东边为雄树,树高 28 m,干高 4 m,胸径属 1.44 m,立木材积为 16.9 m³。树冠馒头形,冠幅东西 14.2 m,南北 20.4 m,树冠投影面积 234.9 m²。根盘为 10.3 m,主干上共分 12 大枝,枝叶茂盛。西边为雌树,树高 24.3 m,干高 6.3 m,胸径属 0.85 m,立木材积为 9.4 m³。冠幅东西 10.4 m,南北 12.4 m,投影面积为 102 m²,枝叶茂盛。这 2 株银杏为该村丁家所有,原来树南设有鱼池,树东建有竹园。丁氏是明朝万历年的官员,其子丁流芳曾任宁夏省河东兵部道台。这两株银杏系丁流芳居官时,由外地移入他家的花园。

阴虱

银杏可治疗阴虱。以鲜白果,去硬壳,捣烂,搽患处,勿伤黏膜。

银大复合物胶囊

银杏叶提取物—大豆磷脂酰胆碱复合物 50 mg、硅粉 30 mg、不溶性交联聚乙烯吡咯烷酮 30 mg、玉米淀粉 20 mg、羧甲氧基纤维素钠 10 mg、聚乙烯吡咯烷酮 7 mg、硬脂酸镁 3 mg。银杏叶提取物—大豆磷脂酰胆碱复合物易被人体吸收,疗效明显高于单方胶囊。该复合物的制法如下:取以 6∶1 混合的二氯甲烷—甲醇混合液 200 mL,加入银杏叶提取物(含黄酮苷约 25%)10 g 和大豆磷脂酰胆碱 15 g,溶解后在真空下馏出溶剂至少量残留为止,过滤混浊物,残渣用 200 mL 以上二氯甲烷稀释。再馏少量溶剂,用 300 mL 正己烷稀释混合物,则复合物的淡茶色固体沉淀出,滤出沉淀,在真空下 40℃ 干燥复合物,得 22 g 能完全溶解在非极性溶剂中的复合物。H1 - NMR 证实其质子信号不同于黄酮类化合物的芳族质子信号。此复合物可直接加到药剂中,或微量分散到药剂中使用。复合物原料中所用大豆磷脂酰胆碱,其脂肪酸中平均含 63% 亚油酸、16% 棕榈酸、3.5% 硬脂酸和 11% 油酸。

银蛋

银杏树根下长出一个肉质瘤状物,这主要是养分积累所造成的。一般砂土地的移栽苗或根蘖苗尤为明显。出现银蛋,树开始加速生长,移栽成活率提高。

银耳银杏汁

主料:银杏浆汁,银耳。

配料:冰糖,稳定剂。

工艺流程如下。

银耳→水发→预煮→破碎→混合→脱气→罐装→杀菌→成品
　　　　　　　　　　　　　↑
　　　　　　　　银杏浆汁、冰糖、稳定剂

保健功能:银耳银杏汁含有氨基酸、银耳多糖及维生素、矿物质等多种营养成分,具有强精补肾、润肺止咳、益气生津等保健功能,长期饮用对预防和治疗高血压、高血脂有一定功效。

银肥间作

银杏与绿肥作物的相间种植。通过绿肥作物新鲜的茎叶翻入土中，经腐烂分解以增加多种养分，改良土壤物理性状；而且豆科绿肥植物具有根瘤菌，能固定空气中游离氮，增加土壤中的氮素。因此，林肥间作能促进银杏生长，是银杏主要的间种形式。主要间种的绿肥种类有豆科的紫云英、苜蓿、苕子、草木樨、猪屎豆等；非豆科的肥田萝卜（满园花）、太阳花等。

银果（a）和银泰（b）对构巢曲霉素的抑菌作用

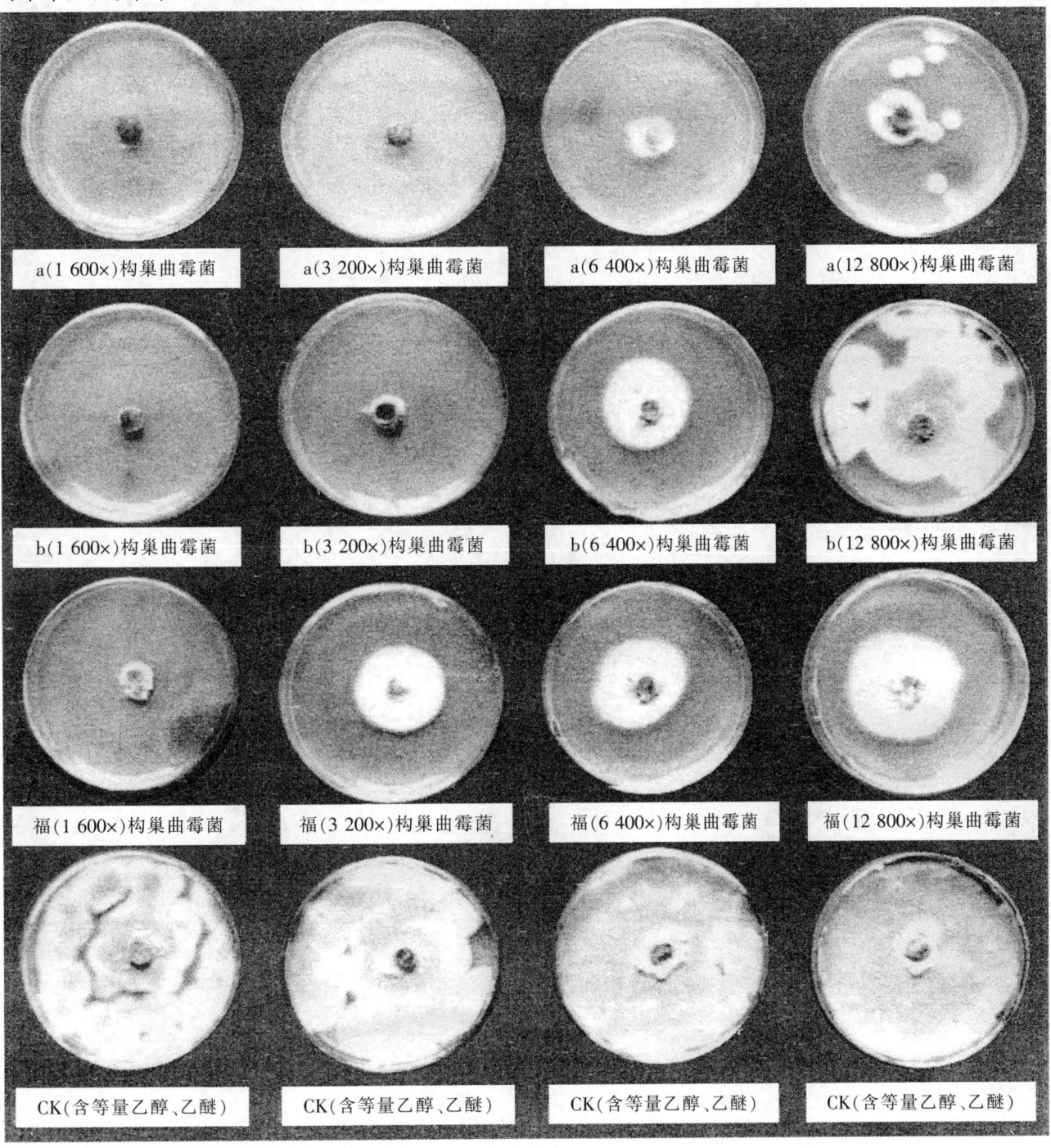

银果(a)和银泰(b)对苹果腐烂病的抑菌作用

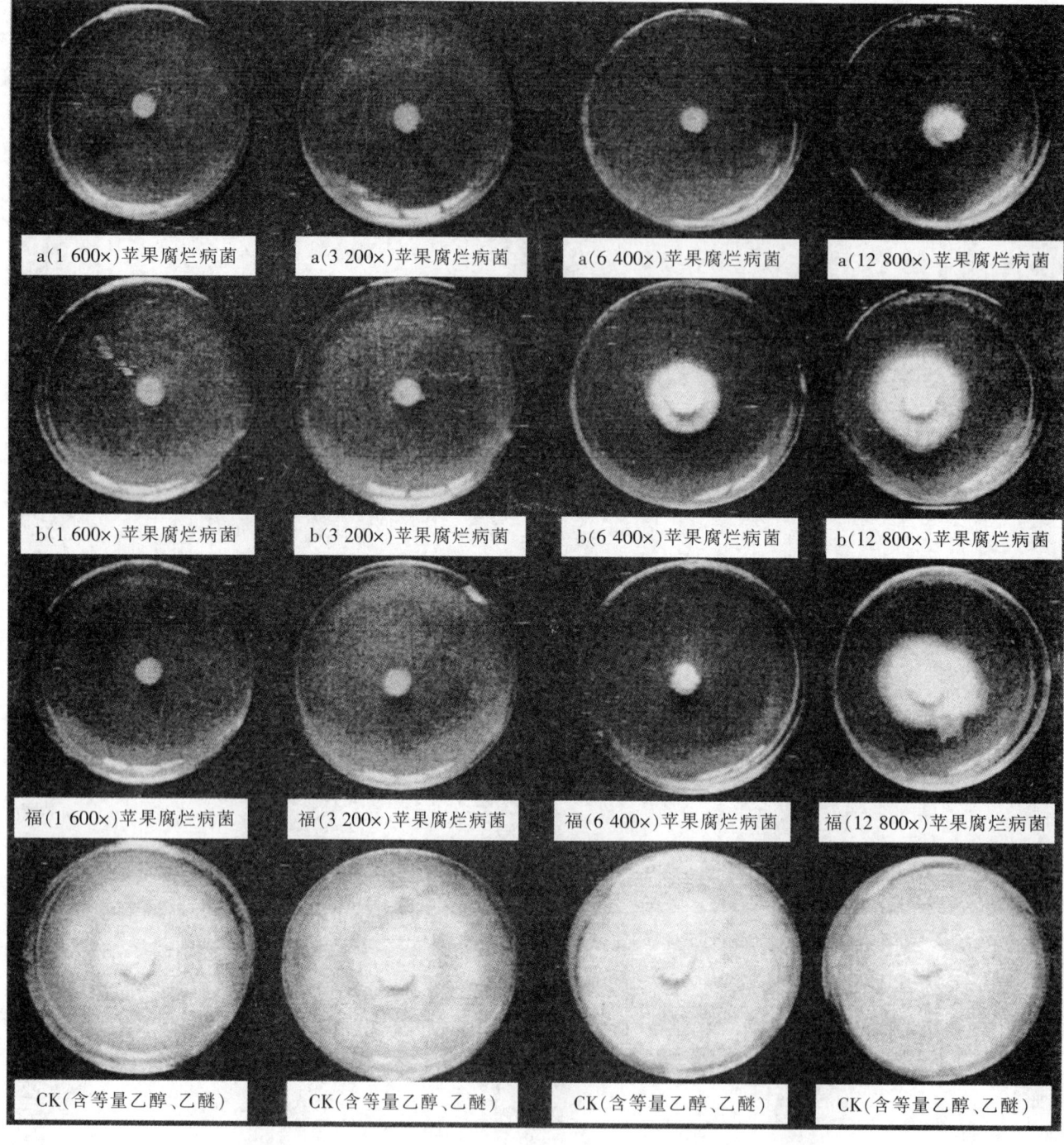

银果(a)和银泰(b)对苹果干腐病的抑菌作用

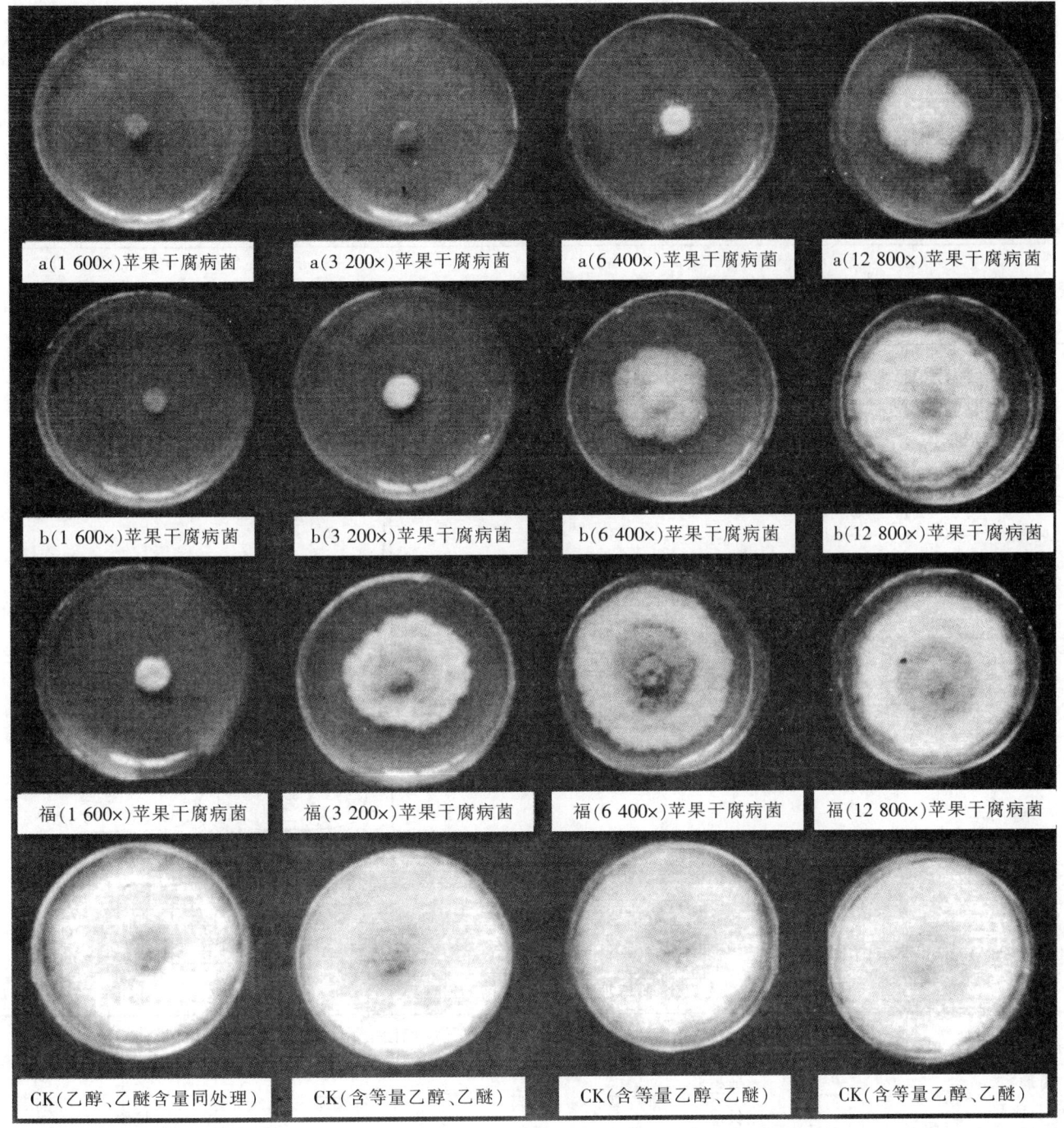

银果对菠菜产量的影响

银果对菠菜产量的影响

药剂 名称	浓度 (μL/L)	菠菜产量 (g/5株)	校正 增长率(%)
银果	800	550.92	22.63
银果	400	617.69	37.49
扑海因	400	512.86	14.16
对照	—	449.25	—

银果对菠菜经济产量、生物产量和根冠比的影响

银果对菠菜经济产量、生物产量和根冠比的影响

药剂 名称	浓度 (μL/L)	根冠比 (校正增长率)	生物产量 (g/5株) (校正增长率)	经济产量 (g/5株) (校正增长率)
银果	800	0.024(67.12%)	6.43(77.62%)	67.68(51.07%)
银果	400	0.036(50.68%)	5.67(56.63%)	63.01(40.63%)
扑海因	400	0.058(20.55%)	5.44(50.28%)	55.64(24.02%)
对照	—	0.073(—)	3.62(—)	44.80(—)

银果对菠菜叶面积和茎面积的影响

银果对菠菜叶面积和茎面积的影响

药剂名称	浓度	叶面积指数（cm）	绿色面积指数（cm）（校正增长率）	总茎面积（cm）（校正增长率）	总叶面积（cm）（校正增长率）
银 果	800	0.87（77.55%）	8 779.79（86.25%）	1 581.81（80.23%）	6 751.82（75.99%）
银 果	400	0.80（63.27%）	8 247.81（74.96%）	1 415.49（61.28%）	6 219.84（62.13%）
扑海因	400	0.65（32.65%）	7 140.38（51.47%）	1 259.53（43.51%）	500.87（30.48%）
对 照	—	0.49（—）	4 714.09（—）	877.66（—）	3 836.43（—）

银果对草莓叶面积增长的作用

银果对草莓叶面积增长的作用

药剂名称	浓度（μL/L）	草莓平均叶面积（cm²）	校正增长率（%）
银 果	800	36.87	44.70
银 果	400	39.93	56.71
银 果	200	35.86	40.74
三唑酮	400	11.28	-55.73
对 照	—	25.48	—

银果乳油气相色谱图

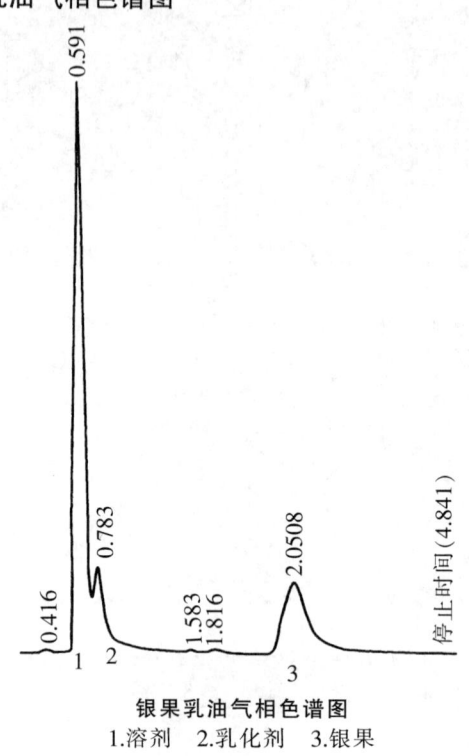

银果乳油气相色谱图
1.溶剂　2.乳化剂　3.银果

银果与银泰的抑菌作用测定结果

银果与银泰的抑菌作用测定结果

药剂名称及代号	药剂浓度（倍）	苹果腐烂病菌			苹果干腐病菌			构巢曲霉菌		
		平均菌落直径（mm）	纯生长量（mm）	抑菌率（%）	平均菌落直径（mm）	纯生长量（mm）	抑菌率（%）	平均菌落直径（mm）	纯生长量（mm）	抑菌率（%）
银果（a）	400	6.00	0.00	100.00	6.00	0.00	100.00	6.00	0.00	100.00
	800	6.00	0.00	100.00	6.00	0.00	100.00	6.00	0.00	100.00
	1 600	6.00	0.00	100.00	6.00	0.00	100.00	6.00	0.00	100.00
	3 200	6.00	0.00	100.00	6.00	0.00	100.00	6.00	0.00	100.00
	3 555	6.00	0.00	100.00	—	—	—	6.00	0.00	100.00
	4 000	6.00	0.00	100.00	—	—	—	8.75	2.75	94.80
	6 400	6.00	0.00	100.00	14.67	8.67	83.94	21.67	15.67	70.98
	12 800	15.50	9.50	82.41	32.50	26.50	50.93	42.00	36.00	33.33

续表

药剂名称及代号	药剂浓度(倍)	苹果腐烂病菌			苹果干腐病菌			构巢曲霉菌		
		平均菌落直径(mm)	纯生长量(mm)	抑菌率(%)	平均菌落直径(mm)	纯生长量(mm)	抑菌率(%)	平均菌落直径(mm)	纯生长量(mm)	抑菌率(%)
银泰(b)	400	6.00	0.00	100.00	6.00	0.00	100.00	6.00	0.00	100.00
	800	6.00	0.00	100.00	6.00	0.00	100.00	6.00	0.00	100.00
	1 600	6.00	0.00	100.00	6.00	0.00	100.00	6.00	0.00	100.00
	3 200	6.00	0.00	100.00	11.00	5.00	94.74	21.00	15.00	72.22
	6 400	8.67	2.67	95.01	33.83	27.83	48.46	41.17	35.17	34.87
	12 800	10.00	4.00	92.59	44.67	38.67	28.39	47.75	41.75	22.69
福美胂	400	6.00	0.00	100.00	8.33	2.33	95.69	6.00	0.00	100.00
	800	6.00	0.00	100.00	16.27	10.27	80.98	12.00	6.00	88.89
	1 600	6.00	0.00	100.00	17.98	11.98	77.82	12.50	6.00	87.96
	3 200	6.00	0.00	100.00	26.91	20.91	61.27	13.38	7.38	86.33
	6 400	6.00	0.00	100.00	40.00	34.00	37.03	28.88	22.88	57.63
	12 800	9.77	3.77	93.02	41.03	35.03	35.12	34.88	28.88	46.52
CK 等量乙醚乙醇	400	42.25	36.25	—	50.83	44.83	—	60.00	54.00	—
	800	50.25	44.25	—	57.33	51.33	—	60.00	54.00	—
	1 600	55.50	49.50	—	56.17	50.17	—	60.00	54.00	—
	3 200	55.67	49.67	—	60.00	54.00	—	60.00	54.00	—
	3 555	57.25	51.25	—	—	—	—	59.38	53.38	—
	4 000	59.35	53.35	—	—	—	—	58.88	52.88	—
	6 400	60.00	54.00	—	60.00	54.00	—	60.00	54.00	—
	12 800	60.00	54.00	—	60.00	54.00	—	60.00	54.00	—

银果原药气相色谱图

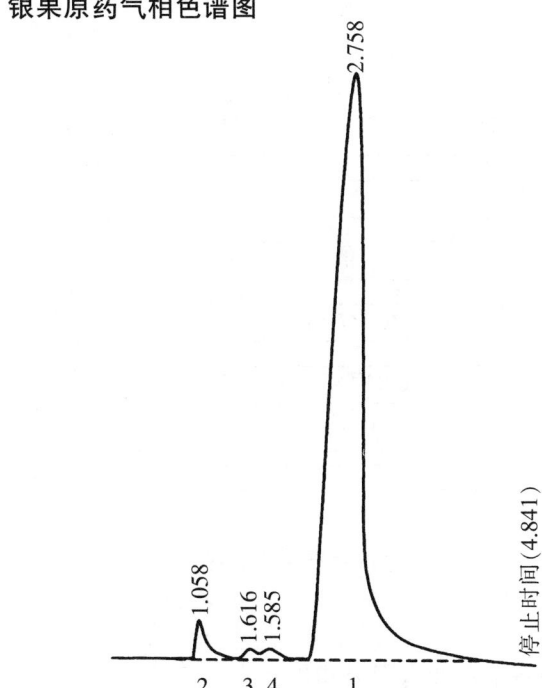

银果原药气相色谱图
1.银果 2.苯酚 3.苯基烯丙基醚
4.1-甲基-5-氧杂-3 4.苯并环戊烷

银果原药指标要求

银果原药指标要求	
指标名称	指　　标
银果%(m/m)≥	85.0
水分%(m/m)≤	0.5
pH值	5.0~7.0
丙酮不溶物≤	0.2

银果原药主要组分含量指标要求

序号	项目	结构	浓度(%)
1	银果	(2-烯丙基苯酚)	≥85
2	2,6-二烯丙基酚		≤31
3	2,4-二烯丙基酚		≤2
4	苯酚		≤2
5	烯丙基苯基醚		≤2
6	1-甲基-5-氧杂-3 4-苯并环戊烷		≤1.5

银果在番茄中的消解动态

银果在番茄中的消解动态

取样时间(d)	银果残留量(mg/kg)			
	重复			平均
0	1.68	1.65	1.69	1.67
1	1.58	1.56	1.60	1.58
2	1.23	1.29	1.31	1.28
3	1.19	1.13	1.14	1.15
5	0.97	1.02	1.01	1.00
9	0.83	0.83	0.87	0.84
15	0.27	0.29	0.30	0.29

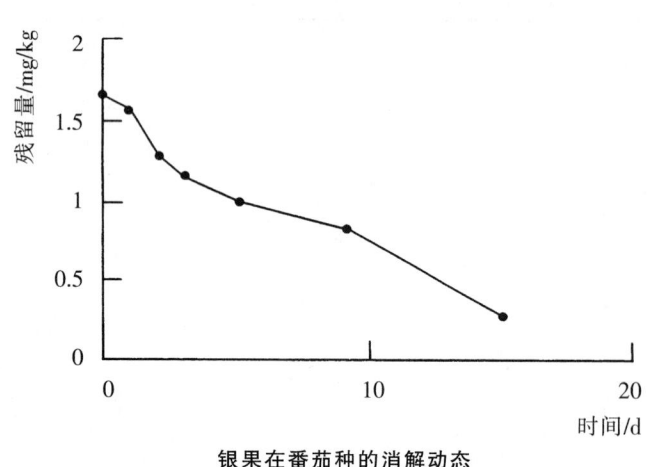

银果在番茄种的消解动态

银果中试生产工艺流程

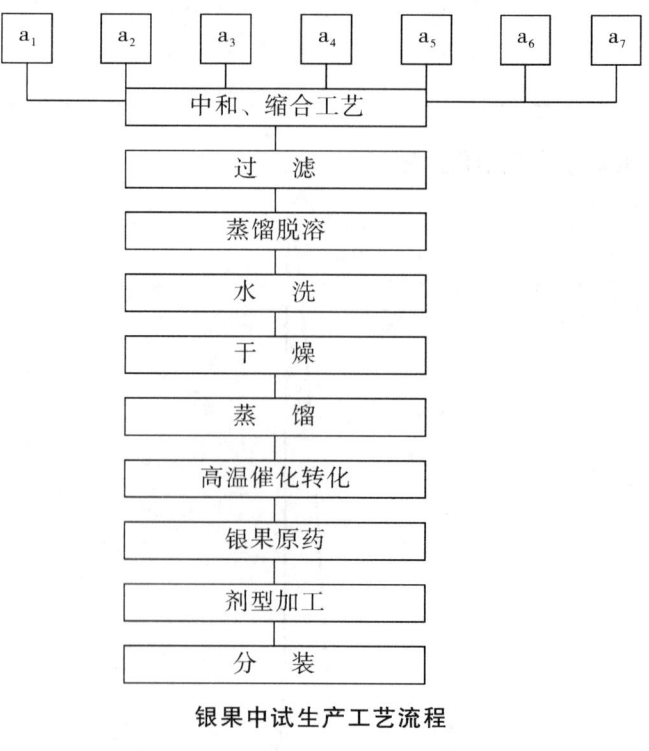

银果中试生产工艺流程

银可络

深圳海王药业有限公司生产。

药理作用：扩张冠脉血管；促进脑血液循环，改善脑细胞代谢；清除氧自由基的生成，抑制细胞膜脂质过氧化；防止血栓形成和抗血小板聚集；增强红细胞的变形能力，降低血液黏度；降低过氧化脂质产生，提高红细胞SOD活性。

适应证：动脉硬化及高血压病所致的冠状动脉供血不全、心绞痛、心肌梗死，以及中老年脑功能不全、阿尔茨海默病等。

银粮间作

又叫银农间作。利用银杏人工林行间和行内的空闲地，栽培农作物。它既利于幼林抚育提高成活率，又能增产粮食，促进幼林生长和降低造林成本。实行银粮间作应以不影响银杏生长为原则。我国不少地方有银粮间作的习惯。

银泰的标志、包装、运输和贮存

①产品应符合GB3796-2006《农药包装通则》和GB4838-2000《乳油农药包装》中的标志，包装，贮存和运输的规定。

②本产品包装为玻璃瓶装，所用玻璃瓶必须清洁，干燥，包装量为210 mL，内塞外盖，外套胶帽。外包装为瓦楞纸箱，每箱24瓶，瓶外纸隔板，瓶上盖纸板，箱外用塑料带打包加固。

③每批包装好的成品，瓶塞必须严密，外盖旋紧，箱子牢固，并附有质量证明书，内容为生产厂名称、产品名称、批号、出厂日期、净重及本标准编号。

④每个包装箱、包装瓶和包装桶上应有标签注明：产品名称、生产厂名称、批号、生产日期、净重、本标准编号及使用方法。

⑤包装箱上应有："易燃""易碎""有毒""勿倒置"标志。

⑥贮运时严防日晒雨淋，保持良好通风，远离火源，不得与食物、种子、饲料同贮同运，避免与皮肤接触，防止口鼻吸入。

⑦本产品在上述贮运条件下，保证期为两年。

银泰对各种病原菌的室内生测结果

银泰对各种病原菌的室内生测结果

作物种类	病原菌	药剂	毒力方程 $y=$	EC_{50} ($\mu L/L$)	EC_{95} ($\mu L/L$)	相关系数 r
果树病害	苹果腐烂病菌	20%银泰微乳剂	$1.8324+2.2339x$	26.18	142.67	0.9978
		20%银泰EC	$1.2142+2.7564x$	23.63	93.37	0.9898
		32%克菌EC	$-0.8531+3.6677x$	39.43	110.75	0.9991
	苹果轮纹病菌	20%银泰微乳剂	$2.1790+1.8886x$	31.17	231.54	0.9477
		20%银泰EC	$0.4305+2.1682x$	128.09	734.77	0.9857
		32%克菌EC	$1.7190+2.2173x$	30.18	166.54	0.9159
	苹果干腐病菌	20%银泰微乳剂	$4.0190+0.6027x$	42.44	22761.49	0.8519
		20%银泰EC	$2.2135+1.5194x$	56.36	608.89	0.9737
		32%克菌EC	$1.9065+1.7581x$	57.48	495.59	0.9771
蔬菜病害	番茄灰霉病菌	20%银泰微乳剂	$1.9641+2.1250x$	26.83	159.49	0.9789
		20%银泰EC	$1.8956+1.9289x$	40.69	289.89	0.9935
		50%扑海因WP	$0.1762+2.7288x$	58.57	234.68	0.9941
	番茄叶病菌酶	20%银泰EC	$1.5649+1.7459x$	92.79	812.12	0.9381
		50%扑海因WP	$2.5124+1.4726x$	48.90	640.16	0.9414
	番茄早疫病菌	20%银泰微乳剂	$2.9332+0.8776x$	227.92	17150.15	0.8756
		20%银泰EC	$0.8440+2.2819x$	66.26	348.42	0.9698
		50%扑海因WP	$-0.5219+3.1591x$	55.96	185.60	0.9740

续表

作物种类	病原菌	药剂	毒力方程 $y=$	EC_{50} ($\mu L/L$)	EC_{95} ($\mu L/L$)	相关系数 r
大田作物病害	小麦纹枯病菌	20% 银泰 EC	$-0.9295+3.8067x$	36.11	97.66	0.9692
		20% 井冈霉素 SP	$4.7294+0.7615x$	2.27	327.64	0.9715
	小麦全蚀病菌	20% 银泰微乳剂	$1.2732+3.3000x$	13.74	42.44	0.9046
		20% 银泰 EC	$1.6879+1.9299x$	52.02	370.22	0.9963
		70% 甲托 WP	$3.4785+1.5024x$	10.30	128.11	0.8899
	水稻纹枯病菌	20% 银泰微乳剂	$3.0892+1.5446x$	17.26	200.47	0.9920
		20% 银泰 EC	$1.5152+2.2386x$	36.03	195.62	0.9975
		70% 甲托 WP	$2.1758+1.4523x$	88.02	1194.47	0.9979
	棉花枯萎病菌	20% 银泰 EC	$1.3115+1.8914x$	89.16	660.44	0.9255
		50% 多菌灵 WP	$4.7967+2.6651x$	1.19	4.94	0.9826

银泰和银果田间小区防治苹果腐烂病效果

银泰和银果田间小区防治苹果腐烂病效果

药剂	浓度(倍)	施药前病斑面积(cm^2)					施药后检查时病斑面积(cm^2)					防效(%)
		Ⅰ	Ⅱ	Ⅲ	Ⅳ	$\bar{x}$	Ⅰ	Ⅱ	Ⅲ	Ⅳ	$\bar{x}$	
银果	50	127.00	54.00	30.00	48.00	64.75	9.00	0.00	0.00	0.00	2.25	96.53
	100	126.00	74.00	77.00	10.00	71.75	0.00	0.00	0.00	0.00	0.00	100.00
银泰	50	60.00	58.00	22.00	35.00	43.75	0.00	0.00	0.00	0.00	0.00	100.00
	100	11.00	67.00	54.00	—	44.00	0.00	0.00	0.00	0.00	0.00	100.00
福美胂	50	53.00	14.00	246.00	36.00	87.25	0.00	0.00	0.00	0.00	0.00	100.00
	100	43.00	189.00	27.00	31.00	72.50	0.00	0.00	0.00	0.00	0.00	100.00
多菌灵	50	22.00	199.00	14.00	21.00	64.0	0.00	0.00	0.00	0.00	0.00	100.00
CK 等量乙醚乙醇		8.00	28.00	26.00	38.00	25.0	17.00	49.00	48.00	84.00	55.75	—

银泰理化指标

ISO 通用名称:Yintai。

CIPAC 数字代码:966。

化学名称:1-对羟基苯基丁酮　1-邻羟基苯基丁酮。

银泰Ⅰ

银泰Ⅱ

银泰原药含有两种同分异构体。银泰Ⅰ为固体,名称为1-对羟基苯基丁酮;银泰Ⅱ为液体,名称为1-邻羟基苯基丁酮;二者比例约为2∶1,40℃熔化为棕褐色或棕色液体。

分子式:$C_{10}H_{12}O_2$。

相对分子质量:164.20。

生物性质:杀菌剂。

熔点:银泰Ⅰ 92℃;银泰Ⅱ 11℃。

沸点:银泰Ⅰ 195℃/300 Pa;银泰Ⅱ 120℃/300 Pa。

溶解度:银泰Ⅰ极易溶于乙醇、乙醚、乙酸乙酯、丙酮;易溶于二甲苯、甲苯、苯等有机溶剂,难溶于水、石油醚。

银泰Ⅱ极易溶于石油醚、乙醇、乙醚、乙酸乙酯、丙酮、甲苯、苯、二甲苯等有机溶剂,难溶于水。

混合比重:1.0~1.1。

稳定性:银泰Ⅰ、银泰Ⅱ均在酸性溶液中稳定,固生成盐而溶于强碱性溶液。

外观:淡棕色或棕色半固体。

银泰摄食量和染毒量

因受检样品有异味,影响了各剂量动物的日平均摄食量。雄、雌性低剂量组动物摄食量与对照组大体一致,中、高剂量组动物日平均摄食量明显低于对照组和低剂量组,总摄食量相差10%~30%。各染毒组大鼠的实际摄毒剂量随其日摄食量的变化而变化。根据每天记录的各组摄食量计算出各组每周平均摄食量的变化情况。根据体重和饲料中样品浓度,计算出各组每周平均染毒浓度。用该组各周摄毒量的平均数表示,雄、雌大鼠低、中、高剂量组的染毒剂量为:18.3±2.2 mg/kg bw/d、89.2±9.5 mg/kg bw/d、410.7±60.0 mg/kg bw/d 和 19.1±1.1 mg/kg bw/d、90.2±9.4 mg/kg bw/d、393.4±53.1 mg/kg bw/d。

银泰原药气相色谱图(熔融原药)

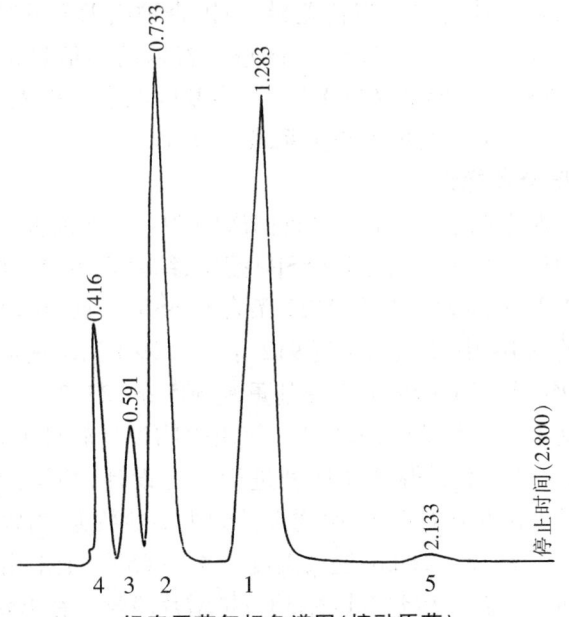

银泰原药气相色谱图(熔融原药)
1.银泰Ⅰ　2.银泰Ⅱ　3.中间体　4.苯酚　5.杂质

银泰原药指标要求

银泰原药指标要求指标

指标名称	指标
(银泰Ⅰ+银泰Ⅱ)%(m/m)≥	90.0
银泰Ⅰ%(m/m)≥	55.0
银泰Ⅱ%(m/m)≥	28.0
水分%(m/m)≤	0.5
pH值	0.3~0.5
丙酮不溶物≤	0.2

银泰中试生产工艺流程

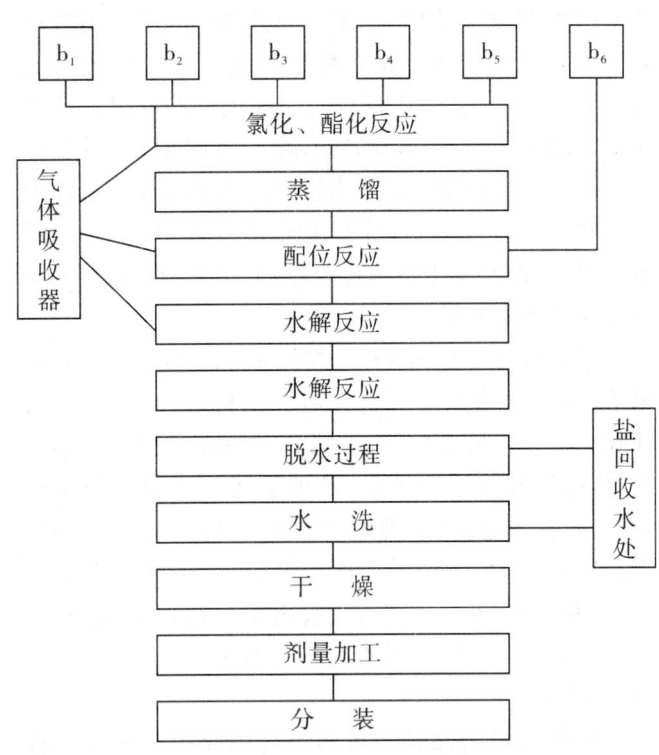

银泰中试生产工艺流程

银条叶银杏

又称白条叶银杏,是河南省近几年在银杏苗木培育过程中,陆续发现的银杏主枝顶芽或侧芽突变现象。银条叶银杏叶片浅裂或深裂,沿放射状叶脉有一至多条宽窄不一的银白色带状条纹,银白色带状条纹与叶片绿色带状条纹相间构成放射状彩条,界线分明,色泽鲜艳,具有较高的观赏价值。通过几年的嫁接繁殖,已在城市园林绿化中栽培种植。

银杏

Ginkgo biloba,别名白果树、公孙树、鸭掌树,银杏科银杏属落叶大乔木。本属仅银杏1种,系中国原产

的著名孑遗树种之一。染色体数 $2n = 2x = 24$（雄株为 22A + 2Z，雌株为 22A + 2W）。起源古老，系中国特产的第四纪孑遗树种。银杏科植物发生于古生代石炭纪末期。中生代早期的银杏，为现代种的远祖。新生代早期的类蕨银杏（G. adiantoids），叶酷似现代银杏。中国汉末三国时代，在江南地区已盛栽银杏，唐代中原有种银杏的记载，至宋代栽培更为普遍，并传入日本。以后，银杏又由日本传至欧洲、美洲，现在世界 50 多个国家均有栽培。

形态特征。高达 40 m，胸径 4 m，冠径可达 36 m。树干通直，全体光滑无毛，有长、短枝之分。叶扇形，叶脉二叉状。雌雄异株，少同株，雄株高大直立，落叶迟；雌株枝开张或略下垂，叶薄裂浅。雌雄花均生于短枝，雄花下垂，数朵排列成柔荑花序状；雌花数朵簇生，可结 2~16 个种子。种子具长梗，椭圆形至近球形，外种皮黄、橙黄色至青色，肉质而有恶臭，中种皮骨质，内种皮膜质，胚乳肉质。花期 3~4 月，种子 9~10 月成熟。

变种及栽培品种。塔形银杏（var. fastigiata），枝上耸，树冠圆柱形或尖塔形；垂枝银杏（var. pendula），枝下垂；裂叶银杏（var. laciniata），叶较大，有深裂；斑叶银杏（var. variegata），叶带黄斑；黄叶银杏（var. aurea），叶亮黄色；叶籽银杏（var. epiphylla），种子着生于叶片上；鸭脚银杏（var. stenonuxa）。在《中国植物志》（第七卷）上，记载了洞庭皇（var. dongtinghuang）等果用品种 12 个。实际上，中国民间栽培品种尤其是果用品种远不止此数。

产地、分布与习性。栽培分布广泛，在中国北至辽宁，南达广东的 23 个省（区）均有栽培，集中产区为江苏泰兴、浙江诸暨、富阳，山东郯城，安徽歙县、宁国，湖北大洪山及广西灵川、兴安等地。在华北、华东、华中和西南地区，凡年平均气温在 10~20℃，冬季极端最低气温不低于 -20℃，年降水量 600~1 500 mm，冬季温和湿润的气候条件下均生长良好。沈阳冬季极端最低气温达 -32.9℃，在小气候良好处尚可生长；广州年平均气温 21.8℃、年降水 1 638 mm，生长欠佳。在多种土壤中均可生长，而以肥沃深厚、湿润而排水良好的土壤生长最好。阳性树种，深根性，抗旱力强，对大气污染有一定的抗性，但忌涝。为长寿树种，树龄千年以上者中国多有记载。在水肥适度情况下生长速度中等。

繁殖栽培。常用播种、扦插、嫁接及分蘖法繁殖，也可行空中压条和组织培养。银杏栽植，宜选避风向阳和土层深厚、肥沃疏松、排水良好的地块。喜肥，一年可施肥 3 次以上。江苏洞庭山农民对银杏实行速生丰产栽培，主要成功经验有 3 点。①用根际萌蘖繁殖，不带根也可成活。②浅栽。③施重肥，当地用腐熟有机肥铺于株行间，一年施 3 次。这样，5 年内可培养出胸径 7 cm 以上的大苗。

病虫害防治。常见的病害有苗期茎腐病（Macrophomina phaseoli），夏季在行间覆草降温，可减少发病。成年树应注意防治银杏干枯病和银杏叶枯病。害虫有银杏大蚕蛾、天牛类、樟蚕等，可根据其不同发育时期采取相应的防治措施。

园林应用。银杏树姿雄伟，冠大荫浓，秋叶金黄，少病虫害，是著名的庭荫树、行道树和园景树。在庭院、公园、道路和风景名胜区栽植，宜选 10 年生以上的大树。用于行道树者宜选用雄株。植于寺庙和名胜古迹甚宜。四川灌县青城山有汉代银杏，多种植在寺观中。银杏还适宜做盆景。此外，种子可食，木材系制模良材，叶与种仁入药。

银杏 ITS 序列及进化地位

ITS 序列测定结果表明，银杏的野生半野生群体较栽培群体有更大遗传差异，但银杏种内 ITS 序列变异极少，主要位于 ITS-1 区域。若以简约信息位点计，则种内变异量仅为 0.5%。多基因综合分析表明，银杏与针叶植物的亲缘关系最为亲近。

银杏 SSR 标记

对来源于 NCBI 公共数据库的 21474 条银杏 EST 序列进行简单重复序列（SSR）搜索，结果表明：在这些银杏 EST 序列中共有 2122 条含有 SSR 位点，在检索出的 SSRs 中，2 碱基重复 912 条（34.99%），3 碱基重复 964 条（36.99%），4 碱基重复 605 条（23.21%），5 碱基重复 125 条（4.78%）。使用引物设计软件 Primer3.0 对检索到得 SSR 序列进行引物设计，共设计成功设计出 560 对引物，引物设计的主要参数为：引物长度范围为 18~24 bp，退火温度为 44~65℃，上下引物之间退火温度相差不超过 3℃；扩增片段长度在 100~300 bp 之间；（G+C）含量为 40%~65%，最适为 50%。随机挑选其中的 91 对银杏 EST-SSR 引物，分别以 2 个银杏品种和 6 个银杏品种的 DNA 为模板，对引物进行了初筛和复筛，最后开发出 4 对扩增条带稳定且多态性好的引物，今后可被用于银杏的相关研究。

银杏保护学

银杏为国家 I 级保护植物，主要保护野生种群、天然种群，是果树中唯一的保护植物。①银杏主要病害及其防治：叶部病害、干部病害、根部病害、种核病害等以及其防治。②银杏主要虫害及其防治:苗木害虫、叶部害虫、枝干害虫、种核害虫等以及其防治。③银杏古树名木的保护:古树名木是活化石、活文化,处于衰老阶段,采用各种保护措施,使其活下去,如古树修复、复壮和建立银杏保护区、建立古树名木档案等措施。

银杏不同雄株花粉外观形态

通过扫描电镜对来自不同产区的5个银杏雄株的花粉进行观测,发现不同雄株花粉表面的纹理、光滑程度、有无小孔和有无颗粒状突起存在差异。此外,不同雄株花粉粒的长度、宽度和长宽比均存在极显著差异,3个性状的变异系数分别为8.8%、10.6%和9.8%,广义遗传力分别为44.24%、38.4%和9.79%。

银杏采收季节

银杏种实成熟包括两个过程:形态成熟和生理成熟。形态成熟系指当种实发育到一定阶段后,在外部形态上显示出成熟特征,如外种皮由绿变黄、变柔软、被白粉等。此时,种实便可采收,也称收获成熟。生理成熟系指种种形态成熟后,胚继续发育,再经过一个后熟过程,种子才具有发芽能力。与其他树种不同,银杏属于生理后熟的种子,形态成熟时,基本上看不见胚,所以,用作播种的种实采后一定要注意贮藏条件,创造良好环境(最好是沙藏),促进胚的发育。采收期的早晚,对种实产量、品质及贮藏性有很大影响,采收过早,产量低,品质差,耐藏力低;采收过晚,树体养分积累少,易发生大小年,并减弱越冬能力。因此,要适时采收。根据不同用途,银杏采收可分为食用采收期和生产用种采收期。食用采收期,指种实内胚乳已基本发育充分,饱满,可食用,壳已硬化。江苏泰兴一般在8月以后,此时采收上市(又叫"水白果"),虽然产量略低,脱皮比较费工,但上市早,可以获得较高的经济效益。生产用种或加工用的,最好在形态成熟后生理成熟前采收,以开始自然落种为最佳期。

银杏草茶产品质量标准

①外观标准。银杏草茶外观为黄褐色,呈微小颗粒状。含水量小于10%,其茶水为浅黄褐色或浅褐色。口感苦中带甘,具银杏叶的独特风味,异味少。

②总黄酮含量。将1小包银杏草茶泡入200 mL 80~90℃的热水中,5 min后,取茶水进行总黄酮含量测定,得茶水中的总黄酮为0.0052~0.0055 mg/mL。倒出茶水后,再用同样热水浸泡5 min,测得茶水中的总黄酮为0.0018~0.0022 mg/mL。

③包装标准每小包净重2.5 g,每盒36小包装,每箱24~48盒装。

④保质期18个月,存放于阴凉处。

银杏草茶加工操作要点

①配料:银杏干叶70%、干柿叶20%、干松针9%,混合均匀。

②杀青:将原料置于沸水中漂洗5 min,取出后沥干水分。

③脱水:将杀青后的原料装入离心干燥器或洗衣机中的脱水器中甩干5 min。

④炒干:按常规制茶方法将原料烘炒至干燥,凉后再炒至手握易碎、有脆感,撤火降至室温。

⑤粉碎:炒干后的粗茶加入1%的乌龙茶,经短时间粉碎(约2~4 min)后,过60目筛,未能过筛的叶碎片可继续粉碎和过筛,收集过筛后的叶粉备用。

⑥包装:按每小包2.5 g,将叶粉装入袋泡茶袋中,外套纸质、塑料或铝铂小袋,每36小包装1盒,每24~48盒盛装1箱。贴上标签后投放市场。

银杏草茶加工工艺

以银杏叶、柿子叶、松针等为主要原料,通过杀青、脱水、干燥、粉碎和包装等过程,制成银杏草茶(袋泡茶)的工艺流程,并在外观、总黄酮含量、风味等方面与常规制茶工艺生产的银杏茶进行比较。银杏草茶口感和总黄酮含量优于常规工艺制作的银杏茶,是一种四季皆适于饮用的保健茶。

银杏草茶加工工艺流程

经过多次实验反复比较产品的汤色和口感,并测定其茶水中的总黄酮含量,在考虑制茶成本之后,提出了较为简便易行的工艺流程:

原料→杀青→脱水→炒干→粉碎→包装(袋泡茶)

银杏草茶总黄酮含量的测定

总黄酮含量测定参照黄英强等所介绍的方法进行,用芦丁(上海试剂二厂)溶液制作标准曲线(亚硝酸铝显色)。将干叶粉碎后,取1 g粉末加入50%乙醇100 mL,置水浴上回流8 h,取滤液于50℃下减压浓缩,用30%乙醇定容至100 mL,稀释5倍后用754型分光光度计(上海第三化学仪器厂)于波长510 nm处测定光吸收,并换算成总黄酮含量。

银杏茶

银杏茶是采用2~6年生幼树的优质鲜绿树叶精制而成。其工序为选叶→清洗→甩干→切条→杀青→揉捻→烘炒→再揉捻→炒干成型→包装→市场销售。

20世纪60年代中期起,经国内外医药科学家们的精确测定,银杏树叶中含有黄酮类、萜内酯类、酸类、醇类、酚类等多种化合物,另外还含有 17 种氨基酸和 25 种微量元素,根据目前的统计达 170 余种药用成分。银杏茶属中、老年人长期饮用的纯天然绿色饮品,不含任何添加剂。日常保健实践已证明,银杏茶中的药用成分对改善血液循环,增加血流量,降低血液黏稠度,抗血栓形成,阻止心脑血管动脉硬化、高血压、糖尿病、脑卒中、各种恶性肿瘤的形成具有明显作用。同时又具有促进人体新陈代谢,解痉抗过敏,延缓肌体衰老,抗阳痿形成等作用。因此,开发银杏茶前景十分广阔。饮用时每杯放人银杏茶 1.5~2.0 g,开水冲泡,冲泡闷 5 min 后再饮用。打开杯盖,即可闻到怡人的银杏芳香气味。茶汤色淡黄明亮,口感欣快,微苦后甘,老幼皆宜。近年来,银杏茶在日本市场上已有大量销售。

从 1996 年开始,经国家卫生部批准,银杏茶已逐步进入国内市场和香港特区销售,同时出口到韩国和日本。

银杏茶保鲜措施

①除氧保鲜。运用除氧措施,在短时间内将包装袋中的氧气(空气)吸除掉,使银杏茶处于真空缺氧状态,抑制茶叶中内含物质的氧化,从而达到保鲜效果。

②加入除氧剂。除氧剂也称脱氧剂或保鲜剂。是将银杏茶容器(包装)中的氧气吸除到最低量的过程,以达到除氧目的。目前,国内外使用的除氧剂大致分为两类,一类是无机化合物如含活性铁、活性炭的产品;另一类是有机化合物,如复合碳水化合物等。

③包装材料的选择。除氧保鲜效果的好坏,不仅与除氧剂的质量有关,而且与包装材料的透气性状有着密切的关系。包装材料密封性好,透气性等于零,当然是最理想的材料。但在实际应用中,一切包装材料,包括铁听、复合膜等,都不可能绝对不透气。因此,保鲜材料的选择就成为银杏茶保鲜的重要一环。

生产实践表明,铝箔复合材料包装最佳;其次是双向复合材料;普通薄膜材料保鲜效果最差,甚至会使银杏茶发生劣变。

在采取上述措施的同时,如将银杏茶在 -20℃ 的条件下贮藏,使其含水量控制在 6% 以下,保鲜效果会更好。

银杏茶保鲜的注意事项

①干燥的银杏茶含水量越低越好,一般含水量不要超过 6%,以延长保鲜期。

②干燥后的银杏茶分装时,一般不要超过 3 h,装不完时应及时封存。

③包装封口一定要封严、封死,封口宽度至少应保持 5~6 mm。

④防止将有污染的银杏茶同时保鲜贮藏,如将带有异味、油味、焦味的银杏茶进行贮藏,就失去了银杏茶保鲜贮藏的意义。

⑤保鲜包装必须符合标签法。

银杏茶厂的规划设计的原则

①银杏茶厂的规划和设计要有长远性、整体性和统一性,厂地开阔,交通方便,厂址周围无空气污染和水源污染。

②要充分调查银杏叶源、数量、叶子质量,厂址距采叶基地不能太远。

③要根据银杏茶的销售能力,确定茶厂的规模和大小。一般中型茶厂,要求建筑面积不少于 1 000 m²(包括生产车间、仓库、办公室等)。银杏茶厂的年生产期为每年的 5~10 月。如利用干青叶制茶,生产期还可延长。

④厂址要选在地势比较高,不易积水,不是风口处,稍离城镇,交通方便,有充足的电力供应,水源、水质条件好的地带。

⑤库房要防火、防潮,地势宜高,有隔离措施。保证车辆畅通,运输方便。

⑥制茶车间采光条件好,一般应坐北朝南。厂房周围要有一定数量的绿化带。

⑦厂区还要设置办公、食堂、浴室、厕所等辅助设施,且有一定的活动场所。使厂区显得整洁、实用、安全。

银杏茶除氧剂法

这是一种把除氧剂封入银杏茶包装袋内,从而除去包装袋内微量氧气(使氧气浓度降至 0.1% 以下)的贮藏方法。为此,应选用透气率低的密封容器,除金属容器外,还可选用聚酯/聚乙烯和聚酯/铝箔/聚乙烯等复合薄膜制成的包装袋。封入除氧剂的包装,可较好地保持银杏茶的色、香、味。该法具有操作简便、成本低及效果好等优点。但必须指出,使用除氧剂时,银杏茶含水量要控制在 6% 以下,包装容器应严密密封,这样,保质效果才会更好。保质期一般也在 1 年以上。

银杏茶的三大保健功能

①具有降脂降胆固醇,预防心脑血管病的功能;②具有增强机体细胞免疫的功能;③增加体内 SOD、降低 LPO,具有延年益寿和抗衰老的功能。

银杏茶的卫生指标

银杏茶的卫生指标

项目	指标	项目	指标
水 分(%)	≤6.0	汞(以 Hg 计,mg/kg)	≤0.3
总灰分(%)	≤12.0	六六六(mg/kg)	≤0.2
砷(以 As 计,mg/kg)	≤0.3	滴滴涕(mg/kg)	≤0.2
铅(以 Pb 计,mg/kg)	≤0.5	酵母菌(个/g)	≤25
铜(以 Cu 计,mg/kg)	≤5.0	霉 菌(个/g)	≤25

银杏茶定义

采摘 2~5 年生银杏树树叶,经去杂精选、杀青、揉捻、烘炒等工艺加工而成,具有医疗、保健作用,可供饮用的纯天然绿色饮品。

银杏茶感官指标

感官品质指标应包括外形和内质两部分。

外形由条索、色泽、整碎、净度四项因子组成;内质由气味、滋味、汤色、叶底四项因子组成。银杏茶应具备银杏的独特风味,即条索紧结,色泽青绿,无碎茶,无杂质,无异味,无异臭,无霉变,不得混有其他植物根、茎、叶、花、果实和种子等。气味清香、甘甜,滋味鲜爽、浓醇、微苦,汤色淡黄、明亮,叶底嫩绿。银杏茶感官指标见下表。

银杏茶感官指标

外形	条索	松、扁	内质	香气	纯正
	色泽	绿褐,稍暗		滋味	微苦,后甘
	整碎	匀、整		汤色	黄绿,以黄为主
	净度	净,无叶柄		叶底	绿褐,以褐为主

银杏茶硅胶干燥剂贮藏法

硅胶是一种无味、蓝色的颗粒干燥剂。用硅胶干燥剂保存银杏茶时,可先将蓝色的硅胶放入容器的底层,再把银杏茶用无气味的牛皮纸或桑皮纸包好,放在硅胶上面,最后将容器口密封。当容器内的硅胶由蓝色变成半透明的粉红色时,这表明硅胶吸收的水分已饱和,这时可将其取出烘干或晒干,直至恢复原有的蓝色时,又可再继续放入容器中使用。硅胶干燥剂贮藏银杏茶,银杏茶的保质期可达 18 个月。

银杏茶含水量的测定

目前,银杏茶制作后,大部分都是保存在食品塑料袋中,尽管如此,随着时间的延长,特别是经过一个雨水较多的夏季,银杏茶也会吸收空气中的水分,使茶叶变软,甚至发霉,失去银杏茶的芳香味,无法饮用。

水分对银杏茶品质的影响取决于水分含量的多少和结合状态。水分越多,茶品质变坏的速度越快;反之,茶品质变坏的速度越慢。银杏茶中的水分按存在状态可分为结合水和自由水。结合水是指水分与银杏茶中的内含物紧密地结合起来,形成结合水或半结合水。自由水是指银杏茶中毛细管凝聚的水。

不同状态水分理化性质的差异,给不同测定方法带来较大的误差。

测定银杏茶含水量的方法很多,现介绍两种比较实用的测定银杏茶含水量的方法。

①烘箱干燥法。烘箱干燥法是用专门的自动化仪器来测定银杏茶中的水分,如红外水分测定天平,红外水分测定仪等,这些专用仪器只需 2~5 min 就可测出结果,能在整个过程中连续读数。微机自动水分分析仪更为先进,也可作为银杏茶含水量的测定,但这些仪器都只能处理单一的样品。

②真空干燥法。银杏茶干燥温度如在 100℃以上时,内含物会发生一系列与水分相关的化学反应而影响测定结果,因此,常采用真空干燥法。银杏茶的真空干燥法,通常是称样重 2 g,在温度为 40~80℃,真空度小于 13 332.24 Pa,时间为 2 h 的条件下进行。

以上这两种方法具有准确度高、误差小、重现性好等优点,但也有费时的缺点。选择测定银杏茶水分含量总的原则是,操作简单,易学,设备投资少,分析测定费用低,具有相当高的准确性和精确度,操作无危险,适应范围广,分析测定时间短,有较高的自动化水平等。

银杏茶黄蓟马

银杏茶黄蓟马属蓟马目蓟马科,分布范围较广,全国各银杏产区均有分布。由于该虫虫体较小,不易被发现,因此一直没有引起重视。①生物学特性。银杏茶黄蓟马在江苏邳州一年发生 4 代,以蛹在土壤缝隙、枯枝落叶层和树皮裂缝中越冬,翌年 4 月中、下旬成虫羽化。成虫产卵于叶背面叶脉处,每头雌成虫产卵 10~100 粒,初孵若虫在嫩叶背面取食汁液,叶片受害后,其上出现灰白色斑点,严重时,叶片变薄变枯,导致早期落叶,3 龄若虫不再取食,开始下树准备化蛹,3 龄若虫脱皮后即为蛹。成虫性活泼善跳,受惊后迅速跳开或举翅迁飞。5 月上旬至 6 月上旬为第一代,6 月中旬至 7 月上、中晚为第二代,7 月中、下旬至 8 月上、中旬为第三代,8 月中、下旬以后为第四代,第四代 3 龄若虫即开始下树化蛹越冬。②防治方法。在银杏茶黄蓟马发生期用40%氧化乐果或80%敌敌畏1 000倍液或用2.5%敌杀死2 500倍液喷雾防治。对大树用喷雾防治有困难的,可用树干注射技术进行防治,即在树干基部打孔3~5个(因树大小而异),按每厘米胸径用药量1 mL注射,使用农药有40%氧化乐果或50%久效磷3~5倍液。银杏采叶园应抓前二代的防治,7月及7月以后防治对叶片有污染,影响黄酮质量。

银杏茶灰贮法

银杏茶常用的保鲜技术,除采用防潮、阻氧性能良好的包装材料外,还应采取一些相应的贮藏技术。灰贮法是我国传统的保存茶叶最简便有效的方法,这一方法也完全适用于银杏茶的保质。它是利用块石灰较强的吸湿性,使银杏茶保持长时间的充分干燥,以延缓茶品质的陈化速度。其方法是将块石灰装入特制小布袋内,将袋口扎牢,放入盛茶容器中,注意防止块石灰直接接触银杏茶,容器装满银杏茶后要严密封口,以防香气逸散和外界潮气侵入。容器内的石灰要经常更换,第一次更换是在银杏茶放入容器后的半个月内,第二次更换是在银杏茶放入容器后的一个月内。以后当块石灰风化达80%时,即可更换。

银杏茶妙用

①填枕头:收集、晒干泡过的茶包做成枕芯,可益神健脑、改善睡眠、缓解头晕。②泡脚:收集10小袋泡过的银杏茶放在开水中煮3 min,用茶水洗脚,可去死皮、防脚干、脚裂。③种花:将银杏茶末撒进花盆或煮水浇花,可做花肥。

银杏茶内服

①咽炎:浓茶温服,大口喝、慢慢咽,效果更佳。②感冒:加量热服,每天饮茶水。2 000~3 000 mL,会缓解症状。③牙痛:浓茶温服,口含3 min慢咽,反复几次可止痛,或牙咬茶袋。④胃寒:茶包2小袋、姜丝5 g、加水200 mL煎服,每日3次。⑤便秘:清早空腹温服200~300 mL浓茶。⑥前列腺炎:浓茶温服,每次200~300 mL,每日4~6次。⑦抗衰老:常年饮用,提高免疫力。

银杏茶品质测定

主要采用水浸出物测定方法,称5 g银杏叶茶样测定黄酮含量:用35 mL开水浸泡3遍,每遍20 min,然后烘干称重,减少部分为可浸出物量。黄酮浸出量 = 茶样黄酮含量 − 茶渣黄酮含量。

银杏茶热水瓶贮藏法

保温性能好的热水瓶,也可用来保存银杏茶。其方法是将热水瓶洗净、晾干,将银杏茶直接装入瓶中,尽量装满压紧,使瓶内不留空隙,用软木塞塞紧后,再用蜡严密封口,这样也可保持银杏茶18个月不变质。这一方法适用于家庭贮藏银杏茶。

银杏茶市场竞争力指标体系

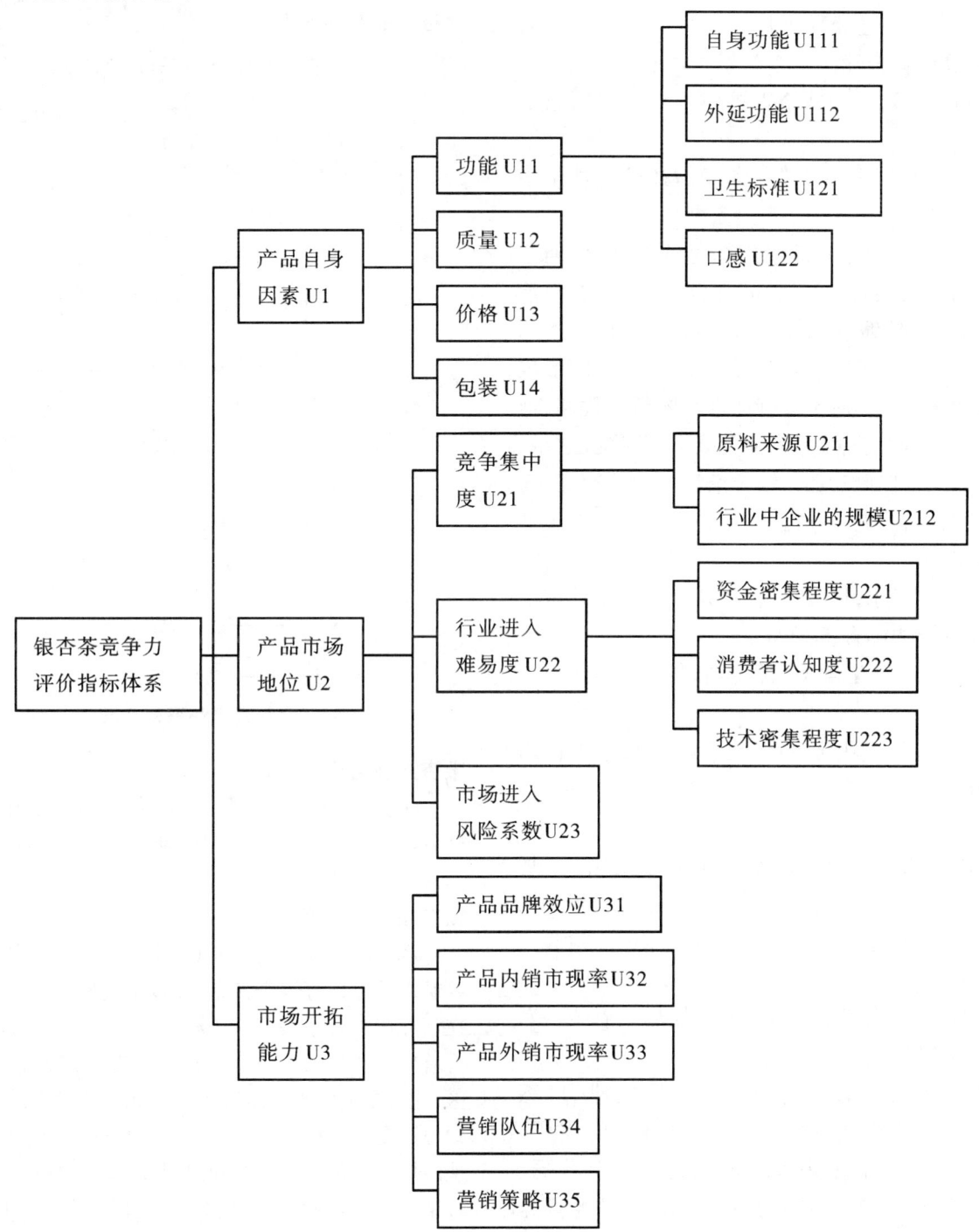

银杏茶市场竞争力指标体系

银杏茶外用

①脚气、水泡脚、脚气病、冻疮患者:每次4小袋加水1000 mL煮3 min,泡脚10 min,快速止痒杀菌,祛脚臭。②祛斑:将泡过的碎茶末敷于老年斑、雀斑处,数月可淡化。

银杏茶叶套作园

①栽植密度。茶园银杏的种植距离以12~15 m为适宜(每亩3~5株)。

②栽植位置。为了作业方便,在茶行内挖大坑栽植。

③栽大实生苗。栽植高2 m以上、胸径1.5 cm以上的壮苗。

④茶园银杏树的管理。肥水及土壤管理随同茶园管理;树体干高保持2 m以上,树冠任其自然开张。栽植5~7年后在实生幼树的1.7 m处逐年分层高位嫁接,换成优良的核用品种。

银杏茶饮料

银杏茶制作工艺流程如下。

主料：新鲜银杏叶。

设备：切条机，滚筒式杀青机（炒干机），揉捻机，炒干机。

采叶→去杂清洗→切条→杀青→揉捻→炒干→再揉捻→再炒干→包装→贴签→入库。

保健功能：银杏茶属纯天然绿色饮品，无任何添加剂。长期饮用银杏茶，对改善血液循环，增加血流量，降低血液黏稠度，抗血栓形成，阻止心脑血管动脉硬化、高血压、糖尿病、脑卒中、各种恶性肿瘤的形成具有明显的作用。同时又具有促进人体新陈代谢、清除人体内有害自由基、增强人体免疫力、解痉抗过敏、延缓机体衰老等保健功能。银杏茶汤色淡黄明亮，口感欣快，微苦后甘，老幼皆宜。

银杏茶饮料

主料：去离子水，银杏叶提取物（银杏黄酮苷浓度≥24%，银杏萜内酯含量≥6%）。

配料：蜂蜜，维生素C，脱苦剂，柠檬酸，食用香料等。

设备：如进行工业化生产，整套设备约合人民币80万~100万元。

工艺流程：

①PET聚酯瓶装：去离子水→填料（按配比）→加热→UHT瓶杀菌→冷却→无菌灌装（杀过菌的PET聚酯瓶）→封盖（杀过菌的盖）→冷却→贴标→检验→装箱→成品。

②易拉罐装：去离子水→调配→加热→灌装→密封→杀菌→冷却→装箱→成品。

保健功能：银杏茶饮料具有解渴、生津、口感好、携带方便、饮用及时的特点，符合潮流的需要。银杏茶饮料，除含有增进人体健康的银杏总黄酮、银杏萜内酯外，还含有多种氨基酸、维生素等营养成分，属于促进人体新陈代谢保健型的抗衰老饮料。它是21世纪人类健康的最佳纯天然绿色饮品。

银杏茶质量标准

汤色浅褐至深褐。水浸液黄酮含量≥11 mg/g，游离氨基酸≥3.5 mg/g，水分≤8%，碎片率≤5%。外形呈条索或扁状，均匀。

银杏茶中微量元素的含量

Zn 33.65，Fe 52.93，Cn 41.22，K 2370.00

Na 317.11，Ca 20 260.00，Mg 1300.00

Sr 73.32，Li 1.05，Mn 62.50（单位：mg/kg）。

银杏产品系列开发

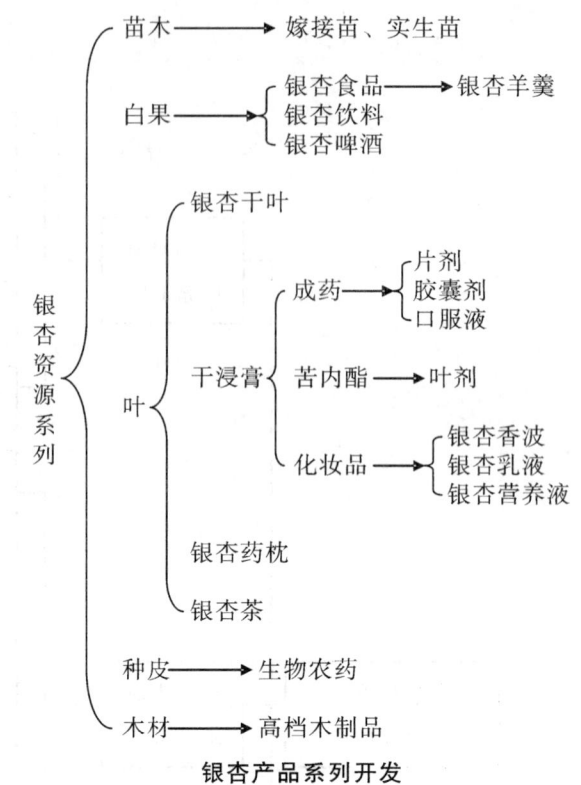

银杏产品系列开发

银杏产业管理学

①银杏产业信息学；②银杏产业标准化；③银杏产业经济贸易学；④银杏产业法律法规学；⑤银杏产业现代管理学。

银杏超小卷叶蛾

Pammene sp.，属鳞翅目，小卷叶蛾科。银杏超小卷叶蛾以幼虫蛀害银杏枝条，使枝条枯死，降低白果产量。在江苏株被害率最高达100%，浙江等地也常因此虫的为害白果产量减少80%~90%。在我国银杏自然分布区，此害虫虫口密度常有由南向北逐渐减少的趋势。其幼虫潜食短枝端部或蛀食当年生长枝的嫩枝，虫害严重地区树冠发黄，经风吹后叶片与幼果散落满地。受害短枝第二年不再萌发，形成枯枝。此害虫分布于江苏、安徽、浙江、广西等银杏重点产区。

银杏超小卷叶蛾的蛹壳测报法

采用蛹壳测报法预测银杏超小卷叶蛾（*Pammene ginkgoicola*）幼虫发生时间及危害程度。当树体累计蛹壳数占蛹壳总数的15%、50%和85%时，分别为成虫羽化始盛期、高峰期、盛末期；由成虫羽化高峰期至幼虫危害高峰期，一般为14~17 d；在一定行政区域范围标准株树干表皮观察区域统计的蛹壳数为0，即该范围未发生危害；单位树表面积蛹壳数（个/m²）< 10，10~20，20~40，枝被危害率分别为< 4%，4%~7%，7~10%，> 10%。

银杏超小卷叶蛾发生规律

银杏超小卷叶蛾发生规律

虫态及为害情况	物候预测	防治意见
成虫羽化始期	银杏雄树长叶如大拇指,雄花花序淡黄色,雌树开始冒芽,桃花开花盛期,柑橘、柚始花期,青蛙鸣叫	喷杀树干及主侧枝杀成虫
成虫羽化盛期	雌树长叶如大拇指,并有少量吐性水,桃树开始谢花,柑橘、柚盛花期	
成虫羽化末期,卵孵化始期	银杏雄花花序谢落,雌花吐性水盛期,即授粉期,柑橘、柚落花,青蛙产卵	
卵孵化盛期,幼虫开始钻蛀	银杏雌树新梢开始抽生,柑橘、柚开始坐果	最佳防治幼虫期,整个树冠喷雾
卵孵化末期	雌树开始生理落花、落果,桃、柑橘、柚生理落花、落果盛期	
二龄幼虫高峰期可见银杏树整个短枝萎蔫枯死	枇杷开始盛熟期,家白蚁迁飞	
三龄幼虫为害高峰期,可见被害第二个短枝枯死	银杏果如同玉米粒大小,第二次生理落果。	
幼虫转移到枯叶静栖	李子盛熟期,蝉开始鸣叫	
幼虫迁回树干钻蛀期	桃子盛熟期	喷杀树干,喷杀幼虫,降低下代虫口密度
幼虫化蛹盛期	银杏落叶盛期,家白蚁回巢	

银杏超小卷叶蛾发育与积温、物候期的关系

银杏超小卷叶蛾发育与积温、物候期的关系

1月1日至4月20日积温(℃)	银杏芽萌动(日/月)	雌花成熟授粉期(日/月)	成虫出现(日/月)	幼虫出现危害期(日/月)
688	20/3	22/4~24/4	10/4	22/4~13/5
542.5	21/3	22/4~24/4	12/4	22/4~15/5
487	22/3	23/4~25/4	15/4	27/4~17/5
1 026	14/3	17/4~20/4	5/4	17/4~10/5

银杏成龄树雌雄株区别

银杏成龄树雌雄株区别

	雌株	雄株
植株	较同龄雄株矮小,树冠多广卵形或圆头形,形成株冠时间早	植株较大,树冠多塔形,形成树冠时间晚
枝	主枝和主干夹角大,向四周横向生长,有时下垂,分布较乱,稀疏,短枝较短,长1~2 cm	主枝和主干夹角小,挺直上纵,分布均匀,层次清楚,较密生,短枝长,一般为1~4 cm
叶	叶较小,裂刻较浅、较少,不达叶中部,脱落早	叶稍肥大,缺刻较深,经过叶的中部,落叶晚
芽	花芽瘦,顶部稍尖,着生花梗顶端	花芽大,饱满,顶部较平
花	花两朵	柔荑花序,花多朵,花蕊有短柄

银杏纯林

银杏纯林的林分结构主要通过栽植密度和合理修剪来控制。由于银杏原属高大乔木,树冠开张,是一种强阳性树种,因此栽植密度不宜过大;否则,会造成内膛枝枯死,结实部位外移,结实面积减少,严重影响种核产量。目前,银杏核用纯林大体可分为3种栽培模式:①矮干密植早实丰产园;②高干稀植丰产园;③核材两用丰产园。矮干密植早实丰产园栽植密度大,栽植密度大的每公顷为4 950~6 600株(1 m×2 m,1 m×1.5 m),密度较小的每公顷为625~1 250株(2 m×4 m,2 m×3 m,4 m×4 m)。只要加强抚育管理,栽植后有的3~4年就开始结实,5~6年就有较高的产量。这种密植园银杏主干矮(20~40 cm)、密度高,可以充分利用地力,提高光能利用率,提早结实,增加早期单位土地面积种核产量。但这种密植园也具有较大的缺点:①投入大,技术要求高;②主干矮,结实枝下垂至地,不易管理和间作;③通风透光条件差,内膛枝易枯死,结实部位外移,严重影响后期产量;④衰老快,盛实期短。由于存在以上缺点,因此有些矮干密植丰产园刚结实就必须间伐或移植,造成极大浪费;如果不间伐,则需高水平

的修剪技术。所以,这种模式不宜在生产中大面积推广。高干稀植丰产园是我国历史上一直沿用的核用银杏栽培模式。这种模式具较好的发展前景。株行距一般采用4 m×5 m,5 m×6 m,6 m×6 m,8 m×8 m等,定干高度一般在80 cm以上,若管理措施得当,则4~5年也能结实,后期产量较高,且管理方便。在结实之前,还可进行间作,增加前期经济收入。

银杏雌、雄株开花过程中的生理代谢

在江苏南京探明了银杏雌雄株在开花过程中生理代谢的差异,进驻了不同时间雌、雄株芽及叶片中生理生化指标的比较,银杏芽中可溶性糖含量比银杏叶中大,且差异明显。开花前,11月25日至2月22日,雄株中的可溶性糖含量高于雌株中的含量,3月1日后,雌株比雄株高。在3月10前雌株淀粉含量比雄株高,至3月10日达到最高点,而在3月24日后,雌株的淀粉含量比雄株的淀粉含量低,说明在开花期间,雌、雄植株内含物存在差异,这期间光合作用雌性比雄性弱。而雌株POD活性高于雄株,2月22日达到最高点,开花前的含量明显高于开花后。说明开花前银杏的抗御性更强。蛋白质含量在开花期间,雌雄株之间差异较大,以后含量的差异逐渐降低,到后期基本持平。黄酮、内酯的含量,银杏不同性别间的差异不大,叶中内酯比芽中内酯高。这表明不同性别的银杏在在开花过程中一系列生理生化特性上均存在较明显的差异。

银杏雌雄株苗期区别

银杏雌雄株苗期区别

	雌株	雄株
枝	小苗横生枝多,大苗枝条一般直立,但也有展开角度较大,平展,无乳状突起	小苗横生枝较少,大苗枝条下垂,有乳状突起
叶	叶基分叉,叶裂较深,叶柄维管束四周有油状空隙	叶基不分叉,叶裂较浅,叶柄维管束四周无油状空隙
根	苗高度60 cm左右时,根部有乳状突起	无乳状突起

银杏大蚕蛾

Dictyoploca japonica Butler,属鳞翅目大蚕蛾科。

银杏大蚕蛾又叫白果虫,核桃大蚕蛾。已知分布于日本、朝鲜、西伯利亚;在我国分布于黑龙江、吉林、辽宁、浙江、湖北、河南、广西、台湾等省区,除取食银杏叶片外,还取食核桃楸、蒙古栎、胡桃、枫杨、樟、柳、樱花、栗、柿、梅、李、梨、苹果等树木与果树的叶片。

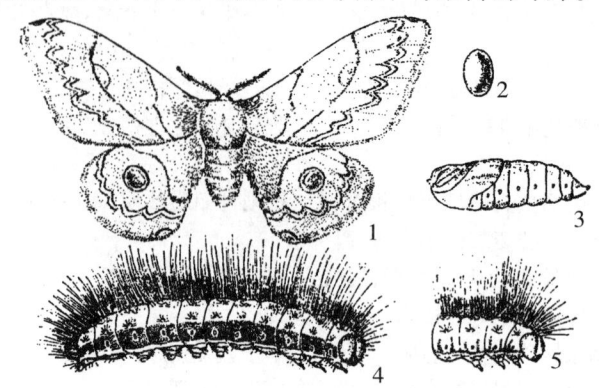

银杏大蚕蛾
1.雌成虫 2.卵 3.蛹 4.黑色型幼虫 5.绿色型幼虫

我国地域辽阔,南北气候差异较大,银杏大蚕蛾的年生活史表现不一样。下面是银杏大蚕蛾在湖北泉溪林区的年生活史。

卵多集中成堆或单层排列,产于背风向阳的老龄树干表皮裂缝或凹陷的地方,位置多数在3 m以下1 m以上,很少产在3 m以上的主干或分枝上,雌蛾对产卵位置和树种的选择性很强,多产在银杏老龄树粗糙的树皮内,其他树种多少见。

幼虫孵化很不整齐,受小气候条件所制约,阳坡与阴坡相比前后相差约半个月。初孵幼虫多群集在卵块处,经1 h后开始上树取食,幼虫3龄前喜群集,4~5龄时开始活动,5~7龄时完全单独活动,一般都在白天涪动和取食。幼虫下树寻找结茧场所。幼虫在一天中,以10~14时取食量最大,一只6龄幼虫,在4 h中能食叶250 mg。取食从叶尖开始,沿叶缘向里,或在叶中咬一小孔,向外扩张蚕食。

银杏大蚕蛾年生活史

月旬 虫态	1	2	3	4上	4中	4下	5	6上	6中	6下	7	8上	8中	8下	9上	9中	9下	10上	10中	10下	11	12
幼虫											—	—	—									
蛹								○	○	○	○	○	○	○	○	○	○					
成虫															+	+	+	+	+	+		
卵															·	·	·	·	·	·		

各龄幼虫蜕皮的时间不等,每逢蜕皮前,食量减退,不爱活动,这时体色增深,腹足附有似棉丝状的黏着物紧贴于小枝上,蜕皮后体毛多而体色鲜艳,头壶、足和毛瘤呈黄色,经1~2 h头壳即变黑色且比蜕皮时头壳约大一倍。

防治方法如下。

①做好虫情预测预报。根据3龄前幼虫抵抗力弱和有群集性的特点,可喷洒90%敌百虫1:1 500～1:2 000倍液,杀虫率达100%,老龄幼虫喷洒1:500倍液,杀虫率也达90%。另外,3龄前也可喷洒50%敌敌畏1 500～2 000倍液,鱼藤精800倍液,25%杀虫双500倍稀释液,效果也很好。

②实行生物防治。已知银杏大蚕蛾在自然界中的天敌有赤眼蜂、平腹小蜂、柞蚕绒茧蜂等,这些天敌的保护和利用,对防治银杏大蚕蛾有着十分重要的意义。当大发生时,在雌蛾产卵期(9月),可人工释放赤眼蜂,以压低害虫的虫口密度。赤眼蜂对银杏大蚕蛾的寄生率可达80%以上。

③灯光诱杀。成虫有趋光性,飞翔能力较强,于9月雌蛾产卵前,用黑光灯诱杀成虫,效果较好。

④冬季人工摘除卵块,7月中下旬人工捕杀老熟幼虫和人工采茧等,效果也不错。

⑤利用银杏大蚕蛾核型多角体病毒(DjNPV)是防治该虫最有效和最有前途的方法。

银杏大树夏季移栽

银杏大树夏季移栽在技术上要抓住4关。①起树关。遵循挖大土球、多带土、少伤根的原则。边挖边用粗草绳固定,并同时喷雾,使草绳潮湿,且进行遮阴,防止太阳晒根。②吊运关。为确保吊运不伤树皮,用蛇皮袋、草绳先缠绕树干中下部,再用木板钢绳缆绑扎固定。吊运到卡车上后,再行固定,防止运输过程中擦伤树皮。③截干关。至移植地点后进行中度截干,主、侧枝截去1.5～2 m(约为枝、干的1/3),少量疏去过密枝。④栽植关。在移栽地点,移植前先将坑开好,宽3 m,深1.5 m。栽植前先填土施肥,用2.5 kg氮、磷、钾复合肥边填土边分层撒施,填至深1 m处,用两桶河泥倒放到坑中央,用2 g 2号ABT生根粉兑水约10 kg浇湿大树的根,多余的水倒在河烂泥上,将大树按原生长的方向吊放到坑中央,下部露出的根系全部与河泥接触。再用菜园土培在土球周围,其余仍用原坑土填埋。用木棍边填土边捣实,最后覆一个高0.5 m的馒头顶,再用4根毛竹固定。从根部向上至树干2 m处将固定吊运的木板拿掉,用蛇皮袋和草绳缠绕,以减少水分蒸发,浇足定根水(分3次浇透、浇足),上部用潜水泵喷水至树叶、树干潮湿。

银杏袋泡茶产品质量标准

①汤色。由于经过滤纸袋的过滤,依附于银杏茶表面的杂质不易进入茶汤,因此银杏袋泡茶的汤色多数呈明亮、纯净、淡黄、透彻之感,不带沉淀物。但失风受潮、陈化变质的银杏袋泡茶,常呈现透明度差、汤色深、混浊不清、无光泽。如果在银杏袋泡茶中加入另外的添加剂,如乌龙茶、甜叶菊、丹参等,使得银杏袋泡茶的汤色发生异样,则应另当别论。

②气味。除添加其他成分的银杏袋泡茶外,正常的袋泡茶应具备原有银杏叶的芳香气味,但个别银杏袋泡茶也常会出现异味,如滤纸的纸质气味,这是由于存放时间较长和受潮的滤纸引起的。改进的方法是,保持库存滤纸的干燥,当年进纸当年使用完,最好不使用已有陈旧气味的滤纸。银杏袋泡茶的外袋纸都印有彩色图案,如果使用新印制的包装袋,油墨气味未除尽,则银杏茶即会沾染上油墨异味,因而也会降低银杏茶的质量。因此,应将新印刷的包装袋,在通风干燥处放置一段时间,待油墨气味挥发后再使用。纸袋印刷图案不宜重墨多彩,印刷所使用的油墨,绝对不得用煤油稀释,应采用水性染料印刷。有些银杏袋泡茶失去了银杏叶本身的芳香气味,反而有一种异味,这可能是烘干机漏烟而引起的煤烟气味,或炒干机将茶炒焦引起的烟焦气味。这是在制茶过程中应注意的技术问题。

③滋味。银杏袋泡茶的滋味与气味一样,也有好坏之分。许多影响气味的因素,同样也会影响滋味。银杏袋泡茶的常规重量每袋为2.0～2.5 g,可用容量为150 mL的审评杯杯评。实验表明,银杏袋泡茶冲泡后纸袋浮在水面,又由于茶叶是碎末,茶汁溶解速度快,性能好,因此比同样重量的散装银杏茶滋味浓、汤色好。

④叶底。银杏袋泡茶的叶底,主要是看滤纸袋是否完整不裂,茶渣能否被封包于袋内,只要不裂袋流出茶渣,提线不脱离包装,就为合格产品。

银杏袋泡茶还要求包装上的图案、文字清晰,内外袋包装齐全,滤纸袋封口完整,用纯棉本白线做提线,线端有品牌标签。提线两端定位牢固,提袋时不脱线,防潮包装良好。目前也有的银杏袋泡茶不加提线的,因为提线给清除卫生带来麻烦。文字说明不带药品疗效及保健作用之类的词语。冲泡后滤纸袋涨而不裂。银杏袋泡茶大多是用18～28目的筛子筛下的碎茶,也有将整茶用粉碎机粉碎的,这可根据市场销售情况而定。

银杏袋泡茶饮用优点

①冲饮快速方便,符合消费者快节奏的需要,节省时间。袋泡茶几乎保留了传统冲泡茶的所有特点,因而受到人们的欢迎。

②清洁卫生,处理茶渣方便。袋泡茶饮用时不用手抓取茶叶,可把小包直接投入杯中,使得茶叶不受污染。冲泡完毕,茶渣可随袋一起处理,方便省事,不污染环境。

③节省用茶量。每袋装茶量是经过精确计量的,避免了用散装茶时用量不准而造成的浪费,起到节约用茶的效果。对个人或国家来说,这种积少成多的效益是很可观的。

④便于携带,适用于家庭、办公室、饭店、宾馆和旅游等。

银杏单株小孢子叶球形态和花粉量的差异

银杏单株小孢子叶球形态和花粉量的差异

优树号	调查地点	树龄(年)	胸围(cm)	叶球长(cm)	直径(cm)	单个小孢子叶球花粉重(g)
1	燕头镇文岱村	50	103	1.95	0.72	0.00361
2	老叶乡焦东村	60	151	2.03	0.46	0.00804
3	老叶乡鞠前小学	43	110	1.20	0.36	0.00534
4	焦荡乡珊溪村	36	132	1.65	0.45	0.0035
5	胡庄乡和丰村	30	44	1.63	0.58	0.00371
6	黄桥朱庄何金成	40	105	2.33	0.69	0.00844
7	黄桥朱庄申玉乔	40	125	1.55	0.48	0.00678

银杏蛋白露

主料:银杏浆汁,花生。

配料:乳化剂,砂糖。

设备:砂轮磨,胶体磨,均质机,灌装机。

工艺流程如下。

花生→分拣→浸泡→去衣→磨浆→分离→(银杏浆汁)

蛋白浆→混合→均质→脱气→罐装→杀菌→成品

(乳化剂、糖)

保健功能:银杏蛋白露具有营养丰富、富含蛋白质的营养保健效果,风味独特,长期饮用可增强体质,防衰老。

银杏的c-带染色体模式图

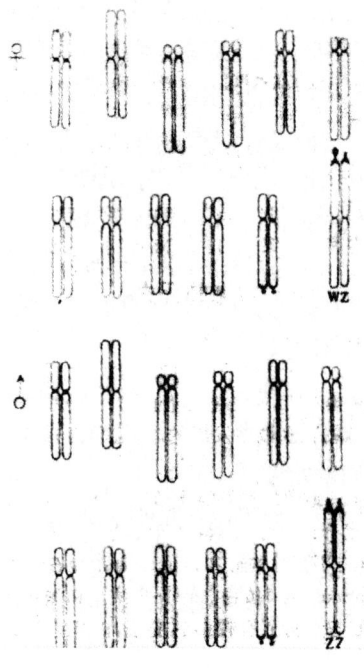

银杏的核染色体

在银杏的雌株和雄株幼叶细胞和突生苗根尖细胞中都含有一个最大的四随体,在雌株和雄株叶细胞以及幼苗的细胞中四随体在染色体上的数目和位置与前曾报道的一样。随体的数目与性别无关。

银杏的化石属

银杏的化石属

中文名称	学名名称	中国已发现并定名者
银杏属	Ginkgo	9种
似银杏属	Ginkgoites	12种
拜拉属	Baiera	16种
毛状叶属	Trichopitys	13种
两歧叶属	Dichophyllum	
拟刺葵属	Phoenicopsis	
苦戈维望叶属	Culsowefia	
温德华狄叶属	Windwardia	
浆叶属	Eretmophyllum	
舌叶属	Glophyllum	
带芬叶属	Stcphnophyllum	
托勒里叶属	Torellia	
假托勒里叶属	Pseudotorellia	
准银杏属	Ginkgoidium	
似管状叶属	Solcmms	
哈兹叶属	Hartzia	
北极拜拉属	Autobafia	
楔拜拉属	Sphenobaiera	
叉状叶属	Forcifolium	
茨康叶属	Czekanowskia	

银杏的气质美

银杏的气质美包括其刚正的风骨、不屈的性格、恢宏的气度、包容的胸襟、凛然的气势等,是建立在银杏的形象美基础上的美学内容。

古银杏树干通直,刚正坚强,高洁傲岸,泰然耸立,威武神圣,神秘莫测,给人以生机勃勃、坚不可摧、超然物外的精神感召和启迪,有幸成为寺庙道观的守护神和历史的见证。有的古银杏扎根悬崖峭壁,更显其巍然气势。作为曾经盛极一时的繁茂树种,银杏历经冰川浩劫而遗存,它长寿又助人长寿,它坦荡超然,极具古君子之高风亮节。

亘古孑遗的银杏作为"东方圣者",其本身就是一本"圣经""佛经"。郭沫若曾经深情地吟唱银杏:"我特别的喜欢你,但也不是因为你是中国的特产,我才特别的喜欢,是因为你美,你真,你善。"可以说,银杏的气质美是这一珍稀树种给予人类的最大财富。

银杏的演化

银杏类植物的出现:古生代上石炭纪,距今约3.6亿年,以二歧叶属为代表。银杏类植物高度繁荣时期:中生代侏罗纪,距今约1.5亿年,以毛状叶属为代表。银杏类植物的衰败时期:新生代第四纪,距今约1500万年,冰川南侵,出现"孑遗植物",即"活化石"。银杏类植物的第二次繁荣昌盛时期:距今约150万年,此时仅剩下银杏一个属。

银杏豆浆

配方:银杏仁7粒,热豆浆200 g,白糖适量。

做法:银杏仁捣成泥状,以沸豆浆快速冲入,加白糖搅和。晨起饮1次,连服7 d。儿童日服银杏1粒,以7粒为限。

功效:止白带,缩小便。适用白带过多,小便频数,遗尿症等。

银杏对应的花部名称

常见的名称	采用蕨类植物的名称	果用被子植物的名称
花(雄花称荑黄花序状花)	孢子叶球	雄花或雌花
雄花、雄球花	小孢子叶球	雄花
雌花、雌球花	大孢子叶球	雌花
雄蕊	小孢子叶	花丝
花药、花粉囊	小孢子囊	花药、花粉囊
花粉、花粉粒	小孢子	花粉、花粉粒
胚珠	大孢子囊	胚珠
珠托	大孢子叶	心皮
大孢子	大孢子	单细胞时期的胚囊

银杏对重金属Pb、Cd的富集特性

测定了重金属Pb^{2+}、Cd^{2+}及其复合污染后盆土和盆栽银杏苗体内Pb^{2+}、Cd^{2+}的质量分数,研究了银杏对重金属Pb、Cd的富集特性和修复能力。结果表明:(1)银杏体内Pb^{2+}、Cd^{2+}的质量分数和富集系数均为根>茎>叶。Pb^{2+}、Cd^{2+}进入银杏幼苗体内后首先积累在根部,然后向茎、叶部迁移。Pb^{2+}、Cd^{2+}复合污染促进了植株对Cd^{2+}和Pb^{2+}的吸收,其中对Pb^{2+}的吸收能力大于Cd^{2+},表现出明显的剂量效应关系和协同作用。(2)银杏幼苗对Cd^{2+}、Pb^{2+}具有较大的积累量,且根中Cd^{2+}、Pb^{2+}累积量高于或显著高于茎、叶。Cd^{2+}、Pb^{2+}复合污染降低了Cd^{2+}在植株体内的累积,但是对Pb^{2+}在植株体内的积累有不同程度地增加,表明银杏幼苗对Pb^{2+}具有较强的吸收、运输和积累能力。(3)银杏幼苗对土壤中Cd^{2+}、Pb^{2+}具有较强的修复潜力,其中对重金属Cd^{2+}的修葺率较Pb^{2+}高,并表现出一定的协同作用。

银杏二棱种核与三棱种核胚的比较

种核类型	二子叶胚		三子叶胚	双胚	有胚合计	无胚	总计	有胚率(%)
	子叶与棱平行*	子叶与棱垂直**	银杏直径年平均生长量					
二棱种核	97	101	10	9	217	112	329	65.96
三棱种核	380	375	56	12	823	462	1285	64.05

注:*两片子叶合拢的方向与种核棱的方向一致。**两片子叶合拢的方向与各核棱的方向垂直。

银杏饭

主料:大米500 g,银杏200 g。

配料:茶叶5 g,海带少许。

制法:米在煮前1 h先洗好。银杏去壳加盐,开水中煮5 min,不断搅拌,使膜皮浮起,捞出,将银杏切成两半备用。米置锅中,加3杯半水,1小匙盐。海带切花刀,腌10 min备用。茶叶置布袋中,放在米锅里大火煮,锅开后捞出海带,再煮2 min,取出茶叶,倒入银杏搅匀,改文火略煮即成。

特点:味道鲜美,食而不厌。

银杏防治肝炎的作用

病毒性肝炎在我国广泛流行,是危害人们健康最为严重的传染病。病毒性肝炎可分为甲、乙、丙、丁、戊五种类型,其中乙型肝炎是各类肝病中危害最大的一类,全国乙肝病毒携带者高达1.2亿,平均每10个人中就有1个,每年上千万发生重型肝炎,其中30万人被夺去生命。乙肝病毒具有极高的传染性,其抵抗力特强,即使沸水也要煮10 min以上才能将其杀灭,且传播方式也多种多样,对人体健康造成极大危害,而银杏叶提取物却是治疗乙肝的有效药物。

银杏酚酸HPLC图谱

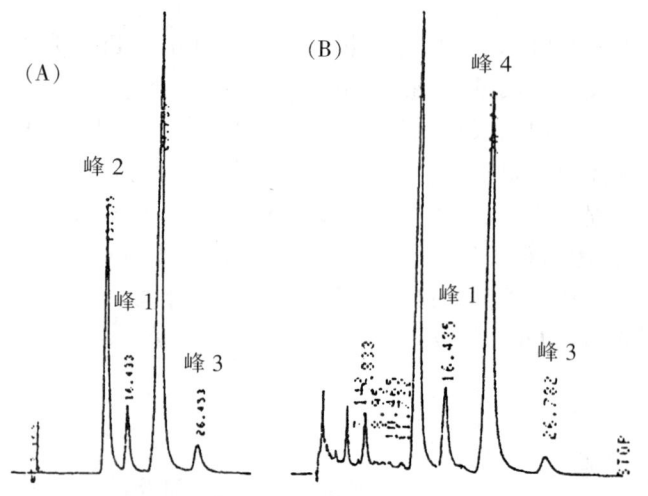

(A)银杏酚酸HPLC图谱;(B)银杏叶中银杏酚酸HPLC图谱
峰1~4分别为$C_{13}H_{27}$、$C_{15}H_{29}$、$C_{15}H_{31}$侧链银杏酚酸

银杏粉的提取方法

一种水溶性银杏粉的生产方法:以新鲜的银杏为原料,去壳后银杏种仁加水粉碎,通过沉淀分离分别得到银杏淀粉和去淀粉银杏溶液,银杏淀粉用淀粉酶和普鲁兰酶协同酶解得到银杏淀粉水解溶液,银杏淀粉水解溶液和去淀粉银杏溶液混合后采用均质处理和喷雾干燥,生产无氰化物残留的水溶性银杏粉。水溶性银杏粉保留了银杏香味和营养成分。

银杏粉食用

以新鲜银杏果为主要原料,经清洗,将带壳银杏与一定比例水混合后用匀浆机匀浆,银杏匀浆过筛网过滤,收集不含中、内种皮的纯种仁滤液,纯种仁滤液再经滤纸过滤得银杏粉。银杏粉减压烘干得干银杏粉。干燥后的银杏粉经调味后制得即食银杏粉成品。该即食银杏粉食用方便,将银杏粉用沸水冲调、打芡,此时银杏粉呈凝胶状(类似藕粉),即可食用。干燥后的银杏粉也可用于各种银杏食品的制作,如银杏饼干、银杏糕、银杏面包、银杏醋等。江苏同源堂生物工程有限公司在现有银杏粉生产技术的基础上,自行研制开发的银杏粉,在保留银杏黄酮、银杏内酯等功效成分的前提下较好地调整了产品的口感,解决了产品的苦味难题,产品具有银杏特有的清香,并尽可能地除去了银杏酸、银杏酚等毒性成分,保障了产品的食用安全,在市场上已占有一定的份额。

银杏脯

①工艺流程:原料的挑选和分级→去壳→预煮去内种皮→冷却护色→糖液配制→糖煮(或真空浓缩)→糖渍→沥干→烘烤→分级包装→成品。

②操作要点:按品种类群、成熟度、采收早晚将银杏挑出分堆,然后,按颗粒大小和重量分级加工。

银杏脯真空渗糖工艺流程

原料挑选和分级→去壳、去衣→护色→预煮→漂洗→真空渗糖→浸渍→干燥→包装→成品。

银杏干枯病

又称银杏胴枯病。此病分布于河北、河南、陕西、山东、江苏、浙江、江西、广东、广西等省区,此病除为害银杏外,还为害板栗、栎类等树种。病害发生在主干和枝条上,寄主感病后,病斑迅速包围枝干,常造成整个枝条或全株枯死。

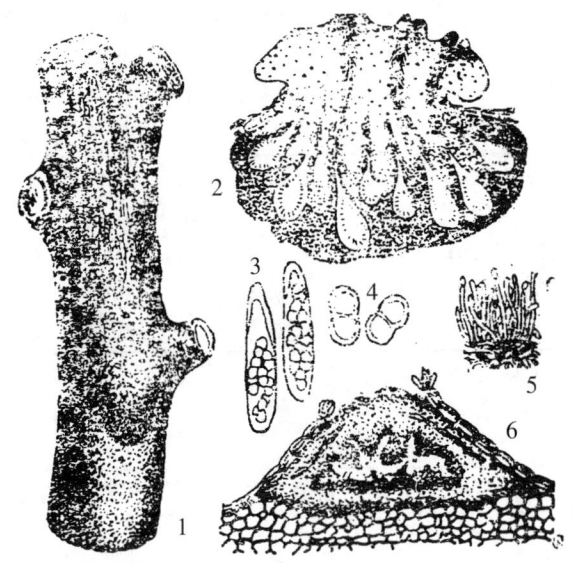

银杏干枯病
1.病干 2.子囊壳及子座 3.子囊 4.子囊孢子
5.分生孢子梗及分生孢子 6.分生孢子器

病菌自伤口侵入主干或枝条后,在光滑的树皮上产生变色的病斑,圆形或不规则形,粗糙的树皮上病斑边缘不明显。以后病部继续扩展,并渐肿大,树皮纵向开裂。春季,在受害的树皮上可见到枯黄色疣状子座,直径 1~3 mm。当天气潮湿时,从子座内挤出一条条淡黄色至黄色卷须状的分生孢子角。秋后,子座变橘红色到酱红色。其中逐渐形成子囊壳。病树皮和木质部间可见有羽毛状扇形菌丝层,初为污白色,后为黄褐色。

病树皮下的扇形菌丝层,对不良环境具有很强的抵抗力,可以越冬。

防治方法如下。

①由于病原菌是一种弱寄生菌,因此只有当树势处于十分衰弱的情况下,才会被严重感染。因此,应加强银杏的抚育管理、改良土壤、增施肥料、适当密植,以增强树势,减轻干枯病的为害,这是防治本病的根本途径。

②彻底清除重病株和重病枝,及时烧毁,可减少病菌的侵染来源。对于主干或枝条上的个别病斑,可行刮治并进行伤口清毒。首先,将染病树皮用利刀全部刮除,将刮除下来的染病树皮集中烧毁。刮皮深度达木质部,然后以 0.1% 升汞或升平液(0.5% 升汞,0.2% 平平加 97.5% 清水的混合液)涂刷伤口,杀死病菌。刮皮后,用 400~500 倍抗菌剂 401 加 0.1% 平平加涂刷伤口,以及用杀菌剂甲基托布津、氯化锌甘油酒精合剂、10% 碱水涂刷伤口效果都很好。

③对于调运的苗木和幼树,应严格实行检疫制度,防止病害扩散。

银杏纲

银杏为乔木,多分枝,有长、短枝之分。叶扇状,二裂,二叉脉序。孢子叶单性异珠。精子多鞭毛。种子核果状。

银杏植物也常作为一个目或置入苏铁纲,或置于松柏纲。但是对三者的特征及系统发育的关系进行比较以后,则应把银杏与苏铁、松柏并列为独立的同级分类单位。银杏纲植物现代仅残存银杏(*Ginkgo biloba* L.)1种,并成为著名的孑遗植物。

银杏是高大而多分枝的乔木,具有顶生营养性长枝和侧生生殖性短枝。网状中柱,内始式木质部,原生木质部仅由螺纹管胞组成,后生木质部为孔纹管胞,次生木质部由圆形具缘孔的管胞组成,年轮明显。各种器官均具分泌细胞及分泌腔。叶扇形,长枝上的叶大都具 2 裂,短枝上的叶则具波状缺刻。但通常初生叶具深裂的顶端和楔形的叶基,逐渐变化为近肾形叶基的全缘叶。1 或 2 个分泌沟伴随着 2 个叶迹而进入叶柄。

小孢子叶球呈葇荑花序状,生于短枝顶端的鳞片腋内。小孢子叶有 1 短柄,柄端有由 2 个(或稀为 3~4 个,或甚至 7 个)小孢子囊是组成的悬垂的小孢子囊群。小孢子囊壁由 4~7 层细胞组成,表皮细胞为薄壁细胞,表皮下有 1 层带纹增厚的宽的细胞带,起着囊壁纵裂的作用。小孢子小舟状,具 1 条宽深的槽,外壁具微细的凸起。

银杏葛根茶

绿茶 110 kg、银杏叶提取物 1.45 kg、葛根叶提取物 1.45 kg。取三级绿茶 120 kg(其中炒青 96 kg、青茶 24 kg),将茶切碎,通过 10~80 目筛,得绿茶 110 kg。将配方中两种提取物溶解在 0.1% 食用醋精 + 20 kg 食用酒精 + 5 kg 蒸馏水中,将提取物溶液均匀喷洒到上述绿茶中,然后在滚锅内烘炒 30 min,温度控制在约 50℃,成品茶的水分为 6%~8%。最后包装成每袋 2 g 的袋泡茶,每克含提取物 25 mg。这种保健茶用于防治中老年人心脑功能障碍。

银杏各优株的黄酮、内酯及其组成成分浓度

银杏各优株的黄酮、内酯及其组成成分浓度(%)

指标	优株												
	E_1	E_2	E_3	E_4	E_5	E_6	E_7	E_8	E_{10}	W_2	W_3	W_4	W_5
槲皮素	0.54	0.55	0.51	0.61	0.49	0.51	0.59	0.50	0.52	0.51	0.30	0.31	0.39
山柰粉	0.17	0.17	0.17	0.28	0.26	0.26	0.26	0.24	0.25	0.28	0.14	0.19	0.20
异鼠李素	0.21	0.17	0.18	0.12	0.19	0.18	0.25	0.10	0.15	0.18	0.11	0.11	0.12
总黄酮	0.92	0.89	0.86	1.01	0.94	0.95	1.10	0.84	0.92	0.97	0.55	0.61	0.71
银杏内酯 A	0.80	0.06	0.05	0.06	0.07	0.06	0.05	0.05	0.04	0.06	0.05	0.07	0.06
银杏内酯 B	0.03	0.02	0.02	0.04	0.03	0.02	0.02	0.01	0.02	0.02	0.02	0.03	0.02
银杏内酯 C	0.04	0.03	0.02	0.03	0.03	0.03	0.03	0.01	0.02	0.02	0.02	0.03	0.03
白果内酯	0.05	0.06	0.03	0.04	0.01	0.02	0.03	0.03	0.03	0.03	0.01	0.01	0.04
总内酯	0.20	0.17	0.12	0.17	0.13	0.13	0.12	0.10	0.13	0.13	0.09	0.14	0.15

银杏根系调查

银杏根系调查

品种	编号	树龄(年)	围径(cm)	树高(m)	枝展(m)	水平根长度(m)	水平根长/枝展	垂直根长度(m)	树高/垂直根长
银坚	A	1,000	675	33.5	9.9	21.5	2.2	—	—
银坚	B	300	230	18.3	5.8	14.2	2.4	—	—
银坚	C	100	115	18.1	8.2	16.5	2.0	1.4	12.9
银坚	D	50	105	13.2	6.7	13.1	2.0	1.5	8.8
实生	E	50	135	14.5	7.7	17.1	2.2	1.3	11.2

银杏古树群

位于伏牛山腹地的嵩县白河乡有 210 多株古银杏,集中成片状分布于山村周围。其中有 164 株胸围 3～5.6 m,树高 11.2～29.0 m,测定树龄为 272～618 年之间。每年硕果累累,1986 年产白果 2.7 万 kg,收入 9.86 万元,当地称古银杏树为"旱涝保收的摇钱树"。白河乡古银杏树,其数量之多,树龄之长,为国内所罕见。过去该地山高林密,人烟罕至,大部分村落分散在山沟谷地,不少地方以白果树来命名,如白果树坪、白果山等。保留下来唐、宋代的云岩寺、五马寺、灵水寺、上寺等寺庙,多有银杏树分布。据记载:"白水(白河乡)、伏牛等处,三百里林木邈无人烟";"白果——一名银杏,白河、孙店间有之"。至今白河乡古银杏树生长茂盛,新栽银杏幼树遍布山谷,被人们称为"银杏之乡"。

银杏光合、蒸腾特性、叶片形态与解剖性状的关系

叶片是银杏进行光合作用的主要器官,叶片的性状特征与其光合能力密切相关。一般地说,进行光合作用的叶绿体 80% 存在于栅栏细胞中,而栅栏细胞在叶肉细胞中所占的比例与单位面积光合日同化量有着一定的关系。马铃 5 号的栅栏组织厚度/海绵组织厚度之比值最大(0.931),其光合日同化量也最大($162\,972\ \mu mL \cdot m^{-2} \cdot s^{-1}$);其次是梅核 9 号、秦王等品种。对于梅核 9 号和大梅核等梅核类品种,上表皮厚度较厚,气孔密度最小(35～38 个/mm^2),叶脉条数最多(16～18 条/cm),其叶片性状有利于减少蒸腾,说明梅核类银杏品种适应性强,可在较干旱地区栽植。

银杏果冻

主料:银杏,魔芋粉,琼脂,明胶。

配料:白砂糖,柠檬酸。

设备:水浴锅,罐装机,灭菌锅,天平。

工艺流程如下。

银杏→去壳→热烫去衣→银杏种仁

魔芋粉→溶解

琼脂→溶解→混合→煮胶→调配(蔗糖、柠檬酸)→罐装

明胶→溶解

→密封→灭菌→冷却→检验→成品。

保健功能:具有果冻的风味特点,还可止咳、定喘、润肺,是宴席上的上等美味保健食品。

银杏果脯

主料:银杏。

配料:蔗糖,盐,柠檬酸,钾明矾,乙二胺四乙酸二钠(EDTA-2Na)。

设备:真空干燥箱,真空泵。

工艺流程如下。

原料挑选和分极→去壳、去衣→护色→预煮→漂洗→真空渗糖→浸渍→干燥→包装→成品。

保健功能:风味独特,酸甜爽口。

银杏果酒

以银杏、糯米等经发酵生产低酒精度的保健酒。银杏果酒的制备方法:以银杏果、银杏叶及糯米为原料,经配料、蒸煮、糖化、发酵、压榨过滤、勾兑而成。制备的银杏果酒,既具有饮料酒的口感优势,又具有银杏果特有的香味特征,由于没有经过高温蒸馏,因此还具有银杏果、银杏叶中含有保健功能的有效成分。它不同于其他果酒风格及有效成分含量,也不同于其他方法生产的银杏酒。该酒经过滤,外观晶莹剔透,呈淡琥珀色,酒香果香协调清雅,酒体纯净,丰满爽口,绵甜圆润,余味悠长,具有银杏果特有的香气,风格独特、突出,达到优质果酒水平。其主要理化指标:酒精度为 >6%(m/n),酸度 0.2~0.5 g/100 mL,黄酮苷 >10 mg/L。

银杏果米

主料:白果。

配料:食盐,柠檬酸。

设备:脱壳机。

工艺流程如下。

新鲜白果挑选分级→烘烤→脱壳→去除内种皮→清洗→护色→银杏果米(备用)。

保健功能:常温避光保存,热食最佳,口味甘醇、平、微苦,有异香。

银杏果汁

主料:银杏种仁。

配料:蜂蜜,柠檬酸,砂糖。

设备:研磨机,离心机,杀菌锅。

工艺流程如下。

银杏种仁→粗磨→细磨→浆渣分离→调配→预杀菌→乳化→均质→装瓶→杀菌→成品。

保健功能:银杏果汁为纯天然绿色饮品,不含任何激素,无毒副作用,果汁中的氰氢酸在加工过程中已被除掉,安全可靠。银杏果汁对咳嗽、肺燥、气喘、止带、止浊和尿频有一定的疗效,对增强机体免疫力有特殊的保健作用,是优良的银杏保健饮品。

银杏核用品种分类

银杏核用品种分类

品种类型	种核形状	种核长:宽:厚	种核纵横轴线相交点	种核先端	核棱及其他特征
长子	长形似橄榄或长枣	>1.70:100:0.83	纵轴中点处正交	秃尖,无突起孔迹,略凹陷	有明显棱,不成翼状
佛指	长卵圆形,上宽下窄	1.5~1.7:1.00:0.81	纵轴由下往上2/3处	圆钝,孔迹常呈一小尖突起,亦有孔迹平或内陷成一小浅圆	有明显棱,近尾端不明显,不呈翼状
马铃	宽卵形,上宽下窄,上部圆铃状膨大,腰部明显有中缢状,似马铃	1.2~1.5:1.00:0.82	纵轴由下往上3/5处	圆秃,孔迹呈小尖突起	有明显棱,核宽处棱稍宽,有不明显翼
梅核	近圆形或广椭圆形,似梅核	1.2~1.5:1.00:0.78	纵轴中点处正交,将种核分成4象限	孔迹相合成尖,不突起,顶端圆正	有明显棱,无明显翼
圆子	近圆形或扁圆形	<1.2:1.00:0.83	纵轴中点处正交,四象限大小相等	孔迹小,不凸起或略凹陷	有明显棱,核中部宽处棱有翼

银杏红枣汁

主料:银杏 3.5 kg,干红枣 2.5 kg。

配料:白砂糖 1.5 kg,蛋白糖 0.05 kg,柠檬酸 0.05 kg,乙基麦芽酚、黄原胶各 0.15 kg。

设备:打浆机,胶体磨,均质机,破壳机,脱气机,夹层锅,灭菌锅,罐装机,封盖机。

工艺流程如下。

银杏→预煮→剥壳→去衣→磨浆ㄱ
红枣→清洗→浸泡→预煮→打浆┘配料→细磨→均质→预杀菌→灌装→杀菌

保健功能：银杏红枣汁浅黄澄清，具有银杏的清香气味，酸甜适中，同时含有氨基酸、多糖、维生素多种营养成分，具有补脾和胃、防老抗衰的保健功能。

银杏花粉胶囊

主料：银杏花粉。

配料：维生素E及其他。

工艺流程如下。

花粉→除杂→干燥→过筛→灭菌→混合均匀→灭菌

　　　　　　　　　　　　　　↑

　　　　　　配料+维生素E添加剂

→装胶囊→压板→包装→成品。

保健功能：抗机体衰老和延缓皮肤老化，对增强机体免疫力和维持体内代谢平衡有积极作用，是适合中老年人食用的理想保健品。

银杏花粉食品的最佳工艺流程

目前市场上生产花粉制剂的工艺流程主要为：

　　　　　　辅料+维生素E添加剂

　　　　　　　　　　↓

花粉→除杂→干燥→过筛→（灭菌）→混合均匀→制粒

　　　　　　　　　　　　　　　　　　　　↓

　　　　成品←包装←压板←装胶囊←（灭菌）

其工艺流程有以下4种情况。

①无灭菌的过程，无法保证银杏花粉食品的安全性。②先将原花粉灭菌后，再与辅料和维生素E添加剂相混合。但无法消除后续加工引入的细菌。③不进行花粉灭菌，而是将原花粉与辅料和维生素E混合，在制粒完成后再灭菌。若原花粉污染程度较重，在加工初始阶段就会引起细菌的大量繁殖，造成营养成分的大量损失，同时加大了后续灭菌过程的难度。④在混合前与制粒后的两个阶段，分别进行一次灭菌，这样在加工的起始阶段，就把细菌总数控带在一定的范围之内，大大减轻了后面的灭菌工作，制粒后灭菌，可进一步消除由于加工而引进的细菌，确保银杏花粉食品的安全性。

银杏花粉中营养元素的含量

银杏花粉中营养元素的含量　　　单位：μg/g

序号	元素种类	40年生	60年生	80年生
1	Al 铝	164.322 7	254.575 5	271.520 0
2	B 硼	4.485 9	5.003 4	6.302 0
3	Cr 铬	1.317 3	1.627 1	1.786 01
4	Ni 镍	1.011 1	1.403 4	1.616 43
5	Pd 钯	4.323 8	4.342 095	4.586 85
6	Si 硅	173.792 3	326.541 9	388.309 5
7	Sr 锶	5.534 4	6.373 2	11.297 3
8	Ti 钛	4.033 8	9.144 9	12.255 0
9	V 钒	0.640 9	0.957 4	0.970 8
10	Ca 钙	1 692.637	1 864.161	3 286.676
11	Cd 镉	0.143 1	0.113 8	0.102 9
12	Cu 铜	49.332 1	41.463 4	31.141 4
13	Mo 钼	0.395 1	0.383 5	0.319 5
14	Co 钴	0.591 0	0.382 1	0.370 7
15	P 磷	11 164.24	11 964.695	10 425.775
16	K 钾	17 184.15	2 1452.23	16 883.81
17	Mg 镁	3 378.150 7	4 034.715	3 495.666 5
18	Zn 锌	60.865 8	70.923 1	50.123 2
19	Fe 铁	153.838	237.846 4	266.232 8
20	Mn 锰	42.217 2	32.604 1	35.690 1
21	Li 锂	110.205 3	103.423 5	125.087 7
22	Na 钠	420.613 2	322.904 1	402.848 6

银杏化石科

银杏为落叶乔木，枝不规则轮生，在植株的上部常成数主干。枝条有长短两种，长枝上的叶互生，短枝上的叶簇生。叶扇形，通常上缘二裂，具多数叉状分枝平行脉。花雌雄异株。胸花荑状花序，4~6个生在短枝端，下垂，具多数雄蕊；雄蕊有柄，有2药室。雌花也生在短枝端，每枝生2~3花，每花其1长柄，柄端通常生2胚珠，胚珠下具1环状座，雄精有绒毛，通常一胚珠成熟。种子核果状，倒卵形或椭圆形，成熟时黄色，微有白粉，外皮肉质，内皮白色，骨质，平滑，具棱边。胚乳丰富。子叶2枚。

银杏实在地质史上中古代遗留到现在的。这种树木的生态、习性和松杉相似，但是它的精子有绒毛，可以游动；因此又和苏铁、蕨类植物相同。在外国栽培已有很多年代，但没有找到野生的。因为树形好看，现在各国也有栽培。

银杏化石目

Samylina（1970）将本目分为4个科。

Trichopityaceae 科（包括 *Trichopitys*）

Sphenobaieraceae 科（包括 *Sphenobaiera*）

Ginkgoaceae 科（包括 *Ginkgo*，*Baiera*，*Eretmophyl-*

lum 等属)

Glossophyllaceae 科(包括 *Glossophyllum*，*Torellia*)

除 Trichopityaceae 科限于古生代外，其他科以中生代为主。

银杏化石属

包括和现代银杏叶化石相似的类型，但叶数与现代的叶数不等。已发现的化石有以下 8 种。

①*G. digitata* 指状银杏。在侏罗纪分布最广，是苏联西伯利亚贝加尔地区地层中最常见的化石。具有较深的全裂叶片。而叶片又比较全缘。

②*G. siberica* 西伯利亚银杏。在侏罗纪分布最广，是苏联西伯利亚贝加尔地区地层中最常见的化石。具有较深的全裂叶片。

③*G. laramiensis* 拉拉米银杏。白垩纪时就有大量存在，第三纪分布最广。

④*G. adianfoides* 铁线蕨银杏。由于冰川的作用被排除欧美大陆。在苏联欧洲地区的巴什基利亚和北高加索的阿克维坦地层中发现过此种化石。

⑤*G. biloba* 银杏。第四纪冰川之后，在中国、朝鲜、韩国和日本留下的一个孑遗种。

⑥*G. pluripartia* 多裂银杏。

⑦*G. setacea* 刚毛银杏。

⑧*G. xiahuayuanensis* 下花园银杏。

 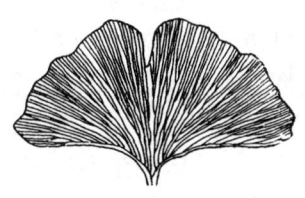

指状银杏的化石印迹　　铁线蕨银杏的化石印迹

银杏皇后

在四川金佛山北麓的半河乡大河村，有一株老态龙钟的银杏树，人称"银杏皇后"。其主干基部内空，外面有焚烧过的痕迹。树高 26 m，胸围要 6 个大汉手拉手才能合抱。残缺的树洞内径达 2.5 m，可容 4~5 人并排睡觉。初步测定，这株银杏约 2 500 岁。据当地一位姓韦的 80 岁老翁口述，他的爷爷小时候就看见树有这么大，人们叫她"白果娘娘"。那树基的门形空洞，可安排两张方桌。1962 年，树旁堆放的杂草起火，大树燃烧了两天两夜，将树干 5 m 以上的枝干烧毁。当时，人们都以为这株古树已寿终正寝。可是，两年以后，这株古树又从烧断处发出新芽，茁壮成长。

银杏—黄草型模式

适宜于银杏幼龄阶段，作物的种类为黄草(琅琊草)，随着黄草制品出口势头强劲，黄草市场行情逐年看好，综合效益逐年提高，较好地实现了长短效益结合。山东省重坊镇重坊一村 1998 年按 3 m×4 m 株行距定植基径 3 cm 的银杏树，当年隔株对定植树高干嫁接，树行留出 1 m 宽的条带后，行间种植黄草。前 5 年以黄草收入为主，黄草每年平均产量为 5 250 kg/hm^2，年收入 7.87 万元/hm^2；2005 年未嫁接的银杏长成胸径 10 cm 以上大苗出售，苗木收入 10.9 万元/hm^2；目前，银杏嫁接树已结果，株产量 3.6 kg。

银杏黄化病

①症状。黄化病出现在 6 月份，到 7 月份黄化逐渐增多，在苗圃成片发生。初发生在叶先端部位黄化呈鲜黄色，最严重时全株银杏叶黄化，到 8 月下旬叶片呈褐色，枯死，大量脱落。

②病因。主要是缺水缺肥引起的，特别是水源不足，发病重，土壤贫瘠缺锌缺铁，有机质含量少，黄化多。若土壤有机质含量多，水分充足，则此病发生很少。另外，有虫害(如蛴螬咬伤根部)、低洼地、汛期受潮，均能引起黄化。

③防治。

a. 施足有机肥，在发病地块多施锌肥或多元素复合肥。

b. 地下害虫严重，可防治地下害虫。

c. 对低洼地，雨后积水的要迅速排水，防止渍根、烂根，加强中耕锄草，改善土壤通气性。

d. 园块定植要高标准提高栽植技术，防止伤根烂根，使苗迅速生长。

e. 天气干旱时，适时灌水，浇水后及时松土，起到保水保墒，确保植株健壮生长。

银杏黄酮苷元注射液、片剂工艺流程

风干银杏叶碎片 $\xrightarrow{\text{乙醇回流提取}}$ 乙醇溶液 $\xrightarrow[\text{减压}]{\text{浓缩回收乙醇}}$ 糖浆状物 $\xrightarrow[\text{水蒸气蒸发}]{\text{除尽乙醇}}$ 流膏状 $\xrightarrow[\text{热提}]{\text{蒸馏水}}$ 水混悬液 $\xrightarrow[\text{冷却}]{\text{过滤}}$ 水溶液 $\xrightarrow[\text{分出水层}]{\text{乙醚提取}}$ 乙醚溶液 $\xrightarrow[\text{水浴 75~80℃回流水解}]{\text{5\% 硫酸溶液酸化}}$ 棕褐色混悬液 $\xrightarrow[\text{过滤}]{\text{室温}}$ 褐棕色液体 $\xrightarrow{\text{乙醚提取}}$ 黄色醚液 $\xrightarrow[\text{洗后 pH 值 5~6}]{\text{蒸馏水}}$ 黄色醚液 $\xrightarrow[\text{加少量水}]{\text{蒸去乙醚}}$ 黄色黄酮苷元

银杏黄叶病病因诊断和防治方法

银杏黄叶病病因诊断和防治方法

病因	诊断方法(症状)	防治方法
种子遗传因素	新叶、新芽银黄,小枝银黄,5月中旬以后逐渐变绿	改变遗传品质或清除病株
老菜园地,盐碱地,低洼地	新梢发白,叶片变小,生长势弱,重者整株枯死,轻者于5月下旬逐渐变绿	秋季每公顷施优质农肥37 500~60 000 kg,雨季采取挖降渍沟可明显减轻此病
缺少微量元素(Fe、Zn)	叶发黄,出现枯斑、干斑	多施农家肥或施用75~150 k/hm^{2}硫酸亚铁和75 kg/hm^{2}的硫酸锌
春季低温	凹地大树下1.5 m范围内银杏叶呈水烫状萎蔫发黄	寒潮前用草覆盖
干旱	黄叶干边	灌水
化肥过量(尿素过量)	黄叶干边,叶缘干枯	忌水。灌水后病情加重
暴雨	8月上旬,1~3年生小苗暴雨后叶呈斑点状干枯,随暴雨次数增加,面积扩大	①加强管理,增强树势;②降渍和喷托布津等杀菌剂

银杏活性炭制备工艺

以银杏木材为原料,经炭化、活化,用正交试验法,初步研究了以水蒸气活化法制取无定型颗粒活性炭的工艺条件。研究结果显示,用银杏木制得的银杏活性炭其亚甲基蓝脱色力可达14 mL/(0.1 g)(210 mg/g),碘吸附量可达1 070 mg/g,表明银杏木材是一种优良的制取无定型颗粒活性炭的原料。银杏木材制备活性炭的优化工艺条件为:炭化温度500~550℃、活化温度800~850℃、活化时间40~60 min、水蒸气用量100~120 mL/(70 g)银杏木炭。

银杏茎腐病

茎腐病又叫苗枯病,在夏季高温炎热的地区时有发生,尤以长江流域以南的高温地区较为普遍,有时苗木死亡率可达90%以上。根据目前对北方几个银杏产区的调查,夏季高温季节,此病发生相当严重。本病在江苏、安徽、湖南、湖北、江西、浙江、山东、福建等省均有发生。苗木死亡率可达90%以上。1932年7月,杭州西湖苗圃因此病而死亡的苗木达54.4%。

本病为害多种针阔叶树苗木。其中尤以银杏、香椿、刺槐、杜仲、栎类、松柏类、槭树等最易感病。其他树种在气候条件有利于病害发生的年份,或在寄主生长衰弱时受害亦重。除果树、林木苗外,此病还为害许多农作物。各种寄主被害后所表现的症状不完全一致,但在果树苗木上一般表现为茎腐。

银杏1年生苗的初期症状是茎基变成褐色,叶片失去正常绿色,梢向下垂。感病部位迅速向上扩展,直至全株枯死。叶片呈下垂而不脱落。病苗茎部皮层稍皱缩,内皮组织腐烂呈海绵状或粉末状,灰白色,其中生有许多细小黑色的小菌核。病菌同样也会侵入木质部。褐色中空的髓部也有小菌核产生。以后病菌逐渐扩展至根部,使根部皮层腐烂。如拔起病苗,则根部皮层脱落而留在土壤中,仅能拔出木质部。2年生苗木在病害猖獗时也常感病。2年生病苗地上部分死亡后,有的尚能于当年自根颈处萌出新芽。1年生苗发病轻的偶尔也有这种现象。银杏苗木茎腐病的病原属半知菌类球壳孢目——*Macrophomina phaseolina*(Tassi) G. Goid. [*M. phaseoli*(Maubl) Ashby]。菌核黑褐色,扁球形或椭圆形,细小如粉末状,直径50~200 μm。分生孢子器有孔口,埋生于寄主组织内,孔口开于表皮外;分生孢子长椭圆形,无色,单细胞。这种分生孢子器也常在桉树苗木上产生。此菌喜欢高温,在马铃薯、琼脂培养基上生长,最适宜温度为30~32℃,对酸碱度要求不严,在pH值4~9之间均生长良好。

茎腐病菌通常在土壤中营腐生生活,在适宜条件下自伤口侵入寄生。因此,病害发生与寄主状态和环境条件有密切关系。苗木受害的原因主要是夏季炎热,土壤温度过高,苗木茎基部受高温的损伤,造成病菌侵入途径。在苗床低洼容易积水处,苗木生长较差,发病率也显著增加。苗木一般在梅雨期结束后10~15 d开始发病,以后发病率逐渐增加,至9月中旬停止。因此可以根据每年梅雨期结束的日期来预测茎腐病开始发病的日期,也可根据6、7、8三个月的气温变化来预测当年病害的严重程度,这对茎腐病的防治有重要意义。

我国南方夏季炎热高温,雨水较多,培育银杏苗木时,必须事先做好防治茎腐病的准备工作,因为此病将会有不同程度的发生。

①高温催芽,提前播种,搭设小拱棚。按上述处理的种子可提前1个月播种,苗木出土期也可提前15~20 d,小拱棚内的湿度对银杏苗木极为有利,一方面促进了苗木的高茎生长,另一方面,当高温季节来临时,苗木已有较高的木质化程度,提高了苗木对茎腐病的抵抗能力。

②土壤消毒。播种前在播种沟内,每亩施硫酸亚铁10~15 kg,这样会在很大程度上减轻银杏茎腐病的发生。

③增加播种密度。每亩成苗量应在1.8~2.0万株。由于苗木密度大,生长高、发叶多、叶面积大,因此减轻了光照强度,降低了苗木根际土表温度,减轻了银杏苗木茎腐病发病率。

④培育健壮苗木,提高苗木抗病力。秋末冬初翻地冻垡;选择抗病品种;播种前圃地施足基肥,适时灌溉和松土除草,松土除草时切勿碰伤苗木茎干,实践证明,这样可以降低发病率达50%。

⑤遮阴,降低地温,减少发病率。在苗木发病之前,于苗床上搭设荫棚,降低土壤温度,是防治茎腐病效果最好的方法。遮阴时间自每日上午10时至下午4时,不可时间过长,遮阴时间过长会影响苗木生长。9月份以后可撤除荫棚。夏季在苗木行间覆草也可降低地温,达到防病的目的。效果虽不及荫棚遮阴,但苗木生长却比荫棚遮阴的好。在苗木行间间种其他抗病的树苗、农作物或间种绿肥等,也可起到降低地温的作用。

⑥在水源方便的苗圃,高温干旱时可灌水抗旱,又可降低地温,减少发病率。

⑦发病期间,喷洒1%硫酸亚铁溶液亦有一定防治效果。

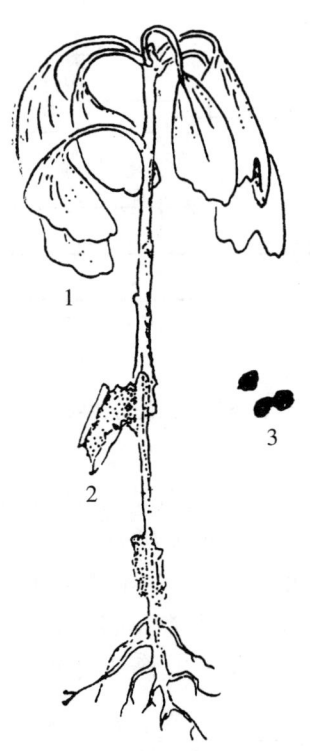

银杏茎腐病
1.银杏茎腐病苗木 2.病皮内部组织腐烂,内生许多黑色细小菌核 3.放大的菌核

银杏精的感官指标

色泽:呈均匀的乳黄色。

组织形态:疏松均匀的多孔状颗粒,不结块,允许有小量粉末。

滋味、气味:具有明显的银杏香气、稍甜,无其他异味。

杂质:不得有其他异物。

溶解性:在80℃以上水温中迅速溶解为均匀乳状液,无分层现象。

银杏精的理化指标:

水分:≤3.0%。

溶解度:≥98%。

溶解时间:≤60 s。

颗粒度(ϕ2.5 mm筛下物):≥85%。

蛋白质:≥4%。

总糖:14%~16%。

银杏精的生产工艺流程

银杏精为疏松多孔、颗粒状的固体饮料。银杏精是以银杏、糊精、白砂糖为主要原料,加以蛋白质、多糖等辅料加工而成。该饮料易溶于水,热量低,复原后具有浓郁的银杏香气,老少皆宜。

工艺流程如下。

银杏种仁→粗磨→细磨→浆渣分离→银杏浆汁↓

白砂糖→溶糖→过滤→糊精→糖混合液→混合
↑
糊精→蛋白质、多糖————

混合调整→加热杀菌→高压均质→脱气→真空冷缩→冷却→粉碎→包装。

银杏精的卫生指标

As≤0.5 mg/kg,Cu≤10 mg/kg,Pb≤1 mg/kg。

六六六<0.8 mg/kg,DDT:0.8 mg/kg。

黄曲霉毒素:不得检出。

细菌总量:≤30 000个/g。

大肠菌群:≤90个100/g。

致病菌:不得检出。

银杏酒

主料:白酒或食用酒精。

配料:银杏叶提取物,甜味素少许。

工艺流程如下。

白酒或食用酒精→加纯净水调制至38%(v/v)→加银杏叶提取物→加少许甜味素保健功能 银杏酒中含有银杏叶精提取物400 mg/500 mL,含银杏黄酮苷96 mg/500 mL,银杏萜内酯24 mg/500 mL。银杏酒酒味醇正,芳香浓郁无毒副作用。该酒内含有对人体具有医疗、保健作用的黄酮苷、萜内酯、氨基酸、微量元素等多种药用成分,对改善心血管、脑血管动脉硬化,增强血液循环,降低血液黏稠度,防止和治疗高血压、糖尿病、脑卒中、阿尔茨海默病、各种恶性肿瘤的形成具有明显的作用,同时又具有促进人体新陈代谢,清除人体内有害自由基,增强人体免疫力,解痉抗过敏,延缓机体衰老等保健作用。

银杏开心果

主料:银杏果。

配料:蛋白糖,精盐。

做法:精选优质银杏果→缩水→开口→去杂→配置浸泡液→浸泡→风干→烘焙→入味→微波烘干→分拣→计量→真空包装。

保健功能:去壳后直接食用。贮存于阴凉、通风、干燥处,冷藏尤佳,老少咸宜。银杏开心果含蛋白质6.4%,脂类2.4%,碳水化合物36%。钙0.1 mg,磷2.2 mg,钾11 mg,铁10 mg,胡萝卜素0.3 mg,核黄素0.1 mg,赤霉素、动力精样物质、甲酸、乙酸、丁酸、辛酸、天门冬素等少量。

银杏开心果感官指标

原材料条件:银杏品种为安陆糯甜梅核类、马铃类。每千克700粒,大小均匀,表面干净洁白。

感观指标:①外壳均匀开口;②口感松脆甘甜,略有银杏固有的苦味;③银杏特有的清香;④有洁白的外观;⑤空壳比例不得超过5%。

银杏科

成员及其分布:银杏属在北半球早侏罗世起有可靠记录。格雷纳果属的叶呈 Sphenobaiera 或 Baiera 型,仅见于中亚侏罗系;捷克上白垩统新发现的 Nehvizdyella,叶为桨叶型。

银杏口服液

工艺流程如下。

银杏种仁→粗磨→细磨→浆渣分离→调配→预杀菌→乳化均质→装瓶→杀菌→成品

银杏口服液以天然食品为原料,不含任何性激素,无毒副作用,安全可靠。因含白果内脂和黄酮类化合物,故有扩张血管、增加血流量、防止血管老化之功效。银杏口服液对脑动脉硬化、阿尔茨海默病、糖尿病和增强肌体免疫力有一定的疗效和特殊的保健作用,是优良的营养保健饮料。

银杏口香糖

配方:

胶基质	20(份)
增塑剂	3
巴西棕榈蜡	3
饴糖	20
砂糖	55
薄荷	1
银杏叶提取物	1
食用紫色素1号	0.1

保健功能:银杏口香糖除了具有银杏叶提取物的保健作用外,还有除去口臭的效果。因为银杏叶提取物中的黄酮类成分会与硫醇等硫化物臭气物质起作用,达到消臭效果。

银杏类群

银杏在植物分类学上,仅一科一属一种,但是经过长期的自然选择和人工选育,形成了许多不同的类型。了解和认识银杏类型,是引进、选育和掌握银杏品种(品系)的基础。中外植物学家、林学家、园艺学家对银杏的类群进行过深入的研究与探索。其中,20 世纪 80 年代著名银杏专家何凤仁先生等通过大量调查研究,按种核的长宽比例,将银杏分为5大类群,在生产和科研上比较常用,易于群众掌握。此分类方法受到多数人的认可。

银杏类最简约的分支系统

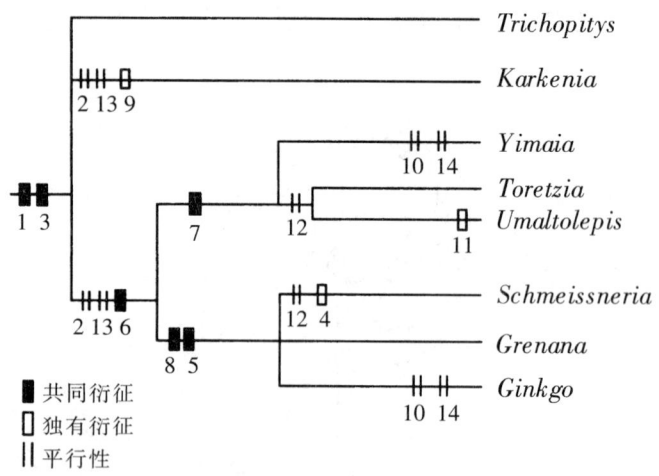

银杏类最简约的分支系统

银杏良种认定

对正在进行试验研究尚不具备审定条件的银杏良种,由省级林木或果树种子主管部门,根据生产需要组织提报,经省级林木或果树良种审定委员会对其选育过程进行审查,认定合格后发给使用证明,由同级林业或果树主管部门公布,可作为良种应用。

银杏良种审定过程

单位或个人选育的银杏良种,经省级林木良种或果树良种审定委员会审查、评价和认可,并进行良种定名、编号、登记,由同级林业或果树主管部门公布使用的过程。

银杏良种早实技术

采用大佛手、大马铃、华口大白果3个银杏良种营建矮化、密植、早实丰产示范林111.30 hm²,辐射林459.06 hm²,经过大耐性推广应用,达到了3~5年挂果、6~8年投产的目标。示范林和辐射林总产银杏142.22万kg,产值达2 275.5万元。经过试验分析,常规施肥的平均单株新梢量高于对照3.1倍,新梢长度高于对照的1.13倍,单株产量高于对照1.74倍;配方施肥的平均单株产量高于对照1.25倍,种实出核率高于对照15%;人工疏果的平均单抹新梢量高于对照3.11倍,新梢长度高于对照1.15倍;疏果的植株种实浮水率仅1%,而对照的种实浮水率达86.4%。对7~8年生的银杏示范园进行调查分析,采用早买良种建园的产量均优于常规品种,其中华口大白果品种平均单株产量高于常规品种4.2倍;大佛手品种平均单株产量高于常规品种2.0倍;大马铃品种平均单株产量高于常规品种3~4倍。

银杏良种指标(核用)

核用银杏良种应具备速生,种子丰产、稳产、优质和抗逆性强等全部或部分优良性状。

①在同等立地条件下和管理条件下,经品种比较试验,种子产量增益应高于当地主栽品种的15%以上;在未实现品种化的地区,种子产量增益应高于平均产量的30%以上;良种示范采穗圃的种子产量增益应高于当地主栽品种的20%以上;优良家系、优良无性系种子产量增益应高于当地主栽品种15%以上。各类型的产量增益变异系数应低于20%。

②平均1 m长的结种母枝,结种初期应保留种实30粒以上;结种盛期应保留种实60粒以上。每1 m²树冠投影面积,结种初期种核产量为0.6~0.7 kg;结种盛期种核产量为1.0 kg以上。

③稳产大小年种核产量变幅在20%以下,间隔期不得超过3年。

④成熟期基本一致,其个体间最大差距不得超过10 d。

⑤脱皮容易,不恋核,常规堆沤5 d后外种皮全部软化。

银杏毛状叶辐射演化图

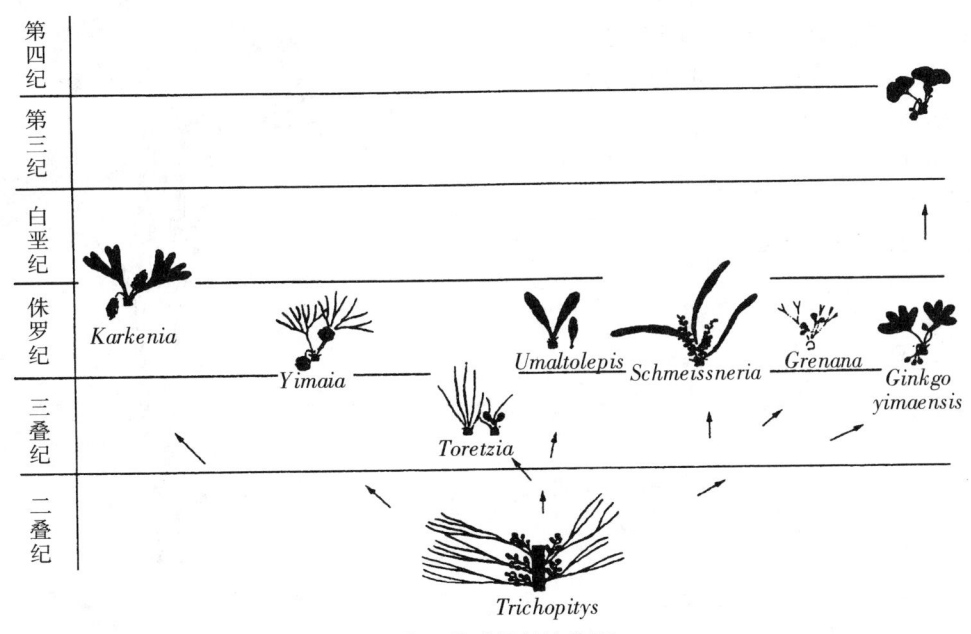

银杏毛状叶辐射演化图

银杏美学

美学是探讨美的本质、艺术和现实的关系、艺术创作的一般规律等内容的一门科学。无论在东方还是在西方,美学都已有几千年的发展历史。美学在自然界和社会生活中的体现可以说无处不在。法国雕塑大师罗丹说:"生活中不是缺少美,而是缺少发现。"其实,只要人们略微用心地审视一下银杏,便不难发现:银杏就是美的化身,美的使者,美的体现;银杏与美学有着直接的、天然的、千丝万缕的关联。银杏树雄伟挺拔,雍容华贵,秀外慧中,兼具形象美、气质美、艺术美等诸多方面,有着重要的美学价值。美是客观的,但往往与主体感受相关联,离不开人的主观感觉和创造。对银杏美的感悟、想象和加工,加深了人们对银杏的认识,升华了人们对银杏的情感,使人们产生了心灵的震撼或愉悦。集众美于一身的中华银杏赢得了古今中外文人雅士和普通民众的由衷赞誉,从而进一步推动和丰富了银杏美学研究。

银杏门植物的起源

银杏植物精子会游动,显示了它与蕨类植物在进化上的一定联系。很早以来,认为与古老的种子蕨有演化上关系,并和松柏纲植物有渊源关系(Arnold,1947)。近数十年来,对一些种子蕨植物的仔细研究表明,银杏纲(Ginkgopsida)很接近于盾形籽目(Peitasperlmales)种子蕨。苏联古植物学家梅茵指出:近年来的研究新资料表明,盾形籽目和银杏目在宽尺度的特性上有不少相似点。如盔形籽科(Corystospermaceae)的 *Rhexoxylon* 显示出,自不同的初生中柱维管束伸入叶基的情形和银杏属(*Ginkgo*)的一致。有些盾形籽科植物(*Tatarina*)的纤细基轴上交替生长着长枝和短枝,不仅都着生单叶,而且短枝上还有鳞芽。*Mauerites* 的叶具有掌状与羽状结合的分裂形式,其中某些叶(或羽片)的外形与楔拜拉属(*Sphenobaiera*)的完全一致。这些系统发育上的分析,进一步表明银杏门植物起源于种子蕨植物(Pteridospermae)似属无疑,但有待证实。现可认为,银杏门植物是通过银杏纲已知最原始的楔拜拉属或楔拜拉枝属(*Sphenobaierocladus* Yang),从晚古生代石炭纪的某种种子蕨进化而来。

银杏门植物起源、分类及演化种系

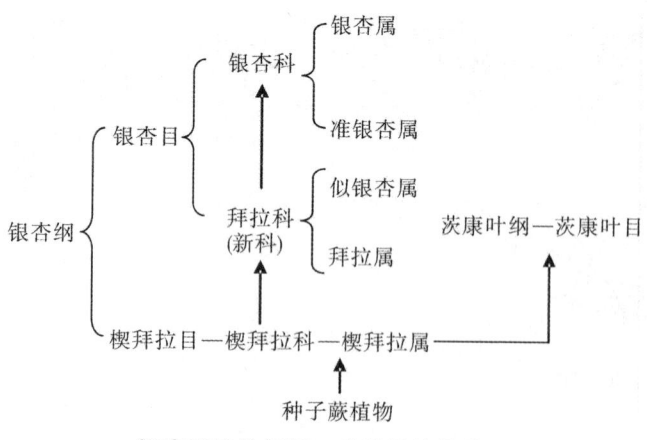

银杏门植物起源、分类及演化种系

银杏门植物在地质时代上的范围及其相互关系

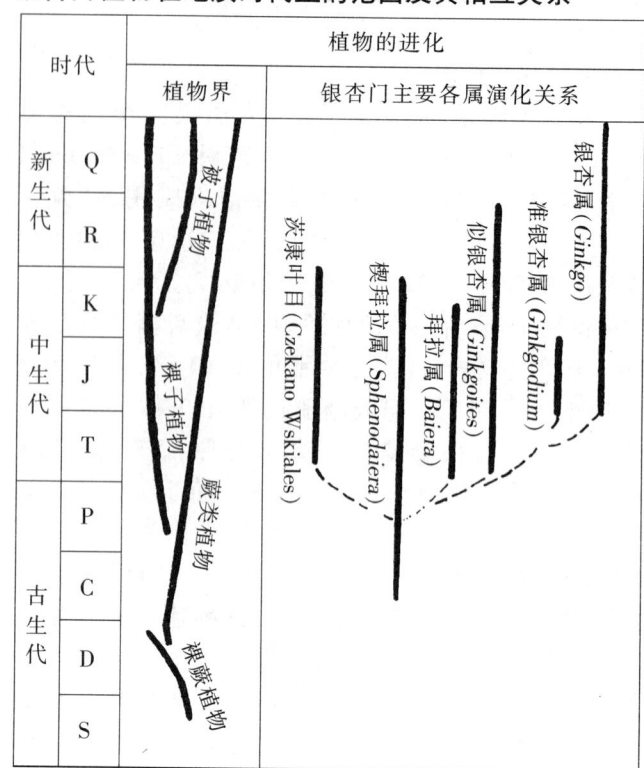

银杏门植物在地质时代上的范围及其相互关系

银杏萌蘖

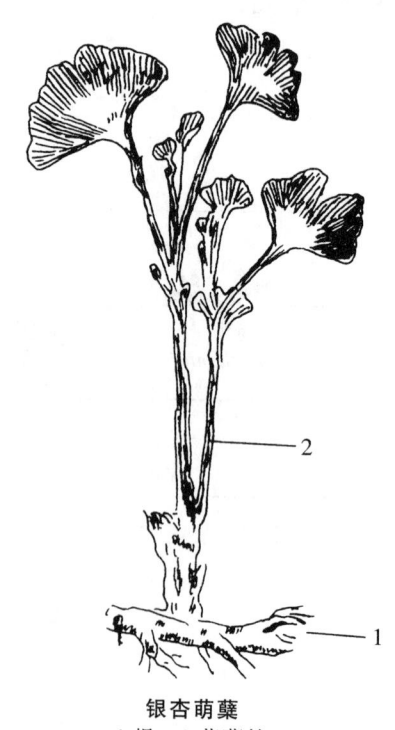

银杏萌蘖
1.根　2.萌蘖枝

银杏名称的由来

宋朝之前,银杏被称为鸭脚。由于鸭脚的观赏价值、药用价值和食用价值较高,又加之全社会的咏赞,因此宋朝下人常将鸭脚进贡皇帝。皇帝品尝后大加赞扬,因鸭脚名不雅,又因银杏除掉外种皮后,种核洁白如银,宋朝皇帝遂赐名"银杏"。宋朝时期,鸭脚与银杏名称同时并存。银杏名称一直沿用至今。

银杏木材生长不缓慢

过去,人们认为银杏生长缓慢,一直仅作为经济林培植。迄今为止,银杏尚未真正作为用材林大面积拓植。除此,人们还认为银杏是长寿树、长效树,即使树木已过木材生长高峰期或盛果期,进入成熟林其至过熟林阶段,也是任其自然枯枝衰亡,很少被采伐加工利用。其实银杏生长并不缓慢。江苏省泰兴林业生产技术指导站从20世纪80年代开始就围绕果材兼用、材用和雄株3种类型的银杏,就其直径生长、材积生长情况进行了调查研究。通过对以上3种类型银杏树木材生长规律的调查研究,可以看出:①胸径生长高速期均在40～60年,材用和雄银杏可持续到80年;②胸径生长高峰期间,胸径年均生长量均可达1.0 cm/年左右高的平均可达1.41 cm/年,具有速生树种的特性;③各个树龄区间段中,材用和雄银杏的年均胸径生长量高于果材兼用银杏,其理由是因结果消耗养分致使生长量下降;④立木材积年均生长量高峰期从40～80年。80年生以后呈缓慢、稳定上升。

对我国银杏生长情况进行调查的结果表明,山东低山丘陵34年生银杏胸径达22.0 cm,树高12.6 m;浙江一般立地条件48年生银杏胸径37.3 cm,树高19.8 m。据浙江天目山林场试验,1956～1983年的一个轮伐期内,银杏年效益为每公顷5.6万元,杉木为每公顷0.4万元,银杏的年收入是杉木的14倍。山东郯城栽植的银杏雄株,60年生平均树高13.7 m,平均胸径41 cm,单株材积达1.7 m³。每公顷栽植330株,可产木材561 m³,按每立方米6 000元计,平均每年每公顷产值达5.6万元。

还对北京、合肥和江苏等地银杏生长做了调查,结果表明,这几个地区银杏生长情况良好,树干通直,枝叶茂盛,年生长轮宽度都在0.7 cm以上,树高生长在1 m以上,其中江苏泰兴银杏年直径生长量超过1 cm,树高生长量可达20 m,远远超过杉木和马尾松的年生长量。据查中国及日本一些的银杏人工林,通过集约经营,银杏年生长直径可达1.5 cm,树高达50 cm以上。

银杏木材物理学特性

银杏木材物理学特性

试材采集地点	树种	株数	年轮宽度(mm)	晚材率(%)	密度(g/cm^3)		干缩系数(%)			顺纹抗压强度(kgf/cm)	抗弯强度(kgf/cm)	抗弯弹模量($1\,000\,kgf/cm$)
					基本	气干	径向	弦向	体积			
安徽歙县	银杏	5	2.6	-	0.451	0.532	0.169	0.230	0.417	410	778	93
安徽歙县	杉木	7	2.8	25.5	0.316	0.394	0.115	0.257	0.391	383	737	94
甘肃洮河	云杉	6	2.3	12.3	0.290	0.350	0.106	0.275	0.410	259	543	63
小兴安岭	红松	32	1.4	17.7	-	0.440	0.122	0.321	0.459	334	653	100
河南郑州	毛白杨	7	4.4	-	0.409	0.502	0.131	0.285	0.432	401	763	94
安徽宿县	楸	5	6.7	85.4	0.617	0.617	0.104	0.230	0.352	180	988	103
安徽歙县	香樟	5	3.4	-	0.560	0.560	0.143	0.226	0.389	433	783	94

试材采集地点	顺纹抗剪PO强度(kgf/cm)		横纹抗压强度(kgf/cm)				横纹抗拉强度(kgf/cm)	冲击韧度($kgf \cdot m/cm$)	硬度(kgf/cm)			抗劈力(kgf/cm)	
			局部		全部								
	径向	弦向	径向	弦向	径向	弦向			端面	径面	弦面	径面	弦面
安徽歙县	91	110	61	53	39	32	820	0.334	431	317	301	9.5	12.3
安徽歙县	60	62	38	43	28	32	791	0.248	304	185	203	5.9	6.6
甘肃洮河	68	69	37	38	-	-	981	0.350	220	-	-	7.6	9.1
小兴安岭	110	117	79	68	53	42	970	1.508	528	442	488	16.0	16.0
河南郑州	54	58	32	34	27	23	672	0.242	196	127	151	5.5	7.3
安徽宿县	101	104	81	71	60	49	-	0.342	420	323	366	14.8	16.0
安徽歙县	76	101	76	38	49	26	-	0.784	404	357	345	10.9	14.1

银杏奶露

主料:白果浆汁。

配料:白砂糖、奶粉、乳化剂。

工艺流程如下。

白糖、奶粉分别溶解→与白果浆汁混合→加热至沸→均质→过滤→加热至沸→装罐→封口→杀菌→冷却→包装。

保健功能:银杏奶露其营养丰富,风味独特,清凉爽口,具有多功能营养保健成分,长期饮用能增强体质,抗衰老,并对高血压、冠心病和动脉硬化有一定的防治作用。

银杏内生真菌的分离和纯化

将新鲜的银杏叶、茎部样品清洗干净,晾干后用无菌剪刀剪成0.5 cm×0.5 cm的小块。浸入75%的乙醇中 15~20 s,0.1% 升汞进行表面消毒 5 min,再用无菌水冲洗 4 次,最后置入 5mL 无菌水中振荡 3 min 后取出,晾干后接种于 PDA 平板(加四环素或氨苄西林 4 mg/L),28℃培养 48 h。待菌丝长出后,挑取尖端菌丝移到新的固体平板上继续培养,经几次纯化后得到银杏内生真菌,斜面保存备用。对照用无菌接种环从上述震荡后的 5 mL 无菌水中蘸取少许悬液涂于 PDA 固体平板,同等条件下培养,记录是否有真菌生长,以检验表面消毒是否彻底。

银杏内酯

1967 年日本人 K·Nakanshi 及 Kabe 发现在银杏叶片中银杏内酯有 A、B、C、M、J 5 种,1988 年法人 P. Braguet 研究了这 5 种内酯的差异在于羟基数目和位置的不同,而以内酯 B 的活性最强,银杏内酯具对血小板活化因子的拮抗作用。

银杏内酯在银杏秋季绿叶中含量大体在 0.4% 以上。银杏内酯为血小板活化因子(PAF)的强拮抗剂,主要治疗脑血栓(即偏瘫病)、气喘、脑缺血、抗衰老症等。

银杏内酯 A 和银杏内酯 B 工艺流程

银杏叶粉碎后,用乙醇回流提取 3 次,提取液减压浓缩,回收乙醇,浓缩液再用醋酸乙酯提取 2 次,提取液合并,减压回收"醋酸乙酯,浓缩提取物用硅胶柱层析分离,以石油醚—醋酸乙酯进行梯度洗脱,分别得到银杏内酯 A 和银杏内酯 B。

银杏内酯 B 及白果内酯工艺流程

银杏叶粉碎后用乙醇提取回流 3 次,提取液合并减压蒸浓,回收乙醇,浓缩液再用乙酸乙脂提取 2 次,合并提取液,减压蒸浓回收乙酸乙酯,提取液通过硅胶柱层析,用石油醚乙酸乙酯梯度洗脱,先得白果内脂,然后再分去银杏内脂 A,最后得银杏内脂 B 及 C。

银杏片林

在河滩隙地、村落周围、水库四周、防护林网、山脚田埂等地营建银杏片林,其经济效益和生态效益均会明显增长。树龄愈大,效益也愈加明显。在这些地方营建片林,首先应考虑其营建目的。如以生产木材为主,株行距应小一些,可采用 4 m×5 m,即每亩 33 株。如以采种为主,则株行距应大一些。一般可采用 5 m×6 m,即每亩 22 株。片林栽培应选择 4~5 年生的大苗。如以生产木材为主的片林,则可选用雄株,放任主干自然生长,雄株高、径生长一般都比雌株快,其材积生长较雌株约快 1/3 以上。如以生产种实为主,则应选择高 2 m 以上的嫁接优良品种。

银杏品种光合、蒸腾特性、叶片形态与解剖特征

银杏品种光合、蒸腾特性、叶片形态与解剖特征

品种名称	光合日同化量 ($\mu mL \cdot m^{-2}$)	日蒸腾量 ($mol \cdot m^{-2}$)	日蒸腾效率 ($\mu mL/mol$)	上表皮厚度 (mm)	栅/海	气孔密度 ($stoma/mm^2$)	叶脉条数 ($vein/cm$)
马铃 5 号	162972	719.5	226.5	0.026	0.931	45	17
梅核 9 号	129534	635.1	203.9	0.034	0.631	35	18
大梅核	106470	547.2	194.6	0.033	0.558	38	16
洛古 3 号	146437	607.3	241.1	0.024	0.539	74	9
秦 王	131000	657.4	199.3	0.021	0.613	54	15
大佛指	114195	701.3	162.8	0.028	0.482	67	12
洛古 5 号	123332	517.7	238.2	0.033	0.441	79	10

银杏品种耐盐能力

5 个银杏品种(佛指、大金坠、梅核、大圆铃和马铃)在 0%、0.1%、0.2% 和 0.3% NaCl 梯度下的耐盐能力及相关指标。①随着盐浓度的增加,5 个品种叶片中 Na^+ 浓度和 Na^+/K^+ 增加;而 K^+ 浓度在 0.1% NaCl 水平下达到最高。②叶片水势随着盐梯度的增加而增加,游离脯胺酸含量在 0.2% 和 0.3% 水平下增加,而在 0.1% 水平下降低。根系活力在 0.1% 水平下变化较小,而在 0.2% 和 0.3% 水平下明显下降。叶片 SOD 活性和高生长随着盐梯度的增加而降低。叶片质膜透性在 0.1% 和 0.2% 盐水平下变化较小,而在 0.3% 水平下显增加。③根据苗木的高生长,5 个品种在 0.3% 水平下的耐盐能力顺序为:梅核 > 大圆铃 > 马铃 > 大金坠 > 佛指。④逐步剔除、逐个选入和逐步回归等分析方法均表明,Na^+/K^+ 比与银杏各品种的高生长有明显影响,因此,叶片中 Na^+/K^+ 比可以作为评价银杏品种耐盐能力的重要指标。

银杏品种选育

包括银杏资源调查、选种、引种和育种。

①资源调查:广泛深入地进行银杏资源调查,摸清我国银杏家底,弄清我国银杏种质资源,是银杏品种选育的基础。

②选种:包括实生选种和芽变选种。

实生选种是在实生繁殖的群体中选优而形成新

品种的过程。

芽变选种是在实生树或嫁接树上发现性状发生了突出优质变异的枝条，取其枝芽进行无性繁殖形成新品种的过程。因其枝条是从变异了的芽长出来的，所以叫作芽变选种。

选种又贯穿在资源调查、育种和引种之中。

③育种：含有定向培育的意思。包括杂交育种和诱变育种。近年来开展的体细胞杂交和遗传工程的研究也属育种的范畴。

a.杂交育种通过有性杂交来获得基因重组的类型。杂交育种又分自然杂交和人工杂交。自然杂交育种，即用自然授粉所结的种子播种、培育、选择而形成新品种的过程。人工杂交育种，则是人们有目的的选择父本和母本性状进行人工授粉（杂交）所得的种子播种、培育、选择而形成新品种的过程。

b.诱变育种利用物理或化学的方法来引起染色体和基因的变异。诱变育种包括辐射育种和化学诱变育种。

辐射育种是用放射性物质（如^{60}Co和γ射线等）照射种子、枝条或苗木，致使发生突变，然后繁殖被处理的材料、培育、观察、选优而形成新品种的过程。

化学诱变育种是用某些化学物质（如秋水仙碱）处理种子、枝条或苗木，致使发生突变，繁殖被处理的材料、培育、观察、选优而形成新品种的过程。

银杏葡萄酒的香气成分

采用溶剂萃取法萃取香气成分，用气质联用仪进行检测，结合计算机检索技术对分离化合物进行鉴定，在葡萄酒发酵过程中添加银杏叶提取物与未添加的葡萄酒香气成分及香气成分在陈酿过程中变化进行对比研究。共分离出32个峰，鉴定出29种成分，其中主要包括醛类、醇类、酯类和呋喃类芳香成分。对照葡萄酒和银杏葡萄酒在开始陈酿和陈酿1年后对比分析结果表明：银杏提取物的添加对葡萄酒的香气成分有一定影响，但经过1年陈酿后，银杏葡萄酒与对照葡萄酒香气成分差异缩小，主要香气物质在种类和含量上都比较接近。

银杏葡萄酒香气成分 GC—MS 结果

银杏葡萄酒香气成分 GC‐MS 结果

序号	化合物名称	化学式	香气成分相对含量(%) W1	GW1	W2	GW2	保留时间(min)
1	N‐硝基‐1‐丁胺	$C_4H_{10}N_2O_2$	5.6	—	—	—	3.08
2	乳酸乙酯	$C_{15}H_{10}O_3$	—	5.61	—	—	3.32
3	乙酸异戊酯	$C_7H_{14}O_2$	—	—	0.25	0.12	4.08
4	2,3‐Methylene‐d,1‐rhamnitol	$C_7H_{14}O_5$	—	—	0.22	—	4.28
5	硫代吗啉	C_4H_9NS	—	—	—	0.27	4.33
6	乙醇	$C_4H_{14}O$	0.7	1.01	1.07	0.67	4.38
7	3‐甲氧基丙酸甲酯	$C_5H_{10}O_3$	—	—	—	0.13	4.91
8	γ‐丁内酯	$C_4H_6O_2$	2.78	2.56	2.32	2.18	5.81
9	3‐甲硫基丙醇	$C_4H_{10}S$	1.3	0.84	1.18	1.26	8.03
10	乙酸乙酯	$C_8H_{16}O_2$	0.26	0.24	0.59	0.2	8.55
11	苯甲醇	C_7H_8O	0.61	0.44	—	—	10.00
12	乙酸异戊酯	$C_7H_{14}O_2$	—	—	1.2	—	10.33
13	2‐甲基四氢噻吩	$C_5H_{10}S$	1.51	1.09	—	1.3	10.64
14	苯乙醇	$C_8H_{10}O$	63.58	47.35	47.34	41.69	12.62
15	丁二酸二乙酯	$C_8H_{14}O_4$	11.23	9.7	8.46	9.09	14.56
16	辛酸乙酯	$C_{10}H_{20}O_2$	0.22	0.33	1.87	—	15.03
17	丁二酸单乙酯	$C_6H_{10}O_4$	—	14.51	27.46	37.17	16.20
18	2‐羟基丁酸乙酯	$C_7H_{14}O_3$	—	—	0.87	0.81	16.60
19	3‐乙氧丙酸乙酯	$C_7H_{14}O_3$	6.14	—	—	—	17.00
20	羟基丁二酸二乙酯	$C_8H_{14}O_5$	—	9.14	—	0.81	17.14
21	5‐已基二氢‐2(3H)‐呋喃酮	$C_{10}H_{18}O_2$	1.88	—	—	—	17.90

续表

序号	化合物名称	化学式	香气成分相对含量(%)				保留时间(min)
			W1	GW1	W2	GW2	
22	5-乙酰基二氢-2(3H)-呋喃酮	$C_6H_8O_3$	—	1.35	1.56	1.27	18.06
23	丁二酸单乙酯酰氯	$C_6H_9C_1O_3$	—	—	—	0.23	19.33
24	葵酸乙酯	$C_{12}H_{24}O_2$	—	—	0.11	—	19.99
25	丁二酸-2-羟基-3-甲基-2-乙酯	$C_3H_{16}O_5$	2.45	1.95	—	1.77	20.22
26	正庚基苯	$C_{13}H_2O$	—	—	0.39	0.35	21.20
27	4-n-戊(烷)基本甲醛	$C_{12}H_{16}O$	0.61	0.35	—	—	21.84
28	对羟基肉桂酸乙酯	$C_{11}H_{12}O_3$	—	0.98	—	—	31.38
29	邻苯二甲酸丁辛脂	$C_{20}H_{30}O_4$	—	0.51	—	—	33.31

银杏葡萄酒香气物质的提取

取 200 mL 葡萄酒置于具塞广口瓶(500 mL)中,依次用 100、60、60 mL 二氯甲烷进行萃取,充氮气隔氧。萃取后合并有机相,4℃、10 000 r/min 冷冻离心 10 min,分离有机相和水相;有机相用无水硫酸钠脱水,然后转移至旋转蒸发仪中浓缩到 3 mL 左右,再转移到样品瓶中用氮气吹扫至 1 mL,-20℃冰箱保存待测,每个样品做 3 个重复。

银杏起源

目前,根据科学家们在世界各地对已经发现的化石资料的研究表明,以种子繁殖的裸子植物在地球上出现以后,经历的历史并不长,于二叠纪早期就逐渐开始衰败,随后,更能适应陆地生存环境条件的银杏类、松柏类以及其他裸子植物得到了发展。在石炭纪以前虽有不少化石记载,但难以从形态上区分此时期以前银杏类化石种的界限,尤其是所有近似银杏的化石十分零碎,很多仅能以几片叶子的印迹化石来加以描述。从美国堪萨斯州发现的上石炭纪化石记载的二歧叶属(Dichophyllum)要算银杏类最古老的代表。它的营养枝及木质部与银杏目极相似。它的叶也呈扇形,但无叶柄,形状就像经过多次深裂的银杏叶,虽然如此,但目前科学家们还不能完全肯定它就是银杏的始祖。比较可靠的银杏类化石是早二叠纪的毛状叶属(Trichopitys),它的叶子比二歧叶属更细长,种子(胚珠)生长在自叶腋生出的分枝上,与当今银杏种子的着生部位完全不同,这充分说明银杏在进化上已前进了一大步。到了中生代,包括银杏类在内的裸子植物组成了浩瀚的森林,覆盖着大地。根据叶部化石的研究得知,二叠纪出现的楔拜拉属(Sphenobaiera),它和现代银杏不同处主要是不具明显的叶柄。从晚三叠纪起,已有和银杏相当近似的种存在,占据相当重要的位置。如似银杏属(Ginkgoites)、拜拉属(Baiera)等在地球上已有广泛地分布。我国云南、四川、新疆、内蒙古、河北,德国法兰克福,南美南端东部的马尔维纳斯群岛,南非、澳大利亚以及广阔的欧洲大陆,均已发现此类化石。中生代银杏目中除银杏属外,至少还有 S 个属,例如拜拉属(Baiera)、准银杏属(Ginkgodium)、楔拜拉属(Sphenobaiera),等等。中生代侏罗纪是银杏目的"黄金时代",银杏属中有 20 多个种。近几十年,北起北极圈内的阿拉斯加、加拿大、格陵兰、斯瓦德群岛、法兰士约瑟夫地群岛、西伯利亚北部、苏联伊尔库茨克盆地和乌克兰、查理士王地、新西伯利亚群岛,向南直到亚洲、欧洲和北美大陆都有银杏化石的发现。它们都是当时植物群中常见的类型。在南半球的阿根廷、澳大利亚、新西兰、法克兰岛和非洲南部也发现过银杏类的化石。除了南极洲和赤道两侧外,地球上几乎到处都有银杏植物的踪迹。

到了白垩纪晚期,地球上广大地区的气候发生了急剧变化,高度进化和具有广泛适应性的被子植物大量出现,新的植物类群滋生演替,银杏类植物开始衰败。在格陵兰和其他地区的白垩纪地层中都曾发现过现代生存种银杏叶的化石,说明当时这些地区尚有银杏分布而未完全绝迹。银杏叶演化的基本规律是,在中生代早期,以楔银杏(Ginkgo digitata)和西伯利亚银杏(Ginkgo sibiria)为代表。叶为楔形,掌状深裂;中生代晚期,以拉拉米银杏(Ginkgo laramiensis)为代表,叶为楔形,不分裂或二裂;至新生代早期,以铁线蕨银杏(Ginkgo adiantoides)为代表,出现了肾形叶,不分裂或二裂。具体来说,可将前两种化石时代限于侏罗纪,后两种化石时代分别限于白垩纪和第三纪。从白垩纪到新生代第三纪的过渡中,北半球很多地区同时伴以山脉的隆起和海底陆地的上升,从而气候也发生了巨大的变化,银杏类植物在世界各地进入极衰时期,绝大多数的种、属由于气候的转冷而灭绝。但在意大利、西伯利亚、苏格兰、马耳岛及北美其他地区的第三纪地层中，却发现了铁线蕨银杏（*Ginkgo adiantoides*）化石种，这说明银杏类植物当时在欧洲、北美等地尚未完全灭绝。斯太凯·戛得纳认为某些化石标本，其形态特征与现代生存种极为相似，基本上可视为同种。

到了第三纪末期及第四纪初期，北半球产生了巨大的冰川，因之地球上的植被也发生了根本性的变化。银杏类植物在欧洲和北美洲的广大地区全部灭绝，在亚洲大陆也濒于绝种。根据近代地质学家和地理学家们的研究，我国冰川不像欧洲那样连成大片和覆盖整个地面，日本和朝鲜也是如此。当时我国华北地区所受到的侵蚀作用比较轻缓，而华东和华中一带最多只有局部地区受到寒冷气候的影响，因此这一古老的珍贵植物才幸免而遗存下来，成为东亚的"活化石"。现在世界上只有浙江省西天目山和四川、湖北交界处的神农架自然保护区，以及河南、安徽交界处的大别山一带狭小的深山谷地，还残存着为数不多的呈野生或半野生状态的银杏。银杏度过了一个个漫长的世纪，才在自然界里繁衍至今。人们平时所看到的银杏都是人类长期栽培保存下来的。

银杏是古生代银杏类植物中遗留下来的唯一生存种。在所灭绝了的而今已经成为化石的种当中，大部分都是叶片化石（日本已发现银杏种子化石），虽然其中有些形态特征与生存种非常相似，但仍不能肯定它们就是同种。所以要确定银杏开始发生于何时，还需要进一步研究。根据化石资料以及从它的亲缘关系和进化历史追溯，现代生存的银杏极有可能是由古生代二迭纪唯一孑遗种延续生存至今。这不仅表明了银杏的科学意义，而且也显示了祖国植物区系的丰富多彩与古老。

银杏巧克力

配方：

胶基质	20（份）
增塑剂	3
巴西棕榈蜡	3
饴糖	20
砂糖	55
薄荷	1
银杏叶提取物	1
食用紫色素1号	0.1

保健功能：预防阿尔茨海默病、高血压、糖尿病，消除疲劳、头痛、眩晕，减轻肩膀酸痛、手脚冰冷等。

银杏全鸭

用料：银杏200 g，鸭一只（约1 kg），猪油500 g，胡椒面、料酒、鸡油、清汤、姜、葱、味精、盐、花椒各适量。

制法：①将银杏去壳，放入锅内，用沸水煮熟，捞出去内种皮，切去两头，去心。再用开水洗去苦水，在猪油锅内炸一下，捞出待用。②将鸭宰杀除去内脏洗净，剁去头和爪。用盐、胡椒面、料酒、将鸭身内外涂匀后，放入盆内，加入姜、葱、花椒，上蒸笼蒸约1 h取出。拣出生姜、葱、花椒，用刀从鸭背处切开，去净全身骨头，铺在碗内，齐碗口修圆，修下的鸭肉切成银杏大小的丁，与银杏拌匀，放在鸭脯上，将蒸盆内原汁倒入。加汤上蒸笼再蒸30 min，至鸭肉烂熟，即翻入盘中。③锅内掺清汤，加余下的料酒、食盐、味精、胡椒面、淀粉少许勾芡，放入猪油少许，起锅将烧好的芡汁浇于鸭上，即可食用。

功效：滋阴养胃，利水消肿，定喘止咳。用于治骨蒸劳热，水肿，哮喘，咳嗽等。

银杏人工授粉存在的问题

①对银杏"开花"缺乏正确认识

银杏属裸子植物，它没有被子植物的花，只有花状结构的孢子叶球。也就是说，所谓银杏的"花"并不具备被子植物花的形态特征，只是在栽培过程中习惯称其为"花"。银杏"雄花"着生于雄株短枝顶端，与叶同时长出，是一种柔荑花序状结构，其上着生很多小孢子囊（即花药），一般长度为1.5~2.5 cm，一个短枝上着生多个，初始为绿色，形如桑葚，成熟后变为淡黄色。"雌花"着生于雌株短枝顶端，与叶同时出现，是一种顶端分叉的棒状结构，长约2~5 cm，一个短枝上着生数枚，与叶柄同粗或略细，绿色。由于银杏"花"的特殊结构和形态，长期以来，人们误认为银杏树不开花，或开花不可见，甚至还流传着一些迷信说法。这些错误认识对银杏人工授粉技术的推广应用形成了一定的障碍。

②花粉采集和保存方法有误

生产实践中常出现的问题：一是采集时间不合适，过早采集花粉未成熟，无法用于授粉，过晚则花粉散出无法采集，贻误生产；二是处理方法不正确，花粉不能及时、完全散出，延误授粉时间；三是花粉保存不当而失去活力，如将花粉装入密闭的玻璃瓶或塑料袋中长时间存放，致使花粉因缺氧而失去活力。

③授粉时间把握不准

银杏花期较短，人工授粉有最佳时段，过早或过晚都会影响授粉效果。这是生产上最常见的问题。

④授粉量控制不当

在生产实践中存在的最突出问题是授粉过量。进入盛产期的银杏树开花量很大,授粉过量会导致结果过多,致使树体营养消耗过大而衰弱,造成明显的大小年,并且种实小、品质差,严重的还会导致树枝断损甚至整株死亡。近年来,由于授粉过量导致死树的现象在各银杏产区都有发生,影响十分严重。

⑤授粉方法选择欠妥

银杏人工授粉有多种方法,生产上应根据具体情况灵活选用。如果选用方法不当,往往会事倍功半,难以获得理想的效果。

银杏肉脯产品质量评价

对由最佳品质改良剂配方和最佳工艺加工制成的银杏肉脯进行产品的感官评价、理化指标测定和微生物指标测定,来综合评价银杏肉脯的质量。

①感官评价:色泽均匀,呈棕红色,无焦斑痕迹,油润有光泽,厚薄一致,呈半透明体,干湿一致,略有弹性,表面平整,烤肉香和银杏香味协调,易咀嚼,有干香回味。

②理化指标(见银杏肉脯的理化指标)。

③微生物指标:菌落总数(cfu/g)≤5 000;大肠菌群(MPN/100 g)≤30;致病菌未检出。

银杏肉脯的理化指标

成分	水分	蛋白	总糖	脂肪	氯化物	黄酮	亚硝酸盐
浓度/含量	16.8%	38.5%	29.9%	7.8%	4.2%	0.68%	3mg/kg

银杏肉脯感官质量评分标准

项目	评分标准	满分
色泽	色泽均匀,呈棕红色,半透明,无焦斑,油润有光泽	3
滋味	烤肉香和银杏香味协调,易咀嚼,有干香回味	4
组织结构	表面平整,厚薄一致,干湿一致,略有弹性,结构紧密	3

银杏肉脯加工操作要点

银杏种核的选择。无霉变、无硬心的银杏种核为原料,采用清水漂洗去除硬心的变质种核。

预煮。将挑选后的银杏种核放入锅中,98~100℃煮沸5~8 min,边煮边搅动,水与银杏的用量为3:1,煮制后银杏种核容易脱壳和去内衣。

脱壳、去内衣、去芯。将预煮后的银杏种核放入冷水中冷却至30℃左右,人工脱去外壳、内衣和芯,用清水漂洗两次。

打浆。用高速组织捣碎机将果仁破碎打浆,料液比为银杏果仁:银杏叶提取液:白砂糖为2:3:2,打浆6 min,提取液为银杏叶采用1:3的水在90℃下浸提4 h后过滤所得。

原料肉验收。对原料冷鲜肉进行感官检验和化验检测,验收合格后贮藏于冷藏库中。

切片。将处理好的自然肉块按自然纹理放入片肉机中,切成片状,厚度为1.5~2.5 mm。

拌料腌制。将银杏浆和其他辅料按一定顺序加入拌料机内,10℃以下正反转拌料20 min,拌料至肉片发黏,倒入容器内,在10℃以下腌制20 min,使各种辅料渗透到肌肉组织中,混合均匀。

摊筛。将肉片摊在刷好油的竹筛上成型,要求表面光滑平整。

脱水干燥。将竹筛放入热风炉中,45~85℃程序升温脱水烘干5 h(每升温8℃干燥1 h),肉脯半成品含水量<30%。

熟制。将半成品放在红外线烘炉的转动铁网上,烘炉的温度设200℃左右,时间3~4 min,操作人员通过控制钢丝网运转速度及加热管使用的多少来控制炉温和肉脯的成熟度,让半成品在炉中经过预热、收缩、出油3个阶段烘烤成熟,成品颜色呈棕红色、有光泽,含水量<20%。

切片。熟制后的肉片用切片机切成6~8 cm的正方形或其他形状的肉脯。

冷却、包装和贮藏。切片后的肉脯在冷却后迅速采用真空包装或充氮气包装,贮存在通风干燥的库房内。

银杏肉脯加工工艺流程

银杏浆的制备:

银杏叶→浸提→过滤→提取液
　　　　　　　　　　　　↓
银杏种核→筛选→预煮→脱壳去皮→去芯→漂洗→打浆→胶体磨→银杏浆。

银杏肉脯的制备:原料肉验收→修整→切片→腌制→拌料(加入银杏浆)→静置→摊筛→脱水干燥→熟制→切片→冷却、包装→贮藏。

银杏肉脯加工技术

采用单因素实验和L9(34)正交实验,以感官为指标,研究了银杏肉脯的加工技术。银杏的最适添加量为6%。最佳的品质改良剂配方为:复合多聚磷酸盐0.3%,卡拉胶0.4%,酪蛋白0.25%。最佳的腌制工艺为:添加着色剂0.3%,复合助色剂0.04%,腌制20 min,搅拌20 min。生产出银杏肉脯的色泽、滋味和组织结构俱佳,银杏黄酮浓度为0.68%,亚硝酸盐残留量≤3 mg/kg,各项指标符合国家标准。

银杏三姊妹

湖北省十堰市西坪村二组,在村前有3株大银杏长在一起,这3株银杏2雌1雄,胸径分别为132、118、104 cm,3株树已形成一个整体,树高25 m。平均联合冠径22 m,被当地人称为"银杏三姊妹"。枝叶葱翠,生长茂盛,树枝各异,部分结果,部分不结果。这种三位一体的连生现象,实属罕见,堪称古树之一奇。

银杏桑盾蚧防治措施

银杏桑盾蚧防治措施

日期	虫态	防治措施
3月初~4月上旬	银杏树萌动,虫体吸食迅速膨大	早春地下施药,萌发前喷石硫合剂
4月上旬~5月中旬	产卵卵期9~15d	喷机油乳剂
5月下旬~6月上旬	孵化期,初孵若虫多分散到2~5年生枝上固着取食,以分权处和阴面较多,6~7d开始分泌绵毛状蜡丝,渐形成介壳	施药最佳时期,5~7d喷药一次,连喷三次。喷药以高浓度杀扑磷及溶蜡型药剂为主兼以触杀药剂配施
6月下旬至7月中旬	第二代繁殖期	同上
8月下旬至9月中旬	第三代繁殖期	扫除落叶焚烧
9月下旬至10月落叶后	交配后,雄虫死亡,雌虫越冬休眠期	用硬毛刷清除枝条上的越冬雌虫,喷洒5%矿物油乳剂或石硫合剂

银杏食疗吸品

国家发明专利和国际PCT专利。

国家专利号(中国):ZL97106146.7

（美国）:09/529.653

（日本）:2000-516551

（韩国）:2000-7003660

国际专利号:PCT/CN98/00209

《银杏食疗与药用》

该书由梁立兴、黄淑英共同编著,成书于2006年,全书16万字,彩色插图8页。书中概述了银杏起源和进化、银杏分布和主产区、银杏形态和生态、银杏化学成分以及银杏的药理和保健作用。该书全面系统阐述了银杏食疗、银杏药用和银杏美容化妆品的制作工艺及产品的医疗保健功能以及银杏的其他经济价值。书末介绍了银杏医疗保健产品的开发现状和发展前景。该书大量取材于日常生活和最新的临床实践,具有较强的实用性、可读性和普及性,可供广大银杏研究者和银杏爱好者、喜欢银杏医疗保健的中老年人、银杏医药保健产品开发的科技人员、生产企业、美食家和临床医务工作者参考。

银杏—食用百合型模式

随着人们生活从温饱型步入营养保健型,具有一定治疗作用的特色蔬菜中的药用蔬菜已悄然兴起,百合具有药用、食用价值,作为重要的特色药用蔬菜已进入人们的餐桌。该模式行间种植食用百合,适宜于银杏中龄以上、林分郁闭度较高的园片。山东省重坊镇徐出口村银杏园为嫁接树,株行距6 m×7 m,平均胸径26.5 cm,平均冠幅8 m×8 m,林下种植食用百合。种植食用百合3年,与同龄同类型的银杏纯林比,银杏树木平均胸径生长量增加2.7%,银杏果产量增加768 kg/hm^2,经济效益提高95.3%。

银杏—食用菌

银杏林郁闭以后,在林下可以栽培耐阴的菌类,如在秋、冬、春3季可培植平菇,夏季种植草菇等。

银杏—食用菌经营模式

银杏林郁闭以后,在林下可以栽培耐阴的菌类,如在秋、冬、春3季可培植平菇,夏季种植草菇等。

银杏事业

是我国国民经济建设的重要组成部分,包括银杏种植和产品加工两大部分。主要任务是有计划地扩大银杏种植面积和栽植数量,增加银杏资源;科学地管理好、经营好、保护好、发展好现有的银杏古树、银杏园(林)、银杏单株,并进行积极的和合理的开发利用,全面提升我国的银杏资源,以满足工农业生产、人民生活和出口创汇的需要,同时充分发挥银杏的经济效益、社会效益、生产效益和文化内涵,为发展生产力和提高人民生活水平而服务。银杏事业是林业、农业、果树业的重要组成部分,也是国民经济建设的重要内容。

银杏(手擀、机制)面条

主料:小麦特一粉 100 kg,银杏叶提取物 0.16 kg(每 50 g 面条中含银杏黄酮苷 19.2 mg,银杏萜内酯 4.8 mg)。

配料:加典精制盐 2 kg,自来水 31 kg,食用碱少许。

工艺流程:

①银杏手擀面条的工艺流程:银杏叶提取物 + 面粉及其他配料→分别计量→和面→饧面→擀面→切条(→烘干→称量→包装)。

②银杏机制面条的工艺流程:银杏叶提取物、面粉及其他配料→分别计量→和面→饧面→压面→切条(→烘干→称量→包装。)

保健功能:银杏保健面条配料合理,有效成分高,易于吸收。能显著改善心、脑血管血液循环,扩张冠状动脉血管,扩张脑血管抑制血小板凝聚,防止血栓形成,清除自由基。防治心、脑血管疾病发生,对阿尔茨海默病亦有一定疗效,是中老年人理想的延年益寿保健佳品。

银杏—蔬菜型模式

银杏行间种植的作物为蔬菜,适宜于银杏幼龄阶段,以满足蔬菜对光照的需要。所种蔬菜生长周期短,提高了土地的复种指数,可每年三种三收或四种四收,经济效益高;同时,种植蔬菜管理措施大,可为银杏生长提供更充足的水肥条件,促进了银杏生长。山东省重坊镇孙出口村 1997 年用径基 3 cm 实生银杏苗,按株行距 2 m×8 m 栽植;定植 1 年后,对银杏树每隔 2 株选 1 株劈头嫁接(干高 2.2 m 左右);行间种植蔬菜;2005 年,实生银杏树平均胸径达 13.2 cm,作为绿化大苗全部销售。目前,嫁接银杏树平均胸径 14.6 cm,株产银杏果 5.3 kg;间种的蔬菜一年三种三收或四种四收,10 年来平均年收益 4.2 万元/hm²。

银杏树根的医疗功效

银杏树根疗病首载于《重庆草药》一书,曰:"益气补虚弱,治白带、遗精、并配合用于其他虚弱劳伤等症。"

①淋病。银杏根 15～30 g,煎汤或炖肉服用。但寒盛未解者勿用。

②遗精。银杏根 60 g,何首乌(鲜)60 g,左转藤 60 g,糯米 250 g。盛猪小肚内,加冰糖,炖服。

③泌尿系统结石。银杏根 20 g,用等量冰糖煎服,每周 4～5 剂。并发尿道感染者,同时用八正散加白花蛇舌草,并按医嘱配合饮水和运动。

④尿结石。鸭脚(银杏)通冲剂,本品每包重 10 g(含生药 60 g),一日 2 次,用 150～200 mL 开水送服。

银杏树奶

在银杏树粗大侧枝近基部处,常生有下垂的钟乳状枝,俗称"树奶"。树奶发生的原因和作用目前尚不十分清楚,一般认为其发生与空气湿度和水分有关。李正理曾对银杏树奶做过解剖学方面的研究,表明其年轮较正常枝的年轮要窄。

银杏树在实际栽植中存在的问题

①银杏树栽植地点选择不当。银杏树的根部遇到石灰渣、水泥残渣等碱性物,影响银杏成活,或者成活后生长不旺,叶黄,瘦而小,枝条出现干枯现象。

②苗木选择不当。在银杏苗木选择中,有的单位只考虑苗木的高度和粗度,只要苗高、粗一致,栽后整齐好看即可而忽视根系。而销售单位则往往不顾根系的完整与否,只图方便,将根系切断,影响成活率。

③苗木栽植过深。银杏树栽植过深,土层透气差,地温上升慢,影响根系生长,所以长势弱。

④施肥不当。对于栽下的银杏树常年不进行施肥管理,每年仅施入少量的化学肥料,银杏生长缓慢;或者施肥过量,引发肥害,并产生拮抗,导致苗木根部受伤(烧根),上部新梢变黑色,叶子枯死。

⑤不注重浇灌和排水。在干旱少雨时节,没有及时浇灌水,造成土壤缺水,会抑制银杏树生长活动,加速叶片老化,减少新叶长出。在地势低洼地,排水不畅,长期积水,轻则使叶片过早枯黄,缩短银杏观赏期,重则造成根系腐烂,最后全株死亡。

⑥土壤板结。根部土壤板结易伤根,烂根。

⑦"翘根"现象。由于银杏栽种在硬化的马路和广场边,树坑常被水泥地包围,营养面积狭小,土壤通气性差,引起银杏根系在地表生长。

⑧管理粗放。很少修剪,树形难看,观赏效果差。

⑨病虫害防治不及时。出现病虫害时防治不及时,造成病虫害大量蔓延,或因为防治方法不当,造成银杏树死亡。

银杏双黄酮

系黄酮核二分子结合产物,1932 年由日本人古川周二所发现,1941 年中泽浩一从中分离出银杏黄素,后 W. Baker 再分离出异银杏黄素、白果黄素、西阿多黄素,1938 年法人 A. Lobstcin - Guth 还分离出阿曼托黄素,这些成分均具软化和扩张血管的良好作用。

银杏水鱼

主料:宰净水鱼 500 g、猪肚肉 100 g、已加工好的净银杏 250 g、炸蒜头 25 g、红辣椒 5 g、姜片 5 g、湿香菇 20 g、精盐 5 g、胡椒粉 0.1 g、麻油 1 g、绍酒 5 g、生粉 15 g、湿粉 5 g、上汤 400 g、生油 1000 g(耗 100 g)。

做法:①将水鱼切块(每块约重 20 g)。用干生粉和酱油(10 g)拌匀。猪肚肉去皮切成 3 mm 厚片待用。②用中火烧热炒锅,下油烧至五成热,即油温在 150 ℃,放入水鱼块炸约 2 min,倒入漏勺沥去油。将炒锅放回炉上,下姜片、肚肉、香菇和水鱼稍炒几下,烹入绍酒,加上汤、精盐、红辣椒片、味精(2.5 g),烧至微沸,移放慢火焖约 15 min 时加入银杏,拌匀倒入炒锅,加入炸蒜头,加盖焖约 5 min,至水鱼软烂,取掉姜片。待汤浓缩到约剩下 120 g 时,再倒入锅中加入味精(2.5 g)、胡椒粉,用湿粉调稀勾芡,最后淋上麻油和净熟猪油 25 g,上盘即成。

特点:鲜嫩浓香,富有胶质。

银杏、松树性状与特点的比较

银杏、松树性状与特点的比较

项目	银杏	松树
性状	落叶乔木。叶扇形,奇特而古雅。雌雄异株	常绿乔木,稀为灌木。叶针状。花单性,雌雄同株
分布	中国特产。除青海、西藏、海南外,其他省区均有栽培分布	世界五大洲均有分布。仅松属北半球就有 80 多种,我国有 20 多种,除马尾松外,分布均较局限
寿命	3 000 年以上,而且雌树能正常结实	1 000 年以上少见
抗性	能适应零下 35℃气候及多种土壤。抗风、抗病虫、抗辐射、抗烟尘及抗火灾能力强	大多数松树较抗旱,喜酸性土,忌盐碱。易遭松毛虫、松干蚧、松材线虫危害。因含松脂,抗火灾能力弱
繁殖	可实行播种、插枝、插叶、分蘖、嫁接繁殖及树体更新	大多数松树容易飞子成林,以天然更新及播种育苗为主,无萌芽更新能力
经济价值	果、叶、花粉、木材均有较高的经济价值。还有防护功能,观赏价值极高	以利用木材、花粉及采割松脂为主。还可培养茯苓及做薪炭材。绿化观赏价值较高

银杏酥泥

主料:银杏仁 150 g。

配料:芝麻 10 g,核桃仁 5 g,白糖 120 g,猪油 125 g。

制法:银杏仁入水煮,脱去内种皮,捞出入碗中,加水,上笼屉蒸至烂,取出滤干水,捣成泥状。将芝麻炒香,研细;热锅烧红后,离火口,揩干净,再置火上,放入猪油,待油沸时,即倒入银杏泥翻炒,至水分将尽,放入白糖搅匀,再放入猪油、芝麻、白糖、核桃仁,混为一体即可。

特点:香甜爽口,回味无穷,且有治疗脾虚久泻、大便燥结之特效。

银杏酸的含量测定

大多用 HPLC,UV 检测法。此方法关键在于标准品的提供。银杏中烷基酚类共有 8 种,有的实验室主要分析银杏酸。目前,有较大影响的有关银杏制剂质量的资料均未提及银杏酸的含量测定方法及合理限量标准,因而与银杏酸有关的合理质量标准有待讨论确定。

银杏笋倒栽

银杏笋,是着生于银杏树干或根部的一种瘤体,状若钟乳石的"石笋"。长在枝干上端的叫"天笋",生于根部者谓之"地笋"。天笋较为珍贵,地笋怪异有趣,均不可多得。有趣的是,地笋是倒栽成活的。栽植时将笋根向天而立,本末倒置。尔后,从本应生根的地方长出枝叶,入土的茎上长出新根。邮电部 1981 年发行的第一套"中国盆景邮票"中,有一枚银杏盆景的邮票。银杏盆景远看如孤峰穿云透雾,近看则春意浓郁,耐人寻味,是一件不可多得的艺术佳品。银杏笋是以扦插法栽植的。待银杏休眠至萌动前,将从母体上锯下的银杏笋的伤口削平,涂蜡,以防伤口渍水腐烂。插入疏松、排水良好的壤土中 1/3 深度。然后浇水一次,精心管理,3 年后可移植上盆造型。制作时,不宜过多地配以山石。一般以笋代石,如有不够理想的地方,可点缀少许假山。枝也不必多留。过多的枝叶则湮没了银杏笋的奇妙之处。配置银杏笋桩景时注意疏密、高低、远近等关系的变化,使其显得更古朴典雅,妙趣横生。

银杏肽的抗氧化性

采用 Alcalase 碱性蛋白酶水解银杏果蛋白,对水解产物进行超滤获得小分子量的银杏肽。通过质谱法确定了银杏肽分子量范围。银杏肽在邻苯三酚、亚油酸、Fenton 3 种检测系统均可表现不同程度的抗氧化能力。浓度为 20 mg/mL 时,对邻苯三酚自氧化抑制率可达到 80%,有明显的清除超氧阴离子的作用;浓度为 2 mg/mL 时,对羟基自由基的清除作用达到 48.63%,有较强的清除羟基自由基的作用;浓度为 10 mg/mL,具有一定的抑制脂质过氧化的作用,可以作为一种广泛的抗氧化剂。

银杏肽对弧油酸氧化的影响

配制浓度 100、120、150、180、200 mg/mL 的银杏肽溶液 0.5 mL,加入 1.0 mL PBS(pH 值 7.0),加入 1.0 mL 50 mmol/L 的亚油酸乙醇溶液(95%),混匀。放置于紫外线下照射加快氧化速度。向 50 μmL/L 的反应液中加入 2.35 mL 75% 的乙醇,50 μL 30% 的硫氰酸铵和 50 μL 20 mmol/L 的二氯化铁溶液(用 3.5% HCl 配制)。混匀 3 min 后,在 500 nm 下测定其光吸收值。照射的时间长短代表了相对的抗氧化活性。

银杏肽对邻苯三酚自氧化的抑制

在 4.5 mL Tris-HCl-EDTA 缓冲液(pH 值 8.2)中,加入 0.5 mL 20 mg/mL 的银杏肽,45 mmol/L 邻苯三酚,10 μL。混匀后在 25℃ 条件下保温 5 min,每隔 30 s 测定 320 nm 处的光密度值。同时以水代替银杏肽做空白对照试验。银杏肽对邻苯三酚自氧化抑制率用下式计算:

$$I = (\triangle A - \triangle A_0)/\triangle A_0 \times 100\%$$

式中:I 为抑制率;$\triangle A_0$ 和 $\triangle A$ 分别为加入和未加入银杏肽后邻苯三酚的自氧化速率,即每分钟光密度值的变化。

银杏肽对羟自由基的清除

在一系列比色管中分别加入 1.4 mL 罗丹明 B 溶液,1.0 mL Fe^{2+} 溶液,1.0 mL H_2O_2 溶液,2.0 mL Tris-HCl 溶液,用二次蒸馏水稀释到 10 mL 后摇匀,放置 5 min,在波长 550 nm 处测定光吸收值。在上述体系中,加入一定量的银杏肽后,测定体系光吸收值 As;未加银杏肽的体系光吸收值 $A0$;未加 Fenton 试剂及银杏肽的体系光吸收值 A,则清除率 D 按以下公式计算。

$$D = (As - A0)/(A - A_0) \times 100\%$$

银杏肽分子量分布的确定

将银杏肽干燥粉末 100 mg 溶于 1 mL 水中,上 SephadexG-15 柱(16×1 000 mm,洗脱液流速为 1.0 mL/min,检测波长为 220 nm)。根据洗脱图谱,收集洗脱组分,采用质谱法测定样品的分子量范围。

银杏肽葡萄糖凝胶 G-15 柱层析洗脱图谱

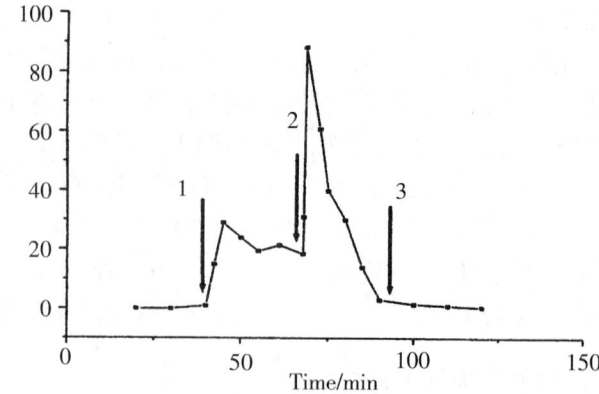

银杏肽葡萄糖凝胶 G-15 柱层析洗脱图谱

银杏肽质谱图

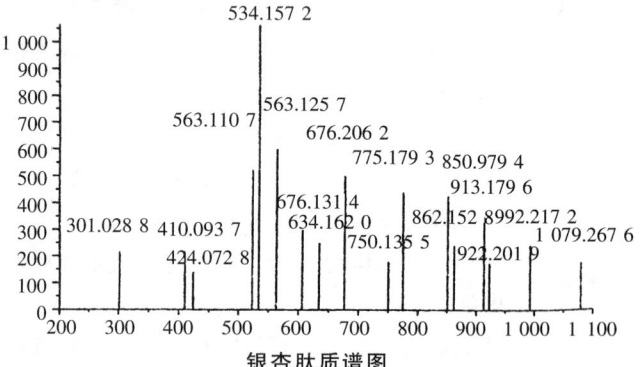

银杏肽质谱图

银杏碳酸饮料

主料:银杏叶提取物 2 g,异构糖(含果糖约 30%)500 g,蔗糖 50 g。

配料:蒸馏水 10 L,香精适量。

工艺流程如下。

将异构糖和蔗糖溶解在蒸馏水中→加入银杏叶提取物→加入香精→装瓶→充气→成品

保健功能:饮用结果表明,饮用上述保健饮料后,使血流障碍引起的长年耳鸣患者的症状得到了减轻,使末梢血管血行不畅引起的手脚疼痛、麻木和冰冷感得到缓解。

银杏汤圆

主料:银杏 25 g。

配料:蜂蜜 15 g,白糖 150 g,黑芝麻 30 g,鸡油 30 g,面粉 15 g,糯米粉 500 g。

制法:银杏烘脆、研粉,鸡油熬熟,面粉炒黄,黑芝麻炒香捣烂。将蜂蜜、白糖、黑芝麻、银杏粉、鸡油和炒面揉成馅子。糯米粉和匀,分成小团,包上馅子,做成汤圆。锅内放水,烧开,汤圆下锅,文火煮至汤圆上浮在水面上 3~5 min 即成。

特点:软糯清香,爽口不腻。

银杏添加量对银杏肉脯品质的影响

银杏添加量对银杏肉脯品质的影响

添加量(%)	色泽	滋味	组织结构	评分
0	棕红色,半透明,表面油润光滑	烤肉风味浓,耐咀嚼,有回味	弹性紧密	9.72
2	棕红色,半透明,表面油润光滑	烤肉风味,耐咀嚼	弹性紧密	9.25
4	棕红色,半透明,表面油润光滑	烤肉风味,微有银杏味,耐咀嚼	弹性紧密	8.87
6	棕红色,半透明,表面油润光滑	烤肉香和银杏香协调,易咀嚼	弹性紧密	9.90
8	浅棕红色,不透明,表面干燥	银杏味浓,较粗糙	松散易碎	7.85

银杏田鸡腿

原料:人工养殖青蛙(田鸡)750 g,净银杏仁110 g,红番茄两片,生姜片10 g,高级奶汤、川盐、味精各适量。

制作:①银杏仁加入适量高级奶汤,上笼蒸至软,待用。

②田鸡去皮,切下田鸡腿,剁去脚尖,将田鸡腿放入沸水锅中焯水后,捞起洗净,沥干水待用。

③取净砂锅置中火上,加入高级奶汤,放蒸好的银杏和汁烧沸后,下川盐、田鸡、生姜片煮至熟而入味时,端锅,放上味精、番茄片,上桌即成。

效用:将银杏配上具有清热解毒、补虚、利水消肿之功效的田鸡合用,含有丰富的人体必需氨基酸、高蛋白、低脂肪、锌、硒等抗癌营养物质。食之可补肺清热,解毒消肿,补虚利水。

银杏萜内酯提取工艺流程

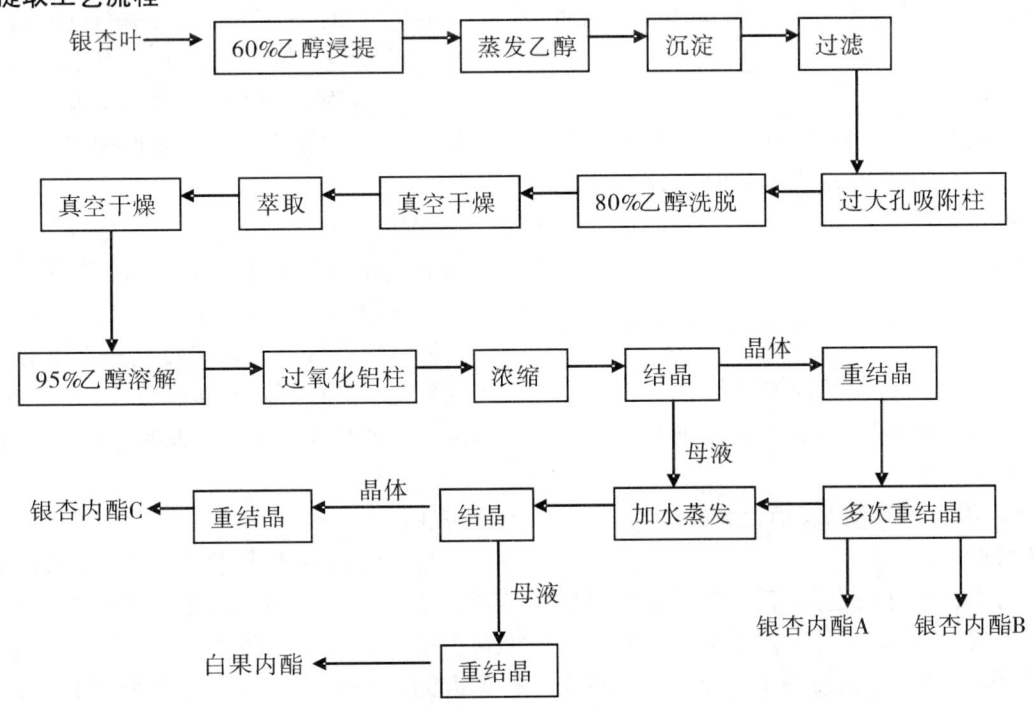

提取银杏萜内酯工艺流程

银杏文化学

系指银杏文化在科学领域中已形成完整的系统的理论和实践,并且在银杏文化领域中具有新的创新和发明。重要的理论观点能长期或暂时地被大多数人采纳和接受。在学术研究领域中已达到广泛深入的程度,已具备完整的体系。

《银杏文献题录总汇》(中、英、俄、日)

《银杏文献题录总汇》(中、英、俄、日)由中国林学会会员、国际银杏协会(IGFFS)会员、中国林学会银杏分会创始人梁立兴编辑,有中、英、俄、日四部分。作者将十余年来收集到的国内外银杏文献(其中,中文612篇、英文178篇、俄文7篇、日文41篇),以题录格式编辑成册。该书是我国广大银杏研究者和银杏爱好者全面检索银杏文献的重要工具书。书后附有记述银杏古农书的书目。

银杏文学

银杏的挺拔、华贵、美丽和长寿,让古往今来许多文人墨客赞叹不已。据初步统计,历代吟咏银杏的诗词有 200 余首。宋代是我国历史上银杏发展的鼎盛时期,文学家欧阳修、诗人梅尧臣、大文豪苏东坡、词人李清照都曾写下赞颂银杏的不朽诗词。郭沫若先生 20 世纪 60 年代游览泰山,见到两株千年古银杏,即兴赋诗:"亭亭最是公孙树,挺立乾坤亿万年,云来云去随落拓,当头几见月中天。"德国著名诗人歌德看到栽于魏玛图书馆门前的从中国引种的银杏,诗兴大发,留下了《二裂叶银杏》的名篇。原山东省人大常委会副主任、著名诗人苗枫林曾写道:"古为皇家御苑木,今称百姓摇钱树。珍馐佳品进千家,新药理心奇效物。"《咏银杏》云:"经世直且挺,荣衰任人评。昂首云天外,植根沃土中。无花亦无悔,有叶即有灵。素性爱树木,平仲独钟情。"

银杏喜光时期

幼年阶段度过耐阴时期后的又一个发育时期。幼树进入此时期后,忍受遮阴的能力下降,对光照的需要日益增强,应及时除掉上方的遮阴,否则,幼树将生长衰弱,甚至死亡。

银杏香枕

原材料条件:以银杏叶为主,辅以名贵中药材做配置物,另加填充料(四孔螺旋纤维),应用缓释技术的清香型或果香型香枕。

工艺流程如下。

药袋→配料→装袋 ⎫
　　　　　　　　⎬ 枕芯制作→封口→枕套→包装→成品
纤维开松→装入 ⎭

本工艺由湖北中医药大学同安陆银杏保健公司共同研制开发,产品属当时国内独具特色的最新高科技产品、专利产品。

1997 年荣获湖北工业精品展销会金奖。

银杏新梢生长规律

银杏新梢有春梢和夏梢之分,春梢生长从 3 月中旬至 5 月上旬,夏梢生长从 5 月下旬至 7 月上旬。春梢一般由顶芽、侧 1、侧 2 等萌发抽生而成。夏梢有两种情况,一种是由春梢形成的顶芽萌发抽生而成,另一种是由顶生短枝顶芽及侧 1、侧 2 短枝顶芽萌发抽生而成。银杏新梢的生长存在 4 种形式。一种是既抽春梢又抽夏梢,占 25%;第二种是只抽春梢,占 37.5%;第三种是只抽夏梢,占 12.5%;第四种是既不抽春梢又不抽夏梢,占 25%。第一种情况大多为营养生长旺盛或者是其母树年龄较小的树,第二种和第三种情况多数为营养生长中等或者其母树年龄中等的树,第四种情况多为营养生长较差或其母树年龄较大的树。

银杏行道树的十大优点

①树冠大。银杏树干笔直,树姿开张,树冠高大,遮阴范围大。

②抗风。银杏根系发达,固土性和抗风力强。浙江省杭州市 1956 年和 1986 年两次受台风袭击,行道树大批倒伏,银杏却安然无恙。因此,有台风或大风为害地区,首选行道树种应该是银杏。

③抗烟尘。山东省沂源县中村古庙有一株大银杏树,其树冠一侧覆盖于伙房烟囱之上,每日烟熏,将树叶表面全部熏黑,叶片组织仍然鲜活。

④抗辐射。1945 年,美国在日本广岛投下原子弹后,几乎所有生物绝灭,唯独银杏恢复了生机。

⑤抗毒气。许多试验证明,银杏树能抗二氧化硫(SO_2)、氯气(Cl_2)和氨气(NH_3)。

⑥抗病虫。银杏在所有的树种中,病虫害最轻。

⑦耐火烧。20 世纪 70 年代,浙江省德清县莫干山有株古银杏,树干中部着火后烧了一天一夜,到第二年又发了芽,成了远近闻名的"烧不死的神树"。

⑧叶形美。叶似打开的折扇,叶脉有分歧,叶色正反面差异不大,绿化、美化、观赏价值大。

⑨寿命长。长达数千年。

⑩适应性强。银杏树对气候土壤的适应能力强。无论壤土、砂土或黏土都能栽;对土壤酸碱度的适应范围广(pH 值 4.5~8.5 都能适应,最适 pH 值 6.5~7.5)。

银杏性别

银杏的雄株和雌株在形态和光合能力上有区别。银杏雄株的单叶面积、单叶重量和 Pn 都显著高于雌株,比叶重两者差别不大。一般来说,比叶重大的叶片厚度大,栅栏组织层数多,保护组织发达,气孔密度大,光饱和点高,光补偿点也高,光合能力强。银杏的雄株和雌株的比叶重基本相同,但雄株的 Pn 显著高于雌株。在晴天,雄株全天的平均 Pn 为 9.7 $\mu mL \cdot m^{-2} \cdot s^{-1}$,高于雌株的 8.4 $\mu mL \cdot m^{-2} \cdot s^{-1}$;在阴天,雄株全天的平均 Pn 为 8.0 $\mu mL \cdot m^{-2} \cdot s^{-1}$,也高于雌株的 6.6 $\mu mL \cdot m^{-2} \cdot s^{-1}$。

银杏雄株叶特征变异

银杏雄株叶特征变异

优树	采集地点	树龄(年)	胸围(cm)	树高(m)	枝下高(m)	一年生枝条上			
						短枝数	枝条长(cm)	单叶面积(cm^2)	叶干重(g)
Y_1	燕头镇	—	400	25	2	24	50	20.35	2.196
D_2	燕头镇	—	60	5	1.6	8	22	16.47	1.293
B_3	燕头镇	30	101	9	2.3	7	20	12.905	1.415
G_4	根思乡政府	—	99.2	8	2	6	18	20.76	1.869
G_5	根思乡中心小学	—	140.2	15	3	8	29	15.37	1.338
F_6	胡庄乡和丰村	60~70	188	19	2.1	7	20	12	0.865
S_7	胡庄乡和丰村史伯年	30	139.5	9	2.2	6	13	17.32	2.217
S_8	胡庄乡和史伯年	50	119	9	1.5	8	23	8.94	1.038
F_9	胡庄乡史纪国	55	175	16	1.8	5	17	11.11	0.896
F_{10}	胡庄乡乡政府	30	91	8	2.9	5	18	21.52	1.879
F_{11}	胡庄乡乡政府	30	38	4	1.41	5	16	15.43	1.506
Z_{12}	黄桥镇朱庄	36	150	18	3.5	16	45	20.48	1.754
H_{13}	黄桥镇朱庄	36	135	16	2.9	7	19	16.07	1.014
S_{14}	黄桥镇三柳桥	30	123	15	2.3	8	16	14.31	1.045
T_{15}	泰兴公园	600	63	13.5	1.0	7	23	27.25	2.497
S_{14}	燕头镇向阳村	50	60	12	1.0	8	22	12.51	1.360
C_{17}	燕头镇七里林场	—	42	4	0.6	7	23	20.77	1.511
C_{18}	燕头镇七里林场	—	86.8	8	1.3	6	16	23.15	2.165

银杏雄株遗传多样性的 ISSR 分析

利用 ISSR 分析技术对 20 多个省市的 97 株百年以上的银杏雄株进行遗传多样性分析,选用的 13 个引物共扩增出 114 条 DNA 条带,其中,多态性 DNA 条带 83 条,占 72.8%;83 条多态位点的平均有效等位基因数、平均基因多样度、平均 Shannon 信息指数分别为 1.811 7、0.437 4、0.625 3;分析指标认为,银杏雄株有较高的遗传多样性。

银杏谚语

银杏谚语,是农林谚语的组成部分,是我国果农长期从事银杏生产的经验总结,也是我国农林业科学的宝贵财富。随着银杏生产的不断发展,历代果农在生产劳动中,不断地创造、加工和积累,才形成广泛流传内容丰富的银杏谚语,因此,银杏谚语是源远流长的珍贵历史遗产。由于它来自民间,来自生产实践,因此语言精练、生动形象,节奏鲜明,自然和谐,比喻巧妙,活泼有趣,押韵顺口,易懂易记,深受广大果农喜爱。这些银杏谚语的流传、推广和应用,对于普及银杏生产科学技术,具有一定的指导意义和现实意义。

银杏羊羹

羹是糊状或冻状食品的意思。羊羹是我国古代的美味食品,那时的主料是羊肉,后来随着佛教禅宗文化传到日本。日本人改变了用料,以小麦、豆粉制成块,也取名为羊羹。银杏羊羹凝固后犹如水晶,以银杏、赤豆、白砂糖为主料制作而成。口感细腻,入口先甜,接着一股浓郁的豆沙、银杏香气扑鼻而来,很受儿童喜爱。老年人吃银杏羊羹对身体也大有裨益。银杏、赤豆均为滋补保健品,具有消毒祛痛、补肾利尿、清胃润肠、止咳祛痰之功效。

银杏羊羹生产工艺

主料:银杏,赤豆。

配料:琼脂,砂糖。

设备:轧壳机,研磨机,离心机,夹层锅。

工艺流程如下。

赤豆→清洗浸选→煮制研磨→脱皮洗沙→离心甩干→豆沙

银杏种仁→预煮→混合→熬羹→洗羹→封口包装→成品

琼脂→清洗浸泡→化解→琼脂、糖混合液

糊精、砂糖

保健功能:银杏羊羹营养丰富,风味俱佳,软而不粘牙齿。银杏、赤豆均为滋补保健品,具有消毒祛痛、补肾利尿、清胃润肠、止咳祛痰之功效,为老幼皆宜保健食品。

银杏叶 ZX-4 型配位吸附树脂提取法

大孔树脂吸附法因能耗低、设备简单,是目前大多数生产厂家所采用的银杏黄酮纯化方法。然而普通的吸附树脂选择性较差,产品纯度不高。ZX-4 型配位吸附树脂在非水体系中对银杏提取物中黄酮类成分进行吸附分离,发现 ZX-4 型配位吸附树脂对银杏总黄酮类成分吸附选择性高,解吸容易,以 5% HAc 乙醇溶液作为洗脱剂,银杏黄酮纯度由 11.86% 提高至 53.2%,起到了纯化精制的目的。

银杏叶保健饮料

工艺流程如下。

粉碎→煮汁→沉淀→去渣→加入蜂蜜→加入柠檬酸→加入保藏剂→灌装→杀菌→冷却→成品

银杏叶保健饮料除含有一定数量的有效成分总黄酮外,还含有多种氨基酸、维生素和无机离子等成分,是属于调节机体和营养性的抗衰老饮料。该饮料每 10 mL 含有银杏叶 0.5~1.0 g 的提取液,每日可取该饮料 20~30 mL 或稀释饮用。银杏叶保健饮料置 5℃ 冰箱或生化培养箱保存 3 个月,经贮藏试验检查,菌落数无变化,检验结果均符合卫生指标,而且口味纯正质量无变化。

银杏叶不能当茶

银杏叶可以入药,于是便有人大量采摘银杏叶泡煮后当茶服用。其实,银杏叶的有效成分必须经过提纯后才可获得,泡煮银杏叶用来治病效果较差。

如果需要服用银杏叶,就应该按照医生建议,服用一些银杏叶制剂,效果好而且副作用比较轻。但银杏叶本身具有溶血作用,如果长期大量服用,或同时服用抗凝血药物,就有可能出现内出血、阵发性痉挛、神经麻痹、过敏或其他副作用。

自己采集银杏叶当茶饮用时,需要注意,银杏叶也是药,不是补品,应该在征得医生同意、身体状况适合的条件下才可服用;即使要泡茶喝,一般以 5~6 g 为宜,煎服或沸水冲泡服用,但不宜长期连续服用;有过敏史的人尤其要慎用。另外,银杏叶性偏凉,虚寒性心脏病人和高血脂病人不宜服用。

银杏叶采收时间

根据目前国内外学者们的研究测定,银杏叶黄酮类和萜内酯含量的最高时期均不一致,全年 5—10 月均为含量较高时期。总的原则是,只要叶片成形后即可采收,5 月中旬以后即可在树体下层采收第一批鲜叶,但采叶部位不得超过全树高的 1/5,以后每隔 1 个月再采第二个 1/5,依此类推,直至 10 月初采完,这样对树体生长不会发生影响,同时也保证了银杏叶的质量。

银杏叶超临界流体萃取法

超临界流体萃取法在食品、医药、化工方面都有一定的应用,由于其分离效果好、速度快、操作简便、纯度高、无毒,因此被誉为绿色提取方法。能成为超临界流体的物质很多,但在轻工、食品、生化工业中通常使用 CO_2。超临界 CO_2 液体进料萃取银杏叶黄酮,在较低的压力条件下,基本实现了银杏黄酮与鞣质、原花色素等大分子物质以及脂类小分子物质的分离。萃取压力、萃取温度、萃取时间、CO_2 流量对黄酮提取率和纯度都有影响,最佳工艺条件为压力 30 MPa、温度 30℃、时间 40 min、CO_2 流量 24 L/h,在上述条件下,银杏黄酮类物质提取率为 3.27%,纯度为 64.7%。

银杏叶超声波提取法

该法的提取原理是超声空化,是指存在于液体中的微气核,在超声的作用下,震动、生长和崩溃、闭和的过程。超声空化可以看成是聚集声能的方式。当气核聚集足够的能量崩溃闭和时,产生局部的高温高压,从而导致声冲流和冲击波的产生。声冲流和冲击波可引起体系的湍动,使边界层减薄,增大传质速度。银杏叶经超声处理后,细胞膜已经破碎,同时加速了叶粒的运动,促进了有效成分的溶出,因此超声波提取黄酮具有明显的优越性。最佳的超声提取工艺条件:超声频率 40 kHz,超声处理时间 55 min,温度 35℃,静置 3 h,提取率为 81.9%。

银杏叶大孔树脂提取法

大孔树脂是 20 世纪 70 年代末发展起来的一类有较好吸附性能的有机高聚物吸附剂,它是以苯乙烯和丙烯酸酯为单体,加入二乙烯苯为交联剂,甲苯、二甲苯为致孔剂,相互交联聚合形成的多孔骨架结构,具有良好的大孔网状结构和较大的比表面积,可以通过物理吸附从水溶液中有选择地吸附有机物。树脂吸附是依靠它和被吸附分子(吸附质)之间的范德瓦耳斯力,通过巨大的比表面进行物理吸附,使有机化合物根据吸附力及其分子量大小的不同,经特定溶剂洗脱,达到分离、纯化、除杂、浓缩等不同目的。近年来,大孔树脂吸附技术在环保、食品、医药领域得到了广泛的应用,特别在中草药化学成分的分离、富集和纯化越来越受到人们的关注。用静态吸附法测定 HD22 型、HD28 型、D315 型、D201 型 4 种吸附树脂对银杏叶浸出液中黄酮类化合物的吸附量,结果表明 D201 型树脂对黄酮类化合物具有较好的吸附性能。在最佳提取工艺组合(温度 90℃、溶剂比 20∶1、提取 4 次、每次 1 h)条件下,以 20% 乙醇水溶液进行动态洗脱,分离效能总指标(K)为 0.278,总黄酮浓度达 71% 以上。

通过静态吸附、静态解吸及吸附动力学研究,对比分析了 AB-8、DM-130、S-8 等 3 种大孔吸附树脂对银杏总黄酮的分离纯化效果。结果发现，弱极性树脂 AB-8 和 DM-130 易吸附（吸附率分别为 87.72% 和 86.29%）、易解吸（解吸率分别为 97.52% 和 92.20%），是性能良好的总黄酮吸附剂；而极性树脂 S-8 吸附量虽大（吸附率为 93.45%），但解吸率太低（解吸率为 30.71%），不适用于黄酮类化合物的富集分离。吴梅林（2005）通过对大孔吸附树脂对银杏黄酮的吸附与洗脱进行研究，结果发现，在 AB-8、S-8、X-5 三种树脂中，AB-8 对银杏黄酮具有较好的纯化效果，其静态饱和吸附量为 24.35 mg/g，70% 乙醇溶液为最佳洗脱溶剂，流速在 1.0 mL/min 洗脱效果较好，所得银杏叶提取物中黄酮浓度达 24%。

银杏叶的采叶方法

在国外，使用专门的机械采收银杏树叶，它是由德国人设计制造成的。目前，我们可采用不带叶柄的人工采摘法。9:00 后，当露水已蒸发掉，可用人工采摘下来，装入篓筐中或麻袋、尼龙编织袋中，运至银杏制茶厂，但在麻袋或尼龙编织袋内的盛装时间不得超过 8 h，否则，叶片生热，变得暗黄，失去制茶价值。

银杏叶的存放和贮藏

银杏叶采收后，应及时清除掉夹在叶子里面的树枝、杂草、泥土、石块及霉烂叶，并摊放在水泥地面上，以防生热发霉。摊放厚度不得超过 5 cm，每天翻动 2~3 次。通常是当天采的叶子当天制完茶，这样能保证制茶质量。

如果银杏茶园面积大，年产叶量多，夏季制茶叶子用不完，则可进行干叶贮藏。每年 9 月底至 10 月初，将叶子一次采光，在水泥地面上晾晒 3~4 d，每天要翻动 3~4 次，使叶片含水量达到 10% 的气干状态，其感观标准是将叶片握在手中不焦碎，又比较柔软。保持叶片干燥、鲜绿。如有条件，则可用大型烘干机或回笼火墙烘干，叶片鲜绿，银杏茶的质量会更佳。银杏叶晒干后，可用打捆机打成 40 kg/捆，然后运至库房贮藏。一般是每 2.5~3.0 kg，鲜叶晒 1 kg 干叶。

银杏叶分子烙印技术提取法

用非共价法，在极性溶剂中，以丙烯酰胺做功能单体，以强极性化合物槲皮素为模板，制备了分子烙印聚合物（MIP）。液相色谱试验表明，MIP 对槲皮素具有特异的亲和性，将该 MIP 直接用于分离银杏叶提取物水解液，可得到主要含模板槲皮素及与槲皮素结构相似化合物山萘酚 2 种黄酮组分。

银杏叶粉

银杏叶经清洗、磨碎、离心、干燥、包装等步骤，可制成银杏叶粉。银杏叶粉可作为一些食品和饮料，如咖啡、口香糖、快餐面和巧克力糖等的添加剂，也可以被进一步加工制成银杏叶超细粉，作为抗氧化剂使用。银杏叶粉具有银杏特有的清香味和苦味，同时含有较丰富的黄酮类化合物，保健价值高。

银杏叶粉的制取

工艺流程：原料处理→磨碎成粉→离心甩干→干燥粉碎→成品包装

操作要点：

①原料处理：原料的采摘和要求与银杏叶保健饮料相似。新鲜银杏叶需在清水中充分漂洗干净，然后干燥。最好在清洗后浸入沸水中以钝化酶、再冷却后干燥。

②磨碎成粉：将风干的叶片经过粉碎机粉碎，再用钢磨加水磨成浆汁，然后将叶浆引入池中，静置沉淀。

③离心甩干：从池底取出已沉淀的叶粉泥，放入离心甩干机中脱水，取得初步叶碎粉。

④干燥和包装：将已脱水的叶粉在 85℃ 条件下迅速烘干，可在烘房或烘箱中进行，得银杏叶细粉。若细度不够，则可在干燥后粉碎成细粉。干燥的叶粉用食用级塑料袋包装，热封袋口，最好真空封口或充氮包装，再装箱。

成品为墨绿色或褐绿色，有银杏的清香气味，要求达食用级。

银杏叶高速逆流色谱提取法

高速逆流色谱（HSCCC）技术是一种不用任何固定载体的液—液分配色谱技术，不会产生因使用载体而固有的吸附现象，具有不同于一般色谱的分离方式，使其特别适用于制备性分离，尤其是对黄酮类化合物（易被填料吸附的物质）的分离与制备，有明显优势。HSCCC 技术从银杏叶提取物中分离纯化得到了槲皮素、山奈素和异鼠李素 3 种黄酮苷元。采用 70% 乙醇连续循环喷淋逆流 6 级萃取，在乙醇：银杏叶 = 5∶1、总萃取时间 240 min、萃取温度 50~55℃ 条件下，萃取率（以黄酮计）达 99% 以上，物料运行正常，操作简便，生产稳定。

银杏叶海米鸡蛋汤

主料：银杏叶，海米，鸡蛋。

配料：食盐，味精，高汤。

做法：将高汤 800 mL 放入锅中，烧开后，投入洗净、去叶柄、5~6 月份的新鲜银杏叶 50 g，随后加入已泡发好的海米、少许味精和食盐，再加入一枚鸡蛋清。烧开后，倒入海碗即成。

保健功能：味道鲜美。银杏叶鲜绿，微苦，具有降血脂、降血压、舒通心脑血管保健之功效。

银杏叶后交联均孔树脂提取法

在 Davankov 后交联方法的基础上，改变后交联剂的分子结构，使后交联反应过程中发生再次交联，合成了一类孔径小而均匀的新型孔结构吸附树脂。该树脂比表面积大、吸附容量大,具备小尺寸精确筛分的能力,可将模拟样品中分子尺寸不同的苯酚与槲皮素分离,苯酚去除率达到97.6%,而槲皮素基本不损失。将其用于银杏叶提取物的纯化,去除其中小分子杂质,可使得银杏黄酮的纯度由25.2%提高到50.8%。

银杏叶黄酮

(1)工艺流程。

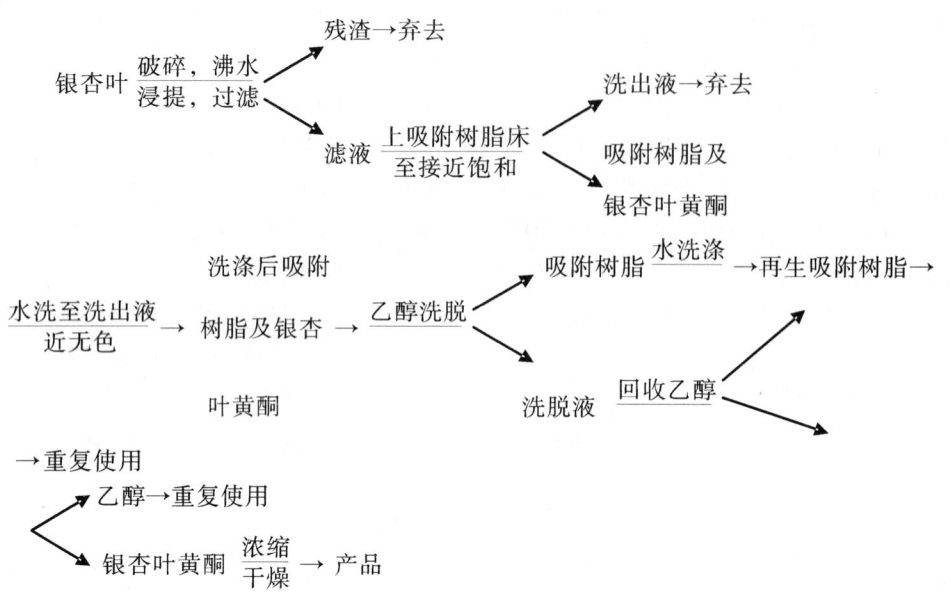

(2)注意事项。

①切碎前须除去银杏叶中的杂物和泥沙。

②要适当切碎,过细过滤困难,过粗则有效成分难以提取。

③沸水提取3次,根据原料的干湿度,首次加水为原料重的6~10倍,第二、三次为原料重的5~6倍。每次微煮沸2~3 h,间歇搅拌。

④浸提液先粗滤,经冷却、静置,再用虹吸法导出上清液进行精滤。

⑤树脂采用天津制药厂生产的D^{1010}固定床装置,树脂的吸附量约为2 g/100 mL。

⑥用水要经净化和离子交换处理。

⑦干叶和鲜叶总黄酮含量无显著差异。秋季已成熟的叶黄酮含量为最高,秋季采叶对银杏的生长发育及结果无不良影响。秋季银杏叶含水量已很低,晒干后易贮藏。

银杏叶黄酮苷元

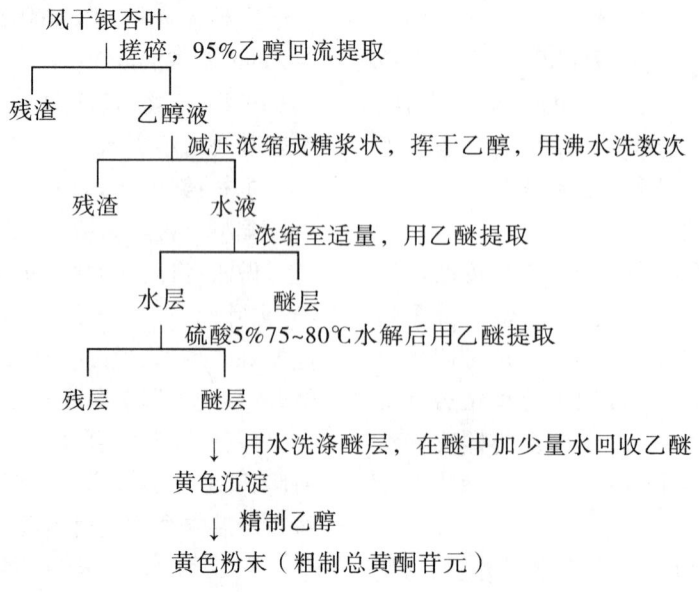

银杏叶机械干燥的工艺流程

鲜叶→去杂→漂洗(80~100℃)→热风干燥→吸风筛选→挑选去杂→质量检验叶含水量<12%→压缩体积→打捆包装运输(每捆180 kg)。

银杏叶精

银杏叶精系纯天然制剂。从具有活化石之称的天然银杏树叶内提取富含多种黄酮、萜类等生物活性物质,国内外研究表明,黄酮具有降血脂和抑制脂质过氧化等作用,经实验表明,服用银杏叶精对血液中总胆固醇(S-TC)、三酰甘油(S-TG)的含量可明显降低,对高密度脂蛋白(HDL-C)可明显增高,具有降低血浆黏度的作用。银杏叶精还具有耐缺氧功能,对机体缺氧状况有明显的改善作用。

银杏叶提取物干浸膏总黄酮苷>24%、银杏内酯>6%。

每10 mL银杏叶精含银杏叶提取物80 mg(内含黄酮>19.2 mg、苦内酯>4.8 mg)。

功能:调节血脂、耐缺氧。

适用人群:高血脂人群及中老年人群。

银杏叶酒

取100 g银杏叶粉,用2 000 L水加热提取1 h,滤出提取液,浓缩干燥,得提取物17.2 g。在15%葡萄糖水溶液中添加1%银杏叶提取物,用NaOH溶液调节pH值为5~7。向此液中接种2%单胞发酵菌,于30℃发酵3 d。发酵后用滤膜(0.45 mm)过滤发酵液。在70%水浴中灭菌10 min,即成酿造酒。银杏叶提取物也可用50%乙醇水溶液在80℃提取1 h获得。在单胞发酵菌培养液中提取物(以固形物计)添加量为0.05%~20%,最好在0.5%~10%。发酵液中的葡萄糖可用蔗糖、果糖等代替。发酵液中葡萄糖的浓度可控制在5%~20%范围内。发酵液中乙醇的生成量与添加的银杏叶提取物的量有关。当银杏叶水提取物添加量为0.5%~10%时,在30%发酵3 d,乙醇的生成量为7.50%~7.93%;当银杏叶的乙醇水溶液提取物添加量为0.5%~10%时,乙醇的生成量为6.50%~7.23%。本工艺发酵速度快,生产率高,所得酿造酒味道、香气俱佳。如果在冷暗处陈化3个月,则酒香更浓。久服此酒,具扩张血管、稳定情绪、改善记忆、消除疲劳的作用。

银杏叶聚酰胺柱层析提取法

通过静态吸附确定聚酰胺的最大吸附量,动态吸附后考察不同浓度乙醇的洗脱曲线及纯度,采用HPLC进行定量分析测定,对聚酰胺层析法分离纯化银杏叶总黄酮进行研究。每克聚酰胺粉平均吸附量为115 mg;70%乙醇洗脱较合适,纯度可达到15.60%。如果配合其他纯化方法,如硅胶柱层析,就将收到更好的效果。

银杏叶枯病

银杏叶枯病是银杏的一种常见病害,无论苗木或大树均可受到危害。山东、江苏、浙江、江西、上海普遍发生,湖北、广西等银杏产区近年来也有少量发生。通常,老栽培区病害比新栽培区为重。感染的银杏树,轻者部分叶片提前枯死脱落;重者叶片全部脱落,树冠光秃,从而导致树势衰弱,高、径生长明显减弱,银杏产量和品质明显下降,给生产造成一定经济损失。

病害初期常见叶片先端变黄,至6月间,黄色部位逐渐变褐而坏死,并由局部扩展到整个叶缘,呈现褐色至红褐色的叶缘病斑。其后,病斑逐渐向叶基部延伸,直至整个叶片变为褐色,灰褐色,枯焦脱落。7—8月份,病斑与健康组织交界部位,一般清晰明显。病斑边缘波状,颜色较深,其外缘还可见狭窄或较宽的鲜黄色线带。从9月份起,病斑显著增大,病斑扩散边缘参差不齐。病斑组织的界限,由明显而逐渐变得模糊不清。此外,9—10月份在苗木或大树干基的萌条上,还可看到叶片上产生若干不规则的褪色斑点,中央为褐色。斑点虽不明显扩大,但常与延伸的叶缘病斑相联结,从而加速了整个叶片的枯死。银杏叶枯病的病原比较复杂。根据朱克恭等(1991)的报道,银杏叶枯病的病原菌有3种,经形态观察、显微计测及培养试验,它们分别是链格孢[*Alternaria alternata*(Fr.)Keissl]、围小丛壳[*Glomerella cingulata*](Stonem.)Spauld et Schrenk和银杏盘多毛孢(*Pestalotia ginkgo* Hori)。由于它们在病害发生中所起的作用不同,因此有主次之分。其中,链格孢属中1种(*Alternaria* sp.)是主要的。子实体黑色毛绒状,在发病期6—10月份及其后的落叶上,均大量出现,多生于病叶背面,散在或群生。分生孢子梗单生至丛生,直立或弯曲,不分枝,有分隔,橄榄褐色,大小为(37~85)μm×4.5 μm×7.5 μm。分生孢子多为2~3个串生,橄榄灰色至橄榄褐色,表面平滑无刺,卵形、椭圆形、纺锤形或棒形,有或无喙状附属丝,有横隔膜2~8个,纵隔膜0~6个,分隔处稍缢缩。孢子大小为(24~42)μm×11 μm~18 μm,喙长7.4~26.0 μm(平均16.8 μm),该菌在PSA培养基上,25~28℃时,生长良好。分生孢子可10余个串生成长链并有分叉。链格孢菌的寄主范围较广,在木本植物中,除危害杨树、侧柏、水杉、扁柏等树种外,还可危害多种苗木。银杏叶枯病是银杏的一大病害。

银杏叶枯病的病原随落叶而越冬。第二年6月份首先在苗木开始发病,7月初在大树上开始发病。随着月份的变化,感病指数有明显的差异。6月份为病害初期,感染指数较小;7月份略有增加;8月份感病指数直线上升,绝对增长值为40;9月份同样较显著,增长值为32;10月份感病指数增长19.5,说明病害逐渐停止发展。由此看出,8—9月份是该病的发病高峰期。根据目前在银杏发病区的观察,树龄越大,发病越迟,感病指数越小;外界环境条件越劣,人为活动频繁,土壤干旱、瘠薄、板结或水淹地,发病越早,感染指数越大;苗木生长过密,圃地通风不良,感病指数大;施追肥比施基肥的圃地感病指数大;春季施肥比冬季施肥感病指数大;雌株比雄株感病指数大;雌株越靠近水杉的感病指数越大。

防治方法如下。

①根据发病规律,首先改善立地条件和栽培技术措施。

②从6月上旬起,每隔20 d喷一次500倍多菌灵,是防治银杏叶枯病较有效的化学防治措施。

根据最近的报道,1990年在江西宜春地区发现银杏叶斑病,严重的全树一片焦黄,叶片大量脱落,有的已濒临死亡。引起银杏叶斑病有下列3种真菌:a. *Glomprella cingulatai*;b. *Phyllosticta ginkgo*;c. *Epicoccum purpuruscens*。引起银杏病害的还有下列5种木腐菌:a. *Polyporus nirsotos*;b. *P. lacteus*;c. *P. tulipiferus*;d. *P. versicolor*;e. *Fomes tmeliac*。此外,银杏还有绢丝病等。上述病害目前均缺乏全面的观察和详细的研究。

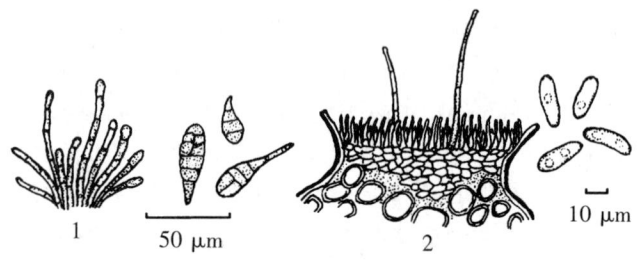

银杏叶枯病菌
1.链格孢的孢子梗积分生孢子
2.围小丛壳的无性世代:孢子盘及分生孢子

银杏叶枯病化学防治效果

银杏叶枯病化学防治效果

药剂名称	浓度	处理株数	防治率(%)
50%多菌灵	1:500	1 000	100
可湿性粉剂	1:700	1 000	97
	1:1 000	1 000	77
75%百菌清	1:800	500	100
可湿性粉剂	1:1 000	500	81
防死乐	1:500	200	72
	1:700	200	56
清水对照		800	34

银杏叶啤酒

在1 L啤酒中加10 mg银杏叶提取物,在过滤机内充分混匀后,过滤即成。啤酒中添加85 mg/L的提取物,但影响口感,而添加10 mg/L时不影响口感,仍保持洁白细腻的泡沫和酒花香气,且在保质期内不会产生沉淀,而且提取物中的维生素C对啤酒有抗氧化作用。

银杏叶片

通用名称:银杏叶片。

成分:银杏叶提取物。

性状:本品为薄膜衣片,除去包衣后显浅棕黄色至棕褐色,味微苦。

功能主治:活血化瘀通络。用于瘀血阻络引起的胸痹心痛、卒中、半身不遂、舌强语謇;冠心病稳定型心绞痛、脑梗死见上述症候者。

银杏叶水浸提法

以水作为提取溶剂,温度对提取效果是一个重要的影响因素。采用水浸提的方法,结合单因素和正交试验探讨影响黄酮提取的主要因素,确立了采用水作为浸提剂从银杏叶中提取总黄酮的最佳方法。结果表明,温度对黄酮提取影响最大,在90℃下,固液比1:60,每次1 h,重复提取3次,黄酮提取率最高。

银杏叶提取物饮料系列

制法:将配方原料溶解在蒸馏水中即成。配方中,添加少量胶凝剂以防止出现沉淀。罗望子胶、阿拉伯胶、明胶、果胶为常用胶凝剂、增稠剂,而低浓度时不起作用。银杏叶提取物在浓度1%以下时完全溶于水,但放置过程中,提取物中的复杂成分,如黄酮类、内酯类在饮料低pH值(如饮料中添加柠檬酸等酸味剂)条件下会发生部分缔合,使极性减小、水溶性下降。故饮料中加糖会提高水溶液的极性,还会提高银杏叶提取物的极性。添加极性大的高分子物质罗望子胶、阿拉伯胶、果胶、明胶等能提高银杏叶提取物的极性,这些胶具有胶束形成能力,且具吸附效果,上述配方饮料可放3个月不沉淀。

银杏叶微波提取法

微波是频率在300 MHz～300 GHz,即波长在1～1 000 mm范围内的电磁波,其中最常用的微波频率是2 450 MHz。微波提取法是利用微波能来破坏植物细胞的细胞壁和细胞膜,从而达到提取细胞内有效成分的目的,在这一点上,它与超声波所起的作用是一样的。同时,微波还能快速加热整个提取体系,使提取时间大大缩短,因此在天然产物的提取中,它比超声波更具有优势。微波萃取仪器设备比较简单,价格低廉,适用面广,能大大提高提取物中黄酮类化合物含量,且溶剂损耗较少。虽然微波萃取具有快速、低溶剂消耗、污染小、萃取效率高等优点,但到目前为止,由于其提取量少,因此它主要还是作为一种分析试样预处理的手段和一种提取精油等有用物质的方法,其研究还处于初期阶段。微波提取银杏叶黄酮类化合物时要尽量采用新鲜的原料。一方面,新鲜的原料经微波处理有利于细胞胀裂、溶剂渗透和有效成分的溶解释出;另一方面,微波的快速高温处理可以将细胞内的某些降解有效成分的酶类灭活,从而使这些有效成分在原料保存或提取期间不会遭到破坏。

银杏叶吸品

银杏叶中的药用成分及其医疗保健作用已被众多媒体所报道。目前,已开发出银杏医药产品、银杏兽药产品、银杏农药产品、银杏食品、银杏饮品、银杏化妆品等。山东爱和华新技术实业有限责任公司最近又开发出银杏叶吸品。银杏叶吸品是采用优质银杏叶加少量辅料精制而成的香烟替代品。因主料银杏叶中不含有烟草中所含有的尼古丁,故它不会产生毒副作用,更不会对吸食者造成人体危害。吸食香烟者改吸银杏叶吸品后,会逐渐戒掉烟瘾,减少毒害,同时银杏叶的药用成分被人体吸收后,对人体心、脑血管疾患会产生重要的医疗保健作用。对非烟民来说,银杏叶吸品除具有人体的医疗保健作用外,吸品在燃吸时产生的烟气柔和浓郁,具银杏叶的芳香气味,风味别具一格,可提神镇定。银杏叶吸品已被誉为21世纪新型的保健型吸品,开发前景十分广阔。

银杏叶药用成分的毒副作用

由于银杏叶是天然产物,叶中毒性成分甚微,因此毒性也很小。只有很少数的人饮用银杏茶后有轻微的不良反应,如腹泻、腹胀等,胃酸过多者可少饮,这些症状停饮后即会消失。

银杏叶有机溶剂提取法

该法是目前国内外使用最广泛的银杏黄酮类成分的提取方法。常用的有机溶剂主要有甲醇、乙醇、丙酮、石油醚等。由于甲醇等有机溶剂毒性、挥发性较大,因此一般采用乙醇作为萃取剂。利用乙醇提取银杏叶黄酮,浸提温度、提取时间、固液比、乙醇浓度对总黄酮含量都有影响,银杏叶乙醇提取的最佳工艺为温度60℃、固液比1∶25、乙醇浓度50%、浸提时间3 h,在上述条件下,银杏黄酮类提取率为3.51%,纯度为7.8%。银杏叶中黄酮类化合物提取的较佳条件为70%乙醇做提取液,提取温度为90℃,料液比为1∶20,提取次数为3次,每次回流1.5 h。

银杏叶针剂

银杏叶提取物50.0 mg、甘露醇94.7 mg、$Na_2HPO_4 \cdot 12H_2O$ 26.0 mg、注射用水2 974.0 mg。本注射剂用6N NaOH调节到pH值4.0~4.4。所用的银杏叶提取物含黄酮苷24%、萜内酯6%左右,而烷基酚化合物的浓度$< 10 \times 10^{-6}$,且提取物还须经交联乙烯吡咯酮色谱处理,故提取物中不适合注射用的杂质含量特别低。注射后不会引起血清沉淀或血凝。本剂尤其适合静脉注射用。

银杏叶制剂改善阿尔茨海默病的功效

68%患有大脑血液循环障碍的病人服用银杏叶制剂后,血液循环明显改善,同时发现衡劲力增强,情绪化现象减少,与人交际能力加强,说明服用此药可使萎缩的脑细胞恢复生机,改善神经突起细胞的功能,具有防止阿尔茨海默病的产生,提高思考力的功能。所以说银杏叶制剂,能促使脑部活动的活络化。

银杏叶制剂中内酯化合物的浓度

银杏叶制剂中内酯化合物的浓度

银杏叶制剂	浓度(μg/mL 液剂)					总量(%)
	BB	GJ	GC	GA	GB	
Geriaforce A(荷兰)	98°	20	26	24	0.017	—
Geriaforee B(荷兰)	80°	22	23	21	0.015	—
Ginkgoplant(荷兰)	72°	18	27	16	0.013	—
Naphyto Dφ(荷兰)	58°	22	24	19	0.012	—
Ginkgogink(法国)	<20	120	363	372	256	0.111
Tanakan(法国)	943	184	336	460	278	0.220
Rokan(德国)	921	174	280	360	180	0.192
Tebonin(德国)	988	167	302	398	279	0.213

* 白果内酯和银杏内酯J之和

银杏叶子年产量

根据 5 年的试验，在每公顷栽植 5 万株的条件下，第一年干青叶的年产量为 1 500～1 800 kg；第二年干青叶的年产量为 2 000～2 400 kg；第三年干青叶的年产量为 2 800～3 200 kg；第四年干青叶的年产量为 3 400～3 800 kg；第五年干青叶的年产量为 4 200～5 000 kg。

银杏叶总黄酮水浸提方法

水浸提法提取银杏叶中黄酮，因黄酮含量偏低，而未受人们的青睐，但水浸提法也有它众所周知的优点。用正交设计试验寻求利用水浸提法，从银杏叶中提取黄酮类物质的最佳条件，并对各种有可能提高浸提度中黄酮含量的方法进行了研究，得出多次交替浸提，再通过层析精制，是提高水浸提液中黄酮含量的有效途径。

银杏遗传图谱的构建

经 χ^2 检验符合孟德尔期望分离比数据，在 LOD 值为 3.0，最大遗传距离为 50 cm 的设置下，用 Mapmaker 构建了银杏的连锁图谱。整个连锁图谱的图距为 1 742.2 cm，连锁图标记间的平均图距为 10.82 cm，最大的连锁群图距为 261.2 cm，最小的连锁群图距为 62.4 cm。银杏基因组的遗传图距为 2 200.73 cm。

银杏艺术美

银杏的艺术美包括银杏的盆景美、雕刻美、景观美等内容，是自然美和人工美相结合的产物。银杏生命力顽强，是盆景造型的理想选材。有些银杏树古朴怪异，挖来即是上等桩景；而有的银杏树经过园艺师的精雕细琢，通过矮化、修剪、蟠扎、施肥、浇水等措施，可以把大自然中的银杏雄姿浓缩于花盆之中，创造出格调高雅、独具韵致的盆景艺术精品。银杏盆景凝聚着中华民族的文化特色，被称为"有生命的雕塑"，深受世人喜爱。通过枝干形状的设计与制作，银杏盆景可以表达丰富的情感：有的给人以雄壮感，有的给人以灵秀感，有的给人以坚实圆润感，有的给人以潇洒超脱感。一些较高档次的银杏盆景，还有强烈的旋律感和韵律美。国家邮电部于 1981 年发行的一套"盆景邮票"中，就选用了一盆名为"活峰破云"的银杏盆景作为邮票图案。该盆景取材于古银杏树上形成的树乳，侧立于盆中，下部粗如碗口，上部渐细且自然封顶，犹如钟乳石笋。银杏木雕，可以较好地反映作者的意愿，体现一种比较特殊的美学追求，给观者以感官上的愉悦和心灵上的撞击。浙江省东阳市的木雕艺人们常常选用银杏木为原材料，雕梁画栋，制作古董玩器、桌椅家具，其工艺之精湛名扬中外。民国名人张静江虽为商人之后，却以政名传世。建于 1898 年的张静江故居位于浙江湖州南浔镇，故居内陈列有明代著名书法家董其昌手书的《酒德颂》板屏六块，全用银杏木镌刻，为珍贵文物。1988 年，江苏省苏州市盘门城楼底层曾陈列一幅"伍员筑城图"大型落地屏刻，屏刻高 2.82 m，宽 4.4 m，除底座外，均由银杏木板拼合刻制而成，为稀世珍宝。在河南省开封大相国寺有一尊千手观音巨像，这尊四面站像高约 7 m，每一只手的姿势都不同，相传是清乾隆年间用一株古银杏树的木材雕刻而成，国内罕见。2006 年 4 月，中国（无锡）吴文化节期间，无锡市博物馆展出了长 4.2 m、宽 0.8 m 的银杏木雕《故宫》，作品以小见大，故宫全貌尽收眼底，精美绝伦。

人们常把银杏与雪松、南洋杉、金钱松誉为世界四大园林树木，园艺学家也把树中银杏与花中牡丹、草中兰合称"园林三宝"。银杏在城市建设总体布局中能起到限制空间、障景以及形成空间序列和视觉序列的作用，被广泛用作行道树和园林用树，成为城市街区和公园内一道道美丽的景观。我国银杏的栽培始于园林，如今耸立于各地古刹和皇家园林中的参天古银杏即是例证。这些或孤植或列植或成林的银杏树与美仑美奂的古老建筑、园林艺术相得益彰，尽显华夏文化之精华与神州建筑园林之异彩，是我国传统美学与古老建筑、园林艺术的完美结合。园林观赏优良的品种有叶籽银杏、垂枝银杏、黄叶银杏、裂叶银杏、斑卉银杏、松针银杏、塔冠银杏、花叶银杏、垂裂叶银杏等。银杏树与城市的雕塑、绿地、假山、高楼等相映成趣，强化了城市的美观雅致和人文魅力。

银杏银耳汤

以银杏浆汁、银耳、冰糖为主要原料配制而成的清凉饮料。

工艺流程如下。

银杏浆汁、冰糖、稳定剂
↓
银耳→水发→预煮→破碎→混合→脱气→罐装→杀菌→成品

操作要点：

选用无霉烂、色斑的银耳清洗干净，于温水中浸泡至膨胀软化，然后用水煮沸 10 min，破碎成 4 mm 左右的小块。冰糖、稳定剂预先溶化，将银杏浆汁，银耳碎块混入。银杏、银耳各占 2%，糖 6%，稳定剂 0.1%～0.3%，搅拌均匀，泵入真空脱气机脱气，进行罐装封口后，放入高压杀菌锅，121 ℃温度下杀菌 10 min。冷却，得到成品。

银杏—银杏型模式

银杏是一个多功能、多用途树种，本着充分发挥银杏树种特性的原则，根据不同经营目标，通过采取适宜的经营措施,调整树木之间的关系,形成和谐的时间、空间序列,生产多种银杏产品,实现土地、空间充分利用和经济、社会效益的最大化。

银杏营养液

本品是以银杏叶提取物(总黄酮)、牛磺酸等为主要原料精制而成的保健品。本品具有调节血脂的保健功能。

主要原料:银杏叶提取物、牛磺酸,甘草等。

功效成分及含量:每 100 mL 中含总黄酮 25 ~ 35 mg,牛磺酸 30 ~50 mL。

保健功能:调节血脂。

适宜人群:中老年人。

食用方法及食用量:空腹口服每日 2 ~3 次,10 mL/次。

注意事项:每次服用前请摇匀,少许沉淀、凝结不影响质量。

银杏油

以超临界二氧化碳从银杏果中萃取分离银杏油的方法:将银杏果烘干粉碎成银杏粉后装入萃取釜内,温度为 –10 ~20℃,开动二氧化碳泵,升压到 5 ~ 15 MPa,二氧化碳送入萃取釜内,经过萃取釜后的二氧化碳进入一级、二级两个串联的分离釜,在温度分别为 15 ~ 20℃、20 ~ 30℃,压力分别为 2 ~3 MPa、1 ~ 5 MPa 条件下分离、释放出银杏油,二氧化碳再通过制冷、压缩到贮气罐中,循环萃取 7 ~ 10 h 后,停泵、降压,从萃取釜中放出银杏萃余物,从分离釜中放出银杏油。该方法流程短、分离速度快,萃取的银杏油占总量的 4% ~5%。

银杏油粉

银杏油粉制备方法:以银杏油为原料,在银杏油中可以添加 0.1% ~1.0% 的天然维生素 E、采用 HLB 值为 6 的混合乳化剂,用量占油脂质量的 6%、以大分子包埋剂为壁材、用水量为油脂质量的 4 倍,在温度为 70℃ 条件下对银杏油进行乳化,制得稳定均一的水乳液。采用旋转式离心喷雾干燥机,对水乳液进行喷雾干燥,制得银杏油粉。该法制得的银杏油粉包埋率 90% 左右,银杏油含量在 40% 左右,包埋后银杏油的分散性能良好,提高了产品的溶解性能和贮存稳定性,抗氧化稳定性比银杏油明显提高,在常温下贮藏可达 8 个月以上。银杏油粉可以作为保健功能食品原料广泛应用于营养食品、保健食品,也可应用于美容护肤化妆品、药品及其辅料等领域。

银杏鱼脯

原料:花石鲫 1 尾,约重 500 g,净鲜草莓 8 颗,净银杏仁 100 g,泡红辣椒短节 6 g,葱 25 g,生姜汁 10 g,蛋清豆粉、化猪油、净芹菜叶、川盐、味精、高汤、水豆粉、色拉油各适量。

制作:

①净锅内放色拉油,置中小火上,烧热,下银杏仁炸至酥脆,捞起,冷却待用。

②花石鲫去鳞,去内脏,洗干净,切下鱼头,片去鱼骨和鱼皮,将净鱼肉用刀背轻轻捶松,改刀成丁块,拌上川盐、生姜汁、蛋清豆粉待用。

③将净芹菜叶放入大圆盘周围的适当位置,再将净鲜草莓点缀在芹菜叶上备用。

④将川盐、水豆粉、少量高汤、味精调成滋汁待用。

⑤炒锅置中火上,放化猪油烧热,下鱼脯肉丁块滑散,滗去余油,放葱花炒几下推匀,烹入滋汁水推匀,待收汁后,再放泡红辣椒短节、酥银杏推匀,端锅铲入备好草莓围边的盘中央即成。

效用:此菜将银杏仁配上具有安胃和中、利尿、解热毒之功的花石鲫,主要适用于水肿胀满、小便频数、黄疸、淋病、疮毒、白带、白浊、哮喘、咳嗽等症。

银杏与癌症

癌症是严重威胁人类生命的常见病,多发病。目前,对癌症的治愈率还很低,而中外的发病率却有持续上升的趋势。防癌抗癌,这是一个人人十分关心的事情,中外科学家们正在反复研究探索。因此,对付癌症最好的,也就是最主动的办法还是中国那句古语:"防患于未然。"

目前,国际上风行以银杏提取物为主要原料制成的各种保健营养品,对抗癌防癌有明显效果。日本松武术等发现银杏叶提取物 EGb 在试管试验中是个较强的自由基清除剂,通过 EB 病感染的 Raji 细胞抗启动因子检测,发现银杏叶提取物酯溶性部分中的十七碳水杨酸、白果黄素(bilobetin)对 TPA(一种致癌启动因子)在 57 倍浓度下呈 75% 的抑制效果。双黄酮类和前两者对致癌启动因子(TPA)抑制作用超过具有强有的抑制 TPA 的维生素 A 酸,这说明银杏在癌症预防和治疗中具有极大的应用前景。

银杏与道家

道家崇尚自然,主张清静无为,是中国最为重要和最有影响力的哲学思想之一。道家认为"道生万物,德育万物,生生不息",人们应效法"天道",去除私欲,淡泊宁静,达到人与自然、社会和人心灵自然和谐,由人心灵冲突融合而推及社会冲突融合再到自然的冲突融合,从而进至三者自然和合一体的境界。道家的自爱精神、自然精神、阴柔精神、博大精神是中华民族的人文精神的重要内涵。银杏树亘古孑遗,随遇而安,寿与山齐,令道家推崇敬仰,视为祥瑞之物。

银杏所体现的顽强精神,对道教影响颇多。道教信仰追求长生成仙,强调形体健康与道德修养的双重意义,向往与银杏树一样形神兼具,与日月永恒。崂山太清宫生长着两株高大繁茂的银杏树,相传是宋朝开国皇帝赵匡胤为太清宫道士刘若拙敕建道场、重修太清宫时所植,距今已有1 000多年历史。通常情况下,银杏雌雄配植,而这两株银杏却都是雄树。

银杏与风

风对银杏的影响最大。和风可以调节空气的温度和湿度,加强蒸腾作用;有利于促进叶片呼吸和根系吸收能力,提高光合效率;传播银杏花粉,促进银杏生长,提高种实的产量和品质。但是,干旱大风可以吹焦尚未木质化的新梢,折断尚未长牢的嫁接苗。常年的单向大风,往往使银杏产生偏冠。因此,银杏建园要避开风口。

银杏与辐射

使用银杏叶制成的药物,能帮助在核灾难中的核辐射受害者。这是因为银杏叶中的有效成分(GBE)具有多种功能:第一,能防止对血管的损害以改善循环,能改善血液弹性和柔韧性;第二,银杏能清除引起细胞变质的自由基,保护细胞而不会引发不良的毒副作用,所以说银杏是一种抗氧化剂,一种自由基清除剂;第三,核辐射会使受害者的血液中发现有裂化因子,裂化因子就是一种自由基,它通过损伤细胞染色体来杀伤细胞,银杏叶制剂对辐射解毒是最有效的药物之一。

1987年苏联切尔诺贝利核电站,发生核泄漏事故之后,到1995年,该站负责清理的47名工作人员中,仍有33名受到核辐射危害,研究人员用银杏药物,代替原来的药物进行治疗,经过8个星期的治疗,工人血液中的有害因子降到了"控制水平",受益者维持的时间长短不一,由此可见银杏在对抗辐射效应方面是有效的,有助于扭转不同长短时间核危害所造成的损伤。

在日本广岛长崎1945年被原子弹炸毁后,所在地的草木皆亡,唯有一株银杏却神奇般活过来,这充分说明银杏抗辐射,现在这株生机勃勃的银杏树,存活在纪念原子弹爆炸的公园之中。研究者表明:银杏叶提取物(GBE)制成的药剂,其有效成分的综合作用对核辐射轻重损害者,是已知解毒药中最有效的一种,对人体各种特定器官都有不同的作用,这就是银杏独有的功效,还没有发现任何其他物质能有这样深远的功效。

银杏与光照

银杏是典型的强喜光树种。光照是叶片进行光合作用的必需条件,对银杏树体的增长和种子品质及产量影响甚大。银杏90%～95%的干物质是通过光合作用获取的。在光合作用形成的生物量中,种子的产量占30%～40%。在一定范围内,光合作用随着光照强度的增加和气温的上升而加快。但高温和强光又抑制光合作用。当气温在22～28℃时,银杏的光合作用可维持在较高的水平,26℃是银杏叶片进行光合作用的最佳温度。当气温达到37℃时,银杏的光合作用就只相当于最佳温度时的一半;达到40℃时,银杏就只能进行极其微弱的光合作用。由于树冠外围光照充足,光合作用强,有利于有机养分的积累;容易形成花芽,结种枝组较多,坐种率亦高,且种核粒大质优。相反,树冠内膛光照不足,不利于有机养分的积累;形成的花芽少,种核的产量低,质量差,容易脱落,生长在树冠内膛的细弱枝条还容易枯死。于是,结种部位逐年外移。故必须及时修剪,改善树冠内膛的通风透光条件。银杏开花期和幼树期,光照条件特别重要。如果开花期和幼树期阴雨过多,则在光照不足的情况下,银杏叶片光合作用差,不仅有机养分积累有限,而且产生的新根也少,影响无机养分的吸收,枝条往往细弱徒长,直立向上,从而使树势减弱,病虫害加剧。银杏虽为强阳性树种,但在幼苗期间却要注意遮阴,不宜强烈的光照。大量事实说明,凡银杏幼苗侧方有其他树木或高大建筑物为其遮阴,则幼苗生长特别好,也很少发生茎腐病。因此,在当前大面积的银杏播种育苗中,为适应银杏幼苗的这一特点,应在银杏育苗中多采用各种遮阴的措施或加大播种密度,形成良好的群体结构来保证幼苗的良好生长。

银杏与民俗

银杏在人们的心目中代表长寿、吉祥,于是我国许多地方以银杏命名。以湖北省为例,恩施自治州有白果区,麻城市和鹤峰县有白果镇,利川市、宣恩县有白果乡和白果树村,咸丰县有白果坝子,巴东县有金果坪乡,谷城县、保康县有白果树村,十堰市有大白果树沟村和白果树村,兴山县有白果园村,竹溪县有白果坪村和银杏寺村,房县有白果坪村等。其他诸如江苏、山东、安徽、四川、甘肃等省同样不乏此类地名村名,全国以银杏(白果)命名的区镇村有上千个。人们不仅以白果作为地名,也以"平仲"用于人名,有的还将"平仲"与象征公平、水平的"准"字相关联。春秋时齐国大夫晏婴,字平仲,夷维(今山东高密)人,历仕齐灵公、齐庄公、齐景公三世为卿,有《晏子春秋》传世。宋代政治家寇准,字平仲;明代工部主事范准,亦字平仲。银杏素有滋补健身、延年益寿的功效,被人们当作食疗佳品,且因其高洁雅致,备受文人雅士珍爱,争相寄赠咏颂，表现世俗风情。北宋文坛上的两位文豪欧阳修和梅尧臣是亲密的诗友，曾有赠鸭脚咏银杏的诗篇传世。在一些银杏产区，有把银杏树作为女儿嫁妆的习俗。此外，我们在一些古银杏树旁还可看到，经常有人到树下烧香焚纸、祈福求安，或把写有心愿的红布条拴系于古银杏的枝干，以求庇护。民间还把银杏作为吉祥物，孩子结婚时缝在被子中几枚红枣和白果，祝福新人早生贵子、白头到老。

银杏与墨家

墨家学说代表了平民的利益，喊出了平民的心声，体现着人本、博爱、平等、民主的思想。在河南省鲁山县文殊寺内，有5株汉代古银杏树，其中最大的一株树干中心有道约6 m长的裂缝。传说修建庙宇时，需伐此树做匾额，众人见其硕果累累，不忍伐树，只好问计于墨子。墨子说："用其板又不伐其树，可找鲁班"。鲁班来后亮出绝技，从树干正中锯掉一块木板，使古银杏免遭灭顶之灾。树上裂缝即为鲁班锯板时留下的痕迹。奇妙的传说如历史活化石一样，成为银杏与墨子、鲁班关联的例证。墨家将其学说的目的归结为利人，而且是利天下大多数的人，这与银杏全身是宝、兼容并包、无私奉献于人类的精神极其相似。墨家提出的"兴天下之利，除天下之害""自强不息""赴汤蹈火"的人格精神与银杏所体现出的济世利人精神同为近代思想家和革命者所推崇。

银杏与青梅根系垂直分布图

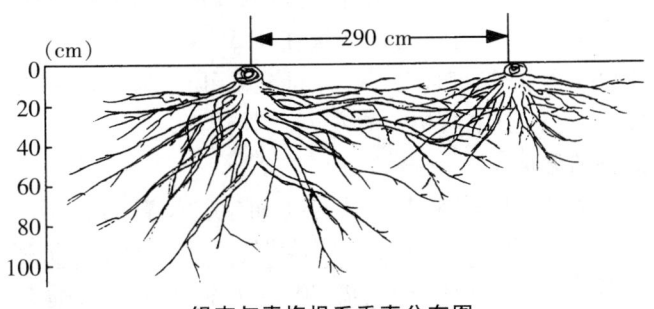

银杏与青梅根系垂直分布图

银杏与青梅根系水平分布图

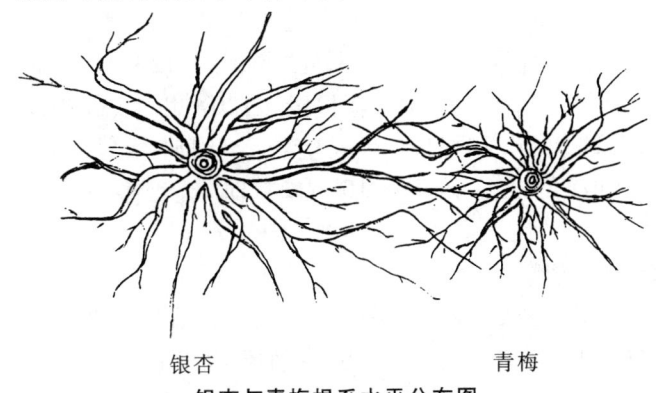

银杏与青梅根系水平分布图

银杏与儒家

以孔孟为代表的儒家思想，强调"仁"的实行要以"礼"为规范，提倡德治和教化，重视人们良好的德行，倡导忠孝、正直和完整的人格。这些思想形成儒家以中庸为核心的思想文化体系，并营造了影响人类文化数千年的东方文化圈。银杏文化也多方面体现出儒家中庸之温、良、恭、俭、让的精神。儒家教育人们万一国家混乱无道时，不能放弃平生志节。正如银杏之亘古孑遗，逾亿万年而秉性不改，固守莽莽神州。儒家文化中的道德观与银杏千百年来体现的绿色、健康、奉献等美德相互融合。在一些著作中，银杏树常被看作儒家的象征。据说孔子很喜欢在银杏树下阅读和教授弟子，后人将他教诲弟子的地方称为"杏坛"，至今在山东曲阜孔庙诗礼堂前还生长着宋代所植雌雄银杏树各一株以示纪念。孔子的女婿公冶长在山东安丘的读书处，至今仍生长着一雄一雌两株参天银杏，传为孔子看望女婿时带去树苗，公冶长亲手所植。古代儒家学说倡导取物有节，合理利用资源。《大戴礼记》记载孔子曰："方长不折则恕也，恕当仁也。"这种对待树木的惜生、不随意杀生的"时禁"与儒家主要道德理念孝、恕、仁紧密联系，意味着对自然的态度与对人的态度不可分离。可见，作为长期占据中国封建社会主导思想地位的儒家学说，无论从精神上，还是从行为上，都对古银杏资源的保护及其文化的传承起到了至关重要的作用。

银杏与食疗

食疗又称食治，是在掌握食物性能的基础上，利用食物维护健康、防治疾病的方法。《周礼·天宫》指出："五味、五谷、五药以善其病。"我国传统医学认为"药食同源"，许多食物本身就是中药材，选择搭配得当，既是美味，又有除病祛邪、扶正固本之功效。《黄帝内经》中对食疗有较多论述，如《素问》说："毒药攻邪，五谷为养，五果为助，五畜为益，五菜为充，气味合而服之，以补血益气。"它既说明了用药的同时辅以食疗的重要性，又说明了各类食物都需要相应摄取，这与现代平衡膳食的观点基本一致。现存最早的食疗专篇是唐代名医孙思邈《备急千金要方》第二十六卷中的专论"食治"。孙思邈总结了唐代以前食疗的成就，主张"洞晓病源，知其所犯，以食治之，食疗不愈，然后命药"，并指出"食能排邪而安脏腑，悦神爽志以资气血，若能用食平疴，适性遣疾者，可谓良工"。他的弟子孟诜在此基础上搜集了兼有营养价值和医疗作用的241种食物，编成我国第一部食疗学专著《食疗本草》。宋代官修大型方书《太平圣惠方》记载了28种食疗法,宋代编撰的《圣济总录》中专列"食治"门,并载有食疗方285种。食疗不仅能达到保健强身、防治疾病的目的,还能给人以感官上、精神上的享受,这一点在银杏上表现得尤为突出。银杏口味道新,可润喉养肺,应用于食疗的历史已有800余年。

银杏与书法

南京市浦口区求雨山文化园林散之陈列馆藏有林散之捐赠的书画精品210件。其中《古银杏行》描写的是南京市汤泉镇惠济寺内的3株相传为南朝梁代昭明太子手植的古银杏树,全文521字,是馆藏作品中字数最多的一幅。天师洞古银杏声名远扬,著名书法家谢无量有书法作品《天师洞银杏》传世。著名考古学家王冶秋先生是我国文物事业的主要开拓者和奠基人之一,他的夫人高履芳长期担任文物出版社社长,他们夫妇与许多著名文人学者结下了深厚的友谊,收藏了大量的书画名作,其中有一幅郭沫若先生赠送的有关银杏的书法作品:"银杏叶转瞬已翻黄矣,时辰的浪涛在不知不觉冲荡。秋霖连日,意思郁郁。"泰山岱庙天贶殿后院的两株银杏,根如磐石,枝若虬龙,树高大30余米,夏日郁郁葱葱,冬日亭亭凛凛,极为雄体壮观,给人坚强的生命力感。1961年5月郭沫若先生游览泰山时,见到这两株数抱粗的参天大树时,高兴地题诗一首:亭亭最是公孙树,挺立乾坤亿万年。云去云来随落拓,当头几见月中天。郭老书法作品甚多,但写银杏的极少,此书弥足珍贵。

银杏与蔬菜间作套种

对一般银杏采叶圃采取隔1行抽1～2行苗,行间距离保持1.2～1.8 m,在9月中旬当银杏叶采摘结束后,即可充分利用长达220天的时间差及光、气、土、肥、水等自然条件,种植耐寒蔬菜,如大蒜苗、莴笋、秋豌豆苗、日本全能菠菜、野荠菜、雪菜、蚕豆等,春季种植萝卜、小青菜等,夏季种植较耐阴的蔬菜等。

银杏与水分

水分是银杏树体的重要组成部分。银杏枝、叶、根的含水量为40%～50%,种实含水量约70%。水分不仅参加树体中各种物质的合成与转化,而且又是溶解土壤矿物质营养和调节树体温度所不可缺少的重要因素。银杏从根部吸收的水分,绝大部分都通过叶片蒸腾归还到大气中去了,被用于合成碳水化合物的,仅占2%～3%。虽然银杏的树叶多,蒸腾量大,但由于银杏根系在土壤中分布均匀,对水分和养分的吸收能力强,因而抗旱能力较强。在一定范围内,土壤含水量越高,根部吸收越容易,地上部分生长越快。如土壤含水量过低,蒸腾量大于根部的吸水量,则影响银杏的正常生长,光合作用减弱,蒸腾作用失常,呼吸作用加剧等。合理灌水,可以大幅度地提高种核的产量。如果地下水位过高,致使土壤中缺氧,则银杏根系难以呼吸。特别是长期积水的地方,会使银杏根系窒息,失去吸收能力,从而出现生理凋萎现象,叶片变黄脱落,枝条相继发枯,以至树势渐衰而亡。银杏宁干勿涝,适宜生于土壤地下水位偏低的地方。

银杏与土壤

土壤是银杏赖以生存的基础。银杏所需要的矿物质养分和水分,主要靠土壤供应。土壤条件的好坏,直接影响着银杏树体的生长,影响着种核及叶片的产量,由于银杏根系庞大,吸收能力强,因此就其适应性而言,对土壤要求不严。作为珍贵经济林木经营的银杏,要想"速生、优质、丰产",要想延长其经济寿命,则必须进行园艺栽培,选择土层深度1 m以上、地下水位不超过1.5 m的地带建园。深厚肥沃、保水保肥的壤土或砂壤土是银杏生长发育的乐园。在纯砂土、土壤瘠薄、蓄水保肥能力差的条件下,银杏生长不良。过于黏重的土壤,雨后容易板结,对银杏根系的呼吸不利,生长发育不良。银杏要求土壤pH值为6.5～7.2,土壤含水量为55%～75%,并防止土壤积水。当土壤含盐量在0.3%以上时,银杏生长明显不良或难以生存。因此,对银杏园地应施有机肥,改良土壤结构。

银杏与温度

温度是影响银杏自然分布和生长发育的主要因子之一,对银杏的光合作用、呼吸作用、蒸腾强度都有很大影响。年平均气温20℃,是银杏生长发育最理想的平均气温。银杏萌芽期日均气温在8℃以上,枝叶生长在12℃以上,开花期在15℃以上,在土壤含水量适宜的条件下,10 cm深处的地温高于6℃时,银杏根系开始活动。25 cm深处地温高于12℃时,新根开始产生;15～18℃时,新根最多;20℃以上,新根生长渐趋缓慢;23℃时,新根生长受到抑制。当冬季25 cm深处地温下降到10～12℃时,银杏根系停止生长。

银杏与药膳

药膳是祖国医药学和烹饪学的完美结合,它取药物之性,用食物之味,药借食力,食助药威,二者相得益彰。因此,药膳既不同于一般的中药方剂,又有别于普通的饮食，它是一种有药物功效兼食品美味的能祛病、强身、保健抗衰的特殊食品。《黄帝内经》是我国现存第一部学术界公认的中医学理论专著，分18卷162篇，其中，药膳方占记载方剂的60%，开创了药膳治疗学之先河。此后，被尊为医圣的张仲景开拓性地运用药膳疗法且卓有成效，他著的《伤寒杂病论》中的猪肤汤、百合鸡子汤、当归生姜羊肉汤是典型药膳方。药膳与食疗同属中医养生学范畴，二者既有联系又有区别。食疗中不加特定药物，仅以兼有滋补和治疗作用的食物养身保健，防病祛病。药膳则是药物与食物相配合，是一种含有药物成分、针对某一类疾病患者而烹制的膳食。

银杏杂交育种存在的问题

①亲本的选择存在不确定性，特别是父本的选择，父本与母本之间亲缘关系的远近不得而知，不同父本之间种质资源的差异较难进行鉴别。虽然现代分子生物技术可以解决这些问题，但实际工作中难以实施，只能以父本所在的不同地区作为参考，同时从树龄、生长状况和外观形态等方面进行初步选择。②地理位置相距较远的银杏物候期存在差异，南方地区的银杏花期较早，北方地区的银杏花期较晚，杂交前采集的花粉需要经过长途运输并保存一段时间，花粉的质量会相应降低，进而影响到杂交试验的结果。此外，如果用北方地区的银杏作为父本与南方的银杏母树进行杂交，花粉需要保存近1年的时间，这也会影响到试验结果。③从果用、材用、花粉用和观赏用的良种选育角度出发，常规的银杏杂交育种周期过长，需要20~30年或者更长的时间，如果进行高世代杂交育种，则可能需要几代人的共同努力。④苗期杂交子代与亲本间的性状比较有一定的局限性，如可靠的雌雄株的鉴别方法，银杏苗木早晚期性状相关性，都是亟待解决的问题。

银杏栽培品种指纹图谱

利用RAPD和ISSR标记对44个品种（品系）进行了遗传多样性分析，所检测到的74条多态位点的平均基因多样度为0.3636。RAPD和ISSR的多态位点百分率分别为24.6%和17.2%。ISSR所揭示的银杏栽培群体的遗传多样性高于RAPD分析所得的结果。从ISSR中抽取由5个标记所产生16个多态位点可以完全将44个银杏品种区分开来，并建立银杏栽培品种的计算机化的DNA指纹图谱。

银杏栽植八要点

栽植银杏要掌握八字栽植要领，即"壮、大、足、干、实、浅、透、高"。为方便记忆，歌诀为："苗壮穴大基肥足；干土填穴层层实；苗要浅栽水要透；高高培土防倒伏。空气流通地温高，八字要领易掌握，照此办理成活高，生长旺盛结果早。"

①壮：即壮苗。壮苗的标准是苗木粗壮。高度和粗度要相称，即有一定的尖削度。根系要完整。根系是无价之宝，所以根系尽量要大。俗话说："有钱买苗，无钱买根。"苗木要新鲜，要随挖随运随栽。目前，银杏苗木的中介商良莠不齐，有的把银杏大苗购来后未能及时出售，有的长达2~3月，害人不浅。

②大：栽植穴要大，一般挖1 m³。如苗木大，则树穴要相应加大。

③足：栽植穴中要施足基肥。基肥以充分腐熟的有机肥为主，化肥要少施。肥料与熟土充分拌匀后施在穴的中部或中上部。再放20 cm的土壤后才能栽植，以防根系接触肥料而烧根。如无合适的肥料，不要强求，以免烧根，宁可栽植成活后再行追施。

④干：填入穴中的肥土以干为好，在踏实土壤时，不让板结，以免对银杏根系产生不利影响。

⑤实：埋土一定要实，即层层压实，使银杏根系与土壤密切结合，但只能用脚踏，不能夯实，以防伤根。

⑥浅：银杏一定要浅栽。因为这与银杏根系特点与发根温度有关。银杏栽植随着深度的加大，地温上升就慢，且透气性下降，湿度加大，对根系伤口愈合和发新根不利。雨后根部易积水造成烂根，所以一定要浅栽。浅栽后上层地温上升快，土壤通气性好，银杏根系愈合早，发根快，雨后又不易遭受涝害。当树穴较深，回土率达不到75%~80%时，则栽植时根系平地面，甚至栽在地面为好。公园平地栽植，最好堆成小土丘栽植为宜。

⑦透：栽后要浇透水，使穴内土壤和苗木根系密切结合，能充分吸收水分。浇水后地面自然下沉，保证根基与地面相平或高出1~2 cm。

⑧高：高培土堆。待栽植穴中的水乡完全渗透下去不见水洼时，才可以用干土将穴面填干，而且要培一个高20~30 cm的土堆，大小范围要超过穴口。高培土的好处有三：一是保墒；二是防风；三是雨季避免根系遭受水涝害。切忌穴口土不填平，出现凹口，雨后积水，高温时间易烂根。

《银杏赞歌》

该书由山东农业大学梁立兴编著，全书5.2万字。共分6部分：①银杏起源；②银杏史话；③银杏传说；④银杏散文；⑤银杏诗词；⑥银杏谚语。该书由日本研究银杏的老专家今野敏雄作序。该书是广大果树、林业、园林绿化、植物、医药工作者研究银杏的重要参考书。

银杏早期黄化病

银杏早期黄化病是银杏产区普遍发生的病害,尤以山东、江苏、浙江等银杏产区发病率为最高。根据1988—1989年在江苏泰兴银杏产区的抽样调查,发病率为84%~100%,感病指数为27.0~71.0。黄化病常常使银杏提前落叶,高径生长也显著下降,使白果年产量受到很大影响。银杏黄化现象的出现,往往导致叶枯病的发生。

病害开始发生时,首先出现在每根树枝的中间叶片上,随后逐渐扩展到整个树枝的叶片上。病害始发时,仅在叶缘顶端出现失绿,而呈浅黄色的条带状,随着时间的推移,病斑逐渐向叶基扩展,严重时常达半枚叶片。病斑一般宽0.7~1.0 cm。颜色由浅黄色逐渐转变为淡褐色至深褐色,再由深褐色变为灰色,使整个叶缘呈灰色枯死状。

银杏早期黄化病是由非生物因子侵染引起的。根据在江苏泰兴所做的土壤分析表明,泰兴的土壤酸碱度为中性偏碱,土壤中有效锌的含量仅有$0.51 \pm 0.33 \times 10^{-6}$,接近于缺素临界值,成为导致银杏早期黄化病发生的主要致病因子。植物的含锌量大多数作物为$(20~100) \times 10^{-6}$,低于$(15~20) \times 10^{-6}$时,常表现出缺锌症状。根据江苏省农林厅土壤技术中心所作的银杏叶片化学分析的结果表明,感病区银杏叶片含锌量仅为$(2~8) \times 10^{-6}$,叶柄为$(3~10) \times 10^{-6}$,全部,低于一般植物的需锌量。这充分证明了银杏早期黄化病是由缺锌引起的。

银杏早期黄化病在江苏省和山东省约于6月上旬为始发期,7月中旬至8月下旬为病斑扩展高峰期。最初大多呈零星分布,随着时间的推移,黄化树株与叶片逐渐增多。在某些标准地或林地上可看到小片状发生。轻微的叶片为先端部黄化,前者多见于幼树或大树,后者常见于苗木。由于叶片早期黄化,至8月间叶片变褐枯死,大量脱落,因此使银杏产量锐减。

防治方法:根据树株的大小,每株施多效锌500~1 500 g,是防治本病最有效的方法。

银杏枣汁

以银杏浆汁和红枣为主要原料精制而成。

工艺流程如下。

银杏浆汁、糖浆、稳定剂
↓红枣→分拣清洗→去核→破碎→浸提→过滤→枣汁→混合→均质→脱气→罐装→杀菌→成品。

操作要点:

剔除霉烂生虫的红枣,清水漂洗2次,去除果核,将果肉破碎成小块,加水煮沸浸提30 min,过滤得到枣汁。加入银杏浆汁、糖浆、稳定剂混合、搅拌,通过均质机均质,真空脱气机脱气、罐装封口后,放入高压杀菌锅,121℃温度下,10 min杀菌,冷却,得到成品。

银杏蒸南瓜(台北家常菜)

主料:老南瓜。

配料:银杏仁,蜂蜜。

做法:将老南瓜洗净,竖切一分为二,横切成2 cm宽月牙形,瓜瓤向下码放在盘中,老南瓜上面摆放银杏仁,再浇上蜂蜜,上笼蒸20 min,即可。

保健功能:软烂香甜,降糖,止咳,定喘,利尿,最适宜中、老年人食用。

银杏蒸腾速率和蒸腾效率日变化

将银杏叶片蒸腾速率和蒸腾效率日变化中看出,在一天中,由于气温等各种因素的变化,银杏叶片的蒸腾速率和蒸腾效率也随之发生变化,但二者变化也有一定的规律性,即银杏蒸腾速率呈单峰,在下午2:00前后,银杏蒸腾速率达到高峰;而银杏蒸腾效率日间呈双峰值,其峰值分别出现在上午10:00和下午6:00前后。下午2:00前后,银杏叶片蒸腾效率最低。

银杏蒸鸭

主料:白鸭1只1 000 g,银杏200 g。

配料:胡椒粉2 g,绍酒60 g,鸡油15 g,清汤180 g,化猪油150 g,生姜、葱段、食盐、花椒、味精各适量。

做法:银杏打破去壳,在开水内煮5~10 min,撕去内种皮,切去两头,再在开水中焯去苦水,在猪油锅内炸至微黄,捞出。生姜、葱洗净切成段,待用。将鸭宰杀后,煺净毛,洗净,切去头、足部,除内脏,用食盐、胡椒粉、绍酒将鸭身内、外抹匀放入盆中,加入姜、葱、花椒,腌约1 h取出,用刀从脊背处剖开,去净全身骨头,铺入碗内,齐碗口修圆,修下的鸭肉切成银杏大小的丁,同银杏合匀,放于鸭脯上,注入清汤,上笼蒸约2 h,至鸭肉熟烂翻入盘中。滗出碗内汤汁,装于锅内,烧沸,加余下的绍酒、食盐、味精、胡椒粉,湿淀粉少许勾薄芡,放猪油,挂白汁浇于鸭肉上即成。

保健功能:银杏有敛肺定喘、除痰湿、缩小便和收涩止带的作用,与甘凉滋养的白鸭蒸食,肺虚或虚劳的咳嗽痰多、带下清稀、小便频多的患者食之甚宜。白鸭、银杏皆富于营养,而又具有利水退肿之功,故营养不良性水肿亦食适用。

银杏之最

▲古生代石炭纪的二歧叶属是银杏的最早祖先,距今已有2亿8千万年。

▲中生代侏罗纪是银杏在地球上最繁茂的时代,距今已有1亿7千万年。

▲韩国京畿道有1株世界上最高的古银杏,树高为60多米。

▲甘肃省徽县鱼儿崖村,有1株世界上最粗的古银杏,胸径为6.5 m。

▲世界上银杏钟乳枝最长的有2.2 m,最粗的直径30 cm,单株最多的有23个。

▲河南省桐柏县后棚村,生长着1株1 300多年生的银杏雌树,其树周围有60多株蘖生后代,成为世界上最庞大的银杏家族。

▲日本的喜平是世界上种核最大的银杏,种核单粒重5.8 g。

▲世界上银杏种核最小的是雌雄同株的银杏,种核单粒重仅0.7 g,为喜平的1/8。

▲我国是世界上白果年产量最多的国家,白果年产量约800万 kg。

▲银杏在地球上的最高分布点是四川省海拔7 500 m的贡嘎山半山腰。

▲银杏是抗原子辐射能力最强的树种,1945年8月6日第一颗原子弹在日本广岛和长崎爆炸后,只有银杏幸存下来。

银杏汁工艺流程

银杏仁→粗磨→细磨→离心过滤→调配→均质→装瓶→高温杀菌→冷却→贴商标装箱。

银杏汁乳白色,色泽柔和,酸甜可口,银杏香气浓郁。原汁含量不低于45%,可溶性固形物15%~20%。

银杏枝属

Ginkgoitocladus Krassilov,银杏类枝条化石,形态与现生银杏的枝条基本一致,分长枝和短枝,短枝被鳞叶及叶痕覆盖。叶痕为卵圆形或长卵形,其上具双叶迹,在分泌道出露的地方有一些较小的穴。鳞叶具少量气孔,靠近基部下延,具有很多分泌道。

银杏直径年平均生长量

银杏直径年平均生长量

年龄阶段(年)	年胸径平均生长量(cm)	备注
101~300	0.5~0.7	
	0.8~1.0	
301~500	0.4~0.5	
301~700	0.3~0.4	立地条件中等
701~900	0.2~0.3	立地条件好的
901~1000	0.1~0.2	
1000年以上	0.05~0.1	
数千年以上	几乎测不出胸径增长	

银杏稚鳖

特点:白果嫩香、肉汁酥烂、汤汁清醇、滋阴润肺。

原料主料:白果、马蹄鳖。

调辅料:火腿片、冬笋片、高汤、姜片、葱花、精盐、味精、白胡椒粉、绍酒。

制法:

①马蹄鳖宰杀,开水烫去皮洗净备用。

②净白果出水去皮,火腿、冬笋修成菱形片备用。

③将马蹄鳖放入盅内,肚皮向上,放白果、火腿片、冬笋片、姜片、舀入调口高汤。盖上盅盖,上笼蒸30 min。

④每盅分别撒入白胡椒粉即可。

功效:补气益血、滋阴润燥、适用于防治虚劳羸弱、素体虚弱、心悸气短、头晕目眩、耳聋耳鸣、四肢乏力等疾病。

银杏种核(白果)霉烂

在银杏产区,这是一类很普遍的病害,主要发生在银杏种核贮藏期间。银杏种核霉烂不仅降低了白果的食用价值和育苗时的出苗率,而且对人畜也会产生危害,因为导致银杏种核霉烂的真菌会产生一种有毒的致癌物质——黄曲霉素。因此,应当引起重视。

霉烂的银杏种核一般都带有酒气的霉味。在中种皮上分布着黑绿色的霉层,生有霉层的种核多数显湿性而变成褐色。切开中种皮,种仁内部变成糊状,有的一半变成糊状或保持原形,只有胚乳部分有红褐色至黑褐色的斑纹,也有性状和颜色无任何变化的。

引起银杏种核霉烂的菌类很多,经分离培养,主要是由青霉菌类。这些菌类都是靠空气传播的腐生菌类。种核霉层中心部呈蓝绿色或灰绿色,有时也呈黄绿色,霉层边缘分布有白色菌丝。分生孢子球形,串生。

银杏种核霉烂是综合影响的结果。成熟的银杏种核表面携带着较多的腐生菌类。这些菌类又普遍存在于各种容器、土壤、水、空气和贮藏室中,同时种核与这些菌类接触的机会较多,银杏种核的硬壳又为这些菌类的扩展创造了条件。银杏种核腐生菌的适生温度,一般以25℃左右最为适宜,在贮藏室里,温度条件较易满足,这时如果银杏种核贮藏时含水量过高或贮藏室中的湿度太大,以及混沙贮藏中沙的含水量太大,湿度就成为银杏种核发生霉烂的主要环境因子。

防治方法:

①及时采收,采收后调制时,避免损伤中种皮。

②贮藏前应将种子适当干燥，剔除破碎种、病种。贮藏室的温度应保持在 0～4℃ 为最适宜，并保持通风。

③贮藏前对贮藏室进行消毒处理，以减少病菌，保持室内卫生。

④种核混沙绳芽时，先用 0.5% 高锰酸钾溶液浸种 30 min，然后用清水洗掉药液，再混入湿沙。湿沙用 40% 甲醛 1:10 倍溶液喷洒消毒，30 min 后摊开，待药味消散后再与种核混合。

⑤气调贮藏不但设备简单，经济方便，而且能保持种子的生物学特性和营养价值不变，既不会造成污染，又不会发生种核霉烂，应当推广使用。

银杏种核贮藏性能指标

等级	采收后 90 d						采收后 180d					
	种核失重率/(%)	种核浮籽率/(%)	种核霉变率/(%)	种仁萎缩率/(%)	种仁绿色率/(%)	种仁光泽率/(%)	种核失重率/(%)	种核浮籽率/(%)	种核霉变率/(%)	种仁萎缩率/(%)	种仁绿色率/(%)	种仁光泽率/(%)
特级	<2.0	<2.0	≤1.0	<2.0	>90.0	>95.0	<5.0	<5.0	≤5.0	<3.0	>80.0	>90.0
Ⅰ级	2.0~5.0	2.0~5.0	1.1~5.0	2.0~5.0	80.1~90.0	90.1~95.0	5.0~10.0	5.0~10.0	5.0~10.0	3.0~8.0	70.1~80.0	80.1~90.0
Ⅱ级	5.1~10.0	5.1~10.0	5.1~10.0	5.1~10.0	70.1~80.0	85.1~90.0	10.1~15.0	10.1~15.0	10.1~15.0	8.1~12.0	60.1~70.0	70.1~80.0
Ⅲ级	10.1~15.0	10.1~15.0	10.1~15.0	10.1~15.0	60.0~70.0	80.0~85.0	15.1~20.0	15.1~20.0	15.1~20.0	12.1~18.0	50.0~60.0	60.0~70.0

银杏种核贮藏中的品质变化

贮藏至采后 110 天时各品种种核的单粒重、种仁含水量、淀粉、支链淀粉含量及支链淀粉与直链淀粉含量的比值均显著下降，可溶性糖和直链淀粉含量则缓慢增加，而蛋白质和脂肪含量趋于稳定。银杏种壳由多层管胞紧密排列而成，管胞表面呈现圆形和撕裂状穿孔，品种间管胞直径，其上孔洞的形状、分部及大小差异显著，其中龙眼的管胞直径最小，孔洞面积最大，在贮藏过程中其水分散失和营养物质消耗亦较多，说明银杏种壳超微结构影响种核的贮藏性能。

银杏种实

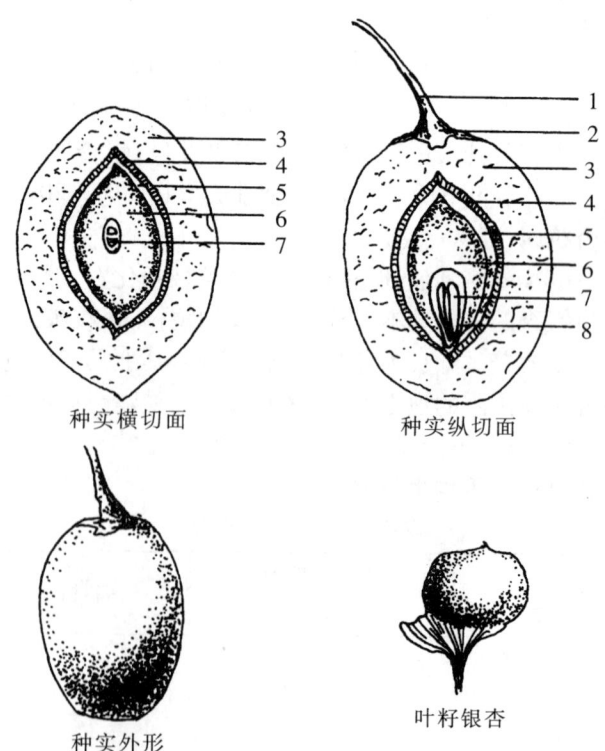

银杏种实
1.种柄　2.种托　3.肉质外种皮　4.骨质中种皮
5.膜质内种皮　6.胚乳　7.子叶　8.胚

银杏种质冷冻保存法图解

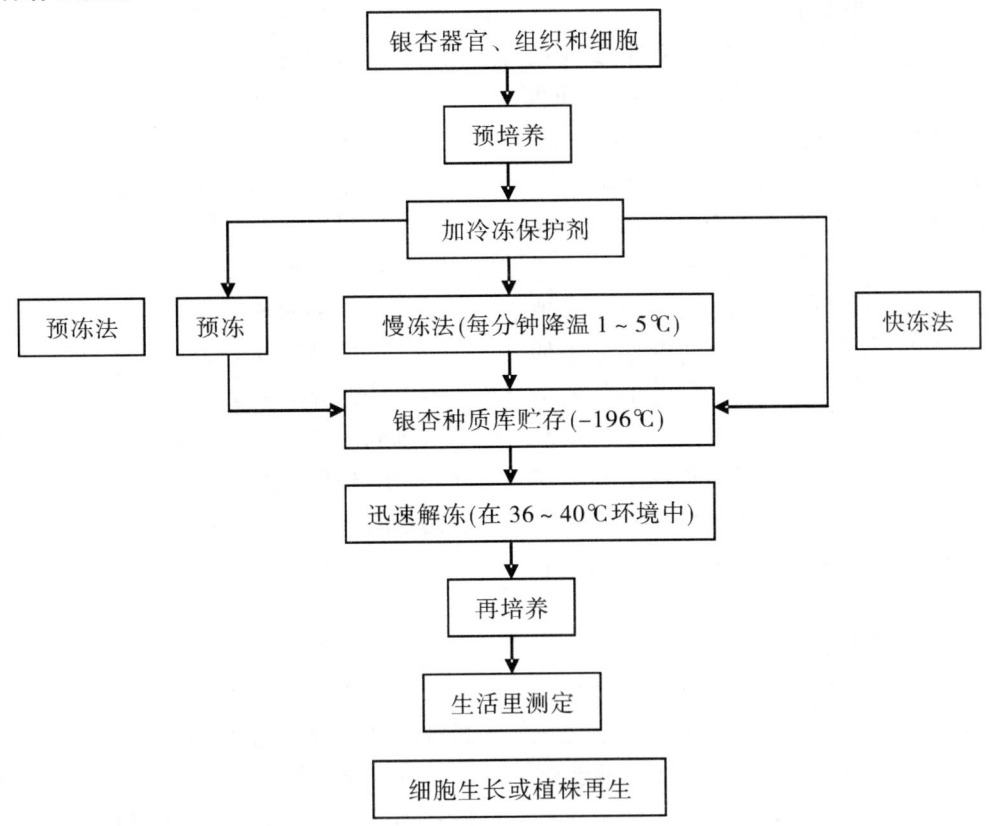

银杏种质冷冻保存法图解

银杏种质资源离体保存

近年来，随着组织和细胞培养工作的迅速发展，具有特殊性的细胞株日益增多，特别是细胞工程和基因工程的发展，需要收集和贮存各种植物的基因型。为了适应以上发展的需要和克服以往种质保存的缺点，人们开始研究用低温保存和冷冻保存技术保存植物种质资源。

①低温保存。组织培养的植物种质可在低温条件下（1~9℃）保存。在此低温条件下，植物材料的代谢减慢，一般无须管理就能把培养物保存几个月甚至1年之久。低温保存不但方法简便，而且贮存的植物材料有较高存活率。为了使培养物长期保持在缓慢的生长状态，需要采用继代培养方法，把培养物定期转移到新鲜培养基上培养。

②冷冻保存。冷冻保存是将植物材料放在超低温状态下（一般使用液氮，其温度为-196℃）保存，使植物细胞处于完全不活动状态。它的优点是在贮存期间，植物材料不会产生遗传性状的变异，也不会丧失形态发生的潜能，可最大限度地节省人力和物力。

冷冻保存的材料包括植物器官和组织等。组织包括茎尖和侧生分生组织、愈伤组织、悬浮培养细胞、原生质体等；器官包括胚、胚乳、子房、花药、花粉等。由于培养的愈伤组织和悬浮细胞常会发生遗传上的不稳定性，而茎尖和幼胚细胞体积小、细胞质浓、液泡小，更具抗冻性能，所以，冷冻保存较多地转向对茎尖、幼胚的保存。

常用的冷冻方法主要有3种，即慢冻法、快冻法、预冻法。慢冻法应用较为普遍，通常分为两个阶段进行，先以每分钟1~5℃的速度降温，降至-40~-30℃或-100℃，平衡1h，再将样品放入液氮中进一步冷却并保存。为了精确地控制降温速度，可以采用程序控制降温。快冻法最简便，即将盛有样品的玻璃瓶或箔金袋直接放入液氮罐中。植物体内的水在降温冷冻过程中，从-140~-10℃是冰晶形成和增长的危险温度区，而在-140℃以下时，冰晶不再增长。因此，快速冷冻成功的关键在于利用超速冷冻，使细胞内的水迅速通过冰晶生长的危险温度区，即细胞内的水还未来得及形成冰晶中心，就降到了-196℃的安全温度，从而避免了细胞内结冰的危害。这时，细胞内的水虽已固化，但不是冰，而形成所谓玻璃化状态，这种玻璃化状态，对细胞结构不产生破坏作用。预冻法是将植物材料放入液氮以前，经过一段时间的低温锻炼，如在-30~-20℃或-70℃条件下预冻数小时，以达到适应冷冻处理的目的。

银杏猪肘

主料：猪肘肉750g，白果200g。

配料：冬笋 60 g，葱段 20 g，姜片 10 g，盐 5 g，料酒 15 g，胡椒面 1 g，熟鸡油 30 g，淀粉 2 g。

制法：白果去外壳，用开水稍烫，起皱撕去外皮切去白果仁尖，捅去白果芯，用开水氽去苦味。笋切长片，用开水一氽捞出。猪肘子刮净毛，开水一氽，再煮至 7 成熟取出。在肉面上打上 2.5 cm 的十字方块，刀深入肉 2/3，皮朝上装入碗内。白果放入 7 成热油内炸至断生，放在肘肉上面。肘子碗内加入葱姜、鲜汤、盐、味精、料酒、胡椒粉上笼蒸透。去掉葱姜，肘子翻扣在大盘内，皮朝上。原汁倒入锅中加入白果、笋片、烧开打去浮沫，旺火勾芡，淋上鸡油浇在肘子上即成。

保健功能：肉烂、果香、肥而不腻、营养丰富。定喘止带，适用于肺气不敛之喘嗽及白带过多、小便频数等症。白果去净芯，漂净苦味。白果不宜多，否则，易引起肿胀。

银杏主要栽培品种遗传多样性

以 44 个银杏主要栽培品种为材料，应用 ISSR 分子标记为手段，利用 5 个标记所产生的 16 个多态位点绘制这 44 个银杏栽培品种的 ISSR 指纹图谱，对这 44 个栽培品种进行了区分，并结合 RAPD 分子标记对该栽培群体的遗传多样性进行了研究。ISSR 所估算出的平均有效等位基因数目、基因多样反和 Shannon 指数分别为 1.730 7、0.410 1 和 0.596 3，而 RAPD 所估算出的值分别为 1.573 5、0.333 和 0.497 9，说明该群体有较高的遗传性。ISSR 技术在估算银杏遗传多样性时较 RAPD 更为精确。

银杏专家系统主要功能

①简单知识查询。提供明确的知识信息查询功能，方便常用信息的查询。包括银杏种植常识、中国银杏的发展史、中国银杏的资源和区划、银杏分类等信息。

②种植过程指导。提供种植生长各阶段的指导，采用询问判断的方式。包括银杏的生态习性、繁育信息、栽培管理等方面。

  苗木的繁育
    播种育苗
    扦插育苗
    嫁接育苗
    根蘖苗的培育
    苗木出圃
  建园与栽植
    规划设计
    银杏栽植
  栽培与管理
    土壤管理
    施肥管理
    水分管理
    树体管理
    丰产形态指标
    早实丰产实例
  良种的繁育
    良种的意义
    良种选择方法
  单株选择的方法

③病虫害预防与救治。采用提问的信息输入方式，采用视频与文字结合的信息输入，提供常见病虫害的预防、诊断与救治帮助。

④综合利用。采用视频与文字、图片结合的输出方式，提供对银杏种实等多方面的综合利用介绍。

⑤知识库维护。包括银杏树种的信息维护，银杏分类信息维护，基础知识信息维护，常见病虫害的信息维护，成长养护的信息维护，综合利用信息维护等。

⑥自学习功能。实现系统通过与用户的较大规模互动而自动知识归纳和规则整理功能。判断各规则之间的冗余性和矛盾。

⑦人机界面(接口)。人机界面(用户接口)主要是用户与专家系统之间的交流界面。它主要包括信息输入和信息输出。

林业专家系统的用户界面，将根据实际情况，采用 B/S 的网页表现形式或者 C/S 的单机表现形式。信息输入采用文字录入或者条件选择的方式，信息输出则采用文字、图表、图像、视频、声音等多种形式，力求更清晰充分地展现信息内容。

银杏资源开发学

银杏资源开发学，是研究银杏资源为原料，如何进行加工、利用、开发为新产品的一门科学，不断引进新技术、新工艺、新方法、新设备、开发市场需要的新产品。过去称为银杏产品加工或银杏加工利用。银杏资源开发学还应研究如何建立银杏资源开发体系和银杏资源产品指标体系。具体有：①银杏叶资源加工技术，机械设备及新产品开发；②银杏种核资源采收、加工及产品开发技术；③银杏外种皮资源开发利用新技术；④银杏木材资源合理加工利用；⑤银杏露蜜产品开发利用；⑥银杏盆景资源开发利用；⑦银杏产品质量鉴定、检验方法、检验指标；⑧银杏资源综合利用(资源利用率、资源转化率、资源回收率、资源优质率等)。

银杏装饰图案

银杏—作物经营模式

这是最为普遍的一种复合模式,以银杏为主要的栽培对象,常见的间作作物有小麦、玉米、红薯、土豆、芝麻、花生、油菜、西瓜、大豆、蚕豆等。由于豆类具有固氮作用,被普遍认为是较好的间作作物,对促进银杏生长和维护地力具有积极的意义。但是银杏的不同生长阶段(幼林、成林)间作的作物和间作的强度可能不同。

银杏—作物型

双层结构,上层为银杏结果树或银杏绿化大苗,选用基径 5 cm 以上的实生苗,采用大行距、小株距的方式[一般株行距 2 m×(5~8)m]定植,按 6 m 株距嫁接培养为结果树(即行内每隔 2 株嫁接 1 株),其他用于培养绿化大苗,达到一定规格时出圃;行间种植粮食、蔬菜、黄草、食用百合等作物。该模式应注意根据银杏树龄、郁闭度大小选择适宜的作物。

银药间作

银杏与药用植物相间种植。通常采用耐阴的药用植物与银杏间作。

在银杏林内间种药用植物的栽培方式。与银粮间作大体相同,所不同的是间种作物为中草药植物,间作地除幼林郁闭前的空闲地外,还可以在银杏林下及银杏林中空地进行间作。

银油间作

银杏与油料作物的相间种植。目的、方法与林粮间作相似。间种的主要油料作物有大豆、油菜、花生、向日葵等。

引进品种

从法国引进银杏观赏品种 15 个:金秋(Aumm gold)、费尔蒙特(Fairmount)、塔形银杏(Fastigiata)、湖景(Lakeview)、叶籽银杏(Ohatsuki)、金兵普伦斯顿(Princeton sentry)、圣克鲁斯(Santa Cruz)、萨拉托格(Saratoga)、垂枝银杏(Pendula),此外尚有 Horizontalis、Leiden、Male、Tremonia、Tubifolia、Tit 等 6 个叶形奇特或生长奇特品种。共计苗木 302 株,种条 20 余根,现已繁殖,并部分得以推广。

引起缺素症的原因

①土壤营养元素不足,银杏无法吸收到它所必需的数量,这是引起缺素症的主要原因。不同的银杏品种对各种营养元素的需求量是不相同的,所以对于养分含量相同的某种土壤,其反应就不相同。此外,银杏在不同的发育阶段对元素的需求量同样存在差异。②土壤 pH 值影响营养元素的有效性。一些元素在酸性条件下容易溶解,有效性高,在中性、碱性条件下溶解度降低,另外一些元素可能与之刚好相反。与 pH 值关系特别密切的是微量元素如铁、锰、硼、锌、铜等,它们随 pH 值下降有效性迅速增加;反之则下降。③在银杏体内正常代

谢的各种营养元素，其含量需保持相对的平衡，否则就会导致代谢的紊乱而出现生理障碍。一种元素的过量存在常妨碍或抑制另一种元素的吸收、利用，这就是元素的拮抗作用，如磷对锌、钾对镁等。④土壤理化性质的不良，如果土体坚硬、下层有硬磐等障碍层次，或地下水位过高等都可限制根系的伸展，减少对养分的吸收，从而促进缺素症的发生。⑤不良的气候环境，气候影响缺素症发生也是相当显著的，其中主要是气温和雨量。低温一方面减缓土壤养分的有效化，另一方面削弱品种对养分的吸收能力，通常寒冷的春天容易出现各种缺素症就是这个道理。雨量偏多或土壤干旱，营养元素易于释放、淋失和固定。有效铜大多与有机质络合而存在，干旱加剧了铜的固定。而多雨往往促发缺镁和缺铁等，前者因为容易流失，后者因为土壤中的碳酸氢根增加而降低了有效性。日照对于某些元素的缺乏也有关系，如较强的光照加剧缺锌。

引起银杏叶斑病的三种真菌

① *Glomerella cingulata*。

② *Phyllosticta ginkgo*。

③ *Epicoccum purpuruscens*。

引物筛选

在引物筛选实验中发现，不同的引物对同一品种扩增带的数量、清晰度、区分度、多态性方面存在很大的差异。因此，必须先进行引物筛选实验。本引物筛选共筛选出 5 对。检测位点较多、分布比较均匀、清晰可辨且多态位点百分比较高的引物，对各个样品进行 AELP 分析。

引种

将外地优良的植物品种、品系或类型引进本地，经过试验，作为推广品种直接在生产上利用。引种简单易行，能迅速见效。但良种都有很强的区域性。引种时必须因地制宜，先要经过少量试种，在确定可以在本地区推广后，才能逐步扩大种植面积和繁殖。引种时必须严格检疫，不使病菌、害虫、杂草带入本区，引种是获得新品种的方法之一。

引种程序及标准

由于银杏生长周期长，引种不当会造成难以挽回的损失，因此，要根据生产的需要，明确引种的目的和任务，按一定的程序进行。

①种源选择。引种前要做好资料的收集工作，选择引种种源。要对种源区的银杏进行性状调查，选出优良单株，收集种核或穗条。

②品种试验。

a.前期试验：引进的银杏品种，可先进行小面积试种，初步了解其对本地区的适应性和生产前景。对于适应性强、优良性状保存完好的品种要扩大繁殖，进行区域试验。若引种区与栽培区环境条件相差不显著，则可不进行前期试验而直接进行区域试验。

b.区域试验：经过前期试验，选出有生产价值的银杏进行田间试验，以进一步确定其适应性。区域试验应选择土壤类型和气候条件不同的几个区域同时进行，每个试验点尽可能多设几个重复。同时，对银杏品种的性状变异也应给予充分重视。

c.栽培试验：通过区域试验选出的银杏品种，还应根据其遗传特性进行栽培试验，找出适宜的立地条件，摸索出相应的栽培措施。栽培措施不当，也会导致引种失败。

③繁殖推广。经过多年的试验评比选出的优良品种，应建立良种繁育基地，并在生产上做好推广工作，这是引种的最终目的。

④引种成功的标准。

a.不需特殊的保护能安全越冬、越夏而且生长状况良好。

b.原有的优良性状保存完好，或者经变异获得更好的性状。

c.能按其原有的繁殖方式进行正常的繁殖。

引种的驯化措施

①改变播种期：利用种子进行南树北移时，适当延期播种，能减少生长量，促进组织木质化，提高冬季安全越冬的能力。但若播种太迟，幼苗太弱小，则会适得其反。北树南移时，可适当地提前播种，以延长生长期，增加生长量，提高植株的耐高温能力。②大苗引种：由于大苗抗逆性比小苗强，因此在气候恶劣的地区进行银杏引种时，采用大苗往往能提高成功率。③控制密度：南树北移时，适当密植，可提高抗寒能力；反之，北树南移时，应减小密度。④肥水管理：减少肥水的投入量能使银杏的封顶期提前，并能增加植株的木质化程度，有助于提高银杏的抗寒能力；反之，北树南移时，应增加肥水的投入。⑤改良土壤：当土壤成为银杏生长的限制因子时（如盐碱地等），应通过农业技术措施对土壤进行改良。⑥保护措施：在引种的前几年应采取人为的保护措施。南树北移时，若用种子育苗，则应采用大棚、覆草等措施；若是引进苗木或大树，则应对树干采取缠草绳或涂石灰浆的办法，以增加植株的抗寒性。北树南移时，应采取适当的遮阴措施，以抵抗炎热的气候。

引种区域

银杏在地史上经历了多变气候的考验，具有较强的适应潜力，从历史生态学的观点和银杏被引种到一些高纬度国家之后表现较好的事实，表明在现代银杏分布区边缘的一些地区试种，有可能获得成功。20世纪70年代以来，银杏边缘分布区的一些植物、林业、园林部门，就曾零星引种银杏。20世纪80年代开始，黑龙江(哈尔滨、大庆、黑河)、吉林(南部、中部)、辽宁(南部、中部和东部沿海)、陕西(北部)、甘肃(北部)、云南(中部、东北部)、广东(北部、西部)以及新疆、宁夏、内蒙古等地，不仅零星引种，有的已小有规模。引种栽培区的自然条件较差，银杏表现不一，北方因气候严寒，南方则因高温炎热，西部干旱少雨，水分严重不足，成为影响银杏引种成活与生长的重要因子。

引种栽培区地理坐标及气象因子

引种地点	经纬度	海拔(m)	年均气温(℃)	极端高温(℃)	极端低温(℃)	年均降水量(mm)
黑龙江省森林植物园	12°38′E,45°31′N	140	3.6	36.4	-38.1	650.9
长春森林植物园	125°21′E,43°52′N	230	4.8	28.3	-36.5	645.3
沈阳市树木园	123°25′E,41°47′N	41.6	7.8	38.3	-33.1	755.4
呼和浩特树木园	111°41′E,40°48′N	1 056	5.6	37.3	-22.8	426.0
银川植物园	107°22′E,38°28′N	1340	8.5	32.6	-27.9	135.0
陕西榆林黑龙江潭山地树木园	110°07′E,37°50′N	837~1 014	8.1	38.0	-29.0	400.0
延安树木园	109°31′E,36°36′N	971~1 176	12.0	39.7	-25.4	701.0
甘肃省天水市麦积山树木园	106°E,34°20′N	1 400~2 199	8.0	29.0	-13.4	860.0
甘肃民勤沙生植物园	102°58′E,38°34′N	1 340	7.4	39.5	-27.3	110.0
西宁植物园	101°46′E,36°37′N	2 300	5.7	33.5	-26.6	369.0
乌鲁木齐植物园	89°11′E,40°51′N	715	6.4	40.9	-41.5	195.0
台北植物园	121°31′E,25°02′N	9	22.3	35.0	-2.0	2 047.5
深圳仙湖植物园	114°10′E,22°34′N	26~605	22.0	38.7	0.2	1 933.0

饮料

将银杏种仁制成各种固体饮料和液体饮料，如白果精、银杏口服液、白果露、麦胚银杏饮料、银杏红枣饮料、银杏果汁饮料、银杏红茶饮料、银杏酒、银杏黄酮芒果汁饮料等。

饮料配方

配方①：银杏叶提取物 40 mg、维生素 C 100 mg、酸味剂 250 mg、汉生胶 10 mg、还原淀粉糖 38 g、水 100 mL。

配方②：银杏叶提取物 50 mg、枸杞子提取物 50 mg、甘草提取物 20 mg、维生素 C 100 mg、酸味剂 250 mg、甜味剂 10 g、汉生胶 10 mg、水 100 mL。配方中的银杏叶提取物需预先溶解在 1 mL 50% 乙醇中。用汉生胶提高饮料黏度，防止提取物沉淀。

饮料生产工艺

①分选。每年秋季10月份左右采摘银杏叶，收集起来后，进行分选，剔除树枝、土石块等杂物以及腐烂叶。

②洗涤。用清水反复清洗2~3次，洗净后沥干水分。

③烘干。均匀放入竹匾或方盘中。放入烘房(或烘箱)中进行烘干，条件：65~70℃，4~6 h，烘至含水量 4%~6%。将干叶装入塑料袋中密封，可长期存放。

④粉碎。用粉碎机将银杏干叶粉碎成40目左右的细粉。

⑤提取。将银杏叶粉加入多功能提取罐中，加20倍水，95℃保持 1 h，将提取液泵入冷热缸中存放；再向多功能提取罐中加水。同样条件进行第二次提取。共提取5次，将5次提取液合并。

⑥脱苦。向合并的提取液中加入 0.05% BH—6型复合脱苦剂，加热至45℃保持恒温，充分搅拌40 min，将苦味除去。

⑦过滤。经板框压滤机进行粗滤，去除较大颗粒。然后经过两道精滤，可得到澄清度极高的提取液。

⑧调配。适当加入工艺用水、糖、酸以及多种食品添加剂，调配成风味独特的饮料。

⑨脱气。用真空脱气机进行脱气，条件：7×10^4~8×10^4 Pa，温度 30~50℃。

⑩灌装、封罐。采用 250 mL 马口铁易拉罐包装。用灌装机、封罐机完成这两道工序。

⑪杀菌、冷却。采用卧式杀菌锅，杀菌温度 108℃，保持 10 min，淋水冷却至 37~38℃左右。

⑫擦罐、喷码。擦干罐表面水珠，并用喷码机给

罐底部印上生产批号和日期。

⑬包装。用纸箱包装,24 罐/箱。

⑭检验。抽样,检验感官指标、理化指标和微生物指标,检验合格,发放合格证。

⑮入库。

⑯质量标准。

a. 感官指标:淡黄褐色、清澈透明,具有银杏叶的特有气味和风味。

b. 理化指标:净容量:250.0 mL。

总糖:8.0~8.6。

总酸(以柠檬酸计,g/100 mL):0.06~0.07。

总黄酮(mg/100 mL):65~70。

铜(mg/kg):<1.0。

铅(mg/kg):<1.0。

砷(mg/kg):<0.5。

c. 微生物指标。

大肠菌群(个/100 mL):<3。

细菌总数(个/mL):<90。

致病菌:不得检出。

饮料质量标准

色泽浅黄或黄白色。汁液澄清,无沉淀,无杂质。含矿物质元素:$Pb \leq 1$ mg/kg, $Cu \leq 10$ mg/kg, $As \leq 5$ mg/kg。卫生指标:细菌总数≤100 个/mL,大肠杆菌群≤5 个/100 mL,致病菌不得检出。

隐芽

芽形成后两年或两年以上不萌发的芽,但仍保持其活力,亦称隐芽、休眠芽。隐芽在一定年限内受到刺激时,可以再萌发,如枝干损伤、衰老或死亡后,可由下部存活枝上的隐芽萌发新枝。因此,隐芽对枝干更新有重要作用,隐芽不能随所着生枝的逐年加粗而相应伸长,故被埋藏于枝干皮层之下,从外表不易看到,所以又称潜伏芽。隐芽的寿命会因树种而异,银杏通常为2~4年。

应用类型

银杏是我国特有的多功能树种,百余年来,国内外植物、果树、林业学界的专家学者,按照各自的观察标准,采用了不同的分类方式和等级,予以不同的分类命名,至今尚未取得统一。以市场为导向,以经济效益为中心,根据我国银杏品种资源及应用价值,将银杏分为十个应用类型。

①高产类:种核大,单核重 3 g 以上,丰产稳产性能好。如大佛指、洞庭皇、金坠子、大马铃等。

②早熟类:如早熟大佛指。早熟大佛指在树形、叶片等方面与大佛指相同;成熟期在 8 月底、9 月初,可以提早供应市场。

③甜糯类:如甜白果、长糯白果等。种核皮薄,种仁质细,性糯,味香,清甜。

④药用类:如小药果、九月寒等。产地:安徽金寨、霍山等地。粒小,种仁味苦,不宜食用,但有药用价值。

⑤叶用类:各地选出了一批叶用银杏优株。选出的优株,叶大而厚,密生,叶内黄酮苷含量较高。如山东郯城 9 号、江苏泰兴的七星果,及邳州马铃 2 号、3 号,雌株结实率高,较丰产,叶片大而厚,银杏酸含量较低,适宜做叶果兼用型的繁殖材料。中国林科院林化所从山东选出的"种-5",为优良叶用银杏株系,3 年生叶片的总内酯含量高达 0.41%,黄酮苷含量达 1.29%,是极有利用价值的叶用银杏品种。

⑥材用类:如梅核、龙眼等雄株。银杏产区均有分布。经济性状:木材纹理直,结构中而均匀,质地细而软,干缩性小,不易变形,不易反翘,不开裂,易刨锯,光洁度高,耐腐性强。

⑦观赏类:垂枝银杏。产地:广西灵川、浙江金华、湖北安陆等地。经济性状:枝条纤细绵长,枝条下垂可达 2 m,极其优美,树姿美丽,具有较高的观赏价值。此外,还有卷叶银奇、斑叶银杏,都是绿化观赏的优良材料。

⑧多果类:如葡萄果。产地:广西灵川、湖北随州等地。经济性状:树势强、成枝力弱、萌芽率高,短枝着果力强,大年时所有短枝均能着果,且多双果,近似葡萄串状,因此得名。

⑨授粉率高类:如眼珠子。种壳薄,种仁味苦,无食用价值,但种子受孕力高,胚的生活力极强。播种发芽率可达96%,适宜播种育苗砧木,且幼苗生长迅速。

⑩叶籽类:主要是叶籽银杏。在同一短枝上的雌球花,着生于叶片边缘,发育为种子,表明在系统演化上,与孢子植物有密切的亲缘关系,是研究银杏起源和演化的好材料,制作盆景极有观赏价值。

应用类型的分类表

银杏实特有的多功能的树种,在我国栽培历史悠久,变异类型多样,绝大多数又是雌雄异株。近代,许多专家学者按照各自的观察标准,采用不同的分类方式和等级,对银杏进行了种类分类,至今尚未取得统一。以市场为导向,以经济效益为中心,根据银杏的应用价值,综合现有的研究成果,结合自己的调查,将银杏分为 10 个类型,现列表分述如下。

应用类型的分类

序号	应用类型	代表种类	主要产地	主要经济性状特点
1	高产白果类	大佛指等	江苏泰兴等地	核单粒重3 g以上;50年生雌株,株产50 kg以上
2	早熟白果类	早熟大佛指	江苏洞庭山	白果提前至8月底至9月初成熟
3	甜糯白果类	圆铃甜白果	山东沂河两岸	质细、性糯、味清甜
4	药用白果类	小药果、九月寒等	湖北金寨、霍山	粒小、仁苦,药用价值较高
5	叶用银杏类	叶用优株、七星果	江苏邳州、山东郯城	叶片大而厚、速生、黄酮苷含量高
6	材用银杏类	梅核、龙眼	全国银杏产区均有分布	干形通直、材大质优
7	观赏银杏类	垂枝银杏等	广西灵川、浙江金华	枝条细长,下垂2 m左右,极美观
8	多果银杏类	葡萄果等	广西灵川	多双果,有如葡萄成串
9	授粉率高银杏类	眼珠子	浙江长兴	种子受精充分,发芽率在96%以上
10	叶籽银杏类	叶籽银杏	湖北安陆、随州、京山	有部分雌球花,着生于叶片边缘,是研究银杏起源和演化的好材料

应用理论公式计算授粉最佳期

应用理论公式计算授粉最佳期

时间(月·日)	1.15	4.16	4.17	4.18	4.19	4.20	备 注
≥10℃积温(℃)	418.0	436.9	453.8	472.7	496.0	518.3	
日照时数(h)	396.2	403.4	412.7	423.5	433.2	433.8	1月1日以来的累计值
降水量(mm)	428.7	428.7	428.7	428.7	428.7	428.7	
理论预测距3月	32.5	32.7	32.8	33.3	33.6	33.7	
19日的天数(月·日)	(4.20)	(4.21)	(4.21)	(4.21)	(4.22)	(4.22)	

婴幼儿秋季腹泻

银杏叶100 g(鲜叶150 g),加水2000 mL。水煎20分钟。待水温降至不烫手时,浸浴搓洗患儿双脚20 min,一日洗2次,第二天就可见效。

营建采穗圃的意义

目前,国内大多数银杏结种树为实生树,种核产量低、籽粒小、品质差。为改变这一弊端,采用优良品种接穗嫁接繁殖苗木,加强科学管理,是促其提早结实、品质优、高产、稳产的根本措施之一。但由于银杏树生长较慢,现有的优良品种群体数量较少,因此不能提供大量的接穗用于嫁接。因此,选择优树建立良种采穗圃,专门用于剪取接穗,通过无性繁殖,才能向生产单位及果农大量提供品种纯正、生长健壮的优良苗木。

营建采穗圃的作用

①保存优良无性系。优良无性系一旦破坏或混入杂种,将造成不可弥补的损失,若建有采穗圃,则能完好地予以保存。②穗条系无性繁殖而来,在无性繁殖条件下,能够保持枝条的遗传品质不变,性能稳定。③实行集约栽培,穗条生长健壮,组织充实,嫁接成活率高。④有了采穗圃,优良品种繁殖量多,加大了推广速度。良种穗条很快用于大田生产,有利于提高银杏的产量与品质。⑤在剪取接穗的同时,可结合进行修剪、喷药、施肥、化控促花、促种等一系列的试验研究。

《营田辑要》

该书由清朝黄辅辰撰写,成书于1680年左右。全书共4编,是论述屯田最系统、最完整的农书。银杏记载于第四编主要内容取材于《墨客挥犀》和《种艺必用》诸书,创新较少,主要记述银杏的种植技术和银杏疗病的作用。但书中亦有"核三棱为雄,二棱为雌"及"雌树,取雄木纳之,封以泥,亦实"的错误传抄。

营养钵

含有较多营养物质用以培育银杏幼苗的钵状物。将泥土或泥炭,与肥料、水等以适当比例混合后,放入制钵器具内制成。常应用于银杏育苗,可使幼苗获得较多养分;移栽时,将秧苗连同钵一起种入大田,不伤根系,容易成活。也有用稻草做成的草钵;用废纸做成的纸钵或用黏土做成的黄泥钵;以及利用河泥的黏结性能,加入适当的畜粪做成的冠泥土块等。

营养钵育苗

和农业上玉米用营养体育苗一样,银杏也可以用营养钵育苗,不仅能节省种子和苗圃用地,而且培育的苗木根系发达,苗木移栽成活率高,也适合于机械化管理。

营养餐

以银杏、大豆、玉米膨花粉、谷物片为主要原料，经科学配伍加工制成银杏营养方便食品，适合现代人们均衡饮食和完整营养结构的饮食需求以及现代方便即食的快节奏生活方式。

营养成分

目前，已知银杏生长的必需元素有碳（C）、氢（H）、氧（O）、氮（N）、磷（P）、钾（K）、钙（Ca）、镁（Mg）、硫（S）、铁（Fe）、硼（B）、锰（Mn）、铜（Cu）、锌（Zn）、钼（Mo）、氯（Cl）等共16种。鉴于这些营养元素在植物体中的含量不同，又可分为大量元素和微量元素。大量元素有碳、氢、氧、氮、磷、钾、钙、镁、硫等9种，微量元素有铁、硼、锰、铜、锌、钼、氯等7种。另外，银杏生长发育还需少量钴（Co）、碘（I）、钠（Na）等元素。尽管银杏对这些元素的需要量有多有少，但所有这些必需元素对银杏营养和生理功能都是同等重要，彼此之间是不可替代的。在银杏生长必需的16种元素中，碳、氢、氧来源于空气和水，植株比较容易获得，另外13种为矿物元素，即氮、磷、钾、钙、镁、硫、铁、锰、锌、硼、铜、钼、氯，这些元素要依赖于土壤供给，其中氮、磷、钾3种元素需要量最大。这些必需的营养元素主要以离子的形式被银杏吸收。对大佛指和马铃银杏的叶片、新梢、根和种仁中的营养成分进行了分析，结果表明，大量元素氮、钙、镁在叶片中含量最高，磷、钾在种仁中含量最高；微量元素铁在根中含量最高，锌在种仁中含量最高，锰在根中含量最高。植物需要各种矿物元素以维持正常的生理功能。这些矿物元素，有的作为植株的组成成分，有的调节其生理功能，也有的兼具这两种功能。矿物元素主要存在于土壤中，由根系吸收进入植物体内，然后被输送到需要的部位，加以同化，以满足植物的需要。银杏在生长发育和开花结实的各个阶段，均需要从土壤中吸收各种营养元素。为此，必须根据不同培育目的、不同树龄、不同物候期对肥料的需求规律，结合土壤、水分管理和其他栽培技术，及时补充肥料。

营养繁殖

由根、茎、叶等营养器官形成新个体的一种繁殖方式。银杏的各个营养器官均有一定的再生能力，例如，枝条能长出不定根，根上能产生不定芽等，从而长成整体。农业上利用银杏具有这一特性而进行扦插、压条等方法繁殖。苔藓、蕨类和低等植物以营养体断裂的方式进行营养繁殖也很普遍。在植物中与无性繁殖系同义语。

营养繁殖苗

利用银杏的营养器官繁殖的苗木，根据繁殖方法命名。例如用扦插法繁殖的苗木称为扦插苗，用嫁接法繁殖的苗木称嫁接苗等。

营养器官

维管植物（蕨类植物和种子植物）根、茎、叶的总称，即构成植物体的基本器官，进行吸收、同化、运输、贮藏等有关营养的生理活动。

营养器官化石的基本类型

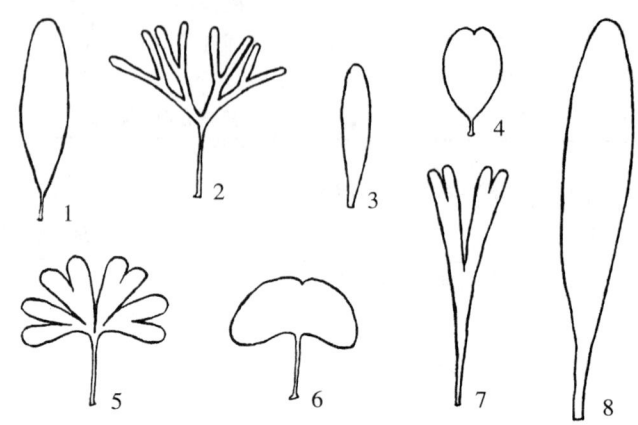

营养器官化石的基本类型
1.桨叶 2.拜拉 3.假托勒利叶 4.准银杏 5、6.似银杏 7.楔拜拉 8.舌叶

营养生长

银杏的根、茎、叶等营养器官的发生和生长。一般是以种子到花芽形成为营养生长期。这是银杏转向生殖生长的准备阶段。营养生长要有一定的生长量，生殖器官的发育才有充足的物质基础。但营养生长过旺，对以获得种子为经济产量的银杏来说，会影响其生殖器官的发育。反之，营养生长过弱，生殖器官的发育也同样要受到严重影响。因此，在银杏生产上要采取合理施肥、灌水、整形、修剪等措施，对银杏的营养生长既促又控，以与生殖生长保持平衡，从而提高其经济产量。

营养生长物候期

3月中旬树液开始流动，3月下旬芽萌动膨大，3月底—4月初露绿，4月上旬末发芽、展叶，4月中旬叶全展，新梢开始抽生，5月中旬为新梢旺盛生长期，6月下旬新梢逐渐停止生长，旺树延至7月初停止生长，同时花芽开始分化。10月下旬叶发黄，11月上旬开始落叶。

营养生长物候期

是指银杏的各营养器官，比如芽、叶、枝等，在各周年生长过程中的特征表现，如芽的绽放、叶的展开、枝的木质化等。

营养素

维护银杏机体健康以及提供生长发育和劳动力所需要的各种饮食物所含的营养成分,包括蛋白质、碳水化合物、脂肪、无机盐(矿物质)、维生素、粗纤维和水等 7 类。

营养细胞

从广义上来说,凡提供营养的细胞及非生殖的细胞,统称为营养细胞。

营养叶

能进行光合作用的绿色叶。营养叶的大小、形状常因个体发育的不同阶段和环境条件的影响而有所不同。

营养元素的需求

①银杏树体的营养状况,除与当年自土壤吸收的营养有关外,在很大程度上还依赖于树体内贮藏营养的水平。春天根系生长和枝条发芽、抽枝长叶、开花结果都是靠上年贮藏的养料。②银杏树对多种营养元素的盈亏较大田作物敏感,对营养元素间的相互作用和拮抗作用的反应也较一般作物敏感。而且,银杏栽培后长期不动,根系从土壤中长期地有选择性地吸收某些营养元素,长此下去,极容易造成这些元素的亏缺,因此银杏树的缺素或营养失调现象更加明显。③采叶银杏表现的缺素和营养失调比结果银杏(不采叶)更加明显,且严重。银杏叶制造的有机营养,除供当时抽枝、生叶、果实增大外,还需不断供应枝干增粗,根部生长,以及作为根系吸收营养的动力。到秋季落叶前银杏叶中的大量有机营养加速向枝干、根部回流贮藏起来,供来年使用。银杏黄叶落到地上,经腐烂后,矿质元素又回到土壤中。9—10 月,因温度适宜,光照充足,正是银杏光合效率最高的时期,也是营养开始大量回流时期,此时银杏采叶园若将银杏叶一次性采摘完,则会造成银杏树体的亏损,尤其是根系呈饥饿状态,致使土壤上层的吸收根系大量死亡,冬季抗寒能力减弱。

营养元素对银杏生理功能的影响

营养元素对银杏生理功能的影响

营养元素	主要生理功能
碳(C)、氢(H)、氧(O)	光合作用的原料,氧和氢还参与银杏体内生物氧化还原过程
钙(Ca)	对碳水化合物和含氮物质代谢有一定的影响,能消除铵、氢、氯和钠等离子对银杏植株的毒害作用,增强对病虫害的抵抗力
镁(Mg)	叶绿素的成分,能促进磷酸酶和葡萄糖转化酶的活化,有利于单糖的转化,参与碳水化合物的代谢过程
硫(S)	构成蛋白质和酶的主要成分。参与氧化还原过程,促进根系生长
铁(Fe)	叶绿素形成不可缺少的元素,促进呼吸,加速生理氧化
硼(B)	对根、茎等器官的生长和幼小的分生组织的发育以及银杏的开花结实均有一定的作用,并能增强光合作用,改善有机物的供应和分配,促进氮素代谢,增强抗病能力
锰(Mn)	酶的活化剂,参与光合、呼吸和硝酸还原作用及叶绿素的形成
铜(Cu)	各种氧化酶活化基的核心元素,参与植株体内氧化还原反应,促进叶绿素的形成
锌(Zn)	促进碳酸的分解,参与光合作用、呼吸作用以及碳水化合物的合成和运转,参与氧化还原过程,促进酶的活化
钼(Mo)	硝酸还原酶的成分,参与硝酸态氮的还原过程
氯(Cl)	参与光合作用
钴(Co)	参与酶的活动,促进细胞生长,促进有效能源 ATP 合成反应和花粉的生长及呼吸作用

营养元素缺乏症

银杏生活中缺乏必需的营养元素时出现的生长不良现象。不同元素的缺乏引起不同的症状。

营养元素吸收量的季节变化

现已查明各种元素的作用和相互关系,在年周期内各物候期对营养元素的吸收量也是不均衡的。了解不同生长时期营养元素吸收的变化,可作为适期、适量施肥的依据。以银杏结种树为例来说明年周期内对主要营养元素吸收的季节性变化。①萌芽开花期。在银杏花朵、新梢和幼叶内,氮、磷、钾 3 种元素的含量都较高,尤其是氮的含量最高,说明萌芽开花时对营养的需要甚为迫切。但此时主要是利用树体内上年贮藏的养分,而对土壤中主要养分吸收的数量并不多。②新梢旺盛生长期。此时是果树发育前期,树体生长量大，是3种元素吸收量最多的时期。其中，以氮的吸收量最多，其次为钾，而磷较少。③花芽分化和种实膨大期。此时，因种子的迅速成长，需要的主要营养元素的数量也较多。而种子的发育特别需要钾。此时期钾的吸收量往往高于氮，而磷的吸收量仍比钾和氮少。④种子采收至落叶期。此时期主要是养分回流，贮存有机物质，树体仍能吸收一部分营养物质，但吸收的数量显著减少。由上看出，对3种元素的吸收从发芽前即开始，而氮的吸收以6—8月份为最高，种实采收后下降很大，主要与新梢的旺盛生长和种子的迅速发育密切相关，对钾的吸收以7—8月份为最高，主要与种实的迅速膨大有关；而磷的吸收量较氮、钾少，且各生长时期比较均匀。在施肥时必须了解各元素本身的特性及其相互关系，了解营养元素吸收量的季节性变化，了解土壤中各元素的状态，分析银杏树体缺乏某种元素的原因，采取相应的有效措施，正确掌握施肥期、施肥量、施肥方法等，才能取得良好效果，促进银杏生长发育，获得种、材双丰收。

营养元素在银杏吸收根表皮的分布规律

营养元素在银杏吸收根表皮的分布规律   单位：%

处理时间	Na	Mg	Al	P	S	Cl	K	Ca	Fe	Cu	Au
0.5 h	1.44	1.19	2.72	1.45	1.81	1.45	8.42	1.78	0.32	0.84	78.58
1 h	1.88	1.76	3.60	1.21	1.94	1.78	8.09	1.72	0.31	1.05	76.65
2 h	2.76	3.05	3.68	2.48	2.97	1.80	10.09	2.38	0.43	1.00	69.36
4 h	5.82	4.13	4.19	3.63	4.00	2.57	23.01	4.87	1.03	1.13	45.87
6 h	2.32	1.53	2.42	4.01	2.49	0.66	19.64	4.97	0.26	0.70	61.00
8 h	2.57	2.48	5.75	3.71	2.20	1.71	20.55	5.09	0.59	1.02	54.33
10 h	4.47	3.86	3.68	5.45	8.07	4.99	12.62	1.57	1.29	0.57	53.43
12 h	5.80	4.82	6.77	4.13	8.04	3.08	15.35	3.34	1.39	0.63	46.65
24 h	3.51	3.19	4.42	4.06	7.8	2.73	22.86	5.81	2.39	0.85	42.37
48 h	2.56	3.47	2.77	2.99	2.14	1.51	14.23	1.16	0.24	0.38	68.55

营养元素之间的相互关系

银杏生长发育需要多种元素，各元素间的相互关系，既有相助作用，又有拮抗作用。只有各种元素在银杏树体内保持相对动态平衡，才有利于生长和结果。①相助作用。当银杏树体内一种元素增加会增加其他元素的吸收，这称为相助作用。如氮素增加，叶片内的钙和镁的含量也随着增加。镁是磷的载体，土壤缺镁，磷肥不能吸收，如果增施镁肥，就能增加磷肥的吸收。喷锌也可以增加对磷的吸收。而硼可以增加对钙的吸收。②拮抗作用。当一种元素吸收增加，而对其他元素吸收就减少，这叫拮抗作用。氮的施肥量增加，就对钾、硼、铜、锌、磷的吸收有影响。而磷施得过多，对氮、钾的吸收也有妨碍，还会引起缺锌、铜、铁、锰，尤其铁不活化。钾过多，对钙和镁的吸收减少，表现缺镁，镁缺乏又会引起缺锌和锰。镁是磷的载体，当土壤缺镁，又大量施磷，则磷不但不能吸收，反而会发生缺铁和铜。镁多了，会引起缺钾和钙。增加氮素，不增加磷、钾，就会出现氮过多，而磷、钾不足，造成枝叶徒长，不充实，影响结果。反之，氮不足，磷、钾会出现过剩现象，影响氮的吸收，也会造成生长不良。所以施肥不当会产生一系列的连锁反应，因此要根据土壤状况和银杏需肥特点进行施肥，以最少的施肥量取得最高的效益。

营养杂交

即"无性杂交"。

营养诊断

为预防银杏因营养元素不足或过多，生长不正常，对银杏所做的诊断。可以根据溶液培养试验看到的营养元素缺乏症来诊断银杏对某些元素的缺乏。银杏的生长速率是叶内营养元素实际浓度的函数。叶里营养元素浓度可以表示银杏生长的潜势。用化学分析测定叶内营养元素，如氮、磷、钾的浓度（叶分析），可以确定银杏各生育时期营养元素的足够水平和临界水平。超过足够水平表示某一营养元素供应过多；低于某一营养元素的临界水平将出现该元素的缺乏。

营养枝

只长叶而无花、果的当年生枝条。它主要起增加枝叶量、光合生产积累营养与扩大树冠的作用，又称生长枝。尚未结果的果树，所有新枝都是营养枝；已结果的树，营养枝与结果枝可相互转化。营养枝是果树营养生长的基础，有了一定数量健壮的营养枝，才有可能产生结果能力强和数量多的结果枝。

营养贮藏蛋白质

是许多落叶树种越冬期间贮藏氮的主要形式。银杏营养贮藏蛋白质主要存在于枝条的皮层和木质部中；当年生枝条含量高于2年生枝条，皮层的含量高于木质部。银杏营养贮藏蛋白质的动态变化分为积累和降解两个阶段。5月份随着新梢伸长及新生叶片的形成，新梢开始积累营养贮藏蛋白质，在生长季节，贮藏蛋白质含量不断增加，在12月份含量达到最高，在整个越冬期间一直保持高含量水平，直到翌年春季芽萌发时，贮藏蛋白质迅速降解、转移再利用，满足新梢生长发育的要求。

营养贮藏蛋白质的分布规律

采用光学显微镜技术检查营养贮藏蛋白质在银杏树木中的分布。通过对银杏枝条和根系贮藏组织的组织化学染色后观察发现，贮藏蛋白质细胞中有许多被汞—溴酚蓝染成鲜蓝色的颗粒，它们就是营养贮藏蛋白质。银杏营养贮藏蛋白质主要分布在枝条的皮层、木质部和根中，当年生枝条皮层的含量高于木质部和同时期根中的含量。银杏的贮藏蛋白质分布在次生韧皮部，这是树木营养贮藏蛋白质分布的一般特点。

营养贮藏蛋白质的免疫标记

采用间接酶标免疫光镜细胞化学定位和胶体金免疫电镜细胞化学定位技术对银杏营养贮藏蛋白质进行了免疫标记分析。结果表明：运用制备型 SDS - 聚丙烯酰胺凝胶电泳分离并制备了银杏 32kDa 和 36kDa 两种营养贮藏蛋白质抗原，采血提取抗血清后，双向琼脂免疫扩散试验检测，成功获得了银杏 32kDa 和 36kDa 两种营养贮藏蛋白质的多克隆抗体。间接酶标免疫光镜细胞化学定位和胶体金免疫电镜细胞化学定位均证明 36kDa 和 32kDa 蛋白质是银杏的主要营养贮藏蛋白质。

营养贮藏蛋白质的糖蛋白

应用 SDS - 聚丙烯酰胺凝胶电泳技术结合碘酸 - Schiff 试剂染色法对银杏不同部位的营养贮藏蛋白质进行研究。结果表明：银杏营养贮藏蛋白质具有典型的糖蛋白特性；经过糖基化的蛋白质在银杏不同部位广泛存在；枝条中贮藏蛋白质含量明显高于根系，而枝条韧皮部中的含量明显高于木质部；不同器官中的营养贮藏蛋白质存在明显的季节性变化。

营养贮藏蛋白质细胞的动态变化

枝条和根系中的营养贮藏蛋白质存在明显的季节变化，枝条中可以分为积累期（5月至11月下旬）和降解期（2月下旬至4月初）两个阶段，根系中可以分为积累期（5月至12月）和降解期（1月至4月）两个阶段。不同时期营养贮藏蛋白质在细胞中形态不一，染色深浅也不一致。

影响银杏茶保鲜的主要因子

银杏茶保鲜是银杏茶促销的重要措施。使消费者一年四季可享受到新茶的风味，增强银杏茶市场的竞争力。这对促进银杏茶的营销、提高经济效益带来了益处。经保鲜贮藏的银杏茶，色泽、香味、滋味，尤其是新鲜度，可基本保持原有特色。因此，银杏茶保鲜技术的推广和应用，对推动我国银杏茶的产、销有着举足轻重的作用。含水量6%以下的银杏茶，具有很强的吸湿还潮特性。银杏茶吸湿还潮后，其内含物会发生不同程度的氧化作用，或使内含物转化成其他物质，从而使银杏茶变色、变味、陈旧等，失去新鲜感。现将影响银杏茶保鲜的主要因子介绍如下。

①含水量。水分是银杏茶化学成分反应的溶剂，茶叶含水量愈高，愈易变劣。实验表明，雨天，将干燥的银杏茶暴露在空气中，其含水量每小时可增加1%左右。

②温度。实验表明，银杏茶在 -20℃ 条件下贮藏时，可完全防止变质；在 -10℃ 条件下贮藏时，基本可抑制化学反应过程。温度每提高 10℃，银杏茶的褐变速度可加快 3~4 倍。因为温度的提高会加速银杏茶的氧化，茶叶中某些化学物质在氧气的参与下，使银杏茶的色素和芳香物质会遭到不同程度的破坏。使汤味变淡，或浑浊不清，香味陈化。

③空气和阳光。空气中的氧气化学性质十分活跃，几乎能和所有的物质起化学反应。实验表明，银杏茶在无氧条件下贮藏，自动氧化可完全控制，茶叶品质可以长期不变。阳光除了能促使银杏茶中叶绿素氧化色变外，还能使茶叶中某些物质发生光化反应，产生一种令人不快的"日晒味"。

除上述影响银杏茶保鲜的主要因子外，还有银杏茶本身的品质和加工技术，以及采取的保鲜措施和保鲜时间长短。因此，要提高保鲜效果，必须综合考虑，采取最佳方案，以达到保鲜目的。

影响银杏古树健康的内部因素

树龄老化是影响古树健康的核心内部因素。当树木进入自然成熟阶段以后，随着树木年龄的进一步增长，根系发育能力逐渐衰退，使树根吸收水分、养分的能力越来越不能满足地上部分的需要；老化和养分吸收量不足致使树木生理机能逐渐下降、生命力减弱，从而导致内部生理失去平衡，部分树枝逐渐枯萎落败。

影响银杏古树健康的人为因素

①工程建设。随着经济的不断发展，我国各类工程的建设增加了许多。但是在城区改造、修路、架桥等建设过程中，由于对树木根系分布不了解，因此会对古树树干和根系造成损伤，并对其生境造成破坏等，严重影响了古树的健康。②树干周围铺装面积过大。城市

很多地方用水泥砖或其他材料铺装古树树干周围,而且铺装面积很大,留下很小的树盘,严重影响了地下与地上部分的气体交换,使古树的根系通气性、透水性都处于极差的环境中,导致根系生长恶劣,而且树池小也不利于浇水、施肥,影响古树的生长,严重影响其健康状况。③践踏导致土壤密实度过高与理化性质恶化。古树多数生长在宫、苑、庙或宅院内、农田旁,游人密集,地面受到大量践踏,造成土壤容重提高,使土壤板结、紧实度高,进一步导致土壤中氧气含量和透气性降低,机械阻抗增加,严重影响土壤的气体交换,并因严重限制根系的生长而影响数木对土壤养分的吸收,进而造成树木长势减弱。④在古树名木周围,随意倾倒工业废料,如白灰,水泥,有毒物质,各种生活污水、垃圾等污染物,使树体周围土壤的酸碱浓度、重金属离子含量大幅增加,有害物质含量增加,导致土壤理化性能恶化,也会对古树名木造成伤害。⑤管理不善。古树生长时间长,虽然当地群众有保护意识,但是缺乏资金投入和技术,未对古树采取切实可行的保护措施,使树体生长受到严重影响。⑥其他人类活动造成的直接影响。人们在古树下堆放杂物,如建筑材料、燃料等,会影响古树的健康,甚至会导致古树死亡;也有在树上乱画、乱刻、乱钉钉子、攀折树枝、削剥树皮、烟熏、火烤,造成树木流胶、流液,影响树木生长,长势衰弱,致使树体受到严重损害甚至死亡。

影响银杏古树健康的自然因素

①极端气候。古树因树体高大且多为孤立木,极易遭受到台风、雷电、冰雹、干旱、雨涝、风暴、冰雪、火灾等气候因子的危害,造成树体烧伤、断枝、折干等或者树木严重损伤,削弱了树势的生长,使其生长不良,甚至濒临死亡。②病虫害。由于古树年龄大、年代久远,以及自身抗逆性的衰退,容易遭受病虫伤害,导致树势减弱、抗病性差、受食叶害虫和蛀干害虫为害严重,进而因生长失衡导致树体倾斜、枝条枯萎断裂,加剧了古树的衰弱和死亡。所以,对古树病虫危害(尤其是心材腐烂)程度的监测成为古树健康研究的热点之一。③土壤因素。生长于人居环境中的古树,由于长期受到人为活动的影响,土壤养分状况较差,往往达不到树木正常生长发育的需求,因而导致树木生长衰弱。然而,关于古树对土壤养分的基本需求状况尚无系统研究结果,因此采用土壤养分状况判断古树健康尚缺乏理论基础。

影响银杏光合作用的因素

影响光合作用的因素很多,大致可以分为内部因素、外部因素和栽培因素3个方面。①内部因素。果树的遗传特性或者基因型是决定光合速率的最重要的因素。因为叶片固定CO_2的能力的高低,决定于叶绿体内有关的酶系统,而酶系统又为细胞器的基因所决定。光合酶系统如RuDP羧化酶等在一定条件下的活性的高低。叶片阻力的大小决定了CO_2进入叶片的速率或者水汽扩散的速率,叶片的结构、着生位置、叶龄和比叶重以及果实的存在等因素也对银杏的光合作用有一定的影响。②环境因素。在光补偿点和光饱和点的光照范围内,光合效率与光照强度成正相关,CO_2浓度比较高,光合速率就较大。水分除了一小部分直接用于光合作用之外,其对光合作用的主要调节作用表现在影响原生质体特别是叶绿体的水合度、CO_2的扩散阻力、羧化酶的活力、温度、物质的运输等方面。银杏树叶片的光合作用还受到温度的影响,一般在20~30℃的温度范围内,银杏树的光合速率较高。③栽培因素。树体结构对光合作用有着较大的影响,树体通风透光好,比表面积较大,获得的有效辐射较多,光合效率较高。环割抑制了环割以上部位的光合作用,病虫害导致叶片着色不良,降低了光合效率,部分农药等物质对银杏树的光合作用也有影响,主要表现在农药阻塞气孔,改变叶片的光学性能和热平衡以及对代谢过程的干扰等方面。

影响银杏花粉中营养成分含量的因素

①产地与着生部位。研究表明,不同产地的银杏树以及同一棵树的不同树冠部位,银杏花粉中各种营养元素的含量差别较大。②树龄。随着银杏树龄的增加,银杏花粉中可溶性糖和蛋白质的含量也随着减少,同时,银杏花粉中的黄酮含量也呈现显著降低的趋势。③贮藏时间。一般来说,银杏花粉的贮藏时间越长,花粉活力越小,花粉中的黄酮含量就越低。研究表明,新鲜的银杏花粉中的黄酮浓度达2.4%以上,贮藏1年后,黄酮浓度明显降低,约1.37%以上。④加热处理。研究表明,随加热温度的增加和加热时间的延长,银杏花粉中的天然维生素E的含量呈现显著减少的趋势,并且加热温度的影响大于加热时间的影响。花粉中的黄酮含量虽然也随加热温度与时间略有变化,但变化的幅度不大。因此,银杏花粉中的天然维生素E对加热的温度与时间非常敏感,而黄酮受加热处理的影响不显著,说明黄酮有较高的热稳定性。

此外,在测定银杏花粉中的营养元素时,用酶液进行破壁处理后的花粉中黄酮含量比与未用酶处理的花粉含量高,并且用不同的酶处理后所得到的花粉提取物中,黄酮的含量也不相同。因此,破壁处理的好坏对银杏花粉中黄酮含量的测定影响很大。

影响银杏花芽分化的因素

花芽分化受到母树营养和生长调节物质的影响。适量施用氮肥有利于花芽分化,但过量施用氮肥会抑制花芽分化。施用磷肥也具有促进花芽分化和着花的作用。植物生长激素和赤霉素等生长调节物质对花芽形成和分化都具有较大影响。史继孔等(1999)在贵阳地区银杏的研究中发现,银杏雌花芽形态分化前的5月初,玉米素(zeatin, ZT)、脱落酸(abscisic acid, ABA)含量是一年中最高时期,而异戊烯腺嘌呤类(isopentenyl adenines, iPAs)的高峰晚20 d出现,到6月份,随着形态分化开始,ZT、iPAs和ABA的含量开始下降并维持较低水平,11月开始落叶时,ABA含量迅速上升。吲哚乙酸(indole acetic acid, IAA)在5月中旬出现峰值,因为较高含量的IAA可能具有促花的作用,进入6月份形态分化开始后则在略低水平上波动,9月底开始缓慢下降。花芽分化与温度、光照和水分条件等环境因素有关,因为环境条件的好坏不仅直接影响到银杏的光合作用和营养生长,还会影响到银杏体内的内源激素形成。

影响银杏嫁接成活的因子

①气象。主要表现在气温、空气湿度、光照强度等气象因子上。晴天气温高,空气湿度小,光照强,蒸发量大,嫁接成活率低;阴天,气温相对低,空气湿度大,光照低,蒸发量小,有利于嫁接成活。银杏嫁接的最适宜温度为20~25℃。春季以3月下旬至4月上旬;秋季以7月下旬至8月下旬为宜。

②砧龄。2年生砧木枝叶多,根系发达,根量多,枝、叶、根贮藏养分多,生长比1年生苗木旺盛,嫁接成活率高;反之,1年生砧木嫁接成活率相对较低。生产实践表明,用2年生砧苗嫁接成活率可达91%;用1年生砧苗嫁接成活率可达72%。

③砧木和接穗。接穗必须粗壮,芽子充实饱满,采后不失水。用于春季枝接的接穗应在芽萌发前的10~20 d采下;用于夏、秋季嫁接的接穗最好随采随嫁接。砧木应生长健壮,营养器官发育正常良好,树体内贮藏的营养物质多,嫁接后则易成活。土壤干旱的地区,嫁接前3天应灌一次透地水。

④嫁接技术。嫁接时,嫁接刀要锋利,削面务必平滑。削面要准确,操作时间要缩到最短。接穗形成层与砧木形成层一定要对准、对严、对牢。包扎要严密,不得过紧或过松,不得渗水、透风。

⑤接后管理。接后还应注意及时除萌,防治病虫害,枝条萌发后架设支柱、摘心、施肥、浇水等管理工作。

总之,影响银杏嫁接成活的因子是多方面的,嫁接必须严格执行操作规程,环环扣紧,决不可有丝毫马虎。操作中,嫁接手必须技术娴熟,严肃认真,一丝不苟,否则,将会前功尽弃。

影响银杏嫁接成活诸因子之间的相互关系

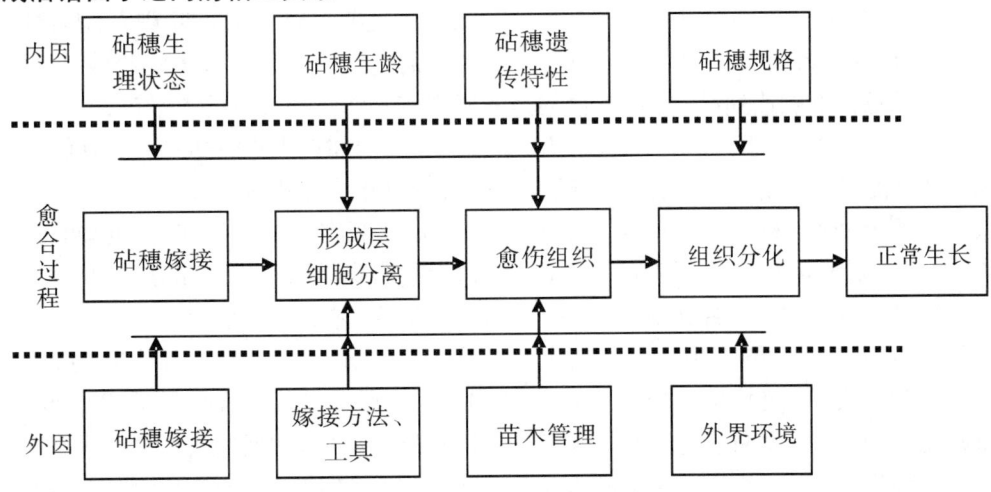

影响银杏嫁接成活诸因子之间的相互关系

影响银杏结种的主要因素

影响银杏花芽分化、种实生长发育的一切因素都会影响到银杏种核的产量和质量。影响银杏结实的主要因素包括内因和外因两个方面。内因主要包括母树自身的营养、发育情况和林分群体结构;外因主要包括土壤条件、光照条件、温度条件及降水等条件。银杏种实产量和质量的提高,关键是要做好林分结构的调整、人工授粉及水肥管理等工作。林分密度过大,应该及时疏伐;枝条过于密集,应适时疏去寄生枝。银杏的花粉依靠风力传播,因此,雄树的数量和比例及气候条件(如风力、风向等)等因素均影响到花粉的传播和授粉的效果,从而会对种实的产量和质量产生显著的影响。适时进行人工授粉也是保证银杏种核高产稳产的重要措施。土壤水分条件对银杏种实的生长和发育十分重要,因此,要做好及时的灌溉和排涝工作。养分不足会导致银杏的落花落实,因此,要及时追肥以补充树体所需的养分。

影响银杏人工授粉的气象因子

影响银杏人工授粉最佳期的主要气象因子是积温、日照时数和降水量。银杏人工授粉坐果率低而大量落花的原因是异常的气候条件,如大量雌花成熟前的浮尘(北方的沙尘暴),阻塞了授粉孔;另外,长期低温阴雨、光照不足、大雪等,使雌花发育也受到一定影响。

影响银杏生长发育的环境因子

影响银杏生长发育的环境因子很多,温度、水分、光照、土壤等是银杏生长发育必不可少的基本环境条件,人们常称这些因子为生存条件;另一些因子,如海拔高度、地势、坡度、坡向、风、霜等,对银杏生存虽不起直接作用,但对上述基本环境条件的变化却产生间接影响,有时也会上升至基本环境条件,人们常把这种条件称为辅助条件。

影响银杏施肥量的因素

银杏一生中的需肥情况,是随树龄的增长、结种量的增加、树势的强弱、土壤的肥瘠程度、肥料的种类、不同的物候期、当年产量多少、不断变化的环境条件以及树种、品种等多方面的影响而变化的。也就是说,施肥量受多种因子的控制。在一定范围内,增加施肥量,能提高产量。但施肥与产量的关系,并不是肥越多产量越高。若施肥过量,反而会影响树体营养生长和生殖生长,失去平衡,不能达到种、材双丰收的目的,甚至会造成树体生长衰弱。因此,必须从各方面进行综合分析,才能正确提出银杏园的合理施肥量。各地果农总结了看天施肥(根据天气晴雨,决定施肥时间、肥料种类和施肥数量),看地施肥(根据土壤类型、土壤贫瘠程度和含水量多少,决定施肥浓淡、种类和数量)和看树施肥(根据树龄大小、生长势、生长发育时期决定肥料的种类、施肥数量和施肥方法)的经验。一般原则是小树少施、大树多施;贫瘠地多施,肥沃地少施。全年施肥4次。这样的银杏园一般都会获得高产、稳产。

影响银杏叶提取物质量的十大因素

①采叶与干燥:多在9月份采用快速脱水干燥法。②粉碎:不论选何溶剂,均应粉碎后提取。③严格控制提取时的pH值、温度和时间3个参数。④过滤:一般以压滤为佳。⑤溶剂的选择:由工艺和提取物的应用目的决定。⑥净化:包括用水、含醇水并结合pH值调节,尽量除掉小分子糖等杂质,避免产品吸潮。⑦分离:不论络合吸附分子筛或解析,都应考虑pH值因素,以保持有效成分分子状态的纯真性。⑧浓缩:以低温减压为原则,当提取液被浓缩至1/5~1/10时,前后pH值差最好不超过±0.3,严防酯苷水解。⑨干燥:是关系到产品质量和疗效的最为关键的一步。为防止酯苷水解和糖分子脱水(包括结合和非结合糖),应采取低温、减压快速干燥体,注意所示温度的真实性。⑩包装:为使产品达到卫生标准,可采用无菌操作,特别在夏秋季节尤为重要。

影响银杏叶有效成分含量的因素

影响银杏叶中黄酮和内酯含量的因素除采叶时间外,树龄对其影响也较大。一般来说,银杏幼树叶中黄酮和内酯含量要高于银杏大树。因此,银杏叶用园应采用萌芽更新的经营方式,以获得高质量银杏叶。另外,性别、地理环境和气候对银杏叶有效成分含量也有一定的影响。

影响银杏叶中黄酮类化合物含量的因素

①产地:由于地理、气候、土壤等生态条件的差异,因此各地的银杏叶中黄酮含量变化较大。测得11月份的江西省武宁地区的黄酮含量为2.97%,而鄱阳地区的含量仅为0.84%。不同气候区之间,银杏叶中两类成分的含量存在很大差异,贵州高原区银杏叶中总黄酮和总内酯的含量明显高于其他地区。

②树龄和叶龄:随着树龄的增加,银杏叶片中黄酮含量逐渐下降。银杏叶中黄酮类化合物的含量随树龄的增加而呈逐渐减少的趋势。其中以1~3年生银杏实生幼树叶黄酮的含量为最高,15年生的含量明显下降,老树叶与幼树叶中黄酮苷含量的变幅特别大,老树叶的变幅为0.2%~0.7%,幼树叶0.7%~1.8%。济南的样品银杏叶中黄酮醇苷含量4月最高,以后逐渐降低,8月后又渐渐升高,至11月叶子变黄时有降低,整个走势呈"S"形。整个生长周期内以春季叶中黄酮含量最高,4月幼叶为2.75%,老树叶为0.81%,夏季末黄酮含量最低,7月幼叶为1.04%,老树叶为0.47%,因而银杏叶最佳采收时间应在秋季落叶前叶子尚绿时。但由于南北方气温的差异,黄酮最高产量的月份可能略有差异。说明了银杏叶中黄酮含量随季节变化而变化的规律。

③品种:不同银杏品种或单株间黄酮苷含量的差异较大。不同单株含量最大的达1.1%,最小的仅为0.55%。我国主要产区50个雌株品种和优良单株的3~5年嫁接树叶,泰山4号黄酮含量最高,达2.64%,其次,泰山5号为2.22%,甜白果为2.21%,马铃2号为

2.02%,黄酮含量最低的品种有尖底圆铃,为0.95%。

④银杏树的不同器官:银杏植株各器官都有黄酮类化合物的分布,如根、茎、叶等,但不同器官中,含量差异也较大。叶>侧根>主根>枝。据报道,银杏各营养器官黄酮含量的高低顺序为芽>叶>根>枝,但不同的器官、组织及不同来源的材料表现出较大的变异性。

⑤性别:一般雌树中的黄酮含量高于雄树。但有些品种,银杏雄株的黄酮含量高于雌株。

⑥生态因子:充足的光照、肥料和水分能提高单位面积银杏黄酮的产量。在具体的生态因子中,光和温度对银杏叶黄酮的影响最大。在黑暗条件下,无黄酮合成,且黄酮的合成速率及最终含量与光照强度和密度密切相关。就温度而言,适当的低温和较大的温差有利于黄酮合成。

⑦采收期:在银杏树的年生长周期内,随银杏叶的生长,黄酮含量不断下降,到叶黄后有所回升。采自济南的样品银杏叶中黄酮苷含量4月份最高,以后逐渐降低,8月份后又渐渐升高,至11月份叶片变黄时有所降低,整个走势呈"S"形。整个生长周期内以春季叶中黄酮含量最高(如4月份,幼树叶中为2.75%,老树叶为0.81%),夏季末黄酮含量最低(如7月份,幼叶为1.04%,老树叶为0.47%),因而银杏叶最佳采收时间应在秋季落叶前叶片尚绿时。但由于南北方气温的差异,黄酮最高含量的月份可能略有差异。证明了银杏叶中黄酮含量随季节变化而变化的规律。

⑧苗木的繁殖方式:一般认为实生苗叶片含量较高,嫁接苗、根蘖苗、扦插苗的黄酮含量相对较低。

影响银杏叶中内酯类化合物含量的因素

①树龄。银杏树的树龄对叶中内酯类化合物的含量影响较大,一般随树龄的增加,内酯类化合物的含量呈现下降的趋势。银杏幼树(1~6年生)叶内酯类化合物含量在0.30%~0.50%之间,个别高达0.89%,而大树叶的内酯类化合物含量一般≤0.10%。BB含量占内酯类化合物含量的1/3~1/2,其含量变化与内酯类化合物总含量变化趋势相同。而贵州的银杏老树叶与幼树叶测定的内酯含量结果普遍较高,老树叶内酯类化合物含量变幅为0.02%~0.4%,>0.2%者占测定数(140)13.6%,幼树叶内酯类化合物含量变幅为0.1%~1.0%,>0.2%者占测定数(169)94.9%。由此可见,银杏幼树叶的内酯类化合物明显高于老树叶。

②生长季节。银杏叶中的内酯类化合物含量随季节的变化而变化。银杏叶中的内酯类化合物含量在一年中的8—9月份达到最高,然后急剧下降。冷平生等(2001)报道银杏幼苗叶中的内酯类化合物总含量在夏季后期达到最高,约为2.307 mg·g^{-1},落叶前仅为0.770 mg·g^{-1},相当于最高期的1/3。同时研究还发现在一年中,GKA、GKB、GKC和BB这4种萜类内酯所占的份额略有变化,但并没有表现出明显的规律性。

③品种。银杏叶中的内酯类化合物含量受品种的影响较大。13个银杏单株叶中的内酯类化合物含量,发现不同银杏单株内酯类化合物含量差异很大,最高的含量可达0.2%,而最小的仅达到0.1%。对全国7个银杏产区的28个家系的2年生幼苗叶用HPLC法测定了内酯类化合物含量,结果表明,家系间内酯类化合物含量差异十分显著,含量最低的只有0.30%,最高的却达3.75%。从个别化学成分看,含BB最低的家系仅为0.06%,最高则达1.22%。用甲醇提取法测化合物含量比其他品种都高,达0.38%;泰山1号黄酮类化合物含量为2.15%,银杏内酯类化合物含量达0.25%,为选测品种中的双高品种。贵州也发现有一批黄酮类化合物与内酯类化合物含量均高的银杏优良单株,其中黄酮类化合物含量最高达2.74%,内酯类化合物最高为1.17%,如黑银杏。不同的光、热、水、肥条件对银杏叶中内酯类化合物含量的影响,发现银杏叶中内酯类化合物含量受光照强度、温度、水分和施肥多少和种类的影响也很大。

④内酯类化合物的测定方法。主要包括TLC定性分析法、HPLC法、气相色谱法、气相色谱—质谱法、液相色谱—热喷雾质谱分析法等,在定量分析方面主要以HPLC法较为普遍。

影响银杏引种的因子

银杏引种的目的是将外地优良银杏资源引入当地栽培,是丰富本地资源及实现银杏资源共享的一条便捷途径。在引种时要用科学的方法和程序,考虑影响引种成功的各种因子。由于对生长环境的长期适应,因此银杏树种只有在与分布区相似的环境中才能生长良好。环境相似程度越高,越易引种成功。在引种时常需考察下列各因素。

①气候因素。气候是影响银杏生长的主要环境因素。在平均气温大于8℃,极端最低气温不低于−20℃(在人工防寒措施下不低于−30℃),极端最高气温低于40℃的地区,均可进行银杏引种。在此区域以外银杏很难生长,特别是在严寒地区,冬季常因冻害而死亡。

②土壤因素。银杏根系发达,适应性强,对土壤要求不严,在黏土、砂土、轻度盐碱土、石缝中均能生长。但过分瘠薄、潮湿及过于黏重和盐碱化程度高的土壤,不宜引种。

③种内变异。在极端环境条件下生长的银杏,抗逆性通常比较强,繁育后引种到相应的地区可提高成功率。例如,在四川西部的贡嘎山海拔 3 000~4 000 m 的高度上仍生长着一株古银杏,它就可作为高寒地区引种的种源。同样,生长在盐碱、炎热等地区的银杏,均可作为抗性强的种源进行引种。

影响银杏幼树进入始种期的因素

①选用 2~3 年生以上的大砧,培养根系良好的嫁接苗,起苗时保持根系完整,及时浆根保湿,及时早栽,是克服蹲苗,快速恢复生长,快速形成树冠,早结种的重要基础。②选用已形成奶枝 2~3 年生健壮接穗多芽嫁接,并形成 2~3 个分枝,构成幼树冠第一层良好的主枝,快速形成具有一定叶面积的树冠,促进主枝中下部早期形成短枝。是幼树迅速进入始种期的关键技术。③摘心、拉枝、环割、倒贴皮、控梢,促进多级分枝,是促进新梢快速形成短枝,是幼树催花,早结种、早丰产重要的技术措施。

影响银杏种仁中化学成分的因素

银杏种仁中的化学成分受多种因素的影响,如品种、产地、树木年龄等。对广东不同产地佛手和圆子 2 个银杏品种种子进行 9 种有机营养成分的测定分析,结果表明,不同产地佛手和圆子的 6 个样品在不同指标上表现出异质性,广东银杏淀粉和可溶糖含量高,分别达 699.9 g/kg 和 95.9 g/kg;同一产地不同品种银杏种仁营养指标表现出一定差异,佛手淀粉、直链淀粉和维生素 C 含量高于圆子,而可溶糖和支链与直链淀粉比值低于圆子;同一品种不同产地银杏种仁营养指标也表现出差异,在所测指标中不同产地佛手淀粉、支链淀粉、直链淀粉和维生素 C 含量变异系数均在 15% 之内,差异相对较小,其他指标差异相对较大。而不同产地圆子的淀粉、支链淀粉、可溶蛋白和赖氨酸含量变异系数均在 15% 之内,其差异相对较小,其他指标差异相对较大。进而推测广东白果的特征一部分是由品种特性所决定的,一部分则由生态条件所决定。以银杏 4 个良种(马铃 5 号、马铃 9 号、金坠 13 号、金坠 17 号)不同采摘时期银杏种子为试验材料,对银杏种仁中的黄酮、内酯含量变化进行了系统研究,结果表明,不同品种间各种物质变化规律表现出相似性。在种子发育及采后层积过程中,不同时期银杏种仁的黄酮含量呈现减少—增加—减少的趋势,并与胚的生长及种子的萌发能力呈负相关;各品种种仁中内酯的含量变化均为前期减少,9 月 10 日至 2 月 20 日基本稳定在 0.5%~0.6%。研究发现银杏种仁内可能存在某种抑制物质,它不仅对种子的萌发有影响,还抑制幼苗特别是胚根的生长。不同产区种仁营养物质含量有较大差异,浙江、江苏和山东产的白果蛋白质和脂肪含量要比广西和湖北产的高;同一产区内个体间营养物质和无机元素含量的差异要比产区间的小些,如把营养成分作为改良目标,似应在高含量产区内进行个体选择形成无性系品种才为有效;银杏各营养物质含量的遗传变异水平均不高,所以在目前的遗传改良起始阶段,把改良目标确定为单株产量的提高是妥当的,以特种营养物质为目标的选种,只能随着多世代改良进展逐步开展。

硬枝插穗不同处理的扦插生根状况

硬枝插穗不同处理的扦插生根状况

激素种类	激素浓度 ($\times 10^{-6}$)	处理方法	扦插时间	扦插株数	调查时间	生株株数	生根成活率(%)
NAA	400	蘸滑石粉浆	4.1	100	7.19	80	80
NAA	500	浸 30 min	4.1	100	7.19	25	25
NAA	500	浸 60 min	4.1	100	7.19	45	45
NAA	600	浸 30 min	4.1	100	7.19	45	45
NAA	600	浸 60 min	4.1	100	7.19	50	50
IBA	500	浸 30 min	4.1	100	7.19	50	50
IBA	500	浸 60 min	4.1	100	7.19	20	20
IAA	500	浸 30 min	4.1	100	7.19	30	—
IAA	500	浸 60 min	4.1	100	7.19	30	35

硬枝扦插

采集穗条 秋末冬初落叶后采条,或于春季扦插前 5~7 d 结合修剪、嫁接采条。用于扦插的枝条要求无病虫害、健壮、芽饱满。穗条应采自 30 年生以下母树上的1~3年生枝条。根部萌条极易成活,成活率可达100%;实生树枝条的扦插生根率高于嫁接树;实生树以当年生枝条生根率最高,可达94%,扦插枝条随着年龄的增加,生根率逐渐降低,即1年生>2年生>3年生;同一枝条上,中部比顶部扦插成活率高。

硬枝扦插ABT生根粉的作用

①低浓度处理:ABT浓度100×10^{-6},浸泡1 h,分1、2、3年生枝条处理。②高浓度处理:分别为500×10^{-6}、$1 000 \times 10^{-6}$,浸泡基部1 min,也分1、2、3年生枝条处理。4月5日处理,8月5日调查。试验①,不同处理的枝条平均生根率分别是74%、56%、61%,1年生枝条生根率同而3年生枝差异极显著。试验②,时间由2 h缩短到1 min,高浓度处理,结果无论是1、2、3年生枝条,效果均不理想,生根率极低,均未超过35%。

硬枝扦插基质和插床准备

①基质:常用的基质有细河沙、蛭石、珍珠岩、砂壤土、砂土等。不论何种基质,在扦插前务必进行药剂消毒。②插床:除了圆形插床外,多数情况下插床为长方形,一般长10~20 m,宽1~1.2 m。插床底部铺10 cm厚、直径0.5~1 cm的小石子或碎砖块,再填入30~40 cm厚的扦插基质。插前1周用0.2%~0.5%的高锰酸钾溶液消毒,使用药液量为5~10 kg·m^{-2},最好与0.2%~0.5%的甲醛液交替使用。喷药后用灭过菌的塑料薄膜封盖起来,48 h后用清水清洗2~3次,即可扦插。

硬枝扦插技术

①插床制作。在我国北方的苗圃地内,按东西走向,挖掘长10.0 m,宽1.0 m,深0.4 m的插床,将挖出的土培于插床四周和步道,然后在插床内铺厚10 cm左右直径0.5~1.0 cm的小石子作为排水层,将1/3的腐殖质土和2/3的细沙混匀后填入插床内,厚约30 cm,这样的插壤透水和通气性能良好,特别是腐殖质土含水量比细沙大,又有肥力,有利于插穗生根和生长。扦插前应用1.0%的高锰酸钾溶液对插壤进行消毒。

在我国南方,夏季雨水偏多,为防止插床积水,可筑高床。按上述规格将插床间和步道上的土培于插床四周,然后再铺上排水层填入插壤。

②插穗剪取。自树木落叶后至芽萌动前,选择25~40年生、已分辨出雌雄株、无病虫害、优良品种的健壮母树采条。实践表明,随着母树年龄的增加,插穗生根数减少,根系短,生根时间延长,根系质量差。这是因为树龄大的母树,枝条所含抑制生根的激素相对较多;生根能力差。与此相反,年幼母树枝条所含抑制生根激素少,所含的营养物质主要用于根及枝条的生长,因此再生能力强,生根率高。实践也表明,实生树上的枝条比嫁接树上的枝条扦插成活率高,这对培养砧用扦插苗特别实用。母树选择后,剪取树冠中、上部一二年生木质化或半木质化粗壮枝条作为插穗。随着枝条年龄的增加,扦插成活率下降。插穗上端截成直面,下端用利刀削成马耳形(直剪口不利于生根),插穗上至少保留一芽一叶一节,插穗长15~20 cm。插穗削好后,立即用50×10^{-6}萘乙酸(NAA)溶液浸泡插穗下端,24 h后立即扦插。生根率达到85%以上。或用浓度50×10^{-6}的ABT生根粉溶液浸泡1 h,生根率也会达到80%以上。或用浓度为500×10^{-6}吲哚丁酸(IBA)浸泡10 s,以及用浓度$50~100 \times 10^{-6}$吲哚丁酸浸泡24 h,插穗都能达到较高的生根率。

③扦插方法和时期。扦插前,如插壤没有进行土壤消毒,则每亩应用10 kg硫酸亚铁和50%多菌灵800倍溶液或1%高锰酸钾溶液对插壤进行喷洒消毒,保证插穗生根前不被霉菌感染,造成腐烂,创造插穗生根必要的良好的环境条件。以5 cm×10 cm的株行距扦插为宜。用较插穗稍粗的木棒打直孔后,将插穗的2/3插入插壤内,并用手将其插穗四周的插壤压实,使插壤与插穗密接,然后浇透水。扦插应在树液开始流动而芽尚未萌发以前进行。我国长江以北一般应在3月中、下旬至4月上旬进行,而长江以南应提前20 d。这时期的插穗养分充足,有利于插穗生根,过迟则树木已发芽抽条,养分大量消耗,影响新根的形成。如果在塑料棚内扦插,则扦插时间可提前到2月中旬。

④扦插后的管理。插后1个月以内,每天早、中、晚各喷水一次,使插壤含水量保持在饱和含水量的40%~50%,即每次每平方米喷水约5 kg。透光强度为全光的30%~40%。1个月以后,每天早晚各喷水一次,每次每平方米喷水约3 kg,但也要防止大水漫灌。过高的土壤含水量,由于地温低,通透性差,不利于插穗愈伤组织及不定根的形成。插后半个月用1%的尿素或磷酸二氢钾进行根外追肥,5月下旬和6月下旬各追施一次速效肥。及时进行中耕除草,增加土壤透气性。插穗展叶后也要加强病虫害防治等。扦插1个月以后,透光强度增加到50%。为了保持插床上具有85%~95%的相对湿度,在整个过程中,除在喷水时将塑料薄膜揭开外,其余时间均用薄膜将床面严密封闭。这样一来,晴天可阻止于湿空气对流,减少插壤水分蒸发,雨天可阻挡雨滴对床面的冲击。薄膜内气温保持在20~30℃,土壤温度保持在10~25℃。在盛夏中午,薄膜内有时气温会高达40℃,但

银杏枝条绝不会因此而死亡。扦插成活率在95%以上。每条插穗产生不定根5~6条,最多者达10条,不定根有的长达20 cm左右,一般在4~5 cm之间,最短者达1 cm。实践表明,银杏属愈伤组织生根型。插穗生根部位大多在切口处,少数在原来的叶腋处。

因为银杏枝条局部受伤后,受愈伤激素的刺激引起薄壁细胞的分裂,形成一种半透明不规则瘤状突起物,具有保护切口不受细菌感染和吸收水分、养分的功能。初生愈伤组织继续分裂,产生次生愈伤组织,并产生和插穗组织发生联系的形成层、木质部和韧皮部等输导组织。这是银杏插穗生根的简单过程。

10月初以后,天气渐渐变冷,阳光也渐微弱,这时可将荫棚全部除掉,每天早、晚揭开塑料薄膜凉2 h左右。冬季做好防寒。立春芽未萌动前,将苗木移植于大田中,这时苗木伤根少,缓苗期短,成活争高。如果插条苗经精细管理,则当年有20%的新梢生长量可达15 cm,直径达0.3 cm以上。

硬枝扦插时期

以春插(3~4月份)为主。江苏泰兴一般在3月中下旬,利用塑料拱棚进行春插的可适当提前。扦插时先开沟,或用扦插锥打孔,插入插穗,地面露出1~2个芽,压实基质,并灌足底水插穗下端不会悬空。株行距为10 cm×(20~32)cm。使用营养袋扦插时,需刺穿营养袋的底部,以利于根系穿出。

硬枝扦插穗条采集

秋末冬初落叶后采条,或于春季扦插前5~7 d结合修剪、嫁接采条,用于扦插的枝条要求无病虫害、健壮、芽饱满。穗条应采自30年生以下母树上的1~3年生枝条。据试验,根部萌条极易成活,成活率可达100%;实生树枝条的扦插生根率高于嫁接树;实生树以当年生枝条生根率最高,可达94%,扦插枝条随着年龄的增加,生根率逐渐降低,即1年生>2年生>3年生;同一枝条上,中部比顶部扦插成活率高。

硬枝扦插穗条处理

将枝条剪成15~20 cm长的插穗,每一条插穗保证有3个以上的饱满芽,上切口为平口(有顶芽者不截),下切口为马耳形,剪面长1.5~2 cm。将插穗按部位(梢部、中部和基部)的不同,分粗细以30~50枝为1捆扎起来,芽的方向不能颠倒,下端对齐,在100 mg·kg^{-1}ABT6生根粉或萘乙酸溶液中浸泡1 h,下部浸入4~5 cm,3年生大枝也可全枝浸泡。应用100 mg·kg^{-1}ABT1处理插穗,可显著提高穗条的生根率和苗木成活率。安徽省滁州市张家俊(1999)采用了"地窖暗光催根法"扦插繁育银杏苗木,不仅苗木的成活率和保存率均达到100%,并且当年即可出圃,合格苗(地径粗0.6 cm,高30 cm以上)率达到92%。根据广西植物研究所试验,采用在插穗基部刀划3~4条1~2 cm深达形成层的刀痕促根,可提高成活率23%~44%。PRA生根剂对银杏硬枝扦插效果进行了研究,结果表明,以PRA7(1:9)浸泡2 h成活率最高,达91%。

硬质扦插插后管理

①及时适量喷水。露地扦插,除扦插后立即透灌水1次外,若遇连续晴天,则要早晚各喷水1次,保持田间持水量60%~80%,1个月以后逐步减少喷水次数和喷水量。插床的灌溉设施有多种,目前全光照自动间歇喷雾装置被广泛应用于银杏扦插繁殖生产中,这种装置成本相对较低,具有经济适用、便于管理和扦插成活率高等优点。

②遮阴。有条件的以塑料大棚遮阴为好,也可搭遮阴棚。

③追肥。5~6月份插穗生根后,用0.1%的尿素或0.2%的磷酸二氢钾液进行根外追肥,15~20 d 1次,也可用薄粪水(粪:水=1:10)浇地。

④病虫害防治。用0.2%的呋喃丹兑水喷洒防治地下害虫,用敌杀死3 000倍液防治食叶害虫。6月份起每隔20 d喷1次5%的硫酸亚铁液,预防茎腐病。

⑤移栽。露地扦插成活的幼苗,落叶后至翌年萌芽前可直接进行移栽。用塑料大棚等保护地扦插的,移栽前(插后70~80 d)需进行炼苗,具体措施为:逐渐减少喷水次数和喷水量;逐渐撤去上方遮阴物,增加透光率,直至全光照;增加通风次数和强度,降低湿度。炼苗时间为7~15 d。除温度与湿度外,光照条件是影响扦插苗生根的另一关键外部因素。银杏插穗在温、湿条件适宜的前提下,控制光照,抑制光合作用,可减缓芽、叶萌发生长速度,改变茎营养流向,使茎营养先供应枝条基部萌发幼根,促使插穗先生根后长叶,促进苗木成活和生长。湖南省通道侗族自治县应用物理学方法进行生态控光调节,改变了常规扦插先萌叶后长根的情况,使试验插穗的生根率和成活率达100%,当年合格苗出圃率达90%。

永久萎蔫

果树缺水时发生不可回复的萎蔫。果树柔软部分的细胞含有大量水分,维持细胞的紧张度(即膨压),使枝叶挺立,便于各器官建造并充分接受阳光和气体交换。在水分亏缺严重时,细胞失去紧张,叶片和茎的幼嫩部分下垂,这种现象称为萎蔫。发生永久萎蔫时,由于土壤已无可供植物利用的水,虽然降低蒸腾仍然不能消除水分亏缺、恢复原状。

永久植株

在计划密植中,一经定植在整个生产期间一直保留并进行正常生产的植株。永久植株在定植时要根据栽植计划预先确定,以优质苗木定植,在管理中,要对永久植株重点管理,以保证植株树形结构整齐一致。在永久植株整形完成、进入结果期或行间郁闭前,要优先保证永久植株,必要时缩剪或间伐临时植株。

蛹

全变态昆虫由幼虫转变为成虫所必经的一个中间阶段的虫态。蛹可分为3类。①离蛹(裸蛹)、②被蛹、③围蛹。

用材高

由地面至树干上部能造出各种商品材的总长度,亦即量至树干上部最小型商品材小头直径处的高度。测定用材高是在不伐倒树木的情况下,用来计算树干的用材出材量。测定精度应量至0.1 m。

用材经营型

以生产银杏木材为主要经营目的。株行距一般为4 m×4 m或3 m×3 m,每公顷600～1 100株。这种经营方式间作年限较短,宜选择高干形、速生、冠窄的银杏品种,以延长间作的年限。

用材林

目前,人们对银杏的印象是生长太慢,用材林的培育周期太长,认为银杏用材林培育不现实。但现有调查资料表明,银杏生长速度并非很慢。如以20～30年为一轮伐期,银杏树高生长年平均能达到0.6～0.8 m,胸径平均年生长能达1.0 cm以上,产生的经济效益,与杨树相比,是杨树的10倍。如能采取适当的栽培措施,满足银杏速生、丰产的要求,则银杏用材林必定能实现速生、丰产、优质的栽培目标。

用材树良种单株选择标准

①生长快。在欲选良种单株环境条件和树龄一致至少包括100株树的范围内,从中选出5株最高树,实测其胸径,并求出其平均胸径。因在正常情况下,胸径与材积成正相关,胸径比树高又易测得,故胸径最大者或大于5株最高树平均胸径的15%,即为良种单株。

②主干圆满通直。形率(形率=中央直径:胸高直径)不小于0.65。

③主干明显。干高不小于7 m。

④侧枝细。着生最大侧枝处的主枝直径与侧枝直径之比不大于2:1。主干与主枝夹角不大于45°,树冠较窄。

⑤生长健壮。无严重病虫害。

注意事项如下。

①银杏属始种迟、结种期和寿命长的树种,选择采种树的树龄应以40～60年生为宜;银杏的数量成熟龄为60年,因此选择用材树的树龄以30～40年生为宜。

②银杏在我国虽然分布区域广泛,但片林却十分稀少。目前,除某些省区的"银杏之乡"有集中成片的外,大都呈散生状态,其中良种单株甚多。变异也十分丰富。应注意散生树的选择。一般来说,这些树大都生长在土壤、光照、水分等条件较好的地方,且难以设立对照,不便于单株选择,因此选择时应以形质指标为主,辅以年结种量、年生长量的绝对值为对照,从严选择。

③银杏在地球上已生活了1亿7千万年,种内存在着大量可遗传不定变异。有些良种单株虽然结种量、生长量不大,但却具有某些特异性状,超出了常见范围。如江苏省泰兴市的七星果,上海市南汇区仍保持着原始性状的无心白果,湖北省孝感市的糯米白果,山东省郯城县种材兼用型的高升果等。这些单株特征对种子食用和木材生产都有重大价值,应作为良种单株选择的对象。

优良单株技术指标

①丰产性。原株每平方米树冠投影面积种核平均年产量高于1.0 kg;嫁接4年幼树平均单株产量高于0.7 kg。②稳产性。原株产量变幅低于30%,幼树产量逐年增加。③大粒性。原株及嫁接幼树种核平均粒重大于3.6 g,最大粒重4.8 g,最小粒重2.6 g,80%种核单粒重超过3.2 g,平均每千克种核小于300粒,属特大级类型。④优质性。种子出核率大于27%,种核佛手型,种壳干后洁白,种核出仁率大于76%,无苦味,含糖量高于6%,淀粉高于65%,粗蛋白高于12%,粗脂肪高于9%,维生素C及矿物质元素含量高,粗纤维含量低于0.5%。

优良单株生长状况

优良单株生长状况

优良单株名称	树龄(年)	树高(m)	胸径(m)	冠幅(m)	枝下高(m)	株产量(kg)
秦王	600	9.5	0.85	4.5×5.0	2.8	130
汉果	800	25.6	1.04	12×14.2	2.1	200
94-03	100	19.5	0.87	11.2×120	2.9	150
籽叶银杏	1000	16.7	1.10	21.8×22.7	3.4	30

优良单株叶片有效经济产量、黄酮和内酯含量

优良单株叶片有效经济产量、黄酮和内酯含量

优株编号	E_1	E_2	E_3	E_4	E_5	E_6	E_7	E_8	E_{10}	W_2	W_3	W_4	W_5
叶产量(g)	104.7	122.1	109.2	158.1	106.2	103.9	60.4	22.5	23.3	24.7	16.9	36.7	23.1
黄酮浓度(%)	1.17	0.17	1.14	0.87	1.53	1.12	0.74	0.26	0.37	0.34	0.15	0.33	0.24
内酯浓度(%)	0.20	1.30	0.91	1.01	1.30	0.95	1.10	1.04	1.46	1.24	0.77	0.74	0.87
有效经济产量(g)	0.92	0.89	0.13	0.17	0.14	0.13	0.12	0.14	0.13	0.15	0.10	0.15	0.15

优良单株种实解剖特征

优良单株种实解剖特征

优良单株	中种皮	内种皮	胚乳颜色	胚颜色	饱满度	气味	优良层(%)
圆铃1号	象牙白	上褐下灰色	蛋黄色	乳白色	饱满富浆汁	微甜	100
金坠1号	鱼肚白	紧贴种仁	橙、黄、绿	乳白周绿	饱满富浆汁	香甜	100
圆铃3号	白色	上褐下灰	淡黄、绿	白色周绿	饱满	微苦	100
圆铃2号	灰白	上褐下灰	黄、绿	白色	充实汁浓	微苦	96.7
金坠2号	鱼肚白	上褐下灰	浅黄、绿	乳白周绿	饱满汁浓	微苦	100
梅核1号	微白	紧贴种仁	浅绿	白色	较饱满	香甜	100
金坠4号	白色	紧贴种仁	黄、绿	乳白	充实有弹性	微甜	100
猴子眼	白色	贴于种仁	黄、绿	白色	饱满	微甜	62

优良单株种实指标

优良单株种实指标

优良单株名称	单果重(g)	果形指数	单核重(g)	核形指数	出核率(%)	出仁率(%)	成熟期
秦王	11.95	7.92	2.86	6.12	23.8	79.0	10月上旬
汉果	18.20	9.65	3.3	7.14	18.1	77.0	9月下旬
94-03	14.4	8.43	2.77	5.95	20.9	75.9	10月上旬

优良核用品种主要性状

优良核用品种主要性状　　　　　　　　　　　　　　　　　　　　单位:kg

品种	类型	母树地点	初果年龄	八年生单株产核量 $\bar{X}$	八年生单株产核量 是CK的%	每平方米树冠面积负荷量	单核重(g)	出核率(%)	出仁率(%)	一二级种核率(%)	综合得分	备注
P5	圆子类	江苏邳州	3年	4.060	164.5	0.6255	3.06	27.64	78.77	100	89.38	
106	马铃类	山尔郯城	4年	4.585	185.8	0.7443	3.18	3.18	80.20	100	91.72	
207	马铃类	山东郯城	3年	3.618	146.6	0.5313	3.01	3.01	78.66	100	88.80	

优良品种的选育标准

银杏核用优良品种的选育标准,各地都有各地的标准,但总的归纳如下。

①果大。每千克种核在400粒以内,希望达到300粒以内。

②出核率高。外种皮要薄,出核率要在27%以上,不能低于25%。

③出仁率高。中种皮(即白壳)厚薄要相当,要求

在77%以上,不超过82%,不低于75%。

④总利用率要高。总利用率＝出核率×出仁率,应＞20%。

⑤种核外形美观、光滑洁白。

⑥口感要好。生食无苦味或苦味轻,希望稍有甜味。熟食糯性好,香味浓。

⑦耐贮运。银杏种壳要坚实,结构致密,耐挤压,不易开裂,失水速度慢。

⑧丰产性能好。定植或嫁接后生长旺盛,树冠扩展快,结果早,丰产稳产。

⑨抗逆性强。主要指抗病虫害和自然灾害的能力强。

关于早实性能,目前群众特别重视,甚至忽略了其他的特性。实际上,从银杏发展的趋势看,核用银杏关键是种核大、质优、外观美,这对销售尤为重要。因为银杏结种年龄长达千年以上,10年、20年只能称幼年期,只要其他良种标准都能达到,晚结实1～2年不能算是大缺点,希望慎重考虑。

优良品种早实丰产性

优良品种早实丰产性

嫁接年度	平均结果率(%)	单株最大结果量(kg)	平均单株产量(kg)
第4年	22.5	1.6	0.03
对照	2.9	0.45	0.01
第5年	55.3	3.7	2.1
对照	13.1	2.11	0.3
第6年	74.8	5.3	3.5
对照	23.6	3.2	0.7

优良品种种子碳氮比淀粉、蛋白质和脂肪含量

优良品种种子碳氮比淀粉、蛋白质和脂肪含量

优良品种	碳:氮	淀粉:蛋白质:脂肪
马铃3号	50.1:1	8.16:1.08:1
老和尚头	47.0:1	7.03:1.00:1
大金果	40.7:1	7.27:1.19:1
金坠13#	46.6:1	8.16:1.16:1
马铃5号(ck0)	49.8:1	7.81:1.06:1
平均值	46.8:1	7.70:1.10:1

优良品种种子有机酸、维生素及单宁含量

优良品种种子有机酸、维生素及单宁含量(mg/100 g鲜)

优良品种	有机酸	维生素C	单宁
马铃3号	240Aa	23.32BCbc	30.19Bbc
老和尚头	226Bbc	25.97Aa	28.42Bc
大金果	222Bbc	21.50DCd	16.88De
金坠13#	231ABab	23.98Bb	36.41Aa
马铃5号(ck0)	222Bbc	22.99Ccd	18.65Cd
平均值(cv%)	228.2(3.31)	23.55(6.92)	26.11(31.40)

优良雄株

花粉发芽率及生活力均在90%以上,传粉后受精率在85%以上,与雌株的亲和力强。采用多项指标的数理统计评分法,初步筛选出6个银杏雄性单株。其中G♂-5号每个花药内有花粉1.95万粒,出粉率最高达9.1%(G♂-12号),花粉生活力最高达95.34%(G♂-12号)。

优树

亦称正号树。表现型优良的树木。优树的标准要根据银杏和选择目的而定。用材银杏的标准一般包括以下几点。①材积出众,如超出周围3～6株大树的平均材积50%以上,或比样地平均木的材积大150%以上。②树干圆满、通直、整枝良好。③健壮、无病虫害。④树冠较窄。

优树选择标准

树龄:实生树40年生以上,嫁接树15年生以上。生长:树体完整,生长、开花、结种正常,无病虫害,无自然因素和人为破坏。种核:平均单核重大于3.6 g,大小粒重相差小于0.5 g。产量:每平方米树冠投影面积产种核大于1 kg,连续3年平均年变幅小于25%。品质:种子出核率大于25%,核壳洁白光滑,出仁率大于76%,种仁苦味淡。

优雅拜拉

拉丁名:cf. *Baigra concinna* (Heer) Kawasaki。

生长地域:辽宁。

地质年代:中晚侏罗纪。

优质叶用银杏类

这类叶用银杏大多从实生种源、实生成龄树、

超级苗或核用品种内选出,其最大特点,除产量中等偏上外,叶内有效成分含量较高。一般黄酮苷含量高达2.0%,内酯0.4%~0.5%以上。银杏在长期的近亲交配过程中,几乎纯化的自交群体相互杂交可以产生许多叶质优良的个体。通过山东、江苏、浙江、北京、广西、陕西、四川、贵州等地不同产地、不同种源、不同树龄、不同性别的个体或群体初步调查表明,叶内有效成分,尤其是黄酮和内酯的含量相差甚大。内酯含量高的达0.4%~0.5%,低的仅0.01%~0.02%。黄酮含量也在1%~4%之间波动。当前,银杏种叶生产混合经营并不利于叶质的提高,从长远的观点看,应尽快建立银杏高产、优质叶用基地,以扩大良种资源,进而提高叶子的产量和质量。

优质杂种苗的选择

获得杂种种核,育出杂种苗木,仅仅是杂交育种的开始。对杂种苗的选择鉴定,最后选出优良品种用于生产是一项长期而艰巨的工作。幼苗选择又称预选。由于银杏幼年期长,预选在杂交育种工作中具有重要意义。银杏幼苗选择可以在苗圃内进行,可采用直接选择或间接选择的方式。

①直接选择。根据银杏幼苗生长发育状况和对不良环境条件的适应程度来选择。如新梢过于纤细,根系极不发达,病虫危害较为严重以及畸形苗等都应及时淘汰。

②间接选择。生物的所有性状和生理过程都是在基因控制和环境条件影响下表现出来的,基因之间有一定关系,因而性状之间也表现出一定的相关性。间接选择就是根据性状的这些相关性进行的。银杏在这方面的有关研究目前还较为少见,但其他植物已见有相关报道。如葡萄杂种幼苗叶内过氧化物酶与将来种实成熟期之间,存在着明显的相关性,即杂种幼苗叶内过氧化物酶活性越弱,将来种实的成熟期越早。根据这种相关性,在葡萄早熟育种工作中,就有可能在播种当年,把叶内过氧化物酶活性强的杂种苗及时淘汰。

由于银杏优良品种是多种性状的综合表现,有些性状在苗期无法完全表现,因此杂交育种工作中对幼苗选择应采取慎重态度。

优质壮苗的培育机理

影响银杏苗木产量和质量的主要因素包括种子的遗传品质、播种品质、群体结构、立地条件和人为措施等。种子的遗传品质反映品种的遗传特性。优良遗传品质主要体现为该品种具有优质、丰产、抗逆性强等特性。种子的播种品质是指种子适宜播种的能力。反映播种品质的指标包括种子的饱满度、发芽率和发芽势等。种子具备优良的遗传品质和播种品质是培育优质苗木的基础。苗木的群体结构表现为苗木生物有机体间的相互作用方式和存在形式。合理的群体结构指银杏苗木能合理利用营养空间、获取资源因子来高效制造有机产物的结构。环境因子包括光、热、水、肥、气等,它们为苗木培育提供资源,是培育优质苗木的前提条件。此外,人为措施可通过采取各种不同的培育措施来多途径地改善种子的内在特性。以上这些因子的综合作用会左右苗木的产量和质量。

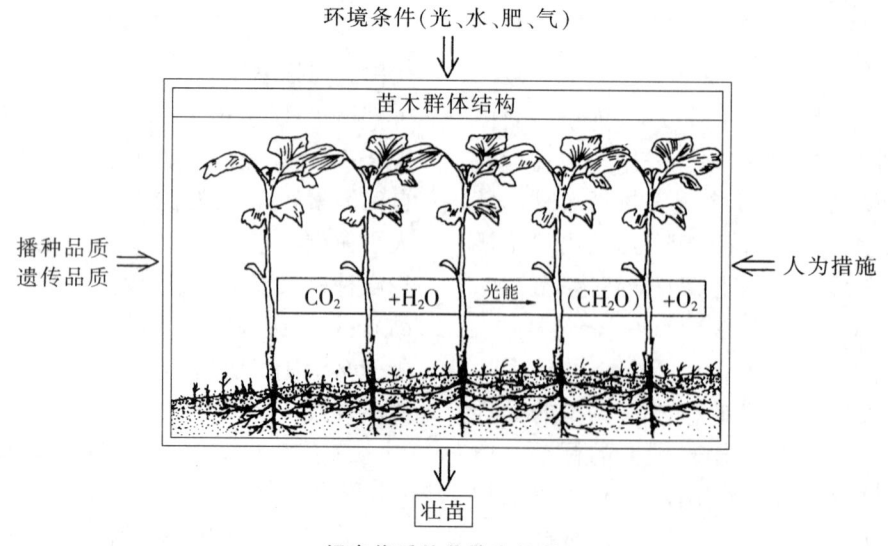

银杏优质壮苗培育机理

优质壮苗培育技术

①大粒种核:每千克少于400粒,授粉良好,种仁饱满,含水量50%~60%,无胚率小于10%,发芽率在90%以上。催芽后点播大田出苗率为95%~100%。②层积催芽:11月中下旬用1:800倍多菌灵浸种,阴干后在混沙室外层积催芽,待胚长度达1.0 cm左右时,于翌年2月下旬在温室催芽。③适时播种:春季温度开始回升时,尽量早播,以延长生长期。④覆土适宜:开沟深2~3 cm,覆土厚度2~3 cm,切忌覆土过厚或过薄。⑤密度适宜:播种量为750~1500 kg·hm^{-2},每公顷产成苗30万~60万株。⑥圃地覆盖:圃地行间或根际用稻草、麦草覆盖,地膜覆盖时待幼苗出土后及时划破,以确保幼苗不被压抑。⑦适度遮阴:苗木生长初期,为了提高苗木保存率,应适当遮阴,透光率在60%以上,并于速生期到来之前去掉遮盖物,进行全光育苗。⑧适肥适水:施基肥75 t/kg·hm^{-2}以上,磷肥750~1 500 kg/kg·hm^{-2},硫酸亚铁225 kg·hm^{-2}。生长季节追肥3~4次,每次施氮肥200~250 kg/kg·hm^{-2}。叶面喷肥每15 d 1次。前期喷尿素溶液,后期喷洒磷酸二氢钾溶液,浓度为3%~5%。土壤干旱时,要适度灌溉,全年浇水8~10次。⑨病虫害防治:施硫酸亚铁225 kg/kg·hm^{-2},辛硫磷37.5 kg·hm^{-2}。

生长季节应重点防治茎腐病及地下害虫。要加强田间管理,以增强苗木抗性,从而达到预防病虫害发生的目的。

优株山奈粉、槲皮素、异鼠李素所占总黄酮比例

优株山奈粉、槲皮素、异鼠李素所占总黄酮比例　　　　　　　　　　　　　　　　　　　　　　单位:%

指标	优　株												
	E_1	E_2	E_3	E_4	E_5	E_6	E_7	E_8	E_{10}	W_2	W_3	W_4	W_5
槲皮素	58.7	61.8	59.3	60.4	52.1	53.7	53.7	59.5	56.5	57.6	54.5	50.8	54.9
山奈粉	18.5	19.1	19.8	27.7	27.7	27.4	23.6	28.6	27.2	28.9	25.5	31.1	28.2
异鼠李素	22.8	19.1	20.9	11.9	20.2	18.9	22.7	11.9	16.3	18.5	20.0	18.1	16.9

油胞

当鲜叶快速杀青烘干后,在叶子正面可以看到一些大小不等、形状各异的分泌腔——油胞。油胞的形状、密度、大小、部位及分布特点与品种关系很大。①油胞的形状分:椭圆形、卵圆形、方形、点状(小圆点)、斑状和混合型6大类。②油胞密度分:无、极稀、稀、中、密和极密6大类。如极密示≥10个油胞/cm^2。③油胞大小:分大、中、小3类,大油胞直径≥2 mm。④油胞分布部位分:叶缘、上部、中部、下部、一侧、全叶面6种类型。⑤油胞分布分:星状、团状和放射状3种类型。油胞种类、特点及分布规律的研究,为银杏叶用品种识别及品种划分提供了新的标准和方法。

油葫芦

是银杏苗期的主要害虫,以若虫、成虫取食刚出土的苗木胚芽及刚长出的叶片、苗茎,造成缺苗断茎,在4—6月为害严重。

防治方法:用90%的敌百虫150~200 g拌炒香的麦麸5 kg,适量加水拌匀配成毒饵,每亩用干饵1 000 kg,于傍晚撒于苗圃地内诱杀;也可用90%的敌百虫800倍稀释液喷洒地面,特别是洞穴口处,以触杀油葫芦。为害银杏苗木的地下害虫还有大蟋蟀、东方蝼蛄、沟金虫等,其防治方法与此相似。

疣症(鸡眼)

取白果10枚,去壳取仁,米仁60 g,加水冲入豆浆中,炖温内服,每日一次,连服10 d,白带即减少或无。

蚰蜒卫生驱虫剂

在直径15 cm的滤纸上,涂抹含1.5%提取物的丙酮溶液,待丙酮挥发后用蔗糖溶液湿润滤纸,把滤纸放在培养皿内,滤纸上放置20只蚰蜒,2 h后数还留在滤纸上的蚰蜒数。将不含银杏叶提取物的丙酮溶液处理过的滤纸做对照,按照下式计算驱虫率。

$$驱虫率(\%) = 100 - \frac{试料滤纸上的蚰蜒数}{对照滤纸上的蚰蜒数} \times 100$$

结果表明,蚰蜒驱虫率为98%。

游动的精子

银杏精子外形

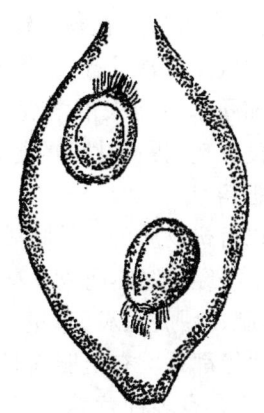
花粉管中的游动精子

能游动的雄配子体。银杏的游动精子长 0.08 ~ 0.10 μm,宽 0.05 ~ 0.08 μm,为一椭圆形的细胞,核为球形,顶端有一根螺旋状的线,线上长有很多纤毛。

游离核

细胞核分裂的同时并不伴随细胞壁的形成,结果在细胞质中具有许多游离核。在银杏植物雌配子体和胚胎发育的早期,会形成许多游离核。

游离基

又称氢氧游离基,指不配对电子的过氧阴离子及氢氧基,游离基在血液中可产生种种生化反应,如氧化脂质中所含的不饱和脂肪酸,以致造成对细胞膜的伤害。

游园

城市中散布街头、广场的小型绿地。除有装饰美化城市的作用外,主要供行人和附近居民作短时间活动用。园内适当设置一些游憩设施,以利人们游乐活动。在适地适树的条件下,游园中配置银杏树是必不可少的。

友谊树——银杏

1994 年 10 月 4 日,国际林联主席萨利博士与我国林业部徐有芳部长,在中国林科院院内,共同栽植了友谊树——银杏。

Planted by Dr. Salleh IUFRO President and minister Xu Youfang ministry of Forestry, P. R. C. 4 Oct. 1994.

有机肥

由有机物构成的肥料,主要包含厩肥、堆肥、禽粪、鱼肥、饼肥、人粪尿、土杂肥、绿肥以及城市垃圾等。有机肥所含营养元素比较全面,除含大量元素外,还含有微量元素和许多生理活性物质,包括激素、维生素、氨基酸、葡萄糖、腐殖质、酶等,故称完全肥料。有机肥料不仅能供给银杏所需要的营养元素和某些生理活性物质,还能增加土壤的腐殖质。其有机胶质又可改良土壤,增加土壤的孔隙度,改良黏土的结构,提高土壤保水、保肥能力,缓冲土壤的酸碱度,从而改善土壤的水、肥、气、热状况。银杏园施用有机肥的特点是:首先是肥效长、分解慢。在整个银杏生长期,可以持续不断地发挥肥效。其次是土壤溶液浓度比较稳定,特别是在大雨和灌水后流失淋溶少。此外,可缓和施用化肥后的不良反应,提高化肥的肥效。银杏园尤喜欢有机肥。

有机肥料

以有机物质为主的肥料。由植物的残体、人畜的粪尿和土等经过腐熟而成。农家肥料都是有机肥料,如厩肥、堆肥、绿肥、泥炭(草炭)、人粪尿、家禽鸟类粪、骨粉和油饼等都是。有机肥料是银杏育苗和造林中的主要肥料,它含有多种营养元素,但需要经土壤中的微生物分解后才能被植物吸收利用,需时较长,属迟效肥料。

有机农药

又叫有机合成农药。含有结合碳元素的农药。主要是以有机合成原料如苯、醇、脂肪酸、有机胺等,用人工合成。根据其化学组成主要有有机氯、有机磷、有机氮等合成农药,如六六六、敌百虫、西维因、杀虫脒、托布津、多菌灵。有机合成农药的特点是种类繁多,合理地选择使用能有效地防治银杏病虫害,特别是多种高效低毒的有机农药的出现,更提高了化学防治的效果。

有效根深度

英文缩写为 EDA。银杏的根在土壤中伸长到最深处的长度和广度。位于深层土壤中的根称为深根。深根对地上部的比值(mg/g)可作为根系生长深度的一种量度,是决定银杏抗旱性的重要特性。

有效积温

银杏某一发育时期或全部生长期中有效温度的总和。有效温度的总和,就是该发育期的有效积温。以有效积温为指标,可以对银杏生长的热量条件进行气候鉴定,并且可以确定引种新品种栽培的可能性。

有性繁殖

是用种子繁殖的过程,即通过有性过程而形成种子。通过种子繁殖的后代个体之间,存在较大的遗传变异,对环境适应性较强,因此是自然界植物最基本的繁殖方式。银杏利用有性繁殖方法,主要是利用种子来源广、繁殖方法简便、便于大量繁殖、根系发达等优点,多用于砧木生产中。由于有性繁殖后代变异较大,因此银杏品种繁多。

有性生殖

银杏从种子发芽到树体死亡的整个生命过程,经历幼年期、成年期和衰老期 3 个发育时期,其中幼年期可长达 20 年。在此期间,银杏进行旺盛的营养生长,地上部分和根系迅速扩大,是个体形态建成的重要时期,同时也积累了大量的营养物质。当银杏发育到生理成熟时,延伸枝和顶侧枝中下部的腋芽抽生出短枝,短枝顶端形成混合芽,再由混合芽抽生出花枝。银杏开花标志着幼年期的结束和成年期的到来,亦即由营养生长阶段进入生殖阶段。所标明的时间是有性生殖发育过程发生频率高的时间。实际上,由于银杏的分布广泛、品种多,各品种之间、不同环境对同一品种的影响差异很大,因此,各地各个不同个体银杏间的发育时间存在较大差异。即使是同一个体内大、花粉(小孢子)母细胞的形成、减数分裂,雌、雄配子体的形成等活动过程也有差异,同一花粉囊中的花粉粒也可处于不同的发育时期。尽管存在这些差异,银杏发育过程中的一些形态学特征仍有相似之处,如花芽在减数分裂时都表现为芽鳞即将张开,传粉时花粉为4细胞时期,同时胚珠上出现受粉滴等。这些特征对确定银杏发育状态有很大的参考价值。银杏为裸子植物,其有性生殖十分复杂,在描述过程中,所用的名词多种多样。如在花粉管生长时,生殖细胞(generative cell)分裂产生2个细胞,有的将其中没有功能的细胞称为柄细胞(stalk cell),以便与苔藓和某些薄囊类精子囊柄细胞的叫法保持一致,同时相应地将另一个细胞称为体细胞(body cell)。也有人用精原细胞这一名词(spermatogenous cell)代替体细胞,用不育细胞(sterile cell)代替柄细胞,以表明这两个细胞的发育趋势。

有性生殖过程

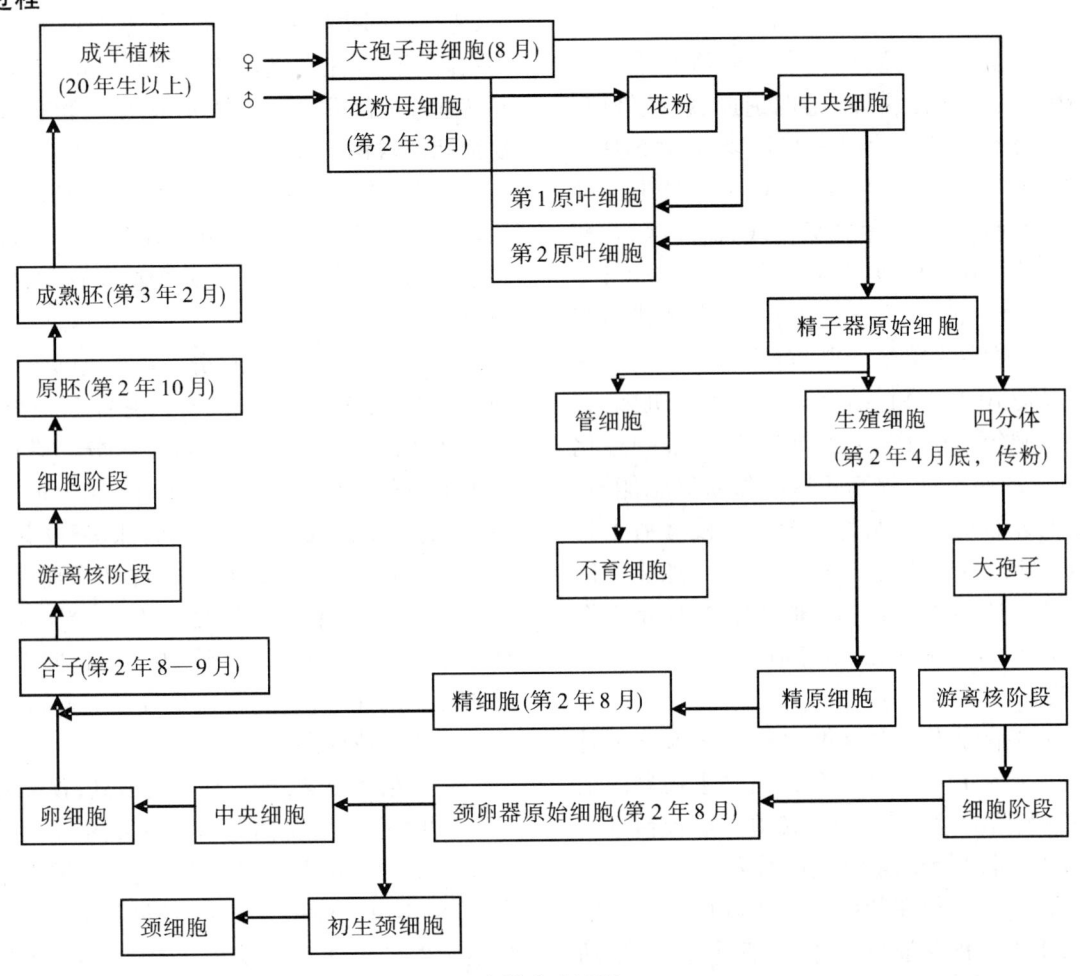

有性生殖过程

有主干无层形

有些实生大树,由于品质差、产量低或者是雄株等,因此需要更换优良品种或者嫁接成雌株。这时可以在主干上选留8个以上的主枝,不分层次均匀地排列在主干上,各大主枝间间距为0.8~1.0 m,原则上为下大上小,各主枝上再选留2~3个健壮的侧枝,形成庞大的树冠。主枝选定后,锯断主枝,嫁接优良品种。该树形的优点是树体可以充分扩展,主枝稀疏交叉排列,透光性好,产量较高;缺点是树冠成形较慢。为提早成形,提高结实能力,也可将主干在适当部位锯断,在树干锯断处进行嫁接,最后形成开心形树冠。如江苏省如皋市蚕种场有148株实生高干银杏行道树,经断顶大枝改接,每株保留3~4个健壮大枝,每枝配备3~5个侧枝。接后4年即开花结实,第10年平均株产种核8.46 kg,第15年平均株产19.36 kg。此种冠形的最大特点为稳产性强,但产量却有一定的限制。

酉阳银杏王

在重庆市酉阳自治县木叶乡有一株古银杏,树干需6人合抱,树龄千年有余,硕大的树冠遮天蔽日,挺拔的树干和虬枝显示老树饱经岁月的沧桑。在古银杏树上寄生有竹根七、地苦胆、车前草、三角风、巴岩姜等20多种药用植物,令人赞叹不已。

莠去津(阿特拉津)

也是一种三氯苯类的输导型选择性除草剂,其理化性质和防除杂草种类以及注意事项与西玛津相似。在杂草萌动时每亩用40%胶悬剂0.5~0.6 kg或

50%可湿性粉剂0.4～0.5 kg,加水50～75 kg搅拌混合均匀,喷于地表。

幼虫

昆虫发育的第二个阶段——从卵孵化至幼虫化蛹阶段。不完全变态类型中,幼虫也叫若虫、稚虫。因它们无蛹阶段,而直接变为成虫。完全变态幼虫老熟即进行化蛹。昆虫的幼虫常是昆虫生长最快的阶段。

幼林抚育

幼林抚育是造林成活后至林木郁闭箭所采取的营林技术措施,包括松土、除草、适时追肥、整枝修剪、以耕代抚等。松土除草,每年1～2次,第一次5月下旬,第二次8月中旬,连续进行5～6年。松土深度10～15 cm,要求不伤幼树,做到盘内浅,盘外深,前期浅,后期深,杂草除尽,林地卫生。适时追肥,每年3次,第一次4月上旬,第二次5月下旬,以速效优质肥料为主。在松土除草后追复合肥,每亩施10 kg,环状沟施。第三次是10月上旬,结合深翻施入有机肥,如堆肥、厩肥、绿肥等。由于有机肥能改善土壤的理化性质,增强土壤的通透性,提高土壤的保水保肥能力,因此对于质地黏重的土壤尤为重要。整枝修剪主要是剪除与中干延长枝竞争的枝条,保证树干通直。修枝强度不应超过树高的1/3。以耕代抚,主要是间作矮秆的豆科作物,或套种绿肥,培养地力。

幼林抚育管理

常规的栽培措施为树木提供的养分和水分都是低于最适量的,所以树木不会达到该树种生物量的最大限度。集约经营的速生丰产林,必须采取较精细的抚育措施,以发挥该树种的最大生产潜力。

实行林农间作,不但在栽植后几年内可获得一定的经济效益,更重要的是通过间作,抚育了幼林,给幼林的生长创造了良好的条件,可促进林木的生长,起到了以耕代抚的效果。

树木的生长主要靠树木叶片的光合产物的积累。树叶截留下日光能的数量在很大程度上取决于叶在枝条上的排列(树冠结构)和树冠内叶的密度。不论在农业上还是育林过程中,总生物量的生产总是和总叶面积密切相关的。植物生产中两个最大的限制因子:一是获得适度叶面积指数所需的时间;二是保持适度叶面积的能力。修枝工作应根据上述原则进行。

银杏修枝按目的可分成3类:整形、修枝、清干。

整形修剪的目的是获得通直饱满的树干。整形工序由栽植当年开始,直到枝下高达8 m左右。整形的内容包括:在栽植盾的第1年秋或第2年春,剪去或短截影响主枝生长的竞争枝,避免形成多头植株;以后逐年检查,及时剪去树冠中下部的力枝(俗称"霸王枝"),避免减弱主干生长。修枝的目的是获得无节良材。当最下部侧枝着生部位树干直径达6 cm左右时,将这些侧枝修去。以后随树干上端直径生长,达6 cm时,修去此处侧枝,直到枝下高达8 m左右。清干的目的是减少无价值消耗,保证主干木材质量。银杏萌芽力强,栽植或修枝后,往往从修枝部位以下萌发大量萌条,或从树干上、树干基部萌生大量萌条。应及时修去这些萌条,否则它们不但毫无意义地消耗树体养分,且随时间推移,基部逐渐被包进木质部内,形成死节,影响木材质量。

幼龄期雌雄株的鉴别

银杏,雌雄异株,风媒花,能否合理配植雌雄株是栽培成败的重要技术环节。现存几十年甚至几百年的银杏孤立木普遍不结果或少结果现象,皆因雌雄株配植不当所致。

①从核果形态特征区分。核果头圆而具有双棱的,种后出雌株;核果头尖而具有三棱的,种后出雄株。

②从植被形态及生态习性区分。雄株苗期分枝与主干夹角内有一较大叶片;同龄苗木雌株比雄株矮小,但茎干较粗壮,且横枝比雄株多,发芽比雄株晚,但落叶却比雄株早;雌株比雄株叶小而绿,叶缺裂较浅;雌株分株与主干夹角大,向外平展甚至有时下垂;雄株分枝与主干夹角小,约30°,挺直向上;雌株树冠形成常比雄株早,且树冠顶平或稍突起,雄株却相反。从雌雄株球花形态区分:

a. 雌花芽瘦尖;雄花芽大而饱满,顶部稍平。

b. 雌花很小,花柄上端有两叉,似"Y"形,淡绿色,花枝长2～4 cm,其上裸生两个胚珠;雄花序为柔荑花序,形似桑堪,下垂,淡黄色,花枝长1～2 cm。用形态学鉴别幼龄期银杏雌雄株,方法简易,但因其形质指标差距甚远,常会发生讹谬。这就需要长期细心观察对比,综合多种因素判断,方能正确鉴别。

幼龄树的整形修剪

银杏幼树的定干高度一般分为0.7～1.5 m,1.5～2.0 m,2.0～2.5 m三个类型。具体定干时应根据栽植方式、品种、立地条件和经营目的不同来确定。确定好定干高度之后,在春季发芽前于所测高度处剪截。剪截之后,选用带有2～3个饱满芽的良种接穗进行嫁接,成活后带顶芽的接穗继续生长。不带顶芽的接穗可抽生枝条2～3个,形成角度开张、方向不同的自然开心形树形。2～3年内重点培养第一层的主枝和侧枝。一般不进行回缩和疏枝,任其自然生长,以利增加叶面积,加速养分积累,促进主干、侧枝加粗生长,形成较大的树冠。带顶芽嫁接的树可以培养成主干疏层形。做法如下。

分2、3年选留2~3个方向好、角度适宜的枝条作为第一层主枝。采取短截和摘心的方法尽量扩大树冠,安排好各个侧枝的位置。缓放的枝条可很快形成短枝而结种。再过2~3年培养第2层主枝。如此经过5~6年的时间,便会形成紧凑而丰满的树冠,适龄进入结种期。

幼苗

一年生以内的树苗,是树木的最幼小阶段。幼苗植株幼嫩,组织柔弱,生长缓慢,易受各种不良因素的危害,尤其不能抵御杂草和强光,生长很不稳定。苗圃中培育的苗木,在幼苗期,要重视育苗地的水、肥管理和保苗工作。在森林中,幼苗是林木的后继者,林冠下幼苗的多少,与森林天然更新的成败有密切关系。多数树种在幼苗阶段都具耐阴的特性。

幼苗的发育

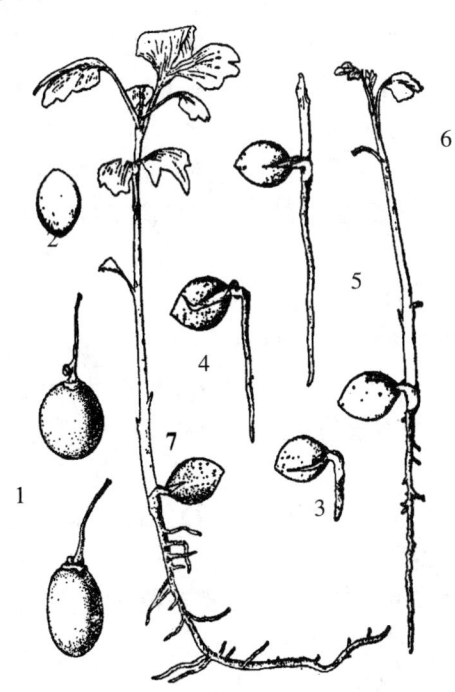

幼苗的发育
1.种实 2.种核 3、4.伸出胚根 5、6、7.发育中的幼苗

幼苗的纤维结构

把黑暗下生长的银杏实生苗转移到有持续光照的条件下,在实生苗转绿的过程中,利用透射电镜研究叶绿体的发育过程。结果表明,正在变绿的银杏苗,其上部枝条与下部枝条的叶绿体的发育程序不同。在黑暗下生长苗木的上部可观察到白色体,白色体在转绿的7~10 d内,叶绿体积累淀粉,并且基粒垛增加;但与之相反,在转绿的10 d中,苗木下半部分内的细胞器数量(包括叶绿体)大大减少。苗木的下部不能转绿并持续发育形成木质组织。

幼苗茎腐病的防治

银杏幼苗茎腐病又叫银杏苗枯病,在夏季高温炎热的地区时有发生,尤以长江流域及其以南的高温地区较为普遍。根据对我国银杏产区的调查,夏季高温季节,此病可使银杏1年生幼苗的死亡率达90%以上。1年生幼苗感病后茎基部变成褐色,梢部下垂,叶片失绿,呈下垂状而不脱落。茎部皮层稍皱缩,内皮组织腐烂呈海绵状或粉末状,灰白色。随后病部逐渐扩展到根部。使根部皮层腐烂。如拔起病苗,则根部皮层脱落而留在土壤中,仅能拨出木质部。防治方法如下。

①高温催芽,提前播种,搭设小拱棚。经催芽处理的种子可提前一个半月播种,苗木出土期也可提前30~40 d,小拱棚内的温湿度对银杏幼苗生长极为有利。一方面促进了苗木的生长;另一方面,当高温季节来临时,苗木已有较高程度的木质化,提高了苗木对茎腐病的抵抗能力。

②土壤消毒。播种前在播种沟内,每亩施硫酸亚铁10~15 kg,这样既增加了土壤酸性,又在很大程度上减轻了银杏茎腐病的发生。

③增加播种密度。苗床不可选在易积水的低洼地。每亩成苗量应为3.3万~3.5万株。由于苗木密度大,生长高,发叶多,叶面积大,因此减轻了光照强度,降低了苗木根基表土温度,减轻了银杏幼苗茎腐病的发病率。

④培育健壮苗木,提高苗木抗病力。秋末冬初翻地冻垡,选择抗病品种,播种前圃地施足基肥,避免重茬,避免前茬为薯类(地瓜、马铃薯等)、蔬菜作物,适时灌溉和松土除草,松土除草时切勿碰伤苗木茎干。

⑤遮阴,降低地温,减少发病率。土壤温度过高,是诱发银杏幼苗茎腐病的主要原因。在苗木发病之前,于苗床上部搭设荫棚降低土壤温度,是防治茎腐病的最好方法。遮阴时间自上午10时至下午4时。时间不可过长,否则会影响苗木生长。9月份以后可撤除荫棚。夏季在苗木行间覆草也可降低地温,达到防病的目的。苗床应东西走向,在垄背上间种抗病大苗或农作物(玉米、芝麻等),也可起到遮阴降、低地温的作用。

⑥连续灌水,降低发病率。高温干旱季节可连续灌水抗旱降低地温,减少发病率。幼苗发病期间,每周喷洒1%硫酸亚铁或1:800倍70%甲基托布津溶液,亦有一定防治效果。

幼苗期

又称蹲苗期。播种苗年生长期中的第二阶段。从幼苗地上部分出现初生叶或真叶,地下部分出现侧根,幼苗能独立进行营养生长时起,到幼苗的高生长量大幅度上升时为止。此时幼苗高生长缓慢,而根系生长较快,侧根生长较多。小苗幼嫩,对不良环境条件抵抗力弱,要注意水、肥、气、热的管理,防治病、虫、草害,调整苗木密度,做好保苗工作。

幼苗期适度遮阴

银杏是阳性树种,但苗期喜阴。生产实践表明,适度遮阴有利于苗木生长。根据试验,适度遮阴(40%)比强度遮阴(65%)和不遮阴的苗木,叶色浓,长势旺,生物量高。1年生苗高生长,适度遮阴比强度遮阴的大24.9%,比不遮阴的大16.3%;1年种苗根径生长,适度遮阴比强度遮阴的大19.2%;比不遮阴的大15.1%。2年生苗高生长,适度遮阴比强度遮阴的大48.1%;比不遮阴的大8.3%;2年生苗根径生长,适度遮阴比强度遮阴的大35.9%,比不遮阴的大17.9%。上述数据也说明,随着苗龄的增长,银杏苗木趋向于喜光而不再喜阴。银杏遮阴的目的在于减少强光直射,缓和高温的影响,促进光合作用。幼苗在高温强光下,呼吸作用增强,中午由于过度蒸腾叶片往往出现萎蔫,气孔关闭,光合作用停止。强度遮阴虽然改变了棚下温、湿度状况,但光照不足,光合作用产物减少,甚至还不及全光育苗。生产实践表明,适度遮阴是培育银杏壮苗的措施之一。但架设荫棚用料多,费工时,各地可采用插树枝、山区合理利用坡向等。试验基地的果农们,经多年的生,产实践,采用宽畦(1.5 m),在垅背上种玉米(株距0.8 m);窄畦(1.0 m),在畦背上种芝麻(株距0.4 m),收到了显著效果。

幼苗生长进程图解

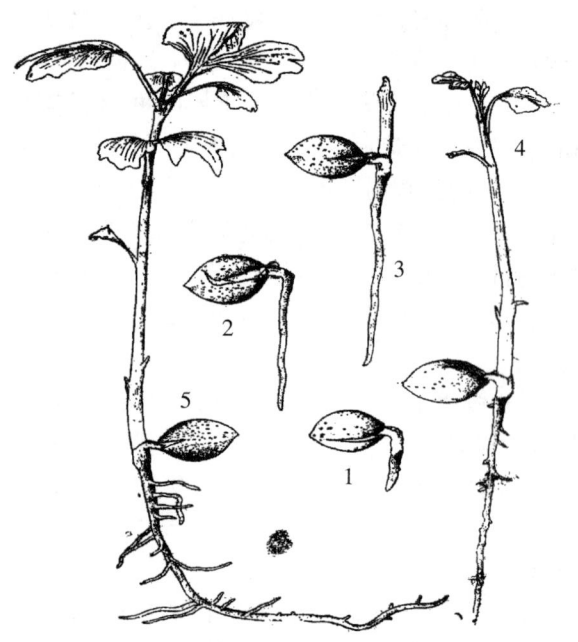

幼苗生长图示
1.胚根伸出　2.幼根延长　3.幼芽长出　4.出生互生叶
5.幼苗形成

幼苗移植

是指移植刚出土不久的银杏幼苗。移植幼苗是费工的工作,用于种子来源少和珍贵的银杏树种。一般是结合第一次间苗进行,银杏在生出两个真叶时,移植效果较好。

幼年发育期

从种实萌发开始到林木死亡结束,为银杏生长的大周期。按照银杏的结实规律,大周期可以分为幼年期、成年期和老年期3个时期,成年期又可细分为青年期和壮年期;幼年期是指从种实萌发开始到银杏开始结实为止的时期。该时期为营养生长阶段,为生殖生长积累物质基础。银杏的幼年期较长,实生苗通常需要20年以上才开始具有开花结实的能力,所以人们常称之为"公孙树"。在此之前,银杏不具备性细胞形成能力,这是因为生殖器官的形成离不开有机物质(如糖类、氨基酸、激素等)和矿物质等物质基础的积累。因此,这一阶段的主要目的是采取合适的措施(如合理施肥、灌溉、除草、松土、保证充足的光照等),最大限度地促进银杏的营养生长。

幼年期(童期)

自然生长状况下的银杏,为高大挺直的落叶乔木。银杏树的寿命极长,可达3 000年,甚至更长时间,银杏是木本植物中的"老寿星"。按照银杏的生长发育规律,银杏个体发育大体可分为幼年期、成年期、衰老期3个阶段。从种子萌发起,到植株开花结种,是银杏的幼年期。自然生长的银杏,幼年期为15~25年,一般为20年左右。这是银杏植株生长发育的基础阶段。该时期的特点是,植株营养生长旺盛,以生长主干为主,并迅速扩展树冠。

幼树

处于幼年阶段的树木;苗木出圃进入造林地后,即可称为幼树。在森林中,一般指2、3年生以上。未达到林层一半高的树木。幼树发育较幼苗稳定,其耐阴性随树龄增加而减弱。林冠下幼树的种类和数量,决定着森林的发展方向和更新的成败。

幼树环剥倒贴皮

通过对生长旺盛的3~5年生银杏幼树连续3年的环剥倒贴皮试验,证明该项技术促花效果是非常显著的,而且树龄越大,促花效果越明显。豫南大别山区,银杏幼树环剥时间以花芽分化前的5月底至6月初为宜。该项技术值得在核用银杏幼树生产中推广应用。

幼树黄化病防治效果

幼树黄化病防治效果

药剂名称	浓度	处理株数	防治效果(%)
硫酸锌（喷雾叶面）	1:300	500	62
	1:500	500	69
硫酸锌（根部施肥）	500 g/株	100	88
	1 000 g/株	100	100
	1 500 g/株	100	100
绿叶宝（浇根）	1:500	100	68
	1:600	100	74
有机铁肥	1:100	200	87
加尿素	1:200	200	71
清水对照		200	29

幼树期

从幼苗栽植至开始结种，为幼树（苗）期。此期以生长为主，新梢生长旺盛且生长量大，一般都在 50 cm 以上，条件优越者甚至达 1.5 m 以上。可抽生 3～4 个分枝。年复一年的增加枝量，形成树体的基本骨架。与此同时，根系也在地下向土壤的深度和广度发展。垂直根长度往往要超过地上高度的 1～2 倍，水平根长度超过枝展长度的 2 倍。树（苗）龄越小，地上、地下的高（长）度的比值越大，一直形成比树冠还要大的根幅。此期是银杏发育的基础阶段，其生长的优劣，直接影响到后来种子、木材的产量和经济寿命的长短。为此，在此期间主要的栽培措施是加大土、肥、水管理，以促进生长。幼树（苗）期的长短首先与品种类型有关。在同样管理条件下，有的品种嫁接后 4～5 年结种，有的则十余年才结种。其次，与栽培技术和环境条件有关。如修剪过度造成幼树旺长，连年破顶芽抽枝过多，氮、磷、钾肥料配方不合比例等都难以形成花芽。立地条件差、生长量小等，都会影响树体的生长，会相应地推迟幼树（苗）期。

幼树期修剪特点

银杏嫁接苗从定植到 30 年生，特点是生长旺盛，枝叶量逐年增多。整形修剪的任务是按照预定的树形予以培养，宜轻截少疏，促其快长树、早成形、多成花、早结种、夺丰产。

①增加枝叶扩树冠。定植当年，由于移植时的伤根，需有一定的缓苗期，因此，一般发枝少，发枝量也不大。修剪上不宜疏枝，至冬季可将大部分分枝短截。第 2 年促发分枝，增加枝叶量。作业中注意树形的培养。与其他果树不同的是银杏枝条开张角度大，对留作主枝者尽量留上芽、壮芽，适当抬高角度。至于辅养枝可采取拉、曲、缓为主，短截、摘心为次的综合措施，增加短枝枝龄，有利于结种。

②培养骨干枝。骨干枝强壮与否关系到丰产与否及经济寿命的长短。幼树期若忽视了主枝的培养，则很容易造成上强下弱或外强里弱，各主枝间有强有弱，甚至侧枝强于主枝，使之层次紊乱，"大哥小弟"分不清。生产中常用剪口留壮芽、背上芽和撑、拉等方法，抑强扶弱。

③促花保护。4～5 年生幼树，经轻剪长放，其上部分短枝就孕育有花芽，采用环剥、环割等措施可促生花芽。浙江临安市林业局徐江森试验 2 年生砧木，嫁接后 5 年成花株率达 90% 以上。花多也不见得个个结种，加强土、肥、水管理及人工授粉等措施也是必不可少的。为此，应科学管理，综合运用各项技术措施。然而，初结种树不宜超负荷结种。否则，一味追求产量，导致树势减弱，发不出旺盛枝条，而对今后长远的产量有影响，故在修剪上应有截、有放，截、放结合，使生长、结种同步增长。

诱导因子

红光，白光，乙烯利，脱落酸，矮壮素 [Red light, While lisht, Ethylene, Abscisic acid (ABA) , Chlorocholine chloriode (CCC)]。

诱发萌蘖的方法

生产上诱发萌蘖，可于春季或秋季将树干周围基部土壤扒开，用刀刻伤或环割茎基部，深达木质部，再在周围培土，浇足水，不久在伤口产生愈伤组织，并长出小苗，再于冬春进行切移培育；有的萌蘖没有根，则可以用 ABT 生根粉速蘸蘖促发长根，待长根后再移植；有的树基部会发出十多株甚至数十株萌蘖，可除掉弱苗小苗，留下粗壮苗，加强培育。人工诱发产生蘖苗的方法，不可用得过多，以免伤害母树。如母树衰老，利用萌蘖更新树冠，但要加强肥水管理，促进母树复壮。

与古塔共存的古银杏

北京西直门外的五塔寺，是明永乐初年西域高僧建造的金刚宝塔，是我国现存同类佛塔中最古老的一座。塔前两侧生长着两株树高达 23.0 m 的古银杏，两株胸径均在 1.80 m 以上，两株树均生有钟乳枝，形状十分奇特。该树是明代遗物，树龄 500 余年。五塔寺建成后，终日香火缭绕，梵音远播。清朝末年，由于清政府的腐败，外国侵略者肆意践踏中华大地，五塔寺也惨遭劫难，侵略者放的一场大火，使 100 多间殿宇化为灰烬，两株古银杏也被烧得伤痕累累，干枯枝焦，然而大幸的是这两株古银杏与金刚宝塔竟被保存了下来。如今,五塔寺已成为国家重点文物保护单位,两株古银杏也得到了妥善保护。苍苍古木,历尽磨难。目前,古银杏长得枝繁叶茂,十分喜人,500高龄的母树,年年结实累累,说明它仍处于生命的高峰。古银杏与五塔同在,千秋长存,成为另两座有生命的"佛塔"。

与瓜类间作套种

银杏采叶园幼苗期,采取适当疏移,可间种西瓜、甜瓜等。

与花卉间作套种

对银杏采叶园适当疏移,间种名贵花草或耐阴的花卉、培植盆景等,如芦荟、银杏盆景等。

与经济林树种间作套种

在实施采叶、培苗、结果银杏综合工程时间太久,结果树及采叶苗都比较小的情况下,可在采叶苗间抽取3~5行银杏苗,间隔宽度可达2.4~3.6 m,要施足基肥,全面整地,即可栽植树型小、见效快的果树品种,如油桃、杏、猕猴桃、桃、葡萄、草莓、枣、甜柿、石榴、板栗等,无论栽植那一树种,都应选择品质优良的品种号,除品种之外,还应注意植物之间的共生关系,能够取长补短,相互促进生长,而不是相克相抑,特别是在农药使用上,不能顾此失彼,造成交叉污染。

与菌菇类间作套种

在自然界,绝大多数菇类生长在森林之中。因为林内的温度、湿度、光照、营养等条件更适于各种菇类生长,所以森林已成为这些菇类赖以生存的最佳生态环境,而银杏园具备了森林条件,并且用人工控制郁闭度,改善光、湿、温条件,种植高温、中温食用菌,不但增加经济收入,而且有利结果树及采叶苗的生长。

与油料作物间作套种

对银杏采叶园隔行抽行,行间保留1.2 m距离,在行间栽植油菜,油菜收后再间种黄豆等油料作物。

与中药材间作套种

对采叶银杏园,进行隔行去行,行间距离保持1.2 m,种植较耐阴的中药材,如邳半夏、板蓝根等。

宇香

是江苏省邳州市银杏科学研究所从大马铃中优选出的单株,原代号为铁富3号。树体高大,层次明显,现在各地已引种栽培。该品种物候期与大马铃相似,只是花期晚1 d左右,成熟期晚10 d左右,即9月底—10月初外种皮变软,摇晃才能落果。母株生长在大沟边,生长势较弱,外围枝生长量23.3 cm。幼年树生长势旺,一年生枝生长量56.5 cm。新梢褐黄色,多年生枝灰色,枝条比较粗糙,皮孔明显。叶片大而厚,叶色深绿,中裂较浅,叶宽10.22 cm,叶长6.03 cm,叶柄长4.80 cm。叶大而厚,银杏黄酮和内酯的含量比大佛指高,可作为果、叶兼用型品种。果倒卵圆形,色绿黄,果面白粉较厚,油胞明显。长:宽为1.19:1。单果重12.02 g(可达14.95 g),千克果粒数83粒(可达67粒),出核率为28.7%。种核宽卵形,两侧棱线明显,中部以上尤显,种核最宽处具明显隆起之横脊。种核大小为2.725 cm×1.95 cm×1.52 cm,长:宽为1.40:1,单粒核重3.45 g(可达4.29 g),千克粒数为290粒。中种皮较薄,出仁率80.20%,总利用率为23.02%。该品种种核光滑洁白,外形美观,种仁生食无苦味,回味少有甜味,熟食糯性好,香味特浓,有芸香味,品质极上乘。抗逆性较强,进入结果期早,丰产,无假果。因叶片较厚,叶脉粗,夏秋叶缘不易枯黄,蓟马等虫害较轻,为邳州银杏最理想的主栽品种。1994年,邳州又在港上镇选育出曹楼2号、港西2号两个单株,其种核形状和各项指标均与宇香相近似。宇香多次参加评比,均被评为优株。

玉果

银杏剥掉中种皮的种仁,晶莹透明,碧绿如玉,因而人们称银杏为"玉果"。

玉蝴蝶

雄株。灌木型,花瓶状,半矮生,树高可达3 m。浓密深绿色叶片簇生,形似一只只蝴蝶。秋天黄色落叶似奶油。

玉皇庙银杏

山西省运城市芮城县大王乡南迪村玉皇庙,雌树树高39.6 m,干高8.8 m,胸径1.7 m。冠幅东西20 m,南北20.3 m。投影面积318.7 m²。树干通直分两大主枝,6小枝,东南方向直插云端。雄伟壮观。树干北面有高1.05 m、宽0.7 m的朽洞,南面有高1.25 m、宽0.7 m的无皮区。但长势良好,连年结果。传说吕洞宾在此北面九峰山修道路过此地,常在树下歇息。玉皇庙现仅有两个空窑洞。

玉米螟防治措施

①处理越冬寄主,压低虫源基数。在开春4月份以前,用碾、铡、熏、沤等方法,将玉米螟主要寄主作物的秸秆和玉米穗轴、根、茎处理完毕,以降低虫源基数。

②种植诱杀田或诱集植物,以减轻对银杏的危害。利用雌成虫常选择生长高大、茂密和丰产的田块产卵习性,可种植部分早播玉米并加强管理,提高诱

集力,以便集中扑杀。有条件的可种植蕉、藕等诱集植物并集中防治。

③摘除虫种,捡拾落种,消灭种内幼虫。

④用荧光灯及糖醋液诱杀成虫。

⑤利用赤眼蜂或白僵菌进行生物防治,也可收到良好的防治效果。

⑥药剂防治。搞好预测预报,根据玉米螟的发生和发展规律,适时喷药进行防治,在银杏上药剂防治的重点应放在卵期,幼虫蛀果后防治效果欠佳,常用的主要化学药剂有:50%辛硫磷乳剂1 000倍液;50%杀螟松1 000倍液;80%敌敌畏乳剂1 200倍液;90%敌百虫1 000倍液。

玉米银杏酒

取决明子2 kg、银杏叶2 kg、绞股蓝1 kg。先制备决明子提香液:将决明子炒至微焦,在140℃烘焙2 h,然后加入1 500 mL食用乙醇(95%)浸泡4 h,滤出乙醇提香液。将滤液蒸馏,得蒸馏提香液。蒸馏后的残渣用水加热,微沸2 h,过滤得到水提香液。把滤渣混合到银杏叶和绞股蓝中,加热煎煮2次,每次2 h。过滤后减压浓缩滤液,得到混合浸膏。冷却后在浸膏中加入上述合并的决明子提香液,接着加入1 500 mL食用乙醇(95%),过滤沉淀出的杂质,将滤液加入到500 kg玉米酒汁中,使酒色呈金黄色。接着加入2.5 kg食糖、0.5 kg柠檬酸。再进行调味、勾兑、静置,最后取上清液装瓶,陈放3个月,即成香甜适中、色泽金黄的玉米银杏酒。此酒中银杏叶提取物有预防阿尔茨海默病、高血压、心脏病、脑功能衰退的作用;决明子提取物可治疗头痛、眩晕,还有明目作用;绞股蓝提取物有抗血脂、抗动脉粥样硬化和抗血栓的功效。

玉泉寺唐银杏

在三国蜀将赵子龙单骑大战长坂坡的湖北省当阳市,城西有一佛教圣地玉泉寺,它与栖霞寺、灵岩寺、国清寺并称为"天下四绝"。寺后的玉泉山状若覆船,四季林木葱绿,素有"三楚名山"的美称。据寺志载,寺中有古树异木多株,即"三白九柳一株松"。"三白"指3株白果树,相传植于唐代,距今约1 200年,现存2株,一株在大雄宝殿前,一株在圆通阁旁,后者树高32 m,胸径1.87 m,长势健旺,形如巨伞,成为该寺景点之一。

育苗方法

繁殖银杏苗木的方法。分为播种育苗和营养繁殖育苗两大方法。播种育苗法是用种核播种培育苗木;营养繁殖育苗法是用银杏的营养器官如茎、叶、枝、根和芽等作为繁殖材料培育苗木。上述两种方法的单位面积产苗量,前者常是后者的数倍。

育苗方式

育苗方法和技术措施的统称。分苗床育苗及大田育苗两大类。前者是在修筑的苗床上育苗,不便于机械化作业。后者又称垄式育苗或农田式育苗。土地耕作后直接在平地或垄上育苗,此法适用于粗放管理的银杏育苗,便于机械化作业,生产效率高,成本低,苗木质量高,但单位面积产苗量较低。

育苗用种选择

选带外种皮和不带外种皮的大粒(320~360粒/kg种核)种子育苗。因种子发芽后,初生根吸收营养前的50~60 d内,主要靠胚乳内的营养物质维持生长,大粒种子含胚乳多,能充分满足初生根从土壤中吸收营养前幼苗生长发育的需要。据试验,用每千克400粒的种子与每千克600粒的种子育苗相比,当年生苗高生长量增加60%;根径生长量增加40%;单株生物量增加105%。前者每株叶片为12~15枚,后者每株叶片为7~9枚。

育种

进行银杏育种首先要有丰富的种质资源,它是银杏育种的物质基础。银杏育种工作的开始,就是开展银杏资源的调查和收集。为有效开展工作,需建立起一个较大规模的育种群体,以确保不因资源不足而影响工作。从银杏的核用、材用、叶用、花粉用、绿化观赏用等角度出发,筛选不同的优良母株,经过子代和无性系测定,研究优良母株的遗传表现,开发良种繁育的有关技术。在银杏育种过程中,通过各种手段获得的优良株系,都需经过品种试验和品种审定,确认为新优良品种之后,才可进行品种推广,即要区分银杏品种和优良株系之间的关系。银杏品种是人们根据需要,通过人工选择和定向培育所获得的遗传性状稳定、有较高的经济价值、能适应一定生态环境条件的银杏栽培群体。同一品种群体中的个体性状具有明显的一致性。在银杏品种选育过程中,所选育出来的优良株系不能都称为品种。只有那些经过无性系测定,证明其经济价值高于原品种,其个体特征不同于原品种,而且遗传稳定性,最后经品种审定机构进行品种认定之后才可立为新品种。

品种试验主要进行区域性试验和生产性试验,区域性试验的目的是明确变异类型的区域适应性,确定今后推广应用的范围。生产性试验是为了更加明确该品种的栽培利用价值和前途,同时总结出推广中应注意的问题。品种审定是在品种试验的基础上,对优良的株系进行全面的审查,做出其有无推广利用价值,可否成为新品种的最后鉴定。品种审定要求提供前期工作的完整资料和实物,经省和全国性的品种审定机构组织评审,做出能否命名推广的结论。近年来,我国银杏育种方法的研究发展迅速,主要以选择育种、无性系育种、芽变育种等方式为主。银杏的芽变现象多种多样,常见为形态特征变异。通过芽变选育和无性系嫁接的方式成功培育出了蝶形叶银杏和黄条叶银杏两个品种。筛选出金丝银杏、金带银杏、大耳朵、直干银杏和黑皮银杏等稀有的银杏观赏品种,其中金丝银杏属于接后芽变体,而金带银杏则属于实生苗变异。在银杏组织培养研究中,利用不同深度的秋水仙素进行银杏愈伤组织多倍体诱变试验,没有获得多倍体变异,说明银杏染色体有很强的遗传稳定性,对银杏进行诱变育种较为困难。进行 N^+ 离子诱变育种表明,低能 N^+ 离子注入引起银杏形态特征的变化,芽萌动时间提前,展叶率增加,成活率改善,开花数和开花枝增多,新梢长度增加,结果明显提前。离子注入还引起银杏叶有效成分黄酮含量与对照有显著差异。

我国银杏的杂交育种研究近年来才刚刚开始,国内也没有成熟的银杏杂交品种用于生产和推广。利用远距离花粉进行人工授粉,其杂交后代有明显的生长优势。与当地花粉授粉相比,2年生苗高增加28.2%~55.0%,地径粗增加13.2%~18.3%,叶芽数增加29.5%~61.8%,叶产量增加41.0%~68.8%。银杏叶内酯总量的高低具有明显的遗传倾向。采用来自内酯含量较高的地区的花粉,其实生后代可以有较高的内酯含量。对叶籽银杏进行了5年的选育研究,该研究基于叶籽银杏所具有的明显返祖现象,通过杂交途径从实生后代中选育出了3个具有观赏价值的变异类型。采用离子束介导实现了银杏供体 DNA 与西瓜受体 DNA 之间的超远缘杂交,银杏内酯在西瓜品种3-16和SR-1-2中的最高表达量分别为17.075 6 μg/g 和 45.999 8 μg/g,杂交的亲和率为25%,测定了有银杏内酯表达的2个月西瓜叶片超氧化物歧化酶的活性,它们分别比对照提高了近1倍。

育种策略

银杏育种策略是针对银杏育种目标,根据银杏生物学特性、遗传变异特点、资源状况及当前的育种进展,并结合银杏生产和自身的经济条件,对银杏遗传改良做出的长期的总体安排。银杏育种策略包括银杏育种的目标、资源、方法、工作程序及存在风险等。制定银杏育种策略是银杏育种的一项最基础工作。育种策略制定后,可编制实现银杏育种目标的具体计划。

育种方法

银杏育种可采取引种、芽变选育、杂交育种等方法。为取得最高的遗传增益之路,最终均应走无性系选育之路,实现良种的品种化推广。

育种基本程序

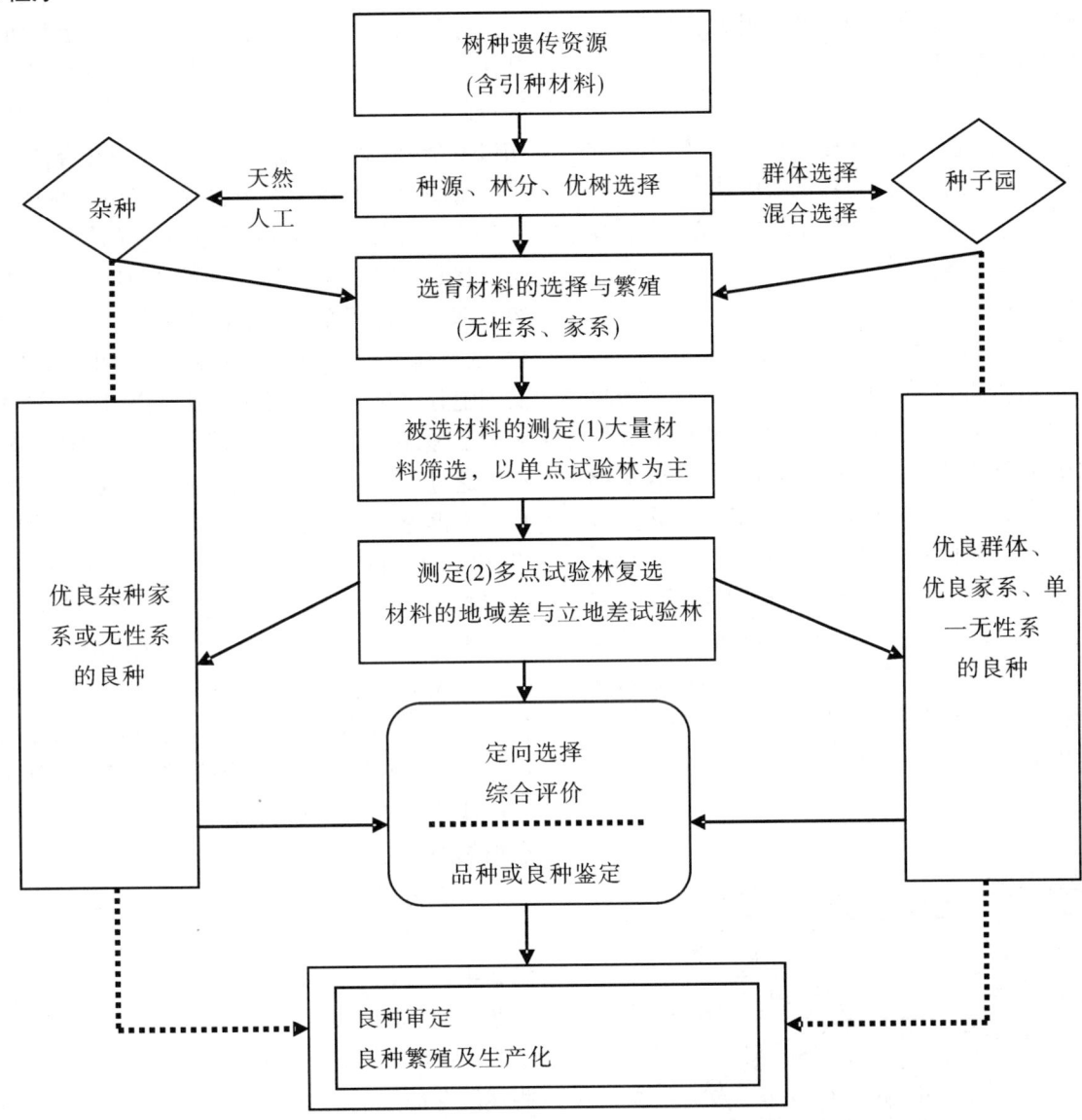

育种基本程序

育种目标

银杏育种的目标取决于栽培目的。如以核用为目的的银杏育种,则应以结实早、种实产量高、种核品质好为主要目标;以用材为目的的银杏育种,则应以生长迅速、树冠窄密、树干通直圆满、材质优为主要目标等。

育种周期

育种周期是从投入到产出的时间进程。育种周期的长短,单位时间内获得增益的大小,是评价育种成效的重要指标。同时,要采用促进早实、缩短育种世代及早期测定等措施。在进行早期测定时,要考虑其可行性及可靠性。另外,因银杏育种是一项长期工作,要考虑到工作的持续性。在长期的育种工作中,要注意与生产相结合,要考虑在各个阶段中可能取得的成果以及在技术和生产中可能做出的贡献。在进行试验设计时,根据试验目的,确定测定项目和内容、方法、地点、时间及观测期限,考虑最佳田间试验设计方案。同时,银杏育种策略的实施过程中还可能存在风险,如早期选择,存在幼年与成年时的相关,影响预估计的准确性;自然灾害难以预估;人力和物力的投入保证等。

预防阿尔茨海默病

引起阿尔茨海默病的原因之一是脑血管疾病。所以,平时,大家就应即从维护血管健康做起。尽量避免高胆固醇、高脂肪食物,避免使过量的胆固醇和中性脂肪囤积血管壁,导致动防粥样硬化,对血液循环造成负面影响。此外,为了避免增高血压,盐分摄入不宜过量。长期服用银杏叶,能够充分达到增加脑部血流量、预防血栓产生、促进脑部血液循环的效果。银杏叶还能治疗耳鸣、改善阳痿、提高视力、缓解间歇性行、促进静脉血液循环。

遇仙树

据明代《昆山县志》载：当地的一株银杏树系由仙人"掷枝垂生"。又载：汴人龚漪，宫殿中侍御史，曾护送宋高宗南渡，途经昆山时折银杏枝插在地上，祈祷能长成大树。后来果然灵验。

御赐白果树

贵州大方县雨冲乡红旗村白果村民组和沙厂镇白果寨各有一银杏古树群。相传为同期栽植，原为单株，在长久的生存繁衍过程中，主树下垂枝触地生根而成新株，新株生长过程中又形成新的下垂枝，触地生根再形成新株，最终形成了银杏群。雨冲乡红旗村白果村民组的原株树龄约500年，遭雷击火烧已不复存在，萌生的新干株，其中100年以上的有24株，最大两株胸径超过2 m，古银杏群占地3 000 m²，可谓"独树成林"。沙厂镇白果寨的银杏古树群内墓碑上刻有"明诰封荣禄大夫阿纳之墓"和"白果赐荣"铭文，故有"御赐白果树"之称。

愈合

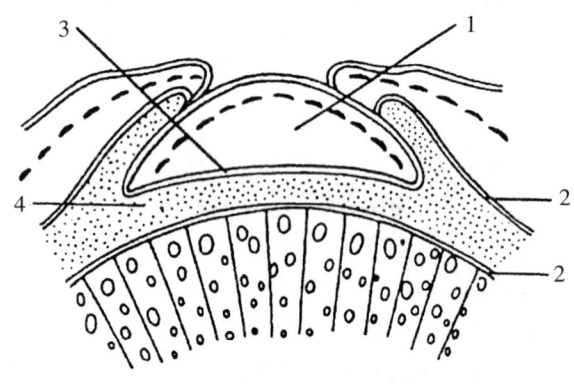

愈合
1.接芽 2.砧木形成层 3.接芽形成层 4.愈伤组织

受伤部位产生愈伤组织把伤口保护起来，经进一步发育使受伤部位恢复正常的过程。在银杏树体受机械损伤时，在受伤部位的表面，由死细胞的残留物形成一层褐色的隔膜，之后由于愈伤激素的作用，使伤口周围的细胞生长和分裂，形成层细胞也加强活动，并使隔离膜破裂，形成愈伤组织。经进一步增生，伤口内的薄壁细胞相互连接成为一体，把受伤部位保护起来，随着树体的生长使受损伤部位逐渐复原。果树嫁接利用果树愈伤原理如下图所示，当芽接的接芽，插入砧木皮层不久，砧木和接芽的受伤面形成层，形成愈伤组织，填满空隙，进一步分化新的输导组织，使接芽与砧木的输导组织联通，即完成芽接的愈合过程。

愈伤组织

亦称"创伤组织"。银杏体的局部受创伤刺激，在其伤口表面新生的组织。由活的薄壁细胞组成，起源于银杏体任何器官内各种组织的活细胞。在创伤部分，使伤口愈合；在嫁接中，促使砧木与接穗愈合，并由新生的维管组织使砧木和接穗沟通；在扦插中，从伤口愈伤组织分化不定根或不定芽而形成完整的植株。在银杏器官、组织、细胞离体培养时，条件适宜时也能长出愈伤组织。其发生过程是：外植体中的活细胞经诱导而脱分化，恢复其潜在的全能性，转变为分生细胞，继而其衍生的细胞分化为薄壁组织而形成愈伤组织。诱发愈伤组织的原理，过去比较强调创伤激素对细胞增殖的作用，近代通过组织培养实践，说明从完整植株分离而来的外植体不再受整体的控制，在一定的生长调节物质的作用下，供给适量的营养物质，可能是诱发愈伤组织的决定性因素。从植物器官、组织、细胞离体培养所产生的愈伤组织，在一定条件下，可进一步诱导器官再生或胚状体而形成植株，已广泛应用于繁殖无性系。在单倍体育种工作中，利用花药或花粉做离体培养，可由花粉产生的愈伤组织或胚状体而分化单倍体植株。甚至可由原生质体培养诱导植株或器官再生。

愈伤组织的生长

银杏茎段接种于 White、N6、Ms 这3种不同的培养基上，3 d 后在茎段切口可见膨大；7～10 d 可见愈伤组织；8 d 时腋部的芽明显膨大，显示萌动；培养12 d，茎段整体膨大，两端产生块状黄色和黄绿色的愈伤组织，芽萌动现象更加明显，可见略扩展的叶子。有些茎段芽萌发的同时长有愈伤组织。培养20 d 后，萌发的芽长出2～6片绿色的叶片长约0.5 cm。26 d 时的情况基本同20 d，只是愈伤组织量，芽萌发长出的叶数和扩展程度增加。芽萌发率是在 White 培养基上最高，N6 上次之，Ms 上为第三。30 d 以后，在 N6 的培养基上有部分腋芽从基部愈伤组织上长出根，形成完整的再生植株，即一次成苗。在 White 和 MS 培养基上的腋芽，要转到 N6 培养基上才能生根。

愈伤组织培养

愈伤组织原来是指植物在受伤之后，于伤口表面形成的一团薄壁细胞（参见"愈伤组织"）。在组织培养中，特指人工培养基上由外植体发生的一团无序生长的薄壁细胞。人们按照发生胚状体的能力，将其分为胚性愈伤组织和非胚性愈伤组织。愈伤组织培养是一种最常见的组织培养形式，除茎尖分生组织培养和部分器官培养以外，其他几种培养形式最终都要经过愈伤组织才能完成植株再生；愈伤组织还常常是悬浮培养细胞的来源及分离原生质体的材料。愈伤组织培养包括愈伤组织的诱导、生长及分化等步骤。实践证明，愈伤组织的诱导在多数植物上并不困难，一般在生长素浓度较高、细胞分裂素浓度较低的情况下，有利于愈伤组织的发生。但愈伤组织分化成苗却比较困难，目前果树仅柑橘、苹果、猕猴桃等少数种类或基因型获得了较稳定的再生体系，其技术要点是培养基中高浓度细胞分裂素和低浓度生长素，再生途径是器官发生型及胚状体途径。

愈伤组织生根原理

银杏扦插苗的根原始体起源于次生木质部和形成层，不定根原始体由薄壁组织细胞分裂产生。银杏在下切口受伤后，受愈伤激素的刺激，引起薄壁细胞的分裂，形成一种半透明不规则的瘤状突起物——初生愈伤组织。初生愈伤组织具有保护伤口不受病菌感染、行使吸收水分和养分的功能。初生愈伤组织继续分裂产生次生愈伤组织，并逐步产生与插穗组织联系的形成层、木质部和韧皮部等组织，最后形成不定根。银杏的插穗在愈伤组织和韧皮部都产生不定根，但愈伤组织生根时间较长。嫩枝扦插后的前 10 d 为愈伤组织形成期；10～15 d 为根原基形成期；15～20 d 为不定根形成期；30～35 d 为生根期。硬枝插扦 25～30 d 为初生根期，45～60 d 为大量生根期。

豫东唐银杏

唐邑县老庄乡孙营村惠济河畔，1 株硕大的古银杏树，屹立在平原沙地上。胸径达 6.25 m，树高 24.9 m，冠幅 24 m²。树干挺直，冠似圆头状，每年开花结实。相传唐初罗成将军转战南北，驰骋疆场，屯兵此地，曾拴马于银杏树下，故今称古银杏树为"罗成拴马树"。古银杏树原来生长在庙宇前，被村民奉为"神树"，一直无人触动它，保存至今。该树生长历史虽无资料考据，但其树体之大，为豫东平原树木之冠，故又有"豫东树王"之称。古银杏现在为县政府重点保护的古树。

豫南银杏王

河南信阳市浉河区李家寨镇河边，原有一座白果庙，庙前有两株古银杏，其中大的一株树高 30 m，胸围 9.2 m，东西冠幅 23.5 m，南北冠幅 13.21 m。顶端枯梢缺顶，主干已空心，劈裂成 3 株，另有根际萌发出 4 株幼树，其中，大的幼树与母株同高，胸围已有 2.62 m，老幼银杏树 6 株组成了树丛。据民国二十五年《重修信阳县志》记载："柳林涧水之东，为县南大镇市地，有白果庙，庙门前有白果树二株，大径丈许，中空处可容一方桌，四面尤可坐人，传为唐代开国名将秦琼和尉迟恭到此所植，寺庙原名已迭，遂以树名称之。"群众直称"唐白果树"，为豫南最大的银杏树。1958 年夏季曾遭雷击，主干下部开裂，虽显苍老，但仍挺拔雄伟，结果枝密布整冠，年年结果不少于 300 kg。此银杏树遭受过多灾多难，仍坚韧不屈，为植物界之英豪。此树被当地乡民敬为神树，树前常年香火不断，为求一方平安。

豫皖 9 号

原株产于河南安阳，为速生用材型优树，雌株。胸径年生长量 1.6 cm，材积平均生长量 0.063 1 m³。其性状有待进一步观察。

豫西伏牛山银杏种群

地处河南伏牛山腹地的嵩县白河乡和相邻的西峡县二郎坪乡，山峦起伏，海拔 600～900 m，那里分布的神奇的古银杏深深吸引着进山探索的人们。嵩县白河乡的上寺、下寺和五马寺 3 个村，绵延分布着古银杏 300 多株，树龄多在 500～1 000 年，有的甚至在千年以上，且大多数是由老根基部萌发出次生树干形成的"多代同堂"树。西峡县二郎坪乡的银杏则集中分布在栗坪村下北峪的场院周围和谷沟地带。其北面海拔 2 203 m 的玉皇顶和海拔 2 129 m 的龙池曼形成一道天然屏障，有效地阻挡了浩荡冰川的侵袭，使植物"活化石"银杏和其他一些古老树种得以幸存和繁衍。明代正德十三年（1518 年）《伏牛山云岩寺记》碑文记载："夫以唐自在禅师修道此处，迄今甫将千年，缁流托所、渐繁，迫于衣食，荷镢操锄，日益开垦，所以山皆有田可种，而僧皆有果可采。"另外，明代成化年间（1465—1487 年）建造的下寺村大佛殿，其梁、柱、椽、门、窗及佛像均用银杏木修建雕刻而成，历经 500 余年，至今完好无损。当地村民反映，过去这里山高林密，人迹罕至，环境幽雅，风景秀丽，吸引僧人最先来此建寺，随后才有少数先民迁居于此。大部分村落分散在山沟谷地，并以白果树为村名。二郎坪乡也是僧人先人山建造下巷、黄石巷等庙宇，随后先民相继迁入，并始有以白果命名的村庄——白果坪、白果村。这里的银杏树雌雄比例为 5:1，高于其他地区，表明该地区古银杏受人为破坏程度较其他地方轻。此外，河南济源、渑池、确山、固始等地，银杏大家族中的遗体化石在中生代地层中多有发现，尤其是义马银杏化石的出土更是意义重大。上述发掘成果足以证明，河南也是银杏原生种群残存地之一。

豫选"9003"号

树龄 80 年，单株年产量 86 kg，球果椭圆形，成熟时橙黄色，先端圆钝，顶点下凹，基部平高；球果纵径 3.01 cm，横径 2.68 cm，平均单果重 13.08 g，出核率 22.7%；种核上宽下窄，纵径 2.51 cm，横径 1.89 cm，单核重 2.97 g,每千克种核 337 粒。9 月下旬成熟。

豫选"9010"号

树龄 150 年,单株年产量 78～110 kg,球果圆形,成熟时为黄色,球果纵径 2.92 cm,横径 2.88 cm,平均单果重 13.16 g,出核率 24.2%;种核纵径 2.26 cm,横径 1.78 cm,单核重 3.19 g,每千克种核 313 粒。9 月下旬成熟。

豫选"9018"号

母树树龄 200 年,单株年产量 160～200 kg,9 月下旬成熟。球果近圆形,成熟时外种皮橙黄色,球果纵径 3.4 cm,横径 3.27 cm,平均单果重 17.76 g,出核率 21%;种核纵径 2.68 cm,横径 2.04 cm,单核重 3.73 g,每千克种核 268 粒,出仁率 80.2%。

豫选"9020"号

母树树龄 65 年,单株年产量 65 kg。球果圆形,成熟时为橙黄色,球果纵径 3.2 cm,横径 3.2 cm,平均单果重 12.8 g,出核率 27%;种核近圆形,纵径 2.65 cm,横径 1.98 cm,单核重 3.45 g,每千克种核 290 粒。9 月下旬成熟。

"豫银 1 号"优良性状

①种核大,品质优。豫银杏 1 号种核肥大饱满,均匀,品质优良,种核平均单粒重 3.45 g,最大达 4.03 g,每千克在 290 粒以内,出核率 27% 以上,出仁率 78% 以上。种仁味甘甜,具有糯米香味及糙性,口感好,商业价值高。②遗传性能稳定。该品种的各项优良经济性状能稳定地遗传给无性系后代,具有良好的遗传特性。经无性系后代测定。子代出核率比亲本高出 0.3%,出仁率比亲本高出 0.84%,种核干粒重高出亲本 40 g。③早实丰产性能好。利用该品种接穗在 2～3 年生实生苗上嫁接后,3 年开始挂果,第 5 年时平均株产 1.5 kg 以上。3～10 年生枝段每米中短结果枝结果 21～27 个,每平方米树冠投影产量在 0.85 kg 以上。④抗逆性强 通过跨区域对比试验研究,该品种抗旱涝、抗高温、抗冻害、抗病虫害能力强,表现出较强的适生性,适宜推广种植。

"豫银杏 1 号"

银杏良种"豫银杏 1 号"(原名"龙潭皇")是河南省信阳市林业科技人员从自然实生种群中选出的优良品种,经无性繁殖及子代性状测定、品比试验,是选育出的豫南大别山区银杏当家品种。2001 年通过河南省林木良种审定委员会审定,准予在生产中推广。

鸳鸯银杏树

生长在北京市韩庄乡祖务村天兴寺遗址的银杏,当地传说为雄株,树龄约 500 年,树高 20 m,胸径 126 cm,高大挺拔,绿荫如盖。树下根如虬龙,裸露于地。生长在黄松峪乡黄松峪村观音庙遗址的银杏,传说为雌株。树龄约 520 年,树高 18 m,胸径 155 cm,叶茂荫浓,树姿优美。据传说,古时候,美丽的洵河岸边,有一对青年男女,从小青梅竹马,两小无猜。由于封建制度的阻挠,拆散了,这对情人。从此,男的入寺为僧,在祖务天兴寺修行;女的削发为尼,在黄松峪观音庙青灯陪伴。有情人终生未成眷属,死后化作雌雄银杏,分别生长于所在寺庙。虽然经过考查鉴定两株银杏实质都为"雌性",但是这一悲剧传说,至今仍在附近村庄流传,引起人们的同情和共鸣。1988 年以来,开始进行管护,祖务银杏垒上圆形砖栏。黄松峪银杏周围清理碎石,建好石坝,设置边长 1.5 m,9 边 9 角 99 根柱的铁围栏。1990 年 7 月大风刮折树杈一根。现树下萌蘖丛生,长势旺盛。

园地的灌水与排水

水是任何生命都离不开的物质。银杏整个生命过程需要足够的水,如果水分供应不足,就会导致银杏树叶片发黄、枯萎,种子脱落,生长衰弱,易引发病、虫害等,甚至整株枯死。但水分过多又会导致根系窒息、腐烂直至死亡。因此,在银杏各个生长、发育阶段都必须适时、适量浇水,汛期要及时防涝,以保证银杏生长健壮。

园地的土地规划

以企业经营为目的的果园,土地规划中应保证生产用地的优先地位,并使各项服务于生产的用地保持协调的比例。通常各类用地比例为:果树栽培面积 80%～85%,防护林 5%～10%,道路 4%,绿肥基地 3%,办公生产生活用房、苗圃、蓄水池、粪池等共 4% 左右。

园地的选择

银杏适应性强,对土壤要求不严格,无论是平原、丘陵,还是山地,银杏都能生长,但为了达到速生、丰产、优质的目标,应选择土壤条件较好的造林地。土壤条件是复杂的综合因子,但一般而论,适宜银杏生长的土壤应具备以下条件:一是有良好的物理性状;二是在生长季节有足够的水分;三是具有一定的土壤肥力;四是土壤通气良好;五是无积水。土壤物理性状是影响银杏生长的重要因素,它不仅直接影响银杏生长,而且通过其本身性状的有关特性,如土壤的结构、组成、容重、孔隙度、松紧度等影响土壤的水分、空气、温度、热量,从而影响银杏的生长。但在生产实践中,必须从众多的影响土壤物理性状的因素中找出主导因素。大量调查材料经多元回归分析表明,土壤的有效层厚度是影响土壤物理性状的主要因子,所谓土壤有效层是指根系能够正常生长和可能生长的土层。

土壤有效层厚度之所以对银杏生长具重要作用,根本原因在于土壤有效层提供了银杏充分生长发育的条件,从而根系就越能充分利用这层土壤的肥水。因此,最适宜银杏用材林生长的土地条件,其土壤有效层厚度应为 80～100 cm;土壤有效层厚度为 60～80 cm 的土地则为中等立地条件。土壤水分是影响银杏生长的另一重要因素。植物能速生的生理特性之一是蒸腾强度高,如杨树、桉树。因此,银杏生长所需的水分也是银杏用材林能否速生、丰产的重要条件之一。众所周知,土壤根系层的水分主要来自于降水、河水的泛滥及地下水。而降水和河水泛滥是极不稳定的水源,特别是在山区,植物供水主要依靠降水。因此,在山区营造银杏用材林,要求年平均降水量在 600 mm 以上。在平原地区,地下水是较稳定的水源,但地下水位不宜过高,可以认为,较好的立地条件,地下水位应在 1.5～2.0 m。如果地下水位长期在 1.0 m以上,则不宜培育银杏用材林。

园地覆草技术

果园覆草技术在我国已有悠久历史。园内铺草对防止杂草丛生、保持土壤疏松、调节地温、增加土壤有机质含量、防止返盐、积雪保墒、促进团粒结构的形成均有明显效果。据试验,覆草区土壤含水量从 3—9 月平均增加 5%～7%,夏季高达 10% 以上。银杏园覆草技术要点如下。

①草源。目前,主要草源有稻草、麦秸、蒿秆、间作物的残茬及其他野草等。但野草一定要在结实前刈割,以免将种子带入园内。②铺草标准。铺草厚度以不见土面为原则。最好是满园铺,若草源有限,则可以只铺树盘。采叶园可以行间铺草。一般厚度 10～20 cm,亩铺鲜草 1 000～3000 kg 不等。覆后逐年腐烂减少,要不断结合深翻补充新草。③铺草时间。以保水、防旱为主要目的银杏园铺草,宜在旱热季节到来前进行;在山地、寒冷地区可常年铺草;普通银杏园每年保持一层覆盖物亦为最妙。春天铺的草一般在 9—10 月结合秋耕深埋土中,7—8 月铺的草可结合次年春耕进行翻埋,也可隔年翻埋 1 次。④铺草方法。山地、平原、丘陵均可铺草。一般先随意撒铺,稍加土块压盖。若系坡地园,则宜沿等高线横铺,并成复瓦状层层首尾搭盖,并注意用土块适当固压,以免风吹和雨水冲刷而带走。总之,银杏园铺草是借用果树栽培的一项行之有效的方法,适于核用、叶用、材用丰产园、采穗圃、间作、防护林带等多种栽培方式。

园地规划与设计

园地规划和设计需要考虑的因素很多。在实际园地规划前需对园地的基本情况,包括气候、地形、土壤及水利情况,要有整体的把握,园地的设计应兼顾防护林、水土保护、排灌措施及园地中道路与建筑设计等因素,在园地中所选树种、授粉树的栽培和布局、植株种植密度等都应在考虑之中。

园地基本情况调查

①气候条件。平均气温、最高与最低气温、生长期积温、休眠期的低温量、无霜期、日照时数及百分率、年降水量及主要时期的分布,当地灾害性小气候出现频率及变化。②地形及土壤条件。山地果园应调查掌握海拔高度、垂直分布带与小气候带、坡度、坡向及土层之联系的雨量、光照及果树品种的变化。丘陵地和平地应调查土层厚度、土壤质地、土壤结构、酸碱度、有机质含量、主要营养元素含量,地下水位及其变化动态,土壤植被和冲刷状况。③水利条件。主要包括水源,现有灌、排水设施和利用状况。

园块放样

园块放样是从园中心线(如南北线)向两侧园块用仪器标出垂直线,按行距放样,即在园块北头按行距放一行,在南头按行距放一行,都插上树枝,然后从第 1 行开始,从西向东(或从东向西),南北拉测绳按株距放样,插上树枝。树样放好,蹲下看所插树枝,若横竖、斜向都成行,则放样成功。在放样中,如果东西线不与中心线(南北线)成直角,则所放样就不能横竖、斜向成行,则放样失败,需校正后重放。

园林

又称园庭、林园。面积不大而树木较多的庭院,或在建筑物周围配置花木、银杏等,并布置其他景物构成的优美环境。现用来泛指各类公园、庭园、风景名胜区等以美化和改善环境条件为主要目的的绿化地段和设施。

园林丛植

把一定数量的银杏,例如有主干的或无主干的分别自然地组合在一起,各丛构成数量不等、大小不一、姿态不同的画面,力求创造出一种和谐的自然美。

园林对植

用两株或两丛银杏分别按一定的轴线对称栽植。主要用于大型建筑物的附近或出入口、石阶旁等,起烘托主景的作用,使建筑物显得更加雄伟庄严。

园林构建原则

银杏及其他彩色叶植物组成的色块在城市森林中的应用,其构建设计应符合以下原则。①小生态学原则。色块设计既要考虑银杏材料的生态习性,熟悉它们的观赏性能,又要注意银杏种类间的群体美与周围环境的协调。②造景原则。色块造景与其他植物景观设计一样，必须做到"景观与生态共生，美化与文化兼容"。③构图原则。用园林植物配置的美学原则，处理好统一与变化、调和与对比、韵律与节奏、主体与从属、均衡与稳定等方面的关系，努力追求最佳银杏景观效果。

园林孤植

在空旷的平地或草坪上，孤立地栽植一株银杏，充分表现其气势雄伟，葱茏庄重。

园林混植

银杏与其他树种规则的混交，适宜在广场四周或草坪边缘，其自然景色就显得格外妖娆。如与枫树、乌桕、黄连木、黄栌、柿树、山楂、海棠等配置，在夏末秋初给人以秋风乍起、硕果累累的丰收之感。

园林价值

银杏是世界上珍贵的园林树种，人们常常把它与雪松、南洋杉、金钱松同时誉为世界四大园林树木。我国的园艺学家们也常常把银杏、牡丹、兰花誉为"园林三宝"。银杏树姿高大挺拔，树叶玲珑奇特，春夏一片葱绿，秋天金黄可掬，给人以峻峭雄奇、华贵典雅之感，构成了"风光添野景，黄叶缀成林"的优美图画。因此，古今中外都把它作为庭院、行道和园林绿化的重要树种。我国银杏的栽培首先始于园林绿化。目前，在我国各地名山大川、古刹寺庵中，古银杏屡见不鲜。

园林列植

按一定的株行距成行栽植银杏，这在景观上显得比较整齐和富有气魄。多用于道路两旁和水域的环绕地带栽植，再点缀一些月季、迎春、木槿、碧桃等花卉、灌木，使之雅致得体，令人欣慰。

园林苗圃

培育城乡园林绿化和四旁植树用苗木的苗圃。此类苗圃多设在城郊或居民区附近。特点是苗木种类多、年龄大，并要求有一定的树形。

园林群植（片植）

将较大数量的银杏，按一定的构图方法栽在一起，形成小面积的银杏层林作为主景，以此为基调再辅之以一定数的其他树种作陪衬，如背衬青松，深秋黄叶与红叶枫树等交织如锦，备感宜人，造成上下、左右、内外分明，错落有致的几个层次。

园林设计

根据园林绿地总体规划要求，在建设施工前所做的具体安排。包括工程技术设计、建筑设计、结构设计、植物种植设计、绘制施工图表、编制预算等。设计项目有：园林建筑物、园路、花坛、草坪、山石、水体、树木配置等的布局、设景以及各种管线、照明设施等。设计时除新建景物外，还必须重视原有地形、地物和环境的改变和利用，进行删除、修改、保留、隐蔽、装饰等。对设计意图、经济技术指标、工程安排等，都要用文字和图表形式说明，另外应绘制出平面图、立面图、剖面图以及鸟瞰图、透视图等。

园林史考

银杏树在中国生存的历史源远流长。据化石考证，银杏最早出现于2.5亿年前古生代的石炭纪和二叠纪，到了距今2亿年左右的中生代，包括银杏在内的裸子植物，在地球上组成了浩瀚的森林。在三叠纪至侏罗纪，银杏类发展到了鼎盛时期，成为北半球森林的重要成分。第四纪，北半球产生了巨大的冰川，欧洲和北美广阔地区的银杏类荡然无存，亚洲也濒于绝种。由于我国的山脉多为东西走向，对截阻第四纪冰川十分有利，特别是南方，只有局部地区受到山麓冰川的轻微侵袭，银杏在天然避难所幸免劫难而遗存下来，成为银杏类植物唯一的生存后裔。目前，世界上只有秦岭山脉的伏牛山、桐柏山、大别山以及大巴山，浙江省西天目山和安徽黄山等狭小的深山谷地，还残存着为数不多的呈野生或半野生状态的银杏树。银杏历尽沧桑，在自然界留存至今，成为植物宝库中的珍品，为我国特有的、全世界所有"活化石"中资格最老的孑遗树种。

中国文献中最早记载银杏是西汉时期司马相如（前179—前118年）的《上林赋》。上林苑是汉武帝圈划的天然禁苑，《上林赋》在描述苑中的丰饶物产时写道："沙棠栎楮，华枫枰栌……"枰即平仲。西晋著名文学家左思（205—350年）历时10年写成《三都赋》，其中之《吴都赋》曰："平仲裙，松梓古渡，楠榴之木，相思之树。"吴都即今之苏州。唐李善注《文选》中引证刘成释："平仲，即平仲木。平仲之木，其实如银。"后人据此以平仲为银杏。银杏树在中国的栽培历史源自何时，则难以考证，专家根据一些残在银杏古树的年龄考证源于商周时期，以山东莒县浮来山定林寺的银杏树最古老，树龄达3 000余年，有"天下银杏第一树"之誉。其后，"（鲁）隐公八年（公元前715年）九月辛卯，公及莒人盟于浮来。"（《左传》），传即盟于此树之下，树下有碑文描述该树曰："暮看银杏树参天，阅尽沧桑不计年；汉柏秦松皆后辈，根蟠古佛未生前。"南北朝时依树建庙名"定林寺"。由此表明，在3 000年前的商代就有银杏树的栽植，其目的可能是当时氏族部落对银杏树的崇拜。汉代，银杏树盛植于江南地区，唐代开始向北方传播扩展。时至今日，北自辽南，南至海南，东起台湾阿里山，西到甘南、云贵，都有银杏分布，遍及我国30个省区。由上可以推断中国银杏人工栽植起源于早期园林的发端，栽植目的是出于对银杏树的崇拜意识,敬天敬神。

园林植物

适宜造园需要、具有观赏价值和绿化效果较好的木本植物及草本植物,是园林构成的主体。园林植物的应用,不仅能增加园林美观和活泼气氛,同时也起到保护和改善自然环境的作用。许多园林植物具有较高的经济价值。园林植物的分类有多种方式,而以按生长特性、生态特性及观赏部位分类较为常用。银杏是典型的园林植物。

园林植物配置

根据造园设计要求合理搭配各种植物的工作。配置时要重视植物的生态习性,使组成相对稳定的群落;要注意主次分明,疏密有致,体形配合,节奏有韵,层次变化,色调调和,才能有效地发挥其风景效果。配置的基本方式有如下两种。①整形配置。按几何图形整齐配置,如绿篱、行道树及整形花坛的种植,有庄重端正感。②不整形配置。栽植无一定形式,即自然式配置,如中国式庭园中的配置,富有原野情趣。

园林中银杏的整形和修剪

银杏有中心主干,苗木栽植后,可任其自然生长。随主干的延长,其周围逐渐产生分枝,形成圆锥状的主干形。成年后,主干不再长高,而树冠逐渐向外扩展,形成自然圆头形。目前,在全国各地园林中,其中也包括故宫里的园林,实行人工截干嫁接,形成自然多干形,从而获得部分种子收入。银杏是雄伟挺拔的大乔木,树冠浓郁壮观,游人观后肃然起敬,从实践看,凡实行高干嫁接的银杏均破坏了这一景观,实属惋惜,让其自然生长才能显得有气魄有生机。因此,不提倡对园林中的银杏实行嫁接,其中包括风景名胜、公园绿地、行道树等,几株银杏的经济收入绝不能超过它所失去的观赏价值。

银杏栽植后,应充分发挥银杏顶端优势强旺的生物学特性,尤其对顶枝不易短截,让其直插云霄。银杏在幼树期间,一般不需要整形和做大的修剪,但对长双干的银杏,应疏除一弱干或弯干,让其强干直立生长。对主干上部的强旺直立主枝,通过短截(剪口下留外芽)减缓枝势,以防止喧宾夺主,或进行屈枝,限制生长,以扶弱压强,使主枝间生长保持平衡,形成更加幽美的树形。但对树冠中的密生枝、衰弱枝、病虫枝等可及时疏除,以达冠内通风透光,促其生长。成年银杏树,枝叶渐多,冠浓叶茂,枝条不易密生,所以一般银杏大树修剪量很小,只注意将竞争枝、枯死枝、下垂枝、衰老的侧枝进行疏剪或短截,促其更快更新而产生更多的枝条。凡直立的徒长枝,只要扰乱树形的,都应自基部疏除。由于银杏隐芽寿命长,极易萌生,抽芽,主、侧枝下部一般都不会光秃。

垣曲刘张村银杏

这株气势非凡的银杏树生长在山西省垣曲县新城镇刘张村东边的巷头上,该树胸径为1.38 m,树高23.8 m,主干向东倾斜,高3 m。原有5个主枝,1958年修桥时锯掉3枝,现存2枝已枯朽,新萌发枝条生长很茂密。冠幅东西17.8 m,南北11.3 m。根盘周长25.7 m,东北裸露,悬空而长,露根高3米有余,同树干一样高。盘根下边有5条龙状侧根伸向西南边,东西2根长达16 m,南面2条根长达13.3 m,活像5条巨龙拔地腾空而起,支撑着将要塌陷的老树。龙根下面又有一层层云根,好似乱云翻滚,巨龙飞腾,十分壮观。

原产亚洲东部

在日本,现已发现了古生代二迭纪的银杏化石,而发现的中生代三叠纪的银杏化石就有12种之多。新生代第三纪以前,日本列岛与亚洲大陆是连在一起的,第三纪时期,日本列岛植物中的阔叶树非常繁茂,有代表温暖气候特点的肉桂、棕榈、桂树、樟树、木兰、银杏、槲树、榆树、桦木、赤杨等。此时期发现的银杏化石是铁线蕨银杏(Ginkgoides adiantiodes)。从古生代二叠纪起,经过中生代三叠纪、侏罗纪、白垩纪,直到新生代第三纪,已被今天在日本发现的银杏化石证实了银杏的存在。

因为在日本发现了各个地质时期的许多银杏化石,所以认为日本也应是银杏的原产地。从日本弥生式后期出土的遗物中也发现了银杏的种子,这种银杏的种子比目前的银杏种子略小,且狭长。在日本银杏从古老的弥生式时期就被食用。日本的银杏化石流传下来的不只是叶子化石,而且还有小型狭长的银杏种子化石,呈现出银杏种子的最原始型,它和现在仅在日本发现的雌雄同株的银杏种子为同一类型。银杏的现存种是雌雄异株,但在目前只在日本发现有雌雄同株原始形态的银杏。雌雄同株银杏的种子狭长,种型很小。这一事实在生物学方面又一次证明了日本是银杏古老的原产地。它和考古学的遗物一样,共同证实了银杏不是在历史时期由中国传入日本的说法。无论从银杏的生理生态来看,还是从考古学的遗物来看,都可以用事实否定那种简单地认为银杏是由中国传入的说法。

在日本德岛县有围径16.79 m世界上最粗的古银杏。我国北宋建立于960年,从960年至今已有1 000多年,但在日本长野县有2 000年生的古银杏,福冈县有1 870年生的古银杏,广岛县和大分县有1 600年生的古银杏,长崎县有1 550年生的古银杏,富山县和高知县有1500年生的古银杏。据在日本不完全的统计，日本全国800年生以上的古银杏有60余株，显然，银杏"宋时传入日本"的说法就不能被人们承认了。

韩国江原道有1 200年生的古银杏，树高60.5 m，它是银杏家族中的巨人。另外，庆尚南道和全罗南道有1 000年生的古银杏。朝鲜的咸镜南道和韩国的忠清北道有800年生的古银杏。

苏联古植物学家 А. Н. К. Кристоф Абрамович 则认为"第四纪冰川以后，只在中国和日本留下了一个孑遗种——银杏"。"银杏是现在仅存的代表，可能由于人工栽培而被保存于亚洲东部。"日本的吉冈金市博士认为，"从地质学、古生物学的事实推断，只能得出银杏从中生代至今在日本也一直生存着的结论，这是总结了北从北海道，南至鹿儿岛银杏生长发育的历史事实，所得出对银杏的总的看法。"大井次三郎博士认为，"关于银杏原产地是否只是中国，在日本有许多不同的说法，多数认为尚不能完全确定。"

由上看出，银杏原产于亚洲东部——中国、日本、朝鲜和韩国。

原花色素的提取

原花色素的制备工艺，分提取、精制两个工序，用乙醇水溶液浸提含原花色素的植物材料，提取原花色素，在精制工序中用丙酮以沉淀的方法除去水溶性的杂质，得到高纯度的原花色素产品。该工艺方法简单，所用溶剂价格低廉。以葡萄籽和松树皮为原料，原花色素得率分别为5.0%和12%，产品中原花色素浓度一般在65%，可安全用作药品、保健品、食品和化妆品等的添加剂。

原胚

在银杏植物中，当幼胚穿出颈卵器进入雌配子体组织之前的发育时期，称为原胚。

原生质

细胞中具有生命的物质基础。银杏植物体细胞中生活的胶状内含物，在银杏生活细胞中提供生命过程的基础化合物。

原始性状

银杏是古老的裸子植物，表现出很多原始性状。银杏的叶为扇形，叶片顶二裂或多裂，无叶面和叶背之分，具有二叉分歧网状联合的叶脉。这是与蕨类植物及种子蕨相似的原始性状，是其他种子植物所没有的。作为银杏生殖器官的雄蕊，具有分离而下垂的花粉囊，大孢子叶具珠心喙和贮粉室，这也为原始性状，是除苏铁外其他裸子植物和被子植物所没有的，并且还发现银杏授粉过程出现带鞭毛的游动精子，原胚雌配子体在发育过程中游离核较多，这些均表明银杏生殖活动的原始性。银杏种子呈核果状，在种仁外具有3层不同结构，不同颜色的种皮保护，这种结构复杂的种子也是一种原始性状的表现，因为植物种子在不断进化中增强了适应力，种子结构趋于简化。

原种

优良经济性状能够遗传的类型，但因数量不足，尚不能在生产中推广。原种经良种繁育就形成品种。

圆白果

贵州全省各地均有分布，以盘县特区的品质较好，树冠呈圆头形，高的可达25 m。树皮灰色至灰褐色，有纵裂。长枝基部叶片较大，三角形或扇形。上部叶三角形。短枝叶扇形。宽3.5~6.5 cm，多为6 cm，叶柄长3.5~7 cm。果实近圆形，纵横径2.6 cm×2.8 cm，果柄长3 cm，单果重11.2 g，每千克89粒。顶端圆钝，中部有一凹点，基部较平。珠托较小，近圆形，边缘隆起，不整齐。果面橙黄色，被白粉。种核近圆形，棱边窄。大小为2.1 cm×1.8 cm×1.4 cm，单粒重2.2 g，每千克454粒。种仁肥厚，饱满，糯性强，风味佳。

圆底佛手

此品种栽培较少。种子中等大小，长圆形，上下均圆钝，顶点微有凹入，基部平宽，平均纵径2.93 cm，横径2.31 cm，种梗粗而稍短，长2.7 cm。种核长圆形或长椭圆形，顶微尖，而基部钝，棱不明显，仅上方微微可辨，平均纵径2.48 cm，横径1.40 cm，厚1.38 cm，每千克360粒。

圆底佛手

圆底果

又称"圆底佛手"。核形系数1.33。本品种种实先端明显平阔，呈圆底状，故名。树冠多圆锥形，树干挺直，层性明显。长枝上多扇形叶，具明显中裂。种实短卵圆形，先端圆秃，顶部平阔。顶尖凹陷呈"O"字形,珠孔迹明显。中部以下略狭缩。蒂盘圆形,表面与周缘不整,略凹陷。种柄长 2.8~3.5 cm,较细弱。熟时淡黄色,被薄白粉,并可见少量油胞。种实大小为纵径2.8 cm,横径2.6 cm。种核广卵圆形,先端浑圆,具突尖,中部具不明显横脊,基部两维管束迹迹点小,相距较近,约1.5 mm,或合为一体。两侧棱线不显,仅上部可见。种核大小为 1.90 cm × 1.43 cm × 1.25 cm,单粒千核重 2 450~2 680 g。出核率22%,出仁率74%。主要分布于广西灵川、浙江诸暨等。

圆铃6号

生长旺盛,枝叶发达,2~3年生幼苗嫁接后5~6年结种,单种重12.64 g,单核重3.04 g,164粒/500 g。出核率24.14%,出仁率80%。该品种属中、早熟类型,因其核圆形便于机械加工,故深受国内外客户的欢迎。

圆铃9号

枝条粗壮,节间短,发枝力弱,形成树冠慢,叶片大而浓绿,2~3年生砧木嫁接后3年可结种,5~6年丰产,成龄大树,当年枝条形成花芽,次年结种。单种重7.6 g,单核重1.8 g,278粒/500 g,出核率23.9%,出仁率79.4%,嫁接盆景尤为适宜。

圆头形

适于密植丰产园、采穗圃。干高0.6~1.0 m或1.0~1.5 m,由分布均匀的3个主枝构成树体的基本骨架,主枝开张角度应控制在50°~60°,其他枝条应大于60°,对侧枝采用拉枝、环剥等综合措施均衡树势。对于主枝上的枝条要尽量留作辅养枝,可以长放轻剪或不剪,养壮后即可抽生短枝。此树形的优点是树干矮小、结构紧凑、通透性好、易成形,在集约经营的条件下,可3年见花,5年有产量。

圆枣佛手

又称枣子佛手、枣子果。种实形状近似大枣,故名。核形系数1.93。树冠塔形。种实长椭圆形,先端圆秃,珠孔迹横宽呈"一"字形凹入。基部稍狭,蒂盘圆形或椭圆形,稍偏斜或不偏斜,周缘不整,略凹陷。果柄略偏斜,粗而长,长3.8~4.2 cm。熟时深橙黄色,满被薄白粉。种核长倒卵圆形,两端均尖。先端钝尖,珠孔迹明显。基部稍狭,尾端秃尖,两维管束迹迹点极小,相距较近,仅1.0~2.0 mm,偶见合为一体而呈宽扁突起状。两侧棱明显,上半部尤显,中下部逐渐消逝。有背腹之分,但不太明显。千粒重2070 g。种核为2.7 cm × 1.4 cm × 1.2 cm,出核率24.7%,出仁率71.0%~75.3%。产于广西桂林灵川的海洋、潮田,兴安的漠川、白石,全州的焦江、安和等。

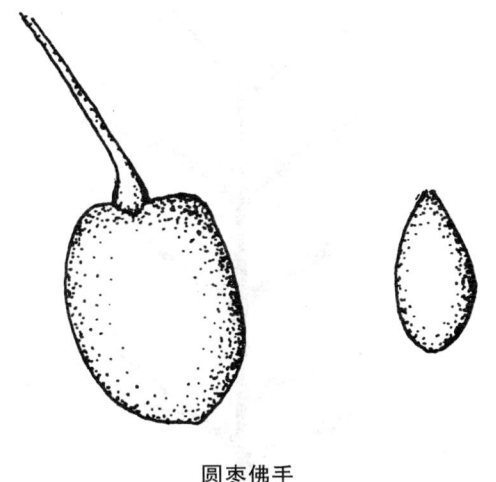

圆枣佛手

圆珠(圆头)

江苏洞庭山的主栽品种。种为广卵形,短而稍小,平均纵径2.39 cm,横径2.40 cm,顶端圆钝而稍瘦,梗洼中深,表皮杏黄色,被有白粉。种梗细而短,长2.8 cm,赤褐色,有紫色条状斑纹。核为短椭圆形,壳白色,顶端微有尖头,基部钝圆,平均纵径2.01 cm,横径1.72 cm,厚1.43 cm,每千克530粒。

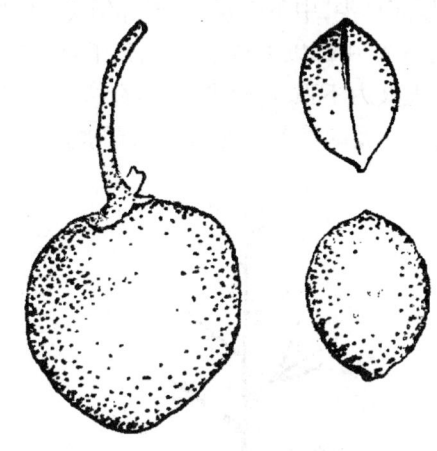

圆珠

圆柱形

用高干实生苗多头嫁接而成,此树形成形快、早期丰产好。定植2 m以上高的实生银杏苗,在树高60 cm以上腹接。单芽腹接与树干垂直,双芽腹接两芽应在接穗的侧上方。第一层腹接3个枝头,层内距25~30 cm,三枝水平角为120°,间隔80~60 cm嫁接第二层,第三层……层次多少根据栽植密度而定,每层2个主枝,最上层一个每层间距25 cm左右,插空排列。嫁接高度不够时,可逐年嫁接,各主枝垂直角60°左右,为使主枝牢固,第一年采用短截修剪,弱枝重截,壮枝轻截,调整各枝生长的平衡。

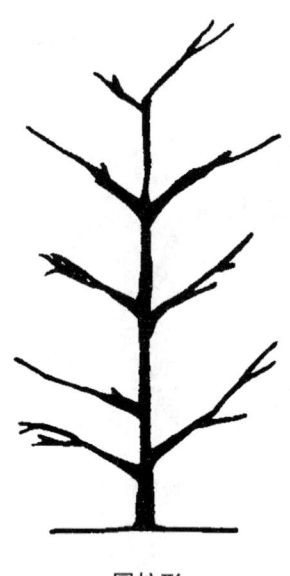

圆柱形

圆锥佛手

分布于广西灵川、兴安和全州等地,因种核上宽下窄呈圆锥状而得名。多根蘖树,主干和分枝层性明显。长枝上多着生扇形叶,叶片均无明显中裂。种实卵圆形,成熟时橙黄色,略带红晕,薄被白粉。种核圆锥形,先端浑圆,顶部具尖,中下部狭长,尾部细尖,两侧棱明显,近先端处略宽,中部以下渐渐消失,每千克 417 粒。该品种生长与发枝力不强,但较丰产,40 年左右即达盛实期,品质较好。主要缺点是抗逆性较弱,对水肥要求较高。

圆锥形

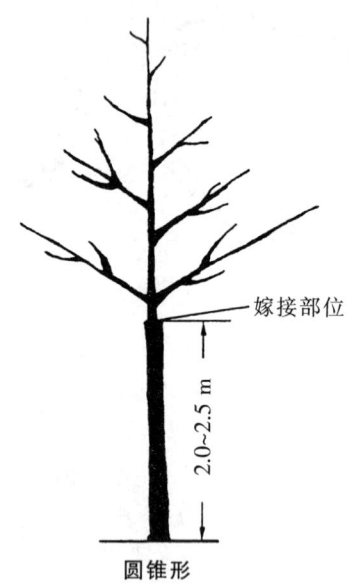

圆锥形

银杏实生大苗定植之后,在树干高度 2.0~2.5 m 的地方,截去树梢,然后嫁接优良品种。嫁接成活后选留 1 个生长健壮的枝条培养主干,并在主干上选留 7~8 个主枝。主枝的选留要注意上下交互错开,分布均匀,呈镶嵌状排列。然后在每一个主枝上适当选留 3~4 个侧枝,最后形成下宽上窄的圆锥形树冠。这种树冠分层不明显,培养这种树冠时,要注意主枝和主枝之间的距离不宜过小,主枝不宜太多,否则会造成树冠内部通风透光不良,内膛枝枯死,结实部位外移,产量下降。

圆子类

种核近圆形或扁圆形,背腹面不明显。种核一般较马铃类为小,上下左右基本相等。种核上端钝圆,具有不明显的小尖,基部两束迹迹点较小,但明显突出。两侧棱自上至下均甚明显,并成翼状边缘。种核长宽比为 1:1,纵横线之交点位于种核之中心位置。

圆子类品系

种核长度 2.60 cm,种核宽度 2.26 cm,长宽之比 1.15,长宽比值通常为 0.9~1.2,纵横轴线交叉点为纵横轴线中心(如图)。其中包括大龙眼、圆铃、垂枝银杏、算盘珠子、大圆子、小圆子、皱皮果、葡萄果、桐子果、糯米白果、松壳白果。

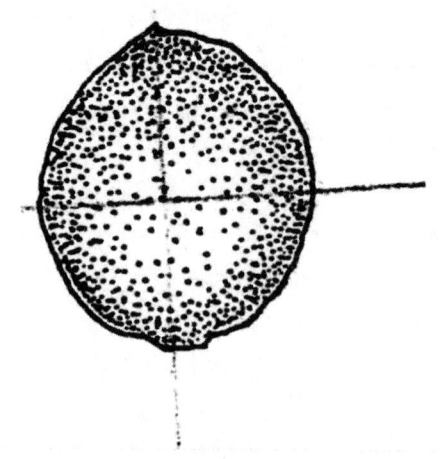

圆子类种核形状

圆子品种群

银杏种核长与宽的比值小于 1.30(±0.05),种核纵横轴的交叉点位于纵线的中心,这样的银杏品种群体为圆子品种群。本品种群共有 11 个优良品种及 6 个优良无性系。

圆子品种群优良无性系

圆子品种群优良无性系

编号	名称	核形系数	产地
1	道真 5 号	1.18	贵州道真
2	道真 7 号	1.23	贵州道真
3	延安 1 号	1.26	陕西延安农业委员会
4	桂林 6 号	1.27	广西桂林林科所
5	京山 A23 号	1.28	湖北京山
6	藤九郎	1.29	日本

圆子银杏类

种子圆球形,一般果皮色泽为橙红色,孔迹小,不凸起或略凹陷。珠托一般近圆形,正托。种核圆形,长宽相等,长宽两线均在中点正交。两侧自上至下有明显棱,中部宽处有翼。但翼的宽窄,因类型不同而有差异。先端孔迹尖或秃或稍内陷。尾端两束迹较大而明显,两点相距交大。本类银杏有泰兴的龙眼,贵州的圆白果,贵州、江苏、宜兴的圆糯白果,江苏的大圆子、小圆子,浙江长兴、诸暨的鸭尾银杏,广西灵川等地的葡萄果,广西、贵州的算盘果,广西灵川等地的圆七星果、桐子果、皱皮白果、棉花果,浙江、广西、安徽、山东的眼珠子等。

源自古生代上石炭纪之说

植物学家认为,银杏类植物的发生始自古生代的上石炭纪(距今2.8亿~3.5亿年),可能由苛得狄目(cordaitales)演进而成,或与之同源。苛得狄目系远古代的一种乔木,高可达20~30 m或以上,胸径可达1 m以上。单叶全缘,叶脉分叉,分叉角度小,看去似为平行,茎有髓,木质部或厚或薄,但无年轮,花粉(小孢子)囊及胚珠顶生,花粉无花粉管,也不具含胚的种子,在石炭纪时极为繁茂,密生成林。古生代上石炭纪的银杏类植物代表是二歧叶属(*Dichophyllum*),古生代二叠纪出现了毛状叶属(*Trichopitys*),从古生代的下二叠纪至下白垩纪出现了楔拜拉属(*Sphenobaiera*)。自古生代的三叠纪起,又出现了茨康诺司基叶属(*Czekanowskia*)、拜拉属(*Baiera*)、拟刺葵属(*Phoenicopsis*)、舌叶属(*Glossophyllum*)、哈兹叶属(*Hartzia*)和似管状叶属(*Solenites*)等。

院士银杏株

1999年9月14日,32位宁波籍两院院士,在宁波市月湖公园共同栽植了银杏树,成为全国第一片银杏院士林。

越冬水

9月份种子、叶片采收后,正值中、晚秋季节,根系仍未停止活动,这时期是全年降水量较少的季节,为保证树体越冬,应在采收后5~10 d内灌一次水,至10~11月份再分别灌两次水。

越国公汪俊手植银杏树

相传,隋末农民起义地方首领"吴王"汪华的第八个儿子越国公汪俊,于唐永徽二年(651年)亲手栽植了一株银杏树。该树位于浙江淳安县叶家乡蓬里村灵岩庵遗址,高17 m,胸径2.7 m,冠幅达480 m^2,传说北宋末年,农民起义领袖方腊,于宣和二年(1120年)10月,聚众数万,在这株银杏树下宣誓起义,前后攻克6州52县,纵横350余千米,威震东南半壁江山。后来,方腊起义失败,银杏树也历尽劫难,遭雷击火烧,主干基部被烧成一个大空洞,后树干上半部又遭强台风吹断。时至今日,这株经历了1 300多年风风雨雨、见证了历史社会变迁的古银杏树,以其顽强的生命力仍然枝繁叶茂,生机盎然,就像当年农民起义领袖那样威武雄壮,昂然挺立在山间灵岩庵前。

越来越多的国家认识银杏吸品

吸品正在向更多的国家和地区传播,从马来西亚到印度尼西亚、新加坡,从美国到墨西哥、加拿大,从北美到南美,从欧盟到俄罗斯,吸品概念正在广为流传,RBG, Christ-smoking, soft-smoking, beer-like smoking,健康吸食品,非烟草制品,烟民健康品,利百加……吸品概念正在从四面八方向各国各族的人们广泛传播。

越秀庵银杏

生长在北京市秀府村村西的越秀庵中。山前阶地,土质肥沃。此树地面往上分5枝,分枝处树干直径在2 m以上,分支粗分别在100 cm、80 cm、78 cm、52 cm、40 cm。树距今500年以上。树高30 m,平均冠幅18 m。每年结果,长势很好,被列为一级古树,树号0755。据说,新中国成立前,此树五分权处曾突然起火,火势很大,但又不知何故,又突然熄火,现在还可看到火烧的痕迹。但并没有影响树木的生长,现在古树长势更旺。

云贵高原银杏地理生态型

分布范围北纬23°~26°,东经97°~107°。包括贵州高原及云南中部、西部及东部。气温属中亚热带贵州区,年平均气温13.5~16℃,1月份平均气温3.5~6.0℃,7月份平均气温为26~30℃。年降水量900~1 300 mm,分配较均匀。土壤为黄壤和黄棕壤,植被为常绿阔叶林。垂直分布在海拔1 000~1 500 m。这一地区尚未发现野生银杏,而人工栽培的历史也不长。云贵高原为一个有潜在发展前途的地区。

云贵银杏群

古老银杏多,与珙桐、红豆杉等活化石相伴生长在原始森林中,贵州的古银杏是自然残留下来的,而且发现有与化石类相似的银杏,品种资源十分丰富。

云南保山 4 个银杏优良单株种核性状

云南保山 4 个银杏优良单株种核性状

序号	品名	出核率（%）	单核重(g)	品质	主要特征
166	界头大白果	15.8	2.16	甜糯	核果短圆形,熟时黄色,种核椭圆形,核有棱而翼不明显,树势强,树冠开张
167	曲石大圆白	18.0	2.70	微苦	核果扁圆形,熟时橘黄色,种核扁圆形,核有棱而翼不明显,饱满,丰产性能好,雨季有裂果,树势强
168	腾冲大梅核	26.0	3.40	甜糯	核果扁圆形,熟时橙黄色,种核椭圆形略扁,顶端微凹,棱线及翼明显,丰产性好,树势强
169	永昌大白果	26.2	3.10	甜	核果近圆形,熟时橙黄色。种核倒卵形,两面差别明显,有翼、树势强、成枝易,丰产性好

云南东北部银杏种群

在金沙江畔的永善县及五莲峰山脉的大关,彝良一带海拔 2 700 m 的深山里,是我国银杏垂直分布的最高点,而且多呈零星野生状态,至今无人调查研究。

云南省的古银杏

①在昆明市滇池西山的太华寺茂密参天的古杉林中,有一株古老的银杏树,树龄至少也有 1 450 年了。该树由一根水泥柱子撑着,据说是梁朝简文帝所栽,虽已苍老,却仍冠大叶茂。②云南省西南部横断山脉和高黎贡山脉之间,有一个以白果(银杏)命名的山村,群众命名为"白果村",村头生长着两株被人们称作"白果王"的古银杏树,其中,大的分枝接近地面,高 11 m,根部围径 3.3 m,十分壮观。据当地山民口碑相传,这两棵古树是"缅子"栽下的,至于何时所栽,已无从确准考证,但都说是"上千年了"。③在腾冲县江东村,有古银杏树 3 000 多株。其中,树龄在 500 年以上的有 50 余株;400 年以上的 70 余株;200～300 年的 150 余株;江东村素以古银杏林为名,其中,一株最大的银杏树,树高为 45 m,胸径 97 cm,冠幅 450 m^2,树龄 500 年以上,当地称之为"银杏王",位于东经 9 8°50′,北纬 24°5 8′,为我国古银杏分布最西的边缘地区。

云南省澜沧拉祜族自治县银杏引种栽培

通过 6 年的引种栽培试验表明,银杏在北回归线以南的云南思茅地区,不仅能够成活,而且能够正常生长结果,效益明显。不仅扩大了银杏的栽培范围,而且丰富了云南少数民族贫困山区的经济资源。

云南省澜沧拉祜族自治县引种银杏生长状况

云南省澜沧拉祜族自治县引种银杏生长状况

立地条件类型	地径（cm）	地径年均生长量（cm）	树高（m）	树高年均生长量（m）	树冠投影面积（m^2）	始果年龄	结果株率（%）	结果量（kg/hm^2）
1	6.54	0.96	2.02	0.23	4.85	4	14.5	47.1
2	6.02	0.83	1.94	0.21	4.11	4	11.4	30.1
3	5.86	0.79	1.78	0.17	3.62	4	11.3	23.3
4	5.30	0.65	1.62	0.13	2.66	4	9.3	15.2

Z z

杂草的综合灭除

①封－灭法：前期进行土壤封闭处理，中、后期用灭生性除草剂处理。即4月中旬用敌草隆或氟乐灵进行一次土壤封闭，可控制杂草2个多月；7月中旬再用一次草甘膦，可控制夏、秋季的草害。

②灭－封法：即在使用灭生性除草剂处理的同时，使用土壤处理的除草剂搞土壤封闭。在杂草旺盛始期的5月下旬至6月上旬，采取灭、封的两种除草剂混配使用，这样既可灭杀杂草旺盛生长的第一高峰，又可制止萌发的第二高峰。

杂交方式的选择

亲本选定以后，按照育种目标要求合理选配组合进行杂交。杂交时采用的方式有以下几种：

①成对杂交：又称单交，即两个亲本一为母本一为父本，配成1对杂交组合，以 A×B 表示。当两个亲本优缺点能互补，性状总体基本上能符合育种目标时，就可采用单交方式。成对杂交只需杂交1次即可完成，杂交及后代选择工作量小。

②复合杂交：是两个以上亲本之间进行杂交。一般先配成单交，然后根据单交的缺点再选配另一单交组合或亲本，以使多个亲本优缺点能互相弥补。复交的方式又因采用亲本的数目及杂交方式不同而分为：三交，即(A×B)×C；双交，即(A×B)×(C×D)；四交，即[(A×B)×C]×D，等等。

复交中各亲本的排列次序，需要根据各个亲本的优良性状及其相互弥补的可能性而定。一般将综合性好的或者具有主要目标性状的亲本作为母本放在最后一次杂交，这样后代出现主要目标性状个体的可能性就大些。与单交相比，复交所需年限较长，工作量大，所需人力、物力、土地都较多，所以，仅限于育种目标要求方面广，必须多个亲本性状综合起来能达到育种要求时才采用。

③回交：是由两个亲本产生的杂种再与亲本之一进行杂交。回交的目的是加强杂种的某一亲本性状。

④综合杂交：也叫多亲代杂交，是亲本在4个以上并经过两个世代以上的杂交。具体的方法多种多样，如(A×B)×C×D、[(A×B)×A]×(C×D)、[(A×B)×A]×[(C×D)×D]，等等。

杂交计划

要根据育种目标，制订详细的杂交计划，其中包括亲本选择、杂交组合、杂交方式、杂交数量等内容。杂交组合和杂交数量要根据具体情况而定。虽然大量的杂交组合和杂交数量更有可能获得符合目标性状的杂种个体，但杂种苗过多，会占用大量的土地和劳力，因此，在一般情况下，只能两者选其一。组合数和杂交数量的多少决定于育种目标的综合程度及性状的遗传性质。如果育种目标比较简单，所需性状属于质量性状，组合数可多一些，每组合杂交的数量可少一些；如果育种目标综合性状多，且多属于数量性状，则可组合数少一些，每组合杂交的数量多一些。

杂交亲本的选择

育种目标确定后，即要根据目标收集有关的原始资料，并对原始资料进行全面、彻底的分析。在此基础上，正确选配杂交亲本，这关系到杂交育种的成败。一般可从下面几方面来考虑：

①选择的亲本应该具备我们所需要的优良性状和特性。两个亲本的优良性状要能互相弥补，而且要求优良性状尽可能多，否则就不易育成所期望的杂种。

②两个亲本的来源应在地理上相距较远，生态类型不同。应用这个原则选配亲本，可以丰富杂种的遗传性，增强杂种优势，获得分离较大的及超越双亲的类型。

③亲本选择时要考虑两个亲本遗传传递能力的强弱。野生品种较栽培品种、老的栽培品种较新的栽培品种、当地品种较外来品种、成年植株较幼年实生苗、嫁接的同砧植株较异砧植株，前者遗传传递能力均比后者强。母本对杂交后代的影响常比父本强，因此，要尽可能选择优良性状较多的品种做母本。如以保证获得种实为目的，则应选择结实性强的做母本，以花粉多而正常的做父本。

杂交用品准备

常用的用具有镊子、纸袋、塑料牌、纱布袋、棉花、线绳、干燥器、毛笔、记载表等。

银杏杂交记载表

母本位置		组合编号	组合名称		花序编号	授粉日期		采种日期	种实(核)性状
地段	株号		母本	父本		第1次	第2次		

杂交育种

常规的银杏杂交育种是种内杂交,没有远缘杂交。天然杂交不存在配子的不亲和性和杂种不育等现象,但是存在地理隔离和生态隔离机制。地理位置相距较远的产区在自然界中因花期不遇,不能自然杂交,而人工授粉则完全可孕。银杏的人工授粉技术已经十分成熟。目前5种类型的核用银杏品种,长籽和圆籽初步判断为纯合类型,而其他3种则都是杂合型。试验证明,利用地理距离较远的亲本进行杂交,其后代有明显的生长优势,与用当地花粉授粉的子代相比,2年生苗高增加28.2%~55.0%,地径增加13.2%~18.3%,叶芽数增加29.5%~61.8%,叶产量增加41.0%~68.8%。此外,银杏叶内酯总量的高低具有明显的遗传倾向。采用来自内酯含量较高的地区的花粉,其实生后代可以有较高的内酯含量。中科院宋道军等采用离子束介导实现了银杏供体DNA与西瓜受体DNA之间的超远缘杂交,银杏内酯在西瓜品种3-16和SR-1-2中的最高表达量分别为17.08 μg/g和45.99 μg/g,杂交的亲和率为25%,测定了有银杏内酯表达的2个月西瓜叶片超氧化物歧化酶的活性,分别比对照提高了近1倍。南京林业大学经济植物研究所从2000年底开始进行银杏杂交育种研究,2001、2002和2004年分别采用来自不同地区的优良雄株花粉和同一品种的母树或不同品种的母树进行人工控制杂交授粉,获得了一定数量的全同胞家系杂交种实。在杂交授粉的过程中,对不同雄株花粉的外观形态以及授粉后所结种实的性状进行了调查研究。此后将人工控制授粉的杂交种实和采自同一株母树上的自由授粉杂交种实一起播种进行试验,对1年生和2年生的实生苗进行了田间子代测定。

杂交育种操作

①花粉的采集与贮藏:银杏花期短,而且雌雄花序往往开放不同步,又受天气条件的限制,所以采集花粉要及时。从惊蛰前后起,就应注意观察,待雄花序由青绿色转变为淡黄色时,即可采集并及时处理以备用。据经验,银杏雄花成熟与白榆种子飞落几乎同期,可作为采集银杏花粉之参考,花粉质量以开花期前3 d最高。在花粉囊开裂前1~2 d采摘含苞待放的雄花穗,置于气温20~25℃通风干燥的室内,将雄花穗薄薄地摊在白纸上晾干。也可用纸包成小包,放在盛有生石灰的容器内,每天翻动3~5次,2~3 d后花粉全部散出。用筛子过筛,除去花梗、叶片等杂物后,将花粉放入纱布袋内备用。花粉切忌装入塑料袋或密封的瓶、罐中,以免挤压、受热、窒息而失去生命力。银杏的花粉易于贮藏。干燥花粉在常温下至少可保持有效授粉能力15 d以上,在0℃左右的条件下可以在更长时间内保持有效授粉能力,其活力甚至可以保持7~8年。

②授粉:为了获得较高的杂交结实率,必须掌握适当的授粉时期。银杏胚珠珠孔口出现受粉滴时为授粉适期,而最适于授粉的时期则是当受粉滴相当于珠孔口直径的2~3倍大小时,这种状态一般可保持3 d左右。银杏的授粉适期,与产地、品种、气候等多种因素有关,一般南方较早,北方较迟;梅核型较早,佛手型较迟;气温回升早则授粉适期也相对提前,若早春多阴雨天气,则授粉适期会相应推迟。授粉的方法有多种,最简便的方法是用毛笔、毛刷或棉花蘸取花粉,在雌花周围轻轻震动,花粉即可散落于受粉滴上。大面积授粉时,可用喷雾法授粉。曹福亮等在人工控制授粉前和授粉后,用纸袋将雌花套住,以防外来花粉污染。

③去袋:为使种实正常发育及成熟后不遭受意外损失,在授粉3周后,应除去纸袋,换以纱布袋。杂交银杏的种实生产与正常银杏一样。

杂交育种成果

银杏的杂交育种研究才刚开始,目前还没有成熟的银杏杂交品种用于生产推广。选用南京林业大学校园内和江苏省泰兴市的8株优良雄株作为父本,大佛指作为母本,在江苏泰兴银杏种质资源圃开展了银杏的杂交育种工作,获得8个F1代杂交种。在此基础上,又分别选用贵州、福建、江苏等省的3个银杏优良雄株作为父本,4个优良品种大马铃、大金坠、梅核和佛指作为母本进行两两交配,共12对,在江苏邳州银杏种质资源圃进行杂交育种。2002年在南京林业大学下蜀林场开展了银杏F1代杂交种的苗期测定。在测定银杏不同杂交种间主要生理指标时发现,其气孔导度(Gs)、蒸腾速率(Tr)、细胞间隙CO_2浓度等生理指标在不同杂交种间存在显著差异。杂交种NZ_3、NZ_4、NZ_6的净光合速率(Pn)较低,NZ_8的Pn最接近对照(CK),而NZ_2的Pn

最高,表现出明显的杂交优势。对1年生控制授粉的银杏杂交子代的药用质量指标研究表明,家系间总黄酮含量、总内酯含量、单株叶生物量、单株经济产量有极显著差异。通过聚类分析,初步筛选出优良的叶用家系8个。不同亲本杂交,其F1代杂交子代1年生或2年生苗的叶绿素含量、黄酮和内酯含量、光合作用与蒸腾速率均存在显著差异。总体上,母本对杂交子代各项生理指标的影响要大于父本,人工控制授粉的杂交子代叶绿素含量、黄酮和内酯的含量、光合作用与蒸腾速率均高于作为对照的自由授粉子代,生理指标的研究结果与生长指标的研究结果基本上完全一致。52个半同胞家系生理及生长指标存在显著差异,并初步筛选出了表现优良的叶用家系。

杂交育种程序

杂交育种过程实际上是使遗传基础由宽变窄,再由窄变宽的螺旋式上升发展过程。第1步是根据育种目标,从群体中选择符合要求的个体或淘汰不符合要求的个体,这是遗传基础变窄的过程。第2步,对选择出来的个体,通过杂交,进行基因重组,这是遗传基础变宽的过程。第3步,经过重组的繁殖材料通过遗传测定进行再选择,又是遗传基础变窄的过程。如此反复循环,使目标遗传基因频率不断提高,繁殖材料的遗传品质不断优化。

杂交育种大致可分为以下几个阶段:一是亲本选配和杂交授粉;二是F1代测定和选择;三是区域化比较试验林的建立,即杂种生境测定;四是无性系测定;五是无性系鉴定和推广。

用杂交育种进行遗传改良,主要由4个环节组成:一是选配适宜的亲本杂交,以创造变异;二是种植杂交后代,选择并稳定变异;三是杂种生境或区域性测定;四是优良杂种的鉴定。

杂酸

莽草酸(shikimic acid)、抗坏血酸(ascorbic acid)、琥珀酸(succinic acid)。

甾醇及其苷类

谷甾醇(sitosterol)、紫薯苷(ipuranol、sitosterol glucoside)。

栽后管理示意图

步骤:①刨开30 cm的圆坑;②将银杏苗放入坑中扶正,根系展开,覆土为坑的2/3;③用手握苗向上轻提一下;④用脚踏紧;⑤覆土至坑满;⑥再用脚踏紧;⑦再覆土。

栽培模式

①银杏叶、苗、果综合利用栽培:每公顷栽植银杏嫁

栽后管理示意图

接大苗(固定株,嫁接口高度不低于1.5 m)330株,株行距5 m×6 m,行间间植银杏1年生幼苗(采叶、培苗)4 500株,在前4年采叶。4年生时,苗高2.0 m左右,间除1/3~1/2卖大苗。剩余发枝采叶。在15年以上时,固定株已有一定产量,并逐步封行,间移采叶株,以结果为主,采叶为辅。②银杏与桑间作:每公顷栽植银杏嫁接大苗(固定株,嫁接口高度不低于1.5 m,下同)330株,株行距5 m×6 m,行间全部栽桑,每公顷1.8万株(一步成园,每公顷4.5万株),在前15年以采桑叶为主。其后,待银杏固定株封行,逐步去掉桑树,以结果为主,采叶为辅。③银杏与蔬菜间作:每公顷栽植银杏嫁接大苗330株,株行距5 m×6 m,行间全部间种蔬菜(春小菜、花生;夏辣椒、瓜类;秋冬白菜、萝卜)。④银杏与粮食间作:每公顷栽银杏嫁接大苗330株,株行距5 m×6 m,行间全部间种粮食(小麦、豆类两茬)。

栽培品种

我国劳动人民在长期栽培银杏的生产过程中,选育出了许多种子大、种仁品质好的优良品种,郑万钧在《中国植物志》(第七卷)和《中国树木志》(第一卷)中,记载了12个栽培品种(cv.),品种名称后直接用汉语拼音书写。

①洞庭皇(cv. *Dongtinghuang*)

②小佛手(cv. *Xiaofoshou*)

③鸭尾银杏(cv. *Yaweiyinxing*)

④佛指(cv. *Fozhi*)

⑤卵果佛手(cv. *Luanguofoshou*)

⑥圆底佛手(cv. *Yuandifoshou*)

⑦橄榄佛手(cv. *Ganlanfoshou*)

⑧无心银杏(cv. *Wuxinyinxing*)

⑨大梅核(cv. *Dameihe*)

⑩桐子果(cv. *Tongziguo*)

⑪棉花果（cv. *Mianhuaguo*）
⑫大马铃（cv. *Damaling*）

栽培学的主要内容

银杏苗木培育学：①银杏苗圃的建立：包括苗圃地选择，银杏苗圃的布局；②银杏壮苗培育：包括银杏播种苗的培育，采收种子、催芽处理、贮藏筛选等，银杏扦插苗的培养（常规扦插育苗，其他扦插育苗等），银杏嫁接苗的培育（嫁接方法、关键技术、生长特性等）；③银杏苗圃的管理：包括松土、除草、灌水、排水、施肥、打药、间苗等；④银杏苗木出圃：包括起苗、苗木分级标准、运苗等；⑤银杏大苗培育。

银杏栽培学：①银杏栽培的立地条件；②银杏栽培的目的和形式（模式）；③银杏栽培的主要技术措施；④银杏叶用园栽培技术；⑤银杏苗叶兼用园栽培技术；⑥银杏种（核）用园栽培技术；⑦银杏农林业复合型的栽培技术；⑧银杏果林兼用型栽培技术；⑨银杏庭院"四旁"型栽培技术；⑩银杏用材型栽培技术；⑪银杏风景园林型栽培技术；⑫银杏栽培技术的关键问题；⑬银杏丰产栽培的主要措施。

栽培植物命名

根据植物学家 Carriere 等人的研究，把银杏分为 8 个变种外，曾勉先生于 1935 年在浙江省诸暨县做了银杏调查以后，认为采种用银杏应以种子大小、形态等性状，按栽培植物命名法规可分为 3 个变种。何凤仁先生在他编著的《银杏的栽培》一书中，除介绍了上述三种类型外，又将银杏分出两种类型，即长子银杏类和圆子银杏类，但何先生没有对这种类型进行拉丁文标注。

栽植大苗的选择

用于风景园林绿化的银杏树，宜选用树干通直圆满，轮生枝层次性较强的银杏实生大树，胸径以 20 cm 以上为宜，能尽快发挥绿化效果。

用于行道树的银杏苗木，宜选用 10~15 年生、胸径 10~15 cm、苗高 3 m 以上、生长茁壮的实生大树，以利立竿见影和保护管理。银杏用作行道树，宜选雄株为好，尤其是在城市行道树中，选择雄株尤为重要。因为这不仅能提高绿化效果，而且还可以免除银杏种实成熟时，外种皮发出的恶臭污染环境。

栽植方法

银杏核用园一般采用嫁接大苗作为建园材料。以嫁接苗作为建园材料有以下两个优点：一是能保持母本的优良性状；二是可以提早开花结实。银杏实生苗建园后，需 15 年以后才能结实，而嫁接苗一般为 5 年左右。当然也可以采取先定植实生大苗，后嫁接的方法。苗木成活的关键在于保持苗木体内的水分平衡。栽植前，对根系进行适当的修剪，剪除受伤的根系、发育不正常的偏根并短截过长的主根和侧根，使苗木栽植后能迅速恢复根的吸水功能，也便于包装、运输和栽植。修根要适当，只要不过长，就可不必修剪。银杏苗木从苗圃起苗后，在分级、处理、包装、运输、栽植地假植和栽植取苗等工序中，必须加强保护，以减少失水变干，防止茎、叶、芽的折断和脱落，避免运输途中发热发霉。银杏虽然生活力很强，但失水过多也会影响生长，甚至死亡，所以，要尽量缩短从起苗到栽植的时间。栽植时，按根的垂直深度，回填一部分土壤，栽植深度视具体情况而定。在土壤湿润的地方，应尽量浅栽，根颈平于地面，只要不使根系裸露就行；在干旱的地方，可适当深栽。要注意使侧根分层舒展开，舒展一层紧压一层土壤，避免伤根。栽植后，浇透水 1 次。

栽植技术

壮：即壮苗。壮苗的标准是苗木粗壮，高度和粗度要相称，不能只看高度不看粗度。另外，苗木的根系一定要发育良好，无腐烂，无病虫。起苗时在条件许可情况下根系尽量要大，完整，多带侧根和细根，不损伤根皮。

大：栽植穴一定要大。一般应挖 1 m 见方的植苗穴，如系丘陵山地，穴宽应达 2 m 左右。初植密度较大时，可挖丰产沟。苗木越大，穴的规格应越大。苗可浅栽，但穴要深大。

足：栽植穴中一定要施足基肥。基肥一定要施充分腐熟的有机肥料。肥料应与熟土拌匀后施在树穴的中部。

干：填入穴中的肥土以干为好。在踏实土壤时，可避免土壤板结，以免对银杏的根系产生不利影响。

实：埋土一定要实，使银杏根系与土壤密切结合。但只能用脚踏实，不能夯砸，以防伤根。

浅：银杏应浅栽。一般标准是，比种子育苗原来的基部土痕略低 1~2 cm 即可。如地势低洼，可高垄栽植。浅栽时，因春季地温较高，土壤通透性较好，银杏根系愈合早，发根快。夏季多雨时又不易遭受涝害。

透：栽后要浇透水。使穴内土壤和苗木根系能充分吸收水分，根土密切结合。

高：高培土堆。待栽植穴中的水分完全渗透下去，不见水洼时，才可用干土将穴面填平，而且要培出一个高 20~30 cm 的土堆，大小范围要超过穴口。高培土堆的好处有三：①保墒；②防止风摇树晃；③雨季避免根系遭受水涝害。

栽植密度对银杏苗木高径比的影响

密度对银杏苗木的苗高与直径的比值有明显影

响（P=0.000 76）。随着银杏密度的增加，银杏高径比明显增大。在密度为40株/m²的田间试验中，其高径比比密度为8株/m²的高径比上升了38%。

栽植密度对银杏苗木生物量的影响

盆栽和田间试验都表明，密度对叶、茎、根及单株总生物量的影响有相同的规律，即随着密度升高总生物量逐渐下降。当盆栽密度从每盆1株增加到每盆6株时，单株叶生物量由7.58 g降低到3.14 g，茎生物量由14.43 g降到6.53 g，侧根生物量由7.36 g降到3.67 g，主根生物量由10.49 g降到5.23 g，单株总生物量由39.86 g降到18.57 g。

栽植密度对银杏生长的影响

密度影响到银杏各类生长指标。随着银杏密度的增加，银杏的苗高、地径以及苗高和地径的相对生长速率都明显的降低。密度对银杏单叶叶面积、单株叶面积及单位土地面积上的叶面积有显著的影响。随着密度增大，银杏单叶叶面积和单株叶面积都明显降低，而每盆银杏叶面积呈线性上升。

栽植密度对银杏叶黄酮含量及黄酮产量的影响

密度对银杏叶黄酮含量、单株黄酮产量和单位面积上的黄酮产量有明显的影响。高密度群体中银杏叶的黄酮含量明显低于低密度的黄酮含量。盆栽试验中，当密度由每盆1株增加到6株时，银杏叶黄酮含量由3.1%降低到1.7%。就银杏叶黄酮产量而言，密度增加使得单株银杏叶的黄酮产量明显降低，但单位面积上银杏群体的叶黄酮产量大幅度增加。

栽植密度对银杏叶片产量的影响

栽植密度对银杏叶片产量的影响

密度/万株·hm⁻²	单株产量/g			群体产量/kg·hm⁻²		
	3年生	4年生	5年生	3年生	4年生	5年生
7.5	80.6	247.7	276.7	6 054	18 578	20 750
6.0	87.3	268.6	420.0	5 238	16 116	25 200
4.5	109.5	426.8	810.0	4 928	19 206	28 350
3.0	140.3	481.0	960.0	4 209	14 430	28 800

栽种绿肥

目前银杏园管理细致，大都间作蔬菜，增施肥料，有利于银杏生长。对已封行的大树，行间可以种绿肥，秋季南方种紫云英、苜蓿，北方种苕子。盐碱地夏季种田菁。绿肥可压青，最好是割后堆制腐烂后作为基肥。压青要注意方法和数量。一般在大树行间或树冠外围挖穴，压青时要一层绿肥一层土相间放置，避免绿肥堆积过厚，腐烂时发热量大而影响根系。压青后需浇足水，加速绿肥腐烂。如土壤干旱而不浇水，即变成干草失去作用。

载入《吉尼斯世界纪录大全》的银杏树

贵州省福泉市黄丝镇李家湾，有一株3 000多年的古银杏，曾入选《吉尼斯世界纪录大全》。据贵州省古树名木保护协会介绍，协会曾多次邀请有关生物专家、学者到李家湾去考察这棵古银杏，经专家们讨论评议，给该古银杏树总结出五项之最：一是树龄最高，推测约有四千岁；二是树身直径最大，胸高直径4.70 m；三是树身上下中空洞最大，空洞中能容纳20余人；四是树干上长条蛇状树瘤最长，从上到下条状瘤达6.3 m；五是树干被雷击火烧后树分裂距最远，树基部分裂距3.5 m，3 m高处分裂距平均5.4 m。2007年5月31日，重新实地测量，其树高为42.3 m，胸围15.1 m（胸径4.79 m），冠径东西27 m，南北31 m。古银杏从根部到树干5 m多的一段，遭雷击烧空。在距地面3.5 m以上主干有6个分枝。尽管如此，古银杏仍充满活力，枝叶婆娑，郁郁葱葱。经专家最新考证，其树龄足有4 000岁，堪称世界之最。

早春整地

来年春暖解冻后结合深翻整地施足优质圈杂肥和适量的二胺或复合肥（但不能施入碳酸氢铵和铁水，防烧伤根芽），每亩地撒1.5~2.5 kg辛酸磷粉剂防治地下虫害。施肥后进行大水漫灌，几天后再深翻一次，翻后耙平、耙细，拣去石头瓦片及其他杂物。银杏喜土壤湿润，但又怕涝，所以播种畦要高出地面，畦面宽1 m，畦与畦之间要留排水沟。

早马铃

又名武夷3号，位于福建武夷山市下阳乡厅下村半山腰，海拔500 m，树高8 m，胸径2.8 m，树冠呈乱头形，分枝5层。种实广椭圆形，顶圆钝而基部平阔，顶点有小尖头，纵径平均为3.06 cm×2.87 cm，种梗扁，长约3 cm。种核特别丰肥，先端钝尖，基部圆宽，中部以上始见棱线，翼不明显，纵径2.44 cm×1.65 cm，厚为1.40 cm，每千克有392粒。出核率22%、出仁率69%，胚乳黄红色，苦味不明显。丰产，花期4月4日至4月8日，种实8月中旬成熟，为早熟种。

早梅

位于湖北省李畈镇柳林村小陈家冲大堰边，管护人张德安、陈东明。树龄1 100年，实生树。树高17 m，胸径1.47 m，主干明显，直筒型，主枝少。叶多为扇形，少为三角形，一般叶长3.9 cm，宽6.1 cm，叶柄长7.8 cm，叶色较深，中裂明显。球果椭圆形，熟时橙黄色，具少量白粉。先端狭长，顶端凹入，基部稍平，蒂盘多长圆形，周缘不整，稍见凹陷。果柄长3.5 cm。单粒球果平均重

8.97 g,每千克114粒,出核率24.3%。种核椭圆形,色白,核形指数1.23,上下基本对称,先端尖圆,顶具小尖,束迹明显,两侧棱线在1/2处消失,背腹相等。单粒种核平均重2.2 g,每千克454粒,出仁率76.3%。该品种为早熟种,产量较稳,一般年株产100 kg左右。

早期落果的原因

第一次落果,落果时期为5月下旬。由于授粉技术、花粉质量、天气等原因,造成授粉受精不充分,激素产生不足,不能调运充足的营养供果实生长发育所需而脱落。此外,落果也与贮藏营养不足有关。第二次落果,落果期为6月下旬至7月上旬,主要原因是贮藏营养不足,生长过强,结果量过多,以及光照不足、干旱、病虫害等。

早期胚胎发育

银杏受精后,合子迅速进行连续的有丝分裂。而且,随着原胚游离核的速分裂,游离核体积也逐渐地相应变小。例如,原胚2核时,核直径约90 μm,到原胚4核时,核直径只有65~86 μm;原胚8核时,核直径减少到46 μm;原胚64核时,核直径只有30 μm左右。原胚游离棱及其周围的放射状细胞质细丝。在受精之后两周左右,基本完成原胚游离核分裂阶段,此时原胚已经过8次有丝分裂,产生256个游离核。9月初开始形成细胞壁。原胚胞壁刚形成时,细胞特别大,直径70~110 μm,核也特别明显,核内含有几个核仁,核四周具放射状排列的细胞质。这时,原胚组织在形态上尚无明显的极性分化。10月初,原胚在外观上呈球形,直径有10~15个细胞宽,在组织上出现极性分化,珠孔端细胞大,合点端细胞小。随后,合点端的细胞分裂活跃,细胞质变浓;而珠孔端细胞以扩大和延长为主,形成较不发达的胚柄组织。从形态结构看,10月中原胚极性分化更加明显,原胚外形呈圆柱状,长1.5~1.7 mm。这时,从下胚轴的中下部到子叶,有一层胚表皮细胞覆盖着,但胚柄表面没有胚的表皮组织。胚柄表层细胞大,排列不规则,多被苏木精染成浅黄色,因而与下胚轴的胚表皮细胞形成鲜明的界线。

早实梅核

原产湖北安陆,又名23号大梅核,曾在邳州会议上被评为全国优良品种之一。嫁接后3年挂果。据彭日三提供,邢世岩测定表明,该品种为大果型,熟时外种皮呈暗褐色。果长×宽为3.05 cm×2.65 cm,果柄长3.15 cm,鲜果重13.18 g,出核率25.23%,果形系数21.42。该品种种核无麻点,光滑,中线稍明显,背腹均圆。核长×宽×厚为2.45 cm×1.85 cm×1.58 cm,单核重3.40 g,出仁率80.89%,仁微苦。

早实密植丰产树的早期发育

早实密植丰产树的早期发育

株距(m)×行距(m)	1×2		1×3		2×3	
嫁接后年龄	3	4	4	5	4	5
树高(m)	1.334	1.565	1.324	1.682	1.380	1.642
主干高(m)	0.384	0.384	0.306	0.268	0.343	0.324
主干径粗(cm)	3.24	5.27	2.93	4.48	3.26	4.57
冠径(m)	1.266	1.657	0.923	1.680	1.020	1.532
树冠投影面积(m²)	1.589	2.156	0.671	2.217	0.187	1.843
叶片数/株	1 162.1	2 896.2	1 272.5	3 324.5	1 401.4	2 791.5
单叶面积(cm²)	19.61	21.76	25.60	25.48	20.29	26.17
叶面积(m²/株)	2.279 4	6.295 6	3.244 2	8.470 9	2.843 3	7.035 4
叶面积系数	1.81	2.90	4.84	3.82	3.48	3.96
主枝数/株	2.53	2.87	2.63	2.70	2.73	2.56
新梢长(cm)	21.5	30.9	46.6	47.4	35.6	41.0
新梢粗(cm)	0.60	0.78	0.93	0.76	0.88	0.72
结果率	—	17.0	—	—	—	—
果数/株	—	0.86	—	—	—	—

早霜

指秋末出现的霜(冻),故又叫秋霜(冻)。第一次出现的早霜(冻)称为初霜(冻)。它会危害抗寒性低的树木和未木质化的幼苗幼树。且出现的日期越早危害越大。平均初霜(冻)日期与地理条件有关,总的特点是:北方比南方早,内陆比沿海早。

枣子果

母树位于广西灵川县海洋乡,树龄80年,树高12.8 m,胸径40 cm,冠幅为9.5 m × 8.5 m,年株产种核25 kg。为长子银杏类,是广西主产区主要地方品种之一,为根蘖苗种植,主干通直饱满,树冠为圆锥形,主枝粗细分布不均,侧枝多,并下垂,产量一般,大小年变幅在35%左右。种实椭圆形,纵径2.9 cm,横径2.2 cm,顶部凸有小尖,基部倾斜一边,单果重9.0 g,每千克111粒,外种皮为淡黄色,无油胞,表皮白粉多,果柄通直,长3.6~4.2 cm,蒂盘呈长圆形,少数为圆形,种实出核率为24.0%。种核为倒卵形,纵径2.5 cm,横径1.34 cm,两端较尖,基部有维管束迹一、二,二束迹不明显,间距为1.0 mm左右。核棱有二、三,二棱者有背腹之分,三棱者棱线分配均衡,种核上部明显大于下部,棱线中上部明显,占种核外弧长的32%,最长者为40%,单核重1.91 g,每千克524粒,种核出仁率为75.4%。该品种成熟早,种核含胚率达85%以上,发芽率80%以上,适宜于培育实生苗用种。本品种在广西产区主要分布于灵川、兴安、全州三县。

造林密度

银杏是强阳性树种,要求充足的光照条件。光照条件差(如15%的光照),银杏的光合作用和蒸腾作用就不正常,产量就会降低。林木的速生主要取决于个体,而产量决定于群体。林木单位面积产量主要决定于两个因素:一是单株材积;二是单位面积上的株数。这两个因素在决定产量的过程中的规律是:在林木生长的初期,单位面积上的株数起主导作用;随着年龄的增加,林木的相对密度不断提高,单位面积的株数作用逐渐降低,而单株材积的作用逐渐增加。因此,培育用材林的密度要求既要能在短时间内达到该类用材的标准,又要获得最高产量和最大的经济效益。一般来说,以20~25年为一轮伐期,对于成片林来说,银杏用材林的株行距以3 m×3 m、3 m×4 m、4 m×4 m等几种类型比较适合。如果是单行或双行栽植,则株行距还可缩小。

曾勉

曾勉(1901—1988)字勉之,中国园艺学家。1901年5月23日生于浙江省瑞安县,1988年1月1日逝世。1925年毕业于东南大学园艺系,1928—1934年在法国里昂中法大学和蒙彼利埃大学学习、研究,获博士学位。归国后,历任中央大学、云南大学、南京大学、山东大学教授和华东农业科学研究所研究员。兼任中国科学院南京植物研究所研究员。1960年负责筹建中国农业科学院柑橘研究所(重庆北碚)并担任该所所长,1985年10月后为名誉所长。曾勉对发展我国果树事业做出了重要的贡献,在国内外果树界享有较高的声誉。他重视理论同实际相结合,早在20世纪30年代即主办过《园艺月刊》,20世纪40年代至50年代又主办过《中国园艺专刊(英文版)》、《园艺新报》等刊物。对中国果树种质资源的调查、研究和整理十分关注,先后调查过柑橘、杨梅、橄榄、猕猴桃、中国樱桃、银杏、梅、香榧和黄皮等十几种果树以及梅花、黄麻等植物资源。他调查了浙江诸暨的银杏后,于1935年在《园艺》杂志上发表了《浙江诸暨之银杏》。他根据银杏种实和种核的形态特征,把银杏分为三个变种,并编制了10个银杏品种检索表,在我国首次提出银杏分类的方法和标准,为我国的银杏学术研究做出重大贡献。

1958年,中华人民共和国农业部组织多学科对黄河故道地区的自然条件和果树发展进行考察,他任考察团团长,综合专家意见,提出了黄河故道地区果树发展总体规划方案,为将黄河故道地区建设成为中国多种果树大面积商品生产基地提供了科学依据。他担任柑橘研究所所长期间,根据调查研究资料,提出长江流域发展柑橘的适宜地区。这一设想,在发展长江流域柑橘生产中发挥了重要作用。1959—1960年,他主持了《中国柑橘志》的编写工作。他长期从事柑橘资源的调查、收集和整理,在柑橘研究所筹建了柑橘标本室和种质资源圃,已被列为国家果树种质资源圃之一。他在总结前人研究的基础上,深入调查中国柑橘野生资源及其分布,以地理分布、历史演化和野生类型为主要依据,针对国际柑橘分类中存在的混乱现象,提出了新的柑橘分类学说,受到了国内外柑橘科技界的高度评价。

曾勉曾被选为第三届全国人民代表大会代表,中国人民政治协商会议第五、六届全国委员会委员,被聘为中国农业科学院第一届学术委员会委员;先后被选为南京市园艺学会、重庆市园艺学会、四川省园艺学会理事长,中国园艺学会常务理事。

增施微量元素的效果

增施微量元素的效果

处理	种实重/g	种实出核率/%	种核浮水率/%	种核出仁率/%
石灰	895.3	29.4	0.3	82.3
$MgSO_4$	886.2	29.6	1.7	81.9
$ZnSO_4$	878.5	29.5	2.0	81.4
硼砂	848.0	29.1	2.7	81.1
对照	825.2	27.8	14.3	77.6
均方比 F	59.6	26.67	9.19	36.97

注：F0.05＝3.84

增施微量元素对银杏枝叶生长的影响

①桂林地区银杏品质不高，与土壤中银杏所需的微量元素含量偏低密切相关，通过增施石灰粉、硫酸镁、硫酸锌、硼砂试验，土壤中交换性钙、交换性镁、有效锌、有效硼含量提高了，土壤的农化性指标得到了改善，银杏种实重提高了3%以上，银杏种实出核率提高了5%以上，银杏种核浮水率降低了11.6%以上，银杏种核出仁率提高了5%以上。②桂林地区土壤有效养分缺乏，银杏树生长得不到充足的养分，不能正常生长而引起黄化。植株黄化，是土壤有效养分严重缺乏所致。土壤有效养分缺乏，植株得不到正常生长所需的土壤有效养分，即使植株不出现黄化现象，也会对银杏品质产生影响。③银杏在生长发育过程中，年年吸收同一地点土壤中养分，且其需求量随树体增长而加大，容易使土壤养分枯竭，为此，需要人工及时补充肥料。结合本地区广大种植户施肥时，主要补充的是氮、磷、钾，含量较少的钙、镁、锌、硼等微量元素认为可以从土壤中得到补充而被忽视的现状，在银杏生产中，可结合测土施肥的方法进行适地、适量地增施微量元素，既可降低生产成本，又能提高产品的品质，获取较大的经济效益，促进银杏栽培、生产标准化发展。

摘心

在新梢生长旺盛时期，对延长枝及着生在延生枝脊上的旺枝进行摘心，抑制顶端优势，缓和树势和枝势，调整营养生长和营养物质的分配，促发短枝，增加分枝级数，为形成壮芽，促进花芽分化创造条件，从而得到早结种、早丰产的目的。在亚热带，5月中旬摘心，可抽生2条粗壮枝，或者改变枝梢角度；5月下旬摘心，不形成新梢，摘心下第一芽长出新叶；6月中旬摘心，摘心下第一芽粗壮饱满，其他侧芽也较饱满。在暖温带，5月下旬摘心，能抽枝长叶；6月上旬摘心，促进侧芽生长发育，不发枝。

摘心对银杏苗木生长的影响

摘心对银杏苗木生长的影响

处理	调查株数	增加高度(cm)	增加叶片数	增加叶面积(cm²)	主根长(cm)	侧根条数	侧根总长(cm)	各级苗比例(%)		
								1	2	3
摘心	150	26.4	10	483	32.4	27.4	432	38	34	28
对照	150	—	—	—	3	24.8	423	34	33	33

摘心对枝梢和叶片生长的影响

①树梢旺盛生长的夏季，摘心能解除银杏顶端优势，有效地控制枝条增长生长，促进加粗生长和二次枝萌发及叶片数量的增加，从而使树冠提早成形；②银杏叶片的生长主要集中在展叶后1～3周，至第3周叶面积可达到最终叶面积的89.17%～91.90%。摘心能加快叶片生长速度，摘心后1～2周叶面积生长量就达总生长量的79.45%，高出对照12.96%；③银杏叶面积大小与叶柄粗度呈正相关关系。

摘芽

又称抹芽、剥芽，是营养繁殖育苗抚育措施之一。营养繁殖苗成活后，为了防止营养物质的消耗，保证正常生长，将过多或无用的芽除去。一般嫁接苗应分次将砧芽全部除去，促进接穗成活生长；扦插苗应将一定高度以下的萌芽全部除去，以培养干型。每年除芽2～3次。

窄冠银杏

江西农大银杏课题组从苗圃中选出一株实生苗，株高4.5 m、胸径6.2 cm，全株上的主枝与主干是45°～60°角斜向生长30～50 cm，再与主干呈10°～30°角斜向上生长，全株树冠是圆柱形，冠幅0.7 m，属典型的窄冠银杏。另外，主干上的主枝分布较均匀且密，枝上节间生长3～4 cm，芽鳞相当饱满，叶片大而浓绿，叶上端具2～4浅缺刻。植后表现出耐旱、耐瘠，在未施肥情况下生长速度中等。已作为材用优良单株选育。又由于叶片大而绿，也是叶用树的好材料。

展冠银杏

雌株，树冠高大宽展，散布形，少有直立形，侧枝多，呈优美的侧俯形。侧枝长，接近地面，呈散布垂枝，通常靠近墙壁或假山栽植，其层叠的枝条生动美观。正如名字所示。树冠通常平直生长，人为可修剪成直立形，过段时间又会形成伞形。

樟蚕

樟蚕属鳞翅目大蚕蛾科昆虫,分布很广。福建、广东、广西、湖南、湖北、江西、浙江、江苏、河南等省(自治区)均有发现。幼虫啃食银杏叶片,严重时全部吃光。一年发生一代。以蛹在枝干及树皮缝隙的茧壳中越冬,湖北成虫羽化盛期在3月下旬至4月上旬。成虫产卵于枝干上,由几十上百粒组成卵块,上被灰色绒毛,不易被人发现。卵孵化期在4月中下旬。1~3龄幼虫群集取食,4龄以后分散为害。5月下旬至7月下旬陆续化蛹。成虫有趋光性,老熟幼虫结茧化蛹。

防治方法。

①树干涂白:涂白剂中加杀虫农药,消灭越冬蛹。

②摘茧灭蛹:其蛹期很长,结茧密集,可于冬季摘茧灭蛹。

③灯光诱杀:利用黑光灯诱杀成虫。

④药剂防治:在1~3龄幼虫集中取食时喷2.5%敌杀死1 000倍液,或速灭杀丁2 000倍液,或40%氧化乐果1 000倍液。

⑤生物防治:使用白僵菌防治幼虫效果良好。

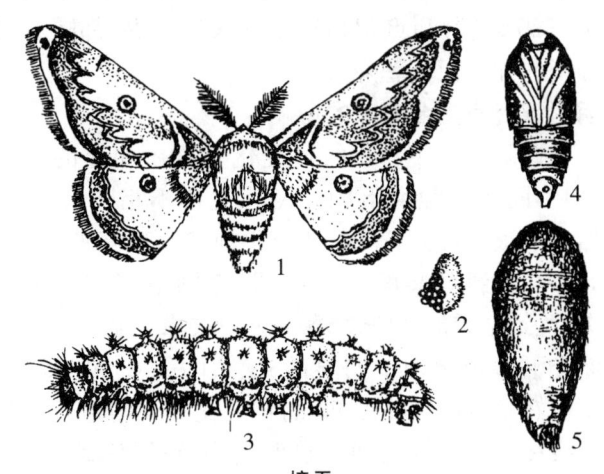

樟蚕
1.成虫 2.卵 3.幼虫 4.蛹 5.茧

张道陵手植银杏

人常云:"峨眉天下秀,青城天下幽。"四川省灌县青城山,一向以风景优美闻明华夏。东汉道人张道陵在天师洞前亲手栽植的这株古银杏,干老皮皱,树溢甘液,垂乳欲滴,树冠苍翠浓荫,生机盎然。树旁有一古碑,上面镌刻着栩栩如生描绘银杏的诗一首。民国年间灌县文人老鹤撰诗赞颂这株古银杏。诗曰:

天师洞前多老林,中有银杏气萧森。

大逾十围百尺高,孤根下蟠九渊深。

新中国成立初期,沈钧儒先生游览青城山时,在这株古银杏树下,也写了赞颂古银杏的条幅:"银杏千年征道性,青城一洞试幽探。"

张飞手植银杏树

刘备、关羽、张飞桃园三结义,自古成为历史佳话。张飞是蜀国"五虎上将"之一,长坂坡,他一声吼,吓退了曹操大军,使刘备免遭一难。相传他曾在甘肃康县王坝乡朱家庄驻守处亲手栽下一株银杏树,雌性。目前,该树高30 m,胸径2 m,树龄已1 700多年,老而不衰,每年还产白果200 kg左右。奇特的是,该树主干呈八棱形,上面对应长出8个大枝,十分清晰,蔚为壮观,为全国古银杏中独有。

张飞拴马古银杏

永城市芒山镇芒山坡凹处,有一棵古银杏树,树高22 m,树干枝下高2.6 m,胸围6.86 m,冠幅17.5 m×17.5 m。树高耸直,数十里外远望可见。在树干分杈处有数个整齐凹陷的缝隙,当地传说是三国时,张飞将军小沛失利,败走芒砀山,在此银杏树下拴马歇兵,树干被饿马啃食后,留存下来的马牙痕迹,以后又发出四大枝杈。明代时,归德知府赵瑷于1768年秋游芒山曾作诗:"白果生蒿泰,将军与大夫;十围量此树,早得受封无?"当时赵瑷见到此处有这样参天大树,心情感慨万端,觉着早该为此树立碑作封。据考证,树龄应为2 000多年。树体之大,枝繁叶茂,挺拔雄伟,在豫东平原上极为稀有。

张松银杏与人参果

四川都江堰景区离堆公园有一株貌不惊人的雌性银杏树,相传为后汉时张松手植。该树原生长在崇宁县(今属郫县)唐昌镇三圣寺,1957年4月移栽于此。现此树高仅7 m多,但已是1 700多年的"老古董"了。以往它从未结果,但自1978年以来,连年结果,一般年收白果50多千克。电视剧《西游记》已是家喻户晓,但张松银杏出演了《西游记》中的人参果,就鲜为人知了。知名作家、银川西部影视城公司董事长张贤亮说过:"周星驰用过的一只破碗,就不再是一只破碗,而是一段影视文化的载体,游客来了也有兴趣观赏。旅游是什么?旅游就是找感觉"。正是张贤亮的"影视文化论"的观点,张松银杏不仅有其科研价值,而且为都江堰景区增加了新的看点。

长叶肥

即春季施肥,时间在银杏授粉前1个半月至授粉后1个月。江苏泰兴的经验是:去年是结种大年,树势较弱,落叶较早,为提高坐种率,做到小年产量不减,施肥时间宜早,应在授粉前进行。反之,去年是结种小年,树势又强,当年雌花数量多,为使当年不致结种过多,应在授粉后进行,使花前养分少一些,有的花就不能结种。这样,有助于克服结种大小年现象,促进生长发育。长叶肥以速效氮肥为主,配以适量磷肥。

施肥量占全年施肥量的 15%～20%。

长有气根的银杏

湖南省桂阳县荷叶乡高山何家村,有一棵长有气根的银杏古树,树高约 18 m,胸径 1.91 m,离地面 2 m 处开始分枝,树枝上长有 23 条气根。这些气根形似炮弹头,大部分着生于二级分枝处的下方,与地面垂直,具有明显的向地性。最大的气根粗 22 cm,长 63 cm。该树为雌株,每年结果,长势茂盛,树龄至少在 500 年以上。

长种肥

即夏季施肥,一般在 5 月底至 7 月中旬,此期是枝条和根系旺盛生长高峰期,又是种实生长旺盛期(中种皮骨质化),同时还是花芽分化期。养分的多少不仅对当年结种产量、质量有影响,而且关系到明年的花芽多少和产量高低。所以,必须及时施肥,宜早不宜迟。除了施用速效氮肥外,适当增加磷、钾用量(或直接施复合肥或专用肥),并增施充分腐熟的有机肥。施肥量占全年用量 20% 左右,可分两次施用。这期间还可进行叶面喷肥。

掌状银杏

雌株。叶大,多裂刻,叶形呈掌状深裂至叶片的 1/2 处,裂刻 3～5 条,叶面非裂部位宽 2～3 cm,似非扇形叶。

《昭明文选》

此书由萧统(公元 501—531)编,书中记有"平仲之木,实白如银"。平仲即为银杏。

赵匡胤系马树

卫辉市狮豹头乡罗圈村山坡上,海拔 630 m 处有一巨大银杏树,胸围 5.55 m,树高 22.5 m,冠幅 24.5 m。其周围为石质山地,唯树生在泉水小溪旁,得以活命成长。因银杏树秋末叶片金黄色,泉水又清澈见底,后人在此趁树建庙,便起名叫"金泉寺"。赵匡胤领兵辗转路过此处系马饮水,故后人传诵此银杏树为赵匡胤系马树。由于年久树中心有空洞,又生出一黄连木,树干有茶杯粗,生长在银杏树内膛中间,方圆数百里村民相传为"奇树",又称为"白果大仙"。此银杏树遮阴面积 400 m²,根据地势土质和树木生长状况测算,树龄为 1 200 年以上。现每年经人工传粉后,可结实 350 kg。

遮阴

利用荫棚、遮阳网、高秆作物给银杏苗木遮阴,使苗木免受强光和高温等自然灾害。仅用于一些幼苗不耐高温的播种苗和插条育苗的苗木。多在高温蒸发量大、土壤干旱的情况下采用。遮阴的方法有:在幼苗上方架设荫棚的遮阴叫上方遮阴,这种方法幼苗受光较均匀,效果较好,对苗期管理工作影响较小,但成本较高;另一种在苗木行间插针叶树枝、草类或种植高秆作物,叫侧方遮阴。这种遮阴省工省钱,但土壤管理不便,甚至还会影响苗木产量。遮阴费工费钱,但可提高银杏苗木质量。

遮阴对光合速率的影响

①轻度遮阴,银杏叶片光合效率下降 5.7%,乃气孔限制所致,而中度和重度遮阴,银杏叶片光合效率分别下降了 42.9% 和 81.4%,乃非气孔限制所致。②银杏光合作用的光补偿点和光饱和点分别为 70～80 $\mu mol/(s \cdot m^2)$ 和 1 000～1 100 $\mu mol/(s \cdot m^2)$,晴朗天气光合速率日变化呈双峰曲线,阴天呈单峰曲线。

遮阴对叶片产量的影响

2 年生银杏实生苗遮阴处理 4 个月后,对其部分形态和生理指标进行了测定。①就单株叶面积而言,一层遮阴 > 全光照 > 二层遮阴 > 三层遮阴;②叶片相对含水率(RWC)、叶绿素含量随着遮阴强度加大而显著提高;③叶片羧化效率(CE)和 CO_2 补偿点(r)显著升高;④就叶片表观量子产量(AQY)而言,二层遮阴 > 一层遮阴 > 全光照 > 三层遮阴;⑤比叶重、净光合速率(P_n)、光饱和点(LSP)和单株叶干重,都随着遮阴强度的加大而显著降低。

遮阴对银杏净光合速率的影响

在遮阴条件下,P_n 的日变化呈现出明显的规律性,但不同遮阴强度下的日变化规律不相同。100% 自然光下银杏叶片 P_n 的日变化规律呈双峰曲线,上午 8:00 达到最高峰,10:00 即急剧下降,12:00—14:00 达到全天最低值,16:00 达到次峰。显然,100% 自然光下银杏出现了明显的光合作用"午休"现象。54% 自然光下银杏叶片 P_n 的日变化规律则是介于单峰曲线和双峰曲线之间的过渡类型,可以说是 14:00 的次峰不明显的双峰曲线,也可以说是 8:00 主峰之后平缓下降的单峰曲线,换言之,54% 自然光下银杏光合作用"午休"现象有所减轻。18% 和 11% 自然光下银杏叶片 P_n 日变化皆为单峰曲线,不同的是两者最大值出现的时刻不同,前者最大值出现在 10:00,比当日 PAR 最大值出现时刻提前,而 11% 自然光下银杏叶片 P_n 最大值出现时刻是 12:00,和 PAR 最大值时刻完全一致,这说明在 18% 和 11% 自然光下,银杏未发生光合作用"午休"现象。由此可以看出,遮阴可以减轻或避免光合作用"午休"现象的发生,这暗示了低光条件下银杏具有更好的光能利用率。全天银杏叶片 P_n 的平均值,随着遮阴强度加大而呈下降趋势。54%、18% 和 11% 自然光的 P_n 全天平均值分别达到 100% 自然光的 89.8%、66.8% 和 41.8%。全天 P_n 日变化的平缓度呈现如下规律,11%自然光>18%自然光>54%自然光>100%自然光。Pn日变化进程中,最大值出现的时刻由早到晚的顺序依次为100%自然光→54%自然光→18%自然光→11%自然光。

遮阴对银杏苗木生长的影响

遮阴对银杏苗木生长的影响

苗龄	处理	调查株数	平均苗高(cm)	平均地径(cm)	平均叶数	生物量(g/m²)
1年生苗	遮光40%	各800株	17.45	0.73	14.4	218.8
	全光		14.61	0.62	14.0	147.4
	遮光60%		13.09	0.59	12.1	125.1
2年生苗	遮光40%	各800株	72.83	1.39	已长侧枝	1 420.5
	全光		66.78	1.15	已长侧枝	1 276.5
	遮光60%		37.80	0.91	已长侧枝	566.4

遮阴和密植对1年生银杏苗木生长的影响

遮阴和密植对1年生银杏苗木生长的影响

处理	苗床长宽(cm)	株行距(cm)	亩产苗量(万株)	平均苗高(cm)	平均苗地径(cm)
畦埂间作高粱	45×15	5×20	1.8	9.58	0.42
对照密植不遮阴	9×1.5	2~3×20	6.7	9.6	0.39

浙江长兴银杏优良单株

浙江长兴银杏优良单株

优株	产地	承包户	树龄	冠形	胸径(cm)	树高(m)	枝下高(m)	冠幅东西×南北(m)	结实层厚度(m)	1m长度短枝个数	球果 纵径(cm)	球果 横径(cm)	球果 千克粒数	种核 纵径(cm)	种核 横径(cm)	种核 千克粒数	平均单核重	最大单核重	单株年产量(kg) 平均	1999	1997	1996
CY1 大佛手	小浦南周村	周耀金	15	开心	21	5	1.3	5.3×6.2	3.6	48	4.1	1.8	79	3.2	1.8	344	2.91	4.06	26.7	40	20	20
CY2 大佛手	小浦南周村	周坤树	130	疏散	58	9	2.0	11.9×8.3	6.5	110	4	1.9	82	2.9	1.9	350	2.86	3.40	136.7	150	130	130
CY3 梅核	小浦南周村	泮培华	150	疏散	74	14	1.3	10.0×12.8	11.5	85	3	1.8	81	2.8	1.8	338	2.96	3.51	150.0	160	110	180
CY4 大圆头	小浦方一村	蒋南成	52	疏层	48	13	3.7	10.2×10.8	7.8	78	3	2.0	78	2.7	2.0	292	3.43	4.52	90.0	80.0	100	90
CY5 大佛手	小浦方一村	蒋新明	160	疏层	55	13	4.0	8.8×12.1	8.5	46	3.8	2.0	78	3.1	2.0	316	3.17	4.21	173.3	150	270	100
CY6 大佛手	煤山新升村	杜海堂	50	疏层	62	16	5.0	8.5×8.0	9.8	42	3.5	1.8	85	2.8	1.8	352	2.84	3.62	93.3	110	90	80
CY7 大佛手	煤山新升村	荆炜林	30	疏散	46	12	2.0	8.0×8.0	9.5	42	3.8	1.7	86	2.7	1.7	360	2.80	3.43	53.3	68	42	50
CY8 大佛手	煤山大安村	应阿华	70	疏散	86	13	2.3	10.0×11.0	10.3	48	4.0	1.8	82	3.2	1.8	334	2.99	4.18	110.0	110	120	100
CY9 大圆头	长桥张家桥村	高新加	60	疏层	38	12	6.0	10.0×10.0	5	45	2.9	1.9	88	2.6	1.9	353	2.84	3.53	89.3	103	95	70
CY10 大佛手	二界岭云蜂村	李月红	25	疏散	21	7	2.5	3.0×4.0	4.0	40	4.1	1.8	80	3.2	1.8	333	3.01	4.21	100.0	120	100	80

浙江地史时期的银杏类植物

浙江省地史时期的银杏类(Ginkgophytes)植物的属种、特征和分布是晚古生代、中生代和新生代的银杏类植物。从浙江所产出的银杏类化石种类及其分布看,以绍兴—江山释断裂为界,可分二个组合:断裂以西(浙西)是以 *Ginkgo - Baiera - Ginkgoites* 为主的组合;断裂以东(浙东)是以 *Sphenobaiera - Phoenicopsis - Pseudotorellia* 为主的组合,再结合与这二个组合共生的其他植物和地质构造看:可推测浙江省的版图是由浙西、浙东两块板块,大约在中侏罗时期拼接而成。

浙江地质时期的银杏类植物分布

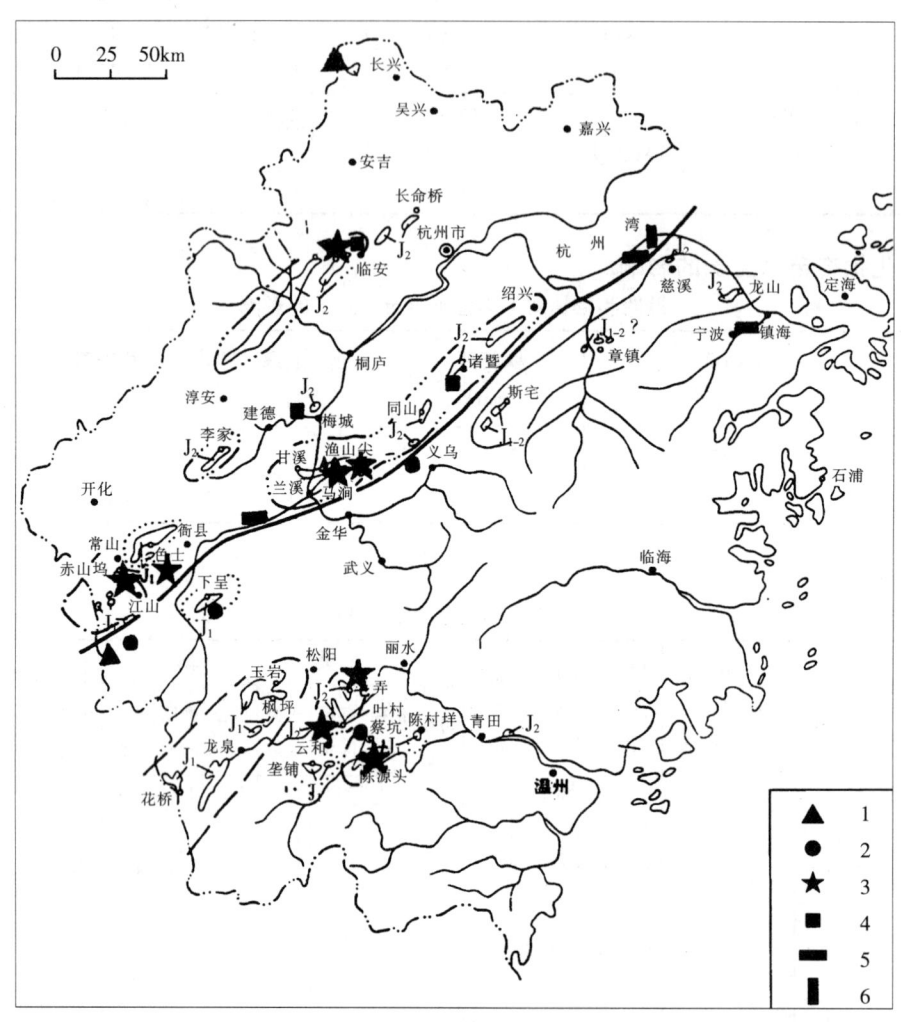

浙江地质时期的银杏类植物分布

1.二叠纪银杏类植物;2.晚三叠世银杏类植物;3.早-中侏罗世银杏类植物;
4.晚侏罗世银杏类植物;5.早-晚白垩世银杏类植物;6.老第三纪银杏类植物。

浙江金华垂枝佛手

原古树于1944年砍伐后由树桩萌蘖发育成树,肥水条件好,生长旺盛,枝条长而下垂,现株高12 m,胸径25 cm,冠幅35 m²,平均单种实重15.5 g,单核重3.52 g,核形指数1.6。

浙江临安银杏古树资源

临安市共有1 025株银杏古树,占整个临安市古树名木总量684株的11.8%,在数量上仅次于柳杉,排第二位,是临安市古树名木主要树种。银杏古树在分布形式上以散生为主,有741株,占总株数的72.3%;其余银杏古树则分布于29个古树群中,有266株,占总株数的27.7%。

浙江普陀山——中国大陆银杏分布的最东端

普陀山位于浙江省杭州湾外的东海之中,该山海拔高125 m。普陀岛是舟山群岛的组成部分,该岛处于东经122°24′与北纬30°00′交汇处。普陀山是中国四大佛教名山之一,素有"海天佛国"之称,以明媚的风光、绚丽的景色、幽静的环境、宜人的气候闻名于世。普陀山中部的法雨禅寺,海拔高35 m,建寺于1580年。该寺院天王殿前有两株420年生的古银杏,左侧为雄,右侧为雌,当地山民称这两株古银杏为"夫妻银杏"。雄树高28 m,胸径1.7 m,在干高3.5 m处生长着1株树高2.5 m奇枝绿叶的女贞,春节过后,女贞叶仍保持着鲜绿。在干高4.0 m处生长着一长度为45 cm的钟乳枝。主枝纵横交错。干皮纵皱,老态龙钟,蔚为壮观,烧香拜佛者终年络绎不绝,顿足观看,留连忘返。雌树高24 m,胸径0.7 m,年年结果累累。位于普陀山南部的普济禅寺,海拔高35 m,建寺于1080年。该寺院墙外有1株高18 m、胸径1.2 m的古银杏树。普陀山的古银杏是中国大陆银杏分布的最东端。

浙江省银杏实生优良单株种实定量指标

浙江省银杏实生优良单株种实定量指标

优良单株	单果重(g)	果形系数(cm^3)	单核重(g)	核形系数(cm^3)	出核率(%)	出仁率(%)	成熟性
秦王	11.95	7.92	2.86	6.12	23.8	79.0	10月上旬
汉王	18.20	9.65	3.3	7.41	18.1	77.0	9月下旬
汉果	14.4	8.43	2.77	5.95	19.4	76.5	9月下旬
94-03	15.1	8.89	3.16	7.16	20.9	75.6	10月上旬
商皇	11.5	8.01	2.67	5.97	23.9	78.5	10月上旬

浙江西天目山无银杏野生种群

我国老一代树木学家陈嵘认为"野生者则绝无"。同时他认为"今则唯在中国及日本尚有遗种可见,然均系人工栽植,并非野生"。

曾勉指出,"唯野生者至今尚未寻获"。

李正理指出,银杏的野生种"始终还没有得到确切的证实"。

福斯特等认为,"在中国遥远的地区和尚未开发的森林中,有否银杏的野生种存在,许多人认为尚是一个没有解决的问题。有些证据相信银杏也许有野生种,不过许多植物学家一般认为这种可能仍是栽培种的后代"。

裴鉴认为"银杏在我国栽培已有很多年代,但没有找到野生的(浙江天目山据说有野生银杏,但我们未发现有野生苗)"。

王伏雄等认为,"迄今没有发现自然生长的原始林"。

吴俊元等认为"从对其进行遗传变异的分析来看,认为该群体很可能是僧人在寺庙旁栽植的银杏留下的后代……假如西天目山的银杏属野生起源,那么在其漫长的进化过程中,应该产生许多基因突变,丰富群体的遗传变异;加之,银杏为雌雄异株植物,其交配系统属远交类型(outcrossirg system),群体应该表现出较大程度的遗传变异性,而事实与之相反,因而其野生性值得怀疑"。这是当前从群体遗传变异角度证实西天目山银杏群体"其野生性值得怀疑"最高水平的论断。

1989年10月5日至10月15日,美国阿诺德树木园的Peter Del Tredici先生对西天目山的银杏做了详细调查,他认为"在西天目山人为活动近1 500年的条件下,要解决长期争论的野生性是很困难的,争论的焦点首先应明确'野生'的概念是什么,而不是树木本身的生态特性"。而吴俊元等人的文章却部分解决了这一问题。

西方的植物学家Sargent(1897)和Wilson(1914,1919)等,于19世纪末和20世纪初在亚洲做了一些野外调查后认为,野生银杏可能已经绝迹,现存的银杏是佛教徒在寺庙栽植后而保存下来的。

浙江西天目山银杏种群

天目山位于浙江西北部,与安徽黄山市交界。天目山银杏种群包括毗邻的淳安县山区。天目山国家级自然保护区内海拔300~1 100 m沟谷两旁及山坡丛林中,有300年以上的银杏古树200多株,其中胸径1 m以上的7株。最老的银杏根际直径2.73 m。这些银杏古树多为实生银杏根基萌发的"多代同堂"树,即复干银杏,是野生银杏在自然界多代繁衍的后裔,为国内外学者所关注。天目山银杏原生种群有如下4个特点:①银杏古树数量多,分布广;②树龄大于建庙史;③与众多的第三纪孑遗树种伴生;④种实性状差异性显著,显示了遗传的多样性。天目山余脉的淳安县境内有300年以上的银杏古树32株,有的属人工栽培,有的则是野生银杏的直接后裔,系种子天然更新而成,古树周围没有人类干预的痕迹。

浙江西天目山有无银杏野生树种群的讨论

银杏是原产于亚洲东部——中国、朝鲜半岛和日本的珍稀树种,是世界上现存种子植物中最古老的孑遗植物,是著名的"活化石"。而我国目前是否有银杏野生种存在,已被国内外许多植物学家争论了100多年,争论的焦点集中在浙江省西天目山的银杏群体。梁立兴多年来对浙江省西天目山银杏群体野生性文献的检索和对其银杏群体的实地调查,认为浙江省西天目山银杏群体的野生性值得怀疑。

不过有关银杏野生种的论述,均未说明浙江西天目山银杏群体是野生种令人置信的根据,大多是以讹传讹,互相传抄。

①从土壤、气候条件来看,西天目山是银杏的最适生地,但与外地相比,却没有"银杏树王"和最大年龄的树木。天目山自然保护区内有古老的银杏大树224株,分布于海拔 300～1 200 m 范围内。224 株银杏的平均胸径45 cm,平均树高18.4 m。其中胸径100 cm 以上的有8株,最大的一株胸径达 123 cm,树高 27.5 cm。树龄在 300～500 年之间。如果西天目山的银杏群体是野生种,那么年龄最大的树,最高的树,最粗的树均应在这里出现,而且是参差不齐,然而事实却不尽然。

②西天目山开山老殿建于公元 936 年,距今已有 1 000 多年,一般建庙的规律是先建庙,后植树。先植树,后建庙的情况少见。因此,与西天目山银杏群体树龄的历史事实相符。

③所谓"野生性(种)",即是天然生的,非人工栽培的。梁立兴于 1990 年夏季在西天目山做银杏考察时,银杏的野生性是此次考察的重点问题之一,却未发现天目山银杏的野生痕迹,更未发现银杏的野生植株。

综上所述,梁立兴支持陈嵘、曾勉、福斯特、裴鉴、王伏雄、吴俊元、Sargent、Wilson 等人提出的"野生者则绝无""很可能是僧人在寺庙旁栽植的银杏留下的后代"及"其野生性值得怀疑"的观点。

浙江西天目山有银杏野生种群

胡先骕是坚持我国具有银杏野生种较早的植物学家,他提出"除栽培外,仅在浙江偶有野生种存在"。

李惠林则认为"银杏有野生种"。同时李惠林又提出在中国东南部可能仍有野生的银杏,而这种活化石的最后定居地是沿着浙江的西北和安徽的东南一带的山区。

林协在他的《我国的珍贵古树——银杏》一文中明确指出"现在世界上只有浙江省西天目山一个狭小的深山地区,残存着为数不多的野生种"。郑万钧认为"我国浙江天目山有野生状态的银杏"。

李星学等认为"银杏树还是一个珍贵的树种,只在我国浙江西天目山海拔 500～1000 m 的天然混交林中还有野生的植株"。

郑万钧认为"在浙江天目山海拔 1000 m 老殿以下有野生银杏,寺庙附近有栽培的银杏……

佟屏亚认为"全世界只有我国浙江省西天目海拔 400～1 000 m 的幽深峡谷里,还保留着为数不多的野生银杏树"。

林子琳认为"日本也有银杏原生种"。

何凤仁则认为"当时银杏在世界各地冻死后,仅我国安徽东南部,气温还不过低,以致银杏有少量残存"。

成俊卿认为"在浙江西天目山海拔 500～1000 m 地区尚有野生混交林"。

陈植认为"浙江天目山一带,尚有银杏野生者"。

中国树木志编委会认为"浙江西天目山有呈野生状态的银杏,与金钱松等树种混生"。

浙江银杏群

发源中心是西天目山,主要品种资源类型有佛手、马铃、梅核,又以佛手和梅核为主。

浙江银杏优良单株定性指标

浙江银杏优良单株定性指标

优良单株	种实						
	性状	顶端	基部	果粉	种柄	大小	
秦王	宽短卵圆形	微凹	平广	较薄	细长	大	
汉王	长卵圆形	圆钝	平阔	薄	细长	大	
汉果	椭圆形	微凹	凹入	薄	中等	中	
94-03	卵圆形	微凹	平广	薄	中等	大	
商皇	椭圆形	微凹	平广	较薄	中等	中	

优良单株	种核					品种类型
	性状	顶端	基部	边缘	大小	
秦王	宽卵形	先端渐尖	平广二束迹明显相距较宽	中上部棱线明显	大	马铃
汉王	宽卵圆形	凹入	两束相连	上部较明显	大	马铃
汉果	长倒卵形	圆钝	两束迹相连成鸭尾状	中上部棱明显	中	佛指
94-03	长卵形	钝微尖	两束相距较宽	中上棱明显	大	马铃
商皇	宽倒卵形	圆钝微凹	维管束连生	上部棱明显	中	马铃

针刺

针刺是用细钉子,在银杏盆景的某一侧面,点刺幼嫩而平滑的机体,深及木质部。点刺可一次多刺几处。一般在凹处(弯内)点刺较密,凸处点刺较稀,其他部分均匀点刺。经针刺后的表皮，便凸起无数的小瘤子，呈现出像古松之树皮那样的裂纹。针刺在于追求一个"老"字，它是塑造老态龙钟形象的一个艺术手法。

针剂配伍制品

银杏叶提取物针剂 1 mL、胶态金 1 mL。本复合针剂由德国 Sobernnheim 制药公司生产。适用于血管硬化、血管损伤、间歇性跛行、大脑血流循环障碍等疾病的治疗。

珍稀树种

在经济、科学、文化和教育事业方面具有重要作用，而现存数量稀少的树种。也包括生产高级用材或具有特殊用途的树种、地区特产树种、远古残遗和濒于灭绝的孑遗种，如银杏、银杉、浙江铁木等。由于它们适应环境变化能力差，在灾害性的环境变化或人类活动的侵害下，都已处于濒危状态。对珍稀树种的保护，是自然保护的重要内容，也是自然保护区的主要任务之一。

珍珠子

母树位于广西灵川县海洋乡，树龄 100 年，年均株产种核仅 25 kg。又称早白果，为梅核银杏类，是广西灵川产区地方品种，植株不多，产量较少。为根蘖苗种植，主干明显，侧枝平直，树冠呈圆锥形，产量大小年明显，变幅在 35% 左右。种实短椭圆形，成熟时橙黄色，外表有一层白粉。先端圆钝，顶点凹入，珠孔迹明显。蒂盘近圆形，边缘不齐，略凹入，果柄略弯曲，长 2.8~3.5 cm。种实纵径 2.3 cm，横径 2.0 cm，单果重 5 g，每千克 200 粒，种实出核率为 23%。种核广椭圆形，先端圆钝，顶点小尖明显，基部平，两维管束迹明显，间距 2.7 mm，两侧棱线上下部明显，中上部稍宽，无背腹之分，纵径 1.8 cm，横径 1.3 cm，单核重 1.5 g，每千克 667 粒，出仁率为 76%。本品种在广西仅分布于灵川县海洋乡。其他县尚未发现该品种。

真假白果

主产河南嵩县，种实长圆形，外种皮暗黄色，密被白粉，皮皱，柄长 4.52 cm，往往一大一小两个种实并生，大种实全仁或半仁，小种实中空无种核。纵、横径为 1.19 cm × 1.70 cm，种核长圆形。长 × 宽 × 厚为 2.16 cm × 1.55 cm × 1.32 cm，出核率 18.17%，出仁率 77.19%，每千克 917 粒。

真假银杏嫁接苗的鉴别

银杏实生苗童期长，需 20 年左右才能开始结果，40 年左右才进入盛果期。而嫁接苗 5 年即可开始结果，10 年进入盛果期，盛果期可长达上百年。因此，栽植优良品种的嫁接苗，是实现银杏早实、丰产的首要措施。有些贩苗者，将银杏实生苗经过一番乔妆打扮，冒充嫁接苗以高价卖出，给银杏生产造成重大损失。为避免果农上当，现将银杏嫁接苗与非嫁接苗的鉴别方法介绍如下：

①以枝条生长状态鉴别：由于对嫁接苗的需要不断增长，而优良品种的接穗又不能满足需要，于是有人从未结果的实生树上采取接穗进行嫁接。这种苗木抽生的枝条顶端优势强，直立，不开张，细弱，尖削度大；枝条表面有褶皱，颜色浅黄，有光泽，芽不饱满，较瘦瘪。而品种嫁接苗，除以顶端延长枝为接穗所抽生的枝条有直立性之外，通常都是斜生向外延伸，与主干有 20°~30° 夹角，且枝条粗壮，充实，尖削度小，枝条平滑，色泽灰暗，芽饱满。

②以嫁接口鉴别：有些育苗户，把实生苗从基部剪断，促使剪口下的潜伏芽萌发，发枝后略有歪斜，类似嫁接苗的愈伤接口，仔细观察即可发现发枝处无任何嫁接痕迹。也有的在实生苗基部或芽周围，用刀切成方形或盾形伤痕，以证明为芽接的嫁接苗，但其方块形或盾形不规则，刀痕深浅宽窄不一致。真正的嫁接苗，在嫁接处有一楔形（劈接）或瘤状（皮下接、插皮舌接）的愈合接口。接穗皮层被砧木皮层所包裹，两皮层间有愈伤组织产生，砧木和接穗结合牢固。但是否嫁接的优良品种也不好确定。目前，还无法从银杏的叶片、枝条、树形等方面来判断银杏品种，只能从种子和种核的颜色、大小、形状等来区分。

③以叶片鉴别：用实生树的枝条作为接穗接成的嫁接苗，叶片较薄，叶色较淡，裂缺较深；优良品种嫁接苗叶片较厚，叶色较深，除有少数叶片有裂缺外，大部分叶片无裂缺，叶缘呈大波浪形。

④假苗长势好，抽梢粗壮而尖削度小，倾斜度也小，枝条皮色多灰棕色；大树嫁接苗长势较差，抽梢易偏斜，梢尖削度大，皮色多灰白。

⑤假苗抽梢整齐，枝接苗基本都能抽梢；大树嫁接苗，抽梢不太整齐，枝接苗有 10%~30% 当年不抽梢，抽出的梢生长强弱差异较大。

⑥大树嫁接苗不论何种接法，特别是枝接当年嫁接苗会有少接结实（接穗上已分化花芽）或有雌蕊；而假苗绝对不会出现这种现象。

真空渗糖和常压渗糖的银杏果脯质量

真空渗糖和常压渗糖的银杏果脯质量

样品		一次抽空糖液糖度/%		二次抽空糖液糖度/%	
		抽空前	充气后	抽空前	充气后
真空渗糖	Ⅰ	30.0	28.8	50.0	40.0
	Ⅱ	30.0	28.5	50.0	39.5
	Ⅲ	30.0	29.0	50.0	39.8
	平均	30.0	28.77	50.0	39.90
常压渗糖	Ⅰ	30.0	29.8	50.0	50.0
	Ⅱ	30.0	30.0	50.0	49.5
	Ⅲ	30.0	30.0	50.0	49.8
	平均	30.0	29.93	50.0	49.77
真空渗糖	Ⅰ	70.0	51.6	63.10	饱满亮黄
	Ⅱ	70.0	50.8	60.61	黄色透明
	Ⅲ	70.0	51.3	62.26	软有糯性
	平均	70.0	51.23	61.99	甜酸适口
常压渗糖	Ⅰ	70.0	68.0	47.98	不够饱满
	Ⅱ	70.0	66.7	49.16	暗黄色半
	Ⅲ	70.0	67.5	47.24	透明果软
	平均	70.0	67.40	48.13	甜度不够

砧木年龄及生理状态与苗木生长(马铃1号)

砧木年龄及生理状态与苗木生长(马铃1号)

砧木状态	砧木年龄	接穗种类	抽梢株率(%)	新梢长(cm)	新梢粗(cm)	叶数/梢
起苗接	1	双芽茎段	49.21	22.59/36.80	0.55/12.7	19.4/19.6
就地接	1	双芽茎段	93.75	34.33/29.70	0.71/19.5	31.9/30.3
就地接	2	顶梢	100	53.63/38.50	0.78/13.7	37.8/33.9
就地接	2	双芽茎段	100	70.65/32.20	0.99/22.8	50.9/44.7

砧木选择标准

银杏属于本砧嫁接,适于嫁接的苗木有实生苗、分株苗及插条苗等。按砧龄大小分为小砧(1~2年)、大砧(3~10年)及幼树或成龄树。砧木选择要注意如下几点:①与接穗有良好的亲和力,生理状态良好;②生长健壮,对外界不良环境适应性强;③最好是留床苗,移植苗须1年后嫁接;④嫁接部位粗度须大于1.0 cm。银杏砧木嫁接部位是嫁接繁殖的重要问题之一,嫁接部位的高低直接影响未来树冠的培养及丰产性能。嫁接部位的高低主要与苗龄、银杏栽培方式及栽培技术措施等有关。目前银杏嫁接苗按嫁接部位的高低可以分成三类:无干嫁接苗、矮干嫁接苗和高干嫁接苗。无干嫁接苗主要是由1~2年生实生苗嫁接形成的苗木。嫁接部位在地平面以下(袋接)或地面以上10~20 cm。矮干嫁接苗系指在地平面以上30~40 cm处截干嫁接形成的苗木。高干嫁接苗干高在60 cm以上。

真如寺的古银杏

由唐代的道膺栽植,距今1 000多年,树高30 m,胸围7 m。寺四周共有18株,仍每年结果。

砧龄及生长状态与苗木生长

①到7月13日高生长停止后调查发现,2年生砧木嫁接后的抽梢率及生长量远远大于1年生砧木,前者新梢长是后者的2.86倍。②"就地嫁接"。由于砧木根系生理状态良好,能及时为接穗提供营养,因此生长量及抽梢株率大大超过起苗后嫁接定植的苗木,抽梢株率前者为后者的1.91倍。新梢长相差12 cm、叶片数相差13片,即相当一株1年生实生苗的叶量。

砧木

俗称母子。嫁接时承受接穗的植株或根。应选择适于本地区立地条件、根系发达和接穗近缘、无病虫害的优良砧木,一般针叶树用2~5年,阔叶树用1~2年生苗木。就银杏来说,20年生以下的实生树均可作砧木。

诊断

银杏被害主要通过症状观察、人工诱发试验、血清学方法等确定病害的病原。

诊断施肥

银杏的矿质营养原理是银杏施肥的理论基础,根据银杏营养诊断(包括土壤营养诊断和树体营养诊断)进行施肥,是实现银杏栽培科学化的一个重要标志。营养诊断是将银杏矿质营养原理运用到施肥措施中的一个关键环节,它能使银杏施肥达到合理化、标准化和数量化。目前主要的营养诊断方法有:叶分析、叶片颜色诊断和外观诊断。叶分析是利用银杏在某地区正常植株叶片营养元素含量标准同个别银杏叶片营养元素含量进行比较分析,判断植株的营养状况,确定施肥方案。叶片颜色诊断是利用银杏叶片颜色与银杏生长、种实品质、叶片中氮和叶绿素含量的关系,来判断银杏的营养状况。外观诊断是利用银杏不同的缺素症状来判断其营养状况,指导施肥实践。

镇泉树

山东淄博市博文区夏家庄镇后裕村有两株古银杏树。相传该地每到汛期便洪水泛滥,淹没周围村庄,龙王爷遂在两泉眼处各栽一株银杏树以镇水灾。800多年来,当地村民出于感恩,一直称银杏树为"镇泉树"。

蒸发量

一定时间内由于蒸发而消耗的水量。气象台站测定的蒸发量是指一定口径的蒸发器中的水因蒸发而降低的深度,以 mm 为单位,取一位小数。

蒸腾强度

亦称蒸腾速率。银杏在单位时间内单位叶面积散失的水量。常用单位为 $g/(m^2 \cdot h)$,也有用叶的重量(干重或鲜重)表示。大多数植物白天的蒸腾强度为 $15 \sim 250\ g/(m^2 \cdot h)$,夜间为 $1 \sim 20\ g/(m^2 \cdot h)$。

蒸腾速率和蒸腾效率日变化

银杏叶片蒸腾速率和蒸腾效率日变化,在一天中,由于气温等各种因素的变化,银杏叶片的蒸腾速率和蒸腾效率也随之发生规律性变化,即蒸腾效率呈单峰,在14:00前后达到高峰;而蒸腾效率日间呈双峰值,其峰值分别出现在10:00和18:00前后。14:00前后,蒸腾效率最低。

蒸腾系数

指银杏制造 1 g 干物质所需水分。蒸腾系数越大,利用水分的效率越低。一般野生植物系数是 $125 \sim 1\ 000$ g,而大部分作物的蒸腾系数是 $100 \sim 500$ g。蒸腾系数也就是蒸腾比率的倒数。

蒸腾效率

银杏在一定的生长期内所积累的干物质与消耗的水分的比率。常以消耗 1 kg 水所形成的干物质克数来表示。一般银杏为 $1 \sim 8$ g。蒸腾效率的数值越大,表示银杏对水分的利用越经济。

蒸腾抑制剂

减低植物蒸腾,提高水分利用效率的多种化合物的通称。根据作用方式,分为三类:①使气孔关闭的化合物。不少杀虫剂、除草剂、代谢抑制剂和生长激素等都能抑制气孔开放。其中链烯琥珀酸、醋酸苯汞的稀溶液效果较明显。但这类物质通常会使光合作用或生长减低,是其主要缺点。②成膜化合物。喷洒后形成薄膜,使植物体大部分受到覆盖而减低蒸腾,但光合作用也常因此而降低。常用的有 O.E.D.、丙烯共聚乳剂、聚乙烯乳剂等。在土温急剧下降时,为防止常绿植物脱水;在生长的临界期,为防止严重的水分胁迫;在果实生长的最后阶段,为减少水分耗失,以增进果实的价值时,均适于应用。③反射物质。利用起反射作用的色素来增加反射率,以减少净辐射负荷,并降低叶温。通过发展能选择性地反射低于 40 μm 和高于 70 μm 的辐射的色素,初步表明有可能减低蒸腾而不影响光合作用,并因此而增加水分利用效率。

蒸腾作用

植物体内的水分以气体状态通过植物表面(主要是叶子的气孔)散失到大气中去的过程。它可以促进水分的吸收和运转,带动矿物质盐类的传导和分布,降低叶片温度。土壤供水适宜,通气良好,光照强,温度高,湿度低,风速大都能促进蒸腾。银杏通过对气孔的控制和借助表皮的特殊构造,在一定范围内可以调节蒸腾过程。

整地与做床

整地宜在秋末冬初或早春,最好是秋季深翻土地,经过冬季冻垡和土壤的进一步风化,到春季再做床。春季整地前每公顷施以 90% 晶体敌百虫 $75 \sim 100$ kg,同时加入硫酸亚铁(黑矾)$75 \sim 150$ kg(碱性土用量大),在机耕时翻入土中、耙平,或稀释成5%的水溶液喷洒床面,以毒杀地下害虫和抑制病菌的生长发育。整地时,结合深翻,施足基肥,宜施充分腐熟的有机肥 $75\ 000 \sim 150\ 000\ kg/hm^2$、复合肥 $1\ 500\ kg/hm^2$,避免施用新鲜有机肥或未经腐熟的饼肥。同时可对酸性土施用石灰,对碱性土施用硫黄,以调节土壤的酸碱度。苗床原则上为东西走向,长 $10 \sim 20$ m,宽 $1.2 \sim 1.5$ m,高度视当地的气候条件而定。少雨的北方,宜采用平床或低床(低于地面 $10 \sim 15$ cm);而多雨的南方,一般应采用高床(高出地面 $10 \sim 20$ cm),步道宽 $25 \sim 30$ cm,圃地的周围开设排灌沟。

整形

运用修剪技术,培养和调整骨干枝,建立牢固健壮、负荷力强、通风透光良好的树体结构的方法。整形应按"随枝作形、因树修剪""有形不死、无形不乱"的原则进行。常用的树型可分三类:①有中心干,如主干疏层形、圆柱形、纺锤形等;②无中心干,如自然开心形、三挺身、自然圆头形等;③棚架形,在银杏方面应用较少,但在国外却有用银杏作为楼房的攀缘植物栽植。

整形修剪

在自然生长状态下,实生银杏主干直立,侧枝开张,主干和侧干的生长势差异较大,层次比较明显,有自然整枝的习性；嫁接银杏树枝自然开张（直立型嫁接雄树例外），呈广卵圆形或圆锥形，利于树冠内通风透光。由于银杏寿命长，萌芽迟，落叶早，枝条年生长量小，和其他果树相比，整形修剪工作量小，不需要年年进行。因此，在我国银杏生产中，历来多放任管理，靠自然生长，自然更新，很少进行必要的整形修剪。但实践证明，必要的整形修剪可以通过调节生长和养分、水分运输分配，改善通风透光条件等促进树体生长，提高种实产量。如果放任银杏树生长而不进行必要的整形修剪，往往会造成幼树枝条紊乱，通透性差，长势衰弱，结果推迟；成年树冠上下、膛内外的枝条分布不合理，大枝旺长，小枝发育不良，结果枝少而小，结果大小年现象明显；老龄树内膛光秃，结果部位外移，产量低。通过整形修剪，可以克服以上缺点。

整形修剪的目的

整形修剪可根据不同培育目的，确定修剪原则，调整树形。整形修剪可克服不良环境条件的影响，瘠薄之地的银杏树，修剪时宜采用小冠密植，适当加大枝叶密度。迎风面的延长枝，修剪时选用弱枝，开张角度大。另外，修剪时多去除细枝、弱枝、病虫为害枝，可防止病虫蔓延。

整形修剪的时间

从广义上讲，整形修剪一年四季都可进行，但主要在冬季和夏季进行。修剪的时间不同，起的作用也不同。冬、春季整形修剪主要是培养骨干枝、调整长势和空间，使生长和结种的关系协调。夏、秋季修剪主要是调整营养物质的分配，促使营养积累转化，利于树体营养生长和种实发育。

整形修剪的原则

本着以下三条原则：

①因树而异。根据不同的栽培目的、嫁接方法、品种特性、枝龄、枝势，采取相应的整形修剪方法。低矮的银杏树可利用树干上部发出的轮生枝或选适当位置刻芽发出的壮枝，培养为纺锤形，也可通过逐年整形修剪培养为疏散分层形等。单头嫁接者，培养开心形。高干多头嫁接者培养为圆柱形或延迟开心形等。这要因各地、各类园的经营目的而采取不同的方法。

②结构合理，主从分明。在整形修剪中，既要重视树形基本骨架的培养，又要根据骨干枝的生长情况，抑强促弱，随枝整形，均衡树势，使骨架牢固，结构合理，主从分明。

③先促后控，有轻有重。在土、肥、水管理好的条件下，前期整形修剪，使树多发粗壮长枝，培养骨干枝。对发枝量少的品种，要通过短截增加长枝数量，充分利用空间。随后缓放，控制旺长，促发中庸枝、短枝以利开花结种。

整形修剪和土、肥、水管理

整形修剪是银杏综合管理中的重要技术措施之一，只有在良好的综合管理基础上，整形修剪才能充分发挥作用。优种、优砧是根本，良好的土、肥、水管理是基础，防治病虫是保证，离开这些综合措施，单靠整形修剪是不会优质高产的。反之，认为只要其他农业技术措施搞好，就不用整形修剪，也是不全面的，其他农业技术措施也代替不了整形修剪的作用和效果。冬季修剪与增施肥水有相似的作用，能促进局部水分和氮素营养的增加，对营养生长有明显的刺激作用。所以，一个未修剪或修剪粗放的银杏园，进行合理修剪后，产量和品质会有明显提高。但如不相应地加强土、肥、水管理，仅进行修剪并不能在总体上增加树体的营养水平；土壤改良、施肥和灌水能在总体上提高树体的营养水平，是银杏园优质、高产的物质基础，也是修剪所不能代替的。而在土、肥水管理的基础上，修剪能发挥积极的调节作用，合理利用养分，提高产量和品质。修剪应与土壤肥力和肥水水平相适应。土壤肥沃、肥水充足的银杏园，冬季修剪宜轻不宜重，并应加强夏季修剪，适当多留花芽多结果；土壤瘠薄、肥水较差的银杏园（特别是无灌溉条件的山地银杏园），修剪宜重些，适当短截少留花芽，也能获得优质产品和适当的产量。另一方面，要取得修剪的综合效果，也必须有相应的肥水管理相配合。如树上采用促花修剪技术，在花芽分化前应适当控制灌水和追施氮肥，及时补充磷钾肥，否则也难以获得好的促花效果。

整形修剪与病虫害的防治

剪去病虫危害的枝梢和花种，有直接防治病虫害的作用。整形修剪建成一个通风透光的树体结构，有利于提高喷药效率，增强防治病虫害效果。不修剪和修剪不当的树，树冠高大郁闭，喷药很难周到均匀，不利于病虫害防治。

整形修剪与花种管理

修剪和花种管理都直接对产量和质量起调节作用，修剪可起"粗调"作用，花种管理则起"细调"作用，两方配合共同调节，才能获得优质、高产和稳产的效果。在花芽少的年份，冬剪尽量多留花芽，夏剪促进坐果，如果再配合花期人工授粉，效果更为明显。在花芽多的年份，修剪虽可剪去部分花芽，但若由于种种原因，花芽仍保留偏多，还必须疏花、疏种，才能有效克服大小年。花种管理和合理修剪，在解决大小年问题和促进银杏优质丰产方面是相辅相成的。

整形依据

①品种生物学特性:如干性、层性、对光照条件的要求等,干性强的树种、品种用有中心干的树形,干性弱的用开心形、丛生形,层性明显的用分层的树形,喜光树种用开心的树形。②栽培方式:密植果园用狭长、紧凑的树形如主干形、细长纺锤形;稀植果园用大冠形,如主干疏层形、自然半圆形等。③砧穗组合:不同砧穗组合形成不同的生长势,选用相应的树形,如矮化砧+普通型品种与半矮化砧+短枝型品种均形成矮化树,半矮化砧+普通型品种与乔化砧+短枝型品种均形成半矮化树。④自然条件:海拔、地势、气候、土层深浅、土质、土壤肥力均影响树体大小和生长势,应选择不同的树形。⑤修剪及其他控冠技术对树冠大小的促控程度不同,也影响树形的选择。在实际应用中,需综合应用各项依据,灵活地选定适合的树形和整形方法。

整枝高度

整枝到达树干高的程度,主要以培育的材种而定。培育普通锯材原木应修到6.5～7 m高处。整枝高度还应考虑技术条件和经济上的利益。因为整枝越高,技术越复杂,需要更多的资金,所以,一般整枝高度很少超过5 m。

整枝强度

人工整枝的强弱程度。常以整枝高度与树高之比或树冠的长度与树高之比,即冠高比作为整枝强度的指标。整枝强弱应根据银杏品种和立地条件而异,通常修去枯死枝和力枝以下的活枝,对林木生长不会发生不利的影响。

正常种实和叶生种实

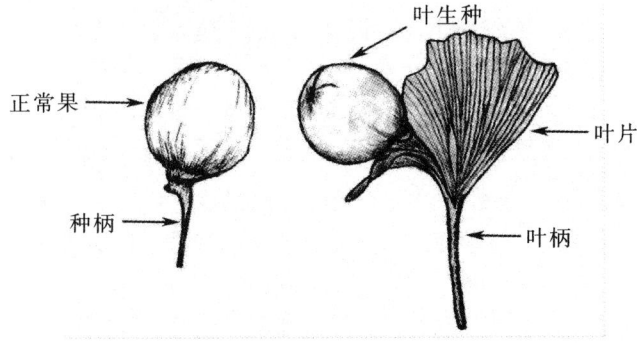

正常种实(左)和叶生种实(右)

正方形配置

又叫正方形植苗、正方形植树,是种植点的株距和行距相等的方形配置。这种配置形式的银杏分布均匀,树冠发育较均匀,利于银杏生长。

正方形栽植

果树栽植方式之一。行距、株距相等,相邻植株构成正方形,是传统大冠稀植果园中应用最多的栽植方式之一。其优点是每一个植株占有一个相对独立的空间,通风透光条件好,果园土壤可以纵横耕作,人员和机具通行操作方便。缺点是成形较迟、进入丰产期晚、土地利用不经济。这种栽植方法栽植密度低,果园覆盖率低,影响单位面积的产量,如果栽植过密,则通风透光条件容易恶化,产量、质量降低,且管理不便。

正三角形配置

又叫正三角形植苗、正三角形植树。每株苗木与其所有邻株之间的距离均相等,两行中每三个种植点构成正三角形,是种植点在栽植地上分布最均匀的一种配置形式。这种配置形式能最有效地利用空间,但对定点技术要求较高,主要用于经济林银杏的栽培。

症状

有病银杏树体在形态上和解剖上表现出不正常的特征。其中,树体病变的部分称为病状;病原物在受病树体上形成的繁殖器官或营养器官,用肉眼或放大镜可见到的特征称为病症。

支气管哮喘治疗

蛤蚧两对(去头足),人参15 g,山药60 g,甜杏仁24 g,上等沉香12 g,上等桂肉12 g,京半夏30 g,黄芪60 g,紫皮胡桃60 g,炒白果30 g,桑白皮30 g,甘草15 g。共研细面,密装备用,每次4～6 g,每日3次,开水送下或白果仁(除去膜质内种皮)6～8枚,捣碎,烘至黄色,加水500 g及适量白糖(或蜂蜜)煮开,每天早晚分次饮用。睡眠前加饮一次效果更佳;或每天早晚各食生白果仁5～7枚,食时嚼细嚼烂,后饮用少量糖水。

支柱的捆绑方法

幼树一定要有支柱。如果不用支柱固定,摇晃后其细根就会被折断,影响生长。同时支柱对树型培育也是必要的。支柱要长,材料最好是竹或钢,尽量不用树木。树与支柱之间的绑绳要拧一下,以防树与支柱之间摩擦。

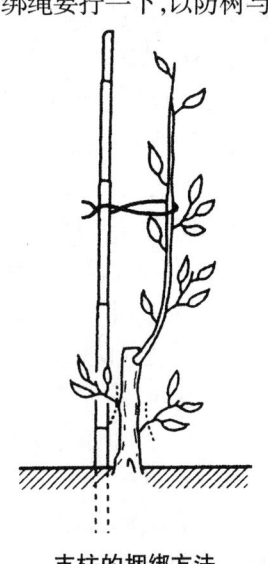

支柱的捆绑方法

枝

银杏的枝由芽抽生并伸长发育而成。着生在主干或主干延长枝上的分枝称主枝或一级分枝,由主枝上分生的大侧枝叫二级枝,在二级枝上分生的侧枝叫三级枝……依此类推,形成银杏的树冠。其中主枝和许多大侧枝构成树冠的骨架,故又称骨干枝,在其上着生许多小侧枝构成枝组。树冠的大小和结构情况直接影响种实和叶产量的高低,因此,依据土壤、地势、气候等客观条件,采取合理的整形修剪措施,培育丰产树冠,是丰产栽培的重要措施。一般情况下,银杏的1年生枝呈淡黄褐色,老枝呈灰色。银杏枝条萌芽率高,而成枝率低,1年内可发3~4个分枝。新梢1年生长1次,长江以南也有1年生长2次的现象,但生长期较短,停止生长也早。银杏的枝条根据其形态和生长速度等的差异,可分为长枝和短枝。

银杏的长枝指从主干上生长出来的骨干枝、各级骨干枝上长出来的下垂母枝和下垂母枝上长出来的下垂枝。长枝的生长量大,1年的生长量可达50~100 cm,但1年只长1次,无春秋梢之分。每个叶腋都有芽,形成明显的节间。长枝的顶芽和粗壮的侧芽萌发后可继续延伸和抽生下垂枝,基部的芽不萌发,呈休眠状态。长枝髓小,皮层薄,木质部厚。与短枝相反,长枝休眠时含有较高的生长激素,芽开放时则显著减少,一旦开始生长,含量又很快上升。银杏的短枝系由长枝中下部的腋芽所形成,发育成花枝或结实枝。短枝只有1个顶芽,外被鳞片,呈覆瓦状,发芽后鳞片脱落,每年如此,因而可根据每年脱落的痕迹,清楚地数出短枝的年龄。花、种实均着生在短枝上,与叶混生,呈螺旋状排列。短枝生长很慢,年生长量仅为0.3 cm左右,寿命长,可连续开花结实10年左右,有的可达30年以上。短枝髓大,中空,有絮状物,中有红色结晶体,木质部薄,皮厚。研究表明,短枝处于休眠状态时,不含生长激素,芽苞开始膨大时,生长激素含量显著增加,并随芽的开放而逐渐减少。研究表明,银杏长短枝的发生与树龄有关。小于10年的银杏树,基本上全是长枝,没有短枝,随着年龄的增加,短枝开始出现并不断增多,如45年生的银杏雌株,长枝的发枝数量仅占总发枝量的10%左右。另外,银杏的长短枝具有互换性能,短枝的顶芽可以伸长抽生长枝,而长枝的顶芽也可减缓生长速度形成短枝,这种转换机制的原因还不十分清楚。实践证明,打顶或在顶部涂抹生长激素,可以促使或抑制短枝的转化。

枝的二型现象

在银杏树发育过程中,两种类型的枝之间的显著区别日益明显:长枝的特征是各节分开,叶子众多;短枝生长较慢,其特征是节间短而密集,而且一年只发生少数叶子。短枝由长枝叶腋的芽发育形成,而且可以保持这种缓慢的营养生长许多年。解剖学的研究表明,长枝和短枝的顶芽的顶端分生组织,有同样的分区结构;两种枝型之间发生的不同,由于长枝的顶端分生组织产生的初生茎组织中,细胞分裂和细胞延长的持续时间较长。从生理学观点看,特别有意思的是在两种枝型中,生长方式是可逆的,短枝可以突然增长为长枝,反之,长枝的顶端生长可以在几个季节中大大减缓,从而很像是一个侧生短枝的生长方式。关于银杏枝的二型性的生理学基础还不很了解。不过有一些实验证据说明,在伸长的长枝中产生的生长素,抑制了腋芽的发展,但是并不妨碍短枝的形成。

枝干上长出气根的古银杏

上百年生的银杏大树,在主侧枝分权处的下面,往往生出钟乳石状的气根,把气根锯下埋入土中可生根长叶做盆景。山东省郯城县官竹寺,有一株1 200年生的古银杏,在主干下面生出数个气根,最长的达1.25 m,基部直径达28 cm,当地群众把它叫作"树撩"。江苏省武进县横山桥乡,有一株800年生的古银杏,在距地面8 m的主侧枝分权处,生出4个50 cm长的大气根,数十个小气根,当地群众把它叫作"树奶"。湖南省桂阳县高山何家村,有一株500年生,树高18 m,围径4.1 m,在距地面2 m的分权处,长有23条气根的古银杏,这些气根与地面垂直,形似炮弹头,最长的达63 cm,基部直径达23 cm。这株古银杏年年结果累累,长势茂盛。贵州省盘县黄家营村,有一株千年生的古银杏,气根几乎包围了整个树干,最长的达2.3 m,成为全国长有气根最典型的古银杏。古银杏长有气根之迷,目前科学家们还没有完全解开。

枝和干化学成分

银杏树皮单宁含量为10%,内皮含莽草酸。木质部分含纤维素41%,半纤维25%,木质素33%,甘露糖7.06%。另外,还含有阿拉伯糖4-O-甲基葡萄糖醛酸、木聚糖和大量棉子糖、白果酮(bilobanone)、2,5,8-三甲基二氢萘烯、萘嵌戊烯(aeenaphthene)、油酸(9-十八碳烯酸)和亚油酸。心材用乙醚提取,得挥发油5%,d-芝麻素0.52%以及一种熔点为77℃~78℃的结晶体$C_{17}H_{34}O$,占0.15%。树枝含甘六烷醇、甾醇。雄枝甾醇,其熔点是134℃,而雌枝甾醇的熔点是137℃,雌雄枝均含有棉子糖。

枝和叶的物候

银杏的树液于3月中旬开始流动,3月下旬芽萌动膨大,4月上旬发芽、展叶,4月中旬叶全展,新梢开始抽生,5月中旬为新梢旺盛生长期,6月下旬新梢逐渐停止生长,同时花芽开始分化。10月下旬叶发黄,11月下旬开始落叶。银杏在不同年份的落叶期有一定的变化,但枝、叶生长经历的时间基本上是一致的。

枝级

树冠骨干枝,结果次序的称谓,又称枝序。中心主枝(中央领导干)称0级枝,在中心主枝上发出的骨干枝为一级枝,一级枝上侧生的骨干枝为二级枝,依次递称。

枝角在母树上的位置与位置效应

从5年生母树上截取当年生接穗试验表明:背上枝嫁接苗的位置效应明显低于下垂枝。后者仍斜向下生长、顶端优势差、长势弱,枝角高达120°以上。相反,由品种扦插苗复干上截取已萌动的接穗基本上可消除位置效应,并呈向上生长习性。该结果对银杏纺锤形树冠的培养有指导意义。

枝接

以枝段为接穗的嫁接繁殖方法。由于枝接的操作复杂,工效不如芽接,技术要求高,需用接穗量大,在现代苗木培育中的应用不如芽接广泛,但对粗大砧木的嫁接,如高接换种、修复树干损伤以及利用坐地苗建园等方面,枝接优于芽接。此法可利用机械进行枝接。枝接的方法很多,主要有劈接、切接、皮下接、腹接、舌接、靠接等。枝接时需注意以下事项:①作为接穗的枝条要充实,芽不得萌发;②接穗削面要平整光滑,便于砧穗密接和形成层对接,为促进成活,以利刀一刀削成最为理想;③接后要绑紧,宜用接蜡涂抹伤口,然后包严整个接口,以防接穗失水和松动;④接穗进入旺盛生长后,枝叶量大,易遭风折,特别是皮下接更易风折,须设支柱绑缚;⑤银杏接穗多用2~3年生休眠枝,应用带叶新梢做接穗,应于嫁接前摘除叶片,如不得不用嫩枝做接穗,应将其用塑料袋套起或用塑料条缠起,保持湿度,以利成活。

枝接分类

枝接
- 劈接:接穗插入砧木髓心(包括芽苗砧接)
- 切接:接穗插入砧木木质部中(包括单芽切接、改良切接等)
- 插皮接:接穗插入木质部与皮部之间(包括荞麦壳式接、插皮舌接、袋接等)
- 靠接:接穗不插入砧木内(包括贴枝接、合接、双砧接、舌接等)
- 腹接:接穗插入木质部或皮层内(包括切腹接、皮下腹接等)
- 绿枝嫁接:半木质接穗插入砧木髓心

枝接分类

枝类组成

各类型枝条的比例。一般按枝条的长短分类,分别统计全树或部分大枝上各类枝条的数量,计算其比例,不同银杏品种,生长结果习性不同,其枝类组成的最佳状况亦不相同。如银杏幼树长枝比例过多,则表明树势偏旺,会影响幼树适龄结果。枝类组成调查分析对银杏早实性和丰产性有参考价值。

枝生树瘤——树奶

银杏树奶是在主干上部的侧枝下面形成并向下生长的一种变态枝。美国的福斯特等将树奶称为树瘤,日本的伏介称之为垂乳或乳头状突起,而李正理则称之为钟乳枝或钟乳石状物。最近,美国阿诺德树木园的特里迪西称之为枝生(气生)树瘤或叫气生根。通常群众称之为撩。树奶在树体上可以单一出现,也可以几个聚生。从形态上看,树奶直径30 cm,大多长10~35 cm,贵州盘县地区一树奶长达2米多。大多数树奶形状像反转的竹笋,不足半米长。通常基部较宽、顶端钝圆。树奶皮银灰色、较少的纹沟,并具许多不规则的鳞片状物。从解剖上看,树奶的年轮较狭窄,管胞呈易变的形状且取向不规则,交叉场中的纹孔属柏木型。当树奶去外皮后,木质上充满诸多瘤状突起。

枝生树瘤的利用

枝生树瘤(树奶)是在主干上部的侧枝下面形成并向下生长的一种变态枝。如果将枝生树瘤沿基切下并在适宜的条件下培育,可以形成不定根和侧枝,从而形成一新植株。枝生树瘤由于其数量少、繁殖系数低,目前仅在银杏园林绿化及盆景制作、工艺装饰等方面具有现实意义,还不能用于大面积繁殖和栽培。枝生树瘤可以在春季树体发芽之间,用快刀从基部切下,并插入疏松、通气的土壤或花盆内,然后置于适宜的温度、水分及光照的条件下,当年即可成活生长。

枝条长放

控制枝条生长势的措施,对健壮的营养枝不短截,任其自然生长,亦称甩放。长放使枝条先端生长势逐年减弱,分枝多而短,有利营养积累和花芽分化,常作为幼树促花措施。旺枝长放,枝叶量增加,促使枝茎加粗快,生长势继续过旺,应结合调节枝条角度加以控制。需拉平并在侧芽的上方刻伤,或多道环割,促进萌芽发枝。树冠内膛直立不宜长放,以免形成大树上长小树,影响通风透光。幼树长放会使树冠扩大过快,果园早郁闭,要及时回缩控冠。

枝条加长生长

指由叶芽萌发的枝梢进行延伸生长的过程,一般通过顶端分生组织中的分生细胞群的细胞分裂和节间细胞的伸长而实现。顶端分生组织产生的原表皮层分裂、分化形成枝的表皮;基本分生组织经过细胞分裂分化形成皮层和髓；原形成层细胞分裂分化产生维管柱。随着距顶端距离的增加，伸长逐渐缓慢下来。在细胞伸长的过程中，接着发生细胞大小和形状的变化，胞壁加厚，并进一步分化成表皮、皮层、初生木质部和韧皮部、髓、中柱鞘等各种组织。在银杏树上，由一个叶芽萌发延伸的生长枝，通常经过新梢开始生长期、新梢旺盛生长期、新梢缓慢生长乃至停止生长三个阶段，短梢一般无旺盛生长期。新梢开始生长期主要消耗上年积累的贮藏养分，至旺盛生长期以后，主要依靠当年叶片制造的同化养分。枝梢加长生长时的茎尖和新叶能产生生长素类物质，激发形成层的细胞分裂，因此，枝梢加长生长越旺盛，形成层的活动越强烈，加粗生长也越明显。枝条加长生长可增加叶面积指数，提高光合效能。银杏也会因品种、环境、树龄、树姿、负载量等因素的影响而有所变化。

枝条加粗生长

指银杏树枝条增粗的生长过程。芽开始萌动时，接近芽的部位形成层先开始活动，然后逐渐向枝条基部发展。果树形成层开始活动稍迟于萌芽，春季形成层细胞分裂较弱，加粗生长也较弱，主要靠上年贮藏的营养。以后随新梢加长生长，形成层细胞分裂加强，此时叶片光合作用也加强，积累养分较多，所以枝干加粗生长增强，粗度增加明显。多年生枝干的加粗开始期比新梢的加长生长晚 1 个月左右，停止生长可晚 2~3 个月；在同一株树上，下部枝条停止加粗生长比上部稍晚；多年生枝只有加粗生长而无加长生长，枝龄越小加粗的绝对值越小，相对值越大。当秋季叶片积累大量光合产物，其加长生长逐渐趋于停止，加粗生长旺盛，枝条明显增粗。加粗生长树体骨架更趋牢固，保证叶幕稳定占领空间和水分、养分的上下流动供应。

枝条率

枝条材积占树干材积的百分率。通过试验方法求得每一树种的平均枝条率，用以根据立木材积或林分蓄积量，推算相应的枝条材积。

枝条木质化

银杏在枝梢生长的前期呈柔软的草质，到后期转变为革质并出现一系列形态和生理变化，使枝条硬化变为成熟，这个过程称枝条木质的成熟过程。枝条生长至秋季，随着当年同化产物的增多和积累，枝内的细胞得到充实，细胞壁逐渐加厚，贮藏物质增多使枝梢木质化程度提高，枝条由软变硬，枝表皮由绿色转为褐色或深褐色，且被上蜡质状物质，芽鳞片进一步分化增多，芽体进一步充实饱满，枝的新陈代谢逐渐转弱，对外界逆境抵抗力增强。

枝条硬度

枝条的软硬程度。不同品种枝条硬度不同。枝条较硬的银杏品种结果后，骨干枝角度不易发生变化，整形时角度宜稍大，干稍低；枝条较软的品种结果后易下垂或平展，整形时角度宜稍小，干稍高。

枝条在母树上的位置与位置效应表解

枝条在母树上的位置	基角（度）		梢角（度）		新梢长（cm）		新梢粗（cm）	
	X̄	CV,%	X̄	CV,%	X̄	CV,%	X̄	CV,%
背上枝	43.6	9.8	45.8	7.9	78.6	20.3	0.93	0.5
下垂枝	120	10.2	130	16.2	22.6	10.4	0.63	1.0
扦插苗萌生的直立复干	5	0.5	6.5	7.6	88.6	12.7	1.10	8.7

枝条中蛋白的分子量

据 SDS - PAGE，应用 Gel Doc 2000 凝胶成像系统及 Quantity One 软件分析，纯化的蛋白分子量为32.24 ku。

枝条中营养贮藏蛋白质的分布规律

光学显微镜下，银杏枝条中被染成鲜蓝色的营养贮藏蛋白质在木质部细胞和韧皮部细胞中均有分布，韧皮部中的含量明显高于木质部中的含量。韧皮部中营养贮藏蛋白质主要分布在次生韧皮部薄壁细胞和韧皮射线薄壁细胞中，远离形成层的外层韧皮部的韧皮薄壁细胞和韧皮射线细胞中分布的营养贮藏蛋白质较多，染色深，靠近形成层的内层韧皮部的这些细胞分布的营养贮藏蛋白质较少。木质部中的营养贮藏蛋白质主要分布在木射线细胞中。

枝下高

银杏从根颈到第一活枝的高度，是说明树冠位置、树体生长及材质情况的指标。在银杏调查中因枝下高量测较易，有时用它来取代树高。

枝叶肥

施肥时间为银杏速生期来临前，一般在 5 月中下旬施用，施人粪尿 15~20 t/hm²，或银杏专用肥 600 kg/hm²，

枝组

由骨干枝上分生出的单位枝群,又称结种枝组单位枝。根据枝量多少和占据空间大小,习惯分为小枝组、中枝组和大枝组三类。其划分标准,不同地区和不同树种尚不统一。通过自身发展和修剪的促进,各类枝组可相互转化。根据枝组在骨干枝上的着生部位,又可分为背上枝组、背下枝组和侧生枝组。枝组良好的标准是:营养枝与结种枝比例协调,结种能力强,结种部位稳定、紧凑而圆满。

枝组更新

使结果枝组长期保持健旺,具有稳定结实能力的修剪方法。随树龄增长、树势缓和、结果量增加,枝组的类型、骨干枝上枝组的数量与配置距离、枝组生长势等会发生相应变化。如枝组转弱应及时回缩更新,根据"去远留近,去斜留直,去弱留强,去老留新"的原则,复壮枝组生长势,使其始终保持生长健壮、紧凑,结果效率高。

知识库数据的收集

知识库用来存放专家提供的知识。专家系统的问题求解过程是通过知识库中的知识来模拟专家的思维方式的,因此,知识库是专家系统质量是否优越的关键所在,即知识库中知识的质量和数量决定着专家系统的质量水平。一般来说,专家系统中的知识库与专家系统程序是相互独立的,用户可以通过改变、完善知识库中的知识内容来提高专家系统的性能。知识库包括两部分内容:一部分是已知的同当前问题有关的数据信息;另一部分是进行推理时要用到的知识。这些知识大多以规则、网络和过程等形式表示。知识库的设计是建立专家系统最重要和最艰巨的任务。初始知识库的设计包括:

①问题知识化,即辨别所研究问题的实质,如要解决的任务是什么,它是如何定义的,可否把它分解为子问题或子任务,它包含哪些典型数据等。

②知识概念化,即概括知识表示所需要的关键概念及其关系,如数据类型、已知条件(状态)和目标(状态)、提出的假设以及控制策略等。

③概念形式化,即确定用来组织知识的数据结构形式,应用人工智能中各种知识表示方法把与概念化过程有关的关键概念、子问题及信息流特性等变换为比较正式的表达,它包括假设空间、过程模型和数据特性等。

④形式规则化,即编制规则,把形式化了的知识变换为由编程语言表示的可供计算机执行的语句和程序。

⑤规则合法化,即确认规则化了知识的合理性,检验规则的有效性。

专家系统将知识库的知识组织分成三级:数据、知识(经验)和控制。在数据级上,是已经解决了的特定问题的说明性知识以及需要求解问题的有关事件的当前状态。在知识(经验)级是专家系统的专门知识与经验。是否拥有大量知识是专家系统成功与否的关键,因而知识表示就成为设计专家系统的关键。在控制程序级,根据既定的控制策略和所求解问题的性质来决定应用知识库中的哪些知识。这里的控制策略是指推理方式。按照是否需要概率信息来决定采用非精确推理或精确推理。推理方式还取决于所需搜索的程度。银杏专家系统将依照上述知识库构建原则和知识分级方法,构建起一相对全面,可扩充性强,规则合理,模型策略恰当的知识库系统,从而为业务功能提供简单信息查询到复杂过程推理的全面支撑。

知识库系统的设计,将综合规则、模型、框架等不同的专家系统结构,从而使得业务功能能够吸取各种结构模型的优点,更有效地完成实际功能的应用,同时,知识库系统的知识及推理规则,也将在实际应用中不断加以改进和完善,使之经过一段时间的应用,在一定程度上达到人类专家的水平。银杏专家系统将采用一个知识采集子系统协助知识库信息的建立,这个系统用于辅助知识工程师(通常是一个训练过的计算机人工智能专家)与银杏应用领域的专家共同工作以便把专家的相关知识表示成一种形式,以使它能被输入到知识库。同时,该子系统将采用智能学习设计,使之能够通过公开的、大量的互动性操作,从中分析提取有用的信息和规则,从而不断对知识库的内容进行扩充和提升。

脂肪

又叫"中性脂肪",是甘油和脂肪酸所构成的酯,是生物体的储能物质,有保护和支持的功能,也是植物油的主要成分。

直干式盆景

所谓直干式银杏盆景是指与曲干式相比较而言,并非越直越好。它不像曲干式那样重点渲染主干的弯;直干式可稍有点弯度,切不可做成过于呆板的模式。制作直干式盆景,一般要求主干较粗,上细下粗,侧根3~5条。枝条也为奇数,即3、5、7、9不等。往往采用树干较粗无法弯曲者,经过短截后,制作而成。直干式盆景给人的第一感觉就是主干直立、挺拔,它具有稳重雄伟的内涵。因此,在耕作时各部位都要围绕这个特点展开造型。要求布局合理,层次分明,枝条布局不必对称。俗话说:"疏可走马,密不透风。"一盆上乘的直干式盆景,常常是主干的下部各主枝间的距离较长,而上部各主枝之间的距离则较短。

现以五冠式为例,每层枝组为一树冠,其侧枝布局为:最下层为左,应占全树高的1/3,主枝展现形式,仿照古树枝向下斜跌,主枝走向前后弯曲,小枝上扬;第2层枝组为右,应占第一枝组剩余部分的1/4,主枝伸展方向稍向下斜,前后弯曲,小枝平展;第3枝为前枝,其表现手法应依次向下、向上、向右、再向左组成一个扁平的树冠,要求稍微遮挡主干,其树冠的主要作用是吸引人们的视线,起到遮挡主干过直的作用;第4枝为后枝,也是附枝,以弥补树后无物的不足,主枝伸展方向依次向右、向下、向后、向左、向上,要让观者无论站在哪一角度都能看见后面的树冠,忽隐忽现,不能全部暴露;第5枝为顶冠,此冠在盆景中起到非常重要的作用,决定此株盆景造型的成功与否,常言道"树看结顶",一般用半圆式封项。第3枝与第4枝要灵活安插,切忌提根露爪。否则,如同插木,干瘪无味。

直干式银杏盆景

直干银杏 S-31 号

母树为实生,雌株,树龄为400~500年,树高16 m,胸径1 m,枝条粗壮,生长旺盛。主干明显,直立生长,嫁接成活率88.9%,每米长枝上短枝数30个,二次枝数11个,枝角小于25.5°,成枝力大于37%,适于材用。

直干窄冠银杏

银杏一个明显特征是,嫁接因位置效应和年龄效应比较突出,斜向生长。该特性对于干材培养是不利的。通过叶用良种选育发现有6个系号枝角<30°,呈垂直向上生长,接后有明显的中央领导干,且直立向上生长。现将S-31特点概括如下:母树为实生,雌性,树龄400~500年,高16 m,胸径1 m左右,枝条粗壮,生长旺盛;叶子三角形,波状边缘,基部截形,大多一个裂刻,油胞极密,长方形,放射状分布于叶子中上部;叶子绿色,发育正常,长枝上叶长6.63 cm,叶宽10.52 cm,叶柄长6.23 cm,叶面积43.97 cm²,鲜重2.09 g,干重0.70 g,含水量66.7%,叶基线夹角119°;嫁接成活率88.9%,当年抽梢率70%;每米长枝上短枝数30.65个,二次枝数11.3个,叶数/短枝8.8个,枝角25.5°,成枝率大于37%;接后3年单株新梢数18个以上,叶数670个,枝长7.44 m;冠幅128 cm×100 cm,单梢长47 cm,粗1.1 cm,叶数/梢56片,LAI 3.61;直立生长,主干明显,接后1~3年单株鲜叶产量分别为0.084 kg、0.465 kg和0.565 kg以上;黄酮含量2.16%,内酯总量0.284%;属直立生长、高黄酮、中等内酯品种,适于材用。

直观白果鉴别

鉴别品质的方法有观察、摇果听音、水沉等。观察时壳色洁净光亮,种仁鲜绿,表示新鲜;灰白粗糙,有黑斑点,已宿陈变质。取果用手摇晃,听其内音,无声为佳;有声则壳内果肉干瘪萎缩,种仁浆汁减少,质量较差。水沉法是将种核投入水桶中,浮者为残次果,沉者为好果。成熟度的识别可以从种核壳色和种仁的浆汁来鉴定。种核壳色淡黄,是成熟的表现;种仁用手指压开裂,无汁液流出者为成熟果。同时,还应保证质量,以成熟饱满、外壳白净、干燥适度、无僵粒、无风落果、无斑点霉变、无浮果、无破碎为合格。

直接辐射与直射光

太阳辐射以电磁波形式直接投射到地球表面的太阳辐射是直接辐射,其中对人眼产生光量感觉的部分辐射能量是直射光。在晴朗无云的晴好天气下,太阳辐射中到达地面的直接辐射和直射光的比例明显增高。

植苗

亦称栽植、植树,为应用最广泛的栽植苗木的方法。植苗造林有利于选择优良树种和品种,具有节省种子、适应性较广、抗性强、成活率高、生长快、节省抚育费的优点。但在起苗、运苗和栽苗过程中,苗木根系易受伤、变形或失水过多,影响成活和生长。

《植品》

明代万历四十五年(公元1617年),陕西盩厔赵崡著,是一本记述花木为主的专著。全书记载有花木70多种,另附果木、菜蔬若干种,详细记述各种植物的特征、栽培方法等,所记种类是作者亲自搜集、栽培的,其中多为当时的特异品种,如银杏等。

植生组

亦称树群。银杏园中若干株在生态上联系比较密切的树木群体,是实施综合抚育法时,选择移出银杏的基本单位。

植树带

道路内成带状植树的地段,是在人行道与车行道之间不走行人的地段设置的一种连续带状绿地。在人行横道处或在人流量较大的建筑物前可以中断。也有在较宽的人行道纵向轴线上设置植树带把人行道分为左右两条。植树带上树与树之间间隔小,有的无间隔而紧密相接。种植的植物除乔木外(也包括银杏),也种植灌木、花卉和地被植物,边缘种植矮绿篱或设置矮栅栏。

植树节

我国传统的一个节日。早在1915年我国即将清明节定为植树节。由于伟大的民主革命先行者孙中山先生积极倡导植树造林,所以当他1925年3月12日逝世后,1928年起即改以他逝世这一天举行植树仪式作为植树节。新中国成立后,大力开展造林绿化活动,在此节日前后正是我国大部分地区春季植树造林的适宜季节(北方可推迟到4~5月)。为纪念孙中山先生,加速绿化祖国的山河,促进全民义务植树运动的开展,全国人大常委会于1979年2月23日决议通过,将3月12日正式定为我国的植树节。

植物病虫害防治上的应用

①将银杏外种皮捣烂,每千克加水3 kg浸泡24 h,过滤后再加水浸泡4 h,两次共得原液约4 kg,每千克原液加水5 kg,对蚜虫、菜青虫杀虫率达100%。

②银杏外种皮加5倍水煮30 min,用原液喷洒植物,对豆蚜虫的杀虫率达65.2%,对斜纹夜盗蛾的杀虫率达88.0%。

③银杏外种皮加5倍水煮30 min,用原液喷洒果树,对防治苹果炭疽病、梨黑星病、梨轮纹病、桃褐腐病和桃霉斑性穿孔病均有显著效果。

④将银杏种子捣烂,再加入等量的水,过滤得原液,每千克原液加2倍的水,对稻螟虫、棉蚜虫、红蜘蛛杀虫率达100%,对刺槐蚜虫杀虫率达75%,对蛴螬杀虫率达80%以上。

⑤银杏叶1 kg,加水1.5 kg,捣烂过滤,取汁1 kg,加水5 kg,对蚜虫杀虫率达84%。

众所周知,这种生物杀虫剂要比化学杀虫剂有更多的优越性。

植物光能利用率

光能利用率是指一定时间内,单位面积上积累的化学潜能与同期投入该面积上太阳辐射能量之比。

$$光能利用率 = \frac{光合作用积累的有机物能量}{太阳辐射总量} \times 100\%$$

银杏生产和种植业其他部门一样,都是依靠叶绿体来固定太阳能,转化为人们可以利用的有机物质。种植业(含银杏)生产归根到底就是依赖科学地投入劳动(活劳动和物化劳动)来提高光能利用率,从而提高产量。

植物激素

植物激素是高等植物新陈代谢生理活动过程中的调节物质,这些物质在植物体中的少量存在就可以调节、控制植物的生长发育,故又称为"植物生长调节剂"。

植物激素的种类很多,植物体内自然产生的称为内源激素。现在已知的可分为五大类:生长素(IAA)、赤霉素(GA)、细胞激动素或细胞分裂素(CTK)、脱落酸(ABA)、乙烯。但新的植物激素还有可能被不断发现。植物激素对植物生长发育的各个阶段都起着重要的调节作用,如植物细胞的伸长和分裂、植物本身的生长和发育、器官脱落、休眠与萌发等等一系列的生命现象,都与植物激素密切相关。它可以调节营养生长和生殖生长,克服大小年结果,提高抗逆性,改善果实品质以及简化栽培措施等,对果树的高产、稳产、优质、低耗起着重要的作用。然而,内源激素在植物体内的含量极少,约为植物鲜重的百万分之几,甚至千万分之几,有时不能满足或超过需要,从而产生各种生理障碍影响正常生长发育,不能充分发挥其生长和结果的潜力。随着科学技术的发展,人们已合成了不少与植物内源激素有类似分子结构和生理效应的有机物质。这种由人工合成的有机物可以从植物外部补充内源激素的不足或抵销其过量的部分,与内源激素同样起到植物生长和结果的调节作用,这些激素称为外源激素,现已广泛地应用于大农业生产。

植物生长调节剂用于银杏插条生根的有吲哚乙酸、吲哚丁酸、萘乙酸以及中国林业科学院研制的ABT生根粉(多种激素按一定比例混合)等,目前应当深入研究植物生长调节剂在提高坐种率、增大种子个头、疏花疏种,以及一些植物促长素在幼苗期的应用等方面的技术和效果。

植物检疫

植物检疫是一个国家或一个地方的行政机构,利用法规的形式禁止或限制危险性病虫和杂草、人为地从一个国家或一个地方传入或传出或者传入以后限制其传播扩散的一系列根本措施。植物检疫也可称为法规防治。做好检疫工作,防止本地区没有产生的危险性病虫传入,是植物保护工作中十分重要的一环。在病虫防治上,首先尽一切努力防止新的病虫传入或已有的病虫害发生为害地区的扩大。也就是说,消灭危险性病虫、杂草的来源,这个任务必须通过植物检疫来完成。在自然条件下,绝大多数种类的病虫害,虽然分布有一定的区域性,但也有扩大危害的可能,病虫害传播蔓延的途径主要是随同农业产品,尤其是果实、种子、苗木和栽培材料而传带。

《植物名实图考》

清吴其濬撰,成书于公元1848年。收集资料甚多,全书共22卷,第15卷至第17卷记述林果类,全书共记述林果树144种,银杏在第16卷。书中记述"以生子树枝接之则实茂"。但文中亦有银杏种核"雄者三棱,雌者二棱"之记述。从元《农桑辑要》开始至清吴其濬的《植物名实图考》,以讹传讹达600余年。

植物杀菌素

亦称植物杀生素。高等植物组织内产生能杀死或抑制微生物生长的物质。很多植物能分泌挥发性植物杀菌素,银杏叶片及外种皮均具有杀细菌、原生动物和真菌的作用。森林中的空气含细菌很少,而城市的闹市区每立方米的空气中细菌含量比绿化区多7倍到数十倍,比森林空气中多数百倍以上,即植物杀菌素的作用所致。

植物四宝

特点:清香味真,营养丰富,素菜荤做,口味独特。

原料主料:净白果、草菇、玉米笋、胡萝卜。

调辅料:蚝油、精盐、鸡精、味精、色拉油、淀粉、高汤、麻油。

制法:

①修料:玉米笋、胡萝卜修成橄榄形,白果略拍,草菇修选整齐。

②将四种原料分别用高汤焯水,捞起沥水后下锅,小火煨2~3 min,加水淀粉成玻璃芡,再分别排列在盘内备用。

③炒锅上火,放色拉油、蚝油、高汤、精盐、鸡精、味精调口,淋入盘内。

功效:富含植物蛋白质、氨基酸、膳食纤维及B族、E族维生素,具有健胃补脾、清热解暑、降脂降压、防癌抗癌之作用。

植物性农药

以天然植物产品为原料,经粗加工(粉碎、液浸等)或经溶剂提取制成的农药。如除虫菊、鱼藤酮、硫酸烟碱等,银杏是植物性农药的重要原料。

植物学名词和银杏对照称谓

植物学名词和银杏对照称谓

通称	植物学名词	所用名称
果、果实、种实	带肉质外种皮的种子	果实、种实
白果、商品银杏、种核、种子	除去肉质外种皮的种子	种核、种子
种仁、胚乳、白果仁	雌配子体	种仁
雌花、雌蕊、大孢子叶球	具胚珠的结构	雌花
雄球花、雄花序	小孢子叶球	雄花
雄花	小孢子叶	雄蕊
花粉囊	小孢子囊	花药囊
花粉、花粉粒	小孢子	花粉

植物园

广泛收集种植各种植物,进行科学研究和科学普及教育的园地,是公共绿地的一种。它具有园林的外貌,科学的内容,是以开发植物资源,改良植物品种,进行引种驯化、栽培实验为中心,同时作为教学、参观的基地,也是供群众游览、休息的场所。园内一般按分类系统、经济价值或生态特性分区种植。植物园可独立进行采集、调查、研究、编著等工作。学校或研究机关等单位附属的植物园,则多是以植物标本栽植,以及保存稀有和濒危植物、提供种质资源为主要任务。

植物组织

指来源相同、形态结构相似而又相互联系在一起执行着共同生理功能的细胞群。分为分生组织、基本组织、保护组织、输导组织、机械组织和分泌组织。植物体的各个器官都是这些组织构成的。

指状银杏(1)

叶扇形至半圆形,具细柄,柄长超过25 mm。叶深分裂成两部分,每部分又深裂1~2次。裂片为楔形或倒披针形,顶端宽圆或截形。外侧裂片伸展,有时几成一直线,夹角一般为140°~180°。叶脉数目较多,基部、中部和上部有分叉。脉间距达1 mm。角质层未保存。比较:标本叶分裂一般较浅,裂片较宽,顶端宽圆或截形。叶脉显著,且在不同部位分叉,外侧两裂片夹角较大,与本种模式标本特征一致。标本虽未保存表皮构造,但其形态特征是明显的。产地与层位:河北抚宁黑山窑;北票组下段。

指状银杏(2)

Ginkgo digitata,叶大,柄约2 mm宽,深裂几乎达柄,分裂成4枚相等的披针形裂片。裂片最宽处在中上部,顶端钝圆。两底边夹角约150°。叶脉密,每厘米宽度中含脉20条。树脂体纺锤形。上下表皮等厚,下面气孔型。上表皮脉路勉强可以辨认,其细胞较脉间区稍伸长,脉间细胞等边形,但不明显,气孔器无或偶尔出现;下表皮脉路明显,细胞伸长,脉间区宽,细胞壁不明显,气孔器分散于脉间区不成行列,方向不定。上下表皮细胞壁直,稍弯,有时出现中断现象,无乳突及毛基。在不同部位可出现大小不一的厚壁细胞区,小者由单细胞组成,像毛基那样。气孔器伸长形,保卫细胞大部出露,气孔腔开阔,伸长,通常成长方形。副卫细胞6枚左右,2枚极副卫细胞,2~4枚略伸长的副卫细胞。它们临气孔腔一侧的细胞壁稍增厚,沿孔缝两侧亦增厚,形成特殊的"弧框"形结构。此种表皮无乳突,气孔腔伸长,副卫细胞不呈环状排列,故腔的两侧呈"弧框"形可与其他种区别。产地层位:山西怀仁;中侏罗统大同组。

质壁分离

活细胞的一种特性。指植物细胞当处于水势小的外液中时，由于液胞失水，原生质体收缩而与细胞壁分离的现象。可用以区别细胞的死活，也可以用来测定细胞液的渗透压以及原生质的透性、黏性、弹性等。

制药原料外种皮

银杏的外种皮内含物质丰富，是很好的制药原料。外种皮是一层较厚的肉质，其重量约占种子总重量的70%。外种皮含有大量的氢化白果酸、白果酚和白果醇、银杏黄素、异银杏黄素、多糖类成分和微量的银杏内酯。这些内含成分是制药的原料，比如外种皮中的醇类中间体，对22种临床常见致病性真菌的抑制有效率为81%。

中草药

为植物类中药材之总称，分野生与人工培育两类，主要成分有生物碱、苷、鞣质、挥发油、树脂、碳水化合物、有机酸、油脂、蜡、维生素、植物杀菌素以及蛋白质等。入药部分可以是整个植物体，亦可是一部分器官(根、茎、叶、花、果实、种子等)或植物的渗出物，银杏是典型的中草药。

中干密植园的修剪

定植后第二年或第三年在离地面40~50 cm处剪断主干，芽萌发长出的长枝为一级骨干枝；第4年或第5年在枝条基部30~40 cm处剪截，培养二级骨干枝。以后隔年剪截，高度20 cm左右，养成三级及四级枝条。全树养成12~14根骨干枝。

中耕

银杏园的土壤管理除每年的耕翻之外，还要在生长季节进行多次中耕。一般降水或灌水后都要及时中耕，其好处是熟化土壤，增强通透性和减少水分蒸发，以利保墒；中耕还兼有除草的作用。在某种意义上可以说，中耕次数越多越好。成龄银杏园，每年至少要中耕4~5次。银杏苗圃、采叶园、采穗圃，每年中耕次数要在8次以上。曾见一农民，对当年生银杏种子苗中耕达十余次之多，生长量高出同条件下邻近农民1/3。其原因就是该农民勤快，比别人中耕次数多，俗话说："勤耕勤耪，无粪也长。"就是这个道理。

中耕除草

在丰产园大田管理中，中耕除草是一项经常进行的田间作业。每次浇水或降雨之后，都要及时中耕，并结合中耕进行除草。及时中耕能疏松土壤，防止土壤表面板结，为地下根系的呼吸提供足够的氧气，使根系生长健壮。旱天中耕能有效地阻止和减少土壤水分的蒸发，保持土壤水分；雨季当土壤含水量过高时，通过中耕又可增加土壤蒸发水分面积，提高土壤散发水分的能力，有效地降低土壤水分含量。农谚有"锄头有水也有火"，就是说中耕松土可以使土壤保水，也可使土壤失水，使土壤既可抗旱也可抗涝。所以说丰产园及时中耕是一项极为重要的日常田间管理工作。杂草不仅无效消耗土壤的水分和养分，并且是许多害虫产卵的场所，是许多害虫的发源地。所以不仅要对丰产园内杂草及时铲除，且丰产园周围的地边、沟沿及路旁的草地也要进行长期彻底的清理。由于银杏叶子对多种除草剂都能发生药害，且反应相当敏感，所以在白果丰产园内进行化学除草应格外慎重，要先少量试用，取得成熟经验后再应用于生产。春天白果园银杏叶子萌发前，可使用化学除草剂来防治杂草。

《中国当代银杏大全》

本书由国际银杏协会(IGFTS)会员，山东农业大学梁立兴编著，由中国农业大学出版社出版。全书42.7万字，共15部分，101幅插图，封面精致，彩色压膜。此书是在《中国银杏》一书的基础上，结合近几年国内外的开发利用和出现的新技术、新方法、新理论、新成果，做了全面系统的撰写。此书从我国银杏生产和科研的实际需要出发，以实际应用为主，完全做到理论与实践相结合，对我国银杏生产和科研具有重要的指导作用，是我国广大农林、果树、园林绿化、植物、医药生产和科研人员，以及高等、中等农林院校师生教学和学习的重要参考书。

《中国果树志·银杏卷》及《中国银杏志》

《中国果树志·银杏卷》一书，是由26人组成的编委会共同编著，郭善基任主编。1993年由中国林业出版社出版，由新华书店北京发行所发行。全书共记载46个银杏品种，彩插4页，共印刷2 000册。《中国银杏志》一书，是由36人组成的编委会共同编著，曹福亮任主编，沈国舫任主审。2007年由中国林业出版社出版，由新华书店北京发行所发行。全书共记载银杏核用、叶用、材用等共252个品种。全书共55万字，彩插32页，共印刷4 000册。由于银杏事业经过14年的大发展，后《志》比前《志》在内容的广度和深度上前进了一大步。

中国林学会银杏分会

1991年9月21日至9月23日，全国首届银杏学术研讨会暨"中国银杏协会"筹委会在湖北安陆科委的支持下，由山东农业大学梁立兴主持召开。会议中由山东农业大学梁立兴通报了"中国林学会银杏协会筹委会"筹备情况，会议中全体与会人员同意成立"中国银杏协会筹备委员会"，举手通过梁立兴任筹委会主任委员，负责筹建工作。筹办发行《中国银杏通讯》

会刊,湖北安陆科委为"中国银杏协会"的挂靠单位等事宜。会后经梁立兴、宋朝枢二人在中国林学会的努力争取,1992年12月中国林学会批准成立"中国林学会经济林分会银杏学组"。1993年11月,银杏学组更名为"中国林学会经济林分为银杏研究会(简称中国银杏研究会)。2005年12月,经中国科学技术协会同意,中华人民共和国民政部批准,将"银杏研究会"改为"中国林学会银杏分会",学会至今已在全国各银杏之乡开过19次中国银杏学术研讨会,已发展会员300余名,会员分布于全国20余个省、市、自治区。

中国林学会银杏分会会徽

会徽图案为圆形,以绿色为基调,表示银杏将绿遍神州大地,内环为银白色种核图形,当中为一枚绿色扇形叶,下方CGBA为英文名的缩写(China Ginkgo Branch Association)。

中国林学会银杏分会会刊

《中国银杏通讯》是中国林学会银杏分会的会刊。1991年全国首届银杏学术研讨会在湖北安陆市召开,全体与会人员一致提出要创办《中国银杏通讯》会刊。经过3年的酝酿、筹备,会刊于1994年与广大会员见面。会刊主要刊登学术动态、学术活动、会议总结报告、会议纪要、会议通知等内容。自1994年以来,经过全体600多名会员的共同努力,现已出版80余期。

中国西部的古银杏

从地理经纬度来看,分布最西的银杏古树在云南省保山市腾冲县境内,其次是在四川甘孜康定地区。此处,还发现了惊人的大片茂密的银杏大树和完整的原始银杏群落。如三千至四千年以上的银杏古树,胸高直径4~5 m以上,虽树干早已空洞达百年以上,但仍枝繁叶茂,坚强的挺立在西部高原大山深谷中,是我国东部和中部未见的奇观。

《中国银杏》

《中国银杏》一书有两个版本。前一版本由山东农业大学梁立兴编著,1988年2月由山东科学技术出版社出版,共印刷8 000册。全书24万字,13章,70余幅插图,2个彩页。书中扼要介绍了银杏的起源、演化和在植物学中的科学价值,以及在国内外的概况;详细介绍了银杏的类型和品种的特征、特性,以及与栽培有关的生物学特性,从而为稳产、高产提供了理论依据;围绕着育苗、建园、幼树早期丰产而详细阐明了土肥水管理、整形修剪、保花授粉和病虫害防治的原理和技术;全面阐明了品种调查、良种选择和高接的原理、技术和方法,以及银杏和木材的经济价值;系统介绍了银杏田间试验设计的原理和方法;书后附有银杏园全年作业历和主要参考文献。本书从我国银杏生产和科研的实际需要出发,做到实践和理论相结合,是广大果树、林业、园林绿化、植物、医药工作者的重要参考书。

后一版本由南京林业大学曹福亮著,北京林业大学陈俊愉主审,全书由40名人员参与编著,于2002年10月,由江苏科学技术出版社出版,共印刷3 000册。全书64万字,是一部全面系统地介绍国内外银杏研究现状、进展及最新成果的学术专著。全书共分18章,内容涵盖银杏的发展史、生物学、生理学、显微结构、生物技术、种质资源、病虫害、林农复合经营、育种、栽培及开发利用等方面。本书注重科学性、权威性、先进性和实用性,对全面和深入了解银杏科研进展、做好银杏科研选题、提高银杏科研及生产水平有较大的参考价值。本书内容翔实,图文并茂,可读性强,适合高校、科研机构及生产部门的教师、研究生、科研及生产人员参考应用。

由于我国银杏事业又经过14年的大发展,加之编写人员众多,后一版本比前一版本在书内容的广度和深度上前进了一大步。

《中国银杏茶》

本书由梁立兴编著,成书于2000年,全书共10万字,共印2 000册。本书阐述了我国银杏事业及银杏茶的发展现状及前景,着重介绍了银杏茶的医疗保健作用、银杏茶园及银杏制茶厂的规划设计和建立,对银杏茶制茶工艺和制茶机械作了重点阐述,全面介绍了银杏茶的包装、保鲜、贮藏和冲泡的原则、方法和质量标准,书末提出了可供借鉴的中国银杏茶企业标准。本书大量取材于生产实践,具有较强的实用性,可供从事银杏茶研制开发的科技人员和生产企业参考。本书是目前国内外唯一全面系统介绍银杏茶制作的专著。

中国银杏产业现状

据不完全统计,1997年全国银杏种植面积已扩展到12.3万公顷;年产值2.8亿元;干青叶年产量1.10~1.30万吨,年产值1.65亿~1.95亿元。银杏种植业发展较快的省份为江苏省和山东省。江苏省现种植银杏2 000万株,建成生产基地1.4万公顷,年产种子3 600 t,干青叶4 500 t,年产量居全国之首。山东省现种植银杏350万株,培育银杏苗木3.5亿株,年产干青叶2 800 t。

银杏制剂被列为治疗药物的国家仅有德国、法国和中国，其他国家均作为保健食品或非处方药。我国开发的银杏制剂主要是银杏叶片和胶囊，绝大多数是作为药品在医院销售，市场份额小。目前，全国银杏叶黄酮苷提取厂约70家，年产提取物90 t，产品约有80%销往国外。银杏叶黄酮苷提取业效益较好的企业为江苏省邳州市的6家中外合资厂。每年可生产合格的黄酮苷30 t，以银杏为原料生产的药品主要有深圳南方制药厂生产的银可络，杭州康恩贝制药厂生产的天宝宁，上海信宜制药厂长征分厂生产的百路达，泰兴扬子制药厂生产的银杏叶片剂，天津中法合资博福—益普生制药集团生产的达纳康等。

中国银杏的进化历史

①基于cpDNA数据确定了银杏在中国西南地区（单倍型多样性 $h = 0.00 \sim 0.70$，核苷酸多态性 $\pi = (0 \sim 1.439 \times 10^{-3})$）和中东部地区（单倍型多样性 $h = 0.690$，核苷酸多态性 $\pi = 0.732 \times 10^{-3}$）形成了2个显著进化单元，是银杏在中国的冰期避难所，是银杏野生群体的直接后裔。

②14对SSR标记分析了银杏的群体遗传结构和遗传多样性，Structure分析揭示的结果与cpDNA相同，即西南地区群体和东部地区群体呈现出两个独立进化的路线，东部的天目山、西南的务川群体和金佛山群体具有较高的遗传多样性和稀有等位基因丰富度，而中部群体则表现出东、西群体基因库混合的状态。进一步确定了中国西南贵州务川、重庆金佛山以及东部浙江西天目山地区为银杏第四纪冰期在中国的避难所。

③AFLP分析同样确认西南地区群体和东部地区群体呈现两个独立进化的路线。

④韩国栽培群体表现出与中国西南群体和中部群体较高的相似性，日本栽培群体则与中国中东部地区相似。欧美古老银杏来自于东亚。

中国银杏优良单株

中国银杏优良单株

优良单株	种类	产地	平均单粒核重(g)	粒(kg)	出核率(%)	出仁率(%)	总利用率(%)	备注
泰兴2号	佛手	江苏泰兴	2.506	399	27.63	82.023	22.66	江苏优株1991年
七星果	佛手	江苏泰兴	2.732	366	25.79	79.514	20.51	江苏优株1991年
泰兴1号	佛手	江苏泰兴	3.106	322	26.94	81.57	21.98	江苏优株1991年
大佛手1号	佛手	江苏吴县	3.236	309	23.42	75.76	17.74	江苏优株1997年
大佛手2号	佛手	江苏吴县	3.021	331	25.81	80.97	20.90	江苏优株1997年
洞庭皇	佛手	江苏吴县	2.52	397	23.41	78.34	18.34	江苏优株1997年
铁马4号	佛手	江苏邳州	3.322	301	24.9	79.3	19.75	江苏优株1990年
港中1号	佛手	江苏邳州	3.03	330	23.22	78.9	18.32	江苏优株1990年
尖顶佛手	佛手	江苏邳州	3.290	304	27.0	80.9	21.18	江苏优株1997年
曹2号	马铃	江苏邳州	3.125	320	29.7	82.1	24.38	江苏优株1997年
曹1号	马铃	江苏邳州	3.571	280	29.5	80.8	23.84	江苏优株1997年
港西1号	马铃	江苏邳州	3.185	314	28.7	82.8	23.76	江苏优株1997年
华口大果	—	广西灵川	3.41	293	26.5	78.5	20.80	全国优株1990年
兴安2号	—	广西兴安	3.516	284	26.0	19.6	20.70	全国优株1990年
漠22号	—	广西桂林	3.049	328	24.78	80.0	19.82	全国优株1990年
海洋皇	马铃	广西灵川	3.60	278	25.00	77.40	19.35	广西桂林优株
新村1号	圆铃	山东郯城	3.29	304	24.0	80.9	19.42	全国优株1990年
新村2号	马铃	山东郯城	3.20	313	28.0	78.1	22.34	全国优株1990年
庆春1号	马铃	山东郯城	3.82	262	28.6	79.3	22.27	全国优株1990年
庆春7号	龙眼	山东郯城	2.82	355	25.0	82.5	20.63	全国优株1990年
庆春8号	龙眼	山东郯城	4.065	246	24.0	80.7	19.37	全国优株1990年
鄂4-1	—	湖北安陆	3.251	308	28.5	80.5	22.94	全国优株1990年

中国银杏栽培简史

我国银杏栽培历史可追溯到4 000年前的商代。三国时代江南已有大面积栽植，唐代扩及中原，宋代是我国银杏生产的第1个昌盛发展的时期。在福建法石村打捞出来的宋代商船中，就载有白果进行对外商品交流，宋代及其以后黄河流域普遍栽植。宋朝记载栽培银杏和食用白果的书籍已很普遍，如南宋吴怿的《种艺必用》、陈景沂的《全芳备祖》等。欧阳修

(1007—1072)和梅尧臣(1002—1060)对银杏的记载较为详细。欧阳修用诗歌的形式,记载了银杏的命名来源和自江南向京都开封引栽的情况。梅尧臣系安徽宣城人,宣城盛产银杏,梅尧臣写到"吾乡宣城郡,多以此为劳"。元代至元十年(1273)由司农司官修颁行的《农桑辑要》一书中,对银杏的栽培时间、栽植方法阐述得十分详细:"春分前后,先挖深坑,水搅成稀泥,然后下栽子,掘时连土绳缚牢,不令散则易活"。明清至民国初年是银杏生产的另一鼎盛时期。明朝著名植物学家、医学家李时珍的《本草纲目》对银杏的形态、种实特征、嫁接方法及中草药利用等做了详细的说明。在许多历代地方志中都有银杏记载,如《全州县志》《浙州通志》《杭州府志》《安陆县志》《孝感县志》《德安府志》《沂州府志》《郯城县志》《昆山县志》《长兴县志》《遵化县志》《邳志补》等。新中国成立后,银杏生产呈马鞍式发展,总体呈上升态势。特别是近20年来,随着科学技术的发展,银杏的用途日益广阔,银杏栽培亦空前活跃。

中国银杏栽培区区划

中国银杏分布范围广,各分布区的银杏产量差异很大,对银杏栽培区的划分,有利于银杏产业化的发展。选择中国银杏栽培区的194个县(市)的20多个气候因子,对中国银杏栽培区的气候区划进行了研究。回归分析表明,影响银杏生长的主导气候因子为年平均温度、积温极端最低温度、寒冷指数、年降水量、无霜期、温暖指数、经度和纬度。主成分分析表明,影响银杏分布和生长发育的综合因子有热量综合因子、光照综合因子和水分综合因子。借助于聚类分析方法,把银杏主要栽培区分为适生丰产区、亚丰产区和低产区。

中国银杏之乡

江苏省泰兴市地处长江三角洲和江苏省沿江经济开发带,是全国农村综合实力百强县。泰兴市素以银杏栽培历史悠久、资源丰富、品质优良、创汇率高而被中外誉为"银杏之乡",2000年被国家林业局命名为首批"中国名特优经济林银杏之乡"。

生产历史悠久。泰兴银杏栽培历史已有1 400多年。现有千年以上的古银杏12株,500年以上的121株,100年以上的银杏嫁接树1 179株。现有定植树均为嫁接树。

银杏资源丰富。全市拥有定植银杏树530万株,人均4.2株,家家户户都有。银杏成片林8.2万亩,其中千亩以上连片的5个,百亩以上连片的270个。银杏围庄林20万亩。现有挂果树近100万株,其中盛果树30多万株,常年白果产量4 000 t,约占全国银杏总产量的1/3。全市现有银杏活立木蓄积量25.2万 m³,银杏苗圃3 000亩,各种规格苗木1 200万株,年产干青叶2 000 t以上。

果品品质优良。全市银杏主栽品种为"泰兴白果"(即大佛指),占99%以上,是公认的果用优良品种,具有果大、壳薄、出仁率高、仁饱满、浆水足、贮藏期长等特点,其品质为全国之冠,出口免检,收购价比其他产区的白果高1~2个等级。

经济效益显著。银杏浑身是宝,生产成本较低,纯收入达产值的90%以上,是农民致富的"摇钱树",仅白果收入全市就达2亿元以上,并涌现了一批银杏高产树和专业户。

交易贮藏便捷。2002年在"中国银杏第一镇"——宣堡镇建设了全国规模最大的泰兴市银杏交易市场,一期工程占地面积80亩,拥有250多个摊位,白果年交易量约3 000 t。全市现有恒温库2座,库容量1 800 t。其中中国林木种子公司泰兴种子库1 000 t;低温库能3座,库容量7 000 t,能通过保鲜贮藏保障一年四季均衡上市。

深度加工初具规模。全市拥有银杏果、叶加工企业12家,其中独资企业1家,合资企业2家,从食用、药用、美容价值上抓开发,生产脱壳保鲜白果、银杏汁、银杏晶、银杏露、白果罐头、银杏叶茶、银杏叶片等20多种系列产品,年加工产值达2亿多元。

旅游产业开始起步。宣堡镇张河、银杏等村的古银杏被专家鉴定为"全国乃至全世界罕见的古银杏群落",省级"古银杏群落森林公园"一期工程初具规模,正在申报国家级森林公园。

对外交流日益广泛。该市每年向外输送大佛指品种壮苗50万株以上,并对外承建银杏林带、承包银杏园管理和银杏生产技术指导。自1991年起,每年派技术人员参加中国银杏研究会代表会议及其他专业会议。每年接待访客50多批次,2002年一次接待过慕名前来考察学习银杏生产的亚非欧美16个国家的专家学者。

中国银杏种核分级标准

中国银杏种核分级标准

级别		粒数(kg)	平均单粒重(g)
特大粒	特级	<240	≥4.1
较大粒	一级	241~300	4.0~3.3
大粒	二级	301~360	3.2~2.8
中粒	三级	361~400	2.7~2.5
小粒	四级	401~155	2.5~2.2
特小粒	等外	>455	<2.2

中国银杏种质基因库

种质是生物体中的一种特殊分子组成的基本物质，可通过生殖细胞世代传递。在个体发育期间，种质对下一代生殖细胞形成的影响始终保持不变，是形成遗传物质的基础。我国是世界上银杏的起源地，拥有丰富的种质资源。目前，银杏资源的研究及创新利用已经引起教学、科研和生产单位的重视。南京林业大学、江苏省泰兴市、广西桂林市、浙江省林学院等都相继建立了一定规模的银杏种质资源圃。其中由南京林业大学主持，江苏省邳州市多种经营管理局、江苏省泰兴市林业局等单位参加建立的"中国银杏种质基因库"，在全国面积最大，种质资源最丰富，为国内外学者开展银杏研究奠定了基础。

中国银杏主产区

中国银杏主产区

省（区）	主要产地市、县名
江苏	泰兴、泰州、姜堰、邳州、吴县、东台、射阳
山东	郯城、海阳、文登、日照、莒县、高密
安徽	金寨、歙县、宁国、广德、宣州、亳州、利辛
浙江	长兴、诸暨、富阳、临安
江西	上饶、信丰
福建	浦城、尤溪、长汀
广西	灵川、兴安、临桂、全州
广东	南雄
云南	腾冲
贵州	盘县、务川
四川	都江堰、温江、通江、安县、洪雅、江油
陕西	留坝
河南	新县、嵩县、西峡、光山、信阳
湖北	随州、安陆、京山、孝感、大悟、恩施、巴东
湖南	益阳、常德、岳阳、永州
甘肃	康县、徽县
辽宁	丹东、大港、大连、宽甸

中国银杏资源

①银杏树的株树，1993年有报道认为我国银杏大树约50万株，连同新栽的达210万～250万株，江苏省1993—1994年的调查结果表明江苏省有成片银杏林8 866.7 hm^2，定植银杏1 100万株，投产的银杏树为44万株，还有报道说我国有籽大树70万～80万株（仅指雌树），百年生大树20万株，另外有报道称20世纪90年代初我国有挂果大树27万株。据1996年关于天然存在的银杏树雌雄比有1∶1、13∶87、20∶80三种说法，据1993—1996年在指导银杏栽培中建议使用的雌雄比有（20～25）∶1，（38～50）∶1两种。

②银杏产量与行情。据1993—1996年银杏产量有4种说法，一种为我国年产银杏种子5 000～6 000 t，第二种为8 000 t以上，第三种为7 000～8 000 t，第四种为11 800 t。银杏种子产量区域分布有两种说法，第一种认为产量最高的是江苏，其次为山东，浙江居第三；另一种认为江苏第一，广西第二，湖北和山东第三，浙江位次排在河南之后，且两种提法之间各生产省份的产量数据相差悬殊。对于银杏种子行情的预测也有迥然不同的观点，有报道说我国现有银杏产量仅能满足国际市场的1/10，产量在21世纪30年代前后可达10万t，届时基本能满足国际市场的需要，这还不包括国内市场的进一步开发，即表明银杏种核产量供不应求至少还有30年左右的时间，另一种行情预测是以上述1/10为基础，却得出了10～15年，即会出现供大于求，且国内年余百万吨银杏种核的结论，即有5～10年的行情看好时间，有报道认为我国现有银杏产量可满足国际市场的1/3，如果以此为依据进行预测的话，银杏种核销售前景不容乐观。

③银杏叶片的价格即使考虑市场因素在内也不能自圆其说，文献报道干叶最高价格为6 000美元/t，中间价为2 500～3000美元/t，再次为1 000美元/t，也有换算成人民币报道银杏干叶价格的。

④外种皮的产量所有文献均是采用银杏种实产量折算而来的。由于种子产量的数据不同，外种皮产量有差异是必然的事情，有210万t、118万t、110万～112万t等说法。

⑤银杏加工厂家数目。根据1995—1997年的报道认为我国现有银杏叶提取物生产厂100多家、近200家、300多家，还有报道认为我国现有银杏叶提取物和银杏叶制剂生产厂分别超过200家和20家，关于银杏叶制剂厂数目还有30余家的报道。银杏种子加工厂数目更是众说纷纭。

中国银杏资源特点

①资源分布广而集中：从我国银杏资源的分布区域来看，大体分布在北纬22°～42°、东经97°～124°之间，跨温带、暖温带、北亚热带、中亚热带和南亚热带5个温度带。各分布区域的光、热、水、土等气候和立地条件多种多样，这决定了银杏资源及其利用方面存在着极复杂的地域差别。这种广泛的分布具有其相对的集中性，每个省市（区）重点银杏产区仅2～3个县市，而每个县市也都集中到几个乡镇。

②古树资源丰富多彩：据统计，中国百年以上的银

杏大树近 30 万株。其中,胸径 2 m 以上的银杏古树 300 余株,树龄大多超过 1 000 年。中国的银杏大树,大多呈零星分布状态,常见于寺庙、公园、景区和村庄的宅旁院内、河滩或村落隙地。丰富多彩的中国银杏古树资源,大多数已成为所在地重要的经济资源和旅游资源,创造着可观的经济效益、社会效益和生态效益。

③种质资源异彩纷呈:我国是世界上银杏的起源地之一,银杏种质资源十分丰富。虽然迄今银杏的类群和品种尚未有统一的分类标准和规定,但中外学者在分类方面已进行了大量的研究和探索,对银杏资源的研究及开发利用也引起了教学、科研和生产单位的重视。如南京林业大学经过多年的努力,收集到国内外各类银杏资源 700 多份,建成了国内外最大、种质资源最丰富的资源圃。另外,江苏省泰兴市和邳州市、广西植物研究所等都相继建立了一定规模的银杏种质资源圃,并进行了相关的研究。

④栽培品种(系)层出不穷:通过长期的自然选择和人工选育,国内外培育了许多优良品种(系),有些品种(系)已在生产上得到推广应用。如 1993 年出版的《中国果树志·银杏卷》介绍了分布于全国各地的核用品种 46 个。目前,中国银杏的优良品种(系)类型仍在不断涌现。

《中国植物志》记载的银杏品种

《中国植物志》记载的银杏品种

品种名称	球果形状及大小	种核形状及大小	单核粒重(g)	产地
洞庭皇	倒卵圆形,丰产	1.75 cm×2.93 cm×1.48 cm		苏州洞庭山
小佛手	矩圆形	1.62 cm×2.62 cm×1.32 cm		苏州洞庭山
鸭尾银杏(鸭屁股圆珠)	长圆形	核先端扁而尖,形同鸭尾,多为实生		苏州洞庭山
佛指(佛子)	倒卵状矩圆形	壳薄、仁满、浆水足、产量高		江苏泰兴
卵果佛手	形如鸡蛋,先端略小,中部以下渐宽	椭圆形或菱形,大而丰圆,两端微尖		浙江诸暨
圆底佛手	矩圆形,两端均圆钝	长椭圆形,先端微尖而基部圆钝,极丰满		浙江诸暨
橄榄佛手	长倒卵形、先端微圆钝,中上部最大,下部狭窄	狭长椭圆形,先端圆,顶端尖,基部极狭窄	3.53	广西兴安
无心银杏(南汇无心银杏)	扁圆形,顶端圆钝而饱满,基部平而微凹	宽卵状扁圆形,棱脊不明显 2.1 cm×2 cm×1.6 cm 胚乳丰富无胚	2.60	苏州洞庭山
大梅核	近圆形,先端圆钝,基部微宽	圆形略扁,先端圆钝或微尖,基部渐狭	3.0	浙江诸暨
桐子果	扁而圆,先端圆钝,基部宽	近圆形,先端宽,钝圆无尖,基部较宽,两侧棱显著,底部鱼尾状		广西兴安
棉花果	椭圆形,先端钝圆,顶端有细的顶点凸起,顶点附近有"一"或"+"字形沟致,基部较宽,常结双种子	扁椭圆形,略狭窄,先端圆宽而起,两侧棱显著,边缘尖锐,下部狭,底部具 1~2 个小凸点		广西兴安
大马铃	矩圆形,顶圆钝基平宽,顶端突起有尖头	椭圆形、肥大、先端钝尖基部宽圆,中部以上有棱脊,翼不明显		浙江诸暨

中国最北端的银杏

沈阳市的银杏行道树生长良好。辽北开原市黄旗寨乡大寨村南庙沟(42°19′N,124°18′E)有引种 100 多年的银杏树 4 株,其中仅 1 株为雌,树高十米多,胸径五十多厘米,每年生产少量种实。

中华银杏王

贵州省长顺县广顺镇石板村天台村民组的村寨,新发现一棵罕见的古银杏树,最为奇特的是,这棵古银杏树是由两棵硕大的银杏"老祖树"周边无数多棵高矮不等、粗细不一的"孙子辈"枝干紧紧包裹着生长而成,进入夏季,这棵古银杏树枝叶繁茂,萌发出勃勃生机。

该古银杏树每年结果实 1 500 kg,单是掉在地上的银杏树叶就有数百千克,树上还栖息着诸多鸟类,当地村民们一直把古银杏树奉为神树,远近的村民常常会到树下许愿、祈祷、祭祀、祈求风调雨顺等。该银杏古树胸高树干周长 16.8 m(合胸高直径 5.35 m),树高 50 余米,须 13 名成年人伸展双臂方能合围,树冠遮地超过 2 000 m²。经当地园林部门鉴定,树龄有 4 000 多年,比上海大世界基尼斯之最的贵州福泉李家湾古银杏树还要大,年龄还要长,故又被誉为"中华银杏王"。

《中秋既望观园》

清光绪辛丑年(1901 年)江苏邳州张敬(1874—1927)在此书中描述了沂、武两河沿岸的银杏园景观。诗曰:

出门无所见,满目白果园。

屈指难尽数,何止株万千!

根蟠黄泉下,冠盖峙云天。
干粗几合抱,猿猱愁攀缘。
下流遮高树,林荫苔成斑。
蹀叶和风舞,累粒压枝弯。
虫豸怯神奇,蝮蜾岂敢露。
沧海时多易,古木麻彭年。
天物假造化,沂矣有奇观。

把以银杏为主构成的田园自然风光,描述得淋漓尽致。

中生代白垩纪至新生代第四纪银杏的变化

从中生代的白垩纪至新生代第三纪早期,北半球许多地区发生山脉隆起和海底上升为陆地的地质构造运动,气候也发生变化,银杏类大多数属种相继消失,只剩下银杏属和似银杏属。新生代第三纪末期到第四纪初,地球上的气候发生了巨大的变化,进入冰川期和间冰川期,地球上的动植物遭到了毁灭性的侵袭,银杏类植物由此开始衰败,种类和数量不断减少,最后在欧洲和北美洲各地荡然无存,在亚洲大陆银杏也濒于灭绝。我国由于山脉大多为东西走向,局部山岭阻挡住浩浩荡荡的冰川,成为银杏的"避难所",数量有限的银杏属中的银杏得以生存下来,并繁衍至今。现已查明浙江西北部的天目山、重庆金佛山、贵州福泉县李家湾、湖北的武当山和大巴山之间的神农架林区、湖北和安徽交界的大别山区、湖北随州和安陆之间的大洪山一带狭小的深山谷地,还残存着为数不多的呈天然或半天然生长状态的银杏林。这些地方被认为是现代银杏的发源地。

中生代格雷纳果属

中生代格雷纳果属(*Grenana* Samylina),其模式种 *G. angrenica* 发现在中亚侏罗系中。胚珠着生在成对的珠托中。叶不具柄,两歧分叉;裂片细狭。

中生代卡肯果属

中生代卡肯果属(*Karkenia* Archangelsky),其模式种 *Karkenia incurva* 1965年在阿根廷早白垩世地层中发现。这种雌性繁殖器官的总柄上着生多达百个、细小并具有短珠柄的胚珠。它们不具珠托,直生或内弯,其内部结构与银杏相似,珠被中也含树脂体,不过珠心和珠被分离。共同保存的叶基本上是银杏型的。已知的短枝和银杏的外观相同。

中生代施迈斯内果属

中生代施迈斯内果属(*Schmeissneria* Kirchner et Van Konijnburg - Van Cittert),其模式种 *S. microstachys* (Presl)发现于德国早侏罗世沉积中。雌性繁殖器官由一个主轴和若干螺旋状排列的、有时具柄的株托组成。每一个株托中含一枚成熟后具翅的种子。叶袋装或舌形,不具叶柄。

中生代托勒兹果属

中生代托勒兹果属(*Toretzia* Stanislavsky),其模式种 *T. angustifolia* 发现于乌克兰顿涅茨盆地晚三叠世地层中,具长、短枝,枝上着生鳞片包裹的芽和螺旋状排列的、具两条平行脉的带状叶,其胚珠器官可能自叶腋伸出,由一个总柄和单独顶生的、倒转的胚珠构成。

中生代乌马托鳞片属

中生代乌马托鳞片属(*Umaltolepis* Krassilov),其模式种 *U. vachrameevii* 发现于西伯利亚布列亚河流域晚侏罗世地层中。这种雌性繁殖器官由一个短柄和顶生的苞片组成。柄的基部具鳞片。种子据推测可能单独着生在苞片的远极面,和苞片贴生。共同保存的叶为线形、披针形、长舌形或镰刀形,不具明显的叶柄。叶片中也发现了树脂体。

中生代银杏类的基本叶型

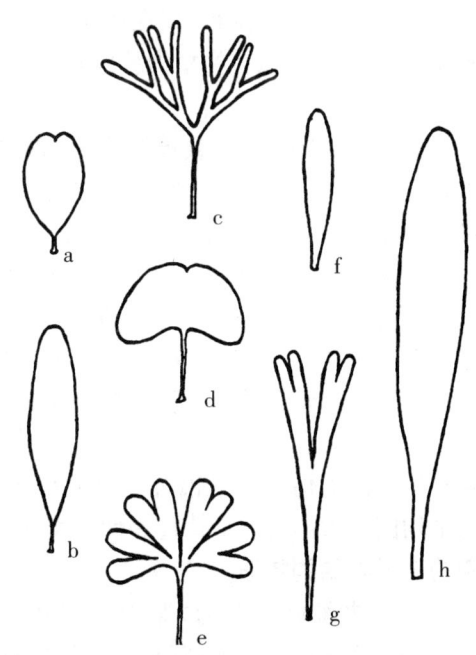

中生代银杏类的基本叶型
a.准银杏型;b.桨叶型;c.拜拉型;d、e.银杏或似银杏型;
f.假托勒利叶型;g.楔拜拉型;h.舌叶型

中生代银杏类植物

长期以来,银杏类植物化石分类都依据营养叶形态为基础。由于叶形态的多型性和异源性,导致分类和系统发育解释的紊乱。根据对保存完好的繁殖器官(胚珠器官)系统发育分析结果所做的银杏目分类表明中生代除了银杏和银杏科以外,至少还存在着3~5个已灭绝的科级单元。此方案把已知其繁殖器官的成员和仅仅根据营养器官建立起来的分类位置不明的属严格地区分开来,并注明各科的限定性特征和已知成员的地质地理分布。银杏目植物自古生代起源,至早中生代以后朝着不同的方向辐射,呈现出丰富的多样性并经历了错综复杂的演化过程,其总的演化趋向是退缩:叶片扁化、蹼化和融合;胚珠器官简化,胚珠增大、数目减少,珠柄趋于消失。

中生代侏罗纪银杏的变化

自中生代的侏罗纪(距今1.95亿年)起,地球上的气候渐趋干旱,银杏类植物开始强烈的分化,其中不少银杏类植物得到了迅速的扩展。特别自晚侏罗世至早白垩世,银杏类植物的属种众多,地理分布极为广阔。当时银杏目植物几乎遍及全球,除赤道和南极洲外,世界各地均有银杏家族的存在。与此同时,银杏家族中又增添了似银杏属(*Ginkgoites*)、假托勒里叶属(*Pseudotorellia*)、浆叶属(*Eretmophyllum*)和银杏属(*Ginkgo*),银杏家族达到了高度繁荣,是银杏类植物发展史上的黄金时期。根据化石资料,这一时期的银杏类植物至少有20余属150余种,仅在中国发现的即有10多个属100多个种,占银杏类植物总数的近2/3。

中心植

在广场、花坛等中心地点栽植银杏,而四周搭配其他灌木,以体现银杏体形壮伟、树大荫浓的个体美。

中央领导干

又称中心干、中干,银杏树干的第一分枝以上,代替主干直立向上延伸的中心大枝。干性强,层性明显的银杏才具有中央领导干,有中央领导干的银杏树树形比较高大,寿命长,银杏种子单株产量也较高。

中央木

又叫平均木。为估测整个银杏林分的材积,根据全林分的平均因子选出的有平均代表性的树木。

中央细胞的形成与结构特征

刚形成的中央细胞形态为"梨形",其大小约为29 μm × 240 μm,细胞核大小约为30 μm × 26 μm。授粉后55天体积进一步增大,约为542 μm × 539 μm,细胞核位置靠近颈细胞处,其体积也明显增大,约为86 μm × 65 μm,中央细胞内充满了大量大小不等的液泡,这一时期被称为颈卵器的液泡化时期。授粉后80 d中央细胞内的液泡数量明显减少,仅有少量液泡分布在中央细胞下部。受精作用发生前,中央细胞内液泡几乎完全消失,细胞质变浓。此外,细胞核位于颈卵器口处,并发生向上突起,突起的上端紧连颈细胞的细胞壁。随后,中央细胞发生1次不均等分裂形成了凸透镜状的小腹沟细胞和大卵细胞。银杏雌配子体中的颈卵器数量一般为2个,且2个颈卵器位于珠孔端的两侧。但也观察到3个颈卵器和5个颈卵器围绕帐篷柱分布的现象。

中央直径

又称中间直径。树干1/2高度和长度处的直径,以$d_{1/2}$表示。常指带皮直径。中央直径是计算树干或原条材积和形率q_2的主要因子。

中银黑1号

原株位于河南省嵩县白河乡,树龄约1 000年。实生树主干明显,树冠卵圆形,主枝分枝角度30°~90°。每种序1~4个种柄,每柄着生1~2个种实。种实圆形,纵径2.5~2.8 cm,横径2.7~3.1 cm,千粒重10.8 kg,每千克有93粒,出核率22.12%。种核纵径2.0~2.2 cm,横径1.6~1.8 cm,厚1.3~1.5 cm,千粒重2.24 kg,每千克有447粒,出仁率80.36%。自然授粉条件下,株产种核60~100 kg。经20~30年生大树高接无性繁殖,后代枝、叶、种各项指标均与母树保持一致。

中银黑2号

位于白河乡。树龄约1 000年。实生树主干明显,树冠圆卵形,主枝分枝角度30°~65°。每种序3~5个种柄,每柄着生1~2个种实,偶见3个;部分种柄1 cm处一分为二,各着生1个种实。种实圆形,纵径2.2~2.9 cm,横径2.7~3.0 cm,千粒重10.9 kg,每千克有92粒,出核率24.13%。种核纵径2.0~2.1 cm,横径1.6~1.9 cm,厚1.2~1.6 cm,千粒重2.35 kg,每千克有426粒,出仁率80.43%。自然授粉情况下,株产种核150~230 kg。20~30年生大树高接无性繁殖,枝、叶、种各项指标均与母树一致。

黑银杏种仁中总黄酮含量0.9 mg/kg,比普通银杏(0.6 mg/kg)高50%;含白果酸0.8 mg/kg和胡萝卜素0.003 8 mg/kg,分别比普通银杏高50%和19%。黑银杏叶片中总黄酮含量8.5 g/kg,比普通银杏(6.0 g/kg)高41.7%。有效成分含量高,药用价值特异。

黑银杏实生树15~20年生进入结种期,比普通银杏提前5~10年。在5年生实生砧木上嫁接黑银杏,2~3年普遍始花结种,5~6年株产种核1.5 kg。

黑银杏短枝分布均匀,每种序一般着生3~5个种柄。据连续8年观测,1 000年生左右的黑银杏大树,仍可株产种核100~230 kg。一般认为,银杏产量连续三年变幅不超过30%者为稳产。从现存银杏古树群的结实状况看,往往在某一丰年之后,翌年产量锐减。在比较粗放的管理条件下,丰年后的小年产量不低于丰年产量的四分之一,可以认为是比较稳产的。

黑银杏种核大小均匀,平均单核重2.29 g,每千克有437粒,出核率22.94%,出仁率80.4%。成熟期9

月下旬至10月上旬。种仁味甜,风味清香,糯性大,食、药俱佳。

除1年生幼苗有少量土居天牛和蛴螬两种食性苗圃害虫为害外,未发现其他虫害发生。很少发生立枯病,对干旱也有一定的抵抗能力。

中银黑生物学特性

中银黑是自然生长的黑银杏最大单株,根据生长锥测试比较和访问群众,证实树龄在1 000年以上。黑银杏幼树基本上全是长枝,没有短枝。肥水条件较好时,新梢生长量可达1 m以上,1年内可发3~4个分枝。随着树龄的增加,短枝开始出现并不断增多。短枝由长枝中下部的腋芽发育而成。短枝年生长量很小,一般仅0.2~0.3 cm。15年生的短枝长仅3.2 cm,30年生的短枝长仅10 cm。植物解剖学的研究证明,黑银杏的长枝髓小,皮薄,木质部又厚又硬,形成层和髓都有很强的分生能力。短枝髓大,木质部又薄又软,扦插不易生根。黑银杏的叶片为三角状扇形,叶前缘呈波浪状。长枝上的叶片,特别长枝梢部的叶片有较浅的裂口,短枝上的叶片一般呈不分裂状或中裂不明显;并有少量发育成筒状的叶片。黑银杏的花期,由于海拔和每年气温变化等因素的影响,一般在4月16日至23日,始花至末花持续8天左右。黑银杏从授粉到受精相距约150天,即4月中旬授粉,9月中旬才开始受精。由于受精到成熟时间过短,因此当黑银杏的种子表现出形态成熟之后,尚难以看到胚芽。黑银杏胚珠的原叶体部分,受精与不受精均发育为胚乳。因此在黑银杏种子中,即使不授粉或受精不良也能形成种子,但是这类种子只有丰满的胚乳而无胚芽。

中原古银杏资源

经最近两年全省古树名木调查得出,河南境内现保存的百年生以上的银杏古树有1 780株;300年生以上的银杏古树有508株;千年生以上的银杏古树有93株;2 000年以上的银杏古树有27株,其中2 300年以上的银杏古树有6株。例如,永城市芒山镇山坡上"张飞系马古银杏"有2 300岁;泌阳县龙王掌山下的"中原银杏王"有2 800岁;桐柏县洪仪河乡清泉寺内银杏有2 500岁;确山县北泉寺一株古银杏有2 600岁,树心虽已空洞,但枝叶依然繁茂;叶县廉村乡后崔小学后院一株古银杏,虽经火烧,树心空洞,但外皮仍然繁生健壮,根基围径达9.10 m,推测其树龄至少3 000岁;西峡县太平镇东坪村山半坡有一株古银杏,胸围8.5 m,根基围径15 m,侧根延伸到50 m以外,树高32 m,树干中心空洞,但树干外皮仍生长健壮,周围萌生上百株幼树,幼树团团包围着母树,形成一片银杏树林,推测其母树年龄至少有2 500年以上。

中原银杏王

泌阳县象河乡龙王掌山阳坡海拔600 m处盈福禅寺遗址,有一株古银杏树,树高31.5 m,胸围10.45 m,冠幅34 m。由根际萌生三大主干又愈合而并生为巨树。树旁立有明成化十三年岁次丁戌年《重修盈福寺记铭》碑多樽。记述:"县北盈福禅寺遗址前有一白果树,相传两千余年,高有十余丈,树身七人围之合臂不交,远远望去,树冠像把瑰色巨伞"。此树至今生长健壮,枝繁叶茂,年年结果累累,堪称为中原一绝。

中种皮

中种皮骨质乳白色,有光泽,具2~3条纵脊,少有4~5条纵脊。中种皮由5~6层石细胞组成。石细胞似圆形或长圆形,壁厚,孔沟清晰。

中种皮
1.中种皮石细胞 2.管胞

中种皮的发育

银杏中种皮是由珠心壁发育而成的。在种子生长过程中珠心壁细胞随胚乳生长变薄,细胞最终死亡而形成中种皮。中种皮于盛花后50 d开始骨质化,60 d半骨质化,至70 d时完全骨质化。银杏种仁在盛花后50~80 d为速生期,此时中种皮已经开始木质化,因此中种皮的硬化早晚可影响种核的大小。何凤仁根据种核的长/宽比值和两个中轴交汇点的位置,将银杏品种划分为五大类,即长子类、佛指类、马铃类、梅核类和圆子类。陈鹏等的研究也表明种核的长/宽、长/厚与宽/厚代表了种核形状的重要特征。管状分子木质化时纤维素壁加厚主要是由于纤维素和半纤维素数量增加,纤维壁厚的增加表示加快了碳水化合物的合成。中种皮由5~10层细胞组成,但不同品种中种皮周围细胞大小、排列程度及纤维素加厚程度存在差异,可能影响种仁发育过程中物质运输的能力。中种皮既是输导组织,也是种仁的保护组织。银杏种实纵、横径的生长高峰先于体积,种实发育后期种仁因营养物质的不断合成而充实,其胚乳细胞的生长速度大于种壳,导致管胞因种仁膨大的压力增加而出现不同形状的穿孔。穿孔使种核具有一定的通透性,可保证种胚的生长发育,同时也使种子采收后易失水、硬化,且霉菌着生,引起腐烂,造成种核的不耐贮藏,失去营养价值和经济价值,因而银杏种核的外壳结构与贮藏性能的关系有待于进一步研究。

中州奇观——河南鹿邑古银杏

河南省鹿邑县老庄乡的惠洛河畔生长着一株雌性古银杏,距今已有 2 200 多年,依然生机盎然,被誉为中州一大奇观。据鹿邑县志记载,该树植于汉朝,唐朝名将罗成曾将战马拴于此树,至今马缰绳紧箍过的痕迹依稀可见,树上还留有马咬过的痕迹。历经时代变迁,该树依然长势良好,其硕大的根系已跃过惠洛河,伸向百米之外。这株古银杏树高 37.5 m,胸围 5.7 m,冠幅达 910 m²,当地老百姓视其为"神树",常常按照传统习俗到树下烧香。此树 1993 年经人工授粉结果 600 余千克,可谓老当益壮。

中子品种群

银杏种核长与宽的比值介于 1.30(±0.05)与 1.50(±0.05)之间的银杏品种确定为中子品种群,其中种核纵横轴线交叉点位于纵径的 2/5 处为马铃亚品种群;种核纵横轴线交叉点位于纵径的 1/2 处为梅核亚品种群,共包含了 14 个优良品种及 14 个优良无性系。

中子品种群优良无性系

中子品种群优良无性系

编号	名称	核形系数	产地
1	郯马1号	1.33	山东郯城新村
2	正安5号	1.34	贵州正安
3	郯城207号	1.35	山东郯城
4	新村16号	1.37	山东郯城新村
5	铁马1号	1.38	江苏邳州铁富
6	安陆A14号	1.409	湖北安陆
7	郯城9号	1.41	山东郯城新村
8	郯城322号	1.41	山东郯城
9	正安3号	1.41	贵州正安
10	新村18号	1.41	山东郯城新村
11	郯城16号	1.42	山东郯城新村
12	安陆A3-1号	1.42	湖北安陆
13	桂林8号	1.42	广西桂林林科所
14	港上309号	1.44	山东郯城港上

忠贞的"相思树"

相传唐贞观五年(631 年),徽州绩溪县大登源里"越国公"汪华的第八位公子汪俊从小爱好武艺,经常由家中丫鬟陪同习武。一日凌晨,他们去院落里练习武术,忽见一位银须白发手持龙头拐杖的老翁站在院子里。他对汪俊说:"此去东南方向有一座官人骑马山,你们到那里去修炼,功成之后武艺必高超出众。"又从葫芦里取出两颗银杏树种子交给他们,要他们在修炼处种下,说:"树成长之后,摘叶为盾,折枝成矛,习武必精。"说完便腾云而去。再说汪俊和陈丫鬟两人平日里十分亲近,天长日久,爱慕之情逐步加深,便结下了海誓山盟。

唐太宗为了考验汪华对朝廷的忠诚,在汪华回浙江淳安县探亲之时,突然派使节赶到绩溪,要求汪华献出美丽的陈丫鬟。越国公为了表示对朝廷的忠诚,只好同意把陈丫鬟献给唐皇。为防她逃跑,汪华将其关至房内,每日派人端茶送饭,严加看管。陈丫鬟见不到汪俊茶饭不思,汪俊也对她朝思暮想。有天深夜,在下人的帮助下,两人终于见了面。陈丫鬟悲喜交加,一头倒在汪俊怀里,痛哭不止。两人想起老翁的话,决定按照他指的方向逃走。汪华发现后马上带着家人打着灯笼、火把追赶。汪俊他们一边逃一边打听,好不容易才逃到梓桐源官人骑马山脚。这时一条巨大的毒蛇把他俩冲散,汪俊上了官人骑马山,在尹山庵过起了隐居生活,而陈丫鬟则上了仙人背山上的花姑庵当了尼姑。他们分别把仙翁给的种子播在尹山庵、花姑庵旁。后来,因为汪俊心灰意冷,不思习武,银杏树的枝就当不了矛,叶也成不了盾了。仙人背山上花姑庵的这棵银杏成了雄树,对面官人骑马山上尹山庵旁的那棵银杏成了雌树,他们与树相伴,寄托相思,至死不渝。

钟乳根盆景制作

银杏钟乳根盆景制作要点:一是挖掘时要保护好根钟乳不使受伤,要多带根系;二是选用透水透气性能好的基质;三是采取措施,提早发芽抽枝,促进光合作用,使根钟乳养分不损耗;四是根钟乳不开裂,不腐烂;五是要先栽深盆,促发根系,然后移栽到紫砂浅盆中才更显幽静而又美观,可谓盆景中的珍品。

钟乳根形成的原因

银杏根部能生长出根钟乳(又名根奶、椅子根)是银杏树的一大特性,这是制作盆景的极佳材料,是目前市场上的珍稀盆景,很受盆景爱好者欢迎。而邳州利用银杏根钟乳制作盆景,是银杏主产区群众在生产、生活中发现创造的,始于 20 世纪 90 年代,并很快普及开来。经分析,形成银杏根钟乳概率较高的原因是:①移植苗、根蘖苗、扦插苗经嫁接后,容易形成根钟乳,实生苗因主根发达,不易形成根钟乳;②苗龄长,易形成根钟乳;③生长势弱,容易形成根钟乳,银杏苗经嫁接后,控制了高生长,生长势相应都减弱了,因后期嫁接部位提高了,前期嫁接苗都压在下面,地上部分生长受抑制,无法伸展,养料都积累在地下部位而形成根钟乳;④黏性土上松下实,侧根多而旺，使直根向下生长受阻，易形成根钟乳。

钟乳银杏

在我国山东、四川、湖南、广西、贵州、浙江、安徽、湖北等地均发现有钟乳银杏。银杏钟乳形成与个体遗传、环境因子及外界刺激有关。钟乳也称树奶或钟乳枝，一般单生或多个聚生，长度大多 10～35 cm，个别达 2 m，几乎垂直向下生长或斜向延伸。如贵州盘县特区乐民乡 1 000 年生古银杏树，整个树干被"钟奶"包围，最长一垂乳达 2 m。附近一株 40 年生银杏上的钟乳长达 40 cm。在中国南方钟乳银杏明显多于北方，这也许与生态环境，尤其是空气相对湿度有关。高湿度、人为干扰较小地区钟乳银杏多，诸如贵州、湖南等。钟乳银杏叶子较小，树干及枝条分布处有钟乳生成，在日本也称 Titi，该银杏在欧洲称"Tit"。在英国皇家植物园有一株 200 多年生的银杏树也有正处于发育早期的树奶，在欧洲大陆也有钟乳银杏，但在美国直到 20 世纪 60 年代仍未见关于钟乳银杏的报道。

钟乳枝

银杏自然分布区内，有许多古老银杏树上，经常见到在粗大侧枝基部或大枝弯曲处，悬挂着钟乳石状的"树瘤"，学术界将这种现象称为"钟乳枝"，也称树奶，美国学者 Tridici 称其为枝生树瘤，果农称其为气根、树参等。这种钟乳枝基部直径可达 40 cm 以上，具有向地性，着地后可以生根，发芽，长叶。钟乳枝可以单生，也可以密集生长。四川江津 1 700 年生的古银杏，树高 35 m，钟乳枝横生竖吊；湖南桂阳荷叶乡有 1 株 500 年生的银杏，树高约 18 m，胸径 1.9 m，着生 23 个钟乳枝，树势健壮，果实累累。钟乳枝的成因目前说法不一，但不是因病而生。因为钟乳枝入土可以生根发芽，将钟乳枝切割下来，切口埋入土中，不论哪一头，均能萌芽抽枝，并旺盛生长，可以培养成盆景。在中幼年树上，尤其是幼年银杏树上极少见到钟乳枝。根据银杏树的生物学和树木生理学有关理论，在 3 年生银杏幼苗上进行"银杏树奶"的诱导工作，获得成功。银杏钟乳枝的成因可能与空气湿度等生态环境有关。生长在沟谷、溪旁、山谷等空气相对湿度较高的生态环境中，银杏的"钟乳枝"多，在干燥的生态环境则少见。如贵州盘县黄家营村的银杏树几乎株株都长有"钟乳枝"，数量、长度及粗度均为全国之首，其中最长达 2 m 以上。

钟乳枝的木材解剖

从对银杏老树上钟乳枝的形态学与解剖学研究可知。树皮的外部形态和结构与正常的枝条一样。不过，生长轮常常比正常的狭窄，而且中央部分含有许多深颜色的髓斑。在轴向管胞的一些层中，有排列不规则的管胞；在有些地方，管胞排列成旋涡状，包含着扭曲的射线。管胞的径向壁上，可见 2～4 列具缘纹孔。此等木材中普遍可见到晶簇。

种

亦称物种。与其他果树不同，银杏是第四纪冰川之后唯一在东亚存活下来的一科一属一种，属于孑遗树种。种是植物分类学上的基本单位。它具有一定的形态特征与地理分布，常以种群的形式存在。一般来说林木不同种群在生殖上是隔离的，而果树同属不同种间常能杂交。银杏属单科、单属、单种经济林木，由于我国是银杏的发源地且栽培历史十分久远，故各地在长期的自然选择与人工选育过程中形成了诸多不同的栽培类型。种以下的分类等级是：亚种、变种、变型。

种柄结合力及单种重

种柄结合力及单种重

树号 No	9 月 13 日采枝				9 月 19 日采枝				9 月 25 日采枝			
	种柄结合力(N)		单种重(g)		种柄结合力(N)		单种重(g)		种柄结合力(N)		单种重(g)	
	最大	平均	最大	平均	最大	平均	最大	平均	最大	平均	最大	平均
1	6.089	5.396	6.12	5.44	4.002	2.925	5.64	5.12	2.007	0.876	4.63	4.24
2	4.035	2.642	5.43	4.87	2.762	1.714	5.01	4.26	1.331	0.926	4.58	3.62
3	3.887	1.839	7.08	6.52	2.153	1.532	6.76	6.45	1.519	0.974	5.76	5.18
4	4.083	2.305	7.58	6.70	2.270	1.584	7.48	6.37	1.323	0.869	6.50	6.07
5	6.769	4.273	9.06	8.33	5.507	3.323	8.48	7.98	2.548	1.330	7.13	6.55
6	3.548	2.598	4.02	3.15	2.371	1.065	3.62	2.81	1.293	0.725	3.15	2.48
7	5.462	3.563	5.28	4.72	4.018	2.502	4.90	3.95	1.931	0.881	3.74	2.99
8	5.505	3.786	6.28	6.01	4.037	2.744	6.15	5.44	1.587	1.027	5.67	4.83
9	3.969	2.622	7.66	7.01	2.832	1.523	5.10	4.56	1.372	0.787	4.87	3.88
10	5.233	3.220	7.81	6.55	2.861	1.676	7.37	5.81	1.685	1.212	6.36	5.14

种材兼用园的修剪

整形方法与高干多层形相似。冠高比为1:1。需要8~10年培养成形。修剪时注意侧枝上的小枝摘心,培养成辅养枝。40年生树,以后要适当疏剪,以改善光照条件,促使花芽分化,结果量控制在20 kg左右。为充分利用土地,提高经济效益,建园时增加银杏树的密度,待永久树成长后把间栽的银杏树砍伐或移栽。这种情况必须以永久树为主,不考虑间栽树的树形,只注意间栽树的早期结果丰产,一旦影响永久树时即可砍伐或移栽。

种肥

播种或幼苗移植时施用的肥料,能为苗木初期生长创造良好的营养条件,多用于发芽和扎根快、生长量较大的实生苗,用量宜小。一般将硫酸铵、过磷酸钙与过筛腐熟的厩肥、堆肥均匀混合后拌种做种肥,也可施入播种沟底,或做种子覆盖物,或进行苗木蘸根。接种微生物肥料如菌根菌肥,也属种肥。

种阜

由靠近珠孔处的外珠被细胞形成,经细胞分裂与增大所形成的一种垫状结构,称为种阜。

种核

银杏种子除掉外种皮以后称为种核。凡不饱满的种核都不能作为育苗用种。饱满种子中有一部分没有种胚。银杏种核的无胚率为10%~25%,这为银杏育苗用种提供了理论数据。未成熟的银杏种仁青绿色,不能作为育苗用种,因为这样的种子没有达到完全生理成熟。银杏种子采收后,如立即播种则不能很快发芽,因为这时还没有达到生理成熟,还需有一个生理成熟过程,这个过程完成后,种子才能出土发芽。成熟的银杏种子为核果状,近圆形、椭圆形或倒卵形,长2.0~3.5 cm,宽1.5~2.5 cm。外种皮沤烂洗净后即为种核,通常称为白果。银杏出核率为22%~27%。种核具二棱,稀三棱。种核大小形状各异,一般为卵圆形或宽卵圆形,常作为划分品种群的主要依据。银杏种核属于标准含水量高的种子,据测定,一般种核含水量为45%~50%。

银杏种核具有较强耐寒力,能忍耐-12℃的低温。因此,为了控制银杏种核发芽,可以放在低温处贮存。不言而喻,这为银杏育苗用种的贮藏提供了科学依据。肉质的银杏外种皮,占据整个银杏种子体积的1/2~2/3,过去一直作为废物被丢弃,这既造成资源的浪费,又污染了环境。然而,银杏外种皮中含有银杏酸、银杏酚、银杏醇和银杏二醇等有机物质,它是治疗支气管哮喘的良药,并对防治农作物病虫害有显著作用,是一种理想的生物农药。

因银杏种核营养丰富,功能特异,所以是当前国内外市场上的紧俏商品。我国目前一级品主要供出口,香港市场平均每千克28港元,国内其他市场平均每千克18元人民币。

目前,美国旧金山唐人街的各个市场都可以买到输入美国的银杏种核。

种核X射线检验

X射线检验是通过X射线摄影来对银杏种核饱满度、种核发育程度和种核受损程度等进行种核品质检验的方法。射线检验图像可以永久保存,是解决种核质量争议的重要根据。银杏种核X射线摄影照片可见种核内部结构和胚发育状况。

种核安全含水量

亦称种核标准含水量,系种核在贮藏期间维持生命力的最安全含水量。种核含水量若高于安全含水量,新陈代谢加快;若低于安全含水量,种核中类脂化合物氧化分解的游离基使酶变性、蛋白质凝固,对细胞中大分子造成损伤,两种情况都不利于种核生命力的保持。银杏种核的标准含水量为50%~60%。

种核饱满度

银杏种子由直立胚珠发育而来,种孔在种脐对面,胚在种孔的一端,凡是不饱满的种子种孔一端都是干缩的,因此都是无胚的。混采的银杏种核即使饱满种核无胚率仍达15%以上,这些无胚的种子不会再生新胚。无胚现象与授粉和受精不良有关。将饱满种核和不饱满种子混沙层积90 d后,发芽试验证明,不饱满种核完全没有发芽能力,而且最终腐烂,因此,不饱满的种核均为废种核。同样条件下,饱满种子的发芽率可达70%以上,而且生长正常。从沙藏和干藏效果来看,种子贮藏150 d后,沙藏保鲜效果明显好于干藏,种核无一失水,而干藏失水率达25%以上。如果将失水干瘪的种核重新泡水吸胀,增温催芽后,全部腐烂死亡。这说明银杏种核一旦失水干缩,便失去发芽能力。因此,在银杏种核贮藏期间尽量选用湿藏法;保持低温、湿润和通气对含水量较高的种核,尤其是生产用种是一个十分重要的问题。

种核测定样品

亦称小样品或试样。从送检样品中分取一部分直接供某单项质量指标测定用的种核。测定样品应按照一定的方法(四分法或分样器法)和《国家标准》中规定的数量选取。

种核产量测定

亦称种核产量调查。通过测定种核产量,以便组织采种工作和制订种核供应分配计划,了解银杏结实规律并为拟订促进银杏结实技术措施提供科学依据。

种核常温干藏

银杏要长期保存其活力,只有采用干藏法。大量材料证明,干藏法在良种繁育中占有重要的地位和作用。干藏法可以长期保存种核生活力,保持良种的遗传特性稳定。因此,近年来,国外尤其是日本把大量资金投入低温、低湿种子库的建立上。由于此法成本高、不便于推广,所以可采用常温低湿即常温干藏法贮存种子。这也是目前种子贮藏研究中人们最感兴趣的问题之一。常温干藏可以就地取材,不耗能源,成本低,方便可靠,易于推广。具体方法可以采用大缸或大酒坛等容器,如酒坛容量200~300 kg,底部和上部各放生石灰50 kg,将种子放入中间,上部用塑料薄膜封口。此法对商品用种比较适宜,一般贮藏时间可达2~3个月。

种核成熟度对其贮藏的影响

未充分成熟的银杏种核,含水量高,养分积累尚未完成且贮藏物质多呈易溶态,呼吸强度大,容易感染有害菌而导致发霉腐烂。因此,未充分成熟的银杏种核不耐贮藏,也不利于发芽率的提高和品质的保持。

种核虫害检验

亦称种子昆虫分析。抽取测定样品200~400粒,分组进行检验,方法有四种:①过筛检验,将样品倒入规格筛作回旋转动,把害虫分离拣出,再对样品检视;②比重检验,将样品放入一定溶液中搅动,迅速取出上浮种子解剖检视;③X光检验,将样品用X光透视,把带虫种子拣出,解剖鉴定;④感官检验,用肉眼及放大镜对种子外部和内部进行检视鉴定。检验后,确定虫害种类、感染程度及处理意见。

$$虫害感染度(\%) = \frac{外部虫害粒数 + 隐蔽虫害粒数}{测定样品粒数} \times 100\%$$

种核臭氧处理常温贮藏法

对银杏种核臭氧处理后常温贮藏的效果进行了研究,在常温下用臭氧(O_3),浓度为1 875 mg/m³,每3 d对银杏种核处理1 h,常温密封贮藏,保鲜期可长达4~5个月,中种皮和种仁的霉变率得到有效抑制。

种核出仁率

种仁重量占种核重量的百分率。在银杏的良种选育与栽培中是选择的重要条件之一。不同树种种核出仁率不同,银杏的出仁率大体是在25%左右。出仁率高的种核,其实用部分的产量高。

种核初次样品

亦称分样。检验种核时,从一个种批的不同部位或不同容器中分别抽样,每抽一次所取的种核称为一个初次样品。

种核储藏中形态特征的变化

研究发现:银杏种核储藏后在形态特征上发生明显的变化。①不同品种的银杏种核在储藏后的含水量没有明显的差异。②银杏种核的三个组成部分中(种壳、种仁、种胚)干物质的含量不同,以种壳的含水量为最低,而种胚的含水量为最高。③三个品种间不同的组织其所占总重的比例也有不同,就种壳而言,马铃种壳所占的比例最大,与其他两个品种有极显著的差异(鲜重和干重都有这样的趋势),大佛指和小佛指之间则没有差异;不同品种的种仁之间其所占的比例也有相同的趋势;而种胚则不同,大佛指和其他两个品种有显著的差异,马铃和小佛指之间则没有显著的差异。④不同品种的银杏种核储藏后其浮水率和比重都没有明显的变化。

种核纯度

又叫种核净度、纯洁度(率),是纯洁种核的重量占供检种子总重量的百分率。它是种子质量优劣的主要指标之一,也是计算播种量和评定种核等级不可缺的因子。计算方法如下:

$$纯度\% = \frac{纯洁种核重量}{供检种核总重量} \times 100\%$$

种核催芽

催芽可以打破银杏的种核休眠,促进银杏早发芽,保证发芽迅速,出苗整齐,提高圃地发芽率,增加幼苗生长量。银杏播前催芽方法有多种,常用的方法主要包括室内恒温或变温催芽、室外温床催芽、加温催芽育苗等。室内恒温催芽,即播前20~30 d,将沙藏过(或其他方法贮藏)的种核先用30℃温水浸泡2~4 d,每天换温水1次,然后放入麻袋中保温保湿催芽,室温可控制在25℃左右。变温催芽同恒温催芽一样也要用温水浸泡,但催芽时进行变温处理,即白天用25~35℃的高温,夜间用5~10℃的低温。采用该法催芽15~20 d,银杏发芽率可达85%以上。此外,还有先高温后低温的方法,即开始催芽的2~3 d,用30~35℃的高温,然后降至20~30℃。室外温床催芽,即在室外背风向阳处,用木板或砖石做成温床,底层铺10~15 cm厚的细沙,或直接在高砂土苗床上,将种核混以湿沙或锯末(种沙比为1:3)铺在上面,上盖塑料薄膜(也可搭成小拱棚)或玻璃,晚间加盖草帘,经过10~20 d,种核大部分发芽。加温催芽育苗,是江苏邳州20世纪80年代普遍采用的银杏育苗技术,已取得良好效果。具体做法是:在播种前10~15 d将贮藏的种核从沙中筛出,用清水淘洗干净后直接催芽,室内贮藏较干的银杏种核要先放入30℃温水中浸泡1~3 d,以种仁吸足水分为宜,捞出后进行催芽。

种核催芽注意事项

催芽过程中首先要保持相对稳定的温湿度,温度应在20℃以上,过低催芽慢;湿度应在80%以上,过大时种实易霉烂,过小易失水。其次,种子出芽时间不一致,资料表明,种子发芽持续时间长达20 d以上,粒大的发芽早,苗木长势旺盛,而最后发芽的种子,多为小粒种子。催芽播种最早一批较之最后一批,无论高、粗生长都增加50%以上,所以,在催芽中,当有部分种子发芽时就应及时拣种,以后每隔5~7 d拣种1次,防止先发芽的霉烂,并及时分地块播种。第三,催芽前全部将种壳大头击破,或在催芽中大部分发芽而小部分未出芽的,可击破种核继续催芽,以缩短催芽过程。

种核大小测定方法

取样4 kg混合均匀后,用四分法分为4份,各1 kg,分别计数核数,取平均值,并分别用千克粒数和百粒核重表示。

种核袋装贮藏

脱皮漂洗干净的银杏种子经晾至发白以后,先装入布袋之中,在常温条件下置室内继续阴干,逐渐减轻种子的呼吸强度,俗称"发汗",时间为1周左右。然后装入塑料袋中,每袋10~20 kg,扎紧袋口放置于室内,开始时半个月,以后每隔1个月将种子倒出进行短时间的摊晾,俗称"换气",然后再装入袋中,也可将塑料袋打上几个小孔,以便于交换气体,避免无氧呼吸。在贮藏过程中,如发现种核壳出现霉点,需倒出用清水重新冲洗,晾干后再装入袋中。此法贮藏的银杏至翌年5月还依然十分新鲜。由于5月份以后即进入高温季节,不利于银杏贮藏,此时需及时处理。

种核蛋白质含量

种核蛋白质含量　　　　　单位:%

组分	贮藏种核	萌动种核
上清1	3.0	1.94
上清2	0.85	1.28
上清3	0.06	0.23
上清4	0.72	1.11
合计	4.63	4.56

种核低温湿藏法

低温湿藏法是指将一定量(通常50 kg左右)的银杏种核装入麻袋,然后放入控温控湿、通风良好的冷库进行贮藏的方法。这种方法是目前生产中普遍采用的方法,适于银杏种核数量较多、贮藏时间较长时采用,可保证银杏种核(白果)的常年市场供应。冷库的温度一般以0~2℃为宜,相对湿度在85%左右。此法贮藏种核时间较长,可达1年以上。少量银杏种核也可以先将银杏种核装入保鲜袋,密封后放入温度在0~2℃的冰箱中进行贮藏,贮藏保鲜通常可以达到10个月左右。值得注意的是每隔20~30 d应该打开袋口进行换气。

种核对外交流

1988年,在福建省泉州市法石村打捞出来的宋朝商船上,发现有银杏的种核。这说明在我国宋朝时期,银杏已作为商品对外进行贸易交流了。

种核发芽测定

亦称种核发芽检验、种核发芽鉴定、种核发芽试验,是通过对种核进行实际发芽来测定种核发芽能力的方法。用以确定播种量和一个"种批"的等级价值。根据测定时的环境和预处理方法不同,种核发芽测定分实验室发芽法、场圃发芽法及快速发芽法三种。

种核发芽过程

种核吸水膨胀到种胚开始生长的过程。种核发芽过程包括相互连接而不能截然分开的3个阶段:①种核吸胀,是物理过程,水分经由中种皮内渗,种核就膨胀起来,种核吸胀的结果是种皮破裂,内部开始萌动;②种子萌动,是生化过程,酶的活性加强,使贮藏物质水解为溶解化合物,呼吸作用加强,氧气需要量增大;③种核生长,是生理过程,种胚利用溶解化合物后,细胞增大和分裂,整个胚突破种皮,幼小银杏植株开始生长。

种核发芽进程

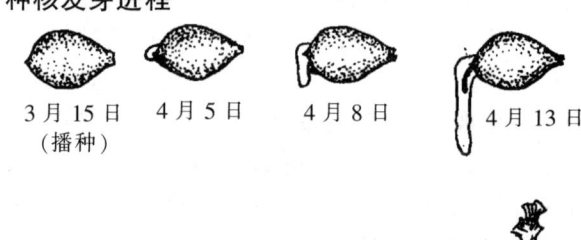

3月15日　4月5日　4月8日　4月13日
(播种)

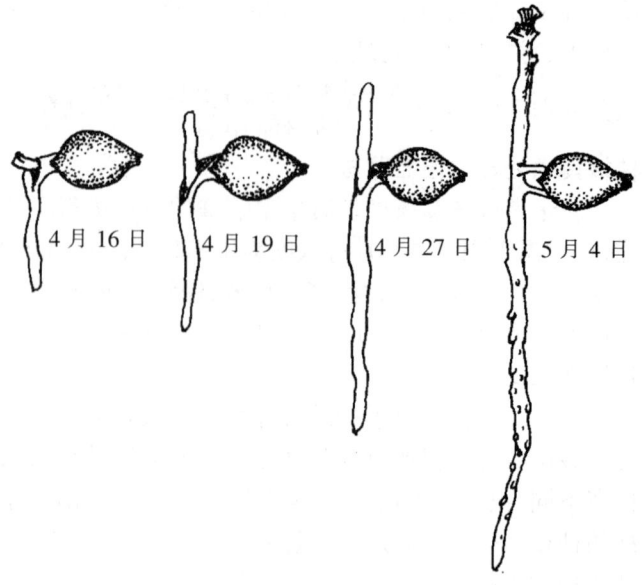

4月16日　4月19日　4月27日　5月4日

种核发芽进程

种核发芽率

正常发芽种核数占供测定种核数的百分率,是种质量好坏的主要指标之一,常作为计算播种量的主要依据。发芽率按种核发芽的场所分实验室发芽率与场圃发芽率;从应用的范围分技术发芽率与绝对发芽率。

种核发芽率测定

种核发芽率是指在一定条件下、一定期限内,正常发芽的种核数占供测种核数的百分比。种核发芽率的高低是反映银杏种核品质最直接的指标,也是计算用量的重要依据。室内发芽测定的最佳条件是30℃/20℃昼夜变温,并在高温时段给予光照,发芽测定期限为28 d。

种核发芽能力

亦称种子发芽力,是种核发芽能力强弱的一个总概念。包括发芽率、发芽势、平均发芽期(速)等指标。这些指标高的种子,发芽能力高,种子质量好;反之则发芽能力低,种子质量差。为了对种核的发芽能力进行比较,将种核发芽力量化。即:

种核发芽力 = 发芽率 × 发芽势

种核发芽势

种核在适宜的发芽条件下和规定的天数(或发芽种子粒数达到高峰的实际天数)内,正常发芽粒数占供测定种子粒数的百分率。由于发芽势是根据发芽期间发芽最快的来计算的,故发芽势高时,说明种子发芽迅速,出土早而整齐,其场圃发芽率也必然高。同一品种的两批种子,发芽率相等时,发芽势高者质量好。故发芽势是重要的种子质量指标之一。

$$发芽势(\%) = \frac{种子发芽达高峰时或在规定天数内正常发芽粒数}{供测定种子粒数} \times 100\%$$

种核发芽条件

促使种核发芽的基本条件是水分、温度和氧气,银杏种核发芽的最适温度为20～30℃,并要有通气条件。

种核放置方法

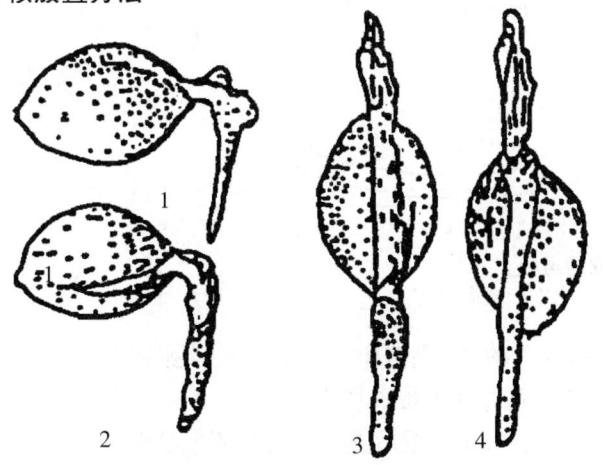

种核放置方法
1.横放,缝线垂直地面 2.横放,缝线平行地面,为正确放法
3.竖放,根端向下 4.竖放,根端向上,为错误放法

种核分级

即将同一批种核按其大小进行分类。经过分级的种用白果,出苗时间短,幼苗均匀一致,便于抚育管理。即使是非生产用种的白果,种粒分级也是进入市场的重要一环。

种核浮籽率

种核漂浮的粒数占水中总粒数的比率,即

$$种核浮籽率 = \frac{种核漂浮粒数}{置于水中总粒数} \times 100\%$$

种核辐射处理密封贮藏法

在贮藏前先将种仁含水量降至35%左右,再用低剂量(50 Gy)的γ射线辐射处理(这样不仅可以杀死种胚,还可以抑制胚乳细胞的呼吸强度,减少种仁中养分的损耗),然后进行密封贮藏(可以在一定程度上抑制好氧细菌和微生物的繁衍),其保质期可以长达4个月。

种核干燥

作用是降低种核含水量,加速种核后熟进程,抑制或消灭害虫,便于运输或贮藏。由于银杏种核的安全含水量大于气干含水量,安全含水量不低于40%,故只能阴干,不能在阳光下晾晒。种用白果,干燥的标准是使新鲜种核的含水量降低到安全含水量,在室内或阴凉通风处阴干1～2 d即可。

种核感官鉴定法

用感觉器官来鉴别银杏种核质量好坏的方法。如嗅气味、尝滋味或用眼观察种核的色泽等方法来鉴别种核的品质。

种核工艺品

银杏种核除了可用于制作药品和食用外,还有一条特殊的加工增值途径,即用于制作手工艺品及玩具。制作银杏玩具,操作简单,容易掌握,增值显著,可工厂化生产。生产银杏种玩具一般经过下列步骤:分类→钻孔→双氧水浸泡→挖肉→漂白→黏结→描画→组装。

种核含水量测定法

测定种核中水分的方法。将含水量送检样品充分从送检样品中抽取50 g(银杏不得少于10粒)切开或打碎,再从中分取20 g测定。测定方法有105℃恒重法、130℃高温快速法、二次烘干法、甲苯蒸馏法、红外线水分速测法及各种水分速测仪测定法等。测定结束后,计算两组含水量,取其平均值。两组之差应不超过0.5%。

种核含水量的显著性

种核含水量的显著性

处理 品种	银杏种子含水量(%)	差异显著性	
		5%	1%
马铃	34.51	a	b
大佛指	34.06	a	b
小佛指	36.83	a	b

种核含水量对其贮藏的影响

贮藏期间银杏种核含水量的高低,直接影响到种核的呼吸强度和性质,从而影响到银杏种核的寿命。在一定的范围内,银杏种核含水量越低,细胞内水分流动性越差,酶的活性越低,呼吸强度越小,贮藏养分消耗越少,越有利于种核寿命的延长。然而,当种核含水量低于一定的阈值时,银杏的发芽率反而降低。这是由于银杏种核的安全含水量较高的缘故。所谓种核安全含水量,是指贮藏期间维持种核生命活动所需的最低含水量。银杏的种仁为肉质,其含水量很高。银杏种核在整个生长发育期内,相对含水量在65%~85%之间。就银杏种核的安全含水量而言,一般认为在40%左右。因此,银杏种核贮藏时,其含水量最低不能低于40%。

种核和叶片产量及各个相关作用因子的测定

种核和叶片产量及各个相关作用因子的测定

	项目	单株种核产量(kg/株)	单株总枝量(枝)	每枝叶片数(片)	单株叶面积(cm²)	单株种实数(个)	每果叶面积(cm²)	出核率(%)	百粒核重(g)	平均新梢长(cm)
种核产量形成	平均数	2.57	4 055.8	5.312	35.72	1 245.67	436.26	30.94	213.87	22.07
	标准差	1.14	1 163.82	0.416	15.26	842.29	374.36	1.697	42.001	5.49
	变异系数(%)	44.41	28.70	7.83	42.72	67.62	85.81	5.49	19.64	24.86

	项目	单株叶产量(kg/株)	树高/冠径	主枝间叶量变异(%)	总枝量(枝)	长枝率(%)	短枝率(%)	每枝叶片数(片)	单位种核叶量(kg/1kg)
叶片产量形成	平均数	14.04	1.01	44.67	4 055.8	8.60	89.99	5.312	7.08
	标准差	5.997	0.13	26.60	1 163.82	1.80	2.06	0.416	5.69
	变异系数(%)	42.72	13.14	59.55	28.70	20.97	2.29	7.83	80.34

种核和叶片产量形成的通径

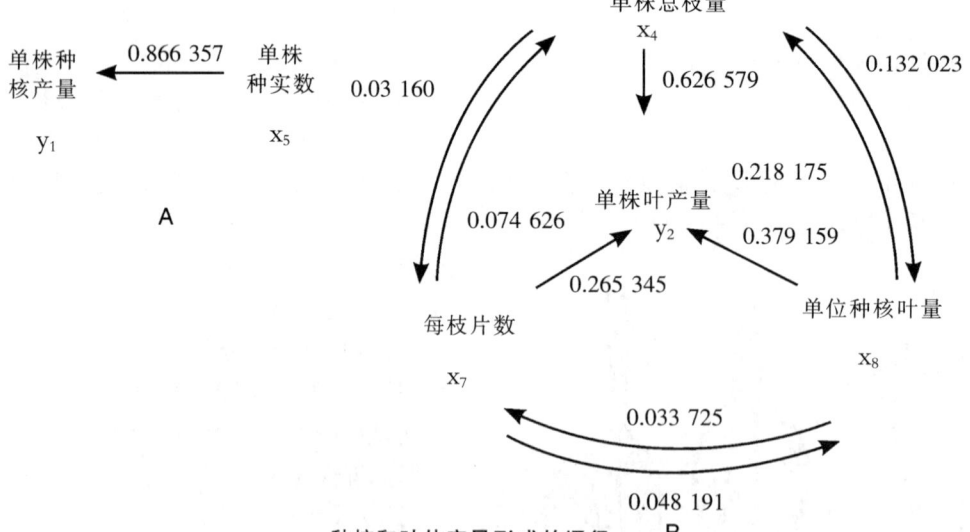

种核和叶片产量形成的通径
A 银杏种核产量形成 B 银杏叶片产量形成

种核恒温库贮藏

即在具有调温、调湿及通风换气设备的种子库中贮藏。种子库和装种子麻袋要进行消毒。每袋装量25~50 kg,放入库中,下面垫通气架。库温控制在2~5℃、湿度低于50%(形成低温、干燥条件)。种核入库前登记,贮藏期间要定期检查和翻动,并经常通风换气。库温2℃条件下,贮藏5~6个月的银杏新鲜如初。此法一般可贮藏1年时间。

种核后熟过程中蛋白质变化

银杏种子完成后熟过程约需7个星期,后熟过程中种仁的蛋白质(主要存在于胚乳)发生了不同程度的变化,表现为总蛋白质含量的增加和不同组分相对比例的变化。试验结果表明,白果种仁(胚乳)蛋白质以清蛋白类和球蛋白类蛋白质为主。总蛋白质含量在播种(胚乳)第3周达到高峰,然后逐渐下降,至种子萌发时又达到另一高峰;上清1主要是清蛋白类蛋白质,上清2是球蛋白类蛋白质,其含量变化趋势与总蛋白质相似;上清4是谷蛋白类蛋白质,在后熟过程中呈下降趋势,但在播种后第1、3周和萌发时仍有较高的含量,达到播种前的82.98%;上清3主要是醇溶性蛋白质,其含量一直较低,在后熟过程中的含量变化没有规律性,但在萌发时达到最大值。萌发种子胚的蛋白质以醇溶性蛋白质和谷蛋白类蛋白质为主,与胚乳表现出明显的不同。

种核后熟过程中胚的增重

种核后熟过程中胚的增重

贮藏方式 \ 日/月	7/10	17/10	27/10	7/11	17/11	27/11	7/12
室内袋藏(g)	0.13	0.19	0.21	0.26	0.30	0.36	0.37
室内沙藏(g)	0.21	0.50	0.71	0.73	0.75	0.79	1.05

种核呼吸作用

种核吸收氧气,分解有机化合物,放出二氧化碳和水,产生热能的生理活动。种核呼吸作用是种核生命力存在的表现,它的速度和性质受氧气供应、种核含水量、温度、湿度及种核内水解酶的活性等制约。

种核健籽率

银杏种仁饱满、完全成熟且完好无损的种核占总核数的百分比。

种核健籽率的测定方法

在一批种核中,随机抽取若干初次样品组成混合样品后,随机抽样测定100粒种核,记载种仁饱满、成熟度高且完好无损的种核占总核数的百分比。

种核健籽率指标

>99.0%。

种核鉴定

又叫种核检验。鉴定银杏种核质量指标(如纯度、千粒重、发芽势和发芽率或生活力、优良度)的优劣及测定种核的含水率等。

种核浸水贮藏法

浸水贮藏法是指将调制好的银杏立即煮熟,然后泡于清水中过冬的贮藏方法。这种方法的好处在于,刚采收的银杏的种胚尚未发育,立即煮熟以后的种仁是无胚种仁,这样的种仁口味甘甜。贮藏过程中务必经常换水,并保持一定的低温。一旦气温超过6℃,就应及时捞出晾干。浙江临安地区习惯采用这种方法。

种核净度

样品中去掉杂质后的净种核重量占样品总重的百分率。表示银杏种核的干净程度,亦称为清洁度。

种核净度和损伤对其贮藏的影响

夹杂物的吸湿性较强,从而容易导致种核含水量的上升和呼吸强度的升高。夹杂物还容易滋生微生物,从而不利于银杏种核的贮藏。受损的种核由于种皮不完整,空气可以更加畅通地进入种仁内部,从而促进了呼吸作用的增强。种核的受损也容易滋生微生物,从而不利于银杏种核的贮藏。因此,在进行银杏种核贮藏之前,应该保证一定的净度,尽量避免或降低调制过程中对种核的伤害。

种核净度指标

>99.0%。

种核具胚率

银杏送检样品中具种胚的种核数占送检总粒数的百分比。

种核具胚率测定方法

种核充分成熟采收后,在一批种核中,随机抽取若干初次样品组成混合样品后,随机抽样测定100粒种核,分别从每核的尾端沿缝合线纵切,观察记载具种胚的种核占总核数的百分比。

种核库存法

大量种核长期干藏必须有种子库,库内有调温、调湿及通风设备。库温2~5℃,湿度低于50%(低温、干燥)。种子库可以建成地下式或半地下式。种子库存银杏种核时,入库前种核除严格调制外,需进行预冷并分装于20~30 kg袋子内。种子库要严格进行表面消毒。种子入库前须登记,定期检查,并经常通风换气。一般在2℃条件下,银杏贮藏5~6个月新鲜如初。

种核冷藏

在自然冷藏库或人工冷藏库中贮藏。将白果装入麻袋或竹篓中,再放入1~3℃的冷库中,每10~15 d喷1次水,保持环境湿润,增加空气中相对湿度。也可将白果装入0.05 cm厚的塑料薄膜袋中,每袋装量20 kg,置于温度不超过5℃冷藏库中。冷藏可贮6个月左右。生产实际中,种子保存方法较多。同时,不同的出发点贮藏方法又有不同种叫法。例如,有人把银杏种子贮藏方法分为两类:果实贮藏——带外种皮种实的贮藏和种实贮藏——去外种皮后白果的贮藏。

种核霉变率

种核感染霉菌的粒数占检测总粒数的比率,即

$$种核霉变率 = \frac{种核感染霉菌粒数}{检测总粒数} \times 100\%$$

种核美

银杏种实形体圆润,种核亮白如银,因其品种不同而形态各异,有的似佛指甲,有的形如马铃,有的如龙眼,与中国传统文化圆满洁雅的内心追求相契合。银杏种仁晶莹透明,味道鲜美爽口,色香味形俱佳。湖北《荆州府志》记载诗人张无尽描述银杏的叙事诗"鸭脚半熟色犹青,沙囊驰寄江陵城。城中朱门翰林宅,清风六月吹帘笙。玉纤雪腕白相照,烂银壳破玻璃明。"宋代诗人杨万里也写有赞颂银杏美味的诗篇流传于世,诗中写道"深灰浅火略相遭,小苦微甘韵最高"。

种核密闭干藏

密闭条件下,低温低湿贮藏。因种核与外界空气隔绝,不但可保持长期干燥的环境,而且低氧条件时种核生命活动微弱,所以,可以较长时间地保存种核。若贮藏容器的温度保持3~4℃,相对湿度25%~27%,2~3年内种核发芽率仍可达70%左右。密闭前,要对容器进行消毒,并使种核达到安全含水量。为防止种核吸湿,可在容器内放一些木炭、草木灰、氯化钙或变色硅胶等吸湿剂。

种核品质检验的样品提取

银杏种核品质检验的过程就是对银杏种核品质进行鉴定的过程,其目的是确定银杏种核的播种品质和使用价值,为种核的合理使用提供科学依据。银杏种核品质检验首先要进行种核样品的提取。为保证提取样品具有最大的代表性,就必须按照科学的程序进行。

①种核批的划分:银杏种核批是指同一品种,其产地的立地条件、母树龄级、采收时间和方法大致相同,种实调制和种核贮藏方法相同,重量不超过一定限额的一批银杏种核。

根据中华人民共和国国家标准《林木种实质量分级》(GB7908—1999)规定,银杏1个种核批的最大限额不超过5 000 kg,超过限额的应另划种核批。当然,如果种核产区集中的则可以适当加大种核批的限额。

②种核样品:种核样品可以分为初次样品、混合样品、送检样品和测定样品4种。

种核普通干藏

种核普通干藏是一种银杏种子的短期贮藏方法。贮藏前种核先在18~20℃条件下阴干,然后将种核装入塑料布袋、箱子或缸内。容器内可以放入一个有许多小孔的塑料管,以便通气。容器封口时不要太紧,塑料袋可以在孔口处打4~8个孔,以利于气体交换。为了防止虫蛀也可以在种核内拌入农药。塑料袋内贮存种核时,总量以20 kg为宜。装好的容器要放入经消毒的低温、干燥、通风的室内保存。以室内温度3~4℃、相对湿度25%~27%,容器内湿度40%为宜。有条件的地方,也可以将种子放入低温(5℃)的种子库内贮存。普通干藏法的贮存时间可达6个月左右。

种核气干含水量

亦称种核平衡含水量。在气干状态下,种核中水分重量占种子重量的百分率。当种核开始干燥时,种核中水分向外散失;当种核中水分与空气中处于平衡状态时,就不再散失,这时的种核含水量即气干含水量。气干含水量随气温、湿度等条件而变化。银杏种核含水量必须保持大于气干含水量,否则会失去发芽力,或影响食用口感。

种核千粒重

1 000粒纯净种核在气干状态下的重量,是种子的重要质量指标之一,也是计算播种量的依据。千粒重值大者说明种粒大、饱满、空粒少,种子质量好。测定方法有百粒法、千粒法及全量法。银杏种核千粒重受母树地理位置、立地条件、树龄、品种生长发育状况及大小年的影响;此外,也常随空气湿度和温度的变化而变化。为了确切评定种核质量,有时需计算种核的绝对千粒重。种核绝对千粒重 = (1 − 种子含水量) × 种子气干千粒重

种核切开检验法

把种核切开观察其质量优劣的方法。将种核顺着胚切开后观察,凡种粒饱满、种胚健康、种核内含物的状况和色泽正常的,都算优良种核;腐烂的、受病虫害的、空粒的和无胚的种核等都是坏种子。此法一般适用于银杏大粒种核。

种核热激处理和冷冲击处理常温贮藏法

常温贮藏前先用50℃热水为处理介质对银杏种核进行热激处理后,浮果率明显降低,而且在30~150 min热激处理时间之内,热激处理时间越长,银杏浮果率越低。常温贮藏前先用0℃冰水为处理介质对银杏种核进行冷冲击处理后,常温贮藏期间银杏脱水率显著下降,而且在60~240 min时间之内,冷冲击处

理时间越长,银杏脱水率越低。

种核商品等级标准

种核商品等级标准

	500 g粒数	单粒重(g)	形态指标
特级	<160	>3.0	洁白、无霉烂、无杂质、无浮果、无破裂
一级	160~180	2.5~3.0	洁白、无霉烂、无杂质、无浮果、破裂0.5%以内
二级	180~200	2.0~2.5	洁白、无霉烂、无杂质、无浮果、破裂1%以内
三级	220~280	1.5~2.5	洁白、无霉烂、无杂质、破裂1%以内、浮果1%以内
等外级	>280	<1.5	

种核商品分级释注

范围:术语规定为定性指标,取样为定量指标。

漂浮果:种仁不饱满、干缩失水、漂浮在水上。

破碎果:种仁外壳损伤。

霉烂果:种皮发暗、种仁霉变、口感异味。

杂质:种核以外的一切异物。

洁白:种核表面洁白无杂质异色。

种粒均匀:单粒重不得有10%的差异。

种核生活力

在适宜条件下,种核潜在发芽的能力,或种胚所具有的生活力。当受条件限制不能进行发芽测定或需在短期内了解种子质量时,常用高温催芽。深休眠的银杏种核,测定结果常高于实际发芽率,这时种核生活力所表示的是它的潜在发芽能力。

种核生活力测定

银杏种核生活力的测定是用化学试剂的染色反应来反映种胚是否具有生命力的方法。它是反映种核发芽能力的间接指标。由于银杏种核是生理后熟种核,发芽测定期长,而种核生活力测定可以迅速获得结果。银杏种核生活力测定通常采用四唑染色测定法。即先将种核用温水预处理24 h,剥开种仁,切取大约1 cm包括胚根、胚轴和部分子叶(或胚乳)的方块,于30~35℃条件下染色15~20 h,四唑浓度为0.5%~1.0%。根据染色部位和大小来判断种核的生活力。根据一定标准将种核划分为有生活力种核和无生活力种核两大类,生活力以有生活力的种核占供测种核的百分率表示。

种核生理成熟

种子的营养物质积累到一定程度,种胚发育到具有发芽能力的时期。生理成熟的种实虽能发芽,但含水率高,内部营养物质处于易溶状态。

种核生理后熟

银杏种子成熟过程是受精的合子细胞发育成胚及胚珠的全过程,包括形态成熟和生理成熟。当种子发育到一定阶段后,在外部形态上显示出成熟特征,银杏表现为由绿变黄,密被白粉等,此时即可采收。但此时仅为形态成熟。只有当种子内物质积累达到一定程度,胚发育完全,并具有发芽能力时才是种子的生理成熟。多数植物种子形态成熟和生理成熟是一致的,而银杏的生理成熟在形态成熟之后。即形态成熟时,银杏种子表现为无"芯",胚仍处于发育的前期,必须经过一段后熟作用后,胚才具有发芽能力(长出"芯"),这就是银杏的生理后熟现象,也是一般树种所不具备的。由于这种典型的生理后熟现象,银杏果采收后一定要注意贮藏条件,创造适宜的环境,促进胚的发育,特别是播种用的,最好能沙藏。

种核生物多样性

银杏属于银杏科单属单种的植物,这在植物界中少有。目前,全世界50多个国家和地区的银杏都是从中国和日本引种去的。我国银杏种植面积已达12.3万hm^2,栽植株数达12亿株,银杏种核(白果)年产量约7 000 t。众所周知,银杏的寿命可达上千年,实生树的始种期为10~20年,嫁接树的始种期为5~7年。银杏种核(去掉种子外种皮)的大小和形状各异。

银杏种核单粒重最大的为"喜平"(产于日本),单粒重为5.8 g;最小的为叶籽银杏的种核,种核如黄豆粒大小,单粒重仅为0.5 g,上下相差近12倍。

银杏种核形状从近圆形、到椭圆形、长椭圆形、卵形、倒卵形、纺锤形、狭长纺锤形,纵横轴线的比值为0.9~3.5,上下相差近4倍。

银杏种核的棱脊绝大多数为二棱,稀有三棱,但亦有一棱脊、四棱脊、五棱脊和多棱脊的。种核棱脊从非常明显到上部明显下部不明显,下部明显上部不明显;甚至有整个种核棱脊全无,变得非常光滑。

种核顶部从圆钝到圆有微尖、圆有突尖、圆有小尖。

种核基部二束迹从明显宽大突尖到小突尖、微突尖、束迹极不明显。

银杏种核内的种仁绝大多数为单仁,但亦有双仁的。

银杏种核如此复杂多样,银杏虽然可长成参天大树,但银杏在系统演化上,还处于非常原始的状态。

种核失重率

贮藏中种核减少的重量与初始重量的比率,即:

种核失重率 = $\dfrac{种核初始重量 - 测时重量}{种核初始重量} \times 100\%$

种核湿藏

在湿润、低温、通气的环境中贮藏种实的方法。湿藏适合于含水量高(安全含水量高于气干含水量)、具有深休眠特性的种实,如银杏等。根据贮藏场地的不同,种子湿藏又分为露天埋藏与室内堆藏两种。

种核湿藏法

湿藏法是适于安全含水量高、胚具后熟特性的种核贮存方法。此法是将种核贮藏于低温、湿润、通风的条件下。湿藏法是一种短期贮藏方法,适于冬季贮存、翌年播种的种核。湿藏可以促进胚的发育,提高播种品质。种核包埋贮藏也称种核颗粒化贮藏,是将风干的细黄黏土加入适量水调成糊状,然后均匀地涂在种壳外面,使整个种核完全密封包埋,然后装入塑料袋内扎口,放入低温或室温下贮藏。此法贮藏种子失水率0～3.4%,1年后种子发芽率仍达60%以上。为了增加密封效果,可以将黄黏土与纤维素按49:1的比例混匀,效果更好。另外也可以用皮胶、酚醛树脂、琼脂等胶料,浓度为2%～4%,也可以收到良好效果。试验表明,石蜡、黄蜡、石膏粉等作密封基质,保水效果无明显提高,且成本高,生产上可根据实际情况选用。用黄黏土并适量加入胶粘剂,取材方便、成本低、效益高,是一种少量贮藏种子的好方法。

种核湿藏图解

种核湿藏图解

种核食用出仁率指标

>75.0%。

种核室内干藏法

室内干藏法一般是指将阴干的种核装入塑料袋中,扎紧袋口,放在室内通风干燥处,每隔2～3周松口通气;或者在袋口周围打一定数量的小孔以利透气。这种方法适用于种核数量较少且存放时间短的情况。

种核室外埋藏法

在室外选择地势较高、排水良好、土壤疏松、背阴又背风的地方,70～100 cm的沟窖,长宽随种核数量而定。先在窖底铺20 cm左右的湿沙,然后铺一定厚度的银杏种核,种核上覆5 cm左右的湿沙,沙上再铺一定厚度的种核,如此反复,湿沙和银杏种核交替铺放,最后用20 cm左右厚度的湿沙封顶。也可以将种核和4～5倍于其体积的湿沙混合放入窖内,在窖底和窖顶也需要铺一定厚度的湿沙。窖口应堆成屋脊形,以利于排水,窖的中间可插入草把,草把直通窖底,以利通气。地窖应该处于冻土层以下地下水位以上。为了防止窖内积水或湿度太大,在窖的四周可以开挖排水沟。在贮藏期间应常注意查看种沙混合物的温度和湿度,以便及时调整。

种核寿命

种实从完全成熟到丧失生活力所经历的时间。种实寿命因其本身性质而异。种子寿命与贮藏条件有关：一般在低温干燥条件下比在高温多湿条件贮藏的种子寿命长。但含水量高的银杏种核不宜过分干燥。

种核送检样品

亦称平均样品。从混合样品中分取一部分供品质检验用的种核。送检样品应按照一定的方法（四分法或分样器法）和《国家标准》中规定的数量选取。在一个种批中，只能抽取一个送检样品及一个含水量送检样品；但可同时妥善保存一份，以备复验。每份送检样品，都应附有送检申请表。

种核涂膜处理贮藏法

在银杏种核贮藏之前，经过3%乳化川蜡、1%乳化石蜡和0.3%虫胶助剂涂膜处理后再进行常温贮藏，银杏种核的硬化率、浮水率、霉变率都得到有效控制，保鲜效果比较理想。

种核形态

形状——圆形、椭圆、扁椭圆、广椭圆、长椭圆、卵形、棱形等。

核顶——圆钝、平广、微尖、尖。

顶点——有尖、钝、凹或平。

基部——平广、窄狭、维管束连生或分离。

边缘——有翼、无翼、一棱、二棱、三棱、四棱、五棱，上明显下不明显。

大小——特大粒、大粒、中粒、小粒、特小粒。

颜色——象牙白、鱼肚白、浅黄、光滑或具麻点。

类别——长子类、马铃类、梅粒类、圆子类、佛指类。

①种实和种核形状有相似性，但种核形状是识别品种的重要依据。②梅核类常两端狭长微尖，中间较宽；马铃类大多呈长倒卵或倒椭圆形，中隐线明显，两维管束分离明显凸出；佛指类呈长倒卵形，基部狭长、维管束合生。③同一类型不同品种变化较大。

种核形状和大小相关成分的测定

种核形状和大小相关成分的测定

品种类型	测定项目	核重(g/粒)	长/宽	长/厚	宽/厚	干物质含量(%)	直链淀粉含量(%)	支链淀粉含量(%)	淀粉总含量(%)	粗蛋白含量(%)	可溶性糖含量(%)	氰酸含量(mg/g)
长子	平均	2.275a	1.824^A	2.32^A	1.305^{AB}	41.73a	5.30a	47.11a	52.41a	4.49a	8.80a	4.97a
	变异系数(%)	7.88	7.14	8.94	6.45	4.29	2.13	5.58	4.30	4.32	4.30	3.93
佛指	平均	2.352a	1.662^B_b	11.94$^{AB}_{ab}$	1.169^B_b	43.24a	5.64a	48.66a	54.30a	4.65a	9.12a	4.67a
	变异系数(%)	6.63	2.58	3.23	2.52	1.69	1.57	5.49	4.02	4.78	2.47	1.25
马铃	平均	2.249a	1.32$^C_{bc}$	1.717$^B_{bc}$	1.288$^{AB}_{ab}$	44.13a	6.00a	49.41a	55.54a	4.99a	9.22a	5.02a
	变异系数(%)	24.51	2.29	2.76	3.28	2.82	2.31	4.33	2.99	11.99	4.41	4.98
梅核	平均	1.969a	1.272^C_c	1.822$^B_{bc}$	1.261$^{AB}_b$	41.91a	5.33a	47.25a	53.08a	4.62a	8.75a	4.98a
	变异系数(%)	15.74	5.51	23.34	4.82	6.01	24.79	9.83	7.26	9.91	5.10	6.15
圆子	平均	1.941a	1.133^D_d	1.541^B_c	1.375^A_a	42.48a	5.59a	47.64a	53.33a	4.94a	8.89a	4.91a
	变异系数(%)	9.20	5.88	1.86	8.04	5.48	18.93	6.70	5.45	1.85	5.31	5.25
总平均值		2.157	1.442	1.869	1.280	42.70	5.59	48.11	53.73	4.74	8.96	4.91
总变异系数(%)		15.42	18.90	17.73	7.39	4.49	19.74	6.29	5.0	11.42	4.53	5.01

种核性状

①种核净度：种核净度是指纯净种核占测定样品总重量的百分比。净度是反映种核质量的重要指标，也是计算种核使用量的重要依据。

②百粒重：百粒重是指气干状态下100粒纯净种核的重量。通常以克（g）为单位。测定方法主要有百粒法和全量法两种。百粒重是反映银杏种粒大小的重要指标，也是计算银杏播种量的重要依据。

③种核含水率：种核含水率是指种核内部所含水分占种核总重量的百分比。种核含水率是影响银杏种核寿命和种核品质的重要因素。测定方法通常采用105℃恒重法。

种核性状和变异程度

种核性状和变异程度

品种	单种重(g)	单核重(g)	单仁重(g)	出核率(%)	出仁率(%)	核长(cm)	核宽(cm)	核形指数
1 卡房林冲	10.53	2.31	1.81	21.99	78.00	2.15	1.68	1.28
2 卡房20号	8.18	2.08	1.69	25.45	80.98	2.24	1.56	1.44
3 郭家河1号	10.66	2.61	2.03	24.50	77.93	2.38	1.67	1.43
4 郭家河2号	9.96	2.18	1.73	21.91	79.42	2.21	1.56	1.42
5 泗店2号	10.31	2.28	1.78	22.15	78.00	2.26	1.58	1.43
7 大佛指	6.59	1.95	1.68	29.51	86.13	2.39	1.44	1.66
8 信阳20号	6.68	1.70	1.41	25.47	82.61	1.97	1.40	1.41
9 当地农家品种	7.02	1.63	1.25	23.23	76.56	2.00	1.46	1.37
平均值	8.74	2.09	1.67	24.28	79.95	2.20	1.54	1.43
变异系数	20.7	15.6	14.6	10.60	3.9	7.1	6.6	7.5
平均值*	9.05	2.12	1.67	23.53	79.95	2.17	1.56	1.40
变异系数*(%)	19.0	16.4	15.7	6.8	2.6	6.7	6.4	4.0
平均值**	—	2.2	—	—	78.2	2.2	1.6	1.4
变异系数**(%)	—	14.3	—	—	1.2	9.6	3.3	7.2

种核药理作用

白果生食苦涩、微甘、性平、有微毒。白果熟食甘甜微苦、性温、无毒。明代李时珍在其《本草纲目》中写道："白果温肺益气，定喘咳，缩小便，止白浊，降痰、消毒杀菌"。李时珍在其书中一共列出了18种白果疗病的处方。

①呼吸系统：对寒嗽痰喘、失声、久咳不止、肺结核有明显疗效。如再配伍麻黄、甘草、苏子，对老年性气管炎、肺气肿疗效更佳。

②消化系统：对慢性浅表性胃炎、慢性萎缩性胃炎、胃脘闷痛或灼痛、饱胀、嗳气纳差、口干舌燥、大便带血、大便干结、小儿腹泻等均有显著疗效。

③泌尿系统：对小便频数、小便浑浊有显著疗效，儿童尿床、老年尿频，食熟白果疗效亦佳。

④生殖系统：中医常言："十女九带"。如赤白带下过多，早、晚可食熟白果。如再配伍莲肉、胡椒食之疗效更显著。另外，男性遗精、阳痿食熟白果亦有一定疗效。

⑤皮肤科疾病：如患手足皲裂、鼻面酒糟、头面癣疮、下部疳疮、阴虱作痒、狗咬成疮、乳痈溃烂、水疗暗疗等，将生白果仁研细涂敷患处，疗效均佳。

人工处理后的白果，种仁晶莹透明，味道滑腻，鲜美爽口，色香味俱佳。我国宋代诗人杨万里曾写过一首品尝白果的小诗《银杏赋》，"深灰浅火略相遭，小苦微甘韵最高。未必鸡头如鸭脚，不妨银杏伴金桃。"我国中医药自古就有药食同源之说。白果除对上述疾患有一定的疗效外，还具有滋阴补肾、温肺益气、祛病养身之功效。白果通过加工，可制成色泽鲜艳、气味浓郁、香甜可口、药食俱佳、老幼皆宜的数十种不同风味的保健食品、保健菜肴、保健饮品等。这些食品、菜肴、饮品在国内外市场上十分畅销，供不应求。

种核优良度

说明种子质量优劣程度的指标。一般用优良种核数与供检种核数的百分比来表示。

种核有效成分

银杏种核中具有多方面生物活性的特定化学成分，主要有黄酮苷类、萜类、烃基酚类和多烯醇类等化学成分。

种核质量等级

反映种核播种品质的等级。在种核检验结束后，根据几个重要质量指标划分种核等级，以便确定种核价格和使用量。不够最低等级的种核，不能在生产上应用，销售也有困难。

种核质量等级标准

等级	特级	Ⅰ级	Ⅱ级	Ⅲ级
千克粒数	<320	320~400	401~480	481~600
百粒核重(g)	>313	250~313	208~249	167~208
种核具胚率(%)	>90.0	80.1~90.0	70.1~80.0	60.0~70.0
浮籽率(%)	<2.0	2.0~5.0	5.1~10.0	10.1~15.0
种核失重率(%)	<2.0	2.0~5.0	5.1~10.0	10.1~15.0
种核霉变率(%)	≤1.0	1.1~5.0	5.1~10.0	10.1~15.0
种仁萎缩率(%)	<2.0	2.0~5.0	5.1~10.0	10.1~15.0
种仁绿色率(%)	>90.0	80.1~90.0	70.1~80.0	50.0~70.0
种仁光泽率(%)	>95.0	90.1~95.0	85.1~90.0	80.0~85.0

种核质量分级

经分级的种核播种后出苗时间一致，苗木大小均匀，便于管理。同时，种核等级也是进入市场按质论价的重要依据。为了确保银杏种核商品质量，需将经过处理的种核进行分级。国家林木种核质量检验规程中将银杏种核划分特大粒、大粒、中粒、小粒和特小粒5级。银杏种核分级的主要标准是种核的大小、形状、整齐度、饱满度、色泽和破损率等。

种核质量指标

①全树平均单核重3.0 g以上，此平均重的粒数占80%以上。

②种实出核率26%以上。

③种核出仁率76%以上。

④种核纵横径比值在1.8以下。

⑤种核光滑洁白，外形美观。

⑥核壳较薄且易剥离。

种核种胚增长

项目 \ 观察时间	11月中旬	12月中旬	1月中旬
解剖数量(粒)	200	212	219
有种胚数量(粒)	133	173	194
有胚率(%)	66.5	81.6	88.58

种核重量测定

银杏种子重量常用千粒重表示，以克为单位，千粒法用千粒计；百粒法用百粒计，重复2~8次，计算平均值，求算千粒重。

种核贮藏

采收后的银杏种子，并未完成其胚发育，还要经过40~50 d的时间，才能达到完全的生理成熟。因此，银杏种核的贮藏，也是生理成熟的最后阶段。种子贮藏前应除去杂质以及水漂后的上浮种(风果)、破核种、霉烂种。银杏种核含水量通常高达50%，糖类物质含量也在40%以上，而蛋白质和脂肪含量偏低，一般在6%和3%以下。由于含水量高，种核的呼吸强度大，营养成分消耗就很快，种核寿命短，不耐贮藏。在普通的贮藏条件下，银杏种核的寿命只有几个月。因此，采取适当措施，提高银杏种核的贮藏品质尤为重要。影响银杏种核贮藏品质的因素有很多。

种子采回后，铺在地上，厚度以不超过30 cm为宜，上覆稻草，防止太阳曝晒，约经5~6 d，种皮腐烂后，搓去外种皮，淘洗干净。因新鲜种核含水量达50%左右，贮藏时易霉烂。因此，需摊放在阴凉处晾3~5 d，使其种子含水量达30%~40%。室内混湿沙贮藏(种沙比1:2为好)，摊放不宜过厚，以20 cm为好，此厚度便于翻动检查。上盖草帘等物，每隔半月翻动一次，以防霉烂变质。时间过长，水分蒸发，沙过干，可适当洒水补充，以防种子硬化。必须注意经常检查，防止鼠害，待立春播种。

种核贮藏的呼吸代谢

种核贮藏期间的重要生命活动是呼吸作用。种核呼吸代谢的性质、方向及强度与种核特性、环境条件有关。在有氧条件下，种核进行有氧呼吸。有氧呼吸产生的二氧化碳一部分集中在种核周围，导致空气中二氧化碳浓度增加，但种核本身不能利用，而过高的二氧化碳反而抑制呼吸的正常进行。有氧呼吸产生的水，一部分分布在种核周围，另一部分可以被种核利用。如果贮藏过程中，呼吸作用加强，必然产生大量的水，特别在温度较低的情况下，水汽达到饱和，则形成水滴分布在种核表面，这种现象称种核"出汗"。另外有氧呼吸产生大量的热量，一部分分布于种核周围，一部分种核可以重新利用。当呼吸作用加强时，产生大量热量，增加了种核自身温度，这种现象称种核"自热"。

在实际生产中人们发现,当银杏种核贮藏不合理时,时常发热、潮湿,这与呼吸强度增加有关,所以种核贮藏后要经常翻动,促进气体交换,防止种核"出汗"和"自热"发生。如果在种核贮藏期间氧不足,种核则进行无氧呼吸,由于产生大量乙醇等有毒物质,将导致种子腐烂死亡,所以银杏种核贮藏期间,主要是控制呼吸强度,延长种核寿命。

种核贮藏原理

银杏种实形态成熟后尚未脱离母树之前,即转入休眠状态。休眠期内种核内部的生命活动并未停止,包括呼吸活动在内的多种代谢活动仍在进行,只是比较微弱而已,如种胚的发育正是在休眠期内完成的。呼吸活动的进行意味着种核内部的营养物质在不断消耗,呼吸强度越大,贮藏物质消耗得越快,种核的寿命越短。因此,银杏种核贮藏效果的好坏关键是控制其呼吸强度。

种脊

中种皮上隆起的棱脊。在种实成熟后,留于中种皮上的痕迹。银杏中种皮上隆起的棱脊,有一条、两条、三条、四条、五条。

种间竞争的研究方法

①替换系列试验:在替换系列试验中,每盆或每个小区内一种植物的个体数逐渐增加,而另一种植物的个体数逐渐减少,但两种植物的个体总数保持不变。

②累加系列试验:累加系列试验是一个物种的密度保持不变,而另一物种的密度发生变化。

③附加系列试验:该试验是由几个替换系列试验组成。

④因子结构试验:因子结构试验中两个物种的密度变化是相互独立的。

种间竞争基本概念

银杏复合经营理论所研究的核心内容之一就是银杏和农作物的种间竞争。种间竞争是指两个或两个以上不同物种对同一资源的竞争。种间竞争有两种作用形式:

①直接作用:是指一个物种对另一物种直接产生的影响(如等位变态现象)。

②间接作用:间接作用分两种情况,一种情况是一种植物通过改变其周围的环境条件来间接地影响另外一种植物的生长;另一种情况是一个物种通过促使对另一物种生长有害的因子产生而间接地发生影响。

种——景型模式

双层结构,上层按大行距、小株距(一般株行距 3 m×5 m)栽植定植树;实行高干(干高 2.5 m 以上)劈头嫁接培养成结果树;下层进行银杏盆景培养。新村乡新一村将其承包的 0.4 hm² 银杏苗进行改造,按株行距 3 m×5 m 留出定植树,进行嫁接;其余苗木全部截干培养盆景。目前年产银杏果 1 800 kg,培育银杏盆景 1 000 余盆。

种壳厚度标准

0.30~0.50 mm。

种壳厚度测定方法

在一批种核中随机抽取种核 30 粒,分别于每粒种核中部取大小为 0.5 cm×1.0 cm 的种壳,用游标卡尺(精确度为 0.001 mm)测量其厚度,重复 10 次,取平均值。

种壳结构

孔隙径 1.0~4.0 μm;平均单位面积孔隙(5~9)个/(20 μm×20 μm);孔隙占总面积 5.0%~8.0%。

种壳结构测定方法

在一批种核中随机抽取种核 30 粒,用无水酒精清洗外壳,干燥后切取种壳中部 0.2 cm×0.2 cm 样品,用双面胶黏合在样品台上,在 IB-3 离子溅射仪上喷金 20 min,取样品在扫描电子显微镜下扫描观察,工作电压为 20kV。

种壳色泽

采后呈汉白玉或鱼肚白色,具光泽,贮后略泛黄。

种粒大小对播种苗生长量的影响

种粒大小对播种苗生长量的影响

每千克种粒数	苗龄与苗木生长					
	1 年		2 年		3 年	
	苗高(cm)	地径(cm)	苗高(cm)	地径(cm)	苗高(cm)	地径(cm)
400 粒以内	10.96	0.572	29.17	0.641	75.12	1.285
400~600	9.78	0.527	25.74	0.604	63.67	1.147
600~800	9.01	0.513	23.96	0.561	61.12	1.097

种粒大小对苗木生长的影响

种粒大小对苗木生长的影响

粒/kg	亩产苗量（万株）	平均高(cm)	平均粗(cm)	主根长(cm)	侧根数(条)	叶片数(片)	备注
400	1.9	15.4	0.87	32.6	38.2	31	立地条件相同，施肥量一致，同一管理措施，播种期为4月上旬
600	1.8	12.6	0.62	25.4	28.8	26	
800	1.8	9.6	0.52	20.0	19.2	23	

种——苗型模式

与(银杏)苗一果一材兼用型结构基本相同，所不同的是银杏结果树采用劈头嫁接。胜利乡赵楼村，银杏结果树为株行距8 m×8 m，基径5 cm实生苗定植，劈头嫁接，干高2.5～3 m，行间和株间按1 m×1 m株行距栽植基径3 cm银杏实生树培育银杏大苗。前期根据市场需要逐年将银杏苗木抽出出售，效益较好；但由于当前银杏绿化大苗价值高，银杏果价值相对较低，在生产中个别群众改变了原设计思路，把银杏大苗培育作为最终经营目标，忽视结果树的管理，影响了银杏结果树的生长、结果。

种内嫁接

又称共砧嫁接。种内品种间或同一品种嫁接。银杏属种内嫁接的果树。其亲合力最强，成活率最高。

种内杂交

同属于一个生物种的个体之间的相互交配。包括种内个体、品种、类型之间的杂交。因其亲缘关系较近，杂交容易成功。对杂种后代进行选择可以提高生活力和育成新品种。银杏的杂交属种内杂交。

种皮

银杏外、中、内种皮是由相对应的3层珠被发育而成，外种皮厚5～6 mm，肉质；中种皮厚约0.5 mm，骨质，洁白；内种皮棕褐色，膜质。

种皮发育

银杏外、中、内种皮是由相对应的3层珠被发育而成的。

外种皮在种子中间厚5～6 mm，两端厚度为中间的1/2。8月底至9月初银杏肉质外种皮、骨质中种皮及膜质内种皮已明显分化。外种皮表面角质层厚15 μm，由2个富含淀粉的肾形细胞组成的气孔在其上相间排列，蜡质并不连续。外种皮含有叶绿素、单宁及类脂，个别细胞内氧化钙晶体呈簇状排列。外种皮内含有椭圆形或圆形油胞，不同品种在密度、大小及形状上差异较大。从表面向内，细胞体积逐渐增大，由40 μm×15 μm增大至200 μm×130 μm。当细胞的体积增大时，叶绿体和淀粉粒的数量减少。外种皮成熟时呈橙黄色，大多数品种的种子背腹面不明显。当种子脱落时，外种皮变软，很容易被洗掉。中种皮骨质、洁白，厚度约0.5 mm。珠孔端较薄，质地均匀，平滑，木质化程度差，易开裂；基端则木质较厚，质地粗糙，纹理交错，并有条纹突起，不易开裂。珠孔端和基端特殊的解剖构造利于种子发芽。珠孔端和基端之间可见有突起的横隐线。横隐线的位置及清晰度可作为栽培品种的分类依据。剥离时两端分界明显，珠孔端易从中线处开裂，而基端呈筒状不易开裂。基端双维管束连生或分离。珠孔端棱线明显或成翼，而基端不明显。内种皮膜质，在横轴线上下的形态和解剖特征明显不同。上部内种皮分2层，一层附着于中种皮，另一层紧贴种仁，金褐色。下部内种皮附着于种仁上，质地脆，不透明，呈暗棕色或灰白色，其上有珠状分布的蜡质。

银杏3层种皮分化发生于受精之前，受精并不改变珠被的发育过程，其他裸子植物珠被发育是在受精之后。

种脐

种子成熟，脱离种柄（珠柄）或胎座后，在种皮上所遗留的痕迹。银杏为椭圆形。颜色深浅不一。

种群

亦称群体。分布在同一生态环境中，能自由交配、繁殖的一群同种个体。就银杏而言，中国幅员广阔，地形复杂，气候多样，受纬度、海拔、山脉走向及冰川侵袭程度等因素影响，银杏的自然分布具有明显的地带性特点，即东西部分布距离长，而随着纬度的增加或减少，在北方分布趋于近海地区，西南则趋于高原山地，造成银杏这种分布逆向偏移的主要原因是随着纬度的增加，年平均气温逐渐降低，银杏的分布趋向于温凉湿润的沿海；而随着纬度的降低，年平均气温逐渐增高，银杏趋向温凉湿润的西南山区。银杏的这种分布状况客观地反映了银杏对气候条件的要求。在分布范围内，从海拔4～5 m的冲积平原到2 700 m的山地，除重盐碱地外，不论酸性、中性或微碱性的各类土壤，银杏不仅生长良好，而且结实旺盛。然而在此范围内，由于地形、土壤、小气候及水热等条件的差异，并非处处为其适生区，往往在一个省、自治区内的几个市县，或一个市县内的几个乡镇分布集中，形成我国银杏主产区呈点状、块状或片状分布的格局。

种仁

银杏种子成熟后,胚乳由嫩绿转为黄白,鲜嫩可食的种仁,具有止咳、定喘、祛痰、润肺之功效,但多食易中毒,加热可使毒性降低,中毒的临床表现为恶心、呕吐、腹痛、腹泻等,常伴有兴奋、惊慌、抽搐等症状出现,此时应到医院治疗。化学工业中也常以银杏种仁制作香料。

种仁氨基酸含量

银杏种仁中氨基酸含量高,种类多。银杏种仁中总氨基酸含量为10.77%,其中人体必需氨基酸7种,含量约为3.42%,占总氨基酸的31.8%;药效氨基酸为9种,含量约为7.25%,占总氨基酸含量的67.3%;半必需氨基酸4种,含量约为1.33%,占总氨基酸含量的12.3%。在药效氨基酸中含量最高的是谷氨酸,谷氨酸钠除做调味外,还可用于肝昏迷、神经衰弱及癫痫发作等病的治疗。另外,天门冬氨酸盐可保护心肌,治疗心脏疾病;甘氨酸可用于治疗肌无力症和缺铁性贫血等;赖氨酸和亮氨酸有促进幼儿生长的作用,并常用做食品添加剂。

种仁成分含量和变异系数

种仁成分含量和变异系数

常量元素(%)			微量元素(mg/kg)			营养物质(%)		
名称	平均值	极值	名称	平均值	极值	名称	平均值	极值
N	1.790	$\frac{1.385 - 2.148}{1.70}$	Fe	19.698	$\frac{12.979 - 26.79}{16.1}$	蛋白质	11.19	$\frac{8.706 - 13.425}{10.5}$
P	0.328	$\frac{0.272 - 0.393}{6.9}$	Zn	14.322	$\frac{9.978 - 20.514}{26.3}$	脂肪	8.57	$\frac{6.826 - 10.415}{11.1}$
K	0.309	$\frac{1.616 - 1.563}{14.3}$	Cu	6.706	$\frac{3.949 - 10.739}{23.8}$	淀粉	63.48	$\frac{57.15 - 66.22}{3.0}$
Ca	0.008	$\frac{0.003 - 0.027}{57.5}$	Mn	1.811	$\frac{1.407 - 2.659}{19.2}$			
Mg	0.094	$\frac{0.077 - 0.114}{11.6}$						

种仁的加工利用

银杏种仁通过加工可制成许多工业化食品、饮料及家庭风味食品,是老少皆宜的滋补保健品。但总体来说,种仁的加工利用尚处于起步阶段,加工利用的研究尚需进一步深入。近年来,由于种核产量持续增长,种核价格不断下降,种核的深加工利用急需得到解决。目前,市场上也有一些种仁加工制品,但尚未形成规模,市场影响不大。

种仁的开发利用

银杏种核为上等干果,其种仁营养丰富,味道甘美。银杏种仁自古以来医食同源,广泛用于食品烹调和饮料、酿制、罐头等,是人们喜爱的滋补保健食品。常用于补虚扶衰、止咳平喘、涩精固元等。宋代曾列为贡品、圣品,深受帝王称赞。现代研究也发现银杏种仁含有的营养成分相当丰富。在20世纪60年代至70年代国外发现银杏种仁含有动力精样物质,并分离出2种核酸酶。近年来的研究也发现,种仁中含有抗衰老物质,还有抑制癌细胞扩散作用,进一步提高了银杏的医疗保健价值。

种仁的药用价值

银杏种仁中除含有丰富的营养成分外,还含有多种药用成分。我国中医药古书一直将银杏种仁列为重要药材,并且记录了使用方法及对某些疾病所具有的特殊疗效。元代吴瑞的《日用本草》中描述了银杏种仁"味甘平",主要功能是"敛肺气、定喘咳、止带浊、缩小便"。现代临床试验也表明,经常食用银杏种仁,可起到延缓衰老、温肺益气和增强机体免疫功能等作用。研究结果进一步证实,利用银杏种仁制备的银杏汁对延缓小白鼠SOD活力下降具有显著作用,因此,银杏种仁对延缓动物机体衰老具有一定的效果。银杏种仁中微量元素硒的存在,能有效地提高机体的免疫水平,具有抗衰老的作用,同时对维持心血管系统的正常结构和功能也能起重要的作用。银杏种仁中的白果酸能抑制多种杆菌和皮肤真菌,对葡萄球菌、链球菌、白喉杆菌、炭疽杆菌、枯草杆菌、大肠杆菌和伤寒杆菌等都有不同程度的抑制作用。将新鲜种仁捣烂,调成浆乳状,涂抹患处,可治疗酒刺、头面癣疮、酒渣鼻等疾病。从鲜种仁中提取的白果酚甲,能够使血管渗透性增加,有降血压作用。银杏种仁制成的化妆品,具有明显的消炎、止痒、褪色斑、防皲裂等功效。因此,银杏种仁既是食品,又是保健滋补品和药品。

种仁粉加工方法

银杏种实中含有有益于人体健康的化学物质,应选择脱毒银杏种仁。将银杏种仁用粉碎机粉碎,粉碎颗粒 1~2 mm。

种仁光泽率

种仁具光泽的粒数占检测总粒数的比率,即:

$$种仁光泽率 = \frac{种仁具光泽粒数}{检测的种核总粒数} \times 100\%$$

种仁和叶片氨基酸的含量

种仁和叶片氨基酸的含量　　　　单位:%

氨基酸(代号)	种仁	银杏叶(绿)	银杏叶(黄)
天门冬氨酸(天)	1.18	1.12	0.38
苏氨酸(苏)*	0.54	0.54	0.18
丝氨酸(丝)	0.55	0.59	0.24
谷氨酸(谷)	2.13	1.35	0.46
甘氨酸(甘)	0.53	0.76	0.26
丙氨酸(丙)	0.64	0.76	0.24
胱氨酸(胱)	0.07	0.08	0.05
缬氨酸(缬)*	0.61	0.66	0.21
蛋氨酸(蛋)*	0.19	0.11	0.07
异亮氨酸(异亮)	0.46	0.56	0.18
亮氨酸(亮)*	0.83	1.06	0.27
酪氨酸(酪)	0.27	0.39	0.12
苯丙氨酸(苯)*	0.36	0.60	0.18
赖氨酸(赖)*	0.43	0.78	0.24
组氨酸(组)	0.20	0.25	0.06
精氨酸(精)	1.33	0.63	0.17
脯氨酸(脯)	0.45	0.51	0.20
总含量	10.77	10.75	3.51

种仁黄酮测定

在一批种子中,随机抽取若干初次样品组成混合样品后,随机抽取100粒种核,去壳,在105℃±2℃下烘干15 min,然后在80℃±1℃下烘干至恒重后粉碎。精密称取银杏种仁干粉150 mg,置100 mL圆底烧瓶中,加甲醇20 mL、4%硫酸20 mL,使其溶解,水浴回流提取2 h,放置至室温,以甲醇定容至100 mL容量瓶中,过滤,取滤液备用。以槲皮素为对照,用HPLC法进行测定。按下式计算黄酮含量。

$$黄酮含量(\%) = 2.50(a+b+c) \times 100\%$$

其中 a、b、c 分别是样品中3个主要成分槲皮素、山柰黄素、异鼠李黄素相对于槲皮素标样的浓度值。

种仁检测规则

①以同等级的同一批交货数为一检验批,每批不超过5 000 kg。②每批抽样不低于4 kg。③检验结果如有一项不符合该等级的要求,则以符合的等级定级,低于Ⅲ级的为等外品。

种仁口感

甜、香,略有苦感,具银杏特有风味。

种仁绿色率

种仁保持绿色的粒数占检测总粒数的比率,即:

$$种仁绿色率 = \frac{种仁具绿色粒数}{检测的种核总粒数} \times 100\%$$

种仁内含物

银杏在中国悠久的食用和药用历史,在某种程度上也是对其种仁类内含物的研究史。研究表明,银杏种仁成分丰富,含有淀粉、蛋白质、脂肪、糖类、醇类、酚类、维生素和许多微量元素等。

种仁色泽

刚采黄中泛绿,呈翡翠绿色,贮后渐成乳黄色。

种仁食疗价值

我国自明清以来,人们把白果种仁作为干果和食疗佳品。明代有糯米蒸(《滇南》),煨法(《品汇》),炒法(《回春》)。清代又增加了煮制(《拾遗》)和油制(《丛话》)。现代有清炒、蒸法、煨法、蜜炙等炮制方法。但白果虽好却不能多吃,食用过程中也应注意适法适量,这样不仅能品尝美味又能更好地发挥白果的食疗保健效果。白果种仁可以生食,生食可以防牙蛀(生食一般不提倡)。白果仁虽然可以生食,但将白果仁炒熟后味道要鲜美一些。炒白果仁能降浊痰,增强敛涩作用,具有平喘、缩尿、止带等功效。白果入药可用于治疗气逆喘咳或久嗽不止及带下白浊、肾虚尿频、小儿腹泻等杂症。另外,白果仁外用可用于疥癣、酒刺、阴虱等。如治面鼻酒渣,用生白果仁、酒醇糟,捣烂,夜涂日洗(《医林集要》),或用生白果仁切断,频搽,以治头面癣疮(《秘传经验方》)。

种仁萜内酯测定

在一批种子中,随机抽取若干初次样品组成混合样品后,随机抽取100粒种核,去壳,在105℃±2℃下烘干15 min,然后在80℃±1℃下烘干至恒重后粉碎。精密称取银杏种仁干粉150 mg,加甲醇5 mL溶解,后置于氧化铝层析柱上,用甲醇15 mL洗脱,洗脱液用N_2吹干后,加入含苯甲醇0.2%的甲醇溶液0.5 mL,摇匀,用注射器取10 μL进样。采用外标法定性,内标法定量测定内酯含量。按下式计算内酯含量。

$$内酯含量(\%) = \frac{内酯峰面积}{内标峰面积} \times \frac{10^2}{R} \times \frac{1.045}{M}$$

其中内标物为苯甲醇,R为内酯的响应因子,M为种仁干粉的质量(mg)。银杏内酯A(ginkgolide A, GA)、银杏内酯B(ginkgolide B, GB)、银杏内酯C(ginkgolide C, GC)和白果内酯(bilobalide, BB)的R值分别为1.12、1.16、1.26和1.11。

种仁烷基酚及烷基酚酸类成分

银杏种仁中含有白果酸($C_{22}H_{34}O_3$)、氢化白果酸($C_{22}H_{36}O_3$)、氢化白果亚酸($C_{21}H_{34}O_2$)、白果醇($C_{22}H_{22}O_3$ 即甘九烷-10-醇)和漆树酸($C_{22}H_{22}O_3$)等。

另外，种仁中也含有有毒成分，其中4′-甲氧基吡哆醇（4′-O-methmylpyridoxine，MPN）是种仁的主要毒性成分。其作用的机制为作为维生素 B_6 的拮抗剂，并能在大脑中抑制谷氨酸转化为4-氨基丁酸（GABA），其毒性的症状主要是引起阵发性痉挛。

种仁萎缩率

种仁萎缩皱褶的粒数占检测总粒数的比率，即：

$$种仁萎缩率 = \frac{种仁萎缩褶皱粒数}{检测总粒数} \times 100\%$$

种仁营养成分

银杏种仁的营养成分相当丰富，特别是蛋白质、脂肪、磷、铁、胡萝卜素、维生素B等的含量比较高。不同银杏品种、不同产地、不同采收期种仁中各种营养物质和矿质元素不一致（林睦就等，2002）。一般来说，银杏种仁中碳水化合物含量约为38.2%、水分含量约为58%、蛋白质含量约为6.9%、脂肪含量约为2.4%、灰分约为1.47%、钙约为18.8 mg/100g、磷约为90 mg/100 g、铁约为2.79 mg/100 g、胡萝卜素约为0.86 mg/100 g、维生素 B_1 约为0.31 mg/100 g、维生素 B_2 约为0.24 mg/100 g、维生素 C 约为2.72 mg/100 g。另外，微量元素硒在银杏中含量也很高。银杏种仁中所含脂类成分方面的研究比较深入。研究结果表明，银杏种仁中所含脂类的基本组成是：甘油脂62.11%、复合脂12.65%、固醇脂9.19%、固醇6.05%、单甘油脂2.32%、二甘油脂3.97%、游离脂肪酸2.14%。复合脂主要以卵磷脂、脑磷脂、脑苷脂、磷脂酰肌醇、磷脂酰丝氨酸、固醇及麦固醇为主。糖脂主要由双半乳糖双甘油脂、单半乳糖双甘油脂、脑苷脂组成。脂肪酸中各种脂类物质的组成大约是：油酸26.5%～32.9%、硬脂酸4.6%～11.5%、亚油酸32.2%～42%、棕榈酸6.7%～15.5%、亚麻酸2.9%～6.0%。银杏种仁平均含水量为56.40%，淀粉占碳水化合物总量的94%，银杏属于高含水量型种子，从高淀粉、低蛋白和脂肪的内源能量水平来看，银杏又属于淀粉型种子。高水分、低能量是银杏种子不耐贮藏及寿命短的两个重要生理原因。银杏不同品种其营养成分差异很大。

种仁营养成分含量

种仁营养成分含量表 单位:%

文献报导	淀粉	蛋白质		糖			脂肪	粗纤维	矿物质	灰分	钙	磷	铁	钾	镁	氮	VC	核黄素	胡萝卜素
		蛋白质	核蛋白	糖	还原糖	蔗糖													
中国经济植物志(1961)	36.0	6.4	—	—	—	—	2.4	—	—	—	0.01	—	0.0015	—	—	—	—	—	—
四川野生植物志(1962)	68.0	13.0	—	7.0	—	—	3.0	—	—	3.4	—	—	—	—	—	—	—	0.00005	0.00032
中药大辞典(1977)	36.0	6.4	—	—	—	—	2.4	—	—	0.01	0.218	—	—	—	—	—	—	0.00005	0.00032
中国主要树种造林技术(1983)	62.4	11.3	0.26	—	1.1	5.2	2.6	1.2	3.0	—	—	—	—	—	—	—	—	—	—
桂林地区科技(1983)(2)	62.7	—	—	6.1	—	—	3.6	—	—	—	—	—	—	—	—	—	—	—	—
山东农业科学(1968)(6)I	28.5	9.47	—	—	—	—	9.84	—	—	—	0.03	—	—	1.24	—	—	—	—	—
山东农业科学(1968)(6)II	27.0	8.09	—	—	—	—	9.55	—	—	—	—	—	—	0.84	—	—	—	—	—
广西植物研究所(1989)	60.4	12.70	—	—	0.49	—	9.80	0.24	—	2.9	0.07	0.35	0.018	—	—	—	—	—	—

种仁甾体化合物

银杏中含有一些甾体化合物,如 β - 谷甾醇、β - 谷甾醇 - 葡萄糖苷、松醇(pinol)等。

种仁脂肪酸的化学成分

种仁脂肪酸的化学成分

峰号	化合物名称	分子式	分子量	相对含量(%)
1	十四碳烷酸	$C_{13}H_{27}COOH$	228	0.09
2	十五碳烷酸	$C_{14}H_{29}COOH$	242	0.12
3	异十五碳烷酸	$C_{14}H_{29}COOH$	242	0.03
4	异十五碳烷酸	$C_{14}H_{29}COOH$	242	0.48
5	十六碳烯酸	$C_{15}H_{27}COOH$	254	3.504
6	十六碳烷酸	$C_{15}H_{29}COOH$	256	8.99
7	十七碳烷酸	$C_{16}H_{31}COOH$	270	0.71
8	未知		280	(2.80)
9	9,12—十八碳二烯酸(亚油酸)	$C_{17}H_{31}COOH$	280	73.13
10	9—十八碳烯酸(油酸)	$C_{17}H_{33}COOH$	282	
11	十八碳烷酸	$C_{17}H_{35}COOH$	284	微量
12	未知	$C_{18}H_{37}COOH$	286	(0.91)
13	十九碳烷酸		288	0.03
14	二十碳三烯酸	$C_{19}H_{32}COOH$	308	5.58
15	二十碳二烯酸	$C_{19}H_{34}COOH$	310	0.48
16	二十碳烯酸	$C_{19}H_{36}COOH$	312	0.40
17	未知		324	(0.30)
18	二十碳烷酸	$C_{19}H_{38}COOH$	314	0.32
19	二十二碳烷酸	$C_{21}H_{43}COOH$	340	0.72
总计				95.84

种仁质地

质地细腻,具韧性和糯性。

种仁中的矿物质营养元素

银杏种仁和银杏叶中含有25种微量元素,其中钙、镁、钾、磷在银杏和银杏叶中属于常量。同时,银杏和银杏叶中还含有铍、铋、铅、镉、砷、汞等有毒微量元素,但由于含量很低,对人体基本无毒害作用。银杏种仁中常量元素含量较高,占所测元素含量的99.4%,其含量由高到低的顺序为钾>磷>镁>钙;微量元素含量约占所测元素含量的0.56%,其含量由高到低的顺序为铁>钠>锌>铜>锰>钡>锶。银杏种仁中锌与镉的比值很高,对心脏有保护作用。

种仁中各元素的含量

种仁中各元素的含量

序号	名称	含量
1	蛋白质	6.4%
2	脂类	2.4%
3	碳水化合物	36%
4	钙	0.1 mg/g
5	磷	2.2 mg/g
6	铁	10 μg/g
7	钾	11 mg/g
8	胡萝卜素	0.3 μg/g
9	核黄素	0.31 μg/g
10	赤霉素	少量
11	动力精样物质	少量
12	甲/乙/丁/辛酸	少量
13	天门冬素	少量

种仁中微量元素含量

银杏种仁中微量元素的含量

微量元素	含量(μg/g)	微量元素	含量(μg/g)
铜(Cu)	7.3	铬(Cr)	<0.2
锌(Zn)	12.9	钼(Mo)	<0.2
铁(Fe)	36.0	铝(Al)	<10.0
锰(Mn)	5.1	钛(Ti)	<5.0
锶(sr)	1.5	钡(Ba)	2.4
钙(Ca)	216.0	锂(Li)	<0.3
镁(Mg)	1 240.0	铍(Be)	<1.0
钾(K)	12 400.0	铋(Bi)	<10.0
钠(Na)	26.0	铅(Pb)	<6.0
钒(V)	<0.5	镉(Cd)	<0.5
磷(P)	3 680.0	砷(As)	0.46
钴(Co)	<0.5	汞(Hg)	0.02
镍(Ni)	<0.02		

种仁贮藏期间种胚SOD的活性变化

选用银杏核用主栽品种佛指、马铃和龙眼结实树各1株,常规采收后每品种随机称取10 kg种核,分别进行O_2和N_2的控制及冷激、热激、$CaCl_2$浸泡、^{60}Co辐照、5℃低温和室温贮藏处理,结果表明,银杏种胚中SOD活性表现较高;其中马铃种胚的SOD活性低于其他品种,胚芽长度高于其他品种。不同品种种胚SOD活性、胚芽生长量、种核失重率、浮籽率和硬化率差异较大。种胚SOD活性(x)与胚芽长度(y)呈负相关。热激和^{60}Co辐照处理后的种胚SOD活性高出最低者的5~9倍,每克(鲜重)分别为1 096.88~1 135.45酶单位和562.92~1 697.54酶单位,而其胚芽长度分别仅为最高者的 56.76%～59.01% 和 37.88%～52.89%。处理后 10 d 的种胚 SOD 活性（y）高于处理后 90 d（x），两者呈显著正相关。种核贮藏期间的失重率、浮籽率和硬化率相互间呈极显著正相关。

种实

  银杏雌花无子房构造，"果实"由胚珠发育而成，称为种实。种实的发育过程也是雌配子体内各种养分（如脂肪、淀粉和蛋白质）不断积累及种皮、种托和胚形成的过程。精细胞和卵细胞结合，发育成胚，原雌配子体部分发育成胚乳。因此，银杏的胚乳细胞为单倍体。种实椭圆形，长 2.5～3.5 cm，宽 2.0～2.8 cm，柄长 1.5～5.5 cm。成熟的种实外种皮由外珠被发育而成，较厚，肉质，橙黄色，表面有角质层覆盖，成熟后有白色蜡粉，其薄壁细胞中含氧化钙结晶体，呈簇状排列，细胞体积由外至内逐渐增大，外种皮细胞中含有叶绿素、单宁及类脂。中种皮由中珠被发育而成，细胞木质化，坚硬，骨质，乳白色，有光泽，向两侧逐渐变平，中种皮由 5～6 层石细胞组成。内种皮由内珠被发育而成，膜质，有光泽，上部灰色，下部棕褐色，由 1～2 层薄壁细胞组成，细胞排列整齐，胞腔内充满红棕色物质。去掉肉质外种皮后的部分习称白果，即种核，可食用的部分为胚乳仁。胚乳肉质，淡黄绿色，富含营养，细胞内含有大量淀粉、蛋白质及类脂，胚中含有氢氰酸，苦涩，有毒，食用时可去掉胚。完整的银杏胚包括胚轴、胚根、胚芽和子叶。由于银杏雄株少、分布不均匀，因而授粉不充分，有些胚珠未受粉，有些受其他花粉或微粒刺激而膨大，形成无生育能力的种实。因此并非每粒银杏种实经过后熟都可以形成完整的胚，有的种实根本无胚。据调查，银杏种实无胚率可达 9.95%～25.0%，有的品种无胚率更高。银杏有多胚现象，一般情况下每颗种实内只有 1 个胚，但也有相当数量的种实有 2 个或 2 个以上的胚。形成多胚种实的原因，有的是由于胚珠中不止 1 个卵细胞；有的是由于受精卵形成的合子，最初的分裂为均等分裂。多胚种实中通常只有 1 个胚能正常发育。另外，还有的银杏种实有种实联体现象或多胚根、胚轴现象。由于品种的不同，外种皮的硬度、白色蜡粉多少、种实柄的长度、粗度和弯曲度，种实的成熟时间、丰产和稳产性能，种核的大小、形状、粒重、色泽、维管束痕、珠孔迹、出核率、出仁率，种仁的颜色和保鲜期，胚乳的柔性和糯性，胚芽的甜苦等均有所不同，因而常作为区别核用银杏品种的标志。银杏从授粉到种实发育成熟经历的天数差异很大，即使在同一地区、同一单株上，也因环境条件的变化而不同。据中国科学院地理研究所汇集的各地物候资料，从授粉到种实发育成熟平均为 173.5 d，少的为 142～144 d（山东泰安及郯城），多的达 185～189 d（安徽歙县）。综合国内外的观测资料，银杏种实生长发育期间，鲜重和干重增长的曲线呈"S"形。种实纵径和横径的生长高峰期在 6 月初至 7 月初，分别占年总生长量的 43.8% 和 42.9%，骨质中种皮在 6 月中旬至 8 月下旬长成。9 月上旬至 9 月中旬种实成熟，早熟品种提早到 8 月下旬成熟。各地不同品种银杏种实的形态成熟期不同，桂林为 8 月中旬至 9 月中旬，辽宁约为 10 月中旬。银杏种实达到形态成熟时就可以采种、调制，除去肉质外种皮，但这时种实的胚还没有发育完全，必须要经过一段后熟时间，才能发育成为完整的胚。银杏实生树结实晚，20 年左右才开始结实，40 年后进入盛期。嫁接能提早结实，用良种嫁接 3～5 年即可开始结实。

种实、种核和种仁生长指标

种实、种核和种仁生长指标

指标	种实										
	果长(cm)	果宽(cm)	果厚(cm)	果柄长(cm)	单果鲜重(g)	单果干重(g)	单果含水量(%)	果皮鲜重(g)	果皮干重(g)	果皮含水量(%)	果皮厚(cm)
$\bar{X}$	2.897	2.998	2.956	3.754	16.05	3.328	79.26	10.996	2.421	77.98	0.786
S	0.068	0.077	0.074	0.757	1.13	0.102	0.613	2.460	0.512	1.486	0.09
Cv,%	2.33	2.57	2.49	20.10	7.02	3.06	0.76	22.37	21.16	1.90	11.58
指标	种核										
	核长(cm)	核宽(cm)	核厚(cm)	单核鲜重(g)	单核干重(g)	单核含水量(%)	种壳厚(mm)	种壳鲜重(g)	种壳干重(g)	种壳含水量(%)	出核率(%)
$\bar{X}$	2.361	2.014	1.385	2.831 4	1.501 9	46.95	0.525	0.780 0	0.589 9	24.41	17.64
S	0.106	0.114	0.101	0.405 3	0.181 0	0.293 1	0.08	0.060 0	0.054	2.647	2.20
Cv,%	4.50	5.67	7.32	14.31	12.05	0.60	15.23	7.730	9.18	10.84	12.47

续表

指标	种仁						
	仁长(cm)	仁宽(cm)	仁厚(cm)	单仁鲜重(g)	单仁干重(g)	单仁含水量(%)	出仁率(%)
$\bar{X}$	1.830	1.452	1.280	2.052	0.479	75.68	72.47
S	0.15	0.09	0.08	0.376	0.052	0.56	2.44
Cv,%	8.20	6.20	6.25	18.34	10.00	0.76	3.37

种实采收期

种实可集中采收的时期。合理的采收期应根据银杏种实成熟时间来确定,过早或过迟都会影响银杏种实的产量和品质。银杏种实的成熟经历形态成熟和生理成熟两个过程。形态成熟是指当银杏种实发育到一定阶段后,在外部形态上显示出某些成熟特征,如外种皮由绿变黄、外种皮软化、部分种实开始成熟落地等物候现象。银杏的生理成熟是指种实形态成熟后,因种胚尚未发育完全,种核仍不具有发芽能力,需要经过一段时间的后熟作用后,种胚才能发育完全并具有发芽能力。因此,银杏在采收以后一定要经过一定时间的贮藏或催芽才能完成种胚的后熟作用。银杏在采收前一段时间是种仁内干物质积累的重要时期。现有资料表明,银杏种实在采收前1个月内,平均单粒重增加13.1%,种仁干重增加15.2%,过早采收会严重降低种核的加工品质和播种品质。因此,银杏切忌过早采收。我国银杏分布广、品种多,种实的成熟期相差很大,如广西桂林种实成熟期要比山东郯城提前10天左右。各地应因地制宜确定最适采收时间。

种实的发育

银杏的形态品质包括果形系数、核形系数、仁形系数、单果重、单核重、单仁重、出核率和出仁率。在评价银杏种子的优劣时,主要依靠形态指标。银杏4月20日授粉,4月25日进入盛花期,各地区由于气候差异时间有所不同。从盛花到盛花后60 d种实生长速率较快,重量迅速增加,为线性生长期,盛花后80 d后成熟种实重量增加趋于平缓,且成熟时,外种皮由于失水萎蔫,种实重量还会降低。银杏的体积增长同重量变化趋势相似,横径和纵径的增长较早。纵径生长的始盛期与横径相似,但其旺盛生长期早于横径,种实横径的主要生长天数大于纵径。种实干重在授粉后70 d以前为迅速增长期,此时种实体积也迅速增加,所以干物质积累不明显;授粉后70~150 d,干重增加迅速而体积停止生长。

种实的生长发育过程图示

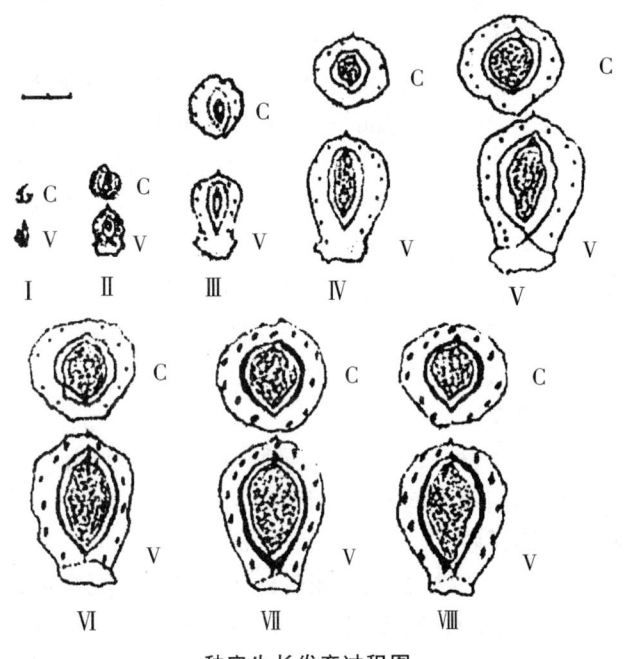

种实生长发育过程图

C.种实的横切面
V.种实的纵切面
Ⅰ期:授粉期的胚珠
Ⅱ期:珠被细胞迅速分裂,雌配子体游离核出现
Ⅲ期:种实迅速膨大,雌配子体细胞壁形成(5月27日)
Ⅴ期:中种皮细胞壁从合点端开始加厚(6月24日)
Ⅵ期:种实缓慢增大,中种皮木质化(7月8日)
Ⅶ期:种实缓慢增大,中种皮木质化(7月22日)
Ⅷ期:种实成熟,种胚形成(9月30日)

种实调制

银杏的种实调制是指银杏种实采收之后,采用软化外种皮等手段之后再脱去外种皮,获得纯净的银杏种核的过程。

种实堆藏法

将采收后外种皮完好无损的种子,摊放在通风向阳的地方,每晚各翻动1次,经晾晒后,外种皮水分大部分失去而呈皱褶样时,装入麻袋放在通风冷室内,翌春播种之前脱皮后即可使用。也可用1份种实和2份河沙混匀后,堆放在室内。堆放高度60 cm以下,20天翻1次,以利于通风换气,调节沙温。河沙过干时,应适当加水增湿。在贮藏过程中,要经常检查种实堆,发现霉烂种实,立即剔除,以防蔓延。

种实发育过程中内含物的变化

银杏种实的发育过程实际上是雌配子体内淀粉、类脂和蛋白质不断形成的过程。在生长过程中,淀粉、葡萄糖和果糖含量较高,因此银杏属于淀粉型种子。种实不同生长期各种糖分的含量不同,盛花后65 d前各种糖分含量呈上升趋势,后期淀粉和多糖、三糖、二糖含量变化相反,反映出它们之间的消长变化。种实的氨基酸含量变化也与种子自身生长发育规律密切相关。对银杏种实发育过程中 N、P、K、Ca、Mg、Zn、Fe、Mn 8 种元素的含量变化进行相关分析,发现不同发育时期种实的营养元素含量之间存在极显著的相关性,种实的生长发育进程是营养元素含量与比例的统一。种仁内氢氰酸含量主要决定于种胚的形成与生长发育速度,与种核的形状也有一定关系。种核的营养成分和氢氰酸含量的变化还能反映种核的贮藏性能。

种实发育期

受精后,种实开始膨大至胚珠成熟的时期。银杏种实成熟期分为前期、中期和后期。

种实钩落采收

待种子成熟之后,可用带钩竹竿伸入树冠之内,钩住枝条基部轻轻抖动,使成熟的银杏种实落下。或用3~5 m高的木梯,人站梯上,先用竹竿钩落树冠外部的种实,再钩落树冠内部的种实,如抖动枝条尚难以使种实下落,则需用竿顶轻触种柄将种实顶落。此法的优点为既不损伤枝叶又可干干净净地采收。切忌猛打乱抽,伤及结果短枝。

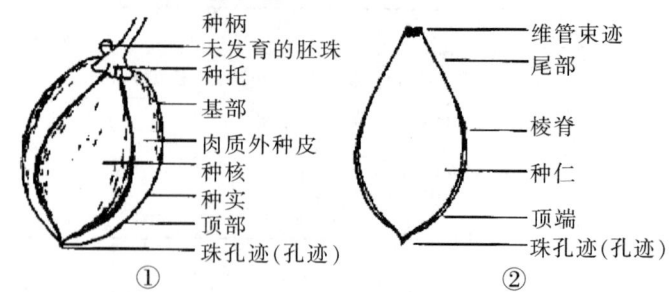

种实和种核结构简图
①银杏种实;②银杏种核

种实和种核生长的单相关分析

银杏种核干重生长与银杏种实鲜重、体积、干重和外种皮干重生长之间均有极显著正相关关系,任何促进银杏种实鲜重、体积、干重或外种皮干重增长的因素均能促进种核生长,反之,则能抑制种核的生长。

种实和种核生长的多元回归和偏相关分析

对影响种核(Y)生长的四个变量种实鲜重(X_1)、体积(X_2)、干重(X_3)和外种皮干重(X_4)进行逐步回归。

银杏种实各测定项目二元回归(剔除 X_1、X_2)和偏回归假设测验如下表。

银杏种实各测定项目二元回归(剔除 X_1、X_2)和偏回归假设测验

变异来源	df	SS	MS	F
二元回归	2	230.770 192	115.385 4	104.85**
因 X_3	1	40.827 2	40.827 2	37.10**
因 X_4	1	11.465 6	11.465 4	10.42**
离回归	10	11.005 288	1.100 5	

影响银杏种核干重生长的因素为种实干重(X_3)和外种皮干重(X_4),而种实鲜重(X_1)和体积(X_2)对种核干重的影响并不显著,种核干重与种实干重的偏相关系数为 $+0.99**$,而种核干重与外种皮干重的偏相关系数为 $-0.99**$。

种实后熟的形态特征

银杏种实后熟的形态特征

处理	种子大小(cm)				胚		胚乳	
	纵径	横径	棱径	平均	色泽	长(cm)	色泽	有无空腔
后熟前	2.53	1.41	1.96	1.90	白	0.90	黄白	个别先端有
后熟后	2.56	1.42	1.96	1.91	白	1.26	带绿	无

种实化学采收法

化学采收法是指在银杏种实接近形态成熟时,向树冠喷施催熟物质,从而达到促进种实脱落的目的。用500 mg/kg乙烯利溶液喷洒后,在第11~12 d和第15~16 d出现2次种实脱落高峰;用1 000 mg/kg乙烯利溶液喷洒后则出现3次脱落高峰,分别是喷后5~6 d、11~12 d、15~16 d,脱落效果良好,脱落率高达91%。该采收法的优点是种实成熟整齐,采收期一致,缩短了采收时间;不足之处是在加速形态成熟的同时,也使树叶提前脱落。因此,采用此法采收的时期要适当。

种实活力

在生产上常用活力指数、发芽势和发芽率来表示。活力指数表示种子活力比较全面,指数高,活力强。活力指数计算公式为:

$$VI = X(\sum Gt/Dt)$$

式中 X 为幼苗长势(发芽试验结束时测得的根、芽或幼苗的平均长度或干鲜重),$\sum$ 为积加符号,Gt 为 t 日发芽数,Dt 为相应的天数。

发芽势可表示种子发芽能力和速度的强弱,数值大表示活力强。计算公式为:

$$发芽势 = \frac{规定天数内种子发芽粒数}{供试种子粒数} \times 100\%$$

发芽率表示种子的发芽能力,结合发芽势,可进一步说明种子活力情况,计算公式为:

$$发芽率 = \frac{发芽种子粒数}{供试种子粒数} \times 100\%$$

种实结构图

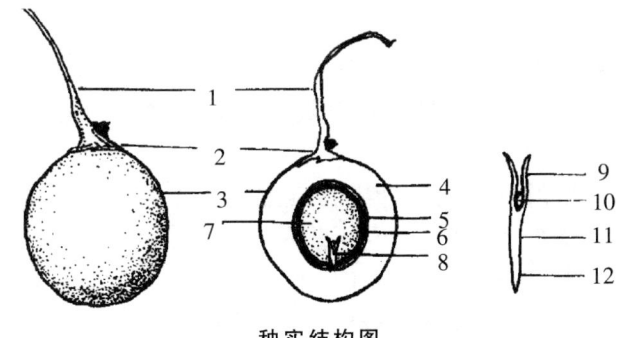

种实结构图

1.种梗;2.种托;3.种子;4.外种皮;5.中种皮;6.内种皮;7.胚乳;8.胚;9.子叶;10.胚芽;11.胚轴;12.胚根

种实浸泡脱皮

江苏吴县等地,银杏采收后,一般先将其在清水中浸泡 7 d 以上,而后选择晴朗天气,捞出种实后,用脚踏或用手捏出种核,并及时冲洗、摊晾,待中种皮发白后立即出售。采用这种方法脱皮,骨质中种皮一般没有破损,即使处理前外种皮已有少许破损,也不会在部分骨质中种皮上残留黑斑。沤制时,虽有少量恶臭,但处理的汁水不会引起严重的污染,处理的时间也可以根据天气情况进行调整。生产实践证明,用这种方法处理种实,浸泡日数即使超过 15 d 也无关大局,脱皮后的白果表面依然洁白如银。甚至用于留种的银杏,也可以采取这种办法处理出种核。不过,用这种办法处理种核,刚脱出的种核含水量较高,清洗不干净,或者长期堆积在一起时,很容易产生霉斑。所以,用于出售的白果,必须使其种核表面迅速干燥,并尽快出售。作为种子用的白果,浸水时间则宜短。出核后洗净,还要先让其失去一部分水分后,及时用偏干的粗沙贮藏。据试验,在水中这样浸泡 7~10 d,一般不会影响银杏种核的发芽力,只是这样做也会使银杏胚的发育有所延迟,所以,处理出来的种核,务必做好沙藏处理。浸水后脱种核,有的还采用脚踩的办法来去除外种皮,一边踩踏,一边冲洗。这样做处理速度较快,也能减少手掌皮炎的发生,但是,也会造成少许种核破损,或使少许种核粘留外种皮而影响种核出售品质。以上所介绍的处理方法的最大不足之处是:需要有一定的浸泡条件,同时,应当保证使所有的种实都浸于水内。捞出后务必尽快脱种核,及时冲洗干净,并晾干表面的水分,以免影响白果的色泽与品质,进缸的外种皮尽可能不要破损。

种实霉烂病

此病在各银杏产区时有发生。在银杏种子的室外贮藏、温床催芽及播种后均有可能出现。

(1)病原菌与症状。引起银杏种实霉烂的菌类很多,主要是青霉菌、交链孢菌等。这些菌类都是靠空气传播的腐生菌类。霉烂的银杏种核一般都带有酒霉味,在种皮上分布着黑绿色的霉层。生有霉层的种核多为水湿状并呈现褐色。切开种皮,种仁全部呈糊状,或一半成糊状。

(2)发病规律。银杏种实霉烂虽由多种原因所造成,但以容器不洁、外种皮漂洗不净、种子含水量过大、贮藏温度过高、通气条件不良、种实过早采收等为主要原因。

(3)防治方法。

①适时采收种实。采收的种子必须充分成熟,防止采青。

②外种皮一定要漂洗干净,否则是种子贮藏期间霉烂的祸根。

③种子贮藏前要适当晾干,含水量减少 20% 左右为宜。破碎种子和霉烂种子应一律剔除,如有条件,种子应用杀菌剂消毒,充分晾干后贮藏。

④贮藏环境应干净、无菌,食用种核库温在 2~5℃ 为宜,并保持通风。播种用种不宜冷库贮存。

⑤种子室外窖藏时,一定要用干净清洁的沙子,含水量不宜过大,并防止雨水流入。种子催芽前一定要经消毒才准上炕催芽,播种前土壤一定要消毒。

种实膨大水

从 6 月上旬到 7 月下旬,银杏叶片在增厚,种子在膨大,同时又是花芽分化的关键时期。此值梅雨季节,一般年份不需灌水,若遇干旱,仍需要灌水,以保证种子膨大和花芽分化的需要。

种实品质

又叫种实质量,它说明种实质量的优劣。广义的品质应包括母树的遗传品质和种实的播种品质两个方面。而一般所说的种实品质(质量)指播种品质(又叫使用品质),即指种子的纯度(净度)、千粒重、发芽势和发芽率(或生活力、优良度)等指标。各指标的高低说明种子质量的好坏。这些指标总称为"种实质量指标",又叫种实品质指标。

种实人工击落采收法

银杏种实的采收方法很多,但无论哪种方法都应以尽可能减少对母树的伤害为原则。人工击落法是我国广大银杏产区普遍采用的办法。此法操作简便、工效高,但也存在很多弊端。如易伤害枝条从而影响来年种核产量;易使叶片受损从而影响母树当年的养分积累,因为从采收到落叶一般还有1~2个月的生长期。因此,采用此法进行种实采收时应尽量保护好母树。

种实生长发育过程中内源激素含量的变化

在种实的发育过程中,生长素、细胞分裂素、赤霉素等激素起着尤为重要的作用,它们不仅影响到种实细胞的分裂、分化和细胞的体积增长,还起到养分调运中心的作用。在银杏种实发育的不同阶段,种实中不同激素呈现出不同的变化规律。在银杏种实体积的快速生长期内,赤霉素的含量保持较高水平,脱落酸(ABA)含量很低。然而,从银杏种实体积增长的缓慢期开始,赤霉素的含量快速降低,ABA含量显著升高。

种实生长曲线图

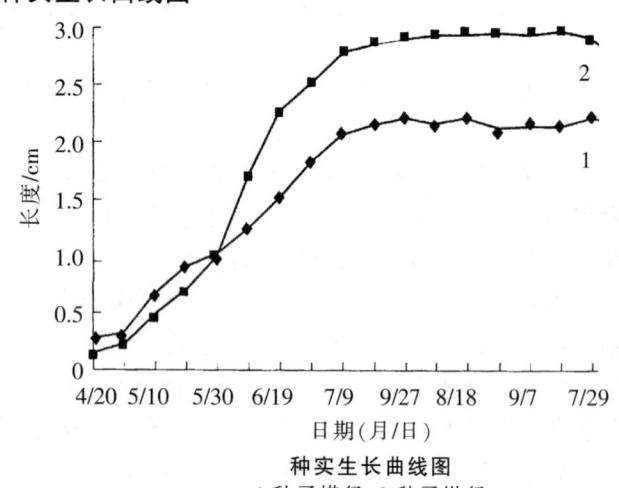

种实生长曲线图
1.种子横径;2.种子纵径

种实生理成熟

一般相对于形态成熟而言,如银杏种实中的种核虽然在外观、色泽、大小、重量等形态特征上以达到成熟的标准,但它的胚还未具备发芽能力,这种现象不称为生理成熟。银杏采收后,需经过2~3个月胚已形成,这时种核才具有发芽能力,此时才为银杏的生理成熟。

种实脱落期

银杏种实成熟后散落的时期。品种不同,种实成熟后的脱落期也各不相同。熟悉不同品种种实脱落期,是确定采种方法与采种期的前提。

种实脱皮

银杏种实采收后应尽快脱皮,以免发霉腐烂,通常采用的脱皮程序是:堆沤或水沤→外种皮软化腐熟→揉搓捣烂外种皮→水冲漂洗去杂。为了提高种核外观的商品价值,堆沤高度不宜超过60 cm。由于外种皮含有大量碳水化合物,病菌极易滋生,故水冲漂洗时一定要干干净净,中种皮上不能残留外种皮的痕迹。同时,外种皮对人体皮肤的刺激作用极大,一般不要直接接触外种皮已经破裂的种实。

种实形态

形状——圆形、扁圆形、椭圆形、广椭圆形、长圆形、卵圆形、倒卵形。

果顶——平广、凹入、突起、渐尖、渐钝。

果基——平广、凸起、凹入、渐尖。

大小——特大、大、中、小、极小。

颜色——淡黄、橙黄、红晕、灰褐、枯黄。

果粉——厚、中、薄、极薄。

果柄——长、中、短、弯曲、平直、微弯。

蒂盘——凹、凸、平广、圆形、椭圆形、多边形。

油胞——颜色(橙黄、黄)、形状(圆形、椭圆形)、密度(密、稀、无)。

不同类别、不同品种的银杏种实形态特征差异很大,这些特征可以作为良种选育、品种识别的重要依据。

种实形态生长发育规律

在北京地区,银杏种实的生长过程曲线为典型的单"S"形,银杏的种实纵径、横径、体积、重量等都随着生长过程而呈"S"形的规律性变化。由此可以看出,银杏种实的整个生长过程可以划分为3个阶段:第1阶段为授粉后的前40 d,这一阶段的特点是在花粉的刺激作用下,种实开始缓慢增长,种实横径、纵径和体积分别增加了1.05 cm、0.94 cm和0.65 cm³,横径增长速率快于纵径;第2阶段为授粉后的40~80 d,这一阶段的特点是种实生长迅速,横径、纵径和体积分别增加了1.04 cm、1.69 cm和5.14 cm³,与第1阶段相比,横径变化不大,而纵径生长明显快于横径,其中纵径和体积增长速率分别是前一阶段的1.8倍和5倍;第3阶段为授粉80 d之后至种实成熟,这一阶段内种实体积停止增长,横径和纵径都呈平稳状态,其间横径、纵径和体积分别只增加了 0.09 cm、0.16 cm 和 0.8 cm³。在江苏北部地区,银杏从传粉到种实成熟历时150 d左右。在山东地区,银杏受精后的前2个月是胚珠的快速生长期间。在法国,银杏受精后的前3个月内,胚珠体积发育到最大。在银杏种实的整个生长发育过程中,银杏种实的相对含水量在67.2%~87.1%之间变动,以速生期为最高。而绝对含水量在授粉后的前30 d增加较慢,30~140 d之间水分含量迅速增加,每粒银杏种实水分含量增加了3.11 g,为前30 d的17倍,到成熟前开始下降。由此不难看出,授粉后的30~140 d为银杏种实发育需水量较大时期。在银杏种实的整个生长发育过程中,种实相对密度(比重)始终保持在1.0以上,其中以生长初期种实相对密度最大,在授粉后第30天时达1.2 g/cm³,以后随种实体积的迅速增大,相对密度逐渐降低。在授粉后的前70 d银杏种实干重增长迅速(单粒干重增加了5.76 g),但由于同期内种实体积增加更快,结果是种实相对密度反而略有下降。相反,在授粉后的70~160 d期间,尽管银杏种实干重增长缓慢(单粒干重增加了2.53 g),但由于这一时期干重的增长快于体积增长,种实相对密度开始上升,这表明这一阶段是以干物质养分积累为主的时期。

种实形态生长过程

根据佛指银杏种实鲜重、体积、干重、外种皮干重和种核干重的测定结果,应用 probit 方程进行统计处理。

①由于银杏种实各测定项目 probit 分析的相关显著性均达到极显著水平,说明银杏种实鲜重、体积、干重、外种皮干重和种核干重的累积生长量均呈"S"形曲线;②银杏种实各测定项目在进入生长始盛期、旺盛期和盛末期的时间上并不一致,这说明各测定项目的生长并不同步,如银杏种实外种皮干重和种核干重生长分别在5月24日和6月5日进入生长始盛期,暗示着外种皮干重的生长高峰在前,种核干重的生长高峰在后。

种实性状变异

对44个银杏品种(系)种实种柄长度、种实长度、种实宽度、单种重量、种核长度、种核宽度、种核厚度、单核重量、种形指数(种子长度/种子宽度)、核形指数(核长/核宽)及出核率(单核重/单种重)等11个指标进行了测定。结果表明:①银杏种核重量相关的性状变异较大,而与形状相关的性状则较为稳定;②以11个指标进行的主成分分析中,前3个主成分的累积方差贡献率为88.3%;③以前3个主成分作为银杏品种聚类分析的综合指标,以遗传距离值0.85为标准,44个银杏品种(系)可以划分为四大类群,其中长兴1号、湖北1-6、桂林6号、湖北1-5、洞庭佛手2号、马铃2号、郯城马铃2号、龙眼为第一类群,大佛指、小圆子、洞庭皇、鸭尾银杏、铁富马铃1号、皖大龙眼为第二类群,洞庭佛手1号和桂林8号为第三类群,其余为第四类群;④多性状指标基础上利用主成分值进行聚类分析的分类结果,与以种核长宽比单个性状为基础的传统分类结果存在较大差异。

种实休眠

由于银杏的种胚发育不完全而导致生理休眠。所谓休眠是指具有生活力的种实,由于受某些内在因素和外界条件的影响,暂时不能发芽或发芽困难的自然现象。休眠现象有生理休眠(也称自然休眠)和被迫休眠两种。银杏种实有后熟过程,所以属于生理休眠。休眠时的种实,若不经过特殊处理,即使给予适宜的温度、水分和光照条件,也不能发芽或发芽时间较长。银杏种实有休眠特性,主要是因为种胚未成熟引起。当银杏种实从母树上脱落采收时,胚尚处于发育初期,不具备发芽能力。一般须经过约60 d以上的层积或后熟过程,待胚长到足够的体积和成熟度时才具有发芽能力,故有"落地始生胚"之说。

种实养分含量动态变化

种实养分含量动态变化

观测项目		盛花后天数(d)									
		50	60	70	80	90	100	110	120	130	140
水分	P	90.5	85.20	90.80	82.60	82.30	80.40	78.20	79.40	78.40	75.60
	E	90.50	86.20	79.20	73.40	68.40	66.70	65.70	63.70	60.30	60.10
维生素C	P	30.80	22.00	22.88	24.20	24.64	30.80	28.16	26.40	32.56	29.92
	E	36.96	47.52	52.80	55.94	54.56	48.40	36.08	27.28	27.28	22.88
氮	P	1.127	1.225	0.541	0.748	0.517	0.563	0.430	0.398	0.585	0.418
	E	1.231	2.023	1.251	1.316	1.110	0.930	0.935	0.937	0.793	0.853
磷	P	2.197	2.689	1.772	1.705	1.573	1.554	1.388	1.345	1.345	1.265
	E	1.978	2.149	1.002	0.936	0.901	1.083	0.968	0.912	0.982	0.985
钾	P	0.610	0.458	0.478	0.411	0.333	0.332	0.325	0.329	0.195	0.236
	E	1.474	1.448	1.594	1.195	1.474	1.203	1.300	1.164	1.255	1.203
灰分	P	4.241	4.829	4.166	4.194	4.173	4.294	4.213	4.109	4.184	4.099
	E	4.497	4.223	3.623	3.071	3.050	3.220	3.306	3.045	3.056	3.000
粗蛋白	P	7.043	7.658	3.383	4.673	3.230	3.520	2.684	2.487	3.656	2.611
	E	7.694	12.646	7.820	8.222	6.938	5.812	5.846	5.858	4.995	5.330
粗脂肪	P	24.401	21.879	21.308	20.010	12.108	12.797	14.780	14.457	16.265	16.143
	E	14.485	14.326	13.151	11.535	11.307	10.204	11.407	10.841	12.912	9.454
蔗糖	P	2.308	1.443	2.885	3.460	3.462	3.462	5.184	5.770	8.078	9.232
	E	14.485	14.326	13.151	11.535	11.307	10.204	11.407	10.841	12.912	9.454
还原糖	P	9.461	3.386	8.666	5.274	5.098	4.050	5.550	5.784	8.344	8.444
	E	8.123	3.239	1.954	0.340	0.511	0.540	0.534	0.235	0.155	0.212
粗纤维	P	6.888	11.008	11.065	15.112	18.695	19.981	20.128	19.175	20.583	22.025
	E	0.470	0.482	0.660	0.670	0.965	0.990	0.985	0.990	1.009	1.028
淀粉	P	32.509	35.228	35.806	31.834	33.649	40.555	46.886	47.638	42.512	42.513
	E	33.643	33.713	33.683	32.314	32.251	38.451	42.200	43.545	44.681	44.858
碳水化合物	P	50.716	51.125	57.876	55.682	60.904	68.048	77.748	78.367	79.517	82.214
	E	43.679	39.169	38.605	35.632	36.901	43.732	47.758	48.809	49.556	49.704

种实摇晃采收

充分成熟的银杏种子,果柄离层同时产生,只要人爬到树上用手抓住枝条轻轻摇晃,种实即可下落。种子不能下落,说明尚未充分成熟。可隔3～5 d后再摇晃一次,即可采净。切忌用石块或重物撞击树干或大枝,造成树体皮部受伤。也有用高压水枪击落种子的,但极易在击落种子的同时也击落大量的小枝或叶片,因此,此法仅可用于人力难以达到的树顶端所结种实的采收。

种实摇落采收法

该法适于充分成熟的母树种实采收,优点是对树体影响较小。常用的方法主要有两种:一种是种实形态成熟后,可直接上树摇晃树枝,或用长竹竿附加一搭钩,钩住树枝进行震动;另一种是用震动式采种机械进行采收,效率相当高。

种实乙醇提取液对苹果干腐病菌菌落直径的抑制作用

种实乙醇提取液对苹果干腐病菌菌落直径的抑制作用

提取液体积(mL)	稀释倍数	平均菌落直径(mm)	纯生长量(mm)	抑菌率(%)
1	50	45.0	39.0	27.80
2	25	36.0	30.0	44.40
4	12.5	30.6	24.6	54.40
5	10	23.0	17.0	68.50
对照(CX)	—	60.0	54.0	0

种实直接摘取法

该法适用于嫁接矮化树冠的银杏母树,优点是可以更好地保护母树,但在实际使用中受到较大的限制。

种实重量增长动态回归分析

项目		回归方程	相关系数	生长期(d)	主要生长期
种实	鲜重	Y = −0.600 + 0.109X	0.940	130	21X～80X
	干重	Y = −0.562 + 0.027 1X	0.984	140	31X～90X
种仁	鲜重	Y = −0.454 + 0.023 7X	0.940	130	41X～70X
	干重	Y = −0.493 + 0.011 1X	0.978	140	71X～110X
	占种实比	Y = 1.989 + 0.179X	0.897	130	41X～70X
种皮	鲜重	Y = 2.455 + 0.045 5X	0.819	130	14X～80X
	干重	Y = −0.314 + 0.018 2X	0.967	140	41X～90X
	占种实比	Y = 91.230 − 0.136X	−0.912	130	11X～40C

种实撞打冲洗脱皮

广西桂林地区的农民，习惯于采用撞打的办法来脱外种皮。他们把采下的种实运回河边后，马上堆在石臼内用木柱撞击，待大部分种实的外种皮与骨质中种皮脱离后，立即在水沟内漂洗。当地采用这种方法脱皮，主要是为了使白果能提早上市。按照那里的做法，银杏种实一般在采后第2天或第3天就能处理完毕，并立即投放市场。这种处理方法的主要缺点是：撞击时会有相当一部分种子的骨质中种皮同时被捣碎，破碎的白果就失去了商品价值，即使混入少数骨质中种皮破碎的白果，也会使商品降低等级。据实地考查，用直接撞击法脱皮，白果的破碎率一般高达5%～10%。这会严重影响白果的出口贸易。撞击脱皮的另一个弊病是：由于采收时外种皮尚未充分软化，脱皮的干净程度较差，总还有一部分外种皮粘连于骨质中种皮上。这会使白果表面产生黑斑，影响到白果的品质。

种实自然脱落采收法

该采收法是指银杏种实自然脱落后再捡取的方法。该方法的优点是对银杏母树没有伤害，缺点是采收时间长。

种条

直接用于育苗或造林的树木枝干，或用来截取插穗和接穗的枝、干。一般扦插用种条可采树干基部根颈上抽生的萌蘖枝条。嫁接用种条可采树冠中上部外缘枝条。注意采自中、幼龄银杏母树，选生长发育健壮、叶芽饱满的二、三年生枝。

种以下的分类

银杏是单科、单属、单种的裸子植物。从植物学的角度来说，种以下为变种(var.)，银杏既有7个变种：

塔型银杏：枝条斜展，呈塔形。

垂枝银杏：枝条下垂。

裂叶银杏：叶较大，裂深。

斑叶银杏：叶有黄色花斑。

黄叶银杏：叶鲜黄色。

叶籽银杏：种实着生在叶子上。

鸭脚银杏：种核窄长，卵圆形，微扁。

日本记载的银杏变种还有：三裂叶银杏和大叶银杏。

从果树栽培学的角度来说，银杏种以下分为五大类群：即长子银杏类、佛指银杏类、马铃银杏类、梅核银杏类、圆子银杏类。各类群之下又分出栽培品种(cv.)，各栽培品种直接用汉语拼音标注。

种——叶型模式

双层结构，上层为银杏结果树，选用基径5 cm以上实生苗，采取大行距、小株距，高干劈头嫁接(干高2.5 m以上)的方式定植；下层为银杏采叶树，实行种子育苗或初生苗平茬，采用灌丛式的作业方式。该模式适宜银杏幼龄林阶段。重坊镇龙马村上层银杏结果树，株行距为6 m×4 m，劈头嫁接，高度为2.3 m，目前树木平均胸径14.6 cm，冠幅4.2 m×3.8 m，平均株产银杏果8.7 kg；下层为采用种子繁育的采叶树，现年产银杏干叶1 890 kg/hm^2。

种用品种选择条件

①早果：幼树嫁接后3～5年始花始果，一二年生的枝条即可形成短枝而结种，三四年生的则开始大量结果。②丰产：大小年不明显，产量变异系数小于30%，产量较高。③品质高：种核整齐，果型较大(320～360粒/kg)，出核率26%以上，出仁率70%以上，种仁含淀粉60%以上，含粗蛋白10%以上，耐贮藏(自然条件下室内存放6个月不干瘪、无空头)。④结果期长：枝龄30年内的短枝仍开花结果，有结果能力的短枝年年结果。⑤树冠开张，长势旺盛：树冠开张度大于100°，长枝年生长量不少于30 cm，内膛与外围结果均匀。⑥坐果率高：平均每个有结种能力的短枝的坐果数量超过0.5粒，或每平方米树冠投影面积产白果2 kg以上。⑦抗逆性强：相同条件下，遭受旱、涝、病、虫、风等灾害的受损程度比其他品种轻。

种用质量标准

单粒重≥2.5g,净度≥98%,含水量≥60%,有胚率≥75%,生活力≥90%,发芽势≥70%,催芽点播场圃发芽率≥90%,病虫感染率为0。

种植点的配置

种植点的配置是指栽植点在造林地上的间距及其排列方式。种植点的配置与造林密度是相联系的,同一造林密度可以由不同的配置方式来体现,使其具有不同的生物学意义及经济意义。营造银杏林一般有正方形配置、长方形配置、"品"字形配置和正三角形配置等方式。不同的配置方式对银杏个体在林分中分布的均匀度、树冠的发育、林分的生长及产量和品质等都有不同程度的影响。当行距明显大于株距时,应考虑行向的问题。在较高纬度的平地上,南北行向更有利于光合作用,可提高生长量15%以上。即使在低纬度地区,南北行向也有增产作用。在山区,行的方向又分为顺坡行和水平行两种。水平行有利于蓄水保墒,而顺坡行有利于通风透光及排水,这两种行向各适用于不同的地理环境。在风沙地区营造银杏林,一般使行向与害风方向垂直。

种植绿肥

林下种植不仅有改良土壤、提高肥力等优点,而且可以保证银杏生长有充足的林地,防止被其他间作物占用,做到以地养地,在人多地少及庭院经济中尤为重要。江苏泰兴不少地方已普遍采用这一方法。有秋播春翻的冬季绿肥——苕子、蚕豆、紫云英等,春播夏翻的夏季绿肥——大豆、田菁等。播种绿肥时应施点磷肥,以磷增氮。在绿肥花期翻入土中或沤制堆肥。

种质

亦称生殖质。生物体中的一种特殊分子组成的基质,在发育为个体期间,它对下一代生殖细胞形成的影响始终保持不变,是形成遗传性物质基础的遗传物质,它经由生殖细胞一代一代连续传递,并不受自身与环境影响。种质是决定生物种性并将其遗传信息从亲代传递给后代的遗传物质的总体。在植物改良方面,它又可理解为是小到个别遗传性状大到整个遗传原始的综合体。

植物遗传资源品种改良中所用的原始材料都可称为"种质"。具体地说,一个群体,一个植株,一部分器官——根、茎、叶、花粉、种子、细胞,甚至染色体或核酸的片断,都包罗于"种质"的范畴。我们所讲的银杏种质,主要指的是品种及其类群。

种质保存的范围

保存种质资源需要花费大量的人力、物力和土地。为了合理地进行规划安排,就要根据各研究单位的任务来确定种质保存的范围。银杏种质基因库应该保存的银杏种质资源有以下几方面:①栽培品种中的古老品种和地方品种;②重要的具有优良性状综合的栽培品种、品系以及某些突变型;③奇特种质资源。

地方品种是指在简单的选择下形成的,长期在当地一定范围内栽培的原始品种,没有经过现代技术的改进。它存在某些明显的缺点,但它也具有某些可贵的特性。例如对当地生态条件的高度适应和对某些地区性病虫害的抵抗性,而且也能够适合当地的生产条件和消费习惯。地方品种中还包括那些过时和零星栽培的品种,它们不能适合发展中的要求,将因新品种的普及而遭到淘汰,因此需要抢救保存。重要的栽培品种、品系以及某些突变型,具有某些控制优良性状的基因组成或特殊种质,这些材料因为在生产中盛行栽培,不集中保存固然暂时也不致散失,但是为了比较研究,并建立种质丰富完善的种质库,也是不可缺少的部分,因此有必要进行集中保存。尤其是一些新的品系和少数有价值的突变类型,如果不予选择保存就有可能在群体中散失。

种质保存的方式

银杏种质保存的方式,主要有就地保存、移地保存和离体保存三种。①就地保存是指在银杏生长所在地通过保护银杏原来所处的自然生态条件来保存银杏种质。种质就地保存主要有两个方面:一是适当地建立野生银杏的自然保护区,这是自然资源保存的永久性设施,是保存自然物种的基地;另一方面是要全力保护栽培的古树和名木。这些古树名木都应保存原树,并进行繁殖,因为它们长期经历了自然选择的考验,大多是遗传基础较现有栽培品种更为丰富的类型或原始品种,具有研究利用和历史纪念的意义。②移地保存是指把整株种质迁离它自然生长的地方,移栽保存在植物园、树木园或树木原始材料圃等地方。根据有关部门任务的不同可以分工保存。③离体保存是指利用种实、花粉、根和茎等的组织或器官在贮藏条件下来保存。对于种质保存来说利用这种营养器官最为妥当,因为它具有原来母体的全部遗传物质。

种质鉴别

不同种质、品种及单株在基因组上存在差异,由于分子标记的无限性,利用分子标记可以鉴别任何种质。目前,银杏品种的分类基于形态指标,易受环境的影响。虽然开展了银杏的分子鉴别,但所用品种有限,今后应进一步系统地开展银杏分子鉴别工作,为银杏遗传育种工作奠定坚实的基础。

种质来源分类

①本地种质资源:是指在当地的自然条件和栽培条件下,经过长期的培育和选择得到的银杏品种和类

型。银杏的"地方品种",诸如山东的"大金坠"和"大圆铃",江苏"泰兴大白果"等均为此类。本地种质资源的可贵性在于既可直接利用,也可通过改良加以利用,或是作为育种的重要种质资源。②外地的种质资源:是指从国内外其他地区引入的银杏品种和类型。正确地选择和利用外地种质资源,可以大大丰富本地的种质资源。例如从日本引入的"黄金丸"等,现已适应我国许多区域,并成为重要的栽培品种。③野生的种质资源:是指自然野生的、未经人们栽培的野生种源。如国内外报道的伏牛山、天目山、大洪山地区的银杏。④人工创造的种质资源:是指上述本地与外地资源以外,应用杂交、诱变及生物技术等方法所获得的种质资源。

种质冷冻保存法

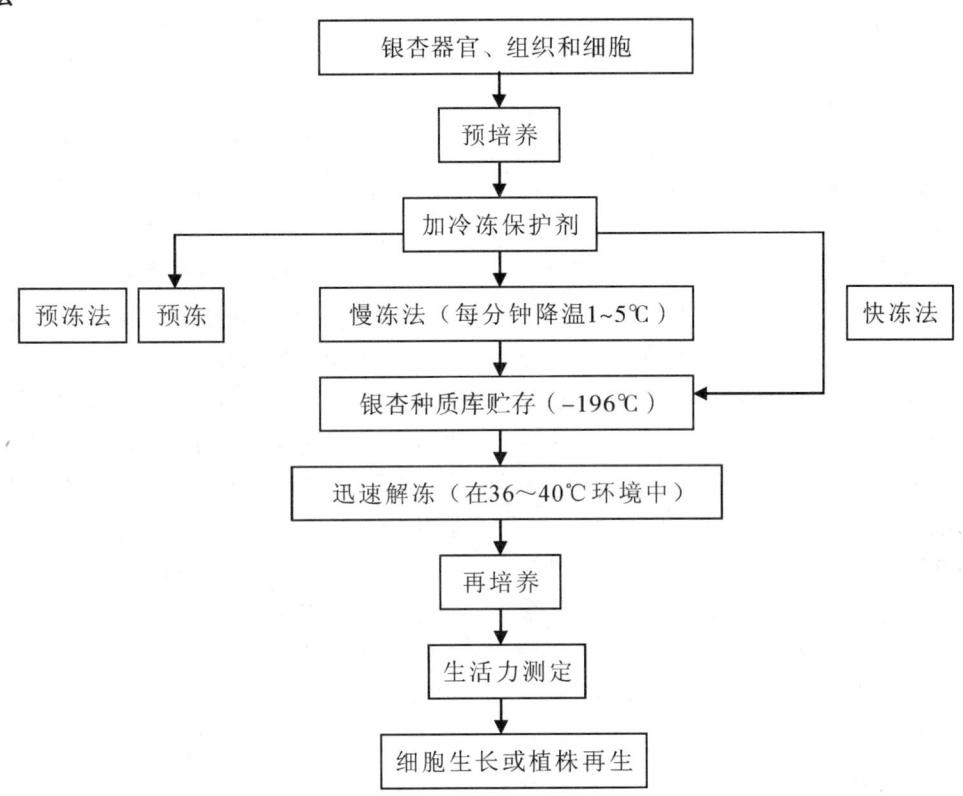

银杏种质冷冻保存法图解

种质在资源收集时应注意事项

①对嫁接等无性繁殖的营养系品种,全部采用收集枝条作为繁殖体的方式,不收集种子,其中应特别注意其变异品系。②对于野生和半野生银杏资源,应根据主要环境因子(重点为气候、土壤)的不同,针对全国银杏分布区内划分若干个区域,每个区域用选择(偏倚取样)和不选择(随机取样)相结合的办法,收集枝条和种子。我国银杏种核性状在个体上存在明显的遗传差异,但气候区间的平均表现除单核重外差异不明显,且地区内相邻群体间的变异甚至大于地区间的,种核性状变异没有地理规律性。因此,以核性状为选择目标时,收集及研究的重点应放在广泛的基因型调查上,群体和地区表现只有参考意义。从未来杂交育种需要考虑,具极端性状基因型的收集比现有综合性状表现优良基因型选择更为重要。由于现有银杏残遗历史过程中的基因随机漂迁,种实形态表现为非适应性性状,从基因资源角度考虑,不可忽视星散残遗个体的遗传考察。③由于银杏用途的多样性,除了核用以外,还应从叶用、材用、花粉用等方面的性状出发收集银杏种质资源。④银杏为雌雄异株。据调查,当前各地银杏雄株资源严重匮乏,再加上各种开发性破坏、利用性破坏等人为因素,局部地区的雄株资源已濒临绝迹,亟待保护。因此,应充分重视银杏雄株的收集和保护,设立雄株基因库,以期建立雄株品种体系,选育出优良的叶用、材用、花粉用品种。银杏种质资源的收集可采取各种不同方式,如外地引种、委托收集等,但最基本的方式是考察收集。在考察收集过程中可以掌握许多有关资源分布、生态环境、多样性等第一手材料。总的来说,中国银杏资源是十分丰富的,但目前的考察收集程度还不够。随着经济建设的飞速发展,银杏资源损失的可能性将会增大,因此,必须加强银杏种质资源收集的工作。

种质资源的保存

我国银杏的分布地域十分广泛,除西藏、内蒙古等少数地区外，全国各地都有银杏生长。银杏适应性强，长期受到自然条件的影响和人工选择的作用，在中国出现众多的地方性品种和品系，形成了众多的地理型和生态型。据不完全统计，全国银杏品种（品系）有100个左右。多年来，科学考察队在四川贡嘎山、河南大别山、福建武夷山、浙江瑞安、湖北神农架、湖南张家界、广西大瑶山等地的原始森林中，相继发现银杏的存在，而且江苏、山东、浙江、安徽、广西等重点银杏产区的种质资源尚未全面挖掘，因此，中国具有巨大的银杏物种基因库。但是，由于银杏分布大多呈分隔状态且较少集中连片，绝大部分还处于无保护状态，缺乏有效的收集、保存和利用，故极易造成银杏种质资源的破坏和流失。目前银杏种质资源的保存研究及开发利用已引起教学、科研和生产单位的重视。南京林业大学、江苏省泰兴市、广西植物研究所、浙江林学院等单位都相继建立了一定规模的银杏种质资源圃。其中由南京林业大学主持，江苏省邳州市多管局、江苏省泰兴市林业局参加建立的"中国银杏种质基因库"，在全国规模最大，保存种质资源最丰富，为国内外学者开展银杏研究奠定了基础。

种质资源的保存方法

①种质资源圃保存：用于银杏栽培类型的营养系品种及其变异类型以及野生半野生银杏基因类型，是通过嫁接或扦插繁殖等无性繁殖的方法，在资源圃内种植保存。这是一种较为常用的方法，目前许多地方已做了大量的工作。与其他方法相比较，此法有很多优点。它既有利于保存基因资源，又有利于进行资源类型对比，尤其在叶用、材用、花粉用银杏品种的选育方面的作用不可替代，对银杏资源的开发利用有极其重要的意义。如山东郯城林业局突出银杏3大产区（江苏、广西、山东）的栽培和散生资源，并以核用资源为主要收集对象，共收集了国内外银杏基因100份，采用嫁接保存的方法，建立了面积为1.5 hm²的银杏基因库。从全国各地引进优良的栽培品种30个和近20年来国内外选育的新品种20个，共计50个，它们分别是："七星果"、"邳州大马铃"、"龙眼"、"圆底果"、"梅核"、"鸭尾"、"大圆子"、"棉花果"、"马铃"、"长糯白果"、"叶籽"、"大佛指"、"灵川大佛指"、"庐山"、"金坠子"、"枣子佛手"、"金果佛手"、"垂枝"、"洞庭佛手"、"贵州长白果"、"梅核"、"海洋皇"、"黄皮果"、"葡萄果"、"野佛指"、"橄榄果"、"珍珠子"、"糯米白果"、"算盘果"、"天目长子"、"藤九郎"、"久寿"、"金兵卫"、"长濑"、"荣神"、"总统"（President）、"黄金叶"（Aurea）、"金秋"（Autumn Gold）、"扫帚"（Witches Broom）、"地平线"（Horizontalis）、"玉蝴蝶"（Jade Butterfly）、"湖景"（Lakeview）、"自由辉煌"（Liberty Splendor）、"五月田野"（Mayfield）、"普林斯顿卫兵"（Princeton Sentry）、"彩虹"（Rainbow）、"春林"（Spring Grove）、"管叶"（Tubifolia）、"雨伞"（Umbrella）、"斑叶"（Variegata）等。同时在浙江天目山、江苏吴县与泰兴、湖北神农架、重庆金佛山、贵州、福建武夷山、河南大别山、山东、广西等地，针对各地的主要栽培品种、散生资源、古树资源进行了较为广泛的考察收集，采集雌雄株（包括一些野生、半野生种质资源）的枝条和种子700多份。采取嫁接繁殖的方法，在南京林业大学实习林场、南京林业大学银杏盆景园和江苏泰兴银杏种质资源圃等地建成了10 hm²的银杏种质资源圃。

②枝条冷藏保存：冬季在-5～0℃低温条件下沙藏，其接穗在春季嫁接成活率高达95%。

③组织培养保存。

④花粉和种子保存。通过花粉保存下来的虽不是母株的基因型，但在整体上众多的花粉包含了母株携带的全部基因，既可用于保存营养系品种，又可用于保存野生资源。种子保存主要用于野生资源的保存，但如何延长种子的贮藏寿命，还有待于进一步探索研究。

种质资源的差别

银杏种核性状差异较大。银杏的出核率最低不到10%，最高可达40%，平均约25%。银杏的单核重，最小不及0.8 g，最大则超过6.0 g，平均约为2.0 g。

银杏种核长度与宽度的比值即核型指数，最小的接近1.0，最大的超过1.8。银杏种核的厚度与宽度的比值即厚率，最小只有0.70，最大达到0.95。栽培程度高的地区，银杏种核长而重，非栽培区的则更接近于原始群体的性质。同时，不同品种银杏种核其内含物含量也有明显差异。银杏植株的高度、胸径、树干的尖削度、树冠的形态、枝叶的层性、生长势、叶形、叶色等均有很大差异。在山东泰安和郯城26个优良雄株单株中，1年生长枝上的芽开花率最高达43.7%，最低7.7%；每米长枝上的短枝数最多为45枝，最少只有27枝。银杏植株的内含化学成分也存在着明显的差异，对7个产区30个家系在9月初采收的银杏叶内含物进行测定的结果显示，家系间各化学成分差异显著，黄酮类化合物总含量最低的家系其含量只有0.45%，最高的家系其含量达1.89%；内酯类化合物含量最低的家系其含量只有0.30%，最高的家系其含量达3.75%，说明银杏叶中的化学成分存在产区、家系和家系内的巨大遗传差异。

种质资源的就地保存

主要应用于面临散失危险的散生银杏资源，如因毁林开荒、采伐薪柴、放牧等原因使资源流失。可采取划定自然保护区、制定法规等措施使资源得到保护。

种质资源的利用

银杏种质资源的调查、收集、整理、保存的最终目的是为了利用。银杏工作者的任务之一就是通过对种质资源的认识和研究，充分利用这些资源为人类造福。银杏种质资源的利用，大致有以下四方面。

①推广良种：对于丰产、优质且已适应当地环境条件，经过不良气候因子考验的品种（包括国内外引入的良种），可以大力推广。对于新引入的良种、选出的新品种、有苗头的芽条变异，可先通过多点高接进行区域试验，加快对其了解。一旦确认，便可以从高接株上采穗繁殖，推广。种核虽小，但丰产性极强的品种可作为加工用品种，也应大力推广。

②育种材料：目前国外已进行了银杏雄性品种的调查，相信在不久的将来，国内也即将会开始。这样根据育种目标从种质资源圃中选择符合要求的性状作亲本，进行品种间的杂交，这样将会加速达到预期目标，培育出更优良的新品种。不过，银杏的杂交育种是一个长期的过程。

③科研和教学示范：对于具有特殊性状的品种，如叶籽银杏、斑叶银杏、穗状银杏等，可作为研究材料和教学示范的活教材，使科研人员经常与其接触，进一步提高研究水平；使学生增加感性知识，提高识别能力。也可在风景名胜游览区栽植，提高观赏价值，增加游人的情趣。

④国际交流：通过各种途径，与国外进行银杏品种交流。如日本的藤九郎、新西兰的佛指大银杏都是我们国家没有的优良品种，我们也可以通过国际银杏协会（IGFTS）与世界各国取得联系，交流我国急需的银杏种质材料，不断丰富我国的银杏种质资源，提高我们的科学技术水平。

种质资源的描述

由于我国银杏种质资源种类多样，数量也多，性状复杂，变异广。在调查时，除调查表所记录的项目内容，还有一些关于银杏形态外观特征需要描述。形态代表一个品种的性状特征，根据描述，可以识别品种。

①种实的描述：种实颜色，种实表面光滑与否，油胞大小、多少，白粉多少、厚薄，种托形态和顶基部深浅，种柄长短和形状。

②种核的描述：种核顶基部平凸凹，先端束尖明显与否、宽窄，棱线明显与否和长短、有无翼，背腹相等与否，核面光滑与否、有无条点，种仁口感风味等。

③银杏叶的描述：叶缘是否波状缺刻，缺刻深浅和数量，等周期叶色变化等。

④其他：对材用的银杏要观察树干生长情况，主枝与主干角度，主枝颜色，新梢年生长量和颜色等。特用品种更需要将其特色的性状描述清楚。

种质资源的收集

银杏种质资源收集的原则和方法不同于分类学的调查和标本采集，后者着重取样的典型性，前者必须注重取样的多样性和全面性。多样性指种、变种内的各种变异；全面性指收集资源样本时，力求包括群体内携带全部有用的基因资源。由于栽培银杏品种资源都是采取嫁接等无性方法繁殖的，每个地方品种都是基因型单一的营养系，只要在考察时注意品种内是否产生了芽变品系，从原品种和芽变品系的类型植株上采集少量枝条作为繁殖材料，就可以兼顾典型性、多样性和全面性的要求。但对野生和半野生的银杏基因资源的收集则要复杂得多。资源学家们围绕资源收集问题曾经提出过不少策略和方法，但绝大多数都是以1~2年生有性繁殖大田作物资源为对象的，对于多年生银杏来说只能借鉴、参考而不能套用。如在收集方法方面强调基因库应不加选择地取样；用选择（偏倚取样）和不选择（随机取样）两法取得的样本混合使用。关于收集数量，应在每一地点的50~100植株体上采集50粒种子；在每个目标地区内多设点要比同一点上多取种子好；认为取样方法和数量应因作物种类而异，对异交植物即使只从2~3株上采种，也能得到多样性后代，而对自交率高（0.8以上）的植物，则更应重视个体的取样。对于采样低限，提出过被普遍接受的原则，即95%的概率获得目标群体内基因频率大于0.05的随机位点上的所有等位基因。当然在保存条件不受限制时，取样量可适当加大，以减少漏收的概率，从而更易获得有意义且稀有的重组类型。

种质资源的易地保存

如因公路修建、矿藏开采等使就地保存难以完成时，可选择生态环境相似且能在较长的时期内不受威胁的地段，用随机取样或随机与选择相结合的办法采集大量种质进行易地繁殖保存，以保证繁殖群体与原始群体基本相同的基因组成。从易地保存的具体方法来看，可分为种质资源圃保存、枝条冷藏保存、组织培养保存、花粉和种子保存等。

种质资源冷冻保存

冷冻保存是将植物材料放在超低温状态下（一般使用液氮，其温度为-196℃）保存，使植物细胞处于完全不活动状态。它的优点是在贮存期间，植物材料不会产生遗传性状的变异，也不会丧失形态发生的潜能，可最大限度地节省人力和物力。冷冻保存的材料包括器官和组织等。组织包括茎尖和侧生分生组织、愈伤组织、悬浮培养细胞、原生质体等；器官包括胚、胚乳、子房、花药、花粉等。由于培养的愈伤组织和悬浮细胞常会发生遗传上的不稳定性，而茎尖和幼胚细胞体积小、细胞质浓、液泡小，更具抗冻性能，所以，冷冻保存较多地转向对茎尖、幼胚的保存。

种质资源圃建立的意义

在1亿7千万年的历史长河中，经人为栽培和自然选择所形成的现有银杏种质资源十分丰富。多年来，科学考察队在四川贡嘎山、河南大别山、福建武夷山、浙江瑞安、湖北神龙架、湖南张家界、广西大瑶山等地，相继发现原始森林中都有银杏生长。江苏、山东、浙江、安徽、广西等重点银杏产区的种质资源尚未全面挖掘。因此，我国具有巨大的银杏物种基因库。近年来，我国对银杏种质资源的收集、研究和利用已引起教学、科研和生产单位的重视。江苏省泰兴市和广西植物研究所、浙江林学院，都建立了有规模的银杏种质资源圃，但收集的资源有限，且大多是人工栽培的品种。南京林业大学森林资源与环境学院银杏课题组自1998年开始，着手建立一个国家级的银杏种质资源圃，并于1999年获国家林业局资助。这项基础工作的完成，对银杏种质资源的保存和利用，促进国内银杏资源的交流必将起到十分重要的作用。同时，也使银杏种质资源圃成为我国乃至世界银杏繁殖、研究和利用的基地。

种质资源收集的原则

为了更有效地利用种质资源，应该掌握几项原则：①收集种质资源必须根据收集的目的和要求，单位的具体条件和任务，确定收集的对象，包括类别和数量。收集时必须经过广泛的调查研究，有计划、有步骤、分期分批地进行。材料应根据需要，有针对性地收集。②通过各种途径，例如根据资源报道，品种名录和情况征询进行联系，也可以去现场引种，甚至组织采集考察队去发掘所需的资源。③种苗的收集应该遵照种苗调拨制度的规定。注意检疫。材料要求可靠、典型、质量高。不论是种子、枝条、花粉或植物组织都必须具有正常生活力，有利于繁殖和保存。④收集范围应该由近及远，根据需要先后进行，首先把本地品种中最优良的加以保存，其次从外地引种，逐步收集到一切有价值的、能直接用于生产的、可进一步育种的资源。⑤收集工作必须细致周到，清楚无误，做好登记、核对，尽量避免材料的重复和遗漏。

种子（实）园

用优树或优良无性系的枝条或种子培育的苗木为材料，按合理方式配置，生产具有优良遗传品质的林木种子的场所。种子园是林木良种繁育的主要形式。种子园应由良种种子生产区、育种园和良种检验区三部分组成。其任务是繁殖良种、推广良种和提高种性。因此，建立种子园应选择交通方便，劳力充足，地势平缓、宽敞，土层深厚，结构良好，土地肥力中等，光照条件好，通风适度，能排能灌，无寒害和病虫害感染的地方。同时要有适当的天然隔离，否则应设置一定宽度的隔离带。在种子园中应进行科学的管理，并建立技术档案。

种子病害检验

亦称种子病理分析。抽取测定样品200~400粒，分组进行检验，方法有三种：①洗涤检验，用蒸馏水振荡洗涤，洗涤液分离后，取悬浮液镜检；②培养检验，外部感染用保湿培养或培养基培养，内部感染则先外部消毒，再用培养基培养；③感官检验，将种子切开或不切开，用目力及扩大镜检验。检验后，确定病害种类、感染程度及处理意见。

$$病害感染度(\%) = \frac{外部病害感染粒数 + 内部病害感染粒数}{测定样品粒数} \times 100\%$$

种子播种品质

种子净度、千粒重、发芽率（包括生活力、优良度）、发芽势、含水率、病虫害感染度等品质指标的总称。种子播种品质除受母树遗传性质影响外，更多地受环境因子及人为措施的影响。生产中常根据种子播种品质综合评定林木种子等级；不同等级的种子，其使用价值不同。

种子成熟与成熟期

银杏形态成熟后，种胚发育不完整，但积累了种胚生命活动和生长所需的充足营养物质时，称为种子成熟。这个时期，称种子成熟期。生产中常以形态成熟作为林木种子成熟的标志。不同银杏种、地理位置和立地条件，种子的成熟期差异很大；南方较北方成熟早，高山较低地成熟迟。

种子抽样

又称种子采样、种子扦样、种子取样。在检验种子时，从一个种批中抽取有代表性样品的工作。抽样的目的是对该批种子进行品质检验。容器盛装的种子用扦样器或徒手抽样，抽取件数依盛种容器而定，一般不得少于5件；散装种子应在堆顶的中心和四角分上、中、下三层抽取，也可与种子的风选、晾晒和出入库结合进行。抽样正确与否直接影响检验结果，必须严肃认真进行。

种子处理

在播种前所采取的各种技术措施。主要为选择优良种核，使其发芽迅速和整齐，以提高苗木的产量及质量。包括精选种核、消毒、浸种、催芽等工作。

种子催芽常用方法

银杏种子催芽一般有：①温室催芽法；②室内双龙火道催芽法；③室外混沙催芽法；④室外锯末催芽法；⑤室外发酵催芽法。

种子登记与登记证

为了解每批种子的情况，保证种子质量，做到合理使用种子而做的记载工作。根据种子来源不同，对每批种子按一定顺序编号，进行登记并填写登记证，以防混乱和便于查考。登记证内容包括：树种，采种时间、地点、方法，本批种子重量，母树林情况如组成、年龄、郁闭度、地位级、海拔、坡向、土壤，种实调制方法、工具、时间、出种率，种实贮藏方法、条件、时间、盛种容器及采种单位等。

种子登记证

即种实（种核）的档案。登记证的主要内容：生产该批种实（种核）的种子园或母树林的立地条件、母树的状况、种实的调制、种实（种核）贮藏方法以及种实（种核）的各项质量指标等。

种子地理起源

就银杏来说是分布范围较广的树种，在它分布范围内由于不同地理区域和海拔高度的长期影响，会形成不同的生态类型和遗传性状，这些不同的地理区域就成为该树种的不同地理起源。用不同地理起源的种核育苗，会表现出不同的生产率和适应性。因此，应通过繁殖栽培试验，确定最适宜的采种区或种子调拨区，这是提高栽植效益的重要途径之一。

种子堆沤脱皮

银杏种子采收之后，应尽快脱去浆汁外种皮。脱皮愈快，银杏种核的色泽愈好。银杏种实脱皮处理时，应注意对手脚皮肤的保护。因为在银杏外种皮中含有白果酸、氢化白果酸、银杏酸等刺激性物质，容易损伤皮肤。脱皮处理后的污水只可倒入污水坑中或用于堆肥，严禁倒入河湖之中污染水源，更不应在饮用河水中漂洗银杏种皮。山东郯城、江苏邳县等地，习惯采用堆沤法处理银杏。其具体做法是：将采集的种实先在场院中堆沤7~15 d，待其外种皮自然出水之后，再用手捏出种核，洗净并风干表面的水分后出售。堆积时可平堆也可高堆，平堆高度多为30 cm，高堆多为60 cm，堆上均用湿草覆盖，不能用塑料薄膜。经验证明，平堆散热快，脱出的种核洁白光亮。堆积腐熟时切忌暴晒或薄膜覆盖，以防种核变色，种仁变质。用堆沤法处理银杏种实的优点是：种核粒粒完整无损，堆沤阶段还有促进外种皮养分向种仁转移的作用。所以，堆沤处理能够适当增加银杏的产量和品质。它的缺点是：银杏外种皮具恶臭，堆沤又需较大的空间；少数堆沤前外种皮已经破裂的种子，经过堆沤处理，中种皮一定会留下黑色条斑，这也会严重影响白果的商品品质。

种子发芽率及无胚率统计

种子发芽率及无胚率统计

类别	总粒数	发芽粒数	发芽率（%）	无胚粒数	无胚率（%）	坏粒数
混合种子（Ⅰ）	25 145	22.63	87.7	2 947	11.7	136
混合种子（Ⅱ）	16 020	14 335	89.5	1 586	9.9	99
单株种子	5 359	3 859	72.0	1 340	25.0	160

种子发育进程

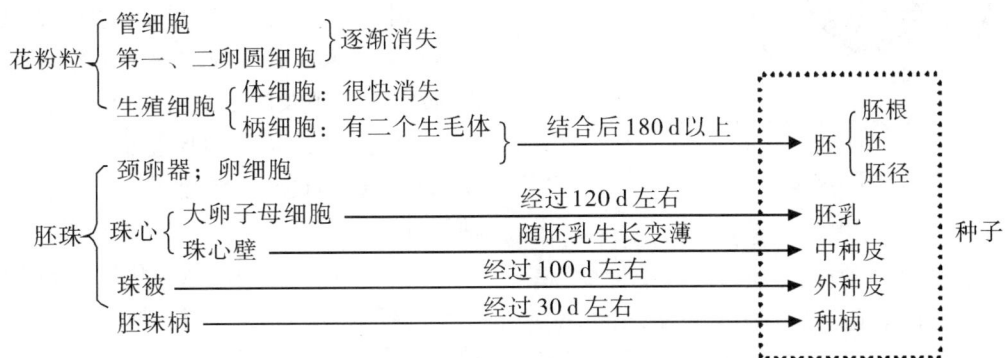

种子干藏

在一定的干燥和低温环境中贮藏种子的方法。凡含水量低（安全含水量低于或等于气干含水量）的林木种子。根据对种子贮藏时间长短的要求和所采取的措施不同，种子干藏分普通干藏与密封干藏两种。

种子含水量测定

种子含水量是指种子中所含水分的重量占供检种子重量的百分比。将称好的种子切成4~5片，用恒温箱烘干,将烘干前后重量之比乘以100%,即得种子含水量百分率。低恒温烘干法,烘箱温度保持103±3℃,需17±1 h,用高恒温烘干法,烘箱温度保持130~133℃,需要1~4 h。

种子含水率

又称种子含水量。通常指银杏种核中所含水分重量占种核重量的百分率。①相对含水率,又称相对含水量、湿基含水率、湿基含水量。银杏种核中水分重量占种核湿重的百分率,多在银杏生产中应用。②绝对含水率,亦称绝对含水量、干基含水率、干基含水量。种核中水分重量占种核干重的百分率,这一数据多在银杏科学研究中应用。

种子后熟

在一定条件下,使种子内部发生一系列生理变化后,使自然休眠的种子能够发芽的过程。种子自然休眠是果树长期系统发育过程中形成的一种特性和抵御外界不良条件的适应能力。落叶果树的种子大都有自然休眠特性,要解除种子休眠需要综合条件和一定时间。造成银杏种核休眠的主要原因是种胚发育不全。银杏种核需经过3个月,种胚才能达到形态成熟,种核才能很好的发芽。

种子后熟期前后的形态解剖特征

种子后熟期前后的形态解剖特征

处理	种子大小(cm)				胚		胚乳	
	纵径	横径	棱径	平均	色泽	长(cm)	色泽	有无空腔
后熟前	2.53	1.41	1.76	1.90	白	0.90	黄白	个别种胚先端有
后熟后	2.56	1.42	1.76	1.91	白	1.26	带绿	无

种子检验

又称种子鉴定。应用科学方法对林木种子进行检验、分析、鉴定。通常是指对种子播种品质的检验,包括样品抽取、净度测定、千粒重测定、发芽测定、生活力测定、优良度测定、含水率测定、病虫害感染度测定等。检验的手段是仪器与感官相结合,分物理检验、化学检验与生物检验三大类。

种子结构

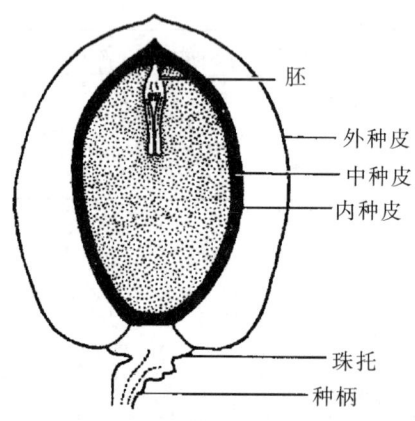

银杏种子的构造

银杏的种子看上去都像一个果子,但它实际上却是一粒种子。由肉质的外种皮、骨质坚硬的中种皮、膜质的内种皮、种仁及胚构成。在果柄与果实之间有一圈不规则的突起,是珠托。珠托的形状、凸凹及边缘形状是品种的特征之一。

银杏的外种皮肉质、绿色,成熟时变成橙黄色或橙色,表面有一层蜡质的果粉,呈白色。外种皮腐烂后,有特殊的臭味,对皮肤有刺激性。中种皮又称种壳,质硬,白色。内种皮膜质,有光泽,内种皮的上半部分褐灰色,下半部分褐红色。

有些品种的种壳上有条纹或点刻,这种有点刻的种子在江苏称为"七星果",视为上品。据观察,种壳上的点刻不是一个固定的性状,不同的年份点刻的有无及多少、深浅并不一致,江苏之外的一些产区近年也发现了不少类似七星果这样的银杏优株。银杏内种皮膜质、褐红色,上下两半的颜色深浅不一。种仁淡黄白色至淡绿色,内有一绿色的胚。

种子库

亦称种子贮藏室、种子冷藏库。长期和大量贮藏种核的专用建筑物。简易种子库为砖木或土木结构,建立在干燥通风处,四壁全部或3/4埋入地下,屋顶用草皮、秸秆、黏土等相间铺盖,内设天花板,板上用干燥刨花、锯末、树叶等相隔,尽量减少外界气候影响,保持室内低温干燥。较高级的种子库为钢筋混凝土和砖木混合结构,屋顶及四壁均为夹层并充以隔热隔潮材料,库内装置制冷设备及通风管道等以保持0~5℃低温及45%~65%的相对湿度。

种子批

银杏形态一致的达到1 000 kg的种子(育苗用种核称为种子,以下统一简称种子)。

种子品质

是评定林木种子优劣的各项品质指标的统称。包括遗传品质与播种品质两层涵义。

种子品质检验测定项目

银杏种子品质检验的项目与其他林木种子检验内

容基本一致,包括净度分析、发芽率测定、优良度测定、种子健康状况测定、含水量测定、种子重量测定、生活力测定。这些是大家熟悉的操作方法。但应注意:

①无论哪个项目都要填写记录表和计算结果,计算应保留两位小数。

②测定样品净度、优良度、健康状况等,一般用500粒,重复3次;发芽率用25~50粒,4次重复;含水量的测定,自然风干用量大,用烘箱量可少;种子重量用100~1 000粒。

③有条件的,测定种子饱满度、空瘪率、虫害率和机械损伤率,可用X射线检测。

种子容重

又称种子容积重。种子单位体积的重量,以g/cm^3或kg/m^3计量。在种子含水量相同时,同一批种子,容重大的品质好。

种子生产

银杏种是指肉质外种皮、骨质中种皮、膜质内种皮和肉质种仁的总称,而俗称的"白果"是指去除了肉质外种皮后的银杏种核。银杏种仁具有十分丰富的营养和特殊的药用价值,是我国的传统出口创汇产品。为了满足国内外市场对银杏产品的各种需求,提高银杏产品的国际竞争力,加强优质银杏种实的科学生产尤为重要。良种的遗传品质和播种品质皆应表现优良。遗传品质取决于母树的遗传特性,优良的遗传品质可以通过杂交育种和引种等途径获得。播种品质除了与母树的遗传特性有关外,还与母树的生长环境和种核生产的许多技术环节有关。因此,充分了解银杏种实的结实规律和影响因素,掌握银杏种实的采收、处理、贮藏的主要技术要点,是实现银杏优良播种品质的重要环节。

种子生活力

种子生命存活能力的强弱。种子的生活力受采种母株营养状况、采种时期、贮藏条件和贮藏年限等条件的影响。新收的种子生活力强、发芽率高。放置时间较长的种子则因贮藏条件和时间的长短,其生活力有所不同。种子生活力鉴定的方法有目测法、染色法和发芽试验法。目测法是直接观察种子的外部形态。有生活力的种子的子叶呈乳白色,表皮较光亮。染色法是根据胚及子叶染色情况,判断种子生活力强弱。发芽试验是将无休眠期或经过后熟的种子,置于一定湿度、温度(20~25℃)和通气条件下,计算发芽百分率,判断种子生活力。种子生活力常用活力指数、发芽势和发芽率表示。其中活力指数表示种子生活力比较全面,指数高者,活力则强。活力指数 = $X(\sum Gt/Dt)$,其中 X 为幼苗长势(发芽试验结束时测得的根、芽或幼苗的平均长度或干鲜重),Gt 为 t 日发芽数,Dt 为相应的天数。

种子生理成熟期

银杏种子发育到已具有发芽能力的时期。银杏种子刚进入生理成熟期的特点是:含水量高,内部物质处于易溶状态,种皮不致密,保护能力较差。有后熟作用的银杏种子要在种子生理成熟期采种。

种子形态成熟期

当银杏树上的种实外皮显出固有的成熟的颜色时,称为形态成熟期。这时期特点:含水量增加,内部物质已转为难溶状态,种皮颜色变浅、变软,抗性强,呼吸作用微弱。达形态成熟时的种实发芽率高、耐贮藏。所以应根据形态成熟期确定采种期。

种子样品

从被检验的种子中抽取出供种子品质检验用的少量种子。样品应能代表被检验的全部种子,根据样品抽取的序列、数量及检验目的不同可分为初次样品、混合样品、送检样品、测定样品等。

种子遗传品质

亲本传递给子代的全部遗传因子(基因)的总和。这种传递不受环境及人为措施的影响,故遗传品质不易变化,它是由采种母树的遗传性质所决定。

种子用途

银杏种子主要有4个方面的作用:①播种育苗,扩大银杏树的苗木培育和栽培;②供人们食用和食疗用;③供医药用;④加工后供饮料、化妆品生产或其他方面使用。

种子优良度测定

优良度指优良种子占供试种子的百分率。是通过人为的直观观察来判断,主要观察种子硬度、种子颜色、光泽、胚和胚乳的色泽、气味等。劣质种子感官表现为空粒、种仁干瘪、无胚、失去新鲜色、被虫蛀、有霉坏和异味甚至腐烂等。

种子植物

指用种子来繁殖的植物,是目前地球上最繁盛、最发达的植物类群,如常见的树木、果树和农作物等。总的可分为两大类:

①裸子植物:胚珠裸露的种子植物,受精后形成没有果皮包被的种子。现存的裸子植物约760种,我国约有230种,如常见的松、杉、柏、银杏、苏铁等。②被子植物:胚珠包藏于子房中,受精后形成有果皮包被的种子。它具有真正的花。全球约有300 000种,我国约25 000种,如常见的阔叶树。

周口银杏

一级古树,该树生长在周口店办事处周口店村北庙,树高28 m,胸径140 cm,树冠东西26.7 m,南北

26.7 m,树龄约 400 年,现树体饱满,无枯枝,长势旺盛,无任何病虫危害。此地原为庙址,据当地人传说为和尚所植,其他历史不详,1990 年在古树周围建立了树盘,同时进行了施肥浇水,现长势旺盛。

周年内采叶次数

大多数是在 9 月中旬至 10 月上旬一次采收,也有年采两次的报道,后者尚待进一步实践与研究。

周氏似银杏

生长地域:陕西。

地质年代:晚三叠纪。

洲头大马铃

原产浙江。选育单位:浙江临安昌化林业站。原树长在浙江临安洲头村。树龄近 100 年。全树高 22 m,主干高 4 m,胸围 220 cm,冠幅 18 m。树势旺盛。丰产,一般年产白果 200 kg,1986 年曾产白果 375 kg。种实中等偏大,长 3.10 cm,宽 2.75 cm,重 13.2 g。顶端微凹。种柄长约 4.0 cm。外种皮稍厚,出核率 22.0%。种核大,长马铃型。核长 2.75 cm,核宽为 1.73 cm,核厚 1.42 cm。核形指数 1.59,上宽下窄,最宽点在中线接近 2/5 处。厚率 0.82。平均单核重 3.2 g,每千克种核数 310 粒。骨质中种皮偏厚,出仁率 71.9%。维管束迹两点间距离一般大于 3 mm。据测定,洲头大马铃的种子,无胚率高达 60% ~ 80%,育苗时出苗率低,但苗木长势旺。无胚率高的特点,使其很适合做无胚白果栽培。洲头马铃种实 9 月中旬成熟。该树在当地已有根蘖苗和嫁接苗栽植,根蘖苗已结实。由于其核较大、丰产,无胚率高,具有发展前途,只是其外种皮和中种皮都偏厚,种核偏扁平。

皱白果

种实卵圆形,外种皮黄绿色,凸凹不平,疣点大而稀,纵横径 2.42 cm×2.32 cm,柄长 4.51 cm。种核卵圆形,长×宽×厚为 2.00 cm×1.54 cm×1.29 cm,出核率 23.60%,出仁率 78.31%,每千克 530 粒。

皱皮果

母树位于广西灵川海洋乡,树龄 90 年,树高 18 m,胸径 59 cm,冠幅 8.0 m×10.6 m,年株产种核 40 kg。为圆子银杏类,是广西产区地方品种之一,根蘖苗种植,主干通直尖削,树冠呈圆锥形,侧枝分布均衡,产量大小年不明显,变幅 20% 左右。种实微圆形,成熟时为橙黄色,外表一层白粉,皮呈皱纹,先端较尖,基部平,蒂盘椭圆形,果柄直略弯曲,长 3.3 ~ 3.8 cm。种实纵径 2.9 cm,横径 2.6 cm,单果重 8.5 g,每千克 118 粒,出核率 28%。种核椭圆形,略有背腹之分,先端圆钝有小尖。基部两维管束迹明显,间距约 1.0 mm,侧棱线仅中部较明显。纵径 1.75 cm,横径 2.3 cm,单核重 2.42 g,每千克 413 粒,出仁率为 76%。本品种在广西产区主要分布于灵川、兴安、全州 3 县。

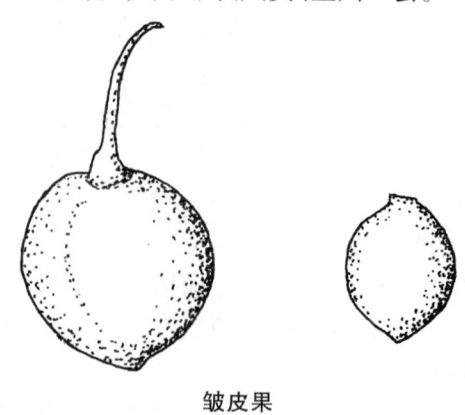

皱皮果

朱老汉哭树

李畈镇月岭村有位姓朱的老汉,院子里长着一棵千年古银杏树,每年这棵古银杏树都如期结果,为朱老汉一家带来几千上万元的收入,朱老汉一家日子过得有滋有味。1991 年夏天,一次龙卷风袭击了月岭村,破坏力极大的龙卷风,把朱老汉家的古银杏树拦腰扭断了,硕大的枝干倒下来,又塌了一间房。灾害过后,朱老汉悲痛不已,见了人便老泪纵横,就连电视台记者前去采访时,朱老汉也一把鼻涕一把泪地悲诉。左邻右舍免不了前来规劝,一位邻居说,树已倒了,着急没有用,幸好没伤到人。朱老汉一听这话,越发伤心了,他说这棵树比儿女还好,言外之意是再孝顺的儿女,一年也不会给老人几千上万元。大家听了朱老汉的话,都觉得有道理,从这以后,越发多栽银杏树,并把朱老汉的话传开了。

朱元璋与银杏树

在浙江省临安县顺溪乡白果车站附近,可以看见两株并排生长,枝叶茂盛的千年老白果树。据说这两株银杏树,当年还掩护过朱元璋!那还是元朝末年的时候,朱元璋带领起义的兵马,在浙皖要塞的昱岭关、千秋关一带,和元兵交战,双方互有胜负,一次,在战斗中,朱元璋和自己的兵马失散了。他正在踽踽独行寻找队伍时,忽然看见前边尘灰大起。仔细一看,原来是一支元朝的兵马,正从远方疾驰而来。双拳难敌众手。朱元璋回头就走,想找一个地方避一避。可是附近没有隐蔽的地方,眼看元兵越来越近,如果穿过大路,奔上山去,已经来不及了。正在焦急,忽见前边有两株大白果树,他急忙走过去,靠着树边,伏了下来。这时,只听得一阵阵人喊马嘶,元兵已快到旁边了。朱元璋紧紧地倚着白果树,默默地祈祷着:"白果树呀,快帮我逃过这一关吧!"说也奇怪,他的话音未落,两株白果树就慢慢地靠拢了,把他夹在中间,严严实实地遮掩起来。说时迟,那时快,元朝的大队兵马,也风驰电掣地飞奔过来,谁也没注意到这两株白果树中间还藏着一个人。等元兵过去,朱元璋马上从两株白果树中走了出来,知道这里不是久留之地,赶快朝大明山方向转移。事后,朱元璋和义兵大部分会合了,在大明山起兵点将,向元兵发起了反攻,夺取了最后的胜利。至今,人们把这个村叫"白果树",在大明山朱元璋点将的地方叫"点将台"。大明朝开国皇帝朱元璋即位后,为报答树木之恩,大兴林业,极力提倡百姓植树造林。洪武二十四年(公元1319年),他号令在南京朝阳门钟山种树五千余株,他还把林业生产好坏作为下属官吏的考绩之一。朱元璋曾下诏书说,农桑为衣食之本,全国地方官考课,一定要汇报农桑的成绩,把栽种桑、枣、栗、木棉、柿、银杏、胡桃等树木,作为官吏考绩的重要内容之一,违者降罚。对林业搞得好的地方官吏,加以擢升。

侏罗纪

地质年代中生代的第二个纪。"侏罗"一名来自法国、瑞士边境的侏罗山(Jura)。开始于一亿九千五百万年前,结束于一亿三千七百万年前。本纪分为早、中、晚三个世。陆上有巨大的爬行动物如剑龙类等恐龙,生活于有真蕨和苏铁、针叶树等植物的世界中,后期出现原始鸟类;海中则有菊石等无脊椎动物,也有鱼龙和蛇颈龙等爬行动物。我国除西藏、青海、云南西部、广东和黑龙江东部有海水外,其他地区大多为陆地,燕山构造旋回在中侏罗世末期的运动,在我国东部形成强烈的火山喷发和隆起及凹陷地区,对陆上生物的发展产生了影响,不少地区还形成成煤环境。这一时期形成的地层称"侏罗系"。代表符号为"J"。

侏罗系

侏罗纪时期形成的地层。古欧洲的侏罗系大多为海相沉积,对它们的生物地层研究,构成了今日全球海相侏罗系的划分标准,几乎全以菊石带为统一的分层标准,也逐渐形成现代地层学一些重要的地层原理。我国的海相地层较少,但对陆相地层具有对比和时代划分的重要作用,对它的研究正在不断进展中。陆相地层有含煤地层、湖相沉积、红层和火山岩类,发育颇佳,并赋存有沉积和金属矿产。

珠被

银杏胚珠的组成部分之一。胚珠在纵切面中,自外而内,由珠被、珠心和胚囊组成,基部有珠柄,顶部珠被上有一珠孔。银杏珠被由三层组成,均为若干层细胞组成。珠被具保护作用。胚珠形成种实时,珠被发育成种皮。

珠柄

银杏胚珠基部的小柄。胚珠借其珠柄着生于胎座上,维管束由胎座经珠柄进入胚珠,供应养料。

株行距

株距与行距的简称。株距指行内相邻两株的距离。行距指相邻两行的距离。播种或丛植栽植时,每穴有多株苗木,株行距以行内或行间相邻两穴的中心距离计算。株行距一般以米表示,如 1 m × 2 m 是株距 1 m,行距 2 m。

珠孔

胚珠上端,未完全闭合而留下的孔隙。珠孔受精的银杏,其珠孔为花粉管进入胚囊内的通道。

珠孔受精

花粉管经珠孔进入胚囊而完成受精的现象。

珠托

亦称"珠领""珠座"。裸子植物银杏为雌雄异株,雌球花具长梗,梗端具两分叉,每叉顶端生一裸露的胚珠,胚珠基部都有一肉质、盘状的大孢子叶,称为珠托。

珠托发育

在胚珠总柄与珠被的基部之间有一边缘突起,即珠托。随着胚珠发育,珠托逐渐固着到胚珠基部,其形状为圆形、椭圆形,并与品种有关。

珠心

银杏胚珠的组成部分之一,位于珠被内,由薄壁细胞组成,其中产生大孢子。大孢子进一步发育成胚囊。

诸暨大梅核

主产浙江诸暨马店村,又名05号大梅核,出核率25.5%,出仁率78.4%。

诸暨古银杏资源

诸暨古银杏资源

编号	级别	地点	性别	胸径(基围 m)*
1	一级	东溪乡外宜村	♀	2.4
2		青山乡坎头村	♀	2.2
3		五泄乡洋塘村	♀	9.8*
4		永宁乡阳春村	♀	2.0
5	二级	栎江乡魏家坞	♀	1.7
6		湄池长兰坑坞	♂	1.5
7		王家井会议桥	♂	1.5
8		枧北乡宜人村	♀	1.5
9		街亭镇后郭家	♀	6.0
10		乐山乡大祝村	♀	1.4
11		青山乡陈村	♀	1.3
12		五一乡殷家村	♂	1.2
13		水带乡泮宅村	♀	1.2
14		冠山乡里上村	♀	1.2
15		小东乡琴弦村	♂	1.1
16		梅岭乡绛霞村	♀	1.1
17		云石乡下溪塔	♂	1.0
18		青山乡大庆坞	♀	1.0

说明:*胸径下主干分叉,故用胸基围表示。

诸暨马铃

位于浙江诸暨庙后村,出核率24.1%,出仁率高达83.8%。单果重12.7g,单核重3.06g,种核长×宽为1.78 cm×1.46 cm。

诸暨银杏优株生长和性状指标

诸暨银杏优株生长和性状指标

选优号	产地	品种	胸径(cm)	树高(m)	枝下高(m)	冠幅东西×南北(m)	结实层高度(m)	冠高比(%)	1m内短枝个	种实纵径(cm)	种实横径(cm)	果形指数	百粒重(g)	种核纵径(cm)	种核横径(cm)	子形指数	百粒重(g)	每千克粒数	出子率(%)	出仁率(%)
01	侯村街	大佛手	60	13.7	3.6	9.4×8.6	8.3	82.1	42.5	3.00	2.52	1.19	1 021	2.72	1.68	1.62	253.6	394	24.8	81.7
05	马店	大梅核	48	14.1	4.6	11.7×11.3	7.5	78.9	44.0	3.11	3.02	1.03	1 368	2.53	2.06	1.23	348.8	287	25.5	78.4
11	东山下	大梅核	41	14.7	4.9	11.3×9.8	8.3	84.8	40.5	2.99	2.90	1.03	1 414	2.49	2.01	1.24	333.6	300	23.6	80.4
12	庙后	大马铃	45	14.7	4.5	9.3×10.9	7.2	70.6	42.0	3.13	2.70	1.16	1 270	2.60	1.78	1.46	306.2	327	24.1	83.8

诸暨银杏种实经济性状

诸暨银杏种实经济性状

编号	品种名称	种实				种核				出子率(%)	出仁率(%)
		纵径(cm)	横径(cm)	果形指数	百粒重(g)	纵径(cm)	横径(cm)	子形指数	百粒重(g)		
优01(品01)	大佛手(卵果)	3.00	2.52	1.19	1 021	2.72	1.68	1.62	255.6	24.8	81.7
品02	大佛手(金果)	3.12	2.47	1.26	960	2.66	1.59	1.67	227.2	23.7	75.2
品03	中佛手(园底)	2.59	2.18	1.10	760	2.25	1.51	1.49	182.4	24.0	73.9
品04	细金果(尖果)	2.57	1.99	1.29	576	2.23	1.53	1.68	168.8	29.8	77.3
(品05)	大梅核	3.11	3.02	1.03	1 368	2.53	2.06	1.23	348.8	25.5	优05 80.4 优11
(品06)	大梅核(葡萄果)	2.99	2.90	1.03	1 414	2.48	2.01	1.24	333.6	23.6	78.4
品07	中梅核(细梅核)	2.80	2.67	1.05	1 134	2.15	1.73	1.24	232.4	20.5	77.2
品08	小梅核(中马铃)	2.49	2.43	1.02	825	2.08	1.52	1.37	202.5	24.5	78.2
品10	园子(细梅核)	—	—	—	—	2.14	2.07	1.03	327.0	24.1	79.9
优12	大马铃	3.13	2.70	1.16	1 270	2.60	1.78	1.45	306.2	20.3	83.8
品09	大马铃	3.12	2.68	1.16	1 172	2.40	1.71	1.40	238.2	—	77.5

猪、沼、果、鱼种植模式

猪、沼、果、鱼种植模式是山上养猪,山坡种银杏,山下种草和养鱼。猪粪和沼液做银杏的肥料,部分沼液浇草,草用来喂猪和养鱼。

猪母杏

小佛手类型,又名闽龙1号,植株位于福建尤溪县中仙乡善林村。海拔410 m,树龄约500多年,树势强健,树体高大,枝叶茂盛。主干高6.5 m,胸径粗0.96 m,树高18 m,冠幅10 m×13 m,分枝13层,分枝角度开张,树冠外围结种基枝多下垂。结果性能良好,丰产稳产,短结种枝结种2~9个,平均4.8个。种子中等大,长椭圆卵形,顶端圆钝而稍瘦,种蒂微凹,近圆形,种皮成熟时橙黄色,油胞明显,有白果粉,纵横平均为3.88 cm×2.72 cm,平均重为12.75 kg,种核长卵状长椭圆形，纵横径平均为 2.78 cm × 164 cm，厚 1.39 cm，每千克 340 粒，出核率为 23.0%，出仁率为 68.4%，胚乳乳白色，无苦味、甘美。1988—1990 年年产种核 150～250 kg，种大、质优、洁白。深受群众欢迎。花期 4 月 4 日至 10 日，种子成熟期 8 月底至 9 月初，属中早熟种。

猪心白果

分布于盘县乐民区石桥镇妥乐村。树高 25～30 m，冠幅 15 m，干性强，直立，树冠呈塔形。树皮褐灰色，有纵皱；有少量树奶，粗约 10 cm，长 40 cm。短枝一般有叶 4～11 片，呈扇形。长枝长 20～30 cm，有叶 12～17 片。顶部叶片为中部深裂的三角形，中下部为扇形叶，偶有三角形叶。双胎座双胚珠，可两果同时成熟。种实阔卵圆形，纵横径 2.7 cm × 2.5 cm，种柄平均长 3.4 cm，单果重 10.3 g。顶端微凹入，基部稍小。珠托小，圆形，表面不平，边缘不整齐。果实表面橙黄色，有较多白粉。种核卵形，顶部有尖，棱翼窄，纵横径 2.2 cm × 1.5 cm，厚 1.2 cm，单粒重 1.66 g，种壳薄。本品种种壳薄，较丰产，但种核较小是缺点。

主从关系

果树枝条之间，依据整形的要求，保持大小和生长势的差异。良好的主从关系可以保证骨干枝条沿着一定的方向发展，枝条分布有序，树冠内通风透光良好，立体结果。主从关系表现为中心干强于下层主枝，下层主枝强于上层主枝，主枝强于侧枝和结果枝组，骨干枝强于辅养枝等。不同树形对主从关系有不同的要求。成龄果树，整株不易调整，修剪时着重考虑局部的主从关系。主从关系是整形修剪中处理枝条的依据，从枝叶量、开张角度和结果量等方面，控制和调整枝条的生长势。枝干比和尖削度是用来衡量主从关系的指标。

主干

银杏从根颈起到第一主枝之间的树干部分。下接根部，上承树冠。主干是上下营养交换的枢纽，也是反映树体营养水平的指标，还可以依据主干的面积计算其负荷量。生产上还经常以调节树干的生长来调控整株树的生长和结果。

主干分层形

这种树形有明显的中心主干，主枝在主干上分层排列。银杏实生苗定植以后，先任其自然生长，使之形成良好通直的树干，达到一定高度以后，在适当的部位选留 5～7 个主枝，分层排列于主干上，然后在选定的主枝上嫁接优良品种。主干上主枝的排列一般分为 3～4 层。第 1 层留 3 个主枝，第 2 层留 2 个主枝，第 3 层和第 4 层各留 1 个主枝。层间距离下大上小，1～2 层间间距为 1.3 m 左右，2～3 层间间距为 1.0 m 左右，3～4 层间间距为 0.8 m 左右。在嫁接之前，将主枝距树干 30 cm 左右处锯断，嫁接优良品种。也可以在上一年将主枝锯断，来年再选取生长强壮的萌发新枝进行嫁接。这种树形骨架结构牢固，结实面积大，负载量高，主枝分层着生，枝多，级枝多，通风透光条件好，有很强的丰产潜力。

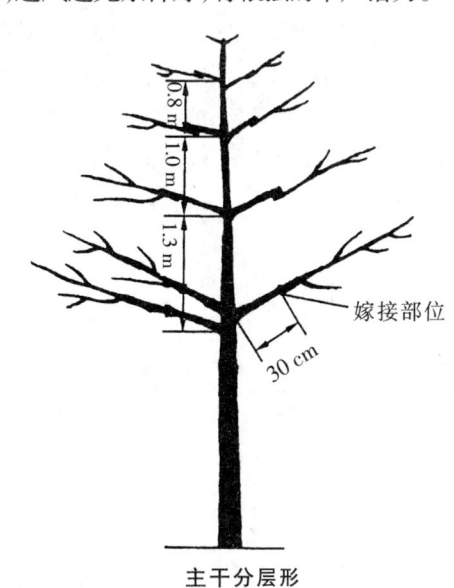

主干分层形

主干疏层形

在银杏实生苗定植之后，先行放任其拔高生长，形成良好的通直树干，在决定主干高度以后，往上按整形的要求逐年培养成 7 个主枝，按层均衡排列于主干上，然后在主枝上嫁接优良品种。一般在距主干 30 cm 处锯断进行嫁接。7 个主枝分成 3～4 层。第 1 层 3 个主枝，第 2 层 2 个主枝，第 3 和第 4 层各 1 个主枝。各主枝要相互插空，不能重叠。层间距下大上小，1～2 层间距 1.3～1.5 m，2～3 层间距 1～1.2 m，往上相应减小。各层主枝间距离以 30 cm 左右为好。第 1～2 层主枝要求培养侧枝，第 3～4 层主枝不培养侧枝。由于上下层次分明，枝条排列均匀，通风透光好，丰产性能较强。缺点是成形慢，成形高度 6 m 左右（从地面到最上一个主枝距离），需 8～10 年才能完成。

主干无层形

此树形在各银杏产区较为普遍。方法是利用银杏实生大树，或高大的银杏雄株改接成雌株，全树有 8 个以上的主枝，不分层次均匀地排列在主干上，各大主枝间距离 0.8～1 m，为下大上小。各主枝再分生 2～3 个侧枝，形成庞大的树冠。该树形的优点是树体能充分发育，主枝稀疏交错排列，透光性好，产量较高，缺点是成形较慢。为提早成形，提高结果能力，将主干在适当部位锯断改为开心形，把下部 3～4 个大枝改接成优良品种。每个主枝上再配备3~5个侧枝。这种树形最大的特点是稳产性强。

主根

由种子胚根发育而成,主根上产生的粗大分根形成侧根。各级根上着生的末级细小根为须根。

主林带

垂直于当地主要风害方向的防护林带,我国主要风害多为西风或西北风,在东南沿海盛行台风地区多沿海岸布置防护林主林带,一般为多行高大乔木与中等乔木组成,主林带比副林带行数要多2~4倍。

主要采种工具

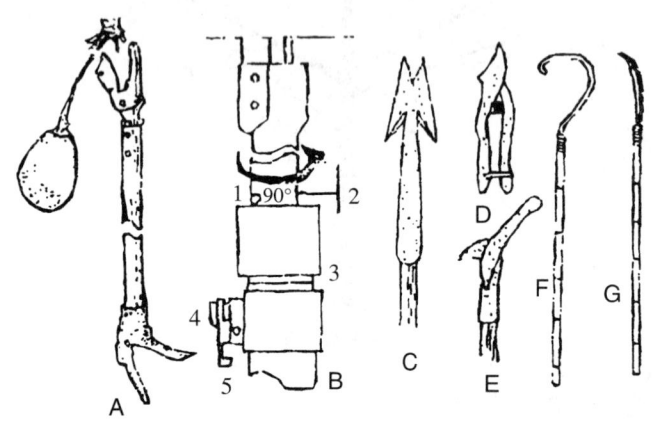

主要采种工具
A.多功能高枝修剪器采种示意 B.多功能高枝修剪台
(1.标记 2.长度变换钮 3.紧锁螺丝 4.定位销 5.杠杆)
C.采摘刀 D.修枝剪 E.高枝剪 F.采摘钩 G.采种镰

主要树形

主要树形

主要效应

同一试验中,一个因素内各简单效应的平均数,亦称平均效应或主效。

主要营养元素的年周期变化

主要营养元素的年周期变化 单位(%)

试验地	月	N	P	K	Ca	Mg
杭州	5	2.302	0.247	1.459	0.939	0.187
	6	2.230	0.174	1.176	1.580	0.299
	7	2.152	0.207	0.857	2.048	0.370
	8	2.384	0.252	0.943	2.146	0.406
	9	2.242	0.199	1.452	2.609	0.400
	10	1.922	0.177	0.879	3.085	0.477
上虞	5	2.278	0.466	3.484	0.784	0.153
	6	2.079	0.180	3.788	1.936	0.370
	7	2.199	0.201	3.615	1.393	0.348
	8	2.587	0.531	3.886	1.439	0.364
	9	2.506	0.272	3.960	1.722	0.408
	10	2.238	0.209	2.767	2.141	0.461

主要元素

即大量元素或常量元素,亦称主要养分,即银杏所必需而且需要量较大的矿物质元素。这些元素包括氮、磷、钾、钙、镁、硫。碳、氢、氧这三种元素也可列入主要元素。这些元素是构成银杏树体主要化学成分所必需的,缺乏某一种就可用肉眼看到缺乏症状。

主栽品种

银杏生产园中实现经济效益的主要栽培品种。大型果园可适当增加主栽品种数量。主栽品种选择的原则是:首先要适应市场的需要,经济效益高;其次是优良品种,具有独特的经济性状;再次是能够适应当地的气候和土壤条件,表现优质与丰产特性。

主枝

亦称一级枝。着生在主干及中心干上的大枝。主枝数目和分布情况常因品种特性和整形方式等不同而不同。生长较高大、有中心干的主枝数目较多,反之则少,层性整形的主枝成层分布,如主干疏层形、开心形整形的3个主枝直接着生在主干上。银杏的主枝要求向四周分布均匀,以保证树冠圆满,树势平衡。主枝与侧枝构成树的骨架,合称骨干枝。

主枝方位角

生产中,并无标准树形,比较标准的树形靠人为整修而成。尤其是3~4个主枝方位大小不均,角度比较直立,可采取以下措施解决。①撑:即把靠近的两个主枝撑开,拉大间距,同时能加大主枝角度。②改变剪口芽的方向:剪口芽不选外芽,选择背斜芽,向方位角大的方向抽生长枝。③换头:当主枝下有合适的侧枝和有前途的大枝可以换头时,不但能解决方位角问题,而且可以解决主枝的角度问题。

主枝分枝角度

主枝与中心干或主干延长线的夹角。主枝分枝角度与生长结种关系密切。分枝角度小,枝条生长旺,树冠内光照条件恶化,花芽分化不良,结种晚,产量较低,种实品质差;分枝角度过大,生长势弱,花芽形成容易,结种早,但背上易萌发徒长枝,造成树势不稳易早衰。主枝分枝角度与品种、树龄、栽植技术等关系密切,生产中应根据树形的要求采取相应措施加以解决。

主枝延长枝增长率

主枝延长枝增长率

日期(日/月)	延长枝长(m)			每5天增长率 Y			lgY		
	0.4×0.5	0.4×0.8	0.4×1.0	0.4×0.5	0.4×0.8	0.4×1.0	0.4×0.5	0.4×0.8	0.4×1.0
第1天(19/4)	2.4	4.9	7.6	—	—	—	—	—	—
第5天(24/4)	3.7	6.6	10.2	1.54 166	1.34 693	0.34 211	0.187 989	0.129 345	0.127 788
第10天(29/4)	5.1	10.3	12.9	1.37 838	1.56 061	1.26 471	0.139 369	0.193 294	0.101 991
第15天(4/5)	8.4	10.5	14.1	1.64 706	1.01 942	1.09 302	0.216 709	0.008 353	0.038 628
第20天(9/5)	9.4	10.5	14.6	1.11 905	1.09 524	1.03 546	0.048 849	0.039 509	0.015 133
总和	—	—	—	5.68 615	5.0 222	4.73 559	0.592 916	0.370 501	0.28 354
G	—	—	—	—	—	—	1.40 679	1.23 773	1.17 729

贮藏物质的分布

通过光镜观察,发现银杏枝条的皮层、韧皮薄壁细胞、木射线和髓部在一定季节内有大量的蛋白质和淀粉,其中射线细胞的蛋白质和淀粉比其他薄壁组织多。电镜观察结果表明,银杏营养贮藏蛋白质在细胞质内合成,于液泡内积累,以不同形态分散于众多大小不等的小液泡内。淀粉粒多以单个淀粉粒填满整个质体形式出现,少见1个质体内有2个到多个淀粉粒的情况。

贮藏与萌动白果蛋白质的含量

贮藏白果按鲜重计的蛋白质含量为4.63%,略高于萌动种子的4.56%。但由于萌动种子含水量(45.35%)高于贮藏白果(30.25%),而按干重计的可溶性蛋白质含量,萌动种子(8.34%)则要高于贮藏白果(6.64%)。可见,随着种胚的后熟生长,银杏种子的蛋白质含量相应增加,这与于新等的报道相类似。萌动种子可溶性蛋白质含量的增加,有利于种子萌发和早期幼苗的生长。从营养学角度,可溶性蛋白质是易于消化和吸收的蛋白质,萌动种子可溶性蛋白质含量较贮藏白果高,其营养价值也相应提高,但由于其种胚的增大又降低其食用价值。采用辐射使种胚致死而又保持胚乳活性的贮藏方法,如果能与种子的代谢活化结合起来,将有可能使白果食品的营养价值得到提高而又避免由于胚体长大而出现的苦味和毒性。就蛋白质的提取而言,用水已经能够把白果的可溶性蛋白质的大部分提取出来。因此,在以银杏种子为原料的银杏食品和饮料生产中,用萌动种子是较为可取的。

注入施肥法

在树冠投影外围或相应的区域用钻打眼,把肥料稀释液注入洞眼,让肥水慢慢渗透。这种方法主要应用于密植园和干旱区的成龄园。

专家系统

就是具有相当于专家的知识水平和经验水平,以及解决专门问题能力的计算机系统。通常,专家系统主要指计算机软件系统,一个专家系统也是一个计算机程序。像人工智能一样,目前尚无公认的关于专家系统的严格定义。E. Feigenbum 1982年给出的定义是:"专家系统是一种智能的计算机程序,这种程序使用知识与推理过程,求解那些具有专门知识的杰出人物才能求解的高难度问题。"通常,一个专家系统是一个计算机程序,又是个智能程序;主要用于知识信息处理,而不是数值信息处理;依靠知识表达技术,而不是数学描述方法。它通过知识获取、表达、存储,建立知识库及其管理系统,利用专家的知识和经验求解专门问题。同时,采用基于知识的程序设计方法,系统的工作是在环境模式驱动下的知识推理过程,而不是在固定程序控制下的指令执行过程。

专家系统的优点

近十多年来,专家系统获得迅速发展,应用领域越来越广,解决实际问题的能力越来越大,这是由专家系统的优良性能以及对国民经济的重大作用决定的。

①专家系统能够高效率、准确、周到、迅速和不知疲倦地进行工作。

②专家系统解决实际问题时不受周围环境的影响,也不可能遗漏、忘记。

③可以使专家的专长不受时间和空间的限制,以便推广珍贵和稀缺的专家知识与经验。

④专家系统促进各领域的发展,它使各领域专家的专业知识和经验得到总结和精炼,能够广泛有力地传播专家的知识、经验和能力。

⑤专家系统能汇集多领域专家的知识和经验以及他们协作解决重大问题的能力,它拥有更渊博的知识、更丰富的经验和更强的工作能力。

⑥专家系统的研制和应用,具有巨大的经济效益和社会效益。

研究专家系统能够促进整个科学技术的发展。专家系统对人工智能的各个领域的发展起了很大的促进作用,并将对科技、经济、国防、教育、社会和人民生活产生极其深远的影响。

专家系统的主要结构

专家系统主要组成部分包括:①知识库(knowledge base)。知识库用于存储某领域专家系统的专门知识,包括事实、可行操作与规则等。为了建立知识库,要解决知识获取和知识表示问题。知识获取涉及知识工程师(konwledge engineer)如何从专家那里获得专门知识的问题;知识表示则要解决如何用计算机能够理解的形式表达和存储知识的问题。②综合数据库(global database)。综合数据库又称全局数据库或总数据库,它用于存储问题的初始数据和推理过程中得到的中间数据(信息),即被处理对象的一些当前事实。③推理机(reasoning machine)。推理机能够根据知识进行推理和导出结论,而不是简单地搜索现成的答案,使整个专家系统能够以逻辑方式协调地工作。④解释器(explanator)。解释器能够向用户解释专家系统的行为,包括解释推理结论的正确性以及系统输出其他候选解释的原因。⑤接口(interface)。接口又称界面,它能够使系统与用户进行对话,使用户能够输入必要的数据、提出问题和了解推理过程及推理结果等。系统则通过接口,要求用户回答提问,并回答用户提出的问题,进行必要的解释。

专家系统基础结构图

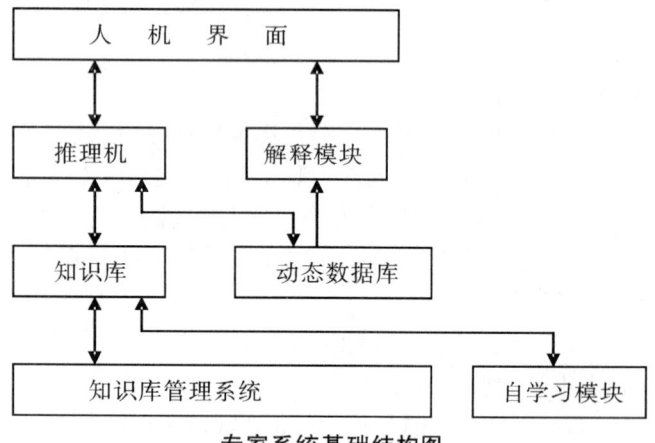

专家系统基础结构图

专家系统开发过程

①项目启动:包括问题定义、需求分析、其他选择的评价、检验专家系统方案、管理因素评估等。②系统分析与设计:包括概念设计与规划、开发策略、知识来源、计算资源、可行性研究等。③建立原型:包括建立一个小的原型系统,测试、改进、扩展,演示及分析可行性,完成设计等。④系统开发:包括建立知识库,测试、评估、改进知识库,规划集成方法等。⑤实现:包括用户试用、安装、演示、培训、文档、集成、领域测试等。⑥收尾:包括使用、维护和升级以及周期性地评测等。

专家系统开发过程图

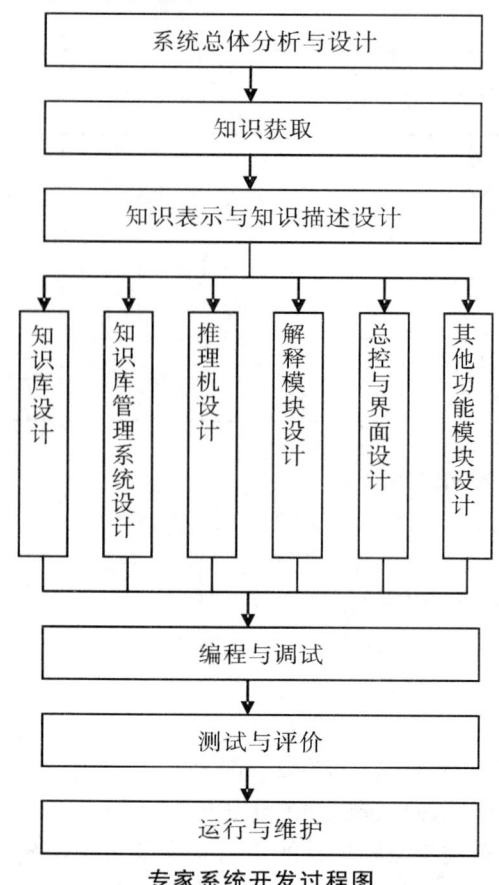

专家系统开发过程图

专家系统主要技术特点

①专家知识的启发性:银杏专家信息系统不仅能够使用逻辑性知识,而且可以使用启发性知识。②专家知识的透明性:银杏专家信息系统不仅能够向用户解释它的推理过程,还能回答用户一些有关它自身的问题。③灵活性:银杏专家信息系统中的知识体系可以进行修改和补充,并不断推进信息化知识体系的完善与优化。④可维护性:银杏专家系统提供安全、规范的服务流程控制和管理手段,保证工作高效有序地进行,提供各项管理和维护手段,提供集中式管理,易于系统维护和降低管理成本,全面支持开放标准,确保系统的可操作性。

专性寄生物

它们只能从活的寄主植物的细胞和组织中吸取养分,当寄主的细胞和组织死亡以后,它们也由于得不到必需的营养而随着死亡。真菌中的霜霉菌、白粉菌、锈菌和植物病毒、寄生性种子植物等都是专性寄生物。它们能在生机旺盛的植物组织如嫩叶、嫩梢中寄生,对寄主植物的破坏性不是很剧烈,但大量发生时仍然能造成重大损失。一般说来,专性寄生物对寄主的选择比较严格,通常一种寄生物只能侵染在分类系统上亲缘相近的几种植物,即属于同一科或同一属的几种植物。其中最专化的只能为害某一种植物。

专用肥

是根据银杏生长发育的特点及银杏产区土壤的养分状况所研制的不同类型的专用复合肥料。它针对性强,养分全面、含量高,可节省劳力,降低成本。

《砖印壁画》

1962年在南京东善桥发掘的东晋古墓中,有两幅描绘竹林七贤之一的阮咸"任达不拘"地在一株银杏树下抱阮轻弹的砖画像,充分反映出古代艺术家对银杏的欣赏。

转基因育种

利用分子克隆重组技术将目的基因转入银杏主栽品种中,是实现银杏品种改良新的重要途径。依据银杏的生物学特性、生态习性和生产上的要求,银杏转基因在以下方面很有发展前景。

①转抗病基因。银杏苗期容易遭受茎腐病、根腐病的危害,经常导致苗木大面积死亡,严重制约银杏生产的发展。将外源抗病基因转入主栽品种或砧木品种中,有利于提高银杏苗木的抗病性。②转耐湿基因。银杏抗涝、耐湿性差,在我国南方的梅雨季节,银杏常因积水受涝而大面积减产。将柳树耐湿基因转入南方主栽的银杏品种中,有利于增强银杏耐水、耐湿性能,从而提高银杏产量。③转高黄酮、高内酯基因,培育新的叶用品种。④转花色基因,培育新的观赏品种。

装罐

将准备好的果品原料和糖水及其他配料一起装入空罐中的操作。包括空罐的准备、果品的装入和注入罐液三个步骤。空罐和罐盖在使用前放入清洁的沸水中消毒30~60 s,倒置沥水备用。装罐时需注意下述几个问题:果品原料应尽快进行装罐,不应堆积过久;确保装罐量符合要求,要保证质量,力求一致;保证内容物在罐内的一致性,同一罐内原料的成熟度、色泽、大小形状应基本一致,搭配合理,排列整齐;罐内应保留一定的顶隙;保证产品符合卫生。果品罐头一般加入糖液,其浓度常用白利糖度计或折光仪测定。糖液浓度一般为25~30°Brix,以保证成品的糖度符合14~18°Brix的国家标准。装罐有人工装罐与机械装罐,装入后应称量以保证装量。为了保证真空度,要求有一定的温度和顶隙。

装罐浓度

装罐时装入的糖水浓度。它影响到产品的开罐浓度和感官品质。其计算方法如下:

$$Y = (W_3 Z - W_1 X)/W_2$$

式中 Y——糖液的装罐浓度(%);

W_1——每罐装入果肉重(g);

W_2——每罐注入糖液重(g);

W_3——每罐净重(g);

X——装罐时果肉可溶性固形物含量(%);

Z——要求糖液开罐浓度(%)。

壮苗包装

银杏苗木根系须根较少,长途运输时,可将裸根蘸上泥浆,然后按品种分级,每20~50株用草绳束在一起,装入蒲包或其他透气包装材料内,为了保持苗木根系湿润,蒲包内应塞满湿草,挂上标签后迅速起运。运到栽植点后,立即进行定植或集中栽植管理,方可收到良好效果。在苗木长途运输中,还应注意随时检查苗木根部湿润状况,如发现过干,应立即洒水。大批运输苗木时,不能堆积过厚,以免发热烧根,致使根系霉烂,影响成活率。山东省郯城县曾从四川省眉山县调进10万余株银杏苗,沿途千余千米,途经半个多月,植后成活率仅达30%。多年生大苗且又近地栽植时,为了确保苗木定植后的成活和缩短缓苗期,应尽量做到带土坨运输。

壮苗丰产的主要环节

①选好良种;②合理冬藏;③整好圃地;④催好种芽,适时早播;⑤种芽断根;⑥抓好播种;⑦搞好苗期管理。

壮苗假植

苗木起出后,来不及定植或外运时,必须进行假植。假植地点应选在背风、背荫、干燥、平坦的地段假植沟的沟宽、沟深以苗木大小而定,沟长以苗木数量多少而定。假植沟以东西走向为宜。假植前沟内灌足底水,水渗下后,将苗木向南倾斜40°分层排列在沟内。苗间根系要充分填土,以防透风,于封冻前再覆一层松土。大量苗木越冬假植,要十分注意防冻、防干,每2~3个星期要检查一次,及时覆土、灌水,发现问题,及时处理。

壮苗培育

银杏壮苗培育对建立银杏丰产园、培育果材兼用树、营造防护林和加速绿化等直接起着促进作用。同时也是种子丰收、采材丰产、增加防护效益和绿化的物资基础。银杏壮苗培育方法分播种(实生)、扦插、分蘖(分株)和嫁接等几种方法,常因栽植目的不同而采取的方法各异。

壮苗起运

起苗时尽量做到根系完整,主侧根不劈不裂。1年生苗木根系长度在20 cm以上。壮苗起出后,按苗木规格要求及时进行苗木分级,剪除生长不充实的枯梢、病虫为害部分和根系受伤部分,根系修剪的剪口面要向下而且平滑。如根系剪口面的直径在1.5 cm以上时,对剪口面还要进行消毒和包扎,以防伤口腐烂。对不符合规格要求的等外苗,应留圃继续培养。

壮叶肥

目的是使叶片大、长、厚,延迟叶片老化,提高后期光合效率及药用有效成分的含量。一般在7月下旬至8月上旬施用,可施银杏专用肥600~900 kg/hm²。

壮枝(叶)肥

7月中、下旬,银杏高生长停滞,粗生长加速,新梢渐趋木质化。同时,种核硬化,花芽继续分化,叶片继续增厚,叶片质量提高,这些都需要大量肥料。

撞打脱皮法

撞打法进行银杏种实调制的基本工序与堆沤法和浸泡法基本相同,不同的是该方法省去了堆沤法和浸泡法的第1个工序,种实采下后立即进行调制。这种调制方法的优点是调制及时,可提前投放市场。其缺点:一是由于未经过外种皮软化而直接使用外力使外种皮脱离,从而导致种核破损率上升,通常情况下破损率高达5%~10%;二是由于外种皮脱离不彻底,从而影响种核的外观和贮藏。应用该法进行调制应注意种核采收时间不宜过早。我国广西桂林地区习惯于采用此法进行银杏种实调制。

追肥

追肥是在果树生长期间施用的肥料,其目的是满足果树生长发育期间对养分的要求。一般多施用速效性化肥,腐熟良好的有机肥也可做追肥。氮肥应当尽量采用化学性质稳定的尿素、硫铵和硝铵等,磷、钾肥多采用磷酸二氢钾,为了充分发挥追肥的增产作用,必须选择合理的追肥时间和方法。高温多雨地区或沙质土,肥料易流失,追肥宜少量多次;反之,追肥次数可适当减少。幼树追肥次数宜少,随树龄增长结种量增多,长势减缓,追肥次数也应增多。目前生产上果树的主要追肥期是:花前追肥,花后追肥,种实膨大和花芽分化期追肥,种实生长后期追肥。

锥子把

本品种典型株树龄150年,胸径42 cm,树高8.5 m,枝下高1.7 m,冠卵圆形,开心状,冠幅9 m×9 m,有四大主枝。十多年来年均产白果100~150 kg,短枝连续结果能力强。叶柄细长,平均长6.1 cm。种托突起。种柄圆或椭圆形,上细下粗,平均长5.2 cm。种子长3.4 cm,宽2.3 cm。先端渐尖,有小尖。基部窄,中、上部渐宽,种基稍平,略下陷。油胞较密。9月中旬成熟,有白粉。种子平均单粒重8.5 g,种核先端细长尖突,似锥状,平均长2.48 cm、宽1.35 cm、厚1.17 cm。中部以下无棱线,核长椭圆形,束迹联结。平均单核重2.1 g,出核率24.7%,单仁重1.03 g,出仁率77.6%。

准银杏属

发现于晚侏罗纪的日本和中侏罗纪的顿涅茨河畔的卡明卡和中亚细亚的化石。叶的外形似银杏属,宽匙形,全缘或仅在顶端浅裂,两条叶脉由叶基沿两侧边缘向前延伸至顶端,叶子明显地分成叶片和叶柄。

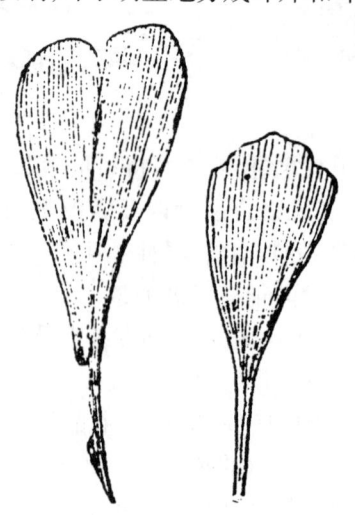

准银杏属的化石印迹

资源开发利用

银杏是多用途经济树种,其叶、花、种实、材都可以被人类加以利用。特别是近年来,随着科学技术的发展,人们对银杏叶、花、种实、材化学成分的研究越来越深入,其营养价值和医疗保健作用越来越引起人们的重视。日本、美国、德国、韩国等国在对银杏叶化学成分及其药理功效研究的基础上,已经研制出多种银杏叶提取物(ginkgo biloba extracts,EGb)的药制剂,产品在市场上供不应求,已经取得了巨大的经济效益。当前,我国对于银杏种实和银杏叶开发利用的研究已经取得了阶段性的成果,并且生产出多种银杏产品投入市场。但在银杏花、材、外种皮开发利用方面的研究尚处于起步阶段。今后,随着科学技术的发展,对银杏资源开发利用的研究必将越来越深入,银杏资源的开发利用也必定要走综合性的产业化发展道路。

资源评估和操作

银杏资源资产的评估主要用于:①出让或转让银杏资源资产;②以银杏作价出资进行股份经营或联营;③以银杏作价出资进行中外合资合作;④以银杏资源资产从事租赁经营;⑤以银杏资源资产作价抵押或拍卖;⑥出让、转让或出租银杏林地使用权等。目前银杏栽培目的如为用材、核用林或叶种兼用林时,可将银杏划入经济林林种,经济林的营林成本及收益与用材林相似,但投入较大,收益也较高。银杏经济林的价格评估对幼林采用重置成本法,对成林采用收益现值法。实际运用以下2种公式。

$$V_1 = \sum \frac{a_i}{(1+r)^i} \quad \text{①}$$

式中:V_1——刚开始收益未成年银杏树价值
  a——每年的纯收益
  r——折现率
  i——银杏树龄

$$V_n = \frac{a}{r}\left[1 - \frac{1}{(1+r)^n}\right] \quad \text{②}$$

式中:V_n——成年银杏树价值
  n——未来各年的年数

资源收集应注意的事项

①对嫁接等无性繁殖的营养系品种,全部采用收集枝条作为繁殖体的方式,不收集种子,其中应特别注意其变异品系。②对于野生和半野生银杏资源,应根据主要环境因子(重点为气候、土壤)的不同,针对全国银杏分布区内划分若干个区域,每个区域用选择(偏倚取样)和不选择(随机取样)相结合的办法,收集枝条和种子。我国银杏种核性状在个体上存在明显的遗传差异,但气候区间的平均表现除单核重外差异不明显,且地区内相邻群体间的变异甚至大于地区间的,种核性状变异没有地理规律性。因此,以核性状为选择目标时,收集及研究的重点应放在广泛的基因型调查上,群体和地区间只有参考意义。从未来杂交育种需要考虑,具极端性状基因型的收集比现有综合性状表现优良基因型选择更为重要。由于现有银杏残遗历史过程中的基因随机漂迁,种实形态表现为非适应性性状,从基因资源角度考虑,不可忽视零散残遗个体的遗传考察。③由于银杏用途的多样性,除了核用以外,还应从叶用、材用、花粉用等方面的性状出发收集银杏种质资源。④银杏为雌雄异株。据调查,当前各地银杏雄株资源严重匮乏,再加上各种开发性破坏、利用性破坏等人为因素,局部地区的雄株资源已濒临绝迹,亟待保护。因此,应充分重视银杏雄株的收集和保护,设立雄株基因库,以期建立雄株品种体系,选育出优良的叶用、材用、花粉用品种。银杏种质资源的收集可采取各种不同方式,如外地引种、委托收集等,但最基本的方式是考察收集。在考察收集过程中可以掌握许多有关资源分布、生态环境、多样性等第一手材料。总的来说,中国银杏资源是十分丰富的,但目前的考察收集程度还不够。随着经济建设的飞速发展,银杏资源损失的可能性将会增大,因此,必须加强银杏种质资源收集的工作。

子代测定

又叫测交系测定,子代测定中的一种杂交方式。待测的每个无性系一般与4~6个测交系杂交。由这种方式可取得一般配合力和特殊配合力的数据。以求得良好的杂交组合,获得杂种优势。

子叶

种子植物胚的组成部分之一,为贮藏养料或幼苗时期进行同化作用的器官。裸子植物有两至多枚。子叶在幼苗发育初期具有重要作用。

紫穗槐

紫穗槐是多年生豆科灌木。茎叶含养分丰富,含氮量较高,每100千克青枝叶含氮约1.3 kg。耐旱、耐涝、耐瘠薄、耐盐碱,适宜盐碱地、沙荒地、瘠薄地做绿肥。植株生长快、再生能力强,割取幼嫩枝叶做沤肥或堆肥效果良好。种在荒地、荒坡、路旁、堤岸边有改良土壤、保持水土、护堤防洪的作用。同时,也可以提供鲜嫩茎秆做绿肥,一年生茎秆还是很好的编筐材料。紫穗槐可扦插、分墩或播种繁殖,播种前可用温水浸种一昼夜,捞出后摊在草席上,放在阴暗处,每天用清水冲洗1~2次,5~7 d后待种皮破裂即可播种。播种深度3~4 cm。扦插繁殖是秋冬采条,将生长充实的一年生枝剪裁成30 cm左右长的插条,插入地下,上面露出一个芽,填土踏实即可。分墩繁殖的季节与扦插相同,是将紫穗槐的墩,刨出一部分,埋入土中,另生新株。

紫微宫吉银杏

为济源县王屋山紫微宫前的1株银杏,胸围

9.1 m,树高35.5 m,冠幅32 m,树干粗大,号称"七搂八拐"巨树,为中州最大的古银杏树。据传该树系唐大将李道宗晚年谪居天台山时所植。河南地方志记载:"紫微宫在济源县西北一百里王屋山下,庸司马承正栖止之所"。又有"司马承祯(即司马承正,655—735年),唐朝道士,字子微,号白云,河内温(今河南温县)人,从嵩山道士潘师正学辟谷、导引等方术,居天台山。武则天、睿宗、玄宗均曾召见。玄宗又命于王屋山置坛室以居"。古银杏是唐将李道宗所植,还是唐道士司马承正所植,有待考究,但从记载年代来看树龄已有千年之上。这棵银杏生长于海拔650 m,两面临山的坡脚,土壤深厚肥沃,树势生长旺盛,至今每年可采收白果250~350 kg。

自根苗

利用扦插、压条、分株与组织培养繁殖的苗木,即是利用果树营养器官的再生能力,发生新根或新芽而长成的一个独立的植株。自根繁殖的关键在于枝上能否发生不定根或根上能否发生不定芽。再生不定芽和不定根的能力与树种在系统发育过程中所形成的遗传特性有关。自根苗的特点是变异小,能保持母株的优良性状和特性。进入结果年龄较早等。自根苗亦可做嫁接繁殖的砧木。

自花结实

见"单性结实"。

自控间歇喷雾插床

插床用砖砌成高0.4 m、宽1 m、长10 m的长槽。底部铺厚20 cm的小卵石,盖上薄层粗沙做排水层,其上铺20 cm厚的细沙,作为扦插基质。设有进水管、电源、湿度自控仪、电磁阀、电子叶等设备。

自然保护区

在面积较大、人口较少、自然资源较为丰富或将要开发利用的地方,为保护单项或综合的自然资源而进行特殊保护和管理的区域,保护对象主要包括:有代表性的自然生态系统、珍稀濒危动植物的天然集中分布区、水源涵养区等。如新疆新源县野苹果自然保护区的主要保护对象为新疆野苹果林。新疆野苹果为孑遗植物。自然保护区的建立,目的是为了能持续合理利用自然资源。自然保护区建立后,要限制人类进入活动,以保护自然资源不受破坏。同时要着手清查自然资源的情况,提出可以取得较佳效益的多种利用方案,加以对比选择并确定最佳方案,而后才能动手开发。只有合理利用自然资源,才能获得资源的永续利用,而保护现存自然资源则是取得永续利用途径的先决条件。

自然变异率

用下列四种方法扩大其自然变异率:①体细胞克隆变异;②用射线与秋水仙碱使其突变;③原生质体培养和遗传工程;④可控杂交。

自然干燥

利用天然的热源如太阳的热量来晒干或利用通风来进行阴干、风干、晾干。与人工干燥相比,这种方法设备简单,生产成本低,干制过程不需精细的管理。适合于阳光充足、空气湿度低的地区。银杏叶的干燥在农村大多采用自然干燥。

自然开心形

适用于银杏核果类果树的一种树形。无中央领导干,主干高40~60 cm。主干上错落着生3个主枝,呈直线向外延伸。每主枝在背斜侧留侧枝2~3个。主侧枝上着生短种枝枝组。三主枝错落生长,且直线延伸,符合果树自然特性,成形快,结种早;结种面积大,树冠牢固;树冠开心,光照好,能立体结果。但由于主枝少,早期产量低。

自然区划

我国幅员辽阔,银杏自然分布北起辽宁开原,南至广东珠海。跨越温带、暖温带和亚热带三个气候区。由于银杏受光、热、水土等自然条件的影响,银杏的生长发育和经济效益迥异。由于我国受冰川影响较小,局部地区的银杏被保存下来,再加上我国劳动人民重视银杏资源的保护、利用和培育,使其产生了不同程度的地域差异,即形成不同程度的集中与分散,根据各地的自然地理条件和银杏分布的客观存在,我国银杏分为五个自然区划区:①长城沿线自然区划区;②黄淮海自然区划区;③长江中下游自然区划区;④西南高原山区自然区划区;⑤华南自然区划区。

自然史书

银杏是研究气候变迁的"自然史书"。树木年轮的宽窄及所含物质的变化与气候的干润、温度的高低、雨季的早晚等气候因素以及火山爆发等自然因素有关。因此,古银杏(含银杏化石)就好比是一部珍贵的自然史书,如实记载了亿万年的气候变迁,冰川演变,史前地球浩劫和大规模物种绝灭的历史,记录了千百年来气候的变化。

自然式银杏盆景

银杏,叶形奇特如扇,树形古朴典雅,令众多盆景爱好者情有独钟。自然式银杏盆景,是以各种自然的银杏桩胚,不加任何绑扎装饰技艺,而根据桩胚本身所具之天然形态,配置以相应的花盆而成的盆景。它具有取材广泛,养育时间短,制作简易,造型自然,养护方便的特点。每年选取山野生长老银杏树的奇型怪状之根蘖苗,或于圃地选取七八年生之银杏苗,栽好后离地面40~60 cm处截去上部枝干,让其在地中自然生长一年,据树形略加修剪,贵求自然。翌年春季新叶萌发前,便可将株形不同的树桩制成错落有致、搭配巧妙得体的各种自然式银杏盆景。

银杏喜光,因此制好之后盆景宜置于阳光充足、通风湿润之处。夏季不可缺少曝晒,冬季要埋土越冬,平时要保持盆土湿润,生长期间,每周施稀薄饼肥或沤熟人粪尿一次,盆土用优质营养土,可适量加砂土等。每隔2年换盆一次,换盆时,剪短过长根系,换去二分之一旧土,再在盆底施基肥。银杏生长缓慢,抗污染及毒废气,少病害。

自然式园林

又称不规则式园林、风景式园林。以自然山水和自然式布局作为风景表现主题的园林。我国古典园林几乎都以自然式园林为主。利用自然地形或略加改造,模仿自然山川,反映真山、真水的意境。园林内建筑多采用不对称均衡布局,道路、广场、水池等都采用自然曲线形式,树木不作整齐修剪,以仿古的苍老劲拔为主。采用自然式山石做成假山,配以瀑布、泉水,也采用桩景、盆景、雕刻等来丰富园景。一般常用于地形起伏不平,以及四周环境富于自然变化而不规整的园林。银杏是自然式园林中常见的树种。

自然形示意图

自然形示意图

自然选择

生物界适者生存,不适者淘汰的现象。在自然环境条件下,生物体由于环境的影响,或外界环境条件的改变,会发生变异,适应于自然界变异的个体容易生存并繁殖下去,不适应于自然界的个体,则被淘汰。

自然圆头形

亦称自然半圆形。适于银杏树的一种树形。主干留60~80 cm剪截后,任其自然分枝,而后从中选留4~5个做主枝,过多的疏除。各主枝上留侧枝2~4个,整个树冠成自然圆头形。整形技术较简单,成形快,结种早;树冠易郁闭,应及时改善冠内通风透光条件。

自然圆头形示意图

自然圆锥形

用银杏实生苗定植之后,于树干高度2 m左右实行断顶高砧嫁接(最好用顶芽嫁接),成活后留一强旺枝条培养主干,然后在主干上选留8个左右的主枝,主枝上下错开,左右平衡,主枝间距离为30~60 cm,下大上小。然后在每个主枝上适当选留1~4个侧枝,下层侧枝多,上层侧枝少,最后形成上窄下宽的圆锥形树冠。这种树冠成形较难、慢,且层形不显,进入结果期之后,由于种实的重力作用而使枝条角度增大,甚至主枝趋水平,负载量过大,主枝容易折断。

"自然主干形"

银杏"自然主干形"是经嫁接以后,人工培养成符合自身生长规律的有主干的树形。该树形干高一般为1.3~2.5 m,有主干,有中央领导干,树干基本通直。主枝轮生,一年一轮,确切地说,一年一台,或叫一年一层,一般有4~5层,每层(台)有主枝2~4个,构成全树骨架。在主干上、主枝上生长出若干小枝,形成侧枝,包括徒长枝、直立枝、背上枝、背下枝、侧生枝……这类枝我们称之为"群枝"。群枝经人工整形修剪以后,变成了大大小小的结果枝,结果枝组,占领了树体的上上下下,里里外外,构成了立体结构的丰产树形。

自由基

银杏组织中通过多种途径产生的具有很强的氧化能力,对许多生物功能分子有破坏作用的基团,包括 H、OH 等。在正常情况下,细胞内的自由基的产生和清除处于动态平衡状态,自由基水平低,不会伤害细胞。可是当银杏受胁迫时,这个平衡就会打破。自由基累积过多就会伤害细胞。主要通过以下两条途径:首先,自由基导致膜脂过氧化作用,SOD 活性下降,同时还产生较多的脂膜过氧化产物乙烯、乙烷和丙二醛,膜完整性被破坏;其次,自由基积累过多,也会使膜脂产生脱脂化作用,磷脂游离,膜结构破坏,膜系统破坏,就会引起一系列生理生化紊乱,导致银杏树体死亡。

自孕结籽的古银杏

银杏是雌雄异株,极少数为雌雄同株。因此,裸露的胚珠必须接受雄花的花粉以后,才能达到受孕结籽,然而在我国银杏分布区,却有一些自孕结籽的古银杏。湖北省孝感市张湾村,有一株 800 年生的古银杏,周围 40 km 无银杏雄株,年结果量 50~60 kg。上海市南汇县、山东省临朐县、乳山县上千年生的古银杏,在周围 20~30 km 无雄株的情况下,年年结果累累。乳山县万户村的雌株,好年景产银杏 800 余千克。但这些银杏均无胚,种子无发芽出土能力。

综合防治

人们在与病虫长期斗争中,总想寻求一种有效的防治病虫害手段,以达到控制或消灭病虫害的目的。实践证明,利用一种手段防治,不可能达到控制或消灭农业病虫害的目的。20 世纪,人们利用澳洲瓢虫来防治吹绵蚧壳虫成功以后,许多人认为生物防治就可以比较彻底地解决害虫了。但是经过几十年的实践,证明生物防治并不是对每种害虫都能像澳洲瓢虫那样有效,也不是无往不胜的。从 30 年前有机氯农药使用以后,高效有机磷农药又相继出现,由于它们具有前所未有的杀虫效力,有人对此寄予很大希望,认为彻底解决病虫害已经为期不远了。然而多年来连续和大量使用有机氯和有机磷农药,一方面确实对农业生产起到了巨大作用,但是病虫害的为害仍然是个巨大的问题。甚至有的病虫害更加严重了,可以说有增无减,农药所起的副作用也是日益突出。单独依靠生物防治或其他的单项技术措施,实践证明不能得到令人满意的效果。由此看来,单项措施防治病虫害有不可克服的局限性,而综合防治越来越受到人们的重视。因此,综合防治是今后防治农业病虫害和杂草最重要的方向。目前综合防治在全世界各国普遍引起重视,许多大规模的综合防治试验正在进行。在综合防治的推动下,有不少新技术相继出现,并且有的已在生产上广泛推广应用,使植物保护工作大大地向前迈进了一步。"预防为主,综合防治"是我国植物保护的根本方针。这个方针是广大群众长期同病虫做斗争的经验总结,反映了植物保护工作的发展方向,体现了自力更生、艰苦奋斗和勤俭办事业的革命精神,有利于发动群众,组织群众、开展群众性的防治病虫害运动。

总黄酮的分布

总黄酮的分布

部位	含量(%)			
	1	2	3	4
银杏种仁	0.44	0.56	0.51	0.50
银杏中种皮	1.11	1.06	1.02	1.06

总生长量

表示银杏或银杏林分在一定年龄期间内增长数量的积累总数。在分析林木生长情况和估计一定面积林木产量时,总生长量是主要依据的数字之一。

总体规划

首先,应有一个专门的领导班子,由有关领导、专业技术人员以及群众代表组成。大体确定各县(市)、乡(镇)的重点发展方向。其次,由科技人员为主组成一个专业班子,搜集有关社会经济情况,银杏栽培历史、现状,以及交通、销售、土壤、植被、气象、水利、农作、能源情况等等。重点踏勘一些地片,广泛征求和听取有关方面的意见。在研究大量资料的基础上,进行具体规划。在规划中应把一些主要内容在现场勾绘出轮廓,写出详尽的文字报告。规划方案交当地领导机关审批后,层层下达,逐步落实。规划经上级领导部门批准后,各级领导和执行单位就不要轻易变动,使执行者有所遵循。银杏不同于一般干果、水果,更不同于农作物,初期投工、投资较多,生产木材和种核见效慢,一定要有始有终,抓紧抓死,一抓到底,绝不可半途而废,挫伤群众的积极性。

纵伤

即在早春树液流动时,用利刀将树干或主枝纵向划一刀,深达木质部,不要撕下树皮。纵伤后,树干及枝条能迅速加粗生长,增强机体抗性及吸收能力,提早进入结果年龄,促进丰产,为了保证干、枝的均匀发育,纵伤至少要在三个不同方位进行,长度宽度可根据枝条及主干粗度确定,必须保证能当年愈合。

组培育苗

利用银杏器官或组织的一部分,置于培养基中,使其分化出具有根、茎、叶的完整植株,这种育苗方法叫组培育苗。目前银杏组培育苗已研究成功雄配子体培养、雌配子体培养、胚培养和茎段培养4种方式。生产化育苗多为茎尖培养。组培育苗不受季节限制，全年都可进行，也是加快良种繁殖的重要方法，能实行工厂化规模育苗生产。但组培育苗所需仪器设备很多、技术复杂、操作要求高，相对来说也需要花费较高的成本。特别是银杏工厂化组培育苗尚需成套设备，这些条件一般较难具备。因此生产上应用不多。

组织培养

从20世纪60年代开始，植物组织培养不但在基础理论研究上取得了显著成果，而且在实际应用上，也日益显示出它无可估量的巨大价值。植物组织培养可以在以下的几个领域应用于银杏的生产和科研上。

①利用组织培养，可以进行银杏无性系快速繁殖。由于植物组织培养繁殖周期短，繁殖速率高，因此具有广阔的应用前景。例如，一个优良单株或芽变，用常规方法只能达到每年十几倍到百倍的繁殖速度，用试管进行组织培养繁殖则可达数万倍，大大加快了良种的繁殖和推广速度。②利用组织培养，可以进行银杏的遗传育种。例如，建立高效银杏胚胎培养或茎尖培养系统，可以进行转基因操作；银杏花药和花粉培养，可用于单倍体育种；利用原生质体培养、体细胞杂交的技术，可以进行更大范围内的基因重组，创造出新的极为罕见的品种及种类。③利用组织培养，可以工厂化生产植物次生代谢物，以弥补自然提取的不足。④利用组织培养技术进行种质保存，可大大减少传统的植物种质资源保存过程中所需的大量人力、物力和时间。⑤利用组织培养可以进行银杏的一些基础性理论研究。

组织培养的历史和现状

银杏种子脱离母体后，种子中胚的生长发育，胚的发育与温度条件的关系，以及银杏未成熟胚的离体无菌培养等问题，北京大学李继侗和他的学生们，于1934年曾进行过一系列的研究。研究结果表明，长度大于3 mm的胚在离体条件下可以正常生长（王伏雄等于1963年的试验结果表明，长度在1.5 mm以上的胚，在基本培养基上可以继续胚的生长或者引起愈伤组织似的生长）。20世纪50年代末至60年代初，Ball（1956，1959）及我国学者王伏雄（1963）等，用银杏胚做材料，在无菌培养条件下，研究了初生根的发生，人工切割对分化的影响，以及各种糖、生长激素、椰子汁、蜂王浆对苗及根生长影响的研究。1953年Tulecke首先进行了从花药发生愈伤组织，再从愈伤组织诱导器官分化的研究获得了完整的银杏单倍体植株。此后诸多学者对银杏花粉在离体条件下的发育过程、组织结构及愈伤组织的诱导进行了系统研究。国内银杏茎段组织培养诱导生成完整植株的研究，是由广西师范大学罗紫娟（1984）首次获得成功。从目前银杏组织培养研究的报道看，银杏组织培养在科学研究上获得了成功，但在生产上尚无多大实际意义。

组织培养过程示意图

在银杏的组织培养中，根据外植体的来源和培养目的，银杏的组织培养大致有器官培养、花粉培养和体细胞胚发生培养等几种类型。

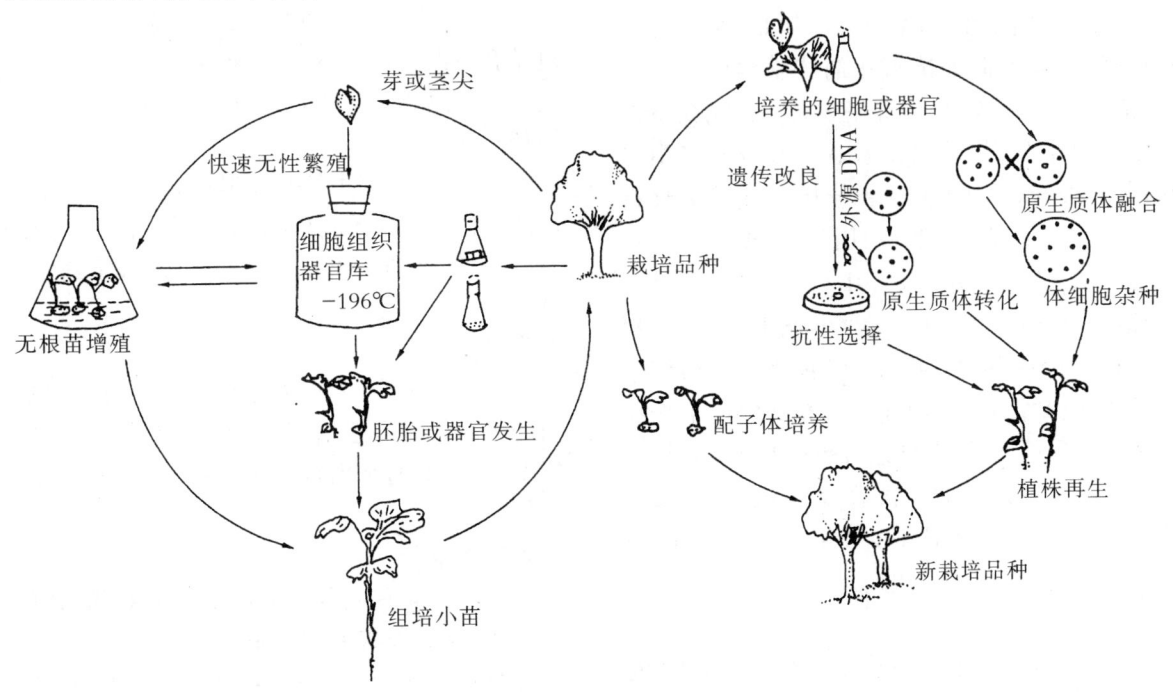

银杏组织培养过程示意图

组织培养条件筛选

银杏在食品和医学上的经济价值及在城市建设上的生态价值和观赏价值已逐渐为世人所知,在国内和国际上已广泛开发利用。良种银杏快速繁殖和银杏苗木工厂化生产越来越显示出它的重要的现实意义。根据细胞的"全能性",采用正交试验设计对银杏组织培养进行条件筛选。通过正交试验从多个因素中找出影响试验结果的各因素的主次顺序和交互作用,并从中找出最佳结果。为良种银杏的快速繁殖和良种银杏苗木的工厂化生产提供了理论依据和技术保障。

组织培养再生小植株的途径

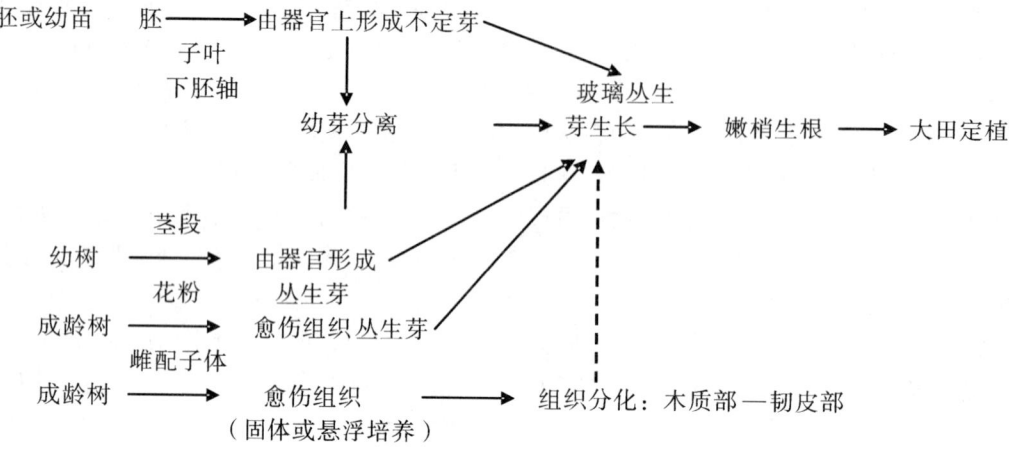

组织培养再生小植株的途径

组织培养中的防褐变

褐变是指在离体培养过程中,当培养物生长状态不良,培养条件恶化或细胞受到损伤、感染、辐射等作用后,其多酚化合物在多酚氧化酶的作用下发生氧化,组织逐渐变成褐色或黑色,最后培养物死亡的现象。防止褐变是银杏组织培养中的一大难题。常用的防褐变方法有:添加抗氧化剂、调整培养基及改变培养环境等。常用的抗氧化剂有抗坏血酸(VC)、植酸(PA)、聚乙烯吡咯烷酮(PVP)等。但是,基本培养基种类及外源激素对附加抗氧化剂控制褐变能力影响很大。抗坏血酸在 White 培养基中具有控制褐变的功效,但培养物生长慢,效果不及在 MS 培养基中显著。细胞分裂素 BA 或 KT 有刺激多酚氧化酶活性提高的作用。以 MS 为基本培养基,用 ZT 代替 BA,即在 MS + NAA 2 mg·L^{-1} + ZT 2 mg·L^{-1} + Vc 5 mg·L^{-1} 上培养的银杏材料(茎段、种子胚)生长正常,没有褐变。0.1% 和 0.05% 的 PA 可以促进银杏愈伤组织生长,控制褐变,但 PA 附加在 White 培养基中远不如在 MS 培养基中效果好,不同激素组合也影响 PA 效果的充分发挥,其中以 BA 与 NAA 配合效果最好。用 2,4-D 代替 NAA 或用 KT 代替 BA 效果均较差。此外,一些天然有机物也有防褐变功能。

祖树

一些农村里的古银杏树往往是村民先祖定居时所栽,后人多称之为"祖树"。

钻孔施肥

对土壤质地较疏松而肥力差的低产银杏园,可用施肥锥钻孔施肥。其做法是:用直径 3~5 cm 的硬木棍或铁棍,将一端制作成锥形,长 50~60 cm。用此锥在银杏园树冠下均匀地钻许多孔,孔深 20~30 cm。每孔施入饼肥、复合肥、人畜粪等固体肥,边施肥边用棍舂紧盖土。若施用液体肥,灌施后待其渗透后再填土舂紧。这种方法的优点:一是施肥深而不伤根;二是均匀地把肥渗透到根部,使根系吸收容易;三是通过钻孔可改善根系通气状况,促进根系生长及对水肥的吸收。这种方法操作简便,又有显著的增产效果。

最低气温

一地在一定时间内气温的最低值。大陆上一日内的最低气温一般出现在日出前后。一年中的最低气温,大陆上通常出现在 1 月份,海洋上通常出现在 2 月份。

最高气温

一地在一定时间内气温的最高值。大陆上一日内的最高气温一般出现在 14 时前后。一年中的最高气温,大陆上通常出现在 7 月份,海洋上通常出现在 8 月份。

最高施肥量

假设 X_{DN}、X_{DP}、X_{DK} 分别表示是氮、磷、钾的最大施肥量,b_i 表示各次项回归系数,则:

$$X_{DN} = \frac{(b_6^2 - 4b_8 b_9)b_1 + (2b_4 b_9 - b_5 b_6)b_2 + (2b_5 b_8 - b_4 b_6)b_3}{2(4b_7 b_8 b_9 + b_4 b_5 b_6 - b_4^2 b_9 - b_5^2 b_8 - b_6^2 b_7)}$$

$$X_{DP} = \frac{(2b_4b_9 - b_5b_6)b_1 + (b_2^5 - 4b_7b_9)b_2 + (2b_6b_7 - 6_4b_5)b_3}{2(4b_7b_8b_9 + b_4b_5b_6 - b_4^2b_9 - b_5^2b_8 - b_6^2b_7)}$$

$= 1.235 (kg/株)$

$$X_{DK} = \frac{(2b_5b_8 - b_4b_6)b_1 + (2b_6b_7 - 4b_7b_5)b_2 + (bb_4^2 - 4b_7b_8)b_3}{2(4b_7b_8b_9 + b_4b_5b_6 - b_4^2b_9 - b_5^2b_8 - b_6^2b_7)}$$

$= 1.219 (kg/株)$

最古老的银杏属植物化石

晚三叠世以后所发现的、形态近似现生银杏的叶部化石以往多被归入似银杏属(*Ginkgoites*)或直接归入银杏属(*Ginkgo*)。然而,令人困惑的是,尽管中生代时银杏类叶化石不少,却很少发现和现生银杏相似的繁殖器官化石。事实证明仅仅依据营养叶形态来进行银杏类植物的分类不可靠,因为形态相似的叶不一定具有相同的繁殖器官。1965年卡肯果(*Karkenia*)的发现就充分地说明了这一点。此种繁殖器官虽然和银杏型的叶和短枝等保存在一起,其形态构造却和银杏有很大的区别。直至1988年后章伯乐等在我国河南义马煤矿中侏罗统地层中找到了众多保存完美的银杏(义马银杏)的胚珠器官化石,还有大量的叶、长短枝和花粉,才确证银杏属植物在侏罗纪就已存在了。这是目前所知研究程度最高的银杏类化石之一,对了解银杏属及其系统发育和演化趋向等问题的探讨都有重要意义,有关成果发表后得到学术界的广泛认同并被国内外古植物学教科书采用。

最佳环剥时间

不同时间对园内3年生幼树进行环剥处理。第二年观察成花情况,环剥时间不同对幼树促花效果有显著差异。豫南大别山区以5月底至6月初花芽未分化前环剥幼树,促花效果最理想。

最佳施肥量

最大施肥量反映了施肥增产的潜能,但其投入产出比并非最佳,为了获得最佳的经济效益应该综合考虑肥料和银杏种子的市场价格,并以此计算出最佳施肥量,这种施肥量对生产才更具有指导意义。假设P_1、P_2、P_3为3种肥料的单价,q为银杏种子的单价,按当年市场价它们分别为氮4.0元/kg,P_2O_5 6.0元/kg, K_2O_3 3.2元/kg和10元/kg,则:

$S_1 = P_1/q - b_1 = -3.589\ 655$

$S_2 = P_2/q - b_2 = -1.770\ 063$

$S_3 = P_3/q - b_3 = -8.326\ 444$

$D = 2(4b_7b_8b_9 + b_4b_5b_6 - b_4^2b_9 - b_5^2b_8 - b_6^2b_7) = 59.471\ 61$

令X_{JN}、X_{JP}、X_{JK}分别表示氮、磷、钾的最佳施肥量,则最佳施肥量为:

$$X_{JN} = \frac{(4b_8b_9 - b_6^2)S_1 + (b_5b_6 - 2b_4b_9)S_2 + (b_4b_6 - 2b_5b_8)S_3}{D}$$

$= 1.948 (kg/株)$

$$X_{JP} = \frac{(b_5b_6 - 2b_4b_9)S_1 + (4b_7b_9 - b_5^2)S_2 + (6_4b_5 - 2b_6b_7)S_3}{D}$$

$= 0.685 (kg/株)$

$$X_{JK} = \frac{(b_4b_6 - 2b_5b_8)S_1 + (b_4b_5 - 2b_6b_7)S_2 + (4b_7b_8 - b_4^2)S_3}{D}$$

$= 2.038 (kg/株)$

最小拜拉银杏(比较种)

叶片高2.5 cm左右,先深刻1~2次,裂片基部狭细几成柄状,然后再分裂2~3次,成为14~16枚裂片。裂片狭带型,顶钝圆,每裂片中含脉2~4条。本标本较模式标本叶片为小,裂片较细,每裂片中含脉数较少并缺乏表皮特征,因此暂订它为比较种。产地层位:河北张家口,下白垩统青石砬组;北京西山,下白垩统坨里砾岩组。

遵化银杏

在燕山长城脚下,遵化市侯家寨禅林村,有一群古银杏树,观测其生长,树龄为2 500年左右,由于战火,在禅林寺旧址院中的两株,一株主干枝被炸裂,一株被炸断。现遵化市政府已对侯家寨禅林寺遗址及古银杏群作为文物加以重点保护。这群古银杏现存13株,错落地分布在向阳山坡、原禅林寺旧址及附近,年结籽35~75 kg不等,品种为佛手。有的已心腐达200年以上,树中有栽植及萌生的幼树,称为"母子树"。叶片扇形,叶基楔形,叶缘有缺刻。因发育不良种实有瘪粒,其种实短椭圆形,先端圆钝,顶点微凹,下方稍狭,基部平,或稍凹入,平均纵径2.87 cm,最横径2.27 cm,种梗粗,长3.5 cm,种实平均粒重7.56 g。熟时黄色,表皮略有皱褶,微有薄层白粉,外种皮较厚。种核扁,长椭圆形,或长倒卵形,中部特别宽广浑圆丰满,先端微尖,顶点有一尖头,下方颇狭长,底平,平均纵径2.61 cm,横径1.54 cm,厚1.15 cm,核平均粒重2.09g,出核率27.65%,核千粒重2 090g,每千克478粒。种仁饱满,糯性强,种仁微有苦味,淡黄绿色,有胚率85%。

作物-银杏经营模式

这种模式以农田作物为主体,在平原农区比较常见。该模式包括在田间种银杏和农田中营建农田林网。经营目的以核用为主,亦可材用或核材两用。

坐种

银杏经过授粉受精后,胚珠重新开始加速生长膨大,从体积上表现出明显的膨大过程。

外文

ABA

脱落酸 Abscisic Acid。

ABT 生根粉对成活率的影响

ABT 生根粉对成活率的影响

处理	调查数量	成活数量	死亡数量	成活率(%)	指数
生根粉	5 755 株	5 502 株	253 株	95.6	108.14
对照	5 631 株	4 978 株	653 株	88.4	100

ABT 生根粉对新梢生长量和叶片数量的影响

ABT 生根粉对新梢生长量和叶片数量的影响

处理	新梢生长量(cm)	指数	叶片数量(片)	指数	备注
生根粉	15.60	116.59	15.32	113.9	
对照	13.38	100	13.45	100	

ABT 生根粉对叶绿素、叶面积和叶重的影响

ABT 生根粉对叶绿素、叶面积和叶重的影响

处理	叶绿素含量(mg/dm^2)	指数	单叶面积(cm^2)	指数	百片鲜叶重(g)	指数
生根粉	2.256 4	136.28	31.44	116.8	111.5	120.41
对照	1.735 7	100	26.91	100	92.6	100

ABT 生根粉慢浸法

用随机区组排列,设 9 种处理,即:1 号 ABT 生根粉 25×10^{-6}、50×10^{-6}、100×10^{-6},2 号 ABT 生根粉 25×10^{-6}、50×10^{-6}、100×10^{-6},吲哚丁酸 100×10^{-6},萘乙酸 100×10^{-6},清水对照,重复 6 次,每处理小苗扦插 50 株,共扦插 6 000 株;试验分 2 种不同母株年龄进行,试验结果表明:由 1 年生实生苗采集的穗条,成苗率以 2 号 ABT 生根粉 100×10^{-6} 最好,成苗率为 69.7%,由 2 年生实生苗上采集的插穗以 100×10^{-6} 吲哚丁酸处理的较好,成苗率达 90.7%,其次为 2 号 ABT 生根粉 100×10^{-6}。用 ABT 生根粉各种试验浓度处理的插条成苗率虽有差异,但经方差分析,各处理间差异不显著。根系情况以 1 号 ABT 生根粉 25×10^{-6} 处理的稍好,发根条数比对照多 27.3%,比吲哚丁酸多 22%,平均每株根长比对照长 47.5%,比吲哚丁酸长 18.8%,但以上各种处理间差异程度经方差分析均不显著。

ABT 生根粉在银杏扦插育苗上的应用

通过不同激素、不同浓度、不同处理方式进行银杏扦插试验。结果表明:利用 1 号 ABT 生根粉 200×10^{-6} 或 2 号 ABT 生根粉 $1 500 \times 10^{-6}$ 以沾浆法处理插条,平均成苗率可达 93.6%,比对照高 16%,发根条数、根长、新梢生长均优于对照。

ABT 生根粉沾浆法

1991 年采用随机区组排列,设 8 种处理,即:1 号 ABT 生根粉 200×10^{-6}、500×10^{-6}、$1 000 \times 10^{-6}$;2 号 ABT 生根粉 $1 000 \times 10^{-6}$、$1 500 \times 10^{-6}$、$2 500 \times 10^{-6}$;吲哚丁酸 $1 000 \times 10^{-6}$,清水对照,重复 6 次,每试验小区扦插 50~100 株,将滑石粉放入配制好的激素溶液中拌匀调成糊状,黏附于插条基部即可扦插,总共扦插 5 200 株,沾浆法的扦插成活率、保存率均以 2 号 ABT 生根粉 $1 500 \times 10^{-6}$ 处理的最好,分别为 95.2% 和 86.9%。比对照高出 18 个和 27 个百分点;其次为 1 号 ABT 生根粉 200×10^{-6} 处理的好,成活率和保存率分别为 93.2% 和 80.8%,比对照高 16% 和 20%。根据各小区的保存率转换反正弦角度值进行方差分析结果,各处理保存率与对照相比差异均达到显著程度,但各处理之间的差异未达到显著程度。

AFLP

AFLP(amplified fragment length polymorphism),即扩增片段长度多态性。

AFLP 标记

利用 AFLP 技术进行了银杏雌雄鉴别研究。利用 48 个引物组合对雌雄银杏两个 DNA 池进行 AFLP 分析,共扩增出 1 896 条带,平均每个引物组合提供 39.5 条带。其中有 3 个引物组合 E2(AAG)/M5(CTT)、E4(ACC)/M4(CAT)、E5(ACG)/M3(CAG) 的 3 个标记只存在于雌性基因池中。经 Southern 点杂交证实有两个标记(E2/M5 和 E5/M3)为银杏雌性基因组所特有。

AFLP 程序的优化

AFLP 分析对反应条件非常敏感,要想获得稳定

可靠的指纹图谱,必须对实验条件进行严格控制。首先要有高质量的 DNA。本试验模板 DNA 片段无降解,不含 RNA,OD_{260}/OD_{280} 集中在 1.5~1.9,酶切完全,符合 AFLP 分析对模板 DNA 的要求。另外,凡是影响 PCR 过程的因素都会影响 AFLP 扩增效果。扩增分预扩增和选择性扩增,预扩增片段范围宽、扩增量大而且样品一致性好,这样为下一步选择性扩增提供了良好的带有接头的模板 DNA。AFLP 扩增带模糊、背景太深,与 Taq 酶有关,同时与电泳条件、银染等因素有关。通过对 PCR 扩增条件反复试验发现,样品经过热启动 PCR 和冷启动 PCR 显示出来的结果一样。另外,Mg^{2+} 浓度对 PCR 结果有重要影响。通过反复试验,发现 Mg^{2+} 浓度为 2.5 mmol/μL 时,效果比较好。

Amentoflavone

阿曼托黄素。

BA 6 - Benzyladenine

6 - 苄基腺嘌呤。

Bilobatin

白果黄素。

Bioparyl

对核糖核酸酶具有调节作用,它可以防止或逆转各种组织的纤维变性,降低炎症病人的自动免疫性疾病中 γ - 球蛋白的不正常升高,甚至包括艾滋病。

CV.

Cv. (Cultivarietas),即栽培品种的拉丁文缩写。

CCC

矮壮素。

Cd、Pb 处理对银杏种子萌发的影响

以重金属 Cd 和 Pb 为试验胁迫因子,采用沙培方法研究了银杏种子经重金属处理后发芽及萌发生理的变化。①低浓度 Cd 对银杏种子的发芽有促进作用,高浓度 Cd 则表现为抑制作用。不同浓度 Pb 处理对银杏种子的萌发均表现为抑制作用,浓度越高其抑制作用越显著。②种子不同萌发阶段,重金属对银杏的蛋白质代谢和氨基酸代谢有着明显的影响作用,种子萌发初期表现为促进作用,但随着种子萌发的进行,高浓度重金属对银杏种子生理代谢可能产生了抑制效应,重金属对银杏萌发代谢的影响机理有待进一步的研究。

CGBA

CGBA(China Ginkgo Branch Association),即中国林学会银杏分会。

CH

水解酪蛋白(casein hydrolysate,CH)。

CHS

查耳酮合成酶(chalcone synthase,CHS)。

CM

椰子汁(coconut milk,CM)。

Condensed tannins

缩合鞣质类。

DNA

脱氧核糖核酸(deoxyribonucleic acid,DNA)。

DNA 的提取

以 CTAB 法提取 DNA。取等量的个体基因组 DNA 组成雌雄两个 DNA 池,用于 AFLP 及 RAPD 反应。

DNA 分子标记

银杏单科单种,雌雄异株,长期的系统发育和个体发育的演变使其产生了较多的分化,形成了丰富的种质资源。银杏种质资源通过植物学、果树学及同工酶标记等方法已得到初步分类并命名。近年来,DNA 分子标记技术被广泛应用于植物的遗传多样性研究、品种鉴别、良种选育及基因定位等领域,加快了植物种质资源分类研究和应用的步伐。在进行银杏种质资源的分类及其 DNA 分子标记研究的基础上,收集国内外有关文献,主要介绍了目前银杏种质资源的类型与分布,银杏种质资源的分类方法,DNA 分子标记技术在银杏种质资源分类中的应用,以及银杏分子基因组研究中常用的 RAPD、SSR、ISSR、AFLP 等 4 种分子标记方法;并阐述了分子标记在银杏种质鉴别、遗传图谱构建、新品种培育等方面的应用前景。

E1

该无性系 3 年生单株叶产量 104.7 g,总黄酮浓度 0.92%,内酯浓度 0.20%,总黄酮产量 0.963 g,内酯产量 0.20 g,有效经济产量 1.172 g。

E2

该无性系单株叶产量 122.1 g,总黄酮浓度 0.89%,内酯浓度 0.17%,总黄酮产量 1.087 g,内酯产量 0.208 g,有效经济产量 1.295 g。

E4

该无性系 3 年生单株叶产量 158.1 g,总黄酮浓度 1.01%,内酯浓度 0.17%,总黄酮含量 1.597 g,内酯含量 0.269 g,有效经济产量 1.866 g。

E5

该无性系 3 年生单株叶产量 106.2 g,总黄酮浓度 1.30%,内酯浓度 0.14%,总黄酮产量 1.381 g,内酯产量 0.149 g,有效经济产量 1.530 g。

E6

该无性系 3 年生单株叶产量 103.9 g,总黄酮浓度

0.95%,内酯浓度 0.13%,总黄酮产量 0.987 g,内酯产量 0.135 g,有效经济产量 1.122 g。

Edulan 1 的驱虫效果

Edulan 1 是从银杏叶中分离出来的无色或淡黄色的透明油状液体,具有强烈的驱虫活性。对蚊虫、苍蝇、蟑螂、壁虱、虻、跳蚤、臭虫、蠓等卫生害虫和吸血害虫;对袋衣蛾、幕衣蛾等衣料蛀虫;对拟赤谷盗、米象等粮仓害虫;对蚂蚁、白蚁、黄蜂、蚰蜒、蜈蚣等令人生厌的害虫均有驱虫作用。这种驱虫成分可以与载体、各种添加剂制成剂型。在液剂中,有效成分含量宜为 5%~40%;在固体剂型中,含量最好为 2%~20%。在涂抹时,每平方厘米涂抹 0.000 5 mg 以上。在室内放置固体药剂时,每立方米空间用量为 0.5 mg 以上。也可以将驱虫成分固定在合成树脂片材、纸、布、无纺布、金属箔、木板等基材上,固定方法可以是涂布、浸渍、混炼、滴加等。作为驱虫剂使用,只要 Edulan 1 的粗提物就可以了,不必精制。馏出物水溶液用正庚烷萃取,馏出正庚相中的正庚烷,得到微黄色精油。

EGb

The extract of *Ginkgo biloba* 银杏叶提取物。

EGb761 的提取

目前国际公认的提取方法是 EGb761 的专利提取工艺。

银杏叶 $\xrightarrow{\text{丙酮}+\text{水}}$ 总提取液 $\xrightarrow{\text{脱脂}}$ 水溶性成分 $\xrightarrow{\text{富集活性成分}}$ 活性成分和多聚酚化合物 $\xrightarrow{\text{除去多聚酚}}$ EGb761(含黄酮类化合物 24%,萜类内酯 6%)。

EGb761 的药用成分

EGb761 是从银杏科银杏叶中分离纯化的混合物,为世界上使用最广泛的植物药品之一。目前,国际公认标准制剂的 EGb761 指标:含黄酮苷(flavonoid glycosides)24% 以上,以山奈酚(kaempferol)、槲皮素(quercetin)等苷类为主;萜烯内酯 6% 以上,以白果内酯(bilobalide)及银杏内酯(ginkgolides)为主。银杏内酯可再分为 A、B、C、J 4 种亚型。此外,EGb761 还含有 Fe、Cu、Mn、Zn、Ca、Mg 等微量元素。

EGb761 与基因表达

现已发现 EGb761 的许多靶细胞,其中一部分已为大家所熟知,如自由基、各种酶(如磷酸二酯酶)、氧化氮、内皮衍生松弛因子等。还有一些与生物学研究最新方面有关的问题,如基因表达。Packer 等用不同表达法显示出 EGb761 对几种基因调节作用的强弱程度。在此之前,他们证明了 EGb761 对转录因子——垂体前叶 1 的抑制作用。这些发现进一步证实了 EGb761 对细胞基因转化过程的影响作用。其他研究虽然未对 EGb761 的总体作用加以研究,但对它的某些成分如银杏苦内酯和白果内酯的作用进行了研究。白果内酯能增强对细胞色素氧化酶 C 基因的调节作用(该基因对阿尔茨海默病的调节作用降低)。银杏苦内酯对肾上腺皮质线粒体外周型苯并二氮卓受体(调节胆固醇输送的关键成分)的表达有影响作用。上述结果表明,EGb761 的抗应激反应与神经保护作用与其对糖皮质激素生物合成的影响作用有关。上述有关基因表达方面的各种发现是很有价值的,因为它们表明了 EGb761 药物作用的某些基本机制和其不同构成成分的分子作用。大量实验证明,EGb761 的临床作用并非只与某一种成分有关。这种分子生物学研究又使其得到了更准确的证实。"EGb761 几种分子水平的有效成分(如黄酮糖苷及其代谢产物、银杏苦内酯、白果内酯、少量酚化合物)似乎是其产生上述不同程度之作用的原因。上述 EGb761 成分的复合作用是获得 EGb761 最佳治疗作用的条件。

EGBC 的清除自由基作用

自由基是指那些具有不成对电子或原子的分子,生物膜或组织在遭受自由基攻击时或发生多种损伤。DPPH(二苯代苦味酰基自由基)是一种稳定的自由基,其结构中含有三个苯环,一个 N 原子上有一个孤对电子,其乙醇溶液呈紫色,在 517 nm 附近有强吸收,当 DPPH 溶液中加入自由基清除剂时,孤对电子被配对,颜色由紫色向黄色变化,在 517 nm 处的吸光度变小,而吸光度变小的程度与自由基被清除的程度呈线性关系。借此可评价抗氧剂清除自由基的能力或抗氧化活性的大小。如利用这种方法对牦牛乳酪蛋白酶解产物、二氢槲皮素曼尼希碱盐的清除自由基能力进行了评价。

EGBC 对乙醇诱发的肝损伤的影响

肝脏是乙醇代谢最主要器官。研究发现,乙醇进入体内后,大约 90%~98% 在肝脏内代谢。其余少量由呼吸道、尿液和汗液以原形排出,乙醇首先被氧化成乙醛,此过程有两个酶系统在起作用。经肝脏代谢的乙醇约 80% 通过乙醇脱氢酶转化为乙醛,约 20% 的乙醇通过微粒体乙醇氧化酶转化为乙醛。而乙醛再经过乙醛脱氢酶转化为乙酸,乙酸进入枸橼酸循环,最后变成水和二氧化碳排出。乙醇引起肝细胞损伤的因素是多方面的,自由基机制是其中之一。

EGb 萃取流程图

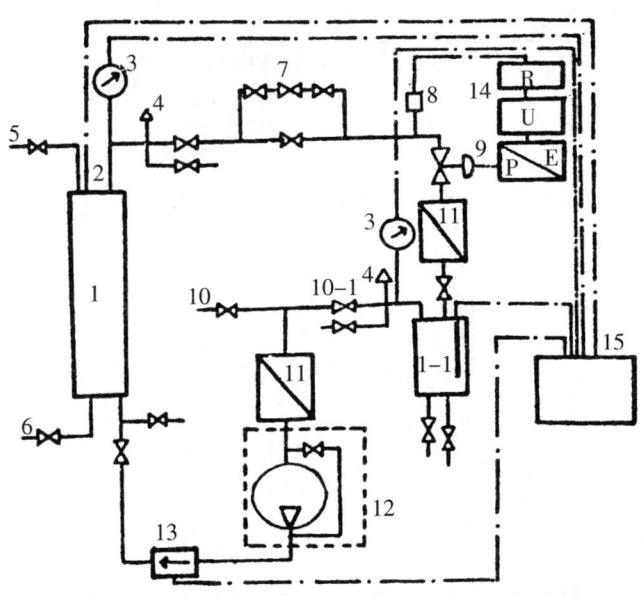

萃取流程图

1.高压萃取罐 2.测温点 3.压力表 4.安全阀 5.连续进料泵
6.排料口 7.观察窗 8.测温器 9.调压阀 10.透气口 11.热
交换器 12.压缩机 13.藏量计 14.电子控制器 15.计录器
1-1 分离罐

EGb 得率和黄酮苷浓度

EGb 得率和黄酮苷浓度

银杏叶产地	银杏叶粉末量(g)	EGb 得率(%)	EGb 黄酮苷浓度(%)
湖北南漳	10	2.3	28.05
湖北大悟	10	2.1	26.52

EGb 对小鼠血液凝固过程的影响

EGb 对小鼠血液凝固过程的影响

组别	剂量(mg/kg)	凝血时间(s)	血纤维网形成速率(U/min)	峰时(min)	血凝块收缩速率(U/min)
对照	溶媒	45.00 ± 16.28	27.6 ± 7.2	3.5 ± 0.7	6.5 ± 2.8
GBE	100	75.00 ± 14.76[2]	20.1 ± 4.6[1]	5.5 ± 1.9[1]	4.3 ± 1.2[1]
GBE	200	90.2024.08[2]	17.9 ± 6.8[1]	5.4 ± 0.9[1]	4.3 ± 2.5[1]
ASA	5.0	74.4021.58[2]	18.5 ± 7.8[2]	4.6 ± 0.9[2]	3.6 ± 2.4[1]

注:n = 10 [1] $P < 0.05$ [2] $P < 0.01$

EGb 对血液黏弹性的影响

EGb 对血液黏弹性的影响

组别	剂量(mg/kg)	t(G')(min)	t(G")(min)	G'max ($\times 10^{-5}N/cm^2$)	G"max ($\times 10^{-5}N/cm^2$)	tga(G')	tga(G")
对照	溶媒	1.48 ± 0.52	1.79 ± 0.41	5212 ± 872	884 ± 323	7.80 ± 1.31	3.80 ± 0.62
EGb	2.70	1.81 ± 0.39[1]	2.04 ± 0.36	2568 ± 921[2]	559 ± 162	5.59 ± 1.52[1]	3.65 ± 0.53
EGb	0.67	1.78 ± 0.47[1]	1.98 ± 0.46	4603 ± 723	676 ± 125	5.28 ± 1.48[1]	2.90 ± 0.96

注:①$\bar{X} \pm s$ ②n = 5 与对照组比较 [1] $P < 0.05$ [2] $P < 0.01$

EGb 对肝脏的药理作用

肝脏是乙醇代谢及毒作用的主要靶器官。长期大量饮酒引发的脂肪肝、酒精性肝炎、肝纤维化、肝硬化和肝细胞癌等酒精性肝病,已成为全球范围内重要的公共卫生问题之一。乙醇对肝细胞的毒作用涉及多种机制,但乙醇对肝细胞的氧化损伤是酒精性肝病共同的早期改变,并贯穿于酒精性肝病发展的整个过程。银杏黄酮具有抗氧化作用,能有效清除多种自由基,抑制脂质过氧化,避免自由基对机体的危害。姚平等以小鼠为研究对象,研究银杏黄酮对小鼠肝脏慢性酒精性氧化损伤的保护效应,银杏黄酮的干预对大鼠肝脏酒精性氧化损伤有明显的抑制作用,表现出一定的护肝效应。肝纤维化十分普遍,有很高的致死率。肝脏慢性病变如寄生虫、病毒感染、免疫源性肝炎、遗传性金属超负荷、毒性作用等都可引起肝纤维化。四氯化碳腹腔注射是急性肝损伤动物模型的常用方法,CCl_4 可以通过多种机制直接损伤肝细胞,自由基是 CCl_4 致肝细胞损伤的重要机制之一。银杏叶提取物具有消除多种自由基、多种抗氧化损伤的途径,并具有部分降低 CCl_4 引起的肝细胞损伤的药理作用,EGb 有保护肝细胞的作用并同时促进肝细胞功能的恢复。EGb 可使 CCl_4 大鼠肝脏中胶原含量及网状纤维含量明显减少,肝纤维化程度明显减轻。说明 EGb 有抗大鼠肝纤维化形成和促进肝纤维化逆转的作用,且无不良反应,说明 EGb 可能是一个很有前景的保肝、抗肝纤维化药物嘞。这些都为临床合理应用 EGb 提供参考依据。

EGb 和 EGb 技术标准

EGb 和 EGb 技术标准

标准 EGb 技术(荷兰,Van Beek,1997)		EGb761 成分比例(德国,Schwabe,1997)	
项目	标准	项目	浓度(%)
一般性状	有特殊气味的褐色粉末	黄酮糖苷	24.0
鉴定方法	加入0.1%(g/v)的氯化铁乙醇溶液(50%)后呈绿褐色	银杏苦内酯	3.1
		白果内酯	2.9
重金属	≤20 μg/g	原花青素	7.0
砷	≤2 μg/g	羧酸	13.0
银杏粉酸	≤10 μg/g	儿茶素	2.0
干燥丢失	≤5.0%(80℃,真空)	未知黄酮糖苷	20.0
燃烧后残留物	≤1.0%	高分子化合物	4.0
总黄酮含量	≥24.0%(HPLC-uv)	无机物	5.0
总萜内酯含量	≥6.0%(HPLC-RI)	水、溶剂	3.0
		未知物	13.0
		其他	3.0

美国环球营养公司 EGb 标准(1997)		美国 UC 药物公司 EGb 标准(1997)	
项目	标准	项目	标准
提取比例	50:1	提取比例	50:1
外观	淡棕色粉状	外观	棕黄色粉状
颗粒大小	细度≤40目,95%	灰分	≤0.85%
总黄酮苷	≥24%	总黄酮苷	≥24.0%
总内酯	≥6%	总内酯	≥6.0%
其中 Ga、b、c、j	2.5%~3.3%	焦味	无
Bb	2.7%~3.5%	细菌总数	<500/g
水分	≤3.0%	大肠杆菌	无
硫酸盐	≤0.029%	致病菌	不存在
砷	≤2μg/g	重金属	≤10 μg/g
铵盐	≤0.02%		
微生物	≤5 000/g		

其中无大肠杆菌、沙门氏菌、葡萄链球菌

Fuwei 生化制品有限公司 EGb 标准			
项目	标准	项目	标准
铝塑复合包装	1~5 kg/袋	GBE 最低标准	
出口纸板圆桶	10~20 kg/桶	外观	棕黄色粉末,略有叶香味
产品规格总黄酮	24%	总黄酮苷	≥24%(HPLC法)

EGb 和茶多酚对啤酒前酵的影响**

EGb 和茶多酚对啤酒前酵的影响**

EGb 浓度 (mg/L)	1	2	3	4	5	6	7	8	9**	10*	11*
发酵时间 (day)	0	10	50	100	300	500	700	1000	0:50	100:50	150:50
1	—	—	—	—	—	—	—	—	—	—	—
2	+	+	+	+	+	+	+	+	+	+	+
5	++	++	++	++	++	++	++	++	++	++	++
7	++	++	+++	+++	+++	+++	+++	+++	+++	+++	++++
8	++	+++	++++	++++	++++	++++	++++	++++	++++	++++	++++
9	+++	+++	++	++	++	++	++	++	++	++	++
10	++	++	++	+	++	+		+	+	+	+
13	+	+	—	—	—	—	——	—	—	—	—

*:9、10、11 为同时添加 EGb 和茶多酚的样品,且按 EGb:TP 量添加。

**:表中加号"+"表示发酵时产生肉眼可见泡沫。

EGb 抗运动疲劳

用电子自旋共振(ESR)方法研究银杏叶提取物(EGb)对训练大鼠不同类型肌纤维自由基的作用,初步探讨 EGb 抗大强度运动性疲劳的机制。结果显示,EGb 使训练大鼠白肌自由基显著增强($P<0.05$),红肌减弱($P=0.06$);使训练大鼠运动力竭后即刻白肌自由基降低 74.48%($P<0.005$),混合肌降低47.03%($P<0.005$),力竭后 24 h 时红肌、混合肌均明显增强($P<0.05$)。结果表明,EGb 主要促进训练大鼠红肌自由基清除,增强白肌代谢及抗氧化能力,抑制大强度运动白肌自由基产生,从而延迟运动性疲劳的发生。

EGb 提取流程图

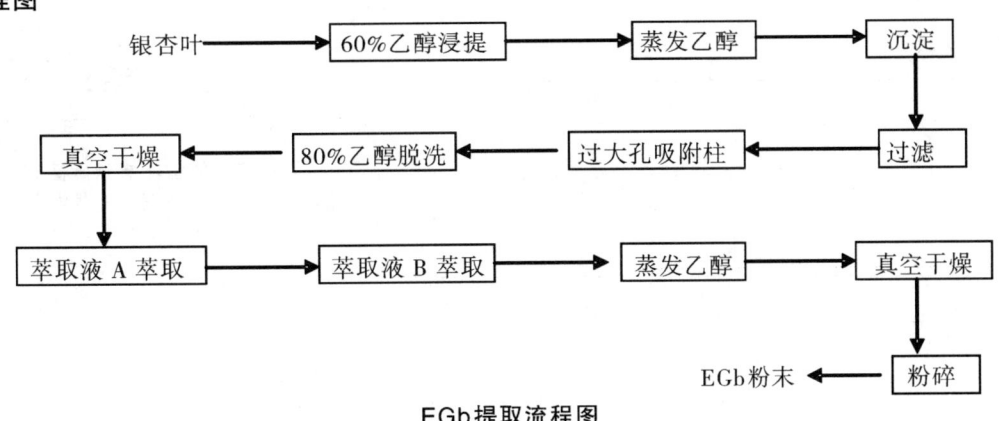

EGb提取流程图

EGb 脱银杏酸工艺流程

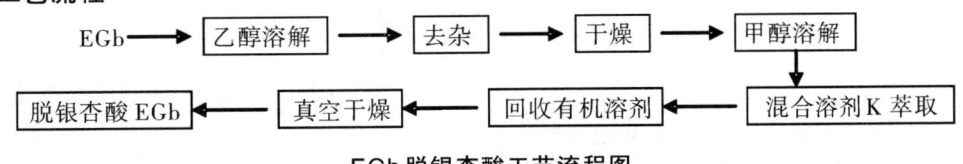

EGb脱银杏酸工艺流程图

EGb 在不同 pH 值下对金黄色葡萄球菌的抑菌率

EGb 在不同 pH 值下对金黄色葡萄球菌的抑菌率　单位(%)

pH 值	EGb 浓度				
	0.25	0.50	0.75	1.0	1.25
5.0	38.6	70.2	100	100	100
6.0	30.4	62.1	89.2	100	100
7.0	18.3	50.9	81.9	100	100
8.0	25.9	63.5	86.7	100	100
9.0	35.4	70.3	100	100	100

EGb 制剂的功效

EGb 制剂的功效

项目	功效
1	加强血管壁上的平滑肌纤维,修复脆弱的血管
2	使硬化的血管恢复弹性
3	扩张狭窄的血管,达到正常的口径,增加血液流量
4	拮抗血小板活化因子(PAF),防止血栓形成
5	降低血液黏度,化解淤血
6	强化动脉、静脉和毛细血管,减少末梢血管的抵抗力
7	降低血糖,减低胆固醇
8	扩张老年人已收缩的膀胱,促进血液循环,性生活协调
9	防止内脏发生轻微的痉挛,确保机能正常
10	促进生理活性物质的活化,提高脑机能,防止痴呆、增加记忆力
11	消除代谢过程中所产生的活性氧(自由基)
12	提高肌体的免疫力
13	开通"副血液循环"

EGb 中银杏酚酸 HPLC 图谱

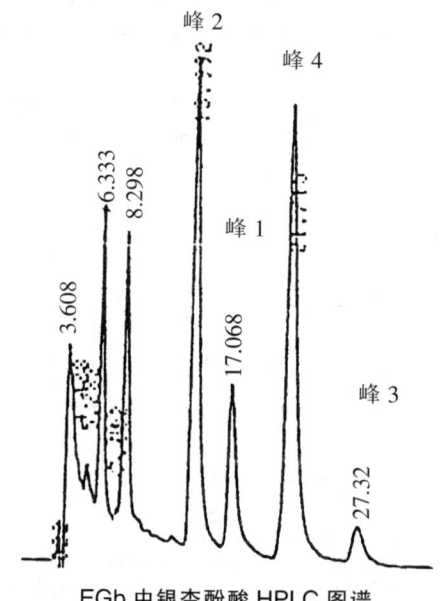

EGb 中银杏酚酸 HPLC 图谱
峰 1-4 分别为不同侧链银杏酚酸

ELSD 的雾化室示意图

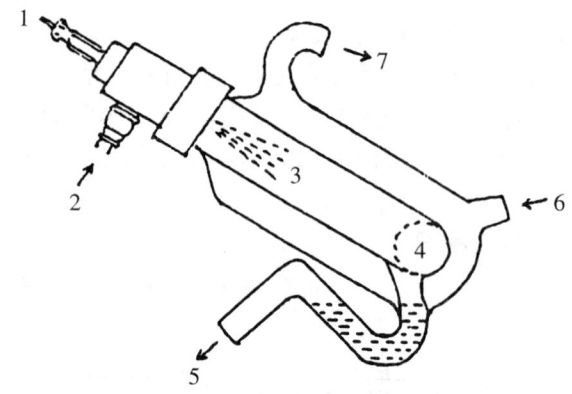

ELSD 的雾化室示意图
1.流动相(脱洗液)　2.载气　3.雾化室　4.蒸发器
5.排液口　6、7.恒温水出入口

ELSD 工作原理方框图

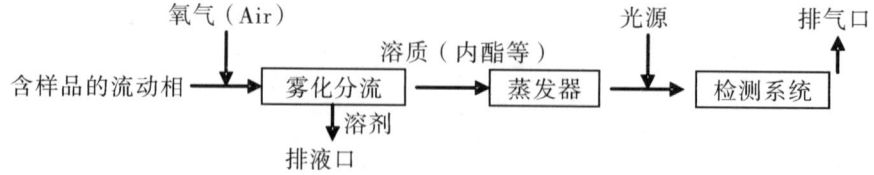

ELSD 工作原理方框图

EMF

EMF(embryoinc flower)是银杏花发育的抑制基因。基因功能缺失的突变体不经过任何营养生长,种子萌发后便开花。EMF 基因决定着银杏营养生长阶段的发育,抑制植物开花。EMF 基因的分离、克隆和功能研究有利于阐述银杏营养生长过程阶段的抑花机制。

EST

酯酶(esterase)。

EMF 基因调控表达

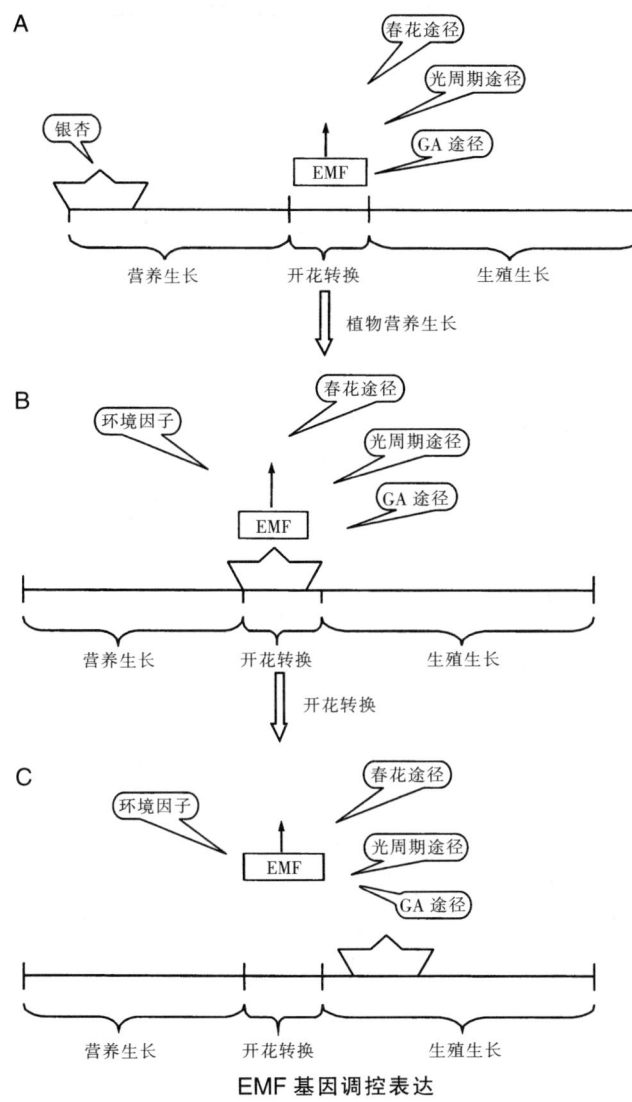

EMF 基因调控表达

F1

F3'H 基因克隆 类黄酮 3'-羟化酶基因(GbF3'H)是植物花青素合成途径的关键酶,利用 RACE 技术从银杏中克隆到 F3'H 的 cDNA 全长序列 2144 bp。GbF3'H 基因编码序列为 1 668 bp,编码一条长为 556 Aa 的成熟阴离子 F3'H 蛋白,预测成熟蛋白分子量为 63.47 kDa,等电点为 7.71。Southern 杂交及进化树分析结果表明,GbF3'H 基因在银杏中有多个拷贝。GbF3'H 和其他物种的 F3'H 源自于相同的祖先,属于植物 P450 基因超家族,包含一段信号肽序列。RT-PCR 分析表明 GbF3'H 在银杏的雄花、茎、叶和果中都有表达,在雄蕊中的相对表达量最高,其次为叶和雌蕊,而根部位表达水平最低。UV-B 和植物生长调节剂 6-BA、SA、ABA、IAA 处理能显著诱导 GbF3'H 基因的表达,而伤害处理则对 F3'H 基因无显著诱导。在银杏叶片中,GbF3'H 属于多功能基因,与银杏叶黄酮后期代谢产物的形成有关。

FD1

树龄 60 年,树高 10 m,枝下高 5 m,胸径 45 cm,冠幅 5 m×6 m,冠层高 5 m。近几年收核种 200 kg。种核长宽为 3.0 cm×2.8 cm,重 15 g,广椭圆形,种熟时淡棕黄色,披白粉;种核长宽厚为 2.5 cm×1.75 cm×1.5 cm,重 3.2 g,核形指数 1.43,纺锤形,略扁,两侧棱线呈翼状,色洁白,壳薄;核仁饱满,无苦涩味;10 月底成熟,丰产。

FDA

美国食品药品监督管理局。

FDA(Fluorescein Diacetate)

荧光素二乙酸酯。

GA,GA₃

赤霉素(gibberellin),赤霉酸(gibberellic acid)。

GAP

中药材生产质量管理规范的英文缩写。GAP 是中药标准化、现代化、国际化所必需的最基本的条件。2002 年 3 月,国家药品监督管理局以 32 号令下发了《中药材生产质量管理规范(试行)》,2003 年又印发了《中药材生产质量管理规范认证管理办法(试行)》及《中药材 GAP 认证检查评定标准(试行)》。银杏叶作为重要的药品生产原料和出口创汇物资,实施 GAP 认证是实现银杏产业化、规范化、标准化的重要措施,是今后银杏叶生产的必由之路。为促进 GAP 银杏采叶园的健康发展,从 2002 年始进行了 GAP 银杏采叶园栽培技术的研究。

GAP 银杏采叶园的五关

从建园技术、栽后管理、叶子采收、修剪和更新、档案管理等方面详细论述了 GAP 银杏采叶园的栽培技术,认为要突出抓好以下五关:园址选择关、施肥关、水分管理关、病虫防治关、叶子采收关。

GC-MS 分析白果油化学组成

①GC-MS 分析方法及条件。甲酯化:取 0.5 mL 的油脂加入 0.5 mol/L 氢氧化钾甲醇溶液 4 mL,置于 60℃ 水浴上皂化 30 min(油珠完全消失),冷却后加入三氟化硼甲醇溶液 2 mL 于 60℃ 水浴上酯化 5 min,冷却后加入正己烷和饱和氯化钠水溶液 2 mL,取上清液供 GC-MS 分析。

GC-MS 分析条件:HP-5 弹性石英毛细管柱(30 m×0.25 mm×0.25μm);载气:高纯氦;流量:1.2 mL/min;气化室温度:280℃;毛细管柱程序升温:80℃ 开始以每分钟 4℃ 升至 290℃,恒温 30 min。质谱条件:离子源,EI 源;电离能,70 eV;离子源温度,

230℃;质量扫描范围,50~550 u。

②GC-MS 定性、定量的方法。定性:对脂肪酸标准品及 3 种不同方式提取得到的白果油样品分别进行甲酯化处理,处理后的样品进行 GC-MS 分析,以棕榈油酸酯、棕榈酸酯、亚油酸酯、硬脂酸酯为标准对照品,进行保留时间的对比。并用质谱进一步检测,与标准谱图库做匹配,确定白果油脂肪酸的化学组成。

定量:根据 GC 图谱,采用峰面积归一法(percentage,%)确定各组分的相对含量。

Ginkgo biloba

欧洲植物学家凯普费(Kaempfer)于 1690 年观察了栽培在日本的银杏后,对银杏做了植物学描述,并提出"Ginkgo"这个名字。1771 年瑞典植物学家林奈(Linnaeus)采纳了这个名字,并根据许多标本上叶片具有深裂的特征,用"biloba"作为种名,从而形成了完整的世界通用的银杏拉丁学名"Ginkgo biloba"。

Ginkgo flavonglycosides

银杏黄酮苷。

Ginkgolide A. B. C. M. J

银杏内酯 A. B. C. M. J。

Ginkgolides

银杏萜内酯。

Ginkgology

银杏学。

Ginkgotin

银杏黄素。

GOT

(glutamate oxaloacetate)谷氨酸—草酰乙酸。

Guercetin

槲皮黄素。

GY-8 号

位于贵州遵义地区。母树高 25 m,冠幅 13 m×19 m。果实近圆形,大小为 2.95 cm×2.93 cm,柄长 3.55 cm,单果重 14.8 g,每千克 67 粒,出核率 24.93%。果面橙黄色,可见淡红色条斑,果粉较厚。珠托圆至长圆形,边缘凹入,整齐,正。果顶微突有尖。成熟较晚。种核大,圆形,上半部略大于下半部,大小为 2.34 cm×2.07 cm×1.63 cm,单粒重 3.69 g每千克 271 粒,出仁率 77.35%。种核壳白色,壳面隐约可见条纹,顶部微尖。两侧有棱边。背腹面不对称。束迹相距较宽。种仁淡黄绿色。

GY-9 号

产于贵州遵义地区。母树高约 30 m,冠幅 12 m×13.6 m。果实圆形,大小为 2.68 cm×2.71 cm,果柄长 4.11 cm,单果重 11.6 g,每千克 86 粒,出核率 24.9%。果面橙黄色,果粉较厚。珠托近圆形,边缘整齐,正,微突。果顶微突。果核近圆形,长 2.21 cm,宽 1.88 cm,厚 1.47 cm,单粒重 2.89 g,每千克 346 粒,出仁率 78.6%,核壳白色,有浅条纹。上半部有较宽的棱边。背腹面不对称。核顶微尖,两束迹相距较窄,蛋白质含量较高,达 13.05%,质糯。本优株丰产性极强,70 年生树株产可达 200 kg。

GYX 系列滚筒干燥成套设备示意图

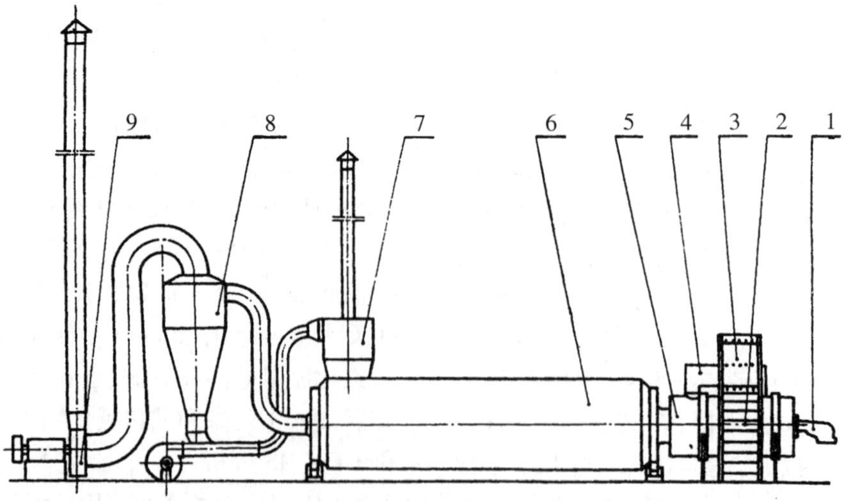

GYX 系列滚筒干燥成套设备示意图
1.燃烧器 2.刮板输送机 3.匀料器 4.螺旋输送机 5.热风炉 6.干燥滚筒 7.冷却卸料器 8.旋风分离器 9.主风机

GZYY－1

贵州遵义选出的优良单株。母树长在一农户家的房后土坎上,树高约 20 m,80 年生,胸径84.7 cm。种实为卵型,纵横径为 3.4 cm×2.9 cm,单实重 12.7 g,种柄短为2.91 cm。果面橙黄色,被白粉,种托呈不规则,长、宽、厚为 2.51 cm×1.84 cm×1.44 cm,核型指数 1.36,属梅核类,单粒重 3.18 g,出核率 25%,出仁率75%。

GZYY－2

贵州遵义选出的优良单株。母树高32.1 m,胸径1.09 m,树龄150 年。树干灰褐色,有纵裂。短枝有叶 5~8 片,以 6 片为多;柄长5.5~6.5 cm,短枝叶三角形至扇形,波状叶缘;长枝有叶8~12 片,三角形,长枝上部叶缘波状,下部叶缘浅裂,柄长4~5 cm。种核为梅核型,长、宽、厚为 2.75 cm×1.89 cm×1.47 cm,单粒重3.28 g,核形指数1.36,有窄棱边,背腹面对称,偶有不对称。核面靠束脊端略显粗糙,两束脊多合为一。核面光滑,白色,有圆形点刻,类似七星果,糯性强。出仁率75.7%左右。

HPLC

高效液相色谱(high performance liquid chromatography)。

HPLC 法

银杏内酯和白果内酯是银杏的特征成分,通过HPLC 法可以鉴别。利用 HPLC 法测定银杏内酯和白果内酯,色谱定量条件:色谱柱,Zorbax ODS(25×0.46 cm I D);流动相,水:甲醇:四氢呋喃(75:15:10);流速,1 mL/min,柱温30℃;检出波长,220 nm。以银杏内酯 A、B、C 和白果内酯(bilobalide)为标准品。根据标准样品出峰保留时间 tR 值实测样品成分进行定性,用洗脱峰面积外标法定量。最低检出限量0.2 μg。通过此法分析了浙江地区银杏叶内酯 B 的浓度为 0.1%~0.25%。

HSCCC

高效逆流色谱。

HYG－I 型银杏叶干燥设备

鲜银杏叶由人工或机器送入链式输送机入口,均料器将鲜叶摊平,保证进料均匀,均匀的鲜叶进入螺旋给料机,经过压实后进入热风炉,在引风作用下,鲜叶快速进入滚筒干燥机的内筒,经滚筒干燥机中筒、外筒,最后由滚筒干燥机出料口排出,由旋风收集器进行料、风分离,废风经风筒排入大气,物料经由星形卸料器,排入冷却系统,冷却系统由冷却风机、输送管道及收集器组成。干燥并冷却的干叶从收集器排出、打包、外运。

HYG－B 型银杏叶片烘干设备工艺流程图

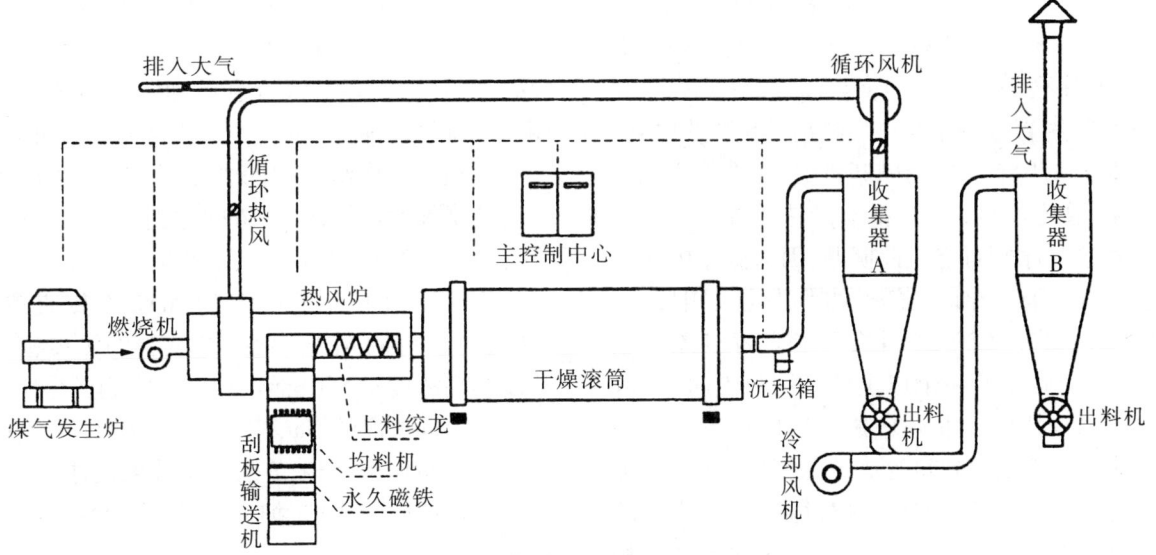

HYG-B 型银杏叶片烘干设备工艺流程图

IAA

吲哚乙酸(3 - indole acetic acid)。

IBA

吲哚丁酸(indole - 3 - butyric acid)。

IGFTS

国际银杏协会(国际金色化石树协会,international golden fossil tree society)。

IPAs

2-isopentenyl adenine 6-(r,r-dimethylallyl) adenines 异戊烯酰嘌呤。

Isoginkgotin

异银杏黄素。

Isorhamnetin

鼠李黄素。

IspF 基因的克隆与功能

采用 RACE 技术，从银杏中获得 MEP 途径中的第 5 个酶 2-c-甲基-D-赤藓醇-2,4-环焦磷酸合成酶（IspF）基因的全长 cDNA，命名为 GbIspF，（GenBank 登录号：EF062579）。该基因 cDNA 全长为 897 bp，包含 720 bp 的开放阅读框，编码 239 个氨基酸残基的蛋白，在 GbIspF 的 N-端有一个长为 59 个氨基酸残基的质体转运肽；序列多重比对表明 GbIspF 与其他植物 IspF 同源。利用半定量 RT-PCR 对 GbIspF 进行组织表达谱分析，结果表明 GbIspF 在银杏根、茎、叶、果中均有表达，但表达量差异较大，在叶中表达量最高，在根中表达量最低。功能互补分析表明 GbIspF 能推动工程菌 XL1-Blue+pTrcGbIspF+Pac-BETA 超量表达 β-胡萝卜素，在颜色互补平板上呈现 β-胡萝卜素特有的橘黄色，证实 GbIspF 具有典型的 IspF 基因功能。

ITS 区测序方法

植物 ITS 区序列测定方法有两种，一种是测定 ITS 区单一 PCR 克隆，另一种是直接测序，即测定 PCR 全部产物的序列。哪种方法更好，尚处于争论之中。如果 rDNA 重复序列间的纯合程度很高，无论是克隆测序还是 PCR 产物直接测序都可反映出 ITS 区的序列。但普通 PCR 扩增中有一定的碱基错配，如果所测克隆刚好是误扩增的序列，就会影响结果的准确性，而 PCR 产物直接测序则可避免此问题，因为测序中所表现出的信号由处于主导地位的产物所决定。相反，如果 rDNA 的纯合程度较低，各重复单位间序列差异较大，特别是当细胞中有一个以上的基因位点时，采取何种方法测序应特别慎重。只测一个 PCR 克隆的序列显然不能反映重复序列间的变异，对大量 PCR 克隆进行常规测序当然是理想方法，只对每一 PCR 产物的两个克隆进行测序，即发现 Winteracea 科的 6 种植物中有 4 种植物存在重复单位间的变异，但该方法需要大量人力、物力。另一方面，如果 PCR 产物中不同重复序列的浓度比较平均的话，直接测序后根据测序结果，可直接确定重复序列间的变异情况，这些发生变异的核苷酸会在同一位点显示出来。从近来发表的论文来看，无论所测 ITS 区的同步进化程度如何，大都是对 PCR 产物直接进行测序，即使对杂交、多倍化现象广泛存在的复杂类群，这一方法也取得了良好结果。银杏 ITS 区序列高度一致，用 PCR 扩增产物直接测序其结果是可靠性的。

ITS 序列及进化地位

ITS 序列测定结果表明，银杏的野生半野生群体较栽培群体有更大遗传差异，但银杏种内 TTS 序列变异极少，主要位于 ITS-1 区域，若以简约信息位点计，则种内变异量仅为 0.5%。多基因综合分析表明，银杏与针叶植物的亲缘关系最为亲近，买麻藤为针叶类内起源，苏铁为裸子植物中最原始的类群。

Knempferol

山奈黄素。

KT

激动素（kinetin）。

LH

水解乳蛋白（lactalbumin hydrolysate）。

MAS

分子标记辅助选择。

MES

2,(N-吗啉)-乙基磺酸[2,(N-morpholino) ethanesulfonic acid]。

NaCl-1

NaCl 对银杏悬浮细胞生长及次生代谢物积累的影响 以银杏胚子叶为材料，MS 为基本培养基，通过添加不同浓度 NaCl（CK、50 mmol/L、100 mmol/L、150 mmol/L）处理对银杏悬浮细胞进行调控，为银杏耐盐细胞系的筛选及次生代谢物调控提供依据。

①银杏愈伤组织中的含水量在短时间内随 NaCl 浓度的增加而增加，但当浓度达到某一临界时刚好相反，而在长时间培养时与盐浓度呈正相关。

②浓度为 100 mmol/L 的 NaCl 对银杏愈伤组织 SOD 活性的刺激作用最强，在试验的浓度范围内，低浓度和高浓度对 SOD 活性也有一定刺激作用。

③不同浓度的 NaCl 对银杏愈伤组织中 POD 的活性均有刺激作用，低浓度的刺激效果最佳。

④低浓度的 NaCl 抑制 PAL 的活性，高浓度则促进其活性。

⑤短时间内 NaCl 处理明显抑制银杏愈伤组织蛋白质的含量，长时间低浓度的 NaCl 对其促进作用也非常明显。

⑥在试验中，只有低浓度的 NaCl 在短时间内对银杏愈伤组织中黄酮的含量有促进作用，其他浓度及长时间处理均起抑制作用。

⑦银杏愈伤组织的电导率与 NaCl 呈正相关关系，随处理浓度的增加而增加。

⑧高浓度的 NaCl 在短时间内对银杏愈伤组织中酶活性有促进作用，而长时间或者低浓度的作用不明显。

NaCl - 2

NaCl 胁迫对银杏光合作用的影响 以 3 年生银杏盆栽苗为试材，研究了 0、50、100、200 mmol/L NaCl 处理对银杏植株的光合特性的影响，结果显示在低盐浓度下（50 mmol/L 以下），银杏的干重、鲜重、chl a/chl b、净光合速率升高。而在高盐浓度下（100 和 200 mmol/L），银杏的干重、鲜重、叶绿体含量、净光合速率、气孔导度和胞间 CO_2 浓度均随盐处理胁迫浓度增加而下降。表明银杏对于盐胁迫有一定的耐受性，且低浓度的盐处理有利于银杏的生长。

NAA

萘乙酸（napthalene acetic acid）。

NAA 对嫩枝扦插插穗生根的影响

NAA 对嫩枝扦插插穗生根的影响

NAA 浓度（ $\times 10^{-6}$ ）及处理时间	扦插日期	插穗规格（cm）	扦插株树	生根株树	生根率（%）	平均每株生根树（条）	平均根长（cm）
200/h	6.28	长 15～20 径 0.3～0.8	100	86	86	10	6.0
300 速蘸	6.29	长 15～20 径 0.3～0.8	100	96	96	16	9.3
400/h	6.28	长 15～20 径 0.3～0.8	100	84	84	13	6.7
500 速蘸	6.29	长 15～20 径 0.3～0.8	100	84	84	13	6.7
500/h	6.29	长 15～20 径 0.3～0.8	100	50	50	10	6.0
600/20min	6.29	长 15～20 径 0.3～0.8	100	37	37	6	5.4
对照未处理	6.29	长 15～20 径 0.3～0.8	100	10	10	2.0	2.9

NAA 对银杏疏花疏果效应

NAA 对银杏疏花疏果效应

状况 \ 浓度（mg/kg）	50	100	200	CK	备注
处理前 果 叶	80 265	40 102	70 295	50 108	叶皱，叶柄、果柄发黄
处理后 果 叶	18 265	11 102	28 295	43 108	
落果率（%）	79.95	72.50	60	14.0	

N、P、K 对银杏光合作用的影响

研究表明 N、P、K 的适量供给有利于银杏气孔导度、净光合速率和水分利用率的提高。通过对气孔限制值等因素的分析发现，N、P、K 的适量供给条件下净光合速率的提高，是通过改善银杏叶片的光合性能而实现的，并非气孔因素所至。N、P、K 任一元素的缺乏或过量供给都导致了银杏叶片羧化效率、潜在光合能力和最大光合能力的变化。

O1 - F

该树距 OO - F 仅 10 多米远，树龄相近，胸径 0.9 m，根基部有一较粗的萌蘖（因树上的大枝曾被砍过做木材用），树高 25 m 以上。种实近于圆球形，属马铃类，暂定名丽天绿马铃。平均单种重 13.1 g，种柄长 3.48 ± 0.45 cm，种实纵径 2.65 ± 0.10 cm，横径 2.73 ± 0.08 cm，种形指数 0.97；种托纵向轴长 1.08 ± 0.05 cm，横向轴长 0.97 ± 0.07 cm，纵横轴长比为 1.12 ± 0.10；平均核重 3.00 ± 0.14 g，纵径 2.19 ± 10.07 cm，横径 1.75 ± 0.08 cm，核形指数为 1.26，厚 1.51 ± 0.03 cm，饱满度 86.2%；平均仁重 2.52 ± 0.15 g，出仁率 83.7%。其成熟期与 OO - F 基本一致，可同期采收。味微甜，糯性强，耐贮性好，品质佳。丰产性强，产量高。经统计分析，两优良单株种实的重量、种柄长、种实纵径、横径、种形指数、种核重、核形指数、种仁重均有显著差异；而种托纵横径比、饱满度、出仁率等无显著差异。

OO – F

该银杏单株树龄有 300 多年,位于重庆市壁山县境内。树高在 25 m 以上,胸径 1 m,根基有 3 个根萌蘖,在 500 m 外有一雄树。种实长圆球形,属佛手类,暂定名渝天绿佛手。种柄长 4.01 ± 0.51 cm,种实纵径 2.85 ± 0.13 cm,横径 2.56 ± 0.14 cm,种形指数为 1.12;种托纵轴向长 1.08 ± 0.06 cm,横轴向长 0.97 ± 0.05 cm,纵横轴长比为 1.12 ± 0.08,平均单种 13.06 ± 1.04 cm。种核长倒卵形,单核重 3.51 ± 0.26 g,纵径 2.48 ± 0.09 cm,横径 1.81 ± 0.06 cm,核形指数为 1.37;厚 1.56 ± 0.05 cm,饱满度为 86.0%,出核率为 27.0%:种仁平均重 2.94 ± 0.22 g,出仁率为 83.6%。白露成熟,外种皮金黄色,被有果粉。味微甜,糯性较强,品质佳。丰产性强,年株产种实可达 500 kg 以上。耐贮性好,采用薄膜袋装,一年后种仁仍保持新鲜,品质不变。

PA

植酸(phytic acid)。

PAF

血小板活化因子(platelet activation factor)。

PCR

多聚酶链式反应(polymerase chain reaction)。

PCR 扩增

由于预扩增所用的引物只含有一个碱基,因此预扩增的选择性较差,琼脂糖凝胶电泳检测时往往连成一片。在 AFLP 扩增的正常范围内,各品种间一致性较好,为选择性扩增提供了良好的模板。

PG

多聚半乳糖醛酸酶(polygalacturnase)。

pH 值

即"氢离子浓度指数"。就土壤来说,pH 值越大,土壤呈碱性;pH 值越小,土壤呈酸性。pH 值 7,为中性。银杏喜欢偏酸性的土壤。

PLA

苯丙氨酸解氨酶(phenylalanina ammonia-lyase)。

PM

PVP 复合物(PVP mixture)。

POD

过氧化物酶(peroxidase)。

POX

过氧化物酶(peroxidase)。

PPO

即多酚氧化酶(polyphenol oxidase),是银杏体内普遍存在的一类末端氧化酶,它催化酶类化合物形成醌和水,醌又再经非酶促聚合,形成深色物质。

Proanthocyanidins

前花色素类。

Procyanidin Polyphenols

前花青素多酚。

Prodelphinidin

前花翠素。

PSB

光合细菌。

PVP

聚乙烯吡咯烷酮(polyvinylpyrrolidone)。

RAPD 标记

随机扩增片段长度多态性(RAPD)标记是于 1990 用随机核苷酸序列作为引物扩增基因组 DNA 发展起来的一种新型分子标记。RAPD 技术是在多聚酶链式反应(polymerase chain reaction, PCR)基础上发展起来的,它以植物基因组 DNA 为模板,以一系列不同随机引物(寡核苷酸序列),通过聚合酶链式反应产生不连续的 DNA 产物,通过对扩增产物 DNA 片段的多态性检测,反映基因组相应区域的 DNA 序列的多态性。虽然一个引物检测到的基因组多态性区段有限,但使用一系列引物可使检测区域覆盖整个基因组。RAPD 标记方法具有独到的优点:技术相对简便、快速;所需样品很少;标记数量极为丰富,能揭示大量从形态和生理生化指标上无法检测到的丰富差异;无放射性;易于早期测定;易于标准化。但 RAPD 标记为显性分子标记,难以区别纯合体和杂合体,对反应条件有比较严格的要求。

RAPD 分子遗传图谱的构建

历时 3 年,以我国目前经济价值最高的树种之一、第四纪冰川的孑遗珍贵树种银杏的 5 个品种群的各 1 个代表性品种为材料,用 556 种 10 mer 寡核苷酸为引物,检测了基因组近 4 400 个位点,试验 2 万余管,获得可用数据 10 000 余个,在我国首次构建了银杏 RAPD 分子遗传图谱,建立了银杏 RAPD 技术的新体系。该项成果对今后开展银杏种内遗传变异研究、无性系品种标记基因型和数量性状基因位点确定、品种鉴定、分子标记辅助选择育种、目的基因克隆等方面具有重大的学术价值及实际指导意义。

Richards 生长方程对银杏高径生长的拟合参数及效果

Richards 生长方程对银杏高径生长的拟合参数及效果

参数	a	b	k	协方差	相关系数
主梢	92.831 0	251.456 1	0.996 9	0.586 3	0.982 3
地径	0.946 1	70.184 9	0.705 4	1.024 0	0.995 6

RNA

核糖核酸(ribonucleic acid)。

Sciadopitytin

西阿多黄素。

SDS聚丙烯酰胺凝胶电泳

采用三氯乙酸(TCA)/丙酮沉淀法提取可溶性蛋白质干粉。采用 BIO-KRAD mini 垂直板电泳槽进行 SDS-PAGE。分离胶浓度为15%,浓缩胶浓度为4.4%。样品提取液为含2% SDS、5%巯基乙醇、10%甘油、0.02%溴酚蓝的0.01 mol/L Tris—HCl 缓冲液,pH值8.0。电极缓冲液为含0.1% SDS、0.384 mol/L 甘氨酸的0.05 mol/LTris—HCl 缓冲液(pH值8.3)。电泳程序是60 V,10 min;160 V,1.2 h。电泳结束后用0.25%的考马斯亮蓝染色液(1.25 g考马斯亮蓝R-250,225 mL甲醇,45 mL冰醋酸,定容至500 mL)染色,时间为2.5h,在脱色液(225 mL甲醇,45 mL冰醋酸,定容至500 mL)中脱色2~3次,计时约3 h,直到背景脱干净为止。脱色后的凝胶经清水冲洗后,用凝胶成像系统拍照记录。试验在相同条件下重复3次。

SFE

超临界流体提取(supereritica fluid extraction)。

SFE技术脱除EGb中的酚酸

EGb中的酚酸是水杨酸的衍生物,它能使人体器官发生致敏性(皮肤过敏)反应。国外用于注射的EGb药剂必须是酚酸浓度小于10×10^{-6}。根据我们调研和检测,国内EGb厂生产的EGb一般酚酸浓度为$(200 \sim 500) \times 10^{-6}$。由于国内EGb厂生产EGb的工艺基本如下。

乙醇提取→脱脂溶性杂质→树脂法……

这种工艺虽然可以脱除一部分酚酸($<15\,000 \times 10^{-6}$),但是要把酚酸从$(200 \sim 500) \times 10^{-6}$脱到$10 \times 10^{-6}$以下就很困难。

目前酚酸的测试方法还可以说是一项空白。而内酯的分析方法在国内尚且只是一些科研单位和大专院校所专有。

①建立酚酸的毛细管气相色谱测试方法。

②用SFE等技术实现了EGb中酚酸的脱除。

SFE技术是一门超前的化工分离技术,与有机溶剂萃取技术相比,它具有无污染产品和环境,萃取产品纯天然,萃取速度快等优点。德国人于90年代初实现了EGb中酚酸的脱除,最低含量可到20世纪$(1 \sim 10) \times 10^{-6}$,但是他们用的方法是纯化学方法。现在我们以SFE技术为主导,配合其他化学物理方法实现了EGb中酚酸含量$<5 \times 10^{-6}$。目前该项技术已完成中试,即将投入工业生产。

SFE简工艺流程图

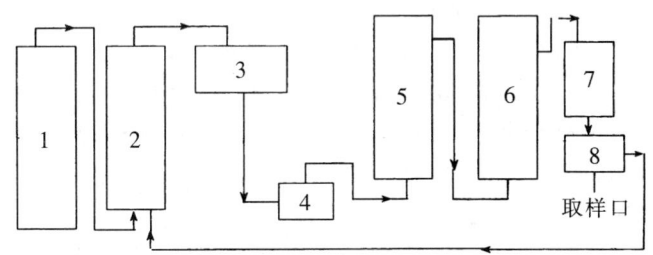

SFE简工艺流程图
1.CO_2气瓶 2.净化器 3.制冷机组 4.柱塞计量泵
5、7.换热器 6.高压釜(萃取釜) 8.分离釜

SFE银杏叶中的黄酮类化合物第二轮正交表及结果

高压釜温度(℃)	流行泵行程(cm)	掺杂剂量	SFE前	SFE后	萃取率	萃取黄酮浓度
30	75	20%	样 品 变 质			
30	100	40%	0.372 0%	0.454 1%	-22.06%	微量
35	75	40%	0.488 7%	0.506 1%	-3.56%	微量
35	100	20%	0.418 7%	0.506 0%	-0.84%	微量

注:高压釜温度30℃;分离釜压力5.0 MPa;温度50℃;实验时间3 h;掺杂剂为乙醇(干基) 温度(℃) 压力(MPa)

SOD

超氧化物歧化酶(superoxide orgotein dismutase, SOD)。别名:肝蛋白、奥谷蛋白,是一种源于生命体的活性物质,能消除生物体在新陈代谢过程中产生的有害物质。SOD是中国卫生部批准的具有抗衰老、免疫调节、调节血脂、抗辐射、美容功能的物质之一,法定编号为 ECl. 15.1.1;CAS[905489]1。硒被科学家称之为人体微量元素中的"抗癌之王"。科学界研究发现,血硒水平的高低与癌的发生息息相关。大量的调查资料说明,一个地区食物和土壤中的硒含量高,癌症的发病率和死亡率就低。同时,硒对心脏肌体有保护和修复的作用。科学补硒对预防心脑血管疾病、高血压、动脉硬化等都有较好的作用。

SOD富硒银杏产品

SOD(超氧化物歧化酶)是一种源于生命体的活性物质,能消除生物体在新陈代谢过程中产生的有害物质。硒对人体的抗氧化作用、解毒作用、免疫机能、延年益寿等功效逐步被世人认可。银杏果的药用和食用价值已被人们广泛认可。开发 SOD 富硒银杏产品将对银杏深加工产业的发展有着积极的作用。

TC3

树龄 140 年，树高 24.5 m，枝下高 6 m，胸围 367 cm，冠幅 10 m×10 m，冠高 18.5 m。前几年仅产种实 200 kg（附近无雄株，又无法施肥，冠下为石板路、民房），1993 年 500 kg。种实近圆形，个别倒卵形，外种皮成熟时呈橙黄色，长宽比为 3.0∶2.9，重 17.5 g；种核长宽厚为 2.5 cm×2.0 cm×1.5 cm，核形指数 1.32，重 3.5 g，最大核重 4.5 g，色洁白，核仁极饱满，无苦涩味。

T-20 号

产于贵州黔东南自治州，母树高约 25 m，冠幅 1.7 m×15 m。果实圆形，果面橙黄色，果粉较厚。大小为 2.90 cm×2.70 cm，果梗长 4.25 cm，单果重 12.6 g，每千克 79 粒，出核率 23.9%。珠托近圆形，突出、正托。果顶较平，有微突。种核近圆形，长 2.1 cm，宽 1.9 cm，厚 1.5 cm，单核粒重 3.1 g，每千克 322 粒，出仁率 80%，壳乳白色，有浅沟纹，背腹面不等，顶有凸尖，边有窄棱，束迹相距较近。质糯，VE 含量高达 5.15 mg/100 g。

TE3

属梅核类。树龄 144 年，种实近圆形，种核长宽厚为 2.5 cm×2.0 cm×1.5 cm，核形指数 1.32，单核重 3.5 g，最大 4.5 g。

Tebonir（梯波宁、天波宁）

1965 年德国 Schwabe 制药公司开发，1972 年公布了专利。银杏叶提取物符合国际标准：含黄酮苷 $\geq 24\%$，萜内酯 $\geq 6\%$，有害杂质白果酸 $< 2 \times 10^{-6}$。包括五种剂型：针剂、静脉注射用针剂、液剂、糖衣片、长效缓释片。其中，针剂每支含银杏叶提取物 7 mg、17.5 mg 两种，分别含总黄酮 1.6 mg 和 3.95 mg。静脉注射针，每支 25 mL，含叶浸膏 87.5 mg（黄酮苷 19.5 mg），以山梨醇为助溶剂。液剂，每 100 g 含浸膏 0.25 g（黄酮苷 37.5 mg）。糖衣片，每片含叶浸膏 3.5 mg（黄酮苷 0.53 mg）。长效缓释片，每片含浸膏 20 mg（黄酮苷 3 mg）。

TG2

树龄近 200 年，树高 20 m，枝下高 5 m，胸径 59 cm，冠幅 7~8 m²，冠层高 15 m，近几年产种实 250 kg 以上（因台风吹断枝，影响产量）。种实长宽比 3.0∶2.8，重 16 g，近圆形，种实基部稍扁，熟时外种皮金黄色有白粉；种核长宽厚 2.4 cm×1.9 cm×1.4 cm，核重 3.2 g，核形指数 1.26，广椭圆形，略扁，先端微尖，而基部近圆钝，色洁白光滑。10 月成熟，丰产。核仁无异味苦味。

TP4

树龄 3 年，由萌蘖长成，树高 17 m，胸径 35 m，冠幅 9 m×8 m，枝下高 7 m，由于打枝过度，冠层小，近几年产种实 150~200 kg，种实长宽比 3.2∶2.8，重 18 g；种核长宽厚为 2.6 cm×1.8 cm×1.45 cm，重 3.5 g，核形指数 1.44。色洁白、饱满、口味好。月底成熟。

Tq5

树龄 100 年，树高 16 m，胸径 65 cm，冠幅 12 m×9 m，枝下高 6 m。近几年产种实 150~200 kg；种实长宽 3.0 cm×2.7 cm，重 17 g；种核长宽厚为 2.5 cm×1.7 cm×1.4 cm，重 3.2 g，核形指数 1.47；肉色洁白、饱满、口味好。10 月上旬成熟。

TS6

树龄 35 年，树高 15 m，冠幅 7 m×6 m，近几年产种实 50 kg，种实长宽 2.7 cm×2.8 cm，重 17.5 g；种核长宽厚 2.2 cm×2.1 cm×1.5 cm，重 3.3 g，核形指数为 1。10 月底成熟。

"T"字形芽接

此法适用于各种年龄的苗木。嫁接时间是在春季树液流动后，离皮和生长期中均可进行。具体嫁接步骤如下。取芽片。在接芽的上方 0.5 cm 处横切一刀，深达木质部，然后在芽的下方 1 cm 处向上削芽，稍带木质部，将带木质部的芽放在湿毛巾上，待用。砧木处理。在嫁接部位，选一光滑面，横切一刀，在横刀下纵切一刀，使成"T"字形，深达木质部。插接芽及包扎把皮层轻轻剥开，插入剥去木质部的芽片，上口对齐，用两侧皮层包紧芽片，缠上塑料条带露出接芽。

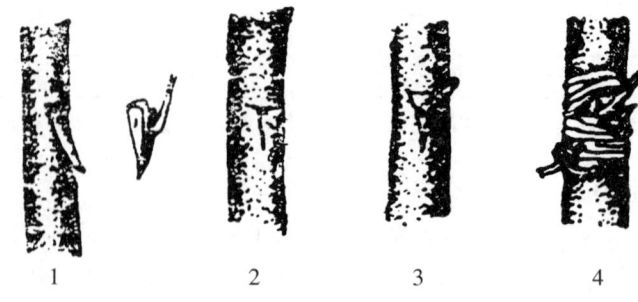

"T"字形芽接法
1. 取接芽 2. "T"字形切口 3. 嵌入接芽 4. 包扎

T 字形腹接

将接穗先削一个长 4~6 cm 的长斜面，尽量削深一些，至下端深达直径 4/5 左右，然后于反面削一长 0.5 cm 的短斜面。选砧木适当部位先横切一刀，切透皮层，但不伤及木质部，并于横切口之上再削去一块老皮呈月牙形，以利接穗与砧木密接。在横切口之下竖割 1～2 cm 长的切口，然后将削好的插穗慢慢用力插入皮内，再用薄塑料条扎紧。

UPGAM

非加权平均法（unweighted pair group average method）。

UPOV

国际植物新品种保护联盟。

VAM 丛枝菌根

克纳卡（Kleeka）等首次发现银杏菌根，克罕（Khan）和夏玛（Sharma）等确定为泡囊—丛枝菌根（VAM）。银杏林地土壤中 VAM 真菌侵染银杏根是自然现象，苗木接种 VAM 真菌后，能增加生长量。VAM 真菌主要有内囊霉科球囊霉属的地球囊霉（*Glomus epigaeum*），除寄生银杏，尚寄生苹果、白蜡；其次为苏格兰孢内囊霉（*G. caledonlus*），除寄生银杏外，尚寄生小麦。

Var.

变种（variety）缩写。

VA 菌根

Klecka 等首次从总状分枝的根系中发现银杏具菌根。Khan 及 Sharma 等将银杏明确为泡囊—丛枝菌根（VAM）。太量调查结果发现，银杏的 VAM 真菌自然侵染是一种普遍现象，在人为控制之下，接种 VAM 真菌可以促进苗木的生长。

从目前报道结果来看，银杏 VAM 真菌主要有内囊霉科球囊霉属的地表球囊和苏格兰球孢内囊霉两种。

① 地表球囊霉（*Glomus Epigaeum* Daniels and Trappe）。该种的孢子亮黄至明褐黄色，直径 95～140 μm，联孢菌丝最长处为 10 μm，并嵌入孢壁，孢子果地面生。寄主有银杏、苹果、白蜡等。该种是银杏主要的 VAM 真菌之一。

② 苏格兰球孢内囊霉 [*G. L. Caledonius*（Nicol. & Gerd.）（Trappe & Gerdemann）]。该菌的原垣孢子单生于土壤中或着生在孢子果中。孢子果直径约为 6 mm，坚实，近球形。包被近白色，由透明、薄壁、直径为 8～25 μm 的菌丝组成，产孢组织浅棕色。孢子暗黄至棕色通常圆形或近圆形，有时椭圆或不规则，(130～279)×(120～272) μm。孢壁厚 6～(10～16) μm。由一层 1～(4～9) μm 的透明外壁和一层 4～(8～10) μm 厚的黄棕色内壁组成。外在联孢菌丝在距真连接点 15 μm 处形成。

据 Gerdemann 等报道，在美国从加利福尼亚至华盛顿州，在田野、公园和森林中该种均有分布。6 月、9 月和 12 月都可以采到。在土壤中整年都有。在盆栽条件下，4 个月形成孢子。该种在田野中与银杏、自车轴草和小麦的根内结合，在盆栽中用小麦根接种玉米后能形成孢囊丛枝内生菌根。

本种仅发现一个孢子果，是在幼年针叶林中长有草本植物的朽木中采到的。

YE

酵母提取液（yeast extract）。

ZT

玉米素（ziatin）。

阿拉伯数字

10%银果 EC 防治苹果腐烂病疤重犯田间药效统计（辽宁兴城）

10% 银果 EC 防治苹果腐烂病疤重犯田间药效统计（辽宁兴城）

处理	当年秋季调查			翌年春季调查		病疤单侧最宽愈合宽度(mm)	促进愈合效果(%)
	总块数	重犯率(%)	防效(%)	重犯率(%)	防效(%)		
银果乳油 6666.67	32	3.13	91.65a	6.25	90.00a	8.22	32.58
银果乳油 4000	32	3.13	91.65a	9.38	84.99ab	8.15	61.45
银果乳油 2000	32	6.25	83.33a	15.63	74.99bc	7.96	28.39
福美胂 4000	32	3.13	91.65a	9.38	84.99ab	6.25	0.81
克菌乳油 4000	32	6.25	83.33a	18.75	70.00c	8.04	29.68
空白对照	32	37.5	—	62.5	—	6.20	—

10%银果乳油对供试病菌的室内生测结果

10% 银果乳油对供试病菌的室内生测结果

作物种类	病原菌	药剂	毒力方程 y =	EC50(μL/L)	EC95(μL/L)	相关系数 r
苹果病害	苹果霉烂病病菌	10% 银果 EC	3.248 1 + 1.407 9x	17.55	258.62	0.990 2
		32% 克菌 EC	− 0.851 3 + 3.667 7x	39.43	110.75	0.999 1
	苹果轮纹病病菌	10% 银果 EC	1.567 5 + 1.914 1x	62.13	449.40	0.964 1
		32% 克菌 EC	1.719 0 + 2.217 3x	30.18	166.54	0.915 9
	苹果干腐病病菌	10% 银果 EC	2.571 0 + 1.701 2x	26.78	248.19	0.953 4
		32% 克菌 EC	1.906 5 + 1.758 1x	57.48	495.59	0.977 1
蔬菜病害	番茄灰霉病病菌	10% 银果 EC	2.135 3 + 2.143 3x	21.70	126.39	0.967 9
		50% 扑海因 WP	0.176 2 + 2.728 8x	58.57	234.68	0.994 1
	番茄叶霉病病菌	10% 银果 EC	− 0.478 0 + 3.188 9x	52.22	171.27	0.985 1
		50% 扑海因 WP	2.512 4 + 1.472 6x	48.90	640.16	0.941 4
	番茄早疫病病菌	10% 银果 EC	1.366 0 + 2.430 0x	31.29	148.04	0.983 1
		50% 扑海因 WP	− 0.521 9 + 3.159 1x	55.96	185.60	0.974 0
大田病害	小麦纹枯病病菌	10% 银果 EC	3.345 7 + 1.927 4x	7.22	51.49	0.989 1
		20% 井冈霉素 SP	4.729 4 + 0.761 5x	2.27	327.64	0.971 5
	棉花枯萎病病菌	10% 银果 EC	0.166 0 + 3.000 0x	40.86	143.88	0.962 9
		20% 井冈霉素 SP	4.796 7 + 2.665 1x	1.19	4.94	0.982 6

107 号

该品种具有结果较早，产量高的特点，是目前产量最高的一个品种类型，其中 1993 年最高株产达到 8.81 kg，累计株产比 005 号高出 74.94%，该品种品质中等，单粒重 2.42 g，比 005 号低 0.1 g，但符合商品果出口标准，而且树体生长壮旺，生长量大，枝条多，丰产潜力大，是极佳的高产品种，建议作为高产丰产良种大力推广。

10 个叶籽银杏种质核型比较

10 个叶籽银杏种质核型比较

种质	相对长度范围（cm）	染色体长度比（最长/最短）	平均臂长（cm）	核型公式	核型类型	核型不对称系数（%）
DZ	3.01~7.05	2.34	2.22	2n=24=4m+20sm	3B	67.28
GX$_3$	3.00~7.03	2.36	2.36	2n=24=2m+20sm+2st	3B	68.65
HB	3.25~6.09	1.87	2.29	2n=24=4m+18sm+2st	3A	67.80
SM	3.24~6.34	1.96	2.16	2n=24=2m+22sm	3A	66.41
SY$_1$	3.05~6.24	2.03	2.06	2n=24=2m+22sm	2B	66.90
SY$_2$	2.09~6.97	3.97	1.72	2n=24=12m+12sm	2B	62.14
TG	2.80~6.50	2.33	2.10	2n=24=6m+18sm	2B	66.11
WY	3.32~6.52	1.96	1.94	2n=24=8m+16sm	2A	64.47
TC$_1$	2.46~6.79	2.76	2.10	2n=24=4m+16sm+4st	3B	65.40
YZ$_1$	2.74~6.64	2.42	1.96	2n=24=12m+10sm+2st	3B	64.49

10 月份不同树龄银杏叶黄酮浓度

10 月份不同树龄银杏叶黄酮浓度

树龄	取样量（g）	黄酮得量（mg）	黄酮浓度（%）	差异（%）
1	1.5000	102.03	6.802	89.736
15	1.5000	113.71	7.580	100
30	1.5000	82.96	5.531	72.968
42	1.5000	76.36	5.091	67.163

12.5%盖草能乳油除草效果

12.5%盖草能乳油除草效果

地点	施药时间（年.月.日）	面积（m^2）	剂量（mL）	防除草对象	防除杂草率（%）
银杏	1995.4.15	333	20	1年生禾本科	98
科研所	1995.4.22	200	18	1年生禾本科	96
品种园	1995.4	333	对照	1年生禾本科	0

12 个银杏优株种核性状

12 个银杏优株种核性状

编号	名次	总分	出核率（%）（10分）	百粒核重（30分）	种核外形（5分）	种壳厚薄（10分）	出仁率（%）（10分）	剥皮难易（5分）	苦味（10分）	糯性（10分）	香味（5分）	品种与产地
56	1	89.73	8.0	30	4.80	8.80	6.5	4.50	14.06	8.90	4.17	江苏省邳州市大马铃铁富3号
18	2	88.75	8.0	30	4.14	8.07	7.5	4.25	13.71	8.79	7.27	山东郯城庆春7号
14	3	88.68	9.4	30	1.00	7.79	5.5	4.36	14.36	8.88	4.29	山东郯城马铃2号
39	4	87.89	7.5	30	4.75	8.25	6.0	4.39	13.82	8.89	4.29	江苏省邳州市大马铃铁富4号
5	5	87.57	9.5	30	4.18	7.68	6.0	4.25	13.57	8.07	4.32	山东郯城庆春1号
37	6	87.47	10	30	4.57	7.83	6.0	4.30	12.57	8.40	3.80	江苏省邳州市大马铃铁富2号
40	7	87.40	8.5	30	3.40	8.07	6.0	4.60	13.77	8.93	4.13	广西兴安2号
30	8	86.91	9.5	30	3.90	8.14	6.5	4.40	12.41	8.55	3.77	湖北陆安鄂4-1
64	9	86.56	7.5	30	4.20	7.83	6.5	3.63	13.83	8.87	4.20	广西桂林漠22
24	10	86.23	7.5	30	4.50	7.14	6.5	4.27	13.86	8.55	3.91	山东郯城庆春8号
60	11	85.73	7.0	30	4.84	8.46	5.5	4.20	13.53	8.43	3.77	工苏邳州大佛手港中1号
13	12	85.64	7.5	30	4.14	7.28	5.5	4.39	13.33	8.43	4.11	山东郯城园铃1号
32	13	85.37	6.0	30	4.73	9.07	5.5	4.27	13.33	8.53	3.94	江苏苏州市吴中区大佛手
41	14	85.20	8.5	30	3.43	7.93	5.5	4.10	12.97	8.80	3.97	广西灵州华口大果

15 年生树不同月份银杏叶黄酮浓度

15 年生树不同月份银杏叶黄酮浓度

月份	取样量(g)	黄酮产量(mg)	黄酮浓度(%)	差异(%)
7	1.500 0	51.44	3.429	45.237
8	1.500 0	71.25	4.750	62.664
9	1.500 0	88.91	5.927	78.192
10	1.500 0	113.70	7.580	100
自然落叶	1.500 0	102.77	6.851	90.382

1994—2004 年银杏文献的主要分布和数据

1994—2004 年银杏文献的主要分布和数据

主题	1994年	1995年	1996年	1997年	1998年	1999年	2000年	2001年	2002年	2003年	2004年	合计(%)
栽培技术	63	78	80	83	100	106	83	49	60	44	45	791(34.63)
病虫防治	14	4	7	22	20	10	12	18	9	9	9	134(5.87)
基础研究	8	20	24	36	69	70	74	69	74	69	60	573(25.09)
种质资源	10	21	17	17	16	10	7	13	15	9	7	142(6.22)
贮藏加工	8	12	21	22	34	32	34	36	35	39	57	330(14.45)
综合评述	16	28	32	22	30	35	23	33	33	23	14	289(12.65)
其他	1	4	3	2	4	2	0	2	2	2	3	25(1.09)
合计	120	167	184	204	273	265	233	221	228	195	195	2284
(%)	5.25	7.31	8.06	8.93	11.95	11.60	10.20	9.63	9.98	8.54	8.54	

1994—2004 年银杏专业的 11 种核心期刊

1994—2004 年银杏专业的 11 种核心期刊

核心期刊	期刊发文量											
	1994年	1995年	1996年	1997年	1998年	1999年	2000年	2001年	2002年	2003年	2004年	合计
林业科技开发	2	9	6	11	10	11	8	7	6	9	5	84
林业科技通讯	4	4	5	15	12	18	2	9	0	0	0	69
经济林研究	2	7	9	4	10	9	9	3	6	4	4	67
江苏林业科技	5	8	8	8	5	4	12	7	3	3	3	66
山东林业科技	6	7	4	10	13	2	3	5	6	1	4	61
落叶果树	9	2	4	12	12	4	4	1	2	1	4	55
安徽林业	4	3	6	9	5	6	4	0	4	6	2	49
食品科学	3	0	1	1	3	1	3	4	7	5	5	33
陕西林业科技	1	9	6	3	7	2	1	0	0	1	0	30
广西园艺	0	0	0	1	4	7	2	2	4	4	5	29
湖北林业科技	0	1	0	4	4	8	4	4	1	0	2	28

1994—2004年银杏专业论文的核心作者群

1994—2004年银杏专业论文的核心作者群

发文量	作者人数	作者姓名
43	1	梁立兴(山东)
31	1	邢世岩(山东)
19	1	江德安(湖北)
18	1	程水源(湖北)
13	2	王成章(江苏)、陈爱军(广西)
11	2	冯彤(广东)、于新(广东)
10	1	李群(江苏)
9	5	陈鹏、陈学森、王华田、邓荫伟、周海平
8	8	苏金乐、侯九寰、彭怀远、王建、石启田、吴向阳、仰榴青、吴红菱
7	7	胡敏、梁红、皇甫桂月、林协、周志权、王燕、王义强
6	15	姜玲、陈琳、韩宁林、蒋代华、任士福、郑作昭、段仁鹏、傅秀红、康志雄、倪学文、吴家胜、齐之尧、唐于平、汪贵斌、杨克迪
5	13	吴际友、曹帮华、董云岚、段蕊、樊秀京、揭二龙、冷平生、刘佳佳、上官小东、史继孔、徐刚标、许慕农、于荣敏

1994—2004年银杏专业论文离散状况

1994—2004年银杏专业论文离散状况

区别	期刊数(种)	占期刊总数的百分比(%)	载文量(篇)	占论文总数的百分比(%)	平均载文密度(种/篇)
核心区	11	2.32	574	25.13	52.18
相关区	70	14.77	872	38.18	8.55
离散区	393	82.91	838	36.69	2.13
合 计	474	100.00	2284	100.00	

1994—2004年银杏专业论文统计

1994—2004年银杏专业论文统计

期刊数量	文献数量	期刊数量累积数	期刊数×文献累积数	期刊累积数对数值	期刊数量	文献数量	期刊数量累积数	期刊数×文献累积数	期刊累积数对数值
1	84	1	84	0.000 0	1	18	20	775	1.301 0
1	69	2	153	0.301 0	4	16	24	839	1.380 2
1	68	3	221	0.477 1	8	15	32	959	1.505 1
1	67	4	288	0.602 1	2	14	34	987	1.531 5
1	61	5	349	0.699 0	4	13	38	1 039	1.579 8
1	56	6	405	0.778 2	4	12	42	1 087	1.623 2
1	49	7	454	0.845 1	8	11	50	1 175	1.699 0
1	33	8	487	0.903 1	5	10	55	1 225	1.740 4
1	30	9	517	0.954 2	13	9	68	1 342	1.832 5
1	29	10	546	1.000 0	13	8	81	1 446	1.908 5
1	28	11	574	1.041 4	9	7	90	1 509	1.954 2
1	27	12	601	1.079 2	19	6	109	1 623	2.037 4
2	25	14	651	1.146 1	14	5	123	1 693	2.089 9
1	24	15	675	1.176 1	28	4	151	1 805	2.179 0
1	23	16	698	1.204 1	34	3	185	1 907	2.267 1
1	21	17	719	1.255 3	88	2	273	2 083	2.436 2
2	19	19	757	1.278 8	201	1	474	2 284	2.675 8

1~4 年生实生银杏芽体发育状况及抽枝特征

1~4 年生实生银杏芽体发育状况及抽枝特征

年龄	顶芽发育状况	上部芽发育状况	当年主梢长（cm）	当年春季抽生侧枝			当年夏季抽生侧枝		
				数量（条）	粗度（cm）	长度（cm）	数量（条）	粗度（cm）	长度（cm）
1	较饱满	较瘦弱	12~15	0	—	—	0	—	—
2	饱满	3~5 芽较饱满	26~44	0	—	—	2~3	0.3~0.5	2~15
3	饱满	5~10 芽较饱满	50~70	3~5	0.2~07	5~30	3~5	0.3~0.7	3~18
4	饱满	7~15 芽较饱满	60~90	5~10	0.3~1.1	15~50	3~7	0.5~0.8	2~20

1 年生长枝上的叶皮种类及形态特征

1 年生长枝上的叶皮种类及形态特征

品种	接后年龄（年）	当年枝长（cm）	枝段	大叶				小叶				总叶数/m·长枝	叶鲜重/m·长枝（g）	小叶鲜重（%）
				叶数	鲜重（g）	干重（g）	含水量（%）	叶数	鲜重（g）	干重（g）	含水量（%）			
马铃3#	1	100	上	14	29.32	7.33	75	14	4.07	0.99	75.6	28	33.39	12.19
			中	8	18.14	5.52	70	26	11.16	3.37	69.8	34	29.57	37.74
			下	15	20.74	6.64	68	10	3.19	1.01	68.2	25	23.93	13.33
	2	83	上	14	14.55	3.78	74	2	0.11	0.03	75.6	19.28	17.66	0.75
			中	8	10.60	3.16	70.2	23	4.12	1.17	71.6	37.35	17.73	27.99
			下	12	16.45	5.10	69	3	0.47	0.14	70.4	18.07	20.38	2.78
	3	50	上	12	15.62	4.14	73.5	0	0	—	—	24.0	31.24	0.0
			中	5	5.92	1.76	70.2	6	1.18	0.36	69.8	22.0	14.20	16.62
			下	9	13.60	4.16	69.4	0	0	—	—	18.0	27.20	0.0
实生苗	2	74	上	13	11.93	2.98	75.0	4	0.44	0.11	75.5	22.97	16.72	3.56
			中	7	9.95	2.81	71.8	14	1.92	0.52	72.8	28.38	16.04	16.18
			下	9	15.09	4.50	70.2	1	0.08	0.02	71.4	13.51	20.5	0.53
	3	140	上	21	24.59	6.20	74.8	22	5.41	1.35	75.0	30.71	21.42	18.03
			中	11	21.50	5.76	73.2	47	20.75	5.48	73.6	41.42	30.17	49.11
			下	21	28.11	8.26	70.6	19	4.93	1.44	70.8	28.57	23.60	14.92

1 年生茎的皮层

银杏 1 年生枝主要由 4 部分组成：周皮、皮层、维管束和髓。茎最外层是 1 层角质化的细胞。表皮内侧是次生组织周皮，由木栓层、木栓形成层和栓内层构成。其中木栓层由 5~6 层切向排列整齐而致密的细胞组成，多呈现矩形或稍半圆形；木栓形成层是 1 层排列紧密、细胞质浓厚的薄壁细胞；紧贴木栓形成层的是 1~2 层栓内层细胞。银杏皮层组织较发达，由 7~10 层细胞构成。皮层细胞呈典型的薄壁细胞形态，圆形，排列松散。许多细胞的中央大液泡内充满单宁，偶尔也有含晶簇的细胞。

1 年生茎的维管束

银杏韧皮部较薄，而木质部发达。韧皮部的最外层是 1 层连续的、排列紧密的石细胞带。石细胞在横切面上呈等径或不规则状。石细胞细胞壁强烈增厚，实心状或中间有一很小的细胞腔。石细胞内侧是连续而成群分布的韧皮纤维。银杏枝条维管形成层是由 1 到数层排列整齐的薄壁细胞构成。一年中随着季节更替，其细胞层数和形态也相应地发生变化。在夏季最多可达 6~9 层，而休眠期仅有 1~3 层细胞。木质部约占整个茎的 1/3，由管胞和射线薄壁细胞构成，没有轴向木质薄壁细胞。射线单列，2~3 层细胞高。

1 年生实生苗的出苗期

银杏为留土萌发型树种。发芽时，胚根首先突破种皮向下生长形成主根，上胚轴向上伸长，幼芽出土。上胚轴及幼芽初出土时为黄绿色,后逐渐变为黄褐色或红褐色。幼茎具有初生不育叶2~3(4)片,宽线形,长3~4(10)mm,宽约2 mm,先端平或微凹;至第3或第5叶为发育叶,呈扇形,中间深裂,边缘呈不规则波状缺刻,基部楔形或宽楔形,上面绿色,下面淡粉绿色。下胚轴细小,长3~5 mm,茎长约4 mm,淡绿色,平滑。根颈径为3.5~4 mm。主根粗壮,向下直伸,侧根较短,呈水平方向或斜向伸展,黄褐色,顶端色较淡。银杏出苗期从幼苗出土到地上长出真叶、地下生出侧根为止,通常为10~30 d。在山东泰安,种子经过催芽处理于3月23日播种1周后种子开始出土,26 d后85%种子出土,播后14 d出现第1片真叶,播后20 d出现第2片真叶,播后26 d出现第3片真叶,播后30~36 d基本出齐。出苗期地上部分生长缓慢,根部生长较快,一般只有主根而无侧根。这一时期的营养来源主要是种子内部所贮藏的营养物质。银杏出苗期的主要任务是促使幼苗出苗整齐、适时、均匀,因此,必须要保持苗圃地土壤湿润,温度适宜。

1年生实生苗木质化期

苗木硬化期又称生长后期,是苗木地上部分和地下部分充分木质化后进入休眠的时期,从苗木高生长量大幅度下降时开始,到苗木直径和根系生长停止时为止。银杏苗木硬化期时间较长,为120~150 d。这一时期苗木的高生长速度急剧下降,并很快停止,接着出现冬芽。在苗木硬化期,苗木体内含水量逐渐降低,生理代谢速度减慢,干物质增加,营养物质转入贮藏状态,苗木逐渐达到完全木质化的程度,抗性提高。后期叶柄逐渐形成离层而脱落,进入休眠期。这一时期的中心任务主要是提高苗木对干旱和低温的抗性,防止徒长和促进苗木木质化等,可以采取如下的相应措施:①尽量提早追肥时间,最晚不超过9月上旬,并适当增加磷肥和钾肥的比例;②加强田间管理,及时进行中耕除草和防治病虫害;③做好越冬防寒等工作。

1年生实生苗生长初期

生长初期又称幼苗期,从地上长出真叶、地下生出侧根开始,到高生长量大幅度上升时为止。这个时期银杏幼苗的高生长较为缓慢,根系生长较快。生长初期幼苗的营养主要来源于光合作用所产生的营养物质,且苗木幼嫩。因此,该时期幼苗对外界不利环境的抵抗能力很低。银杏的幼苗期很短,一般持续10~15 d即转入速生期。生长初期育苗的主要任务是提高幼苗的保存率,促使苗木长成健壮的根系,为速生期打下良好的基础。为此,在生产中应采取如下措施。

①适当蹲苗:在银杏种子发芽长出真叶后,可以适当进行蹲苗处理,即进行人为干旱处理,促使幼苗根系增粗增深,增加根茎比,以提高幼苗对外界环境的抗性。

②适度遮阴:该期幼苗稚嫩,对高温、强光比较敏感,因此需进行适度遮阴。遮阴强度以透光率达60%以上为宜。最好的方法是搭建阴棚,阴棚高70 cm,平顶或中间略高,上盖草帘、芦苇或遮阳网,每天早盖晚撤。同时也可采取在行间间作大豆、绿豆、玉米;芝麻等高秆作物,在苗床上搭豇豆架,或行间撒铺2~3 cm厚的碎草等方法。条件允许的可在播种后采取地膜覆盖,以增温保湿并减少杂草滋生,待有80%嫩芽出土时,再揭去或捅破地膜。必须注意,此时的遮阴时间不宜过长,遮阴度亦不宜过大,否则会因光照不足降低苗木的光合作用强度,从而使苗木质量下降。

③追肥:追施1次氮肥,施肥量为150~225 kg/hm^2。

④其他措施:注意防治病虫害,尤其要采取适当措施预防银杏苗木猝倒病。同时结合施肥进行灌溉、松土、除草等。

1年生实生苗速生期

速生期是指从苗木高生长量大幅上升到高生长量大幅下降的这一段时间。这是决定苗木质量的关键时期。银杏苗木的速生期在北方地区为40~70 d,在南方地区为60~90 d,在肥水条件好的地方为65 d左右。这一时期银杏苗木的高生长量占全年的70%~95%。此期苗木地上部分和根系生长量都最大,根系发达,枝繁叶茂,形成发达的营养器官。根系能吸收较多的水分和各种营养元素,地上部的光合作用增强,能制造大量的碳水化合物。银杏属前期生长类型,速生期短,结束早,当年生长量较低。此期的中心任务是要采取一切措施,在保苗的基础上力求苗木的高产优质。速生期对肥水的需要量最大,以氮肥为主,需追肥2~3次,施用量为150~450 kg/hm^2,同时应结合施肥进行浇水灌溉;提倡不遮阴,全光育苗;及时中耕除草和防治病虫害。

1年生银杏幼苗发育过程图示

1.胚根伸出　2.幼根延长　3.幼芽长出　4.初生叶　5.幼苗形成

2,4-D

2,4-二氯苯氧乙酸[(2,4-dichlorophenoxy) acetic acid]。

20%银果可湿性粉剂防治草莓白粉病结果

20%银果可湿性粉剂防治草莓白粉病结果

药剂	浓度(μL/L)	病指(%)	防效(%)
20%银果可湿性粉剂	333	8.6	82.2
	250	9.6	80.1
	200	11.4	76.3
15%粉锈宁 WP	250	18.5	61.6
12.5 烯唑醇 WP	250	15.3	68.3
对照	清水	48.2	—

20%银果防治番茄灰霉病原始数据

20%银果防治番茄灰霉病原始数据

重复	处理	调查株树(株)	药前基数 病果率(%)	药前基数 病叶率(%)	药前基数 病情指数	三次药后7d 病果率(%)	三次药后7d 病叶率(%)	三次药后7d 病情指数	防效
1	20%银果600倍	15	2.03	0.77	0.78	7.38	3.45	2.94	89.46
	20%绿帝800倍	15	1.05	0.83	0.62	8.13	4.75	2.67	87.96
	20%银果1 000倍	15	2.17	0.94	0.85	9.82	3.34	4.35	95.69
	80%多霉威800倍	15	2.06	0.97	0.59	10.81	5.48	3.89	81.56
	空白对照	15	1.86	0.72	0.65	28.27	19.68	23.24	—
2	20%银果600倍	15	1.47	0.53	0.33	4.10	1.78	2.01	83.50
	20%绿帝800倍	15	1.83	0.52	0.58	4.71	3.24	4.09	80.90
	20%银果1 000倍	15	1.92	0.38	0.93	6.43	5.09	6.94	79.79
	80%多霉威800倍	15	1.61	0.69	0.67	7.71	5.15	5.74	76.79
	空白对照	15	1.98	0.96	0.59	18.74	15.16	21.78	—
3	20%银果600倍	15	1.70	0.53	0.61	4.71	3.11	3.66	87.66
	20%绿帝800倍	15	1.33	0.37	0.41	3.61	3.01	3.03	84.80
	20%银果1 000倍	15	1.13	0.24	0.31	4.68	4.26	2.95	80.43
	80%多霉威800倍	15	0.97	0.61	0.47	7.34	5.06	4.63	79.74
	空白对照	15	1.87	0.54	0.48	21.61	18.76	23.34	—
4	20%银果600倍	15	1.97	0.70	0.61	5.02	2.12	3.59	84.71
	20%绿帝800倍	15	1.72	0.31	0.49	5.53	3.17	3.81	79.80
	20%银果1 000倍	15	1.63	0.73	0.65	6.74	4.10	4.93	80.30
	80%多霉威800倍	15	1.37	0.94	0.76	5.84	5.28	5.81	80.14
	空白对照	15	1.85	0.75	0.63	20.51	15.44	24.25	—

20%银泰对小麦纹枯病的防治效果

20%银泰对小麦纹枯病的防治效果

药剂	浓度(μL/L)	防前发病株率(%)	防后发病株率(%)	发病率增加值(%)	防效(%)
20%银泰微乳剂	200	10.1	21.9	11.8	88.5
	400	11.8	20.2	8.4	89.6
	800	13.2	17.8	4.6	94.3
70%甲基托布津	—	12.6	35.3	22.7	72.0
对照	清水	11.2	92.3	81.8	—

20%银泰对玉米大斑病的田间防治效果

20%银泰对玉米大斑病的田间防治效果

药剂	浓度(μL/L)	防前病斑面积(mm²)	防后病斑面积(mm²)	增加面积(mm²)	防效(%)
20%银泰微乳剂	200	725.2	3 144.1	2 418.9	89.9
	400	876.9	2 649.5	1 772.6	92.6
	800	900.7	1 834.7	934.0	96.1
50%多菌灵 WP	400	852.3	6 648.2	5795.9	75.8
对照	清水	728.6	24 677.8	23 949.2	—

20%银泰乳油配方及质量检验

①标准配方:

银泰	浓度≥20%
乳化剂农乳 1	浓度 10%
乳化剂农乳 3	浓度 10%
助剂	浓度 5%
溶剂(A)	补齐 100%

②标准配方的质量检。

标准配方的质量检验结果

项目	结果	方法
外观能	浅棕色单相液体	目测
银泰浓度(%)	20	气谱法
水分(%)	0.3	国际(GBl600-79)
氢离子浓度(DH)	6	FAO 推荐
乳化稳定性	合格	国标(GBl603-79)
热贮稳定性	合格	54±2℃,14 d 分解率<5%
低温相溶性	合格	-5℃,48 h,无析出物

20%银泰乳油气相色谱图

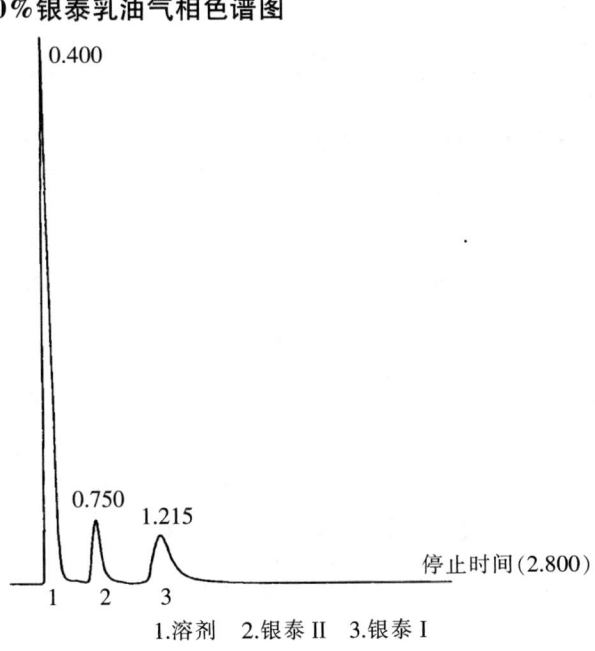

1.溶剂 2.银泰Ⅱ 3.银泰Ⅰ

20%银泰乳油指标要求

20%银泰乳油指标要求

指标名称	指标
（银泰Ⅰ+银泰Ⅱ)%（m/m)≥	20.0
水分%（m/m)≤	0.5
pH 值	5.0~7.0
乳液稳定性(稀释200倍)	合格
*热贮稳定性(54±2℃)银泰分解率%（m/m)<	5

*为抽检项目,每半年抽检一次。

20%银泰微乳剂指标要求

20%银泰微乳剂指标要求

指标名称	指标
（银泰Ⅰ+银泰Ⅱ)%（m/m)	20.0
pH 值	5.0~7.0
乳液稳定性(50倍)	合格
自发分散性	合格
浊点(℃)≥	65
*热贮稳定性(分解率%)≤	5
低温稳定性(0℃以下24h以上)	合格

*抽检项目,每半年抽检一次。

20%银泰微乳剂对草莓白粉病的药效试验

20%银泰微乳剂对草莓白粉病的药效试验

药剂	浓度(μL/L)	病指(%)	防效(%)
20%银泰微乳剂	333	7.5	88.2
	250	7.9	83.0
	200	11.3	75.7
粉锈宁 WP	250	13.5	71.0
烯唑醇 WP	250	11.2	75.9
对照	清水	46.5	—

29个品种定型叶形态特征

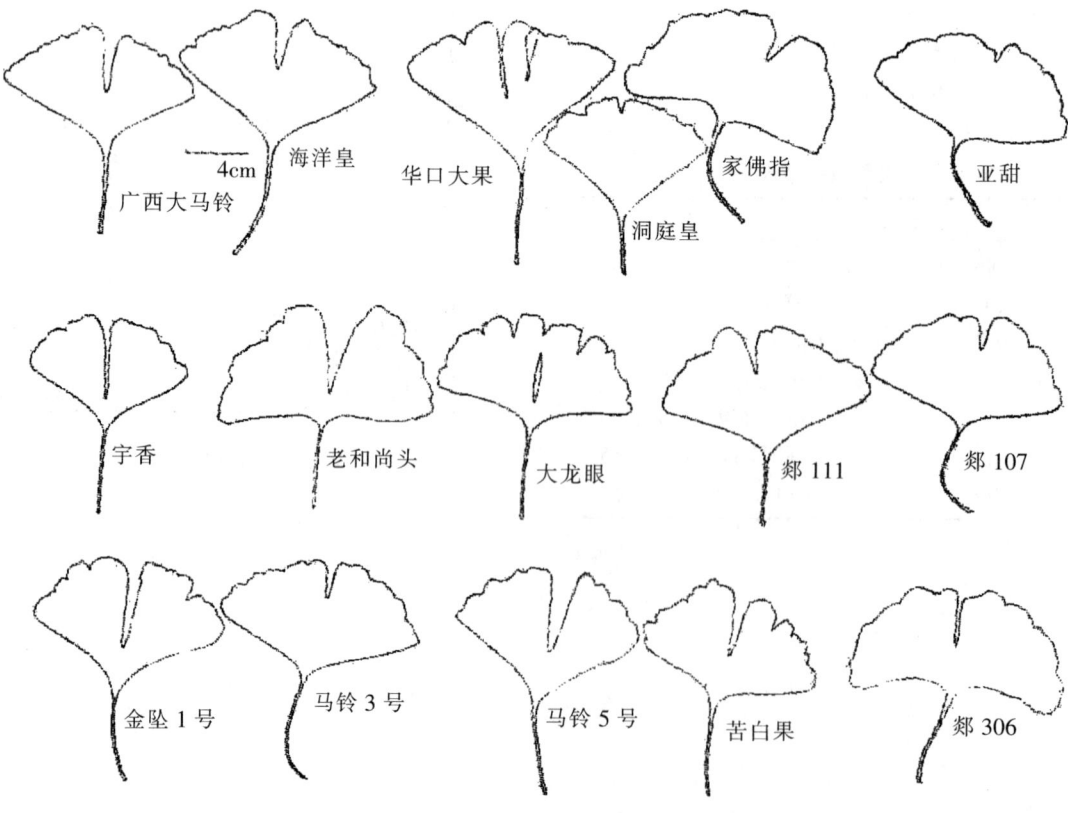

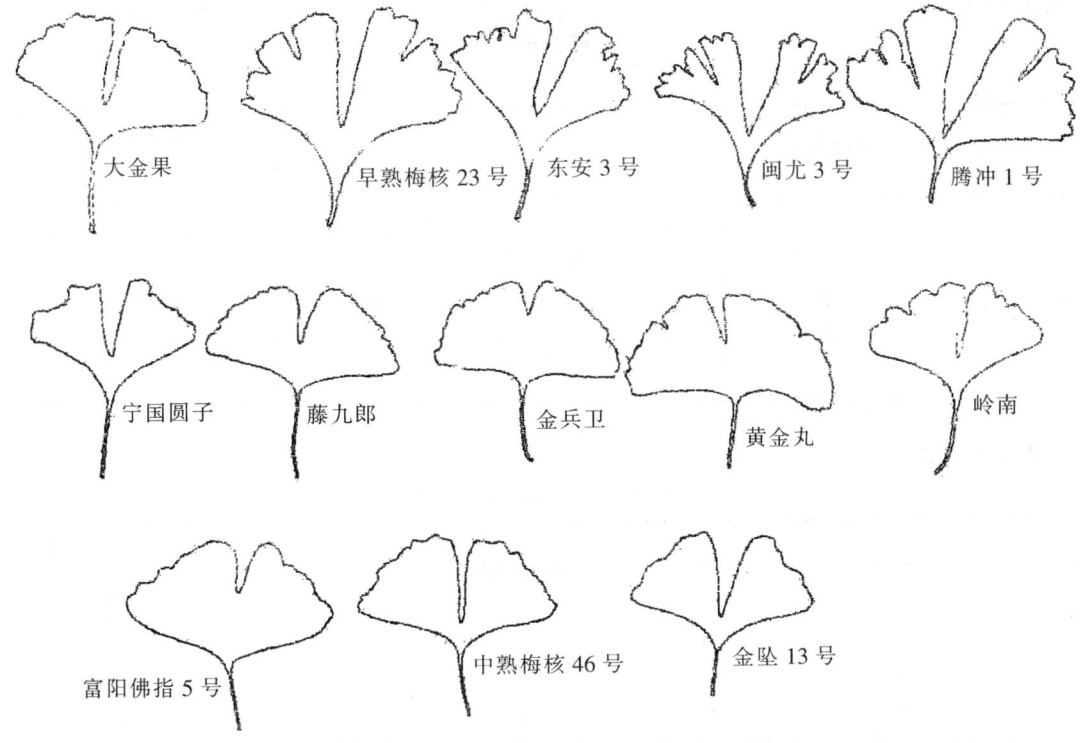

2 年生及多年生苗的管理

2 年生及多年生苗比当年生苗抗性强,管理容易。但为了多产苗、产壮苗,其管理亦不可等闲视之。因为苗龄越大,对肥水的要求量越大。因此,要特别注重加大浇水、施肥的数量和次数。为增加叶子的产量更需要有足够的肥与水。至于中耕除草、防治病虫害等可参照 1 年生苗木的管理进行。2 年生苗木开始抽生侧枝,随着树龄的增长,侧枝越来越多。为促其高粗生长,可有计划地疏除双头枝、过旺的侧枝。1~3 年生苗木生长慢,从第 3 年开始加速生长。根据这种规律,为实施对苗木的技术管理,提供了可靠的理论与实践。

2 年生实生苗长枝上的叶片排序

306 号、207 号、106 号

三个品种类型不仅具有高产丰产的特性,而且品质优良,果个较大,产量分别比 005 号高 35.83%、9.77% 和 9.77%,单粒重分别高出 1.2 g、0.28 g 和 0.75 g。建议作为高产优质品种大力推广应用。

36 kDa 和 32 kDa 蛋白质的分离纯化及抗体制备

SDS—PAGE 分析表明,在落叶期的当年生枝条树皮组织中有两种高含量的蛋白质,分子量为 36 kDa 和 32 kDa。在 SDS—PAGE 图谱上,它们呈显著的蛋白质谱带。芽萌发和新梢生长期间,36 kDa 和 32 kDa 蛋白质逐渐降解并消失。以 12 月份的当年生枝条树皮为材料,采用制备性 SDS—PAGE 技术分离并纯化出银杏 32 kDa 和 36 kDa 两种蛋白质用作抗原,分别免疫新西兰白兔后,获得了 36 kDa 和 32 kDa 蛋白质的多克隆抗体。采用 Western—blotting 技术,用 36 kDa 和 32 kDa 蛋白质的抗血清分别检测落叶期当年生枝条树皮中的可溶性蛋白质,结果表明,36 kDa 蛋白质的抗血清能够与 36 kDa 蛋白质发生强的免疫反应,同时与 32 kDa 蛋白质有微弱的免疫交叉反应。类似地,32 kDa 蛋白质的抗血清能够很好地识别 32 kDa 蛋白质而与 36 kDa 蛋白质只有弱的免疫交叉反应,说明 36 kDa 蛋白质与 32 kDa 蛋白质具有相同的抗原决定簇,但它们的免疫相关性并不高。

3 年生嫁接苗生长状况

3 年生嫁接苗生长状况

单位:cm

品种名称	砧木	顶芽高度	3 年枝		2 年枝		1 年枝			总长
			粗	长	粗	长	粗	长	叶片数	
湖北魁金	1	28	3.2	76	2.1	92	1.6	125	42	321
日本黄金丸	1	20	2.8	90	1.8	62	1.6	112	38	284
日本藤九郎	1	25	2.9	86	1.7	66	1.5	114	39	291
日本岭南	1	22	2.4	60	1.8	68	1.6	102	32	252
日本金兵卫	1	16	2.7	62	1.7	68	1.5	118	36	264

3 年生银杏冬季修剪效果

3 年生银杏冬季修剪效果

处理	株高	抽枝数	单株总枝长	平均枝长	单株鲜叶产量	
					g	%
主茎短截 1/3	176.7b	5.1b	278.2b	50.1a	592.3	105.5
破顶芽	177.7b	12.0a	476.8a	40.1b	600.0	106.9
CK	195.9a	11.6a	443.6a	38.7b	561.5	100

3 种袋蛾的主要区别

3 种袋蛾的主要区别

虫期	茶袋蛾	褐袋蛾	白袋蛾
成虫	雌成虫 15~18 mm,米黄色,腹部第 7 节有黄色绒毛;雄成虫体长 10~15 mm,翅展 25~38 mm,体翅茶褐色,前翅外缘有 2 个透明斑	雌成虫体长约 15 mm,黄白色;雄成虫体长约 13 mm,翅展约 24 mm,体黑色,腹部有金属光泽	雌成虫体长 10~15 mm,浅黄色;第三腹节后各节有浅褐色丛毛;雄成虫体长 6~10 mm,前后翅透明,翅展 16~20 mm
幼虫	体长 17~30 mm,头褐色,有黄色花纹,头中间有一"八"字形黄色纹。胸部背面有两纵向褐斑,两侧各有一个近三角的白斑,上有褐色斑点;中胸有 3 个白斑;后胸有 2 个较宽的黑色亮斑,腹部肉黄色	体长 16~28 mm,头黑褐色,无花纹。正面看,前胸背板有三白两黑相间的纵向带;中胸有三纵向,后胸有两白斑。腹部黑色	体长 23~26 mm,头红褐色,头有白花纹,头顶有一"八"字形白纹。胸部有白斑纹。腹部浅红色
囊	近圆柱形,袋长 24~32 mm。囊外黏有成纵向整齐排列的叶柄	近纺锤形,长 26~40 mm。袋囊疏松,囊外黏有许多较大的碎叶片,叶下端翘起	长圆锥形,下端尖细,长 30~42 mm,灰白色,丝质严密,无枝、叶附着

48%甲草胺乳油除草效果

48%甲草胺乳油除草效果

地点	施药时间(年.月.日)	面积(m²)	剂量(mL)	防除草对象	防除杂草率(%)
银杏	1995.3.20	333	75	1 年生禾本科	98
科研所	1995.3.26	333	100	1 年生禾本科	95
品种园	1995.3	333	对照	1 年生禾本科	0

4′-甲基吡哆酸类

系白果中的主要毒性成分。它不仅是维生素 B_6 的拮抗剂,并能在脑中抑制谷氨酸(GABA),其毒性反应主要可引起阵发性痉挛、神经麻痹。近年发现它也存在于银杏叶中。分析了国外主要的几种制剂,其中均发现含 4′-甲基吡哆酸,但含量较中毒剂量低得多。临床的 EGb 制剂未见类似上述白果中毒病例的报道。

4 种农药对茶黄蓟马的杀虫效果

4 种农药对茶黄蓟马的杀虫效果

药剂种类	稀释倍数	施药前虫数/(头·百叶$^{-1}$)	施药后存活虫数/(头·百叶$^{-1}$)		虫口减退率(%)
			第 3 d	第 5 d	
40%氧化乐果	1∶1 000	115	0	0	100
80%敌敌畏	1∶1 000	125	11	8.5	96.2
40%马拉松	1∶1 000	145	13	3.0	97.9
速灭杀丁	1∶3 000	122.5	12	7.5	94.0
对照(清水)		160	157.5	156.5	2.2

5 个类群主要特征

5 个类群主要特征

类群	Ⅰ	Ⅱ	Ⅲ	Ⅳ	Ⅴ
种实形状	圆球形	近圆球形	近圆球形	近圆球形	卵圆形
单粒重	10.6~12.6	12.2~15.0	14.2~17.6	7.5~9.0	16.1~17.6
种核形状	圆球形或近圆球形	圆球形或近圆球形	卵圆形	卵圆形或长卵圆形	长卵圆形
种核形数	1.0~1.2	1.1~1.3	1.4~1.6	1.2~1.5	1.6~1.7
单核重(g)	2.9~3.3	3.1~3.9	3.6~4.0	1.9~2.1	3.3~3.5
出核率(%)	24.1~30.6	24.3~27.6	20.0~26.7	23.2~25.2	20 左右
出仁率(%)	80.6~83.9	75.1~80.0	75.6~77.4	75.1~78.4	75.7~78.0

5 年生绿枝单芽扦插苗与实生苗对比

5 年生绿枝单芽扦插苗与实生苗对比

苗木	各苗龄苗木高度(cm)					地径(cm)	备注
	1	2	3	4	5		
扦插苗	6.5	30.0	60.2	110.8	186.6	2.4	2 年生时春季移植
实生苗	7.0	17.9	31.5	61.7	191.0	2.7	从未移植

6-HKA

6-HKA 分子结构图

6-羟基犬尿喹啉酸。

6911(舒血宁)片剂工艺流程

原料→粉碎→水煮→过滤→浓缩→真空干燥→6911 颗粒→调配→压片

6911(舒血宁)注射液制剂操作

"6911"是我国最早见于市场的银杏叶提取物制剂,有片剂和针剂两种。"6911"片剂,又名舒心酮片,其主要成分是银杏黄酮。"6911"片剂的制造工艺是:取银杏叶 1 000 g,加水 8 000 mL,煮沸 30 min,过滤,再加水约 5 000 mL,煮沸 30 min,过滤。合并两次滤液,浓缩至稠浸膏状,按重量加 70%淀粉,搅匀,70℃~80℃干燥,用小磨磨成颗粒状,过 30~40 目筛,加 1%硬脂酸镁混匀压片,片重按每片含黄酮 2 mg 计算(约相当于生药 0.5 g)。包糖衣。市场上供应的舒血宁片,每片含双黄酮限制在 1.7~2.5 mg。此剂可以治疗血清胆固醇过高症,可防治冠状动脉粥样硬化性心脏病、心绞痛。

6911 注射液,其主要成分也是银杏黄酮。它采用酒精提取的办法,先制成原液,而后配制成注射液供临床使用。

6911 注射液

规格：本品为淡黄色的灭菌水溶液，每支 2 mL，内含总黄酮 1.3～1.7 mg，pH 值 5.8～7.2。

处方：

6911 精制浓提取液	适 量
乙 醇	5%
焦亚硫酸钠	0.10%
EDTA 钠	0.02%
活性炭	0.1%
注射用水加至足量	

制备：

风干银杏叶 $\xrightarrow[\text{回流}]{\text{乙醇}}$ 醇提取液 $\xrightarrow[\text{回收乙醇}]{\text{减压蒸馏}}$ 褐色糖浆状物 $\xrightarrow[\text{水浴}]{\text{蒸去残存乙醇}}$ 流膏状 $\xrightarrow[\text{提取}]{\text{加水}}$ 提取物 $\xrightarrow[\text{过滤}]{\text{制冷}}$ 黄色混悬液 $\xrightarrow[\text{搅匀、吸附、过滤}]{\text{硅胶}}$ 精制 6911 浓提取液 $\xrightarrow[\text{测含量并配置溶剂}]{\text{碳酸氢钠溶液调 pH}}$ 6911 溶液 $\xrightarrow[\text{100℃杀菌 15 分钟}]{\text{充氮分装}}$ 6911 注射液

6 个品种（系）银杏的热害指数

6 个品种（系）银杏的热害指数

品种	热害指数							
	1 d	2 d	3 d	4 d	5 d	6 d	7 d	平均
11	0a	33.33abcd	27.28abc	27.78abcd	86.11abc	100abcd	100a	53.57
33	0a	37.50abcde	34.38abcd	34.38abcde	84.38abc	93.75ab	100a	54.91
35	0a	23.08abc	26.92abc	26.92abcd	94.23abcd	98.08abc	100a	51.47
36	0a	11.90ab	12.50a	12.50a	64.29a	91.07ab	100a	41.75
37	0a	12.50ab	20.83ab	20.83abc	70.8a3b	77.08a	100a	43.15
39	0a	7.14a	17.86ab	17.86ab	100abcd	100abcd	100a	48.98

附 录

1. 历届中国银杏学术研讨会
2. 中国银杏古树(胸径2.0 m以上)资源调查统计表
3. 山东省银杏古树(胸径2.0 m以上)资源调查统计表
4. 河南省银杏古树一览表
5. 四川省金佛山德隆镇杨家沟银杏天然群落组成
6. 全国叶籽银杏调查统计表
7. 全国雌雄同株银杏调查统计表
8. 银杏树上长树的调查统计表
9. 1988—2013年我国出版的银杏专著(以出版年月为序)
10. 中国主要化石银杏
11. 中国银杏主要品种统计
12. 全国银杏品种鉴评汇总表
13. 核用品种鉴定评比项目得分
14. 全国银杏核用品种种核形态特征
15. 32个单株种核形态特征及分类
16. 南京林业大学银杏种质基因库种质资源汇集总表
17. 广西灵川县海洋乡银杏品种主要性状和品种质量
18. 银杏基础理论研究大事年鉴
20. 银杏胚珠发育进程
21. 银杏大孢子叶球发育过程
22. 地质年代、气候和生物进化
23. EGb不同提取方法的比较
24. 银杏黄酮类化合物生物合成途径
25. 银杏外种皮浸膏提取法
26. 银杏叶化学成分及EGb761分学组成
27. 叶用银杏品种选育及开发利用途径
28. 银杏雌株叶片面积、厚度及单叶重
29. 银杏家系间叶片生理生化指标的变异
30. 银杏雌株叶片黄酮及萜内酯含量
31. 银杏叶中黄酮苷、萜内酯含量时的统计
32. 银杏行道树主要城市、街道及景点
33. 不同地区银杏花粉中氨基酸总量
34. 3种不同炭化温度段收集的银杏木醋液成分对照表
35. 银杏种核质量检测程序
36. 先导化合物的生物活性测定
37. 不同厂家银杏叶制剂测定结果
38. 国内银杏叶提取物及保健口服液主要产品
39. 密度水平对银杏各器官元素浓度(%)和积累量(g)的影响

40. 银杏优质丰产栽培管理周年作业历
41. 我国银杏自然分布区的气象因子
42. 中国银杏栽培分布极限地点的气温、降水和温度
43. 银杏主要病虫害无公害防治
44. 银杏大蚕蛾天敌种类及寄主生态
45. 各种药剂对银杏茶黄蓟马的防治效果
46. 化肥的成分、性质和使用注意事项
47. 农家肥的肥分、性质和施用
48. 世界银杏资源简表
49. 美国认可的银杏栽培品种
50. 美国未认可的银杏栽培品种
51. 日本叶籽银杏统计表
52. 世界部分国家的国树

历届中国银杏学术研讨会

届次	年份	省市	主持人	参会人数	收到论文	《论文集》出版社	备注
首届	1991.9.21-9.23	湖北安陆	梁立兴	48	33	湖北科学技术出版社	开创了中国银杏事业发展新纪元
2	1993.9.16-9.18	江苏泰兴	郑德明	87	40	湖北科学技术出版社	第一届理事会
3	1994.9.8-9.10	山东郯城		92	37	湖北科学技术出版社	
4	1995.9.8-9.10	河南新县		220	73	中国林业出版社	
5	1996.8.18-8.20	广东南雄		142	61	广东科技出版社	
6	1997.9.8-9.10	湖北随州	陈鹏	321	104	自办发行	第二届理事会
7	1998.8.18-8.20	广西灵川		149	61	中国林业出版社	
8	1999.8.18-8.20	湖北巴东		172	68	湖北科学技术出版社	
9	2000.8.18-8.20	江苏邳州		336	64	东南大学出版社	论文集名为《银杏产业的机遇与挑战》
10	2001.8.18-8.20	浙江长兴		300	70	中国农业科技出版社	论文集名为《银杏产业提升和持续发展》
11	2002.10.13-10.15	四川都江堰	陈鹏	200	45	自办发行	论文集名为《银杏标准化生产与集约化经营》,第三届理事会
12	2003.8.1-8.19	福建长汀		168	52	中国农业出版社	论文集名为《弘扬银杏文化,发展银杏产业》
13	2004.8.18-8.20	辽宁大连		158	32	自办发行	论文集名为《科学发展银杏》
14	2005.9.4-9.6	山东郯城		200	51	山东科学技术出版社	论文集名为《银杏产品开发与市场拓展》
15	2006.8.16-8.18	山东济南		240	56	中国农业出版社	论文集名为《银杏资源优化配置及高效利用》
16	2007.8.15-8.19	江苏泰兴	曹福亮	162	54	中国林业出版社	第四届理事会
17	2008.8.18-8.20	江苏邳州		270	65	东南大学出版社	论文集名为《银杏综合开发研究及开发利用进展》
18	2009.11.17-11.19	湖北安陆		500	50	中国林业出版社	
19	2011.9.21-9.22	浙江长兴		150	50	中国林业出版社	论文集名为《全国第十九次银杏学术研讨会论文集》

中国银杏古树(胸径2.0 m以上)资源调查统计表

序号	省(区、市)	县(市)	乡(镇)村	性别	树龄(年)	树高(m)	胸径(m)	冠幅(m)	备注
1		莒县	浮来山定林寺	♀	1 500	26.4	3.97	25.8×34.0	
2		嘉祥	王堌堆乡郭庄村	♀	1 00	27.0	2.27	17.5×17.5	
3		临沂	白沙埠乡诸葛城村	♀	1 400	19.1	3.31	20.9×21.7	
4		临沂	第三中学(孔子庙)	♂	1 000	20.3	2.07	19.4×23.1	
5		临沂	沭河乡庙上村	♀	—	19.5	2.60	17.2×19.8	
6		新泰	石莱乡白马寺	♀	1 000	30.0	2.82	32.4×28.7	树上长有酸枣树
7		诸诚	寿塔乡政府	♀	—	24.6	2.73	22.4×22.7	
8		诸诚	林家村	♀	—	23.0	2.32	23.4×28.3	
9		枣庄	涧头镇后孟村	♀	—	20.6	2.52	24.6×21.3	
10		泗水	安山寺	♂	1 000	21.5	2.52	22.8×21.7	
11		费县	薛庄乡城阳村	♀	—	25.6	2.39	23.5×21.1	
12		泰安	泰山佛爷寺	♀	1 000	37.9	2.36	18.4×21.7	
13		泰安	埙峪乡泉上村	♀	1 800	28.0	2.15	25.0×24.5	夫妻古银杏
14		日照	西湖乡大花崖村	♀	—	27.0	2.33	32.7×28.3	
15	山东*	日照	虎山乡小村	♀	—	29.0	2.10	23.3×21.1	
16		沂源	鲁村乡仙公山	♀	1 400	28.5	2.30	25.6×25.2	
17		沂源	鲁村乡安平村	♀	1 300	26.5	2.39	18.0×23.0	
18		沂源	中村乡中村	♀	—	29.5	2.10	15.0×13.0	
19		沂源	中庄乡河边	♀	1 300	21.5	2.15	16.4×12.7	叶籽银杏
20		郯城	新村乡官竹寺	♂	1 300	29.5	2.24	20.1×21.4	
21		沂水	沂河林场上岩寺	♀	—	32.0	2.20	—	
22		乳山	大孤山乡万户村	♀	—	26.6	2.16	38.0×2.87	
23		蒙阴	西桃墟乡麻店子	♀	—	28.0	2.16	18.7×17.0	
24		青岛	崂山上清官	♀	1 500	17.0	2.10	18.4×18.3	
25		苍山	向城乡中村	♀	—	20.5	2.05	11.0×10.0	
26		海阳	发城乡上都村	♀	—	20.3	2.04	29.0×23.5	
27		胶县	杜村乡	♀	1 000	30.0	2.61	—	
28		长清	五峰山	♀	1 000	33.2	2.03	19.0×21.0	
29		济宁	长沟乡白果树村	♀	1 000	21.7	2.22	17.6×17.6	

续表

序号	省(区、市)	县(市)	乡(镇)村	性别	树龄(年)	树高(m)	胸径(m)	冠幅(m)	备注
1		太湖	马迹山	—	800	28.0	2.81	—	
2		宜兴	湖㳇山区	—	1 000	30.0	2.63	—	榉寄生
3		如皋	高明乡	♂	—	27.0	2.54	32.0×32.0	
4		如皋	九华山	♂	—	30.0	2.21	30.0×40.0	
5		吴县	东山镇北望村	♂	—	25.0	2.28	—	
6		泰兴	元竹乡丁前村	♂	1 000	15.0	2.10	6.0×10.0	
7		无锡	马山乡桃坞村	♀	800	26.0	2.30	—	
8		无锡	惠山区石塘湾镇	♀	—	20.0	4.70	30.0×30.0	
9		连云港	九龙桥		1 000	25.5	2.18	—	
10		泰州	泰州中学	♀	960	14.2	2.05	18.6×15.1	
11		邳州	铁富镇骆家村	♀	—	22.0	2.50	10.0×10.5	
12		邳州	铁富镇骆家村	♀	—	23.0	2.35	13.0×15.0	
13		邳州	铁富镇宋茌村	♀	—	19.6	2.80	15.0×15.0	
14		邳州	港上乡曹楼村	♀	—	17.0	3.56	16.0×14.0	
15	江苏	邳州	港上乡曹西村	♀	—	22.5	2.37	12.0×15.0	
16		邳州	港上乡曹西村	♀	—	23.0	2.40	14.0×16.0	
17		邳州	港上乡曹西村	♀	—	23.0	2.30	14.0×16.5	
18		邳州	港上乡曹西村	♀	—	20.3	2.15	15.0×16.0	
19		邳州	港上乡曹西村	♀	—	20.1	2.08	10.0×9.0	
20		邳州	港上乡曹西村	♀	—	21.5	2.35	12.0×14.0	
21		南京	浦口区惠济寺	♀	—	20.0	2.37	—	
22		南京	浦口区惠济寺	♀	—	22.0	2.36	—	
23		南京	浦口区惠济寺	♀	—	24.7	2.35	—	
24		南京	栖霞区水泥厂	♀	—	25.0	2.23	—	
25		泰兴	长生乡北张	♀	700	14.0	2.20	10.5×12.0	
26		泰兴	长生乡小周庄	♂	900	24.0	2.10	6.0×10.0	
27		泰兴	公园金沙岸村	♂	—	22.8	3.13		
28		如皋	搬经	♂	—	28.0	2.73	—	
29		连云港	云台崇善寺	♀	—	30.0	2.05	—	
1	广东	南雄	油山镇梓杉坳村	♀	—	—	2.80	—	
2		连山		—	—	25.0	2.00	—	

续表

序号	省（区、市）	县（市）	乡(镇)村	性别	树龄（年）	树高（m）	胸径（m）	冠幅（m）	备注
1	河北	内丘	南寨乡寺沟村	♀	1 000	25.0	3.02	—	雷击不死的古银杏
2		易县	大龙华小学	♂	1 000	36.0	3.80	31.5×19.0	夫妻古银杏
3		易县		♀	1 000	34.0	2.50	16.0×12.4	
4		抚宁	石门寨乡前水营村	♀	1 000	12.5	2.76	26.0×28.0	
5		迁安	蔡园乡马官营村	♀	—	22.6	2.70		
6		三河	埝头乡掠马村	♀	1200	30.0	2.94	25.0×20.0	
1	江西	万载	仙源乡简家坪	♀	—	—	4.20	25.0×25.0	
2		九江	庐山莲花刘家坂	—	1 000	20.5	3.21	24.0×24.0	
3		井冈山	井冈山宾馆前	♀	1 000	20.0	3.00	18.0×16.0	
4		南昌	湾里乡太平村	♀	1 300	28.0	2.62	21.0×15.0	
5		婺源	段莘乡西安村	♂	1200	34.0	2.34	—	
6		婺源	段莘乡庆源村	♀	1200	28.0	2.04	26.0×15.0	
7		万安	夏造镇竹林村	♀	1 500	23.0	2.26	—	
8		万安	棉津乡西坑村	♀	1 300	28.6	2.23	—	
9		安福	陈山下坂	—	1 000	23.0	2.00	—	火烧不死的古银杏
10		永修	云居山真如寺		1 300	30.0	2.23	—	唐道膺禅师手植
11		德安	玄西乡闵山顶	♀	1 600	—	2.00	—	雌雄各1株
12		九江	黄公池	—	—	—	2.20		
13		石城	高田镇圹下村			17.0	2.60		
14		永新	才丰乡南华山			42.0	2.42		相传为文天祥手植
15		星子	白竺寺		—	—	2.00		
16		宜春	南庙		—	26.0	2.00		
17		遂州	中石乡		—	—	2.67	—	
18		宜丰	东上乡直源村	♀	—	40.0	2.00		
19		宜黄	神岗乡坑溪村	—		30.0	2.80		
20		崇仁	船平		—	—	2.00	—	

续表

序号	省(区、市)	县(市)	乡(镇)村	性别	树龄(年)	树高(m)	胸径(m)	冠幅(m)	备 注
1		临安	顺溪乡白果树村	♂	—	30.0	3.00	—	
2		临安	石瑞乡潘村	♀	—	33.5	2.42	—	
3		临安	西天目山仰止桥	♀	—	29.0	2.38	—	
4		淳安	妙石乡上棚里村	♀	1330	17.0	2.83	—	
5		淳安	郭村乡庄源村	♀	1 300	32.0	2.64	—	
6		淳安	文昌乡浪岭村	♀	800	33.0	2.22	—	
7		杭州	西湖五云山顶	♂	1410	21.0	2.81	15.0×15.0	真际寺遗址
8		德清	莫干山天池寺	—	—	32.0	2.08	—	
9		诸暨	东溪乡外宣村	♀	—	22.0	2.68	—	
10		富阳	受降镇大树下	♂	—	21.8	2.29	—	
11		桐庐	毕浦镇洪武山	—	—	30.0	3.20	—	
12		桐庐	歌舞村蒲家	—	—	30.0	2.4	—	
13		淳安	文昌镇浪岭村	—	—	33.0	2.22	—	
14		淳安	朱峰乡百罗村	♂	—	29.0	2.64	—	
15		淳安	叶家乡灵岩庵	—	—	17.0	2.70	—	
16	浙江	淳安	白马乡官川	—	—	—	2.00	—	
17		杭州	余杭区下余村	—	—	—	2.00	—	
18		临安	石瑞乡潘村	♀	—	33.5	2.42	—	
19		临安	绍鲁乡绍鲁村	—	—	16.0	2.30	—	
20		临安	鱼跳乡外川村	—	—	24.0	2.00	—	
21		嘉兴	秀城区能仁寺	—	—	25.0	2.05	—	
22		三门	横渡镇铁强村	—	—	22.0	2.40	—	
23		宁海	城关西门	—	—	30.0	4.60	—	
24		诸暨	五泄镇洋塘村	♀	—	24.0	2.50	—	
25		诸暨	青山乡坎头村	♀	—	—	2.00	—	
26		诸暨	永宁乡阳春村	♀	—	—	2.00	—	
27		诸暨	街亭镇后郭家	♀	—	23.0	2.07	—	
28		舟山	普陀区普济寺	—	—	10.0	2.50	—	
29		武义	宣武乡水口山	♀	—	30.0	2.56	—	
30		长兴	和平镇白果庙	♂	—	35.0	2.00	—	
31		长兴	煤山镇西川村	♂	—	—	2.00	—	
32		开化	龙山底金星村	—	—	37.0	2.18	—	
33		瑞安	潮莶乡贾岙村	—	—	25.0	2.20	—	

续表

序号	省（区、市）	县（市）	乡（镇）村	性别	树龄（年）	树高（m）	胸径（m）	冠幅（m）	备注
1	上海	嘉定	方泰乡光明村	♂	1 400	24.5	2.17	20.0×12.5	
1	甘肃	康县	贾安村	♀	1 000	31.5	2.72	25.0×25.0	
2		康县	大堡乡水洞寺	♀	1 000	30.0	2.56	15.0×15.0	与娑罗寄生
3		康县	瞿凉寺	♂	1 700	34.0	2.84	15.0×16.0	
4		康县	王坝良种场	♀	2 000	30.0	2.18	14.0×13.0	
5		徽县	谈家庄乡鱼儿崖村	♀	1 700	30.0	4.48	20.0×20.0	
1	福建	武夷山	岗谷乡	♀	1 300	21.0	2.00	8.5×7.4	
2		武夷山	吴屯乡瑞严寺	♀	—	—	2.07	—	
3		武夷山	劳山垦殖场	♀	—	30.0	2.01	—	
4		卫闽	童阳际村	♀	—	—	20.7	—	
5		上杭	华家乡凹背村	♀	—	31.0	3.00	—	
6		尤溪	中仙乡龙门场	♀	—	—	2.01	—	
7		浦城	九牧乡渭潭村	♀	—	35.8	3.56	—	
8		顺昌	大干镇	—	—	40.0	2.00	—	
1	安徽	蒙城	移村乡白果树	♀	1 400	21.0	2.61	18.0×18.0	
2		蒙城	母集村	♀	1 000	31.5	4.00	—	
3		蒙城	杨郢乡宝山村	♀	1 500	25.0	2.17	26.3×25.3	
4		宁国	霞西公路旁	—	1 000	12.0	3.80	—	
5		霍山	大化坪镇古佛堂	♀	1 000	23.0	2.20	—	
6		金寨	龚店乡郭店村	♀	1 000	37.5	2.00	24.0×24.0	
7		金寨	关庙乡银山村	♂	—	32.0	2.19	36.0×36.0	
8		歙县	坦塌乡唐模村	—	1200	21.5	2.58	31.5×31.5	
9		临泉	沈子国故城	♀	—	32.0	2.20	30.1×30.1	
10		旌德	孙村乡管家村	—	—	35.0	2.15	—	
11		青阳	九华山天台正顶	♀	1 500	25.0	2.30	—	共计5株
12		来安	杨郢乡宝山村	♀	—	25.0	3.17	—	
13		来安	大曲镇周庄	♂	—	27.0	2.00	—	
14		全椒	百坡乡冯竹园村	—	—	10.0	2.07	—	
15		蒙城	移树乡白果村	♀	—	23.0	2.38	—	
16		潜山	五庙乡程冲村	—	—	45.0	2.10	—	
17		怀远	涂山纯阳道院	—	—	17.0	2.10	—	
18		黄山	徽州区唐模村	—	—	21.5	2.51	—	
19		六安	孙岗乡昭庆寺	—	—	32.0	5.17	—	

续表

续表

序号	省(区、市)	县(市)	乡(镇)村	性别	树龄(年)	树高(m)	胸径(m)	冠幅(m)	备注
1		周至	楼观台宗圣宫	♀	1 900	24.0	3.23	17.8×10.0	聃系牛树
2		长安	王庄乡天子峪口	♀	1 500	22.0	3.95	26.0×31.0	
3		长安	祥峪乡观音堂	♀	1 500	31.0	3.50	18.5×25.0	
4		长安	王庄乡白塔寺	♀	1 400	30.0	3.71	—	唐代敬德拴马树
5		宁强	庙坝乡白果树村	♀	1 000	35.0	2.80	36.2×29.3	
6		宁强	庙坝乡白果树村	♂	1 000	43.0	2.55	34.9×32.3	
7		白河	构扒乡岩平村	♀	1 600	42.0	3.13	35.0×35.6	叶籽银杏
8		白河	杨成沟	♀	1 500	50.0	2.40	—	隋朝
9		柞水	石瓮乡东甘沟村	♂	1330	44.0	2.70	26.0×31.2	
10		柞水	石瓮乡东甘沟村	—	1330	43.0	2.29	14.5×14.4	
11		凤县	温江寺乡白果树村	♀	1 500	21.4	2.39	23.4×26.4	
12	陕西	甘泉	高哨乡白螺寺	♀	1 000	23.0	2.08	15.5×14.5	
13		旬阳	棕溪乡武王村	♀	1 000	25.0	2.15	—	
14		麟游	九成宫镇老城村	—	1 300	30.3	2.03	15.0×15.0	
15		略阳	青泥河小学	♀	1 300	28.0	2.39	15.0×14.1	
16		镇巴	赤南乡白果树坪	—	500	35.0	2.87	16.8×15.9	
17		石泉	合溪乡黄生坝村	—	1350	34.5	2.40		
18		岚皋	支河乡易坪村		1 400	37.0	6.48	17.5×18.0	
19		紫阳	铁佛寺乡	—	800	31.0	2.10	12.0×16.0	
20		紫阳	松树乡	—	800	31.0	2.10	10.0×11.0	
21		城固	老庄镇徐家河村	—	2 00	16.8	2.50	20.0×20.0	
22		户县	庞光乡焦将村	—	1 000	26.0	2.00	10.0×12.0	战国名医扁鹊手植
23		镇安	庙沟乡龙凤村	—	400	29.0	2.00	13.0×13	
1		晋城	南村镇冶底村	♂	1 300	25.4	3.05	13.1×12.4	山西银杏王
2	山西	曲沃	下裴庄乡南林交村	♀	1 300	23.8	2.72	18.3×17.8	
3		太原市	晋祠	♂	700	22.8	2.18	24.5×25.5	
1		密云	永定镇奇罗坨村	♀	1 000	32.0	2.32	—	原西峰寺
2		密云	巨各庄乡久远庄村	♂	1 300	25.0	3.11	—	北京"银杏王"
3		西山	大觉寺	♂	1 000	30.0	2.58		
4		京西	潭柘寺	♂	1 000	30.0	2.58	—	帝王树
5	北京	怀柔	金灯寺	♂♀	600	24.0	2.02	28.5×15.2	原红螺寺
6		昌平	十三陵林场沟涯	—	1 000	30.0	2.30	20.0×20.0	
7		昌平	长陵镇献陵村	♂	—	15.0	2.42	12.0×13.0	一半枝条枯死
8		昌平	居庸关内四桥子村	♀	1200	31.0	2.65	25.0×30.0	"关沟大神木"
9		门头沟	潭柘寺比庐殿	♀	1 000	26.0	2.00	—	配王树
10		门头沟	妙峰山	♂		25.0	2.04	—	

续表

序号	省(区、市)	县(市)	乡(镇)村	性别	树龄(年)	树高(m)	胸径(m)	冠幅(m)	备注
1	广西	恭城	三江乡新寨村	♀	1200	30.0	3.20		
1		彭水	桑拓乡峰柏村	♀	1 000	35.0	4.06	41.0×41.0	多树共生世代同堂
2		泸定	冷碛乡政府院内	♀	1 600	30.0	3.98	28.0×28.0	
3		邛崃	银杏乡兴福寺	♀	1 000	40.0	3.91	—	
4		德阳	白马乡罗真观	♀	1 000	36.0	3.13	—	
5		南川	半河乡大河村	♂	2500	26.0	3.10	—	
6		万源	丝罗乡白果坝	—	—	51.0	3.10	—	
7		都江堰	青城山天师洞	♂	1 800	30.0	2.28	24.5×24.5	东汉张道陵手植
8		都江堰	青城山天师洞	♀	1 800	29.5	2.90	—	东汉张道陵手植
9		旺苍	麻英乡友爱村	♀	1 500	50.0	2.50	—	
10		江津	—	—	1 700	35.0	2.20	—	生有多个钟乳枝
11		巫山	当阳乡安平村	♀	1 000	40.0	2.54	—	
12		成都	尤泉区兴隆山	♀	—	—	4.10	—	
13		成都	武侯区白果庙		—	—	3.09	—	
14		都江堰	玉堂镇龙凤村	♀	—	—	2.42	—	
15		崇州	元通镇	—	—	29.0	3.00	—	
16	四川	崇州	怀远镇	—	—	—	2.10	—	
17	(含重庆)	崇州	大划乡白果村	♂	—	31.0	3.04	—	
18		彭州	两河村中皇观	—	—	—	2.18	—	
19		彭州	唐求广场	♀	—	—	2.06	—	
20		彭州	楠杨镇熙林村	♀	—	—	3.20	—	
21		邛崃	高何镇	—	—	—	2.00	—	
22		邛崃	高何镇	—	—	—	3.00	—	
23		邛崃	高何镇岩板常	♀	—	—	2.60	—	
24		邛崃	高何镇横溪村	—	—	—	2.10	—	
25		汶川	常乐寺	♀	—	24.8	2.33	—	
26		简阳	丹景山佛兴寺	♀	—	—	2.20	—	
27		江油	青城镇飞龙村	♀	—	40.0	3.20	—	
28		江油	太白公园	—	—	—	2.23	—	
29		石郝	渝氏镇龙居寺	♀	—	30.0	2.86	—	
30		大邑	白岩寺	♀	—	30.0	4.10	—	
31		通江		♀	—	24.3	3.04	—	
32		通江		♀	—	25.2	2.96	—	
33		通江		♀	—	23.5	3.12	—	

续表

序号	省（区、市）	县（市）	乡(镇)村	性别	树龄（年）	树高（m）	胸径（m）	冠幅（m）	备 注
1		泌阳	象河乡王掌山	—	1 000	31.0	3.68	—	咚咚响声传至数百米
2		泌阳	盈福寺	♀	1 000	29.2	2.86	—	
3		光山	大苏山净居寺	♀	1270	24.0	3.36	—	与黄莲木、桑、桧共生
4		济源	王屋山紫微宫	♀	1 800	37.5	3.01	41.0×30.0	
5		信阳	李家寨	♀	1 300	25.0	2.65	—	
6		确山	北泉寺	♀	—	38.0	2.48	—	
7		鲁山	安窟沱寺	♀	—	17.0	2.29	—	
8		桐柏	洪仪河乡后棚村	♀	1 300	37.5	2.78	—	60余株子树
9		桐柏	固县镇柳扒村	—	600	25.0	2.00	—	
10		桐柏	回龙乡黄楝岗村	—	800	25.0	2.00	—	
11		鹿邑	老庄乡惠洛河畔	—	2200	35.7	2.05	30.5×30.5	
12		西峡	二郎坪乡栗坪村	—	1 300	35.0	2.68	27.0×27.0	
13	河南	嵩县	方下寺	♀	—	30.0	2.50	—	
14		商城	黄柏山	—	800	21.0	2.01	—	
15		罗山	连扩寺	—	—	38.0	2.48	—	
16		遂平	嵖岈山杨店村	—	—	20.0	2.23	—	
17		永城	芒砀山凤凰城	♀	—	21.0	2.32	—	
18		商城	黄柏山法眼寺	♂	—	40.0	2.36	—	
19		商丘	平台乡沈楼村	—	—	30.0	2.07	—	
20		西峡	石界河乡通渠村	—	—	30.4	2.19	—	
21		西峡	丁河乡大岭沟	—	—	17.2	2.18	—	
22		西峡	蛇尾乡白果树	—	—	25.0	2.17	—	
23		西峡	太平镇回龙寺	—	—	24.0	2.15	—	
24		西峡	黑烟镇林场	—	—	25.0	2.17	—	
25		内乡	赤眉镇朱陈村	—	—	18.2	2.51	—	
1	云南	滕冲	界头区白果树村	♂	1 000	22.0	2.98		本省最大的一株
1		石门	洛浦寺林场	♀	1200	34.0	2.87	20.0×20.0	
2		石门	洛浦寺林场	♂	1200	35.0	3.20	19.8×19.8	与黄连木共生
3		沅陵	杜家坪乡木王村	—	1 800	31.0	3.10	40.0×40.0	
4		桑植	刘家坪乡谷家坪村	♀	2 00	30.0	3.00	10.0×10.5	
5		桑植	白石乡白果树村	♀	1 000	35.0	2.77	25.0×25.0	
6	湖南	洞口	那溪乡保瑶村	♀	1200	26.0	2.60	—	
7		洞口	洞口乡表蓬村	♀	1050	37.0	2.48	—	
8		绥宁	金屋乡	—	1 000	23.0	2.60	30.0×30.0	
9		祁阳	白果市乡辰光村	♀	—	30.0	2.58	—	
10		衡山	福严寺	♀	1 400	21.4	3.30	18.0×18.0	
11		东安	罗化山奄遗址	♀	—	21.0	3.30	—	
12		株洲	石峰区梨子铺	♀	—	22.0	2.18	—	

续表

序号	省(区、市)	县(市)	乡(镇)村	性别	树龄(年)	树高(m)	胸径(m)	冠幅(m)	备注
1		福泉	鱼酉乡李家湾村	♂	1200	40.0	4.71	25.0×28.0	
2		惠水	摆金乡孔引村	♀	1200	40.0	3.25	23.0×23.0	
3		盘县	乐民乡黄家营村	♂	1200	40.0	4.07	—	生有多个钟乳枝
4		黄平	铁厂乡金庄寨村	♀	1 000	35.0	3.30	—	
5		金沙	昆仑洞口村	—	500	33.3	2.23		
6		石阡	地印乡李星村	♀	1 000	30.0	2.40	12.0×10.0	
7		雷山	大塘乡交腊村		1 000	50.0	2.30		
8	贵州＊＊	贵阳	花溪区新楼村	♂	—	—	5.41		
9		印江	凤仪村			19.0	3.50		
10		龙里	洗马村				3.37		
11		毕节	中屯街背后寨				3.00		
12		盘里	乐民镇乐民村	♂	—	17.0	3.05		
13		麻江	高枧	♂		25.0	4.70		
14		麻江	谷顶召	♀		32.0	3.50		
15		天柱	渡马乡江东寨	♂		30.0	3.23		
16		都匀	摆忙村	♂	—	40.0	4.00		
1		宣恩	茅坝乡茅坝村	♀	1250	28.9	6.02	—	
2		南漳	闫坪乡蒋军石村	♂	2500	51.5	4.20	25.0×25.0	
3		南漳	赵店乡茅坪村	—	—	30.0	3.37	—	
4		房县	香柏村	—	—	39.0	3.82	—	
5		利川	老屋基乡	—	1 000	50.0	3.31		
6		随州	三里岗乡绿水村	♂	1160	28.0	2.85	30.0×30.0	原洪山寺
7		竹山	文丰乡轻土坪村	—	2 00	46.5	2.81		
8		竹山	三台乡杏树沟	—	—	27.0	3.00		
9		神农架	新华乡龙滩村		1 000	30.0	2.50		
10	湖北	枣阳	赵河村	—	500	21.0	2.30		
11		鹤峰	走马区	—	1 000	38.0	2.08	8.0×8.0	将军树
12		巴东	清太坪镇桥河村	♀	3000	35.0	3.10		巴东银杏王
13		巴东	清太坪镇竹园坪村	—	2900	30.0	2.90		
14		巴东	茶店子镇三溪口村	—	2730	30.0	2.73	—	
15		巴东	税家乡下坪村	—	2730	22.0	2.73		
16		巴东	清太坪镇十里街	—	2610	28.0	2.61		
17		巴东	清太坪镇竹园坡村	—	2500	31.0	2.50		
18		巴东	清太坪镇白沙坪村	—	2500	26.0	2.50		
19		巴东	野三关镇支井河村	—	2420	33.0	2.42		

续表

续表

序号	省(区、市)	县(市)	乡(镇)村	性别	树龄(年)	树高(m)	胸径(m)	冠幅(m)	备 注
20		巴东	清太坪镇竹园坡村	—	2400	28.0	2.40	—	
21		巴东	杨柳池镇蛇口山村	—	2350	25.0	2.35	—	
22		当阳	玉泉寺	—	1200	30.0	2.30	—	
23		建始	杨桥河	—	—	35.0	2.80	—	
24	湖北	房县	桥上乡三座庵村	—	—	39.0	2.43	—	
25		通山	洪港大矿山	—	—	22.0	2.10	—	
26		郧县	东河乡陈湾村	—	—	25.0	2.00	—	
27		安陆	王义贞镇三冲村	♀	—	18.0	2.00	—	

注：* 1. 山东省千年生以上的古银杏共有48株。

2. 山东省胸径1.0~2.0 m的古银杏共有200余株。

** 3. 贵州省500年生以上的古银杏有2 000株，胸径1 m以上的古银杏有1 000株，胸径2 m以上的古银杏有3株，胸径4 m上的古银杏有3株。

4. 贵州全省82个县、市有银杏。

山东省银杏古树(胸径2.0 m以上)资源调查统计表

序号	县(市)	乡(镇)村	性别	树龄(年)	树高(m)	胸径(m)	冠幅(m)	备 注
1	莒县	浮来山定林寺	♀	1 500	26.4	3.97	25.8×34.0	
2	嘉祥	王堌堆乡郭庄村	♀	1 000	27.0	2.27	17.5×17.5	
3	临沂	白沙埠乡诸葛城村	♀	1 400	19.1	3.31	20.9×21.7	
4	临沂	第三中学(孔子庙)	♂	1 000	20.3	2.07	19.4×23.1	
5	临沂	涑河乡庙上村	♀	—	19.5	2.60	17.2×19.8	
6	新泰	石莱乡白马寺	♀	1 000	30.0	2.82	32.4×28.7	树上长有酸枣树
7	诸城	寿塔乡政府	♀	—	24.6	2.73	22.4×22.7	
8	诸城	林家村	♀	—	23.0	2.32	23.4×28.3	
9	枣庄	涧头镇后孟村	♀	—	20.6	2.52	24.6×21.3	
10	泗水	安山寺	♂	1 000	21.5	2.52	22.8×21.7	
11	费县	薛庄乡城阳村	♀	—	25.6	2.39	23.5×21.1	
12	泰安	泰山佛爷寺	♀	1 000	37.9	2.36	18.4×21.7	
13	泰安	埔峪乡安林寺	♀	1 500	28.0	2.15	25.0×24.5	夫妻古银杏
14	日照	西湖乡大花崖村	♀	—	27.0	2.33	32.7×28.3	
15	日照	虎山乡小村	♀	—	29.0	2.10	23.3×21.1	
16	沂源	鲁村乡仙公山	♀	1 400	28.5	2.30	25.6×25.2	
17	沂源	鲁村乡安平村	♀	1 300	26.5	2.39	18.0×23.0	
18	沂源	中村乡中村	♀	—	29.5	2.10	15.0×13.0	
19	沂源	中庄乡河边	♀	1 300	21.5	2.15	16.4×12.7	叶籽银杏
20	郯城	新村乡官竹村	♂	1 300	29.5	2.24	20.1×21.4	
21	沂水	沂河林场上岩寺	♀	—	32.0	2.20	—	
22	乳山	大孤山乡万户村	♀	—	26.6	2.16	38.0×2.87	
23	蒙阴	西桃墟乡麻店子	♀	—	28.0	2.16	18.7×17.0	
24	青岛	崂山上清宫	♀	1 500	17.0	2.10	18.4×18.3	
25	苍山	向城乡中村	♀	—	20.5	2.05	11.0×10.0	
26	海阳	发城乡上都村	♀	—	20.3	2.04	29.0×23.5	
27	胶县	杜村乡	♀	1 000	30.0	2.61	—	
28	长清	五峰山	♀	1 000	33.2	2.03	19.0×21.0	
29	济宁	长沟乡白果树村	♀	1 000	21.7	2.22	17.6×17.6	

河南省银杏古树一览表

序号	分布地点	株数	胸围(m)	树高(m)	冠径(m)	备 注
1	济源县王屋乡紫微宫前	1	9.10	35.5	32.0	唐代初期植
2	信阳市李家寨车站白果庙前	2	8.50	27.0	21.0	传为"唐白果树",树干劈裂
3	信阳市南湾贤山寺	1	4.08	25.0	18.0	
4	泌阳县象河乡陈平村龙王掌山脚	1	9.00	29.2	32.5	传为东汉时植
5	泌阳县老河乡大路庄	1	8.50	18.5	21.0	树干丛生,伞冠银杏
6	南召县乔端乡白果坪村	1	8.50	24.0	23.0	传为宋代所植
7	南召县水晶河村坡底场	2	4.18 3.40	25.0 22.7	16.0 14.5	生长健壮,单株年产白果150多千克
8	南召县留山乡丹霞寺	2	3.70	21.0	20.5	
9	南召县乔端乡石鼓村	3	3.40	20.5	18.0	
10	南召县乔端乡九崖村	3	3.70	21.0	19.8	
11	鲁山县四棵树乡上寺村庵窟沱寺	5	7.07 5.13 5.34 4.20 4.90	30.5 17.0 17.0 14.0 14.0	23.0 32.0 32.0 20.0 20.0	西晋太康年间植
12	卢氏县官道口乡东汉村	1	3.00	17.0	—	
13	卢氏县徐家源乡石炭河村	1	3.00	23.0	—	
14	卢氏县瓦瑶沟乡庙上村学校院内	1	3.50	23.0	—	
15	卢氏县瓦瑶沟乡耿家店村	1	3.10	23.0	—	
16	长葛市大墙周乡大谷寺(兴国寺)	1	3.50	25.0	21.0	圆头冠银杏
17	桐柏洪仪河乡清泉寺	1	7.02	27.5	24.4	传为"汉白果"
18	桐柏固县乡固县村	1	5.58	25.0	25.0	当地号称"红军树"
19	桐柏固县乡刘扒村	1	6.86	27.0	26.0	
20	桐柏回龙乡黄楝岗村	1	5.58	25.0	23.0	
21	淅川县仓房乡香严寺	1	4.60	22.0	24.0	传为明永乐年间重修殿堂时植
22	西峡县寨根乡街后	1	4.67	25.0	20.0	

续表

序号	分布地点	株数	胸围(m)	树高(m)	冠径(m)	备注
23	西峡县石界河乡通渠村白果树庄	2	6.83	30.4	25.0	
24	西峡县太平镇回龙寺	1	6.75	24.0	23.0	
25	西峡县太平镇阴沟村	1	5.60	27.0	—	1987年单株采收白果238 kg
26	西峡蛇尾乡白果村	1	4.87	25.0	—	传有千余年
27	西峡县黑烟镇林场	1	4.10	23.0	13.0	
28	西峡县丹水乡潭沟寺湾	2	3.75 3.60	24.5 25.5	21.0 14.6	明代石碑记有此树
29	西峡县丁河乡大岭沟	1	6.80	17.2	19.6	
30	西峡县二郎坪乡街	1	3.40	20.5	15.5	树根露地
31	西峡县陈阳乡黄草村	1	3.30	8.5	21.0	侧枝生有气根,"倒扎根"银杏
32	西峡县陈阳乡高家庄	2	3.60	19.0	20.0	
33	西峡县军马河乡茅坪	1	4.05	18.0	19.0	
34	西峡县园艺场	1	3.20	17.0	1.8.5	
35	登封市法王寺	2	5.25 4.83	29.6 23.5	20.2 21.7	传六朝时植,生长旺盛
36	登封会善寺	1	4.30	17.0	—	
37	登封少林寺	4	5.05	25.5	18.0	传为唐宋年代古树
38	汝阳县城关马兰村西小学	1	4.50	15.0	23.5	明代种植
39	汝阳县小店乡下寺中学	2	3.00	15.0	22.5	
40	宜阳县城西灵山寺	1	4.34	26.0	20.0	相传为金大定三年建寺时植
41	栾川县潭头乡甘露寺	1	3.20	16.0	—	
42	渑池县回龙庙	2	4.33	12.0	—	
43	洛宁县故县乡政府	1	5.05	26.8	20.0	
44	遂平县张店乡后李庄	1	4.33	17.8	19.0	传为明崇祯16年植
45	林县姚村西张村	2	3.00	20.0	22.6	
46	林县城关乡黄花寺	1	3.53	.18.0	13.5	
47	遂平县嵖岈山乡杨店村	1	7.00	20.0	—	传为北宋时宋将杨文广拴马树
48	禹县神垕凤翅山灵泉寺	1	5.13	34.6	22.8	唐开元年间植,生长健壮
49	禹县鸠山乡长老菴	1	3.40	20.0	22.6	

续表

序号	分布地点	株数	胸围(m)	树高(m)	冠径(m)	备注
50	确山县秀乐山北泉寺	4	7.54 5.87 4.45 4.65	18.2 22.5 27.0 26.5	18.6 20.3 14.1 18.7	北齐建寺时植,号称"隋白果",树干空心。为颜真卿殉节树
51	襄城县山头店乾明寺内	1	3.63	19.0	21.0	明末种直,测算树龄349年
52	罗山县灵山寺	1	3.62	32.5	17.0	元、明时期树
53	罗山县铁卜乡何家冲村	1	3.34	24.0	15.0	明代植,号称"红军树"
54	罗山县涩港乡莲塘寺前	1	6.30	36.0	20.0	传为"唐白果"
55	虞城县东关罗庄县农场	1	3.87	19.0	12.0	根系裸露,树干空心
56	沈丘县新安集乡张庄	1	4.20	15.0	—	传为明代建白姑庙时栽
57	镇平县杏花山菩提寺	2	3.20 3.11	24.6 21.1	16.6 12.4	清康熙年代前种植
58	商城县黄柏山法眼寺	1	5.40	21.0	13.0	明代建法眼寺时植
59	鹿邑县老庄乡孙营村	1	6.25	24.9	24.0	传为唐代罗成拴马树
60	方城县大寺林场(普严寺)	1	3.73	25.0	2.6	传为宋元扩建寺庙时所植
61	方城县四里店乡达店村	1	3.97	15.0	20.0	
62	方城县独树乡小顶山万寿宫	1	7.00	29.0	27.2	《方城地名资料汇编》记载为千年银杏
63	永城市芒山乡芒砀山	1	5.80	21.0	16.0	传为"张飞拴马树"
64	永城市演集乡李林村	1	3.20	20.0	18.0	
65	永城市裴桥乡马庄村	1	3.30	21.0	20.0	
66	永城市曾楼北地	1	7.30	23.5	34.0	
67	叶县辛店乡毛仁寺	1	5.30	18.5	21.5	县林业区划记载约1 300年
68	正阳县大林乡观音寺	1	4.55	23.5	14.50	
69	汲县石包头乡罗圈村	1	5.40	20.1	23.0	
70	嵩县白河乡下寺前队	9	3.70 3.38 4.22 3.17 3.76 3.10 4.10 3.90 3.72	28.5 27.6 24.0 26.5 24.7 29.0 24.1 26.6 26.4	16.2 15.0 13.8 13.7 11.5 9.6 11.6 12.2 10.5	实测树龄422年 树龄385年 树龄483年 树龄362年 树龄429年 树龄353年 树龄470年 树龄442年 树龄432年

续表

序号	分布地点	株数	胸围（m）	树高（m）	冠径（m）	备注
71	嵩县车村丁宝石上庙庄	6	3.15	28.8	19.2	
			3.40	24.5	21.2	
			3.16	20.0	15.1	
			3.80	21.5	17.1	树龄501年
			5.60	18.5	8.9	树龄486年
			3.61	20.5	18.7	树龄461年
72	天桥沟东坪	1	3.03	28.0	15.0	树龄351年
73	嵩县白河乡下寺队	5	3.73	26.4	10.5	树龄432年
			3.32	27.4	11.4	树龄376年
			3.80	25.4	15.3	树龄317年
			3.82	25.4	15.5	树龄435年
74	嵩县河乡下寺白果树坪村	3	5.89	24.3	18.5	
			3.22	20.5	15.5	树龄353年
			3.90	30.1	8.20	树龄442年
75	嵩县白河乡下寺后队	3	3.49	20.7	13.8	树龄408年
			3.70	28.7	14.1	树龄406年
			3.95	29.0	14.1	树龄416年
76	嵩县白河乡下寺前队	5	4.45	25.5	12.3	树龄504年
			4.6	22.5	12.0	树龄506年
			4.43	23.5	13.2	树龄507年
			5.4	26.5	14.2	树龄618年
			3.4	27.5	11.5	树龄388年
77	嵩县白河乡上寺崔家门前	1	3.78	24.2	12.0	树龄408年
78	嵩县白河乡上寺村	10	3.80	17.5	15.7	树龄456年
			3.61	18.5	13.6	树龄426年
			3.27	19.1	13.8	树龄360年
			3.26	29.7	11.3	树龄364年
			3.05	28.4	10.3	树龄358年
			4.05	24.7	13.2	树龄471年
			3.49	26.7	14.5	树龄406年
			4.01	29.0	15.2	树龄442年
			3.89	15.8	21.7	树龄452年
			3.5	24.8	14.4	树龄410年
79	嵩县白河乡下坪里	2	3.9	26.4	16.1	树龄413年
			3.05	22.7	12.5	树龄360年

续表

续表

序号	分布地点	株数	胸围(m)	树高(m)	冠径(m)	备注
80	商水县邓城乡许村	1	5.30	18.0	21.0	传为千年古银杏
81	光山县南向店陈畈村	1	4.40	16.0	18.5	
82	光山县马畈乡中	1	3.50	18.0	19.0	
83	辉县白云寺前	2	3.29 3.37	23.7 29.7	18.7 17.1	明代重修白云寺时植
84	商丘市平台乡沈楼村南	1	6.50	30.0	25.0	
85	新县沙窝乡关帝庙遗址	1	3.18	17.5	16.8	
86	新县浒湾乡白果树村	1	4.16	18.5	19.0	
87	新县郭家河乡郭家河村	1	3.14	18.0	19.5	
88	新县郭家河乡杨家湾村	1	3.40	20.5	21.5	
89	新县泗店乡邹河村	1	3.12	19.5	20.0	
90	唐河县源潭镇郊	1	3.96	30.0	25.0	县志载明崇祯年间植,号"树翁"

四川省金佛山德隆镇杨家沟银杏天然群落组成

序号	银杏性别	层次	胸径(cm)	树高(m)	物候型年龄级	备注
1	♀	A	60.30	25.20	成熟木	自基部并生二干
2	♀	A	45.12	25.5	初熟木	自基部起并生二干
3	♀	A	50	20	成熟木	直干独立
4	—	B	30	10	青年木	枝下高 m
5	♀	C	12	8	幼木	直干独立、种子实生苗
9	♀	B	35	15	初熟木	直干独立,实生苗长成之树
10	♀	A	50	20	成熟木	直干独立
11	♂	A	80	26	成熟木	直干独立、健壮
12	♀	A	70	23	成熟木	直干独立、健壮
13	♀	A	75	25	成熟木	健壮、直立
14	—	C	12	10	幼木	种子实生苗发育而成
15	♀	A	95	26	成熟木	独立、直干、健壮
16	♀	A	65	25	成熟木	独立、直干、健壮
17	—	C	15	10	幼木	实生苗发育而成
18	♀	A	50	26	成熟木	独立、直干、健壮
19	♀	A	70	25	成熟木	独立、直干、健壮
20	♀	A	50	23	成熟木	独立、直干、健壮
21	♀	B	35	18	成熟木	直干、独立、介于青年木之间
22	♀	A	80	23	成熟木	独立、直干、壮
23	—	C	20	8	青年木	实生苗发育而成
24	♂	A	45	25	初熟木	直干、独立、正常
25	♂	A	40	25	初熟木	直干、独立、正常
26	♂	B	40	18	初熟木	直干、独立、正常
27	—	B	30	18	初熟木	直干、独立、正常
28	♀	A	80	25	成熟木	独立、直干、壮
29	—	B	35	18	初熟木	独立、直干、壮
30	—	B	30	18	初熟木	独立、直干、壮
31	♀	A	65	23	成熟木	独立、直干、壮
32	♂	B	38	20	初熟木	直干、壮
33	♀	B	70	20	成熟木	独直、健壮
34	♀	B	35	15	初熟木	实生苗树
35	♀	B	38	18	初熟木	实生苗树
36	♀	B	34	18	初熟木	实生苗树

序号	银杏性别	层次	胸径(cm)	树高(m)	物候型年龄级	备 注
37	♂	A	40	20	初熟木	实生苗树
38	♂	A	60	26	成熟木	挺直、壮
39	—	C	15	13	幼木	实生苗树
40	♂	A	50	24	成熟木	干直、独立、壮
41	—	B	20	15	青年木	实生苗树
42	—	B	32	12	青年木	实生苗树
43	♀	A	60,38	28,18	成年木	两代同株,二干并生,基径1.2 m×1.8 m
44	♂	A	35,15,6	20,10,3	同上	三代同株,基径2 m×1.5 m
45	—	C	18	13	青年木	实生苗树
46	♀	B	35	18	初熟木	枝下高很高、冠小
47	—	C	12	8	幼木	实生苗发育而成、纤小
48	—	C	18	8	幼木	直干独立、实生苗发育而成
49	—	C	12	3	幼木	纤小、直立
50	♀	A	65	26	成熟木	枝下高极高、壮
51	♀	A	60,12	22,6	成熟木	两代同株、一大一小,正常
52	♀	A	48,38,30	20,18,15	成年木	三代同株、二、三代干各二株
53	♀	B	40	15	初熟木	直干独立、正常
54	♀	A	40	20	初熟木	根盘座立于基石地层上
55	♀	B	35	18	初熟木	独立直长、正常
56	♀	A	35	22	初熟木	独立直长、正常、壮
57	♀	A	60	25	成熟木	独立直长、正常、壮
58	—	B	30	18	初熟木	枝下高较高
59	—	C	12	4	幼木	干直、正常、实生苗树
60	♀	A	100,80,70,40	26,25	成年木	二株各有二干、四干成排并列长
61	♀	A	80	27	成熟木	直挺直、壮
62	—	C	15	6	幼木	苗直、实生树
63	♀	B	38	15	初熟木	直干、正常
64	♀	B	40	18	初熟木	直干、正常
65	♀	B	50	15	初熟木	直干、正常
66	♀	A	110,40,20	28,18,3	成年木	三代同株树,基径1.8 m×20 m
67	♂	A	40,40	22,22	成熟木	二代同株,二干并列生长
68	—	C	10	4	幼木	桩萌干
69	—	C	10	5	幼木	桩萌干
70	♀	B	38	18	初熟木	直干正常,介于青年木之间

全国叶籽银杏调查统计表

序号	省区	市县	乡(镇)村	树龄(年)	树高(m)	枝下高(m)	胸径(m)	冠幅(m)	发现者	发现时间	备注
1	山东	沂源	太贤山织女洞	500	25.3	3.0	1.02	20.5×16.3	董春耀	1962	
2	山东	沂源	中庄村河边	1 300	21.5	2.6	2.15	16.4×12.7	董春耀	1 980	
3	山东	历城	港沟镇唐豆寺	1 200	29.0	5.0	1.50	18.0×18.0	梁立兴	1995	
4	广西	兴安	护城乡福寨村	60	12.5	0.7	0.67	11.0×11.5	邓荫伟	1989	共3株
5	广西	灵川	海洋乡小平村	450	24.0	4.5	1.13	19.0×18.0	全昌炽	1993	
6	湖南	洞口	林业局院内	80	26.0	5.0	0.81	12.0×13.0	梁立兴	1990	
7	福建	沙县	城关孔庙	55	17.6	4.8	—	—	周良才 吕贵祝	1992	2003年被砍伐
8	福建	漳平	永福镇李庄村	300	15.0	2.5	0.80	12.0×10.0	梁立兴	1994	
9	福建	三明	—	100	—	—	1.20	15.0×16.0	周良才	1996	
10	陕西	白河	构扒乡平岩村	1 600	42.0	—	2.13	35.0×35.6	赵一庆	1 995	
11	陕西	洋县	茅坪乡新华村	46	16.0		0.43	8.0×8.0	赵一庆	1995	2 000年被砍伐
12	广东	南雄	坪田镇冯上屋村	1 100	30.0	3.5	1.20	20.0×20.0	李 伟	2 000	
13	安徽	宿州	曹村镇闵祠	2 500	19.0	2.5	1.20	11.0×9.0	梁立兴	2001	
14	山西	太谷	侯城乡酣泉寺	300	24.0	12.0	0.80	14.0×15.0	梁立兴	1997	
15	四川	万源	—	300	30.0		1.50	11.0×13.0	朱益川	1999	
16	云南	腾冲	—	300	13.5		1.02	5.0×6.0	—	—	
17	河南	邓州	九龙中心小学	1 000	18.0		1.05	20.2.×22.5			
18	湖北	安陆	—	1 040	27.6		2.14	26.9×27.5	彭日三	1995	
19	湖北	京山	坪坝唐庙村	200	14.0	3.5	0.28	12.3×13.7	—	—	
20	湖北	京山	三阳镇西川村	200	23.5	3.1	0.80	17.4×21.7	—	—	

全国雌雄同株银杏调查统计表

序号	省区	市县	乡(镇)村	树龄(年)	树高(m)	胸径(m)	冠幅(m)	备注
1	江苏	泰兴	孔桥乡晓潮村	900	30.0	1.44	16.0×18.0	
2	江西	遂川	巾石乡汤村	1200	28.0	1.62	25.0×25.0	
3	河南	嵩县	栗扎树村	800	25.2	1.17	6.4×9.1	
4	陕西	镇安	庙沟乡龙凤村	1 000	28.0	1.54	22.0×22.0	
5	浙江	富阳	受降镇大树下村	—	—			
6	江苏	通州	幸福乡祖望村	—	—			

银杏树上长树的调查统计表

编号	地　址	性别	树高(m)	胸径(m)	树生树种	生长状况
1	江苏泰兴国庆东路	♂	9.0	1.81	黑弹树、枸杞、苦楝、菝葜、金银花	生长良好
2	江苏泰州北周村	♂	26.0	1.66	枸杞、桑树	
3	江苏南通日晶体管厂	♂	18.0	1.80	女贞、朴树	女贞高6 m,朴树高4 m
4	江苏无锡锡惠公园	♂	21.0	1.91	薜荔	
5	江苏苏州文庙	♂	—	—	朴树、枸杞、梓树	
6	江苏苏州角直乡	♂	18.0	1.50	朴树	朴树约有150年生
7	江苏姜堰市姜埝镇南大街	♂	30.0		桑树、柘树、楝树、冬青、枸杞	寄生树共18株,均生长茁壮
8	江苏镇江焦山公园	—	—	—	女贞	
9	江苏宜兴	—	21.5	0.8	榉树	
10	浙江杭州横河公园	♂	35.0	1.95	女贞	
11	浙江临安板桥乡	—	—	—	女贞	
12	浙江长兴许家村	♂	19.0	1.08	银杏	
13	浙江普陀山	—	—	—	女贞	女贞高3 m
14	河南光山净居寺	♂	24.0	1.98	黄连木、桑树、桧柏	"同根三异树"
15	陕西华阴玉泉寺	—	—		古藤	
16	四川彭水白果园	—	—	—	枸杞	
17	山东新泰石莱白马寺	♂	30.7	2.08	酸枣	酸枣高1.5 m
18	山东新泰岙阴将军堂	♂	18.0	1.43	栾树	栾树高4.5 m,直径15 cm
19	山东五莲高泽乡西楼村	♂	27.0	1.81	泡桐	
20	山东安邱赵戈乡	♂	22.0	1.42	枸杞	枸杞枝条长达2.6 m
21	山东诸城昌城镇孙村	♂	18.5	1.12	侧柏、枸杞、水蜡	
22	山东棲霞铁口乡荆子埠	♂	22.5	1.99	国槐	国槐高50 cm
23	山东福山县福山林场	♂	21.6	1.49		银杏高5 m

1988—2015 年我国出版的银杏专著
（以出版年代为序）

1. 梁立兴，《中国银杏》，山东科学技术出版社，1988。
2. 林子琳（日），郑连元译，《使人返老还童的银杏叶健康法》，正义出版社（中国台湾），1988。
3. 徐江森，《银杏趣谈》，四川科学技术出版社，1988。
4. 何凤仁，《银杏的栽培》，江苏科学技术出版社，1989。
5. 张清吉，《邳州市银杏志》，海潮出版社，1989。
6. 梁立兴，《银杏赞歌》，中国林学会银杏协会筹委会，1990。
7. 中国林学会银杏协会筹委会，湖北省安陆市银杏协会，《全国首届银杏学术研讨会论文集》，湖北科学技术出版社，1992。
8. 张洁，《银杏栽培技术》，金盾出版社，1992。
9. 陈章久，《银杏早实丰产新技术》，天津教育出版社，1992。
10. 江苏省泰兴市政协文史资料委员会，《泰兴大白果》，农业出版社，1993。
11. 梁立兴，《银杏文献题录总汇》，（中、英、俄、日）中国林学会银杏协会筹委会，1993。
12. 侯九寰，皇甫桂月，张永瑞，《银杏栽培》，科学技术文献出版社，1993。
13. 仁木繁（日），陈锦凌译，《银杏的威力》，青春出版社（中国台湾），1993。
14. 杨胜学，史继孔，樊卫国，王江，《银杏栽培》，贵州民族出版社，1993。
15. 邢世岩，《银杏丰产栽培》，济南出版社，1993。
16. 李健，许方振等 12 人，《银杏栽培技术问答》，成都科技大学出版社，1993。
17. 郭善基等 21 人，《中国果树志·银杏卷》，中国林业出版社，1993。
18. 梁立兴，《中国当代银杏大全》，北京农业大学出版社，1993。
19. 许慕农，胡大维，《银杏栽培和产品加工技术》，中国林业出版社，1993。
20. 中国林学会经济林分会，银杏研究会安陆市银杏协会泰兴市银杏协会，《全国第二次银杏学术研讨会论文集》，湖北科学技术出版社，1994。
21. 董云岚，魏玉君，《银杏栽培与加工》，河南科学技术出版社，1995。
22. 杨澄，张景群，《银杏速生丰产栽培》，世界图书出版公司，1995。
23. 中国林学会经济林分会，银杏研究会，山东省郯城县林业局，《全国第三次银杏学术研讨会论文集》，湖北科学技术出版社，1995。
24. 周维书，黄振安，郑爱云，《银杏叶及其制剂》，化学工业出版社，1995。
25. 张格权，《银杏病虫害防治》，成都科技大学出版社，1995。
26. 韩宁林，张云跃，《银杏生产百事问》，中国农业出版社，1996。
27. 生活医学出版部编，《银杏叶》，生活医学书房（台湾），1996。
28. 李兆龙，胡季强，卢耀明，《银杏叶的开发利用》，上海科学技术文献出版社，1996。
29. 中国林学会经济林分会，银杏研究会，河南省新县林业局，《全国第四次银杏学术研讨会论文集》，中国林业出版社，1996。
30. 郭善基等 10 人，《银杏优良品种及其丰产优质栽培技术》，中国林业出版社，1996。
31. 陈全龙，张养贤，任满田，《银杏栽培技术》，山西科学技术出版社，1997。
32. 韩宁林，《银杏》，经济管理出版社，1997。
33. 薛克成，胡世平，肖斌，《银杏栽培》，安徽科学技术出版社，1997。
34. 国家科委中国农村技术开发中心，《1997 中国银杏开发研讨会文集汇编》，1997。
35. 欧黎虹，蒋冠斌，李都，常见改，《银杏与生命》，湖北科学技术出版社，1997。
36. 中国林学会经济林分会银杏研究会，广东省南雄市农业委员会，《全国第五次银杏学术研讨会论文集》，广东科学技术出版社，1997。
37. 邢世岩，《叶用核用银杏丰产栽培》，中国林业出版社，1997。
38. 1997 国际银杏学术研讨会组委会，《1997 国际银杏学术研讨会论文集》，1997。
39. 宋朝枢，《银杏栽培与加工生产实用技术》，中国林学会经济林分会银杏研究会，1998。
40. 梁立兴，《梁立兴银杏文集》，山东农业大学，1998。
41. 李健，董新纯，孟庆伟，《银杏实用丰产栽培技术》,中国农业科技出版社,1998。

42 侯九寰,徐华勤等18人,《银杏生产实用技术》,中国科学技术出版社,1998。

43 中国林学会经济林分会银杏研究会,湖北省随州市林业局,《全国第六次银杏学术研究讨会论文集》,[1998]鄂随图内字第006号,1998。

44 赵一庆,《陕西银杏》,陕西人民教育出版社,1998。

45 门秀元,《银杏丰产栽培技术》,山东科学技术出版社,1998。

46 苏淑钗,冷平生,《银杏三高栽培技术》,中国农业大学出版社,1998。

47 丁之恩等7人,《银杏》,中国林业出版社,1999。

48 江苏邳州银杏研究所,《银杏高产栽培与综合利用技术》,江苏科学技术出版社,1999。

49 郭成源,《银杏栽培与初加工技术》,山东科学技术出版社,1999。

50 文泽富等4人,《银杏栽培新技术》,重庆出版社,1999。

51 中国林学会经济林分会银杏研究会,广西壮族自治区桂林地区行政公署,《全国第七次银杏学术研讨会论文集》,中国林业出版社,1999。

52 韩宁林,《银杏果用林栽培》,科学普及出版社,1999。

53 韩宁林,《银杏叶用林栽培》,科学普及出版社,1999。

54 张迪清,何照范,《银杏叶资源化学研究》,中国轻工业出版社,1999。

55 邓伦秀,《银杏栽培与管理》,贵州科学技术出版社,1999。

56 金代钧,李锋,《银杏(白果)栽培技术》,广西科学技术出版社,1999。

57 曹福亮,《银杏培育机理及综合开发利用》,中国林业出版社,2000。

58 董步生,《银杏栽培与发展研究》,东南大学出版社,2000。

59 刘燕君,陈章久,谢笔钧,《银杏栽培与加工技术》,湖北科学技术出版社,2000。

60 梁立兴,《中国银杏茶》,山东农业大学,2000。

61 佐藤康成(日),李淑云译,《银杏栽培、加工与销售》,中国农业科学技术出版社,2000。

62 李群,《银杏栽培技术200问》,上海科学普及出版社,2000。

63 湖北省老区建设促进会编,《银杏的魅力》,湖北科学技术出版社,2000。

64 中国林学会经济林分会银杏研究会,湖北省巴东县人民政府,《全国第八次银杏学术研讨会论文集》,湖北科学技术出版社,2000。

65 李群,徐优良,张喜武,任寿美,《银杏栽培新法》,江苏科学技术出版社,2000。

66 朱奕庆,《银杏》,贵州科学技术出版社,2000。

67 邓伦秀,梁斌,《银杏栽培与管理图说》,贵州科技出版社,2001。

68 宛志沪,蔡其武,《银杏》,中国中医药出版社,2001。

69 王良信,沈德凤,《银杏的食疗与保健》,科学技术文献出版社,2001。

70 中国林学会经济林分会银杏研究会,江苏省邳州市人民政府,《全国第九次银杏学术研讨会论文集》,东南大学出版社,2001。

71 辛铁君,《银杏矮化速生种植技术》,金盾出版社,2001。

72 何丙辉,《银杏构件生物学理论与应用》,中国林业出版社,2001。

73 洪欣,《千年银杏树》,内蒙古文化出版社,2002。

74 中国林学会经济林分会银杏研究会,浙江省长兴县人民政府,《全国第十次银杏学术研讨会论文集》,中国农业科学技术出版社,2002。

75 曹福亮,《中国银杏》,江苏科学技术出版社,2002。

76 李克申,刘燕君等31人,《银杏品种资源》,湖北科学技术出版社,2003。

77 中国林学会经济林分会银杏研究会,四川省都江堰市人民政府,《全国第十一次银杏学术研讨会论文集》,四川省都江堰市林业局,2003。

78 许爱华陈鹏,《银杏药理学研究与开发技术》,贵州大学出版社,2003。

79 张镇,《园艺学各论·银杏》(南方本),中国农业出版社,2004。

80 孟昭礼,《银杏及其仿生杀菌剂》,中国科学技术出版社,2004。

81 中国林学会经济林分会,银杏研究会福建省长汀县人民政府,《全国第十二次银杏学术研讨会论文集》,中国农业出版社,2004。

82 邢世岩,《银杏种植资源评价与良种选育(上、下)》,中国环境科学出版社,2004。

83 栾德君,《天下第一神树—银杏》,人民日报出版社,2004。

84　陈鹏等,《园艺学概论·银杏》,中国农业出版社,2004。
85　李群,何春龙,《银杏之乡》,线装书局,2005。
86　王良信,《银杏规范化栽培与产品加工》,科学技术文献出版社,2005。
87　梁立兴,《银杏文集》(二),山东农业大学,2006。
88　梁立兴,黄淑英,《银杏食疗与药用》,山东农业大学,2006。
89　中国林学会银杏研究会,山东省郯城县人民政府编,《银杏产品开发与市场拓展》,山东科学技术出版社,2006。
90　陈鹏等13人,《银杏种核质量等级》(中华人民共和国国家标准)GB/T20397-2006,中国标准出版社,2006。
91　曹福亮,《银杏资源培育及高效利用》,科学技术文献出版社,2007。
92　董云岚,《中华国宝银杏解读》,海风出版社,2007。
93　中国林学会银杏分会,山东省黄河河务局,《银杏资源优化配置及高效利用》,中国农业出版社,2007。
94　曹福亮,《银杏》(画册),中国林业出版社,2007。
95　王燕,程水源,汪琼,《银杏栽培学》,湖北人民出版社,2007。
96　曹福亮,《中国银杏志》,中国林业出版社,2007。
97　陈鹏,《银杏资源优化配置及高效利用》,中国农业出版社,2007。
98　中国林学会银杏分会,江苏省泰兴市人民政府,《全国第十六次银杏学术研讨会论文集》,科学技术文献出版社,2008。
99　曹福亮,陈怀亚,《银杏综合研究及开发利用进展》(全国第十七次银杏学术研讨会论文集),东南大学出版社,2009。
100　曹福亮,《听伯伯讲银杏的故事》,中国林业出版社,2009。
101　陈有金,《安陆银杏》,中国林业出版社,2009。
102　张文斌,《安陆银杏水墨漫画》,长江文艺出版社,2009。
103　郭红彦,《银杏营养贮藏蛋白质特性研究》,中国农业科学技术出版社,2010。
104　罗义金,潘小平,《首届中国银杏节纪实》,中国林业出版社,2010。
105　曹福亮,罗义金,《全国第十八次银杏学术研讨会论文集》,中国林业出版社,2010。
106　梁立兴,《银杏文集》(三),山东农业大学,2011。
107　曹福亮,《中国银杏品种图态鉴》,科学出版社,2011。
108　梁立兴,《银杏文集》(四),山东农业大学,2012。
109　中国林学会银杏分会编,《全国第十九次银杏学术研讨会论文集》,中国林业出版社,2012。
110　安新哲,《银杏丰产栽培与病虫害防治》,化学工业出版社,2013。
111　邢世岩,《中国银杏种质资源》,中国林业出版社,2013。
112　侯九寰,《郯城县银杏志》,方志出版社,2013。
113　樊宝敏,陈凤洁,韩慧,《银杏文化脉络》,北京科学出版社,2014。
114　田常杰,李娟,梁立兴,《银杏医药与保健》,军事医学科学出版社,2015。

中国主要化石银杏

目前已经发现的中国保存的化石银杏主要有银杏属、似银杏属、拜拉属和楔拜拉属等4个属约70个种。

中国保存的主要银杏化石

属 名	种 名	拉丁名	发 现 地	年 代	备 注
银杏属 Ginkgo L. (1735)	费尔干银杏	G. ferganensis Brick	甘肃	早侏罗世	本属已知10余种,中国已发现10种
	指状银杏	G. digitata (Brongn) Heer	内蒙古、陕西、辽宁、新疆、浙江	早侏罗世至晚侏罗世	
	胡顿银杏	G. huttuni (starnb) Heer	内蒙古、辽宁	早侏罗世至晚侏罗世	
	多裂银杏	G. pluripartita (Schimper) Heer	河北	早白垩世	
	刚毛银杏	G. setacea Wang	河北	早白垩世	
	下花园银杏	G. xiahuayuanensis Wang	河北	中侏罗世	
	清晰银杏	G. lepida Heer	内蒙古	晚侏罗世至早白垩世	
	微小银杏	G. pusilla Heer	内蒙古	晚侏罗世至早白垩世	
	铁线蕨叶银杏	G. adiantuides (Unger) Heer	辽宁	第三纪始新世	
似银杏属 Ginkgoites (1919) (emend. Florin, 1936)	吉林似银杏	Ginkgoites chilinensis Lee	吉林	晚三叠世	本属已知50种以上,大部分出现于北半球,中国有20余种
	周氏似银杏	Ginkgoites Chowi Sze	陕西	中晚侏罗世	
	粗脉似银杏	Ginkgoites crassinervis Yabe et Oishi	吉林	中晚侏罗世	
	大叶似银杏	Ginkgvites magnifolius Toit	陕西、湖北	晚三叠世到早侏罗世	
	似银杏(与具边种比较)	Ginkgoites cf. marginatus (Nath) Florin	陕西、湖北、河南	早中侏罗世	
	奥勃鲁契夫似银杏	Ginkgoites obrutschewi Seward	新疆、陕西、河南	早中侏罗世	
	东方似银杏	Ginkgoites orientallia (Yaeb et Oishi) Florin	吉林	中晚侏罗世	
	西伯利亚似银杏	Ginkgoites sibiricus (Heer) Seward	山东、河北、辽宁、吉林、内蒙古、陕西、青海	早侏罗世至晚侏罗世	
	桃川似银杏	Ginkgoites taocheeuanensis	湖南	早侏罗世	
	楔叶似银杏	Ginkgoites cuneifolius	湖南	早侏罗世	
	蝶形似银杏	Ginkgoites papilionaceous Zhou	辽宁	晚三叠世	
	近圆似银杏	Ginkgoites rotundus	湖北	晚三叠世	

续表

属　　名	种　　名	拉丁名	发　现　地	年　代	备　注
拜拉属 *Baiera* F. Braun(1843) (emend. Florin,1936)	浅田拜拉	*Baiera asudai* Yabe et Oishi	山东	早中侏罗世	本属已知 20 余种,大部分出现于北半球,中国有 20 余种
	优雅拜拉	cf. *Baiera concinna* (Heer) Kawasaki	辽宁	中晚侏罗世	
	叉状拜拉	*Baiera furcata*(L. et H.) Braun	山西、陕西、湖北、青海、新疆、内蒙古、江西	早三叠世至中侏罗世	
	纤细拜拉	*Baiera gracilis*(Bean Ms) Bunbury	山西、陕西、山东、辽宁、北京、湖北、内蒙古、福建	早侏罗世至晚侏罗世	
	基尔豪马特拜拉	*Baiera guilhaumati* Zaille	江苏、安徽、福建	早侏罗世	
	赫勒拜拉	*Baiera hallei* Sze	山西	侏罗纪	
	木户拜拉	*Baiera kidoi* Yabe et Oishi	吉林	中晚侏罗世	
	东北拜拉	*Baiera manchurica* Yabe et Oishi	吉林、辽宁、陕西	中晚侏罗世	
	最小拜拉	*Baiera minima* Yabe et Oishi	辽宁、河北、北京	中晚侏罗世至早白垩世	
	敏斯特里拜拉	cf. *Baiera muensteriana* (Presl) Heer	陕西、山西、河北、湖北、湖南、四川、福建	晚三叠世至早侏罗世	
	多裂拜拉	*Baiera multipartita* Sze et. Lee	四川、广东、江西	晚三叠世至早侏罗世	
	青海拜拉	*Baiera qinghaiensis* Li et He	青海	中侏罗世	
	木里拜拉	*Baiera muliensis* Li et He	青海	早中侏罗世	
	雅致拜拉	*Baiera elegans* Oishi	云南、福建、湖北	晚三叠世至侏罗世	
	极小裂拜拉	*Baiera minuta* Nathorst	福建	晚三叠世	
	东巩拜拉	*Baiera donggongensis*	湖北	晚三叠世	
楔拜拉属 *Sphenobaiera* Florin (1936)	粗脉楔拜拉	*Sphenobaiera crassinervis* Sze	陕西、内蒙古	晚三叠世	本属已知 20 种左右,中国有 16 种以上
	宽基楔拜拉	*Sphenobaiera eurybasis* Sze	青海	晚三叠世至中侏罗世	
	叉状楔拜拉	*Sphenobaiera furcata* (Heer) Florin	山西、江西	晚三叠世	
	黄氏楔拜拉	*Spheniobaiera huangi*(Sze)Hsu	湖北、江苏、山西、陕西	早侏罗世	
	长叶楔拜拉	*Sphenobaiera longifolia* (Pomel) Florin	青海、河北、陕西、江西	早中侏罗世	
	奇丽楔拜拉	cf. *Sphenobaiera spectabilia* (Nath.) Florin	新疆、湖南、浙江、陕西	晚三叠世	
	波氏楔拜拉	*Sphenobaiera boeggildiana* (Harris 1935) Florin	河北	早侏罗世	
	南天门楔拜拉	*Sphenobaiera nantianmenensis* Wang	河北	早白垩世	
	皱纹楔拜拉	*Sphenobaera rugata* Wang	山西	中晚三叠世	
	窄叶楔拜拉	*Sphenobaiera angustiloba* (Heer) Florin	内蒙古、广西		

续表

属　　名	种　　名	拉丁名	发　现　地	年　　代	备　　注
楔拜拉属 *Sphenobaiera* Florin (1936)	瓶尔小草状楔拜拉	cf. *Sphenobaiera ophioglosum* Harris	河北	中侏罗世	本属已知20种左右，中国有16种以上
	细叶楔拜拉	*Sphenobaiera leptophylla* (Harris) Florin	陕西	早侏罗世	
	稍美楔拜拉	cf. *Sphenobaieru pulchella* (Heer) Florin	陕西、内蒙古、四川、江西	早侏罗世	

中国银杏主要品种统计

类别	品种名称	别名	原产地	备注
长子类	金坠子	长白果	山东郯城（港上、新村、重坊、胜利、马头、花园等乡镇）	包括长把金坠、扁金坠、锥子把金坠
	橄榄果	橄榄佛手、大钻头、中钻头、小钻头、钻鞋针	广西、浙江长兴	大小年明显
	粗佛子	粗佛手	广西灵川（海洋乡）	外种皮难腐，中种皮粗糙
	圆枣佛手	枣子佛手、枣子果	广西	有两种类型：枣子佛手、圆枣佛手
	金果佛手	牛奶果	广西灵川（海洋乡、潮田乡、大圩乡、灵田乡）兴安县（高尚、漠川）	叶片无明显中裂。大小年不明显。种核较小
	叶籽银杏	—	山东沂源县、广西兴安县、福建	种子生于叶片边缘。种核姿态各异，大小不等，适于观赏
	余村长籽	—	浙江安吉（山河乡）	—
	天目长籽	—	浙江天目山	世界著名野生状态银杏，多有双果
	九甫长籽	—	浙江临安市	丰产、结实力强。大小年明显
拂指类	佛指	佛子、家佛子、大佛指、小佛指	江苏泰兴	泰兴主栽品种，叶片较小，中裂较浅，色白味甜，中外驰名，大小年明显
	七星果	—	江苏泰兴（刁铺镇）	稀有品种。种核有针孔状凹点，核白味香，品质上乘
	扁佛指	—	江苏泰兴、姜堰市县、江都、邳州	种核背厚腹薄。坐果、保果力高。大小年较明显
	野佛指	拟家佛子、烂长头、小长头	江苏泰兴、浙江长兴	皮、枝、果近似野生。发枝力弱、枝细。双果多。落果较重
	尖顶佛手	—	江苏邳州（港上乡）	稀有品种。种核基部长尖。味不苦，香气浓
	洞庭佛手	大佛子、大长头、凤尾佛手、家佛手、洞庭皇	江苏（洞庭山）	侧枝少、主枝旺。球果偏生。种大、味甜、抗病虫力强
	早熟大佛子	—	江苏（洞庭山）	种深橘黄色，有厚白粉。成熟早
	鸭尾银杏	鸭尾股银杏	江苏（东山镇）湖南洞口	种核顶部具小尖，常凹入似鸭尾状。早熟、稳产
	长柄佛手	—	广西灵川（海洋乡）	树壮丰产，双果多，白粉厚，出仁率高（82%）
	小黄白果	—	贵州盘县（乐民乡）	白粉厚。核小。黄白色，产量低
	青皮果	—	广西灵川（海洋乡）兴安（高尚乡）山东海阳（朱吴乡）	熟时青绿色，具透明油细胞，成熟晚，产量低
	黄皮果	—	广西兴安县（高尚、白石、漠川乡）灵川县（海洋、潮白乡）	熟时鲜黄色、艳丽、无油胞。多双果
	贵州长白果	—	贵州盘县、正安、务川	外种皮粗糙。稳产、高产。粒小、质差
	长糯白果	—	贵州盘县、遵义、正安	外种皮白粉厚。粒大丰满。糯性好
马铃类	海洋皇	海洋王	广西灵川（海洋乡）	主干明显、势旺、丰产稳产、核大、味香，为广西大粒良种
	马铃	大马铃、中马铃、小马铃	山东郯城、广西灵川、江苏邳州	发枝力强、皮薄白粉多，有油胞，种仁饱满
	猪心白果	—	贵州盘县（石桥乡）	干性极强、树冠塔形，抗逆力强，核小产量低

续表

类别	品种名称	别　　名	原　产　地	备　　注
马铃类	圆底果	圆底佛手	广西(灵川、兴安、全州)浙江(诸暨、临安、富阳、长兴)江苏(宜兴)	干直势旺。稳产,无大小年现象
	圆锥佛手	—	广西灵川(海洋乡、潮田乡)兴安(漠川乡、白石乡)全州	长势中等。抗性弱,肥水要求高,丰产。种子黄色略有红晕
	汪搓银杏	—	江西婺源、庐山、龙南、永修、贵溪、德兴、临川	长势旺盛。发枝力强。丰产。核大质优。大小年明显
	李子果	—	广西(灵川、兴安、全州)浙江(诸暨、临安、安吉、富阳)	主干挺拔,层性明显。外种皮青黄色。核小,出仁率高,质较差
核核类	梅核	大梅核、小梅核	与龙眼近似,全国性分布	生长势壮,丰产树型,抗逆性特强。核小似梅子。味苦较重
	棉花果	—	广西灵川、兴安、全州	长势中等,成枝力弱。大小年明显。双果多,形似棉铃,核小,质较差
	珍珠子	早果子	广西灵川	树势强健,适应性强,主干挺直。核小如珍珠,味苦
	眼珠子	高生果、猴子眼	浙江长兴县、山东郯城	长势旺盛,干形通直,树体高大,野生性状突出,适于用材、行道和砧木。受精充分,胚生活力极强,发芽率可达96%,但壳厚味苦,食用性差
	庐山银杏	—	江西庐山	著名的"庐山宝树"之一。树体高大,结实力强,无明显大小年。但核小,食用性低
圆子类	龙眼	大龙眼、小龙眼	全国性分布,山东莒县"天下银杏第一树"即属此种	有大龙眼、小龙眼两型。种核两棱宽。树势旺盛,发枝力、适应力、抗逆力均强,寿命长,发芽早落叶迟,食用性差,但为优良砧木
	圆铃	平底圆铃,尖底圆铃,甜白果	山东郯城(沂河两岸)	种子分为3个类型。树势强健,稳产高产,无大小年,粒大质细,味糯清香,食用不会中毒,位居上品
	垂枝银杏	—	广西灵川(海洋乡)	长势良好,发枝力强,细长下垂,用于绿化观赏。结实力中等.皮硬难腐,核小味甜
	算盘子	—	广西灵川(海洋乡)	树势强健,抗逆性强。核似算盘珠,核小,食用性较低
	大圆子	大圆珠、大圆头	江苏洞庭山、浙江长兴县	树势强健,干性明显。大枝平展或下垂。抗性强。种子带红晕,大小年不明显,味甜
	小圆子	小圆珠、小圆头	浙江长兴县	干性强,大枝平展,分枝稀。种子小,油胞突出,核小壳厚,品质较差
	皱皮果	—	广西灵川(海洋乡)	长势中等,叶厚色浓。丰产稳产,皮有皱纹,易脱粒。质细味香,核小
	葡萄果	—	广西桂林	生长势强,成枝力弱。大小年明显,大年时多双果,挂果成串,挤满枝条,近似葡萄
	桐子果	—	广西灵川、兴安、全州	树势强健,发枝力强。大小年明显,种子青黄色,被白粉,似油桐果。品质一般
	糯米白果	—	江苏宜兴(张渚乡、荒岭乡)	发枝、成枝力中等。大小年明显,香糯味甜,但核小,产量一般
	松壳银杏	—	江苏南通(狼山)	种实浅黄色,有白粉和油胞。核面粗糙。清香味甜,糯性好,但大小年明显,产量不稳定,成熟期晚

全国银杏品种鉴评汇总表

品种与产地	出核率(%) 10分	百粒核重 30分	种核外形 5分	种壳厚薄 10分	出仁率(%) 10分	剥皮难易 5分	苦味 15分	糯性 10分	香味 5分	总分
邳州大马铃铁富3号	8.0	30	4.80	8.80	6.5	4.50	14.06	8.90	4.17	89.73
山东郯城庆春7号	8.0	30	4.14	8.07	7.5	4.25	13.71	8.79	4.29	88.75
山东郯城马铃2号	9.5	30	4.00	7.79	5.5	4.36	14.36	8.88	4.29	88.68
邳州大马铃铁富4号	7.5	30	4.75	8.25	6.0	4.39	13.82	8.89	4.29	87.89
山东郯城庆春1号	9.5	30	4.18	7.68	6.0	4.25	13.57	8.07	4.32	87.57
邳州大马铃铁富2号	10	30	4.57	7.83	6.0	4.30	12.57	8.40	3.80	87.47
广西兴安2号	8.5	30	3.40	8.07	6.0	4.60	13.77	8.93	4.13	87.40
湖北安陆鄂4-1	9.5	30	3.90	8.14	6.5	4.14	12.41	8.55	3.77	86.91
广西桂林漠22	7.5	30	4.20	7.83	6.5	3.63	13.83	8.87	4.20	86.56
山东郯城庆春8号	7.5	30	4.50	7.14	6.5	4.27	13.86	8.55	3.91	86.23
邳州大佛手港中1号	7.0	30	4.84	8.46	5.5	4.20	13.53	8.43	3.77	85.73
山东郯城圆铃1号	7.5	30	4.14	7.28	6.5	4.39	13.29	8.43	4.11	85.64
江苏吴县大佛手	6.0	30	4.73	9.07	5.5	4.27	13.33	8.53	3.94	85.37
广西灵川华口大果	8.5	30	3.43	7.93	5.5	4.10	12.97	8.80	3.97	85.20
贵州正安大梅核	7.3	30	4.57	8.33	5.5	3.76	13.50	8.20	3.77	84.93
湖北安陆鄂5-1	10	30	4.23	7.78	6.5	4.09	10.77	8.18	3.27	84.82
江苏苏州8号	6.0	30	4.82	8.50	6.5	4.20	12.11	8.15	3.79	84.07
浙江长兴大佛手	7.3	30	4.86	8.53	5.5	3.87	12.27	8.20	3.50	84.03
广西桂林漠13号	6.5	30	4.53	7.23	4.5	4.24	14.10	8.97	3.73	83.80
江苏如皋大佛指	9.0	25	3.42	8.68	7.0	4.58	13.85	8.12	3.89	83.54
湖北安陆鄂9-1	7.0	30	4.32	7.59	5.5	4.32	12.55	8.36	3.68	83.32
山东郯城庆春6号	7.3	25	3.13	8.29	7.0	3.93	13.82	8.96	4.72	83.15
山东郯城庆春9号	9.5	25	4.09	8.54	6.5	3.64	13.68	8.50	3.64	83.09
江苏泰兴大佛指	7.3	30	3.81	8.40	7.0	4.10	11.05	7.91	3.32	82.89
邳州尖顶佛手	8.0	25	4.04	8.60	6.5	3.83	14.10	8.53	4.20	82.80
湖北大白果	7.3	30	4.13	7.32	5.0	3.46	12.77	8.55	3.82	82.35
广西漠21	6.0	30	4.60	7.64	5.5	4.29	12.43	8.28	3.58	82.32
山东郯城庆春10号	7.3	30	4.29	7.14	5.0	4.18	12.71	7.82	3.82	82.26
广西桂林兴安1号	8.5	30	3.78	6.79	5.0	3.54	12.57	8.25	3.75	82.18
广西桂林漠10号	7.3	25	4.14	8.11	7.0	3.68	13.93	8.64	4.32	82.12
邳州大龙眼	7.3	259	4.43	8.33	5.5	4.27	13.87	8.53	4.07	82.30
山东郯城庆春3号	9.5	25	4.21	7.07	4.5	3.93	13.79	8.57	4.57	81.14

续表

品种与产地	出核率（%）10分	百粒核重 30分	种核外形 5分	种壳厚薄 10分	出仁率（%）10分	剥皮难易 5分	苦味 15分	糯性 10分	香味 5分	总分
贵州正安县坪梅核	7.3	25	3.20	8.03	5.5	4.27	14.23	9.10	4.44	81.07
贵州正安县圆白果	7.3	25	3.53	8.74	5.5	4.07	13.93	8.73	4.13	80.93
浙江诸暨2号	7.0	25	4.25	8.13	5.5	3.79	13.96	9.04	4.21	80.88
江苏吴县小圆子	6.0	30	4.37	8.03	5.0	4.37	11.53	8.07	3.50	80.87
江苏南通松壳白果	7.3	25	4.10	8.34	5.0	3.53	14.10	8.93	4.10	80.40
贵州正安长白果	7.3	25	3.30	8.66	5.5	3.93	14.07	8.20	4.27	80.23
浙江诸1号	7.5	25	3.89	8.00	5.5	3.82	13.29	8.75	4.18	79.93
江苏泰兴5号	7.5	25	3.23	8.77	8.0	3.95	11.64	7.86	3.55	79.50
江苏鸭屁股	5.5	25	4.00	9.03	5.0	3.60	13.90	8.67	4.27	78.97
浙江诸暨3号	6.5	25	3.82	8.32	6.5	3.82	12.25	8.07	3.68	77.96
江苏泰兴4号	6.0	25	3.89	8.71	7.0	4.29	10.50	8.07	4.61	77.07
江苏苏州10号	5.5	30	4.47	7.64	5.5	4.75	8.93	7.11	3.14	77.04
邳州龙眼	5.5	25	4.20	7.77	4.5	4.20	13.43	8.23	3.77	76.60
广西桂林漠1号	6.0	25	4.22	7.64	3.5	3.96	13.32	8.36	3.93	75.93
山东沂源小圆玲	7.3	25	2.72'	7.27	3.0	4.05	13.73	8.41	4.00	75.48
江苏邳州梅核	7.5	15	4.13	9.27	7.0	3.87	13.97	8.80	4.03	73.57
广西漠18号	6.5	25	4.57	7.93	0.5	4.16	12.77	8.10	3.67	73.20
江苏邳州梅核	8.5	15	4.27	8.70	6.5	4.00	13.83	8.57	3.83	73.20
江苏泰兴2号	7.0	15	4.04	9.03	8.5	4.10	13.30	8.00	3.73	72.70
l11 东郯城庆春5号	10	15	3.43	8.07	6.0	3.36	13.36	8.32	4.00	72.04
广西漠8号	4.5	25	3.86	7.64	5.5	3.78	10.00	7.75	3.18	71.21
广西漠11号	8.5	15	4.07	8.80	4.5	3.70	13.57	8.53	4.13	70.80
江苏泰兴6号	8.0	15	4.32	8.43	8.0	4.00	11.07	7.21	3.07	69.10
山东郯城圆铃3号	9.5	15	3.75	7.86	5.5	4.18	10.56	7.93	4.18	68.46
江苏邳州小龙眼	6.0	15	4.36	7.96	6.0	3.77	12.87	8.40	3.77	68.13
江苏泰兴1号	7.0	10	3.42	8.46	8.0	3.93	13.43	8.25	4.18	66.68
邳州港中4号	5.5	15	4.36	8.25	6.0	3.71	11.78	8.00	4.04	66.64
江苏泰兴3号	6.5	10	3.57	8.46	8.0	4.11	11.54	8.07	3.57	63.82
广西叶籽	5.5	10	4.07	8.63	4.5	4.10	14.03	8.80	3.97	63.60
贵州盘县长白果	4.5	15	3.94	7.57	2.5	3.50	12.60	8.23	3.83	61.67
广西桂林Ⅵ₂	7.0	10	3.77	8.46	5.5	3.63	11.83	7.86	3.30	61.36
贵州盘县长白果	7.3	10	4.23	8.00	3.0	3.27	12.97	8.60	3.93	61.30
贵州正安县坪梅核	7.3	10	3.31	7.33	4.0	3.57	12.90	8.33	3.87	60.43
贵州正安县长糯白果	4.5	10	3.67	7.80	2.5	3.80	13.93	8.93	4.07	59.20

全国银杏核用品种种核形态特征

种源	品种	核形	顶端	基部	边缘	背腹	类别	仁口感
贵州	25#	椭圆	有尖	平广	上3/5处明显	均胖	中梅核	仁甜
	21#	长形	渐尖	突出连生	上3/5明显	均胖	中马铃	仁甜
	19#	长椭圆	渐尖	呈二点状	上3/5明显	均圆	大马铃	微苦
	23#	椭圆	渐尖	稍凸连生	上3/5明显	均胖	中梅核	仁甜
	26#	长形	渐尖	连生一体	上2/5明显	均圆	中马铃	仁甜
	22#	长形	渐尖	连生突出	上4/5明显	均圆有点	中梅核	仁甜
	20#	阔椭圆	有尖	连生突出	上3/5明显	有麻点	大梅核	仁甜
	24#	圆形	有尖	连生	上2/5明显	腹圆	中梅核	稍甜
湖北	23#	长形	有尖	连生	上4/5明显	均圆、白	佛手、马铃	微苦
	64#	长形	渐尖	连生	上3/5明显	均圆、有点	梅核	仁甜
广西	华口	长形	渐尖	连生	上3/5明显	无点	佛手	微苦
	海洋	长形	渐尖	连生突出	上4/5明显	胖宽	马铃	微苦
四川	1#	卵圆	有尖	二束连生	上4/5明显	圆厚	中梅核	仁甜
	6#	长形	有尖	连生呈尾状	上4/5明显	圆、有点	中马铃	仁甜
	9#	胖椭圆	渐尖	连生突出	中上明显	均圆、有点	马铃	仁甜
	7#	椭圆	渐尖	连生二点状	中上显	腹平背圆	梅核	仁甜
	2#	椭圆	渐尖	连生一体	上3/5明显	稍胖	佛手	仁甜
	5#	阔椭圆	有尖	连生一体	上4/5明显	中隐线明显	中梅核	微苦
	8#	阔卵形	有点	连生	中上明显	中隐线显	梅核	仁甜
	3#	阔椭圆	渐尖	二点状	上4/5明显	不显、有点	马铃	稍甜
	4#	大果形	渐尖	连生突	呈翼状	有麻点	梅核类	不饱满、甜
湖南	DH$_5$	椭圆	有尖	连生突出	上明显	均圆	佛手	仁甜
	DH$_4$	梅形	微尖	连生突出	上明显	均平	梅核	微甜
	DH$_3$	梅形	有尖	连生突出	上明显	稍扁	梅核	微苦
	DH$_2$	马铃形	渐尖	连生突出	上明显	背圆腹平有点	马铃	微甜
	DH$_1$	马铃形	渐尖	束三点状	上明显	扁背圆腹平	马铃	仁甜
广东	中马铃	马铃形	微尖	连生突出二点状	上2/5明显	胖圆	中马铃	微甜
河南	大马铃	马铃形	微平	连生二点状	上明显	圆胖	马铃	微甜

续表

种源	品种	核形	顶端	基部	边缘	背腹	类别	仁口感
安徽	1号	阔倒卵	微尖	连生一线	上3/5明显	不明显	马铃类	稍苦
	2号	圆形	纯尖	二点状	明显	圆胖	圆子	稍苦
	3号	长形	微尖	二点合生	上1/2明显	圆胖	佛指	稍甜
	4号	长子形	微尖	连生	上2/5明显	圆	长子	苦
	5号	圆形	纯尖	连生	上4/5明显	均胖	梅形	甜
	6号	卵圆	微尖	连生突出	上1/2明显	胖圆	马铃	仁苦
浙江	胖梅子	圆形	微尖	二束合生	上1/2明显	不明显	梅核	很甜
陕西	大马铃	马铃状	微尖	二束合生	上1/2明显	均圆	马铃类	微苦
江苏	洞庭皇	阔椭圆	具尖	二束合生突	4/5处明显	均胖	佛手	微甜
	七星果	阔椭圆	平尖	二点合生	上明显	扁、有点	佛指	微甜
	佛指15	长形	平	二点合生	上2/5明显	均圆	佛指	苦
	佛指18	长形	微尖	连生突出	上明显	均胖	佛指	苦
山东	马铃3号	阔椭圆	渐平	二束突、稍歪	上4/5明显	均胖	马铃	甜
	大金果	倒卵	渐锐	合二为一	上4/5明显	不明显	马铃	甜
	大龙眼	圆形	渐尖	二点状	明显	圆胖	圆子	甜
	金坠1号	广倒卵	微尖	二束合生	上部明显	有点	佛指	甜
	5#	长椭圆	微平	合二为一	上3/5明显	有点	马铃	苦
	9#	短圆	微失	合生	明显	胖	马铃	微苦
	老和尚头	阔倒卵	微尖	二束明显	上3/5明显	胖	马铃	不苦
	金坠13号	长形	尖	二束合成	上3/5明显	胖	佛手	不苦

32 个单株种核形态特征及分类

单株序号	种核外部形态详细描述						核形系数（核长/核宽）	分类
	形状	顶端	侧棱	种壳厚度（mm）	维管束迹（mm）	纵横轴交叉点位于纵轴比例		
1	扁圆形	圆阔有突尖	明显,有窄翼	0.623	3.73	0.547/1	1.119/1	圆子类
2	扁圆形	圆钝具不明显小尖	明显,有窄翼	0.543	3.96	0.513/1	1.124/1	圆子类
3	扁圆形	圆阔具小尖	明显,稍有窄翼	0.520	3.02	0.529/1	1.103/1	圆子类
4	正圆形	圆阔无突尖	明显,中上部有窄翼	0.443	不太明显	0.543/1	1.107/1	圆子类
5	广椭圆形	浑圆具微尖	明显,中上部有窄翼	0.603	3.39	0.493/1	1.390/1	马铃类
6	宽卵形	具小突尖	明显,中上部尤明显	0.680	3.23	0.572/1	1.388/1	马铃类
7	宽卵圆形	圆钝具突尖	明显,中上部尤明显	0.543	2.91	0.530/1	1.365/1	马铃类
8	椭圆形有背腹之分	狭长有尖	明显,上部有翼	0.530	3.51	0.525/1	1.375/1	马铃类
9	椭圆形,上下对称	渐狭有尖	明显,中上部有窄翼	0.563	4.18	0.527/1	1.357/1	马铃类
10	卵圆形	狭窄具突尖	明显,中上部有窄翼	0.543	2.69	0.500/1	1.446/1	马铃类
11	倒卵圆形	圆阔无尖	明显,中上部有窄翼	0.613	3.27	0.477/1	1.368/1	马铃类
12	倒卵圆形	圆阔有突尖	明显,中上部尤明显	0.470	3.39	0.458/1	1.422/1	马铃类
13	椭圆形	狭长有急尖	明显,中上部有窄翼	0.477	4.25	0.522/1	1.372/1	马铃类
14	倒卵圆形	平阔稍内陷	明显	0.667	4.26	0.416/1	1.308/1	梅核类
15	倒卵圆形	狭长具渐尖	明显	0.597	3.75	0.475/1	1.321/1	梅核类
16	椭圆形	圆阔少内陷	明显,稍有微翼	0.562	2.65	0.474/1	1.239/1	梅核类
17	椭圆形	狭长具渐尖	明显,中上部有窄翼	0.487	不太明显	0.469/1	1.307/1	梅核类
18	倒卵圆形	圆阔无尖	明显,中上部尤明显	0.553	2.57	0.448/1	1.302/1	梅核类
19	广椭圆形	圆钝具小尖	明显	0.503	不太明显	0.497/1	1.303/1	梅核类
20	广椭圆形	圆阔有突尖	明显,中上部尤明显	0.467	2.63	0.429/1	1.284/1	梅核类
21	椭圆形,上下对称	狭长有渐尖	明显,中上部尤明显	0.510	不太明显	0.483/1	1.281/1	梅核类
22	椭圆形	圆钝具微尖	明显,中上部尤明显	0.473	2.39	0.437/1	1.272/1	梅核类
23	广椭圆形	圆钝具小尖	明显	0.523	2.59	0.469/1	1.285/1	梅核类
24	倒卵圆形	圆阔无尖	明显,中上部有窄翼	0.547	3.11	0.423/1	1.282/1	梅核类
25	倒卵圆形	圆阔具小尖	明显,有窄翼	0.587	2.80	0.443/1	1.275/1	梅核类
26	卵圆形	圆阔具小尖	明显,中上部有窄翼	0.617	4.71	0.492/1	1.161/1	梅核类
27	椭圆形	圆钝具小尖	明显,中上部尤明显	0.590	2.68	0.409/1	1.308/1	梅核类
28	椭圆形有背腹之分	狭长渐尖	明显	0.283	3.63	0.565/1	1.205/1	梅核类
29	心形	平阔稍内陷,有小尖	明显,中上部有窄翼	0.500	4.02	0.389/1	1.348/1	梅核类
30	椭圆形	圆阔有渐尖	明显,中上部尤明显	0.447	2.93	0.505/1	1.311/1	梅核类
31	椭圆形	狭长微尖	明显,略有窄翼	0.567	4.3	0.366/1	1.329/1	梅核类
32	椭圆形	圆阔有突尖	明显	0.717	2.26	0.473/1	1.319/1	梅核类

南京林业大学银杏种质基因库种质资源汇集总表

序号	编号	采集地点	雌雄	树龄(年)	树高(m)	胸径(cm)	备注
		浙江省					
1	ZJ001	湖州市菱湖区梅峰乡金山村	♂	100	21	56	
2	ZJ002	湖州市菱湖区青山乡泉兴村	♂	800	17	105	
3	ZJ003	湖州市菱湖区青山乡泉兴村	♀	800	16	96	
4	ZJ004	长兴县小浦镇柏家村	♂	500	15	66	
5	ZJ005	长兴县小浦镇柏家村	♂	500	15	82	
6	ZJ006	长兴县小浦镇柏家村	♂	400	13	63	
7	ZJ007	长兴县小浦镇柏家村	♂	200	17	58	
8	ZJ008	长兴县小浦镇柏家村	♀	300	15	42	
9	ZJ009	长兴县小浦镇柏家村	♂	600	14	72	
10	ZJ010	长兴县小浦镇方一村	♀	1 300	19	114	
11	ZJ011	长兴县小浦镇方一村	♂	100	13	28	
12	ZJ012	长兴县小浦镇方一村	♂	90	11	25	
13	ZJ013	长兴县小浦镇方一村	♂	100	19	41	
14	ZJ014	长兴县白岘乡尚阳村	♂	100	13	32	
15	ZJ015	长兴县白岘乡尚阳村	♂	80	15	47	
16	ZJ016	长兴县白岘乡尚阳村	♂	120	16	51	2.2 m处出现分枝
17	ZJ017	长兴县白岘乡尚阳村	♀	40	14	26	在竹林中生长
18	ZJ018	长兴县煤山镇定大安村	♂	180	19	82	
19	ZJ019	临安市浙江林学院	♂	40	18	34	
20	ZJ020	临安市浙江林学院	♂	40	17	38	
21	ZJ021	临安市浙江林学院	♂	40	18	33	
22	ZJ022	临安市浙江林学院	♀	40	17	46	
23	ZJ023	临安市浙江林学院	♀	40	17	39	
24	ZJ024	临安市浙江林学院	♀	40	19	43	
25	ZJ025	临安市浙江林学院	♀	40	18	45	
26	ZJ026	临安市浙江林学院	♂	40	20	50	
27	ZJ027	临安市吉口镇株柳村	♂	30	24	36	
28	ZJ028	临安市吉口镇株柳村	♂	30	25	36	
29	ZJ029	临安市吉口镇株柳村	♀	35	16	41	
30	ZJ030	临安市吉口镇株柳村	♂	32	12	40	
31	ZJ031	临安市吉口镇株柳村	♂	30	13	32	
32	ZJ032	临安市吉口镇株柳村	♀	35	11	41	
33	ZJ033	临安市吉口镇株浪村	♀	40	20	40	
34	ZJ034	临安市吉口镇石盘村	♂	35	16	42	
35	ZJ035	临安市吉口镇石盘村	♀	41	15	42	
36	ZJ036	临安市吉口镇石盘村	♀	50	19	52	
37	ZJ037	临安市吉口镇龙田坞	♀	55	16	48	
38	ZJ038	临安市吉口镇龙田坞	♂	80	20	65	

续表

序号	编号	采集地点	雌雄	树龄(年)	树高(m)	胸径(cm)	备注
39	ZJ039	临安市洲头乡邬家村	♂	100	18	80	
40	ZJ040	临安市洲头乡竹溪村	♂	60	17	50	
41	ZJ041	临安市洲头乡夏村	♂	60	16	50	
南京市							
42	NJ001	南京林业大学汽车旅馆停车场	♂	25	16	17	
43	NJ002	南京林业大学汽车旅馆停车场	♂	50	19	41	
44	NJ003	南京林业大学汽车旅馆停车场	♂	40	18	30	
45	NJ004	南京林业大学树木园池塘边	♂	40	20	42	
46	NJ005	南京林业大学树木园池塘边	♂	50	17	50	
47	NJ006	南京林业大学树木园池塘边	♂	40	18	38	
48	NJ007	南京林业大学树木园池塘边	♂	40	19	35	
49	NJ008	南京林业大学树木园池塘边	♂	40	18	40	
50	NJ009	江宁区东山镇星光村	♂	30	6	15	
51	NJ010	江宁区东山镇星光村	♂	90	7	45	1 m处开叉
52	NJ011	江宁区东山镇上湾村沈因发路边	♂	35	16	18	
53	NJ012	江宁区东山镇上湾村	♂	200	16	75	
54	NJ013	江宁区东山镇上湾村	♂	120	18	50	
55	NJ014	江宁区东山镇上湾村	♂	200	11	80	1 m处开叉
56	NJ015	江宁区东山镇上湾村	♂	160	12	60	
57	NJ016	江宁区东山镇上湾村	♀	130	15	50	
58	NJ017	江宁区东山镇东湖村	♀	160	12	60	早黄梅
59	NJ018	江宁区东山镇东湖村	♀	200	20	80	洞庭皇
60	NJ019	江宁区东山镇农机公司园内	♀	50	17	40	
61	NJ020	江宁区东山镇农所水塔边	♂	70	16	30	中间开叉
62	NJ021	江宁区东山镇农所水塔边	♂	80	16	35	
63	NJ022	江宁区东山镇农新科研楼前	♂	100	18	40	
64	NJ023	江宁区东山镇县中园内	♂	150	14	60	3.5 m处分叉
65	NJ024	江宁区东山镇县中园内	♂	170	16	70	6 m处分叉
66	NJ025	江宁区东山镇华阳宾馆内	♂	110	18	45	
67	NJ026	江宁区东山镇华阳宾馆内	♂	90	14	30	
68	NJ027	江宁区东山镇华阳宾馆内	♂	40	14	25	
69	NJ028	江宁区东山镇华阳宾馆内	♂	80	16	35	
湖北省							
70	HB001	安陆市王义贞镇钱冲村	♀	1 100	27	210	
71	HB002	安陆市王义贞镇钱冲村	♀	500	21	103	
72	HB003	安陆市王义贞镇钱冲村	♀	200	19	56	
73	HB004	安陆市王义贞镇钱冲村	♀	100以上	15	48	无顶树
74	HB005	安陆市王义贞镇钱冲村	♀	近100	21	57	

续表

序号	编号	采集地点	雌雄	树龄(年)	树高(m)	胸径(cm)	备注
				湖北省			
75	HB006	安陆市王义贞镇钱冲村	♀	300以上	18	83	
76	HB007	安陆市王义贞镇钱冲村	♀	200以上	19	63	
77	HB008	安陆市王义贞镇钱冲村	♀	500	17	86	2 m处多分枝
78	HB009	安陆市王义贞镇钱冲村	♀	300	17	72	上有藤本缠绕
79	HB010	安陆市王义贞镇钱冲村	♀	300	16	64	无顶树
80	HB011	安陆市王义贞镇钱冲村	♀	60	13	50	
81	HB012	安陆市王义贞镇钱冲村	♀	80	15	73	
82	HB013	安陆市王义贞镇钱冲村	♀	500	10	81	偏冠
83	HB014	安陆市王义贞镇钱冲村	♀	500	22	120	在路边
84	HB015	安陆市王义贞镇钱冲村	♀	100	20	52	
85	HB016	安陆市王义贞镇钱冲村	♀	100	16	45	在坟墓边
86	HB017	安陆市王义贞镇钱冲村	♀	150	18	78	在坟墓边
87	HB018	安陆市王义贞镇钱冲村	♀	300	25	80	在屋旁
88	HB019	安陆市王义贞镇钱冲村	♀	500	32	79	在房屋后并有小丛林
89	HB020	安陆市王义贞镇钱冲村	♀	300	18	75	
90	HB021	安陆市王义贞镇钱冲村	♀	150	12	54	
91	HB022	安陆市王义贞镇钱冲村	♀	300	13	93	树干在基部约15 cm处一分为二
92	HB023	安陆市王义贞镇钱冲村	♀	150	12	64	在水塘边
93	HB024	安陆市王义贞镇钱冲村	♀	150	10	65	
94	HB025	安陆市王义贞镇钱冲村	♀	150	12	52	在水塘边
95	HB026	安陆市王义贞镇钱冲村	♀	150	13	57	
96	HB027	安陆市王义贞镇钱冲村	♀	160	13	67	
97	HB028	安陆市王义贞镇钱冲村	♀	150	14	53	
98	HB029	安陆市王义贞镇钱冲村	♀	300	18	82	
99	HB030	安陆市王义贞镇钱冲村	♀	100	12	53	坟墓边
100	HB031	安陆市王义贞镇钱冲村	♀	100	13	52	旁边有杉木
101	HB032	安陆市王义贞镇钱冲村	♀	200	14	56	在孙绍元坟墓边
102	HB033	安陆市王义贞镇钱冲村	♀	100	12	50	生长在斜坡
103	HB034	安陆市王义贞镇钱冲村	♀	100	10	58	
104	HB035	安陆市王义贞镇钱冲村	♀	150	12	55	
105	HB036	安陆市王义贞镇钱冲村	♀	600	20	86	在孙传成房屋前面
106	HB037	安陆市王义贞镇钱冲村	♀	600	22	110	所采枝条为♂枝,在孙传成屋前
107	HB038	安陆市王义贞镇钱冲村	♀	250	15	61	
108	HB039	安陆市王义贞镇钱冲村	♀	300	12	85	在孙小平房屋后
109	HB040	安陆市王义贞镇钱冲村	♀	300	14	89	
110	HB041	安陆市王义贞镇钱冲村	♀	100	12	45	偏冠

续表

序号	编号	采集地点	雌雄	树龄(年)	树高(m)	胸径(cm)	备注
111	HB042	安陆市王义贞镇钱冲村	♀	300	16	66	旁有杉木
112	HB043	安陆市王义贞镇钱冲村	♀	300	10	72	被雷击
113	HB044	安陆市王义贞镇钱冲村	♀	250	11	62	分枝少,位于孙绍土旁屋后
114	HB045	安陆市王义贞镇钱冲村	♀	100	14	50	
115	HB046	安陆市王义贞镇钱冲村	♀	80	9	35	
116	HB047	安陆市王义贞镇钱冲村	♀	200	9	51	生长在田埂
117	HB048	安陆市王义贞镇钱冲村	♀	400	22	74	
118	HH049	安陆市王义贞镇钱冲村	♀	100	8	40	在小路边
119	HB050	安陆市王义贞镇钱冲村	♀	1 000	9	108	枯顶梢
120	HB051	安陆市王义贞镇钱冲村	♀	300	20	72	
121	HB052	安陆市王义贞镇钱冲村	♀	100	10	42	
122	HB053	安陆市王义贞镇钱冲村	♀	300	13	56	位于江边
123	HB054	安陆市王义贞镇钱冲村	♀	300	15	52	生长在江边
124	HB055	安陆市王义贞镇钱冲村	♀	100	13	60	位于阙楚平屋前
125	HB056	安陆市王义贞镇钱冲村	♀	700	13	80	
126	HB057	安陆市王义贞镇钱冲村	♀	80	13	63	
127	HB058	安陆市王义贞镇钱冲村	♀	1 500	23	200	
128	HB059	安陆市王义贞镇钱冲村	♀	600	18	80	
129	HB060	安陆市王义贞镇钱冲村	♀	600	14	110	位于江边
130	HB061	安陆市王义贞镇钱冲村	♀	1 000 以上	19	110	位于江边
131	HB062	安陆市王义贞镇三冲村	♀	1 000	16	190	
132	HB063	安陆市王义贞镇三冲村	♀	1 000	17	200	生长在水塘边
133	HB064	安陆市王义贞镇三冲村	♀	300	15	76	
134	HB065	安陆市王义贞镇三冲村	♀	100	10	46	偏冠,在基部80 cm处树体一分为二
135	HB066	安陆市王义贞镇三冲村	♀	150	13	52	
136	HB067	安陆市王义贞镇三冲村	♀	150	12	73	
137	HB068	安陆市王义贞镇三冲村	♀	100	13	58	
138	HB069	安陆市王义贞镇三冲村	♀	100 以上	11	50	
139	HB070	安陆市王义贞镇三冲村	♀	200 以上	12	65	
140	HB071	安陆市王义贞镇三冲村	♀	150 以上	13	46	
141	HB072	安陆市王义贞镇三冲村	♀	1 000 以上	14	130	
142	HB073	安陆市王义贞镇三冲村	♀	80	13	43	
143	HB074	安陆市王义贞镇三冲村	♀	500 以上	16	96	
144	HB075	安陆市王义贞镇三冲村	♀	100	13	85	
145	HB076	安陆市王义贞镇三冲村	♀	500 以上	14	65	
146	HB077	安陆市王义贞镇三冲村	♀	200 以上	14	66	
147	HB078	安陆市王义贞镇三冲村	♀	300 以上	14	83	
148	HB079	安陆市王义贞镇三冲村	♀	200 以上	15	72	

续表

续表

序号	编号	采集地点	雌雄	树龄(年)	树高(m)	胸径(cm)	备注
149	HB080	安陆市王义贞镇三冲村	♀	200以上	13	58	
150	HB081	安陆市王义贞镇三冲村	♀	100以上	15	57	
151	HB082	随州市洛阳镇胡家河村	♀	900以上	12	56	
152	HB083	随州市洛阳镇胡家河村	♀	900以上	14	78	
153	HB084	随州市洛阳镇胡家河村	♀	2 500	15	240	
154	HB085	随州市洛阳镇胡家河村	♀	700	15	79	
155	HB086	随州市洛阳镇中平村	♀	2 045	15	130	
156	HB087	随州市洛阳镇中平村	♀	2 170	17	240	
157	HB088	随州市洛阳镇中平村	♀	2000以上	16	210	
158	HB089	随州市洛阳镇中平村	♀	152	10	53	
159	HB090	随州市洛阳镇中平村	♀	450	12	58	
160	HB091	随州市洛阳镇中平村	♀	2000以上	22	190	
161	HB092	随州市洛阳镇中平村	♀	800以上	12	82	
162	HB093	随州市洛阳镇中平村	♀	780	14	92	基部空心
163	HB094	随州市洛阳镇中平村	♀	300以上	15	78	旁边为菜园
164	HB095	随州市洛阳镇中平村	♀	470	15	79	
165	HB096	随州市洛阳镇中平村	♀	980	18	110	
166	HB097	随州市洛阳镇中平村	♀	1 400	16	180	树干基部中空
167	HB098	随州市洛阳镇中平村	♀	930	17	78	
168	HB099	随州市洛阳镇中平村	♀	1 000	15	94	
169	HB100	随州市洛阳镇中平村	♀	300	13	98	采集枝条为♂枝
170	HB101	随州市洛阳镇中平村	♀	150	13	65	
171	HB102	随州市洛阳镇中平村	♀	120	13	50	
172	HB103	随州市洛阳镇中平村	♀	150	14	58	
173	HB104	随州市洛阳镇中平村	♀	2000	16	250	
174	HB105	随州市洛阳镇中平村	♀	200	15	58	
175	HB106	随州市洛阳镇中平村	♀	205	12	54	
176	HB107	随州市洛阳镇中平村	♀	150	8	52	
177	HB108	随州市洛阳镇中平村	♀	200	11	45	
178	HB109	随州市洛阳镇中平村	♀	190	13	68	
179	HB110	随州市洛阳镇东平村	♀	600	14	115	
180	HB111	随州市洛阳镇东平村	♀	200	15	65	
181	HB112	随州市洛阳镇中平村	♀	500	16	87	
182	HB113	随州市洛阳镇中平村	♀	100	12	35	无顶梢
183	HB114	随州市洛阳镇中平村	♀	600	13	130	
184	HB115	随州市洛阳镇中平村	♀	300	12	105	
185	HB116	随州市洛阳镇胡家河村	♀	600	13	83	生长在江边(叶量小)
186	HB117	随州市洛阳镇胡家河村	♀	600以上	12	108	生长在江边

续表

序号	编号	采集地点	雌雄	树龄(年)	树高(m)	胸径(cm)	备注
187	HB118	随州市洛阳镇胡家河村	♀	100	14	70	
188	HB119	随州市洛阳镇胡家河村	♀	120	14	62	
189	HB120	随州市洛阳镇胡家河村	♀	100	13	65	
190	HB121	随州市洛阳镇胡家河村	♀	100	12	72	
191	HB122	随州市洛阳镇胡家河村	♀	200	15	78	
192	HB123	随州市洛阳镇胡家河村	♀	150	12	63	生长在水塘边、斜坡上
193	HB124	随州市洛阳镇胡家河村	♀	100	11	40	
194	HB125	随州市洛阳镇胡家河村	♀	150	16	68	
195	HB126	随州市洛阳镇胡家河村	♀	120	13	65	
196	HB127	随州市洛阳镇胡家河村	♀	120	12	63	偏冠
197	HB128	随州市洛阳镇胡家河村	♀	150	15	65	
198	HB129	随州市洛阳镇胡家河村	♀	100	9	82	
199	HB130	随州市洛阳镇胡家河村	♀	100	10	62	
200	HB131	随州市洛阳镇胡家河村	♀	800	11	150	
201	HB132	随州市洛阳镇胡家河村	♀	150	12	57	顶部枯梢
202	HB133	随州市洛阳镇青林村	♀	250	14	73	
203	HB134	随州市洛阳镇青林村	♀	110	13	94	位于公路边
204	HB135	随州市洛阳镇青林村	♀	1 160	13	130	
205	HB136	随州市洛阳镇青林村	♀	1 130	13	160	
206	HB137	随州市洛阳镇青林村	♀	1 140	12	120	
207	HB138	随州市洛阳镇青林村	♀	160	16	79	
208	HB139	随州市洛阳镇青林村	♀	130	14	115	
209	HB140	随州市洛阳镇青林村	♀	130	14	73	
210	HB141	随州市洛阳镇青林村	♀	85	11	40	
211	HB142	随州市洛阳镇青林村	♀	160	17	58	
212	HB143	随州市洛阳镇小岭冲村	♀	250	12	93	偏冠
213	HB144	随州市洛阳镇小岭冲村	♀	200	15	95	
214	HB145	随州市洛阳镇小岭冲村	♀	500	16	140	
215	HB146	随州市洛阳镇小岭冲村	♀	150	14	70	
216	HB147	随州市洛阳镇小岭冲村	♀	270	14	80	
217	HB148	随州市洛阳镇小岭冲村	♀	100	13	70	
218	HB149	神农架林区林管局院内	♂	80	13	38	
219	HB150	神农架林区林管局院内	♀	120	15	42	
220	HBI51	神农架林区盘乡新坪村	♀	150	17	68	基部萌生枝,树冠窄
221	HB152	神农架林区盘龙乡新坪村	♀	600	14	80	基部空,生长较差,种实小
贵州省							
222	GZ001	盘县特区乐民镇乐民村	♀	近千	17	305	1.5 m高处有4个分枝,附近有3株大小差不多的同品树

续表

序号	编号	采集地点	雌雄	树龄(年)	树高(m)	胸径(cm)	备注
223	GZ002	盘县特区乐民镇乐民村	♀	近千	22	258	种实较长
224	GZ003	盘县特区乐民镇乐民村	♀	近千	18	280	主梢已断
225	GZ004	盘县特区乐民镇乐民村	♀	近千	22	280	主梢已断
226	GZ005	盘县特区乐民镇黄家营村	♀	近千	17	280	
227	GZ006	盘县特区乐民镇黄家营村	♀	近千	20	250	
228	GZ007	盘县特区乐民镇黄家营村	♀	近千	18	240	根有裸露
229	GZ008	盘县特区乐民镇黄家营村	♀	1 500 以上	17~18	205	和另一株连生
230	GZ009	盘县特区乐民镇下大地村	♀	600 以上	16.5	140	3 m 高处分叉
231	GZ010	盘县特区乐民镇下大地村	♀	600 以上	16	86	3 株连生
232	GZ011	盘县特区乐民镇下大地村	♀	800 以上	20	170	
233	GZ012	盘县特区乐民镇下大地村	♂	250	18	75	根部裸露达 50 cm 以上
234	GZ013	盘县特区石桥镇妥乐村	♀	500	15	145	生长在悬崖大理石缝隙中
235	GZ014	盘县特区石桥镇妥乐村	♀	500	15	67	生长在坡沿上,根系裸露
236	GZ015	盘县特区石桥镇妥乐村	♀	420	16	113	根系着生大理石缝中
237	GZ016	盘县特区石桥镇妥乐村	♀	370	16	102	大理石质山地,土质差,树皮瘤状突起较多,树干不规则形
238	GZ017	盘县特区石桥镇妥乐村	♀	380	19	109	树干通直,主干发达圆满,土地含大理石砾较多
239	GZ018	盘县特区石桥镇妥乐村	♀	430	28	115	石质坡地,土层较厚
240	GZ019	盘县特区石桥镇妥乐村	♀	340	26	100	溪谷边,土层厚,含石砾量大,主干通直,树干有一深纵凹裂
241	GZ020	盘县特区石桥镇妥乐村	♀	1 000 以上	14	248	石质坡地,土层较厚,主干多处已朽空
242	GZ021	盘县特区石桥镇妥乐村	♀	700	14	150	陡坡,石质山地,土质极差
243	GZ022	盘县特区石桥镇妥乐村	♀	500	26	125	石质坡地,土层较厚
244	GZ023	盘县特区板桥镇头坝河村	♀	300	22	813	米高处分枝,溪谷边,土层厚,含石砾量大
245	GZ024	盘县特区板桥镇头坝河	♀	320	23	90	茎部主干处有一萌芽枝胸径达 45 cm
246	GZ025	盘县特区板桥镇头坝河村	♀	270	18	84	缓坡,土质厚,2 m 高处分枝达 7 个
247	GZ026	盘县特区板桥镇头坝河	♀	350	17	90	山坡阶状地,主干 3 m 以上分枝较多
248	GZ027	盘县特区板桥镇头坝河村	♀	360	20	96	2 株连生,分枝较多
249	GZ028	正安县土坪镇群江村	♀	400	20	103	主干通直,圆满,生于坡边,土质厚

续表

序号	编号	采集地点	雌雄	树龄(年)	树高(m)	胸径(cm)	备 注
250	GZ029	正安县流渡镇同心村	♀	300	18	83	女贞、小青竹、小银杏共生,坡陡土质厚
251	GZ030	正安县流渡镇同心村	♀	600	22	155	土层厚,含石砾量大,分枝多
252	GZ031	正安县谢坝乡红光村	♀	380	20	98	
253	GZ032	正安县谢坝乡红光村	♂	900	28	150	
254	GZ033	正安县谢坝乡红光村	♀	近千	32	298	基部分枝为3个
255	GZ034	正安县谢坝乡红光村	♀	1 000 以上	27	190	生活在沟边,主干发达,通直圆满
256	GZ035	正安县谢坝乡东社村	♂	350	23	95	与古老的柏树生长在一起
257	GZ036	正安县谢坝乡东社村	♀	320	21	90	与古老的柏树生长在一起
258	GZ037	正安县谢坝乡前东村	♂	1 000 以上	18	155	
259	GZ038	正安县格林镇木平富村	♀	1 500 以上	26	250	
260	GZ039	正安县斑竹乡汪洋村	♂	1 100	31	183	
261	GZ040	正安县中观镇凉风村庄	♀	900	19	146	
262	GZ041	正安县中观镇凉风村庄	♀	900	17	147	
263	GZ042	正安县斑竹乡汪洋村	♀	1 500 以上	20	240	
264	GZ043	务川仡佬族苗族自治县中塘乡	♂	150	18	64	
265	GZ044	务川仡佬族苗族自治县中塘乡	♀	70	13	35	
266	GZ045	务川仡佬族苗族自治县中塘乡	♂	130	12	50	
267	GZ046	务川仡佬族苗族自治县中塘乡	♀	200	12	78	
268	GZ047	务川仡佬族苗族自治县镇南镇	♂	550	30	148	
269	GZ048	务川仡佬族苗族自治县镇南镇	♀	130	18	47	
270	GZ049	务川仡佬族苗族自治县涪水镇	♀	240	25	71	
271	GZ050	务川仡佬族苗族自治县涪水镇	♀	140	18	50	
272	GZ051	务川仡佬族苗族自治县涪水镇	♀	210	20	70	
273	GZ052	务川仡佬族苗族自治县涪水镇	♂	60	15	25	
274	GZ053	务川仡佬族苗族自治县涪水镇	♀	100	20	35	
275	GZ054	务川仡佬族苗族自治县涪水镇	♂	110	20	40	
276	GZ055	务川仡佬族苗族自治县涪水镇	♂	90	18	30	
277	GZ056	务川仡佬族苗族自治县涪水镇	♂	150	20	50	
278	GZ057	务川仡佬族苗族自治县涪水镇	♂	140	20	50	
279	GZ058	务川仡佬族苗族自治县涪水镇	♂	150	20	50	
280	GZ059	务川仡佬族苗族自治县涪水镇	♂	160	20	55	
281	GZ060	务川仡佬族苗族自治县涪水镇	♂	180	20	65	
1999 年于重庆市收集的银杏种质资源							
282	CQ001	南川市	♀	近千	15	72	
283	CQ002	南川市青龙乡	♀	200	18	60	

续表

序号	编号	采集地点	雌雄	树龄(年)	树高(m)	胸径(cm)	备注
284	00003	南川市青龙乡	♂	100	20	43	
285	CQ004	南川市青龙乡	♀	300	21	94	
286	CQ005	南川市青龙乡	♀	300	20	80	
287	CQ006	南川市青龙乡	♀	250	20	70	
288	CQ007	南川市青龙乡	♀	300	20	90	
289	CQ008	南川市青龙乡	♀	近百	12	40	
290	CQ009	南川市青龙乡	♀	270	28	80	
291	CQ010	南川市青龙乡	♀	180	14	56	
292	CQ011	南川市金山镇	♀	300以上	25	100	
293	CQ012	南川市金山镇	♀	250	20	80	
294	CQ013	南川市金山镇	♀	300以上	25	90	
295	CQ014	南川市金山镇	♀	240	17	75	
296	CQ015	南川市金山镇	♀	150	11	50	
297	CQ016	南川市金山镇	♀	200	15	70	
298	CQ017	南川市金山镇	♀	180	14	60	
299	CQ018	南川市金山镇	♀	210	16	70	
300	CQ019	南川市金山镇	♀	170	15	60	
301	CQ020	南川市金山镇	♀	190	200	70	
		浙江省					
302	ZJ042	临安市西天目山剑名庵	♀	100以上	15	57	单株
303	ZJ043	临安市西天目山剑名庵	♀	100以上	17	60	2株连生
304	ZJ044	临安市西天目山剑名庵	♂	近1 000	19	63	6株连生
305	ZJ045	临安市西天目山剑名庵	♂	几百	16	50	单株
306	ZJ046	临安市西天目山剑名庵	♀	150	23	46	5株连生
307	ZJ047	临安市西天目山梅子湾	♂	500以上	25	57	5株连生
308	ZJ048	临安市西天目山梅子湾	♀	100以上	25	158	2株连生
309	ZJ049	临安市西天目山近山门口	♀	几百以上	17	93	
310	ZJ050	临安市西天目山后山门右旁	♂	几十	13	37	2株连生
311	ZJ051	临安市西天目山后山门右边	♀	100以上	20	68	4 m处分叉
312	ZJ052	临安市西天目山后山门右边	♀	100以上	13	90	
313	ZJ053	临安市西天口山化山窑	♂	100以上	18	68	2株连生
314	ZJ054	临安市西天目山化山窑	♀	100以上	14	44	
315	ZJ055	临安市西天目山化山窑	♀	100以上	14	72	1 m处出现分叉
316	ZJ056	临安市西天目山化山窑	♀	100以上	8	64	中空
317	ZJ057	临安市西天目山老管理局	♀	100以上	17	64	
318	ZJ058	临安市西天目山寺院边	♀	近千	16	91	
319	ZJ059	临安市西天目山寺院边	♀	100以上	14	41	

续表

序号	编号	采集地点	雌雄	树龄(年)	树高(m)	胸径(cm)	备注
320	ZJ060	临安市西天目山寺院边	♀	100以上	25	62	
321	ZJ061	临安市西天目山派出所旁	♂	100以上	20	115	
322	ZJ062	临安市西天目山派出所旁	♂	100以上	20	125	
323	ZJ063	临安市西天目山派出所旁	♀	100以上	13	105	树体已腐烂
324	ZJ064	临安市西天目山上山路旁	♂	几百	8	50	
325	ZJ065	临安市西天目山上山路旁	♀	几十	8	35	
326	ZJ066	临安市西天目山上山路旁	♂	上百	15	50	
327	ZJ067	临安市西天目山上山路旁	♀	几百	17	71	
328	ZJ068	临安市西天目山石灰窑湾	♂	近千	13	65	
329	ZJ069	临安市西天目乡大有村	♀	几百	18	93	4 m处分叉
浙江省							
330	ZJ070	临安市西天目乡大有村	♀	近千	19	111	
331	ZJ071	临安市西天目乡大有村	♂	近百	18	50	底部2株连生
332	ZJ072	临安市西天目乡大有村	♂	近百	18	32	
333	ZJ073	临安市西天目乡大有村	♀	近百	17	50	
334	ZJ074	临安市西天目乡大有村	♀	近百	14	46	
335	ZJ075	临安市西天目乡大有村	♀	近百	14	47	3.5 m处开始出现分叉
336	ZJ076	临安市西天目乡大有村	♀	近百	16	51	
337	ZJ077	临安市西天目乡大有村	♀	近百	14	40	
338	ZJ078	临安市西天目乡大有村	♂	近百	15	46	
339	ZJ079	临安市西天目山忠烈祠	♀	100以上	8	49	无顶
340	ZJ080	临安市西天目山忠烈祠	♀	近百	8	35	
341	ZJ081	临安市西天目山忠烈祠	♀	几百	11	58	
342	ZJ082	临安市西天目山忠烈祠	♀	几百	13	43	茎部联体二分叉
343	ZJ083	临安市西天目山忠烈祠	♂	几十	7	40	树体有藤本缠绕
344	ZJ084	临安市西天目山忠烈祠	♀	近百	8	45	断树梢,分枝多
345	ZJ085	临安市西天目山忠烈祠	♀	近百	11	57	
346	ZJ086	临安市西天目山忠烈祠	♀	几十	10	30	
347	ZJ087	临安市西天目山老殿附近	♂	近百	14	75	
348	ZJ088	临安市西天目山老殿附近	♂	几百	20	88	
349	ZJ089	临安市西天目山老殿附近	♀	几百	24	52	
350	ZJ090	临安市西天目山小木屋附近	♂	几百	13	61	
351	ZJ091	临安市西天目山青龙山脚	♀	几百	12	61	
352	ZJ092	临安市西天目山忠烈祠	♂	几十	13	52	
353	ZJ093	临安市西天目山忠烈祠	♀	几十	11	52	
354	ZJ094	临安市西天目山忠烈祠	♂	近百	13	61	
355	ZJ095	临安市西天目山忠烈祠	♂	100以上	7	51	
356	ZJ096	临安市西天目山原林场招待所	♂	近百	12	49	

续表

续表

序号	编号	采集地点	雌雄	树龄(年)	树高(m)	胸径(cm)	备注
357	ZJ097	临安市西天目山原林场招待所	♀	近百	15	43	
358	ZJ098	临安市西天目山柏树湾	♂	几十	14	43	
359	ZJ099	临安市西天目山柏树湾	♀	几十	8	40	
360	ZJ100	临安市西天目山柏树湾	♂	100以上	15	64	
361	ZJ101	临安市西天目山柏树湾	♂	100以上	14	57	
362	ZJ102	临安市西天目山柏树湾	♀	几十	8	34	断梢头
363	ZJ103	临安市西天目山雨花亭	♂	几十	16	44	
364	ZJ104	临安市西天目山雨花亭	♂	100以上	16	46	
365	ZJ105	临安市西天目山科技馆	♂	近千	12	141	
366	ZJ106	临安市西天目山水库尾	♀	100以上	12	62	
367	ZJ107	临安市西天目山水库尾	♀	近百	10	57	
368	ZJ108	临安市西天目乡九思村	♀	近千	9	200	
369	ZJ109	临安市西天目乡九思村	♀	近百	18	95	
370	ZJ110	临安市西天目乡九思村	♂	近千	20	270	
371	ZJ111	临安市西天目乡九思村	♀	几百	20	155	
372	ZJ112	临安市西天目山寺汪干	♂	近千	17	206	
373	ZJ113	临安市西天目山禅源寺	♂	几百	19	152	
374	ZJ114	临安市西天目山禅源寺	♂	近百	6	71	
375	ZJ115	临安市西天目山禅源寺	♀	几百	17	90	
376	ZJ116	临安市西天目山禅源寺	♀	几百	19	153	
377	ZJ117	临安市西天目山宾馆内	♀	几百	12	100	
378	ZJ118	临安市西天目山禅源寺	♀	近百	14	46	
379	ZJ119	临安市西天目山禅源寺	♀	几十	18	50	
380	ZJ120	临安市西天目山禅源寺	♀	几十	17	42	
381	ZJ121	临安市西天目山停车场旁	♀	近百	15	76	
382	ZJ122	临安市马啸乡童山坞村	♀	40	7	50	
383	ZJ123	临安市马啸乡童山坞村	♀	80	12	93	
384	ZJ124	临安市马啸乡童山坞村	♀	50	11	40	
385	ZJ125	临安市马啸乡童山坞村	♀	50	10	43	
386	ZJ126	临安市马啸乡童山坞村	♀	90	11	75	
387	ZJ127	临安市马啸乡路口村	♀	80	9	55	
388	ZJ128	临安市马啸乡路口村	♀	60	15	50	
389	ZJ129	临安市马啸乡路口村	♀	55	14	57	
390	ZJ130	临安市马啸乡路口村	♀	65	13	70	
391	ZJ131	临安市马啸乡路口村	♀	90	15	73	
392	ZJ132	临安市马啸乡路口村	♀	80	15	80	
393	ZJ133	临安市马啸乡路口村	♀	100	12	108	
394	ZJ134	临安市马啸乡路口村	♀	55	13	67	

续表

序号	编号	采集地点	雌雄	树龄（年）	树高（m）	胸径（cm）	备注
395	ZJ135	临安市马啸乡路口村	♀	65	17	63	
396	ZJ136	临安市马啸乡路口村	♀	45	18	59	
397	ZJ137	临安市马啸乡路口村	♀	55	20	60	
398	ZJ138	临安市马啸乡路口村	♀	55	15	54	
399	ZJ139	临安市马啸乡路口村	♀	50	12	50	
400	ZJ140	临安市马啸乡路口村	♀	100	15	92	
401	ZJ141	临安市马啸乡路口村	♀	60	15	65	
402	ZJ142	临安市马啸乡路口村	♀	40	12	51	
403	ZJ143	临安市马啸乡路口村	♀	100	14	134	
404	ZJ144	临安市吉口镇株柳村	♀	近百	13	81	
405	ZJ145	临安市吉口镇株柳村	♀	100	12	102	
406	ZJ146	临安市吉口镇株柳村	♀	40	15	40	
407	ZJ147	临安市吉口镇株柳村	♀	40	12	46	
408	ZJ148	临安市吉口镇株柳村	♀	80	12	60	
409	ZJ149	临安市吉口镇株柳村	♀	65	12	51	
410	ZJ150	临安市吉口镇株柳村	♀	50	12	58	
411	ZJ151	临安市吉口镇株柳村	♀	60	13	98	
412	ZJ152	临安市吉口镇株柳村	♀	65	14	77	
413	ZJ153	临安市吉口镇株柳村	♀	70	14	75	
414	ZJ154	临安市吉口镇株柳村	♀	50	13	58	
415	ZJ155	临安市吉口镇株柳村	♀	45	13	52	
416	ZJ156	临安市吉口镇株柳村	♀	80	15	89	
417	ZJ157	临安市吉口镇株柳村	♀	40	14	47	
418	ZJ158	临安市吉口镇株柳村	♀	50	14	52	
419	ZJ159	临安市吉口镇株柳村	♀	55	15	66	
420	ZJ160	临安市吉口镇株柳村	♀	40	14	50	
421	ZJ161	临安市吉口镇株柳村	♀	60	12	58	
422	ZJ162	临安市吉口镇株柳村	♀	90	15	81	
423	ZJ163	临安市吉口镇株柳村	♀	75	15	80	
424	ZJ164	临安市吉口镇株柳村	♀	50	11	52	
425	ZJ165	临安市顺溪白果村	♀	1 000	20	280	♀♂同株（♀为嫁接）
安徽省							
426	AH001	金寨县沙河乡楼房村	♀	250	25	96	6株连生
427	AH002	金寨县沙河乡楼房村	♂	150	22	76	
428	AH003	金寨县沙河乡楼房村	♀	110	14	60	
429	AH004	金寨县沙河乡楼房村	♀	120	16	77	
430	AH005	金寨县沙河乡楼房村	♀	150	16	73	
431	AH006	金寨县沙河乡楼房村	♂	350	27	124	人称"银杏王"

续表

序号	编号	采集地点	雌雄	树龄(年)	树高(m)	胸径(cm)	备注
432	AH007	金寨县沙河乡罗坪村	♀	350	24	126	
433	AH008	金寨县沙河乡罗坪村	♂	150	26	76	
434	AH009	金寨县沙河乡罗坪村	♀	200	26	75	
435	AH010	金寨县沙河乡枣林村	♀	250	26	92	
436	AH011	金寨县沙河乡枣林村	♂	250	27	99	
437	AH012	宁国市山门乡方村	♀	75	14	41	
438	AH013	宁国市山门乡方村	♀	200	22	73	
439	AH014	宁国市山门乡方村	♂	200	19	74	
440	AH015	宁国市山门乡方村	♀	350	22	108	
441	AH016	宁国市山门乡陈村	♀	120	18	51	
442	AH017	宁国市桥头乡七都汪村	♀	100	18	70	
443	AH018	宁国市桥头乡七都汪村	♂	100	18	54	
444	AH019	宁国市桥头乡七都汪村	♀	150	16	72	
445	AH020	宁国市桥头乡七都汪村	♂	360	19	104	
446	AH021	宁国市桥头乡七都汪村	♂	100	19	62	
		江苏省					
447	JS001	吴中区东山镇上湾村	♀	35	13	28	
448	JS002	吴中区东山镇上湾村六组	♂	80	16	59	
449	JS003	吴中区东山镇上湾村施新华	♀	1 000	20	119	
450	JS004	吴中区西山镇秉常村陈玉如	♀	120	17	76	
451	Js005	吴中区西山镇秉常村罗坦春	♀	100	16	55	
452	JS006	吴中区市西山镇正夏村上街	♂	100	16	76	
453	JS007	吴中区西山镇正夏村上街	♀	40	12	34	
454	JS008	吴中区西山镇正夏村上街	♀	205	22	96	
455	JS009	吴中区西山镇坞里村西边树	♂	85	15	44	
456	JS010	吴中区西山镇坞里村黄云生家	♀	120	14	70	
457	JS011	吴中区横泾	♀	100	14	38	
458	JS012	泰州市高港区刁铺镇井丰村袁正华	♂	14	37	20	
459	JS013	泰兴市燕头镇渡河村张春龙	♀	40	11	33	
460	JS014	泰兴市燕头镇双元村	♀	48	12	48	
461	JS015	泰兴市燕头镇联盟村谢存德	♀	33	9	29	
		山东省					
462	SD001	沂源县燕崖乡两白峪	♀	500	14	166	分枝多
463	SD002	沂源县织女洞林场地	♀	580	25	110	
464	SD003	莒县定林寺浮来山	♀	800	26	157	
465	SD004	莒县定林寺浮来山	♀	700	19	115	
466	SD005	莒县洛河乡北汶村北汶小学内	♀	1 000 多	24	163	
467	SD006	海阳市城区	♀	180	12	62	

续表

序号	编号	采集地点	雌雄	树龄（年）	树高（m）	胸径（cm）	备 注
468	SD007	海阳市朱吴乡后庄村	♀	180	15	60	
469	SD008	海阳市朱吴乡后庄村北桥边	♀	170	18	59	
470	SD009	海阳市朱吴乡后庄村栾良学校	♀	230	22	87	种实小
471	SD010	郯城县新村乡银杏古梅园内	♂	近千	29	230	
472	SD011	郯城县新村乡党委院内	♀	200	14	82	
473	SD012	郯城县新村乡沂河东岸	♀	110	13	40	皆为嫁接
474	SD013	郯城县新村乡刘守祥家屋旁	♀	200	12	77	大粒，近年产量高
475	SD014	郯城县新村乡于村小学南边	♀	180	18	65	
476	SD015	郯城县新村乡于村路北沟旁	♀	200	17	78	嫁接
		河南省					
477	HN001	嵩县白河乡栗寺村	♀	180	21	90	坡向东南，坡度25°
478	HN002	嵩县白河乡栗寺村	♀	150	25	115	坡向东南，棕壤土，山脚
479	HN003	嵩县白河乡栗朵村	♀	240	27	140	山脚
480	HN004	嵩县白河乡下寺村	♀	210	17	83	
481	HN005	嵩县白河乡下寺村	♀	200	20	82	叶子小扇形，种子圆形
482	HN006	嵩县白河乡下寺村	♂	400	22	110	山坡上
483	HN007	嵩县白河乡下寺村	♀	550	18	138	山脚
484	HN008	嵩县白河乡下寺村	♀	230	25	150	山脚，3 m处主干断
485	HN009	嵩县白河乡下寺村	♀	230	16	85	山坡口大石块旁
486	HN010	嵩县白河乡下寺村	♀	300	25	100	山坡上
487	HN011	嵩县白河乡下寺村	♂	400	27	121	平地
488	HN012	嵩县白河乡下寺村	♀	600	25	145	
489	HN014	嵩县白河乡下寺村	♀	150	20	80	甜银杏
490	HN015	嵩县白河乡下寺村	♂	190	23	105	优2，大银杏
491	HN016	嵩县白河乡下寺村	♂	120	25	55	优4，大银杏
492	HN013	嵩县车村镇自果树村卢文建家	♀	近千	24	370	
493	HN017	西峡县二郎坪乡栗坪村	♀	近千	19	288	
494	HN018	西峡县二郎坪乡栗坪村	♀	450	13	120	
495	HN019	西峡县二郎坪乡栗坪村	♂	110	22	40	
496	HN020	西峡县二郎坪乡栗坪村	♀	1 500以上	26	185	
497	HN021	西峡县二郎坪乡栗坪村	♀	300	25	100	
498	HN022	西峡县二郎坪乡白果坪村2组	♀	1 000以上	15	163	
499	HN023	西峡县二郎坪乡白果坪村1组	♀	700以上	19	135	
500	HN024	西峡县二郎坪乡林业站河对面	♂	500	17	120	
501	HN025	西峡县太平镇东坪村	♀	1 000以上	26	162	
502	HN026	西峡县太平镇阴沟村	♀	400	30	178	
503	14N027	新县卡房乡胡河村	♀	300	25	86	
504	HN028	新县卡房乡古店村三畈组	♀	450	15	123	

续表

序号	编号	采集地点	雌雄	树龄(年)	树高(m)	胸径(cm)	备注
505	HN029	新县卡房乡古店村	♀	120	8	39	
506	HN030	新县卡房乡古店村	♂	350	18	102	
507	HN031	新县周河乡西河村	♀	900	14	146	
508	HN032	新县周河乡西河村	♀	500	19	120	
福建省							
509	FJ001	武夷山市昊屯乡白花岩村	♀	304	25	180	
510	FJ002	武夷山市昊屯乡岭根村	♀	400	22	114	
511	FJ003	武夷山市吴屯乡麻坜村	♀	600	25	132	
512	FJ004	武夷山市岚谷乡乌山寺村	♀	364	20	87	
513	FJ005	武夷山市岚谷乡黎口村	♀	45	11	165	
江苏省							
514	JS016	泰兴市黄桥镇朱庄严1队何金成	♂	43	10	49	
515	JS017	泰兴市黄桥镇朱庄严1队申鑫圣	♂	50	12	55	
516	JS018	泰兴市黄桥镇七里林场	♂	35	13	25	嫁接
517	JS019	泰兴市黄桥镇七里林场	♂	40	12	28	嫁接
518	JS020	泰兴市燕头镇文堡村	♂	38	10	35	开花早3~4 d
519	JS021	泰兴市黄桥镇胡庄村	♂	45	15	46	
520	JS022	泰兴市黄桥中学旁	♂	200	18	62	

广西灵川县海洋乡银杏品种主要性状和品种质量

品类	品种	球果 形状	球果 大小(cm)	球果 顶部	球果 基部	球果 果皮	球果 果柄	种核 形状	种核 大小(cm)	种核 顶部	种核 基部	种核 棱线	球果 单粒重(g)	球果 千克粒数	种核 单粒重(g)	种核 千克粒数	出核率(%)	备注
长子类	金果佛手(牛奶果)	长倒卵卵	3.3×2.6	圆,中上部大	平阔	金黄色	略粗短,长2.9~3.5	长椭圆	2.4×1.5	圆,具小尖	窄钝,二束迹小	上部可见	8.2	122	1.9	526	22.5	中熟,味甜
长子类	枣子佛手(羊奶果)	长椭圆	3.0×2.3			多双果	细长,长3.8~4.2	长椭圆	2.7×1.3	圆,具突尖	窄,二束迹小		5.6	178	1.6	626	29.0	中熟,皮薄、仁满,味甜
长子类	橄榄佛手	长倒卵	3.6×2.7	微圆钝顶点下凹	平		中长,稍弯,长3.4~4.1	长纺锤形	3.0×1.9	圆,具突尖	窄,二束迹小	上部明显	9.3	108	2.4	416	24.9	中熟,质优
佛手类	长柄佛手	倒卵圆形	3.3×2.7	圆钝,顶点凹	略凹		细长而弯,长3.9~4.8	长倒卵圆	2.7×1.6	圆钝	窄,二束迹小	上中部明显	11.6	86	2.4	416	20.0	迟熟,外种皮厚
佛手类	粗佛子	椭圆形	3.2×2.9	圆钝,顶点凹	微凹宽	橙色	短粗,长2.8~3.1	长圆形	2.6×2.2	略扁	平阔厚钝,二束迹小	上部可见	13.0	76	2.5	400	22.0	中熟
佛手类	卵果佛手	卵形	2.8×2.5	略尖圆	平而不凹		细长,长2.9~3.66	椭圆形	2.0×1.7	微尖	尖,二束迹不显	不显	8.5	118	2.0	500	24.0	中熟,外种皮中厚
佛手类	圆底佛手	短ès椭圆	2.8×2.5	圆钝,顶点微凹入	平阔而凹		中短细小,长2.8~3.5	长椭圆形	1.9×1.7	微尖	圆厚钝,二束迹小	不显	8.3	120	1.9	526	23.5	中熟
梅核类	梅 核	近圆形	3.2×2.9	圆钝,顶点微凹入	较宽	橙色	短粗,长2.8~3.1	略扁,广椭圆	2.6×2.2	圆钝,具小尖	渐狭,二束迹明显	显著	13.0	76	2.5	400	22.0	中熟
梅核类	珍珠子	椭圆形	2.3×2.0	圆钝,顶点微凹入		多双果	中短,长2.8~3.5	椭圆形	1.8×1.3	微尖	尖,二束迹小	明显	5.0	200	1.5	666	23.0	早熟(8月下旬)
圆子类	算盘子	扁圆形	3.0×2.8	圆钝	平广		短粗而扁长~3.5	扁椭圆	2.3×2.2	圆钝	略狭,二束迹明显	翼状	12.0	84	2.5	400	24.0	中熟,核壳较厚
圆子类	棉花果	椭圆形	3.0×2.8	圆钝,有"一"或"+"字沟纹	微广		短粗而扁长2.7~3.1	扁椭圆	2.1×1.8	广圆,具小尖	略狭,二束迹小	翼状下部	8.0	126	1.7	588	24.0	中熟,外种皮易脱
圆子类	垂枝果	扁圆形	2.4×2.5	圆钝,顶点下凹	平宽	青黄色	短粗,圆,歪长2.8~3.2	圆,丰满	2.0×1.8	圆钝	尖,二束迹小	不显	10.4	96	2.2	454	21.0	中熟
圆子类	桐子果	扁椭圆	2.7×2.6	圆钝,顶点下凹	宽	有白粉	短,略弯,长~3.2	近圆形	2.1×1.8	圆钝无小尖	平,二束迹小	显著	8.3	120	1.8	556	22.0	有早产,迟熟之分,迟熟者丰产果成串似葡萄
圆子类	皱皮果	椭圆形	2.9×2.6	凹尖尖凹	平广	密布皱纹	略长3.3~3.8	扁圆形	2.4×1.8	略尖圆具小尖	圆平,二束迹大	明显	8.5	118	2.2	454	28.0	中熟,外种皮易脱,稳产高产
马铃类	马铃	微长圆形	2.9×2.6	圆钝,具小尖头	平阔		长3.1~3.7	广椭圆	2.3×1.9	钝,具小尖	平广,二束迹明显,相距0.4cm	中部以上具棱线	8.0	126	1.9	526	23.0	中熟
马铃类	黄皮果	椭圆形	2.5×2.4	圆钝,具小尖	平	黄色	短,长2.7~3.1	纺锤形	1.9×1.4	具小尖	二束迹不显	仅在上部可见	8.0	126	1.7	588	23.0	中熟
马铃类	青皮果	扁圆形	2.5×2.4	圆钝,顶点微凸起	较窄	熟时仍呈青色	细长,微弯,长3.6~4.0	纺锤形	1.9×1.5	端端头尖	略小且近	不显	7.6	132	1.8	556	23.5	中熟
马铃类	海洋皇	广椭圆形	3.5×2.9	圆钝,顶点凹陷	平,略凹入	满布白粉	上粗下细长3.8~4.4	广椭圆	3.0×1.9	圆钝,具小尖	略窄,二束迹突出	不显	14.3	70	3.6	278	25.0	晚熟,丰产

银杏基础理论研究大事年鉴

时间(a)	研究者	国家	主要内容	意义
1690	Kaempfer	荷兰	考察日本银杏	使西方人最初了解了银杏
1712	Kaempfer	荷兰	用图的形式,描述了银杏叶子和种子,并提出属名 Ginkgo	首次确立了银杏的属名及分类地位
1771	Linnaeus	瑞典	确定银杏种名为 G. biloba L.	种名首次确定
1883	Nakamura	日本	木材物理学特性	木材理化特性
1895	Hirase	日本	发现具鞭毛的游动精子	确立了银杏进化系统的原始性,为把银杏从红豆杉科独立出来奠定了基础
1895	Fujii	日本	发现银杏有树奶	对银杏生态学和解剖学有重大意义
1898	Engler	—	银杏从红豆杉科分出,成立了银杏目、银杏科	进一步明确了其分类地位
1929	Makino	日本	首次对叶籽银杏进行形态描述	银杏种子在进化史上表现出最原始的形态特征
1914	Wilson	美国	认为中国有银杏野生种	银杏是否有野生种引起争论
1930	山下太藏	日本	证明银杏叶含有黄酮	对叶子综合利用有重大意义
1931	吉冈金市	日本	日本有雌雄同株银杏	性形表达
1933	陈嵘	中国	认为银杏绝无野生种	对银杏起源展开争论
1934	李继侗	中国	银杏胚离体培养	证明 3 mm 以上的胚可以在离体条件下正常发育
1936	贾祖章	中国	认为银杏有野生种	对银杏起源展开争论
1936	Florin	—	认为银杏叶脉是开放的二叉分枝,无联结现象	叶子解剖
1938	Forster	美国	确立了银杏茎尖分生组织五个分区	对银杏乃至裸子植物茎端解剖构造和发育具有重大意义
1946~1949	Gunckel	美国	研究了长短枝的起源、解剖构造及内源激素的变化	对长短枝的生长习性及转化机理有了进一步了解
1949	Zozeran	—	对银杏结种短枝特性进行了研究	认为从短枝上胚珠着生位置来看,银杏的雌花是真正的一种原始球果
1954	Newcomer 李正理	美国 中国	银杏雌雄株体细胞染色体组型分析	对银杏雌雄鉴别具有重要意义
1954	郑勉	中国	银杏木材解剖构造研究	为了解银杏木材性质提供了理论依据
1956 1958	Favre-Duchartre	法国	对银杏有性生殖从细胞学到形态学进行了详细研究	对银杏传粉、受精及种子发育具有重大意义
1957	李正理	中国	认为银杏野生种难以证实	对银杏起源展开争论

续表

时间(a)	研究者	国家	主要内容	意义
1959	Arnott	美国	认为银杏叶脉联结率占10%	叶脉联生的叶片构造是一种古老形式的残留
1967	Major	美国	对银杏筑病虫机理、叶片生化物质进行了研究	对银杏病虫害防治及生态学具有重大意义
1967	Steward	美国	银杏大孢子母细胞的发育	胚胎发育
1968	Banerjee	加拿大	银杏种子内源GA和CK成分分析	种子发育生理
1970	Critchfield	—	银杏长枝生长和"异形叶性"	指出叶片的形态与树干茎干系统上某一叶片或叶系列的位置有相关性
1980	Gifford	美国	银杏精原细胞的发育	胚胎发育
1980	岩崎文雄	日本	雌雄株同工酶分析	雌雄鉴别
1983	王伏雄	中国	银杏胚胎发育的研究	对银杏有性生殖过程及分类地位具有意义
1986	Friedman	美国	银杏雌配子体的光合作用	种子发育生理
1987	Friedman	美国	银杏雄配子体在自然和离体条件下的发育	胚胎发育
1988	梁立兴	中国	《中国银杏》一书出版	对银杏生产具有重要指导意义
1991	Del Tredici	美国	首次提出银杏"基生树瘤"的概念,并对其起源、解剖及利用等进行了研究	对银杏生态学具有重要意义

银杏胚珠发育过程

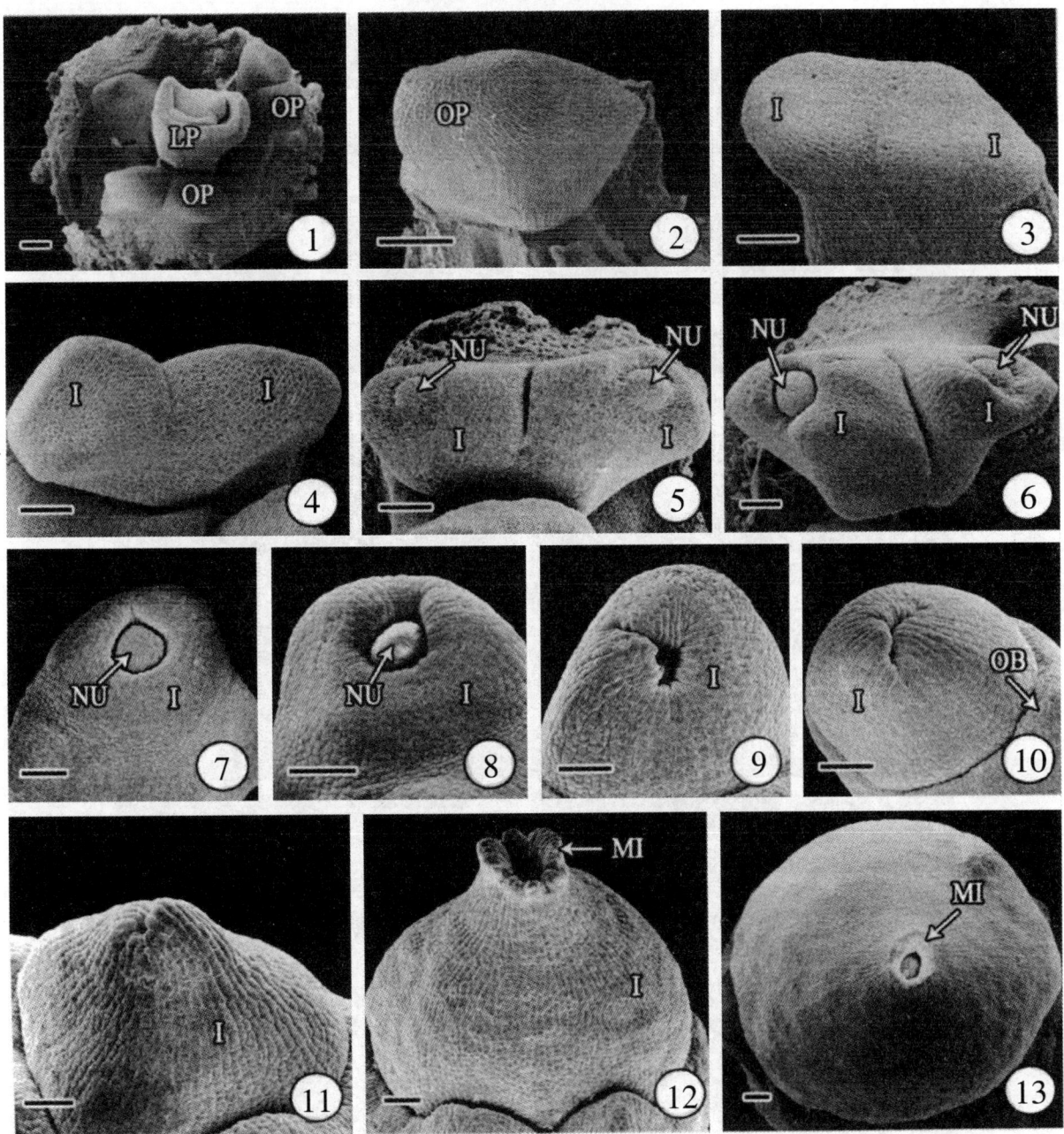

①雌花芽内叶原基和胚珠原基;②总柄原基顶端呈圆弧形;③、④总柄原基顶端显著膨大,并向两侧突起形成珠被;⑤、⑥珠被中间分化出珠心组织;⑦~⑨珠被组织迅速生长,逐渐包围珠心;⑩珠托分化形成;⑪珠被组织完全包围珠心后继续向上生长;⑫成熟胚珠;⑬传粉期珠孔开口达到最大。Bar = 100 μm;LP 叶原基;OP 胚珠原基;I 珠被;NU 珠心;OB 珠托;MI 珠孔

银杏大孢子叶球发育过程

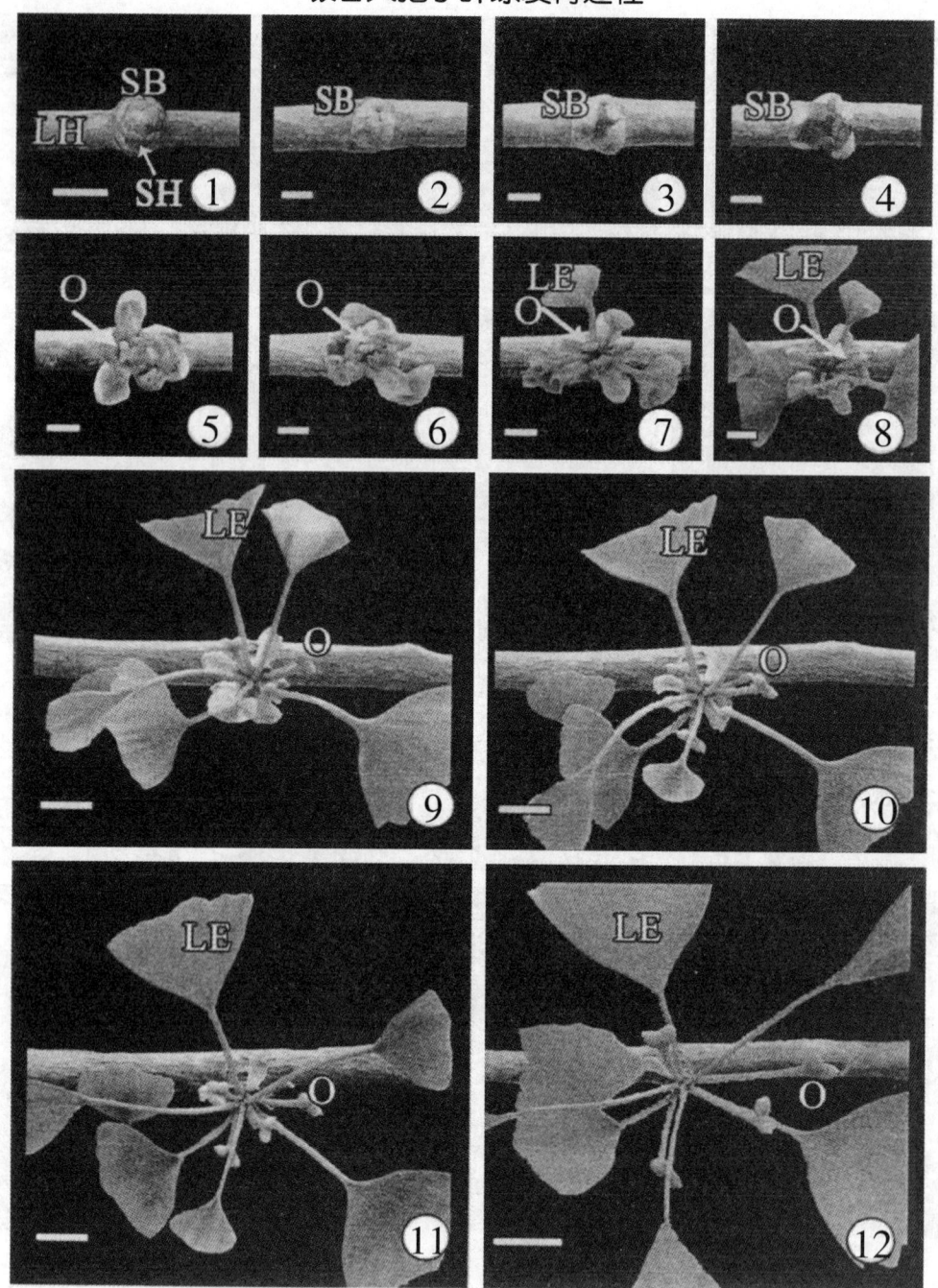

①银杏雌花芽顶端较尖,外有较厚的芽鳞包被;②~④3月下旬芽鳞开始逐渐开张;⑤~⑥4月初中央分化形成胚珠,周围发育为叶片;⑦~⑧叶片生长迅速并向外围扩展,胚珠的总柄逐渐伸长;⑨~⑩临近授粉期叶片展开呈扇形,螺旋状簇生在短枝的顶端,胚珠直立向上,总柄细长;⑪4月中旬授粉时的胚珠为黄绿色,叶片平展;⑫授粉后胚珠迅速变为绿色。Bar=1 cm;SH 短枝;LH 长枝;SB 芽鳞;O 胚珠;LE 营养叶。

地质年代、气候和生物进化

宙	代	纪	世	百万年	气候及生物
显生宙	新生代	第四纪（Quarternary）	现代	0~0.01	冰期已过，气温上升，被子植物繁茂，草本植物发达，人类发展
			更新世	0.01~2	4个冰期，北半球冰川，气温下降，直立人、早期智人发展，很多人型兽类绝灭
		第三纪（Tertiary）	上新世	2~5	喜马拉雅山、安第斯山、阿尔卑斯山建成，大陆各洲成型
			中新世	5~25	气候冷
			渐新世	25~38	被子植物取子代裸子植物，繁茂，杨、柳、桦、榉等成林
			始新世	38~55	恐龙绝灭，鸟类及哺乳类大发展，适应辐射类人猿出现（南方古猿）
			古新世	55~65	
	中生代	白垩纪（Cretaceous）		65~144	造山运动，火山活动多，大陆分开，后期冷。裸子植物衰退，被子植物发达，恐龙绝灭，多种有袋类绝灭，胎盘哺乳类及鸟类兴起，灵长类出现
		侏罗纪（Jurassic）		144~213	温暖，湿润。有内海，大陆漂浮。裸子植物为主，被子植物出现。爬行类繁盛，恐龙、鱼龙、翼手龙等发展，始祖鸟、单孔类多，原始有袋类出现
		三叠纪（Triassic）		213~248	气候温和干燥，晚期湿热。裸子植物成林（苏铁、银杏、松柏等），炭化成煤。无尾两栖类出现，爬行类恐龙占优势，原始哺乳类出现
	古生代	二叠纪（Permian）		248~289	造山运动频繁，干热，联钴陆（Pangaea）开始分裂，蕨类衰退，裸子植物繁茂。三叶虫及多种无脊椎动物绝灭，爬行类辐射适应
		石炭纪（Carboniferous）		289~360	造山运动，气候温湿，蕨类繁茂，裸子植物兴起。陆生软体动物，昆虫辐射适应，两栖类繁茂，爬行类兴起
		泥盆纪（Devonian）		360~408	陆地扩大，干旱炎热蔽类繁盛鱼类繁盛，昆虫、两栖类兴起，三叶虫少
		志留纪（Silurian）		408~438	造山运动，陆地增多，裸蕨、陆生维管植物、珊瑚多，三叶虫衰退，无翅昆虫、甲胄鱼繁盛
		奥陶纪（Ordovician）		438~505	浅海广布，气候温暖，蕨类、笔石、珊瑚、三叶虫、腕足类、苔鲜虫、头足类等，甲胄鱼出现
		寒武纪（Cambrian）		505~590	浅海扩大，气候温和，多化石，蕨类、三叶虫繁盛。海绵、珊瑚、腕足类、软体动物，棘皮动物
	元古宙			590	叠层石，温暖浅海，蓝藻、真核藻类，后生动物起源等无脊椎动物，大气圈和水圈、细胞形成，有微生物化石，叠层石。光合自养厌氧微生物，初级大气圈，生命化学进化
	太古宙			3 800	
	冥古宙			4 600	

EGb 不同提取方法的比较

主要步骤	提取物中的浓度(%) 黄酮	提取物中的浓度(%) 双黄酮	提取物中的浓度(%) 内酯	收率(%)	应用范围
60%丙酮提取，四氯化碳除杂，丁酮萃取	—	—	—	4.4(1)	药物
60%丙酮提取，四氯化碳和铅沉淀除杂，2次丁酮萃取	—	—	—	1.2(1)	药物
甲醇提取，氯仿除杂，乙酸乙酯萃取，反相色谱分离	—(2)			3.4(1)	药物
甲醇提取，四氯化碳除杂，丁酮萃取，色谱分离	—(3)			0.22	药物
乙醇提取				12(1)	保健食品
醇或酮水溶液提取，丁酮萃取				1.8(1)	药物
70%丙酮提取，氨水沉淀，丁酮-丙酮萃取	32.1				药物
超临界二氧化碳提取	3.8				食品
醇或酮提取，正己烷除杂，甲苯-正丁醇萃取或树脂吸附	24	0.4(4)	6.7	>0.61	药物，化妆品
醇提取，氯仿萃取，活性炭吸附	33	0.2(4)	—		药物
30%~45%乙醇提取	>2	>1.3	>0.5		保健食品化妆品
60%丙酮提取，丁酮-丙酮萃取	24.8~25.3		6.1~6.5	0.83~0.92	药物
50%乙醇提取，酶处理，树脂吸附	13.6			0.38	药物，保健食品，化妆品
醇提取，溶剂萃取，树脂处理	30.1			0.84	保健食品，化妆品，药物
丙酮提取，乙酸乙酯萃取，丁醇萃取	40~60		100(5)	2(6)	药物
水提取，树脂吸附	15~24	—		0.6	保健食品
乙醇提取，树脂吸附	≤36		>5	0.75	药物保健食品
醇或酮提取，溶剂萃取，硅胶-活性炭吸附，重结晶	—		100(7)	0.1	药物
水提取，乙醇回流(8)					药物
水提取，树脂吸附	38			0.46~0.57	药物
超临界二氧化碳提取	>35	—	—	1.4	药物
水和乙醇提取，聚酰胺吸附	24~40				药物

(1) 指得率，未给出提取物中黄酮含量；
(2) 分离一个黄酮；
(3) 分离两个黄酮；
(4) 指得率，未给出提取物中双黄酮含量；
(5) 可单独分离出银杏内酯和白果内酯纯品；
(6) 其中内酯收率 0.26%；
(7) 指银杏内酯；
(8) 提取双黄酮，未给出数据。

银杏黄酮类化合物生物合成途径

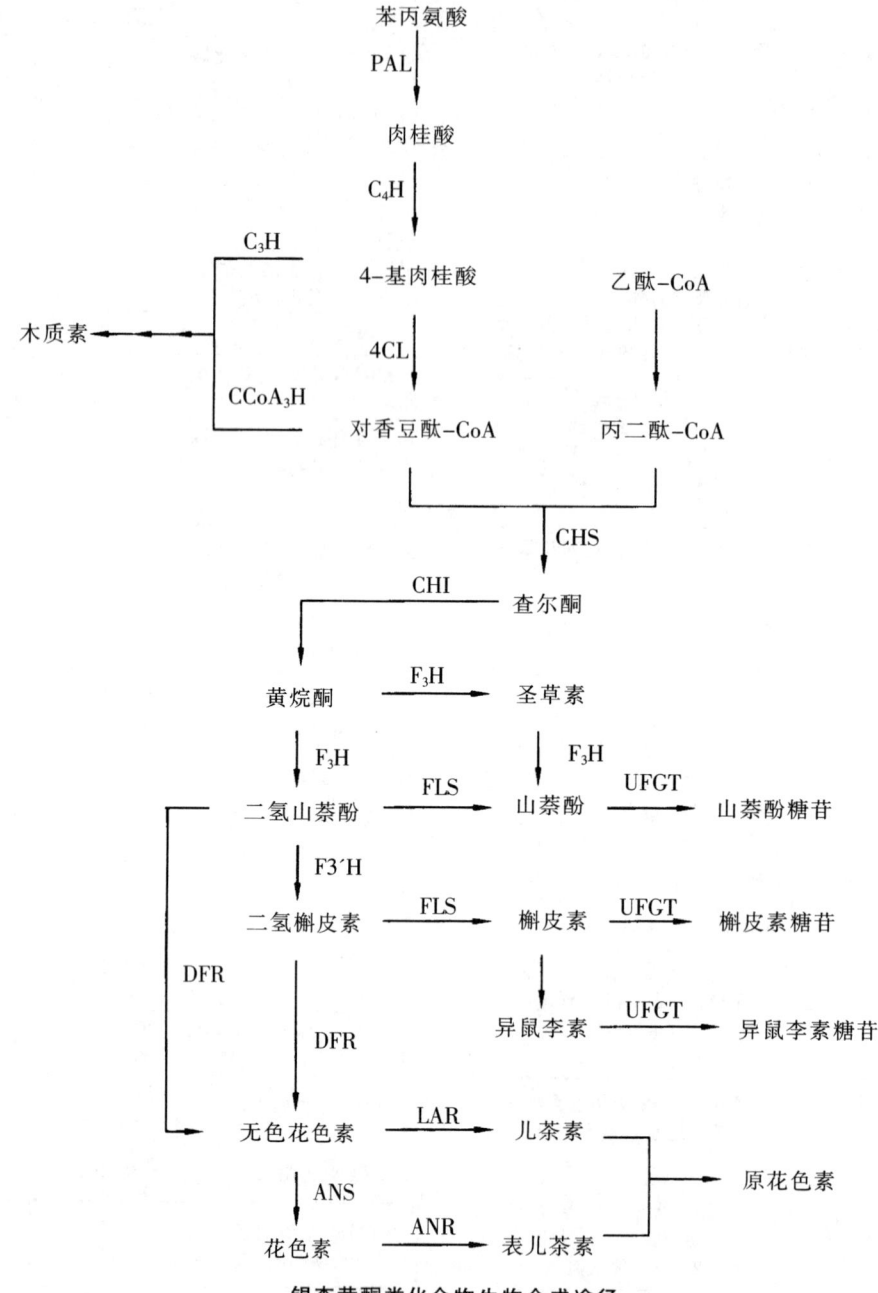

银杏黄酮类化合物生物合成途径

（PAL：苯丙氨酸解氨酶；C_4H：肉桂酸羟化酶；C_3H：香豆酸-3-羟化酶；$CCoA_3H$：香豆酰CoA-3-羟化酶；4CL：对香豆酰连接酶；CHS：查耳酮合成酶；CHI：查耳酮异构酶；F_3H：黄烷酮羟化酶；$F3'H$：类黄酮3'-羟化酶；FLS：黄酮醇合成酶；DFR：二氢黄烷醇还原酶；UFGT：类黄酮-3-O-葡萄糖基转移酶；LAR：无色花色素还原酶；ANS：花色素合成酶；ANR：花色素还原酶）

银杏外种皮浸膏提取法

以新鲜晾干的银杏外种皮为原料,用组织捣碎机粉碎 2 min,首先用石油醚常压回流 1 h 脱脂,蒸去石油醚,以 95% 乙醇冷提 24 h,热回流提取 2 次,每次回流时间为 1~2 h,得棕黄色乙醇提取液,在 20 kPa 压力下减压浓缩得棕褐色提取物浸膏。

用乙醚抽提浸膏,得乙醚液,可分别采用:
(1) pH 值梯度萃取法(或称酸碱溶液萃取法);
(2) 铅盐沉淀法;
(3) 柱层析法;
(4) 有机溶剂萃取法;
(5) 盐析法;
(6) 重结晶法等手段分离有效成分。现介绍 pH 值梯度萃取法和柱层析法。

一、pH 值梯度萃取法

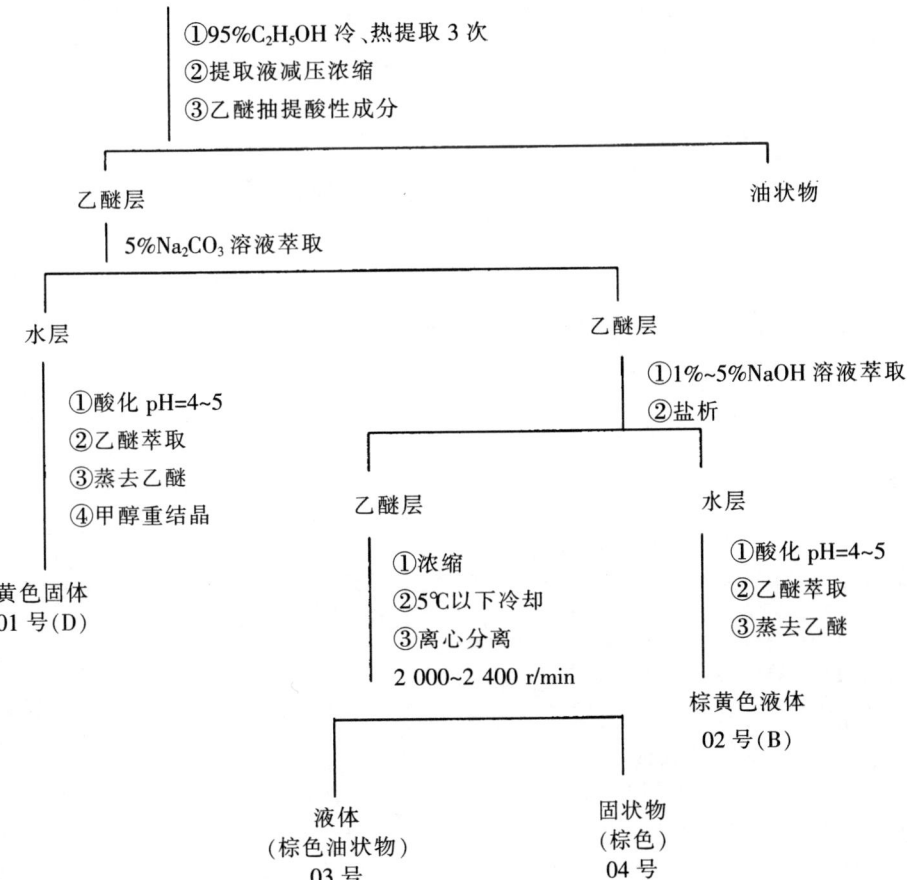

方法② 银杏外种皮

　　　│①95%C_2H_5OH冷、热提取3次
　　　│②提取液减压浓缩
　浸膏
　　　│乙醚抽提酸性成分
　乙醚提取液
　　　│①饱和$NaHCO_3$溶液萃取 pH=8
　　　│②1%Na_2CO_3溶液萃取 pH=11
　　　│③5%Na_2CO_3溶液萃取 pH=12
　　　│④1%NaOH溶液萃取 pH>13
　乙醚液(03号)

1) pH=8的饱和$NaHCO_3$溶液萃取
   经酸化(pH=3~4),乙醚萃取,得黄色固体　　　　　　 ┐
2) pH=11的1%Na_2CO_3溶液萃取 01号(D)　　　　　├ 01号(D)
   经酸化(pH=3~4),乙醚萃取,得黄色固体　　　　　　 ┘

3) pH=12的5%Na_2CO_3溶液萃取
   经酸化(pH=5~6),乙醚萃取,得黄色液体　　　　　　 ┐
4) pH>13的1%NaOH溶液萃取　　　　　　　　　　　 ├ 02号(B)
   经酸化(pH=5~6),乙醚萃取,得黄色液体　　　　　　 ┘

二、柱层析法

银杏外种皮

　　　│①95%C_2H_5OH冷、热提取3次
　　　│②提取液减压浓缩
　浸膏
　　　│乙醚萃取酸性成分
　乙醚液
　　　│①1%~5%NaOH溶液萃取；
　　　│②酸化
　　　│③乙醚萃取
　　　│④蒸去乙醚得棕色液状物

棕色液状物(X)　　　　　　　　　乙醚液
　│柱层析法分离　　　　　　　　(03号)
　│柱料:聚酰胺(60-100目)或葡聚糖凝胶LH-20(SephadeLH-20)

①柱准备:湿法上柱依次用水洗—70%~95%C_2H_5OH洗—5%NaOH洗—10%HAc—蒸馏水洗至中性。
②组分x上柱:少量有机挥发溶剂(乙醚)溶解X样于少量的聚酰胺(或葡聚糖凝胶LH-20)中,凉干上柱。
③洗涤:
A.水洗脱。
B.50%CH_3OH(甲醇)洗脱。
C.5%NaOH溶液洗脱。
④洗脱液检验与分离:
A.水洗液,遇$FeCl_3$液不变色,洗脱液浅黄色后无色。
B.洗脱液呈棕黄色,遇$FeCl_3$溶液呈蓝绿及墨绿色,具有黄酮的酚羟基反应和酚性物质性质。TLC检验,现象不太明显,经减压浓缩、蒸发、重结晶等手段得黄色固体。表面现象及抑菌率测定同01号(D)。熔点182~183℃。

银杏叶化学成分及 EGb 761 化学组成

银杏叶含化合物	EGb 761 的化学组成	银杏叶含化合物	EGb 761 的化学组成
黄酮单糖苷		儿茶素类	
1 山奈酚-3-O-葡萄糖苷	+	39 (+)-catechin-pentaacetate	-
2 槲皮素-3-O-葡萄糖苷	+	40 (-)-epictechin-pentaacetate	-
3 异鼠李素-3-O-葡萄糖苷	+	41 (+)-gallocatechinhexaacetate	-
4 山奈酚-7-O-葡萄糖苷	+	42 (-)-epigallocatechinhexaacetate	-
5 槲皮素-3-O-鼠李糖苷	+		
6 3'-O-甲基杨梅树皮素-3-O-葡萄糖苷	(+)	其他黄酮类化合物	
7 洋芹素-7-葡萄糖苷	-	43a 原花青素	+
8 木樨草素-3-葡萄糖苷	-	43b 原翠雀素	
9 山奈酚-3-鼠李糖苷	-		
		萜类化合物	
黄酮双糖苷		44 白果内酯	+
10 山奈酚-3-O-芸香糖苷	+	45 银杏内酯 A	+
11 槲皮素-3-O-芸香糖苷	+	46 银杏内酯 B	+
12 异鼠李素-3-O-芸香糖苷	(+)	47 银杏内酯 C	
13 3'-O-甲基杨梅树皮素-3-O-芸香糖苷	(+)	48 银杏内酯 J	(-)
14 丁香-3-O-芸香糖苷	(+)	49 银杏内酯 M	
15 杨梅树皮素-3-芸香糖苷	-		
16 槲皮素-3-鼠李糖-2-葡萄糖苷	-	甾类	
17 山奈酚-3-鼠李糖-2-葡萄糖苷	-	50 谷甾醇	
		51 菜油甾醇	
黄酮三糖苷		52 2,2-二氢菜子甾醇	
18 山奈酚-3-葡萄糖-2,6-二鼠李糖苷	+	53 甾醇葡萄糖苷	+
19 槲皮素-3-葡萄糖-2,6-二鼠李糖苷	+		
20 异鼠李素-3-葡萄糖-2,6-二鼠李糖苷	-	有机酸类	
		54 乙酸	+
桂皮酸酯黄酮苷		55 莽草酸	+
21 槲皮素-3-鼠李糖-2-(6-对羟基反式桂皮酰)-葡萄糖苷	-	56 3-甲氧基-4-羟基苯甲酸	+
22 山奈酚-3-鼠李糖-2-(6-对羟基反式桂皮酰)-葡萄糖苷	-	57 4-羟基苯甲酸	+
23 槲皮素-3-鼠李糖-2-(6-对羟基反式桂皮酰)-葡萄糖-7-葡萄糖苷	-	58 3,4-二羟基苯甲酸	+
		59 6-羟基犬尿喹啉酸	+
24 槲皮素-3-鼠李糖-2-(6-对葡萄糖氧基-反式桂皮酰)-葡萄糖苷	-	60 犬尿喹啉酸	(+)
25 山奈酚-3-鼠李糖-2-(6-对葡萄糖氧基-反式桂皮酰)-葡萄糖苷	-	61 抗坏血酸	(+)
		62 丁酸	-
		63 己酸	-
黄酮苷元			
		烷基酚及酚酸类	
26 山奈酚	<0.1%	64 4-羟基银杏酸(a,b)	-
27 槲皮素	<0.1%	65 银杏酸(a,b,c,d)	-
28 异鼠李素	<0.1%	66 银杏酚(a,b,c)	-
29 木樨草素(3',4',5,7-四羟基黄酮)	-	67 白果酚	-
30 三粒小麦黄酮(3',4',5',5,7-五羟基黄酮)	-	68 4'-甲氧基	-
31 杨梅树皮素(3,4,5,3',4',5'-六羟基黄酮)	-		
32 洋芹素(5,7,4-三羟基黄酮)	-	其他化合物	
		69 长链烷烃	
双黄酮		70 烷烃	
		71 糖和糖衍生物	+
33 穗花杉双黄酮	<0.1%	72 聚异戊烯醇	
34 去甲银杏双黄酮		73 (z,z)-4,4'-(1,4-戊二烯)-1,5-二苯酚	
35 银杏双黄酮		74 细胞分裂素	
36 异银杏双黄酮		75 β-外源凝集素	
37 金钱松双黄酮		76 胡萝卜素	
38 5'-甲氧基去甲银杏双黄酮		77 微量元素	

注:"+"表示在 EGb 761 中含量 >0.5%,"(+)"表示在 EGb 761 中含量 <0.5%,"-"表示在 EGb 761 中未检测出

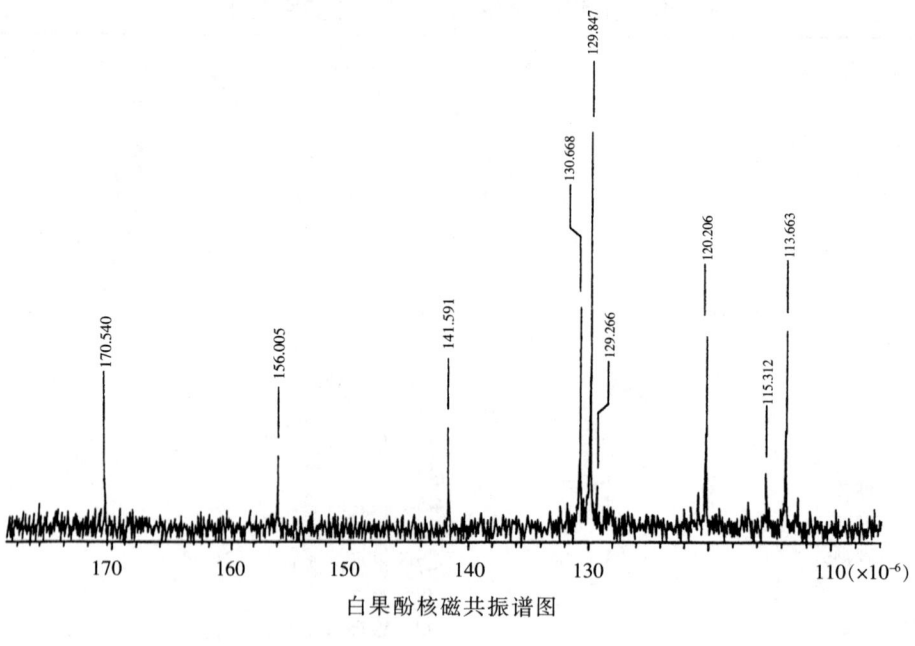

白果酚核磁共振谱图

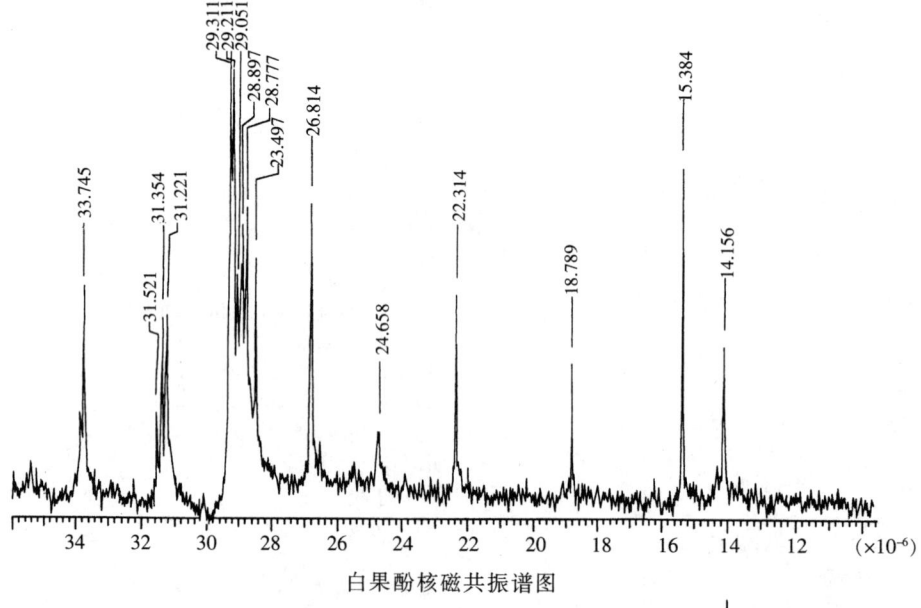

白果酚核磁共振谱图

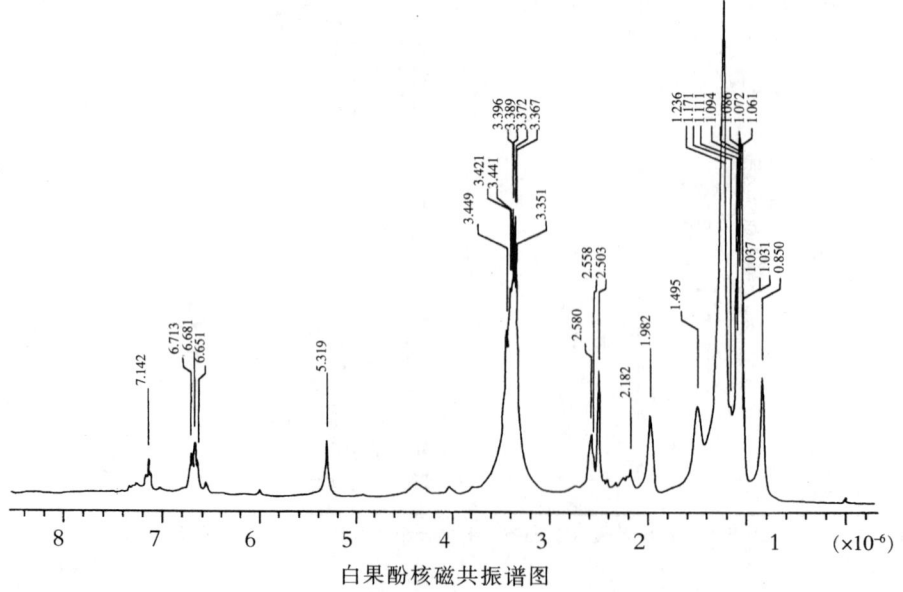

白果酚核磁共振谱图

叶用银杏品种选育及开发利用途径

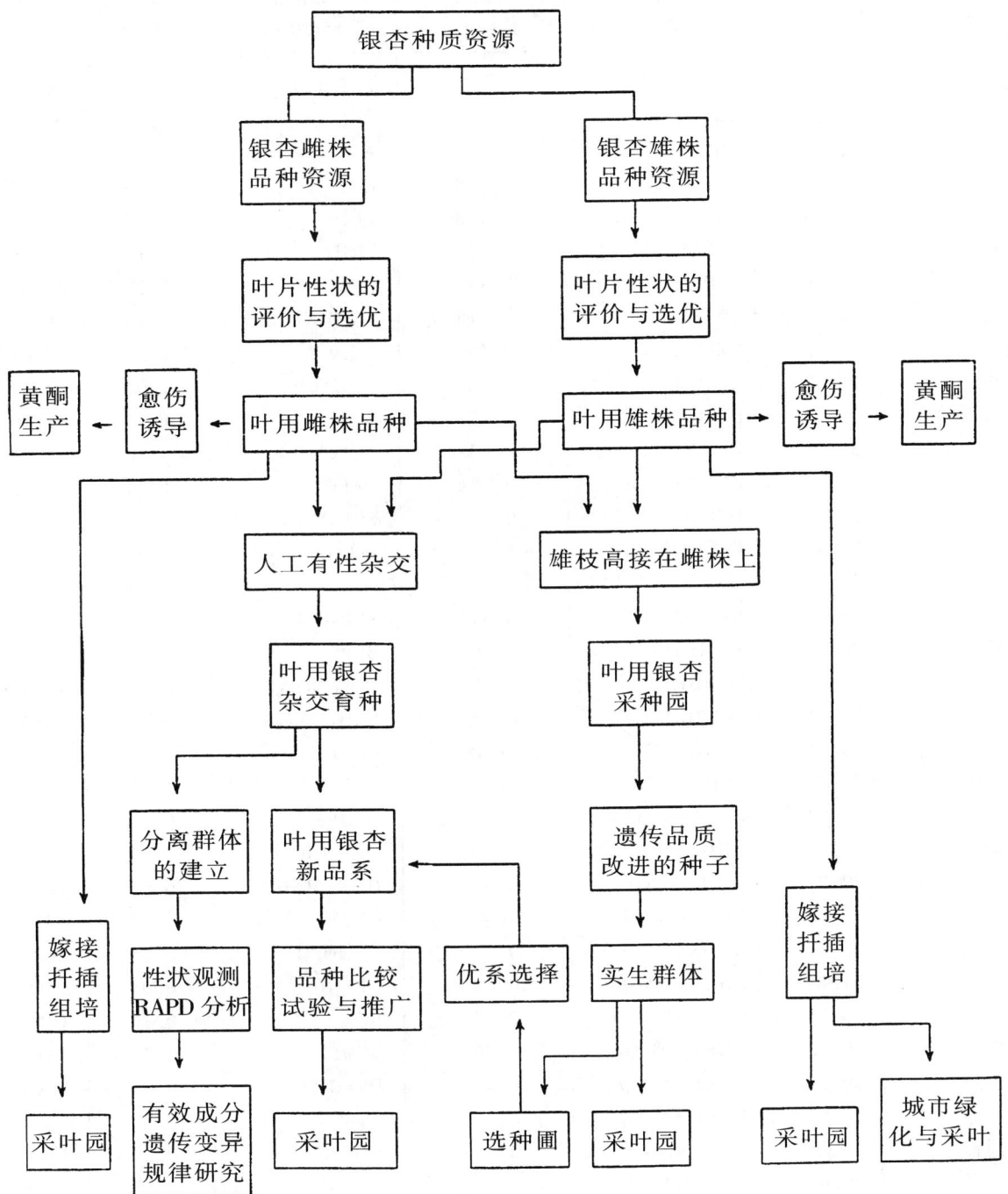

银杏雌株叶片面积、厚度及单叶重

品种（类型）	叶面积（cm²）	显著性 SSR 0.01	叶片厚度（mm）	显著性 SSR 0.01	单叶重（g）	显著性 SSR 0.01
泰兴 4 号	35.81	A	0.42	FGHIJ	1.47	A
庆春 8 号	34.19	AB	0.467	BCD	1.31	BCD
泰山 1 号	32.19	ABC	0.529	A	1.32	BC
邳州市 3 号	31.38	ABCD	0.448	CDEF	1.46	A
鸭尾银杏	29.89	BCDE	0.468	BCD	1.37	AB
庆春 6 号	29.07	BCDEF	0.425	FGHI	1.17	EFGH
新民 2 号	29.06	BCDEF	0.437	DEFG	1.23	CDEF
盘县长白果	26.7	CDEFG	0.418	FGHIJK	1.06	HIJK
大马铃	26.46	DEFGH	0.463	BCDE	1.21	CDEFG
甜白果	26.43	DEFGH	0.382	KLMNOPQ	1.09	GHIJ
邳州市 2 号	26.32	DEFGH	0.475	BC	1.18	DEFGH
尖底圆铃	26.2	DEFGH	0.438	DEFG	1.10	FGHI
湖北 1 号	26.17	DEFGH	0.435	DEFGH	1.20	CDEFG
圆铃 9 号	25.63	DEFGHI	0.414	FGHIJKLM	1.11	EFGHI
庆春 7 号	25.44	EFGHI	0.391	JKLMNOPQ	0.98	IJKLM
中马铃	25.26	EFGHIJ	0.489	B	1.24	CDE
泰山 2 号	25.08	EFGHIJK	0.377	MHOPQRS	0.98	IJKLM
大金坠	24.61	EFGHIJKL	0.48	BC	1.10	FGHI
洞庭皇	23.59	FGHIJKL	0.385	JKLMNOPQ	0.88	LMNOP
泰山 3 号	23.51	FGHIJKLM	0.413	FGHIJKLMN	0.96	JKLM
泰山 5 号	23.41	FGHIJKLM	0.45	CDEF	1.05	HIJK
马铃 2 号	23.29	FGHIJKLMN	0.416	FGHIJKL	1.05	HIJK
垂枝银杏	22.94	GHIJKLMNO	0.369	OPQRS	0.80	OPQR
平顶圆铃	22.94	GHIJKLMNO	0.39	IJKLMNOPQ	0.82	NOPQ
圆铃 4 号	22.74	GHIJKLMNO	0.398	HIJKLMNOPQ	0.99	IJKL
早熟佛手	22.22	GHIJKLMNOP	0.43	EFGH	0.95	KLMN
长糯白果	21.3	GHIJKLMNOPQ	0.379	LMNOPQ	0.75	PQRS
大佛指	21.15	GHIJKLMNOPQ	0.435	DEFGH	0.91	LMNO
海洋皇	20.76	GHIJKLMNOPQ	0.346	RS	0.70	QRST
苏农佛手	20.62	HIJKDINOPQ	0.466	BCDE	0.82	NOPQ
下安 1 号	20.57	HIJKLMNOPQ	0.432	DEFGH	0.85	MNOP
圆铃 2 号	20.57	HIJKLMNOPQ	0.368	PQRS	0.75	PQRS
樊念圆铃	20.53	HIJKLMNOPQ	0.407	GHIJKLMNO	0.87	LMNOP
金坠 5 号	20.6	HIJKLMNOPQ	0.436	DEFGH	0.78	OPQR
马铃 18 号	19.92	IJKLMNOPQ	0.381	KLMN0PQR	0.80	OPQR
圆铃 16 号	19.37	JKLMNOPQ	0.361	QRS	0.67	RSTU
大果佛手	19.18	KLMNOPQ	0.376	NOPQRS	0.76	PQRS
小金坠	18.76	LMNOPQ	0.422	F GHIJ	0.81	OOPQR
七星果	17.54	MNOPQ	0.388	IJKLMN0PQ	0.63	STU
庆春 1 号	17.41	NOPQ	0.343	S	0.56	U
湖北 2 号	17.13	OPQ	0.408	GHIJKLMN	0.76	PQRS
泰山 4 号	16.74	PQ	0.403	GHI JKLMNOP	0.58	TU
泰兴 2 号	16.52	PQ	0.43	EFGH	0.69	QRSTU
圆铃 5 号	15.96	Q	0.375	NOPQRS	0.76	PQRS

银杏家系间叶片生理生化指标的变异

家系	NR($\mu g \cdot g^{-1} \cdot h^{-1}$)			POD($\mu g \cdot g^{-1} min^{-1}$)			SOD($\mu g \cdot g^{-1}$)		
	5月	7月	9月	5月	7月	9月	5月	7月	9月
1_1	43.83±2.75	53.47±2.55	21.01±0.90	0.46±0.02	0.74±0.10	0.95±0.06	20.22±0.96	23.22±1.28	26.0±1.60
1_2	26.17±2.36	4.0.0±4.20	23.81±2.81	0.50±0.03	0.76±0.18	0.85±0.04	11.11±2.39	17.67±3.19	24.0±3.99
1_3	32.50±1.32	32.87±2.60	29.43±0.95	0.48±0.06	0.73±0.09	1.05±0.07	16.67±2.55	23.22±3.39	24.0±4.24
1_4	25.83±1.31	22.20±2.61	21.23±0.41	0.46±0.02	0.80±0.14	1.06±0.08	22.22±3.01	28.78±4.01	40.67±5.01
1_5	24.60±1.22	25.68±0.87	15.09±0.60	0.63±0.04	0.95±0.05	1.23±0.03	16.67±3.12	26.0±4.16	37.89±5.20
1_ck	24.28±1.23	24.37±3.05	23.75±2.15	0.53±0.01	0.79±0.02	1.25±0.08	27.78±3.47	37.11±4.63	37.89±5.78
2_1	31.33±7.52	51.36±3.92	27.34±0.35	0.26±0.03	0.39±0.05	0.56±0.02	8.334±2.55	12.11±3.39	15.67±4.24
2_2	28.33±2.84	52.66±3.48	25.72±1.89	0.29±0.04	0.43±0.06	0.62±0.01	20.22±3.85	23.22±5.13	34.33±6.42
2_3	43.67±6.60	53.90±1.93	16.32±0.93	0.25±0.02	0.37±0.05	0.78±0.02	33.33±4.41	37.11±5.88	46.22±7.35
2_4	26.17±2.36	56.15±6.09	21.67±1.78	0.26±0.02	0.34±0.07	0.84±0.04	40.89±4.41	49.0±5.88	51.78±7.35
2_5	22.17±2.08	27.42±2.61	23.83±0.66	0.25±0.02	0.38±0.03	0.65±0.06	25.0±3.33	31.56±4.44	35.11±5.56
2_ck	24.83±0.29	33.51±2.61	15.37±1.32	0.25±0.02	0.38±0.03	0.56±0.02	27.78±4.19	37.11±5.59	40.67±6.99
3_1	23.67±5.39	77.47±3.05	19.84±0.94	0.54±0.05	0.81±0.07	1.02±0.04	33.33±2.85	45.44±3.80	51.78±4.75
3_2	27.17±4.93	66.59±1.35	24.05±3.25	0.51±0.04	0.79±0.20	1.16±0.05	30.56±3.90	39.89±5.20	51.78±6.50
3_3	31.96±2.31	79.65±3.48	19.67±0.91	0.49±0.05	0.73±0.07	0.94±0.07	8.33±3.08	22.22±4.10	27.78±5.13
3_4	33.29±1.59	33.92±1.87	29.20±1.15	0.17±0.02	0.25±0.03	0.49±0.02	19.44±2.55	24.0±3.39	28.78±4.24
3_5	31.29±1.50	36.12±2.61	25.01±0.56	0.20±0.05	0.25±0.11	0.58±0.04	16.67±3.33	23.22±4.44	26.78±5.56
3_ck	16.83±2.25	34.82±1.31	21.38±1.67	0.38±0.05	0.57±0.04	0.60±0.02	16.67±3.85	19.67±5.13	24.78±6.42
4_1	36.17±4.80	49.62±0.44	28.98±3.32	0.14±0.02	0.16±0.05	0.38±0.01	13.89±3.19	23.22±3.2	26.78±6.99
4_2	32.50±2.60	42.65±2.18	17.89±1.17	0.2±0.08	0.3±0.05	0.59±0.03	25.0±3.47	28.78±4.63	35.11±5.78
4_3	34.00±2.46	39.99±5.73	27.88±2.84	0.45±0.02	0.68±0.03	0.75±0.03	41.67±3.48	51.0±4.63	51.78±5.78
4_4	32.67±2.93	45.26±3.05	27.20±0.90	0.18±0.05	0.28±0.07	0.68±0.05	25.0±3.14	37.11±4.18	46.23±5.23
4_5	29.17±4.54	53.97±3.05	27.36±1.17	0.26±0.02	0.39±0.04	0.76±0.03	22.22±2.98	34.33±3.98	40.67±4.97
4_ck	26.17±1.30	32.50±3.05	23.85±0.72	0.24±0.00	0.36±0.01	0.60±0.04	37.11±2.55	41.67±3.39	43.44±4.24

家系	PPO($kg \cdot g^{-1}$)			可溶性蛋白含量($mg \cdot g^{-1}$)			可溶性糖含量($mg \cdot g^{-1}$)		
	5月	7月	9月	5月	7月	9月	5月	7月	9月
1_1	48.33±3.51	35.25±4.18	76.13±5.53	14.38±1.62	10.19±0.68	15.93±1.86	6.58±1.91	11.25±1.01	17.63±1.34
1_2	36.0±4.58	27.0±3.44	56.7±7.22	11.47±1.34	10.8.9±0.45	15.47±1.42	3.41±0.90	4.87±0.28	7.09±0.69
1_3	41.67±3.21	30.75±3.27	64.46±4.73	14.81±3.21	10.27±1.84	17.92±0.43	5.57±0.72	7.95±0.78	10.63±1.02
1_4	65.0±3.61	48.75±2.70	89.83±6.65	13.20±1.82	11.44±0.84	17.33±2.67	5.27±0.50	7.53±0.73	9.48±0.50
1_5	61.0±7.55	45.75±5.66	85.40±10.57	13.74±2.72	11.91±1.62	13.48±2.26	7.54±2.43	13.84±0.77	19.07±1.09
1_ck	63.0±5.50	31.50±2.75	88.20±7.70	11.04±2.27	9.57±1.23	14.92±1.31	6.38±1.75	9.50±0.75	14.42±1.20
2_1	88.67±8.14	44.33±4.07	107.45±10.92	13.53±1.26	12.95± 2.31	14.17±3.10	5.70±0.59	8.14±056	10.87±0.91
2_2	37.33±8.96	16.88±4.14	65.33±5.69	14.23±3.58	14.29±1.75	16.49±1.82	4.98±0.65	7.11±0.62	9.59±0.70
2_3	64.67±3.06	32.33±1.53	90.53±4.28	16.01±3.75	13.93±1.81	18.69±2.86	6.73±0.53	9.61±0.51	15.41±0.82
2_4	76.0±4.00	37.0±3.61	93.1±4.90	17.07±2.36	14.80±1.31	18.23±1.14	7.31±0.31	10.44±0.30	16.34±0.90
2_5	53.33±3.06	26.67±1.53	88 67±8.81	12.51±2.41	10.85±1.35	18.25±0.05	6.09±0.51	8.70±0.48	13.18±1.18
2_ck	64.67±1.53	33.33±1.04	89.37±4.10	13.46±2.54	11.67±1.47	16.18±0.25	5.83±0.70	8.33±0.67	11.54±0.84
3_1	26.67±5.77	13.63±3.18	44.92±8.98	17.00±1.50	16.31±1.35	20.94±1.95	5.69±0.54	8.12±0.52	10.70±0.93
3_2	23.67±4.51	11.83±2.25	41.42±7.89	11.45±2.49	9.92±1.43	19.45±1.85	7.76±1.78	13.43±0.86	19.60±0.72
3_3	25.17±5.01	14.10±2.26	44.04±8.76	14.82±2.81	12.85±1.70	16.00±2.00	3.80±0.77	5.43±0.22	8.11±0.84
3_4	80.0±1.80	46.58±2.91	98.0±2.21	16.31±2.67	14.13±1.59	21.50±2.60	5.31±0.56	7.59±0.53	9.72±0.54
3_5	41.33±0.76	23.75±1.79	61.54±6.05	17.15±2.25	14.48±2.10	20.73±2.15	4.65±0.41	6.64±0.39	8.52±1.04
3_ck	52.17±1.61	30.3±2.26	82.16±2.53	18.22±2.34	14.97±2.61	20.58±3.38	5.77±0.52	8.25±0.49	11.26±1.10
4_1	55.83±2.57	33.5±1.54	87.94±4.04	15.99±2.90	13.86±1.78	22.75±3.05	5.86±0.53	8.37±0.50	12.34±1.11
4_2	57.17±4.86	34.3±2.91	90.04±7.65	18.07±3.18	15.44±2.37	23.95±2.05	6.02±0.65	8.60±0.62	12.16±1.30
4_3	88.33±1.53	52.0±2.50	108.21±1.87	20.57±3.11	13.22±2.05	25.40±0.40	4.75±0.54	6.79±0.51	9.83±1.00
4_4	54.0±2.29	31.4±3.06	80.79±2.85	19.05±2.75	17.54±3.41	25.74±3.75	6.60±2.31	11.46±0.66	20.47±2.66
4_5	47.0±2.18	27.2±2.72	72.86±4.91	20.95±0.85	17.78±1.95	23.99±4.81	6.66±0.58	9.51±0.55	14.92±1.31
4_ck	32.83±2.36	19.7±1.42	51.71±3.72	14.91±1.19	12.92±0.30	22.42±1.6	25.46±0.6	37.80±0.60	10.12±0.74

银杏雌株叶片黄酮及萜内酯含量

品种（类型）	黄酮浓度（%）	显著性 SSR 0.05	显著性 SSR 0.01	内酯浓度（%）	显著性 SSR 0.05	显著性 SSR 0.01
泰山 4 号	2.64	a	A	0.21	de	EF
泰山 5 号	2.22	b	B	0.14	mn	LMN
甜白果	2.21	b	B	0.19	fgh	FGH
泰山 1 号	2.15	bc	BC	0.26	C	C
下安 1 号	2.11	cd	ECD	0.20	efg	EFGH
苏农佛手	2.06	cd	CD	0.081	tuvwx	RSTUVWX
马铃 2 号	2.02	d	DE	0.24	C	CD
泰山 3 号	2.02	d	DE	0.20	def	EFG
盘县长白果	1.93	e	EF	0.313	b	B
大佛指	1.90	of	EFG	0.10	qrs	OPQR
泰兴 2 号	1.90	of	EFG	0.22	d	DE
邳州市 3 号	1.88	efg	FGH	0.24	C	CD
圆铃 4 号	1.81	fgh	FGHI	0.09	stu	QRSTU
庆春 7 号	1.79	ghi	GHI	0.18	gh	GHI
长糯白果	1.78	ghi	GHI	0.063	XyZ	VWXY
邳州市 2 号	1.78	ghi	GHI	0.10	qrst	PQRS
庆春 1 号	1.76	ghij	Hld	0.13	nop	MNO
大金坠	1.71	hijk	IJK	0.073	uvwxyz	TUVWXY
庆春 6 号	1.70	ijk	IJKL	0.16	jkl	IJKL
泰山 2 号	1.70	ijk	IJKL	0.38	a	A
海洋皇	1.68	ikl	IJKLM	0.10	qrst	PQPRS
樊念圆铃	1.68	jkl	IJKLM	0.053	Z	Y
垂枝银杏	1.67	jkl	IJKLM	0.087	stuv	RSTUV
中马铃	1.64	klm	JKLM	0.11	Pqr	NOPQ
鸭尾银杏	1.62	klm	KLMN	0.067	WXYZ	UVWXY
大马铃	1.58	l mn	KLMN	0.18	ghi	GHI
七星果	1.57	mn	LMN0	0.20	def	EFG
大果佛手	1.57	mn	LMN0	0.13	no	LMN
洞庭皇	1.56	mn	MNOP	0.14	lmn	KLM
圆铃 9 号	1.49	no	NOPQ	0.16	ijk	IJK
金坠 5 号	1.45	o	OPQR	0.083	tuvw	RSTUVW
马铃 18 号	1.45	o	OPQR	0.12	opq	MNOOP
平顶圆铃	1.45	o	OPQR	0.057	Z	XY
小金坠	1.44	o	OPQR	0.15	klm	JYL
早熟佛手	1.44	o	OPQR	0.19	efgh	FGH
新民 2 号	1.43	o	PQR	0.14	lmn	KLM
湖北 1 号	1.41	op	QR	0.097	rst	PQRST
湖北 2 号	1.33	pq	RS	0.082	tuvwx	PSTUVWX
庆春 8 号	1.27	qr	S	0.13	no	LMN
圆铃 2 号	1.24	qr	s	0.07	vwxyz	UVWXY
圆铃 5 号	1.21	r	ST	0.06	yz	WXY
圆铃 16 号	1.12	s	TU	0.077	uvwxy	STUVWXY
泰兴 4 号	1.00	t	UV	0.073	uvwxyz	TUVWXY
尖底圆铃	0.95	t	V	0.17	hij	HIJ

银杏叶中黄酮苷、萜内酯含量的统计

黄酮苷、萜内酯浓度表　　　　　　　　　　　　单位:%

含量 编号	Q	K	I	总黄酮	BB	GA	GB	GC	总内酯	树龄
林1	0.28	0.27	0.11	0.66	0.03	0.04	0.02	0.02	0.12	老树叶
林2	0.19	0.28	0.09	0.56	0.02	0.04	0.16	0.1	0.24	老树叶
林3	0.24	0.48	0.11	0.83	0.06	0.04	0.04	0.14	0.19	幼树叶
林4	0.53	0.73	0.11	1.37	0.09	0.05	0.04	0.05	0.23	幼树叶
林5	0.34	0.27	0.09	0.70	0.16	0.09	0.04	0.08	0.37	老树叶
林6	0.15	4.27	0.17	0.59	0.05	0.03	0.02	0.01	0.11	老树叶
林7	0.17	0.32	0.08	0.57	0.02	0.02	0.01	0.01	0.06	老树叶
林8	0.22	0.24	0.11	0.57	0.01	0.02	0.02	0.01	0.06	老树叶
林9	0.22	0.24	0.09	0.55	0.02	0.01	0.00	0.00	0.03	老树叶
林10	0.96	0.82	0.11	1.89	0.14	0.22	0.15	0.03	0.55	幼树叶
林11	0.65	0.70	0.10	1.35	0.10	0.09	0.05	0.08	0.32	幼树叶
林12	0.46	0.35	0.20	1.01	0.09	0.07	0.05	0.04	0.25	幼树叶
林13	0.24	0.47	0.12	0.83	0.05	0.01	0.02	0.02	0.11	幼树叶
林14	0.21	0.26	0.10	0.57	0.03	0.01	0.01	0.02	0.07	老树叶
林15	0.32	0.37	0.06	0.75	0.05	0.02	0.02	0.02	0.11	老树叶
林16	0.19	0.21	0.07	0.47	0.01	0.01	0.01	0.01	0.04	老树叶
林17	0.28	0.38	0.08	0.74	0.05	0.03	0.02	0.02	0.12	老树叶
林18	0.34	0.30	0.10	0.74	0.07	0.03	0.01	0.03	0.14	老树叶
林19	0.27	0.32	0.05	0.64	0.03	0.02	0.02	0.01	0.08	老树叶
林20	0.14	0.23	0.07	0.44	0.06	0.06	0.03	0.04	0.19	老树叶
林21	0.15	0.20	0.10	0.45	0.04	0.04	0.01	0.02	0.11	老树叶
林22	0.15	0.17	0.11	0.43	0.05	0.08	0.03	0.02	0.17	老树叶
林23	0.16	0.26	0.09	0.51	0.02	0.06	0.04	0.01	0.13	老树叶
林24	0.32	0.28	0.11	0.71	0.02	0.02	0.01	0.01	0.07	老树叶
林25	0.02	0.34	0.03	0.39	0.05	0.02	0.01	0.00	0.08	老树叶
林26	0.05	0.50	0.05	0.60	0.05	0.03	0.01	0.01	0.11	老树叶
林27	0.10	0.26	0.07	0.43	0.02	0.02	0.01	0.01	0.05	老树叶
林28	0.14	0.24	0.04	0.44	0.04	0.06	0.04	0.04	0.18	老树叶
林29	0.11	0.22	0.09	0.42	0.02	0.01	0.01	0.02	0.06	老树叶
林30	0.10	0.18	0.05	0.33	0.09	0.03	0.03	0.05	0.21	老树叶
林31	0.16	0.34	0.09	0.59	0.02	0.01	0.04	0.01	0.08	老树叶
林32	0.43	0.41	0.12	0.96	0.03	0.18	0.03	0.04	0.29	幼树叶
林33	0.68	0.70	0.10	1.48	0.19	0.45	0.21	0.11	0.96	幼树叶
林34	0.25	0.26	0.21	0.72	0.02	0.03	0.01	0.02	0.07	老树叶

续表

含量 编号	Q	K	I	总黄酮	BB	GA	GB	GC	总内酯	树 龄
林35	0.23	0.26	0.09	0.58	0.10	0.03	0.02	0.06	0.20	老树叶
林36	0.20	0.26	0.04	0.50	0.04	0.04	0.02	0.01	0.11	老树叶
林37	0.34	0.34	0.20	0.88	0.27	0.14	0.09	0.14	0.64	幼树叶
林38	0.23	0.30	0.12	0.65	0.13	0.06	0.04	0.07	0.29	老树叶
林39	0.08	0.12	0.03	0.23	0.05	0.08	0.03	0.02	0.18	老树叶
林40	0.19	0.28	0.08	0.55	0.02	0.03	0.00	0.01	0.07	老树叶
林41	0.12	0.17	0.11	0.40	0.03	0.01	0.01	0.00	0.04	老树叶
林42	0.32	0.31	0.17	0.80	0.17	0.21	0.08	0.11	0.58	幼树叶
林43	0.06	0.11	0.04	0.21	0.02	3.00	0.02	0.00	0.06	老树叶
林44	0.12	0.19	0.13	0.44	0.02	0.03	0.00	0.01	0.06	老树叶
林45	0.12	0.23	0.10	0.45	0.03	0.05	0.01	0.03	0.11	老树叶
林46	0.18	0.23	0.07	0.48	0.05	0.03	0.01	0.01	0.10	老树叶
林47	0.29	0.35	0.15	0.79	0.06	0.09	0.06	0.00	0.21	幼树叶
林48	0.36	0.33	0.12	0.81	0.23	0.13	0.08	0.01	0.45	幼树叶
林49	0.14	0.18	0.08	0.40	0.12	0.06	0.13	0.03	0.26	老树叶
林50	0.41	0.23	0.15	0.79	0.10	0.11	0.05	0.03	0.31	幼树叶
林51	0.44	0.26	0.12	0.82	0.09	0.15	0.10	0.03	0.38	幼树叶
林52	0.25	0.26	0.13	0.64	0.01	0.01	0.02	0.02	0.05	老树叶
林53	0.20	0.27	0.10	0.57	0.05	0.07	0.02	0.03	0.19	老树叶
林57	0.16	0.20	0.10	0.46	0.04	0.06	0.03	0.01	0.14	老树叶
林58	0.18	0.16	0.08	0.42	0.01	0.02	0.01	0.00	0.06	老树叶
林59	0.74	0.54	0.08	1.36	0.16	0.28	0.11	0.06	0.63	幼树叶
林60	0.28	0.34	0.12	0.74	0.02	0.05	0.02	0.02	0.12	老树叶
林61	0.23	0.022	0.09	0.54	0.01	0.02	0.01	0.01	0.06	老树叶
林62	0.20	0.24	0.07	0.51	0.04	0.06	0.03	0.03	0.16	老树叶
林63	0.15	0.22	0.05	0.42	0.04	0.06	0.01	0.02	0.14	老树叶
林64	0.18	0.18	0.07	0.43	0.00	0.00	0.00	0.00	0.00	老树叶
林65	0.25	0.17	0.08	0.50	0.04	0.02	0.02	0.01	0.09	老树叶
林66	0.25	0.19	0.11	0.55	0.02	0.01	0.02	0.01	0.07	老树叶
林67	0.14	0.12	0.07	0.33	0.01	0.02	0.02	0.01	0.06	老树叶
林68	0.25	0.43	0.22	0.90	0.17	0.20	0.09	0.09	0.58	幼树叶
林69	0.17	0.25	0.06	0.48	0.03	0.11	0.02	0.02	0.17	老树叶
林70	0.49	0.40	0.04	0.93	0.08	0.03	0.03	0.06	0.21	幼树叶
林71	0.41	0.42	0.13	0.96	0.16	0.18	0.12	0.08	0.57	幼树叶
林72	0.40	0.30	0.16	0.86	0.19	0.14	0.10	0.13	0.56	幼树叶
林73	0.43	0.36	0.19	0.97	0.22	0.34	0.20	0.15	0.92	幼树叶
林74	0.07	0.42	0.08	0.53	0.03	0.05	0.02	0.02	0.11	老树叶
林75	0.08	0.14	0.04	0.26	0.06	0.06	0.04	0.03	0.20	老树叶

续表

编号\含量	Q	K	I	总黄酮	BB	GA	GB	GC	总内酯	树龄
林76	0.14	0.37	0.08	0.59	0.01	0.02	0.01	0.00	0.04	老树叶
林77	0.17	0.27	0.06	0.50	0.01	0.01	0.01	0.00	0.03	老树叶
林78	0.25	0.37	0.06	0.67	0.09	0.07	0.08	0.08	0.33	老树叶
林79	0.16	0.52	0.07	0.75	0.04	0.14	0.02	0.02	0.22	老树叶
林80	0.04	0.30	0.02	0.36	0.04	0.05	0.03	0.02	0.13	老树叶
林81	0.12	0.35	0.07	0.54	0.02	0.02	0.02	0.01	0.07	老树叶
林82	0.13	0.20	0.09	0.42	0.02	0.04	0.02	0.01	0.09	老树叶
林83	0.14	0.25	0.09	0.48	0.03	0.04	0.02	0.02	0.11	老树叶
林84	0.59	0.50	0.15	1.24	0.02	0.19	0.05	0.02	0.30	幼树叶
林85	0.08	0.38	0.00	0.46	0.02	0.02	0.01	0.01	0.11	老树叶
林86	0.05	0.43	0.00	0.48	0.04	0.07	0.02	0.02	0.15	老树叶
林87	0.13	0.17	0.03	0.33	0.05	0.04	0.01	0.01	0.11	老树叶
林88	0.17	0.18	0.12	0.47	0.04	0.03	0.03	0.03	0.13	老树叶
林89	0.11	0.20	0.06	0.37	0.07	0.08	0.02	0.02	0.19	老树叶
林90	0.09	0.23	0.05	0.37	0.07	0.03	0.02	0.00	0.11	老树叶
林91	0.03	0.17	0.00	0.20	0.02	0.02	0.01	0.00	0.05	老树叶
林92	0.11	0.23	0.09	0.43	0.03	0.03	0.01	0.02	0.09	老树叶
林93	0.10	0.36	0.11	0.57	0.03	0.03	0.01	0.01	0.08	老树叶
林94	0.16	0.34	0.06	0.56	0.04	0.02	0.02	0.01	0.09	老树叶
林95	0.16	0.26	0.11	0.53	0.04	0.03	0.00	0.02	0.09	老树叶
林96	0.12	0.28	0.09	0.49	0.01	0.07	0.01	0.00	0.10	老树叶
林97	0.33	0.28	0.13	0.74	0.03	0.03	0.01	0.01	0.08	老树叶
林98	0.23	0.28	0.08	0.59	0.07	0.01	0.01	0.01	0.10	老树叶
林99	0.13	0.23	0.11	0.47	0.04	0.06	0.02	0.04	0.08	老树叶
林100	0.13	0.23	0.06	0.42	0.04	0.02	0.01	0.01	0.08	老树叶
林101	0.31	0.49	0.25	1.05	0.09	0.10	0.05	0.06	0.30	幼树叶
林102	0.17	0.37	0.12	0.66	0.02	0.01	0.02	0.01	0.06	老树叶
林103	0.13	0.20	0.13	0.46	0.02	0.02	0.01	0.01	0.06	老树叶
林104	0.07	0.12	0.02	0.21	0.04	0.02	0.01	0.02	0.09	老树叶
林105	0.25	0.31	0.09	0.55	0.01	0.01	0.01	0.00	0.03	老树叶
林106	0.17	0.28	0.14	0.59	0.02	0.01	0.03	0.01	0.07	老树叶
林107	0.15	0.33	0.11	0.59	0.03	0.03	0.03	0.01	0.10	老树叶
林108	0.19	0.25	0.04	0.48	0.06	0.04	0.02	0.01	0.13	老树叶
林109	0.11	0.24	0.10	0.45	0.06	0.05	0.04	0.03	0.18	老树叶
林110	0.21	0.24	0.11	0.56	0.03	0.03	0.02	0.03	0.11	老树叶
林111	0.19	0.17	0.10	0.46	0.02	0.03	0.03	0.01	0.09	老树叶
林112	0.14	0.37	0.03	0.55	0.05	0.04	0.01	0.03	0.13	老树叶
林113	0.18	0.21	0.07	0.46	0.04	0.02	0.00	0.02	0.09	老树叶

续表

含量 编号	Q	K	I	总黄酮	BB	GA	GB	GC	总内酯	树 龄
林114	0.13	0.29	0.04	0.46	0.02	0.04	0.01	0.01	0.09	老树叶
林115	0.18	0.36	0.11	0.64	0.03	0.01	0.03	0.02	0.09	老树叶
林116	0.66	0.61	0.11	1.38	0.13	0.16	0.09	0.06	0.43	幼树叶
林117	0.11	0.16	0.05	0.32	0.03	0.04	0.02	0.00	0.09	老树叶
林118	0.11	0.27	0.13	0.51	0.04	0.06	0.01	0.03	0.14	老树叶
林119	0.17	0.26	0.05	0.48	0.07	0.08	0.06	0.07	0.29	老树叶
林120	0.11	0.16	0.09	0.36	0.04	0.13	0.04	0.01	0.23	老树叶
林121	0.21	0.19	0.12	0.52	0.02	0.02	0.01	0.01	0.06	老树叶
林122	0.18	0.22	0.07	0.47	0.05	0.04	0.06	0.06	0.21	老树叶
林123	0.16	0.19	0.05	0.40	0.03	0.01	0.01	0.01	0.06	老树叶
林124	0.07	0.09	0.02	0.18	0.00	0.03	0.01	0.00	0.04	老树叶
林125	0.20	0.18	0.14	0.52	0.02	0.01	0.03	0.02	0.07	老树叶
林126	0.14	0.21	0.13	0.48	0.03	0.02	0.01	0.01	0.09	老树叶
林127	0.12	0.22	0.06	0.40	0.02	0.01	0.05	0.01	0.09	老树叶
林128	0.10	0.17	0.04	0.31	0.02	0.02	0.02	0.00	0.06	老树叶
林129	0.11	0.18	0.00	0.29	0.07	0.03	0.01	0.01	0.12	老树叶
林130	0.17	0.24	0.06	0.47	0.04	0.03	0.01	0.02	0.10	老树叶
林131	0.33	0.26	0.06	0.65	0.08	0.07	0.05	0.10	0.30	老树叶
林132	0.48	0.69	0.20	1.37	0.26	0.36	0.20	0.06	0.89	幼树叶
1996-3-1	0.43	0.25	0.15	0.83	0.20	0.24	0.09	0.12	0.65	幼树叶
1996-4-1	0.51	0.27	0.00	0.78	—	—	—	—	—	幼树叶
1996-5-1	0.48	0.20	0.10	0.78	—	—	—	—	—	幼树叶
199E-5-2	0.46	0.22	0.09	0.77	—	—	—	—	—	老树叶
1996-5-3	0.46	0.23	0.14	0.83	—	—	—	—	—	幼树叶
1996-6-1	0.33	0.18	0.06	0.57	—	—	—	—	—	老树叶
1996-7-1	0.64	0.43	0.08	1.15	0.13	0.24	0.09	0.09	0.55	幼树叶
1996-8-1	0.58	0.32	0.01	0.91	0.21	0.20	0.11	0.09	0.61	幼树叶
1996-9-1	0.48	0.23	0.13	0.84	0.12	0.14	0.06	0.07	0.39	幼树叶
96-17	0.26	0.25	0.17	0.68	0.01	0.03	0.04	0.02	0.10	老树叶
96-18	0.31	0.17	0.12	0.60	0.05	0.04	0.01	0.00	0.I0	老树叶
96-22	0.77	0.73	0.00	1.50	—	—	—	—	—	幼树叶
96-22-2	0.79	0.55	0.17	1.51	—	—	—	—	—	幼树叶
96-23	0.50	0.29	0.02	0.81	—	—	—	—	—	幼树叶
96-24	0.32	0.17	0.09	0.58	—	—	—	—	—	老树叶
96-25	0.58	0.38	0.00	0.96	0.20	0.17	0.12	0.10	0.59	幼树叶
96-26	0.60	0.19	0.09	0.88	—	—	—	—	—	幼树叶
96-27	1.05	0.50	0.10	1.65	0.26	0.39	0.18	0.10	0.93	幼树叶
96-27-2	1.07	0.67	0.00	1.74	0.29	0.40	0.20	0.10	0.99	幼树叶

续表

含量 编号	Q	K	I	总黄酮	BB	GA	GB	GC	总内酯	树龄
96-28	0.16	0.30	0.01	0.47	—	—	—	—	—	老树叶
96-28-2	0.61	0.30	0.02	0.92	—	—	—	—	—	幼树叶
96-29	0.29	0.25	0.12	0.66	—	—	—	—	—	老树叶
96-30	0.21	0.17	0.14	0.51	0.01	0.01	0.01	0.00	0.03	老树叶
96-31	0.19	0.22	0.12	0.53	0.05	0.02	0.01	0.01	0.09	老树叶
96-32	1.23	1.15	0.00	2.38	0.22	0.23	0.11	0.10	0.66	幼树叶
96-33	0.14	0.30	0.05	0.49	—	—	—	—	—	老树叶
96-34	0.60	0.40	0.09	1.09	—	—	—	—	—	幼树叶
96-35	0.65	0.60	0.03	1.28	0.29	0.22	0.14	0.13	0.77	幼树叶
96-36	1.14	1.00	0.00	2.14	0.14	0.44	0.17	0.09	0.83	幼树叶
96-37	0.98	0.80	0.04	1.82	—	—	—	—	—	幼树叶
96-38	1.04	0.70	0.10	1.84	0.25	0.32	0.19	0.10	0.86	幼树叶
96-39	0.90	0.60	0.06	1.56	0.25	0.29	0.17	0.12	0.82	幼树叶
96-40	1.01	0.90	0.02	1.93	0.27	0.42	0.25	0.08	1.02	幼树叶
96-41	0.80	0.60	0.04	1.44	0.24	0.36	0.23	0.11	0.94	幼树叶
97-42	0.40	0.22	0.11	0.73	0.09	0.22	0.12	0.11	0.54	幼树叶
96-43	0.98	0.60	0.05	1.63	0.14	0.17	0.11	0.02	0.45	幼树叶
96-44	0.93	0.90	0.09	1.92	0.25	0.31	0.19	0.12	0.87	幼树叶
96-45	0.58	0.40	0.11	1.09	0.31	0.27	0.13	0.12	0.84	幼树叶
96-46	0.54	0.40	0.09	1.03	0.18	0.25	0.15	0.11	0.69	老树叶
96-50	0.33	0.24	0.19	0.76	0.01	0.01	0.00	0.01	0.03	老树叶
96-51	0.25	0.26	0.19	0.70	—	—	—	—	—	老树叶
96-52	0.10	0.30	0.04	0.44	0.01	0.03	0.00	0.10	0.02	老树叶
96-53	0.39	0.26	0.21	0.86	0.25	0.14	0.09	0.12	0.61	幼树叶
96-54	0.31	0.41	0.18	0.90	0.12	0.32	0.16	0.09	0.69	幼树叶
96-55	0.32	0.54	0.12	0.98	0.17	0.11	0.07	0.07	0.42	幼树叶
96-56	0.39	0.57	0.11	0.89	0.24	0.14	0.09	0.10	0.57	幼树叶
96-57	0.50	0.56	0.11	1.17	0.25	0.12	0.07	0.09		幼树叶
96-58	0.60	0.76	0.18	1.44	0.27	0.14	0.09	0.08	0.59	幼树叶
96-59	0.47	0.62	0.08	1.17	0.31	0.15	0.09	0.08	0.63	幼树叶
96-60	0.30	0.60	0.04	0.94	0.06	0.11	0.05	0.02	0.25	幼树叶
96-63	0.26	0.33	0.11	0.70	0.02	0.04	0.04	0.00	0.16	老树叶
96-64	0.28	0.32	0.14	0.74	0.11	0.06	0.05	0.05	0.27	老树叶
96-65	0.29	0.31	0.12	0.72	0.12	0.03	0.04	0.05	0.23	老树叶
96-66	0.28	0.27	0.11	0.66	0.10	0.05	0.03	0.05	0.23	老树叶
96-67	0.32	0.25	0.16	0.73	0.05	0.04	0.03	0.04	0.16	老树叶
96-68	0.40	0.26	0.14	0.80	0.14	0.04	0.03	0.05	0.26	幼树叶
96-69	0.20	0.30	0.17	0.67	—	—	—	—	—	老树叶

续表

含量 编号	Q	K	I	总黄酮	BB	GA	GB	GC	总内酯	树龄
96-70	0.23	0.33	0.20	0.76	—	—	—	—	—	老树叶
96-71	0.28	0.34	0.22	0.84	—	—	—	—	—	幼树叶
96-72	0.15	0.25	0.15	0.55	—	—	—	—	—	老树叶
96-73	0.21	0.30	0.07	0.58	0.16	0.11	0.07	0.08	0.42	老树叶
96-74	0.22	0.21	0.20	0.63	0.13	0.13	0.08	0.05	0.39	老树叶
96-75	0.31	0.32	0.16	0.79	0.13	0.10	0.05	0.04	0.31	幼树叶
96-76	0.31	0.32	0.16	0.79	0.13	0.10	0.05	0.04	0.31	幼树叶
96-77	0.35	0.31	0.15	0.81	0.16	0.09	0.05	0.07	0.37	幼树叶
96-78	0.32	0.34	0.15	0.81	0.17	0.09	0.05	0.06	0.38	幼树叶
96-79	0.31	0.36	0.13	0.80	0.21	0.11	0.05	0.06	0.48	幼树叶
96-80	0.43	0.58	0.12	1.13	0.17	0.12	0.05	0.06	0.42	幼树叶
96-81	0.24	0.26	0.12	0.62	0.12	0.10	0.03	0.08	0.33	老树叶
96-82	0.20	0.25	0.11	0.56	—	—	—	—	—	老树叶
96-83	0.33	0.25	0.17	0.75	—	—	—	—	—	老树叶
96-84	0.09	0.49	0.17	0.65	0.07	0.04	0.04	0.03	0.19	老树叶
96-85	0.30	0.24	0.12	0.66	0.17	0.07	0.05	0.08	0.38	老树叶
9#	0.69	0.55	0.05	1.29	0.25	0.38	0.23	0.07	0.94	幼树叶
10#	0.16	0.14	0.04	0.34	0.06	0.04	0.03	0.01	0.14	老树叶
11#	—	—	—	—	0.21	0.47	0.35	0.15	1.17	老树叶
12#	0.90	0.80	0.03	1.73	0.05	0.09	0.03	0.06	0.23	幼树叶
13#	0.75	0.70	0.03	1.48	0.15	0.14	0.07	0.14	0.50	幼树叶
14#	0.71	0.57	0.12	1.40	0.17	0.18	0.07	0.23	0.61	幼树叶
15#	0.72	0.71	0.00	1.43	0.25	0.33	0.20	0.10	0.85	幼树叶
16#	0.75	0.60	0.00	1.35	0.24	0.32	0.20	0.11	0.87	幼树叶
17#	0.66	0.60	0.02	1.28	0.28	0.34	0.22	0.00	0.84	幼树叶
20#	0.92	0.70	0.04	1.66	0.09	0.14	0.09	0.12	0.44	幼树叶
21#	0.99	0.70	0.09	1.78	0.16	0.16	0.09	0.13	0.54	幼树叶
XM23	0.90	0.70	0.07	1.60	—	—	—	—	—	幼树叶
XM24	0.67	0.58	0.00	1.25	—	—	—	—	—	幼树叶
XM25	1.41	1.12	0.00	2.53	—	—	—	—	—	幼树叶
XM26	0.97	0.80	0.09	1.86	—	—	—	—	—	幼树叶
XM27	0.69	0.80	0.07	1.66	—	—	—	—	—	幼树叶
XM28	0.36	0.30	0.08	0.74	—	—	—	—	—	幼树叶
XM29	—	—	—	—	0.13	0.13	0.05	0.11	0.42	幼树叶
XM30	—	—	—	—	0.07	0.03	0.01	0.06	0.17	老树叶
XM31	0.17	0.20	0.02	0.30	—	—	—	—	—	老树叶
XM32	0.13	0.10	0.03	0.20	—	—	—	—	—	老树叶
XM34	0.32	0.29	0.04	0.60	—	—	—	—	—	老树叶

续表

含量 编号	Q	K	I	总黄酮	BB	GA	GB	GC	总内酯	树　龄
XM51	—	—	—	—	0.21	0.47	0.35	0.15	1.17	幼树叶
GY-1-97	0.72	0.48	0.07	1.27	0.36	0.29	0.10	0.05	0.80	幼树叶
GY-2-97	0.81	0.59	0.08	1.48	0.33	0.25	0.09	0.00	0.67	幼树叶
GY-3-97	0.92	0.58	0.11	1.61	0.36	0.25	0.12	0.00	0.73	幼树叶
GY-4-97	0.76	0.60	0.10	1.46	0.34	0.25	0.11	0.03	0.73	幼树叶
GY-5-97	0.87	0.59	0.09	1.55	0.35	0.43	0.19	0.02	0.99	幼树叶
GY-6-97	0.92	0.52	0.08	1.52	0.34	0.44	0.14	0.01	0.93	幼树叶
GY-7-97	0.70	0.34	0.09	1.13	0.28	0.25	0.11	0.02	0.66	幼树叶
GY-8-97	0.86	0.49	0.10	1.45	0.32	0.40	0.14	0.02	0.88	幼树叶
GY-9-97	0.48	0.58	0.09	1.15	0.26	0.30	0.14	0.00	0.70	幼树叶
GY-10-97	0.94	0.69	0.09	1.72	0.40	0.27	0.12	0.03	0.82	幼树叶
GY-11-97	0.85	0.67	0.09	1.61	0.20	0.17	0.05	0.04	0.46	幼树叶
GY-12-97	1.14	0.60	0.15	1.89	0.36	0.26	0.12	0.00	0.74	幼树叶
GY-13-97	0.44	0.21	0.08	0.73	0.24	0.12	0.08	0.00	0.44	幼树叶
GY-14-97	1.14	0.61	0.25	2.00	0.22	0.17	0.09	0.00	0.48	幼树叶
周1	1.09	1.11	0.54	2.74	—	—	—	—	—	幼树叶
周2	1.09	0.97	0.42	2.48	—	—	—	—	—	幼树叶
周3	0.85	0.63	0.28	1.76	—	—	—	—	—	幼树叶
周4	0.76	0.45	0.21	1.42	—	—	—	—	—	幼树叶
周5	0.70	0.37	0.17	1.24	—	—	—	—	—	幼树叶
周6	0.65	0.38	0.15	1.18	—	—	—	—	—	幼树叶
周7	0.59	0.33	0.14	1.06	—	—	—	—	—	幼树叶
周8	0.58	0.35	0.15	1.08	—	—	—	—	—	幼树叶
周9	0.58	0.33	0.14	1.05	—	—	—	—	—	幼树叶
周10	0.58	0.39	0.17	1.14	—	—	—	—	—	幼树叶
周11	0.68	0.34	0.28	1.30	—	—	—	—	—	幼树叶
周12	0.63	0.39	0.15	1.17	0.08	0.07	0.04	0.00	0.19	幼树叶
周13	0.66	0.41	0.15	1.22	0.03	0.11	0.08	0.00	0.22	幼树叶
周14	0.64	0.37	0.16	1.17	0.08	0.09	0.05	0.00	0.22	幼树叶
周15	0.59	0.37	0.14	1.10	0.10	0.09	0.06	0.00	0.25	幼树叶
周16	0.64	0.40	0.15	1.19	0.10	0.09	0.06	0.00	0.25	幼树叶
周17	0.65	0.35	0.14	1.14	0.10	0.09	0.07	0.00	0.26	幼树叶
周18	0.68	0.42	0.18	1.28	0.08	0.07	0.06	0.00	0.21	幼树叶
周19	0.66	0.36	0.17	1.19	0.09	0.08	0.05	0.00	0.22	幼树叶
周20	0.60	0.34	0.16	1.10	—	—	—	—	—	幼树叶

续表

含量编号	Q	K	I	总黄酮	BB	GA	GB	GC	总内酯	树龄
周21	0.56	0.37	0.12	1.05	—	—	—	—	—	幼树叶
林97-1	0.36	0.28	0.08	0.72	0.03	0.06	0.02	0.00	0.11	老树叶
林97-2	0.34	0.42	0.10	0.86	0.00	0.04	0.04	0.00	0.08	老树叶
林97-3	0.29	0.27	0.09	0.65	0.01	0.02	0.01	0.00	0.04	老树叶
林97-4	0.33	0.30	0.08	0.71	0.00	0.04	0.01	0.00	0.05	老树叶
林97-5	0.36	0.42	0.09	0.87	0.15	0.08	0.05	0.00	0.28	幼树叶
林97-6	0.43	0.32	0.10	0.85	0.11	0.22	0.06	0.00	0.39	幼树叶
林97-7	0.63	0.38	0.08	1.09	0.27	0.30	0.10	0.02	0.69	幼树叶
林97-8	0.35	0.24	0.20	0.79	0.14	0.11	0.05	0.00	0.30	幼树叶
林97-9	0.46	0.31	0.08	0.85	0.29	0.39	0.12	0.05	0.85	幼树叶
林97-10	0.43	0.23	0.09	0.75	0.01	0.01	0.01	0.00	0.03	老树叶
林97-11	0.37	0.33	0.15	0.85	0.00	0.00	0.00	0.00	0.00	老树叶
林97-12	0.38	0.33	0.11	0.82	0.00	0.00	0.00	0.00	0.00	老树叶
林97-13	0.31	0.28	0.12	0.71	0.00	0.02	0.01	0.00	0.03	老树叶
林97-14	0.43	0.41	0.13	0.97	0.02	0.00	0.00	0.00	0.02	老树叶
林97-15	0.38	0.37	0.19	0.94	0.03	0.00	0.00	0.00	0.03	老树叶
林97-16	0.36	0.28	0.20	0.84	0.07	0.06	0.00	0.00	0.13	幼树叶
调1原料	0.35	0.33	0.19	0.87	0.04	0.02	0.03	0.02	0.11	幼树叶
调2叶-2	0.43	0.35	0.18	0.96	0.21	0.19	0.10	0.08	0.58	幼树叶
调3原料	0.43	0.49	0.10	1.02	0.20	0.14	0.10	0.01	0.45	幼树叶
调3后叶	0.42	0.37	0.09	0.88	0.22	0.16	0.12	0.05	0.55	幼树叶
调4原料	0.64	0.52	0.07	1.23	0.21	0.15	0.12	0.09	0.57	幼树叶
山东郯城1	0.50	0.40	0.16	1.06	0.07	0.04	0.00	0.09	0.20	幼树叶
北京969	0.78	0.77	0.01	1.56	0.19	0.11	0.09	0.01	0.39	幼树叶
试产3叶	0.61	0.50	0.08	1.19	0.17	0.14	0.11	0.00	0.42	幼树叶
XM35	0.15	0.20	0.06	0.41	0.01	0.01	0.01	0.02	0.05	老树叶
XM36	0.04	0.08	0.00	0.12	—	—	—	—	—	老树叶
XM37	0.64	0.49	0.03	1.16	0.10	0.13	0.06	0.06	0.35	幼树叶
XM38	0.52	0.29	0.00	0.81	0.13	0.18	0.08	0.08	0.47	幼树叶
XM39	0.40	0.30	0.20	0.90	0.10	0.04	0.05	0.10	0.29	幼树叶
XM40	0.46	0.42	0.04	0.92	0.08	0.09	0.06	0.05	0.28	幼树叶
XM41	0.15	0.11	0.03	0.29	0.00	0.00	0.00	0.00	0.00	老树叶
XM43	0.82	0.93	0.09	1.84	—	—	—	—	—	幼树叶
XM46	0.44	0.62	0.01	1.07	—	—	—	—	—	幼树叶

续表

含量 编号	Q	K	I	总黄酮	BB	GA	GB	GC	总内酯	树 龄
XM47	0.60	0.58	0.07	1.25	—	—	—	—	—	幼树叶
叶样甲	0.20	0.32	0.10	0.62	—	—	—	—	—	老树叶
叶样乙	0.25	0.25	0.08	0.58	—	—	—	—	—	老树叶
生态叶1	0.65	0.42	0.06	1.13	0.21	0.14	0.06	0.01	0.42	幼树叶
生态叶2	0.63	0.32	0.05	1.00	0.22	0.11	0.05	0.01	0.39	幼树叶
生态叶3	0.53	0.43	0.05	1.01	0.26	0.17	0.08	0.01	0.32	幼树叶
生态叶4	0.47	0.28	0.08	0.83	0.15	0.11	0.05	0.01	0.52	幼树叶
生态叶5	0.76	0.50	0.07	1.33	0.14	0.15	0.07	0.02	0.38	幼树叶
生态叶6	0.73	0.45	0.05	1.23	0.17	0.14	0.06	0.02	0.39	幼树叶
生态叶7	0.62	0.41	0.05	1.08	0.13	0.12	0.07	0.02	0.34	幼树叶
正安流渡	0.69	0.67	0.61	1.92	0.50	0.32	0.16	0.05	1.03	幼树叶
正安扶丐	0.81	0.82	0.02	1.65	0.36	0.30	0.13	0.01	0.80	幼树叶
生态综合叶	0.65	0.55	0.06	1.27	0.21	0.19	0.10	0.04	0.54	幼树叶
林1	0.16	0.20	0.05	0.42	0.06	0.02	0.01	0.01	0.10	老树叶
林2	0.24	0.33	0.06	0.63	0.06	0.02	0.02	0.02	0.12	老树叶
林3	0.15	0.22	0.11	0.48	0.03	0.03	0.01	0.01	0.08	老树叶
林4	0.90	0.74	0.06	1.70	0.37	0.27	0.14	0.05	0.83	幼树叶
林5	0.93	0.75	0.05	1.73	0.33	0.14	0.08	0.05	0.60	幼树叶
林6	0.13	0.21	0.06	0.40	0.05	0.02	0.01	0.03	0.11	老树叶
林7	0.29	0.38	0.07	0.74	0.03	0.02	0.02	0.01	0.08	老树叶
山东郯城2	0.50	0.31	0.08	0.89	0.26	0.15	0.09	0.04	0.54	幼树叶
邳州市港上	0.59	0.37	0.09	1.05	0.28	0.15	0.08	0.10	0.61	幼树叶
园艺1	0.52	0.47	0.03	1.02	0.13	0.08	0.07	0.02	0.30	幼树叶
园艺2	0.53	0.39	0.05	0.97	0.09	0.10	0.07	0.02	0.28	幼树叶
园艺3	0.72	0.64	0.07	1.43	0.24	0.16	0.10	0.04	0.55	幼树叶
园艺4	0.45	0.40	0.05	0.90	0.20	0.08	0.06	0.03	0.37	幼树叶
园艺5	0.51	0.50	0.07	1.08	0.26	0.16	0.10	0.04	0.56	幼树叶
园艺6	0.50	0.50	0.05	0.97	0.16	0.10	0.07	0.02	0.35	幼树叶
园艺7	0.47	0.46	0.03	0.96	0.18	0.11	0.12	0.04	0.44	幼树叶
园艺8	0.59	0.44	0.06	1.09	0.28	0.20	0.11	0.05	0.64	幼树叶

注:Q-槲皮素;K-山柰素;I-异鼠李素;BB-白果内酯;GA-银杏内酯A;GB-银杏内酯B;GC-银杏内酯C。

银杏行道树主要城市、街道及景点

省份	城市	以银杏为行道树的主要城市、街道及景点
北京	北京	长安街、王府井步行街、三里河路、阜成路、同庆街、民族大道、中关村大道、奥林匹克大道、新国际展览中心、国家大戏院、地坛公园、北京西客站、怀柔区青春大道
天津	天津	塘沽区海河外滩
上海	上海	伊犁路、四平路、外滩、人民大道、人民广场、世纪公园、银杏大道、龙华西路、世博大道(嫁接树)、世博馆路、耀华路、上南路、周家渡路、德州路、双城路、双庄路
重庆	城区	海铜路、菜园坝—苏家坝—长江村
	涪陵	迎宾大道
	巫山	环湖路、平湖路、神女大道
辽宁	沈阳	文化路、和平北街、青年大街、清代一条街
	丹东	十纬路、九纬路、六纬路、五经街、七经街、锦山大道、青年大街、山上街、十一经街、抗美援朝纪念馆山道
	大连	人民路、黄河路、胜利路、西南路、中南路、金马路、斯大林路
	本溪	人民大街
吉林	长春	斯大林大街
山西	太原	五一路、迎泽大街、青年路
河北	石家庄	建华大街、中华大街、建设大街
	唐山	建设大道(现名银杏大道)
	秦皇岛	东大街、环河路、关城南街、北戴河滨河大道
山东	济南	山大路、中山路
	临沂	蒙山大道
	郯城	团结路、郯中路、郑东路、郯西路、郯南路、郯北路、南环路、北环路、东环路、西环路、人民路、文明路、建设路、郑马路、富民路、工业路、兴凯路、古城路、文化路、滨河路、顺亿路、昌盛路
	莒县	文心路
	日照	荟阳路
	淄博	人民路、华光路、市府东一路、一诺路
	青岛	海尔路、石老人、国际会展中心、五四广场、香港路
	东营	安家路
陕西	西安	南大街
	汉中	兴汉路、望江路、滨江路、劳动西路、天汉大道
	延安	枣园路
	甘泉	麻子街
河南	郑州	金水路(西段)、紫荆山路、陇海路(西段)、中原路(中段)
	开封	晋安路
湖北	武汉	长江大道、古田路
	安陆	解放大道
	随州	交通大道
湖南	长沙	八一路

续表

省份	城市	以银杏为行道树的主要城市、街道及景点
浙江	杭州	天目山路(东段)、西湖大道、秋涛路、上塘路(大关路—登云路段)、中河路、环城北路、古翠路、清江路南段、江南大道(嫁接树)、彩虹城步行街、杭富路、之浦路、小和山新苑、棕榈路、博园路、临平09大道、星光街
	临安	环北路、玲珑山路(嫁接树)
	长兴	金陵路、迎宾路
	嘉兴	城南路、昌盛路、三塔路
	台州	市府大道、白云山路
	临海	东方大道、临海大道
	丽水	城东路、开发路、花园路(嫁接树)、绿谷大道
江苏	南京	北京西路、龙蟠路
	苏州	虎丘路、前进路、人民广场、桐泾路、盘胥路、苏浒路、竹园路、华元路、新市路、何山路、三香路、关渎路、十梓路、沪宁高速(苏州段)
	无锡	太湖大道
	扬州	石塔路、三元路、盐阜路
	泰州	姜堰大道
	泰兴	中兴大道、济川北路、济川南路
	徐州	淮海东路、铜山路
	邳州	解放路、花园路、兴国路(嫁接树)、陇海大道(嫁接树)、埠中路
安徽	合肥	骆岗路、昌河路、胜利路、徽州大道
四川	成都	锦绣街、锦苑巷、锦里南路、百花潭路、芳邻路、中山路、银杏大道、三环路外段
	都江堰	天府大道、观景路、都江堰大道、江安路、沙西路、外二环、内二环
云南	昆明	春城路、国贸路(均为部分路段)
	丽江	束河路、香格里大道(部分路段)
贵州	贵阳	遵义路、文化路、花溪大道、金阳新区国贸会展中心广场
广西	桂林	中山路、机场路、两江四湖(漓江、桃花江、杉湖、榕湖、桂湖、木龙湖)景区
新疆	克拉玛依	大庆路
	伊犁	农垦四师66团西马路

不同地区银杏花粉中氨基酸总量

单位：$\times 10^{-2}/(g/g)$

花粉编号 氨基酸名称	泰兴02	南京01	重庆01	北京01	郯城01	通江02	金寨01
天冬氨酸 Asp	2.461 6	2.848 82	3.073 06	2.731 28	3.089 66	2.523 48	2.620 98
苏氨酸 Thr#	1.192 04	1.113 8	1.379 66	1.243 98	1.368 52	1.351 72	1.199 10
丝氨酸 Ser	1.170 74	0.979 66	1.232 06	1.172 08	1.207 38	1.233 54	1.087 26
谷氨酸 Glu	4.939 32	4.141 08	4.600 44	3.771 18	4.136 52	4.336 00	4.064 14
甘氨酸 Gly	0.641 07	0.632 54	0.732 50	0.712 45	0.654 31	0.625 48	0.623 7
丙氨酸 Ala	1.610 78	1.934 48	2.397 38	1.926 08	2.202 76	2.649 86	2.229
缬氨酸 Val#	0.845 44	0.467 22	0.788 48	0.663 00	0.715 28	0.643 66	0.532 90
蛋氨酸 Met#	0.311 1	0.196 62	0.209 54	0.255 24	0.266 88	0.356 86	0.310 70
异亮氨酸 Ile#	0.619 22	0.517 74	0.603 6	0.494 52	0.638 34	0.652 96	0.532 28
亮氨酸 Leu#	1.605 12	1.372 50	1.757 72	1.624 72	1.846 60	2.005 68	1.566 64
酪氨酸 Tyr	0.458 48	0.294 64	0.544 88	0.464 96	0.356 00	0.346 96	0.284 08
苯丙氨酸 Phe#	0.804 26	0.713 56	0.889 72	0.746 36	0.746 60	0.886 94	0.757 00
赖氨酸 Lys#	1.235 90	0.123 54	0.377 94	0.093 32	1.261 06	1.338 54	1.127 14
胱氨酸 Cys	0.452 76	0.381 32	0.659 34	0.605 20	0.562 18	0.461 54	0.496 72
组氨酸 His#	0.277 38	0.141 28	0.149 50	0.138 80	0.141 66	0.158 52	0.124 90
精氨酸 Arg	0.941 62	0.894 68	0.885 32	0.937 44	1.218 06	1.109 06	1.101 52
脯氨酸 Pro	6.876 765	6.022 953	4.229 26	5.130 06	4.251 56	3.735 78	4.703 40
氨基酸总量	26.444 22	22.776 43	24.510 4	22.710 67	24.663 37	24.416 58	23.361 46
必需氨基酸总量	6.890 46	4.646 26	6.156 16	5.259 94	6.984 94	7.394 88	6.150 66
必需/总和	0.260 566	0.203 994	0.251 165	0.231 607	0.283 211	0.302 863	0.263 282

花粉编号 氨基酸名称	康县01	嵩县02	西峡02	长兴04	略阳01	广德01	奉化01
大冬氨酸 Asp	1.769 00	2.857 54	3.163 12	2.995 86	2.225 70	2.557 82	3.102 78
苏氨酸 Thr#	0.762 52	1.355 46	1.326 34	1.316 58	1.079 44	1.274 04	1.377 24
丝氨酸 Ser	0.700 50	1.203 50	1.163 42	1.159 88	1.110 28	1.184 06	1.253 02
谷氨酸 Glu	2.360 64	4.299 36	4.889 40	5.413 574	3.662 60	4.717 82	4.488 52
甘氨酸 Gly	0.701 40	0.677 68	0.660 28	0.696 12	0.678 30	0.735 01	0.701 24
丙氨酸 Ala	1.436 90	1.516 32	1.586 80	1.682 38	2.052 58	2.293 06	2.364 72
缬氨酸 Val#	0.292 10	0.753 5	0.677 36	0.656 96	0.472 16	0.618 36	0.771 08
蛋氨酸 Met#	0.168 90	0.252 42	0.280 94	0.314 08	0.178 00	0.245 38	0.247 06
异亮氨酸 Ile#	0.286 84	0.634 38	0.638 28	0.622 74	0.526 76	0.554 32	0.396 76
亮氨酸 Leu#	0.901 18	1.858 28	1.748 84	1.653 14	1.460 28	1.613 76	1.758 92
酪氨酸 Tyr	0.244 64	0.487 90	0.259 34	0.286 66	0.305 70	0.472 04	0.516 68
苯丙氨酸 Phe#	0.495 12	0.724 44	0.753 40	0.893 68	0.634 40	0.850 72	0.839 46
赖氨酸 Lys#	0.660 78	1.294 20	1.218 18	1.193 56	0.518 22	0.185 68	0.478 92
胱氨酸 Cys#	0.467 24	0.594 00	0.552 44	0.542 84	0.634 20	0.401 25	0.591 86
组氨酸 His#	0.051 60	0.129 84	0.119 42	0.125 12	0.096 84	0.119 04	0.111 1
精氨酸 Arg	0.490 52	1.170 48	1.141 80	1.107 36	1.063 56	0.959 26	1.023 78
脯氨酸 Pro	2.899 58	4.542 66	4.800 28	4.674 00	4.746 62	3.867 28	4.301 2
氨基酸总量	14.689 46	24.351 96	24.979 64	25.334 53	21.445 64	22.648 9	24.324 34
必需氨基酸总量	3.619 04	7.002 52	6.762 76	6.775 86	4.966 10	5.461 3	5.980 54
必需/总和	0.246 37	0.287 555	0.270 731	0.267 455	0.231 567	0.241 129	0.245 866

续表

花粉编号 氨基酸名称	宁国01	桂林09	邳州01	天目01	南雄02	都江堰01	平均
天冬氨酸 Asp	2.472 14	3.155 44	3.175 5	3.179 5	2.879 66	2.897 88	2.789 041
苏氨酸 Thr#	1.216 3	1.449	1.379 28	1.415 38	1.292 32	1.342 26	1.271 749
丝氨酸 Ser	1.151 32	1.358 82	1.223 36	1.224 38	1.177 72	1.237 52	1.161 525
谷氨酸 Glu	5.162 38	4.504 02	4.011 44	4.514 86	4.682 2	4.937 94	4.381 672
甘氨酸 Gly	0.720 53	0.684 59	0.652 43	0.677 78	0.695 84	0.708 94	0.680 641
丙氨酸 Ala	2.094 62	2.409 46	2.161 24	1.689 86	1.549 66	1.583 2	1.968 557
缬氨酸 Val#	0.612 96	0.797 44	0.670 98	0.807 58	0.655 02	0.619 58	0.653 053
蛋氨酸 Met#	0.254 98	0.236 92	0.264 16	0.183 3	0.148 58	0.199 78	0.244 072
异亮氨酸 Ile#	0.460 88	0.540 24	0.490 74	0.573 32	0.549 18	0.531 92	0.543 251
亮氨酸 Leu#	1.626 04	1.849 12	1.811 68	2.007 98	1.799 92	1.809 2	1.683 866
酪氨酸 Tyr	0.510 8	0.554 52	0.470 78	0.387 42	0.386 3	0.354 88	0.399 383
苯丙氨酸 Phe#	0.788 86	0.807 1	0.768 86	0.824 78	0.660 02	0.659 9	0.762 259
赖氨酸 Lys#	0.035 38	0.699 92	0.364 54	0.493 48	0.241 82	0.095 6	0.651 886
胱氨酸 Cys#	0.454 66	0.530 24	0.638 26	0.740 78	0.569 4	0.618 92	0.545 958
组氨酸 His#	0.097 34	0.074 42	0.050 44	0.075 96	0.060 84	0.062 96	0.115 348
精氨酸 Arg	0.803 98	0.984 68	0.979 44	1.036 26	1.072 6	1.139 32	1.003 037
脯氨酸 Pro	4.077 58	4.765 72	3.963 08	4.595 64	4.551 18	4.793 28	4.576 394
氨基酸总量	22.540 75	25.401 65	23.076 21	24.392 26	22.972 26	23.593 08	23.431 69
必需氨基酸总量	5.092 74	6.454 16	5.800 68	6.381 78	5.407 7	5.321 2	5.925 484
必需/总和	0.225 935	0.254 084	0.251 371	0.261 631	0.235 401	0.225 541	0.252 883

注：花粉样品：是用盐酸水解的，只能测出17种氨基酸，而没有蛋白质的氨基酸残基中的色氨酸、谷氨酰胺和天冬酰胺。这里，不能认为花粉中不含有这3种氨基酸。色氨酸是在酸水解中被破坏了，故未能测出，谷氨酰胺或天冬酰胺在酸水解时分别释放出氨而成为谷氨酸或天冬氨酸，故在"谷氨酸"和"天冬氨酸"中还可能分别包含有"谷氨酰胺"和"天冬酰胺"。所以，本文所述氨基酸种类中都没有色氨酸、谷氨酰胺和天冬酰胺，后两者包含在"谷氨酸"和"天冬氨酸"的数值之中。

人体必需氨基酸通常有8种（"#"），即异亮氨酸、亮氨酸、赖氨酸、蛋氨酸、苯丙氨酸、苏氨酸、缬氨酸、色氨酸。此外，组氨酸对婴儿来讲也是必需氨基酸。本文没有测定色氨酸的含量，因而数据中必需氨基酸总量是异亮氨酸、亮氨酸、赖氨酸、蛋氨酸、苯丙氨酸、苏氨酸、缬氨酸和组氨酸含量之和。

3种不同炭化温度段收集的银杏木醋液成分对照表

序号	分类	保留时间(min)	化合物名称	A(%)	B(%)	C(%)
1	有机酸	2.110	丙酸	1.680	—	1.805
2		21.339	4-羟基-3-甲氧基苯甲酸	—	0.689	0.703
3		21.672	3-羟基-2-甲氧基苯甲酸	3.206	2.716	2.510
4		24.45	3-甲氧基-4-羟基-苯甲酸	0.979	0.952	0.883
			小计	4.185	6.037	5.901
5	酚类	6.988	苯酚	0.914	0.651	1.124
6		8.962	2-甲基苯酚	1.330	1.315	1.576
7		9.528	4-甲基苯酚	0.88	—	1.605
8		9.90	2-甲氧基苯酚	4.217	0.112	5.912
9		10.597	麦芽酚	0.990	1.248	1.306
10		11.563	2,4-二甲基苯酚	0.241	0.364	0.160
11		12.088	4-乙基苯酚	—	0.212	0.241
12		12.157	3,5-二甲基苯酚	—	—	0.121
13		12.425	2-甲氧基-6-甲基-苯酚	2.264	0.341	0.288
14		12.821	2-甲氧基-4-甲基-苯酚	0.803	6.799	5.127
15		13.268	连苯二酚	—	3.382	4.526
16		14.729	3-甲氧基-1,2-连苯二酚	—	0.216	—
17		15.112	2,3,5,-三甲基-1,4-对苯二酚	0.145	0.177	0.273
18		15.20	4-乙基-2-甲氧基苯酚	1.617	4.257	3.536
19		15.735	4-甲基-1,2-连苯二酚	—	0.320	1.076
20		16.141	2-甲氧基-4-乙烯基苯酚	0.218	0.343	0.891
21		17.061	2-甲基-1,4-连苯二酚	0.280	0.637	0.733
22		17.311	3,4-二甲氧基苯酚	0.475	0.487	0.298
23		17.564	2-甲氧基-4-丙基苯酚	7.428	0.593	0.452
24		19.660	2-甲氧基-4-丙烯基苯酚	0.065	0.822	0.378
25		23.005	4-叔丁基-1,2-连苯二酚	0.221	0.242	—
			小计	22.088	22.518	29.623
26	醛类	3.807	糠醛	4.505	3.064	3.309
27		5.299	5-甲基糠醛	0.262	0.357	0.373
28		6.526	2-5-甲基-呋喃醛	0.734	0.452	0.535
29		13.837	5-羟甲基-糠醛	1.171	0.742	1.154
30		18.397	香草醛	2.225	1.213	1.139
31		26.262	4-羟基-2-甲氧基苯丙烯醛	2.052	0.435	0.381
			小计	10.949	6.263	6.891

续表

序号	分类	保留时间/min	化合物名称	A(%)	B(%)	C(%)
32		2.910	1-羟基-丁酮	2.241	1.210	1.398
33		3.213	环戊酮	—	0.328	0.275
34		5.202	2-甲基环戊烯酮	0.235	0.544	0.585
35		5.373	2(5H)-呋喃酮	1.334	1.688	1.620
36		5.583	1,2-环戊二酮	0.494	1.694	1.490
37	酮	5.653	2,5-已二酮	0.256	0.184	—
38		5.95	5-甲基-2(5H)-呋喃酮	—	0.242	0.197
39		6.582	3-甲基-2-环戊烯酮	—	0.636	0.646
40		7.293	3,4-二甲基-环戊烯酮	—	0.176	—
41	类	8.196	3-甲基-1,2-环戊二酮	2.070	3.883	3.811
42		8.528	2,3-二甲基-2-环戊烯酮	—	0.193	0.187
43		10.762	3-乙基-2-羟基-1-环戊烯酮	0.788	1.392	1.094
44		12.717	5-羟基甲基-2-二氢呋喃酮	8	—	0.884
45		20.586	4-羟基-3-甲氧基苯乙酮	1.364	1.334	1.398
			小计	8.782	13.504	13.585
46	醇类	4.224	2-呋喃甲醇	0.913	1.717	1.465
			小计	0.913	1.717	1.465
47	酯类	1.647	乙酸甲酯	0.626	0.362	0.518
48		6.830	2-呋喃酸甲酯	0.227	0.088	—
			小计	0.853	0.450	0.518
49		2.78	吡啶	0.360	0.294	0.215
50		3.675	氨基吡啶	—	0.203	—
51	其	4.978	2,5-二甲氧基四氢呋喃	—	0.226	0.128
52	他	7.51	3-甲氧基吡啶	0.213	0.485	0.392
53		7.653	2-甲基-3-羟基-1-戊烯	0.125	0.720	0.487
54		22.884	1,2-二甲氧基-4-丙基苯	0.278	0.416	0.594
			小计	0.976	2.344	1.816

银杏种核质量检测程序

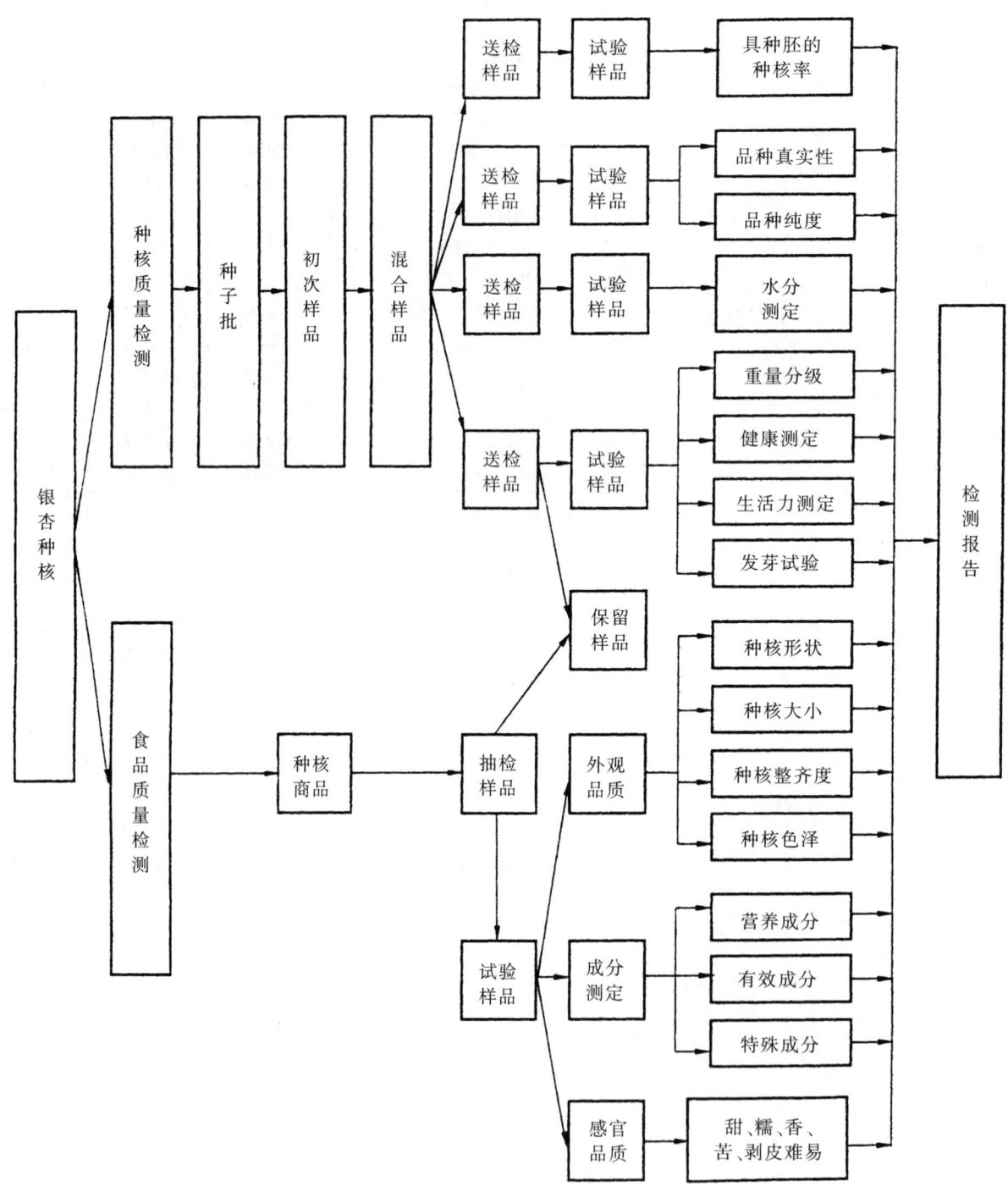

先导化合物的生物活性测定

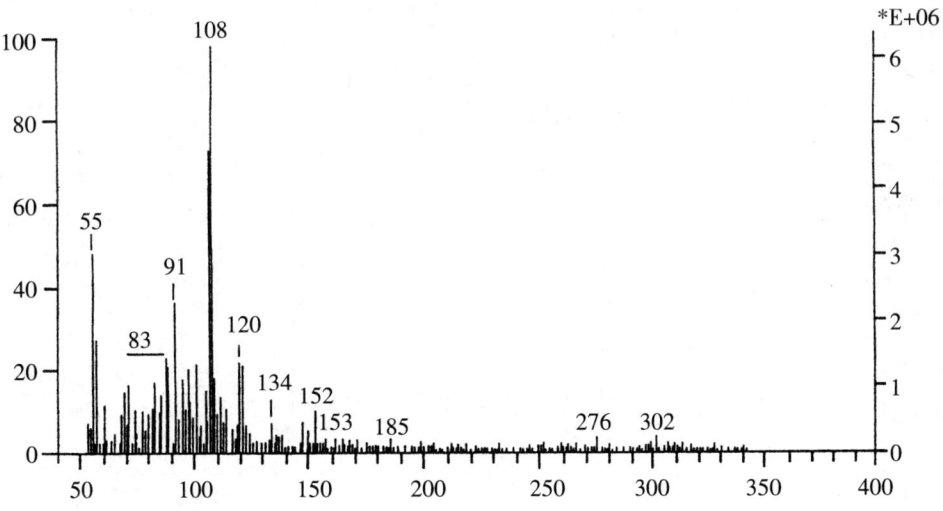

白果酚色质联仪谱图

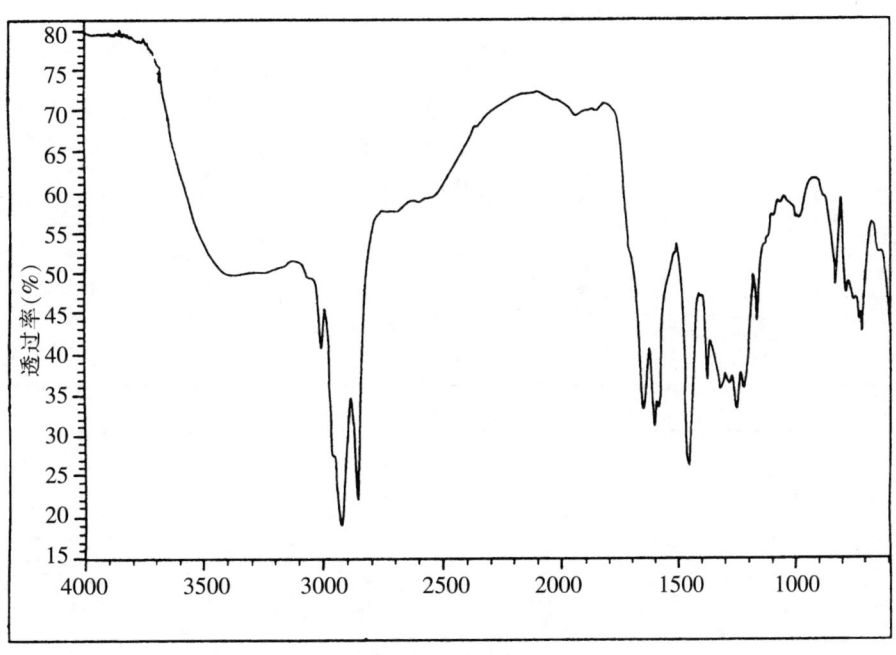

白果酚红外光谱图

不同厂家银杏叶制剂测定结果

厂家	批号	原检测方法	原定量指标	水解条件	总苷元量
山东	950627	比色法	以芦丁为对照品含总黄酮以芦丁计不得少于9.6 mg	未经水解	3.90
	950629				3.69
	950630				3.54
山东	950903				3.85
	950904				4.11
	950905				3.80
贵州	950701	同上	同上,含总黄酮以芦丁计,为标示量90%~110%	同上	3.53
	950303				1.89*
	950630				3.50
湖南	950204	HPLC	以槲皮素为对照品以槲皮素计不少于标示量的90%	醇水比为2:1,HCl (0.67 mol/L) 时间3 h	3.46
	950401				3.63
	95040				3.99
上海	950301	HPLC	以槲皮素,山奈素,异鼠李素为对照品,总黄酮苷=槲皮素量×2.23+山奈素量×2.63+异鼠李素量×2.38 含总黄酮量为8.16~11.04 mg	醇水比为4:1,HCl (1.67 mol/L) 时间0.5 h	3.74
	950401				3.54
上海	950202				3.37
	950301				3.68
	950501				2.95*
上海	940921				3.32
	940923				3.32
江苏	950301	同上	同上	同上	3.14*
	950302				3.55
	950501				3.38
江苏	950324				3.27
	950528				3.57
江苏	950721				3.47
	950723				3.52
	950719				3.56
江苏	951128				2.81*
	951127				2.90*
	951126				2.84*
河北		—	—	—	5.98*
深圳	950305	—	—	—	8.49

注:*为不合格批次。

国内银杏叶提取物及保健口服液主要产品

序号	产品名称	商标	生产企业名称
1	银杏叶提取物		上海天工植物提炼厂、江苏省植物所
2	银杏叶浸膏		安徽省金寨香料厂
3	银杏总黄酮	三梅	湖北省三梅股份有限公司
4	银杏叶干浸膏		浙江新昌县生物制品厂
5	银杏口服液		江苏如皋东方天然物制品厂
6	银杏叶口服液		临沂维尔康公司
7	银杏叶颗粒(国家二类新药)		上海杏灵科技药业有限公司
8	银杏仁固体饮料	健乐	扬州市银杏保健食品厂
9	银杏枣茶	康宝	扬州市银杏保健食品厂
10	银杏叶饮料		安徽省合肥高尔富饮料公司
11	银杏保健茶		太原银杏保健品公司
12	银杏叶茶(饮料)	圣安	广州新安实业有限公司
13	银杏叶茶	亿阳	亿阳集团
14	银杏保健冲剂		太原银杏保健品公司
15	银杏汁	三泰	江苏泰兴啤酒厂
16	银杏汁	郯银	山东郯城白果罐头厂
17	银杏汁	万方、多宝	文登圣峰食品有限公司
18	天然银杏露	银露	山东孔师贡酒厂
19	银杏乳	同泰	扬州同泰保健食品厂
20	双银汤		扬州同泰保健食品厂
21	银杏营养麦片	麦尔威	徐州福达峰制品有限公司
22	银杏八珍羹	麦尔威	徐州福达峰制品有限公司
23	银杏精	强强	少女之春集团扬州强强食品公司
24	天力银杏精	天力	少女之春集团扬州强强食品公司
25	银杏精	郯城	山东郯城白果罐头厂
26	银杏罐头	郯城	山东郯城白果罐头厂
27	白果罐头	梅林	太仓罐头厂
28	白果罐头	齐林	昆山罐头食品厂
29	清水白果	秀峰	桂林市罐头食品厂
30	清水白果	强强	少女之春集团扬州强强食品公司
31	清水白果	太湖	宜兴太湖罐头厂
32	清水白果		宜兴市味美罐头食品厂
33	银杏酒	双凤	贵州省盘县特区第一酒厂
34	银杏寿酒	双凤	贵州省盘县特区第一酒厂
35	银杏保健食品	琼花	扬州市银杏保健食品厂
36	速冻银杏	三特	霍山县外贸产品联合加工厂
37	天力银杏饮料		上海弘大营养保健食品有限公司
38	银杏茶	铂麟	陕西泾河农林科有限责任公司
39	银杏酒	铂麟	陕西泾河农林科有限责任公司
40	银杏茶饮料	怡仙	国科中华银杏研究院、金丝猴逸品茶叶有限公司
41	银杏茶	怡仙	金丝猴集团逸品茶叶有限公司
42	银杏茶	华银	山东曹县青堌集银杏茶厂
43	银杏保健茶	舜峰	湖南省东安县银杏保健系列产品开发有限公司
44	岭南神茶	珠玑	广东南雄银杏开发有限公司
45	银杏吸品	利百加	济南爱和华新技术实业有限责任公司

密度水平对银杏各器官元素浓度(%)和积累量(g)的影响

密度	器官	元素浓度(%)						生物量	每盆元素积累(g)					
		N	P	K	Na	Ca	Mg		N	P	K	Na	Ca	Mg
1G	叶	0.225 2	0.207 9	0.746 3	0.172 4	2.123 0	0.041 6	7.58	0.017 1	0.015 8	0.056 6	0.013 1	0.160 9	0.003 15
2G		0.222 4	0.202 9	0.741 9	0.169 4	2.043 0	0.041 1	11.44	0.025 4	0.023 2	0.084 9	0.019 4	0.233 7	0.004 70
3G		0.218 8	0.195 0	0.734 9	0.171 9	2.020 0	0.040 4	13.41	0.029 3	0.026 1	0.098 6	0.023 1	0.270 9	0.005 42
4G		0.211 0	0.203 3	0.732 3	0.161 1	1.744 0	0.036 7	15.76	0.033 3	0.032 0	0.115 4	0.025 4	0.274 9	0.005 78
5G		0.202 5	0.199 6	0.713 4	0.153 9	1.686 0	0.035 8	16.55	0.033 5	0.033 0	0.118 1	0.025 5	0.279 0	0.005 92
6G		0.211 8	0.200 7	0.709 3	0.153 8	1.639 0	0.034 8	18.84	0.039 9	0.037 8	0.133 6	0.029 0	0.308 8	0.006 56
1G	茎	0.137 4	0.177 1	0.712 8	0.080 1	1.011 6	0.007 39	12.73	0.017 5	0.022 5	0.090 7	0.010 2	0.128 8	0.000 94
2G		0.130 1	0.176 9	0.736 9	0.086 7	1.054 6	0.007 46	19.14	0.024 9	0.033 9	0.141 0	0.016 6	0.201 9	0.001 43
3G		0.125 8	0.175 0	0.729 3	0.091 3	1.048 6	0.008 95	25.41	0.032 0	0.044 5	0.185 3	0.232	0.266 4	0.002 27
4G		0.121 1	0.149 4	0.636 7	0.087 8	1.043 5	0.008 20	31.96	0.038 7	0.047 7	0.203 5	0.028 1	0.333 5	0.002 62
5G		0.120 1	0.151 9	0.633 7	0.086 3	0.853 0	0.008 95	38.59	0.046 3	0.058 6	0.244 5	0.033 3	0.329 2	0.003 45
6G		0.118 3	0.154 6	0.632 4	0.084 5	0.859 7	0.009 36	43.38	0.051 3	0.067 1	0.274 3	0.036 7	0.372 9	0.004 06
1G	侧根	0.179 8	0.202 5	0.794 0	0.823 7	1.238 8	0.020 9	9.46	0.017 0	0.019 2	0.075 1	0.077 9	0.117 2	0.001 98
2G		0.176 2	0.189 7	0.769 3	0.904 3	1.239 6	0.019 9	11.18	0.019 7	0.021 2	0.086 0	0.101 1	0.138 6	0.002 22
3G		0.169 5	0.190 0	0.700 7	0.975 0	1.244 5	0.019 4	14.91	0.025 3	0.028 3	0.104 5	0.145 4	0.185 6	0.002 89
4G		0.165 5	0.193 8	0.630 2	0.979 1	1.388 5	0.017 3	17.20	0.028 5	0.033 3	0.108 4	0.168 4	0.238 8	0.002 97
5G		0.157 4	0.179 7	0.595 7	1.083 3	1.227 3	0.018 6	18.70	0.029 4	0.033 6	0.111 4	0.202 6	0.229 5	0.003 47
6G		0.150 9	0.179 6	0.571 2	1.091 0	1.044 4	0.020 5	19.62	0.029 6	0.035 2	0.112 1	0.214 1	0.204 9	0.004 02
1G	主根	0.148 6	0.156 3	0.822 0	0.189 1	0.512 4	0.012 9	11.09	0.016 5	0.017 3	0.091 2	0.021 0	0.056 8	0.001 43
2G		0.137 5	0.143 9	0.792 9	0.191 8	0.437 5	0.011 0	16.14	0.022 2	0.023 2	0.128 0	0.310	0.070 6	0.001 78
3G		0.133 4	0.160 4	0.708 7	0.199 1	0.407 1	0.012 3	19.47	0.026 0	0.031 2	0.138 0	0.038 8	0.079 3	0.002 39
4G		0.132 7	0.183 3	0.647 4	0.227 6	0.396 5	0.012 4	22.60	0.030 0	0.041 4	0.146 3	0.051 4	0.089 6	0.002 80
5G		0.128 1	0.179 2	0.567 3	0.206 4	0.378 4	0.013 1	26.20	0.033 6	0.047 0	0.148 6	0.051 4	0.099 1	0.003 44
6G		0.127 3	0.183 8	0.576 4	0.210 3	0.382 0	0.137	30.18	0.038 4	0.055 5	0.174 0	0.063 5	0.115 3	0.004 13

银杏优质丰产栽培管理周年作业历

银杏优质丰产是我们栽培银杏的最终目的,但要想达到这一目的,除在栽培技术上做到精益求精外,实行"一年生产早知道",也成为银杏优质丰产栽培的条件之一。根据多年来的实际生产经验,编撰出"银杏优质丰产栽培管理周年作业历",提供给各地银杏生产者参考。

银杏优质丰产栽培管理周年作业历

月份	节令	物候期	作业项目	作业内容及要求
一月	小寒—大寒	落叶后	年度规划	根据上一年的生产管理经验和教训,财务收支状况,制订本年度的生产管理措施及财务收支计划
			检查种子库(窖)	检查越冬贮存种子的温度、湿度和鼠害,防止种子过干、过湿和种子霉烂,检出虫口种子
			修(复)剪	继续完成冬季整形、修剪计划,调整、补充冬季修剪之不足
			技术培训	撰写技术管理资料,继续办好技术培训班
二月	立春—雨水	落叶后	接上月	继续完成上月各项管理工作
			施肥浇水	土壤解冻后,施基肥并浇水
			检修机器设备	检修生产工具、动力机械,修整排灌渠道、道路、房舍等,购置药物、药械及其他生产机具
			嫁接苗管理	对上一年夏、秋季嫁接苗剪砧、除萌
			准备种、苗、条	落实春季栽植、育苗、嫁接之种、苗、条数量、规格品种,做好引种、购置的准备工作,中、下旬开始种子催芽
			防治虫害	摘除银杏大蚕蛾、银杏超小卷叶蛾、樟蚕、舞毒蛾等害虫的蛹和卵块
三月	惊蛰—春分	落叶后—萌动前	接上月	继续完成上月各项管理工作
			苗圃整地	运送肥料,深翻整平土地
			育苗	检出经催芽已发根的种子,及时播种育苗
			苗木移植、出圃	对3年生以上的实生苗进行移植或出圃,嫁接苗出圃建园。收集粗度1 cm以上的留圃根,并用湿土掩埋好
			植树造林	土壤解冻后,挖树穴、植树、建园、营建防护林带
			准备嫁接	采集优良品种的接穗,准备嫁接工具、材料
			灌水	普浇大水,提高土壤墒情
四月	清明—谷雨	芽萌动—展叶	接上月	继续植树建园,营建防护林带
			嫁接	对60 cm以上的苗木和幼树进行嫁接,大树改接换头对留圃根进行根接,对上一年的嫁接苗除萌、松绑
			育苗	扦插育苗
			人工授粉	根据预测预报人工授粉前最佳期和雄花散粉期,采集具优良性状雄树的花序,并做好花粉处理,适时适量,适法人工授粉
			施肥灌水	以速效肥为主,施花前长叶肥,并及时灌水
			中耕除草	苗圃地、银杏园中耕除草,确保墒情
			防治害虫	检查嫁接成活率,及时抹除接口下的萌蘖,7~10 d1次,应抹早、抹小、抹了
五月	立夏—小满	生长期	嫁接苗管理	检查嫁接成活率,及时抹除接口下的萌蘖,7~10 d1次,应抹早、抹小、抹了
			疏果	检查坐果情况,每个短枝上保留2~3枚幼果,分2~3次疏完
			收种绿地	收割绿肥,及时沤制,播种夏绿肥作物
			施肥	留床苗普施速效肥,结果树追施氮、磷、钾复合肥及根外追肥,以促进生长和花芽分化
			中耕除草	中耕除草、松土,防止土壤板结和杂草滋生
			防治病虫害	药剂防治银杏超小卷叶蛾、茶黄蓟马、刺蛾、干枯病等病虫
			检修水利工程	注意收听天气预报,汛期前修好防洪、排涝工程,预防台风袭击,避免自然灾害

续表

月份	节令	物候期	作业项目	作业内容及要求
六月	芒种—夏至	生长期	常规管理	继续上月防治病虫害、抗旱、排涝、中耕、除草、除萌，接穗成活后绑缚支柱，防止风折及人畜为害
			根外追肥	每10~15 d喷一次0.3%~0.5%的尿素或叶面专用肥，促进生长及花芽分化
			夏季修剪	摘心以加大枝叶量，环剥、环割、倒贴皮，以促进花芽分化，撑拉枝，改善树势
			种绿肥	补种绿豆、田菁等绿肥作物
			防治病虫	药剂防治银杏苗木茎腐病、干枯病、叶枯病、大袋蛾、天牛、刺蛾等病虫
			嫁接	嫩枝嫁接
七月	小暑—大暑	果子膨大—花芽分化	接上月	继续上月根外追肥、中耕除草、夏季修剪、防治病虫害、嫁接树管理
			嫁接	嫩枝扦插
			扦插	嫩枝扦插
			嫁接苗管理	对春季嫁接苗加强管理，抹芽、除萌、松绑、剪砧、绑支柱等
			树体管理	对结果多的树株，设支架或吊枝、撑枝、拉枝
八月	立秋—处暑	枝芽充实	田间管理	对圃地、园地排涝、防旱、雨后松土等
			施肥	对结果树追施肥料，促使果子膨大和花芽分化
			防治病虫害	药剂防治银杏苗木茎腐病、叶枯病、茶黄蓟马、黄刺蛾等
			接上月	继续完成上月管理工作
			准备采收	全面计划，及时准确估产，做好采收、贮运、销售的人力、物资、器具的准备工作
			积肥	对园地中耕除草，刈割杂草，沤制绿肥，压青
			追肥	对圃地和园地追施以磷、钾肥为主的肥料
			嫁接	采集优良品种的接穗，及时进行秋接
九月	白露—秋分	果子成熟	选择良种	组织科技人员，在整个园地，根据良种选择标准，选择优良无性系，对已选出来的优良无性系继续进行考种
			采收	对已成熟的种子及时采收、脱皮、漂洗及做好贮、运、销工作
			追肥	采收后及时追肥，补充树体营养，并灌一次透地水
			播种绿肥	播种越冬苕子等绿肥作物
			苗木调查	对出圃苗木进行数量、质量、规格、品种调查
			施肥	继续追施采后肥，并灌透地水
十月	寒露—霜降	枝叶梢色停变长黄	清扫落叶	清除杂草、枯枝、落叶、病虫枝、摘虫茧(蛹)，除虫卵，并集中烧(埋)掉
			出售树叶	收、晒、贮、运，出售银杏干青叶
			深翻扩穴	结合施基肥，园地深翻、扩穴、改土
			种子贮藏	将春季育苗用种除去杂物混砂窖藏
十一月	立冬—小雪	落叶后	冬季栽培	随整地随栽植，或整地后翌春栽植
			松翻土壤	结合施基肥，园地冬翻，树盘内浅锄，露根树培土
			消灭越冬害虫	刮除树干上粗糙树皮，拾净烧掉，并结合修剪，摘茧捡蛹，剪除虫害枝等
			整修水利	检修水库、塘坝、排灌工程，清淤加固、修复等
			检查种子	检查种子库(窖)温、湿度，鼠害，拾出霉烂种子
			苗木出圃	起苗、分级、包装、调运等
			修剪	制订修剪方案，着手冬剪
十二月	大雪—冬至	落叶后	接上月	于封冻前完成上月各项管理工作
			检藏机具	农具、机械及其他用具的清查、检修、收藏
			技术培训	撰写技术资料，开办技术培训班
			检查种苗及苗木	检查种子库(窖)及越冬假植苗有无受损
			年度总结	年度生产工作总结，评比表彰大会，着手编制下年生产计划、经费开支，制订产量指标，落实技术措施等

我国银杏自然分布区的气象因子

地名	气温(℃)			年降雨量 (mm)	年日照数 (h)	平均湿度		无霜期(d)
	绝对最高	绝对最低	年平均			相对(%)	绝对(mb)	
北　京	40.6	-27.4	11.8	623.1	2 704.6	56	7.96	204
天　津	39.7	-22.9	12.3	526.7	2 723.2	62	8.32	239
石家庄	42.7	-26.5	13.2	433.6	2 756.0	63	8.38	237
烟　台	—	—	12.6	623.2	2 624.5	78	8.81	234
济　南	42.5	-19.7	14.8	631.3	2 668.4	64	8.56	233
青　岛	35.4	-15.5	12.1	647.3	2 462.0	73	9.37	238
开　封	42.9	-16.0	14.9	620.0	1 865.4	72	—	235
信　阳	—	—	15.0	822.6	2 116.5	78	11.37	242
蚌　埠	41.3	-19.4	15.3	713.7	2 218.8	75	11.30	235
合　肥	41.0	-20.6	15.5	830.1	2 261.6	77	11.87	261
安　庆	40.6	-12.5	17.2	1 037.7	1 902.5	74	12.66	245
徐　州	40.1	-23.3	14.5	705.3	2 339.6	71	9.90	2 2
南　京	40.7	-14.0	15.7	918.3	2 057.6	75	11.49	242
上　海	38.9	-10.1	15.3	1 143.0	1 871.7	80	12.58	254
杭　州	39.9	-9.6	16.3	1 489.7	1 782.7	80	12.57	258
福　州	39.3	-4.5	18.5	1 724.6	1 761.5	83	13.92	292
温　州	39.8	-1.2	19.8	1 450.4	1 857.6	81	14.51	311
厦　门	38.5	2.0	21.8	1 185.6	1 988.6	77	15.21	—
武夷山	—	—	17.8	2 124.4	1 487.0	77	12.78	289
台　北	38.0	-2.0	21.7	2 118.1	1 644.2	82	16.10	345
九　江	40.2	-9.7	17.1	1 406.7	1 821.3	79	13.01	272
南　昌	40.6	-9.3	17.4	1 769.9	1 939.2	83	13.75	275
宜　昌	41.4	-9.8	17.5	1 132.1	1 641.3	80	12.59	269
武　汉	39.4	-18.1	16.8	1 202.0	1 967.0	76	12.15	—
恩　施	41.2	-12.3	16.5	1 379.0	1 241.1	82	12.39	295
长　沙	40.6	-9.5	17.2	1 422.4	1 559.4	82	13.32	280
衡　阳	40.8	-7.0	17.9	1 346.2	1 611.7	80	13.39	274
桂　林	39.4	-4.9	19.4	1 966.1	1 568.3	78	13.65	331
南　宁	40.4	-2.1	22.2	1 321.8	1 832.5	78	16.46	348
汕　头	37.9	0.4	21.6	1 515.2	2 085.2	83	16.67	355
广　州	38.7	0.0	21.9	1 720.1	1 867.3	78	16.65	341
湛　江	38.1	2.8	23.3	1 435.3	2 097.8	82	18.31	365
成　都	37.3	-5.9	17.0	1 146.1	1 152.2	81	12.61	288
雅　安	37.7	-3.9	17.1	1 779.6	960.1	83	11.91	330
重　庆	40.2	-1.8	18.6	1 088.7	1 280.8	83	13.67	344
遵　义	38.7	-7.1	15.6	1 060.0	1 152.1	81	11.39	284
贵　阳	37.5	-7.8	15.6	1 214.0	1 323.8	79	11.38	296
大　理	34.0	-3.0	15.6	1 384.8	2 001.1	67	9.14	259
昆　明	31.5	-4.5	15.7	1 094.6	2 169.5	70	9.98	266
长　春	38.0	-36.5	4.7	631.9	2 745.0	67	6.23	176
沈　阳	38.3	-30.6	7.3	710.7	2 660.4	66	7.12	157
银　川	39.3	-30.6	8.5	205.4	3 023.7	62	6.24	179
兰　州	39.1	-21.7	9.3	328.5	2 430.2	58	5.93	184
宝　鸡	41.6	-16.7	12.8	701.0	1 986.5	70	8.90	211
西　安	41.7	-20.6	13.7	584.4	1 966.4	68	9.05	209
汉　中	38.0	-10.1	14.4	892.4	1 776.5	75	10.98	233
太　原	38.4	-25.5	10.0	395.0	2 382.3	61	7.00	170
运　城	42.7	-18.9	15.7	553.3	2 251.6	66	—	212
张家口	40.9	-25.7	8.3	367.4	2 851.3	54	5.74	—
承　德	41.5	-22.9	9.3	539.4	2 908.8	58	6.83	184

中国银杏栽培分布极限地点的气温、降水和湿度

地点	经纬度	海拔(m)	气温(℃)					年降水量(mm)	相对湿度(%)
			年平均	1月均温	7月均温	极端最低	极端最高		
沈 阳	E123°026′ N41°46′	41.6	7.7	-12.7	24.6	-30.6	38.3	755.4	65
丹 东	E124°20′ N40°03′	15.1	8.5	-8.8	22.9	-28.0	34.3	1084.6	71
大 连	E121°38′ N38°54′	93.5	10.1	-5.3	22.9	-21.1	34.3	671.1	68
烟 台	E121°24′ N37°33′	45.6	12.5	-1.8	25.6	-15.0	40.0	628.2	71
青 岛	E120°20′ N36°04′	78.6	12.2	-1.2	24.0	-20.5	39.7	693.3	74
连云港	E118°55′ N34°36′	4.0	14.0	-0.4	27.0	-18.1	40.0	925.7	70
舟 山	E121°42′ N29°34′	10.0	16.3	-5.0	28.0	-6.1	39.1	1292.5	79
南 昌	E115°55′ N28°36′	46.7	17.5	4.9	29.7	-7.7	40.6	1598.0	78
韶 关	E113°35′ N24°48′	69.3	20.3	10.0	29.1	-4.3	42.0	1523.2	76
广 州	E113°19′ N23°08′	13.4	21.8	13.4	28.3	0.0	38.7	1680.5	78
北 京	E116°28′ N39°48′	31.2	11.6	-4.7	26.0	-27.4	40.6	682.9	59
太 原	E112°33′ N37°47′	777.9	9.3	-7.0	23.7	-25.5	39.4	466.6	60
兰 州	E103°53′ N36°03′	1517.0	9.1	-7.3	22.4	-21.7	39.1	327.6	59
昌 都	E97°10′ N31°09′	3240.7	7.6	-2.5	16.3	-19.3	32.7	492.2	50
腾 冲	E98°29′ N25°07′	1647.8	14.7	7.5	19.5	-4.2	30.5	1439.0	79
勐 腊	E101°25′ N21°30′	631.9	21.5	15.7	24.9	6.5	36.2	1581.0	80
台 北	E121°31′ N25°02′	9.0	22.3	14.6	28.6	-2.0	35.0	2047.5	82

银杏主要病虫害无公害防治

病虫害名称	危害部位	防治方法			
		农业防治	生物防治	物理防治	化学防治
银杏茎腐病	苗木地茎	土壤消毒、清除病源、种植间作物或搭棚遮阴、增施有机肥、合理密植	—	催芽播种促进幼苗木质化、适时灌水降低地温	1. 始发期用2.5%多菌灵500倍液、70%甲基托布津800~1 000倍喷雾防治 2. 发病高峰期2%~3%硫酸亚铁水喷施 3. 发病期用1∶1∶100倍波尔多液保护
银杏叶枯病	叶片	加强水肥管理,提高抗病力	—	—	适时进行化学防治
银杏超小卷叶蛾	芽、叶	4月下旬人工诱杀、捕捉成虫,及时剪除被害枝梢烧毁	保护利用天敌	—	4~5月成虫羽化盛期用辛硫磷、马拉硫磷或乐果喷洒树干和枝叶,毒杀成虫
银杏大蚕蛾	叶片	1. 刮除树干老皮缝清除越冬卵 2. 7月中下旬捕捉成虫、虫茧	释放赤眼蜂	黑光灯诱杀成虫	1. 喷洒90%美曲膦酯1 500~2 000倍杀死幼虫 2. 或80%敌敌畏1 000~2 000倍或2.5%溴氰菊酯1 000倍
金龟子类	叶芽、嫩梢	傍晚时人工捕捉成虫。冬季深翻扩穴杀死幼虫	保护招引益鸟。喷白僵菌、绿僵菌	黑光灯诱杀	发芽期至展叶期的傍晚地面喷50%辛硫磷乳油300倍液或90%美曲膦酯晶体1 000倍液
银杏茶黄蓟马	叶片	1. 合理密植、保持良好的通风透光条件 2. 加强土肥水管理,增强树势	—	—	1. 树盘施甲拌磷 2. 虫害发生初期喷洒乐果或80%敌敌畏1 000倍防治,速灭杀丁3 000倍。适时喷药可在6、7、8月中旬分三次防治
大袋蛾	叶片	幼虫期及落叶后人工摘除袋囊	保护寄生蜂、寄生蝇及捕食性天敌。喷苏云杆菌	—	1. 用90%美曲膦酯800倍,50%对硫磷乳油1 500倍、50%杀螟松1 000倍液喷雾 2. 根基打孔注射50%久效磷原液
桃蛀螟	果实	1. 采收后及时脱粒,冬季清园 2. 在果用园种植向日葵、玉米等诱饵植物,集中捕杀	利用性信息激素迷惑雄成虫失去交尾能力,导致卵不能孵化	黑光灯、糖醋液诱杀成虫。利用性信息素迷惑雄成虫	6月上旬至8月上旬喷50%杀螟硫磷乳油1 000倍液或80%敌敌畏乳油1 500倍
豹纹木蠹蛾	枝条、新梢	结合冬季修剪剪除虫枝、枯枝集中烧毁。6月人工捕杀	—	—	幼虫发生期喷内吸磷杀虫剂。如40%乐果1 000倍

银杏大蚕蛾天敌种类及寄主虫态

天敌种类	寄生虫态	天敌种类	寄生虫态
1. 大杜鹃 Cuculus canorus Linnaeus	幼虫	28. 黄腹山雀 P. venustulus Swinhoe	成虫
2. 蓝翅八色鸫 Pitta brachyura L.	幼虫	29. 暗绿绣眼鸟 Zosterops japonica Temminck et Schlegel	幼虫,成虫
3. 金腰燕 Hirunde daurica L.	幼虫	30. (树)麻雀 Passer montanus (L.)	幼虫,成虫
4. 白脸鹡鸰 Motacilla alba L.	幼虫,成虫	31. 山麻雀 P. rutilans (Temminck)	幼虫,成虫
5. 灰鹡鸰 M. cinerea Tunstall	幼虫	32. 家麻雀 P. domesticus (L.)	幼虫,成虫
6. 黄鹡鸰 M. flave L.	幼虫	33. 金翅(雀) Carduelis sinica (L.)	幼虫
7. 绿鹦嘴鹎 Spizitos semitovgues Swinhoe	幼虫	34. 黑大蚁 Camponotus herculcanus L.	蛹
8. 白头鹎 Pycuonotus sinensis (Gmelin)	幼虫	35. 日本弓背蚁 C. japonicus Mayr.	蛹
9. 黑(短脚)鹎 Hypsipetes madayascariensis (Muller)	幼虫	36. 日本黑褐蚁 Formica japonica Motschulsky	蛹
10. 棕背伯劳 Lanius schach L.	幼虫	37. 黑头酸臭蚁 Tapinoma melanocephalum Fabr	蛹
11. 黑枕黄鹂 Oriolus chinensis L.	幼虫	38. 针毛收获蚁 Messor aciculatus (Smith)	蛹
12. 黑卷尾 Dicrurus macrocercas Viellot	幼虫	39. 棘蚁 Polyrhochis lamellidens S.	蛹
13. 灰卷尾 D. leucophaeus V.	幼虫	40. 赤胸大蚁 Camp hereulcanus L.	蛹
14. 八哥 Acridotheres cristatelllus (L.)	幼虫,成虫	41. 自带猎蝽 Acanthaspis cincticrus S.	幼虫
15. 红嘴蓝鹊 Cissa erythrorhyncha (Boddaert)	幼虫	42. 黑色蝇虎 Plexippus payhulli (Audouin)	幼虫
16. 喜鹊 Pica pica L.	幼虫,蛹	43. 斜纹花蟹蛛 Xysticus saganus Boes et Str.	幼虫
17. 大嘴乌鸦 Corvus macrohynchus Wagler	幼虫,蛹	44. 棒姬蜂 Acanthostoma insidictor Sm.	幼虫
18. 蓝额红尾鸲 Phocnicurus frontalis Vigors	幼虫,蛹	45. 银杏大蚕蛾绒茧蜂 Apantclcs dictyoplocae Walanale	幼虫
19. 红尾水鸲 Rhyacornis fuliginosus (V.)	幼虫,成虫	46. 平腹小蜂 Anastatus sp.	卵
20. 小燕尾 Enicurus scouleri (Hodgson)	幼虫,成虫	47. 白跗平腹小蜂 Anastatus albitarsis Ashmead	卵
21. 灰背燕尾 E. schistaceus (H.)	幼虫,成虫	48. 柞蚕饰腹寄蝇 Crossocosmia tibialis Chao	蛹
22. 画眉 Garrulax canorus L.	幼虫,蛹,成虫	49. 大足蚤蝇 Megaselia spiracularis Schmitz	蛹
23. 白颊噪鹛 G. sannio Swinhoe	幼虫,蛹,成虫	50. 麻蝇 Sarcophagidae	蛹
24. 灰头鸦雀 Paradoxornis gularis (G. R. Gray)	幼虫,成虫	51. 白僵菌 Beauveria bassiana Vuill	幼虫,蛹
25. 棕头鸦雀 P. webbianus G.	幼虫,成虫	52. 银杏大蚕蛾核型多角体病毒 DJNPV	幼虫,蛹
26. 柳莺 Phylloscopu sp.	幼虫		
27. 大山雀 Parus major L.	幼虫,成虫		

各种药剂对银杏茶黄蓟马的防治效果

农药名称	稀释倍数	施药前1 d虫数	施药后第1 d虫数	虫口减退率(%)	校正防效(%)	施药后第7 d虫数	虫口减退率(%)	校正防效(%)	施药后第16 d虫数	虫口减退率(%)	校正防效(%)
1	800	1782	7	99.61	99.14	358	79.91	86.02	458	74.30	77.75
1	1200	951	4	99.58	99.08	217	77.18	84.12	326	65.72	70.33
1	1 800	626	40	93.61	86.02	345	44.89	61.65	542	13.42	25.06
2	1 600	1837	0	100.00	100.00	122	93.36	95.38	49	97.33	97.69
2	2 400	710	0	100.00	100.00	83	88.31	91.87	251	64.65	69.40
2	3 600	824	3	99.64	99.20	121	85.32	89.78	298	63.83	68.70
3	4 000	2272	0	100.00	100.00	18	99.21	99.45	52	97.71	98.02
3	6 000	846	0	100.00	100.00	174	79.43	85.69	167	80.26	82.91
3	9 000	724	14	98.07	95.77	243	66.44	76.64	386	46.69	53.85
4	800	2342	0	100.00	100.00	659	71.86	80.42	545	76.73	79.86
4	1200	706	0	100.00	100.00	221	68.70	78.22	554	21.53	32.08
4	1 800	746	3	99.60	99.12	287	61.53	73.23	799	-7.10	7.29
5	800	1676	0	100.00	100.00	438	73.87	81.82	403	75.95	79.19
5	1 200	561	0	100.00	100.00	179	68.09	77.80	527	6.06	18.69
5	1 600	646	5	99.23	98.31	227	64.86	75.55	645	0.15	13.58
6	1 300	742	0	100.00	100.00	166	77.63	84.43	588	20.75	31.41
7	200	968	0	100.00	100.00	33	96.59	97.63	1	99.90	99.91
8	—	1352	618	54.29	(0.00)	1943	-43.71	(0.00)	1562	-15.53	(0.00)

注:1.多杀霉素(2.5%悬浮剂) 2.鱼藤酮(2.5%乳油) 3.吡虫啉(25%可湿性粉剂) 4.辛硫磷(40%乳油) 5.苦参碱(1%可溶性液剂) 6.啶虫脒(5%可湿性粉剂) 7.氧乐果(40%乳油) 8.清水对照CK 施药前一天虫数、施药后虫数为3个小区总数;虫口减退率、校正防效为3个小区的平均数。"-"表示虫口数量增加。

化肥的成分、性质和使用注意事项

肥料名称	浓度（%）	性质	使用注意事项
1. 氮肥			
素尿	45~46	白色或淡黄色针状结晶，或颗粒状，吸湿性较强，氮的形态是酰胺态	肥效稍慢于硝酸铵，幼苗根碰到它易于中毒，不宜做种肥用。含氮量较高，如每亩用量不大时，为了施肥均匀，可掺土或对水施用
硫酸铵	20~21	白色结晶，生理酸性，有吸湿性，易溶于水，氮的形态是氨态	不可与石灰、草木灰混合施用。在酸性土地区施用，要注意土壤酸化问题；在碱性土地区施用，要注意盖土，以防氨的挥发
硝酸铵	32~35	白色结晶，有吸湿性及爆炸性，结块时不可密闭猛击，氮的形态是氨态-硝酸态	易受潮结块，注意用一袋开一袋，如一袋用不完，应放在桶或缸内，加盖防潮。所含硝态氮不能被土壤胶体吸附，容易流失，应沟施覆土，不应与碱性肥料混合
碳酸氢铵	17	白色结晶，有吸湿性，常温下（10~40℃）随温度升高而加快分解，常压下至69℃全部分解	易挥发，不宜放在温室内，以免熏伤做物；用做追肥时，要求深施盖土，不能接触茎叶
氨水	12~16	无色或深色液体，呈碱性反应，有刺激性臭味，易挥发，氮的形态是氨态	要深施，施后迅速覆土。宜在砂土上施用，因挥发性强，避免接触作物的根、茎、叶，防止灼伤。温室、阳畦空气流动慢，氨气易熏伤作物，不宜用或做基肥
2. 磷肥			
过磷酸钙	14~20	灰白色粉末，稍有酸味，酸性，易与土中钙、铁等元素化合成不溶性的中性盐	不宜与碱性肥料混合贮存，酸性土要先施石灰，6~7 d后再施用。最好与有机肥料拌和后做基肥或追肥。制成颗粒磷肥做种肥是经济有效的措施
磷粉矿	14~36	灰褐色粉末，其中大部分的磷酸根很难溶解于弱酸，一般仅有3%~5%的磷酸能溶于柠檬酸，可被作物吸收，其余迟效部分可逐步转化为作物利用	宜在酸性土地区施用。石灰性土壤上施用时，要与土充分混合。由于肥效慢，宜用做基肥或与有机肥料堆沤后再施
钙镁磷肥	16~18	灰褐色或绿色粉末，含可溶于檬柠酸的磷酸约14%~20%，碱性肥料，不吸湿，易保存，运输方便	肥效较慢，不宜用于追肥，最好与堆肥混合堆沤后施用。深施在作物根系分布最多的土层效果较好。适宜于酸性土壤

续表

肥料名称	浓度(%)	性质	使用注意事项
3. 钾肥			
硫酸钾	48~52	白色结晶,易溶于水,吸湿性较小,贮存时不结块,稍有腐蚀性,生理酸性	可做基肥、追肥、种肥施用。在酸性土壤中应注意施用石灰
硝酸钾	45~46	纯品为白色结晶,有助燃性。不宜存放在高温或有易燃品的地方	做基肥或追肥用
氯化钾	50~60	白色结晶,工业品略带黄色,生理酸性,易溶于水	做基肥、追肥均可,长期使用,能提高土壤酸度,注意在酸性土壤中使用石灰

4. 复合肥料

名称	主要成分	养分浓度(%)		
		氮(N)	磷(P_2O_5)	钾(K_2O)
磷酸一铵	$NH_4H_2PO_4$	11~12	52	—
磷酸二铵	$(NH_4)_2HPO_4$	16~18	46~48	—
磷酸铵	$NH_4H_2PO_4 + (NH_4)_2HPO_4$	18	46	—
液体磷酸铵	$NH_4H_2PO_4 + (NH_4)_2HPO_4$	8~9	18~24	—
磷酸二氢钾	KH_2PO_4	—	52	34

5. 微量元素肥料

肥料名称	种类	施用方法
硼肥	硼酸,硼砂,硼镁肥	每亩用硼酸200~1 100 g(折合硼33~182 g)。由于用量小,宜与有机肥料或其他肥料混合施用,也可以把硼肥与磷肥混合制成颗粒肥料施用;或做根外追肥,其用量只相当土中施肥量的1/8~1/4,浓度为:硼酸0.025%~0.1%,硼砂0.05%~0.2%,硼镁肥0.25%,一般每亩喷施75 kg溶液
锰肥	硫酸锰	为粉红色结晶,含锰21.6%。溶于水,施用后能直接被作物吸收,可做基肥或追肥。做基肥时,每亩用量1.5~2.5 kg。锰肥也可做根外追肥,浓度为含锰0.06%~0.08%。为了减少烧叶现象,配制溶液时常加0.15%熟石灰
铜肥	硫酸铜	为蓝色的结晶,能溶于水。含铜25.9%,一般做基肥用时每亩1.5~2 kg;也可做根外追肥用,溶液浓度为0.01%~0.02%
	黄铁矿渣	是制硫酸后的残渣,含铜0.5左右,作基肥时每亩30~40 kg。于耕地时施入,施一次肥效可达3~4年
锌肥	硫酸锌	含锌40.5%,能溶于水,可做基肥和追肥,做根外追肥时浓度0.05%~0.15%。对果树喷洒1%~1.5%浓度的锌肥,有防治小叶病的效果

农家肥的肥分、性质和施用

类别	肥料名称	三要素含量(%)			性质	使用方法
		氮(N)	磷(P₂O₅)	钾(K₂O)		
粪尿肥	人粪	1.00	0.50	0.37	①人尿酸性。含氮为主，分解后能很快被根吸收 ②牲畜尿碱性。猪粪暖性、劲大；牛粪冷性、含水多、腐烂慢；马粪热性、劲短；羊粪分解快，养分浓厚；禽粪为迟效肥	①粪尿肥腐熟后可用于底肥、追肥 ②马粪含粗纤维多，发酵产生热量，用做堆肥材料可加速堆肥腐熟，并可作育苗保温肥 ③羊粪不能露晒，随出、随施、随盖 ④禽粪不宜新鲜使用，腐熟后可做底肥、追肥，宜干燥贮存
	人尿	0.50	0.13	0.19		
	猪粪	0.56	0.40	0.44		
	猪尿	0.30	0.12	0.95		
	牛粪	0.32	0.25	0.15		
	牛尿	0.50	0.03	0.65		
	马粪	0.55	0.30	0.24		
	马尿	1.20	0.10	1.50		
	羊粪	0.65	0.50	0.25		
	羊尿	1.40	0.03	2.10		
	鸡粪	1.63	1.54	0.85		
	鸭粪	1.10	1.40	0.62		
	鹅粪	0.55	0.50	0.95		
	蚕粪	2.2~3.5	0.5~0.75	2.4~3.4		
厩肥	猪厩肥	0.45	0.19	0.60	有机质含量高，迟效，劲长	宜做底肥
	牛厩肥	0.34	0.16	0.40		
	土粪	0.12~0.58	0.12~0.63	0.26~1.58		
土杂肥	垃圾堆肥	0.33~0.56	0.11~0.39	0.17~0.32	①堆肥有机质含量较高，肥效较好 ②淤泥养分全，迟效 ③炉渣中性，持水力强	①堆肥宜做底肥 ②淤泥宜做砂土地改良土壤 ③炕土要防雨淋，以免走失肥效 ④炉灰渣、垃圾宜用于黏土、洼地改良土壤或用于盆栽配制营养土
	草皮沤肥	0.10~0.32	—	—		
	绿肥沤肥	0.21~0.40	0.14~0.16	—		
	塘泥	0.20	0.16	1.00		
	河泥	0.29	0.36	1.82		
	炕土	0.08~0.8	0.13	0.40		
	炉灰渣	—	0.2~0.6	0.2~0.7		
	垃圾	0.20	0.23	0.48		
灰肥	草木灰	—	3.50	7.50	碱性，含钾多，还含有硼、钼、锰等微量元素，速效	①宜用于酸性土、黏质土 ②宜与农家肥混用，不宜与人粪尿混存
	草灰	—	2.11~2.36	8.09~10.2		
	稻草灰	—	0.59	8.09		
	麦秆灰	—	6.40	13.60		
绿肥	黄花苜蓿	0.48	0.10	0.37	含氮丰富。一年生草本易分解，肥劲短促，多年生草本和木本分解较慢。肥效长	①割断压入土沤烂做基肥 ②初碎后加入人粪尿或马粪做堆肥
	苕子	0.56	0.13	0.43		
	蚕豆	0.55	0.12	0.45		
	豌豆	0.51	0.15	0.52		
	田菁	0.52	0.07	0.15		
	紫穗槐	1.32	0.36	0.79		
	绿豆	0.52	0.12	0.93		
	野草	0.54	0.15	0.46		
饼肥	花生饼	6.32	1.17	1.34	①含有机质多，氮素较丰富 ②因含油脂，分解较慢，肥效持久	使用前应捣碎沤熟，做基肥或追肥
	棉籽饼	3.41	1.63	0.97		
	芝麻饼	5.80	3.00	1.30		
	菜子饼	4.60	2.48	1.40		
	茶子饼	1.11	0.37	1.23		
	桐子饼	3.60	1.30	1.30		
	蓖麻饼	5.00	2.00	1.90		
	乌桕饼	5.16	1.89	1.19		
	大豆饼	7.00	1.32	2.13		
动物性杂肥	生骨粉	4.05	22.80	—	养分含量高，不易腐熟，肥效长	宜与堆肥、厩肥一起堆积腐熟后做基肥
	兽蹄	14~15	0.20	0.30		
	鸡毛	14.21	0.12	微量		
	猪毛	13.25	0.12			

世界银杏资源简表

国家	最大树					分布的州(省)数
	树龄(年)	树高(m)	围径(m)	性别	地点	
奥地利	232	—	—	♂♀	维也纳大学植物园	维也纳及北部州
比利时	272	—	1.59	♀	Geetbets	布鲁塞尔等34个州,围径大于1 m的有18株
保加利亚	10	4.5	—	♂♀	索非亚大学植物园	索非亚等2个州(市)6株
捷克共和国	—	15.0	—	♂	Letenske Sady公园	布拉格等3处,2株
丹麦	100	—	1.34	—	OAF教育中心	哥本哈根等2处,2株
爱沙尼亚	122	11.8	0.17	—	Tallinn	主要在Tallinn,为世界最北部银杏
芬兰	—	4.0	—	—	植物园	赫尔辛基等3处
法国	145	30.0	1.24	—	Park de La Tete d'Or	巴黎等40余处
德国	—	—	1.22	—	梅克伦堡湾	柏林等20余处,围径大于1 m的有2株
匈牙利	—	—	—	—	植物园	佩奇3株
意大利	208	—	—	—	Padua	罗马、米兰等11处,100余株大树
拉脱维亚	122	—	—	—	拉脱维亚大学	里加
卢森堡	—	—	—	—	自然历史博物馆	卢森堡等3处
荷兰	276	—	1.31	♀	乌得勒支植物园	乌得勒支等36处,共714株大树围径大于1 m以上
挪威	132	—	—	—	植物园	奥斯陆等2处
波兰	102	—	—	—	Giulini街	科拉科夫等6处
西班牙	100	—	—	—	M. Cristina公园	巴塞罗那等7处
瑞典	—	10.0	—	—	Vasa学校	卡马尔、马德堡等9处
瑞士	100	—	—	—	巴塞尔火车站	日内瓦等6处,100余株
英国	240	30.0	—	—	Rew植物园	肯特、伦敦等20余处
	200	20.0	1.19	—	白金汉宫	围径大于1 m 3株以上
美国	218	—	—	♂	宾夕法尼亚	华盛顿、纽约等29个州仅华盛顿特区有5 000株
加拿大	—	最古老一株	—	—	圣母大学	安大略等9个省
墨西哥	—	—	—	—	莫雷洛斯	34株,24株雌树
哥伦比亚	—	—	—	—	公园、街道	拉普拉塔等4处
智利	100	—	—	—	Mnseo等	伊莎贝拉等10处,100年树2株
巴西	67	—	—	♀	佩洛塔斯	圣保罗区等2处
阿根廷	—	—	—	—	花园、人行道	布宜诺斯艾利斯省等2处
中国	—	—	—	♀	山东莒县浮来山	山东、浙江、四川等23省
印度	—	—	—	—	北印度	政府大厦等2处
日本	—	36	3.82	♀	富士山	广岛、福冈等37处500年以上20余株
韩国	—	—	—	—	Gyeonggido	首尔等7处有栽培
澳大利亚	143	—	—	♀	吉朗	墨尔本等5处很多树
新西兰	150	—	—	—	政府大厦花园	惠灵顿等3处许多树

美国认可的银杏栽培品种

(1)黄叶银杏(Aurea):叶子金黄色,1866年由加利福尼亚的 Nelson 苗圃选出。

(2)黄斑叶银杏(Aureo-variegata):叶子肥大,叶脉宽,叶色金黄。1867年由塞尼克鲁泽苗圃选出。

(3)金秋(Autum gold):树冠椭圆形,垂直向上。原株在加利福尼亚州于1951年选出,是一个相当优美的雄株品种。叶子金黄色、簇生,而且其他生长特性良好。

(4)迈菲尔德(Mayfield):由俄亥俄州选出并繁殖。雄株塔形,窄冠呈垂直圆锥形(Scanlon,1951)。

(5)叶籽银杏(Ohatsuki):原产日本,1961年从荷兰引入美国,并栽植在宾夕法尼亚州的 Longwood 公园。果实.具柄,较宽呈翅状,而且与叶柄联生。

(6)帕洛阿尔托(Palo alto):在俄亥俄州的帕洛阿尔托选出并繁殖。1954年被确定为最佳的雄株品种之一。

(7)垂枝银杏(Pendula):1862年由 Van Geert 苗圃选出。枝条下垂。该品种与垂银杏(Weeping)同属一种。

(8)金普顿(Princeton gold):收集在美国园艺学会植物科学资料中心。母树于1966年在新泽西州的普伦斯顿苗圃选出,并在宾夕法尼亚州的 Longwood 公园和伊利诺伊州的 Morton 植物园栽植。雄株品种,中央领导干明显,分枝习性良好。

(9)费尔蒙特(Fairmount):是从一株嫁接的雄株上取材繁殖而成。原株于1876年定植在宾夕法尼亚州费城的费尔蒙特公园。在自然状态下,枝叶浓密,直立尖塔形树冠,幼树枝条平展。

(10)塔形银杏(Fastigiata):枝条垂直向上,形成窄尖塔形或圆柱形树冠。

(11)裂叶银杏(Laciniata):叶深条裂,边缘波浪形。1840年在法国的阿维尼翁选出,并由塞尼克鲁泽苗圃出售(法国的 Carriere,1854)。该品种与大叶银杏(Largeleaf)、巨叶银杏(Macrophylla)及长叶银杏(Longifolia)同属一种。

(12)湖景(Lakeview):原株在俄亥俄州,并在该州繁殖。雄株塔形或阔塔形树冠。

(13)金兵普伦斯顿(Princeton sentrg):产于新泽西州的普伦斯顿苗圃。雄株,树冠直立向上,为对称的窄冠形新品种,形似钻天杨。

(14)圣云(St. cloud):原产法国巴黎,现已引入美国。枝条平展或稍向上,枝较稀疏;叶密生(Meyer,1961)。

(15)萨拉托格(Saratoga):原种在加利福尼亚的萨拉托格园艺场,最初于1975年引种。枝条垂直向上,主干明显,树体结构紧凑,生长速度较慢。雄株品种。

(16)辛克莱(Sinclair):原株在新泽西州的普伦斯顿苗圃。为雄株品种,分枝良好,由于繁殖困难未能形成商品。

(17)圣克鲁斯(Santa Cruz):收集在美国园艺学会植物科学资料中心。由俄亥俄州的圣克鲁斯选出,并由萨拉托格和圣克鲁斯共同繁殖。雄株品种。树冠伞形,低干,枝条扩展。该品种与"Umbracullifera"和"Umbrella"两品种同属一类。

(18)斑叶银杏(Variegata):叶子金黄色。该品种与"Variegated"同属一种(Carriere,1854)。

美国未认可的银杏栽培品种

(1)盛秋(Autum glory):原产加利福尼亚的 Nelson 苗圃。

(2)三裂银杏(Triioba):在所有的银杏品种中,只有该品种叶片呈异常的深裂,为珍贵的稀有品种。

(3)贝尔(Bell):被收入美国园艺学会植物科学资料中心。原株在加利福尼亚州阿森顿的贝尔私人家中。在1959年被定名为"伞蓬(Canopy)"之前,一直由萨拉托格园艺场繁殖。

(4)克利夫兰(Cleveland):收入美国园艺学会植物科学资料中心。原株在俄亥俄州的克利夫兰。树冠圆锥形,由加利福尼亚州的萨拉托格园艺场繁殖。

(5)皇后(Kew):被收入美国园艺学会植物科学资料中心。原产英国皇家植物园。雄株品种,树冠圆锥形,由萨拉托格园艺场繁殖。

(6)耸景(Overlook):此名被收入美国园艺学会植物科学资料中心。原株在俄亥俄州的克利夫兰,并由萨拉托格园艺场繁殖。

(7) 普拉米达 (Pyramida)：雄株品种,目前没有形成商品。

(8) 普拉米达利斯 (Pyramidalis)：由插条繁殖形成的雄株品种,并收集在俄亥俄州的 Holden 植物园。由于 1959 年后采用拉丁文命名,该名未定。

(9) 罗宾 (Robin)：收入美国园艺学会植物科学资料中心。该品种 1968 年从科尔苗圃获得,并定植在俄亥俄州的 Holden 植物园。雄株品种。由于树形与锻树相同,所以是颇受欢迎的品种之一。

(10) 金桑杰斯 (San Jose gold)：1969 年由加利福尼亚桑杰斯苗圃引入,并定植在俄亥俄州的 Holden 植物园。

(11) 金兵 (Sentry)：由加利福尼亚萨拉托格园艺场定名,并用金兵这一名字嫁接和试验。树冠圆锥形。

(12) 吉姆斯里姆 (Slim Jim)：原株在俄亥俄州的肯特,1968 年由科尔苗木公司引入 Holden 植物园。雄株品种,圆锥形树冠。

(13) 雄峰 (Sterile)：起源于俄亥俄州的 Siebenthaler 公司。雄株品种。

日本叶籽银杏统计表

1. 国家级自然保护植物叶籽银杏
(1) 山梨县甲府市身延町上泽寺院。树高 37 m,干周 6.8 m,树龄推定 700 年。
(2) 山梨县南巨摩郡身延町八木泽。干周 3.0 m,树高 25.0 m,树龄口传 200 年。
(3) 山梨县南巨摩郡身延町本国寺。树高 29 m,树龄 500 年。
(4) 山形县西田川郡温海早田。树高 10 m,根回 2.15m,树龄 50 年。
(5) 茨城县白旗山八蟠宫。干周 5.7 m,树高 33 m,树龄 470 年。
(6) 滋贺县米原市坂田郡了德寺。树高 21 m,干周 4.3 m,树龄 200 年。
(7) 福井县大饭郡杉森神社。干周 3.5m,树高 35m,树龄 200 年。

2. 县级自然保护植物叶籽银杏
(1) 千叶县神崎。树高 26.6 m,根回 4 m。
(2) 静冈县石院。干周 4.7 m、树高 30 m、树龄 400 年。
(3) 三重县度会郡七保。树高 25m,胸高周围约 3 m。
(4) 新伪县见屋。干周 2.2 m,树高 20 m,树龄 200 年。
(5) 新伪县五泉市上乡屋地区诹访神社。干周 5 m,树高 20 m,树龄 500 年。
(6) 鸟取县八头町福本。树高约 30 m,周围约 3 m,树龄 120 年。
(7) 新伪县长恩寺。树高 40 m,根周 4.5 m,树龄 400 年。
(8) 德岛县大月长福寺。干周 4 m,树高 30 m,树龄 500 年。
(9) 山梨县南巨摩郡金山神社显本寺。树高 25 m,干周 4.8 m。
(10) 宫崎县新别府町·天林寺。干周 3.5 m 树高 22 m,树龄 160 年。
(11) 长野县上水内郡下北尾。干围 1.9 m,树高 30 m,树龄 90 年。
(12) 德岛县胜浦郡胜浦町坂本。干周 2.5m,树高 15m,树龄 130 年。
(13) 奈良县棒原町戒长寺。干周 4 m,树高 30 m。
(14) 奈良县吉野郡广桥。干周 4.8 m,树高 25 m,树龄 250 年。
(15) 长野县下北尾。干周 4 m,树高 20 m,树龄 450 年。
(16) 神户加西市殿原町殿原。根回 6 m,高 37 m。
(17) 爱媛县宝乘寺。干周 3 m,树高 25 m。
(18) 茨城县东茨城郡。干直径 1.6 m,树高 25 m。
(19) 兵库县加西市殿原清水寺。干周 4 m,树高 33 m,树龄 300 年。

世界部分国家的国树

序号	国家名称	国树名称	科属	拉丁学名
1	韩国	木瑾	锦葵科	*Hibiscus syriacus*
2	斯里兰卡	菩提树	桑科	*Ficus religiosa*（大棕桐）
3	缅甸	柚木	马鞭草科	*Tectona grandis*
4	泰国	桂树	樟科	*Cinnamomum cassia*
5	黎巴嫩	黎巴嫩雪松	松科	*Cedrus libana*
6	印度	菩提树	桑科	*Ficus religiosa*
7	也门	咖啡树	茜草科	*Coffea arabica*
8	叙利亚	椰枣树	棕榈科	*Phoenix dactylifera*
9	以色列	油橄榄	木犀科	*Olea europaea*
10	孟加拉国	榕树	桑科	*Ficus mlcrocarpa*
11	菲律宾	纳拉树	紫檀科	*Jasminum multiflorum*
12	捷克	欧洲椴	田麻科	*Tilia europaea*
13	丹麦	枸骨叶冬青	冬青科	*Llex aquifolium*
14	西班牙	甜橙	芸香科	*Citrus sinensis*
15	法国	雪松	松科	*Cedrus deodara*
16	葡萄牙	扁桃	蔷薇科	*Prunus dulcis*
17	希腊	油橄榄	木犀科	*Olea europaea*
18	瑞典	欧洲白腊	木犀科	*Fraxinus exceisio*
19	英国	英国栋	壳斗科	*Quercus cobur*
20	普鲁士	菩提树	桑科	*Ficus religiosa*
21	挪威	云杉	松科	*Picea asperata*
22	新西兰	西翅槐	蝶形花科	*Soppoa tetraptera*
23	澳大利亚	桉树	桃金娘科	*Eucalyptus globulus*（蜜花相思）
24	利比亚	安石榴	安石榴科	
25	塞内加尔	猴面包树	木棉科	*Punica granatum*（油椰）
26	利比里亚	胡椒	胡椒科	*Adansonia digyfafa*
27	加纳	海枣树	棕榈科	*Piper nigrum*
28	苏丹	椰枣树	棕榈科	*Phoenix dactylifera*
29	坦桑尼亚	丁香	桃金娘科	*Phoenix dactylifera*
30	埃塞俄比亚	咖啡树	茜草科	*Syzygium aromaticum*
31	加蓬	火焰树	紫葳科	*Coffea arabica*
32	智利	南洋杉	南洋杉科	*Spathodea campanula*
33	马达加斯加	旅人蕉	旅人蕉科	*Araucaria araucanata* *Pavenalamadagasca riensis*

续表

序号	国家名称	国树名称	科属	拉丁学名
34	津巴布韦	猴面包树	木棉科	*Adansonia digyfafa*
35	突尼斯	油橄榄	木犀科	*Olea europaea*
36	美国	橡树	壳斗科	*Quercus dentata*
37	危地马拉	爪哇木棉	木棉科	*Celis pentandra*
38	古巴	红棕	棕榈科	*Roystonea regia*
39	海地	大王椰子树	棕榈科	*Roystonea regia*
40	巴拿马	巴拿马树	—	—
41	多米尼加	桃花心木	楝科	*Swietenia mahagoni*
42	伯利兹	红木	红木科	*Bixa orellana*
43	哥伦比亚	咖啡树	茜草科	*Coffea arabica*
44	秘鲁	金鸡纳树	茜草科	*Cinchona ledgriana*
45	乌拉圭	商陆树	商陆科	*Phytdacca americana*
46	阿根廷	刺桐	蝶形花科	*Zudian coralbean*（波赛树）
47	哥斯达黎加	阿开木	—	—
48	加拿大	糖槭	槭树科	*Acer saccharum*
49	格陵兰地区	山毛榉	壳斗科	*Fagus sylvatica*
50	塞尔维亚	猴面包树	木棉科	*Adansonia digyfafa*
51	希腊	油橄榄	木犀科	*Olea europaea*
52	巴西	巴西木	龙舌兰科	*Dracaena fragrans*
53	德国	爱支栋	壳斗科	*Quercus rubra*
54	沙特阿拉伯	椰枣树	棕榈科	*Phoenix dactylifera*
55	阿富汗	黑桑	桑科	*Morus nigra*
56	洪都拉斯	咖啡树	茜草科	*Coffea arabica*
57	萨尔瓦多	咖啡树	茜草科	*Coffea arabica*
58	牙买加	生命之木	蒺藜科	*Guaiacum officinale*
59	智利	南洋杉	南洋杉科	*Araucaria araucana*
60	意大利	五针松	松科	*Pinus parviflora*

参考文献

[1] 中国林学会经济林分会银杏研究会.全国第十一次银杏学术研讨会论文集[C].都江堰:四川省都江堰市林业局,2003.

[2] 许爱华,陈鹏.银杏药理学研究与开发技术[M].贵阳:贵州大学出版社,2003.

[3] 张镇.园艺学各论·银杏(南方本)[M].北京:中国农业出版社,2004.

[4] 孟昭礼.银杏及其仿生杀菌剂[M].北京:中国科学技术出版社,2004.

[5] 中国林学会经济林分会银杏研究会.全国第十二次银杏学术研讨会论文集[C].北京:中国农业出版社,2004.

[6] 邢世岩.银杏种植资源评价与良种选育(上、下)[M].北京:中国环境科学出版社,2004.

[7] 栾德君.天下第一神树——银杏[M].北京:人民日报出版社,2004.

[8] 陈鹏,等.园艺学概论·银杏[M].北京:中国农业出版社,2004.

[9] 李群,何春龙.银杏之乡[M].北京:线装书局,2005.

[10] 王良信.银杏规范化栽培与产品加工[M].北京:科学技术文献出版社,2005.

[11] 梁立兴.银杏文集(二)[C].泰安:山东农业大学,2006.

[12] 梁立兴,黄淑英.银杏食疗与药用[M].泰安:山东农业大学,2006.

[13] 中国林学会银杏研究会,山东省郯城县人民政府.银杏产品开发与市场拓展[M].济南:山东科学技术出版社,2006.

[14] 陈鹏,等.银杏种核质量等级[M].北京:中国标准出版社,2006.

[15] 曹福亮.银杏资源培育及高效利用[M].北京:科学技术文献出版社,2007.

[16] 董云岚.中华国宝银杏解读[M].福州:海风出版社,2007.

[17] 中国林学会银杏分会,山东省黄河河务局.银杏资源优化配置及高效利用[M].北京:中国农业出版社,2007.

[18] 曹福亮.银杏[M].北京:中国林业出版社,2007.

[19] 王燕,程水源,汪琼.银杏栽培学[M].武汉:湖北人民出版社,2007.

[20] 曹福亮.中国银杏志[M].北京:中国林业出版社,2007.

[21] 陈鹏.银杏资源优化配置及高效利用[M].北京:中国农业出版社,2007.

[22] 中国林学会银杏分会,江苏省泰兴市人民政府.全国第十六次银杏学术研讨会论文集[C].北京:科学技术文献出版社,2008.

[23] 曹福亮,陈怀亚.银杏综合研究及开发利用进展(全国第十七次银杏学术研讨会论文集)[C].南京:东南大学出版社,2009.

[24] 曹福亮.听伯伯讲银杏的故事[M].北京:中国林业出版社,2009.

[25] 陈有金.安陆银杏[M].北京:中国林业出版社,2009.

[26] 张文斌.安陆银杏水墨漫画[M].武汉:长江文艺出版社,2009.

[27] 郭红彦.银杏营养贮藏蛋白质特性研究[M].北京:中国农业科学技术出版社,2010.

[28] 罗义金,潘小平.首届中国银杏节纪实[M].北京:中国林业出版社,2010.

[29] 曹福亮,罗义金.全国第十八次银杏学术研讨会论文集[C].北京:中国林业出版社,2010.

[30] 梁立兴.银杏文集(三)[C].泰安:山东农业大学,2011.

[31] 曹福亮.中国银杏品种图志[M].北京:科学出版社,2011.

[32] 梁立兴.银杏文集(四)[M].泰安:山东农业大学,2012.

[33] 中国林学会银杏分会.全国第十九次银杏学术研讨会论文集[C].北京:中国林业出版社,2012.

[34] 安新哲.银杏丰产栽培与病虫害防治[M].北京:化学工业出版社,2013.

[35] 邢世岩.中国银杏种质资源[M].北京:中国林业出版社,2013.